CELL BIOLOGY Gerald Karp 6th edition

세포생물학

제6판

새롭고 알기쉬운 세포의 구조와 기능

역자대표 이규배

김완종 김하근 민계식
이영섭 정영미 조영준 조재열
최미영 한규웅 한승진

월드사이언스
worldscience.co.kr

KARP/CELL BIOLOGY ISV 6E

세포생물학 제6판
2013년 03월 10일 인쇄
2013년 03월 20일 발행

역자 이규배 김완종 김하근 민계식 이영섭 정영미
조영준 조재열 최미영 한규웅 한승진

펴낸이 박선진

펴낸곳 (주)월드 사이언스

편집 이은경 **디자인** 김영욱 · 한승연

마케터 한용희 · 임후택 · 정진열

등록번호 제16-1601호

등록일자 1988년 2월 12일

주소 서울특별시 서초구 방배4동 864-31 월드빌딩 1층

전화 (02) 581-5811~3

FAX (02) 521-6418

URL http://www.worldscience.co.kr

E-mail worldscience@hanmail.net

값 42,000원

ISBN 978-89-5881-216-6

이 도서의 국립중앙도서관 출판시도서목록(CIP)은 서지정보유통지원시스템 홈페이지(http://seoji.nl.go.kr)와 국가자료공동목록시스템(http://www.nl.go.kr/kolisnet)에서 이용하실 수 있습니다.(CIP제어번호: CIP2013001207)

역자 서문

세포생물학은 생명과학의 모든 전공 분야에서 다루어져야 할 기초 학문이다. 오늘날 세포생물학에 관한 지식과 정보는 하루가 다르게 눈부신 발전을 거듭하고 있다. 영문판 원서인 『Cell Biology』(저자: Gerald Karp, 제6판, 2010, John Wiley & Sons, Inc.)는 그러한 변화에 맞추어 가장 최신의 세포 및 분자생물학에 관한 지식과 정보를 담고 있다. 이것이 이 원서를 선택하여 번역하게 된 첫 번째 이유이다. 저자(Karp)의 서문에 의하면, 그는 이 책을 3년마다 새로운 판(edition)으로 바꾸기를 원하며 이에 충실하기 위해 플로리다대학교(University of Florida)의 교수직을 사임하였다. 그래서 아마도 이 6판의 번역서가 출간될 무렵이 되면 7판의 원서가 나오게 될 것이다.

또한 이 원서의 저자는 책의 내용과 체제를 독자들의 이해력을 향상시킬 수 있도록 구성하려고 노력한 흔적이 돋보인다. 예로서, 중요한 용어들은 강조체로 그리고 독자에게 내용의 흐름을 주목시키기 위한 단어들은 이탤릭체로 표시하고 있다. 세포생물학 등의 모든 생물학 분야의 화두가 "구조와 기능"이라는 측면에서, 각 종 그림이 무엇보다도 중요하다. 이러한 그림들에는 강조체로 된 제목과 함께 자세한 설명이 있어서 본문을 이해하는데 커다란 도움을 주고 있다. 또한 각 절(節)이 끝나면 "복습문제"를 그리고 각 장(章)이 끝나면 "분석문제"를 풀도록 하고 있으며, 각 장의 마지막 부분에는 그 장의 주요 내용을 "요약"하여 최종적으로 학습 효과를 점검하도록 배려하고 있다.

이 원서의 또 다른 특징으로서, 거의 모든 장(章)에 〈인간의 전망(Human Perspective)〉이라는 난(欄)을 마련하여, 세포생물학의 지식과 기술이 궁극적으로 인간의 질병 치료를 위한 근본적인 해결책을 제시할 수 있음을 보여주고 있다. 또한 세포생물학적으로 중요한 발견과 관련된 최근 연구에서 얻어진 결과를 〈실험경로(Experimental Pathway)〉에 소개하여 실험이 학문의 발전에 얼마나 중요한가를 역설하고 있다. 또한 저자는 본문 내용 중 독자의 이해를 도울 필요가 있는 사항들에 대하여 아라비아 숫자로 표시된 각주(脚註)를 두어 친절하게 설명하고 있다.

많은 용어들을 통일하여 표기하기 위하여, 『생물학용어집』(제2판, 한국생물과학협회, 2005, 아카데미서적)을 참고하였으며, 인간의 질병과 관련된 용어들은 의학검색엔진(http://www.kmle.co.kr)에서 각종 의학학회에서 사용하는 것들을 참고하였고, 역시 같은 사이트에 나와 있는 생화학분자생물학회에서 사용하는 세포생물학 관련 한글 용어 표기도 참고하였다. 그리고 화학물질들에 관한 용어들은 대한화학회(www.kcsnet.or.kr)에서 사용하는 '화학술어'도 참조하였다. 또한 라틴어로 된 학명(學名) 및 여러 나라 사람(학자 등)들 이름의 한글표기는 구글(https://www.google.co.kr/)의 '번역(translate)'에서 해당 언어를 선택하여 발음되는 것을 참고하였다.

그러나 기존에 사용되고 있는 용어의 개념(概念) 전달이 불명확하거나 부정확하다고 판단될 경우, 그 용어의 정의(定義) 및 어원(語源)(그리스어 및 라틴어 등)을 정밀하게 조사하고 반영하여 보다 더 정확한 한글용어를 표기하려고 노력하였다. 또한 가능한 한 모든 영문을 한글로 옮기는 것을 원칙으로 하여 번역하였다. 한글 용어는 필요한 경우 한자 및 영문을 함께 표기하여, 여러 층의 독자들을 고려하려고 하였다. 특히 한자는 용어에 담겨 있는 개념(뜻)을 전달하는 데 중요한 역할을 하기 때문에 함께 사용하였다. 만일 한자에 익숙하지 않은 독자가 있다면 한자 표기에 크게 개의치 않아도 될 것이다.

본문에 나오는 어려운 용어 및 약자(머리글자) 등은 〈역자 주〉를 영문 알파벳으로 표시하고 설명을 붙여 독자들의 이해를 도우려고 노력하였다. 또한 문장 속에서 아라비아 숫자를 사용한 경우가 있다. 그 예로서, "한 개"를 "1개"로 그리고 "한 쌍"을 "1쌍" 등과 같은 방식으로 표기하였다. 이것은 다소 문법적으로 벗어난 것이기는 하지만, 그 문장의 내용을 독자들의 눈에 잘 들어오게 하여 가독성(可讀性)을 높이기 위한 시도였음을 밝혀둔다.

이 교재의 번역은 만 2년 5개월에 걸쳐 완료되었다. 번역진 교수님들이 번역한 원고를 서로 교차하여 검토하는 과정을 거쳤다. 그래도 미진한 부분이 있는 원고는 적게는 3~4회 많게는 6~7회까지 수정작업을 반복하였다. 이 과정에서 본의 아니게 번역진 교수님들께 괴로움을 끼쳐드린 점에 대하여 매우 송구한 말씀을 드리는 바이다. 그러나 세포생물학을 오랫동안 강의해 오신 교수님들의 이러한 노력에도 불구하고, 부분적으로 잘못된 번역이나 오자 및 탈자 등을 바로 잡지 못한 것은 다음 기회에 완벽하게 수정되도록 최선을 다할 것이다.

끝으로, 이 번역서의 출간을 위해 애써 주신 월드사이언스의 박선진 사장님, 편집실의 이은경 과장님, 그리고 디자인을 담당하신 김영욱씨와 한승연씨 등 모든 분들께 깊은 감사의 말씀을 드린다.

2013년 03월 10일

역자를 대표하여 이규배

역자 소개

	소속	최종학위(Ph.D.) 취득교	번역
김완종	순천향대학교 생명과학과	연세대학교	4장
김하근	배재대학교 바이오 • 의생명공학과	KAIST	15장
민계식	경남과학기술대학교 제약공학과	Univ. of Illinois at Urbana-Champaign	7장
이규배	조선대학교 생물학교육과	성균관대학교	1, 9~13장(총괄)
이영섭	경북대학교 생명과학부	서울대학교	3, 17장
정영미	부산대학교 생명과학과	Univ. of Florida	6장
조영준	대구대학교 의생명과학과	Rutgers Univ.	2장
조재열	성균관대학교 유전공학과	Univ. College London	16장
최미영	선문대학교 의생명과학과	Univ. of Chicago	5장
한규웅	한남대학교 생명과학과	연세대학교	8장
한승진	인제대학교 생명과학부	서울대학교	14장

저자 소개

제럴드 카프(Gerald C. Karp)는 캘리포니아대학교(UCLA)에서 학사학위 그리고 워싱턴대학교(University of Washington)에서 박사학위를 받았다. 그는 콜로라도대학교(University of Colorado) 의료센터에서 박사 후 연구를 수행한 다음에 플로리다대학교(University of Florida)의 교수가 되었다. 게리(Gerry)는 발생(發生) 초기의 세포 및 분자생물학에 관한 많은 연구 논문을 썼다. 그의 연구 관심사는 초기 배아(胚芽)에서 RNA 합성, 낭배형성 동안에 중간엽 세포의 이동 그리고 점균류에서 세포의 결정 등이다. 13년 동안, 그는 플로리다대학교에서 분자, 세포 및 발생생물학 등의 교육과정들을 가르쳤다. 이 기간 동안, 그는 존 베릴(N. John Berrill)과 함께 발생생물학에 관한 교재를 공동 집필하였으며, 세포 및 분자생물학에 관한 교재도 집필하였다. 전임교수와 저자 이 두 가지 일을 동시에 충실하게 수행한다는 것이 불가능하다고 판단한 게리는 집필에 열중하기 위해 그의 교수직을 포기하였다. 그는 3년마다 이 교재를 개정하려고 한다.

제6판의 서문

내가 이 교재의 초판에 대한 작업을 시작하기 전에, 내가 쓰려고 계획한 교재의 유형에 관하여 몇 가지 기본적인 지침을 세웠다.

- 나는 단일학기 또는 1~2 사분기(quarter) 동안 운영되는 세포 및 분자생물학의 기초과정에 적합한 교재를 원하였다. 나는 이 수준에서 학생들을 압도하거나 용기를 잃지 않게 할 800 페이지 정도의 교재를 쓰기로 하였다.

- 나는 분자의 구조와 기능 사이의 관계, 세포 소기관들의 동적인 특징, 세포 활동을 영위하고 고분자를 정확하게 생합성 하기 위한 화학 에너지의 사용, 고분자 및 세포 수준에서 관찰된 통일성과 다양성, 세포 활동을 조절하는 기작 등과 같은 기초 개념들을 상세히 다룬 교재를 희망하였다.

- 나는 실험적 접근에 기초한 교재를 원하였다. 세포 및 분자생물학은 실험 과학이다. 나는 학생들도 우리들이 이미 알고 있는 지식을 어떻게 해서 알게 되었는지를 어느 정도는 알아야 한다고 생각한다. 그런 이유로, 나는 두 가지 방식으로 주제에 관한 실험적 본질에 접근하기로 결정하였다. 내가 각 장에서 썼던 것처럼, 이미 정립된 많은 결론들을 해명하기 위해 충분한 실험적 증거를 제시하였다. 그리고 중간에, 중요한 실험적 접근법 및 연구 방법의 특징들을 기술하기도 하였다. 예를 들면, 제12장과 제13장에는 각각 세포막과 세포골격을 분석하는 데 있어서 가장 중요하다고 증명된 기술들을 소개하는 부분(節)이 있다. 나는 우리들이 갖고 있는 지식에 대한 실험적 기초를 강화하기 위해 단원들의 본문에서 선별된 실험의 주요 중요성을 간단히 논의하였다. 나는 다음과 같은 이유로 보다 상세한 방법론들을 마지막 "기술 단원(제18장 세포생물학 방법론)"에 배치하였다. 즉, (1) 나는 기술(방법)에 관한 설명으로 인하여 주제에 관한 논의의 흐름을 방해하지 않기를 바랐으며, (2) 다른 강사들이 특정 기술을 다른 주제들과 관련시켜 논의하기를 선호한다는 것을 이해하기 때문이다.

실험적 접근법을 더욱 심도 있게 탐구하기를 원하는 학생들과 강사들을 위하여, 나는 대부분 단원의 끝에 〈실험경로(Experimental Pathways)〉라는 난(欄)을 만들었다. 이러한 서술은 해당 단원과 관련된 특정 주제를 우리가 현재 이해하도록 만든 중요한 실험 결과들 중의 일부를 설명한 것이다. 서술의 범위가 제한되어 있어서, 실험 설계가 다소 자세하다고 생각될 수 있다. 이 부분에 제시된 그림 및 표들은 흔히 원래의 연구 논문에 있는 것들로서, 독자에게 원래의 자료를 살펴볼 기회와 이를 분석할 수 있는 기회를 갖게 할 것이다. 또한 〈실험경로〉는 과학적 발견의 단계적 특성을 설명하여, 어떻게 하나의 연구 결과가 후속 연구의 기초가 될 수 있는 의문을 제기하게 되는가를 보여준다.

● 나는 흥미롭고 이해하기 쉬운 교재를 원하였다. 학부 학생들, 특히 의예과 학생들에게 더 적절한 교재를 만들기 위해, 나는 〈인간의 전망(The Human Perspective)〉이라는 난을 두었다. 이 부분은 사실상 인간의 모든 질병이 세포 및 분자 수준에서 일어나는 활동이 교란될 수 있음을 분명히 보여준다. 더욱이, 이 난은 대부분의 질환을 이해하고 결국 치료에 이르는 경로로서 기초 연구의 중요성을 설명하고 있다. 예로서, 제5장에서, 〈인간의 전망〉은 어떻게 작은 합성 siRNA가 AIDS를 포함한 암과 바이러스 질환을 치료하는 데 새롭고 중요한 도구임이 입증될 수 있는지를 설명하고 있다. 같은 장에서, 독자는 어떻게 그러한 RNA의 작용이 식물과 선충의 연구에서 처음 밝혀졌는지를 알게 될 것이다. 어느 누구도 세포 및 분자생물학에서 기초 연구의 실용적 중요성을 결코 예측할 수 없다는 것은 분명하게 되었다. 또한 나는 교재의 본문 전반에 걸쳐 인체생물학과 임상적 적용에 관한 적합한 정보가 포함되도록 노력하였다.

● 나는 학생들이 복잡한 세포 및 분자의 과정들을 가시적으로 이해하는 데 도움을 주는 양질의 삽화들을 사용하려고 하였다. 이 목적을 달성하기 위해, 많은 삽화들은 정보가 더 쉽게 처리될 수 있는 부분들로 세분하여 처리하였다. 각 단계에서 일어나는 일들은 그림 설명에 그리고/또는 해당 본문에 설명되어 있다. 나는 또한 다수의 현미경사진을 포함시켜서, 학생들이 논의되고 있는 주제에 대한 표현들을 이해할 수 있도록 하였다. 사진들 중에는 세포의 역동적인 특성을 보여주거나 특정 단백질 또는 핵산 염기서열의 위치를 확인하기 위한 방법을 보여주는 많은 형광현미경 사진들이 포함되어 있다. 가능하면 어느 곳에서든지, 나는 선(線) 삽화도(挿畵圖)와 현미경 사진이 함께 짝을 이루도록 구성하여 학생들이 어떤 구조에 관하여 이상적이고 실질적인 측면을 비교할 수 있도록 노력하였다.

제6판에서 가장 중요한 변화는 다음과 같은 것들을 들 수 있다.

● 이전 판들에서 항상 각 장의 끝에 있던 참고문헌을 이제 교재의 끝부분에 위치시킬 것이다.

● 세포 및 분자생물학에서 수많은 정보가 끊임없이 변하고 있어서 우리 모두가 느낄 수 있는 많은 흥미로움을 주고 있다. 비록 제5판이 출간된 후 3년밖에 지나지 않았지만, 교재에서 논의된 거의 모든 내용이 수정되었다. 이것은 단원들의 길이를 크게 늘리지 않고 이루어졌다.

● 제5판에서 모든 삽화는 면밀히 검토되었고 제6판에서 재사용된 것들 중 다수가 약간 수정되었다. 제5판에 있던 많은 그림들은 새로운 그림을 사용하기 위해서 삭제되었다. 강사들은 선 삽화와 현미경사진을 함께 배치한 그림들에 대하여 특별한 호감을 표하였으며, 그래서 이런 식의 삽화를 제6판에서 더 많이 사용하였다. 전체적으로, 제6판에는 60가지 이상의 새로운 현미경사진과 컴퓨터에서 얻은 상(像)들이 포함되어 있으며, 이 모든 자료는 원본(original source)을 사용하였다.

감사의 글

존 와일리 앤 선스(John Wiley & Sons) 출판사에 근무하는 많은 분들이 이 교재에 중요한 공헌을 하였다. 두개의 판(版)에 걸쳐 노력과 지원을 해 준 잊을 수 없는 제랄딘 오스나토(Geraldine Osnato)에게 계속적인 감사를 표한다. 이 판에서는 훌륭하게 그녀의 직책을 수행하고 있는 메릴라트 스타트(Merillat Staat)가 케빈 위트(Kevin Witt)의 지도로 이 작업에서 편집자의 역할을 하였다. 또한 이 교재에 사용된 다양한 보조 자료의 개발을 맡아준 데 대하여 메릴라트에게 감사한다. 나는 그야말로 최고인 와일리(Wiley) 출판사의 제작 직원팀에게 특히 감사한다. 제작 편집장인 진인 후리노(Jeanine Furino)는 저자가 계속 요청하는 교재 변경의 공세는 물론, 식자공, 교열 담당자, 교정자, 삽화가, 사진 편집자, 디자이너, 그리고 모형 제작자 등으로부터 받는 정보를 조정하는 중추신경계의 역할을 하였다. 항상 차분하고 체계적이며 세심한 그녀는 모든 일이 정확하게 수행되도록 확인하였다. 힐러리 뉴만(Hilary Newman)과 애나 멜혼(Anna Melhorn)은 각각 사진과 선 삽화 프로그램을 맡았다. 이 교재의 여섯 개 판 모두에서 힐러리와 함께 일한 것은 나에게 큰 행운이었다. 힐러리는 능숙하고 인내심이 강하며, 요구하는 어떤 그림(像)을 얻어내는 그녀의 능력에 대해 최상의 확신을 갖고 있다. 애나와 함께 네 번째 작업을 하게 된 것 또한 큰 기쁨이었다. 교재에는 복잡한 삽화 프로그램이 있으며, 애나는 이를 완성하는 데 필요한 많은 것들을 조정하는 일을 훌륭하게 해냈다. 책과 표지의 우아한 디자인은 남다른 재능을 가진 매들린 레슈어(Madelyn Lesure)의 노력 덕분이다. 이 작업의 대부분을 편집 보조원으로 일했지만, 출판 직전 알래스카의 자연으로 이주한 앨리사 에틀하임(Alissa Etrheim)에게 감사를 표한다. 또한 제9장을 수정하고 형광영상기술과 이에 따른 삽화 부분에 기여한 클레어 볼체크(Claire Walczak)의 모든 도움에 감사한다. 각 장에서 페이지를 솜씨 있게 배치한 로라 이어라알디(Laura Ierardi)에게 특별히 감사한다.

나는 이 교재에 사용된 현미경 사진을 기부해 준 많은 생물학자들에게 특별히 감사한다. 이 사진들은 어떤 다른 것들보다도 인쇄된 페이지에서 세포생물학을 공부하는 데 활기를 불어 넣어 준다. 마지막으로, 나는 교재에서 생길 수 있는 모든 오류들에 대해 미리 사과하며, 나의 진심어린 무안함을 표하고자 한다. 나는 다음의 검토위원들로부터 건설적인 비판과 지당한 충고에 감사한다.

제6판 검토위원:

Ravi Allada
Northwestern University

Kenneth J. Balazovich
University of Michigan

Martin Bootman
Babraham Institute

Richard E. Dearborn
Albany College of Pharmacy

Linda DeVeaux
Idaho State University

Benjamin Glick
The University of Chicago

Reginald Halaby
Montclair State University

Michael Hampsey
University of Medicine and Dentistry of New Jersey

Michael Harrington
University of Alberta

Marcia Harrison
Marshall University

R. Scott Hawley
American Cancer Society Research Professor

Mark Hens
University of North Carolina, Greensboro

Jen-Chih Hsieh
State University of New York at Stony Brook

Michael G. Jonz
University of Ottawa

Roland Kaunas
Texas A&M University

Tom Keller
Florida State University

Rebecca Kellum
University of Kentucky

Kim Kirby
University of Guelph

Faith Liebl
Southern Illinois University, Edwardsville

Jon Lowrance
Lipscomb University

Charles Mallery
University of Miami

Michael A. McAlear
Wesleyan University

JoAnn Meerschaert
Saint Cloud State University

John Menninger
University of Iowa

Kirsten Monsen
Montclair State University

Alan Nighorn
University of Arizona

Charles Putnam
The University of Arizona

David Reisman
University of South Carolina

Shivendra V. Sahi
Western Kentucky University

Eric Shelden
Washington State University

Paul Twigg
University of Nebraska-Kearney

Claire E. Walczak
Indiana University

Paul E. Wanda
Southern Illinois University, Edwardsville

Andrew Wood
Southern Illinois University

Jianzhi Zhang
University of Michigan

이전의 제4판을 검토해 주신 다음의 위원들에게도 여전히 감사한다.

Linda Amos
MRC Laboratory of Molecular Biology

Karl Aufderheide
Texas A&M University

Gerald T. Babcock
Michigan State University

William E. Balch
The Scripps Research Institute

James Barber
Imperial College of Science—Wolfson Laboratories

John D. Bell
Brigham Young University

Wendy A. Bickmore
Medical Research Council, United Kingdom

Ashok Bidwai
West Virginia University

Daniel Branton
Harvard University

Thomas R. Breen
Southern Illinois University

Sharon K. Bullock
Virginia Commonwealth University

Roderick A. Capaldi
University of Oregon

Gordon G. Carmichael
University of Connecticut Health Center

Ratna Chakrabarti
University of Central Florida

K. H. Andy Choo
Royal Children's Hospitals—The Murdoch Institute

Dennis O. Clegg
University of California—Santa Barbara

Orna Cohen-Fix
National Institute of Health, Laboratory of Molecular and Cellular Biology

Ronald H. Cooper
University of California—Los Angeles

Philippa D. Darbre
University of Reading

Roger W. Davenport
University of Maryland

Barry J. Dickson
Research Institute of Molecular Pathology

Susan DeSimone
Middlebury College

David Doe
Westfield State College

Robert S. Dotson
Tulane University

Jennifer A. Doudna
Yale University

Michael Edidin
Johns Hopkins University

Evan E. Eichler
University of Washington

Arri Eisen
Emory University

Robert Fillingame
University of Wisconsin Medical School

Jacek Gaertig
University of Georgia

Reginald Halaby
Montclair State University

Rebecca Heald
University of California—Berkeley

Robert Helling
University of Michigan

Arthur Horwich
Yale University School of Medicine

Joel A. Huberman
Roswell Park Cancer Institute

Gregory D. D. Hurst
University College London

Ken Jacobson
University of North Carolina

Marie Janicke
University at Buffalo—SUNY

Haig H. Kazazian, Jr.
University of Pennsylvania

Laura R. Keller
Florida State University

Nemat O. Keyhani
University of Florida

Nancy Kleckner
Harvard University

Werner Kühlbrandt
Max-Planck-Institut für Biophysik

James Lake
University of California—Los Angeles

Robert C. Liddington
Burnham Institute

Vishwanath R. Lingappa
University of California—San Francisco

Jeannette M. Loutsch

Margaret Lynch
Tufts University

Charles Mallery
University of Miami

Ardythe A. McCracken
University of Nevada—Reno

Thomas McKnight
Texas A&M University

Michelle Moritz
University of California—San Francisco

Andrew Newman
Cambridge University

Alan Nighorn
University of Arizona

Jonathan Nugent
University of London

Mike O'Donnell
Rockefeller University

James Patton
Vanderbilt University

Hugh R. B. Pelham
MRC Laboratory of Molecular Biology

Jonathan Pines
Wellcome/CRC Institute

Debra Pires
University of California—Los Angeles

Mitch Price
Pennsylvania State University

David Reisman
University of South Carolina

Donna Ritch
University of Wisconsin—Green Bay

Joel L. Rosenbaum
Yale University

Wolfram Saenger
Freie Universitat Berlin

Randy Schekman
University of California—Berkeley

Sandra Schmid
The Scripps Research Institute

Trina Schroer
Johns Hopkins University

David Schultz
University of Louisville

Rod Scott
Wheaton College

Katie Shannon
University of North Carolina—Chapel Hill

Joel B. Sheffield
Temple University

Dennis Shevlin
College of New Jersey

Harriett E. Smith-Somerville
University of Alabama

Bruce Stillman
Cold Springs Harbor Laboratory

Adriana Stoica
Georgetown University

Colleen Talbot
California State Univerity, San Bernardino

Giselle Thibaudeau
Mississippi State University

Jeffrey L. Travis
University at Albany—SUNY

Paul Twigg
University of Nebraska—Kearney

Nigel Unwin
MRC Laboratory of Molecular Biology

Ajit Varki
University of California—San Diego

Jose Vazquez
New York University

Jennifer Waters
Harvard University

Chris Watters
Middlebury College

Andrew Webber
Arizona State University

Beverly Wendland
Johns Hopkins University

Gary M. Wessel
Brown University

Eric V. Wong
University of Louisville

Gary Yellen
Harvard Medical School

Masasuke Yoshida
Tokyo Institute of Technology

Robert A. Zimmerman
University of Massachusetts

학생들에게

내가 대학에 다니기 시작할 당시에, 생물학은 유망한 전공 분야 목록에서 바닥권에 있었을 것이다. 나는 가장 쉬운 가능한 방법으로 생명과학 이수 요건을 충족시키기 위해 자연(형질) 인류학(physical anthropology) 과정에 등록했다. 그 과정 동안, 나는 처음으로 염색체, 유사분열, 유전자 재조합 등에 관하여 배웠고, 이런 작은 부피의 세포 공간 속에서 일어날 수 있는 복잡한 활동들에 매료되었다. 그 다음 학기에, 나는 생물학입문 과목을 수강하고 나서 세포생물학자가 될 것을 심각하게 고려하기 시작했다. 나는 이런 사소한 개인적인 일로 여러분을 고민하게 함으로써, 여러분이 내가 이 책을 쓴 이유를 그리고 여러분에게 미칠 수 있는 영향을 알리려고 하는 것을 이해하게 될 것이다.

비록 수년이 지났지만, 나는 아직도 세포생물학은 탐구할만한 가장 매력적인 과목이라고 생각하며, 이 분야의 동료 연구자들이 가장 최근에 발견한 것들을 읽으면서 지내는 것을 여전히 좋아한다. 그래서 내가 세포생물학의 교재를 집필하는 것은 이 분야 전반에 걸쳐 일어나고 있는 상황에 뒤지지 않도록 동기와 기회를 갖기 위해서 이다. 내가 이 교재를 쓰는 주된 목적은, 학생들로 하여금 생물의 세포계(細胞界)에 존재하는 거대한 분자들과 미세한 구조들이 관여하는 활동들에 감탄하도록 돕는 것이다. 또 다른 목적은, 세포 및 분자생물학자들이 어떤 의문을 제기하며 그리고 그들이 답을 얻기 위해 사용하는 실험적 접근법 등에 관한 식견을 지니도록 독자들에게 알리기 위해서 이다. 교재를 읽을 때, 연구자처럼 생각하라. 즉, 제시된 증거를 고려해서, 대안적인 설명을 생각하고, 새로운 가설에 이를 수 있는 실험을 계획하라.

여러분은 이 교재의 여러 페이지에 있는 많은 전자현미경 사진들 중 하나를 쳐다보면서 이러한 접근을 시작할 수 있을 것이다. 이러한 사진을 찍기 위하여, 여러분은 작고 캄캄한 방안에서 경통(鏡筒)이 여러분 머리위로 몇 미터 솟아오른 커다란 금속 기계 앞에 앉아있을 것이다. 여러분은 쌍안경을 통해 생생하고 밝은 초록색의 관찰화면(형광판)을 보고 있다. 여러분이 관찰하고 있는 세포 부위들은 밝은 초록색 배경에서 어두운 무색으로 나타난다. 세포의 구조들은 어둡게 보인다. 그 이유는 다음과 같다. 즉, 경통 안의 큰 전자(電磁) 렌즈(electromagnetic lens)에 의해서 관찰하는 형광판 위에 초점이 맞추어져 있는데, 관찰되는 재료가 중금속 원자들로 염색되어서 전자 다발 속의 일부 전자들이 방향을 바꾸어 반사되기 때문이다. 형광판에 와 닿는 전자들은 진공 상태의 경통을 통해 수만 볼트의 힘으로 가속된다. 여러분의 한 손은 렌즈의 배율을 조절하는 손잡이를 잡고 있을 것이다. 이 손잡이를 돌리면, 세포 전체를 볼 수 있는 시야에서부터 몇 개의 리보솜 또는 단일 막의 작은 일부와 같은 세포의 아주 작은 부분을 볼 수 있는 시야에 이르기까지, 여러분 눈앞에 보이는 상(像)을 바꾸어 볼 수 있다. 또 다른 손잡이를 돌리면, 여러분은 형광판을 가로질러 미끄러져 가는 시료의 다른 부위를 관찰할 수 있어서, 여러분이 세포 속에서 운전을 하고 있는 느낌을 받는다. 일단 여러분이 하나의 흥미로운 구조를 발견하면, 손잡이를 돌려서 형광판을 들어 올릴 수 있다. 그러면 전자 다발이 한 장의 필름 위에 도달하게 되어 그 시료의 상을 사진으로 촬영할 수 있다.

세포의 기능에 대한 연구는 방금 앞에서 설명한 전자현미경과 같은 대단한 도구의 사용을 필요로 하기 때문에, 연구자는 연구되고 있는 주제에서 실제로는 떨어져 있다. 대체로 세포는 아주 작은 블랙박스(black box: 기능은 알지만 작동 원리를 이해할 수 없는 복잡한 기계 장치)와 같다. 우리는 이 상자들을 탐색하기 위해 여러 가지 방법을 개발해왔지만, 완전히 밝혀질 수 없는 영역에서 항상 찾아내려고 노력하고 있다. 발견이 이루어지거나 또는 새로운 기술이 개발되어서, 새로운 가느다란 빛 줄기가 그 상자를 꿰뚫어 보게 된다. 더 많은 연구가 이루어짐에 따라, 구조 또는 과정에 대한 우리의 이해가 넓어지지만, 우리에게는 항상 또 다른 의문이 남는다. 우리는 더 완전하고 정교한 구조들을 만들어 내지만, 우리의 관찰이 실체(實體)에 얼마나 가까이 접근한 것인지 결코 확신할 수 없다. 이러한 점에서, 세포와 분자생물학에 관한 연구는 옛 인디아의 우화에서 6명의 맹인들이 행했던 코끼리의 연구에 비유될 수 있다. 여섯 명의 맹인들은 코끼리에 대한 성질을 알아보려고 가까운 궁궐로 여행한다. 궁궐에 도착하여, 각자 코끼리에게 접근하여 만지기 시작한다. 첫 번째 맹인은 코끼리의 옆을 만지고 나서 코끼리가 벽처럼 매끄럽다고 결론짓는다. 두 번째 맹인은 몸통을 만지고 나서 코끼리가 뱀처럼 둥글다고 결정한다. 다른 구성원들은 그 코끼리의 엄니, 다리, 귀, 꼬리 등을 만지고 나서, 각각 자신의 제한된 경험에 기초하여 그 동물에 대한 느낌을 말한다. 세포생물학자들은 특별한 기술 또는 실험적 접근법을 이용하여 배울 수 있는데, 이것은 위의 예에서와 비슷한 방식으로 제한되어 있다. 비록 각각의 새로운 정보가 기존의 지식에 추가되어 연구되고 있는 내용이 더 나은 개념을 갖게 되더라도, 전체 그림은 불확실한 상태로 남아있다.

이 머리말을 마무리하기 전에, 독자에게 몇 가지 조언을 하고자 한다. 즉, 여러분이 읽은 모든 것을 사실로 받아들이지 말라. 이런 회의적인 권고를 하는 것은 여러 가지 이유가 있다. 의심할 여지없이, 이 교재에는 과학문헌의 일부 측면에 대한 저자의 무지 또는 오해로 인한 오류가 있다. 그러나 더 중요한 것은, 우리가 생물학 연구의 본질을 고려해야 한다는 점이다. 생물학은 경험적 과학이다. 즉, 어떤 것도 결코 증명된 것은 없다. 우리는 특정한 세포 소기관, 대사반응, 세포 내 이동 등에 관련된 자료를 수집하여, 어떤 유형의 결론을 이끌어낸다. 어떤 결론은 다른 것보다 더 강력한 증거에 근거를 두고 있다. 비록 특정한 현상에 관한 "사실"에 대하여 일치된 합의가 있다 하더라도, 흔히 그 자료에 대하여 여러 가지로 해석될 가능성이 있다. 가설이 나와서 일반적으로 후속 연구를 자극하게 됨으로써, 원래의 제안을 재평가하게 된다. 타당성이 있는 대부분의 가설은 얼마간의 진화를 거치며, 이런 가설이 교재에 실릴 때에는 전부 맞거나 또는 전부 틀린 것으로 간주되지 말아야 한다.

세포생물학은 빠르게 발전하는(변하는) 분야이며 최선의 가설들 중 일부가 때로는 상당한 논란을 불러일으킨다. 이 책에서 잘 시험된 자료를 발견할 것으로 기대되지만, 여러 곳에 새로운 발상이 제시되어 있다. 이러한 발상은 흔히 모형(model)으로 설명되어 있다. 비록 그 발상이 가정적인 것이더라도, 그 분야에서 형성되고 있는 현재의 견해를 전달하기 때문에 그런 모형들을 사용하였다. 더구나, 그 모형들은 세포생물학자들이 알려지지 않은 것과 알려진 것(또는 알려진 것으로 생각된 것) 사이의 경계에 있는, 과학의 미개척 영역에서 연구한다는 생각을 한층 강력하게 한다. 항상 의문을 갖기 바란다.

간략 목차

목차

제7장 DNA 복제와 수선 347

제8장 세포의 막 383

제9장 미토콘드리아의 구조와 기능 451

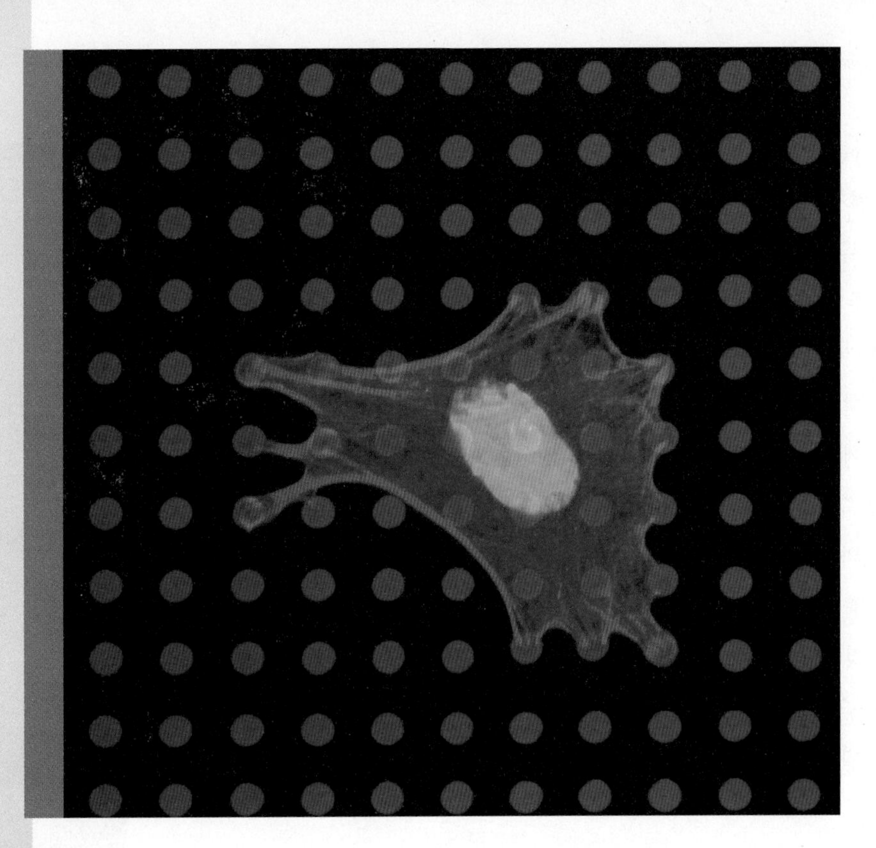

제 1 장

세포생물학의 소개

1-1 세포의 발견

1-2 세포의 기본적 특성

1-3 근본적으로 다른 두 종류의 세포

인간의 전망: 세포대체요법의 가능성

1-4 바이러스

실험경로: 진핵세포의 기원

세포, 그리고 이를 구성하는 구조들은 너무 작아서 직접 보고, 듣고, 만질 수 없다. 이런 어려움에도 불구하고, 면밀한 조사를 거쳐 나오는 세포의 아주 작은 구조에 관한 정보들이 매년 수십만 가지의 출판물에서 다루어지고 있다. 여러 면에서, 세포 및 분자생물학의 연구는 발견을 추구하는 인간의 호기심, 그리고 그 발견을 가능하게 하는 복잡한 기구와 정교한 기술을 고안하는 인간의 창조적인 지적 능력 등의 덕분에 가능하다. 이것은 세포 및 분자생물학자들이 이런 고귀한 특성을 독차지 한다는 뜻은 아니다.

과학 영역의 한편에서, 천문학자들은 지구와 비교할 때 그 특성을 상상할 수 없는 블랙홀(black hole)과 선회하는 펄서(pulsar)[a]를 연구하기 위해 우주의 가장자리를 탐색하고 있다.

세포생물학 분야에서 기술 혁신의 역할에 관한 하나의 예. 이 광학현미경 사진은 현미경적 크기의 합성판 위에 있는 하나의 세포를 보여주고 있다. 신축성 있는 판은 세포가 발휘하는 기계적 힘을 측정하기 위한 감지기(sensor)로 작용한다. 빨간색으로 염색된 것은 운동하는 동안 힘을 발생시키는 세포 속의 액틴섬유 다발들이다. 이 세포가 움직일 때, 붙어 있는 판을 잡아당기면 이 판은 자신이 받고 있는 잡아당기는 힘의 양을 알려준다. 세포의 핵은 초록색으로 염색되어 있다.

역자 주[a] 펄서(pulsar): 은하계 내에서 일정한 주기로 펄스(pulse) 모양의 전파를 빠르게 내보내는 천체의 총칭으로서, 맥동전파원(脈動電波源)이라고도 한다.

과학의 또 다른 한편에서는, 핵물리학자들이 역시 상상도 못할 특성을 지닌 원자보다 작은 입자에 그들의 주의력을 집중시키고 있다. 확실히, 우리의 우주는 세상 속에 또 다른 세상들로 이루어져 있고, 그 우주의 만물은 매력적인 연구에 이바지하고 있다.

이 책 전체를 통해 확실하게 되겠지만, 세포 및 분자생물학은 환원주의자(還元主義者, *reductionist*) 입장에서 다루어진다. 즉, 환원주의는 전체를 구성하는 부분 요소들을 인식함으로써 전체의 성질을 설명할 수 있다는 견해를 바탕으로 한다. 이런 관점에서 보면, 생명의 경이와 신비에 대한 우리의 느낌(感情)을 생명계의 모든 일이 "기구(機構, machinery)"의 작용으로 일어난다는 설명으로 대체될 수 있을 것이다. 이런 변화가 생기기 위해, 상실된 감정의 자리가 세포 활동의 기본적인 기작(機作, mechanism)들의 아름다움과 복잡성을 식별하는 능력(識別力)으로 대체되기를 바란다. ■

(*a*)

(*b*)

그림 1-1 **세포의 발견.** (*a*) 로버트 후크가 장식하여 만든 복합(2개의 렌즈를 사용한) 현미경들 중 하나. 〈삽입도〉 후크가 얇은 코르크 조각을 그린 그림으로서, "세포들"이 벌집 모양으로 되어 있는 것을 보여준다. (*b*) 안톤 반 레벤후크가 사용한 하나의 렌즈로 만든 확대경. 그는 이 확대경으로 세균 및 다른 미생물들을 관찰하였다. 2개의 금속판 사이에 양면 볼록렌즈를 끼워 만든 이 확대경은 물체를 약 270배로 확대할 수 있으며, 이의 분해능은 약 1.35μm이다.

1-1 세포의 발견

세포는 크기가 작기 때문에 매우 작은 물체의 확대된 상을 보여주는 기구, 즉 **현미경**(顯微鏡, microscope)의 도움으로 관찰될 수 있다. 굽은 유리(렌즈) 표면이 빛을 굴절시켜 상(像)을 형성할 수 있다는 놀라운 사실을 사람이 언제 처음으로 발견했는지는 정확히 알지 못한다. 안경은 13세기에 유럽에서 처음으로 만들어졌고, 최초의 복합(2개의 렌즈를 사용한) 광학현미경은 17세기 말에 만들어졌다. 1600년대 중엽에, 몇 명 안 되는 초기의 과학자들은 육안으로는 결코 볼 수 없었던 세상을 밝히기 위해서 그들이 손수 만든 현미경을 사용하였다. 세포의 발견(그림 1-1*a*)은 영국의 현미경학자인 로버트 후크(Robert Hooke)에 의해 이루어졌다.

후크는 27세에 영국 최고의 과학원인 런던왕립학회(Royal Society of London) 큐레이터의 지위를 수여받았다. 그가 받은 많은 질문 중의 하나는, 왜 코르크(cork, 나무의 껍질 부분)로 만든 병마개가 병 속에 공기를 보존하는 데 그렇게 적합한가이었다. 그는 1665년에 다음과 같은 글을 썼다. "나는 깨끗한 코르크 조각 하나를 준비해서, 면도날만큼 날카롭게 만든 작은 주머니칼로, 코르크 조각을 잘라낸 다음, . . . 현미경(*Microscope*)으로 관찰하여, 벌집처럼 생긴 작은 구멍이 나타나는 것을 알 수 있었다." 후크는, 수도원의 수도사들이 살고 있는 작은 방(cell)들이 연상되어, 그 구멍을 세포(細胞, *cell*)라고 하였다. 사실 후크는 죽은 식물 조직에서 세포의 내용물이 비어있는 세포의 세포벽(wall)을 관찰하였다. 원래 이 세포벽은 살아 있던 세포가 만든 것이다.

한편, 옷감과 단추를 판매하는 네덜란드의 안톤 반 레벤후크(Anton van Leeuwenhoek)는 렌즈를 갈아서 매우 질 좋은 확대경을 만들면서 여가를 보내고 있었다(그림 1-1*b*). 50년 동안, 레벤후크는 그의 현미경 관찰—그의 일상 습관과 건강상태 등에 관한 신변잡기와 함께—을 기록한 편지를 런던왕립학회로 보냈다. 레벤후크는 현미경 하에서 연못물을 관찰한 최초의 사람이다. 놀랍게도, 그는 그의 눈앞에서 앞뒤로 쏜살같이 움직이는 현미경적인 "극미동물(animalcule)"들이 바글거리는 것을 관찰한다.

또한 그는, 후추 가루를 풀은 물에서 그리고 이 사이에 낀 음식물 찌꺼기에서 관찰한, 여러 가지 세균(細菌; 박테리아, bacteria)의 형태를 기재한 최초의 사람이다. 이 전에 보지 못했던 미시세계에 관하여 기록한 그의 초기 편지들을 받은 런던왕립학회는 레벤후크의 관찰 사실을 확인하기 위해서 큐레이터인 로버트 후크를 파견하게 되는 회의적인 일이 있었다. 로버트 후크는 레벤후크가 러시아의 피터(Peter, 또는 피요르트) 황제와 영국의 여왕 등이 네덜란드에 와서 그를 방문하는 세계적인 유명 인사였다고 보고하였다.

1830년대까지 세포의 광범위한 중요성이 인식되지 못하였다. 1838년, 식물학자로 전환한 독일의 변호사 마티아스 슈라이덴(Mathias Schleiden)은, 여러 가지 조직의 구조는 다르더라도, 식물은 세포로 이루어져 있고 식물의 배(胚)는 하나의 세포로부터 생긴 것이라고 결론지었다. 1839년, 독일의 동물학자이며 슈라이덴의 동료인 데오도르 슈반(Theodor Schwann)은 세포를 기초로 한 동물에 관한 종합 보고서를 출간하였다. 슈반은 식물과 동물의 세포는 구조적으로 비슷하다고 결론지었고 다음과 같은 두 가지 조항의 **세포설**(細胞說, cell theory)을 제안하였다.

- 모든 생명체들은 하나 또는 그 이상의 세포로 이루어져 있다.
- 세포는 생명체의 구조적 단위이다.

세포의 기원(起源, *origin*)에 관한 슈라이덴과 슈반의 생각은 통찰력이 부족했던 것으로 판명되었다. 즉, 이 두 사람은 세포가 비(非)세포적인 물질로부터 생길 수 있다고 생각하였다. 당시 탁월함을 인정받았던 이 두 과학자들의 생각은 과학계에서 몇 년 동안 유지되었다. 그러나 생물이 자연발생적으로 생기지 않는 것처럼 세포도 그런 방법으로 생기지 않는다는 것이 다른 생물학자들에 의해 증명됨으로써, 이 관찰 결과가 수용되었다. 1855년경, 독일의 병리학자인 루돌프 휘르호브(Rudolph Virchow)는 세포설의 세 번째 조항을 설득력 있게 주장하였다.

- 세포들은 오직 이미 존재했던 세포로부터 분열에 의해 생긴다.

1-2 세포의 기본적 특성

식물과 동물이 살아 있는 것과 마찬가지로, 세포도 살아 있다. 사실 생명은 세포의 가장 기본적인 특성이며, 세포는 이러한 특성을 나타내기 위한 가장 작은 단위이다. 하나의 세포에서 분리된 부분들이 간단히 파괴되는 것과 다르게, 온전한 세포들은 식물 또는 동물로부터 떼어 내어 실험실에서 배양될 수 있으며, 이 세포들은 얼마 동안 자라고 증식할 것이다. 만일 조건이 맞지 않으면 세포들은 죽게 될 것이다. 죽음 또한 생명의 가장 기본적인 특성 중의 하나라고 생각될 수 있다. 왜냐하면 오직 살아 있는 존재 만이 죽음에 직면하기 때문이다. 놀랍게도 우리 몸속의 세포들은 보통 "자신의 손에 의해" 스스로 죽는다. 즉, 세포가 더 이상 필요하지 않거나 또는 세포가 암으로 전환될 위험을 스스로 제거하려고 세포 내부의 프로그램(예정)에 따라 죽는다.

사람 세포의 최초 배양은 1951년 존스홉킨스대학교(Jones Hopkins University)의 죠지(George)와 마사 그레이(Martha Grey)에 의해 시작되었다. 그 세포는 악성종양에서 얻었는데, 기증자인 헨리에타 랙스(Henrietta Lacks)의 이름을 따서 헬라 세포(Hela-cell)라고 명명되었다. 맨 처음 채취된 세포들의 분열로 얻어진 헬라 세포들은 오늘날 전 세계의 실험실에서 아직도 자라고 있다(그림 1–2). 이 세포들은 몸속에 있는 세포들보다 연구하기에 훨씬 더 용이하기 때문에, 시험관 내에서(*in vitro*, 즉, 배양용기 속에서, 생체 외에서) 자란 세포들은 세포 및 분자생물학자들의 중요한 연구 도구가 된다. 사실 이 책에서 논의될 많은 정보는 실험실 배양에서 자란 세포를 이용하여 얻어진 것이다.

우리는 세포의 가장 근본적인 몇 가지 특성을 알아보는 것으로부터 세포의 탐험 여행을 시작하기로 한다.

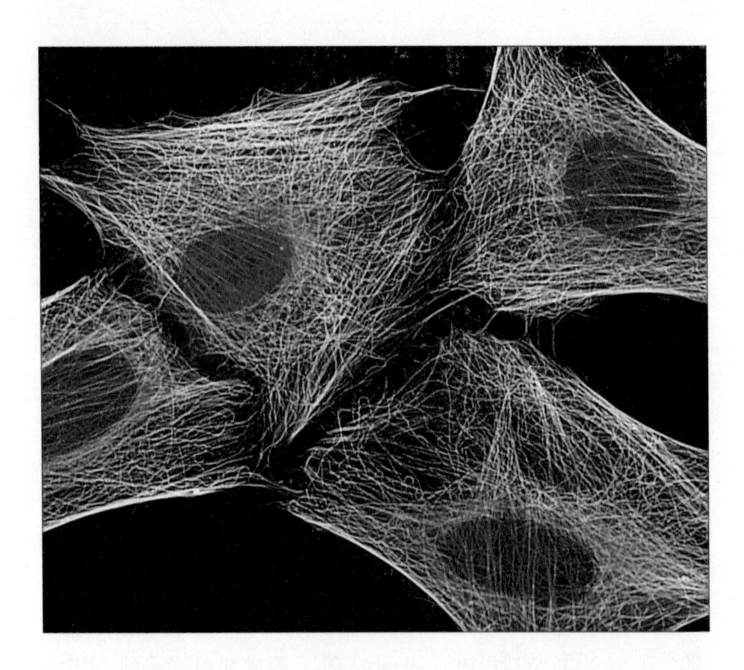

그림 1-2 **헬라 세포.** 여기의 사진에서처럼, 헬라 세포들은 오랜 기간 동안 배양되고 있는 최초의 인간 세포였으며 오늘날 아직도 이용되고 있다. 배양 시 수명이 제한되어 있는 정상 세포와 다르게, 이 암세포들은 생장과 분열에 좋은 조건이 유지되는 한 무한히 배양될 수 있다.

1-2-1 세포는 대단히 복잡하고 체제화 되어있다

세포의 특성 중 하나인 복잡성(複雜性, complexity)은 세포를 보고 있을 때는 확실히 알 수 있지만 설명하기는 어렵다. 지금으로서는, 복잡성을 질서와 일관성의 측면에서 생각할 수 있다. 구조가 더 복잡해질수록, 적합한 곳에 있어야 할 부분들의 수는 더 많아지며, 자연과 그 부분들의 상호 작용에서 생기는 오차의 허용 범위는 더 좁아지고, (세포의) 체제를 유지하기 위해 발휘되어야 하는 조절 또는 제어 작용은 더 많아진다. 세포의 활동은 놀라울 만큼 정밀하게 일어날 수 있다. 예로서, DNA 복제가 일어날 때, 뉴클레오티드를 잘 못 첨가시킬 오차율은 첨가된 뉴클레오티드 1,000만 개 당 1개 이하이다. 그리고 이들 잘 못 첨가된 뉴클레오티드들의 대부분은 결함을 인식하는 정교한 수선 기작에 의해 신속하게 교정된다.

이 책을 공부하는 동안, 우리는 여러 가지 다른 수준에서 생명의 복잡성을 생각하기 위한 기회를 갖게 될 것이다. 우리는 원자들이 작은 크기의 분자들로, 이 분자들은 거대한 중합체로, 그리고 서로 다른 중합체 분자들은 복합체 등으로 체제화(體制化, organization) 되는 것을 고찰할 것이다. 다음에 이 복합체들은 세포 이하의 구조인 소기관들로, 결국은 세포들로 체제화 된다. 모든 수준에서 대단한 일관성이 있다. 모든 종류의 세포는 고전압 전자현미경으로 보았을 때 일정한 모양을 갖고 있다. 즉, 세포의 소기관들은 한 종의 한 개체에서부터 다른 개체에 이르기까지 특별한 모양을 취하며 또한 특별한 위치에 있다. 이와 비슷하게, 모든 종류의 소기관을 이루는 고분자들의 구성도 일정하며, 이 분자들은 예측할 수 있는 양상으로 배열되어 있다. 여러분들의 소화계에서 영양물질의 이동을 담당하는 소장의 내벽 세포들을 생각해 보라(그림 1-3).

소장(小腸)의 내벽을 이루는 상피세포(上皮細胞, epithelial cell)들은 담장의 벽돌들처럼 서로 단단히 연결되어 있다. 이 세포들에서 소장의 통로 쪽을 향하여 있는 정단부 끝에는 영양물질의 흡수를 촉진하는 긴 돌기인 미세융모(微細絨毛, *microvillus*)들이 있다. 이들의 속에는 섬유들로 된 골격 구조가 있기 때문에 세포의 정단부 표면에서 바깥쪽으로 돌출된 구조를 유지할 수 있다. 이번에는 골격구조인 섬유들은 특이한 배열로 중합된 단백질(액틴, *actin*) 단량체들로 구성되어 있다. 이 상피세포의 기부 끝에는 매우 많은 미토콘드리아가 있어서 막의 여러 가지 수송 과정에 필요한 에너지를 공급한다. 각 미토콘드리아는 일정한 모양의 내막을 갖고 있으며, 이 막은 일정하게 배열된 단백질들로 이루어져 있다. 이 단백질들 중에는 전기적으로 작동하는 ATP-합성 기구가 있는데, 자루 위에 있는 공과 같이 내막에서 돌출되어 있다. 이러한 체제의 다양한 수준을 〈그림 1-3〉에 삽입되어 있는 그림들에서 볼 수 있다.

세포 및 분자생물학자들에게는 다행스럽게도, 그들의 관심사인 생물학적 체제의 수준에서 보면, 진화가 오히려 느리게 진행되었다. 예로서, 사람과 고양이는 해부학적 특징이 매우 다른데, 이들의 조직을 구성하는 세포들과 그 세포를 구성하는 소기관들은 매우 비슷하다. 〈그림 1-3, 삽입도 3〉에 나타낸 액틴섬유와 〈삽입도 6〉의 ATP-합성 효소는 사람, 달팽이, 효모, 미국삼나무 등과 같은 다양한 생물에서 발견되는데, 그 구조가 거의 동일하거나 비슷하다. 한 종류의 생물을 구성하는 세포를 연구하여 얻은 정보는 흔히 다른 생물에 직접 적용된다. 예로서, 단백질의 합성, 화학 에너지의 보존, 막의 구성 등과 같은 가장 기본적인 과정들의 대부분은 모든 생명체들에서 대단히 비슷하다.

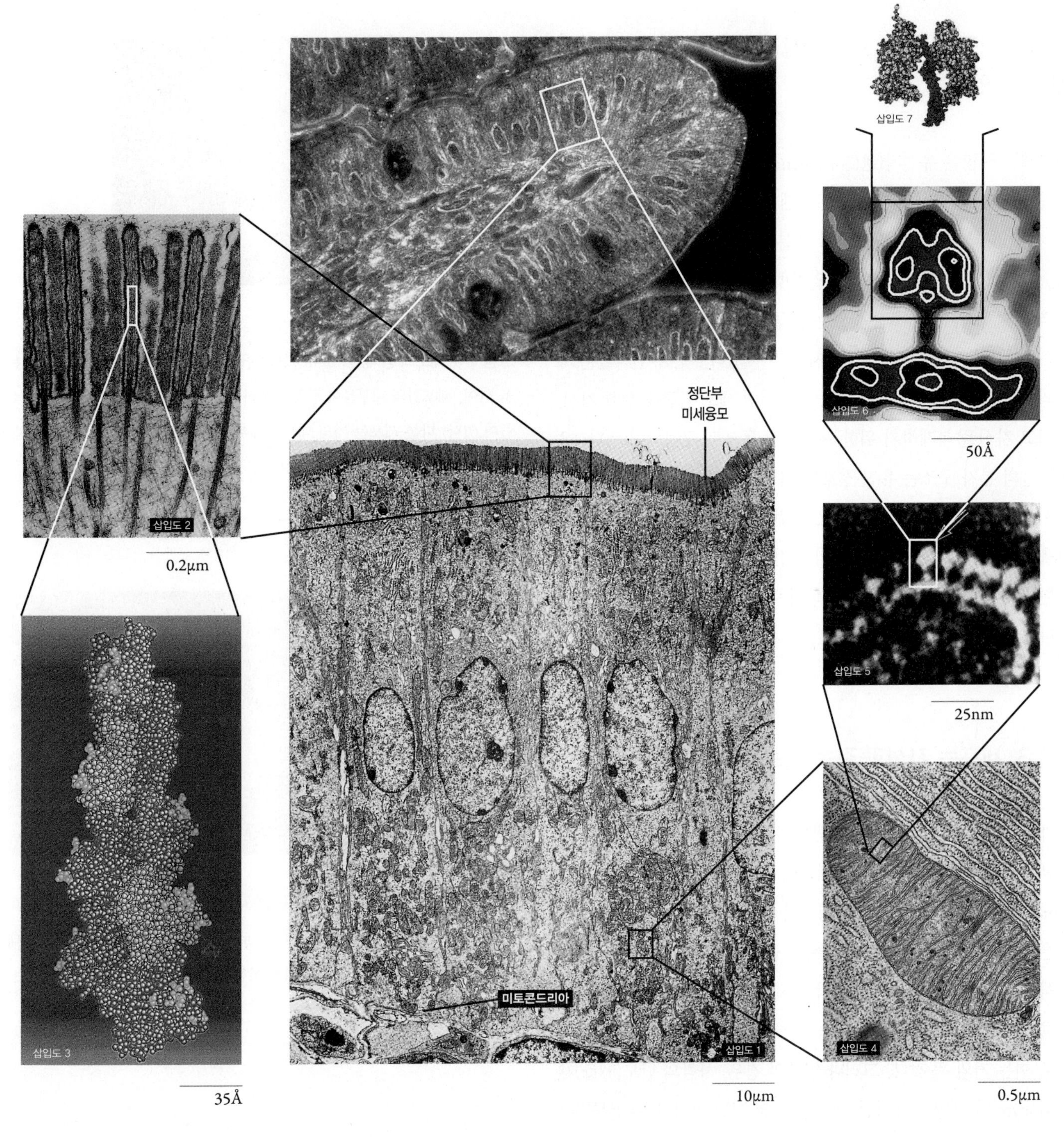

그림 1-3 세포 및 분자 체제의 수준들. 맨 위의 밝은 색깔로 염색된 절편의 사진은 소장의 내벽에 있는 미세융모를 광학현미경으로 관찰한 구조이다. 〈삽입도 1〉은 소장의 내벽을 싸고 있는 상피세포층의 전자현미경 사진이다. 영양물질이 지나가는 소장의 통로 쪽과 만나는, 각 세포의 정단부(apical) 표면에는 영양물질을 흡수하는 수많은 미세융모(microvilli)이 있다. 상피세포의 기부에는 많은 미토콘드리아(mitochondria)가 있으며, 여기에서 세포가 이용할 수 있는 에너지가 만들어진다. 〈삽입도 2〉는 정단부에 있는 미세융모들로서, 그 속에는 미세섬유의 다발이 들어 있다. 〈삽입도 3〉은 미세섬유를 구성하는 액틴 단백질의 소단위들을 보여준다. 〈삽입도 4〉는 상피세포의 기부에서 발견되는 것과 비슷한 하나의 미토콘드리아를 보여준다. 〈삽입도 5〉는 미토콘드리아 내막의 일부로서, 자루가 달린 입자들(위쪽의 화살표)을 갖고 있다. 이 입자들은 내막으로부터 돌출되어 있으며 ATP가 합성되는 자리에 해당한다. 〈삽입도 6과 7〉은 ATP-합성 기구의 분자 모형들로서, 제9장에서 논의된다.

1-2-2 세포는 유전 프로그램과 이를 사용하는 방법을 갖고 있다

생명체들은 많은 유전자(遺傳子, gene)들의 암호화된 정보에 따라서 만들어진다. 사람의 유전 프로그램은, 만일 이를 낱말로 바꾼다면, 수백만 페이지를 채울 정도로 충분한 정보를 갖고 있다. 놀랍게도, 이 거대한 양의 정보는 영어 알파벳 아이(i) 위의 점보다 수백 배 더 작은 세포 속 핵의 공간에 있는 한 벌의 염색체 속에 들어 있다.

유전자들은 수많은 정보를 저장할 수 있다. 즉, 유전자들은 세포의 구조를 만들기 위한 청사진, 연속적인 세포 활동을 위한 지시, 그리고 자신을 복제하기 위한 프로그램 등으로 구성되어 있다. 유전자들의 분자 구조는 유전 정보의 변화(돌연변이)를 일으킬 수 있어서 개체 사이의 변이를 만들며, 이런 변이는 생물학적 진화의 바탕을 이루게 된다. 세포가 자신의 유전 정보를 이용하는 기작을 발견한 것은 최근 몇 10년 동안 과학이 이룬 가장 큰 업적 중의 하나였다.

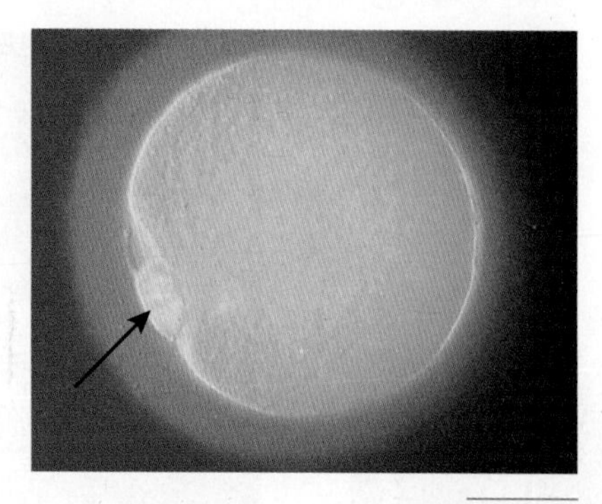

그림 1-4 **세포의 증식.** 이 포유동물의 난모세포는 방금 매우 불균등하게 분열을 하여, 세포질의 대부분이 장차 수정하여 배로 발달할 커다란 난모세포 속에 들어 있다. 다른 세포는 거의 대부분이 핵 물질[파란색으로 염색된 염색체(화살표)로 나타나 있음]로 구성되어 기능을 상실한 잔여물에 불과하다.

1-2-3 세포는 자신과 같은 세포를 더 만들 수 있다

개개의 생물들이 증식에 의해 생길 수 있는 것과 마찬가지로, 개개의 세포들도 역시 그렇다. 세포들은 분열에 의해 증식(增殖, reproduction)되며, 그 분열 과정에서 하나의 "모(母)" 세포의 내용물은 2개의 "딸" 세포 속으로 나뉘어 들어간다. 분열하기 전에, 유전물질은 정확하게 복제되며, 각 딸세포는 완전한 그리고 동일한 비율로 유전물질을 할당 받는다. 대부분의 경우, 2개의 딸세포들의 부피는 거의 똑 같다. 그러나 일부의 경우, 사람의 난모(卵母)세포(oocyte)가 분열할 때처럼, 세포들 중의 어느 하나가, 유전물질은 반절만 받음에도 불구하고, 거의 모든 세포질을 계속 유지할 수 있다(그림 1–4).

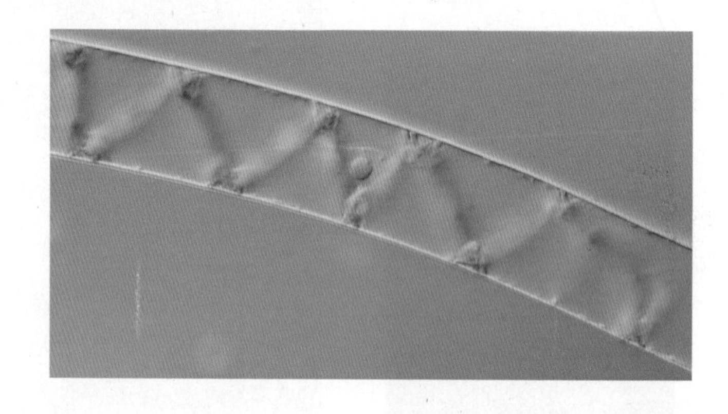

그림 1-5 **에너지의 획득.** 실 모양(絲狀)의 해캄속(*Spirogyra*) 녹조류(綠藻類)의 살아 있는 세포. 세포 속에서 지그재그로 보이는, 리본 모양의 엽록체는 태양으로부터 포착한 에너지를 광합성을 하는 동안 화학 에너지로 전환시키는 장소이다.

1-2-4 세포는 에너지를 얻고 활용한다

생물체에서 일어나는 모든 과정은 에너지의 투입이 필요하다. 실제로 지구상의 생명체들이 이용하는 모든 에너지는 태양으로부터 전자기(電磁氣) 방사선(electromagnetic radiation)의 형태로 도달한다. 빛 에너지는 광합성 세포의 막에 있는 빛을 흡수하는 색소에 의해 포착된다(그림 1–5). 빛 에너지는 광합성 작용에 의해서, 설탕(sucrose) 또는 녹말처럼 에너지가 풍부한 탄수화물에 저장된 화학 에너지의 형태로 전환된다. 대부분의 동물 세포에서 사용될 에너지는 흔히 포도당(葡萄糖, glucose)의 형태로 만들어진다.

1-2-5 세포는 다양한 화학 반응을 수행한다

세포들은 축소된 화학 공장처럼 작용한다. 가장 단순한 세균 세포에서 수백 가지의 서로 다른 화학적 전환이 일어날 수 있다. 그러나 비생물계에서는 그 중의 어느 한 가지도 눈에 띌만한 속도로 일어나지 않는다. 사실 세포 속에서 일어나는 모든 화학적 변화에는, 화학 반응의 속도를 매우 증가시키는 분자, 즉 효소(酵素, *enzyme*)가 필요하다. 하나의 세포 속에서 일어나는 화학 반응의 전체를 그 세포의 **물질대사**(物質代謝, metabolism)라고 한다.

1-2-6 세포는 기계적인 활동을 한다

세포는 활발한 활동이 일어나는 장소이다. 여러 가지 물질들이 이곳에서 저곳으로 운반되고, 세포 속의 구조들은 조립되었다가 신속히 해체되며, 그리고 많은 경우에, 세포 전체가 자신을 한 장소에서 다른 장소로 이동시킨다. 이런 활동은 세포 속에서 동적이며 기계적인 변화에 의해 일어나며, 이런 활동의 대부분은 "운동(motor)" 단백질의 모양 변화에 의해 시작된다. 운동 단백질은 기계적 활동을 수행하려고 세포에서 사용되는 많은 종류의 분자 "기계"들 중 하나이다.

1-2-7 세포는 자극에 반응할 수 있다

일부의 세포는 확실한 방법으로 자극(刺戟)에 반응한다. 예로서, 단세포 원생생물은 자신의 경로에 있는 장애물을 피해서 이동하거나 또는 영양분의 공급원을 향하여 이동한다. 다세포 식물 또는 동물을 구성하는 세포들은 자극에 대하여 덜 분명하게 반응한다. 대부분의 세포들은 고도로 특수한 방법으로 환경 속의 물질들과 상호작용하는 수용체(受容體, *receptor*)들로 싸여 있다. 세포들은 다른 세포들의 표면에 있는 물질들에 대해서는 물론, 호르몬, 성장인자, 세포외 물질 등에 대한 수용체들을 갖고 있다. 세포의 수용체들은 외부 물질들이 목표 세포에서 특수한 반응을 일으킬 수 있는 경로를 제공한다. 세포들은 그들의 대사활성을 변화시키고, 한 곳에서 다른 곳으로 이동함으로써, 또는 자살까지 하면서 특수한 자극에 반응할 수 있다.

1-2-8 세포는 자기-조절을 할 수 있다

세포가 복잡하고 질서정연한 상태를 유지하기 위해서는 에너지가 필요할 뿐만 아니라 끊임없는 자기-조절(自己-調節, self-regulation)이 필요하다. 세포에서 조절 기작의 중요성은 세포가 고장 날 때 가장 확실하게 드러난다. 예를 들면, 세포가 자신의 DNA를 복제할 때 생기는 실수를 교정하지 못하면 쇠약한 돌연변이로 될 수 있으며, 또한 세포의 생장을 조절하는 안전장치가 파괴되면 그 세포는 개체 전체를 파멸시킬 수 있는 암세포로 전환될 수 있다. 우리는 어떻게 세포가 자신의 활동을 조절하는가를 점차로 배워가고 있다. 그러나 밝혀지지 않은 것이 훨씬 더 많다.

1891년, 독일의 발생학자 한스 드리쉬(Hans Driesch)가 했던 다음과 같은 실험을 생각해 보자. 드리쉬는 바다 성게의 배(胚)에서 최초로 2개 또는 4개의 세포를 완전히 분리시킬 수 있었고, 이 세포들이 각각 정상적인 배로 계속 발달하는 것을 발견하였다(그림 1-6). 배의 일부분 만을 형성하도록 운명 지워진 세포가, 어떻게 자신의 활동을 조절하여 완전한 배를 형성할 수 있을까? 어떻게 분리된 세포가 자신의 이웃 세포들이 없어진 것을 인식할까? 그리고 어떻게 이런 인식작용이 세포의 발생 과정을 다시 새로운 방향으로 조절할까? 어떻게 하나의 배를 구성하는 일부의 세포들이 전체를 지각하는 능력을 가질 수 있을까? 우리는 이런 질문에 대해서, 이 실험이 실행되었던 백여 년 전에 비해서 오늘날 훨씬 발전된 답변을 할 수 없다.

이 책 전체를 통해서 우리는 일련의 질서 정연한 단계들이 필요한 많은 과정에 관하여 논의할 것이다. 이 일련의 과정은 자동차 조립 라인에서 공장 인부들이 차가 이동함에 따라 특수한 조절 장치를 추가하고, 제거하며, 또는 조립하는 것과 매우 비슷하다. 세포에서, 제품 설계를 위한 정보는 핵산 속에 있으며, 공장 인부들은 주로 단백질에 해당한다. 핵산과 단백질, 이 두 가지 고분자 물질은 세포의 화학적 특성을 비생물계의 특성으로부터 구별하는 데 있어서 어느 요소보다 더 중요한 역할을 한다. 이런 세포에서, 인부(단

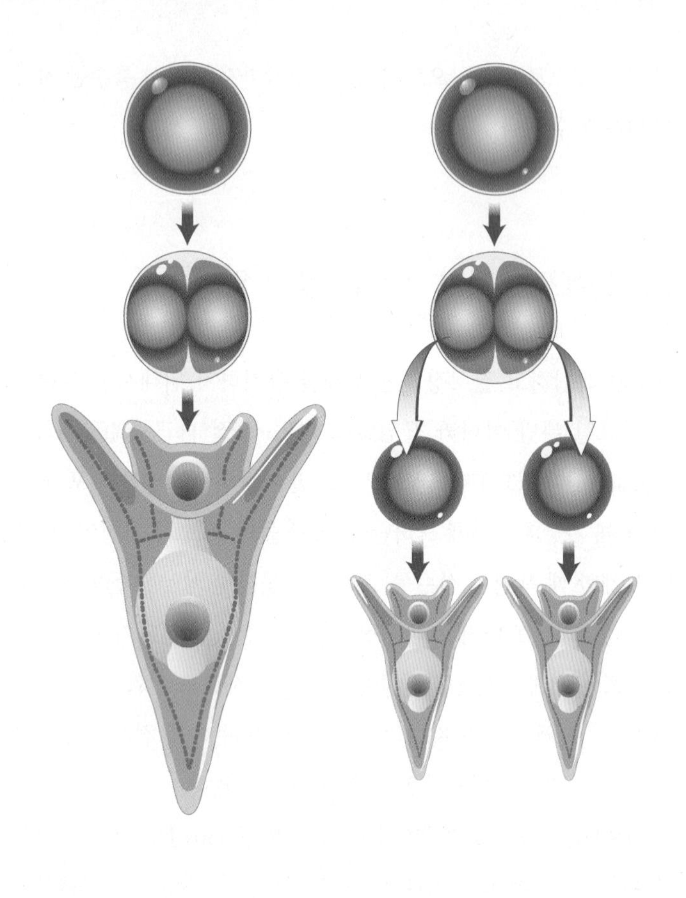

백질)들은 방향을 의식하지 않고 작용해야 한다. 하나의 과정을 이루는 각 단계는, 다음 단계가 자동적으로 촉발되는 그런 방식으로, 자연발생적으로 일어나야 한다.

여러 가지 면에서, 세포들은, "교수(버츠)"에 의해 발견된 그리고 〈그림 1-7〉에 그려진, 오렌지 즙을 짜는 기묘한 장치와 유사하게 작동한다. 세포의 여러 가지 활동은—자연선택과 생물학적 진화에 의한 오랜 세월의 산물인—특이하며 고도로 복잡한 한 벌의 분자 도구(tool) 및 기계(machine)를 필요로 한다. 생물학자들의 1차적인 목표는 세포에서 특별한 활동에 관련된 분자의 구조 및 각 구성요소의 역할, 이 요소들의 상호작용하는 방법, 이런 상호작용을 조절하는 기작 등을 이해하는 것이다.

그림 1-6 **자기조절.** 왼쪽 그림은, 수정난에서 하나의 배가 생기는 바다 성계의 정상적 발생 과정을 보여준다. 오른쪽 그림은, 첫 번째 분열이 일어난 후 서로 분리된 배의 세포들이 그 상태에서 배로 발달하는 것을 보여준다. 아무런 방해를 받지 않은 것처럼, 각각 분리된 세포는 자신의 이웃 세포들이 없다는 것을 인식하여, 온전한 배의 반쪽으로 발달하지 않고 완전한(크기는 더 작지만) 하나의 배를 형성하도록 자신의 발생을 조절한다.

오렌지 즙을 짜는 기계

버츠(Butts) 교수는 열린 승강기 통로에 발을 내딛는다. 그가 바닥에 내릴 때 간단한 오렌지 즙을 짜는 기계를 발견한다. 우유 배달부가 빈 우유병을 들고 가니(A), 줄이 당겨져서(B) 칼(C)에 의해 줄이 잘라진다(D). 이어서 단두대의 칼날(E)이 내려와 밧줄(F)을 자르게 되니 공성 망치(G)가 풀리고, 이 망치는 열린 문(H)에 부딪쳐 문이 닫히게 된다. 풀 베는 낫(I)은 오렌지(J) 끝부분을 자르고 동시에 큰 못(K)이 "얼간이 매"(L)를 찌르니 괴로워서 소리 지른다. 그 순간 얼간이 매는 운전사의 장화(M)를 잠자는 문어(N) 위에 떨어뜨린다. 문어는 화를 벌컥 내며 깨어나 오렌지 위에 그려 놓은 운전사의 얼굴을 쳐다보면서, 오렌지를 공격하여 짓누르니, 오렌지 속의 모든 즙이 유리잔(O) 속으로 들어간다.

그림 1-7 **세포의 활동**은 흔히 이러한 "룹 골드버그(Rube Goldberg) 기계"와 유사하게 일어난다. 이 장치는 하나의 일(사건)이 "자동적으로" 그 다음 일들을 차례차례 일어나게 만든다.

1-2-9 세포는 진화 한다

세포는 어떻게 생겨났을까? 생물학자들이 제기한 모든 주요 질문 가운데, 이 물음에 답하는 것이 가장 어려울 것이다. 세포는 세포 이전의 어떤 유형의 생물 형태로부터 진화되었는데, 이 생명체는 원시의 바다 속에 존재했던 살아 있지 않은 유기물질로부터 진화된 것으로 추정된다. 세포의 기원에 관해서는 거의 모든 것이 미궁에 빠져 있지만, 세포의 진화에 관해서는 오늘날 살아 있는 생명체를 대상으로 시험하여 연구될 수 있다. 만일 여러분들이 사람의 장관(腸管) 속에 살고 있는 세균 세포의 특징(그림 1-18*a* 참조)과 그 관을 싸고 있는 세포의 특징(그림 1-3)을 관찰한 일이 있었다면, 이 두 세포들 사이의 차이점을 발견했을 것이다.

그러나 이 두 유형의 세포들은 30억 년보다 더 오래 전에 살았던 하나의 공동 조상으로부터 진화하였다. 이들의 원형질막과 리보솜이 비슷한 것과 같이, 유연관계가 먼 이 두 세포들이 공유하고 있는 이 구조들은 분명히 이들의 조상 세포들 속에 있었다. 우리는 이 장(章)의 끝에 있는 〈실험경로〉에서 세포가 진화하는 동안 일어났던 일들의 일부를 검토해 볼 것이다. 진화라는 것이 단순히 과거의 한 사건이 아니라, 앞으로 출현하는 생물들의 세포학적 특성을 변화시키기 위해 계속 진행되는 과정임을 잊지 않기 바란다.

복습문제

1. 모든 세포들이 공유하는 근본적인 특성들을 목록으로 작성하시오. 이들 각 특성들의 중요성을 기술하시오.
2. 살아있는 모든 생명체들이 하나의 공동 조상으로부터 유래되었음을 암시하는 세포들의 특징들을 기술하시오.
3. 지구상에서 생명체를 지탱시켜 주는 에너지원은 무엇인가? 어떻게 이런 에너지가 한 생물에서 다음 생물로 전달되는가?

1-3 근본적으로 다른 두 종류의 세포

일단 전자현미경을 널리 이용하게 되면서, 생물학자들은 아주 다양한 세포의 내부 구조를 조사할 수 있게 되었다. 이런 연구를 통해서, 기본적으로 두 종류의 세포—원핵세포와 진핵세포—가 있음이 확실하게 되었다. 즉, 이 세포들은 내부의 구조, 또는 **소기관**(小器管, organelle)들의 크기와 유형에 의해 구별된다(그림 1-8).

어떤 중간형이 없이, 두 종류의 뚜렷한 세포가 존재하는 것은 생물계의 가장 기본적인 진화적 분류들 중의 하나를 나타낸다. 구조적으로 더 단순한 **원핵**(原核, prokaryotic) 세포들로서 세균을 들 수 있는 반면, 더 복잡한 **진핵**(眞核, eukaryotic) 세포들에는 원생생물, 균류(곰팡이), 식물, 동물 등이 포함된다.[1)]

우리는 언제 원핵세포들이 지구상에 최초로 출현했는지 모른다. 원핵생물에 관한 증거는 약 27억 년 전의 바위에서 얻어졌다. 이 바위는 화석화된 미생물뿐만 아니라, 남세균(藍細菌, cyanobacteria) 또는 남조류(藍藻類, blue-green algae)를 포함한 특별한 유형의 원핵생물에서 특징적으로 볼 수 있는 복잡한 유기 분자들을 갖고 있다. 이런 분자들은 비(非)생물적으로, 즉 살아 있는 세포가 관련되지 않고 합성될 수 없을 것이다. 남세균은 24억 년 전쯤에 출현한 것이 거의 확실하다. 그 이유는 이러한 원핵생물들의 광합성 활동으로 생긴 산소(O_2) 분자가 그 당시의 대기에 스며들게 되었기 때문이다. 진핵생물의 출현 시대 역시 확실하지 않다. 복잡한 다세포 동물은 약 6억 년 전 화석 기록에 갑자기 나타난다. 그러나 보다 더 단순한 진핵생물들이 10억 년 이전에 지구상에 존재했었다는 증거가 상당히 많다. 다수의 주요 생물군들이 지구상에 출현한 추정 년대를 〈그림 1-9〉에 나타내었다. 이 그림을 얼핏 살펴보더라도, 생명체가 지구의 형성과 그 표면의 냉각에 이어서 얼마나 "빠르게" 생겼는가를 알 수 있으며, 그리고 복잡한 동물과 식물의 진화가 얼마나 오래 동안 계속되었는가를 알 수 있다.

1) 원핵생물에 대립되는 진핵생물의 개념 폐지에 관한 제안의 검토에 관심이 있는 사람은 페이스(N. R. Pace)가 기고한 과학 잡지 네이처〈*Nature* 144:289, 2006〉의 짤막한 글을 참고할 수 있다.

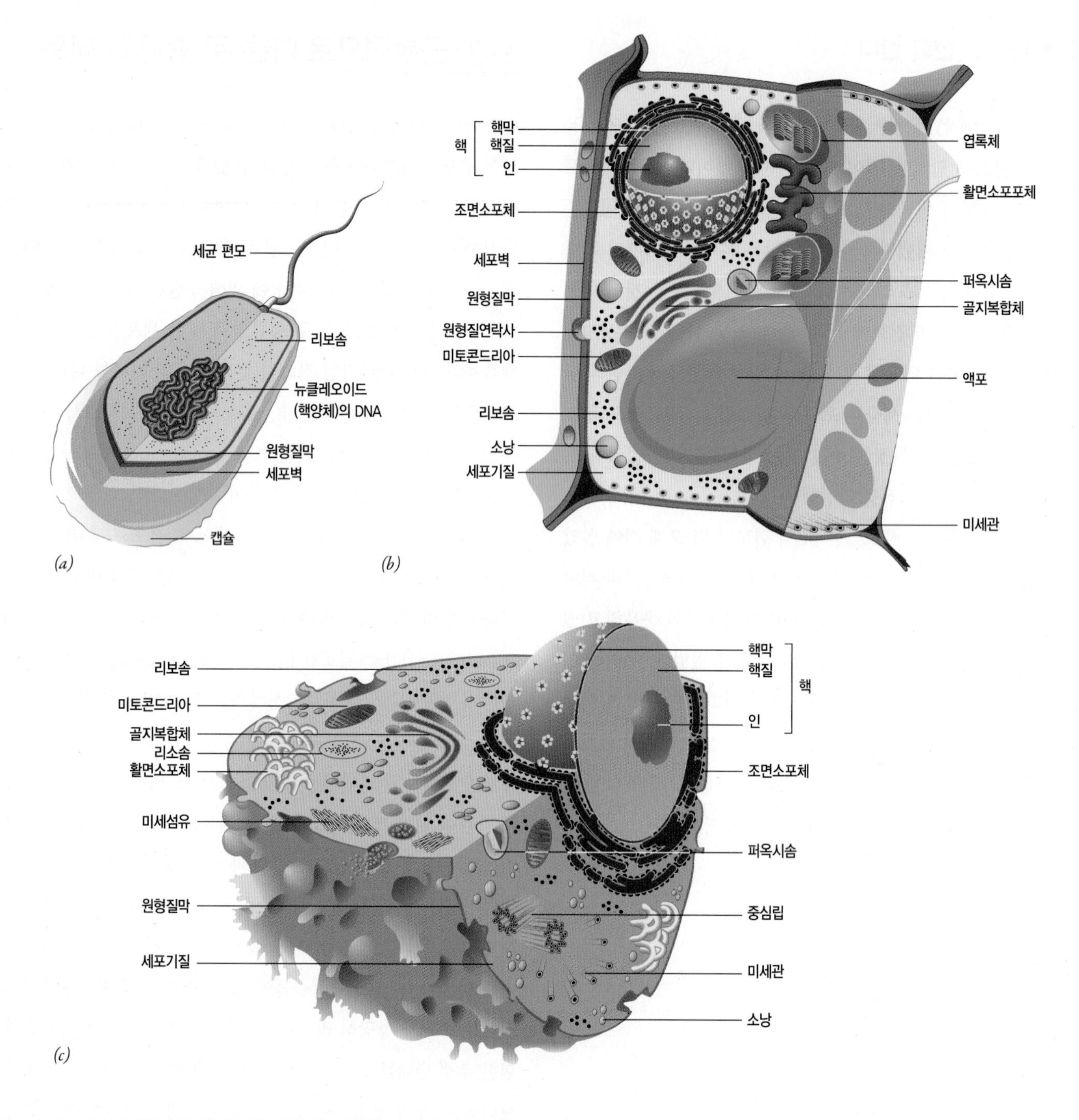

그림 1-8 세포의 구조. "일반화된" 세균(*a*), 식물(*b*), 동물(*c*) 등의 세포를 그림으로 나타낸 모식도. 소기관들은 실제 크기대로 그려지지 않았다.

1-3-1 원핵세포와 진핵세포를 구별하는 특징

다음의 원핵 및 진핵세포들 사이의 간단한 비교는 이 두 세포들 사이의, 많은 유사점은 물론, 많은 기본적 차이점을 보여준다(그림 1-8 참조). 두 세포들 사이의 유사점과 차이점을 〈표 1-1〉에 열거하였다. 공유된 특징들은 진핵세포가 조상인 원핵세포로부터 거의 확실히 진화했음을 나타낸다. 그들의 공동 조상으로 인하여, 이 두 유형의 세포들은 동일한 유전 언어, 공통적인 일련의 대사경로, 많은 공통된 구조적 특징 등을 공유한다. 예를 들면, 두 유형의 세포들은 모두 유사하게 구성된 원형질막으로 싸여 있다. 이 막은 생

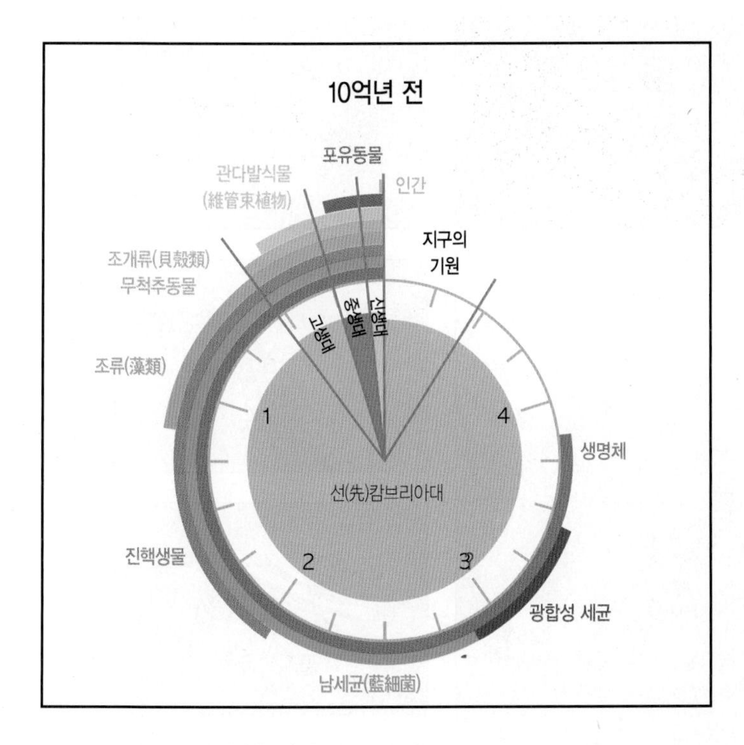

그림 1-9 **지구의 생물지리학적 시계.** 과거 50억 년 전의 지구 역사에서 주요 생물군들이 출현한 년대를 나타낸 그림. 복잡한 동물들(패각류 무척추동물)과 유관속 식물들이 비교적 최근에 생긴다. 생명의 기원을 나타낸 시대는 가정하여 표시한 것이다. 그 밖에, 광합성 세균은 훨씬 더 일찍 생겼을 것이므로 의문 부호로 표시하였다. 지질시대들은 그림의 중앙에 표시하였다.

물계와 비생물계 사이의 선택적 투과성의 경계 역할을 한다. 이 두 유형의 세포들은 그 안의 정교한 생명체를 보호하기 위해 단단하고 죽어 있는 세포벽(*cell wall*)으로 싸여 있다. 원핵세포와 진핵생물들의 세포벽이 비슷한 기능을 수행하지만, 이의 화학적 조성은 매우 다르다.

내부적으로, 진핵세포들은 원핵세포들보다—구조적이며 기능적으로—훨씬 더 복잡하다(그림 1-8). 구조적으로 복잡한 정도의 차이는 각각 〈그림 1-18*a*〉와 〈그림 1-10〉에 나타낸 세균과 동물세포의 전자현미경 사진을 보면 확실하다. 이 세포들은 모두 세포질로 에워싸인 세포의 유전물질을 저장하는 핵 부분이 있다. 원핵세포의 유전물질은 **뉴클레오이드**(nucleoid) 또는 **핵양체**(核樣體) 속에 있다. 뉴클레오이드는 이를 둘러싸고 있는 세포질과 구별할 수 있는 막이 없어서 그 경계가 불분명한 부분이다.

이와 대조적으로, 진핵세포들은 **핵**(核, nucleus)을 갖고 있다. 이 핵은 핵막(核膜, *nuclear envelope*)이라고 하는 복잡한 막

표 1-1 원핵세포와 진핵세포의 비교

두 유형의 세포들이 갖고 있는 공통 특징

- 비슷한 구조의 원형질막
- 동일한 유전 부호를 사용하는 DNA에서 암호화된 유전 정보
- 비슷한 리보솜을 갖고 있으며, 유전 정보의 전사와 해독을 위한 비슷한 기작들
- 공유된 대사 경로(예: 해당작용 및 TCA 회로)
- ATP와 같은 화학 에너지 보존을 위한 비슷한 장치(원핵생물에서는 원형질막에 위치하며 진핵생물에서는 미토콘드리아의 막에 위치함)
- 광합성의 비슷한 기작(남세균과 초록색식물 사이에)
- 막단백질의 합성과 삽입을 위한 비슷한 기작들
- 비슷한 구조의 단백질분해효소복합체(프로테아솜, proteasome)(고세균과 진핵생물 사이에)

원핵세포에서 발견되지 않는 진핵세포의 특징

- 세포는 복잡한 구멍 구조를 갖고 있는 핵막을 경계로 핵과 세포질로 구분함
- 유사분열 구조에 꽉 들어 찰 수 있는 DNA 및 관련 단백질로 구성된 복잡한 염색체들
- 세포질에 있는 막으로 된 복잡한 소기관들(소포체, 골지복합체, 리소솜, 엔도솜, 퍼옥시솜, 글리옥시솜 등을 포함하는)
- 유산소 호흡(미토콘드리아)과 광합성(엽록체)을 위한 특수화 된 소기관들
- 복잡한 세포골격계(미세섬유, 중간섬유, 미세관)와 이에 결합된 운동 단백질
- 복잡한 편모와 섬모
- 액체와 입자 상태의 물질을 원형질막에서 생기는 소낭 속에 집어넣어서 소화하는 능력(내포작용과 식세포작용)
- 섬유소를 함유하는 세포벽(식물에서)
- 염색체를 분리시키는 미세관들로 이루어진 방추체를 이용한 세포분열
- 각기 부모로부터 유래된, 세포 당 두 벌의 유전자(2배체)가 존재함
- 세 가지의 서로 다른 RNA 합성 효소(RNA 중합효소)가 존재함
- 감수분열과 수정 과정이 필요한 유성생식

구조로 싸여 있는 부분이다. 핵 구조의 이러한 차이는 **원핵**(原核, prokaryotic: *pro* = before, *karyon* = nucleus) 및 **진핵**(眞核, eukaryotic: *eu* = true, *karyon* = nucleus)이라는 용어의 근거가 된

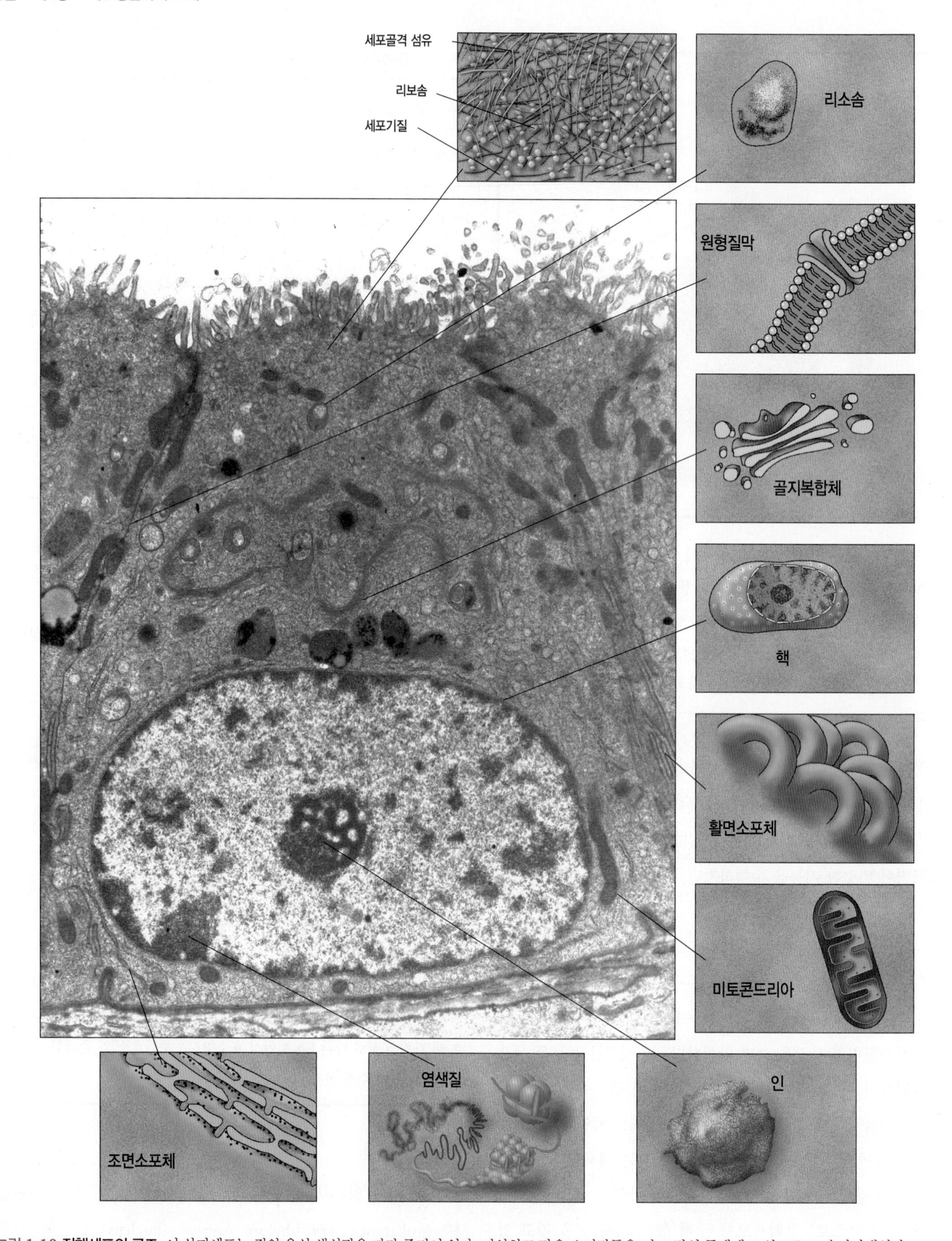

그림 1-10 진핵세포의 구조. 이 상피세포는 쥐의 웅성 생식관을 따라 줄지어 있다. 다양하고 많은 소기관들을 이 그림의 둘레에 모식도로 그려 나타내었다.

다. 원핵세포들은 비교적 적은 양의 DNA를 갖고 있다. 즉, 세균의 DNA 함량은 약 60만 개 내지 거의 800만 개의 염기쌍에 이르기까지 다양하며, 이는 약 500가지에서부터 수 천 가지의 단백질을 암호화한다.[2)]

빵을 굽는 데 사용하는 "단순한" 효모 세포는 가장 복잡한 원핵생물보다 약간 더 많은 DNA(약 6,200가지의 단백질을 암호화할 수 있는 1,200만 개의 염기쌍)를 갖고 있지만, 대부분의 진핵세포는 상당히 더 많은 유전 정보를 갖고 있다. 원핵세포와 진핵세포들은 모두 DNA가 들어 있는 염색체를 갖고 있다. 진핵세포들은 많은 수의 염색체를 갖고 있으며, 각 염색체는 하나의 선상으로 된 DNA 분자를 지니고 있다. 이와는 대조적으로, 지금까지 연구된 거의 모든 원핵생물은 하나의 원형 염색체를 갖고 있다. 더 중요한 것은, 원핵생물의 DNA와 다르게, 진핵생물의 염색체에 있는 DNA는 단백질과 단단하게 결합되어서 **염색질**(染色質, chromatin)이라고 하는 복잡한 핵단백질을 형성한다.

또한 이 두 유형의 세포 속에 있는 세포질도 매우 다르다. 진핵세포의 세포질에는 아주 다양한 구조들이 들어 있는데, 이는 어떤 동식물 세포를 막론하고 전자현미경 사진을 보면 쉽게 알 수 있다(그림 1-10).

세균과 효모의 유전자 수는 비슷하더라도, 가장 단순한 진핵생물인 효모의 구조는 보통의 세균보다 훨씬 더 복잡하다(그림 1-18*a*와 *b*를 비교해보라). 진핵세포들은 막으로 싸여 있는 소기관(小器官, organelle)들을 많이 갖고 있다. 진핵세포의 소기관들로서, 미토콘드리아는 세포 활동에 쓰일 수 있는 화학 에너지를 만들며, 소포체는 세포의 많은 단백질과 지질을 만드는 곳이다. 골지 복합체는 물질을 저장하고 변형하여 세포의 특별한 목적지로 수송한다. 또한 진핵세포들은 여러 가지 크기의 단일 막으로 싸인 다양한 작은 주머니 구조들도 갖고 있다. 그 외에, 식물세포들은 광합성 작용이 일어나는 장소인 엽록체를 갖고 있으며, 세포 부피의 대부분을 차지하는 커다란 액포도 있다. 진핵세포의 막(膜, membrane)은 세포질을 여러 구획으로 나누며, 각 구획 속에서는 특수화된 활동이 일어난다. 이와는 다르게, 원핵세포들의 세포질은 기본적으로 막으로 된 구조를 갖고 있지 않다. 예외적으로, 남세균은 광합성이 일어나는 복잡한 막을 갖고 있다(그림 1-15 참조).

진핵세포들의 세포질에 있는 막들은 서로 연결되어 있는 관과 소낭으로 이루어진 계(系, system)을 형성한다. 이러한 막계(膜系)는 물질을, 세포 내부와 그 환경 사이에서는 물론, 세포의 한 부분에서 다른 부분으로 수송하는 작용을 한다. 원핵세포는 크기가 작기 때문에, 세포질 속에서 특정한 방향으로 물질을 전달하는 일이 그다지 중요하지 않은데, 이런 세포에서는 필요한 물질 이동이 단순 확산에 의해 일어날 수 있기 때문이다.

또한 진핵세포들에는 막으로 싸여 있지 않은 많은 구조들이 있다. 이에는 세포골격 구조인 신장된 관과 섬유 등이 있으며, 이들은 세포의 수축, 운동, 지지 등의 작용을 한다. 최근까지 원핵세포들은 어떠한 세포골격 구조도 갖고 있지 않은 것으로 생각되고 있지만, 원시적인 세포골격 섬유가 세균에서 발견된 바 있다. 아직까지는 원핵세포의 세포골격이 진핵세포의 것보다 구조적이며 기능적으로 훨씬 더 단순하다고 말하는 것이 적절하다. 원핵세포와 진핵세포들은 모두 리보솜을 갖고 있다. 리보솜은 막으로 싸여 있지 않은 입자로서, 세포의 단백질들이 합성되는 "작업대"의 역할을 한다.

원핵세포와 진핵세포들에서 리보솜의 크기는 상당히 다르더라도(원핵세포의 리보솜이 더 작고 더 적은 구성요소로 이루어져 있음), 이 세포들의 리보솜은 비슷한 기작을 통해 단백질을 조립한다. 〈그림 1-11〉은 단세포로 된 진핵생물의 가장자리 근처의 세포질 일부를 보여주는 채색된 전자현미경 사진이다. 세포의 이런 부분에는 막으로 싸여진 소기관들이 존재하지 않는 경향이 있다. 이 사진은 세포골격을 이루는 섬유들(빨간색)과 세포질에 있는 다른 고분자 복합체들(초록색)을 보여준다. 이런 복합체들의 대부분은 리보솜이다. 이 사진에서, 진핵세포의 세포질은 작은 공간으로 남아 있는 가용성 부분 외에는 아주 꽉 들어차 있는 것을 알 수 있는데, 이를 **세포기질**(細胞基質, cytosol)이라고 한다.

원핵세포와 진핵세포들 사이의 다른 주요 차이점을 더 들 수 있다. 진핵세포들은 복잡한 유사분열(*有絲分裂*) 과정을 거쳐 분열한다. 이때 복제된 염색체들은 정교한 미세관으로 된 장치에 의해 분리되며 조밀한 구조로 응축된다(그림 1-12). 유사분열 방추체(紡錘體, *mitotic spindle*)라고 하는 이 장치에 의해 각 딸세포는 똑같은 양의 유전물질을 받는다. 원핵생물에서는 조밀하게 응축된 염색체가 없으며 방추체도 없다. DNA는 복제되고, 복제된 2개의

2) 800만 개로 이루어진 염기쌍의 길이는 DNA 분자 3mm와 거의 같다.

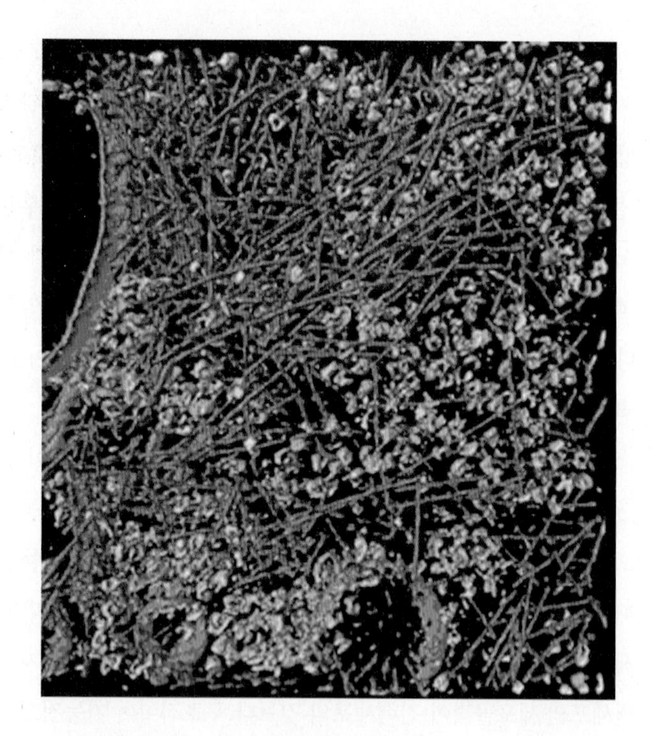

그림 1-11 **진핵세포의 세포질은 꽉 차있는 구획이다.** 여기의 채색된 전자현미경 사진은, 관찰하기 전에 급속 동결된, 단세포 진핵생물의 가장자리에 있는 조그만 부분을 보여준다. 이러한 3차원적인 모양은 각각 다른 각도에서 시료의 2차원 디지털 상을 찍고 컴퓨터를 이용하여 각 사진을 합쳐서 만들어질 수 있다. 세포골격 섬유들은 빨간색으로 나타냈으며, 고분자 복합체들(주로 리보솜)은 초록색, 세포막 부분은 파란색이다.

그림 1-12 **진핵생물에서의 세포분열**은 염색체를 분리시키는 정교한 장치인 방추체의 조립이 필요하다. 이 방추체는 주로 미세관들로 되어 있다. 이 사진에서 미세관들은 초록색으로 보이는데, 이것은 미세관들이 초록색형광 염료에 연결된 항체와 결합되어 있기 때문이다. 이 세포를 고정했을 때 2개의 딸세포들 속으로 분리되던 염색체들은 파란색으로 염색되었다.

DNA는 딸세포 속으로 정확하게 나누어진다.

대부분의 경우 원핵생물들은 무성적으로 증식하는 생명체이다. 원핵생물들은 오직 단일 염색체의 복사본 1개 만을 갖고 있으며 감수분열(meiosis), 배우자 형성, 진정한 수정 등에 비교할 만한 과정을 갖고 있지 않다. 원핵생물들은 진정한 유성생식을 하지 않지만, 일부 원핵생물들은 접합(接合, *conjugation*)을 할 수 있다. 이 접합에서 DNA 조각이 하나의 세포에서 다른 세포로 전달된다(그림 1-13).

그러나 수용체 세포는 공여체 세포로부터 결코 전체 염색체를 받지 않으며, 수용체 세포가 자신과 상대방의 DNA를 함께 갖는 것은 일시적이다. 이 세포는 곧 본래대로 단일 염색체를 갖게 된다.

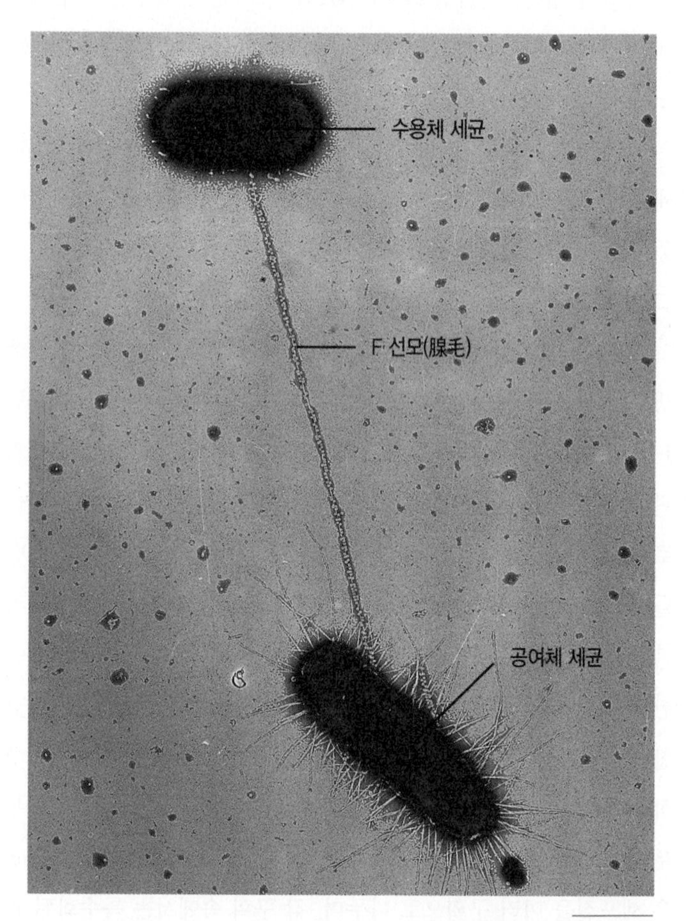

그림 1-13 **세균의 접합.** 이 전자현미경 사진은 F 선모(腺毛, pilus)라고 하는 공여체 세균의 구조가 수용체 세균에 연결된 1쌍의 접합하는 세균을 보여주고 있다.

원핵생물은 동종의 다른 개체와 DNA를 교환하는 진핵생물만큼 효율적이지 않더라도, 원핵생물들은 그들의 환경에서 외부 DNA를 포착하여 결합하는 능력이 진핵생물보다 더 뛰어나다. 이런 능력은 미생물의 진화에 커다란 영향을 미쳤다.

진핵세포들은 다양하고 복잡한 운동 기작을 갖고 있는 반면, 원핵세포들의 기작은 비교적 단순하다. 원핵세포의 운동은, 세포에서 돌출되어 회전하는, 편모(鞭毛, *flagellum*)라고 하는 가느다란 단백질 섬유에 의해 이루어질 수 있다(그림 1-14*a*). 편모는 초 당 1,000회 이상 회전할 수 있으며, 주위에 있는 액체에 압력을 가하여 세포가 액체 매질을 거쳐서 앞으로 나아가게 한다. 또한 많은 원생생물과 정세포를 포함하는 일부 진핵세포들도 편모를 갖고 있지만, 이들의 편모는 세균의 단순한 단백질 섬유보다 훨씬 더 복잡하며(그림 1-14*b*), 진핵세포들의 편모 운동은 다른 기작에 의해 일어난다.

앞에서, 원핵세포와 진핵세포 체제의 가장 중요한 차이점들을 살펴보았다. 다음 장에서 이런 점들을 더 자세하게 설명할 것이다. 여러분들이 원핵생물을 열등한 것으로 간주하기 전에, 이 생물들이 30억 년 이상 동안 지구상에 살아남았으며 1조개 정도의 원핵생물이 여러분들의 몸 표면에 달라붙어 있고 여러분들의 소화관 속에서 영양분을 취하고 있다는 것을 잊지 않기 바란다. 우리는 이러한 생물들을 개개의 단일 생명체로 생각하지만, 최근의 견해에 의하면, 이들이 (미)생물박막[(微)生物薄膜(*biofilm*)]이라고 하는 복잡한 다종(多種) 집단에서 사는 것으로 밝혀졌다. 우리의 치아에서 자라는 플라크 층이 생물박막의 한 예이다. 이 박막 속의 서로 다른 세포들은, 식물 또는 동물 세포들과 다름없이, 서로 다른 특수한 활동을 수행할 것이다. 또한 원핵생물들은 대사적으로 매우 정교하고 고도로 진화된 생명체로 생각하라.

예로서, 대장균(*Escherichia coli*)과 같은 세균은 사람의 소화관과 실험실 배양 용기에서 모두 살고 있는 생물로서, 한두 가지의 저분자량 유기 화합물 및 약간의 무기 이온이 들어 있는 배지에서 잘 살아가는 능력을 갖고 있다. 다른 세균들은 무기물질만으로 된 양분에서 살 수 있다. 어떤 세균 종은 지표면으로부터 수천 미터 아래의 온천에서 발견된 바 있는데, 이들은 현무암석에서 무기물질의 화학 반응에 의해 발생된 수소(H_2) 분자로 살아간다. 이와 대조적으로, 대사적으로 가장 뛰어난 여러분의 몸을 구성하는 세포

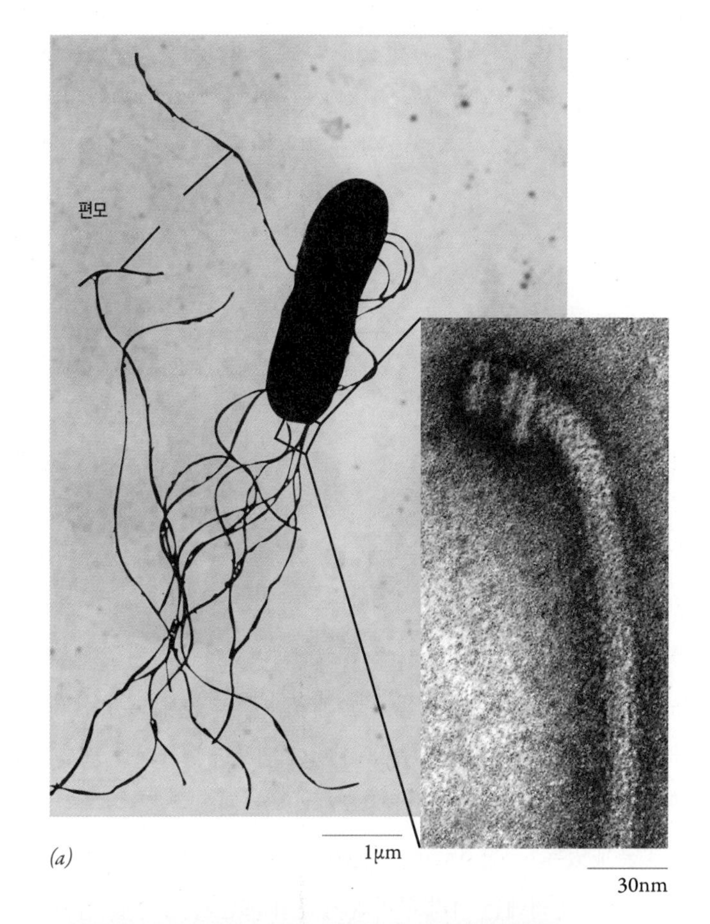

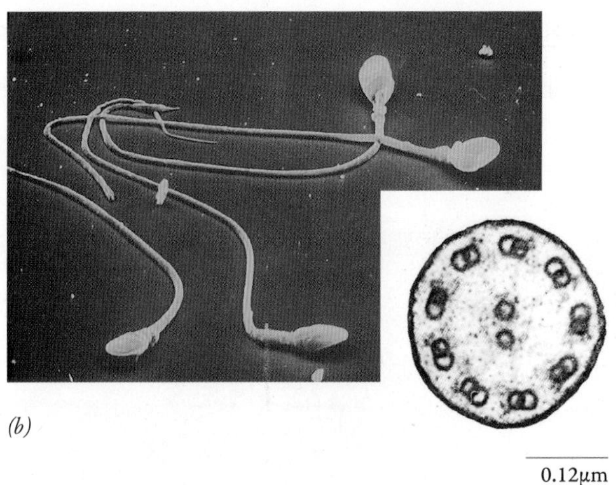

그림 1-14 원핵세포와 진핵세포에서 편모의 차이. (*a*) 많은 편모를 갖고 있는 살모네라속(*Salmonella*) 세균. 〈삽입도〉는 고배율로 본 하나의 세균 편모의 일부를 보여준다. 이 편모는 주로 플라젤린(flagellin)이라고 하는 단일 단백질로 구성되어 있다. (*b*) 사람의 정세포는 하나의 편모가 일으키는 파동 운동으로 자신을 움직인다. 〈삽입도〉는 포유동물 정자에 있는 편모의 끝부분을 횡단한 것이다. 진핵세포들의 편모는 매우 비슷하기 때문에 이 횡단면은 원생생물 또는 녹조류 편모의 것과 동일할 수 있다.

들은, 많은 비타민과 다른 필수 물질을 포함하는 다양한 유기 화합물을 필요로 하지만, 이 세포들 자신이 이런 물질을 만들 수 없다. 사실 이러한 여러 가지 필수 영양 성분은 대장에서 사는 세균들에 의해 만들어진다.

1-3-2 원핵세포의 유형

원핵세포와 진핵세포 사이의 차이는 구조적으로 얼마나 복잡한가에 따라 결정되며(〈표 1-1〉에 설명된 것처럼) 계통발생적 유연관계에 근거하지 않는다. 원핵생물은 2개의 주요 분류군 즉, 고세균[古細菌, Archaea, 또는 아케박테리아(archaebacteria)]과 세균[Bacteria, 또는 진정세균(eubacateria)]으로 나눈다. 고세균에 속하는 원핵생물들은 다른 원핵생물 군(세균)에 속하는 것보다 진핵생물에 더 밀접하게 관련되어 있다. 실험에 의하면 생물계를 크게 세 가지로 나누어 표시할 수 있다는 발견에 이르게 되는데, 이것은 이 장의 끝에 있는 〈실험경로〉에서 논의된다.

고세균 영역에는 여러 무리의 세균이 포함되며, 이들 사이의 진화적 유연관계는 핵산에 있는 뉴클레오티드 서열의 유사성에 의해 밝혀졌다. 가장 잘 알려진 고세균은 극히 나쁜 환경에 사는 종들이다. 이들은 흔히 "극한성(extremophile) 세균"이라고 하며 다음과 같은 무리들, 즉 메탄생산균(methanogen)[이산화탄소(CO_2)와 수소(H_2)가스를 메탄(CH_4)가스로 전환시킬 수 있는 원핵생물], 호염성(halophile) 세균[사해(死海, Dead Sea) 또는 5M 염화마그네슘($MgCl_2$)정도의 염도를 지닌 심해 유역 등과 같은 염분이 대단히 많은 환경에 사는 원핵생물], 호산성(acidophile) 세균(pH가 0 정도인 낮은 산성도에서 사는 세균으로서, 폐쇄된 광산 갱도(坑道)의 오염된 물 등에서 발견되는 원핵생물), 호열성(thermophile) 세균(매우 높은 온도에서 사는 원핵생물) 등이 있다. 호열성세균에 속하는 초고온성(hyperthermophile) 세균은 해저(海底)에서 뜨거운 물이 분출되는 구멍에 산다. 이런 세균들 중에서 가장 최근에 기록을 보유하는 세균은 "균주 121"이라고 명명되었다. 그 이유는 이 세균이 멸균기에 수술용 기구를 소독할 때의 온도인 121℃의 초고온의 물에서 자라고 분열할 수 있기 때문이다.

다른 모든 원핵생물들은 세균(Bacteria) 영역으로 분류된다. 이 분류군에는 가장 작은 것으로 알려진 마이코플라스마(mycoplasma)(직경이 0.2μm)가 포함된다. 이 세균은 원핵생물 가운데 유일하게 세포벽이 없으며 유전자가 500개 정도인 작은 유전체를 갖고 있는 것으로 알려져 있다. 세균들은, 남극지역의 영구적으로 바다에 떠 있는 거대한 얼음 덩어리(氷棚)에서부터 가장 건조

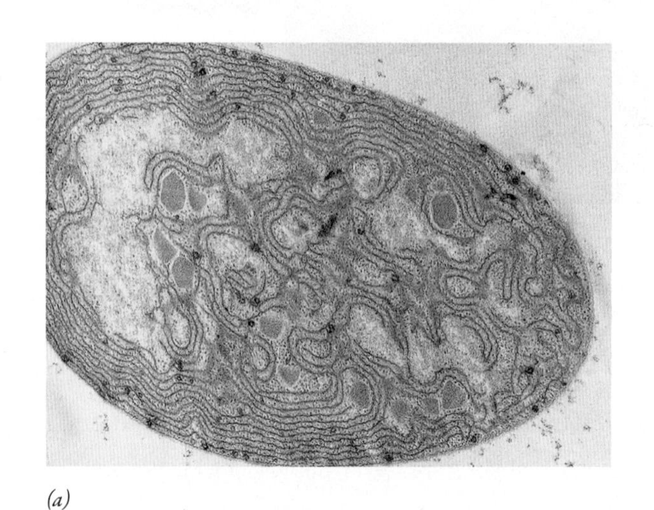

(a)

(b)

그림 1-15 남세균(또는 남조류). (*a*) 남세균의 전자현미경 사진은 광합성이 일어나는 세포질 속의 막들을 보여준다. 이 막들은 식물세포의 엽록체에 있는 틸라코이드 막과 매우 비슷하다. 이것은 식물의 엽록체가 공생하는 남세균에서 진화되었음을 암시한다. (*b*) 남세균은 지구의 극지방에 사는 곰의 털 안쪽에도 살고 있어서 곰의 털색이 푸르게 보인다.

한 아프리카의 사막은 물론 식물과 동물의 내부에 이르기까지, 지구에서 생각할 수 있는 모든 서식지에 산다. 세균은 지표면으로부터 수 km 아래에 있는 암석층에도 사는 것으로 알려졌다. 이런 세균들은 1억 년 이상 동안 지구 표면에 사는 생물들로부터 고립되었던 것으로 생각된다. 가장 복잡한 원핵생물은 남세균이다. 남세균의 세포질에는 정교하게 배열된 막이 있으며, 이 막에서 광합성이 일어난다(그림 1-15*a*). 이러한 남세균의 막은 식물의 엽록체에 있는 광합성을 위한 막과 매우 비슷하다. 진핵 식물에서와 같이, 남세균의 광합성은 물 분자를 분해하여 산소 분자가 방출되는 방식으로 이루어진다.

많은 남세균은 광합성뿐만 아니라, **질소고정**(nitrogen fixation)도 할 수 있다. 질소고정은 질소(N_2) 가스를 산화형 질소[암모니아(NH_3)와 같은]로 전환시킨다. 이러한 질소는 세포가 아미노산과 뉴클레오티드를 비롯한 질소-함유 유기 화합물을 합성하는 데 사용할 수 있다. 광합성과 질소고정을 모두 할 수 있는 이런 종들은 빛, 질소, 이산화탄소, 물 등의 자원이 거의 없는 곳에서 살아남을 수 있다. 그래서 남세균이 불덩이 같은 화산 분출물에 의해 생명체가 사라진 헐벗은 바위에 군락을 이루고 사는 최초의 생물이라는 사실은 놀라운 일이 아니다. 또 다른 남세균에 의해 점유된 특별한 서식지가 〈그림 1-15*b*〉에 예시되어 있다.

1-3-2-1 원핵생물의 다양성

대부분의 미생물학자들은 그들의 실험실에서 배양하여 자랄 수 있는 미생물만 잘 알고 있다. 기도(氣道)와 요로(尿路) 감염으로 고통 받는 환자가 의사에게 갔을 때, 흔히 취하는 첫 번째 단계의 일은 병원균을 배양하는 것이다. 일단 세균이 배양되면, 동정을 하여 적당한 처방을 내린다. 대부분의 질병을 일으키는 원핵생물들의 배양은 비교적 쉬운 것으로 입증되었지만, 자연에서 자유롭게 사는 세균들은 그렇지 않다. 광학현미경 하에서 원핵생물들의 형태가 잘 구별되지 않는다는 사실 때문에 문제가 복잡해진다. 오늘날 약 6,000종의 원핵생물이 전통적인 방법으로 동정되어 있는데, 이 종수는 지구상에 존재하는 것으로 추정되는 100만 종의 전체 원핵생물 가운데 0.1% 이하에 불과하다. 원핵생물계의 다양성은 특정 미생물을 분리하여 동정하지 않는 분자 기법을 사용함으로써 최근에 극적으로 증가하고 있다.

우리가 캘리포니아 해안에서 태평양의 상층에 살고 있는 원핵생물의 다양성에 관하여 알고 싶어 한다고 가정해 보자. 연구자들은, 이런 미생물들을 배양하기 보다는, 채취한 바닷물에 있는 세포 속의 DNA를 추출하여 염기 서열을 분석하는 일에 집중할 것이다. 모든 생명체들은, 리보솜에 있는 RNA 또는 어떤 대사 경로의 효소 등을 암호화하는, 일정한 유전자를 공유한다. 모든 생물들이 이런 유전자를 공유한다고 해도, 그 유전자를 구성하고 있는 뉴클레오티드의 서열은 종에 따라 매우 다양하다.

이것이 생물학적 진화의 기초가 된다. 특정한 서식지에서 얻은 특정한 유전자의 DNA 서열이 다양하다는 것을 밝힐 수 있는 기술을 사용하여, 그 서식지에 사는 종의 다양성을 직접 알 수 있다. 최근의 서열 분석 기술은 매우 신속하고 비용 면에서 효율적이어서 실제로 일정한 서식지에 사는 미생물들이 지닌 모든 유전자들의 서열을 분석하여 종합적인 유전체, 또는 메타게놈(*metagenome*)[b]을 만들 수 있다. 이런 접근을 통해서, 이 미생물들이 만드는 단백질들의 유형과 이 단백질들이 관여하는 여러 가지 대사 활동 등에 관한 정보를 얻을 수 있다.

이와 같이 분자를 이용하는 방법은, 장관(腸管), 입, 질(膣), 피부 등의 우리 몸에 사는 "보이지 않는 승객들"의 놀랄만한 다양성을 밝히는 데 쓰이고 있다. 인간의 미생물군계(群系)(*microbiome*)라고 알려진 이러한 미생물들은, 나이, 음식, 지리, 건강상태 등이 서로 다른 사람들에게서 이런 미생물들을 확인하고 특징을 알아낼 목적으로 많은 국제 연구 활동의 주제가 되고 있다. 예로서, 살찐 사람과 마른 사람들은 그들의 소화관에 있는 세균 집단이 현저히 다르다. 살찐 사람이 체중을 감소시킬 때, 이들이 갖고 있던 세균의 종류가 더 마른 사람이 갖는 세균으로 바뀐다. 생쥐를 대상으로 한 연구에 의하면, 살찐 생쥐에 많았던 세균 종의 일부가 마른 생쥐 소화관의 동일한 세균들보다 소화된 음식물에서 더 많은 열량을 방출하여, 체중을 더 나가게 할 수 있다고 한다.

염기서열을 기초로 한 분자 기술을 이용하여, 생물학자들은 지구의 거의 모든 서식지에 이전에 알지 못했던 수많은 원핵생물들이

역자 주[b] 메타게놈(metagenome): 어떤 환경 속에 있는 미생물들의 총체적인 유전체를 일컫는다.

산다는 것을 발견하였다. 지구의 주요 서식지에 사는 원핵생물들의 추정 수치를 〈표 1-2〉에 나타내었다. 이 원핵생물들의 90% 이상이 현재 바다 밑 바닥의 표면 아래 침전물과 토양의 상층에 사는 것으로 생각된다. 10여년 전만해도, 생물학자들은 그렇게 깊은 곳의 침전물에 사는 생명체의 밀도는 단지 낮을 것이라고만 생각했었다. 〈표 1-2〉는 세계의 원핵세포들이 차지하는 탄소량의 추정치를 보여준다. 이 숫자를 더 알기 쉽게 말하면, 이 탄소량의 수치는 지구상에 있는 모든 식물이 갖는 전체 탄소 양과 거의 같다.

표 1-2 세계에서 원핵생물의 수와 생물량

환경	원핵세포의 수, $\times 10^{28}$	원핵생물에서 탄소(C)의 페타그램(Pg)*
수중 서식지	12	2.2
바다 수표면의 아래	355	303
토양	26	26
육지 지표면의 아래	225–250	22–215
전체	415–640	353–546

* 1페타그램(Pg, petagram) = 10^{15}g.
출처: W. B. Whitman 등, *Proc.Nat'l.Acad.Sci.U.S.A.*95:6581,1998.

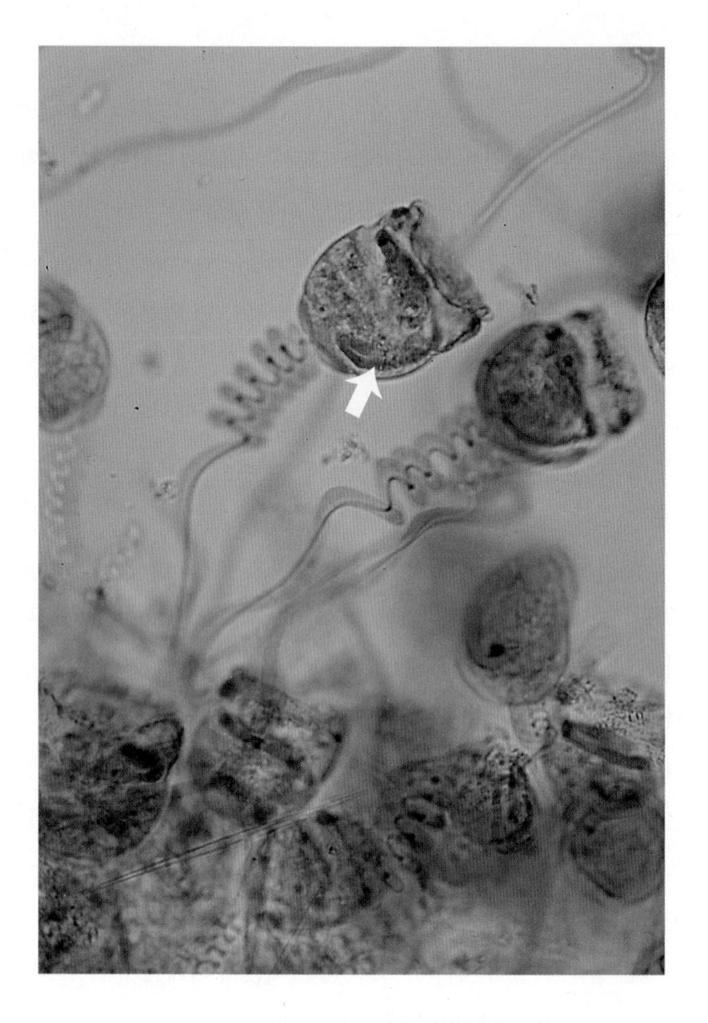

그림 1-16 **종벌레(Vorticella)라고 하는, 섬모가 달린 복잡한 원생생물.** 여기에 단세포 생물인 종벌레가 많이 보인다. 이들 대부분은 "머리"가 움츠러들어 있는데, 그 이유는 파란색으로 염색된 리본 모양의 수축성 자루가 짧아졌기 때문이다. 각 세포는 여러 벌의 유전자가 들어 있는 대핵(macronucleus)이라고 하는 1개의 큰 핵을 갖고 있다(화살표).

1-3-3 진핵세포의 유형: 세포의 특수화

여러 가지 측면에서, 가장 복잡한 진핵세포는 식물 또는 동물에서 발견되지 않고, 〈그림 1-16〉에 있는 것처럼 오히려 하나의 세포로 된(단세포, *unicellular*) 원생생물에서 발견된다. 이 생물은—환경을 느끼며, 음식물을 포착하고, 과량의 액체를 밖으로 내보내며, 포식자로부터 도피하는 등의—복잡한 활동을 위해서 필요한 모든 장치가 하나의 세포 속에 들어 있다.

복잡한 단세포 생물들은 한 가지의 진화 경로를 보여주며, 또 다른 진화 경로는 특정 활동을 위해 특수화된 서로 다른 유형의 세포들로 이루어진 다세포 생물들의 경로이다. 특수화된 세포들은 **분화**(分化, differentiation)라고 하는 과정에 의해 형성된다. 예로서, 사람의 수정난은 배발생 과정을 거치면서, 약 250가지의 독특한 유형의 분화된 세포들을 형성하게 된다. 일부의 세포들은 특정한 소화선으로, 다른 세포들은 커다란 골격 근육으로, 또 다른 세포들은 뼈 등으로 된다(그림 1-17).

배(胚)를 구성하는 각 세포의 분화 경로는 주로 주위 환경으로부터 받는 신호들에 의해 좌우된다. 이어서 이 신호들은 그 배 내에서 세포의 위치에 의해 좌우된다. 뒤에 있는 〈인간의 전망〉에서 논의되는 것처럼, 연구자들은 배양 용기에서 분화 과정을 조절하는 방법을 터득하여 이러한 지식을 인간의 복잡한 질병 치료에 적용하고 있다.

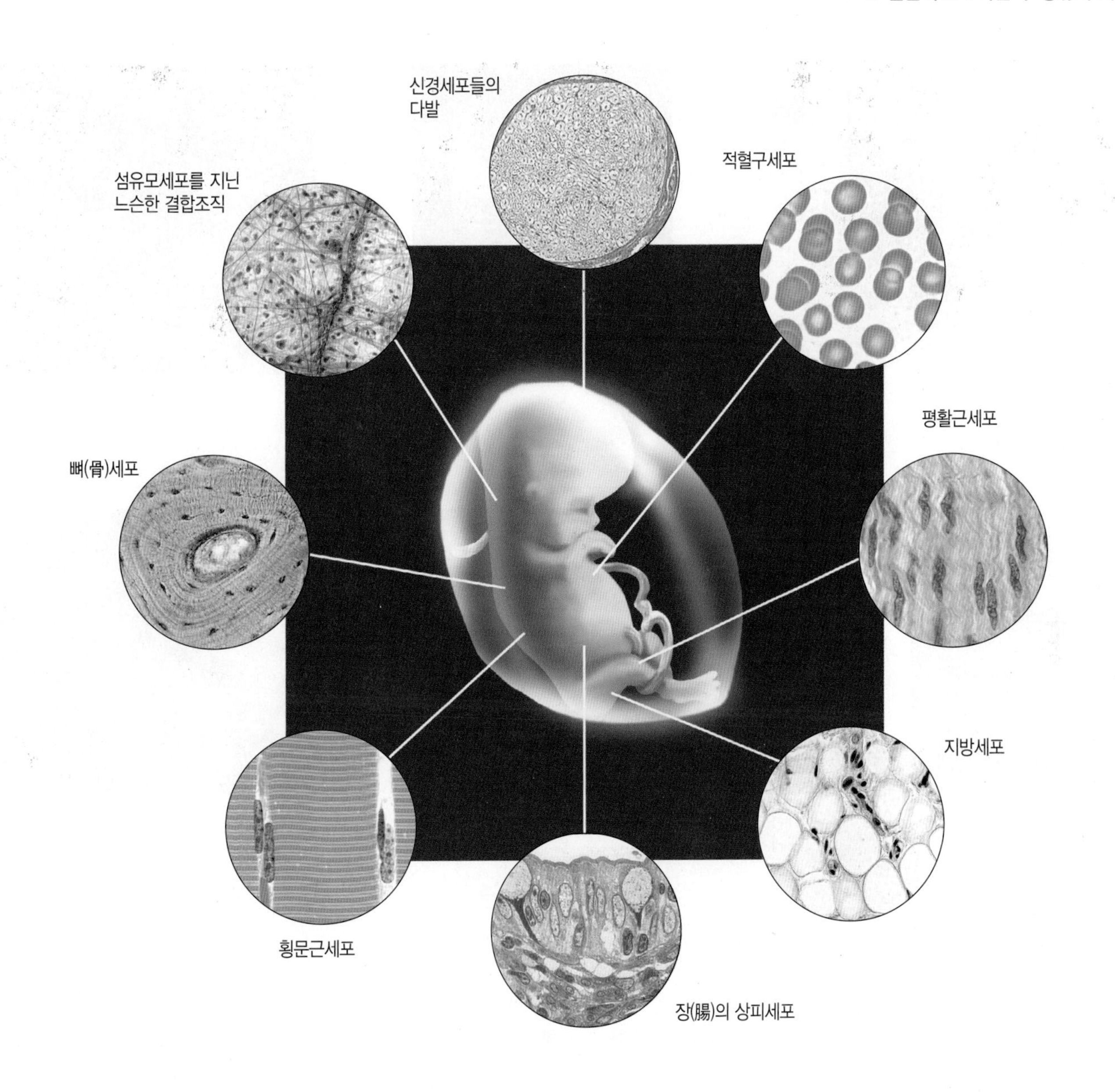

그림 1-17 **세포 분화의 경로.** 사람 태아에서 몇 가지 유형의 분화된 세포들을 보여준다.

분화의 결과, 서로 다른 유형의 세포들이 독특한 모양을 지니며 특이한 물질을 함유한다. 즉, 골격근 세포들은 특이한 수축 단백질로 구성된 섬유들이 정교하게 배열된 그물 모양의 구조를 갖는다. 그리고 연골 세포들은 기계적인 지지 작용을 하는 다당류와 콜라겐 단백질을 함유하는 독특한 기질로 둘러싸이게 된다. 또한 백혈구는 산소를 운반하는 헤모글로빈 단백질로 채워진 원반 모양이 된다. 이 세포들은 많은 차이가 있지만, 다세포 식물과 동물의 다양한 세포들은 비슷한 소기관들로 구성된다. 예로서, 미토콘드리아는 모든 유형의 세포들에서 기본적으로 발견된다. 그러나 어떤 유형의 세포에서 미토콘드리아는 둥근 모양이지만, 다른 유형에서는 매우 긴 실모양일 수 있다. 모든 경우에, 다양한 소기관들의 수, 모양, 위치 등은 특정한 세포 유형의 활동과 상호 관련될 수 있다. 이것은 관현악의 다양한 작품들에 비유된다. 즉, 모든 작품들은 동일한 음표로 구성되지만, 다양한 편곡에 의해 각 작품은 독특한 특징과 아름다움을 자아낸다.

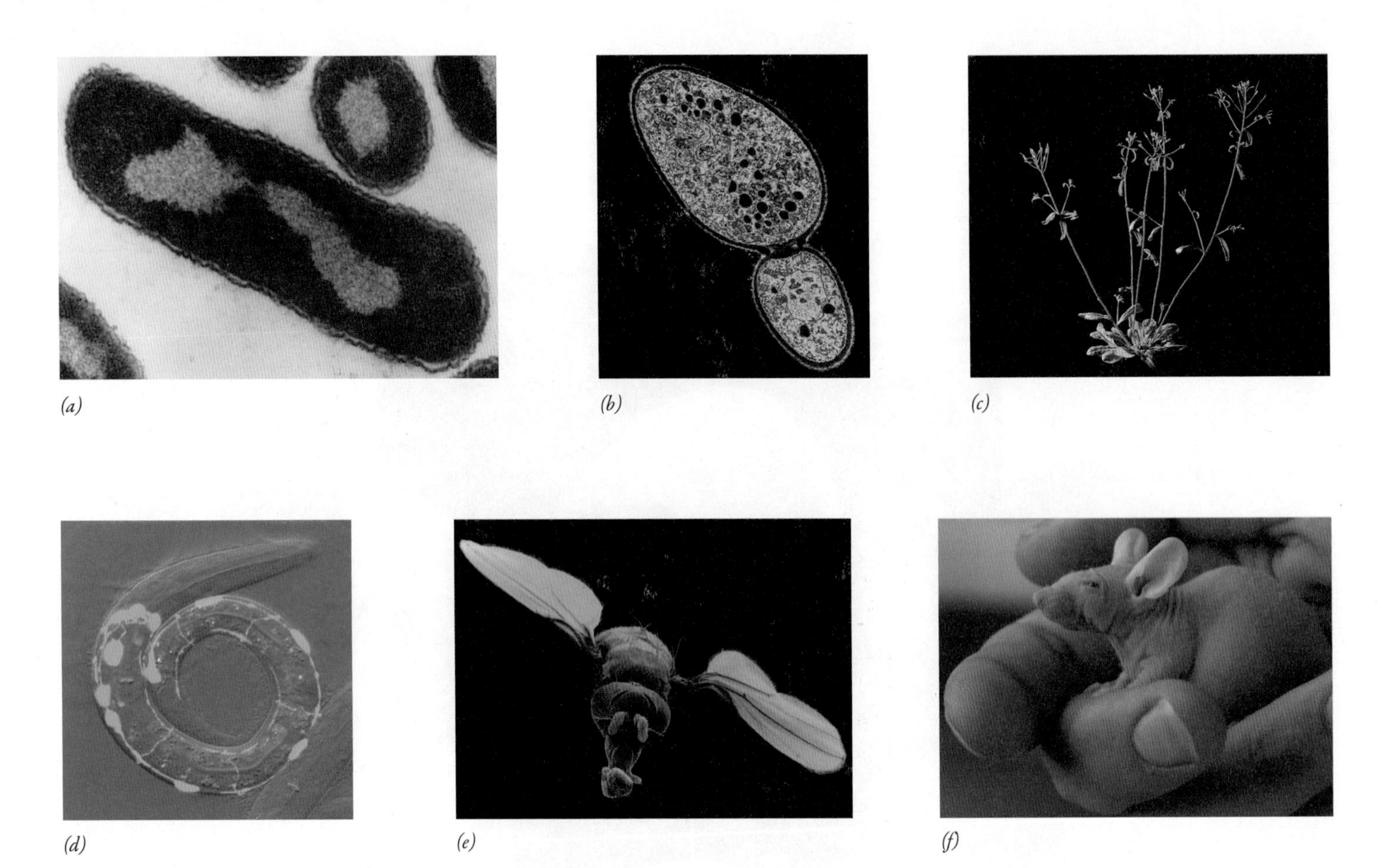

그림 1-18 여섯 가지의 모델생물. *(a)* 대장균(*Escherichia coli*)은 약간 긴 막대 모양의 세균으로서, 사람과 다른 포유동물의 소화관 속에 산다. 복제, 전사, 해독 등의 기작을 비롯하여, 세포의 기초 분자생물학에 관한 많은 주제들은 원래 이 원핵생물을 대상으로 연구되었다. 이 원핵세포의 비교적 단순한 체제가 여기의 전자현미경 사진에 나타나 있다(진핵세포인 *b*와 비교해 보자). *(b)* 효모균(*Saccharomyces cervisiae*)은 흔히 제빵 및 양조효모로 더 잘 알려져 있다. 이 효모균은 연구된 바 있는 진핵생물 가운데 가장 덜 복잡한 구조를 가지고 있으나, 사람의 세포 속에 있는 단백질에 해당하는 제법 많은 수의 단백질을 갖고 있다. 흔히 이런 단백질들은 이 두 생물에서 보존된 기능을 갖고 있다. 이 종은 약 6,200가지의 단백질을 암호화하는 작은 유전체를 갖고 있다. 즉, 이 효모균은 반수체 상태(세포 하나가 갖고 있는 각 유전자가 대부분 진핵세포에서처럼 두 벌이 아니라 한 벌인)로 자랄 수 있고, 유산소(有酸素) 상태나 또는 무산소 상태에서 자랄 수 있다. 이 생물은 돌연변이체를 이용하여 유전자를 확인하는 데 이상적이다. *(c)* 십자화과 식물에 속하는 애기장대(*Arabidopsis thaliana*)는 현화식물치고는 매우 작은 유전체(1억 2,000만 개의 염기쌍)를 갖고 있다. 이 식물은 세대시간이 빠르며, 큰 종자를 생산하고, 단 몇 인치 높이로 자라는 작은 식물이다. *(d)* 현미경으로 볼 수 있는 크기의 예쁜꼬마선충(*Caenorhabditis elegans*)은 한정된 수의 세포(약 1,000개)로 이루어져 있고, 각 세포는 정밀한 패턴의 세포분열에 의해 발달한다. 이 동물은 쉽게 배양되며, 투명한 체벽, 짧은 세대시간, 유전자 분석의 용이함 등의 이점을 갖고 있다. 이 현미경 사진은 초록색형광단백질(GFP)로 표지된 유충의 신경계를 보여 주고 있다. 2002년 노벨상은 이 생물의 연구를 개척한 연구자들에게 수여되었다. *(e)* 초파리의 하나인 노랑초파리(*Drosophila melanogaster*)는 크기가 작지만 복잡한 진핵생물로서, 거의 100년 동안 유전 연구에 이용되었던 동물이다. 또한 이 초파리는 발생에 관한 분자생물학과 단순 행동에 관한 신경생물학의 기초 연구에도 적당하다. 유충 세포들은 거대염색체를 갖고 있으며, 이 유전자들은 진화와 유전자 발현의 연구에 사용될 수 있다. *(f)* 생쥐(*Mus musculus*)는 실험실에서 기르기 쉽다. 수천 가지의 유전적 특징을 갖는 생쥐들이 개발되었으며, 그 중의 대다수는 성체를 보관할 공간이 부족하여 얼린 배(胚)의 상태로 저장되어 있다. 이 사진에 있는 "털 없는 쥐(nude mouse)"는 흉선(胸腺) 없이 발달되어서, 이 쥐는 사람 조직을 거부하지 않으므로 사람 조직을 이식 받을 수 있다.

1-3-3-1 모델생물

살아 있는 생명체들은 대단히 다양하며, 특정한 실험 분석에서 얻은 결과가 연구되고 있는 특정 생물에 의해 결정될 수 있다. 그래서 세포 및 분자 생물학자들은 많은 연구 활동을 몇 가지 "대표적인" 또는 **모델생물**(model organism)들에 집중하고 있다. 이러한 연구의 토대 위에 세워진 종합적인 지식 체계는 거의 모든 생명체가, 특히 인간들이, 공유하는 생명 현상의 기본 과정을 이해하기 위한 하나의 틀을 마련하게 될 것이다. 모델생물에 집중함으로써, 다른 많은 생물들이 세포 및 분자생물학의 연구에 널리 사용되지 않는다는 것은 아니다. 그럼에도 불구하고, 여섯 가지의 모델생물들—한 가지의 원핵생물과 다섯 가지의 진핵생물—즉, 세균의 하나인 대장균(*Escherichia coli*), 출아하는 효모(균)(*Saccharomyces cervisiae*), 꽃피는 식물인 애기장대(*Arabidopsis thaliana*), 선충의 하나인 예쁜꼬마선충(*Caenorhabditis elegans*), 초파리의 한 종인 노랑초파리(*Drosophila melanogaster*), 그리고 쥐의 하나인 생쥐(*Mus musculus*)등은 많은 주목을 받고 있다.

이 생물들은 어떤 문제를 해결하기 위한 연구 주제에 유용한 특별한 이점을 갖고 있다(그림 1–18). 이 책에서는—생쥐 및 배양된 포유류 세포 등—포유동물을 대상으로 한 연구 결과들을 집중적으로 다룰 것이다. 그 이유는 그 결과들을 사람에게 가장 잘 적용할 수 있기 때문이다. 그렇다하더라도, 다른 종의 세포를 대상으로 한 많은 연구 사례도 설명할 것이다. 세포 및 분자 수준에서 여러분들이 이렇게 훨씬 더 작고 단순한 생명체들과 얼마나 비슷한가를 발견하면 놀라게 될 것이다.

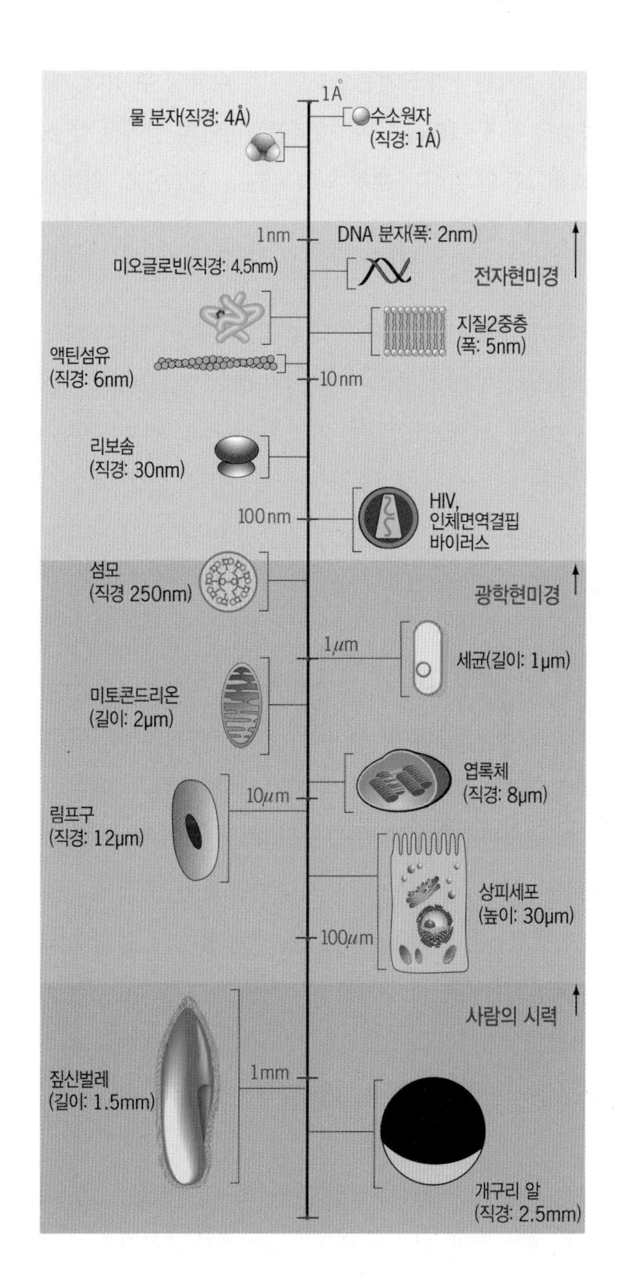

그림 1-19 **세포와 세포 구성요소들의 상대적인 크기.** 이 구조들의 크기는 1Å에서부터 1mm 이상의 범위까지 7단계 이상의 크기로 표시되어 있다.

1-3-4 세포의 크기와 내용물

〈그림 1–19〉는 세포생물학의 관심사인 많은 구조의 상대적인 크기를 보여주고 있다. 두 가지 길이의 단위, 즉 **마이크로미터**(μm)와 **나노미터**(nm)는 세포 속의 구조를 설명하기 위해서 가장 흔히 사용된다. 1μm는 10^{-6}m이며, 1nm는 10^{-9}m 이다. 분자생물학자들이 원자의 크기를 표시하기 위해 1nm의 1/10인 옹스트롬(Å) 단위를 흔히 사용한다. 1Å은 수소 원자의 직경과 거의 같다. 생물을 구성하는 고분자들은 Å이나 nm로 나타낸다.

전형적인 구형 단백질인 미오글로빈(myoglobin)은 약 4.5nm × 2.5nm이고, 매우 긴 단백질들(콜라겐 또는 미오신과 같은)의 길이는 100nm 이상이며, DNA의 폭은 약 2.0nm이다. 리보솜, 미세관, 미세섬유 등과 같은 고분자 복합체들의 직경은 5~25nm 정도 된다. 이들의 크기는 아주 작은데도, 이런 고분자 복합체들은 아주 다양한 기계적, 화학적, 전기적 활동을 수행할 수 있는 고도로 정교한 나노기계(nanomachine)를 구성한다.

세포와 소기관들의 크기는 μm 단위로 나타낼 수 있다. 예로서, 핵의 직경은 약 5~10μm이며, 미토콘드리아의 길이는 약 2μm이다. 원핵세포들의 길이는 보통 약 1~5μm 정도이고, 진핵세포의 경우는 약 10~30μm 정도 이다.

■ 대부분의 진핵세포들은 두 벌의 유전자가 들어 있는 1개의 핵을 갖고 있다. 유전자들은 정보-운반 전령(傳令, messenger) RNA를 형성하기 위한 틀(鑄型)의 역할을 하기 때문에, 세포는 일정한 시간 안에 제한 된 수의 전령 RNA 만을 형성할 수 있다. 세포의 세포질 부피가 크면 클수록, 그 세포가 필요한 만큼(수)의 전령을 합성하는 데 걸리는 시간은 더 길 것이다.

■ 세포의 크기가 증가할 때, 표면적/부피의 비율은 감소한다.[3] 세포가 환경과 물질을 교환할 수 있는 능력은 세포의 표면적에 비례한다. 만일 세포가 일정한 크기 이상으로 자랐다면, 이 세포의 표면은 자신의 대사활성에 필요한 물질들(예: 산소, 영양물질)을 흡수하기에 충분하지 않을 것이다. 장의 상피와 같이, 용질 흡수를 위해 특수화된 세포들은 흔히 미세융모를 갖고 있어서, 물질을 교환할 수 있는 표면적을 대단히 증가시킨다(그림 1-3 참조). 커다란 식물 세포의 내부는 대사적으로 활발한 세포질보다는 액체로 채워진 큰 액포가 점유하고 있다(그림 8-36*b*).

■ 세포는 주로 분자들의 무작위 운동, 즉 확산(擴散, *diffusion*)에 의존한다. 예를 들면, 산소는 세포의 표면에서 세포질을 거쳐 미토콘드리아 내부에까지 확산되어야 한다. 확산에 필요한 시간은 이동하는 거리의 제곱에 비례한다. 예로서, 산소가 1μm의 거리를 확산하는 데는 단 100마이크로초(μs)가 걸리지만, 1mm의 거리를 확산하는 데는 10^6배의 긴 시간이 걸린다. 세포의 부피가 더 커지면서 표면에서 내부까지의 거리가 더 길어질 때, 물질들을 물질대사가 활발한 세포의 안팎으로 확산시키는 데에는 매우 많은 시간이 걸린다.

[3] 변의 길이가 1cm와 10cm인 정육면체들의 표면적과 부피를 비교 계산하여 이 설명을 확인할 수 있다. 작은 정육면체가 큰 정육면체보다 표면적/부피의 비율이 훨씬 더 크다.

1-3-5 합성생물학

합성생물학(*synthetic biology*)이라고 하는 생물학의 한 연구 분야의 목표는 실험실에서 살아 있는 세포를 만들어 내는 것이다. 이 연구자들의 한 가지 동기는 단순히 이 목표를 이루는 것이며, 그 과정에서, 적절한 구성 성분들이 화학적으로 합성된 물질로부터 모아졌을 때 세포 수준의 생명체가 자연적으로 생기는 것을 증명하는 것이다. 이 시점에서, 이런 위업의 성취에 근접한 생물학자는 어디에도 없으며, 많은 사회인들은 이런 일이 절대로 일어나서는 안 된다고 주장할 것이다. 합성생물학의 보다 적합한 목표는, 의약과 산업 또는 환경 정화 등의 분야에서 독특한 가치를 갖는, 새로운 생명 형태를 기존의 생물을 이용하여 개발하는 것이다.

예를 들면, 식물의 세포벽(細胞壁)을 구성하는 풍부한 섬유소를 가솔린 속에 있는 탄화수소와 같은 생물 연료로 전환시키는 세균 종을 "주문 제작"하는 것이 가능할 것이다. 대부분의 생물학자들이 논쟁할 것이지만, 만일 한 세포의 특성과 활성이 그 세포의 유전 청사진으로부터 나타난다면, 새로운 유전 청사진을 기존 세포의 세포질 속에 도입시킴으로써 새로운 유형의 세포를 만들어 낼 수 있을 것이다. 이러한 쾌거를 성취할 가능성은 2007년에 증명되었다. 즉, 한 세균의 유전체를 유연관계가 가까운 종의 유전체로 대체시켜서, 한 종을 다른 종으로 변형시켰다.

2008년, 합성생물학 분야에서 다른 중요한 성취가 보고되었다. 즉, 세균의 하나인 미코프라스마 게니타리움(*Mycoplasma genitalium*)의 유전체가 완전히 화학적으로 합성된 것이다. 실험실에서 배양될 수 있는 생물 중 가장 작은, 이 세균의 유전체는 약 500개의 유전자를 지닌 약 58만 개의 염기쌍으로 된 원형 DNA 분자이다. 이 일을 성취하기 위해서, 연구자들은 당시의 기술로서는 합성 가능한 최대 길이가 약 100개의 염기쌍인 작은 DNA 조각을 화학적으로 합성하는 일부터 시작하였다. 연구자들은 의도적으로 약간 변형시킨 이 조각과 자연 상태의 세균의 염기 서열과 맞추어서, 그들이 합성한 DNA 조각의 염기 서열을 결정하였다.

합성된 이 작은 조각은 더 큰 DNA 조각으로 조립되었고, 결국 함께 연결되어 완전한 세균 유전체가 만들어졌다. 이 글을 쓸 무렵, 이 합성 유전체가 살아있는 세균 세포 속에 도입된 바는 없지만, 이것이 위에 기술된 유전체-대체 실험의 주요 장애 요인은 아니다. 일단 이것이 성취되면, 이 연구 팀은 하나의 "유전자 골격"을 가진 세포를 생산할 것이며, 여기에 다른 생물들로부터 취한 새로운 유전자들을 첨가시킬 수 있다. 궁극적으로, 이런 연구 분야는 새로운 특성을 지닌 새로운 생물 형태를 창조할 수 있는 가능성을 갖고 있다.

복습문제

1. 원핵세포와 진핵세포를 구조, 기능, 대사 등의 차이점 등을 기초로 하여 비교하시오.
2. 세포 분화의 중요성은 무엇인가?
3. 왜 세포들은 항상 현미경적 크기인가?
4. 미토콘드리아의 길이가 2μm일 때, 이 길이는 몇 Å이고, 몇 nm이며, 몇 mm인가?

인간의 전망

세포대체요법의 가능성

심장이나 간이 나빠지고 있는 환자에게, 장기이식은 생존 또는 정상적인 생활로 돌아가기 위한 최고의 희망이다. 장기이식(藏器移植, organ transplantation)은 현대 의학의 가장 큰 성과 중의 하나이지만, 제공자 장기의 이용 가능성과 면역학적 거부의 높은 위험성 때문에 그 범위가 매우 제한되어 있다. 우리가 실험실에서 키운 세포와 장기를 우리 몸속의 파손되었거나 고장 난 부분을 대체할 가능성을 상상해 보자. 최근의 연구는 언젠가 이런 식의 치료가 흔하게 이루어지리라는 희망을 연구자들에게 주고 있다. 세포대체 치료의 개념을 더 잘 이해하기 위해서, 우리는 오늘날 골수이식(*bone marrow transplantation*)이라고 하는 수술을 생각할 수 있다. 이 수술은 제공자의 골반 뼈 내부에서 추출된 세포를 수용자의 몸속에 주입시키는 것이다.

골수이식 수술은 백혈구의 성질과 숫자에 영향을 미치는 암, 즉 림프종(腫)(lyphoma)과 백혈병(leukemia)을 치료하기 위해서 흔히 이용된다. 치료를 하기 위해서, 환자는 높은 수준의 방사선 그리고/또는 화학약품에 노출된다. 이런 치료가 암세포를 죽이기 위한 것이지만, 또한 동시에 적혈구와 백혈구 형성에 관련된 모든 세포들도 죽게 된다. 혈액-형성(造血) 세포들이 특히 방사선과 독한 화학약품에 민감하기 때문에 이런 부작용이 일어난다. 일단 환자의 조혈 세포들이 파괴되면, 건강한 제공자의 골수 세포를 이식하여 파괴된 조혈 세포들을 대체시킨다.

이 골수는, 환자의 조혈 골수 조직을 증식시켜 새로 공급할 수 있는 소량의 세포를 갖고 있기 때문에, 이식 수용자의 혈액조직을 재생시킬 수 있다.[1] 골수 속에 있는 이러한 혈액 형성 세포를 **조혈**(造血) **줄기세포**(hematopoietic stem cell)라고 하며, 이 세포들은 우리 몸속에서 매 분(分)마다 늙어서 죽는 수백만 개의 적혈구와 백혈구를 대체하는 일을 맡고 있다(그림 17-6 참조). 놀랍게도, 단 하나의 조혈 줄기세포가 방사선을 쪼인 생쥐의 전체 조혈계(造血系)를 재형성할 수 있다. 아이에게 조혈 줄기세포를 투여하여 치료할 수 있는 질병이 생기는 경우를 대비하여, 하나의 "줄기세포 보험 증서"와 같은 것으로서 신생아의 제대(臍帶, 탯줄)에 있는 혈액을 저장하는 부모들이 늘고 있다.

줄기세포(stem cell)는 미분화된 세포라고 정의되며, 이 세포들은 (1) 자기 재생, 즉 자신과 같은 세포들을 더 많이 형성할 수 있고, (2) 다능성(多能性), 즉 두 가지 유형 이상의 성숙한 세포로 분화할 수 있다. 골수에 있는 조혈 줄기세포들은 오직 한 가지 유형의 줄기세포이다. 성인(成體)의 장기 대부분은 조직의 특정한 세포들을 대체시킬 수 있는 줄기세포를 갖고 있다. 재생 능력에 대해서 알려지지 않은, 성인의 뇌(腦)에조차 새로운 신경세포와 교질세포(뇌의 신경세포를 지지

[1] 골수이식(술)은, 수용자가 순환계 속에 있는 분화된 혈액(특히 적혈구와 혈소판)을 받는, 단순한 수혈(輸血)과는 현저한 차이가 있다.

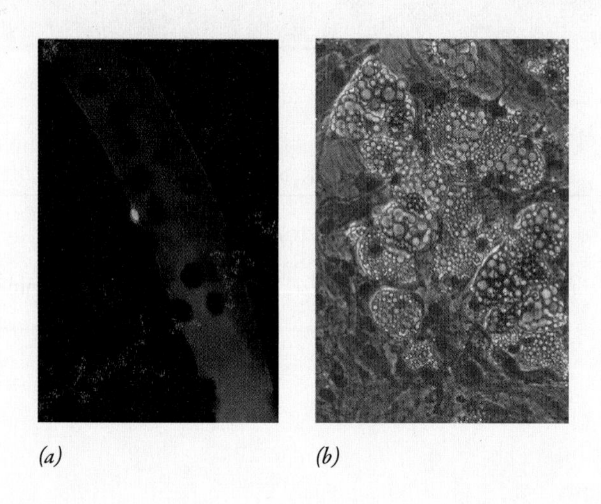

그림 1 **성체 근육의 줄기세포.** (*a*) 파란색으로 염색된 많은 핵을 갖고 있는 근섬유(근육세포). 하나의 줄기세포(노란색)가 근섬유의 바깥 표면과 빨간색으로 염색된 세포 바깥 층(또는 기저막) 사이에 끼어 있는 것으로 보인다. 미분화된 줄기세포는 이렇게 노란색으로 보이는데, 그 이유는 이 줄기세포가 분화된 근섬유에는 없는 단백질을 갖고 있기 때문이다. (*b*) 배양되는 성체줄기세포들이 지방 세포들로 분화하고 있다. 이렇게 진행될 수 있는 줄기세포들이 성체의 지방조직과 골수에 있다.

하는)를 재생시킬 수 있는 줄기세포가 있다. 〈그림 1*a*〉는 성체의 골격근에서 분리된 줄기세포(adult stem cell)를 보여준다. "위성세포(衛星細胞, satellite cells)"라고 하는 이 줄기세포들은 손상된 근육 조직의 치료가 필요할 때 분열하여 분화하는 것으로 생각된다. 〈그림 1*b*〉는 지방조직 속에 있는 성인의 줄기세포를 시험관 속에서 배양하여 분화된 지방세포(adipose cell)들을 보여준다.

최근에 사람의 골격근 장애의 하나인 근육위축병(muscular dystrophy)과 매우 비슷한 유전병으로 고통 받는 사냥개의 일종인 골든 리트리버(golden retriever)에 관한 흥미로운 연구가 이루어지고 있다. 연구자들은 이 개의 근육에서 줄기세포를 분리해서 이 유전병을 고쳤으며, 이 줄기세포들을 배양하여 그들이 연구하려는 유전적으로 변형된 세포들을 더 많이 확보하였다. 이런 줄기세포들을 병에 걸린 동물에게 주입하였을 때, 많은 줄기세포들이 주입된 곳에서 골격근으로 전환된다. 일단 근육 조직으로 돌아가면, 치료된 위성세포들이 분열하여 새로운 근육 세포로 분화하며, 그러는 동안에 병에 걸린 개의 운동과 걸음걸이를 현저히 개선시킨다.

이와 비슷한 치료법이 사람에게 사용될 수 있다는 낙관론이 상당하다. 예를 들면, 사람의 심장에도 줄기세포가 있어서, 심장의 근육조직(심근의 근육세포)과 심장의 혈관 등을 형성하는 세포들로 분화할 수 있다. 이러한 줄기세포들은, 심한 심장마비를 경험했거나 또는 울혈성 심부전으로 고통 받고 있는 환자의 건강한 심장 조직을 재생시킬 잠재력을 갖고 있을 수 있다. 성체줄기세포는, 환자 자신으로부터 직접 분리하고, 배양하여 자라며, 동일 환자에게 다시 주입할 수 있기 때문에, 세포대체요법에 이상적이다.

성체줄기세포가 궁극적으로 세포대체요법의 매우 귀중한 자원임이 증명될 수 있다 해도, 오늘날까지 이루어진 임상 연구는 그다지 희망적이지 않다. 지난 10년 동안 이 분야에서 생겼던 신명나는 많은 일이, 포유류의 매우 어린 배에서 분리된 줄기세포인, **배아(胚芽)줄기세포**(embryo stem cell)의 연구에서 이루어졌다(그림 2 참조). 이 줄기 세포들은 포유류에서 태아의 다양한 모든 구조를 발생시키는 초기 배에 있는 세포들이다. 성체줄기세포와는 다르게, 배아줄기세포들은 다능성(多能性, pluripotent)이다. 즉, 이 세포들은 몸을 구성하는 모든 유형의 세포로 분화할 수 있다. 대부분의 경우, 사람의 배아줄기세포들은 병원에서 시험관 내 수정으로 제공된 배로부터 분리되었다. 전 세계적으로, 하나의 배에서 유래된, 유전적으로 특이한 수많은 종류의 사람 배아줄기세포들이 실험적 연구를 위해서 이용될 수 있다.

임상 연구자들의 장기적인 목표는 배아줄기세포를 배양할 때 어떻게 다루면, 세포대체요법에 쓰일 수 있는, 모든 유형의 세포로 분화하는지 그 방법을 알아내는 것이다. 이런 측면의 연구는 상당히 발전하였다. 많은 연구에 의하면, 배에서 얻은 분화된 세포들을 이식하였을 때 병에 걸렸거나 상해를 입은 장기를 가진 동물의 상태가 호전될 수 있는 것으로 나타났다. 사람을 대상으로 한 첫 번째 시도는, 신경세포를 둘러싸게 되는 미엘린초(鞘)(myelin sheath)를 형성하는, 희소돌기교세포(稀少突起膠細胞, oligodendrocyte)를 사용하는 것이다(그림 8–5 참조).

시행착오 끝에, 인슐린, 갑상선 호르몬, 특정 성장인자의 조합물 등이 들어 있는 배지에서 배양된, 순수한 희소돌기교세포 집단이 사람의 배아줄기세포에서 분화됨을 발견하였다. 사람의 이러한 희소돌기교세포들이 척수 손상으로 마비된 쥐에 이식된 결과, 이 쥐의 운동성이 상당히 회복되었다. 2009년 미국 식품의약국(FDA)은, 배아줄기세포에서 유래된 희소돌기교세포들이 척수 손상 환자에게 이식되었던 이 최초의 임상 실험을 인정하였다. 또한 제1형 당뇨병(type 1

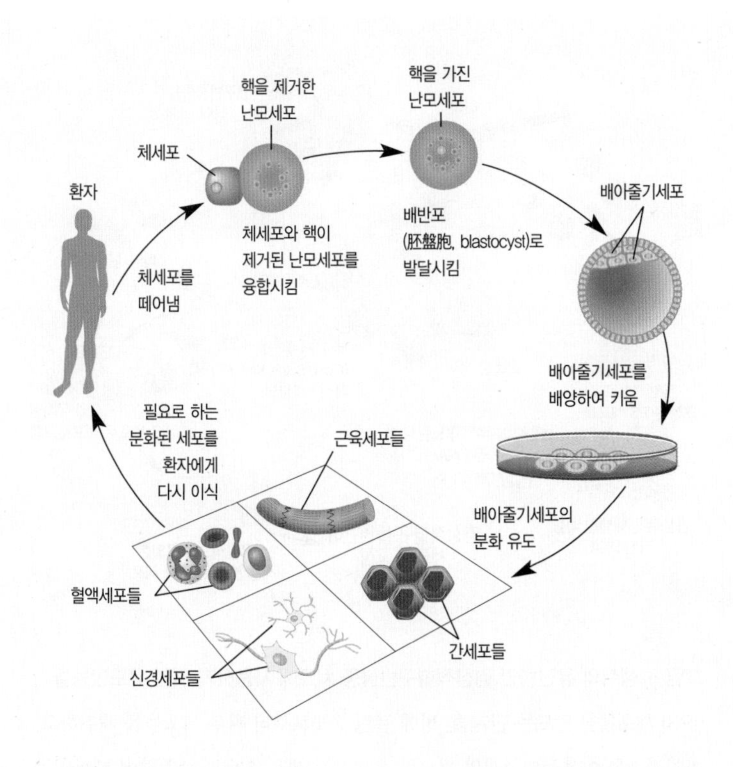

그림 2 세포대체요법에 사용하기 위해 분화된 세포를 얻는 과정. 조직의 작은 조각을 환자로부터 취해서, 체세포 중 1개를 미리 자신의 핵을 제거한 공여체 난모세포와 융합시킨다. 이렇게 해서 얻은, 환자의 세포 핵을 갖고 있는, 난모세포(난자)를 초기 배(胚)로 발달시키고, 배아줄기세포들을 배양하여 수확하고 자라게 한다. 배아줄기세포들의 집단은 장기의 기능을 회복하기 위해서 환자에게 이식될 세포들로 분화하도록 유도된다.

diabetes)[c] 안과 질환인 시력 감퇴(황반변성) 등을 치료하기 위한 임상 실험도 계획되어 있다.

이러한 시술을 할 때 가장 큰 위험은 분화된 세포 집단 사이에 미분화된 배아줄기세포들이 예고 없이 주입되는 데 있다. 미분화된 배아줄기세포들은 기형종(畸形腫, teratoma)이라고 하는 양성종양을 형성할 수 있는데, 이 종양은 머리카락과 치아를 포함하는 여러 가지 분화된 조직들이 모인 괴상한 덩어리를 갖고 있을 수 있다. 중추신경계 속에 기형종이 형성되면 심각한 결과를 초래할 수 있다. 또한 현재 배아줄기세포의 배양에는 사람 이외의 생물학적 물질 사용이 필요한데, 이런 물질도 병을 일으킬 수 있는 잠재적인 위험성을 지니고 있다.

성체줄기세포들은, 배아줄기세포들의 특징인, 무제한의 분화 능력을 갖고 있지 않더라도, 배아줄기세포를 능가하는 이점을 갖고 있다. 즉, 성체줄기세포는 치료하고 있는 당사자로부터 분리될 수 있고, 그래서 연속되는 세포 대체에 사용해도 면역학적 거부 현상이 나타나지 않는다. 그러나 배아줄기세포는 원하는 대로 주문 제작할 수 있기 때문에, 배아줄기세포를 치료하려는 사람의 것과 동일한 유전적 구성을 갖게 하면, 수용자의 면역계에 의해 공격 받지 않을 것이다. 이것은, 〈그림 2〉에서와 같이, 체세포핵치환(*somatic cell nuclear transfer*)이라고 하는 우회적인 방법으로 이루어질 수 있을 것으로 생각되며, 이 시술은 혈연관계가 없는 여성 제공자의 난자에서 얻은 미수정난에서부터 시작된다.

이 방법에서, 미수정난의 핵은 치료하기 위한 환자의 핵으로 대체될 것이며, 따라서 이 난자는 환자의 것과 동일한 염색체를 갖게 된다. 그 후 이 난자가 초기 배 발생 시기로 발달하면, 난자로부터 배아줄기세포들을 떼어서 배양하여 환자에게 필요한 유형의 세포들로 분화하도록 유도될 것이다. 이 방법은 단지 배아줄기세포의 공급원으로 이용하기 위해 사람의 배를 형성해야 하기 때문에, 이를 시행하기 전에 중요한 윤리적 문제가 해결되어야 한다. 게다가, 이 체세포핵치환 과정은 비용이 매우 많이 들고, 보통의 의학적 치료로써 시행될 수 있기에는 거의 불가능할 것 같은 기술을 요한다. 만일 배아줄기세포를 기반으로 하는 치료가 실행된다면, 서로 다른 배아줄기세포를 보관하는 수많은 은행을 이용할 가능성이 높다. 이런 은행은 대다수의 환자들이 이용하기에 알맞도록 조직 화합성에 충분히 근접한 세포들을 확보해 놓을 수 있다.

오래 전부터 포유동물에서 세포 분화의 과정은 불가역적이라고

역자 주[c] 제1형 당뇨병: 자가 면역에 의해 췌장의 β-세포가 파괴되어 인슐린의 분비가 절대적으로 감소하여 생기는 당뇨병으로서, 인슐린의 투여로 증상이 크게 호전되므로 인슐린-의존성 당뇨병이라고도 한다.

생각해 왔다. 즉, 일단 하나의 세포가 섬유모세포, 또는 백혈구, 또는 연골세포로 되면, 이 세포는 결코 다른 유형의 세포로 되돌아갈 수 없다. 이런 생각은 2006년, 교토(京都)대학교(Kyoto University)의 야마나카 신야(山中伸彌, Yamanaka Shinya)[d]와 공동 연구자들이 충격적인 발견을 발표하여, 산산이 부서졌다. 즉, 그의 실험실은 완전히 분화된 생쥐 세포—이 경우에 결합조직 섬유모세포의 한 유형—를 다능성 줄기세포로 다시(再) 프로그램 하는 데 성공하였다. 그들은, 생쥐의 섬유모세포에, 배아줄기세포의 특징인 4개의 핵심 단백질을 암호화하는 유전자를 도입함으로써 이런 개가를 올렸다.

이 유전자들(*Oct4*, *Sox2*, *Klf4*, *Myc*)은 세포들을 미분화된 상태로 유지시키고 이들이 자기-재생을 계속하는 데 있어서 중요한 역할을 하는 것으로 생각된다. 이 유전자들은 유전자-운반 바이러스를 사용하여 배양된 섬유모세포에 주입되었다. 재프로그램 된 이런 희귀한 세포들은 특수화된 기술로 배양하는 다른 세포들로부터 선발되었다. 그들은 이 새로운 유형의 세포들을 유도된 다능성 줄기세포(*induced pluripotent stem cell*, *iPS cell*)라고 명명하였다. 이들은 이 세포들을 생쥐의 배반포(胚盤胞, blastocyst)에 주입하여 난자와 정자를 포함한 몸의 모든 세포들로 분화하는 것을 발견하여, 이 세포들이 정말로 다능성을 나타낸다는 사실을 증명하였다. 그 다음 해에 또는 그 무렵에, 그와 동일하게 재프로그램 하는 놀라운 일이 많은 실험실에서 사람의 세포를 대상으로 하여 이루어졌다.

사람의 iPS 세포들이 많은 기준에 의해 실제로 사람의 진짜 배아줄기세포와 구별할 수 없다는 것이 증명되었다. 이 방법으로 연구자들은, 배아줄기세포를 위해서 이미 개발된 것과 비슷한 실험 방법을 사용하여 다양한 유형의 체세포로 분화시킬 수 있는, 다능성 세포를 무제한으로 공급하여 이용할 수 있다. 실제로, iPS 세포들은 실험동물에서, 〈그림 3〉에 나타낸 것과 같이 생쥐에서 겸상(鎌狀)적혈구빈혈증(sickle cell anemia)을 포함한, 특정 질병들을 고치기 위해 이미 사용되고 있다. 또한 iPS 세포들은, 헌팅톤 질환(Huntington's disease)과 제1형 당뇨병과 같은, 유전질환을 가진 환자에서 채취된 성체 세포로부터 만들어진 바 있다. 연구자들은 iPS 세포들이 배양 과정에서 질병 세포로 분화하는 것을 추적할 수 있다. 이를 통해, 관찰이 불가능한 몸 속 깊은 곳에서 질병이 발생하는 과정을 실험실 배양 접시 위에서 관찰함으로써, 질환의 발생 기작이 밝혀지기를 바란다. 또한 이처럼 "병에 걸린 세포들"은 질병의 진행을 멈추게 하는 새로 개발된 약품의 효과를 시험하는 데에도 사용될 수 있을 것이다.

배아줄기세포와는 다르게, iPS 세포들은 배(胚)를 사용할 필요가 없다. 이런 특징은 배아줄기세포들을 연구하는 데 따른 모든 윤리적 의구심을 해소시키며, 또한 실험실에서 이런 세포들을 훨씬 더 쉽게 만들 수 있게 해준다. 사실, 배양된 포유동물 세포를 가지고 연구하는 대부분의 실험실은 이렇게 흥미로운 분야로 뛰어들 수 있을 것이다. 배아줄기세포와 마찬가지로, iPS 세포들이 사람을 치료하기 위한 세포 공급원으로 이용될 수 있기 전에 극복해야 할 난관이 있다. 유전자-운반 바이러스를 사용하지 않고 세포를 효율적으로 재프로그램 하

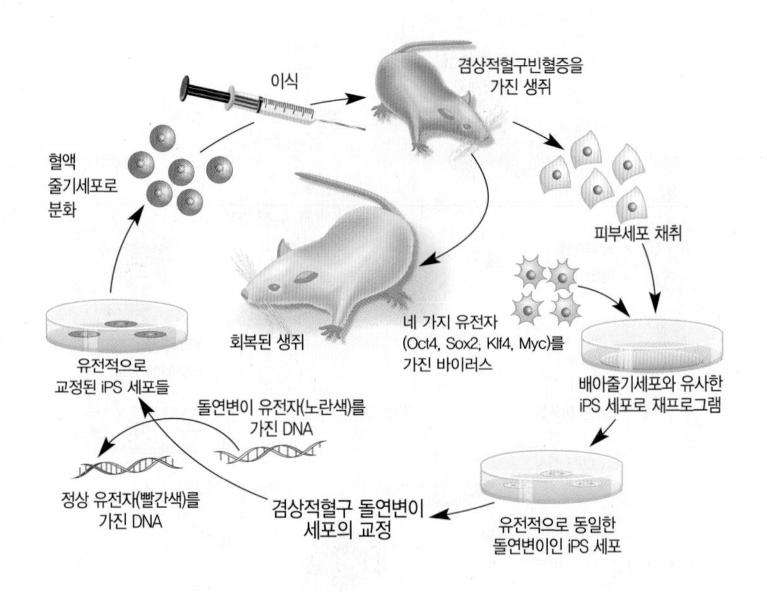

그림 3 **생쥐의 유전병인 겸상적혈구빈혈증 치료에 사용하기 위한 유도만능줄기(iPS) 세포들을 만드는 단계들.** 병에 걸린 동물로부터 피부 세포들을 채취하고, 바이러스를 이용하여 4개의 필요한 유전자를 세포 속으로 주입하여 배양하는 동안 유전 프로그램을 재구성시킨다. 그 다음, 이런 피부 세포들이 미분화 상태의 iPS 세포들 속에서 발달하게 한다. 그 후, iPS 세포들의 결함(globin) 유전자를 대체시킨다. 이렇게 교정된 iPS 세포들은 배양하는 동안 정상적인 혈액 줄기세포들로 분화된다. 다음에, 이 혈액 줄기세포들이 병에 걸린 생쥐에 다시 주입되면, 분열하여 정상적인 혈액 세포들로 분화함으로써 이 유전병이 치료된다.

역자 주[d] 일본 교토대학교의 야마나카 신야 교수와 영국 캠브리지대학교(Cambridge University)의 존 거든(John Gurdon)은 각각 유도된 다능성 줄기세포[*induced pluripotent stem cel*, *iPS cell*: 흔히 '유도만능(誘導萬能)줄기세포'라고 함] 및 동물 복제에 관한 연구 업적을 인정받아 2012년 노벨생리의학상을 받았다.

는 기술 개발이 중요할 것이다. 그 이유는 바이러스를 이용하여 재프로그램 된 세포들은 암을 일으킬 가능성이 있기 때문이다. 최근의 연구는 이런 목표를 달성할 수 있을 것으로 보인다.

배아줄기세포와 같이, 미분화된 iPS 세포들도 기형종(teratoma)을 만들 수 있기 때문에, 오직 완전히 분화된 세포들 만을 사람에게 이식하는 것이 중요하다. 또한 배아줄기세포와 같이, 현재 사용되고 있는 iPS 세포들은 원래 이 세포를 제공한 사람과 동일한 조직 항원을 갖고 있어서, 만일 이 세포들이 다른 사람(수용자)에게 이식될 경우 면역 공격을 자극할 것이다. 그러나 배아줄기세포의 형성과 다르게, 개인에 맞춘, 조직-적합성인 iPS 세포들을 만드는 것이 훨씬 더 쉬울 것이다. 그 이유는 이 줄기세포들을 각 환자의 간단한 피부 생체 검사에서 얻을 수 있기 때문이다. 특수한 제공자로부터 iPS 세포들의 집단을 생산하는 것은 아직 상당한 시간과 비용 및 전문 기술이 필요하다.

결국, 만일 iPS 세포들이 치료용으로 개발된다면, 이 세포들은 대부분의 잠재적인 수용자에게 조직 적합성을 가진 세포들을 공급할 수 있는 커다란 세포 은행에서 나올 것으로 보인다. 또한 iPS 세포들로부터 모든 유전자를 제거하여 임의의 수용자에게 이 유전자들이 이식되지 않도록 방지하는 것도 가능할 것이다. 만일 이런 일이 성취될 수 있다면, 수용자의 면역계에서 볼 수 없는 단일 "만능 제공자(universal donor)"인 iPS 세포 계열을 개발하는 것이 가능할 것이다. 이런 유형의 세포들은 모든 사람의 세포대체에 사용될 수 있을 것이다.

2008년에 세포를 재프로그램 하는 분야는 또 다른 의외의 방향으로 전개되었다. 즉, 한 가지 유형의 분화된 세포가 다른 유형의 분화된 세포로 직접 전환된다는 "전환분화(轉換分化, transdifferentiation)"의 경우가 발표되었다. 이에 의하면, 장에서 음식물 소화 효소를 생산하는 췌장의 샘꽈리세포(腺胞細胞, acinar cell)들이 인슐린 호르몬을 합성하고 분비하는 췌장의 β-세포로 전환되었다. 재프로그램 하는 과정은 며칠 안에 세포들이 중간 줄기세포 상태를 거치지 않고 직접 일어났다—그리고 이 일은 세포들이 살아 있는 쥐의 췌장 속에 정상적으로 살아남아 있는 동안에 일어났다. 이런 개가는 배에서 β-세포의 분화에 중요한 것으로 알려진 세 가지 유전자를 운반하는 바이러스를 동물에 주입하여 이루어졌다.

이 경우에, 주입받는 수용체는 당뇨병에 걸린 생쥐였고, 유의한 수의 샘꽈리세포가 β-세포로 전환분화 됨으로써 이 동물은 훨씬 적은 양의 인슐린을 주사한 상태에서 혈당 수준을 조절하게 되었다. 또한 이 실험에서 사용된 아데노바이러스(adenovirus)가 수용체 세포에 영구적으로 남아 있지 않다는 것이 주목할 만한 일이며, 이로써 유전자 운반체인 바이러스를 사람에게 사용하여 생기는 우려의 일부가 사라지게 되었다. 이렇게 직접 재프로그램 하는 방식이 현실적인 치료 가능성이 있는지에 대하여 가정하는 것은 너무 이르지만, 대체될 필요가 있는 병에 걸린 세포들이 동일한 장기 속에서 다른 유형의 세포로부터 직접 형성될 수 있다는 것은 확실히 그 가능성을 향상시킨다.

1-4 바이러스

19 세기 말에, 루이스 파스퇴르(Louis Pasteur)와 다른 사람들의 연구 결과는 식물과 동물의 전염병이 세균에 의해 생긴다는 것을 과학계에 확신시켰다. 그러나 식물인 담배의 모자이크 바이러스와 가축의 구제역병(口蹄疫病)에 관한 연구는 이런 병의 원인이 다른 감염원에 있음을 시사하였다. 예로서, 광학현미경으로 보았을 때 수액(樹液)에 세균의 증거가 없는 경우에도, 병에 걸린 담배의 수액은 건강한 식물에게 모자이크병을 전염시킬 수 있음이 밝혀졌다.

감염원의 크기와 특성을 더 잘 이해하기 위해서, 러시아의 생물학자 드미트리 이바노브스키(Dmitri Ivanovsky)는 병에 걸린 식물의 수액을, 구멍의 크기가 너무 작아서 가장 작은 것으로 알려진 세균이 통과하지 못하는 여과기에서 걸렀다. 여과된 액체는 아직도 전염성이 있었다. 이 결과로, 이바노브스키는 가장 작은 것으로 알려진 세균보다 더 작은 그리고 아마도 더 단순한 병원체에 의해 병이 생겼다고 결론지었다. 이 병원체는 **바이러스**(virus)라고 알려지게 되었다.

1935년, 록펠러 연구소(Rockefeller Institute)의 웬델 스탠리

(Wendell Stanley)는 담배 모자이크병을 일으키는 바이러스가 결정화 될 수 있었고 이 결정체가 전염성이 있었다고 보고하였다. 결정체를 형성하는 물질은 매우 질서 정연하고 윤곽이 뚜렷한 구조이며 가장 단순한 세포보다 훨씬 덜 복잡하다. 스탠리는 담배모자이크 바이러스(tobacco mosaic virus, TMV)가 단백질이었다고 잘못 결론지었다. 사실, TMV는 자루 모양의 입자로서, 하나의 RNA 분자가 단백질 소단위들로 구성된 나선형 껍질로 싸여 있다(그림 1-20).

바이러스는 후천성면역결핍증(acquired immuno-deficiency syndrome, AIDS), 소아마비, 유행성 감기, 입술포진, 홍역, 그리고 몇 가지의 암 등을 포함하여 사람의 여러 가지 질병을 일으킨다

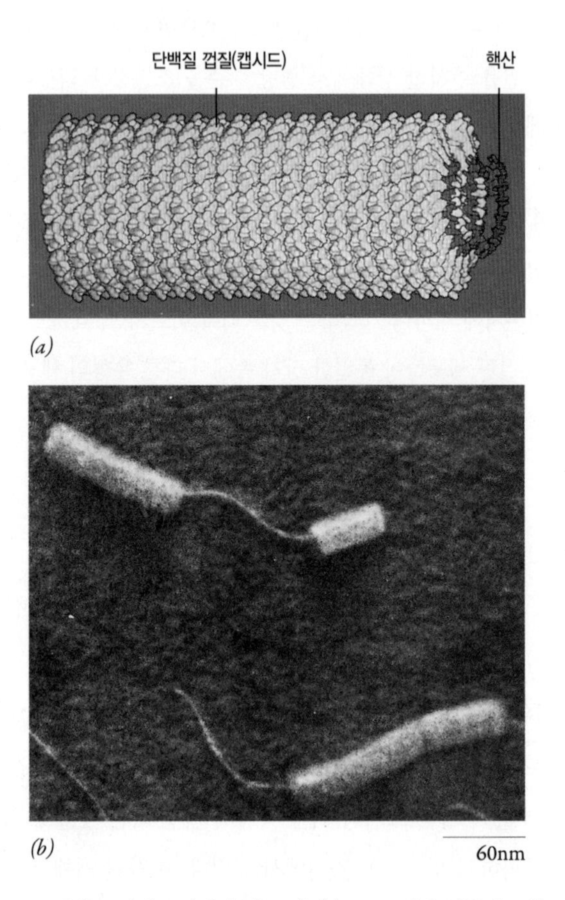

그림 1-20 담배 모자이크 바이러스(TMV). *(a)* TMV 입자 일부의 모형. 자루 모양의 전체 입자를 따라 동일한 단백질 소단위들이 하나의 나선형 RNA 분자(빨간색)를 감싸고 있다. *(b)* 페놀을 처리하여 위에 있는 입자의 가운데 부분과 아래 입자의 끝 부분처럼 단백질 소단위들을 제거한 후에 찍은 TMV 입자의 전자현미경 사진. 온전한 이 바이러스의 길이는 약 300nm이고 직경은 18nm이다.

(16-2절 참고). 바이러스는 모양, 크기, 구조 등이 매우 다양하지만, 이들 모두는 공통된 특성을 갖고 있다. 모든 바이러스는 반드시 세포 속에서 기생한다. 즉, 바이러스는 숙주 세포 속에 있지 않으면 증식될 수 없다. 바이러스에 따라, 숙주는 식물, 동물, 세균 등의 세포일 수 있다. 살아 있는 세포의 바깥에서 바이러스는 고분자 덩어리보다 약간 큰 입자, 또는 **비리온**(virion)으로 존재한다.

비리온은 바이러스에 따라서 한 가닥 또는 두 가닥으로 된 RNA 또는 DNA일 수 있고, 적은 양의 유전물질을 갖고 있다. 일부의 바이러스들은 3개 또는 4개 정도의 유전자를 갖고 있지만, 다른 바이러스들은 수백 개 정도의 많은 유전자를 갖고 있다. 비리온의 유전물질은 단백질 껍질, 또는 캡시드(*capsid*)로 싸여 있다. 비리온은 고분자 집합체이며 생명이 없는 입자로서, 이들 스스로는 증식과 물질대사, 또는 생명과 관련된 다른 활동 등을 할 수 없다. 이런 이유 때문에, 비이러스는 생물로 간주되지 않으며 살아 있다고 말하지 않는다. 바이러스의 캡시드는 보통 특정한 수의 소단위들로 구성되어 있다. 소단위로 구성되면 여러 가지 이점이 있는데, 그 중 가장 확실한 것은 유전 정보의 절약이다. 만일 바이러스의 껍질이 TMV에서처럼 단일 단백질의 여러 복사본, 또는 많은 다른 바이러스 껍질처럼 몇 개의 단백질로 구성된다면, 이 바이러스는 단백질 껍질을 암호화하기 위해서 오직 하나 또는 몇 개의 유전자만 필요하다.

많은 바이러스의 캡시드는 평면을 갖는 다면체로 구성된 소단위들로 되어 있다. 특히 바이러스의 다면체 모양은 보통 20개의 면이 있는 20면체(icosahedron)이다. 예를 들면, 포유류의 호흡기 감염을 일으키는 아데노바이러스는 20면체의 캡시드를 갖고 있다(그림 1-21*a*). AIDS를 일으키는 인체면역결핍 바이러스(*human immunodeficiency virus*)를 포함한 많은 동물 바이러스에서, 단백질 캡시드는 지질을 함유하는 외피로 싸여 있다. 이 외피는 바이러스가 숙주세포의 표면을 가르고 나올 때 숙주 세포의 변형된 원형질막에서 유래된 것이다(그림 1-21*b*). 세균 바이러스, 또는 박테리오파지(*bacteriophage*)는 가장 복잡한 바이러스 중의 하나이다(그림 1-21*c*). 또한 이 바이러스는 지구상에서 가장 많다. T 박테리오파지(유전물질의 구조와 특성을 밝혀낸 중요한 실험에 사용되었음)는 DNA를 갖고 있는 다면체의 머리, DNA를 세균 세포 속으로 주입시키는 통로인 원통형 자루, 달착륙선과 비슷한 꼬리의 섬유들 등

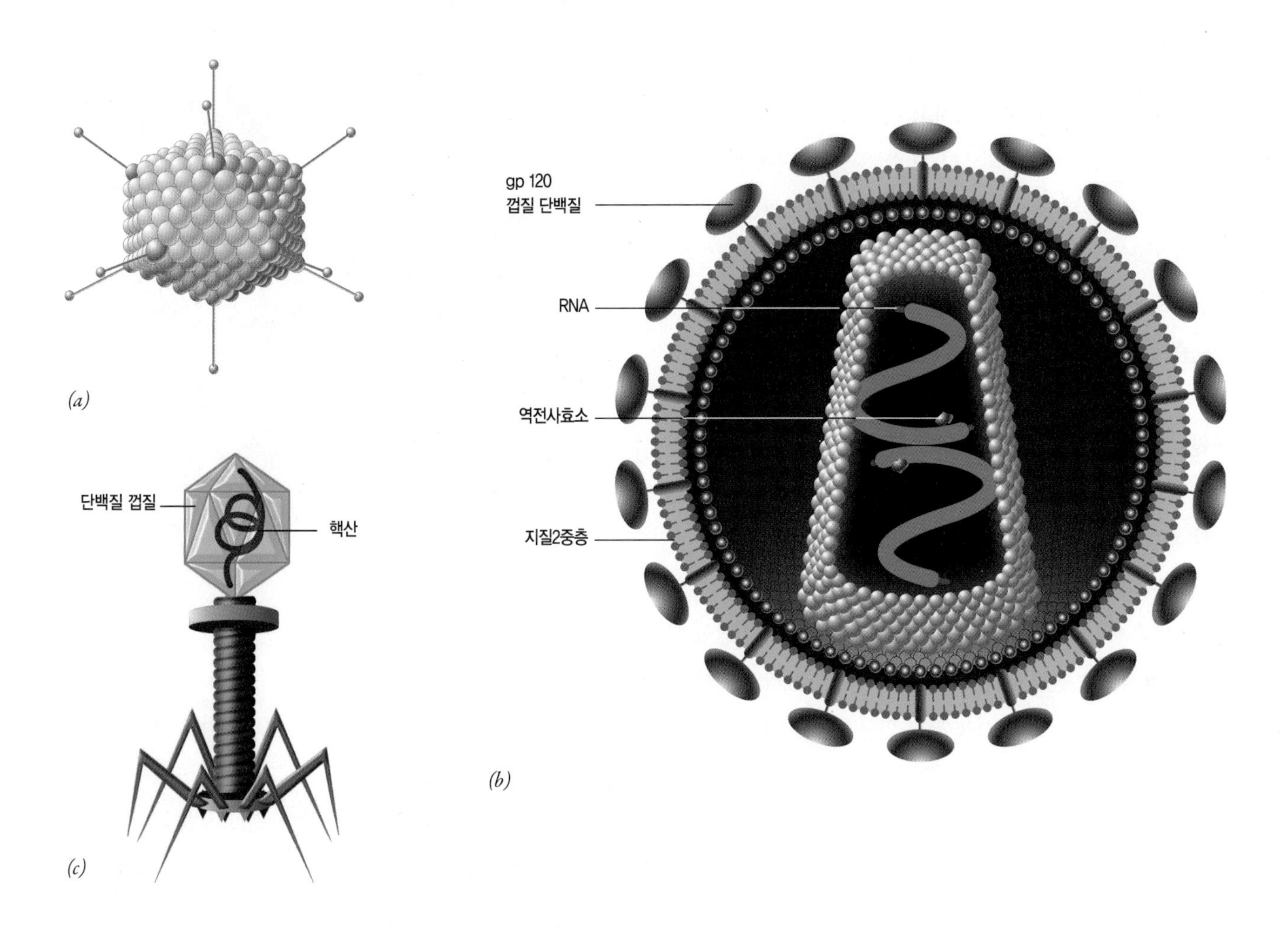

그림 1-21 바이러스의 다양성. 아데노바이러스(*a*), 인체면역결핍 바이러스(*b*), T-짝수 박테리오파지(*c*) 등의 구조. 주(註): 이 바이러스들은 실제 크기와 같은 배율로 그려져 있지 않다.

으로 구성되어 있다.

바이러스의 표면에는 숙주 세포의 특별한 표면 구성 성분과 결합할 수 있는 단백질이 있다. 예로서, HIV 입자의 표면에서 돌출된 단백질은[〈그림 1-21*b*〉에서 gp120으로 표시된 것은 분자량이 12만 달톤[4]인 당단백질(glycoprotein)을 나타냄] 백혈구 표면에 있는 특수 단백질(CD4라고 하는)과 상호작용하여, 이 바이러스가 숙주 세포 속으로 들어가는 것을 촉진한다.

바이러스와 숙주 단백질 사이의 상호작용은 바이러스의 특이성, 즉 바이러스가 들어가서 감염시킬 수 있는 숙주 세포의 유형을 결정한다. 일부 바이러스는 넓은 숙주범위(*host range*)를 가지고 있어서, 다양한 장기 또는 숙주 종의 세포들을 감염시킬 수 있다. 예를 들면, 광견병을 일으키는 바이러스는 개, 박쥐, 사람을 포함한 여러 가지 유형의 포유동물 숙주를 감염시킬 수 있다. 그러나 대부분 바이러스의 숙주범위는 비교적 좁다. 예로서, 사람의 감기와 유행성 감기바이러스가 그러한데, 이들은 오직 사람 숙주의 호흡기 상피세포만 감염시킬 수 있다.

숙주-세포 특이성이 변하면 엄청난 결과를 가져올 수 있다. 이 점은 1918년 전 세계적으로 퍼졌던 유행성 감기가 3,000만 명 이상을 죽게 한 사실을 예로 들 수 있다. 이 바이러스는 보통 유행성 감기에 희생되지 않는 특히 젊은 성인에게 치명적이었다. 사실, 미국에서 이 바이러스로 죽은 67만 5,000명 때문에 평균 여명(餘命)이 몇 살 더 낮아졌다. 지난 몇 년 동안의 가장 칭송받은—그리고

[4] 1달톤은 원자질량의 1단위, 즉 하나의 수소(^{1}H) 원자 질량과 같다.

논란이 많은—업적으로 여겨지는 연구에서, 연구자들이 이런 유행성 바이러스의 유전체 서열을 결정하고 매우 유독한 이 바이러스의 유전체를 재구성할 수 있게 되었다. 이 일은 90년 전에 감염으로 죽은 희생자들의 보존된 조직에서 이 바이러스의 유전체(11가지의 단백질을 암호화하는 8개의 분리된 RNA 분자로 된 유전체의 일부)를 분리함으로써 이루어졌다. 가장 잘 보존된 조직은 알래스카의 영구 동토층에 매장되었던 북미 여성 원주민에게서 얻은 것이었다. 그 "1918년 바이러스"의 염기 서열은 조류(鳥類)에서 인간으로 옮겨진 병원체인 것으로 나타났다. 이 바이러스가 포유류 숙주에 적응하면서 상당한 수의 돌연변이가 축적되었다 하여도, 그 유전물질이 사람의 유행성 감기바이러스의 것과 결코 교환되지 않았다.

1918년 바이러스의 RNA 염기 서열 분석 결과에 의해, 왜 이 바이러스가 매우 치명적이었으며, 어떻게 이 바이러스가 사람들 사이에 매우 효율적으로 전염되었는지를 설명하는 약간의 단서를 발견하게 되었다. 유전체 서열을 사용하여, 연구자들은 1918년의 바이러스를 실험실에서 특별히 맹독성인 것으로 밝혀진 감염 입자로 재구성하였다. 실험실의 생쥐는 현대 인간의 유행성 감기바이러스에 감염되어도 정상적으로 살아남는 반면, 재구성된 1918년 바이러스는 감염된 생쥐를 100% 죽였고 이 생쥐 허파 속에 수많은 바이러스 입자를 생산하였다. 공중 보건의 위험 가능성 때문에, 1918년 바이러스의 전체 염기 서열과 이의 재구성은 오직 정부의 안전 자문단이 승인한 후에만, 그리고 현재의 유행성 감기바이러스의 백신과 약품이 재구성된 바이러스로부터 생쥐를 보호하는지를 증명한 후에만 진행되었다.

바이러스의 감염에는 두 가지 기본 유형이 있다. (1) 대부분의 경우, 바이러스는 숙주의 정상적인 합성 활동을 저지하고, 새로운 비리온으로 조립되는 바이러스의 핵산과 단백질을 만들기 위해서 유용한 물질을 사용하도록 숙주 세포의 방향을 바꾼다. 바꿔 말하면, 바이러스는 세포들처럼 자라지 않는다. 즉, 바이러스는 구성성분들을 이용하여 직접 성숙한 크기의 비리온으로 조립된다. 결국, 감염된 세포는 파열되고(용해, *lyses*), 이웃 세포들을 감염시킬 수 있는 새로운 세대의 바이러스 입자들을 방출한다. 이러한 용균(溶菌, *lytic*) 감염의 예를 〈그림 1-22*a*〉에 나타내었다. (2) 다른 경우로서, 감염 바이러스가 숙주 세포를 죽이지 않으나, 대신 자신의 DNA를 숙주 세포 염색체의 DNA 속으로 삽입시켜 통합된다(*integrate*). 이렇게 통합 된 바이러스 DNA를 **프로바이러스**(provirus)라고 한다. 통합된 프로바이러스는 바이러스와 숙주 세포의 유형에 따라 다른 효과를 나타낼 수 있다.

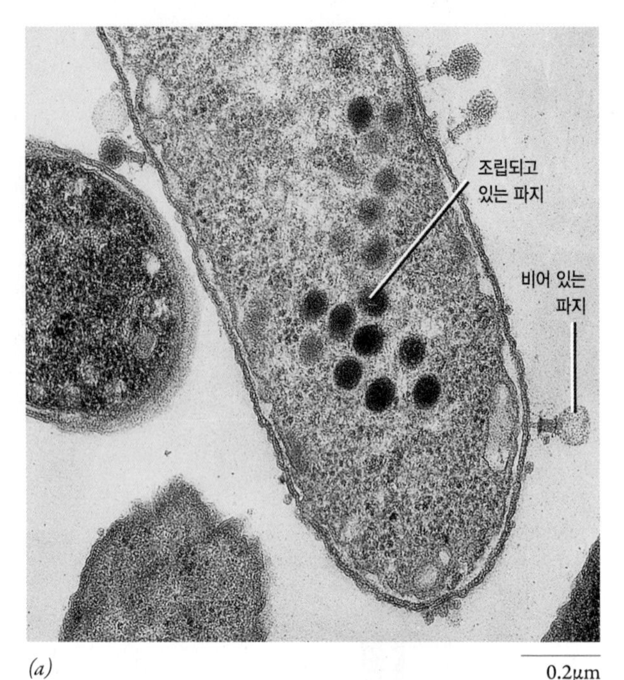

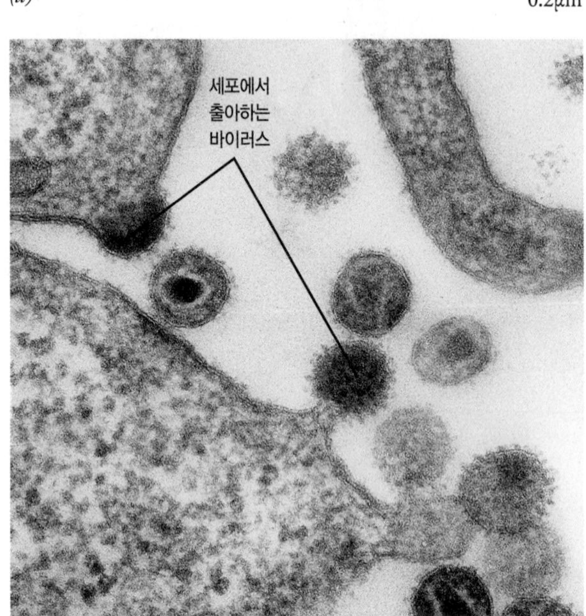

그림 1-22 바이러스 감염. (*a*) 세균 세포가 박테리오파지에 의해 감염된 말기 상태를 보여주는 전자현미경 사진. 바이러스 입자들은 세포 속에서 조립되고 있으며, 속이 비어 있는 파지의 껍질이 아직도 세포 표면에 있다. (*b*) 감염된 사람 림프구에서 출아하고 있는 HIV 입자를 보여주는 전자현미경 사진.

■ 프로바이러스를 갖고 있는 세균 세포들은, 자외선과 같은, 자극에 노출될 때까지 정상적으로 행동한다. 이런 자극원은 휴면 상태의 바이러스 DNA를 활성화시켜 세포를 용해시키고 바이러스 후손을 방출하게 된다.

■ 프로바이러스를 갖고 있는 일부 동물 세포들은 감염된 세포를 용해시키지 않고 세포 표면에서 출아하는 새로운 바이러스 후손을 만든다. 인체면역결핍 바이러스(HIV)는 다음과 같이 행동한다. 즉, 감염된 세포들은 얼마 동안 생존하여 있을 수 있고, 새로운 비리온 생산 공장처럼 행동한다(그림 1-22*b*).

■ 프로바이러스를 갖고 있는 일부 동물 세포들은 자신의 생장과 분열의 자제력을 잃고 악성으로 된다. 이런 현상은 배양된 세포를 적당한 종양 바이러스로 감염시켜 실험실에서 쉽게 연구될 수 있다.

바이러스가 나쁜 점만 있는 것은 아니다. 바이러스 유전자의 활동은 숙주 유전자를 모방하기 때문에, 연구자들은 훨씬 더 복잡한 숙주 속에서 DNA 복제와 유전자 발현의 기작을 연구하기 위한 도구로써 수십 년 동안 바이러스를 사용하였다. 게다가, 바이러스는 유전자 치료에 의한 인간 질병 치료의 기초 역할을 할 기술로서, 인간의 세포 속에 외부의 유전자를 도입시키기 위한 수단으로 사용되고 있다. 최근에, 곤충과 세균을 죽이는 바이러스는 곤충 페스트와 세균 병원체와의 전쟁에서 그 역할이 커질 수 있을 것이다. 박테리오파지는, 서구의 의사들이 항생제에 의존하는 동안, 동유럽과 러시아에서 세균 감염을 치료하기 위해서 수십 년 동안 사용되어 왔다. 항생제-내성 세균이 증가함에 따라, 박테리오파지가 감염된 생쥐를 대상으로 한 전망 밝은 연구가 다시 유행할 것이다. 현재 많은 생명공학 회사들은 세균 감염과 싸우며 세균 오염으로부터 식품을 보호하기 위해 계획된 박테리오파지를 생산하고 있다.

1-4-1 바이로이드

1971년 바이러스가 가장 단순한 유형의 감염원이 아니라는 것을 발견한 것은 뜻밖이었다. 그 해, 미국 농무부의 디에너(T. O. Diener)는 감자가 울퉁불퉁하며 비틀리고 갈라지게 되는 감자갈쭉병(spindle-tuber disease)을 보고하였다. 이 병은 단백질 껍질이 전혀 없는 작은 원형 RNA 분자로 된 감염원에 의해 생긴다. 디너는 이 병원체를 **바이로이드**(viroid)라고 명명하였다. 바이로이드 RNA의 크기는 약 240~260개의 뉴클레오티드로 되어 있으며, 이는 작은 바이러스의 1/10 정도 되는 크기이다. 나출된 바이로이드 RNA가 어떤 단백질을 암호화한다는 증거는 발견된 바 없다.

오히려, 바이로이드가 관여된 생화학적 활동이 숙주세포의 단백질을 이용하여 일어난다. 예를 들면, 감염된 세포 속에서 바이로이드 RNA가 복제될 때는 숙주의 RNA 중합효소 II를 이용한다. 이 효소는 보통 숙주의 DNA를 전령 RNA로 전사한다. 바이로이드는 세포의 정상적인 유전자 발현 경로를 간섭하여 질명을 일으키는 것으로 생각된다. 바이로이드가 농작물에 미치는 영향은 심각할 수 있다. 즉, 카당-카당(cadang-cadang)이라는 바이로이드 병은 필리핀의 코코야자 나무 밭을 완전히 파괴하였으며, 또 다른 바이로이드는 미국의 국화 산업에 큰 피해를 입혔다. 바이로이드보다 더 단순한 다른 감염원의 발견에 대하여 제2장의 〈인간의 전망〉에 설명되어 있다.

복습문제

1. 세균과 바이러스를 구별하는 특성은 무엇인가?
2. 바이러스는 어떤 유형의 감염을 일으킬 수 있나? 어떻게 광학현미경 하에서 바이러스의 연구가 가능한가?
3. 다음을 비교하고 대조하시오. 핵양체와 핵, 세균과 정자의 편모, 질소고정과 광합성, 박테리오파지와 담배모자이크 바이러스, 프로바이러스와 비리온.

실 험 경 로

진핵세포의 기원

우리는 이 장에서 세포를 두 가지의 무리, 즉 원핵세포와 진핵세포로 나눌 수 있다는 것을 알았다. 이렇게 생물을 세포 수준에서 분류하는 방식이 제안된 거의 그 때부터, 생물학자들은 다음의 질문에 주의를 기울이게 되었다. 즉, 진핵세포의 기원은 무엇인가? 대부분의 사람들은 (1) 원핵세포가 진핵세포보다 먼저 생겼으며, (2) 원핵세포로부터 진핵세포가 생겼다는 것에 동의한다. 첫 번째 논지는 화석 기록에서 직접 입증될 수 있다. 즉, 화석 기록에 의하면 원핵세포가 진핵세포에 대한 증거가 알려지기 약 10억 년 전쯤인, 약 27억 년 전의 바위 속에 존재했음을 보여준다. 두 번째 논지는 두 유형의 세포들이 다른 생물들로 독립적으로 진화될 수 없는 많은 복잡한 특성들(예: 매우 비슷한 유전 부호, 효소, 대사 경로, 원형질막)을 공유하기 때문에, 서로 유연관계를 갖고 있어야만 된다는 사실에서 그렇다.

약 1970년까지, 일반적으로 사람들은 진핵세포의 소기관들이 점차로 더 복잡하게 되는 점진적 진화 과정을 거쳐 원핵세포로부터 진핵세포가 진화되었다고 믿었다. 이런 생각은 당시 보스턴대학교(Boston University)의 린 마굴리스(Lynn Margulis)의 연구에 의해 거의 그 무렵에 극적으로 바뀌게 되었다. 마굴리스는 이전에 제안했다가 받아

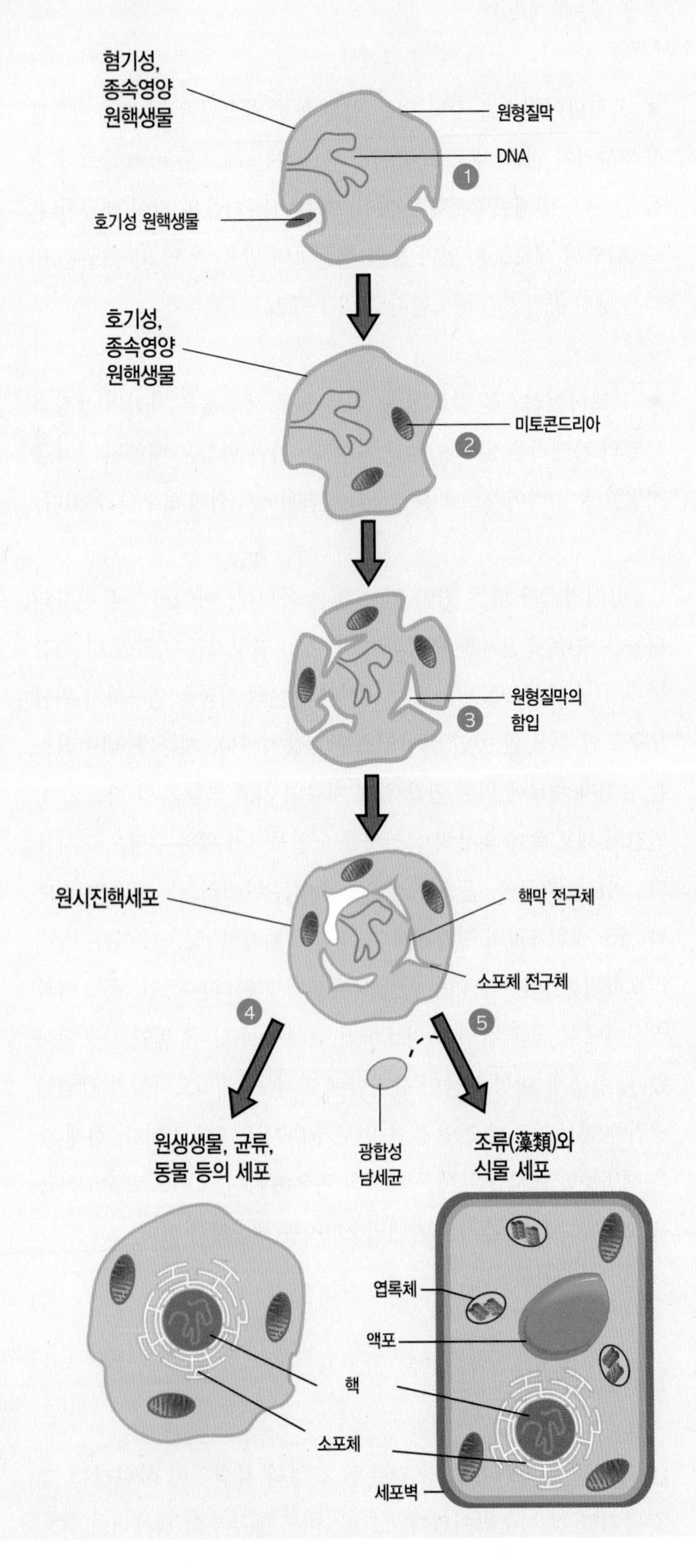

그림 1 **내공생에 의한 미토콘드리아와 엽록체의 기원을 비롯하여 진핵세포의 진화 과정에서 가능한 단계들을 나타낸 모형.** 1단계에서, 크기가 큰 혐기성 종속영양 원핵생물이 작은 호기성 원핵생물을 섭취한다. 잡아먹힌 원핵생물은, 발진티푸스와 기타 질병을 일으키는 세균인, 오늘날 리케차(rickettsia)의 조상이었음을 암시하는 강력한 증거가 있다. 2단계에서, 호기성인 내공생체는 미토콘드리아로 진화했다. 3단계에서, 원형질막의 일부가 함입되어 핵막과 이와 관련된 소포체로 진화하는 과정을 보여준다. 3단계에 나와 있는 원시적인 진핵생물은 두 가지 주요한 진핵생물 무리를 형성한다. 그 중 한 가지 경로(4단계)에서, 원시적인 진핵생물은 광합성을 하지 않는 원생생물, 균류, 동물 등의 세포로 진화하였다. 또 다른 경로(5단계)에서, 원시적인 진핵생물이 광합성 하는 원핵생물을 섭취하는데, 이것은 하나의 내공생체로 되어 엽록체로 진화할 것이다. [주(註): 1단계에서 하나의 내공생체가 먹히는 과정은 내부의 막 일부가 발달한 후에 일어날 수 있을 것이지만, 이 과정이 진핵생물의 진화에서 비교적 초기에 일어났음을 암시하는 증거가 있다.]

들여지지 않았던 개념을 부활시켰다. 즉 그 개념은, 진핵세포의 일부 세포 소기관들—특히 미토콘드리아와 엽록체—이 큰 숙주 세포의 세포질 속(內)에서 함께(共) 살았던(生) 작은 원핵세포로부터 진화되었다는 것이다.[1,2] 이 가설을 **내공생체설**(內共生體說, endosymbiont theory)이라고 한다. 그 이유는 이 용어가, 서로 공생 관계로 살아가는 더 단순한 두 가지 이상의 독립된 세포들로부터 더 복잡한 "혼합된" 세포 하나로 어떻게 진화할 수 있는가를 설명하고 있기 때문이다.

가장 초기의 원핵세포 조상은 혐기성이며 종속영양을 하는 세포들이었을 것으로 추정되었다. 여기서 혐기성(*anaerobic*)이란 이 세포들이 산소 분자를 사용하지 않고 영양 물질로부터 에너지를 얻었다는 뜻이며, 종속영양(*heterotrophic*)이란 무기 전구물질들(이산화탄소 및 물과 같은)로부터 유기 화합물을 합성할 수 없었으나, 대신 그들 환경에 있는 유기 화합물로부터 에너지를 얻어야 했음을 뜻한다. 내공생체설의 한 가지 견해에 따르면, 크기가 크고 혐기성이며 종속영양을 취하는 하나의 원핵생물이 작고 호기성인 원핵생물을 잡아 삼켰다(그림 1, 1단계). 세포질 속에서 소화되지 않고 살아남은 작은 호기성 원핵생물은 영구적인 내공생체로 살게 되었다. 숙주 세포가 증식함에 따라 내공생체도 증식하게 되어, 그런 혼합된 세포 집단이 만들어졌다. 여러 세대를 거치면서, 내공생체들은 살아가는 데 있어서 더 이상 필요 없는 많은 특징을 잃게 되었으며, 과거에 독립적으로 산소 호흡을 하던 미생물들이 현재의 미토콘드리아 전구체로 진화하게 되었다(그림 1, 2단계).

방금 설명된 공생 과정을 거쳐 형성된 세포의 조상들은, 막계(膜系)(핵막, 소포체, 골지복합체, 리소솜), 복잡한 세포골격, 세포의 유사분열 방식 등을 비롯하여, 그 밖에 진핵세포의 기본적 특징들을 진화시킨 하나의 세포 계열을 이룰 수 있었다. 이러한 특징들은 하나의 내공생체가 획득되었을 때 일어난 것과 같이, 단일 과정으로 일어난 것이 아니라 점진적인 진화 과정을 거쳐 생긴 것으로 제안되고 있다. 예를 들면, 소포체와 핵막은 세포 바깥에 있는 원형질막의 일부가 안쪽으로 들어가서 유래된 다음, 다른 유형의 막으로 변형되었을 것이다(그림 1, 3단계). 이런 다양한 내부 구획들을 갖는 세포가 곰팡이 세포 또는 원생생물과 같은 종속영양을 취하는 진핵세포의 조상이었을 것이다(그림 1, 4단계). 가장 오래된 화석은 약 18억 년 전으로 거슬러 올라가 존재했던 진핵생물의 잔해인 것으로 생각된다.

또 다른 내공생체, 특히 남세균(또는 남조류)의 획득은 초기의 종속영양 진핵생물을 녹조류 및 식물 등 광합성을 하는 진핵생물들의 조상으로 전환시킬 수 있었던 것으로 제안되고 있다(그림 1, 5단계). 엽록체의 획득(약 10억 년 전)은 내공생 과정의 마지막 단계에서 일어났던 일들 중 하나였음에 틀림없다. 그 이유는 이 소기관이 오직 식물과 녹조류에만 있기 때문이다. 이와는 대조적으로, 이미 알려진 모든 진핵세포 무리들은 (1) 미토콘드리아를 갖고 있거나 또는 (2) 이 소기관을 갖고 있던 생물로부터 진화되었다는 분명한 증거를 보인다.[1)]

살아 있는 모든 생물을 원핵생물과 진핵생물의 두 범주로 분류하는 것은 기본적으로 세포의 구조에 의해 생물을 두 가지로 나눌 수 있음을 의미한다. 그러나 이런 분류가 반드시 정확한 계통발생적 구분, 즉 살아 있는 생물들 사이의 진화적 유연관계를 나타내는 것은 아니다. 원핵생물과 진핵생물처럼, 수십억 년 동안 시간적으로 떨어져 있었던 생물들 사이에 진화적 유연관계를 어떻게 밝히는가? 생물들을 나누려고 시도하는 대부분의 분류 체계는 주로 해부학 또는 생리학적 특징에 바탕을 둔다. 1965년, 에밀 주커칸들(Emile Zuckerkandl)과 라이너스 폴링(Linus Pauling)은 살아 있는 생물들에서 정보를 담고 있는 분자(단백질과 핵산) 구조의 비교에 기초한 다른 방법을 제안하였다.[3]

생물들 사이에, 하나의 단백질을 구성하는 아미노산의 서열이나 핵산을 구성하는 뉴클레오티드의 서열이 다른 것은 자손에게 전달된 DNA에 돌연변이가 일어났기 때문이다. 돌연변이는 오랜 기간 동안 비교적 일정한 속도로 특정한 유전자에 축적될 수 있다. 결국, 아미노산 또는 뉴클레오티드 서열을 비교하면 생물들이 얼마나 서로 가까운 유연관계인가를 알아 낼 수 있다. 예를 들면, 가까운 유연관계인(즉, 하나의 공동 조상으로부터 최근에 갈라져 나온) 두 생물들은 먼 유연관계인(즉, 최근의 공동 조상을 갖고 있지 않는) 두 생물들보다 특정한 유전자의 서열에서 차이가 더 적게 나타나야 한다. "진화의 시계" 역할을 하는 이러한 서열 정보를 이용하여, 연구자들은 살아 있는 서로 다른 생물 무리들이 진화 과정에서 서로 갈라져 나올 수 있는 경로를

[1)] 미토콘드리아가 없는 혐기성 단세포 진핵생물들[예로서, 장(腸)에 기생하는 지아르디아속(*Giardia*) 원생동물]이 다수 있다. 수 년 동안, 이 생물들은 미토콘드리아의 내공생이 이들 미토콘드리아-결핍 무리들이 진화한 후에 일어났다는 가설의 근거를 이루었다. 그러나 최근 이런 생물들의 핵 DNA를 분석한 결과는 미토콘드리아로부터 핵으로 옮겨진 유전자들이 있다는 것을 시사하고 있다. 이 사실은 이 생물들의 조상이 진화 과정에서 그들의 미토콘드리아를 잃어 버렸음을 뜻한다.

나타내는 계통수를 구성할 수 있다.

1970년대 중반부터, 일리노이대학교(University of Illinois)의 칼 우즈(Carl Woese)와 그의 동료들은 서로 다른 생물들에서 리보솜의 작은 소단위에 있는 RNA 분자의 뉴클레오티드 서열을 비교하는 일련의 연구를 시작하였다. 이 RNA는—원핵생물에서 16S rRNA 또는 진핵생물에서 18S rRNA라고 하는—모든 세포에 대량으로 존재하며 정제하기 쉽기 때문에 선택되었다. 또한 이 RNA는 오랜 진화 과정을 거치는 동안 아주 느리게 변하는 경향이 있기 때문에 선택되었다. 따라서 이런 RNA는 유연관계가 아주 먼 생물들을 연구하는 데 사용될 수 있음을 뜻한다.

이 연구는 한 가지 중요한 단점이 있었는데, 그 당시 핵산 서열을 결정하는 데에는 많은 노력과 시간을 요하는 방법이었다. 그들이 시도한 접근법으로, 특정한 재료에서 16S rRNA를 정제한 후, 시료를 T1 리보핵산분해효소(ribonuclease)로 처리하여 RNA 분자를 올리고뉴클레오티드라고 하는 짧은 조각으로 분해시켰다. 그 다음 혼합물 속의 올리고뉴클레오티드들은 〈그림 2〉에서처럼 2차원 "지문"을 얻기 위해 2차원 전기영동으로 각각 분리되었다. 일단 분리된 각 올리고뉴클레오티드의 서열이 결정될 수 있었고, 이것을 다양한 다른 생물들의 서열과 비교할 수 있었다.

그들의 첫 번째 연구 중 하나에서, 우즈와 그의 동료들은 광합성을 하는 유글레나속(*Euglena*) 원생생물의 엽록체에 있는 리보솜에서 16S rRNA를 분석하였다.[4] 그들은 이 엽록체 rRNA 분자의 서열이, 진핵생물의 세포질에 있는 것보다, 남세균의 리보솜에서 발견된 rRNA 서열과 훨씬 더 비슷하다는 것을 알게 되었다. 이 발견은 엽록체가 남세균의 공생에 의해 기원되었다는 강력한 증거를 제공하였다.

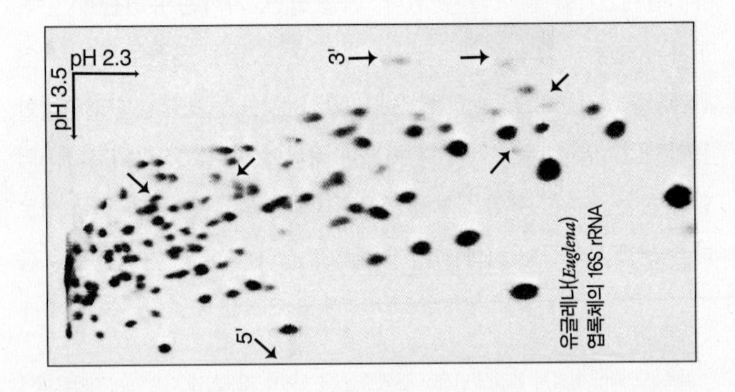

그림 2 엽록체 16S rRNA를 T1 리보핵산분해효소로 처리한 후 실시한 2차원 전기영동 지문. RNA 조각들을 pH3.5에서 한 쪽 방향으로 전기영동을 한 후, pH2.3에서 두 번째 방향으로 전기영동을 하였다.

1977년, 우즈와 죠지 폭스(Gorge Fox)는 분자 진화 연구의 이정표가 되는 논문을 발표하였다.[5] 그들은 13종의 원핵생물과 진핵생물 종에서 정제된 리보솜의 작은 소단위의 rRNA의 뉴클레오티드 서열을 비교하였다. 이 생물들의 조합 가능한 모든 쌍들을 비교한 자료가 〈표 1〉에 있다. 이 표에서 위쪽과 왼쪽에 표시된 숫자들을 보고 그 생물의 종류를 알 수 있다. 표에서 각 수치는 비교된 두 생물의 rRNA 서열 간의 유사도를 나타낸다. 즉, 수치가 낮을수록 두 서열의 유사도는 더 낮다. 〈표 1〉에 표시한 것처럼, 그들은 이 서열들이 뚜렷이 3개의 무리로 구분되는 것을 발견하였다. 확실히 각 무리(1~3, 4~9, 10~13) 내에 있는 rRNA들은 다른 두 무리의 rRNA들보다 서로 훨씬 더 비슷하다.

〈표 1〉에서 첫 번째 무리에는 오직 진핵생물들만 있으며, 두 번째는 "전형적인" 세균들(감마-양성, 감마-음성, 남세균), 세 번째는 메탄-생산 "세균"들이다. 우즈와 폭스는 메탄을 생산하는 생물들은 "진핵생물 세포질과의 유연관계보다도 전형적인 세균에 더 유연관계를 나타내지 않은 것 같다"는 의외의 결론을 내렸다. 이 결과는 이들 세 무리의 생물들이, 세포 체제를 갖춘 생물들의 진화 초기 과정에서 서로 갈라져서, 세 가지 별개의 진화 계열을 나타내고 있다는 것을 암시하였다. 결과적으로, 그들은 이 생물들을 세 가지의 다른 계(界)로 지정하여, 원(原)진핵생물(Urkaryote), 진정세균(Eubacteria), 고세균(Archaebacteria)으로 명명하였다. 이 용어는 원핵생물을 근본적으로 다른 두 가지의 무리로 구분한다.

계속된 연구에 의해, 원핵생물들이 유연관계가 먼 2개의 계열로 나누어질 수 있다는 생각을 지지하게 되었고, 또한 고세균의 범위가 호열성 및 호염성 세균 등 최소한 두 무리가 포함되도록 확대되었다. 호열성 세균(thermophile)은 온천과 대양의 공기구멍에 살며 호염성 세균(halophile)은 매우 짠 호수와 바다에 산다. 1989년에 발간된 2개의 보고서는 생물의 계통수에 근거한 것이었으며, 이 보고서들은 고세균이 진정세균보다 실제로 진핵생물에 더 가까운 유연관계에 있음을 시사하였다.[6,7] 두 연구진은 아주 다양한 원핵생물, 진핵생물, 미토콘드리아, 엽록체 등에 있는 수많은 단백질들의 아미노산 서열을 비교하였다. rRNA의 서열을 바탕으로 하여 만든 계통수는 동일한 결론에

표 1 세 가지 주요 계(界)에 속하는 대표적인 종들 사이에서 뉴클레오티드 서열의 유사도

	1	2	3	4	5	6	7	8	9	10	11	12	13
1. *Saccharomyces cerevisiae*, 18S	—	0.29	0.33	0.05	0.06	0.08	0.09	0.11	0.08	0.11	0.11	0.08	0.08
2. *Lemna minor*, 18S	0.29	—	0.36	0.10	0.05	0.06	0.10	0.09	0.11	0.10	0.10	0.13	0.08
3. L cell, 18S	0.33	0.36	—	0.06	0.06	0.07	0.07	0.09	0.06	0.10	0.10	0.09	0.07
4. *Escherichia coli*	0.05	0.10	0.06	—	0.24	0.25	0.28	0.26	0.21	0.11	0.12	0.07	0.12
5. *Cholorbium vibrioforme*	0.06	0.05	0.06	0.24	—	0.22	0.22	0.20	0.19	0.06	0.07	0.06	0.09
6. *Bacillus firmus*	0.08	0.06	0.07	0.25	0.22	—	0.34	0.26	0.20	0.11	0.13	0.06	0.12
7. *Corynebacterium diptheriae*	0.09	0.10	0.07	0.28	0.22	0.34	—	0.23	0.21	0.12	0.12	0.09	0.10
8. *Aphanocapsa* 6714	0.11	0.09	0.09	0.26	0.20	0.26	0.23	—	0.31	0.11	0.11	0.10	0.10
9. Chloroplast (Lemna)	0.08	0.11	0.06	0.21	0.19	0.20	0.21	0.31	—	0.14	0.12	0.10	0.12
10. *Methanebacterium thermoautotrophicum*	0.11	0.10	0.10	0.11	0.06	0.11	0.12	0.11	0.14	—	0.51	0.25	0.30
11. *M. ruminantium* strain M-1	0.11	0.10	0.10	0.12	0.07	0.13	0.12	0.11	0.12	0.51	—	0.25	0.24
12. *Methanobacterium sp.*, Cariaco isolate JR-1	0.08	0.13	0.09	0.07	0.06	0.06	0.09	0.10	0.10	0.25	0.25	—	0.32
13. *Methanosarcina barkeri*	0.08	0.07	0.07	0.12	0.09	0.12	0.10	0.10	0.12	0.30	0.24	0.32	—

출처: C. R. Woese and G. E. Fox, *Proc. Nat'l. Acad. Sci. U.S.A.* 74:5089, 1977.

이르렀으며, 〈그림 3〉에 그려져 있다.[8]

그 후에 발표된 논문에서, 우즈와 동료들은 수정된 분류 체계를 제안하였으며, 이것은 현재까지 널리 수용되고 있다. 이 체계에서 고세균, 진정세균, 진핵생물 등을 분리된 영역으로 지정하여, 각각 고세균(Archaea), 진정세균(Bacteria), 진핵생물(Eucarya)로 명명되었다.[2)] 각 영역은 1개 또는 그 이상의 계(界)로 나누어질 수 있다. 예를 들면, 진핵생물(Eucarya)은 균류(곰팡이), 원생생물, 식물, 동물 등을 포함하는 전통적인 계들로 나누어질 수 있다.

〈그림 3〉의 모형에 따르면, 생물의 계통수에서 일어난 첫 번째 중요한 분리에 의해서 2개의 독립된 계열이 만들어졌다. 그 중의 하나는 세균을 그리고 또 다른 하나는 고세균과 진핵생물이 되었다. 만일 이 견해가 옳다면, 진정세균이 아닌 고세균이 공생체를 흡수하여 최초의 진핵세포로 되는 계열을 형성하게 되었다. 숙주인 원핵세포가 비록 고세균이었다 하더라도, 미토콘드리아와 엽록체로 진화된 이 공생체들은 진정세균임이 거의 확실하다. 그 이유는 현재 이 무리에 속하는 세

2) 많은 생물학자들은 고세균(*archaebacteria*)과 진정세균(*eubacteria*)이라는 용어를 싫어한다. 이 용어들이 문헌에서 점차 사라지고 단순하게 각각 *archaea*와 *bacteria*로 대체되고 있지만, 많은 연구자들은 출판된 논문에서 앞의 용어들을 계속 사용하고 있다. 저자는 세균의(*bacterial*)라는 뜻에 대하여 생길 수 있는 혼돈을 피하기 위해서, 이 생물들에 대하여 고세균과 진정세균이라는 용어를 계속 사용할 것이다.

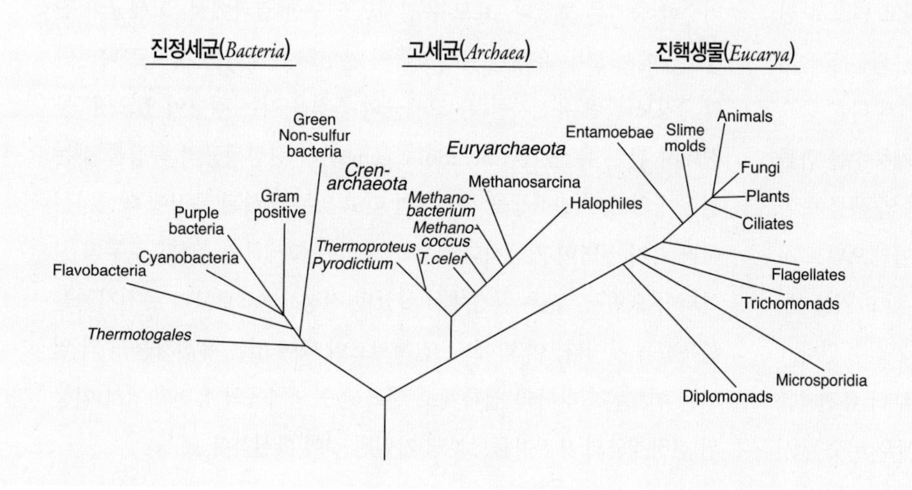

그림 3 rRNA 서열 비교를 바탕으로 하여 나타낸 계통수. 생물이 세 영역으로 이루어져 있음을 보여주고 있다. 표시된 것처럼 고세균(Archaea)은 두 가지의 더 작은 무리로 나뉘었다.

균들과 밀접한 유연관계를 보이기 때문이다.

1995년까지, 〈그림 3〉에 나타낸 유형의 계통수는 주로 16S-18S rRNA를 암호화하는 유전자 분석에 근거한 것이었다. 그 때까지, 다른 몇 가지 유전자들을 계통적으로 비교한 결과, 〈그림 3〉에 그려진 체계가 너무 단순화된 것임을 나타내고 있었다. 원핵세포와 진핵세포의 기원에 관한 의문은 고세균과 진정세균에 속하는 여러 가지 원핵생물 유전체와 진핵생물인 효모(*Saccharomyces cerevisiae*) 유전체의 전체 염기 서열이 보고된 1955년과 1997년 사이에 지대한 관심을 받게 되었다. 연구자들은 현재 수 백 개의 유전자 서열을 동시에 비교할 수 있으며, 이런 분석으로 인하여 여러 가지 풀리지 않는 의문들이 새롭게 제기되어서 3개 영역 사이를 구별하는 경계선이 더 모호하게 되었다.[9]

예로서, 다수의 고세균 유전체들은 상당 수의 진정세균 유전자를 갖고 있는 것으로 나타났다. 고세균에 있는 이들 대부분 유전자들의 산물은 유전 정보 전달 과정(염색체 구조, 전사, 해독, 복제)에 관여되어 있다. 그런데 이 유전자들은 진정세균 세포에서 그에 대응 관계에 있는 유전자들과 매우 달랐으며, 실제로는 진핵세포에서 그에 해당하는 유전자들과 비슷하였다. 이런 관찰은 〈그림 3〉의 체계와 아주 잘 맞는다. 반면에, 물질대사에 필요한 효소들을 암호화하는 고세균의 여러 유전자들은 확실하게 진정세균의 특징을 나타내었다.[10,11] 또한 진정세균 종들이 갖고 있는 유전체들은, 때로 고세균의 특징을 지닌 상당수의 유전자들을 갖고 있어서, 이들의 기원이 혼합되어 있다는 증거를 보였다.[12]

고생물의 기원을 연구하는 대부분의 연구자들은 〈그림 3〉에서 구별한 것과 같은 계통수의 기본 골격을 고수하였다. 그들은 고세균에 진정세균의 것과 유사한 유전자들이 있는 것은, 그리고 역으로 진정세균에 고세균의 것과 유사한 유전자들이 있는 것은, 종간 유전자이동(*lateral gene transfer*)[13]이라고 하는 현상, 즉 한 종에서 다른 종으로 유전자들이 이동된 결과라고 주장한다. 〈그림 3〉의 계통수를 만들 수 있게 했던 원래의 전제에 따르면, 유전자들은 다른 종의 생물이 아닌 자신의 부모로부터 물려받는다. 이 전제는 비슷한 뉴클레오티드 서열로 된 어떤 유전자(예: rRNA 유전자)를 두 종이 모두 갖고 있을 때, 연구자는 두 종이 가까운 유연관계를 갖는다고 결론을 내릴 수 있다.

그러나 만일 세포가 주변 환경에 있는 다른 종으로부터 유전자를 받아들일 수 있다면, 실제로 유연관계가 없는 두 종이 매우 비슷한 서열을 가질 수 있다. 원핵생물의 진화 과정에서 종간 유전자이동의 중요성을 다룬 것은 유연관계가 있는 두 가지의 진정세균, 즉 대장균속(*Escherichia*)과 살모네라속(*Salmonella*) 세균의 유전체들을 비교한 연구에서 이루어졌다. 대장균 유전체의 약 20%에 해당하는 755개의 유전자가, 두 진정세균들이 나누어졌던 시기인 지난 1억년 동안 대장균 유전체로 옮겨진 "외부" 유전자들로부터 유래되었다는 사실이 발견되었다. 이들 755개의 유전자는 여러 가지 다른 종류의 원천 균들로부터 최소한 234 가지의 독립 된 종간 이동의 결과로 획득되었다.[14] (병원균의 항생물질 내성에 관한 종간 유전자이동의 효과가 제3장의 〈인간의 전망〉에서 논의된다.)

만일 유전체들이 다양한 원천 종으로부터 유래한 유전자들로 구성된 모자이크라면, 계통발생적 유연관계를 결정하는 데 사용하기 위해 어떤 유전자들을 어떻게 선택해야 하는가? 한 가지 견해에 따르면, 유전 정보 활동(전사, 해독, 복제)에 관련된 유전자들은 계통발생적 유연관계를 결정하기 위해서 가장 좋은 대상이 된다. 그 이유는 이런 유전자들은 물질대사 반응에 관련된 유전자들보다 다른 종으로 덜 이동되는 것 같기 때문이다.[15] 이 저자들은 유전 정보에 관련된 유전자들(예: rRNA)의 산물은 큰 복합체의 일부이며, 그 구성성분들은 여러 가지 다른 분자들과 상호 작용을 해야만 한다고 주장한다. 외부에서 유래된 유전자 산물은 기존의 체제에 통합될 수 있을 것 같지 않다. "정보 관련 유전자들(informational genes)"이 비교의 대상으로 사용될 때, 고세균과 진정세균은 명확하게 서로 다른 무리들로 명확히 나누어지는 경향이 있는 반면에, 고세균과 진핵생물은 〈그림 3〉에서와 같이 진화적인 친척으로 함께 묶이는 경향이 있다. 더 많은 논의는 문헌 16을 참조할 것.

진핵생물의 유전체들을 분석한 결과, 유전물질이 혼합되었다는 비슷한 증거를 보였다. 효모 유전체를 연구한 결과에서, 고세균과 진정세균에서 모두 유래된 유전자들이 분명히 존재하는 것으로 나타난다. "정보 관련 유전자들"은 고세균의 특징을 갖는 경향이 있으며 "물질대사 관련 유전자들(metabolic genes)"은 진정세균의 특징을 갖는 경향이 있다.[17] 진핵생물 유전체가 갖고 있는 혼합된 특징에 대해서는 여러 가지 설명이 가능하다. 진핵세포들은 고세균의 조상으로부터 진화되어 오면서, 같은 환경에서 살았던 진정세균으로부터 유전자들을 획득했을 것이다. 이 밖에도, 진핵세포의 핵에 있는 유전자들 중의 일부는 미토콘드리아와 엽록체로 진화된 공생체들의 유전체에서 이동된 진정세균의 유전자들로부터 기원된 것이 확실하다.[18]

많은 연구자들은 더 급진적 자세를 취하여, 진핵생물의 유전체가 처음에 고세균과 진정세균이 융합되고 난 후에, 두 가지 유전체들이 통합되어 기원된 것이라고 제안하였다.[예:19] 〈그림 3〉에서처럼 단순하게 그려진 계통수로 생물 전체 유전체의 진화 역사를 나타낼 수 없다는 것이 명확하다.[20-22에서 검토되었음] 그 대신, 특정한 유전체에 있는 각 유전자 또는 유전자들의 무리는 그 자체의 독특한 진화수(進化樹, evolutionary tree)를 갖고 있을 것이다. 이러한 진화수는 최초의 진핵생물 조상의 기원을 밝히려고 하는 과학자들에게는 당혹스런 생각일 수 있다.

참고문헌

1. Sagan (Margulis), L. 1967. On the origin of mitosing cells. *J. Theor. Biol.* 14:225–274.
2. Margulis, L. 1970. *Origin of Eukaryotic Cells.* Yale University Press.
3. Zuckerkandl, E. & Pauling, L. 1965. Molecules as documents of evolutionary history. *J. Theor. Biol.* 8:357–365.
4. Zablen, L. B., et al. 1975. Phylogenetic origin of the chloroplast and prokaryotic nature of its ribosomal RNA. *Proc. Nat'l. Acad. Sci. U.S.A.* 72:2418–2422.
5. Woese, C. R. & Fox, G. E. 1977. Phylogenetic structure of the prokaryotic domain: The primary kingdoms. *Proc. Nat'l. Acad. Sci. U.S.A.* 74:5088–5090.
6. Iwabe, N., et al. 1989. Evolutionary relationship of archaebacteria, eubacteria, and eukaryotes inferred from phylogenetic trees of duplicated genes. *Proc. Nat'l. Acad. Sci. U.S.A.* 86:9355–9359.
7. Gogarten, J. P., et al. 1989. Evolution of the vacuolar H^+-ATPase: Implications for the origin of eukaryotes. *Proc. Nat'l. Acad. Sci. U.S.A.* 86:6661–6665.
8. Woese, C., et al. 1990. Towards a natural system of organisms: Proposal for the domains Archaea, Bacteria, and Eucarya. *Proc. Nat'l. Acad. Sci. U.S.A.* 87:4576–4579.
9. Doolittle, W. F. 1999. Lateral genomics. *Trends Biochem. Sci.* 24:M5–M8 (Dec.)
10. Bult, C. J., et al. 1996. Complete genome sequence of the methanogenic archaeon, *Methanococcus jannaschii*. *Science* 273:1058–1073.
11. Koonin, E. V., et al. 1997. Comparison of archaeal and bacterial
12. Nelson, K. E., et al., 1999. Evidence for lateral gene transfer between Archaea and Bacteria from genome sequence of *Thermotoga maritima*. *Nature* 399:323–329.
13. Ochman, H., et al. 2000. Lateral gene transfer and the nature of bacterial innovation. *Nature* 405:299–304.
14. Lawrence, J. G. & Ochman, H. 1998. Molecular archaeology of the *Escherichia coli* genome. *Proc. Nat'l. Acad. Sci. U.S.A.* 95:9413–9417.
15. Jain, R., et al. 1999. Horizontal gene transfer among genomes: The complexity hypothesis. *Proc. Nat'l. Acad. Sci. U.S.A.* 96:3801–3806.
16. McInerney, J. O. & Pisani, D. 2007. Paradigm for life. *Science* 318:1390–1391.
17. Rivera, M. C., et al. 1998. Genomic evidence for two functionally distinct gene classes. *Proc. Nat'l. Acad. Sci. U.S.A.* 95:6239–6244.
18. Timmis, J. N., et al. 2004. Endosymbiotic gene transfer: organelle genomes forge eukaryotic chromosomes. *Nature Rev. Gen.* 5:123–135.
19. Martin, W. & Müller, M. 1998. The hydrogen hypothesis for the first eukaryote. *Nature* 392:37–41.
20. Walsh, D. A. & Doolittle, W. F. 2005. The real "domains" of life. *Curr. Biol.* 15:R237–R240.
21. Esser, C. & Martin, W. 2007. Supertrees and symbiosis in eukaryote genome evolution. *Trends Microbiol.* 15:435–437.
22. Archibald, J. M. 2008. The eocyte hypothesis and the origin of eukaryotic cells. *Proc. Nat'l. Acad. Sci. U.S.A.* 105:20049–20050.

요약

세포설은 3개의 조항으로 이루어진다. (1) 모든 생물은 하나 또는 그 이상의 세포로 구성되어 있다. (2) 세포는 생물의 기본적인 체제의 단위이다. (3) 모든 세포들은 이미 존재하고 있는 세포로부터 생긴다.

세포는 다음과 같은 생명체의 특성을 갖고 있다. 세포들은 매우 복잡하며 세포 이하의 구조는 대단히 체제화 되어 있고 예측할 수 있다. 세포를 만들기 위한 정보는 이의 유전자들 속에 암호화되어 있다. 세포는 분열에 의해 증식한다. 세포는 화학 에너지를 이용하여 활동한다. 세포는 효소에 의해 조절된 화학 반응을 수행한다. 세포는 수많은 기계적 활동을 한다. 세포는 자극에 반응한다. 세포는 상당한 수준의 자기-조절을 할 수 있다.

세포들은 원핵이거나 진핵이다. 원핵세포들은 고세균과 진정세균 중에서만 발견되는 반면, 모든 다른 생물들은—원생생물, 균류, 식물, 동물—진핵세포로 구성되어 있다. 원핵세포와 진핵세포들은,

비슷한 세포막, 유전물질의 저장 및 사용을 위한 공통 체제, 비슷한 대사 경로 등을 포함하는 여러 가지 공통 특징을 갖고 있다. 원핵세포들은 더 단순하다. 그 이유는 진핵세포의 특징인 막으로 된 소기관들(예: 소포체, 골지복합체, 미토콘드리아, 엽록체), 염색체, 세포골격 등을 갖고 있지 않기 때문이다. 또한 두 유형의 세포는 세포분열의 기작, 운동 구조, 세포벽의 유형(만일 세포벽이 있다면) 등에 의해서도 구별될 수 있다. 복잡한 식물과 동물은 각기 특별한 활동을 위해 특수화된 서로 다른 여러 가지 유형의 세포들을 갖고 있다.

세포들의 크기는 거의 항상 현미경적이다. 세균 세포들의 길이는 보통 1~5μm인 반면, 진핵세포는 일반적으로 10~30μm이다. 세포의 크기가 작은 것은 다음과 같은 몇 가지 이유 때문이다. 즉, 핵들은 제한된 수의 유전자를 갖고 있으며, 표면적(세포의 물질 교환 표면 역할을 하는)은 세포의 크기가 증가하면 줄어들고, 세포의 표면과 내부 사이의 거리가 멀면 물질의 단순 확산을 위한 거리가 더 멀어진다.

바이러스는 살아 있는 세포 속에 있을 때만 증식할 수 있는 비세포성 병원체이다. 세포의 밖에서, 바이러스는 고분자 덩어리, 또는 비리온으로 존재한다. 비리온은 다양한 모양과 크기로 생기지만, 이들 모두는 단백질로 된 껍질 속에 들어 있는 바이러스의 핵산으로 구성된다. 바이러스에 감염되면 (1) 바이러스 자손이 형성될 때 숙주 세포를 파괴하거나, 또는 (2) 숙주 세포의 DNA 속으로 바이러스 핵산을 통합시켜 흔히 숙주 세포의 활동을 변화시킨다. 바이러스는 살아 있는 생물로 간주되지 않는다.

분석 문제

1. 세포의 구조 또는 기능에 관한 몇 가지 문제를 생각해 보자. 하나의 식물이나 동물 전체를 또는 배양된 세포 집단을 대상으로 연구했을 때, 질문에 답하기 위한 자료를 얻기 위해서는 어느 경우가 더 쉬울까? 이 두 가지 연구의 유리한 점과 불리한 점은 무엇인가?
2. 〈그림 1−3〉은 수많은 미세융모를 갖고 있는 장의 상피세포를 보여준다. 이러한 미세융모를 갖고 있는 생물에게 유리한 점은 무엇인가? 유전된 돌연변이의 결과로 미세융모가 없는 사람에게 무슨 일이 일어날 것으로 예상하는가?
3. 성공적으로 배양된 최초의 사람 세포는 악성 종양에서 얻어졌다. 이것은 단순히 암세포의 유용성을 의미한다고 생각하는가? 또는 이런 세포가 세포배양을 하는 데 있어서 더 좋은 대상일 수 있다는 것인가? 왜 그런가?
4. 〈그림 1−8*b*,*c*〉의 식물과 동물 세포들의 그림에서, 식물 세포에는 있고 동물 세포에는 없는 어떤 구조가 있다. 이 구조들이 식물의 생활에 어떤 영향을 미친다고 생각하는가?
5. 세포들은 특별한 자극에 반응할 수 있도록 세포 표면에 수용체들을 갖고 있다. 인체의 많은 세포들은 혈액을 순환하는 특수한 호르몬과 결합할 수 있는 수용체들을 갖고 있다. 이런 호르몬 수용체들이 왜 중요하다고 생각하는가? 만일 세포들이 이런 수용체들을 갖고 있지 않다면, 또는 모든 세포들이 똑같은 수용체들을 갖고 있다면, 몸의 생리적 활동에 어떤 결과를 초래할 것인가?
6. 만일 여러분이 바이러스가 살아 있는 생물이라고 주장했다면, 이러한 주장을 뒷받침하기 위해 바이러스의 구조와 기능에 관하여 무슨 특징을 말할 것인가?
7. 세포들 속에서 일어나는 활동이 〈그림 1−7〉의 룹 골드버그 만화에서 본 것과 유사한 방식으로 일어난다고 가정한다면, 세포의 활동이 조립 라인에서 자동차가 만들어지는 일 또는 농구 경기에서 자유투를 던지는 것과 같은, 인간의 활동과 어떻게 다른가?
8. 세균 세포와 다르게, 진핵세포의 핵은 복잡한 구멍들이 있는 2중 막으로 싸여 있다. 이런 2중 핵막이 원핵세포의 경우에 비하여 진핵세포의 DNA와 세포질 사이의 이동에 어떤 영향을

미칠 것으로 생각하는가?

9. 〈그림 1-16〉에서 섬모를 가진 원생생물의 사진을 살펴보고, 여러분의 몸에서 근육 또는 신경 세포가 하지 않는, 그러나 이 세포가 참여하는 활동에 대하여 생각해 보자.

10. 다음 중 어떤 유형의 세포가 가장 큰 부피를 갖는다고 예상하는가? 대단히 납작한 세포 또는 둥근 세포? 왜 그런가?

11. 여러분이 1890년대에 살고 있는 과학자로서, 식물의 생장을 저해하고 잎에 반점을 생기게 하는 담배의 병을 연구하였다고 상상해 보자. 여러분은, 이 병에 걸린 식물의 수액을 건강한 식물에 주입시켰을 때, 그 식물로 병이 옮겨갈 수 있다는 것을 알 것이다. 여러분은 가장 좋은 광학현미경으로 그 수액을 관찰하여 세균이 없다는 것을 확인한다. 그리고는 가장 작은 것으로 알려진 세균이 통과할 수 없는 크기의 구멍을 가진 여과기에 그 수액을 거르게 된다. 그러나 여과기를 통과한 액체는 아직도 병을 옮길 수 있다. 100년 이전에 이 실험을 했던, 드미트리 이바노프스키와 같이, 여러분은 아마도 감염원이 알려지지 않은 특별히 작은 세균이었다고 결론지을 것이다. 이 가설을 시험하기 위해서 오늘날 어떤 종류의 실험을 시행할 수 있는가?

12. 대부분의 진화 생물학자들은 모든 미토콘드리아는 하나의 조상 미토콘드리온에서 진화했으며 모든 엽록체는 하나의 조상 엽록체로부터 진화했다고 믿는다. 바꿔 말하면, 이런 소기관들을 생기게 한 공생의 사건은 오직 한 번만 일어났다. 만일 이런 경우라면, 이 소기관들의 획득을 35페이지의 〈그림 3〉에 있는 계통수의 어느 곳에 위치시키겠는가?

13. 1918년의 유행성 감기바이러스의 완전한 서열과 유독성 바이러스 입자의 재구성 등에 관한 발표는 커다란 논쟁을 불러 일으켰다. 이 연구 결과의 발표를 옹호했던 사람들은 이런 정보가 유행성 감기바이러스의 독성을 더 잘 이해하도록 도울 수 있으며 더 좋은 치료법 개발을 도울 수 있다고 주장하였다. 이 발표에 반대하는 사람들은 이 바이러스가 생화학 무기를 이용한 폭력주의자들에 의해 재구성될 수 있거나 또는 부주의한 연구자에 의해 돌발적으로 방출되어 또 다른 전 세계적 유행병이 생길 수 있다고 주장했다. 이런 연구 수행의 가치에 관하여 여러분은 어떤 의견을 갖고 있는가?

제 2 장

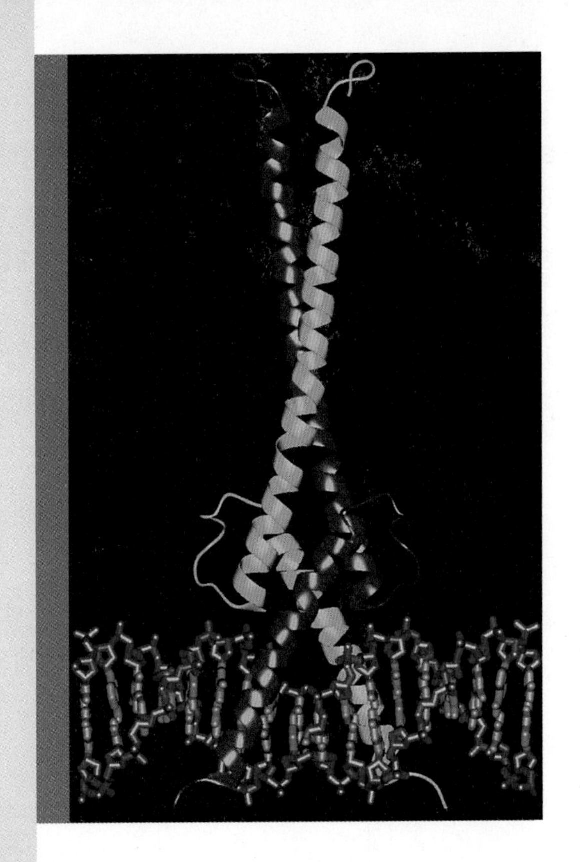

생체 분자의 구조와 기능

생물학 교과서 내용과 동떨어져 보일 수 있는 물질의 원자적 기초라는 주제를 간단히 살펴보면서 이 장(章)을 시작하고자 한다. 그렇지만 생명체는 원자의 성질에 기초하고 있으며, 모든 다른 유형의 물질과 마찬가지로 물리학 및 화학의 원칙에 지배된다. 세포 수준의 체제는 원자 수준의 체제와 한 단계 정도로 약간 차이가 있으며, 이런 사실은 근육수축 또는 세포막을 통과하는 물질의 수송 과정 동안에, 어떤 분자에 있는 몇 개의 원자가 이동하였을 때의 중요성을 검토해 보면 분명하게 될 것이다. 세포와 세포소기관의 특성은 이들을 구성하는 분자들의 활동으로부터 직접적으로 유래한다. 단순한 광학현미경 하에서 상당히 자세하게 관찰될 수 있는 세포분열과 같은 과정을 생각해 보자. 세포가 분열할 때 일어나는 활동을 이해하기 위해서는, 예를 들면, DNA와 단백질 분자들 사이의 상호작용에 대하여 알아야할 필요가 있다. 이때의 단백질은 서로 다른 세포로 분리될 수 있도록 염색체를 응축시켜 막대모양으로 포장되게 한다. 뿐만 아니라, 세포에서 어느 시기에는 분해되었다가 다

두 가지 서로 다른 고분자 사이의 복합체. DNA 분자(파란색으로 표시된)의 일부가 하나는 빨간색으로 다른 하나는 노란색으로 표시된 두 개의 폴리펩티드 소단위들로 구성된 단백질과 복합체를 이루고 있다. DNA의 홈(groove)에 삽입된 것처럼 보이는 단백질 부분들은 핵산에 있는 특정한 뉴클레오티드 서열을 인식하고 결합한다.

음 어느 시기에는 완전히 다른 세포 내 장소에서 재조립되게 하는 단백질-함유 미세관의 단백질 분자 구성을 알아야 한다. 또한 세포막의 바깥 부분을 변형시켜 이것을 세포의 중간으로 끌어당겨서 세포를 둘로 나누는 지질 성분의 특성도 알 필요가 있다. 주요 유형의 생체 분자들의 구조와 특성에 관한 논리적인 지식이 없이는 세포의 기능에 대한 이해를 시작하는 것조차 불가능하다. 이 장(章)의 목표는 독자들이 생명체에 관한 기초 지식을 이해하기 위해 필요한 생명체의 화학에 관한 정보를 알리는 데 있다. 이 장은 원자들 사이에 형성될 수 있는 결합의 유형을 생각하면서 시작할 것이다. ■

2-1 공유결합

원자 쌍 사이에서 전자의 쌍을 나누어 소유하는 **공유결합**(共有結合, covalent bond)으로 분자를 구성하는 원자는 서로 연결되어 있다. 2개의 원자 사이에 생기는 공유결합의 형성은, 하나의 원자가 가장 안정되어 있다는 기본 원칙에 의해 결정된다. 이 경우에, 이

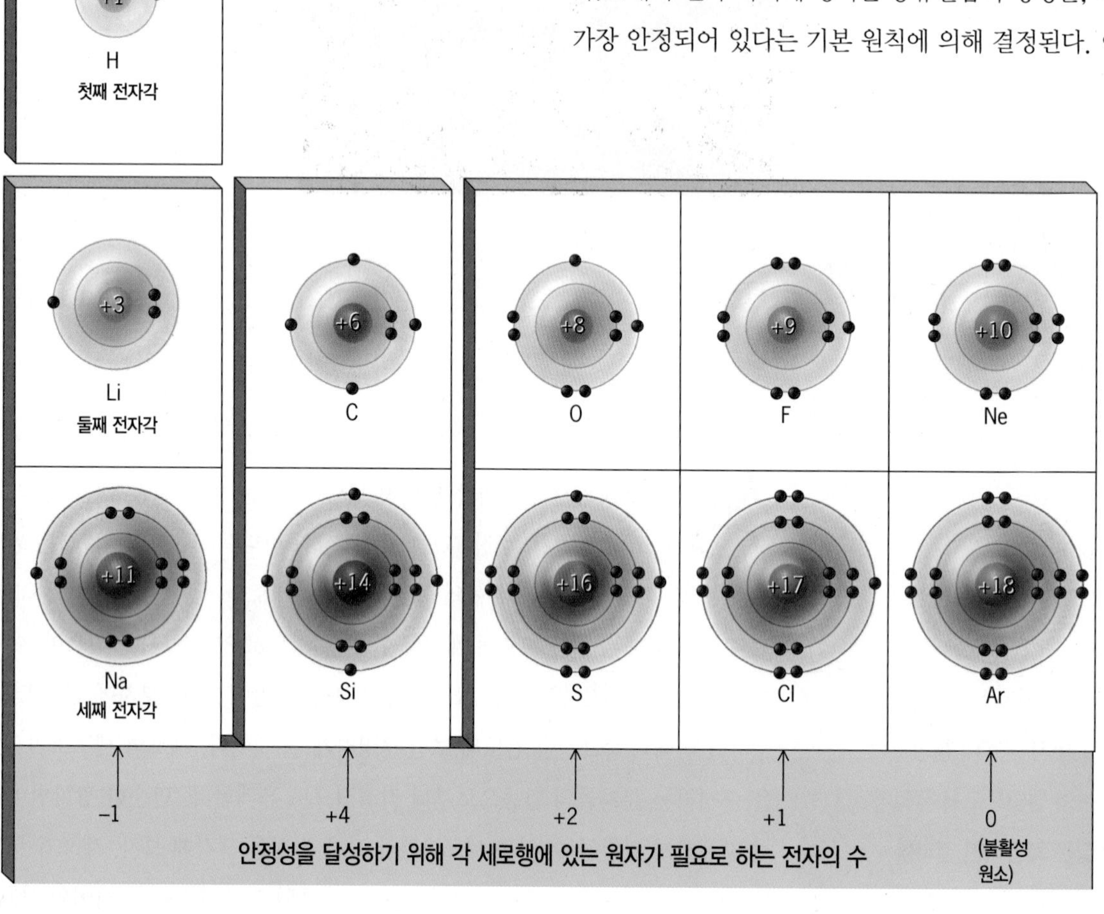

그림 2-1 **몇 가지 흔한 원자들에서 전자의 배열을 나타낸 그림.** 전자는 "구름" 또는 궤도(*orbital*) 안에 있는 원자의 핵 주위에 존재한다. 궤도는 전자의 경계에 의해 대략 정해지며 구형 또는 아령 모양을 한다. 각 궤도는 최대 2개의 전자를 가지며, 이것이 전자들(그림에서 검은 점들)을 쌍으로 표시하는 이유이다. 가장 안쪽에 있는 각은 단일 궤도(따라서 2개의 전자)를 가지며, 두 번째 각은 4개의 궤도(따라서 8개의 전자)를, 세 번째 각도 4개의 궤도를 갖는다. 바깥쪽에 있는 각의 전자 숫자가 그 원소의 화학적 성질을 결정하는 주된 요인이다. 외각 전자의 숫자가 유사한 원자는 유사한 성질을 가지고 있다. 예를 들면, 리튬(Li)과 나트륨(Na)은 하나의 최외각 전자를 가지고 있으며, 둘 다 매우 반응성이 큰 금속이다. 탄소(C)와 실리콘(Si) 원자는 4개의 서로 다른 원자와 결합할 수 있다. 그러나 그 크기 때문에, 탄소원자는 다른 탄소원자와 결합할 수 있어서 긴 사슬로 된 유기 분자들을 형성하며, 반면에 실리콘 원자는 유사한 분자를 형성할 수 없다. 네온(Ne)과 아르곤(Ar)은 최외각이 전자로 완전히 채워져 있는 상태이다. 따라서 이들 원자는 반응성이 없기 때문에 불활성기체로 부른다.

원자는 그의 최외전자각(最外電子殼, outmost electron shell) 또는 최외각이 전자로 채워져 있을 때이다. 결과적으로, 한 원자가 형성할 수 있는 결합의 숫자는 외각을 채우는데 필요한 전자의 숫자에 달려있다.

여러 가지 원자의 전자구조를 〈그림 2-1〉에 나타내었다. 수소 또는 헬륨원자의 외각(그리고 유일한 전자각)은 2개의 전자를 가질 때 채워진다. 〈그림 2-1〉에 있는 다른 원자들의 외각은 8개의 전자를 가질 때 채워진다. 따라서 6개의 외각 전자를 갖고 있는 산소원자는, 2개의 수소원자와 결합하여 물 분자를 형성하여, 외각을 채울 수 있다. 산소원자는 각 수소원자와 하나의 단일(*single*) 공유결합(H:O 또는 H—O로 표시)으로 연결되어 있다. 공유결합의 형성에는 에너지의 방출이 수반되는데, 후에 결합이 깨지게 될 때 에너지는 재흡수 되어야 한다. C—H, C—C, 또는 C—O 공유결합을 깨는 데 필요한 에너지는 보통 80~100kcal/mole[1] 사이로 상당히 커서, 대부분의 조건에서 공유결합은 상당히 안정된 상태의 결합이다.

여러 가지 경우에, 1쌍 이상의 전자를 공유하는 결합으로 2개의 원자들이 연결될 수 있다. 산소 분자(O_2)에서 일어나는 것처럼, 만일 2개의 전자쌍을 공유한다면 공유결합은 2중결합(*double bond*)이며, 만일 3개의 전자쌍을 공유한다면(질소 분자, N_2에서와 같이), 이 공유결합은 3중결합(*triple bond*)이다. 사중결합은 일어나지 않는 것으로 알려져 있다. 원자들 사이의 결합 유형은 분자의 모양을 결정하는데 중요하다. 예를 들면, 단일결합으로 연결된 원자들은 서로 회전할 수 있는 반면에, 2중(또한 3중)결합은 이런 능력이 없다. 〈그림 10-6〉에 그려져 있는 것처럼, 2중결합들은 에너지-포획 중심(energy-capturing centers)으로서 작용할 수 있으며, 이것은 호흡이나 광합성과 같이 생명체에 중요한 과정을 추진하게 된다.

수소분자(H_2)에서처럼, 동일한 원소의 원자들이 서로 결합할 때, 외각의 전자쌍들은 결합된 원자들 사이에 동등하게 공유된다. 그러나 서로 다른 2개의 원자들이 공유결합 되었을 때, 양전하를 띤 한 원자의 핵이 다른 전자보다 더 외각에 있는 전자에 대하여 더 큰 인력(引力)을 발휘한다. 결과적으로, 공유된 전자는 더 큰 인력을 발휘하는 원자, 즉 더 큰 **전기음성도를 가진 원자**(electronegative atom)에 가까이 위치하려는 경향이 있다. 생체 분자에 가장 보편적으로 존재하는 원자들 중에서, 산소와 질소가 강한 전기음성도를 갖고 있다.

[1] 1칼로리(calorie)는 1g(gram)의 물 온도를 1℃ 올리는 데 필요한 열에너지의 양이다. 1킬로칼로리(kcal)는 1,000칼로리(또는 1Cal)에 해당한다. 칼로리 외에도, 에너지를 일의 형태인 줄(Joule)로 표시할 수 있는데, 이 단위는 역사적으로 일(work)의 에너지를 측정하기 위해 사용되었다. 1킬로칼로리는 4,186Joule과 같다. 역으로, 1Joule은 0.239칼로리이다. 몰(mole)은 분자의 아보가드로 수(Avogadro's number; 6.02×10^{23})이다. 어떤 물질의 1몰은 그램(g)으로 표시한 그 물질의 분자량과 동일하다.

2-1-1 극성 및 비극성 분자들

하나의 물 분자를 살펴보자. 물 분자에 있는 하나의 산소원자는 어느 하나의 전자를 훨씬 강하게 끌어당긴다. 그 결과, 물 분자의 O—H 결합은 극성화 되었다(*polarized*)라고 하며, 원자 중 하나는 부분적으로 음전하를 띠고 다른 원자는 부분적으로 양전하를 띤다. 이것은 일반적으로 아래와 같은 방식으로 표시된다.

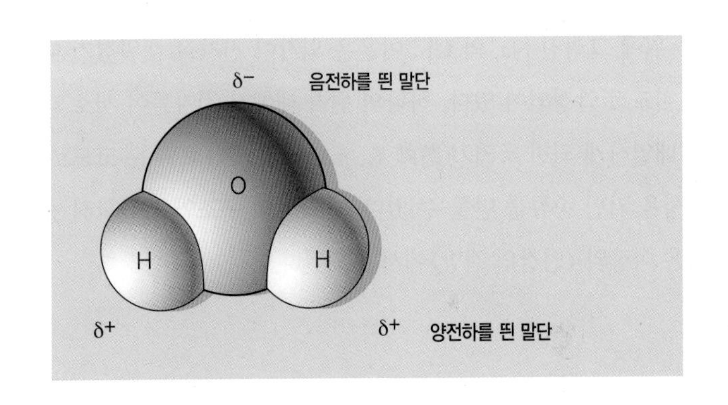

물과 같이, 전하가 비대칭적으로 분포[또는 쌍극자(*dipole*)]하는 분자를 극성(polar) 분자라고 한다. 생물학적으로 중요한 극성 분자들은 하나 또는 그 이상의 전기음성도가 큰 원자, 즉 보통 산소, 질소, 그리고/또는 황 등의 원자를 포함하고 있다. 모두 탄소와 수소원자들로 구성된 분자들처럼, 전기음성도가 큰 원자가 없거나 강한 극성 결합을 갖고 있지 않은 분자들을 **비극성**(nonpolar) 분자라고 한다. 분자의 반응성을 결정하는 데에는 강한 극성 결합의 존재가 가장 중요하다. 밀랍(wax)이나 지방과 같이 커다란 비극성 분자는 상대적으로 반응성이 매우 낮다. 단백질과 인지질을 포함하여, 보다 관심 있는 생체 분자들 중 일부는 서로 다르게 반응하는 극성 및 비극성 부위를 모두 갖고 있다.

2-1-2 이온화

몇몇 원자들은 전기음성도가 매우 크기 때문에, 이들 원자들은 화학 반응을 하는 동안 다른 원자로부터 전자를 포획할 수 있다. 예를 들면, 나트륨(은색 빛깔의 금속) 원소와 염소(독성 가스) 원소가 서로 섞일 때, 각 나트륨 원자의 외각에 있는 전자 하나가 전자가 부족한 염소 원자로 이동한다. 그 결과로, 이런 2개의 원자들은 전하를 가진 **이온**(ion)으로 전환된다.

$$2\,Na\cdot + :\ddot{\underset{..}{Cl}}:\ddot{\underset{..}{Cl}}: \rightarrow 2\,Na:\ddot{\underset{..}{Cl}}: \rightarrow 2\,Na^{+} + 2\,:\ddot{\underset{..}{Cl}}:^{-}$$

염소 이온은 여분(핵 안에 양성자의 숫자에 비하여 상대적으로)의 전자를 가지고 있기 때문에, 염소 이온은 음전하(Cl^-)를 가지고 있으며 **음이온**(anion)이라고 한다. 전자를 잃어버린 나트륨 원자는 여분의 양전하(Na^+)를 가지고 있으며 **양이온**(cation)이라고 한다. 결정(結晶)으로 존재할 때, 이들 두 이온은 염화나트륨 또는 소금을 형성한다.

위에 그려진 Na^+와 Cl^- 이온은 외각이 전자로 채워졌기 때문에 비교적 안정되어 있다. 하나의 원자 내에서 전자들이 서로 다르게 배열하게 되면 유리기(遊離基, *free radical*)라고 하는 고도로 반응성을 지닌 종류를 만들 수 있다. 유리기의 구조와 생물학적 중요성은 이장의 〈인간의 전망〉에서 논의된다.

복습문제

1. 산소원자는 핵 안에 8개의 양성자를 갖고 있다. 산소원자는 몇 개의 전자를 갖고 있는가? 내부 전자각에는 몇 개의 궤도(orbitals)가 있는가? 외각은 몇 개의 전자가 있는가? 외각이 완전히 채워지기 전에 몇 개의 전자가 더 들어갈 수 있는가?
2. 다음 쌍들을 서로 비교하고 대조하시오. 나트륨 원자와 나트륨 이온. 2중결합과 3중결합. 전기음성도가 큰 원자와 적은 원자. 다른 산소원자와 결합된 한 산소원자 주변의 전자분포와 2개의 수소원자와 결합된 하나의 산소원자의 주변의 전자분포.

2-2 비공유결합

공유결합은 분자를 구성하는 원자들 사이의 강력한 결합이다. 분자들(또는 큰 생체 분자의 서로 다른 부분들) 사이의 상호작용은 비공유결합이라고 하는 여러 종류의 약한 결합들에 의해 좌우된다. **비공유결합**(非共有結合, noncovalent bond)은 전자의 공유에 의존하지 않으며, 오히려 서로 다른 전하를 가진 원자들 사이에 끌어당기는 힘, 즉 인력(引力)에 의존한다. 각각의 비공유결합은 약해서(약 1~5kcal/mol) 쉽게 깨어지고 재형성된다. 이 교재 전반에 걸쳐 확실하게 될 것으로서, 이러한 비공유결합의 특징은 세포 내 분자들 사이에 역동적인 상호작용을 하도록 중개한다.

비록 개개의 비공유결합은 약하지만, 두 가닥의 DNA 분자 사이에서 또는 커다란 단백질의 서로 다른 부분 사이에서처럼 수많은 비공유결합이 서로 협력하여 작용하면 비공유결합들의 인력은 서로 더해져서 누적된다. 전체적으로 보면, 비공유결합은 구조에 상당한 안정성을 제공한다. 이제 세포에 중요한 여러 가지 유형의 비공유결합을 살펴볼 것이다.

2-2-1 이온결합: 전하를 띤 원자 사이의 인력

소금의 결정은 양전하를 띤 Na^+이온과 음전하를 띤 Cl^- 이온 사이의 정전기적 인력에 의해 서로 잡혀있다. 이와 같이 완전하게 전하를 띤 구성 성분들 사이의 인력의 이러한 유형을 **이온결합**(ionic bond)[또는 염다리(*salt bridge*)]라고 한다. 소금 결정 안에서 이온결합은 아주 강력하다. 그러나 소금 결정이 물에 녹으면, 각각의 이온들은 물 분자에 의해 둘러싸이게 되며, 이로 인하여 서로 반대 전하를 가진 이온들이 이온결합을 형성하기에 충분한 거리로 서로 접근하는 것이 억제된다(그림 2-2). 세포는 주로 물로 구성되었기 때문에, 유리(遊離, *free*)(즉, 결합되지 않은) 이온들 사이의 결합은 별로 중요하지 않다. 대조적으로, 큰 생체 분자들에서 서로 반대 전하를 띤 부분 사이의 약한 이온 결합은 상당히 중요하다. 예를 들면, DNA 분자에서 음전하를 띤 인산기 원자가 단백질 표면에 있는 양전하를 띤 부분과 밀접하게 결합되어있을 때, 이들 사이의 이온결합은 DNA와 단백질의 복합체를 서로 붙잡고 있도록 돕는다(그림

2–3). 세포에서 이온결합의 세기는 물이 존재하기 때문에 보통 약하지만(약 3kcal/mol), 흔히 물과 친하지 않는 단백질 중심부의 깊은 곳에서는 이온결합이 훨씬 더 강력할 수 있다.

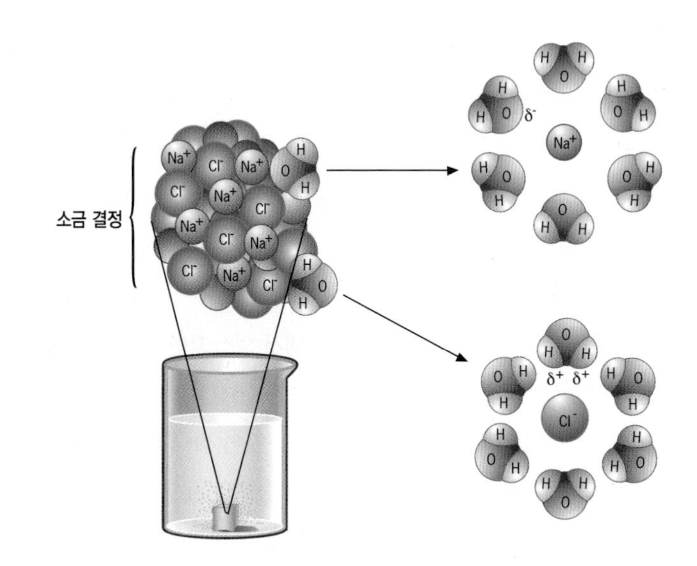

그림 2-2 소금 결정의 해리. 소금 결정이 물속에 놓이면, 결정의 Na^+와 Cl^- 이온들은 물 분자들로 둘러싸이게 되어, 두 이온 사이의 이온결합이 깨진다. 염이 녹을 때, 물 분자에서 음전하를 띤 산소원자는 양전하를 띤 Na^+ 이온과 결합하고, 물 분자에서 양전하를 띤 수소원자는 음전하를 띤 Cl^- 이온과 결합한다.

인간의 전망

노화의 원인으로서 유리기

많은 생물학자들은 노화의 원인이 우리 몸의 조직에 대한 손상이 점차로 축적되어 생기는 것으로 믿고 있다. 가장 파괴적인 손상은 아마도 DNA에서 일어날 것이다. DNA의 변화는 세포의 기능저하를 점차로 촉진하는 잘못된 유전적 정보를 생산하게 한다. 어떻게 세포 손상이 일어나며, 왜 이러한 손상이 인간보다 수명이 짧은 침팬지에게서 더 빨리 일어나는가? 그 답은 아마도 원자 수준에 있을 것이다.

원자는 전자각이 전자로 완전히 채워졌을 때 안정화된다. 전자각은 궤도(함수) 또는 오비탈(orbital)로 구성되어있으며, 각 궤도는 최대 2개의 원자를 가질 수 있다. 하나의 짝을 이루지 않은 전자를 포함하는 궤도를 가진 원자 또는 분자는 대단히 불안정한 경향이 있으며 이들을 **유리기**(遊離基, free radical)라고 한다. 유리기는 공유결합이 깨질 경우 각 부분이 공유한 전자를 반씩 보유할 때 형성되거나 또는 원자 또는 분자가 산화-환원 반응 동안 하나의 전자를 받아들일 때 유리기가 형성된다. 예를 들면, 물은 태양으로부터의 복사에너지에 노출될 때 유리기가 형성된다.

$$H_2O \rightarrow HO\cdot + H\cdot$$

수산기(hydroxyl radical)

("•" 유리기)

유리기는 극도로 반응성이 높으며 단백질, 핵산, 그리고 지질을 포함하는 여러 유형을 분자를 화학적으로 변형시킬 수 있다. 아마도 수산기(hydroxyl radical)의 형성은 햇빛이 피부에 손상을 주는 주요 요인일 것이다.

1956년, 네브래스카대학교(University of Nebraska)의 덴햄 하먼(Denham Harman)은 노화가 유리기에 의해 야기된 조직 손상의 결과라고 제안하였다. 유리기라는 주제는 생물학자나 의사들에게 낯익은 주제가 아니기 때문에, 이 제안은 중요한 관심을 불러일으키지 못하였다. 그러다 1969년, 듀크대학교(Duke University)의 죠 맥코드(Joe McCord)와 어윈 프리도비치(Irwin Fridovich)가 초과산화 디스뮤타아제(superoxide dismutase, SOD)라는 효소를 발견하였는데, 이 효소의 유일한 기능은 산소 분자가 여분의 전자를 취하여 형성되는 유리기 유형인 초과산화기(superoxide radical, $O_2\cdot^-$)의 파괴였다. SOD는 다음 반응을 촉매 한다.

$$O_2\cdot^- + O_2\cdot^- + 2H^+ \rightarrow H_2O_2 + O_2$$

과산화수소

과산화수소 또한 반응성이 큰 산화제이며, 이런 이유로 과산화수소는 흔히 살균제와 표백제로 사용된다. 만일 과산화수소가 신속하게 파괴되지 않는다면, 과산화수소는 분해되어 세포의 거대분자들을 공격하는 수산기를 형성할 수 있다. 과산화수소는 세포에서 일반적으로 카탈라아제(catalase) 또는 글루타티온 과산화효소(glutathione peroxidase)에 의해 파괴된다.

후속 연구로 초과산화기는 세포에서 일상적인 산화적 대사과정에서 형성되며 SOD는 세균에서부터 인간에 이르기까지 인간까지 다양한 생명체의 세포 안에 존재한다는 것이 밝혀졌다. 실제로, 동물은 세포질, 미토콘드리아, 세포외부 형태의 세 가지 서로 다른 동형(isoform)의 SOD를 소유하고 있다. 인간 미토콘드리아 내로 들어온 산소의 1~2% 정도는 정상적인 호흡과정의 최종산물인 물 대신에 과산화수소로 전환된다. SOD의 중요성은 이 효소가 없는 세균과 효모의 돌연변이체에서 확연히 볼 수 있다. 이들 세포는 산소가 존재하는 환경에서 자랄 수 없었다. 유사하게, 미토콘드리아 형태의 효소(SOD2)가 결핍된 생쥐는 태어난 후 1주일 정도만 살 수 있었다. 역으로, H_2O_2-파괴 효소인 카탈라아제의 수준이 높은 미토콘드리아를 갖도록 유전자를 조작한 생쥐는 그렇지 않은 생쥐보다 20% 정도 더 오래 살았다. 2005년에 보고된 이 발견은 증강된 항산화 방어 작용이 포유동물의 수명을 증가시킬 수 있다는 것을 보여준 최초의 발견이다. 비록 초과산화기 및 수산기와 같은 유리기의 파괴적인 성질에 대하여는 의심할 바 없으나, 노화 과정의 요인으로서 이러한 물질의 중요성은 아직까지 논쟁 중 이다.

동물의 수명은 음식물 또는 식단에 있는 열량(calory)을 제한함으로써 증가시킬 수 있다. 1930년대에 처음 알려진 것처럼, 매우 엄격한 식단을 유지한 생쥐는 정상적인 열량을 가진 식단을 먹인 같은 배(胚)의 새끼들보다 보통 30~60% 더 오래 살았다. 이들 생쥐의 대사율(metabolic rate)을 연구한 결과는 서로 모순되는 자료를 내놓게 되었지만, 열량을 제한한 식단을 먹인 동물은 $O_2\cdot^-$ 및 H_2O_2 생성이 현저하게 저하되는 점은 일반적으로 모두 동의하는 결과이며, 저하된 유리기로 증가된 수명을 설명할 수 있다.

많은 텔레비전 뉴스에서 보고된 바와 같이, 열량을 제한하여 수명을 연장하기를 희망하는 사람의 수가 많이 늘고 있으며, 이는 본질적으로 극도로 제한된 그러나 균형 잡힌 식단으로 자신들을 기꺼이 구속하는 것을 의미한다. 또한 미국 국립노화연구소에서 과체중인(비만은 아닌) 사람들을 대상으로 하여 연구(CALERIE라고 명명된)를 시작하였는데, 과체중인 사람들은 그들의 최초 체중을 유지하기 위해 필요한 열량보다 25% 정도 더 적은 열량을 포함하는 규정식을 계속 유지하였다. 열량을 제한한 6개월 동안, 이들은 놀랄만한 대사적 변화를 보였다. 즉, 이들은 체온이 낮아졌으며, 혈중 인슐린과 LDL-콜레스테롤 수준이 낮아졌다. 또한 예상한 바와 같이 체중이 줄어들었고, 에너지 소비는 단순히 체격이 줄어들었기 때문에 예상된 것 보다 훨씬 더 에너지 소비가 줄어들었다. 더욱이 이들의 세포가 경험한 DNA 손상의 수준은 감소되었으며, 이는 활성 산소의 생산이 줄어들었음을 제시한다. 붉은털원숭이(rhesus monkey)를 대상으로, 제한된 열량의 식단으로 유지했을 때 원숭이들이 더 오래 살고 더 건강하게 사는가를 알아보기 위한 장기간 연구가 현재 진행 중이다. 비록 이러한 연구들이 원숭이들의 최대(*maximum*) 수명(보통 약 40년)이 증가하는가를 결정하기에 충분히 오랜 기간 동안 수행되지 않았지만, 이들 동물 또한 혈중 포도당, 인슐린, 트리글리세리드의 수준이 낮아졌으며, 그 결과 이 원숭이들은 당뇨병과 관상동맥질환과 같은 노화-관련 질환에 덜 걸리게 되었다. 선충(線蟲, nematode)과 노랑초파리(*Drosophila melanogaster*)[일반명(common name)으로 '과실파리(fruit fly)'라고 부름]에 대한 연구에서 인슐린-유사(insulin-like) 호르몬의 활성을 줄이면 이들 무척추동물의 수명을 극적으로 증가시킬 수 있다는 사실이 제시하는 바와 같이, 혈액 내 인슐린 수준이 낮추는 것이 장수를 촉진하는데 특히 중요할 것이다.

관련된 분야의 연구로는 시험관에서 유리기(遊離基)를 파괴할 수 있는 항산화제(antioxidant)라고 하는 물질의 연구이다. 이러한 물질의 판매는 비타민/보조제 산업의 주요 수입원이 된다. 신체에서 발견되는 보편적인 항산화제는 글루타티온(glutathione), 비타민 E와 C, 그리고 베타-카로틴(당근 및 다른 채소에 있는 주황색 색소)을 포함한다. 비록 이들 물질이 유리기를 파괴하는 능력 때문에 식단에 유익하겠지만, 쥐 및 생쥐에 대한 연구는 이들 물질이 노화과정을 지연시키거나 최대수명을 증가시켰다는 확실히 믿을만한 증거를 제공하지는 못하였다. 상당한 주목을 받은 항산화제 하나가 폴리페놀계 화합물로 적포도의 껍질에 높은 농도로 발견되는 레스베라스트롤(resverastrol)이다. 적포도주가 건강에 이롭다는 주장은 레스베라스트롤 때문이라고 널리 믿어지고 있다. 레스베라스트롤은 유리기를 제거하기 보다는 동물 연구에서 장수를 촉진하는데 중요한 역할을 하는 효소(Sir2)를 촉진시켜 작용하는 것으로 보인다.

2-2-2 수소결합

수소원자가 공유결합으로 전기음성도가 큰 원자, 특히 산소 또는 질소 원자에 결합하면, 공유된 전자의 한 쌍은 전기음성도가 큰 원자의 핵 쪽으로 크게 치우치게 되어, 수소원자가 부분적으로 양전하를 띠게 된다. 그 결과, 전자가 비어있는 양전하를 띤 수소원자의 핵은, 두 번째로 전기음성도가 큰 원자의 비공유된 외각 전자쌍에 충분히 가깝게 접근할 수 있고, 그래서 서로 끌어당기는 상호작용을 형성한다(그림 2-4). 이러한 약한 인력을 갖는 상호작용을 **수소결합**(hydrogen bond)이라고 한다.

수소결합은 대부분의 극성 분자들 사이에서 일어나며, 물의 구조와 성질을 결정하는데 특히 중요하다(뒤에 논의되었음). DNA 분자의 두 가닥 사이에서 일어나는 것처럼, 수소결합은 또한 큰 생체 분자들에 존재하는 극성 부분 사이에서도 형성된다(그림 2-3 참조). 수소결합의 세기는 더해서 누적되기 때문에, 가닥들 사이에 있는 수많은 수소결합은 DNA 이중나선구조를 안정하게 만든다. 그러나 각 수소결합은 약하기(2~5kcal/mol) 때문에, DNA 분자의 각 가닥에 효소가 접근할 수 있도록 두 가닥은 부분적으로 분리될 수 있다.

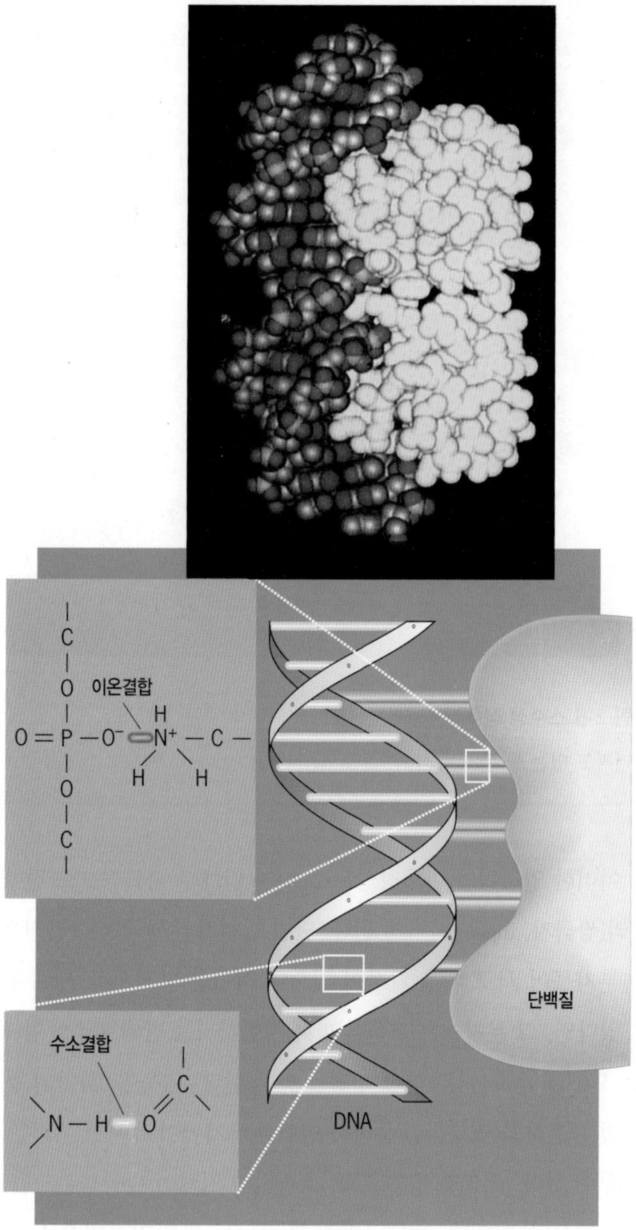

그림 2-3 **비공유 이온결합은 그림 오른쪽에 있는 단백질(노란색 원자)을 왼쪽의 DNA 분자에 붙잡고 있게 하는데 중요한 역할을 한다.** 이온결합은 양전하를 띤 단백질의 질소원자와 음전하를 띤 DNA의 산소원자 사이에서 형성된다. 비록 하나의 비공유결합은 비교적 약하고 쉽게 깨지지만, 두 가닥의 DNA 사이에서처럼, 두 분자들 사이에 이런 비공유결합이 많으면 복합체 전체를 상당히 안정하게 만든다.

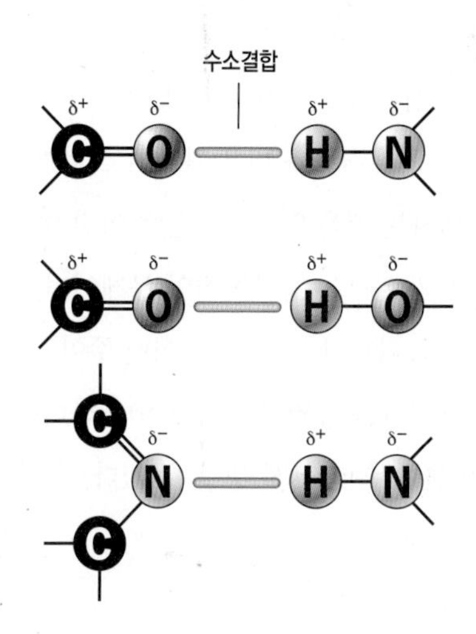

그림 2-4 **수소결합**은 질소 또는 원자와 같이 부분적으로 음전하를 띤 전기음성도가 큰 원자와 부분적으로 양전하를 띤 수소원자 사이에서 형성된다. 보통 수소결합(약 0.18nm)은 훨씬 더 강한 공유결합보다 약 두 배 정도 길다.

2-2-3 소수성 상호작용과 반데르발스 힘

당과 아미노산(곧이어 설명함)과 같은 극성 분자들은 물과 상호작용할 수 있는 능력 때문에, 극성분자는 **친수성**(親水性, hydrophilic) 또는 "물을 좋아하는" 성질이 있다고 말한다. 스테로이드 또는 지방과 같은 비극성 분자들은 물 분자의 극성 부분으로 분자를 끌어당기는 전하를 띤 부분을 가지고 있지 않기 때문에 근본적으로 비수용성이다. 비극성분자들이 물과 섞이면, 비극성이며 **소수성**(疏水性, hydrophobic)인 또는 "물을 무서워하는" 분자들은 서로 뭉치게 되어 극성인 주위 환경에 대한 노출을 최소화한다(그림 2−5). 비극성분자들의 이러한 연합을 **소수성 상호작용**(hydrophobic interaction)이라고 한다. 이것이 소고기 또는 닭고기 수프를 숟가락으로 저은 후 지방 분자의 작은 방울이 액체 스프 표면 위에 다시 나타나는 이유이다. 또한 소수성 상호작용은 대부분의 수용성 단백질에서 비극성 부위(group)가 주위를 둘러싼 물 분자로부터 멀어지기 위해 단백질의 내부에 위치하는 경향이 있는 이유이다.

위에서 기술된 유형의 소수성 상호작용은, 소수성 분자들 사이에 인력의 결과로 일어난 것이 아니기 때문에, 진정한 결합으로 분류하지 않는다.[2)] 이러한 유형의 상호작용 이외에도, 소수성 부위는 정전기적 인력에 기초하여 서로 약한 결합을 형성할 수 있다. 극성분자들은 그들의 구조 내부에 영구적이며 비대칭적인 전하 분포를 갖고 있기 때문에, 극성분자들은 서로 결합한다. 비극성분자(H_2 또는 CH_4)를 구성하는 공유결합을 더욱 자세히 살펴보면, 전자 분포가 항상 대칭이 아니라는 것을 알 수 있다. 주어진 어떤 한 순간에, 한 원자 주위의 전자의 분포는 통계학적인 문제이며, 따라서 한 순간이 다음 순간과 서로 다르다. 그러므로 어떤 주어진 시간에, 비록 원자가 다른 원자와 전자를 동일하게 공유한다 하더라도 전자밀도는 한 원자의 한쪽 편에서 더 크게 생길 수 있다. 전자분포에 있어서 이러한 일시적인 비대칭성은 그 분자 안에서 순간적으로 전하를 분리(쌍극자, dipole)시키게 된다. 만일 일시적인 쌍극자를 가진 2개의 분자들이 서로 매우 가까이 있으며 적절한 방식으로 서로 향하고 있다면, 그 분자들은 그들을 함께 결합시키는 **반데르발스 힘**(van der Waals force)이는 약한 인력을 받게 된다. 더욱이, 하나의 분자에 있는 전하의 일시적인 분리가 인접한 분자에서 유사한 분리를 유도할 수 있다. 이러한 방식으로, 추가적인 인력이 비극성분자들 사이에 형성될 수 있다. 반데르발스 힘 하나는 매우 약하며(0.1~0.3 kcal/mol) 2개의 원자들이 떨어져 있는 거리에 매우 민감하다(그림 2−6*a*). 그렇지만 이 장 후반부에서 보는 것처럼, 예를 들면, 항체와 바이러스 표면에 있는 단백질과 같이 서로 상호작용하는 생체분자들은 흔히 상보적인 표면을 갖고 있다. 그 결과, 서로 상호작용하는 분자들의 많은 원자들은 서로 매우 가까이 접근할 기회를 갖고 있으며, 그래서 반데르발스 힘이 생물학적 상호작용에 있어서 중요하다.

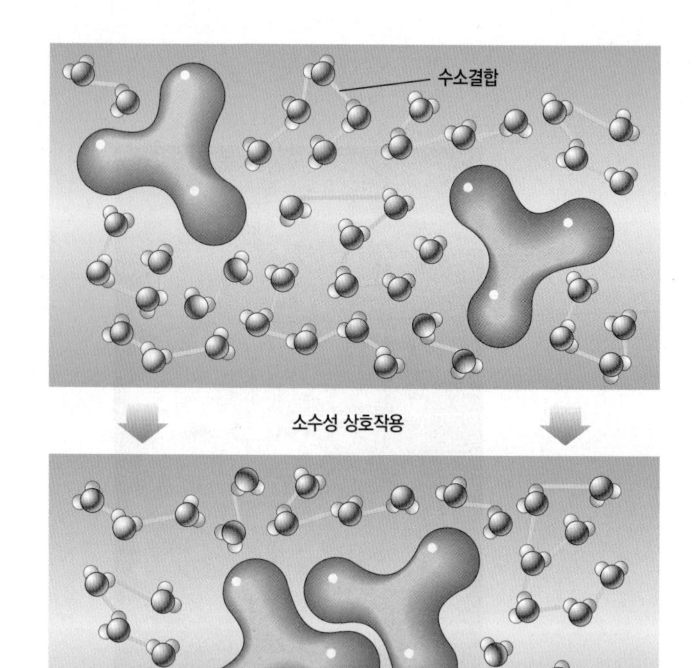

그림 2-5 소수성 상호작용에서, 비극성(소수성) 분자는 집합체로 모이게 되어, 둘러싸고 있는 물 분자에 최소한으로 노출된다.

[2)] 이 설명은 소수성 상호작용이 엔트로피(무질서)의 증가로 추진된다는 일반적으로 인정된 가설을 반영한 것이다. 소수성 그룹이 수용성 용매에로 향하게 되면, 물 분자는 소수성 그룹 주위의 우리(cage) 안에서 질서정연하게 된다. 소수성 그룹이 용매 주위로부터 빠져나가면 이러한 용매 분자는 무질서하게 된다. 이러한 관점에 대한 논의와 다른 관점에 대한 논의는 〈*Nature* 437:640, 2005〉와 〈*Curr. Opin. Struct. Biol.* 16:152, 2006〉에서 찾아 볼 수 있다.

2-2-4 생명을 지탱시키는 물의 성질

지구상의 생명은 전적으로 물에 의존하며, 물은 우주 어느 곳에서나 생명의 존재에 필수적이다. 비록 물은 단지 3개의 원자 만을 포함하지만, 물 분자는 특출한 성질은 제공하는 독특한 구조를 가지고 있다.[3] 가장 중요한 것은

1. 물은 한쪽 말단에 산소원자를 반대쪽에 2개의 수소원자를 가진 고도로 비대칭적인 분자이다.

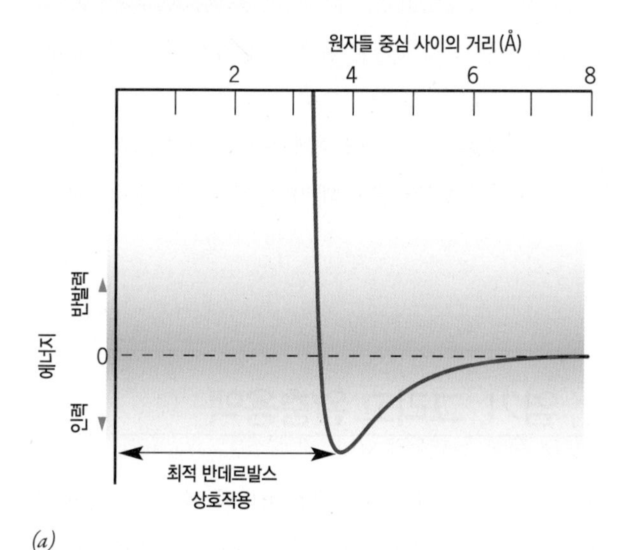

(a)

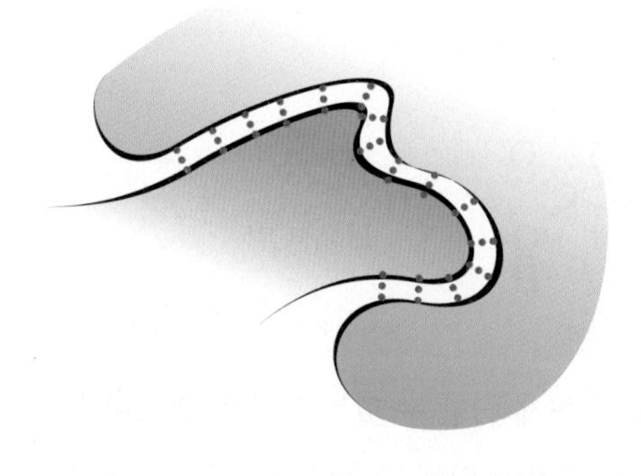

(b)

그림 2-6 **반데르발스 힘.** (*a*) 2개의 원자가 서로 접근할 때, 원자들은 보통 약 4 Å 정도까지 가까이 가면 약한 인력을 받게 된다. 만일 두 원자가 더 가까이 가게 되면, 원자들의 전자구름이 서로 반발하여 원자를 서로 떨어지게 한다. (*b*) 각각의 반데르발스 힘은 매우 약하더라도, 이 그림에서 나타난 것처럼(예로서, 그림 2-40 참조), 만일 2개의 고분자들이 서로 상보적인 표면을 가지고 있다면 다수의 이러한 인력이 형성될 수 있다.

2. 물 분자 안에 있는 2개의 공유결합은 각각 고도의 극성을 가지고 있다.
3. 물 분자 안에 있는 3개의 모든 원자는 수소결합을 형성하기 쉽다.

생명을 지탱하는 물의 특성은 이러한 성질로부터 유래되었다.

각 물 분자는 4개의 다른 물 분자와 수소결합을 형성할 수 있어서, 고도로 서로 연결된 분자들의 그물 구조를 형성한다(그림 2-7). 한 분자의 물에서 부분적으로 양전하를 띤 수소원자가 다른 물 분자에서 부분적으로 음전하를 띤 산소원자 근처에 배열될 때, 수소결합이 형성된다. 물 분자의 광범위한 수소결합 때문에, 물 분자들은 서로 부착하려는 경향이 강하다. 이 특성은 물의 열에 대한 성질(thermal property)에서 가장 분명하게 볼 수 있다. 예를 들면, 물을 가열하면, 대부분의 열에너지는 분자의 운동에 기여하기보다는 수소결합을 파괴하는 데 사용된다(이 경우는 온도가 증가하는 정도로 측정되었다). 유사하게, 액체로부터 기체 상태로 증발하기 위해 물 분자들은 이웃 물 분자들을 잡고 있는 수소결합을 파괴해

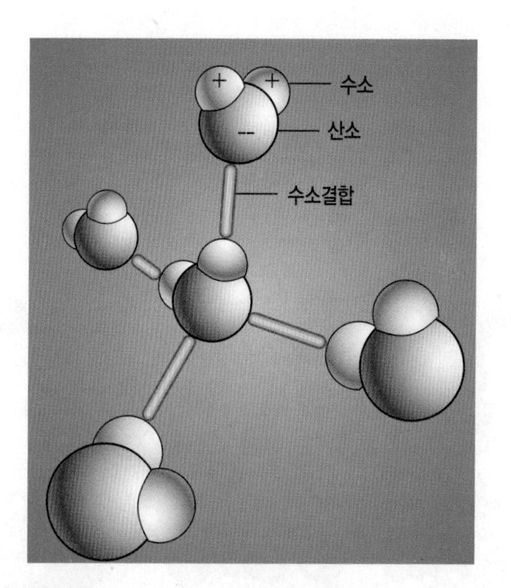

그림 2-7 **인접한 물 분자들 사이의 수소결합 형성.** 물 분자의 각 수소원자는 전체 양전하의 약 10분의 4 정도를 갖고 있으며, 하나의 산소원자는 전체 음전하의 약 10분의 8 정도의 음전하를 띠고 있다.

[3] 물의 구조를 잘 이해하기 위한 한 가지 방식은 황화수소(H_2S)와 비교하는 것이다. 산소와 마찬가지로, 황은 6개의 최외각(outmost shell) 전자를 가지고 있으며 2개의 수소원자와 단일결합을 형성한다. 그러나 황은 더 큰 원자이기 때문에, 황은 산소보다 전기음성도가 작으며, 수소결합을 형성할 수 있는 능력이 크게 줄어든다. 실온에서 H_2S는 액체가 아니고 기체이다. 실제로, H_2S가 얼어서 고체가 되기 위해서는 온도가 −86℃로 떨어져야 한다.

야 할 필요가 있으며, 이것이 물을 수증기로 전환시키는데 매우 많은 에너지가 소요되는 이유이다. 포유동물은 땀을 흘릴 때, 이런 성질의 이점을 갖고 있다. 그 이유는 몸에서 흡수된 물을 증발시키는 데 열이 필요하기 때문이며, 그래서 몸이 시원하게 된다.

세포 안에 있는 작은 부피의 수용성 액체에는 대단히 복잡한 용해된 물질들, 또는 용질(*solute*)들의 혼합물이 들어 있다. 실제로, 물은 다른 어떤 용매보다 여러 가지 물질을 녹일 수 있다. 그러나 물은 용매 그 이상의 역할을 한다. 물은 생체 분자의 구조를 결정하며 생체 분자가 관여하는 상호작용의 유형을 결정한다. 세포에서 물은 유동성 기질로서, 그 주위에 세포의 불용성 구조가 만들어진다. 물은 또한 세포의 한 구획에서 다른 구획으로 물질이 통과하여 이동하는 매질(medium)이다. 많은 세포 반응에서 물은 반응물 또한 생성물이다. 그리고 물은 여러 가지 방식으로 과도한 열, 추위, 방사선 손상으로부터 세포를 보호한다.

물은 여러 가지 서로 다른 유형의 화학 물질들과 약한 결합을 형성할 수 있기 때문에, 세포에서 그토록 중요한 인자이다. 35 페이지로부터 강력한 극성의 O—H 결합을 가진 물 분자가 어떻게 이온 주위에 껍질 또는 각(殼, shell)을 형성하여 이온들을 서로 분리할 수 있는가를 기억하시오. 유사하게, 물 분자는 아미노산 및 당과 같은 극성 물질을 포함하는 유기분자와 수소결합을 형성하여, 유기분자의 세포 내 용해도를 확실하게 보장한다. 또한 물은 고분자와 고분자가 형성하는 복합체(막과 같은)의 구조와 기능을 유지하는 데 대단히 중요한 역할을 한다. 〈그림 2-8〉은 한 단백질 분자의 두 소단위들 사이에서 물 분자들의 질서정연한 배열을 보여준다. 물 분자는 서로 그리고 이 단백질의 특정 아미노산과 수소결합을 형성한다.

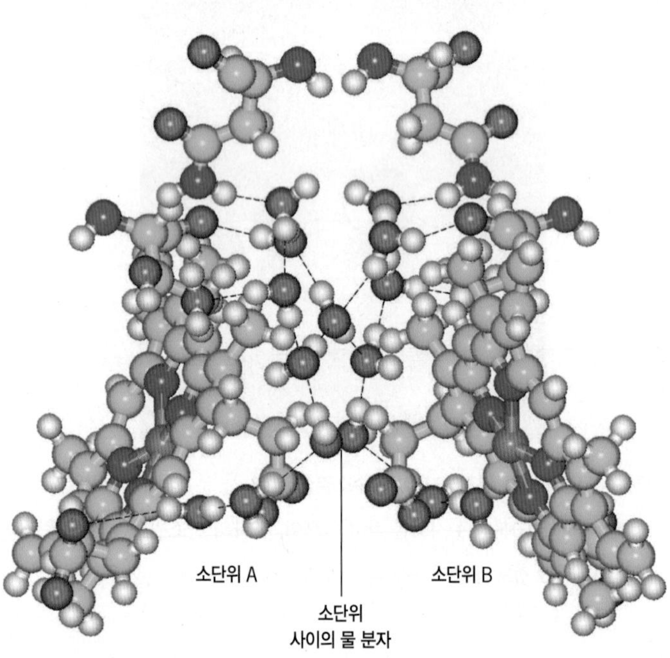

소단위 A
소단위 B
소단위 사이의 물 분자

그림 2-8 **단백질 구조에서 물의 중요성.** 물 분자들(각각 하나의 빨간색 산소원자와 2개의 작은 회색 수소원자를 갖는)이 대합조개 헤모글로빈 한 분자의 두 소단위 사이에서 질서정연한 위치에 자리 잡고 있음을 보여준다.

복습문제

1. 공유결합과 비공유결합을 구별할 수 있는 몇 가지 성질을 기술하시오.
2. 각설탕과 같은 극성 분자는 왜 물에 쉽게 녹는가? 왜 지방의 기름방울은 수용액의 표면에 형성되는가? 왜 땀이 몸을 시원하게 하는가?

2-3 산, 염기, 그리고 완충용액

양성자들은 원자의 핵들에서 발견될 뿐만 아니라, 수소원자가 공유된 (외)각 전자를 잃어버릴 때마다 양성자(수소이온)들이 매질로 방출된다. 식초의 성분인 초산이 해리(*dissociation*)라고 하는 아래 반응이 진행되는 경우를 생각해보자.

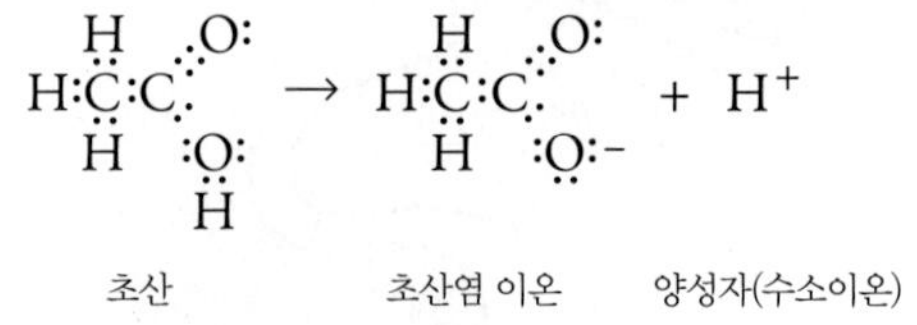

```
 H   :O:         H   :O:
H:C:C:     →   H:C:C:        +  H+
 H   :O:         H   :O:−
      H
 초산          초산염 이온     양성자(수소이온)
```

수소이온을 방출(제공)할 수 있는 분자를 **산**(acid)이라고 한다. 앞 반응에서 초산 분자에 의해 방출된 양성자(수소이온)는 자유로운 상태로 남아 있지 않다. 대신, 수소이온은 다른 분자와 결합한다. 양성자를 포함하는 가능한 반응은 아래와 같은 것들이 있다.

- 물 분자와 결합하여 히드로니움(hydronium) 이온(H_3O^+)을 형성.

$$H^+ + H_2O \rightarrow H_3O^+$$

■ 수산 이온(OH^-)과 결합하여 물 분자를 형성.

$$H^+ + OH^- \rightarrow HO$$

■ 단백질에 있는 아미노기($—NH_2$)와 결합하여 전하를 띤 아민을 형성.

$$H^+ + —NH_2 \rightarrow —NH_3^+$$

양성자(수소이온)를 받아들일 수 있는 모든 분자를 **염기**(base)라고 정의한다. 산과 염기는 쌍으로 또는 짝(*couple*)으로 존재한다. 산이 양성자를 잃어버리면(초산이 수소이온을 포기하는 경우처럼) 산은 염기(이 경우에, 초산염 이온)가 되며, 이 염기는 그 산의 공역염기(共役鹽基, *conjugated base*) 또는 짝염기라고 한다. 유사하게, 염기($—NH_2$기와 같은)가 수소이온을 받아들이면 산을 형성하며(이 경우에 $—NH_3^+$), 이 산은 그 염기의 공역산(共役酸, *conjugated acid*) 또는 짝산이라고 한다. 따라서 산은 언제나 짝염기보다 양전하를 항상 하나 더 가지고 있다. 물은 양쪽성(*amphoteric*) 분자, 즉 산과 염기 모두로 작용할 수 있는 분자의 예이다.

$$\underset{산}{H_3O^+} \leftrightharpoons H^+ + \underset{양쪽성\ 분자}{H_2O} \leftrightharpoons \underset{염기}{OH^-} + H^+$$

또 다른 중요한 양쪽성 분자인 아미노산에 대하여 65 페이지에서 논의할 것이다.

산들은 수소이온을 잃어버리는 용이함의 정도가 대단히 다양하다. 수소이온을 쉽게 잃어버리면 버릴수록, 즉 수소이온에 대한 짝염기의 인력이 덜 강할수록, 더 강한 산이 된다. 염산은 매우 강력한 강산으로, 손쉽게 수소이온을 물 분자에 전달한다. 염산(HCl)과 같은 강산의 짝염기는 약염기(표 2-1)이다. 대조적으로, 초산은 물에 녹았을 때 대부분의 양성자는 해리하지 않은 상태로 남아있기 때문에, 비교적 약산이다. 어떤 의미에서, 산의 해리 정도를 용액의 구성성분 사이에 수소이온에 대한 경쟁의 관점으로 생각할 수 있다. 물은 염소 이온 보다 더 좋은 경쟁자, 즉 더 강한 염기이기 때문에, HCl은 완전히 해리된다. 대조적으로, 초산염 이온은 물 보다 더 강한 염기이기 때문에, 대부분의 양성자(수소이온)는 해리하지 않은 초산의 형태로 남아있다.

표 2-1 산과 염기의 강도

산		염기	
매우 약함	H_2O	OH^-	강함
약함	NH_4^+	NH_3	약함
	H_2S	S^{2-}	
	CH_3COOH	CH_3COO^-	
	H_2CO_3	HCO_3^-	
강함	H_3O^+	H_2O	매우 약함
	HCl	Cl^-	
	H_2SO_4	SO_4^{2-}	

용액의 산성도는 수소이온[4]의 농도로 측정되며 pH로 표현된다.

$$pH = -\log[H^+]$$

위 식에서 $[H^+]$는 수소이온의 몰(molar) 농도이다. 예를 들면, pH5의 용액은 10^{-5}M의 수소이온을 포함하고 있다. pH는 로그 척도(log scale)이기 때문에, pH 단위가 하나 증가하면 H^+농도의 10배 감소(또는 OH^- 농도의 10배 증가)에 해당한다. 예를 들면, 위액(pH1.8)은 혈액(pH7.4)의 H^+ 농도보다 거의 백만 배 정도 높다.

물 분자가 수산(hydroxyl) 이온과 수소 이온으로 해리되었을 때, 즉 $H_2O \rightarrow H^+ + OH^-$ 일 때, 이 반응에 대한 평형상수는 아래와 같이 표현할 수 있다.

$$K_{eq} = \frac{[H^+][OH^-]}{H_2O}$$

순수한 물의 농도는 항상 55.51M이기 때문에, 물에 대하여 새로운 상수인 K_w, 이온-곱 상수(*ion-product constant*)를 만들 수 있다.

$$K_w = [H^+][OH^-]$$

K_w는 25℃에서 10^{-14}이다. 순수한 물에서 H^+와 OH^-의 농도는 대략 모두 10^{-7}M이다. 물의 해리하는 수준은 극히 낮으며, 이는 물이 매우 약산임을 가리킨다. 산이 존재하면, 수소 이온의 농

[4] 수용액 안에서, 수소이온은 유리된 상태로 존재하는 것이 아니고 H_3O^+또는 $H_5O_2^+$로 존재한다. 간단하게 하기 위하여, 이들을 단순히 양성자 또는 수소이온이라고 표기한다.

도는 증가하며 수산 이온의 농도는 감소(물을 형성하기 위해 수소 이온과 결합한 결과로)하기 때문에, 이온 곱은 10^{-14}로 유지된다.

수소 이온 농도의 변화는 생체 분자의 이온 상태에 영향을 미치기 때문에, 대부분의 생물학적 작용들은 pH에 민감하다. 예를 들면, 수소 이온 농도가 증가함에 따라, 아미노산의 $—NH_2$기는 수소 이온과 결합하여 $—NH^{3+}$가 되고, 단백질의 전체 활성이 파괴될 수 있다. pH가 약간만 변화해도 생물학적 반응을 방해할 수 있다. 생명체들과, 이를 구성하는 세포들은 **완충용액**(buffer)에 의해 pH 변화로부터 보호된다. 완충용액은 결합하지 않은 상태의 수소 이온이나 수산 이온과 반응하여 pH의 변화에 저항하는 화합물이다. 완충용액은 보통 약산과 그 약산의 짝염기를 포함하고 있다. 예를 들면, 혈액은 탄산과 중탄산염 이온에 의해 완충되어있으며, 이 완충용액은 보통 혈액의 pH가 대략 7.4 정도로 유지되게 한다.

$$HCO_3^- + H^+ \leftrightarrows H_2CO_3$$

탄산염 이온 수소이온 탄산

만일 수소이온 농도가 증가하면(근육이 운동하는 동안 일어나는 것처럼), 중탄산염이온은 과다하게 생성된 수소이온과 결합하여, 용액으로부터 수소이온을 제거한다. 역으로, 과잉의 OH^- 이온[과다호흡(hyperventilation) 동안에 생기는]은 탄산으로부터 유래한 수소이온에 의해 중화된다. 세포 안에 있는 액체의 pH는 $H_2PO_4^-$와 HPO_4^{2-}로 구성된 인산 완충용액에 의해 유사한 방식으로 조절된다.

복습문제

1. 만일 염산을 물에 첨가한다면, 수소이온 농도 및 pH에 각각 어떤 영향을 미칠 것인가? 그리고 용액 안에 있는 어떤 단백질의 이온의 전하에 어떤 영향을 미칠 것인가?
2. 염기와 이의 짝산 사이의 관계는 무엇인가?

2-4 생체 분자의 성질

생명체의 대부분은 물이다. 만일 물이 증발해버리면, 남아있는 건조중량(dry weight)의 대부분은 탄소 원자를 포함하는 분자로 구성되어 있다. 처음 발견되었을 때, 탄소-함유 분자들은 오직 살아있는 생명체에만 존재하였던 것으로 생각되었고, 그래서 이를 비생물계에서 발견된 무기분자와 구별하기 위해 유기분자라고 하였다. 화학자들이 더욱 더 많은 이러한 탄소-함유 분자들을 실험실에서 합성할 수 있다는 것을 알게 되어, 유기 화합물과 연관된 신비로움은 사라지게 되었다. 살아있는 생명체들에 의해 생산된 화합물은 **생화학물질**(biochemicals)이라고 한다.

생명체의 화학은 탄소원자의 화학에 중점을 두고 있다. 이러한 역할을 가능하게 하는 탄소의 근본적인 성질은 탄소가 믿을 수 없을 만큼 수많은 분자들을 형성할 수 있다는 데 있다. 외각에 4개의 전자를 가지고 있는 탄소원자는 4개의 다른 원자와 결합할 수 있다. 가장 중요한 것은, 각 탄소원자는 다른 탄소원자와 결합할 수 있어서 탄소원자의 긴 사슬을 포함하는 골격을 가진 분자들을 구성한다. 탄소를 포함하는 골격은 선형(linear), 가지형(branched), 또는 고리형(cyclic)일 수 있다.

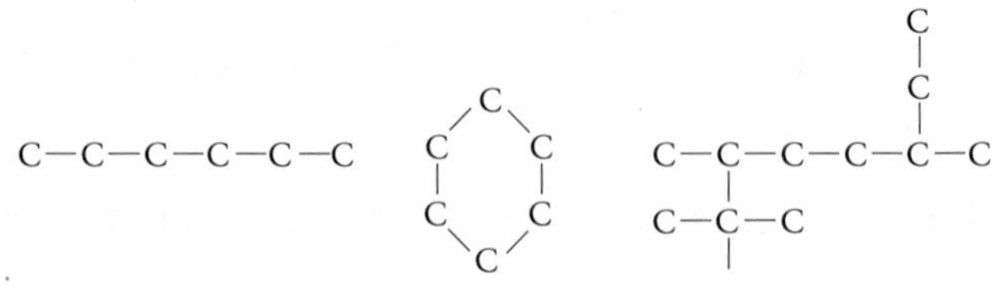

C—C—C—C—C—C

선형 고리형 가지형

〈그림 2-9〉에 구조가 그려진 콜레스테롤은 탄소원자의 다양한 배열을 보여준다.

탄소의 크기 및 전자 구조는 수십 만 가지가 알려진 거대한 숫자의 분자들을 만들기에 특히 적합하다. 대조적으로, 주기율표에서 탄소 바로 아래 있고 외각에 4개의 전자를 갖는 실리콘(그림 2-1 참조)은 양전하를 띤 핵이 너무 커서 이접한 원자의 외각 전자를 끌어당기기 때문에, 커다란 분자들을 서로 잡아주는 데 필요한 충분한 힘을 가질 수 없다. 생체 분자의 성질은 오직 탄소와 수소 원자 만을 가지고 있는 탄화수소(hydrocarbon)라는 유기분자의 가장 간단한 무리로부터 시작함으로써 가장 잘 이해할 수 있다. 에탄

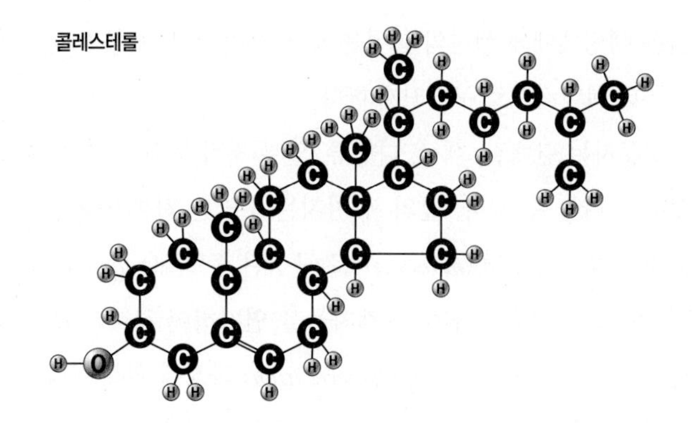

그림 2-9 콜레스테롤. 이 구조는 탄소원자(검은색 공으로 나타냄)가 4개의 다른 탄소 원자들과 어떻게 공유결합을 형성할 수 있는가를 보여준다. 결과적으로, 탄소원자는 거의 무한히 다양한 유기 분자들의 골격을 형성하기 위해서 서로 연결될 수 있다. 콜레스테롤의 탄소 골격은 스테로이드(예로서 에스트로겐, 테스토스테론, 코티솔)의 특징인 4개의 고리를 갖고 있다. 여기에 나타난 콜레스테롤 분자는 그 구조를 다른 방식으로, 즉 공-막대 모형으로 그린 것이다.

(C_2H_6) 분자는 간단한 탄화수소로, 각 탄소원자가 다른 탄소뿐만 아니라 3개의 수소원자와 결합한 2개의 탄소원자로 구성되어있다.

```
    H   H
    |   |
H — C — C — H
    |   |
    H   H
```

에탄

더 많은 탄소원자가 첨가되면, 유기분자의 골격의 길이가 증가하고 구조는 더 복잡하게 된다.

2-4-1 작용기

비록 탄화수소는 고대 식물과 동물의 잔존물로부터 형성된 화석연료의 대부분을 차지하지만, 대부분의 살아있는 세포 안에서 탄화수소는 양적으로 중요하지 않다. 생물학에서 중요한 다수의 유기분자들은 탄화수소처럼 탄소원자들의 사슬을 갖고 있지만 어떤 수소원자들은 여러 가지 **작용기**(functional group)들로 치환된다. 작용기는 흔히 하나의 단위로 작용하는 원자들의 특정한 무리로서, 유기분자에게 물리적 성질, 화학적 반응성, 수용액에서 용해도 등을 갖게 한다. 보다 보편적인 몇 가지 작용기가 〈표 2-2〉에 나열되어 있다. 작용기 사이에 가장 일반적인 연결의 두 가지는 카르복실기와 알코올 사이에서 형성되는 **에스테르 결합**(ester bond)과 카르복실기와 아민 사이에서 형성되는 **아미드 결합**(amide bond)이다.

```
  O                               O
  ‖              |                ‖        |
—C—OH + HO —C— → —C —O —C—
                 |                         |
 산         알코올             에스테르

  O                               O
  ‖              |                ‖        |
—C—OH + HN —C— → —C —N —C—
                 |                         |
 산          아민              아미드
```

〈표 2-2〉에 있는 작용기의 대부분은 전기음성도가 큰 원자(N, P, O, S)를 하나 또는 그 이상 갖고 있으며 유기분자들을 더 극성으로, 더 물에 잘 녹도록, 그리고 더 반응적으로 만든다. 이러한 작용기의 몇 가지는 이온화할 수 있으며 양전하 또는 음전하를 띠게 된다. 다양한 작용기가 치환되어서 분자들에 미치는 효과는 쉽게 증명된다. 위에 그려진 에탄(CH_3CH_3)은 독성이 있는 인화성 기체이다. 수소원자 중 하나를 수산기(—OH)로 대체하면 그 분자(CH_3CH_2OH)는 맛있게 되며, 이것이 에틸알코올이다. 카르복실기(—COOH)로 치환하면 그 분자는 식초의 강한 맛을 내는 성분인 초산(CH_3COOH)이 된다. 설프하이드릴기(—SH)기로 치환하면, 생화학자들이 효소 반응을 연구하는 데 사용하는 아주 불쾌한 냄새가 나는 물질인 에틸머캡탄(CH_3CH_2SH)이 형성된다.

표 2-2 작용기

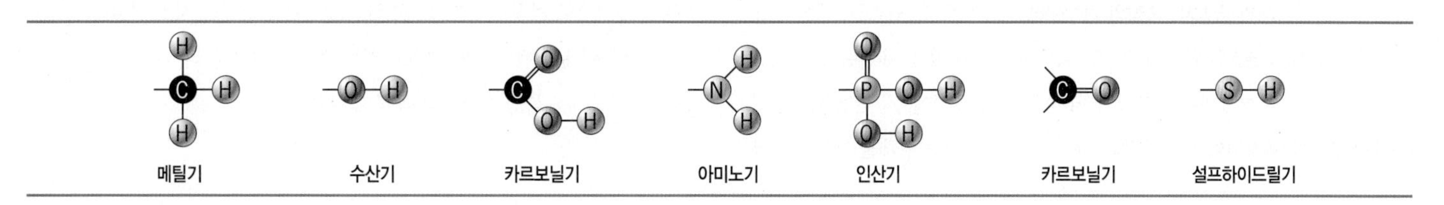

2-4-2 기능에 따른 생체 분자의 분류

살아있는 세포에서 일반적으로 발견되는 유기분자는 대사반응에서 역할을 기초로 하여 몇 가지 부류로 분류할 수 있다.

1. **고분자.** 구조를 형성하고 세포의 활동을 수행하는 분자들은 수십 개에서부터 수백만 개의 원자를 포함하는 **고분자**(macromolecule)라고 하는 매우 크고 고도로 질서정연한 분자이다. 고분자들의 크기와 이들이 취할 수 있는 복잡한 모양 때문에, 이러한 거대 분자들의 일부는 대단한 정확성과 효율성을 가지고 복잡한 임무를 수행한다. 다른 어떤 특성보다도, 고분자들은 생명체에게 생명의 특성을 갖게 하여, 생명체를 비생물계로부터 화학적으로 구별되게 한다.

고분자는 단백질, 핵산, 다당류, 일부 지질 등의 네 가지 주요 부류로 나눌 수 있다. 앞의 세 가지는 수많은 저분자량의 구성 요소들 또는 단량체(*monomer*)로 구성된 중합체(*polymer*)이다. 이러한 고분자들은 철도의 객차들을 연결하여 하나의 열차를 만드는 것과 비슷한 중합(*polymerization*) 과정에 의해 단량체들로부터 만들어진다(그림 2-10). 각 유형의 고분자의 기본 구조와 기능은 모든 생명체에서 유사하다. 그러나 각 고분자를 만드는 단량체들의 특수한 서열을 살펴보면, 생명체 사이의 다양성이 분명하게 된다.

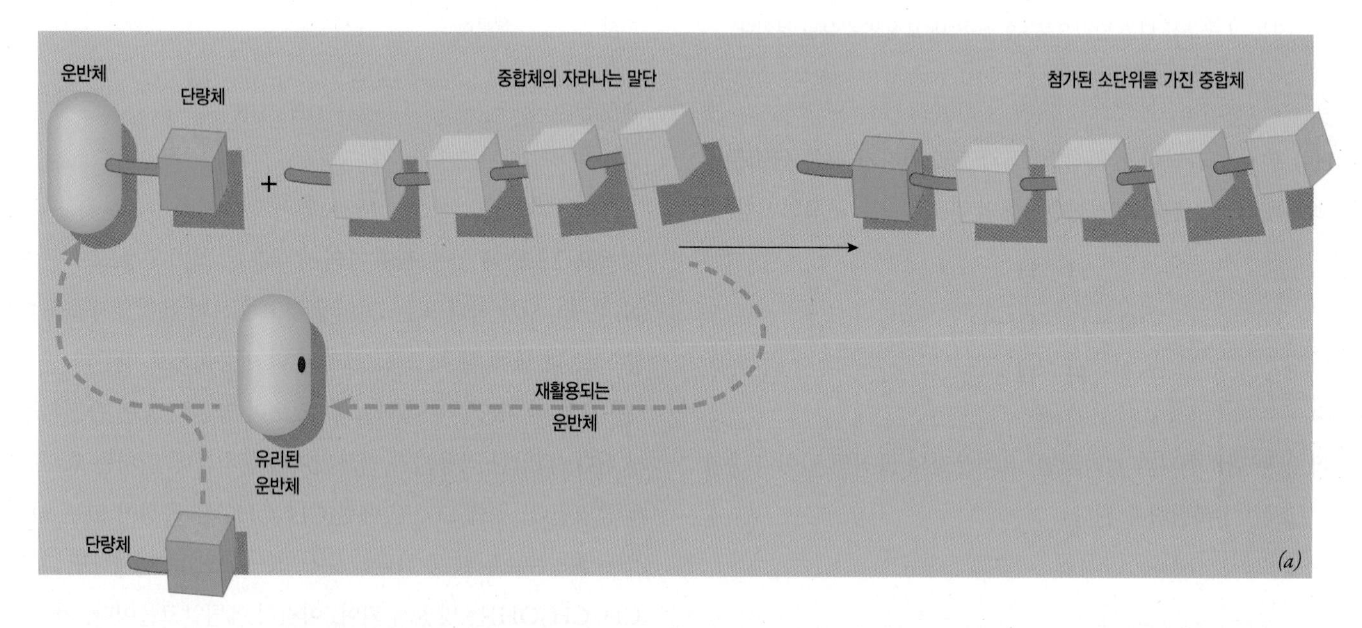

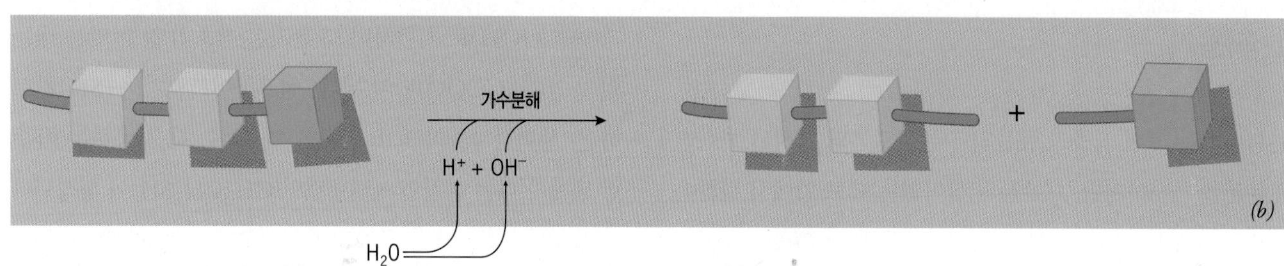

그림 2-10 **단량체와 중합체; 중합과 가수분해.** (*a*) 다당류, 단백질, 핵산은 공유결합으로 서로 연결된 단량체(소단위)들로 구성되어 있다. 유리된(free) 단량체는 단순히 서로 반응하여 고분자가 되지 않는다. 대신에, 각 단량체는 우선 운반체 분자에 부착되어 활성화되고, 운반체 분자는 그 단량체를 자라나는 고분자의 말단으로 계속 운반한다. (*b*) 한 고분자가 단량체를 서로 연결한 결합을 가수분해하여 분해된다. 가수분해는 물에 의해 결합을 분리시키는 것이다. 모든 이런 반응들은 특정 효소에 의해 촉매 된다.

2. **고분자의 구성요소.** 세포의 DNA를 제외하고는 세포 내에서 대부분의 고분자들은 세포 자체와 비교하여 짧은 반감기를 갖고 있으며 지속적으로 분해되고 새롭게 대체된다. 결과적으로, 대부분의 세포는 고분자로 쉽게 결합될 수 있는 저분자량인 전구물질(precursor)들의 공급원[또는 풀(pool)]을 가지고 있다. 이들에는 다당류의 전구물질인 당, 단백질의 전구물질인 아미노산, 핵산의 전구물질인 뉴클레오티드, 그리고 지질로 결합되는 지방산 등이 포함된다.
3. **대사중간산물.** 세포에 있는 분자는 복잡한 화학구조를 가지며 특별한 출발물질(starting material)로부터 시작하여 단계적인 순서에 따라 합성되어야 한다. 세포에서, 일련의 각 화학반응을 **대사경로**(metabolic pathway)라고 한다. 세포는 화합물A로 시작하여, 이것을 화합물B로 전환시키며, 그 다음 화합물C로 전환시키고, 기능적인 일부의 최종산물(단백질의 구성요소인 아미노산과 같은)을 생산할 때까지 계속 전환된다. 최종산물에 이르는 경로를 따라 형성된 화합물들은 그 자체로는 기능을 갖고 있지 않을 수 있으며, 이러한 화합물들을 **대사중간산물**(metabolic intermediate)이라고 한다.
4. **그 밖의 기능을 가진 분자.** 이것은 분명히 광범위한 부류의 분자들이지만 예상하는 것만큼 많지 않다. 세포 건조중량의 거의 대부분은 고분자들과 이들의 직접적인 전구물질로 구성되어 있다. 그 외의 기능을 하는 분자들에는 주로 단백질의 부속물로 작용하는 비타민들, 일부의 스테로이드 또는 아미노산 호르몬들, ATP와 같이 에너지 저장에 관련된 분자들, cyclic AMP와 같은 조절분자들, 그리고 요소와 같은 대사노폐물 등과 같은 물질들이 포함된다.

복습문제

1. 탄소원자의 어떤 특성이 생명체에 그토록 중요한가?
2. 4개의 서로 다른 작용기를 그리시오. 이러한 작용기의 각각은 어떻게 물에서 분자의 용해도를 변화시키는가?

2-5 생체 분자의 네 가지 유형

위에서 기술한 고분자는 탄수화물, 지질, 단백질, 핵산의 네 가지 유형으로 구분할 수 있다. 여러 가지 세포 구조에서 이러한 분자들의 위치를 〈그림 2-11〉의 개관에 나타내었다.

2-5-1 탄수화물

흔히 **글리칸**(glycan)이라고도 하는 **탄수화물**(carbohydrate)은 단당류(*monosaccharide*) 및 당의 구성 요소로 이루어진 더 커다란 모든 분자들을 포함한다. 탄수화물은 화학에너지의 저장고로서 그리고 생물학적 구조를 만들기 위한 튼튼한 재료로서 주된 기능을 한

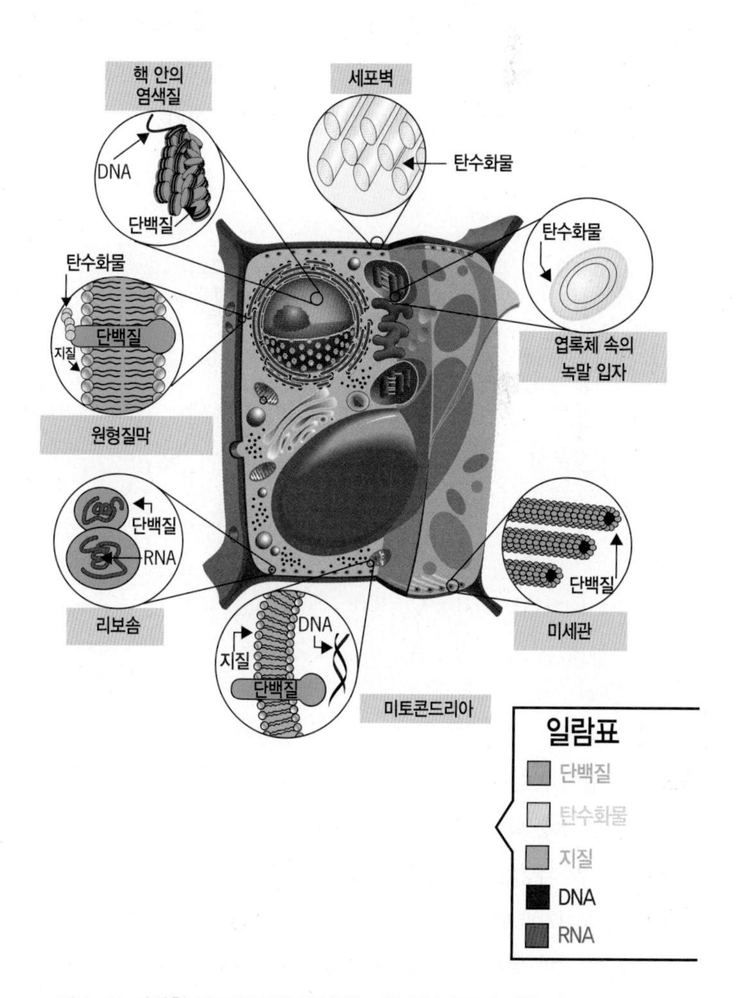

그림 2-11 다양한 세포 구조를 구성하는 생체 분자들에 대한 개관.

다. 대부분의 당은 일반적으로 $(CH_2O)_n$의 구조식을 갖는다. 세포 대사에서 중요한 당은 *n* 값이 3에서 7 사이이다. 3개의 탄소를 포함하는 당은 3탄당(*triose*)로 알려져 있으며, 4개의 탄소는 4탄당(*tetrose*), 5개의 탄소는 5탄당(*pentose*), 6개의 탄소는 6탄당(*hexose*), 그리고 7개의 탄소를 가진 당은 7탄당(*heptose*)으로 알려져 있다.

2-5-1-1 단순당의 구조

각 당 분자는 단일결합에 의해 선형으로 연결된 탄소원자의 골격으로 구성되어있다. 카르보닐(*carbonyl*, C=O)기를 가지고 있는 탄소를 제외하고, 골격의 각 탄소 원자는 하나의 수산기(OH기)에 연결되어있다. 만일 카르보닐기가 내부 위치(케톤기를 형성)에 자리잡고 있으면, 이러한 당은 〈그림 2-12*a*〉에 나타난 과당과 같은 케토오스(*ketose*)이다. 만일 카르보닐기가 당의 한쪽 말단에 위치하고 있으면, 알데히드기를 형성하며, 이 분자는 〈그림 2-12*b*-*f*〉에 예시된 포도당(glucose)과 같은 알도오스(*aldose*)로 알려져 있다. 다수의 수산기 때문에, 당은 물에 매우 잘 녹는 경향이 있다.

비록 〈그림 2-12*a*,*b*〉에 나타난 직선-사슬 구조식이 여러 가지 당의 구조를 비교하는 데 유용하지만, 이 구조식은 5개 또는 그 이상의 탄소원자가 폐쇄형 또는 고리 구조의 분자로 전환시키는 자가-반응(그림 2-12*c*)을 진행한다는 사실을 반영하지 못한다. 당의 고리 형태는 보통 독자에게 가장 가까운 곳에 위치한 선을 두껍게 그린 종이의 평면에서 수직으로 놓여있는(돌출해 있는) 상태로 평평한(*planar*) 평면 구조로 그린다(그림 2-12*d*). H와 OH기는 종이 평면에 평행으로 놓여있으며 당의 고리의 평면으로부터 위 또는 아래로 뻗어 나와 있다. 실제로는, 당 고리는 평면 구조가 아니라 보통 의자 모양을 닮은 3차원적 입체구조로 존재한다(그림 2-12*e*,*f*).

2-5-1-2 입체이성질체

이전에 언급한 바와 같이, 탄소원자는 4개의 다른 원자와 결합할 수 있다. 탄소원자 주위의 작용기의 배열은 〈그림 2-13*a*〉와 같이 탄소를 정사면체의 중심에 놓고, 결합된 작용기가 4개의 꼭짓점으로 뻗어 나온 형태로 그린다(그림 2-13). 〈그림 2-13*b*〉는 3

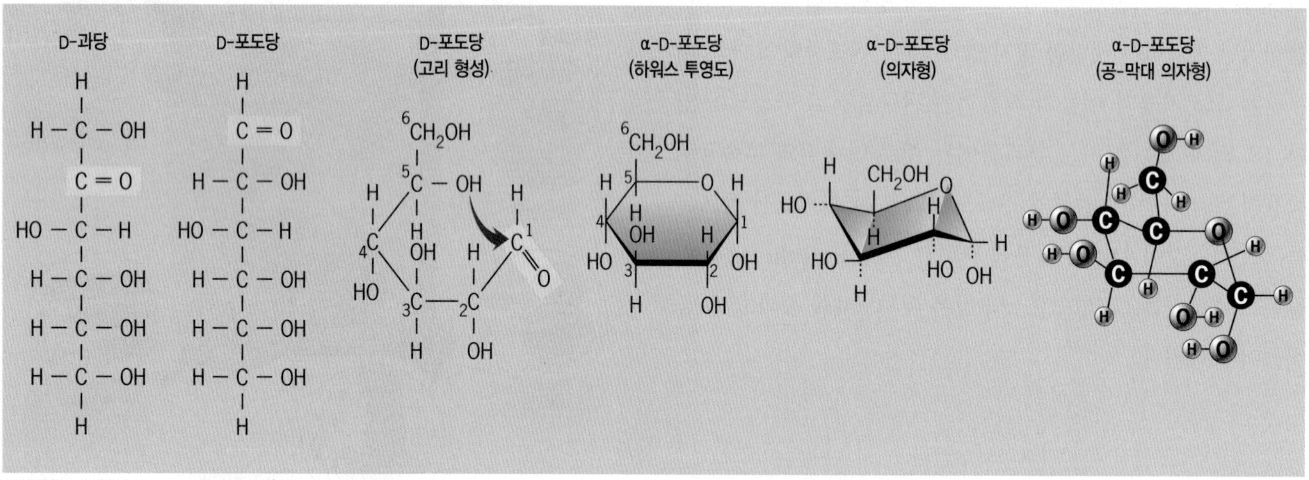

그림 2-12 당의 구조. (*a*) 케토헥소오스[케토는 내부적으로 카르보닐(노란색)기를 가지고 있음을 의미하며 헥소오스, 즉 6탄당은 6개의 탄소로 구성되어있기 때문이다.]인 과당의 직선형 사슬 구조식. (*b*) 알도헥소오스(알도는 분자의 말단에 카르보닐기가 위치하고 있음을 의미한다.)인 포도당의 직선형 사슬 구조식. (c) 포도당이 개방형 사슬에서 폐쇄형 사슬(피라노스 고리)로 전환되는 자가-반응. (*d*) 포도당은 일반적으로 독자에게 가장 가까운 곳에 위치한 굵은 선으로 표시된 면에 수직으로 놓인 납작한(평면의) 고리의 형태로 그리고 수소(H)와 수산기(OH)를 고리의 위 또는 아래로 돌출하도록 그린다. α-D-포도당의 명칭에 대한 기준은 다음 절에서 논의된다. (*e*) 포도당의 의자형 입체구조는 *d*에 그려진 납작한 고리보다 더 정확하게 그려진 3차원적 구조이다. (*f*) 포도당의 의자형 입체구조의 공-막대 모형.

탄당 알도오스인 글리세르알데히드(glyceraldehyde)의 분자를 그린 것이다. 글리세르알데히드의 두 번째 탄소원자는 4개의 서로 다른 작용기(—H, —OH, —CHO, 그리고 —CH_2OH)와 결합한다. 글리세르알데히드처럼, 탄소원자에 결합한 4개의 작용기가 모두 다르면, 서로 겹쳐질 수 없는 두 가지 가능한 배열 형태(configuration)가 존재한다. 이들 두 분자(입체이성질체 또는 광학

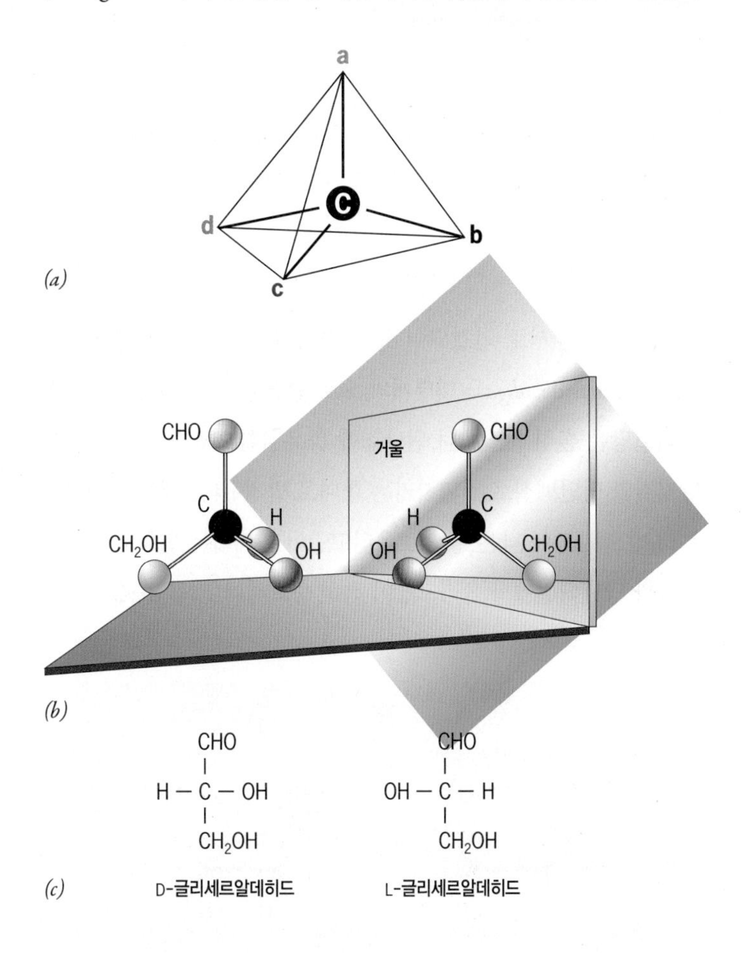

그림 2-13 **글리세르알데히드의 입체이성질체.** *(a)* 한 탄소원자에 결합된 4개의 작용기(*a*, *b*, *c*, *d*로 표지된)는 중앙에 탄소원자를 가진 정사면체에 있는 4개의 모서리를 차지하고 있다. *(b)* 글리세르알데히드는 단 3개의 탄소 만을 가진 알도오스이다. 이것의 두 번째 탄소원자는 4개의 서로 다른 기(基)들(—H, —OH, —CHO, —CH_2OH)과 결합되어 있다. 그 결과, 글리세르알데히드는 두 가지 가능한 입체구조로 존재할 수 있다. 이 구조는 겹쳐지지 않지만, 그림에 나타낸 것처럼 서로 거울상이다. 이러한 두 입체이성질체(또는 광학이성질체)는 비대칭(또는 *chiral*) 탄소원자 주위에 4개 그룹의 배열 형태로 구별할 수 있다. 이러한 두 이성질체의 용액은 평면-편광을 서로 반대방향으로 회전시키며, 따라서 광학적으로 활성이 있다고 말한다. *(c)* 글리세르알데히드의 직선형-사슬 구조식. 관례에 따라, D-이성질체는 —OH기가 오른쪽에 있도록 표시한다.

이성질체, *stereoisomer* 또는 *enantiomer*)는 근본적으로 동일한 화학적 반응성을 갖지만, 두 구조는 거울 상(mirror image, 오른손과 왼손의 짝과 같은)이다. 관례에 따라서, 만일 2번 탄소의 수산기가 오른쪽으로 향하고 있으면 그 분자를 D-글리세르알데히드라고 하며, 왼쪽으로 향하고 있으면 L-글리세르알데히드라고 한다(그림 2-13*c*). 2번 탄소는 입체이성질체의 장소로 작용하기 때문에, 이 탄소를 비대칭적(*asymmetric*) 탄소원자라고 한다.

당 분자 골격의 길이가 증가하면, 비대칭 탄소원자의 숫자 또한 증가하게 되고, 따라서 입체이성질체의 숫자도 증가하게 된다. 4탄당 알도오스는 2개의 비대칭 탄소원자를 가지고 있으며 따라서 4개의 서로 다른 배열로 존재할 수 있다(그림 2-14). 유사하게, 5탄당 알도오스는 8개 그리고 6탄당 알도오스는 16개의 서로 다른 배열 형태가 가능하다. 이들 당을 D 또는 L로 각각 지명하는 것은 알데히드로부터 가장 멀리 떨어진 비대칭 탄소원자에 부착된 작용기의 배열에 따르는 관례에 기초를 두고 있다(알데히드와 연결된 탄소를 C1으로 지명). 만일 이 탄소의 수산기가 오른쪽을 향하고 있으면, 알도오스는 D-당이고, 만일 왼쪽으로 향하면 이것은 L-당이다. 살아있는 세포에 있는 효소는 D형과 L형의 당 사이를 구별할 수 있다. 전형적으로, 입체이성질체(D-포도당과 L-퓨코오스 같이) 중 단지 하나만을 세포가 사용한다.

직선-사슬 포도당 분자가 6개 원자로 구성된 고리인 피라노스(pyranose)로 전환되는 자가-반응이 〈그림 2-12*c*〉에 나타나있다. 개방된 사슬에서의 전구체(precursor)와 달리, 고리의 C1은 4개의 서로 다른 작용기를 가지고 있으며 따라서 당 분자 안에서 새로운 비대칭 중심이 된다. 여분의 비대칭 탄소원자 때문에, 피라노스의 각 유형은 α와 β 입체이성질체로 존재한다(그림 2-15). 관례에 따

CHO	CHO	CHO	CHO
HCOH	HOCH	HCOH	HOCH
HCOH	HCOH	HOCH	HOCH
CH_2OH	CH_2OH	CH_2OH	CH_2OH
D-에리트로오스 (D-Erythrose)	D-트레오스 (D-Threose)	L-트레오스 (L-Threose)	L-에리트로오스 (L-Erythrose)

그림 2-14 **알도테트로오스.** 이들은 2개의 비대칭 탄소원자를 가지고 있기 때문에, 알도4탄당(aldotetrose)는 4개의 배열형태로 존재할 수 있다.

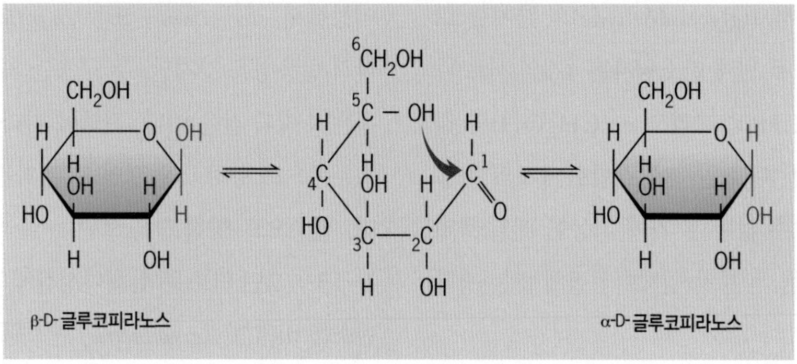

그림 2-15 **α-와 β-피라노스의 형성.** 포도당 한 분자가 피라노스(pyranose) 고리(6개 탄소 고리)를 형성하기 위한 자가-반응을 일으키면, 2개의 입체이성질체가 생긴다. 2개의 이성질체는 이 분자의 개방형 사슬 형태를 거쳐 서로 평형을 이룬다. 관례에 따라, 1번 탄소의 수산기(—OH)가 고리의 평면 아래로 돌출될 경우 α-피라노스이며, 수산기가 위로 돌출되면 β-피라노스이다.

라서, 첫 번째 탄소의 OH기가 고리의 평면의 아래쪽을 향하고 있으면 이 분자는 α-피라노스이며 수산기가 위로 향하고 있으면 β-피라노스이다. 두 형태 사이의 차이점은 생물학적으로 중요한 결과를 가져온다. 예를 들면, 밀집된 형태의 모양을 가진 녹말 및 글리코겐은 길게 뻗은 형태의 섬유소와 입체구조에서 큰 차이가 있다(이후에 논의됨).

2-5-1-3 당들의 연결

당은 더 큰 분자를 형성하기 위해 공유결합인 **글리코시드결합** 또는 **배당결합**(glycosidic bond)에 의해 서로 연결될 수 있다. 배당결합은 한 당의 C1 탄소원자와 또 다른 당의 수산기 사이의 반응에 의하여 형성되며 두 당 사이에 —C—O—C— 연결을 형성한다. 〈그림 2−16〉과 〈그림 2−17〉에 지적한, 그리고 아래에서 논의하는 바와 같이, 당들은 다양한 서로 다른 배당결합에 의하여 연결될 수 있다. 2당류(*disaccharide*)는 단지 두개의 당 단위로 구성된 분자다(그림 2−16). 2당류는 주로 손쉽게 이용할 수 있는 에너지 저장고의 역할을 한다. 설탕은 식물 한 부분에서 다른 부분으로 화학에너지를 운반하는 식물 수액의 주요 성분이다. 대부분의 포유동물의 젖에 있는 유당(젖당)은 새로 태어난 포유동물에게 초기 성장과 발달에 필요한 연료를 공급한다. 음식에 있는 젖당은 장의 벽을 따라 존재하는 세포의 원형질막에 있는 효소인 젖당분해효소(lactase)에 의해 가수분해된다. 유년시절이 지나면 여러 사람은 효소를 잃어버리며 유제품을 섭취하면 위장 장애를 가지게 된다.

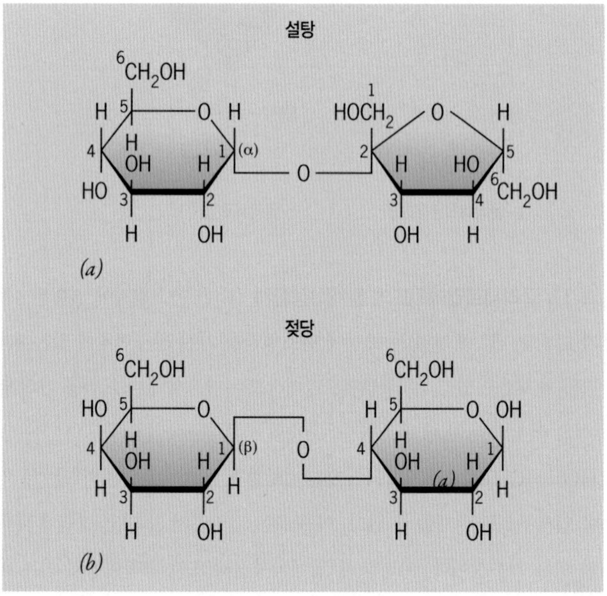

당은 또한 서로 연결되어 짧은 길이의 사슬 형태인 **올리고당**(oligosaccharide, *oligo* = 몇몇개의)으로 연결되기도 한다. 대부분의 올리고당은 흔히 지질이나 단백질에 공유결합으로 연결되어 각각 당지질과 당단백질로 전환시키는 형태로 발견된다. 세포 표면으로부터 밖으로 뻗어 나온 형태로 올리고당이 존재하는 원형질막의 당지질과 당단백질에서 올리고당이 특히 중요하다(그림 8−4*c* 참조).

그림 2-16 **2당류.** 설탕과 젖당은 가장 일반적인 2당류이다. 설탕은 α(1→4) 결합으로 연결된 포도당과 과당으로 구성되는 반면, 젖당은 β(1→4)결합으로 연결된 포도당과 갈락토오스로 구성된다.

올리고당은 당 단위의 서로 다른 조합으로 구성될 수 있기 때문에, 이러한 탄수화물은 정보에 관한 역할, 즉 한 유형의 세포를 다른 유형의 세포로부터 구별하는 기능을 할 수 있으며, 세포의 주위와 세포가 특정한 상호작용을 중개하는 것을 도와주는 역할을 한다.

2-5-1-4 다당류

19세기 중반까지는, 에너지 대사에 핵심적인 당인 포도당의 수준이 높아졌기 때문에 생기는 당뇨병을 앓는 사람의 혈액은 단맛이 나는 것으로 알려져 있었다. 저명한 프랑스 생리학자인 클로드 버

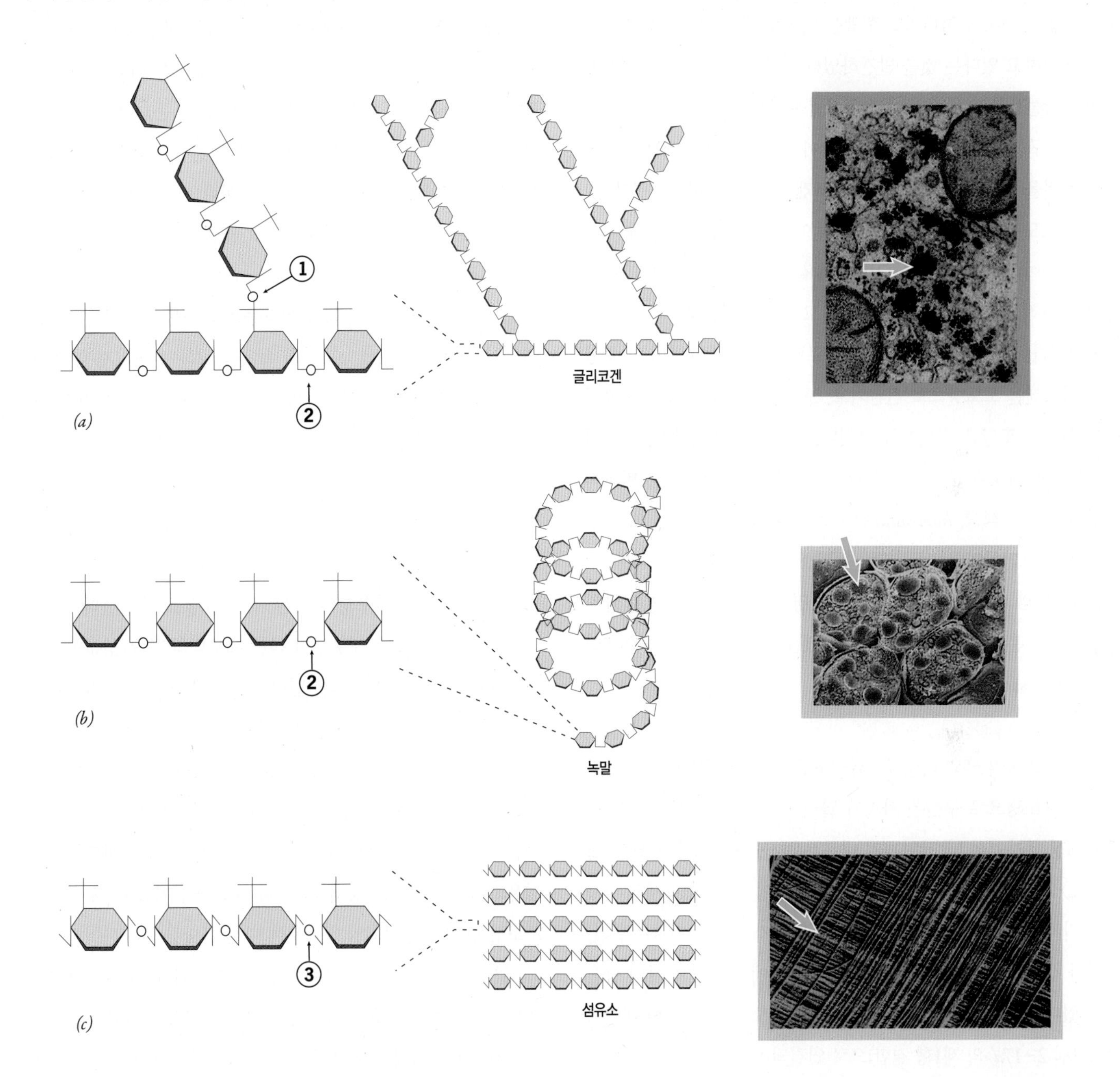

그림 2-17 동일한 당 단량체로 구성되나 극적으로 다른 성질을 갖는 세 가지 다당류. 글리코겐(*a*), 녹말(*b*), 그리고 섬유소(*c*) 모두는 전적으로 포도당 소단위들로 구성되어 있지만, 단량체들이 서로 연결된 방식(세 가지 서로 다른 유형의 연결은 동그라미 안에 숫자로 표시되었음)이 다르기 때문에, 이들의 화학적 및 물리적 성질이 매우 다르다. 글리코겐 분자는 가장 많은 가지가 나 있고, 녹말 분자는 나선형 배열을 취하며, 섬유소 분자는 가지가 없으며 매우 길게 뻗어있다. 글리코겐과 녹말은 에너지 저장고인 반면, 섬유소 분자들은 서로 묶여서 강한 섬유를 형성하여 구조적인 역할을 하기에 적당하다. 색깔을 입힌 전자현미경 사진은 간세포의 글리코겐 입자, 식물 씨앗에 있는 녹말 입자(녹말체), 식물세포의 세포벽에 있는 섬유소로 된 섬유를 보여준다. 각각은 화살로 표시되었다.

나드(Claude Bernard)는 혈당의 원천을 연구함으로써 당뇨병의 원인을 찾고자 하였다. 그 당시에는 인간이나 동물에 존재하는 당은 이전에 섭취한 음식물이 소화되어 분해된 것이어야 한다고 가정하였었다. 개를 가지고 연구한 결과, 버나드는 동물이 전적으로 탄수화물이 없는 식사를 하더라도 혈액은 아직도 정상적인 수준의 포도당을 유지하고 있다는 것을 발견하였다. 분명히, 포도당은 다른 유형의 화합물로부터 우리 몸에서 형성될 수 있었다.

더 연구한 후에, 버나드는 포도당이 간으로부터 혈액으로 들어간다는 것을 밝혔다. 그는 그가 **글리코겐**(glycogen)이라 명명한, 비수용성 포도당 중합체가 간 조직에 들어 있다는 것을 발견하였다. 버나드는 여러 가지 음식물(단백질과 같은)은 간으로 운반되며 간에서 화학적으로 포도당으로 전환되고 글리코겐으로 저장된다고 결론지었다. 그 다음에, 우리 몸이 연료로서 당이 필요하면 간에 있는 글리코겐은 포도당으로 전환되고, 포도당이 결핍된 조직에 공급하기 위해 포도당은 혈류로 방출된다. 버나드의 가설에서, 간에서 글리코겐의 형성과 분해 사이의 균형은 혈액 내의 포도당을 비교적 일정한 수준(항상성, *homeostatic*)으로 유지하는 데 있어서 가장 중요한 결정 요인이었다.

버나드의 가설은 올바른 것으로 판명되었다. 그가 명명한 글리코겐이라는 분자는 배당결합에 의해 연결된 당 단위들의 중합체인 **다당류**(polysaccharide)의 한 유형이다.

글리코겐 및 녹말: 영양 다당류 글리코겐은 단 한 가지 종류의 단량체, 즉 포도당으로 구성된 가지가 달린 중합체이다(그림 2–17*a*). 글리코겐 분자에서 당 단위들의 대부분은 α(1→4) 배당결합(〈그림 2–17*a*〉의 제2형 결합)에 의해 서로 연결되어 있다. 중합체의 가지가 생기지 않은 부위에서처럼 2개의 당 단위가 연결된 것과는 달리, 가지가 생기는 지점은 3개의 이웃하는 단위에 연결된 하나의 당을 갖고 있다. 가지를 형성하는 여분의 이웃 포도당은 α(1→6) 배당결합(〈그림 2–17*a*〉의 제1형 결합)으로 연결되어 있다.

글리코겐은 대부분의 동물에서 잉여 화학에너지의 저장고로서 작용한다. 예를 들면, 인간 골격근은 전형적으로 대략 30분 동안의 적당한 운동을 위한 에너지를 공급하기에 충분한 글리코겐을 포함하고 있다. 여러 가지 요인에 따라, 글리코겐은 일반적으로 분자량이 1백만~4백만 정도의 범위에 있다. 세포에 저장되었을 때, 글리코겐은 전자현미경으로 보면 검게 염색되는 불규칙한 과립 안에 고도로 농축되어있다(그림 2–17*a*, 오른 쪽).

대부분의 식물은 남아도는 화학에너지를 **녹말**(starch) 형태로 저장한다. 녹말은 글리코겐과 마찬가지로 포도당의 중합체이다. 예를 들면, 감자와 곡물(穀物)은 주로 녹말로 구성되어있다. 녹말은 실제로 두 가지 서로 다른 중합체인 아밀로오스(amylose)와 아밀로펙틴(amylopectin)의 혼합물이다. 아밀로오스는 가지가 나지 않은, 나선형의 분자로 당은 α(1→4) 결합으로 연결(그림 2–17*b*) 되어있는 반면에, 아밀로펙틴은 가지를 형성한다. 아밀로펙틴은 글리코겐에 비하여 가지가 훨씬 덜 나와 있고 불규칙적인 모양으로 나있다. 녹말은 작은 입자 또는 녹말 입자(starch grain)로 저장되어 있다(그림 2–17*b*, 오른 쪽). 이 녹말 입자들은 식물세포 내에서 막으로 둘러싸인 소기관(색소체, *plastid*) 속에 조밀하게 채워져 있다. 비록 동물은 녹말을 합성하지 않지만, 동물은 녹말을 쉽게 가수분해할 수 있는 효소(아밀라아제, *amylase*)를 가지고 있다.

섬유소, 키틴, 그리고 글리코사미노글리칸: 구조 다당류 일부 다당류는 쉽게 소화되는 에너지 저장고로 작용하는 반면에, 다른 다당류는 단단하고 내구성이 있는 구조 물질을 형성한다. 예를 들면, 면화와 아마포는 대부분이 식물 세포벽의 주요 성분인 섬유소(cellulose)로 구성되어있다. 면직물의 내구성은 길고 가지가 나지 않은 섬유소 분자에 기인하는데, 섬유소 분자는 곁에 서로 나란히 질서정연하게 배열된 집합체를 이루어 잡아당기는 힘(장력)에 저항하는 데 이상적으로 구성된 분자적 케이블을 형성한다. 글리코겐과 녹말과 마찬가지로, 섬유소는 오직 포도당으로만 구성되어있지만, 섬유소의 성질은 포도당이 α(1→4) 결합 대신에 β(1→4) 결합으로 포도당 단위가 연결되었기 때문에 다른 다당류와는 판이하게 다르다. 얄궂게도, 다세포 동물은(드문 예를 제외하고) 지구상에 가장 풍부한 유기물질로 화학에너지가 많이 들어있는 섬유소를 분해는 효소가 없다. 흰개미나 양처럼 섬유소를 분해하여 "먹고 사는" 동물은 섬유소를 분해하는 데 필요한 섬유소분해효소(cellulase)를 합성하는 박테리아(bacteria; 세균, 細菌)와 원생동물에 서식처를 제공하여 섬유소를 분해한다.

모든 생물학적 다당류가 포도당 단량체로 구성된 것은 아니다. 키틴(*chitin*)은 N-아세틸글루코사민이라는 당으로 구성된 가지가 나지 않은 중합체이다. N-아세틸글루코사민은 포도당과 구조는 유사하지만, 고리의 2번 탄소에 결합된 수산기 대신에 아세틸 아미노기를 갖고 있다.

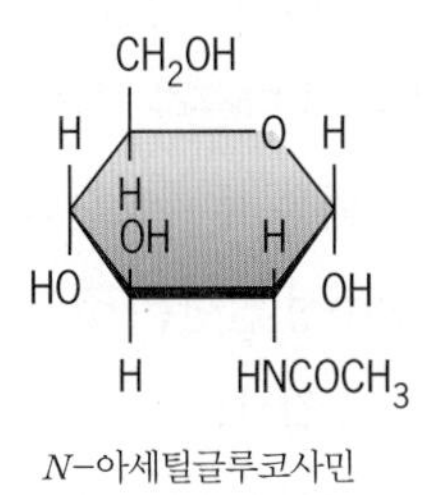

N-아세틸글루코사민

키틴은 무척추동물에, 특히 곤충, 거미, 그리고 갑각류의 외피에 구조를 형성하는 물질로서 널리 분포한다. 키틴은 단단하고 탄력성이 있지만 일부 플라스틱과 같은 유연한 물질이다. 곤충들이 크게 성공한 것은 고도의 적응성을 가진 이런 다당류 때문이다(그림 2-18).

보다 복잡한 구조를 가진 또 다른 다당류 집단은 **글리코사미노글리칸**(glycosaminoglycan 또는 GAG) 이다. 다른 다당류와는 달리, GAG는 —A—B—A—B—의 구조를 갖는데, A와 B는 2개의 서로 다른 당을 나타낸다. 가장 많이 연구된 GAG는 헤파린(heparin)으로, 폐 조직 및 다른 조직에 있는 세포에서 조직 손상에 반응하여 헤파린이 분비된다. 헤파린은 혈액응고를 억제하여, 심장이나 폐로 가는 혈액의 흐름을 차단하는 혈전(clot)의 형성을 방지한다. 헤파린은 혈액응고에 필요한 핵심 효소(thrombin)의 억제제(antithrombin)를 활성화하여 혈전 형성을 방지한다. 보통 돼지 조직에서 추출한 헤파린이 대수술을 마친 환자의 혈액응고를 방지하기 위하여 지난 수십 년 동안 사용되었다. 헤파린과 달리, 대부분의 GAG들은 세포를 둘러싼 공간에서 발견되며, 이들의 구조와 기능은 〈11-1절〉에서 논의된다. 대부분의 복합 다당류는 식물세포의 세포벽에서 발견된다(11-6절).

그림 2-18 메뚜기의 반짝이는 외골격의 주요 구성성분은 키틴이다.

2-5-2 지질

지질은 비극성 생체 분자의 다양한 집단으로, 지질의 공통적 성질은 클로로포름 및 벤젠과 같은 유기 용매에 녹을 수 있고 물에 녹지 않으며, 이러한 성질이 지질의 여러 가지 다양한 생물학적 기능을 설명해 준다. 세포의 기능에 중요한 지질은 지방, 스테로이드, 그리고 인지질이다.

2-5-2-1 지방

3개의 지방산이 에스테르 결합에 의해 연결된 글리세롤 분자로 **지방**(fat)은 구성되어있으며, 복합적인(composite) 지방 분자를 **트리아실글리세롤**(triacylglycerol)이라고 한다(그림 2-19*a*). **지방산**(fatty acid)의 구조를 생각해봄으로써 시작한다. 지방산은 한쪽 말단에 하나의 카르복실기를 갖는 길고, 가지가 나지 않은 탄화수소의 사슬이다(그림 2-19*b*). 지방산 분자의 두 말단은 서로 매우 다른 구조를 갖고 있기 때문에 서로 다른 성질을 지닌다. 탄화수소의 사슬은 소수성인 반면, 생리학적 pH에서 음전하를 띤 카르복실기(—COOH)는 친수성이다. 한 분자 안에서 소수성과 친수성 부분을 모두 가지고 있는 분자를 **양친매성**(兩親媒性, amphipathic)이 있다고 하며, 이러한 분자는 생물학적으로 중요

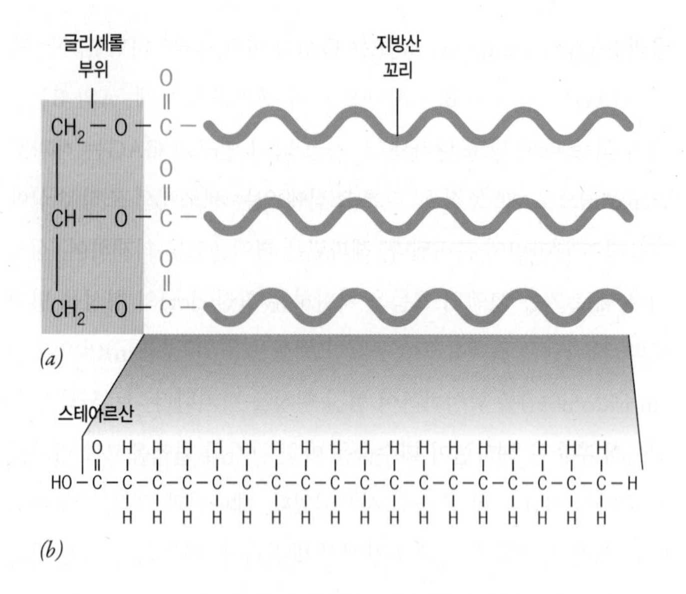

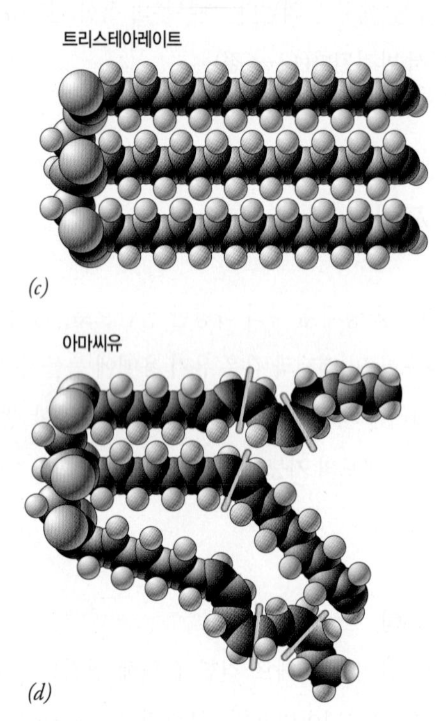

그림 2-19 지방과 지방산. (*a*) 트리아실글리세롤(트리글리세리드 또는 중성지방이라고도 함)의 기본 구조. 주황색으로 표시한 글리세롤 부위는 꼬리부분이 초록색으로 표시된 3개의 지방산에 있는 카르복실기와 3개의 에스테르 결합으로 연결되어 있다. (*b*) 흔히 동물성 지방인 탄소 18개를 가진 스테아르산은 포화지방산이다. (*c*) 3개의 동일한 스테아르산을 포함하는 트리아실글리세롤, 즉 트리스테아레이트(tristearate)의 공간-충전 모형. (*d*) 3개의 불포화지방산(리놀레인산, 올레익산, 리놀레닉산)을 포함하는 아마(flax) 씨앗에서 유래한 트리글리세롤인 아마씨유(linseed oil)의 공간-충전 모형. 분자에서 비틀려 있는 곳은 불포화의 자리로서 노란색-주황색 막대로 표시하였다.

한 성질을 가지고 있다. 지방산으로 구성된 잘 알려진 비누의 이용을 알아봄으로써 지방산의 성질을 알 수 있다. 지난 수세기 동안, 비누는 지방산과 글리세롤 사이의 결합을 깨기 위하여 강알칼리(NaOH 또는 KOH)에서 동물성지방을 가열하여 만들었다. 오늘날, 대부분의 비누는 합성하여 만든다. 비누가 윤활유 성질을 가진 그리스(grease)를 녹이는 능력은 각 지방산의 소수성 말단이 그리스를 안에 집어넣은 반면, 친수성 말단은 주위의 물과 상호작용할 수 있다는 사실에 기인한다. 그 결과로, 그리스 성분(기름 성분)은 물에 의해 분산될 수 있는 교질입자 또는 미셀(*micelles*)로 전환될 수 있다(그림 2–20).

지방산은 탄화수소의 사슬의 길이와 2중결합의 존재 유무에 따라 서로 다르다. 세포에 존재하는 지방산은 전형적으로 그 길이가 14~20개 탄소 정도로 서로 다르다. 스테아르산(그림 2–19*b*)과 같이 2중결합이 없는 지방산은 **포화**(飽和, saturated) 지방산이며 2중

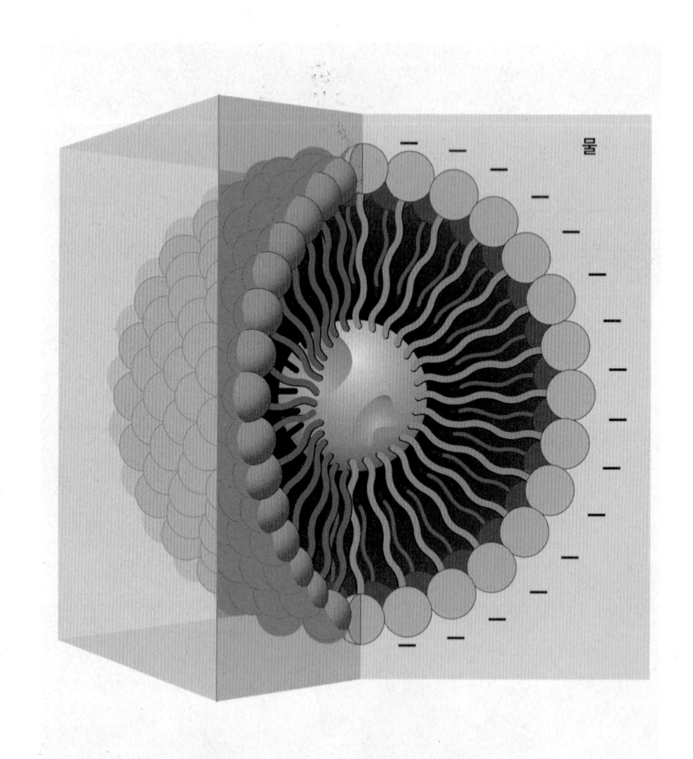

그림 2-20 비누는 지방산으로 구성된다. 비누 교질입자 또는 미셀(micelle)의 모식도에서, 지방산의 비극성 꼬리는 안쪽 방향으로 향한다. 비극성 꼬리들은 용해되어야 할 지방 물질과 상호작용한다. 음전하를 띤 머리 부분은 교질입자의 표면에 위치하여, 둘러싸고 있는 물과 상호작용한다. 또한 물에 녹지 않는 경향이 있는 막단백질들은 세제로 추출하는 방식으로 용해될 수 있다.

결합을 갖고 있는 지방산은 **불포화**(不飽和, unsaturated) 지방산이라고 한다. 지방산은 시스(*cis*) 공간배열에서 2중결합을 갖는다.

H H C=C C C 대조적으로 C H C=C H C

시스(*cis*) 트랜스(*trans*)

2중결합[시스(*cis*) 공간배열의]은 지방산 사슬의 비틀림(kinks)을 만든다. 결과적으로, 지방산 사슬이 2중결합을 더 많이 가지면 가질수록 이러한 긴 사슬들이 서로 나란히 배열되는 데 덜 효율적일 수 있다. 이러한 성질은 지방산을 포함하는 지질이 녹는 온도를 낮춘다. 2중결합이 없는 지방산(그림 2−19*c*)을 가진 트리스테아레이트(tristerarate)는 동물성 지방의 가장 흔한 성분이며 실온보다 훨씬 높은 온도에서도 고체 상태로 남아있다. 대조적으로, 식물성 지방(vegetable fat)에 2중결합이 풍부한 것은—식물세포에서나 식료품 상점의 진열대에서나 모두—이 지방이 액체 상태이며 그리고 "다중불포화(polyunsaturated)"라고 하는 이유를 설명해 준다. 실온에서 액체인 지방을 기름(油, oil)이라고 한다. 트리스테아레이트가 액체 상태인 온도보다 훨씬 낮은 온도에서 액체 상태로 남아있는 아마 씨에서 추출한 휘발성이 높은 지질인 아마씨(linseed) 기름의 구조가 〈그림 2−19*d*〉에 나타나있다. 마가린과 같은 고체 쇼트닝은 2중결합을 수소원자로 화학적으로 환원시킴으로써(수소화, *hydrogenation*) 불포화 식물성 기름으로부터 생산한다. 수소화 과정은 또한 *cis* 2중결합의 일부를 사슬의 비틀림 대신에 직선형인 트랜스(*trans*) 2중결합으로 전환시킨다. 이 과정이 부분적으로 수소화된 지방 또는 트랜스 지방(trans fat)을 생성한다.

지방 분자는 3개의 동일한 지방산(그림 2−19*c*처럼)을 포함할 수 있거나, 〈그림 2.19*d*〉에서 같이 하나 이상의 지방산 종류를 포함하는 혼합형 지방(mixed fat)일 수 있다. 올리브유 또는 버터지방처럼 대부분의 자연계에 존재하는 지방은 서로 다른 지방산 종류를 가진 분자의 혼합물이다.

지방은 화학적 에너지가 매우 풍부하다. 지방 1g은 탄수화물 1g의 에너지 함량의 2배 이상을 포함하고 있다(이유는 〈3−1절〉에서 논의되었음). 탄수화물은 주로 단기간에, 신속하게 이용할 수 있는 에너지원으로 기능을 하는 반면, 지방은 장기간 동안 에너지를 비축을 위하여 저장하는 기능을 한다. 평균 체격의 사람은 대략 0.5kg의 탄수화물을 주로 글리코겐 형태로 가지고 있는 것으로 추정되었다. 이정도 양의 탄수화물은 대략 2,000kcal 정도의 에너지를 제공한다. 격렬한 운동을 하는 도중 동안에는, 신체에 저장된 모든 탄수화물이 거의 전부 소모되어 고갈된다. 대조적으로, 보통 사람은 대략 16kg의 지방(14만 4,000kcal의 에너지에 해당)을 가지고 있으며, 우리 모두 잘 아는 것처럼, 저장된 지방이 고갈되는 데 매우 오랜 시간이 걸릴 수 있다.

지방은 극성 기(基)가 없기 때문에, 지방은 극단적으로 비수용성이며 수분이 없는 지질의 작은 방울(droplet)의 형태로 세포에 저장된다. 글리코겐 과립이 물을 포함하는 것과는 달리, 지질의 작은 방울은 물을 포함하지 않기에, 지질은 극도로 농축된 대표적인 저장 연료이다. 여러 가지 포유동물에서, 지방은 세포질이 하나 또는 몇 개의 커다란 지질 방울로 채워진 특수한 세포(지방세포, *adipocyte*)에 저장된다. 변화하는 지방의 양을 수용하기위해 지방세포는 놀라울 정도로 세포의 부피가 변화할 수 있는 능력을 보여준다.

2-5-2-2 스테로이드

스테로이드는 특징적인 4개의 고리를 가진 탄화수소의 골격을 기초로 하여 만들어진다. 가장 중요한 스테로이드 중 하나는 콜레스테롤(cholesterol)로서, 콜레스테롤은 동물의 세포막 구성성분이며, 테스토스테론, 프로게스테론, 에스트로겐 등과 같은 여러 가지 스테로이드 호르몬의 합성을 위한 전구체이다(그림 2−21). 콜레스테롤은 대부분의 식물세포에는 존재하지 않기에, 야채유를 "무콜레스테롤"로 간주하는지만, 식물세포는 콜레스테롤과 관련된 화합물을 대량으로 포함하고 있다.

2-5-2-3 인지질

가장 보편적인 인지질의 구조를 〈그림 2−22〉에 나타내었다. 인지질 분자는 지방(트리아실글리세롤)을 닮았지만, 3개의 지방산 대신에 단지 2개의 지방산 만을 포함하기에 디아실글리세롤(*diacyglycerol*)이다. 글리세롤의 세 번째 수산기는 인산기와 공유결합으로 연결되어있으며, 〈그림 2−22〉에서와 같이, 콜린과 같은 작은 극성 물질과 다시 공유결합으로 연결되어있다. 따라서 지방분자와는 달리, 인지질은 서로 매우 다른 성질을 갖는 두 말단을 포함

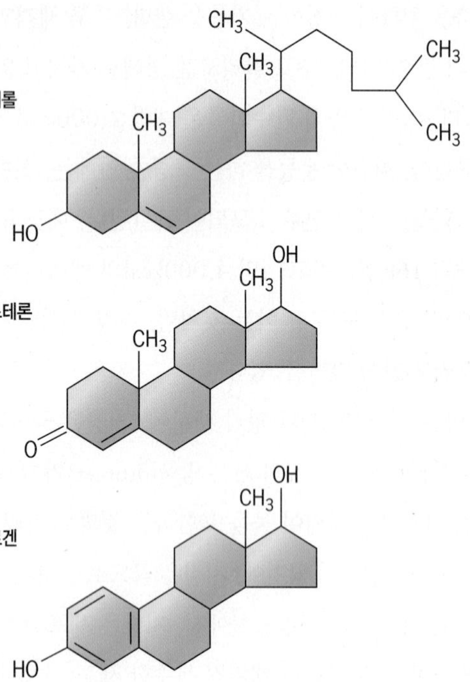

콜레스테롤

테스토스테론

에스트로겐

그림 2-21 **스테로이드 구조.** 모든 스테로이드들은 기본적인 4개의 고리 골격 구조를 공유한다. 콜레스테롤, 테스토스테론, 에스트로겐 사이의 화학적 구조의 작은 차이가 커다란 생물학적 차이를 가져온다.

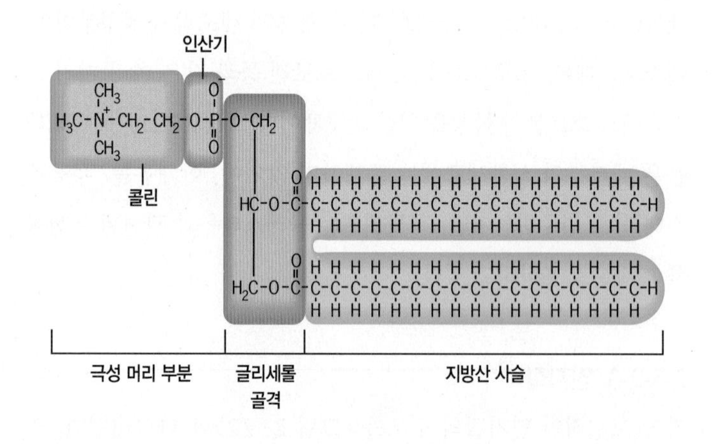

그림 2-22 **인지질 포스파티딜콜린.** 이 분자는 글리세롤 골격으로 구성되며, 이 골격에 있는 수산기들은 2개의 지방산 및 하나의 인산기와 공유결합 되어 있다. 또한 음전하를 띤 인산기는 작고 양전하를 띤 콜린(choline)에 연결되어 있다. 포스파티딜콜린을 포함하는 분자의 말단은 친수성인 반면, 지방산 꼬리로 구성된 반대쪽 말단은 소수성이다. 포스포티딜콜린 및 다른 인지질의 구조와 기능은 〈8-3절〉에서 상세히 논의된다.

하고 있다. 인산기를 포함하는 한 말단은 확실하게 친수성의 성질을 가지고 있으며, 2개의 지방산 꼬리로 구성된 다른 말단은 명백하게 소수성의 성질을 가지고 있다. 인지질은 주로 세포막에서 기능을 하기 때문에 그리고 세포막의 성질은 인지질 조성에 달려있기 때문에 인지질은 세포막과 연계하여 〈4-3절〉 및 〈15-2절〉에서 더 자세히 논의한다.

2-5-3 단백질

단백질은 세포의 거의 모든 활동을 수행하는 고분자이다. 단백질은 이러한 활동이 일어나게 하는 분자적 도구이자 기구이다. 효소로서, 단백질은 대사반응의 속도를 크게 증가시킨다. 구조적 케이블로서, 단백질은 세포 내부와 세포의 주변의 외부에서도 기계적인 지지대를 제공한다(그림 2-23*a*). 호르몬, 성장인자, 그리고 유전자 활성인자(activator) 등으로서, 단백질은 다양한 조절기능을 수행한다. 막 수용체 및 수송체로서, 단백질은 세포가 어느 것과 반응할 것인가와 어떤 유형의 물질이 세포로 들어오고 또는 세포를 떠나갈 것인가를 결정한다. 수축성 섬유와 분자적 모터로서, 단백질은 생물학적 운동을 위한 기구를 구성한다. 단백질의 많은 다른 기능들 중에서, 단백질은 항체로서, 독소로서 작용하며, 혈액을 응고시키며, 빛을 흡수하거나 반사하며(그림 2-23*b*), 그리고 신체의 한 부분에서 다른 부분으로 물질을 수송한다.

한 유형의 분자가 어떻게 그렇게 많은 다양한 기능을 가질 수 있는가? 그것에 대한 설명은 단백질이, 한 무리로서(*as a group*), 가질 수 있는 거의 무한정한 분자 구조에 있다. 그러나 각 단백질은 특정한 기능을 수행할 수 있는 독특하고도 규정된 구조를 가지고 있다. 가장 중요한 것은, 단백질이 다른 분자들과 선택적으로 상호작용이 가능하도록 하는 모양과 표면을 단백질은 가지고 있다. 다른 말로 하면, 단백질은 고도의 **특이성**(specificity)을 보인다. 예를 들면, 특정 DNA를 자르는 효소는 특이적인 8개 뉴클레오티드의 서열을 가진 DNA의 부분을 인식하는 반면, 나머지 6만 5,535개 뉴클레오티드로 구성된 DNA의 가능한 모든 서열을 무시하는 것이 가능하다.

(a)

(b)

그림 2-23 주로 단백질로 구성된 수천 가지의 생물학적 구조들 중에서 두 가지의 예. 이들에는 (*a*) 열전도의 차단, 비행, 성(性)의 인지 등을 위한 새들의 적응 구조인 깃털과 (*b*) 거미줄을 치는 거미가 광선에 초점을 맞추는 눈의 렌즈 등이 있다.

2-5-3-1 단백질의 구성요소들

단백질은 아미노산 단량체로 만들어진 중합체이다. 각 단백질은 그 분자에게 독특한 성질을 지니게 하는 독특한 아미노산 서열을 갖고 있다. 어떤 단백질의 여러 가지 능력은 그 단백질을 구성하는 아미노산들의 화학적 성질을 조사하여 이해할 수 있다. 바이러스에서든지 또는 사람에서든지, 20가지의 아미노산이 단백질을 구성하는 데 일반적으로 사용된다. 아미노산의 구조에서 두 가지 측면, 즉 모든 아미노산들에 공통인 것은 무엇이며 그리고 각 아미노산에서 독특한 것은 무엇인가를 고려해야 한다. 우선 아미노산들이 공유하는 특성부터 시작하고자 한다.

아미노산의 구조　모든 아미노산은 아미노기와 카르복실기를 가지고 있으며, 하나의 탄소 원자인 α-탄소에 의하여 두 작용기가 서로 분리되어 있다(그림 2–24*a*,*b*). 중성 수용액에서, α-카르복실기는 양성자(수소원자)를 잃어버려 음전하 상태($—COO^-$)로 존재하며, α-아미노기는 양성자를 받아들여 양전하 상태(NH_3^+)로 존재한다(그림 2–24*b*). 네 가지의 서로 다른 작용기와 결합한 탄소원자는 서로 겹쳐지지 않는 2개의 공간 배열(입체이성질체, *stereoisomer*)로 존재한다. 아미노산은 또한 비대칭 탄소원자를 가지고 있다. 글리신을 제외하고, 아미노산의 α-탄소는 4개의 서로 다른 작용기와 결합하기 때문에 각 아미노산은 D 또는 L 형으로 존재할 수 있다(그림 2–25). 리보솜에서 단백질 합성에 사용되는 아미노산은 항상 L-아미노산이다. L-아미노산의 "선택"은 세포의 진화 과정에서 아주 초기에 일어났어야 하며 수십억 년 동안 보전되어 왔다. 그러나 미생물들은 세포벽의 펩티드와 몇 가지 항생물질[예: 그라미시딘 A (gramicidin A)]을 포함하여 일부의 작은 펩티드를 합성하는 데 D-아미노산을 사용한다.

단백질 합성 과정 동안 각 아미노산은 2개의 다른 아미노산과 연결되어, **폴리펩티드 사슬**(polypeptide chain)이라고 하는 길고 연속적이며 가지가 나지 않는 중합체를 형성한다. 한 폴리펩티드를 구성하는 아미노산들은 **펩티드결합**(peptide bond)으로 연결된다. 즉, 이 결합은 한 아미노산의 카르복실기를 이웃 아미노산의 아미노기와 연결시키면서 물 1분자가 제거된다(그림 2–24c). 펩티드결합으로 연결되어 한 줄의 아미노산들로 구성된 폴리펩티드 사슬은 다음과 같은 골격을 갖는다.

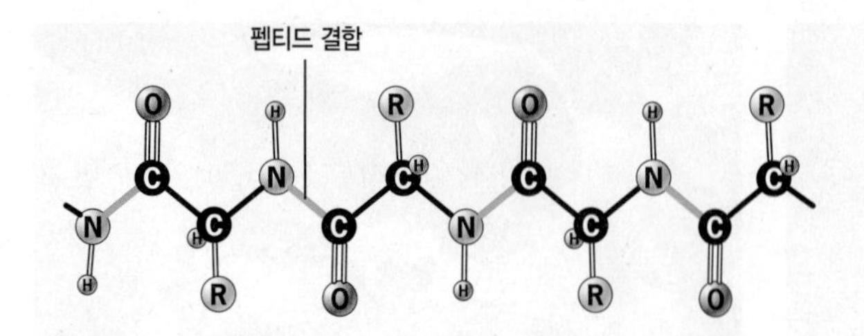

"평균적인" 폴리펩티드 사슬은 대략 450개의 아미노산을 갖고 있다. 폴리펩티드 중 가장 긴 것으로 알려진 것은 근육단백질인 타이틴(titin)으로 3만 개 이상의 아미노산들로 되어 있다. 일단 폴리

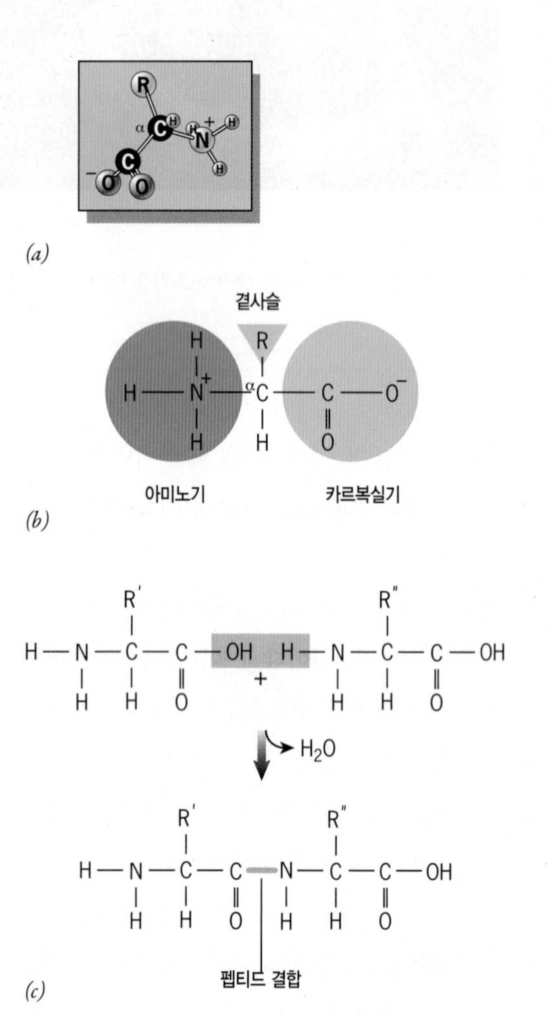

그림 2-24 아미노산 구조. 일반적인 아미노산의 공-막대 모형(*a*)과 화학 구조식(*b*)으로서, 여기에서 R은 여러 가지 화학 물질들 중 하나일 수 있다(그림 2-26 참조). (*c*) 펩티드 결합이 형성은 여기에 전하를 띠지 않은 상태로 그려진 2개의 아미노산의 축합으로 생긴다. 세포에서, 이 반응은 리보솜에서 아미노산이 운반체(tRNA 분자)로부터 자라나고 있는 폴리펩티드 사슬의 말단으로 전달될 때 일어난다(그림 5-49 참조).

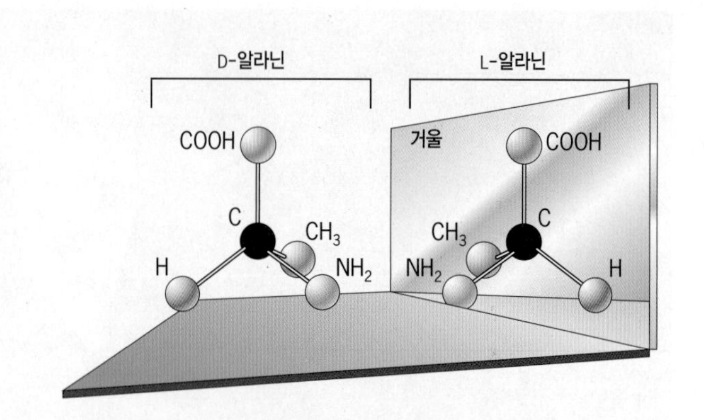

그림 2-25 아미노산의 입체이성질체. 글리신을 제외한 모든 아미노산의 α-탄소는 4개의 서로 다른 무리에 결합하기 때문에, 두 가지 입체이성질체가 존재할 수 있다. 그림에는 알라닌의 D와 L형을 보여준다.

펩티드 사슬로 결합되면, 아미노산은 잔기(residue)라고 부른다. 사슬에서 한쪽 끝에 있는 잔기의 N-말단(*N-terminus*)은 유리(遊離)된, 즉 결합되지 않은(free) α-아미노기를 갖고 있는 반면에, 반대쪽 끝에 있는 잔기의 C-말단(C-terminus)은 유리된 α-카르복실기를 갖고 있다. 아미노산 이외에도, 많은 단백질들은 폴리펩티드가 합성된 후에 첨가된 다른 유형의 구성성분들을 갖고 있다. 이러한 성분들에는 탄수화물(당단백질을 형성), 금속-함유 무리(금속단백질을 형성), 유기화합물 무리(예: 플라보단백질) 등이 포함된다.

결사슬의 성질 폴리펩티드의 골격, 또는 주 사슬은 모든 폴리펩티드에 공통적으로 존재하는 각 아미노산 부분으로 구성되어 있다. α-탄소에 결합한 **곁사슬**(side chain) 또는 **R기**(R group)(그림 2-24)은 20가지 구성요소들 사이에 매우 변하기 쉬우며, 이러한 변화성으로 인하여 궁극적으로 단백질들이 다양한 구조와 활성을 갖게 된다. 만일 다양한 아미노산 곁사슬들을 함께 고려한다면, 곁사슬은 완전히 전하를 띤 것에서부터 소수성인 것까지 아주 다양한 구조적 특징을 보여주며, 곁사슬들은 매우 다양한 공유결합과 비공유결합에 참여한다. 다음 장에서 논의된 것과 같이, 효소에서 "활성부위"의 아미노산 곁사슬은 많은 서로 다른 유기화학반응을 촉진(촉매)할 수 있다. 아미노산 곁사슬의 다채로운 특징은 그 분자의 구조와 활성을 결정하는 분자내부(*intramolecular*)의 상호작용, 그리고 다른 폴리펩티드를 포함하여 다른 분자들과 폴리펩티드의 관계를 결정하는 분자사이(intermolecular)의 상호작용 등에 모두 중

요하다.

아미노산은 곁사슬의 특성에 따라 분류된다. 아미노산은 전하를 띤 극성 아미노산, 전하를 띠지 않는 극성 아미노산, 비극성 아미노산, 그리고 독특한 성질을 갖는 아미노산 등 대략 네 가지 부류로 나누어진다(그림 2-26).

1. **전하를 띤 극성.** 이 무리의 아미노산은 아스파르트산(aspartic acid), 글루탐산(glutamic acid), 리신(lysine), 아르기닌(arginine)을 포함한다. 이러한 네 가지 아미노산은 완전히 전하를 띠게 되는, 즉 곁사슬이 비교적 강한 유기산 및 염기를 갖고 있다. 글루탐산과 리신의 이온화반응이 〈그림 2-27〉에 나타나 있다. 생리학적 pH에서, 이러한 아미노산들의 곁사슬은 거의 언제나 완전히 전하를 띤 상태로 존재한다. 결과적으로, 곁사슬들은 다른 전하를 띤 상대와 이온결합을 형성할 수 있다. 예를 들면, 히스톤 단백질의 양전하를 띤 아르기닌 잔기는 음전하를 띤 DNA의 인산기와 이온결합으로 연결된다(그림 2-3 참조). 비록 생리학적 pH에서 대부분의 경우 히스티딘(histidine)은 단지 부분적으로 전하를 띠지만, 히스티딘은 또한 전하를 띤 극성 아미노산이다. 실제로, 생리학적 pH 범위에서, 양성자(수소이온)를 얻거나 잃어버릴 수 있는 히스티딘의 능력 때문에, 많은 단백질들의 활성부위에서 히스티딘은 특히 중요한 잔기이다(그림 3-13에서처럼).
2. **전하를 띠지 않은 극성.** 이러한 아미노산들의 곁사슬은 부분적인 음전하 또는 양전하를 가지고 있어서 물을 포함하여 다른 분자들과 수소결합을 형성할 수 있다. 이러한 아미노산들은 흔히 반응성이 매우 크다. 아스파라긴(asparagine)과 글루타민(glutamine)(각각 아스파르트산과 글루탐산의 아미드), 트레오닌(threonine), 세린(serine), 그리고 티로신(tyrosine) 등이 이 부류에 속한다.
3. **비극성.** 이러한 아미노산의 곁사슬은 소수성이며, 정전기적 결합을 형성하거나 물과 상호작용하는 것이 불가능하다. 이 부류의 아미노산은 알라닌(alanine), 발린(valine), 류신(leucine), 이소류신(isoleucine), 트립토판(tryptophan), 페닐알라닌(phenylalanine), 그리고 메티오닌(methionine) 등이다. 비극성 아미노산들의 곁사슬은 일반적으로 산소와 질소원자가 없다. 곁사슬들은 주로 크기와 모양에서 다양하며, 하나 또는 다른 곁사슬들이 단백질의 중심부 속의 특별한 공간에 조밀하게 채워지게 하고, 이들은 반데르발스 힘과 소수성 상호작용의 결과 서로 결합한다.
4. **다른 세 가지 아미노산.** 글리신(glycine), 프롤린(proline), 시스테인(cysteine)은 다른 아미노산들과 구별되는 독특한 성질을 가지고 있다. 글리신의 곁사슬은 단지 수소원자로만 구성되었으며, 이런 이유로 글리신은 매우 중요한 아미노산이다. 곁사슬이 없기 때문에, 글리신 잔기들은 2개의 폴리펩티드 골격(또는 동일한 폴리펩티드의 두 부분)이 서로 아주 가까이 접근할 수 있는 자리를 제공한다. 이 밖에도, 글리신은 다른 아미노산보다 더 유연하며, 글리신의 골격 부분이 움직이도록 또는 경첩을 형성하도록 한다. 프롤린은 고리구조의 일부로서(프롤린을 이미노산으로 만드는) α-아미노기를 갖는다는 점에서 독특하다. 프롤린은 α-나선구조와 같이 질서정연한 2차구조에 잘 맞지 않는 소수성 아미노산으로서, 흔히 뒤틀리거나 또는 경첩을 형성한다. 시스테인은 큰 반응성을 가진 설프하이드릴기(—SH)를 갖고 있으며, 흔히 다른 시스테인 잔기와 **2황화(—SS—)다리**(disulfide bridge)로써 공유결합으로 연결되어 있다.

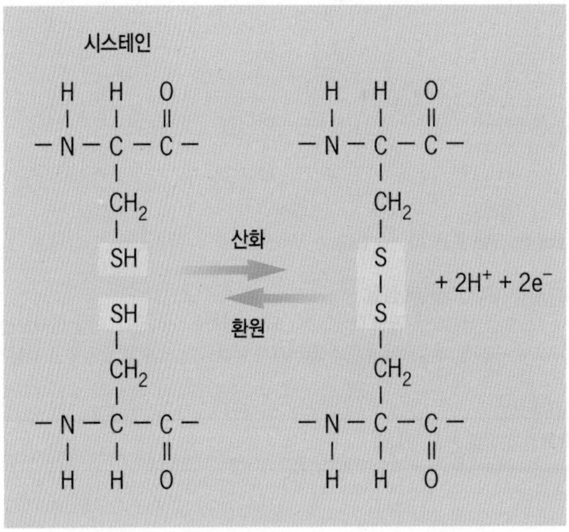

```
시스테인
  H   H   O                 H   H   O
  |   |   ||                |   |   ||
—N — C — C—               —N — C — C—
      |                         |
     CH2                       CH2
      |          산화           |
     SH        ——→             S
               ←——             |      + 2H+ + 2e-
     SH          환원           S
      |                         |
     CH2                       CH2
      |                         |
—N — C — C—               —N — C — C—
  |   |   ||                |   |   ||
  H   H   O                 H   H   O
```

2황화 다리는 폴리펩티드 골격에서 또는 2개의 분리된 폴리펩티드에서 서로 떨어져 있는 2개의 시스테인 사이에서 흔히 형성된다. 2황화 다리는 특히 물리적 및 화학적인 스트레스를 받기 쉬운 세포 바깥쪽에 있는 단백질들의 복잡한 모양을 안정화시키는 것을 돕는다.

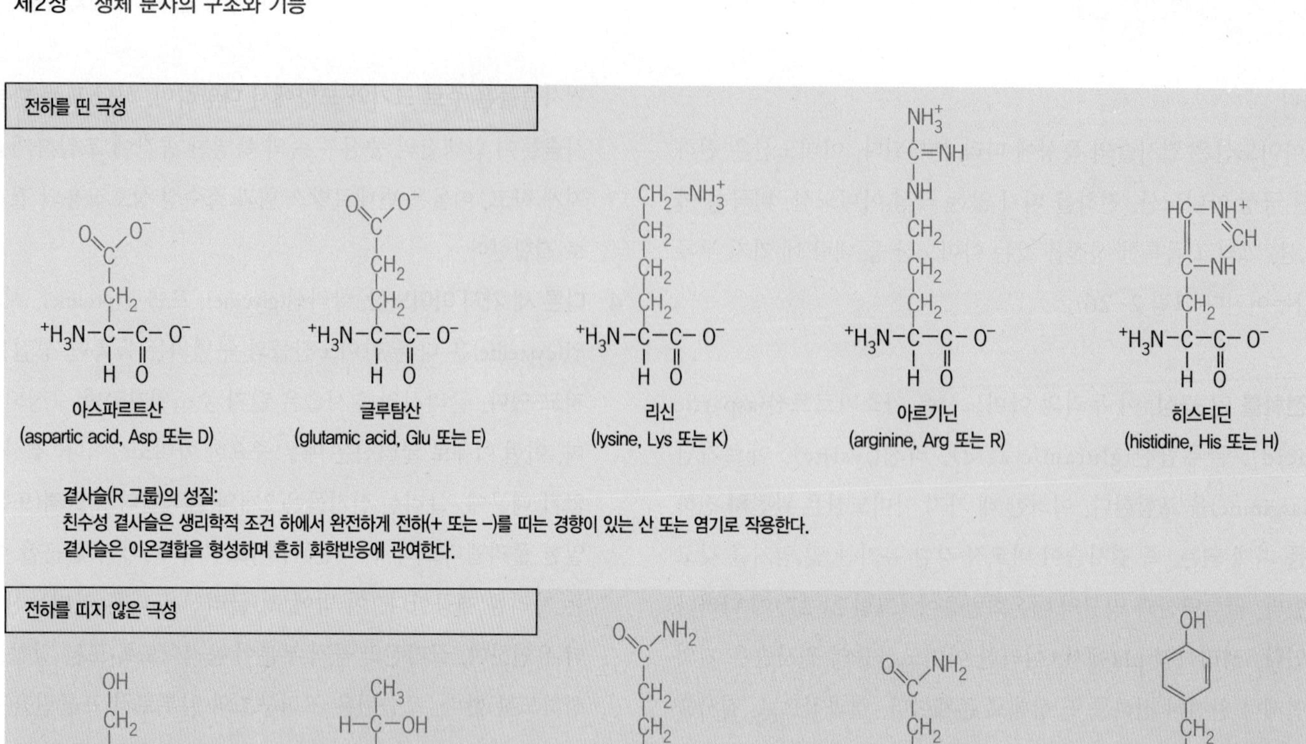

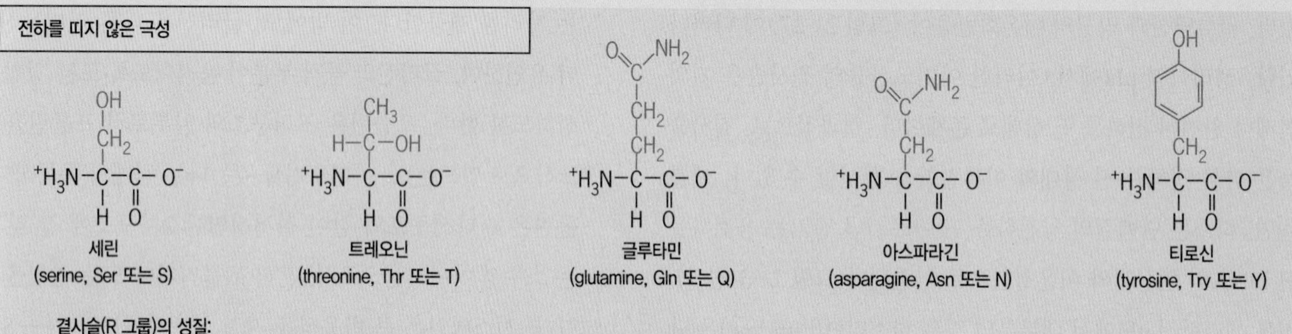

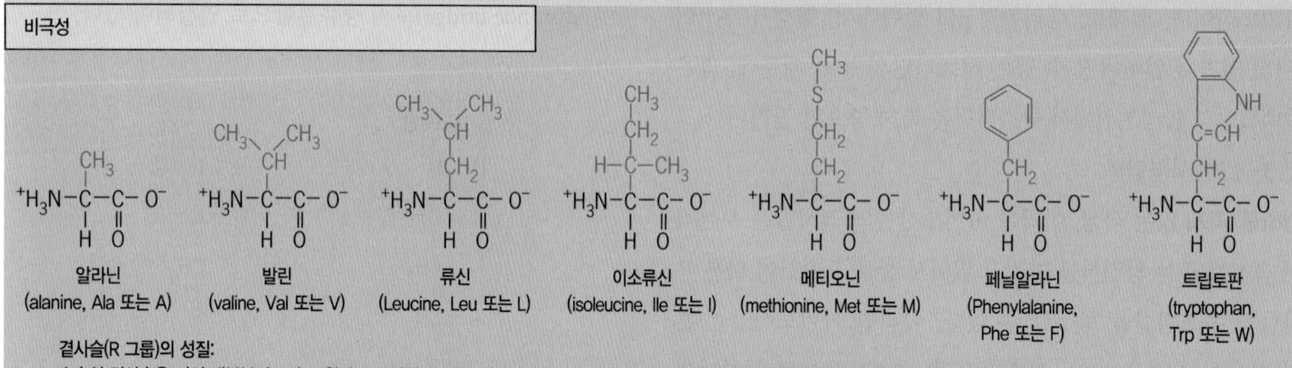

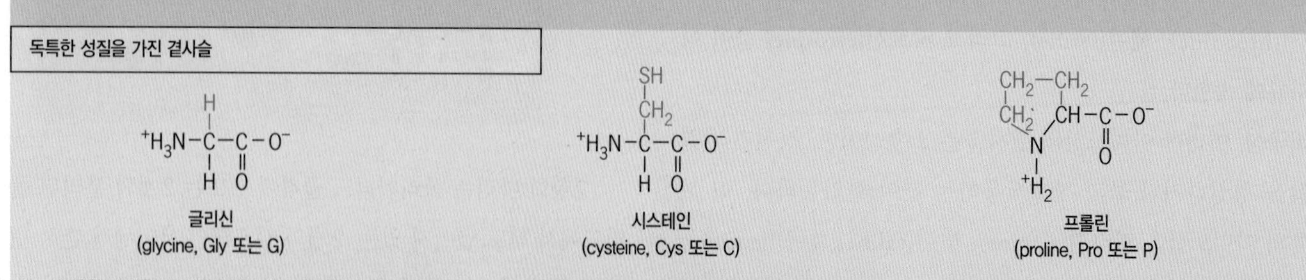

독특한 성질을 가진 곁사슬은 단지 수소원자로만 구성되며 소수성 또는 친수성 환경에 잘 맞을 수 있다. 글리신은 두 폴리펩티드가 매우 근접한 부위에 흔히 자리 잡고 있다.

비록 곁사슬은 극성이며 전하를 띠지 않지만, 곁사슬은 다른 시스테인과 공유결합을 형성하여 이들 사이에 2황화결합이 형성되는 독특한 성질을 가지고 있다.

비록 곁사슬은 소수성이지만, 곁사슬은 폴리펩티드 사슬을 비틀리게 하고 질서정연한 2차구조를 파괴하는 독특한 성질을 가지고 있다.

그림 2-26 아미노산의 화학적 구조. 이들 20개 아미노산은 단백질에서 가장 일반적으로 발견되는 아미노산들이며, 다 특수하게 말하자면, DNA에 의해 암호화된 것들이다. 다른 아미노산들은 여기에 나타낸 것들 중 하나가 변형된 결과 생긴다. 본문에 기술한 바와 같이, 아미노산은 곁사슬의 성격에 따라 4개의 무리로 나눈다. 모든 분자들은 중성 pH의 용액에서 이온화된 상태로 존재하는 유리(free) 아미노산 형태로 그려져 있다.

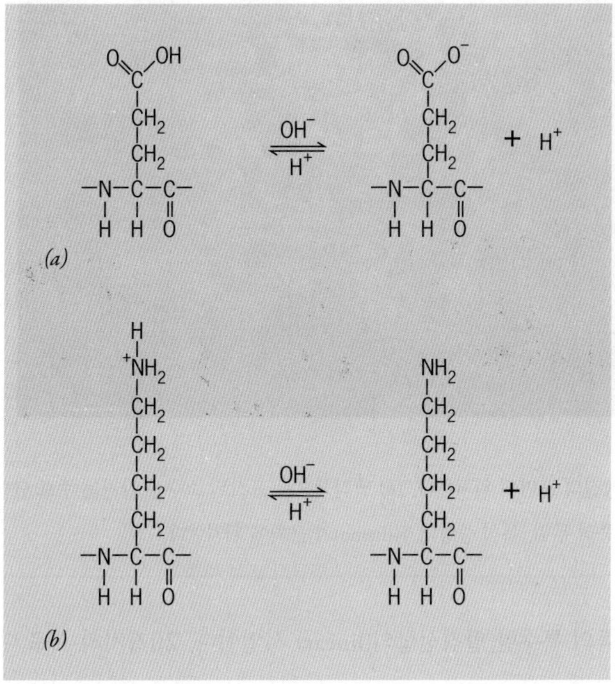

그림 2-27 전하를 띤 극성 아미노산의 이온화. (*a*) 글루탐산(glutamic acid)의 곁사슬은 카르복실산기가 이온화될 때면 수소이온을 잃는다. 카르복실기의 이온화 정도는 매질의 pH에 달려있다. 즉, 수소이온의 농도가 크면 클수록(pH가 낮으면 낮을수록), 이온화 상태로 존재하는 카르복실기의 비율은 더욱 더 작아진다. 거꾸로, pH가 높아지면 카르복실기로부터 수소이온의 이온화가 증가되어, 음전하를 띤 글루탐산 곁사슬의 비율이 증가한다. 곁사슬의 50퍼센트가 이온화되고 50퍼센트가 전하를 띠지 않는 상태에서의 pH를 pK라고 하며, 유리 글루탐산의 곁사슬의 경우 4.4이다. 생리학적 pH에서, 한 폴리펩티드의 거의 모든 글루탐산 잔기들은 음전하를 띤다. (*b*) 리신(lysine)의 곁사슬은 아미노기가 수소이온을 얻을 때 이온화된다. 하이드록실 이온 농도가 크면 클수록, 양전하를 띤 아미노기의 비율은 더욱 더 작아진다. 리신 곁사슬의 50퍼센트가 전하를 띠고 50퍼센트가 전하를 띠지 않는 pH는 유리된 리신 곁사슬의 pK인 10.0이다. 생리학적 pH에서, 한 폴리펩티드의 거의 모든 리신 잔기들은 양전하를 띤다. 일단 폴리펩티드로 결합되면, 전하를 띤 그룹의 pK는 주위 환경에 의해 크게 영향 받게 될 수 있다.

이 절에 기술한 아미노산들 전부가 모든 단백질들에서 발견되는 것은 아니며, 또한 다양한 아미노산들이 동일한 방식으로 단백질에 분포하는 것도 아니다. 많은 다른 아미노산이 단백질에서 발견되지만, 이들은 폴리펩티드 사슬에 결합된 후에 20가지 기본 아미노산들의 곁사슬이 변화되어 생긴다. 이러한 이유로 이들을 **번역후 변형**(posttranslational modification, PTM)이라고 한다. 수십 가지의 서로 다른 유형의 PTM이 증명되었다. 가장 흔하고 중요한 PTM은 인산기를 세린, 트레오닌, 티로신 잔기에 가역적으로 첨가하는 것이다. PTM은 단백질의 특성과 기능을 극적으로 변화시킬 수 있는데, 특히 단백질의 3차구조, 활성의 수준, 세포 내의 위치, 수명, 그리고/또는 다른 분자들과의 상호작용 등의 변형에 의해서 변화될 수 있다. 핵심 조절단백질에 인산기의 존재 여부에 의해, 세포가 암세포로 또는 정상세포로 행동할 것인지 아닌지를 결정할 가능성이 있다. PTM 때문에, 하나의 폴리펩티드가 몇 가지 별개의 생체 분자들로 존재할 수 있다.

아미노산 곁사슬의 이온성, 극성, 또는 비극성의 특성은 단백질의 구조와 기능에 대단히 중요하다. 대부분의 가용성 단백질(즉, 막단백질이 아닌)은 극성 잔기들이 분자의 표면에 위치하여 주위의 물 분자와 결합할 수 있으며 그리고 수용액에서 단백질의 용해도에 기여하도록 구성되어 있다(그림 2-28*a*). 대조적으로, 비극성 잔기들은 주로 분자의 중심부에 위치되어 있다(그림 2-28*b*). 단백질 내부의 소수성 잔기들은 흔히 서로 조밀하게 채워져서, 3차원적 조각퍼즐(jigsaw puzzle)을 만들게 되며, 그 안에서 보통 물 분자는 배제된다. 이러한 잔기들의 비극성 곁사슬 사이의 소수성 상호작용은 단백질 접힘 과정에서 추진력이 되며 실제로 그 단백질의 전체적인 안정성에 기여한다. 많은 효소에서, 반응성의 극성 작용기는 비극성 내부로 돌출되어, 그 단백질(효소)이 촉매활성을 갖게 한다. 예를 들면, 비극성 환경은 전하를 띤 작용기(group)들 사이의 이온성 상호작용을 촉진시킬 수 있는데, 이런 상호작용은 수용액 환경에서 물과의 경쟁을 줄어들게 할 것이다. 물에서는 감지할 수 없을 만큼 느린 속도로 진행되는 일부의 반응이 단백질 안에서는 100만분의 1초 안에 일어날 수 있다.

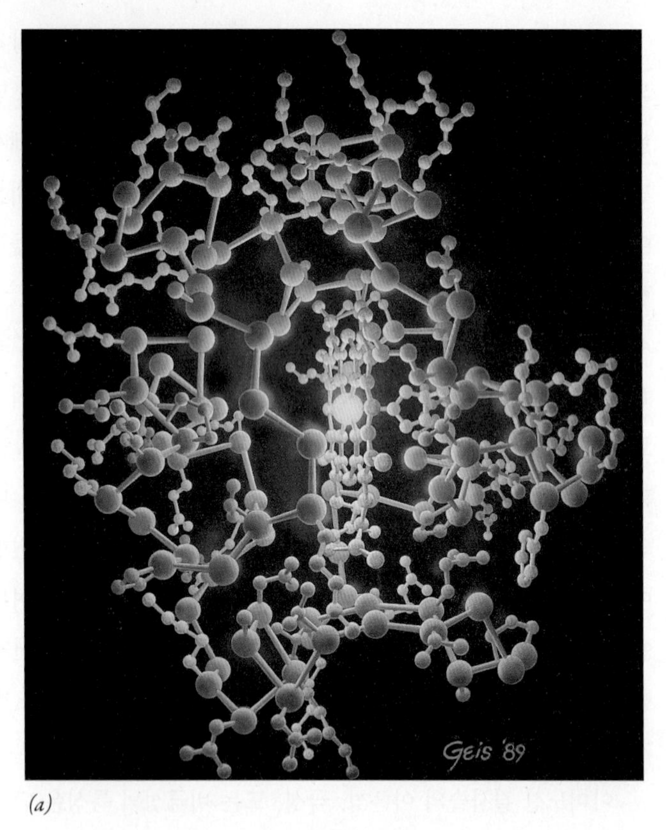

(a)

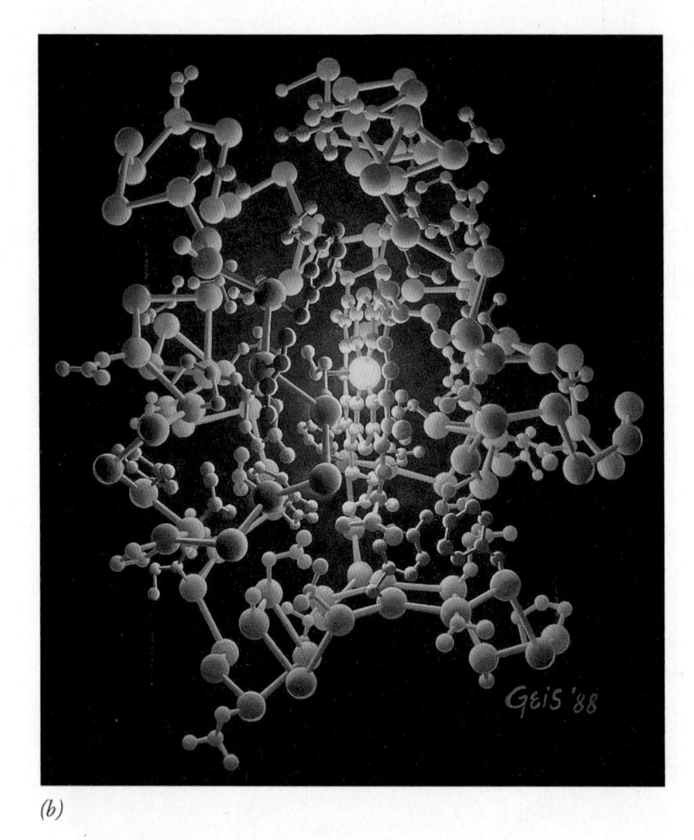

(b)

그림 2-28 수용성 단백질 사이토크롬 c에서 친수성과 소수성 아미노산의 배열 (a) 초록색으로 나타낸 친수성 곁사슬은 주로 주위의 수용성 매질과 접촉하는 단백질의 표면에 위치한다. (*b*) 빨간색으로 표시된 소수성 잔기는 주로 단백질의 중심 부위, 특히 중앙의 헴(heme)기 근처에 위치한다.

2-5-3-2 단백질의 구조

생물학에서, 형태와 기능 사이의 밀접한 관계를 단백질에서보다 더 잘 보여주는 것은 어느 곳에도 없다. 대부분 단백질들의 구조는 완전히 결정되었고 예측 가능하다. 이런 거대한 고분자들 중의 하나에서 각 아미노산이 그 구조의 특수한 자리에 위치하여, 그 단백질이 당면한 문제에 요구되는 정확한 모양과 반응성을 갖도록 한다. 단백질의 구조는 몇 가지 체제의 수준에서 설명될 수 있는데, 각 수준은 서로 다른 양상을 강조하며 각 수준은 서로 다른 유형의 상호작용에 의존한다. 일반적으로, 1차(*primary*), 2차(*secondary*), 3차(*tertiary*), 4차(*quaternary*) 구조의 4단계로 단백질의 구조를 설명한다. 첫째로 1차구조는 단백질의 아미노산 서열을 중요시하는 반면, 나머지 세 구조는 공간에서 분자의 구성 체제를 중요시한다. 단백질의 작용 기작 및 생물학적 기능을 이해하기 위해서 단백질이 어떻게 구성되었는가를 아는 것은 필수적이다.

1차구조 한 폴리펩티드의 1차구조는 그 사슬을 구성하는 아미노산들의 특수한 일직선상의(linear) 서열이다. 20가지의 서로 다른 구성 요소들을 가지고 형성될 수 있는 서로 다른 폴리펩티드의 숫자는 n이 사슬에 있는 아미노산의 개수일 때, 20^n이다. 대부분의 폴리펩티드는 100개를 훨씬 넘는 아미노산을 갖고 있기 때문에, 가능한 서열의 다양성은 근본적으로 무한정이다. 생명체가 생산하는 모든 단백질에 있는 아미노산의 정확한 배열 순서에 대한 정보는 그 생명체의 유전체(genome) 정보에 의해 암호화된다.

이 후에 보는 바와 같이, 아미노산 서열이 단백질의 3차원적 모양과 따라서 단백질의 기능을 결정하는 데 필요한 정보를 제공한다. 그러므로 아미노산의 서열이 전적으로 가장 중요하고, DNA에 있는 유전자 돌연변이의 결과로 서열에서 일어나는 변화는 쉽게 묵인되지 않을 수 있다. 이러한 관계에 대한 최초의 그리고 가장 잘 연구된 예는 적혈구가 낫 모양으로 되는 겸상(鎌狀)적혈구빈혈증(sickle cell anemia) 질환의 원인이 되는 헤모글로빈의 아미노산 서열의 변화이다. 심각하고 유전되는 이 빈혈증은 헤모글로빈 분자 내에서 오직 단 하나의 아미노산 서열 변화에 의해 생긴다. 즉, 정상

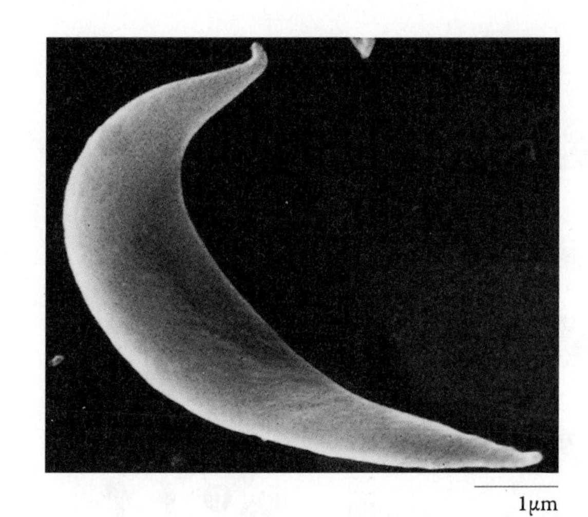

그림 2-29 주사현미경사진은 낫 모양(鎌狀) 세포빈혈증을 가진 사람의 적혈구이다. 〈그림 8-32*a*〉의 정상적인 적혈구 세포의 사진과 비교하시오.

적인 상태에서는 전하를 띤 글루탐산이 위치될 곳이 비극성 발린 잔기로 바뀐 것이다. 헤모글로빈 구조에서 이러한 변화가 적혈구 세포의 모양에 극적인 영향을 미칠 수 있어서, 원반-모양의 세포에서 낫-모양의 세포로 전환된다(그림 2-29). 이러한 적혈구 세포 모양의 변화는 작은 혈관을 막히기 쉽게 하여 통증과 치명적인 위기 상황의 원인이 된다. 서로 연관된 생명체 사이에서 동일한 단백질의 아미노산 서열이 서로 다른 점에 의해 입증된 것처럼, 아미노산 변화의 모두가 이런 극적인 효과를 보이는 것은 아니다. 1차구조 서열의 변화가 묵인될 수 있는 정도는 단백질의 모양 또는 기능적으로 중요한 잔기들이 얼마나 저해되었는가 하는 정도에 달려있다.

단백질의 아미노산 서열은 1950대 초에 캠브리지대학교(Cambridge University)의 프레더릭 생어(Frederick Sanger)와 그의 공동연구자들에 의해 최초로 결정되었다. 소의 인슐린이 이 연구를 위해 선택되었는데, 그 이유는 손쉽게 구할 수 있으며 각각 21개와 30개 아미노산으로 된 2개의 폴리펩티드의 크기가 작기 때문이다. 새롭게 떠오르는 분야인 분자생물학에서 인슐린의 서열결정(*sequencing*)은 중대한 업적이 되었다. 규칙적이거나 반복적인 구조를 가진 다당류와는 다르게, 세포 내에서 가장 복잡한 분자인 단백질은 규정할 수 있는 하부구조(substructure)를 갖고 있음이 밝혀졌다. 인슐린이거나 또 다른 종류의 단백질이라도, 각 특정한 폴리펩티드는 한 분자로부터 또 다른 분자로 변하지 않는 정확한 아미노산의 서열을 가지고 있다. 신속한 DNA 염기서열 결정을 위한 기술의 발전(18-15절 참조)으로, 폴리펩티드의 1차구조는 암호화하는 유전자의 뉴클레오티드 염기서열로부터 추론될 수 있다. 지난 수년 동안에, 인간을 포함하여 수백여 가지 생명체들에서 유전체들의 완전한 염기서열이 결정되었다. 이 정보는 결국 연구자들에게 한 생명체가 만들 수 있는 모든 단백질에 대하여 알 수 있도록 할 것이다. 그러나 1차구조 서열에 관한 정보를 높은 수준의 단백질 구조의 지식으로 해독(解讀)하는 것은 만만찮은 도전으로 남아있다.

2차구조　모든 물질은 공간에 존재하며 그러므로 3차원적으로 표현할 수 있다. 단백질은 수많은 원자사이의 연결로 형성되었기에, 따라서 단백질의 모양은 매우 복잡하다. **입체구조**(conformation)라는 용어는 분자에 있는 원자의 3차원적 공간배열, 즉 공간적인 구성 체계를 의미한다. 2차구조는 폴리펩티드의 부분들의 입체 공간구조로 설명한다. 2차구조에 대한 초기연구는 캘리포니아공과대학교(캘텍)(California Institute of Technology, CIT)의 라이너스 폴링(Linus Pauling)과 로버트 코리(Robert Corey)에 의해 수행되었다. 수개의 아미노산이 서로 연결된 간단한 펩티드의 구조를 연구함으로써, 폴링과 코리는 폴리펩티드 사슬은 이웃하는 아미노산 사이에서 최대한으로 수소결합을 가능하게 하는 입체 구조로 존재한다고 결론지었다.

두 가지 입체구조가 제안되었었다. 한 입체구조에서는, 폴리펩티드의 골격은 원통형의, 나선형으로 돌아가는 **알파(α) 나선** [alpha(α) helix]이라고 하는 형태를 취한다(그림 2-30*a*,*b*). 골격은 나선의 안쪽에 놓여있으며, 곁사슬은 바깥쪽으로 향해 뻗어있다. 나선형 구조는 한 펩티드 결합의 원자들과 나선을 따라 펩티드 결합의 바로 위와 바로 아래 위치한 원자들 사이의 수소결합으로 안정화되어있다(그림 2-30*c*). 1950년대에 실제 단백질의 엑스-선(X-ray) 회절 양상(樣相, pattern)이 밝혀짐으로써 α 나선의 존재가 확인되었다. 머리카락에서 발견되는 단백질 케라틴(keratin)에서 최초로 α 나선의 존재가 확인된 후에, 미오글로빈(myoglobin) 및 헤모글로빈(hemoglobin)과 같은 여러 가지 산소-결합 단백질에서 확인되었다(그림 2-34 참조). α 나선에서 서로 반대편 양쪽 표면들은 서로 대비되는 성질을 가지고 있을 수 있다. 수용성 단백질에서, α 나선의 바깥쪽 표면은 흔히 용매와 접촉하는 극성 잔기를 포함하는 반면, 안쪽을 바라보는 표면은 전형적으로 비극성 곁사슬

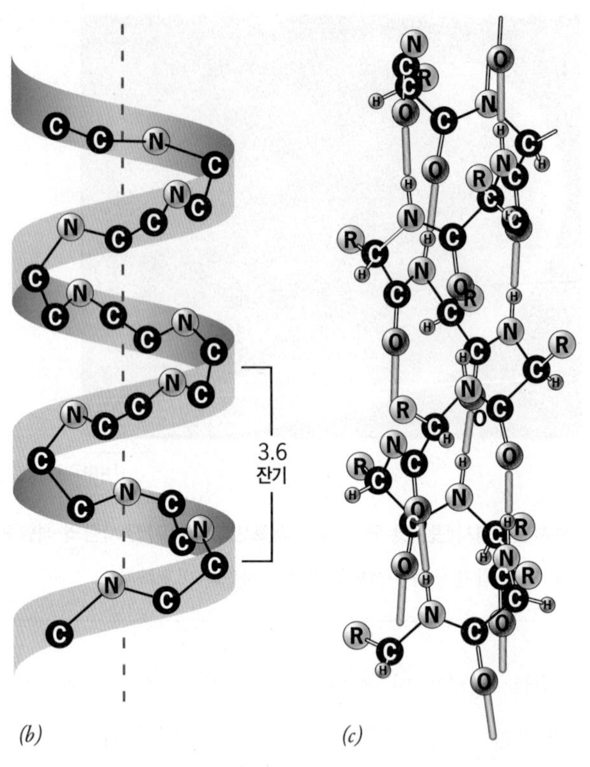

(a) (b) (c)

그림 2-30 알파 나선. *(a)* 나무로 만든 알파(*α*) 나선의 모형을 보여주는 라이너스 폴링(Linus Pauling, 왼편)과 로버트 코리(Robert Corey). 이 모형은 Å 당 1인치의 비율로서, 2억 5천 4백만 배로 확대한 것이다. *(b)* *α* 나선 부위에서 폴리펩티드 골격이 차지하는 중심축 둘레의 나선형 경로. 이 나선에서 각각의 완전한 회전(360°)은 3.6개의 아미노산 잔기들에 해당한다. 중심축을 따라 인접한 잔기들 사이의 거리는 1.5 Å 이다. *(c)* *α* 나선 골격에서 원자들의 배열과 아미노산 사이에서 형성되는 수소결합. 나선의 회전으로 인하여, 매 네 번째 아미노산의 펩티드 결합은 서로 근접하게 된다. 한 펩티드 결합의 카르보닐기(C=O)가 또 다른 펩티드결합의 이민기(H−N)에 접근하게 되면 둘 사이에서 수소결합들이 형성된다. 수소결합들(주황색 막대)은 기본적으로 원통의 축에 평행하며 그래서 이 결합들은 함께 사슬의 회전을 지탱시켜 준다.

을 포함하고 있다.

폴링과 코리가 제안한 두 번째 입체구조는 **베타-병풍구조**[beta (β)-pleated sheet]로서 곁에 나란히 놓여있는 여러 개의 폴리펩티드들로 구성된다. 꼬여서 원통형으로 된 *α* 나선과 달리, 하나의 β 병풍구조에서 폴리펩티드[**β 가닥**(β strand)]의 각 부분의 골격은 접혀지거나 병풍과 같은 입체구조를 취한다(그림 2-31*a*). *α* 나선과 마찬가지로, β 병풍구조는 또한 많은 수의 수소결합이 특징이다. 그러나 수소결합들은 폴리펩티드 사슬의 장축에 대하여 수직으로 향하고 있으며 사슬의 한 부분으로부터 다른 부분으로 가로질러 향하고 있다(그림 2-31*b*). *α* 나선처럼, β 병풍구조는 서로 다른 단백질에서 또한 발견되었다. β 가닥은 고도로 확장되었기 때문에, β 병풍구조는 잡아당기는 힘(장력)에 대하여 저항한다. 명주실(silk)은 대량의 β 병풍구조를 포함하고 있는 단백질로 구성되며 명주실의 강도는 이의 구조적 특성에 기인하는 것으로 생각된다. 놀랍게도, 인간 머리카락의 10분의 1 두께를 가진 거미줄(거미의 실크)의 섬유는 동일한 무게의 강철 섬유보다 약 5배 정도 강하다.

α 나선 또는 β 병풍구조로 구성되지 않은 폴리펩티드 사슬의 부분은 경첩, 회전(turn), 고리(loop), 손가락 모양의 돌출 부위 등으로 구성될 수 있다. 흔히, 이들은 폴리펩티드 사슬의 가장 유연한 부분이며 생물학적 활성이 가장 큰 부위이다. 예를 들면, 항체 분자는 다른 분자(항원)와 특이적인 상호작용을 하는 것으로 알려졌다. 이러한 상호작용은 항체분자의 한쪽 말단에 있는 일련의 고리(loop)에 의해서 중개된다(그림 17-15 및 17-16 참조). 2차구조의 여러 가지 유형이 〈그림 2-32〉에 가장 간단한 형태로 그려져 있으며, *α* 나선은 나선형 띠 모형으로 표시되었고 β 가닥은 납작한 화살로 그리고 연결 부위는 가느다란 가닥으로 표시되었다.

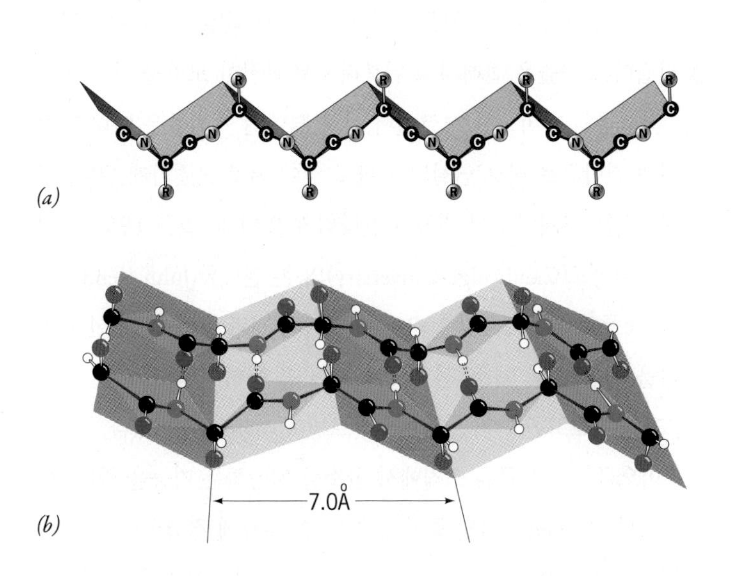

그림 2-31 β-병풍구조. (a) β 병풍구조의 각 폴리펩티드는 β 가닥이라고 하는 길게 펼쳐진 그러나 병풍처럼 접혀진 입체구조를 취한다. 병풍구조는 이 판의 평면에서 위와 아래에 있는 α-탄소의 위치로 인하여 생긴다. 연속된 곁사슬(그림에서 R기)은 골격으로부터 위쪽과 아래쪽으로 돌출되어 있다. 축을 따라 인접한 잔기 사이의 거리는 3.5Å이다. (b) β-병풍구조는 서로 평행하게 놓여 있는 여러 개의 β 가닥들로 구성된다. 이 가닥들은 이웃하는 골격의 카르보닐기와 이민기 사이의 수소결합의 규칙적인 배열에 의해 서로 연결되어 있다. 폴리펩티드의 인접한 부분들은 평행하게(서로 같은 방향의 N-말단 → C말단 방향) 또는 역평행(서로 반대방향의 N-말단 → C말단 방향)으로 배열될 수 있다.

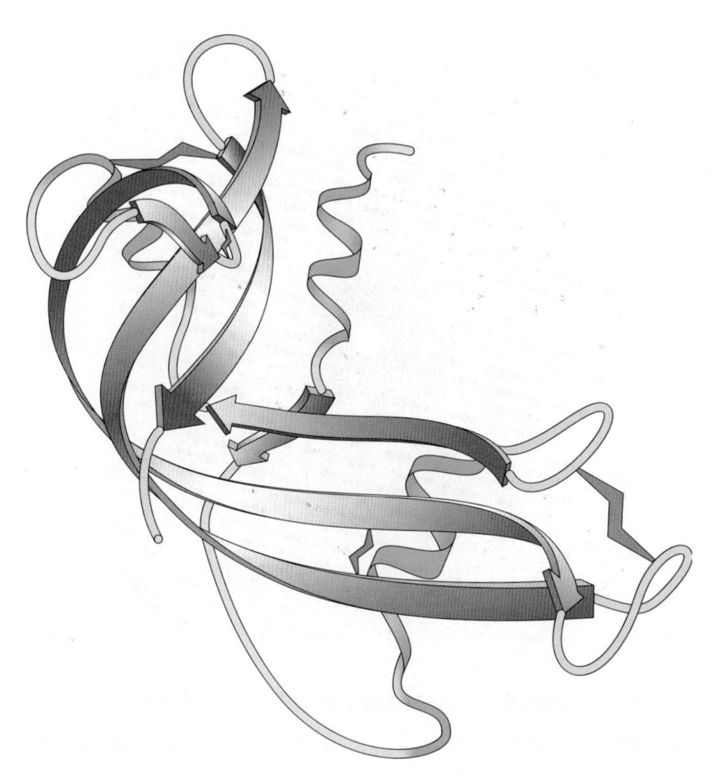

그림 2-32 리보핵산가수분해효소(RNAse)의 띠 모형. α 나선 부위는 나선 모양으로, β 가닥은 화살표가 폴리펩티드의 N-말단 → C-말단 방향을 가리키는 납작한 띠 모형으로 그려져 있다. 규칙적인 2차구조(예: α 나선 또는 β 가닥)를 취하지 않는 사슬 부위는 주로 고리(loop)와 회전(turn) 부위로 구성되며 초록색으로 나타내었다. 2황화결합은 파란색으로 표시하였다.

3차구조 2차구조 다음 수준은 3차구조로, 폴리펩티드 전체의 입체구조를 기술한다. 2차구조는 골격의 펩티드 결합을 형성하는 원자들 사이의 수소결합으로 주로 안정되는 반면, 3차구조는 단백질의 다양한 곁사슬 사이의 비공유결합의 배열에 의해 안정화된다. 2차구조는 주로 작은 수의 입체구조에 한정되어있지만 3차구조는 거의 무한정한 구조를 갖는다.

단백질의 상세한 3차구조는 보통 **엑스-선 결정학**(X-ray crystallography)[5] 기술을 이용하여 결정한다. 이 기술(〈3-2절〉 및 〈18-8절〉에서 자세히 설명되었음)에서, 단백질 결정에 가느다란 엑스-선 다발(beam)을 쏘면, 단백질 속에 있는 원자의 전자들에 의해 흩어진(회절된) 복사선(輻射線, radiation)은 복사선-민감성 판 또는 검출기를 때리게 되어, 〈그림 2-33〉과 같은 점들의 상을 형성한다. 이러한 회절 양상이 복잡한 수학적 분석을 거치면, 연구자는 이 양상이 만들어졌던 구조를 거꾸로 추론할 수 있다.

최근 몇 년 동안에 더욱 더 많은 단백질 구조가 해독됨에 따라, 놀라울 정도의 숫자의 단백질은 정해진 입체구조를 가지고 있지 않은 상당한 크기의 부분을 포함하고 있다는 것이 분명해졌다. 이러한 일정한 구조를 갖지 않는 또는 무질서한(disordered) 부분을 포함하는 단백질의 예는 뒤에 나오는 〈인간의 전망〉에서 〈그림 1〉에 있는 PrP 단백질의 모형에서 그리고 〈그림 16-9c〉에 있는 히스톤 꼬리에서 볼 수 있다. 단백질에 있는 무질서한 지역은 그림에서 점선으로 표시하였다. 폴리펩티드의 이러한 부분은 서로 다른 위치에 존재할 수 있으며, 따라서 엑스-선 결정학으로 연구될 수 없다는 사실을 전해준다. 무질서한 부분은 예측 가능한 아미노산 조성을 갖는 경향이 있는데, 이 부분에는 전하를 띤 극성 아미노산 잔기들이 풍부하며 비극성 잔기들은 결핍되어 있다. 완전하게 규정된 구

[5] 작은 단백질의 3차원 구조는 이 교재에서는 논의하지 않는 핵자기공명(NMR; nuclear magnetic resonance)법으로 결정할 수 있다.

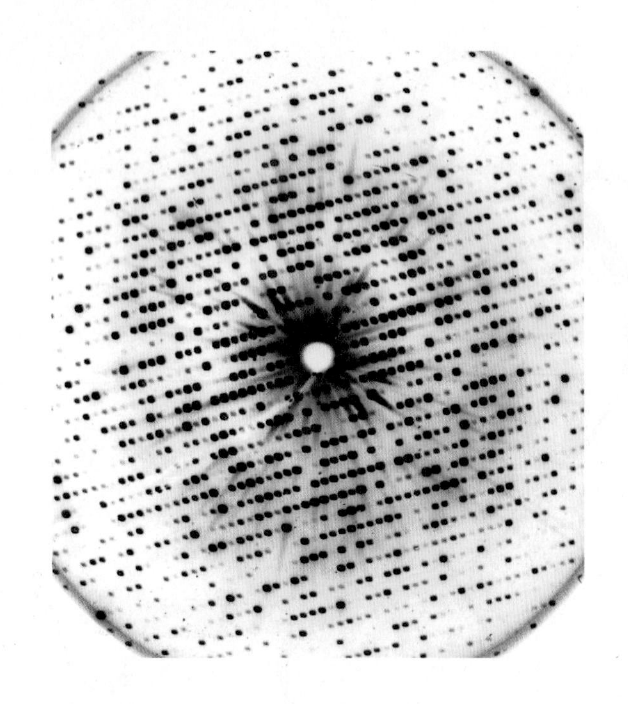

그림 2-33 **미오글로빈의 엑스-선 회절 양상.** 점들의 양상(패턴)은 단백질 결정 안의 원자들에 의해 엑스-선 빔(beam)이 회절 되어, 필름의 특정 지점에 부딪쳐서 생긴다. 점들의 위치와 강도(검은 정도)에서 얻는 정보는 엑스-선 빔을 회절 시킨 단백질 원자들의 위치를 계산하는 데 사용될 수 있으며, 〈그림 2-34〉에서와 같이 복잡한 구조를 만들게 된다.

조가 없는 단백질이 유용한 기능을 할 수 있을까하는 의문이 들 수도 있다. 실제로, 이러한 무질서한 지역은 흔히 DNA와 결합하거나 다른 단백질과 결합하여, 지극히 중요한 세포 과정에서 매우 핵심적인 역할을 한다. 놀랍게도, 이러한 부분은 일단 적절한 상대와 결합하게 되면 흔히 물리적인 전환이 진행되어 일정하게 접힌 구조를 갖는 것으로 보인다.

전체적인 입체구조에 기초하여, 대부분의 단백질은 길게 늘어진 모양의 **섬유 단백질**(fibrous protein) 또는 빽빽하게 채워진 모양의 **구형 단백질**(globular protein)의 범주로 분류할 수 있다. 살아있는 세포의 외부에서 구조 물질로 작용하는 대부분의 단백질은 결합조직의 콜라겐(collagen)과 엘라스틴(elastin), 머리카락과 피부의 케라틴(keratin), 그리고 실크 단백질과 같은 섬유성 단백질이다. 이들 단백질은 노출된 곳에 작용하는 잡아당기는 힘이나 찢는 힘(shearing force)에 저항성을 갖는다. 대조적으로, 세포 내부에 있는 대부분의 단백질은 구형단백질이다.

미오글로빈: 3차구조가 최초로 확인된 구형단백질 구형단백질의 폴리펩티드 사슬은 접혀지고 뒤틀려져서 복잡한 모양을 가지게 된다. 직선형의 아미노산 서열에서 서로 떨어진 지점들은 여러 가지 유형의 결합으로 서로 연결되고 바로 옆에 서로 근접하게 된다. 구형 단백질의 3차구조에 대하여 간략하게 얼핏 본 것은 1957년 캠브리지대학교(Cambridge University)의 존 켄드류(John Kendrew)와 그의 동료들이, 〈그림 2-33〉에 나타난 것과 같은 엑스-선 회절 양상을 이용하는, 엑스-선 결정학 연구를 통하여 최초로 본 것이다. 그들이 보고한 단백질이 미오글로빈(myoglobin) 이였다.

미오글로빈은 근육 조직에서 산소를 저장하는 기능을 한다. 산소 분자는 헴(heme)기의 중앙에 있는 철 원자에 결합한다. 보결분자단(補缺分子團, *prosthetic group*)의 예 중 하나인 헴은 아미노산으로 구성되지 않은 비단백질 부분으로, 리보솜에서 단백질이 조립된 후에 폴리펩티드 사슬에 연결된다. 미오글로빈의 헴기 때문에 대부분의 근육조직은 붉은 색깔을 띠고 있다. 미오글로빈의 구조에 대한 첫 번째 보고는 이 분자가 빽빽하게 채워져 있으며 폴리펩티드 사슬이 복잡한 배열로 자체적으로 접혀 있다는 것을 밝혀주기 충분한 저-해상도 영상을 제공하였다. 그 전에 보고된 DNA 이중나선에서 밝혀진 것과 같은 분자 내에 대칭성이나 규칙성의 증거는 없었다. DNA의 단일 기능과 단백질 분자의 다양한 기능을 고려할 때 이것은 놀랄 일이 아니다.

세련되지 않은 최초의 미오글로빈 영상은 길이가 7~24개 아미노산 길이를 가진 α 나선으로 이루어진 8개의 막대-모양의 구간이 있음을 밝혀냈다. 전체적으로, 폴리펩티드 사슬에 있는 153개 아미노산의 대략 75%는 α 나선의 입체구조 안에 있다. 이것은 이후에 조사된 다른 단백질과 비교하여 보면 유별나게 높은 비율이다. β-병풍구조는 발견되지 않았다. 추가적인 엑스-선 회절 자료를 사용한 후에 미오글로빈을 분석하여 보다 더 자세한 분자의 그림을 얻게 되었다(그림 2-34*a* 및 3-16). 예를 들면, 철 이온의 산화(전자를 잃음)없이도 산소의 결합을 촉진시키는 소수성 곁사슬의 주머니(pocket) 안에 헴기가 자리 잡고 있음을 보여준다. 미오글로빈은 2황화결합을 가지고 있지 않으며, 단백질의 3차구조는 상호작용에 의해서만 서로 붙잡고 있다. 모든 비공유결합은 단백질 안에 곁사슬사이에서 일어나며, 여기에는 수소결합, 이온결합, 반데르발스 힘이 발견된다(그림 2-35). 미오글로빈과는 다르게 대부분의 구형

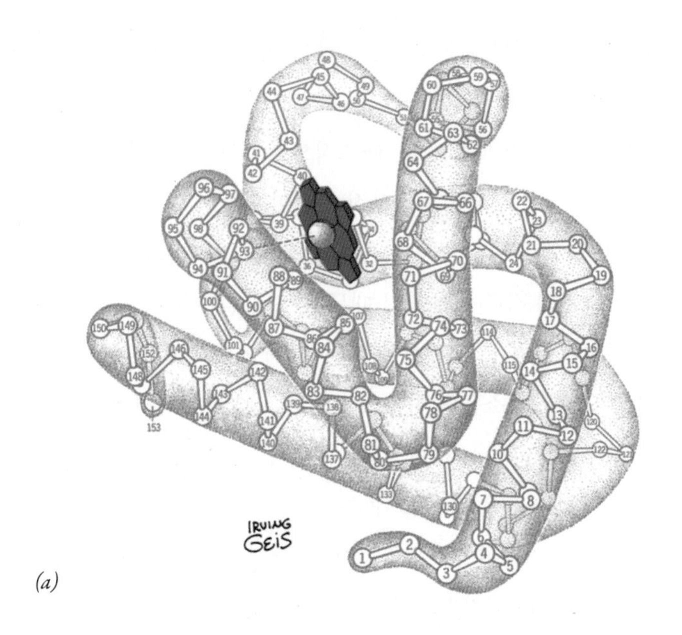

(a)

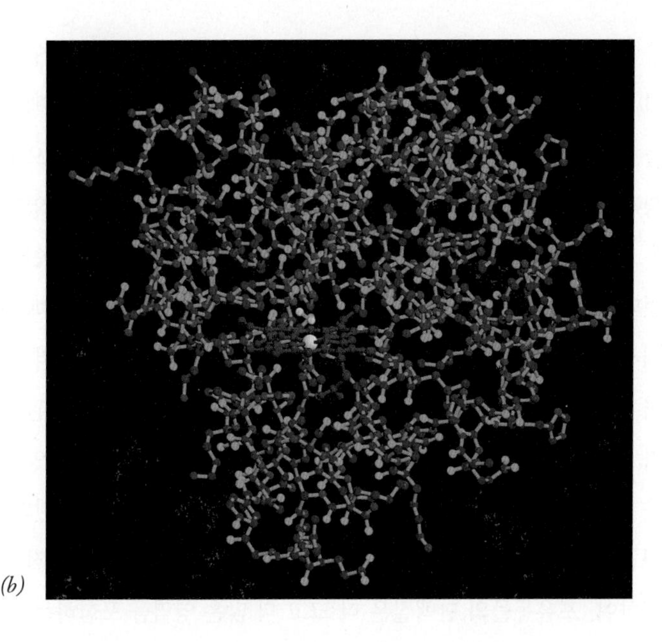

(b)

그림 2-34 **미오글로불린의 3차원 구조.** *(a)* 고래 미오글로빈(myoglobin)의 3차 구조. 대부분의 아미노산은 α 나선의 부분에 있다. 나선이 아닌 부위는 주로 폴리펩티드 사슬이 방향을 바꾸는 회전 부위에 있다. 헴(heme)의 위치는 빨간색으로 표시되었다. *(b)* 미오글로불린의 3차원 구조(헴은 빨간색으로 표시되었음). 수소를 제외한 분자의 모든 원자들의 위치가 나타나 있다.

단백질은 α 나선구조와 β 병풍구조를 모두 가지고 있다. 가장 중요한 점은, 이러한 초기 기념비적인 연구로 각 단백질이 아미노산 서열과 생물학적 기능을 연계시킬 수 있는 독특한 3차구조를 가지고 있다는 것이 밝혀졌다.

반데르발스 힘

CH_3 CH CH_3 CH_3 CH_3 CH_3 CH_3 CH

수소결합

$C-OH \cdots O=C-NH_2$

$-CH_2-CH_2-CH_2-CH_2-NH_3^+ \; ^-O-C(=O)-CH_2-$

이온결합

그림 2-35 **단백질의 입체구조를 유지하는 비공유결합의 유형들.**

단백질 영역 미오글로빈과는 달리, 대부분의 진핵세포 단백질은 둘 또는 그 이상의 공간적으로 독립된 기본 단위(module)들, 또는 서로 독립적으로 접히는 **영역**(領域, domain)들로 구성되어 있다. 예를 들면 〈그림 2-36〉의 중앙부에 있는 포유동물 효소인 인지질 가수분해효소 C (phospholipase C)는 4개의 독립된 영역들로 구성되어 있으며, 그림에서 서로 다른 색깔로 그려져 있다. 폴리펩티드의 서로 다른 영역은 흔히 반-독립적인(semi-independent) 방식으로 작용하는 부분을 나타낸다. 예를 들면, 영역들은 조효소와 기질 또는 DNA 가닥과 또 다른 단백질 등과 같은 서로 다른 인자들과 결합할 수 있으며, 또한 영역들은 서로에 대하여 비교적 독립적으로 움직일 수도 있다. 단백질 영역은 흔히 특정한 기능으로 확인 할 수 있다. 예를 들면, PH 영역을 갖는 단백질은 특정한 인지질을 포함하는 막에 결합하는 반면, 크로모도메인(chromodomain)을 포함하는 단백질은 또 다른 단백질에 있는 메틸화된 리신(lysine) 잔기에 결합한다. 새롭게 확인된 단백질의 기능은 단백질이 가지고 있는 영역에 의해 보통 예측할 수 있다 .

하나 이상의 영역을 포함하는 서로 다른 폴립펩티드는 각 영역이 한때 독립된 분자였던 부분을 대표하는 서로 다른 조상 단백질을 암호화하는 유전자의 융합에 의해 진화하는 동안 생겼을 것으로 생각된다. 예를 들면, 포유동물 인지질가수분해효소 C의 각 영역은 또 다른 단백질에서 상동적 단위(homologous unit)로서 확인되었다(그림 2-36). 일부의 영역은 하나 또는 매우 적은 수의 단백질에서만 발견된다. 다른 영역들은 진화과정 동안 이리저리 옮겨 다녀 광범위하게 섞여서, 영역 이외의 다른 지역은 진화적 유연관계가 거의 없거나 전혀 없는 여러 종류의 단백질에서 나타난다. 영역을 서로 섞으면 독특한 조합의 활성을 가진 단백질이 만들어진다. 평균적으로, 초파리나 효모와 같이 덜 복잡한 생명체의 단백질에 비하여, 포유동물의 단백질은 더 크고 더 많은 영역을 포함하는 경향이 있다.

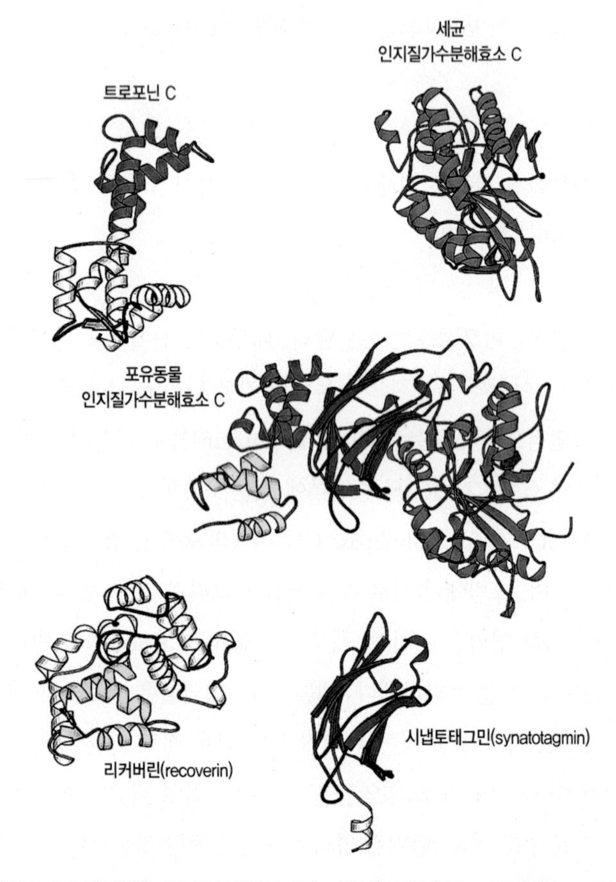

그림 2-36 단백질은 구조적 단위들, 또는 영역(도메인)들로 구성된다. 포유동물의 효소인 인지질분해효소 C(phospholipase C)는 서로 다른 색깔로 표시된 4개의 영역들로 구성되어 있다. 이 효소의 촉매 영역은 파란색으로 표시되었다. 이 효소의 각 영역은, 같은 색깔로 나타낸 것처럼, 다른 단백질들에서 독자적으로 발견될 수 있다.

단백질 안에서 역동적인 변화 비록 엑스-선 결정학으로 밝혀진 구조는 정교하고 매우 상세한 구조를 가지고 있지만, 이 구조들은 시간이 고정된 정적인 영상이다. 대조적으로, 단백질은 정적이거나 고정된 것이 아니며, 상당한 내부적 운동이 가능한 형태이다. 다른 말로 하면, 단백질은 "움직이는 부속"을 가진 분자이다. 단백질은 나노미터 크기의 작은 물체이기 때문에, 단백질은 단백질 주위 환경의 에너지에 의해 크게 영향을 받는다. 단백질 내에서 결합의 배열에서 무작위적인 소규모 변동으로 인하여 분자 내에서 끊임없는 열운동(thermal movement)을 만들어 낸다. 핵자기공명(NMR)과 같은 분광학적 기술은 단백질 내에서 역동적인 운동을 추적할 수 있으며, 이러한 기술은 수소결합의 이동, 외부 곁사슬의 파동 운동, 티로신과 페닐알라닌 잔기의 방향족 고리(aromatic ring)의 단일결합의 하나 정도의 온전한 회전 등을 밝혀냈다. 이러한 운동이 단백질의 기능에 중요한 역할을 하는 것은 한 신경세포에서 다른 신경세포로 자극을 전달한 다음 남아있는 아세틸콜린 분자를 분해하는 효소인 아세틸콜린 에스터라아제(acetylcholine esterase)의 연구에서 볼 수 있다(8-8절). 이 효소의 3차구조가 엑스-선 결정학으로 처음 밝혀졌을 때, 효소분자에서 깊은 골짜기의 바닥에 위치한 효소의 촉매 부위로 아세틸콜린 분자가 들어가는 분명한 경로가 없었다. 실제로, 이 위치로 향하는 좁은 입구는 여러 개의 커다란 아미노산 곁사슬로 완전히 막혀있었다. 고성능 컴퓨터를 사용하여, 연구자들은 효소 안에 있는 수천 개의 원자의 무작위적 운동을 모의실험(simulation) 할 수 있었다. 이러한 모의실험은 단백질에 있는 곁사슬이 역동적인 운동이 "관문(gate)"의 신속한 개폐작용을 일으켜서, 아세틸콜린 분자가 효소의 촉매부위로 확산되게 할 것임을 보여주었다(그림 2-37).

단백질 안에서 특수한 분자의 결합으로 일어나는 예측 가능한(무작위적이지 않은) 운동을 **입체구조 변화**(conformational change)라고 말한다. 뒤에 나오는 〈실험경로〉에 있는 〈그림 3*a*〉 및 〈그림 3*b*〉에 그려진 입체구조의 변화는 세균 단백질(GroEL)이 또 다른 단백질(GroES)과 상호작용할 때 GroEL 입체구조가 극적으로 변화하는 것을 보여준다. 단백질이 참여하는 거의 모든 활성은 그 분자 내에서 입체구조의 변화를 수반한다(예를 보기 위해 http://molmovdb.org 참조). 근육이 수축하는 동안 일어나는 미오신(myosin) 단백질의 입체구조 변화는 〈그림 13-60〉과 〈그림

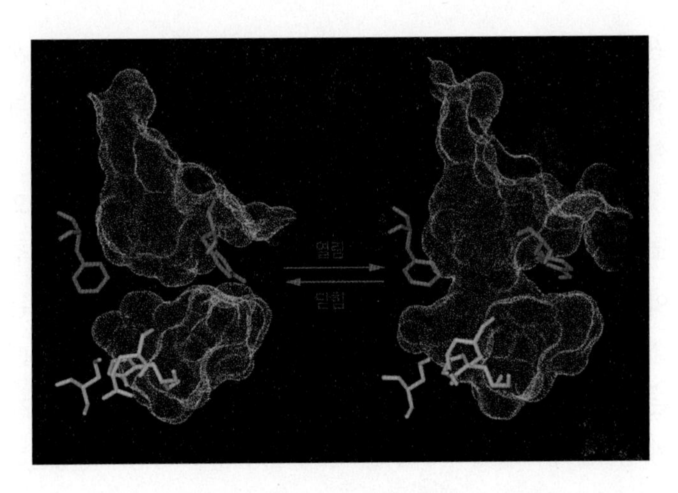

그림 2-37 **효소 아세틸콜린 에스터라아제 속에서 일어나는 역동적인 이동.** 이 효소의 일부분이 여기에 서로 다른 2개의 입체구조로 그려져 있다. 즉, (1) 폐쇄형 입체구조(왼쪽)는 촉매 부위로 들어가는 입구가 닫혀 있는데, 이는 그 입구가 티로신과 페닐알라닌 잔기(자주색)들에서 그 곁사슬의 일부인 방향족 고리에 의해 차단되어 있기 때문이다. 그리고 (2) 개방형 입체구조(오른쪽)는 이들 곁사슬의 방향족 고리가 밖으로 이동하여, 아세틸콜린 분자들이 촉매 부위로 들어가게 하는 "관문(gate)"이 열려 있다. 이 영상등은 이 분자를 구성하는 원자들에 대한 여러 가지 정보를 고려한 컴퓨터 프로그램을 사용하여 제작되었으며, 그 밖에 결합 길이, 결합각도, 정전기적 인력과 반발력, 반데르발스 힘 등에 대한 정보도 포함되었다. 이런 정보를 이용하여, 연구자들은 아주 짧은 시간 동안에 다양한 원자들의 이동에 대한 모의실험(simulation)을 할 수 있어서, 단백질이 취할 수 있는 입체구조의 상을 얻게 된다. 이 상의 동영상은 웹 사이트(http://mccammon.ucsd.edu)에서 볼 수 있다.

13-61〉에 나타나있다. 이 경우에, 미오신이 액틴에 결합하면 미오신의 머리 부분이 조금 회전(20°)하게 되며, 그 결과 인접한 액틴 섬유가 50~100 Å 정도 이동하게 된다. 근육의 수축 단백질들 속에서 일어나는 수백만 가지의 입체구조 변화가 서로 더해지는 효과의 결과로 신체 운동이 일어난다는 사실을 고려하면, 이러한 역동적인 일의 중요성을 인식할 수 있을 것이다.

4차구조 미오글로빈과 같은 많은 단백질은 단 하나의 폴리펩티드 사슬만으로 구성된 반면, 대부분의 단백질들은 하나의 사슬, 또는 **소단위**(subunit)보다 더 많은 사슬로 만들어졌다. 그 소단위들은 공유결합인 2황화결합으로 연결될 수도 있지만 대부분은 이웃하는 폴리펩티드의 상보적인 표면들에 있는 소수성 "부분들(patches)"사이에서 보통 일어나는 것처럼, 흔히 비공유결합에 의해 서로 붙잡고 있다. 소단위들로 구성된 단백질은 **4차구조**(quaternary structure)를 갖는다고 한다. 단백질에 따라서, 폴리펩티드 사슬들은 서로 동일할 수 있거나 또는 서로 다를 수 있다. 동일한 2개의 소단위로 구성된 단백질은 동질2량체(homodimer)라고 하는 반면에, 서로 다른 소단위 2개로 구성된 단백질은 이질2량체(heterodimer)이다. 동질2량체 단백질을 띠 모형으로 나타낸 그림이 〈그림 2-38*a*〉에 그려져 있다. 단백질의 두 소단위는 서로 다른 색깔로 그려져 있으며, 접촉하는 상보적 부위를 형성하는 소수성 잔기들이 표시되어 있다. 다수의 소단위를 가진 단백질 중 가장 많이 연구된 단백질은 적혈구의 산소-운반 단백질인 헤모글로빈이다. 사람의 헤모글로빈 한 분자는 2개의 α-글로빈과 2개의 β-글로빈 폴리펩티드로 구성되어있으며, 각 폴리펩티드는 하나의 산소 분자와 결합한다(그림 2-38*b*). 1959년 캠브리지대학교(Cambridge University)의 맥스 퍼루츠(Max Perutz)에 의한 헤모글로빈의 3차구조가 밝혀졌는데, 이것은 초기 분자생물학 분야의 기념비적인 업적 중 하나이다. 퍼루츠는 헤모글로빈 분자에서 4개의 글로빈 폴리펩티드 각각은 미오글로빈과 유사한 3차구조를 가지고 있음을 증명하였다. 이것은 하나의 공통의 산소(O_2)-결합 기작을 가진 공통 조상의 폴리펩티드로부터 진화되었다는 사실을 강력하게 지지한다. 퍼루츠는 또한 산소와 결합한 헤모글로빈과 산소가 떨어진 헤모글로빈의 구조를 비교하였다. 그렇게 하여, 그는 산소의 결합은 산소와 결합된 철 원자가 헴(heme)기의 평면에 더 가까이 이동하는 과정이 수반된다는 것을 발견하였다. 논리에 맞지 않는 것처럼 보이는 이런 철 원자 하나의 위치 이동이 철에 연결된 α 나선을 잡아당기고, 이어지는 α 나선의 이동은 소단위 안에서 그리고 소단위 사이에서 일련의 점진적으로 더 큰 이동에 이르게 한다. 이 발견은 단백질의 복잡한 기능이 그 입체구조의 작은 변화에 의해 수행될 수 있다는 것을 처음으로 밝혀냈다.

2-5-3-3 단백질-단백질 상호작용

비록 헤모글로빈은 4개의 소단위로 구성되었지만, 헤모글로빈은 아직도 한 가지 기능을 가진 하나의 단백질로 간주된다. 각자가 특정한 기능을 가진 서로 다른 단백질이 물리적으로 서로 연계되어 훨씬 더 커다란 **다단백질 복합체**(multiprotein complex)를 형성하는 것의 여러 가지 예가 알려졌다. 최초로 발견되었고 많이 연구된 다단백질 복합체 중 하나는 대장균의 피루브산 탈수소효소 복합체(pyruvate dehydrogenase complex, PDC)로 3개의 서로 다른 효소로 이루어진 60개의 폴리펩티드 사슬로 구성되어있다(그림 2-39). 이 복합체를 구성하는 효소들은 해당작용과 TCA회로를 연결하는 일련의 반응을 촉매 한다(그림 9-7 참조). 이 효소는 서로 밀접하게 연합되어있기 때문에, 한 효소의 산물은 세포의 수용성 매질에 희석되지 않고 다음 순서의 효소로 직접 보낼 수 있다.

세포 안에서 형성되는 다단백질 복합체는 PDC처럼 일반적으로 안정된 조립체가 아니다. 실제로, 대부분의 단백질은 어떤 한 주어진 시간에 세포 내에서 상황에 따라 결합과 분해를 번갈아하는 매우 역동적인 양상으로 다른 단백질과 상호작용한다. 상호작용하는 단백질은 서로 상보적인 표면을 갖는 경향이 있다. 일단 두 분자가 접촉할 정도로 가까이 접근하면, 그들의 상호작용은 비극성결합들로 의해 안정화된다.

〈그림 2-40*a*〉에 있는 빨간색으로 색칠한 물체는 SH3 영역이라고 하며, 분자적 신호전달에 관여하는 200개 이상의 서로 다른 단백질의 부분에서 발견된다. SH3 영역의 표면은, 또 다른 단백질로부터 뻗어 나온 상보적인 "손잡이(knob)"로 채워진 상태로 되는, 얕은 소수성 "주머니(pocket)"을 갖고 있다(그림 2-40*b*). SH3처럼, 많은 수의 서로 다른 구조 영역이 단백질 사이의 상호작용을 중개하는 연계분자(adaptor)로 작용하는 것이 확인되었다. 여러 가지 경우에서, 단백질-단백질 상호작용은 핵심 아미노산에 인산기의

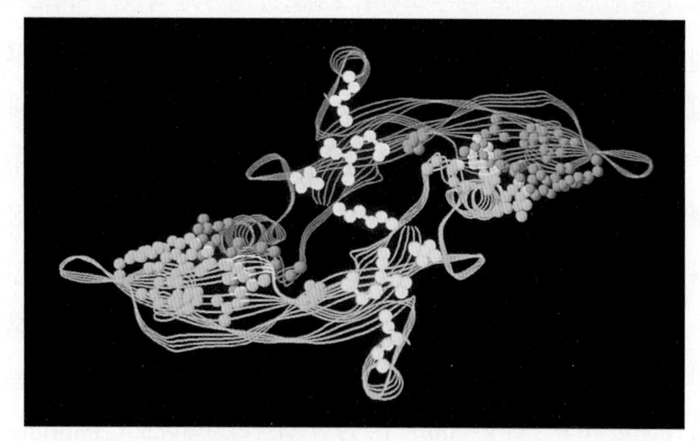

(*a*)

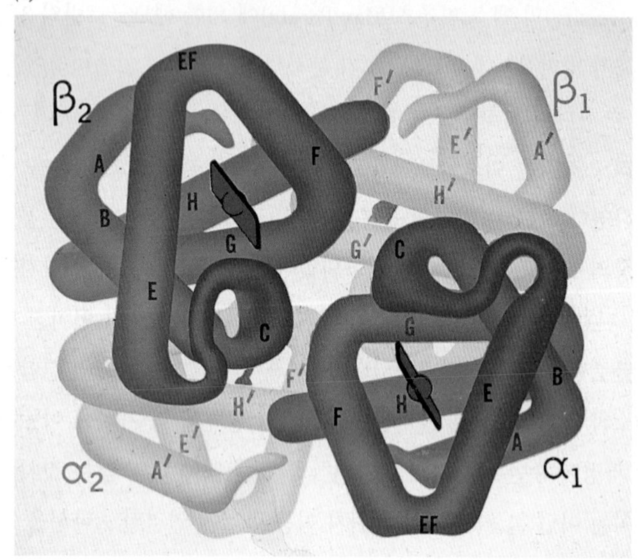

(*b*)

그림 2-38 4차구조를 갖는 단백질. (*a*) 2개의 동일한 소단위들로 구성된 2량체 단백질인 형질전환성장인자-β2 (TGF-β2)의 그림. 2개의 소단위들은 노란색과 파란색으로, 시스테인 곁사슬과 2황화결합은 하얀색으로 표시되었다. 노란색과 파란색의 구(球)는 2개의 소단위들 사이의 접촉면을 형성하는 소수성 잔기들이다. (*b*) 헤모글로빈의 분자의 그림으로서, 이 분자는 비공유결합으로 연결된 2개의 α-글로빈과 2개의 β-글로빈 사슬(이질4량체)로 구성되어 있다. 4개의 글로빈 폴리펩티드가 완전한 헤모글로빈 분자로 조립될 때, O_2 결합과 방출의 반응속도는 분리된 (상태로 있는) 폴리펩티드에 의해 나타난 속도와는 매우 다르다. 이것은 하나의 폴리펩티드에 O_2가 결합하면 다른 폴리펩티드의 입체구조의 변화가 일어나 O_2 분자에 대한 친화력을 변화시키기 때문이다.

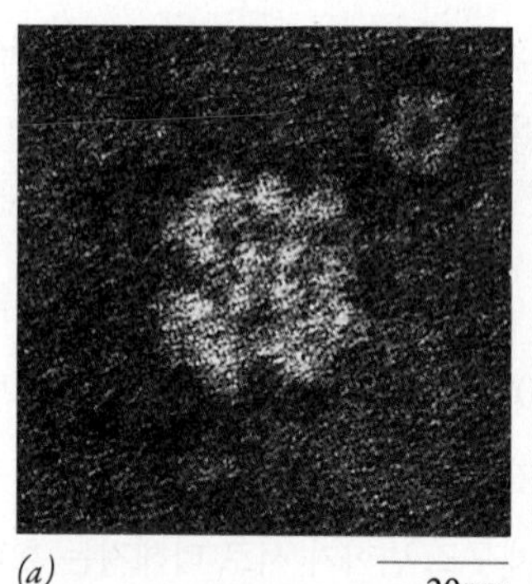

(*a*) 20nm

(*b*)

그림 2-39 피루브산 탈수소효소: 다단백질 복합체. (*a*) 대장균(*E. coli*)에서 추출한 피루브산 탈수소효소 복합체(PDC)의 음성 염색된 전자현미경 사진. 각 복합체는 세 가지 서로 다른 효소를 구성하는 60개의 폴리펩티드 사슬을 갖고 있다. 복합체의 분자량은 5백만 달톤에 근접한다. (*b*) PDC의 모형. 복합체의 중심부는 정육면체와 유사한 다이하이드로리포일 아세틸전달효소(dihyrolipoyl transacetylase) 분자들의 무리로 구성되어 있다. 피루브산 탈수소효소(pyruvate dehydrogenase) 2량체(검은색 구)는 정육면체의 모서리를 따라서 대칭적으로 분포되어 있으며, 다이하이드로리포일 탈수소효소(dihydrolipoyl dehydrogenase) 2량체(작은 회색 구)는 정육면체의 면에 위치해 있다.

첨가와 같은 변형에 의해 조절된다. 이 핵심 아미노산은 그 단백질이 어떤 다른 단백질 상대와 결합하는 능력을 켰다 껐다 할 수 있는 스위치로 작용한다. 더욱 더 많은 복합적인 분자 활성이 발견됨에 따라, 단백질 사이에서 상호작용의 중요성이 점점 더 분명해지고 있다. 예를 들면, DNA 합성, ATP 생성, RNA 가공 등과 같은 다양한 과정들 모두는 여러 가지 상호작용하는 단백질로 구성된 "분자 기구(molecular machine)"에 의해 이루어진다. 상호작용하는 단백질 중 일부는 서로 안정된 관계를 형성하며 다른 일부는 일시적인 관계로만 남는다. 효모를 대상으로 한 대규모 연구에서 수백여 개의 서로 다른 단백질 복합체가 정제되었다.

단백질-단백질 상호작용을 연구하는 대부분의 연구자들은 그들이 연구하는 X라고 하는 한 단백질이 Y라고 하는 또 다른 단백질과 물리적으로 상호작용을 하는지 알기를 원한다. 이러한 유형의 질문은, 〈18-7절〉에서 논의하며 〈그림 18-27〉에 그려져 있는 효모 두 단백질-혼성체(Y2H) 분석(yeast two-hybrid assay)이라고 하는 기술을 이용하여 그 답을 얻을 수 있다. 이 기술에서, 연구되고 있는 두 단백질을 암호화하는 유전자들(*genes*)이 동일한 효모세포에 도입된다. 만일 이 효모세포가 특정한 리포터(reporter) 유전자에 대하여 양성으로 확인된다면, 이 유전자는 효모세포에서 분명한 색깔 변화를 나타내게 되고, 그래서 의문의 대상인 두 단백질은 효모세포의 핵 안에서 상호작용을 했어야만 했다.

단백질 사이의 상호작용은 일반적으로 한 번에 하나씩 연구되어, 〈그림 2-40〉에 보이는 것과 같은 자료들을 만들어 내게 된다. 최근 몇 년 동안에, 수많은 연구 팀들이 전 세계적인 규모로 단백질-단백질 상호작용을 연구하는 과제에 착수하였다. 예를 들면, 노랑초파리(*Drosophila melanogaster*)의 유전체에 의해 암호화되는 1만 4,000여 개의 단백질 사이에서 일어나는 모든 상호작용을 알기를 원할 수 있다. 이 곤충의 전체 유전체의 염기서열이 밝혀진 지금에는, 유전체 내에서 거의 모든 유전자를 마음먹은 대로 클로닝 할 수 있고 각 DNA 부분을 쉽게 사용할 수 있다. 결과적으로, Y2H 분석으로 한 번에 단백질 2개씩, 파리 유전체에 의해 암호화되는 단백질에 대하여 상호작용을 검사할 수 있다. 이러한 유형의 한 연구에서, 수백만 가지의 가능한 조합 중에서, 2만 개 이상의 상호작용이 검사된 7,048개의 노랑초파리 단백질들 사이에서 발견되었다.

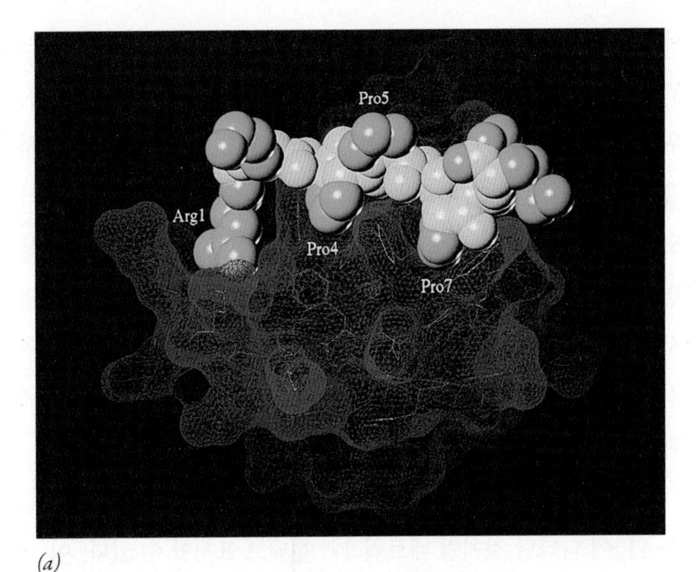

(*a*)

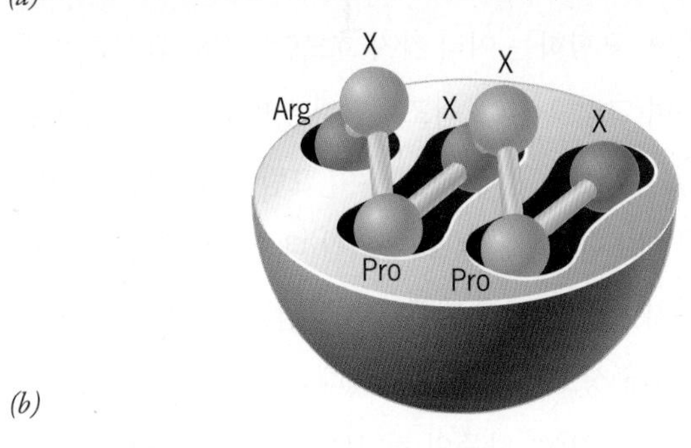

(*b*)

그림 2-40 단백질-단백질 상호작용. (*a*) 2개의 단백질에서 상호작용하는 부분의 상보적인 분자 표면을 보여주는 모형. 빨간색의 분자는 효소 PI3K(효소의 기능은 제15장에서 논의됨)의 SH3 영역. 이 그림의 꼭대기에서 공간-충전 모형으로 나타낸 펩티드와 같이, SH3 영역은 프롤린을 포함하는 다양한 펩티드에 특이적으로 결합한다. 이 효소의 표면에 있는 소수성 주머니(hydrophobic pocket)에 들어맞는 펩티드의 프롤린 잔기들(Pro4 Pro5 Pro7)을 그림에 표시하였다. 이 펩티드의 폴리펩티드 골격은 노란색으로, 곁사슬은 초록색으로 나타내었다. (*b*) SH3 영역과 펩티드 사이의 상호작용을 나타낸 도식적 모형으로서, 이 펩티드의 일부 잔기들이 SH3 영역의 소수성 주머니 구조에 들어맞는 것을 보여준다.

비록 Y2H 분석은 지난 15년 이상 동안 단백질-단백질 상호작용을 연구하는 데 중심적인 역할을 하였지만, 이것은 간접적인 분석(그림 18-27 참조)이며, 불확실성으로 가득 차 있다. 한편으로는, 특정 단백질 사이에 일어나는 것으로 알려진 상호작용의 상당수가 이러한 유형의 실험에서 검출되지 않았다. 다른 말로 하면, Y2H 분석은 또한 많은 수의 가짜 양성(false positive)을 생성하는 것으로 알려져 있다. 즉, 다른 연구결과에 따르면 정상적인 조건 하에서 세포 안에서 상호작용을 하지 않는 것으로 알려진 경우에도 Y2H 분석에서는 두 단백질이 상호작용을 하는 것으로 나타났다. 위에 언급한 노랑초파리 단백질의 연구에서, 저자들은 컴퓨터 분석을 사용하여, 원래 2만 개의 상호작용에서 높은 신뢰도를 갖는 약 5,000개의 상호작용으로 대상을 좁혔다. 전반적으로 진핵세포 생명체의 유전체에서 암호화된 각 단백질은, 평균적으로, 약 5개의 서로 다른 단백질 상대와 상호작용하는 것으로 추정되었다. 이 추정에 따르면, 인간 단백질은 대략 10만 개의 서로 다른 상호작용에 관여할 것으로 추정되었다.

대규모 단백질-단백질 상호작용 연구로부터의 결과는 〈그림 2-41〉에 나타난 것처럼 네트워크의 형태로 표시할 수 있다. 이 그림은 SH3 영역을 포함하는 여러 가지 효모단백질의 잠재적인 결합 상대를 보여주며(그림 2-40*a* 참조), 전체 생명체의 수준에서 이러한 상호작용의 복합성을 설명해준다. 이 그림에서는 특별히, 단지 하나의 기술에 기초한 상호작용보다 훨씬 더 믿을만한 결론을 내리게 하는, 두 가지 서로 완전히 다른 분석방법들(Y2H와 또 다른 기술)에 의해 검출된 상호작용 만을 그렸다. 〈그림 2-41〉의 중심부에 위치한 Las17과 같이, 다중의 결합 상대를 가진 단백질을 중심(*hub*)단백질이라고 한다. 일부의 중심단백질은 몇 가지 서로 다른 결합 접촉면(interface)을 갖고 있으며 동시에 여러 가지 결합 상대와 결합할 수 있다. 이러한 중심단백질들의 각 유형의 예가 〈그림 2-42〉에 설명되어 있다. 〈그림 2-42*a*〉에 그려진 중심단백질은 유전자 발현 과정에서 중심적인 역할을 하며, 〈그림 2-42*b*〉에 나타난 중심단백질은 세포 분열과정에서 똑같이 중요한 역할을 한다.

잠재적인(*potential*) 상호작용의 긴 목록을 얻는 것 이외에, 이런 유형의 대규모 연구로부터 세포의 활동에 관하여 무엇을 배울 수 있는가? 가장 중요한 것으로, 대규모 연구가 더 심도 있는 연구를 위한 지침을 제공한다. 유전체의 염기서열을 밝히는 연구과제(genome project)가 이전에는 그 존재조차 몰랐던 수많은 단백질들의 아미노산 서열을 과학자들에게 알려주었다. 이러한 단백질들은 무엇을 하는가? 단백질의 기능을 결정하는 하나의 접근방식은 그 단백질이 어떤 단백질과 연관되었는가를 확인하는 것이다. 예를 들면, 만일 이미 알려진 하나의 단백질이 DNA 복제에 관련된 것으로 밝혀졌다면, 그리고 알려지지 않은(未知의) 한 단백질이 이미 알려진 그 단백질과 상호작용하는 것으로 밝혀졌다면, 그 미지의 단백질은 세포의 DNA-복제 장치의 일부일 확률이 크다. 따라서 그들의 한계에도 불구하고, 이러한 대규모 Y2H 연구(그리고 여기서 논의되지 않은 다른 분석을 이용한 그 밖의 연구)들은 이전에 알

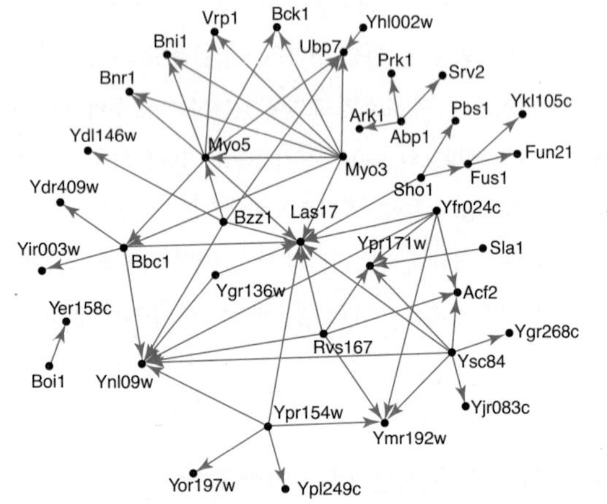

그림 2-41 단백질-단백질 상호작용의 네트워크. 각 빨간색 선은 검은색 점에 이름을 표시된 2개의 효모 단백질들 사이의 상호작용을 나타낸다. 각 경우에, 화살표는 SH3 영역 단백질로부터의 이 단백질과 결합할 수 있는 표적단백질로 향한다. 여기에 그려진 59가지 상호작용은 단백질-단백질 상호작용을 측정하는 두 가지 서로 다른 유형의 기술을 사용하여 발견되었다.

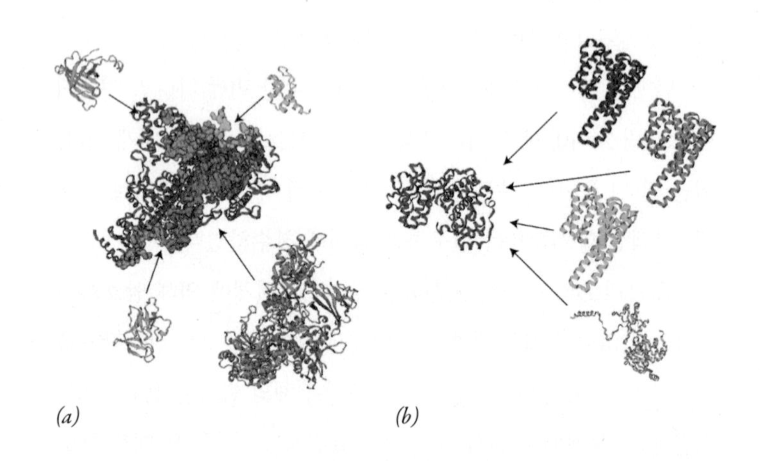

그림 2-42 중심(hub)단백질의 단백질-단백질 상호작용. (*a*) 세포에서 mRNA를 합성하는 효소인 RNA 중합효소 II는 다중 접촉면을 이용하여 다수의 다른 단백질과 동시에 결합한다. (*b*) 발아하는 효모의 세포분열 주기를 조절할 때 다른 단백질을 인산화 시키는 효소인 Cdc28. Cdc28은 동일한 접촉면에서 서로 다른 몇 가지 단백질(Cln1-Cln3)과 결합하는데, 이들 결합될 단백질은 한 번에 하나씩만 결합된다.

려지지 않은 수많은 단백질-단백질 상호작용을 탐색하는 출발점을 제공하며, 각 상호작용은 연구자들이 이전에 알려지지 않은 생물학적 작용들에 관심을 갖게 해 줄 가능성을 갖고 있다.

2-5-3-4 단백질 접힘

1950년대 후반에 미오글로빈의 3차구조의 규명으로 단백질 구조의 복잡성을 인식하게 되었다. 곧바로 "이렇게 복잡하고, 접혀지며, 비대칭적인 구성체제가 어떻게 세포 안에서 일어나게 되었는가?"라는 중요한 질문이 떠오르게 되었다. 이 문제에 대한 최초의 직관적인 이해는 1956년 미국 국립보건원(NIH)의 크리스천 안핀센(Christian Anfinsen)에 의한 우연한 관찰로 얻어졌다. 안핀센은 리보핵산분해효소(ribonuclease, RNAse) A의 성질을 연구하고 있었는데, RNAse A는 사슬의 여러 부분을 연결하는 4개의 2황화결합을 가진 124개 아미노산으로 구성된 하나의 폴리펩티드 사슬로 이루어진 작은 효소이다. 각 2황화결합을 한 쌍의 설프하이드릴기(—SH)로 전환시키는 머캡토에타놀(mercaptoethanol)과 같은 환원제를 첨가하면 단백질의 2황화결합은 일반적으로 환원되어 부서진다. 모든 2황화결합이 환원제에 접근 가능하게 만들기 위하여, 안핀센은 분자가 우선 부분적으로 풀려야한다는 것을 발견하였다. 단백질의 풀려진 또는 해체된 상태를 **변성**(denaturation)이라고 한다. 변성 상태는 세제, 유기용매, 방사선, 열, 그리고 요소나 염화구아니딘(guanidine chloride) 등과 화합물을 포함하는 여러 가지 물질에 의해 일어날 수 있으며, 이 모든 물질은 단백질의 3차구조를 안정화시키는 여러 가지 상호작용을 방해하기 때문에 변성을 일으킨다.

안핀센이 RNAse A 분자를 머캡토에타놀과 고농도의 요소로 처리했을 때, 그는 준비된 재료에서 효소의 모든 활성을 잃어버리는 것을 발견했으며, 이런 것은 단백질 분자가 완전히 풀어질 경우에 예상될 수 있을 것이다. 준비된 재료에서 요소와 머캡토에타놀을 제거했을 때, 놀랍게도 분자가 정상적인 효소활성을 회복하는 것을 그는 발견하였다. 풀려진 단백질로부터 다시 형성된(접힌) 활성을 가진 RNAse 분자는 실험의 시작 단계에 존재했던 바르게 접힌 즉, **본래의**(native) 분자와 구조적으로나 기능적으로나 서로 구별할 수 없었다(그림 2-43). 다방면에 걸친 연구 후에, 안핀센은 아미노산의 직선형 서열은 폴리펩티드의 3차원 입체구조를 형성하는 데 필요한 모든 정보를 갖고 있는 것으로 결론지었다. 바꾸어

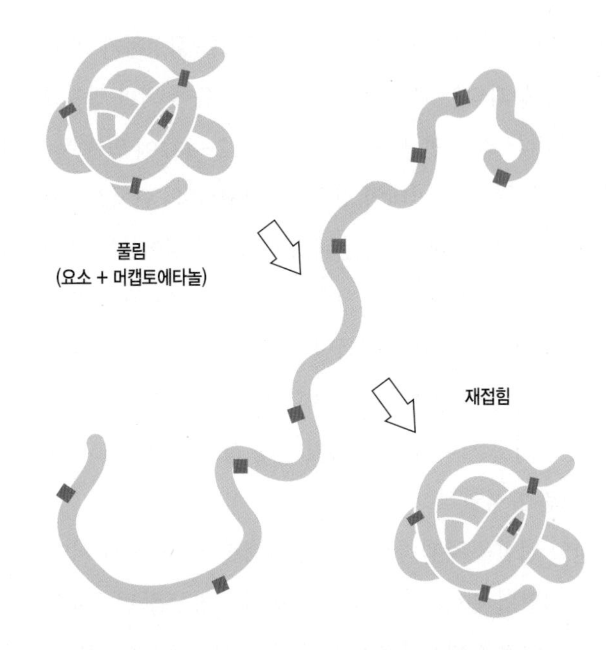

그림 2-43 **리보핵산가수분해효소(RNAse)의 변성과 재접힘.** (올바르게 접혀진) 본래의RNAse(ribonuclease) 분자(분자 내 2황화결합이 표시되었음)는 β-머캡토에타놀(mercaptoethanol)과 8M의 요소로 처리하면 환원되고 접힘이 풀린다. 이들 시약을 제거한 후에, 이 단백질은 자발적으로 다시 접힌다.

말하면, RNAse는 **자가-조립**(self-assembly) 될 수 있는 능력이 있다. 제3장에서 논의된 것처럼, 이 과정은 더 낮은 에너지의 상태로 향하여 진행하려는 경향이 있다. 이 개념에 따르면, 접힌 후에 폴리펩티드 사슬이 취하는 3차구조는 낮은 에너지를 가진 접근 가능한 구조로서, 그 사슬에 의해 형성될 수 있는 열역학적으로 가장 안정된 구조를 가지게 한다. 생물학적으로 적당한 기간 안에 바르게 접힌 상태에 자발적으로 도달하게 할 수 있는 폴리펩티드 사슬을 생성할 수 있는 그러한 아미노산 서열이 진화 과정에서 선택된 것처럼 보인다.

단백질 접힘 과정의 연구에는 수많은 논쟁거리가 있는데, 그 중 하나는 접힘 과정 동안 여러 단계에서 일어나는 일들에 관련된 것이다. 단순화하기 위하여, 하나의 영역으로 구성된 RNAse와 같은 "간단한" 단백질로 논의를 한정하고자 한다. 〈그림 2-44*a*〉에 그려진 과정에서, 분자의 상당부분의 2차구조 형성을 유도하는 이웃 잔기들 사이의 상호작용에 의해 단백질 접힘이 시작된다. 일단 α 나선과 β 병풍이 형성되면, 그 다음 단계의 접힘은 비극성 잔기를 단백질의 중심으로 함께 몰아넣는 소수성 상호작용에 의해 추진된다. 〈그림 2-44*b*〉에 나타난 또 다른 방식에 따르면, 단백질 접

힘에서 첫 번째 주요 사건은 조밀한 구조를 형성하기 위하여 폴리펩티드가 붕괴되는 과정이며, 오직 그 다음에 의미 있는 2차구조가 전개된다. 최근 연구에 따르면 〈그림 2-44〉에 있는 두 가지 경로는 서로 극단적인 반대의 경우이며, 대부분의 단백질은 아마도 2차구조 형성과 조밀하게 되는 과정이 동시에 일어나는 아마도 중간 과정에 의해 접혀질 것이다. 이러한 초기의 접힘에서 일어나는 일들은 부분적으로 접힌 일시적인 구조를 형성하도록 하며, 이 구조는 바르게 접힌 단백질을 닮았지만 완전하게 접힌 분자에 있는 아미노산 곁사슬 사이의 여러 가지 특정 상호작용이 없는 구조일 것이다(그림 2-45).

만일 접힘을 주관하는 정보가 단백질의 아미노산 서열에 있다면, 이 서열의 변화는 단백질이 접혀지는 방식을 변화시킬 가능성이 있고, 이것은 비정상적인 3차구조로 이끌게 된다. 실제로, 유전 질환의 원인인 여러 가지 돌연변이는 단백질의 3차구조를 변화시키는 것으로 밝혀졌다. 일부의 경우에서, 단백질이 잘못 접혀짐으로서 치명적인 결과를 가져온다. 비정상적인 단백질 접힘의 결과로 발생하는 치명적인 신경퇴행성 질환의 두 가지 예에 대하여 다음의 〈인간의 전망〉에서 논의한다.

분자 샤페론의 역할 모든 단백질이 자가-조립의 단순한 과정에 의해 최종적인 3차구조를 취할 수 있는 것은 아니다. 이것은 적절히 접히기 위해 필요한 정보가 이러한 단백질의 1차구조에 없기 때문이 아니고, 접혀지고 있는 단백질들은 혼잡한 세포 구획 안에서 다른 분자들과 비선택적으로 상호작용하는 것을 방지해야 하기 때문이다. 접혀지지 않은 또는 잘못 접힌 단백질이 적절한 3차원적 입체구조에 이르도록 도와주는 기능을 가진 몇 가지 단백질 집단(family)이 진화되었다. 이런 "도와주는 단백질"을 **분자 샤페론**(molecular chaperone)이라고 하며, 이들은 짧은 구간의 소수성 아미노산에 선택적으로 결합한다. 이 짧은 구간은 정상적으로 접힌 입체구조를 지닌 단백질에서는 안에 묻혀있지만 비정상적으로 접

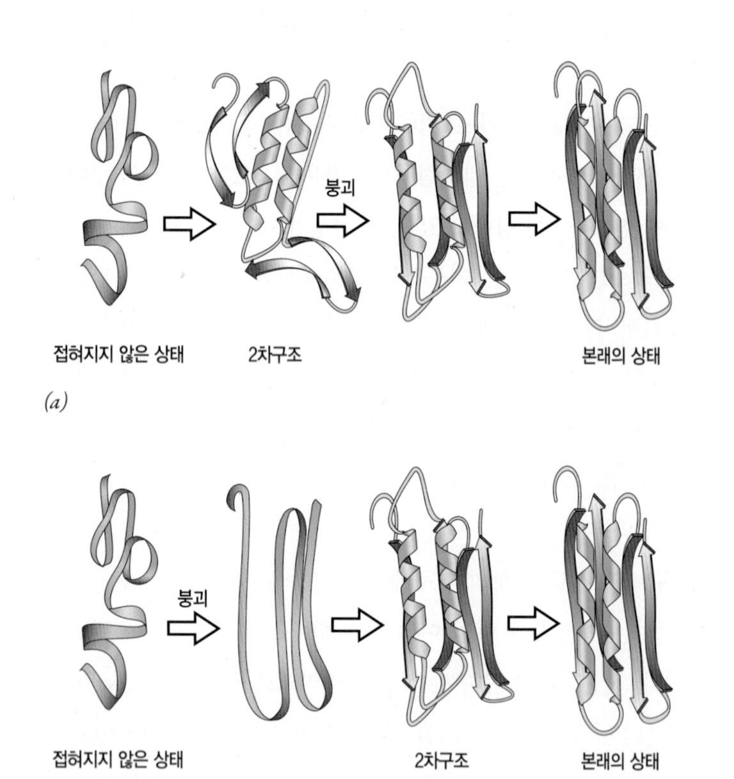

그림 2-44 두 가지 선택적인 경로에 의해서, 새롭게 합성된 또는 변성된 단백질이 올바르게 접혀진 본래의 입체구조로 될 수 있다. 말려서 꼬인 부분은 α 나선을, 화살표는 β 가닥을 나타낸다.

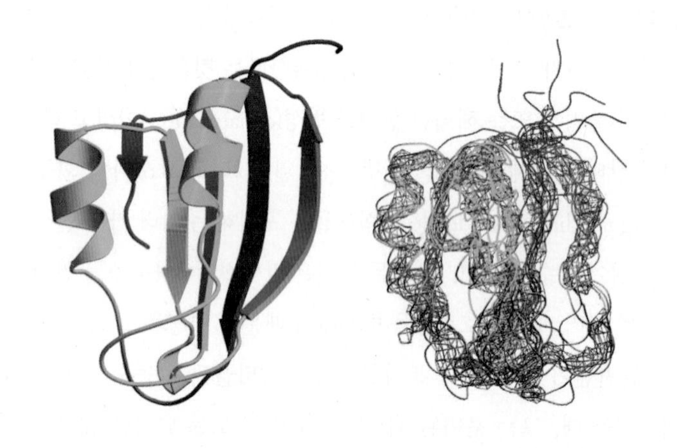

그림 2-45 접힘 경로를 따라서. 왼쪽의 그림은 효소 아실-인산가수분해효소(acyl-phosphatase)의 본래의 3차구조를 보여준다. 오른쪽 그림은 이 효소가 접히는 동안 대단히 신속하게 나타나는 전이(transition)구조이다. 전이구조는 서로 밀접하게 관련된 구조들의 조합이기 때문에, 수많은 개개의 선으로 구성되어 있다. 전이구조의 전체적인 구조는 본래 단백질의 구조와 유사하지만, 완전하게 접혀진 단백질의 더 상세한 많은 구조적 특징들은 아직 드러나지 않는다. 전이구조 상태에서 본래의 단백질로 전환되는 과정은 2차구조 형성의 완성, 곁사슬을 더 빽빽하게 채우는 일, 그리고 마지막으로 소수성 곁사슬을 수용성 용매로부터 내부로 집어넣는 일 등이 포함된다.

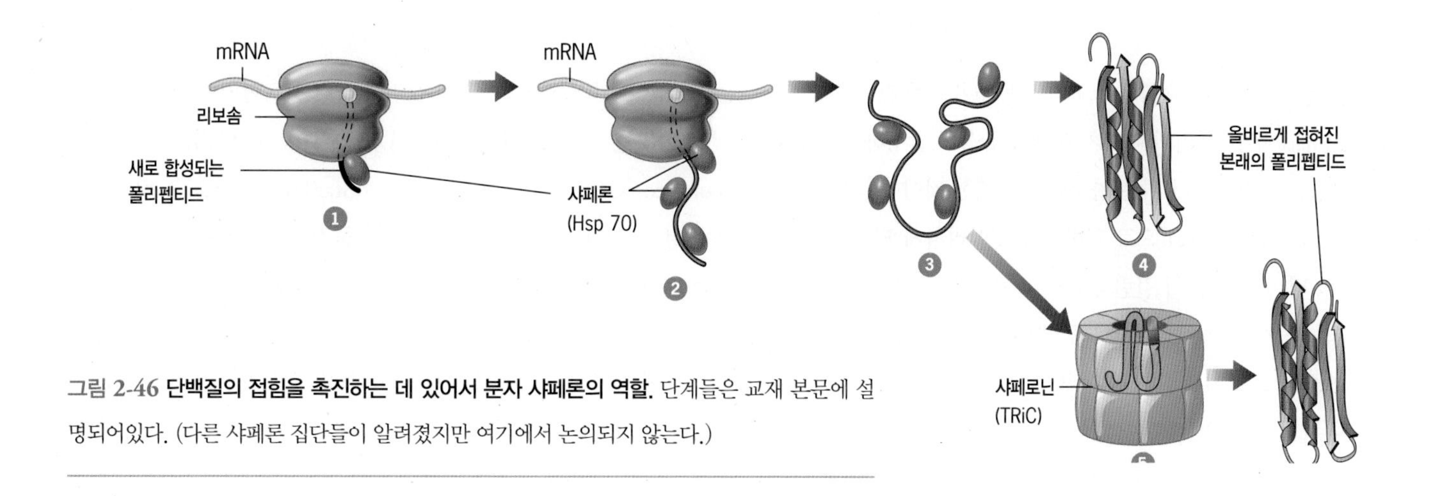

그림 2-46 **단백질의 접힘을 촉진하는 데 있어서 분자 샤페론의 역할.** 단계들은 교재 본문에 설명되어있다. (다른 샤페론 집단들이 알려졌지만 여기에서 논의되지 않는다.)

힌 단백질에서는 외부로 노출되어 있는 경향이 있다.

진핵세포의 세포기질에서 작동하는 두 집단의 분자 샤페론의 활성이 〈그림 2−46〉에 그려져 있다. 폴리펩티드 사슬은 리보솜에서 사슬의 N-말단에서 시작하여, 한 번에 하나씩, 아미노산을 첨가함으로써 합성된다(그림 2−46, 1단계). Hsp70 집단의 샤페론은 폴리펩티드 사슬이 리보솜의 큰 소단위의 방출 통로로부터 나오면, 길이가 늘어나고 있는 폴리펩티드 사슬에 결합한다(2단계). Hsp70 샤페론은, 부분적으로 형성된 즉, 새로 합성되는(*nascent*) 폴리펩티드가 응집되거나 또는 잘못 접히게 하는 세포기질 속의 다른 단백질과 결합하는 것을 방지하는 것으로 생각된다. 일단 폴리펩티드의 합성이 끝나면(3단계), 이러한 여러 가지 단백질은 샤페론에 의해 세포기질로 간단히 방출되며 세포기질에서 자발적으로 바르게 접혀지게 된다(4단계). 다수의 더 커다란 폴리펩티드는 Hsp70 단백질로부터 샤페로닌(*chaperonin*)이라고 하는 다른 유형의 샤페론으로 전달된다(5단계). 샤페로닌은 원통형 단백질 복합체로서 방(chamber)을 갖고 있다. 그 방 속에서 새로 합성된 폴리펩티드가 세포 속에 있는 다른 고분자의 방해를 받지 않고 접혀질 수 있다. TRiC는 포유동물 세포에서 합성된 폴리펩티드 중에서 15% 정도까지의 단백질들의 접힘을 돕는 샤페론으로 생각된다. Hsp70 그리고 샤페로닌의 발견과 작용 기작은 뒤에 나오는 〈실험경로〉에서 논의한다.

인 간 의 전 망

잘못 접힌 단백질은 치명적인 결과를 가져올 수 있다

1996년 4월 의학 잡지 랜싯(*Lancet*)에 출간된 논문은 유럽 주민에 광범위한 경보를 울렸다. 이 논문은 뇌를 공격하여 운동 균형감 상실 및 치매의 원인이 되는 희귀한 치명적인 질환인 크로이츠펠트-야콥병(Creutzfeldt-Jakob disease, CJD)에 걸린 10명의 환자에 대한 연구를 기술하고 있다. 여러 다른 질환과 마찬가지로, CJD는 특정 가계에서 유전성 질환으로 일어나기도 하며 또는 질병의 내력이 없는 가계(家系)의 개인들에서 산발적으로 일어나기도 한다. 그러나 거의 모든 다른 유전성 질환과는 달리, CJD는 또한 후천성(획득성)일 수도 있다. 최근에 이르기 전까지는, CJD를 획득한 사람은 진단이 내려지지 않은 CJD를 가진 사람에 의해 제공된 장기 또는 장기 생산물을 받아들인 사람이었다. 1996년 랜싯 의학 잡지에 기술된 사례는 후천성이였지만, 이 질환의 외견상의 근원은 감염된 개체가 수년전에 먹었던 오염된 소고기로 보였다. 오염된 소고기는 동물이 운동 협응(協應)(motor coordination)을 잃어버리고 치매 행동 증상이 발생하는 퇴행성 신경질환에 걸린 영국에서 키운 가축에서 유래한 것이다. 이 질환은 "광우병(mad cow disease)"으로 일반적으로 알려지게 되었다. 오염된 소고기를 먹어서 CJD에 걸린 환자는 전형적인 형태의 이 질환에 걸린 환자와 몇 가지 기준에서 서로 구별할 수 있다. 지금까지 대략 200여명이 오염된 소고기로부터 걸린 환자가 사망하였으며, 이런 사망자의 숫자는 감소하고 있는 중이다.[1)]

가계에서 발생하는 질환은 잘못된 유전자가 항상 원인인 반면, 오염된 근원으로부터 획득된 질병은 언제나 감염물질이 원인으로 추적될 수 있다. 어떻게 동일한 질환이 유전성이며 감염성일 수 있는가? 이 물음에 대한 답은 점진적으로 얻게 되었는데, 지난 수십 년 동안 1960년대 파푸아 뉴기니 원주민들이 한때 걸렸던 이상한 질병에 대한 디. 칼튼 가이듀섹(D. Carleton Gajdusek)의 관찰로부터 시작되었다. 가이다쉑은 이 섬에 사는 사람은 장례식 도중에 그들은 최근 사망한 친척의 뇌 조직을 먹는 의식으로 인하여, 원주민들이 "쿠루(kuru)"라고 부르는 치명적인 퇴행성신경질환에 걸렸다는 것을 보여주었다. 쿠루로 사망한 환자의 뇌를 부검한 결과, 특정 뇌 부위를 현미경으로 보면 작은 구멍(액포화; vacuolation)이 무수히 많이 있는, 즉 스펀지와 닮은 모양의 조직을 갖는 해면뇌병증(海綿腦病症, *spongiform encephalopathy*)이라는 질환의 독특한 병리학적 소견을 보였다.

쿠루에 걸린 섬주민의 뇌는 CJD에 걸린 환자의 뇌와 현미경에 나타난 모습이 놀랄 만큼 유사한 것이 곧 알려지게 되었다. 이러한 관찰은 중요한 질문을 던지게 되었다. 즉, 유전적인 질환으로 알려진 CJD에 걸린 사람의 뇌는 감염 물질을 포함하였는가? 1968년 가이다쉑은 CJD로 사망한 환자의 뇌 생검(biopsy)으로부터 추출물을 적합한 실험동물에 주사하였을 때, 그 동물은 실제로 쿠루 또는 CJD의 뇌와 유사한 해면뇌병증으로 발전되었음을 보여주었다. 추출물에는 그 당시에는 분명히 바이러스라고 여겼던 감염성 물질을 포함되어있었다.

1982년, 캘리포니아대학교(University of California, San Francisco, UCSF)의 스탠리 프루지너(Stanley Prusiner)는 바이러스와는 달리 CJD에 원인이 되는 감염성 물질에는 핵산이 없으며 단지 단백질로만 구성되어있다는 논문을 발표하였다. 프루지너는 이 단백질을 프리온(*prion*)이라 불렀다. 이러한 "오직 단백질만(protein only)"이라고 했던 가설은 처음에는 상당히 회의적으로 받아들여졌지만, 프루지너 및 다른 연구자들의 후속 연구들로 인하여 이 제안은 압도적인 지지를 받게 되었다. 초기에는 프리온 단백질은 외부의 물질로서 핵산이 없는 바이러스와 유사한 입자일 것으로 추정하였다. 이러한 예상과는 달리, 프리온 단백질은 세포 자신의 염색체에 있는 유전자(*PRNP* 라고 하는)에 의해 암호화된다는 것이 곧 밝혀졌다. 이 유전자는 정상적인(*normal*) 뇌 조직에서 발현되며, 신경세포의 표면에 존재하는 PrP^C(세포성 프리온 단백질)로 표시하는 단백질을 암호화한다. PrP^C의 정확한 기능은 미스터리로 남아있다. 변형된 형태의 이 단백질의 변형된 형태(PrP^{Sc}, 스크레이피 프리온 단백질)가 CJD를 가진 사람의 뇌에 존재한다. 정상적인 PrP^C와는 달리, 변형된 형태의 이 단백질은 신경세포에 축적이 되며, 응집물(aggregate)을 형성하여 신경세포를 죽인다.

정제된 상태에서, PrP^C와 PrP^{Sc}는 서로 매우 다른 성질을 갖는다. PrP^C는 염 용액에서 수용성인 단량체 분자로 유지되고 있으며, 단백질 분해 효소에 의해 쉽게 파괴된다. 반면에, PrP^{Sc} 분자는 서로 상호작용하여 효소에 의해 분해되지 않는 불용성 섬유를 형성한다. 이러한 차이에 근거하여, 두 형태의 PrP 단백질은 서로 다른 아미노산 서열을 가질 것으로 예상할 수 있지만, 이 경우는 그렇지 않다. 두 형태는 동일한 아미노산 서열을 가지고 있지만, 두 형태는 폴리펩티드가 3차원적 단백질 분자로 접혀지는 과정이 서로 다르다(그림 1). PrP^C 분자는 대부분이 α-나선 부위 및 상호 연결 코일로 구성되어 있는 반면, PrP^{Sc} 분자의 중심은 주로 β-판(板, sheet) 구조로 되어있다.

돌연변이로 인하여 폴리펩티드가 덜 안정적이며 비정상적인 PrP^{Sc}로 어떻게 접혀지기 쉬운가를 이해하는 것은 어렵지 않지만, 이러한 단백질이 어떻게 감염성 물질로서 작용할 수 있는가? 유력한 가설에 따르면, 비정상적인 프리온 분자(PrP^{Sc})는 정상적인 단백질 분자(PrP^C)와 결합할 수 있으며 정상적인 단백질을 비정상적인 형태로 접혀지게 할 수 있다는 것이다. 이러한 전환은 시험관 안에서 일어날 수

[1)] 얼핏 보기에, 사망자가 줄어들어 전염병의 유행이 막바지에 다다른 것으로 보이지만, 보건 당국이 우려하는 몇 가지 이유가 있다. 한 가지 이유는, 영국에서 수술하는 동안 제거된 조직에 대한 연구는 증상을 보이지 않는 상태로 수천 명이 그 질병에 감염되었을 가능성을 암시한다. 임상적으로 이들이 질병으로 결코 발전되지 않더라도, 이들은 수혈을 통해 다른 사람에게 CJD를 전달할 수 있는 잠재적 보인자(carrier)로 남아있다. 실제로, 적어도 2명이 질병을 지니고 있는 헌혈자로부터 수혈 받은 후 CJD에 걸린 것으로 믿어진다. 이러한 발견은 원인 물질(그 성질에 대하여서 아래에 논의)의 존재에 대하여 혈액검사를 할 필요가 있다는 점을 강조한다.

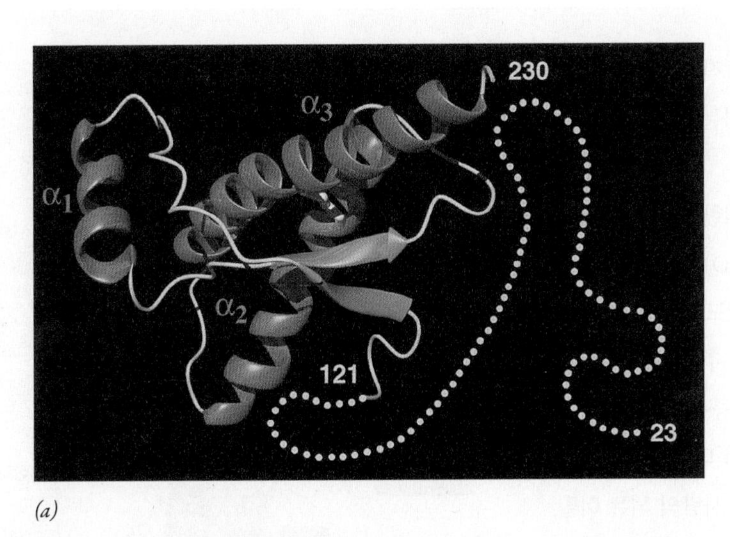

(a)

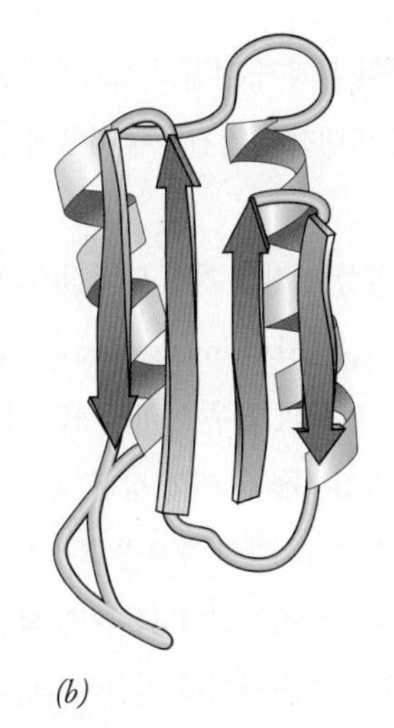

(b)

그림 1 구조의 비교. (a) NMR 분광법에 의해 결정된 정상적인 (PrP^C) 단백질의 3차구조. 주황색 부분은 α-나선 부분을 나타내며, 파란색 부분은 짧은 β 가닥을 나타낸다. 노란색 점선은 일정한 구조를 가지지 않는 폴리펩티드의 N-말단 부분이다. (b) 비정상적이며 감염성인 프리온(prion) 단백질(PrP^{Sc})의 제안된 모형으로서, 이 단백질은 주로 β-병풍구조로 이루어져 있다. 프리온 단백질의 3차구조는 밝혀지지 않았다. 이 그림에 나타낸 2개의 분자는 아미노산 서열이 같으나 매우 다르게 접혀진 폴리펩티드 사슬로 형성되어 있다. 접히는 방식이 다르기 때문에, PrP^C는 가용성인 반면에, PrP^{Sc}는 응집물을 형성하여 세포를 죽인다. [이 그림에 나타낸 분자들은 단지 입체구조만 다르기 때문에 이형태체(異形態體, *conformer*)라고 한다.]

있다는 것이 밝혀졌는데, 준비된 PrP^C 시료에 PrP^{Sc}를 첨가하면 PrP^C 분자가 PrP^{Sc} 입체구조로 전환될 수 있었다. 드물게 보는 경우로 잘못 접힌 단백질의 결과이거나 또는 오염된 소고기에 노출되었던 결과이거나간에, 이 가설에 따르면, 신체에 있는 비정상적인 단백질의 출현

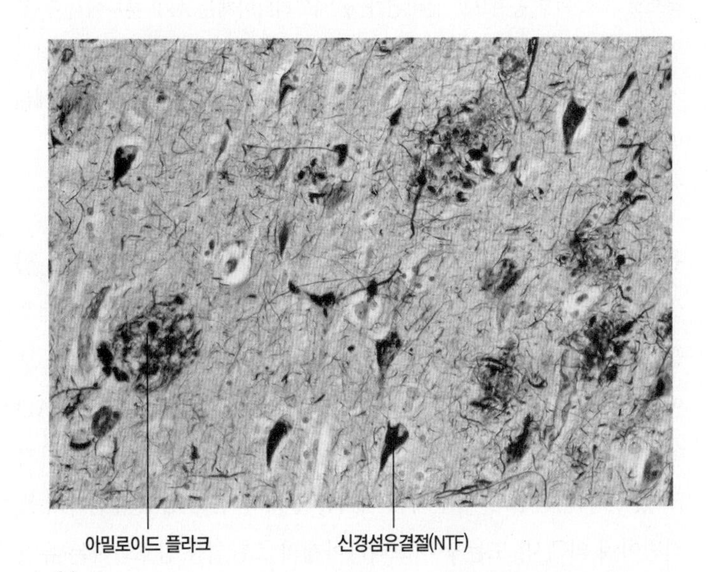

(a)

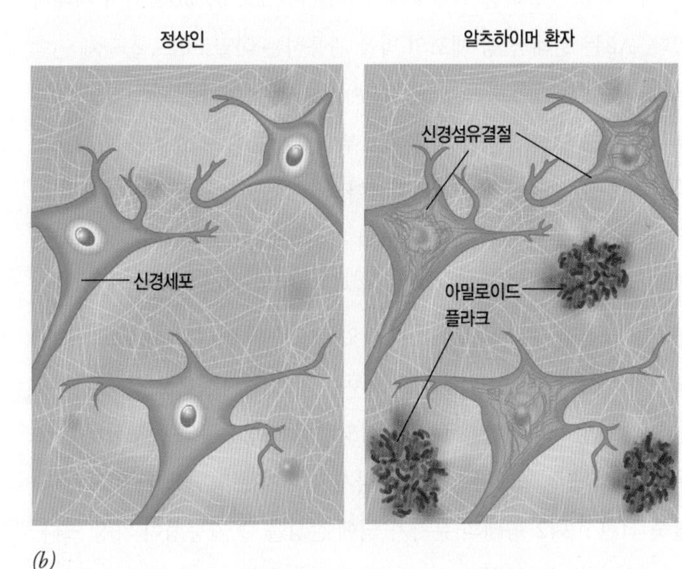

(b)

그림 2 **알츠하이머 질환.** (a) 알츠하이머 질환으로 사망한 사람의 뇌 조직의 결정적인 특징. (b) Aβ 펩티드의 집합체를 포함하는 아밀로이드 플라크(amyloid plaque)가 세포 외부에(신경세포 사이에) 나타나는 반면, 신경섬유결절(NFT)은 세포 내부에 나타난다. 〈인간의 전망〉 말미에서 논의한 NFT는 신경세포의 미세관 구성 체제를 유지하는 데 관련된 타우(tau)라고 하는 단백질이 잘못 접혀서 엉켜 있는 결절들(tangles)로 구성되어 있다. 플라크와 결절 모두가 질환의 원인으로 제시되고 있다.

하면 세포 안의 정상적인 분자가 점진적으로 비정상적인 프리온 형태로 전환된다. 프리온이 퇴행성 신경질환에 이르게 하는 정확한 기작은 아직 밝혀지지 않았다.

CJD는 독특한 감염성 성질을 가진 단백질에 의한 희귀한 질환이다. 반면에 알츠하이머 질환(Alzheimer's disease, AD)은 65세에는 약 10%까지 그리고 80세 이상의 경우 아마도 40%정도가 걸리는 일상적인 질병이다. AD를 가진 사람은 기억 상실, 혼돈, 추론 능력의 상실을 보인다. CJD와 AD는 여러 가지 중요한 특징을 공유한다. 두 질환 모두는 산발적이거나 유전적으로 일어나는 치명적인 퇴행성 신경질환이다. CJD와 마찬가지로, 알츠하이머 질환에 걸린 사람의 뇌는 아밀로이드(*amyloid*)라고 하는 불용성의 섬유 축적물을 포함하고 있다(그림 2). 두 질환 모두에서, 섬유 축적물은 주로 β 병풍구조로 된 폴리펩티드의 자가-결합(self-association)의 결과이다. 또한 두 질환 사이에 많은 차이점이 있다. 질병을 일으키는 집합체를 형성하는 두 단백질은 서로 관련이 없으며, 영향을 받는 뇌의 부위가 서로 다르고, AD를 일으키는 단백질은 비감염성이다(즉, AD는 전염되지 않는다.).

지난 20년 동안, AD에 대한 연구에서는 이 AD가 아밀로이드 β-펩티드(*amyloid β-peptide, Aβ*)라고 하는 분자의 생성에 의해 일어난다는 것을 주장하는 아밀로이드 가설(*amyloid hypothesis*)이 지배하였다. Aβ는 원래 신경 세포의 막을 관통하는 아밀로이드 전구체 단백질(*amyloid precursor protein, APP*)로 불리는 커다란 단백질의 일부분이다. Aβ 펩티드는 APP 분자로부터 2개의 특정 효소인 β-시크리타아제(β-secretase)와 γ-시크리타아제(γ-secretase)에 의해 절단된 다음 방출된다(그림 3). Aβ 펩티드의 길이는 다소 변동적이다. 주된 종류는 40개 아미노산(Aβ40으로 표시)을 가진 것이지만, 2개의 소수성 아미노산을 추가적으로 가지고 있는 소수의 펩티드(Aβ42로 표시)도 또한 생산된다. 이들 펩티드 모두는 주로 α-나선으로 구성된 수용성 형태로 존재하지만, Aβ42는 상당량의 β-병풍구조를 포함하는 매우 다른 입체구조로 자발적으로 다시 접혀지는 경향을 가지고 있다. 잘못 접힌 Aβ42 형태의 분자가 뇌에 손상을 줄 가능성이 가장 크다. Aβ42는 작은 복합체(oligomer, 올리고머)뿐만 아니라 전자현미경 하에서 섬유로 보일 수 있는 커다란 집합체로 자가-결합을 하는 경향이 있다. 비록 논쟁은 아직 결말이 멀었지만, 대부분의 증거는 비수용성 집합체가 아니고 수용성 올리고머가 신경세포에 더 독성이 있다는 것을 암시한다. 예를 들면, 배양된 신경세포는 Aβ 단량체 또는 원섬

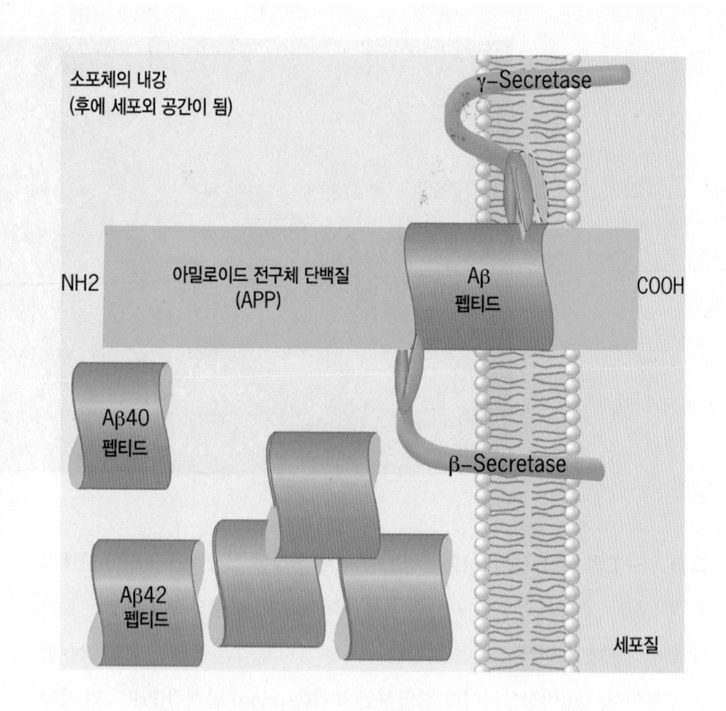

그림 3 **Aβ 펩티드의 형성.** Aβ 펩티드는 아밀로이드 전구체 단백질(APP)로부터 두 효소 β-시크리타아제와 γ-시크리타아제에 의해 분해된 결과로 떨어져 나온다. APP와 두 시크리타아제는 모두 막을 관통하는 단백질인 것이 흥미롭다. APP의 분할은 세포 안에서(아마도 소포체에서) 일어나며, Aβ 산물은 궁극적으로 세포 외부 공간으로 분비된다. γ-시크리타아제는 APP 분자에서 두 부위를 자를 수 있어, Aβ40 또는 Aβ42 펩티드를 생산하며, 주로 Aβ42 펩티드가 그림 2에 나타난 아밀로이드 플라크 생성의 원인이 된다. γ-시크리타아제는 막 안에 있는 부위에서 기질을 분해하는 다소단위(multisubunit) 효소이다.

유 집합체에 의해서보다는 수용성 Aβ 올리고머의 존재에 의해서 훨씬 더 손상을 받는다. 뇌에서, Aβ 올리고머(oligomer)는 한 신경세포를 다른 신경세포에 연결하는 시냅스(synapse)를 공격하는 것처럼 보이며, 결국에는 신경세포가 죽음에 이르게 한다. 유전적인 형태의 AD에 걸린 사람은 Aβ42 펩티드의 생산을 증가시키는 돌연변이를 가지고 있다. 여분의 *APP* 유전자의 복사본을 가지거나, *APP* 유전자의 돌연변이에 의해서, 또는 γ-시크리타아제의 소단위를 암호화하는 유전자(*PS1*, *PS2*)의 돌연변이에 의해서 Aβ42가 과량생산 될 수 있다. 이러한 돌연변이를 가진 사람은 50대와 같이 비교적 젊은 나이에 질병의 증상이 나타난다. 아밀로이드 형성을 증가시키는 유전자의 돌연변이가 AD의 원인이라는 사실은 아밀로이드 형성이 질환의 근원이라는 것을 선호하는 가장 강력한 논거(argument)이다. 아밀로이드 가설에

반대하는 가장 강력한 논리는 뇌에서 아밀로이드 플라크(plaque)의 숫자 및 크기와 질병의 중증 정도 사이의 상관관계가 약하다는 것이다. 기억 상실이나 치매의 증상이 전혀 없거나 거의 없는 노인들이 상대적으로 높은 수준의 아밀로이드 축적물을 뇌에 가질 수 있으며, 심각한 증상을 보이는 노인들이 뇌에 아밀로이드 축적물이 거의 없거나 전혀 없을 수 있다.

AD의 치료를 위해 현재 시장에 나와 있는 모든 약제들은 단지 증상이 더 나빠지지 않도록 하는 목적으로 하는 약제로서, 어떤 것도 질병의 진행을 멈추게 하는 것에는 아무런 효과가 없다. 아밀로이드 가설을 이정표로 삼아, 연구자들은 AD와 연관된 정신 저하를 반전시키고 예방을 위한 새로운 약제를 개발하는 데 세 가지 기본적인 전략을 추구하였다. 이들 전략에는 (1) 우선적으로 Aβ42 펩티드의 형성을 방지하고, (2) 일단 아밀로이드가 형성이 되면 Aβ42 펩티드(또는 펩티드가 형성한 아밀로이드 축적물)를 제거하며, (3) Aβ 분자들 사이의 상호작용을 방지하여 올리고머와 섬유 집합체가 형성되지 않도록 하는 전략이다. 각각의 전략을 시험하기 전에, 연구자들이 어떤 유형의 약제가 AD의 예방이나 치료에 성공적인가를 어떻게 결정할 수 있는가 하는 방법을 우선 고려해야한다.

사람의 질병 치료 개발을 위한 가장 좋은 접근법 중 하나는 유사한 질병이 발생하는 실험동물, 특히 생쥐를 찾아서, 잠재적인 치료 방법의 효율성을 시험하기 위해 이들 동물을 사용하는 것이다. 사람의 질병을 모방하여 같은 질병을 보이는 동물을 동물모델(*animal model*)이라고 한다. 어떤 이유에서 간에, 노화된 쥐의 뇌에서는 인간에서 볼 수 있는 아밀로이드 축적물의 증거가 없으며, 1995년 이전에는 AD에 대한 동물모델이 없었다. 1995년에, 연구자들이 아밀로이드 플라크가 발생하며 기억이 필요한 임무를 잘 수행하지 못하는 생쥐의 계통(strain)을 만들 수 있다는 것을 발견하였다. 연구자들은 AD의 원인이 되는 돌연변이 된 인간 APP 유전자를 지니도록 생쥐를 유전공학적으로 조작하여 이 생쥐 계통을 만들었다. 유전자조작 즉, 형질전환(*transgenic*)된 생쥐는 AD에 대한 잠재적인 시험을 하는 데 매우 귀중한 것으로 판명되었다. AD 치료의 분야에서 가장 고무적인 치료요법은 위에서 언급한 두 번째 전략을 중심으로 연구가 시도되었으며, 새로운 약제의 개발에 필요한 몇 가지 단계들을 보여주기 위해 이들의 연구를 사용한다.

1999년에, 엘란 제약회사(Elan Pharmaceuticals)의 데일 쉥크(Dale Schenk)와 그 동료들은 비범하고 놀라운 발견을 출간하였다. 그들은 돌연변이 인간 APP 유전자를 가진 생쥐에 문제를 일으키는 바로 그 물질인 집합체 Aβ42 펩티드를 반복적으로 동물에게 주사함으로써 아밀로이드 플라크(amyloid plaque)의 형성이 방지된다는 것을 발견하였다. 실제로는, 연구자들 질병에 대한 예방주사로 면역화(immunization) 시켰다. 어린(6주) 생쥐를 Aβ42로 면역화 시키면, 생쥐들은 나이가 들면서 아밀로이드 축적으로 발전되지 않았다. 이미 광범위한 아밀로이드 축적물을 포함하는 늙은(13개월) 생쥐들을 Aβ42로 면역화 시키면, 섬유 축적물의 상당 부분이 신경계에서 사라졌다. 더욱 중요한 점은, 면역화 된 생쥐는 같은 배(胚)에서 태어난 비면역화 된 생쥐보다 기억을 기반으로 하는 시험을 더 잘 수행하였다.

면역화 과정에서 동물에 부작용이 없었다는 사실과 함께, 생쥐에 대한 이러한 실험들의 극적인 성공으로 정부 관계자들은 신속하게 Aβ42 백신(vaccine)의 임상시험 제1단계 단계를 승인하였다. 제1단계 임상시험은 새로운 약제 또는 절차를 사람을 대상으로 시험하는 첫 번째 단계로써, 보통 배양된 세포에서와 동물모델에서 임상(臨床) 전의 시험을 수년간 실행한 후에 시작한다. 제1단계 시험은 적은 수의 시험 대상을 가지고 실행하며 질병에 대한 효율성 보다는 절차의 안정성을 추적하여 관찰하도록 고안되었다.

서로 독립적인 두 Aβ 백신의 제1단계 임상시험에서 어떤 대상도 아밀로이드 펩티드 주사로 인한 부작용을 보이지 않았다. 따라서 더 많은 대상을 가지고, 절차(또는 약제)의 효과성의 정도를 얻기 위하여 고안된 제2단계 임상시험을 진행하도록 연구자들에게 허락되었다. 이 특정 제2단계 임상시험은 무작위적이고, 이중맹검법(二重盲檢法)으로, 그리고 위약-대조군(placebo-controlled) 연구로 실행되었다. 이런 유형의 연구는 다음과 같이 실시하였다. 즉,

1. 환자를 무작위(*random*)로 두 집단으로 나누어, 한 집단은 심사 중인 치료 인자(단백질, 항체, 약제 등)를 투여하고 또 다른 집단은 위약(僞藥, *placebo*, 치료 효과가 없는 비활성 물질)을 투여한 점을 제외하고는 두 집단을 최대한 유사하게 처리하며,
2. 연구는 이중맹검법(*double blind test*)으로, 즉 누구에게 치료 인자를 투여하고 누구에게 위약을 투여하였는지를 연구자나 환자가 알 수 없도록 실행하였다.

Aβ 백신의 제2단계 임상시험은 2001년에 시작되었으며, 미국과 유럽에서 350명 이상의 경증 또는 중증 AD로 진단받은 환자가 등록하였다. 합성된 β-아밀로이드(또는 위약)를 두 차례 주사한 후, 실험 대상의 6%가 잠재적으로 생명에 위협을 주는 염증반응이 뇌에 발생하였다. 이러한 환자들의 대부분은 스테로이드로 성공적으로 치료되었지만, 임상 실험은 중지되었다.

Aβ42로 환자에 예방주사하면 원천적으로 위험성을 가지고 있다는 것이 분명해지자, 신체 밖에서 생산된 Aβ42에 대한 항체를 투여하는 보다 안전한 형태의 면역요법을 추구하기로 결정되었다. 이런 유형의 접근은 치료용 항체를 자신이 직접 생산하지 않기 때문에 수동면역(*passive immunization*)으로 알려져 있다. 항-Aβ42 항체(bapineuzumab로 명명)로 수동면역 시키면 형질전환 생쥐에서 기억 기능을 회복시킬 수 있었으며, 제1단계 및 제2단계 임상실험에서 안전하고 효과적으로 곧 밝혀졌다. 정부 인가를 얻기 전 마지막 단계는 제3단계 임심실험으로, 전형적으로 더 많은 다수의 대상(일부 임상 센터에서 1,000명 또는 그 이상의 대상)으로 기준이 되는 치료방식에 대하여 새로운 방식이 얼마나 더 효율적인가를 비교하는 단계이다. 항Aβ 항체에 대한 제3단계 임상실험의 첫 번째 결과는 2008년에 보고되었으며 그 결과는 실망스러웠다. 항체가 이 질환의 진행을 방지한다는 혜택을 제공한다는 증거가 거의 없거나 또는 전혀 없었다. 그러나 다른 집단의 AD 환자를 대상으로 한 또 다른 시도가 현재 진행 중이다.

그러던 중, 2001년부터 시작된 초기 면역화 시도에서 Aβ42로 면역화한 일부 환자의 광범위하고 포괄적인 분석의 결과가 또한 2008년 보고되었다. 이들 환자 집단의 분석은 Aβ42 백신은 질병의 진행을 방지하는 데 효과가 없음을 가리킨다. 심각한 중증 치매로 사망한 이들 환자 중 일부는 그들의 뇌에 아밀로이드 플라크가 거의 남아있지 않았다는 것은 특히 놀라운 일이다. 이러한 발견은 경미한 또는 중간 증상의 치매를 이미 가지고 있는 환자에게서 아밀로이드 축적물의 제거하여도 질병의 진행을 중지시키지 못한다는 것을 강력하게 암시한다. 이러한 결과들은 하나 이상의 방식으로 해석되었다. 한 해석은 아밀로이드 축적물은 치매 증상의 원인이 아니라는 해석이다. 또 다른 해석은 면역화가 시작되었을 때 축적물의 비가역적인 독성 효과가 이미 일어났었기에, 기존에 존재하는 아밀로이드 축적물을 제거하는 치료방법을 사용하여 질병 진행경로를 역전시키기에는 이미 너무 늦었다는 해석이다. 이러한 점에서, AD의 임상적 증상이 나타나기 10년 또는 그 전에 이미 뇌에서 아밀로이드 축적물의 형성이 시작되었다는 점을 주목하는 것이 중요하다. 만일 치료가 더 초기에 시작되었다면, 질병의 증상이 결코 나타나지 않을 수 있음이 가능하다. 뇌영상 기술 방식(brain-imaging procedure)의 최근 발전이 임상학자가 AD의 어떤 증상도 나타나기 전에 개체의 뇌에 있는 아밀로이드 축적물을 관찰하는 것이 이제는 가능하게 한다. 이러한 발전 때문에, AD 발생의 고위험 군에 속한 사람에게 증상이 발생하기 전에 예방적 치료를 시작하는 것이 아마도 가능하게 될 것이다.

위에서 설명한 다른 두 가지 전략을 따라서 약제들이 개발되었다. 가장 진보된 단계에 도달한 두 가지 약제는 알츠헤메드(Alzhemed)와 플루리잔(Flurizan)이다. 알츠헤메드는 Aβ 펩티드와 결합하도록 설계된 작은 분자이며 특정한 상호작용을 차단하여, 분자의 집합체 및 섬유의 형성을 중단시킨다. 알츠헤메드에 대한 대규모의 제3단계 임상실험으로 이 약제가 질병의 진행을 중지시키는 데 효과적이지 못하다는 것이 밝혀졌다. 플루리잔은 아이뷰프로펜(ibuprofen)과 같은 비스테로이드성 항염증 약제(NSAID)이다. 특정 형태의 NSAID를 복용하는 관절염 환자는 AD에 걸릴 확률이 매우 낮다는 것이 보고되었을 때, NSAID가 처음으로 주목받았다. 후속 연구로 AD를 방지하는 것처럼 보이는 효과를 가진 NSAID는 또한 γ-시크리타아제의 활성을 변화시키는 것으로 밝혀졌다(그림 3). 임상 전의 연구에서, 배양된 신경 세포와 형질전환 AD 생쥐 모두에서, 플루리잔은 독성의 Aβ 펩티드의 생산을 억제하는 것으로 알려졌다. 그러나 이 절에서 언급한 다른 약제와 마찬가지로, 플루리잔에 대한 대규모 제3단계 임상실험은 AD 진행을 정지시키는 혜택을 보여주지 못했다.

종합적으로 고려해보면, AD 경로에서 서로 다른 단계를 목표로 한 3개의 희망적인 약제의 실패로 인하여, AD 치료법 분야가 앞으로 나가야할 경로가 불분명한 상태로 남게 되었다. 일부 제약회사는 아밀로이드 집합체의 형성을 방지하는 데 목표를 둔 새로운 약제의 개발을 계속하고 있는 반면, 다른 회사들은 다른 방향으로 이동하고 있다. 이러한 발견들은 또한 근본적인 의문을 불러일으킨다. Aβ 펩티드는 AD로 이르게 하는 근원적인 기작의 일부조차라도 되는가? 아직 언급하지는 않았지만, Aβ 만이 AD를 가진 사람의 뇌에서 발견되는 잘못 접힌 유일한 단백질은 아니다. 신경세포의 세포골격(13-3절)의 일부로서 기능을 하는 타우(tau)라고 하는 또 다른 단백질은 신경섬유결절(neurofibrillary tangle, NFT)이라고 하는 엉켜진 세포성 섬유의 다발로 발전한다(그림 2). NFT는 특정 유형의 치매의 원인으로 알려졌지만, 위에서 언급한 형질전환 AD 생쥐 모델은 NFT를 발생시키지 않았기 때문에, AD 발생의 원인 요인으로서 NFT는 대체로 무시되었다. 만일 생쥐에서 얻은 결과를 추정하여 인간에 적용하면, NFT는 AD 환자에서 나타나는 인지의 퇴보(cognitive decline)가 감소하는 데 필요한 것이 아니라는 것을 암시한다. AD에 대한 수많은 연구는 인간 AD 유전자들을 가진 형질전환 생쥐 실험에 기초를 두고 있다. 이러한 동물들은 AD 약제를 시험하는 임상 전의 연구 대상으로 역할을 해왔으며, AD의 발생에 원인이 되는 질병의 기작을 이해하는 것을 목표로 하는 기초 연구에 광범위하게 사용되어 왔다. 그러나 이들 동물 모델이 사람의 질병을 얼마나 정확하게 모방하는지, 특히 동물에게 상응하는 질병을 발생시키는 데 원인이 되는 돌연변이 유전자가 없는 사람들이 걸리는 산발적인 인간 질환에 얼마나 정확하게 흡사한지에 대하여 의문이 제기되어왔다. 실제로, 이글이 쓰는 이 시점에, 대부분의 희망적인 새로운 약제는 β-아밀로이드에 작용하는 약제 대신에 NFTs에 작용하는 약제이다. 이 경우에, NFT를 용해하는 염화메틸티오니니늄[methylthioninium chloride (상품명 remberTM)] 약제는 경증과 중간 정도 AD 증세를 보이는 300여명 이상의 환자 집단에 대하여 제2단계 임상실험 중이다. 위약을 받은 환자와 비교하여, 이 약제는 정신적 퇴보(mental decline)가 1년 동안 평균 81%까지 감소하였다. 이 약제는 현재 대규모 제3단계 임상실험 중이다(이들 치료에 대한 연구 결과는 www.alzforum.org/dis/tre/drc에서 검색할 수 있다.).

2-5-3-5 떠오르는 분야인 단백질체학

최근에 유전체 서열분석에 모든 관심이 쏠렸기 때문에, 유전자는 주로 정보저장 단위인 반면, 단백질이 세포 활성을 조정한다는 사실에 대한 시각을 잃어버리기 쉽다. 유전체 염기서열 규명은 어떤 의미에서 "부품목록(parts list)"을 밝히는 것이다. 인간 유전체는 아마도 2만~2만 2,000개 사이의 유전자를 갖고 있으며, 각 유전자는 잠재적으로 서로 다른 여러 가지 단백질을 만들 수 있다.[6] 오늘날까지, 이러한 단백질 분자들 중 일부에 대해서만 그 특성이 밝혀졌다.

사람이나 아니면 다른 생명체라도, 어떤 한 생명체에 의해 생산된 단백질의 전체 목록(염기서열)은 그 생명체의 **단백질체**(프로테옴, proteome)라고 알려져 있다. 또한 프로테옴(*proteome*)이라는 용어는 어떤 특정한 조직, 세포, 또는 세포 내 소기관에 존재하는 모든 단백질의 목록에도 적용된다. 현재 연구되고 있는 전체 단백질 숫자가 너무 많기 때문에, 연구자들은 하나의 실험에서 여러 가지 단백질의 성질 또는 활성을 결정할 수 있는 기술 개발을 추구해왔다. **단백질체학**(프로테오믹스, proteomics)라는 새로운 용어가 확장되고 있는 단백질 생화학 분야를 설명하기 위해 만들어졌다. 이 용어는 많고 다양한 단백질을 대규모로 연구하기 위해 발달된 기술들과 고속 컴퓨터 등이 사용된다는 개념을 내포하고 있다. 이것은 지난 십년 동안에 걸쳐 매우 성공적으로 증명된 유전체 연구에서의 것과 기본적으로 동일한 접근 방식이다. 그러나 단백질은 DNA 보다 다루기가 더 어렵기 때문에, 단백질체학 연구는 유전체학 연구에 비하여 근본적으로 더 어렵다. 물리적인 관점에서 보면, 한 유전자는 다른 모든 유전자와 거의 동일한 반면, 각 단백질은 독특한 화학적 성질이 다르며 단백질 마다 다루는 요구 조건이 서로 독특하다. 더욱이, 적은 양의 특정 DNA 부분은 손쉽게 구할 수 있는 효소로 크게 증폭할 수 있는 반면, 단백질의 양은 증가시킬 수 없다. 중요한 세포 작용을 조절하는 여러 가지 단백질은 세포 당 적은 수의 복사본 만이 존재한다는 점을 고려하면, 이 점은 특히 다루기 힘든 골치 아픈 일이다.

전통적으로, 단백질 생화학자들은 특정 단백질에 관하여 여러 가지 질문의 답을 얻으려 추구해왔다. 이들 질문에는 아래와 같은 질문들이 포함되어있다. 단백질이 시험관 속에서(*in vitro*) 어떤 특정한 활성을 보이는가? 어떻게 이러한 활성이 세포 운동 또는 DNA 복제와 같은 특정한 기능을 세포가 수행하도록 돕는가? 단백질의 3차원적 구조는 무엇인가? 세포 안에서 단백질은 어디에 위치하고 있는가? 단백질은 생명체의 발생과정에서 언제 나타나며

[6] 하나의 유전자가 하나 이상의 폴리펩티드로 될 수 있는 여러 가지 방식이 있다. 가장 중요한 기작 두 가지는 교재의 다른 장에서 논의하는 선택적 스플라이싱(splicing)과 번역후 변형(PTM) 과정이다. 또한 여러 가지 단백질은 하나 이상의 독특한 기능을 갖는 다는 점이 주목되고 있다. 산소-저장 단백질로 오랫동안 연구해 왔던 미오글로빈조차도 최근 연구결과 일산화질소(NO)를 질산염(NO_3^-)로 변환시키는 데 관여하는 것으로 밝혀졌다.

어떤 유형의 세포에서 나타나는가? 단백질이 합성된 후 화학적 작용기(예: 인산기 또는 당)가 첨가되면 그 단백질이 어떻게 변형되는가? 그렇다면 활성은 어떻게 변형되는가? 얼마나 많은 단백질이 존재하는가? 그리고 단백질이 분해되기 전에 얼마나 오랫동안 생존하는가? 생리학적 활성이나 질병의 결과로 단백질의 수준이 변화되는가? 세포 내에서 어떤 단백질이 다른 단백질과 상호작용하는가? 생물학자들은 이러한 질문들에 대한 답을 얻기 위해 수십 년 동안 시도했으나, 대부분의 경우 그들은 한 번에 한 가지 단백질을 가지고 시도하였다. 단백질체학 연구자들은 유사한 질문에 대하여, 대규모의 자동화된 기술을 이용하여 더 포괄적인 규모의 유사한 질문에 대한 답을 얻으려고 하였다(그림 2-47). 단백질-단백질 상호작용을 조사하기 위해 체계적인 접근방식이 어떻게 사용될 수 있는가에 대하여 이미 살펴보았다. 어렵고 기세를 꺾는 것처럼 느껴지는 작업으로서 특정 세포에 의해 생산된 방대한 단백질을 확인하는 일에 대하여 주목해보자.

그림 2-47

〈그림 2-48〉은 사람(그림 2-48*a*) 또는 침팬지(그림 2-48*b*) 뇌의 동일한 부분에서 추출한 단백질 혼합물을 분리하는 데 사용한 두 젤(gel) 부분들을 보여준다. 단백질들은 2차원 폴리아크릴아마이드 젤 전기영동(polyacrylamide gel electrophoresis, 〈18-7절〉에서 자세하게 설명되었음)이라는 방법으로 분리되었다. 젤에는 수백 개의 서로 다르게 염색된 반점(spot)들이 있으며, 각 반점은 하나의 단백질로 이루어졌거나 또는 경우에 따라서 매우 유사한 물리적인 성질을 가지고 있어서 서로 분리하기 매우 어려운 몇 가지 단백질들로 이루어져있다. 1970년대 중반에 발명된 이 기술은 혼합물에서 다수의 단백질을 분리하는 최초의 방법이며 지금도 가장 좋은 방법이다. 하나의 젤에 있는 거의 모든 반점들은 다른 젤에 그

(*a*)

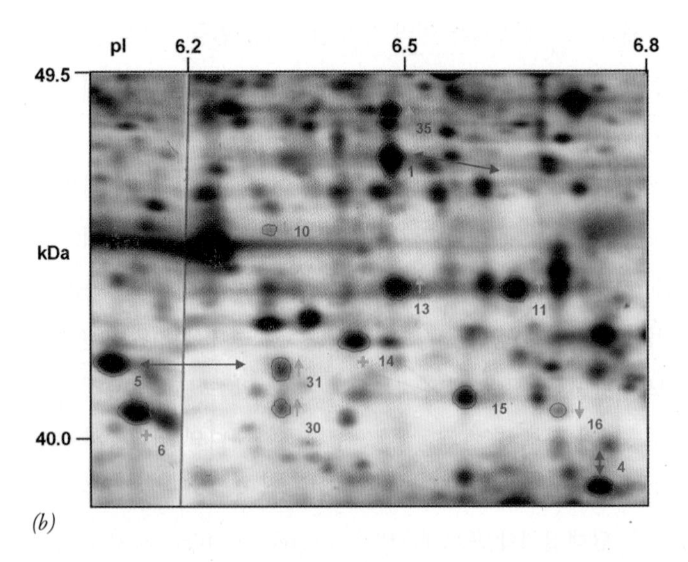

(*b*)

그림 2-48 단백질체학 연구는 흔히 복잡한 단백질 복합체의 분리가 필요하다. 여기에 나타난 두 전기영동 젤은 인간(*a*) 또는 침팬지(*b*) 대뇌 전두엽 피질에서 추출된 단백질들을 포함하고 있다. 숫자로 표시한 반점들은 교재에서 논의한 바와 같이 두 젤에 서로 다른 차이를 보이는 상동적인 단백질을 나타낸다. (이 사진은 영장류의 뇌에 의해 합성된 단백질들을 나타내는 대략 8,500개 반점들을 포함하는 훨씬 더 큰 젤의 작은 부분일 뿐이다.) [주(註): 이 연구는 자연적인 원인으로 죽은 동물을 사용하였다.]

와 상응하는 반점을 가지고 있음이 분명하며, 두 젤에 모두 존재하는 반점들은 두 종이 서로 공유하는 상동성을 가진 단백질에 해당한다. 몇 개의 특정 반점은 빨간색 숫자로 표기되었다. 숫자로 표기된 반점은 두 젤에서 차이점을 보이는 반점에 해당되는데, 이는 (1) 두 생명체 사이에서 단백질의 아미노산의 서열의 차이 또는 변형의 차이의 결과로 단백질이 약간 다른 지점으로 이동하였기 때문이거나(양쪽에 머리가 있는 화살표로 표시되었음) 또는 (2) 단백질이 두 생명체의 뇌에 현저하게 서로 다른 양이 존재하기 때문이다(초록색 화살표로 표시되었음). 어떤 경우든 간에, 이런 유형의 단백질체학 실험은, 인간과 가장 가까운 살아 있는 친족인 침팬지와 비교하여, 인간의 뇌에서 단백질 발현에 차이가 있음을 개괄적으로 보여준다.

단백질을 다른 단백질로부터 분리하는 것은 하나의 일이지만, 분리된 분자 각각을 확인하는 것은 또 다른 일이다. 지난 수년 동안에, 질량분석법(mass spectrometry) 및 고성능 컴퓨터 계산의 두 기술을 함께 사용하여, 〈그림 2-48〉에 나타난 단백질들과 같이 하나의 젤에 존재하는 어떤 단백질 또는 모든 단백질을 확인하는 것이 가능하게 되었다. 빨간색 1번으로 표시된 반점에 있는 단백질을 확인하기를 원한다고 가정해보자. 문제의 반점을 구성하는 단백질을 젤에서 제거한 후 효소 트립신으로 단백질을 펩티드로 분해할 수 있다. 이러한 펩티드를 질량분석기에 도입하면 펩티드는 기체성 이온으로 전환되며, 펩티드는 질량/전하(m/z) 비율에 따라서 분리된다. 〈그림 2-49〉에 나타난 것과 같이, 그 결과는 알려진 m/z 비율의 일련의 피크로 표시된다. 피크의 양이 그 단백질의 고도로 특징적인 펩티드 질량 지문(*peptide mass fingerprint*)을 만들어낸다. 하지만 어떻게 펩티드 질량 지문에 기초하여 단백질을 확인할 수 있는가?

펩티드 질량 지문의 생성은 새로운 단백질체학 기술의 한 가지 요소일 뿐이다. 또 다른 요소는 컴퓨터 기술의 발전에 기초한 것이다. 일단 유전체의 서열분석이 결정되면, 암호화된 단백질의 아미노산 서열을 예측할 수 있다. 이러한 목록의 "가상 단백질(virtual proteins)"은 그 다음에 이론적으로 트립신으로 처리하여 분해할 수 있으며, 그 결과 생긴 가상 펩티드의 질량을 계산하고 데이터베이스에 입력할 수 있다. 일단 이러한 과정이 실행되면, 질량분석기로 얻어진 정제된 단백질의 실제 펩티드 질량은 고속 슈퍼컴퓨터를 사용하여 유전체에 의해 암호화된 모든 폴리펩티드의 이론적인 분해에 의해 추정된 질량과 비교할 수 있다. 이러한 유형의 데이터베이스 검색에 기초하여, 대부분의 경우 분리하여 질량분석기로 분석한 단백질을 곧바로 확인할 수 있다. 예를 들면, 〈그림 2-48〉의 젤에서 1번으로 표시된 단백질은 알도오스 환원효소(aldose reductase)로 판명되었다. 질량분석기는 정제된 단백질을 한 번에 하나씩 다루도록 제한된 것이 아니고 복잡한 혼합물에 존재하는 단백질들을 분석할 수 있다(18-7절). 예를 들면, 신체 내부로 호르몬을 분비한 후, 또는 약제를 투여한 후, 또는 특정 질병 동안에 일어날 수 있는 경우처럼, 질량분석법은 시간이 지남에 따라 세포 또는 조직의 변화에 대하여 단백질이 어떻게 보충되는가를 밝히는 데 특히 유용하다.

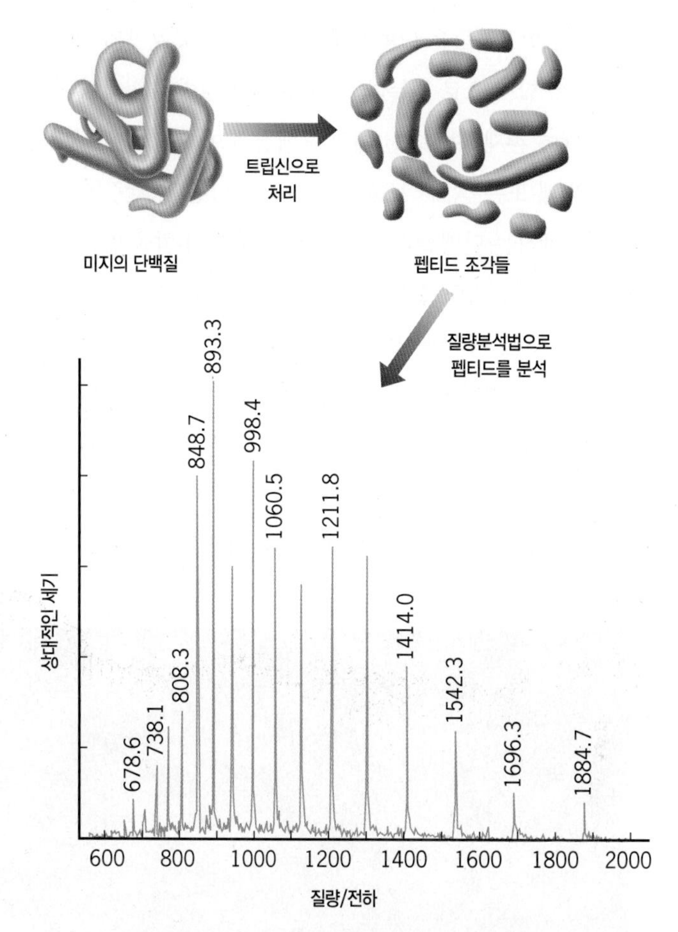

그림 2-49 질량분석법(mass spectrometry)에 의한 단백질 확인 과정. 단백질은 (〈그림 2-48〉의 젤들에 있는 반점들 중 하나와 같은) 한 재료에서 분리하고 효소 트립신에 의해 분해된다. 이어서 펩티드 조각들을 질량분석기에 넣어 처리하면, 펩티드가 이온화되어 질량/전하(m/z) 비율에 따라 분리된다. 분리된 펩티드는 정확한 m/z 비율이 표시된 피크의 양상으로 나타난다. 연구자들이 이러한 비율을 유전체에 의해 암호화된 가상의 단백질을 이론적으로 분해한 비율과 비교함으로써 연구하는 단백질을 확인할 수 있다. 이 경우에, MS 스펙트럼(spectrum)은 헴기를 갖고 있지 않은 말(馬) 미오글로빈의 것이다.

많은 임상 연구자들은 단백질체학이 의료 진료 분야의 발전에 중요한 역할을 할 것으로 믿는다. 대부분 인간 질병은 혈액이나 또는 다른 체액에 존재하는 수천 개의 단백질 중에 분명하게 나타나는 단백질의 패 또는 생체지표(*biomarkers*)를 남긴다. 건강한 사람의 혈액에 존재하는 단백질과 여러 가지 질병 특히 암을 앓는 사람의 혈액에 존재하는 단백질을 비교하려는 여러 가지 시도가 있었다. 대부분의 경우, 이러한 생체지표를 탐색한 결과는 한 연구진이 발견한 것을 다른 집단에서 시도하면 재현할 수 없기 때문에 일반적으로 신뢰할 수 없는 것으로 판명되었다. 주된 어려움은 인간 혈액 혈청은 매우 복잡한 용액이라는 사실에 기인한다. 복잡한 이유는 이 혈청에는 그 양의 차이가 수십억 배에 달하는 수천가지 단백질들이 들어 있기 때문이다. 현재까지는, 기술적인 숙련도와 산정 평가를 위한 숙련도의 수준이 이러한 어려운 임무를 손쉽게 수행할 수준은 아니지만, 아마도 이 상황은 변화하고 있는 중이다. 언젠가는 하나의 혈액 검사를 사용하여 심장, 간, 또는 신장 질환의 존재를 초기 단계에서 밝혀서, 질환이 치명적인 상황에 도달하기 전에 치료할 수 있기를 희망하고 있다.

단백질 분리와 질량 분석 기술은 단백질 기능에 관한 어떠한 정보도 주지 않는다. 연구자들이 단백질 기능을 한 번에 한 가지 단백질이 아니고, 대규모로 그 기능을 확인할 수 있는 기술 개발을 시도해 왔다. 몇 가지 새로운 기술이 이 일을 달성하기 위해 개발되었다. 그 중 하나인 단백질 미세배열(*protein microarray*) 또는 단백

(a)

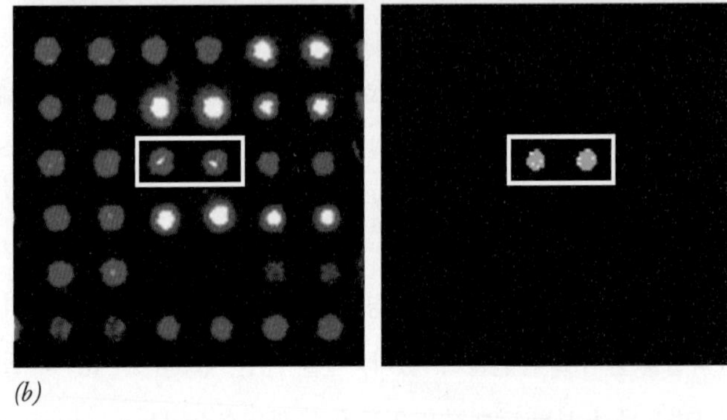

(b)

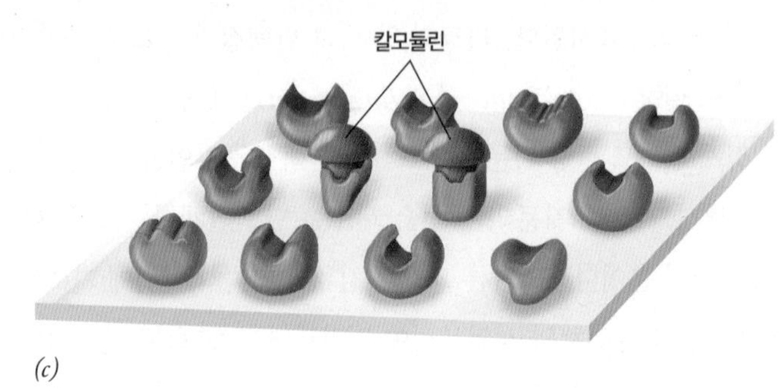

(c)

그림 2-50 단백질 칩을 사용한 단백질 활성의 전체적인 분석. (*a*) 하나의 현미경 관찰용 받침유리(슬라이드 글라스)에는 이중으로 점적(點滴)된(spotted) 5,800개의 서로 다른 효모 단백질이 포함되어 있다. 받침유리 위에 점적된 단백질은 유전공학적으로 처리된 세포에서 합성되었다. 점들이 빨간색 형광으로 보이는데, 그 이유는 점들이 미세배열(microarray)에 있는 모든 단백질들에 결합할 수 있는 형광 항체와 함께 항온처리 되었기 때문이다. (*b*) 왼쪽의 상은 *a*에 그려진 단백질 배열의 작은 부분을 보여준다. 오른쪽 상은 칼슘 이온의 존재 하에 칼모듈린과 함께 처리한 후에 배열의 동일한 부분을 보여준다. 초록색 형광을 보여주는 두 단백질은 칼모듈린-결합 단백질이다. (*c*) 칼모듈린(calmodulin)이 상보적인 결합자리를 가진 미세배열의 두 단백질에 결합한 장소인 *b*부분에서 일어나는 일을 나타낸 모식도.

질 칩(*protein chip*) 기술의 이용에 대하여 생각해 보고자 한다. 전형적으로 단백질 미세배열은 현미경 관찰에 쓰이는 받침유리(slide glass)와 같은 고체 표면을 사용한다. 받침유리 위에는 현미경으로 볼 수 있는 크기의 미세한 반점으로 덮여있으며, 각 반점에는 개개의 단백질 시료가 들어있다. 단백질 미세배열은 받침유리 평면 위의 특정한 자리에 아주 작은 부피의 각 단백질을 붙여서 구성되며, 이로써 〈그림 2-50*a*〉에 나타난 것처럼 단백질들이 배열된다. 효모 유전체에 의해 암호화되는 6,000여 개의 효모 단백질을 하나의 받침유리 위에 무난하게 붙일 수 있다.

일단 단백질 미세배열이 만들어지면, 미세배열에 포함된 단백질들에 대한 여러 가지 유형의 활성을 검사할 수 있다. 일단 Ca^{2+} 이온의 역할에 대하여 생각해 보자. Ca^{2+} 이온은 신경자극의 형성, 혈액으로의 호르몬 방출, 그리고 근육수축 등과 같은 여러 가지 활동에서 매우 중요한 역할을 한다. 이러한 각각의 경우에, Ca^{2+} 이온은 칼슘-결합 단백질에 부착되어 작용한다. 제15장에서 논의한 것처럼, 칼모듈린(calmodulin)은 중요한 칼슘-결합 단백질로서, 심지어 단세포 생명체인 효모에서조차 중요한 칼슘-결합 단백질이다. 〈그림 2-50*b*〉는 Ca^{2+} 이온 존재 하에서 칼모듈린 단백질과 항온 처리한 효모-단백질 미세배열의 일부를 보여준다. 초록색 형광을 나타내는 미세배열에 있는 단백질은 항온 처리하는 동안에 칼모듈린에 결합한 단백질이며, 따라서 칼슘 신호전달 활성에 관여할 가능성이 크다. 이 특정 단백질에 관한 선발 실험에서 33개의 새로운 칼모듈린-결합 단백질이 발견되었다. 이러한 유형의 연구는 기능이 알려지지 않은 여러 가지 단백질의 성질을 분석하는 데 새로운 장을 열었다.

또한 단백질 칩은 특정한 질병의 특징을 가진 단백질을 선발하는 임상 실험실에서 언젠가는 사용될 것으로 예상된다. 어떤 질병에 특징적인 특정 단백질이 혈액이나 소변 샘플에 존재하는가 그리고 그 단백질이 얼마나 존재하는가를 결정하는 가장 간단한 방법은 특이적인 항체와 단백질이 상호작용하는가를 측정하는 것이다. 예를 들면, 전립선암에 대한 일상적인 검진에 사용되는 전립선 특이항원(prostate specific antigen, PSA) 검사가 이것에 기초한 것이다. PSA는 정상적인 남성의 혈액에서 발견되는 단백질이지만, 전립선암을 가진 개인에서 높은 수준으로 존재한다. PSA 수준은 항-PSA 항체와 결합하는 혈액 안에 있는 단백질의 양을 측정하여 결정된다. 머지않은 장래에, 생명공학 회사들이 다수의 서로 다른 혈액 단백질에 결합할 수 있는 항체를 포함하는 미세배열을 제조할 것으로 예상된다. 이러한 단백질들의 존재와 양은 어떤 사람이 하나 또는 여러 가지 다른 질병에 걸렸다는 것을 지적해준다.

2-5-3-6 단백질 공학

분자생물학의 발전으로 살아있는 생명체가 만든 단백질과 다른 새로운 단백질을 고안하고 대량 생산하는 기회가 만들어졌다. 현재의 DNA-합성 기술을 가지고, 어떤 서열이라도, 원하는 아미노산 서열을 가진 단백질을 생산하는 데 사용할 수 있는 인공적인 유전자를 만드는 것이 가능하다. 또한 아미노산을 연결하는 화학적인 기술을 사용하여 폴리펩티드를 맨 처음부터 합성할 수 있다. 폴리펩티드를 화학적으로 합성하는 전략으로 연구자들이 자연계에 존재하는 20가지 아미노산 이외의 아미노산을 단백질에 도입시킬 수 있었다.

이런 유형의 공학적 시도가 갖는 문제점은 거의 무한대로 다양하게 제조할 수 있는 단백질 중에서 어떤 것이 유용한 기능을 가진 것인가를 알아내는 일이다. 예를 들면, AID 바이러스의 표면에 결합하고 바이러스를 혈류와 같은 수용액으로부터 제거하는 단백질을 제조하기 원하는 제약회사를 생각해 보자. 컴퓨터 시뮬레이션 프로그램이 바이러스 표면에 결합해야하는 단백질 모양을 예측할 수 있다고 가정하자. 이러한 단백질을 생산하기 위하여 어떤 아미노산 서열을 서로 연결하여야 하는가? 해답은 단백질의 1차구조와 그것의 3차구조 사이의 복잡한 상관관계를 주관하는 규칙을 상세하게 이해할 필요가 있다.

2008년 연구자들이 자연에 존재하는 것으로 알려진 어떤 효소도 촉매하지 않는 두 가지 서로 다른 유기화학 반응을 촉매할 수 있는 인공 단백질을 성공적으로 설계하여 생산했다는 보고를 하였다. 이 일의 중요성을 고려해 볼 때, 그 보고는 놀라움으로 다가 왔다. 관련된 반응들 중 하나는 탄소-탄소 결합을 깨는 반응이며, 다른 하나는 탄소원자로부터 수소이온을 전달하는 반응이다. 이러한 단백질 구조의 설계는 선택된 각 반응을 가속할 수 있는 촉매 기작을 선택하여 시작되었다. 그 다음에 이 일을 달성하기 위하여 아미노산 곁사슬을 적절한 장소에 배치하여 활성부위(*active site*)를 형성하는 이상적인 공간을 구성하기 위해서 컴퓨터를 기반으로 한 계산을 사용하였다. 다음 단계는 알려진 단백질 구조 중에서 그들이 설계한 활성부위를 유지할 수 있는 틀 또는 골격의 역할을 할 단백질 구조를 찾는 것이다. 컴퓨터 모형을 실제의 단백질로 변형시키기 위해, 그러한 단백질을 암호화할 가능성을 지닌 DNA 서열을 만들기 위해 컴퓨터 기술을 사용하였다. 그들은 제안된 DNA 분자를 합성하였으며, 이를 세균 세포에 도입시켜 단백질을 제조하였다. 그 다음 단백질의 촉매 활성을 시험하였다. 이어서 가장 좋은 전망을 보이는 단백질은 시험관 내에서 진화의 과정을 거치게 한다. 즉, 이 단백질은 변화된 단백질의 새로운 세대를 만들기 위해 변형되었으며, 그 다음 그런 단백질들은 향상된 활성을 지니도록 선발할 수 있었다. 결국, 연구팀은 비촉매반응보다 백만 배만큼 반응속도를 증가시킬 수 있는 단백질을 얻었다. 이것은 천연 효소가 뽐내는 그러한 속도의 증가는 아니더라도, 생화학자들에게는 놀랄만한 업적이다. 실제로, 이것은 궁극적으로 과학자들이 거의 모든 화학반응을 촉매할 수 있는 단백질을 맨 처음부터 실험실에서 구성할 수 있음을 시사한다.

새로운 단백질을 생산하는 또 다른 접근 방식은 세포에 의해 이미 생산된 단백질을 변형시키는 것이다. 최근에는 DNA 기술이 발달하여, 연구자들이 인간 염색체에서 개별 유전자를 분리하고, 정밀하게 확정된 방법으로 유전자의 정보 내용을 변화시켜서, 변화된 아미노산 서열을 가진 단백질을 합성할 수 있게 되었다. 이 기술을 **부위-지향적 돌연변이유발**(site-directed mutagenesis)이라고 하며(18-18절), 기초연구와 응용 생물학분야 모두에서 여러 가지 서로 다른 용도로 사용된다. 예를 들면, 만일 연구자들이 폴리펩티드의 기능 또는 단백질의 접힘에서 특정 잔기의 역할에 대하여 알기를 원한다면, 서로 다른 전하, 소수성 특성, 또는 수소-결합 성질을 갖는 아미노산으로 치환시키는 방법으로 유전자를 변화시킬 수 있다. 그 다음에, 변형된 단백질의 구조와 기능에 대한 치환 효과를 확인할 수 있다. 이 교재 전반에 걸쳐 보는 바와 같이, 부위-지향적 돌연변이유발은 생물학자에게 관심이 있는 거의 모든 단백질의 작은 부분의 특정 기능을 분석하는 데 매우 귀중하다는 것이 증명되고 있다.

또한 부위-지향적 돌연변이유발은 임상적으로 유용한 단백질 구조를 다양한 생리학적 효과를 갖도록 변형시키는 데 사용된다. 예를 들면, 2003년 FDA에 의해 허가된 약제인 스마버트(Somavert)는 다수의 변화를 포함하는 변형된 형태(version)의 인간 성장호르몬(GH)이다. GH는 일반적으로 표적세포의 표면에 있는 수용체에 결합하여 생리학적 반응을 일으킨다. 스마버트는 GH 수용체에 GH와 경쟁적으로 결합하지만, 약제와 수용체 사이의 상호작용으로는 세포 반응을 야기하지 않는다. 스마버트는 성장호르몬이 과량 생산된 결과로 생기는 질병인 선단비대증(acromegaly)의 치료를 위해 처방된다.

구조-기반 약제의 설계　새로운 단백질의 생산은 분자생물학 분야에서 최근에 발전하는 임상적인 응용의 한 가지이다. 또 다른 하나는 알려진 단백질에 결합함으로써 단백질의 활성을 억제하는 방식으로 작용하는 새로운 약제의 개발이다. 제약회사들은 식물이나 미생물에서 분리되었거나 또는 화학적으로 합성된 수백만 가지의 서로 다른 유기화합물을 소장하고 있는 화학물질의 "도서관"(chemical "library")을 이용하고 있다. 잠재적인 약제를 찾기 위한 한 가지 방법은, 이러한 화합물들의 조합에 표적화 되어 있는 단백질을 노출시켜서, 만일 있다면, 어느 화합물이 알맞은 친화력으로 단백질에 결합하는가를 결정하는 것이다. 만일 단백질의 3차구조가 결정되어 사용될 수 있는, 또 다른 접근 방식은 "가상의(virtual)" 약제 분자들을 컴퓨터로 설계하는 것이다. 이 분자들의 모양과 크기는 그 단백질의 갈라진 틈과 공간에 맞추어서 비활성화 되도록 해야 할 것이다.

〈그림 2-51〉에 나타낸 글리벡(Gleevec) 약제의 개발을 생각해보면 이 두 가지 기술을 모두 설명할 수 있다. 특히 만성골수세포백혈병(chronic myelocytic leukemia, CML)과 같은, 비교적 희귀한 몇 가지 암의 치료를 위해, 글리벡을 임상에 도입한 것은 대변혁을 일으켰다. 제15장과 제16장에서 충분히 논의된 바와 같이, 티로신 인산화효소(tyrosine kinase)라는 효소의 무리는 흔히 정상세포가 종양세포로 전환되는 데 관여한다. 티로신 인산화효소는 표적단백질 안에 있는 특정한 티로신 잔기에 인산기를 첨가하여 반응을 촉매하여, 표적단백질을 활성화 또는 억제시킬 수 있다. CML로 진행되는 것은 거의 전적으로 ABL이라고 하는 티로신 인산화효소가 지나치게 활성화되어 일어난다.

1980년에 연구자들이 티로신 인산화효소를 억제할 수 있었던 2-페닐아미노피리미딘(2-phenylaminopyrimidine)이라는 화

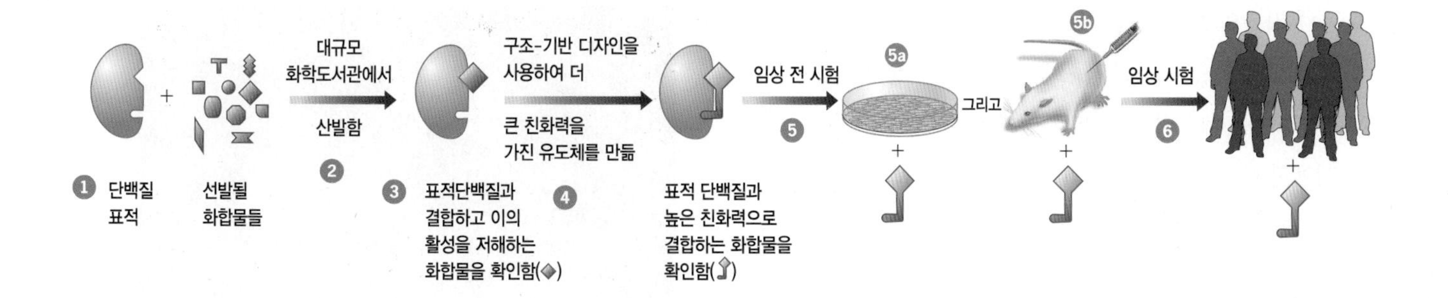

(a)

(b)

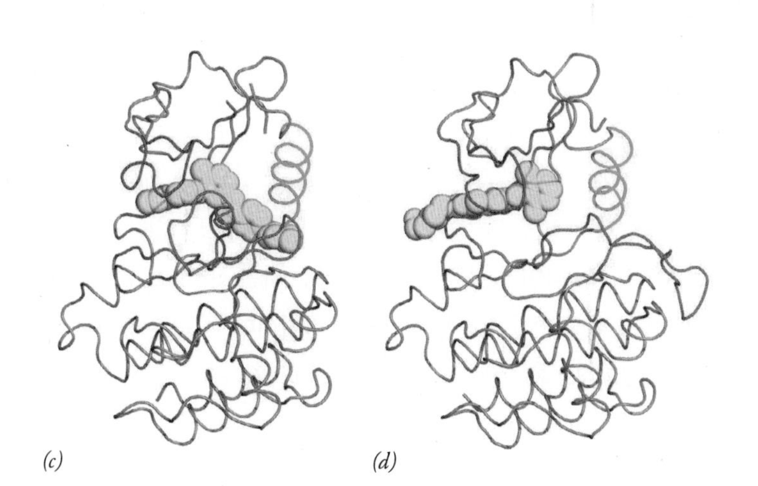

(c) (d)

그림 2-51 **글리벡과 같은 단백질-표적화 약제의 개발.** *(a)* 약제 개발의 일반적인 단계. 1단계에서, 질병의 원인으로 작용하는 단백질(예: ABL)을 확인한다. 이 단백질은 효소 활성을 억제하는 약제에 대한 표적이 될 가능성이 있다. 2단계에서, 이 단백질은 적당한 친화력으로 결합하고 그의 효소활성을 억제하는 화합물을 찾기 위해 수천 개의 화합물과 함께 항온 처리한다. 3단계에서, 이러한 화합물 중 하나[예: ABL의 경우 2-페닐아미노피리미딘(2-phenylaminopyrimidine)]이 확인되었다. 4단계에서, 더 큰 결합 친화력을 가져서 낮은 농도에서도 사용될 수 있는 이 화합물의 유도체[예: 글리벡(Gleevec)]를 만들기 위해 표적 단백질의 구조에 관한 지식이 사용된다. 5단계에서, 문제의 화합물은 독성과 효능에 대한 임상 전(preclinical) 시험을 생체 내에서 실행한다. 임상 전 시험은 보통 배양된 사람의 세포(예: CML에 걸린 환자에서 추출된)(5*a*단계) 또는 실험동물(5*b*단계)(예: 사람 CML 세포를 이식한 생쥐) 등을 대상으로 하여 실시한다. 만일 약제가 동물에서 안전하고 효과적인 것으로 나타나면, 그 약제는 87 페이지에서 논의한 것처럼 임상시험을 거친다(6단계). *(b)* 글리벡의 구조. 분자의 파란색 부분은 ABL 인산화효소의 억제제로 처음에 확인된 2-페닐아미노피리미딘 화합물의 구조를 나타낸다. *(c,d)* 글리벡(노란색으로 표시된)과 결합한 복합체(*c*)와 스프라이셀(Sprycel)이라고 하는 2세대 억제제와 결합한 복합체(*d*)에서 ABL 촉매 영역의 구조. 글리벡은 이 단백질의 비활성화된 입체구조에 결합하는 반면, 스프라이셀은 활성화된 입체구조에 결합한다. 두 가지 결합 모두 세포가 암의 표현형을 갖기 위해 필요한 활성을 차단한다. 스프라이셀은 글리벡에 내성이 생긴 암세포에 효과적이다.

합물을 확인하였다. 이 화합물은 이런 특정한 활성을 보이는 화합물들 찾으려고 하나의 커다란 화학물질 도서관을 무작위로 선발하여 발견되었다(그림 2-51*a*). 흔히 이런 식의 맹검법 선발(盲檢法選拔; blind screening) 실험의 경우에서처럼, 2-페닐아미노피리미딘은 매우 효율적인 약제로 만들어지지 않았을 것이다. 그 이유 중 하나는 이것이 단지 약한 효소 저해제라는 것이다. 이것은 이 약제가 대단히 많은 양으로 사용되었어야 했을 것이라는 뜻이다. 2-페닐아미노피리미딘을 사용 가능한 약제가 개발될 수 있는 시발점이라는 의미로 선도(*lead*) 화합물이라고 한다. 이 선도 분자로 시작하여, 더 큰 효능과 특이성을 가진 화합물이 구조-기반 약제 설계(structure-based drug design)를 이용하여 합성되었다. 이 과정에서 출현한 화합물 중의 하나가 글리벡이었으며(그림 2-51*b*), 이 화합물은 비활성화 형태의 ABL 티로신 인산화효소(tyrosine kinase)와 단단히 결합하여 이 효소가 활성화되지 못하게 막는다는 것이 발견되었다. 그런데 만일 세포가 암으로 변화되려면 이 효소가 활성화되는 단계가 필요하다. 이 약제와 이 효소의 표적 사이에 일어나는 상호작용의 보완적 성질이 〈그림 2-51*c*〉에 나타나있다. 임상 전(臨床 前; preclinical) 연구에서 글리벡은 실험실에서 CML 환자로부터 얻은 세포의 성장을 강력하게 억제하며, 이 화합물은 동물실험에서 해롭지 않다는 것이 증명되었다. 바로 첫 번째 글리벡의 임상시험에서, 이 화합물을 하루에 한번 복용한 CML 환자 31명은 모두 증상이 완화되었다. 글리벡은 CML 치료를 위해 일차적으로 처방되는 주된 약제가 되었지만, 이것이 이야기의 끝은 아니다. 글리벡을 복용하는 다수의 환자들은 ABL 인산화효소가 이 약제에 저항성을 갖게 되어서 암이 재발하는 경험을 하게 된다. 이러한 경우에는 글리벡에 저항성을 가진 형태의 ABL 인산화효소를 억제할 수 있는 더 최근에 고안된 약제로 치료함으로써 암을 지속적으로 억제할 수 있다. 이러한 더 새로운(제2세대) ABL 인산화효소 억제제 중 하나가 단백질에 결합한 상태로 〈그림 2-51*d*〉에 나타나있다.

2-5-3-7 단백질의 적응과 진화

적응은 어떤 한 생명체가 특정한 환경에서 생존할 가능성을 향상시키는 특성이다. 눈이나 골격과 같이 다른 유형의 특성과 똑같은 방식으로, 단백질은 자연선택과 진화적 변화를 겪게 되는 생화학적 적응이다. 이것은 서로 매우 다른 환경에서 사는 진화적으로 관련된[상동의(*homologous*)] 단백질을 비교함으로써 가장 잘 밝혀졌다. 예를 들면, 호염성(好鹽性, halophilic) 고세균(archaebacteria)의 단백질은 대단히 높은 세포기질 염 농도(4 M KCl 까지)에서도 단백질의 용해도와 기능을 유지할 수 있도록 아미노산이 치환되어있다. 다른 생명체의 상동 단백질과는 달리, 예를 들면, 호염성 생명체의 말산 탈수소효소(malate dehydrogenase) 단백질의 표면은 아스파트산과 글루탐산 잔기들로 덮여 있다. 이 잔기들의 카르복실기는 물 분자에 대하여 소금과 경쟁한다(그림 2-52).

서로 다른 생명체에서 분리한 상동 단백질들은 거의 동일한 모양과 접히는 양상을 보이지만, 아미노산 서열은 놀랄 만큼 서로 다르다. 두 생명체 사이의 진화적 거리가 크면 클수록, 그들 단백질의 아미노산 서열의 차이는 더욱 더 크다. 일부의 경우에는, 단백질의 중요한 부위에 위치한 단 몇 개의 핵심 아미노산이 그 단백질이 연구되었던 모든 생명체에 존재할 것이다. 226개의 글로빈 서열을 비교하면, 단 2개의 잔기 만이 이들 모든 폴리펩티드에서 절대적으로 보전되어있음이 밝혀졌다. 즉, 그 중 하나는 산소(O_2)의 결합과 방출에서 핵심 역할을 하는 히스티딘 잔기이다. 이러한 관찰은 단백질의 2차구조와 3차구조는 1차구조보다 진화하는 동안 훨씬 더 느리게 변화함을 나타낸다.

그림 2-52 **호염성 고세균(halophilic archaebacterium)에서 얻은 말산탈수소효소에 있는 극성 및 전하를 띤 아미노산 잔기들의 분포.** 빨간색 공은 산성 잔기를 파란색 공은 염기성 잔기를 나타낸다. 이 효소의 표면은 산성 잔기들로 덮여 있는 것으로 보이는데, 이 산성 잔기들은 이 단백질의 순 전하가 −156이 되게 하며, 극단적으로 높은 염도의 환경에서 이 단백질의 용해도를 촉진한다. 비교를 위하여, 대양에 서식하는 돔발상어(dogfish)의 상동 단백질 효소의 순전하는 +16이다.

진화에 의해서 서로 다른 생명체들에서 서로 다른 변형(version) 단백질들이 어떻게 만들어지는가를 알아보았다. 그러나 또한 진화에 의해서 한 종 내의 개체들 사이에도 서로 다른 변형 단백질들이 만들어진다. 글로빈이나 콜라겐과 같이 어떤 특정한 기능을 가진 단백질을 예로 들어보자. 이렇게 많은 서로 다른 변형 단백질들이 인간 유전체에 의해 암호화된다. 대부분의 경우에, 동형(isoform)으로 알려진 한 단백질의 서로 다른 변형들은 서로 다른 조직 또는 서로 다른 발생의 단계에서 작용하도록 적응되었다. 예를 들면, 사람들은 수축성 단백질인 액틴의 동형들을 암호화하는 6개의 서로 다른 유전자들을 갖고 있다. 이들 동형 중 2개는 평활근에서 발견되며, 하나는 골격근에서, 하나는 심근에서, 나머지 2개는 거의 모든 유형의 세포에서 발견된다.

더욱 더 많은 아미노산 서열과 단백질의 3차구조가 보고됨에 따라, 대부분의 단백질은 관련된 분자들의 더 큰 집단(family)[또는 대집단(*superfamily*)]들을 구성하는 요소들임이 분명해졌다. 단백질 집단을 구성하는 여러 가지 요소들을 암호화하는 유전자들은 진화 과정 동안에 일련의 중복(duplication) 과정을 거친 하나의 조상 유전자로부터 생긴 것으로 생각된다(그림 4-23 참조). 오랜 기간에 걸쳐, 여러 가지 복사본의 뉴클레오티드 서열은 관련된 구조를 가진 단백질을 생산하기 위해 다른 서열로 갈라진다. 여러 가지 단백질 집단들에는 다양한 기능을 갖도록 진화된 놀랄 만큼 다양한 여러 종류의 단백질들이 포함되어 있다. 단백질 집단들이 확장되는 것은 오늘날 복잡한 동물과 식물의 유전체에서 암호화된 많은 단백질의 다양성에서 비롯된 것이다.

2-5-4 핵산

핵산은 **뉴클레오티드**(nucleotide)라고 하는 단량체들의 긴 사슬(**가닥**, strand)로 구성된 고분자이다. 핵산은 주로 유전정보의 저장과 전달을 하는 작용을 하지만, 또한 핵산은 구조적 역할이나 촉매 역할도 할 수 있다. 살아있는 생명체에서는 두 가지 유형의 핵산, 즉 **디옥시리보핵산**(deoxyribonucleic acid, DNA)과 **리보핵산**(ribonucleic acid, RNA)이 발견된다. 비록 여러 가지 바이러스에서는 RNA가 유전물질로 작용하지만, DNA는 모든 세포성 생명체의 유전물질로 작용한다. 세포에서, DNA에 저장된 정보는 RNA 메시지(message)의 형성을 통하여 세포의 활동을 결정하는 데 사용된다. 현재의 논의에서, 대표적인 분자로서 단일-가닥 RNA를 사용하여 핵산의 기본구조를 살펴볼 것이다. DNA의 구조는 생명체의 화학적 기초에 관한 중심 역할과 연계될 수 있는 제4장에서 다룰 것이다.

RNA 가닥에 있는 각 뉴클레오티드는 세 부분으로 구성되어 있다(그림 2-53*a*). 즉, 이 세 부분은 (1) 5탄당인 리보오스(ribose), (2) 질소 염기(질소 원자가 이 분자에서 고리 구조를 형성하기 때문에), 그리고 (3) 인산기이다. 당과 질소 염기는 뉴클레오시드(*nucleoside*)를 형성하고, RNA 가닥의 뉴클레오티드는 리보뉴클레오시드-1-인산으로 알려져 있다. 인산기는 당의 5′(5번

인산기

염기

당

(*a*)

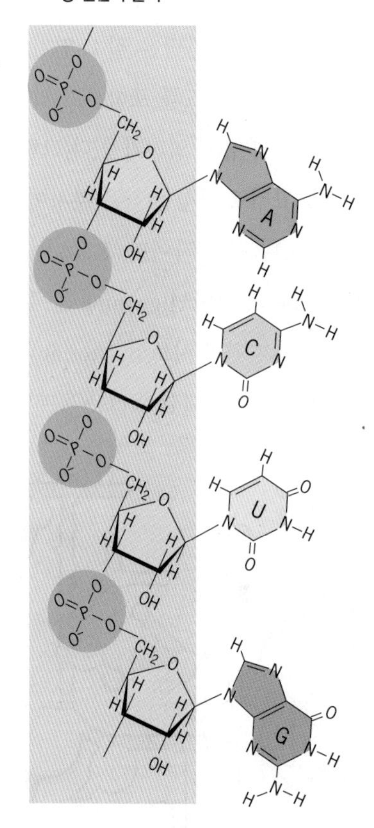

(*b*)

그림 2-53 뉴클레오티드 및 RNA의 뉴클레오티드 가닥. (*a*) 뉴클레오티드는 핵산의 가닥을 만드는 단량체이다. 뉴클레오티드는 당, 질소 염기, 인산기의 3 부분으로 구성되어 있다. RNA의 뉴클레오티드의 당은 리보오스로서, 두 번째 탄소원자에 수산기가 결합되어 있다. 대조적으로, DNA의 뉴클레오티드의 당은 디옥시리보스로, 두 번째 탄소원자에 수산기 대신 수소원자가 부착되어 있다. 각 뉴클레오티드는 5′(5번 탄소) 말단(당의 5′에 해당되는)과 3′(3번 탄소) 말단을 가지고 있어서 극성화 되어 있다. (*b*) 뉴클레오티드들은 가닥을 형성하기 위해 서로 공유결합으로 연결되는데, 이 결합은 하나의 당에 있는 3′ 수산기를 인접한 당의 5′ 인산기와 연결시킨다.

탄소)에 연결되어 있으며, 질소 염기는 당의 1번 탄소에 부착되어 있다. 핵산 가닥이 형성되는 동안, 한 뉴클레오티드에서 당의 3′(3번 탄소)에 부착되어 있는 수산기는 그 가닥의 다음 뉴클레오티드에 있는 5번 탄소에 부착된 인산기와 에스테르 결합으로 연결된다. 따라서 RNA (또는 DNA) 가닥의 뉴클레오티드는 당-인산기 결합으로 연결되어 있다. 이 연결을 3′-5′-이인산에스테르결합(*phosphodiester bonds*)이라고 하며, 그 이유는 인산기 원자가, 인접한 2개의 당으로부터 각각 하나씩, 2개의 산소원자와 에스테르 결합을 이루기 때문이다.

RNA (또는 DNA)의 한 가닥은 질소 염기로 구별되는 4개의 서로 다른 유형의 뉴클레오티드를 포함하고 있다. 핵산에는 두 유형의 염기, 즉 피리미딘과 퓨린 염기가 있다(그림 2-54). **피리미딘**(pyrimidine)은 단일 고리로 구성된 작은 분자이며, **퓨린**(purine)은 2개의 고리로 구성된 더 큰 분자이다. RNA는 두 가지 서로 다른 퓨린인 **아데닌**(adenine)과 **구아닌**(guanine)을 갖고 있으며, 그리고 두 가지 서로 다른 피리미딘인 **시토신**(cytosine)과 **우라실**(uracil)을 갖고 있다. DNA에는 우라실 대신에 여분의 메틸기가 고리에 붙어

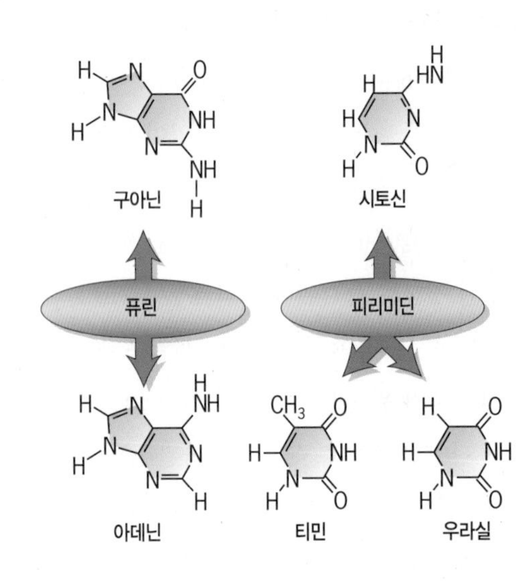

그림 2-54 핵산에 있는 질소 염기. RNA에서 발견되는 4개의 표준 염기 중 아데닌과 구아닌은 퓨린이며 우라실과 시토신은 피리미딘이다. DNA에서, 피리미딘 염기는 티민과 시토신으로서, 이들은 고리에 부착된 메틸기에 의해 우라실과 구별된다.

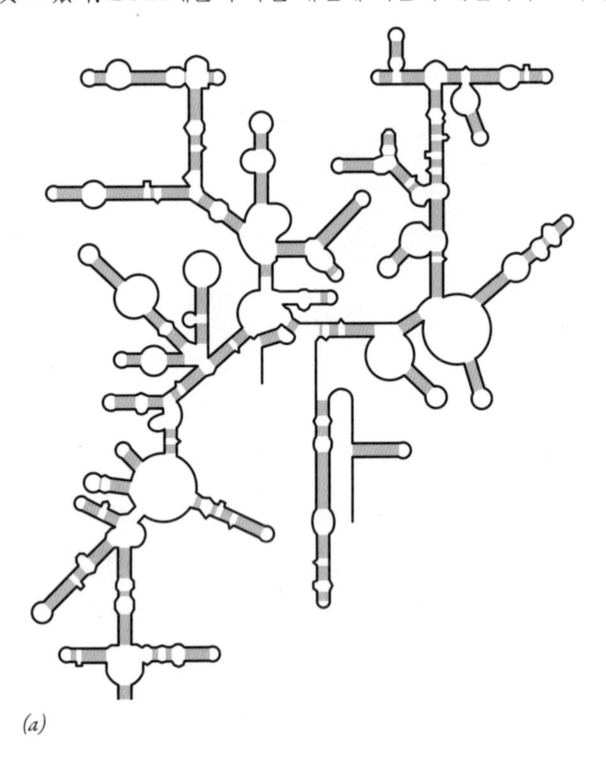

(a)

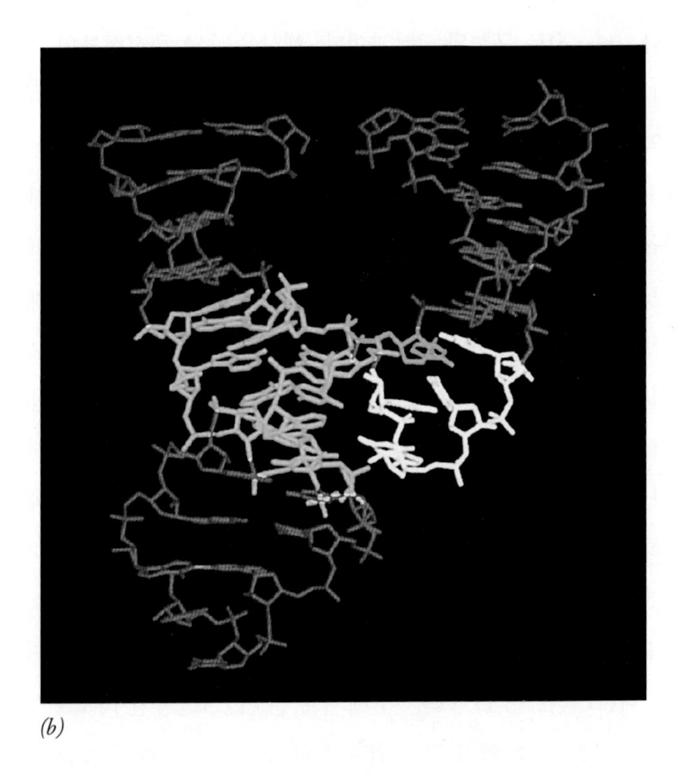

(b)

그림 2-55 RNA는 복잡한 모양을 가질 수 있다. (*a*) 이 리보솜 RNA는 세균에서 리보솜의 작은 소단위의 필수적인 구성요소이다. 이 2차원 개요도에서, RNA 가닥은 고도로 질서정연한 양상으로 둘로 되 접혀진 것으로 보이며 그래서 분자의 대부분이 이중 가닥이다. (*b*) 소위 망치머리(hammerhead)라고 하는 이 리보자임은 비로이드(viroid)의 작은 RNA 분자이다. 이 RNA의 이중가닥 부분에서 나선형의 성질은 이 분자의 3차원 모형에서 인식될 수 있다.

있는 피리미딘인 **티민**(thymine)으로 대체되어 있다(그림 2-54).

비록 RNA들은 연속적인 단일 가닥으로 구성되지만, RNA는 흔히 광범위한 이중가닥 부분과 복잡한 3차원 구조를 갖는 분자를 만들기 위해 스스로 접힌다. 이 과정은 〈그림 2-55〉에 나타난 2개의 RNA에서 볼 수 있다. 〈그림 2-55*a*〉에 나타낸 2차구조를 가진 RNA는 세균 리보솜의 작은 소단위의 구성요소이다(그림 2-56 참조). 리보솜 RNA는 유전정보를 운반하지 않는 분자로서, 리보솜 단백질이 부착될 수 있는 골격 구조의 역할을 하며 단백질 합성에 필요한 여러 가지 다양한 수용성 성분을 인식하고 결합하는 구성요소의 역할을 한다. 큰 소단위 리보솜의 리보솜 RNA 중 하나는 단백질 합성과정에서 아미노산이 공유결합으로 연결되도록 하는 반응을 촉매 하는 작용을 한다. 촉매 역할을 하는 RNA를 RNA 효소 또는 **리보자임**(ribozyme)이라고 한다. 〈그림 2-55*b*〉는 자신의 RNA 가닥을 자를 수 있는 소위 망치머리(hammerhead) 리보자임의 3차구조를 그린 것이다. 〈그림 2-55〉에 나타난 두 경우 모두에서, 이중 가닥 지역은 염기들 사이의 수소결합으로 서로 연결되어 있다. 이와 동일한 원리로 DNA 분자의 두 가닥이 서로 연결된다.

뉴클레오티드는 핵산의 구성요소로서 중요할 뿐만 아니라, 또한 뉴클레오티드 자체가 중요한 역할을 한다. 모든 생명체에서 수시로 사용되는 에너지의 대부분은 뉴클레오티드인 **아데노신 삼인산**(adenosine triphosphate, ATP)에서 유래된다. ATP의 구조와 세포의 물질대사에서 ATP의 핵심 역할은 다음 장에서 논의된다. **구아노신 삼인산**(guanosine triphosphate, GTP)은 세포 활성에서 커다란 중요성을 갖는 또 다른 뉴클레오티드이다. GTP는 여러 종류의 단백질(G 단백질이라고 하는)에 결합하며 이들 단백질의 활성을 작동시키기 위한 스위치로 작용 한다(예로서 그림 5-49 참조).

복습문제

1. 어떤 고분자들이 중합체인가? 각 유형의 단량체에서 기본구조는 무엇인가? 각 유형의 고분자에서 다양한 단량체들은 서로 어떻게 다른가?
2. 뉴클레오티드의 구조를 기술하고, 이 단량체들이 폴리뉴클레오티드 가닥을 형성하기 위해 연결되는 방식을 서술하시오. RNA를 단일가닥이라고 하는 것이 왜 너무 단순화하여 말하는 것일까?
3. 포도당의 중합체로 구성된 세 가지 다당류의 이름은 무엇인가? 이들 고분자는 서로 어떻게 다른가?
4. 세 가지 서로 다른 유형의 지질 분자의 성질을 기술하시오. 각각의 생물학적 역할은 무엇인가?
5. 서로 다른 아미노산을 구별하는 주요 성질은 무엇인가? 이러한 차이점이 단백질의 구조와 기능에서 어떤 역할을 하는가?
6. 글리신, 프롤린, 시스테인이 다른 아미노산들과 구별되는 차이점은 무엇인가?
7. α 나선의 성질은 β 가닥과 어떻게 다른가? 이들은 어떤 점에서 유사한가?
8. 단백질이 분자적 기계(machine)로서 작용한다면, 입체구조의 변화가 단백질 기능에 있어서 대단히 중요한 이유를 설명하시오?

2-6 복합적인 고분자 구조의 형성

단백질 구조의 연구에서 얻은 교훈이 세포 속의 더 복잡한 구조에 어느 정도로 적용될 수 있을까? 또한 막, 리보솜, 그리고 세포골격의 구성요소 등과 같이 서로 다른 유형의 소단위로 구성된 구조들도 자체적으로 조립될 수 있을까? 가장 안정된 배열을 형성하기 위해 조각(소단위)들을 서로 잘 맞춤으로써 세포이하의 체제(subcellular organization)가 얼마나 간명하게 설명될 수 있을까? 세포소기관의 조립은 잘 이해되어 있지 않지만, 서로 다른 유형의 소단위들이 고차원 배열을 형성하기 위해 자가-조립(self-assembly) 될 수 있음은 다음 예들에서 분명하다.

2-6-1 담배모자이크바이러스 및 리보솜 소단위의 조립

특정한 조립 과정이 자발적으로 이루어진다는 가장 확실한 증거는, 최종 구조를 형성하는 고분자들만 있을 때, 생리학적 조건 하에서 조립이 생체 외에서 일어날 수 있다는 것을 증명한 것이다. 1955년, 캘리포니아대학교(University of California, Berkeley)의 하인즈 프랜켈-콘라트(Heinz Fraenkel-Conrat)와 로블리 윌리암즈

(Robley Williams)는 담배모자이크바이러스(tobacco mosaic virus, TMV) 입자가 자가-조립될 수 있었음을 실험적으로 증명하였다. 이 TMV 입자는 2,130개의 동일한 단백질 소단위로 구성된 나선형의 캡슐 안에 감겨져 있는 하나의 긴 RNA 분자(대략 6,600개의 뉴클레오티드)로 구성되어 있다(그림 1-20 참조). 그들의 실험에서는 TMV RNA와 단백질을 각각 따로 정제하고, RNA와 단백질을 적절한 조건하에서 함께 섞어서 단기간 동안 배양한 후에, 이로부터 성숙한 감염성 바이러스 입자들이 다시 만들어졌다. 두 가지 구성요소들(RNA 및 단백질)이 입자 형성에 필요한 모든 정보를 갖고 있음이 분명해졌다.

TMV 입자와 마찬가지로, 리보솜은 RNA와 단백질로 구성되어있다. 단순한 TMV와 달리, 리보솜은 몇 가지 서로 다른 유형의 RNA와 상당히 많은 수의 단백질을 포함하고 있다. 리보솜의 출처와 무관하게, 모든 리보솜은 크기가 서로 다른 2개의 소단위들로 구성되어있다. 비록 리보솜 소단위들이 흔히 대칭적인 구조로 그려지지만, 실제로 〈그림 2-56〉에 나타낸 것처럼 소단위들은 매우 불규칙한 모양이다. 세균의 큰(또는 50S) 리보솜 소단위는 두 분자의 RNA와 대략 32개의 서로 다른 단백질들을 갖고 있다. 세균의 작은(또는 30S) 리보솜 소단위는 하나의 RNA 분자와 21개의 서로 다른 단백질들을 갖고 있다. 리보솜의 구조와 기능은 〈5-8절〉에서 자세히 논의된다.

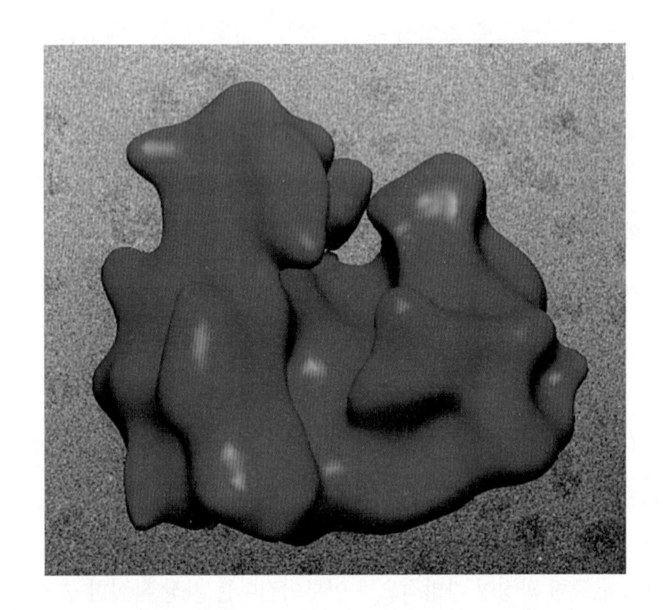

그림 2-56 밀의 생식세포(germ cell)에서 세포질에 있는 리보솜의 재구성. 이 재구성은 고분해능 전자현미경의 사진들을 기초로 하여 만들어 졌으며, 이 진핵세포 리보솜에서 2개의 소단위들, 즉 왼쪽의 작은 소단위(40S)와 오른쪽의 큰 소단위(60S)를 보여준다. 리보솜의 내부 구조는 〈5-8절〉에서 논의된다.

리보솜 연구에 관한 이정표 중 하나는 1960년대 중반 위스콘신대학교(University of Wisconsin)의 마사야수 노무라(Masayasu Nomura)와 그 동료들이 이룬 것이었다. 그들은 리보솜의 소단위를 구성하던 21개의 단백질과 RNA를 각각 정제한 후 섞었을 때, 완전하고 충분히 기능적인 세균의 30S 소단위를 재구성하는 데 성공하였다. 작은 소단위의 구성성분들은 입자 전체의 조립에 필요한 모든 정보를 가지고 있다는 것이 명백하게 되었다. 생체 외에서 재구성하는 동안 서로 다른 단계에서 형성되는 중간물질들을 분석한 결과, 소단위 조립은 생체 내에서의 과정과 매우 유사하게 단계적으로 연속된 방식으로 일어난다는 것을 보여주었다. 작은 소단위(16S)의 단백질들 중 적어도 하나의 단백질은 리보솜 조립에 있어서 단독으로 작용하는 것처럼 보인다. 즉, 이 단백질을 재구성 혼합물에서 제거하면 조립 과정은 크게 느려지지만 완전한 기능을 가진 리보솜을 형성하는 것을 방지하지는 않았다. 세균에서 큰 소단위의 재구성은 70년대에 이루어졌다. 세포 밖에서 리보솜을 재구성하는 데는 50℃에서 대략 2시간이 걸리지만, 세균은 10℃의 낮은 온도에서 몇 분 안에 같은 구조를 조립할 수 있다는 것은 주목할 만한 일이다. 세균은, 정제된 구성성분으로 실험을 시작한 연구자들이 이용할 수 없는 무엇인가를 사용할지도 모른다. 예를 들면, 세포 내에서 리보솜의 조립은 〈실험경로〉에서 기술한 샤페론과 같은 단백질 접힘 과정에서 작용하는 보조 인자들이 참여했을 수 있다. 실제로, 진핵세포 내에서 리보솜이 형성될 때에, 최종 리보솜 입자에는 없는 많은 단백질들이 일시적으로 결합할 필요가 있으며, 또한 큰 소단위 리보솜 RNA 전구체(precursor)의 뉴클레오티드 중 절반 정도가 제거될 필요가 있다(5-3절 참조). 그 결과, 성숙한 진핵세포 리보솜의 구성요소들은 세포 밖에서 자신을 재구성하기 위한 정보를 더 이상 가지고 있지 않다.

복습문제

1. 어떤 유형의 증거가 세균의 리보솜 소단위는 자가-조립이 가능하지만 진핵세포의 소단위는 불가능하다는 것을 제시하는가?
2. 어떤 증거가 한 특정한 리보솜 단백질이 리보솜의 기능에는 역할을 하지만 조립과정에는 역할을 하지 않음을 보여줄 것인가?

실 험 경 로

샤페론(chaperone): 단백질이 적당히 접힌 상태로 되도록 돕는 분자

1932년에, 초파리속(Drosophila) 곤충의 발생과정을 연구하던 이탈리아 생물학자인 F. M. 리토사(Ritossa)는 호기심을 불러일으키는 발견을 보고하였다.[1] 초파리 유충(larvae)의 발생과정에서 온도를 25℃에서 32℃로 올리면, 유충 세포의 거대염색체에서 여러 가지 새로운 부위가 활성화되었다. 제4장에서 보게 될 것으로써, 이러한 곤충 유충의 거대염색체는 유전자발현을 시각적으로 보여준다(그림 4-8 참조). 이 결과는 온도가 증가하면 새로운 유전자들의 발현을 유도했다는 것을 나타냈다. 약 십년 후, 이 발견은 온도가 상승한 다음 유충에서 나타난 몇 가지 단백질을 규명함으로써 증명되었다.[2] **열-충격 반응**(heat-shock response)이라고 하는 이러한 반응은 초파리에 한정되지 않고 거의 모든 유형의 생명체—세균에서부터 식물과 동물에 이르기까지—의 여러 가지 많은 세포들에서 일어날 수 있다는 것이 곧 밝혀졌다. 자세히 시험해 본 결과, 이 반응이 일어나는 동안 생산된 그 단백질은 열충격을 받은 세포에서뿐만 아니라, 정상적인 조건하에 있는 세포에서도 낮은 농도로 발견되었던 것으로 밝혀졌다. 이러한 소위 열충격 단백질(*heat-shock protein*, *hsp*)들의 기능은 무엇인가? 이 질문에 대한 해답은 겉보기에는 서로 관련되어 있지 않은 일련의 연구들에 의해 점진적으로 밝혀졌다.

세균의 리보솜 또는 담배모자이크바이러스 입자와 같은 일부의 복합적인 다소단위(multiple subunit) 구조들은 정제된 소단위로부터 자가 조립이 가능하다는 것을 77 페이지에서 보았다. 박테리오파지(bacteriophage) 입자(그림 1-21*c* 참조)를 구성하는 단백질들은 또한 자가-조립을 할 수 있는 놀라운 능력을 가지고 있지만, 일반적으로 그 입자들은 세포 밖에서, 완전하고 기능적인 바이러스 입자를 스스로 형성할 수 없다는 것이 1960년대에 밝혀졌다. 세균 세포 내에서 파지(phage) 조립에 관한 실험에서, 파지가 세균의 도움을 필요로 한다는 것이 확인되었다. 예를 들면, *GroE*라고 하는 세균의 한 돌연변이 균주는 정상적인 파지의 조립을 도울 수 없었다는 것이 1973년에 밝혀졌다. 파지의 유형에 따라, 파지 입자의 머리 또는 꼬리 부분이 부정확하게 조립되었다.[3,4] 이러한 연구들은, 비록 이런 숙주 단백질이 최종 바이러스 입자의 구성요소가 아니더라도, 세균 염색체에 의해 암호화된 단백질이 바이러스의 조립에 참여했다는 것을 암시하였다. 세균 단백질은 분명히 바이러스의 조립을 돕기 위해 진화된 것이 아니므로, 파지 조립에 필요한 세균 단백질은 세포의 정상적인 활동에 어떤 역할을 해야 하지만 정확한 역할은 알 수가 없었다. 후속 연구에 의해, 세균 염색체의 GroE 자리에는 실제로 2개의 서로 분리된 *GroEL* 및 *GroES* 유전자들을 갖고 있으며, 이들은 2개의 서로 독립적인 GroEL과 GroES 단백질을 암호화한다는 것이 밝혀졌다. 전자현미경 하에서, 정제된 GroEL 단백질은 2개의 원반들로 구성된 원통형 조립체(assembly)로 보였다. 각 원반은 중앙 축 주위에 대칭적으로 배열된 7개의 소단위로 구성되어 있다(그림 1).[5,6]

수년 후, 완두를 대상으로 한 연구는 식물의 엽록체에 유사한 조립-촉진 단백질이 있다는 것을 암시하였다.[7] 루비스코(Rubisco)는 엽록체에 있는 커다란 단백질로 광합성 과정 동안 대기 중의 CO_2 분자를 취하여 유기 분자에 공유결합으로 연결하는 반응을 촉매 하는 효소이다(10-6절 참조). 루비스코는 8개의 작은 소단위(분자량 1만 4,000달톤)와 8개의 큰 소단위(5만 5,000달톤) 등 모두 16개의 소단

그림 1 **전자현미경과 분자량 결정으로 얻은 자료들에 따라 만들어진 GroEL 복합체의 모형.** 이 복합체는 2개의 원반(disk)들로 구성된 것으로 보인다. 각 원반은 중심축 주위에 대칭적으로 배열된 7개의 동일한 소단위들로 구성되어 있다. 후속 연구에 의해, 이 복합체가 2개의 내부 방을 갖고 있는 것으로 밝혀졌다.

위로 구성되어 있다. 엽록체 안에서 합성된 루비스코의 큰 소단위들은 독립된 상태로 존재하지 않고, 분자량 6만 달톤(60킬로달톤)의 동일한 소단위들로 구성된 거대한 단백질 조립체와 결합되어 있다는 것이 알려졌다. 그들의 논문에서, 연구자들은 루비스코의 큰 소단위와 60킬로달톤(kDa)의 폴리펩티드로 형성된 복합체가 완전한 루비스코 분자의 조립 과정에서 생긴 중간산물이었다는 가능성을 고려하였다.

또한 포유동물 세포에 대한 독립적인 연구에서, 다중소단위 단백질의 조립을 돕는 것으로 보였던 단백질의 존재를 밝혀냈다. 루비스코와 마찬가지로, 항체분자는 두 가지 서로 다른 소단위들, 즉 더 작고 가벼운 사슬과 더 크고 무거운 사슬로 된 하나의 복합체로 구성된다. 루비스코의 큰 소단위가 최종 복합체에서는 발견되지 않는 다른 단백질과 결합되는 것처럼, 항체 복합체의 무거운 사슬 또한 다른 단백질과 결합되어 있다.[8] 새로 합성된 무거운 사슬과 결합하지만, 가벼운 사슬과 이미 결합한 무거운 사슬과는 결합하지 않는 이 단백질은 결합단백질(*binding protein*, *BiP*)로 명명되었다. BiP는 후에 7만 달톤(70킬로달톤)의 분자량을 갖는 것으로 알려졌다.[9]

지금까지, 두 가지 연구를 논의해 오고 있다. 즉, 하나는 열-충격 반응에 관한 것이고 다른 하나는 단백질 조립을 촉진하는 단백질에 관한 것이다. 이 두 연구 분야는 1986년에 하나로 합쳐지게 되었다. 그 이유는, 열-충격 반응에서 가장 뚜렷하게 나타나는 단백질들 중 하나로서 이 단백질의 분자량 때문에 열충격 단백질 70(*heat-shock protein 70*, *hsp70*)으로 명명되었던 단백질이 항체분자의 조립에 연관된 단백질인 결합단백질(BiP)과 동일하다는 것이 그 때에 밝혀졌기 때문이다.

열충격 단백질의 발견 이전에도, 단백질의 구조는 온도에 민감하다는 것이 알려져 있었다. 그 이유는 온도가 약간 상승하여도 이 정교한 분자가 풀리기 시작하기 때문이다. 단백질 구조가 접히지 않으면(unfolding) 이전에 단백질의 중심부에 묻혀있던 소수성 잔기들이 외부로 노출된다. 수프(soup) 그릇에 있는 지방 분자들이 서로 뭉쳐서 기름방울이 되듯이, 표면에 소수성 부분들을 가진 단백질도 또한 서로 뭉치게 된다. 결과적으로, 세포가 열충격을 받으면 수용성 단백질이 변성되어 응집체를 형성한다. 1985년의 한 보고서는, 온도가 상승한 다음, 새롭게 합성된 hsp70분자는 핵 안으로 들어가서 핵단백질의 응집체에 결합하여, 그 응집체의 해체를 촉진하는 도구처럼 작용하는 것을 증명하였다.[10] 바람직하지 않는 상호작용을 방지하여서 단백질의 조립을 도와주는 역할을 하기 때문에, hsp70 및 관련 분자들을 **분자 샤페론**(molecular chaperone)이라고 명명하였다.[11]

세균의 열충격 단백질 GroEL과 식물의 루비스코 조립 단백질이 상동 단백질이었음이 곧 밝혀졌다. 실제로, 두 단백질들은 500여개 이상의 아미노산 잔기들 중 거의 절반 정도의 동일한 아미노산을 공유하고 있다.[12] Hsp60 샤페론 집단(*hsp60 chaperone family*)에 속하는 두 단백질들이 그렇게 많은 동일한 아미노산을 갖고 있다는 것은 두 유형의 세포에서 이 단백질들의 유사하고 필수적인 기능이 있음을 반영한다. 그러나 그 필수적인 기능은 무엇인가? 이 시점에서, 그들의 주된 기능은 루비스코와 같은 다중소단위 복합체의 조립을 중개하는 것으로 생각되었다. 이러한 관점은 미토콘드리아의 분자 샤페론을 연구한 실험에 의해 바뀌었다. 세포질에서 새롭게 만들어진 미토콘드리아 단백질은 길게 늘어지고 풀려진 단량체 형태로 미토콘드리아 외막을 통과해야 한다는 것이 알려졌다. 미토콘드리아 안에 있는 Hsp60 샤페론 집단에 속하는 또 다른 단백질의 활성이 변화된 돌연변이체가 발견되었다. 이 돌연변이 샤페론을 지니고 있는 세포에서, 미토콘드리아로 수송되는 단백질들은 활성화된 형태로 접혀지지 못했다.[13] 단일 폴리펩티드로 구성된 단백질이라도 본래의 입체구조로 접혀지지 않았다. 이러한 발견은 샤페론 기능에 대한 인식을, 샤페론이 이미 접힌 소단위를 더 큰 복합체로 조립되도록 돕는다는 개념에서 샤페론이 폴리펩티드 사슬을 접히도록 돕는다는 현재의 이해로 바뀌게 하였다.

이런 연구 및 다른 연구 등에서 얻은 결과들은 세포 안에 적어도 두 가지 주요 분자 샤페론 집단이 존재함을 나타냈다. 즉, 하나는 BiP와 같은 Hsp70 샤페론이며 다른 하나는 Hsp60, GroEL, 루비스코 조립 단백질과 같은 Hsp60 샤페론[또한 샤페로닌(*chaperonin*)이라고도 한다]이다. 여기서는 가장 잘 알려진 GroEL과 같은 Hsp60 샤페론에 초점을 맞추어 논의할 것이다.

1979년에 처음으로 밝혀진 GroEL은 이중 도넛과 비슷한 2개의 층으로 된 고리로 배열된 14개의 폴리펩티드 소단위들로 구성된 거대한 분자 복합체이다.[5,6] 최초로 전자현미경 사진을 찍은 지 15년 후에, 엑스-선 결정학으로 GroEL 복합체의 3차원 구조가 결정되었다.[14] 이 연구는 GroEL 원통 안에 중앙 공동(中央 空洞, central cavity)이 있다는 것을 밝혔다. 후속 연구에 의해, 이 공동은 2개의 분리된 독립적인 방으로 나뉜다는 것이 증명되었다. 각 방은 GroEL 복합체 고리들 중 하나의 중심부 속에 위치하며 접히고 있는 폴리펩티드를 둘러싸기에 충분할 정도로 크다.

또한 전자현미경으로 연구한 결과, GroEL과 협동으로 작용하는 두 번째 단백질인 GroES의 구조와 기능에 대한 정보를 얻게 되었다. GroEL과 마찬가지로, GroES는 중심 축 주위에 대칭으로 배열된 7개 소단위들을 가진 고리 모양의 단백질이다. 그러나 GroES는 단 하나의 고리로 구성되어 있으며, GroES의 소단위(1만 달톤)는 GroEL 소단위(6만 달톤)보다 훨씬 작다. GroES는 GroEL 원통의 양 말단의 어느 한쪽 위에 맞는 덮개 또는 돔(dome) 모양으로 보인다(그림 2). GroEL의 한쪽 말단에 GroES가 부착되면 GroEL의 입체구조가 극적으로 변화되어 GroEL이 부착된 말단의 내부 방 부피가 확연히 증가한다.[15]

이러한 입체구조 변화의 중요성은 예일대학교(Yale University)의 아써 홀위치(Arthur Horwich)와 폴 시글러(Paul Sigler) 실험실에서 엑스-선 결정학 연구에 의해 매우 자세하게 밝혀졌다.[16] 〈그림 3〉에 나타낸 것처럼, GroES 덮개가 결합되면, GroEL 원통의 그 말단에서 GroEL 고리를 구성하는 소단위들의 정단부(빨간색) 영역이 60° 회전하게 한다. GroES의 부착은 GroEL 방을 확장하는 입체구조의 변화를 일으키는 것 이상의 일을 한다. GroES가 부착하기 전에는, GroEL 방 내부의 벽면이 소수성 성질을 갖게 하는 소수성 잔기들이 노출되어 있다. 바르게 접힌 폴리펩티드의 내부에 묻혀있던 소수성 잔기들이 잘못 접힌 폴리펩티드에서 노출된다. 소수성 표면은 서로 상호작용하는 경향이 있기 때문에, GroEL 공동의 소수성 벽면은 잘못 접힌 폴리펩티드의 표면에 결합하게 된다. GroES가 GroEL에 결합하면 GroEL 벽의 소수성 잔기들은 내부로 묻히고 다수의 극성 잔기들이 노출되어, 방 벽의 특성을 변화시킨다. 이런 변화의 결과, 소수성 상호작용으로 GroEL 벽에 결합된 잘못 접힌 폴리펩티드는 방 안의 공간으로 옮겨진다. 일단 방 벽에 결합된 상태에서 풀려나게 되면, 폴리펩티드는 보호된 환경에서 접힘을 계속할 수 있는 기회를 갖는다. 대략 15

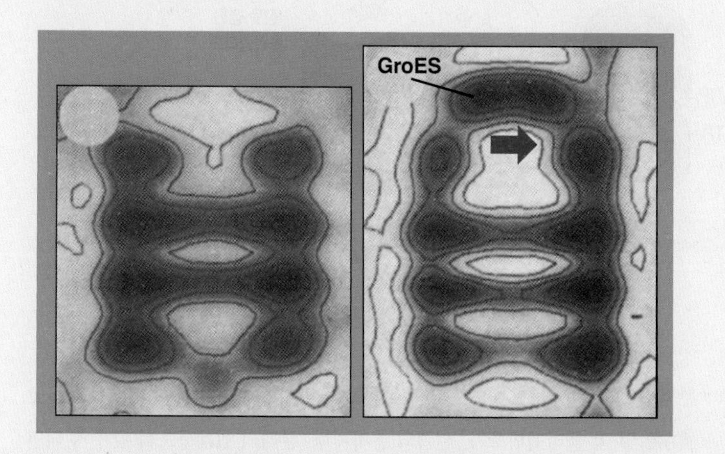

그림 2 액체 에탄(ethane)에서 동결하여 −170℃에서 검사한 고분해능 전자현미경 사진들에 기초한 GroEL의 재구성. 왼쪽 상은 GroEL 복합체를 보여주며, 오른쪽 상은 원통의 한 말단에서 돔 형태로 보이는 GroES와 결합한 GroEL 복합체를 보여준다. GroES가 결합하면, GroEL 고리(화살표)의 꼭대기 부분을 구성하는 단백질의 정단부 말단에서 현저한 입체구조 변화를 수반하는 확실하며, 그 결과 위쪽 방이 뚜렷하게 확장된다.

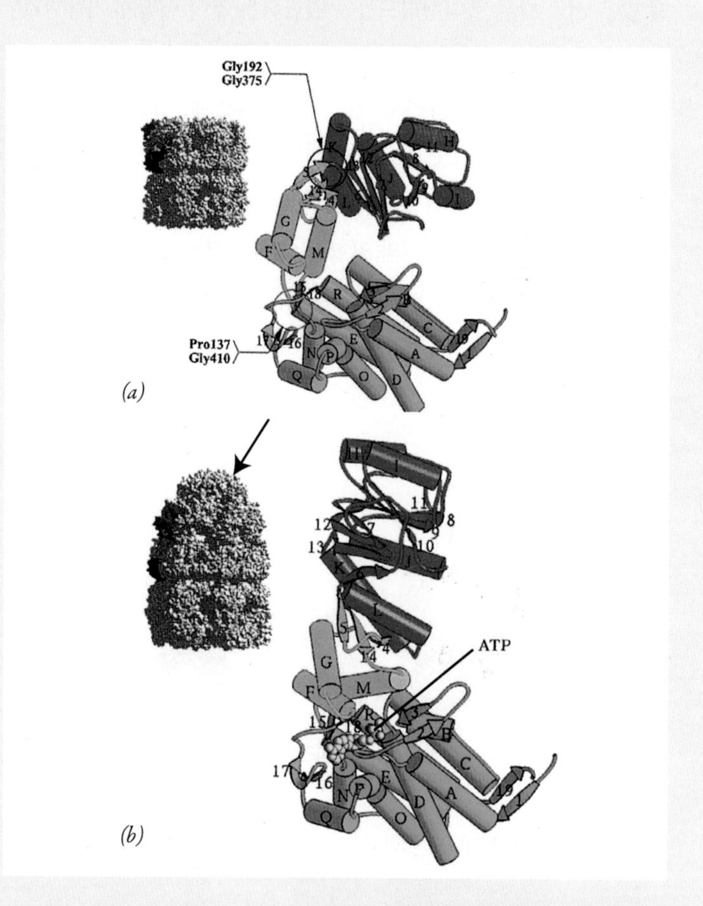

그림 3 GroEL의 입체구조 변화. (*a*) 왼쪽 모형은 GroEL 샤페론을 구성하는 2개의 고리를 표면에서 본 모양을 보여준다. 오른쪽 그림은 꼭대기 부분에 있는 GroEL 고리의 소단위들 중 하나의 3차구조를 보여준다. 폴리펩티드 사슬은 3개의 영역으로 접혀질 수 있음을 보여준다. (*b*) GroES 고리(화살표)가 GroEL 원통에 결합할 때, 인접한 고리의 각 GroEL 소단위의 정단부 영역이 경첩처럼 작용하는 중간 영역(초록색으로 표시)과 약 60°의 극적인 회전을 한다. 폴리펩티드의 부분들의 이러한 이동 효과로 GroEL 벽이 눈에 띠게 올라가고, 방이 확장되게 된다.

초 후에, GroES 덮개는 GroEL 고리로부터 떨어지게 되고, 폴리펩티드는 방에서 방출된다. 만일 그 폴리펩티드가 방출된 그때까지 바르게 접힌 본래의 입체구조에 도달되지 않는다면, 그 폴리펩티드는 동일한 또는 다른 GroEL과 다시 결합할 수 있고, 그 과정은 반복된다. GroEL-GroES-도움으로 접히는 동안에 일어날 것으로 생각되는 몇 단계들을 그린 모형이 〈그림 4〉에 있다.

대장균의 세포질에 있는 대략 2,400개의 단백질들 중 약 250개는 정상적으로 GroEL과 상호작용한다.[17] 하나의 샤페론이 그렇게 많은 서로 다른 폴리펩티드들과 결합하는 것이 어떻게 가능한가? GroEL 결합자리는 정단부 영역(apical domain)에 있는 2개의 α 나선에 의해 주로 형성된 소수성 표면으로 구성되는데, 정단부 영역은 부분적으로 접힌 또는 잘못 접힌 폴리펩티드에 접근할 수 있는 거의 모든 소수성 잔기 서열에 결합할 수 있다.[18] 결합되지 않은 GroEL 분자 및 다수의 서로 다른 펩티드와 결합된 GroEL 분자 사이의 결정 구조를 비교하면, GroEL 소단위의 정단면 영역에 있는 결합부위는 서로 다른 상대와 결합될 때 그 위치를 국지적으로 조절할 수 있는 것으로 밝혀졌다. 이런 발견은, 결합부위가 구조적인 유연성을 갖고 있어서 상호작용해야 하는 특정 폴리펩티드의 모양에 맞게 자신의 모양을 조절할 수 있음을 암시한다.

또한 다수의 연구 결과는, GroEL 단백질이 외부 방해 없이 접힐 수 있는 방을 단순히 수동적으로 제공하는 것 이상의 일을 한다는 것을 제시하였다. 한 연구에서, 부위-지향적 돌연변이유발 방법이 결사슬이 접힘 방의 천정에 매달려 있는 GroES의 핵심 잔기인 Tyr71을 변형시키기 위해 사용되었다.[19] 이 잔기의 방향족 고리 때문에, 티로신(tyrosine)은 중간 정도로 소수성인 잔기이다(그림 2-26). Tyr71이 양전하 또는 음전하를 가진 잔기로 치환되었을 때, 그 결과로 생기는 GroEL-GroES 변이는 하나의 특수한 외래 폴리펩티드인 초록색 형광단백질(green fluorescence protein; GFP)의 접힘을 도와주는 능력이 증가함을 보였다. 그러나 GFP 접힘을 증가시키기 위해 GroEL-GroES의 능력을 향상시켰던 Tyr71의 치환은, 인위적이 아닌 자연

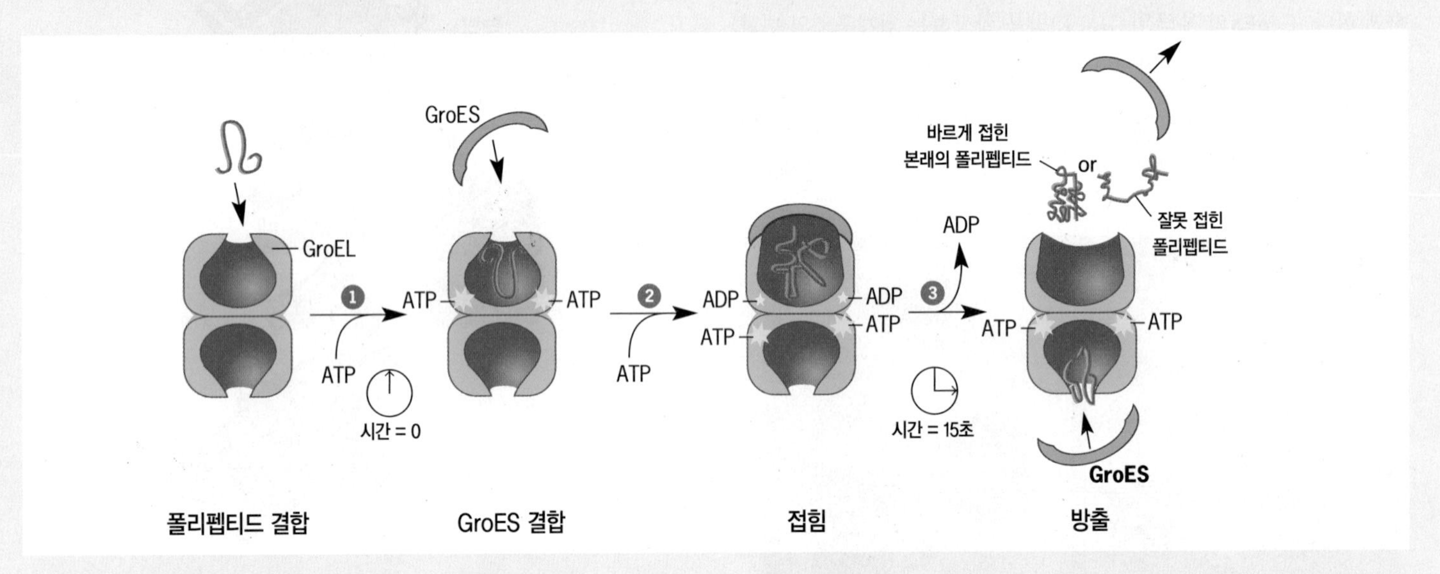

그림 4 GroEL-GroES의 도움에 의한 폴리펩티드의 접힘 과정에서 일어나는 제안된 단계들을 나타낸 모식도. GroEL은 동등한 구조와 기능을 가지며 교대로 활성을 보이는 2개의 방으로 구성된 것으로 보인다. 각 방은 GroEL 복합체를 형성하는 2개의 고리 중 하나의 고리 안에 위치되어 있다. 비정상적인 폴리펩티드는 2개의 방 중 하나에 들어가며(1단계), 방 벽에 있는 소수성 부위에 결합한다. GroES 덮개(cap)가 결합되면 방 꼭대기 부분에 있는 벽의 입체구조 변화가 생긴다. 이로 인하여 방이 확장되며 그리고 방 벽으로부터 바르게 접히지 않은 폴리펩티드가 덮개로 싸인 공간 속으로 방출된다(2단계). 대략 15초가 흐른 후, GroES는 복합체로부터 분리되고 폴리펩티드는 방에서 방출된다(3단계). 만일 이 폴리펩티드가, 왼쪽의 분자처럼, 본래의 입체구조를 갖추게 되면 접힘 과정은 완료된다. 그러나 만일 폴리펩티드가 부분적으로만 접혔거나 또는 잘못 접혔다면, 폴리펩티드는 다시 한 번 접힘 과정을 거치기 위하여 GroEL 방에 재결합한다. (주: 표시된 것처럼, GroEL 작용의 기작은 에너지가 풍부한 분자인 ATP의 결합과 가수분해에 의해서 추진된다. ATP 분자의 기능은 다음 장에서 상세히 논의된다.)

상태의 기질 단백질들을 접히도록 돕는 이 샤페로닌의 능력을 감소시켰다. 따라서 샤페로닌이 GFP와 상호작용하도록 더욱더 특수화되었을 때, 이 샤페로닌은 서로 연관되지 않은 구조를 가진 단백질들의 접힘을 돕는 일반적인 능력을 상실하였다. 이러한 발견은 접힘 방의 벽 안에 있는 각 아미노산들은 어느 정도 접힘 반응에 참여할 수 있음을 암시한다. 또 다른 연구 자료들은, 바르게 접히지 않은 단백질이 GroEL에 결합한 후에 기질 단백질의 강제적인 풀림이 뒤따른다는 것을 암시하였다.[20] 형광공명에너지전달(fluorescence resonance energy transfer, FRET) 기술은 연구자들이 특정 작용 동안의 서로 다른 시각에 단백질 분자의 서로 다른 부분들 사이의 거리를 결정할 수 있게 하는 방법이다(〈18-1절〉에서 논의되었음). 이 연구에서, 연구자들은 접힘 과정에 있는 단백질(이 경우에는 루비스코)이 비교적 조밀한 상태로 GroEL 고리의 정단부 영역에 결합된 것을 발견하였다. 조밀한 성질은, 루비스코 사슬의 반대편 말단에 위치하는 아미노산들에 부착된 FRET 꼬리표(tag)들이 서로 근접하여 있음으로써 밝혀졌다. 그 다음에, GroEL 공동의 부피를 확장시키는 입체구조의 변화(그림 3) 동안에, 결합된 루비스코 단백질은 그 분자의 양 말단에 붙은 꼬리표 사이의 거리가 증가하는 것으로 보아 강제적으로 풀렸다. 이 연구는, 루비스코 폴리펩티드가 풀려진 상태로 완전히 되돌아가서, 처음부터 새로 접힐 기회를 갖는다는 것을 암시한다. 이런 작용은 바르게 접히지 않은 단백질이 영구적으로 잘못 접힌 상태로 잡혀있지 않도록 도울 것이다. 바꿔 말하면, 각 개개의 단백질이 GroEL-GroES 방으로 들어가는 것은, 그 단백질이 매회 접힘 과정을 거쳐 본래의 바르게 접힌 상태에 더 가까이 가는 일련의 단계들 중 한 시기라기보다는, 본래의 바르게 접힌 상태에 도달하도록 완전히 접히거나 전혀 접히지 않도록 시도하는 기회를 갖는 것이다.

분자 샤페론은 접힘 과정에 필요한 정보를 전달하지 않지만, 그 대신 단백질들을 바르게 접히는 경로에서 빠져나오지 못하게 하며 그리고 잘못 접혀졌거나 또는 응집된 상태로 있는 자신들을 발견하지 못하게 한다는 것을 명심하십시오. 안핀센(Anfinsen)이 수십 년 전에 발견했던 것처럼, 단백질의 3차구조는 아미노산의 서열에 의해서 결정된다.

참고문헌

1. RITOSSA, F. 1962. A new puffing pattern induced by temperature shock and DNP in *Drosophila*. *Experentia* 18:571–573.
2. TISSIERES, A., MITCHELL, H. K., & TRACY, U. M. 1974. Protein synthesis in salivary glands of *Drosophila melanogaster*: Relation to chromosomal puffs. *J. Mol. Biol.* 84:389–398.
3. STERNBERG, N. 1973. Properties of a mutant of *Escherichia coli* defective in bacteriophage lambda head formation (groE). *J. Mol. Biol.* 76:1–23.
4. GEORGOPOULOS, C. P. ET AL. 1973. Host participation in bacteriophage lambda head assembly. *J. Mol. Biol.* 76:45–60.
5. HOHN, T. ET AL. 1979. Isolation and characterization of the host protein groE involved in bacteriophage lambda assembly. *J. Mol. Biol.* 129:359–373.
6. HENDRIX, R. W. 1979. Purification and properties of groE, a host protein involved in bacteriophage assembly. *J. Mol. Biol.* 129:375–392.
7. BARRACLOUGH, R. & ELLIS, R. J. 1980. Protein synthesis in chloroplasts. IX. *Biochim. Biophys. Acta* 608:19–31.
8. HAAS, I. G. & WABL, M. 1983. Immunoglobulin heavy chain binding protein. *Nature* 306:387–389.
9. MUNRO, S. & PELHAM, H.R.B. 1986. An Hsp70-like protein in the ER: Identity with the 78 kD glucose-regulated protein and immunoglobin heavy chain binding protein. *Cell* 46:291–300.
10. LEWIS, M. J. & PELHAM, H.R.B. 1985. Involvement of ATP in the nuclear and nucleolar functions of the 70kD heat-shock protein. *EMBO J.* 4:3137–3143.
11. ELLIS, J. 1987. Proteins as molecular chaperones. *Nature* 328:378–379.
12. HEMMINGSEN, S. M. ET AL. 1988. Homologous plant and bacterial proteins chaperone oligomeric protein assembly. *Nature* 333:330–334.
13. CHENG, M. Y. ET AL. 1989. Mitochondrial heat-shock protein Hsp60 is essential for assembly of proteins imported into yeast mitochondria. *Nature* 337:620–625.
14. BRAIG, K. ET AL. 1994. The crystal structure of the bacterial chaperonin GroEL at 2.8A. *Nature* 371:578–586.
15. CHEN, S. ET AL. 1994. Location of a folding protein and shape changes in GroEL-GroES complexes. *Nature* 371:261–264.
16. XU, Z., HORWICH, A. L., & SIGLER, P. B. 1997. The crystal structure of the asymmetric GroEL-GroES-$(ADP)_7$ chaperonin complex. *Nature* 388:741–750.
17. KERNER, M. J. ET AL. 2005. Proteome-wide analysis of chaperonin-dependent protein folding in *Escherichia coli*. *Cell* 122:209–220.
18. CHEN, L. & SIGLER, P. 1999. The crystal structure of a GroEL/peptide complex: plasticity as a basis for substrate diversity. *Cell* 99:757–768.
19. WANG, J. D. ET AL. 2002. Directed evolution of substrate-optimized GroEL/S chaperonins. *Cell* 111:1027–1039.
20. LIN, Z. ET AL. 2008. GroEL stimulates protein folding through forced unfolding. *Nature Struct. Mol. Biol.* 15:303–311.

요약

공유결합이 원자들을 서로 붙잡아 분자를 형성한다. 공유결합은 원자가 최외각전자를 공유하고 각 공유자들이 완전히 채워진 전자각을 갖게 되는 경우에 형성되는 안정된 조합이다. 공유결합은 공유전자 쌍의 숫자에 따라 단일, 2중, 3중결합이 될 수 있다. 만일 결합에 있는 전자들이 구성 원자들 사이에 동등하게 공유되지 않는다면, 전자에 대하여 더 큰 인력을 가진(전기음성도가 더 큰) 원자는 부분적으로 음전하를 갖는 반면, 다른 원자는 부분적으로 양전하를 갖는다. 극성 결합이 없는 분자는 비극성 또는 소수성 성격을 갖고 있어서 이들 분자는 물에 녹지 않는다. 극성결합을 가진 분자는 극성 또는 친수성 성질을 갖고 있으며 그 분자는 물에 녹는다. 생물학적으로 중요성을 가진 극성분자는 탄소와 수소원자 외에도 주로 O, N, S, 또는 P 원자를 포함하고 있다.

비공유결합은 동일한 분자 안에서 또는 가까이 있는 두 분자들 사이에서 양전하를 띤 부분과 음전하를 띤 부분 사이의 약한 인력에 의해 형성된다. 비공유결합은 생체 분자의 구조를 유지하고 역동적인 활동을 중개하는 데 있어서 핵심 역할을 한다. 비공유결합에는 이온결합, 수소결합, 그리고 반데르발스 힘 등이 포함된다. 이온결합은 전하를 완전하게 띠는 양전하와 음전하 그룹 사이에서 형성된다. 수소결합은 공유결합으로 연결된 수소원자(부분적으로 양전하를 띤)와 공유결합으로 연결된 질소 또는 산소원자(부분적으로 음전하를 띤) 사이에서 형성된다. 반데르발스 힘은 원자 주위에서 전자 분포의 순간적인 비대칭으로 인하여 일시적으로 전하를 나타내는 두 원자 사이에서 형성된다. 비극성 분자 또는 고분자의 비극성 부분은 수용성 환경에서 서로 연합하는 경향이 있기 때문에 소수성 상호작용을 형성한다. 이런 비공유 상호작용의 여러 가지 예를 들자면, 이온결합에 의한 DNA와 단백질의 결합, 수소결합에 의한 DNA 두 가닥의 결합, 그리고 수소결합, 소수성 상호작용과 반데르발스 힘의 결과로 수용성 단백질에서 소수성 중심의 형성 등이 있다.

물은 생명체가 의존하는 독특한 성질을 가지고 있다. 물 분자를 형성하는 공유결합은 고도의 극성을 갖고 있다. 그 결과, 물은 거의 모든 극성 분자와 수소결합을 형성할 수 있는 탁월한 용매이다. 또한 물은 생체 분자들의 구조를 결정하며 그리고 그 분자들이 관여할 수 있는 상호작용들의 유형을 결정하는 주요 물질이다. 한 용액의 pH는 수소(또는 히드로니움) 이온 농도의 크기이다. 수소이온 농도의 변화가 생체 분자들의 이온 상태를 변화시키기 때문에 대부분의 생물학적 작용들은 pH에 예민하다. 수소이온 또는 수산이온과 반응하는 화합물인 완충용액에 의해 세포는 pH 변동으로부터 보호된다.

탄소원자는 생체 분자의 형성에 매우 중요한 역할을 한다. 각 탄소원자는 다른 탄소원자를 비롯하여 4개의 다른 원자와 결합할 수 있다. 이런 성질은 탄소원자의 사슬로 골격을 구성하는 커다란 분자를 형성할 수 있다. 수소와 탄소원자만으로 구성된 분자를 탄화수소라고 한다. 생물학적으로 중요한 분자의 대부분은 하나 또는 그 이상의 전기음성도가 큰 원자를 포함하는 작용기를 갖고 있어서, 분자를 더 극성으로, 더 수용성으로, 그리고 더 반응성이 크게 한다.

생체 분자들은 네 가지 유형, 즉 탄수화물, 지질, 단백질, 그리고 핵산 등으로 구성된다. 탄수화물에는 단순당 및 당 단량체로 구성된 더 큰 분자(다당류) 등이 있다. 탄수화물은 주로 화학에너지의 저장창고 역할 및 생물체 구성을 위한 튼튼한 물질의 역할을 한다. 단순당은 3~7개 탄소원자의 골격으로 구성되며, 각 탄소원자는 카르보닐기를 지닌 하나의 탄소원자를 제외하고 모두 수산기와 결합한다. 5개 이상의 탄소원자를 가진 당은 자가-반응하여 고리-모양의 분자를 형성한다. 4개의 서로 다른 작용기에 연결된 당 골격을 따라 있는, 그런 탄소원자들은 입체이성질체 부위이며, 서로 겹쳐지지 않는 이성질체의 쌍을 만든다. 카르보닐기로부터 가장 멀리 떨어진 비대칭 탄소는 그 당이 D 또는 L 형인지를 결정한다. 당은 다른 당과 배당결합(글리코시드 결합)으로 연결되어 2당류, 올리고당류, 그리고 다당류를 형성한다. 동물에서, 당은 주로 신속하게 에너지를 제공하는 가지형 다당류인 글리코겐으로 저장된다. 식물에서, 포도당은 가지형이 아닌 아밀로오스와 가지형인 아밀로펙틴으로 구성된 녹말로 저장된다. 글리코겐과 녹말에서 대부분의 당은 $\alpha(1 \rightarrow 4)$ 결합에 의해 연결된다. 섬유소는 식물세포에서 만들어진 구조 다당류로 세포벽의 주요 구성요소의 역할을 한다. 섬유소의 포도당 단량체는 β(1→4) 결합으로 연결되며, 이 결합은 거의 모든 동물에는 존재하지 않는 효소인 섬유소분해효소(cellulase)에 의해 분해된다. 키틴은 N-아세틸글루코사민 단량체로 구성된 구조 다당류이다.

지질은 매우 다양한 구조와 기능을 가진 소수성 분자이다. 지방은 3개의 지방산이 에스테르화된 글리세롤 분자로 구성되어 있다. 지방산은 사슬의 길이와 2중결합(불포화의 부위)의 위치가 서로 다르다. 지방은 화학에너지가 대단히 풍부하다. 지방 1g은 탄수화물 1g의 에너지 함량보다 2배 이상의 에너지를 갖고 있다. 스테로이드는 4개의 고리로 이루어진 탄화수소의 특성을 갖고 있는 지질이다. 스테로이드는 콜레스테롤뿐만 아니라 콜레스테롤로부터 합성된 여러 가지 호르몬(예: 테스토스테론, 에스트로겐, 프로게스테론)을 포함한다. 인지질은 인산기를 포함하는 지질분자로서 소수성 말단과 친수성 말단을 모두 갖고 있으며 세포막의 구조와 기능에 중추적인 역할을 한다.

단백질은 아미노산으로 구성된 다양한 기능을 하는 고분자이며, 아미노산은 펩티드 결합으로 연결되어 폴리펩티드 사슬로 된다. 다양한 기능을 하는 단백질에는 효소, 구조 물질, 막수용체, 유전자 조절인자, 호르몬, 운반체, 그리고 항체 등이 있다. 20가지의 서로 다른 아미노산이 하나의 단백질로 결합되는 순서는 DNA에 있는 뉴클레오티드의 서열에 의해 암호화된다. 20가지의 모든 아미노산은 하나의 공통된 구조적 체계를 공유하고 있다. 즉, 모든 아미노산은 아미노기, 카르복실기, 그리고 다양한 구조로 된 하나의 곁사슬 등이 결합된 α-탄소로 구성되어 있다. 현행 분류표에서, 곁사슬은 네 가지 부류로 나눈다. 즉, 생리학적 pH에서 완전하게 전하를 띤 것들, 극성이지만 전하를 띠지 않으며 수소결합을 할 수 있는 것들, 비극성으로 반데르발스 힘에 의해 상호작용하는 것들, 그리고 독특한 성질을 가진 세 가지 아미노산(프롤린, 시스테인, 글리신) 등으로 나눈다.

단백질의 구조는 점차 복잡해지는 네 가지 수준에서 설명할 수 있다. 1차구조는 폴리펩티드의 아미노산 서열로 설명된다. 2차구조는 폴리펩티드의 골격 부분들이 3차원적 구조(입체구조)를 형성한다. 3차구조는 전체 폴리펩티드가 입체구조를 형성하며, 4차구조는 단백질을 구성하는 2개 이상의 폴리펩티드 사슬들이 공간적으로 배열되어 형성된다. α 나선과 β-병풍구조 모두는 많은 단백질에서 공통적으로 안정되어 있고 최대한으로 수소결합 되어있는 2차구조이다. 단백질의 3차구조는 고도로 복잡하고 개개의 단백질 유형에서 독특하다. 대부분의 단백질은 전체적으로 구형이며 그 속에 있는 폴리펩티드가 접혀서 조밀한 분자를 형성한다. 이런 조밀한 형태에서 특정 잔기는 그 단백질의 특수한 기능을 수행하도록 전략적으로 위치한다. 대부분의 단백질은 서로 구조적 기능적 독립성을 유지하게 하는 2개 또는 그 이상의 영역들로 구성되어 있다. 부위-지향적 돌연변이유발 기술을 이용하여, 연구자들은 특수한 치환을 만들어 특수한 아미노산 잔기들의 역할에 대하여 알 수 있다. 최근에는 종합적이고 대규모로 단백질의 다양한 성질을 연구하기 위하여 질량분석법과 고성능 컴퓨터 계산을 사용하는 새로운 단백질체학 분야가 생겼다. 예를 들면, 노랑초파리의 유전체에 의해 암호화되는 수천 개의 단백질 사이의 다양한 상호작용이 대규모 기술로 분석되었다.

본래의 입체구조를 이루기 위해서 하나의 폴리펩티드 사슬에 필요한 정보는 단백질의 1차구조에 의해 암호화된다. 일부의 단백질들은 스스로 그들의 최종 입체구조로 접힌다. 반면 다른 단백질들은 제대로 접히기 위해 부분적으로 접힌 중간산물이 응집되는 것을 막아주는 비특이적인 샤페론의 도움을 필요로 한다.

핵산은 주로 뉴클레오티드 단량체 가닥으로 구성되는 정보 분자이다. 한 가닥에 있는 각 뉴클레오티드는 당, 인산기, 질소 염기로 구성되어 있다. 뉴클레오티드는 한 뉴클레오티드의 3′ 수산기와 인접한 뉴클레오티드의 5′ 인산기 사이의 결합으로 연결되어 있다. RNA와 DNA는 모두 네 가지 서로 다른 뉴클레오티드로부터 조립된다. 즉, 뉴클레오티드는 피리미딘(시토신 또는 우라실/티민) 또는 퓨린(아데닌 또는 구아닌) 염기에 의해 구별된다. DNA는 두 가닥으로 된 핵산이며, RNA는 일반적으로 단일가닥이나, 단일가닥이 흔히 자체적으로 접혀서 두 가닥인 부분을 형성하기도 한다. 핵산에 있는 정보는 한 가닥으로 된 뉴클레오티드의 특수한 서열로 암호화 된다.

분석 문제

1. 겸상(낫 모양)적혈구빈혈증은 아미노산들 중에서 글루탐산(glutamic acid)이 발린(valine)으로 치환되어서 생긴 결과이다. 만일 그 자리에 류신(leucine)으로 치환된 돌연변이가 일어났다면 그 효과는 어떻게 될 것으로 예측하는가? 만일 아스파르트산(aspartic acid)이라면 어떻게 될 것인가?
2. 아미노산 글리신(glycine), 이소류신(isoleucine), 리신(lysine) 중에서, 어느 것이 산성 수용액에 가장 잘 녹을 것으로 예상되는가? 가장 잘 녹지 않는 아미노산은?
3. C_5H_{12}를 가진 분자로부터 몇 개의 구조이성질체가 형성될 수 있는가? C_4H_8을 갖는 경우에는?
4. 글리세르알데히드(glyceraldehyde)는 3개의 탄소를 가진 유일한 알도오스이며, 2개의 입체이성질체가 존재한다. 유일한 케토오스인 디하이드록시아세톤(dihydroxyacetone)의 구조는 무엇인가? 이것은 몇 개의 입체이성질체를 가질 수 있는가?
5. 세균은 환경의 온도 변화에 따라 이들이 생산하는 지방산의 종류를 변화시키는 것으로 알려져 있다. 온도가 떨어지면 어떤 유형의 지방산 생산으로 변화될 것으로 예측되는가? 왜 이러한 적응이 필요한가?
6. 폴리펩티드 골격 —C—C—N—C—C—N—C—C—NH_2에서 α-탄소를 확인하시오.
7. 다음 중 올바른 것은? 용액의 pH를 증가시키면 (1) 카르복실산의 해리를 억제할 것이다. (2) 아미노기의 전하를 증가시킨다. (3) 카르복실산의 해리를 증가시킨다. (4) 아미노기의 전하를 억제시킨다.
8. 네 가지 부류의 아미노산 중 어느 것이 수소결합을 형성할 잠재력이 가장 큰가? 어느 것이 이온결합을 할 수 있는 잠재력이 가장 큰가? 어느 것이 소수성 상호작용을 할 가능성이 가장 큰가?
9. 만일 피루브산 탈수소효소 복합체(PDC)의 세 가지 효소가 복합체로 존재하기 보다는 물리적으로 서로 분리된 단백질로 존재한다면, 이들 효소에 의해 촉매 되는 반응속도에 어떤 영향을 미칠 것으로 예상되는가?
10. 리보핵산가수분해효소(ribonuclease, RNAse)나 미오글로빈(myoglobin)은 모두 4차구조를 가지고 있지 않다는 것에 동의하는가? 왜 그런가? 또는 왜 그렇지 않은가?
11. 몇 가지의 서로 다른 3-펩티드(tripeptide)가 가능한가? 한 분자의 헤모글로빈에 존재하는 폴리펩티드의 카르복실 말단은 몇 개가 존재하는가?
12. C-말단인 리신(lysine) 잔기와 4개의 글리신 잔기로 구성된 5-펩티드(pentapeptide)를 분리하였다. 〈그림 2-27〉의 설명에 있는 정보를 이용하여, 만일 리신 곁사슬의 pK가 10이고 말단 카르복실기의 pK가 4라면, pH7에서 이 펩티드의 구조는 무엇인가? pH12에서는 무엇인가?
13. 글루탐산(pK4.3)과 아르기닌(pK12.5)의 곁사슬은 어떤 조건 하에서 서로 이온결합을 형성할 수 있다. 다음 조건 하에서 관련된 곁사슬의 부분을 그리시오. 그리고 이온결합을 형성할 수 있는가를 표시하시오. (a) pH4; (b) pH7; (c) pH12; (d) pH13
14. 염의 농도가 높은 용액은 RNAse를 변성시킬 수 있을 것으로 예측하는가? 왜 그런가? 또는 왜 그렇지 않은가?
15. 여러분은 〈인간의 전망〉에서 (1) PRNP 유전자의 돌연변이는 폴리펩티드가 PrP^{Sc} 입체구조로 더 많이 접히도록 만들어 CJD를 일으키며 (2) PrP^{Sc} 프리온에 노출되면 또한 CJD를 일으키는 감염에 이르게 한다는 것을 읽었다. 이 질환에 걸릴 유전적 경향이 없는 사람에게서 이 질병이 드물게 발생하는 경우를 어떻게 설명할 수 있는가?
16. 다운 증후군을 가지고 태어난 사람은 21번 염색체에 여분(세 번째)의 복사본을 갖고 있다. 21번 염색체는 APP 단백질을 암호화하는 유전자를 가지고 있다. 다운 증후군을 가진 사람이 어린 나이에 알츠하이머 질환이 발생될 것으로 추측하는 이유는 무엇인가?
17. 우리는 〈2-5-2-7〉에서 어떻게 진화가 유사한 기능을 가진 관련된 분자들로 구성된 단백질 집단들이 존재하도록 하였는가를 보았다. 또한 매우 유사한 기능을 가진 단백질들이 진화적 유연관계의 증거를 보이지 않는 1차 및 3차구조를 가진 몇 가지 예가 알려져 있다. 예를 들면, 2개의 단백질분해효소

(protease)인 서틀리신(subtlisin)과 트립신(trypsin)은 기질을 공격하는 기작이 동일함에도 불구하고 그들이 상동이라는 증거를 보이지 않는다. 이러한 우연의 일치를 어떻게 설명하겠는가?

18. 여러 가지 서로 다른 아미노산 서열들은 기본적으로 동일한 3차구조로 접혀질 수 있다는 설명에 동의하는가? 동의하는 입장이라면 그 증거로서 어떤 자료를 인용하겠는가?

19. 어떤 과학자가 말하기를, "어떤 새로운 단백질 구조가 규명되었다고 들었을 때 구조생물학자가 제일 처음 물어보는 질문은 더 이상 '어떻게 생겼는가?'가 아니고 이제는 '어떤 것과 유사한가?' 이다."라고 한다. 위 설명은 무엇을 의미한다고 추측하는가?

20. 〈인간의 전망〉에서 특정 NSAID를 장기간 동안 복용한 관절염 환자는 알츠하이머 질환의 발생률이 더 낮은 것으로 나타났지만, 같은 약제에 대한 이중맹검법 방식의 임상실험에서 AD를 가진 환자에게 이득이 되는 것 같지 않았다는 것을 언급하였다. 이러한 두 연구결과는 서로 모순된 발견처럼 보일 것이다. 첫 번째 유형의 연구는 후향적(*retrospective*) 연구로서, 연구자들이 현재에 확립된 상호연관성으로부터, 즉 이 경우 NSAID를 오랫동안 복용하면 AD의 발생을 방지할 수 있다는 결론으로부터 회상하는(뒤돌아보는) 연구이다. 두 번째 유형의 연구는 전향적(*prospective*) 연구로서, 일부의 환자에게 약제를 주고 다른 환자에게 위약(僞藥)을 주는 실험 계획에 기초하여 미래의 결과를 내다보는 연구이다. 이런 두 가지의 서로 다른 접근방식이 그런 약제의 사용에 관하여 상이한 결론에 도달할 수도 있다는 이유를 제시할 수 있는가?

제 3 장

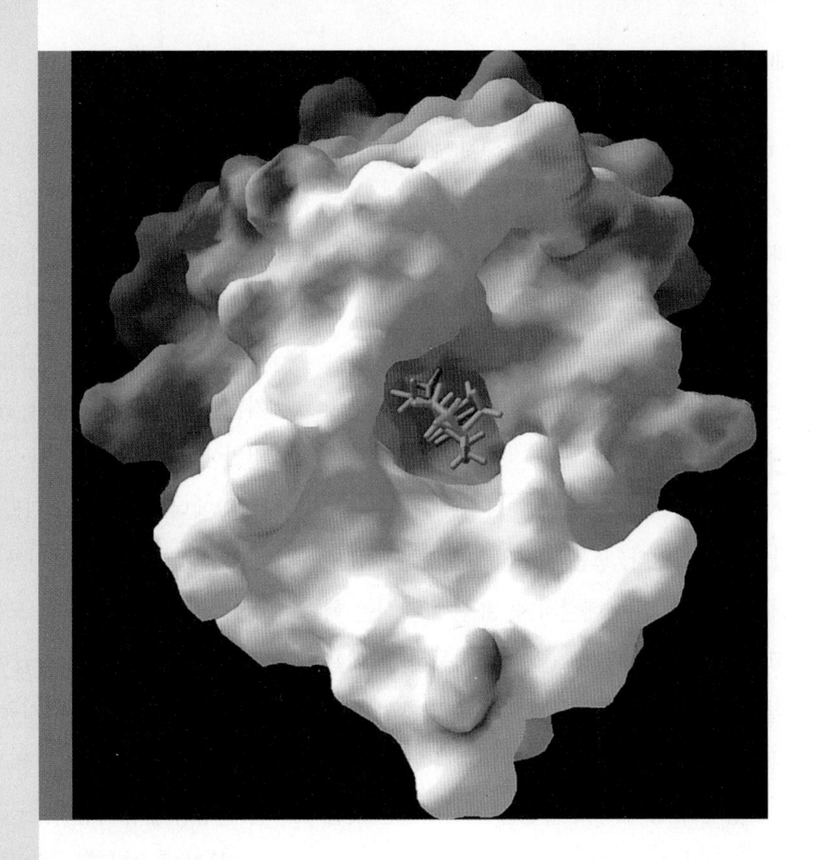

생물에너지론, 효소, 물질대사

3-1 생물에너지론

3-2 생물학적 촉매제로서의 효소

3-3 물질대사

인간의 전망: 항생제에 대한 내성의 문제점

구조와 기능 사이의 상호연관성은 분자에서 개체에 이르기까지 생물학적 체제의 모든 수준에서 확실히 존재한다. 제2장에서 우리는 단백질이 적절한 장소에 정확하게 존재하는 특정 아미노산 잔기들에 의해 결정되는 복잡한 3차구조를 갖는다는 것을 보았다. 이 장(章)에서, 우리는 하나의 커다란 단백질 무리인 효소에 대해 좀 더 살펴볼 것이고, 효소의 복잡한 구조가 어떻게 생물의 반응속도를 광범위하게 증가시키는 능력을 부여하는지 알아 볼 것이다. 효소가 어떻게 그러한 능력을 수행하는지 알기 위해서는 화학반응이 일어나는 동안에 에너지의 흐름, 즉 열역학에 관한 주제를 도입하여 생각할 필요가 있다. 열역학 법칙의 개론을 살펴보면 세포 속에서 일어나는 많은 과정들, 즉 막을 가로지르는 이온의 수송, 고분자의 합성, 세포 내 골격의 조립 등을 설명하는 데 도움이 된다. 이런 과정들은 이 장(章)과 이어지는 장들에서 설명될 것이다. 특정 계(系, system)를 열역학적으로 분석하면, 세포 속에서 일어나는 일(과정)들이 자연발생적으로 일어나는지, 만일 그렇지 않다면 세포가 그 과정들을 완성하기 위해 소비해야 하는 에너지 량을 공급하는지 등의 여부를 밝힐 수 있다.

활성부위에서 기질분자(초록색)와 함께 있는 Δ^5-3-케토스테로이드 이성질화효소(Δ^5-3-ketosteroid isomerase)의 표면을 보여주는 모형. 표면의 정전기적(靜電氣的, electrostatic) 특징은 색깔로(산성은 빨간색, 염기성은 파란색) 표시되었다.

이런 내용을 알아 본 다음 이 장의 마지막 절(節)에서, 각각의 화학 반응이 대사경로를 형성하기 위해 어떻게 서로 연결되어 있는지 그리고 에너지의 흐름과 원료들이 어떤 경로를 통하여 어떻게 조절될 수 있는지를 알아 볼 것이다. ■

3-1 생물에너지론

살아있는 세포는 활발하게 움직인다. 모든 유형의 고분자는 원료로부터 조립되고, 폐기물들은 생산되어 배설되며, 유전적 지시는 핵에서 세포질로 흐르고, 소낭들은 분비경로를 따라 이동하며, 이온들은 세포막을 가로질러 수송된다. 이러한 높은 수준의 활성을 유지하기 위하여, 세포는 에너지를 얻어서 소비해야 한다. 살아있는 생명체에서 일어나는 다양한 유형의 에너지 전환을 연구하는 것을 **생물에너지론**(bioenergetics)이라고 한다.

3-1-1 열역학법칙과 엔트로피 개념

에너지(energy)는 일을 할 수 있는 능력, 즉 어떤 것을 변화시키거나 또는 움직일 수 있는 능력이다. **열역학**(thermodynamics)은 우주에서 일어나는 일들에 수반되는 에너지의 변화를 다루는 학문이다. 이어지는 페이지들에서, 우리가 일(사건)들이 일어날 방향을 예측할 수 있게 하는 그리고 에너지의 유입이 그 일(사건)을 일으키기 위해서 필요한 지의 여부 등에 대한 일련의 개념들에 초점을 맞출 것이다. 그러나 열역학적인 측정은, 특수한 과정이 얼마나 빠르게 일어날 것인 가를 결정하는 데 있어서 또는 세포가 그 과정을 수행하기 위해서 사용한 기작을 결정하는 데 있어서 도움을 주지 않는다.

3-1-1-1 열역학의 제1법칙

열역학 제1법칙(The first law of thermodynamics)은 에너지 보존의 법칙이다. 에너지는 새롭게 생성되거나 소멸되지 않는다는 것이다. 그러나 에너지는 한 형태에서 다른 것으로 전환될(변환될, *transduced*) 수 있다. 우리가 시계를 전원에 연결했을 때(그림 3-1*a*) 전기에너지가 기계에너지로 **변환**(變換, transduction)되고, 연료가 기름 난로에서 연소될 때 화학에너지가 열에너지로 전환된다. 또한 세포도 에너지 변환을 할 수 있다. 후반부 장에서 설명된 것처럼, ATP와 같은 어떤 생물학적 분자에 저장된 화학에너지는 세포 속에서 세포소기관들이 한 장소에서 다른 장소로 이동할 때 기계에너지로 전환된다. 또한 이온들이 막을 가로질러 흐를 때에 전기에너지로 전환되며, 그리고 근육 수축 동안에 열이 방출될 때는 열에너지로 전환된다(그림 3-1*b*). 생물계에서 가장 중요한 에너지 전환은 태양에너지가 화학에너지로 전환되는—광합성 과정—것이다. 광합성은 거의 모든 생명체의 활성에 직접 또는 간접적으로 힘을 주는 연료를 공급한다.[1] 개똥벌레와 발광 물고기를 포함한 많은 동물은 화학에너지를 빛으로 되돌릴 수도 있다(그림 3-1*c*). 그러나 이러한 전환 과정과 상관없이, 우주에서 에너지의 전체 양은 일정하게 유지된다.

물질에 수반되는 에너지의 전환을 논의하기 위해서, 우리는 우주를 두 부분으로 나눌 필요가 있다. 즉, 검토 중인 계(系, *system*)와 우리가 주변(*surrounding*)이라고 말하는 우주의 나머지 부분이다. 계는 여러 가지 방법으로 정의될 수 있다. 즉, 계는 우주에 있는 일정한 공간일 수 있으며 또는 물질의 일정한 양일 수도 있다. 예를 들면, 계는 살아있는 세포일 수도 있다. 어떤 일(사건)이 진행되는 동안에 일어나는 계의 에너지 변화는 두 가지 양식, 즉 계에서의 열 함량의 변화로 그리고 일 수행의 변화로서 나타나게 된다. 비록 계가 에너지를 소실 또는 획득할 수 있다하여도, 열역학 제1법칙에서는 이러한 소실 또는 획득은 그 주변에서 상응하는 획득 및 소실에 의해 평형이 유지된다고 설명한다. 그러므로 우주에서의 양은 전체적으로 일정하게 유지된다. 계의 에너지를 내부에너지(*internal energy*, E)라고 하며, 변환되는 동안의 에너지 변화를 ΔE(델타E)라고 한다. 열역학 제1법칙을 나타내는 한 방법으로 $\Delta E = Q - W$이며, Q는 열에너지이고 W는 일 에너지이다.

과정에 따라서, 최종 단계에서 계의 내부에너지는 시작 단계에서의 내부에너지보다 더 클 수도 있고, 같거나 더 적을 수도 있는데, 이것은 (계의) 주변과의 관계에 따라 결정된다(그림 3-2). 바꿔

[1] 다수의 생물 군집들은 광합성으로부터 독립된 것으로 알려져 있다. 세균의 화학합성으로부터 얻는 에너지에 의존하면서, 대양의 바닥에 있는 열수분출공(hydrothermal vent)에 살고 있는 군집이 여기에 속한다.

그림 3-1 **에너지 변환의 예.** *(a)* 전기에너지의 화학에너지로 변환, *(b)* 화학에너지의 기계에너지와 열에너지로의 변환, *(c)* 화학에너지의 빛에너지로의 변환.

말하면, ΔE는 양성, 0, 또는 음성일 수 있다. 계를 반응 용기의 내용물로서 고려해야 한다. 내용물의 압력 또는 부피에 변화가 없는 한, 계에 의해서 그 주변에 행해지는 일(work)은 없다. 또는 역으로도 마찬가지이다. 이 경우에, 열을 흡수한다면 변환 최종 단계에서의 내부에너지는 시작 단계보다 더 클 것이고, 열을 잃게 되면 더 작을 것이다. 열을 잃게 되는 반응을 **발열반응**(exothermic)이라고 하며, 열을 얻게 되는 반응을 **흡열반응**(endothermic)이라고 한다. 이러한 두 가지 유형의 반응은 많이 일어난다. 특정 반응에서 ΔE가 양성 또는 음성일 수 있기 때문에, 주어진 일(사건)이 일어날 수 있는 가능성에 대한 정보를 우리가 얻을 수 없다. 특정 변환의 가능성을 알기 위해서, 우리는 몇 가지 추가적인 개념을 생각할 필요가 있다.

3-1-1-1 열역학의 제2법칙

열역학 제2법칙(The second law of thermodynamics)은 우주에서 일어나는 일(사건)들은 방향을 갖는다는 개념으로 표현한다. 즉, 일들은 높은 에너지 상태로부터 더 낮은 에너지 상태로 "내리막길"로 진행되는 경향이 있다. 그래서 어떠한 에너지 변환에 있어서, 추가적인 일을 하기 위한 에너지의 이용도는 감소한다. 바위가 절벽에

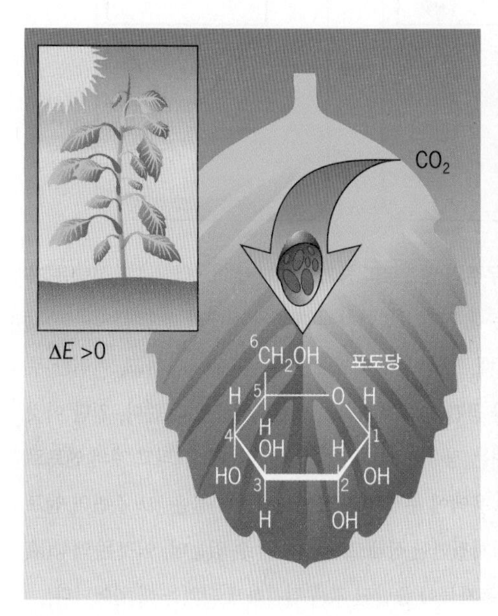

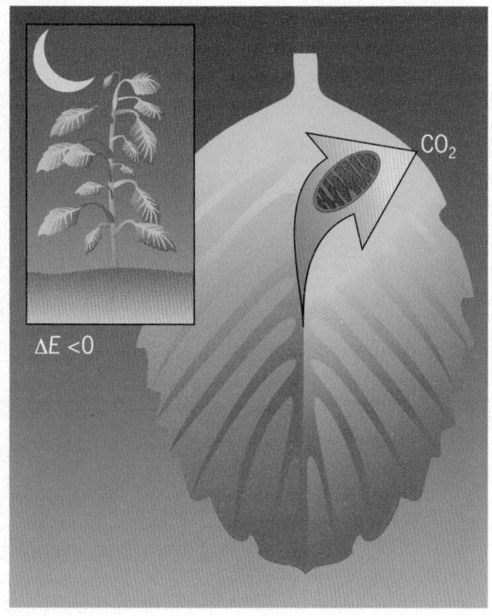

그림 3-2 **계의 내부에너지 변화.** 이 예에서, 계를 식물의 특정 잎으로 한정할 것이다. *(a)* 낮 동안에, 식물의 엽록체에 있는 광합성 색소에 의해 흡수된 햇빛은 CO_2를 탄수화물로 전환하는 데 사용된다. 이 그림에서의 탄수화물은 포도당 분자이고, 이어서 설탕이나 녹말을 만든다. 세포가 빛을 흡수할 때 내부에너지는 증가하고, 우주의 나머지 부분에 존재하는 에너지는 감소해야만 한다. *(b)* 밤에, 세포와 그 주변 사이의 에너지 관계는 반대로 되는데, 그 이유는 낮 동안에 생성된 탄수화물은 미토콘드리아에서 CO_2로 산화되며 그리고 그 에너지는 세포가 밤에 활동하는 데 사용된다.

서 한번 바닥으로 떨어지고 나면, 바닥에서는 추가적인 일을 하기 위한 바위의 능력은 감소된다. 즉, 바위를 절벽 위로 다시 들어 올리는 것은 거의 불가능하다. 이와 유사하게, 반대되는 전하(電荷)는 정상적으로 함께 이동하며, 떨어져서 이동하지 않는다. 그리고 몸에서 열은 더 따뜻한 상태에서 더 차가운 상태로 흐르며, 그 반대로 흐르지 않는다. 그러한 일(사건)들을 **자연발생적**(spontaneous)이라고 하며, 이 말은 그 일들이 열역학적으로 유리하며 그리고 외부 에너지의 유입 없이(*without the input of external energy*) 일어날 수 있다는 것을 나타낸다.

열역학 제2법칙의 개념은 원래 열기관을 공식화한 것으로, 영구-작동 기계(perpetual-motion machine)를 만드는 것이 열역학적으로 불가능하다는 생각이 이 법칙을 이끌어 내었다. 바꾸어 말하면, 외부에너지의 유입 없이 지속적으로 기능을 할 수 있는 100% 효율을 가진 기계는 불가능하다. 기계가 활동을 수행함에 따라 어느 정도의 에너지는 필연적으로 소실된다. 이와 비슷한 관계는 살아 있는 생명체들에도 적용된다. 예를 들면, 기린이 나뭇잎을 먹거나 또는 사자가 기린을 먹을 때, 섭취된 음식물에 있는 화학에너지의 대부분이 그 음식물을 먹고 있는 동물에게 이용될 수 없다.

어떤 일이 일어나는 과정 동안에 이용 가능한 에너지가 소실되는 것은, 에너지의 전달이 일어나는 매 시각에 우주의 무작위 또는 무질서가 증가하려는 경향 때문이다. 무질서 상태에서의 이러한 획득을 **엔트로피**(entrophy)라는 용어로 나타내며, 그리고 이용 가능한 에너지의 소실은 $T\Delta S$와 동일하다. ΔS는 최초 상태와 최후 상태 사이의 엔트로피의 변화이다. 엔트로피는 물질 입자의 무작위(*random*) 운동과 관련되어 있으며, 입자의 운동이 무작위적이기 때문에 이 일의 과정은 지향(指向)된(*directed*) 상태에서 이루어질 수 없다. 열역학 제2법칙에 의하면, 모든 일(사건)은 우주의 엔트로피 증가에 의해서 일어난다. 예를 들면, 각설탕을 뜨거운 물 잔에 떨어뜨리면, 설탕 분자는 질서정연한(ordered) 상태의 결정으로부터 용액 전체로 퍼지면서 자연발생적으로 훨씬 더 무질서한 상태로 전환된다(그림 3-3*a*). 각설탕의 분자가 용액에 녹을 때, 계의 엔트로피 증가와 같이 설탕분자의 자유 운동이 증가한다. 밀집된 상태에서 분산된 상태로의 변화는 분자의 무작위 운동으로 인해 일어난다. 결국 설탕 분자들은 균등한 분포 상태가 가장 가능성이 높은 상태이기 때문에, 설탕 분자들은 이용 가능한 용적(volume) 전체에 스스로 균일하게 퍼진다.

엔트로피 증가의 또 다른 예로써, 세포 내 포도당의 산화로부터 생기는, 또는 혈액이 혈관을 따라 흐를 때 생성된 마찰력으로부터 생기는 열의 방출을 들 수 있다. 살아 있는 생명체에 의해서 열에너지가 방출되면 원자 및 분자의 무작위 운동 속도를 증가시킨다. 즉, 일을 추가적으로 수행하기 위해서 방향을 새로 돌릴 수 없다. 분자나 원자의 운동에너지는 온도와 함께 증가하기 때문에, 엔트로피도 역시 증가한다. 엔트로피가 0인 상태는, 모든 운동이 중지된, 오직 절대 0도(0K)에서 뿐이다.

다른 자연발생적인 일(사건)과 같이, 우리는 계와 그 주변 사이를 구별해야 한다. 열역학 제2법칙은 우주의 총 엔트로피가 증가해

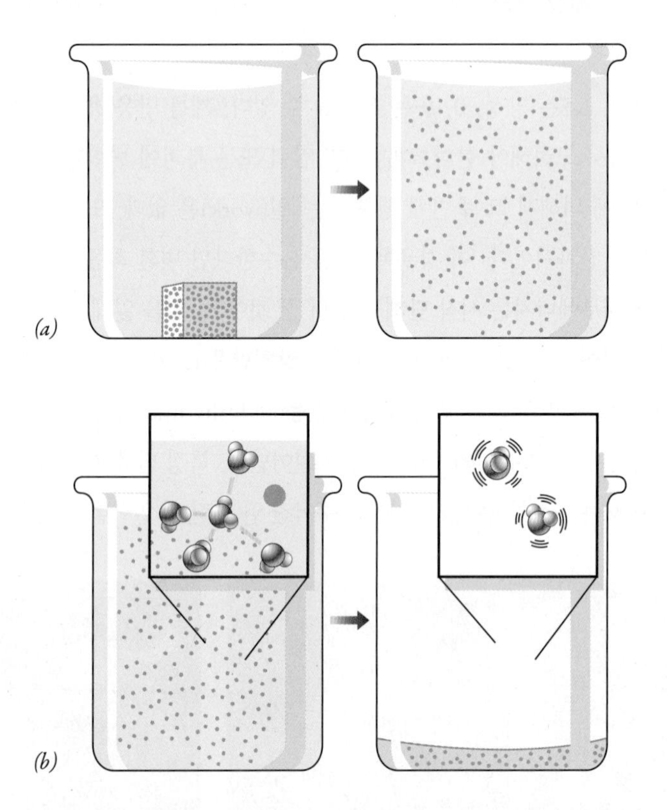

그림 3-3 일(사건)들은 우주의 엔트로피 증가와 함께 일어난다. (*a*) 각설탕은 자유운동이 제한되어 있는 매우 질서정연하게 배열된 상태의 설탕 분자들을 갖고 있다. 각설탕이 녹을 때, 설탕 분자의 자유운동은 매우 증가하고, 이러한 무작위 운동은 이용 가능한 공간 전체에 균등하게 분포되도록 해 준다. 일단 이것이 일어나면, 재분포하려는 경향은 더 이상 없어질 것이며, 그리고 계의 엔트로피는 최고에 달한다. (*b*) 용액에 무작위로 퍼진 설탕 분자들은 그 주변의 엔트로피가 증가될 때에만 질서정연한 상태로 되돌려 질 수 있는데, 이것은 액상(液相)의 더 질서정연한 물 분자들이 증발된 후 무질서하게 되었을 때 일어난다.

야만 한다고 설명한다. 즉, 우주의 한 부분(계) 속에서의 무질서는 그 주변에서 더 큰 비용을 치러 감소될 수 있다. 〈그림 3-3*a*〉에서 용해된 설탕은 엔트로피가 감소할 수 있다. 즉, 설탕은 물을 증발시킴으로써 다시 결정화 될 수 있다(그림 3-3*b*). 그러나 이러한 과정의 결과는 주변의 엔트로피를 더 크게 증가시킨다. 기체상(氣體相)에서 물 분자의 자유운동이 증가하면 설탕 결정 분자의 자유로운 상태가 감소되는 것으로 충분히 균형을 이룬다

생명체도 비슷한 원리로 살아간다. 살아 있는 생명체들은 그들 환경의 엔트로피를 증가시켜 자신의 엔트로피를 감소시킬 수 있다. 아미노산과 같은 비교적 단순한 분자가 근육의 미오글로빈 단백질과 같이 좀 더 복잡한 분자로 질서정연하게 될 때, 개체의 엔트로피는 감소한다. 그러나 이러한 일이 일어나기 위해서, 환경의 엔트로피는 증가하여야만 한다. 즉, 이런 과정은 간(liver)이나 근육조직에 저장된 글리코겐과 같이 복잡하고 질서정연한 분자들이 열로 전환되어서 더 작고 덜 질서정연한 화합물(CO_2 및 H_2O와 같이)이 환경으로 방출될 때에 일어나게 된다. 살아 있는 생명체들이 가능성은 희박하지만—적어도 잠시 동안—그러한 매우 질서정연한 상태를 유지할 수 있도록 하는 것이 바로 물질대사의 특징이다.

살아있는 생명체의 에너지 상태를 측정하는 또 다른 방법은 그 개체를 구성하는 고분자의 정보 내용에 의해 제공된다. 정보라는 것을 정의하기는 어렵지만 인식하기에는 쉬운 주제이다. 정보는 어떤 구조를 이루는 소단위들의 질서정연한 배열 상태로 측정될 수 있다. 예를 들면, 단백질과 핵산에서 직선상으로 된 소단위들의 특정한 서열은 고도로 질서정연하다. 이러한 단백질과 핵산의 엔트로피는 낮으며 이 분자들이 담고 있는 정보의 내용은 많다. 핵산의 높은 정보 내용(낮은 엔트로피)의 상태를 유지하려면 에너지 유입이 필요하다. 간(肝)의 한 세포에 들어있는 DNA 한 분자 만을 생각해 보자. 세포는 DNA의 손상 및 수선(7-2절 참조)을 감시하는 단 한 가지의 일을 하기 위해 수십 가지의 다른 단백질들을 갖고 있다. 활동이 활발한 세포에서 뉴클레오티드의 손상은 매우 크기 때문에, 에너지의 이용이 없으면 DNA의 정보 내용은 급격히 떨어지게 된다. 피할 수 없는 엔트로피의 증가를 더 천천히 할 수 있다면, 개체는 더 긴 삶을 살 수 있다.

3-1-2 자유에너지

열역학 제1법칙과 제2법칙 모두는, 우주의 에너지가 변하지 않고 엔트로피는 최대를 향해 지속적으로 증가한다는 것을 의미한다. 1878년 미국 화학자 윌라드 깁스(Willard Gibbs)에 의해 처음에 두 법칙이 갖고 있는 원래의 개념이 합쳐져서, $\Delta H = \Delta G + T\Delta S$로 표현되었다. 여기에서 ΔG(델타 G)는 **자유에너지**(free energy)의 변화, 즉 일을 수행하는 과정 동안에 이용 가능한 에너지의 변화이다. ΔH는 엔탈피(enthaphy)의 변화 또는 계의 총 에너지량의 변화이며(ΔE와 같다), T는 절대온도(K = ℃ + 273)이고, ΔS는 계의 엔트로피 변화이다. 이 등식에서 총 에너지의 변화는 이용 가능한 에너지의 변화(ΔG)와 추가적인 일을 수행하기 위해서 이용할 수 없는 에너지($T\Delta S$)를 합한 것과 같다.

$\Delta G = \Delta H - T\Delta S$로 재배열하여 쓰면, 이 등식은 특정한 과정이 자연발생적으로 일어나는지를 알 수 있는 척도가 된다. 이것은 과정이 진행될 방향과 과정이 일어날 정도를 예측할 수 있도록 한다. 모든 자연발생적인(*spontaneous*) 에너지 변환은 ΔG가 음의 값을 가져야 한다. 즉, 그 과정은 더 낮은 자유에너지 상태 쪽으로 진행되어야 한다. ΔG의 크기는 또 다른 과정에 사용하도록 전달될 수 있는 에너지의 최대 양을 나타내는 것이지, 그 과정이 얼마나 빠르게 일어날 것인가에 관해서는 아무것도 알려주는 것이 없다. 자연발생적으로 일어날 수 있는 과정들, 즉 열역학적으로 유리한($-\Delta G$를 갖는) 과정들을 **에너지방출성**(exergonic)이라고 한다. 이에 반하여, 주어진 과정의 ΔG가 양의 값이면 그 과정은 자연발생적으로 일어날 수 없다. 이러한 과정은 열역학적으로 불리하며 **에너지흡수성**(endergonic)이라고 한다. 일반적으로 에너지흡수반응은 에너지-방출 과정과 연결되어서 일어날 수 있다는 것을 알게 될 것이다.

어떤 주어진 변환에서 ΔH와 ΔS의 값은 계와 그 주변 사이의 관계에 따라 양 또는 음이다. (계가 열을 얻게 되면 ΔH는 양이고, 열을 잃게 되면 음일 것이다. 계가 더 무질서해 지면 ΔS는 양이고, 더 질서정연하면 음일 것이다.) ΔH와 ΔS 사이의 역작용(counterplay)은 얼음—물의 전환—으로 설명된다. 물이 액체에서 고체 상태로 전환되면 엔트로피의 감소(ΔS는 음, 〈그림 3-4〉에서 나타냄) 그리고 엔탈피의 감소(ΔH는 음)가 동시에 일어난다. 이러

그림 3-4 **물이 얼 때, 물의 엔트로피는 감소한다.** 그 이유는 얼음의 물 분자들은 액체 상태에서보다 자유운동을 덜 하여 더 질서정연한 상태로 존재하기 때문이다. 엔트로피의 감소는 특히 눈송이의 형성에서 분명하다.

한 전환이 일어나기 위해서(즉, ΔG가 음의 값인), ΔH가 $T\Delta S$보다 더 음의 값을 가져야만 하며, 이것은 0℃ 이하에서만 일어날 수 있는 조건이다. 이러한 관계를 〈표 3-1〉에서 볼 수 있으며, 이 표는 1몰(mole)의 물이 각각 10℃, 0℃, −10℃에서 얼음으로 전환되었을 때 각 항(項, term)들의 값을 나타낸 것이다. 모든 경우에서 온도와 상관없이, 얼음의 에너지 수준은 액체의 수준(ΔH는 음이다)보다 낮다. 그러나 더 높은 온도에서, 등식의 엔트로피 항($T\Delta S$)은 엔탈피 항보다 더 음이다. 즉, 그러므로 자유-에너지 변화는 양이고, 그 과정은 자연발생적으로 일어날 수 없다. 0℃에서, 계는 평형상태에 있다. −10℃에서, 고체화 과정은 유리하며, 즉 ΔG가 음이다.

3-1-2-1 화학반응에서 자유-에너지의 변화

앞에서는 일반적인 관점에서 자유에너지의 개념을 설명하였으며, 이 정보를 세포 내에서 일어나는 화학반응에 적용할 수 있다. 세포 속에서 일어나는 모든 화학반응은 가역적이며, 그러므로 한 쪽은 정방향으로 그리고 다른 쪽은 역방향으로, 동시에 일어나는 두 반응을 생각해야 한다. 질량 작용의 법칙에 따라, 반응속도는 반응물의 농도에 비례한다. 예를 들면, 다음 식을 생각해 보자.

$$A + B \rightleftharpoons C + D$$

표 3-1 얼음–물 전환의 열역학

온도 (℃)	ΔE (cal/mol)	ΔH (cal/mol)	ΔS (cal/mol·℃)	TΔS (cal/mol)	ΔG (cal/mol)
−10	−1343	−1343	−4.9	−1292	−51
0	−1436	−1436	−5.2	−1436	0
+10	−1529	−1529	−5.6	−1583	+54

출처: I. M. Klotz, *Energy in Biochemical Reactions*, Academic Press, 1967.

정방향의 반응속도는 A와 B의 몰 농도에 직접 비례한다. 정반응의 속도는 k_1[A][B]로 나타내고, 여기서 k_1은 정반응의 속도상수(rate constant)이다. 역반응의 속도는 k_2[C][D]이다. 모든 화학반응은 천천히 평형상태를 향하여, 즉 정반응의 속도와 역반응의 속도가 동일한 지점을 향하여 진행된다. 평형상태에서, 같은 수의 A 및 B분자들이 단위 시간 당 C 및 D분자들로 전환된다. 그러므로 평형상태에서,

$$k_2[A][B] = k_2[C][D]$$

이것은 아래와 같이 다시 정렬될 수 있다. 즉,

$$\frac{k_1}{k_2} = \frac{[C][D]}{[A][B]}$$

바꾸어 말하면, 평형상태에서 반응물의 농도에 대한 생성물의 농도의 비를 예측할 수 있다. 이 비율을 k_1/k_2로 나타내고 **평형상수**(equilibrium constant, K_{eq})라고 한다.

평형상수는 주어진 조건에서 반응이 유리한 방향(정방향 또는 역방향)을 예측할 수 있게 한다. 예를 들면, 우리가 위의 반응을 조사하고 있다고 가정하고, 4개의 구성성분들(A, B, C, D)을 혼합하였으며 그래서 이들 각각의 최초 농도는 0.5M이다.

$$\frac{[C][D]}{[A][B]} = \frac{[0.5][0.5]}{[0.5][0.5]} = 1$$

이 반응의 방향은 평형상수에 따라 진행될 것이다. 만일 K_{eq}이 1보다 크면, 이 반응은 역방향보다 C와 D의 생성물을 형성하는 쪽으로 더 빠른 속도로 진행될 것이다. 예를 들면, 만일 K_{eq}이 9라고 하면, 이런 특정 반응 혼합물에서 평형상태에서의 반응물과 생성물의 농도는 각각 0.25M 및 0.75M이 될 것이다.

$$\frac{[C][D]}{[A][B]} = \frac{[0.75][0.75]}{[0.25][0.25]} = 9$$

한편, 만일 K_{eq}이 1보다 작으면, 역반응이 정반응보다 더 빠른 속도로 진행될 것이며, 그래서 A와 B의 농도는 C와 D를 소비한 만큼 올라갈 것이다. 이러한 관점에서, 다음과 같은 결과가 된다. 즉, 어느 순간에 그 반응이 진행되고 있는 최종적인 방향(net direction)은 반응에 참여하고 있는 모든 분자들의 상대적 농도에 따라 결정되며, K_{eq}로부터 예측될 수 있다.

에너지론의 주제로 돌아가 보자. 평형상태에서 생성물에 대한 반응물의 비율은 반응물과 생성물의 상대적 자유-에너지 수준에 의해 결정된다. 반응물의 총 자유에너지가 생성물의 총 자유에너지보다 더 크면, ΔG가 음의 값이고 반응은 생성물을 생성하는 방향으로 진행된다. ΔG가 크면 클수록 반응은 평형상태로부터 멀어지고, 계에 의해 수행해야 할 일은 더 많아진다. 반응물과 생성물 사이의 자유-에너지 량의 차이가 감소하여(ΔG가 보다 적은 음이 되는), 그 차이가 0이 될 때($\Delta G = 0$)까지 반응은 진행되어 더 이상 일을 수행하지 않는다.

주어진 반응의 ΔG는 일정 시각에 있는 반응 혼합물에 따라 결정되기 때문에, 다양한 반응들의 에너지론을 비교하는 것은 유용하지 않다. 반응들을 비교할 수 있는 기준에 놓기 위해서 그리고 다양한 유형의 계산을 할 수 있도록 하기 위해서, 일련의 표준조건(*standard condition*) 하에서 반응하는 동안 일어나는 자유-에너지의 변화를 고려하여 하나의 관행이 적용되어 왔다. 생화학 반응에서는, 그 조건을 임의로 25℃(298K)와 1기압으로 맞추고, 모든 반응물과 생성물은 1.0M 농도로, 예외적으로 물은 55.6M로, 그리고 H^+은 10^{-7}M(pH7.0)로 맞춘다.[2] **표준 자유-에너지의 변화**($\Delta G^{\circ\prime}$)란 이러한 표준조건 하에서 반응물이 생성물로 전환될 때 방출된 자유에너지를 말한다. 표준조건은 세포 속에서는 적용되지 않는다는 것을 명심해야 하며, 그러므로 세포 에너지학적인 계산에서 표준 자유-에너지 차이에 대한 값을 이용하는 것은 주의하여야만 한다.

평형상수와 표준 자유-에너지의 변화 사이의 관련성은 다음 등식으로 나타낸다.

$$\Delta G^{\circ\prime} = -RT \ln K'_{eq}$$

표 3-2 25℃에서 $\Delta G^{\circ\prime}$와 K'_{eq} 사이의 관계

K'_{eq}	$\Delta G^{\circ\prime}$ (kcal/mol)
10^6	−8.2
10^4	−5.5
10^2	−2.7
10^1	−1.4
10^0	0.0
10^{-1}	1.4
10^{-2}	2.7
10^{-4}	5.5
10^{-6}	8.2

자연대수(natural log, ln)를 $\log_{10}$으로 전환하면 이 등식은 다음과 같이 된다.

$$\Delta G^{\circ\prime} = -2.303RT \log K'_{eq}$$

R은 기체상수(1.987cal/mol·K)이고, T는 절대온도(298K)이다.[3] log1.0은 0인 점을 기억하자. 결과적으로 위의 등식으로부터 1.0보다 큰 평형상수를 갖는 반응은 음의 값인 $\Delta G^{\circ\prime}$를 가지며, 이 반응은 표준조건(standard condition) 하에서 자연발생적으로 일어난다는 것을 알 수 있다. 1.0보다 작은 평형상수를 갖는 반응은 양의 값인 $\Delta G^{\circ\prime}$를 가지며, 표준조건 하에서 자연발생적으로 일어날 수 없다. 예를 들면, 다음과 같은 반응을 생각해 보자. $A + B \rightleftharpoons C + D$, 만일 $\Delta G^{\circ\prime}$가 음의 값을 갖는다면, 반응물과 생성물이 모두 pH7에서 1.0M 농도로 존재할 때, 이 반응은 오른 쪽으로 진행될 것이다. 음의 값이 커질수록 오른 쪽 반응은 평형에 도달하기 전에 더욱 빨리 진행될 것이다. 같은 조건 하에서 $\Delta G^{\circ\prime}$가 양의 값을 가지면, 반응은 왼 쪽으로 진행되는, 즉 역반응이 유리하다. $\Delta G^{\circ\prime}$와 K'_{eq}의 사이의 관련성을 〈표 3-2〉에서 보여준다.

3-1-2-2 물질대사 반응에서 자유-에너지의 변화

세포에서 가장 중요한 화학반응 중 하나는 ATP의 가수분해이다(그림 3-5). 다음 반응에서,

$$ATP + H_2O \rightarrow ADP + P_i$$

[2] $\Delta G^{\circ\prime}$는 pH7을 포함한 표준조건으로 나타내고, ΔG°는 1.0M H^+, 즉 pH0.0이 표준조건이다. K'_{eq} 또한 pH7에서 반응혼합물을 나타낸다.

[3] 이 등식의 오른 쪽은 반응이 표준조건에서 평형상태로 진행되면서 잃어버린 자유에너지의 양과 동일하다.

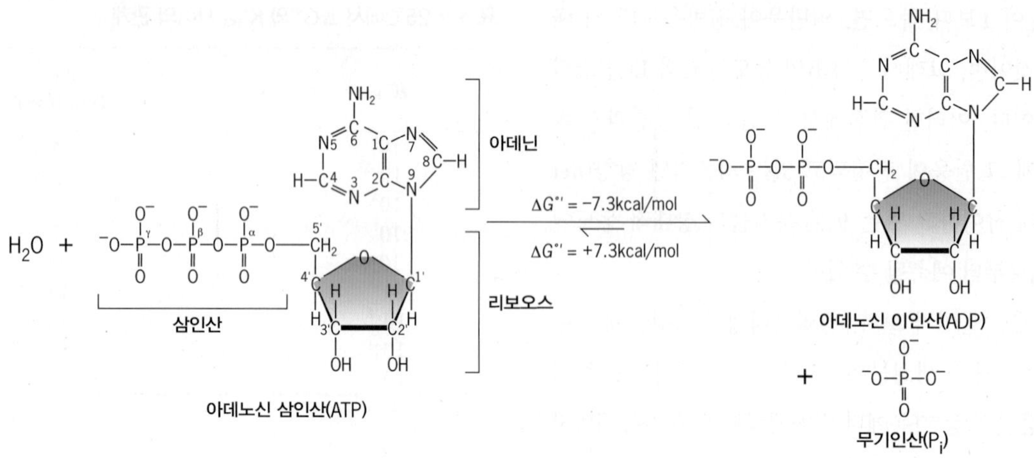

그림 3-5 ATP 가수분해. 아데노신 삼인산(ATP)은 많은 생화학 반응의 일부로서 가수분해 된다. 여기에 보여주듯이, 대부분의 경우 ATP는 ADP와 무기인산(P_i)으로 가수분해 되며, 어떤 경우에는 하나의 인산기만 가진 화합물인 AMP와 피로인산(PPi)으로 분해된다. 두 가지 반응 모두 기본적으로 −7.3 kcal/mol(−30.5kJ/mol)의 같은 $\Delta G^{\circ\prime}$을 갖는다.

반응물과 생성물 사이의 표준 자유-에너지의 차이는 −7.3 kcal/mol이다. 이 사실을 근거로 하면, ATP의 가수분해는 매우 유리한(에너지방출) 반응, 즉 평형상태에서 [ADP]/[ATP] 비율이 높은 방향으로 진행되는 것을 쉽게 알 수 있다. 이 반응이 매우 유리한 여러 가지 이유 중 하나는 〈그림 3−5〉를 보면 알 수 있다. ATP^{4-}에 있는 4 개의 인접한 음이온에 의해 생성된 정전기적인 반발은 ADP^{3-}를 생성함으로서 일부분 완화된다.

ΔG와 $\Delta G^{\circ\prime}$ 사이의 차이점을 기억해 두는 것은 중요하다. $\Delta G^{\circ\prime}$ 주어진 반응에서 고정 값이고, 계의 표준조건 하에서 반응이 진행될 방향을 나타낸다. 표준조건은 세포 내에서 일어나지 않기 때문에, $\Delta G^{\circ\prime}$ 값은, 특정한 반응이 주어진 순간에 세포의 특정한 구획 속에서 진행되고 있는 방향을 예측하기 위해 사용될 수 없다. 이 반응의 진행 방향을 예측하기 위해서는, 그 시각에 존재하는 반응물과 생성물의 농도에 의해 결정되는 ΔG를 알아야만 한다. 25℃에서

$$\Delta G = \Delta G^{\circ\prime} + 2.303RT\log\frac{[C][D]}{[A][B]}$$

$$\Delta G = \Delta G^{\circ\prime} + 2.303(1.987\text{cal/mol}\cdot\text{K})(298\text{K})\log\frac{[C][D]}{[A][B]}$$

$$\Delta G = \Delta G^{\circ\prime} + (1.4\text{kcal/mol})\log\frac{[C][D]}{[A][B]}$$

이 때 [A], [B], [C], [D]는 그 시각에서의 실제 농도이다. ΔG의 계산은 세포 내에서 반응이 진행되는 방향과 특정 반응이 평형상태에 얼마나 근접해 있는가를 나타낸다. 예를 들면, ATP 가수분해 반응에서 일반적으로 반응물과 생성물의 세포 내 농도는 [ATP]는 10 mM, [ADP]는 1mM, [P_i]는 10mM이다. 이 값들을 등식에 도입하면 다음과 같다.

$$\Delta G = \Delta G^{\circ\prime} + 2.303RT\log\frac{[ADP][P_i]}{[ATP]}$$

$$\Delta G = -7.3\text{kcal/mol} + (1.4\text{kcal/mol})\log\frac{[10^{-3}][10^{-2}]}{[10^{-2}]}$$

$$\Delta G = -7.3\text{kcal/mol} + (1.4\text{kcal/mol})(-3)$$

$$\Delta G = -11.5\text{kcal/mol}(\text{또는 } -46.2\text{kJ/mol})$$

이와 같이 ATP 가수분해에 대한 $\Delta G^{\circ\prime}$는 −7.3kcal/mol이다 하더라도, 세포는 [ATP]/[ADP]가 높은 비율로 유지되기 때문에 이 반응에서 세포 내 일반적인 ΔG는 약 −12kcal/mol이다.

반응물과 생성물의 상대적인 농도는 반응들을 진행하기에 유리하기 때문에, 세포들은 양의 값인 $\Delta G^{\circ\prime}$를 갖는 많은 반응을 한다. 이것은 두 가지 방법으로 일어날 수 있다. 첫 번째는 ΔG와 $\Delta G^{\circ\prime}$ 사이의 중요한 차이점을 나타내며, 두 번째는 양의 $\Delta G^{\circ\prime}$값을

가진 반응이 저장된 화학에너지를 투입하여 세포 속에서 추진될 수 있는 방식을 보여준다.

해당작용의 반응(그림 3-24 참조)에서 디히드록시아세톤인산이 글리세르알데히드-3-인산으로 전환되는 것을 생각해 보자. 이 반응의 $\Delta G^{\circ\prime}$는 +1.8kcal/mol이고, 이 반응의 생성물 형성이 세포 내에서 일어난다. 세포 내 다른 반응들이 평형상수에 의해 정해진 것 이상으로 반응물에 대한 생성물의 비율을 유지시키기 때문에, 이 반응은 진행된다. 이러한 조건이 지속되는 한, ΔG는 음일 것이며 그리고 반응은 글리세르알데히드-3-인산을 생성하는 방향으로 자연발생적으로 계속될 것이다. 이것은 세포의 물질대사에서 중요한 특징임을 시사한다. 즉, 특정 반응이 마치 시험관에서 분리된 상태로 일어나는 것처럼 독립적으로 일어나는 것으로 생각될 수 없다. 수백 가지의 반응들이 세포 내에서 동시에 일어난다. 이러한 모든 반응들은 상호 관계되어 있다. 즉, 그 이유는 하나의 반응에서 생긴 생성물은 하나의 대사경로와 그 다음 경로의 전 과정을 거쳐 차례로 그 다음 반응의 반응물이 되기 때문이다. 디히드록시아세톤인산을 이용하여 글리세르알데히드-3-인산 생성을 유지하기 위해서는, 두 분자의 농도 비가 유리하게 유지되도록 해야 한다. 즉, 이 반응은 대사 경로 중간에 위치하게 됨으로써, 생성물은 연속된 다음 반응에 의해 충분히 빠른 속도로 제거되는 방식으로 농도를 유지한다.

3-1-2-3 에너지흡수반응과 에너지방출반응의 연결

$\Delta G^{\circ\prime}$가 큰 양의 값을 가진 반응은 일반적으로 에너지 유입이 있어야 한다. 글루타민 합성효소(glutamine synthetase)에 의해 글루탐산(glutamic acid)으로부터 글루타민(glutamine) 아미노산이 생성되는 반응을 생각해 보자.

글루탐산 + 암모니아(NH_3) → 글루타민

$\Delta G^{\circ\prime}$ = +3.4kcal/mol

두 가지 연속적인 에너지방출반응에서 실제로 글루탐산은 글루타민으로 전환되기 때문에, 이러한 에너지흡수반응은 세포 내에서 일어나며, 이 두 가지 에너지방출반응은 다음과 같다. 즉,

첫 번째 반응 : 글루탐산 + ATP →
글루타밀-인산(glutamyl phosphate) + ADP

두 번째 반응 : 글루타밀-인산 + NH_3 → 글루타민 + P_i

전체 반응: 글루탐산 + ATP + NH_3 →
글루타민 + ADP + P_i

$\Delta G^{\circ\prime}$ = −3.9kcal/mol

글루타민의 형성은 ATP 가수분해와 연결되어(*coupled*) 있다고 한다. 글루탐산에서 글루타민 합성의 양(+)인 ΔG 값보다 ATP 가수분해가 더 음(−)인 ΔG 값을 유지하는 한, "하향반응(downhill)" ATP 가수분해 반응은 글루타민의 "상향반응(uphill)" 합성을 추진하기 위해 사용될 수 있다. 이러한 두 가지 화학반응이 연결되기 위해서, 첫 번째 반응의 생성물이 두 번째 반응의 반응물로 된다. 두 가지 반응 사이의 다리 역할을 하는 물질—여기서는 글루타밀-인산—을 공통 중간산물(*common intermediate*)이라고 한다. 본질적으로 에너지방출성인 ATP 가수분해는 두 단계로 일어난다. 첫 단계는 글루탐산이 인산기의 수용체로 작용하고, 두 번째 단계에서 인산기가 NH_3로 대체된다.

세포 내에서 ATP 가수분해는 글루타민과 같은 분자 형성을 유도하는 반응을 일으키기 위해서 이용될 수 있다. 그 이유는, 세포 내 ATP 농도는 평형이었을 때보다 훨씬 높은 농도(ADP에 비해 상대적으로)로 유지되기 때문이다. 이것은 다음과 같은 계산으로 증명될 수 있다. 앞에서 언급한 바와 같이, 일반적으로 세포 내 P_i의 농도는 10mM이다. 이런 조건하에서 [ATP]/[ADP]의 평형 비율을 계산하기 위해서, 평형상태에서 ΔG를 0으로 둘 수 있으며 그리고 [ADP]/[ATP]에 대한 다음 등식을 풀 수 있다. 즉,

$$\Delta G = \Delta G^{\circ\prime} + (1.4\text{kcal/mol})\log\frac{[\text{ADP}][\text{P}_i]}{[\text{ATP}]}$$

$$0 = -7.3\text{kcal/mol} + (1.4\text{kcal/mol})\log\frac{[\text{ADP}][10^{-2}]}{[\text{ATP}]}$$

$$0 = -7.3\text{kcal/mol} + (1.4\text{kcal/mol})\left(\log 10^{-2} + \log\frac{[\text{ADP}]}{[\text{ATP}]}\right)$$

$$+7.3\text{kcal/mol} = (1.4\text{kcal/mol})(-2) + (1.4\text{kcal/mol})\log\frac{[\text{ADP}]}{[\text{ATP}]}$$

$$\log\frac{[\text{ADP}]}{[\text{ATP}]} = \frac{10.1\text{kcal/mol}}{1.4\text{kcal/mol}} = 7.2$$

$$\frac{[\text{ADP}]}{[\text{ATP}]} = 1.6 \times 10^7$$

그래서 평형상태에서, ADP의 농도는 ATP보다 1,000만 배 이상인 것으로 예측되지만, 실지로 대부분의 세포에서 ATP의 농도는 ADP보다 10배에서 100배 정도이다. 이것은 중요한 점인데, 그 이유는 ATP와 ADP의 상대적 농도가 문제이기 때문이다. 만약 세포가 평형상태의 ATP, ADP, P_i의 혼합물 속에 있었다면, ATP가 얼마나 많이 있었는가는 문제가 되지 않을 것이며, 그 세포는 일을 수행하기 위한 능력을 갖지 못할 것이다.

ATP 가수분해는 세포 내에서 대부분 에너지흡수성 과정들을 일으키기 위해 사용되는데, 이에는 다음과 같은 것들이 포함된다. 즉, 에너지흡수성 과정들에는 앞에서 바로 설명된 것, 막을 경계로 한 전하의 분리, 용질의 농도, 근육세포에서 섬유의 운동, 그리고 단백질의 특성 등이 있다(그림 3-6). ATP가 이러한 다양한 과정에 이용될 수 있는 것은 ATP의 말단 인산기를 아미노산, 당류, 지질, 단백질 등 다양한 다른 유형의 분자에 전달할 수 있기 때문이다. 대부분의 연결된(coupled) 반응에서, 첫 단계에서 인산기는 ATP로부터 다양한 수용체들 중 어느 하나에 전달되고, 이어지는 두 번째 단계에서 제거된다(예로써 〈그림 8-46〉 참조).

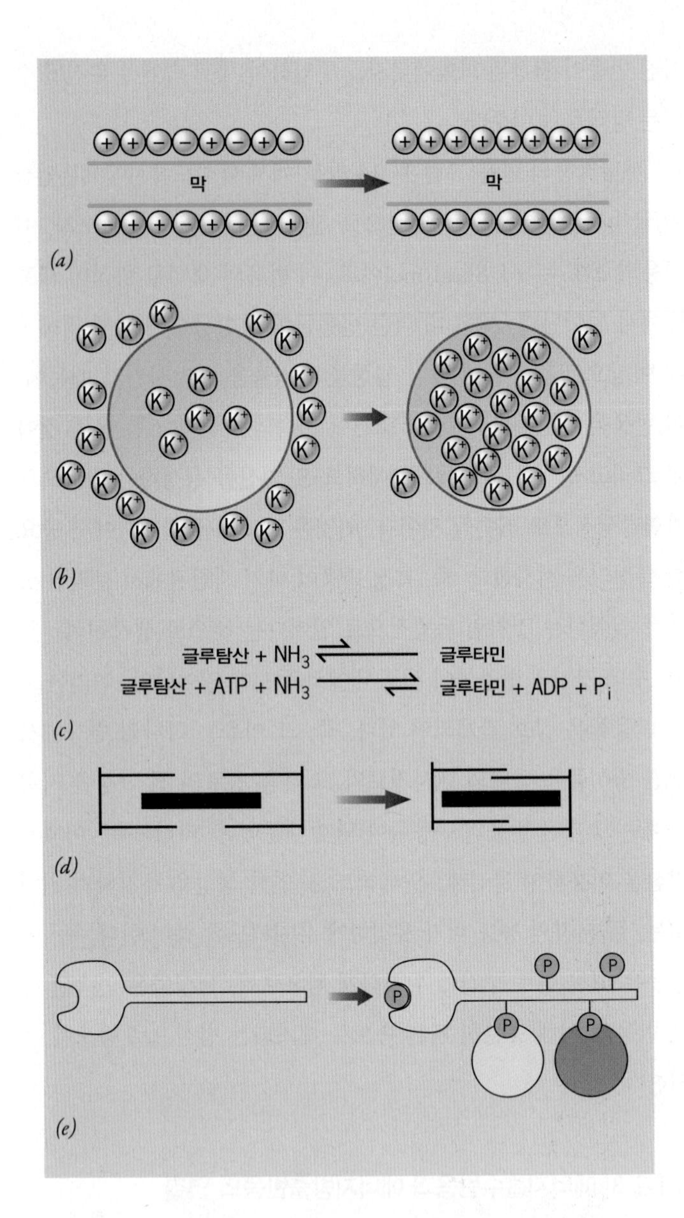

그림 3-6 ATP 가수분해의 몇 가지 역할. 세포에서 ATP는 다음과 같은 일을 하기 위해 사용될 수 있다. 즉, (*a*) 막을 가로질러 전하를 분리하고, (*b*) 세포 내 특정 용질을 농축하며, (*c*) 다른 불리한 화학반응을 추진시키고, (*d*) 근육세포가 수축하는 동안 섬유들이 서로 활주(滑走)하게 하며, (*e*) 단백질에 인산기를 제공하여 그 성질을 변화시키고 원하는 반응을 일으킨다. 이 경우에, 첨가된 인산기는 다른 단백질의 결합 자리 역할을 한다.

3-1-2-4 평형상태와 정류상태의 물질대사

반응이 평형상태로 향하는 경향일 때, 일을 할 수 있는 자유에너지는 최소 상태를 향하여 감소하며 엔트로피는 최대 상태를 향하여 증가한다. 그래서 반응이 평형상태로부터 멀어질수록, 엔트로피가 증가하는 것에 비하여 일을 하기 위한 그 반응의 능력은 더욱더 떨어진다. 세포의 물질대사는 본질적으로 비평형 상태의 작용이다. 즉, 반응물에 대한 생성물의 비율이 비평형상태인 특징을 나타낸다. 이것은 세포 속에서 어떤 반응이 평형상태에서 또는 거의 평형상태에서 일어나지 않는다는 것을 의미하지는 않는다. 사실, 대사 경로의 많은 반응은 거의 평형상태에 있을 수 있다(그림 3-25 참조). 그러나 경로에서 적어도 하나의 반응 그리고 흔히 다수의 반응이 평형상태로부터 멀리 떨어져 있어서, 기본적으로 그 반응들을 비가역적으로 만든다. 이러한 반응들은 그 경로를 한 쪽 방향으로 가도록 유지하는 반응이다. 또한 이러한 반응들은 세포의 조절을 받게 되는 반응이다. 그 이유는, 전체 경로를 통한 물질의 흐름이, 이 반응들을 촉매하는 효소들의 활성을 촉진하거나 또는 저해함으로써 대단히 증가되거나 또는 감소될 수 있기 때문이다.

열역학의 기본 원리는 비가역적인 평형상태에서 살아있지 않은(nonliving), 닫힌 계(*closed system*)(계와 그 주변 사이에 물질교환이 없는)를 이용하여 만들어졌다. 세포의 물질대사는 비가역적이고 비평형상태에서 그 자체를 유지시킬 수 있다. 그 이유는, 시험관 속의 환경과 다르게 세포는 열린 계(*open system*)이기 때문이다. 물질과 에너지는 혈류나 또는 배양 배지로부터 세포 속으로 계속적으로 흘러 들어오고 있다. 외부로부터 세포 속으로 들어오는 이러한 유입(량)의 정도는, 여러분이 단순히 숨을 멈추어보면 확실히 알게 된다. 산소는 세포의 물질대사에 매우 중요한 반응물이기 때문에, 우리는 항상 외부의 산소 원(源)에 의존하고 있다. 세포 속으로 그리고 바깥으로 산소와 다른 물질의 지속적인 흐름은 세포의 물질대사를 **정류상태**(定留狀態, steady state)[a]에 존재하도록 한다(그림 3-7). 비록 개개의 반응이 평형상태에 있을 필요가 없다하더라도, 정류상태에서는 각 반응의 반응물과 생성물의 농도는 상대적으로 일정하게 유지된다. 이것이 세포의 대사물질의 농도가 변하지 않는다는 것을 말하는 것은 아니다. 세포는 변화하는 환경에 반응하여 주요 물질의 농도를 끊임없이 조절할 수 있다. 예를 들면, 인슐린 호르몬과 같은 조절물질의 농도가 올라가거나 또는 떨어짐에 따라 당, 아미노산, 또는 지방의 생산을 급상승시키거나 또는 감소시키는 원일일 수 있다. 바꿔 말하면, 세포는 동적인(*dynamic*) 비평형상태에 존재하는데, 그 상태에서 정반응 속도와 역반응 속도가 변화하는 상황에 반응하여 즉시 증가되거나 또는 감소될 수 있다.

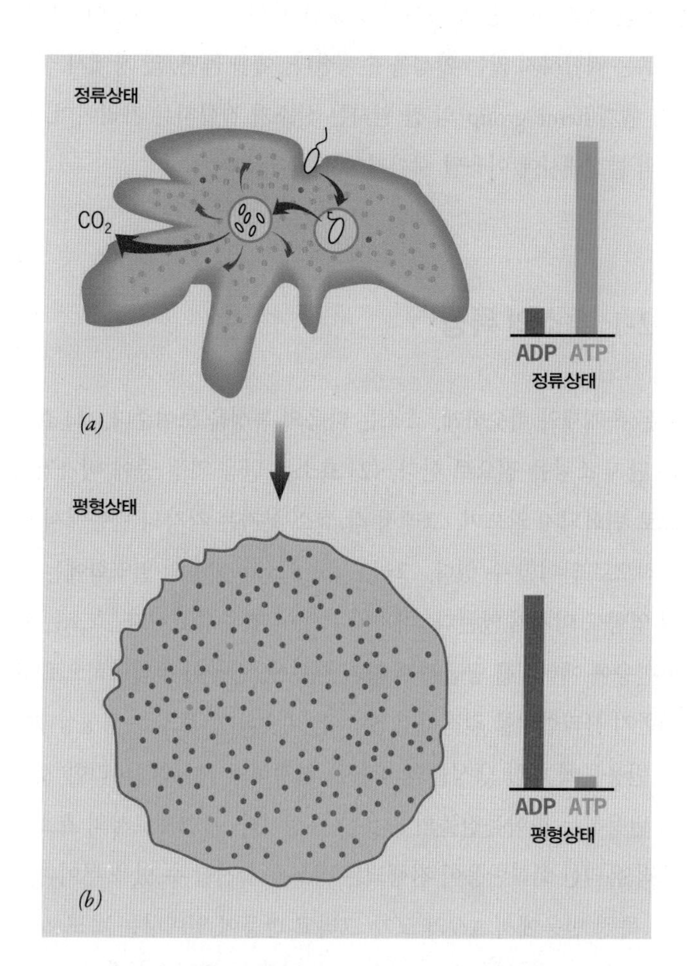

그림 3-7 **정류상태와 평형상태의 비교.** (*a*) 아메바가 외부 환경으로부터 양분을 지속적으로 흡수하는 동안에는, 평형상태로부터 멀어질 수 있는 정류상태에서 화합물의 농도를 유지하기 위해 필요한 에너지를 얻을 수 있다. 정류상태에서의 ATP와 ADP 농도를 색깔을 칠한 점들과 막대도표로 표시하였다. (*b*) 아메바가 죽으면, ATP와 ADP의 농도는(다른 생화학물질은 물론) 평형 비율 쪽으로 이동한다.

역자 주[a] 이 용어는 물리학, 공학, 천문학 등의 분야에서 '정상상태(定常狀態)'로 표기하여 사용된다. 그러나 화학 및 생화학분자생물학 등의 학술 단체에서는 '정류상태(定留狀態)'로 표기하고 있다. '정상상태'에서 '정상'은 한자를 병기(倂記)하지 않을 경우, 일상생활에서 흔히 사용하는 '正常' 또는 '頂上'의 뜻으로 오인될 수도 있으므로, '정류상태(定留狀態)'로 표기하여 혼란을 피하는 것이 합리적일 것이다.

복습문제

1. 열역학 제1법칙과 제2법칙의 차이점은 설명하고, 두 가지 법칙으로 우주에서 일어나는 일(사건)의 방향을 어떻게 설명할 수 있는가?
2. 질서정연하게 살아있는 상태를 유지하는 것이 어떻게 열역학 제2법칙과 일치하는가?
3. 계의 엔트로피가 감소하는 두 가지 예 그리고 계의 엔트로피가 증가하는 두 가지 예를 설명하시오.
4. ΔG가 각각 음, 0, 양의 값일 때, ΔG와 $\Delta G^{\circ\prime}$ 사이의 차이점 그리고 정방향과 역방향 반응의 상대적인 속도 사이의 차이점을 설명하시오. $\Delta G^{\circ\prime}$와 K'_{eq} 사이의 관계는 무엇인가? 세포는 $+\Delta G^{\circ\prime}$ 값을 갖는 반응을 어떻게 수행하는가?
5. 어떻게 세포가 [ATP]/[ADP] 비율을 1보다 더 크게 유지할 수 있는가? 이 비율이 평형상태에서 예상된 비율과 어떻게 다른가?
6. 얼음이 0℃ 이상의 온도에서 형성되지 않는 이유는 무엇인가?

3-2 생물학적 촉매제로서의 효소

19세기 말경, 에탄올 합성에서 온전한(intact) 효모가 필요한지 아닌지에 대한 논쟁이 격렬하였다. 논쟁의 한 편에 있는 유기화학자 유스투스 폰 리비히(Justus von Liebig)는 알코올을 생성하는 발효 반응이 그가 시험관 속에서 연구되어 왔던 유기반응의 유형과 다르지 않다고 주장하였다. 또 다른 한 편에 있는 생물학자 루이 파스퇴르(Louis Pasteur)는 발효과정은 온전하고 고도로 체계화된 살아있는 세포 내에서만 제한적으로 일어날 수 있었다고 주장하였다.

파스퇴르 사후 2년 뒤인 1897년, 미생물학자 한스 뷔히너(Hans Buchner)와 그의 형제 화학자 에드아르트(Eduard)는 "효모주스"를 만들었다. 효모주스는 효모세포를 모래알갱이에 갈아서 만든 혼합액을 여과지에 통과시킨 추출물이다. 이들은 계속적인 연구를 위해 효모주스를 저장하는 방법을 찾으려고 노력했다. 방부제와 함께 추출물을 보관하려 하였으나 실패한 후, 잼이나 젤리를 보관할 때 사용된 것과 같은 방법으로 설탕을 첨가하여 부패를 방지하려고 시도하였다. 추출용액이 보관되기는 커녕, 효모주스는 설탕으로부터 가스를 생성하고 수일 동안 거품이 계속해서 나왔다. 더 많은 분석을 한 후, 에드워드는 에탄올과 이산화탄소의 거품을 생성하는 것이 발효라는 사실을 알게 되었다. 뷔히너는 발효가 일어나기 위해서는 온전한 세포가 필요하지 않음을 밝혔다.

그러나 발효는 유기화학자가 연구하는 반응 유형과 매우 다르다는 사실도 곧 알게 되었다. 발효는 일단의 특이한 촉매제(catalyst)들이 필요하지만, 비(非)생물계에서는 촉매제들이 작용할 상대 물질이 없다. 이러한 촉매제를 **효소**[酵素, enzyme, 그리스어 "효모 내(in yeast)"에서 유래됨]라고 하였다. 효소는 세포 내에서 일어나는 거의 모든 반응에 관여하는 대사 작용의 매개물질이다. 효소가 없는 상태에서, 대사 작용의 반응은 감지할 수 없을 정도로 매우 천천히 진행될 것이다.

효소가 단백질이라는 첫 번째 증거는 1926년 코넬대학교(Cornell University)의 제임스 섬너(James Sumner)가 작두콩에서 요소분해효소(urease)를 결정화하고 그 성분을 확인함으로서 밝혀졌다. 그 시대에는 이러한 발견이 많은 긍정적인 찬사를 받지는 못했다. 그러나 다른 몇 가지 효소들은 곧 단백질인 것으로 판명되었으며, 그리고 다음 수십 년 동안 모든 생물학적 촉매제는 단백질인 것으로 받아들이게 되었다. 마침내, 어떤 생물학적 반응은 RNA분자에 의해 촉매된다는 것이 분명하게 되었다. 명확성을 위해서, 효소(*enzyme*)라는 용어는 아직까지 일반적으로 단백질 촉매제에 사용되며, 리보자임(*ribozyme*)이라는 용어는 RNA 촉매제에 사용된다. 이 장에서는 단백질촉매제에 한정하여 설명할 것이고 제5장에서 RNA촉매제의 특성에 대하여 설명한다.

효소가 단백질이라고 하더라도, 많은 효소들은 복합단백질(conjugated protein)이다. 즉, 효소는 **보조인자**(補助因子, cofactor)라고 하는 비단백질 성분을 갖고 있는데, 이 보조인자는 무기물(금속)이나 또는 유기물(**조효소**, coenzyme)일 수 있다. 보조인자는 효소의 작용에 있어서 중요한 관여 물질이어서, 아미노산으로는 적합하지 않는 활성을 수행한다. 예를 들면, 앞 장에서 설명된, 헴기(heme group)의 철 원자는 산소가 결합하는 자리이며, 세포의 물질대사에 이용될 때까지 저장되어 있다.

3-2-1 효소의 특성

모든 촉매제와 비슷하게, 효소는 다음의 특성을 보여준다. (1) 효소는 단지 소량을 필요로 한다. (2) 효소는 반응 과정 중에 비가역적으로 변화되지 않으며, 그래서 각 효소 분자는 각각의 반응에서 반복적으로 참여할 수 있다. 그리고 (3) 효소는 반응의 열역학에는 어떤 영향도 미치지 않는다. 마지막 특성이 매우 중요하다. 효소는 화학반응에 에너지를 공급하지 않기 때문에, 반응이 열역학적으로 유리한지 불리한지를 결정하지 않는다. 비슷하게, 효소는 평형상태에서 반응물에 대한 생성물의 비율을 결정하지 않는다. 이러한 것들이 반응하는 화학물질들의 고유한 특성이다. 촉매제로서의 효소는 오직 유리한 화학반응이 진행되는 속도를 촉진할 수 있을 뿐이다.

특정 반응에서 ΔG의 크기 그리고 반응이 일어나는 속도 사이의 관련성은 필요 없다. ΔG의 크기는 단지 시작 단계와 평형상태 사이의 자유에너지 차이 만을 알려줄 뿐이며, 평형에 도달하는 경로 또는 시간과는 전적으로 무관하다. 예를 들면, 포도당의 산화는 매우 유리한 과정으로서, 이는 포도당이 연소되는 동안에 방출되는 에너지의 양에 의해 결정될 수 있다. 그러나 포도당 결정(結晶)은 다소 낮은 에너지를 지닌 물질로 눈에 띄는 전환 없이 거의 무한히 실내 공기 중에 남아 있을 수 있다. 바꿔 말하면, 포도당은 열역학적으로(*thermodynamically*) 불안정하더라도 운동역학적으로(*kinetically*)는 안정하다. 설탕이 용해되었다 하더라도, 그 용액이 멸균상태로 유지되는 한, 빠르게 분해되지 않을 것이다. 그러나 설탕 용액에 약간의 세균이 첨가되었다면, 짧은 시간 안에 설탕은 세포로 흡수되어 효소에 의해 분해될 것이다.

효소는 놀랄 만큼 뛰어난 촉매제이다. 실험실에서 유기화학자들이 사용하는 산, 백금(metallic platinum), 마그네슘과 같은 촉매제는 일반적으로 비(非)촉매적 반응속도보다 수백에서 수천 배로 반응을 가속시킨다. 반면에, 효소는 대개 반응의 속도를 1억에서 10조 배로 증가시킨다(표 3-3). 이러한 속도의 숫자를 근거로 하여, 만일 효소가 없었다면 3년에서 30만 년 걸리는 것을 효소는 1초에 수행할 수 있다. 더욱 주목할 만한 것은, 효소는 세포 안에서 적당한 온도와 pH에서 이러한 일을 수행한다. 그 외에, 화학자들에 의해 사용된 무기 촉매와는 다르게, 효소는 자신이 결합할 수 있는 반응물이며 그리고 반응을 촉매할 수 있다는 점에서 매우 특이적이다. 효소와 결합하는 반응물을 **기질**(基質, substrate)이라고 한다. 예를 들면, 효소 헥소키나아제(hexokinase)는 기질인 포도당에 백여 개의 저분자량 화합물을 섞은 용액 속에 있다면, 오직 포도당 분자 만이 효소에 의해 인식되어 반응할 것이다. 실제로는, 다른 혼합물들이 물론 존재하지 않을 수 있다. 효소와 기질 사이 이던가 또는 다른 유형의 단백질과 기질 사이 이던가 이들이 결합하는, 이런 유형의 특이성은 생명체를 지속시키기 위해 필요한 질서를 유지하는 데 있어서 결정적으로 중요하다.

높은 수준의 활성도와 특이성에 이외에도, 효소-촉매 반응은 매우 질서정연하다—형성된 유일한 생성물들은 적절한 것들이다—는 의미에서 효소는 물질대사의 방향 지시자 역할을 한다. 화학적 부산물들이 형성되는 것은 연약한 세포의 생명에 급격하게 손상을 주기 때문에, 효소가 물질대사의 방향 지시자 역할을 하는 것은 매우 중요하다. 최종적으로 다른 촉매제와는 다르게, 효소의 활성도는 특정 시간에 세포의 특별한 필요에 부응하여 조절될 수 있다. 이 장과 이 책의 나머지 부분에서 알 수 있듯이, 세포의 효소들은 실로 축소된 분자 기계들의 놀라운 집합물이다.

3-2-2 활성화 에너지 장벽의 극복

어떻게 효소가 그러한 효과적인 촉매를 수행할 수 있는가? 생각해 볼 첫 번째 질문으로써, 열역학적으로 유리한 반응은 효소가 없는 상태에서는 왜 비교적 빠른 속도로 스스로 진행하지 않는가? 가수

표 3-3 다양한 효소의 촉매 활성도.

효소	비효소의 $t_{1/2}$[1]	전환수[2]	촉진비[3]
OMP decarboxylase	78,000,000 yr	39	1.4×10^{17}
Staphylococcal nuclease	130,000 yr	95	5.6×10^{14}
Adenosine deaminase	120 yr	370	2.1×10^{12}
AMP nucleosidase	69,000 yr	60	6.0×10^{12}
Cytidine deaminase	69 yr	299	1.2×10^{12}
Phosphotriesterase	2.9 yr	2,100	2.8×10^{11}
Carboxylpeptidase A	7.3 yr	578	1.9×10^{11}
Ketosteroid isomerase	7 wk	66,000	3.9×10^{11}
Triosephosphate isomerase	1.9 d	4,300	1.0×10^{9}
Chorismate mutase	7.4 hr	50	1.9×10^{6}
Carbonic anhydrase	5 sec	1×10^{6}	7.7×10^{6}
Cyclophilin, human	23 sec	13,000	4.6×10^{5}

출처: A. Radzicka and R. Wolfenden, *Science* 267:91, 1995. Copyright 1995 American Association for the Advancement of Science.

[1] 효소가 없는 상태에서 반응물의 반이 생성물로 전환되는데 소요되는 시간.

[2] 포화상태의 기질농도에서 작용할 때 초 당 단일 효소 분자에 의해 촉매된 반응의 수.

[3] 비촉매 반응에 대하여 효소-촉매 반응에 의해 수행된 반응속도의 증가.

분해가 매우 유리한 ATP도 조절된 효소의 반응에 의해 분해되기 전까지는 세포 내에서 안정하다. 만일 ATP가 효소에 의해 분해되지 않는 경우였다면, ATP는 생물학적으로 별로 쓸모가 없을 것이다.

화학적 변환이 일어나기 위해서는 반응물 안에 있는 일부의 공유결합이 끊어질 필요가 있다. 이러한 일이 일어나려면, 반응물은 장벽을 넘을 수 있는 **활성화 에너지**(activation energy, E_A)라고 하는 충분한 운동에너지(kinetic energy)를 갖고 있어야만 한다. 활성화 에너지는 〈그림 3-8〉에서 도표로 표시되어 있는데, 이 도표에서 활성화 에너지는 곡선의 높이로 나타나 있다. 화학반응의 반응물은 흔히 절벽의 정점에서 바닥으로 떨어지려고 준비된 정지 상태에 있는 물체와 비교된다. 그 상태로 남아 있었다면, 그 물체는 거의 무한정으로 정점에 머물러 있을 것이다. 그러나 어떤 사람이 와서 마찰력 또는 그 길에 있는 다른 작은 장애물을 극복하기 위해 충분한 에너지를 사용하여 그 물체를 절벽 가장자리에 도달하게 하였다면, 그 물체는 자연적으로 바닥으로 떨어질 것이다. 일단 운동 장벽이 제거된다면, 그 물체는 낮은 에너지 상태로 떨어질 가능성을 갖고 있다.

실온에 있는 용액에서, 분자들은 무작위 운동 상태에 있어서, 각각의 분자는 주어진 순간에 일정 양의 운동에너지를 갖고 있다. 분자들의 집단 사이에, 그들의 에너지는 종-모양의 곡선으로 분포되어서(그림 3-9), 일부의 분자는 아주 작은 에너지를 갖고 있으며 다른 분자들은 훨씬 많은 에너지를 갖고 있다. 고에너지 분자(활성화된 분자)들은 단지 짧은 시간 동안만 남아 있다가, 다른 분자들과 충돌하여 여분의 에너지를 잃게 된다. 1개의 반응 분자가 2개의 생성물 분자로 나누어지는 반응을 생각해 보자. 만일 주어진 반응 분자가 활성화 장벽을 극복하기에 충분한 에너지를 얻는다면, 그다음에 그 분자는 2개의 생성물 분자로 나누어질 가능성이 있다. 이때 반응의 속도는 주어진 시간에 필요한 운동에너지를 포함하여 반응 분자의 수에 따라 달라진다. 반응속도를 증가시키는 한 가지 방법은 반응물의 에너지를 증가시키는 것이다. 이것은 반응 혼합물에 열을 가하여 실험실에서 가장 쉽게 행할 수 있다(그림 3-9). 이에 반하여, 효소-매개 반응에 열을 가하면 효소의 변성으로 인하여 효소가 급격하게 불활성화 상태에 이르게 된다.

반응물이 에너지 언덕의 정점에 있고 생성물로 전환되기 위해 준비되어 있을 때, 그 반응물은 **전이상태**(轉移狀態, transition state)에 있다고 한다. 이 시점에서, 반응물은 순식간에 활성화된 복합체를 형성하는데, 이 복합체 속에서 결합들이 형성되기도 하고 끊어지기도 한다. 세균의 프롤린 입체이성질체화 효소(racemase)에

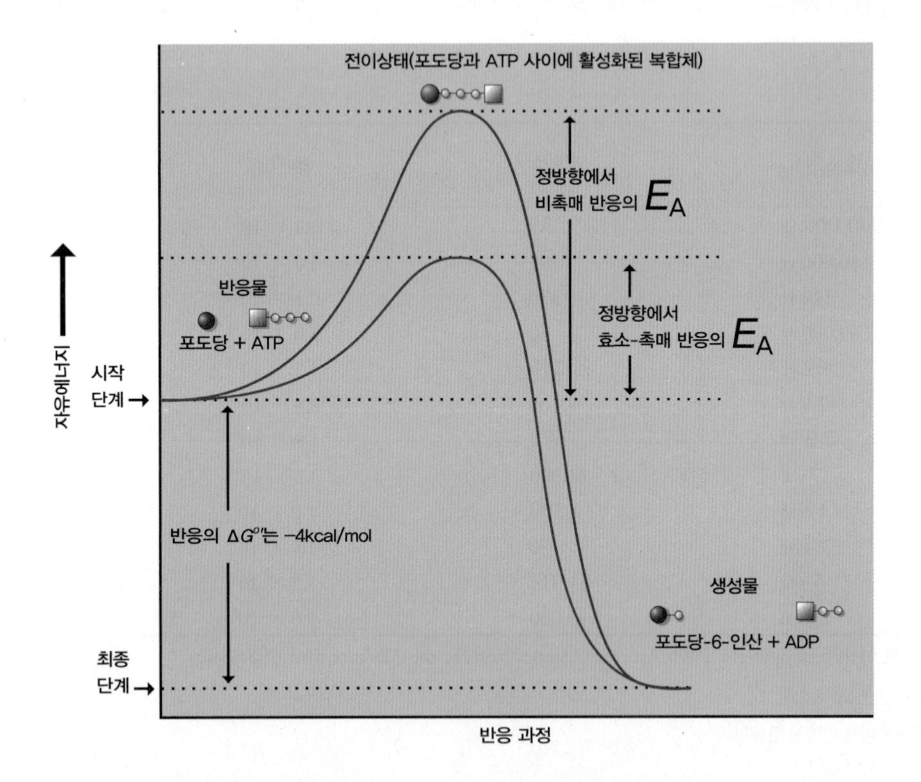

그림 3-8 **활성화 에너지와 효소반응.** 포도당-6-인산의 형성이 열역학적으로 유리한 반응($\Delta G^{\circ\prime}$ = −4kcal/mol)이라 하더라도, 반응물은 반응이 일어나기 위해서 원자의 재배열로 활성 상태가 되도록 충분한 에너지를 가져야만 한다. 필요한 에너지의 양을 활성화 에너지(E_A)라고 하며 곡선의 높이로 표시되어 있다. 활성화 에너지는 고정된 값이 아니고, 특이 반응 경로에 따라 다양하다. E_A는 반응물이 효소촉매제와 결합할 때 매우 감소된다. (이 도해는 간단한 하나의 단계로 된 반응 기작을 그린 것이다. 많은 효소반응은 〈그림 3-13〉과 같이 중간산물을 형성하도록 하는 2개 이상의 단계로 일어난다. 이 반응에서 각 단계는 고유의 E_A 및 별도의 전이상태를 갖고 있다.)

의해 촉매되는 반응인, 프롤린의 D-와 L-입체이성질체의 상호 전환을 알아봄으로써 전이상태 구조의 성질을 설명할 수 있다.

D-프롤린 ⇌ 전이상태 ⇌ L-프롤린

이 반응은 프롤린 분자의 알파-탄소로부터 양성자를 잃게 되어서 양 방향으로 진행된다. 그 결과, 전이상태 구조는 탄소원자에 의해 형성된 세 가지 결합이 모두 같은 평면에 있는 음으로 하전된 탄소음이온 또는 카르바니온(carbanion)를 갖고 있다.

반응에 대한 표준 자유에너지의 차이와는 다르게, 전이상태에 도달하기 위해서 필요한 활성화 에너지는 고정된 값이 아니라, 사용된 특정한 반응 기작에 따라 다양하다. 효소는 활성화 에너지 장벽의 크기를 감소시킴으로서 반응을 촉매한다. 결국, 열에 의한 촉매작용과 다르게, 효소는 특별히 고에너지 수준으로 끌어올리지 않은 상태에서 기질이 매우 높은 반응성을 갖도록 한다. 효소-촉매 반응 대비 비촉매 반응 사이에 반응할 수 있는 분자들의 백분율 비교한 것이 〈그림 3-9〉에 나타나 있다. 효소는 반응물보다 전이상태에 있는 물질에 더 단단히 결합함으로써 활성화 에너지를 더 낮출 수 있으며, 이것은 활성화된 복합체를 안정화시켜서 그 에너지를 감소시킨다. 전이상태의 중요성은 여러 가지 관점으로 설명될 수 있다. 예를 들면,

- 반응에서 전이상태에 있는 물질과 유사한 화합물은 효소의 촉매부위에 강하게 결합할 수 있기 때문에 그 반응의 매우 효과적인 저해제일 경향이 있다.
- 항체는 정상적으로 효소와 같은 작용을 하지 않지만, 오히려 높은 친화력을 가진 분자와 결합한다. 그러나 반응에서 전이상태에 있는 물질과 유사한 화합물과 결합하는 항체는 흔히 효소와 같은 작용을 할 수 있어서 그 화합물의 분해를 촉매한다.

전이상태에 있는 물질이 생성물로 전환되면 결합된 분자에 대한 효소의 친화성은 감소하여 생성물은 떨어지게 된다.

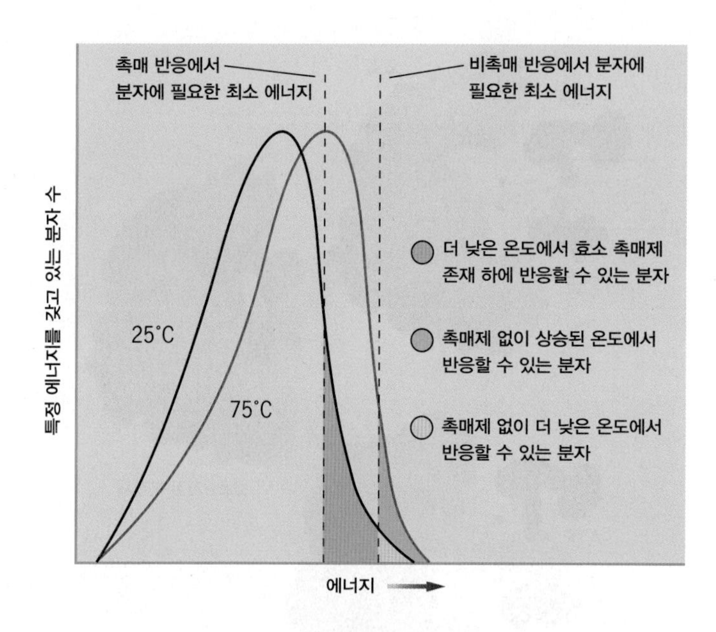

그림 3-9 낮아지는 활성화 에너지가 반응속도에 미치는 영향. 종-모양의 곡선은 두 가지 다른 온도에서 반응 혼합물에 존재하는 분자 집단의 에너지 함량을 나타낸다. 반응을 수행하기에 충분한 에너지를 갖고 있는 반응 분자의 수는 혼합물에 열을 가하거나 효소 촉매제를 첨가하여 증가된다. 열은 분자의 에너지 함량을 증가시킴으로써 반응속도를 증가시키는 반면, 효소는 반응을 일으키기 위해 필요한 활성화 에너지를 낮춤으로써 반응속도를 증가시킨다.

3-2-3 활성부위

촉매제로서의 효소는 화학결합-절단 및 화학결합-형성 과정을 촉진한다. 이러한 일을 수행하기 위하여, 효소는 반응물 사이에서 일어나는 활동에 밀접하게 관여하게 된다. 효소는 이런 일을 **효소-기질 복합체**[enzyme-substrate(ES) complex]라고 하는 반응물과의 복합체를 형성하여 수행한다. ES 복합체가 〈그림 3-10〉에 도식적으로 예시되어 있으며, 〈그림 3-14〉에는 그 모형이 나타나 있다. 많은 예가 일시적인 공유결합을 형성하는 것으로 알려져 있지만, 대부분의 경우에, 효소와 기질 사이의 결합은 비공유결합이다.

기질과 결합하는 데 직접 관련되어 있는 효소의 부분을 **활성부위**(活性部位, active site)라고 한다. 활성부위와 기질은 상보적인 모양을 갖고 있어서, 이들을 고도로 정밀하게 서로 결합시킬 수 있다. 효소에 대한 기질의 결합은 단백질 자체의 구조를 결정하는 것과 같은 유형의 비공유결합(이온결합, 수소결합, 소수성결합)으로 이루어진다. 예를 들면, 〈그림 3-11*a*〉에그려진 효소는 기질의 음

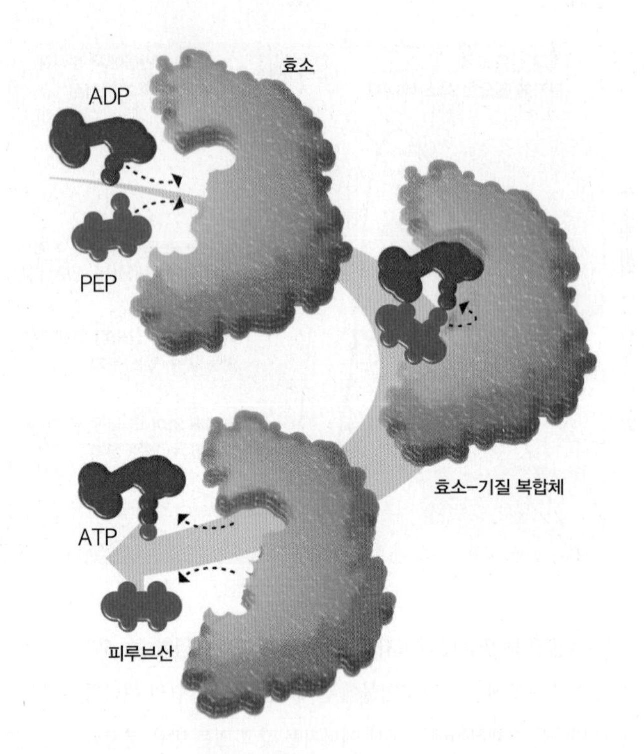

그림 3-10 **효소–기질 복합체의 형성.** 피루브산 인산화효소[pyruvate kinase, (그림 3–24 참조)]가 촉매하는 반응을 나타낸 개요도. 여기에서 2개의 기질인 인산에놀피루브산(phosphoenolpyruvate, PEP)과 ADP에 효소가 결합하여 효소-기질 복합체를 형성하는데, 이 복합체는 생성물인 피루브산과 ATP를 형성하도록 유도한다.

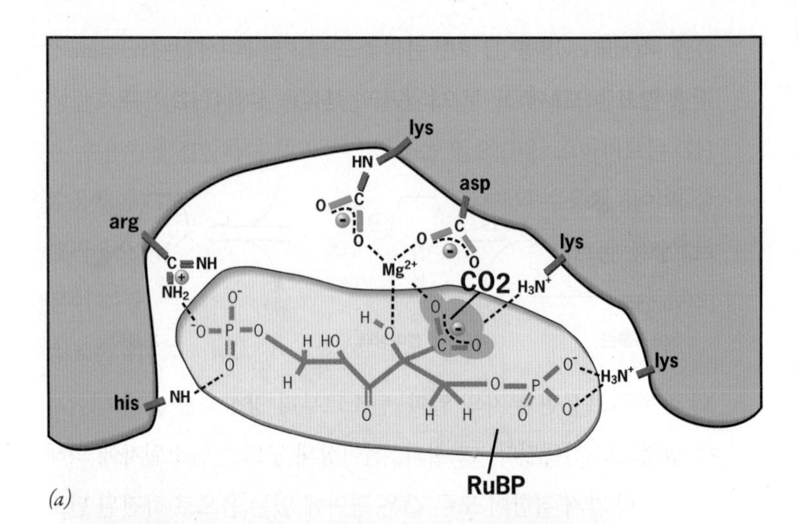

(a)

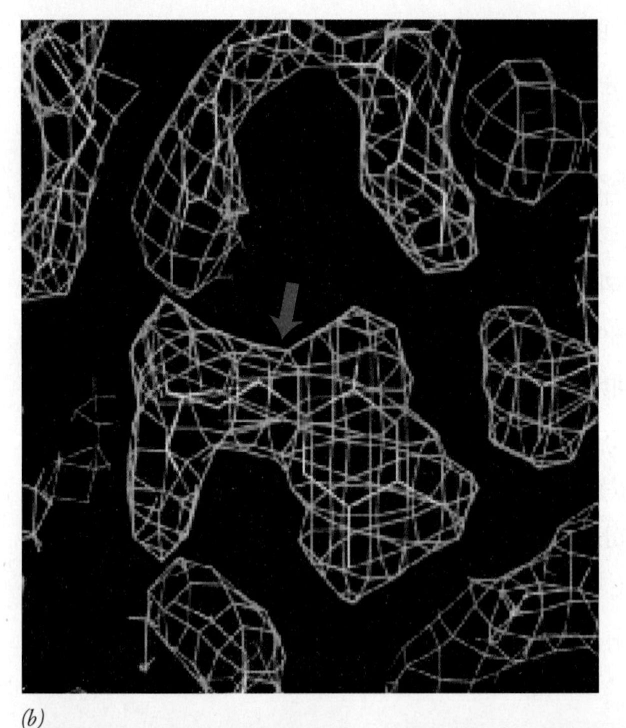

(b)

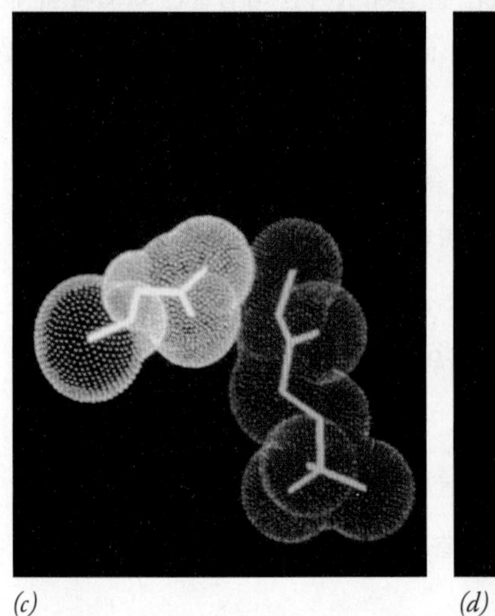

(c)

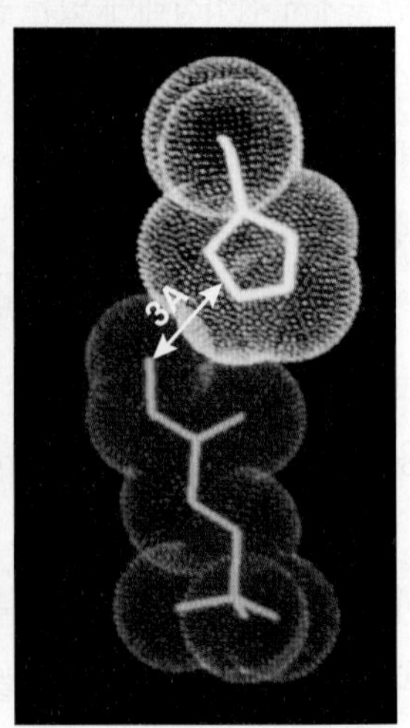

(d)

그림 3-11 **효소의 활성부위.** (*a*) 리불로오스-이인산-카르복실라아제(ribulose bisphosphate carboxylase)에 있는 활성부위의 개요도로서, 결합된 기질들(RuBP와 CO_2)과 효소의 아미노산 곁사슬들 사이에 상호작용하는 다양한 부위를 보여주고 있다. 활성부위의 기질-결합 특성을 결정하는 것 이외에도, 이러한 비공유결합은 생성물로의 전환을 촉진하는 방식으로 기질의 특성을 변화시킨다. (*b*) 바이러스의 티미딘 인산화효소의 활성부위와 기질인 데옥시티미딘의 전자밀도 지도를 중앙에 보여주고 있다(화살표). 초록색 그물은 기질과 효소의 곁사슬로 구성되는 원자들의 전자궤도 외곽 구역을 나타낸 것으로, 활성부위의 원자들이 점유하고 있는 공간을 시각적으로 표현하고 있다. (*c,d*) 촉매반응이 일어나는 동안, 효소와 기질의 부분들 사이에 일어나는 정밀한 적합성을 보여주는 예. 이러한 두 가지 예는 트리오스-삼인산 이성질화효소의 (*c*)글루탐산(노란색) 및 (*d*)히스티딘(초록색)과 기질(빨간색) 사이의 꽉 찬 공간적 관련성을 보여준다.

전하를 띤 원자들과 결합하기 위해 전략적으로 위치된 몇 개의 양전하를 띤 잔기들을 갖고 있다. 기질과 결합하는 것 이외에도, 활성부위는 기질에 영향을 미치며 그리고 반응의 활성화 에너지를 더 낮추는 특정한 아미노산 곁사슬 배열을 갖고 있다. 활성부위에 있는 각 곁사슬의 중요성은 하나의 특정 아미노산을 다른 특성을 지닌 또 다른 아미노산으로 치환하는 기술인 부위-지향적 돌연변이유발에 의해서 평가될 수 있다.

활성부위는 일반적으로 수용성인 주위 환경(aqueous surroundings)으로부터 단백질의 깊은 곳에 이르는 갈라진 틈 안에 있다. 기질이 활성부위에 있는 틈으로 들어올 때, 일반적으로 그 틈에 결합된 물 분자들이 제거되어(탈용매, desolvation) 효소 속의 소수성 환경으로 들어간다. 세포의 수용성 용매와 비교했을 때, 활성부위의 곁사슬 반응성은 이러한 보호된 환경에서 훨씬 더 커질 수 있다. 활성부위를 구성하는 아미노산들은 보통 넓게 펼쳐진 폴리펩티드 사슬의 길이를 따라 멀리 떨어진 지점에 위치되어 있지만, 활성부위를 구성하는 아미노산들은 폴리펩티드가 최종적인 4차구조로 접혀짐에 따라 서로 아주 가까워진다(그림 3-11*b*,*c*). 활성부위의 구조는 효소의 촉매 활성뿐만 아니라, 효소의 특이성(specificity)도 설명해 준다. 위에서 언급한 것처럼, 대부분 효소는 단지 하나 또는 소수의 밀접하게 관련된 생물학적 분자들과 결합할 수 있다.

3-2-4 효소 촉매작용의 기작

효소가 없는 상태에서는 감지할 수 없는 속도로 느리게 일어날 수 있는 그와 동일한 반응을 어떻게 효소는 1초에 수백 번 반응을 일으킬 수 있는가? 그 답은 효소-기질 복합체의 정보에 있으며, 이 복합체는 용액으로부터 기질을 선택하게 하여 커다란 촉매 분자의 표면에 붙잡아두게 한다. 일단 그렇게 되면, 기질의 물리적 및 화학적 특성이 몇 가지 방법으로 영향을 미치며, 많은 방법들이 다음 절에서 설명된다.

3-2-4-1 기질의 방향성

한 움큼의 너트와 볼트를 가방에 넣고 그 가방을 5분간 흔들어댄다고 생각해 보자. 흔들기를 마친 후에 볼트들 중에서 어느 것의 끝에 단단히 부착된 너트가 있을 가능성은 거의 없다. 반면에, 만일 여러분이 한 손으로 볼트를 잡고 다른 손으로 너트를 잡는다면, 빠르게 볼트를 너트 속으로 끼워 맞출 수 있을 것이다. 적당한 방향에서 볼트와 너트를 잡고 있음으로써, 여러분은 계의 엔트로피를 대단히 감소시킨다. 효소는 비슷한 방법으로 그 기질의 엔트로피를 낮춘다.

효소에 결합된 기질들은 반응을 하기 위해서 정밀하게 정확한 방향으로 서로 매우 가까이 다가가게 된다 (그림 3-12*a*). 반면에, 반응물들이 용액 속에 있을 때 이들은 위치를 바꾸는 전이(轉移)운동과 회전운동을 자유롭게 하며, 그리고 충분한 에너지를 갖고 있는 반응물들일지라도 전이-상태 복합체의 형성을 초래하는 충돌을 필히 일으키지 않는다.

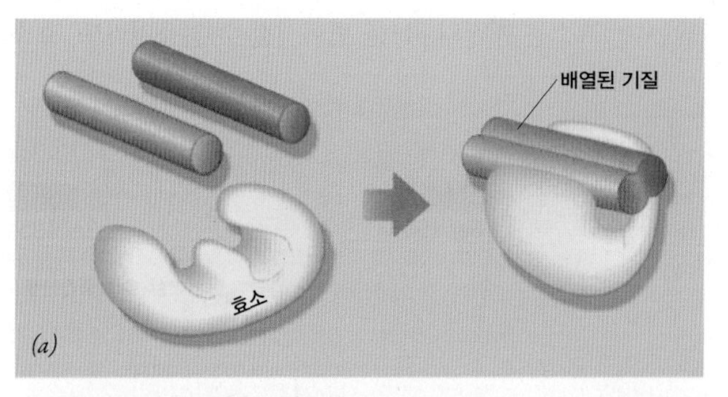

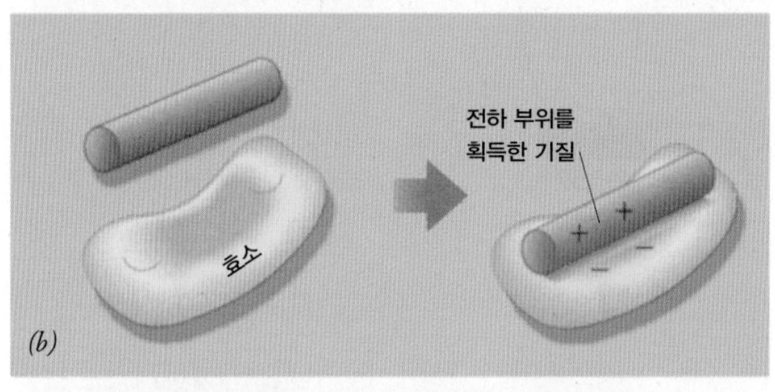

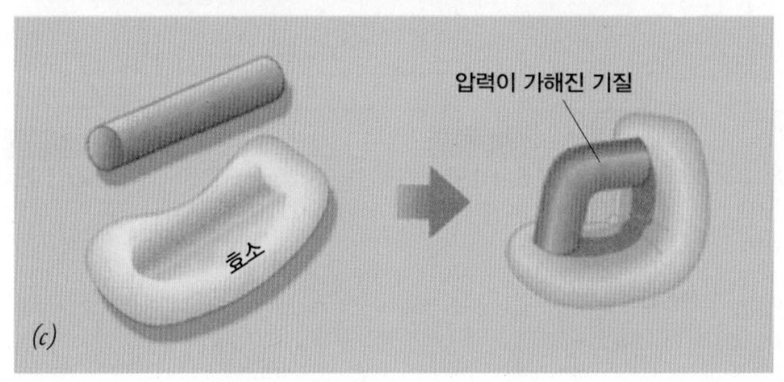

그림 3-12 **효소가 반응을 촉진하는 기작들.** (*a*) 정확한 기질의 방향성 유지, (*b*) 정전기적 구조 변화에 따른 기질의 반응성 변화, (*c*) 기질에서의 결합을 절단되도록 그 결합에 물리적 압력을 발휘함.

3-2-4-2 기질 반응성의 변화

효소는 전하를 띄고 있거나 매우 비극성인 상태 등 다양한 형태의 곁사슬이 있는 아미노산으로 구성되어 있다. 기질이 효소의 표면에 결합될 때, 기질분자 속의 전자 분포는 인접한 효소의 곁사슬에 의해 영향을 받는다(그림 3-12*b*). 이러한 영향은 기질의 반응성을 증가시키고 반응하는 동안 형성된 전이-상태 복합체를 안정화시킨다. 이와 같은 효과는 열과 같은 외부 에너지의 유입이 없어도 이루어진다.

기질의 활성도는 효소와 결합됨으로써 증가되는 여러 가지 일반 기작들이 있다. 기본적으로, 이러한 기작들은 시험관에서 유기 반응의 기작을 연구하는 유기화학자들에 의하여 특징지어진 것들과 유사하다. 예를 들면, 반응속도는 pH의 변화에 따라 많은 영향을 받는다. 효소는 매질의 pH를 변화시킬 수 없을지라도, 효소는 산성 또는 염기성 곁사슬을 가진 아미노산을 많이 갖고 있다. 이러한 작용기는 기질에 양성자를 주거나 기질로부터 받을 수 있어서, 기질의 정전기적 특징을 변화시켜 더 잘 반응하게 만든다.

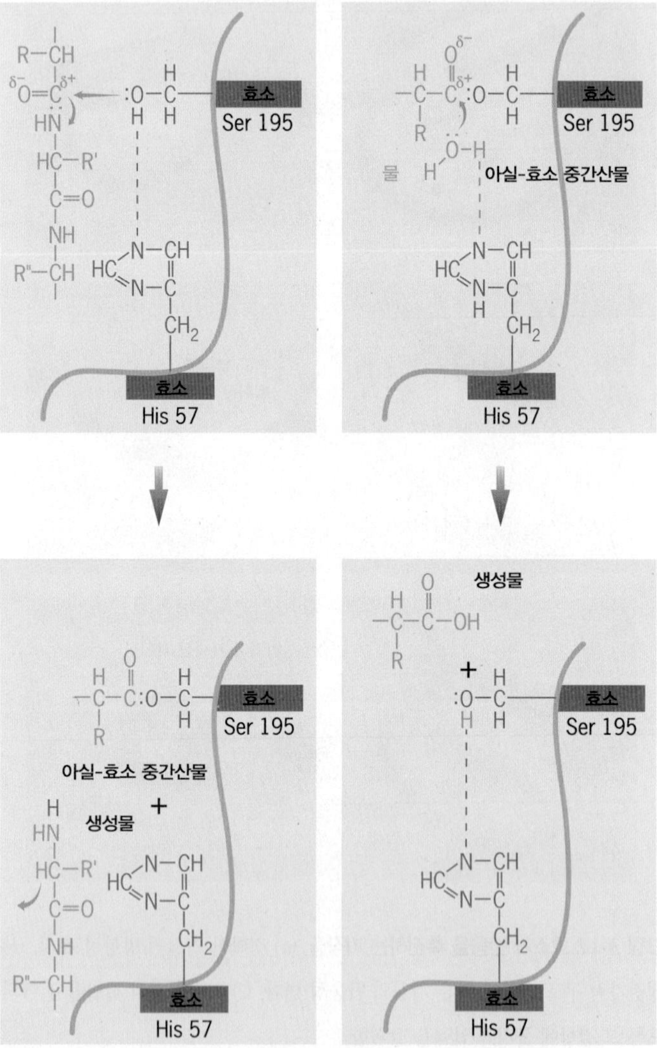

많은 효소의 활성부위는 부분적 양전하 또는 음전하를 가진 곁사슬을 갖고 있다. 이러한 작용기는 그의 정전기적 특성(그림 3-12*b*) 및 반응성을 변화시키기 위해 기질과 상호작용할 수 있다. 또한 작용기는 일시적으로 공유결합에 의한 효소-기질 연결 상태를 만들기 위해 기질과 반응할 수도 있다. 소장(小腸)에서 음식 단백질을 분해하는 효소인 키모트립신(chymotrypsin)이 이러한 방법으로 작용한다. 키모트립신이 기질 단백질의 펩티드 결합을 가수분해 할 때 일어나는 일련의 반응이 〈그림 3-13〉에 있다. 〈그림 3-13〉에서의 반응은 두 단계로 나누어진다. 첫 단계에서, 효소의 세린에 있는 곁사슬의 큰 전기음성도(electronegative)를 가진 산소원자가 기질의 탄소원자를 "공격한다" 그 결과 기질의 펩티드결합은 가수분해 되고, 세린과 기질 사이에 공유결합이 형성되어, 기질의 나머지 부분은 제거되어 생성물의 하나로 남게 된다. 그림 설명

그림 3-13 키모트립신의 촉매 기작을 나타내는 개요도. 반응은 두 단계로 나누어진다. (*a*) 효소에서 부분적 음전하를 갖는 세린 잔기의 전기음성도가 큰 산소원자가 기질의 부분적 양전하를 갖는 카르보닐 탄소원자에 친핵적 공격을 가하여 펩티드결합을 절단한다. 기질 폴리펩티드는 파란색으로 나타나 있다. 세린은 히스티딘(His 57)과 근접하게 위치함으로써 더 잘 반응하게 되며, 히스티딘은 세린으로부터 양성자를 끌어와서 절단된 펩티드결합의 질소원자에 양성자를 제공한다. 히스티딘이 이러한 작용을 할 수 있는 것은 곁사슬이 생리적 pH에서 양성자를 주거나 받을 수 있는 약한 염기이기 때문이다.(리신과 같은 더 강한 염기는 이런 pH에서 완전히 양성자화된 상태로 남아 있을 것이다. 기질의 일부는 세린 곁사슬에 의해 효소와 일시적인 공유결합을 형성하는 반면에, 기질의 나머지 부분은 방출된다.(세린과 히스티딘 잔기들은 1차구조 서열에서 138개 아미노산 거리로 서로 떨어져 있지만, 폴리펩티드가 접힘으로써 효소 속에서는 같은 위치에 함께 놓이게 된다. 여기에 나타내지는 않았지만, 102번째 아스파르트산 잔기도 히스티딘의 이온 상태에 영향을 주어 촉매 작용에서 역할을 담당한다.) (*b*) 두 번째 단계에서, 물 분자의 전기음성도가 큰 산소원자가 효소로부터 공유적으로 결합된 기질을 제거하여, 결합되지 않은 상태의 효소 분자가 다시 형성된다. 첫 번째 단계로써, 히스티딘은 양성자를 전달하는 역할을 한다. 즉, 이 단계에서, 양성자가 물로부터 제거되어서 물을 훨씬 더 친핵성인 상태로 만든다. 이어서 양성자는 효소의 세린 잔기에 제공된다.

에서처럼, 이 반응을 수행하기 위해서 세린의 능력은 근처의 히스티딘 잔기에 의해서 결정된다. 이 때 히스티딘 잔기는 세린에 있는 수산기의 양성자를 끌어당겨서 그 수산기에 있는 산소원자의 친핵적(親核的, nucleophilic) 힘을 증가시킨다. 또한 효소는 자신이 촉매하는 반응에서 물 분자를 적절히 잘 이용한다. 〈그림 3-13*b*〉에 나타낸 두 번째 단계에서, 효소와 기질 사이의 공유결합은 물 분자에 의해 절단되어, 효소는 원래의 결합되지 않은 상태로 돌아가고 기질의 나머지 부분은 두 번째 생성물로서 방출된다.

아미노산 곁사슬이 다양한 반응에 관여할 수 있더라도, 전자를 제공하거나 받기에는 적당하지 않다. 다음 절에서 설명하겠지만

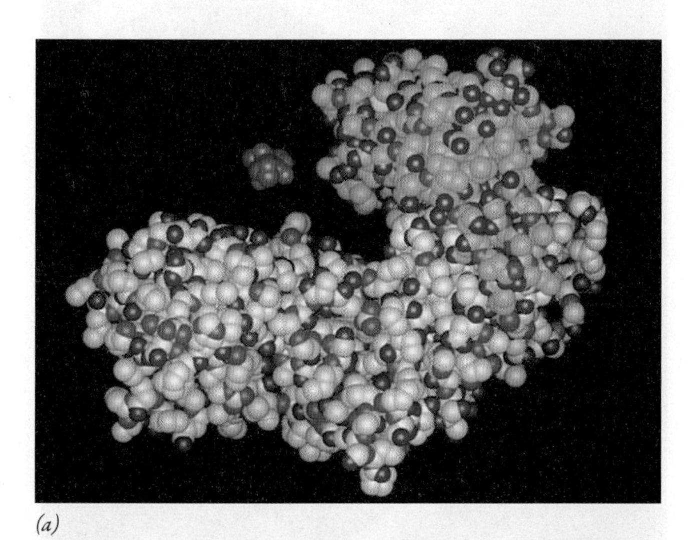

(*a*)

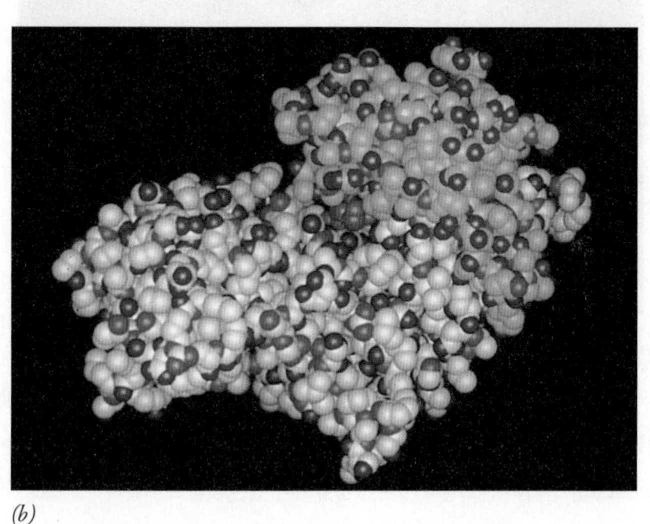

(*b*)

그림 3-14 유도적합의 예. 포도당 분자가 효소 헥소키나아제와 결합할 때, 이 단백질은 활성부위 주머니 속에서 기질을 둘러싸는 입체구조 변화가 일어나며 그리고 효소와 기질의 반응기들을 정렬시킨다.

(제9장과 제10장에서 더 자세하게), 전자의 전달은 세포의 물질대사에서 중요한 역할을 하는 산화-환원 반응의 중심이 되는 일이다. 이 반응을 촉매하기 위해서, 효소는 전자를 주거나 제거하여 기질의 반응성을 증가시키는 보조인자(금속 이온 또는 조효소)들을 갖고 있다.

3-2-4-3 기질의 변형유도

효소의 활성부위가 그의 기질에 대해 상보적일 수 있다하더라도, 다양한 연구들은 일단 기질이 결합된 효소에서 일부 원자들의 상대적인 위치가 변화(이동)됨을 밝히고 있다. 많은 경우에서, 입체구조가 변화함으로써 그 효소와 반응물(기질) 사이에 상보적인 적합성이 향상되며[**유도적합**(誘導適合, induced fit)], 그리고 효소의 적합한 반응성 기들이 제자리로 이동한다. 유도적합의 예가 〈그림 3-14〉에 나타나 있다. 효소 분자 속에서 이러한 유형의 이동은 단백질이 분자 기계로서 작용하는 좋은 예이다. 이러한 입체구조의 변화가 일어날 때 기계적인 일이 수행되어, 효소가 기질 분자 속에 있는 일부의 결합에 물리적인 힘을 가할 수 있게 한다. 이것은 기질의 불안정화에 영향을 미치게 되어, 변형이 완화되는 전이상태를 취하게 되는 원인이다(그림 3-12*c*).

입체구조의 변화와 촉매 중간산물의 연구 효소가 특정 반응을 촉매하는 기작을 완전하게 이해하기 위해서, 반응이 진행될 때 효소와 기질 두 가지의 원자 및 전자 구조의 다양한 변화에 대한 설명이 필요하다. 마지막 장에서 엑스-선 결정학(X-ray crystallography)이 어떻게 큰 효소 분자의 구조를 상세하게 나타낼 수 있는가를 설명할 것이다. 일반적으로 단백질 결정에서 부피의 40~60%는 추출용매로 구성되어 있기 때문에, 대부분의 결정화된 단백질은 높은 수준의 효소 활성도를 유지하고 있다. 그러므로 반응 기작을 연구하기 위해서 엑스-선 회절 기술을 이용하는 것이 가능하다. 한 가지 주된 제한점은 시간이다. 표준 결정학 연구에서, 필요한 자료가 수집되는 동안 효소 결정은 수 시간 또는 수 일 동안 엑스-선 광선에 노출되어 있어야 한다. 이러한 연구로부터 나타난 사진은 시간 경과에 따라 평균에 도달한 분자 구조를 정확히 포착한다. 그러나 최근 기술혁신에 의한 엑스-선 결정학 기술의 이용으로, 효소가 하나의 반응 회로를 촉매하는 동안 활성부위에서 일어나는 순간적인

구조 변화의 관찰을 가능하게 해 준다. 이러한 접근 방법을 시간-분석 결정학(*time-resolved crystallography*)이라고 하며, 다음과 같은 것들이 포함될 수 있다.

■ 핵물리학자들이 원자 이하의 입자(소립자)를 연구하기 위해 사용하는 기구인 싱크로트론(synchrotron)에 의해 생긴 초고강도(ultra-high-intensity) 엑스-선 광선을 사용하는 것이다. 이것은 엑스-선 노출 시간을 피코초(picosecond) 단위로 짧게 할 수 있는데, 이것은 하나의 화학적 변환을 촉매하기 위해 효소에 필요한 것과 동일한 시간의 척도이다.

■ 효소 결정의 온도를 절대 0도에서 20~40도로 냉각시키는 것인데, 이런 냉각은 그 반응을 100억 배 정도의 높은 비율로 느리게 하여, 일시적인 중간산물들의 수명을 매우 증가시킬 수 있다.

■ 전체 결정(結晶)의 전반에 걸쳐 반응을 동시에 일으키기 위한 기술을 이용하는 것이다. 이렇게 하면, 결정 속에 있는 모든 효소 분자들이 동일한 시각에 그 반응의 동일한 단계에 있게 된다. 예를 들면, ATP가 기질인 반응의 경우에, 효소 결정들이 ATP 분자들로 스며들 수 있다. 이 때의 ATP 분자들은 감광성(photosensitive) 결합에 의해 불활성 반응기(예: 니트로페닐기)에 연결시켜서 반응을 잘 하지 않게 만들어진 것이다. 결정이 빛의 짧은 파동에 노출될 때, "갇혀 있는(caged)" 모든 ATP 분자들은 방출되어서, 그 결정의 구석구석에 있는 활성부위에서 동시에 반응을 시작한다.

■ 반응의 특정 단계에서 운동 장벽을 이용한 부위-지향적 돌연변이로부터 합성된 효소를 이용하는 것이며, 이것은 특정한 중간산물의 수명을 증가시킨다.

■ 초-고(원자 수준의) 분해능(예: 0.8Å)에서 구조를 결정하는 것이다. 이것은 단백질의 수소 결합에 존재하거나 또는 산성기와 결합될 수 있는 개개의 수소를 볼 수 있게 해 준다. 즉, 결합된 물 분자의 존재 여부, 촉매 곁사슬의 정확한 입체구조, 촉매하는 동안 기질의 일부에서 나타나는 미묘한 변화 등을 알 수 있다. 〈그림 3-15〉에서와 같이 수소결합에 의해 나타난 고-분해능 사진으로부터 매우 세부적인 구조도 추론할 수 있다.

그림 3-15 단일 수소결합(초록색 점선)의 전자밀도 지도. 이 지도는 원자 수준 분해능(0.78Å)에서 서브틸리신(subtilisin) 단백질분해 효소의 극히 일부를 보여준다. 수소원자(노란색)가 히스티딘 잔기의 고리에 있는 질소원자 그리고 아스파르트산 잔기의 산소원자 사이에 공유되어 있는 것을 보여준다.

이러한 기술들을 합치면, 연구자들은 단일 촉매 반응 동안에 연속적인 단계에서 효소의 3차원 구조를 결정할 수 있다. 이들 개개의 "순간 촬영된 사진들"을 순서대로 함께 모으면, 이 사진들에 의해서 반응이 진행됨에 따라 나타나고 사라지는 다양한 촉매 중간산물을 보여주는 "영상물"이 만들어진다. 여러 가지 이러한 접근 방법

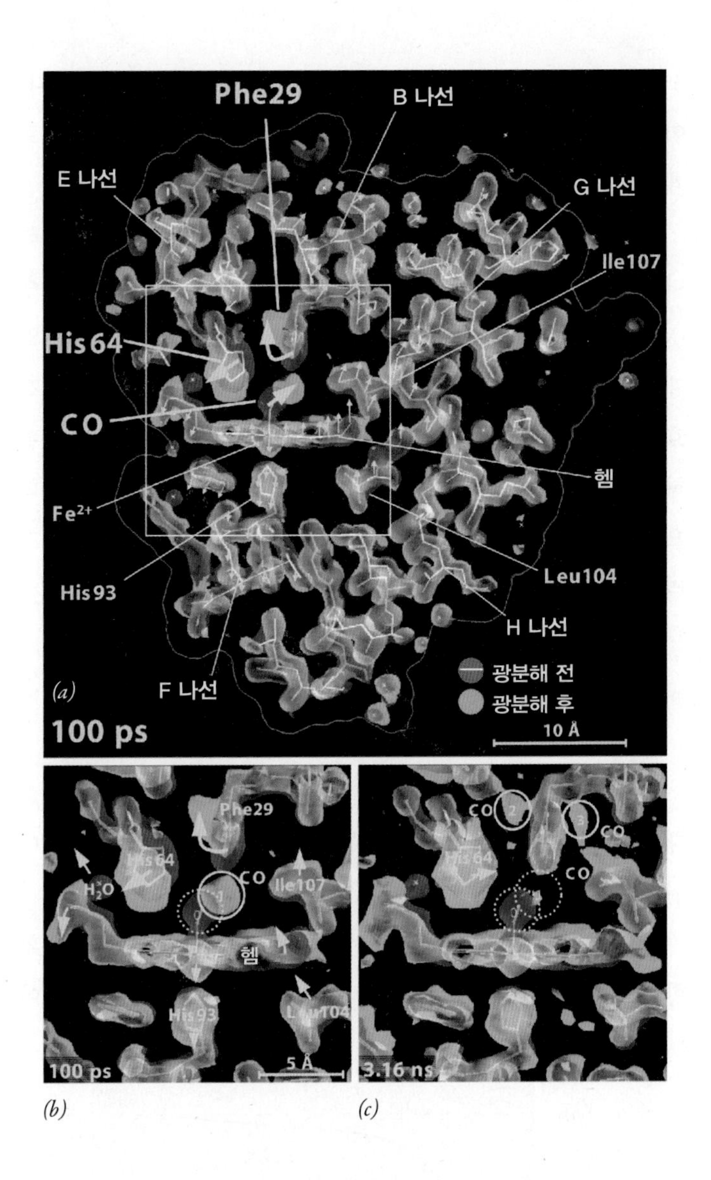

그림 3-16 **미오글로빈: 영상.** 시간-분석 엑스-선 결정학에 관한 이런 예에서, 미오글로빈(myoglobin, Mb)의 구조는 헴기에 결합된 CO 분자 및 CO 분자가 방출된 후 다양한 시간에 따라 결정되었다.(CO는 Mb에 원래 O_2가 결합하는 자리와 동일한 자리에 결합하지만, 이런 연구에는 CO가 더 적합하다.) 레이저 빛의 섬광에 노출시켜서(광분해, photolysis) 이 결정의 전반(구석구석)에 걸쳐서 CO가 동시에 방출되도록 하였다. 각각의 구조들은 싱크로트론으로부터 하나의 강력한 엑스-선 노출이 있은 후 결정되었다. 여기에 연구되고 있는 미오글로빈 분자는 단일 아미노산을 치환한 것인데, 이것은 분석하기에 더 좋은 상태로 만들어진 것이다. (*a*) Mb 분자를 6.5Å 두께로 자른 절편이 그 결합자리로부터 CO를 방출한 후 100피코초(1피코초는 1초의 10억분의 1)까지 일어나는 변화를 보여준다. 레이저 섬광에 노출되기 이전의 Mb 구조는 심홍색으로 보이며, 레이저 섬광에 노출 후 100피코초에서 단백질의 구조는 초록색으로 보인다. 이러한 시간 경과에서 구조가 변화하지 않는 분자의 부분들은 흰색으로 나타난다. CO-결합자리 근처의 세 곳에서 큰 폭으로 이동한 것을 볼 수 있다(노란색 화살로 표시되었음). (*b*) 그림 *a*의 네모 상자 부분을 확대한 사진. 방출된 CO(짙은 동그라미)는 최초의 결합자리(점선 동그라미)로부터 약 2Å 떨어져 위치한다. CO의 이동은 Phe29의 회전에 의해 조절되는데, Phe29는 His64를 바깥으로 밀어내고, 이어서 결합된 물 분자로부터 떨어진다. (*c*) 레이저 섬광에 노출된 후 3.16나노초(nanosecond) 동안까지, CO 분자는 두 위치(2 및 3으로 표시되었음) 중 어느 한쪽으로 이동하고, Phe29 및 His64는 이들의 초기 상태로 완화되며, 그리고 헴기는 헴 지역에서 증가된 초록색 음영으로 표시된 것처럼 상당한 이동을 하였다.

을 이용하여 수집될 수 있는 자료들의 예가 〈그림 3-16〉에 있다.

효소가 기질을 생성물로 전환시킬 때 일어나는 입체구조의 변화에 중점을 둔 연구가 각광을 받아 온 반면에, 최근에는 단백질 자체 내에서 일어나는 입체구조의 변화에 대해서도 많은 관심을 받고 있다. 〈그림 2-37〉에서처럼, 단백질은 중요한 기능과 관련될 수 있는 고유한 운동을 할 수 있는 동적인 분자이다. 〈그림 2-37〉에서, 이러한 운동이 기질을 효소의 활성부위로 들어가게 한다. 다양한 실험 방법으로 이런 유형의 고유한 운동을 분석한 결과, 단백질이—기질이 존재하지 않더라도—자신의 촉매 주기 동안에 탐지될 수 있는 것과 동일한 많은 운동을 할 수 있음을 암시하였다. 이것이 사실이라면, 이것은 진화에 의해서 고유한 운동 능력이 있는 단백질 구조가 선택되었음을 의미한다. 이러한 고유한 운동 능력은 단백질이 역할을 할 수도 있는 잠재적인 기능을 위해 쓰일 수 있다. 기질이 특정 입체구조의 변화를 유도하기보다, 기질(들)은 효과적으로 결합할 수 있는 입체구조를 취하도록 단백질을 단순히 "기다리고" 있을 수 있다.

3-2-5 효소 반응속도론

효소는 반응을 촉매하는 능력에 있어서 매우 다양하다. 효소의 촉매 활성은 다양한 실험 조건하에서 반응을 촉매하는 속도, 즉 **반응속도론**(kinetics)을 연구함으로써 밝혀진다. 1913년에 레오너 미카엘리스(Leonor Michaelis)와 모드 멘텐(Maud Menten)은 주어진 일정시간 동안에 형성된 생성물(또는 소비된 기질)의 양을 측정하여, 기질 농도 그리고 효소 반응속도 사이의 수학적 관련성를 보고하였다. 〈그림 3-17〉에서처럼, 이러한 관련성은 쌍곡선을 만들어 내는 등식으로 표현될 수 있다. 효소 반응속도론의 이론적인 관점에서 생각하기보다는, 이미 연구된 각 효소를 대상으로 시행했던 것처럼, 실질적인 방법으로 연구함으로써 동일한 곡선을 구할 수 있다. 반응속도를 측정하기 위해서, 원하는 온도에서 첨가했을 때 반응을 시작하는 물질 한 가지를 제외하고 필요한 모든 내용물들이 들어 있는 항온처리 혼합물을 준비한다. 만일 반응이 시작하는 시간에 그 혼합물에 생성물이 존재하지 않는다면, 그 때부터 시간의 경과에 따라 나타나는 생성물의 양이 그 반응 속도의 기준(척도)이 된다. 이 과정에서 여러 가지 복잡한 요인들이 있다. 항온처리 시간이 너무 길면 기질농도는 측정할 수 있을 정도로 감소하게 된다. 그 밖에 생성물이 형성될 때, 이 생성물은 역반응에 의해 기질로 다시 전환될 수 있는데, 이 반응도 효소에 의해 촉매된다. 이론적으로, 우리가 알기를 원하는 것은 초기속도(*initial velocity*), 즉 생성물이 아직 형성되지 않는 그 순간에서의 속도이다. 초기 반응속도를 정확하게 측정하기 위해서, 짧은 항온처리 시간과 민감한 측정 기술이 필요하다.

〈그림 3-17〉에 나타나 있는 것과 같은 곡선을 구하기 위해서, 초기 반응속도는 동일한 양의 효소에 기질의 농도를 점차 증가시키는 일련의 항온처리 혼합물들을 대상으로 하여 결정된다. 이 곡선에서 초기 반응속도는 기질의 농도에 따라 매우 다양한 것이 분명하다. 기질의 농도가 낮으면, 효소 분자는 주어진 시간 동안에 상대적으로 기질과 충돌할 기회가 적다. 결국, 효소는 "한가한 시간(idle time)"을 갖는다. 즉, 기질 분자들은 속도 제한적이다. 기질의 농도가 높으면, 효소는 기질이 생성물로 전환될 수 있는 것보다 더 빠르게 기질과 충돌한다. 그러므로 기질의 농도가 높을 때, 각 효소 분자는 최대 능력으로 일을 한다. 즉, 효소 분자들이 속도 제한적이다. 그러므로 반응혼합물에 존재하는 기질의 농도가 높으면 높아질수록, 효소는 포화(*saturation*) 상태에 도달한다. 이러한 이론적 포화점에서의 초기 속도를 **최대속도**(maximal velocity, V_{max})라고 한다.

효소의 촉매 활성도를 측정하는 가장 간단한 방법은 V_{max}로부터 계산될 수 있는 **전환수**(轉換數, turnover number)에 의한 것이다. 전환수[또는 촉매상수(*catalytic constant*), K_{cat}라고도 한다]는 단위 시간 당 하나의 효소에 의해 생성물로 전환될 수 있는 기질 분자의 최대 수이다. 비록 100만 정도의 큰 값으로 알려져 있지만(표 3-3 참조), 일반적인 효소의 전환수(1초 당)는 1에서 1,000이다. 이러한 값으로부터 소수의 효소 분자들이 많은 기질 분자들을 빠르게 생성물로 전환시킬 수 있다는 것은 확실하다.

V_{max}의 값은 〈그림 3-17〉에서처럼 도표에서 얻어진 단 하나의 유용한 항(項)이다. 즉, 또 다른 항(項)은 **미카엘리스 상수**(Michaelis constant, K_M)인데, 이것은 반응속도가 V_{max}의 1/2일 때 기질의 농도와 같다. 그 명칭이 의미하는 것처럼, K_M은 주어진 효소의 상수이며, 그래서 기질의 농도 또는 효소의 농도와는 무관하다. V_{max}와 K_M 사이의 관련성은 미카엘리스-멘텐 등식을 생각함으로써 가장 잘 이해되는데, 이 등식은 〈그림 3-17〉의 도표를 그리는 데 이용될 수 있다.

$$V = V_{max} \frac{[S]}{[S] + K_M}$$

이 등식에 의하면, 기질 농도 [S]를 K_M과 같은 값으로 놓았을 때, 반응의 속도(V)는 $V_{max}/2$와 동일하게 되거나 최대속도의 반이 된다. 그래서 $V = V_{max}/2$일 때, K_M = [S]이다.

〈그림 3-17〉과 같은 쌍곡선을 구하거나 V_{max}와 K_M의 정확한 값을 구하기 위해서는, 많은 수의 점들을 좌표로 나타내어야

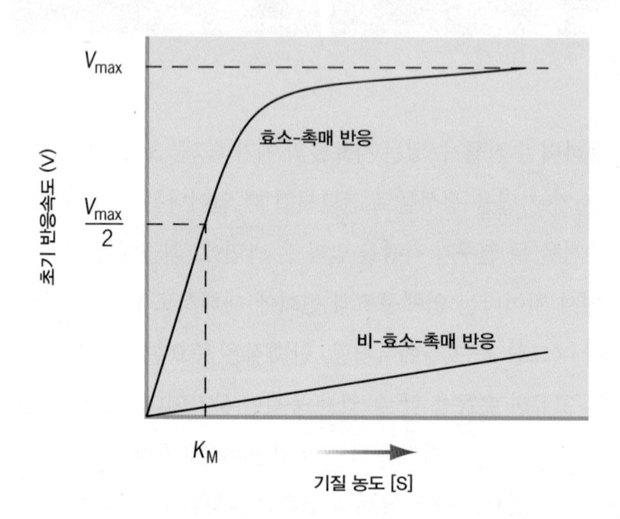

그림 3-17 효소-촉매 반응의 속도와 기질 농도 사이의 관련성. 각 효소 분자는 주어진 시간 동안에 오직 일정한 수의 반응 만을 촉매할 수 있기 때문에, 반응의 속도(일반적으로 1초 당 형성된 생성물의 몰(mole) 수로 나타냄)는 기질 농도가 증가할 때 최대속도에 도달한다. 반응이 최대속도의 반($V_{max}/2$)이 될 때의 기질의 농도를 미카엘리스 상수(K_M)라고 한다.

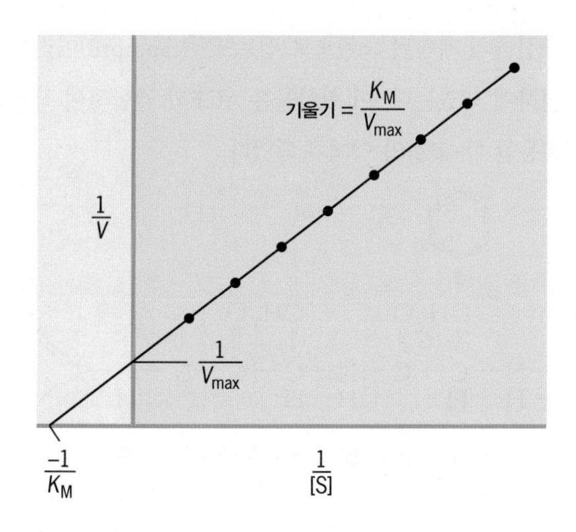

그림 3-18 라인위버-버크 도표는 속도와 기질 농도의 역수로 나타내며, 이로부터 V_{max}와 K_M의 값이 쉽게 계산된다.

한다. 좀 더 쉽고 더 정확한 도형 그리기는 한스 라인위버(Hans Lineweaver)와 딘 버크(Dean Burk)가 공식화한 것으로서, 속도와 기질 농도 서로에 대한 역수(逆數, reciprocal)를 좌표로 나타내어 얻어진다. 이 방법을 적용하면 쌍곡선이 직선으로 되는데(그림 3-18), 이 직선에서 x 절편은 $-1/K_M$이고, y 절편은 $1/V_{max}$이며, 그리고 기울기는 K_M/V_{max}이다. 그러므로 K_M와 V_{max}의 값은 비교적 적은 점들로 그려진 직선을 외삽법(外挿法)으로 예측함으로써 쉽게 결정된다.

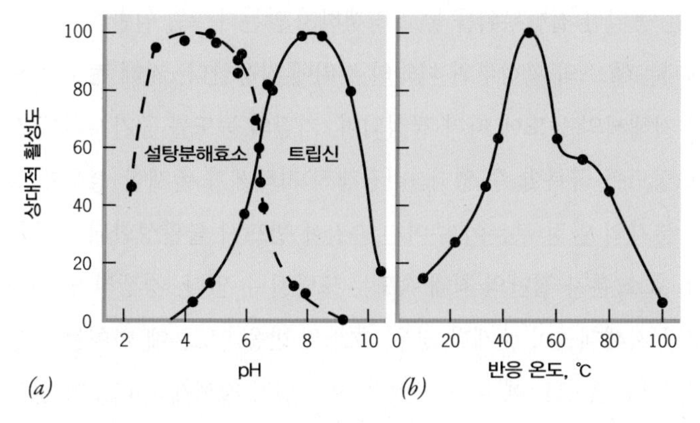

그림 3-19 효소-촉매 반응의 속도에 대한 (*a*) pH 및 (*b*) 온도의 영향. 곡선의 모양과 적정 pH 및 적정 온도는 특정 반응에 따라 다양하다. (*a*) pH의 변화는 효소의 입체구조는 물론 기질과 효소의 이온 특성에도 영향을 미친다. (*b*) 더 낮은 온도에서, 반응속도는 반응물의 에너지를 증가시키는 온도 상승에 따라 올라간다. 더 높은 온도에서는, 이러한 상승효과는 효소의 변성으로 상쇄된다.

대부분의 경우에, K_M값은 기질에 대한 효소의 친화력을 나타내는 척도이다. K_M값이 높을수록, $1/2V_{max}$에 도달하기 위해 필요한 기질의 농도는 더욱 더 커지며, 그래서 기질에 대한 효소의 친화력은 더욱 더 낮아진다. 대부분 효소의 K_M값 범위는 10^{-1}~10^{-7}이며, 일반적으로 10^{-4}M 정도이다. 효소의 반응속도론에 많은 영향을 미치는 다른 요인은 항온처리 매질의 pH와 온도이다. 각 효소는 최대 활성도로 작동하는 최적 pH 및 최적 온도를 갖고 있다(그림 3-19). 효소 활성도에 미치는 온도의 영향은 미생물의 성장을 느리게 하는 냉장의 놀라운 효과를 예로 들어 설명할 수 있다.

효소 저해제 **효소 저해제**(enzyme inhibitor)는 효소에 결합하여 그 활성을 감소시킬 수 있는 분자다. 세포는 저해제에 의해 많은 효소들의 활성을 조절한다. 생화학자들은 저해제를 이용하여 효소의 특성을 연구한다. 많은 생화학 회사들은 약품, 항생물질, 살충제 등으로 작용하는 효소 저해제를 생산한다. 효소 저해제는 두 가지 유형, 즉 가역적 및 비가역적 저해제로 나눌 수 있다. 또한 가역적 저해제는 경쟁적 또는 비경쟁적인 것으로 다시 나눌 수 있다.

비가역적 저해제(irreversible inhibitor)는 효소의 아미노산 잔기에 공유결합을 형성하여 효소와 매우 강하게 결합하는 물질이다. 디이소프로필인산불화물(diisopropylphosphofluoridate)이나 유기인산화합물(organophosphate) 살충제와 같은 많은 신경가스는 아세틸콜린에스테라아제(acetylcholinesterase)의 비가역적 저해제로 작용한다. 이 효소는 근 수축을 일으키는 일을 담당하는 신경전달물질인 아세틸콜린을 분해하는 데 결정적인 역할을 한다. 이 효소가 저해되면 근육은 지속적으로 자극되어서 영구적인 수축 상태로 있게 된다. 다음의 〈인간의 전망〉에서 설명된 것으로써, 항생물질 페니실린은 세균 세포벽 형성에서 주된 역할을 하는 효소의 비가역적 저해제로 작용한다.

한편, 가역적 저해제는 효소에 느슨하게 결합하여 쉽게 대체된다. **경쟁적 저해제**(competitive inhibitor)는 효소의 활성부위에 접근하는 기질과 경쟁하는 가역적 저해제이다. 기질은 결합하는 활성부위와 상보적인 구조를 가지므로, 경쟁적 저해제는 같은 결합부위를 놓고 경쟁하는 기질과 매우 유사해야 하지만, 생성물로 전환되는 것을 방해하는 방법은 다르다(그림 3-20). 효소의 결합 자리에 대한 기질과 경쟁하는 분자들의 유형을 분석하면, 활성부위의 구조를 그리고 기질과 효소 사이에 상호작용하는 성질을 파악할 수 있다.

많은 일반 약제들는 효소의 경쟁적 저해의 원리로 작용하며, 다음 예에서처럼 설명된다. 앤지오텐신-전환효소(Angiotensin converting enzyme, ACE)는 10 개의 잔기로 된 펩티드(앤지오텐신 I)에서 8개의 잔기로 된 펩티드(앤지오텐신 II)를 형성하는 단백질분해효소이다. 앤지오텐신 II의 수치가 상승하면 고혈압(*hypertension*) 발생의 주된 위험 요소가 된다. 1960년대 일라이 릴리(Eli Lilly)회사의 존 베인(John Vane)과 그의 동료들은 ACE를 저해할 수 있는 화합물에 대한 연구를 시작하였다. 이전의 연구에서 브라질 웅덩이 살모사의 뱀독에 단백질분해효소의 저해제가 포함되었다는 것이 밝혀졌고, 이 뱀독의 구성성분 중 하나인 테프로티드(teprotide)라는 ACE의 강력한 경쟁적 저해제인 펩티드가 발견되었다. 테프로티드는 고혈압 환자에게 혈압을 낮추는 것으로 보였지만, 입으로 섭취하면 펩티드의 구조가 쉽게 분해되기 때문에 매우 유용한 약제는 아니었다. 효소의 비펩티드성 저해제 개발을 위한 연구진들의 계속된 노력으로 켑토프릴(captopril)이라는 화합물을 합성하게 되었는데, 이 화합물은 ACE와 결합하여 작용한 첫 번째로 유용한 항-고혈압 약제가 되었다.

테프로티드(teprotide, 펩티드결합은 빨간색으로 표시되었음)

켑토프릴(captopril)

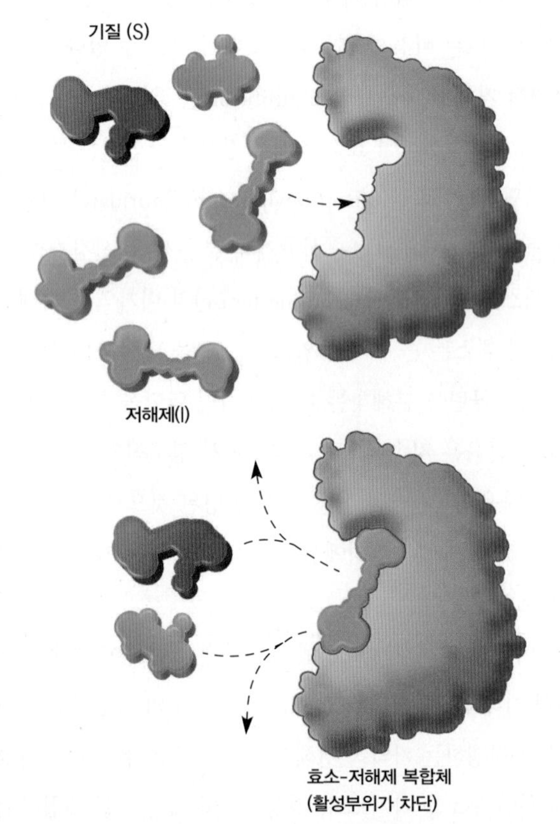

그림 3-20 경쟁적 저해. 이들의 분자적 유사성 때문에, 경쟁적 저해제는 효소의 결합부위에 대하여 기질과 경쟁할 수 있다. 경쟁적 저해제의 영향은 저해제와 기질의 상대적 농도에 따라 다르다.

경쟁적 저해제의 효과는 효소에 대한 상대적인 친화력에 의해 좌우된다. 그렇지만 기질/저해제의 비율이 충분하게 크면 경쟁적 저해는 극복할 수 있다. 바꿔 말하면, 효소와 저해제 사이의 충돌 회수가 효소와 기질 사이에 충돌 회수에 비하여 큰 차이가 없다면, 저해제의 효과는 최소화된다. 충분한 기질 농도가 주어진다면, 경쟁적 저해제가 존재하더라도 이론적으로 효소는 최대속도에 도달할 가능성이 있다.

비경쟁적 저해(noncompetitive inhibition)에서, 기질과 저해제는 동일한 결합부위를 놓고 경쟁하지 않는다. 즉, 일반적으로 저해제는 효소의 활성부위 이외의 부위에 작용한다. 저해 정도는 오직 저해제의 농도에 따라 결정되며, 기질의 농도를 증가시켜도 저해 정도를 극복할 수 없다. 비경쟁적 저해제가 존재할 경우에 효소 분자의 일정 부분이 주어진 순간에 반드시 불활성화되기 때문에, 효소 분자 집단의 최대 속도는 도달될 수 없다. 경쟁적 및 비경쟁적 저해제들이 존재할 경우, 효소의 반응속도론에 미치는 영향이 〈그림 3-21〉에 나타나 있다. 비경쟁적 저해제는 V_{max}가 낮아지고, 경쟁적 저해제는 K_M이 증가된다. 두 경우 모두에서, 기울기(K_M/V_{max})는 저해되지 않은(저해제가 없는) 반응에 비해 증가된다. 다른자리입체성 조절에서 볼 수 있는 것으로써, 세포는 대사 경로에서 주요 효소들의 활성을 조절하기 위해서 특정한 비경쟁적 저해를 이용한다.

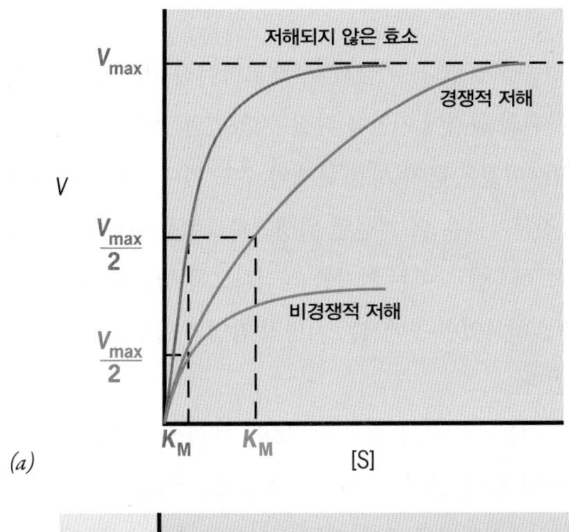

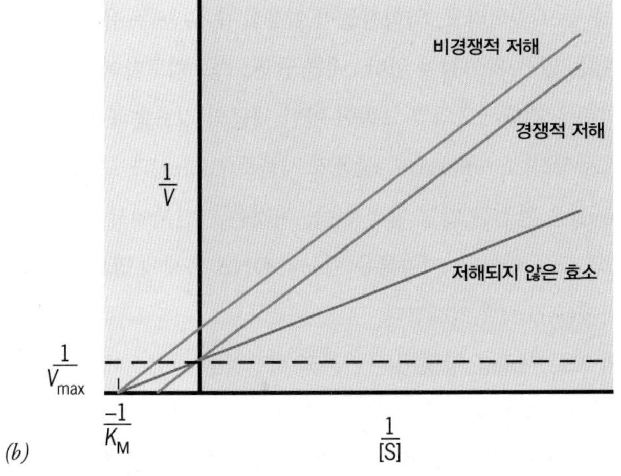

그림 3-21 **효소 반응속도론에 미치는 저해제의 효과.** 경쟁적 및 비경쟁적 저해제의 효과는 반응속도를 기질 농도(*a*)에 대한 반응의 속도로서 또는 그의 역수(*b*)로서 표시했을 때 드러난다. 비경쟁적 저해제는 K_M에 영향을 미치지 않고 V_{max}를 감소시키는 반면에, 경쟁적 저해제는 V_{max}에는 영향을 미치지 않고 K_M를 증가시킨다.

복습문제

1. 큰 ΔG값과 작은 E_A값의 특징을 나타내는 반응을 하는 것이 어떻게 가능한가? 큰 E_A값과 적은 ΔG값의 경우는 어떻게 가능한가?
2. 어떻게 효소가 결합하는 기질을 향하여 매우 특이적일 수 있는지 설명하시오.
3. 효소에 의해서 촉매된 반응의 단계들을 나타내고 있는 〈그림 3-13〉을 살펴보고 그림 설명을 읽지 않고 무엇이 일어났는지를 설명하시오.
4. 전환수와 V_{max}사이의 차이점을 구별하시오.

인 간 의 전 망

항생제에 대한 내성의 문제점

얼마 되지 않는 과거에, 인간의 건강은 더 이상 심각한 세균 감염으로 위협 받지 않을 것이라고 널리 믿고 있었다. 나병, 폐렴, 임질 등 여러 가지 세균성 질환은 많은 항생제 중 어느 한 가지만 투여하여도 치료될 수 있었다. 항생제는 세균이 자라는 숙주인 사람에게는 무해하고 세균을 선택적으로 죽이는 화합물이다. 이러한 인식이 지난 20여 년 전부터 급속도로 변하게 되었다. 병원성 세균이 이런 '신비의 약'에 대한 내성(耐性, resistance)이 증가하게 되어, 한번 성공적으로 치료된 많은 사람들을 죽음으로 내몰고 있다. 선진국에서 거의 사라졌던 결핵(tuberculosis, TB)조차도, 거의 치료할 수 없는 극도의 약제 내성(extremely drug resistance, XDR)이라고 하는 형으로 전 세계에 다시 출현하였다. XDR-TB는 세계적으로 중요한 건강 위기에 처하기 직전에 있는 두려움의 대상이다. 문제가 더 심각한 것은 제약 산업계가 새로운 항생제 개발에 쏟은 재원을 엄청나게 삭감하고 있다. 제약산업의 이러한 행동 변화는 일반적으로 다음과 같은 요인에 기인된다. (1) 재정적 동기 유발의 부족, 즉 항생제는 단지 짧은 기간 동안만 복용한다(당뇨병 또는 우울증과 같은 만성 질환에 처방된 것과는 반대로)는 점, (2) 세균들이 연속적으로 투여되는 각각의 약제에 대해 내성을 갖게 되므로 새로운 항생제는 시장에서 상대적으로 짧은 유효기간을 갖는 위험성이 있고, (3) 가장 효과적인 항생제는 널리 사용되는 것을 자제하여 다른 약제가 실패했을 때 최후 방편의 무기로서 남겨두고 있다. 새로운 항생제는 개발하기 위한 비영리 단체의 육성에 관한 의견이 폭 넓게 논의되고 있다.

여기서 우리는 항생제의 작용 기작—특히 이 장의 주제인 표적 효소의 기작—과 세균의 내성 발달에 관하여 간단히 살펴볼 것이다. 대부분의 항생제는 천연물로부터 유래되거나, 다른 미생물을 죽일 수 있는 미생물에 의해서 생산된다. 세균 세포에서 여러 가지 유형의 표적들은 대부분 취약한 것으로 판명되었다. 여기에는 다음과 같은 것이 포함된다.

1. 세균의 세포벽 합성에 관여된 효소. 페니실린과 그 유도체[메티실린(methicillin)]들은 펩티드전이효소(transpeptidase) 집단의 기질과 구조적 유사체이다. 이 효소들은 세포벽을 견고하게 해주는 최종 교차-결합 반응을 촉매한다. 이러한 반응이 일어나지 않으면 견고한 세포벽이 생성되지 않는다. 페니실린은 펩티드전이효소의 비가역적 저해제이다. 즉, 페니실린은 이 효소의 활성부위에 잘 들어맞아서 공유결합으로 결합된 복합체를 형성하여 제거될 수 없다. 항생제인 벤코마이신[vancomycin, 원래 보르네오(Borneo) 섬에서 채취된 토양 시료에 살고 있는 미생물로부터 유래되었음]은 펩티드전이효소 자체보다는 이 효소의 펩티드 기질에 결합하여 펩티드전이(轉移)(transpeptidation)를 저해한다. 일반적으로 펩티드전이효소 기질의 말단은 D-알라닌—D-알라닌 디펩티드로 끝난다. 밴코마이신에 대한 내성을 얻기 위해서는, 세균 세포는 약제가 결합하지 않는 다른 말단을 합성해야 하는데, 이것이 다수의 새로운 효소 활성을 획득하기 위해 필요한 우회적 과정이다. 그 결과, 밴코마이신에 대한 내성을 갖는 세균이 극히 드물기 때문에 보통 다른 항생제가 실패하였을 때 최후의 방편으로 사용된다. 불행하게도, 포도상구균(*Staphylococcus aureus*)을 포함한 다수의 밴코마이신-내성 병원성 세균들이 최근에 출현하였다. 포도상구균은 보통 피부와 코의 통로에 서식한다. 대개 비교적 무해하더라도, 이 미생물은 노출된 상처나 환자치료용 관(管) 등에 의해 퍼져서 생명을 위협하는 감염의 가장 흔한 원인이 된다. 수년 동안, 메티실린-내성 포도상구균(methicillin-resistant *S. aureus*, MRSA)이 수 만 명의 환자를 죽게 하여 병원 병실에서 대혼란을 일으켰다. 또한 MRSA 감염은 고등학교 체육관이나 어린이 탁아소와 같은 지역사회 거주지에도 나타나기 시작했다. 대개의 경우, 밴코마이신은 이러한 감염을 중단할 수 있는 유일한 약제이다. 결과적으로, MRSA는 병원-기반 감염의 흔한 원인이 되는 다른 세균(*E. faecium*)으로부터 밴코마이신-내성 유전자 무리를 획득하여 밴코마이신에 대한 내성을 갖게 될 수 있다는 것을 발견하여 경종을 울렸다. 지금까지, 밴코마이신-내성 MRSA가 병원이나 지역사회의 환경에 기반을 다질 수 있었던 것에 대해서는 알려진 바가 없지만, 이것은 단지 시간 문제일 수도 있다. 이러한 이유로, 감염성 질환 전문가들은 더 개선된 위생프로그램을 마련하도록 그리고 감염의 최초 징후를 보이는 환자를 격리하도록 병원에 강력히 권고하였다. 이를 실천하였던 곳에서는 치명적 감염의 발생율이 감소되는 것이 증명되었다.

2. 세균의 유전정보를 복제, 전사, 번역하는 체계를 구성하는 요소들. 세균세포와 진핵세포들은 유전 정보를 저장하고 이용하기 위해서 유사한 체계를 갖고 있더라도, 약학자들이 이용할 수 있는 두 유형의 세포들 사이에는 많은 차이점이 있다. 예를 들면, 스트렙토마이신과 테트라사이클린은 진핵세포의 리보솜이 아닌 세균의 리보솜과 결합한다. 시플로프로삭신[ciprofloxacin, 상품명 시플로(Cipro)]과 같은 키놀론(quinolone)은 완전한 합성 항생제(즉, 이것은 천연물에서 유래한 것이 아님)의 드문 예이다. 키놀론은 세균의 DNA 복제에 필요한 DNA 자이라아제(gyrase)를 저해한다.

거의 모든 새로운 항생제는 기존의 화합물을 실험실에서 화학적으로 변형시킨 유도체들이다. 새로운 화합물은 보통 두 가지 방법 중 한 가지로 선별된다. 이 화합물이 배양접시나 또는 실험동물에서 자라고 있는 세균세포를 죽이는 능력을 갖고 있는지를 시험하거나, 또는 세균세포로부터 정제된 특정 표적 단백질에 결합하거나 저해하는 능력을 갖고 있는지를 시험하여 선별된다. 1995년부터 시작한 병원성 세균의 유전체 염기서열 분석이 많은 새로운 약제 표적을 확인하게 될 것으로 희망했었지만, 성공한 사례는 없다. 놀랍게도, 1963년 이후 단 두 종류의 신 항생제가 개발되어 승인을 받았다. 그 중 하나는 2000년에 승인된 항생제인 라인솔리드[linexolid, 상품명 지복스(Zyvox)]는 세균의 리보솜에 특이적으로 작용하여 단백질 합성을 방해한다. 2003년에 승인된 다른 신종 항생제는 고리형 지질펩티드인 댑토마이신[daptomycin, 상품명 큐비신(Cubicin)]으로, 이것은 세균막의 기능을 파괴한다. 많은 연구자들은 지복스와 큐비신이 소량으로 사용되어서 내성이 최소화될 수 있기를 희망하고 있다.

3. 세균의 대사 반응을 특이적으로 촉매하는 효소. 예를 들면, 술파제(sulfa drug)는 파라-아미노벤조산(*p*-aminobenzoic acid, PABA) 화합물과 매우 유사하기 때문에 효과적인 항생제이다. 세균은 PABA를 필수 조효소인 엽산(葉酸, folic acid)으로 전환시킨다.

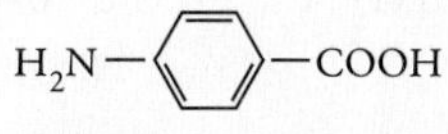

$H_2N-C_6H_4-COOH$ $H_2N-C_6H_4-SO_2-NH-R$

파라-아미노벤조산(PABA) 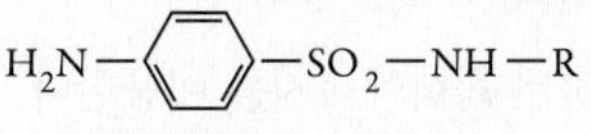 술파제(sulfa drug)

사람은 엽산-합성 효소를 갖고 있지 않기 때문에, 음식물로부터 이 필수 조효소를 얻어야만 한다. 결과적으로, 술파제는 사람의 대사작용에 영향을 미치지 않는다.

세균은 여러 가지 독특한 기작을 통해서 항생제에 대한 내성을 갖게 되는데, 많은 기작이 페니실린을 예로 들어 설명될 수 있다. 페니실린은 4-개의 베타-락탐(β-lactam) 고리를 갖고 있다(색깔로 표시되었음).

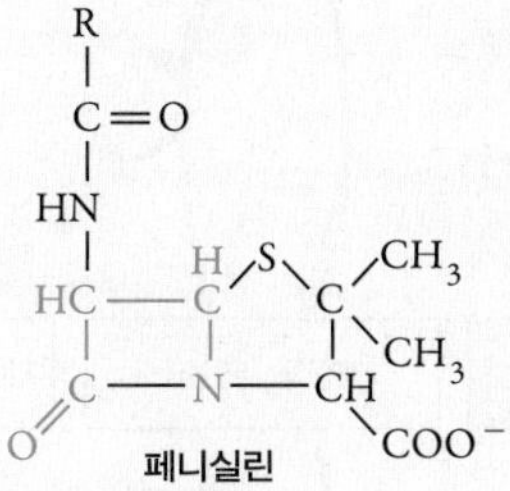

페니실린
(penicillin)

1940년대까지 연구자들은 일부 세균이 락탐 고리를 절단할 수 있는 베타-락타마아제[β-lactamase, 또는 페니실린아제(penicillinase)]라고 하는 효소를 갖고 있어서, 이 화합물을 세균에게 해롭지 않게 만든다는 것이 발견되었다. 2차 세계대전 동안에 페니실린이 항생제로서 처음으로 보급되던 당시에, 주요 질병-원인 세균들 중에서 베타-락타마아제 유전자를 갖고 있던 세균은 없었다. 이런 사실은 항생제가 만들어지기 이전의 시대에 시작된 실험실 배양으로부터 유래된 세균의 DNA를 조사함으로써 증명될 수 있다. 오늘날, 베타-락타마아제 유전자는 다양한 종류의 감염성 세균에 존재하며, 이러한 세균에 의한 베타-락타마아제의 생산은 페니실린 내성의 1차 원인이다. 이러한 종들은 어떻게 그 유전자를 획득하였을까?

베타-락타마아제 유전자가 광범위하게 존재한다는 것은, 유전자들이 특정한 종의 세포들 사이에서뿐만 아니라 종간에도 한 세균에서 다른 세균으로 얼마나 쉽게 퍼질 수 있는가를 설명해 준다. 이것은 다음과 같은 여러 가지 방법으로 일어날 수 있다. 즉, DNA가 한 세균에서 다른 균으로 전달되는 접합(conjugation, 그림 1-13), 세균 유전자가 바이러스에 의해서 세포에서 세포로 운반되는 형질도입(transduction), 세균 세포가 그 주변의 배지에서 나출된 DNA를 선택할 수 있는 형질전환(transformation) 등이 있다. 약학자들은 가수분해효소에 대해 더 내성이 큰 페니실린 유도체(예: 메티실린)를 합성하여 베타-락타마아제의 확산을 저지하려고 시도하였다. 역시, 자연선택은 새로운 형태의 항생제를 쪼갤 수 있는 베타-락타마아제를 가진 세균을 빠르게 진화시킨다.

모든 페니실린-내성 세균이 베타-락타마아제 유전자를 획득한 것은 아니다. 일부의 세균들은 항생제의 유입을 차단하도록 변형된 세포벽을 갖고 있어서 내성을 획득하며, 다른 세균들은 일단 세포 내로 들어온 항생제를 선택적으로 배출할 수 있어서 내성을 획득하기도 한다. 또 다른 세균들은 항생제와 결합하지 못하는 변형된 펩티드전이효소를 갖고 있어서 내성을 획득한다. 예를 들면, 세균성 수막염의 원인이 되는 네이세리아(*Neisseria meningitidis*) 세균이 베타-락타마아제를 획득했다는 증거는 아직 발견되지 않았다. 그러나 이러한 세균은 페니실린에 대한 내성을 갖게 되는 중이다. 그 이유는, 이 세균들의 펩티드전이효소가 이 효소를 부호화하는 유전자에 돌연변이가 생김으로써 항생제에 대한 친화력을 상실했기 때문이다.

약제의 내성에 관한 문제는 세균성 질환에 국한되지 않으며, AIDS 치료에도 중요한 문제로 되어 있다. DNA-복제 효소들이 매우 높은 정확도로 작용하는 세균과는 다르게, 역전사효소(*reverse transcriptase*)라고 하는 AIDS 바이러스(HIV)의 복제 효소는 많은 오류를 범하여, 높은 비율로 돌연변이를 일으킨다. 높은 비율로 생산되는 바이러스(하루에 한 사람에게서 1억개 이상의 바이러스 입자가 생산됨)와 더불어, 이러한 높은 오류 비율(복제된 1만개의 염기 당 약 1회의 오류)은 감염이 진행됨에 따라 약제-내성 변이주(variant)들이 개인에게서 발생될 가능성을 매우 높인다. 이러한 문제는 다음과 같은 방법으로 대처하고 있는 중이다. 즉,

- 서로 다른 바이러스 효소들을 표적으로 한 다양한 약제들을 환자에게 투여하는 방법. 이것은 모든 약제에 대해 내성을 갖는 변이주가 출현할 가능성을 크게 감소시킨다.
- 각 표적화된 효소의 가장 높게 보존된 부위와 상호작용하는 약제를 개발하는 방법. 그런 부위들에서 돌연변이가 결함을 지닌 효소를 생산할 가능성이 가장 높다. 이 점은 표적 효소의 구조와 기능 그리고 가능성 있는 약제가 그 표적과 상호작용하는 방식 등에 관하여 이해하는 것이 중요함을 강조한다.

3-3 물질대사

물질대사(物質代謝, metabolism)는 세포 내에서 일어나는 생화학 반응의 집합이며, 엄청나게 다양한 분자의 전환이 이루어진다. 이러한 반응의 대부분은 연속적인 화학반응으로 이루어진 **대사경로**(metabolic pathway)로 무리지어질 수 있고, 이 경로에서 각각의 반응은 특정 효소에 의해 촉매되고, 한 반응의 생성물은 다음 반응의 기질로 된다. 대사경로를 구성하고 있는 효소들은 보통 미토콘드리아나 세포 기질과 같은 세포의 특정 부위에 한정되어 있다. 많은 증거에 따르면, 대사경로를 구성하는 효소들은 흔히 물리적으로 서로 연결되어 있는 것을 시사한다. 즉, 한 효소의 생성물이 반응 순서에서 그 다음 효소의 활성부위에 기질로서 직접 전달되도록 하는 것이 특징이다.

대사경로를 따라서 각 단계에서 형성된 화합물을 **대사중간산물**[metabolic intermediate, 또는 대사산물(*metabolite*)]이라고 하며, 이 산물들은 궁극적으로 최종 산물을 형성하게 된다. 최종 산물들은 폴리펩티드에 결합될 수 있는 아미노산, 또는 에너지를 소비할 수 있는 당과 같이 세포 내에서 특정 역할을 하는 분자들이다. 세포의 대사경로는 여러 가지 면에서 서로 연결되어 있어서, 하나의 경로에서 생긴 화합물은 그 시간에 세포의 필요성에 따라 여러 가지 방향으로 이동될 수 있다. 이 절에서는 화학에너지를 전달하고 이용하게 하는 물질대사에 관하여 집중적으로 설명할 것이다.

3-3-1 물질대사의 개요

대사경로는 크게 두 가지 유형으로 나눌 수 있다. **이화작용(異化作用) 경로**(catabolic pathway)는 복잡한 분자를 분해시켜 더 간단한 생성물을 형성하게 한다. 이화작용 경로는 두 가지 기능을 한다. 즉, 이화작용 경로는 유용한 원료(原料)를 만들어서 이로부터 다른 분자가 합성될 수 있으며, 그리고 세포의 많은 활성에 필요한 화학에너지를 제공한다. 자세하게 설명하겠지만, 이화작용 경로에 의해서 방출된 에너지는 두 가지 유형, 즉 고-에너지 인산(주로 ATP) 및 고-에너지 전자(주로 NADPH)로서 일시적으로 저장된다. **동화작용(同化作用) 경로**(anabolic pathway)는 보다 단순한 출발 물질로부터 더 복잡한 복합 화합물을 합성하게 한다. 동화작용 경로는 에너지를 필요로 하는 경로이며 에너지를 방출하는 이화작용 경로에 의해 방출된 화학에너지를 이용한다.

〈그림 3-22〉는 동화작용 및 이화작용의 주요 경로가 서로 연결되어 있는 것을 매우 단순화시킨 일람표를 보여주고 있다. 먼저 고분자는 자신을 만들었던 구성요소로 분해(가수분해)된다(그림 3-22, 제1단계). 일단 고분자들이 자신의 구성요소들—아미노산, 당, 그리고 지방산—로 가수분해 되면, 세포는 그 구성요소을 직접

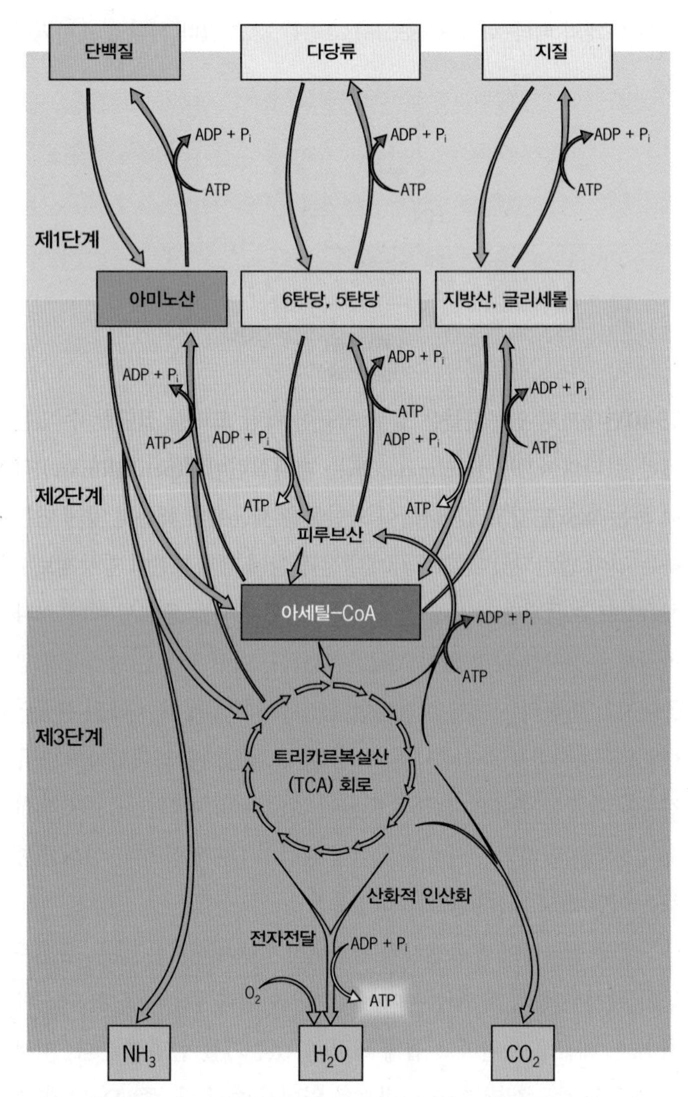

그림 3-22 **물질대사의 3단계.** 이화작용 경로(아래로 향한 초록색 화살표)는 공통 대사산물을 형성하기 위해 한곳으로 모여서 제3단계에서 ATP를 합성하게 된다. 동화작용 경로(위로 향한 파란색 화살표)는 제3단계에서 소수의 전구물질로부터 시작하여 크고 다양한 세포의 물질들을 합성하기 위해 ATP를 사용한다. 핵산의 대사경로는 더 복잡하며 여기에 나타내지 않았다.

재사용하여 다음의 세 가지 일을 한다. 즉, (1) 같은 종류의 다른 고분자를 형성하거나(제1단계), (2) 다른 생성물을 만들기 위해 고분자를 다른 종류의 화합물로 전환시키거나, 또는 (3) 고분자를 더 분해시켜서(그림 3-22, 제2 및 3단계) 고분자가 갖고 있는 자유-에너지를 추출한다.

고분자의 다양한 구성요소들로 분해하는 경로는 이화작용화되고 있는 특정 화합물에 따라 다양하다. 그러나 궁극적으로, 이러한 모든 분자들은 비슷하게 물질대사화 될 수 있는 작고 다양한 화합물들로 전환된다. 그래서 물질들이 매우 다른 구조를 갖고 있는 고분자로 출발하더라도, 이들은 이화작용에 의해서 동일한 저분자량의 대사산물로 전환된다. 이러한 이유로, 이화작용 경로는 수렴성(收斂性, convergent)이라고 한다.

놀랍게도, 이 장에서 설명된 화학반응과 대사경로는 가장 단순한 세균에서부터 가장 고등한 식물과 동물에 이르기까지 거의 모든 살아있는 세포서 발견된다. 이러한 경로는 생물학적 진화 과정의 아주 이른 시기에 나타났으며 진화 과정 전반에 걸쳐 유지되어 오고 있는 것이 분명하다.

3-3-2 산화와 환원: 전자의 중요성

이화작용과 동화작용 두 가지 경로는 전자가 한 반응물에서 다른 물질로 전달되는 중요한 반응을 포함하고 있다. 반응물들에서 전자의 상태가 변화하는 반응을 **산화-환원 반응**[oxidation-reduction (또는 redox) reaction]이라고 한다. 이러한 유형의 변화는 전자를 얻거나 또는 잃게 되는 것을 의미한다. 금속성인 철(Fe^0)이 제1철(Fe^{2+}) 상태로 전환되는 것을 생각하면, 철원자는 1쌍의 전자를 잃게 되어 더 양성 상태에 이르게 된다. 원자가 1개 또는 그 이상의 전자를 잃을 때, 이를 산화되었다(*oxidized*)라고 한다. 이 반응이 역으로 되면, 제1철은 금속의 철로 전환되며 1쌍의 전자를 얻게 되어 더 음성 상태에 이르게 된다. 원자가 1개 또는 그 이상의 전자를 얻을 때, 이를 환원되었다(*reduced*)라고 한다.

금속성인 철이 산화되려면, 방출된 전자를 받는 어떤 물질이 있어야 한다. 거꾸로, 제1철이 환원되려면, 필요한 전자를 주는 어떤 물질이 있어야 한다. 바꾸어 말하면, 한 반응물의 산화는 동시에 어떤 다른 반응물의 환원에 의해서 일어나야 하며, 그 반대의 경우도 마찬가지 이다. 철이 포함되어 있는 다음과 같은 가능한 반응이 있을 수 있다. 즉,

$$Fe^0 + Cu^{2+} \rightleftharpoons Fe^{2+} + Cu^0$$

산화-환원 반응 동안 산화되는 물질, 즉 전자를 잃는 물질을 **환원제**(還元劑, reducing agent)라고 하며, 전자를 얻어서 환원되는 물질을 **산화제**(酸化劑, oxidizing agent)라고 한다.

철과 구리와 같은 금속의 산화 또는 환원은 전자를 완전히 잃거나 또는 얻는 것을 뜻한다. 이와 동일한 일은 다음과 같은 이유 때문에 대부분의 유기화합물에서 일어날 수 없다. 즉, 세포의 물질대사가 이루어지는 동안 유기 기질의 산화 및 환원은 다른 원자와 공유 결합된 탄소원자에 영향을 미친다. 제2장에서 설명된 것처럼, 1쌍의 전자가 2개의 다른 원자에의해 공유될 때, 전자는 이 극성 결합에서 2개의 원자 중 하나를 더 강하게 끌어당긴다. C—H 결합에서, 탄소원자는 전자를 가장 강하게 끌어당긴다. 즉, 그래서 탄소원자는 환원된 상태에 있다고 할 수 있다. 반대로, 탄소원자가 C—O나 C—N 결합과 같이 더 큰 전기음성도를 가진 원자와 결합하면, 전자는 탄소원자로부터 떨어지며, 그래서 산화된 상태에 있게 된다. 탄소는 다른 원자와 공유할 수 있는 4개의 외각(外殼, outer-shell) 전자를 갖고 있기 때문에, 다양한 산화 상태로 존재할 수 있다. 이러한 다양한 상태는, 완전히 환원된 메탄(CH_4)에서부터 완전히 산화된 이산화탄소(CO_2)에까지 이르는, 1개의 탄소로 된 일련의 분자들(그림 3-23)에 있는 탄소원자를 예로 설명된다. 유기분자의 상대적인 산화 상태는 탄소원자 당 산소 및 질소원자에 대한 수소원자의 수를 세어서 대략 결정될 수 있다. 간단히 살펴 볼 것으로써, 유기분자에 있는 탄소원자의 산화 상태는 그 분자의 자유에너지 함량의 척도가 된다.

3-3-3 에너지의 획득과 이용

난로나 자동차를 움직이기 위하여 화학연료로 사용되는 화합물들은 천연가스(메탄)와 석유제품과 같은 매우 환원된 유기화합물이다. 이러한 분자들이 산소 존재 하에 연소될 때 에너지가 방출되

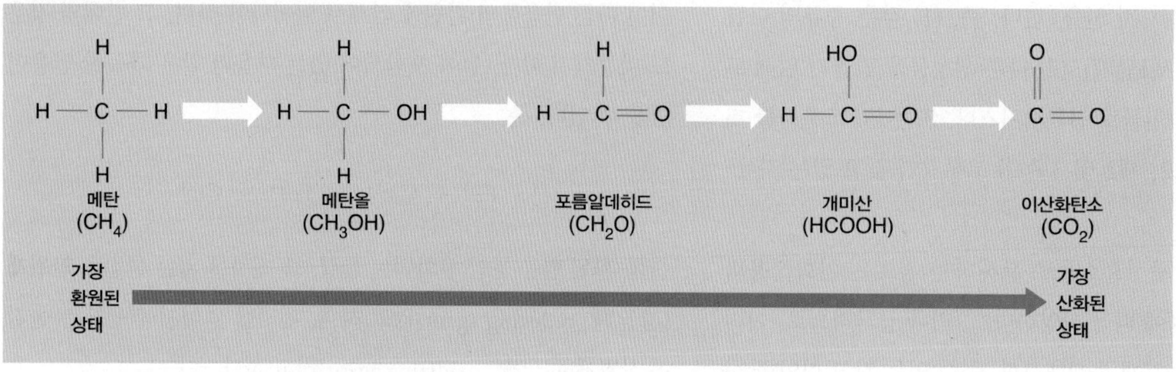

메탄 (CH_4) → 메탄올 (CH_3OH) → 포름알데히드 (CH_2O) → 개미산 ($HCOOH$) → 이산화탄소 (CO_2)

가장 환원된 상태 → 가장 산화된 상태

— 탄소원자가 전자쌍을 더 크게 공유하는 공유결합

— 산소원자가 전자쌍을 더 크게 공유하는 공유결합

그림 3-23 탄소원자의 산화상태는 결합된 다른 원자들에 의해서 결정된다. 각 탄소원자는 다른 원자와 최대 4개의 결합을 형성할 수 있다. 단순히 1개의 탄소로 된 이러한 일련의 분자들은 그 탄소원자가 다양한 산화 상태로 존재할 수 있는 것을 보여준다. 가장 환원된 상태에서, 탄소는 4개의 수소와 결합된다(메탄 형성). 그리고 가장 산화된 상태에서, 탄소는 2개의 산소와 결합된다(이산화탄소 형성).

며, 이 때 탄소는 이산화탄소와 일산화탄소 가스에서처럼 더 산화된 형태로 전환된다. 또한 화합물의 환원된 정도는 세포 내에서 화학적 일을 수행할 수 있는 능력의 척도가 된다. "연료" 분자로부터 추출될 수 있는 수소원자가 더 많을수록, 궁극적으로 생성될 수 있는 ATP는 더 많아진다. 탄수화물은 연속된 (H—C—OH) 단위를 갖기 때문에 화학에너지가 풍부하다. 지방은 더 환원되어 있는 연속된 (H—C—H) 단위를 갖기 때문에 단위 무게 당 더 큰 에너지를 갖고 있다. 여기서는 탄수화물에 초점을 맞추어 설명할 것이다.

녹말과 글리코겐의 유일한 구성요소인 포도당은 식물과 동물의 에너지 대사에서 중요한 분자이다. 포도당의 완전 산화에 의해 방출된 자유에너지는 매우 크다. 즉,

$$C_6H_{12}O_6 + 6O_2 \rightarrow 6CO_2 + 6H_2O$$
$$\Delta G^{\circ\prime} = -686\text{kcal/mol}$$

비교해 보면, ADP를 ATP로 전환시키는 데 필요한 자유에너지는 상대적으로 작다. 즉,

$$ADP + P_i \rightarrow ATP + H_2O \qquad \Delta G^{\circ\prime} = +7.3\text{kcal/mol}$$

이러한 수치를 보면 포도당 1분자가 CO_2와 H_2O로 완전 산화되면서 많은 수의 ATP를 생산하기에 충분한 에너지를 방출할 수 있다. 제9장에서 알아 볼 것으로써, 대부분의 세포 내에 존재하는 조건 하에서 산화된 포도당 1분자 당 약 36분자까지의 ATP가 형성된다. 이러한 많은 ATP 분자가 생산되기 위해서, 당 분자는 다수의 작은 단계로 분해된다. 반응물과 생성물 사이의 자유에너지 차이가 상대적으로 큰 이런 단계들은 ATP를 생산하도록 하는 반응과 연결될 수 있다.

포도당의 이화작용에는 기본적으로 두 단계가 있으며, 이것은 거의 모든 호기성 생물에 동일하다. 첫 단계인 **해당작용**(解糖作用, glycolysis)은 세포(기)질의 가용성 상(相)에서 일어나고 피루브산을 형성하게 된다. 두 번째 단계는 **트리카르복실산 회로**(tricarboxylic acid cycle, TCA cycle)인데, 이것은 진핵세포의 미토콘드리아와 원핵세포의 세포기질 속에서 일어나며 탄소원자를 이산화탄소로 최종 산화시킨다. 포도당의 화학에너지 대부분은 고-에너지 전자 형태로 저장되며, 이 전자들은 기질 분자가 해당작용 및 TCA 회로 두 과정이 진행되는 동안에 산화될 때 제거된다. 궁극적으로 ATP 합성에 사용된 것은 이러한 전자들의 에너지이다. 다음 페이지에서, 산소의 관여 없이 일어나는 포도당 산화의 첫 번째 시기인 해당작용이 일어나는 동안의 단계들이 집중적으로 설명된다. 이것은 아마도 초창기 혐기성 조상 생물들이 이용한 에너지 획득 경로일 것이며, 오늘날 살고 있는 혐기성 생물들이 이용하는 주된 이화작용 경로로 남아있다. 제9장에서 유산소 호흡에서 미토콘드리아와 이의 역할을 설명할 때 포도당 산화에 관한 줄거리가 완성될 것이다.

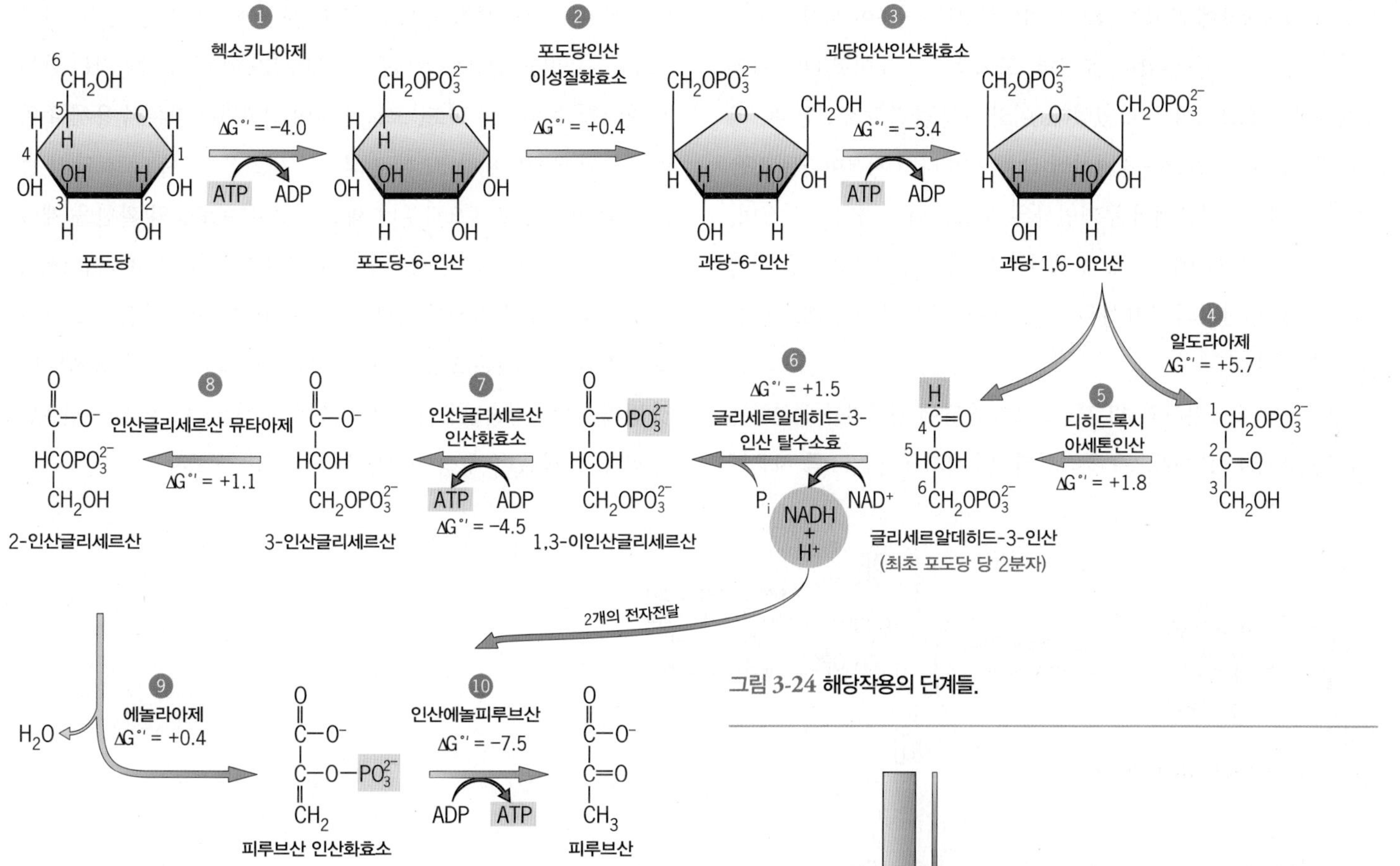

① 헥소키나아제 $\Delta G^{\circ\prime} = -4.0$ ATP ADP
② 포도당인산 이성질화효소 $\Delta G^{\circ\prime} = +0.4$
③ 과당인산인산화효소 $\Delta G^{\circ\prime} = -3.4$ ATP ADP

포도당 · 포도당-6-인산 · 과당-6-인산 · 과당-1,6-이인산

④ 알도라아제 $\Delta G^{\circ\prime} = +5.7$
⑤ 디히드록시아세톤인산 $\Delta G^{\circ\prime} = +1.8$
⑥ $\Delta G^{\circ\prime} = +1.5$ 글리세르알데히드-3-인산 탈수소효 P_i NAD^+ NADH + H^+
⑦ 인산글리세르산 인산화효소 $\Delta G^{\circ\prime} = -4.5$ ATP ADP
⑧ 인산글리세르산 뮤타아제 $\Delta G^{\circ\prime} = +1.1$

글리세르알데히드-3-인산 (최초 포도당 당 2분자) · 1,3-이인산글리세르산 · 3-인산글리세르산 · 2-인산글리세르산

2개의 전자전달

⑨ 에놀라아제 $\Delta G^{\circ\prime} = +0.4$ H_2O
⑩ 인산에놀피루브산 $\Delta G^{\circ\prime} = -7.5$ ADP ATP

피루브산 인산화효소 · 피루브산

그림 3-24 해당작용의 단계들.

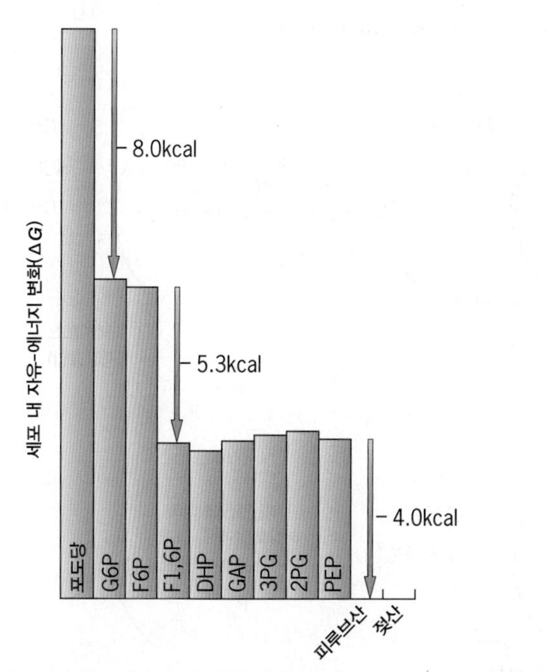

그림 3-25 사람의 적혈구에서 해당작용의 자유-에너지 분석표. 모든 반응은 평형이거나 또는 거의 평형상태에 있으나, 예외적으로 헥소키나아제, 과당인산인산화효소, 피루브산 인산화효소에 의해 촉매된 반응들은 자유에너지에서 큰 차이를 보여준다. 세포에서, 모든 반응은 자유에너지가 낮아지는 방향으로 진행되어야 한다. 즉, 여기에 표시된 여러 단계들에서 자유에너지가 약간 증가하는 것은 대사산물 농도에 대한 실험적 측정치의 오차에서 비롯된 것으로 간주되어야 한다.

3-3-3-1 해당작용과 ATP 형성

해당작용의 반응과 이를 촉매하는 효소들이 〈그림 3-24〉에 나타나 있다. 특정 반응을 설명하기 전에, 물질대사의 열역학에 관한 중요한 점을 알아야 한다. 앞서 설명하였지만, ΔG와 $\Delta G^{\circ\prime}$사이의 차이점이 강조되었다. 즉, 세포 내에서 특정 반응의 방향을 결정하는 것은 ΔG이다. 세포 내에서 대사산물의 실제 농도는 일정 시각에 그 반응의 ΔG 값으로 나타낸다. 〈그림 3-25〉는 해당작용의 반응에서 측정된 일반적인 ΔG 값을 보여준다. 〈그림 3-24〉의 $\Delta G^{\circ\prime}$ 값에 비하여, 세 가지 반응은 거의 0에 가까운 ΔG 값을 갖는다. 즉, 그 반응들은 거의 평형상태에 있다. 기본적으로 세포 내에서 비가역적으로 만드는 평형상태로부터 멀리 떨어진 이 세 가지 반응은 해당작용의 경로를 통하여 대사산물을 지향적인 방식으로 이동시키는 추진력을 갖게 한다.

1905년 영국의 두 화학자, 아더 하든(Arthur Harden)과 윌리엄 영(William Young)은 효모세포에 의해 이산화탄소 가스 거품이 발생되는 과정인 포도당 분해를 연구하고 있었다. 그들은 많은 포도당이 대사작용에 쓰이지 않고 남아있더라도, 거품이 서서히 줄어들다가 멈추는 것을 알았다. 분명히, 포도당 수프의 어떤 다른 기본 구성성분이 소모되어 가고 있었다. 여러 가지 물질로 실험한 후, 이 화학자들은 무기 인산을 첨가하면 그 반응이 다시 시작한다는 것을 발견하였다. 그 반응에서 무기인산은 다 소모되어 가고 있었으며, 인산기가 대사경로에서 역할을 했다는 첫 번째 단서라고 그들은 결론 내렸다. 인산기의 중요성은 해당작용의 첫 반응을 실례로써 설명할 수 있다.

해당작용은 1분자의 ATP를 소모하여 당에 인산기를 연결하는 것(그림 3-24, 1단계)으로 시작한다. 이 시기에서 ATP를 사용하는 것은 에너지의 투자—포도당 산화 사업에 들어가는 비용—라고 생각될 수 있다. 인산화는 당을 활성화시켜 이 당이 이어지는 반응에 참여할 수 있도록 하고, 그로 인하여 인산기는 다른 수용체 주위로 이동되어 전달된다. 또한 인산화는 세포질에 있는 포도당의 농도를 낮추어서, 혈액으로부터 세포 속으로 포도당의 확산을 계속 촉진한다. 포도당-6-인산은 과당-6-인산으로 전환되며, 이어서 2분자의 ATP를 소비하여 과당-1,6-이인산으로 전환된다(2, 3단계). 6탄소 이인산은 2개의 3탄소 일인산으로 분해되어서(4단계), 첫 번째 에너지방출반응을 준비하고 이 반응에 ATP 합성이 연결될 수 있다. 이제 ATP 형성에 관한 논의로 돌아가 보자.

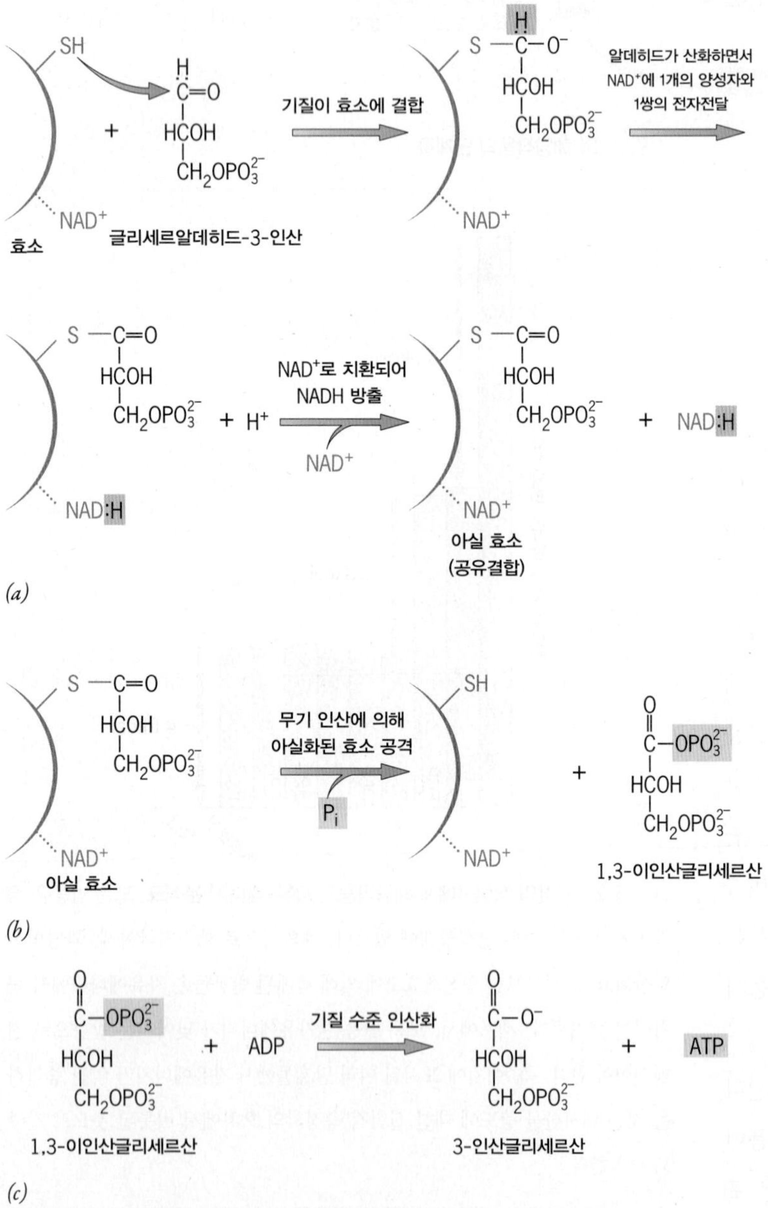

그림 3-26 화학적 산화가 일어나는 동안 에너지의 전달. 글리세르알데히드-3-인산이 3-인산글리세르산으로 산화되는 반응은 두 가지 효소에 의해 촉매되며 두 단계에 걸쳐 일어난다. 이 반응은 알데히드가 카르복실산으로 산화되는 예이다. 첫 반응(*a*와 *b* 부분)은 글리세르알데히드-3-인산 탈수소효소에 의해 촉매되며, 이 효소는 수소화 이온(하나의 전자와 2개의 양성자)을 기질로부터 NAD^+로 전달한다. 일단 환원되면, NADH 분자는 세포기질에서 NAD^+로 치환된다. (*c*) 인산글리세르산 인산화효소에 의해 촉매되는 두 번째 반응은 기질 수준에서 이루어지는 인산화의 예인데, 이 인산화에서 인산기가 이 경우에 1,3-이안산글리세르산인 기질 분자로부터 ADP로 전달되어 ATP를 형성한다.

ATP는 기본적으로 다른 두 가지 방법으로 형성되는데, 이 두 가지는 해당작용에서 글리세르알데히드-3-인산(glyceraldehyde-3-phosphate)이 3-인산글리세르산(3-phosphoglycerate)으로 전환되는(6, 7단계) 하나의 화학반응으로 설명된다. 전체 반응은 알데히드를 카르복실산(carboxylic acid)으로 산화시키며(〈그림 3-23〉에서처럼), 그리고 이 산화 반응은 두 가지 다른 효소에 의해 촉매되는데 두 단계에 걸쳐 일어난다(그림 3-24). 첫 번째 효소는 반응을 촉매하기 위해서 비단백질 보조인자(조효소)인 니코틴아미드 아데닌 디뉴클레오티드(nicotinamide adenine dinucleotide, NAD)를 필요로 한다. 이 장과 다음 장에서 설명되는데, NAD는 전자를 받고 줌으로서 에너지 대사에서 중요한 역할을 한다. 첫 번째 반응(그림 3-26*a*,*b*)은 산화-환원 반응으로써, 이 반응에서 2개의 전자와 1개의 양성자[수소화 이온 또는 수소 음이온(hydride ion)인 :H^-와 같음]가 글리세르알데히드-3-인산(산화됨)으로부터 NAD^+(환원됨)로 전달된다. 이 조효소의 환원된 형이 NADH이다(그림 3-27). 이러한 유형의 반응을 촉매하는 효소를 **탈수소효소**(dehydrogenase)라고 한다. 위의 반응을 촉매하는 효소는 글리세르알데히드-3-인산 탈수소효소(*glyceraldehyde-3-phosphate dehydrogenase*)이다. 비타민 니아신(niacin)으로부터 유도된 NAD^+ 분자는 수소화 이온(즉, 전자와 양성자 모두 가진)을 받아들이기 위한 위치에서 탈수소효소에 느슨하게 결합된 조효소로서 작용한다. 그래서 반응에서 형성된 NADH는 효소로부터 방출되어 새로운 NAD^+ 분자와 교환된다.

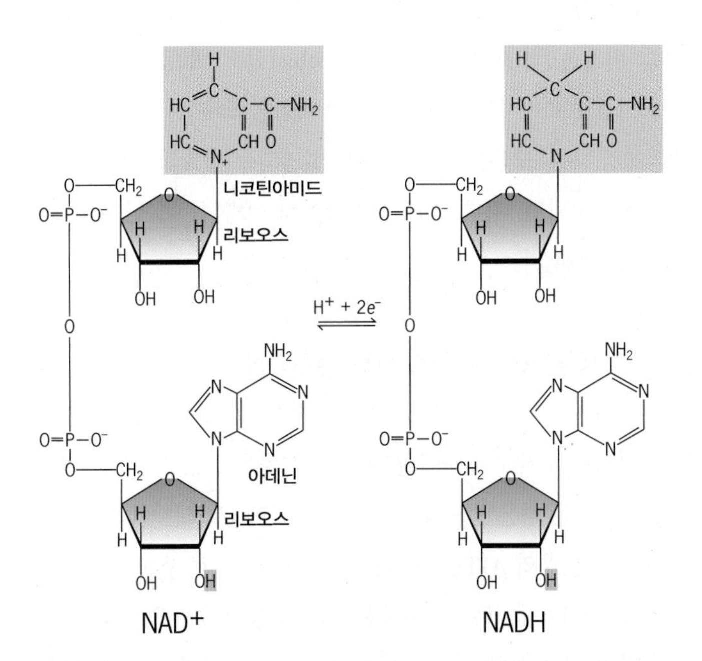

그림 3-27 NAD^+의 구조와 NADH로의 환원. 리보스 부분에 있는 2′ OH(자주색 네모로 표시되었음)가 인산기와 공유결합 되었을 때, 이 분자는 $NADP^+$/NADPH이다. 그 기능은 이 장의 후반부에서 설명된다.

여기서 잠시 이 반응으로 돌아가서, 먼저 NADH의 형성 결과에 대한 설명을 계속할 것이다. NADH는 전자를 끌어당기는 다른 분자에 전자전달을 쉽게 할 수 있기 때문에 고-에너지 화합물로 간주된다. (NADH는 세포에서 다른 전자 수용체에 비하여 높은 전자-전달 전위를 갖고 있다고 말한다. 〈표 9-1〉 참조). 전자는 보통 전자-전달 사슬(*electron-transport chain*)을 구성하는 일련의 막에 들어 있는 전자운반체들을 거쳐서 NADH로부터 전달된다. 전자는 이러한 사슬을 따라 이동할 때, 자유-에너지가 더욱 더 낮아지는 쪽으로 이동하며, 결국 전자는 산소 분자에 전달되어 산소를 물로 환원시킨다. 전자전달이 이루어지는 동안에 방출된 에너지는 산화적 인산화(*oxidative phosphorylation*)라고 하는 과정에 의해서 ATP를 형성하기 위해 이용된다. 전자전달과 산화적 인산화는 제9장에서 상세하게 설명될 것이다.

NADH와 전자전달 사슬이 관여하는 ATP 형성을 위한 간접 경로 이외에, 글리세르알데히드-3-인산을 3-이인산글리세르산으로 전환시키는 과정은 ATP 형성을 위한 직접 경로에 포함된다. 이러한 전체 반응의 두 번째 단계에서(그림 3-24의 7단계와 그림 3-26*c*), 인산기가 1,3-이인산글리세르산에서 ADP로 전달되어 1분자의 ATP를 형성한다. 이 반응은 이인산글리세르산 인산화효소(*phosphoglycerate kinase*)에 의해 촉매된다. 이러한 ATP 합성의 직접 경로를 **기질-수준 인산화**(substrate-level phosphorylation)라고 한다. 그 이유는, 인산기가 하나의 기질(이 경우는 1,3-이인산글리세르산)로부터 ADP로 전달되면서 일어나기 때문이다. 〈그림 3-24〉에서처럼, 해당작용의 나머지 반응(8-10단계)에서 ADP의 두 번째 기질-수준 인산화(10단계)가 일어난다.

ADP의 기질-수준 인산화는 ATP에 관한 중요한 점을 설명하여 준다. 기질-수준 인산화에 의한 ATP의 형성은 에너지흡수반응(endergonic)이 아니라는 것이다. 바꾸어 말하면, ATP는 대사 반응들에 의해서 쉽게 형성될 수 있다. 인산화된 많은 분자들이 가수분해되면 ATP보다 더 음인 $\Delta G^{o\prime}$값을 갖는다. 〈그림 3-28〉는 다수의 인산화된 화합물의 가수분해에서 상대적인 $\Delta G^{o\prime}$값을 실례로 보여주고 있다. 눈금에서 더 높은 값을 가진 공여체(donor)는 더 낮은 값을 가진 분자를 인산화하기 위해 사용될 수 있으며, 그리고 이 반응의 $\Delta G^{\circ\prime}$는 그림에서 주어진 두 값들 사이의 차이와 같을 것이다. 예를 들면, 인산기를 1,3-이인산글리세르산(1,3-bisphosphoglycerate)에서 ADP로 전달하여 ATP를 형성할 때의 $\Delta G^{\circ\prime}$는 -4.5kcal/mol(-11.8kcal/mol $+7.3$kcal/mol)이다. 이러한 **전달전위**(transfer potential)의 개념은 양성자, 전자, 산소, 인산기 등의 전달되는 반응기에 상관없이, 어떤 일련의 공여체들과 수용체(acceptor)들을 비교하는 데 유용하다. 눈금에서 더 큰 값을 갖는 분자들, 즉 자유에너지가 더 큰($-\Delta G^{\circ\prime}$가 더 큰) 분자들은 더 작은 값을 갖는 분자들보다 전달되는 반응기에 대한 친화력이 더 낮다. 친화력이 낮을수록 더 좋은 공여체이며, 친화력이 클수록 더 좋은 수용체이다.

해당작용의 중요한 특징은 산소가 없는 상태에서 제한된 수의 ATP를 생산할 수 있는 것이다. 1,3-이인산글리세르산에 의한 기질-수준 인산화 또는 인산에놀피루브산(phosphoenolpyruvate)에 의한 인산화(그림 3-24, 10단계)는 산소 분자를 필요로 하지 않는다. 따라서 해당작용은 ATP를 형성하기 위한 **무산소 경로**(anaerobic pathway)로 생각될 수 있는데, 이것은 ATP를 계속 제공하기 위한 과정이 산소 분자가 없는 상태에서 진행될 수 있음을 의미한다. 해당작용이 진행되는 동안, 각각의 글리세르알데히드-3-인산 분자가 피루브산으로 산화되어 2분자의 ATP가 기질-수준 인산화에 의해 형성된다. 포도당 각 분자는 2분자의 글리세르알데히드-3-인산을 생성하므로, 피루브산으로 산화된 포도당 1분자 당 4분자의 ATP가 형성된다. 한편, 해당작용을 시작하기 위해 2분자의 ATP는 가수분해 되어야 한다. 따라서 최종적으로 산화된 포도당 1분자 당 2분자의 ATP가 세포의 순익으로 남는다. 해당작용 반응에 대한 최종적인 등식은 다음과 같다.

$$\text{포도당} + 2\text{ADP} + 2\text{P}_i + 2\text{NAD}^+ \rightarrow$$
$$2\text{피루브산} + 2\text{ATP} + 2\text{NADH} + 2\text{H}^+ + 2\text{H}_2\text{O}$$

해당작용의 최종 산물인 피루브산은 혐기성[嫌氣性, anaerobic(산소-비의존)]과 호기성[好氣性, aerobic(산소-의존)] 경로 사이의 연결 지점에 위치하기 때문에 중요한 화합물이다. 산소분자가 없는 상태에서, 피루브산은 다음 절에서 설명되는 발효과정을 거친다. 산소가 공급되면, 피루브산은 제9장에서 설명되는 유산소 호흡에 의해 더 분해된다.

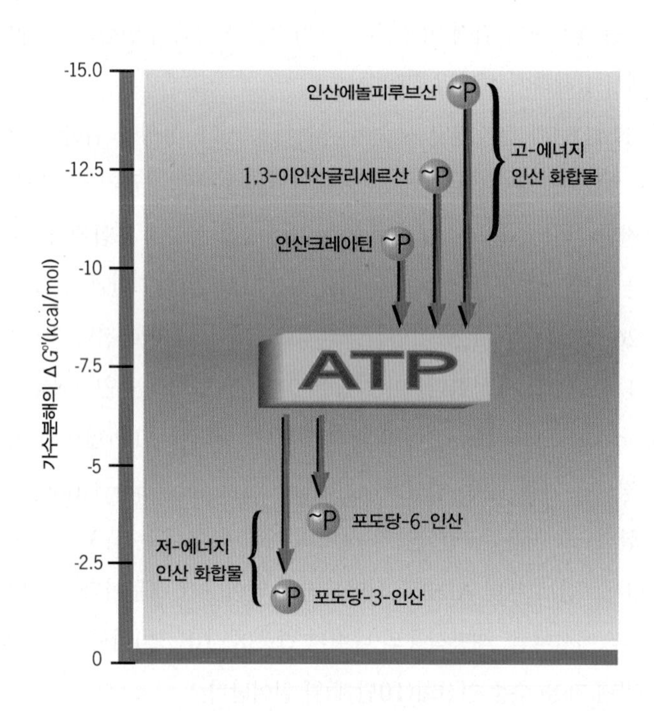

그림 3-28 **인산 전달전위에 따른 화합물의 순위.** 눈금에서 더 높은 값(가수분해에서 더 음의 $\Delta G^{\circ\prime}$값)을 가진 인산화된 화합물들은 더 낮은 값을 가진 화합물들보다 인산기에 대하여 더 낮은 친화력을 갖는다. 그 결과, 눈금에서 더 높은 값을 가진 화합물들은 더 낮은 값을 가진 화합물들을 형성하기 위하여 자신의 인산기를 쉽게 전달한다. 그래서 인산기는 해당작용이 이루어지는 동안에 1,3-이인산이나 또는 인산에놀피루브산으로부터 ADP로 전달될 수 있다.

3-3-3-2 피루브산의 무산소 산화: 발효과정

우리는 해당작용이 각 포도당 분자가 피루브산으로 전환되면서 작은 양의 ATP를 세포에 공급할 수 있다는 것을 알았다. 그러나 해당작용의 반응은 빠른 속도로 일어나기 때문에, 세포는 이 경로를 이용하여 많은 양의 ATP를 형성할 수 있다. 실지로 효모세포, 종양세포, 근육세포 등 많은 세포들은 ATP 형성의 수단으로서 해당작용에 많이 의존한다. 그러나 이러한 세포들이 직면해야만 되는 문제가 있다. 글리세르알데히드-3-인산이 산화되면서 생기는 물질들 중 하나가 NADH이다. NADH의 형성은 반응물들 중 하나인 NAD^+의 소비로 일어나는데, 세포에서 이 NAD^+의 공급은 적은 편이다. NAD^+가 해당작용의 이러한 중요한 단계에서 필요한 반응물이기 때문에, NAD^+가 NADH로부터 반드시 재생되어야 한다. 그렇지 않으면, 글리세르알데히드-3-인산의 산화는 더 이상 일어날 수 없을 뿐만 아니라, 해당작용의 어떤 반응도 계속 일어날 수 없다. 그러나 산소 없이, NADH는 전자전달 사슬에 의해서 NAD^+로 산화될 수 없다. 왜냐하면 산소가 전자전달 사슬의 최종 전자 수용체이기 때문이다. 그러나 세포는 **발효**(fermentation)에 의해서 NAD^+를 재생산할 수 있다. 발효에서, 전자는 NADH로부터 해당작용의 최종 산물인 피루브산으로 전달되거나, 또는 피루브산으로부터 유래된 화합물로 전달된다(그림 3–29). 해당작용과 같이, 발효는 세포기질에서 일어난다. 산소에 의존하는 대부분의 생물에서, 발효는 산소량이 낮을 때 NAD^+를 재생산하기 위한 임시 조치이기 때문에, 해당작용은 계속되고 ATP 생성은 유지될 수 있다.

발효의 생성물은 세포의 유형이나 또는 생물의 유형에 따라 다양하다. 근육세포가 반복적으로 수축할 필요가 있을 때, 산소량이 세포의 대사 요구량에 보조를 맞추기에 너무 낮게 된다. 이러한 조건 하에서, 골격근 세포는 피루브산을 젖산(lactate)으로 전환시켜서 NAD^+를 재생산한다. 다시 충분한 양의 산소를 사용할 수 있게 되면, 젖산은 계속 산화되기 위해 피루브산으로 다시 전환될 수 있다. 효모세포는 다른 대사 해결 방법을 가지고 혐기성 생활의 도전에 직면하게 되다. 즉, 〈그림 3–29〉에서처럼, 효모세포들은 피루브산을 에탄올로 전환시킨다.

비록 발효가 많은 생물에서 물질대사에 불가피하게 부수되는 과정이라 하여도 그리고 일부 혐기성 생물(anaerobe)에서 유일한 대사 에너지원이라 하여도, 해당작용 단독으로 얻어진 에너지는 포도당이 이산화탄소와 물로 완전 산화되는 것과 비교했을 때 얼마 되지 않는 것이다. 포도당 1몰이 완전 산화될 때, 686kcal가 방출된다. 반면에, 이와 같은 양의 포도당이 표준조건 하에서 에탄올로 전환될 때는 단 57kcal가 방출되며, 그리고 젖산으로 전환될 때는 단 47kcal만 방출된다. 어떤 경우라도, 해당작용과 발효에 의해 산화된 포도당 1분자 당 단 2분자의 ATP만 형성되지만, 발효 생성물에서는 에너지의 90% 이상이 그냥 버려진다(에탄올의 연소에 의해 증명된 것처럼).

아직 산소가 생기지 않았던 지구상에 초기의 생물이 사는 동안, 해당작용 및 발효는 아마도 원시적인 원핵세포들에 의해 당(糖)으로부터 에너지를 추출하는 1차적인 대사경로이었을 것이다. 남세균(藍細菌 또는 남조류, cyanobacteria)이 출현함에 따라, 대기의 산소가 극적으로 증가되었으며, 그리고 호기성 물질대사 전략의 진화가 가능하게 되었다. 그 결과, 해당작용의 생성물들이 완전하게 산화될 수 있었으며, 그리고 훨씬 더 많은 ATP가 형성될 수 있었다. 제9장에서 미토콘드리아의 구조와 기능을 설명할 때, 이런 일이 어떻게 이루어지는지 알아 볼 것이다.

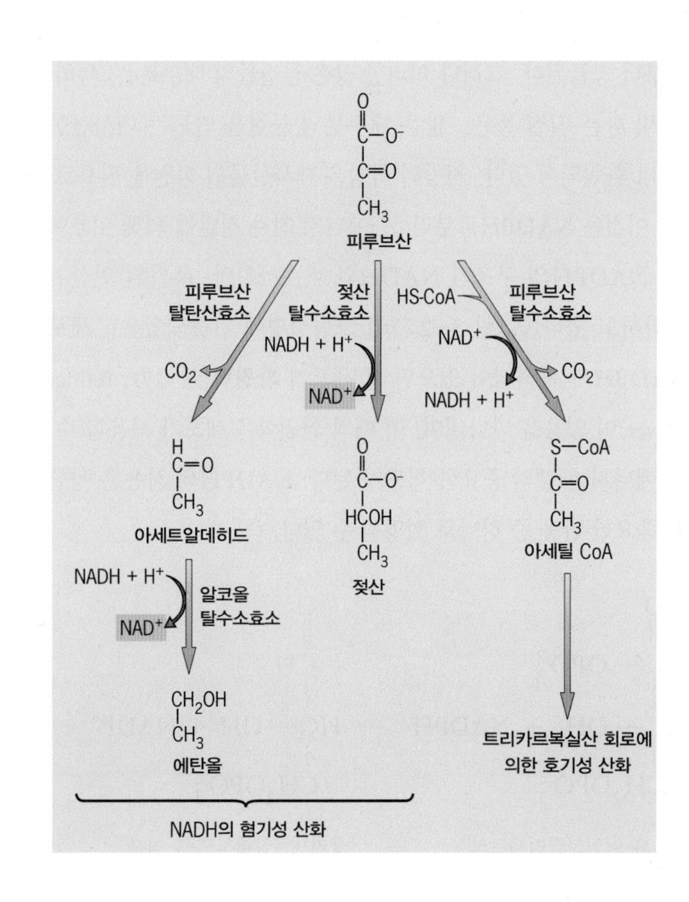

그림 3-29 **발효.** 대부분의 세포들은 산소분자에 의존하는 호기성 호흡을 한다. 활발히 수축하는 골격근 세포나 또는 혐기성 조건에서 살고 있는 효모세포와 같이, 산소공급이 감소해야 한다면, 이 세포들은 발효에 의해서 NAD^+를 재생산할 수 있다. 근육세포들은 발효에 의해서 젖산을 형성하는 반면에, 효모세포들은 에탄올을 형성한다. TCA 회로에 의해서 산소가 있는 상태에서 피루브산이 산화되는 과정은 제9장에서 자세하게 설명할 것이다.

3-3-3-3 환원력

단백질, 지방, 핵산과 같은 복잡한 생물학적 분자를 합성하기 위해 필요한 에너지는 대개 해당작용과 전자전달에 의해 생긴 ATP

로부터 공급된다. 그러나 이러한 많은 물질들의 대부분은, 특히 지방 및 다른 지질 등은, 많은 대부분의 물질을 만드는 대사산물보다 더 환원되어 있다. 지방의 합성은 대사산물의 환원을 필요로 하며, 이것은 NADPH로부터 고-에너지 전자 전달에 의해 이루어진다. NADPH의 구조가 NADH와 비슷하지만, 추가된 인산기를 포함하고 있다(〈그림 3-27〉의 그림설명에 기술되었음). 세포에 NADPH가 축적되어 있으면 그 세포가 **환원력**(還元力, reducing power)이 있음을 나타내며, 이 때의 환원력은 세포가 사용할 수 있는 에너지 함량의 중요한 척도가 된다. NADPH의 사용은 광합성의 중요한 반응 중 하나로 설명될 수 있다. 즉,

$$\begin{array}{c} O \\ \| \\ C-OPO_3^{2-} \\ | \\ HC-OH \\ | \\ CH_2OPO_3^{2-} \end{array} + NADPH \rightarrow \begin{array}{c} O \\ \| \\ CH \\ | \\ HC-OH \\ | \\ CH_2OPO_3^{2-} \end{array} + NADP^+ + P_i$$

1,3-이인산글리세르산 글리세르알데히드-3-인산

이 반응에서, 1쌍의 전자(양성자와 함께)는 NADPH에서 기질인 1,3-이인산글리세르산으로 전달되어서, 탄소원자(빨간색으로 표시된)를 환원시킨다.

NADPH의 산화형인 $NADP^+$는 다음 반응에서 NAD^+로부터 형성된다. 즉,

$$NAD^+ + ATP \rightleftharpoons NADP^+ + ADP$$

그래서 NADPH는 $NADP^+$의 환원에 의해 형성될 수 있다. NADH와 같이, NADPH는 높은 전자-전달 전위를 가지기 때문에 고-에너지 화합물이다. 이러한 형태의 전자들에 있는 자유에너지가 전달되면 그 수용체는 더 환원된 상태로 그리고 더 많은 에너지를 가진 상태로 올라간다.

환원력이 두 가지의 독특하지만 관련된 분자인 NADH와 NADPH로 분리되는 것은 이들의 1차적인 물질대사 역할이 분리되는 것을 반영한다. NADH와 NADPH는 다른 효소들에 의해 조효소로서 인식된다. 동화작용 경로에서 환원시키는 역할을 하는 효소는 조효소로서 NADPH를 이용하고, 이화작용 경로에서 탈수소효소로 작용하는 효소는 NAD^+를 이용한다. 이들이 다르게 이용되더라도, 다음 반응에서 한 조효소(NADH)는 다른 조효소($NADP^+$)를 환원시킬 수 있다. 이 반응은 수소전달효소(*transhydrogenase*)에 의해 촉매된다.

$$NADH + NADP^+ \rightleftharpoons NAD^+ + NADPH$$

에너지가 충분할 때에는 NADPH의 생성이 유리하여서, 생장에 필수적인 고분자들을 새로 생합성하는 데 필요한 전자를 제공한다. 그러나 에너지 비축이 부족할 때는 NADH의 고-에너지 전자의 대부분은 ATP 생성에 사용되며, NADPH는 세포에서 최소한의 생합성 요구를 만족시키도록 충분히 만들어진다.

3-3-4 대사 조절

어느 일정 순간에 세포 내에 존재하는 ATP의 양은 놀라울 정도로 적다. 예를 들면, 세균세포는 약 100만 분자의 ATP를 갖고 있으며, 이 ATP의 반감기는 매우 짧다(1초 또는 2초 정도). 공급이 매우 제한된 경우, ATP는 많은 자유에너지 총량을 저장하고 있는 분자가 아닌 것이 확실하다. 대신 세포의 에너지 축적은 다당류와 지방으로서 저장한다. ATP 양이 떨어지기 시작할 때, 반응은 에너지가 풍부한 저장 형태를 사용하여 ATP 형성을 증가시키도록 시행된다. 비슷하게, ATP 수준이 높을 때, 보통 ATP 생성에 도달하게 될 반응이 저해된다. 세포들은 많은 대사경로에서 특정 주요 효소들을 조절함으로써 이토록 중요한 에너지-방출 반응을 조절한다.

단백질의 기능은 그 구조(즉, 입체구조)와 밀접하게 관련되어 있다. 그러므로 세포가 중요한 단백질 분자들의 입체구조를 변화시켜서 단백질의 활성도를 조절하는 것은 놀라운 일이 아니다. 효소들의 경우, 촉매 활성도의 조절은 활성부위의 구조 변형을 중심으로 이루어진다. 효소의 활성부위 모양을 변화시키는 두 가지 공통 기작은 공유결합 변형(covalent modification)과 다른자리입체성 조절(allosteric modulation)이며, 이 두 가지는 포도당 산화를 조절하는 데 있어서 중요한 역할을 한다.[4]

[4] 또한 물질대사는 효소의 농도 조절에 의해서 조절된다. 효소가 합성되거나 분해되는 상대적 비율에 대해서는 다음 장에서 설명된다.

3-3-4-1 공유결합 변형에 의한 효소 활성도 조절

1950년대 중반 워싱턴대학교(Washington university)의 에드몬드 피셔(Edmond Fischer)와 에드윈 크렙스(Edwin Krebs)는 근육세포에서 발견된 효소로서 글리코겐을 포도당 소단위들로 분해하는, 즉 글리코겐 가인산분해효소(glycogen phosphorylase)를 연구하고 있었다. 이 효소는 불활성 상태나 또는 활성 상태로 존재할 수 있었다. 피셔와 크렙스는 근육세포의 정제되지 않은 추출물을 준비하였으며, 추출물 내의 불활성 효소 분자들은 시험관에 ATP를 첨가하여 쉽게 활성 상태로 전환될 수 있다는 것을 알았다. 계속된 연구에 의해, 추출물에서 두 번째 효소—"전환 효소(converting enzyme)"라고 한다—가 밝혀졌다. 이 효소는 ATP로부터 글리코겐 가인산분해효소 분자를 구성하는 841개 아미노산 중 하나의 아미노산에 인산기를 전달한다. 인산기가 있으면 효소 분자의 활성부위의 모양을 변화시켜 촉매 활성도를 증가시킨다.

계속된 연구에서, 인산을 첨가(또는 제거)하여 나타나는 효소의 공유결합 변형은 효소의 활성도를 변화시키는 일반적인 기작임이 밝혀졌다. 인산기를 다른 단백질에 전달하는 효소를 **단백질 인산화효소**(protein kinase)라고 하며, 이 효소는 호르몬 작용, 세포 분열, 유전자 발현 등 다양한 활성을 조절한다. 크렙스와 피셔에 의해 발견된 "전환효소"는 후에 가인산분해효소 인산화효소(phosphorylase kinase)로 명명되었고, 이것의 조절은 〈15-3절〉에서 설명된다. 단백질 인산화효소에는 기본적으로 두 가지의 서로 다른 유형이 있다. 즉, 한 가지 유형은 기질 단백질의 특정 티로신 잔기에 인산기를 첨가하는 것이고, 또 다른 한 가지는 기질의 특정 세린 또는 트레오닌 잔기에 인산을 첨가한다. 단백질 인산화효소의 중요성은 효모세포의 모든 유전자들 중 약 2%(약 6,200개 중 113개)가 이러한 종류의 효소들을 암호화한다는 사실로 알 수 있다.

3-3-4-2 다른자리입체성 조절에 의한 효소 활성도의 변화

다른자리입체성 조절(allosteric modulation)은 특정 부위에 결합하는 화합물에 의해 효소의 활성도가 저해되거나 또는 촉진되는 기작이다. 이러한 특정 부위를 **다른자리입체성 부위**(allosteric site)라고 하며, 이 부위는 공간적으로 그 효소의 활성부위와 다르다. 도미노(domino)의 열이 연속적으로 무너지는 것과 같이, 다른자리입체성 부위에 화합물이 결합됨으로써, 그 영향이 "파문(波紋)처럼 번져(ripple)" 단백질(효소)을 관통하여 보내져서, 활성부위의 모양에 특징적인 변화가 생긴다. 이러한 다른자리입체성 부위는 효소의 반대편에 위치할 수 있으며 또는 단백질 분자 속의 다른 폴리펩티드에도 있을 수 있다. 특정 효소 및 특정 다른자리입체성 조절자에 따라, 활성부위의 모양 변화는 반응을 촉매하는 능력을 촉진할 수도 있고 저해할 수도 있다. 다른자리입체성 조절은 분자의 구조와 기능 사이의 본질적인 관련성을 나타낸다. 다른자리입체성 조절자에 의해 유도된 효소 구조의 아주 미세한 변화는 효소 활성도에 현저한 변화를 일으킬 수 있다.

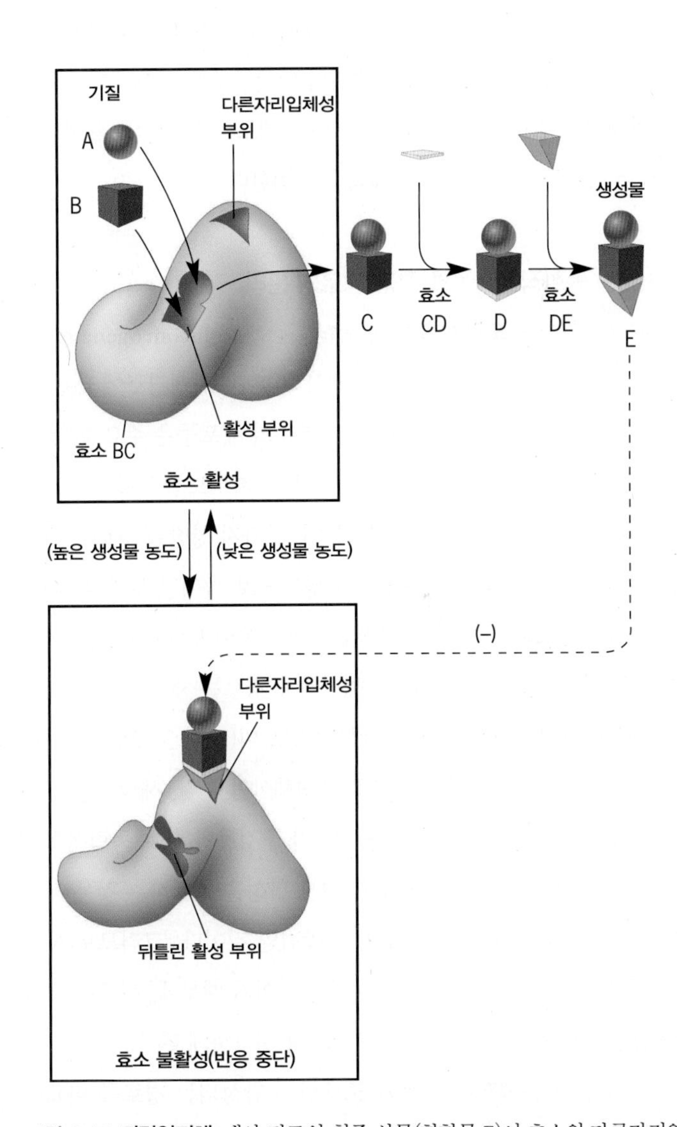

그림 3-30 **되먹임저해.** 대사 경로의 최종 산물(화합물 E)이 효소의 다른자리입체성 부위에 결합됨으로써 이 경로의 첫 번째 효소(효소 BC)가 저해되었을 때, 대사 경로를 통한 대사산물의 흐름이 중단된다. 되먹임저해는 세포가 더 이상 불필요한 화합물 생산을 계속하여 재원(財源)을 낭비하는 일을 방지한다.

세포는 사용되지 않는 화합물을 생성하기 위한 에너지나 물질을 소비하지 않는 매우 효율적인 제조공장이다. 세포가 동화작용의 조립 라인(assembly line)을 중단시키기 위해 사용하는 1차적인 기작들 중 하나는 **되먹임저해**(feedback inhibition)라고 하는 다른자리입체성 조절의 한 유형이다. 되먹임저해에서 대사 경로의 최종 산물— 예로써, 하나의 아미노산—의 농도가 일정 수준에 도달되면, 대사 경로의 첫 번째 단계를 촉매하는 효소가 일시적으로 불활성화된다. 이것은 〈그림 3-30〉에 그려진 간단한 경로를 예로 설명되는데, 이 그림에서 A와 B 두 가지 기질이 최종 산물 E로 전환된다. 최종 산물 E의 농도가 올라가면, E는 효소 BC의 다른자리입체성 부위에 결합하여, 효소 활성부위의 입체구조를 변화시켜서 효소의 활성도를 감소시킨다. 되먹임저해는 세포의 동화작용 활성도에 대해서 즉각적이며 민감한 통제력을 발휘한다.

3-3-4-3 동화작용과 이화작용 경로의 분리

포도당을 합성[**포도당신합성**(葡萄糖新合性, gluconeogenesis)]하게 하는 이화작용 경로를 간단히 생각해 보면, 합성경로에 대한 몇 가지 중요한 면이 설명될 것이다. 대부분의 세포들은 주요 화학 에너지원으로서 포도당을 산화함과 동시에 피루브산으로부터 포도당을 합성할 수 있다. 어떻게 세포들이 두 가지 상반된 경로를 이용할 수 있는가? 효소들이 반응을 양 방향으로 촉매할 수 있더라도, 첫 번째로 중요한 점은 포도당신합성의 반응이 단순하게 해당작용의 역반응으로 진행될 수 없다. 해당작용 경로는 세 가지의 열역학적으로 비가역적인 반응을 포함하고 있으며(그림 3-25), 이러한 단계들은 어떻게든지 다른 경로로 우회해야만 한다. 해당작용의 모든 반응이 가역적일 수 있더라도, 두 가지 경로가 서로 독립적으로 조절될 수 없기 때문에 두 경로의 대사 활성을 조정하는 것은 세포에게 있어서 매우 바람직하지 않은 방법일 것이다. 그러므로 동일한 효소들이 양 방향에서 활성을 지닐 것이기 때문에, 세포는 포도당 합성을 멈출 수 없어서 포도당 분해를 시작하게 된다.

포도당이 분해되는 경로와 포도당이 합성되는 경로를 비교하면, 비록 이 두 경로가 반대 방향으로 진행되고 있더라도, 일부의 반응은 동일한 반면 다른 반응은 매우 다르다(그림 3-31, 1-3단계). 두 가지 상반된 경로에서 서로 다른 중요 반응을 촉매하기 위해서 서로 다른 효소를 사용함으로써, 세포는 동일 분자들을 합성 및 분해할 수 있다는 점에서 본래의 열역학 문제 및 조절 문제 모두를 해결할 수 있다.

이 문제는 해당작용 및 포도당신합성의 주요 효소들을 보다 더 자세히 살펴봄으로서 더 잘 이해할 수 있다. 〈그림 3-31, 2단계〉에 나타낸 것처럼, 해당작용의 효소인 과당인산인산화효소(*phosphofructokinase*)는 다음 반응을 촉매한다.

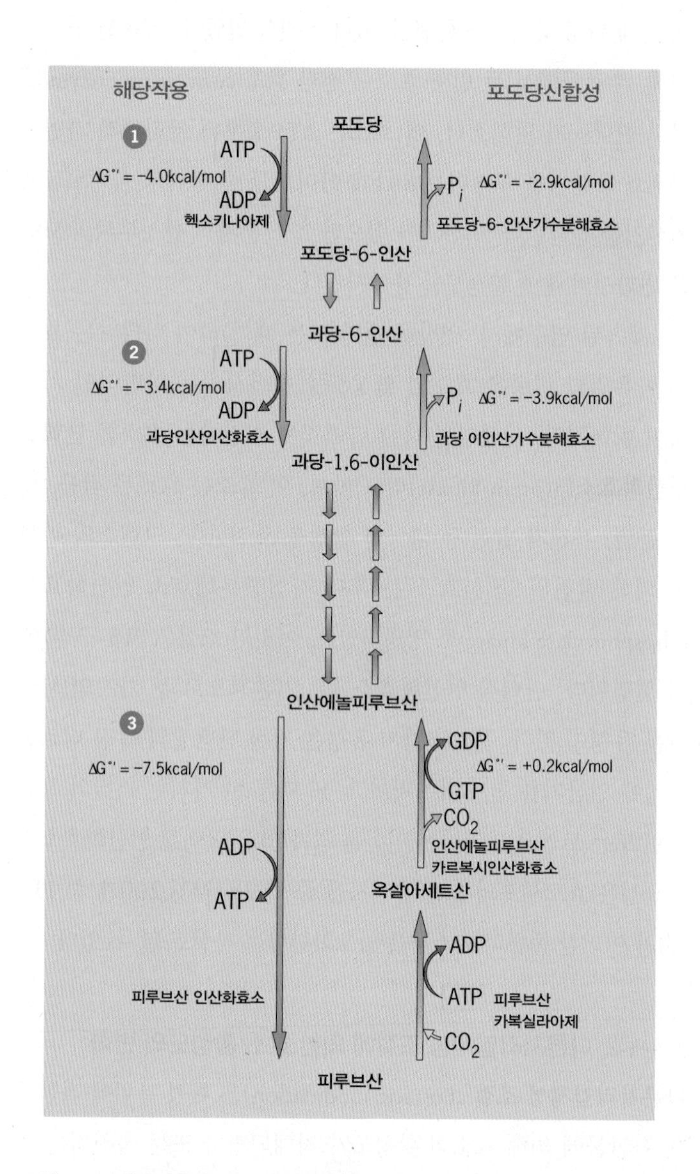

그림 3-31 **해당작용과 포도당신합성의 비교.** 이 두 가지 경로가 반대 방향으로 진행되더라도, 두 경로에서 이 반응들의 대부분은 똑같은 반면에, 해당작용의 세 가지 비가역적 반응(여기서는 1-3단계)은 열역학적으로 서로 다른 유리한 반응에 의해서 포도당신합성으로 대체된다.

$$\text{과당-6-인산} + \text{ATP} \rightleftharpoons \text{과당-1,6-이인산} + \text{ADP}$$

이 반응의 $\Delta G^{\circ\prime}$는 −3.4kcal/mol이며, 이 값은 근본적으로 비가역적으로 만든다. 이 반응은 ATP 가수분해와 연결되어 있기 때문에 이런 커다란 $-\Delta G^{\circ\prime}$ 값을 갖는다. 포도당신합성의 경우, 과당-6-인산의 형성은 간단히 과당-1,6-이인산가수분해효소(*fructose 1,6-bisphosphatase*)에 의해 촉매된다.

$$\text{과당-1,6-이인산} + H_2O \rightleftharpoons \text{과당-6-인산} + P_i \qquad \Delta G^{\circ\prime} = -3.9\text{kcal/mol}$$

앞에서 설명된 해당작용 및 포도당신합성 경로의 특정 효소들은 그들 각각의 경로에서 주요 효소들이다. 이러한 효소들은 부분적으로 AMP 및 ATP에 의해 조절된다. 세포 내의 AMP 농도는 ATP의 농도와 반비례함을 명심해야 한다. 즉, ATP의 양이 낮으면 AMP의 양은 높고, 반대의 경우도 마찬가지이다. 결과적으로, AMP 농도가 증가되면, 이런 상황이 ATP 연료 저장이 고갈되어가고 있는 세포에 신호를 보낸다. ATP가 과당인산인산화효소의 기질로 작용하더라도, ATP는 다른자리입체성 저해제인 반면에 AMP는 다른자리입체성 활성제 이다. ATP의 농도가 높으면, 효소의 활성은 감소되어서 추가적인 ATP가 해당작용에 의해서 형성되지 않는다. 거꾸로, ADP와 AMP의 농도가 ATP에 비해 높으면, 효소의 활성은 증가되어 ATP 합성을 촉진한다. 이에 반하여, 포도당신합성의 주요 효소인 과당-1,6-이인산가수분해효소의 활성은 증가된 AMP의 농도에 의해서 저해된다.

대사 조절에서 다른자리입체성 조절의 중요성은 AMP-활성화 단백질 인산화효소(AMP-activated protein kinase, AMPK)에 대한 최근의 연구에 의해 설명된다. 앞에서 설명된 가인산분해효소 인산화효소(phosphorylase kinase)와 같이, AMPK는 효소의 구조 속에서 특정 세린이나 또는 트레오닌 잔기에 인산기를 첨가하여 다른 효소 활성을 조절한다. AMPK는 AMP에 의해서 다른자리입체성적으로 조절된다. AMP의 농도가 증가됨에 따라 AMPK는 활성화되어, 동화작용 경로에 작용하는 주요 효소들을 인산화하여 저해시키는 반면, 동시에 이화작용 경로의 주된 효소들을 인산화하여 활성화시킨다. AMPK 활성화에 따른 최종 결과는 ATP를 소비하는 경로의 활성은 감소하고 ATP를 생산하는 경로의 활성은 증가시킨다. 이렇게 함으로써, 세포 속의 ATP 농도가 증가된다. AMPK는 세포의 에너지 조절에 관되어 있을 뿐만 아니라, 적어도 포유동물에서 몸 전체의 에너지 균형을 조절하는 일에도 관여되어 있다. 포유동물에서, 식욕은 혈액 속에 있는 일정한 영양분 및 호르몬의 수준에 반응하는 뇌 속의 시상하부 내 중추(신경세포)에 의해서 조절된다. 예를 들면, 혈당 수준이 떨어지면 식욕을 자극하도록 시상하부에 작용되는데, 이것은 시상하부의 신경세포에서 AMPK의 활성화를 통하여 중개되는 것으로 보인다. 거꾸로, 식사를 하고 난 후 우리가 경험하는 포만감은 똑같은 뇌세포들에서 AMPK의 활성을 저해하는 특정 호르몬[예: 지방세포에서 분비된 (지방 용해 물질인) 렙틴(leptin)]에 의해 일어나는 것으로 생각된다. 이러한 "에너지 온도조절장치(energy thermostat)"와 같은 역할 때문에, AMPK는 비만과 당뇨 두 가지를 치료하는 약제 개발의 가장 중요한 표적이 되고 있다.

복습문제

1. 왜 동화작용은 수렴적이라고 하는 반면에, 이화작용은 분산적이라고 하는가?
2. 세포가 포도당을 혐기성 산화 및 호기성 산화에 의해 얻는 에너지를 비교하시오. 이러한 두 가지 유형의 물질대사에서 최종산물의 차이점은 무엇인가?
3. 인산 전달전위가 무엇을 뜻하는지 설명하시오. 인산에놀피루브산과 ATP의 인산 전달전위를 어떻게 비교하는가? 이것은 열역학적으로(즉, 가수분해의 상대적인 $\Delta G^{\circ\prime}$라는 면에서) 무엇을 뜻하는가? 이것은 인산기에 대한 친화력이라는 면에서 무엇을 뜻하는가?
4. 왜 환원력이 하나의 에너지 형태로 생각되는가?
5. 글리세르알데히드-3-인산이 3-인산글리세르산으로 산화되는 반응에서, 어느 화합물이 환원제로 작용하는가? 어느 화합물이 산화제로 작용하는가? 어느 화합물이 산화되고 있는가? 어느 화합물은 환원되고 있는가?
6. 해당작용의 어느 반응이 ATP 가수분해와 연결되어 있는가? 어느 반응이 기질-수준 인산화에 관여하는가? 발효나 또는 유산소 호흡을 계속하기 위해서 어느 반응에 의존하는가?

요약

에너지는 일을 할 수 있는 능력이다. 에너지는 화학적, 기계적, 빛, 전기적, 열 등 다양한 형태의 에너지가 생길 수 있으며, 이들은 서로 전환될 수 있다. 에너지는 전환될 때마다, 우주에서의 에너지 총량은 일정하게 유지되지만, 추가로 일을 하기 위해 이용할 수 있는 에너지, 즉 자유에너지는 손실이 있다. 엔트로피로 잃어버린 사용 가능한 에너지는 우주의 무작위성 및 무질서의 증가로 생긴다. 살아있는 생물들은 낮은 엔트로피의 계이며, 궁극적으로 태양으로부터 유래된 외부 에너지의 지속적인 유입에 의해서 유지된다.

모든 자연발생적(에너지방출반응) 에너지 전환은 더 높은 자유에너지 상태에서 더 낮은 자유에너지 상태로 진행된다. 즉, ΔG는 음이어야 한다. 화학반응에서, ΔG는 반응물과 생성물 사이의 자유에너지 함량의 차이와 같다. ΔG가 클수록, 반응은 평형상태에서 더 멀어진다. 반응이 진행됨에 따라서, ΔG는 감소하고 평형상태에서 0에 도달한다. 다른 화학반응이 일어나는 동안에 에너지 변화를 비교하기 위해서, 반응물과 생성물 사이의 자유에너지 차이는 일련의 표준조건에서 결정되고 $\Delta G^{\circ\prime}$로 나타내며, $\Delta G^{\circ\prime} = -2.303\ RT \log K'_{eq}$ 이다. 1보다 더 큰 평형상수를 갖는 반응은 음의 $\Delta G^{\circ\prime}$값을 갖는다. 반응혼합물이 표준조건에 있을 때 반응이 진행되는 방향을 나타내는 $\Delta G^{\circ\prime}$는 고정된 값이라는 것을 잊지 말아야 한다. 세포 속에서 특정 순간에 반응의 방향을 결정하는 것은 가치가 없다. 즉, 그 방향은 그 시각에 반응물과 생성물의 농도에 의존하는 ΔG에 의해 결정된다. $\Delta G^{\circ\prime}$가 양의 값을 갖는 반응[디히드록시아세톤인산(dihydroxyacetone phosphate)이 글리세르알데히드-3-인산으로 전환되는 반응과 같이]은 세포 속에서 일어날 수 있는데, 그 이유는 생성물에 대한 반응물의 비율이 K'_{eq}에 의해 예측된 값보다 더 큰 값에서 유지되기 때문이다.

ATP의 가수분해는 매우 유리한 반응($\Delta G^{\circ\prime}$ = −7.3kcal/mol)이고 다른 불리한 반응을 추진하기 위해서 사용될 수 있다. 불리한 반응을 추진하기 위해서 ATP 가수분해를 이용하는 것은 글루탐산과 NH_3로부터 글루타민 합성($\Delta G^{\circ\prime}$= +3.4kcal/mol)의 실례로 설명된다. 이 반응은 공통 중간산물인 글루타민인산의 형성을 통해서 추진된다. ATP 가수분해는 이러한 과정에서 중요한 작용을 할 수 있다. 그 이유는, 세포가 평형상태에서 훨씬 높게 상승된 [ATP]/[ADP] 비율을 유지하기 때문이며, 이것은 세포의 물질대사가 비평형상태하에서 작동된다는 것을 나타낸다. 이것은 각 반응이 평형상태로부터 떨어져 있다는 것을 의미하지 않는다. 오히려, 대사 경로에서 어떤 주요 반응이 높은 음의 ΔG 값으로 일어나며, 이것은 세포 속에서 그 반응을 기본적으로 비가역적으로 만들어서 전체 경로를 추진시킨다. 세포 속에서 반응물과 생성물의 농도는 상대적으로 일정한 비평형상태(정류상태, steady state)의 값으로 유지될 수 있는데, 그 이유는 물질들이 외부 매질로부터 세포 안으로 계속적으로 유입되고 있으며 그리고 노폐물들은 계속적으로 제거되고 있기 때문이다.

효소는 반응물과 결합하여 특정 화학반응 속도를 매우 촉진시키고 반응물이 생성물로 전환될 가능성을 증가시키는 단백질이다. 모든 진정한 촉매제와 같이, 효소는 적은 양으로 존재한다. 즉, 이런 효소는 반응 과정 동안에 비가역적으로 변화되지 않으며, 그리고 반응의 열역학에 영향을 주지 않는다. 그러므로 효소는 정방향으로 진행되는 불리한 반응(+ΔG를 가진 반응)을 일으킬 수 없으며, 또한 평형상태에서 반응물에 대한 생성물의 비를 변화시킬 수도 없다. 촉매제로서, 효소는 세포에서 알맞은 온도 및 pH 하에서 이루어지는 유리한 반응의 속도 만을 촉진시킬 수 있다. 또한 효소는 기질에 대한 특이성, 원하지 않는 부산물을 거의 형성하지 않는 매우 효율적인 촉매작용, 촉매작용의 활성을 조절하기 위한 기회 등의 특징이 있다.

효소는 활성화에너지(E_A)—반응을 수행하기 위해 반응물이 필요한 운동에너지—를 낮춤으로써 작용을 한다. 그 결과, 효소가 존재하는 상태에서 매우 높은 비율의 반응물 분자는 생성물로 전환되는 데 필요한 에너지를 갖고 있다. 효소는 효소-기질 복합체 형성을 통하여 E_A를 낮춘다. 기질과 결합하는 효소의 부분을 활성부위라고 하며, 이 부위는 필요한 아미노산 곁사슬을 갖고 있으며 그리고/또는 화학적 전환을 촉진시키기 위하여 기질에 영향을 주는 보조인자를 갖고 있다. 촉매작용을 촉진시키는 기작들 중에는 다음과 같은 것이 있다. 즉, 효소는 알맞은 방향에서 반응물을 붙잡을 수 있으며, 효소는 기질의 전자 특성에 영향을 주어 더 반응을 잘하는 기질을 만들 수 있고, 기질 속에서 특정 결합을 약화시키는 물리적 압력을 발휘할 수 있다.

물질대사는 세포 속에서 일어나는 생화학 반응의 집합이다. 이러한 반응들은 각 반응이 특이한 효소에 의해 촉매 되는 연속적인 화학 반응들로 이루어진 대사경로들로 무리지어질 수 있다. 대사경로는 다음과 같이 크게 두 가지 유형으로 나누어진다. 즉, 이화작용 경로에서는 화합물이 분해되어 에너지가 방출되며, 그리고 동화작용 경로에서는 세포에 저장된 에너지를 사용하여 더 복잡한 화합물을 합성하게 한다. 다양한 구조를 가진 고분자들은 이화작용 경로에 의해서 비교적 적은 수의 저분자량 대사산물로 분해되어서, 여러 갈래로 나누어지는 동화작용 경로들의 원료를 공급하게 된다. 이 두 가지 유형의 경로는 산호-환원 반응이 포함되어 있다. 이 반응에서, 전자들이 하나의 기질에서 다른 기질로 전달되어서, 전자를 받는 수용체의 환원 상태를 증가시키고 전자를 주는 공여체의 산화 상태를 증가시킨다.

탄소원자 당 수소의 개수로 측정됨으로, 유기분자의 환원상태는 분자의 에너지 함량의 대략적인 크기를 알게 해 준다. 1몰의 포도당이 이산화탄소와 물로 완전히 산화될 때 686kcal를 방출하는 반면에, 1몰의 ADP가 ATP로 전환되기 위해서는 단 7.3kcal가 필요하다. 그래서 1분자의 포도당이 산화되면 많은 수의 ATP 분자를 만들기에 충분한 에너지를 생산할 수 있다. 포도당의 동화작용에서 첫 단계는 해당작용이며, 이 작용이 일어나는 동안 포도당이 피루브산으로 전환되면서 2분자의 ATP와 2분자의 NADH를 최종적으로 얻는다. ATP 분자는 기질의 인산기를 ADP로 전달되는 기질-수준 인산화 반응에 의해서 생긴다. NADH는 알데히드가 카르복실산으로 산화되어 생기는데, 이때 기질로부터 수소화물 이온(하나의 양성자와 2개의 전자)을 NAD^+로 전달되는 과정이 수반된다. 산소가 있는 상태에서, 대부분의 세포는 전자전달 사슬을 통하여 NADH를 산화시켜서, 유산소 호흡에 의해 ATP를 형성한다. 산소가 없는 경우에는, NAD^+가 발효에 의해서 재생산되는데, 이 과정에서 NADH의 고-에너지 전자가 피루브산을 환원시키기 위해 이용된다. NAD^+의 재생산은 해당작용을 지속하기 위해서 필요하다.

효소의 활성도는 일반적으로 두 가지 기작, 즉 공유결합 변형과 다른자리입체성 조절에 의해 조절된다. 공유결합 변형은 대개 단백질 인산화효소에 의해 촉매 되는 반응에서 효소에 있는 하나 또는 그 이상의 세린, 트레오닌, 티록신 잔기에 ATP의 인산기가 전달되어 이루어진다. 다른자리입체성 조절자는 활성부위로부터 떨어진 효소의 부위에 비공유적으로 결합하여 작용한다. 조절자가 결합하면 활성부위의 입체구조를 변화시켜서, 효소의 촉매작용 활성도를 증가시키거나 또는 감소시킨다. 다른자리입체성 조절의 공통적인 예는 되먹임저해로서, 경로의 최종 산물이 그 경로에 오직 하나뿐인 첫 번째 효소를 다른자리입체성적으로 저해한다. 이화작용 경로에 의해 분해된 동일한 화합물이 동화작용 경로의 최종 산물의 역할을 할 수도 있다. 예를 들면, 포도당은 해당작용에서 분해되고 포도당신합성에 의해 합성된다. 대부분의 효소는 두 가지 경로를 공유하며, 세 가지 주요 효소들은 각 경로에서 오직 하나뿐이다. 이러한 점은 세포가 두 가지 경로를 독립적으로 조절하도록 하며, 그리고 다른 방법으로 비가역적인 반응을 극복하도록 한다.

분석 문제

1. 키모트립신에 의해 촉매된 반응에 영향을 주기 위해 pH를 낮추면 어떤 효과가 예측되는가? pH를 올리면 이 반응에 어떤 영향을 줄 수 있는가?
2. 되먹임저해는 일반적으로 대사 경로의 뒤쪽에 있는 효소보다는 경로의 첫 번째 효소의 활성을 변화시킨다. 왜 이러한 조절이 필요한가?
3. 에너지흡수반응과 에너지방출반응의 연계에서 글루타민 형성의 반응을 재검토한 후, 세 번째(또는 전체) 반응에 대한 아래

의 각 설명이 사실인지 거짓인지 그 이유를 설명하시오.

a. 만일 그 반응이 역으로 쓰였다면, $\Delta G^{\circ\prime}$는 +3.9kcal/mol 일 것이다.

b. 만일 실험을 시작할 때 모든 반응물과 생성물이 표준조건 하에 있었다면, 시간이 경과 후 $[NH_3]/[ADP]$ 비율은 감소할 것이다.

c. 반응이 진행됨에 따라, $\Delta G^{\circ\prime}$는 0에 더 가까이 간다.

d. 평형상태에서, 정반응과 역반응은 같으며 [ATP]/[ADP] 비율은 1이 된다.

e. 세포에서, [글루타민]/[글루탐산] 비율이 1보다 더 클 때, 글루타민 형성될 가능성이 있다.

4. 여러분이 새로운 효소를 정제하여 세 가지 다른 기질 농도에서 반응속도를 측정하였다. 여러분은 시간 곡선에 대한 생성물의 기울기가 세 가지 모든 농도에서 동일한 것을 발견하게 된다. 여러분은 반응 혼합물의 조건에 대하여 어떤 결론을 내릴 수 있는가?

5. 리소자임(lysozyme)은 느리게 작용하는 효소이어서, 단일 반응을 촉매하는 데 약 2초가 걸린다. 리소자임의 전환수는 얼마인가?

6. 반응 R ⇌ P에서, 만일 1몰의 생성물(P)이 1몰의 반응물(R)과 동일한 자유에너지를 갖는다면, 이 반응의 K'_{eq} 값은 얼마인가? $\Delta G^{\circ\prime}$의 값은 얼마인가?

7. 세포에서 ATP 가수분해의 ΔG는 약 −12kcal/mol 인 반면에 $\Delta G^{\circ\prime}$는 −7.3kcal/mol 이라고 할 때, 농도 비율이란 무엇을 의미하는가?

8. 세포의 조절을 받는 효소는 일반적으로 비평형상태 조건 하에서 반응이 진행된다. 평형상태에 가깝게 작용하는 효소의 다른자리입체성 저해의 영향은 무엇일까?

9. 반응 A ⇌ B에서, 만일 K'_{eq} 값이 10^3이면, $\Delta G^{\circ\prime}$는 얼마인가? 만약 K'_{eq} 값이 10^{-3}이면 $\Delta G^{\circ\prime}$는 얼마인가? 〈그림 3-24, 1단계〉에 나타낸 헥소키나아제 반응의 K'_{eq} 값은 얼마인가?

10. 1926년 제임스 섬너는, 요소분해효소는 이 효소의 결정이 단백질과 반응한 시약에 대해서는 양성이며 그리고 지방, 탄수화물, 다른 물질과 반응한 시약에 대해서는 음성이라는 것을 바탕으로 하여 단백질이었다고 결론을 내렸다. 높은 활성을 가진 효소 용액이 단백질임을 증명하지 못한 다른 효소학자들에게 공격을 받았다. 얼핏 보기에 이렇게 상반된 발견이 어떻게 중재될 수 있는가?

11. 만일 반응 XA + Y ⇌ XY + A 가 +7.3kcal/mol의 $\Delta G^{\circ\prime}$ 값을 갖는다면, 세포에서 이 반응이 ATP 가수분해와 연결되어 추진될 수 있는가? 그 이유는? 또는 그렇지 않는 이유는?

12. 연속된 반응 A → B → C → D에서, 두 번째 반응(B → C)의 평형상수는 0.1로 나타났다. 살아있는 세포에서 C의 농도가 다음 중 어느 것일지 예측해 보시오. (1) B와 같다, (2) B의 1/10, (3) B의 1/10보다 낮다, (4) B의 10배, (5) B의 10배보다 더 높다. (정답에 동그라미 하시오.)

13. 화합물 X와 화합물 Y가 반응하여 화합물 Z를 생성하는 것은 불리한 반응이다($\Delta G^{\circ\prime}$ = +5kcal/mol). ATP가 이 반응을 추진하기 위해 사용되었을 경우에 일어날 화학반응을 그리시오.

14. ATP는 에너지 대사의 중심 분자로 진화하였다. 1,3-이인산글리세르산도 동일한 기능을 할 수 있는가? 그 이유는? 또는 그렇지 않는 이유는?

15. [ATP]/[ADP] 비율이 100:1로 상승하는 반면에, P_i 농도는 10mM로 유지된 세포에서 ATP 가수분해에 대한 ΔG를 계산하시오. 앞의 비율을, 반응이 평형상태이며 P_i 농도가 10mM로 유지될 때의 [ATP]/[ADP] 비율과 어떻게 비교하는가? 반응물과 생성물이 모두 표준조건(1M)에 있을 때 ΔG 값은 얼마일까?

16. 다음의 반응을 생각해보자.

포도당 + P_i ⇌ 포도당-6-인산 + H_2O

$\Delta G^{\circ\prime}$ = +3kcal/mol

이 반응에 대한 평형상수 K'_{eq} 는 얼마인가?(주: 물의 농도는 무시된다.) 위 반응에서 $\Delta G^{\circ\prime}$가 양의 값을 가지면, 반응이 자연발생적으로 왼쪽에서 오른쪽으로 진행될 수 없다는 것을 의미하는가?

17. 생리적 조건에서, [포도당] = 5mM, [포도당-6-인산] = 83 mM, $[P_i]$ = 1mM이다. 이 조건 하에서, 16번 문제의 반응은 자연발생적으로 왼쪽에서 오른쪽으로 진행될 것인가? 그렇지 않다면, 다른 반응물과 생성물의 농도가 위에 기술된 것과 동일할 경우, 이 반응을 왼쪽에서 오른쪽으로 진행시키기 위해

서 필요한 포도당의 농도는 얼마일까?

18. 다음의 반응을 생각해보자.

글루탐산 + 암모니아 ⇌ 글루타민 + H_2O

$$\Delta G^{\circ\prime} = +3.4\text{kcal/mol}$$

만일 암모니아(NH_3)의 농도가 10mM이라면, 이 반응을 25℃에서 자연발생적으로 왼쪽에서 오른쪽으로 진행시키기 위해 필요한 글루탐산/글루타민의 비율은 얼마인가?

19. 앞의 18문제에서 기술된 반응에 의해서 글루타민의 합성이 세포에서 일어날 수 없는 것이 명백히 밝혀져야 한다. 실제 반응은 글루타민 합성과 ATP 가수분해가 연결되어있다. 즉,

글루탐산 + 암모니아 + ATP ⇌ 글루타민 + ADP + P_i

이 반응의 $\Delta G^{\circ\prime}$의 값은 얼마인가? 암모니아를 제외하고, 모든 반응물과 생성물이 10mM로 존재한다고 가정하자. 이 반응을 오른쪽으로 추진하기 위해서, 즉 최종적으로 글루타민 합성 쪽으로 추진하기 위해서 필요한 암모니아의 농도는 얼마일까?

20. 비경쟁적 저해제는 효소가 그의 기질과 결합하는 것을 저해하지 않는다. 비경쟁적 저해제가 존재하는 상태에서 기질의 농도를 증가시키면 어떤 영향을 미치게 될까? 비경쟁적 저해제가 효소의 V_{max}에 영향을 미친다고 예상하는가? 또한 K_M에 영향을 미친다고 예상하는가? 간단히 설명하시오.

제 4 장

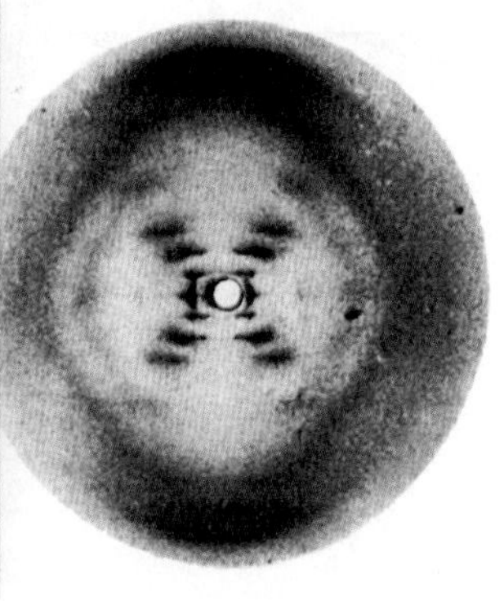

유전자, 염색체 및 유전체

우리들이 알고 있는 유전자의 개념은 생물학자들에 의해 유전의 특성이 점점 더 많이 밝혀짐에 따라 놀라운 속도로 발전해왔다. 최초 연구에서 유전자들은 생명체 일생 동안 유지되고 그 자손의 각각에 전달되는 분리된 인자들인 것으로 밝혀졌다. 그 다음 세기 동안에, 이런 유전적 인자들은 염색체에 존재하고 독특한 성질을 지닌 고분자인 DNA로 이루어져 있는 것으로 알려졌다. 〈그림 4-1〉은 1953년 DNA의 2중나선 구조 설명까지 완성된 유전물질의 발견에 관한 몇몇 초기 업적들의 개요를 보여주고 있다. 이 전환점 이후 수십 년 동안에, 분자생물학의 주요 분야는 한 종에 존재하는 유전정보의 집합체인 **유전체**(遺傳體, genome)에 초점을 맞추기 시작하였다. 유전체는 특정 생물체를 "만드는" 데 필요한 모든 유전자들을 포함하고 있다. 지난 10여 년 동안 세계 곳곳의 실험실들 간의 공동연구로, 사람 그리고 사람과 가장 가까운 종인 침팬지 유전체를 포함하는, 많은 다른 생물 유전체들의 뉴클레오티드 서열을 완벽하게 밝혀냈다. 인류 역사상 처음으로, 근연 생물체들의 유전체에서 상응하는 부위들을 비교함으로써 인류 진화의 유전적 경로를 재구성하는 방법을 터득하

1953년 캠브리지대학교(University of Cambridge)의 제임스 왓슨(James Watson)과 프랜시스 크릭(Francis Crick)에 의해 조립된 DNA 모형. 옆 사진은 로잘린 프랭클린(Rosalind Franklin)이 찍은 엑스-선 회절상으로서 DNA가 나선형임을 암시한다.

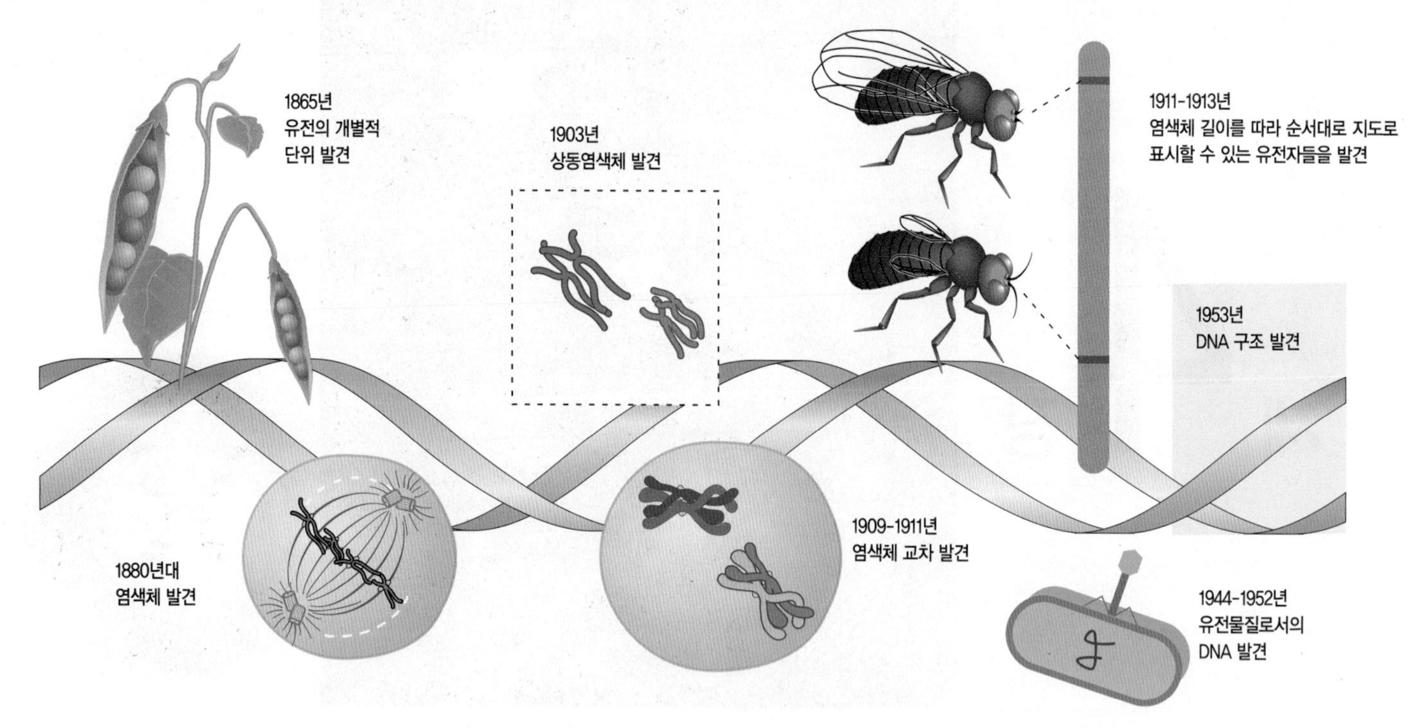

그림 4-1 유전자 특성에 대한 초기의 주요 발견들을 개괄적으로 나타낸 그림. 이 발견들에 대한 설명은 본문에 논의되어 있다.

게 되었다. 우리가 하나의 공통 조상으로부터 갈라져 나온 이래로, 우리 유전체의 어느 부위는 복제되었고, 어느 부위는 사라졌는지를 알 수 있게 되었다. 즉, 특정 유전자 또는 조절부위(reguratory region)의 어떤 뉴클레오티드들이 변화가 있었는지 아니면 일정하게 유지되었는지를 조사할 수 있게 되었다. 또한 가장 중요한 것으로서, 세월이 지나는 동안 유전체의 어느 부분은 자연선택(natural selecetion)을 받았으며 어느 부분은 자유롭게 기회적으로 변동되었는지를 알 수 있게 되었다. 또한 우리는 생물의 한 종으로서 인류의 역사에 관하여 더 많은 것을 알기 위해 이 정보를 이용하기 시작하였다. 즉, 이 정보를 이용해 우리가 언제 어디서 생겼으며, 우리가 서로 얼마나 연관되어 있고, 우리가 살고 있는 지구의 지역들을 어떻게 점유해 왔는지 알 수 있게 되었다. ■

4-1 유전단위로서 유전자의 개념

유전학이라는 과학은 현재 체코공화국의 세인트 토마스 수도원의 수사인 그레고르 멘델(Gregor Mendel)의 업적으로, 1860년대에 시작되었다. 멘델의 실험실은 수도원 마당의 조그만 정원이었다. 우리는 멘델이 어떤 동기로 연구를 시작했는지 정확하게 알 수 없지만, 그는 분명한 실험계획을 염두에 두고 있었다. 즉, 그의 실험 목적은 서로 다른 유전형질을 갖는 완두 식물들을 서로 교잡시켜서 형질들이 후손에게 어떻게 전달되는지를 알아내는 것이었다. 멘델은 뚜렷한 특성을 지닌 식물들을 발생시키는 다양한 씨앗들을 살 수 있었기 때문 만이 아니라 실질적인 여러 이유들로 완두를 선택하였다. 멘델은 식물의 키와 꽃 색깔처럼 두 형태가 분명히 구별되고, 각각 다르게 표현되는 일곱 가지의 뚜렷한 형질에 초점을 맞추어 선택하였다(표 4-1). 멘델은 여러 세대 동안 식물들을 교잡시켜

표 4-1 멘델이 비교한 완두콩의 일곱 가지 형질들

형질	우성 대립형질	열성 대립형질
키	크다	작다
씨앗 색깔	노란색	초록색
씨앗 모양	둥글다	주름지다
꽃 색깔	자주색	하얀색
꽃 위치	줄기 전체	줄기 끝
꼬투리 색깔	초록색	노란색
꼬투리 모양	팽창형	수축형

여러 가지 특성들을 갖는 개체들의 수를 세었다. 몇 년 동안의 연구 결과, 멘델은 다음과 같은 결론을 이끌어냈으며 현대 유전학적 용어로써 아래와 같이 표현되고 있다.

1. 식물의 형질은 유전 인자(또는 단위)에 의해 결정되었다. 이는 후에 **유전자**(遺傳子, gene)라고 명명되었다. 각 식물은 한 형질의 발달을 조절하는 1쌍의 유전자를 보유하고 있었으며, 각각은 양친으로부터 유래하였다. 이 2개의 복사본은 서로 동일하거나 또는 다를 수 있었다. 한 유전자의 대립하는 형질을 **대립인자**(對立因子, allele)라고 한다. 연구된 일곱 가지의 형질 각각에 대해, 두 대립인자 중 하나는 다른 것에 대해 우성이었다. 같은 식물에서 두 대립인자가 함께 존재하면, 열성 대립인자의 존재는 우성에 의해 가려졌다.
2. 식물에 의해 만들어진 각 생식세포(배우자)는 각각의 형질에 대한 유전자의 단 하나의 복사본만 갖고 있었다. 한 특정한 배우자는 일정한 형질을 나타내는 열성 또는 우성 대립인자 중 어느 하나를 가질 수 있었으며, 둘 모두를 가질 수 없었다. 각 식물은 웅성 및 자성 배우자의 결합으로 생겨났다. 결과적으로, 식물에서 각 유전자를 지배하는 대립인자들 중 하나는 모계로부터, 다른 하나는 부계로부터 유전되었다.
3. 어떤 형질을 지배하는 대립인자 쌍이 한 개체의 식물에서 일생 동안 유지되기는 하지만, 이들은 배우자가 형성되는 동안 서로 분리되었다. 이러한 관찰이 멘델의 독립의 법칙에 대한 기초를 마련하였다.
4. 한 형질에 대한 대립인자 쌍의 분리는 또 다른 형질에 대한 대립인자의 분리에 아무런 영향도 주지 못하였다. 예를 들면, 특정 배우자는 씨앗 색깔을 지배하는 부계 유전자와 씨앗 모양을 지배하는 모계 유전자를 받을 수 있었다. 이러한 관찰이 멘델의 독립분리의 법칙에 대한 기초를 마련하였다.

멘델은 그의 연구 결과들을 브륀 자연사학회(Natural History Society of Brünn) 회원들에게 발표하였으나, 발표에 대한 토론 내용이 회의록에 기록되지 않았다. 멘델의 실험은 1866년 브륀 학회지에 실렸으나 그가 죽고 16년이 지난 1900년까지 주목을 받지 못하였다. 그 해에 세 명의 유럽 식물학자들은 독자적으로 동일한 결론을 내리고, 35년 동안 전 유럽의 수많은 도서관 서가에 방치되어 있던 멘델의 논문을 재발견하게 되었다.

4-2 염색체: 유전자의 물질적 운반체

멘델은 유전형질이 별개의 인자인 유전자에 의해 지배된다는 분명한 증거를 제시하였지만, 그의 연구는 이 인자들의 물리적 특성이나 생물체 속 위치에 대해서는 전혀 다루어지지 않았다. 멘델의 연구와 그의 재발견 사이의 기간 동안에, 많은 생물학자들은 세포에서 유전에 관한 물리적 기초와 같은 다른 측면에 대하여 관심을 갖게 되었다.

4-2-1 염색체의 발견

1880년대까지 유럽의 여러 생물학자들은 세포의 작용들을 면밀하게 연구하고 있었고, 새로 규명되는 세포 구조들을 관찰하기 위하여 개량된 광학현미경을 이용하였다. 이 과학자들 어느 누구도 멘델의 연구를 몰랐지만, 그들은 유전 특성을 지배하는 것이 무엇이든지 세포에서 세포로, 그리고 세대에서 세대로 전달될 것이라는 사실은 이해하고 있었다. 이와는 별개로 복잡한 동식물을 구성하고 유지하는 데 필요한 모든 유전정보는 단일 세포 안에 들어갈 수 있어야 한다는 중요한 인식을 하게 되었다. 1880년대 초 독일의 생물학자 월터 플래밍(Walther Flemming)은 분열 중인 세포를 관찰하여 세포를 분리시키는 고랑을 따라 생기는 면에 의해 세포질 내용물들이 한 딸세포와 다른 딸세포로 무작위로 배분된다는 사실을 밝혀냈다. 이와는 달리, 세포는 핵 내용물을 딸세포들 사이에 균일하게 나누려고 하는 뚜렷한 경향을 보였다. 세포분열 하는 동안 핵물질은 눈으로 볼 수 있는 "실가닥" 모양을 갖게 되어서, 이는 "색깔을 띠는 구조"라는 뜻으로 **염색체**(染色體, chromosome)로 명명되었다.

이즈음, 수정 과정이 관찰되었고, 정자와 난자 두 배우자의 역할에 대해서도 알려졌다. 정자는 작은 세포이기는 하지만, 훨씬 더 큰 난자만큼 유전적으로 중요하다는 것도 알려져 있었다(그림 4−2). 매우 다른 이 두 세포들이 갖는 공통점은 무엇이었을까?

가장 뚜렷한 특징은 핵과 염색체였다. 수컷에서 제공되는 염색체의 중요성은 독일 생물학자 데오도르 보베리(Theodore Boveri)의 정상적인 경우 1개이지만, 그와 달리 2개의 정자가 수정된 성게 알에 관한 연구를 통해 분명해졌다. 다정자수정(多精子受精, *polyspermy*)이라고 하는 이런 현상은 세포분열을 방해하거나 배아가 초기에 죽는 특징이 있다. 어째서 훨씬 큰 난자 속의 작은 정자핵 하나가 더 있는 것이 그렇게 처절한 결과를 초래하게 될까? 두 번째 정자는 여러 벌의 염색체와 여분의 중심립을 주게 되는 것이다. 이 부가적인 성분들 때문에 딸세포들이 다양한 수의 염색체들을 받게 되고, 배아의 비정상적인 세포분열이 야기되는 것이다. 보베리는 "정상적인 발생과정은 염색체들의 특별한 조합에 의존하며, 이는 각각의 염색체들이 서로 다른 특성을 지닐 수밖에 없음을 의미 한다"는 결론을 내렸다. 이것이 염색체들 사이에 질적인 차이가 존재한다는 최초의 증거였다.

회충속(*Ascaris*)의 일종에서 수정 후에 일어나는 과정들이 가장 면밀하게 연구되었는데, 소수의 염색체들은 크기 때문에, 오늘날 생물학 실험에서 관찰할 수 있는 것처럼, 19세기에도 쉽게 관찰할 수 있었다. 1883년, 벨기에 생물학자인 에드워드 반 베네덴(Edouard van Beneden)은 그 회충 몸의 세포에는 4개의 커다란 염색체들이 있으나, 수정 직후 난자 속에 있는 암컷과 수컷의 핵 하나에는 염색체가 2개씩 밖에 없다는 사실에 주목하였다(그림 4-2). 이와 같은 시기에, 감수분열(減數分裂, meiosis) 과정이 알려졌고, 1887년에는 독일의 생물학자 오거스트 바이스만(August Weismann)이 감수분열은 배우자 형성 이전에 비해 염색체 수가 "반으로 줄어드는 분열"임을 제안하였다. 만일 감수분열이 일어나지 않아서, 각 배우자가 성체 세포와 같은 수의 염색체를 갖는 상태로 두 배우자가 결합하면 자손 세포의 염색체 수는 2배가 될 것이다. 그렇다면, 염색체의 수는 매 세대가 지날 때마다 2배가 되어야 하는데, 그런 일은 일어나지도 않고, 일어날 수도 없다.[1]

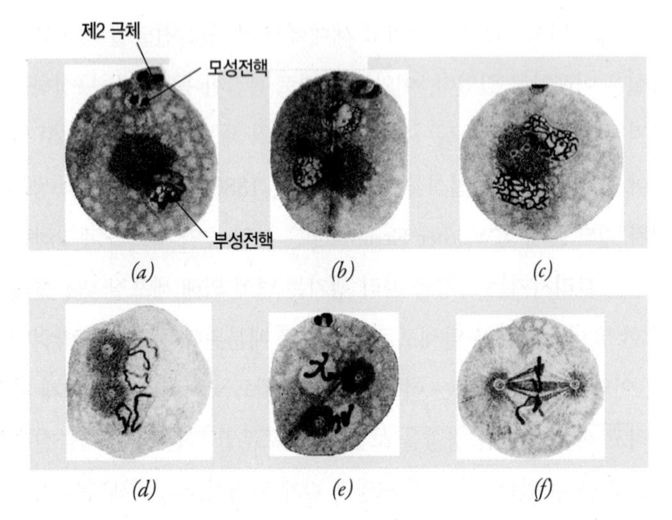

그림 4-2 19세기 고전적 연구에서 보고된 회충속(*Ascaris*) 기생충의 한 종에서, 수정 후 일어나는 변화들. 암컷과 수컷 배우자 모두 2개의 염색체를 포함하고 있다. 난자 세포질 안에서 정자와 난자 핵(전핵이라 부름)이 융합(*e*와 *f* 사이)하여 4개의 염색체를 갖는 접합자가 만들어진다. *a*에 보이는 제2 극체는 이전 감수분열에서 생긴 것이다.

4-2-2 유전정보 운반체로서의 염색체

멘델 연구의 재발견과 확인은 세포생물학 연구에 즉각적인 반향을 불러 일으켰다. 유전 단위의 운반체는 물리적 성질이 무엇이든, 멘델의 법칙과 일치하는 방식으로 행동할 수 밖에 없었다. 1903년 컬럼비아대학교(Columbia Univercity)의 대학원생이던 월터 서튼(Walter Sutton)은 멘델이 제시한 유전인자의 물리적 운반체는 염색체라고 직접 지목하는 논문을 발표하였다. 서튼은 뒤이어 메뚜기의 정자세포 발생을 연구하여, 회충에서처럼 크고 쉽게 관찰되는 염색체들을 찾아냈다. 정자를 만들어내는 세포를 정원세포라고 하며, 이들은 2회의 서로 다른 유형의 세포분열을 거친다. 정원세포는 체세포분열로 나뉘어져 더 많은 정원세포들을 생산하거나, 감수분열에 의해 정자로 분화하는 세포들을 만들어낸다(그림 14-41). 서튼은 메뚜기 정원세포의 유사분열 시기를 관찰하여 23개의 염색체들의 수를 확인하였다. 23개 염색체들의 모양과 크기를 주도 면밀하게 조사하여 "꼭 빼닮은" 쌍들이 존재한다는 사실을 발표하였다. 11쌍의 염색체와 쌍으로 되어 있지 않은 하나의 부속염색체(*accessory chromosome*, 후에 성을 결정하는 X 염색체라고 밝혀짐)를 식별할 수 있었다. 서튼은 각 세포 안에 **상동염색체**(相同染色體, homologous chromosome)라고 부르는 염색체 쌍이 있음을 알아냈고, 이는 멘델에 의해 규명된 유전인자 쌍과 정확하게 일치하

[1] 감수분열 과정에서 일어나는 일들을 기억하지 못하는 독자들은 진핵생물의 생활사에서 일어나는 주요 과정들을 논의한 14-3절을 읽기 바란다.

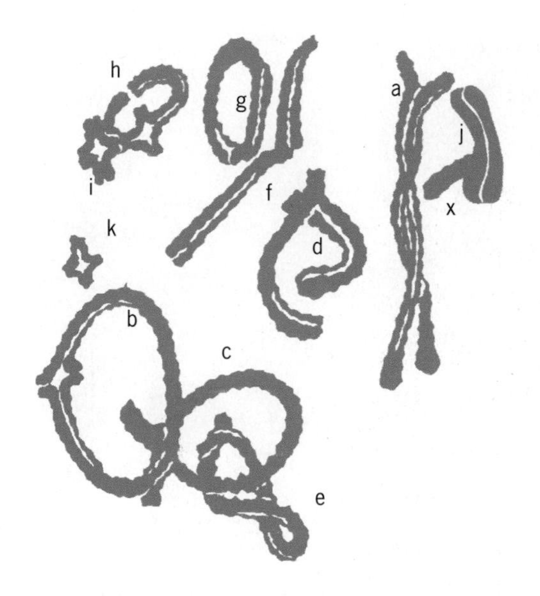

그림 4-3 **상동염색체들.** 감수분열 전기에 결합되어 2가 염색체를 형성하는 수컷 메뚜기의 상동염색체를 나타낸 셔튼의 그림. 11쌍의 상동염색체들(*a-k*)과 하나의 X 염색체가 보인다.

는 것이었다.

셔튼은 감수분열이 막 시작되는 세포의 염색체를 조사하여, 각 쌍의 염색체들은 서로 합쳐져서 2가(二價, *bivalent*) 염색체라고 하는 복합체를 형성하는 사실을 알아냈다. 11개의 2가 염색체가 보였고, 각각 두 상동염색체가 만나는 부위에서 약간 함몰되어 있는 모습을 보였다(그림 4–3). 뒤이어 일어나는 1차 감수분열로 두 상동염색체들이 분리된 세포들로 나뉘어졌다. 이것이 이론적 토대 위에서 바이스만(Weismann)이 15년 먼저 제안한 감수분열이었다. 유전인자는 개체의 생애 동안 함께 쌍으로 존재하다가 배우자를 형성할 때 서로 분리된다는 멘델의 제안에 대한 물리적 기초가 있었다. 셔튼이 관찰한 감수분열은 멘델의 다른 관찰들도 설명해주었다. 즉 배우자는 각 유전자의 한 벌 만을 갖고, 한 대립인자를 포함하는 배우자의 수와 다른 대립인자를 포함하는 수는 같으며, 수정으로 두 배우자가 결합되어 각 형질에 대한 두 대립인자를 갖는 개체가 만들어진다. 그러나 많은 의문들에 대해 대답하지 못하고 있었다. 예를 들면, 염색체 안에서 유전자들이 어떻게 체제화 되어 있고 특수한 유전자들의 위치를 어떻게 알아낼 수 있었을까?

4-2-2-1 연관군으로서의 염색체

셔튼은 염색체 행동과 멘델의 대립인자 사이의 연관성을 분명하게 알았으며, 그는 또한 확연한 의문점 하나를 찾아냈다. 멘델은 일곱 가지 형질을 조사하여 각 형질은 독립적으로 유전된다는 사실을 알아냈다. 이 관찰은 멘델의 독립분리법칙의 기초를 마련하였다. 만일 실로 구슬을 꿰맨 것처럼 유전자들이 염색체 상에서 함께 묶여져 있다면, 유전자들은 염색체가 다음 세대로 전달되듯이 양친에서 자손으로 함께 전달될 것이다. 동일한 염색체 위의 유전자들은 마치 서로 연결된(*linked*) 것처럼 작용한다. 즉, 이들은 동일한 **연관군**(聯關群, linkage group)의 일부가 된다.

멘델의 일곱 가지의 형질들은 어떻게 해서 독립적으로 분리된 것일까? 그들 모두 다른 연관군 즉 다른 염색체 상에 존재하였을까? 공교롭게도 완두는 상동염색체 7쌍을 갖고 있다. 멘델의 각 형질을 지배하는 유전자들은 다른 염색체에 존재하거나 동일한 염색체 상에서 독립적으로 작용할 정도로 멀리 떨어져 있다. 셔튼의 연관군에 대한 예언은 곧 확인되었다. 2년 이내에, 완두콩의 두 형질(꽃 색깔과 꽃가루 모양)에 대한 유전자들이 서로 연관되어 있는 것으로 알려졌고, 염색체 연관에 대한 다른 증거도 빠르게 축적되었다.

4-2-3 초파리의 유전적 분석

유전학 연구가 곧 하나의 특별한 생물체인 초파리속(*Drosophila*) 곤충에 집중되었다(그림 4–4). 초파리는 10일 정도의 세대기간(알에서 성적 성숙기인 성체까지)을 가지며 일생동안 1,000개까지 알을 낳는다. 더욱이 초파리는 매우 작아서, 많은 개체수를 유지할 수 있고 가두거나 사육하기가 쉬우며 비용이 적게 든다. 1909년, 컬럼비아대학교(Columbia Univercity)의 토마스 헌트 모르건(Thomas Hunt Morgan)은 초파리를 이상적인 실험동물로 생각하여 유전학 연구의 새 지평을 열게 되는 일을 시작하였다. 이 곤충으로 연구를 시작하면서 한 가지 주된 약점이 있었는데, 그것은 실험에 사용할 수 있는 계통이 단하나, **야생형**(野生型, wild type) 밖에 없었던 것이다. 멘델은 여러 가지 완두 씨앗들을 구입하기만 하면 되었으나, 모르건은 다양한 형질을 갖는 초파리들을 생산해내야 하였다. 모르건은 충분한 수의 초파리들을 사육하면 야생형에서 변종들이 생겨날 것으로 기대하였다. 수천 마리의 초파리들을 관찰한 후 1년 만에 그는 야생형과는 유전적 특징이 확연히 다른 개체인 최초의 **돌**

연변이체(突然變異體, mutant)를 찾아냈다. 정상 야생형의 눈은 빨간색이었는데, 그 돌연변이체는 흰 눈을 가졌다(그림 4–4).

1915년까지, 모르건과 그의 제자들은 다양하게 변형된 구조들을 갖는 85 종류의 돌연변이체들을 찾아냈다. 드물게 나타나는 자발적인 변화인 **돌연변이**(突然變異, mutation)는 유전자에서 일어나 영속적으로 유지되기 때문에 변화된 형질은 한 세대에서 다음 세대로 전달된다. 유전자에서의 자발적이고 유전적인 변화에 대한 설명은 초파리 유전학 연구를 훨씬 뛰어넘는 결과들을 얻어냈다. 그것은 진화론에서 필수적인 유대에 대한 증거, 즉 집단 안에 존재하는 다양성의 기원에 대한 기작을 제시하였다. 유전자 변이체들이 저절로 발생될 수 있다면, 고립된 집단이 유전적으로 서로 달라지고 결국에는 새로운 종이 생겨날 수 있는 것이다.

돌연변이는 진화에서 필요한 일이기는 하지만, 유전학자들에게는 야생형 상태를 비교할 수 있도록 해주는 하나의 도구이다. 초파리 돌연변이체들은 서로 분리되어 있었기 때문에 실험실에서 집단으로 사육되고 잡종 교배시킬 수 있었다. 예상대로, 85개의 돌연변이들이 모두 독립적으로 분리되지는 않았으므로, 모르건은 이들이 4개의 서로 다른 연관군에 속한다는 사실을 알아냈고, 그것들 중 하나가 소수의 돌연변이 유전자를 지니고 있었다(1,915개 중 2개). 이러한 발견은 초파리 세포가 4쌍의 상동염색체(그 중 하나는 매우 작음)를 갖는다는 관찰과 정확하게 일치하였다(그림 4–5). 이제 유전자들이 염색체 상에 존재한다는 것은 거의 의심의 여지가 없게 되었다.

그림 4-4 **노랑초파리(*Drosophila melanogaster*).** 야생형 암컷 초파리와 흰 눈을 갖고 있는 돌연변이형 수컷의 사진.

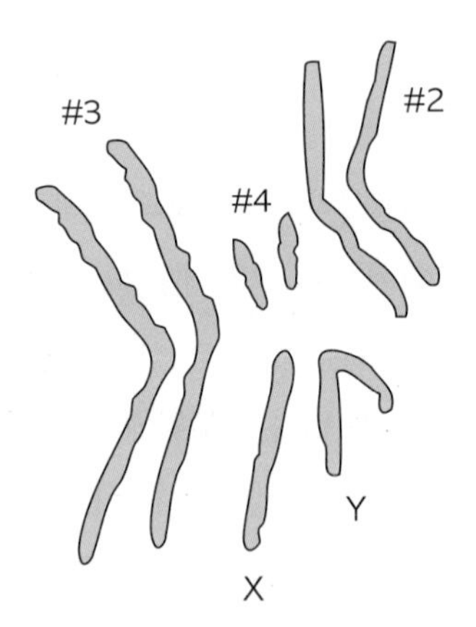

그림 4-5 **초파리는 4쌍의 상동염색체를 갖고 있으며, 그 중 1쌍은 아주 작다.** 서로 닮지 않은 염색체 쌍은 성을 결정하는 염색체들이다. 사람과 마찬가지로 수컷 초파리는 XY이고 암컷은 XX이다.

4-2-4 교차와 재조합

유전자들이 모여 연관군으로 존재하는 것은 확인되었으나, 동일한 염색체에서 대립인자들 사이의 연관에 관해서는 잘 알려져 있지 않았다. 바꾸어 말하자면, 원래 한 염색체에 함께 존재하는 짧은 날개 및 검은 체색(그림 4–7에서처럼)과 관련된 2개의 다른 유전자들의 대립인자들은 배우자 형성 과정에서 언제나 함께 존재하는 것은 아니었다. 분리된 상동염색체 위의 각 유전자에 의해 나타나는 모계 및 부계 형질들은 섞여져서 결국 배우자의 동일한 염색체 위에 존재하게 된다. 반대로, 동일한 염색체 위에서 함께 유전되는 두 형질은 배우자가 분리된 후 서로 나누어지게 된다.

1911년, 모르건은 연관에서 "절단(breakdown)"에 대해 설명하였다. 2년 앞서, 얀센(F. A. Janssens)은 2가의 상동염색체가 감수분열 동안 서로 감겨져 있는 모습을 관찰하였다(그림 4–6). 얀센은 모계 및 부계 염색체 사이의 이러한 상호작용은 절단과 조각의 교환을 초래하게 된다고 제안하였다. 이 제안을 적용하여, 모르건은 **교차**(交叉, crossing over) 또는 **유전자 재조합**(遺傳子 再組合, genetic recombination)이라는 현상으로 기대되지 않았던 유전형질

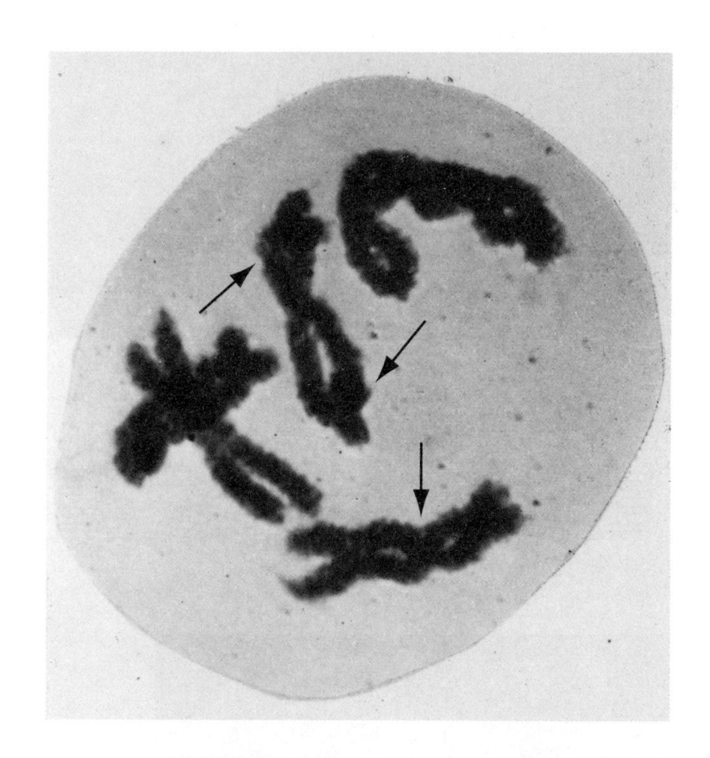

그림 4-6 **교차현상을 보여주는 부분들.** 백합의 감수분열 중인 세포 사진에서 보는 바와 같이, 상동염색체는 감수분열 중에 서로 감싸고 있다. 두 염색체가 교차되는 지점을 교차점[chiasma(복수는 chiasmata), 화살표]이라고 하며, 초기에 교차가 일어나는 자리이다.

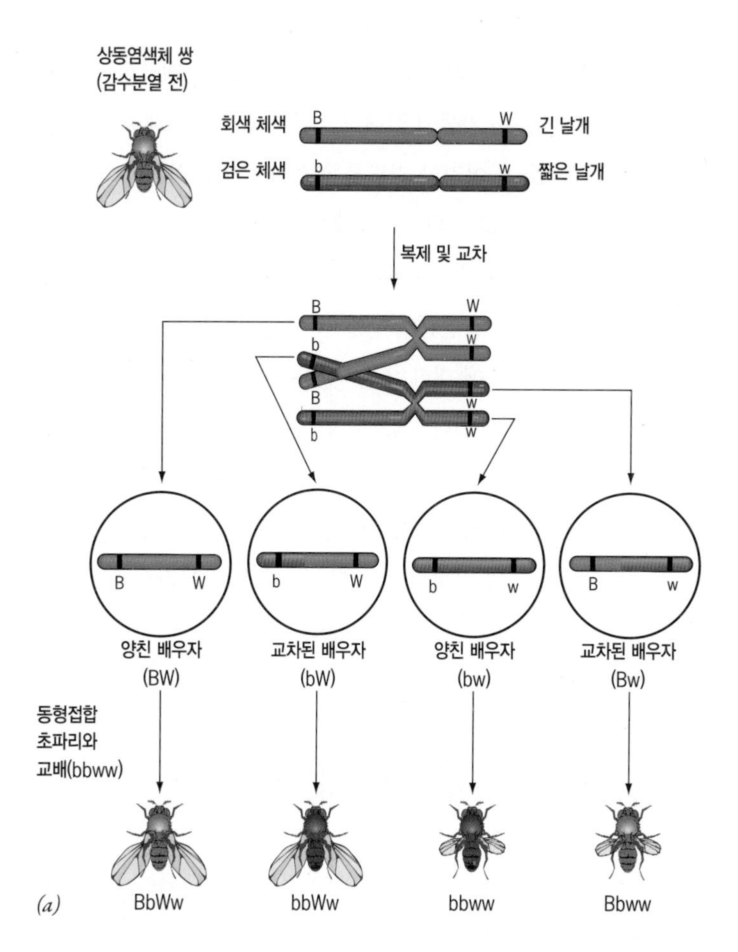

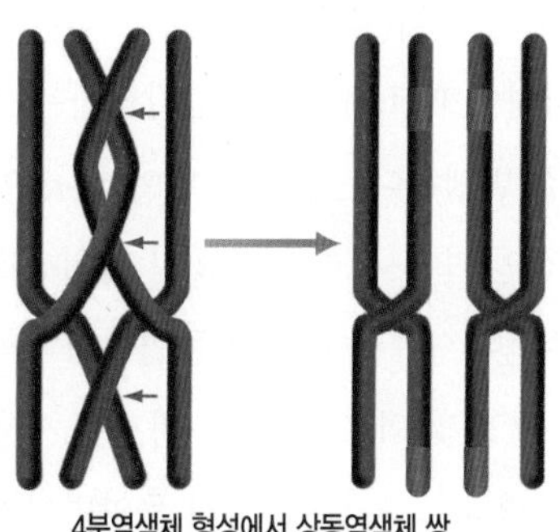

그림 4-7 **교차는 모계 염색체와 부계 염색체 사이에서 대립형질을 뒤섞는 효과를 가져 온다.** (*a*) 초파리 2번 염색체의 이형접합자(異形接合子)에서 한 번의 교차 및 그로부터 만들어진 배우자를 보여주는 그림. 교차가 일어난 배우자 어느 한 쪽이 수정되면 자손은 어느 쪽 양친도 갖지 않았던 대립인자가 혼합된 염색체를 갖게 된다. (*b*) 감수분열 하는 동안에 세 번의 교차(빨간색 화살표)가 일어나 형성된 2가(4분)염색체.

의 조합을 갖는 자손(재조합체, *recombinant*)이 출현하는 기작을 설명할 수 있다고 제안하였다. 교차의 예가 〈그림 4-7〉에 나타나 있다.

동일한 염색체 위에 있는 여러 다양한 대립인자들을 지닌 성체들 사이에서 반복적으로 교차가 이루어진 후 자손들을 분석해보면 (1) 눈 색깔 및 날개 길이와 같은 한 염색체 상의 특정 유전자 쌍 사이의 재조합률은 기본적으로 일정하며, (2) 눈 색깔과 날개 길이 대 눈 색깔과 몸 색깔과 같은 서로 다른 유전자 쌍들 사이의 재조합율은 매우 다르다는 사실을 보여주었다.

특정 유전자 쌍이 교차가 일어날 때마다 거의 비슷한 재조합 빈도를 보인다는 사실은 염색체에서의 유전자의 위치(**자리**: 복수는 loci, 단수는 locus)가 고정되어 있어서 초파리들 사이에서 다르지 않다는 것을 강력하게 암시하였다. 각 유전자의 자리가 고정되어 있다면 두 유전자 사이에서의 재조합 빈도는 두 유전자 사이에 떨어져 있는 거리를 가늠하게 해줄 수 있다. 염색체 상의 두 위치에서 절단이 일어날 경우 그 거리가 크면 클수록 나누어질 가능성이 커지기 때문에 재조합 빈도도 더 커지게 된다. 1911년 컬럼비아대학교(Columbia Univercity)의 학부생으로 모르건 실험실에서 연구하고 있던 알프레드 스튜어트반(Alfred Sturtevant)은 재조합 빈도는 한 염색체에서 각 유전자들의 상대적인 위치를 그리는 데 이용할 수 있을 것이라 믿었다. 이러한 지도를 작성하는 원리의 한 예를 〈그림 4-7〉에서 보여주고 있다. 이 예에서, 초파리 날개 길이와 몸 색깔에 대한 유전자들은 염색체 상에서 서로 상당히 멀리 떨어져 있어서, 절단과 교차에 의해 연관되지 않을 것으로 보인다. 이와는 반대로, 눈 색깔과 몸 색깔에 대한 유전자들은 서로 매우 가깝게 위치하기 때문에 연관되기가 쉽다. 재조합 빈도를 사용하여 당시 가장 뛰어난 유전학자 중 한 사람이 된 스튜어트반은 초파리 4개 염색체의 유전자들의 연속된 순서에 대한 상세한 지도를 작성하였다. 재조합 빈도는 다양한 종류의 진핵생물 종뿐만 아니라, 바이러스에서 세균(bacteria)에 이르기까지 염색체 지도를 만드는 데 이용되고 있다.

4-2-5 돌연변이유발 및 거대 염색체

돌연변이체에 대한 연구는 유전자들이 저절로 변화되어 나타나야 가능했기 때문에 유전학 연구 초기에는 느리고 지루한 과정을 거쳤다. 1927년, 열성 대립인자의 존재를 밝히기 위해 설계된 특별한 계통의 초파리를 이용하여, 뮬러(H. J. Muller)는 치사량 이하의 엑스-선(X-ray)을 조사하여 대조군에서 자연발생하는 경우보다 돌연변이가 100배 더 잘 발생된다는 사실을 알아냈다. 이 발견은 중요한 결과였다. 실질적인 면에서, 엑스-선이나 자외선과 같은 돌연변이원의 사용으로 유전학 연구에 유용한 돌연변이체의 수는 크게 늘어났다. 이 관찰은 산업 및 의료분야에서 방사선 사용의 증가에 대한 위험성도 지적하였다. 오늘날, 초파리 돌연변이들은 흔히 사육 배지에 화학돌연변이원(에틸 메탄 설폰산, ethyl methane sulfonate)을 첨가함으로써 만들어지고 있다.

1933년 어떤 곤충 세포에서 텍사스대학교(Texas Univercity)의 테오필러스 페인터(Theophilus Painter)가 어떤 곤충 세포에서 거대염색체를 재발견하여 생물학에서의 기본 원리를 설명하였다. 생물들 간에 거시적 수준뿐만 아니라 세포 및 그 이하 수준에서도 커다란 변이가 존재하기 때문에, 특정한 유형의 세포는 특정한 연구 분야에 훨씬 유용해진다. 초파리 유생의 침샘세포에는 다른 부

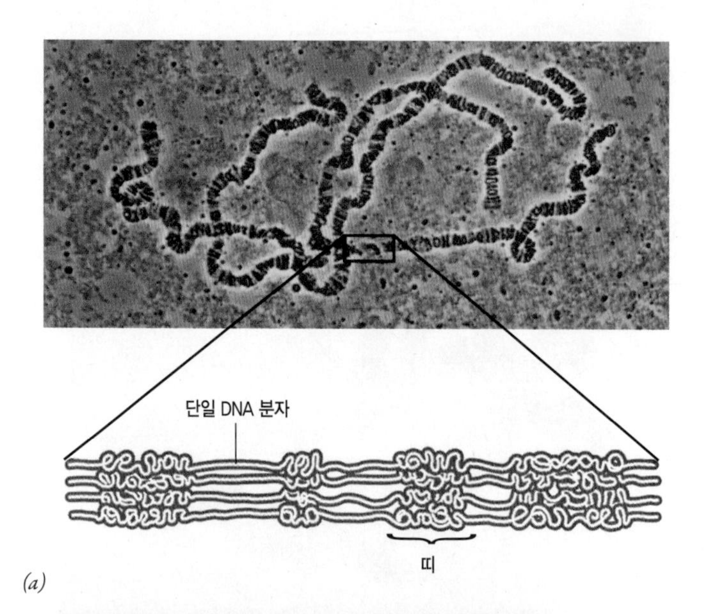

(*a*)

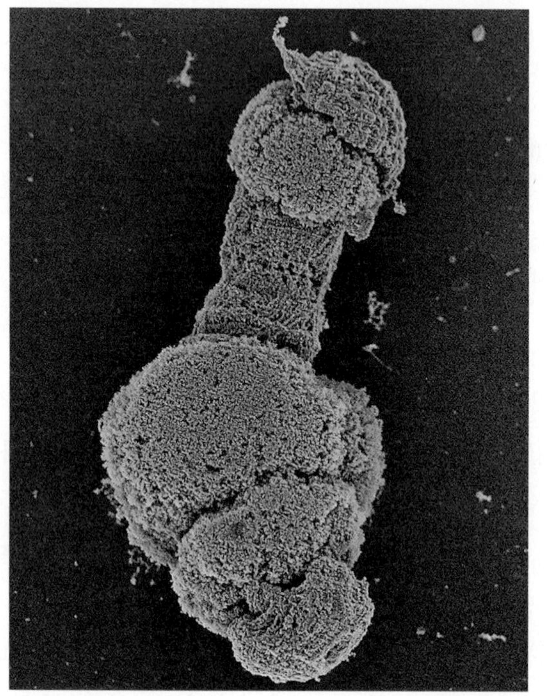
(*b*)

그림 4-8 곤충 애벌레의 거대 다사염색체. (*a*) 초파리 유생의 침샘에서 나온 거대 다사염색체로서 어둡게 염색되어 뚜렷하게 보이는 수천 개의 띠가 보인다. 띠들은 특정 유전자들이 존재하는 부위로 밝혀졌다. 삽입된 그림은 다사염색체가 다수의 각 DNA 분자들로 어떻게 구성되는지 보여주고 있다. 염색된 띠는 DNA가 더 조밀하게 응축된 부위에 해당한다. (*b*) 깔다구속(*Chironomus*) 곤충 애벌레에 있는 거대 다사염색체의 주사전자현미경 사진은 특정 부위가 부풀어서 "퍼프(puff)"를 형성한 것을 보여준다. 염색체 퍼프는 DNA가 매우 활발하게 전사되고 있는 부위이다.

위의 세포에 있는 염색체보다 100배 더 두꺼운 염색체들이 포함되어 있다(그림 4-8*a*). 유생 발생과정에서 이 세포들은 분열을 멈추고, 성장을 유지한다. DNA 복제는 계속되어, 수많은 세포들에서 일어나는 고도의 분비작용을 유지하는 데 필요한 유전물질을 공급하게 된다. 복제된 DNA 가닥은 측면배열로 옆에 부착하게 되어 정상 염색체의 DNA 가닥의 수보다 1,024배 많게 된다(그림 4-8*a*의 삽입도).

이와 같은 특별한 **다사염색체**(多絲染色體, polytene chromosome)는, 이름에서와 같이, 염색하여 현미경으로 관찰해보면 약 5,000개의 띠로 보이는 미세한 구조들이 많이 있는 것을 볼 수 있다. 띠 유형은 1개체의 세대 간에는 기본적으로 일정하지만 초파리 속의 다른 종들 간에는 상당한 차이가 관찰된다. 페인터는 곧 개개의 띠가 특정 유전자와 관련된 것임을 알아냈다. 거대 염색체 상에 있는 이 유전자들의 상대적인 위치는 재조합 빈도에 따라 그려진 유전자 지도를 토대로 예상되는 결과와 일치하여 전체 지도 작성 과정에 대한 확실한 시각적 정보를 얻을 수 있게 되었다.

곤충의 거대 염색체는 다른 면으로도 유용하다. 다른 종의 다사염색체들 사이의 띠 유형유형의 비교는 염색체 수준에서 진화상의 변화를 알 수 있는 더 할 나위 없이 좋은 기회를 제공하였다. 더불어, 이 염색체들은 비활성 세포구조들이 아니라, 특정 발생시기에서 특정부위가 부풀어지는 역동적인 구조이다(그림 4-8*b*). 이러한 염색체 퍼프는 DNA가 빠른 속도로 전사되고 있는 부위로서 유전자 발현에 대해 직접 눈으로 볼 수 있는 최고의 예들 중 하나이다(그림 18-21*a* 참조).

복습문제

1. 연관군이란 무엇인가? 그것과 염색체와의 관계는? 한 종에서 연관군의 수를 어떻게 알 수 있는가?
2. 염색체 상의 유전자 위치를 결정하는 과정에 유전자 돌연변이가 어떻게 활용되는가?
3. 불완전 연관은 무슨 뜻인가? 감수분열 과정에서 이것은 상동염색체와 무슨 관계가 있는가?
4. 곤충의 다사염색체들은 정상 염색체들과 어떻게 다른가?

4-3 유전자의 화학적 성질

대표적인 유전학자들이 유전형질의 전달을 조절하는 규칙과 유전자와 염색체의 관계를 밝혀냈다. 1934년 모르건(T. H. Morgan)은 노벨상 수락연설에서, "유전학 실험이 가능한 수준에서, 유전자가 가상적인 단위인지 아니면 물질 입자인지의 차이는 별로 중요하지 않다"고 말하였다. 그러나, 1940년대까지 새로운 많은 의문들이 있어 왔으나 그 중에 제일은 "유전자의 화학적 성질이 무엇인가"였다. 이 질문에 답하는 실험은 이 장의 끝 부분 〈실험 경로〉에 요약되어 있다. 일단 유전자들이 DNA로 이루어진 것이 분명해진 다음, 생물학자들은 새로운 의문점에 봉착하였다. 그 질문들이 이 장의 나머지 부분을 채우게 될 것이다.

4-3-1 DNA의 구조

복잡한 거대분자의 작용을 이해하기 위해서는—그것이 단백질, 다당류, 지질, 또는 핵산이건—그 물질이 어떻게 이루어져 있는지 아는 일이 필수적이다. DNA 구조의 비밀은 1950년대에 미국과 영국의 많은 실험실들에서 연구되어졌으며, 1953년 캠브리지대학교(Cambridge Univercity)의 제임스 왓슨(James Watson)과 프랜시스 크릭(Francis Crick)에 의해 밝혀졌다. 그들이 제시한 DNA 구조를 설명하기 전에 당시 알려져 있던 사실들을 생각해보자.

4-3-1-1 염기 조성

DNA를 구성하는 기본 단위는 **뉴클레오티드**(nucleotide)로 알려져 있으며, 이것은 5탄당인 데옥시리보오스(deoxyribose)의 5번 탄소 위치에 인산 하나가 에스테르 결합을 이루고, 1번 탄소 위치에 질소 염기가 하나 결합되어 있다(그림 4-9*a*,*b*).[2] 핵산에는 두 종류의 염기가 있는데, 단일 고리로 이루어진 **피리미딘**(pyrimidine)과 두 고리로 이루어진 **퓨린**(purine)이다 (그림 4-9*c*). DNA는 2개의 피리미딘인 티민(*thymine*, *T*)과 시토신(*cytosine*, *C*) 및 2개의 퓨린인 구아닌(*guanine*, *G*)과 아데닌(*adenine*, *A*)으로 이루어져 있다. 뉴클레오티드들은 당과 인산기가 3′-5′-인산디에스테르 결합(*phosphodiester bond*)을 하여 골격을 이루면서 서로 공유결합하여

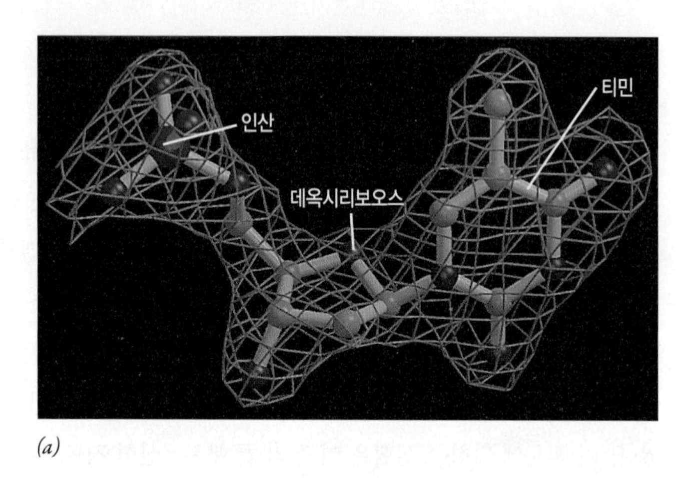

(a)

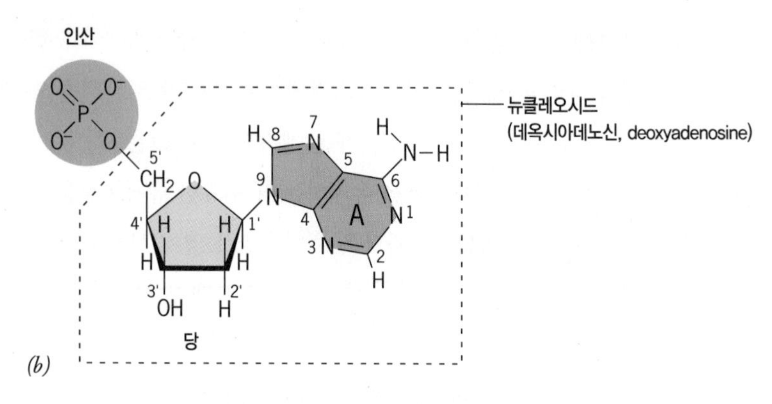

(b)

당 인산 골격

5′끝

3′끝

(c)

그림 4-9 DNA의 화학적 구조. (*a*) 티민 염기를 포함하는 DNA 뉴클레오티드 모형; 데옥시티미딘 5′-일인산(dTMP). 그물 구조는 이 분자를 구성하는 원자들의 전자밀도를 나타낸다. (*b*) 아데닌 염기를 포함하는 DNA 뉴클레오티드의 화학적 구조, 즉 이 분자는 데옥시아데노신 5′-일인산 (dAMP)이다. 뉴클레오티드는 뉴클레오시드가 인산에 결합되어 구성된다. 즉, 이 분자의 뉴클레오시드 부분(즉, 데옥시아데노신)은 점선으로 둘러싸여 있다. (*c*) 4개의 뉴클레오티드를 보여주는 단일 DNA 가닥의 한 부분에 대한 화학적 구조.

일직선 모양의 중합체, 즉 가닥을 형성한다. 각 당에 부착된 염기들은 선반을 쌓아놓은 것과 같이 기둥으로부터 돌출되어져 있는 것으로 여겨진다.

뉴클레오티드는 방향성 구조로서, 인산이 위치하는 한쪽 끝은 5′끝(*5′ end*), 다른 쪽 끝은 3′끝(*3′ end*)이라고 한다. 한 가닥에 쌓여진 뉴클레오티드들 각각은 같은 방향으로 향하고 있기 때문에 전체 가닥은 방향성을 지니게 된다. 가닥의 한 쪽 끝은 3′끝, 다른 쪽은 5′끝이다(그림 4-9*c*). 엑스-선 회절로 분석하여 보면 기둥을 형성하는 뉴클레오티드들 간의 거리는 3.4Å(0.34nm)로서 매 3.4nm 마다 반복되는 구조가 있음을 암시하였다.

여러 해 동안 DNA는 TGCATGCATGC처럼 4개의 뉴클레오티드가 단순 반복되어 구성된 것으로 생각되어졌으나, 그렇게 되어서는 정보를 지닌 거대분자로 작용할 수 없다. 1950년, 컬럼비아대학교(Cambridge Univercity)의 어윈 샤가프(Erwin Chargaff)는 4-뉴클레오티드 설(tetranucleotide theory)에 치명타를 입히고 DNA 구조에 대한 생생한 정보를 알려 주었던 중요한 발견을 보고하였다. DNA의 뉴클레오티드 서열이 중요성에 대한 실마리를 쥐고 있다고 믿었던 샤가프는 DNA 시료 내 각 염기들의 상대적인

[2] 여기서 약간의 용어들을 소개할 필요가 있다. 〈그림 4-9〉에서 5탄당에 연결된 4개의 질소염기들 중 하나로 구성된 분자를 뉴클레오시드라고 한다. 당이 데옥시리보오스이면, 그 뉴클레오시드는 데옥시리보뉴클레오시드가 된다. 부착된 염기에 따라 4개의 중요한 데옥시리보뉴클레오시드, 즉 데옥시아데노신, 데옥시구아노신, 데옥시티미딘, 데옥시시티딘 등이 있다. 뉴클레오시드에 하나 또는 그 이상의 인산기가 결합(일반적으로 5번 위치, 그렇지 않은 경우는 3번 위치)되어 있으면 그 물질을 뉴클레오티드라고 한다. 인산의 수에 따라 뉴클레오시드 5′-일인산, 뉴클레오시드 5′-이인산, 뉴클레오시드 5′-삼인산이 있다. 이들에 대한 예들로서는 데옥시아데노신 5′-일인산(dAMP), 데옥시구아노신 5′-이인산(dGDP), 및 데옥시시티딘 5′-삼인산(dCTP)이다. RNA 대사에 관여하는 유사한 뉴클레오시드와 뉴클레오티드에는 당으로 데옥시리보오스가 아니라 리보오스가 포함되어 있다. 아데노신 삼인산(ATP)과 같은 에너지 대사에 관여하는 뉴클레오티드는 리보오스를 포함하는 물질이다.

양 즉 **염기조성**(鹽基組成, base composition)을 알아냈다. DNA 시료의 염기조성을 알아내기 위해서는 부착된 당으로부터 염기들을 가수분해하여 종이크로마토그라피(paper chromatography)를 실시하여 분리하고 염기들이 이동한 거리에 따른 4 지점의 물질의 양을 조사함으로써 가능해졌다.

만약 4-뉴클레오티드 설이 맞았다면, DNA 시료 안의 4개의 염기 각각은 전체의 25%씩 존재했어야 한다. 샤가프는 4개의 염기 비율이 4-뉴클레오티드 설로 예견되는 1:1:1:1의 비율과는 크게 다르며, 생물 종에 따라서도 매우 다르다는 것을 알아냈다. 예를 들면, 결핵균의 A:G 비율은 0.4인데 비해, 사람의 A:G 비율은 1.56이었다. DNA 공여자로서 사용되었던 동물이나 식물에서도 마찬가지로, 염기조성은 한 종에 있어서는 일정하게 유지되었다. 다른 종의 DNA에서는 염기조성이 크게 다르기는 하지만 중요한 수리적 연관성이 발견되었다. 특정한 DNA 시료에서 퓨린의 수는 항상 피리미딘의 수와 같았다. 구체적으로, 아데닌의 수는 항상 티민의 수와 같았고, 구아닌의 수는 항상 시토신의 수와 같았다. 바꾸어 말하면, 샤가프는 다음과 같은 DNA 염기조성에 대한 규칙을 발견하였던 것이다. 즉, [A]=[T], [G]=[C], [A]+[T]≠[G]+[C]. 샤가프의 발견으로 DNA 분자는 새로운 국면을 맞이하여 생물 종에 따른 특수성과 개별성을 갖게 되었다. 그러나, 염기 등가성(等價性, equivalency)의 중요성은 불확실한 상태로 남았다.

4-3-2 왓슨-크릭의 제안

단백질 구조에 대해 2장에서 논의할 때, 단백질 작용의 결정인자로서 2차 및 3차구조의 중요성이 강조되었다. 마찬가지로, 생물학적인 작용을 알기 위해서는 DNA의 3차원적 구조에 관한 정보가 필요하다. 로잘린 프랭클린(Rosalind Franklin)과 모리스 윌킨스(Maurice Wilkins)가 얻어냈던 엑스-선 회절 분석 자료와 4 종류의 뉴클레오티드 조각들로 만들어진 모형을 이용하여, 왓슨과 크릭은 아래와 같은 DNA 구조를 제안하였다(그림 4-10).

1. DNA는 두 사슬의 뉴클레오티드들로 이루어져 있다. DNA가 3개의 뉴클레오티드 가닥들로 이루어졌다고 하는 라이너 폴링(Linus Pauling)에 의해 연이어 제시된 틀린 제안 다음에 이 결론이 도출되었다.
2. 두 사슬은 서로 꼬여 1쌍의 오른손 방향의 나선구조를 형성한다. 오른손 방향의 나선은 DNA 중심축을 내려다보는 관찰자의 입장에서 보면 점점 멀어짐에 따라 각 나선이 시계방향으로 돌아가게 된다. DNA의 나선형의 특징은 프랭클린의 엑스-선 회절상으로 만들어진 반점 유형으로 밝혀졌으며, 이것은 킹스 대학(King's College)을 방문했던 왓슨에게 소개되었다.
3. 하나의 2중나선을 이루는 두 사슬은 반대방향으로 달린다; 즉, 두 가닥은 반평행(*antiparallel*)을 이룬다. 따라서, 한 사슬이 5′→3′ 방향이라면 다른 쪽 사슬은 3′→5′ 방향으로 배열되어야 한다.
4. 각 사슬의 당-인산-당-인산 골격은 분자 외측에 위치하고 두 벌의 염기들은 가운데 쪽으로 돌출하고 있다. 인산기는 DNA가 강한 음전하를 띠도록 한다.
5. 염기들은 이 분자 장축에 거의 수직으로 평면을 차지하고 있어서 판을 하나씩 쌓아놓은 것과 같은 모습이다. 평면상의 염기들 사이의 소수성 상호작용과 반데르발스 힘(van der Waals force)은 전체 DNA 분자에 안정성을 부여한다. 이와 함께, 나선형 회전과 평면상의 염기쌍들은 회전형 계단 모양을 이루게 한다. 이러한 방식의 구조는 이 장이 시작되는 사진에서 뚜렷하고, 거기에 원래의 왓슨-크릭 모형이 그려져 있다.
6. 두 가닥은 한 가닥의 염기와 그에 상응하는 다른 가닥의 염기 사이에서 수소결합에 의해 서로 결합되어 있다. 각 수소결합은 매우 약해서 잘 끊어지기 때문에 DNA 가닥은 여러 작용들이 일어나는 과정에서 분리될 수 있다. 그러나 수소결합의 강도는 부차적인 것이고, 다수의 수소결합이 가닥들을 서로 연결해주기 때문에 2중나선은 안정된 구조가 될 수 있다.
7. 이 구조 골격의 인 원자에서 축의 중심부까지의 거리는 1nm이다 (따라서 2중나선의 폭은 2nm가 된다).
8. 한 사슬의 피리미딘은 항상 다른 사슬의 퓨린과 쌍을 형성한다. 이런 배열 때문에 전 길이를 따라 폭 2nm인 분자가 되는 것이다.
9. 시토신의 4번 탄소와 아데닌의 6번 탄소에 연결된 질소 원자들은 흔히 이미노(NH) 형이 아니라 아미노(NH_2) 구조로 존재한

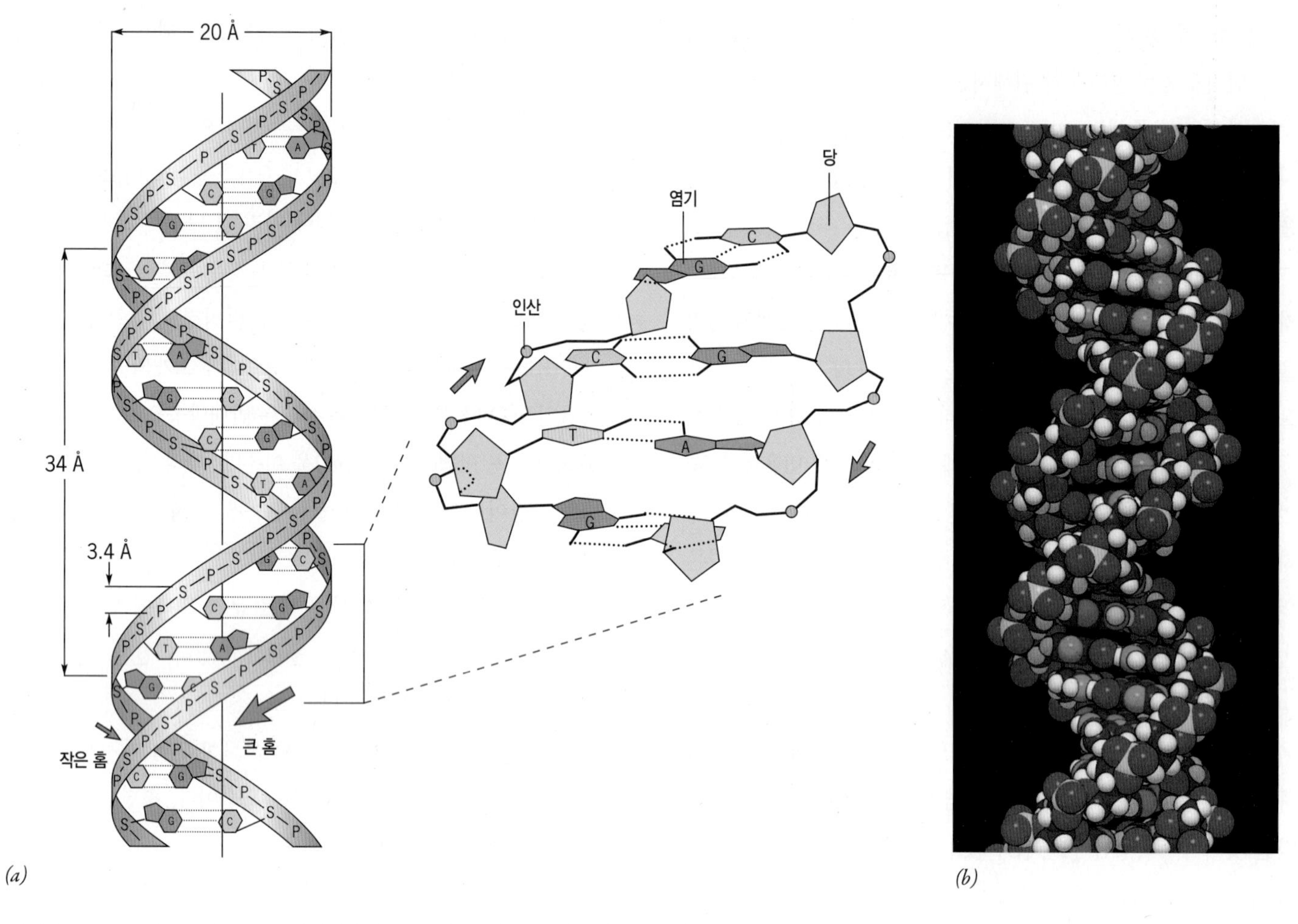

그림 4-10 **2중나선 구조.** (a) DNA 이중나선의 개요도 (b) B형 DNA의 공간충전 모형

다(그림 4-9*c*). 마찬가지로, 구아닌의 6번 탄소와 티민의 4번 탄소에 연결된 산소 원자들은 흔히 에놀(CO-H) 형이 아니라 케토(C=O) 구조로 존재한다. 이러한 염기위치에 대한 구조적 제한은 아데닌은 티민과만 결합할 수 있는 구조를 지닌 유일한 퓨린이고, 구아닌은 시토신과만 결합할 수 있는 퓨린임을 암시해주는 것이다. 따라서, A-T와 G-C 만이 가능한 쌍이다(그림 4-10*c*). 샤가프에 의해 수행된 염기조성 분석결과와 정확하게 일치하는 이 결과는 1952년 캠브리지에서 세 과학자가 만났을 때 왓슨과 크릭에게 전해졌다. A-T와 G-C 염기쌍은 동일한 기하학적 구조를 지니기 때문에 염기서열에 대한 아무런 제한점도 없게 된다(그림 4-10*c*). 즉 DNA 분자는 아주 다양한 뉴클레오티드 서열을 가질 수 있게 된다.

10. 나선의 회전 사이의 공간에는 2중나선의 바깥 표면을 휘어 감는 폭이 다른 두 홈이 있다—좀 넓고 깊은 큰 홈(*major groove*)과 좁고 얕은 작은 홈(*minor groove*)이 그것이다. DNA와 결합하고 있는 단백질들은 흔히 이 홈들 안에 결합되어 있는 영역을 구성하고 있다. 많은 경우에, 홈에 결합된 단백질이 가닥을 분리하지 않은 채로 뉴클레오티드 서열을 해독해 낼 수도 있다.
11. 2중나선은 한 바퀴 회전하는 데 10개의 잔기(3.4nm)가 쓰이며, 분자량 100만 달톤 마다 150 바퀴 회전하게 된다.
12. 한 가닥의 A는 항상 다른 가닥의 T와 결합하고, G는 항상 C와 결합하기 때문에 두 가닥의 뉴클레오티드 서열은 언제나 서로 상대적으로 고정되어 있는 상태이다. 이러한 관련성 때문에, 2중나선의 두 사슬은 서로 **상보적**(相補的, complementary)이라고 한다. 예를 들면, A는 T와 상보적이고, 5′-AGC-3′는 3′-TCG-5′와 상보적이며 따라서 전체 사슬은 상호간에 상보적

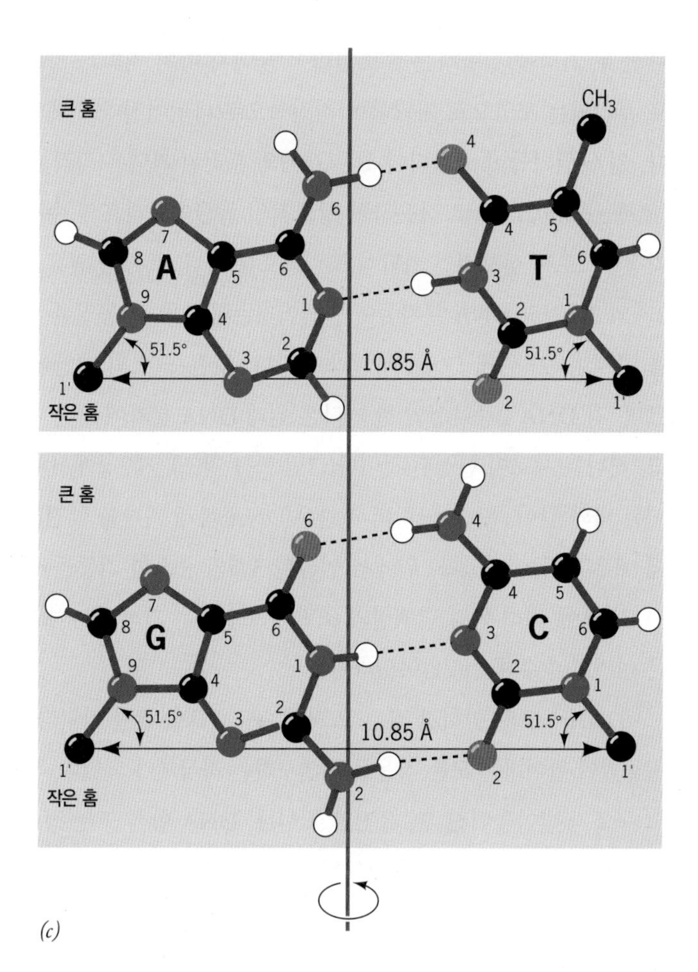

(c)

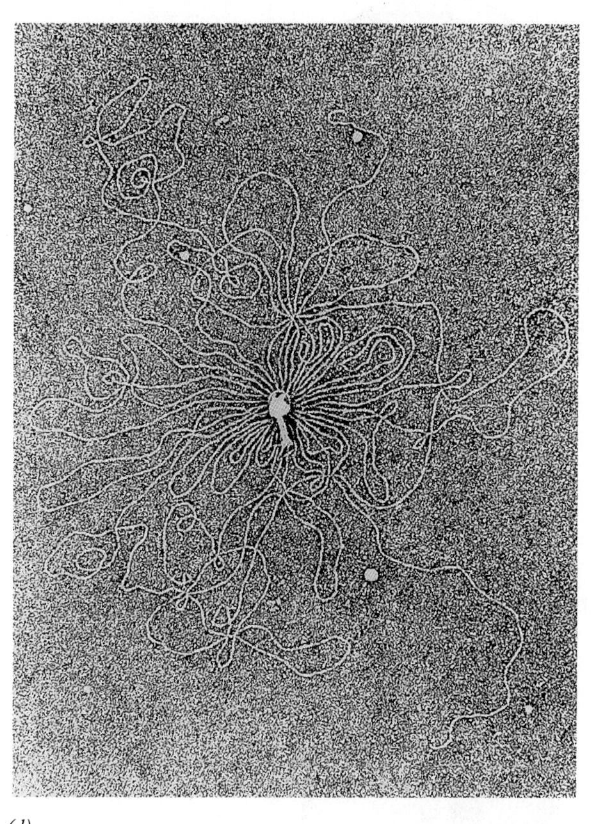
(d)

그림 4-10 **2중나선구조.** (계속됨) (*c*) 왓슨-크릭의 염기쌍. 원래의 모형에서 A-T 및 G-C 쌍들은 2개의 수소결합을 갖는다. 그 후 G-C 쌍의 세 번째 수소결합이 라이너스 폴링 (Linus Pauling)에 의해 확인되었다. (*d*) T2 파아지 머리에서 추출한 DNA의 전자현미경 사진. 선형의 DNA 분자 (유리된 양 끝에 주목)는 길이가 68μm로서, DNA를 포함하는 파아지 머리 보다 60배 더 크다.

인 관계를 갖는다. 앞으로 다루겠지만, 상보성은 핵산이 관여하는 거의 모든 작용과 기작에서 아주 중요하다.

4-3-2-1 왓슨-크릭 제안의 중요성

생물학자들이 DNA가 유전물질이라고 처음 생각했을 때부터, DNA는 다음의 세 가지 주요 기능을 수행할 것으로 생각하였다(그림 4-11).

1. 유전정보의 저장 DNA는 유전물질로서 한 생물체가 지니고 있는 모든 유전적 특징을 결정하는 내용이 저장된 기록을 포함하고 있어야 한다. 분자적인 측면에서, DNA는 생물체에서 합성되는 모든 단백질의 아미노산 서열에 대한 정보를 포함하고 있어야 한다.

2. 복제와 유전 DNA는 새로운 DNA 가닥을 합성(복제, replication)하는 데 필요한 정보를 포함하고 있어야 한다. DNA 복제는 한 세포에서 딸세포로, 한 개인에서 자손에게로 유전정보가 전달되도록 하는 과정이다.

3. 유전정보의 발현 DNA는 정보를 저장하는 센터로서의 기능 외에도, 세포작용에 대한 통제자로서의 역할도 수행한다. 따라서 DNA에 암호화된 정보는 세포에서 일어나고 있는 과정들에 참여할 수 있는 형태로 발현되어야 한다. 더 구체적으로 말하면, DNA의 정보는 폴리펩티드 사슬에 통합되는 특정 아미노산의 순서를 지시하는 데 사용된다.

DNA 구조에 대한 왓슨-크릭 모형은 이러한 3개의 유전 기능 중 앞의 2개가 일어날 수 있는 방법에 대하여 제안하였다. 이 모형은 DNA의 정보 내용이 염기들의 선상 배열에 있을 것이라는 가정

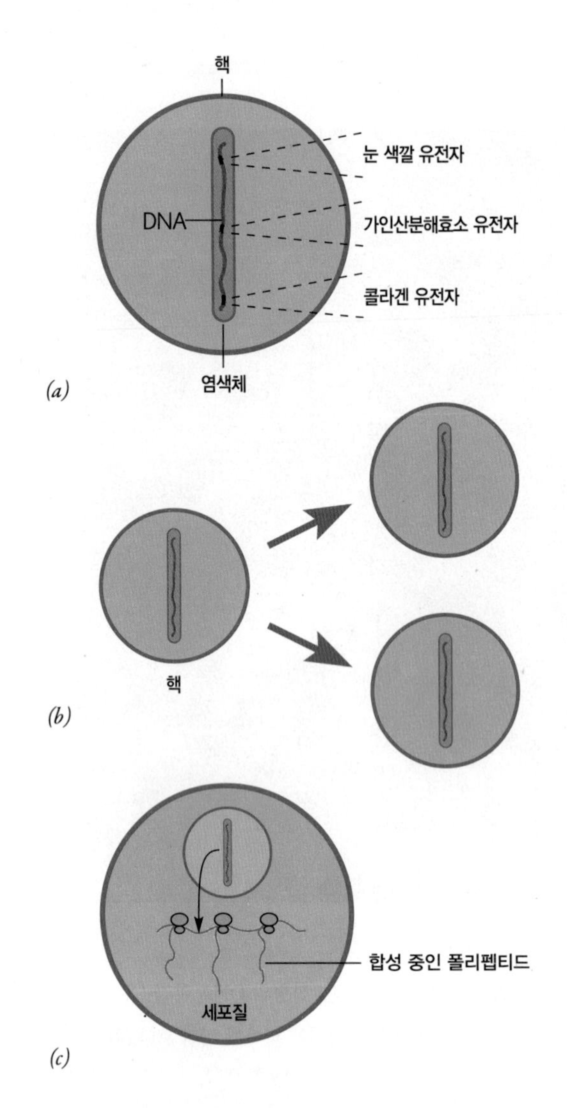

그림 4-11 유전물질로서 DNA의 세 가지 기능 *(a)* DNA는 유전형질을 암호화하는 정보를 포함해야 한다. *(b)* DNA는 자신의 복제를 지시하는 정보를 포함해야 한다. *(c)* DNA는 특정 단백질의 조립을 지시하는 정보를 포함해야 한다.

을 강력하게 지지해주었다. DNA의 일정 부분은 각 유전자에 해당하게 된다. 그 부위의 특정한 뉴클레오티드 서열은 관련 폴리펩티드 안의 아미노산 서열을 지시하게 된다. 그 부위의 뉴클레오티드의 서열이 변화하면 그 유전자의 유전적 돌연변이와 같은 결과가 나타난다. 뉴클레오티드 서열의 차이는 종 안에서의 개인 또는 종들 사이에서 유전적 변이가 형성되도록 하는 것으로 추정된다.

두 번째 기능으로서, 왓슨과 크릭이 DNA 구조에 대한 처음 발표에 이 물질이 어떻게 복제되는지에 대한 제안이 포함되었다. 이것은 분자구조에 대한 연구가 기본적인 분자적 기작에 대한 가설을 직접 이끌어 낸 첫 시도였다. 왓슨과 크릭은 복제과정에서 DNA 나선 두 가닥을 결합하는 수소결합이 끊어져 마치 지퍼가 양쪽으로 분리되는 모양으로 가닥들이 점진적으로 나뉘어진다고 제안했다. 질소 염기들이 노출되어 있는 상태의 분리된 가닥은 각각 주형(鑄型, *template*)으로 작용하여 상보적인 뉴클레오티드의 순서를 지정함으로써 상보적인 가닥이 조립되도록 한다. 복제가 완료되면 2개의 2중가닥 DNA 분자들이 만들어지는데 (1)서로 동일한 서열을 가지며 (2) 원래 DNA 서열과도 같다. 왓슨-크릭의 제안에 따르면, 각 DNA 2중나선의 한 가닥은 원래 DNA 분자에서 온 것이고, 하나는 새로이 합성된 것이다(그림 7−1 참조). 제7장에서 논의되는 바와 같이, 왓슨-크릭의 제안은 DNA 복제 기작을 예견하는데 매우 잘 들어맞았다. 위에서 언급된 3개의 중요한 기능들 중에서 DNA에 의해 특정 단백질의 조립이 조절되는 기작에 대해서만은 여전히 수수께끼로 남아있다.

DNA 구조가 밝혀진 것은 그 자체로도 중요할 뿐만 아니라, 유전물질이 관여하는 모든 작용들을 연구하는 자극제가 되었다. 일단 그 구조가 받아들여진 후, 유전암호 이론, DNA 합성 또는 정보전달에 관한 이론들이 구조와 일치해야만 하였다.

4-3-3 DNA 초나선 구조

1963년 캘리포니아공과대학교(California Institute of Technology)의 예롬 비노그라드(Jerome Vinograd)와 동료들은 분자량이 같은 2개의 폐쇄 고리형 DNA 분자가 원심분리 과정에서 전혀 다른 침강속도를 보이는 사실을 발견하였다. 심도 있는 연구를 통해 DNA 분자는 그 자체로 꼬여져 있기 때문에 먼저 침강하는 분자는 마치 양 끝이 반대방향으로 꼬여진 고무 띠 모양이거나, 유선전화 사용 후 꼬여진 전화선처럼 더 조밀한 형태를 갖게 된다는 사실을 밝혀냈다(그림 4−12*a*,*b*). 이런 DNA를 **초나선**(超螺線, supercoiled) 상태에 있다고 한다. 초나선 DNA는 풀린 경우보다 더 응축되어 있어서 부피가 작기 때문에 원심력 또는 전기장 내에서 더 빠르게 이동하게 된다(그림 4−12*c*).

초나선 구조는 편평한 표면 위에 자유롭게 놓여있는 한 줄의 2중나선 DNA를 생각해보면 가장 잘 이해할 수 있다. 이 상태에서는 DNA가 나선 한 바퀴 회전할 때마다 10개의 염기쌍을 가지며,

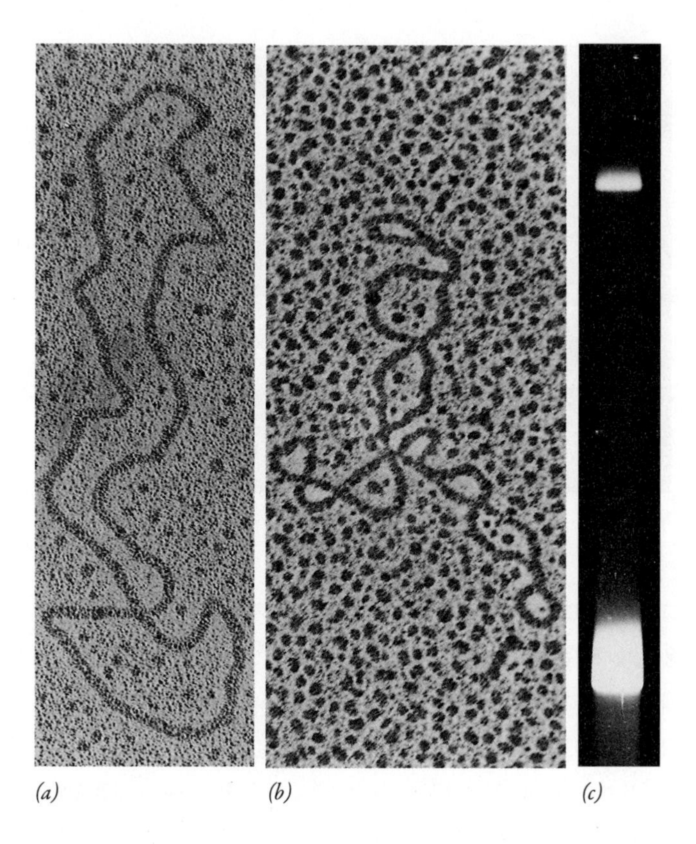

그림 4-12 **DNA의 초나선구조.** (*a*,*b*) 파아지 DNA의 이완된 고리형(*a*) 및 초나선 상태(*b*)의 구조 차이를 보여주는 전자현미경 사진. (*c*) 이완되거나 초나선 형태의 SV40 DNA 분자들을 혼합하여 전기영동하면, 초나선 형태의 응축된 DNA는 이완된 형태보다 훨씬 더 빠르게 이동한다. 전기영동을 한 후 에티디움 브로마이드로 젤을 염색하여 DNA 분자는 2중나선 구조 안으로 스며든 형광 물질을 관찰함으로써 확인된다.

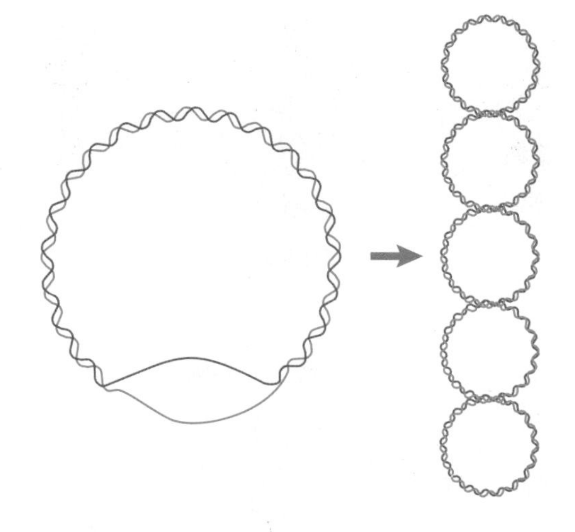

그림 4-13 **덜 꼬인 DNA 구조.** 왼쪽 DNA 분자는 덜 꼬인 상태로서 나선 회전당 평균 10 염기쌍보다 더 많다. 덜 꼬인 분자는 오른 쪽에 나타난 것처럼 저절로 음성 초나선구조를 하게 된다.

이 경우 풀려져(*relaxed*) 있다고 한다. DNA 두 가닥 양 끝이 단순히 합쳐져 고리를 형성한다면, 풀려진 상태이다. 그러나, 끝 부분이 연결되기 전에 꼬여진다면 무슨 일이 발생할 지 생각해보라! DNA가 감겨져 있는 2중나선의 반대방향으로 꼬인다면 이 분자는 풀어지려는 경향을 나타낼 것이다. 느슨해진(*underwound*) DNA 분자의 경우 나선 회전당 염기쌍의 수는 더 많아지게 된다(그림 4-13). 이 분자는 회전 당 10개의 잔기를 가질 때 가장 안정하기 때문에, 초나선 구조로 감겨짐으로써 느슨해지게 되는 장력에 견딜 수 있게 된다(그림 4-13).

DNA가 느슨하게 감겨진 상태를 음성 초나선(*negatively supercoiled*)이라 하고 과도하게 감겨진 상태를 양성 초나선(*positively supercoiled*)이라고 한다. 자연계에 존재하는 고리형 DNA들 (예: 미토콘드리아, 바이러스 및 세균의 DNA들)은 한결 같이 음성 초나선구조를 하고 있다. 초나선 구조는 작은 고리형 DNA들에만 한정되지 않고, 진핵세포의 선형 DNA에서도 관찰된다. 예를 들면, 음성 초나선구조는 염색체 DNA가 현미경적 크기의 세포핵 속에 포함될 수 있도록 응축하는 과정에 중요한 역할을 수행한다. 음성 초나선 DNA는 느슨하게 감겨져 있는 상태이므로, 복제(DNA 합성) 및 전사과정(RNA 합성)에서 나선 두 가닥을 분리하는 힘으로 작용한다.

세포들이 2중 나선 DNA의 초나선 상태를 바꾸기 위해서는 효소들에 의존한다. 이러한 효소들은 DNA의 기하학적 특징을 바꾸기 때문에 **위상이성질화효소**(位相異性質化酵素, topoisomerase)라고 한다. 세포 안에는 두 부류로 나눌 수 있는 여러 종류의 위상이성질화효소들이 포함되어 있다. 제I형 위상이성질화효소는 2중나선의 한 가닥을 일시적으로 절단함으로써 DNA 분자의 초나선 상태를 변화시킨다. 사람의 제I형 위상이성질화효소의 작용기작에 대한 모형이 〈그림 4-14*a*〉에 나와 있다. 이 효소는 DNA의 한 가닥을 절단하여 상보적인 가닥이 회전해 초나선구조를 풀어주게 된다. 제I형 위상이성질화효소는 DNA 복제 및 전사와 같은 과정에서 필수적으로 요구된다. 이 효소는 이중의 상보적인 DNA 가닥들이 분리되고 풀리는 동안 과도하게 초나선이 형성되는 것을 막아주는 기능을 수행한다(그림 7-6에서처럼). 제II형 위상이성질화효

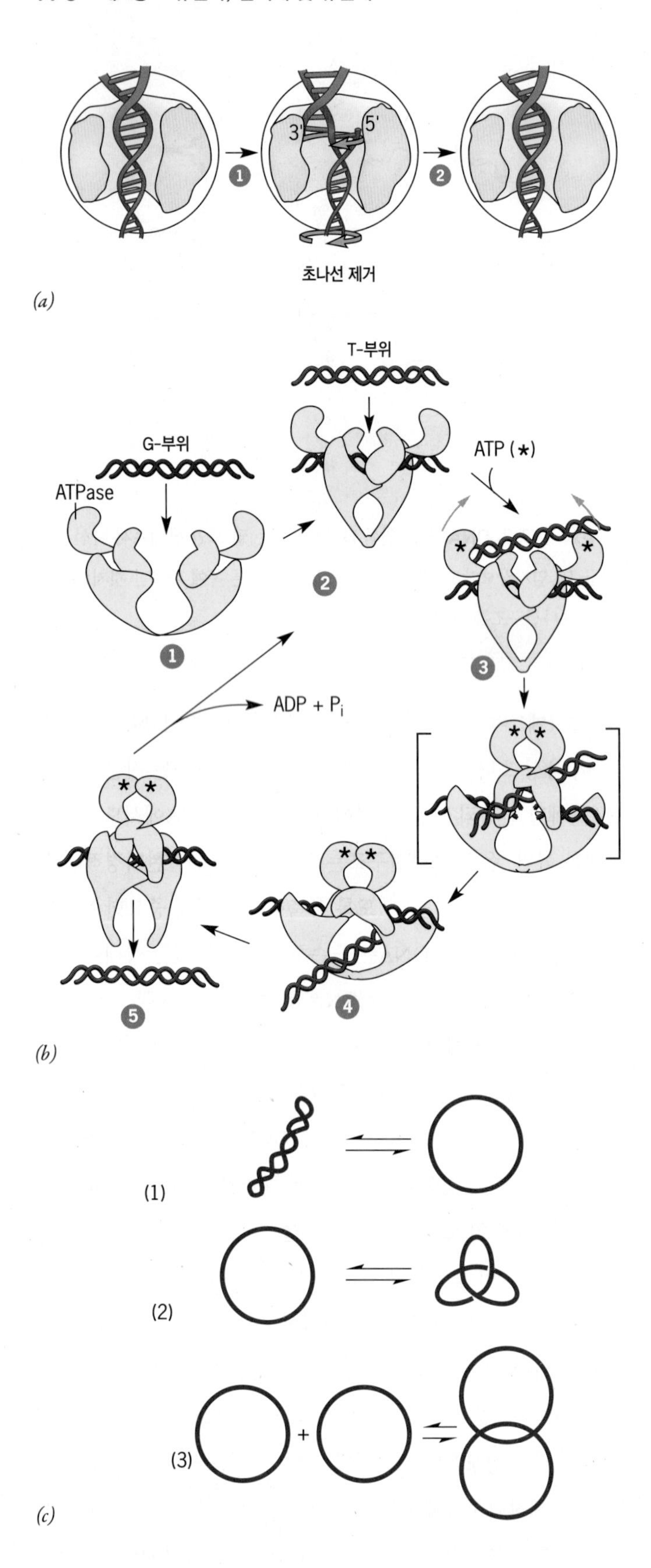

그림 4-14 **DNA 위상이성질화효소.** (*a*) 사람의 제I형 위상이성질화효소의 작용을 나타내는 모형. 이 효소(노란색)는 DNA 가닥들 중 하나를 자르고(1단계), 온전한 가닥의 인산2에스테르 결합 주변을 회전한다. 잘린 가닥이 방출된다(2단계). (주: 이 그림은 제IB형 위상이성질화효소를 나타낸 것이며, 세균에서 발견된 제IA형 효소는 다른 기작으로 작용한다.) (*b*) 동일한 2개의 단위로 이루어진 2량체 효소인 제II형 위상이성질화효소의 작용을 보여주는 엑스-선 결정학에 기초한 분자 모형. 1단계에서, 이 효소는 열린 형이기 때문에 G-DNA에 결합할 수 있다. 이 G-DNA는 T-DNA(또는 수송 DNA) 부위가 지나갈 문(gate)을 형성하기 때문에 붙은 명칭이다. 2단계에서, 이 효소는 구조 변화를 거쳐 G 부위에 결합한다. 3단계와 4단계에서, 이 효소는 ATP와 결합하고, G 부위가 절단되며 T 부위가 열린 "문(gate)"으로 통과하게 된다. 괄호 안의 단계는 T 부위가 G 부위를 지나 운반되는 중간단계를 가상적으로 보여주고 있다. 이 단계에서, G 부위의 양쪽 잘린 끝은 효소와 공유결합한다. 5단계에서 G 부위 양쪽 끝이 결합하여 T 부위는 방출된다. ATP가 가수분해되어 ADP와 Pi를 방출시켜 초기 단계의 상태로 돌아간다. (*c*) 위상이성질화효소에 의해 촉매되는 반응 유형들. (1) 초나선-이완반응(supercoiling-relaxation reaction) (2) 매듭-풀림반응(knotting-unknotting reaction) (3) 연결-분리반응(catenation-decatenation reaction) (*d*) 연결된 환형 DNA 1쌍에 대한 전자현미경 사진. 이런 형태의 DNA는 특정 위상이성질화효소가 없는 세균에서 얻을 수 있다.

소는 DNA의 양 가닥을 일시적으로 절단한다. 또 다른 DNA 부분(또는 완전히 분리된 분자)이 잘려진 부위를 통해 이동하여 잘려진 가닥이 재봉합 된다. 예상대로 이 복잡한 반응 기작은 〈그림 4-14*b*〉에 나타낸 것처럼, 일련의 극적인 구조변화가 수반되어 일어난다. 이 효소들은 일종의 마술을 부릴 수 있다. 제II형 위상이

성질화효소들은 DNA를 더욱 꼬거나 풀 수 있을 뿐만 아니라(그림 4-14*c*, 그림 1), DNA 매듭을 묶거나 풀어낼 수도 있다(그림 4-14*c*, 그림 2). 이들은 독립적인 DNA 고리들을 만들어 서로 연결될(*catenated*) 수 있고, 또는 연결된 고리들을 (*a*) (*b*) (*c*)의 개별적인 상태로 분리할 수도 있다(그림 4-14*c*(3),*d*). 제II형 위상이성질화효소는 유사분열 과정에서 복제된 염색체가 나누어지기 전에 DNA 분자를 풀어주는 데 필요하다. 사람의 제II형 위상이성질화효소는 잘린 DNA 가닥이 봉합되지 못하도록 하는 여러 약물들[예: 에토포시드(etoposide)[a] 및 독소루비신(doxorubicin)]의 표적이 되고 있다. 따라서 이 약물들은 분열 중인 세포들 만을 선택적으로 파괴하기 때문에 암 치료제로 사용되고 있다.

복습문제

1. DNA 가닥이 극성(방향성)을 갖는다는 것은 무슨 의미인가? 두 가닥이 역평행하다는 것은 무슨 의미인가? 큰 홈과 작은 홈을 갖는다는 것은 무슨 의미인가? 한 가닥이 다른 가닥과 상보적이라는 것은 무슨 의미인가?
2. 샤가프에 의한 DNA 염기 조성 분석 결과와 2중나선 구조는 어떤 상관성이 있는가?
3. 덜 감긴 것과 더 감긴 DNA는 서로 어떻게 다른가? 두 종류의 위상이성질화효소들은 어떻게 다른가?

4-4 유전체의 구조

DNA는 다수의 원자들이 서로 결합되어 일정한 배열을 하고 있어서 엑스-선 결정학과 같은 기법으로 관찰할 수 있는 거대분자이다. 그러나 DNA는 단순한 분자적 용어로만 설명하기에는 꽤 어려운 특징이기도 한 정보저장소로서의 역할도 한다. 위에서 보았듯이 유전자가 DNA의 특정 부분이라고 한다면, 각 생물체의 양친에서 유전되는 유전정보의 총합은 생명이 시작되는 시점의 수정란 속에 존재하는 모든 DNA 부분들의 합과 같은 것이다. 비록 서로 다른 개체들이 유전자들의 조금 다른 유형의 대립인자를 변함없이 지니고 있지만 종 집단을 이루는 모든 개체들은 동일한 유전자 세트를 공유하고 있다. 이와 같이 각 생물 종은 고유한 유전정보를 지니고 있는데, 이를 **유전체**(遺傳體, genome)라고 한다. 사람의 경우 유전체는 기본적으로 22개의 다른 상염색체들 및 X와 Y염색체를 포함하는 **반수체**(半數體, haploid)의 염색체들 안에 존재하는 전체 유전정보와 같다.

4-4-1 유전체의 복잡성

유전체의 복잡성을 알아내는 방법을 이해하기 위해서는 먼저 DNA 2중나선의 가장 중요한 특징 중의 하나인 두 가닥이 분리되는 성질인 **변성**(變性, *denaturation*)에 대해 생각해 볼 필요가 있다.

4-4-1-1 DNA 변성

왓슨과 크릭이 제안한 것과 같이, DNA 분자 두 가닥은 약한 비공유결합으로 결합하고 있다. DNA를 생리 식염수에 놓고 서서히 온도를 높여주면, 어느 지점에서 가닥의 분리가 시작된다. 2~3도 범위에서 이 과정이 완료되고 용액 속에는 원래 가닥으로부터 완전히 분리된 단일 가닥의 DNA 분자들이 존재하게 된다. 온도에 의한 변성(또는 DNA 융해; *DNA melting*) 과정은 용액된 DNA의 자외선 흡수도 증가로 추적 관찰할 수 있다. 일단 DNA의 두 가닥이 분리되면, 염기 중첩으로 소수성 상호 작용이 크게 감소하여 염기들의 전자적 성질이 변화하고, 자외선 흡수도가 증가하게 된다. DNA 변성에 따른 자외선 흡수도 증가에 관해서는 〈그림 4-15〉에 나타나 있다. 흡수도 변화가 1/2이 되는 상태에서의 온도를 녹는 온도(*melting temperature*, T_m)라고 한다. DNA의 GC 함량(%G+%C)이 높을수록 T_m 값은 증가한다. 이처럼 GC 함량이 높은 DNA가 안정성이 증가하는 것은 AT 쌍에 비해 염기 사이에 좀 더 많은 수소결합이 있음을 반영하고 있는 것이다(그림 4-10*c*).

역자 주[a] 에토포시드(etoposide): 세포독성 물질(항암제)로써, 에토포시드 인산(etoposide phosphate) 또는 VP-16라고도 한다. 미국 FDA에 따르면 현재 '에토포포스(Etopophos)'라는 상품명을 갖고 있다. 위상(位相)이성질화효소 저해제(topoisomerase inhibitor) 유형의 약제에 속하며, 또한 식물성 알카로이드(alkaloid)에 속한다.

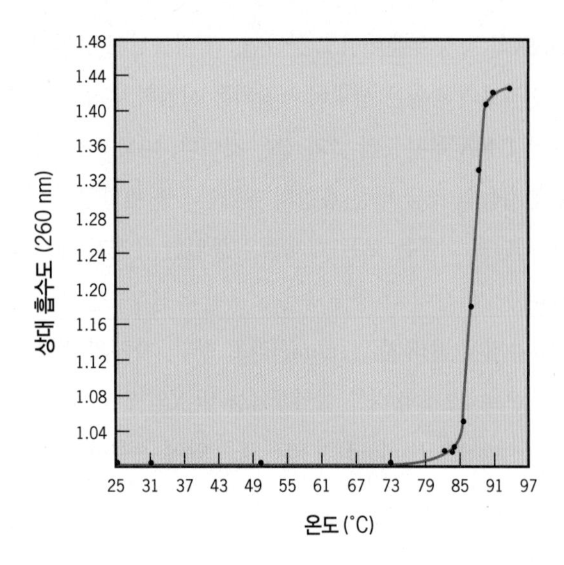

그림 4-15 **DNA의 열 변성.** 0.3M 구연산나트륨 용액에서 T6 파아지 DNA가 열 변성현상을 나타내는 곡선. DNA의 "융해(melting)" 즉 두 가닥의 분리는 작은 바이러스의 단순한 DNA들에서는 특히 좁은 범위의 온도에서만 일어난다. 흡수도가 증가하는 1/2 지점의 온도를 T_m이라고 한다.

4-4-1-2 DNA 복원

DNA의 두 가닥이 열에 의해 분리되는 것이 기대하지 못했던 결과는 아니지만, 단일 가닥이 정확한 염기쌍으로 안정한 2중가닥의 분자로 되는 재결합(再結合, *reassociation*)의 과정은 거의 상상도 못하던 일이다. 그러나, 1960년 하버드대학교(Harvard Univercity)의 율리우스 마머(Julius Marmur)와 동료들은 열 변성이 일어난 세균 DNA 용액을 서서히 식히면, DNA는 다시 2중나선의 특징을 회복하게 된다는 사실을 밝혀냈다. 즉, 자외선을 덜 흡수하였고, 다시 세균 세포를 형질전환(形質轉換, transformation)시킬 수 있는 유전물질로서 작용하였다. 이 연구를 통해 상보적인 단일 가닥의 DNA 분자는 **복원**(復元, renaturation; reannealing)이라고 하는 과정을 통해 재결합할 수 있다는 사실이 분명해졌다. 이 사실은 분자생물학에서 이루어진 가장 유용한 발견들 중의 하나로 평가되고 있다. 한편, DNA 복원이 다음 단락에서 논의된 주제인 복잡한 유전체를 연구하는 토대가 되었다. 또 다른 면에서 보면, DNA 복원은 핵산의 상보적인 가닥들이 혼합되어 2중가닥으로 된 혼성(混成, hybrid) 분자를 형성하는 핵산 혼성화(核酸 混成化, *nucleic acid hybridization*)라고 하는 방법의 개발을 이끌어내었다. 단일 가닥 핵산이 어떻게 혼성화되는지는 〈그림 4-19〉에 설명되어 있으며, 자세한 기작이나 예에 관해서는 다음 장에서 논의될 것이다. 핵산 혼성화는 DNA 서열 분석, DNA 클로닝 및 DNA 증폭과 같은 현대 생명공학 분야에서 핵심적인 역할을 하고 있다.

4-4-1-3 바이러스 및 세균 유전체의 복잡성

일정한 DNA 시료의 복원 속도는 여러 요인들에 의해 결정된다. 그것들은 (1) 용액 내 이온의 강도, (2) 배양 온도, (3) DNA의 농도, (4) 배양 시간 및 (5) 상호작용하는 분자들의 크기 등이다. 이러한 요인들을 생각하면서 (1) MS-2와 같은 작은 바이러스(4×10^3 염기쌍); (2) T4와 같은 좀 더 큰 바이러스(1.8×10^5 염기쌍) 및 대장균과 같은 세균 세포(4.5×10^6 염기쌍)의 유전체를 구성하고 있는 3개의 다른 DNA들을 비교해보자. 이들 DNA에서 1차적으로 다른 점은 그들의 길이이다. 복원과정을 비교하려면, 반응물질들이 보통 1,000개의 염기쌍 정도로 같은 크기여야 한다. 다양한 방법으로 DNA 분자들을 이 정도 크기로 조각낼 수 있는데, 그 중 하나는 높은 압력으로 미세한 구멍을 통과시키는 방법이 있다.

모두 같은 크기 및 같은 농도로 이 세 종류의 DNA들을 복원할 수 있으며, 그 속도는 모두 달라진다(그림 4-16). 유전체의 크기가 작을수록, 복원속도는 더 빨라진다. 그 이유는 3개의 시료에서 상보적인 서열들의 농도를 생각해보면 분명해진다. 3개의 시료 전부는 용액 일정 부피당 동일한 양의 DNA를 포함하고 있기 때문에, 유전체 크기가 작을수록 일정 무게의 DNA 내에 유전체의 수는 더 많고, 상보적인 조각들 사이의 충돌 기회가 더 증가하게 된다.

4-4-1-4 진핵세포 유전체의 복잡성

바이러스와 세균 DNA의 복원은 단일 대칭곡선을 따라 일어난다(그림 4-16). 모든 서열이 동일한 농도로 존재하기 때문에(세균 DNA의 극소수 서열을 제외하고) DNA 복원은 그러한 곡선을 따라 일어난다. 결과적으로 한 집단의 각 뉴클레오티드 서열은 일정시간 안에 다른 서열의 상대를 찾는 것이라고 할 수 있다. 이것은 여러 유전자 지도 연구를 통해 예측되었던 결과로서 염색체의 DNA는 잇따른 유전자들끼리 선형 배열되어 있음을 암시하는 것이다. 바이러스와 세균 유전체의 경우에는 캘리포니아 공대의 로이 브리튼(Roy Britten)과 데이비드 코온(David Kohne)이 얻어낸 포유동물 DNA에서 얻은 결과와 크게 대조적이다. 보다 단순한 유전

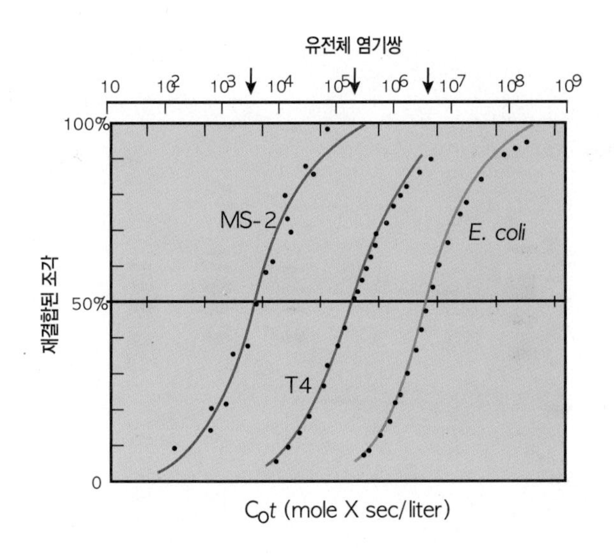

그림 4-16 **바이러스와 세균 DNA의 복원 동역학.** 곡선들은 두 종류 바이러스(MS-2와 T4)와 세균(대장균, *E. coli*)의 경우, 분리된 DNA 가닥들이 복원되는 상태를 보여주고 있다. (2중가닥 DNA가 형성되는 정도를 초기 DNA 농도(C_0)와 배양 시간(t) 두 변수가 합쳐진 C_0t에 대한 값을 점으로 표시하였다. 단시간 배양한 고농도의 DNA를 포함하는 용액은 장시간 배양한 저농도의 용액과 동일한 C_0t를 갖는다; 두 경우 모두 재결합된 DNA의 비율이 동일하다.) 유전체 크기, 즉 생물체의 전체 유전정보 한 벌의 뉴클레오티드 염기쌍의 수를 위쪽 숫자 눈금에 화살표로 표시하였다. 복원 곡선의 모양은 매우 간단하여 단일 기울기로 나타난다. 그러나, 시간이 지남에 따라 복원 양상은 상보적인 조각들의 농도와 그에 따른 유전체 크기에 따라 매우 다른 양상을 보이게 된다. 유전체의 크기가 클수록, 용액 내 상보적인 조각들의 농도는 더 낮을수록, 복원이 완료되는 데에 걸리는 시간은 점점 길어진다.

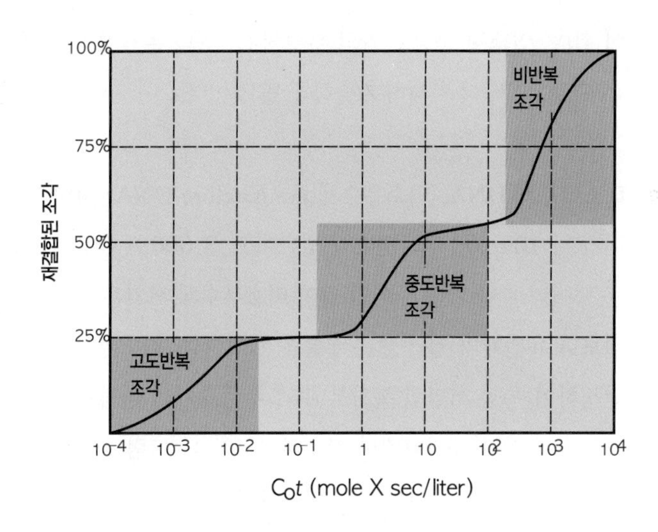

그림 4-17 **진핵생물 DNA의 복원을 나타내는 이론적인 모형.** 단일 가닥의 DNA가 재결합하도록 할 때, 유전체 내 반복 빈도에 따라 세 가지 유형의 조각들, 즉 고도반복 DNA 조각, 중도반복 DNA 조각, 비반복 DNA 조각 등으로 구별된다.(주: 이것은 이론적인 모형으로서 세 종류의 서열들이 실제 복원 곡선에서 뚜렷이 분리되지 않는다.)

체의 경우와는 달리, 포유동물 유전체로부터 나온 DNA 조각들은 매우 다른 속도로 재결합한다(그림 4-17). 이러한 차이는 진핵세포 DNA 조각들 안의 여러 염기 서열이 크게 다른 농도로 존재함을 반영하고 있는 것이다. 이것이 진핵세포의 DNA가 세균이나 바이러스에서처럼 단순한 유전자들의 연속이라기보다 매우 복잡한 구조를 갖는다고 처음으로 알게 된 계기가 된 것이다.

식물과 동물의 DNA 조각들을 재결합하도록 하면, 곡선은 전형적으로 다소 뚜렷한 세 유형의 서열 복원 단계를 나타내는데, 그것은 세 유형의 DNA 서열이 복원되는 유형에 해당한다(그림 4-17). 세 유형들은 각각 **고도반복부분**(highly repeated fraction), **중도반복부분**(moderately repeated fraction), **비반복부분**(nonrepeated fraction)이라고 한다.

고도반복 DNA 서열　유전체에 적어도 10^5개의 복사본이 존재하는 서열을 포함하는 고도반복부분은 전체 DNA의 약 1~10%를 구성하고 있다. 고도 반복 부분은 대체로 짧고(최대 길이가 수백 뉴클레오티드) 특정 서열 자체가 여러 번 반복하는 덩어리 형태로 존재한다. 이렇게 서열 끝과 끝이 연결되어 배열되어 있는 서열을 직렬(*in tandem*)로 존재한다고 말한다. 고도 반복 서열은 부수체 DNA(satellite DNA), 미소부수체(minisatellite DNA), 미세부수체(microsatellite DNA) 등과 같이 여러 개의 중복되는 범주로 나눌 수 있다.

- **부수체 DNA.** 부수체 DNA(satellite DNA)들은 서열의 길이가 짧고 (5~수백 개의 염기쌍 길이) 수백만 염기쌍의 DNA로 이루어진 아주 큰 덩어리를 형성한다. 다수 종들에서 이 DNA 부분의 염기 조성이 다른 DNA 염기 조성과는 많이 다른데 이 서열을 포함하는 조각들은 밀도구배 원심분리에 의해 뚜렷한 "부수체(satellite)" 띠로 나누어진다(그래서 이름이 부수체 DNA임). 부수체 DNA들은 아주 빠르게 진화하는 경향이 있어서, 근연종 간에도 유전체 요소들의 서열을 다양하게 하는 원인

이 된다. 염색체 중심절 안의 부수체 DNA의 존재에 대해서는 〈6-1절〉에서 더 자세히 기술하게 될 것이다.

- **미소부수체 DNA.** 미소부수체(minisatellite DNA) 서열은 길이가 약 10~100개의 염기쌍 범위이고, 3,000회 반복하는 꽤 큰 덩어리로 나타난다. 이와 같이 미소부수체 서열은 부수체 서열보다 유전체의 훨씬 짧은 부분을 차지한다. 미소부수체는 불안정하여 특정 서열의 복사본 수가 부등교차의 결과로 세대를 거듭함에 따라 증가하거나 감소하기도 한다(그림 4-18). 즉, 특정 미소부수체 길이는 집단 내에서 또는 같은 가족 구성원 사이에서도 크게 달라질 수 있다. 미소부수체들은 길이가 매우 다양하기(*polymorphic*) 때문에, 범죄사건 또는 친자 감별에서 개인을 확인하는 데 사용하는 DNA 지문(指紋, *fingerprinting*) 기술의 토대가 되고 있다.

- **미세부수체 DNA.** 미세부수체(microsatellite DNA)는 가장 짧은(1~5개의 염기쌍 길이) 서열이며, 약 10~40개의 염기쌍 길이의 작은 덩어리 형태로 유전체에 고르게 산재되어 분포한다. DNA복제 효소들은 이렇게 작은 반복 서열을 포함하는 유전체 부위를 복제하기가 곤란하여 세대가 지남에 따라 DNA의 길이가 변하는 원인이 된다. 집단 내에서 이 서열의 길이가 다양하기 때문에 아래의 예에서 설명되는 것처럼, 미세부수체 DNA는 서로 다른 인류 집단 사이의 관련성을 분석하기 위하여 사용되고 있다. 많은 인류학자들은 현대인류는 아프리카에서 왔다고 주장한다. 이것이 사실이라면 아프리카 인류 집단의 유전체들은 더 오래 분지되어 왔기 때문에 다른 아프리카 사람들은 다른 대륙에 사는 사람들 보다 DNA 서열이 더 크게 달라야 할 것이다. 아프리카 기원에 대한 주장은 사람의 DNA 서열 연구로 지지 받고 있다. 60개의 미세부수체를 분석한 한 연구를 통해 아프리카 사람들은 아시아나 유럽 사람들보다 훨씬 더 유전적 다양성이 크다는 사실이 알려졌다. 대부분의 미세부수체는 유전자 밖에 위치하고, 그래서 길이가 변하여도 일반적으로 모르고 지나게 된다. 이것은 〈인간의 전망〉에서 논의되는 미세부수체 서열과는 다른 경우이다.

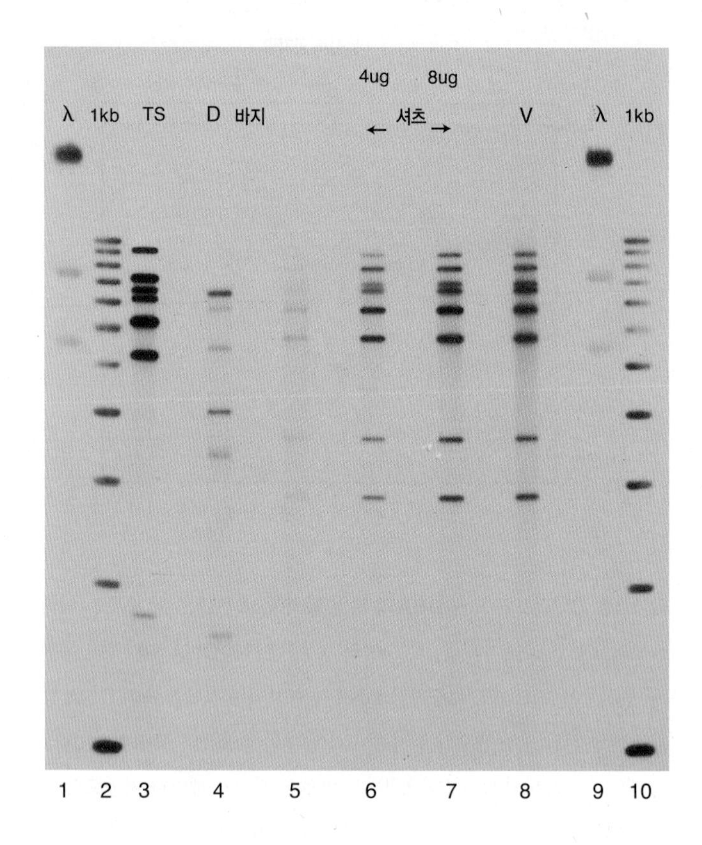

그림 4-18 DNA 지문. DNA 샘플로 개인을 확인하는 데 널리 사용되는 기법으로서, 우선 DNA는 특정 핵산분해효소(제한효소라고 부름)를 처리하여 절단하고, DNA 조각들을 젤 전기영동법으로 크기에 따라 분리한다. 젤에서의 특정 DNA 조각의 위치는 알고자 하는 서열에 상보적인 서열을 지닌 표지 탐침자를 이용하여 알아낼 수 있다. 이 탐침과 결합된 DNA 조각들의 길이는 유전체에 직렬반복다양성(variable numbers of tandem repeat, VNTR)이 있기 때문에 사람에 따라서 다양해진다. 법의학 실험실에서는 사람에 따라서 고도로 다양한 형태를 보이는 것으로 알려져 있는 보통 13개 정도의 VNTR을 분석한다. 두 사람이 이 부위의 VNTR들이 같을 확률은 천문학적으로 적다. 이 그림에서 보여주는 지문은 피의자가 젊은 여성을 살해한 범죄사건에 사용되었다. 피의자의 바지와 셔츠에 묻은 혈흔을 피해자 및 피의자로부터 얻어 낸 이미 알고 있는 표준 혈액과 비교하였다. 피의자 옷의 혈흔에서 나온 DNA는 피의자 자신의 표준 혈액과는 일치하지 않았고, 피해자 혈액에서 얻어낸 DNA와 일치하였다. 젤의 각 열에는 다음과 같은 출처가 다른 DNA가 포함되어 있다. 즉, 1, 2, 3, 9 및 10번은 대조군 DNA 시료, 4번은 피의자의 혈액, 5번은 피의자 바지에 묻은 혈액, 6 및 7번은 피의자 셔츠에서 나온 혈액, 8번은 피해자의 혈액 등이다. DNA 증폭기술(즉, PCR)의 도래와 함께, 극소량의 DNA 시료를 갖고도 이러한 분석을 할 수 있게 되었다.

개수가 수천 개로 급증하는 경향을 띠게 된다. 60개~200개 복사본의 3-뉴클레오티드를 갖고 있는 FMR1 유전자를 지닌 여성은 일반적으로 정상 표현형을 보이지만, 후손들에게 굉장히 불안정한 염색체를 옮기는 보인자이다. 만약 이 염기의 반복 수가 200개를 넘으면, 그 사람은 거의 정신지체자가 된다. 기능획득의 결과로, 질환을 유발하는 비정상적인 *HD* 대립유전자와는 달리 비정상적인 FMR1 대립유전자는 기능 손실의 결과로 질환을 유발한다. 즉, 많은 CGG를 갖고 있는 FMR1 대립유전자는 선택적으로 비활성화 되어서 유전자가 전사나 번역이 되지 않는다. 비록 3-뉴클레오티드의 반복으로 인해 유발되는 질환들의 효과적인 치료책은 없다 하더라도, 유전학적 선별과정을 통해 변이된 대립유전자를 유전시키거나 보유하는 위험성을 판별할 수 있다.

진핵생물 유전체가 다수의 짧은 DNA 서열들을 포함하고 있다는 사실이 분명해지고 나서, 연구자들은 이러한 DNA 서열들이 염색체 어느 부분에 존재하는지를 알고자 노력하였다. 예를 들면, 부수체 DNA 서열들은 염색체의 특정 부위에 집중되어 있을까, 아니면 다른 것들과 끝이 연결되어 고르게 산재되어 있을까? DNA 복원의 발견이 광범위한 핵산 혼성화 방법의 발전을 이끌었다고 이미 언급하였다(제18장에서 자세히 논의함). 부수체 DNA 서열의 위치를 알아내는 것은 핵산 혼성화의 분석력을 분명하게 보여준다.

이미 기술되었던 복원 실험에서, 상보적인 DNA 가닥들은 용액 속에서 무작위로 충돌하는 과정으로 서로 결합하게 된다. 제자리혼성화(*in situ hybridization*)라고 하는 실험법이 1969년 예일대학교(Yale University)의 파두(Mary Lou Pardue)와 갤(Joseph Gall)에 의해 개발되었다. 제자리(*in situ*)라는 용어는 "현장에서(in place)"라는 의미로서 염색체의 DNA를 특별하게 표지된 DNA 시료와 그대로 반응하도록 유지시키는 사실을 참고한다. 제자리혼성화 연구 초기에, 탐지되는 DNA(probe DNA)를 방사성 물질로 표지하여 자기방사기록법으로 위치를 확인할 수 있게 되었다. 이 기법은 형광염료로 표지된 탐침을 사용하여 형광현미경으로 위치를 분석하게 되면서 해상도가 향상되었다(그림 4-19에서처럼). 이러한 기법을 **제자리 형광혼성화**(fluorescence in situ hybridization, FISH)라고 하며, 단일 DNA 섬유를 따라 다른 서열들의 위치를 알아내는 데 사용될 정도로 발전해왔다.

핵산 혼성화 실험을 수행하기 위해서는 두 반응물들이 단일가닥이어야 한다. 〈그림 4-19〉에서 나와 있는 실험에서, 분열 중인 세포의 염색체들을 슬라이드 위에 펼치고, 뜨거운 염 용액으로 염색체를 처리하여 DNA 가닥을 분리시켜 단일 가닥으로 만들어 놓는다. 이어서 혼성화 단계에서, 변성된 염색체를 비오틴으로 표지된 단일가닥 부수체 DNA와 반응시키고, 이 표지된 DNA는 염색체에 위치한 부수체 DNA의 상보적인 가닥과 선택적으로 결합한다. 반응시킨 후, 용액에 남아있는 비혼성화된 부수체 DNA를 씻어 내거나 또는 분해시켜서 결합된 표지 DNA 조각들을 골라낸다. 〈그림 4-19〉의 설명에서 기술된 것처럼, 부수체 DNA는 염색체의 중심절 부위에 위치한다(그림 6-22 참조). FISH를 이용한 또 다른 예가 〈그림 4-20〉에 나와 있다.

중도반복 DNA 서열 동물 및 식물의 유전체에서 적당한 정도로 반복된 DNA 서열 부분(moderately repeated DNA sequences)은 생물에 따라서 전체 DNA의 약 20%~80% 이상까지 다양하다. 이 부위는 수회에서 수만 회까지 유전체 안에서 반복되는 서열을 포함하고 있다(그림 6-22 참조). 중도 반복 DNA 부분에는 RNA 또는 단백질과 같이 유전자 산물을 암호화하는 서열과 암호화 기능이 없는 서열을 포함하고 있다.

1. 암호화 기능을 갖는 반복 DNA 서열들 이 DNA 부분에는 중요한 염색체 단백질인 히스톤을 암호화하는 유전자들은 물론 리보솜 RNA를 암호화하는 유전자들이 포함되어 있다. 이 산물들을 암호화하는 반복 서열은 대체로 서로 동일하고 직렬로 배열되어 있다. 리보솜 RNA를 암호화하는 유전자들이 복수로 존재하는 것은, 이 RNA들이 다량 필요하며, 리보솜 합성이 단백질 암호 유전자들에서 mRNA가 하나의 폴리펩티드를 여러 번 합성하기 위해 주형으로 작용하는 방식의 잇점을 가질 수 없기 때문에 필수적이다. 히스톤 합성이 중간 전령 RNA를 거치기는

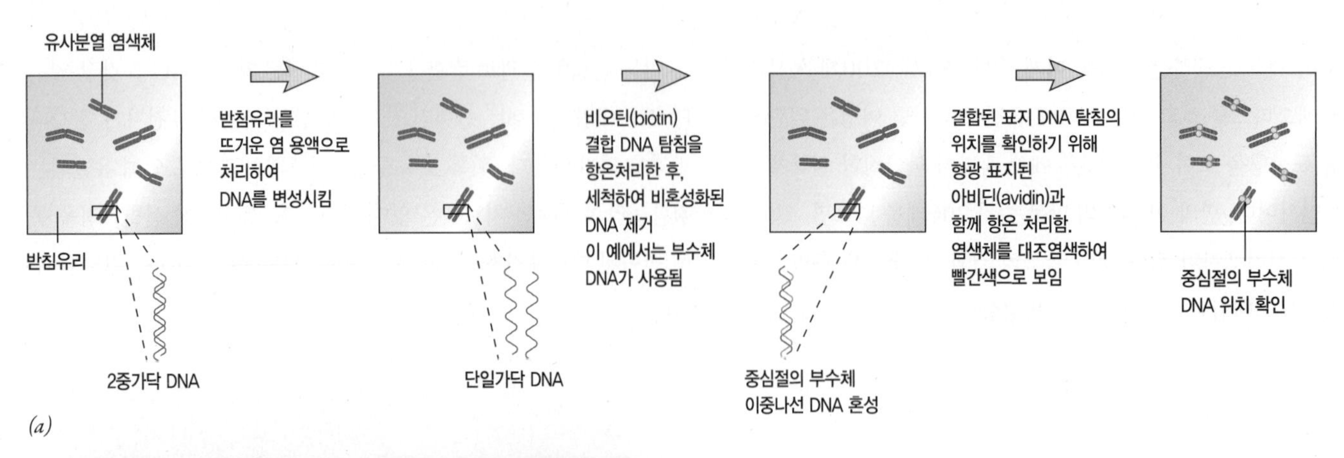

(a)

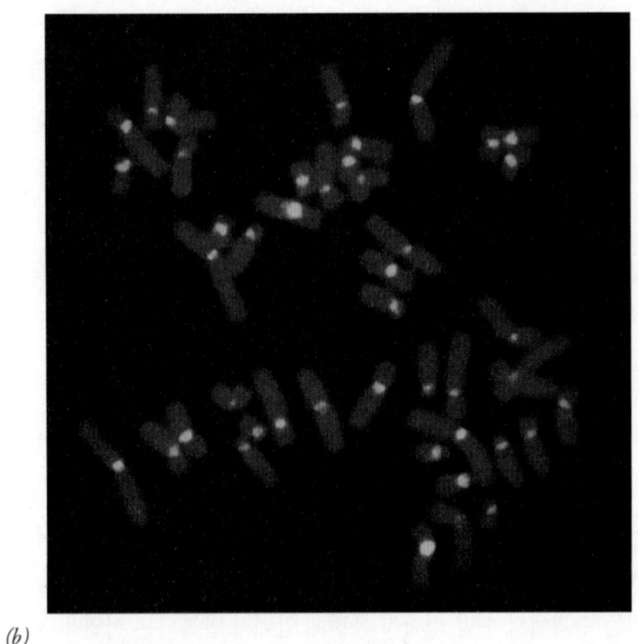

(b)

그림 4-19 **제자리 형광혼성화(fluorescence in situ hybridization, FISH)와 부속 DNA의 위치 확인법.** *(a)* 제자리 형광혼성화 실험 단계. 탐침 DNA 뉴클레오티드가 비오틴(biotin)과 같은 작은 유기분자와 공유결합된다. 혼성화 후, 결합된 비오틴-표지 DNA 위치를, 형광염료로 표지되고 비오틴과의 친화력이 큰 아비딘(avidin)으로 처리하여 확인할 수 있다. 염색체들은 요오드화 프로피디움(propidium iodide)으로 대조염색하기 때문에 보통 빨간색으로 보인다. *(b)* 사람 염색체 중심절에 있는 α-부수체 DNA 위치 확인법. 비오틴으로 표지되어 결합한 부수체 DNA의 위치는 노란색 형광으로 나타나 빨간색의 대조염색된 염색체 바탕에 뚜렷이 관찰된다. 각 염색체가 응축된 부위에서만 형광이 나타나 중심절의 위치를 표시해준다.

하지만, 아주 여러 벌의 단백질들이 수백 개의 DNA 주형이 존재해야 하는 초기 발생과정에 필요하다.

2. 암호화 기능이 없는 반복 DNA들 대부분의 중도 반복 DNA 부분은 어떤 종류의 산물도 암호화하지 않는다. 직렬 배열로 존재하기 보다는, 이에 속하는 서열들은 각 요소들로서 유전체 전체에 분산되어(예: 사이사이에 산재하는, interspersed) 존재하고 있다. 대부분의 이러한 반복 서열들은 짧은 산재요소(SINE, short interspersed element) 및 긴 산재요소(LINE, long interspersed element)와 같이 두 종류의 무리로 나눌 수 있다. SINE 및 LINE 서열들에 관해서는 본문에서 논의되었다.

비반복 DNA 서열 멘델이 처음에 예상했던 것처럼, 가시적인 유전형질의 유형에 대한 전통적인 연구가 유전학자들이 각 유전자는 단일(반수체) 염색체 마다 한 벌씩 존재한다는 결론을 이끌어냈다. 변성시킨 진핵생물 DNA를 복원하도록 두면, 중요한 조각 절편이 상대 절편을 만나는 일이 느리게 일어나기 때문에 유전체 당 한 벌로 존재하는 것으로 추정된다. 이 부분이 비반복 또는 단일-복사본(*nonrepeated* 또는 *single-copy*) DNA 서열을 구성하며, 유전의 멘델 법칙을 보이는 유전자들이 여기에 속한다. 유전체 안에 한 벌 존재하기 때문에, 비반복 서열은 하나의 특정 염색체의 특별한 부위에 위치하게 된다(그림 4-20).

서로 다른 서열이 다양하게 존재하는 것을 고려해보면, 비반복 부분들은 단연코 최대의 유전정보 양을 포함하고 있는 것이다. 비반복 부분 안에는 히스톤 이외에 사실상 모든 단백질들을 암호화하

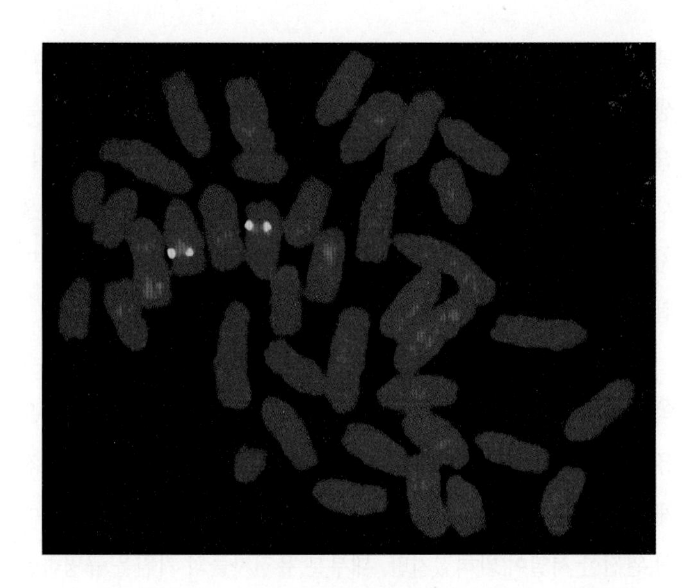

그림 4-20 **비반복 DNA 서열의 염색체 위치 확인.** 분열 중인 이 염색체들은 생쥐의 세포들로서 비반복 유전자에 의해 암호화되는 핵 내 라민 단백질들 중 하나(lamin B_2)를 암호화하는 비오틴(biotin) 표지 DNA와 반응시켰다. 표지 DNA가 결합된 부위는 밝은 점으로 나타난다. 라민 유전자는 10번 염색체 쌍에 존재하고 있다. 세포가 분열과정으로 들어가기 전에 DNA는 복제되기 때문에 각 염색체는 두 벌의 유전자들을 갖게 된다.

는 DNA 서열들이 포함되어 있다. 이러한 서열들이 다수 복사본으로 존재하지 않는다 하더라도, 폴리펩티드를 암호화하는 유전자들은 보통 동류(同類) 유전자들의 집단(a family of related genes)을 구성하는 요소들이다. 진핵세포 내의 글로빈, 액틴, 미오신, 콜라겐, 튜불린, 인테그린 및 대분분 단백질들에서 그렇다. 다유전자 집단(multigene family)의 각 유전자는 서로 다르지만 유사한 서열에 의해 암호화된다. 다음 절에서 다유전자 집단의 기원에 관하여 살펴볼 것이다.

사람의 유전체가 서열화되고 분석되었기 때문에, 이제는 비교적 정확하게 단백질 아미노산을 암호화하는 꽤 작은 DNA 서열을 알아낼 수 있게 되었다. 만일 1960년에 여러분이 사람 유전체 유전학자에게 사람 유전체 중 1.5% 이하 만이 단백질의 아미노산들을 암호화한다고 주장하였다면, 터무니없는 제안이라고 하였을 것이다. 그러나 그것은 유전체 서열을 통해 도출된 사실이다. 다음 절에서, 나머지 98%의 DNA가 어떻게 진화해왔는지 보다 잘 이해할 수 있을 것이다.

복습문제

1. 유전체란 무엇인가? 세균 유전체의 복잡성은 진핵생물의 경우와 비교하여 어떻게 다른가?
2. DNA 변성(DNA denaturation)이란 무엇인가? 변성 정도가 DNA의 GC 함량에 의해 어떻게 결정되는가? 이 변수는 T_m에 어떤 영향을 미치는가?
3. 미세부수체 DNA 서열이란 무엇인가? 이 서열이 사람 질병들과는 어떤 관계가 있는가?
4. 유전체의 어떤 부분이 대부분의 정보를 포함하고 있는가? 이것이 왜 사실인가?

4-5 유전체의 안정성

우리는 DNA가 유전물질이기 때문에, 기나긴 진화의 세월 동안 정보량이 느리게 변화된 보존적인 물질로 생각하는 경향이 있다. 사실상, 유전체의 서열 구조는 한 세대에서 다음 세대로는 물론 한 개체의 생애 동안에도 빠르게 변화할 수 있다.

4-5-1 전유전체 중복(다배체화)

이 장의 첫 번째 절에서 논의된 것처럼, 완두콩과 초파리들은 각 세포 안에 상동염색체 쌍들을 갖고 있다. 이러한 세포들을 **2배체**(二倍體, diploid)의 염색체를 갖고 있다고 한다. 만일 어떤 사람이 근연 종의 생물의 세포에 존재하는 염색체들의 수를 비교해보면, 특히 고등식물들에서, 일부 종은 근연종보다 훨씬 더 많은 수의 염색체를 갖고 있음을 알 수 있다. 동물들 중에서는 널리 연구된 양서류인 제노푸스 라에비스(*Xenopus laevis*)는 그와 사촌관계인 종(*X. tropicalis*)에 비해 2배의 염색체 수를 갖고 있다. 이러한 유형의 모순은 **다배체화**(多倍體化, polyploidization), 또는 **전유전체 중복**(全遺傳體 重複, whole-genome duplication)이라는 과정으로 설명할 수 있다. 다배체화는 자손에서 양친 염색체의 2배에 해당하는 수를 지닌 경우이다. 즉, 자손에서 각 염색체는 2개가 아닌

4개의 상동염색체들을 갖게 된다. 다배체화는 다음과 같은 두 가지 방식 중 한 방식으로 야기된다. 즉, 하나는 2개의 종이 짝짓기 하여 두 양친으로부터 유래한 두 염색체들이 결합된 잡종 개체를 만들어내는 경우이다. 또 다른 방식으로서 단세포 배아가 세포가 분리되지 않으면서 염색체 복제를 거치고 이것이 생존하는 배아로 발생하게 되는 것이다. 첫 번째 기작은 식물에서 가장 흔하게 일어나고, 두 번째는 동물에서 가장 흔하게 일어난다. 다배체화는 〈그림 4-21〉에 있는 밀, 바나나 및 커피와 같은 다수의 작물 종들을 포함하는 현화식물에서 특히 흔하게 나타난다.

"갑작스러운" 염색체 수의 배가는 개체가 염색체 수가 증가하여도 생존하고 번식할 수 있을 정도로 커다란 진화적 잠재력을 갖게 하는 극적인 변화이다. 환경에 따라서, 다배체화는 아주 많은 유전정보를 가진 새로운 종의 탄생을 유도할 수도 있다. 한 유전자의 많은 복사본들은 서로 다른 여러 유형의 운명에 직면할 수 있다. 즉, 결실에 의해 소실될 수 있고, 불리한 돌연변이에 의해 불활성화 되거나, 또는 새로운 기능을 하는 새 유전자로 진화할 수도 있는 것이다. 이러한 측면에서 보면, 여분의 유전정보는 진화적 다양성의 재료가 되는 것이다. 1971년 미국 로스앤젤레스(LA)의 희망암센터(Hope Cancer Center)의 스스무 오노(Susumu Ohno)는 "2R" 가설을 제안하였는데, 그는 훨씬 단순한 무척추동물로부터 척추동물로의 진화는 진화 초기에 전체 유전체를 복제하는 독립된 2회의

그림 4-21 **염색체 배수성을 보이는 농작물들의 예.** 그림에는 평지에서 추출한 평지유, 밀로 만든 빵, 용설란으로 만든 밧줄, 커피콩, 바나나, 솜, 감자 및 옥수수가 나와 있다.

복제에 의해 가능해졌다고 주장하였다. 오노는 유전체 복제에 의해 생산된 수천 개의 여분 유전자들이 자연선택의 틀이 되어 보다 복잡한 척추동물체를 구성하는 데 요구되는 새로운 유전자로 된다는 사실을 제안하였다. 지난 35년 동안, 유전학자들은 오노의 제안을 지지하거나 또는 부정할 수 있는 증거를 찾기 위해 노력하면서 뜨겁게 논란을 벌여 왔다.

유전자 분석에 직면한 문제는 초기 척추동물의 기원 이후, 수억 년이라는 지난 세월의 여정이다. 이 세상에서 상이나 바다가 유유히 흐르는 것처럼 염색체 재배열과 돌연변이가 서서히 조상 유전체의 모습을 변화시킨 것이다. 다수의 무척추동물 및 척추동물에서 완전한 서열이 밝혀졌지만, 대부분 유전자들의 기원을 규명하는 일은 난공불락의 도전으로 남아 있다. 2R 가설에 대한 가장 강력한 증거는 최근 창고기 유전체 분석에서 나왔다. 창고기는 등뼈가 없어서 무척추동물에 속하지만 척추동물에 속하는 척삭동물문의 하나로서 분명하게 규명된 여러 특징들(예: 척삭, 등쪽 관상의 신경삭, 분절성 체 근육 등)을 보유하고 있다. 현대 척추동물과 창고기의 계통은 놀라울 정도로 유전자가 두 동물군 사이에 비슷하지만 5억 5천만 년 전에 나누어진 것으로 생각된다. 그러나 연구자들이 어떤 집단의 유전자들을 좀 더 자세히 연구하였던 바, 척추동물 유전체들은 대체로 창고기 유전체의 상동서열에 비해 그러한 유전자들의 수를 4배 더 많이 포함하고 있었다. 이러한 발견은 조상 척추동물 계통에서 전체 유전체 복제가 2회전에 걸쳐 이루어졌다는 오노의 가설을 강력하게 지지하는 것이다.

4-5-2 DNA 서열의 중복과 변화

다배체는 유전체 중복의 극단적인 예이고, 진화과정에서 드물게 일어난다. 이와는 반대로, **유전자 중복**(gene duplication)은 단일 염색체의 작은 부분이 복제되는 것으로서, 놀라울 정도로 잦은 빈도로 발생하며 유전체 분석으로 쉽게 발생여부를 알 수 있다. 어떤 추정에 따르면 유전체 안에서 각 유전자는 100만 년마다 약 1% 확률로 복제된다.[3] 유전자 복제는 여러 서로 다른 기작으로 일어날 수 있으나 가장 흔한 것은 〈그림 4-22〉에 설명된 것처럼 부등교차(不等交叉, *unequal crossing over*) 과정으로 생겨나는 것으로 생각된

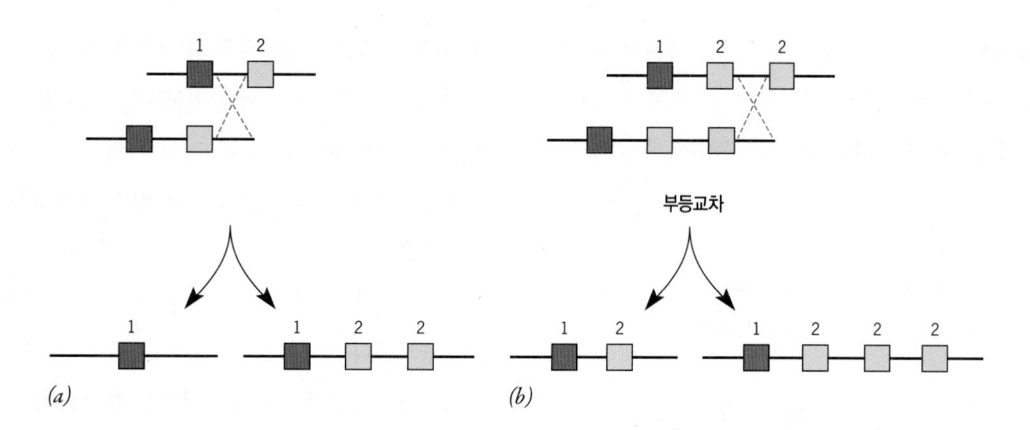

그림 4-22 복제된 유전자들 사이의 부등교차는 유전자 수의 변화를 일으키는 원동력이 됨. *(a)* 초기 단계로서 2개의 관련 유전자들이 있다(1과 2). 2배체 상태에서 감수분열 과정에서 한 염색체의 1번 유전자는 다른 염색체의 2번 유전자와 배열될 수 있게 된다. 이 정렬 불량 상태에서 교차가 일어난다면, 배우자의 절반은 2번 유전자를 갖지 못하며 절반은 여분의 2번 유전자를 지니게 될 것이다. *(b)* 다음 세대에서도 감수분열 과정에서 부등교차가 계속되면, 직렬로 반복된 DNA 서열이 점차적으로 발생하여 진화하게 된다.

다. 부등 교차는 1쌍의 상동염색체가 감수분열 동안에 정확하게 배열되지 않았을 때 일어난다. 정렬 불량의 결과로, 상동염색체 간의 유전물질 교환으로 한 염색체는 여분(중복, duplication)의 DNA를 받고, 다른 염색체는 그 만큼의 DNA를 잃게(결실, deletion)된다. 만일 특정 서열의 중복이 다음 세대에서 반복되면 그 염색체 안의 특정 부위에 직렬 반복 부분의 덩어리가 형성된다(그림 4-29 참조).

대부분의 유전자 중복은 진화과정에서 결실을 통해 소실되거나 불리한 돌연변이로 기능을 발휘하지 못하게 된다. 그렇지만, 낮은 비율이지만 "여분(extra)"의 복사본이 유리한 돌연변이를 축적하여 새로운 기능을 획득하기도 한다. 유전자의 두 복사본이 모두 돌연변이를 거쳐 원래 유전자에 의해 수행되던 것보다 더 특수한 기능으로 진화하는 경우도 흔히 나타난다. 두 경우에서 두 유전자들은 밀접하게 연관된 서열들을 가지게 될 것이며, 따라서 비슷한 폴리펩티드를 암호화하여 알파(α)- 및 베타(β)- 튜불린과 같이 특정 단백질의 다른 이성체들을 암호화하는 것이다. 한 유전자의 계속적인 중복은 더 많은 이성체[예; 감마(γ)-튜불린]를 형성하게 된다. 이러한 실험으로 연이은 유전자 중복은 비슷한 아미노산 서열을 지닌 폴리펩티드를 암호화하는 유전자 군을 발생시킬 수 있다는 사실이 분명해졌다. 다유전자 집단의 형성에 대해서는 글로빈 유전자의 진화에서 설명된다.

[3] 사실상 중복(duplication)은 전유전체, 유전자, 부분 중복 등의 세 범주로 구별할 수 있다. 마지막 범주의 부분 중복은 염색체의 큰 부분(수천 kb 내지 수십만 kb 길이)이 중복되는 것을 의미하는데, 여기에서는 논의되지 않았으나 유전체 진화에 중요한 의미를 갖고 있다. 오늘날 인류 유전체의 약 5%는 3,500만 년 동안 진행되어 온 부분 중복으로 이루어져 있다.

4-5-2-1 글로빈 유전자의 진화

헤모글로빈은 4개의 글로빈 폴리펩티드로 이루어진 4량체이다(그림 2-38*b* 참조). 포유류 또는 어류에서 글로빈 유전자들을 조사해보면 특징적인 구조를 볼 수 있다. 이 유전자들의 각각은 3개의 엑손(exon)과 2개의 인트론(intron)으로 구성되어 있다. 엑손은 유전자에서 아미노산들을 암호화하는 부분인데 비해 인트론은 암호화하지 않는 서열이다. 엑손과 인트론에 대해서는 나중에 자세히 논의될 것이다(그림 5-24 참조). 우선 이 유전자들을 진화의 징표로 이용해보기로 하자. 식물단백질인 레그헤모글로빈(leghemoglobin)과 근육단백질인 미오글로빈과 같은 글로빈 유사 폴리펩티드를 암호화하는 유전자들을 조사해보면 4개의 엑손과 3개의 인트론이 존재하는 것을 알 수 있다. 이러한 사실은 글로빈(globin) 유전자가 오래된 형태임을 암시한다. 오늘날의 글로빈 폴리펩티드는 약 8억 년 전 글로빈 엑손 2개가 융합하여 만들어진 조상형으로부터 유래하였다고 생각된다(그림 4-23, 1단계).

하나의 글로빈 유전자 만을 지닌(2단계) 것으로 알려진 다수의 원시 어류들은 글로빈 유전자가 처음 복제되기 이전에 다른 척추동물로부터 갈라져 나왔을 것으로 생각된다(3단계). 약 50억 년 전

복제가 일어난 다음 돌연변이에 의해 두 복사물은 갈라져서 동일한 염색체 상에서 서로 다른 글로빈 종류, 즉 α형과 β형으로 분리되었다(4단계). 이것은 양서류와 제브라피시(zebra fish)에서의 배열이

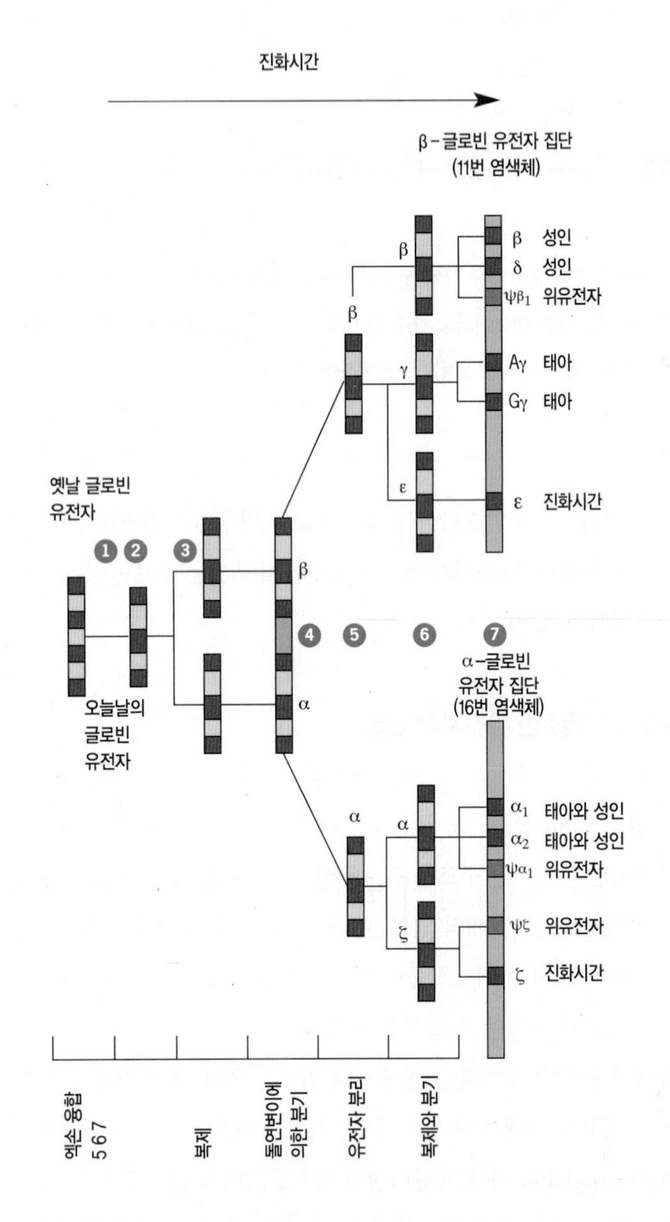

그림 4-23 **글로빈 유전자의 진화 경로.** 엑손들은 빨간색, 인트론은 노란색으로 표시됨. 모식도에서 표시된 진화 단계는 본문에서 논의하였다. 사람의 16번과 11번 염색체 상에 있는 α- 및 β-글로빈 유전자의 배열(오른 쪽에 인트론을 제외하여 나타냄)은 수백만 년 동안의 진화 산물이다. 헤모글로빈 분자는 2쌍의 폴리펩티드 사슬들로 구성되어 있다—1쌍은 α-글로빈 소집단(subfamily)의 구성요소이며, 다른 쌍은 β-글로빈 소집단의 구성요소이다. α-글로빈과 β-글로빈의 특수한 조합이 발생 단계들에서 다르게 관찰된다. 배아, 태아 및 성인 헤모글로빈에서 관찰되는 α- 및 β-글로빈 사슬들이 표시되어 있다.

다. 다음 단계에서, α형과 β형은 재배열이라고 하는 과정을 통해 서로 다른 염색체로 이동되었다(5단계). 그다음 각 유전자는 연이어 복제와 분기(分岐, divergence)를 거쳐(6단계) 오늘날 사람에 존재하는 글로빈 유전자 배열을 만들어낸 것이다(7단계). 이러한 사실들은 척추동물 글로빈 유전자의 진화과정에서 어떻게 해서 전형적인 유전자 중복이 특수한 기능을 갖는 유전자 집단을 만들어내는지를 설명해준다.

글로빈 유전자의 DNA 서열을 분석하여, 연구자들은 기능을 발휘하는 글로빈 유전자의 서열을 갖지만 기능을 갖지 않는 심각한 돌연변이들을 축적한 유전자들을 발견하였다. 진화 산물인 이러한 유형의 유전자들을 **위유전자**(僞遺傳子, pseudogene)라고 한다. 그 예들은 〈그림 4-23〉의 사람 알파(α)- 및 베타(β)-글로빈 유전자 두 곳에서 모두 발견된다. 사람 유전자의 두 글로빈 유전자를 조사하면, 얼마나 많은 DNA가 유전자 내 인트론이나 유전자들 사이의 간격부분(spacer)으로서 비암호서열을 구성하는지에 관해 확실하게 알 수 있다. 사실상 글로빈 부위는 유전체의 대부분 다른 부위들 보다 암호서열의 훨씬 높은 부분을 구성하고 있다.

4-5-3 "도약 유전자" 및 유전체의 역동성

정상적인 진화과정에서 일어나는 반복서열을 보면, 반복현상은 드물게 직렬로 일어나며 둘 또는 몇몇 염색체에 존재하기도 하고, 유전체 전체에 걸쳐 분산되어 있기도 한다(그림 4-23 글로빈 유전자 경우에서처럼). 반복서열들에서 한 집단의 모든 구성요소들이 단일 유전자로부터 생겼다고 가정한다면, 어떻게 해서 개개의 구성요소들이 서로 다른 염색체에 분산될 수 있을까?

유전 요소들이 유전체 주변에서 움직여 다닐 수 있다고 주장한 최초의 사람은 뉴욕의 연구소(Cold Spring Harbor Laboratories)에서 옥수수를 이용하여 연구하고 있던 유전학자 바바라 맥클린톡(Barbara McClintock)이다. 옥수수의 유전형질은 흔히 잎의 무늬와 씨 색깔이 변화함으로써 달라진다(그림 4-24). 1940년대 후반, 맥클린톡은 어떤 돌연변이들은 매우 불안정하여 한 식물의 생애 동안 세대에 따라서 나타나거나 사라진다는 사실을 발견하였다. 몇 년 간의 심층 연구를 통하여, 그녀는 어떤 유전 요소들은 한 염

그림 4-24 옥수수에서 유전자 전위의 가시적인 증거. 옥수수 낟알들은 색깔이 대체로 일정하다. 이 낟알의 반점들은 색소 형성에 관여하는 효소를 암호화하는 한 유전자의 돌연변이로 생긴 것이다. 이런 유형의 돌연변이는 매우 불안정하여 낟알 하나가 발생하는 동안에 생겨났다가 사라지곤 한다. 이러한 불안정한 돌연변이들은 발생 기간 동안에 이 유전자들에 전이인자들이 결합하거나 떨어지는 결과로 나타나기도 하고 사라지기도 한다.

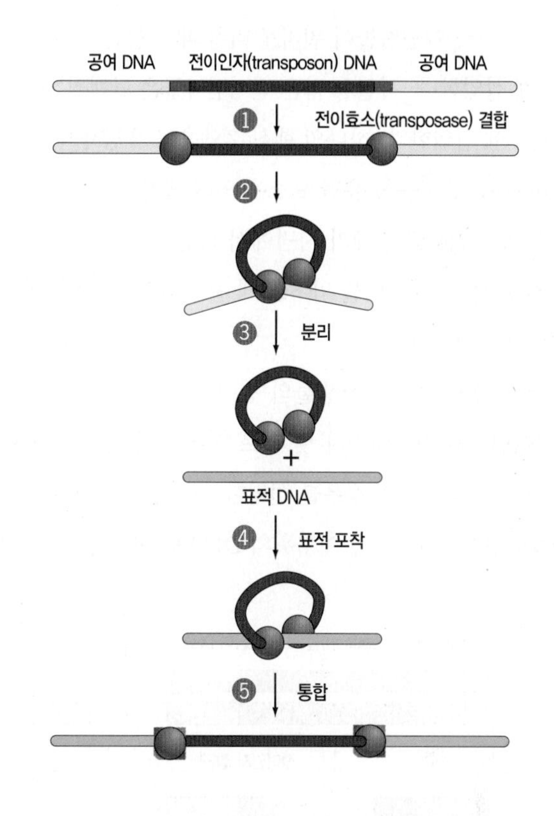

그림 4-25 "잘라붙이기" 방식에 의한 세균 전이인자(transposon)의 유전자 전위. 본문에서 논의된 것과 같이, 이 세균 Tn5 전이인자의 양 끝은 1쌍의 전이효소(transposase) 소단위의 2량체화에 의해 함께 운반된다. 2중나선 두 가닥이 끝에서 끊어지고, 효소와 결합된 채로 전이인자를 잘라낸다. 전이인자-전이효소 복합체는 표적 DNA에 의해 포착되고, 전이인자가 전이된 요소를 옆에 끼고 있는 작은 복사물을 만드는 식으로 삽입된다. (모든 DNA 전이인자가 이러한 기작으로 이동하는 것은 아니다.)

색체 안에서 이곳저곳으로 전혀 다른 곳으로 이동한다는 결론을 내렸다. 그녀는 이러한 유전자 재배열을 **전위**(轉位, transposition)라고 하였고, 움직이는 유전요소를 **전이요소**(轉移要素, transposable element)라고 하였다. 한편 세균을 연구하는 분자생물학자들은 "도약유전자(jumping gene)"가 존재하는 증거를 찾지 못하였다. 그들의 연구로 유전자들은 개체 사이에서 또는 세대 간에서도 일정하게 유지되도록 염색체 상에 선형으로 위치하는 안정한 요소로 보였다. 따라서 맥클린톡의 발견은 대부분 묵살되었다.

그리고 나서 1960년대 후반, 몇몇 실험실들에서 세균의 어떤 DNA 서열은 드물게 유전체의 한 곳에서 다른 곳으로 이동한다는 사실을 알아냈다. 이러한 세균의 전이요소를 **전이인자**[轉移因子, 또는 트랜스포손(transposon)]이라고 한다. 대부분의 전이인자는 공여 DNA로부터 전이인자의 절단과 목표 DNA 부위에 삽입을 단독으로 촉매하는 단백질인 전이효소(*transposase*)를 암호화한다. 이 "잘라붙이기(cut-and-paste)" 기작은 전이인자의 양 끝에 특수한 서열을 결합시키는 독립된 2개의 전이효소 소단위에 의해 중재된다(그림 4-25, 1단계). 두 소단위가 결합하여 활성형의 2량체가 되어(2단계) 전이인자 절단을 일으키는 일련의 반응을 촉매한다(3단계). 전이효소-전이인자 복합체는 목표 DNA와 결합하게 되고(4단계), 전이효소는 전이인자가 새로운 위치로 통합되는 반응을 촉매한다(5단계). 전이 요소가 통합되면 목표 DNA에서 소량의 복제물이 만들어져 삽입부위에서 전이된 요소를 지니게 된다(그림 4-26의 초록색 부분). 표적부위 복제는 전이인자가 포함되어 있는 유전체 부위를 확인하는 "발자국 또는 족문(足文, footprint)"으로 작용한다.

맥클린톡이 처음에 설명했던 바와 같이, 진핵생물의 유전체는 다수의 전이인자들을 포함하고 있다. 사실상 사람 세포 핵 속 DNA의 최소한 45%는 전이인자들로부터 유래되었다! 거의 대부분(99%) 전이인자들은 한 곳에서 다른 곳으로 이동할 수 없다. 즉, 그들은 돌연변이에 의해 변형되거나 또는 세포에 의해 이동이 억제된다. 그러나 전이인자들이 위치를 바꿀 때 그들은 목표 DNA에 광범위하게 삽입한다. 사실상 많은 전이인자들은 단백질 암호 유전자의 중심부에 삽입한다. 하나의 핵심 혈액응고 유전자의 가운데로 "뛰어든(jumped)" 이동성 유전 요소에 의해 생기는 몇 가지 경우의 혈우병을 포함하는 많은 예가 사람에서 확인된 바 있다. 사람에서 질병을 일으키는 돌연변이들 약 500개 중 하나는 전이인자의 삽입으로 인하여 일어난다.

〈그림 4-26〉에서 진핵생물의 전이인자의 주요한 두 종류인 DNA 전이인자와 역전이인자 및 서로 다른 전이 기작을 보여주고 있다. 위에서 원핵생물의 경우를 설명한 바와 같이, 대부분 진핵생물의 DNA 전이인자들은 공여부위의 DNA로부터 절단되어 먼 곳의 목표 부위에 삽입된다(그림 4-26*a*). 이 "잘라붙이기" 기작은 동식물계 전체에서 나타나는 전이인자의 마리너(*mariner*) 군에 의해 이용된다. 이와 반대로, **역전이인자**[(逆轉移因子, 또는 RNA 유래 전이인자, 레트로트랜스포손(retrotransposon)]는 RNA 중간산물이 관여하는 "베껴붙이기(copy-and-paste)" 기작으로 작동한다(그림 4-26*b*). 전이인자 DNA는 전사되어 RNA를 생산하고, 이것은 **역전사효소**(逆轉寫酵素, reverse transcriptase)에 의해 "역전사된(reverse transcribed)" 상보적인 DNA를 만든다. DNA 복사물은 2중나선이 되어 목표 DNA 부위 속으로 통합된다. 대부분의 경우에 역전이인자 그 자체는 역전사효소를 암호화하는 서열을 포함하고 있다. AIDS를 유발하는 레트로바이러스는 RNA 유전체를 복사하

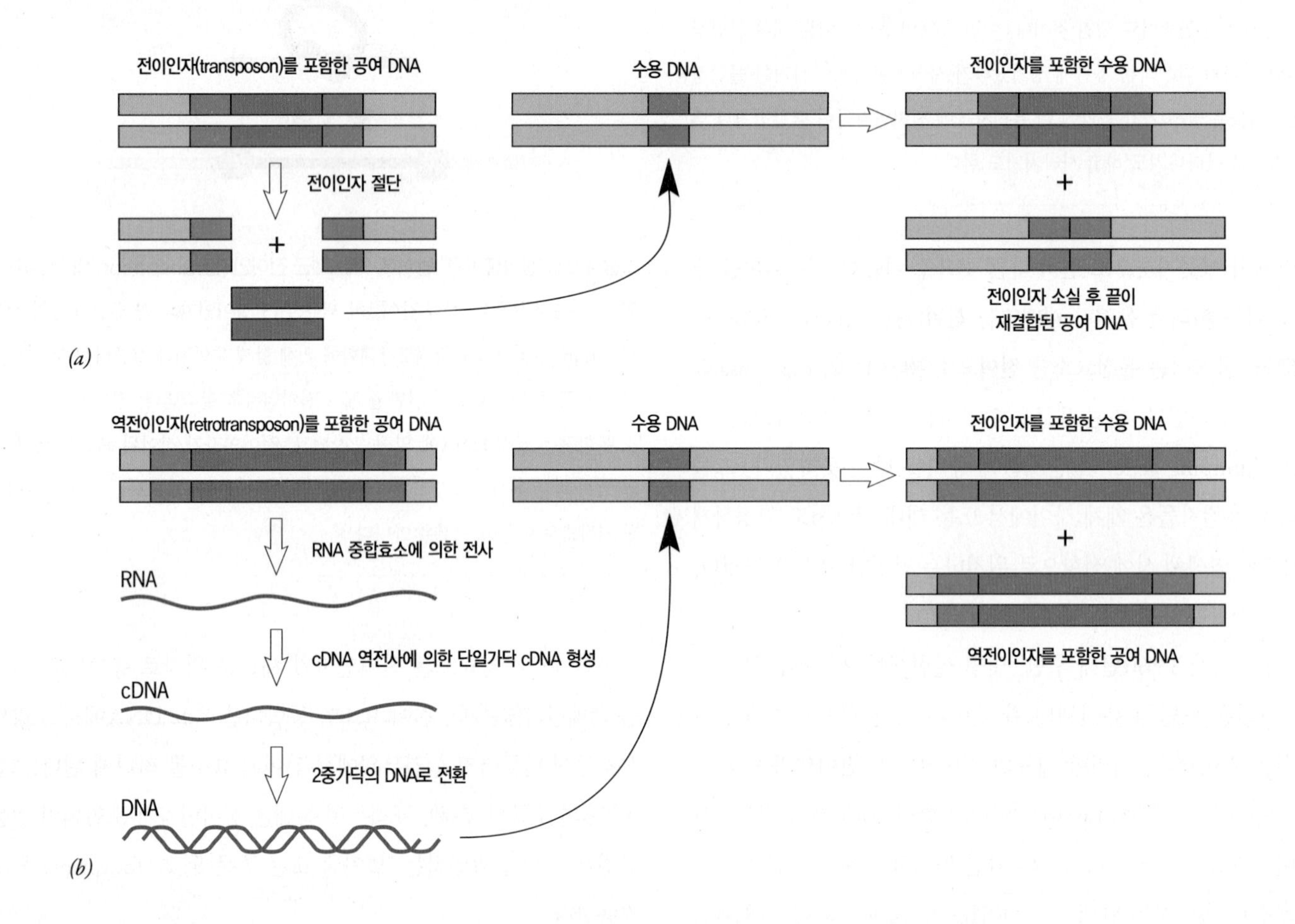

그림 4-26 전이요소들의 이동 경로에 대한 모식도. (*a*) DNA 전이인자가 "잘라붙이기" 경로에 의해 이동하며, 그 기작은 〈그림 4-25〉에 나타나 있다. 약 3%의 사람 유전체는 DNA 전이인자로 이루어져 있으며 이들은 전이가 불가능하다. (즉, 이들은 모두 조상시절 작용의 결과로서 유전체에 남아있는 유물이다.) (*b*) 역전이인자가 "베껴붙이기" 경로에 의해 이동한다. 역전이 단계는 핵과 세포질 양쪽에서 일어나고 세포 자신의 것들을 포함하여 수많은 단백질들이 필요하다. 사람 유전체의 40% 이상은 역전이인자들로 구성되어 있으며, 이들 중 일부(40~100개) 만이 전이할 수 있는 것으로 생각된다. 한 가지 이상의 전이 기작이 알려져 있다.

여 숙주세포 염색체 안으로 DNA 복사물을 통합시키는 과정에서 이와 매우 유사한 기작을 이용한다.

4-5-3-1 진화에서 이동성 유전요소의 역할

중도반복 DNA 서열들이 진핵생물 유전체의 중요한 부분을 구성하고 있다는 사실은 이미 살펴보았다. 유전체에서 서열이 직렬로 존재하고 DNA 중복으로 형성되는 고도반복부분 (부수체, 미소부수체 및 미세부수체 DNA)과는 다르게, 대부분의 중도반복부분 서열들은 산재되어 있고 이동성 유전요소들의 전이에 의해 발생한다. 사실상 사람 DNA에서 가장 흔한 2개의 중도반복서열 집단—*Alu* 및 L1 집단—은 전이인자(transposon)들이다. 두 종류의 산재요소(interspread element)들인 SINE와 LINE을 상기해보자. *Alu*는 전자의 예이고 L1은 후자의 예가 된다. L1 전이서열 전 길이(최소 6,000개의 염기쌍)가 두 촉매작용을 하는 독특한 단백질을 암호화한다. 즉, RNA로부터 DNA를 만들어내는 역전사효소 및 삽입 이전에 목표 DNA에 틈을 만들어내는 핵산내부가수분해효소(endonuclease)가 그것이다. 사람 유전체는 약 50만 벌의 L1을 포함하고 있는 것으로 추정되지만 이들 대부분은 불완전하고 부동 요소이다. 약 2%의 사람들이 양친 모두에게 존재하지 않았던 새로운 L1 요소를 보유하고 있는 것으로 추정된다.

Alu 서열은 L1 보다 훨씬 풍부하고 사람 유전체 전체의 100만 부위 이상에 산재되어 존재한다. *Alu*는 길이가 300 염기쌍 정도의 짧고 유사한 서열들로 이루어진 군이다. *Alu* 서열은 막 결합 리보솜에 있는 신호인식입자(signal recognition particle)의 작은 RNA와 아주 흡사하다. 진화과정에서 이 세포질 내 RNA가 역전사효소에 의해 DNA로 역전사 되어 유전체에 통합된 것으로 추정하고 있다. 어마어마한 *Alu*의 증폭은 L1 서열에 의해 암호화된 역전사효소와 핵산내부가수분해효소를 이용한 역전이에 의해 야기된 것으로 생각된다.

사람 유전체에 많이 존재하는 것으로 보아 *Alu* 서열은 다른 동물계의 유전체에서도 반복되어 있을 것으로 기대할 수 있으나 그렇지는 않다. 비교유전체 연구를 통해 *Alu* 서열은 약 6,000만 년 전에 영장류 유전체에서 전이요소로서 출현하였고 그 이후 복사본이 계속적으로 증가하였음을 알 수 있다. *Alu* 전이 속도는 영장류 진화과정에서 현재 사람에서 약 200명 출생에 1회 발생하는 정도로 크게 감소하였다. 이와 같은 전이 현상이 *Alu* 서열의 위치를 사람에 따라서 달라지게 하고 인류 집단에서 유전적 다양성에 기여하게 하는 것이다.

생물체에서 전이요소와 같이 새로운 것들이 발견될 때 생물학자들이 던지는 최초의 질문은 언제나: 기능이 무엇인가 하는 것이었다. 전이를 연구하는 많은 연구자들은 전이요소들이 주로 "쓰레기(junk)"라고 믿고 있었다. 이러한 견해에 따르면, 전이요소는 일종의 유전적 기생체로서, 외부에서 숙주 유전체를 공격하여 그 유전체 안에서 확산되고 자손에게도 전달될 수 있다— 그것이 숙주가 생존하고 증식하는 과정에 심각한 부작용이 없는 한 그렇다. 그렇다고 하더라도, 전이요소들이 진핵생물의 유전체에 긍정적인 공헌을 할 수 없다는 의미는 아니다. 진화는 따라가야 할 미리 정해진 경로가 없는 기회적인 과정임을 기억하자. 기원이 어떻게 되건 DNA 서열이 일단 유전체 안에 존재하면 진화과정에서 어떤 유익한 방향으로든지 "사용하려는(put to use)" 가능성(*potential*)을 갖게 된다. 이런 이유로 전이요소에 의해 형성된 유전체 부분을 "유전적 고물상(genetic scrap yard)"이라고 한다. 전이요소들이 적응적 진화에 관련된 것으로 보이는 다음과 같은 몇 가지의 방법이 있다. 즉,

1. 전이요소들은 가끔 자신들이 장소를 이동할 때 숙주 유전체의 일부를 함께 운반하기도 한다. 이론적으로 연관성 없는 숙주 유전체 두 부분이 함께 운반되어 새로운 성분을 구성할 수 있게 되는 것이다. 이것은 서로 다른 조상 유전자로부터 유래된 영역을 구성하는 단백질 진화의 중요한 기작이 될 수 있다 (그림 2-36처럼)
2. 원래 전이요소에서 유래한 DNA 서열들은 유전자 발현을 조절하는 DNA 부분은 물론 진핵생물의 유전자 일부로 존재한다. 예를 들면, 유전자 발현을 조절하는 여러 전사 인자들은 전이요소들에서 유래된 DNA 부분에 결합한다. 기능에 대한 뚜렷한 증거가 없다고 하더라도 다수의 전이 요소들은 근연관계가 먼 척추동물들 유전체에서 위치와 서열이 매우 비슷하다. 이러한 유형의 진화상의 보존은 이 서열들이 숙주의 생존에 일종의 유리한 역할을 수행할 것임을 암시한다.
3. 어떤 경우, 전이요소들 자체가 유전자를 형성하는 것으로 보인

다. 염색체 끝에서 DNA 복제에 중요한 역할을 수행하는 효소인 말단부(末端部)합성효소(telomerase)는 고대의 역전이인자에 의해 암호화된 역전사효소로부터 유래하였다. 항체 유전자 재배열 〈그림 17-18 참조〉에 관여하는 유전자들은 고대의 전이인자에 의해 암호화된 전이효소(transposase)에서 유래한 것으로 생각된다. 이것이 사실이라면 전염병에 걸리지 않는 능력은 전이의 직접적인 결과이다.

한 가지는 분명하다. 즉, 전위(transposition)는 생물체의 유전적 조성에 커다란 영향을 미쳤다. 불과 20년 전만해도 분자생물학자들이 유전체가 유전정보를 안정하게 저장하는 기능에만 주목하였던 것이 흥미롭다. 오늘날 생물체들이 유전적 재배열에 의한 대규모의 파괴에 직면하면서 하루하루를 지내고 있음은 놀라운 일인 것 같다. 전위 현상을 발견한 공로로 바바라 메클린톡(Barbara McClintock)이 81세인 1983년 노벨상을 단독 수여한 것은 처음 발견으로부터 약 35년이 지나서였다.

복습문제

1. 글로빈을 암호화하는 유전자와 같은 다유전자군들이 생겨난 진화상의 과정을 설명하시오. 이 과정에서 위유전자들은 어떻게 발생하였을까? 이들은 어떻게 완전히 다른 기능을 갖는 단백질들을 만들어낼 수 있었을까?
2. 유전 요소들이 유전체의 한 부위에서 다른 부위로 움직일 수 있는 두 가지 기작을 설명하시오.
3. 전이요소들이 지난 5,000만년 동안 사람 유전체의 구조에 미친 영향을 기술하시오.

4-6 유전체 서열 분석: 생물학적 진화의 발자취

유전체의 모든 DNA의 뉴클레오티드 서열을 밝히는 것은 실로 엄청난 일이다. 1980년대와 1990년대에 연구자들이 큰 DNA 절편들을 클로닝할 수 있는 새로운 운반체들을 개발하고 큰 절편의 뉴클레오티드 서열을 자동으로 분석할 수 있는 기법들이 발전하면서 이러한 과업을 성취할 수 있는 기술들이 점차 발전되었다(〈18-15절〉에서 논의됨). 1995년 최초로 원핵생물의 완전한 서열이 보고되었고, 그 다음 해에 진핵생물로서 출아하는 효모(Saccharomyses cerevisiae)의 완전한 서열이 최초로 발표되었다. 그 후 몇 년 사이에 여러 원핵생물, 초파리, 선충류, 현화식물 등을 포함하는 진핵생물의 유전체 서열이 보고되었으며, 과학계는 사람 유전체에 대한 연구 결과들을 기대하게 되었다. 연구자들은 이 유전체들이 약 32억 개의 염기쌍을 포함하는 사람 유전체보다 훨씬 작기 때문에 서열분석을 비교적 빠르게 수행할 수 있었다. 이 수에 대해 다른 관점에서 볼 때, DNA의 각 염기쌍이 이 페이지에 있는 글자 하나에 해당한다면 사람 유전체에 포함된 정보는 약 100만 페이지에 이르는 책을 만들 수 있을 것이다.

2001년에 사람 유전체의 대략적인 뉴클레오티드 서열이 발표되었다. 각 절편은 4회 실험에 대한 평균치로 서열화하기 때문에 그 서열을 "대략(rough)"이라고 표현하였다. 즉, 완전히 정확하지 않고, 여러 부위가 서열화하기 어려운 부분들이 있기 때문이다. 암호화하는 유전자의 수 및 종류 설명하기 위한 사람의 유전체 서열을 규명하는 최초의 시도는 유전자 수에 관한 놀라운 관찰을 이끌어냈다. 연구자들은 사람 유전체는 대략 3만 개 정도의 단백질을 암호화하는 유전자들을 포함하고 있다고 결론지었다. 서열분석이 이루어질 때까지만 하더라도 사람 유전체에는 일반적으로 최소한 5만 개 어쩌면 15만 개의 유전자가 포함되어 있을 것으로 추측되었다.

사람 유전체 서열의 "완결판(finished version)"은 2004년에 보고되었는데, (1) 각 부위는 정확성(99.99%)을 기하기 위해 7~10회 서열화하였고, 서열에는 최소한의 틈(gap)들이 포함되어 있다. 이 틈은 주로 기다란 고도반복 DNA가 염색체의 중심절 부근에 있는 염색체의 일부—흔히 "암흑물질(dark matter)"이라고 함—를 포함하고 있다. 철저한 노력에도 불구하고, 이 부위를 복제(clone)하는 것이 불가능한 것으로 판명되었고, 따라서 그 염기서열을 정확하게 밝혀내는 것도 현재의 기술로는 불가능한 것으로 알려져 있다.

뉴클레오티드 서열에 대한 큰 업적이 이루어져 있으나 사람 유전체에서 단백질을 암호화하는 유전자들의 실제 수에 대해서는 불확실한 상태로 남아있다. 다양한 컴퓨터 소프트웨어 프로그램(알고리즘)을 사용하여 유전자들을 동정하는 것은 대단히 어려운 일이며, 사실상 초기에 추정되었던 3만 개의 단백질 암호 유전자들도 점차적으로 하향 조정되고 있다. 대부분 생물학자들은 충격적으로 받아들여지겠지만, 현재의 추정치는 약 2만 개 정도로 생각되고 있다. 이것은 사람이 복어, 닭, 생쥐 등을 포함하는 대부분의 다른 척추동물들은 물론, 현미경적 크기의 벌레나 겨자식물과 거의 같은 수의 단백질 암호 유전자들을 갖고 있음을 의미하는 것이다(그림 4-27).[4]

생물체 사이에 복잡성의 차이가 단백질 암호 유전자들의 수로써 설명할 수 없다면, 이것을 어떻게 설명할 수 있을까? 우리는 그러한 의문에 대해 정확한 답을 하지 못하지만 고려해볼 수 있는 몇 가지 가능성을 다음과 같이 열거해 볼 수는 있다. 즉,

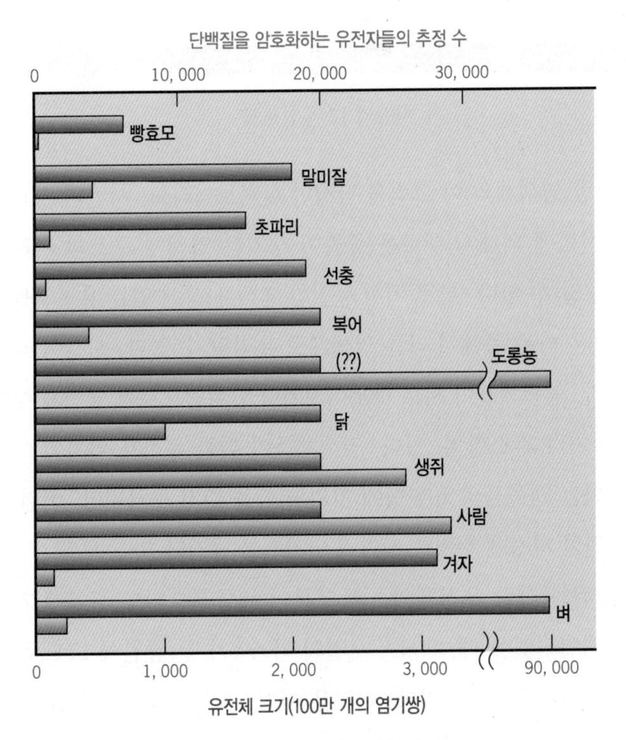

그림 4-27 유전체의 비교. 유전체 서열 분석이 이루어진 진핵생물들 중, 단백질-암호화 유전자들의 수(파란색 막대)는 효모에서 약 6,200개로부터 벼에서는 3만 7,000개 이르기까지 다양하며, 척추동물은 약 2만 개를 갖고 있는 것으로 생각되었다. 단백질-암호화 유전자들의 대략적인 수는 진핵생물들 사이에서 가장 차이가 적은 편이나, 유전체 내 DNA의 양 (빨간색 막대)은 일부 도롱뇽(이 양서류의 정확한 유전자 수는 알려져 있지 않음)의 경우, 90억 개의 염기쌍에 이를 정도로 크게 다르다. 몇몇 생물들(예: 십자화과 식물인 애기장대와 어류인 복어 등)은 특히 치밀한 유전체들을 갖고 있기 때문에, 이들이 선택되어서 유전체 서열 분석이 이루어졌다.

1. 제6장에서 기술되겠지만, 단일 유전자는 선택적 이어맞추기(*alternative splicing*)라는 과정의 결과로 다수의 단백질을 암호화할 수 있다(6-5절 참조). 최근의 몇몇 연구들을 통해 사람 유전자의 90% 이상이 이어맞추기 과정을 거치기 때문에, 사람 유전체에 의해 암호화되는 단백질의 실제 수는 유전자의 수보다 몇 배 더 많은 것으로 생각된다. 생물들 사이의 보다 큰 차이는 이러한 기작이나 "유전자 향상(gene-enhancing)"과 같은 기작이 더 연구된 후에나 드러날 것으로 보인다. 이러한 기대는 척추동물 유전자들이 파리나 기생충의 경우보다 더 복잡해지는 경향이 있으며 선택적 이어맞추기 빈도가 더 높다는 관찰 결과와 일치한다.
2. 분자생물학자들은 유전자 발현을 조절하는 기작을 연구하는 데 상당한 노력을 경주해왔다. 이러한 노력에도 불구하고, 이 기작들에 관한 우리들의 이해는 매우 제한적이다. 예를 들면, 유전체의 많은 부분이 복잡한 배열을 한 RNA들로 전사되지만, 우리는 대부분의 RNA들이 세포 안에서 무슨 기능을 하는지 거의 모르고 있다. 이러한 다수의 RNA는 유전자 조절 기능을 갖고 있는 것으로 믿어지고 있는 추세이다. 이러한 비암호 RNA들의 수와 복잡성은 다양한 생물의 복잡성 수준과도 관련되어 있다는 증거도 축적되고 있다. 예를 들면, 최근의 한 연구에 의하면, 연구자들은 다양한 생물들에서 생산되는 마이크로 RNA(microRNA, miRNA)들의 수를 규명하였다. 다음 장에서 논의되는 것처럼, 마이크로 RNA들은 가장 잘 연구된 조절 RNA들 중의 하나이다. 연구자들은 해면동물에서 약 10개 그리고 말미잘에서 약 40개의 마이크로 RNA들이 발현된다는 사실을 알아냈다. 이것은 기생충과 초파리에서 약 150개, 사람에서 적어도 1,000개가 알려진 것과 비교된다. 이것이 마이크로 RNA의 수가 형태적 복잡성의 1차적인 결정인자임을 의미하는 것은 아니다. 오히려 우리가 생물학적 다양성의 기초를 이해하기 위해서는 유전자 조절에 관하여 더 많이 알아야 할 것이라는

[4] 단백질을 암호화하는 유전자들의 수 그리고 유전체 내 전체 DNA 양 사이의 연관성은 거의 없는 것으로 〈그림 4-27〉에서도 알 수 있다. 예를 들면, 다른 척추동물들과 비슷한 수의 유전자를 갖고 있는 복어 유전체의 크기는 사람 유전체의 1/8 정도이다. 극단적인 경우로서, 어떤 도롱뇽의 유전체는 사람 유전체 크기의 약 30배 정도이다. 척추동물들 사이에서 유전체 크기가 다른 것은 주로 반복 DNA와 같은 비암호 부위의 차이가 크기 때문이다. 이러한 차이의 진화적 중요성은 확실하지 않다.

사실을 제시하고 있다.

3. 지난 10여 년 동안 새로운 생물학 연구 분야(시스템 생물학)가 등장하여 개별 작용보다 복합적인 연결망(network)으로 작용하는 단백질들의 작용에 초점을 맞추어 연구되고 있다. 아주 간단한 단백질 연결망의 예가 〈그림 2-41〉에 표시되었다. 세포들은 수천 종류의 단백질들을 만들어내고 다양하게 상호작용을 하는 것을 고려해 볼 때, 이 연결망은 매우 복잡하고 역동적인 과정이다. 연결망을 구성하는 요소가 조금만 증가하거나 또는 복잡싱이나 크기가 조금만 증가하여도, 그 연결망의 복잡성은 극적으로 증가하여 생물체의 복잡성도 따라서 크게 증가된다.

여러 가지 다른 요인들이 이 논의에 추가될 수 있지만, 일반적인 요지는 확실하다. 즉, 다세포 생물들에서 서로 다른 집단 사이에 복잡성의 분명한 차이에 비해, 한 생물의 유전체에서 유전정보 양의 차이는 사실상 크지 않다.

4-6-1 비교 유전체학: "보존되고 있다면, 틀림없이 중요한 것이다"

다음의 사실들을 생각해보자. 즉, (1) 유전체의 대부분은 유전자들 사이를 채우는 DNA로 이루어져 있으며 그것이 유전자간(intergenic) DNA이다. (2) 약 2만 개 정도의 단백질을 암호화하는 유전자들은 비암호부위(인트론 DNA)로 주로 이루어져 있다. 이러한 사실들을 함께 생각해보면, 유전체의 단백질 암호부위는 전체 DNA의 지극히 일부(약 1.5%로 추산됨)임을 알 수 있다. 유전체의 대부분 유전자간 또는 인트론 DNA는 개체의 생존과 번식에 직접 관여하지 않기 때문에 그 서열이 변화하지 않도록 하는 선택적 압력을 받지 않는다. 그 결과, 대부분의 유전자간 및 인트론 DNA 서열들은 생물체가 진화하는 동안 빠르게 변화하는 경향이 있다. 바꾸어 말하면, 이 서열들은 보존되지 않는 경향을 보인다. 이와 반대로, 단백질을 암호화하는 서열이나 또는 유전자 발현을 조절하는 서열을 포함하는 DNA 부분들은 자연선택을 받는다(그림 6-40 참조). 자연선택은 이러한 기능적 요소들에서 돌연변이를 갖고 있는 개체들의 유전체를 제거하는 경향이 있다.[5] 그 결과, 이 서열들은 보존되는 경향을 보인다. 따라서 기능적 서열을 규명하기 위한 최선의 방법은 서로 다른 유형의 생물들의 유전체를 비교하는 것이다.

사람과 생쥐는 7천 500만 년 전에 공통 조상으로부터 갈라져 나왔다는 사실에도 불구하고, 이 두 종은 유사한 유전자 무리를 공유하고 있다. 예를 들면, 〈그림 4-23〉에 나타난 사람의 글로빈 유전자의 수와 순서는 기본적으로 생쥐 DNA 해당부분에서 보이는 것과 기본적으로 유사하다. 결과적으로, 생쥐와 사람 유전체의 해당 부위들을 배열하는 것이 가능해진다. 사람의 12번 염색체는 일련의 부분들로 구성되어 있는데, 이 부분들의 각각은 생쥐 염색체에서 DNA 구역과 거의 일치한다. 각 구역을 갖고 있는 생쥐 염색체 수가 아래에 표시되어 있다.

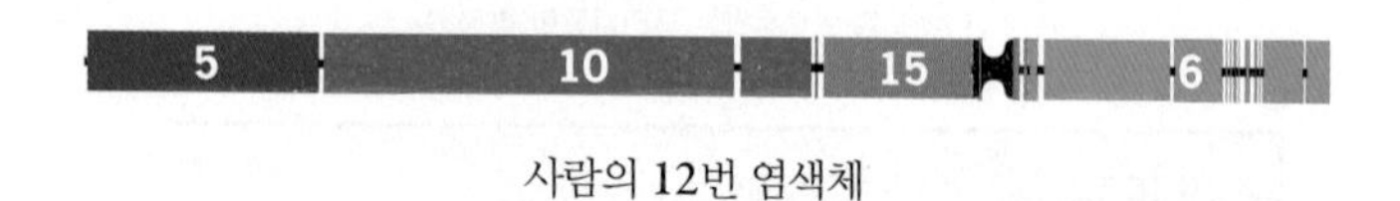

사람의 12번 염색체

사람 염색체의 이 그림을 잠시만 살펴보더라도, 시간의 경과에 따라 진화에 의해서 새로운 종들이 생기는 염색체 구조의 극적인 변화를 알 수 있다. 한 종에서 동일한 염색체 상에 있는 유전자들의 구역들은 다음 종에서 다른 염색체로 분리될 수 있다. 시간이 흐름에 따라, 염색체들이 서로 나누어지거나 합쳐짐으로써 염색체 수가 증가하거나 감소할 수 있다. 염색체들이 취한 유전자 위치의 이러한 변화는 생물들의 표현형에 거의 영향을 주지 못하지만, 이런 변화는 진화 과정에 뚜렷한 시각적 발자취를 남긴다.

생쥐와 사람 유전체의 상동부분이 뉴클레오티드 서열에 기초하여 배열되었을 때, DNA 서열의 약 5%가 두 종간에 고도로 보존되어 있음을 알 수 있다. 이것은 이미 알려져 있는 단백질-암호화 부위와 유전자 조절부위를 합한 것(유전체의 약 2%를 점유함)보다 훨씬 높은 비율이다. 우리가 만약 분자진화론의 가장 중요한 원

[5] 우리는 자연선택의 상반되는 양면을 인식할 수 있다. 변화가 개체의 생존과 생식의 가능성을 감소시키기 때문에, 음성선택(negative selection)은 중요한 기능을 갖는 서열들을 유지(보존)하려는 방향으로 작용한다. 유전체의 이런 부위들은 기능이 없는 서열들보다 아주 느리게 진화한다. 기능이 없는 서열들은 개체의 적응에 효과가 없어서 자연선택 대상이 되지 않는다(그러한 서열들을 중립적으로 진화한다고 말함). 이와는 대조적으로, 다윈의 양성선택(positive selection)은 개체가 환경에 더 잘 적응하여 생존하고 번식할 수 있는 서열의 변화를 선택함으로써 종분화와 진화를 촉진한다. 이런 부위들은 기능이 없는 부분들보다 더 빠르게 진화한다.

리를 신봉한다면 "보존되는 것은 틀림없이 중요한 것이다"라고 할 수 있으며, 이러한 연구는 불필요한 서열로 이루어진 유전체 부분들이 실제로는 중요하지만 기능을 모르고 있을 뿐이라는 사실을 설명해주고 있다. 이 부위의 일부는 의심할 여지없이 여러 조절기능을 수행하는 RNA들을 전사한다(〈5-5절〉에서 논의됨). 다른 것들은 "유전적 기능"보다는 "염색체 기능"을 갖고 있을 것으로 보인다. 예를 들면, 이렇게 보존되어 있는 서열들은 세포분열 이전에 염색체의 쌍을 형성하기 위해 중요할 수 있을 것이다. 기능이 무엇이던지, 이러한 유전체 요소들은 흔히 가장 가까운 유전자로부터 매우 먼 곳에 위치되어 있으며 그리고 이 요소들은 발견된 것들 중에서 가장 보존된 서열들 중 일부를 포함하여, 사람, 쥐, 생쥐 등의 유전체들 사이에 실질적 동질성을 보여준다.

사람과 생쥐와 같이, 진화적으로 먼 관계의 두 종 사이의 유전체 부분을 비교해보면, 수천만 년 동안 보존되어온 유전체 부분들을 확인할 수 있다. 그러나 이러한 접근법은 보다 최근의 진화적 기원을 갖는 사람 유전체의 기능적인 서열을 밝히지 못할 것이다. 예를 들면, 사람에는 존재하지만 생쥐에는 없는 유전자들이나, 또는 영장류의 진화 과정에서 서열이 변화하여 새로운 조절단백질에 결합하도록 하는 조절부위들도 이 경우에 포함될 수 잇을 것이다. 이러한 범주들 중 하나에 속하는 유전체 부위들은 근연종들에서 서열을 분석함으로써 가장 잘 확인된다. 예로써, 한 연구에서, 17종의 서로 다른 영장류들로부터 나온 유전체의 몇몇 상응하는 부분들을 비교하였다. 이러한 노력으로 〈그림 4-28〉에 나타낸 자료를 얻게 되었다. 유전자 조절 단백질들에 결합하는 것으로 보이는 작은 부분은 물론, 고도로 보존된 부분들(그림의 아래에 화살표로 표시되었음)은 단백질을 암호화하는 부분(엑손, exon)에 해당한다. 이 그림은, 서로 다른 두 세 종의 서열을 비교하는 것은 이 유전체들 안에서 가장 고도로 보존된 서열을 밝히기에 충분하지 않음을 보여주고 있다. 공동의 노력(ENCODE[b] 사업이라고 하는)으로, 사람 유전체 안에 존재하는 모든 기능적 요소들을 밝히고 있는 중이다. 그러나 불행하게도, 우리는 이러한 많은 기능적 요소들을 인식하는데 필요한 지식을 갖고 있지 않으며 그 과업의 성공 여부도 확실하지 않다. 최근의 연구에서 한 가지는 분명하게 되었다. 즉, 상당한

역자 주[b] ENCODE: "encyclopedia of DNA elements(DNA 요소들의 백과사전)"의 머리글자이다.

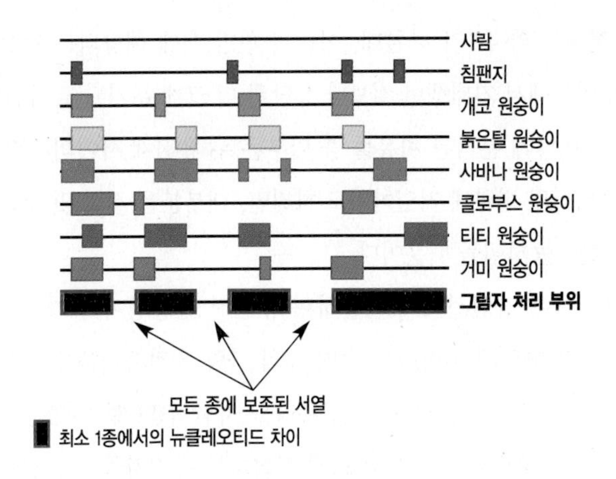

그림 4-28 작은 DNA 단편들은 사람 근연종들에서 고도로 보존되어져 있음. 위쪽 선은 사람 DNA의 뉴클레오티드 서열을 나타낸다. 그 아래의 각 선은 오른쪽에 표시된 것과 같은 다른 영장류들의 뉴클레오티드 서열을 나타낸다. 각 선위의 구역들은 사람 DNA에 뉴클레오티드 서열과 다른 부분들을 나타낸다. 아래의 선은 모든 종에서 고도로 보존되어 있는 DNA 부분들을 보여주고 있다. 즉, 8종 사이에서 동일한 서열 부위를 보여준다.

비율의 기능적인 DNA 서열은 끊임없이 진화하고 있어서 고도로 보존되지 않는다는 것이다. 바꾸어 말하면, 우리가 광범위하게 보존된 서열을 규명하는 일에만 매달린다면 유전체에서 가장 중요한 기능적 요소들을 놓칠 위험이 있다는 것이다.

4-6-2 "인류 탄생"의 유전적 기초

우리는 보존된 서열에 초점을 맞춤으로써, 다른 생물체들과 공유하고 있는 특징을 알아보려고 하는 경향이 있다. 우리 자신의 고유한 생물학적 진화를 잘 이해하기 위해서는 우리들과 다른 생물체의 유전체 부분들을 더 면밀하게 살펴보아야 한다. 침팬지는 우리와 가장 가까운 동물로서, 근래 500만~700만 년 전에 공통 조상을 갖고 있었다. 침팬지와 사람 사이의 DNA 서열과 유전자 구조의 차이를 자세히 분석해보면 직립 보행이나 도구 및 언어 사용과 같은 사람에게만 유일한 특징들에 대한 유전적 기초를 알 수 있을 것으로 생각한다. 후자의 특징들은 침팬지의 4배에 이르는 1,300cm^{3}의 부피를 갖는 우리의 뇌에서 기원을 찾을 수 있을 것이다.

침팬지 유전체의 초안은 2005년에 보고되었다. 대략 침팬지와

사람 유전체는 약 4%가 다른데, 이는 수천만 개에 해당되는 것으로, 예비 연구에서 기대했던 것보다 상당히 더 크게 분기된(달라진) 수준이다. 이렇게 분기된 이유들 중 일부는 두 유전체 사이의 단일 뉴클레오티드의 변화에 기인하기도 하지만, 대부분은 결실 및 부분 중복과 같은 큰 차이들 때문이다.

연구자들은 자연선택에 반응하여 유전적 다양성이 사라지는 속도 보다 더 빠르게 진화하는 수백 개의 사람 유전자들을 규명하였다. 그러나 이러한 유전자들이 "우리를 사람이 되게" 하였는지는 확실하지 않다. 일부 가장 빠르게 진화하는 유전자들은 유전자 발현을 조절하는 데 관여하는 단백질을 암호화한다. 이들은 다수의 다른 유전자 발현에 영향을 미칠 수 있기 때문에, 바로 이 유전자들이 중요한 표현형의 차이를 일으키는 것으로 생각된다. 사실상 침팬지와 사람의 전사인자들의 차이가 〈그림 2-48〉에서 나타난 뇌 단백질의 발현 차이를 일으킨다. 뇌 발생에 영향을 주는 것으로 보이는 어떤 RNA 암호화 유전자들의 변화를 포함하여 다른 많은 차이점들이 알려져 있다. 그러한 유전자들 중의 하나인 HAR1은 겨우 118개의 염기쌍으로 이루어져 있으나 침팬지 유전체의 이 부위와는 18개의 염기가 치환되어 있다. 동일한 부위는 다른 척추동물들에서도 고도로 보존되어 있어서 뚜렷한 자연선택의 효과를 나타내는 것은 오직 사람의 진화과정에서 뿐이다[*HAR*은 "Human Accelerated Region(사람으로 가속화된 부위)"을 나타낸다]. *HAR1*의 기능은 알려져 있지 않으나, 발생 중인 태아 뇌에서 주로 발현된다는 사실은 사람 뇌의 확장에 대한 유전적 기초를 밝혀내려는 연구자들에게 관심을 끄는 유전자가 되고 있다.

관심을 끄는 또 다른 유전자는 침에 존재하는 전분 분해효소인 아밀라제를 암호화한다. 침팬지는 비교적 전분 섭취를 적게 하여 유전체 안에 하나의 아밀라제1(AMY1) 유전자 복사본을 갖고 있다.(그림 4-29*a*). 사람의 진화과정에서 *AMY1* 사본들은 증가하는 방향으로 선택되어 사람 침에 이 효소의 농도가 높아지게 되었다. 아밀라제 농도 증가는 진화과정에서 *AMY1* 유전자의 발현이 증가하여 나타난 것이지만, 이 경우는 유전자 중복의 결과이다. 그림에 나타나 있고 다음 절에서 논의되겠지만, *AMY1* 유전자 복사본의 수는 다양하다. 사실상 이 유전자 복사본의 수는 전분 양이 더 많이 포함된 음식물을 섭취하는 사람 집단에서 더 많아지는 경향이 있다.

지금까지 이 분야에서 최대 관심사는 *FOXP2*라고 하는 전사인자를 암호화하는 유전자이다. 사람과 침팬지 사이의 *FOXP2* 단백질을 비교해보면, 최후의 공통조상에서 갈라진 시기 이후 사람에서 2개의 아미노산 차이를 볼 수 있다. 이 유전자가 매우 흥미롭게 된 이유는 *FOXP2* 유전자의 돌연변이를 갖는 사람은 심각한 언어 장애를 겪는다는 사실 때문이다. 다른 결손들 중에서 이 질병을 가진

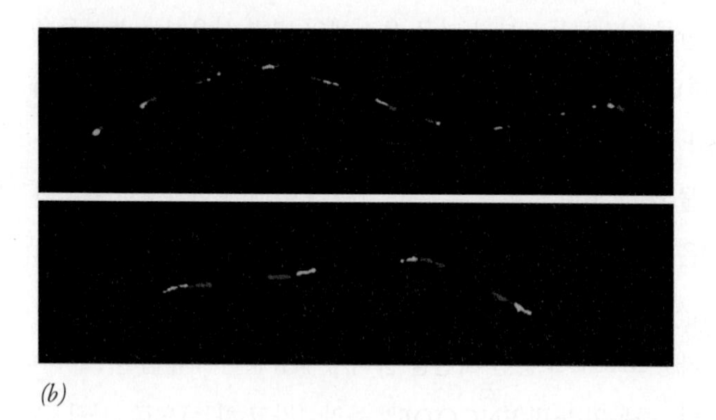

그림 4-29 사람 진화과정에서의 아밀라제 유전자 복제. 침팬지(*a*) 또는 사람(*b*)에서 1쌍의 상동염색체가 *AMY1* 유전자의 다른 부위에 결합하는 빨간색과 초록색 탐침자로 혼성화되어 있다. 이 유전자는 전분-분해효소인 타액 아밀라제를 암호화한다. 각 염색체 상의 *AMY1* 유전자 복사본의 수는 형광 탐침자가 반복되는 수로 확인할 수 있다. 침팬지는 각 염색체 상에 하나의 *AMY1* 유전자를 가지며(즉, 유전체 당 1개), 사람은 여러 개의 복사본을 갖고 있다. 이 유전자 복사본의 수는 두 상동염색체 중 하나에 어떤 사람은 복사본 4개를 다른 사람은 10개를 갖고 있는 것으로 나타난 바와 같이 사람 유전체에서 다양하다. 이것이 복사본 수의 변이(copy number of variation)에 대한 예이다. 더불어 어떤 사람 집단의 유전체에서 *AMY1* 유전자 복사본의 수는 그 집단의 섭식 중 전분의 양과 연관되어 있는 경향을 보인다. 이러한 상관성은 *AMY1* 유전자의 복사본 수가 자연선택에 의해 영향을 받고 있음을 강하게 암시하고 있는 것이다.

사람은 구두전달에 필요한 입술과 혀를 세밀하게 움직이는 근육운동을 할 수 없다. 침팬지의 경우와는 다른, 이와 같은 "언어 유전자(speech gene)"의 변화는 현생 인류가 출현한 것으로 생각되는 지난 12만 년에서 20만 년 동안 사람 유전체에 고정되어 있었음을 추정할 수 있다. 이러한 발견은 *FOXP2* 유전자의 변화가 사람 진화에 중요한 역할을 하였음을 암시하는 것이다.

이 절에서는 사람과 다른 포유동물과의 유전적 차이에 초점을 맞추었다. 연구자들은 "인류 탄생(being human)"의 유전적 기초를 규명하는 과정을 많이 진행하지 못하였기 때문에 제한된 논의 밖에 할 수 없다. 이후 몇 년이 지나면 어떤 변화가 나타나게 될 것이다. "무엇이 우리를 사람으로 만드는가"라는 주제로 들어가는 데 있어서, 분자수준에서 조차 많은 비(非)유전체 요인들이 고려되지 않았음을 명심하기 바란다.

4-6-3 인류 집단 내 유전적 변이

유전체 전체에서 동일한 DNA 서열을 갖는 사람은 일란성 쌍생아 말고는 없기 때문에 당신과 정확하게 똑같은 사람은 이 세상에 없다. 초기 인간유전체사업(Human Genome Project)으로 서열을 분석한 사람 유전체는 주로 한 남성의 것에서 유래된 것이었다. 서열분석이 완료된 후, DNA 서열이 사람 집단에서 얼마나 다양한가에 관하여 관심의 초점이 모아졌다. **유전적 다형성**(遺傳的 多形性, genetic polymorphism)은 다른 개인들 사이에 다양한 유전체 부위들이다. 이 용어는 한 종의 집단에서 적어도 1%의 빈도로 나타나는 유전적 변이를 일컫는다. 유전적 다형의 개념은 1900년 오스트리아의 의사인 칼 란트슈타이너(Karl Landsteiner)가 사람들은 적어도 A, B 또는 O의 3종류의 혈액형을 갖는다는 사실을 발견하면서부터 시작되었다. ABO 혈액군은 당-운반 효소를 암호화하는 다른 대립유전자들을 보유한 사람들에서 조사된 결과이다. 우리들은 고유의 유전체 서열을 보유하고 있기 때문에, "유전체 이전의 시대(pregenomic era)"에는 드러나지 않던 새로운 유형의 유전적 변이를 조사할 수 있게 되었다.

4-6-3-1 DNA 서열의 변이

사람의 경우 집단 구성원들 사이에서 가장 흔한 유형의 유전적 변이성은 유전체 부위의 단일 뉴클레오티드 차이이다. 이러한 부위들을 **단일 뉴클레오티드 다형성**(single nucleotide polymorphism, SNP)이라고 한다. 대부분의 SNP["스닙(snip)"으로 발음한다]은 A나 G와 같은 대립인자들로 발생한다. 대부분의 스닙들은 사람의 진화과정 동안 단 한 번의 돌연변이로 발생하는 것으로 생각되며 공통의 조상으로부터 나온 사람들이 공유하게 된다. 흔하게 발생하는 스닙은 여러 민족 집단에서 내려온 수백 명의 개인 유전체들의 DNA 서열을 비교함으로써 확인되고 있다. 평균적으로 무작위로 선택된 두 사람 유전체에서는 300만 개의 단일 뉴클레오티드, 즉 1,000개의 염기쌍 중에서 하나씩 차이를 보인다. 얼핏 이것은 많은 수인 것처럼 보이지만, 사람의 경우 평균 99.9%의 뉴클레오티드 서열이 사람마다 유사하다는 의미이고, 이것은 대부분 포유동물들보다 훨씬 더 큰 것이다. 이 서열의 유사성은 진화기간에 사람은 젊은 종이며(인류의 역사가 짧은 것이며), 선사시대 인류 집단의 크기가 비교적 작다는 사실을 반영한다. 유전체 내 1,500만 개 정도의 스닙들 중에서 약 6만 개가 단백질 암호 서열에 존재하여 단백질 내 아미노산 치환을 일으키고 있다. 이것은 한 유전자에 약 2개의 아미노산 치환에 해당한다. 사람들 사이에서 보이는 표현형의 변이성을 나타내는 것은 주로 이러한 유전적 다양성 때문이다. 임상에서 사람 유전체 서열 다양성의 영향에 관해서는 따로 논의될 것이다.

4-6-3-2 구조적 변이

〈그림 4-30*a*〉에 나타낸 것처럼, 유전체의 부분들은 복제, 결실, 삽입, 역위(DNA 조각이 반대방향으로 있는 경우), 그 밖의 일 등의 결과로 변화될 수 있다. 이러한 유형의 변화들은 길이가 보통 수천~수백만 개의 염기쌍의 범위에 있는 DNA 조각에서 일어난다. 비교적 크기가 커다랗기 때문에, 이런 종류의 다형성을 구조적 변이체(*structural variant*)라고 하며, 우리는 이런 구조의 구조의 존재에 대한 규모 및 중요성을 겨우 이해하기 시작하는 단계이다.

현미경에 의한 염색체 분석 초기부터 동일한 염색체 구조를 갖는다고 모든 사람이 건강한 것은 아니라고 알려져 있다. 그림에서는 30년 전부터 알려져 있는 흔한 염색체 역위의 예를 보여주고 있다. 최근의 연구에 의하면 현미경으로 보기에는 너무 작고 통상적인 서열분석으로 찾아내기에는 너무 큰 중간 크기의 구조적 변이가 예상되었던 것보다 훨씬 많은 것으로 드러났다. 예를 들면, 한 연구의 연구자들은 사람 유전체 사업에서 얻어진 최초의 서열을 지닌 "정상인"의 유전체를 비교하여 297개의 중간 크기(>8kb) 구조적 변이(삽입 139개, 결실 102개, 역위 56개)들을 찾아냈다. 이것은 예상했던 수준보다 훨씬 높은 대규모 유전적 변이이다.

복사본 수의 변이 DNA 지문 작성법은 미소부수체 서열들의 길이 차이에 의존하며, 이는 염색체의 특정 부위에 존재하는 서열의 복사본 수에 따라 달라진다. 즉, 이것은 복사본 수의 변이(*copy number variation, CNV*)의 예가 된다. 최근에 훨씬 더 큰 크기(1kb)의 CNV들도 사람 집단에서 흔하며, 단백질을 암호화하는 유전자들을 포함하여 유전체의 수천 개의 다른 부위에 영향을 끼치고 있는 것으로 밝혀졌다. 큰 크기의 CNV들은 DNA 부분의 복제 또는 결실의 결과로 나타나는 구조적 변이의 한 유형이다. 그러한 CNV들 때문에 많은 사람들이 생리적으로 중요한 단백질들을 암호화하는 유전자들을 여러 벌 갖게 된다. 여분의 유전자 복제물은 일반적으로 단백질을 과잉 생산하여 세포 안에서 유지되어야 하는 오묘한 생화학적 평형을 파괴시키게 된다. 예를 들면, 조기에 알츠하이머 질환이 발생하는 사람들 대다수는 이 병을 유발하는 것으로 알려진 단백질을 암호화하는 과잉의 *APP* 유전자를 갖고 있는 것으로 알려져 있다. 어떤 경우에는 전분 함량이 많은 음식을 섭취하는 사람 집단에서, 아밀라제 유전자(*AMY1*)가 반복적으로 복제되어 갖게 되는 여벌의 유전자가 오히려 유익할 수도 있다(그림 4-29*b*). 〈그림 4-29*b*〉에서, 사람의 상동염색체의 두 쪽에 있는 *AMY1* 유전자들의 수를 나타내는 CNV의 사례를 보여준다. 한 염색체는 *AMY1* 유전자 4개만 갖고 있으나 상동염색체는 10개를 갖고 있음을 볼 수 있다.

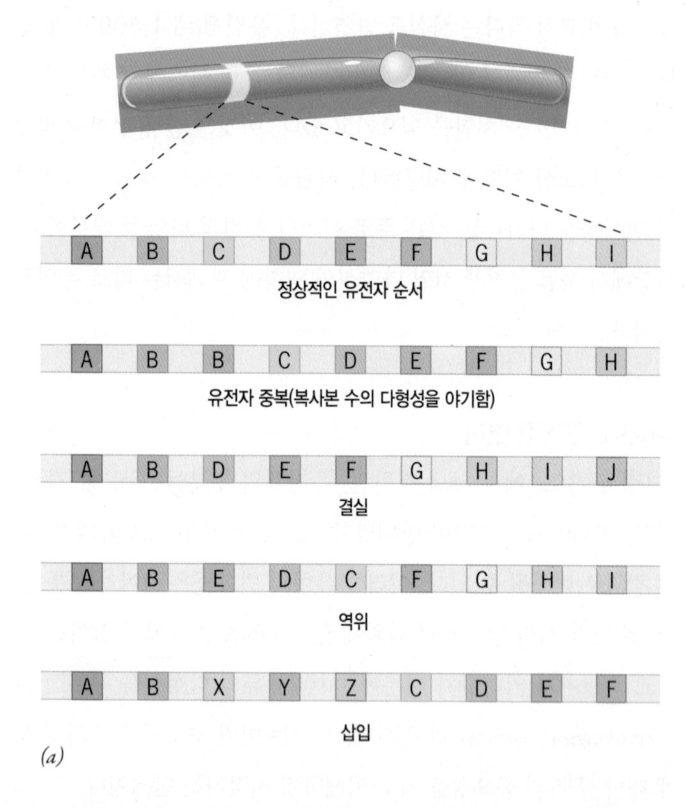

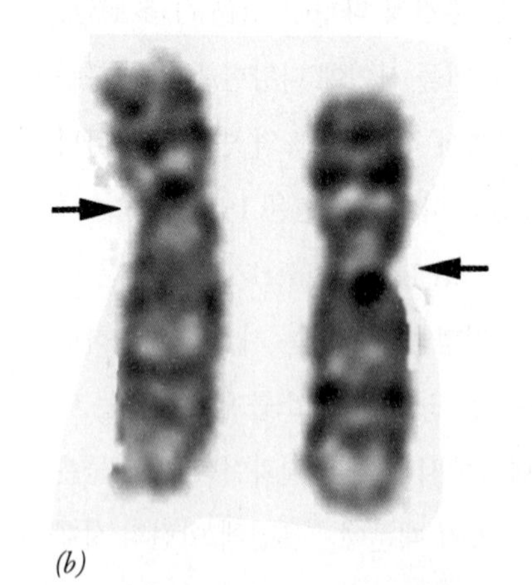

그림 4-30 구조적 변이체들. (*a*) 한 염색체의 기능적 부분(예: 수천 개의 염기쌍)을 포함하는 주요 유전체 다형성의 개요. 대부분의 이러한 다형성은 너무 작아서 염색체를 현미경으로 관찰하는 방법으로는 알 수 없으나, 유전자들의 수 및 위치는 쉽게 확인할 수 있다. 왼쪽은 사람의 정상적인 9번 염색체이고, 오른쪽은 염색체의 중심절(화살표)을 포함하는 커다란 역위가 있는 9번 염색체이다. 현미경으로 뚜렷이 보이는 이 역위는 사람에서 1% 정도 갖고 있다.

인 간 의 전 망
유전체 분석의 의학적 응용

지난 수십 년 동안, 천여 개의 유전자들이 희귀한 유전병을 유발하는 요인으로 확인되었다. 대부분의 경우, 연구되고 있는 질병을 유발하는 유전자는 전통적인 유전적 연관 연구를 통해 확인되었다. 그런 연구는 특정 질병이 유난히 높은 빈도로 나타나는 다수의 가족들을 조사하는 것으로부터 시작된다. 먼저 해야 할 과제는 가족의 모든 구성원들이 공유하는 유전체의 바뀐 부분이 어디인지 알아내는 것이다. 질병과 관련된 유전자 부분이 확인되면 그 부분의 DNA를 분리하고 돌연변이 유전자를 정확히 찾아낼 수 있다. 이런 유전학적 접근 방법은 침투율(penetrance)이 매우 높은 유전자, 즉 사람이 질환에 걸릴 것이 거의 확실한 돌연변이 형태의 유전자를 확인하는 데 매우 적합하다. 예를 들면, 헌팅턴(Huntington) 질환과 관련된 돌연변이 유전자는 매우 높은 침투율을 보인다. 게다가 다른 유전자의 결함 때문에 이 질병이 유발되는 경우는 없다.

암, 심부전, 알츠하이머, 당뇨, 천식, 우울증, 나이와 관련된 다양한 질병 등과 같이 우리를 괴롭히는 대부분의 질병들은 유전적 소인들을 갖고 있으며, 적어도 가족력과 관련되는 경향을 보인다. 그러나 헌팅턴 질환처럼 유전되는 장애와는 다르게, 단 하나의 유전자가 그 질환과 명확하게 연결되어 있는 경우는 없다. 그 대신에 수많은 유전자들이 조금씩 관여하면서 종합적으로 장애를 유발시켜 질병에 영향을 끼치는 것으로 보인다. 게다가 장애의 발생은 비유전적인(예: 환경) 요인에 의해서도 영향을 받는다. 예를 들면, 당뇨가 발달할 가능성은 심각하게 비만인 사람에서 굉장히 높고, 폐암의 경우는 흡연을 하는 사람에서 발생할 가능성이 굉장히 높다. 의료 연구계의 한 가지 목표는 흔하면서도 유전적으로 복잡한 질병들의 발생에 관계되는 유전자를 밝히는 것이다.

이런 질병들의 침투율은 낮기 때문에, 통상 질환들을 일으키는 대부분의 유전자들은 가계도 연구를 통해 확인될 수 없다. 그 대신에 그런 유전자들은 큰 집단 내에서의 질병 발생정도를 분석함으로써 가장 잘 확인된다. 이런 방법의 연구를 수행하기 위해, 연구원들은 질병을 갖고 있을 만한 사람의 인자형(genotype)과 질병에 걸리지 않으면서 비슷한 민족적 배경을 갖고 있는 사람의 인자형을 비교한다. 그래서 당뇨나 흔한 유전적인 다형성 같은 특정한 질병에서의 연관성이나 상호관계를 찾는 것을 목표로 한다. 이런 접근방법의 잠재적인 가치는 1990년대 초에 지질단백질 *APOE4*를 암호화하는 대립유전자와 알츠하이머 발병 가능성의 강력한 연관성을 발견함으로써 입증되었다. 알츠하이머병은 *APOE4* 대립유전자를 1개라도 갖고 있는 개체는 이 대립유전자를 갖고 있지 않은 개체보다 신경퇴행성 장애를 더 잘 발생시킨다는 연구에서 밝혀졌다. 이런 발견들은 콜레스테롤 대사, 심혈관계 건강, 알츠하이머병 사이의 관계를 연구하는 데 중요한 분야가 되었다.

이름에서 말해주듯이 전유전체(全遺傳體) 연관연구(Genome-Wide Association Study)는 질병의 상태와 유전체의 어딘가에 존재할지 모르는 다형성(polymorphism) 사이의 관련성을 찾는다. 이것은 연구에 참여하는 모든 대상자들의 유전체 뉴클레오티드 서열을 분석하는 것이 필요하다. 이전에도 언급했듯이, 사람의 유전적 다양성의 가장 흔한 형태는 단일 뉴클레오티드 다형성(single nucleotide polymorphism, SNP)이다. 유전자 암호화의 특수성이나 유전자 발현 조절을 바꿔버리는 많은 SNP이 복잡한 질병 발생에 대한 감수성에 중요한 역할을 한다. 사람의 DNA 샘플의 염기서열을 분석하는 비용이 크게 저렴해졌기 때문에, 연구자들은 건강한 사람보다 특정한 질병을 앓고 있는 사람에서 더 많이 일어나는 SNP을 규명하기 위해 많은 사람들의 유전체를 분석해왔다. 확인된 SNP이 직접적으로 질병에 영향을 끼치지 않더라도, 그것들은 영향을 끼칠만한 자리 근처에서 유전적인 표지로서 작용한다. 이 원리들은 연령관련황반변성(age-related macular degeneration, AMD)에 대해 2005년에 출간된 전유전체 연관분석에서 잘 설명되어 있다. 초기에 연구자들은 SNP과 질병의 관계를 찾고자 96명의 연령관련황반변성 환자를 50명의 대조군과 비교하여 염기서열이 분석된 10만 개 이상의 SNP을 분석하였다. 그들은 면역이나 염증반응과 관련된 *CFH*라는 유전자의 인트론(비암호화 부위)에 존재하는 SNP과 질병을 갖고 있는 개체들 사이에서 강력한 연관성을 찾았다. 연구자들이 노화성 황반변성과 관련된 유전체 부위를 알아내어, 96명의 전체 *CFH* 유전자의 배열을 밝혔다. 그들은 CFH 단백질의 특정 위치에 히스티딘을 갖고 있게 되는 *CFH* 유전자의 암호화 구역에 있는 다형성이 그들이 규명한 다형성과 단단히 연결되어 있음을 발견하였다. 노화성 황반변성의 위험과는 관련되지 않은

CFH 단백질의 다른 대립유전자는 이 위치에 티로신을 갖고 있었다. 그들의 이런 발견은 염증반응이 노화성 황반변성의 발생에 근본적인 요인이라는 추가적인 증거를 얻게 되었고, 이 질환의 치료법에 대한 명확한 표적을 제시하였다.

많은 전유전체 연관연구가 지난 몇 년 동안 이루어져 왔다. 다수의 연구들에서, 수천 명의 유전체가 면밀히 조사되었고, 그 결과는 분리된 경우와 대조군의 독립적인 분석이 사실임을 확고히 해 주었다. 이런 연구들은 사람에게서 가장 흔한 SNP을 갖는 수천 개의 DNA 조각을 넣을 수 있는 상업적으로 생산된 칩의 실질적인 사용을 가능하게 하였다. 연구자들은 칩 안에 있는 DNA 샘플이 분석될 수 있도록 반응시킬 수 있고, 한 개인의 DNA에 존재하는 SNP을 확인할 수 있다. 이런 연구들의 결과로, 우리는 유전자들(비암호화된 DNA 구역까지도)의 목록을 갖고 있기 때문에 특정한 대립유전자나 변종이 한 사람이 다양한 질병에 걸릴 가능성을 높인다는 사실을 알게 되었다.

연구자들이 이런 통합적인 연구를 시작했을 때 이전에 특정 질병과 무관하다고 생각했던 유전자들을 조사함으로써, 이 연구가 일반 질환들의 근본적인 기초를 새롭게 이해할 것으로 기대하였다. 이런 유전자들의 산물은 가족성 콜레스테롤혈증과 관련된 HMG-CoA 환원효소 유전자와 LDL 수용체 유전자가 콜레스테롤 수치를 낮추는 스타틴(statin: HMG-CoA 환원효소 억제제)의 발현을 유도하는 데 중요한 역할을 하는 것으로 확인된 것처럼, 궁극적으로 약물요법에 대한 새로운 이정표의 목표가 되었다. 이런 통합적인 유전학 연구는 비록 신약 개발을 이끌지 못하였다 하더라도, 통상적인 여러 질병들이 발생하는 중요한 경로와 기작을 밝혀냈다. 한 가지 예를 들면, 제2형 당뇨병을 유발할 수 있는 유전자들은 인슐린을 분비하는 이자 세포에 작용하여 기능 장애를 야기하는 단백질을 암호화한다.

비록 전유전체 연관분석이 통상질환들을 유발하는 유전자들을 밝혀내는 데 성공하였다고 하더라도, 임상유전학자들에게는 아직도 실망스러운 부분이 남아 있다. 여러 해가 지나면서, 우리는 유전이 대부분 일반 질환들의 발생에 관여하는 정도를 알게 되었다. 최근의 전유전체 연관분석의 결과를 보면 대부분 확인된 질병 유발 유전자들은 전형적으로 이 유전자들이 없을 때에 비해 1.5배 미만으로 미약하게 특정 질환 발생을 증가시켰다. 만약 알츠하이머 질환이나 심부전처럼, 어떤 사람이 특정 질환을 유발하는 유전자들을 모두 갖고 있는데도 그 사람이 병에 걸리지 않고 있다면, 이것은 그 질병의 발생에 유전학적 요인이 기여한다는 것을 설명하지 못한다. 이런 질병들과 관련된 유전적인 위험 요인들은 아직 대부분 확인되지 않았다. 예를 들면, 많은 수의 대립유전자들이 아직 연구를 통해 밝혀지지 않은 질병 유발의 위험성(매우 낮은 침투율을 갖는)에 관여할지도 모른다. 그렇다면, 낮은 침투율을 보이는 변종들의 확인은 큰 가치가 없을지도 모른다. 반대로, 다수의 흔하지 않은 대립유전자가 질병의 위험성을 높일지도 모른다. 이 대립유전자들은 흔하지 않기 때문에 최근의 전유전체 연관분석에서 간과되어왔다. 즉, SNP에 의존하는 연관분석에서는 발견되지 않는 유전자의 구조적인 변형으로 인해 발병의 위험성이 높아질 가능성이 있는 경우이다.

현존하는 어려움에도 불구하고, 언젠가는 어떤 뉴클레오티드가 한 사람의 유전체 내에서 중요한 위치에 있는지를 식별함으로써 한 사람이 유전적으로 어떤 특정 질병에 잘 걸리는지를 확인할 수 있을 것이다. 여러 회사들은 이미 이 개념을 실행으로 옮겼다. 여러분의 DNA 시료와 1,000달러 이상의 돈을 지급하면 그 회사에서는 다수의 흔한 질환의 발병을 증가시키는 SNP 검사를 실시해 줄 것이다. 이에 대한 정보를 알면 당신은 생활방식을 바꾸어 특정 질병의 발생을 막을 수 있을 것으로 생각된다. 하지만 현재의 자료가 제한적이어서, 많은 유전학자들은 이런 서비스에 대해 굉장히 비판적으로 보고 있다.

유전적 변이에 대한 정보는 특정한 약제가 사람에게 도움이 될지 또는 심각한 부작용을 초래할지, 즉 사람이 그 약제에 어떻게 반응할 것인지에 대해 암시해준다. 한 사례를 인용하자면, TPMT[c] 효소를 암호화하고 있는 유전자에 2개의 특정한 SNP을 가진 대립유전자를 갖는 사람들은 어린 아이들의 백혈병을 치료하기 위해 흔히 사용되는 티오퓨린(thiopurine) 계통 의 약물대사 작용을 할 수 없다. 이 대립유전자를 동형으로 갖고 있는 사람들은 적당량의 티오퓨린 약으로 치료를 받게 되면 골수에 생명에 치명적인 손상을 받게 될 위험성이 매우 높아진다. 대부분의 질병들은 많은 대안적인 치료들로도 치유가 될 수 있어서 치료를 할 때에는 적절한 약을 사용하는 것이 매우 중요하다. 제약업계에서는 SNP 정보들을 통해 의사들이 각각의 개인의 유전적인 프로필에 맞춤식으로 특정한 약을 조제하는 "맞춤식 약물 요법(customized drug therapy)"이 도래하기를 바라고 있다. 이미 환자의 DNA를 선별해서 2개의 다른 시토크롬(cytochrome) P-450 유전

역자 주[c] TPMT: "thiopurine methyltransferase(티오퓨린 메틸전달효소)"의 머리글자이다.

자 중에 어느 것이 변종인지를 의사들이 결정할 수 있는 DNA 칩 사용을 FDA가 승인하는 시대가 시작되었다. 이런 유전자들은 진통제와 항우울제부터 속 쓰림에 대한 약물 처방전에 이르기까지 사람마다 다양한 약물 대사 작용을 얼마나 효율적으로 할 수 있는지 확인하는 과정에 도움을 준다.

유전체 안에 이런 다형성의 수가 굉장히 많기 때문에 연관분석 연구에서의 SNP 정보를 이용한다는 것은 엄청난 과업이다. 연구자들은 사람들의 여러 개체군들에서 SNP의 분포를 연구하기 시작하면서, 연관 분석을 더 간단하게 만든 깜짝 놀랄만한 발견을 하였다. 그것은 바로 SNP의 큰 부분들이 최근 인간의 진화과정을 통해 하나의 단위체로서 함께 유전되어 왔다는 것이다. 만약 당신의 염색체의 특정 구역에 각각 소수의 다형성 부위가 있는 특정한 서열이 있다면 그 구역의 다른 모든 다형성 부위에 있는 서열들은 상당히 높은(90%정도) 정확도로 예측될 수 있다. 유전자 재조합(예: 교차)은 DNA 내에서 무작위로 일어나는 것은 아니기 때문에, 유전자 지도 작성 논의에서 제시되었던 것처럼, SNP의 확장은 유전체 속에서 많은 세대를 거치면서 함께 유지되어 왔다고 생각된다. 그 대신 재조합이 잘 일어나는 짧은 DNA 단편들(1~2kb)과 낮은 빈도로 재조합되는 빈발 부위(hot spot) 사이의 DNA 부위들이 있다. 그 결과, DNA의 어떤 부분들은 (전형적으로 20kb 길이) 이전 세대에서 다음 세대로 온전히 유전되는 경향이 있다. 이런 부분들을 **반수체형**(半數體型, haplotype)[d] 이라고 한다. 반수체형은 "거대한 다유전자 대립유전자들(giant multigenic alleles)"과 같다. 즉, 만약 여러분이 어떤 특정 염색체 상에서 특정 부위를 선택한다면, 그 구역에서는 약간의 다른 반수체형들 만이 발견된다(그림 1). 각 반수체형은 유전체 구역에 있는 소수의 단일염기다양성(tag SNP이라고 함)으로 정의된다. 반수체형 속에 있는 일단의 tag SNP들의 정체가 규명되면, 반수체형 전체의 특성도 알 수 있게 된다.

서로 다른 반수체형들의 평균 길이와 수는 인종 사이에 매우 다양하다. 예를 들면, 북유럽 후손들은 아프리카의 후손들보다 반수체형의 길이는 더 길고, 수는 더 적게 보유하고 있다. 이러한 발견으로 미루어 북유럽 후손들은 조상에서 반수체형들이 소실되어 비교적 적은 집단으로부터 유래했음을 알 수 있다. 어느 "추정치(calculated guess)"

역자 주[d] 반수체형(半數體型, haplotype): 이 용어는 '반수체(haploid)'와 '인자형(genotype)'이 축약된 것이다. 이 용어는 1개의 염색체 상에 밀접하게 연관된 일단의 유전자 표지(genetic marker)로서, 재조합에 의해 쉽게 분리되지 않고 함께 유전되는 경향이 있다.

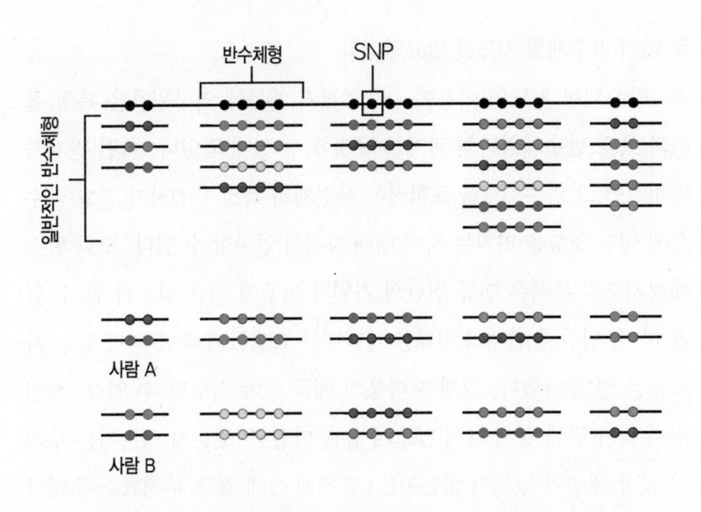

그림 1 유전체는 구역[반수체형(haplotype)]들로 나누어져 있다. 위쪽 선은 닫힌 원으로 나타낸 다수의 스닙(SNP)들을 포함하는 DNA 부분을 보여주고 있다. 특정 이 부위는 매우 다양한 짧은 DNA 조각들에 의해 나누어진 5개의 반수체형으로 구성되어 있다. 각 반수체형은 소수의 변이체들을 발생시킨다. 여기에서 보여주는 각 반수체형은 3~6개의 변이체들로 존재한다. 각 반수체형 변이체는 빨간색이 다르게 표시된 특정 스닙들로 특징지워진다. 특정 반수체형 변이체의 모든 스닙들은 하나의 집단으로 유전되고 다른 집단에서도 함께 존재하는 것을 나타내기 위하여 동일한 빨간색으로 그려져 있다. 그림 아래의 각 사람은 두 염색체 각각에 반수체형의 특별한 조합을 갖고 있다. 어떤 반수체형 변이체는 여러 다른 민족들에서 나타나고, 다른 것들은 제한된 분포를 보인다.

에 따르면, 5만 년 전부터 2만 7,000년 전에 살았던 50명 미만의 집단에서부터 현재의 북유럽 후손들이 생긴 것이라고 한다. 아프리카 개체군들은 가장 다양한 반수체형들을 갖고 있으며, 이는 다른 연구들과 함께 현대의 인간은 아프리카에서 생겨났음을 뒷받침한다.

2002년도에 대략 25개 집단의 연구원들이 인간 개체군에 존재하는 다양한 반수체형들을 분석하고 규명하기 위한 국제 반수체형지도 개발사업(International HapMap Project)이라는 공동 작업을 시작하였다. 반수체형지도(HapMap)는 인종적으로 다른 4개의 개체군들 중 270명에서 24개의 다른 염색체들에 존재했던 모든 반수체형들(개체군의 최소 5% 이상 존재하는 반수체형들)을 포함한다. 아프리카의 요루바, 중국, 일본 그리고 북유럽(유타에 정착한 후손들)에 있는 사람들을 대상으로 조사하였다. 이 프로젝트는 2006년에 완성되었고 유전체 전체에 걸쳐 균등하게 분포한 400만 개 이상의 tag SNP을 토대로 하여 반수체형 지도를 발표하였다.

반수체형 지도의 이용이 가능해졌기 때문에 연구원들은 특정 질환과 특정 반수체형과의 관계를 규명할 수 있게 되었다. 이런 관계가 밝혀지면 그 반수체형을 포함하는 유전체의 특정 유전자가 질병 감수성에 어떤 영향을 미치는 지에 대해 자세히 연구할 수 있다. 또한 반수체형지도의 분석은 인류 집단의 기원과 이주에 대한 정보를 알 수 있게 하며, 인간 유전체의 형태를 나타내는 요인들에 대한 의미 있는 자료들을 얻게 하였다. 그깃은 다음의 예를 통해 설명할 수 있다. 성인인 우리가 위에 탈이 나지 않고 우유를 마실 수 있는지 없는지는(우리가 젖당 내성이 있는지 없는지는) 유전체 속에 젖당 분해효소에 대한 유전자를 갖고 있는지 여부에 따라 결정된다. 젖당 내성은 독특하게 긴 반수체형과 관련이 있는데, 이 반수체형은 성인에서 영원히 발현되는 젖당 분해 효소의 유전자를 갖고 있다. 이런 특정한 반수체형은 오랜 역사동안 착유동물을 키워온 유럽의 사람들에서 높은 빈도로 발견되고, 대부분의 사하라 아프리카 남부지방과 동남아시아 사람들처럼 역사적으로 착유동물을 길러오지 않은 곳에서는 굉장히 희박한 빈도로 발견된다. 유럽인들 사이에서의 이런 높은 빈도는 영양 섭취를 위해 유제품에 의존했던 개체군 내에서 굉장히 바람직하며 선택적인 압력을 받았음을 암시하고 있다. 이런 단일 반수체형은 100만 개 이상의 염기서열을 갖는데, 이것은 더 작은 단편으로 분리되어 교차되지 않도록 구역(區域, block)으로 모여 있지 않았음을 암시한다. 사실 이 반수체형은 낙농업이 발생했을 시기로 생각되는 5,000년~1만 년 전에 상당한 선택적인 압력을 받았을 것으로 추정된다. 낙농업에 종사하는 아프리카 동부의 여러 개체군들이 영원히 젖당 분해 효소를 발현하는 것도 주목할 만하다. 이 아프리카 사람들에게서 젖당 내성 표현형의 돌연변이는 유럽인들에서 발견되는 돌연변이와는 다른데, 이는 그 특성이 두 집단으로 독립적으로 진화하였고 인간 역사에서 수렴진화의 좋은 예시를 보여준다는 것을 암시한다.

우리의 미래를 내다보면, DNA-서열 분석 기술에서 이루어진 현재의 진보로부터 시작된 "유전체 의학(genomic medicine)"은 최고의 발전을 이룰 것으로 보인다. 여러 해 동안 수천 명의 연구원들의 노력으로 인간 유전체의 첫 번째 서열을 밝혀낸 인간유진체사업은 대략 10억 달러의 비용이 들었을 것으로 추정된다. 2009년에는 여러 회사들이 한 사람의 모든 게놈을 1만~2만 달러 정도의 비용으로 밝혀낼 수 있다고 발표하였다. 이렇게 비용의 급격한 절감과 노력은 DNA 서열 분석을 위한 새로운 방법을 발전시킴으로써 가능하게 되었다. 이런 노력들은 앞으로도 몇 년 동안 지속될 것이며, 수천 달러 미만의 비용으로 일상적인 연구실에서 한 개인의 유전체 분석이 가능할 것으로 기대된다. 이 목표가 달성되면, 우리는 완벽한 유전체를 적어놓은 CD를 휴대할 수 있게 될 것이다. 만약 어떤 사람이 자신의 고유한 유전적 특성을 아는 것에 관심이 없을지라도, 연구원들은 실제로 인간의 질환에 기여하는 유전체의 모든 영역들을 규명하기 위해 그 정보들을 이용해야 한다. 실제로 최소한 1,000명에 대한 완벽한 유전체 서열을 비교하기 위해 2008년에 국제 협력 연구가 시작되었다. 이 "1,000 유전체사업(1000 Genome Project)"은 오직 반수체형지도의 tag SNP(실제 원인이 되는 결함은 아님)만 확인할 수 있는 간접적인 전유전체 연관분석에 의존하지 않고, 연구원들이 특정한 유전적 변이와 특정한 특성 사이에 직접적인 연관성을 찾기 위해 허가되어 있다. 게다가 이런 유형의 직접적인 서열 분석 프로젝트는 연구원들이 구조적인 변이와 희귀한 SNP(개체군에서 5% 미만으로 발생)의 질병 감수성을 연구하는 것을 가능케 할 것이다. 이런 유형의 변이는 어떤 것도 현재의 전유전체 연관분석에 포함되어 있지 않기 때문이다.

실 험 경 로

유전자의 화학적 성질

그레고르 멘델(Gregor Mendel)이 콩과 식물의 유전을 통해 그의 연구 결과를 밝혀낸 3년 후에, 프리드리히 미셔(Friedrich Miescher)는 스위스의 의대를 졸업하고 독일에 있는 튜빙겐(Tubingen)에서 최초의 화학자(또한 최초의 생화학자일 가능성도 있음) 중 한 사람인 언스트 호프 세일러(Ernst Hoppe-Seyler) 아래에서 공부하였다. 미셔는 세포핵의 화학적인 내용물에 관심이 있었다. 세포질 구성성분과의 혼합을 최소한으로 막고 세포핵을 추출하기 위해 미셔는 크고 많은 양을 얻기 쉬운 세포가 필요하였다. 그래서 그는 백혈구 세포를 선택했는데, 이 세포들은 지역 진료소에서 버려진 외과용 붕대에 있는 고름에서 구하였다. 미셔는 그 세포들을 묽은 염산에 넣었는데, 이 염산은 그가 돼지의 위에서 얻은 추출물에서 단백질을 제거한 것이다(위 추출물에는 단백질 분해 효소인 펩신이 들어있음). 이런 과정으로 생긴 잔여물은 주로 용기 바닥에 가라앉는 분리된 세포핵들로 이루어져 있었다. 그 다음 미셔는 묽은 알칼리로 핵을 추출하였다. 알칼리 용해성 물질은 더 묽은 산을 통한 침전과 묽은 알칼리를 통한 재추출 과정을 통해 더 정제되었다. 미셔는 알칼리성 추출물이 이전에 발견된 것들과는 다른 특성을 보인다는 사실을 알아냈다. 그 물질은 매우 크고 산성이며 인을 매우 많이 함유했던 것이다. 그는 그 물질을 "뉴클레인(nuclein)"이라고 하였다. 1년을 보내고 나서 미셔는 고국인 스위스로 돌아갔고, 한편 그 발견에 매우 신중했던 호프 세일러는 연구를 계속하였다. 그 결과가 확실해지자 미셔는 1871년도에 그의 발견을 발표하였다.[1]

스위스로 돌아온 미셔는 세포핵의 화학적인 특성을 계속 연구하였다. 라인(Rhine) 강 근처에 살면서 미셔는 상류로 거슬러 올라오는 난자와 정자로 가득 찬 연어를 쉽게 접할 수 있었다. 정자는 핵을 연구하기에 이상적인 세포이다. 백혈구 세포들처럼 정자도 매우 많은 양을 얻을 수 있고, 총 부피의 90%를 핵이 차지하기 때문이다. 미셔가 정자 세포로부터 추출한 뉴클레인은 백혈구에 있는 인의 양보다 훨씬 높은 농도의 인을 함유하였다(거의 무게로 10% 이상). 이것은 이 시료에 단백질이 훨씬 적게 섞여있음을 의미하였다. 사실상 그것들은 상대적으로 깨끗한 DNA이었다. 핵산(核酸; *nucleic acid*)이라는 용어는 1889년에 미셔의 제자 중 한명이며 다양한 동물 조직과 효모에서 단백질이 없는 DNA를 정제하는 방법을 연구한 리차드 알트만(Richard Altmann)이 명명하였다.[2]

지난 19세기 20년 동안, 수많은 생물학자들은 염색체에 초점을 맞췄고, 세포분열 사이와 세포분열 중의 변화를 설명하였다. 염색체를 볼 수 있는 한 가지 방법은 빨간색소로 세포 구조를 염색시키는 것이다. 차하리아스(E. Zacharias)라는 식물학자는 염색체를 염색시킨 빨간색소가 펩신이 들어 있는 염산 용액에서 미셔의 방법을 이용하여 추출한 뉴클레인도 염색시킨다는 사실을 알아냈다. 더 나아가 뉴클레인을 제거하는 방법으로 알려져 있는 방법인 펩신-염산-추출 세포가 다시 묽은 알칼리로 처리되었을 때 그 세포의 잔여물(염색체의 잔여물도 포함)은 더 이상 염색이 가능한 물질을 갖고 있지 않았다. 이것과 그 밖의 결과들로 뉴클레인이 염색체의 구성성분일 것이라고 강조되었다. 상당한 선견지명의 한 제안에서 수정과정에서 염색체의 변화를 연구하였던 오토 헤르트비히(Otto Hertwig)는 1884년에 다음과 같이 말하였다. "저는 적어도 뉴클레인이 수정뿐만 아니라 유전 형질을 전달하는 데에도 중요한 역할을 할 가능성이 높은 것으로 생각합니다."[3] 역설적이게도 뉴클레인의 특성에 대해 더 많이 알게 되면서, 오히려 유전물질로서의 입지는 갈수록 낮아졌다.

미셔가 DNA를 발견한 이후 50년 동안, DNA의 화학적 성질과 특성들이 밝혀졌다. 이 연구에서 가장 중요한 공헌들 중 하나가 1891년에 러시아에서 미국으로 이주해서 뉴욕에 있는 록펠러연구소(Rockefeller Institute) 에 정착한 피버스 레벤(Phoebus Aaron Levene)에 의해 이루어졌다. 레벤은 그가 1929년에 뉴클레오티드의 당이 2-디옥시리보오스라는 것을 밝혀냈을 때 궁극적으로 DNA의 화학적 성질의 가장 난해한 문제를 해결한 사람이었다.[4] 당을 분리하기 위해 레벤과 런던(E. S. London)은 수술로 개의 위를 열어 DNA를 넣고 동물의 장에서 시료를 수집하였다. DNA가 위와 장을 거치면서 동물 소화관의 여러 효소들의 작용으로 분리되고 분석이 가능한 구성성분으로 뉴클레오티드를 조각낸다. 레벤은 1931년 핵산에 관한 내용을 단행본으로 요약하였다.[5]

레벤이 DNA의 골격 구조를 밝혀 인정을 받는 동안 그는 또한 유전자의 화학적인 특성을 찾는 과정에서 꼬여져 있는 골격구조를 알아내어서 신뢰를 받았다. 이 기간 동안 단백질은 굉장히 복잡하고, 매우 다양한 화학반응에 촉매작용을 하는 데 뛰어난 특이성을 지닌다는 것이 더욱 더 명백해졌다. 반면에 DNA는 4개의 뉴클레오티드 구성 요소의 단조로운 반복으로 구성되었을 것으로 생각되었다. DNA 구조에 대한 이러한 4-뉴클레오티드 설(tetranucleotide theory)의 중요한 옹호자가 레벤이었다. 염색체는 오직 DNA와 단백질, 이 두 구성성분으로 구성되기 때문에 단백질이 유전물질이라는 것이 그 당시에는 의심의 여지가 거의 없었다.

DNA 구조 연구가 이루어지는 한편에서는 세균학 분야에서 외형상 독자적인 연구가 진행되고 있었다. 1920년도 초반에는 많은 종류의 병원균이 두 가지 다른 형태로 실험실에서 배양될 수 있었다. 치명적인 병균, 즉 질병을 일으킬 수 있는 세균 세포는 매끄럽고 돔 형태의 규칙적인 군체(群體, colony)를 형성하였다. 반면에 치명적이지 않은 세균 세포는 거칠고 납작하며 불규칙적인 군체를 형성하였다(그림 1).[6] 영국의 미생물학자인 아크라이트(J. A. Arkwright)는 이 두 가지 유형을 설명하기 위해 매끄러운(smooth, S)과 거친(rough, R)이라는 두 용어를 사용하였다. 현미경으로 관찰하면, S 군체를 형성한 세포들은 젤리 같은 피막에 둘러싸여 있었지만, R 군체를 형성한 세포들은 피막이 존재하지 않았다. 이 세균 피막은 숙주의 방어로부터 세균을 보호해주는데, 이 때문에 세균 피막을 갖고 있지 않은 R 세포들은 실험동물에서 감염을 일으킬 수가 없는 것이다.

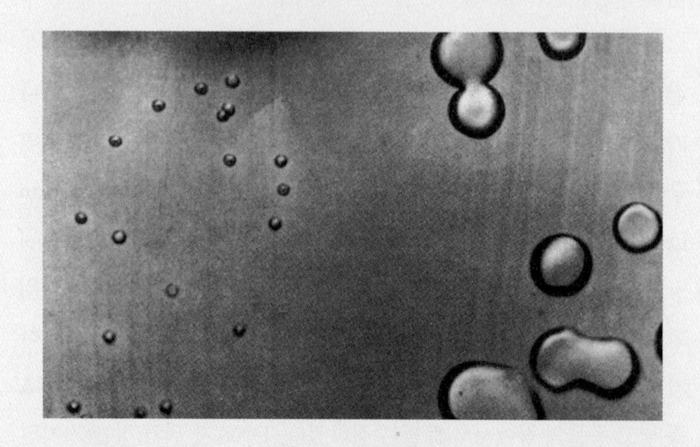

그림 1 오른쪽의 크고 윤기 있어 보이는 군체들은 병원성 S-형 폐렴구균들이고, 왼쪽의 작은 군체들은 비병원성 R-형 폐렴구균들이다. S 군체 세포들은 열처리되어 죽은 S 폐렴구균들의 DNA에 의해 형질전환된 결과로 나타난 것이다.

사람의 건강에 커다란 영향을 미치기 때문에, 폐렴을 일으키는 폐렴균(*Streptococcus pneumoniae*, 또는 간단히 pneumococcus)은 미생물학자들 사이에서 관심의 대상이 되어왔다. 1923년 영국 보건부(British Ministry of Health)의 의사였던 프레드릭 그리피스(Frederick Griffith)는 폐렴균이 S나 R 군체 중 하나로 배양될 수 있으며, 두 가지 유형은 상호 전환이 가능하다는 것을 증명하였다. 즉 R형 세균이 S형으로 변할 수 있고, 그 반대도 가능한 것이다.[7] 예를 들면, 그리피스가 쥐에 특별히 많은 양의 R형 세균을 주입하면, 그 동물은 흔히 폐렴이 발병하고 S 형의 군체를 형성한 세균이 생기는 것을 발견한 것이다.

폐렴균은 초기에 면역학적으로 서로 구별될 수 있는 여러 가지 유형(제1형, 제2형, 제3형)이 있는 것으로 알려져 있었다. 바꾸어 말하면, 감염된 동물로부터 얻을 수 있는 항체는 세 가지 중에 한 가지 유형뿐이었다. 게다가 한 가지 유형의 세균은 절대 다른 유형의 세포가 되지 않는다. 세 가지 유형의 폐렴균 각각은 R 형이나 S 형 둘 중의 어느 한 가지 유형으로만 존재할 수 있었다.

1928년에 그리피스는 다양한 세균 물질들을 생쥐에 주입하는 도중에 놀라운 발견을 하였다.[8] 열처리로 죽인 많은 수의 S 세균이나 살아있는 적은 수의 R 세균을 주입하면, 그 자체로는 생쥐에 무해하였다. 하지만 두 가지 세균을 함께 같은 생쥐에 주입하면, 폐렴이 발병하였고 생쥐는 죽었다. 그는 치명적인 세균을 생쥐에서 추출하여 배양하였다. 이 발견을 더 알아보기 위해 그는 다른 유형의 세균 조합을 주입하였다(그림 2). 처음에는 8마리의 생쥐에 가열하여 죽은 제1형 S 세균을 살아있는 제2형 R 균주 소량과 함께 주사하였다. 8마리 중 2마리가 폐렴에 걸렸고 그리피스는 감염된 생쥐로부터 치명적인 제1형 S 세균을 추출하고 배양할 수 있게 되었다. 열로 죽은 세균이 다시 살아날 가능성은 절대로 있을 수 없기 때문에, 그리피스는 죽은 제1형 세포에 피막이 없고 살아있는 제2형 세포에게 무엇인가를 건네주어 피막이 있는 제1형 형태로 형질전환(形質轉換)된(*transformed*) 것으로 결론지었다. 형질이 전환된 세균은 배양액 속에서 자랄 때 계속적으로 제1형 세포들을 생산하기 시작하였다. 즉, 그 형질전환은 안정되고 영구적이었다.

그리피스의 형질전환 발견은 레벤이 연구하는 곳과 같은 록펠러 연구소의 면역학자인 오스왈드 애버리(Oswald Avery)의 실험실을 포

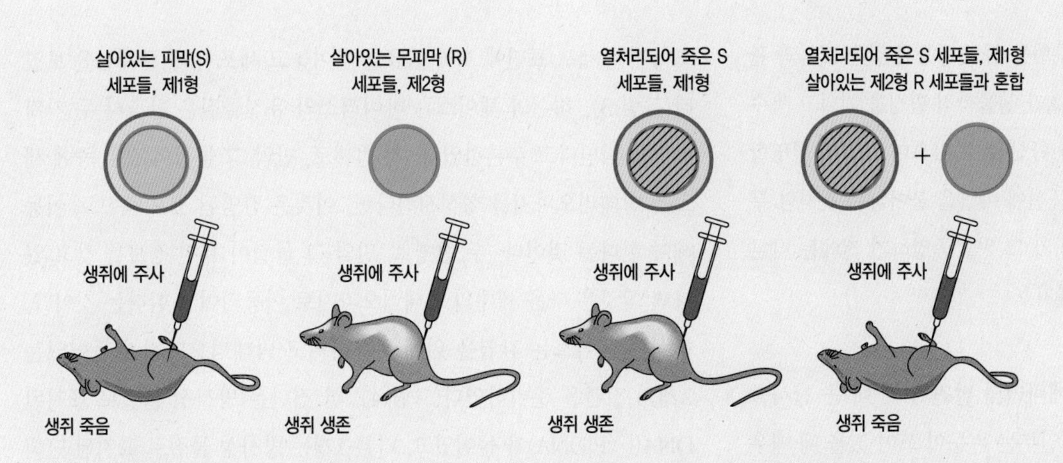

그림 2 세균의 형질전환을 발견한 그리피스의 실험 개요

함하여, 세계적으로 다른 실험실의 연구들을 통해 빠르게 확고해졌다. 애버리는 죽은 세포에서 방출된 물질이 살아있는 세포의 외형을 변형시킨다는 발상에 회의적이었지만, 그의 실험실에 있는 마틴 도슨(Martin Dawson)이 그 결과가 사실임을 입증했을 때 그 또한 확신하게 되었다.[9] 도슨은 더 나아가 살아있는 동물 숙주 내에서는 형질전환이 일어날 필요가 없음을 보여주었다. 항 R 혈청이 포함된 세균 배양액에 치명적이지 않은 소량의 R 세포를 넣으면, 죽은 S 세균의 추출물은 R 세포에서 치명적인 S 형으로 변할 수 있었다. 형질전환된 세포는 항상 죽은 S 세포의 특징을 지닌 유형(제1형, 제2형, 또는 제3형)을 보였다.[10]

그 다음 단계는 애버리의 실험실에 있는 또 다른 멤버였던 형질전환 물질을 용해시킬 수 있는 리오넬 알로웨이(J. Lionel Alloway)가 맡았다. 이 과정은 죽은 공여세포를 신속히 얼리고 해동한 후에 파괴된 세포를 가열하고, 그 현탁액을 원심분리하며, 세균의 경로를 차단시키는 필터에 이 상층액을 통과시킴으로써 이루어졌다. 여과된 용해성 추출물은 원래의 열사된 세포처럼 같은 형질전환 능력을 가졌다.[11]

그 후 10년 동안 애버리와 그의 동료들은 형질전환을 일으키는 물질을 정제하는 것과 그것을 밝혀내는 데 초점을 맞췄다. 이것은 오늘날에도 매우 놀랄만한 사실이기 때문에 세계의 어느 실험실에서도 애버리가 말한 것처럼 형질전환 인자의 정체를 밝히려고 하지 않았다.[12] 결국 애버리와 그의 동료인 콜린 맥로드(Colin MacLeod)와 맥클린 맥카티(Maclyn McCarty)가 60억 개 중에 단 1개만 형질전환을 활성화시킨 용해성 추출물로부터 그 물질을 분리하는 데 성공하였다. 모든 증거들은 그 활성화 물질이 DNA라고 시사하였다. (1) 화학적인 성질들이 DNA의 특성과 같음을 증명하였고, (2) 그 물질의 어떤 유형도 추출물에서 찾아볼 수 없었으며, (3) 다양한 효소들을 이용하여 시험해 본 결과, DNA를 분해하는 효소 만이 형질전환인자를 비활성화 시켰음을 입증하였다.

1944년에 게재된 그 논문은 매우 세밀하게 작성되었고, 유전자는 단백질이 아니라 DNA로 구성되어 있다는 극적인 진술은 하지 않았다.[13] 그 논문은 대중들에게 거의 관심을 끌지 못하였다. 세 저자 중 한명인 맥클린 맥카티는 배 멀미 치료약인 드라마민(Dramamine)의 효과를 시험하고 있던 레슬리 게이(Leslie Gay)와 함께 존스 홉킨스대학교(Johns Hopkins Univercity)에서 1949년에 연설을 요청받았을 때 이에 대해 설명하였다. 넓은 홀은 많은 사람들로 꽉 차 있었고 그는 이렇게 말했다. "게이의 논문에 대한 짧은 질문과 토론 후에 의장님께서 저를 두 번째 연설자로 소개해주셨습니다. 많은 사람들이 홀에서 줄줄이 빠져 나가는 소음 때문에 의장님이 말하는 것을 거의 들을 수가 없었습니다. 많은 사람들이 다 빠져나가고, 저의 연설을 몇 분 동안 하고 난 후에, 나는 대략 35명의 사람들이 강연에 남아있는 것을 보았는데, 그들이 남은 이유는 폐렴구균의 형질전환에 대해 듣고 싶거나, 예의상 남아있어야 된다고 느꼈기 때문이었습니다." 그러나 애버리 자신이 발견의 잠재성에 대한 자각은 세균학자인 그의 동생 로이에게 1943년에 편지를 보냈을 때 드러났다.

〈물론 이것이 아직 입증되지는 않았지만, 만약 우리가 옳다면 핵산은 단지 구조적으로만 중요한 것이 아니라, 생화학적인 대사와 세포의 특정한 성질을 결정하는 데 기능적으로도 활성 물질임을 의미하겠지. 그리고 그건 화학물질로 세포 내에서 예측이 가능하고 유전적인 변화를 유도하는 것이 가능하게 되겠지. 이것은 유전학자들이 오랫동안 품어온 꿈이잖아.... 바이러스가 유전자일 수도 있는 것 같은데.... 그러나 나는 그 기작에 대해서는 전혀 관심이 없고.... 물론 문제가 없는 것도 아니고.... 그

건 유전학, 효소화학, 세포대사 및 탄수화물 합성 등등과 같은 것들과 관련이 있겠지. 그러나 단백질 없이 DNA가 생물학적 활성을 지니고 특수한 성질을 가진다는 지금은 누구나 다 확신할 수 있으며 충분히 설명할 수 있는 증거가 충분히 있어. 그것은 풍선에 바람을 불어넣는 것처럼 무척 재미있는 일인데,- 그러나 어떤 이가 그것을 증명하기 전에는 다른 사람들의 말을 경청하는 것이 현명하겠지.〉

책 속 많은 글들과 구절들에서 애버리의 발견이 왜 더 큰 찬사를 받지 못했는지를 다뤘다. 그 이유 중 일부는 논문이 쓰여 졌을 때 매우 조용한 태도를 취하고 있었고, 애버리가 유전학자가 아닌 세균학자라는 사실 때문이었다. 어떤 생물학자들은 애버리의 준비물에 소량의 단백질이 들어가서 오염되었을 것이고, DNA가 아닌 그 단백질이 형질전환인자였을 것이라고 믿었다. 다른 사람들은 세균의 형질전환에 대한 연구가 유전학 분야에 어떤 연관이 있는지조차 의심하였다.

애버리의 논문이 출판되고 몇 년이 지난 후 유전학 기류는 매우 주요한 면에서 변화가 있었다. 세균 염색체의 존재가 인정되었으며, 다수의 저명한 유전학자들이 이 원핵생물들에 관심을 돌렸다. 과학자들은 가장 단순한 유기체의 연구로부터 얻어낸 지식이 가장 복잡한 식물과 동물에서 작동하는 기작을 밝혀줄 것이라고 믿었다. 게다가 DNA의 염기조성에 대해 연구한 어윈 샤가프(Erwin Chargaff)와 그의 동료의 연구는 일련의 뉴클레오티드가 단순히 반복되는 것으로 구성된 물질이라는 개념을 산산이 깨뜨렸다.[14] 이 발견은 연구원들에게 DNA가 정보 저장으로서의 기능을 수행하는 데 필요한 특성을 지닌다는 가능성을 부각시켰다.

세균의 형질전환에 대한 애버리의 논문이 게재되고 7년이 지난 후에 뉴욕에 있는 콜드 스프링 하버(Cold Spring Harbor) 연구소의 알프레드 허쉬(Alfred Hershey)와 마타 체이스(Martha Chase)는 세균 세포에 감염되는 훨씬 더 단순한 시스템을 가진 바이러스인 박테리오파지에 관심을 돌렸다. 1950년에 연구원들은 바이러스도 유전적인 프로그램을 지니고 있음을 알아냈다. 바이러스는 그들의 유전물질을 숙주인 세균에 주입하고, 감염된 세포 내에서 새로운 바이러스 입자를 형성시켰다.

바이러스 입자를 형성하게 하는 유전물질이 DNA 또는 단백질이 분명한 이유는 이 두 물질이 바이러스가 갖고 있는 유일한 물질이었기 때문이다. 전자현미경을 통한 관찰은 감염 과정에서 많은 수의 박테리오파지는 세포 표면에 꼬리 섬유를 붙여놓고 세포 밖에 존재함을 보였다(그림 3). 허쉬와 체이스는 바이러스의 유전물질은 반드시 두 가지 특성을 지닌다고 추론하였다. 첫 번째로, 만약 그 물질이 감염 중에 새로운 박테리오파지를 형성시킨다면, 이것은 감염된 세포 속으로 이동해야 한다는 것이다. 두 번째로, 만약 그 물질이 유전 정보를 갖고 있다면 이것은 다음 세대의 박테리오파지로 이동되어야 한다는 것이다. 허쉬와 체이스는 감염을 위해 사용하려고 박테리오파지가 들어있는 2개의 집단을 준비하였다(그림 4). 한 집단은 방사성 물질로 표지된 DNA([^{32}P]DNA)가 들어있고, 다른 1개는 방사성 물질로 표지된 단백질([^{35}S]Protein)이 들어 있었다. DNA는 황 원자가 결여되어 있고, 단백질은 인 원자가 결여되어 있기 때문에, 이 2개의 방사성 동위원소들은 두 가지 유형의 고분자에 구별되는 표지를 해 주었다. 그들의 실험계획은 한 유형의 박테리오파지를 세균 세포의 한 집단에 감염시키도록 하고 몇 분간 기다린 후에 그 세포의 표면에 있는 빈 바이러스를 벗겨내는 것이었다. 세균을 파지의 외피와 분리시키려는 여러 방법들을 시도한 후에, 그들은 감염된 세포의 현탁액을 워어링 혼합기(Waring blender)에 넣는 것이 가장 좋은 방법임을 알아냈다. 바이러스 입자가 세포에서 떨어지기만 하면, 그 세균은 원심분리 되어 현탁액에 있는 빈 바이러스 외피 만을 남겨두고 시험관 아래에 가라앉게 되었다.

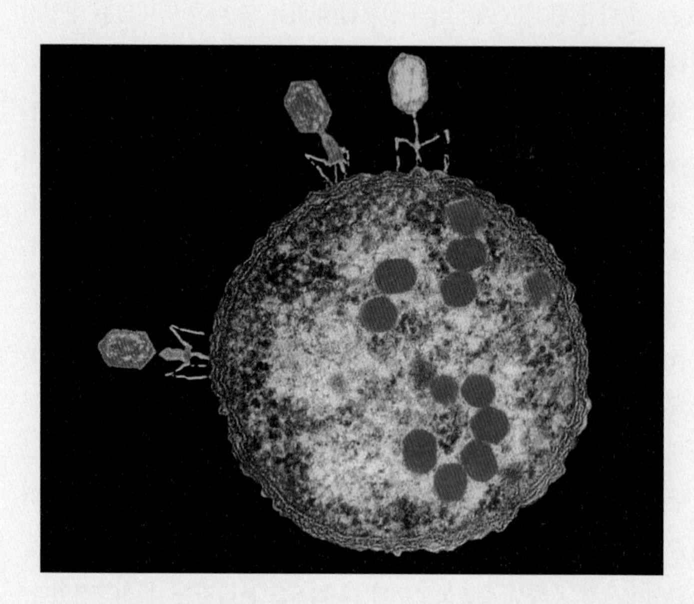

그림 3 **T4 박테리오파아지에 감염된 세균의 전자현미경 사진.** 세균의 외부 표면에 꼬리섬유에 의해 부착하고 있는 각 파아지를 볼 수 있으며, 숙주 세포의 세포질에서 새로운 파아지의 머리 부분이 조립되고 있다.

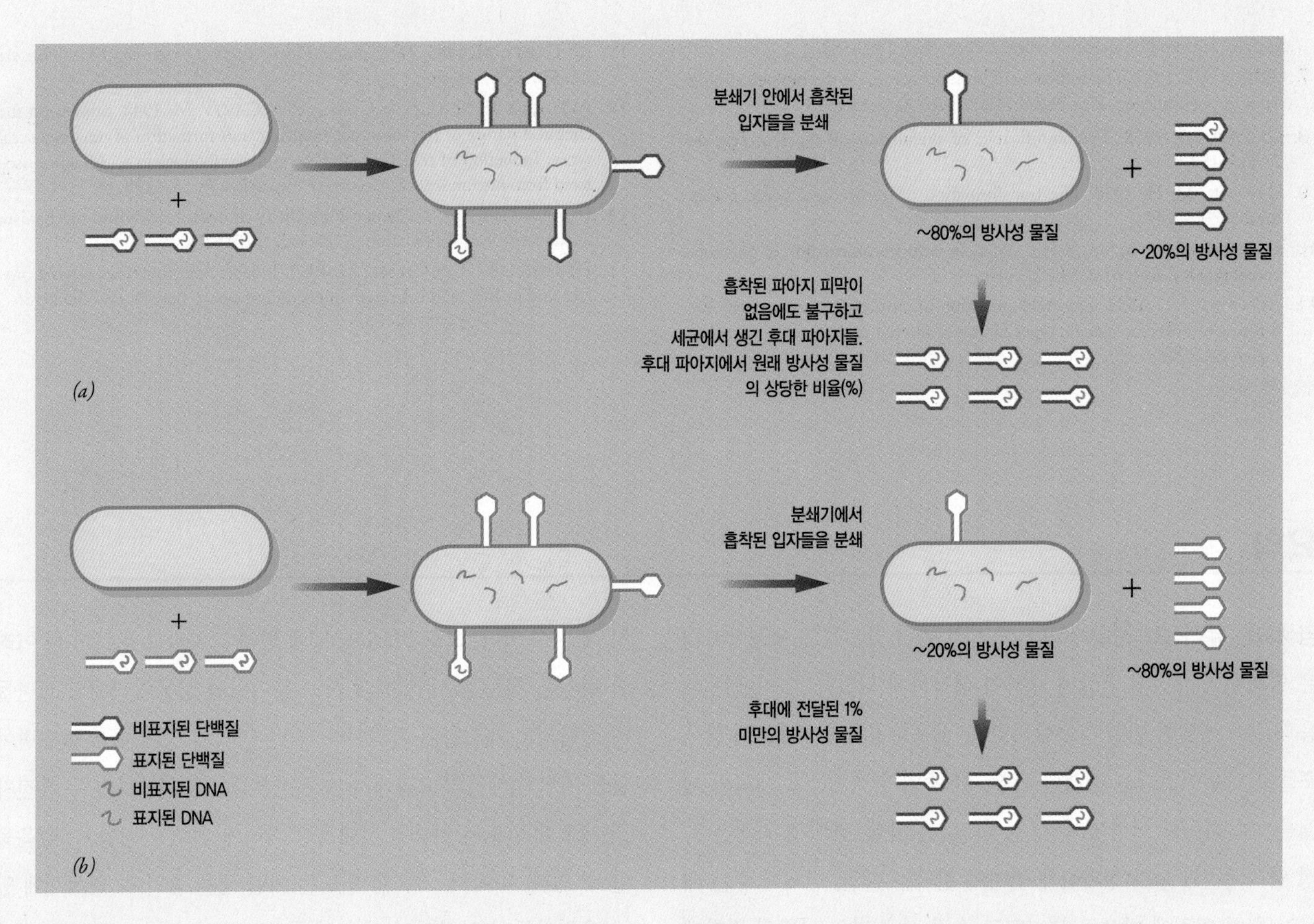

그림 4 동위원소 ^{32}P로 표지된 DNA(빨간색 DNA 분자)를 포함하는 파아지에 감염된 세균세포들은 방사성 물질로 표지되었으며 표지된 파아지들이 생기는 것을 보여주는 허시-체이스(Hershey-Chase)의 실험. 반대로, ^{35}S를 포함하는 파아지들에 의해 감염된 세균세포들은 방사성 물질로 표지되지 않았으며, 비표지 바이러스들만 생겼다.

이런 방법을 통해, 허쉬와 체이스는 비어있는 외피에 남은 방사성 물질의 양과 세포 내로 들어간 방사성 물질의 양을 측정하여 비교하였다. 그들은 세포가 단백질이 표지된 박테리오파지에 감염되었을 때는 많은 양의 방사성 물질이 빈 외피에 남아 있음을 발견하였다. 이와는 반대로, 세포들을 DNA가 표지된 박테리오파지에 감염시켰을 때는 많은 양의 방사성 물질이 숙주세포 속으로 들어간 것이다. 그들이 방사성 물질이 다음 세대로 전달되는 것을 추적 관찰했을 때, 그들은 1% 미만의 표지된 단백질이 후손에게서 발견되었음을 확인하였고, 반면에 대략 30%의 표지된 DNA가 다음 세대에서 발견되었다.

1952년에 발표된 허쉬-체이스 실험으로 4-뉴클레오티드 설이 폐기되고, 동시에 DNA가 유전물질임을 인정하는 데 방해되는 장애물들 모두가 일소되었다. 이전에는 대부분 무시되어 왔던 물질이 갑자기 새롭게 대단한 주목을 받게 된 것이다. 그 무대가 바로 2중나선의 발견이었다.

참고문헌

1. Miescher, J. F. 1871. *Hoppe-Seyler's Med. Chem. Untersuchungen.* 4:441.
2. Altmann, R. 1889. *Anat. u. Physiol., Physiol. Abt.* 524.
3. Taken from Mirsky, A. E. 1968. The discovery of DNA. *Sci. Am.* 218: 78–88. (June)
4. Levene, P. A. & London, E. S. 1929. The structure of thymonucleic acid. *J. Biol. Chem.* 83:793–802.
5. Levene, P. A. & Bass, L. W. 1931. *Nucleic Acids.* The Chemical Catalog Co.
6. Arkwright, J. A. 1921. Variation in bacteria in relation to agglutination

both by salts and by specific serum. *J. Path. Bact.* 24:36–60.

7. GRIFFITH, F. 1923. The influence of immune serum on the biological properties of pneumococci. *Rep. Public Health Med. Subj.* 18:1–13.
8. GRIFFITH, F. 1928. The significance of pneumococcal types. *J. Hygiene* 27:113–159.
9. DAWSON, M. H. 1930. The transformation of pneumoccal types. *J. Exp. Med.* 51:123–147.
10. DAWSON, M. H. & SIA, R.H.P. 1931. In vitro transformation of pneumococcal types. *J. Exp. Med.* 54:701–710.
11. ALLOWAY, J. L. 1932. The transformation in vitro of R pneumococci into S forms of different specific types by use of filtered pneumococcus extracts. *J. Exp. Med.* 55:91–99.
12. MCCARTY, M. 1985. *The Transforming Principle: Discovering That Genes Are Made of DNA.* Norton.
13. AVERY, O. T., MACLEOD, C. M., & MCCARTY, M. 1944. Studies on the chemical nature of the substance inducing transformation of pneumococcal types: Induction of transformation by a deoxyribonucleic acid fraction isolated from pneumococcus type III. *J. Exp. Med.* 79:137–158.
14. CHARGAFF, E. 1950. Chemical specificity of nucleic acids and mechanism of their enzymic degradation. *Experentia* 6:201–209.
15. HERSHEY, A. D. & CHASE, M. 1952. Independent functions of viral protein and nucleic acid in growth of bacteriophage. *J. Gen. Physiol.* 36:39–56.

요약

염색체는 유전정보 전달체이다. 초기의 여러 발견들로 생물학자들은 염색체의 유전적 역할에 대하여 생각하게 되었다. 여기에는 다음과 같은 정밀한 관찰이 포함되었다. 세포분열시 염색체들이 딸세포들로 나누어진다는 명백한 관찰, 한 종의 염색체들은 세포의 세대를 거듭하여도 모양과 수가 일정하다는 사실, 배발생 과정은 특정 염색체들의 수가 정확하게 맞아야 한다는 발견, 염색체 수는 배우자 형성 이전에 반으로 분리되고 수정 시 정자와 난자의 결합에 의해 다시 2배로 된다는 발견 등이 포함되었다. 멘델 법칙의 발견으로 생물학자들은 유전자의 운반체를 확인하는 새로운 지평을 열게 되었다. 메뚜기의 배우자 형성에 관한 서튼의 연구로, 상동염색체가 존재하며 배우자 형성에 앞서 세포분열 하는 동안 상동염색체들이 결합하고, 제1 감수분열에서 상동염색체가 나누어진다는 사실이 밝혀졌다.

양친으로부터 자식으로 전달되는 염색체 상에 유전자들이 함께 존재하고 있으면 동일한 염색체 상의 유전자들은 서로 연결되어 있어서 연관군을 형성하게 된다. 연관군이 존재한다는 것은 여러 생물들에서 확인되었특히 초파리에서 이 곤충세포에 존재하는 염색체들의 수와 크기에 해당하는 4개의 연관군으로 분류되는 수많은 돌연변이를 발견하였다. 동시에, 연관은 불완전한 것으로 밝혀졌다. 즉, 원래 한 염색체에 존재하던 대립인자들은 배우자형성 과정에서 언제나 함께 남아있는 것이 아니라, 부모의 상동염색체 사이에서 다시 섞일 수 있다. 모르건(Morgan)에 의해 교차라고 부르게 된 이러한 현상은 제1 감수분열에서 서로 붙어있던 상동염색체의 절편들이 절단되고 재결합된 결과이다. 같은 염색체 상에 여러 돌연변이들을 지닌 성체들의 교잡에서 나온 자손들을 분석해보면 두 유전자의 재조합 빈도는 이들의 상대적인 거리에 의해 측정할 수 있음을 알 수 있다. 따라서, 재조합 빈도는 어떤 생물 종의 각 염색체에 있는 유전자들의 일련의 순서를 나타내는 유전자 지도를 만드는 데 이용될 수 있다. 재조합 빈도에 기초한 초파리 유전자 지도는 초파리 유충 조직에 존재하는 거대 다사염색체에서 여러 띠들을 분석함으로써 독립적으로 입증되었다.

〈실험경로〉에서 언급된 실험들은 DNA가 유전물질이라고 하는 결정적 증거를 제시하였다. DNA는 골격구조가 바깥에 위치하고 질소염기들이 안쪽으로 마주하며 반대 방향으로 배열된 2개의 뉴클레오티드 사슬로 이루어진 나선형 분자이다. 한 가닥의 아데닌을 포함하는 뉴클레오티드는 언제나 다른 가닥의 티민을 포함한 뉴클레오티드와 쌍을 이루고, 마찬가지로 구아닌을 포함한 뉴클레오티드는 시토신을 포함한 뉴클레오티드와 결합한다. 결과적으로, 두 가닥의 DNA 분자는 서로 상보적이다. 유전 정보는 가닥을 구성하는 뉴클레오티드들의 특수한 서열 속에 암호화되어 있다. DNA 구조에 관한 왓슨-크릭의 모형은, DNA 가닥이 분리되어 각 가닥을 주형으로 사용하여 뉴클레오티드 조립 순서를 지시함으로써 상보적인 가닥을 구성하는 복제 기작을 제안하였다. DNA가 어떤 특정한 단백질의 합성을 통제하는 기작은 수수께끼로 남아있다. 〈그림 4-10〉에 그려진 DNA 분자는 나선 한 바퀴 회전에 10개의 염기쌍을 갖는 풀려진 상태이다. 세포 안에서 DNA는 덜 감기게 되어(회전 당 10개 이상의 염기쌍을 포함), 이를 음성 초나선 구조라고 하며 복제 및 전사과정에서 가닥의 분리를 용이하게 한다. 초나선 상태의 DNA는 가닥을 끊어내어 재배열하고 다시 봉합하는 위상 이성질화효소에 의해 변화된다.

반수체의 염색체에 존재하는 모든 유전정보가 그 생물의 유전체를 구성한다. 유전체를 이루는 DNA 서열의 다양성과 이러한 서열들의 복사본의 수가 유전체의 복잡성을 설명해준다. 유전체의 복잡성을 이해하는 일은 DNA 분자를 구성하는 두 가닥은 열에 의해 분리된다는 사실을 보여주는 초기 연구를 통해 발전해왔다. 용액의 온도가 낮아지면 상보적인 단일가닥들은 재결합하여 안정한 2중가닥의 DNA 분자를 형성한다. 재결합 과정을 분석함으로써 상보적인 서열의 농도를 측정할 수 있고, 일정 DNA 안의 서열의 다양성을 측정할 수 있게 되었다. 유전체 내의 특정 서열의 복사본 수가 더 많을수록 재결합하는 농도는 증가하고, 속도가 더 빨라진다.

진핵세포의 DNA 조각들을 재결합하도록 하면, 곡선은 대체로 세 종류의 DNA 서열을 재결합시키는 것과 일치하는 세 단계를 보인다. 고도반복 조각은 여러 번 반복되는 짧은 DNA 서열이다. 이것에는 염색체 중심절에 위치하는 부수체 DNA, 미소부수체 DNA, 미세부수체 DNA 등이 포함된다. 미소부수체 및 미세부수체 DNA는 매우 다양하여, 어떤 유전 질환의 원인이 되고 DNA 지문 기법의 기초가 된다. 중간 정도의 반복 서열은 여러 종류의 비암호화 기능뿐만 아니라 리보솜 및 운반 RNA 또는 히스톤 단백질을 암호화한다. 비반복 조각은 염색체 반수체 마다 한 벌씩 존재하는 단백질 암호화 유전자들을 포함한다.

유전체의 서열 구조는 진화 과정에서 천천히 또는 전위(transposition)의 결과로 빠르게 변화할 수 있다. 진핵생물의 단백질을 암호화하는 유전자들은 흔히 공통의 조상 유전자에서 진화해 온 증거를 보이는 다유전자 집단이다. 이 과정에서 첫 단계는 주로 불균등 교차에 의해 발생하는 유전자의 중복(duplication)이라고 생각된다. 일단 중복이 일어나면, 뉴클레오티드 치환이 서로 다른 방법으로 다양한 구성요소들을 변화시켜서, 비슷하지만 동일하지는 않은 구조의 반복 서열 집단을 만들 것으로 기대된다. 예를 들면, 글로빈 유전자들은 2개의 다른 염색체 상에 위치하는 유전자 무리들로 구성된다. 각 유전자 무리는 동물의 일생 중 서로 다른 시기에 생산되는 글로빈 폴리펩티드를 암호화하는 다수의 동류(同類) 유전자들을 포함하고 있다. 또한 이 유전자 무리들은 글로빈 유전자와 상동성이지만 비기능적인 위유전자(pseudogene)도 포함하고 있다.

어떤 DNA 서열은 전위에 의해 유전체에서 위치를 빠르게 이동할 수 있다. 이러한 전이가 가능한 요소들을 전이인자(또는 트랜스포손, transposon)라고 하며, 이들은 유전체 전체에 걸쳐 무작위로 삽입될 수 있다. 가장 잘 연구된 전이인자는 세균에서 밝혀져 있다. 이들은 끝 부분에서 역반복되고, 통합에 필요한 전이효소(transposase)를 암호화하는 내부 마디를 갖고 있으며, 통합부위에서 측면에 전이인자들을 갖고 있는 목표 DNA 서열의 반복구조가 형성되는 특징이 있다. 진핵세포의 전이인자들은 여러 기작으로 이동될 수 있다. 대부분의 경우, 전이인자들은 RNA로 전사되고 이 요소가 암호화한 역전사효소에 의해 복사되며 DNA 복사본은 특정 부위에 통합된다. 사람 DNA의 반복 마디에는 Alu와 L1 집단이라는 2개의 커다란 전이인자 집단이 있다.

지난 10여년 사이에 다수의 원핵 및 진핵생물 유전체들의 서열 분석이 이루어졌다. 이러한 노력으로 유전체에서 단백질을 암호화하거나 암호화하지 않는 부분들의 배열과 진화에 대해 많은 진전을 이루었다. 사람 유전체에는 단백질을 암호화하는 유전자가 약 20만 개에 불과하지만, 선택적 이어맞추기(alternative splicing)와 같은 유전자 증진 작용의 결과로 그 보다 많은 종류의 단백질들이 합성될 수 있다. 사람 유전체의 기능 수행 부위에 관한 정보는 잘 보존되는 부분과 서열 변화를 거치는 부분의 서열을 비교하여 얻을 수 있다. 보존된 서열들은 단백질을 암호화하거나 조절 기능을 수행하는 것으로 추정된다. 침팬지와 사람 유전체는 4% 정도가 다르다. 두 생물의 유전체 서열을 비교하면, 인류 계통에서 양성선택되고 인류에게만 특징적으로 존재하는 유전자에 대한 정보를 얻을 수 있다.

분석 문제

1. 멘델이 연구했던 완두 식물에서, 만일 일곱 가지 형질 중 두 가지가 1개의 염색체 상에 서로 가까이 위치하는 유전자들에 의해 암호화 되었다면, 멘델의 실험 결과는 어떻게 달라졌을까?

2. 셔튼은 멘델의 분리 법칙에 대한 가시적인 증거를 제시할 수 있었다. 그런데도 왜 그는 멘델의 독립분리의 법칙을 가시적으로 확인하거나 부정할 수 없었을까?

3. 유선자 X, Y 및 Z는 모두 한 염색체 상에 있다. 아래의 자료를 이용하여 유전자 순서와 상대적인 거리를 나타내는 간단한 유전자 지도를 그려보시오.

이 유전자들 사이의	교차 빈도
X-Z	36%
Y-Z	10%
X-Y	26%

4. 한 염색체의 맞은 편 끝 대립인자들은 교차에 의해 독립적으로 잘 나뉘어져 분리된다. 이 두 유전자가 동일한 연관군에 속하는지에 대해 유전적 교차 실험으로 어떻게 결정할 수 있는가? 핵산 혼성화 실험을 이용하면 어떻게 될까?

5. 〈그림 4-17〉 곡선에서 리보솜 RNA를 암호화하는 DNA의 복원은 어디에서 관찰할 수 있을까? DNA 절편의 서열이 리보솜 RNA를 암호화하는 것으로 가정하시오. 〈그림 4-17〉에 나타나 있는 전체 DNA 곡선 상에 이 DNA의 복원을 덧붙여 그려 넣으시오.

6. 현 인류 유전체의 약 5%는 지난 3,500만년 동안 일어난 부분 중복으로 구성되어 있다. 염색체의 특정 부위 하나가 복제된 이래로 얼마나 긴 시간이 지난 것으로 추정할 수 있을까?

7. 본문에서 적어도 사람 유전체의 45%는 전이요소들로부터 유래하였다고 적시하였다. 실제 비율은 훨씬 더 높은데도, 다른 많은 서열들의 기원을 밝혀내는 것은 불가능하다. 사람 유전체에서 많은 서열의 기원을 알아내는 일이 왜 어려울까?

8. 동일한 자외선 흡수도를 지닌 단일가닥 및 2중가닥으로 된 2개의 DNA 용액이 있다고 생각해보자. 이 두 용액에서 DNA의 농도를 어떻게 비교할 것인가?

9. 분열 중인 염색체들과 표지된 미오글로빈 mRNA 사이의 제자리혼성화 실험에서 어떤 유형의 표지 양상이 기대되는가? 동일한 염색체들과 표지된 히스톤 DNA 사이에서는 어떠한가?

10. 샤가프의 염기조성 규칙에 따르면, 다음 중 어느 것이 DNA 시료의 특징을 나타내는 것일까?
(1) [A] +[T]= [G]+ [C]; (2) [A]/[T] 1; (3) [G]= [C]; (4) [A]+ [G]= [T]+ [C]. 만일 2중가닥 DNA의 C 함량이 15%라면 A 함량은 얼마인가?

11. DNA 단일가닥 염기들의 30%가 T라고 한다면, 그 가닥 염기의 30%가 A이다. 맞는가 틀리는가? 왜 그런가?

12. T_m은 용액 내에서 50%의 DNA 분자가 단일가닥 상태에서의 온도를 나타낸다는 설명에 동의하는가?

13. 단 하나의 개재서열[intervening sequence, 또는 인트론(intron)] 만을 포함하는 β-글로빈 유전자를 보유한 영장류를 가정해보자. 이 동물은 두 번째 인트론이 출현하기 이전에 다른 동물로부터 갈라져 나온 원시조상으로부터 진화하였다고 생각할 수 있는가?

14. 1966년에, 학술지 〈Lancet〉에 혈액 공여자의 DNA에서 3-뉴클레오티드 신장 수준에 관한 보고가 발표되었다. 이 연구자들은 3-뉴클레오티드 신장은 나이가 들어감에 따라 뚜렷이 감소한다는 사실을 알아냈다. 이 발견에 대한 설명을 할 수 있는가?

15. 집단의 절반이 아데닌(A) 나머지 절반은 구아닌(G)을 지니고 있는 곳에서 유전체의 특정 SNP을 찾고 있었다고 생각해보자. 이 변이체들 중 어느 것이 고대 인류에 존재하였고 사람 진화과정에서 어느 것이 빈발하였는지 알 수 있는 방법이 있는가?

16. 〈그림 4-23〉및 〈그림 4-29〉를 살펴보자. 앞 그림의 유전자 배열은 수억 년에 걸쳐 진화하였으며, 뒷 그림의 유전자 배열은 수천 년에 걸쳐 진화하였다. 장차 사람 아밀라아제 유전자의 진화 가능성에 대해 토론해보자.

제 5 장

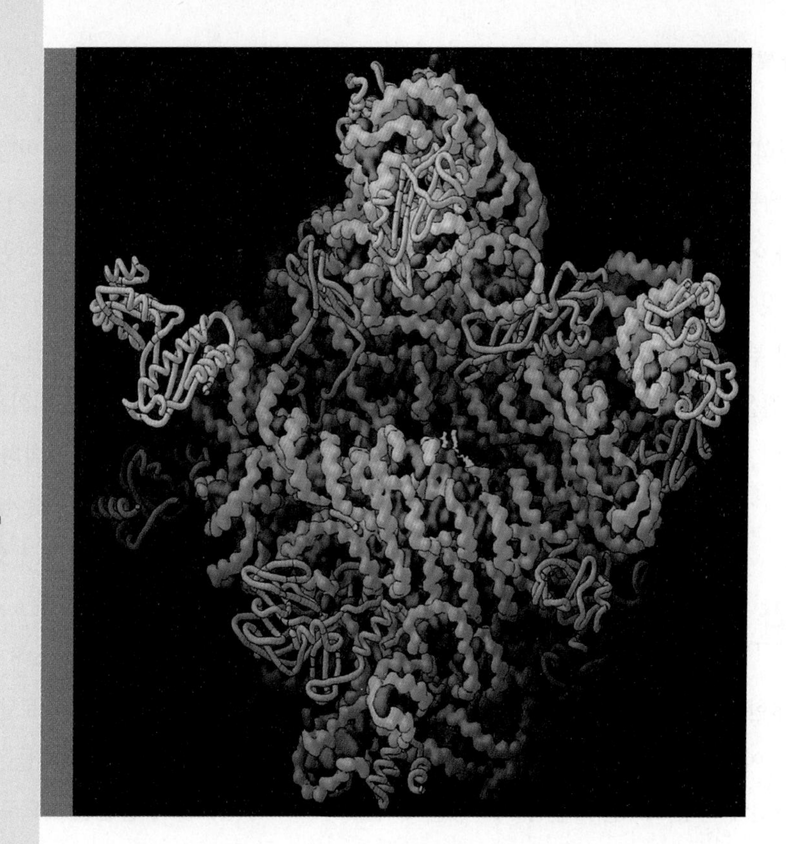

유전자 발현의 과정

여러 가지 면에서, 지난 100년 동안 생물학의 발전은 유전자에 대한 개념이 변화하고 있는 데에서 잘 나타난다. 멘델(Mendel)의 업적으로, 생물학자들은 유전자들이 특정 형질의 출현을 지배하는 별개의 요소라는 것을 알게 되었다. 하나의 유전자가 하나의 형질을 지배한다는 개념을 멘델은 찬성하지 않을지도 모른다. 보버리(Boveri), 와이즈만(Weismann), 서톤(Sutton), 그 외 동시대의 사람들은 유전자는 염색체의 일부로서 물질적인 실체를 갖는다는 것을 발견하였다. 모간(Morgan)과 스터티븐트(Sturtevant) 및 그의 동료들은 유전자들은 특정 주소를 갖고 있다는 것을 증명하였다. 즉, 유전자들은 특정 염색체 상의 특정 부위에 위치하며, 이 주소는 어떤 종(species)을 이루는 하나의 개체에서 다음 개체에까지 변함없이 유지된다. 그리피스(Griffith)와 애버리(Avery) 및 허쉬(Hershey)와 체이스(Chase)는 유전자가 DNA로 이루어져 있음을 증명하였고, 왓슨(Watson)과 크릭(Crick)은 DNA 구조의 수수께끼를 풀었다. DNA 구조를 이해함으로써 이 고분자가 어떻게 유전정보를 암호화하는지를 설명할 수 있게 되었다.

엑스-선(X-ray) 결정학에 의해 2.4 Å 의 분해능에서 측정된 원핵세포 리보솜의 큰 소단위의 모형. 이 그림은 소단위에 있는 활성부위의 갈라진 틈을 보여주고 있다. 이 부위는 모두 RNA로 구성되어 있다. RNA는 회색, 단백질은 금색으로 나타냈으며 활성부위에는 저해제(초록색)가 결합되어있다.

이런 개념들을 공식화하는 것은 유전을 이해하기 위한 경로를 따라 가는 중요한 단계들이었지만, 세포의 활동을 지배하는 한 유전자에 저장된 정보가 어떻게 작동하는지에 대한 기작을 어느 누구도 다루지 않았다. 이것이 이 장에서 논의될 주요 주제이다. 우리는 유전자의 본질에 대한 부가적인 파악에서부터 시작할 것이며, 이로써 우리는 유전된 형질을 발현하는 데 있어서 유전자의 역할에 관한 이해에 좀 더 가까이 접근할 것이다.

5-1 유전자와 단백질 사이의 관계

유전자의 기능에 대한 최초의 의미 있는 이해는 스코틀랜드(Scottish) 내과의사인 아치발드 개롯(Archibald Garrod)에 의해 이루어졌다. 그는 1908년에 특정 효소들의 결핍으로 생긴 희귀 유전 질환들을 가진 사람들에서 나타난 증후군을 보고하였다. 개롯이 연구한 질병들 중 하나는 알캡톤유리아(*alcaptonuria*)였다. 이 병은 오줌이 공기 중에 노출되면 검은 색으로 변하기 때문에 쉽게 진단되었다. 개롯은 알캡톤유리아를 가진 사람의 혈액에는 호모제니스틱산(homogenistic acid)을 산화시키는 효소가 결핍되어 있다는 것을 발견하였다. 호모제니스틱 산은 페닐알라닌과 티로신이 분해되는 과정에서 생기는 혼합물인데, 이것이 축적되면 소변으로 배출되어 공기 중에서 산화되면서 어두운 색을 띄게 된다. 개롯은 유전적 결함인 특정한 효소와 특정 물질대사 조건 사이의 연관성을 발견하였다. 그는 이러한 질병을 "선천성 대사 이상"이라고 하였다. 유전학에서 기본적으로 중요한 초기의 다른 관찰들이 이루어졌을 때도 그러했던 것처럼, 개롯의 발견도 수 십 년 동안 그 가치를 인정받지 못했다.

유전자가 효소의 생산을 지시한다는 생각은 1941년 캘리포니아공과대학교(California Institute of Technology)의 죠지 비들(George Beadle)과 에드워드 테이텀(Edward Tatum)에 의해 부활되었다. 그들은 열대지방의 붉은빵곰팡이속(*Neurospora*)의 곰팡이를 연구하였다. 이 곰팡이는 단일 유기탄소원(예: 설탕), 무기염, 바이오틴(비타민 B_1) 등을 함유하는 아주 단순한 배지에서 잘 자란다. 붉은빵곰팡이는 살아가는 데 매우 적은 물질들을 필요로 하기 때문에, 이 곰팡이가 필요로 하는 대사산물들을 모두 합성한다고 생각하였다. 비들과 테이텀은 이와 같이 여러 가지 물질을 합성할 수 있는 폭 넓은 능력을 가진 생물체는 효소 결핍증에 아주 예민할 것으로 판단하였으며, 이런 성질은 적당한 실험 계획으로 쉽게 찾아낼 수 있을 것으로 생각하였다. 그들이 고안한 실험 방법이 〈그림 5-1〉에 요약되어 있다.

비들과 테이텀의 계획은 곰팡이 포자에 방사선을 쪼여 특정 효소가 결핍된 세포를 유발하는 돌연변이 세포를 선발하는 것이었다. 그러한 돌연변이들을 찾아내기 위하여 방사선을 쪼인 포자들이 이 생물체가 합성해 내는 것으로 알려진 필수 화합물들이 들어 있지 않은 최소배지(*minimal medium*)에서 자랄 수 있는 능력을 조사하였다. 만약 포자가 최소배지에서는 생존할 수 없으나, 특정 조효소[예: coenzyme A인 판토텐산(pantothenic acid)]를 첨가한 배지에서 생존한다면, 연구자들은 이 세포는 필수 화합물의 합성을 방해하는 효소가 결핍된 것으로 결론을 내릴 수 있을 것이다.

비들과 테이텀은 처음 실험에서 1,000개 이상의 세포에 방사선을 쪼였다. 2개의 세포가 최소배지에서 생존할 수 없다는 것이 증명되었다. 즉, 그 2개의 세포 중 하나는 피리독신(pyridoxine, 비타민 B_6)을 필요로 했고, 다른 하나는 티아민(thiamine, 비타민 B_1)을 필요로 했다. 결국, 방사선을 쪼인 약 10만개의 포자들을 조사한 결과, 수십 개의 돌연변이 세포가 분리되었다. 각 돌연변이 세포는 하나의 유전자 결함을 가졌고 그 결과 세포가 효소 결핍을 초래하여 특정 물질대사 반응을 촉진하지 못하였다. 그 결과는 명확하였다. 즉, 하나의 유전자는 하나의 특정한 효소를 구성하는 정보를 지니고 있다. 이 결론은 "1유전자-1효소(one gene-one enzyme)" 가설로 알려지게 되었다. 일단 효소들이 흔히 1개 이상의 폴리펩티드 사슬로 구성된다는 것이 알려지면서, 각 폴리펩티드는 자신의 유전자에 의해 암호화되며, 그 개념은 "1유전자-1폴리펩티드(one gene-one polypeptide)"로 변경되었다. 이러한 관계는 한 유전자의 기본적인 기능에 대해 가까이 다가간 상태이지만, 또한 1개의 유전자가 주로 선택적 이어맞추기(alterenative splicing) 결과(6-5절에서 논의됨)로서 다양한 폴리펩티드를 생산한다는 것이 발견됨으로써 변경되었다.

유전자 돌연변이로 만들어진 단백질에서 그 결함에 대한 분자의 성질은 무엇인가? 이 질문에 대한 대답은 1956년에 나왔다. 즉, 그 해에 캠브리지대학교(Cambridge University)의 버논 잉그램

(Vernon Ingram)이 적혈구가 낫 모양(鎌狀)으로 되는 겸상적혈구 빈혈증(sickle cell anemia)을 유발하는 돌연변이의 분자에 관한 연구 결과를 보고하였다. 헤모글로빈은 4개의 큰 폴리펩티드들로 이루어져 있다. 당시의 기술로는 이런 크기의 폴리펩티드를 구성하는 아미노산 서열을 분석하는 것이 불가능하였으나 잉그램은 지름길을 택했다. 그는 단백질분해 효소인 트립신(trypsin)을 사용하여 정상형 헤모글로빈과 겸상적혈구빈혈형 헤모글로빈 두 가지 준비물을 다수의 특정 조각으로 절단하였다. 그다음, 이렇게 절단된 펩티드 조각들을 종이 크로마토그래피로 분석하여, 어느 조각이 정상형 헤모글로빈과 겸상적혈구빈혈증형 헤모글로빈 간에 차이를 나타내는지를 결정하였다. 2개의 준비물에서 나온 30개 정도의 펩티드 조각들 중에서 오직 한 조각이 다르게 이동하였다. 즉, 겸상적혈구빈혈증 질병에 관련된 모든 증상는 분명히 이런 한 가지의 차이에서 비롯되었다. 잉그램은 이 펩티드를 분리한 후, 전체 단백질이 아니라 오직 이 하나의 작은 조각의 아미노산 서열을 결정하였다. 이 단백질들의 차이점은 정상 분자의 글루탐산(glutamic acid)이 겸상

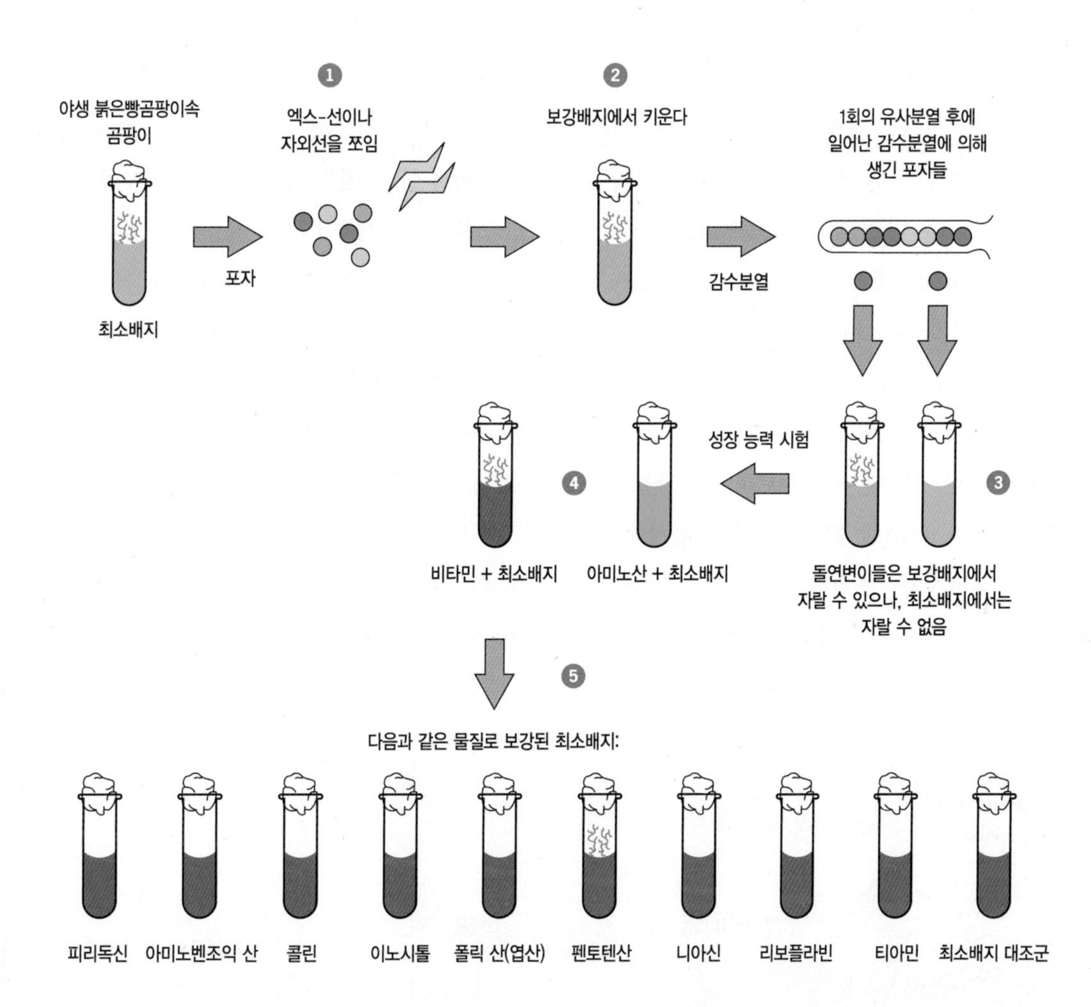

그림 5-1 붉은빵곰팡이속(*Neurospora*) 곰팡이에서 유전자 돌연변이를 분리하기 위한 비들과 테이텀의 실험. 돌연변이를 유도하기 위하여 포자에 엑스-선(X-ray)이나 자외선을 쪼였으며(1단계) 보강배지에서 균체로 성장하도록 하였다(2단계). 이어서 균체에서 생긴 개개의 포자들이 최소배지에서 자랄 수 있는 능력이 있는지 조사하였다(3단계). 성장하지 못한 것들은 돌연변이체였으며, 돌연변이 유전자를 식별하기 위한 실험이 실시되었다. 4단계에 나타낸 예에서처럼, 돌연변이 세포들의 시료는 비타민으로 보충된 최소배지에서 자라는 것이 발견되었으나, 아미노산으로 보충된 최소배지에서는 자라지 않았다. 이 관찰은 비타민을 합성하는 효소가 결핍되었다는 것을 암시한다. 5단계에서, 하나 또는 또 다른 비타민으로 보충된 최소 배지에 있는 동일한 세포의 성장은 판토텐산(조효소 A의 일부)의 형성에 관여된 유전자에 결함이 있음을 시사한다.

적혈구빈혈증 세포에서 하나의 아미노산, 즉 발린(valine)으로 치환된 것을 증명하였다. 잉그램은 단일 유전자의 돌연변이가 단일 폴리펩티드의 아미노산 서열에서 단일 (아미노산의) 치환을 일으켰다는 것을 증명하였다.

5-1-1 세포를 통한 정보 흐름의 개요

우리는 유전정보와 아미노산 서열 사이에 어떤 관계가 있는지 알게 되었다. 그러나 이 지식 자체는 특정 폴리펩티드 사슬이 어떤 기작으로 생성되는지에 대한 단서를 마련하지 못한다. 우리가 현재 알고 있는 바와 같이, 유전자와 그의 폴리펩티드 사이에는 중간산물이 존재한다. 즉, 그 중간산물은 **전령**(傳令) **RNA**(messenger RNA, mRNA)이다. mRNA의 중대한 발견은 1961년 파리의 파스퇴르연구소(Pasteur Institute)의 프랭코 쟈콥(Francois Jacob)과 쟈크 모노드(Jacques Monod), 캠브리지대학교(University of Cambridge)의 시드니 브래너(Sydney Brenner), 캘리포니아공과대학교(California Institute of Technology)의 매튜 메셀슨(Matthew Meselson)에 의해 이루어졌다. 전령 RNA는 유전자를 구성하는 2개의 DNA 가닥들 중 한 가닥에 대한 상보적인 복사물로 조립된다. DNA 주형으로부터 RNA를 합성하는 것을 **전사**(轉寫, transcription)라고 한다. mRNA는 유전자 자체와 동일한 정보를 보유하는데, 그 이유는 mRNA의 염기서열이 전사되어 나온 그 유전자의 염기서열에 상보적이기 때문이다. 진핵세포 내에서 유전정보의 흐름에 있어서 mRNA의 역할에 대한 개요가 〈그림 5-2〉에 그림으로 설명되어 있다.

전령 RNA를 사용함으로써 세포는 정보 저장기능과 정보 활용기능을 분리시킬 수 있게 되었다. 유전자는 커다란 고정된 DNA 분자의 일부로서 핵 내에 격리되어 저장되어 있는 반면에, 유전자의 정보는 훨씬 더 작고 고정되어 있지 않은 핵산 분자로 전달되어서 세포질로 이동한다. 일단 세포질로 이동하면, mRNA는 주형의 역할을 할 수 있어서, DNA와 mRNA의 염기서열에 의해 암호화된 특정 순서로 아미노산들의 결합을 지시하게 된다. 또한 전령 RNA를 사용함으로써, 세포는 그의 합성물의 양을 크게 증폭시킬 수 있다. 1개의 DNA 분자는 많은 mRNA 분자를 형성하는 주형의 역할을 할 수 있으며, 각각의 mRNA 분자는 수많은 폴리펩티드 사슬 분자들을 형성하는 데 사용될 수 있다.

단백질은 **번역**(飜譯, translation)이라고 하는 복잡한 과정에 의해 세포질에서 합성된다. 번역은 리보솜을 포함한 여러 가지 서로 다른 요소들의 참여를 필요로 한다. 리보솜은 번역 기구(機構)를 구성하는 비특이적 요소이다. 세포질에 있는 "기구(machine)"로서, 이 복합체는 어느 mRNA에 의해 암호화된 정보를 번역하도록 컴퓨터처럼 프로그램 될 수 있다. 리보솜은 단백질과 RNA로 이루어져 있다. 리보솜에 포함되어 있는 RNA들을 **리보솜 RNA**(ribosomal RNA, rRNA)라고 한다. rRNA는 mRNA처럼

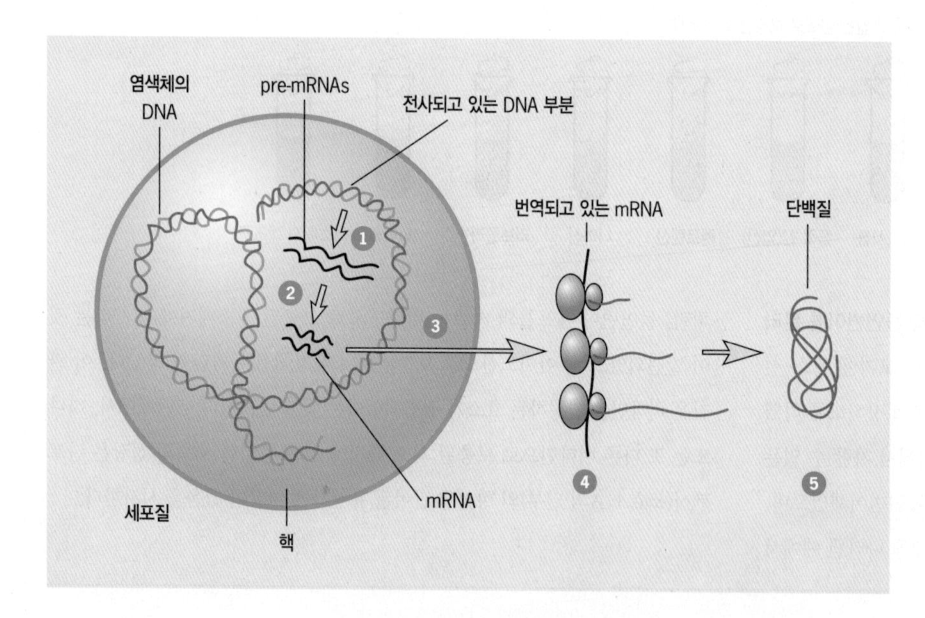

그림 5-2 **진핵세포에서 정보 흐름의 개요.** 핵 속에 위치된 염색체의 DNA는 유전 정보 전체를 저장하고 있다. DNA의 선택된 부위들에서 pre-mRNA로 전사되며(1단계), 이 pre-mRNA는 전령 RNA로 가공된다(2단계). 전령 RNA는 핵으로부터 운반되어서(3단계), 세포질로 이동된다. 세포질에서 mRNA를 따라 이동하는 리보솜에 의하여 폴리펩티드로 번역된다(4단계). 번역 이후에, 그 폴리펩티드는 접혀서 자신의 고유한 입체구조를 취한다(5단계).

유전자를 이루는 DNA 가닥들 중 하나의 가닥으로부터 전사된다. rRNA는 정보를 제공하는 능력을 수행하기보다 아미노산들이 서로 공유결합으로 연결되는 화학 반응을 촉매하고 구조적으로 지지하는 역할을 한다. **운반(運搬) RNA**(transfer RNA, tRNA)는 단백질 합성 과정에 필요한 세 번째 RNA이다. 운반 RNA는 mRNA 염기서열에 있는 암호를 폴리펩티드의 아미노산 "알파벳"으로 번역하는 일을 수행한다.

rRNA와 tRNA는 모두 그들의 2차구조와 3차구조에 의해 활성이 나타난다. rRNA이든 tRNA이든 간에, 비슷한 2개의 가닥으로 된 나선 구조를 갖고 있는 DNA와는 다르게, 많은 RNA들은 복잡한 3차구조의 형태로 접힌다. 이 형태는 RNA의 유형에 따라 현저히 다르다. 그래서 단백질들처럼, RNA 분자들은 서로 다른 모양 때문에 다양한 기능을 수행한다. 단백질들처럼, RNA 분자들의 접힘은 일정한 규칙을 따른다. 단백질의 접힘 과정에서 소수성 부위는 내부로 향하게 되는 반면에, RNA 접힘은 상보적인 염기쌍을 갖는 부위들을 형성하게 된다(그림 5-3). 〈그림 5-3〉에서처럼, 염기쌍을 이룬 부위들은 보통 2중가닥(그리고 2중나선)으로 된 "기둥(stem)"을 형성한다. 이 기둥 부분은 단일가닥으로 된 "고리들(loops)"과 연결되어 있다. 오로지 표준형 왓슨-크릭(Watson-Crick) 염기쌍만으로 이루어진 DNA와는 달리, RNA는 때로는 비표준형 염기쌍(그림 5-3, 삽입도)과 변형된 질소 염기들(nitrogenous bases)을 갖고 있다. 이 분자의 이러한 특이한 부위들은 단백질과 다른 RNA를 인식하는 자리의 역할을 하며, RNA 접힘을 촉진하고, 이 분자의 구조의 안정화를 돕는다. 상보적인 염기-짝짓기의 중요성은 tRNA와 rRNA 구조를 훨씬 더 확대되고 있다. 이 장의 전반에 걸쳐서 보게 될 것으로써, RNA 분자들 사이에(*between*) 염기쌍의 형성은 RNA가 관여하는 대부분의 활성에 있어서 중심 역할을 한다.

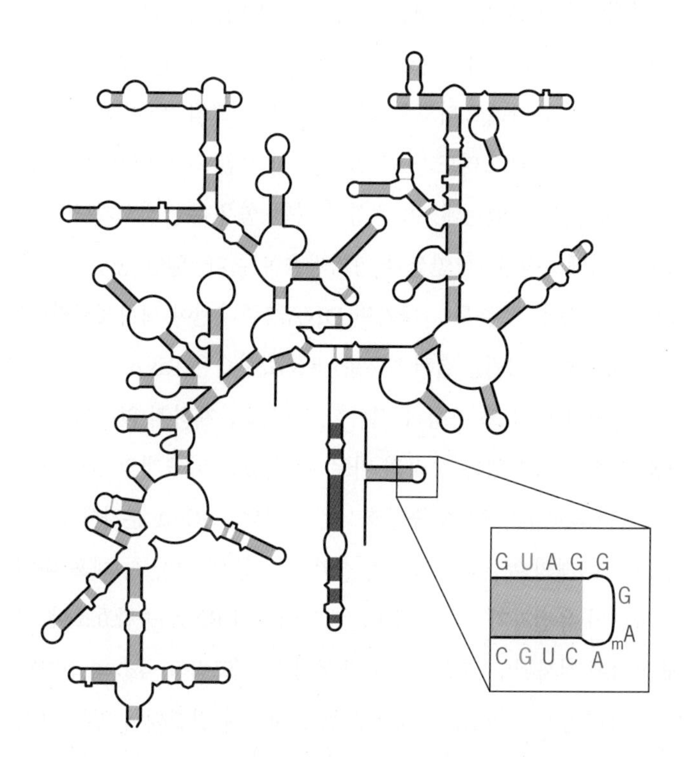

그림 5-3 세균 리보솜 RNA의 2차구조는 단일 가닥의 서로 다른 부위 사이에 광범위한 염기-짝짓기를 보여주고 있다. 확대된 부위는 비표준형 염기쌍(G-U)과 변형된 뉴클레오티드인 메틸아데노신을 포함하는 기둥-고리(stem-loop)의 염기서열을 보여준다. 나선들 중 하나는 리보솜 기능에서 중요한 역할을 하기 때문에 다른 색으로 표시되었다. RNA 3차구조의 한 예를 〈그림 5-43*b*〉에 나타내었다.

mRNA, rRNA, tRNA의 역할들은 이 장의 다음 절에서 상세히 다루어진다. 진핵세포들은 많은 다른 종류의 RNA들을 만든다. 이런 RNA들에는 소형핵 RNA(small nuclear RNA, snRNA), 소형인 RNA(small nucleolar RNA, snoRNA), 소형 간섭 RNA(small interfering RNA, siRNA), 마이크로 RNA, microRNA, miRNA) 등이 포함되며, 세포의 물질대사에서 아주 중요한 역할을 한다. miRNA는 지난 2~3년 사이에 갑자기 나타났는데, 이것은 앞으로 밝혀져야 할 많은 세포 활성들이 있다는 것을 상기시킨다. 우리의 유전체는 수백 개의 이런 작은 마이크로 RNA들을 암호화하는데, 아직 그들 중 어느 것이 무엇을 하는지는 매우 일부만 밝혀져 있다.

복습 문제

1. 비들과 테이텀은 하나의 유전자가 하나의 특이한 효소를 암호화한다고 어떻게 결론지을 수 있었나?
2. 잉그램은 겸상적혈구빈혈증을 가진 사람의 헤모글로빈에서, 이 단백질의 아미노산 서열을 결정하지 않고, 치환된 아미노산을 어떻게 결정할 수 있었나?

5-2 원핵세포와 진핵세포에서 전사의 개요

전사는 DNA 가닥이 RNA 가닥을 합성하는 데 필요한 정보를 제공하는 과정이다. 원핵세포와 진핵세포의 전사를 담당하는 효소는 **DNA-의존 RNA 중합효소**(DNA-dependent RNA polymerase) 또는 단순히 **RNA 중합효소**(RNA polymerase)라고 한다. 이 효소는 뉴클레오티드를 한 번에 하나씩 RNA에 결합시킬 수 있으며, 이 RNA 가닥의 염기서열은 DNA의 2개의 가닥 중에서 주형(鑄型, *template*)의 역할을 하는 1개의 가닥에 상보적이다.

RNA합성에서 첫 번째 단계는 RNA 중합효소와 DNA 주형의 결합하는 것이다. 이것은 보다 일반적인 관심사, 즉 2개의 아주 다른 고분자들인 단백질과 핵산의 특이한 상호작용에 대한 관심사를 제기한다. 서로 다른 단백질들이 서로 다른 유형의 기질과 결합하여 서로 다른 반응을 촉매 하도록 진화된 것과 같이, 그 단백질들의 일부는 핵산의 한 가닥에 있는 특이한 서열을 인식하여 결합하도록 진화되었다. 전사가 일어나가 전에 RNA 중합효소가 결합하는 DNA 상의 자리를 **프로모터**(promoter)라고 한다. 진핵세포의 RNA 중합효소는 자신의 프로모터를 인식할 수 없어서 **전사인자**(轉寫因子, transcriptional factor)라고 하는 추가적인 단백질의 도움을 필요로 한다. 프로모터는 중합효소의 결합 자리를 제공하는 것 이외에, DNA의 두 가닥 중에서 어느 가닥이 전사되며 그리고 전사가 시작되는 자리를 결정하는 정보를 갖고 있다.

RNA 중합효소는 DNA 주형 가닥을 따라서 5′끝을 향하여(즉, 3′→5′ 방향으로) 이동한다. 중합효소가 전진함에 따라, DNA는 일시적으로 풀리고, 중합효소는 5′끝에서 3′방향으로 신장하는 RNA의 상보적인 가닥을 조립한다(그림 5-4*a*,*b*). 〈그림 5-4c〉에서처럼, RNA 중합효소는 다음 반응을 촉매한다.

$$RNA_n + NTP \rightarrow RNA_{n+1} + PP_i$$

위 반응에서 리보뉴클레오시드 삼인산(ribonucleoside triphosphate, NTP) 기질은 공유결합 사슬로 중합됨에 따라 뉴클레오시드 일인산으로 나누어진다. 핵산(그리고 단백질)을 합성하도록 하는 반응은 제3장에서 논의된 중간대사(intermediary metabolism)의 합성 반응과는 본래부터 다르다. 아미노산과 같이, 작은 분자를 형성하게 하는 일부의 반응은 상당한 역반응이 측정될 수 있는 평형상태에 충분히 근접할 수도 있는 반면에, 핵산과 단백질을 합성하게 하는 반응들은 거의 역반응이 없는 조건 하에서 일어나야 한다. 이 조건은 전사가 다음과 같은 두 번째 반응의 도움으로 이루어지는 동안에 일어나게 된다. 이 반응은 피로인산가수분해효소(pyrophosphatase)라는 다른 효소에 의해 촉매된다.

$$PP_i \rightarrow 2P_i$$

이 경우에 첫 번째 반응에서 생성된 피로인산(PP_i)은 무기인산(P_i)으로 가수분해 된다. 피로인산이 가수분해 되면서 많은 양의 자유에너지를 방출하고 뉴클레오티드를 기본적으로 비가역적으로 결합시킨다.

중합효소가 DNA 주형을 따라 이동할 때, 자라나는 RNA 사슬에 상보적인 뉴클레오티드를 결합시킨다. 전사되고 있는 DNA 가닥에 있는 뉴클레오티드와 적당한 (왓슨-크릭) 염기쌍을 형성할 수 있는 뉴클레오티드가 RNA 가닥에 결합된다. 이것은 〈그림 5-4*c*〉에서 볼 수 있는데, 이 주형의 티민-함유 뉴클레오티드가 들어오는 아데노신 5′-삼인산과 염기쌍을 이룬다. 일단 중합효소가 DNA의 특정한 부분을 지나가면 DNA 2중나선이 재형성된다(그림 5-4*a*,*b*에서처럼). 결과적으로, RNA 사슬은 RNA-DNA 혼성체(hybrid)로서 그 주형과 결합한 상태로 존재하지 않는다(중합효소가 작동하고 있는 자리의 바로 뒤에 있는 약 9개의 뉴클레오티드를 제외하고). RNA 중합효소는 자라나는 RNA 분자에 초 당 약 20~50개의 뉴클레오티드를 결합시킬 수 있으며, 한 세포 내에서 다수의 유전자가 수 백 개 또는 그 이상의 RNA 중합효소에 의해 동시에 전사된다(그림 5-11*c*에서처럼). 〈그림 5-4*d*〉의 전자현미경 사진은 다수의 RNA 중합효소 분자들과 결합되어 있는 파지(phage) DNA 분자를 보여준다.

RNA 중합효소는 엄청나게 긴 RNA를 형성할 수 있는 능력을 갖는다. 결과적으로, 효소는 긴 주형 가닥 위에서 DNA에 부착된 채로 남아 있어야 한다[이런 효소를 연작용(聯作用, processive) 효소라고 한다]. 동시에, 이 효소는 주형의 뉴클레오티드에서 다음 뉴클레오티드로 이동할 수 있을 정도로 (DNA) 주형에 느슨하게 결

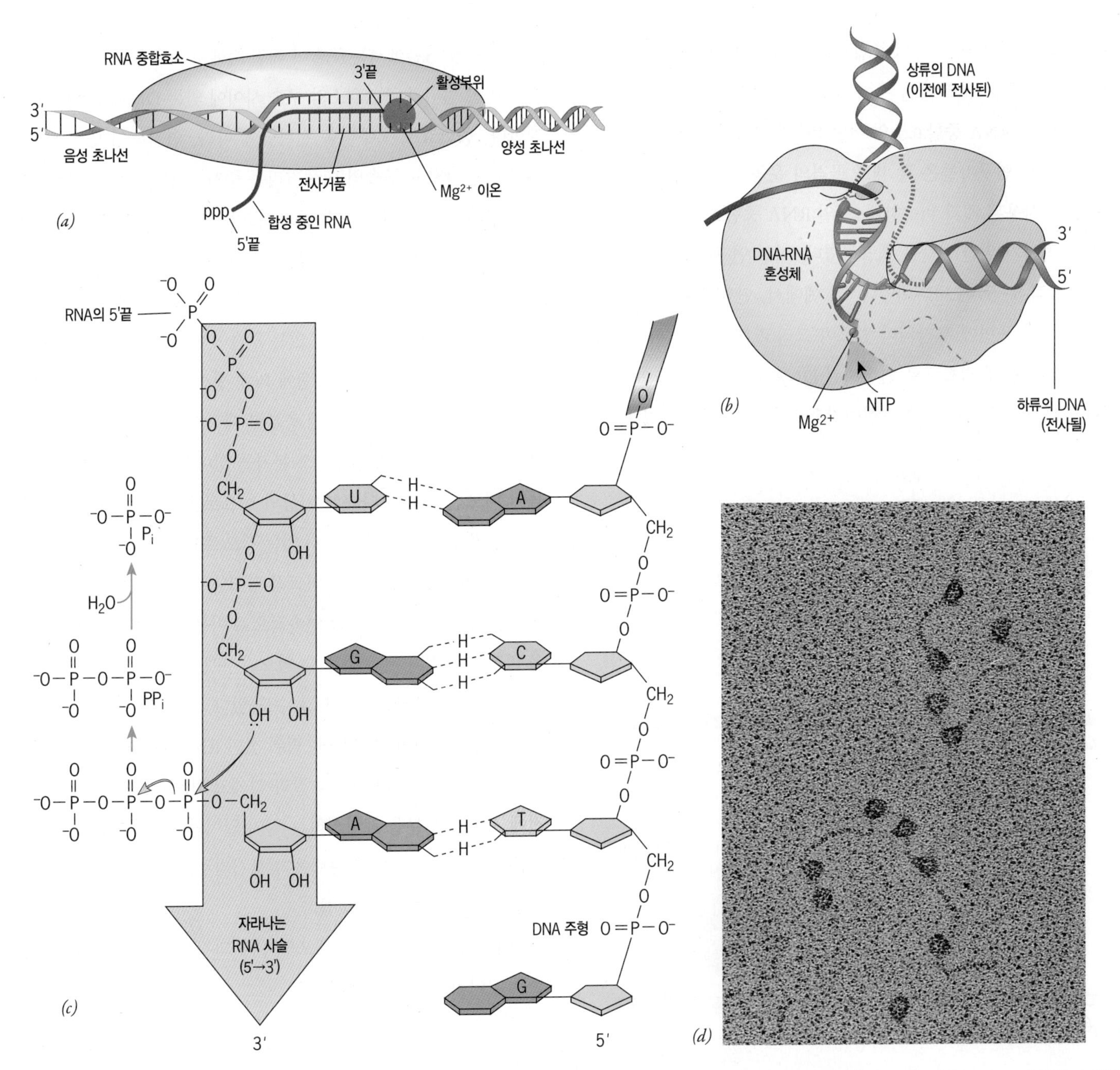

그림 5-4 전사하는 동안 신장하는 사슬. *(a)* 전사하는 동안에 새로 합성된 RNA 분자가 신장하는 과정을 나타낸 도식적 모형. 중합효소는 DNA의 약 35개 염기쌍을 덮는다. 단일 가닥으로 구성된(분리된) 전사거품(transcription bubble)은 약 15개의 염기쌍에 걸쳐 있으며, DNA-RNA 혼성체 상태로 있는 조각은 약 9개의 염기쌍을 포함하고 있다. 이 효소는 자신의 앞 쪽에 과회전 (overwound)[양성 초나선(positively supercoiled)] DNA를 만들고, 자신의 뒤 쪽에는 저회전(underwound)[음성 초나선(negatively supercoiled)] DNA를 만든다. *(b)* 전사의 신장과정에서 RNA 중합효소의 개요도. DNA의 하류(downstream) 부분은 중합효소에 있는 홈 속에 놓여 있으며, 효소에서 가장 큰 2개의 소단위에 의해 형성된 1쌍의 턱으로 고정되어 있다. DNA가 활성부위 지역에서 급격한 회전을 하여, 그림에서 DNA의 상류(upstream) 부분이 위로 뻗어있다. 새로 합성되는 RNA가 효소의 활성부위로부터 따로 떨어진 경로를 통하여 나오고 있다. *(c)* 사슬의 신장은 자라나는 가닥 끝에 있는 뉴클레오티드의 3′OH가 들어오는 뉴클레오시드 삼인산의 5′α-인산을 공격하여 일어난다. 방출된 피로인산이 연이어 잘려지고, 이로써 이 반응은 중합화의 방향으로 진행된다. 주형 가닥의 뉴클레오티드와 들어오는 뉴클레오티드 사이의 염기쌍의 기하학적 구조는 각 부위에서 4개의 가능한 뉴클레오시드 삼인산 중에서 어느 뉴클레오티드가 들어와서 자라나는 RNA 사슬로 결합될지를 결정한다. *(d)* 파지 DNA 주형에 결합된 여러 개의 RNA 중합효소의 전자현미경 사진.

합되어 있어야 한다. 각각의 중합효소(단백질) 분자들 사이의 차이점들을 평균하는 데 도움을 주는 생화학적 방법들을 사용하여, 연작용과 같은 RNA 중합효소의 어떤 특성을 연구하는 것은 어렵다. 결과적으로, 연구자들은 각 세포 골격의 운동단백질(motor)을 연구하는데 사용된 것과 비슷하게, 단일 RNA 중합효소 분자들의 활성을 추적하기 위한 기술을 개발하였다. 이런 연구에 대한 두 가지 예를 〈그림 5-5〉에 나타내었다. 이 예에서, 단일 RNA 중합효소는 덮개유리 표면에 부착되어 있으며 그리고 (DNA의) 한쪽 끝에 형광구슬을 공유 결합으로 연결시킨 DNA 분자가 전사되도록 하였다. 형광구슬의 이동을 형광현미경으로 추적 관찰할 수 있다.

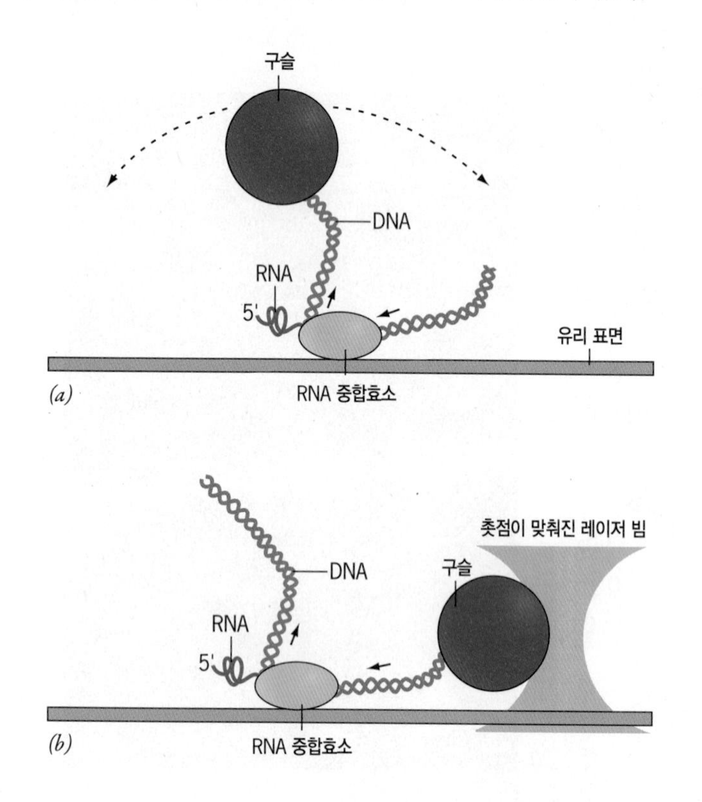

그림 5-5 **단일 RNA 중합효소의 활성을 추적하기 위한 실험 기술의 예.** (*a*) 이 실험 방법에서, RNA 중합효소 분자가 아래에 있는 덮개유리 위에 부착되어 있고, 상류 끝에 형광구슬을 포함하는 DNA 분자가 전사되도록 하였다. 화살표는 중합효소를 통한 DNA의 이동을 나타낸다. 이동 속도와 중합효소의 진행은 형광현미경을 사용하여 시간 경과에 따라 구슬의 위치를 관찰함으로써 추적될 수 있다. (*b*) 이 실험 방법에서, 부착된 중합효소가 하류의 끝에 구슬을 가진 DNA 분자를 전사하고 있다. *a*에서처럼, 화살표는 DNA의 이동 방향을 나타낸다. 구슬은 광학(레이저) 트랩에 잡히는데, 이 트랩은 레이저 빔을 조절하여 변화될 수 있는 알려진 힘을 전달한다. 이런 유형의 기구는 전사하는 중합효소에 의해서 생긴 힘을 측정할 수 있다.

〈그림 5-5*a*〉에서는 구슬이 매질 속에서 자유롭게 움직이고 구슬의 이동 범위가 중합효소와 구슬 사이에 있는 DNA의 길이에 비례한다. 중합효소가 주형을 전사함에 따라, 연결되어 있는 DNA 가닥은 길어지고 구슬의 이동거리는 증가한다. 이런 유형의 체제를 이용하면, 연구자들이 각 중합효소의 전사 속도를 연구할 수 있으며, 그리고 중합효소가 규칙적으로 또는 불연속적으로 움직이면서 DNA를 전사하는지를 확인할 수 있다. 〈그림 5-5*b*〉에서, 전사되고 있는 DNA 분자의 끝에 있는 구슬이 초점이 맞추어진 레이저 빔에 의해 잡힌다. 레이저 트랩에 의해 생긴 작은 힘은 중합효소가 DNA의 전사를 중단시키기에 충분할 때까지 변화될 수 있다. 전사되고 있는 단일 RNA 중합효소 분자들 상에서 측정하여보면, 효소들이 미오신 분자 보다 2배 이상의 힘으로 주형 위에서 한 번에 1개의 염기(3.4 Å)씩 이동할 수 있는 것으로 나타난다.

비록 RNA 중합효소가 비교적 강력한 운동단백질(motor)이지만, 이 효소는 꾸준하게, 즉 연속적으로 이동할 필요는 없으나 주형을 따라 특정 위치에서 멈출 수 있으며, 또는 앞 방향으로의 전진을 재개하기 전에 뒤로 되돌아 갈 수도 있다. 어떤 경우에 잘못된 뉴클레오티드가 끼어 들어가면, 멈춰 섰던 RNA 중합효소가 새로 합성된 전사체의 3′끝(3′end)을 잘라 없애고 앞으로 이동을 계속하기 전에 사라진 부분을 재합성하는 일이 일어난다. 이렇게 다양한 장애물을 건너가는 효소의 능력을 향상시켜주는 몇 가지의 신장인자(elongation factor)가 밝혀졌다.

이쯤에서, 세균과 진핵세포의 전사 과정 사이의 차이점을 알아보는 것이 도움이 된다.

5-2-1 세균에서의 전사

대장균과 같은 세균은 한 가지 유형의 RNA 중합효소를 갖고 있는데, 이것은 5개의 소단위(小單位, subunit)들이 단단히 결합되어 핵심효소(*core enzyme*)를 형성한다. 세균 세포로부터 핵심효소가 정제되어 세균 DNA와 리보뉴클레오티드 삼인산이 있는 용액에 첨가되면, 이 효소는 DNA에 결합하여 RNA를 합성할 것이다. 그러나 정제된 중합효소에 의해 생산된 RNA 분자들은 세포 내에서 발견되는 것들과 동일하지 않다. 왜냐하면, 핵심효소는 세포 내에서 정상적으로 결합하는 자리를 무시하고 DNA의 무작위적인 자리에 결합하기 때문이다. 그러나 핵심효소가 DNA와 결합하기 전에 시그마 인자(*sigma factor*, σ)라고 하는 정제된 보조 폴리펩티드가 RNA 중합효소에 첨가되면, 전사는 선별된 위치에서 시작된 난다(그림 5-6*a*,*b*). 시그마 인자가 핵심효소에 결합하면 DNA에 있는 프로모터 자리에 대한 효소의 친화력이 증가되며 일반적으로 DNA에 대한 친화력은 감소한다. 그 결과, 완전한 효소는 적당한 프로모터 부위를 인식하고 결합할 때까지 DNA를 따라서 자유롭게 미끄러지는(활주하는) 것으로 생각된다.

엑스-선(X-ray) 결정법으로 분석한 결과, 세균의 RNA 중합효소는(그림 5-8 참조) 양성전하를 띤 내부 통로를 둘러싸는 1쌍의 이동성 족집게(또는 턱)를 가진 "게의 집게발(crab claw)" 같은 분자 모양인 것으로 알려졌다. 시그마 인자가 프로모터와 상호결합하면서 효소의 집게발 부분이 통로 내부에 들어있는 DNA 2중가닥의 하류를 꽉 잡는다(그림 5-4*b*에서처럼). 그다음에 효소는 전사 시작 자리를 둘러싸는 부위에서 2개의 DNA 가닥을 분리시킨다(그림 5-4*c*). 가닥이 분리됨으로써 주형 가닥은 효소의 통로의 뒷벽에 위치한 활성부위에 접근하게 된다. RNA 중합효소는 RNA 전사체를 조립하려고 많은 시도를 하지만 성공하지 못하기 때문에 전사의 개시는 어려운 일인 것 같다. 일단 10~12개의 뉴클레오티드가 자라나는 전사체로 성공적으로 결합되면, 이 효소는 입체구조에 중요한 변화가 생겨서 DNA를 따라서 연작용적으로(processively) 이동할 수 있는 전사신장 복합체(*transcriptional elongation complex*)로 전환된다. 〈그림 5-6*d*〉의 모형에서, 시그마 인자가 방출된 후에 신장 복합체가 형성된다.

위에서 언급된 것처럼, 프로모터는 RNA 중합효소가 결합하는 DNA에 있는 자리이다. 세균 프로모터는 RNA 합성이 시작되는 자리의 바로 앞에 있는 DNA 가닥에 위치되어 있다(그림 5-7). 전사가 시작되는 곳에 있는 뉴클레오티드를 +1로 나타내고 그것보다 앞에 있는 뉴클레오티드를 −1로 나타낸다. 전사시작 자리보다 앞에 있는 DNA의 부위(주형의 3′끝 쪽을 향하는)를 그 자리로부터 상류(*upstream*)에 있다고 한다. 전사시작 자리보다 뒤에 있는 DNA의 부위(주형의 5′끝 쪽을 향하는)를 그 자리로부터 하류(*downstream*)에 있다고 한다. 세균의 수많은 유전자들의 전사시작 자리 바로 앞에 위치한 DNA 염기서열을 분석하면, DNA에서 2개

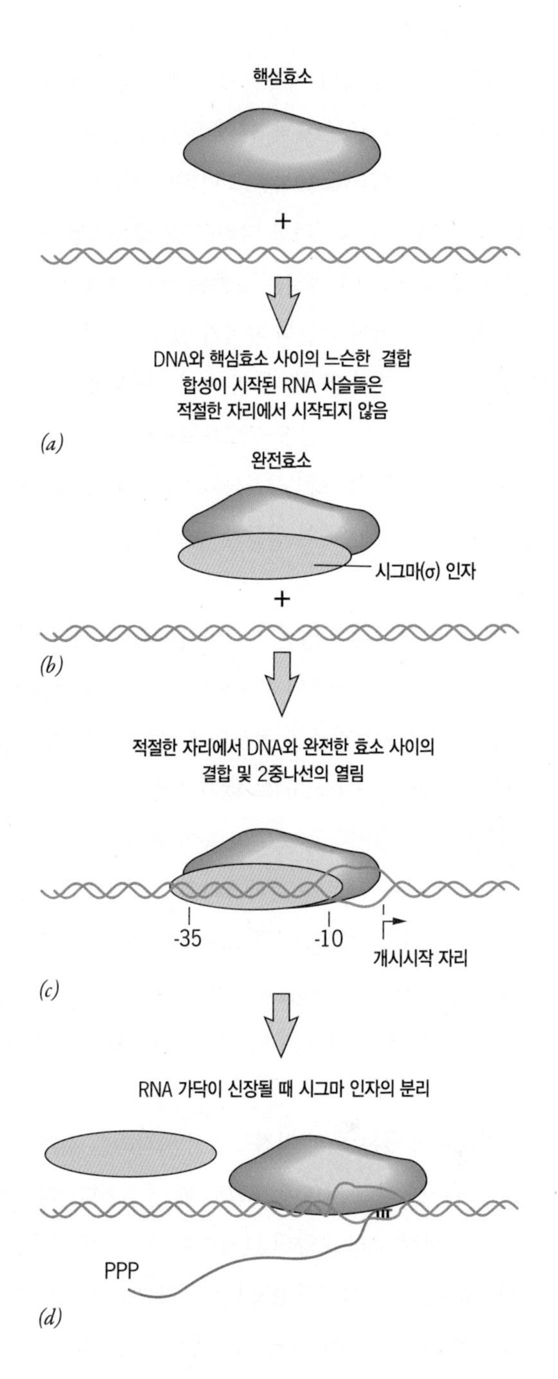

그림 5-6 세균에서 전사 개시의 개요도. (*a*) 시그마 인자가 없는 상태에서, 핵심효소가 특수한 개시 자리에서 DNA와 상호작용하지 않는다. (*b*–*d*) 핵심효소가 시그마 인자와 결합된 상태에서는, 완전효소(holoenzyme)는 DNA의 프로모터에 결합할 수 있으며, DNA 2중나선의 가닥들을 분리시킬 수 있고, 적당한 시작 자리에서 전사를 시작할 수 있다(그림 5-7 참조). 여기에 나타낸 전통적인 모형에서, 시그마 인자는 핵심효소로부터 분리되며, 핵심효소는 전사과정에서 신장 과정을 진행시킬 수 있다. 최근 연구들은 적어도 일부의 경우에서 시그마가 중합효소와 함께 남아 있을 수도 있음을 시사하고 있다.

의 짧은 구간이 유전자들 마다 비슷한 것으로 나타난다. 이 구간들 중 하나는 전사시작 자리로부터 약 35개 염기 상류에 중심을 잡고 있으며, 전형적으로 TTGACA 서열로 나타난다(그림 5-7). 이러한 TTGACA 서열(−35 요소라고 알려진)을 **공통서열**(consensus sequence)이라고 하는데, 이 서열은 보존된 서열 중에서 가장 흔한 것이지만, 유전자들 사이에 약간의 차이가 있다. 두 번째 보존된 서열은 전사시작 자리로부터 약 10개 염기 상류에서 발견되며 공통서열 TATAAT로 나타난다(그림 5-7). 프로모터에 있는 이 자리를 발견한 사람의 이름을 따서 프립노브 상자(*Pribnow box*)라고 하며, 이 자리는 전사가 시작되는 곳의 정확한 뉴클레오티드를 확인할 수 있게 한다.

세균 세포는 서로 다른 다양한 시그마 인자(σ factor)들을 갖고 있는데, 이들은 서로 다른 종류의 프로모터 서열을 인식한다. 시그마 70(σ70)은 대부분 유전자들의 전사를 시작하기 때문에 일반 시그마 인자(housekeeping σ factor)로 알려져 있다. 다른 시그마 인자는 공통적인 반응에 참여하는 소수의 특이 유전자의 전사를 시작한다. 예를 들면, 대장균 세포가 갑작스러운 온도상승에 노출되면, 새로운 시그마 인자가 합성되어 다른 프로모터 서열을 인식하고 일련의 열충격 유전자(*heat-shock gene*)들의 균형 잡힌 전사가 일어나도록 한다. 이 유전자들의 산물은 세포의 단백질을 열 손상으로부터 보호한다.

전사가 염색체에 있는 특정 지점들에서 시작되는 것처럼, 전사 역시 특이한 뉴클레오티드 서열에 도달할 때 종결된다. 대략 반 정도는 로(*rho*)라고 하는 고리 모양의 단백질이 세균에서 전사의 종결에 필요하다. *rho*는 새로 합성된 RNA를 둘러싸고 가닥을 따라 중합효소의 3′끝 방향으로 이동한다. 그곳에서 *rho*는 결합되어 있던 DNA로부터 RNA 전사체를 분리시킨다. 다른 경우에, 중합효소가 종결서열(*termination sequence*)에 도달하면 전사를 중단하고 부가적인 인자의 필요 없이 완성된 RNA 사슬을 방출한다.

5-2-2 진핵세포에서 전사와 RNA 가공

1969년 워싱턴대학교(University of Washington)의 로버트 뢰더(Robert Roeder)가 발견한 것처럼, 진핵세포는 세 가지 뚜렷이 다른 전사효소를 핵 안에 갖고 있다. 이 효소들 각각은 서로 다른 무리의 RNA를 합성하는 역할을 한다(표 5-1). 식물은 두 가지 추가적인 RNA 중합효소를 갖는데, 이들은 생명에 필수적이지는 않다. 다수의 RNA 중합효소를 갖는 원핵생물은 발견된 것이 없는 반면에, 가장 단순한 진핵세포인 효모는 포유동물 세포에 있는 것과 동일한 세 가지 핵 전사효소를 갖고 있다. RNA 중합효소의 수에 있어서의 이러한 차이점은 원핵세포와 진핵세포 사이의 또 다른 뚜렷한 차이점이다.

〈그림 5-8*a*〉는 생물의 세 가지 영역(domain), 즉 고세균(archea), 세균, 진핵세포 등에서 각 RNA 중합효소의 표면 구조를

표 5-1 **진핵세포의 핵 RNA 중합효소들**

효소	합성되는 RNA들
RNA 중합효소 I	큰 rRNA(28S, 18S, 5.8S)
RNA 중합효소 II	mRNA, 대부분의 소형핵 RNA(snRNA, snoRNA) 대부분의 마이크로 RNA, 말단부합성효소(telomerase), RNA
RNA 중합효소 III	소형 RNA (tRNA, 5S rRNA, U6 snRNA 등을 포함)
RNA 중합효소 IV, V (식물에만 해당)	siRNA

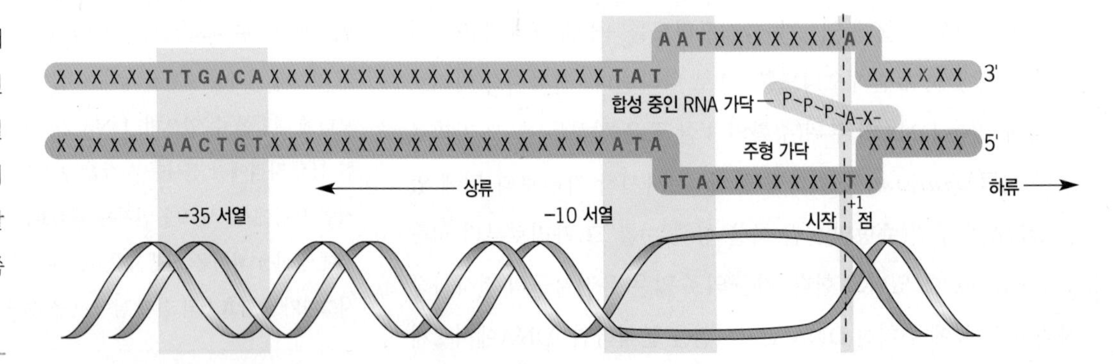

그림 5-7 **대장균(*E. coli*)의 DNA에서 프로모터 부위의 기본 요소들.** 전사의 시작에 필요한 핵심 조절 서열들은 전사가 개시되는 자리로부터 −35와 −10에 위치한 부위에서 발견된다. 개시자리는 유전자의 + 쪽과 − 쪽 사이의 경계에 표시한다.

보여준다. 이 그림을 자세히 보면 몇 가지 특징이 분명하다. 세균과 진핵세포의 효소들보다 고세균과 진핵세포의 효소들이 구조상으로 더 유사한 것이 분명하다. 이런 특징은 고세균과 진핵세포 사이의 진화적 유연관계를 반영한다. 〈그림 5-8*a*〉에 나타낸 각 단백질을 구성하고 있는 소단위(subunit)들은 서로 다른 색깔로 표시되어 있는데, 이것은 RNA 중합효소가 다수의 소단위로 이루어진 효소라는 것이 매우 분명하다. 서로 상동인(즉, 공통 조상의 폴리펩티드에서 유래된) 서로 다른 효소들 사이의 이러한 소단위들은 동일한 색깔로 나타나 있다. 그래서 〈그림 5-8*a*〉를 통하여 세 가지 영역(domain)에서 RNA 중합효소들은 몇 개의 소단위들을 공유하고 있음이 확실하다. 〈그림 5-8*a*〉에 있는 효모 효소는 총 12개의 소단위를 갖고 있지만, 세균 효소의 상응 부위는 7개이며, 이 2개 효소의 기본적인 핵심 구조는 거의 동일하다. 이러한 RNA 중합효소 구조의 진화적 보전이 〈그림 5-8*b*〉에 나타나 있는데, 이것은 세균과 진핵세포 효소의 상동 부위를 훨씬 더 높은 해상도로 보여주고 있다.

스탠퍼드대학교(Stanford University)의 로저 콘버그(Roger Kornberg)와 동료들이 2001년에 엑스-선 결정학에 의해 효모 RNA 중합효소 II의 구조를 발표함으로써, 진핵세포의 전사에 대한 이해는 훨씬 더 높아졌다. 이 연구와 이어지는 다른 실험실에서의 연구 결과로써, RNA 중합효소가 DNA를 따라서 이동하면서 상보적인 RNA 가닥을 전사하는 작용 기작에 대해 우리는 이제 상당히 많이 알고 있다. 원핵세포와 진핵세포 사이에서 전사의 중요한 차이점은 진핵세포가 다양한 보조 단백질들, 또는 **전사인자**(transcription factor)를 필요로 하는 것이다. 이 단백질들은 중합효소가 주형에 결합하는 것에서부터 전사의 개시와 신장 및 종결까지 전사과정의 거의 모든 면에서 역할을 한다. 전사인자들이 세 가지의 진핵세포 RNA 중합효소들 모두의 작동에 중요하지만, RNA 중합효소 II에 의한 mRNA의 합성에 관해서만 논의 될 것이다.

세 가지의 진핵세포 RNA 모두—mRNA, rRNA, tRNA—는 최종 RNA 산물보다 훨씬 더 긴 전구체 RNA 분자로부터 유래된다. 초기의 전구체 RNA는 전사된 DNA의 전체 길이와 동일한 길이를 가지며, 이를 **1차전사물**(一次轉寫物, primary transcript, pre-RNA)이라고 한다. 1차전사물이 전사되어 나온 DNA에 해당하는 부분을 **전사단위**(轉寫單位, transcription unit)라고 한다. 1차전사물는 세포 내에서 나출(裸出)된 상태로 있지 않고 합성될 때조차 단백질과 결합되어 있다. 1차전사물는 일련의 "잘라붙이기(cut-and-paste)" 반응에 의해 더 작고 기능적인 RNA로 가공된

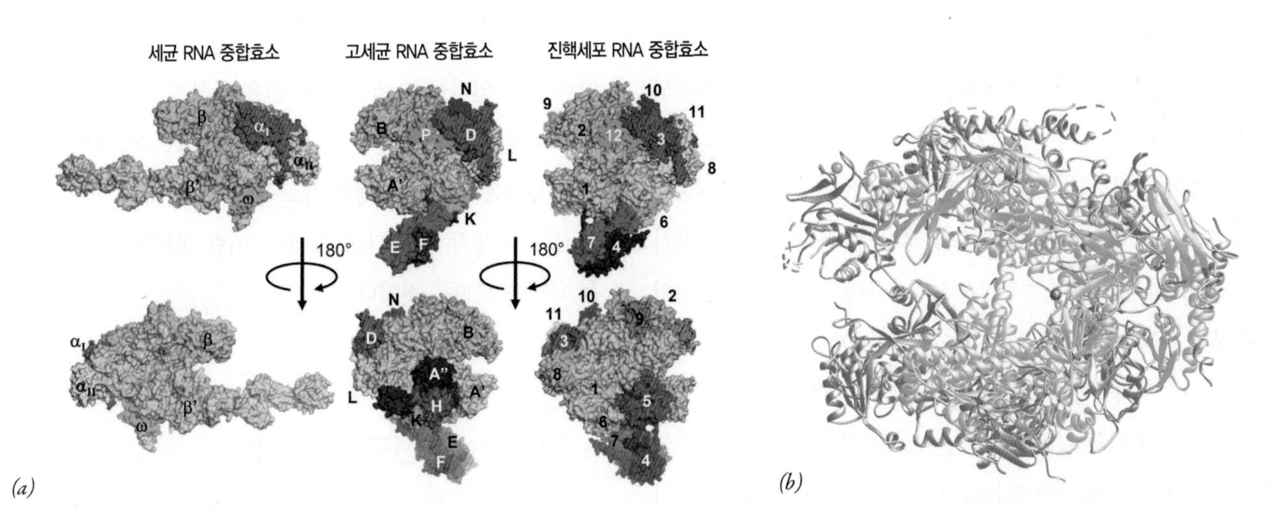

그림 5-8 원핵세포와 진핵세포의 RNA 중합효소 구조의 비교. (*a*) 생명체의 3개 영역(domain)에서 RNA 중합효소들. 효소의 각 소단위는 서로 다른 색깔로 나타내고 그 효소에 대한 기존의 명명법에 따라 이름 붙여졌다. 상동인 소단위들은 동일한 색깔로 표시되었다. 고세균과 진핵세포의 중합효소가 구조에 있어서 세균과 진핵세포의 것보다 더 유사한 것을 볼 수 있다. (여기에 나타낸) RNA 중합효소 II는 3개의 주요 진핵세포의 핵 RNA 중합효소들 중 단 하나이다. (*b*) 효모 RNA 중합효소 II의 핵심 구조의 리본 도해. 효모 효소와 구조적으로 상동인 세균 중합효소의 부위들은 초록색으로 표시되어 있다. 하류의 DNA를 움켜쥐는 큰 통로가 뚜렷하다. 통로의 끝과 활성부위 속에 위치된 2가의 금속은 1개의 빨간색 원으로 표시되어 있다.

(processed) 일시적으로 존재하는 분자가 된다. RNA 가공에는 다양한 작은 RNA(90~300개의 뉴클레오티드 길이의)와 이들과 결합된 단백질을 필요로 한다. 다음 절에서는 주요 진핵세포 RNA들 각각의 전사와 RNA 가공에 연관된 활성들을 알아볼 것이다.

복습 문제

1. 유전자 발현에서 프로모터의 역할은 무엇인가? 세균 중합효소에 대한 프로모터는 어디에 위치하는가?
2. 세균에서 전사의 개시 동안에 일어나는 단계들을 설명하시오. 시그마 인자의 역할은 무엇인가? 뉴클레오티드가 자라나는 RNA 사슬로 결합되는 반응의 성질은 무엇인가? 뉴클레오티드 결합의 특이성은 어떻게 결정되는가? 피로인산염 가수분해의 역할은 무엇인가?
3. 원핵생물과 진핵생물을 구분하는 RNA 중합효소는 몇 개인가? pre-RNA와 성숙한 RNA 사이에 무슨 관계가 있는가?

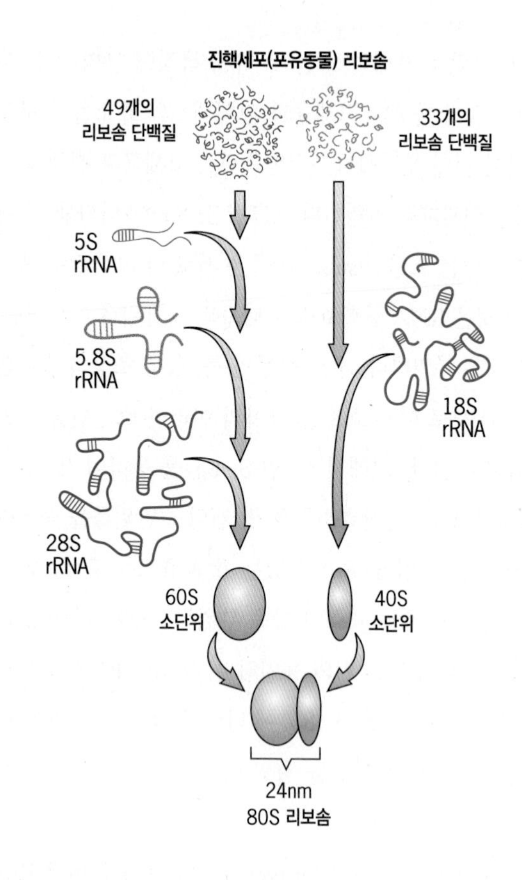

그림 5-9 **포유동물 리보솜의 고분자 조성.** 이 개요도는 포유동물의 리보솜에서 각 소단위들에 있는 구성요소들을 보여준다. rRNA의 합성과 가공 그리고 리보솜 소단위의 조립은 다음 페이지에서 논의된다.

5-3 리보솜 RNA와 운반 RNA의 전사와 가공

진핵세포는 수 백 만개의 리보솜을 갖고 있고 각 리보솜은 몇 개의 rRNA와 수 십 개의 리보솜 단백질들로 구성되어 있다. 진핵세포 리보솜의 구성요소는 〈그림 5-9〉에서 보여주고 있다. 리보솜의 수는 아주 많아서 대부분의 세포들 속에 있는 80% 이상의 RNA는 리보솜 RNA를 구성한다. 세포에 그렇게 많은 전사물을 공급하기 위해서, rRNA를 암호화하는 DNA 서열은 보통 수백 번 반복되어 있다. **리보솜 DNA**(rDNA)라고 하는 이러한 DNA는 보통 유전체의 1개 또는 몇 개 부위에 무리를 이루고 있다. 사람의 유전체는 다섯 개의 rDNA 무리를 갖고 있으며, 이들 각각은 서로 다른 염색체 상에 존재한다. 분열하지 않는(간기의) 세포에서는 rDNA 무리가 서로 모여서 1개 또는 몇 개의 불규칙한 모양의 **인**[仁: 단수는 nucleolus, 복수는 nucleoli)]이라고 하는 핵의 구조의 일부를 이루며, 이 인은 리보솜을 생산하는 기능을 한다(그림 5-10*a*).

인의 대부분은 새로 생기는 리보솜의 소단위들로 구성되어 있어서, 인이 입자(粒子, granule) 모양을 지니게 한다(그림 5-10*b*). 이런 많은 입자들 속에는 주로 섬유상 물질로 구성된 1개 또는 그 이상의 둥근 중심부들이 있다. 〈그림 5-10〉의 설명에서처럼, 섬유상 물질은 rDNA 주형과 새로 합성되는 rRNA 전사체들로 구성된 것으로 생각된다. 다음 절에서, 이런 rRNA 전사체들이 합성되는 과정을 살펴볼 것이다.

5-3-1 rRNA 전구체의 합성

난모세포(oocyte)들은 보통 아주 큰 세포이다(예: 포유동물에서 직경이 100μm). 즉, 양서류의 난모세포들은 일반적으로 아주 크다(직경이 2.5mm까지). 양서류 난모세포가 자라는 동안, 인의 숫자가 증가함에 따라 세포 내의 rDNA의 양이 대단히 증가한다(그림 5-11*a*). rDNA의 선택적인 증폭이 일어나는데, 이것은 수정난

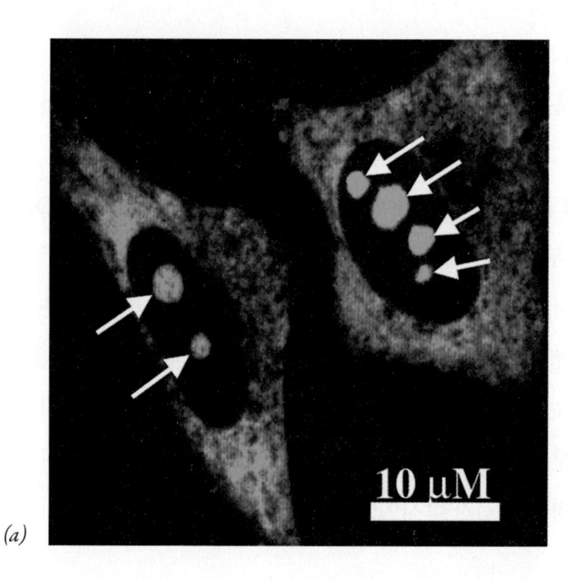

(a)

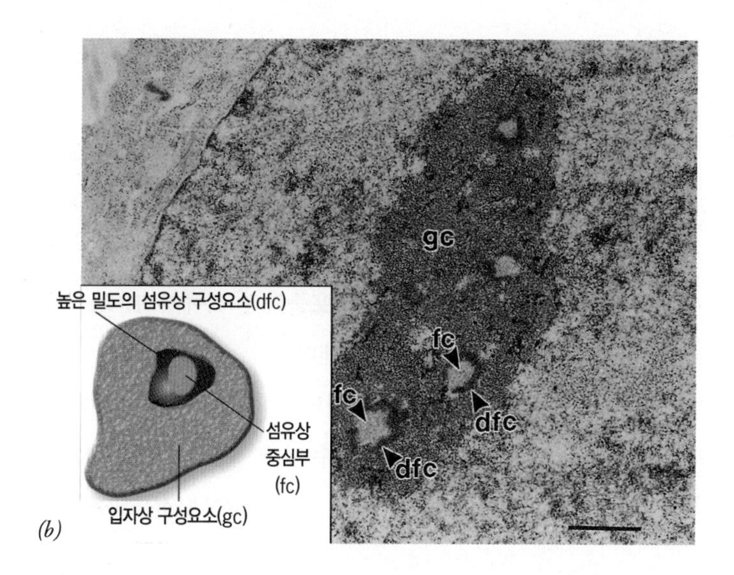

(b)

그림 5-10 인. (*a*) 초록색형광단백질(GFP)과 융합된 리보솜 단백질의 유전자를 주입시킨(transfected) 2개의 사람 헬라(HeLa) 세포의 광학현미경 사진. 형광을 내는 리보솜 단백질을 세포질에서 볼 수 있다. 이 단백질은 세포질에서 합성되어, 결국 리보솜으로 조립되는 인들(하얀색 화살표)에서 작용한다. (*b*) 인을 가진 핵 부분의 절단면을 관찰한 전자현미경 사진. 인에서 세 가지 뚜렷한 부위들이 형태적으로 구별될 수 있다. 인의 대부분은 입자상 구성요소(gc)로 구성되며, 이 요소는 리보솜 조립의 다양한 단계에서 리보솜의 소단위들이 포함되어 있다. 섬유상 중심부(fibrillar center, fc)는 입자상 부위에 속에 있으며, 이 섬유상 중심부는 높은 밀도의 섬유상 구성요소(dense fibrillar component, dfc)로 둘러싸여 있다. 삽입도는 인에 있는 이런 부위들의 개요도이다. 하나의 모형에 따르면, fc는 리보솜 RNA를 암호화하는 DNA를 가지며, dfc는 새로 생기는 rRNA 전구체(pre-rRNA) 및 이와 결합된 단백질들을 갖고 있다. 이 모형에 따르면, pre-rRNA의 전사는 fc와 dfc 사이에 있는 경계에서 일어난다. (주: 인은 이 교재에서 논의되지 않는 리보솜의 생합성과 무관한 다른 기능들을 갖고 있다.)

이 배발생을 시작하기 위해 필요한 다수의 리보솜을 공급하기 위해 필요하다. 이 난모세포는 수백 개의 인을 갖고 있으며 각각의 인은 rRNA를 활발하게 만들어내기 때문에, 양서류의 난모세포는 rRNA의 합성 및 가공을 연구하기 위한 이상적인 대상이다.

1960년대 후반 버지니아대학교(University of Virginia)의 오스카 밀러 주니어(Oscar Miller, Jr)가 "활동 중인 유전자들(genes in action)"을 전자현미경으로 볼 수 있는 기술을 개발함으로써, rRNA 합성에 대한 이해가 상당히 진보하였다. 이 연구를 수행하기 위하여, 난모세포에서 인의 섬유상 중심부를 가볍게 분산시켜서 커다란 원형 섬유 부분을 확인하였다. 이들 섬유 중 하나를 전자현미경으로 관찰한 결과, 크리스마스 트리들이 연결된 사슬과 유사한 것으로 보였다(그림 5-11*b*,*c*). 〈그림 5-11〉의 전자현미경 사진은 인의 활성과 rRNA 합성에 대한 몇 가지 양상을 보여준다.

1. 〈그림 5-11*b*〉의 전자현미경 사진은, 많은 rRNA 유전자들이 하나의 DNA 분자를 따라서 서로 번갈아 가며 위치되어서, 반복된 rRNA 유전자들이 직렬로 배열되어 있음을 보여주고 있다.
2. 〈그림 5-11*b*〉의 전자현미경 사진은, 인에서 일어나는 역동적인 일들을 정지상태의 상으로 보여주고 있다. 이 사진은 rRNA 전사 과정에 대한 매우 많은 정보를 알려 주는 것으로 해석할 수 있다. 크리스마스트리의 가지 하나는 새로 합성되는 하나의 rRNA 전사물로서, DNA로부터 생기는 100여개의 섬유들 각각은 (전사물이) 신장되는 과정에서 사진으로 찍힌 것이다. 각 섬유의 맨 아래 부분에 있는 검은색 입자는, 더 높은 배율의 사진인 〈그림 5-11*c*〉에서는 볼 수 있는데, 그 전사물을 합성하고 있는 RNA 중합효소 I 분자이다. 섬유들의 길이는 크리스마스트리 몸통의 한쪽 끝에서부터 다른 쪽 끝 방향으로 점차 증가한다. 섬유들의 길이가 짧을수록 더 적은 수의 뉴클레오티드로 된 RNA 분자이며, 이 뉴클레오티들은 DNA 상의 전사개시 자리에 더 가까운 곳에 결합된 RNA 중합효소 분자들에 연결되어

있다. 섬유들의 길이가 길수록 전사는 종결에 더 가깝다. 가장 짧은 RNA 섬유와 가장 긴 섬유 사이에 있는 DNA의 길이는 하나의 전사단위에 해당한다. 프로모터는 전사개시 자리 로부터 바로 앞의 상류에 놓여있다. 각 전사단위(DNA의 약 100개의 염기쌍 마다 1개)를 따라 RNA 중합효소 분자들이 높은 밀도로 존재한다는 것은 이 난모세포들의 인 속에서 rRNA가 높은 속도로 합성되고 있음을 나타낸다.

3. 〈그림 5-11*c*〉에서는 새로 합성되는 RNA 전사물들이 결합된 입자들을 갖고 있는 것을 볼 수 있다. 이 입자들은 RNA와 단백질로 구성되어 있는데, 이 단백질은 rRNA 전구체를 최종 rRNA 산물로 전환시키고 리보솜 소단위로 조립하는 데 함께 작용한다. 이러한 가공 과정은 RNA 분자가 합성되면서 일어난다.

4. 〈그림 5-11*b*〉에서 인접한 전사단위들 사이에 있는 DNA 섬유 부위에는 새로 합성되는 RNA 사슬이 없다는 것을 잘 알 수 있다. 왜냐하면, 리보솜 유전자 무리가 있는 이 부분은 전사되지 않기 때문인데, 이런 부분을 **비전사 간격부위**(非轉寫 間隔部位, nontranscribed spacer)라고 한다(그림 5-12). 비전사 간격부위들은 tRNA와 히스톤을 포함하는 직렬로 반복된 다양한 유형의 유전자들 사이에 존재한다.

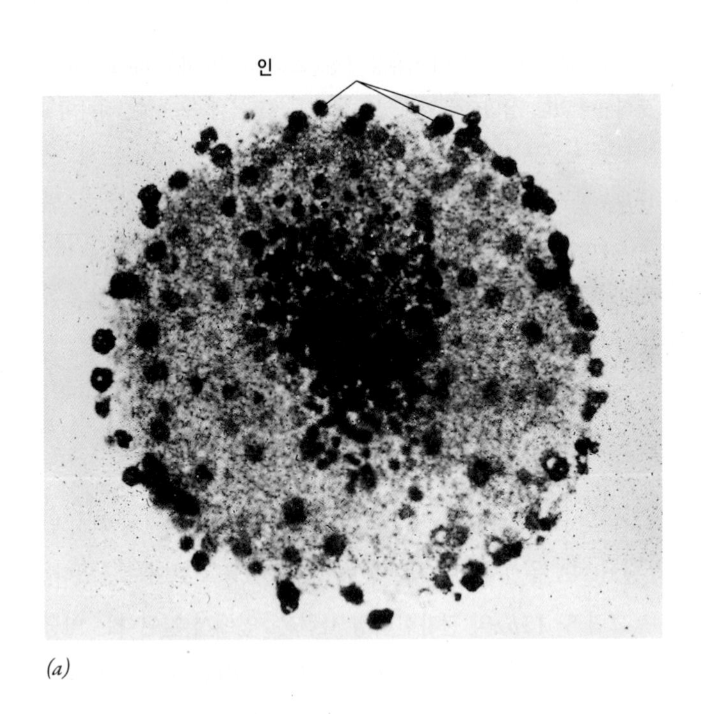

(*a*)

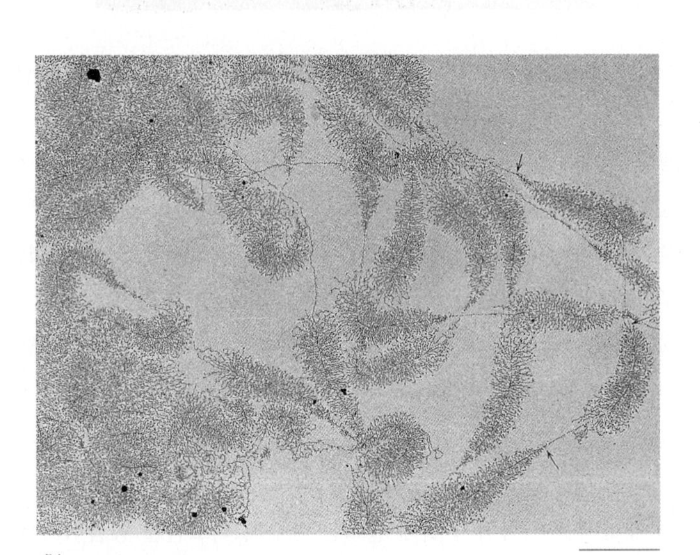

(*b*)

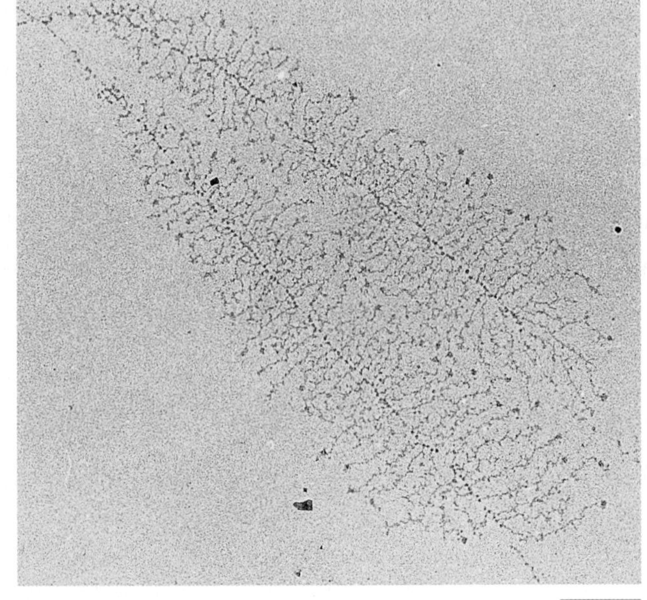

(*c*)

그림 5-11 리보솜 RNA의 합성. (*a*) 제노푸스속(*Xenopus*) 개구리의 난모세포에서 분리된 하나의 핵을 염색하여 수백 개의 인을 보여주는 광학현미경 사진. (*b*) 제노푸스속(*Xenopus*) 개구리의 난모세포에 있는 인들 중 하나에서 분리된 DNA 일부의 전자현미경 사진. DNA(rDNA라고 하는)는 2개의 큰 리보솜 RNA를 암호화하는 유전자들을 갖고 있는데, 그들은 하나의 1차전사물로부터 절단되어 형성된다. 전사가 일어나고 있는 몇 개의 유전자들이 보인다. 전사는 DNA에 붙어 있는 섬유에 의하여 분명해진다. 이러한 섬유들은 새로 합성되는 RNA와 그와 결합된 단백질들로 이루어져 있다. 전사되는 유전자들 사이의 연결부위에는 전사되지 않는(非轉寫) 간격부위들이 있다. (*c*) 전사되고 있는 2개의 인 유전자들의 근접 관찰. 새로 합성되는 1차전사물의 길이는 개시점으로부터 거리가 증가할수록 커진다. 각 섬유의 아래에 RNA 중합효소 분자들이 점으로 관찰된다.

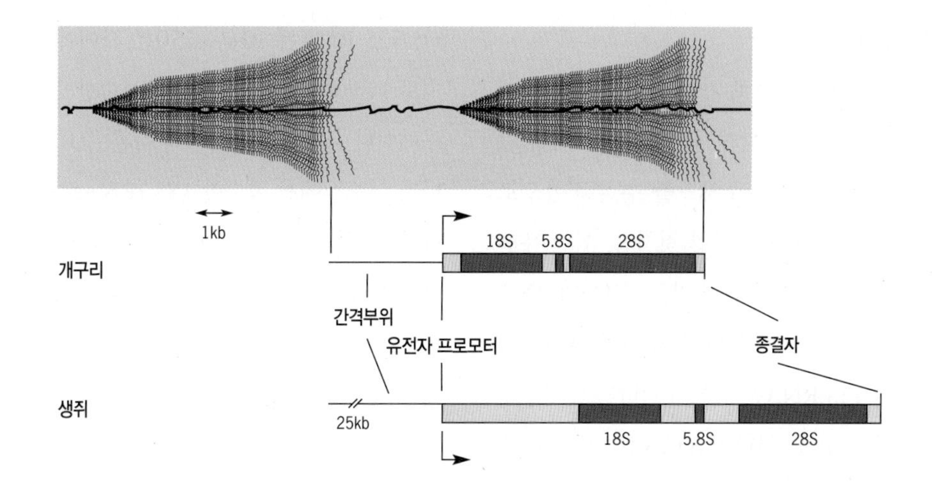

그림 5-12 rRNA의 전사단위. 위의 그림은 인에서 DNA의 일부가 rRNA로 전사되는 모양을 그린 것이다. 아래의 그림은 제노푸스속(*Xenopus*) 개구리와 생쥐의 rRNA를 암호화하는 전사단위들 중 하나를 그림으로 나타낸 것이다. 성숙된 rRNA를 암호화하는 부위들은 파란색으로 표시되어 있다. 전사되는 간격부위, 즉 전사된 DNA 부위는 노란색으로 표시되어 있다. 전사되는 DNA 부위에 해당하는 RNA는 가공되는 동안에 분해된다. 전사단위들 사이에 놓여 있는, 비전사 간격부위(nontranscribed spacer)는 유전자의 5′쪽에 있는 프로모터 부위를 포함한다.

5-3-2 rRNA 전구체의 가공

진핵세포 리보솜은 4개의 리보솜 RNA들, 즉 3개의 큰 소단위와 1개의 작은 소단위를 갖고 있다. 사람의 경우, 큰 소단위는 28S와 5.8S 및 5S RNA 분자를 그리고 작은 소단위는 18S RNA 분자를 갖고 있다.[1] 이들 rRNA들 중 세 가지(28S, 18S, 5.8S)는 하나의 1차전사물[**rRNA 전구체**(pre-rRNA)라고 하는]로부터 다양한 핵산가수분해효소(nuclease)에 의해 만들어진다. 5S rRNA는 인 바깥에 분리된 RNA 전구체로부터 합성된다. pre-rRNA에 대한 논의를 시작할 것이다.

다른 RNA 전사물과 비교할 때, pre-rRNA의 두 가지 특성은 많은 메틸화된(methylated) 뉴클레오티드 그리고 위(僞)우리딘(pseudouridine) 부위가 있다는 것이다. 사람의 pre-rRNA 전구체가 첫 번째로 잘라질 때까지, 100개 이상의 메틸기(methyl group)가 분자에 있는 리보스기(ribose group)에 붙으며, 우리딘(uridine) 부위의 약 95%가 효소에 의해 위(僞)우리딘으로 전환된다(〈그림 5-15*a*〉 참조). 모든 이러한 변형은 뉴클레오티드들이 합성 중인 RNA에 결합된 후, 즉 전사 후에(*posttranscriptionally*) 일어난다. 변형된 뉴클레오티드는 특별한 자리에 위치되어 있으며 생물체들 사이에 보존되어 온 그 분자의 부분 안에 무리지어 있다. 변형된 pre-rRNA의 모든 뉴클레오티드는 최종 산물의 일부로 남아 있는 반면에, 변형되지 않은 부분은 가공되는 동안에 제거된다. 메틸기와 위우리딘의 기능은 분명하지 않다. 이러한 변형된 뉴클레오티드는 pre-rRNA 부분을 효소의 절단으로부터 보호할 수 있으며, rRNA를 최종 3차구조로 접히도록 촉진할 수 있고, 그리고/또는 rRNA와 다른 분자들과의 상호작용을 촉진할 수 있다.

rRNA는 아주 심하게 메틸화되어 있기 때문에, 이들의 합성은 대부분의 방사성 물질로 표지된 메티오닌(methionine)과 함께 세포를 배양한 후에 추적될 수 있다. 이 메치오닌은 거의 모든 세포에서 메틸기 공여체 역할을 하는 화합물이다. 메틸기는 메티오닌에서 pre-rRNA의 뉴클레오티드로 효소에 의해 전달된다. [^{14}C]메티오닌이 배양된 포유동물 세포에 짧은 시간 동안 주어지면, 결합된 방사성 물질의 상당량이 약 1만 3,000개의 뉴클레오티드 길이에 해당하는 45S RNA 분자 속에 존재한다. 45S RNA는 더 작은 분자들로 쪼개지고 다듬어져서 28S, 18S, 5.8S rRNA 분자들로 된다. 세 가지 성숙한 rRNA의 길이를 합치면 약 7,000개의 뉴클레오티

[1] S 값(또는 Svedberg 단위)은 RNA의 침강계수를 가리킨다. 이 값이 클수록 원심분리를 하는 동안에 분자들은 힘의 장(力場, field of force)을 통과하여 더 빨리 이동하고, (화학적으로 유사한 분자들의 무리일 경우에는) 분자의 크기가 더 크다. 28S, 18S, 5.8S, 5S 등은 각각 5000, 2000, 160, 120개 등의 뉴클레오티드 길이로 되어 있다.

드 또는 1차전사물의 절반보다 약간 크다.

45S pre-rRNA로부터 성숙한 rRNA로 가공 경로에서 몇 단계는 포유동물 세포를 표지된 메티오닌과 함께 짧게 배양한 후, 표지되지 않은 배지에서 다양한 시간 간격으로 세포를 추 추적함으로써 확인될 수 있다(그림 5-13). 위에서 언급한 것처럼, 이런 유형의 실험에서 표지된 첫 번째 종류는 10분 뒤에 얻은 인(仁)의 RNA 분획에서 방사성 물질이 최고치로 나타나는(빨간색 점선) 45S 1차 전사물이다. 약 한 시간 뒤에 45S RNA는 인에서 사라지고 대부분 45S 1차전사물의 두 가지 산물들 중 하나인 32S RNA로 대체된다. 32S RNA는 40분~150분 사이에 인의 분획에서 뚜렷한 최고치로 나타난다. 32S RNA는 성숙한 28S와 5.8S RNA로 되는 전구체이다. 45S 1차전사물의 다른 주요 산물은 아주 빠르게 인을 떠나서 세포질에서 성숙한 18S rRNA로 나타난다(40분 세포질 분획에서 발견됨). 두 시간 이상 지난 후에 거의 모든 방사성 물질은 인을 떠나고 대부분은 세포질의 28S와 18S rRNA에 축적된다. 4S RNA 최고치에 있는 방사성 물질은 5.8S rRNA와 작은 tRNA 분자로 전달된 메틸기를 포함한다.

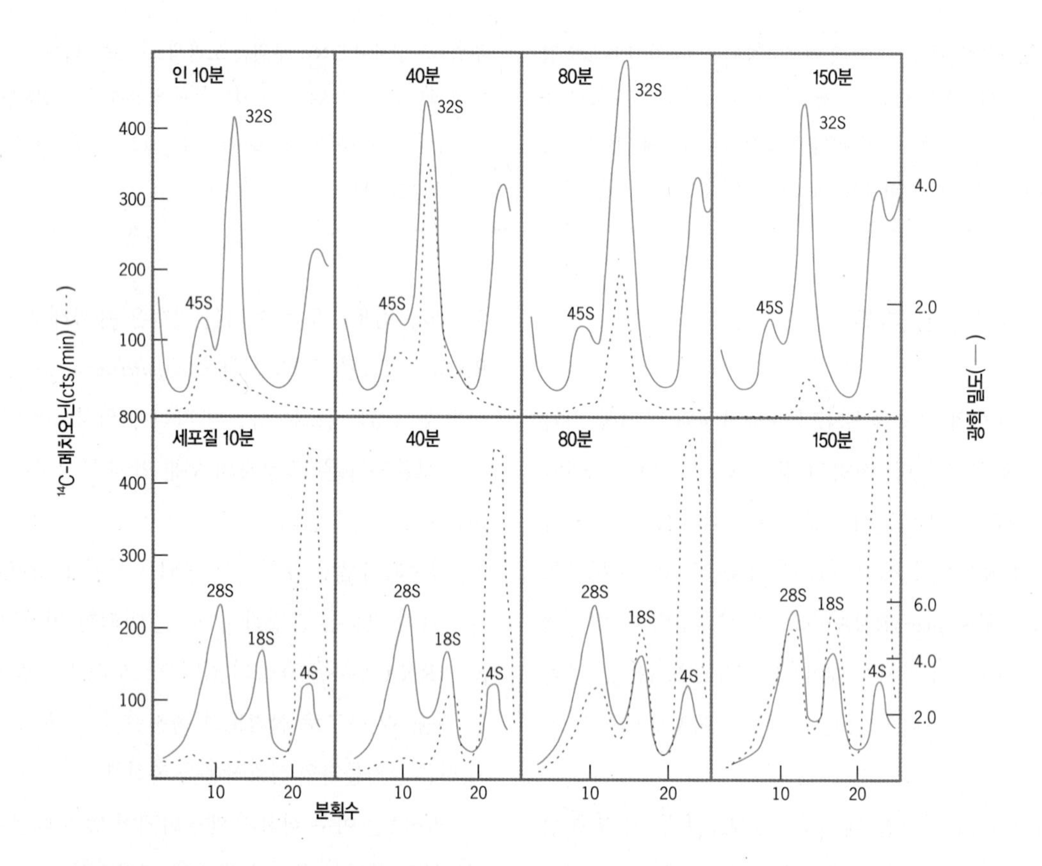

그림 5-13 rRNA 합성과 가공의 역학적 분석. 포유동물 세포들을 [^{14}C]메티오닌에서 10분간 배양하고, 이어서 그림의 각 구획에 표시된 대로 다양한 시간 동안 표지되지 않은 배지에서 추적되었다. 추적한 후에, 세포를 방사성동위원소가 없는 배지로 씻어내고, 균질화시킨 다음, 인과 세포질 분획을 준비하였다. 각 분획에서 추출한 RNA를 설탕밀도구배침강법(sucrose density-gradient sedimentation)으로 분석하였다. 〈18-10절〉에서 논의된 것처럼, 이 기술은 RNA들을 크기 별로 분리한다(크기가 클수록, 시험관의 바닥에 더 가깝게 위치하며, 이것이 1번 분획에 해당함). 연결된 선은 각 세포 분획의 UV 흡광도를 나타내는데, 각각의 크기에 따른 RNA 양을 나타낸다. 이 흡광도 도표는 시간에 따라 변하지 않는다. 점선은 추적하는 동안 다양한 시간대에서 방사성 물질을 나타낸다. 인 RNA의 도표(위쪽 분석표)는 45S rRNA 전구체의 합성 그리고 그에 이어서 전환된 32S 분자를 보여준다. 32S 분자는 28S와 5.8S rRNA의 전구체이다. 45S 전구체의 다른 주요 산물들은 핵을 아주 빨리 떠나기 때문에, 인 RNA에서 현저하게 나타나지 않는다. 아래쪽 도표는 세포질에서 성숙한 rRNA의 출현을 시간대 별로 보여 주고 있다. 18S rRNA는 더 큰 28S rRNA들보다 훨씬 더 먼저 세포질에 출현하는데, 이것은 18S rRNA가 인으로부터 빠르게 탈출하는 것과 상관관계가 있다.

5-3-2-1 소형인 RNA의 역할

pre-rRNA의 가공은 수많은 **소형인**(小形仁) **RNA**(small, nucleolar RNA, snoRNA) 의 도움으로 완수된다. 소형인 RNA는 특정 단백질들과 포장되어 **소형인 리보핵단백질**(small, nucleolar ribonucleoprotein, snoRNPs)이라는 입자를 형성한다. 전자현미경 사진은 snoRNPs는 rRNA 전구체가 완전히 전사되기 전부터 rRNA 전구체에 결합되기 시작한다는 것을 나타낸다. pre-rRNA와 결합한 첫 번째 RNP 입자는 U3 snoRNA와 20개 이상의 많은 서로 다른 단백질들을 포함하고 있다. rRNA-가공 기구(機構)를 구성하는 거대한 요소는 〈그림 15-11*c*〉에서 각각의 새로 합성되는 RNA 섬유의 바깥쪽 끝에 결합된 공으로 보이는데, 이 요소는 전사물에서 5′끝의 제거를 촉매 한다(그림 5-14). 〈그림 5-14〉에 나타낸 또 다른 효소에 의한 일부의 절단은 "엑소솜(exosome)"에 의해서 촉매되는 것으로 생각된다. 엑소솜은 10여 개의 서로 다른 핵산말단가수분해효소(exonuclease)로 이루어진 RNA를 분해하는 기구이다.

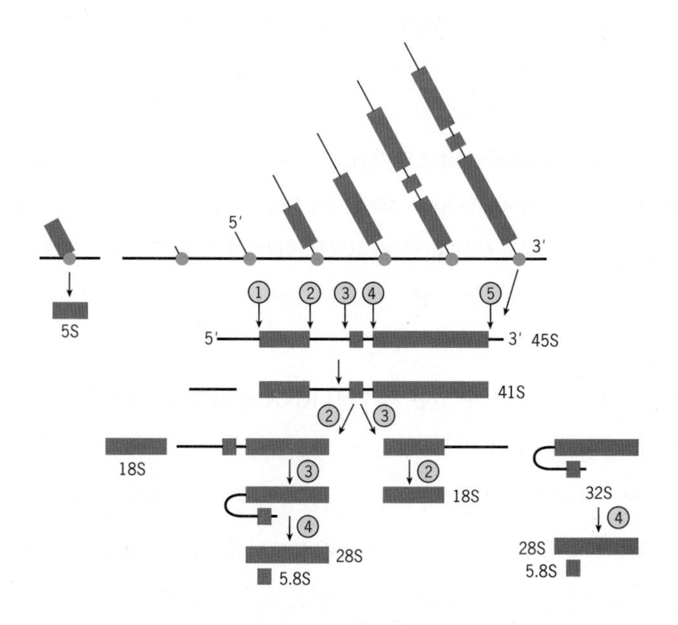

그림 5-14 **포유동물 리보솜 RNA의 가공과정을 위해 제안된 도식.** rRNA의 1차전사물은 약 1만 3,000개의 염기로 된 45S 분자이다. 이 pre-rRNA가 가공되는 동안에 일어나는 주요 절단 과정이 원으로 둘러싸인 숫자로 표시되어 있다. 1차전사물의 1 및 5 자리에서 절단되면 5′ 및 3′ 외부의 전사된 서열을 제거하고, 41S 중간산물을 생산한다. 두 번째 절단은 세포의 유형에 따라 2 또는 3 자리에서 일어날 수 있다. 3 자리에서의 절단은 앞 그림의 곡선으로 보이는 32S 중간산물을 생성한다. 최종 가공 단계가 일어나는 동안, 28S 및 5.8S 구간이 서로 분리되고, 다양한 중간산물의 끝이 잘려 나가서 최종적으로 성숙한 크기로 된다.

U3와 다수의 다른 snoRNA는 세포에(세포 당 약 10^6개로) 대량으로 존재하기 때문에 몇 년 전에 확인되었다. 그 후에, 더 낮은 농도(세포 당 약 10^4개)로 존재하는 다른 종류의 snoRNA가 발견되었다. 적은 양으로 존재하는 snoRNA는 기능과 뉴클레오티드 서열의 유사성을 바탕으로 두 가지 무리로 나눌 수 있다. 한 가지 무리를 구성하는 요소(*box C/D snoRNA*라고 함)는 pre-rRNA에서 어느 뉴클레오티드의 리보스(ribose) 성분이 메틸화될 것인지를 결정하는 반면에, 다른 무리를 구성하는 요소(*box H/ACA snoRNA*라고 함)는 어느 우리딘이 위우리딘으로 전환 될 것인지를 결정한다. 이 두 반응에 의해 변형된 뉴클레오티드의 구조는 〈그림 5-15*a*〉에 나타나 있다.

두 가지 snoRNA 무리는 rRNA 전사물에 상보적이며 길게(약 10~21개의 뉴클레오티드) 펴진 부분을 갖고 있다. 이러한 snoRNA는 상보적인 뉴클레오티드 서열을 가진 한 가닥으로 된 핵산이 2중가닥의 혼성물을 형성할 수 있다는 훌륭한 예를 보여준다. 이 경우에 각 snoRNA는 pre-rRNA의 특수한 부위에 결합하여 RNA-RNA 2중가닥을 형성한다. 결합된 snoRNA는 pre-rRNA 내의 특정 뉴클레오티드를 변화시킬 snoRNP 내에 있는 효소—메틸라아제(methylase)나 위우리딜라아제(pseudouridylase)—를 안내한다. 종합하면, 대략 200개의 서로 다른 snoRNA들이 있는데, 각각은 pre-rRNA에 있는 메틸화된 리보스나 위우리딘화된 리보스의 각 자리를 담당한다. 이 snoRNA를 암호화하는 유전자들 중 하나가 삭제되면 pre-rRNA 내의 뉴클레오티드 중 한 곳의 효소에 의한 변화가 실패하게 될 것이다. 두 가지 유형의 snoRNA이 작용하는 기작을 〈그림 5-15*b,c*〉에 나타내었다.

인은 rRNA를 가공하는 장소일 뿐만 아니라 두 가지의 리보솜 소단위를 조립하는 곳이다. RNA가 가공되는 과정에서 두 가지의 단백질이 RNA와 결합된다. 즉, 그 중의 하나는 소단위에 남아 있는 리보솜 단백질이며 다른 하나는 rRNA 중간산물과 일시적으로 상호작용하며 가공과정에만 필요한 보조 단백질이다. 후자의 무리에는 10개 이상의 RNA 헬리카아제(helicase)가 있으며, 이 효소들은 2중가닥으로 된 RNA 부분을 풀어준다. 이 효소들은 아마도

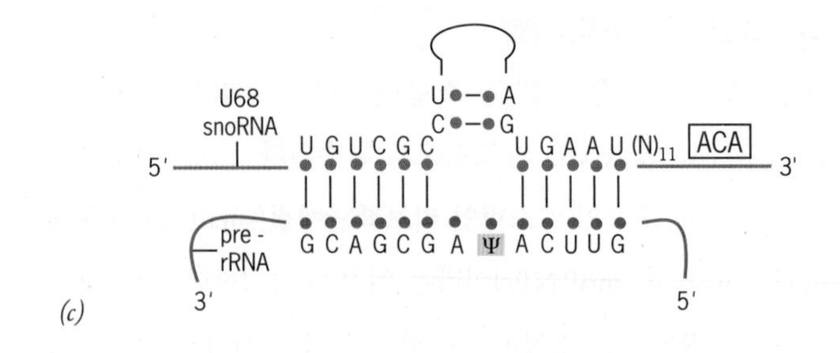

그림 5-15 pre-RNA의 변형. (*a*) pre-RNA의 뉴클레오티드에서 가장 빈번하게 변성되는 것은 우리딘에서 위(僞)우리딘으로의 전환(이성질화, isomerization)과 당인 리보스의 2μ 자리에서의 메틸화이다. 우리딘을 위우리딘으로 전환시키기 위해서, N1—C1′ 결합이 절단되고, 우라실 고리가 120도 회전하여 고리의 C5가 리보스의 1′과 새로운 결합을 형성하는 위치로 가져가게 된다. 이러한 화학적 변화는 디스케린(dyskerin)이라고 하는 snoRNPs의 단백질 요소에 의하여 촉매된다. (*b*) U20 snoRNA 그리고 2′ 리보스 메틸화 되는 pre-rRNA 부분 사이의 RNA-RNA 2중가닥(duplex)의 형성. 각각의 경우에, rRNA에 있는 메틸화된 뉴클레오티드는 D 상자(box)로부터 5개 염기쌍에 위치한 snoRNA의 뉴클레오티드에 수소결합으로 연결된다. 불변의 서열인 CUGA를 포함하는 D 상자는 리보스 메틸화를 안내하는 모든 snoRNA 안에 들어 있다. (*c*) U68 snoRNA와 우리딘을 위우리딘(Ψ)으로 전환시키는 pre-rRNA 부분 사이의 RNA-RNA 2중가닥의 형성. 유리디딘화는 snoRNA에서 머리핀 모양으로 접힌 부분에 대하여 고정된 자리에서 일어난다. 위우리딘화를 안내하는 snoRNA는 공통의 ACA 서열을 갖는다.

snoRNA의 결합과 분해를 포함하여 리보솜을 형성하는 동안 일어나는 많은 구조적 재배열에 관여할 것이다.

5-3-3 5S rRNA의 합성과 가공

약 120개의 뉴클레오티드 길이의 5S rRNA는 원핵 및 진핵생물 모두에서 큰 리보솜 소단위의 일부이다. 진핵세포에서, 5S rRNA 분자는 다수의 동일한 유전자들에 의해 암호화되는데, 이 유전자들은 다른 rRNA 유전자들과 분리되어 있으며 인의 바깥에 위치되어 있다. 합성된 후에, 5S rRNA는 인으로 운반되어 리보솜 소단위 조립에 관여하는 다른 요소들과 합쳐진다.

5S rRNA 유전자는 RNA 중합효소 III에 의해 전사된다. RNA 중합효소 III는 표적 유전자의 전사된 부위 속에 위치된 프로모터 자리에 결합할 수 있는 세 가지 RNA 중합효소 중에서 특별한 RNA 중합효소이다.[2)]

프로모터가 유전자 내부에 위치한다는 것은 변형된 5S rRNA 유전자를 숙주 세포에 도입되어 숙주 RNA 중합효소 III에 대한 주형의 역할을 할 수 있는 DNA를 확인함으로써 최초로 분명하게 증명되었다. 5′ 측면(flanking) 부위 전체가 삭제될 수 있었으며 이 중합효소는 정상적인 전사개시 자리에서 시작하는 DNA를 여전히 전사할 것이다. 그러나 만일 유전자의 중앙 부분이 포함된 부위가 삭제되면, 중합효소는 DNA를 전사하지 않을 것이며 또는 결합조차 하지 않을 것이다. 만약 5S rRNA 유전자의 내부에 위치하는 프

[2)] RNA 중합효소 III는 여러 개의 서로 다른 RNA들을 전사한다. pre-5S RNA 또는 pre-tRNA를 전사할 때는 유전자 내부의 프로모터(internal promoter)에 결합하고, U6 snRNA를 포함하는 몇 가지 다른 RNA의 전구체를 전사할 때는 상류의 프로모터에 결합한다.

로모터가 유전체의 다른 부위에 삽입되면, 그 새로운 자리가 RNA 중합효소 III에 의해 전사되는 주형으로 된다.

5-3-4 운반 RNA

식물세포와 동물세포는 약 50개의 서로 다른 운반 RNA를 갖고 있는데, 이들 각각은 반복적인 DNA 서열에 의해 암호화된다. 반복 정도는 생물체에 따라 다양하다. 즉, 효모 세포는 총 275개의 tRNA 유전자를 가지며, 초파리는 약 850개, 사람은 약 1,300개를 갖고 있다. 운반 RNA는 유전체에 흩어져 있는 작은 무리(cluster)들에서 발견되는 유전자들로부터 합성된다. 단일 무리는 전형적으로 서로 다른 tRNA 유전자들을 복수로 갖고 있으며, 반대로, 특정 tRNA를 암호화하는 DNA 서열은 1개 이상의 무리에서 발견되는 것이 보통이다. 한 무리 속에 있는 DNA(*tDNA*)는 대개 비전사 간격부위(nontranscribed spacer)로 이루어져 있는데, 이것은 병렬로 반복된 배열에서 불규칙한 간격으로 위치하는 tRNA 암호화 서열을 갖고 있다(그림 5-16).

5S rRNA처럼, tRNA는 RNA 중합효소 III에 의해 전사되며, 이 프로모터 서열은 유전자의 5′ 측면 부위가 아니라 암호화하는 부위 속에 위치한다. 운반 RNA 분자의 1차전사물은 최종 산물 보다 더 크며, 그리고 전구체 tRNA의 5′ 쪽 및 3′ 쪽 조각(그리고 어떤 경우에는 작은 내부의 조각)들이 모두 잘려나가게 된다. 게다가, 다수의 염기들이 변형되어야 한다(그림 5-42 참조). pre-tRNA 가공에 관여하는 효소들 중 하나는 리보핵산가수분해효소 P(ribonuclease P)라고 하는 핵산내부가수분해효소(endonuclease)

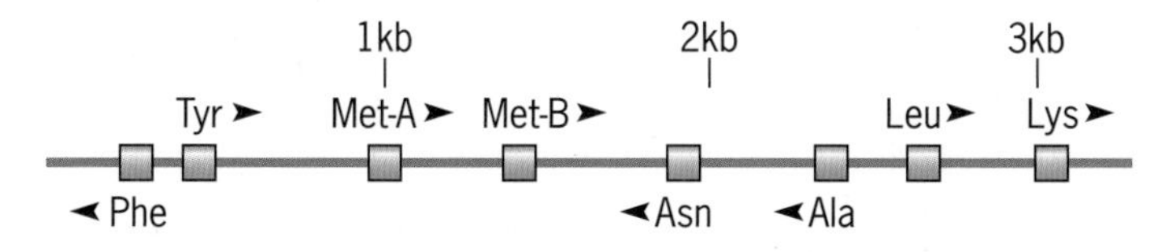

그림 5-16 제노푸스속(*Xenopus*) 개구리에서 운반 RNA를 암호화하는 유전자들의 배열. 다양한 tRNA 유전자들과 간격부위들을 보여주는 DNA의 3.18 킬로베이스(kilobase, kb) 조각. Tyr, 티로신; Met, 메티오닌; Leu, 류신; Lys, 리신; Phe, 페닐알라닌; Asn, 아스파라긴; Ala, 알라닌

인데, 이것은 세균 세포와 진핵세포 모두에 들어 있고, RNA와 단백질 소단위들로 구성되어 있다. pre-tRNA 기질의 절단을 촉매하는 리보핵산가수분해효소 P의 RNA 소단위인데, 이 주제는 〈실험경로〉에서 논의된다.

복습문제

1. 1차전사물, 전사단위, 전사 간격부, 성숙된 rRNA 사이의 차이점을 서술하시오.
2. 전사되고 있는 rDNA의 전자현미경 사진을 그림으로 그리시오. 비전사 간격부위, 전사 간격부위, RNA 중합효소 분자, U3 snRNP, 프로모터를 표시하시오.
3. 척추동물의 유전체 내에 있는 큰 rRNA와 tRNA를 암호화하는 유전자들의 구성을 비교하시오.

5-4 전령 RNA의 전사와 가공

진핵세포를 짧은 시간 동안 [^{3}H]우리딘이나 [^{32}P]인산을 넣고 배양한 후, 즉시 죽이면 방사성 물질의 대부분은 다음의 특성을 가진 큰 무리의 RNA 분자에 통합된다. 즉, (1) 이 RNA 분자들은 큰 분자량(약 80S 또는 5만개의 뉴클레오티드까지)을 갖는다. (2) 하나의 무리로서, 이 RNA 분자들은 다양한(이질적) 뉴클레오티드 서열을 갖는 RNA이다. (3) 이 RNA들은 핵 안에서만 발견된다. 이러한 특성 때문에, 이 RNA들을 **이질핵 RNA**(heterogeneous nuclear RNA, hnRNA)라고 하며, 〈그림 5-17*a*〉에서 빨간색 방사성 선으로 표시되어 있다. [^{3}H]우리딘이나 [^{32}P]인산에서 짧은 시간 동안 배양한 세포를 비방사성 배지로 옮긴 후, 죽여서 RNA를 정제하기 전에 몇 시간 동안 추적해보면, 핵에 있는 큰 RNA에 포함된 방사성 물질의 양은 급격히 떨어지고, 대신에 세포질에서 발견된 훨씬 더 작은 mRNA들로 나타난다(〈그림 5-17*b*〉의 빨간색 선). 이러한 초기의 실험은 제임스 다넬 주니어(James Darnell, Jr.)와 클라우스 쉐르어(Klaus Scherrer) 및 동료들에 의해 최초로 시작되었다. 이들의 실험은 빠르게 표지된 큰 hnRNA는 주로 작은 세포질 mRNA의 전구체였음을 암시하였다. 이러한 해석은 지난 40년 넘게 수많은 연구자들에 의해 충분히 입증되었다.

〈그림 5−17〉에 있는 파란색 선과 빨간색 선이 매우 다른 과정을 따라 가는 것에 주목하는 것이 중요하다. 파란색 선은 각 분획의 광학 밀도(즉, 자외선의 흡광도)를 나타내는데, 원심분리한 후 각 분획에 들어 있는 RNA 량에 대한 정보를 알려준다. 파란색 선을 보면, 세포 내 RNA의 대부분은 18S rRNA와 28S rRNA(시험관의 꼭대기 근처에 머무는 다양한 작은 RNA들과 함께)들로 존재하는 것이 분명하다. 각 분획의 방사성을 나타내는 빨간색 선은 짧은 펄스 동안에 서로 다른 크기의 RNA들에 결합된 방사성 뉴클레오티드의 수를 나타낸다. 이 도표들에서, hnRNA(그림 5−17*a*)도 mRNA(그림 5−17*b*)도 세포 속에서 RNA의 중요한 분획을 구성하고 있지 않다는 것을 분명히 알 수 있다. 만약 그렇다면, 파란색 선과 빨간색 선 사이에는 큰 관련성이 있을 것이다. 그래서 비록 mRNA(그리고 hnRNA 전구체)가 대부분의 진핵세포에서 총 RNA의 작은 부분 만을 차지하고 있지만, 어느 특정 순간에는 세포에 의해 합성되는 RNA의 큰 부분을 차지한다(그림 5−17*a*). 그 이유는 〈그림 5−17〉의 흡광도 좌표에서 hnRNA와 mRNA가 이 RNA들이 비교적 짧은 시간이 지난 후에 분해된다는 증거가 거의 없기 때문이다. hnRNA가 합성되고 있을 때조차 mRNA로 가공되는(또는 완전히 분해되는) 것은 분명한 사실이다. 이와는 대조적으로, 수 일 또는 수 주로 측정되는 반감기를 가진 rRNA와 tRNA는 점차로 축적되어 세포 내에서 대부분을 차지하는 종류가 된다. 성숙한 28S rRNA와 18S rRNA에서 약간의 방사성 물질이 축적되는 것은 3시간 추적 후에 관찰될 수 있다(그림 5−17*b*). mRNA의 반감기는 약 15분에서 수일까지의 범위로 종류에 따라서 다양하다.

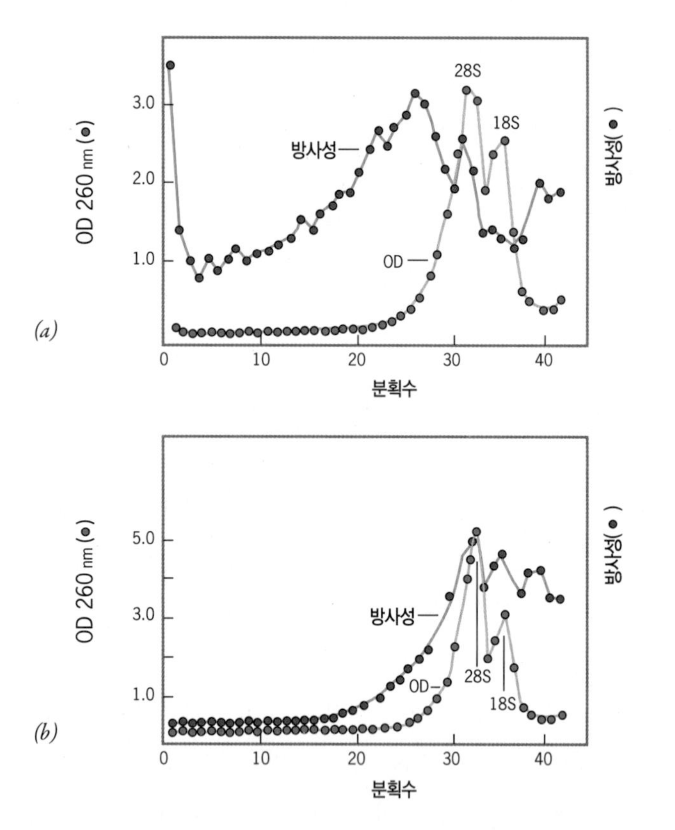

그림 5-17 **이질핵 RNA(heterogeneous nuclear RNA, hnRNA)의 형성과 이의 더 작은 mRNA로의 전환.** (*a*) 30분 동안 [^{32}P]-인산 에 노출시킨 오리 혈구세포로부터 추출된 전체 RNA의 침강 양상을 보여주는 곡선. RNA가 더 클수록 원심분리 하는 동안에 더 멀리 이동하여 결국 시험관의 바닥 근처에 위치한다. 흡광도(파란색 선)는 원심분리관의 서로 다른 부위에 있는 RNA의 총량을 가리키는 반면에, 빨간색 선은 그에 해당하는 방사성을 나타낸다. 새로 합성되는 RNA의 대부분은 아주 크고, 안정한 18S rRNA와 28S rRNA보다 훨씬 더 크다는 것이 분명하다. (*b*) 앞의 *a*에서처럼 30분 동안 짧은 시간에 표지된 세포들로부터 추출한 RNA의 흡광도와 방사성 분석표. 그러나 여기서는 추가적인 RNA의 합성을 방해하는, 액티노마이신(actinomycin) D를 넣어준 상태에서 3시간 동안 추적하였다. 큰 hnRNA가 더 작은 RNA 산물로 가공되었음이 확실하다.

5-4-1 mRNA의 전사를 위한 기구

모든 진핵세포의 mRNA 전구체는 RNA 중합효소 II에 의해 합성되는데, 이 효소는 10여 개의 서로 다른 소단위들로 이루어져 있으며, 이 소단위들은 효모에서 포유동물에 이르기까지 대단히 잘 보존되어 있다. RNA 중합효소 II는 다수의 **일반전사인자**(general transcription factor, GTF)들의 협력으로 프로모터에 결합하여 개시전 복합체(開始前 複合體, *preinitiation complex*, *PIC*)를 형성한다. 이러한 단백질들을 일반전사인자라고 하는데, 그 이유는 동일한 단백질들이 매우 다양한 생물체들에서 다양한 유전자들의 전사를 정확하게 개시하기 위해 필요하기 때문이다. 비록 이 중합효소가 전사 시작 자리의 양 옆에 있는 DNA와 접촉하더라도, PIC 조립의 핵을 이루는 프로모터 요소는 각 전사단위의 5′쪽에 놓여 있다(〈그림 5−19*b*〉 참조). 우리는 가장 잘 연구된 프로모터들을 논의의 대상으로 할 것이다. 이런 프로모터들은 고도로 발현된 조직-특이적 유전자들과 결합되어 있다. 그 예로서, 달걀흰자를 암호화하는 난(卵)알부민(ovalbumin) 유전자 그리고 헤모글로빈 폴리펩티드를 암호화하는 글로빈 유전자 등을 들 수 있다. 이런 유전자들에서 프로모터의 결정적인 부위는 전사가 개시되는 자리로부터 24~32개 염기 사이의 앞(상류)에 놓여 있다(그림 5-18*a*). 이 부위는 흔히 올리고뉴클레오티드 5′-TATAAA-3′과 아주 유사하거나 동일한 공통서열을 갖고 있으며 TATA 상자(box)로 알려져 있다.

개시전 복합체의 조립에서 첫 번째 단계는 이 프로모터들의 TATA 상자를 인식하는, TATA-결합 단백질(*TATA-binding protein*, *TBP*)이라고 하는 단백질이 프로모터에 결합하는 것이다(그림 5-18b). 그래서 세균 세포에서처럼, 정제된 진핵세포의 RNA 중합효소는 프로모터를 직접 인식할 수 없으며 자신 위에서 정확한 전사를 시작할 수 없다. TBP는 TFIID(*transcription factor* for RNA polymerase *II*, fraction D)[3]라고 하는 훨씬 더 큰 단백질 복합체의 소단위로서 존재한다. 엑스-선 결정학에 의하여 TBP가 RNA 중합효소 II 프로모터에 결합하여 DNA의 입체구조에 극적인 뒤틀림 현상을 일으킨다는 것이 밝혀졌다. 〈그림 5-19*a*〉에서처럼, TBP는 자신을 2중가닥의 작은 홈(minor groove)에 삽입시키며, DNA-단백질 상호작용의 자리에서 DNA 분자를 80도 이

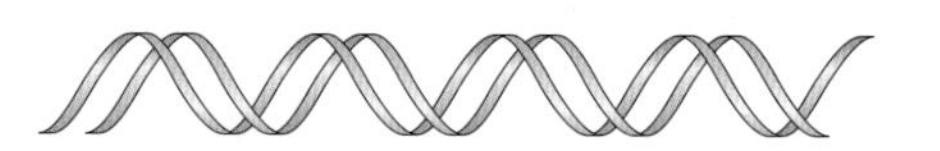

(*a*)

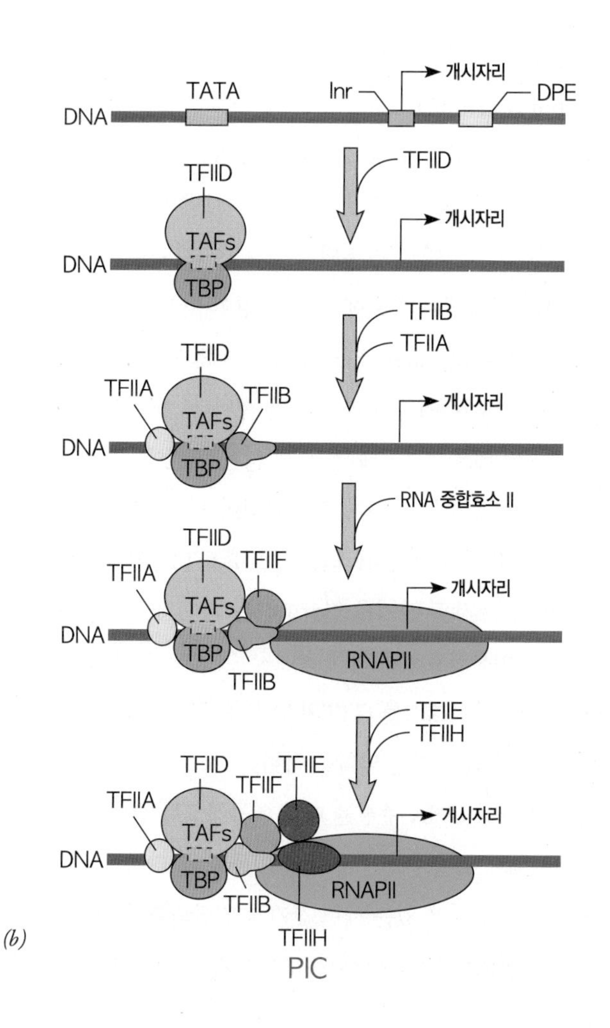

(*b*)

그림 5-18 **진핵세포 중합효소 II 프로모터로부터 전사의 개시.** (*a*) 세 가지 서로 다른 진핵세포 유전자들에 있는 전사가 시작되는 자리로부터 바로 상류에 있는 부위의 뉴클레오티드 서열. TATA 상자는 파란색 음영으로 나타나 있다. 많은 진핵세포 프로모터들은 전사가 시작되는 자리(주황색으로 표시된)를 포함하는 개시자(initiator, Inr)라고 하는 두 번째로 보존된 핵심 프로모터 요소를 갖고 있다. 다른 프로모터 요소들은 〈그림 6-40〉에 그려져 있다. 주목해야 할 사항으로, (1) 대부분의 진핵세포 프로모터들은 인식할 수 있는 TATA 상자를 갖고 있지 않으며 (2) 예로서 b에서 DPE와 같은, 다수의 다른 프로모터 요소들이 전사 개시 자리에서부터 하류에 위치하는 것이 확인되었다. 서로 다른 유전자들은 서로 다르게 조합된 프로모터 요소들을 갖고 있어서, 오직 작은 부분 만이 PIC 조립의 핵을 이루는 데 필요하다. (*b*) RNA 중합효소 II에 대한 개시전 복합체의 조립에 있어서 각 단계별 개요의 모형. 중합효소 자체는 RNAP II로 표시되었으며, 다른 구성요소들은 완전한 복합체를 조립하는 데 필요한 다양한 일반전사인자들이다. TFIID는 TATA 상자에 특이적으로 결합하는 TBP 소단위 그리고 TBP-결합인자(TBP-associated factor, TAF)라고 총칭하는 많은 다른 소단위들을 포함한다. TFIIB는 RNA 중합효소의 결합 자리를 제공하는 것으로 생각된다. 세균 시그마 인자와 유사한 소단위를 갖고 있는 TFIIF는 들어오는 중합효소에 결합한다. TFIIH는 10개의 소단위들을 갖고 있는데, 그 중 3개가 효소의 활성을 지닌다.

[3] TBP는 실제로 모든 진핵세포의 세 가지 RNA 중합효소들의 결합을 중재하는 보편적인 전사인자이다. TBP는 세 가지 서로 다른 단백질 복합체들의 소단위들 중 하나로 존재한다. TFIID의 소단위로서, TBP는 RNA 중합효소 II의 결합을 촉진시킨다. SL1 또는 TFIIIB의 소단위로서, TBP는 각각 RNA 중합효소 I 및 III의 결합을 촉진한다. 많은 중합효소 II 프로모터들이 그러한 것처럼, 중합효소 I 및 III 프로모터들은 TATA 상자가 결여되어 있다.

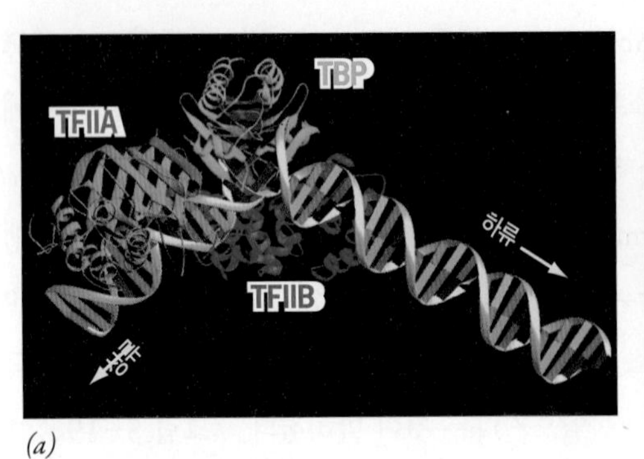

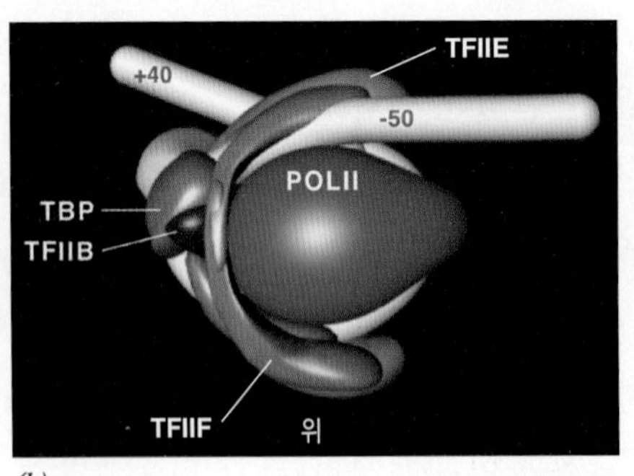

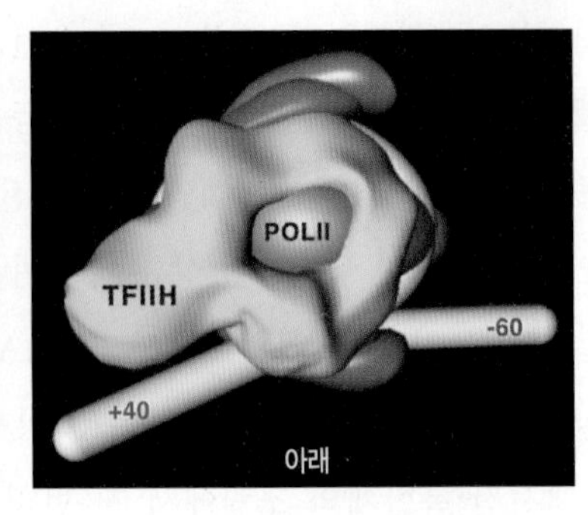

(a) (b)

그림 5-19 **개시전 복합체 형성의 구조적 모형.** (*a*) DNA 그리고 세 가지 GTF인 TFIID의 TBP, TFIIA, TFIIB에 의해 형성된 복합체의 모형. TATA 상자와 TBP 사이의 상호작용하면 DNA가 약 80도 휘어져서 TFIIB가 TATA 상자의 상류 및 하류에 있는 DNA와 모두 결합하게 한다. (*b*) 개시전 복합체를 꼭대기와 바닥 쪽에서 본 모형. 〈그림 5-18*b*〉의 개요도 모형과는 다르게, DNA(하얀색으로 보이는)는 개시전 복합체 주위를 감싸기 때문에 GTF가 전사개시 자리의 양쪽에 있는 DNA와 접촉할 수 있는 것으로 생각된다.

상 휘게 한다. TBP가 TATA에 결합하는 동안에, TFIID 복합체의 다른 소단위들은 전사개시 자리의 하류에 있는 요소들을 포함하는 DNA의 다른 부위들에 결합한다.

TFIID의 결합은 완전한 개시전 복합체의 조립을 위한 자리를 마련해주는 역할을 하며, 이 과정은 〈그림 5-18*b*〉의 그림에서처럼 순차적인 방법으로 일어나는 것으로 생각되고 있다. 세 가지 GTF들(TFIID의 TBP, TFIIA, TFIIB)이 DNA와 상호작용하는 것을 〈그림 5-18*b*〉에 나타내었다. 프로모터에 결합된 세 가지 GTF들의 존재는 나중에 거대한 다수의 소단위로 된 RNA 중합효소와 이에 부착된 THIIF의 결합을 위한 승강장 역할을 한다(그림 5-18*b*). 일단 RNA 중합효소-THIIF가 자리를 잡으면, 또 다른 쌍의 GTF들(TFIIE와 TFIIH)이 복합체에 결합하여 RNA 중합효소를 활발히 전사하는 기구로 변형시킨다. 개시전 복합체의 3차원 모형이 〈그림 5-18*b*〉에 있다.

TFIIH는 효소의 활성을 가진 것으로 알려진 유일한 GTF이다. TFIIH의 소단위들 중 하나는 RNA 중합효소를 인산화시키는 단백질 인산화효소로 작용하는 반면에(아래에 논의됨), 이 단백질에서 2개의 다른 소단위는 DNA를 풀어주는 효소(헬리카아제)로 작용한다. DNA 헬리카아제의 활성은 프로모터의 DNA 가닥을 분리시키는 데 필요하며, 이로써 중합효소가 주형 가닥에 접근하도록 한다. 일단 전사를 시작하면, (TFIID를 포함하는) 몇 개의 GTF는 프로모터의 뒤에 남아있을 수 있는 반면에, 나머지들은 복합체로부터 방출된다(그림 5-20). TFIID가 프로모터에 결합된 채로 남아 있는 한, 가외의 RNA 중합효소 분자들이 프로모터 자리에 부착할 수 있을 것이며, 지연되지 않고 이어지는 전사 과정을 시작할 수 있을 것이다.

RNA 중합효소 II의 가장 큰 소단위의 카르복실-말단 영역(CTD, carboxyl-terminal domain)은 특이한 구조를 갖는데, 7개의 아미노산 서열(-Tyr1-Ser2-Pro3-Tyr4-Ser5-Pro6-Ser7-)이 여러 번 되풀이 되어 반복적으로 존재한다. 사람의 CTD는 7-펩티드(heptapeptide)가 52번 반복되어 있다. 이 7-펩티드에서 7개의 모든 부위는 어떻게든 효소에 의해 변형이 가능하다. 즉, 우리는 단백질 인산화효소(protein kinase)에 의한 인산화의 첫 번째 후보인 2번과 5번의 세린에 한하여 논의할 것이다. 개시전 복합체로 조립된 RNA 중합효소는 인산화가 되지 않은 반면에, 전사를 진행하고 있는 동일한 효소는 과하게 인산화되어 있다. 즉, 첨가된 인산기 모두는 CTD에 위치한다(그림 5-20). CTD 인산화는 적어도 5번 위치에 있는 세린 잔기를 인산화하는 TFIIH를 포함하여, 4개의 서로 다른 인산화효소에 의해 촉매될 수 있다. TFIIH에 의한 중합효소의 인산화는 효소를 GTF와/또는 프로모터 DNA로부터 분리시키는 방아쇠를 당기는 역할을 하여, 효소를 개시전 복합체로부터 탈출하게 하여 DNA 주형을 따라 이동하도록 한다. RNA 중합효소가 전사되고 있는 유전자를 따라 이동할 때 다른 인산화효소(P-TEFb)가 2번 위치에 있는 세린 잔기를 인산화한다(그림 5-35 참조). 인산화 양상에서 이런 변화는 RNA 가공과 전사 종결에 관여하는 가외의 단백질 인자들이 모이게 하는 것을 용이하게 한다. 이런 방법으로 CTD는 성숙한 mRNA의 형성을 위해 필요한 인자들이 역동적으로 결합하고 떨어지는 승강장(昇降場) 역할을 한다. 대략 추산해보면, 신장하는 RNA 중합효소 II는 50개 이상의 구성요소들을 포함할 수 있으며 총 300만 달톤(dalton) 이상의 분자량으로 구성된다.

RNA 중합효소 II에 의한 전사의 종결은 잘 알려져 있지 않다. 단백질을 암호화하는 유전자의 DNA는 세균 세포에서처럼 확실한 종결 서열을 갖고 있지 않다. 사실, RNA 중합효소 II는 궁극적으로 가공된 mRNA의 3′끝을 생기게 할 그 위치를 지나서 다양하고 광범위한 거리를 이동할 수 있다.

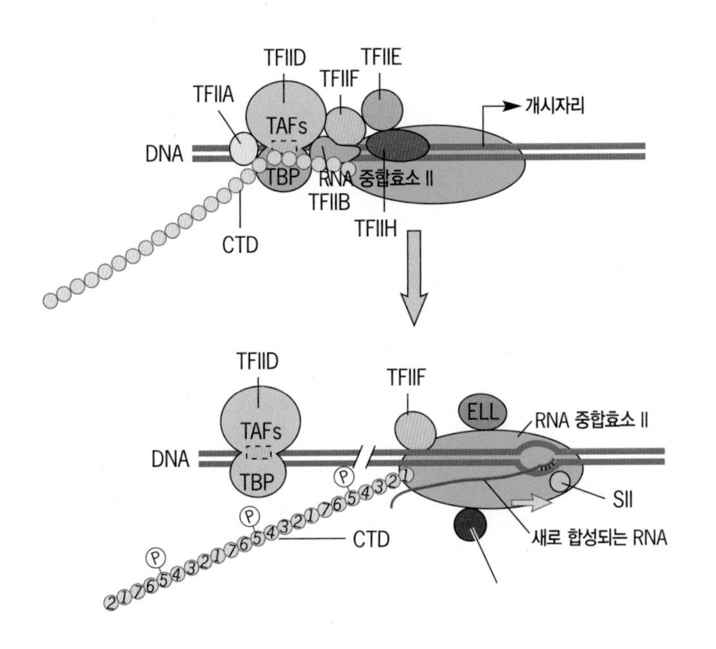

그림 5-20 RNA 중합효소 II에 의한 전사의 시작은 C-말단 영역(CTD)의 인산화와 연관되어 있다. 전사의 개시는 CTD의 각 7개 반복의 5번 위치에 있는 세린 잔기의 TFIIH-촉매 인산화와 연관되어 있다. 인산화는 전사 기구의 일반전사인자들 그리고/또는 프로모터 DNA로부터의 분리를 유발시키는 것으로 생각된다. 프로모터로부터의 탈출은 중합효소의 형태에 있어서의 주요한 변화와 연관되어 있고, 이것이 RNA를 합성하는 데 있어서 "문제가 있는" 효소에서 매우 연작용적(聯作用的)인(processive) 효소로 전환시킨다. SII, ELL, P-TEFb는 많은 신장요소들 중 세 가지인데, 중합효소가 DNA를 따라 이동할 때 중합효소에 결합된다. SII는 중합효소가 멈춘 후에 다시 이동하도록 도와주는 반면에, P-TEFb는 신장이 시작되고 난 후에 CTD의 2번 세린 잔기를 인산화시키는 인산화효소이다. 2번 세린 잔기의 인산화는 RNA 이어맞추기(splicing)와 폴리아데닐화 요소들이 모이는 것을 촉진시키는 것으로 생각되며, 이들에 대한 활성은 다음 절에서 논의된다(그림 5-35 참조).

RNA 중합효소 II는 이의 GTF와 함께 시험관 속에서 대부분의 프로모터로부터 낮은 수준의 전사를 촉진하기에 충분하다. 제6장에서 자세히 논의될 것으로서, 다양한 특이(*specific*) 전사인자들은 DNA 상의 조절부위에 있는 다수의 자리에 결합할 수 있다. 이러한 특이 전사인자들은 (1) 개시전 복합체를 특정 프로모터에서 조립하느냐 못하느냐를 그리고/또는 (2) 중합효소가 그 프로모터로부터 새로운 전사를 어떤 속도로 시작하는지를 결정할 수 있다. mRNA가 생산되는 과정을 논의하기 전에 우선 mRNA의 구조를 설명하면, 가공 과정의 일부에 대한 이유가 분명해 질 것이다.

5-4-1-1 mRNA의 구조

전령 RNA는 다음과 같은 일부의 특성을 공유한다. 즉,

1. mRNA는 특정 폴리펩티드를 암호화하는 뉴클레오티드의 연속적인 서열을 갖고 있다.
2. mRNA는 세포질에서 발견된다.
3. mRNA는 번역될 때에 리보솜에 결합되어 있다.
4. 대부분의 mRNA는 하나의 중요한 비암호화하는 부분을 갖는데, 이 부분은 아미노산들의 조립을 지시하지 않는다. 예를 들면, 각 글로빈 mRNA의 25%는 비암호화되는, 비번역되는 부위를 갖고 있다(그림 5-21). 비암호화 부위는 mRNA의 5′끝과 3′끝 양쪽에서 발견되고 중요한 조절 역할을 하는 서열들을 포함한다(6-6절).
5. 진핵세포의 mRNA는 세균 mRNA나 tRNA 또는 rRNA에서 발견되지 않는 특수한 변형을 5′끝과 3′끝에 갖고 있다. 거의 모든 진핵세포 mRNA의 3′끝은 50~250개의 아데노신 잔기들이 연결되어 poly(A) 꼬리를 형성하는 반면에 5′끝은 메틸화된 구아노신 모자(cap)을 갖는다(그림 5-21).

우리는 곧 되돌아가서 어떻게 mRNA가 특수화된 5′끝과 3′끝을 갖게 되는지를 설명할 것이다. 그러나 첫째로 mRNA가 어떻게 세포에서 형성되는지를 이해하기 위하여 짧게 우회하는 것이 필요하다.

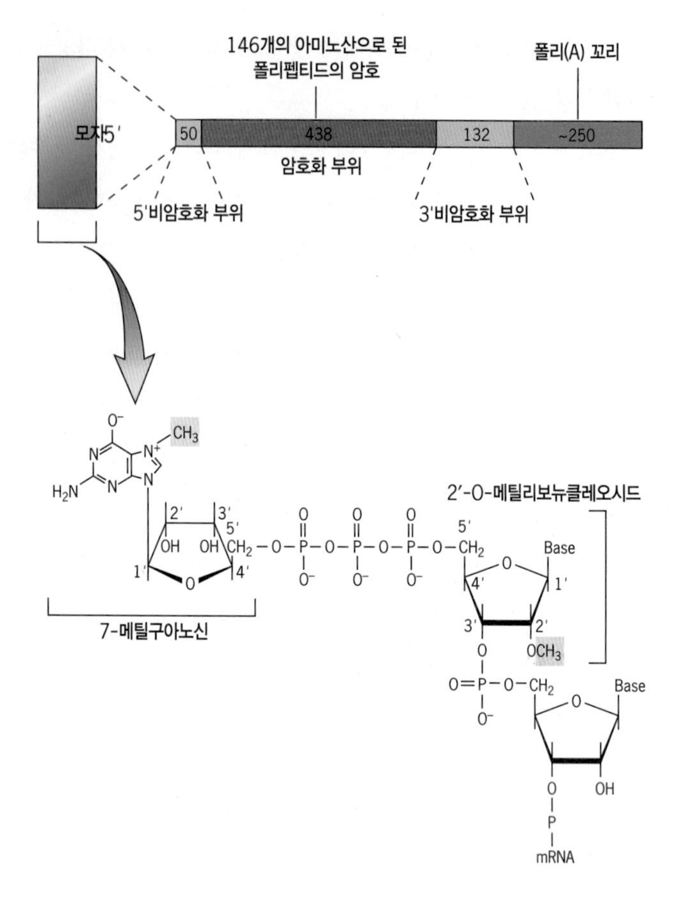

그림 5-21 **사람 β-글로빈 mRNA의 구조.** mRNA는 5′ 메틸구아노신 모자, 암호화 부위의 양옆에 있는 5′ 비암호화 부위와 3′ 비암호화 부위, 그리고 3′ 폴리(A) 꼬리 등을 갖고 있다. 각 조각의 길이는 뉴클레오티드 숫자로 표시하였다. 폴리(A) 꼬리의 길이는 다양하다. 보통 약 250개의 뉴클레오티드로 시작하여 점차로 감소한다. 5′ 모자의 구조가 보인다.

5-4-2 분할유전자: 예상하지 못한 발견

hnRNA가 거의 발견되자마자 빠르게 표지된 핵 RNA의 무리가 세포질 mRNA의 전구물질이라는 것이 제안되었다. 핵심을 찌르는 중요한 점은 두 RNA 집단 사이의 크기의 차이였다. 즉, hnRNA

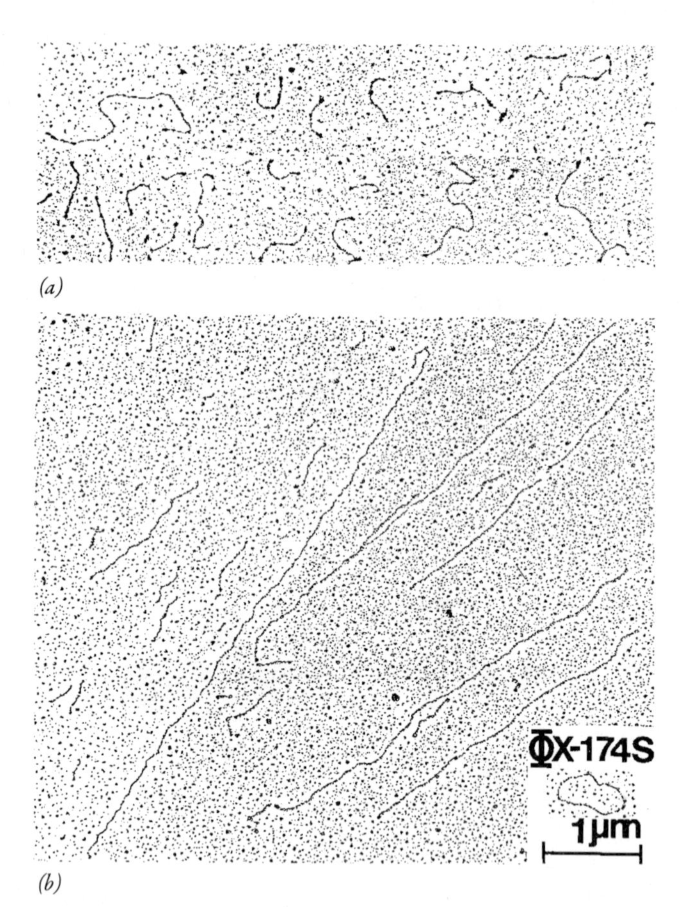

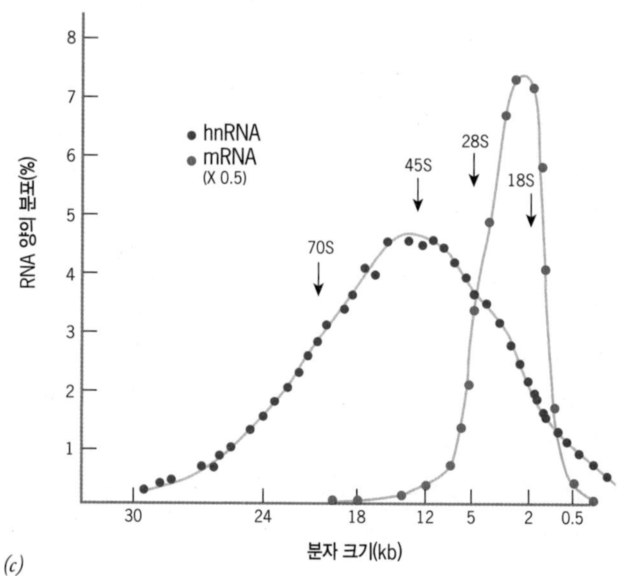

그림 5-22 **hnRNA와 mRNA 사이의 크기의 차이.** (*a*,*b*) 폴리(A) mRNA 분자(*a*)와 폴리(A) hnRNA 분자(b)의 금속-음영법으로 준비한 전자현미경 사진. 각 형태의 대표적인 크기의 종류들을 보여준다. 참고 분자는 ΦX-174 바이러스 DNA 이다. (*c*) 생쥐 L세포로부터의 hnRNA와 mRNA의 밀도구배 침강법으로 결정된 것에 따른 크기별 분포. 빨간색 선은 신속하게 표지된 hnRNA를 나타내는 반면에, 보라색 선은 4시간의 표지 기간이 지난 후 폴리리보솜으로부터 정제된 mRNA를 나타낸다. 가로좌표의 분획수(점으로 표시된)는 구배의 측정에 의해 분자 크기로 전환된 것이다.

는 mRNA보다 몇 배 더 컸다(그림 5-22). 왜 세포는 훨씬 더 작은 분자로 되는 전구체였던 거대한 분자를 합성할까? 리보솜 RNA의 가공에 대한 초기의 연구는 성숙한 RNA가 큰 전구물질을 절단하여 만들어졌음을 보여주었다. 큰 부분이 여러 가지 다양한 rRNA 중간산물(그림 5-14)의 5′끝과 3′끝 양쪽에서부터 제거되어 최종의 성숙된 rRNA 산물이 만들어졌다는 것을 기억하자. hnRNA가 mRNA로 가공되는 것을 설명할 수 있는 유사한 경로가 있을 것으로 생각되었다. 그러나 mRNA가 다양한 집단을 구성하기 때문에, rRNA에서 시도된 것처럼, 한 종류의 mRNA가 가공 과정의 단계들을 이어가는 것은 불가능하였다. 그 문제는 예기치 않은 발견으로 해결되었다.

1977년까지 분자생물학자들은 전령 RNA의 연속적인 선형의 뉴클레오티드 서열은 유전자에서 DNA의 한 가닥에 있는 연속적인 뉴클레오티드 서열과 상보적이라고 가정하였다. 그 해에, 메사추세츠공과대학교(Massachusetts Institute of Technology, MIT)의 필립 샵(Philip Sharp)과 그의 동료들 그리고 뉴욕의 콜드스프링하버연구소(Cold Spring Harbor Laboratories)의 리챠드 로버트(Richard Roberts)와 루이스 쵸우(Louise Chow) 및 그 동료들에 의해 현저히 새로운 발견이 이루어졌다. 이들은 그들이 연구한 mRNA는 DNA상의 어느 부분으로부터 전사되는데, 전사되는 부위는 주형 가닥을 따라 서로 떨어져 있다는 것을 발견하였다.

아데노바이러스(adenovirus) 유전체의 전사를 분석하는 동안에 첫 번째 중요한 발견이 이뤄졌다. 아데노바이러스는 다양한 포유동물 세포에 감염 할 수 있는 병원체이다. 다수의 서로 다른 아데노바이러스 mRNA는 5′끝에 동일한 150~200개의 뉴클레오티드를 가졌다는 것이 발견되었다. 이 선도서열은 이러한 mRNA에 대한 각 유전자의 프로모터 부위 근처에 위치된 뉴클레오티드의 반복된 구간에 해당하는 것으로 예상할 수도 있다. 그러나 더 분석해본 결과, 5′ 선도서열은 반복된 서열에 상보적이지 않으며, 더욱이 주형 DNA의 뉴클레오티드 연속된 구간에 상보적이지도 않다는 것이 밝혀졌다. 그 대신, 선도서열은 3개의 뚜렷이 다른 분리된 DNA 부분들(〈그림 5-23〉에서 선 위에 있는 x, y, z 구역으로 표시된)에서부터 전사되었다. 이 구역들 사이에 있는 DNA 부위는 **개재서열**(介在序列, intervening sequence)(〈그림 5-23〉에서 I_1부터 I_3까지)이라고 하며, 이 서열은 해당하는 mRNA에서 웬일인지 빠져 있다. 개재서열의 존재는 바이러스 유전체의 특성인 것으로 주장 될 수 있었지만, 기본적 의견은 곧 세포의 유전자 자체에 모아졌다.

비(非)바이러스성 세포의 유전자에서 개재서열의 존재는 1977년 네덜란드의 알렉 제프리(Alec Jeffreys)와 리챠드 플라벨(Richard Flavell) 그리고 프랑스의 피에르 샴본(Pierre Chambon)의 의해 처

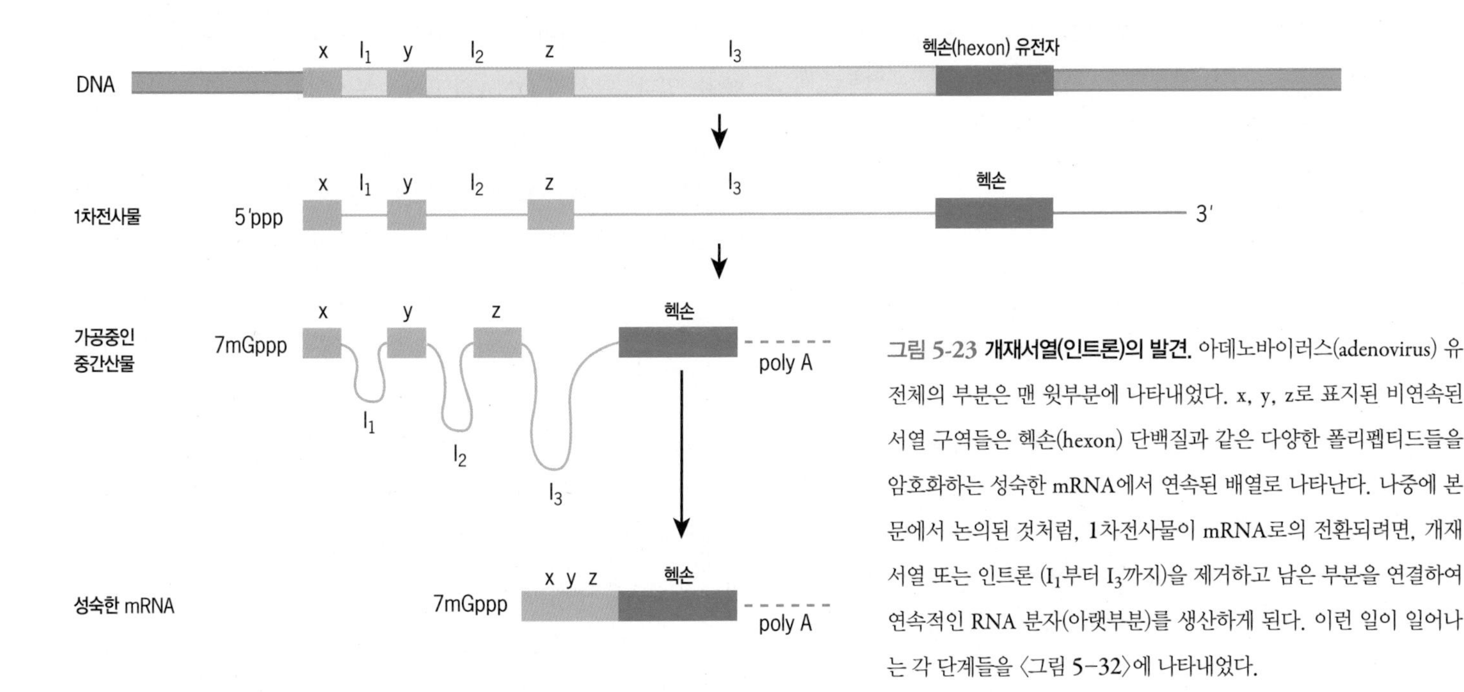

그림 5-23 **개재서열(인트론)의 발견.** 아데노바이러스(adenovirus) 유전체의 부분은 맨 윗부분에 나타내었다. x, y, z로 표지된 비연속된 서열 구역들은 헥손(hexon) 단백질과 같은 다양한 폴리펩티드들을 암호화하는 성숙한 mRNA에서 연속된 배열로 나타난다. 나중에 본문에서 논의된 것처럼, 1차전사물이 mRNA로의 전환되려면, 개재서열 또는 인트론 (I_1부터 I_3까지)을 제거하고 남은 부분을 연결하여 연속적인 RNA 분자(아랫부분)를 생산하게 된다. 이런 일이 일어나는 각 단계들을 〈그림 5-32〉에 나타내었다.

음으로 보고되었다. 제프리와 플라벨은 글로빈 폴리펩티드의 아미노산 서열을 암호화하는 글로빈 유전자의 내부에 직접 자리 잡고 있는 약 600개의 염기로 된 개재서열을 발견하였다(그림 5-24). 이 발견의 기초는 그림 설명에 논의되어 있다. 개재서열은 곧 다른 유전자들에서도 발견되었고, 개재서열—**분할유전자**(分割遺傳子, split gene)라고 하는—을 가진 유전자의 존재는 예외가 아닌 규칙이라는 것이 분명해졌다. 성숙된 RNA에 기여하는 분할유전자의 일부를 **엑손**(exon)이라고 하는 반면에, 개재서열을 **인트론**(intron)이라고 한다. 비록 단순한 진핵세포(효모나 선충)들의 인트론은 더 복잡한 식물과 동물의 것보다 그 수가 적고 크기가 작으나, 분할유전자는 진핵세포들에서 널리 퍼져있다. 인트론은 mRNA뿐 만 아니라 tRNA와 rRNA를 암호화하는 유전자들을 포함한 모든 종류의 유전자에서 발견된다.

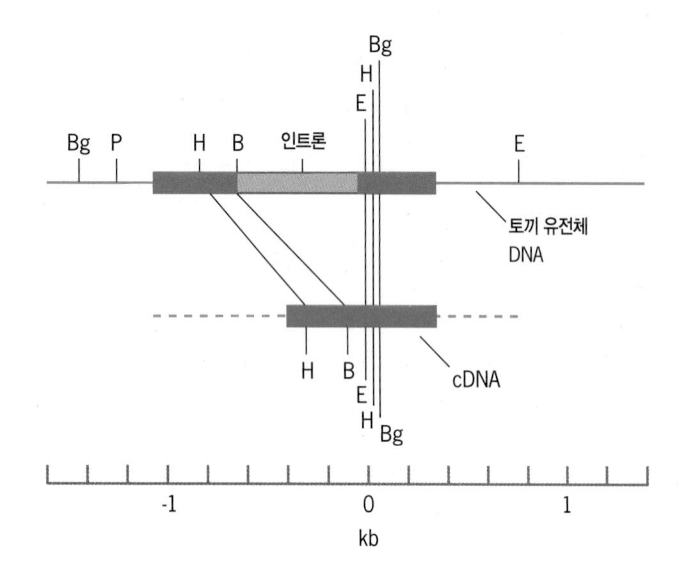

그림 5-24 **진핵세포 유전자에서 인트론의 발견.** 제18장에서 논의된 것처럼, 세균은 특정 뉴클레오티드 서열들의 자리에서 DNA 분자를 인식하고 자르는 제한효소를 갖고 있다. 그림은 토끼의 베타-글로빈 유전자(위)의 부위에 있는 제한효소 절단부위의 지도와 이와 일치하는, 베타-글로빈 mRNA로부터 준비한 cDNA의 지도(아래)를 보여준다. (cDNA는 mRNA를 주형으로 사용하여 역전사효소에 의하여 시험관 속에서 만들어진 DNA이다. 그러므로 cDNA는 mRNA에 상보적인 서열을 갖는다. 제한 효소는 RNA를 절단하지 않으므로, 이 실험에서는 cDNA가 사용되어야 한다.) 문자는 다양한 제한 효소가 2개의 DNA를 절단하는 부위를 나타낸다. 위의 지도는 *Eco*RI (E) 효소에 대한 절단 부위로부터 약 700개의 염기쌍에 위치하는, *Bam*HI (B) 효소에 대한 절단 부위를 포함하는 글로빈 유전자를 보여준다. 글로빈 cDNA를 동일한 효소로 처리하였을 때에는(아래 지도), 대응하는 B와 E 부위들은 단 67개의 뉴클레오티드 떨어진 곳에 위치하였다. 유전체에서 준비된 DNA는 대응하는 cDNA에서 빠져 있는 상당히 큰 부위를 갖고 있는 것이 확실하다. 그 후 글로빈 유전자의 완전한 염기서열 분석에서는 두 번째 더 작은 인트론을 갖고 있는 것으로 밝혀졌다.

인트론을 가진 유전자들의 발견으로 그런 유전자들은 어떻게 인트론들이 빠진 전령 RNA를 생산해내는가의 질문을 하게 되었다. 한 가지 비슷한 가능성은 세포가 전사단위 전체와 일치하는 1차전사물을 만들고 DNA의 인트론에 해당하는 RNA 상의 부위를 어떻게든 제거한다는 것이었다. 만약 이런 경우라면, 인트론과 일치하는 부위는 1차전사물에 존재해야만 한다. 그러한 설명은 hnRNA 분자가 최종적으로 생산하는 mRNA 분자 보다 훨씬 더 큰 이유를 제공한다.

핵 RNA에 관한 연구는 지금까지 몇 몇 **mRNA 전구체**(pre-mRNA)의 크기가 결정되는 것까지 진행되어왔다. 예로서, 최종 글로빈 mRNA는 10S의 침강계수를 갖는 것과 달리, 글로빈 서열은 15S에서 침강되는 핵 RNA 분자 속에 존재한다는 것이 발견되었다. (R-loop 형성이라고 알려진) 기발한 기술이 (미국) 국립보건원(National Institute of Health, NIH)에 있는 셜리 티그만(Shirley Tilgman), 필립 리더(Philip Leder)와 그들의 공동연구자들에 의해 15S와 10S의 글로빈 RNA들 사이의 물리적인 관계를 결정하기 위하여 사용되었고, 분할 유전자의 전사에 관한 정보를 제공하였다.

단선의 상보적인 DNA 가닥들은 서로 간에 특이적으로 결합할 수 있다. 단선의 DNA와 RNA 분자들은 그들의 뉴클레오티드 서열이 상보적인 한은 서로 결합할 수 있다; 이것이 〈18-11절〉[DNA-RNA 복합체를 혼성체(*hybrid*)라고 함]에서 논의되는 DNA-RNA 혼성화(DNA-RNA hybridization)의 기본이다. 티그만과 그의 동료들은 15S 글로빈 RNA와 혼성화된 글로빈 유전자를 포함하는 DNA 조각을 조사하기위하여 전자현미경을 사용하였다. 혼성은 연속적인 2중가닥의 DNA-RNA 복합체(〈그림 5-25*a*〉의 빨간색 점과 파란색 선)로 구성된 것으로 관찰 되었다. 이와 비교하여, 동일한 DNA 조각을 10S 글로빈 mRNA와 반응시켰을 때에는, 암호화부위의 중앙에 있는 DNA의 큰 부분이 2중가닥의 고리를 형성하며 튀어나온 것이 관찰되었다(그림 5-25*b*). DNA 상에 있는 큰 인트론으로부터 나온 고리는 작은 글로빈 메시지의 어느 부위와도 상보적이지 않았다. 15S RNA는 10S mRNA

가 형성되는 동안에 제거된 유전자의 인트론과 일치하는 부분을 포함하고 있다는 것이 분명하였다.

거의 동시에 비슷한 종류의 혼성화 실험이 암탉의 알에서 발견된 단백질인 난알부민을 암호화하는 DNA와 그에 해당하는 mRNA 사이에 실시되었다. 난알부민 DNA와 mRNA 혼성체는 7개의 뚜렷한 고리를 포함하는데, 이것은 7개의 인트론과 일치한다(그림 5-26). 종합하면, 인트론은 8개의 연결된 암호화부위(엑손) 안에 있는 DNA의 크기의 약 3배를 차지한다. 그 다음의 연구들은 각각의 엑손은 평균 150개의 뉴클레오티드라는 것을 밝혔다. 이와는 대조적으로, 각각의 인트론은 평균 3,500개의 뉴클레오티드인데, 이것이 왜 hnRNA 분자가 mRNA 보다 훨씬 더 큰 가에 대한 이유이다. 두 가지 극단적인 경우를 인용하기 위하여 사람 디스트로핀(dystrophin) 유전자는 이와 상응하는 메시지를 암호화하는 데 필요한 길이보다 대략 100배이고, 제I형 콜라겐(type I collagen) 유전자는 50개 이상의 인트론을 포함한다. 사람 유전자는 평균 약 9개의 인트론을 가지며 전사단위의 90%까지 차지한다.

이런 발견과 다른 발견들은 진핵세포에서 mRNA 형성은 훨씬 더 큰 pre-mRNA로부터 리보뉴클레오티드의 내부 서열이 제거되어서 일어난다는 제안에 대해 강한 증거를 제공하였다. 이제 이것이 일어나는 과정을 살펴보기로 하자.

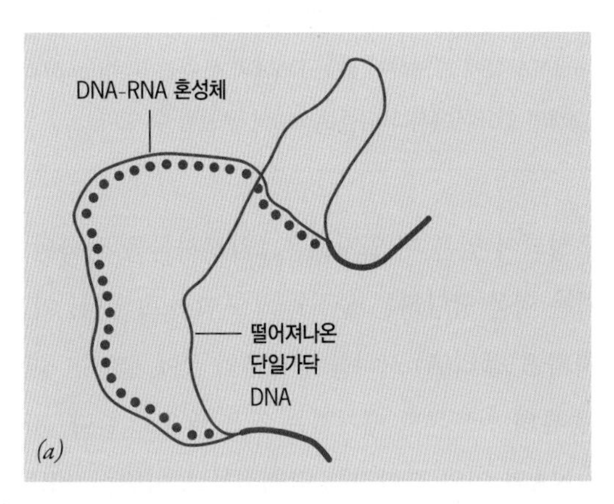

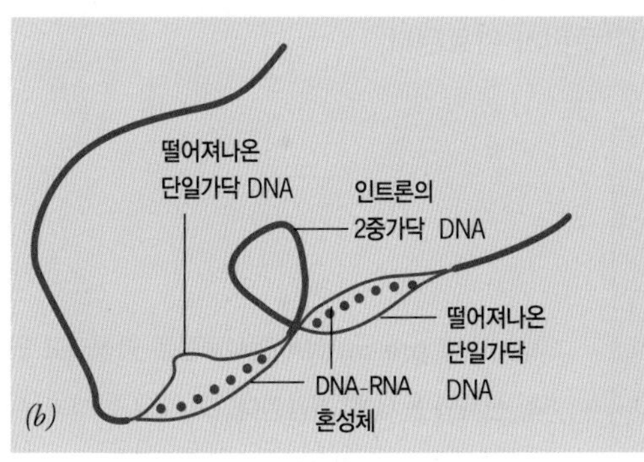

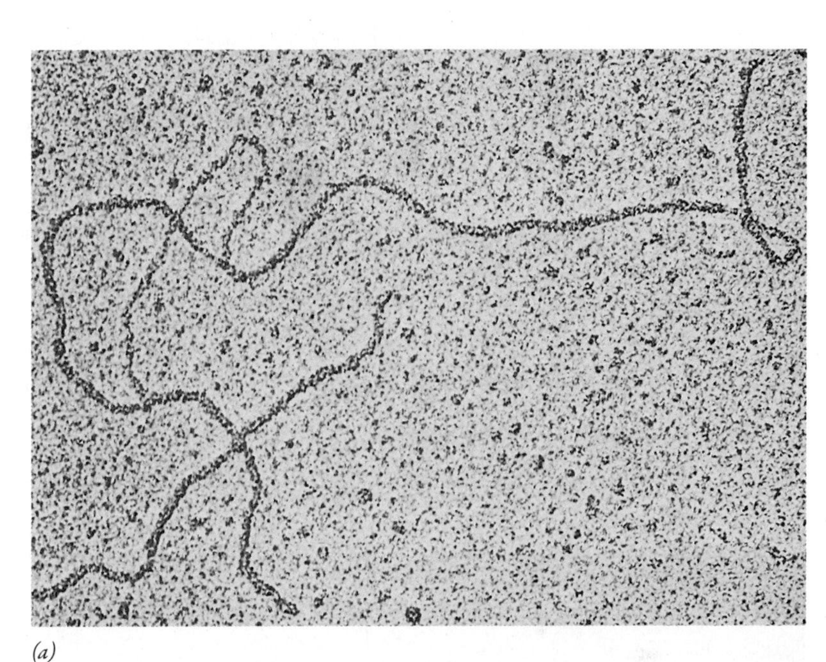
(a)

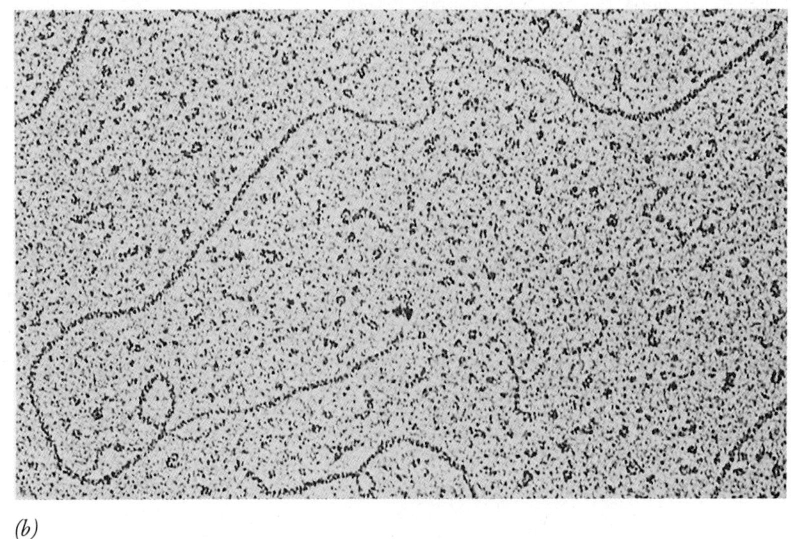
(b)

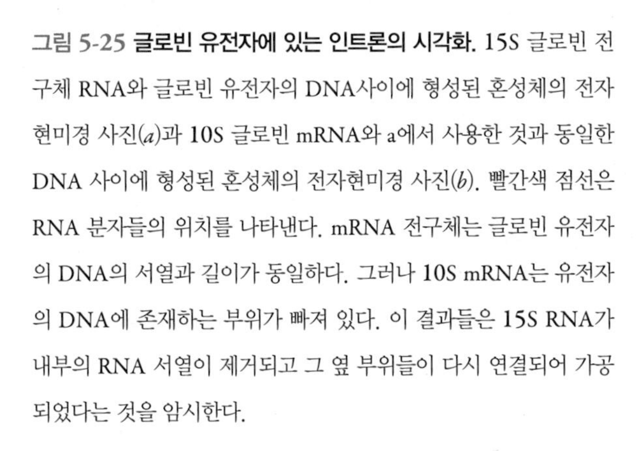

그림 5-25 글로빈 유전자에 있는 인트론의 시각화. 15S 글로빈 전구체 RNA와 글로빈 유전자의 DNA사이에 형성된 혼성체의 전자현미경 사진(*a*)과 10S 글로빈 mRNA와 a에서 사용한 것과 동일한 DNA 사이에 형성된 혼성체의 전자현미경 사진(*b*). 빨간색 점선은 RNA 분자들의 위치를 나타낸다. mRNA 전구체는 글로빈 유전자의 DNA의 서열과 길이가 동일하다. 그러나 10S mRNA는 유전자의 DNA에 존재하는 부위가 빠져 있다. 이 결과들은 15S RNA가 내부의 RNA 서열이 제거되고 그 옆 부위들이 다시 연결되어 가공되었다는 것을 암시한다.

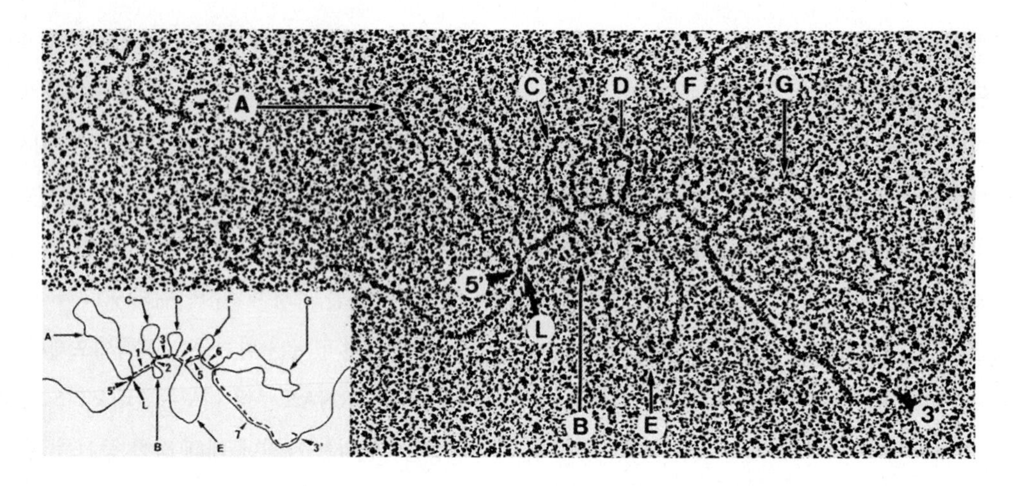

그림 5-26 난알부민 유전자에 있는 인트론의 보기. 난알부민 mRNA와 난알부민 유전자를 포함하고 있는 닭의 유전체 DNA 조각 사이에 형성된 혼성체의 전자 현미경 사진. 이 현미경 사진에 나타낸 혼성체는 〈그림 5-25*b*〉의 사진과 특징이 유사하다. 두 경우에서 DNA는 유전체로부터 직접적으로 정제되었으므로, 이것은 유전자 전체 서열을 갖는다. 이에 비하여, RNA는 완전히 가공되어졌는데, 인트론으로부터 전사되었던 부위는 제거되었다. 유전체 DNA와 mRNA가 혼성화가 되면, mRNA 상에 존재하지 않는 DNA의 부위는 고리(loop) 모양으로 튀어 나온다. 7개의 인트론에서 고리들(A–G)이 구별될 수 있다.

5-4-3 진핵세포 전령 RNA의 가공

RNA 중합효소 II는 전사단위 전체의 DNA에 상보적인 1차전사물을 조립한다. 전사가 활발한 유전자들을 전자현미경으로 조사하면, 합성되고 있는 과정에 있는 동안에 RNA 전사물이단백질 및 더 큰 입자들과 결합되는 것으로 나타난다(그림 5–27). 단백질과 리보핵산단백질로 구성되어 있는 이 입자들은 1차전사물을 성숙된 전령으로 전환시키는 일을 담당하는 물질들을 포함하고 있다. 이 전환 과정은 5′ 모자와 3′ 폴리(A) 꼬리를 전사물의 끝에 붙이는 것과 간섭하는 어떤 종류의 인트론도 제거하는 것을 필요로 한다. 가공이 완결되면, mRNA와 이와 결합하는 단백질들로 이뤄진 mRNP는 핵으로부터 나갈 준비가 완료된다.

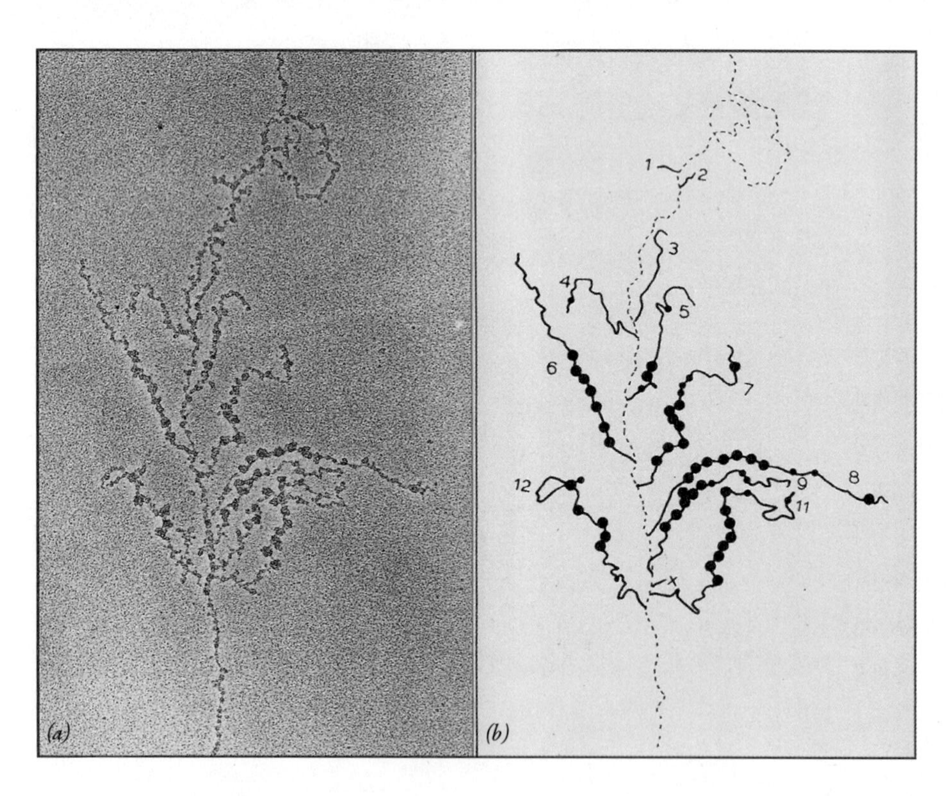

그림 5-27 pre-mRNA 전사물들은 합성되고 있을 때(즉, 전사와 동시에) 가공된다. (*a*) 새로 합성되는 RNA 전사물에 부착된 리보핵산단백질 입자들을 보여주고 있는 비리보솜 전사단위의 전자현미경 사진. (*b*) 앞의 *a*부분에 있는 현미경 사진의 해설적인 그림. 점선은 염색질(DNA) 가닥을 나타내고, 실선은 리보핵산단백질(RNP) 섬유들를, 검은색 원들은 이 섬유들과 결합된 RNP 입자들을 나타낸다. 각각의 전사물에는 번호를 붙였는데, 개시 부위에서 가장 가까운 것을 1로 시작한다. RNP 입자들은 새로 합성되는 RNA 전사물을 따라 무작위로 분포되어 있는 것이 아니고, RNA 가공이 일어나고 있는 특수한 부위에 결합되어 있다.

5-4-3-1 5′ 모자와 3′ 폴리(A) 꼬리

모든 RNA의 5′끝은 RNA 합성의 개시부위에 통합된 첫 번째 뉴클레오시드 삼인산에서 유래한 3개의 인을 보유하고 있다. mRNA 전구체의 5′끝이 합성되면, 두 세 개의 효소활성이 분자의 이 끝에서 작용한다(그림 5-28). 첫 번째 단계에서는 삼인산의 마지막 인이 제거되고 5′끝이 이인산으로 된다(그림 5-28, 1단계). 그러고 나서 GMP가 거꾸로 방향으로 그리하여 구아노신의 5′끝이 RNA 사슬의 5′끝을 향하도록 연결된다(그림 5-28, 2단계). 그 결과 첫 번째 두 뉴클레오시드는 흔치 않은 5′-5′ 삼인산 다리(triphosphate bridge)에 의해 연결된다. 마지막으로, 삼인산 다리의 내부에 있는 뉴클레오티드는 리보스의 2번 위치가 메틸화되는 반면에, 끝에 있는 거꾸로 달린 구아노신의 구아닌 염기의 7번 위치가 메틸화된다(그림 5-28, 3단계). RNA의 5′끝은 이제 **메틸구아노신 모자**(methylguanosine cap)(〈그림 5-21〉에 더 자세히 나타내었음)를 갖는다. RNA 분자가 합성되는 아주 이른 시기 동안에 1차전사물의 5′끝에 이러한 효소에 의한 수정이 아주 빠르게 일어난다. 사실은 모자를 만드는 효소들은 중합효소의 CTD에 의해 모이게 된다(그림 5-35 참조). mRNA의 5′끝에 있는 메틸구아노신 모자는 두세 가지 기능을 한다. 즉, mRNA의 5′끝이 핵산말단가수분해효소에 의해 분해되는 것을 막아주고, mRNA가 핵에서 나와 수송되는 것을 도와주며, mRNA 번역의 개시에 중요한 역할을 한다.

위에서 알려진 대로 mRNA의 3′끝은 **폴리(A) 꼬리**[poly(A) tail]를 형성하는 일련의 아데노신 잔기를 포함한다. 수 개의 mRNA를 염기서열을 결정하였을 때, 폴리(A) 꼬리는 AAUAAA 서열로부터 약 20개의 뉴클레오티드 다음에 변함없이 시작한다는 것이 증명되었다. 1차전사물에 있는 이 서열은 mRNA의 3′끝에 가공 반응을 수행하는 단백질 복합체들의 조립을 인식하는 부위로 사용된다(그림 5-28). 폴리(A) 가공 복합체도 또한 1차전사물을

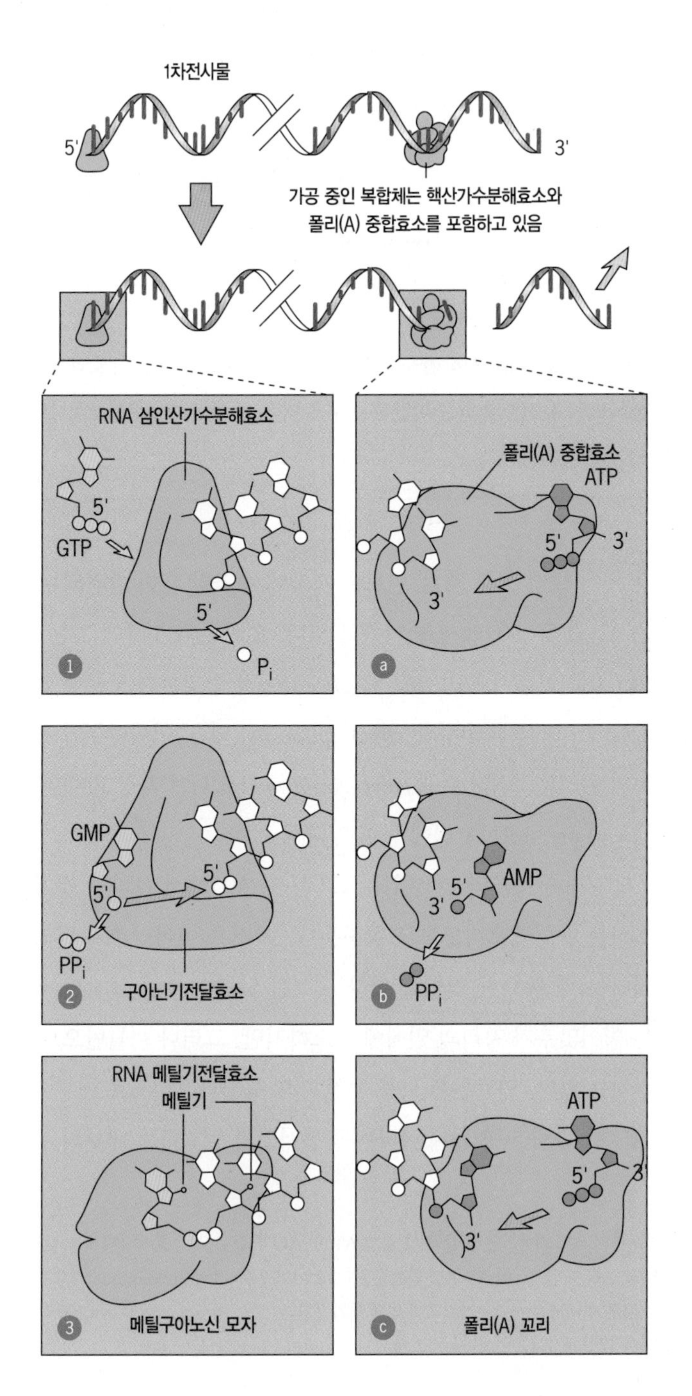

그림 5-28 pre-mRNA에 5′ 메틸구아노신 모자(cap)와 3′ 폴리(A) 꼬리를 첨가하는 단계들. 새로 합성되는 pre-mRNA의 5′끝은 모자형성(capping) 효소에 결합한다. 이 효소는 포유동물에서 서로 다른 반응을 촉매하는 2개의 활성부위를 갖고 있다. 즉, 끝의 인산기를 제거하는 삼인산가수분해효소(triphosphatase)(1단계)와 구아닌 잔기를 거꾸로 된 방향으로, 즉 5′-에서 -5′으로 연결하는 구아니릴전달효소(guanylyltransferase)(2 단계)이다. 3단계에서, 서로 다른 메틸기전달효소가 메틸기를 끝의 구아노신 모자에 붙이고, 새로 합성되는 RNA의 끝에 있는 뉴클레오티드의 리보스에 각각 붙인다. CBC라고 하는 단백질 복합체가 완전한 모자(보이지 않음)에 결합한다. pre-mRNA의 3′끝에서는 큰 단백질 복합체가 조립되는 아주 다른 일련의 사건들이 일어난다. 첫째, 핵산내부가수분해효소가 1차 RNA 전사물을 잘라서, 원래의 3′끝으로부터 위쪽에 새로운 3′끝이 생겨난다. a-c 단계에서, 폴리(A) 중합효소가 아데노신 잔기를 DNA 주형의 참여 없이 3′끝에 붙인다. 전형적인 포유동물 mRNA는 200~250개의 아데노신 잔기를 그의 완전한 폴리(A) 꼬리에 갖는다. 하등진핵세포에서는 그 수가 상당히 적다.

합성하고 있는 RNA 중합효소 II와 물리적으로 결합되어있다(그림 5-35 참조).

pre-mRNA 내의 인식 부위의 하류를 자르는 핵산내부가수분해효소(〈그림 5-28〉의 위)는 가공 복합체의 단백질들 중에 포함되어있다. 핵산가수분해효소에 의해 잘린 다음에 폴리(A) 중합효소 [*poly(A) polymerase*]하고 하는 효소가 주형의 도움 없이 250개 쯤 되는 아데노신을 붙인다(그림 5-28, *a-c*단계). 〈6-6절〉에서 논의되는 것처럼, 단백질과 결합된 폴리(A) 꼬리는 mRNA가 핵산말단가수분해효소에 의해 때 이른 분해가 되는 것을 방지한다. 폴리(A) 꼬리는 mRNA를 정제하는 것에 관심 있는 분자생물학자들에게 유용하다는 것이 입증되어왔다. 세포 내 RNA들의 혼합액을 합성된 폴리(T)가 결합된 관(管, column)을 통과시키면, 훨씬 더 많은 량이 존재하고, 폴리(A) 꼬리가 없는 tRNA, rRNA, snRNA는 수용액 용매와 함께 관을 거쳐 지나가는 반면에, 관에 결합되었던 mRNA가 용액 속으로 제거된다.

5-4-3-2 RNA 이어맞추기(splicing): pre-RNA로부터 인트론의 제거

pre-mRNA의 가공에서의 중요한 단계는 〈그림 5-29〉에서 보여주고 있다. 이미 논의한 5′ 모자(cap)와 3′ 폴리(A) 꼬리의 형성 이외에, 1차전사물에서 끼어있는(介在) DNA 서열(인트론)에 해당하는 그런 부위는 **RNA 이어맞추기**(RNA splicing)라고 알려진 복잡한 과정에 의해서 제거되어야 한다. RNA를 이어맞추기 하기 위해서는 가닥에 있는 각 인트론의 5′끝 및 3′끝(**이어맞추기 자리**, splice site)에서 절단이 이루어지고 이어맞추기 자리 양쪽에 위치하는 엑손들은 공유결합으로 연결되어야 한다. 어떤 이어맞추기 연접부에서 단일 뉴클레오티드가 첨가되거나 결손 되는 것은 mRNA가 잘못 번역되는 결과를 가져오기 때문에 이어맞추기 과정은 절대적인 정확성으로 일어나는 것이 아주 중요하다.

어떻게 동일한 기본적인 이어맞추기 기구(機構)가 수천 개의 서로 다른 pre-mRNA의 엑손-인트론 경계를 인식할까? 효모에서 곤충까지 또는 포유동물에 이르기까지의 범위에 있는 진핵세포들의 엑손과 인트론 사이의 수 천 개의 연결지점을 조사한 결과 아주 오래된 진화적 기원을 가진 보존된 뉴클레오티드 서열이 이어맞추기 자리에 존재한다는 것을 밝혀내었다. 포유동물의 pre-mRNA

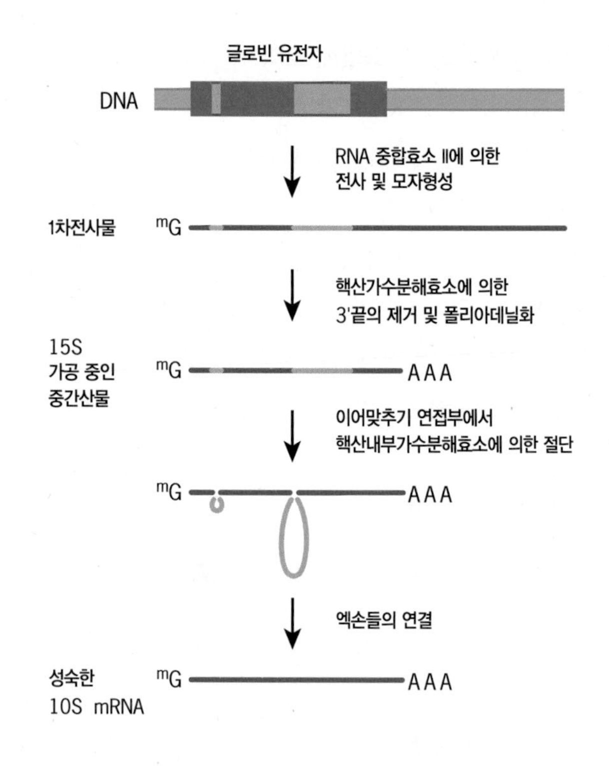

그림 5-29 글로빈 mRNA 가공 동안의 각 단계별 개요. 인트론은 보라색으로 나타냈고, 이 유전자의 짙은 파란색 부분은 엑손, 즉 성숙한 mRNA에 나타나 있는 DNA 서열이다.

분자 내에 들어 있는 엑손-인트론 경계에서 가장 흔히 발견되는 서열은 〈그림 5-30〉에서 보여주고 있다. 인트론의 5′끝에 있는 G/GU(5′ 이어맞추기 자리, *the 5′ splice site*)와 인터론의 5′끝에 있는 AG/G(3′ 이어맞추기 자리, *the 3′ splice site*) 및 3′ 이어맞추기 자리 근처의 폴리피리미딘 트랙(*polypyrimidime track*)이 가장 방대한 진핵세포의 pre-mRNA 내에 들어 있다.[4)]

게다가 인트론의 옆 부위는 〈그림 5-30〉에서 나타난 것처럼 선호하는 뉴클레오티드를 포함하는데, 이것은 이어맞추기 자리를 인식하는 데 중요한 역할을 한다. 〈그림 5-30〉에서 표시된 서열들은 이어맞추기 자리의 인식에 필요하지만, 그러나 이들만으로 충분하지는 않다. 인트론은 보통 수천 개의 뉴클레오티드로 이루어지며, 흔히 〈그림 5-30〉에 나타낸 공통서열과 일치하는 내부의 부위

[4)] 인트론의 약 1퍼센트는 5′끝 및 3′끝에 AT 및 AC와 같은 2-뉴클레오티드를 갖는다(GU 및 AG 대신에). 이 AT/AC 인트론은 U12 이어맞추기소체(spliceosome)라고 하는, 서로 다른 형태의 이어맞추기소체에 의해서 가공된다. 주를 이루는 이어맞추기소체의 U2 snRNA 대신에, U12 이어맞추기소체는 U12 snRNA를 포함하고 있다.

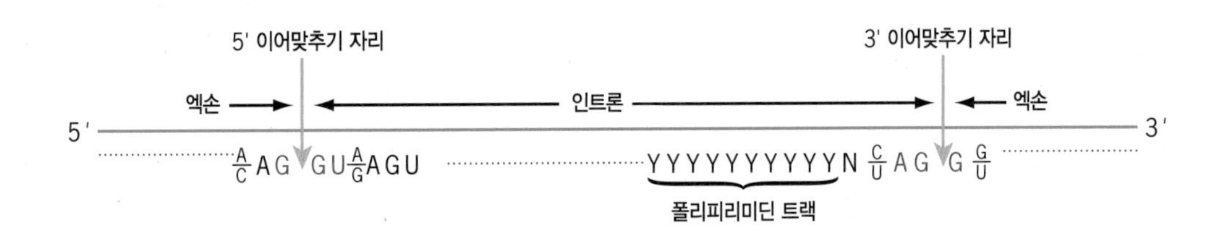

그림 5-30 pre-mRNA의 이어맞추기 자리들에 있는 뉴클레오티드 서열. pre-mRNA는 폴리펩티드를 구성하는 정보를 암호화하는 것 이외에, 또한 RNA 이어맞추기에 필요한 기구를 지시하는 정보도 보유해야한다. 이어맞추기 자리의 지역에 나타낸 뉴클레오티드 서열은 많은 수의 pre-mRNA의 분석을 토대로 하여 이루어졌는데, 그래서 공통(consensus) 서열이라고 붙인다. 주황색으로 보이는 염기들은 사실상 불변이다. 검은색의 염기는 그 위치에서 선호하는 염기를 나타낸다. N은 4개의 뉴클레오티드 중 하나를 나타내며, Y는 피리미딘을 나타낸다. 3′ 이어맞추기 자리 근처의 폴리피리미딘 트랙은 전형적으로 10~20개의 피리미딘을 갖고 있다.

를 갖고 있다—그러나 세포는 그들을 이어맞추기 신호로 인식하지 않고 결과적으로 무시한다. 엑손과 인트론을 구분할 수 있도록 하는 이어맞추기 기구를 가능하게 하는 가외의 단서는 엑손 내에 있는 엑손 이어맞추기 증폭자(*exonic splicing enhancer*, *ESE*)라는 특수한 서열에 의해서 제공된다(그림 5-32, 삽입도 A). 이어맞추기 자리 또는 ESE 내에서 DNA 서열의 변화는 인트론을 포함시키거나 또는 엑손을 제외시킬 수 있다. 사람 유전병의 약 15%는 pre-mRNA 이어맞추기를 변화시키는 돌연변이로부터 직접적으로 생긴다. 게다가, 사람 집단에서 나타나는 흔한 질병에 대한 감수성에서 "정상적인" 유전적 변이의 많은 경우는 RNA 이어맞추기의 효능에 대한 이런 변이의 영향에서 비롯될 수 있다.

RNA 이어맞추기 기작을 이해하면 RNA 분자의 상당히 뛰어난 능력에 대해 감탄하게 된다. RNA 분자가 화학 반응을 촉매하는 능력이 있다는 증거는 1982년 콜로라도 대학교(University of Colorado)의 토마스 첵(Thomas Cech)과 동료들에 의해 얻어졌다. 이 장의 〈실험경로〉에서 논의한 것처럼, 이 연구자들은 섬모를 가진 테트라하이메나속(*Tetrahymena*) 원생동물이 합성하는 rRNA 전구체(pre-rRNA)는 스스로 이어맞추기할 수 있다는 것을 발견하였다. RNA 효소들, 또는 **리보자임**(ribozyme)의 존재를 밝힌 것 이외에, 이 실험은 RNA 이어맞추기 기작에 있어서 RNA와 단백질의 상대적인 역할에 대한 생물학자들의 생각을 변화시켰다.

테트라하이메나의 pre-rRNA에 있는 인트론은 제1 인트론군(*group I intron*)의 예인데, 이것은 논의되지 않을 것이다. 또 다른 종류의 자가-이어맞추기 인트론은 제2 인트론군(*group II intron*)인데, 곧 이어 곰팡이의 미토콘드리아, 식물의 엽록체, 다양한 세균과 고세균에서 발견되었다. 제2 인트론군은 〈그림 5-31*a*〉에서 2차원으로 보여주는 것처럼, 복잡한 구조로 접혀 있다. 제2 인트론군은 달아나는 송아지를 잡기위해 목동이 사용하던 밧줄 모양 비슷하여 올가미구조(*lariat*)(그림 5-31*b*)라고 하는 중간 단계를 거쳐서 자가-이어맞추기를 한다. 제2 인트론군 이어맞추기의 첫 단계는 5′ 이어맞추기 자리가 절단되고(그림 5-31*b*, 1단계), 그 후에 인트론의 5′끝과 인트론의 3′끝 근처의 아데노신 잔기 사이에 공유결합으로 올가미구조가 형성된다(2단계). 이어서 3′ 이어맞추기 자리가 절단되면 올가미구조가 방출되고 엑손의 잘려진 끝끼리 공유결합으로 연결되도록 한다(3단계).

진핵세포 내의 pre-mRNA 분자로부터 인트론이 제거되는 동안에 일어나는 단계는 제2 인트론군이 거치는 것과 아주 유사하다. 근본적인 차이점은 pre-mRNA는 자가-이어맞추기 할 수 없고, 대신에 수많은 **소형핵**(小形核) **RNA**(small nuclear RNA, snRNA)와 그와 결합된 단백질들을 필요로 한다. 대형의 각 hnRNA 분자가 전사되면서 다양한 종류의 단백질들과 결합하여 hnRNP(이질핵 리보핵산단백질, heterogeneous nuclear ribonucleoprotein)를 형성하는데, 이것은 다음에 일어날 가공 반응을 위한 기질을 대표한다. pre-mRNA의 각 인트론이 **이어맞추기소체**(小體)[또는 스플라이세오솜(spliceosome)]라고 하는 고분자와 결합되면서 가공이 일어난다. 각 이어맞추기소체는 다양한 단백질들과 몇 개의 독특한 리보핵단백질 입자들로 이뤄져있다. 이 구조를 snRNP["스너프(snurp)"로 발음함]라고 하는데, 그 이유는 특수한 단백질과 이에 결합한 snRNA로 구성되어 있기 때문이다. 이어맞추기소체는 조립식으로 미리 만들어진 상태에서는 핵안에 존재하지 않고, pre-mRNA에 결합한

snRNP의 구성요소로서 집합한다. 일단 이어맞추기소체 기구가 조립되면, snRNP가 전사물로부터 인트론을 잘라내고 엑손의 끝을 함께 붙이는 반응을 수행한다. 절단된 인트론은 포유동물의 pre-mRNA의 평균 90%를 구성하는데, 핵에서 분해된다.

RNA 이어맞추기에 대한 우리의 이해는 대체로 시험관 속에서 pre-mRNA를 정확하게 이어맞추기 할 수 있는 무세포 추출물(cell-free extract)의 연구를 통하여 이루어졌다. 이어맞추기소체의 조립에 있어서 주된 단계의 일부와 인트론의 제거는 〈그림 5-32〉에 나타낸 그리고 그 그림의 설명에 좀 더 상세히 설명되어 있다. 종합하면, 인트론을 제거하기 위해서는 몇 개의 snRNP 입자들, 즉 U1 snRNP, U2 snRNP, U5 snRNP, U4와 U6 snRNA가 서로 결합된 U4/U6 snRNP 등을 필요로 한다. 자신의 snRNA 이외에, 각 snRNP는 10여개 또는 그 이상의 단백질들을 포함하고 있다. 에스엠 단백질(*Sm protein*)이라고 하는 하나의 단백질 집단은 모든 snRNP 내에 들어 있다. 에스엠 단백질들은 서로 결합하며 그리고 각 snRNA(U6 snRNA를 제외하고)의 보존된 자리에 결합하여 snRNP의 핵심부를 형성한다. 〈그림 5-33〉은 U1 snRNP의 구조적 모형을 보여주는데, snRNA의 위치, 에스엠 단백질, 입자 내에 있는 다른 단백질들이 표시되어 있다. 에스엠 단백질은 전신홍반루푸스(systemic lupus erythematosus)라는 자가면역 질환을 가진 환자에서 생산된 항체의 표적이기 때문에 최초로 확인되었다. snRNP의 다른 단백질들은 각 입자에만 유일하게 존재한다.

〈그림 5-32〉에 나타낸 일들은 RNA 분자들 사이에 일어날 수 있는 복잡하고 역동적인 상호작용의 좋은 예이다. 이어맞추기소체가 조립되는 동안에 일어나는 RNA 분자들 사이에 다수의 재배열

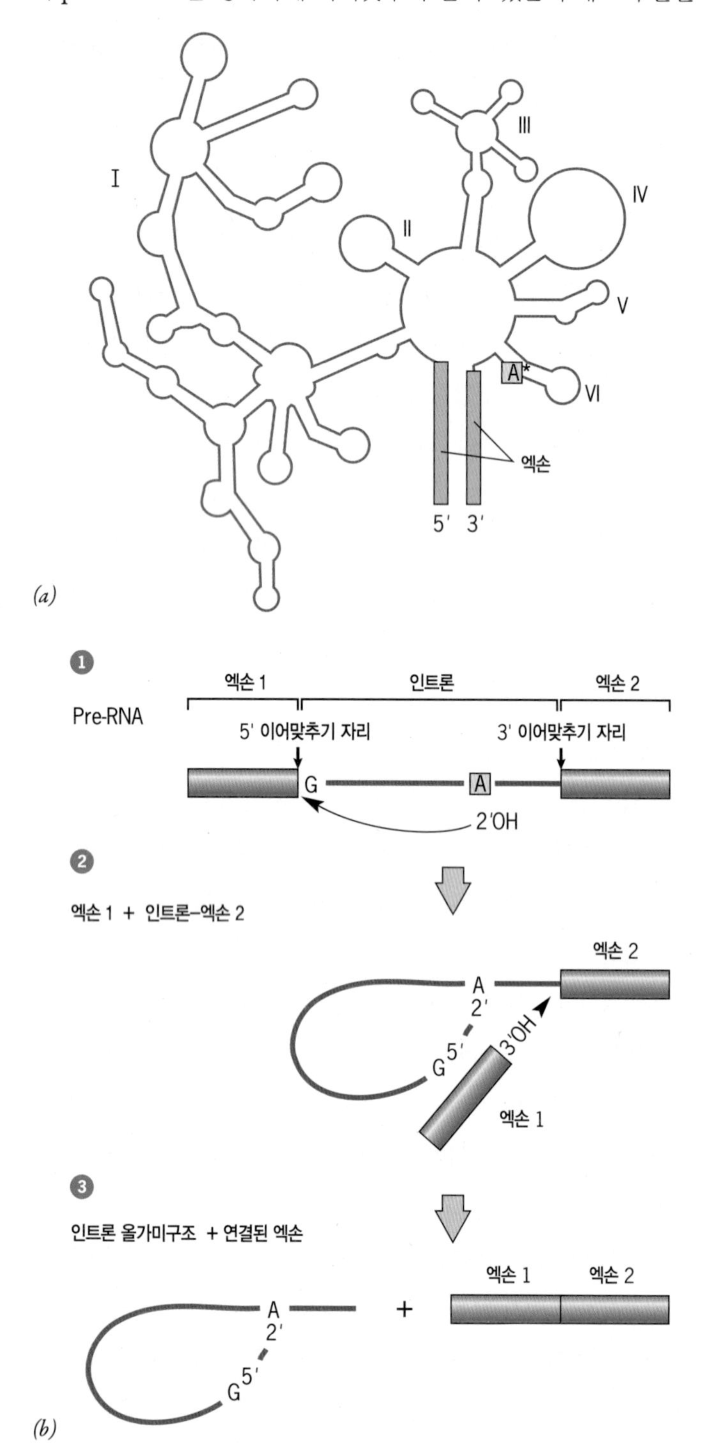

그림 5-31 제2 인트론군의 구조와 자가-이어맞추기 경로. (*a*) 제2 인트론군의 2차원 구조 (빨간색으로 나타냈음). 인트론은 접혀서 6개의 특징적인 영역을 구성하는데, 중앙에서 퍼져나간 모양을 한다. 별표모양은 영역 VI에서 튀어나온 아데노신 뉴클레오티드를 나타내고, 본문에 설명된 것과 같은 올가미구조를 형성한다. 인트론의 두 끝은 2개의 인트론-엑손 경계의 근접에 의해 나타나듯이, 서로 가까이에 붙여진다. (*b*) 제2 인트론군의 자가-이어맞추기의 단계들. 1단계에서, 인트론 내에 있는 아데노신의 2′ OH (*a*부분의 영역 VI에 있는 별표모양)는 5′ 이어맞추기 자리를 친핵성(親核性, nucleophilic) 공격을 수행하여, RNA를 잘라서, 인트론의 첫 번째 뉴클레오티드와 예외적인 2′-5′ 포스포디에스터 결합을 형성한다. 이 가지를 가진 구조를 올가미구조라고 한다. 2단계에서, 옮겨진 엑손의 자유로운 3′ OH는 3′ 이어맞추기 자리를 공격하여, 인트론의 다른 부위를 자른다. 이 반응의 결과로, 인트론은 자유로운 올가미구조로 방출되고, 나란히 위치하는 2개의 엑손들의 3′끝과 5′끝끼리 연결된다(3단계). pre-mRNA로부터 인트론의 이어맞추기에서 유사한 과정이 뒤따른다. 그러나 자가-이어맞추기에 의해서 일어나기 보다는, 이 단계들은 많은 추가 인자들의 도움이 필요하다.

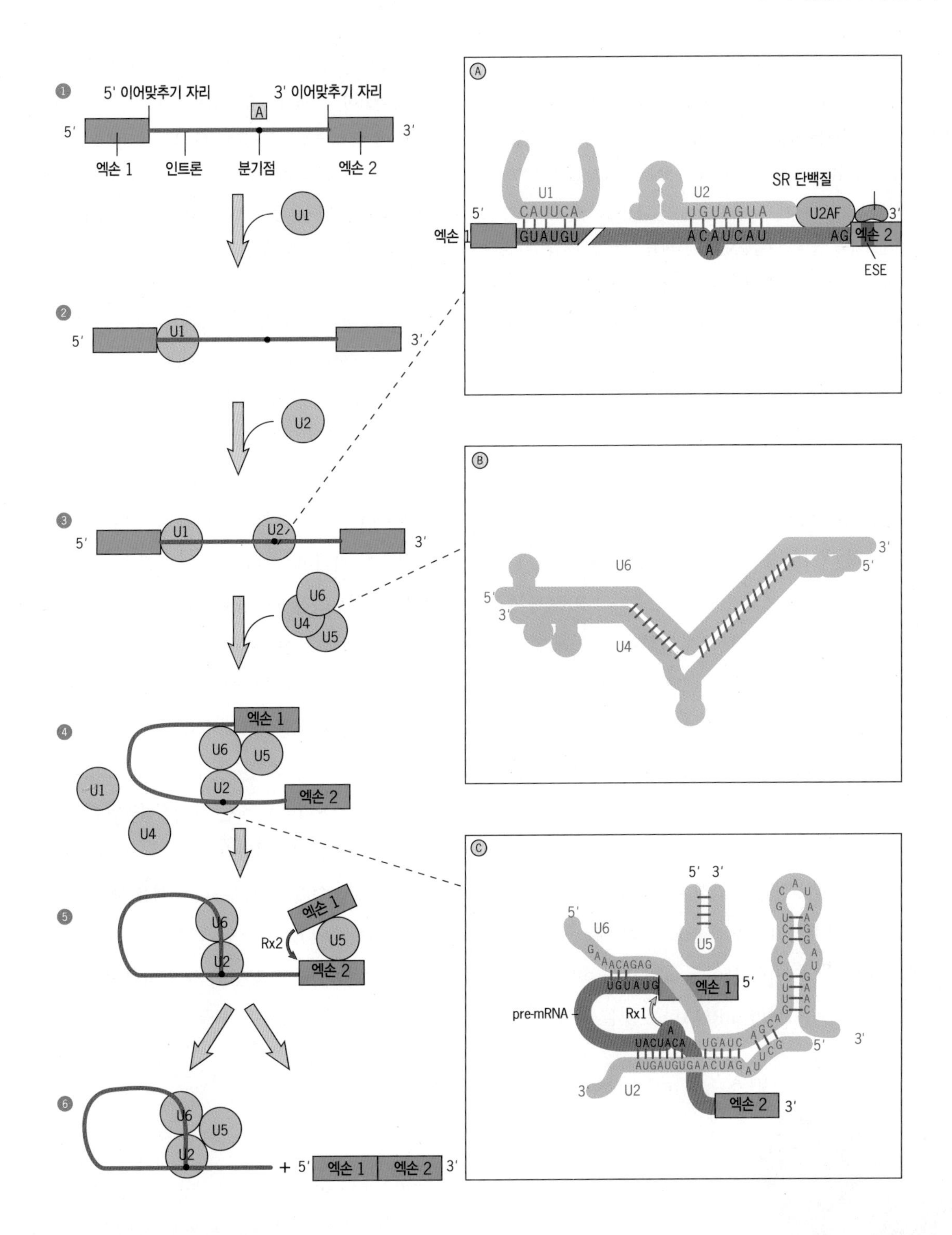

그림 5-32 이어맞추기 기구의 조립과 pre-mRNA 이어맞추기 하는 동안 일어나는 단계들의 도식적 모형. 1단계는 이어맞추기 되어야 할 pre-mRNA의 부위를 보여 준다. 2단계에서, 이어맞추기 구성요소의 첫 번째는 U1 snRNP로서, 인트론의 5′ 이어맞추기 자리에 부착된다. U1 snRNA의 뉴클레오티드 서열은 pre-mRNA의 5′ 이어맞추기 자리에 상보적이며, 그리고 이어맞추기 자리와 U1 snRNA 사이에 특수한 염기쌍을 형성함으로써, U1 snRNP는 처음에 인트론의 5′쪽에 결합한다는 증거가 있다(삽입도 A 참조). 그 다음으로 U2 snRNP가 이어맞추기 복합체에 들어가서, 특수한 아데노신 잔기(점) 주위의 나선에서 튀어 나오게 하는 방법으로(3단계), pre-mRNA에 결합한다(삽입도 A에서처럼). 이 튀어나온 부위는 나중에 올가미구조(lariat)의 가지가 되는 부위이다. U2는 3′ 이어맞추기 자리 근처의 폴리피리미딘 트랙에 결합하는 U2AF 단백질에 의해 선별된 것으로 생각된다. U2AF는 또한 엑손 이어맞추기 증폭자(ESEs)에 결합하는 SR 단백질에도 결합한다. 이 결합들은 인트론/엑손 경계를 인식하는 중요한 역할을 한다. 다음 단계는 U4/U6와 U5 snRNP가 pre-mRNA에 결

합하는 것이다. 이것은 U1의 교체와 동반되어 일어난다(4단계). 이어맞추기소체(spliceosome)의 조립은 pre-mRNA와 특수한 snRNA 사이의 그리고 snRNA들 자체 내에서 연속적으로 일어나는 역동적인 상호작용을 포함한다. 그들이 pre-mRNA와 함께 복합체에 들어감에 따라, U4와 U6 snRNA들은 서로 광범위하게 염기쌍을 이룬다(삽입도 B). 이어서 U4 snRNA는 2중나선에서 떨어져 나가고 U4와 쌍을 이루던 U6의 부위는 U2 snRNA의 부위와 염기쌍을 이룬다(삽입도 C). U6 snRNA의 또 다른 부위는, 먼저 번에 결합되었던(삽입도 A) U1 snRNA가 떨어져 나간 채, 5′ 이어맞추기 자리에 위치하고 있다(삽입도 C). U6는 리보자임이고, U4는 그 촉매 활성의 저해제라고 제안되고 있다. 이 가정에 의하면, U1과 U4 snRNA가 이동되면, U6 snRNA는 인트론 제거에 필요한 두 가지 화학 반응을 촉매하는 위치에 있게 된다. 또 다른 관점에서, 그 반응은 U6 snRNA의 활성과 U5 snRNA의 단백질의 연합에 의하여 촉매된다. 기작이 무엇이든지 상관없이, 첫 번째 반응(삽입도 C의 화살표)의 결과 5′ 이어맞추기 자리가 절단되어, 유리(遊離) 상태의 5′엑손과 올가미구조 인트론—3′엑손 중간산물을 형성한다(5단계). 유리 상태의 5′엑손은 이어맞추기소체의 U5 snRNA와의 결합에 의하여 지탱되는 것으로 생각되며(5단계), U5 snRNA는 또한 3′엑손과 상호작용 한다(5단계). 5′ 이어맞추기 자리의 첫 번째 절단 반응에 이어서 3′ 이어맞추기 자리에서 두 번째 절단 반응(5단계, 화살표)이 일어나는데, 이때 올가미구조 인트론을 잘라내고 그와 동시에 2개의 이웃하는 엑손들의 끝을 연결한다(6단계). 이어맞추기가 일어난 후에, snRNP는 pre-mRNA로부터 방출되어야 한다. snRNA들 사이의 원래 결합이 회복되어야 하며, snRNP들은 다른 인트론의 자리에서 재조립되어야 한다.

은 snRNP에 들어있는, ATP-소비 RNA 헬리카아제(helicase)에 의해 일차적으로 중재된다. 〈그림 5-32, 삽입도 A〉에 나타낸 U4-U6 2중가닥(duplex)처럼, RNA 헬리카아제는 2중가닥 RNA를 풀어줄 수 있어서 이동된 RNA를 새로운 짝과 결합할 수 있게 한다. 이어맞추기소체의 헬리카아제는 RNA를 〈그림 5-32, 삽입도 B〉의 U2AF 단백질을 포함하는 결합되어 있는 단백질로부터 떼어내는 것으로 생각된다. 적어도 8개의 서로 다른 헬리카아제가 효모의 pre-mRNA 이어맞추기에 관련되어 있는 것으로 나타났다.

(1) pre-mRNA는 제2 인트론군이 스스로 이어맞추기할 때 일어나는 것과 동일한 쌍의 화학 반응에 의해 이어맞추기 되며, 그리고 (2) pre-mRNA 이어맞추기에 필요한 snRNA는 제2 인트론군의 일부와 밀접하게 비슷하다. 이런 사실은 snRNP의 촉매적으로 활발한 구성요소는 단백질이 아니라 snRNA라는 것을 시사하였다 (그림 5-34). 이 시나리오에 따라면, 이어맞추기소체는 리보자임으로 작용할 것이며, 그리고 이 단백질은 snRNA의 적절한 3차구조를 유지하고 특정 pre-mRNA가 가공되는 동안 사용되어야 할 이어맞추기 자리를 선택하는 것과 같은 다양한 보조 역할을 할 것이다. RNA 이어맞추기에 참가하는 다양한 snRNA들 중에서 촉매적인 역할을 담당하는 것으로 U6가 가장 가능성이 높은 후보로 생각된다. 그러나 최근의 연구들은 U5 snRNP의 단백질들 중 적어도 하나(즉, Prp8이라고 하는 단백질)를 이어맞추기소체의 촉매부위에 아주 가깝게 위치시켰다. 게다가, Prp8은 pre-mRNA를 절단하는 데 적합할 수 있는 RNAase 영역을 포함하고 있다. 이 발견은, 이어맞추기소체의 RNA와 단백질 구성요소 두 가지의 합동 작용이 RNA 이어맞추기에 필요한 두 가지 화학 반응을 촉매하는 일을 담당한다는 제안에 다시 주목을 끌게 하였다.

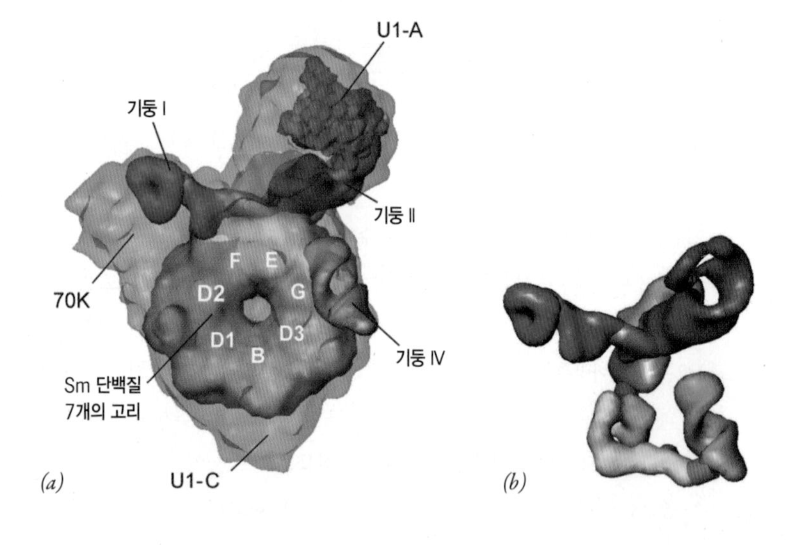

그림 5-33 **snRNP의 구조.** (*a*) 동결전자현미경법으로 얻은 생화학적 자료들과 구조적 정보를 바탕으로 한 U1 snRNP 입자의 모형. 입자의 중심부에는 고리 모양의 단백질 복합체가 있는데, 이것은 모든 U snRNP에 공통인 7개의 서로 다른 에스엠(sm) 단백질로 구성되어 있다. 3개의 다른 단백질들(70K, U1-A, U1-C라고 명명된)은 U1 snRNP에만 유일하다. 기둥들 I, II, IV는 165-염기 U1 snRNA의 일부이다. snRNP는 세포질에서 조립되어 핵으로 수송되고, 핵에서 그의 기능을 수행한다. (*b*) 앞의 *a*에서와 동일한 방향으로 있는 U1 snRNA의 모형.

엑손 내에 자리 잡은 엑손 이어맞추기 증폭자(ESE)라고 하는 서열은 이어맞추기 기구가 엑손을 인식하는데 중요한 역할을 한다. ESE는 에스알 단백질(*SR protein*)이라고 하는 RNA-결합 단백질 집단(family)의 결합 자리의 역할을 한다. SR 단백질이란 다수의 아르기닌(arginine, R)과 세린(serine, S) 때문에 붙여진 이름이다. SR 단백질들은 상호작용하는 연결망을 형성하여, 인트론/엑손의 경계 부위에 걸쳐 있고 이어맞추기 자리에 snRNP를 모이게 하는 것을 돕는 것으로 생각된다. 또한 양(+) 전하를 띤 SR 단백질은 전사가 개시될 때 CTD에 붙여진 음(−) 전하를 띤 인산기와 정전기적으로 결합한다(그림 5-20). 그 결과, 인트론에서의 이어맞추기 기구의 조립은 중합효소에 의한 인트론의 합성과 함께 일어난다.

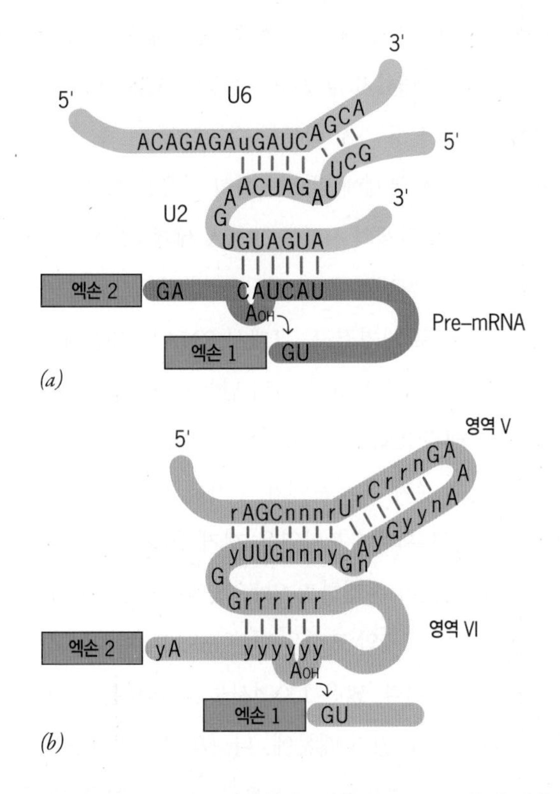

그림 5-34 pre-mRNA에 이어맞추기소체(spliceosome)에 의해 수행되는 이어맞추기 반응과 제2 인트론군의 자가-이어맞추기 반응 사이에 제안된 구조적 유사성. (*a*) pre-mRNA 분자의 인트론(엑손1과 엑손2 옆에 있는)과 이어맞추기에 필요한 2개의 snRNA(U2와 U6). (*b*) 자가-이어맞추기가 이루어지는 동안에 일렬로 늘어서게 되는 중요한 부분의 배열을 보여주고 있는 제2 인트론군의 구조(〈그림 5-31〉에서처럼). 제2 인트론군의 부분들이 *a* 부분에서 결합된 RNA들과 유사성을 보이는 것이 확실하다. 변하지 않는 잔기들은 대문자로 표시되어 있고, 보존된 퓨린과 피리미딘은 r과 y로 표시되어 있다. 변하는 잔기는 n으로 표시되어 있다.

CTD는 넓은 범위의 다양한 이어맞추기 인자들(splicing factors)을 모이게 하는 것으로 생각된다. 사실, mRNA 가공과 세포질로의 반출(搬出)에 필요한 기구의 대부분은 거대한 "mRNA 생산공장"의 일부로서 중합효소와 함께 이동한다(그림 5-35).

대부분의 유전자는 많은 인트론을 갖고 있기 때문에, 〈그림 5-32〉에 나타낸 이어맞추기 반응은 1개의 1차전사물 위에서 반복하여 일어나야 한다. 인트론이 우선 순서대로 제거되어서, 1차전사물과 성숙된 mRNA 사이의 크기인 특이한 가공 중간산물을 형성한다는 증거가 제시되었다. 암탉의 수란관(輸卵管)에 있는 세포의 오보뮤코이드(ovomucoid)[a] mRNA가 핵에서 가공되는 동안 형성된 중간산물의 예가 〈그림 5-36〉에 나와 있다.

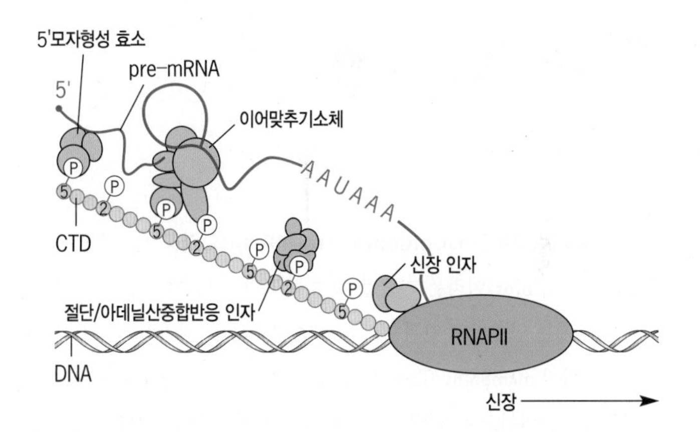

그림 5-35 전사, 모자형성(capping), 아데닐산중합반응(polyanenylation), 이어맞추기 등의 조정을 위한 기작의 개요도. 이 단순화된 모형에서, RNA 중합효소의 큰 소단위의 C-말단 부위(CTD)가 모자형성, 아데닐산중합반응, 인트론의 제거 등을 포함하는, pre-mRNA의 가공에 관여된 요소들의 구성을 위한 유연한 골격의 역할을 한다. 여기에서 나타낸 단백질 이외에도, 중합효소는 아마도 염색질 주형을 변형시키는 효소들은 물론, 전사인자들과도 결합되어 있을 것이다. 중합효소에 결합된 단백질들은 어느 특정 시각에 CTD의 어느 세린 잔기가 인산화되었는지에 의존할 것이다. 인산화된 세린 잔기는 중합효소가 전사되고 있는 유전자의 처음부터 끝까지 진행함에 따라 변화한다(〈그림 5-20〉과 비교해 보자). 5번 잔기에 연결된 인산기는 주로 중합효소가 RNA의 3′끝을 전사할 무렵에 소실된다.

역자 주[a] 오보뮤코이드(ovomucoid): 'ovomucoid'의 어원은 '라틴어(L), *ovum*, egg cell + *mucus*, slime + 그리스어(Gk) *eidos*, form'이며, 이는 '난세포(egg cell)에서 점성이 있는 물질'이라는 뜻이다. 즉, 계란[(鷄卵, 닭의 난자(卵細胞)]에서 흰자(白, egg white)에 있는 점성(粘性) 물질(素)로서 점액소(粘液素, mucin)와 비슷한 당단백질을 일컬으며, 한글로는 '난백점소(卵白粘素)'라고 표기하여 사용된다.

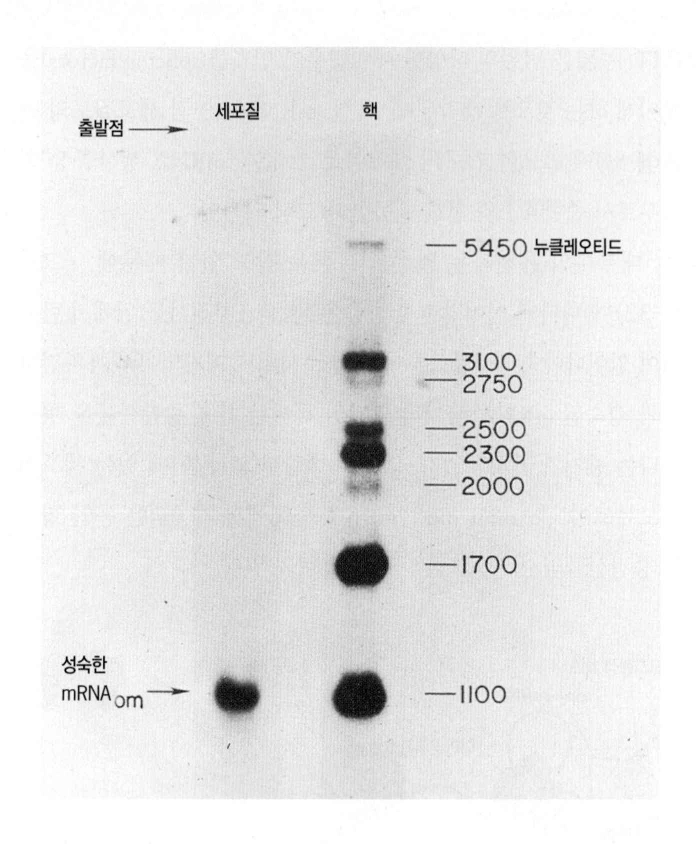

그림 5-36 **오보뮤코이드(ovomucoid) pre-mRNA의 가공.** (*a*) 사진은 노던 블럿(Nothern blot)이라는 기술을 보여주고 있는데, 이 기술로 추출된 RNA(이 경우에는 암탉의 수란관 세포의 핵으로부터)를 전기영동으로 분리시킨 뒤, 막여과기(membrane filter) 위에 옮겼다. 이어서 여과기 위에 고정된 RNA는 방사성 동위원소로 표지된 cDNA(이 경우에, 오보뮤코이드 mRNA로부터 만든)와 함께 상보적인 서열을 갖는 RNA의 위치를 드러내 보이는 띠(band)를 형성하도록 항온처리 하였다. 오보뮤코이드 단백질을 암호화하는 성숙한 mRNA는 1,100개의 뉴클레오티드 길이이며, 블럿의 아래쪽에 보인다. 또한 핵은 오보뮤코이드 mRNA의 뉴클레오티드 서열도 포함하는 더 큰 크기의 다수의 RNA를 갖고 있음에 틀림없다. 블럿 상에서 가장 큰 RNA는 5,450개의 뉴클레오티드 길이를 가지며, 이것은 오보뮤코이드 전사단위의 크기와 일치한다. 즉, 이 RNA는 아마도 1차전사물일 것이며, 이것으로부터 궁극적으로 mRNA가 절단될 것이다. 다른 뚜렷한 띠들은 3,100개의 뉴클레오티드 길이를 가진 RNA(인트론 5와 6이 없는 전사물에 상응함), 2,300개의 뉴클레오티드 길이를 가진 RNA(인트론 4, 5, 6, 7이 없는 전사물), 1,700개의 뉴클레오티드 길이를 가진 RNA(인트론 3을 제외한 모든 인트론이 없는 전사물)이다.

5-4-4 분할 유전자와 RNA 이어맞추기(스플라이싱)의 진화적 관계

화학반응을 촉매할 수 있는 RNA의 발견은 생물학적 진화에 관한 생각에 커다란 충격을 가져다주었다. 유전물질로서 DNA가 발견된 이후, 생물학자들은 단백질과 DNA 중에서 어느 것이 먼저 만들어졌는지 궁금해 하였다. 이 난제는 두 가지 고분자들의 기능이 얼핏 보기에 겹치지 않는 것으로부터 발생하였다. 단백질은 반응을 촉매하는 반면에, 핵산은 정보를 저장한다. 1980년대 초기에 리보자임의 발견으로 한 가지 분자—RNA—가 두 가지 기능을 할 수 있다는 것이 분명해졌다.

이 발견은 생명의 진화 과정에서 초기 단계에서는 DNA와 단백질 두 가지 모두 존재하지 않았다는 믿음에 힘을 주었다. 이 기간 동안에, RNA 분자가 두 가지 임무를 수행하였다. 즉, 유전 물질의 역할을 하였고, RNA 복제에 필요한 화학 반응을 포함하는 화학반응을 촉매하였다. 이 단계의 시대를 "**RNA 세계**(RNA world)"라고 말한다. 단지 진화의 후반부에, 촉매작용 및 정보저장의 기능이 각각 단백질 및 DNA로 넘겨졌고, 그래서 RNA는 유전정보의 흐름에서 중개자로서 주로 작용하기 위해 남아있다. 많은 연구자들이 이어맞추기는 오래된 RNA 세계로부터 온 유산의 한 예로 믿는다.

비록 인트론의 존재가 세포에게 추가된 부담을 주지만, 세포는 자신의 전사물로부터 개재서열을 제거해야하기 때문에, 인트론은 자체의 장점 없이 존재하지 않는다. 다음 장에서 보겠지만, RNA 이어맞추기는 세포의 조절을 받는 mRNA 형성의 경로를 따르는 단계들 중 하나이다. 많은 1차전사물이 둘 또는 그 이상의 경로에 의해서 가공될 수 있기 때문에, 나나의 경로에서 인트론으로 작용하는 서열이 다른 경로에서 엑손으로 된다. 선택적 이어맞추기(alternative splicing)라고 하는 이 과정의 결과, 동일한 유전자가 한 가지 이상의 폴리펩티드를 암호화할 수 있다.

또한 인트론의 존재는 생물학적 진화에서 중요한 영향을 미쳐왔다고 생각된다. 단백질의 아미노산 서열을 조사할 때, 여러 개의 다른 단백질 부분에 상동 구간(section)이 자주 발견된다(예로서, 〈그림 2-36〉과 〈그림 11-22〉 참조). 이런 유형의 단백질은 거의 확실히 다른 유전자의 일부를 구성하는 유전자에 의하여 암호화된다. 유연관계가 없는 유전자들 사이에서 유전자 "모듈(module)"의 이동—**엑손뒤섞임**(exon shuffling)이라고 하는 과정—은 엑손들 사이에서 불활성의 공간 점유 부분처럼 작용하는, 인트론의 존재에 의하여 대단히 촉진된다. 유전자 재배열(genetic rearrangement)을 위해서는 DNA 분자가 절단되어야 할 필요가 있으며, 이것은 생물체를 나쁘게 할 수 있는 돌연변이의 유발 없이, 인트론 내에서 일어날 수 있다. 시간이 경과함에 따라, 엑손들은 다양한 방법으로 독립적으로 뒤섞이게 될 수 있어서, 새롭고 유용한 암호화 서열을 찾아서 거의 무한정한 수로 조합될 수 있다. 엑손뒤섞임의 결과, 진화는 점돌연변이의 느린 축적에 의해 일어날 필요가 있을 뿐만 아니라, 단일 세대에서 새로운 단백질의 출현이라는 "비약적 도약(quantumm leap)"에 의해서 전진할 수도 있다.

5-4-5 실험실에서 새로운 리보자임 만들기

RNA가 유일한 촉매제로 작용했다고 하는 RNA 세계의 실현 가능성에 관하여 많은 생물학자들의 마음속에 있는 주요 문제점은, 자연적으로 생기는(*naturally occurring*) RNA에 의해 촉매된 반응은 오늘날까지 불과 몇 개밖에 발견되지 않았다는 것이다. 이들 반응 중에는 단백질이 합성되는 동안에 RNA의 이어맞추기(splicing) 및 펩티드 결합 형성에 필요한 포스포다이에스터 결합의 절단과 연결이 포함된다. 이 반응들은 RNA 분자가 촉매 작용을 할 수 있는 유일한 유형의 반응인가? 아니면 RNA 분자의 촉매 범위가 보다 효율적인 단백질 효소의 진화에 의해 엄격히 제한되어 온 것인가? 많은 집단의 연구자들은 실험을 통해 새로운 RNA 분자를 만들어서 RNA의 촉매작용 가능성(*potential*)을 탐구하였다. 비록 이 실험들이, 이러한 RNA 분자들이 고대 생명체들에 존재했다는 것을 증명할 수 없을지라도, RNA 분자가 자연도태의 과정을 통하여 진화할 수 있었다는 원리(principle)를 입증한다.

하나의 접근법으로, 연구자들은 RNA가 어떻게 만들어져야 하는가에 관하여 어떠한 예상해본 구조도 없이 요행수로 촉매작용을 하는 RNA를 만들었다. 이 RNA는 자동화된 DNA 합성 기구들이 무작위(*random*) 뉴클레오티드서열들로 DNA를 조립되게 함으로써 만들어진다. 이 DNA들이 전사되어서, RNA의 뉴클레오티드 서열 또한 무작위로 되어 있는 한 무리의 RNA들을 만든다. 일단 RNA 무리가 만들어지면, RNA들이 갖고 있는 특성에 의해 개개의 RNA들이 그 무리로부터 선택될 수 있다. 이런 접근법을 "시험관 속 진화(test-tube evolution)"라고 표현하고 있다.

한 연구 집단에서, 연구자들은 먼저 특정 아미노산에 결합된 RNA를 선택하고, 이어서 특정 아미노산을 표적화된 tRNA의 3′ 끝으로 운반할 RNA를 골라냈다. 이것은 아미노아실-tRNA 합성효소에 의해서 수행되는 동일한 기본 반응이다. 여기서 아미노아실-tRNA 합성효소는 단백질 합성에서 필요한 것으로써 아미노산을 tRNA에 연결하는 효소이다. 아미노산은 처음에 리보자임에 의해 수행되는 촉매 반응을 향상시키는 부속물(조효소)로써 사용되어 왔을 것으로 추측된다. 시간이 지남에 따라, 리보자임은 아마도 작은 단백질을 형성하기 위해서 특수한 아미노산들을 한 줄로 이어질 수 있도록 진화되었을 것이며, 그 작은 단백질은 그들의 RNA 선조보다 더 용도가 많은 촉매제로 진화되었을 것이다. 이 장에서 나중에 보게 되겠지만, 리보솜—단백질 합성을 담당하는 리보핵산단백질 기구—는 근본적으로는 리보자임이라고 마음속으로 생각하고 있는데, 이것은 이러한 진화적 각본을 강하게 지지한다.

원시의 세포에서 단백질이 (RNA로부터) 작업량을 더 많이 공유하여 넘겨받게 됨에 따라, RNA 세계는 점차로 "RNA-단백질 세계"로 변형되어 갔다. 그 후의 시점에, 아마도 RNA는 유전물질로써 DNA에 의해 대체되었을 것이며, 이것은 생명의 형태를 현재의 "DNA-RNA-단백질 세계"로 나아가게 하였다. DNA의 진화는 아마도 오직 두 가지 형태의 효소들을 필요로 하였을 수 있을 것이다. 즉, 리보뉴클레오티드를 디옥시리보뉴클레오티드로 전환시키는 리보뉴클레오티드 환원제 그리고 RNA를 DNA로 전사하는 역전사효소이다. RNA 촉매제가 DNA 합성이나 전사에 관여되는 것이 아닌 것으로 나타난 사실은, DNA-RNA-단백질 3개조에서 DNA는 현장에 나타나는 가장 마지막 구성요소라는 생각을 지지한다.

진화가 진행되는 과정의 어느 지점에서, 암호는 그 유전물질이 특정 단백질로 결합될 아미노산의 서열을 지정할 수 있도록 진화되어야 했다. 이 암호에 대한 성질은 이 장의 후반부에서 다루어지는 주제이다.

복습 문제

1. 분할유전자는 무엇인가? 분할유전자의 존재는 어떻게 발견되었나?
2. hnRNA와 mRNA 사이의 관련성은 무엇인가? 이 관련성은 어떻게 밝혀졌나?
3. pre-mRNA를 mRNA로 가공하는 과정에서 일반적인 단계는 무엇인가? snRNA와 이어맞추기소체(spliceosome)의 역할은 무엇인가?
4. 'RNA 세계'라는 용어는 무엇을 의미하는가? 어떤 증거에 의해서 이것의 존재가 주장되는가?
5. RNA 분자들의 촉매 활성에 적용할 때, "시험관 속 진화"라는 말은 무엇을 의미하는가?

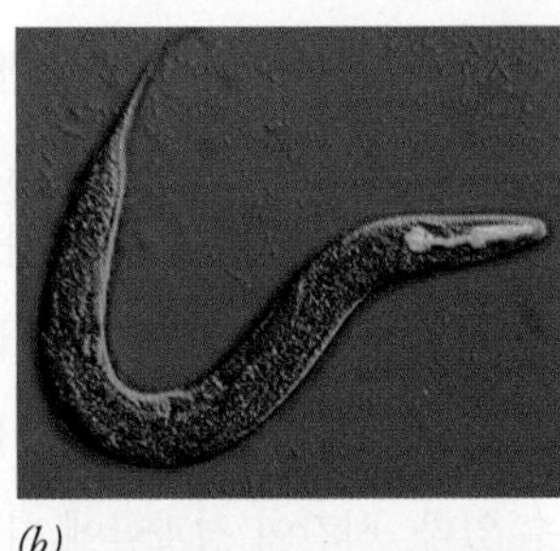

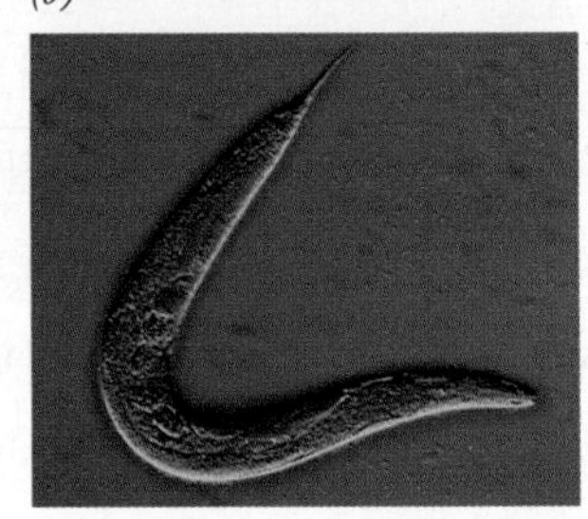

(a) (b) (c)

그림 5-37 **RNA 간섭** (*a*) 페츄니아 식물은 정상적으로 옅은 자주색 꽃을 갖는다. 세포가 색소 생산에 요구되는 효소를 암호화하는 가외의 유전자[전이유전자(轉移遺傳子, transgene)]를 가지므로 이 식물의 꽃은 하얀색으로 나타난다. 추가된 (전이) 유전자는 RNA 간섭을 일으켜 이식유전자에서 전사된 mRNA와 식물 자신의 유전자들에서부터 전사된 mRNA를 모두 특이적 파괴를 이끈다. 그 결과, 꽃들은 대체로 탈색된다. (*b*) GFP 융합 단백질을 암호화하는 유전자를 가진 선충 (*c*) 이 선충은 *b*에 나타낸 것과 동일한 유전인자형을 가진 부모로부터 발생되었다. 이 선충의 생식선은 GFP 융합 단백질을 암호화하는 mRNA에 상보적인 2중가닥 RNA의 용액과 함께 주입되었다. 초록색을 볼 수 없는 것은 RNA 간섭에 의한 mRNA의 파괴를 의미한다.

5-5 작은 조절 RNA와 RNA 침묵 경로

RNA 분자가 유전자 발현에 직접적으로 관여한다는 생각은 수수께끼 같은 목격을 하면서 시작되었다. 페츄니아(petunia) 식물의 꽃잎은 일반적으로 옅은 자주색이다. 1990년 두 집단의 연구자들이 색소를 생산하는 효소를 암호화하는 유전자를 추가로 도입하여 꽃의 색깔을 더 진하게 만들려는 시도에 대해 보고하였다. 놀랍게도, 추가 유전자의 존재는 예상대로 더 진한 색소로 되게 하기 보다는 오히려 꽃잎의 색소를 잃어버리게 하였다(그림 5-37*a*). 계속된 연구에 따르면, 이러한 실험 조건 하에서 추가된 유전자와 유전체 안에 있는 정상적인 대응유전자가 모두 전사되지만, 그 결과 생긴 mRNA는 어떻게든 분해되었다는 것을 암시하였다. 그 현상은 전사후 유전자침묵(*posttranscriptional gene silencing, PTGS*)으로 알려지게 되었다.

1998년까지 이런 유전자침묵의 형성에 대한 분자적 기초에 대하여 이해되지 못하였다. 그 해에 워싱톤의 카네기연구소(Carnegie Institute of Washington)의 앤드류 파이어(Andrew Fire)와 메사추세츠대학교(University of Massachusetts)의 크레이그 멜로(Craig Mello)와 그들의 동료들은 예쁜꼬마선충(*Caenorhabditis elegans*)으로 실험을 수행하였다. 그들은 이 선충에 특정 근육 단백질의 생산이 중단되기를 희망하면서 서로 다르게 준비한 몇 가지의 RNA를 주입하였다. 그 중에서 하나의 준비물은 "센스(sense)" RNA, 즉 표적 단백질을 암호화하는 mRNA의 서열을 가진 RNA이었다. 또 다른 하나는 "안티센스(anti-sense)" RNA, 즉 의문을 갖고 있는 mRNA에 상보적인 서열을 가진 RNA이었다. 세 번째는 센스 및 안티센스 서열이 서로 결합된 2중가닥 RNA로 구성되었다. 단일가닥 RNA는 어느 것도 큰 효과를 보이지 않았으나, 2중가닥 RNA는 암호화하는 단백질의 생산을 중단시키는 데 아주 효과적이었다. 파이어와 멜로는 이 현상을 **RNA 간섭**(RNA interference, RNAi)으로 설명하였다. 그들은 2중닥 RNA(double-stranded RNA, dsRNA)를 세포에 넣은 후 첨가된 dsRNA와 동일한 서열을 가진 mRNA가 선택적으로 파괴되는 반응이 유도되는지를 입증하였다. 예를 들어 얘기해보자면, 누군가가 선충의 세포 속에서 글리코겐가인산분해효소(glycogen phosphorylase)의 생산을 중단시키려고 했기 때문에 선충의 표현형에서 이 효소의 결핍 효과가 확인될 수 있었다. 놀랍게도, 표적 mRNA와 동일한 서열을 공유하는 dsRNA 용액 속에 선충을 그냥 놔둠으로써 이 결과를 얻을 수 있었다. 유사한 실험을 〈그림 5-37*b*,*c*〉에 나타내었다. 이 현상은 비록 기작은 완전히 다르지만, 특정 단백질을 암호화하는 특정 유전자가 결핍된 유전자제거 생쥐의 형성과 효과 면에서 유사하다.

dsRNA-매개 RNA 간섭의 현상은 더 넓은 범위의 **RNA 침묵**(RNA silencing) 현상의 예인데, 이 현상에서 보통 단백질 기구와 함께 작용하는 작은 RNA가 다양한 방법으로 유전자 발현을 저해하도록 작용한다. RNAi는 외부 유전 물질 또는 원치 않은 유전 물질의 존재로부터 생물체를 방어하기 위해, "유전적 면역 체계(genetic immune system)"의 유형으로 진화했다고 생각된다. 보다 특이적으로, RNAi는 아마도 바이러스의 복제를 막기 위한 그리고/또는 유전체 내에 있는 전이인자[轉移因子, 또는 트랜스포손(transposon)]의 이동을 억제하기 위한 기작으로서 진화했을 것이다. 왜냐하면, 앞의 두 가지 잠재적으로 위험한 과정은 dsRNA의 형성을 포함할 수 있기 때문이다. 세포는 dsRNA를 원하지 않는 것으로 인식할 수 있다. 왜냐하면, 그런 분자는 세포의 정상적인 유전자 활성에서는 생산되지 않는 분자이기 때문이다.

RNAi 경로에서 포함된 과정들은 〈그림 5-38*a*〉에서 보여주고 있다. 반응을 시작하는 2중가닥 RNA는 첫째로 다이서(Dicer)라고 하는 특별한 형태의 리보핵산가수분해효소에 의하여 **소형간섭 RNA**(small interferingRNA, siRNA)라고 하는, 작은 (21~23개의 뉴클레오티드) 2중가닥 조각들로 쪼개진다. 〈그림 5-38*a*〉에 나타낸 것처럼, 다이서가 속한 효소들은 dsRNA 기질에 특이적으로 작용하여 3′가닥의 끝이 튀어나온 작은 dsRNA를 만든다. 그래서 이 작은 dsRNA는 아르고노트(Argonaute) 단백질 집단을 구성하는 요소를 포함하는 복합체(〈그림 5-38*a*〉에서 pre-RISC[b]로 확인됨)에 실리게 된다. 아르고노트 단백질은 알려진 모든 RNA 침묵 경로에서 핵심적인 역할을 한다. RNA 침묵 경로들에서 RNA의 2중가닥 중 한 가닥(승객가닥이라고 하는)은 2개로 갈라지고, 그 다음에 pre-RISC로부터 분리된다. RNA 2중가닥 중 나머지 가닥 하나(안내자 가닥이라고 하는)는 그의 아르고노트 단백질(partner, 상대방)과 함께 RISC라고 하는 동류(同類) 단백질 복합체로 결합된다. 다수의 서로 다른 다양한 RISC가 그들이 갖고 있는 특정한 아르고노트 단백질에 의해 확인 및 구별된다. 동물세포에서, 전형적인 siRNA를 갖고 있는 RISC들은 아르고노트 단백질 Ago2를 포함하고 있다. RISC는 상보적인 서열을 가진 RNA에 결합하기 위해서 아주 작은 단일가닥 siRNA를 위한 기구를 제공한다. 일단 결합되면, 표적 RNA는 Ago2 단백질의 리보핵산가수분해효소 활성에 의해 특수한 부위에서 잘라진다. 그래서 siRNA는 복합체를 상보적인 표적 RNA로 향하도록 안내자처럼 작용하며, 이어서 이 표적 RNA는 상대방 단백질에 의해 파괴된다. 각 siRNA는 표적 RNA들의 수많은 복사본의 파괴를 조정할 수 있는데, 표적 RNA들은 바이러스 전사물 또는 전이인자(transposon) 또는 역전이인자[逆轉移因子, 또는 레트로트랜스포손(retrotransposon)]로부터 전사된 RNA이거나, 또는 이 절(節)의 시작 부분에서 설명된 것처럼 연구자들이 표적으로 삼는 숙주세포의 mRNA일 수 있다.

역자 주[b] RISC: "RNA-induced silencing complex(RNA-유도 침묵 복합체)"의 머리글자이다.

RNA 간섭은 식물과 선충에서 널리 연구되어 왔다. 일반적으로 척추동물은 잘 발달된 면역계[5]에 의존하는 대신, RNAi를 바이러스에 대한 방어로 활용하지 않는다고 여겨져 왔다. 사실, dsRNA가 배양에서 자라는 포유동물 세포에 첨가되거나 포유동물의 몸에 직접 주입되면, 특이적인(*specific*) 단백질의 번역이 중단되는 것보다는 대체로 단백질 합성을 저해하는 전반적인(*global*) 반응을 일으킨다. 단백질 합성의 이러한 전반적인 감소(〈17-1절〉에서 논의됨)는 바이러스의 감염으로부터 세포를 보호하기 위한 수단으로 진화되어왔다고 생각된다. 전반적인 반응을 극복하기위하여, 연구자들은 아주 작은 dsRNA의 사용에 의지하게 되었다. 21개의 뉴클레오티드 길이(즉, 다른 생물체에서 RNA 간섭이 일어나는 동안에 중간산물로 생산된 siRNA의 크기와 같은)의 합성된 dsRNA를 포유동물 세포에 주입하면 단백질 합성의 전반적인(*global*) 저해를 일으키지 않는다는 것을 발견하였다. 게다가, 그러한 dsRNA는 RNAi의 능력이 있었다. 즉, dsRNA는 뉴클레오티드 서열과 일치하는 mRNA에 의해 암호화되는 특정 단백질의 합성을 저해하였다. 다

[5] 포유동물은 siRNA 생산에 필요한 모든 요소들을 갖고 있다. 최근 연구들은, 암컷의 생식세포주(germ cell line)에서 전이요소(轉移要素, transposable element)의 이동을 방지하기 위한 기작의 일환으로, siRNA(또는 endo-siRNA라고 하는)가 포유동물의 난모세포에서 생산됨을 암시하였다. 포유동물의 생물학에서 엔도-siRNA가 더 넓은 역할을 하는지의 여부는 밝혀져야 할 과제로 남아있다.

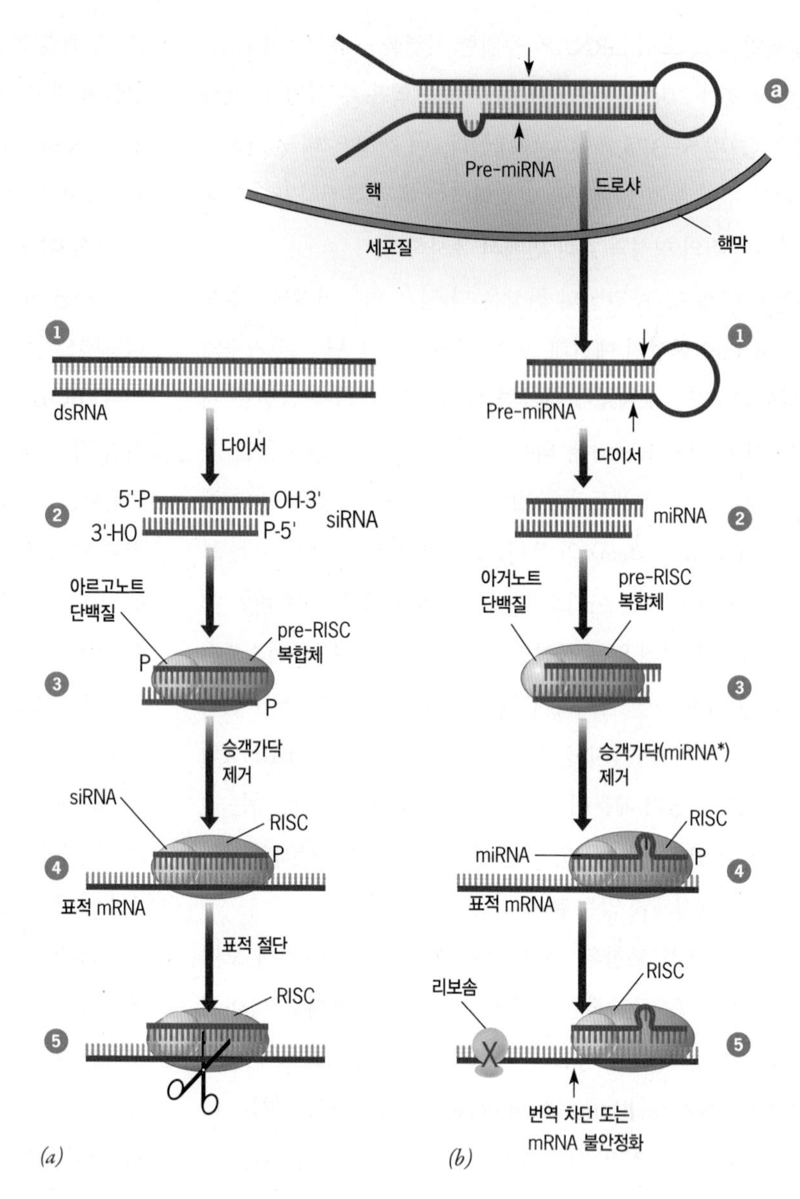

그림 5-38 siRNA와 miRNA의 형성과 그들의 작용 기작 (*a*) 1단계에서, 두 가닥으로 된 RNA의 양쪽 가닥은 핵산내부가수분해효소 다이서(endonuclease Dicer)에 의해 잘려서 한 가닥의 끝이 튀어나온, 작은(21–23개의 뉴클레오티드) siRNA를 형성한다(2단계). 3단계에서, siRNA는 pre-RISC라는 단백질 복합체와 결합된다. 그것은 siRNA 2중가닥 중에서 승객가닥을 자르고 제거하는 능력을 가진 아르고노트(Argonaute) 단백질(전형적으로 Ago2)을 갖고 있다. 4단계에서, 단일가닥의 안내자 RNA(guide RNA)가 RISC 복합체의 단백질들과 결합하여, 상보적인 서열을 가진 표적 RNA에 결합한다. 표적 RNA는 상황에 따라서 바이러스 RNA, 전이인자의 전사물, 또는 mRNA 등일 수 있다. 5단계에서, 표적 RNA는 아르고노트 단백질에 의해 특수한 부위가 절단된 후에 분해된다. (*b*) 마이크로 RNA는 단일가닥의 전구체 RNA로부터 유래하는데, 전구체 RNA는 자신을 뒤로 맞접어서 한쪽 끝에 기둥-고리(stem-loop) 부분을 가진 2중가닥 RNA를 형성하여 상보적인 서열을 갖는다(*a* 단계). 이러한 위(僞)-dsRNA(pseudo-dsRNA)(또는 pri-miRNA)는 드로샤(Drosha)라고 하는 핵산내부가수분해효소를 갖고 있는 단백질 복합체에 의해서 말단의 고리(loop) 근처가 절단되어, 한 쪽 끝에 3′ 가닥의 끝이 튀어나온 pre-miRNA를 만든다. pre-miRNA는 세포질로 보내지고, 거기서 다이서(Dicer)에 의해 절단되어 작은 2중가닥 miRNA로 된다(2단계). 2중가닥 RNA는 아르고노트 단백질(전형적으로 Ago1)을 포함하는 단백질 복합체와 결합되어 가닥들이 분리되고 승객(passenger)가닥(miRNA*라고 하는)이 제거된다. 그다음, 단일가닥의 안내자 miRNA는 mRNA 상의 상보적인 부위에 결합하여(4단계) 5단계에 나타낸 것처럼 정보의 번역을 저해한다(또는 선택적으로, 〈6–6절〉에서 논의된 것처럼, mRNA를 불안정화 시키고 분해하게 만든다). siRNA와는 달리, 번역을 저해하는 miRNA는 표적 mRNA에 오직 부분적으로만 상보적이어서 튀어나온 혹 모양을 만든다. 대부분의 식물 miRNA와 소수의 동물 miRNA는 mRNA에 정밀하게 상보적이거나 거의 상보적이다; 이런 경우, 상호결합의 결과로 *a*에 나타낸 것과 같은 방법으로, mRNA의 분해가 이뤄진다. (인트론에서 유래된 특정 종류의 miRNA는 긴 머리핀(hairpin) 모양의 pri-miRNA를 이루지 않고, 가공을 위해 드로샤를 필요로 하지 않는다는 것을 지적할 수 있다.)

른 mRNA에 의해 암호화되는 단백질들은 일반적으로 영향을 받지 않았다. 이 기법은 특수한 유전자들의 기능에 대하여 더 알기 위한 중요한 실험적 전략이 되고 있다. 누구라도 전사된 mRNA를 파괴시킬 dsRNA를 사용하여 의문시 되는 특수한 유전자의 활성을 단순히 죽일 수 (또는 더 정확하게는 감소시킬 수) 있으며, 그리고 암호화된 단백질의 결핍 결과로 생기는 세포의 이상을 찾아낼 수 있다 (〈그림 12–8〉 및 〈그림 18–51〉 참조). 한 실험에서 많은 유전자의 활성을 결정하려는 실험 목적으로 사용하기 위해 수천 가지의 siRNA 라이브러리가 만들어졌다. RNAi의 임상적 중요성의 가능성은 이어지는 〈인간의 전망〉에서 논의된다.

인 간 의 전 망

RNA 간섭의 임상적 응용

의과학자들은 독성 부작용이 없이 매우 특이한 방법으로 특정 병과 싸우는 치료제 혼합물인 "마법의 탄환(magic bullet)"을 끊임없이 찾고 있다. 새로운 유형의 분자인 마법의 탄환에 표적이 되는 두 가지 유형의 주요 질환— 바이러스 감염과 암—을 고려할 수 있다. 바이러스들은 세포 활동을 중단시키는 바이러스성 단백질들을 암호화하는 전령 RNA를 합성하기 때문에 감염된 세포를 파괴할 수 있다. 암으로 변하는 대부분의 세포들은 비정상적인 세포 단백질로 번역되는 돌연변이 mRNA를 생산하게 하는, 특정 유전자(종양 유전자라고 하는)의 돌연변이를 갖고 있다. 만일 이런 질환들 중 한 가지에 걸린 환자가 바이러스 유전체에서 또는 돌연변이 암 유전자에서 전사된 특정 mRNA를 파괴했거나 저해했던 반면, 동시에, 세포의 모든 다른 mRNA들을 무시하는, 약제로 치료될 수 있었다면 어떤 일이 일어날지 생각해보자. 최근에 이 목적을 염두에 둔 많은 전략이 개발되었다. 즉, 이들 중 가장 최근의 전략은 RNA 간섭의 현상을 활용한다.

위에서 언급한 것처럼, 포유동물의 세포들은 2중가닥 siRNA를 세포에 넣어줌으로써 RNAi—특정 mRNA를 분해시키는 과정—를 받을 수 있는데, 이 때 2중가닥 siRNA에서 1개의 가닥은 표적화되어 있는 mRNA에 상보적이다. 세포들을 21~23개의 뉴클레오티드 (길이의) 합성된 siRNA와 함께 배양하면, 세포들이 이 분자를 흡수하여, 상보적인 mRNA를 공격하는 mRNA-절단 리보핵산 단백질 복합체(〈그림 5-3*a*〉에서처럼)와 결합된다. 대신에, RNAi는 역위반복(逆位反復, inverted repeat) 서열을 가진 유전자를 갖도록 유전공학적으로 설계된, 포유동물 세포 속에서 유도될 수 있다. 유전자가 전사됨에 따라서, RNA 산물은 자신을 뒤로 맞접어서 머리핀(hairpin) 모양(예: 2중가닥)의 siRNA 전구체(〈그림 5-38*b*〉와 유사한)를 형성하며, 이 전구체는 활성을 가진 siRNA로 가공된다. 합성된 siRNA를 사용하는 것은 일시적인 효과를 가져 올 가능성이 있는데, 치료받는 상태에 따라 도움이 될 수도 있고 안 될 수도 있다. 이와 대조적으로, 바이러스 매개체를 사용하는 것은 1회의 사용으로 지속적인 치료 효과를 얻을 수 있는 잠재력이 있다. 그러나 동시에, 바이러스를 사용하는 것은 다른 안전 문제들을 일으킨다.

모든 잠재적인 약제 기술과 마찬가지로, RNAi 치료제 개발의 첫 단계는 siRNA를 병에 걸린 환자나 실험동물 모델(예: 사람을 괴롭히는 것과 비슷한 병에 걸린 동물들)의 세포에서 실험되는 임상전의 연구이다. 이런 임상전의 연구들은 RNAi가 광범위한 질병 및 바이러스 감염을 치료할 것이라는 기대를 불러 일으켰다. 우리는 몇 가지의 사례를 고려 할 수 있다. 위에서 언급한 대로, 암세포들은 일반적으로 암 표현형 생산을 담당하는 비정상 단백질을 암호화하는 1개 이상의 돌연변이 유발 유전자를 갖고 있다. 예를 들면, 백혈병의 한 유형은 2개의 정상 유전자의 융합으로 생긴 *BCR-ABL*라는 유전자에 의해 발생된다. *BCR-ABL* 융합유전자에서 생긴 mRNA에 저항하는 siRNA는 배양엥서 악성 세포를 정상 표현형으로 전환시키 능력이 증명되었다. 마찬가지로, 확장된 CAG 트랙(tract)을 갖고 있는 유전자로 인해 헌팅턴 질환(Huntington's disease) 이 발병된 형태일 때, 이 유전자에 대항하는 siRNA가 비정상인 단백질 생산을 차단함을 보여주었다.

siRNA의 치료 가치를 조사하는 많은 임상전의 연구는 바이러스성 감염에 집중하였다. 인플루엔자, HIV, 또는 간염 바이러스 서열에 상보적인 siRNA의 투여함으로써, 실험동물들은 이런 바이러스들에 의한 감염을 예방했거나 감염을 제거하였다. 에이즈의 경우, 환자로부터 정제한 줄기세포에 HIV를 암호화하는 mRNA를 표적으로 하는 siRNA를 가진 매개체(vector)를 형질주입시킨 다음에, 환자의 혈류로 다시 주입될 수 있기를 기대한다. 이러한 줄기세포들은 siRNA를 다소 지속적으로 생산할 가능성이 있어서, 그 줄기세포 자신과 그 후손 세포들이 바이러스에 의한 파괴에 저항하게 한다. 하지만, 바이러스 감염을 치료하기 위해서 RNAi를 사용하는 데에는 장애물들이 있다. RNAi의 특징은 장점과 불리한 점 모두 다 될 수 있는 놀라운 서열 특이성이다. 이런 병원균들이 급속히 돌연변이로 바뀌는 경향이 있기 때문에, 궁극적으로 RNAi는 바이러스에 대항하는 효력이 없는 것으로 증명될 수 있다. 돌연변이들은 유전체 서열의 변화를 일으켜서, 치료 siRNA에 대해 이미 완전히 상보적이지 않은 mRNA를 생산하도록 한다.

RNAi가 식물과 선충에서 불분명한 현상으로 처음 나타난 이후 겨우 10년 남짓 지났음에도 불구하고, 오늘날 siRNA 기술은 빠르게 성장하고 있는 임상실험의 기초가 되고 있다. 환자에서 RNAi 치료제의 첫 번째 시험은 점진적 시력상실을 일으키는 노인 환자의 망막 뒤에 있는 혈관의 과도한 성장에 의한 황반변성(黃斑變性, macular degeneration)의 형성을 대상으로 이루어졌다. 이러한 혈관의 과도한 성장은 성장인자인, VEGF의 생산에 의해 자극을 받는데, VEGF는 세포 표면 수용체인 VEGFR1에 결합하여, 그의 효과를 유도한다. VEGF (또는 VEGFR1)을 암호화하는 mRNA를 표적으로 하는 siRNA가 병에 걸린 환자의 눈에 직접 주입되었을 때, 유익한 효과는 상당하였다. 즉, 시력의 저하가 중단되고 컨디션이 안정되었다.[1] 이런 초기 임상실험의 성공을 감안하여, 이와 동일한 siRNA[베바시라닙(Bevasiranib)이라는]는 당뇨병의 합병증에 의한 망막저하증을 겪는 환자를 대상으로 해서도 시험되고 있다. 또 다른 일련의 임상실험은 유아 입원의 일반적인 원인인 호흡기 바이러스인 RSV를 대상으로 하여 시작되었다. 이러한 실험에서, 성인 실험대상자들은 바이러스의 주요 단백질을 암호화하는 mRNA에 대응하도록) 유도된 siRNA(ALN-RSV01이라고 하는)를 포함하는 연무질(에어로졸, aerosol)을 흡입한다. 이러한 연무질 치료 실험은 실험동물에서 호흡기 감염 퇴치에 매우 효과적임이 입증되었다. 높은 혈중 콜레스테롤, 특정 암, 간염, 유행성 독감과 다른 질병의 치료 목적으로 siRNA의 임상실험이 계획 또는 진행되고 있다.

위에서 설명된 노화와 관련된 황반변성과 RSV 호흡 감염 등 이 두 가지 질환은 RNAi 치료의 국부적 적용으로 치료될 수 있다. 유전자 요법의 다른 유형과 마찬가지로, 대부분의 질병 또는 감염을 치료하기 위해 RNAi를 사용하는 데 있어서 주요 장애물은 몸 안 깊숙이 있는 감염된 조직에 siRNA(또는 머리핀 모양의 siRNA의 전구체들을 암호화하는 바이러스 매개체)를 전달하는 어려움이다. 이런 어려움을 극복하기 위한 시도로써, 다양한 종류의 나노(nano) 크기의 입자들이 개발되었다. 즉, (1) siRNA에 결합하거나 또는 siRNA를 캡슐에 넣어서 (2) 혈류 속으로 주입한 다음에 siRNA가 적절한 조직이나 기관을 표적으로 삼도록 개발되었다. 구체적인 표적화 전략을 활용하는 연구의 대표적인 두 가지 예를 고려할 수 있다. 한 보고서에 따르면, 리포솜과 유사한 나노입자들이 소화관의 염증에 관련된 것으로 알려진 일부 특정 백혈구의 표면에 있는 베타$_7$ 인테그린 소단위(β_7 integrin subunit)에 결합하는 항체를 포함하도록 만들어졌다. 이러한 나노입자들은 백혈구의 증식에 관련된 조절분자인 사이클린 D1(cyclin D1)을 암호화하는 mRNA에 대응하도록 유도된 siRNA를 포함하도록 만들어졌다. 그 다음에 이러한 siRNA를 운반하는 나노입자들은 염증이 유발된 생쥐의 혈류에 주입되었다. 실험 결과는 〈그림 1〉에 나와 있다. 즉, 항(抗)-베타$_7$ 항체(anti-β_7 antibody)는 치료제를 염증부위에 성공적으로 표적화 하였으며, 그리고 siRNA에 의한 사이클린 D1 합성의 저해는 질병상태에 극적인 반전을 가져다주었다. 이 연구는 현재 전달 부작용을 일으킬 수 있는 약물로 치료되는 대장염(colitis)과 크론(Crohn) 질병과 같은 심각한 염증성장질환(inflammatory bowel disease, IBD)에 대한 siRNA 치료의 가능성을 입증한다. 또 다른 보고서에 의하면, 연구자들이 생쥐의 뇌에 감염되어 뇌염을 발생시키는 바이러스(JEV)를 성공적으로 표적화 하였다. 몸속의 모든 장기들 중에서, 뇌가 가장 접근하기 힘들다. 그 이유는, 작은 분자량의 약물조차 혈액-뇌 장벽을 통과할 수 없기 때문이다. 이 연구에서, 뇌염 바이러스에 대응하도록 고안된 siRNA를 보통 뇌를 감염시키는 병원균인 광견병 바이러스의 막으로부터 나온 작은 단백질 조각에 연결시켰다. 온전한 광견병 바이러스에서는, 이 막단백질이 신경 세포 표면 그리고/또는 실핏줄의 내벽 세포 표면에 있는 아세틸콜린(acethylcholine)

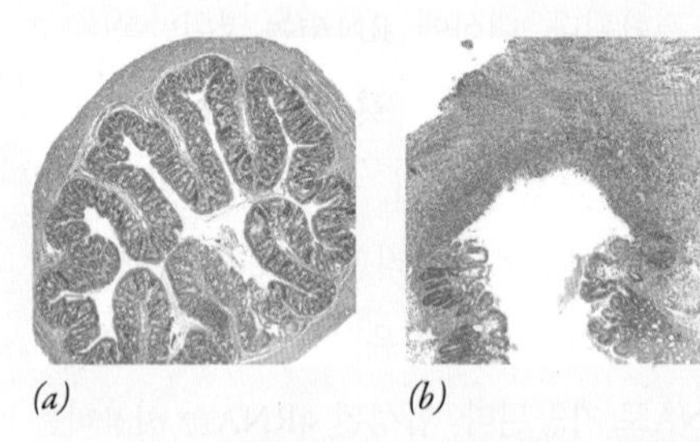
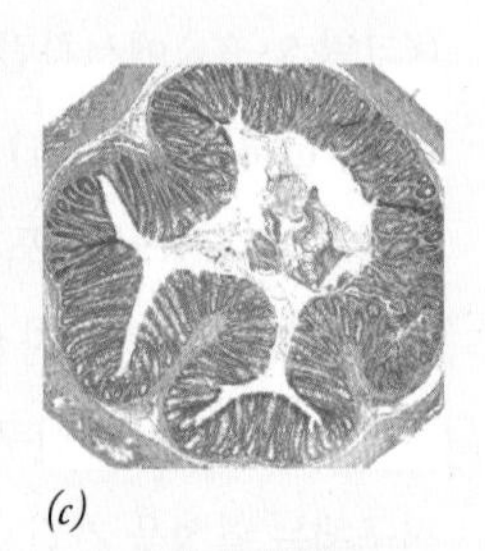

그림 1 유도된 염증성 질환을 가진 생쥐의 장 상피에 미치는 siRNA의 효과. (*a*) 정상 생쥐 의 장(腸) 절단면의 조직학적 모습. (*b*) 감염성 대장염이 발병한 그러나 베타$_7$로 표적화 된 siRNA를 처리되지 않은 생쥐의 장의 모습. (*c*) 사이클린 D1을 암호화하는 mRNA에 대응하도록 만들어진 베타$_7$로 표적화 된 siRNA로 처리된 생쥐 장의 모습. siRNA가 염증을 증진시키는 백혈구를 표적으로 하였으며 장 조직 손상을 극적으로 감소시켰다.

[1] 이 약제에 대한 이로운 효과는 siRNA에 의한 VEGF 합성의 직접적인 저해의 결과가 아니라, 선천적 면역체계(17-1절 참조)의 수용체인, TLR3이라는 단백질의 자극을 통한 혈관 성장에 미치는 간접적인 효과라는 것을 제안하는 보고서가 나왔다. 이 문제는 그 결과들에 대한 종합적인 해석이 내려지기 전에 해결되어야 할 것이다. 생쥐에서의 연구를 바탕으로, 환자에게 고용량의 siRNA(또는 siRNA 전구체에 대한 유전자를 갖고 있는 매개체)를 처리한 것이 세포의 RNAi-생산 기구를 제압할 수 있었다는 점에 우려가 있다. 다음에는 이것이 RNAi 생산을 위하여 이것과 동일한 기구를 필요로 하는, miRNA 합성을 감소시킬 수 있었는데, 이것은 심각한 부정적인 부작용을 초래할 수 있었다.)

수용체에 결합함으로써 뇌에 접근하는 것을 촉진시키는 것으로 보인다. 현재의 연구에서, siRNA-단백질 복합체가 또한 뇌염 바이러스에 감염되었던 생쥐에 정맥주사로 투여되었다. 뇌에 siRNA를 투여하는 처지를 받은 생쥐의 80%가 생존하는 결과를 얻었다. 감염된 생쥐 중 처치를 받지 않은 생쥐는 한 마리도 생존하지 못하였다.

여기에 설명된 연구는 오랜 연구 과정에서 시작단계일 뿐이지만, 그 연구는 RNA 간섭이 언젠가 다양한 장애에 대응하는 귀중한 치료 전략이 될 것임을 강력하게 암시한다.

5-5-1 마이크로 RNA: 유전자 발현을 조절하는 작은 RNA들

1993년경, *lin-4* 유전자를 갖고 있지 않은 예쁜꼬마선충의 배(胚)는 정상적인 말기 유충(애벌레)으로 발생할 수 없다는 것이 알려졌다. 그 해에 하버드대학교(Harvard University)의 빅터 앰브로스(Victor Ambros), 그레이 루브컨(Gary Ruvkun)과 그들의 동료들은 lin-4 유전자가 LIN4 단백질을 암호화하는 특수한 mRNA의 3′ 비번역부위(UTR)에 있는 부분에 상보적인 작은 RNA를 암호화한다는 사실을 발표하였다. 유충이 발생하는 동안, *lin-4* RNA는 상보적인 mRNA에 결합하여, 발생의 다음 단계로 전환시키는 정보의 번역을 차단한다는 것을 제안하였다. 작은 *lin-4* RNA를 생산할 수 없는 돌연변이체는 비정상적으로 높은 수준의 LIN4 단백질을 갖고 있어서 보통 말기의 유충 시기로 전환할 수 없다. 이것이 유전자 발현에서 RNA 침묵의 첫 번째 예이었다. 그러나 이런 발견이 더 넓은 범위의 중요성을 인정받기까지는 몇 년이 더 걸렸다. 2000년에, 이 작은 선충 RNA들 중 하나—21개의 뉴클레오티드 길이인 *let*-7이라고 하는—가 진화하는 동안 아주 잘 보존되었다는 것이 밝혀졌다. 예를 들면, 사람은 *let*-7과 동일하거나 거의 동일한 몇 개의 RNA를 암호화한다. 이런 관찰이 이 RNA들에 대한 관심을 폭발시켰다.

식물과 동물은, 크기가 작기 때문에 그리고 수십 년 동안 간과해온 **마이크로** RNA(microRNA, miRNA)라고 하는 작은 RNA 무리를 생산한다는 것이 최근에 증명되었다. 선충에서 처음으로 발견되었을 때, *let-4*나 *let-7*과 같은 특수한 miRNA들이 발생 과정의 특정 시기에만 또는 식물이나 동물의 특정 조직에서만 합성되어서, 조절작용을 하는 것으로 생각되었다. 지브라피시가 발생하는 동안 특수한 miRNA의 선택적인 발현의 예를 〈그림 5-39〉에 나타내었다. 대략 21~24개의 뉴클레오티드 길이인 miRNA들을 RNAi에 관여하는 siRNA와 동일한 크기의 범위에 있다. 이 관찰은 일치 이상의 의미가 있는데, 그 이유는 miRNA가 siRNA의 형성을 담당하는 유사한 가공 기구(機構)에 의해서 생기기 때문이다. miRNA와 siRNA는 모두 전사후 RNA 침묵경로(posttranscriptional RNA silencing pathway)에서 작용하기 때문

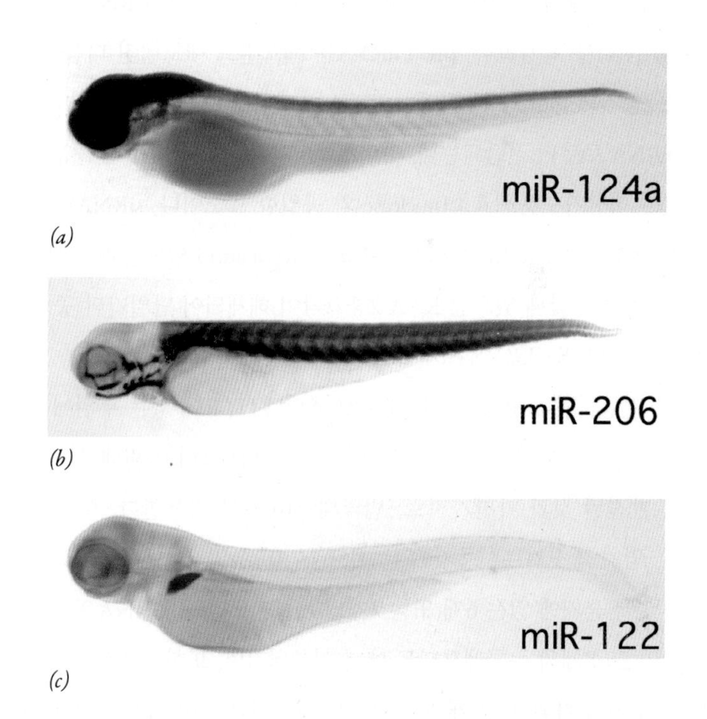

그림 5-39 마이크로 RNA는 배발생하는 동안에 특수한 조직에서 합성된다. 이 제브라피시(zebra fish) 배아의 현미경 사진은 세 가지 서로 다른 miRNA들의 특이적 발현을 보여주는데, miRNA들의 위치는 파란색 염료로 표시되어 나타나 있다. *miR-124a*는 신경계에서 특이적으로 발현되고(*a*), *miR-206*은 근육에서(*b*), *miR-122*는 간에서(*c*) 특이적으로 발현된다.

에 "사촌(cousin)"으로 간주될 수도 있다. 그러나 중요한 차이점이 있다. siRNA는 바이러스 또는 전이요소(transposable element)의 2중가닥 산물(또는 연구자에 의해 제공된 dsRNA)로부터 유래되며, 이것이 유래된 것과 동일한 전사물을 표적으로 삼는다. 이에 반하여, miRNA는 유전체의 극히 평범한 부분에 의해 암호화되어서 정상적인 세포 내 프로그램의 일부로서 특정 mRNA를 표적으로 삼는다. 바꾸어 말하면, siRNA는 주로 유전체 보전을 유지하기 위해 작용하는 반면에, miRNA는 주로 유전자 발현을 조절하기 위해 작용한다.

전형적인 miRNA의 합성 경로가 〈그림 5-38*b*〉에 나타나 있다. miRNA는 RNA 중합효소 II에 의하여 5′ 모자와 폴리(A) 꼬리를 가진 1차전사물(primary transcript)로 합성된다. 이러한 1차 전사물은 자신을 뒤로 맞접어서 *pri-miRNA*라고 하는 긴 2중가닥 머리핀 모양의 RNA를 형성한다. pri-miRNA는 핵 내에서 드로샤(Drosha)하고 하는 효소에 의해 절단되어서 〈그림 5-38*b*〉의 1단계에 나타낸 것처럼, 짧은 2중가닥의 머리핀 모양인 RNA (*pre-miRNA*)를 형성한다. pre-miRNA는 세포질로 내보내진 다음, 작은 2중가닥 miRNA로 된다. miRNA는 다이서(Dicer)에 의해서 pre-miRNA 로부터 절단되는데, 다이서는 siRNA의 형성하는 일을 맡고 있는 핵산가수분해효소(nuclease)와 동일한 효소이다. siRNA와 같이, 2중가닥의 miRNA도 아르고노트(Argonaute) 단백질과 결합되며, 이들이 함께 있으면 RNA 2중가닥이 해체되어 단일가닥 중 하나가 〈그림 5-38*b*〉에 서처럼 RISC 복합체와 결합된다.

전형적인 miRNA는 표적 mRNA의 3′UTR에 있는 부위에 부분적으로 상보적이며(그림 5-38*b*에서처럼) 그리고 원래 선충에서 발견된 것과 마찬가지로, 번역의 저해제로 작용한다. 이 경우에, 염기 짝짓기는) "종자 또는 시드(seed)" 부위라고 하는 miRNA의 5′끝 근처에 있는 6개 또는 7개의 뉴클레오티드(miRNA의 전형적인 2~8개의 뉴클레오티드)에서 이루어지며, 또한 miRNA의 다른 곳에서 가외로 몇 개의 염기쌍이 형성된다. miRNA에 의한 번역 저해의 기작은 〈6-6절〉에서 논의된다. 그러나 특히 식물에서 발견된 miRNA들은 이의 번역을 저해하기보다는 결합된 RNA의 절단을 지시한다. mRNA 절단을 지시하는 마이크로 RNA는 이의 mRNA 표적에 완전히 상보적인 경향이 있다.

miRNA의 연구에서 어려운 문제 중의 하나는 이런 아주 작은 전사물을 암호화하는 유전자를 식별하는 것이다. 사실, 대부분의 가능성 있는 miRNA 유전자들은 처음에 유전체 DNA 서열을 컴퓨터로 분석하여 확인되었다. 그러나 직접적인 클로닝 및 염기서열분석 실험을 통하여 가능성 있는 miRNA 유전자의 확인된 숫자가 늘고 있는 것이 입증된 바 있다. 최근의 추정에 따르면, 사람들은 천개 이상의 서로 다른 miRNA를 암호화할 수 있음을 시사하고 있다. 사람의 전령 RNA들 중에서 약 3분의 1은 유사 miRNA에 상보적인 서열을 갖고 있는데, 이 유사 miRNA는) 이러한 작은 조절 RNA들이 고등 생물에서 유전자 발현의 조절에 어느 정도 관여될 수 있는지 그 단서를 알려준다. 단일 miRNA는 수십 또는 수백의 서로 다른 mRNA들에 결합될 수 있다. 거꾸로, 많은 mRNA들은 다수의 서로 다른 miRNA에 상보적인 서열을 갖고 있는데, 이것은 이들 miRNA가 유전자 발현의 정도를 "미세 조정(fine-tune)" 하기 위하여 다양한 조합을 이루어 작용할 수 있음을 암시하는 것이다. 이러한 예상은 세포들이 특정 miRNA를 강제로 받아들이도록 하고 그 miRNA를 발현하도록 하는 실험들에 의해 지지된다. 이러한 조건 하에서, 유전공학적으로 변형된 세포에서 많은 수의 mRNA들이 부정적으로 영향을 받는다. 서로 다른 miRNA 유전자들이 이런 세포들에 주입하면, 서로 다른 무리의 mRNA들이 하향조절되는(downregulate)데, 이것은 그 효과가 서열-특이적임을 나타낸다. miRNA에 의한 mRNA 발현 수준이 미세 조정되는 이러한 유형은 훨씬 더 많은 극적인 효과를 보이는 *lin-4*와 같은 특정 miRNA와는 뚜렷이 대조를 이룬다.

마이크로 RNA는 신경계에서의 형태 형성, 세포증식 및 세포사멸의 조절, 식물에서의 잎과 꽃의 발생, 다양한 세포 유형의 분화 등을 비롯한 여러 과정에 관련되어 있음을 나타내고 있다(6-6절). 암 발생에서의 miRNA의 역할은 〈16-3절〉의 끝에서 알아본다. 포유동물의 발생과 조직 항상성 과정에서 개개의 miRNA들의 역할에 관한 분석은 앞으로 10년 이상에 걸쳐 연구의 중심이 될 것으로 기대한다.

5-5-2 piRNA: 생식세포에서 작용하는 작은 RNA들

우리는 제4장에서, 전이요소(transposable element)가 삽입된 유전자의 활성은 교란될 수 있기 때문에 유전체에 위협을 가한다는 것을 알아보았다. 만일 이런 유형의 유전체 도약(genomic jumping)이 성인의 일생 동안에 간이나 신장 세포에서 일어났었다면, 유전자의 전이가 특정 세포와 그 딸세포(만약 그 체세포가 여전히 세포분열을 할 수 있다면)에게만 영향을 미치기 때문에 그 결과는 최소화 될 것이다. 그러나 유전자 전이가 생식세포들(germ cells), 즉 배우자들(gametes)—을 생산할 수 있는 세포에서 일어난다면, 이 유전자 전이는 다음 세대의 개체에 있는 모든 세포에 영향을 미칠 가능성이 있다. 그래서 생식세포에서 전이요소의 이동을 억제하는 특수화된 기작이 진화되었다는 것은 놀라운 일이 아니다.

siRNA의 확실한 기능들 중 하나는 전이요소의 이동을 막는 것이라고 언급되었다. 최근 연구에 의하면, 동물의 생식세포들이 생식계열에서 전이요소의 이동을 억제하는 **피위-상호작용 RNA**(piwi-interacting RNA, piRNA)[c]라고 하는 다른 종류의 소형 RNA를 발현하는 것으로 나타난다. piRNA는 이와 결합하는 단백질들의 이름을 따라 명명되었다. PIWI라고 하는 이 단백질들은 RISC 복합체의 일부로서 siRNA와 miRNA와 결합하는 단백질들과 동일한 집단인 아르고노트(Argonaute) 집단의 한 부류에 속한다. PIWI 단백질의 역할에 대해서는 노랑초파리에서 가장 잘 연구되어 있는데, 노랑초파리에서 이 단백질들을 삭제하면 생식세포에서 전이요소 이동의 억제에 결함을 초래하게 되어 궁극적으로 배우자 형성에 실패하게 된다. piRNA와 이에 결합된 PIWI 단백질은 포유동물에서 성공적인 배우자 형성에 필요하지만, 그 역할에 대해서는 충분하게 이해되어 있지 않다.

piRNA와 si/miRNA 사이에는 다음과 같은 몇 가지 중요한 차이점이 있다. 즉, (1) piRNA는 24~32개의 뉴클레오티드 길이로 측정되어 다른 소형 RNA들 보다 길다. (2) 대다수 포유동물의 piRNA는 적은 수의 거대한 유전체의 유전자 자리(locus)를 염색체 위에 배치시킬 수 있는데, 이들 중 일부는 수천 개의 서로 다른 piRNA를 암호화할 수 있다. (3) piRNA의 형성은 dsRNA의 형성이나 다이서(Dicer) 리보핵산가수분해효소에 의한 절단을 포함하지 않는다. 그 대신, piRNA 생합성은 긴 단일가닥의 1차전사물에 작용하는 PIWI 단백질의 핵산내부가수분해효소(endonuclease) 활성에 의존하는 것으로 나타난다. piRNA의 표적 RNA 발현을 침묵시키기 위해 작용하는 기작은 분명하게 밝혀지지 않은 상태이다.

5-5-3 다른 비암호화 RNA

세포 분자생물학의 분야가 발전함에 따라, RNA 분자의 놀랄만한 구조적 기능적 다양성을 점차로 이해하게 되었다. 이 책의 앞 페이지에서 설명한 것처럼, 지난 몇 십 년 동안에 새로운 유형의 RNA가 자주 발견되어 왔다. 그러나 연구자들은 최근 발견들 중에서 한 가지 혼란스러움에 대해서 준비되어 있지 않다. 이것은 생쥐나 사람 유전체의 적어도 3분의 2는 정상적으로 전사되며, 이것은 존재하는 것으로 생각되는 "의미 있는(meaningful)" DNA 서열들의 숫자에 근거하여 예상된 것 보다 훨씬 더 많은 숫자이다. 사실, 이러한 전사된 DNA에 포함된 서열의 대부분은, 일반적으로 "쓰레기(junk)"로 생각되며, 이에는 포유동물 유전체의 상당히 큰 부분을 차지하는 다수의 전이요소들이 포함되어 있다. 일부 연구들은 유전자 부위와 유전자간 부위(intergenic region) 사이에 어떤 기본적 차이가 있는지에 대해 의문을 제기한다. 즉, 그들은 전사가 유전체 내의 예상되지 않은 모든 자리에서 시작할 수 있다고 보고하며, 그리고 전사물들은 넓은 범위에 걸쳐 다른 전사물과 겹치는 것으로 보고하고 있다. 다른 연구들은 세포들은 흔히 DNA 요소의 양쪽 가닥을 전사하여, 센스(*sense*) *RNA*와 안티센스(*antisense*) *RNA*를 모두 만들어 낸다는 것을 밝히고 있다. 또한 안티센스 RNA는 다음과 같은 중합효소에 의해 합성될 수 있다. 즉, 이 중합효소는 처음에 단백질을 암호화하는 유전자의 프로모터에 결합했다가 그다음에 염색체의 반대쪽(*opposite*) 가닥에 있는 자리로부터 상류로 이동하여, 즉 그 유전자 자체를 전사하는 중합효소 분자로부터 반대 방향으로 이동하여 합성한다.

세포 또는 생물체의 DNA가 그의 유전체(遺傳體, genome)를 구성하며 그것이 생산한 단백질은 단백질체(蛋白質體, proteome)를 구성하는 것과 마찬가지로, 세포나 생물체에 의해 합성된 RNA는 이의 **전사체**(轉寫體, transcriptome)[d]를 구성한다. 왜 포유동

역자 주[c] 피위(piwi): "P-element induced wimpy testis"의 머리글자로서, "P-요소에 의해 유도되어 약화된(무능한) 정소(精巢)"라는 뜻이다. P-요소는 노랑초파리에 있는 전이인자(transposon)로서, 교잡증후군(또는 잡종불임, hybrid dysgenesis)이라는 표현형(phenotype, P)을 발현시킨다.

물 세포의 전사체는 그렇게 큰가? 바꾸어 말하면, 왜 세포는 다양한 유형의 DNA 서열들 모두를 전사하는가? 우리는 이 기본적인 질문에 대한 대답을 알지 못한다. 하나의 관점에 따르면, 이렇게 만연하는 많은 전사 활성은 유전자 발현의 복잡한 과정에 수반되는 단순한 "배경소음(background noise)"이다. 이러한 관점을 지지하는 사람들은 단백질을 암호화하는 유전자들이 결여된 유전체 구역을 삭제시킨 생쥐를 갖고 연구한 결과를 인용한다. 이 결과에서, 비록 삭제된 DNA 서열로부터 정상적으로 생산되었을 비암호화 RNA(noncoding RNA, *ncRNA*)를 합성할 수 없더라도, 생쥐는 건강하게 발생할 수 있다는 것이 발견되었다. 대조적인 관점에 의하면, 생산되고 있는 많은 비암호화 RNA는 아직까지 확인되어야 할 다양한 조절 활성에 관여되어 있다. 이 입장을 지지하는 사람들은 이러한 만연하는 전사 활성은 무작위적이지 않다고 암시하는 결과들을 인용한다. 즉, 많은 비암호화 전사체는 독특하고 재생산할 수 있는 조직-특이적 분포 양상을 보여서, 이들의 기원이 유전체의 특수한 자리로 추적될 수 있다. 단지 지난 10여 년 동안에 siRNA, miRNA, piRNA의 존재가 드러났고, 작은 ncRNA의 다른 종류는 발견되지 않은 채로 있을 가능성이 있다는 것을 기억해 두자. 또한 몇 개의 긴 ncRNA(예: *XIST*와 *AIRE*, 이들의 기능은 다음 장에서 논의됨)도 발견되었으며, 이들은 아마도 빙산의 일각일 것이다. 포유류 유전체의 거대한 전사 산물은 우리가 훨씬 덜 복잡하다고 생각하는 생물체(그림 4-27 참조)와 거의 동일한 수의 유전자를 갖는지 그 이유를 설명할 열쇠를 갖고 있다. 실질적인 설명과 무관하게, 한 가지 사실은 분명하다. 즉, 진핵세포에서 RNA들의 많은 역할에 관하여 우리가 이해하지 못한 것이 상당히 많이 있다.

복습문제

1. siRNA, miRNA, piRNA는 무엇인가? 이 RNA들 각각은 세포에서 어떻게 형성되는가? 이 RNA들에 대하여 제안된 기능은 무엇인가?

역자 주[d] 전사체(轉寫體, transcriptome): '전사(轉寫)'를 뜻하는 'transcripion'과 '전체(全體)'를 뜻하는 접미어 '-ome'이 결합되어 만들어진 합성어이다.

5-6 유전 정보의 암호화

1953년에 DNA의 구조가 밝혀진 이후로, 폴리펩티드에 있는 아미노산 서열은 유전자의 DNA에 있는 뉴클레오티드 서열에 의해 결정된다는 것이 확실하게 되었다. DNA가 단백질 조립을 위한 직접적이며 물리적인 주형의 역할을 할 수 있었다는 것은 매우 불가능할 것 같았다. 그 대신, 뉴클레오티드 서열에 저장된 정보가 몇 가지 유형의 **유전암호**(遺傳符號, genetic code)로 존재했을 것으로 추정되었다. DNA로부터서 단백질까지 정보 흐름의 중간물질로서 전령 RNA가 발견됨으로써, 리보뉴클레오티드 "알파벳(alphabet)"으로 쓰여진 서열이 아미노산을 구성하는 "알파벳"에 있는 서열을 암호화 할 수 있는 방법으로 관심이 바뀌었다.

5-6-1 유전암호의 특성

유전암호의 첫 번째 모형 중 하나는 물리학자인 죠지 개모(George Gamow)에 의해 제안되었다. 그는 폴리펩티드에 있는 각 아미노산은 3개의 연속된 뉴클레오티드에 의해 암호화된다고 제안하였다. 바꾸어 말하면, 아미노산에 대한 암호(暗號), 또는 **코돈**(codon)은 뉴클레오티드 3중자(三重字, triplet)이었다. 개모는 잠깐 동안의 탁상공론식 논리로 이 결론에 도달했다. 그는 각 아미노산이 자체의 유일한 코돈을 갖기 위해서 적어도 3개의 뉴클레오티드가 필요할 것으로 생각하였다. DNA(또는 mRNA)상의 특정 부위에 있을 수 있는 4개의 가능한 염기와 일치하는 4개의 서로 다른 문자로 된 알파벳을 사용하여 쓸 수 있는 단어의 숫자를 생각해 보라. 1개의 문자로 된 단어는 4 가지가 가능하고, 2개의 문자로 된 단어는 16(4^2)가지가 가능하며, 3개의 문자로 된 단어는 64(4^3)가지가 가능하다. 20개의 서로 다른 아미노산(단어, word)들이 구체적으로 지정되어야 하기 때문에, 코돈은 적어도 3개의 연속된 뉴클레오티드(문자, letter)를 갖고 있어야 한다. 이 암호의 3중자(triplet) 특성은 캠브리지대학교(Cambridge University)의 프랜시스 크릭(France Crick), 시드니 브래너(Sydney Brenner)와 동료들이 수행한 여러 가지의 통찰력 있는 유전 실험들에 의해 증명되었다.[6]

암호가 3중자이었다고 제안한 것 이외에, 또한 개모는 3중자가 중복되어(*overlapping*) 있었다고 제안하였다. 비록 이 제안이 틀렸다는 것이 증명되었지만, 이것은 유전암호에 관하여 흥미로운 질문을 제기한다. 다음의 뉴클레오티드 서열을 생각해보자.

—AGCAUCGCAUCGA—

만약 암호가 중복되어 있다면, 리보솜은 움직일 때마다 새로운 코돈을 인식하면서, 한 번에 1개의 뉴클레오티드씩 mRNA를 따라서 이동할 것이다. 위의 서열에서 AGC가 하나의 아미노산을 지정하면, GCA가 다음 아미노산을, CAU가 그 다음 등등을 지정할 것이다. 이에 비하여, 만약 암호가 중복되어 있지 않다(*nonoverlapping*)면, mRNA를 따라 있는 각 뉴클레오티드는 1개의 코돈의 일부, 그리고 단 1개의 코돈의 일부일 것이다, 앞의 서열에서, AGC, AUA, GCA가 연속적인 아미노산을 지정할 것이다.

유전암호가 중복되었는지 또는 중복되지 않았는지에 대한 결론은 겸상(鎌狀)적혈구빈혈증(sickle cell anemia)의 원인이 되는 돌연변이 헤모글로빈과 같은, 돌연변이 단백질의 연구에서 추론될 수 있었다. 겸상적혈구빈혈증에서, 연구된 대부분의 다른 경우에서처럼, 돌연변이 단백질은 1개의 아미노산이 치환되어 있는 것으로 밝혀졌다. 만약 암호가 겹치면, DNA에서 염기쌍들 중 1개의 변화가 3개의 연속된 코돈에 영향을 미칠 것으로 예상되며(그림 5-40), 그래서 일치하는 폴리펩티드에 있는 3개의 연속적인 아미노산에 영향을 미칠 것으로 예상된다. 그러나 만약 암호가 겹치지 않으며 각 뉴클레오티드가 단 1개의 코돈의 일부라면, 단 1개의 아미노산이 교체될 것으로 예상된다. 이들 및 기타의 자료들은 이 암호가 중복되어 있지 않음을 나타내었다.

특정한 3중자 암호는 64개의 서로 다른 아미노산을 지정할 수 있고 지정되어야할 아미산은 오직 20개 밖에 없는 현실이므로, 나머지 44개 3중자의 기능에 관하여 의문이 생긴다. 만약 이들 44개의 3중자의 일부 또는 모두가 아미노산을 암호화한다면, 적어도 일부의 아미노산은 1개 이상의 코돈에 의하여 지정될 것이다. 이런 유형의 암호를 퇴화한(*degenerate*)[e] 것이라고 말한다. 밝혀진 바와 같이, 64개의 가능한 코돈들 거의 모두가 아미노산들을 지정함에 따라, 이 암호는 대단히 퇴화한 것이다. 아미노산을 지정되지 않는(64개 중 3개) 코돈들은 특별한 "구두점(punctuation)" 기능을 한다—이 코돈들은 리보솜에 의해 종결코돈으로 인식되어 유전암호 읽기를 종결시킨다.

암호의 퇴화는, 원래 프랜시스 크릭(Francis Crick)에 의해 이론적인 근거에서 예상되었다. 즉, 그는 그 당시 다양한 세균 DNA들 사이의 염기 조성의 범위가 매우 넓다고 생각했었다. 예로서, 이 생물들의 유전체에서 G + C 양은 20~74%의 범위에 이를 수 있었던 반면, 이 생물들의 단백질에서 아미노산 조성은 전체적으로 거의 변화를 보이지 않았음이 발견되었다. 이것은, 동일한 아미노산들이 서로 다른 염기 서열들에 의해 암호화되는 중이어서, 그 암호를 퇴화시킬 것임을 암시하였다.

염기서열	코돈	
원래의 서열 . . . AGCATCG . . .	중복되는 암호 . . . , AGC GCA CAT ATC TCG . . .	중복되지않는 암호 . . . , AGC ATC . . .
단일염기 치환 후의 서열 . . . AGAATCG . . .	중복되는 암호 . . . , AGA GAA AAT ATC TCG . . .	중복되지않는 암호 . . . , AGA ATC . . .

그림 5-40 **중복되는 유전암호와 중복되지 않는 유전암호 사이의 구별** 암호가 중복되어 있는지 또는 중복되어 있지 않은지에 따라, 단일 염기 치환에 의해 mRNA의 정보 내용에 미치는 효과. 영향을 받는 코돈들은 빨간색으로 밑줄 쳐져 있다.

[6] 분자유전학에 있어서 초기의 혁신적인 연구의 귀납적 효력과 정밀함에 대한 느낌을 전달하는 짧은 연구 논문을 찾아 읽는 사람은 그 누구라도 이 유전암호에 대한 실험을 네이처〈*Nature* 192:1227, 1961〉에서 찾을 수 있다. (이 고전적 실험에 관한 논의에 대해서는 셀〈*Cell* 128:815, 2007〉을 참조하기 바란다.)

역자 주[e] 퇴화한 코돈(degenerate codon): 1개의 코돈이 다른 코돈과 동일한 아미노산을 지정하는 경우를 일컫는다. 한편 여기서 사용되는 'degenerate'란 용어가 코돈의 '기능이 감소된다'는 뜻으로 '축중(縮重)한' 또는 '축퇴(縮退)한'이라는 다소 어려운 낱말로 표기되기도 한다.

5-6-1-1 코돈의 식별

1961년경에 암호의 일반적인 특성은 알려졌으나, 특수한 3중자가 암호화 될 때 어떻게 배정되는가에 대해서는 아무 것도 발견된 것이 없었다. 그 당시에 대부분의 유전학자들은 전체 암호를 해석하는 데에는 여러 해가 걸릴 것이라고 생각했다. 그러나 마샬 니렌버그(Mashall Nirenberg)와 하인리히 마태이(Heinrich Matthaei)에 의하여 돌파구가 만들어 졌다. 즉, 그들은 유전정보를 인위적으로 합성하여 그것이 어떤 종류의 단백질을 암호화하는지를 확인하는 기술을 개발하였다. 그들이 시험한 첫 번째 정보는 폴리(U)[(*poly*(*U*)]라고 했던 우리딘(uridine)으로 구성된 폴리리보뉴클레오

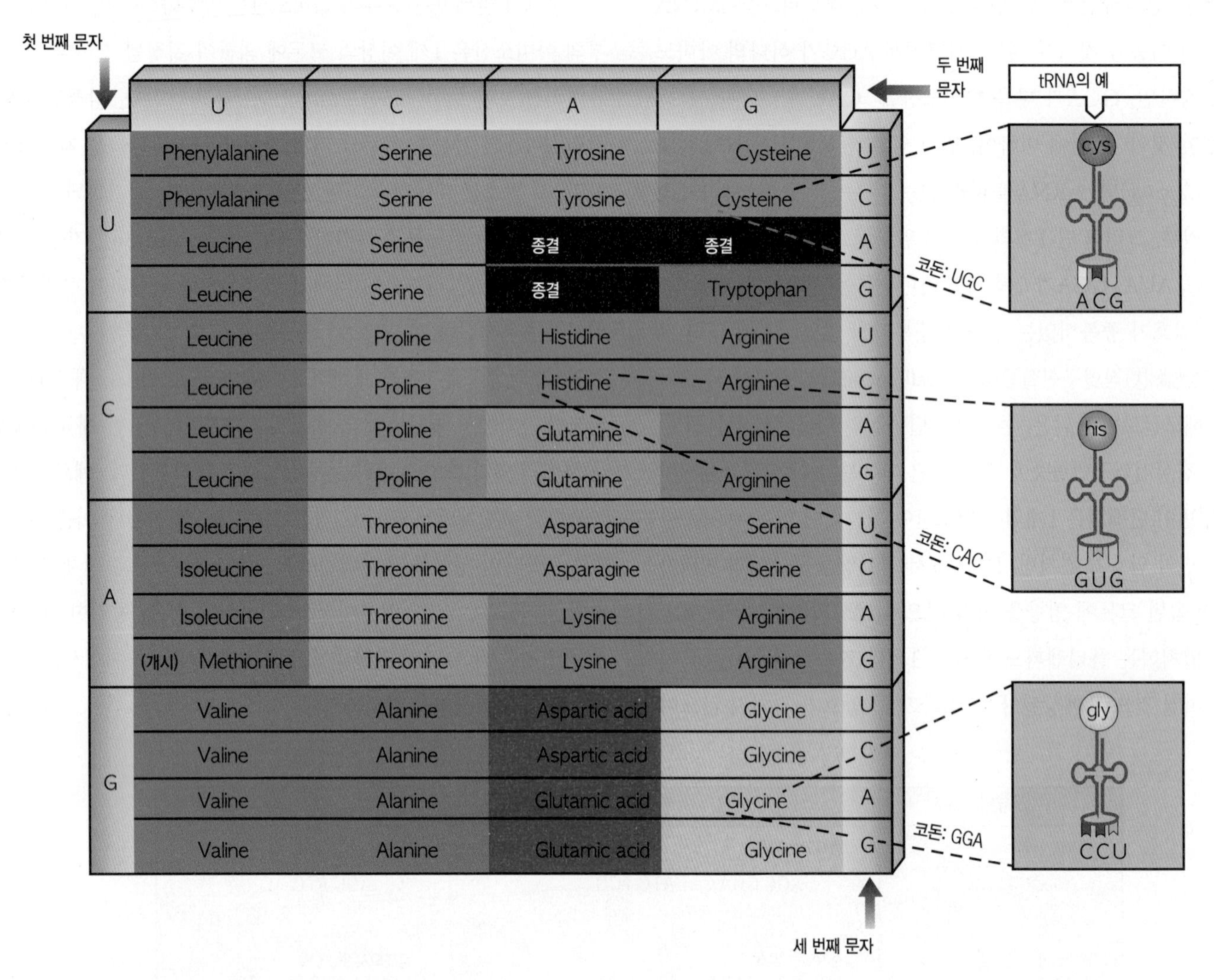

그림 5-41 유전암호 이 만능해독도표는 64개의 가능한 각각의 mRNA 코돈들 그리고 그 코돈에 의해 지정된 해당 아미노산 등을 일람표로 만든 것이다. 예를 들면, UGC 코돈을 번역하는 도표를 사용하기 위하여, 왼쪽에 표시된 줄에서 첫 번째 문자(U)를 찾는다. 그 다음에 오른쪽으로 줄을 따라 가서, 꼭대기에 표시된 두 번째 문자(G)를 찾고, 이어서 오른쪽에 표시된 줄에서 세 번째 문자(C)와 일치하는 아미노산을 찾는다. UGC는 시스테인(cysteine)의 삽입을 지정한다. 각각의 아미노산(2개를 제외한)은 그 아미노산의 삽입을 명령하는 2개 또는 그 이상의 코돈을 가지며, 이것은 퇴화한 암호를 만든다. 특정한 아미노산은 관련성이 있는 코돈들에 의해 암호화되는 경향이 있다. 이러한 특징은 염기치환이 단백질의 아미노산 서열에서 변화를 일으킬 가능성을 감소시킨다. 또한 비슷한 특징을 가진 아미노산들은 무리지어 있는 경향이 있다. 산성의 곁사슬을 가진 아미노산들은 빨간색으로 표시되어 있으며, 염기성의 곁사슬을 가진 아미노산들은 파란색으로, 극성 비전하 곁사슬을 가진 아미노산들은 초록색으로, 소수성의 곁사슬을 가진 아미노산들은 갈색으로 각각 표시되어 있다. 다음 절에서 논의된 것처럼, 세포에서의 해독은 tRNA들에 의해서 수행되며, tRNA들 중 몇 개는 그림의 오른쪽에 도식적으로 그려져 있다.

티드(polyribonucleotide)이었다. 폴리(U)를 20가지 아미노산과 단백질 합성에 필요한 물질(리보솜과 여러 가지 가용성 인자)들과 함께 세균 추출물이 들어 있는 시험관에 넣었을 때, 이 실험 장치는 인위적으로 만들어진 전령의 지시를 따라서 폴리펩티드를 합성하였다. 조립된 폴리펩티드가 분석되었고 그것은 폴리페닐알라닌—아미노산 페닐알라닌의 중합체—인 것이 확인되었다. 그래서 니렌버그와 마태이는 코돈 UUU가 페닐알라닌을 지정한다는 것을 밝혔다.

그 후 4년여에 걸쳐서, 이 연구는 많은 실험에 의해 이루어져서, 가능한 모든 64가지 코돈에 대한 아미노산의 지정을 시험하기 위하여 합성된 mRNA가 만들어졌다. 그 결과는 〈그림 5-41〉에 나타낸 유전암호의 만능해독도표이었다. 이 도표는 mRNA에서 가능한 64가지 코돈 각각에 대한 뉴클레오티드 서열을 표로 만든 것이다. 도표를 읽는 방법은 그 그림에 딸린 설명에 있다.

〈그림 5-41〉에 있는 코돈 배정은 "본질적으로(essentially)" 보편적인(만능의), 즉 모든 살아있는 생물체에 존재 하는 것이다. 이러한 유전암호의 보편성에 대한 첫 번째 예외는 미토콘드리아 mRNA의 코돈에서 생기는 것으로 밝혀졌다. 예를 들면, 사람 미토콘드리아에서 UGA는 종결 대신에 트립토판으로 읽히며, AUA는 이소류신 대신에 메티오닌으로 읽히며, AGA와 AGG는 알기닌 대신에 종결로 읽힌다. 더 최근에, 원생동물과 곰팡이의 핵 DNA 코돈 여기저기에서 예외가 발견되었다. 이러한 불일치점이 있더라도, 유전암호들 사이의 유사성은 그들의 차이점보다 훨씬 더 크며, 그리고 작은 편차는 〈그림 5-41〉에 있는 표준유전암호로부터 나온 2차적인 변화로써 진화되었음이 확실하다. 바꾸어 말하면, 오늘날 지구상에 존재하는 모든 알려진 생물체는 공통 진화의 기원을 공유한다.

〈그림 5-41〉에 있는 코돈 도표를 검토해 보면, 아미노산 배정이 무작위로 이뤄진 것이 아닌 것을 명백하게 나타내고 있다. 만일 특수한 아미노산에 대한 코돈상자를 들여다보면, 특수 아미노산들은 도표의 특정 부위 내에 무리 지으려는 경향이 있다. 이러한 무리 짓기는 동일한 아미노산을 지정하는 코돈들에서 유사성을 나타낸다. 코돈 서열에서 이런 유사성의 결과로, 흔히 한 유전자에서 단일 염기 변화를 일으키는 자연발생적 돌연변이들은 일치하는 단백질의 아미노산 서열의 변화를 만들어내지 않을 것이다. 아미노산 서열에 영향을 주지 않는 뉴클레오티드 서열의 변화를 유사염기변화(*synonymous base change*)라고 하는 반면에, 아미노산 치환을 유발하는 변화를 비유사염기변화(*nonsynonymous base change*)라고 한다. 유사염기변화는 일반적으로 생물체의 표현형을 변화시키지 않기 때문에, 자연도태에 의해서 선택되거나 또는 도태되지 않는다. 비유사염기변화는 위와 같은 경우가 아니어서, 생물체의 표현형을 변화시킬 가능성이 있으며 자연도태의 영향을 받기 쉽다. 이제 침팬지와 사람의 경우와 같이, 유연관계가 있는 생물들에서 유전체의 염기서열을 분석하여, 상동 유전자들의 염기서열을 직접적으로 알아볼 수 있으며 그리고 얼마나 많은 변화가 유사염기변화인지 또는 비유사염기변화인지 알 수 있다. 암호화하는 부위에서 비유사염기의 치환을 과도하게 보유한 유전자들은 자연도태에 의해서 영향 받게 될 가능성이 있다.

"안전장치(safeguard)"라는 측면에서 보면 암호는 이의 퇴화(degeneracy)를 능가한다. 코돈 배정은 유사한(*similar*) 아미노산들은 유사한 코돈에 의해서 지정되는 경향이 있도록 되어 있다. 예를 들면, 다양한 소수성의 아미노산들(〈그림 5-41〉에서 갈색 상자로 표시되었음)은 도표의 앞에 있는 2개의 세로단에 무리를 이루고 있다. 결과적으로, 이 코돈들 중 하나에서 하나의 염기 치환으로 생기는 돌연변이는 1개의 소수성 잔기를 다른 것으로 치환할 가능성이 있다. 게다가, 아미노산과 관련된 코돈들 사이의 가장 큰 유사성은 3중자에서 첫 번째 2개의 뉴클레오티드에서 나타나는 반면에, 가장 큰 가변성은 세 번째 뉴클레오티드에서 나타난다. 예를 들면, 글리신은 4개의 코돈에 의해서 암호화되는데, 4개 모두 뉴클레오티드 GG로 시작한다. 이런 현상에 대한 설명은 운반 RNA의 역할을 설명하는 다음 절에서 밝혀진다.

복습문제

1. 유전암호가 3중자이고 중복되어 있지 않다는 것은 무엇을 의미하는지 설명하시오. DNA의 염기 조성이 서로 다른 생명체들 사이에 매우 다양했다는 발견은 유전암호에 관하여 무엇을 암시했는가? UUU 코돈의 정체는 어떻게 하여 밝혀졌는가?
2. DNA의 염기치환이 중복되지 않는 암호와 중복되는 암호에 미치는 영향 사이의 차이를 구별하시오.
3. 유사염기변화와 비유사염기변화 사이를 구분하시오.

5-7 코돈의 해독: 운반 RNA의 역할

핵산과 단백질은 서로 다른 유형의 문자로 쓰인 두 가지 언어와 같다. 이것이 단백질 합성을 번역(飜譯, *translation*)이라고 하는 이유이다. 번역은 mRNA의 뉴클레오티드 서열에 암호화된 정보를 필요로 하는데, 이 암호화된 정보는 해독(번역)되어서 아미노산들을 폴리펩티드 사슬로 조립되도록 지시하는 데 사용된다. mRNA에 있는 정보의 해독은 연계분자(adaptor)로 작용하는 운반 RNA에 의해 이루어진다. 한편, 각 tRNA는 특수한 아미노산(aa-tRNA로서)과 연결되고, 다른 한편으로는 동일한 tRNA가 mRNA 상에 있는 특정 코돈을 인식할 수 있다. mRNA 상에 연속되어 있는 코돈들과 특정한 aa-tRNA 사이의 상호작용은 아미노산의 질서정연한 서열을 가진 폴리펩티드를 합성하도록 한다. 이것이 어떻게 일어나는지 이해하기 위해서는, 먼저 tRNA의 구조를 고찰해야 한다.

5-7-1 tRNA의 구조

1965년, 코넬대학교(Cornell University)의 로버트 홀리(Robert Holly)가 7년 동안 연구한 후, RNA 분자의 첫 번째 염기 서열을 발표했는데, 그것은 알라닌이라는 아미노산을 운반하는 효모의 전령 RNA의 염기서열이다(그림 5-42*a*). 이 tRNA는 77개의 뉴클레오티드로 구성되어 있고, 그 중 10개는 RNA의 네 가지 표준 뉴클레오티드 (A, G, C, U)로부터 변형되어 있으며, 그 그림에서 음영으로 표시되어 있다.

그 후 몇 년 동안에 걸쳐, 다른 tRNA 종류들이 정제되어 염기서열이 분석되었고, 서로 다른 모든 tRNA에 있는 몇 가지 독특한 유사성이 분명하게 되었다(그림 5-42*b*). 모든 tRNA는 대략 동일한 길이—73~93개의 뉴클레오티드 사이—이었으며, 모두 의미 있는 특이한 염기 비율을 갖고 있었다. 이 특이한 염기들은 RNA 사슬

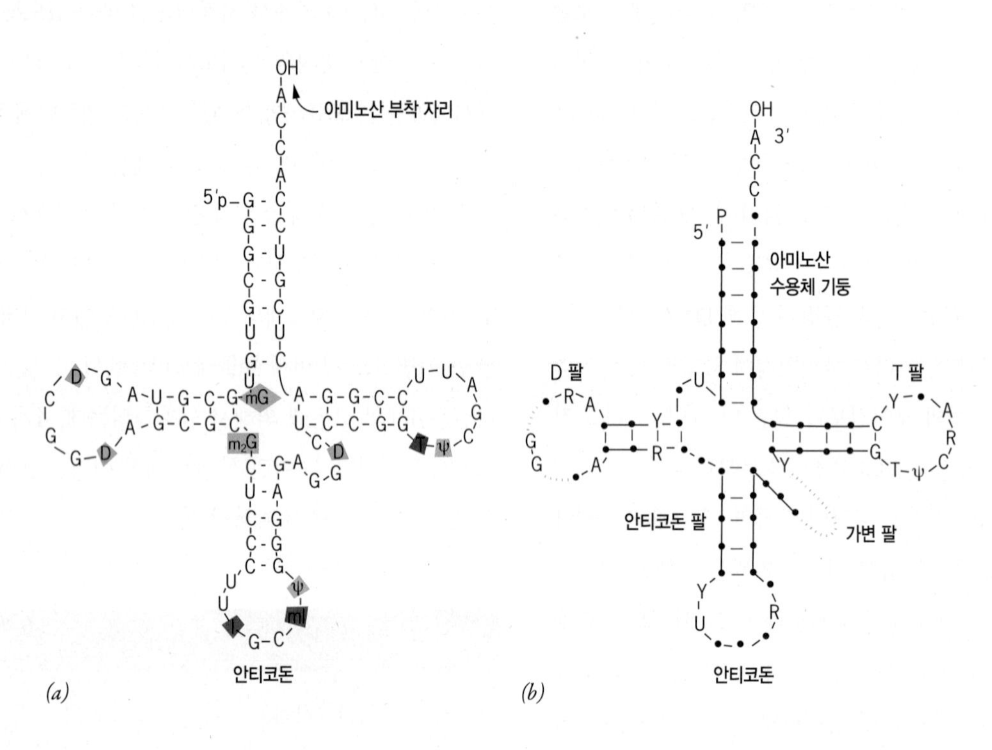

그림 5-42 운반 RNA의 2차원 구조. (*a*) 효모 tRNAAla의 클로버 잎 모양의 뉴클레오티드 서열. 아미노산은 tRNA의 3′끝에 연결되는 반면에, 반대쪽 끝은 안티코돈, 이 경우에 IGC를 갖는다. 안티코돈의 기능은 나중에 논의된다. 이 tRNA는 4개의 염기, A, U, G, C 이외에, 위(僞)우리딘(ψ), 리보티미딘(T), 메틸이노신(mI), 다이메틸구아노신(me_2G), 디하이드로우리딘(D), 메틸구아노신(meG) 등을 갖고 있다. 이러한 tRNA에 있는 10개의 변형된 염기 자리들은 색깔 음영으로 표시되어 있다. (*b*) 클로버 잎 모양에서 tRNA의 일반화된 그림. 모든 tRNA(원핵세포와 진핵세포 모두)에 공통적인 염기들이 문자, 즉 R은 불변의 퓨린, Y는 불변의 피리미딘, ψ는 불변의 위우리딘 등으로 표시되어 있다. tRNA 사이에 가장 큰 가변성(可變性)은 4~21개의 뉴클레오티드 범위에 이를 수 있는, V(가변) 팔에서 일어난다. D 팔에 2개의 작은 가변성 자리가 있다.

로 결합된 후(after), 즉 전사 후에(*posttranscriptionally*) 네 가지 표준 염기들 중 1개가 효소에 의해 변화되어 생기는 것으로 밝혀졌다. 그 외에, 모든 tRNA는 분자의 한 부분에 있는 뉴클레오티드 서열이 분자의 다른 부분에 위치하는 서열과 상보적인 서열을 갖고 있었다. 이러한 상보적인 서열 때문에, 다양한 tRNA는 접혀서 2차원적으로 그렸을 때 클로버 잎처럼 2차원적으로 그려질 수 있는 구조를 형성하는 것과 비슷한 방식으로 접히게 된다. tRNA 클로버 잎에서 염기쌍을 이룬 기둥부분(stem)과 쌍을 이루지 않은 고리부분(loop)이 〈그림 5-42〉와 〈그림 5-43〉에 나타나 있다. 고리(부분)에 집중되어 있는 특이한 염기들은 이 고리 부분에서 수소결합의 형성을 파괴해서 다양한 단백질들에 대한 잠재적인 인식 자리의 역할을 한다. 성숙한 모든 tRNA는 3′끝에 CCA 3중자 서열을 갖는다. 이 3개의 뉴클레오티드는 tRNA 유전자에서 암호화될 수 있으며(많은 원핵세포에서) 또는 효소에 의해 첨가될 수 있다(진핵세포에서). 후자인 경우, 하나의 재능 있는 효소가 3개의 모든 뉴클레오티드를 DNA 또는 RNA 주형의 도움 없이 적당한 순서로 첨가한다.

지금까지 우리는 이 연계분자들을 오직 2차, 또는 2차원적 구조로만 생각하였다. 전령 RNA는 독특하고 명확한 3차구조로 접혀있다. 엑스-선(X-ray) 회절 분석은 tRNA가 L자 모양으로 배열된 2개의 2중나선으로 구성된 것을 보여준다(그림 5-43*b*). 모든 tRNA 분자들에 있는 유사한 자리에서 발견된 이 염기들[〈그림 5-42*b*〉의 불변하는(*invariant*) 염기들]은 L자 모양의 3차구조를 만드는 데 특히 중요하다. tRNA들의 공통적인 모양은 단백질 합성 동안에 일련의 유사한 반응에 모두 참여한다는 사실을 반영한다. 그러나 각각의 tRNA는 다른 tRNA와 구분되는 특이한 특징을 갖고 있다. 다음 절에서 논의된 것처럼, 이런 특이한 특징은 하나의 아미노산을 적당한(관련성 있는, cognate) tRNA에 효소에 의해 부착되도록 한다.

전령 RNA는 mRNA 코돈들의 서열을 아미노산 잔기의 서열로 번역한다. mRNA에 포함된 정보는 운반 RNA와 전령 RNA에 있

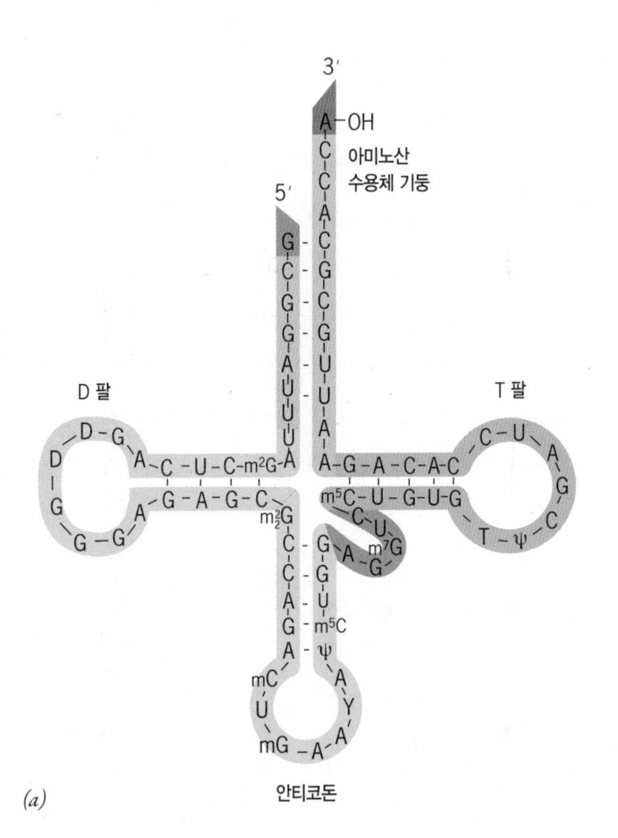

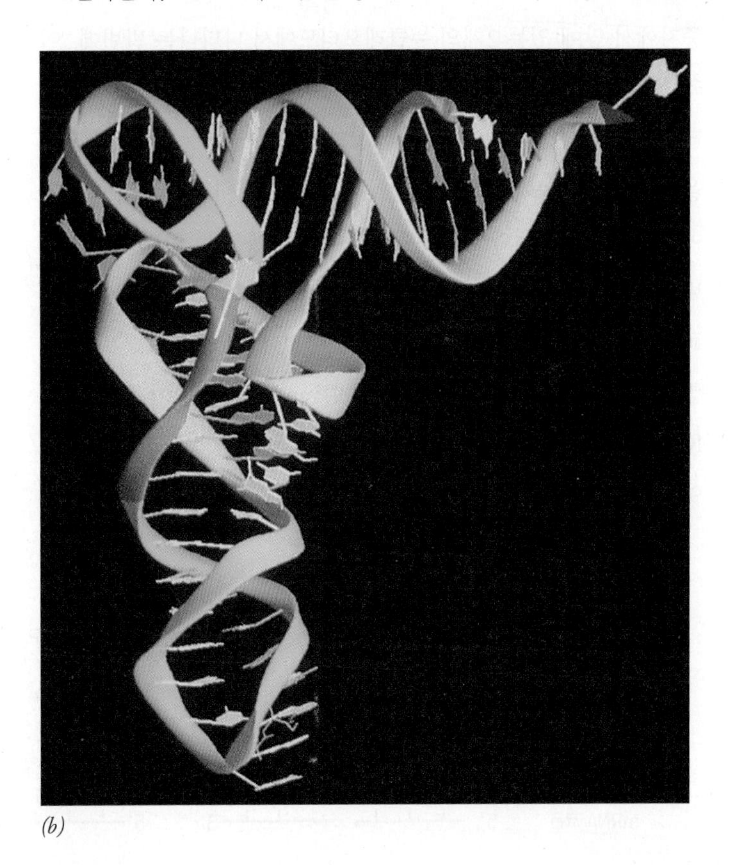

그림 5-43 **tRNA의 구조.** (*a*) 다음의 b부분과 일치하는 색깔로 표시된 분자의 다양한 부위를 가진 효모 페닐알라닐 tRNA의 2차구조. (*b*) 엑스-선 결정학에서 유래한 $tRNA^{Phe}$의 3차원 구조. 아미노산 수용체(AA) 팔과 TΨC(T) 팔은 연속된 2중나선을 형성하며, 안티코돈(AC) 팔과 D 팔은 부분적으로 연속된 2중나선을 형성한다. 이러한 2개의 나선 기둥들이 만나서 L자 모양의 분자를 형성한다.

는 상보적인 서열들 사이의 염기쌍 형성을 통하여 해독된다(그림 5-4 참조). 그래서 핵산에서 일어나는 다른 과정과 마찬가지로, 염기쌍 간의 상보성이 번역 과정의 핵심에 자리 잡고 있다. mRNA의 코돈과 이런 상보적인 결합에 참여하는 tRNA의 부위는 **안티코돈**(anticodon)이라고 하는 3개의 연속된 뉴클레오티드 부분인데, 이것은 tRNA 분자에서 고리부분의 가운데에 위치되어 있다(그림 5-43*a*). 이 고리는 반드시 7개의 뉴클레오티드로 구성되며, 이들 중 중앙의 3개가 안티코돈을 구성한다. 안티코돈은 L자 모양인 tRNA 분자의 한쪽 끝에 위치하는데, 아미노산이 결합되는 끝의 반대쪽에 있다(그림 5-43*b*).

61개의 서로 다른 코돈들이 하나의 아미노산을 지정할 수 있다는 사실을 감안할 때, 세포는 적어도 61개의 서로 다른 tRNA들을 가질 것으로 예상할 수 있으며, 그 tRNA들 각각은 〈그림 5-41〉의 코돈들 중 하나에 상보적인 서로 다른 안티코돈을 갖는다. 그러나 동일한 아미노산을 지정하는 코돈들 사이의 가장 큰 유사성은 3중자에서 앞에 있는 2개의 뉴클레오티드에서 나타나는 반변에, 이와 동일한 코돈들에서 가장 큰 가변성은 3중자의 마지막 뉴클레오티드에서 나타난다는 것을 기억해보라. U로 끝나는 16개의 코돈을 생각해보자. 모든 경우에, 만일 그 U가 C로 바뀌었다면, 동일한 아미노산이 지정된다(〈그림 5-41〉에서 앞에서 두 번째 줄). 이와 비슷하게, 대부분의 경우에, 또한 세 번째 자리에서 A와 G 사이의 교체는 아미노산 결정에 아무런 영향이 없다. 세 번째 위치에 있는 염기의 교환 가능성은 프랜시스 크릭(Francis Crick)이 동일한 운반 RNA가 1개 이상의 코돈을 인식할 수도 있다는 것을 제안하기에 이르렀다. 그의 제안은 불안정(동요) 가설(*wobble hypothesis*)로 명명되었는데, 이 가설은 tRNA의 안티코돈과 mRNA의 코돈 사이에 공간적 배치에 관한 요건이 앞에 있는 2개의 위치에 대해서는 아주 엄격하지만 세 번째 위치에는 더 유연하하는 것을 제한하였다. 그 결과, 동일한 아미노산을 지정하고 세 번째 위치만 다른 2개의 코돈은 단백질 합성에서 동일한 tRNA를 사용해야 한다. 다시 한 번, 크릭(Crick)의 가정은 사실로 증명되었다.

코돈의 세 번째 위치의 불안정을 지배하는 규칙들은 다음과 같다(그림 5-44). 즉, 안티코돈의 U는 mRNA의 A 또는 G와 쌍을 이루며, 그리고 안티코돈의 I [이노신(inosine), 원래의 tRNA 분자에 있는 구아닌으로부터 유래되었음]는 mRNA의 U, C, 또는 A와 쌍을 이룬다. 불안정의 결과로써, 예를 들면, 류신(leusine)에 대한 6개의 코돈은 단 3개의 tRNA를 필요로 한다.

5-7-1-1 아미노산의 활성화

폴리펩티드가 합성되는 동안, 각각의 운반 RNA 분자가 올바른(관련성 있는, cognate) 아미노산에 결합하는 것은 결정적으로 중요하다. 아미노산들은 **아미노아실-tRNA 합성효소**(aminoacyl-tRNA synthetase, aaRS)라고 하는 효소에 의해 그와 특이적으로 관련성 있는 tRNA의 3′끝에 공유결합으로 연결된다(그림 5-45). 비록 예외가 많이 있지만, 생물체는 보통 20가지의 서로 다른 아미노아실-tRNA 합성효소를 갖고 있는데, 그 중 하나가 20 가지의 아미노산들 중 한 개씩을 단백질로 결합시킨다. 각각의 합성효소가 그 아미노산에 적당한 모든 tRNA를 "장전(裝塡)시킬(charging)" 수 있다(즉, 〈그림 5-41〉에서처럼, 각 tRNA의 안티코돈은 아미노산을 지정하는 다양한 코돈들의 하나를 인식한다).

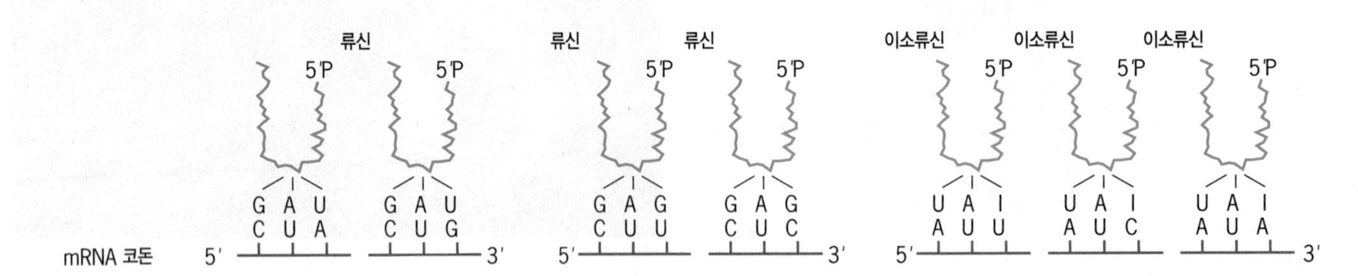

그림 5-44 코돈과 안티코돈 사이의 상호작용에서 불안정(동요). 일부의 경우에, tRNA 안티코돈의 5′끝에 있는 뉴클레오티드는 mRNA 안티코돈의 3′끝(세 번째 위치)에 있는 1개의 뉴클레오티드보다 더 많은 것과 쌍을 이룰 수 있다. 그 결과, 1개 이상의 코돈이 동일한 tRNA를 사용할 수 있다. 불안정 도해에서 짝짓기의 규칙들은 본문과 그림에 표시되어 있다.

아미노아실-tRNA 합성효소는 단백질-핵산 상호작용을 지정하는 아주 좋은 예이다. 어떤 공통 특징이 특정 아미노산을 지정하는 모든 tRNA 종류들 사이에 존재해야 한다. 그 이유는, 단일 아미노아실-tRNA 합성효소가 이런 모든 tRNA를 인식할 수 있도록 하는 반면, 동시에 다른 아미노산들에 대한 모든 tRNA들을 식별할 수 있어야 하기 때문이다. 기질로 선택되거나 또는 거부되는 원인이 되는 tRNA의 구조적 특징에 관한 정보는 주로 다음의 두 가지 근거에서 나온다. 즉,

1. 엑스-선 결정학에 의한 효소들의 3차원 구조의 결정. 엑스-선 결정학은, 연구자들이 tRNA 상의 어느 자리가 단백질과 직접 접촉하는지를 확인할 수 있게 해준다. 〈그림 5−45〉에 예시된 것처럼, tRNA의 두 끝—수용체 기둥부분과 안티코돈—은 이 효소들 대부분에 의해 인식되는 데 특히 중요하다.
2. tRNA에서 변화의 결정. tRNA는 특이적으로 연관된 합성효소에 의해 아미노아실화 된다(aminoacylated). 예를 들면, $tRNA^{Ala}$(〈그림 5−42*a*〉에 있는 분자의 5′끝으로부터 온 세 번째 G가 관여하는 G-U 염기쌍)에 있는 특이적인 염기쌍은 알라닐-tRNA 합성효소와의 상호작용을 1차적으로 결정한다. 이 특이적인 염기쌍이 $tRNA^{Phe}$ 또는 $tRNA^{Cys}$의 수용체 기둥부분)에 삽입되면, 이 tRNA들이 알라닐-tRNA 합성효소에 의해 인식되는 데 충분하며 그리고 알라닌을 아미노아실화 시키기에 충분하다.

아미노아실-tRNA 합성효소는 다음 두 단계의 반응을 수행한다. 즉,

첫 번째 단계: ATP + 아미노산 → 아미노아실-AMP + PP_i
두 번째 단계: 아미노아실-AMP + tRNA
→ 아미노아실-tRNA + AMP

첫 번째 단계에서, ATP의 에너지는 효소에 결합되어 있는 아데닐화된(adenylated) 아미노산을 형성하여 아미노산을 활성화시킨다. 이 반응이 폴리펩티드 합성을 이끄는 화학반응에서 1차적으로 에너지를 필요로 하는 단계이다. 아미노산을 tRNA 분자에 전달하여(위의 두 번째 단계), 결국은 자라나는 폴리펩티드 사슬로 전달하는 것과 같은, 연속적으로 일어나는 일들은 열역학적으로 순조롭게 일어난다. 이어서 첫 번째 반응에서 생산된 PP_i는 P_i로 가수분해 되고, 전체 반응은 생성물이 형성되는 방향으로 더 진행된다. 더 뒤에서 볼 것으로써, 단백질을 합성하는 동안 에너지가 소비되지만, 이것은 펩티드 결합 형성에 사용되지 않는다. 두 번째 단계에서, 효소는 자신에게 결합된 아미노산을 특이적으로 연관된 tRNA의 3′끝에 전달한다. 합성효소가 우연히 tRNA에 부적당한 아미노산을 놓이게 했다면, 효소의 교정 기작이 활성화되어 아미노산과 tRNA 사이의 결합이 끊어진다.[7]

그림 5-45 tRNA와 그의 아미노아실-tRNA 합성효소 사이의 상호결작용을 3차원으로 나타낸 그림. $tRNA^{Gln}$(빨간색과 노란색)과 복합체를 이루는, 대장균 글루타밀-tRNA 합성효소(파란색)의 결정 구조. 이 효소는 tRNA의 수용체 기둥부분과 안티코돈 사이의 상호작용을 통하여 이 특수한 tRNA를 인식하며 다른 tRNA들을 구별한다.

[7] 모든 aa-tRNA 합성효소들이 이런 유태의 교정기작을 갖는 것은 아니다. 이 효소들의 일부는 첫 번째 반응 단계에 이어지는 아미노아실-AMP-연결을 가수분해시켜서 부정확한 아미노산을 제거한다. 가장 구분하기 어려운 2개의 아미노산은 1개의 메틸렌기가 다른 발린과 이소류신이다(그림 2−26). 이소류실(isoleucyl)-tRNA 합성효소는 정확한 아미노아실화를 보장하는 두 가지 교정 기작을 모두 사용한다.

역자 주[e] 비천연(非天然) 아미노산(unnatural amino acid): 자연적으로 생기거나 또는 화학적으로 합성된 아미노산으로서, 단백질을 형성하지 않는 아미노산(non-proteinogenic amino acid)들을 일컫는다.

번역 기구(機構)에 의해 정상적으로 결합된 20가지의 아미노산들과 다른, 즉 비천연(非天然) 아미노산(unnatural amino acid)[e] 들을 포함하고 있는 시험관 속에서 또는 세포 속에서, 연구자들이 단백질을 합성할 수 있는 여러 가지 방법이 개발되었다. 이러한 비천연 아미노산들은 폴리펩티드 사슬에 결합된 후에 정상적인 아미노산들의 변화에 의해서 생기는 것이 아니라, mRNA 내에서 직접 암호화된다. 유전암호의 이런 "확장(expansion)"은 보통 종결코돈 중 하나를 인식하는 실험적으로 변형된 tRNA의 사용을 그리고 비천연 아미노산을 특수하게 인식하는 특이적으로 연관된 아미노아실-tRNA 합성효소의 사용을 포함된다. 이어서 비천연 아미노산은 특정한 종결코돈이 mRNA 속에서 만날 때마다 폴리펩티드 사슬에 결합된다. 이런 방법을 이용하여, 연구자들은 단백질의 활성을 알릴 수 있는 화학 작용기를 갖고 있는 단백질을 합성할 수 있으며, 또는 그들은 가능성 있는 약물 또는 다른 상업적 활용에 사용하기 위한 새로운 구조와 기능을 가진 단백질을 설계할 수 있다.

복습문제

1. 왜 tRNA들을 연계분자라고 하는가? tRNA들은 공통적으로 어떤 구조적 양상을 갖고 있는가?
2. tRNA와 아미노아실-tRNA 합성효소 사이에 일어나는 상호작용의 특성을 설명하시오. tRNA와 mRNA 사이에 일어나는 상호작용의 특성을 설명하시오. 불안정(동요) 가설은 무엇인가?

5-8 유전 정보의 번역

단백질 합성 또는 **번역**(translation)은 세포 내에서 가장 복잡한 합성 활성일 것이다. 단백질을 조립하기 위해서는 결합된 아미노산을 가진 모든 다양한 tRNA, 리보솜, 전령 RNA, 서로 다른 기능을 가진 많은 단백질들, 양이온, GTP 등을 필요로 한다. 이 복잡성은 다음 사실을 생각하면 놀라운 일이 아니다. 즉, 단백질 합성이 20가지의 서로 다른 아미노산을 서로 다른 문자를 사용하는 언어로 쓰인 암호화된 정보의 지시에 따라 정확한 서열로 결합시킬 필요가 있기 때문이다. 다음의 논의에서, 더 단순하고 더 잘 이해되어 있는 세균에서 작동되고 있는 번역 기작을 주로 설명할 것이다. 그 과정은 진핵세포에서와 놀랄 만큼 유사하다.

폴리펩티드 사슬의 합성은 세 가지 별개의 활성, 즉 사슬의 개시(*initiation*), 사슬의 신장(*elongaton*), 사슬의 종결(*termination*)로 나누어질 수 있다. 이 활성들을 차례로 설명할 것이다.

5-8-1 개시

일단 mRNA에 부착되면, 리보솜은 항상 mRNA를 따라 한 코돈에서 다음 코돈으로, 즉 3개의 연속된 뉴클레오티드로 된 구획들을 따라 이동한다. 적합한 3중자(triplet)가 읽혀지는 것을 보장하기 위하여, 리보솜은 AUG로 지정되어 있는 **개시코돈**(initiation codon)이라고 하는 mRNA의 정확한 자리에 결합한다. 이러한 코돈에 결합함에 따라, 리보솜은 자동적으로 적당한 **번역틀**(reading frame)에 놓이게 되기 때문에 그 시점부터 전체 유전정보를 정확하게 읽는다. 예를 들면, 다음 경우에서,

—CUAGUUACAUGCUCCAGUCCGU—

리보솜은 개시코돈인 AUG부터 다음 3개의 뉴클레오티드인 CUC로 이동하고, 그다음에는 CAG 등등으로 선 전체를 따라 이동한다.

세균 세포에서 번역 개시의 기본적인 단계는 〈그림 5-46〉에 예시되어 있다.

1단계: 리보솜의 작은 소단위를 개시코돈으로 가져오기
〈그림 5-46〉에서처럼, mRNA는 완전한 리보솜에 결합하지 않고, 작은 소단위(small subunit)에 결합하는데, 이때 큰 소단위(large subunit)는 분리되어 있다. 개시의 첫 번째 주요 단계는 리보솜의 작은 소단위가 유전정보(mRNA)에서 첫 번째 AUG 서열(또는 첫 번째 중 하나)에 결합하는 것이며, AUG 서열은 개시코돈으로 작

[8] 또한 GUG도 개시코돈으로 작용하며 몇 개의 정상적인 유전정보에서와 같은 것으로 밝혀졌다. GUG가 사용될 때, 안쪽에 있는 GUG 코돈은 발린(valine)을 지정한다는 사실에도 불구하고, N-포밀메티오닌(formylmethionine)도 여전히 개시복합체를 형성하기 위해 사용된다.

용한다.[8] 작은 소단위가 안쪽에 있는 다른 코돈과는 대조적으로 어떻게 첫 번째의 AUG 코돈을 선택하는가? 세균 mRNA는 개시코돈 앞에 5~10개 뉴클레오티드의 특이 서열[발견자의 이름을 따서 샤인-달가노(Shine-Dalgano) 서열이라고 함]을 갖고 있다. 샤인-달가노 서열은 작은 리보솜 소단위의 16S 리보솜 RNA(*ribosomal RNA*)의 3′끝 근처의 뉴클레오티드 서열에 상보적이다.

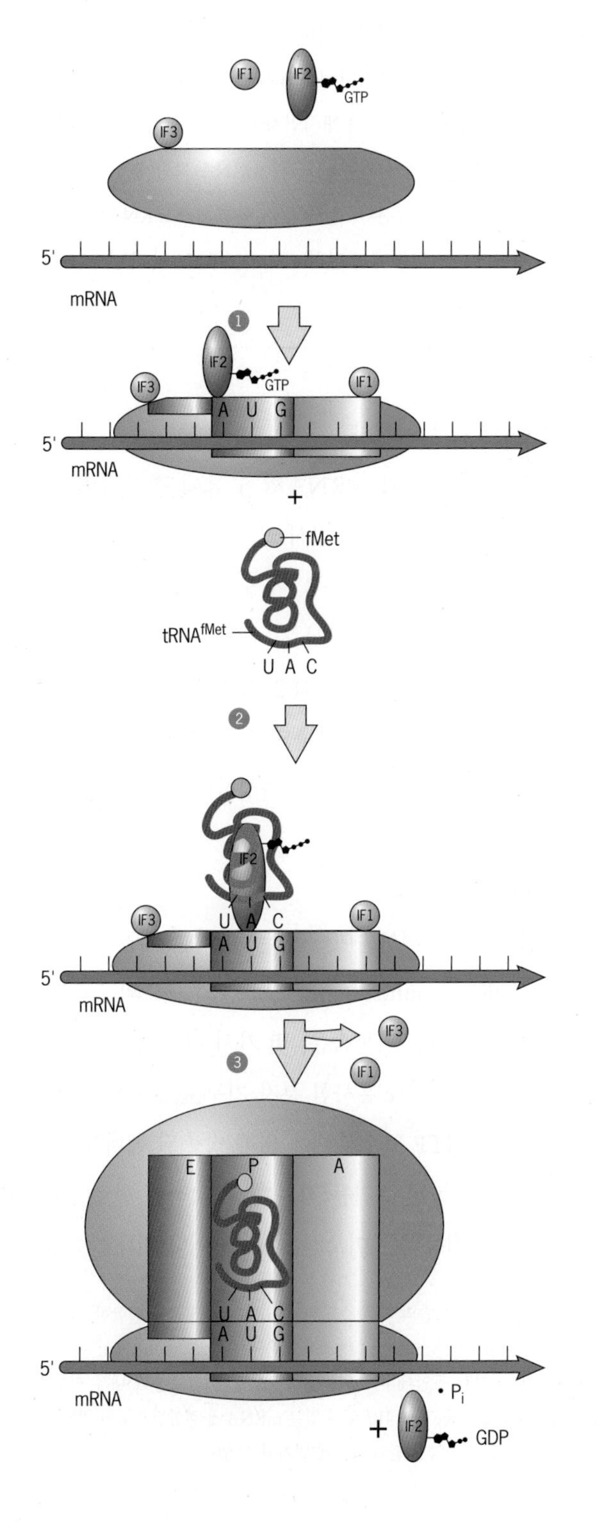


```
rRNA  -- ACCUCCUUUA  3′
           ::::::
mRNA  --- GGAGGA---  5′
```

mRNA와 rRNA의 상보적인 서열 사이의 상호작용에 의해서 AUG 개시코돈에 30S 소단위가 결합되게 한다.

개시는 개시인자를 필요로 한다 〈그림 5-46〉에 요약된 단계들 중 몇몇은 **개시인자**(開始因子, initiation factor: 세균에서는 IF 그리고 진핵생물에서는 eIF라고 함)라고 하는 가용성 단백질의 도움을 필요로 한다. 세균 세포는 3개의 개시인자—IF1, IF2, IF3—를 필요로 하며, 이들은 30S 단위에 결합한다(〈그림 5-46〉의 1단계). IF2는 첫 번째 아미노아실-tRNA의 결합에 필요한 GTP-결합 단백질이다. IF3은 큰 소단위(50S)가 30S 소단위에 너무 일찍 결합하는 것을 방지할 수 있으며, 또한 최초의 aa-tRNA가 제자리로 들어가도록 촉진할 수도 있다. IF1은 30S 소단위가 mRNA에 결합하는 것을 촉진시키며 aa-tRNA가 리보솜의 잘못된 자리에 들어가는 것을 방지할 수 있다.

2단계: 최초의 aa-tRNA를 리보솜으로 가져오기

코돈 배치(그림 5-41)를 살펴보면, AUG는 개시코돈 만을 나타내는 것이 아님을 알 수 있다. 즉, 이 코돈은 메치오닌(methionine)을 지정하는 유일한 코돈이다. 사실, 메치오닌은 항상 폴리펩티드 사슬의 N-말단에 결합되는 첫 번째 아미노산이다. [세균에서, 최초의 메티오닌은 포밀기(formyl group)을 갖고 있어서 *N*-포밀메티오닌(*N*-formylmethionine)을 만든다.] 이어서 메티오닌(또는 *N*-포

그림 5-46 **세균에서 단백질 합성의 개시.** 1단계에서, 번역의 개시는 30S 리보솜 소단위와 AUG 코돈이 있는 mRNA와 결합하여 시작하는데, 이 단계는 IF1과 IF3을 필요로 한다. 본문에 설명된 것처럼, rRNA 상의 상보적인 뉴클레오티드 서열과 mRNA 사이의 상호작용 결과, 30S 리보솜 소단위가 AUG 개시코돈에서 mRNA와 결합한다. 2단계에서, 포밀메티오닐-$tRNA^{fMet}$가 IF2-GTP에 결합함으로써 포밀메티오닐-$tRNA^{fMet}$가 mRNA와 30S 리보솜 소단위로 구성된 복합체와 결합하게 된다. 3단계에서, 50S 소단위가 복합체와 결합하고, GTP는 가수분해 되며, IF2-GDP는 방출된다. 개시자 tRNA는 리보솜의 P 자리에 들어가는 반면에, 그 후의 모든 tRNA들은 A 자리에 들어간다(〈그림 5-49〉 참조).

밀메티오닌)은 새로 합성된 대부분의 단백질에서 효소에 의해 제거된다. 세포는 두 가지의 독특한 메티오닐-tRNA를 갖고 있다. 즉, 하나는 단백질 합성을 시작하는 데 사용되고, 다른 하나는 메티오닐(methyonyl) 잔기를 폴리펩티드 내부로 결합시킨다. 개시 aa-tRNA는 리보솜의 P 자리로 들어가고(아래에 논의되었음), 거기에서 mRNA 상의 AUG 코돈과 IF2 개시인자 모두와 결합한다(그림 5-46, 2단계). IF1과 IF3는 방출된다.

3단계: 완전한 개시 복합체 조립하기

일단 개시 tRNA(initiator tRNA)가 AUG 코돈에 결합하면 IF3이 방출되고, 큰 리보솜 소단위가 복합체에 결합하며, IF2에 결합되었던 GTP는 가수분해 된다(그림 5-46, 3단계). GTP의 가수분해는 아마도 리보솜의 입체구조 변화를 일으킬 것이며, 이 변화는 IF2-GDP를 방출시키기 위해 필요하다.

5-8-1-1 진핵생물에서 번역의 개시

진핵생물은 적어도 12개 개시인자를 필요로 하는데, 이 인자그들은 총 25개 이상의 폴리펩티드 사슬로 이루어져 있다. 〈그림 5-47〉에 나타낸 것처럼, 이들 eIF 중 몇 개(예: eIF1, eIF1A, eIF5, eIF3)는 mRNA에 결합하도록 준비하고 있는 40S 소단위(subunit)에 결합한다. 또한 메티오닌에 연결된 개시 tRNA도 mRNA와 상호작용하기 전에 40S 소단위에 결합한다. 개시 tRNA는 eIF2-GTP와 결합되어 있는 소단위의 P 자리로 들어간다. 일단 이런 일이 일어나면, 개시인자들 및 장전된(charged) tRNA와 결합되어 있는 리보솜의 작은 소단위(이것들은 43S 개시전 복합체를 이룸)는 mRNA의 5′끝을 찾을 준비가 되어 있으며, mRNA의 5′끝에는 메틸구아노신 모자(methylguanosine cap)가 있다.

mRNA에 이미 결합된 개시인자들 무리의 도움으로, 43S 복합체는 원래 mRNA에 모이게 된다(그림 5-47). 이 인자들 사이에서, (1) eIF4E는 진핵 mRNA의 5′ 모자에 결합하고, (2) eIF4A는 mRNA를 따라 43S 복합체의 이동을 방해할 2중가닥 부위를 제거하면서 (유전정보를 갖고 있는) mRNA의 5′를 따라서 이동한다. 그리고 (3) eIF4G는 mRNA의 5′ 모자 끝 그리고 폴리아데닐화된(polyadenylated) 3′끝 사이의 연결자(linker)의 역할을 한다(그림 5-47). 그래서 eIF4G는 사실상 직선형의 mRNA를 원형의 유전

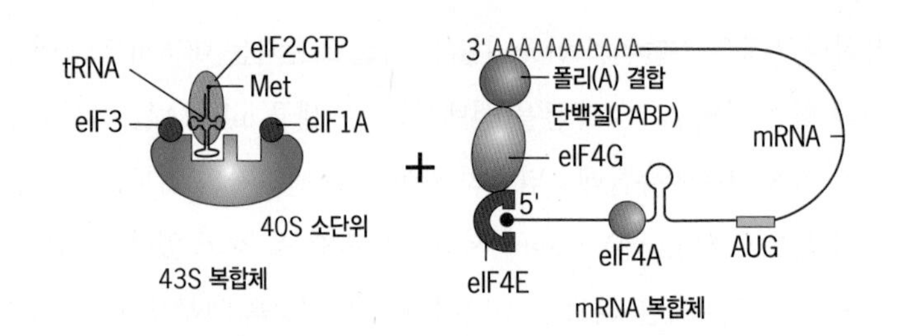

그림 5-47 진핵생물에서 단백질 합성의 개시. 본문에서 설명된 것처럼, 개시는 두 가지 복합체와의 결합으로 시작된다. 복합체들 중 하나는(43S 복합체라고 하는) 몇 개의 개시인자들 및 개시 tRNA에 결합된 40S 리보솜 소단위를 갖고 있는 반면에, 다른 하나는 별도의 개시인자들 무리에 결합된 mRNA를 갖고 있다. 이 결합은 43S 복합체에 있는 eIF3과 mRNA 복합체에 있는 eIF4G 사이의 상호작용에 의해 이루어진다. 일단 43S 복합체가 mRNA의 5′끝에 결합하면, 그것은 적절한 개시코돈에 도달할 때까지 mRNA의 유전정보를 따라 자세히 살피면서 지나간다.

정보(mRNA)로 전환시킨다.

일단 43S 복합체가 mRNA의 5′끝에 결합하면, 복합체는 AUG 개시코돈을 갖고 있는 인식 가능한 뉴클레오티드 서열(전형적으로 5′—CCACCAUGC—3′)에 도달할 때가지 mRNA의 유전정보를 따라서 자세히 살피면서 지나간다. 일단 43S 복합체가 적절한 AUG 코돈에 도달하면, eIF2-GTP는 가수분해되고, eIF2-GDP(와 다른 결합된 eIF)는 방출되며, 리보솜의 큰 소단위(60S)는 복합체와 결합하여 개시 복합체를 완성한다.[9]

5-8-1-2 리보솜의 역할

이제 우리는 완전한 리보솜이 조립된 지점에 와 있어서, 이러한 다소단위(多小單位, multisubunit) 구조물의 구조와 기능을 더 면밀하게 알아 볼 수 있다. 리보솜은, 몇 가지 관점에서 제13장에 설명된 운동단백질 분자들과 유사한 분자 기구(機構)이다. 번역되는 동안에, 리보솜은 GTP 가수분해에 의해 방출된 에너지로 추진되는 기계적 변화의 반복된 주기를 겪는다. 물리적인 선로(線路, track)를 따라 단순히 이동하는 미오신(myosin)이나 키네신(kinesin)과는

[9] 모든 mRNA들이, 리보솜의 작은 소단위가 mRNA의 5′끝에 결합한 후에 번역되는 것은 아니다. 많은 바이러스 mRNA, 비교적 적은 수의 세포성 mRNA, 특히 유사분열 및 스트레스를 받는 기간 동안에 사용되는 mRNA 등은 리보솜이 내부 리보솜 입구자리(internal ribosomal entry site, IRES)에 있는 mRNA에 결합됨으로써 번역된다. IRES는 mRNA의 5′끝으로부터 약간 떨어진 곳에 위치될 수 있다.

다르게, 리보솜은 암호화된 정보를 지닌 mRNA "테입(tape)"을 따라 이동한다. 바꾸어 말하면, 리보솜은 프로그램으로 작동할 수 있는(*programmable*) 기구이다. 즉, mRNA에 저장된 정보는 번역되는 동안 리보솜이 받아들이는 아미노아실-tRNA의 순서를 결정한다. 세포 내에 있는 많은 다른 기구와 구별되는 리보솜의 다른 특징은 리보솜의 구성성분인 RNA들의 중요성이다. 리보솜의 RNA들은 tRNA를 선택하고, 정확한 번역을 보장하며, 단백질 요소들과 결합하고, 아미노산을 중합시키는 일 등에 중요한 역할을 한다.

지난 몇 년 동안 리보솜의 구조에 관한 우리의 이해는 상당히 진전하였다. 고분해능 동결전자현미경 영상화 기술(18-8절)을 사용한 초기의 연구에 의하면, 리보솜은 불룩한 부분, 갈라진 부분, 통로, 다리(橋) 등을 가진 아주 불규칙한 구조임이 밝혀졌다(그림 2-56 참조). 또한 이런 연구들에서, 번역되는 동안에 작은 소단위와 큰 소단위 모두에서 일어나는 주요 입체구조 변화에 대한 증거를 얻었다. 1990년대 동안에, 리보솜을 결정화하는 데 상당한 진전이 이루어졌으며, 1990년대 말에는 엑스-선 결정학에 의해 원핵세포의 리보솜 구조가 최초로 보고되었다. 〈그림 5-48*a* 및 *b*〉는 엑스-선 결정학에 의해 밝혀진, 세균 리보솜에서 2개의 리보솜 소단위들의 전체적인 구조를 보여준다.

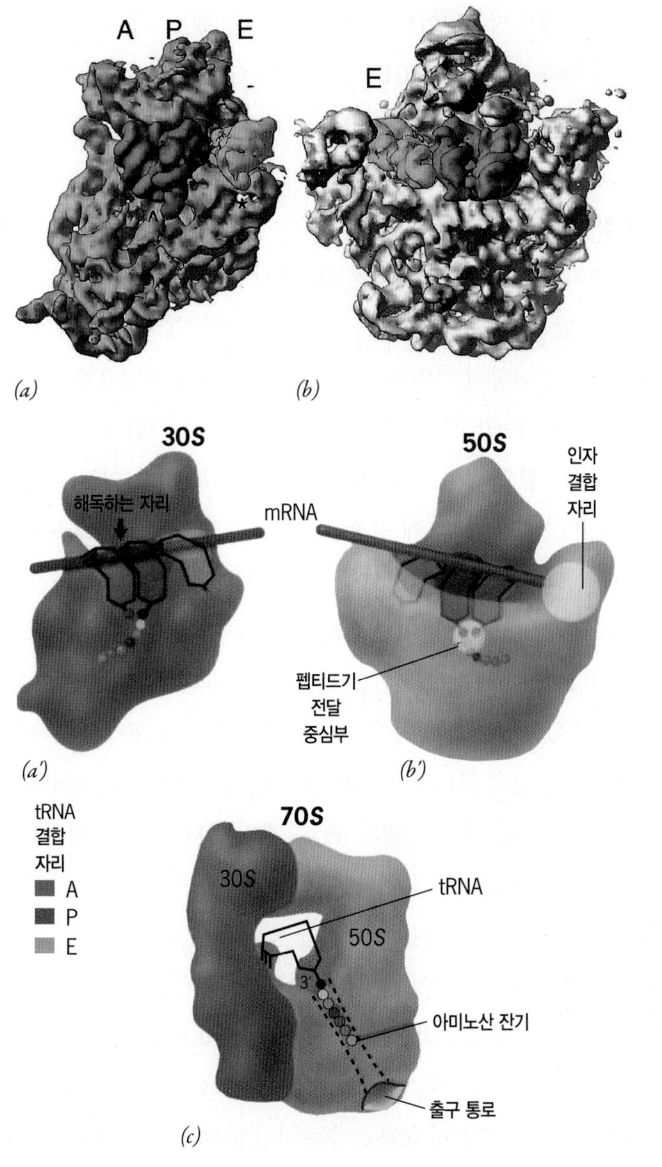

각 리보솜에는 운반 RNA 분자와 결합하는 세 가지의 자리가 있다. 즉, 이 자리들을 **A(아미노아실) 자리**[A(aminoacyl) site], **P(펩티딜) 자리**[P(peptidyl) site], **E(출구) 자리**[E(exit) site]라고 하며, 다음 절에서 설명되는 것처럼, 이 자리들은 신장(伸長) 주기의 연속적인 단계에서 각 tRNA를 받아들인다. 리보솜의 작은 소단위와 큰 소단위 양쪽에 있는 A, P, E 자리들에 결합된 tRNA의 위치를 〈그림 5-48*a*,*b*〉에 나타내었다. tRNA는 이런 자리들에 결합하고 2개의 리보솜 소단위들 사이에 있는 공간에 놓여있다(그림 5-48*c*). 결합된 tRNA의 안티코돈 끝은 소단위와 접촉하는데, 이것은 mRNA에 포함된 정보를 해독하는 데 중요한 역할을 한다. 이와는 대조적으로, 아미노산을 운반하는 결합된 tRNA의 끝은 큰 소단위와 접촉하는데, 펩티드 결합의 형성을 촉매하는 데 중요한 역할을 한다. 이런 고분해 구조에 관한 연구에 의해 밝혀진 주요한

그림 5-48 엑스-선 결정학 자료들을 바탕으로 한 세균 리보솜의 모형으로서, 2개의 리보솜 소단위들의 A, P, E 자리에 결합된 tRNA를 보여준다. (*a*–*b*) 2개의 소단위 사이의 경계면에 나타낸 3개의 결합된 tRNA와 함께, 30S 소단위와 50S 소단위를 각각 보여 주는 장면. (*a*′–*b*′) 앞의 *a*와 *b* 부분에서 보여준 구조에 해당하는 그림들. *a*′에 있는 30S 소단위의 그림은 3개의 tRNA의 안티코돈들의 대략적인 위치를 보여주며 그리고 그들이 mRNA의 상보적인 코돈과 상호작용하는 것을 보여준다. *b*′에 있는 50S 소단위의 그림은 tRNA 자리들을 반대 방향에서 보여준다. A 및 P자리에 있는 tRNA의 아미노산 수용체 말단은, 펩티드 결합 형성이 일어나는, 소단위의 펩티딜(peptidyl) 운반 자리 속의 가까이에 있다. 신장인자 EF-Tu 및 EF-G의 결합 자리는 소단위 오른쪽에 있는 돌출부에 위치한다. (*c*) 70S 세균 리보솜의 그림으로써, 각 tRNA분자가 걸쳐있는 2개의 소단위들 사이에 있는 공간 그리고 50S 리보솜 속의 통로를 보여준다. 50S 리보솜 속의 통로를 통해서 새로 합성되는 폴리펩티드가 리보솜으로부터 나온다.

다른 특성들은 다음과 같다. 즉,

1. 작은 소단위와 큰 소단위 사이의 경계면은 거의 RNA 만이 늘어서 있는 비교적 널찍한 구멍을 형성한다(그림 5-48*c*). 이 구멍과 마주하고 있는 작은 소단위의 측면에는 하나의 연속적인 2중가닥 RNA 나선이 그 길이로 늘어서 있다. 이 나선은 〈그림 5-3〉에 있는 16S rRNA의 2차원 구조에서 음영으로 표시되어 있다. 서로 마주하고 있는 2개의 소단위 표면은 mRNA 및 들어오는 tRNA의 결합 자리가 있어서, 리보솜의 기능에 아주 중요하다. 이런 표면들이 주로 RNA로 구성되어 있다는 사실은 원시의 리보솜이 RNA 만으로 구성되었다는 제안을 지지한다.
2. 아미노산들이 서로 공유결합으로 연결되어 있는 활성부위 또한 RNA로 구성되어 있다. 큰 소단위의 이러한 촉매부위는 깊게 갈라진 틈에 위치하는데, 이 틈은 새로 형성된 펩티드 결합이 물 용매에 의해 가수분해 되는 것을 방지한다.
3. mRNA는 작은 리보솜 소단위의 목을 감는 좁은 홈에 위치하여 A, P, E 자리를 통과한다. A 자리에 들어가기 전에, mRNA의 2차구조가 제거되며 이것은 리보솜의 헬리카아제(helicase) 활성으로 일어날 수도 있다.
4. 터널은 활성부위에서 시작하여 리보솜 큰 소단위의 핵심부를 완전히 통과하여 지난다. 이 터널은 리보솜을 통하여 신장하고 있는 폴리펩티드의 전위(轉位)를 위한 통로이다.
5. 리보솜 소단위들을 구성하는 대부분의 단백질들은 다수의 RNA-결합 부위들을 갖고 있으며, rRNA의 복잡한 3차구조를 안정화시키 위해 이상적으로 위치되어 있다.

5-8-2 신장

세균 세포에서 번역의 신장(伸張, elongation) 과정에서 기본적인 단계들이 〈그림 5-49〉에 예시되어 있다. 일련의 이 단계들은 아미노산이 자라나는 폴리펩티드 사슬에 중합됨에 따라 계속 반복된다.

1단계: 아미노아실-tRNA의 선택

P 자리 속의 적당한 곳이 장전(裝塡)된 개시자 tRNA로 채워짐으로써, 리보솜에서 비어 있던 A 자리에 두 번째 아미노아실-tRNA가 들어올 수 있으며, 이것이 신장의 첫 단계이다(그림 5-49*a*, 1단계). 두 번째 아미노아실-tRNA가 A 자리에 있는 노출된 mRNA에 효과적으로 결합할 수 있기 전에, 두 번째 아미노아실-tRNA는 GTP와 결합된 신장인자 단백질과 결합해야 한다. 이런 특별한 신장인자를 세균에서는 EF-Tu(또는 Tu)라고 하며 진핵세포에서는 eEF1α라고 한다. EF-Tu는 아미노아실-tRNA를 리보솜의 A 자리에 운반하는 데 필요하다. 비록 어떤 아미노아실-tRNA—Tu-GTP 복합체가 그 자리에 들어갈 수 있더라도, A 자리에 위치하는 mRNA 코돈과 상보적인 안티코돈 만이 리보솜 내에서 필요한 입체구조 변화를 일으킬 것이며, 이로써 tRNA가 해독 센터에 있는 mRNA에 결합된 채로 남아있게 된다. 일단 적합한 아미노아실-tRNA—Tu-GTP가 mRNA 코돈에 결합되면, 이 GTP는 가수분해 되고 Tu-GDP 복합체가 방출되어서, 리보솜의 A 자리에는 결합된 aa-tRNA가 남게 된다. 방출된 Tu-GDP로부터 Tu-GTP의 재생산에는 또 다른 신장인자인 EF-T를 필요로 한다.

2단계: 펩티드 결합 형성

첫 단계의 마지막에서, 별개의 tRNA에 부착된 2개의 아미노산이 서로 반응할 수 있는 그런 위치에 나란히 놓이게 된다(그림 5-48*a′*,*b′*). 신장 주기의 두 번째 단계는 나란히 놓인 2개의 아미노산들 사이에 펩티드 결합이 형성되는 것이다(그림 5-49, 2단계). 펩티드 결합 형성은 A 자리에 있는 aa-tRNA의 아민(amine) 질소가 P 자리의 tRNA에 결합된 아미노산의 카르보닐(carbonyl) 탄소에 친핵성 공격을 수행할 때 이루어져서, P 자리의 tRNA를 옮겨놓는다(그림 5-49*b*). 이 반응의 결과, A 자리에 있는 두 번째 코돈에 결합된 tRNA는 연결된 2-펩티드(dipeptide)를 갖는 반면에, P 자리에 있는 tRNA의 아실기(基)(acyl group)가 제거된다. 펩티드 결합의 형성은 외부의 에너지 투입 없이 자발적으로 일어난다. 이 반응은 리보솜 큰 소단위의 구성요소인 **펩티드기**(基) **전달효소**(peptidyl transferase)에 의하여 촉매된다. 오랫동안 펩티드기 전달효소는 리보솜을 구성하는 단백질들 중 하나로 추측되었다. 그 후 RNA의 촉매작용 능력이 분명해짐에 따라서, 관심사는 펩티드 결합 형성의 촉매제로서 리보솜 RNA(ribosomal RNA)로 바뀌었다. 이제는 펩티드기 전달효소 활성은 리보솜 큰 소단위의 커다란 리보솜 RNA 분자에 확실히 존재한다는 것이 밝혀졌다(이 장이 시작되

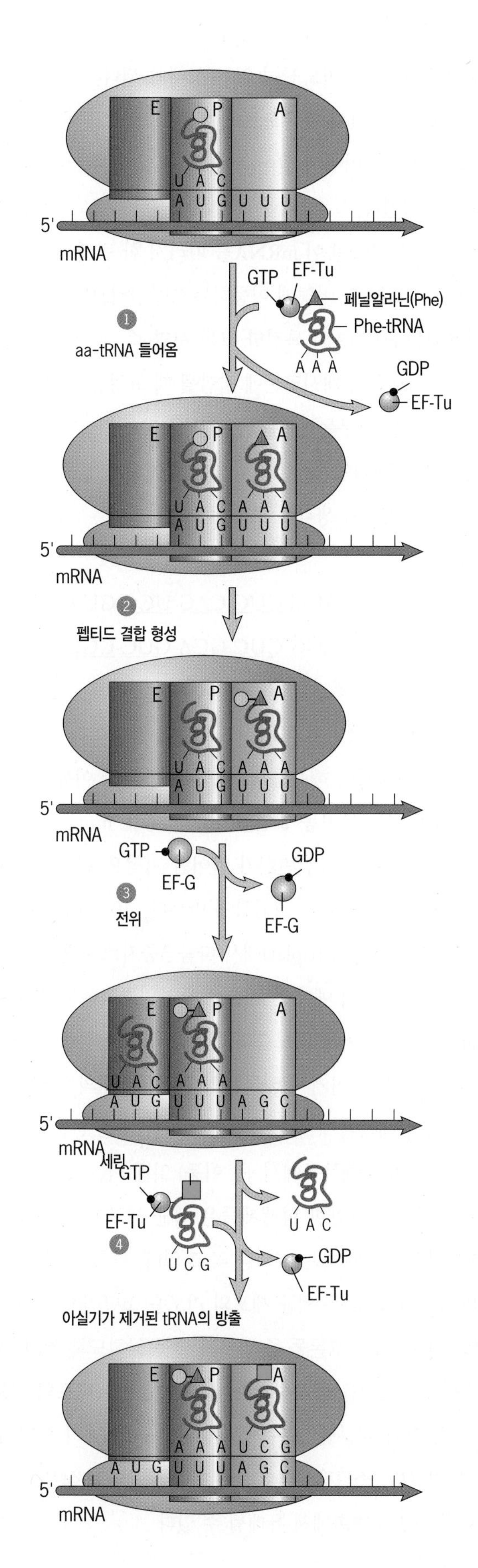

(*a*)

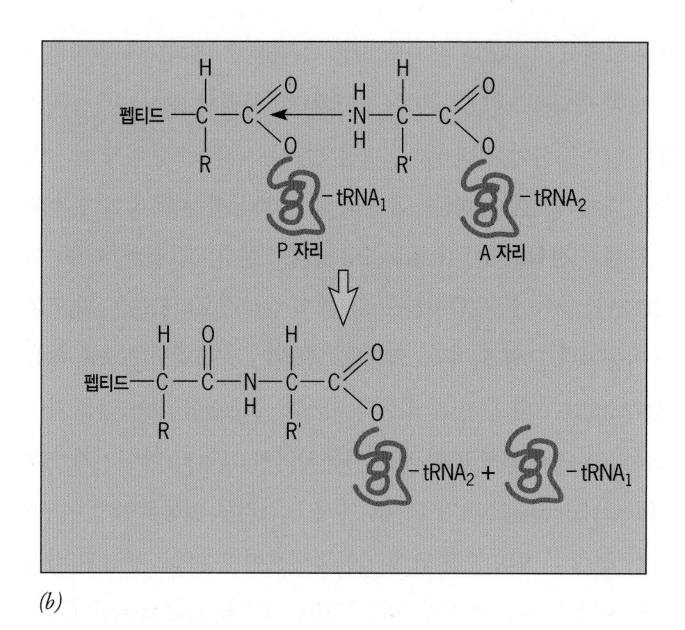

(*b*)

그림 5-49 세균에서 번역하는 시기 동안 새로 합성되는 폴리펩티드의 신장 단계들. (*a*) 1단계에서, mRNA의 두 번째 코돈에 상보적인 아미노아실기 tRNA의 안티코돈이 리보솜의 비어있는 A 자리로 들어간다. tRNA의 결합은 EF-Tu-GDP가 방출되어 이루어진다. 2단계에서, 펩티드 결합 형성은 새로 합성되는 폴리펩티드를 P 자리의 tRNA로부터 A 자리의 아미노아실-tRNA로 전달하여 이루어지며, 이로써 A 자리에는 2-펩티딜-tRNA가 형성되고 P 자리에는 아실기가 제거된 tRNA가 형성된다. 이 반응은 리보자임(ribozyme)으로 작용하는 rRNA의 일부분에 의해 촉매 된다. 3단계에서, EF-G가 결합되고 이와 결합된 GTP가 가수분해 되면, 리보솜이 mRNA에서 전위된다. 전위는 아실기가 제거된 tRNA 및 펩티딜-tRNA가 각각 E 자리 및 P 자리로 이동하여 이루어진다. 4단계에서, 아실기가 제거된 tRNA는 리보솜에서 떨어지고 새로운 아미노아실-tRNA가 A 자리로 들어간다. (*b*) 펩티드 결합 형성 그리고 이어지는 아실기가 제거된 tRNA의 이동. 리보솜은 1초 동안에 약 5개의 아미노산을 자라는 폴리펩티드에 결합되도록 촉매 할 수 있는데, 이러한 속도는 용액에서 모형 기질을 사용하는 촉매되지 않은 반응에서 관찰된 것보다 약 1,000만 배 더 빠른 것이다.

는 페이지의 사진 참조). 바꾸어 말하면, 펩티드기 전달효소는 리보자임(ribozyme)이며, 이것은 이 장의 끝 부분에 있는 〈실험경로〉에서 설명된 주제이다.

3단계: 전위

첫 번째 펩티드 결합이 형성되어서, A 자리에 있는 tRNA 분자의 한 쪽 끝이 mRNA 상의 상보적인 코돈에 연결된 채로 남아있으며 그리고 그 tRNA 분자의 다른 쪽 끝은 2-펩티드에 연결된 채로 남아 있다(〈그림 5-49*a*〉, 2단계). P 자리의 tRNA는 이제 연결된 아미노산이 전혀 없다. 다음 단계는 작은 소단위가 큰 소단위에 대하여 제동장치(ratchet)와 같이 작동하는 특징이 있는데, 이 단계를 **전위**(轉位, translocation)라고 한다. 그 결과, 리보솜은 mRNA를 따라 5′→ 3′ 방향으로 3개의 뉴클레오티드(하나의 코돈)를 이동한다(그림 5-49*a*, 3단계). 전위는 2-펩티딜(dipeptidyl)-tRNA(mRNA의 두 번째 코돈과 여전히 수소결합 되어 있음)가 리보솜의 A 자리에서 P 자리로 이동되어서 그리고 아실기가 제거된(deacylated) tRNA가 P 자리에서 E 자리로 이동되어서 이루어진다. 전위 과정의 중간 단계가 동결전자현미경으로 관찰된 바 있는데, 이것은 부분적으로 전위된 "중간상태(hybrid state)"에 있는 tRNA를 보여준다. 이런 중간상태에서, tRNA에 있는 안티코돈의 말단은 여전히 작은 리보솜 소단위의 A 자리와 P 자리에 위치하는 반면, tRNA의 수용체(acceptor) 말단들은 큰 리보솜 소단위의 P 및 E 자리로 이동하였다. 전위는 또 다른 신장인자(세균의 EG-F와 진핵생물의 eEF2)의 입체구조 변화에 의해 추진되며, 이런 변화는 성장인자에 결합된 GTP가 가수분해 된 다음에 일어난다. 이 반응에 이어서, EF-G-GDP는 리보솜에서 떨어진다.

4단계: 아실기가 제거된 tRNA의 방출

신장의 마지막 단계(그림 5-49*a*, 4단계)에서, 아실기가 제거된 tRNA가 리보솜에서 방출되어, E 자리를 비우게 된다.

신장의 각 주기 동안에, 적어도 2분자의 GTP가 가수분해 된다. 즉, 한 분자는 아미노아실기-tRNA가 선택되는 동안에 그리고 다른 한 분자는 전위되는 동안에 가수분해 된다. 신장의 각 주기는 약 20분의 1초가 걸리며, 이 시간의 대부분은 아마도 주위의 세포기질로부터 aa-tRNA를 고르는 데 소비될 것이다. 일단 펩티elf-tRNA가 전위되어 P 자리로 이동되면, 다른 아미노아실-tRNA가 들어가도록 A 자리가 다시 열리는데, 이 경우에 들어가는 아미노아실-tRNA의 안티코돈은 세 번째 코돈에 상보적이다(그림 5-49*a*). 일단 세 번째 장전된 tRNA가 A 자리에 있는 mRNA와 결합되면, 2-펩티드가 P 자리의 tRNA로부터 A 자리의 aa-tRNA에 의해 이동되어서, 두 번째 펩티드 결합을 형성한다. 그 결과, A 자리의 tRNA에는 3-펩티드(tripeptide)가 결합된다. P 자리의 tRNA에는 다시 아미노산이 없는 상태가 된다. 펩티드 결합 형성은 리보솜이 네 번째 코돈으로 전위되고 그리고 아실기가 제거된 tRNA의 방출에 이어서 일어나며, 그 결과 이 주기는 다시 시작하기 위해 준비된다.

이 절에서 리보솜이 mRNA를 따라서 한 번에 3개의 뉴클레오티드(1개의 코돈)를 어떻게 이동하는지를 알아보았다. 리보솜에 의해 이용되는 mRNA의 특정한 코돈 서열(즉, 해독틀)은 번역 시작 단계에서 리보솜이 개시코돈에 결합될 때 고정된다. 가장 파괴적인 돌연변이들 중 일부는 단일 염기쌍이 DNA에 첨가되었거나 또는 DNA에서 삭제되는 것이다. 다음 서열에서 단일 뉴클레오티드의 첨가에 따른 영향을 생각해 보자. 즉,

—<u>AUG</u> <u>CUC</u> <u>CAG</u> <u>UCC</u> GU →
—<u>AUG</u> <u>CUC</u> <u>GCA</u> <u>GUC</u> <u>CGU</u>—

리보솜이 돌연변이의 지점에서부터 암호화하는 서열의 나머지를 모두 부정확한 해독틀의 mRNA를 따라 이동한다. 이런 유형의 돌연변이를 **틀이동 돌연변이**(frameshift mutation)라고 한다. 틀이동 돌연변이는 돌연변이가 일어난 지점으로부터 완전히 비정상적인 아미노산 서열을 조립하게 만든다. 20년 이상 동안 리보솜이 항상 1개의 3중자(triplet)에서 다음 3중자로 이동된다고 가정되었다. 그 후 몇 가지 예에서 mRNA가 재암호화하는 신호(recoding signal)를 갖고 있어서 리보솜이 mRNA의 해독틀을 변경시킨다는 것이 발견되었다. 여기서 해독틀의 변경은 1개의 뉴클레오티드를 뒤로 옮겨서(해독틀에서 −1 이동) 읽거나 또는 1개의 뉴클레오티드를 건너뛰어서(해독틀에서 +1 이동) 읽게 되는 것을 말한다.

광범위하고 다양한 항생제들은 세균 세포에서 단백질 합성의 다양한 양상을 방해하는 효과를 갖고 있다. 예를 들면, 스트렙토마이신(streptomycin)은 세균 세포의 리보솜 소단위에 선택적으로 결합하여, mRNA의 코돈들 중 일부가 잘못 읽히도록 해서, 비정상적인 단백질의 합성을 증가시킨다. 항생제는 진핵세포의 리보솜에는 결합하지 않기 때문에, 숙주세포에 있는 mRNA의 번역에 영향을 미치지 않는다. 스트렙토마이신에 대한 세균의 내성은 리보솜 단백질, 특히 S12의 변화에서 유래될 수 있다.

5-8-3 종결

〈그림 5-41〉에 나타낸 것처럼, 64개의 3-뉴클레오티드(trinucleotide) 코돈 중 3개는 아미노산을 암호화하는 대신 폴리펩티드 조립을 중단시키는 종결(終結, termination) 코돈으로 작용한다. 종결코돈에 상보적인 안티코돈을 갖는 tRNA는 존재하지 않는다.[10] 리보솜이 이들 UAA, UAG, UGA 코돈들 중 어느 하나에 도달되면, 그 신호는 더 이상의 신장을 중단하도록 읽혀서, 마지막 tRNA와 결합된 폴리펩티드를 방출한다.

종결시키기 위해서는 방출인자(*release factor*)들이 필요하다. 방출인자는 두 가지 무리로 나누어질 수 있다. 즉, 리보솜의 A 자리에 있는 종결코돈을 인식하는 제1부류 RF들 그리고 기능이 잘 알려져 있지 않은 GTP-결합 단백질(G-protein)인 제2부류 RF들이다. 세균은 2개의 제1부류 RF들을 갖고 있다. 즉, RF1은 UAA와 UAG 종결코돈을 인식하고, RF2는 UAA와 UGA 종결코돈을 인식한다. 진핵생물은 세 가지 종결코돈을 인식하는 1개의 제1부류 RF인, eRF1을 갖고 있다. 제1부류 RF는 리보솜의 A 자리에 들어가서, 거기서 방출인자의 한 쪽 말단에 보존된 3-펩티드(tripeptide)가 A 자리에 있는 종결코돈과 직접적으로 상호작용하는 것으로 생각된다. 이 때의 상호작용은 tRNA 분자의 3중자 안티코돈이 그 자리의 센스 코돈과 상호작용하는 것과 같은 방법으로 일어난다고 생각된다. 이어서 새로 합성되는 폴리펩티드 사슬을 tRNA에 연결하는 에스테르 결합은 가수분해 되고, 완성된 폴리펩티드는 방출된다. 이 시점에서, 제2부류 RF에 결합된 GTP가 가수분해 되어 리보솜의 A 자리로부터 제1부류 RF가 방출된다. 번역의 마지막 단계는 P 자리로부터 아실기가 제거된 tRNA의 방출, 리보솜으로부터 mRNA의 해체, 리보솜의 큰 소단위와 작은 소단위로의 분해 등이 포함된다. 분해된 리보솜의 큰 소단위와 작은 소단위는 또 다른 번역 주기를 준비한다. 이러한 최종 단계에는 많은 단백질 요소들이 필요하다. 세균 세포에서, 이러한 단백질들로서 EF-G 및 IF3, 그리고 리보솜 소단위의 분리를 촉진시키는 리보솜 재활용요소(ribosome recycling factor, RRF) 등이 있다.

[10] 이러한 설명에 대해서 약간의 예외가 있다. 이 장에서는 코돈들이 20가지 서로 다른 아미노산들의 결합을 지시하는 것으로 설명되어 있다. 실질적으로, 셀레노시스테인(selenosysteine)이라고 하는 21번째 아미노산이 아주 적은 수의 폴리펩티드에 결합된다. 셀레노시스테인은 희귀한 아미노산으로 셀레니움(selenium) 금속을 갖고 있다. 예를 들면, 포유동물에서 10개 정도의 단백질에서 생긴다. 셀레노시스테인은 $tRNA^{Sec}$라고 하는 자신의 tRNA를 갖지만, 자신의 aa-tRNA 합성효소는 결여되어 있다. 이 독특한 tRNA는 세릴(seryl)-tRNA 합성효소에 의해서 인식되며, 이 효소는 세린(serine)을 $tRNA^{Sec}$의 3′ 끝에 붙인다. 그 후에, 세린은 효소에 의해 셀레노시스테인으로 변형된다. 셀레노시스테인은 3가지 종결코돈들 중 하나인 UGA에 의해 암호화된다. 대부분의 경우, UGA는 종결 신호로 읽힌다. 그러나 몇 가지 경우에, UGA가 mRNA의 접힌 부위 다음에 오게 되는데, 그 부위에는 특수한 신장인자가 결합하여, 리보솜이 종결인자 보다는 $tRNA^{Sec}$를 A 자리에 모이도록 한다. 22번째 아미노산인 피롤리신(pyrrolysine)은 일부 고세균의 유전암호에 있는 또 다른 종결코돈(UAG)에 의해 암호화된다. 피롤리신은 자신의 tRNA 및 aa-tRNA 합성효소를 갖는다.

5-8-4 mRNA의 감시 및 품질관리

세 가지의 종결코돈은 많은 다른 코돈으로부터 단일염기 변화에 의해 쉽게 형성될 수 있기 때문에(그림 5-41 참조), 유전자의 암호화하는 서열 내에 종결코돈을 만들어서 돌연변이가 생기는 것을 예상할 수 있다. 이런 유형의 돌연변이를 **넌센스 돌연변이**(nonsense mutation)라고 한다. 이 돌연변이는 수십 년 동안 연구되었으며, 사람의 유전 장애에서 약 30%가 이 돌연변이에 의해 생긴다. 또한 미성숙 종결코돈이라고도 하는, 이 종결 코돈은 보통 이어맞추기(splicing)가 일어나는 동안에 mRNA에 삽입된다. 세포는 미성숙 종결코돈을 가진 mRNA의 유전정보를 찾아낼 수 있는 mRNA 감시 기작을 갖고 있다. 대부분의 경우, 그러한 돌연변이를 가진 mRNA는 **넌센스-중재 붕괴**(nonsense-mediated decay, NMD)라고 하는 과정에 의해서 선택적으로 파괴되기 전에 단 한번만 번역된다. NMD는 세포가 비기능적인 단축된 단백질을 만들지 않도록 보호한다.

어떻게 세포가 유전정보의 번역을 끝내야 할 적당한 종결코돈 그리고 미성숙 종결코돈을 구별할 수 있을까? 이러한 솜씨를 이해하기 위해서, 우리는 포유동물 세포에서 pre-mRNA 가공이 일어나는 일들을 다시 생각해 보아야한다. 앞에서 언급되지는 않았으나, 인트론이 이어맞추기소체(spliceosome)에 의해 제거될 때, 단백질의 한 복합체가 전사체의 새로 형성된 엑손-엑손 접속부로부터 20~24개의 뉴클레오티드 상류에 위치하고 있다. 이러한 이어맞추기 과정의 주요 장소를 **엑손-연접부 복합체**(exon-junction complex, EJC)라고 하며, 이것은 번역될 때까지 mRNA와 함께 남아 있다. 정상적인 mRNA에서, 종결코돈은 전형적으로 마지막 엑손 부위에 있으며, EJC는 그 자리의 바로 상류에 있다. mRNA가 번역의 첫 번째 주기를 수행함에 따라, EJC는 전진하는 리보솜에 의하여 제거되는 것으로 생각된다. 미성숙 종결코돈을 가진 mRNA가 번역되는 동안에 어떤 일이 일어날 것인지 생각해보자. 리보솜은 돌연변이가 일어난 자리에서 멈출 것이며 그다음에 분리되어서, 미성숙 종결코돈의 자리로부터 하류에 있는 mRNA에 부착되어있던 EJC이 남게 된다. 이것이 비정상적 mRNA의 유전정보를 효소에 의해 파괴되게 하는 일련의 일들을 작동시킨다.

NMD는 낭포성섬유증(cystic fibrosis) 또는 근육영양실조증(muscular dystrophy) 같은 돌연변이 유전자로부터 전사된 mRNA를 제거하는 데 있어서 역할을 하는 것으로 가장 잘 알려져 있다. 몇몇 생명공학 회사들이 NMD를 방해하여 넌센스 코돈을 가진 RNA를 단백질로 번역되게 하는 약품을 개발하고 있다. 최근에 낭포성섬유증과 근육영양실조증을 모두 갖고 있는 환자들은 임상실함에서 그러한 약품들로 치료받고 있다. 비록 돌연변이 유전자에 의해 암호화된 단백질들은 비정상적으로 짧더라도, 이것은 다른 치명적인 질환으로부터 환자들을 구제하기에 충분한 잔여 활성을 지니고 있을 수도 있다.

NMD는 생물학적 진화에서 기회주의적인 성질의 또 다른 암시의 역할을 한다. 진화가 엑손 뒤섞임을 촉진하기 위해 인트론들의 존재를 "이용한(taken advantage)" 것과 마찬가지로, 또한 NMD는 이러한 유전자 삽입이 품질관리 기작을 확립하기 위해 제거되는 과정을 이용하였다. 그런 품질관리 기작은 오직 무결점 mRNA 만이 번역될 수 있는 있는 단계로 진행되도록 보장한다.

5-8-5 폴리리보솜

번역되고 있는 전령 RNA를 전자현미경으로 관찰하면, 많은 리보솜들이 mRNA 실의 길이를 따라 붙어있는 것을 언제나 볼 수 있다. 리보솜들과 mRNA의 이러한 복합체를 **폴리리보솜**(polyribosome), 또는 **폴리솜**(polysome)이라고 한다(그림 5-50*a*). 각 리보솜은 개시코돈에서 소단위들로부터 처음으로 조립된 다음, 그 지점에서부터 mRNA의 3′끝을 향하여 종결코돈에 도달할 때까지 이동한다. 각 리보솜이 개시코돈으로부터 멀리 이동함

큰 소단위 / mRNA / 5′ / 3′ / 작은 소단위 / 큰 소단위 / 작은 소단위 / + / 완전한 폴리펩티드

(*a*)

(*b*)

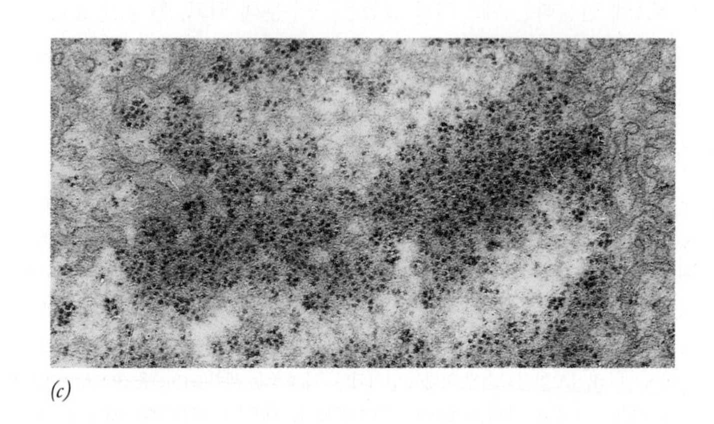

(*c*)

그림 5-50 폴리리보솜. (*a*) 폴리리보솜(폴리솜)의 개요도 (b) 이러한 3차원 모형은 시험관 속에서 번역되고 있는 세균 폴리리보솜을 동결전자현미경 단층촬영으로 만들어졌다. 단층사진을 얻기 위해, 재료를 −196℃에서 액체 에탄에서 유리모양으로 만들었다(얼음 결정의 형성 없이 유리와 같은 고체 얼음으로 얼렸다). 전자현미경 사진을 다양한 기울기 각도에서 촬영하여, 3차원 재구성을 만들기 위한 자료를 얻었다. (*c*) rER 주머니의 바깥 가장자리를 지나는 절단면의 전자현미경 사진. 리보솜들이 고리 및 나선형으로 배열되어서, 폴리솜을 형성하기 위해 리보솜들이 mRNA 분자에 부착되어 있음을 암시한다.

에 따라, 또 다른 리보솜이 mRNA에 결합하고 번역 활성을 시작한다. 번역 개시가 일어나는 속도는 연구된 mRNA에 따라 다양하다. 즉, 일부의 mRNA는 다른 것 보다 훨씬 더 높은 밀도로 결합된 리보솜들을 갖고 있다. 동결전자현미경 단층촬영법(cryoelectron tomography)을 이용하는 최근의 연구들에 따르면, "유리(遊離)상태의(free)"(즉, 막에 결합되어 있지 않는) 폴리솜에 있는 리보솜들의 3차원적 배열과 방향성이 아주 고도로 질서정연함을 나타냈다. 이 기술로 만들어진 폴리솜의 모형이 〈그림 5-50*b*〉에 있다. 이 모형 폴리솜을 구성하는 리보솜들은 밀도 있게 꽉 들어 차있고 2개의 열(列)로 배열되어 있다. 더욱이, 각각의 리보솜들은 새로 합성되는 폴리펩티드(빨간색 또는 초록색 섬유들)가 세포질 쪽을 향한 바깥 표면에 위치하는 방향으로 배열되어 있다. 이런 방향성은 새로 합성되는 사슬들 사이의 거리를 최대화하고, 그래서 그 사슬들이 서로 상호작용 할 가능성 그리고 아마도 응집될 가능성 등을 최소화하는 것으로 제안되었다. 〈그림 5-50*c*〉는 ER 막의 세포질 쪽 표면에 결합된 폴리솜의 전자현미경 사진이다. 이 폴리솜들은 세포가 고정되었을 당시에 막 그리고/또는 소기관 단백질들의 합성에 참여하고 있었던 것으로 추정된다. 각 폴리솜 내의 리보솜들은 ER 막의 표면에 원형 고리 또는 나선형으로 구성된 것으로 나타난다.

번역 과정에서 일어나는 기본적인 일들 설명하였는데, 이제 원핵세포에서 찍은 사진(그림 5-51*a*) 및 진핵세포에서 찍은 사진(그림 5-51*b*)에 대한 설명으로 이 장을 마치려고 한다. 진핵세포에

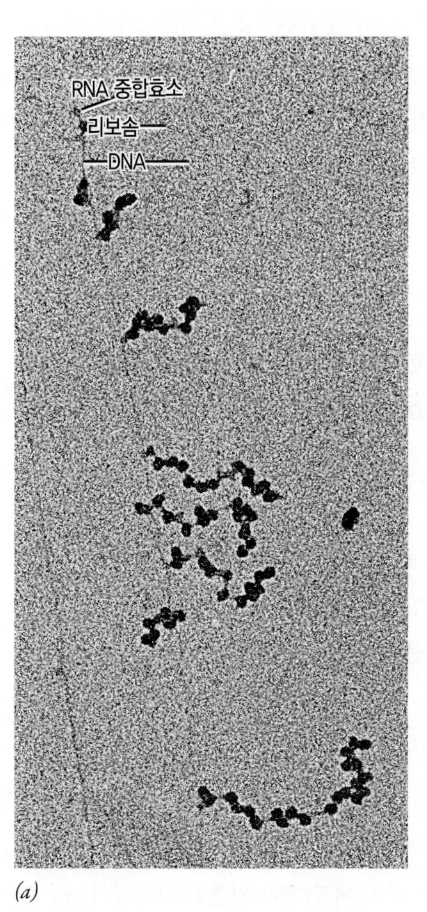

(*a*)

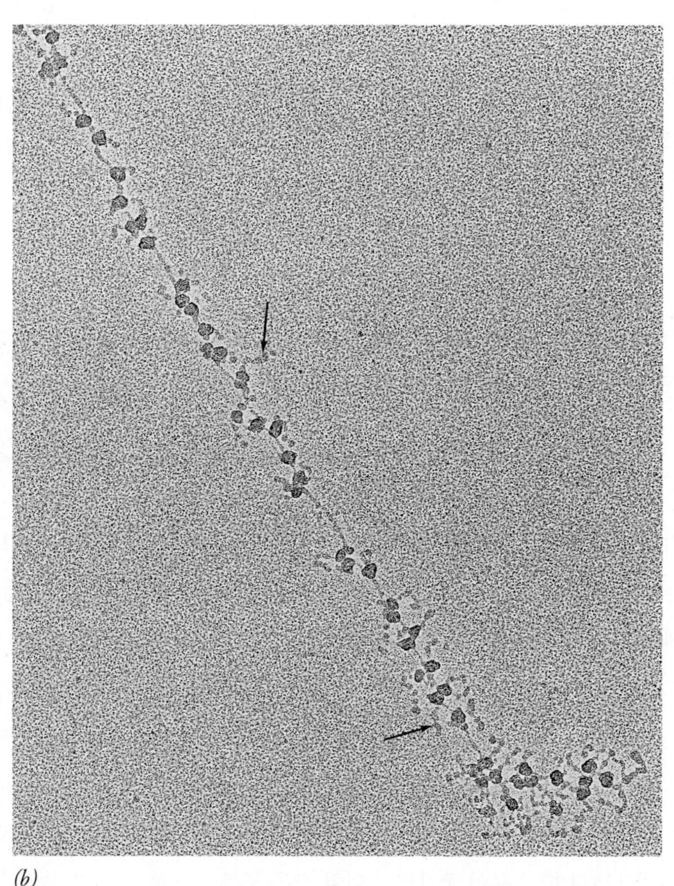

(*b*)

그림 5-51 전사와 번역의 시각화. (*a*) 전사되는 대장균 염색체 부분의 전자현미경 사진. DNA는 사진의 길이를 따라 달리는 희미한 선으로 보이는 반면에, 새로 합성되는 mRNA 사슬의 한쪽 끝에 아마도 RNA 중합효소 분자가 부착되어 있는 것으로 보인다. 새로 합성되는 RNA와 결합된 입자들은 번역을 수행하는 리보솜들이다. 즉, 세균에서 전사와 번역은 동시에 일어난다. mRNA 분자는 개시 자리로부터 거리가 증가함에 따라 길이가 증가한다. (*b*) 명주실 단백질인 명주실 섬유(絹纖維, fibroin)를 다량 생산하는 누에의 명주실 분비선 세포들로부터 분리된 폴리리보솜의 전자현미경 사진. 이 단백질은 현미경 사진으로 볼 수 있을 정도로 크다(화살표는 새로 합성되는 폴리펩티드 사슬을 가리킴).

서, 전사는 핵 속에서 일어나며 번역은 많은 중간 단계를 거쳐 세포질에서 일어난다. 이와는 다르게, 세균 세포에서는 그와 상응하는 활성들이 밀접하게 연결되어 있다. 그래서 세균 세포에서의 단백질 합성은, mRNA가 완전히 합성되기 훨씬 이전에, mRNA 주형 위에서 시작한다. mRNA의 합성은 리보솜이 유전정보를 번역하면서 이동하는 것과 동일한 방향, 즉 5′끝에서 3′끝으로 진행된다. 결과적으로, RNA 분자가 생산되기 시작하자마자, 5′끝에 리보솜이 결합할 수 있다. 〈그림 5-51*a*〉에 있는 전자현미경 사진은 전사되는 DNA, 새로 합성되고 있는 mRNA들, 새로운 mRNA들 각각을 번역하는 리보솜들 등을 보여 준다. 새로 합성되는 단백질 사슬들이 〈그림 5-51*a*〉의 현미경 사진에서는 보이지 않지만, 〈그림 5-51*b*〉의 현미경 사진에서는 볼 수 있다. 즉, 〈그림 5-51*b*〉의 사진은 누에의 명주실 분비선(silk gland) 세포에서 정제된 하나의 폴리리보솜을 보여준다. 합성되고 있는 명주실 단백질은 크기가 크고 섬유 모양을 하기 때문에, 볼 수 있다. 오스카 밀러 주니어(Osar Miller, Jr.)에 의해 전사와 번역을 시각화하여 볼 수 있게 하는 기술이 개발됨으로써, 앞에서 생화학적인 용어들로 기술된 과정들에 꼭 맞는 것을 확실하게 볼 수 있게 되었다.

복습문제

1. 번역의 개시 단계가 번역의 신장 단계와 다른 점이 무엇인지 설명하시오.
2. 넌센스 돌연변이의 효과가 틀이동 돌연변이의 효과와 어떻게 다른가? 왜 그런가?
3. 폴리리보솜은 무엇인가? 원핵세포와 진핵세포에서 폴리리보솜의 형성이 어떻게 다른가?
4. 번역과정에서 신장하는 동안, 아미노아실-tRNA는 A 자리로 들어가고, 펩티딜-tRNA는 P 자리로, 그리고 아실기가 제거된 tRNA는 E 자리로 들어간다고 설명될 수 있다. 이 일들이 각각 어떻게 일어나는지를 설명하시오.

실 험 경 로

촉매제로서 RNA의 역할

1970년대를 거치면서 생화학과 분자생물학 분야의 연구 덕분에 우리는 단백질과 핵산의 역할에 대한 이해를 확실하게 하였다. 단백질들은 세포 속에서 여러 가지 일들을 일어나게 하는 물질이었으며, 효소는 생물체 속에서 화학 반응의 속도를 가속시키는 역할을 하는 물질이었다. 한편, 핵산은 세포 내의 정보 분자로서, 뉴클리오티드 서열 속에 유전적 명령을 저장하는 물질이었다. 단백질과 핵산 사이의 분업은 생명과학 안에서 그어지는 어떤 구분과 마찬가지로 분명히 구분되는 것 같았다. 그 후 1981년에 한 논문이 출간되어 이와 같은 구분이 불분명하게 되기 시작하였다.[1]

콜로라도대학교(University of Colorado)의 토마스 체크(Thomas Ceck)와 그의 동료들은 섬모를 가진 원생동물인 테트라하이메나(*Tetrahymena thermophila*)에 의해 합성된 리보솜 RNA의 전구물질(pre-rRNA)이 성숙한 rRNA 분자로 변환되는 과정을 연구해오고 있었다. 테트라하이메나의 pre-rRNA는 약 400개의 뉴클리오티드로 이루어진 인트론을 포함하는데, 이 인트론은 이웃하는 부분들이 서로 연결되기 전에 1차전사물로부터 절단되어야 한다.

체크는 세포로부터 분리된 핵들이 pre-rRNA를 합성할 수 있으며 전체 이어맞추기 반응을 수행할 수 있다는 것을 이미 발견했다. 이어맞추기하는 효소들은 어떤 유형의 세포들로부터 아직 분리되지 않았으며, 테트라하이메나가 이 효소들을 연구하기 좋은 대상일 수 있을 것 같았다. 첫 번째 단계는 완전한 상태에서 pre-rRNA를 분리하고, 정확한 이어맞추기를 얻기 위해 반응 혼합물에 첨가해야 하는 핵의 최소 구성요소를 결정하는 것이었다. 분리된 핵이 저농도의 1가 양이온(5mM NH_4^+)을 포함하는 배지 속에서 배양되었을 때, pre-rRNA 분자는 합성되었지만 인트론은 제거되지 않았다는 것이 밝혀졌다. 이로 인해 연구자들은 온전한 전구물질을 정제할 수 있게 되었으며, 연구자

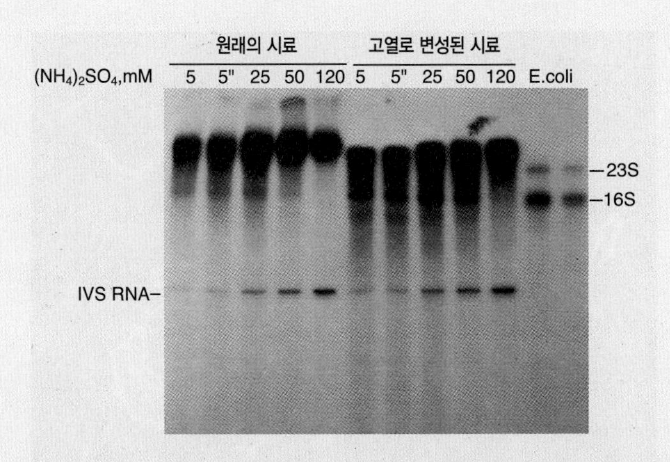

그림 1 서로 다른 황화암모니움[$(NH_4)_2SO_4$] 농도에서 전사된 후, ^{32}P로 표지된 테트라하이메나속(*Tetrahymena*) 원생동물의 정제된 리보솜 RNA가 폴리아크릴아마이드 젤 전기영동에 의해 분석되었다. 맨 위의 숫자들은 황화암모니움의 농도를 나타낸다. 그림에는 두 무리의 표본들이 제시되어있는데, 하나는 "원래의 것(native)" 것이고 다른 하나는 열로 변성시킨 것이다. 열로 변성시킨 표본은 상보적인 염기들 사이의 수소 결합으로 붙어있을 수 있는 분자들을 분리시키기 위해 완충액에서 5분 동안 끓인 뒤 얼음 위에서 냉각시켰다. 오른쪽 2개의 세로 행은 세균의 16S 및 23S rRNA들이 포함되어 있는데, 이들은 길이(→크기)가 알려져 있어서 젤에서 다른 띠(band)와 비교할 수 있는 표지(marker)로 사용될 수 있다. 띠들의 위치로부터 판단할 때, 황화암모니움의 농도가 높아짐에 따라서 작은 RNA의 존재는 분리된 인트론[IVS, 개재서열(intervening sequence)]과 같은 크기로 나타난다. 이러한 자료는 rRNA가 다른 추가적인 요소들의 도움 없이 인트론을 잘라낼 수 있었다는 최초의 암시이다.

들은 이 온전한 전구체를 핵의 추출물에서 이어맞추기(splicing) 활성을 분석하기 위한 기질로 사용하려고 했었다. 그러나 그들은 정제된 전구물질이 Mg^{2+}와 구아노신 인산(guanosine phosphate)(예: GMP 또는 GTP 등의)의 존재 하에 고농도의 NH_4^+에서 단독으로 배양되었을 때, 인트론이 전구체로부터 이어맞추기 되었다는 것을 발견하였다(그림 1). 뉴클리오티드-서열 분석에 의해서, 전구체로부터 절단된 작은 RNA가 그 5′ 끝에 구아닌-함유 뉴클리오티드가 첨가된 인트론이었음이 확인되었다. 첨가된 뉴클리오티드는 반응 혼합물에 첨가되었던 GTP로부터 유래된 것으로 밝혀졌다.

하나의 인트론을 이어맞추기하는 것은 그 인트론에 접한 서열을 인식하여, 그 인트론의 양쪽에 있는 포스포디에스테르(phosphodiester) 결합을 자르고, 인접한 조각들을 연결해야 하는 복잡한 반응이다. 연구자들은 RNA가 이어맞추기를 수행할 능력이 있는지를 시험하기 전에, RNA에 달라붙을 수도 있는 단백질을 제거하기 위해 모든 노력을 기울였다. RNA는 세제-페놀과 함께 추출되었고, 기울기를 통해 원심분리 되었으며, 단백질 분해효소로 처리되었다. 합리적인 설명은 두 가지 밖에 없었다. 즉, 그 하나는 이어맞추기가 RNA에 아주 단단히 결합된 어느 단백질에 의해 수행되었거나, 다른 한 가지는 pre-rRNA 분자가 스스로를 이어맞추기 할 능력이 있었다는 것이다. 그렇지만 두 번째 설명은 받아들이기가 쉽지 않았다.

단백질 오염물질의 존재에 대한 의문을 해결하기 위해, 체크와 동료들은 핵의 이어맞추기 단백질을 어쩌면 갖고 있을 수 없는 인공시스템을 이용하였다.[2] 그들은 rRNA 전구체를 암호화하는 DNA를 대장균 안에서 합성하여 정제하였으며, 정제된 세균 RNA 중합효소에 의해 시험관 속에서 전사를 위한 주형으로 사용하였다. 그 다음, 그들은 시험관 속에서 합성된 pre-rRNA를 정제하였고, 1가 및 2가 이온들 그리고 구아노신 복합체의 존재 하에 단독으로 배양하였다. 그 RNA는 세포 안에 있었던 적이 없으므로, 세포의 이어맞추기 효소에 의해 어쩌면 오염될 수 없었을 것이다. 그러나 분리된 pre-rRNA는 그 세포 안에서 일어났을 정확한 이어맞추기 반응 과정을 겪었다. 이는 그 RNA가 스스로 이어맞추기 했음에 틀림없다.

이런 실험 결과, RNA는 복잡한 다단계 반응을 촉매 할 수 있다는 것을 보여주었다. 계산을 해보면, 그 반응은 비촉매 반응 속도의 약 100억 배나 촉진되었다. 그래서 단백질효소와 마찬가지로, RNA는 작은 농도에서 활동적이며, 반응에 의해 변화되지 않아서, 화학반응을 대단히 빨리 가속시킬 수 있었다. 이러한 RNA와 "표준 단백질성 효소들" 사이의 주된 차이는, RNA가 독립적인 기질에 대해서보다 자신에게 작용했다는 것이다. 체크는 이 RNA를 리보자임(ribozyme)이라고 하였다.

1983년에 RNA의 촉매작용과 관련이 없는 두 번째의 예가 발견되었다.[3] 예일대학교(Yale University)의 시드니 알트만(Sidney Altman)과 덴버(Denver)에 있는 전국유대인병원(National Jewish Hospital)의 노만 페이스(Norman Pace)는 세균에서 운반 RNA 전구체의 가공에 관여되어 있는 효소인 리보핵산가수분해효소(ribonucelase) P에 관하여 공동 연구를 하고 있었다. 이 효소는 단백질 및 RNA 모두로 구성되어 있다는 점에서 특이하였다. 고농도(60mM)의 Mg^{2+}를 함유하는 완충제에서 항온처리 되었을 때, 정제

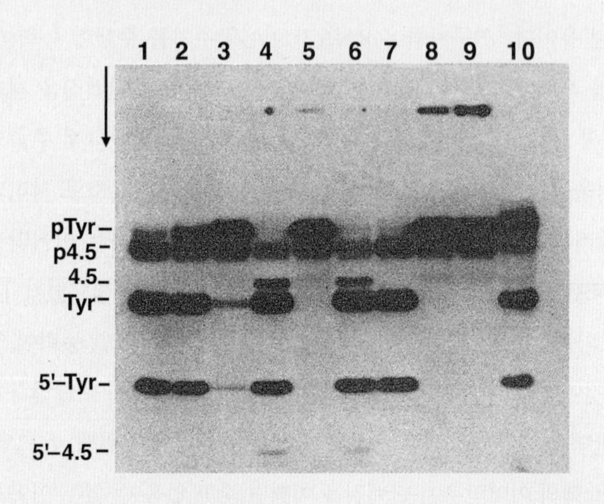

그림 2 티로시닐(tyrosinyl)-tRNA의 전구체(pTyr) 및 4.5S RNA (p4.5)하고 하는 또 다른 RNA의 전구체를 함유하는 반응혼합물의 폴리아크릴아미드 젤 전기영동 결과. 우리는 pTyr에만 초점을 맞출 것인데, 이 pTyr는 보통 리보핵산가수분해효소 P에 의해 2개의 RNA 분자인 Tyr 및 5′-Tyr(전구체의 5′끝 임)으로 가공된다. 전기영동 하는 동안 이동하는 이 3개의 RNA들(pTyr, Tyr, 5′-Tyr)의 위치들은 젤의 왼쪽에 표시되어 있다. 1번 행은 pTyr(및 p4.5)가 완전한 리보핵산가수분해효소 P와 함께 항온 처리되었을 때, 반응혼합물에서 나타나는 RNA들을 보여준다. 그 혼합물에는 pTyr이 거의 남아있지 않다. 즉, pTyr는 2개의 생성물(Tyr와 5′-Tyr)로 전환되었다. 5번 행은 pTyr가 리보핵산가수분해효소 P의 정제된 단백질 성분과 함께 항온 처리되었을 때, 반응혼합물에서 나타나는 RNA들을 보여준다. 그 단백질은 tRNA 전구체를 절단할 수 없음을 보여주는데, 그 이유는 2개의 생성물이 이동할 띠가 없다는 것으로 증명되기 때문이다. 이와는 대조적으로, pTyr가 리보핵산가수분해효소 P의 정제된 RNA 성분(7번 행)과 함께 항온 처리되었을 때, 이 pTyr는 마치 온전한 리보핵단백질이 사용된 것처럼 효과적으로 가공되었다.

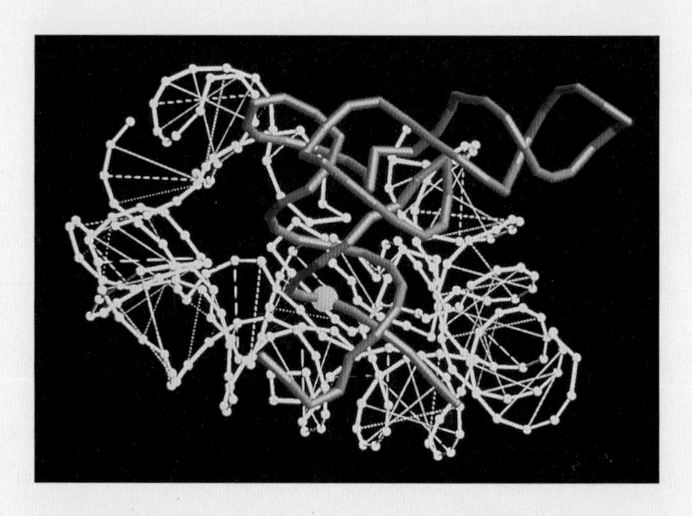

그림 3 세균 리보핵산가수분해효소 P의 촉매작용을 하는 RNA 소단위의 일부(하얀색)와 그에 결합된 기질인 전구체 tRNA(빨간색)의 분자 모형. 전구체 tRNA에서 리보자임에 의해 절단이 일어나는 자리는 노란색 공으로 표시되어 있다.

된 RNA 소단위(subunit)는 전체 리보핵산가수분해효소 P 분자가 세포 내에서 했던 것과 똑같이 tRNA 전구체의 5′끝을 제거할 수 있음이 밝혀졌다(그림 2, 7번 열). 시험관 속 반응에 의한 반응 산물은 가공된 성숙한 tRNA 분자를 포함하였다. 이와 대조적으로, 이 효소의 분리된 단백질 소단위는 촉매작용을 하지 않았다(그림 2, 5번 열).

단백질 오염물질이 반응을 실제로 촉매하고 있었을 가능성을 제거하기 위해, 리보핵산가수분해효소 P의 RNA 부분을 재조합된 DNA 주형으로부터 시험관 속에서 합성하였다. 세균 세포로부터 추출되었던 RNA와 마찬가지로, 어떤 단백질도 첨가되지 않은 이러한 인공적으로 합성된 RNA는 tRNA 전구체를 정확하게 절단할 수 있었다.[4] 체크에 의해 연구된 rRNA 가공 효소와는 다르게, 리보핵산가수분해효소 P의 RNA는 그 자신에 대해서가 아니라 다른 분자에 대해 기질로 작용하였다. 그래서 리보자임이 단백질성 효소와 동일한 촉매 특성을 갖고 있음이 입증되었다. 리보핵산가수분해효소 P의 촉매 작용하는 RNA 소단위와 전구체 tRNA 기질 사이의 상호작용하는 모형이 〈그림 3〉에 제시되어 있다.

RNA가 화학반응에 촉매역할을 할 수 있었다는 것이 증명됨으로써 예전의 질문을 재검토할 적절한 분위기가 조성되었다. 즉, 리보솜에서 큰 소단위의 어떤 구성요소가 펩티드기 전달효소, 즉 펩티드 결합 형성의 촉매제인가? 1970년대 동안에 몇 개의 독자적인 발견에 의해, 리보솜 RNA가 단순히 리보솜 단백질들이 적당한 위치에 자리잡게 하는 뼈대 역할을 하여 번역을 촉매 할 수 있는 것 이상의 일을 할 수도 있다는 가능성이 제기되었다. 그 증거에는 다음과 같은 유형의 자료들이 포함된다. 즉,

1. 대장균의 특정 균주는 콜리신(colicin)이라고 하는 세균을 죽이는 단백질을 암호화하는 유전자를 갖고 있다. 이 독성물질 중의 하나인 콜리신 E3는 민감한 세균 세포에서 단백질 합성을 저해하는 것으로 알려졌다. 콜리신 E3로 처리된 세포로부터 분리된 리보솜은 대부분의 기준에 의하면 완벽하게 정상으로 나타났지만, 시험관 속에서 단백질 합성을 수행할 수 없었다. 그런 리보솜에 대한

추가분석에 의해, 리보솜 단백질이 아니라 rRNA에 결합이 있다는 것이 밝혀졌다. 콜리신에 의해서, 리보솜 소단위의 16S RNA는 3'끝으로부터 약 50개의 뉴클리오티드가 절단되는데, 그것은 전체 소단위가 단백질 합성을 수행할 수 없게 만든다.[5]

2. 접근하기 쉬운 RNA 뉴클리오티드들 사이의 결합을 자르는 효소인 리보핵산가수분해효소 T1로 리보솜 큰 소단위를 처리하면, 펩티드기 전달효소 반응을 수행하기 위한 이 큰 소단위의 능력이 상실되었다.[6]
3. 클로람페니콜, 카보마이신, 에리트로마이신 등을 비롯한 펩티드 결합 형성을 방해하는 항생제들에 대한 광범위한 연구들은 이 약제들이 단백질이 아니라 리보솜 RNA에 작용함을 암시하였다. 예로서, 리보솜은 리보솜 RNA에 있는 염기들의 치환 결과로 클로람페니콜의 효과에 대해 저항력을 갖게 된다는 것이 발견되었다.[7]
4. 리보솜 RNA는 리보솜 단백질의 아미노산 서열보다 훨씬 더 고도로 보존된 염기서열을 갖고 있는 것으로 밝혀졌다. 리보솜 RNA의 일부 부위는 원핵생물, 식물, 동물 등으로부터 분리된 리보솜은 물론, 미토콘드리아와 엽록체로부터 분리된 리보솜에서도 거의 변화되지 않았다. rRNA 서열이 아주 고도로 보존되어있다는 사실은 이 분자들이 리보솜의 기능에 핵심 역할을 한다는 것을 나타낸다.[8,9] 사실, 1975년 우즈(C. R. Woese)와 그의 동료들이 발표한 논문은 "이들 보존된 부위들 그리고 이미 알려져 있는 리보솜 단백질 결합 부위들 사이에 상관관계가 거의 없기 때문에, RNA의 넓은 영역이 리보솜의 기능에 직접적으로 관여되어 있다는 것은 시사하는 바가 크다"고 기술하고 있다.[8]

체크와 알트만의 실험실들에서 촉매 작용하는 RNA를 발견한 이후, 리보솜 RNA의 역할에 대한 연구가 가속되었다. 캘리포니아대학교(University of California, Santa Cruz)의 해리 놀러(Harry Noller)와 그의 동료들에 의한 연구는 펩티드기 전달효소 중앙부 속 또는 주변에 있는 리보솜 RNA의 위치를 정확히 짚어냈다.[9] 한 연구에서, 리보솜에 결합된 운반 RNA가 특수 화학약품에 의한 공격으로부터 (리보솜) 큰 소단위의 rRNA에 있는 특정 염기들을 방어한다는 것이 밝혀졌다. 화학적 공격으로부터 방어된다는 것은 tRNA가 방어된 rRNA 염기들에 아주 가까이 놓여있어야 한다는 증거이다. tRNA의 3'끝(아미노산에 결합된 CCA를 가진 끝)이 제거되면, 방어작용은 일어나지 않는다. 이것이 펩티드 결합 형성에 관련된 tRNA의 말단인데, 이것은 펩티드기 전달효소 자리에 가까이 위치하는 것으로 예상된다.

분리된(*isolated*) 리보솜 RNA가 특별한 기능을 가진 것으로 생각하려는 시도는 항상 실패로 끝났다. 비록 리보솜 RNA가 특정한 기능을 가졌다하더라도, 리보솜 단백질의 존재는 rRNA를 적절한 입체구조로 유지하기 위해 가장 필요할 것 같다고 추정되었다. 리보솜 단백질과 rRNA가 수십억 년 동안 서로 진화해 온 것을 고려할 때, 두 분자는 서로 의존적일 것으로 예상된다. 이러한 기대에도 불구하고, 정제된 rRNA의 촉매력(觸媒力)은 마침내 놀러(Noller)와 공동연구자들에 의해 1992년에 증명되었다.[11] 고온에서 사는 세균인, 쎄르무스 아쿠아티쿠스(*Thermus aquaticus*)의 특히 안정적인 리보솜으로 실험할 때, 놀러는 리보솜 큰 소단위를 단백질-추출 세제(SDS), 단백질-분해 효소(proteinase K), 몇 번에 걸친 페놀(phenol, 단백질 변성제)로 처리하여 준비하였다. 이 약제들 모두는 적어도 리보솜 소단위에서 단백질의 95%를 제거하고, rRNA를 남겼다. rRNA와 결합되어 남아있는 5%의 단백질 대부분은 리보솜 단백질의 작은 조각들로 이루어진 것으로 확인되었다. 거의 모든 단백질이 제거되었음에도 불구하고, 아직 rRNA는 완전한 소단위의 펩티드기 전달효소 활성의 80%를 간직하고 있었다. 그 촉매 활성은 리보핵산가수분해효소의 처리와 클로람페니콜에 의해 차단되었다. 남아 있는 소량의 단백질을 제거하기 위해 RNA를 추가로 처리하였을 때, 그 준비물은 촉매 활성을 상실하였다. 남아 있는 단백질이 어떤 촉매적 중요성을 갖고 있을 가능성이 없기 때문에, 펩티드기 전달효소가 리보자임을 증명했던 이 실험들은 일반적인 동의를 얻고 있다.

이 결론은 그 후 예일대학교(Yale University)의 토마스 스타이츠(Thomas Steitz), 피터 무어(Peter Moore), 그리고 그들의 동료에 의한 엑스-선(X-ray) 결정학 연구로부터 확증을 얻었다. 그들은 사해(死海, Dead Sea)에 사는 고세균(古細菌)인 할로아르쿨라 마리스모르투이(*Haloarcula marismortui*)의 리보솜 큰 소단위를 대상으로 연구하였다. 이 소단위의 모형은 이 장을 시작하는 페이지의 사진에 있다. 리보솜 큰 소단위 내의 펩티드기 전달효소를 확인하기 위하여, 이 연구자들은 이 소단위의 결정을 펩티드기 전달효소 활성부위에 단단히 결합하여 펩티드 결합 형성을 저해하는 물질인 CCdA–인산–퓨로마이신(puromycin)에 담갔다. 원자 분해능(atomic resolution) 수준에서 이 소단위의 구조를 확인한 결과, 결합된 저해제의 위치 및 펩티드기 전달효소 활성부위의 위치 등이 밝혀졌다.[12] 이 연구에서 활성부위 저해제는 소단위의 갈라진 틈 안에 결합된 것이 발견되었다. 이곳은 23S rRNA의 보존된 뉴클레오티드 잔기들에 의해 완전히 둘러 싸여 있다. 사실, 하나의 펩티드 결합이 합성되는 자리에서 약 18Å 이내에는 리보솜 단백질의 단일 아미노산 곁사슬이 없다. 리보솜이 리보자임이라는 결론을 주장하는 것은 어쩐지 어려운 것 같다. 이 주제의 재검토를 위해 13번 참고문헌 참조.

참고문헌

1. Cech, T. R., Zaug, A. J., & Grabowski, P. J. 1981. In vitro splicing of the ribosomal RNA precursor of *Tetrahymena*. *Cell* 27:487–496.
2. Kruger, K. et al. 1982. Self-splicing RNA: Autoexcision and autocyclization of the ribosomal RNA intervening sequence of *Tetrahymena*. *Cell* 31:147–157.
3. Guerrier-Tokada, C. et al. 1983. The RNA moiety of ribonuclease P is the catalytic subunit of the enzyme. *Cell* 35:849–857.
4. Guerrier-Tokada, C. et al. 1984. Catalytic activity of an RNA molecule prepared by transcription in vitro. *Science* 223:285–286.
5. Bowman, C. M. et al. 1971. Specific inactivation of 16S ribosomal RNA produced by colicin E3 in vivo. *Proc. Nat'l. Acad. Sci. USA.* 68:964–968.
6. Cerna, J., Rychlik, I., & Jonak, J. 1975. Peptidyl transferase activity of *Escherichia coli* ribosomes digested by ribonuclease T_1. *Eur. J. Biochem.* 34:551–556.
7. Kearsey, S. & Craig, I. W. 1981. Altered ribosomal RNA genes in mitochondria from mammalian cells with chloramphenicol resistance. *Nature* 290:607–608.
8. Woese, C. R. et al. 1975. Conservation of primary structure in 16S ribosomal RNA. *Nature* 254:83–86.
9. Noller, H. F. & Woese, C. R. 1981. Secondary structure of 16S ribosomal RNA. *Science* 212:403–411.
10. Moazed, D. & Noller, H. F. 1989. Interaction of tRNA with 23S rRNA in the ribosomal A, P, and E sites. *Cell* 57:585–597.
11. Noller, H. F., Hoffarth, V., & Zimniak, L. 1992. Unusual resistance of peptidyl transferase to protein extraction procedures. *Science* 256:1416–1419.
12. Nissen, P. et al. 2000. The structural basis of ribosome activity in peptide bond synthesis. *Science* 289:920–930.
13. Cech, T. R. 2009. Crawling out of the RNA world. *Cell* 136:599–602.

요약

유전자와 단백질 사이의 관계에 대한 우리의 이해는 많은 주요 관찰 결과에 의해 얻어졌다. 최초의 중요한 관찰은 개롯(Garrod)에 의해 이루어졌는데, 그는 유전적 물질대사 질환으로 고생하는 환자들이 특정 효소를 갖고 있지 않았다고 결론지었다. 그 후, 비들(Beadle)과 테이텀(Tatum)이 붉은빵곰팡이속(*Neurospora*) 곰팡이의 유전자에서 돌연변이를 유도하였으며, 그 영향을 받았던 특정 물질대사 반응을 확인하였다. 이 연구들은 "1유전자—1효소"의 개념에 이르렀고, 이어서 더 정밀하게 바뀐 "1유전자—1폴리펩티드 사슬"의 개념에 도달하였다. 돌연변이의 분자적 결과는 글로빈(globin) 사슬에서 1개의 아미노산이 치환된 결과로 겸상적혈구빈혈증이라는 유전병을 밝힌 잉그램에 의해 최초로 설명되었다.

유전자 발현에서 첫 번째 단계는 RNA 중합효소에 의한 DNA 주형 가닥의 전사이다. 중합효소 분자는 프로모터(promotor) 부위에 결합하여 DNA 상의 적절한 자리로 향하게 되는데, 프로모터 부위는 거의 모든 경우에 전사가 시작되는 자리로부터 바로 상류에 위치한다. 중합효소는 DNA 주형 가닥을 따라 3′에서 5′ 방향으로 이동하여, 5′에서 3′ 방향으로 자라는 (주형 가닥에) 상보적이고 역평행한 RNA 가닥을 조립하게 된다. 5′에서 3′ 방향을 따라 이동하는 각 단계에서, 중합효소는 리보뉴클레오티드 삼인산(NTP)이 뉴클레오시드 일인산으로 가수분해 되어 결합되는 반응을 촉매한다. 이 반응은 방출된 피로인산염의 가수분해에 의해 더욱 더 진행된다. 원핵세포는 한 가지 유형의 RNA 중합효소를 갖고 있는데, 이 효소는 유전자들이 전사되는 것을 결정하는 서로 다른 다양한 시그마 인자들과 결합할 수 있다. 전사가 시작되는 자리는 개시 자리로부터 약 10개의 염기 상류에 위치한 뉴클레오티드 서열에 의해 결정된다.

진핵세포는 세 가지 별도의 RNA 중합효소들(I, II, III)을 갖고 있으며, 이 효소들 각각은 서로 다른 무리의 RNA 합성을 담당한다. 세포가 갖고 있는 RNA의 약 80%는 리보솜 RNA(rRNA)이다. 리보솜 RNA(5S 종류를 제외한)는 RNA 중합효소 I에 의해 합성되며, 운반 RNA 및 5S rRNA는 RNA 중합효소 III에 의해 합성되고, mRNA는 RNA 중합효소 II에 의해 합성된다. 세 가지 유형의 RNA들 모두 최종 RNA 산물보다 더 긴 1차전사물로부터 유래된다. RNA 가공은 다양한 소형핵 RNA(snRNA)들을 필요로 한다.

네 가지의 rRNA들 중에서 세 가지(5.8S, 18S, 28S rRNA)는 인 속에 위치하는 DNA(rDNA)로 구성된 단일 전사단위로부터 합성되며, 이 RNA들은 인에서 일어나는 일련의 반응에 의해 가공된다. 양서류 난모세포로부터 얻은 인을 흩어지게 하여 활발하게 전사되는 rDNA를 밝힐 수 있는데, 이런 rDNA는 "크리스마스 나무들" 모양의 구조가 연결되어 사슬을 이룬다. 그 나무들의 각각은 전사단위이며, 그 가지가 작을수록 더 짧은 RNA를 나타낸다. RNA의 길이가 짧을수록 전사의 더 이른 시기, 즉 RNA 합성이 시작된 자리에 더 가까이 있다. 이 복합체를 분석했을 때, rRNA 유전자들의 직렬 배열, 전사단위를 분리시키는 비전사된 부위의 존재, 그리고 전사물의 가공에 관여하는 결합된 리보핵산단백질(RNP) 입자의 존재 등이 밝혀졌다. rRNA 가공의 단계들이 배양된 포유동물 세포를 $[^{14}C]$메티오닌과 같이 표지된 전구체에 노출시켜서 연구되었다. $[^{14}C]$메티오닌의 메틸기는 pre-rRNA에 있는 몇 개의 뉴클레오티드에 전달된다. 메틸기가 존재함으로써, RNA 상의 특정 자리가 핵산가수분해효소에 의해 절단되는 것으로부터 보호되며 RNA 분자의 접힘을 돕는다고 생각된다. 45S 1차전사물의 약 반 정도는 세 가지의 성숙한 rRNA 산물들이 형성되는 과정에서 제거된다. 또한 인은 두 가지 리보솜 소단위들의 조립이 이뤄지는 장소이다.

빠르게 표지된 RNA들의 동적인 연구에 의해, mRNA가 훨씬 더 큰 전구체로부터 유래된다는 것이 처음으로 제안되었다. 진핵세포가 $[^{3}H]$우리딘이나 다른 표지된 RNA 전구체에서 1분 내지 몇 분 동안 배양되면, 그 표지의 대부분은 아주 큰 분자량을 가진 한 무리의 RNA 분자들에 그리고 핵에 제한되어 있는 다양한 뉴클레오티드 서열 등에 결합된다. 이 RNA들을 이질핵 RNA(또는 hnRNA)라고 한다. $[^{3}H]$우리딘과 함께 짧게 배양된 세포들을 표지되지 않은 전구체들이 들어 있는 배지에서 1시간 또는 그 이상 추적하였을 때, 방사성 물질은 보다 작은 세포질 mRNA에서 나타난다. 이런 증거 그리고 hnRNA와 mRNA 모두에서 5′ 모자와 3′ 폴리(A) 꼬리가 존재한다는 것과 같은 다른 증거 등은 hnRNA가 mRNA의 전구체였다는 결론에 이르게 하였다.

pre-mRNA는 몇 가지의 일반전사인자들과 함께 RNA 중합효소 II에 의해 합성된다. 이 일반전사인자들은 이 중합효소가 적절한 DNA 자리를 인식하여 적절한 뉴클레오티드에서 전사를 시작하도록 한다. 많은 유전자에서, 프로모터는 TATA 상자를 포함하고 있는 부위에서 전사개시 자리로부터 상류에 있는 24~32개의 염기들 사이에 위치한다. TATA 상자는 TATA-결합 단백질(TBP)에 의해 인식되는데, TBP가 DNA에 결합함으로써 개시전 복합체의 조립을 시작한다. RNA 중합효소 부분이 인산화됨으로써, 중합효소가 이탈되어 전사가 시작되게 한다.

유전자에 대한 개념에 있어서 가장 중요한 변화 중의 하나는, 1970년 후반에, 한 유전자의 암호화 부위들이 연속적인 뉴클레오티드 서열을 형성하지 않는다는 발견과 함께 이루어졌다. 이런 점에서, 첫 번째 관찰은 아데노바이러스(adenovirus) 유전체 전사의 연구에 관하여 이루어졌다. 이 연구에서, 몇 개의 서로 다른 전령 RNA들의 말단 부위가 DNA에서 다수의 불연속 부분들에 의해 암호화된 것과 동일한 뉴클레오티드 서열로 구성되어 있다는 것이 발견되었다. 암호화하는 부분들 사이에 있는 부위를 개재서열 또는 인트론(intron)이라고 한다. 비슷한 상황이 베타-글로빈(globin)과 난알부민(ovalbumin)을 암호화하는 것과 같은, 세포 내 유전자들에도 존재하는 것이 곧 발견되었다. 각각의 경우에서, 폴리펩티드 부분을 암호화하는 DNA의 부위(엑손)들은 비암호화 부위(인트론)들에 의해 서로 나누어져 있다. 계속된 분석에 의하면, 전체 유전자는 하나의 1차전사물로 전사되는 것으로 나타났다. 인트론에 해당하는 부위들이 pre-mRNA에서 계속적으로 절단되어서, 인접한 암호화 부위들이 서로 연결된다. 절단과 연결의 이러한 과정을 RNA 가공이라고 한다.

1차전사물이 mRNA로 가공되는 과정에서 중요한 단계들에는 5′ 모자(cap)의 첨가, 3′끝의 형성, 3′폴리(A) 꼬리의 첨가, 인트론의 제거 등이 있다. 5′ 모자의 형성은 끝에 있는 다음과 같은 단계적인 반응으로 일어난다. 즉, 말단 인산기가 제거되고, GMP가 역방향으로 첨가되며, 메틸기들이 첨가된 구아노신 및 전사물 자체의 첫 번째 뉴클레오티드 모두에 전달된다. mRNA의 최종 3′끝은 다음 두 과정을 거쳐 생긴다. 즉, mRNA의 최종 3′끝은 AAUAAA 인식 자리로부터 바로 하류에 있는 곳에서 1차전사물을 절단됨으로써, 그리고 폴리(A) 중합효소에 의해 한 번에 1개씩 아데노신 잔기가 첨가됨으로써 형성된다. 1차전사물에서 인트론이 제거되는 것은 각 인트론의 5′과 3′ 양쪽에 있는 이어맞추기 자리(splicing site)들에 있는 불변하는 잔기들에 의존한다. 이어맞추기는 많은 구성요소들로 된 이어맞추기소체(spliceosome)에 의해 수행된다. 이 소체에는 인트론 제거 자리에서 단계적으로 조립되는 다양한 단백질들과 리보핵산단백질 입자들(snRNP)이 포함되어 있다. 연구에 의하면, 아마도 단백질들과 함께 이어맞추기소체의 snRNA들은 촉매적으로 활발한 snRNP의 구성요소들임을 시사한다. 분할유전자(split gene)들의 분명한 진화적 이점들 중의 하나는 엑손들이 그 유전체 내에서 쉽게 뒤섞일 수 있어서, 이미 존재하던 부위들로부터 새로운 유전자들이 형성되는 것이다.

대부분의 진핵세포들은 상보적인 mRNA를 파괴시키는 2중가닥으로 된 RNA(siRNA)에 의해 유도된 RNA 간섭이라는 기작을 갖고 있다. RNA 간섭은 바이러스 감염 그리고/또는 전이인자 이동에 대항하는 방어의 수단으로서 진화된 것으로 생각된다. 연구자들은 mRNA를 표적화하여 특수한 단백질의 합성을 중단시키는 현상을 이용하였다. 진핵세포 유전체는 특수한 mRNA의 번역을 조절하는 다수의 작은 마이크로 RNA(miRNA)(20~25개의 뉴클레오티드)를 암호화한다. siRNA와 miRNA 모두 다이서(Dicer) 효소를 포함하는 공동 가공 기구에 의해 만들어지는데, 다이서 효소는 전구체와 작동인자(effector) 복합체 RISC를 절단한다. 또한 RISC는 mRNA를 자르거나 mRNA의 번역을 차단하는 단일가닥으로 된 안내 RNA(guide RNA)를 붙잡는 역할을 한다. piRNA라고 하는 작은 조절 RNA의 세 번째 종류 단일가닥 RNA 전구체로부터 형성되며, 생합성 되는 동안 다이서 효소를 필요로 하지 않는다. piRNA는 생식세포에서 전이요소 이동을 억제하는 작용을 한다.

아미노산들이 폴리펩티드로 결합되기 위한 정보는 mRNA에 있는 3중자(三重字, triplet) 코돈의 서열에 암호화되어 있다. 3중자에 덧붙여, 유전암호는 중복되지 않으며 퇴화한다. 중복되지 않는 암호에서, 각 뉴클레오티드는 하나의 유일한 코돈의 일부이며 리보솜은 mRNA의 유전정보를 따라 한 번에 3개의 뉴클레오티드씩 이동해야 한다. 리보솜이 mRNA의 개시코돈인 AUG에 결합하는데, 이것은 리보솜을 자동적으로 적절한 해독틀에 놓이게 하여 mRNA의 유전정보 전체를 바르게 읽는다. 4개의 서로 다른 뉴클레오티드로부터 구성된 3중자 암호는 $64(4^3)$개의 서로 다른 코돈을 가질 수 있다. 이 암호는 퇴화하는데, 그 이유는 20개의 서로 다른 아미노산들 중의 대부분은 1개 이상의 코돈을 갖기 때문이다. 64개의 가능한 코돈들 중, 61개는 아미노산을 지정하고, 나머지 3개는 리보솜이 번역을 중단시키는 종결코돈이다. 코돈의 배정은 근본적으로 보편적(만능)이며, 이들의 서열은 mRNA에서 염기치환이 폴리펩티드에 미치는 효과를 최소화하는 경향이 있도록 되어있다.

DNA와 RNA의 뉴클레오티드 알파벳에 있는 정보는 번역과정에서 운반 RNA에 의해 해독된다. 운반 RNA는 유사한 L자 모양의 3차원 구조와 몇 개의 불변하는 잔기 등을 공유하는 작은 RNA(73~93개의 뉴클레오티드 길이)이다. tRNA의 한 쪽 끝은 아미노산을 갖고 있으며, 다른 쪽 끝은 mRNA의 3중자 코돈에 상보적인 3개의 뉴클레오티드로 된 안티코돈 서열을 갖고 있다. 코돈과 안티코돈 사이의 상보성을 위한 입체적 필요조건은 코돈의 3번째 위치가 느슨하게 되어 있는 것인데, 이것은 동일한 tRNA를 사용하기 위해 동일한 아미노산을 지정하는 서로 다른 코돈을 허락하기 위해서 이다. 각 tRNA가 적합한(특이적으로 관련된) 아미노산에 연결되는 것, 즉 특정한 아미노산은 특정 tRNA 안티코돈이 결합하는 mRNA 코돈에 의해 지정되는 것이 필수적이다. tRNA가 특이적으로 관련된 적합한 아미노산과 연결되는 것은 아미노아실-tRNA 합성효소라고 하는 한 무리의 효소들에 의해서 이루어진다. 각 효소는 20개 아미노산들 중 하나에 특이적이며, 그리고 아미노산이 연결되어야 하는 모든 tRNA를 인식할 수 있다.

단백질 합성은 다양한 tRNA와 이에 결합된 아미노산, 리보솜, 전령 RNA, 많은 단백질, 양이온, GTP 등이 모두 관여하고 있는 복잡한 종합적 활성이다. 그 과정은 뚜렷한 세 가지 활성, 즉 개시, 신장, 종결로 나누어진다. 개시의 1차 활성은 작은 리보솜 소단위를 mRNA의 개시코돈에 정확하게 부착시키는 것이며, 이로써 특수한 개시자(initiator) tRNA가 리보솜 속으로 들어가고(진입하고) 번역 기구를 조립하여 전체 번역과정을 위한 해독틀을 마련한다. 신장 과정 동안에, tRNA의 진입 주기, 펩티드 결합의 형성, tRNA의 방출 등은 각 아미노산이 결합될 때 마다 스스로 반복된다. 아미노아실-tRNA는 A 자리로 들어가서 mRNA의 상보적인 코돈에 결합한다. tRNA가 들어간 후에, P 자리의 tRNA에 결합된 새로 합성되는 폴리펩티드는 A 자리의 tRNA에 있는 아미노산으로 전달되어서 펩티드 결합이 형성된다. 펩티드 결합의 형성은 큰 rRNA의 일부가 리보자임으로 작용하여 촉매된다. 신장의 마지막 단계에서, P 자리에 있던 아실기가 제거된(deacylated) tRNA가 E 자리로 옮겨감에 따라, 리보솜은 mRNA의 다음 코돈으로 위치를 이동하고, E 자리에 있던 아실기가 제거된 tRNA는 리보솜으로부터 방출된다. 개시와 신장 모두 GTP 가수분해를 필요로 한다. 리보솜이 3개의 종결코돈들 중 하나에 도착하면 번역이 끝난다. 리보솜이 개시코돈에서 조립되고 mRNA의 3′끝을 향하여 짧은 거리를 이동한 후에, 보통 또 다른 리보솜이 개시코돈에 결합하여 각 mRNA는 동시에 다수의 리보솜에 의해 번역되어서, 세포 내의 단백질 합성 속도가 대단히 증가된다. mRNA와 이에 결합된 리보솜들의 복합체를 폴리리보솜이라고 한다.

분석 문제

1. 〈그림 5-41〉의 암호 도표를 살펴보자. 유일한 tRNA를 가진 코돈, 즉 그 코돈에만 사용되는 tRNA는 어느 것이라고 생각하는가? 왜 많은 코돈들이 자신의 유일한 코돈을 갖고 있지 않는 것일까?
2. 프로플라빈(proflavin)은 자신이 DNA에 끼여 들어가서 틀이동 돌연변이를 일으키는 화합물이다. 프로플라빈에 의해 유도된 돌연변이의 아미노산 서열에 미치는 효과는 중복된 코돈과 중복되지 않는 코돈 사이에 어떻게 다르게 나타나는가?
3. 여러분이 세포의 물질대사에 단 한 가지만 영향을 미치는 신약을 분리했다고 가정해 보자. 즉, 이 신약은 pre-rRNA가 rRNA로 분해되는 것을 완전히 저해한다. 포유동물 세포들에 이 신약을 처리하여 배양한 후, 이 세포들에 [^{3}H]우리딘을 2분 동안 공급한 다음, 신약을 넣은 표지되지 않은 배지에서 4시간 동안 배양하고 나서, RNA를 추출하여 설탕 밀도기울기를 통해 원심분리시킨다. 여러분이 얻을 것으로 생각하는 밀도 기울기의 분획 수에 대한 260 nm에서의 흡광도와 방사능에 대한 좌표를 표시하여 곡선을 그리시오. RNA의 S값을 사용하여 가로좌표(X-축)를 표시하시오.
4. 저해하는 약물이 없는 상태에서 포유동물 세포들을 [^{3}H]우리딘에서 48시간 동안 배양한 후, 방사성 RNA를 얻었다고 가정하고, 이 방사성 RNA의 도표를 앞의 질문에서와 동일한 축을 사용하여 그림으로 그리시오.
5. 여러분이 2개의 염기가 반복되는 뉴클레오티드(dinucleotide)(예: AGAGAGAG)로부터 합성된 RNA를 얻었다고 가정해 보자. 또한 니렌버그(Nirenberg)와 마테이(Matthaei)가 폴리페닐알라닌(polyphenylalanine)을 합성하는 데 사용했던 것처럼, 시험관 내 단백질-합성 체계에서 하나의 폴리펩티드를 합성하기 위해 이런 합성 RNA를 전령으로 사용했다고 가정해 보자. 이런 특정한 폴리뉴클레오티드로부터 어떤 유형의 폴리펩티드가 만들어지겠는가? 한 가지 유형 이상의 폴리펩티드가 만들어질 것으로 예상하는가? 왜 그런가? 아니면 왜 그렇지 않은가?
6. 만약 여러분이, 주형을 필요로 하지 않고 뉴클레오티드를 무작위로 중합체로 결합시키는 효소를 발견하였다고 가정하자. 2개의 서로 다른 전구체(예: CTP와 ATP)를 사용하여 합성된 RNA에서 얼마나 많은 서로 다른 코돈들을 발견할 수 있을 것으로 생각하는가? [폴리뉴클레오티드 가인산분해효소(polynucleotide phosphorylase)라고 하는 효소는 이런 유형의

반응을 촉매하고 코돈을 식별하는 연구에 사용되었다.]

7. 15S 글로빈 pre-mRNA의 부분을 그림으로 그리고, 비암호화하는 부위들을 표시하시오.
8. 5-펩티드(pentapeptide)를 합성할 때 필요할 것으로 여겨지는 최소한의 GTP의 개수는 얼마인가?
9. 〈그림 4-17〉에서와 동일한 축에서, 2가지 DNA에 대한 복원(reannealing) 곡선, 즉 하나는 제노푸스속(*Xenopus*) 개구리의 뇌 조직에서 추출된 DNA에 대한 곡선 그리고 다른 하나는 동일한 개구리의 난모세포에서 얻은 DNA에 대한 곡선을 그리시오.
10. 여러분은 다음의 설명에 동의합니까? 겸상적혈구빈혈증은 1개의 아미노산이 변화되어 생긴 것임이 발견되었다. 이 발견으로, 유전암호가 중복되지 않는다는 것이 증명되었다. 왜 그런가? 아니면 왜 그렇지 않은가?
11. 지중해빈혈(thalassemia)은 아미노산 코돈을 종결코돈으로 전환시키는 돌연변이에 의해 특징이 나타나는 질환이다. 여러분이 시험관 속에서 합성된 폴리펩티드들을 아주 다양한 지중해빈혈 환자들에게서 정제한 mRNA들과 비교한다고 가정하자. 여러분은 이런 폴리펩티드들의 비교에 대해 어떻게 예상하는가? 〈그림 5-41〉의 코돈 도표를 참고해 보시오. 1개의 염기치환으로 얼마나 많은 아미노산 코돈들이 종결코돈으로 바뀔 수 있는가?
12. 여러분은 유전암호가 A와 T 오직 2개의 문자로만 구성된다는 것이 이론적으로 가능하다고 생각하는가? 만약 그렇다면, 하나의 코돈을 만드는 데 필요한 최소의 뉴클레오티드는 몇 개인가?
13. 독특한 촉매 특성을 지닌 리보자임을 실험적으로 합성할 수 있음이 보고되었다. 2001년, RNA 가닥을 주형으로 사용하여 기존의 RNA 끝에 리보뉴클레오티드를 14개까지 결합시킬 수 있는 인공 리보자임이 분리되었다. 이 리보자임은 어떤 RNA 서열도 주형으로 사용할 수 있었고, 98.5%의 정확도로 상보적인 뉴클레오티드를 새로 합성된 RNA 가닥으로 결합시킬 것이다. 만약 여러분이 고대의 RNA 세계를 지지하였다면, 이 발견을 여러분의 경우를 주장하기 위해 어떻게 사용하겠는가? 이것은 고대의 RNA 세계의 존재를 증명할 것인가? 만일 그렇지 않다면, 그러한 RNA 세계에 대한 가장 강력한 증거는 무엇이라고 생각하는가?
14. 세균 세포에서 mRNA 합성이 다른 종류에서 보다 더 빠른 속도로 일어나지만, 그 세포 속에는 매우 적은 양의 mRNA가 들어 있다. 어떻게 이런 경우가 있을 수 있는가?
15. 만약 세린에 대한 코돈이 5′-AGC-3′ 이라면, 이 3중자에 대한 안티코돈은 5′- — — — -3′ 일 것이다. 불안정(동요) 현상은 이러한 코돈-안티코돈 상호작용에 어떻게 영향을 미칠 것인가?
16. DNA보다 단백질이 먼저 진화했다(즉, RNA 세계가 RNA-DNA 세계보다는 RNA-단백질 세계로 진화되었음)는 주요 논쟁 중의 하나는, 번역(飜譯) 기구가 매우 다양한 RNA들(예: tRNA, rRNA)을 포함하는 반면에, 전사(轉寫) 기구는 RNA와 관련된 어떤 증거도 없다는 사실에 바탕을 두고 있다. 이러한 관찰을 바탕으로 한 초기 진화 단계에 관한 논쟁을 여러분은 어떻게 설명할 수 있겠는가?
17. 틀이동 돌연변이와 넌센스 돌연변이를 설명한 바 있다. 넌센스 돌연변이는 흔히 미성숙 종료 코돈을 지닌 mRNA의 NMD(넌센스-중재 붕괴, nonsense-mediated decay)에 의해 파괴에 이른다고 언급되었다. 틀이동 돌연변이를 갖고 있는 mRNA가 NMD를 당한다고 예상하는가?
18. 〈그림 5-16〉의 화살촉표는 다양한 tRNA 유전자의 전사 방향을 나타낸다. 이 그림이 하나의 염색체 내에 있는 각 DNA 분자 가닥의 주형 활성에 대하여 무엇을 말하는가?
19. 유전자들은 보통 유전적 돌연변이의 결과로 비정상적인 표현형을 발견함으로써 찾게 된다. 이와는 다르게, 유전자들은 흔히 유전체의 DNA 서열을 조사함으로써 확인될 수 있다. miRNA를 암호화하는 유전자들은 아주 최근까지 왜 발견되지 않았다고 생각하는가?
20. 유사코돈변화(synonymous codon change)는 일반적으로(*generally*) 생물체의 표현형을 변화시키지 않는다고 기술되어 있다. 이것이 사실이 아닌 경우를 생각할 수 있는가? 이것은 유전 물질의 암호화 필요성에 대하여 무엇을 말하는가?

제 6 장

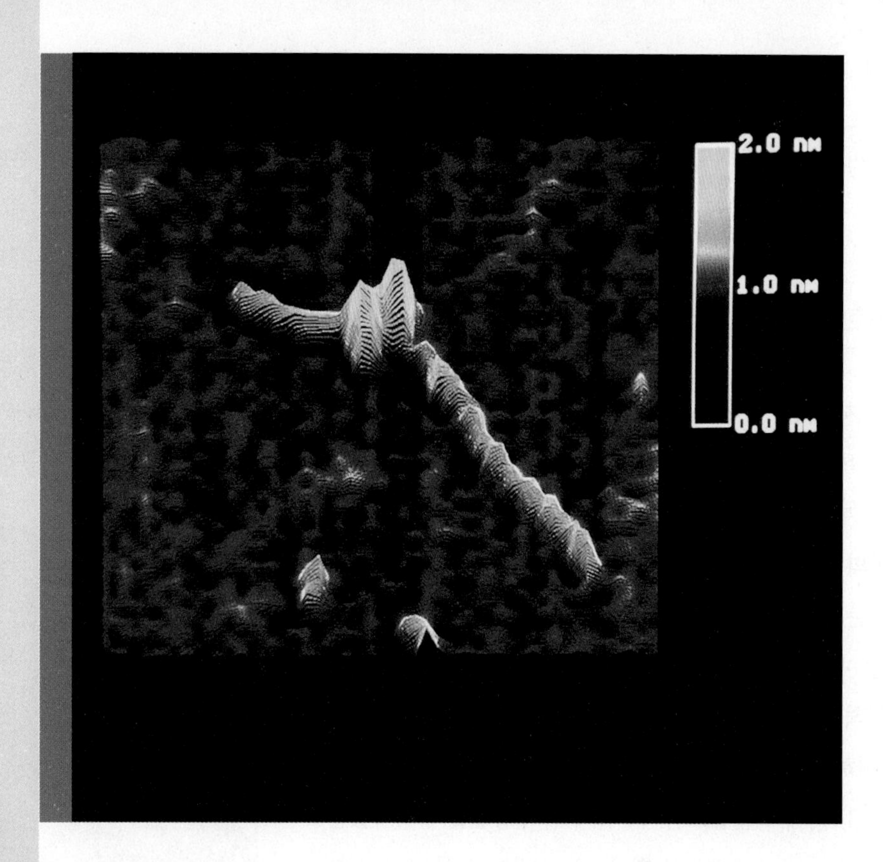

유전자 발현의 조절

다세포 생명체를 구성하는 세포들은 그 형태와 기능에 있어 분명한 차이가 있음에도 불구하고, 완전한 한 벌의 유전자들을 갖고 있다. 특수화된 진핵세포에 있는 유전정보는 큰 다목적 건물을 짓기 위해 준비한 한 권의 청사진과 비교될 수 있다. 건물을 짓는 동안에는 청사진의 모든 부분이 필요하겠지만, 특정한 층이나 방을 만드는 동안에는 이런 정보 중에서 일부분만 사용하게 될 것이다. 이것은 수정란의 경우에도 똑같다. 즉, 수정란은 한 벌의 완전한 유전자 지시 정보를 갖고 있으며, 이 유전자는 정확하게 복제되어, 발생중인 생명체에 분배한다. 그 결과, 분화된 세포들은 그들이 사용하게 될 것보다 훨씬 더 많은 유전정보를 갖게 된다. 또한, 세포들은 그들의 유전정보를 선택적으로 발현하는 기작을 갖고 있어서, 오직 어느 특정 시기에 적절한 유전자의 지시 만을 따른다. 이 장(章)에서는 세포가 유전자 발현을 조절하여 어떤 단백질은 합성되도록 하고 다른 것들은 합성되지 않도록 하는 몇 가지 방법들을 살펴볼 것이다. 하지만 먼저, 대부분의 조절 기구(機構, machinery)를 갖고

글루타민 합성효소를 암호화하는 유전자의 상류에서 조절 단백질(NtrC라고 하는 노란색 부분)과 결합한 세균 DNA 분자(파란색 부분)의 주사력현미경(走査力顯微鏡, scanning force microscope) 사진. NtrC가 인산화되면 조절 유전자의 전사가 활성화된다. 주사력현미경은 표본에서 여러 부분의 높이를 원자 수준에서 측정하여, 오른쪽에 보인 적당한 색깔로 바꾸어 표시한다.

있는 진핵세포 핵의 구조와 특성에 대해 알아보자. ■

6-1 진핵세포의 핵

유전 정보를 저장하고 활용하는 중요성에 비해, 진핵세포의 핵 형태는 그다지 특별하지 않다(그림 6-1). 핵의 내용물은 핵과 세포질 사이의 경계를 이루는 복잡한 핵막(*nuclear envelope*)으로 둘러싸인 무정형의 점성 물질이다. 전형적인 간기(분열기에 있지 않은) 세포의 핵에는 다음과 같은 것이 들어있다; (1) 염색질(*chromatin*)이라고 하는 매우 펼쳐져 있는 핵단백질 섬유로 보이는 염색체들, (2) 불규칙한 모양의 높은 전자 밀도를 갖는 구조로서, 리보솜 RNA을 합성하고 리보솜을 조립하는 기능을 갖는 1개 이상의 인(*nucleolus*), (3) 액체의 물질로서, 그 속에 핵의 용질들이 녹아있는 핵질(*nucleoplasm*), (4) 단백질을 함유하는 섬유의 그물 구조인 핵기질(*nuclear matrix*) 등이 들어 있다.

6-1-1 핵막

세포의 유전물질이 세포질로부터 분리되어 있는 것은 원핵세포와 진핵세포를 구분하는 가장 중요한 특징으로, 핵막의 출현은 생물학적 진화의 획기적인 사건이다. **핵막**(核膜, nuclear envelope)은 10~50nm 간격으로 평행하게 배열되어 있는 2개의 막으로 구성되어 있다(그림 6-2*a*). 핵막은 이온, 용질, 고분자 등이 핵과 세포질 사이를 자유롭게 오가지 못하도록 하는 장벽으로 작용한다. 2개의 막이 융합된 곳에는 복잡한 단백질 조립체를 갖고 있는 둥근 구멍이 형성된다. 일반적으로 포유동물의 세포는 수천 개의 핵공을 갖고 있다.

핵의 외막은 일반적으로 리보솜이 박혀있으며 조면소포체의 막과 연결되어 있다. 막 사이 공간은 소포체의 내강과 연결되어 있다(그림 6-2*a*).

동물세포 핵막의 안쪽 표면은 내재 단백질(integral membrane protein)에 의해 **핵박판**(核薄板, nuclear lamina)이라고 하는 얇은 섬유성 그물구조에 결합되어 있다(그림 6-3). 핵박판은 핵막을 기계적으로 지지하고, 핵 주변부에 염색질 섬유가 붙는 자리로서 역할을 한다(그림 6-2*b*). 하지만, DNA 복제와 전사에서의 역할은 거의 알려져 있지 않다. 핵박판의 섬유들은 직경 10nm 정도이며 라민(*lamin*)이라고 하는 폴리펩티드로 구성되어 있다. 라민은 세포질에 있는 10nm 직경의 중간섬유를 조립하는 폴리펩티드들과 동일한 대집단(superfamily)의 구성요소이다(표 13-2). 세포질의 중간섬유처럼, 핵박판을 구성하는 중간섬유는 인산화와 탈인산화에

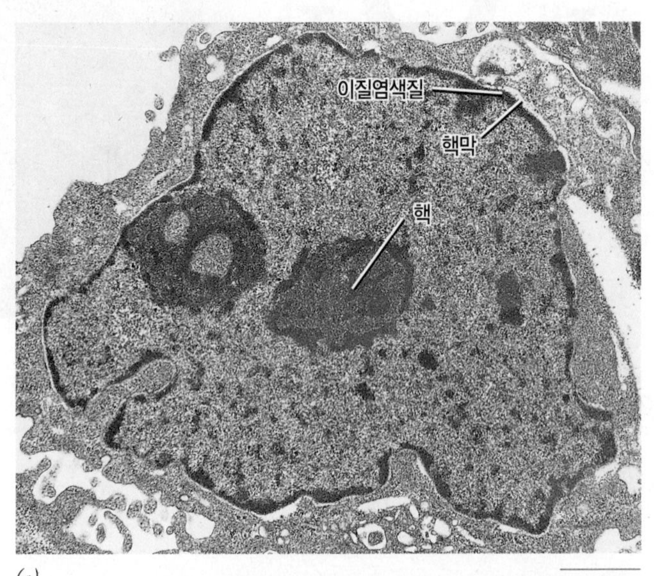

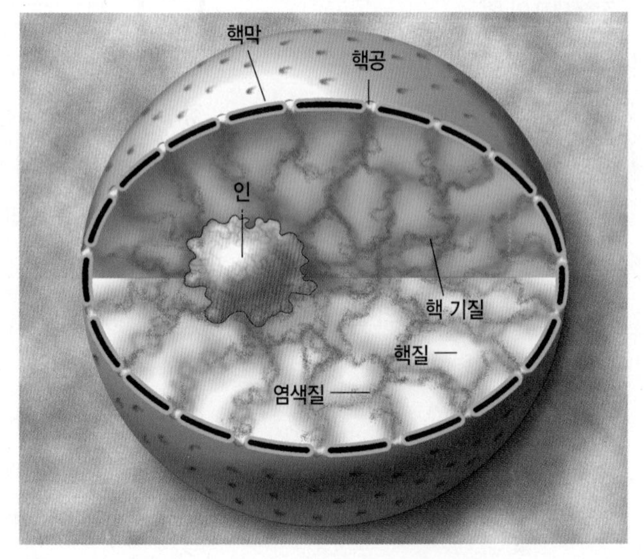

그림 6-1 세포 핵. (*a*) 간기 때의 HeLa 세포 핵의 전자현미경 사진. 이질염색질이 핵막의 안쪽 전체 면을 둘러싸고 있다. 2개의 인이 뚜렷이 보이고 염색질 덩어리가 핵질 전체에 퍼져있다. (*b*) 핵의 주요 구성요소들의 몇 가지를 보여주는 개요도.

의해 조절된다. 유사분열 전에 일어나는 핵막판의 분해는 특정 단백질 인산화효소에 의해 라민이 인산화되어 일어난다.

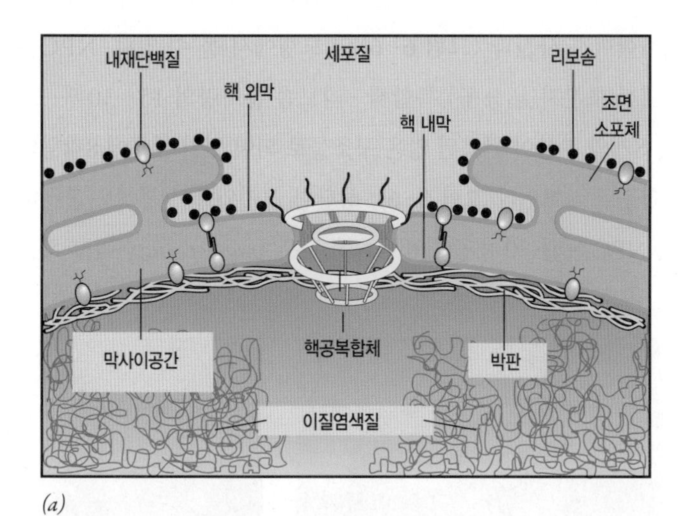

(a)

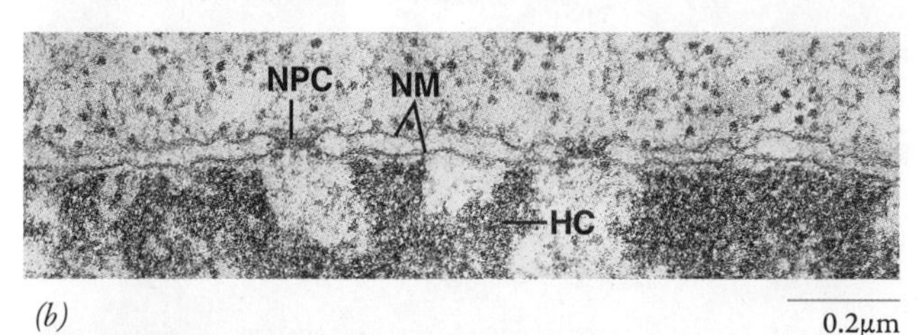

(b)

라민 유전자(*LMNA*) 중 하나에 돌연변이가 일어나면 다양한 질병의 원인이 되는데, 그 중 근육세포의 핵이 이례적으로 취약한 EDMD2라고 하는 희귀한 근육 영양실조가 있다. *LMNA*의 돌연변이는 조로(早老) 또는 10대에 심장마비나 뇌졸중에 의한 사망의 특징을 보이는 허친슨-글리포드 프로게리아 증후군(Hutchinson-Gliford progeria syndrome, HGPS)이라는 병과도 연관되어 있다. 〈그림 6-3*c*〉는 HGPS 환자의 세포에 있는 기형적인 핵으로, 핵박판이 핵 구조를 결정하는 주요한 역할을 한다는 사실을 알 수 있다. 〈그림 6-3*c*〉에 나타난 표현형이 동일한 아미노산을 지정하는 다른 코돈을 만들어내는 동의돌연변이(同義突然變異, synonymous mutation)라는 사실은 흥미롭다. 이 경우, DNA 염기서열의 변화로 인해 유전자 전사물(轉寫物, transcript)을 이어맞추는(splice)

그림 6-2 핵막. (*a*) 2중막, 핵공복합체, 핵박판(核薄板), 조면소포체와 이어진 핵 외막 등을 나타낸 개요도. 핵막을 이루는 내막과 외막은 각각 독특한 단백질을 갖고 있다. (*b*) 양파 근단 세포에 있는 핵막 중 한 부분의 투과전자현미경 사진. 막사이공간, 핵공복합체(NPC), 그리고 핵공 부위로는 확장되지 않은 연합된 이질염색질(HC)을 갖고 있는 2중막(NM)을 볼 수 있다.

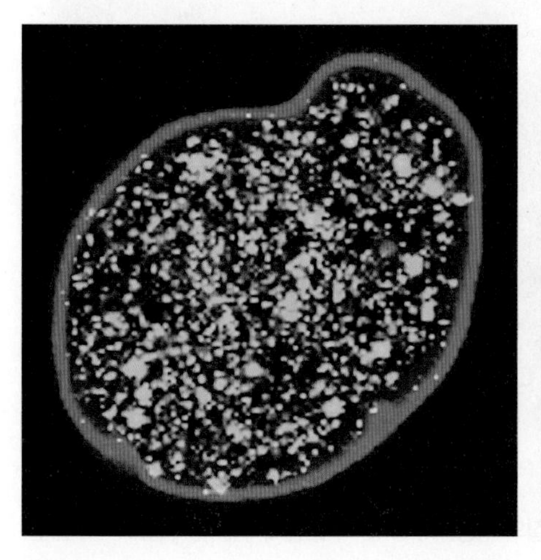

(a)

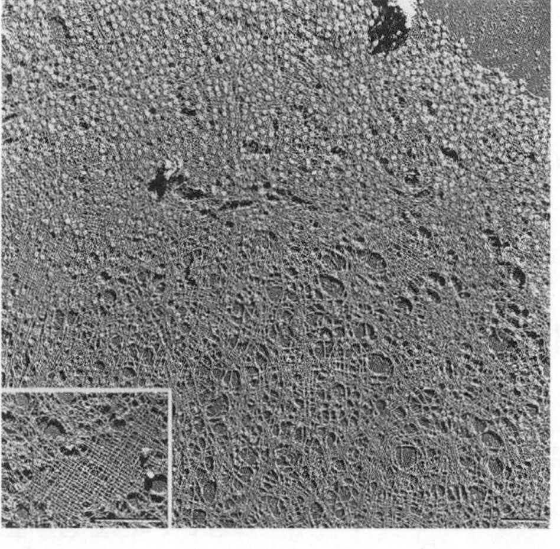

(b)

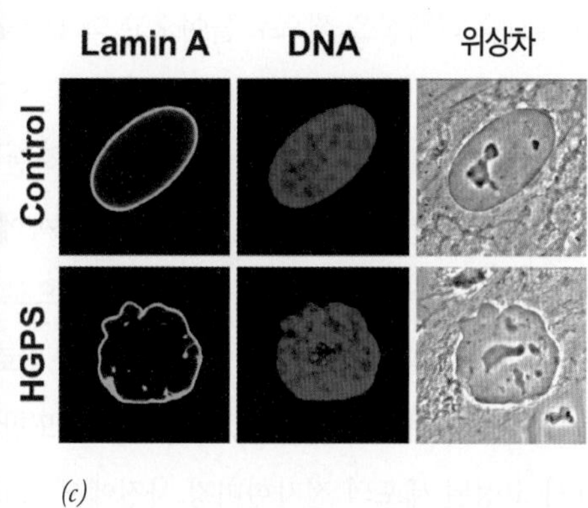

(c)

그림 6-3 핵박판. (*a*) 배양된 사람 세포의 핵을 형광으로 표지한 항체로 염색하여 핵막의 안쪽 표면에 있는 핵박판(빨간색)을 관찰하였다. 핵 기질은 초록색으로 염색되었다. (*b*) 무이온 세제인 트리톤 X-100을 처리하여 얻은 제노푸스속(*Xenopus*) 개구리의 난모세포를 동결-건조하고 금속-음영 처리한 핵막의 전자현미경 사진. 박판(lamina)은 거의 서로 직각 방향으로 배열된 섬유로 이루어진 연속된 그물 구조로 보인다. (*c*) HGPS 환자(아래쪽 열)와 건강한 사람(위쪽 열)에서 얻어 배양한 섬유모세포에 있는 핵의 현미경 사진. 세포들은 라민 A 단백질(왼쪽 세로 행) 및 DNA(가운데 행)를 관찰하기 위해 염색되었고, 위상차 광학현미경으로 살아있는 상태(오른쪽 세로 행)를 관찰하였다. HGPS 환자의 핵은 잘려진 라민 A 단백질로 이루어진 핵박판으로 인하여 기형으로 되었다.

방식이 바뀌어 짧아진 단백질을 만들게 되고, 그 결과로 표현형이 달라진다. 이 예는 한 유전자의 염기서열이 어떻게 "다중암호(multiple code)" 역할을 하는지를 설명해 준다. 염기서열은 번역(translation) 기구를 지시하며, 이어맞추기(splicing) 기구와 단백질 접힘(folding)을 지시하기도 한다.

6-1-1-1 핵공복합체의 구조와 핵-세포질 교환에서 이 구조의 역할

핵막은 핵과 세포질 사이의 장벽이며, 핵공은 그 장벽을 가로지르는 통로이다. 세포질과 세포외 공간 사이에서 고분자의 이동을 막는 원형질막과는 다르게, 핵막은 RNA와 단백질을 세포질과 핵의 양 방향으로 이동하도록 하는 활동의 중심지이다. 핵 내부에서 이루어지는 유전 물질의 복제와 전사 과정은 세포질에서 합성된 후 핵막을 통해 수송된 많은 단백질의 참여를 필요로 한다. 거꾸로, 핵 속에서 만들어진 mRNA, tRNA, 리보솜 소단위 등은 핵막을 통해 반대 방향으로 수송되어야만 한다. 이어맞추기소체(spliceosome)의 소형핵 RNA(snRNA)와 같은 일부 구성요소는 양쪽 방향으로 이동한다. 즉, 이들은 핵에서 합성된 후 세포질에서 리보핵산단백질(ribonucleoprotein, RNP) 입자로 조립되고, 다시 핵으로 돌아와 mRNA 가공 과정에 참여한다. 세포의 두 가지 주요 구획 사이에서 일어나는 수송의 중요성을 이해하기 위해, 약 1,000만 개의 리보솜을 갖고 있는 것으로 추정되는 헬라(HeLa) 세포를 예로 들어보자. HeLa 세포의 핵은 성장을 지속하기 위해, 1분마다 약 56만 개의 리보솜 단백질을 핵으로 들여오고 약 1만 4,000개의 리보솜 소단위를 세포질로 내보낸다.

어떻게 이 모든 물질이 핵막을 통과하는가? 초기의 한 연구에서, 작은 금 입자들의 현탁액을 세포 속에 주입한 후 그 물질이 핵막을 통과하는 경로를 전자현미경으로 관찰하였다. 〈그림 6–4*a*,*b*〉에 나타낸 것처럼, 입자들이 세포질로부터 핵공의 중앙부를 일렬로 통과하여 핵 안으로 들어간다. 또한 정상적인 활성 상태에서 고정된 세포의 전자현미경 사진에서도 입자가 핵공을 통과할 수 있음을 보여주었다. 〈그림 6–4*c*〉에 나타낸 한 예에서, 리보솜의 소단위로 구성된 것으로 추정되는 입자상 물질이 핵공을 비집고 이동하는 것으로 보인다.

금 입자 및 리보솜 소단위처럼 큰 물질들이 핵공을 통과할 수 있다는 사실을 근거로, 이 핵공들이 단순히 열려있는 통로라고 추정할 수 있지만, 사실은 그 반대이다. 핵공은 **핵공복합체**(核孔複合體, nuclear pore complex, NPC)라고 하는 복잡한 구조를 갖고 있는데, 이 복합체는 세포질과 핵질 양쪽으로 돌출된 마개처럼 그 구멍을 채우고 있는 것으로 보인다. NPC의 구조는 〈그림 6–5〉의 전자현미경 사진과 〈그림 6–6〉의 모형에서 볼 수 있다. NPC는 거대한 초분자(超分子) 복합체—리보솜 분자량의 15~30배—로서, 8개의 부분이 반복된 많은 구조물로 되어 있기 때문에 8각형의 대칭구조로 보인다(그림 6–6). 상당한 크기와 복잡성에도 불구하고, NPC는 단 30여 종류의 뉴클레오포린(*nucleoporin*)이라고 하는

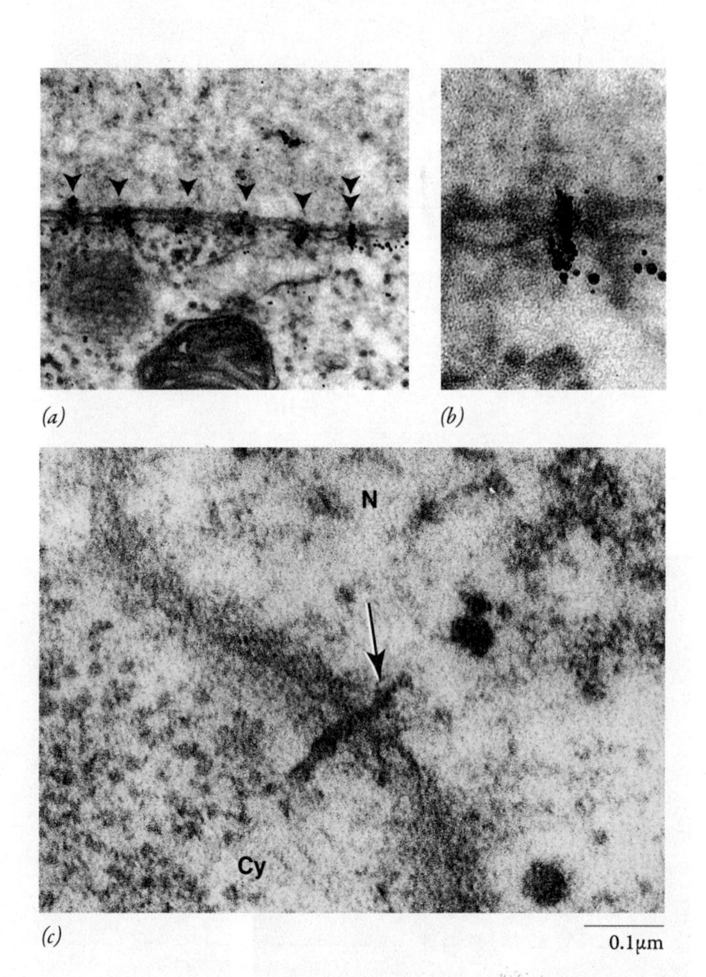

그림 6-4 핵공을 통한 물질의 이동. (*a*) 보통 핵에 존재하는 단백질로 피복된 금 입자들을 주입한 후 몇 분이 지난 개구리 난모세포의 핵-세포질 경계 부위의 전자현미경 사진. 입자들이 핵공(화살표)의 중앙부를 거쳐 세포질에서 핵으로 통과하는 것으로 보인다. (*b*) 고배율로 확대한 사진에서, 금 입자들이 각각의 핵공 속에 줄지어 무리를 이루고 있는 것으로 보인다. (*c*) 곤충세포의 핵막을 절단한 전자현미경 사진은 핵공을 통한 입자상 물질(리보솜의 소단위로 추정됨)의 이동을 보여준다.

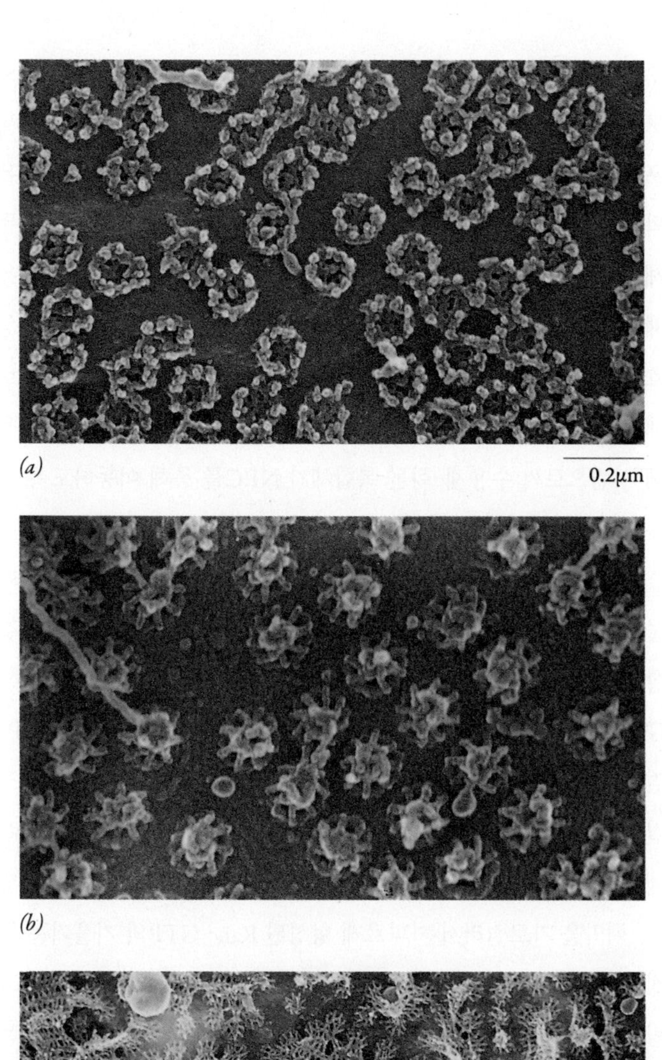
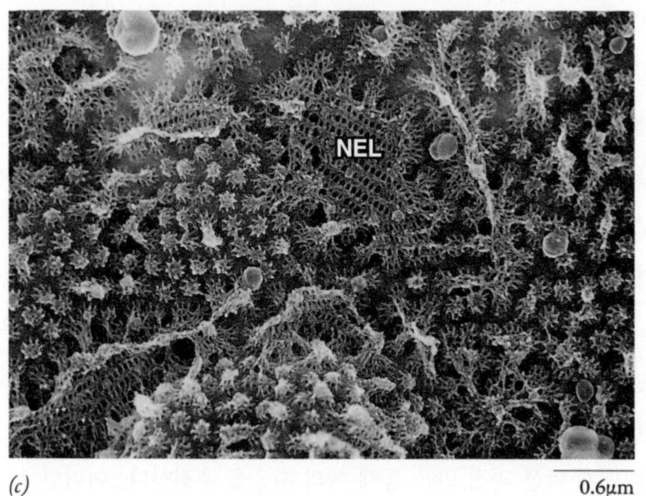

그림 6-5 양서류 난모세포의 핵막에서 분리된 핵공복합체의 주사전자현미경 사진. (*a*) 핵막의 세포질 쪽을 향한 면은 핵공복합체의 세포질 주변에 있는 고리를 보여준다. (*b*) 핵막의 핵 쪽을 향한 면은 복합체의 안쪽 부분이 바구니 같은 모양을 보여준다. (*c*) 핵막의 핵 쪽을 향한 면은 NPC의 분포와 핵박판(NEL) 조각이 온전하게 남아 있는 부위를 보여준다. 이 모든 현미경 사진에서, 분리된 핵막은 고정, 탈수, 건조 후, 금속 막을 입혀 관찰한 것이다.

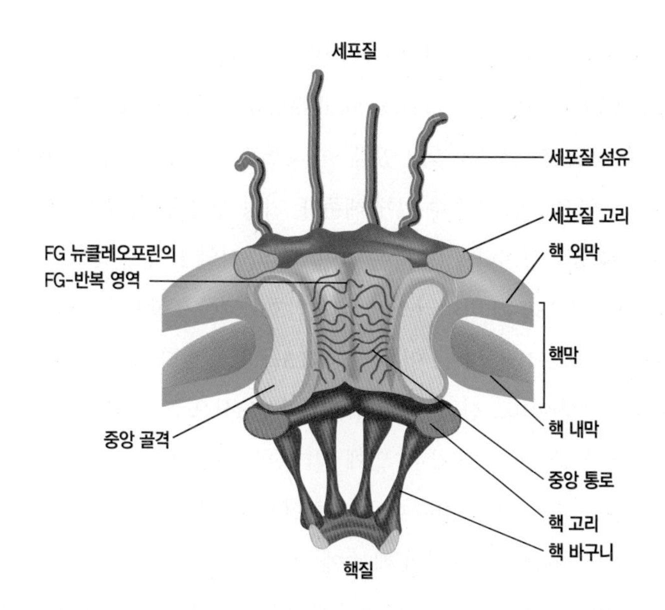

그림 6-6 척추동물의 핵공복합체(NPC) 모형. 핵막 속에 있는 척추동물 NPC의 3차원 그림. 이 정교한 구조는 복합체를 핵막에 고정시키는 골격, 세포질 고리 및 핵 고리, 핵 바구니, 8개의 세포질 섬유 등 여러 부분으로 이루어져 있다. FG-함유 뉴클레오포린이 통로 안쪽에 늘어서 있는데, 무질서한 FG-함유 영역이 구멍 속으로 뻗어있으며 소수성 그물 구조를 형성한다.

단백질로 이루어지며, 이들은 주로 효모와 척추동물 사이에 잘 보존되어 있다. 각각의 뉴클레오포린은 적어도 8개의 복사본이 있어서, 8각형 대칭 구조와 조화를 이룬다. 많은 NPC 구성단백질이 몇 초에서 몇 분동에 걸쳐 새로운 복사본으로 대체된다는 발견을 통해 NPC가 정적인 구조가 아님이 증명되었다.

뉴클레오포린 중의 일부는 아미노산 서열 내에 페닐알라닌-글리신(아미노산의 단일 문자 표기법에 따라 FG로 표시함)의 반복 부분을 많이 갖고 있다. FG 반복 부분는 각 단백질에서 FG 영역이라고 하는 특정 지역에 모여 있다. 이런 특별한 아미노산 구성 때문에, FG 영역은 돌출된 그리고 유연한 부분을 갖고 있는 무질서한 구조이다. FG 반복 부위를 갖고 있는 뉴클레오포린은 NPC의 중앙 통로를 따라 늘어서 있으며, 이들의 실처럼 생긴 FG 영역이 20~30nm 폭의 통로 가운데로 뻗어있는 것으로 생각된다. FG 영역은 소수성의 그물 구조 또는 체(篩, sieve)를 형성하여 핵과 세포질 사이에 더 큰 고분자(약 4만 달톤 이상)의 확산을 차단한다.

1982년, 영국 의학연구심의회(Medical Research Council)의 로버트 라스키(Robert Laskey)와 그의 공동 연구자들은 뉴클레오플라스민(nucleoplasmin)을 발견하였다. 양서류 난모세포에 풍부하게 존재하는 핵단백질 중 하나인 이 단백질은 C-말단 근처에 **핵위치신호**(核位置信號, nuclear localization signal, NLS) 기능을 하는 긴 아미노산 서열을 갖고 있다. 이 서열은 단백질이 핵공을 통과하여 핵 안으로 들어갈 수 있게 해준다. 가장 잘 연구된, 또는 "표준적인" NLS는 양전하를 띤 짧은 아미노산의 서열 1~2개 갖고 있다. 예를 들면, SV40 바이러스에 의해 암호화되는 T항원은 -Pro-Lys-Lys-Lys-Arg-Lys-Val-로 이루어진 NLS를 갖고 있다. 만약 이 서열에서 염기성 아미노산 하나가 비극성 아미노산으로 대체된다면, 단백질이 핵 안으로 들어갈 수 없게 된다. 반대로, 만약 이 NLS를 혈청 알부민 같은 핵단백질이 아닌 다른 단백질과 융합된 후 세포질에 주입되면, 융합된 단백질이 핵 속에 축적된다. 그래서 핵 안으로 단백질을 이동시키는 것은, 원칙적으로 미토콘드리아 또는 퍼옥시솜과 같은 특정 소기관 속에 격리될 운명에 있는 다른 단백질들의 경로수송(trafficking)과 비슷하다. 이 모든 경우에서, 그런 단백질들은 소기관으로의 수송을 중개하는 특정 수용체에 의해 인식되는 특이한 "주소"를 갖고 있다.

핵 수송은 매우 활발한 연구 분야로, 핵 안으로 단백질과 RNP를 선택적으로 반입(搬入, import)할 수 있는 시험관 내 체제 개발이 왕성하게 이루어지고 있다. 이 체제를 이용하면 특정 고분자를 핵 안으로 반입하기 위해 필요한 단백질들을 확인할 수 있다. 이런 노력의 결과, 핵막을 통해 고분자들을 운반하는 이동성 "수송수용체(*transport receptor*)"로 작용하는 단백질 집단(family)이 확인되었다. 이들 가운데 반입소(搬入素, 또는 임포틴, *importin*)[a]는 고분자를 세포질에서 핵 속으로 이동시키며, 반출소(搬出素, 또는 엑스포틴, *exportin*)[b]는 반대방향으로 이동시킨다.

〈그림 6-7*a*〉는 뉴클레오플라스민과 같이 표준적인 NLS를 갖고 있는 어떤 단백질이 핵 안으로 반입되는 동안 일어나는 주요 단계의 일부를 나타낸 것이다. NLS를 가진 화물 단백질이 세포질에 있는 반입소(importin) α/β라는 이질2량체인 수용성 NLS 수용체와 결합함으로써 핵 안으로 반입이 시작된다(그림 6-7*a*, 1단계).

역자 주[a] 반입소(importin): 이 용어는 '들여오다(반입하다)(import)'라는 뜻과 어떤 물질의 '성질'을 뜻하는 '소(素)'에 해당하는 '-in'의 합성어로서, 물질을 세포의 어느 구획의 밖으로부터 안으로 옮겨 들여오는 작용을 하는 단백질을 일컫는 용어이다.

[b] 반출소(exportin): 이 용어는 '내보내다(반출하다)(export)'라는 뜻과 어떤 물질의 '성질'을 뜻하는 '소(素)'에 해당하는 '-in'의 합성어로서, 물질을 세포의 어느 구획의 안으로부터 밖으로 옮겨 나가는 작용을 하는 단백질을 일컫는 용어이다.

수송수용체는 단백질 화물을 핵의 바깥 표면까지 호위하는 것으로 보이며, 핵의 바깥 쪽 막에서 NPC의 외부 고리에서 뻗어나온 세포질 섬유와 결합하는 것 같다(2단계). 〈그림 6-7*b*〉에서 이 섬유와 결합한 많은 금 입자를 볼 수 있는데, 이들 입자에는 NPC를 통해 수송되는 NLS-함유 핵단백질이 피복되어 있다. 그 후에 수용체-화물 복합체는 FG-함유 뉴클레오포린의 FG 영역과 일련의 상호작용을 거쳐 핵공을 통해 이동한다(3단계). 이러한 상호작용으로 채널 안쪽을 채우고 있는 FG가 풍부한 그물 구조의 일부분을 "용해"시킴으로써 수용체-화물 복합체가 NPC를 통해 이동하도록 하는 것으로 보인다.

이제 우리는 NPC를 통해 핵 구획 안으로 들어온 결합된 화물을 갖고 있다. 지금부터 또 다른 핵심 역할을 수행하는 GTP-결합 단백질인 **랜**(Ran)에 대해 살펴보자. Sar1과 EF-Tu 등의 다른 GTP-결합 단백질처럼, Ran은 GTP-결합 형태(활성형)와 GDP-결합 형태(불활성형)로 존재할 수 있다. 핵-세포질 사이의 수송 조절에서 Ran의 역할은 세포가 Ran-GTP를 핵에서는 높은 농도로, 세포질에서는 매우 낮은 농도로 유지하는 기작에 기반을 두고 있다. 핵막을 가로질러서 가파르게 형성된 Ran-GTP의 기울기는 특정한 보조 단백질들의 구획화에 의해 이루어진다.(추가 설명은 〈그림 15-19*b*〉 참조). 이들 보조 단백질 중의 하나(RCC1하고 함)는 핵에 격리되어 있으며, Ran-GDP가 Ran-GTP로 전환되는 과정을 촉진하여 핵 내의 Ran-GTP를 높은 농도로 유지한다. 또 다른 보조 단백질(RanGAP1이라고 함)은 세포질에 있으며, Ran-GTP가 Ran-GDP로 가수분해되는 과정을 촉진하여 세포질 내의 Ran-GTP를 낮은 농도로 유지한다. 이처럼 GTP가 가수분해되면서 내놓는 에너지를 이용하여 핵막 사이의 Ran-GTP 기울기를 유지한다. 아래에서 설명하겠지만, Ran-GTP 농도기울기는 오직 수용체-매개 확산 과정 만을 통해 핵의 수송을 추진한다. 어떠한 운동단백질이나 ATP 분해효소도 관련되어 있지 않다.

이제 표준적인 NLS를 핵으로 반입하는 경로에 대한 설명으로 돌아가자. 반입소-화물 복합체가 핵에 도달하면 Ran-GTP 분자와 만나고, Ran-GTP가 이 복합체와 결합하여 반입소-화물 복합체가 분리되도록 한다(그림 6-7*a*, 4단계). 핵 안에 높은 농도로 존재하는 Ran-GTP의 명백한 기능은 세포질에서 반입된 복합체의 분리를 촉진하는 것이다. 반입된 화물은 핵질로 방출되고, NLS 수

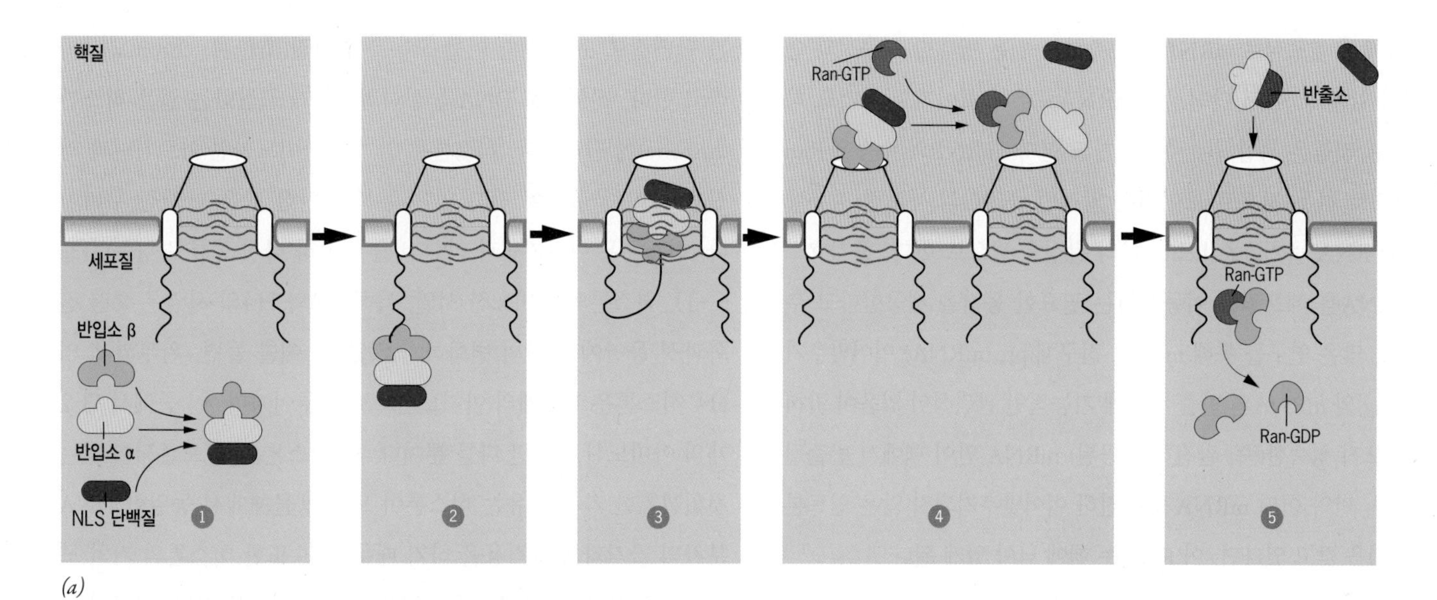

(a)

N
NP
C
CF

(b)

0.4μm

그림 6-7 세포질에서 핵으로 단백질 반입하기. *(a)* 본문에서 설명한 바와 같이, 핵단백질을 반입하는 단계에 대한 제안. 핵위치신호(NLS)를 갖고 있는 단백질이 이질2량체 수용체(반입소 α/β)와 결합하여(1단계) 세포질 섬유와 연계된 복합체를 형성한다(2단계). 수용체-화물 복합체는 핵공을 통해 이동하여(3단계) 핵질로 들어가서 Ran-GTP와 상호작용한 후 분리된다(4단계). Ran-GTP와 결합한 반입소 β 소단위는 세포질로 되돌아가며, Ran-GTP가 가수분해된다(5단계). Ran-GDP는 다시 핵으로 운반되어 Ran-GTP로 전환된다. 반대로, 반입소 α는 세포질로 되돌아간다. (b) 제노푸스속(*Xenopus*) 개구리 난모세포의 핵질에는 뉴클레오플라스민이라는 단백질이 높은 농도로 존재한다. 뉴클레오플라스민을 덧씌운 금 입자를 이 제노푸스속(*Xenopus*) 개구리의 난모세포에 주입하면, 핵공복합체의 바깥(세포질) 고리에서 돌출된 세포질 섬유(CF)와 결합하는 것을 볼 수 있다. 또한 핵공(NP)을 통해 핵 안으로 운송되고 있는 여러 입자도 볼 수 있다.

용체의 한 부분(반입소 β 소단위)은 Ran-GTP와 결합된 상태로 세포질로 되돌아간다(5단계). 세포질에 도달하면 Ran에 결합된 GTP 분자가 가수분해되고, 반입소 β 소단위에서 Ran-GDP가 떨어져 나온다. Ran-GDP는 핵으로 돌아간 후 GTP-결합 상태로 전환되어 다음 활동을 반복할 수 있게 된다. 반입소 α는 반출소에 의해 세포질로 되돌아간다.

Ran-GTP는 세포질에서 핵 안으로 고분자를 반입할 때와 마찬가지로, 핵 밖으로 고분자를 호위할 때에도 중요한 역할을 한다. Ran-GTP가 기본적으로 핵 안에 국한되어 있다는 점을 상기하자. 〈그림 6-7*a*〉의 4단계에서 볼 수 있는 것처럼 Ran-GTP는 반입된 복합체의 분리를 유도하는 반면에, Ran-GTP는 반출된 복합체의 조립(*assembly*)을 촉진한다. 핵에서 반출된 단백질은 핵반출신호(*nuclear export signal*, *NES*)라고 하는 아미노산 서열을 갖고 있는데, 수송수용체가 이 서열을 인식하여 핵막을 통과해 세포질로 단백질을 운반한다. 이 방향으로 운송되는 물질은 대개 핵에서 합성되어 세포질에서 기능을 나타내는 여러 유형의 RNA 분자—특히 mRNA, rRNA, tRNA—이다. 이 RNA들은 대부분 RNP 형태로 NPC를 통과한다.

핵에서 세포질로 mRNP를 수송하는 일은 방대한 재구성과 연관되어 있는데, 어떤 단백질은 mRNA로부터 떨어져 나가기도 하고, 어떤 것들은 복합체에 추가되기도 한다. mRNP의 수송은 Ran을 필요로 하는 것으로 보이지는 않지만, NPC의 세포질 섬유에 위치한 RNA 풀기효소(helicase)의 활성은 필요로 한다. 풀기효소가 mRNA를 세포질로 이동시키는 필요한 동력을 제공한다고 추정된다. 많은 연구를 통해 mRNA 전구체(pre-mRNA) 이어맞추기(splicing)와 mRNA의 반출 사이에 기능적인 관련성이 있음이 밝혀졌다. 오직 성숙한(즉, 완전히 가공된) mRNA 만이 핵에서 반출될 수 있다. 만약 어떤 mRNA가 여전히 이어맞추기되지 않은 인트론(intron)을 갖고 있다면, 이 RNA는 핵에 남아 있게 된다.

6-1-2 염색체와 염색질

염색체는 체세포분열이 시작되는 시기에 난데없이 나타났다가 세포 분열이 끝나는 시기에 다시 사라진다. 초기의 세포학자들은 염색체의 나타남과 사라짐에 대해 의문을 품었다. 분열하지 않는 세포에 있는 염색체의 본질은 무엇일까? 이제는 이 질문에 대해 상당히 포괄적으로 답할 수 있다.

6-1-2-1 유전체 포장하기

사람 세포는 46개의 염색체(2배체인 복제되지 않은 염색체 수)에 나뉘어져 있는 64억 개의 DNA 염기쌍을 갖고 있다. 복제되지 않은 염색체 각각은 하나의 연속된 DNA 분자를 가지며, 염색체가 클수록 더 긴 DNA를 갖는다. 각 염기쌍의 길이는 약 0.34nm이므로, 60억 개의 염기쌍으로 이루어진 DNA 분자는 2m에 이를 것이다. 어떻게 2m의 DNA를 직경이 겨우 10㎛(1×10^{-5}m)에 지나지 않는 핵 안에 넣을 수 있으며, 동시에, 효소와 조절 단백질이 접근할 수 있는 상태로 DNA를 유지할 수 있을까? 중요한 것은 각 염색체의 단일 DNA 분자를 어떻게 조직하여 다른 염색체의 분자들과 엉망으로 엉키지 않도록 하는 것일까? 그 답은 DNA 분자가 포장되는 놀라운 방식에 있다.

뉴클레오솜: 염색체 체제의 가장 낮은 수준 염색체는 DNA와 연관 단백질로 구성되며, 이들 모두를 **염색질**(染色質, chromatin)이라고 한다. 진핵세포 DNA를 질서정연하게 포장하는 일은 **히스톤**(histone)에 달려있다. 히스톤은 염기성 아미노산인 아르기닌과 리신을 특이하게 많이 갖고 있는 주목할 만한 작은 단백질 무리이다. 히스톤은 아르기닌과 리신 비율에 따라 다섯 종류로 나눈다(표 6-1). 히스톤의 아미노산 서열, 특히 H3와 H4의 서열은 오랜 진화과정 동안에도 거의 변화하지 않았다. 예를 들면, 완두와 소의 H4 히스톤은 102개의 아미노산으로 이루어지며, 이 중에서 단 2개의 아미노산 잔기만 다를 뿐이다. 왜 히스톤은 잘 보존되어 있는 것일까? 한 가지 이유는 히스톤이 모든 생물체에서 동일한 DNA 분자의 골격과 상호작용을 하기 때문이다. 또한 히스톤의 거의 모든 아미노산이 DNA나 다른 히스톤과 상호작용을 한다. 따라서 히스톤의 아미노산이 단백질 기능에 심각한 영향을 주지 않으면서 다른 아미노산으로 바뀔 수 있는 가능성은 매우 낮다.

표 6-1 송아지 흉선의 히스톤

히스톤	잔기 수효	분자량 (kDa)	아르기닌 (%)	리신 (%)	단위진화기간* ($\times 10^{-6}$ 년)
H1	219	23.0	1	29	8
H2A	129	14.0	9	11	60
H2B	125	13.8	6	16	60
H3	135	15.3	13	10	330
H4	102	11.3	14	11	600

* 단위진화기간(unit evolutionary period) : 두 생물 종이 갈라진 후 단백질의 아미노산 서열이 1% 변화하는 데 걸리는 시간.

1970년대 초기에 염색체를 비특이적 핵산가수분해효소로 처리하면 대부분의 DNA가 200개 염기쌍 정도의 단편으로 잘라지는 현상이 알려졌다. 이에 비해, 나출(裸出)된(*naked*) DNA(단백질이 제거된 DNA)에 똑같은 처리를 하면 일정하지 않은 길이의 단편들이 만들어진다. 이러한 사실은 염색체의 DNA가 주기적으로 나타나는 일정한 부위를 제외하고는 효소의 공격으로부터 보호된다는 것을 암시한다. 즉, DNA와 연관된 어떤 단백질이 DNA를 보호한다고 추정할 수 있다. 1974년에 하버드대학교(Harvard University)의 로저 콘버그(Roger Kornberg)는 핵산가수분해효소에 의한 분해 결과를 비롯한 여러 정보를 바탕으로 하여 완전히 새로운 염색

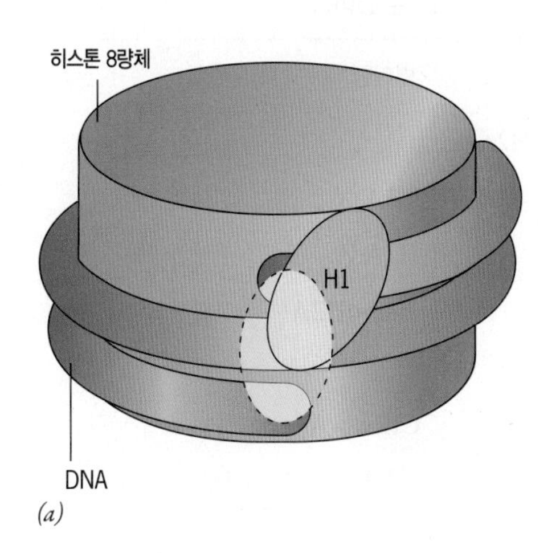

(a)

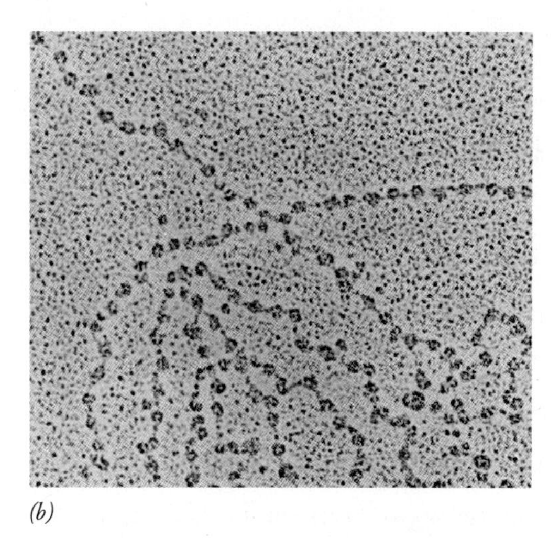
(b)

그림 6-8 염색질의 뉴클레오솜. (*a*) 뉴클레오솜 핵심입자의 구조와 히스톤 H1 분자의 모식도. 핵심입자는 8개의 핵심 히스톤 분자(2개씩의 H2A, H2B, H3, H4)를 약 1.8 회전 감고 있는 음전하를 띤 초나선 DNA로 이루어진다. H1 연결 히스톤은 DNA가 뉴클레오솜을 감기 시작하고 끝내는 부위 가까이에 결합한다. 점선 부위는 H1 분자가 번갈아 결합할 수 있는 대체 위치이다. (*b*) 이온강도가 낮은 완충액으로 처리한 초파리속(*Drosophila*) 곤충 세포의 핵에서 추출된 염색질 섬유의 전자현미경 사진. 뉴클레오솜 핵심입자들은 직경 약 10nm이며, 직경 약 2nm인 노출된(H1이 제거된) 연결 DNA의 짧은 가닥에 의해 연결되어 있다.

질 구조를 제안하였다. 콘버그는 DNA와 히스톤이 **뉴클레오솜**(nucleosome)이라는 반복된 소단위로 구성되어 있다고 제안했다. 지금은 각 뉴클레오솜이 히스톤 분자 8개로 구성된 원반 모양의 복합체를 거의 2번 감싸는 초나선(supercoil) DNA의 146개의 염기쌍으로 이루어진 뉴클레오솜 핵심입자(*nucleosome core particle*)를 갖고 있다는 것이 알려져 있다(그림 6-8*a*). 각 뉴클레오솜의 히스톤 핵심은 2개씩의 H2A, H2B, H3, H4가 조립된 8량체이다. 나머지 히스톤인 H1은 뉴클레오솜 핵심입자의 바깥에 위치한다. H1 히스톤은 뉴클레오솜 핵심입자끼리 연결하는 연결 DNA(*linker DNA*) 부분에 결합하기 때문에, 연결 히스톤(*linker histone*)이라고 한다. 형광물질을 이용한 연구 결과, H1 분자는 끊임없이 염색질과 분리되고 다시 결합한다는 사실이 밝혀졌다. H1 단백질과 히스톤 8량체는 함께 168개 염기쌍의 DNA와 상호작용을 한다. H1 히스톤은 이온 강도가 낮은 용액을 처리하면 염색질에서 선택적으로 제거할 수 있다. H1을 제거한 염색질을 전자현미경으로 관찰하면, 뉴클레오솜의 핵심입자와 노출된(H1이 제거된) 연결 DNA가 분리된 요소로서 마치 "실에 꿴 염주(beads on a string)"처럼 보인다(그림 6-8*b*).

최근에 일부 뉴클레오솜 핵심입자를 엑스-선(X-ray) 결정학으로 연구함으로써 DNA 포장에 대한 이해가 크게 진전되었다(그림 6-9). 뉴클레오솜 핵심입자를 이루는 8개의 히스톤 분자는 모두 4개의 이질2량체—H2A-H2B 2량체 2개와 H3-H4 2량체 2개—로 구성된다(그림 6-9*a*,*c*). 히스톤 분자를 2량체로 만드는 과정은 C-말단 영역에 의해 매개되는데, 이 부위는 대부분 뉴클레오솜 핵심 안에 접혀서 치밀한 덩어리를 이루는 α나선(〈그림 6-9*c*〉에 원통으로 표시)으로 이루어져 있다. 이에 비해, 각 핵심 히스톤의 N-말단 부분(과 H2A의 C-말단 부분도)은 길고 유연한 꼬리 형태(〈그림 6-9*c*〉에 점선으로 표시)이며, DNA 나선을 지나 주변부로 뻗어 있다. 이 꼬리들은 다양한 공유결합에 의해 변형되는 표적이 되며, 이들의 핵심 기능은 이 장(章)의 뒷부분에서 논의한다.

히스톤의 변형이 뉴클레오솜의 히스톤 성격을 바꾸는 오직 하나의 기작은 아니다. 위에서 설명한 네 종류의 "통상적인" 핵심 히스톤에 더하여, H2A와 H3 히스톤의 여러 다른 형태(변이형, 變異形)도 대부분의 세포에서 합성된다. 이러한 히스톤 변이형의 중요성은 대부분 밝혀지지 않았지만, 특별한 기능을 가질 것이라고 추정된다(표 6-2). 이런 변이형중 하나인 CENP-A의 위치와 명백한 기능은 301페이지에서 설명하였다. 다른 변이형인 H2A.X는 염색질 전체에 퍼져 있으며, 뉴클레오솜의 일부분에서 통상적인

H2A를 대체한다. H2A.X는 DNA 가닥이 절단된 부위에서 인산화되며, DNA를 수리하는 효소를 불러오는 역할을 하는 것으로 보인다. 또 다른 2개의 핵심 히스톤 변이형인 H2A.Z, H3.3은 활성화되면 유전자의 뉴클레오솜에 통합되어 그 유전자 자리(locus)의 전사를 촉진하는 역할을 하는 것으로 보인다.

DNA와 핵심 히스톤은 DNA 골격에 있는 음전하를 띤 인산기와 히스톤의 양전하를 띤 잔기 사이의 이온결합 등 몇 종류의 비공유결합에 의해 결합되어 있다. 이 두 분자는 DNA의 작은 홈(minor groove)이 히스톤 핵심을 향하는 위치에서 접촉하는데, 이러한 접촉은 10개 염기쌍 정도의 일정한 간격을 두고 나타난다(그림 6-9*c*). 접촉 지점들 사이에서는 두 분자가 상당한 공간을 두고 떨어져 있어서 전사인자나 다른 DNA-결합 단백질이 접근할 수 있도록 한다. 오랫동안 히스톤은 활성이 없는 구조적 분자라고 여겨 왔다. 그러나 나중에 살펴보겠지만, 이 작은 단백질이 자신과 연관된 DNA의 활성을 결정하는 데 있어서 중요한 역할을 한다. 염색질이 역동적인 세포 구성물이라는 사실이 명백해지고 있다. 염색질에서는 히스톤, 조절 단백질, 무수히 다양한 효소가 핵단백질 복합체의 안팎으로 이동하여 DNA를 전사하고 압축하고 복제하고 재

표 6-2 히스톤 변이형

유형	변이형	위치	추정기능
H2A			
	H2A.X	염색질 전체	DNA 수선
	H2A.Z	진정염색질	전사
	macroH2A	불활성 X 염색체	전사 침묵
H3			
	CENP-A	동원체	방추사 조립
	H3.3	전사된 위치	전사

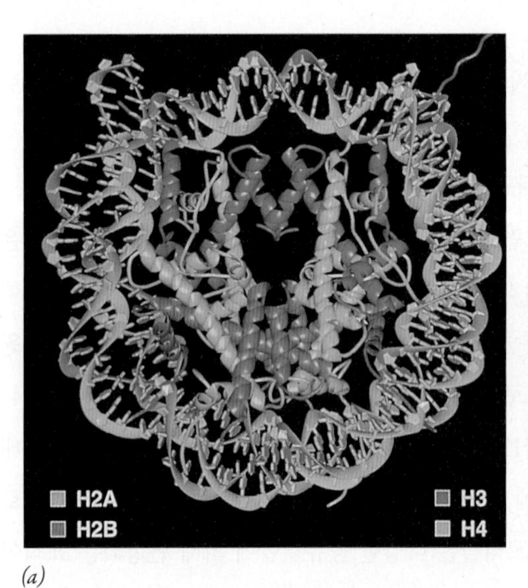

(a)

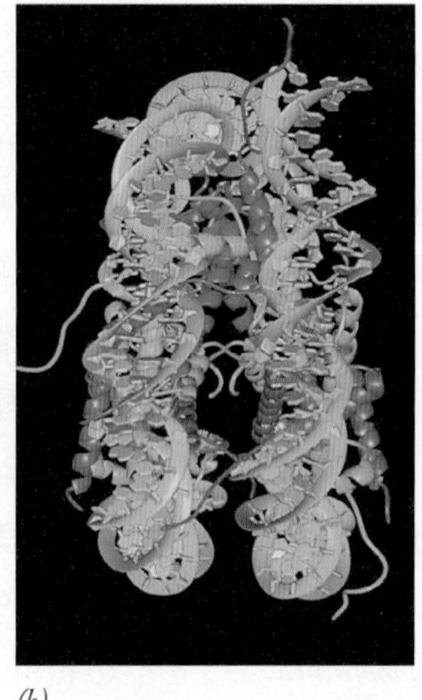
(b)

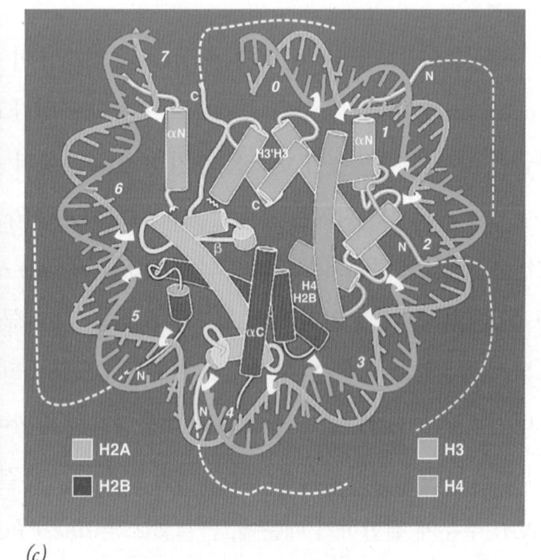

(c)

그림 6-9 엑스-선 결정학으로 밝혀낸 뉴클레오솜의 3차원 구조. (*a*) DNA 초나선의 중심축에서 본 뉴클레오솜 핵심입자. 핵심 8량체를 이루는 히스톤 분자 8개 각각의 위치를 볼 수 있다. 히스톤들이 4개의 2량 복합체로 조직되어 있는 것으로 보인다. 각각의 2량체 히스톤은 27~28개의 DNA 염기쌍에 결합하며, DNA의 작은 홈이 히스톤 핵심을 향하는 곳에서 접촉하게 된다. (*b*) 중심축에 수직으로 바라본 모습으로, 원반 모양의 뉴클레오솜 핵심입자가 뚜렷이 보인다. 2개의 H3-H4 2량체는 핵심입자의 중심부에서 서로 연합되어 4량체를 형성한다. 반면, 2개의 H2A-H2B 2량체는 (H3-H4)2 4량체의 양 옆에 위치해 있다. (*c*) 뉴클레오솜 핵심입자 절반을 단순하게 그린 모형으로, 1회전(73개 염기쌍)한 DNA 초나선과 핵심 히스톤 분자 4개를 볼 수 있다. 네 종류의 히스톤은 각각 다른 색으로 표시하였다. 각 핵심 히스톤이 (1) 3개의 α 나선(원통으로 표시)으로 이루어진 "히스톤 접힘(histone fold)"이라고 하는 구형(球形) 영역과 (2) 히스톤 원반에서 뻗어 나와 DNA 2중나선을 지나치는 유연하고 확장된 N-말단 꼬리(N으로 표시)로 이루어져 있음을 볼 수 있다. 히스톤 분자와 DNA 사이에서 상호작용이 일어나는 간헐적인 지점은 하얀 갈고리로 표시하였다. 점선은 히스톤 꼬리의 바깥쪽 부분이다. 이들 유연한 꼬리는 정해진 3차 구조를 갖고 있지 않으며, 따라서 *a*와 *b*의 엑스-선 구조에 나타나지 않는다.

조합하고 수선하는 복잡한 임무를 촉진한다.

직경 10μm인 핵 내부에 20만 배나 더 긴 DNA를 어떻게 포장해 넣을 수 있는지 궁금해 하면서 이 단락을 시작했다. 뉴클레오솜의 조립은 압축 과정의 중요한 첫 단계이다. 뉴클레오티드 사이의 간격이 0.34nm이므로, 10nm 길이의 뉴클레오솜 하나의 200개의 염기쌍을 완전히 펼치면 거의 70nm에 이른다. 따라서 뉴클레오솜의 DNA의 포장 비율은 약 7:1이 된다.

높은 수준의 염색질 구조 지름 10nm인 뉴클레오솜 핵심입자를 감싸는 DNA 분자는 염색체 체제에서 가장 낮은 수준이다. 그러나 세포 내에서 염색질은 이러한 상대적으로 확장된 "실에 꿴 염주알(beads-on-a-string)" 상태로 존재하지 않는다. 염색질을 핵에서 꺼내어 생리적 이온강도에 노출하면, 약 30nm 두께의 섬유가 관찰된다(그림 6-10*a*). 20년 이상 연구하였음에도, 30nm 섬유의 구조는 아직도 논쟁거리이다. 뉴클레오솜 섬유가 질서정연하게 꼬여 두꺼운 섬유를 형성하는 두 가지 모형을 〈그림 6-10*b*,*c*〉에 제시하였다. 두 모형은 섬유 안에 있는 뉴클레오솜의 상대적 배치가 다르다. 최근 연구가 선호하는 모형은 〈그림 6-10*b*〉의 "지그-재그(zig-zag)" 모형으로, DNA를 따라서 연속적인 뉴클레오솜이 다른 무더기에 배열되어 있고, 번갈아 있는 뉴클레오솜이 이웃한 뉴클레오솜과 상호작용하게 된다. 어떻게 만들어졌든, 30nm 섬유를 조립하면 DNA 포장 비율이 추가로 6배, 전체적으로는 40배 정도 증가된다.

30nm 섬유는 이웃한 뉴클레오솜의 히스톤 분자 사이에서 일어나는 상호작용에 의존하여 유지된다. 연결 히스톤과 핵심 히스톤 모두 높은 수준의 염색질 포장에 관련되어 있다. 예를 들어, 밀집한 염색질에서 H1 연결 히스톤을 선택적으로 추출해 제거하면, 30nm 섬유가 풀려서 〈그림 6-8*b*〉에 보인 것처럼 얇고 더 확장된 구슬을 가진 섬유로 변형된다. H1 히스톤을 다시 넣어주면 높

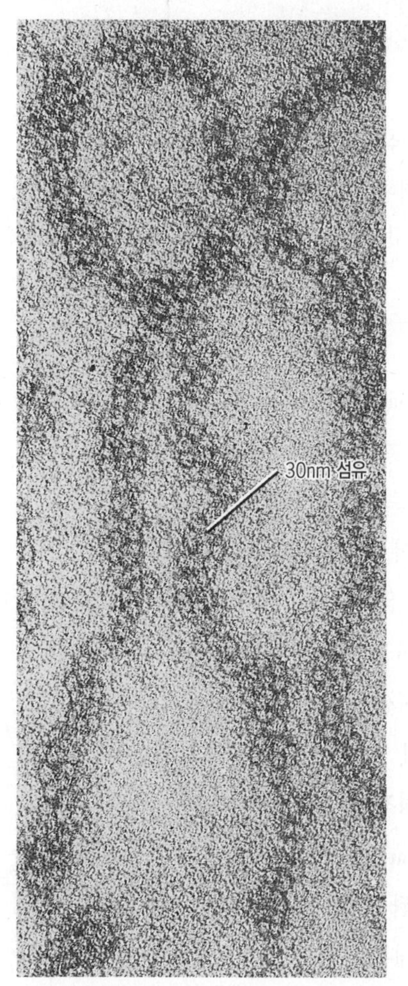

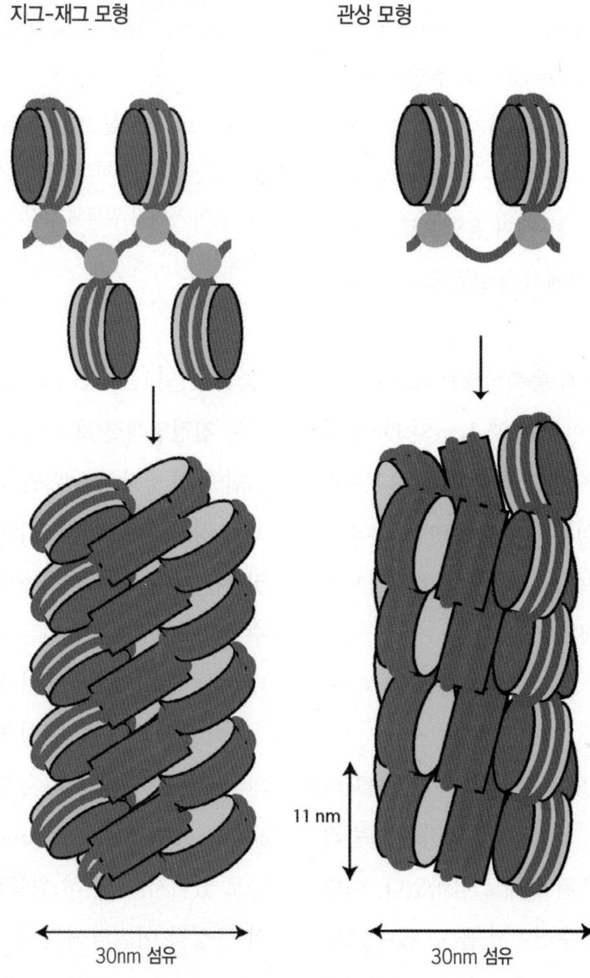

(*a*) (*b*) (*c*)

그림 6-10 30nm 섬유: 높은 수준의 염색질 구조. (*a*) 저장성 염 용액으로 세포를 용해시킨 후, 핵에서 얻은 30nm 염색질 섬유의 전자현미경 사진. (*b*) "지그-재그" 모형. 연결 DNA가 직선으로 뻗어 연이은 핵심입자들 사이에서 앞뒤로 교차하며 연결한다. 이들은 2개의 분리된 뉴클레오솜 더미로 구성된다. 아래 그림에서는 두 층의 뉴클레오솜 더미가 높은 수준의 나선구조로 꼬이는 방식을 볼 수 있다. (*c*) "관상(管狀, solenoid)" 모형. 연결 DNA가 연이은 핵심입자들을 부드러운 곡선을 이루며 연결한다. 뉴클레오솜 6~8개마다 1회전하는 하나의 연속된 나선 배열로 구성된다. 히스톤 8량체는 파란색으로, DNA는 자홍색, 그리고 연결 H1 히스톤은 노란색으로 표시하였다.

은 수준의 구조로 되돌아간다. 인접한 뉴클레오솜의 핵심 히스톤들은 길고, 유연한 꼬리로 서로 상호작용을 할 것이다. 예를 들어 구조 연구에 따르면, 뉴클레오솜 핵심입자에 있는 H4 히스톤의 N-말단 꼬리는 뉴클레오솜 입자 사이의 연결 DNA와 인접한 입자의 H2A/H2B 2량체 모두에게 접근할 수 있으며, 광범위하게 접촉할 수 있다. 이러한 종류의 상호작용들이 뉴클레오솜의 섬유가 두꺼운 섬유로 접히는 과정을 중재하는 것으로 생각된다. 실제로, 꼬리가 없는 H4 히스톤으로 이루어진 염색질은 높은 수준의 섬유로 접히지 못한다.

DNA 포장 체계의 다음 단계는 30nm 염색질 섬유가 모여 일련의 큰 초나선 고리(또는 영역)를 이루는 것으로 보이는데, 이들은 훨씬 두꺼운(80~100nm) 섬유로 압축될 수도 있다. DNA 고리들은 조직화된 핵 골격 또는 기질의 한 부분인 단백질과 염기 결합을 이루어 묶여 있음이 분명하다. 이들 단백질의 하나인 제II형 위상(位相)이성질화효소(topoisomerase II)는 DNA의 초나선 정도를 조절하는 것으로 보인다. 위상이성질화효소는 또한 뒤얽히게 되는 다른 고리의 DNA 분자를 얽히지 않게 하는 것으로 추정된다. 염색질 섬유의 고리들은 일반적으로는 핵 전체에 퍼져있어 관찰되지 않지만, 특정 상황에서는 모습을 드러내기도 한다. 예를 들어 유사분열기(*mitotic*)의 염색체를 분리하여 히스톤 제거 용액으로 처리하면, 히스톤이 없는 DNA가 단백질 덩어리에서 돌출된 고리 형태로 펼쳐진 모습을 볼 수 있다(그림 6-11).

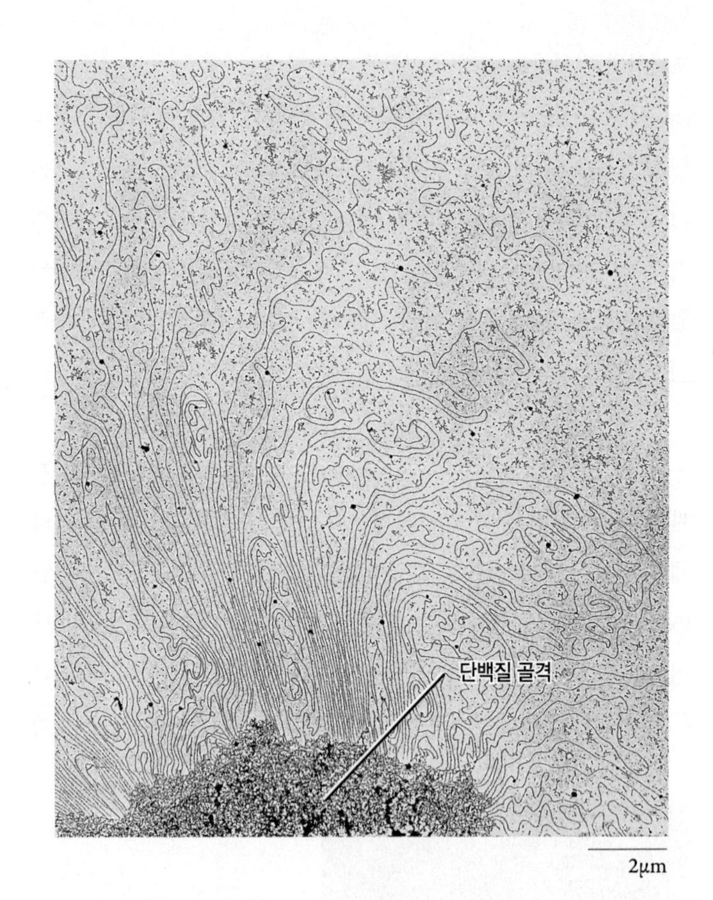

그림 6-11 염색질 고리: 높은 수준의 염색질 구조. 황산덱스트란(dextran sulfate) 용액으로 히스톤을 제거해낸 유사분열기 염색체의 전자현미경 사진. 히스톤이 제거된 염색체가 잔여 단백질 골격에 결합해 있는 DNA 고리 모습으로 보인다.

유사분열기의 염색체는 최종의 염색질 응축상태를 보인다. 일반적으로 유사분열기 염색체의 1μm 길이에는 약 1cm의 DNA가 포함되며, 포장 비율은 10,000:1이다. 이러한 압축이 일어나는 기작은 잘 알려져 있지 않으며, 이에 대해서는 〈14-2절〉에서 논의하였다. 〈그림 6-12〉는 뉴클레오솜 섬유에서 유사분열기 염색체에 이르는 염색질 체제의 다양한 수준에 대한 개요이다.

6-1-2-2 이질염색질과 진정염색질

체세포분열이 끝난 후에 강하게 압축되었던 유사분열기 염색체의 염색질은 대부분 풀려있는 간기 상태로 돌아간다. 그러나 일반적으로 약 10%의 염색질은 간기 내내 응축된 상태로 남아있다. 이렇게 응축되어 진하게 염색된 염색질은 핵 주변에서 볼 수 있다(그림 6-1*a*). 간기 동안 응축된 상태로 남아있는 염색질을 **이질염색질**(異質染色質, heterochromatin)이라고 하며, 풀린 상태로 되돌아가는 **진정염색질**(眞正染色質, euchromatin)과 구분한다. [^{3}H]유리딘 등의 방사성 동위원소로 표지된 RNA 전구체를 세포 내에 넣고 고정한 후 박편을 만들어 자가방사법으로 관찰하면, 이질염색질에는 거의 표지되지 않아 상대적으로 전사활성이 거의 없음을 알 수 있다. 진정염색질이든 이질염색질이든, 특정 유전체 부위의 상태는 한 세포 세대에서 다음 세대로 안정적으로 유전된다.

이질염색질은 구성적 이질염색질과 조건적 이질염색질의 두 부류로 나뉜다. **구성적 이질염색질**(構成的 異質染色質, constitutive heterochromatin)은 모든 세포에서 항상 압축된 상태로 있어서, 영구히 침묵된 DNA를 의미한다. 포유동물 세포에서 구성적 이질염색질의 대부분은 각 염색체의 말단절(末端節, telomere)과 중심절(centromere) 옆 그리고 포유동물 수컷의 Y 염

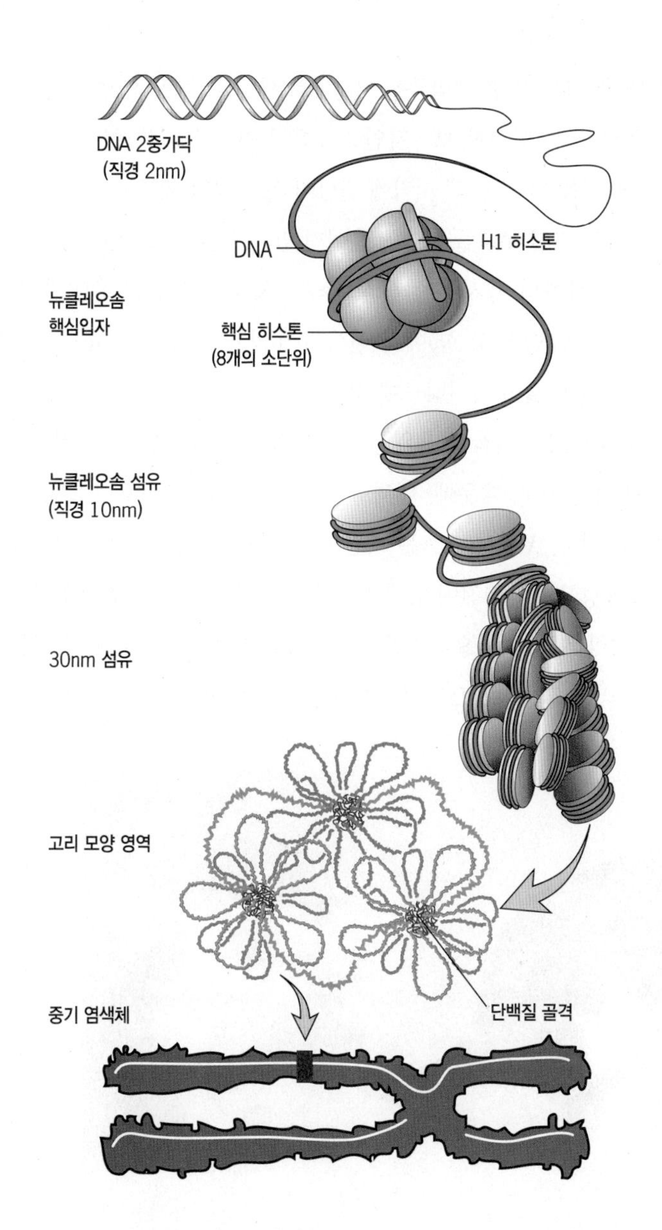

그림 6-12 염색질 구조의 수준들. 노출된(단백질이 제거된) DNA가 히스톤 주변을 감싸 뉴클레오솜을 형성하는데, 이것이 염색질 구조의 가장 낮은 수준이다. 뉴클레오솜들이 30-nm 섬유를 형성하고, 다시 고리 모양 영역으로 구성된다. 세포가 유사분열기에 접어들면 고리들은 더욱 응축되어 유사분열기 염색체를 형성한다.

색체의 원완(遠腕, distal arm) 등의 일부 지역에서 발견된다. 구성적 이질염색체의 DNA는 주로 반복 서열로 구성되어 있고, 상대적으로 거의 유전자를 갖고 있지 않다. 실제로, 일반적으로 활성이 있는 유전자를 이질염색질 근처로 옮겨 놓으면(전위나 전좌로 인해 위치가 바뀌게 됨) 전사 침묵 현상이 나타나는데, 이런 현상을 위치 효과(*position effect*)라고 한다. 이질염색질은 영향력을 일정한 거리에 확산시킬 수 있는 구성요소들을 갖고 있어서 근처 유전자에 영향을 주는 것으로 보인다. 염색체에 퍼져있는 이질염색질의 분포는 유전체에 있는 특수한 경계서열(경계요소, *boundary element*)에 의해 명백하게 억제된다. 또한 구성적 이질염색체는 상동 반복서열 사이의 유전자 재조합을 억제한다. 이러한 유형의 재조합으로 인해 DNA 중복이나 결실이 일어날 수 있다(그림 4-22 참조).

조건적 이질염색질(條件的 異質染色質, facultative heterochromatin)는 구성적 이질염색체와 달리, 생명체 삶의 특정 시기 또는 특정 유형의 분화 세포에서 특이적으로 불활성화되는 염색질이다(그림 17-9*b*). 조건적 이질염색체의 예는 포유동물의 암컷과 수컷 세포를 비교하면 알 수 있다. 수컷 세포는 작은 Y 염색체와 훨씬 큰 X 염색체를 갖고 있다. X 염색체와 Y 염색체에 공통인 유전자의 수가 아주 적기 때문에, 수컷은 성 염색체에 있는 유전자 대부분에 대해 1개의 사본을 갖고 있다. 암컷 세포는 X 염색체를 2개 갖고 있지만, 오직 하나만 전사에서 활성을 나타내며 다른 X 염색체는 바 소체(Barr body)라고 하는 이질염색질 덩어리로 응축된다(그림 6-13*a*). 바 소체라는 명칭은 1949년에 이것을 발견한 연구자의 이름을 따라 명명한 것이다. 바 소체의 형성으로 인해 수컷과 암컷 모두 동일한 수의 활성 X 염색체를 갖게 되며, 따라서 X-연관 유전자의 산물이 같은 양으로 합성된다.

X 염색체 불활성화　영국의 유전학자 메리 리온(Mary Lyon)은 생쥐의 털색 유전에 대한 연구를 바탕으로, 1961년에 다음 내용을 제안하였다.

1. 포유동물 암컷의 배 발생 초기에 X 염색체의 이질염색질화가 일어나는데, 이로 인해 이 염색체의 유전자가 불활성화된다.
2. 배에서 일어나는 이질염색질화는 무작위로 일어나는 과정이어서, 어떠한 세포에서도(*in any given cell*) 부계 X 염색체와 모계 X 염색체가 불활성화될 가능성은 같다. 따라서 불활성화되는 시기에 배의 한 세포에서는 부계 X 염색체가 불활성화되고, 이웃 세포에서는 모계 X 염색체가 불활성화될 수 있다. 일단 X염색체 중 하나가 불활성화되면 그 세포의 이질염색질 상태가 세포분열을 거쳐 유전된다. 따라서 특정 세포의 모든 후손세포에서는 같은 X 염색체가 불활성화된다.

3. 이질염색질화된 X 염색체는 감수분열이 시작되기 전에 생식세포에서 재활성화된다. 결과적으로 난자형성 동안 두 X 염색체 모두 활성화되고, 모든 생식세포가 진정염색질 상태의 X 염색체를 받게 된다.

리온의 가설은 곧 확인되었다.[1] 모계와 부계에서 유전된 X 염색체는 같은 특성에 대해 다른 대립형질을 가질 수 있기 때문에, 성숙한 암컷은 세포마다 서로 다른 대립인자가 발현되는 유전적 모자이크(*genetic mosaics*) 상태에 놓이게 된다. X 염색체 섞임증(mosaicism)은 삼색얼룩고양이(calico cat, 그림 6-13*b*,*c*)를 비롯한 몇몇 포유동물 털에서 나타나는 얼룩덜룩한 반점을 통해 알 수 있다. 사람의 색소 유전자는 X 염색체에 존재하지 않기 때문에, "삼색얼룩 여성"이 나타나지 않는다. 그럼에도 불구하고 X 염색체 불활성화로 인한 섞임증을 여성에서 확인할 수 있다. 예를 들면, 적-녹 색맹 이형접합 보유자인 여성의 눈에 가느다란 빨간색이나 초록색 빛을 비추면, 색 시각에 결함이 있는 망막 세포 부분들이 정상 시각을 가진 부분들 사이에 흩어져 있는 것을 볼 수 있다.

불활성화의 개시는 불활성화되는 X염색체 상의 유전자(사람에서는 *XIST*라고 함)에서 전사된 비암호화 RNA(noncoding RNA)—단백질이 아니라—에 의해 일어난다고 보고된 1992년 이후, X 불활성화 기작은 많은 관심을 끌었다. *XIST* RNA 큰 전사물(17kb 이상)이기 때문에, 대체로 매우 작은 다른 비암호화 RNA들과 구별된다. *XIST* RNA는 핵질 내로 확산되지는 않지만, 염색체가 불활성화되기 직전에 염색체를 따라 축적된다.[2] *XIST* 유전자는 불활성화 시작에 필요하지만, 다음 세대의 세포로 보존되지 않는다. 이러한 결론은 *XIST* 유전자가 없는 불활성화된 X염색체를 가

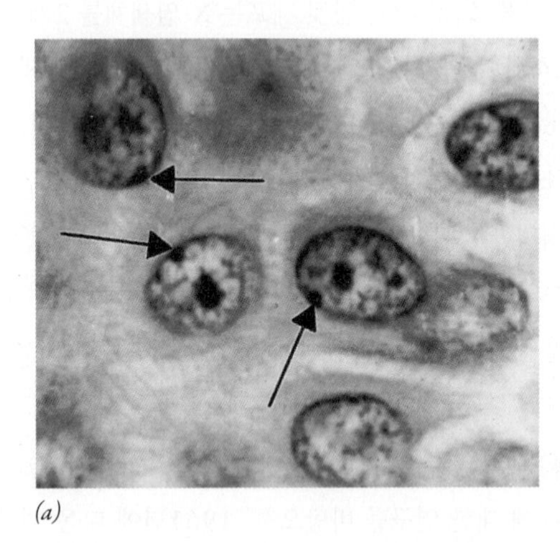

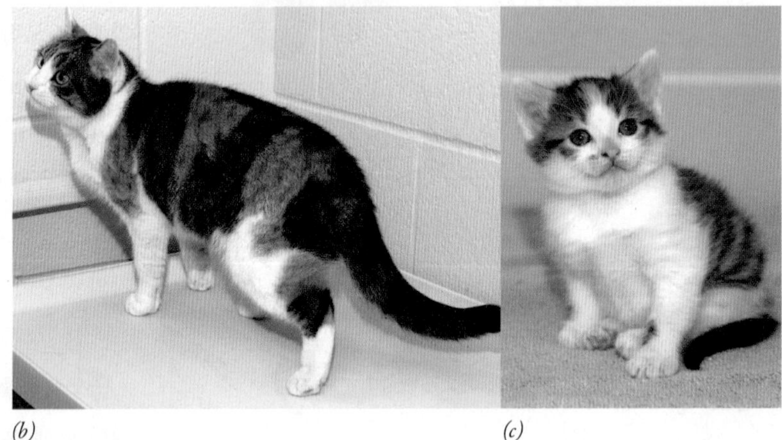

(*a*) (*b*) (*c*)

그림 6-13 활성이 없는 X 염색체: 조건적 이질염색체의 예. (*a*) 여성의 세포 핵에 있는 불활성화된 X 염색체는 진하게 염색되는 이질염색질 구조로 보이며, 이것을 바 소체(Barr body, 화살표)라고 한다. (*b*) 삼색얼룩고양이(calico cat). 배(胚) 발생 초기단계에서 세포마다 두 X 염색체 중 하나의 불활성화가 무작위로 일어나기 때문에 신체 조직에서 부분 모자이크 현상이 나타난다. 각 모자이크 부분을 이루는 세포는 모두 불활성화가 일어난 시점에 배에 있던 세포 1개에서 유래된 자손이다. 삼색얼룩고양이는 검은 털색 대립유전자와 주황 털색 대립유전자가 서로 다른 X 염색체에 각각 분리되어 있는 이형접합체이기 때문에, 이러한 부분 모자이크를 뚜렷하게 관찰할 수 있다. 수컷의 경우, 모든 세포가 검은 털색이거나 주황 털색 대립유전자를 갖고 있기 때문에 수컷 삼색얼룩고양이는 실질적으로 존재하지 않는다. (이 고양이의 흰 반점은 상염색체에 있는 또 다른 털색 유전자에 의해 발현된 것이다.) (*c*) *b*의 고양이를 복제하여 얻은 새끼 고양이. 두 고양이는 유전적으로는 동일하지만 털색 무늬는 다르다. 이로부터 X 불활성과정이 무작위로 일어난다는 사실을 확인할 수 있다.

[1] 여기에서 논의하는 무작위적인 X 염색체 불활성화는 배가 자궁에 착상한 후에 일어나는 것으로, 실제로는 배에서 일어나는 X 염색체 불활성 중 두 번째 물결이다. 첫 번째 물결은 발달과정의 매우 이른 시기에 나타나는데, 무작위적이지 않고 오히려 부계 X 염색체만 불활성화시킨다. 초기에 일어나는 이러한 부계 X 염색체 불활성화는 배 이외의 조직(예: 태반)으로 발달되는 세포에서 유지되며, 본문에서는 논의하지 않았다. 그러나 배 조직으로 발생되는 세포에서는 초기의 부계 X 염색체 불활성화가 소멸되어, X 염색체 불활성화가 무작위로 일어나게 된다.

[2] 염색체의 유전자 중 약 15%가 알려지지 않은 기작에 의해 불활성화에서 벗어난다. 이렇게 "이탈"되는 유전자는 Y 염색체에도 존재하는데, 이로 인해 이들 유전자가 두 성에서 동등하게 발현된다.

진 여성에서 발견된 종양세포 연구를 통해 얻은 것이다. X 염색체 불활성화는 DNA 메틸화와 억제성 히스톤 변형에 의하여 보존되는 것으로 생각되며, 이에 대해서는 다음 절(節)에서 설명한다.

6-1-2-3 히스톤 암호와 이질염색질 형성

〈그림 6-9*c*〉는 히스톤 꼬리가 바깥쪽으로 돌출된 뉴클레오솜 핵심입자의 모식도이다. 그러나 이러한 일반적인 그림에서는 뉴클레오솜 사이의 중요한 차이가 분명하게 드러나지 않는다. 세포는 히스톤 꼬리의 특정 아미노산 잔기에 기능기를 추가하거나 제거할 수 있는 많은 효소를 갖고 있다. 이러한 변형(대개 메틸화, 아세틸화, 인산화)의 표적이 되는 잔기들을 〈그림 6-14〉에 색으로 구분한 막대로 표시하였다. 수년 전에 **히스톤 암호**(histone code)라는 가설이 등장했다. 이 가설은 특정 염색질 부위의 상태와 활성이 그 부위에 있는 히스톤 꼬리에서 일어나는 특이적 변형이나 변형의 조합에 의존한다는 것이다. 다시 말해, 핵심 히스톤 꼬리를 꾸미는 변형 양상에 뉴클레오솜의 속성을 지배하는 암호화된 정보가 들어있다는 것이다. 연구 결과에 따르면, 히스톤 꼬리의 변형은 두 가지 방식으로 행동하여 염색질의 구조와 기능에 영향을 주는 것으로 보인다.

1. 변형된 잔기들은 특정한 배열의 비히스톤 단백질을 모이게 하기 위해 결합하는 자리의 역할을 하며, 이어서 이 단백질은 그 염색질 부분의 특성과 활성도를 결정한다. 변형된 히스톤 잔기에 선택적으로 결합한 특정 단백질 일부의 예를 〈그림 6-15〉에 나타내었다. 〈그림 6 -15〉에서 히스톤과 결합한 단백질 각각은 염색질의 활성이나 구조를 일부 조절할 수 있다.
2. 변형된 잔기들은 이웃한 뉴클레오솜들의 꼬리가 서로 상호작용하는 방식을 바꾸거나 뉴클레오솜이 결합된 DNA와 뉴클레오솜의 상호작용 방식을 바꾼다. 이렇게 상호작용 유형이 변화되면 염색질의 높은 수준의 구조가 달라질 수 있다. 예를 들면, 히스톤 H4의 16번 위치에 있는 리신 잔기가 아세틸화되면 촘촘한 30nm 염색질 섬유 형성을 방해한다.

일단, X 염색체 불활성화 동안 나타나는 이질염색질 형성에 대해서만 살펴보도록 한다. 단순하게 하기 위해, 단일 잔기—H3의 리신 9—의 변형에 집중하여 세포가 히스톤 암호를 이용하는 일반

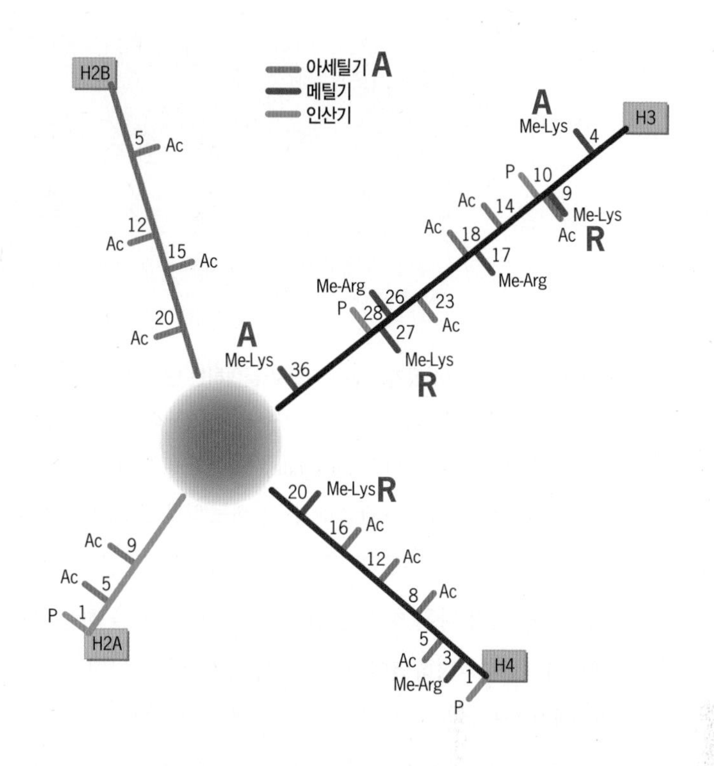

그림 6-14 히스톤 변형과 "히스톤 암호". 히스톤은 효소에 의해 여러 종류의 기능기와 추가로 공유결합을 이루어 변형될 수 있다. 이 그림은 4개의 핵심 히스톤 N-말단 꼬리에서 세 종류의 기능기(메틸기, 아세틸기, 인산기)가 추가로 결합할 수 있는 위치를 나타낸 것이다. 메틸기는 리신 또는 아르기닌 잔기에, 아세틸기는 리신 잔기에, 그리고 인산기는 세린 잔기에 결합한다. 메틸기가 리신 잔기마다 1~3개, 아르기닌 잔기마다 1~2개씩 추가 결합할 수 있기 때문에, 히스톤 꼬리가 훨씬 복합적으로 된다. 메틸기가 추가된 수효에 따라 그 잔기가 상호작용하는 단백질에 대한 친화력이 달라질 수 있다. 별도로 언급하지 않는 한, 메틸기가 3개 추가된 리신(예: H3K9me3 또는 H3K36me3)에 한정해서 논의한다. 어떤 변형은 특정 염색질의 활성과 연관되어 있는데, 이로부터 히스톤 암호의 개념이 나오게 되었다. 지금은 가장 잘 이해된 리신 잔기에 대해서만 논의한다. 빨간색 문자 A와 R은 각각 전사 활성화와 억제를 나타낸다. H3와 H4 히스톤 모두에서 리신의 아세틸화는 전사 활성화와 밀접하게 연관되어 있다. H3와 H4의 리신이 메틸화되어 나타나는 효과는 어떤 잔기가 변형되었느냐에 따라 크게 달라진다. 예를 들면, 히스톤 H3의 리신 9(즉, H3K9)의 메틸화는 전형적으로 이질염색질에서 나타나며 전사 억제와 연관되어 있는데, 이에 대해서는 본문에서 설명하였다. H3K27과 H4K20의 메틸화 또한 전사 억제와 강력히 연관되어 있는 반면, H3K4와 H3K36의 메틸화는 전사 활성화와 관련이 있다. 이런 기능기를 추가하는 효소가 각각 있는 것과 마찬가지로, 이들을 특이적으로 제거하는 효소(탈아세틸화효소, 탈메틸화효소, 탈인산화효소)도 있다.

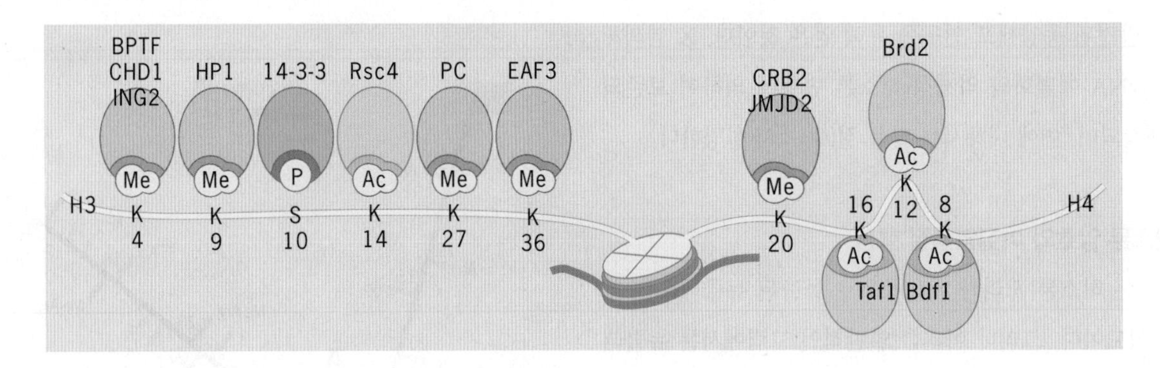

그림 6-15 변형된 H3 또는 H4 잔기에 선택적으로 결합하는 단백질의 예. 결합한 단백질 각각은 염색질의 구조나 기능을 변화시키는 활성을 갖는다. 이 그림에서는 나타나 있지 않지만, 교차-반응(cross-talk)이라고 알려진 현상으로써, 하나의 히스톤 잔기에 일어난 변형이 다른 잔기들이 하는 일에 영향을 미칠 수 있는 추가된 복합성이 있다. 예를 들면, 인접한 세린 잔기(H3S10)가 인산화되면 이질염색질의 단백질 HP1이 H3K9와 결합하지 못하게 된다. 이 일은 보통 유사분열 하는 동안에 일어난다.

원리를 알아보자. 여러 다른 히스톤 변형이 어떠한 작용을 하는지는 〈그림 6-14〉에서 설명하였다. 이 장에서 볼 수 있듯이, 한 번에 유전자 하나에서 나타나는 변화를 단순히 관찰하기 보다는 유전체 전체 수준에서 히스톤 변형과 같이 유전체 전사에 영향을 주는 변화들을 분석하는 기술들이 최근에 개발되고 있다. 이들 기술로 인해 이런 현상들 각각이 지닌 일반적 중요성에 대해 불과 몇 년 전에 가능했던 것보다 훨씬 넓은 시각을 얻을 수 있게 되었다.

이질염색질과 진정염색질 영역 내에 있는 뉴클레오솜을 비교하면 놀라운 차이를 드러낸다. 이질염색질 영역에 있는 H3 히스톤의 9번 위치에 있는 리신 잔기(Lys9 또는 K9)는 많이 메틸화되어 있지만, 이 잔기는 진정염색질 영역에서는 (흔히 아세틸화되기는 하지만) 메틸화되지 않는 경향을 보인다. 진정염색질이 이질염색질로 전환되는 초기 단계에서 H3와 H4 히스톤에서 아세틸기의 제거가 일어난다. 탈아세틸화된 히스톤을 갖고 있는 여성 세포의 불활성형 이질염색질인 X 염색체와 정상 수준으로 아세틸화된 히스톤을 가진 활성형 진정염색질인 X 염색체를 비교하면, 전사 억제와 히스톤 탈아세틸화 사이의 상관관계를 볼 수 있다(그림 6-16). 히스톤의 탈아세틸화는 H3K9의 메틸화와 함께 일어난다. 이 반응은 오직 이 특별한 기능 만을 수행하는 효소(히스톤 메틸전달효소, *histone methyltranferase*)에 의해 촉매된다. 사람에서 SUV39H1라고 하는 이 효소는 이질염색질 내에 위치하면서, 메틸화 활성을 통하여 이질염색질 성질을 안정하게 유지하도록 한다.

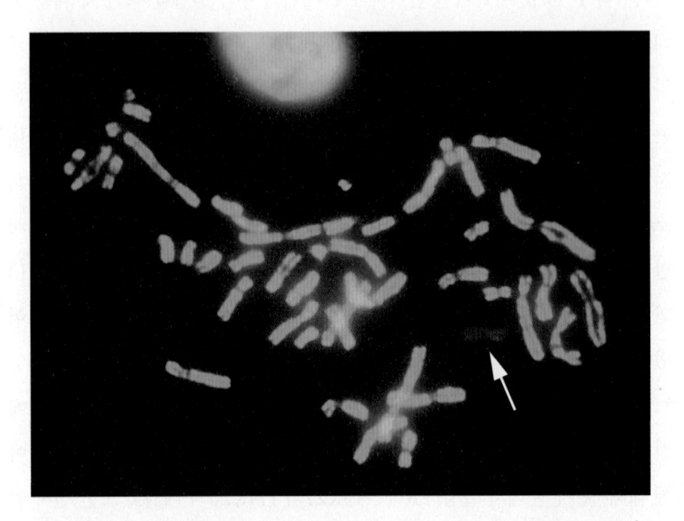

그림 6-16 전사 활성화와 히스톤 아세틸화 사이의 연관성을 보여주는 실험. 세포분열 중기의 염색체를 아세틸화된 H4 히스톤을 인식하는 초록색 형광 항체로 표지하였다. 불활성화된 X(화살표)를 제외한 모든 염색체가 아세틸화된 히스톤을 인식하는 항체에 의해 밝게 염색되어 있다.

9번 위치의 리신이 메틸화되면 히스톤 H3 꼬리가 중요한 특성을 갖게 된다. 즉, 크로모영역(*chromodomain*)[c]이라고 하는 특정 영역을 가진 단백질들과 높은 친화력으로 결합할 수 있게 된다. 사람 유전체에는 크로모영역을 갖고 있는 단백질이 최소 30개 있는데, 이 중 가장 잘 연구된 것은 이질염색질단백질1(*heterochromatic protein 1*, *HP1*)이다. HP1은 이질염색질의 형성과 유지에 관련되

역자 주[c] 크로모영역(chromodomain) : "크로모(chromo)"는 "chromatin organization modifier(염색질구성 변경단백질)"의 머리글자이다. 40~50개의 아미노산으로 이루어진 단백질 영역으로 염색질의 재구성과 변형에 관여한다.

어 있다. 일단 H3 꼬리와 결합하면, HP1은 (1) H3K9 잔기를 메틸화하는 효소인 SUV39H1과 (2) 가까이에 있는 뉴클레오솜의 다른 HP1 분자를 비롯한 다른 단백질들과 상호작용한다. HP1 분자의 이러한 결합 특성으로 인해 메틸화된 뉴클레오솜이 서로 연결된 연결망의 형성이 촉진되며, 이에 따라 더욱 응축된 높은 수준의 염색질 영역이 만들어진다. 가장 중요한 점은, 이러한 상태가 세포분열을 통해 다음 세대로 전달된다는 것이다.

많은 생명체를 연구한 결과, RNA 간섭에 관여하는 RNA와 유사한 성질을 가진 작은 RNA들이 유전체의 특정 지역을 지정하여 H3K9를 메틸화시키고, 이로 인해 이질염색질이 되도록 하는 데 있어서 중요한 역할을 한다는 사실이 밝혀졌다. 만약, RNAi 기구의 구성요소들을 제거하면, H3K9의 메틸화와 이질염색질화가 이루어지지 않는다. 이질염색질 형성에서 하는 역할 외에, RNAi 기구는 또한 한 세포 세대의 이질염색질 상태가 다음 세대에서도 유지되도록 한다. 비암호화 RNA가 하는 역할들이 빠르게 밝혀지고 있는데, 이러한 발견은 또 하나의 역할을 시사한다. 〈그림 6-17〉은 이질염색체가 조립되는 과정에 대한 모델 중 하나이다. 유전체의 대부분이 전사된다는 사실을 고려해 보면, 배 발생 동안, 또는 생리학적 자극들에 반응하여 일어난다고 알려진 염색질 구조 변화의 많은 부분을 지도함에 있어, RNA들이 중요한 역할을 한다는 것을 깨닫는 것은 놀라운 일이 아닐 것이다.

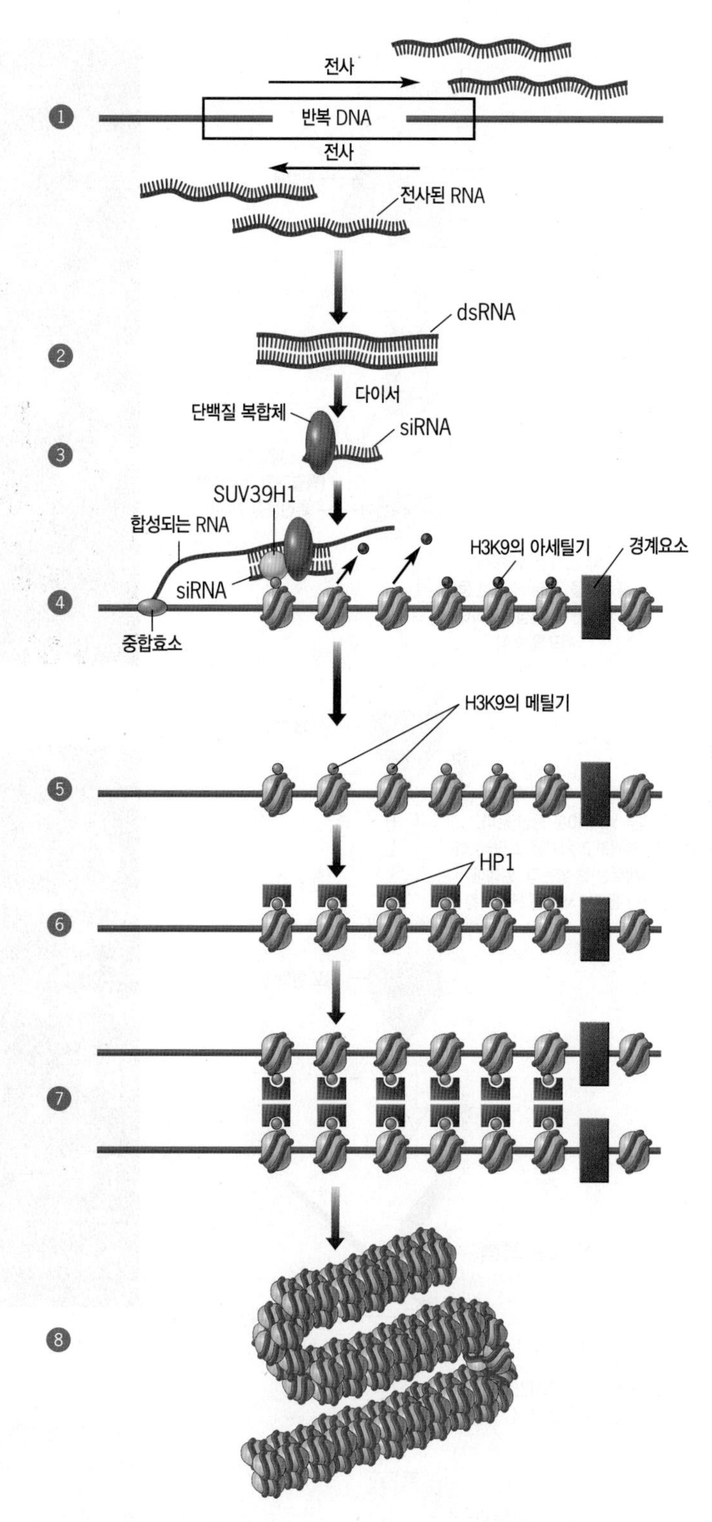

그림 6-17 이질염색질을 형성하는 동안 일어날 수 있는 일들을 보여주는 모형. 최근 연구에 따르면 비암호화 RNA가 적어도 몇몇 생명체에서는 이질염색질 형성을 지시하는 역할을 한다. 이 모형에서, RNA가 반복된 DNA(repeated DNA) 염기서열의 양쪽 가닥 모두에서 전사된다(1단계). 2중가닥 분자를 형성한 RNA(2단계)는, 핵산내부가수분해효소(endonuclease)인 다이서(Dicer)와 RNAi 기구의 다른 구성요소에 의해 가공되어 단일가닥의 siRNA 안내자(guide) 및 연합 단백질 복합체를 형성한다(3단계). siRNA-단백질 복합체가 효소인 SUV39H1을 불러들이고, siRNA가 만들어지는 RNA의 상보적 부분에 결합한다(4단계). 이 결합자리에서, 효소가 핵심 히스톤 H3의 K9 잔기(H3K9)에 이미 결합되어 있는 아세틸기를 떼어내고 메틸기를 결합시킨다. (진정염색질의 전사된 부위 특징인 아세틸기는 탈아세틸화효소에 의해 리신 잔기에서 제거되는데, 그림에는 나타내지 않았다.) 아세틸기가 모두 메틸기로 대체되고(5단계), HP1 단백질의 결합부위로 작용한다(6단계). DNA의 경계 요소는 이질염색질화가 염색질의 인접 부분으로 확산되지 않도록 한다. 일단 HP1이 히스톤 꼬리에 결합하면, 염색질은 HP1 단백질 사이의 상호작용에 의해 높은 수준의 더욱 응축된 구조로 포장된다(7단계). SUV39H1 또한 메틸화된 히스톤 꼬리에 결합할 수 있는데(그림에는 나타내지 않았음), 이로 인해 다른 뉴클레오솜들이 추가로 메틸화될 수 있다. 고도로 응축된 이질염색질이 형성된다(8단계). [주(註): HP1은 다른 성질을 보이는 여러 이성질체로 존재한다.]

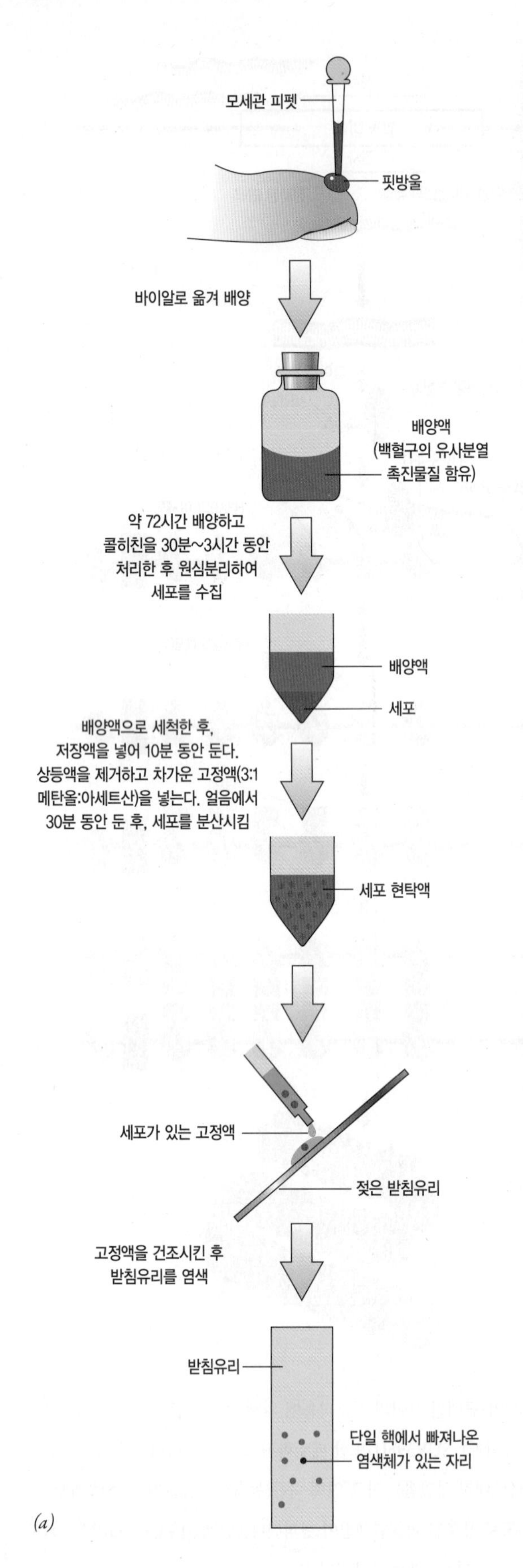

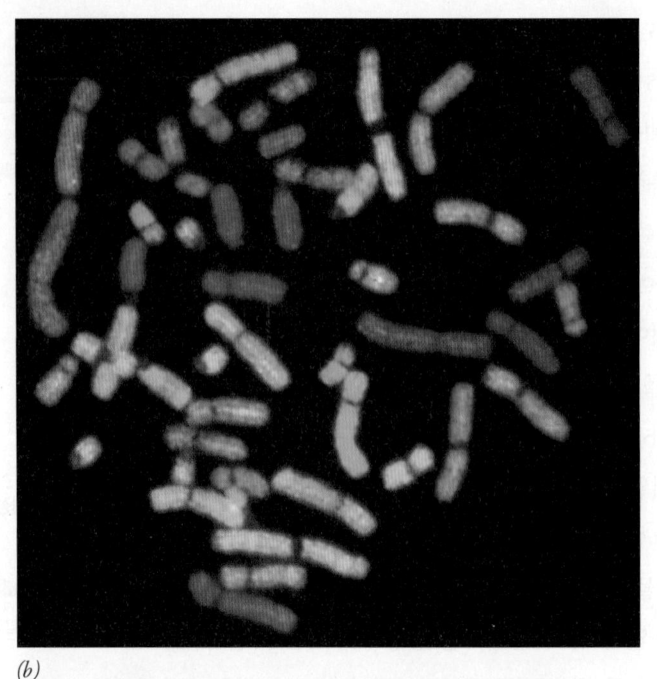

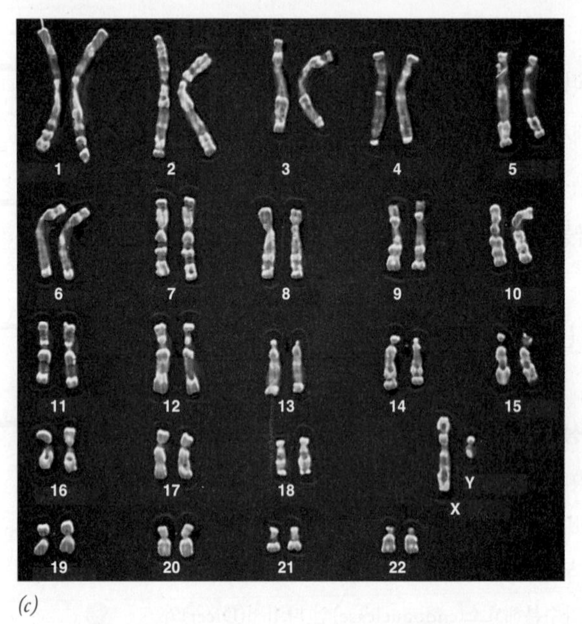

그림 6-18 사람의 유사분열기 염색체와 핵형. (*a*) 현미경 관찰을 위해 말초혈액의 백혈구에서 유사분열기 염색체 시료를 얻는 과정. (*b*) 하나의 분열중인 사람세포 핵에서 얻은 유사분열기 염색체 무리의 사진. 각 염색체의 DNA를 2개 이상의 형광 염료와 연결된 DNA 탐침 조합중의 하나와 혼성시켰다. 염색체마다 다른 염료 조합과 결합하므로 서로 다른 파장의 빛을 방출한다. 염색체에서 나오는 방출 스펙트럼을 컴퓨터로 처리하여 식별할 수 있는 뚜렷한 색으로 전환시킨다. 색과 크기가 같은 염색체를 찾아 상동염색체 쌍을 동정할 수 있다. (*c*) 핵형에 따라 배열한 한 남성의 염색한 염색체. 핵형은 단일 핵에서 방출된 염색체의 사진에서 얻는다. 사진에서 각 염색체를 잘라내어, 사진처럼, 크기에 따라 상동염색체 쌍을 배열한다.

6-1-2-4 유사분열기 염색체의 구조

상대적으로 산재된 상태인 간기 세포의 염색체에서는 복제와 전사 등의 간기 활동이 활발하게 일어난다. 이에 비해, 유사분열기 세포의 염색질은 가장 고도로 응축된 상태로 존재하여 "포장(packing)" 된 온전한 DNA가 각각의 딸세포로 전달되도록 한다. 유사분열기 염색체는 한 벌의 완전한 유전물질을 갖고 있으며 간단한 방법으로 쉽게 볼 수 있기 때문에 생물학자와 의사에게 유용하다.

염색체는 유사분열 전기 동안에 응축되면서, 염색체 내에 있는 DNA 분자의 길이와 중심체의 위치에 의해 결정되는 예측 가능한 뚜렷한 모양으로 된다(뒤에 논의함). 분열하는 세포의 유사분열기 염색체는 〈그림 6-18*a*〉의 방법으로 관찰할 수 있다. 이 방법은 분열하는 세포를 파쇄하여 유사분열기 염색체를 핵에서 꺼낸 후, 매우 작은 영역에 걸쳐서 받침유리 표면에 올려 관찰하는 것이다(그림 6-18*b*). 〈그림 6-18*b*〉에 나타낸 염색체는, 특정 염색체에 특이적으로 결합하는 다양한 색의 형광을 내는 DNA 탐침과 함께 염색체를 배양하는 염색방법을 이용한 것이다. 다양한 조합의 DNA 탐침과 컴퓨터를 이용한 시각화 기술을 이용하여 각 염색체를 다른 "시각적인 색"으로 "채색"할 수 있어서, 훈련된 눈으로 보면 쉽게 확인할 수 있다. 다채로운 상을 얻는 것 이외에도, 이 기술은 분해능이 매우 뛰어나서 임상유전학자들이 놓칠 수 있는 염색체 이상을 찾아낼 수 있도록 한다(〈인간의 전망, 그림 2〉 참조).

〈그림 6-18*b*〉 등의 사진에서 각 염색체를 오려낸 후, 상동염색체 쌍(사람의 경우 23쌍)을 이루어 〈그림 6-18*c*〉처럼 크기순으로 배열한 것을 **핵형**(核型, karyotype)이라고 한다. 〈그림 6-18*c*〉의 핵형에서 보이는 염색체들은, 염색체에 가로 띠 모양이 보이도록 염색한 것이다. 이러한 띠의 양상은 한 종의 각 염색체에 매우 특이적이므로, 염색체를 동정하고 종 사이의 염색체를 비교할 때에 기본이 된다(〈인간의 전망, 그림 3〉 참조). 혈액 세포를 배양하여 얻은 핵형은 사람의 염색체 이상을 판별하기 위한 용도로 일상적으로 이용된다. 이 방법으로 더 있거나 없어진 염색체, 또는 전체적으로 변형된 염색체를 찾아낼 수 있다(〈인간의 전망〉 참조).

인간의 전망
염색체 변형과 장애

유전자 하나의 정보 내용이 달라지는 돌연변이 외에도 염색체에 광범위한 변이가 발생할 수 있으며, 이러한 변이는 세포가 분열하는 동안에 가장 흔하게 일어난다. 염색체 조각일부를 잃어버릴 수도 있고, 조각들이 다른 염색체와 바뀔 수도 있다. 염색체가 파손되면 염색체가 변형(變形, aberration)되기 때문에, 바이러스 감염, 엑스-선, 또는 활성 화학물질 등에 노출되어 DNA가 손상되면 이런 변형의 발생 빈도가 증가된다. 더욱이 일부 사람의 염색체에는 염색체 파손에 특히 민감한 "손상되기 쉬운" 영역이 있다. 염색체 불안정화 증후군에 속하는 블룸증후군(Bloom syndrome), 판코니빈혈(Fanconi's anemia), 모세혈관 확장성 운동실조(ataxia-telangiectasia) 등의 희귀 유전병을 가진 사람은 염색체 손상 경향이 매우 높은 불안정한 염색체를 갖고 있다.

염색체 변형으로 인해 나타나는 결과는 변이가 일어난 유전자와 염색체 이상이 생긴 세포의 종류가 무엇인가에 따라 달라진다. (생식세포가 아닌) 체세포에서 변형이 일어난다면, 신체에서 오직 적은 수의 세포들만 영향을 받기 때문에 일반적으로 그 결과가 최소화된다. 그러나 드물지만, 변형이 일어난 체세포가 악성세포로 형질전환되어 암 종양으로 자랄 수도 있다. 감수분열 하는 동안에 일어나는 염색체 변형—특히 비정상적 교차의 결과로 생긴—은 다음 세대로 전달될 수 있다. 변형된 염색체가 생식세포를 통해 유전되면 배(胚)를 이루는 모든 세포가 변형을 갖게 되며, 발생과정동안 치명적인 것으로 입증되었다. 염색체 변형은 여러 종류로 나타난다.

- **역위.** 때로는 염색체가 두 곳에서 잘라지고 그 분리된 조각이 역방향으로 봉합되기도 한다. 이런 변형을 역위(逆位, inversion)라고 한다. 염색체 핵형을 분석한 결과 1% 이상의 사람들이 역위를 갖고 있다(그림 4-30*b* 참조). 역위가 있는 염색체는 일반적으로 정상 염색체의 모든 유전자를 포함하고 있어서, 그 개인에게 해롭지 않다. 그러나 역위된 염색체를 가진 세포가 감수분열을 할 때

에는, 유전자의 배열이 다르기 때문에 변형된 염색체가 정상 상동 염색체와 적절하게 쌍을 형성하지 못한다. 이러한 경우에는 염색체 쌍에 고리가 만들어진다(그림 1). 그림에서 보듯이 고리 내에서 교차가 일어나면, 감수분열에 의해 생성된 생식세포들은 어떤 유전자의 복사본을 추가로 가지거나(중복) 그 유전자를 잃게 된다(결실). 변형된 염색체를 가진 한 생식세포가 다른 정상 생식세포와 수정을 통하여 융합하면, 그 결과로 만들어진 수정란은 염색체 불균형으로 인해 대부분 생존하지 못한다.

- **전좌.** 어떤 염색체의 전부 또는 일부가 다른 염색체에 붙어서 나타나는 변형을 전좌(轉座, translocation)라고 한다(그림 2). 역위와 마찬가지로, 체세포에서 일어나는 전좌는 보통 그 세포나 그 세포의 자손에서 기능에 거의 영향을 주지 않는다. 그러나 어떤 전좌는 세포가 악성으로 될 가능성을 높이기도 한다. 가장 잘 연구된 필라델피아(Philadelphia) 염색체는 특정 유형의 백혈병 환자의 악성 세포에서(정상 세포에서는 아님) 발견된다. 1960년에 이 염색체가 발견된 도시의 이름으로 명명된 필라델피아 염색체는 사람의 22번 염색체가 짧아진 것이다. 수년 동안, 사라진 조각이 단순히 결실된 것으로 생각하였지만, 염색체 관찰기술이 진보함에 따라 사라진 유전자 조각이 다른 염색체(9번)로 전좌되었음이 밝혀졌다. 9번 염색체는 세포증식에서 중요한 역할을 하는 단백질 인산화효소를 암호화하는 *ABL* 유전자를 갖고 있다. 전좌가 일어난 결과, 이 단백질의 한쪽 말단의 작은 부위가, 22번 염색체에서 전좌된 조각에 있는 *BCR* 유전자가 암호화하는 약 600개의 추가 아미노산으로 대체되었다. 이렇게 만들어진 새로운 "융합 단백질"은 원래의 *ABL* 활성을 갖고 있지만, 더 이상 세포의 정상적인 조절 기작을 따르지 않는다. 그 결과, 영향을 받은 세포는 악성이 되고 만성골수성 백혈병(chronic myelogenous leukemia, CML)을 일으킨다.

역위와 마찬가지로, 전좌의 경우에도 감수분열 하는 동안에 문제가 일어난다. 전좌에 의해 변형된 염색체는 상동염색체와 다른 유전적 내용물을 갖게 된다. 그 결과, 감수분열로 만들어진 생식세포는 유전자 복사본을 추가로 가지거나 또는 잃어버리게 된다. 전좌는 공통조상에서 갈라져 나오는 진화방향의 가지 형성에 중추적 역할을 한 대규모의 변화를 만들어냄으로써, 진화에서 중요한

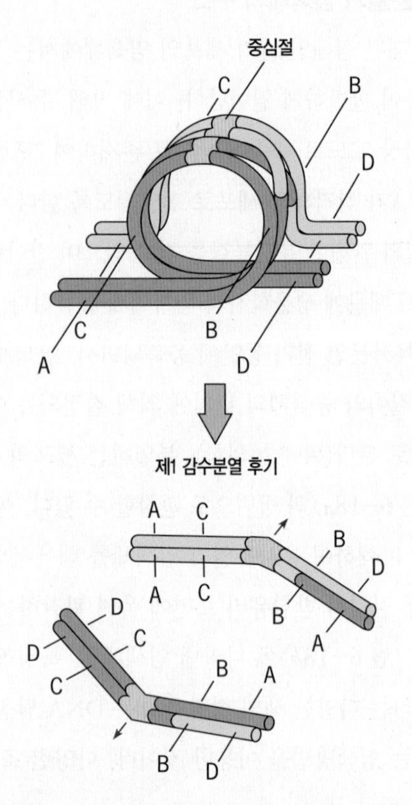

그림 1 역위의 효과. 정상 염색체(자주색)와 역위를 가진 염색체(초록색) 사이에서 교차되면 일반적으로 고리를 형성한다. 교차로 만들어진 염색체에서는 중복과 결실이 나타나며, 제1 감수분열기의 염색체에서 볼 수 있다(아래쪽 그림).

그림 2 전좌. 사람 염색체의 현미경 사진으로 12번 염색체(밝은 파란색)와 7번 염색체(빨간색)의 조각이 교환된 모습을 볼 수 있다. 두 염색체 각각에 특이적인 DNA 탐침으로 제자리혼성화를 수행하여 변형된 염색체에서 형광이 나타나도록 하였다. 이러한 "염색"을 이용하면 한 염색체와 다른 염색체가 교환된 부분이 아주 명확하게 보인다.

역할을 한 것으로 보인다. 이러한 유전적인 사건은 아마도 인류 진화 역사에서 최근에 일어났을 것이다. 사람 세포의 염색체 23쌍을 침팬지, 고릴라, 오랑우탄 세포의 염색체 24쌍과 비교하면 놀라운 유사성을 드러낸다. 사람 염색체와 대응관계를 이루지 않는 유인원의 염색체 2개를 정밀하게 조사한 결과, 유인원의 염색체 2개를 띠 모양을 맞추어 합하면 사람의 2번 염색체와 동등하다는 것이 밝혀졌다(그림 3). 인간의 진화 중 어떤 시기에 하나의 염색체 전체가 다른 염색체로 전좌되어 단일 융합 염색체로 되고, 이로써 반수체 수가 24에서 23으로 줄어든 것이 분명하다.

- **결실.** 결실(缺失, deletion)은 염색체의 한 부분을 상실하여 생긴다. 위에서 본대로, 한 생식세포가 비정상적인 감수분열에 의해 만들어진 경우 결실된 염색체를 갖는 수정란이 만들어진다. 염색체의 한 부분이 상실되면 중요한 유전자를 잃게 되고, 상동염색체가 정상이더라도 심각한 결과로 이어질 수 있다. 중대한 결실이 생긴 사람 배(胚)의 대부분은 발달하지 못하고, 발달한다 하더라도 다양한 기형을 나타낸다. 사람의 장애와 염색체 결실 사이의 상관관계에 관한 첫 번째 연구는 다운증후군이 염색체 이상에서 비롯되는 사실을 밝혀낸 프랑스 유전학자 제롬 르죈느(Jerome Lejeune)에 의해 1963년에 수행되었다. 르죈느는 다양한 얼굴 기형을 갖고 태어난 아기의 5번 염색체 일부가 결실되었음을 발견했다. 발성기관인 후두의 결함으로 인해 아기의 울음소리가 고통을 겪는 고양이의 소리와 비슷하게 된다. 따라서 이 장애를 고양이울음(猫聲)증후군(cry-of-the-cat syndrome)을 뜻하는 'cri-du-chat syndrome'이라고 부른다.
- **중복.** 중복(重複, duplication)은 염색체의 한 부분이 반복되어 나타난다. 다유전자 집단(multigene family) 형성과정에서 중복이 하는 역할은 〈4-5절〉에서 설명하였다. 많은 염색체 중복으로 인해 여러 유전자가 정상적으로 갖는 2개의 복사본 대신에 3개의 복사본을 갖게 되는, 부분 3염색체성(*partial trisomy*)이라고 하는 상태가 만들어진다. 세포의 활성은 유전자의 복사본 수에 매우 민감하므로, 추가된 복사본으로 인해 심각하게 해로운 효과가 나타날 수 있다.

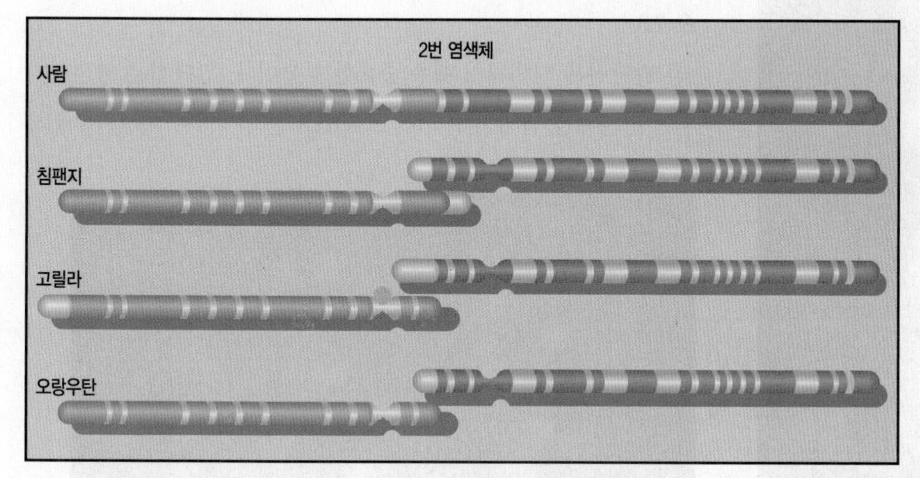

그림 3 전좌와 진화. 사람 염색체와 대응관계가 없는 유인원 염색체 2개를 가설적으로 융합하면, 사람의 2번 염색체와 띠 모양이 일치한다.

6-1-2-5 말단절(telomere)

각각의 염색체는 하나의 연속된 2중가닥 DNA 분자를 포함한다. 각 DNA 분자의 끝은 독특한 반복 서열이 뻗어있는 구조로 되어 있다. 이 부위는 특정 단백질 무리와 함께 염색체의 끝 부분에서 **말단절**(末端節, telomere)[d]이라고 하는 모자(cap)를 형성한다. 사람 염색체의 말단절에서는 TTAGGG/AATCCC 서열이 약 500~5,000번 반복되어 있다(그림 6-19*a*). 대부분의 반복 서열이 종에 따라 상당히 다양하게 나타나는 것과는 다르게, 척추동물 전체의 말단절 서열은 동일하며, 다른 대부분의 생명체도 이와 비슷한 서열을 갖

역자 주[d] telomere: 이 용어의 그리스어원은 '*telos*, end + *meros*, part'로서, 염색체의 '끝(末端)에 있는 부분(節)'이라는 뜻이다.

고 있다. 이러한 서열의 유사성에서 말단절이 다양한 생명체에서 보존된 기능을 갖고 있음을 추정할 수 있다. 말단절 서열에 특이적으로 결합하고, 말단절 기능에 필수적인 많은 DNA-결합 단백질이 밝혀졌다. 〈그림 6-19*b*〉에서 염색체와 결합한 단백질은 효모에서 말단절 길이를 조절하는 역할을 한다. 최근에 발견된 사실은 말단절의 짧은 반복 DNA 서열이 현재 관심의 초점이 되고 있는 비암호화 RNAs 합성에 대한 주형 역할도 한다는 것이다.

제7장에서 논의한 바와 같이, DNA를 복제하는 DNA 중합효소는 DNA 가닥의 합성을 개시하지 않으며, 단지 이미 존재하는 가닥의 3′끝에 뉴클레오티드를 추가할 수 있다. 복제는 짧은 RNA 프라이머에 의해 만들어지는 가닥 각각의 5′끝에서 개시된다(그림 6-20*a*, 1단계). RNA 프라이머는 나중에 제거된다(2단계). 이 기작(2단계)과 추가 가공단계(3단계)로 인해, 새로 합성된 가닥의 5′끝에서는 상보적인 주형가닥의 3′끝에 존재하는 짧은 DNA 조각이 소실된다. 그 결과, 3′끝을 가진 가닥이 5′끝을 가진 가닥 위로 돌출된다. 보호되지 않은 단일-가닥의 말단으로 존재하는 대신, 돌출된 가닥은 말단절의 이중-가닥 부분으로 "밀어 넣어져" 고리를 형성한다(그림 6-20*b*). 이 입체구조가 DNA의 말단절을 보호하는 것으로 보인다.

만약 세포가 자신의 DNA 말단절을 복제할 수 없다면, 염색체는 세포가 분열할 때마다 점점 짧아질 것이다(그림 6-20*a*). 이러한 난제를 "말단-복제 문제(the end-replication problem)"라고 한다. 생명체가 "말단-복제 문제"를 해결하는 주요 기작은 캘리포니아대학교(University of California, Berkeley)의 엘리자베스 블랙번(Elizabeth Blackburn)과 캐롤 게이더(Carol Geider)가 1984년에 **말단절합성효소**(末端節合成酵素, telomerase)라고 하는 새로운 효소를 발견함으로써 밝혀졌다. 이 효소는 돌출 가닥의 3′끝에 새로운 반복 단위들을 추가할 수 있다(그림 6-20*c*). 일단 그 가닥의 3′끝이 길어지면, 새롭게 합성된 3′ 조각을 주형으로 이용하여 통상적인 DNA 중합효소가 상보 가닥의 5′끝을 이전 길이로 되돌릴 수 있다. 말단절합성효소는 RNA 주형을 이용하여 DNA를 합성하는 역전사효소(reverse transcriptase)이다. 대부분의 역전사 효소와 다르게, 효소 자체에 주형 역할을 하는 RNA가 포함되어 있다(그림 6-20*c*).

말단절은 염색체의 매우 중요한 부분이다. 말단절은 염색체의 완전한 복제를 위해 필요하고, 모자(cap)를 형성하여 핵산가수분해

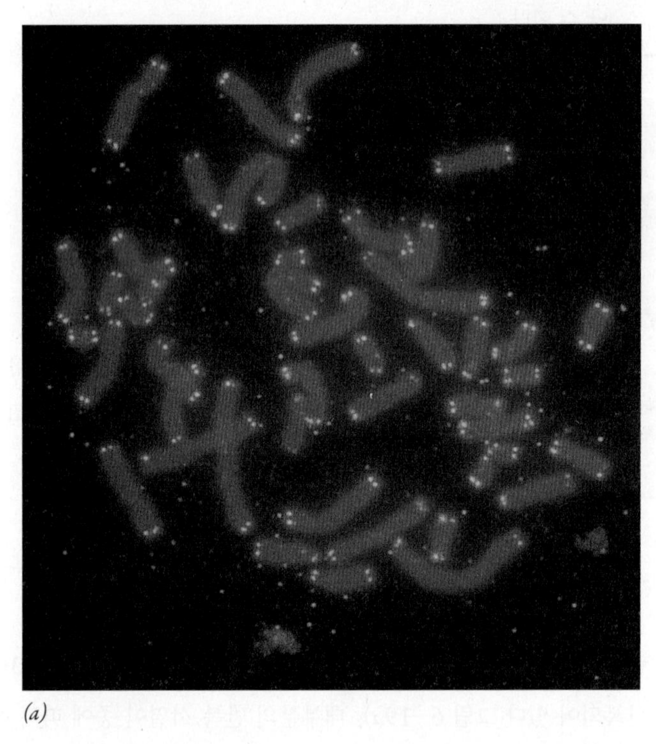

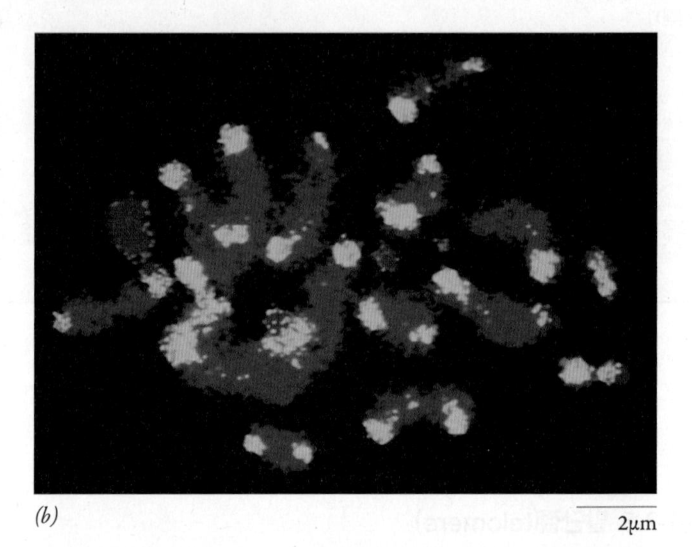

(*a*) (*b*)

그림 6-19 말단절(telomere) (*a*) 사람 염색체의 말단절 위치에 결합하는 TTAGGG 서열을 가진 DNA 탐침으로 제자리혼성화시켜 얻은 사진. (*b*) 어떤 단백질들이 말단절 DNA에 특이적으로 결합한다. 효모세포의 감수분열기 핵에서 얻은 염색체들을 RAP1 단백질과 배양하였다. 형광 항-RAP1을 이용하여 RAP1 단백질이 말단절 위치에 있는 것을 확인할 수 있다. 파란색은 염색된 DNA, 노란색은 항-RAP1 항체로 표지된 영역, 빨간색은 요오드화 프로피디움(propidium iodide)으로 염색된 RNA이다. 사람은 하나의 상동 말단절 단백질을 갖고 있다.

효소를 비롯한 불안정화 영향으로부터 염색체를 보호하며, 염색체의 끝 부분이 서로 융합되는 것을 방지한다. 〈그림 6-21〉은 유전자 조작으로 말단절합성효소를 제거한 생쥐의 유사분열기 염색체이다. 많은 염색체에서 말단절-말단절 융합이 이루어져 있는데, 이로 인해 세포가 분열할 때에 염색체가 찢어져 재앙을 겪게 된다. 최근의 실험에서 추가로 제안된 말단절의 역할들은 현재 연구의 초점이 되고 있다.

어떤 연구자가 사람 피부에서 섬유모세포 집단을 분리한 후,

(a)

(b)

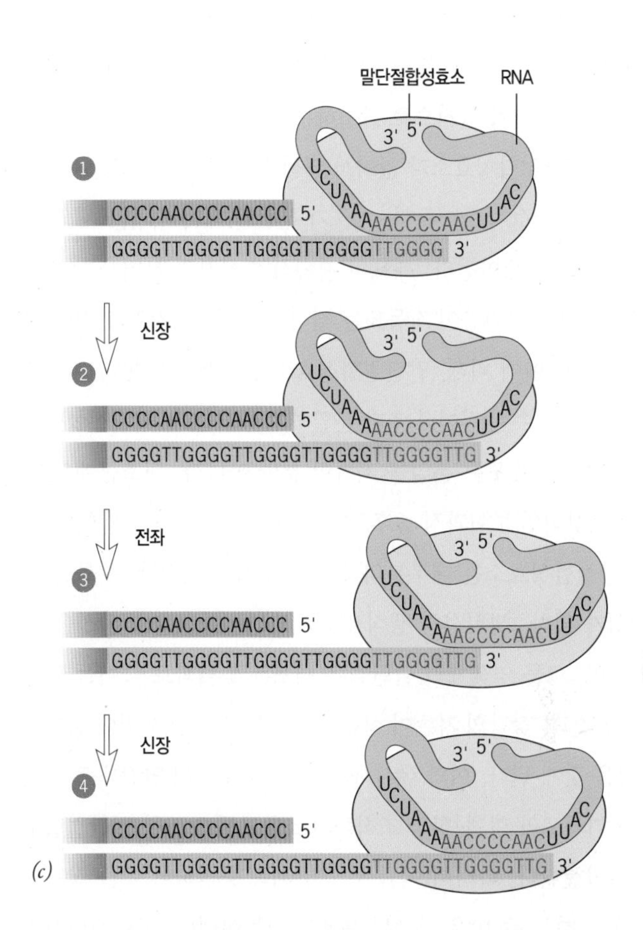

그림 6-20 말단-복제 문제와 말단절합성효소(telomerase)의 역할. (*a*) 염색체의 DNA가 복제될 때(1단계), 새로 합성된 가닥(빨간색)의 5′끝은 짧은 절편의 RNA(초록색)를 갖고 있는데, 이 RNA 절편은 인접한 DNA 합성에서 프라이머로 작용한다. 이 RNA가 제거되면(2단계), DNA의 5′끝이 이전 세대의 DNA의 5′끝보다 짧아지게 된다. 염색체 각각의 5′끝은 핵산가수분해효소 활성에 의해 더 가공되며(3단계), 이로 인해 돌출된 단일 가닥의 길이가 증가된다. (*b*) 단일 가닥인 돌출부는 자유롭게 연장된 부분으로 유지되지 않고 그림처럼 이중사슬 부위로 침입하여, 2중가닥 중 하나를 대체하여 고리를 형성한다. 이 고리는 염색체 끝을 보호하고 말단절 길이를 조절하는 일단의 특정한 말단절-모자형성(telomere-capping) 단백질들이 결합하는 자리이다. (*c*) 말단절합성효소의 작동 기작. 효소는 C가 풍부한 가닥을 지나서 연장되어 있는 G가 풍부한 가닥의 말단에 상보적인 RNA 분자를 갖고 있다. 말단절합성효소 RNA는 G가 풍부한 가닥의 돌출된 말단에 결합한 후(1단계), 가닥의 3′끝에 뉴클레오티드를 추가하는 주형으로 작용한다(2단계). DNA 단편이 합성된 후, 말단절합성효소 RNA는 신장되는 가닥의 새로운 말단으로 미끄러져(단계 3) 추가로 뉴클레오티드를 편입시키는 주형으로 작용한다(4단계). 상보가닥의 틈은 복제효소인 중합효소와 α-프리마아제(α-primase)에 의해 채워진다(그림 7-21 참고). (이 그림의 TTGGGG 서열은 말단절합성효소가 발견된 섬모충의 하나인 테트라히메나속(*Tetrahymena*) 원생생물의 것이다).

영양강화배지에서 배양한다고 가정하자. 섬유모세포는 배지에서 매일 분열하여, 결국 접시를 뒤덮을 것이다. 만약 첫 번째 접시의 세포 중 일부를 덜어내어 두 번째 접시로 옮기면, 그들은 다시 증식하여 두 번째 접시를 뒤덮을 것이다. 아마도, 지난 세기의 초반 50년 동안 생각하였던 것처럼, 이 세포를 무제한으로 계대배양할 수 있을 것이라고 생각할 수 있을 것이다. 그러나 그렇지 않다. 이들은 대략 50~80번 증식한 후에는 완전히 분열을 멈추고 복제노화(*replicative senescence*)라고 하는 단계로 들어간다. 실험의 시작과 끝 시점에서 섬유모세포 말단절의 평균길이를 비교해보면, 배양에 따라 말단절 길이가 극적으로 감소하는 것을 볼 수 있다. 대부분의 세포에는 말단절합성효소가 없어서 염색체 끝의 손실을 막을 수 없기 때문에 말단절이 줄어든다. 세포가 분열할 때마다, 염색체의 말단절은 점점 더 짧아진다. 세포의 지속적인 성장과 분열을 멈추도록 하는 생리적인 반응이 작동되는 결정적인 시점까지 말단절이 계속 짧아진다. 이에 비해, 말단절합성효소를 강제로 발현하는 세포들은 계속해서 수백 번이나 추가 분열하여 증식한다. 말단절합성효소를 발현하는 세포는 분열을 계속할 뿐만 아니라, 대조군에서 나타나는 정상적인 노화과정 증후도 보이지 않으며 계속 분열한다.

말단절합성효소는 대부분의 신체 세포에는 없지만, 주목할 만한 예외가 있다. 생식선의 생식세포는 말단절합성효소 활성을 갖고 있으며, 그들 염색체의 말단절은 세포분열 결과로 줄어들지 않는다. 그 결과, 각각의 자손이 삶을 시작하는 수정란은 최대 길이의 말단절을 갖게 된다. 이와 유사하게, 피부와 소장의 안감내층에 위치한 줄기세포와 혈액-형성 조직들의 조혈모세포 또한 말단절합성효소를 발현한다. 따라서 이들 세포가 계속 증식하여 이들 장기에서 필요로 하는 수 많은 분화된 세포를 만들어낸다. 말단절합성효소의 중요성은, 드문 상황이지만, 이 효소의 양이 크게 감소된 사람에게서 나타난다. 이들은 말단절합성효소 RNA 또는 단백질 소단위에 대한 유전자를 이형접합으로 갖고 있다. 이런 사람들은 정상적인 삶 동안에 필요한 혈액 세포를 혈액-형성 조직에서 충분하게 생산하지 못하여 생기는 골수장애를 겪는다.

만약 말단절이 한 세포의 분열횟수를 제한하는 데 있어서 그렇게 중요한 요소라면, 정상적인 사람의 노화과정에서 말단절이 중요한 역할을 할 것이라고 예상할 수 있다. 논쟁의 소지가 있지만, 이 생각에는 과학적인 근거가 있다. 예를 들면, 나이든 사람 중에서 백

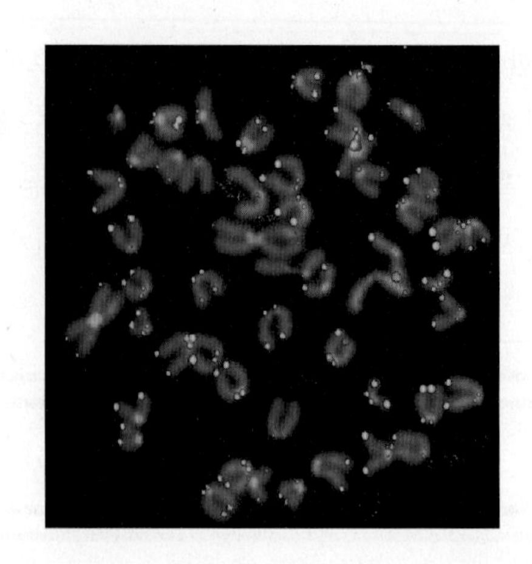

그림 6-21 염색체를 완전한 상태로 유지하는 데 있어서 말단절합성효소의 중요성. 말단절합성효소의 유전자를 없앤 유전자결손 생쥐의 세포에서 얻은 염색체의 현미경 사진. 형광으로 표지된 말단절(telomere) 탐침으로 제자리혼성화(*in situ hybridization*)시킨 말단절이 노란색 점으로 나타난다. 어떤 염색체들은 말단절이 전혀 없으며, 많은 염색체들은 끝이 서로 융합되어 있다. 염색체 융합으로 2개 이상의 중심절을 갖는 염색체가 만들어지며, 이로 인해 세포가 분열하는 동안 염색체가 잘라진다. 말단절의 소실로 인한 유전적 불안정성은 세포에서 종양을 일으키는 중요한 원인이 될 수도 있다.

혈구 세포의 말단절 길이가 짧은 사람이 긴 사람보다 심혈관계 질환이나 심각한 감염에 걸리기 쉽다고 보고되어 있다. 또 다른 일련의 연구에서, 정상인보다 급격하게 노화하는 유전 질환인 베르너증후군(Werner's syndrome) 환자는 말단절이 비정상적으로 유지되는 특징을 보였다. 더욱이 심하게 아픈 아이를 돌보며 생긴 만성스트레스에 시달리는 여성은 짧은 말단절과 감소된 말단절합성효소 활성을 나타낸다고 보고되었다. 그러나, 말단절합성효소의 높은 활성이 사람의 수명을 연장시키는 핵심이라고 결론을 내리기 전에, 다음의 정보를 고려해야 한다.

현재의 일치된 의견에 따르면, 말단절이 짧아지는 현상은 암세포로 될 가능성이 있는 세포의 세포분열 횟수를 제한함으로써 암으로부터 사람을 보호하는 데 중요한 역할을 한다. 정의에 의하면, 악성세포는 신체의 정상적인 성장 조절을 벗어나서 계속해서 무제한으로 분열하는 세포이다. 악성 종양세포는 어떻게 하여 말단절이 소모되지 않고 죽음에 이르지 않은 채 반복하여 분열할 수 있는 것일까? 말단절합성효소의 활성이 없는 정상세포와는 달리, 사람 종양의 약 90%는 활성상태의 말단절합성효소를 가진 세포들로 구성되어 있다.[3] 말단절합성효소의 발현이 재활성화된 세포들이 집

중적으로 선택되어 종양이 성장하는 것으로 추측된다. 종양세포 대다수는 말단절합성효소를 발현하지 못하고 죽지만, 이 효소를 발현하는 소수의 세포는 "불멸"이다. 그렇다고 해서 말단절합성효소의 활성 자체로 인해 세포가 악성으로 된다는 것을 의미하지 않는다. 제16장에서 논의한 바와 같이, 암의 전형적 발생은 세포에서 비정상 염색체, 세포 접착의 변화, 정상조직에 침투하는 능력 등이 발달되는 다단계 과정이다. 따라서 무한대로 세포가 분열하는 것은 암세포의 오직 한 가지 특성일 뿐이다. 말단절의 DNA 서열과 말단절합성효소에 관한 초기 발견들이, 리보자임(ribozyme)이 발견된 단세포 섬모충인 테트라히메나속(*Tetrahymena*) 원생동물에서 이루어졌다는 것은 흥미로운 일이다. 이 점은 실험경로가 매우 중요한 의학적 발견으로 이어질 것인지를 결코 알 수 없다는 사실을 생각하게 해준다.

6-1-2-6 중심절

〈그림 6-18〉의 염색체 각각은 외부 표면에 현저하게 잘록한 부위를 갖고 있다. 이렇게 죄어져 수축된 부분이 염색체의 **중심절**(中心節, centromere)이다(그림 6-22). 사람 염색체의 중심절은 171개의 염기쌍으로 이루어진 α-위성 DNA(*α-satellite DNA*)라는 DNA 서열을 갖고 있으며, 이 서열이 직렬로 반복되어 최소한 500kb까지 확장되어 있다. 이렇게 확장된 DNA 부위에는 특정 단백질이 결합하여 염색체의 다른 부분과 구분된다. 예를 들면, 중심절의 염색질은 중심절 뉴클레오솜의 어떤 부위에 원래의 H3를 대체하는 CENP-A라는 독특하게 변형된 H3 히스톤을 갖고 있다. 유사분열기 염색체를 형성하는 동안에 CENP-A를 갖는 뉴클레오솜은 중심절의 외부 표면에 위치하게 되어, 동원체(動原體, kinetochore)[c]를 조립하는 발판 역할을 한다. 동원체는 세포가 분열할 때에 염색체를 분리하는 미세관이 결합하는 장소 역할을 한다(그림 14-16 참조). CENP-A가 없는 염색체는 동원체를 조립하지 못하고 세포분열 동안에 소실된다.

앞의 여러 장(章)에서 세포의 필수적인 기능을 담당하는 DNA

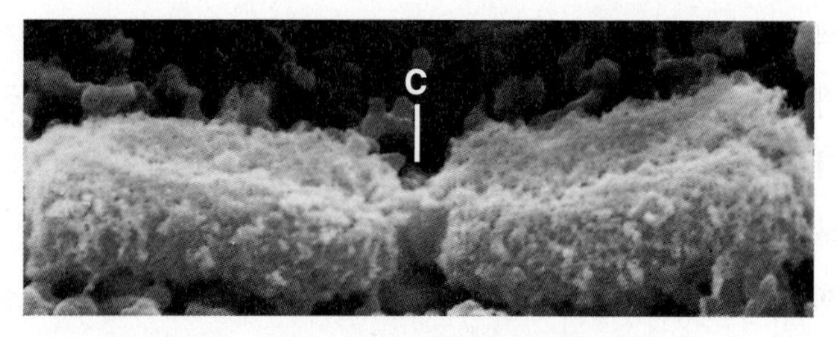

그림 6-22 유사분열기의 각 염색체는 하나의 중심절을 갖고 있으며, 그 부위는 뚜렷하게 잘록한 모습으로 보인다. 유사분열기 염색체의 주사전자현미경 사진. 중심절(C)은 매우 반복된 DNA 서열(위성 DNA)과 동원체(kinetochore)라는 단백질-함유 구조를 갖고 있다. 동원체는 유사분열과 감수분열 하는 동안 방추체 미세관이 붙는 자리의 역할을 한다(제14장에서 논의함).

서열은 보존되는 경향이 있음을 보았다. 따라서 심지어 매우 가까운 종 사이에서조차 중심절 DNA의 뉴클레오티드 서열이 크게 다르다는 사실은 놀라운 일이다. 이 사실은 DNA 서열 자체가 중심절 구조와 기능을 결정하는 중요한 요인이 아니라는 것을 의미하며, 이것은 인간을 대상으로 한 아래의 연구들에서 강력하게 지지된다. 사람은 약 2,000명 중 1명꼴로 표지(標識) 염색체(*marker chromosome*)라고 하는 작은 염색체를 추가로 만드는 여분의 염색체 DNA 단편을 가진 세포들을 갖고 태어난다. 일부 경우에서, 표지 염색체들은 α-위성 DNA를 갖고 있지 않다. 그러나 이들은 여전히 주 수축부위와 완전한 기능을 나타내는 중심절을 갖고 있어서, 세포가 분열할 때마다 복제된 표지 염색체가 정상적으로 딸세포로 나누어지도록 한다. 이들 표지 염색체에 있는 일부 다른 DNA 서열이 CENP-A 및 다른 중심절 단백질을 갖게 되는 자리로 "선택"되는 것이 명백하다. 중심절은 사람의 모든 세포에서 표지 염색체의 같은 부위에서 나타나는데, 이것은 이 성질이 세포가 분열하는 동안 딸세포로 전달된다는 것을 의미한다. 한 연구에서 표지염색체가 가족 구성원의 3세대에 걸쳐 안정적으로 전달되는 사실이 밝혀졌다.

6-1-3 후성유전 : DNA 정보 이상의 유전현상

앞 절(節)에서 설명한 바와 같이, α-위성 DNA는 중심절 발달에 필요하지 않다. 실제로 관련이 없는 수십 개의 DNA 서열이 표지 염

---

[3] 나머지 10% 정도는 말단절합성효소(telomerase) 없이 말단절의 길이를 유지하는 유전자 재조합에 기초한 대체 기작을 갖고 있다.

역자 주[c] kinetochore: 이 용어의 그리스어원은 '*kinisis*, movement + *choros*, place'로서, '이동하는 장소'라는 뜻이다.

색체의 중심절에서 발견되었다. 중심절로서 지워지지 않도록 표지하는 것은 DNA가 아니라, 중심절이 갖고 있는 CENP-A를 포함한 염색질이다. 이러한 발견으로부터 큰 문제가 등장하였다. 유전되는 모든 형질이 DNA 서열에 의존하는 것은 아니다. DNA 서열에서 암호화되지 않고 유전되는 것을, 유전(*genetic*)에 대조적으로, **후성유전**(後性遺傳, epigenetic)이라고 한다. X 염색체 불활성화는 후성유전 현상의 또 다른 예이다. X 염색체 2개의 DNA 서열은 동일하지만, 1개는 불활성으로 되고 나머지 1개는 그렇지 않다. 더욱이, 불활성 상태는 한 개인의 삶 동안 각각의 세포에서 그 딸세포로 전달된다. 그러나 유전적 계승과는 달리, 후성유전 상태는 대개 역전될 수 있다. 예를 들면 X 염색체는 생식세포 형성에 앞서서 다시 활성으로 된다. 후성유전 상태가 적절하지 않게 변화되면 많은 질병으로 이어진다. 또한 유전적으로 동일한 일란성 쌍둥이 사이에서 나타나는 질병에 대한 감수성과 지속성의 차이는, 부분적으로는 나이가 들어감에 따라 둘 사이에서 나타나는 후성유전적 차이 때문이라는 증거도 있다.

생물학자들은 수십 년 동안 후성유전 현상에 대해 논의해왔다. 그러나 (1) 후성유전 정보가 저장되는 기작과 (2) 후성유전 상태가 세포에서 세포로, 부모에서 후손으로 전달될 수 있는 기작을 이해하는 데 어려움을 겪고 있다. 지금은 후성유전 현상의 한 가지 유형—세포의 유전자 활성상태—에 주로 초점을 맞추어 논의한다. 표피의 기저부에 존재하는 줄기세포에 대해 생각해보자(그림 11–1 참조). 이들 세포에서 어떤 유전자들은 전사되고 다른 유전자들은 억제되는데, 이러한 유전자 활성의 특징적인 양상이 한 세포에서 그 딸세포로 전달되는 것이 중요하다. 그러나 모든 딸세포가 줄기세포처럼 계속 살아남는 것은 아니다. 일부는 새로운 일을 떠맡고 성숙한 진피세포로 분화되는 과정을 시작한다. 이 단계에서는 그 세포의 전사상태가 변화하여야 한다. 최근에는 염색질의 특정 지역의 전사상태를 결정하고 이를 다음 세대의 세포에게 전달하는 데 있어 결정적인 요인인 히스톤 암호에 관심이 높다.

세포의 DNA가 복제될 때, 뉴클레오솜의 한 부분으로서 DNA와 결합한 히스톤은 DNA 분자를 따라서 딸세포에게 무작위로 분배된다. 그 결과로 각각의 딸 DNA 가닥은 부모 가닥과 결합하였던 핵심 히스톤의 거의 절반을 받게 된다(그림 7–24). 딸 DNA 가닥과 결합하는 나머지 절반의 핵심 히스톤은 새로 합성된 것이다. 부모 염색질에 있는 히스톤 꼬리의 변형에 따라 딸 염색질의 새로 합성된 히스톤에 어떠한 변형이 생길 것인지 결정되는 것으로 추정된다. 예를 들면, 염색질의 이질염색질 부분의 히스톤 H3의 9번 위치에 메틸화된 리신 잔기를 갖고 있다. 이 메틸화 반응에 관여하는 효소는 이질염색질의 구성성분 중 하나로서 존재한다. 이질염색질이 복제되면 이 히스톤 메틸전달효소가 새로 합성되어 딸 뉴클레오솜에 편입된 H3 분자를 메틸화시킨다고 생각된다. 이런 방식으로, 염색질의 메틸화 양상과 이에 따른 응축된 이질염색질 상태가 부모 세포에서 자손 세포로 전달된다. 이에 비해 진정염색질 부분은 아세틸화된 H3 꼬리를 포함하는 경향이 있다. 이 변형 또한 부모 염색질에서 자손 염색질로 유전되어, 활성화된 진정염색질 부분이 딸세포에서 영구화되도록 하는 후성유전 기작으로 작동할 것이다. 히스톤 변형은 후성유전 정보를 운반하는 한 가지 방법이고, DNA의 공유적 변형은 또한 후성유전의 다른 유형이다. DNA의 공유적 변형에 대해서는 330 페이지에서 다룬다.

6-1-4 체제화된 세포소기관으로서의 핵

진핵세포의 세포질을 전자현미경으로 관찰하면 막성 소기관의 다양한 배열과 세포골격 요소가 드러난다. 한편, 핵에서는 대개 흩어진 염색질 덩어리와 몇 개의 불규칙한 인(仁) 외에는 거의 관찰할 수 없다. 그 결과, 연구자들은 핵에서 구성성분이 무작위로 배열되어 있는 "주머니"라는 인상 만을 받았다. 형광제자리혼성화(FISH)와 GFP로 표지된 살아있는 세포의 영상화를 비롯한 새로운 현미경 기술이 발달함에 따라, 간기의 핵 안에서 특정 유전자의 위치를 찾아내는 일이 가능하게 되었다. 이러한 연구 결과로 핵이 상당한 질서를 유지하고 있음이 분명해졌다. 예를 들면, 일정한 간기 염색체의 염색질 섬유는 그릇의 스파게티처럼 핵 전체에 흩어져 있는 것이 아니라, 다른 염색체와 넓게 겹쳐지지 않는 구별된 영역에 밀집되어 있다(그림 6–23).

유전자들은 대개 자신의 영역 내에 있는 동안에 전사됨에도 불구하고, 각각의 염색질 섬유는 이러한 영역으로부터 상당히 멀리 확장될 수 있다. 더욱이 공통적인 생물학 반응에 관여하지만 다른 염색체에 존재하는 DNA 서열은 핵 내에서 명백하게 함께 모일 수

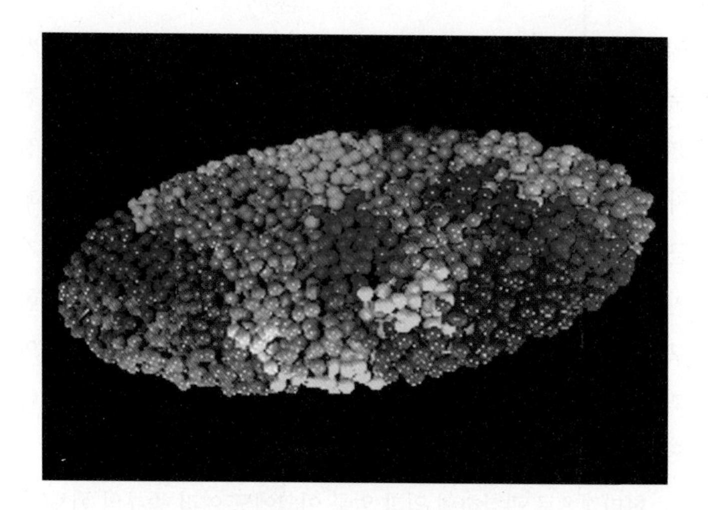

그림 6-23 **사람의 섬유모세포 핵에 존재하는 모든 염색체의 3차원 지도.** 컴퓨터로 만든 이 영상은, 〈그림 6-18*b*〉에서 설명한 염색체를 각각 구별하여 다른 색채로 나타내도록 하는 것과 유사한 방식인, 형광제자리혼성화 분석으로 얻은 것이다. 각 염색체가 핵 내에서 별개의 영역을 차지하고 있다.

있어서 유전자 전사에 영향을 줄 수 있다. 다른 유전자 자리 사이의 상호작용은 "염색체 입체구조 포착(chromosome conformation capture, 3C)"을 비롯한 다양한 기술에 의해 밝혀졌다. 이 방법에서 세포에 포름알데히드를 처리하여 고정하면, 아주 가까운 위치에 있는 DNA 염기서열들이 서로 공유결합으로 교차-연결된다(이것을 "포착되었다"고 한다). 고정한 후에 분리한 DNA를 제한효소(18-13절)로 자른 후 그 산물을 이용하여, 고정 당시에 유전체의 어떤 DNA 서열이 특정 DNA 서열("미끼" 서열)과 상호작용하였는지 분석한다. 예를 들면, 골수에서 적혈구가 분화하는 동안 유전체의 어떤 DNA 서열이 β-글로빈 유전자 자리와 상호작용하는지 알아볼 수도 있다. 이 기술에 의해 상호작용하는 것으로 밝혀진 DNA 서열들은 대개 동일한 염색체에 존재한다. 예를 들면, 같은 유전자에 대한 증폭자(enhancer)와 프로모터(promoter)는 〈그림 6-44〉에 나타낸 것처럼 매우 가깝게 놓이게 된다. 그러나 상호작용하는 DNA 서열이 서로 다른 염색체에 존재하는 예도 역시 많이 알려져 있다. 이러한 염색체 사이에서 일어나는 상호작용의 좋은 예는 에스트로겐(estrogen)을 처리한 사람의 젖샘 배양세포(정상과 악성)에서 볼 수 있다(그림 6-24). 에스트로겐은 에스트로겐 수용체(ER*α*)와 결합하여 수많은 표적 유전자가 전사되도록 유도한다. 사람의 에스트로겐 표적 유전자인 *GREB1*은 2번 염색체에,

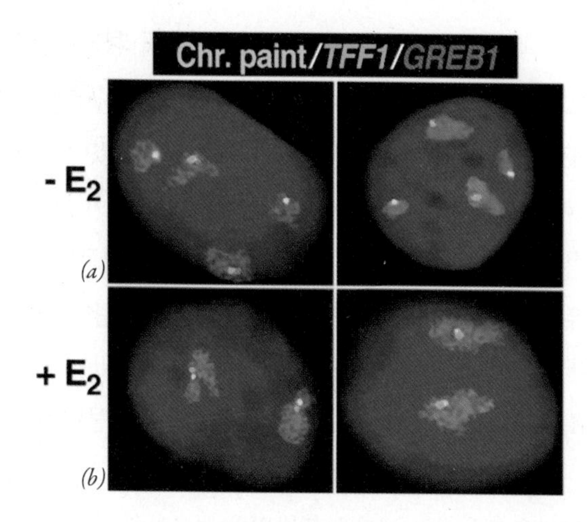

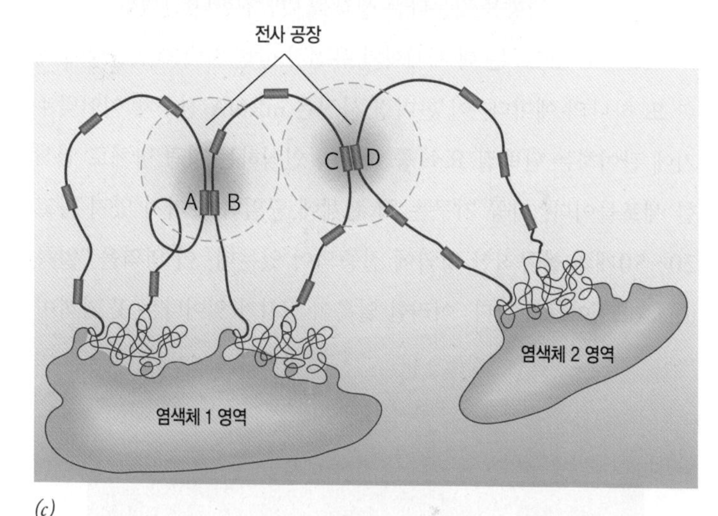

(*c*)

그림 6-24 **생리적 자극에 반응하여 멀리 떨어진 유전자 사이에서 상호작용이 일어날 수 있다.** (*a*) 호르몬을 처리하지 않은 유방암 세포주에서 얻은 2개의 세포. 형광 표지된 각 세포에서 2번과 21번 염색체 영역이 핵 안에서 서로 독립적으로 위치한다. (*b*) 에스트로겐 처리 60분 후, 같은 종류의 유방암 세포주에서 얻은 2개의 세포. 2번과 21번 염색체 영역의 상호작용을 뚜렷하게 볼 수 있다. 자세하게 검사하면 21번 염색체의 *TFF1* 자리(초록색)와 2번 염색체의 *GREB1* 자리(빨간색)가 동일한 위치에 있음을 알 수 있다. 이 연구에서, 호르몬을 처리한 세포 중 약 절반에서 2중대립유전자(biallelic)[d] 상호작용이 나타난다(즉, *GREB1* 대립유전자 모두가 *TEF1* 대립유전자들과 상호작용함). (*c*) 동일한 염색체의 다른 부위(A와 B), 또는 서로 다른 염색체(C와 D)에 있는 유전자들이 핵 안에서 한 곳에 모이는 방식을 나타낸 그림. 멀리 떨어진 자리에 있는 DNA 서열들이 서로의 전사 활성에 영향을 줄 수 있다. 어떤 경우에는 멀리 떨어진 유전자들이 전사과정에 참여하는 단백질의 공동 풀을 단순하게 공유할 수도 있다.

역자 주[d] 2중대립유전자(biallelic): '(이형접합자인) 유전자의 두 대립유전자 모두에 관한' 이라는 의미를 갖는다.

*TRFF1*은 21번 염색체에 있다. 에스트로겐을 세포에 처리하기 전에는 2번과 21번 염색체의 영역이 서로 멀리 떨어져 있고, *GREB1*과 *TRFF1* 유전자는 각각의 염색체 영역 내부에 감추어져 있다(그림 6-24*a*). 그러나 세포가 에스트로겐에 노출되면 몇 분 이내에 이 두 염색체 영역이 물리적으로 서로 가까운 곳으로 이동하고, 두 유전자 자리는 염색체 영역상의 주변부에 함께 위치하게 된다(그림 6-24*b*). 이러한 연구 결과는 유전자가 전사기구들이 모여 있는 전사 공장(transcription factory)이라고 하는 핵 안의 장소로 물리적으로 이동하고, 동일한 반응에 참여하는 유전자가 동일한 공장에 함께 배치되는 경향을 갖는다는 생각을 뒷받침한다(그림 6-24*c*).

〈그림 6-25*a*〉는 핵 체제화와 유전자 발현 사이의 연관성에 대한 또 하나의 예이다. 이 현미경 사진은 mRNA 전구체 이어맞추기에 관여하는 단백질 요소 중 하나를 인식하는 형광 항체로 염색한 세포들이다. 가공 기구는 핵 전체에 균일하게 펴져 있지 않고 20~50개의 불규칙한 영역에 집중되어 있는데, 이 영역을 "얼룩(speckles)"이라고 한다. 이러한 얼룩이 전사가 일어나는 곳 가까이에서 사용되는 이어맞추기 인자들을 공급하는 활발한 저장창고 기능을 하는 것으로 생각된다. 〈그림 6-25*a*〉의 핵에 있는 초록색 점은 얼룩 중의 하나에 가까운 곳에서 전사되고 있는 바이러스 유전자이다. 〈그림 6-25*b*〉의 현미경 사진에서 얼룩 영역으로부터 최근에 mRNA 전구체 합성이 활성화된 곳 근처로 뻗은 이어맞추기 인자들의 항적을 볼 수 있다. 인(仁)과 얼룩을 비롯한 핵의 다양한 구조는 동적인 정류(停留)상태(steady state)의 구획이며, 이 구획의 존재는 활성이 지속되는지 여부에 의해 결정된다. 만약 그러한 활동이 사라지면 구획의 물질들이 핵질로 흩어져 구획이 사라진다.

현미경으로 관찰하면 인과 얼룩 이외에도 여러 종류의 핵체(核體, nuclear body)(예: Cajal체[e], GEM[f], PML체[g])가 흔히 관찰된다. 이들 핵체는 각각 역동적인 방식으로 핵체 구조 안으로 들어오고 나가는 많은 단백질을 갖고 있다. 이들 핵체의 그 어느 것도 막으로 둘러싸여 있지 않기 때문에, 이러한 대단위 이동을 위한 어떠한 특별한 수송 기작도 필요하지 않다. 이러한 핵 구조로부터 다양한 기능이 비롯되지만, 그 기능들은 아직 확실하게 밝혀져 있지 않

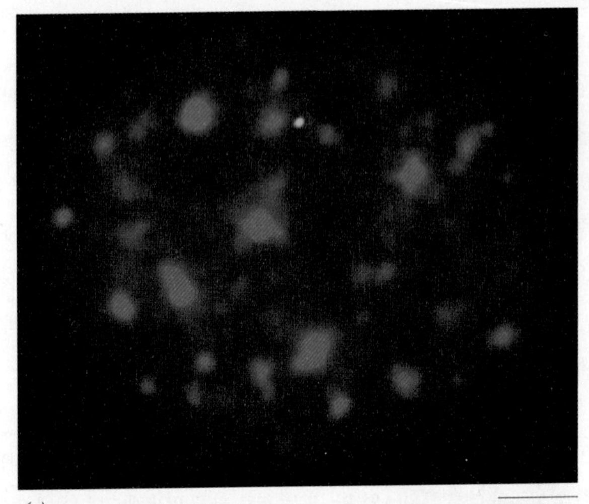

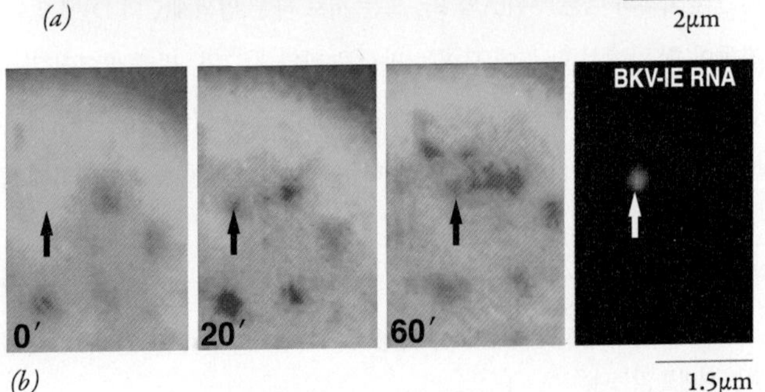

그림 6-25 핵 안에서 mRNA 가공 기구의 구획화. (*a*) mRNA 전구체(pre-mRNA) 가공에 관련된 인자들 중 하나를 인식하는 형광 항체로 염색한 세포의 핵. mRNA 가공 기구는 약 30~50개의 "얼룩(speckle)"이라는 분리된 장소에 배치되어 있다. 이 현미경 사진의 세포는 거대세포바이러스(cytomegalovirus)로 감염시켰으며, 바이러스의 유전자(초록색 점으로 보임)가 얼룩들중 하나의 얼룩 근처에서 전사되고 있다. (*b*) 배양된 세포에 바이러스를 감염시킨 후, cAMP를 넣어주어 전사를 활성화시켰다. 사진은 전사 활성화 이후 다양한 시간대에 관찰한 것이다. 세포 안에서 바이러스 유전체가 전사되는 부위를 화살표로 표시하였다. 실험의 마지막 단계에서 바이러스 RNA를 형광으로 표지된 탐침(오른쪽 끝 사진의 하얀 화살표)과 혼성화시켜 전사되는 부위를 찾아내었다. mRNA 전구체 이어맞추기 인자(오렌지색)는 유전자가 전사되는 방향으로 이미 존재하는 얼룩으로부터 뻗은 항적을 형성한다.

역자 주[e] Cajal 체(Cajal body): 세포의 핵 속에만 발견되는 핵체이며, 이런 세포는 보통 높은 수준의 전사 활성을 나타낸다.

[f] GEM: 핵체의 한 유형인 "Gemini of coiled body"를 "GEM"으로 표기하며, 이 핵체에는 운동뉴론 잔존물(survival of motor neuron, SMN)이 포함되어 있다.

[g] PML 체(PML body): 이 용어에서 "PML"은 "promyelocytic leukemia(전골수세포 백혈병)"의 약자이다.

다. 더욱이 이들은 세포 생존에 필수적이지 않아서 여기서 더 논의하지 않겠다.

6-1-3-1 핵기질

분리한 핵에 비이온 세제와 고농도의 염(예를 들면, 2M NaCl)을 처리하여 염색질에 있는 지질과 거의 모든 히스톤과 비히스톤 단백질을 제거하면, DNA가 잔여 핵 중심을 둘러싸고 있는 광륜처럼 보인다(그림 6-26*a*). 만약 DNA 섬유를 DNA 분해효소로 분해하면 남아있는 구조는 원래의 핵과 동일한 형태를 가지지만, 핵 공간 전체를 종횡으로 교차하는 단백질을 함유하는 가느다란 섬유들의 망상구조로 이루어진다(그림 6-26*b*). 이러한 녹지 않는 섬유성 망상구조를 **핵기질**(核基質, nuclear matrix)이라고 한다. 〈그림 6-26〉에 보이는 단백질 망상구조가 시료제작 과정에서 만들어진 인위적 구조라고 주장하는 많은 연구자들로 인해, 핵기질은 세포생물학에서 주요한 논쟁 대상이다.

많은 지지자들이 핵기질은 핵의 모양을 유지하는 골격, 또는 염색질 고리를 체제화하는 조립판 이상의 역할을 한다고 주장한다. 즉, 핵기질은 전사, RNA 가공, 복제 등 핵에서 일어나는 다양한 활동에 참여하는 기구 대부분을 고정하는 역할을 한다는 것이다. 예를 들면, 형광물질이나 방사능으로 표지된 RNA 또는 DNA 전구체들과 함께 세포를 짧은 기간 동안 배양하면, 새로 합성된 핵산은 거의 모두 〈그림 6-26〉과 같은 종류의 섬유들과 연계되어 있다.

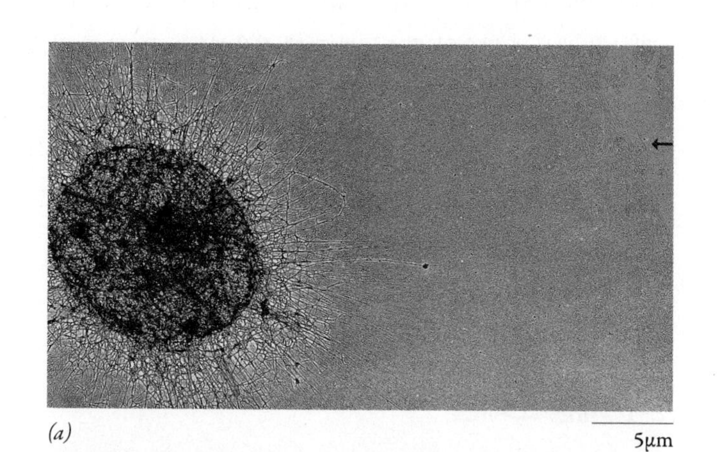

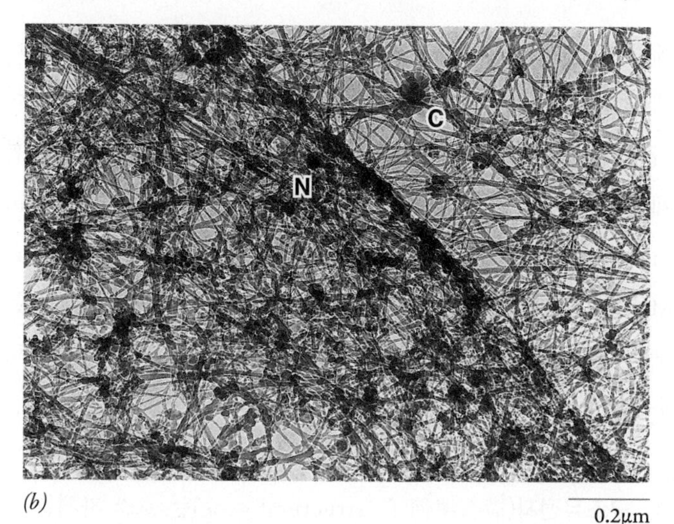

그림 6-26 핵기질. (*a*) 세제와 2M 소금 용액 속에서 분리된 핵의 전자현미경 사진. 핵기질이 광륜(光輪)처럼 보이는 DNA 고리로 둘러싸여 있다. (*b*) 전자현미경으로 관찰한 생쥐 섬유모세포의 일부분. 세제로 추출하고, 핵산분해효소와 고농도의 염을 처리하여 염색질과 DNA를 제거하였다. 핵(N)이 잔여 섬유성 기질로 이루어져 있는 것을 볼 수 있는데, 이 섬유성 기질의 요소는 핵막 부위에서 끝난다. 세포질(C)에는 다른 종류의 세포골격 기질이 있으며, 그 구조에 대해서는 〈제13장〉에서 설명한다.

복습 문제

1. 핵막을 구성하는 구성물질을 설명하시오. 핵막과 핵공복합체의 상관관계는 무엇인가? 핵공복합체는 어떻게 핵과 세포질 사이에서 물질의 양방향 이동을 조절하는가?
2. 뉴클레오솜 핵심입자의 히스톤과 DNA 사이의 상관관계는 무엇인가? 어떻게 뉴클레오솜 존재를 최초로 발견하게 되었는가? 뉴클레오솜은 어떻게 하여 높은 단계의 염색질 구조로 체제화하는가?
3. 진정염색질과 이질염색질의 구조와 기능에서 나타나는 차이는 무엇인가? 구성적 이질염색체와 조건적 이질염색체의 구조와 기능은 서로 어떻게 다른가? 암컷 포유동물 세포에서 활성 X 염색체와 불활성 X 염색체의 구조와 기능은 서로 어떻게 다른가? 히스톤 암호가 어떻게 염색질 지역의 상태를 결정하는가?
4. 염색체의 중심절과 말단절 사이에서 나타나는 구조와 기능의 차이점은 무엇인가?
5. 핵이 체제화된 구획일 것이라고 제시한 관찰 중 그 일부에 대해 서술하시오.

6-2 세균에서 유전자 발현의 조절

세균 세포는 자신의 환경과 직접 접촉하면서 살고 있는데, 환경의 화학적 구성은 매 순간 크게 변화될 수 있다. 특정한 화합물이 상황에 따라 존재하거나 존재하지 않는다. 최소배지에서 배양하던 세균을 1) 젖당(lactose)이나 2) 트립토판(tryptophan) 중 하나를 함유한 최소배지로 옮겼을 때 나타나는 결과에 대해 생각해보자.

1. 젖당은 포도당과 갈락토오스로 이루어진 2당류(그림 2-16 참조)로, 산화되면 세포에게 물질대사 중간산물과 에너지를 제공한다. 젖당 이화작용(즉, 분해)의 첫 단계에서 2개의 당을 연결하는 β-갈락토시드 결합(β-galatoside linkage)이 가수분해된다. 이 반응은 β-갈락토시다아제(β-galatosidase)라는 효소가 촉매한다. 세균 세포가 최소배지에서 자랄 때에는 이 효소를 필요로 하지 않는다. 최소배지에서 자라는 세포는 일반적으로 5개 이하의 β-갈락토시다아제 복사본과 이에 상응하는 mRNA 복사본 1개를 갖고 있다. 배지에 젖당을 첨가하면 몇 분 이내에 β-갈락토시다아제 분자가 약 1,000배에 이르게 된다. 젖당의 존재로 인해 효소의 합성이 유도된 것이다(그림 6-27).
2. 트립토판은 단백질 합성에 필요한 아미노산이다. 배지에 트립토판이 없으면, 세균은 이 아미노산을 합성하기 위해 에너지를 소모해야만 한다. 트립토판이 없는 조건에서 자라는 세포는 트립토판 생산에 필요한 효소들과 그에 상응하는 mRNA를 갖고 있다. 그러나 만약 이 아미노산을 배지에 첨가해준다면 세포는 더 이상 스스로 트립토판을 합성할 필요가 없게 되고, 따라서 몇 분 이내에 트립토판 합성경로의 효소 합성을 중단한다. 트립토판이 존재할 때에는 이들 효소의 유전자들이 억제된다.

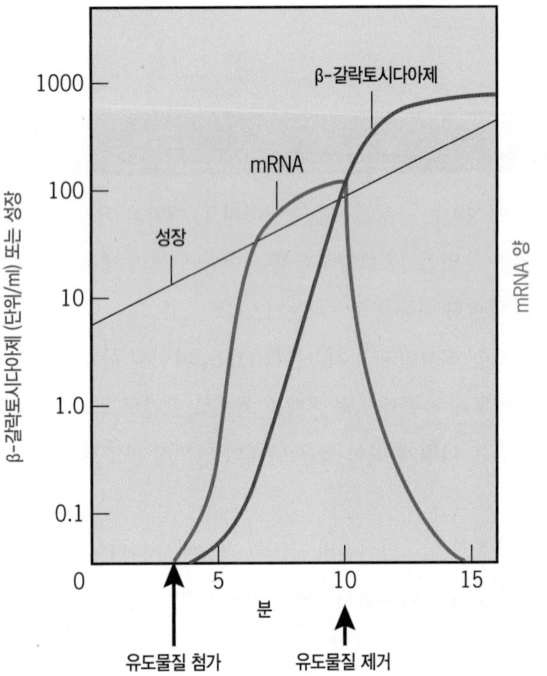

그림 6-27 대장균(*E. coli*)에서 β-갈락토시다아제 발현 유도의 반응속도론. β-갈락토시드 등의 적절한 유도물질을 첨가하면 효소인 β-갈락토시다아제의 mRNA가 매우 빠르게 생산되기 시작되며, 몇 분 이내에 효소가 나타나며 농도가 빠르게 증가한다. 유도물질을 제거하면 mRNA 농도가 가파르게 감소하며, 이것은 mRNA가 빠르게 분해되는 것을 의미한다. 분자가 더 이상 새로 합성되지 않기 때문에 효소 양이 감소한다.

6-2-1 세균 오페론

세균에서는 물질대사경로의 효소들을 암호화하는 유전자들이 대개 **오페론**(operon)이라고 하는 기능적 복합체의 형태로 염색체에서 함께 무리를 이루고 있다. 오페론의 모든 유전자들은 조화롭게 통제되는데, 이 기작은 파리에 있는 파스퇴르연구소(Pasteur Institute)의 프랑수아 자콥(Francois Jacob)과 자끄 모노(Jacques Monod)가 1961년에 최초로 밝혀냈다. 전형적인 세균 오페론은 구조유전자, 프로모터, 오퍼레이터, 조절유전자로 구성된다(그림 6-28).

- **구조유전자**(構造遺傳子, structural gene)는 효소 자체를 암호화한다. 오페론의 구조 유전자는 대개 서로 인접해 있으며, RNA 중합효소가 구조유전자를 차례로 이동하면서 모든 유전자를 하나의 단일 mRNA로 전사한다. 이 확장된 mRNA는 물질대사 경로에 필요한 다양한 효소로 각각 번역된다. 그 결과, 한 유전자를 작동시키면 그 오페론의 모든 효소-생성 유전자가 작동하게 된다.
- **프로모터**(promotor)는 전사를 시작하기 전에 RNA 중합효소가 DNA에 결합하는 자리이다.

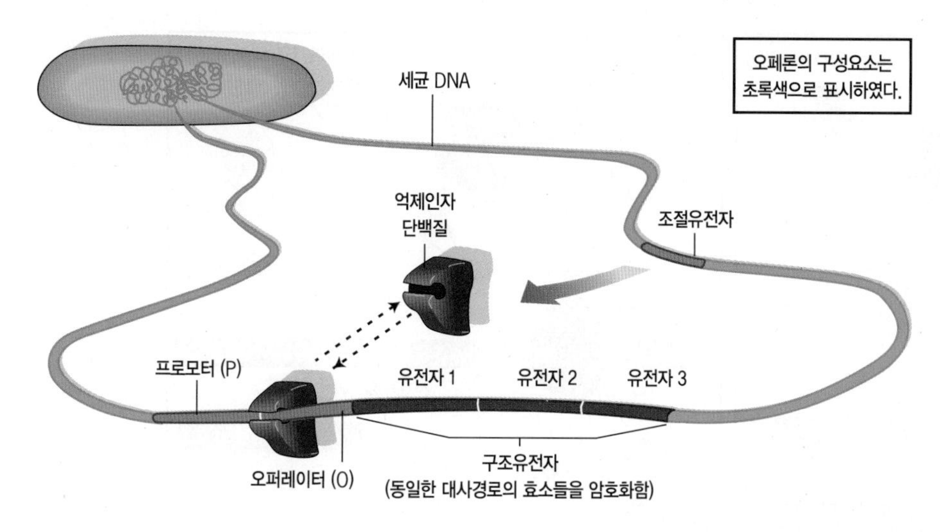

그림 6-28 세균 오페론의 구성. 물질대사 경로의 효소들은 세균 염색체에서 연속한 배열을 이루는 일련의 구조유전자에 의해 암호화된다. 하나의 오페론에 있는 모든 구조유전자는 1개의 이어진 mRNA로 전사되고, 이 mRNA는 분리된 폴리펩티드로 번역된다. 구조유전자의 전사는 조절유전자에 의해 합성된 억제인자 단백질에 의해 통제된다. 억제인자 단백질은 DNA의 오퍼레이터에 결합하여 RNA 중합효소가 프로모터에서 구조유전자로 이동하지 못하도록 한다.

- **오퍼레이터**(operator)는 보통 프로모터에 인접하거나 겹쳐져 있으며, **억제인자**(抑制因子, repressor)라는 단백질이 결합하는 자리 역할을 한다. 억제인자는 **유전자 조절단백질**(遺傳子調節蛋白質, gene regulatory protein)의 한 종류이다. 이 억제인자는 DNA의 특정 염기쌍 서열을 인식하여 높은 친화력으로 결합하는 단백질이다. 세균 억제인자 등의 DNA-결합 단백질은 특정 유전체의 전사 여부를 결정하는 데 있어서 결정적인 역할을 한다.
- **조절유전자**(調節遺傳子, regulatory gene)는 억제인자 단백질을 암호화한다.

오페론 발현의 핵심은 억제인자이다. 억제인자가 오퍼레이터에 결합하면(그림 6-29), 중합효소가 결합하는 프로모터가 가려져서 구조유전자의 전사가 억제된다. 오퍼레이터에 결합하여 전사를 방해하는 억제인자의 능력은 억제인자의 입체구조에 따라 달라지며, 젖당이나 트립토판 등 물질대사 경로의 핵심 화합물에 의해 다른자리입체성(allosteric) 방식으로 조절된다. 특정 시기에 오페론의 활성 여부를 결정하는 것은 이 핵심 물질대사 물질의 농도이다.

6-2-1-1 *lac* 오페론

이러한 다양한 요소 사이의 상호작용은 *lac* 오페론(*operon*, 세균 세포에서 젖당 분해에 필요한 효소들의 생산을 조절하는 유전자의 무리)으로 설명할 수 있다. *lac* 오페론은 **유도오페론**(誘導, inducible operon)의 한 예로서, 핵심 물질대사 물질(이 경우에는 젖당)이 존재하면 구조유전자의 전사가 유도되는 것이다(그림 6-29*a*). *lac* 오페론은 나란히 있는 3개의 구조유전자—β-갈락토시다아제를 암호화하는 *z* 유전자, 젖당의 세포 내 흡수를 촉진하는 단백질인 갈락토시드 투과효소(galactoside permease)를 암호화하는 *y* 유전자, 생리적 역할이 불분명한 효소인 티오갈락토시드 아세틸전달효소(thiogalactoside transacetylase)를 암호화하는 *a* 유전자—를 갖고 있다. 배지에 젖당이 존재하는 경우, 젖당이 세포로 들어가서 *lac* 억제인자와 결합한다. 이로 인해 억제인자의 구조가 변화되어 DNA 오퍼레이터와 결합하지 못한다. 이렇게 되면 구조유전자들이 전사되고, 효소들이 합성되어 젖당 분자가 분해된다. *lac* 오페론과 같은 유도오페론에서는, 억제인자 단백질은 **유도물질**(誘導物質, inducer) 역할을 하는 젖당이 없을 때에만 DNA와 결합할 수 있다.[4] 배지에서 젖당의 농도가 감소하면 젖당이 억제인자 분자의 결합자리에서 분리된다. 젖당이 분리된 억제인자는 오퍼레이터에 결합하여 중합효소가 구조유전자로 다가가지 못하도록 물리적으로 차단하므로 오페론의 전사가 멈춘다.

cAMP에 의한 양성조절 *lac* 오페론과 *trp* 오페론 등의 억제인자는 DNA에 결합하여 유전자 발현을 억제하는 음성조절(*negative control*)을 통해 영향력을 발휘한다. *lac* 오페론은 또한 양성조절(*positive control*)을 받기도 하는데, 이는 포도당효과(*glucose effect*)라고 하는 현상의 초기 연구에서 알려졌다. 세균 세포는 젖당이나 갈락토오스 등의 다양한 물질과 함께 포도당이 존재하는 경우, 포도

[4] 실제 유도물질은 알로락토오스(allolactose)이다. 이 당은 젖당(lactose)에서 기원되지만, 2개의 당(포도당과 갈락토오스)이 결합하는 방식이 젖당과 다르다. 이 차이는 논의에서 무시하였다.

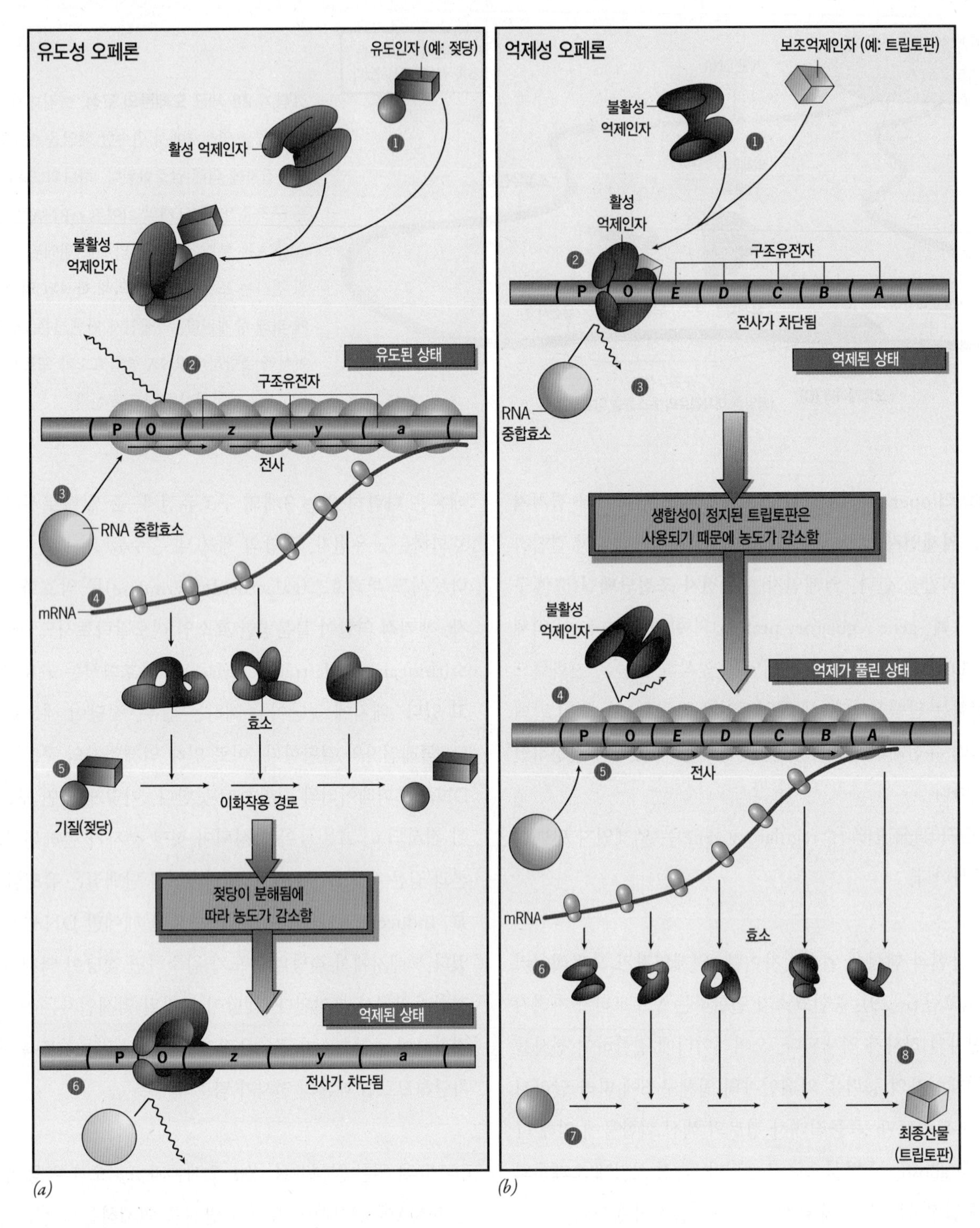

그림 6-29 오페론에 의한 유전자 조절. 유도성 오페론과 억제성 오페론은 비슷한 원리로 작용한다. 억제인자가 오퍼레이터에 결합하면, 유전자가 발현되지 않는다. 억제인자가 활성을 잃어 오퍼레이터에 결합하지 못하면, 유전자가 발현된다. *(a)* 유도성 오페론에서, (1) 유도물질(이 경우에는 2당류인 젖당)이 억제인자 단백질과 결합하여 (2) 오퍼레이터(O)에 결합하지 못하도록 한다. (3) 억제인자가 없는 경우에는, RNA 중합효소가 프로모터(P)에 결합하여 (4) 구조유전자를 전사한다. 따라서 젖당 농도가 높으면 오페론은 유도되어, 필요한 당-소화 효소들이 만들어진다. (5) 당이 대사되어 농도가 감소하면, (6) 결합하고 있는 유도물질이 억제인자에서 해리된다. 이에 따라 억제인자가 오퍼레이터에 결합하여 전사를 방해하는 능력을 회복하게 된다. 이처럼 유도물질의 농도가 낮으면 오페론이 억제되어 필요로 하지 않는 효소가 합성되지 않도록 한다. *(b) trp* 오페론과 같은 억제성 오페론에서, 억제인자 자체는 오퍼레이터에 결합하지 못하며, 효소를 암호화하는 구조유전자가 활발하게 전사된다. *trp* 오페론의 효소들은 이 필수 아미노산(트립토판)이 합성되는 반응을 촉매한다. (1) 트

당을 이화작용으로 분해하며 다른 물질은 무시한다. 배지에 포도당이 있으면, 다른 물질을 분해하는 데 필요한 β-갈락토시다아제 등의 여러 이화작용 효소 생산이 억제된다. 1965년에 놀라운 사실이 알려졌다. 이전에는 진핵생물에서만 물질대사에 관여한다고 생각하던 cAMP가 대장균(*E. coli*)에서 발견된 것이다. 세포 내의 cAMP 농도는 배지 내 포도당의 존재와 관련되어 있음이 밝혀졌다. 즉, 포도당 농도가 높을수록 cAMP 농도는 낮아진다. 더욱이, 포도당이 있는 배지에 cAMP를 첨가하면 존재하지 않던 이화작용 효소들이 갑자기 합성된다.

포도당이 cAMP 농도를 낮추는 정확한 방법은 아직 밝혀지지 않았지만, cAMP가 포도당의 영향을 극복하는 기작은 잘 밝혀져 있다. 예상할 수 있는 바와 같이, cAMP와 같은 작은 분자(그림 15-11 참조)는 스스로 특정 유전자의 발현을 자극하지 못한다. 진핵세포의 경우와 마찬가지로, 원핵세포에서 cAMP는 단백질—이 경우에는 cAMP 수용체단백질(*cAMP receptor protein*, *CRP*)—과 결합함으로써 작용한다. CRP 자체만으로는 DNA와 결합할 수 없다. 그러나 cAMP-CRP 복합체는 *lac* 조절 지역의 특수한 자리를 인식하고 결합한다(그림 6-30). CRP가 결합하면 DNA의 입체구조가 변화되며, 이로 인해 RNA 중합효소가 *lac* 오페론을 전사할 수 있게 된다. 따라서, 심지어 젖당이 존재하고 억제인자가 불활성화된 상태라 하더라도, 오페론이 전사되려면 결합된 cAMP-CRP 복합체의 존재가 필수적이다. 포도당이 풍부하게 존재한다면, cAMP 농도가 오페론의 전사를 촉진하기 위해 필요한 것보다 낮게 유지된다.

6-2-1-2 *trp* 오페론

트립토판(tryptophan, *trp*) 오페론 등의 억제성(*repressible*) 오페론에서, 억제인자는 자체로는 오퍼레이터 DNA에 결합할 수 없다. 트립토판과 같은 특정 요소와 복합체를 이루어야 억제인자가 DNA-결합 단백질로서 활성화된다(그림 6-29*b*). 이 때 트립토판은 보조억제인자(*corepressor*)로서 작용한다. 트립토판이 없을 때에는 오퍼레이터가 열려있어서 RNA 중합효소가 결합하고, *trp* 오페론의 구조유전자들을 전사하여 트립토판을 합성하는 효소들을 합성한다. 트립토판이 존재한다면, 트립토판 합성 경로의 효소들이 더 이상 필요하지 않다. 트립토판 농도가 높은 상황에서는 트립토판-억제인자 복합체가 형성되어 전사가 억제된다.

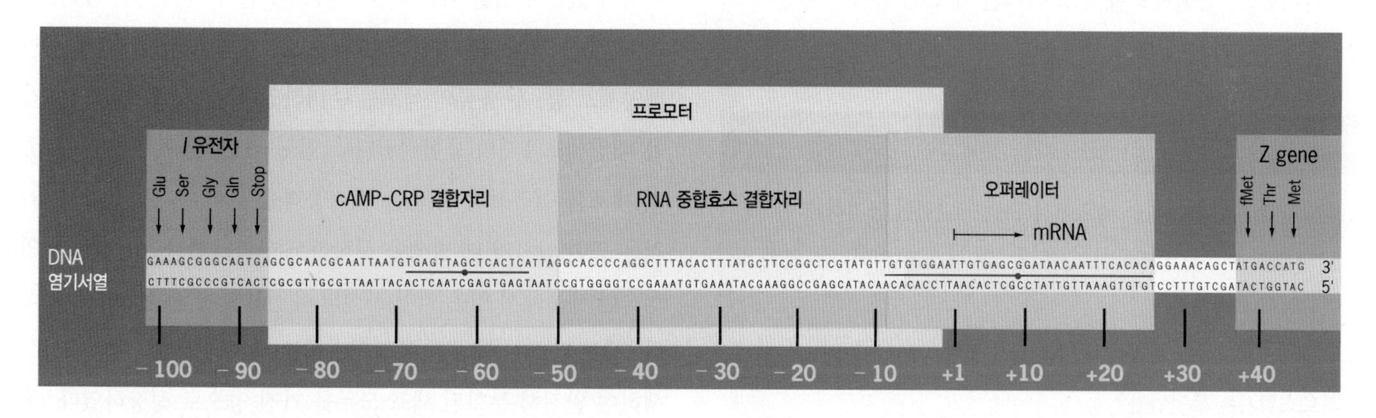

그림 6-30 *lac* 오페론의 조절부위에 있는 결합자리의 뉴클레오티드 서열. 프로모터 지역에는 DNA 중합효소와 CRP 단백질의 결합자리가 있다. 전사 개시자리는 +1로 표시하였으며, 번역 개시자리에서 상류로 약 40개 뉴클레오티드가 떨어져 있다. CRP 자리와 오퍼레이터에서 염기서열이 대칭으로 배열된 지역을 빨간색 선으로 나타내었다.

립토판 분자는 불활성 억제인자에 결합하여 보조억제자로 작용하며 (2) 억제인자의 형태를 변형시켜 오퍼레이터에 결합하도록 함으로써, (3) 구조 유전자가 전사되지 않도록 한다. 이처럼 트립토판 농도가 높으면 오페론이 억제되어 트립토판을 과다하게 생산하지 않도록 한다. (4) 트립토판 농도가 낮으면 대부분의 억제인자가 보조억제인자를 가지지 못하여 오퍼레이터에 결합하지 못한다. 따라서 (5) 유전자가 전사되고, (6) 효소들이 합성되며, (7) 필요로 하는 최종산물(트립토판)이 합성된다(8).

6-2-2 리보스위치

지난 몇 년 동안에 새로운 종류의 기작이 세균에서의 유전자 조절을 연구하는 연구자들의 흥미를 끌었다. *lac*과 *trp* 억제인자와 같은 단백질 만이 작은 대사산물과 상호작용하여 영향을 받는 유일한 유전자 조절 분자가 아니라는 사실이 밝혀졌다. 많은 세균 mRNA가 글루코사민(glucosamine)이나 아데닌(adenine) 등의 작은 대사산물과 현저한 특이성을 보이며 결합할 수 있음이 확인되었다. 대사산물은 mRNA의 매우 구조화된 5′ 비암호화 지역에 결합한다. **리보스위치**(riboswitch)라고 하는 이들 mRNA는 대사산물과 결합하면 접힌 구조가 변화되어, 그 대사산물 생산에 관여하는 유전자의 발현이 달라진다. 대부분의 리보스위치는 전사 종료 또는 번역 개시를 차단하여 유전자 발현을 억제한다. 오페론과 결합하여 기능을 나타내는 억제인자와 마찬가지로, 리보스위치도 세포가 어떤 대사산물을 이용할 수 있는 양이 변화하는 상황에 대응하여 유전자 발현 수준을 조정하도록 한다. 리보스위치는 단백질 보조인자 없이 작용한다는 점에서, 고대 RNA 세계로부터 전해져오는 또 하나의 유산인 것으로 보인다. 식물과 곰팡이에서 리보스위치의 한 종류가 발견되었고, 동물세포에서도 이러한 새로운 형태의 유전자 조절에 대한 연구가 진행되고 있다.

복습 문제

1. 젖당을 첨가한 후, 세균 세포에서 유전자 발현이 급격하게 변화되는 일련의 사건을 설명하시오. 트립토판 첨가 후 일어나는 일과 비교하면 어떠한가?
2. β-갈락토시다아제 합성에서 cAMP의 역할은 무엇인가?
3. 리보스위치는 무엇인가?

6-3 진핵생물에서 유전자 발현의 조절

복합체인 식물이나 동물은 수만 개의 유전자를 간직한 유전체를 갖고 있을 뿐만 아니라, 서로 다른 많은 유형의 세포로 구성되어 있다. 예를 들면, 척추동물은 수백 가지의 세포 유형들로 구성되어 있는데, 각각의 세포는 세균 세포보다 훨씬 더 복잡하며 특수화된 활동을 수행할 수 있도록 하는 별개의 다른 단백질들을 필요로 한다.

세포가 자신의 세포 유형의 기능에 필요한 일부 염색체는 보존하고, 반면에 필요하지 않은 염색체 부분은 제거함으로써 특정한 분화 상태를 이룬다고 생물학자들이 생각한 때가 있었다. 유전 정보의 소실에 의해 분화가 이루어진다는 생각은 1950년대와 1960년대에 식물과 동물에서 수행한 일련의 핵심적 실험에 의해 마침내 잠재워졌다. 이 실험들에서 분화된 세포가 그 생명체의 그 어떤 세포로 분화되는 데 필요한 유전자를 간직하고 있다는 것이 밝혀졌다. 한 예로, 코넬대학교(Cornell University)의 프레드릭 스튜어드(Frederick Steward) 연구진은 성숙한 식물에서 분리된 뿌리세포가 정상적으로 존재하는 다양한 유형의 세포를 모두 가진 완전히 발달된 식물체로 자라도록 유도할 수 있음을 증명하였다.

비록 성숙한 동물의 세포 1개로부터 새로운 개체가 발생할 수는 없다 하더라도, 이들 세포의 핵이 새로운 개체 발생에 필요한 모든 정보를 갖고 있음이 알려졌다. 이러한 사실은 1997년 스코틀랜드 연구진이 최초로 포유동물—돌리(Dolly)라고 이름붙인 양—을 복제(複製, cloning)함으로써 가장 극적으로 밝혀졌다. 이 논란의 여지가 있는 위업을 이룬 과정은 다음과 같다. 연구진은 (1) 염색체를 제거한 양의 미수정란과 (2) 성숙한 양의 젖샘(유방)에서 얻은 배양세포 등, 두 종류의 세포를 준비하였다. 핵을 제거한 난자 각각을 배양세포 1개와 융합시켰다(그림 6-31). 세포 융합은 두 종류의 세포를 접촉시킨 뒤 짧은 전기충격을 주어 수행하였다. 전기충격은 또한 난자가 배 발생을 시작하도록 자극한다. 이 과정에 의해 성숙한 세포에서 얻은 핵이 자신의 유전물질이 없는 난자로 이식된다. 새로운 핵이 제공한 유전명령에 의해 수정란이 정상적으로 발생하여 완전히 분화된 세포 모두를 가진 양으로 성장하였다. 돌리의 탄생 이후, 생쥐, 소, 염소, 돼지, 토끼, 고양이를 비롯하여 10여 종의 다른 포유동물이 성공적으로 복제되었다(그림 6-13*c* 참조).

이러한 실험을 통하여 식물 뿌리나 동물의 분비샘(分泌腺) 등 특수화된 세포의 핵이 다른 세포 유형으로 분화하는 데 필요한 유전정보를 갖고 있다는 사실이 명백해졌다. 실제로 신체의 세포는 모두 완벽한 유전자 한 벌을 갖고 있다. 따라서 세포의 성격을 결정하는 것은 세포 내에 유전자가 존재하는지 여부가 아니라, 이들 유전자를 어떻게 활용하는가 하는 것이다. 예를 들어 어떤 세포가 특

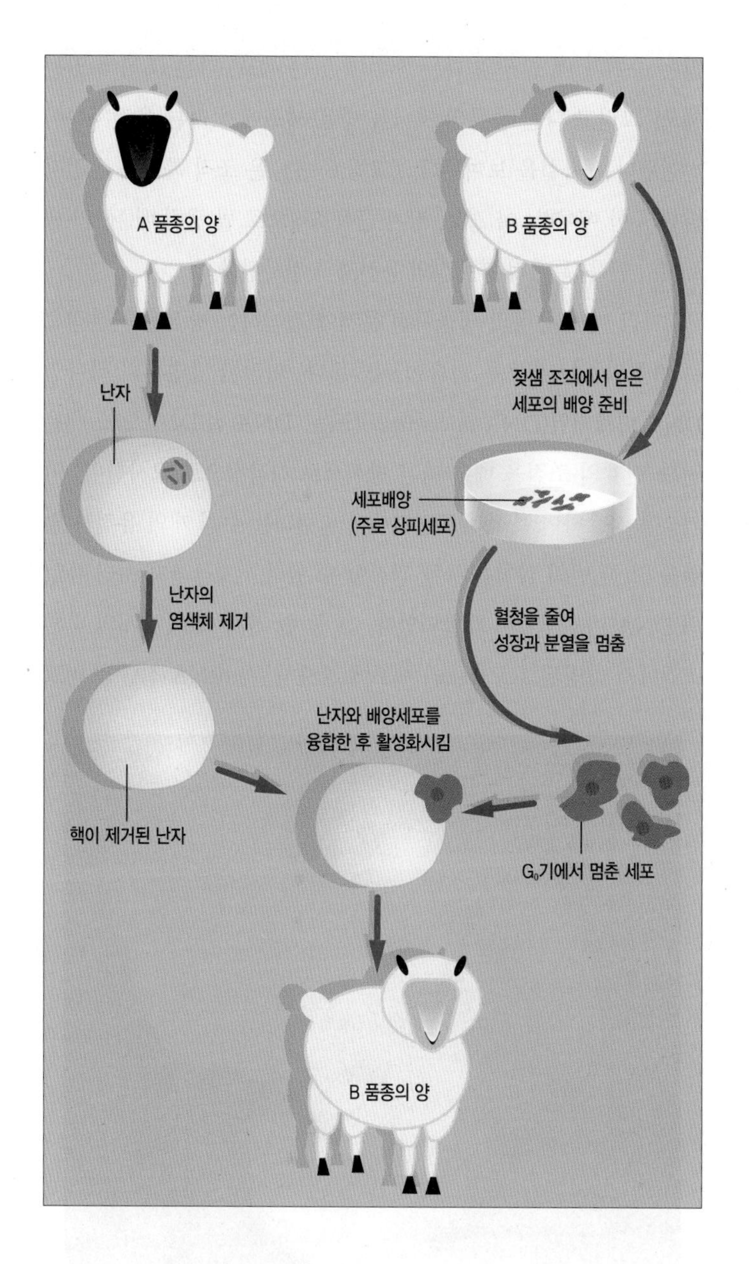

그림 6-31 **동물복제는 핵에 모든 유전정보가 간직되어 있다는 사실의 증거이다.** 양(羊)의 한 품종에서 얻은 후 핵을 제거한 난자를 또 다른 품종의 암컷의 젖샘(乳腺) 세포와 융합하였다. 활성화된 수정란은 건강한 양으로 발생되었다. 새로 태어난 양의 유전자는 모두 이식된 핵에서 유래한 것(유전자 표지를 사용하여 입증하였음)이어야 한다. 따라서 이 실험을 통해 분화된 세포가 원래의 접합자(zygote)에 있던 유전정보 모두를 간직하고 있다는 생각을 확인할 수 있다. [핵 이식 실험에서 겪는 주요한 어려움은 활성상태인 (생식세포가 아닌) 체세포 핵을 상대적으로 불활성상태인 난자의 세포질에 갑자기 집어넣을 때 발생한다. 공여자 핵의 손상을 피하기 위해, 배양액의 혈청 양을 과감하게 줄여서 배양세포를 세포주기가 정지된 상태(G_0기)로 만들었다.]

정한 한 벌의 "간(肝, liver) 유전자"를 발현하고, 동시에 간 기능과 관계없는 생산물을 만드는 유전자들은 억제하면 간세포로 되는 것이다. 위에서 설명한 복제 실험의 성공으로 분화된 세포의 전사 상태는, 염색질 상태에 의존하게 되며, 비가역적이지 않다는 결론을 얻었다. 복제실험 동안에 분화된 세포의 핵은 자신이 유래한 성숙한 조직의 유전자 발현을 멈출 수 있고, 새롭게 만난 활성화된 난자에게 적절한 유전자를 선택적으로 발현하기 시작한다. 이러한 복제 실험 결과를 바탕으로, 분화된 세포의 핵이 새로운 환경의 세포질에 존재하는 여러 인자에 의해서 재프로그램될(*reprogrammed*) 수 있다고 결론지을 수 있다. 이 장(章)의 나머지 부분에서 분자생물학의 핵심인 선택적 유전자 발현에 대한 주제를 다룬다.

세균 세포는 일반적으로 약 3,000개의 폴리펩티드를 암호화하는 DNA를 갖고 있으며, 이 가운데 약 1/3은 대개 그 어느 때라도 발현된다. 이것을 수백만 개의 폴리펩티드를 암호화하는 DNA(60억개 염기쌍)를 가진 사람세포와 비교해 보자. 비록 이들 DNA의 방대한 양이 실제로 단백질-암호화 정보를 갖고 있지 않지만, 전형적인 포유동물 세포는 그 어느 때라도 적어도 5,000개의 폴리펩티드를 만드는 것으로 추정된다. 실제로 해당과정의 효소와 호흡 사슬의 전자운반체 같은 많은 폴리펩티드가 신체의 모든 세포에서 합성된다. 동시에 각 유형의 세포는 분화된 상태에 알맞은 고유한 단백질을 합성한다. 다른 그 어떤 구성성분보다 이런 단백질로 인하여 세포는 유형에 따른 고유한 성질을 얻는다. 진핵세포에는 DNA와 조립되는 단백질이 매우 많아서 진핵생물의 유전자 발현 조절은 상당히 복잡한 과정이어서, 이제야 비로소 이해되기 시작하였다.

사람의 골수 안에서 적혈구로 발생하는 세포에 대해 생각해보자. 헤모글로빈은 이 세포의 단백질 중 95% 이상을 차지하지만, 헤모글로빈 폴리펩티드를 암호화하는 유전자는 전체 DNA의 1백만분의 1보다도 적다. 세포는 건초더미에서 바늘을 찾듯이 염색체에서 헤모글로빈 유전자를 찾아내야 할 뿐 아니라, 이들 적은 수의 폴리펩티드 생산이 세포에서 가장 활발한 합성 활동이 되도록 유전자 발현을 높은 수준으로 증가시켜야 한다. 특정 단백질을 합성하는 일련의 과정은 몇 가지 뚜렷한 단계를 포함하기 때문에, 여러 가지 수준에서 조절이 일어날 수 있다. 진핵세포에서 유전자 발현의 조절은 주로 세 가지 수준에서 일어나며, 그 개요를 〈그림 6-32〉에 요약하였다.

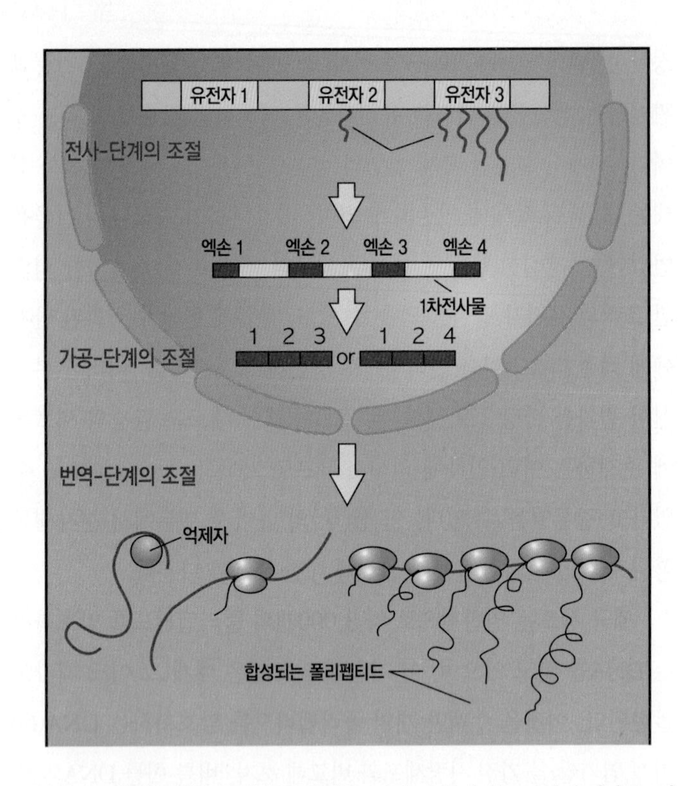

그림 6-32 **유전자 발현 조절 수준의 개요.** 전사-수준에서는 어떤 유전자를, 얼마나 자주 전사할 것인가를 결정하여 조절한다. 가공-수준에서는 1차전사물의 어떤 부분을 세포 내 mRNA 풀에 포함시킬 것인가를 결정하여 조절한다. 번역-수준에서는 특정 mRNA를 번역할 것인지 여부, 번역한다면 얼마나 자주, 얼마나 오래 할 것인가를 조절한다.

1. **전사-단계의 조절:** 특정 유전자를 전사할 것인지 여부, 전사한다면 얼마나 자주 전사할 것인지를 결정하는 기작.
2. **가공-단계의 조절:** 1차전사물(mRNA 전구체)이 폴리펩티드로 번역될 수 있는 mRNA로 가공되는 경로를 결정하는 기작.
3. **번역-단계의 조절:** 특정 mRNA를 실제로 번역할 것인지 여부, 번역한다면 얼마나 자주, 그리고 얼마나 오랫동안 전사할 것인지를 결정하는 기작.

다음 몇 단락에서 이러한 조절 전략에 대해 차례로 살펴본다.

6-4 전사-단계의 조절

원핵세포와 마찬가지로, 차등 유전자 전사는 진핵세포가 그 어느 때라도 선별된 단백질을 합성하는 하나의 가장 중요한 기작이다. 많은 증거가 배 발생의 다른 시기에 있는 세포, 다른 조직에 있는 세포, 그리고 다른 종류의 자극을 받은 세포에서 다른 유전자들이 발현된다는 사실을 보여준다. 〈그림 6-33〉은 조직 특이적 유전자 발현의 한 예이다. 이 경우, 장차 근육조직으로 될 생쥐 배(胚)의 세포에서 근육-특이적 단백질의 유전자가 전사된다.

가끔 어떤 유형의 생물학적 문제에 접근하는 방식을 근본적으로 바꾸어주는 새로운 기술이 고안된다. 이러한 방법론의 하나인 **DNA 미세배열**(DNA microarray)[또는 "DNA 칩(DNA chip)"]은 전사-단계의 조절을 매우 다른 방식으로 시각적으로 묘사한다. 이 기술을 사용하면 특정 세포집단에서 발현되는 수천 개의 유전자 발현을 단 한 번의 실험을 통해 관찰할 수 있다.[5] 지금까지 여러 유형의 DNA 미세배열이 개발되었다. 그 중 한 가지 예는, 2개의 다른 조건에서 배양된 효모(yeast) 세포에 존재하는 mRNA 집단을 비교

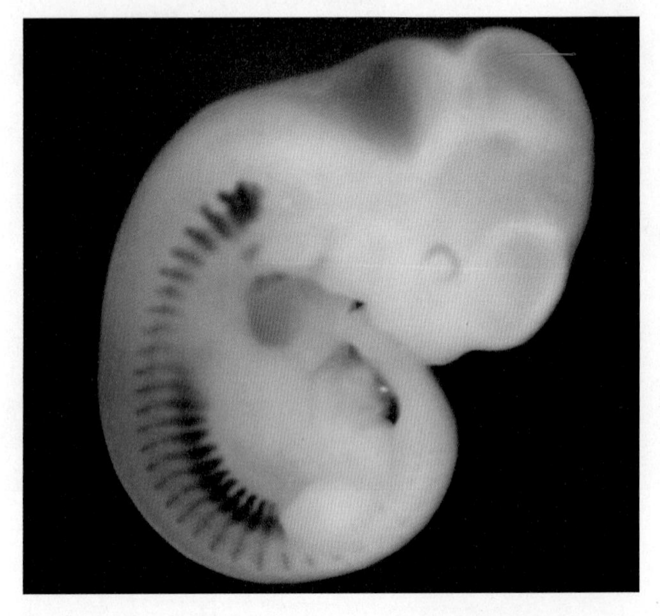

그림 6-33 **근육세포 분화에 관련된 유전자의 조직 특이적 발현에 대한 실험적 증명.** 미오게닌(myogenin) 유전자의 전사는 11.5일째의 생쥐 배(胚)에서 근육조직으로 분화될 체절의 근육분절(分節)(myotome) 부위에서 특이적으로 활성화된다. 사진은 세균 β-갈락토시다아제 유전자의 상류에 미오게닌 유전자 조절부위를 갖고 있는 형질전환 생쥐 배이다. β-갈락토시다아제 유전자는 리포터(*reporter*)이다. β-갈락토시다아제 효소는 간단한 조직화학적 검사에서 파란색을 나타내기 때문에 쉽게 그 존재를 알 수 있다. 따라서 이 유전자는 유전자의 조직 특이적 발현을 확인하는 용도로 흔히 사용된다. 전사인자가 미오게닌 유전자의 조절부위에 결합하여 전사가 활성화된 것을 파란색으로 염색된 세포로 알 수 있다.

하는 것이다(그림 6-34). 그림의 a는 이 유형의 실험에서 사용된 기본 단계의 개요이다. 각 단계를 간단히 설명하면 다음과 같다.

1. 제18장에서 설명한 기술(PCR, 그림 18-43; DNA 클로닝, 그림 18-43)을 이용하여, 연구대상인 각 유전자의 DNA 단편을 만든다. 〈그림 6-34*a*〉의 아래 쪽에 있는 a단계의 그림에서, 평판의 각 웰(well)에는 특정한 클론된 효모 유전자가 소량 들어 있다. 웰마다 다른 유전자가 들어 있다. 클론된 DNA는, 농축된 DNA 용액을 몇 나노리터(nanoliter, nl)씩 받침유리 위의 특정한 위치로 전달하는 자동화 기계에 의해, 한 번에 하나씩 받침유리 위로 옮겨져 질서정연하게 반점(spot)으로 배열된다(b단계). c단계는 완성된 DNA 미세배열이다. 이 기술을 이용하여 수천 개에 이르는 각 유전자의 DNA 단편을 받침유리 표면 위의 알려진 위치에 반점으로 만들어 옮길 수 있다.
2. 한편, 연구대상인 세포에 있는 mRNA를 정제 후(그림 6-34, 1단계) 형광물질로 표지된 상보적 DNA(cDNA)로 전환시킨다(2단계). cDNA를 만드는 방법 역시 제18장에서 설명하였다(그림 18-45 참조). 아래의 예(그림 6-34)에서는 2개의 서로 다른 세포 집단에서 cDNA를 만들고, 한 집단은 초록색 형광물질로 표지하고 다른 한 집단은 빨간색 형광물질로 표지하였다. 표지된 두 cDNA 집단을 섞은(3단계) 다음, 고정된 DNA를 가진 받침유리와 함께 배양한다(4단계).
3. 표지된 cDNA와 혼성화시킨 미세배열에 있는 DNA를 현미경으로 확인한다(5단계). 미세배열에서 형광을 띄는 반점은 모두 연구대상 세포에서 전사된 유전자를 나타낸다.

〈그림 6-34*b*〉는 이 실험의 실제 결과이다. 〈그림 6-34*b*〉의 미세배열에 있는 각 반점은 효모게놈의 각기 다른 유전자의 DNA 단편을 고정한 것이다. 이 반점들을 모두 합하면, 효모세포에 존재하는 단백질-암호화 유전자 약 6,200개의 DNA 전체가 된다. 위에서 설명한대로, 이 특정 DNA 미세배열을 두 종류의 cDNA를 혼합한 것과 혼성화시켰다. 초록색 형광염료로 표지한 cDNA 집단은 고농도의 포도당에서 배양한 효모의 mRNA로부터 만든 것이다. 대부분의 세포와 다르게, 제빵용 효모는 포도당과 산소가 존재할 때에는 해당과정과 발효를 통해 에너지를 얻으며, 포도당을 에탄올로 빠르게 전환시킨다(3-3절). 빨간색 형광염료로 표지한 cDNA 집단은 에탄올은 풍부하지만 포도당은 없는 배양액에서 산소를 이용하며 자란 효모의 mRNA로부터 만든 것이다. 이런 조건에서 자란 세포는 산화적 인산화과정(TCA 회로의 효소를 필요로 함)으로 에너지를 얻는다. 두 cDNA 집단을 섞은 후 미세배열의 DNA와 혼성화시키고, 형광현미경으로 검사한다. 포도당 농도가 높은 배지 또는 에탄올 농도가 높은 배양액에서 활성화된 유전자는 미세배열에서 각각 초록색 또는 빨간색으로 나타난다(5단계, 그림 6-34*a*,*b*). 〈그림 6-34〉에서 색이 없는 반점은 두 배양조건 모두에서 전사되지 않은 유전자이며, 노란색 형광을 나타내는 반점은 두 배양조건 모두에서 전사된 유전자이다. 삽입도는 미세배열의 일부를 확대한 것이다.

〈그림 6-34*b*〉의 실험 결과로 두 종류의 다른 성장조건에서 전사된 효모의 유전자를 확인할 수 있다. 이와 함께 중요한 점은, 이 방법으로 세포의 각 mRNA의 양에 대한 정보도 알 수 있다는 것으로, mRNA 양은 반점의 형광 강도에 비례한다. 예를 들면, 매우 강한 초록색 형광을 보이는 반점은 포도당 배양조건에서는 전사가 활발하게 이루어지지만, 에탄올 배양조건에서는 전사가 억제되는 유전자이다. 각 mRNA의 농도는 효모세포에서 100배 이상의 차이를 보일만큼 다양하다. 이 방법은 매우 민감해서, 한 세포에 1개의 복사본보다 적은 양의 mRNA가 있어도 탐지해낼 수 있다.[6]

〈그림 6-34*c*〉는 실험기간 동안 포도당과 에탄올의 농도 변화이다. 포도당은 효모에 의해 빠르게 대사되어 몇 시간 내에 사라진다. 포도당 발효에 의해 만들어진 에탄올은 효모에 의해 5일 동안 점진적으로 대사되어 결국 배양액에서 사라진다. 〈그림 6-34*d*〉는 이 실험기간 동안, TCA 회로 효소의 유전자가 발현되는 수준이 변

[5] 다른 많은 중요한 분자생물학 기술과 마찬가지로, 미세배열을 이용하는 방식도 많은 실험실에서 다른 기술로 많이 대체되고 있다. 최근 들어 DNA 서열분석 비용이 크게 낮아짐에 따라, 미세배열 칩에 고정한 DNA와 혼성화시켜 간접적으로 분석하기보다 직접 DNA나 RNA 서열을 결정할 수 있다.이러한 기술의 전환은 〈그림 6-41〉에 나타내었다. 이 그림에서 DNA 서열을 분석하는 두 가지 방식—미세배열(ChIP-chip)을 사용하는 방식, 단순하게 분석할 DNA 조각의 서열을 결정하는 방식—을 비교할 수 있다. ChIP-seq 선택 조건은 몇 년 전만 해도 이용할 수 없던 것이다.

[6] mRNA 양의 차이에는 mRNA의 안정도 차이 뿐만 아니라 전사 속도의 차이도 반영되는 것으로 보인다. 따라서 DNA 미세배열을 통해 얻은 결과를 전사-단계의 조절에 근거하여 단독으로 해석할 수 없다.

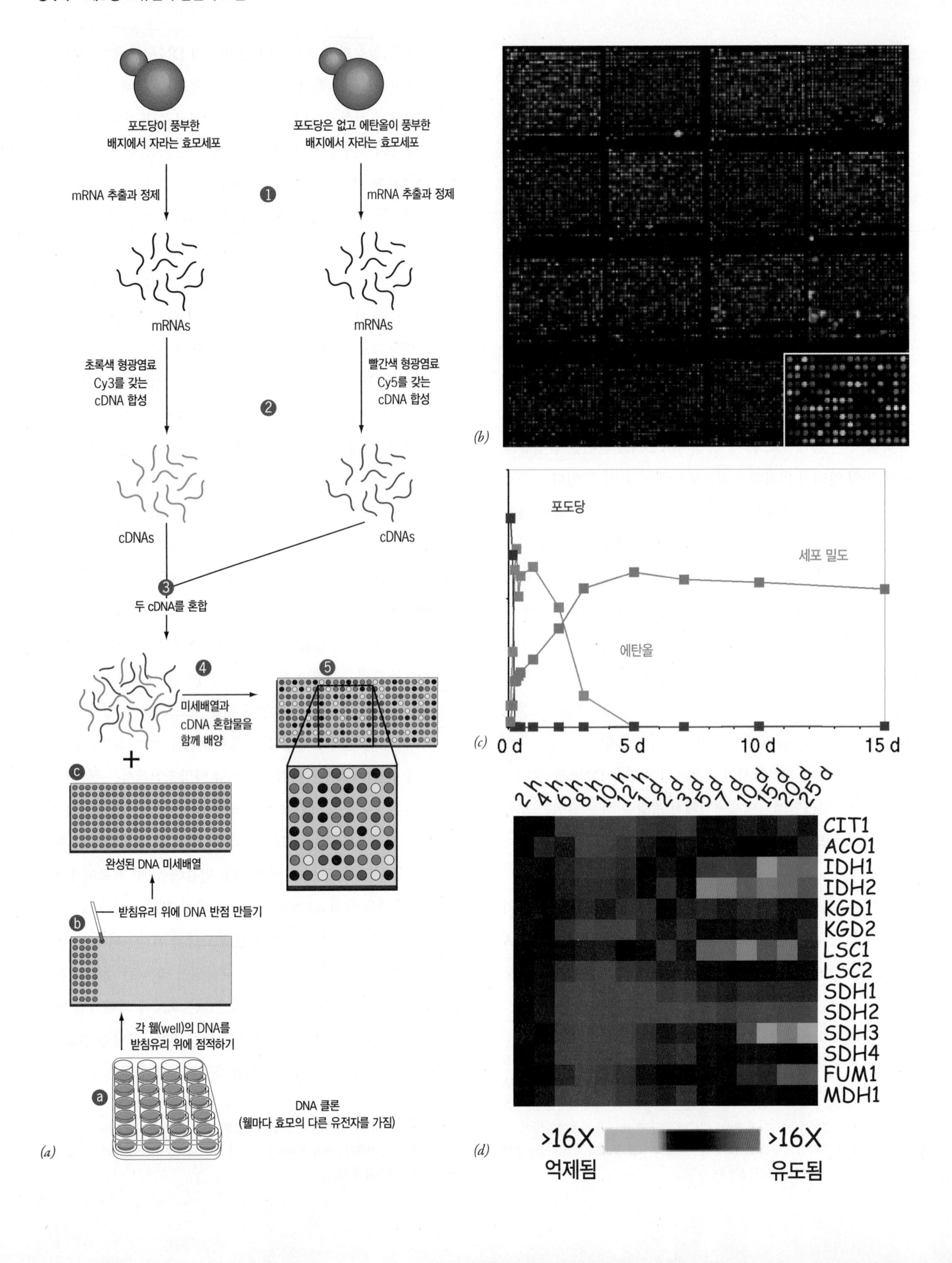
포도당이 풍부한
배지에서 자라는 효모세포
포도당은 없고 에탄올이 풍부한
배지에서 자라는 효모세포
mRNA 추출과 정제
1
mRNA 추출과 정제
mRNAs
mRNAs
초록색 형광염료
Cy3를 갖는
cDNA 합성
2
빨간색 형광염료
Cy5를 갖는
cDNA 합성
cDNAs
cDNAs
3
두 cDNA를 혼합
4
미세배열과
cDNA 혼합물을
함께 배양
5
c
완성된 DNA 미세배열
받침유리 위에 DNA 반점 만들기
b
각 웰(well)의 DNA를
받침유리 위에 점적하기
a
DNA 클론
(웰마다 효모의 다른 유전자를 가짐)
(a)
(b)
포도당
세포 밀도
에탄올
(c)
0 d
5 d
10 d
15 d
2 h
4 h
6 h
8 h
10 h
12 h
1 d
2 d
3 d
5 d
7 d
10 d
15 d
20 d
25 d
CIT1
ACO1
IDH1
IDH2
KGD1
KGD2
LSC1
LSC2
SDH1
SDH2
SDH3
SDH4
FUM1
MDH1
>16X
억제됨
>16X
유도됨
(d)

화하는 양상이다. 각 유전자(오른쪽에 표시함)의 발현 정도를 시간 간격으로 표시하였다. 빨간색 음영은 발현 증가를, 초록색 음영은 발현 감소를 나타낸다. TCA 효소 유전자의 전사는 세포가 유산소 호흡에 의해 대사된 탄소원(에탄올)에서 성장할 때에는 촉진되고, 에탄올이 고갈되면 저해되는 것이 명백하다.

세포가 분열하거나 정상세포가 악성종양세포로 형질이 전환되는 등의 다양한 생물학적 사건에서 일어나는 유전자 발현의 변화를 연구하는 목적으로 DNA 미세배열을 사용하고 있다. cDNA를 PCR 방법으로 증폭한다면, 하나의 종양세포에서 만들어내는 다양한 RNA를 연구하는 것도 가능하다. 현재는 많은 진핵세포 유전체의 서열이 밝혀짐에 따라 무한대에 이르는 다양한 유전자의 발현을 다양한 조건에서 연구할 수 있다.

DNA 미세배열은 유전자 발현을 시각적으로 보여줄 뿐만 아니라, 많은 잠재적 활용도를 갖는다. 예를 들면, DNA 미세배열은 인류 집단에서 유전적 변이의 정도를 결정하거나 어떤 사람의 염색체에 있는 특정 유전자의 대립인자들을 확인하는 데 활용될 수 있다.

그림 6-34 DNA 미세배열(microarray)의 제작과 유전자 전사 추적에서 활용하기. (*a*) DNA 미세배열 제작 과정. 1-3단계는 이 실험에 사용되는 cDNA(세포에 있는 mRNA를 역전사한 DNA)의 준비과정이다. *a*-*c* 단계는 DNA 미세배열의 준비과정이다. cDNA 혼합물을 4단계에서 미세배열과 함께 배양하였고, 가정한 결과를 5단계에 나타내었다. 반점(spot) 색깔의 강도는 결합한 cDNA 수에 비례한다. (*b*) (1) 포도당이 있는 조건(초록색으로 표지된 cDNA)과 (2) 포도당을 없애고 에탄올이 있는 조건(빨간색으로 표지된 cDNA)에서 효모세포로부터 전사된 mRNA의 cDNA 혼합물을 이용한 실험 결과. 노란색 형광을 보이는 반점은 두 성장조건 모두에서 발현된 유전자에 해당한다. 오른쪽 아래에 삽입된 그림은 미세배열 결과의 한 부분을 확대한 것이다. 이 실험의 자세한 내용은 본문에서 논의한다. (*c*) 배양액 내의 포도당과 에탄올 농도, 세포 밀도의 변화. 효모세포는 초기에는 포도당을 소비하고, 그 후 발효를 통해 생산해낸 에탄올을 소비한다. 결국 두 화학에너지 원천이 모두 소비되면 성장을 멈춘다. (*d*) TCA-회로 효소들의 유전자 발현 변화. 각 수평 열은 다른 시간대에 특정 유전자가 발현된 수준을 나타낸다. 유전자의 명칭은 오른쪽에 표시하였다(효소에 대해서는 〈그림 9-7〉 참고). 밝은 빨간색 네모는 유전자 발현의 가장 높은 수준을, 밝은 초록색 네모는 가장 낮은 발현 수준을 나타낸다. TCA-회로 효소들의 유전자 발현은 세포가 에탄올을 대사하기 시작할 때 유도되고, 에탄올이 고갈되면 억제되는 것으로 보인다.

특히 대립인자에 대한 정보를 이용하여, 언젠가는 어떤 사람이 살아가는 동안에 걸리기 쉬운 질환을 초기에 예방할 수 있는 기회를 얻을 수 있게 될 것으로 기대된다.

6-4-1 유전자 발현의 조절에서 전사인자의 역할

어떻게 하여 특정 세포에서 어떤 유전자는 전사되고 어떤 유전자는 활성을 나타내지 않는지를 규명함에 있어 많은 진보가 이루어져 왔다. 전사는 **전사인자**(轉寫因子, transcription factors)라고 하는 수많은 단백질의 조화에 의해 통제된다. 제5장에서 논의한 것처럼, 이런 단백질은 기능에 따라 2개의 부류로 나눌 수 있다. 즉, 일반 전사인자는 핵심프로모터(core promoter)에 RNA 중합효소와 연계하여 결합하고, 서열-특이적 전사인자는 특정 유전자의 다양한 조절자리에 결합한다. 후자의 전사인자는 인접한 유전자의 전사를 촉진하는 전사활성자(*transcriptional activator*)이거나 전사를 억제하는 전사억제자(*transcriptional repressor*)로서 작용한다.[7] 이 절에서는 전사활성자에 초점을 맞춘다. 이 전사활성자의 역할은 DNA 내의 특정 조절자리에 결합하여 실제로 유전자를 전사하는 많은 단백질 복합체를 끌어오는 것이다. 이 과정에 관여된 단계를 다음 몇 페이지에 걸쳐 설명하고자 한다.

비록 많은 전사인자들의 세부구조를 알고 이들이 표적 DNA 염기서열과 상호작용하는 방식을 안다 하더라도, 이들의 운영 기작을 통합하여 이해하기에는 아직도 갈 길이 멀기만 하다. 예를 들면, 단일 유전자가 다양한 전사인자와 결합하는 수많은 서로 다른 DNA 조절자리에 의해 통제될 수 있는 것이 분명하다. 반대로, 단일 전사인자가 유전체의 여러 곳에 결합하여 수많은 여러 유전자의 발현을 조절할 수도 있다. 세포 유형마다 특징적인 유전자 전사 양상을 보이는데, 이것은 그 세포에 있는 전사인자의 특정 보충물(complement)에 의해 결정된다.

[7] 단백질이 아니라 비암호화 조절 RNA들이 특정한 유전자의 전사를 활성시키거나 억제시킨다고 보고되기 시작했다. 이러한 예는 과학잡지 〈*Nature* 445: 666, 2007; *Mol. Cell* 29: 415, 2008〉 및 〈*Nature Med*. 14: 723, 2008〉에서 볼 수 있다. 미래에는 비암호화 RNA들이 마치 전사후 단계에서 하는 것과 마찬가지로 전사 단계 조절에서도 중요한 역할을 한다는 것이 분명해질 것이다.

유전자 전사의 조절은 복잡하며, 다양한 상황에 따라 영향을 받는다. 이러한 상황으로는 특정 DNA 염기서열에 대한 전사인자의 친화력과 특정 DNA 염기서열 가까이에 결합한 전사인자들이 서로 직접 상호작용하는 능력 등이 있다. 〈그림 6-35〉는 이웃한 전사인자 사이의 협력적인 상호작용의 한 예이다. 이런 점에서, 한 유전자의 조절부위는 그 유전자의 발현을 위한 통합 중심부라고 생각할 수 있다. 다른 자극에 노출된 세포는 다른 전사인자들을 합성함으로써 자극에 반응하는데, 다른 전사인자는 DNA의 다른 부분에 결합한다. 주어진 유전자가 전사되는 범위는 아마도 상류에 있는 조절부위에 결합한 전사인자들의 특정 조합에 따라 다를 것이다. 유전자의 5~10%가 전사인자를 암호화한다는 것을 고려하면, 전사인자 사이의 가능한 상호작용의 조합은 거의 무한대가 될 것이다. 다른 유형의 세포, 다른 조직, 다른 발생 단계, 다른 생리학적 상태 사이에서 뚜렷하게 나타나는 유전자 발현 양상의 다양성은 DNA와 조절 단백질 사이의 이런 복잡한 상호작용에서 밝혀졌다.

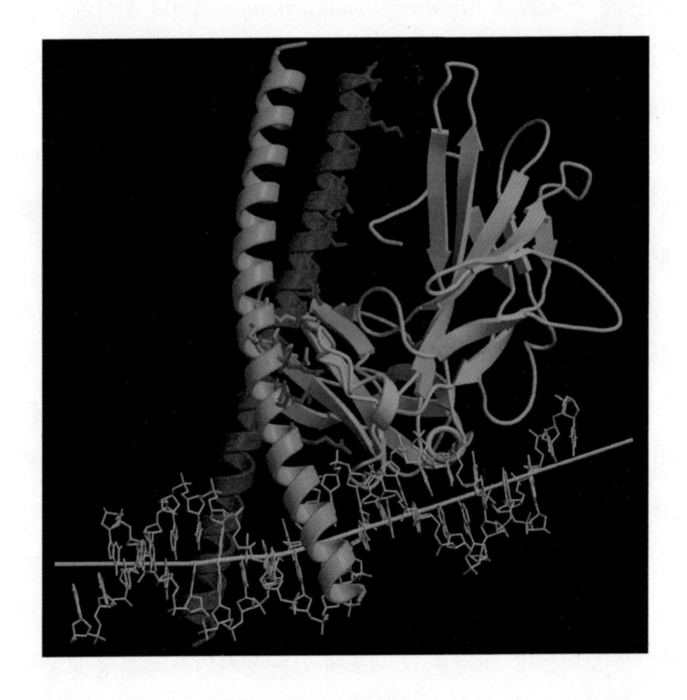

그림 6-35 유전자 조절부위의 여러 자리에 결합한 전사인자들 사이의 상호작용. 면역반응에 관계된 사이토카인(cytokine) 유전자의 상류에 있는 DNA에 결합한 두 전사인자 NFAT-1(초록색)과 AP-1(소단위 2개를 빨간색과 파란색으로 나타내었음)의 3차구조이다. 두 단백질의 협력적 상호작용으로 인해 사이토카인 유전자의 발현이 달라진다. 회색 선은 DNA의 나선 경로를 표시한 것으로 단백질-단백질 상호작용으로 인해 구부러져 보인다.

6-4-1-1 세포의 표현형을 결정하는 전사인자의 역할

제1장의 〈인간의 전망〉에서 살펴본 것처럼, 포유동물 배 발생의 아주 초기에 나타나는 배아줄기(embryonic stem, ES)세포는 2가지의 주요 특성을 보인다. 즉, (1) 무제한의 자기-회복 능력과 (2) 체내 모든 종류의 세포로 분화할 수 있는 능력인 다능성(多能性, pluripotent)이다. 이들 다능성 줄기세포는 자기-회복 다능성 상태를 유지하는 데 중요한 역할을 하는 특정 조합의 전사인자를 갖고 있는 것으로 수년 동안 알려져 왔다. 2006년에 신야 야마나카(Shinya Yamanaka)와 카즈토시 타카하시(Kazutoshi Takahashi)가 24개의 다양한 전사인자 유전자를 어른 생쥐의 섬유모세포(fibroblast)에 도입한 실험을 통해서, 배아줄기세포 생물학에서 전사인자가 얼마나 중요한 역할을 하는지가 밝혔다. 이들은 이 유전자들을 바이러스 매개체(vector)에 삽입하여 섬유모세포로 형질도입하였고, 바이러스 유전체가 숙주세포의 유전체로 통합되면 전사인자 유전자가 발현된다. 그 결과 오직 4개의 특정 전사인자—Oct4, Sox2, Myc, Klf4—를 암호화하는 유전자 조합만으로도 섬유모세포를 재프로그램하는 데 충분하며, 다능성 배아줄기세포처럼 행동하는 미분화된 세포로 전환시킬 수 있음을 확인하였다. 세포 배양에서 세포의 재프로그램 과정은 단일 세포 세대에서는 일어나지 않지만, 세포가 분열함에 따라 점진적으로 일어난다. 세포가 재프로그램됨에 따라, 다능성을 통제하는 세포 내부의 유전자가 활성화되어 형질도입한 4개의 유전자가 침묵된다. 분화된 세포에서 후성유전 표시(히스톤 변형과 DNA 메틸화 양상)가 "지워지고" 배아줄기세포의 특징적인 후성유전 표시가 새로 설치되는 방식으로 염색질이 재배열되어 재프로그램이 이루어진다. 이러한 초기 실험에서 만들어진 유도된 다능성 줄기세포(induced pluripotent stem cell, *iPS* cell)들은 배양조건에서 무한대로 분열하고 신체의 다양한 모든 세포로 분화할 수 있다.

6-4-2 전사인자의 구조

많은 DNA-단백질 복합체의 3차구조가 엑스-선 결정학과 NMR 분광학에 의해 밝혀짐에 따라, 이들 두 거대한 고분자가 상호작용하는 방식에 대한 밑그림을 제공한다. 대부분의 단백질과 마찬가지로, 전사인자도 다른 기능을 수행하는 여러 영역을 갖고 있다. 전사인자는 전형적으로 최소한 두 영역으로 이루어진다. DNA-결합 영역(DNA-binding domain)은 DNA의 특정 염기쌍에 결합하고, 활성화 영역(activation domain)은 다른 단백질과 상호작용하여 전사를 조절한다. 이에 덧붙여 많은 전사인자가 동일하거나 유사한 구조의 다른 단백질과 결합하여 2량체(dimer)를 형성하도록 촉진하는 표면을 갖는다(그림 6-36). 2량체 형성은 많은 종류의 전사인자에서 나타나는 공통 특징이며, 유전자 발현 조절에 있어서 중요한 역할을 한다.

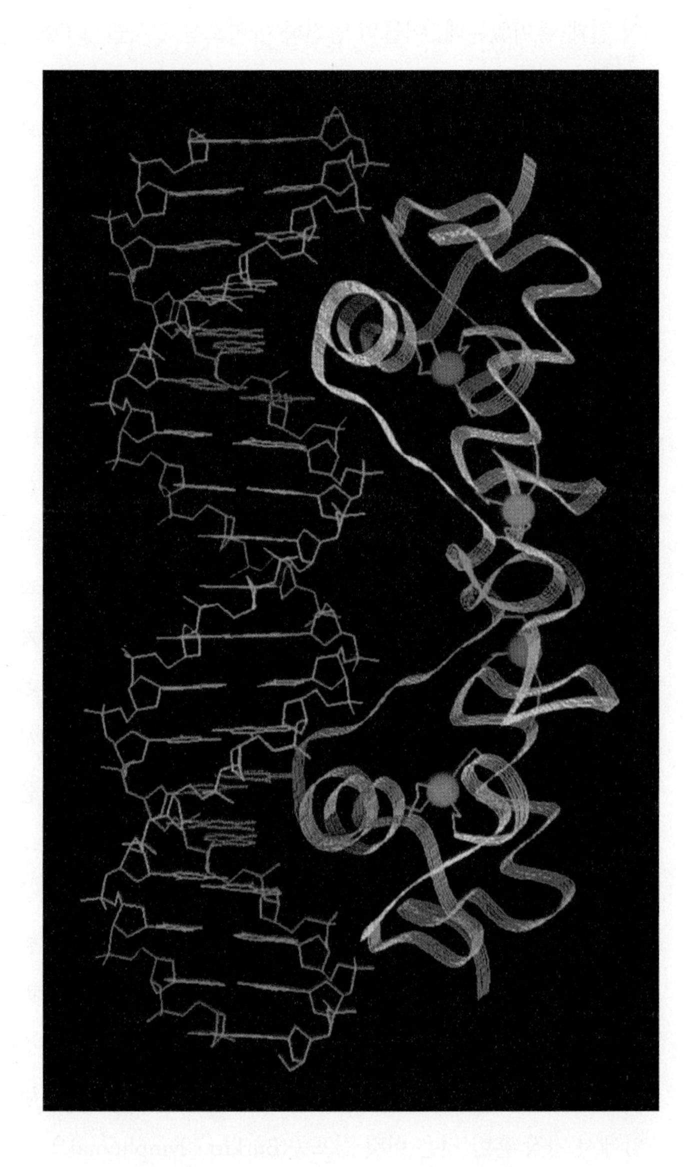

그림 6-36 **전사인자와 표적 DNA 염기서열 사이의 상호작용.** 2량체인 글루코코티코이드 수용체(GR)의 두 DNA-결합 영역과 표적 DNA 사이의 상호작용에 대한 모형. 2량체의 각 소단위에서 1개씩 나온 두 α 나선이 표적 DNA의 인접한 큰 홈(major groove) 두 곳으로 확장되어 대칭을 이룬다. 두 단량체 사이의 상호작용에 중요한 2량체 GR의 잔기들을 초록색으로 표시하였다. (단량체마다 2개씩 있는) 아연 이온 4개는 보라색 공으로 나타내었다.

6-4-2-1 전사인자 모티프

대부분 전사인자의 DNA-결합 영역은 DNA 염기서열과 상호작용하는 구조(모티프, *motif*)에 따라 크게 여러 부류로 나눌 수 있다. DNA-결합 단백질 집단이 많이 있다는 사실은, 진화과정에서 DNA 2중나선에 결합할 수 있는 폴리펩티드 구조를 이루는 많은 방법이 나타났음을 알 수 있다. 곧 보게 되겠지만, 이들 모티프의 대부분은 DNA의 큰 홈(major groove)으로 끼어 들어가는 단편(흔히 α 나선 형태, 그림 6-36)을 갖고 있어서, 이곳에서 큰 홈을 따라 늘어선 염기서열을 인식한다. DNA와 단백질의 결합은 아미노산 잔기와 골격을 포함한 다양한 DNA 부위 사이에서 이루어지는 반데르발스(van der Waals) 힘, 이온결합, 수소결합의 특정 조합에 의해 이루어진다.

진핵세포의 DNA-결합 단백질 중 가장 일반적인 모티프는 아연(亞鉛)-손가락(zinc finger), 나선-고리-나선(helix-loop-helix, HLH), 그리고 류신 지퍼(leucine zipper)이다. 이들은 각각 단백질의 특정 DNA-인식 표면이 적절하게 위치하여 2중나선과 반응할 수 있도록 하는 구조적으로 안정된 틀을 만들어준다.

1. **아연(亞鉛)-손가락 모티프.** 포유동물 전사인자의 가장 큰 부류는 아연-손가락(zinc finger)이라고 하는 모티프를 갖고 있다. 대부분의 경우, 이 모티프의 각 손가락에 있는 아연이온이 2개의 시스테인(cysteine)과 2개의 히스티딘(histidine)에 연결되어 있다. 시스테인 잔기 2개는 손가락의 한 쪽에 있는 두 가닥으로 된 β 병풍구조의 일부이고, 히스티딘 잔기 2개는 그 손가락의 반대쪽에 있는 짧은 α 나선의 일부이다(그림 6-37*a*, 삽입도). 이들 단백질은 전형적으로 서로 독립적으로 작용하고 서로 떨어져 있는 모티브를 갖고 있어서, 표적 DNA의 연속되어 있는 큰 홈 안으로 뻗어 들어갈 수 있다(그림 6-37*a*). 최초로 발견된 아연-손가락 단백질인 TFIIIA는 9개의 아연-손가락을 갖고 있다(그림 6-37*b*). 그 밖의 아연-손가락 전사인자로는 세포분열에 필요한 유전자들의 활성화와 관련된 Egr과 심

장근 발생에 관련된 GATA 등이 있다. 여러 아연-손가락 단백질을 비교해보면, 이 모티프가 다양한 DNA 염기서열 세트를 인식하는 매우 다양한 아미노산 서열을 위한 구조적인 틀을 제공하는 것으로 보인다. 실제로 특정한 관심대상 유전자의 발현을 통제하는 DNA 염기서열을 표적으로 삼는 새로운 종류의 아연-손가락 단백질을 설계하고자 하는 시도가 진행되고 있다.

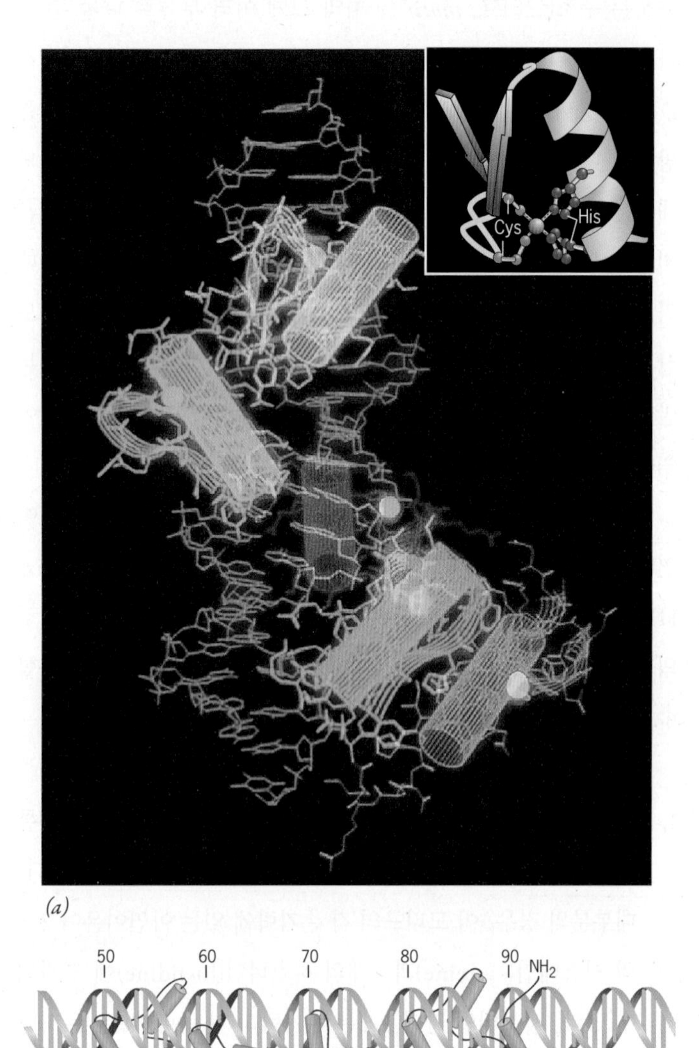

그림 6-37 아연-손가락 모티프에 의해 결합한 전사인자들. *(a)* (GLI라고 하는) 5개의 아연-손가락을 가진 단백질과 DNA의 복합체 모형. 각각의 아연 손가락을 다른 색으로 표시하였다. DNA는 짙은 파란색이다. 원통과 리본은 각각 α 나선과 β 병풍을 나타낸다. 삽입도는 아연-손가락 1개의 구조이다. *(b)* 5S RNA 유전자의 DNA와 결합한 TFIIIA의 모형. RNA 중합효소 III가 5S rRNA 유전자를 전사할 때 TFIIIA가 필요하다.

이러한 단백질들은 질병-관련 유전자를 발현시키거나 억제함으로써 치료약으로 사용할 수 있는 잠재성을 가질 것으로 기대된다.

2. **나선-고리-나선(HLH) 모티프.** 이름이 뜻하는 대로 이 모티프는 가운데 있는 고리에 의해 나뉘어진 2개의 α 나선 단편이 특징이다. HLH 영역 앞에는 종종 매우 염기성인 아미노산이 길게 붙어있는데, 이들의 양전하 아미노산 곁사슬이 DNA와 접촉하고 전사인자의 서열-특이성을 결정한다. 이 염기성-HLH(bHLH) 모티프를 갖는 단백질은 항상 2량체로 존재하며, 〈그림 6-38〉은 하나의 예인 전사인자 MyoD를 보여 주고 있다. 2량체의 소단위 2개는 일반적으로 다른 유전자에 의해 암호화되기 때문에 이 단백질은 이질2량체(heterodimer)이다.

   이질2량체를 형성함으로써 한정된 수의 폴리펩티드에서 만들어지는 조절인자의 다양성이 크게 확대된다(그림 6-39). 한 예로, 어떤 세포가 어떠한 조합으로든 이질2량체를 형성할 수 있는 5개의 다른 bHLH를 가진 폴리펩티드를 합성한다고 가정해보자. 아마도 서로 다른 32개의 DNA 염기서열을 각각 인식하는 $32(2^5)$개의 전사인자가 만들어져야 할 것이다. 실제로 이질2량체인 인테그린(intergrin) 분자의 형성과 달리, 폴리펩티드 사이의 조합은 제한되어 있다. HLH를 가진 전사인사는 골격근을 포함한 특정 유형의 조직 분화에서 중요한 역할을 한다(그림 6-33). HLH를 가진 전사인자는 또한 세포증식 조절에 관여하며, 암의 발생에도 관여하는 것으로 보인다. 염색체 전좌로 인해 비정상 유전자가 만들어지고, 이 유전자가 발현되면 정상세포가 암세포로 된다. 적어도 4개의 bHLH 단백질(MYC, SCL, LYL-1, E2A)을 암호화하는 유전자가 특정한 암의 발생을 유발하는 염색체 전좌에서 발견되었다. 이런 암에서 가장 흔한 것은 버킷 림프종(Burkitt's lymphoma)으로, 이 암은 8번 염색체의 *MYC* 유전자가 항체 분자의 일부를 암호화하는 유전자의 조절자리가 있는 14번 염색체로 전좌되어 발병한다. 새로운 위치에서 *MYC* 유전자가 과발현되는 것이 림프종 발생에 중요한 요인인 것으로 보인다.

3. **류신 지퍼 모티프.** 이 모티프의 명칭은 α 나선 구간을 따라 매 7번째 아미노산 자리에 류신이 오기 때문에 붙여진 것이다. α 나

선은 매 3.5 잔기마다 반복되기 때문에 폴리펩티드를 따라 있는 류신이 모두 같은 면을 향한다. 이 유형의 α 나선 2개는 함께 지퍼처럼 잠겨서 또꼬인나선(*coiled coil*)을 형성할 수 있다. 대부분의 다른 전사인자처럼, 류신 지퍼 모티프를 가진 단백질도 2량체로 존재한다. 류신 지퍼 모티프는 류신이 있는 α 나선

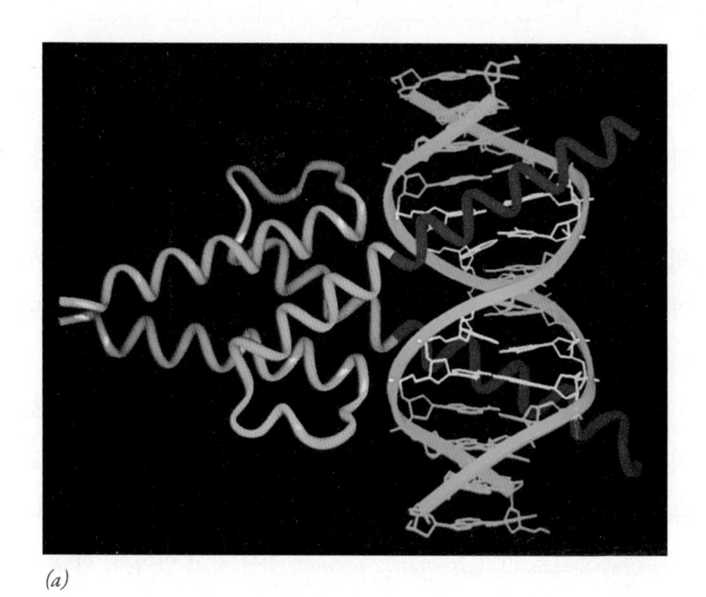

(a)

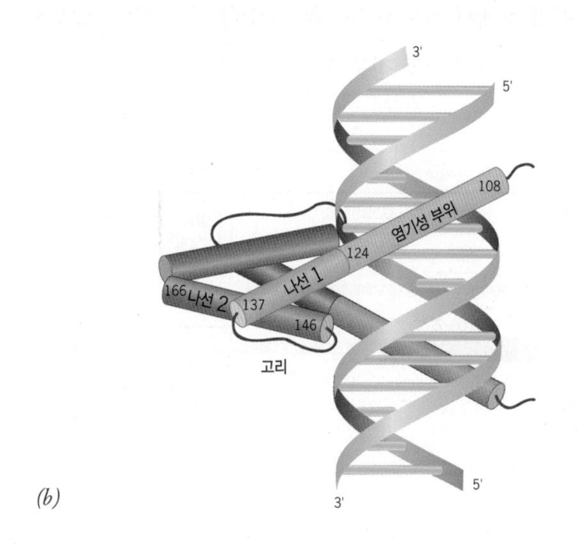

(b)

그림 6-38 염기성 나선-고리-나선(bHLH) 모티프를 가진 전사인자. (*a*) 근육세포의 분화를 일으키는 2량체 전사인자인 MyoD는 bHLH 단백질로, 염기성 부위에 의해 DNA와 결합한다. 14개의 염기쌍으로 이루어진 DNA의 결합부위를 연한 파란색으로 표시하였다. 각 MyoD 단량체의 염기성 부위는 빨간색으로, 나선-고리-나선 부분은 갈색으로 나타내었다. 전사인자에 의해 결합된 DNA 염기는 노란색이다. (*b*) *a*와 같은 방향에서 그린 MyoD 2량체의 복합체. α 나선은 원통으로 표시하였다.

의 한 쪽에 염기성 아미노산 사슬을 갖고 있어서 DNA와 결합할 수 있다. 염기성 단편과 류신 지퍼를 *bZIP* 모티프라고 부른다. bHLH 단백질과 마찬가지로, bZIP 단백질의 α 나선 부분은 2량체 형성에 있어 매우 중요하며, 염기성 아미노산 사슬은 DNA의 특정 염기서열 인식에 관여한다. bZIP 전사인자의 한 예인 AP-1의 구조와 DNA와 상호작용을 〈그림 6-35〉에 보였다. AP-1은 이질2량체이며, 소단위(Fos와 Jun, 〈그림 6-35〉에서 각각 빨간색과 파란색으로 나타냄)는 각각 *FOS*와 *JUN* 유전자에 의해 암호화된다. 이 두 유전자 모두 세포 증식에서 중요한 역할을 하며, 돌연변이가 일어나면 암을 유발할 수 있다. 이들 유전자에서 이질2량체를 형성하지 못하는 돌연변이가 생기면 역시 DNA와 결합하지 못하게 되는데, 이로써 전사인자로서의 활성을 조절하는 데 있어 2량체 형성이 중요하다는 사실을 알 수 있다.

6-4-3 전사조절에 관여하는 DNA의 자리

유전자 전사 조절에 내재된 복합성은 한 유전자의 내부와 주변 DNA를 조사하면 알아낼 수 있다. 이어지는 논의에서는 인산에놀피루브산 카르복시인산화효소(phosphoenolpyruvate carboxykinase, PEPCK)의 유전자에 초점을 맞춘다. PEPCK는 피루브산을 포도당으로 전환하는 포도당신합성(葡萄糖新合成, gluconeogenesis) 과정의 중요한 효소이다(그림 3-31). 이 효소는 (마지막 식사 후 상당한 시간이 흘러) 당의 농도가 낮아지면 간에서 합성되며, 탄수화물이 풍부한 식사를 섭취한 후에는 빠르게 감소한다. *PEPCK* mRNA의 합성 수준은 탄수화물 대사 조절에 관여된 많은 호르몬 수용체를 포함하여 다양한 전사인자에 의해 조절된다. *PEPCK* 유전자의 발현 조절을 이해하는 핵심은 다음과 같다. (1) 유전자의 상류에 위치한 수많은 DNA 조절 염기서열의 기능을 규명하고, (2) 이들 염기서열에 결합하는 전사인자를 동정하고, (3) 선택적으로 유전자를 발현하는 기작을 활성화시키는 신호전달경로를 밝히는 것이다(제15장에서 논의함).

PEPCK 유전자의 상류에 가장 가까이 있는 조절부위 염기서열은 유전자 프로모터의 핵심 요소인 TATA 상자이다(그림 6-40).

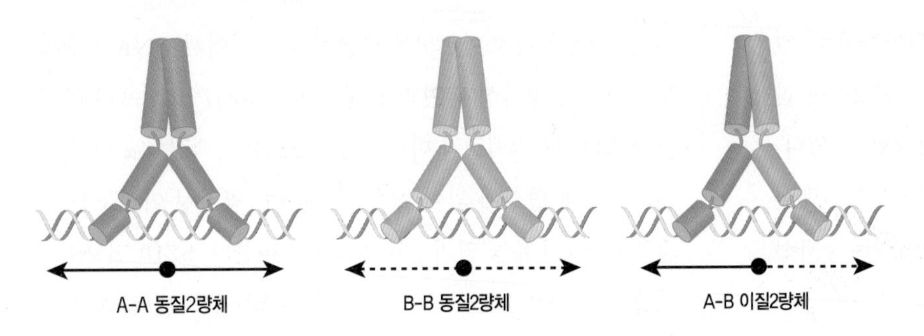

그림 6-39 **2량체 형성을 통한 전사인자의 DNA-결합 특이성 증가.** 이 bHLH 단백질 모형에서, 소단위 2개를 다른 조합으로 연결하면 서로 다른 DNA-결합자리를 인식하는 3 종류의 2량체 전사인자를 형성할 수 있다. 사람의 유전체는 약 118개의 bHLH 단량체를 암호화하므로 잠재적으로 수천 개의 서로 다른 2량체 전사인자를 만들어낼 수 있다.

프로모터(promoter)는 유전자의 상류에 위치하며 전사의 개시를 조절하는 부분이다. 목적상 진핵세포의 프로모터를 여러 부위로 나누어 살펴보지만, 명확하게 구분되어 있는 것은 아니다. 대략 TATA 상자와 전사시작 부위 사이의 영역을 핵심프로모터(*core promoter*)로 정한다. 핵심프로모터는 진핵세포의 유전자가 전사되기 전에 요구되는 여러 일반 전사인자와 RNA 중합효소 II로 이루어진 예비개시복합체가 조립되는 장소이다.

TATA 상자는 많은 유전자가 공유하는 유일한 짧은 염기서열이 아니다. 유전자의 상류에서 더 멀리 떨어져 있는 2개의 또 다른 프로모터 서열인 CAAT 상자와 GC 상자도 흔히 중합효소에 의한 유전자 전사 개시에 필요하다. CAAT 상자와 GC 상자는 많은 조직에서 유전자 발현에 이용되는 전사인자(예: NF1과 SP1)와 결합한다. TATA 상자가 전사 개시 자리를 결정하는 반면에, CAAT 상자와 GC 상자는 중합효소가 유전자를 전사하는 빈도를 조절한다. TATA 상자, CAAT 상자, 그리고 GC 상자는 대개 전사시작 자리의 상류 쪽 100~150개의 염기쌍 거리 내에 위치한다. 유전자 시작 자리에 근접해 있기 때문에, 이러한 공유 서열들을 근위프로모터요소(*proximal promoter element*)라고 부른다(그림 6-40의 ①).

유전자를 더 많이 조사할수록 유전자 발현을 조절하는 프로모터 요소의 본질과 위치에서 더 많은 다양성이 나타난다. 더욱이 포유동물의 상당한 유전자(아마도 50% 가량)는 여러 개의 프로모터[즉, 선택적 프로모터(*alternative promoter*)]를 갖고 있어서, 한 유전자의 상류 여러 곳에서 전사가 시작될 수 있다. 선택적 프로모터는 대개 서로 수백 개의 염기쌍 정도 떨어져 있어서 각 프로모터에 의

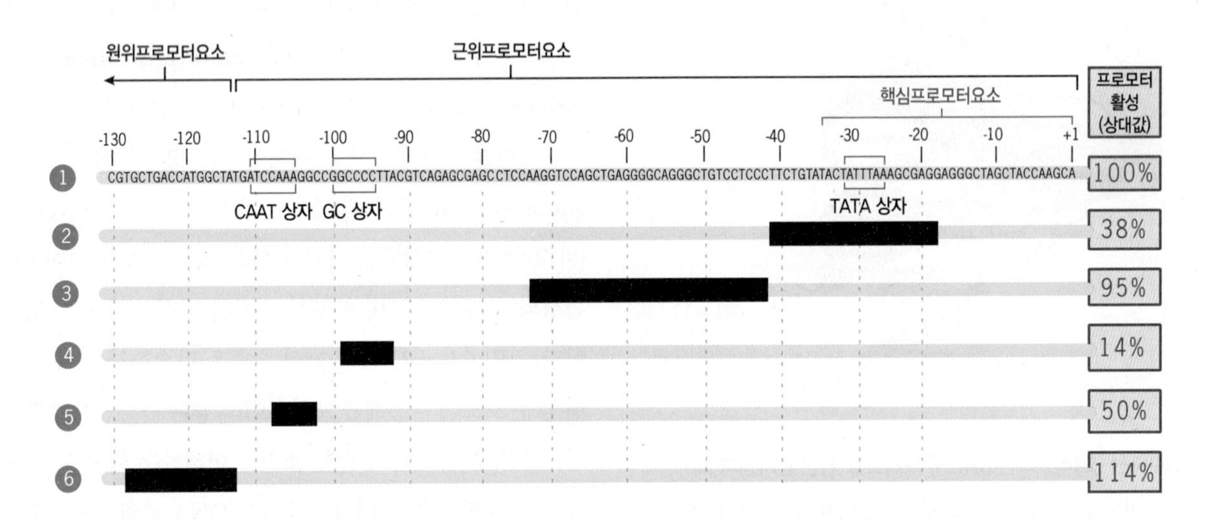

그림 6-40 **전사에 필요한 프로모터의 염기서열 규명.** ①은 PEPCK 유전자의 프로모터 한 가닥상의 뉴클레오티드를 보여주고 있다. TATA 상자, CAAT 상자, GC 상자를 표시하였다. ②-⑥은 프로모터의 특정 부분을 제거한(검은색 상자) 후 세포에 DNA를 주입한 실험결과이다. 각 경우에서 *PEPCK* 유전자가 전사된 정도를 오른쪽에 표시하였다. 상자 부위 세 곳을 모두 또는 일부 제거하면 전사 수준이 현저하게 감소되는 반면에, 그 밖의 부위를 제거했을 때에는 거의 영향을 받지 않는다. (제5장에서 설명한대로, 많은 포유동물의 프로모터에는 TATA 상자를 포함하여 이들 요소가 1개 이상 없다.) TATA 상자가 없는 프로모터는 흔히 개시자리의 하류에 하류프로모터요소(*downstream promoter element, DPE*)라고 하는 보존된 요소를 갖고 있다.

해 만들어진 1차전사물의 5′끝은 상당히 다르다. 어떤 경우에서는 단백질을 암호화하는 mRNA가 서로 다른 5′ UTR을 갖게 되어, 번역 수준에서 확실히 구별되는 유형의 조절을 받게 된다. 선택적 프로모터가 N-말단의 아미노산 서열이 다른 동족 단백질 합성을 촉진하는 경우도 있다. 많은 경우에서, 선택적 프로모터가 다른 해독틀(reading frame)에서 번역되어 전혀 다른 폴리펩티드를 만들어 내는 mRNA 전사를 조정한다.

유전체에 있는 어떤 자리들이 특정 전사인자와 상호작용하는 것을 어떻게 알 수 있을까? 흔히 사용되는 일반적인 확인방법은 다음과 같다.

- **결실(缺失) 지도 작성.** 먼저 유전자 프로모터의 다양한 부분을 제거한 DNA 분자를 만든다(그림 6-40). 이들 변형된 DNA를 세포에 형질감염시킨다. 즉, 세포가 배양액에 있는 DNA를 흡수하도록 한다. 마지막으로 도입된 DNA를 전사할 수 있는 세포의 능력을 조사한다. 많은 경우에 적은 수의 뉴클레오티드 결실은 인접한 유전자의 전사에 거의 영향을 주지 않는다. 그러나 결실이 세 종류의 상자 안에서 일어난다면 전사 수준이 급격히 감소한다(〈그림 6-40〉의 2, 4, 5번 선들에서처럼). 그 밖의 부분에서 일어난 결실은 전사에 거의 영향을 주지 않는다(〈그림 6-40〉의 3 및 6번 선)
- **DNA 족문(足文)분석.** 전사인자와 결합한 DNA 염기서열은 핵산가수분해효소에 의해 분해되지 않는다. 이러한 성질을 이용하여, 세포에서 염색질을 분리하여 DNase I 등의 DNA-분해효소를 처리하였다. 이 효소는 전사인자와 결합하지 않은 DNA 부분을 자른다. 염색질이 분해되면, 결합한 단백질을 제거하고 보호된 DNA의 염기서열을 규명한다.
- **전(全)유전체 위치 분석.** 명칭에서 알 수 있듯이, 이 방법은 특정 활동을 수행하는 유전체의 모든 자리를 동시에 추적 관찰할 수 있도록 한다. 이 방법의 목표는 주어진 생리적 조건에서 주어진 전사인자가 결합한 모든 자리를 밝혀내는 것이다. 〈그림 6-41〉는 이 방법의 개요이다. 원하는 조건에서 배양한 세포 또는 특정한 조직이나 발생단계에서 분리한 세포에 포름알데히드 등의 물질을 처리한다. 이 처리과정에서 세포가 죽고, 살아있을 때 결합한 DNA 자리에 전사인자가 교차-결합된다(그림 6-41, 1단계). 교차-결합시킨 후 세포의 염색질을 분리하여 기계적으로 작은 단편으로 분쇄하고, 관심대상인 전사인자와 결합하는 항체를 처리한다(2단계). 항체를 처리하면 전사인자와 결합한 염색질 단편은 침전되고(3*a*단계), 결합하지 않은 단편은 용액에 남는다(3b단계). 이러한 염색질면역침전(*chromatin immunoprecipitation, ChIP*) 과정이 끝난 후, 침전물의 단백질과 DNA 사이의 교차-결합을 풀어내어 DNA 단편을 정제할 수 있다(4단계). 다음 단계는 유전체에 있는 전사인자의 결합부위를 확인하는 것이다. 이 때 두 가지 접근 방법이 있다. 대부분은 〈그림 6-34〉과 유사한 DNA 미세배열(microarray)을 이용하여 DNA 단편을 확인한다. 그러나 단백질-암호화 지역에 해당하는 DNA를 이용하는 미세배열(그림 6-34)과는 다르게, ChIP 실험에서 사용하는 미세배열은 유전체의 유전자간(遺傳子間) 부위(intergenic region)에 있는 DNA를 이용한다. (조절 자리가 있는 곳은 유전자간 부위라는 사실을 기억하자.) 미세배열의 각 반점(spot)은 규명된 유전자간 부위의 특정 DNA를 갖고 있다. 유전자간-DNA 미세배열을 ChIP 실험(5-6단계)에서 얻은 형광물질로 표지된 DNA 단편과 함께 항온처리하여, 결합된 형광 DNA를 가진 자리를 결정한다(7단계). 단백질이 결합한 유전체의 자리를 밝혀내기 위해 미세배열을 이용하는 이 기술을 ChIP-칩(ChIP-chip)이라고 한다. 최근 몇 년 사이에 ChIP-seq라고 하는 대체 기술을 사용하는 연구실이 많아지고 있다. 이 기술은 항체에 의해 침전된 DNA 단편의 염기서열을 직접 결정하여 유전체의 결합자리를 확인한다(그림 6-41, 5*a*단계). 이 방식은 빠르고 비싸지 않은 DNA-염기서열 결정 기술이 개발되어 가능해졌다.

흥미롭게도 이런 유형의 실험을 포유동물의 전사인자에 대해 수행한 결과, 상당히 많은 DNA 결합자리가 알려진 프로모터로부터 꽤 멀리 떨어진 곳에 위치한다는 사실이 밝혀졌다. 이들 자리의 일부는 마이크로RNA와 같은 비암호화 RNA의 전사를 조절하는 데 관여하는 것으로 추측된다. 포유동물의 알려진 모든 전사인자의 결합자리에 대한 지도를 작성하려는 계획이 진행되고 있는데, 이로써 수천 개에 이르는 유전자의 전사를 협동적으로 조절하는 연결망(network)에 대한 지식 전체를 얻게 될 것이다. 나아가, ChIP 기술

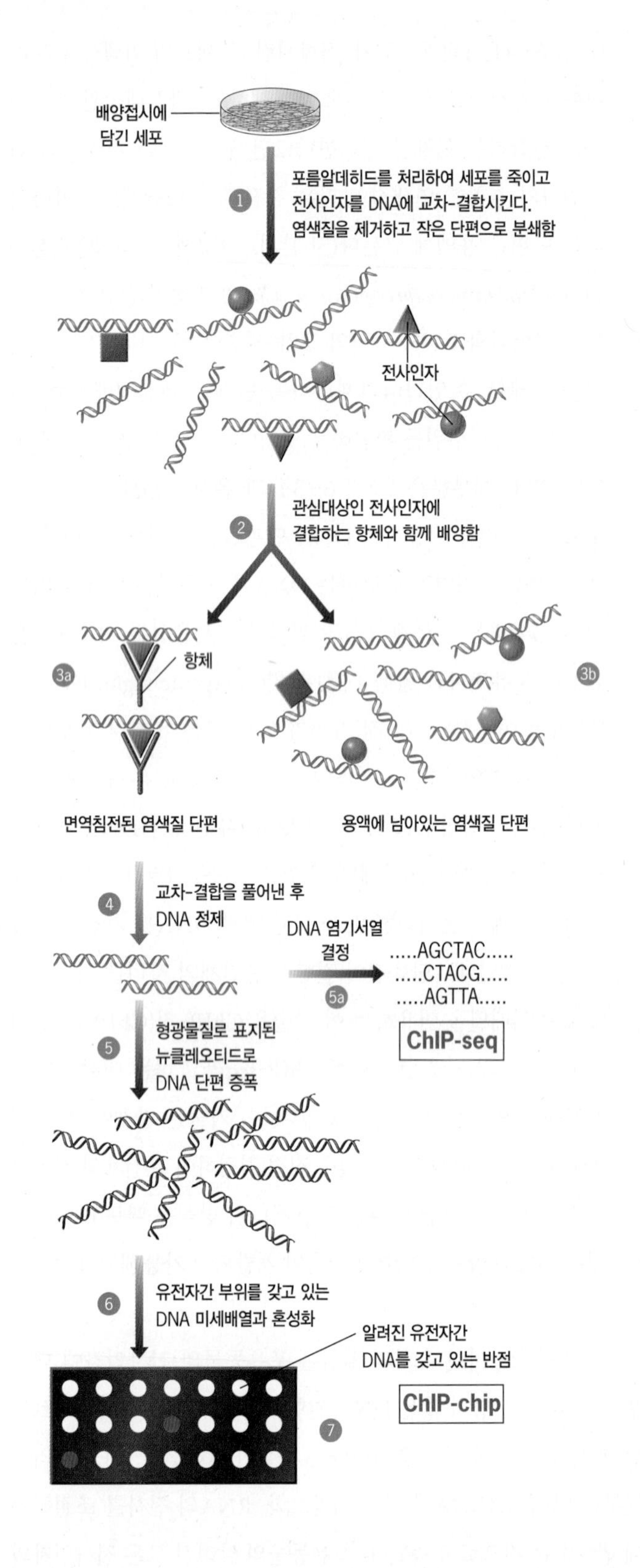

그림 6-41 전사인자의 결합자리를 대규모로 확인하는 염색질면역침전(chromatin immuno- precipitation, ChIP) 방법. 본문에서 각 단계에 대해 설명하였다.

은 어떤 유형의 DNA-결합 단백질(예를 들면, 변형된 히스톤의 특정 유형이나 심지어 결합한 RNA 중합효소)이라도 유전자 안에서 그 위치를 찾아낼 수 있도록 변형시킬 수 있다.

6-4-3-1 글루코코티코이드 수용체: 전사 활성의 예

PEPCK 유전자 발현에 영향을 주는 다양한 호르몬인 인슐린, 갑상선 호르몬, 글루카곤, 글루코코티코이드는 모두 DNA와 결합하는 특정 전사인자로 작용한다. 이들 전사인자가 결합하는 *PEPCK* 유전자의 옆 부위를 **반응요소**(反應要素, response element)라고 한다(그림 6-42). 지금부터는 부신에서 합성되는 스테로이드 호르몬[예: 코티졸(cortisol)] 군의 하나인 글루코코티코이드에 대해 초점을 맞춘다. 프레드니솔론(prednisolone)과 같은 이 호르몬의 유사체는 강력한 항염증제이다.

글루코코티코이드는 굶주림이나 물리적 손상 등의 스트레스를 받는 동안에 가장 많이 분비된다. 세포가 글루코코티코이드에 반응하려면 이 호르몬과 결합할 수 있는 특이적 수용체를 갖고 있어야만 한다. 글루코코티코이드 수용체(*glucocorticoid receptor, GR*)는 핵수용체(nuclear receptor; 갑상선 호르몬, 레티노산, 에스트로

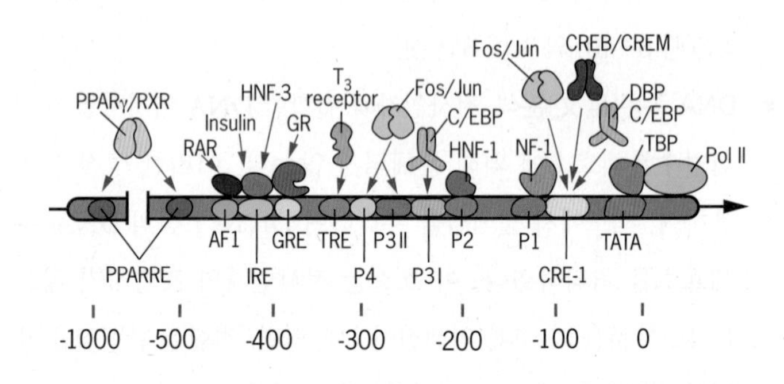

그림 6-42 쥐 *PEPCK* 유전자의 전사 조절. 다른 유전자와 마찬가지로, *PEPCK* 유전자의 전사는 이 유전자의 암호화 부위로부터 상류에 있는 조절부위에 위치한 특정 DNA 염기서열과 상호작용하는 다양한 전사인자에 의해 조절된다. 이 지역에는 글루코코티코이드 반응요소(glucocorticoid response element, GRE)가 있는데, 글루코코티코이드 수용체가 GRE에 결합하면 프로모터에서 전사를 자극한다. 또한 이 조절부위에는 갑상선 호르몬 수용체(thyroid hormone receptor)의 결합자리(TRE로 표시), 글루카곤에 반응하여 만들어지는 cAMP와 결합하는 단백질의 결합자리(CRE-1로 표시), 인슐린의 결합자리(IRE로 표시)도 포함되어 있다.

겐의 수용체 포함) 대집단을 구성하는 요소로, 하나의 공통조상 단백질에서 진화한 것으로 생각된다. 이 대집단을 구성하는 요소들은 단순한 호르몬 수용체 이상으로, DNA-결합 전사인자이기도 하다. 글루코코티코이드 호르몬이 표적세포 내로 들어오면, 세포질의 GR 단백질과 결합하여 이 단백질의 입체구조를 변화시킨다. 이 변화로 핵위치신호(nuclear localization signal)가 노출되어, GR이 핵 안으로 이동하게 된다(그림 6-43). 리간드와 결합한 수용체는 *PEPCK* 유전자의 상류에 위치한 글루코코티코이드 반응요소(*glucocorticoid response element, GRE*)라고 하는 특수한 DNA 서열과 결합하여, 유전자 전사를 활성화시킨다. PEPCK 양이 증가되면 아미노산이 포도당으로 전환되는 속도가 촉진된다. 동일한 GRE 서열이 다른 염색체에 있는 다른 유전자의 상류에도 있다. 따라서 단일 자극(글루코코티코이드 농도 증가)만으로도 스트레스에 대한 종합적 반응에 필요한 기능을 수행하는 많은 유전자가 동시에 활성화될 수 있다.

글루코코티코이드 반응요소(GRE)는 다음과 같은 염기서열로 구성되어 있다.

5′-AGAACAnnnTGTTCT-3′
3′-TCTTGTnnnACAAGA-5′

여기에서 n에는 어떠한 뉴클레오티드라도 올 수 있다. [두 가닥의 5′→3′ 염기서열이 동일하기 때문에, 이런 유형의 대칭적 서열을 회문(回文, *palindrome*)이라고 한다.] GRE는 확정되지 않은 뉴클레오티드 3개에 의해 나뉘어 있는 확정된 뉴클레오티드 서열 2개로 구성된 것으로 보인다. GR 폴리펩티드 쌍은 2량체로서 DNA에 결합하고 각 소단위는 앞서 설명한대로 DNA 염기서열의 반쪽에 결합하기 때문에(그림 6-36), 두 가닥으로 된 GRE의 본성은 중요하다. 글루코코티코이드에 반응하지 않는 유전자의 상류에 GRE 서열 중 하나를 넣는 실험에 의해 호르몬 반응을 매개하는 데 있어서 GRE의 중요성이 가장 명백하게 증명된다. 이런 방식으로 유전자 조작된 DNA를 가진 세포에서는 글루코코티코이드에 노출되면 이식된 GRE 하류에 위치한 유전자의 전사가 개시된다. 외래 조절부위에 의해 자극되는 유전자 전사에 대한 시각적 증거를 〈그림 18-47〉에 제시하였다.

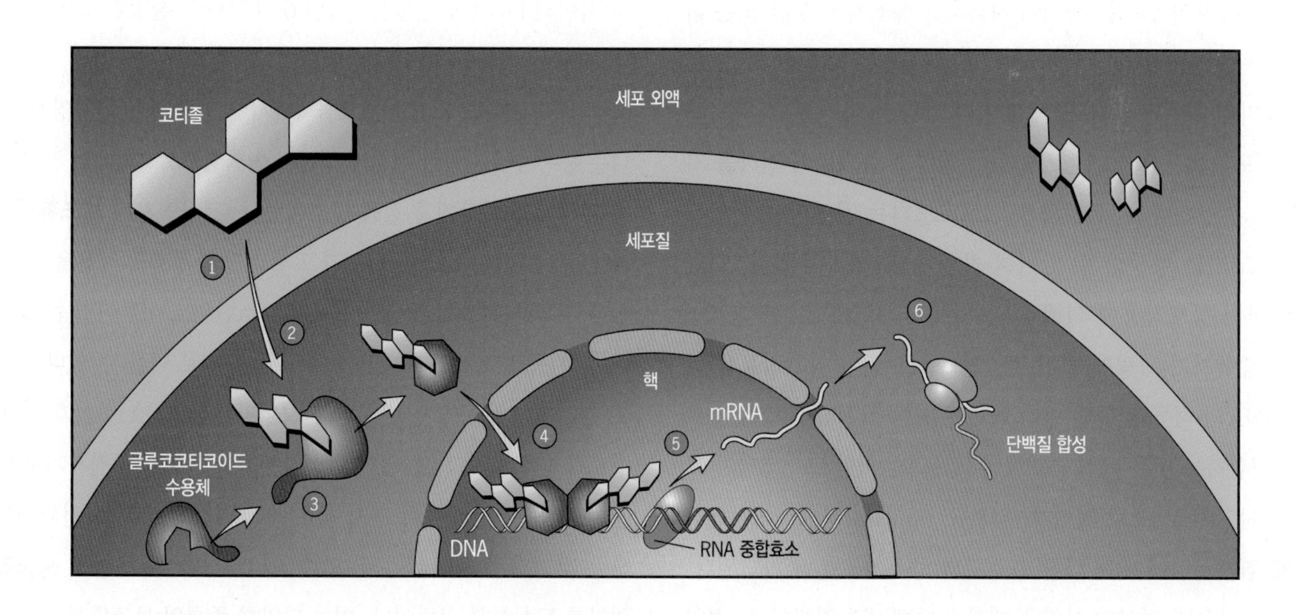

그림 6-43 글루코코티코이드 코티졸 등의 스테로이드 호르몬에 의한 유전자 활성화. 호르몬이 세포 외액에서(1단계) 지질2중층을 통해 확산되어(2단계) 세포질 속으로 들어가서, 글루코코티코이드 수용체와 결합하면(3단계), 입체구조가 변화되어 핵 속으로 전위된다. 핵 속에서 이 호르몬은 전사인자로 작용하여 DNA의 글루코코티코이드 반응요소(GRE)에 결합한다(4단계). 글루코코티코이드 수용체는 2량체 형태로 GRE에 결합하여 DNA 전사를 활성화시켜(5단계), 세포질에서 특정 단백질을 합성하도록 한다(6단계).

6-4-4 전사 활성화: 증폭자, 프로모터, 보조활성인자의 역할

〈그림 6-42〉에 나타낸 *PEPCK* 유전자의 상류에 위치한 GRE와 여러 반응요소는 일반적으로 프로모터의 일부로 간주된다. 즉, 이들은 유전자에 가깝게 위치한 근위요소와 구별하여 원위프로모터요소(*distal promoter elements*)라고 한다(그림 6-40). 대부분의 유전자 발현은 심지어 더 멀리 떨어져 있는 **증폭자**(增幅子, enhancer)라는 DNA 요소에 의해서도 조절된다. 전형적인 증폭자는 200개 염기쌍 정도의 길이이며 염기서열-특이적 전사 활성인자에 대한 여러 결합자리를 갖고 있다. 증폭자는 흔히 프로모터 요소와 구별되는 한 가지의 독특한 성질을 갖는다. 즉, 증폭자는 실험적으로 DNA 분자 내의 한 곳에서 다른 곳으로 이동될 수 있고, 심지어 전사를 자극하는 전사인자의 능력에 영향을 주지 않으면서 180도 회전할 수도 있다. 증폭자가 결실되면 전사 수준이 100배 이상 감소될 수 있다. 전형적인 포유동물 유전자에는 유전자 근처의 DNA 내에 많은 증폭자가 드문드문 존재한다. 각각의 증폭자는 전형적으로 서로 다른 전사인자 세트와 결합하여 별개의 자극에 독립적으로 반응한다. 증폭자의 일부는 자신이 자극하는 유전자의 상류 또는 하류로부터 수천~수만 개의 염기쌍이 떨어진 곳에 위치한다.[8)]

증폭자와 프로모터가 멀리 떨어져 있다 하더라도, 증폭자는 핵심프로모터에서 일어나는 사건들에 영향을 줌으로써 전사를 자극한다고 추정된다. 증폭자와 핵심프로모터는 사이에 끼어있는 DNA가 고리를 형성할 수 있어서 가까이 접근할 수 있다. 결합한 단백질의 상호작용에 의해 DNA가 고리 모양으로 된다(그림 6-44). 증폭자가 그렇게 멀리 떨어진 프로모터와 상호작용을 한다면, DNA의 하류에 훨씬 멀리 떨어져 있는 적절하지 않은 프로모터와 결합하는 것은 어떻게 피할 수 있을까? 어떤 프로모터와 그의 증폭자는 본질적으로 **절연자**(絕緣子, insulator)라고 하는 특별한 경계 염기서열에 의해 다른 프로모터/증폭자로부터 차단된다. 한 모형에 따르면 절연자 서열은 핵기질 단백질과 결합하고, 절연

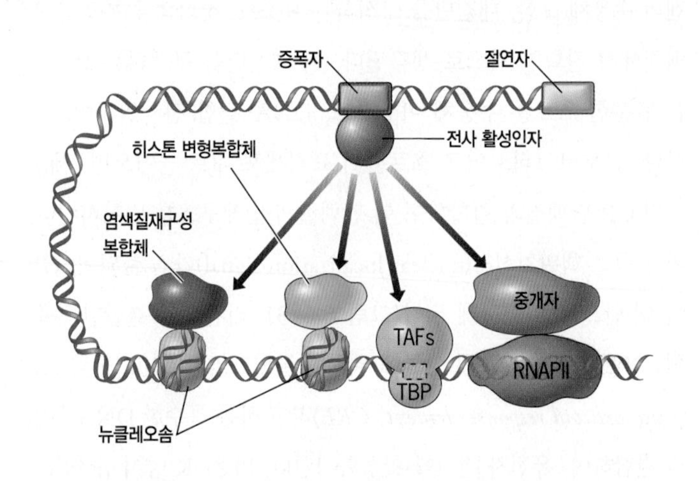

그림 6-44 멀리 떨어진 자리에 결합한 전사 활성인자가 유전자 발현에 영향을 주는 방법에 대한 개요. 상류에 있는 증폭자와 결합한 전사 활성인자는 보조활성인자와 상호작용을 하여 유전자 전사에 영향을 준다. 그림에서는 4개의 보조활성인자를 나타내었으며, 이 중 "히스톤 변형복합체"와 "염색질재구성 복합체"로 표시한 2개는 염색질의 구조를 바꾼다. "TAFs"와 "중개자(mediator)"로 표시한 나머지 2개는 기본 전사기구의 구성요소로 핵심프로모터에서 조립된다. 이들 다양한 유형의 보조활성인자에 대해서는 다음 절에서 설명한다.

자 사이의 DNA 단편들은 〈그림 6-12〉에서 설명한 고리 모양 영역(looped domain)에 해당된다.

지난 10여 년 동안 분자생물학에서 가장 활발한 연구영역 중 하나는 증폭자에 결합한 전사 활성인자가 핵심프로모터에서 전사 개시를 자극하는 기작에 초점을 맞추어왔다. 전사인자는 **보조활성인자**(輔助活性因子, coactivator)라고 알려진 중개자의 작용을 통해 이 일을 수행한다. 보조활성인자는 많은 소단위로 이루어진 큰 복합체이며, 기능적으로 크게 다음과 같이 두 무리로 나눌 수 있다. (1) 기초 전사기구의 구성요소(일반 전사인자들과 RNA 중합효소 II)와 상호작용하는 것과 (2) 염색질에 작용하여 염색질이 전사기구가 접근할 수 없는 상태에서 전사에 훨씬 호의적인 상태로 전환되도록 하는 것. 〈그림 6-44〉는 두 무리 각각 2개씩, 네 종류의 보조활성인자를 도식화한 그림이다. 이들 다양한 종류의 보조활성인자는 질서정연하게 함께 작용하여 특정한 세포 내 신호에 반응하여 특정 유전자의 전사를 활성화시킨다. 유전체에 암호화된 전사인자는 많고 보조활성인자의 다양성은 제한되어 있는 점에서, 각각의 보조활성인자 복합체는 매우 다양한 전사인자와 함께 협력하여 작동되어

8) 유전자 전사를 통제하는 다양한 유형의 조절요소를 기술하는 용어는 매우 다양하다. 여기에서 사용하는 용어—핵심프로모터, 근위프로모터요소, 원위프로모터요소, 증폭자—는 보편적으로 받아들여진 것은 아니지만, 일반적으로 존재하며 (항상은 아니지만) 흔히 구별될 수 있는 요소들을 설명한다.

야 한다. 한 예로, 보조활성인자인 CBP(아래에서 설명함)는 수백 종류의 전사인자 활성에 참여한다.

6-4-4-1 기초 전사기구와 상호작용하는 보조활성인자

전사는 큰 단백질 복합체를 불러 모으고 이들이 협력함으로써 이루어진다. 전사 개시에 요구되는 GTF 중 하나인 TFIID는 TAF라고 표시하는 10여 개 이상의 소단위로 구성된다. 일부 전사인자는 1개 이상의 이런 TFIID 소단위와 상호작용함으로써 핵심프로모터에서 일어나는 사건에 영향을 주는 것으로 생각된다. 증폭자와 결합한 전사인자들과 기초 전사기구 사이에서 직접 소통하는 또 다른 보조활성인자는 중개자(mediator)라고 한다. 중개자는 RNA 중합효소 II와 직접 상호작용하는 거대한 다소단위(多小單位) 복합체(multisubunit complex)이다. 중개자는 다양한 종류의 전사 활성인자가 필요로 하며, 전부는 아니지만 대부분의 유전자 전사에서 핵심적 요소일 것이다. 중개자의 활동 기작은 잘 밝혀져 있지 않다.

6-4-4-2 염색질 구조를 바꾸는 보조활성인자

진핵세포 핵의 DNA는 노출된 상태가 아니라 히스톤 8량체(octamer)를 감싸서 뉴클레오솜을 형성하고 있다. 1970년대에 뉴클레오솜이 발견된 후 아직도 만족스러운 답을 얻지 못한 중요한 질문이 제기되었다. 어떻게 비히스톤계 단백질(전사인자와 RNA 중합효소 등)이 핵심 히스톤에 단단하게 결합되어 있는 DNA와 상호작용을 할 수 있을까? 실제로 DNA가 뉴클레오솜으로 조립되면 DNA에 접근이 매우 어렵게 되어, 전사의 개시와 신장이 현저하게 억제된다는 증거가 많이 있다. 염색질 구조로 인한 억제효과를 세포는 어떻게 극복하는 것일까?

뉴클레오솜 핵심의 각 히스톤 분자는 핵심입자 밖으로 뻗어나가 DNA 나선을 통과하는 유연한 N-말단 꼬리를 갖고 있다. 이들 꼬리의 공유결합이 변형되면 염색질 구조와 기능에 큰 영향을 준다. 이미 〈6-1-2-4〉에서 히스톤 꼬리의 H3K9 잔기가 메틸화되면 어떻게 염색질 응축과 전사 침묵을 촉진하는지 살펴보았다. 핵심 히스톤의 특정 리신(lysine) 잔기가 아세틸화되면 반대 효과가 나타나는 경향이 있다. 크게 보면, 히스톤 잔기가 아세틸화되면 염색질 섬유가 치밀한 구조로 접히지 않도록 하여 진정염색질 지역을 활성상태로 유지하는 것으로 생각된다. 세밀하게 보면, 히스톤이 아세틸화되면 DNA 주형의 특정 지역이 상호작용하는 단백질과 가깝게 놓이게 되어 전사활성이 촉진된다.

최근에 유전체 단위에서 뉴클레오솜의 히스톤에 일어나는 변형의 본질을 확인하는 기술들이 개발되었다. 이런 기술에는 〈그림 6-41〉에서 설명한 것과 유사한 ChIP 기술이 포함된다. 하지만, 유전체에서 특정 전사인자의 위치를 알아내기보다는 유전체에서 일어난 특정 히스톤 변형의 정확한 위치를 찾아내는 것을 목표로 삼는다. 이 기술은 단백질과 결합한 DNA 단편의 특정 분획을 침전시키는 전사인자에 대한 항체 대신에 아세틸화된 H3K9, 아세틸화된 H4K16, 또는 메틸화된 H3K36 같은 특정 히스톤 변형을 특이적으로 인식하는 항체를 사용한다. 이들 세 가지 히스톤 표지는 모두 전사가 활성화된 유전자와 연관되어 있는 것으로 알려져 왔다(그림 6-14). 그러나 이들 표지가 유전자 내에 어떻게 분포되어 있는지는 알려져 있지 않았다. 특정 히스톤 변형들이 각각의 유전자 전체에 고르게 분포하는가, 아니면 유전자의 부위에 따라 다르게 분포하는가? 효모 유전체에서 활성 유전자를 분석한 결과(그림 6-45), 이들 유전자의 다양한 부분에서 현저한 차이를 보였다. 아세틸화된 히스톤이 프로모터 영역에 집중되어 있고 활성화된 유전자에는 없다는 사실에서, 이러한 변형이 주로 유전자 활성이나 전사 개시에 중요하다는 것을 알 수 있다. 이에 비해, 메틸화된 H3K36 잔기는 프로모터에는 거의 없고 대신에 활성화된 유

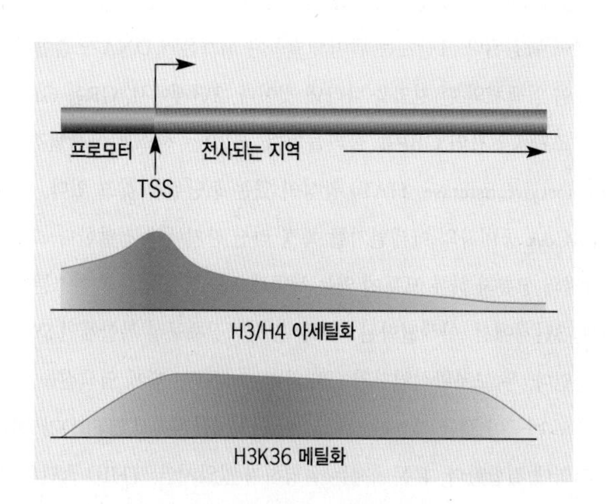

그림 6-45 **히스톤 변형의 선택적 배치.** 효모의 전(全)유전체 분석에 바탕을 둔 전사된 유전자의 염색질 내에서 히스톤 변형의 선택적 배치. 아세틸화된 히스톤은 활성 유전자의 프로모터 지역에 주로 위치하고 유전자가 전사되는 부위에서는 현저히 감소되어 있다. 반면에 메틸화된 H3K36은 반대 양상을 보인다.

전자의 전사되는 지역에 집중되어 있다. 이러한 분포의 차이가 나타나는 원리를 설명하고 히스톤 변형 사이의 복잡한 관계에 대한 한 가지 예를 제공하는 연구 결과가 여럿 있다. H3K36의 메틸화는 전사물을 신장시키고 있는 중합효소와 함께 이동하는 효소(Set2)에 의해 촉매된다. 이 잔기가 메틸화되면 또 다른 효소 복합체(Rpd3S)를 끌어오는 자리로서 역할을 하는데, Rpd3S는 유전자가 전사된 부분의 리신 잔기에서 아세틸기를 제거한다. RNA 중합효소에 의한 전사 신장이 끝난 후 뉴클레오솜에서 아세틸기를 제거하면 유전자 내부에 있는 암호화 영역에서 적절하지 않은 전사 개시가 억제된다.

전사 활성 동안에 프로모터에서 일어나는 일을 더욱 자세히 살펴보자. **히스톤 아세틸전달효소**(histone acetyltransferase, HATs 또는 KATs)라고 하는 효소 집단에 의해 핵심히스톤의 특정 리신 잔기에 아세틸기가 추가된다. 1990년대 후반기에 HAT 활성을 가진 보조활성인자가 많이 발견되었다. 이들 보조활성인자의 HAT 활성이 돌연변이에 의해 사라지면 전사를 개시할 수 없게 된다. HAT 활성을 가진 보조활성인자의 발견으로 히스톤 아세틸화와 염색질 구조, 그리고 유전자 활성 사이에 결정적인 연결점이 이루어졌다. 〈그

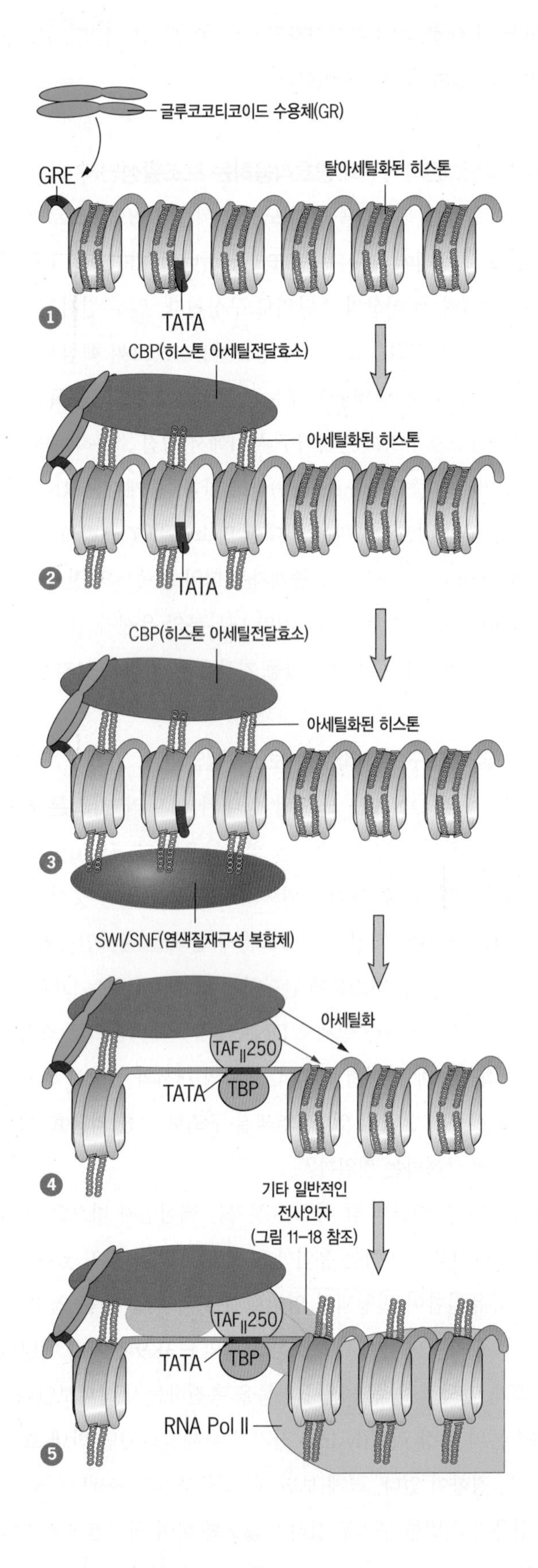

그림 6-46 전사 활성인자 결합 후 프로모터에서 일어나는 일을 설명하는 모형. 글루코코티코이드 수용체(glucocorticoid receptor, GR) 등의 전사인자가 DNA와 결합하여 보조활성인자들을 불러들이고, 이로 인해 전사 개시전복합체의 조립이 촉진된다. 1단계는 탈아세틸화된 히스톤과 DNA가 결합하여 억제된 상태인 염색체의 한 지역을 나타낸 것이다. 2단계에서, GR은 GRE에 결합하여 보조활성인자인 CBP를 불러들인다. CBP는 히스톤 아세틸전달효소(histone acetyltransferase, HAT) 활성이 있는 소단위를 갖고 있다. 이 효소는 아세틸CoA 공여자의 아세틸기를 특정 리신 잔기에게 전달한다. 그 결과, TATA 상자의 상류과 하류 모두에 있는 뉴클레오솜 핵심 입자의 히스톤이 아세틸화된다. 3단계에서, 아세틸화된 히스톤은 염색질재구성 복합체인 SWI/SNF를 불러들인다. 두 보조활성인자인 CBP와 SWI/SNF는 함께 염색질을 더욱 개방된 구조로 바꾸어 접근 가능한 상태로 만든다. 4단계에서, TFIID가 DNA의 개방된 지역에 결합한다. 본문에서는 설명하지 않았지만, TFIID 소단위 중 하나($TAF_{II}250$ 또는 TAF1이라고 부름)도 역시 히스톤 아세틸전달효소(빨간색 화살표) 활성을 갖고 있다. CBP와 $TAF_{II}250$은 함께 뉴클레오솜을 추가로 분해하여 전사가 개시되도록 한다. 5단계에서, 프로모터에 남아있는 뉴클레오솜이 아세틸화되고 RNA 중합효소가 프로모터에 결합하여 전사가 시작된다.

림 6-46>은 글루코코티코이드 수용체 등의 전사활성인자가 DNA의 반응 요소와 결합한 후 일어나는 일련의 사건을 순서대로 보여준다. 일단 DNA에 결합한 활성인자는 보조활성인자(예: CBP)를 전사가 일어날 염색질 부분으로 불러들인다. 목표 지역에 도달한 보조활성인자는 가까이에 있는 뉴클레오솜의 핵심히스톤을 아세틸화하고, 이로 인해 염색질재구성 복합체(아래에서 논의함)가 결합하는 자리가 만들어진다. 이들 다양한 복합체의 연합활동으로 프로모터의 전사기구 구성요소에 대한 접근성이 증가되고, 전사가 시작될 자리에서 전사기구의 구성요소들이 조립된다.

〈그림 6-46〉은 염색질 상태에 영향을 주는 두 가지 보조활성인자의 활동을 나타낸 것이다. 앞서 HAT이 어떻게 히스톤 꼬리를 변형시키는지 살펴보았다. 이제, 보조활성인자의 다른 유형인 **염색질재구성 복합체**(染色質再構成複合體, chromatin remodeling complex)에서 더욱 자세히 살펴보도록 하자. 염색질재구성 복합체는 ATP 가수분해 에너지를 사용하여 DNA 상에서 뉴클레오솜의 구조와 위치를 바꾼다. 이로 인해 다양한 단백질이 DNA의 조절 자리에 결합하게 된다. 가장 잘 연구된 염색질재구성 "장치"는 SWI/SNF 집단의 구성요소이다(그림 6-46). SWI/SNF 복합체는 액틴 또는 액틴-관련 단백질을 포함하여 9~12개의 소단위로 구성된다. 액틴은 재구성 복합체를 핵기질에 묶어두는 역할을 하는 것으로 추정된다. SWI/SNF 복합체는 다양한 경로로 특정 프로모터에 모이는 것으로 보인다. 〈그림 6-46〉에서, 보조활성인자인 CBP가 핵심 히스톤을 아세틸화시켜 재구성 복합체에 대한 높은 친화력을 갖는 결합자리를 제공한다. 프로모터에 모여든 염색질재구성 복합체는 히스톤-DNA의 상호작용을 방해하는 것으로 보이는데, 이 상호작용이 할 수 있는 일은 다음과 같다.

1. 히스톤 8량체의 이동성을 촉진하여 DNA를 따라 새로운 위치로 미끄러져 움직이게 한다(그림 6-47, 경로 1). 가장 잘 연구된 예에서, *IFN*-β 유전자 상류의 증폭자에 전사 활성인자가 결합하면 핵심 뉴클레오솜이 DNA를 따라 36개의 염기쌍 정도 미끄러져 이동하여, 히스톤에 의해 덮여있던 TATA 상자가 노출된다. 재구성 복합체가 DNA에서 위치를 바꿈에 따라 미끄러짐이 일어난다.
2. 뉴클레오솜의 구조를 변화시킨다. 〈그림 6-47, 경로 2〉의 예에서, DNA는 히스톤 8량체 표면에 고리 또는 불룩한 구조를 일시적으로 형성하여, DNA-결합 조절 단백질이 더욱 가깝게 접근할 수 있도록 한다.
3. 표준 핵심 히스톤의 히스톤 8량체 내에서 활성화된 전사와 관련된 히스톤 변형의 교체를 촉진한다. 예를 들면, SWR1 복합체는 H2A/H2B 2량체를 H2A.Z/H2B 2량체로 교환한다(그림 6-47, 경로 3).
4. DNA에서 히스톤 8량체를 완전히 제거한다(그림 6-47, 경로 4). 예를 들면, 신장중인 RNA 중합효소 복합체가 DNA를 따라 움직임에 따라 뉴클레오솜이 일시적으로 분해되는 것으로

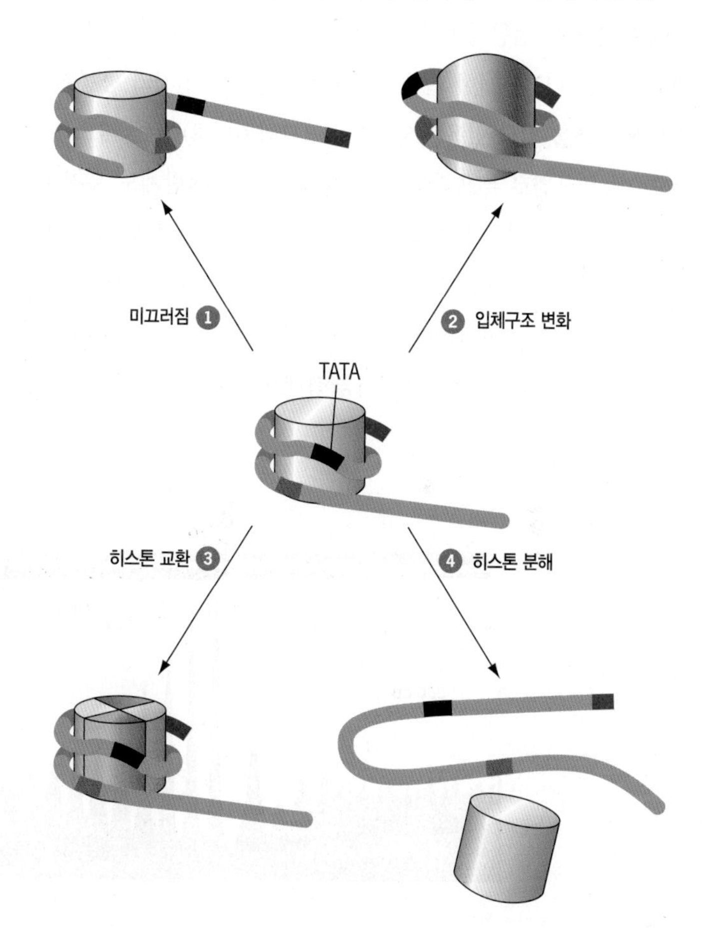

그림 6-47 염색질 재구성 복합체의 몇 가지 선택적 작용. 경로 1에서, 핵심 뉴클레오솜이 DNA를 따라 미끄러지게 되고, 이에 따라 TATA 결합자리가 노출되어 개시전 복합체가 조립될 수 있다. 경로 2에서, 뉴클레오솜의 히스톤 8량체가 재구성된다. TATA 상자는 히스톤 연계에서 완전히 자유롭지는 않지만, 이제 개시전 복합체의 단백질과 결합할 수 있다. 경로 3에서, 뉴클레오솜의 표준 H2A/H2B 2량체가 H2A.Z/H2B 2량체로 교환된다. 경로 4에서, 히스톤 8량체가 분해되어 DNA에서 완전히 사라진다.

보인다.

어떤 유형의 세포 유전체 내에 있는 특정 위치에 뉴클레오솜의 존재 여부나 선호되는지 여부를 규명하기 위한 연구가 많이 시도되었다. 이들 연구에서는 염색질에 핵산분해효소를 처리하여 히스톤 8량체에 의해 보호되지 않은 DNA 부위를 분해하였다. 그 후 핵산분해효소로부터 보호된 DNA에서 결합한 히스톤을 분리하고 염기서열을 분석한다. 이러한 기술을 이용하여 DNA에 있는 뉴클레오솜의 위치에 대한 전(全)유전체 지도를 만들 수 있다. 뉴클레오솜의 위치를 파악한 가장 완전한 분석은 효모에서 수행되었다. 이로부터 포유동물 세포의 유전자 각각의 전사에 대한 생화학 연구에 기초를 둔 전통적 시각과는 다소 다른 시각을 얻게 되었다(그림 6-46). 효모에 대한 연구 결과로 대다수의 유전자가 공통적인 염색질 구조를 갖고 있음을 알 수 있다(그림 6-48). 뉴클레오솜은 DNA에 무작위로 분포되어 있는 것이 아니라, 놀랍게도 특정 위치에 자리를 잡는다. 특히 프로모터 염기서열은 뉴클레오솜이 없는 지역(nucleosome-free region, 〈그림 6-48〉의 NFR)에 존재하는 경향을 보이고, 이 부위 양 옆은 〈그림 6-48〉에 +1과 −1로 표시한 아주 정확하게 위치한 2개의 뉴클레오솜과 맞닿아 있다. 프로모터 주변의 NFR은 조절인자들이 DNA의 표적 자리에 접근할 수 있도록 하는 중요한 요소로 보인다. 효모 유전자의 모든 뉴클레오솜 중에서, −1 뉴클레오솜이 전사활성에 따른 가장 광범위한 변형을 일으킨다. 이 뉴클레오솜은 새로운 자리로 옮겨지거나, DNA에서 방출되거나, 또는 히스톤의 광범위한 변형이나 교환이 일어나도록 한다. 하류에 있는 뉴클레오솜(+1, +2, +3 등)도 역시 전사활성 동안에 이러한 변이를 일으키지만, 영향을 받는 정도는 전사시작 자리에서 멀어질수록 감소한다. 고등 진핵세포에 있는 대부분의 비전사(억제된) 유전자의 프로모터 영역이 〈그림 6-46〉처럼 상대적으로 뉴클레오솜에 의해 덮여 있는지, 아니면 〈그림 6-48〉처럼 뉴클레오솜이 없는지에 대해서는 아직 분명히 밝혀지지 않았다. 아마도 유전자마다 다양할 것으로 보인다. 어떤 모형이든 상관없이, 염색질의 프로모터 영역은 다양한 히스톤변형효소(히스톤아세틸전달효소, 탈아세틸화효소, 메틸전달효소, 탈메틸화효소)와 염색질 재구성 복합체(예: SWI/SNF) 모두의 표적이 된다.

6-4-4-3 태세를 갖춘 중합효소에 의한 전사 활성화

전사 활성화에 대해 논의하는 동안, 어떻게 전사인자들이 프로모터

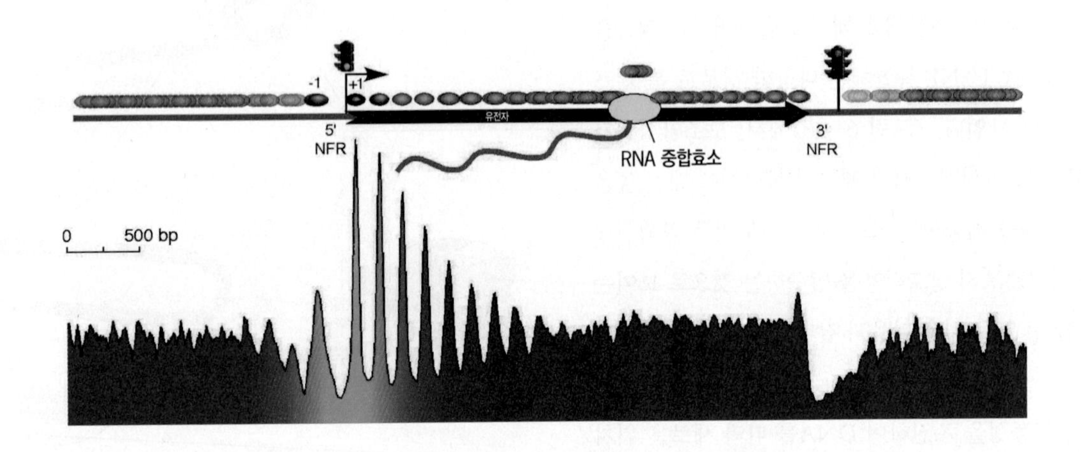

그림 6-48 효모 유전자의 뉴클레오솜 조망. 위의 그림은 RNA 중합효소 II 복합체에 의해 활발히 전사되고 있는 유전자 부근의 전형적인 DNA 지역이다. 뉴클레오솜의 위치를 회색 타원으로 표시하였다. 아래의 그림은 DNA에 있는 뉴클레오솜의 분포이며, 선의 높이는 그 자리에 뉴클레오솜이 있을 가능성을 의미한다. 유전자의 5′ 부분은 가장 잘 밝혀진 염색질 구조를 갖고 있다. 프로모터 지역은 뉴클레오솜이 없는 지역(nucleosome-free region, NFR)일 가능성이 매우 높다. 이 지역은 전사시작 부위(초록색 신호등)의 양 옆에 있는 2개의 매우 잘 위치된 뉴클레오솜과 맞닿아 있다. 이 두 뉴클레오솜은 위의 그림에 +1과 −1로 표시하였다. 전사된 지역의 5′끝 근처에 있는 뉴클레오솜들도 역시 잘 배치되는 경향이 있으며, 그림 위쪽에 이들 뉴클레오솜의 뚜렷한 위치를 표시하였다. 중합효소가 유전자를 전사할 때, 중합효소에 의해 떨어져나간 뉴클레오솜을 볼 수 있다. 초록색 음영은 H2A.Z 히스톤 이형이 많고, 히스톤 아세틸화와 H3K4 메틸화가 많이 일어나며, 뉴클레오솜의 위치 결정이 일어날 가능성이 높은 염색질 지역에 해당한다.

에 결합하고 일반전사인자(GTF)들과 염색질 변형 복합체, RNA 중합효소 II의 소집을 유도하여 인접한 유전자의 전사를 개시하는지 설명하였다. 전사된다는 어떠한 증거도 없는 많은 유전자의 프로모터에도 RNA 중합효소가 결합하는 것은 놀라운 일이다. 어떤 경우에는 "전사적으로 침묵된" 유전자에 위치한 RNA 중합효소가 실제로 RNA 합성을 개시하지만, 전사의 신장단계로 넘어가지 못하여 완전한 길이의 1차전사물이 결코 만들어지지 않는다. 이러한 전사적으로 침묵된 유전자와 연관된 중합효소는 행동을 취한 준비 태세를 갖추고 있지만, 유전자가 완전히 전사될 수 있는 생산단계로 들어가려면 조절 사건이 추가로 필요한 것으로 생각된다. 한 모형에 따르면, 프로모터 하류에 위치한 RNA 중합효소가 억제인자(예: DSIF와 NELF)와 결합하여 비생산(정지된) 상태로 된다. 이 억제상태는 키나아제(예: P-TEFb, 그림 5-20)에 의해 억제인자들이 인산화되면 풀리게 된다. 이들 연구 결과로 (전사 개시라기보다는) 전사 신장 수준의 유전자 발현 조절이 발생이나 환경 신호에 대한 반응에서 유전자를 빠르게 활성화하는 데 중요한 역할을 하는 것으로 보인다. 하지만 더 많은 실험을 통해 확인해야 할 것이다.

6-4-5 전사 억제

〈그림 6-28〉과 〈그림 6-29〉에서 분명히 알 수 있듯이 원핵세포의 전사조절은 거의 억제인자에 의존하는데, 억제인자는 DNA와 결합하여 인근 유전자의 전사를 억제한다. 진핵세포의 연구는 주로 특정 유전자의 전사를 활성화하거나 증대시키는 인자들에 초점을 맞추기는 하지만, 진핵세포 또한 음성 조절 기작을 갖고 있다.

전사 활성화는 염색질의 특정 부위에 있는 뉴클레오솜의 상태 또는 위치의 변화와 연관되어 있다. 염색질의 아세틸화 상태는 역동적인 성질이다. 아세틸기를 추가하는 효소들(HAT)이 있는 것처럼, 아세틸기를 제거하는 효소들도 있다. 아세틸기의 제거는 **히스톤 탈아세틸화효소**(histone deacetylases, HDAC)에 의해 이루어진다. HAT가 전사 활성화와 연관되어 있는데 반해, HDAC는 전사 억제와 연관되어 있다. HDAC는 보조억제인자(*corepressor*)라고 하는 큰 복합체의 소단위이다. 보조억제인자는 보조활성인자와 비슷하지만, 표적 유전자를 활성화시키는 것이 아니라 침묵시키는 전사인자(억제인자)들에 의해 특정 위치로 소집된다는 점에서 다르다(그림 6-49). 암의 여러 유형으로의 진행은 종양세포가 어떤 유전자들의 활성을 억제하느냐에 달려있다. HDAC를 억제하는 졸린자(Zolinza) 등의 많은 항암제가 시험 중에 있다.

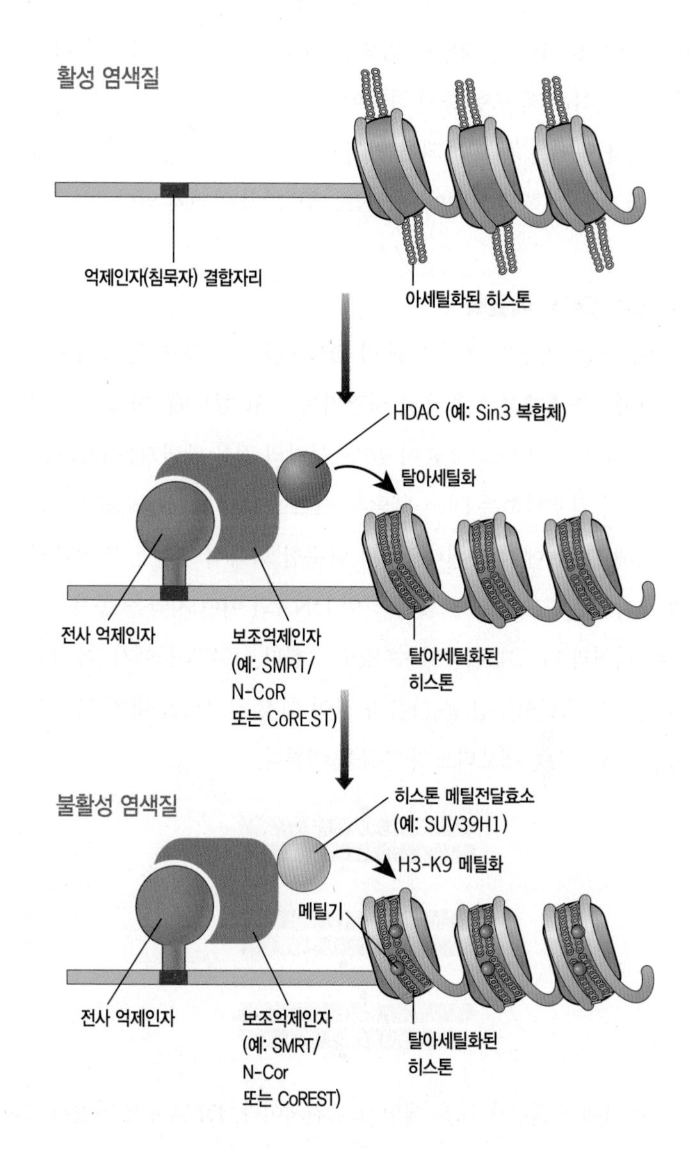

그림 6-49 전사 억제 모형. 활성 염색질의 프로모터 지역에 있는 히스톤 꼬리가 아세틸화된다. 전사 억제인자가 DNA 결합자리에 결합하면, 보조억제인자 복합체(예: SMRT/N-CoR 또는 CoREST) 및 연계된 HDAC 활성을 불러들인다. HDAC는 히스톤 꼬리에서 아세틸기를 제거한다. 히스톤 메틸전달효소 활성을 가진 별개의 단백질이 H3 히스톤 꼬리의 K9 잔기에 메틸기를 붙인다. 아세틸기가 떨어지고 메틸기가 추가되면 염색질이 불활성화되고 유전자가 침묵하게 된다.

최근 연구에 따르면 또 다른 히스톤 변형(히스톤 H3 분자의 9번째 위치에 있는 리신 잔기의 메틸화)에 의해서 히스톤 꼬리에서 아세틸기가 제거된다. 아마 〈6-1-2-4〉에서 이런 변형(H3K9me)이 이질염색질 형성에 중요한 일이라고 설명한 것을 기억할 것이다. 이제 이런 동일한 변형이 유전체의 진정염색질 지역에서 일어나는 더욱 역동적인 전사 억제에도 관여하는 것으로 보인다. 〈그림 6-49〉는 다양한 염색질 변형의 여러 양상을 반영하는 수많은 전사 억제 모형 중의 하나이다.

전사 억제는 잘 이해되어 있지는 않지만, 유전체의 한 지역을 침묵하게 하는 핵심 요인에는 DNA 메틸화가 알려져 있다.

6-4-5-1 DNA 메틸화

포유동물을 비롯한 척추동물의 DNA를 조사하면 뉴클레오티드 100개중 1개꼴로 추가된 메틸기를 갖고 있는데, 항상 시토신(cytosine)의 5번 탄소에 붙어 있다. 사람의 경우 메틸기는 DNMT 유전자가 암호화하는 DNA 메틸전달효소(*DNA methyltransferase*)에 의해 DNA에 추가된다. 이런 단순한 화학적 변형은 후성유전의 표지 또는 "꼬리표" 역할을 하여 DNA의 어떤 지역을 동정하고 다른 지역과 다르게 활용할 수 있도록 한다. 포유동물에서, 메틸화된 시토신(메틸시토신)은 다음과 같이 대칭 염기서열 내에 있는 5′-CpG-3′ 디뉴클레오티드의 부분을 이룬다.

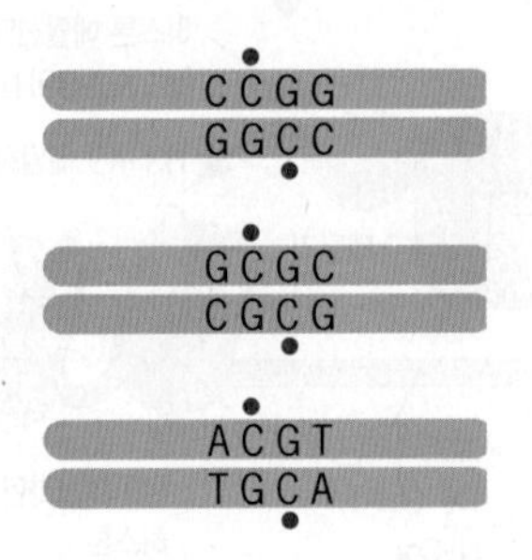

여기에서 빨간색 점은 메틸기의 위치이다. DNA에서 메틸시토신 대부분은 비암호화 지역, 반복 염기서열, 전이인자(transposable element, TE)에 위치한다. 메틸화에 의해 이런 요소들이 불활성상태로 유지되는 것으로 생각된다. DNMT에 돌연변이가 일어난 생명체에서는 전위(轉位)가 현저하게 증가되며, 이로 인해 건강에 해롭게 된다. 적어도 최근의 한 연구에서 piRNA(생식세포에서 TE 억제의 매개자)가 유전체에서 TE가 있는 곳으로 DNA 메틸화 기구를 안내한다는 사실이 밝혀졌다.

DNA 메틸화와 전사 억제 프로모터의 DNA 메틸화는 일반적으로 유전자 억제와 관련되어 있다. 대부분의 증거에 따르면 DNA 메틸화가 초기 불활성 기작으로서 역할을 수행하기 보다는 유전자를 불활성 상태로 유지하는 역할을 더 하는 것으로 보인다. 예를 들어 암컷 포유동물의 X 염색체 중의 하나는, DNA를 더욱 영구적인 억제 상태로 전환시키는 것으로 생각되는, 프로모터에 메틸화의 물결이 일어나기 전에 유전자가 불활성화된다.[9] 억제 상태는 MeCP2를 포함하는 한 종류의 단백질에 의해 유지되는데, 이 단백질들은 유전자들의 하류에 있는 핵심 조절부위에 있는 메틸화된 CpG 디뉴클레오티드에 결합한다. 한 모형에 따르면, 이런 단백질들은 DNA 메틸화가 일어나는 자리에 결합하여 HDAC와 SUV39H1 활성과 연계되어 있는 보조억제인자 복합체를 불러들인다. 앞에서 설명한대로, 이들 효소는 히스톤의 H3K9에 작용하여 HDAC는 아세틸기를 제거하고 SUV39H1은 메틸화하여, 염색질 응축과 유전자 억제를 초래한다(그림 6-49 참조). 이러한 도식에 따르면, 후성유전 변형 중 하나인 DNA 메틸화는 후성유전 변형의 두 번째 유형인 히스톤 변형을 조직화하는 안내자 역할을 한다. 비정상적인 DNA 메틸화 양상은 흔히 질환과 연관된다. 예를 들면, 종양의 발생은 정상을 벗어난 메틸화가 일어나고 이에 따라 종양 성장을 억제해야 할 유전자의 발현이 침묵함에 따라 흔히 일어난다.

DNA 메틸화는 상대적으로 안정한 후성유전 표지이기는 하지만, 부모세포에서 딸세포로 전달될 때에는 조절을 받게 된다. 포유동물에서 일생 동안 일어나는 DNA 메틸화 수준의 현저한 변화를 〈그림 6-50〉에 나타내었다. 메틸화 수준에서 첫 번째의 큰 변화는 수정 직후 수정란이 처음 몇 번 분열하는 동안에 일어나는데, 이 때 앞 세대에서 물려받은 메틸화 "꼬리표"를 잃게 된다. 그 후, 배아가 자궁에 착상될 때쯤에, 새로운(*de novo*) 메틸화의 물결이 세포 전체로 퍼져나가, DNA 전체에 새로운 메틸화 양상이 만들어진다. 이 시점에서 특정세포의 어떤 유전자가 메틸화의 표적이 될 것인지 여부를 결정하는 신호가 무엇인지는 알려지지 않았다. 그렇다 하더라

[9] 최근의 전(全)유전체 분석으로 전사과정에서 억제된 유전자들은 대개 프로모터 지역이 메틸화되어 있는 반면, 이들의 몸체(즉, 전사 시작자리에서 하류에 있는 지역)는 그렇지 않다는 사실이 밝혀졌다. 활발하게 전사되는 유전자의 몸체가 억제된 유전자의 상응하는 지역에 비해 훨씬 심하게 메틸화되어 있음이 밝혀졌다. 이러한 예상하지 못한 메틸화 양상이 나타나는 이유는 아직 분명하지 않다. 이 주제는 〈*Nature Revs. Gen.* 9: 465, 2008〉를 참고할 것.

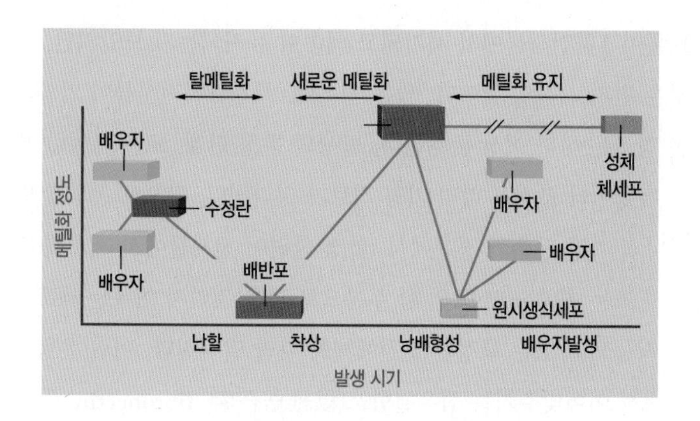

그림 6-50 포유동물의 발생과정 동안 DNA 메틸화 정도의 변화. 수정란의 DNA는 대체로 메틸화되어 있다. 난할과정 동안 유전체에서 전체적인 탈메틸화가 진행된다. 흥미롭게도 수컷에서 유전된 DNA는 암컷에서 온 DNA보다 초기 단계에 다른 기작에 의해 탈메틸화된다. 착상 후에 DNA는 새롭게 메틸화되고, 나머지 발생과정과 성체시기에 이르기까지 체세포에서 높은 수준으로 유지된다. 이에 비해, 성체에서 생식세포를 만드는 원시생식세포의 DNA는 나중에 탈메틸화된다. 생식세포의 DNA는 생식세포를 형성하는 후기 단계에서 다시 메틸화된다.

도, 세포 내에서 DNA 메틸화가 이루어지고 나면 세포분열 동안에 부모 가닥의 메틸화 양상에 따라 딸 가닥을 메틸화하는 효소(아마도 Dnmt1)에 의해 이 메틸화 양상이 유지되는 것으로 보인다.

DNA 메틸화는 진핵세포 유전자를 불활성화시키는 보편적인 기작은 아니다. 예를 들면, 효모나 선충에서는 DNA 메틸화가 발견되지 않는다. 이에 비해 식물 DNA는 흔히 심하게 메틸화되고, 배양된 식물세포에 대한 연구 결과 포유동물과 마찬가지로 DNA 메틸화가 유전자 불활성화와 관련되어 있음을 알 수 있다. 식물에게 DNA 메틸화를 방해하는 화합물을 처리한 결과, 잎과 꽃자루의 수가 크게 증가되었다. 더욱이, 이런 꽃자루에서 발달된 꽃은 현저하게 변형된 형태를 보인다.

유전자 발현을 침묵하게 하는 DNA 메틸화의 역할에 대한 가장 극적인 예 중에 하나는 포유동물에만 있는 유전체 각인(genomic imprinting)이라는 후성유전 현상의 한 부분에서 생긴다.

6-4-5-2 유전체 각인

1980년대 중반까지도 부계(父系)에서 받은 염색체 세트는 모계(母系)에서 받은 염색체 세트와 기능적으로 동일하다고 추정하였다. 그러나 다른 많은 오래 지속된 추정과 마찬가지로, 사실이 아닌 것으로 확인되었다. 어떤 유전자들은 정자나 난자 중 무엇에 의해 수정란으로 왔는지에 따라 포유동물의 초기 발생 동안에 활성화되거나 불활성화된다. 예를 들면, IGF2라고 하는 태아 성장인자를 암호화하는 유전자는 부계에서 전달된 염색체에서만 활성화된다. 이에 비해, 특수한 칼륨 통로(KVLQT1)를 암호화하는 유전자는 모계에서 전달된 염색체에서만 활성화된다. 이런 유형의 유전자들을 부모 기원에 따라 **각인**(刻印, imprinted)되었다고 한다. 각인은 후성유전 현상의 하나로 간주하는데, 이것은 대립인자들 사이의 차이가 부모에게서 유전된 것이지, DNA 염기서열의 차이에서 비롯된 것이 아니기 때문이다. 포유동물의 유전체는 여러 별개의 염색체 무리에 주로 위치하는 적어도 80개의 각인된 유전자를 갖고 있는 것으로 추정된다.

두 대립인자들 중 하나에 선택적으로 DNA 메틸화가 일어난 결과로 유전자가 각인되는 것으로 보인다. 예를 들면, (1) 각인된 유전자의 부계와 모계 대립유전자는 메틸화된 정도가 일정하게 다르고, (2) 핵심 DNA 메틸전달효소(Dnmt1)가 결여된 생쥐는 물려받은 유전자의 각인 상태를 유지하지 못한다는 사실이 알려졌다. 각인된 유전자의 메틸화 상태는 초기 배아를 휩쓰는 탈메틸화와 재메틸화 물결에 영향을 받지 않는다(그림 6-50). 결과적으로, 수정란에서 각인되어 불활성화된 동일한 대립형질은 태아세포와 대부분의 성체세포에서 불활성화 상태로 된다. 주요 예외는 생식세포에서 일어나는데, 부모에게서 물려받은 각인이 초기 발생 동안에 지워지고 생식세포를 만들 때 새로운 각인 양상을 만든다. 따라서 정자형성과정 동안에는 어떤 특정 유전자(예: *KVLQT1*)를 선택하여 불활성화시키고, 난자 형성과정 동안에는 다른 유전자(예: *IGF2*)를 선택하여 불활성화시키는 어떤 기작이 반드시 존재해야 한다. 각인된 유전자 무리 각각은 적어도 1개의 비암호화 RNA를 만든다. 이들 RNA는 여러 유전자 무리에서 부근의 단백질-암호화 유전자를 침묵시키는 데 중요한 역할을 한다.

각인 양상이 교란되면 많은 사람의 희귀 유전병이 나타나게 되는데, 특히 15번 염색체의 각인된 유전자 집단이 대표적 예이다. 프래더-윌리 증후군(Prader-Willi syndrome, PWS)은 정신지체, 비만, 생식선 미발생의 특징을 갖는 유전적 신경질환이다. 이 질환은 흔히 아버지에게서 각인된 유전자가 있는 작은 지역이 결실된

15번 염색체를 물려받은 경우 발생한다. 부계 염색체에 1개 이상의 결실이 있고 모계 염색체는 불활성화된 각인된 상동 부위를 갖고 있기 때문에, 개인들은 그 유전자(들)의 기능적인 복사본을 갖고 있지 않다. 비록 유전자들은 대개 일생 동안 각인되어 있지만, 각인이 소실되는 경우도 알려져 있다. 실제로 개체군의 약 10%에서 *IGF2* 유전자의 각인이 사라지는 현상이 일어나서, 이 유전자가 암호화하는 성장인자의 생산이 증가된다. 이러한 후성유전 변형을 가진 사람은 대장암에 걸릴 위험이 크게 증가한다. 아마도 DNA 메틸화효소가 결핍되었기 때문에 각인된 유전자가 전혀 없는 난모세포를 만드는 한 여성의 경우가 알려져 있다. 이 난모세포는 수정된 후에 착상에 실패하여, 이러한 후성유전이 기여하는 본질을 입증한다.

복습 문제

1. 세균의 *lac* 억제인자와 포유동물 글루코코티코이드 수용체의 기능은 어떻게 비슷하고 어떻게 다른가?
2. *PEPCK*와 같은 유전자의 상류에 있는 조절부위에서 발견되는 조절 염기서열은 어떤 유형인가? 이들 다양한 염기서열은 인근의 유전자 발현 조절에서 어떤 역할을 하는가?
3. 후성유전(*epigenetic*)의 의미는 무엇인가? 히스톤 메틸화, DNA 메틸화, 그리고 중심절 결정 등의 다양한 현상을 어떻게 후성유전으로 설명할 수 있는가?
4. 여러 전사인자 무리에서 발견되는 성질들은 무엇인가?
5. 전사활성인자와 전사억제인자, 보조활성인자과 보조억제인자, 그리고 HAT와 HDAC 사이의 차이는 무엇인가?
6. DNA 메틸화가 유전자 발현에 어떻게 영향을 주는가? DNA 메틸화는 히스톤 아세틸화나 히스톤 메틸화와 어떻게 연관되어 있는가? 유전체 각인이 의미하는 바는 무엇인가?

6-5 가공-단계의 조절

선택적 이어맞추기(alternative splicing)에 의해 RNA 가공 단계에서 유전자 발현이 조절되며 단일 유전자로부터 2개 이상의 관련 단백질을 만들어낼 수 있다. 복합체인 식물과 동물의 유전자는 수많은 인트론(intron)과 엑손(exon)을 갖고 있다. 제5장에서 어떻게 인트론이 1차전사물에서 제거되고 엑손이 유지되는지 보았지만, 이것은 단지 시작일 뿐이다. 많은 경우에, 특정 1차전사물이 가공되는 경로는 하나 이상 존재한다. 발생의 특정 단계, 또는 특정한 세포 유형이나 조직에 따라 가공 경로가 달라진다. 앞으로 논의할 단 하나의 가장 단순한 경우에서, 특정 단편이 전사물에서 제거될 것인지 또는 최종 mRNA의 한 부분으로 남을 것인지 여부는 세포에서 작동되고 있는 특정한 조절체계에 따라 달라진다. 이런 유형의 선택적 이어맞추기는 섬유결합소(纖維結合素, fibronectin)가 합성되는 동안에 일어난다. 섬유결합소는 혈청과 세포외기질에서 발견되는 단백질이다. 간세포에서 합성되어 혈액으로 분비되는 섬유결합소에 비해, 섬유모세포에서 합성되어 기질에 존재하는 섬유결합소는 2개의 펩티드를 더 갖고 있다(그림 6-51). 여분의 펩티드는 섬유모세포에서 가공되는 동안 유지되는 mRNA 전구체(pre-mRNA)에서 만들어진 것으로, 간세포에서는 가공되는 동안에 제거된다.

대부분의 경우, 한 유전자로부터 선택적 이어맞추기에 의해 생산된 단백질들은 거의 동일하지만 핵심 지역이 다르다. 따라서 세포 내 위치, 결합하는 리간드의 종류, 또는 촉매활성의 반응속도 등의 중요한 성질에 영향을 줄 수 있다. 많은 전자인자들이 선택적으

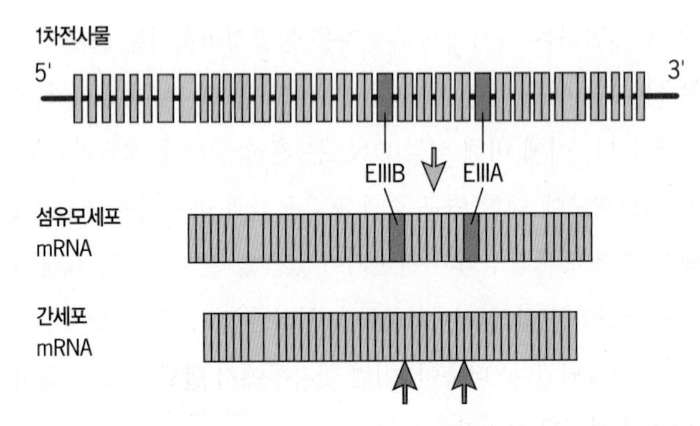

그림 6-51 섬유결합소(fibronectin) 유전자의 선택적 이어맞추기. 섬유결합소 유전자는 많은 엑손으로 구성되어 있다(위 그림; 검은색으로 나타낸 인트론은 크기에 맞춰 그린 것이 아님). 이들 엑손 중 2개는 EIIIA와 EIIIB라는 폴리펩티드 부분을 암호화하는데, 섬유모세포에서 생산된 단백질에는 포함되지만 간세포에서 생산된 단백질에서는 제거된다. 이 차이는 선택적 이어맞추기에 의해 비롯된다. 즉, 이들 두 엑손을 암호화하는 mRNA 전구체 부분이 간세포의 전사물에서는 제거된다. 결실된 엑손의 위치를 간세포의 mRNA에 화살표로 표시하였다.

로 이어맞추어지는 유전자로부터 만들어져서, 어떤 세포가 택할 분화경로를 결정할 수 있는 변이형들을 만들어낸다. 예를 들면, 초파리의 배(胚)가 수컷 또는 암컷으로 발달하게 하는 발생경로는 어떤 유전자 전사물의 선택적 이어맞추기에 의해 결정된다.

선택적 이어맞추기는 매우 복합적으로 될 수 있어서, 최종 mRNA 산물에서 다양한 엑손 조합을 만들어낼 수 있다. 특정 엑손을 포함하거나 제거하는 기작은 주로 특정한 3′ 및 5′ 이어맞추기 자리(splice site)가 이어맞추기 기구에 의해 절단될 자리로 선택되는지 여부에 달려있다. 많은 인자들이 이어맞추기 자리 선택에 영향을 줄 수 있다. 일부 이어맞추기 자리는 "약하다(weak)"고 표현하는데, 이것은 어떤 조건에서는 이어맞추기 기구에 의해 선택되지 않을 수 있음을 의미한다. 약한 이어맞추기 자리는 RNA 염기서열에 의해 인식되어 이용된다. 이러한 염기서열에는 포함 여부가 조절되는 엑손 내에 존재하는 엑손 이어맞추기 증폭자가 있다. 엑손 이어맞추기 증폭자는 특정한 조절 단백질의 결합 자리 역할을 한다. 만약 어떤 세포에 한 특정 조절 단백질이 존재하며 활성화되면,

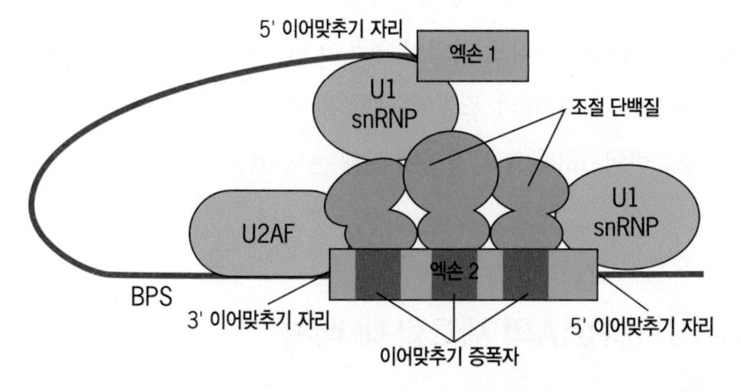

그림 6-52 선택적 이어맞추기를 조절하는 엑손 이어맞추기 증폭자의 역할에 대한 모형. 이 경우에 엑손 2는 특수한 조절 단백질(대개 SR 단백질들)과 결합하는 이어맞추기 증폭자를 여러 개 갖고 있다. 결합된 조절 단백질들은 핵심 이어맞추기 인자(U2AF)와 U1 snRNP를 근처에 있는 3′ 및 5′ 이어맞추기 부위로 각각 불러온다. [U2AF는 U2 snRNP를 분지점 자리(branch-point site, BPS)로 불러오는 직접적인 역할을 하며, 이것은 올가미 구조 형성에 필요하다.] 만약 U2AF와 U1 snRNP가 엑손 2의 양쪽에 있는 이어맞추기 자리로 소집되지 않으면 이 엑손은 인식되지 않으며, 인트론의 한 부분으로서 절단된다. 엑손에는 엑손 이어맞추기억제자(exonic splicing suppressor, ESS)라고 하는 염기서열도 있을 수 있다. ESS는 이어맞추기소체(spliceosome)의 형성을 차단하는 단백질과 결합하여 성숙한 mRNA 내에 엑손이 남아있지 않도록 한다.

이 단백질은 이어맞추기 증폭자와 결합하여 근처의 약한 3′ 또는 5′ 이어맞추기 자리로 이어맞추기 인자들을 불러들인다. 이들 이어맞추기 자리를 활용하여 최종 mRNA 내에 이어맞추기 자리에 있던 엑손이 남아있게 된다. 〈그림 6-52〉는 이러한 일이 어떻게 일어나는지에 대한 한 모형이다. 만약 세포 내에 조절 단백질이 존재하지 않거나 불활성화되어 있으면, 이웃한 이어맞추기 자리들이 인식되지 못하고 엑손은 옆에 있는 인트론과 함께 잘려 나간다. 선택적 이어맞추기를 조절하는 다른 기작도 많이 발견되었다.

많은 다른 조직과 서로 다른 발생단계에서 완전한 길이의 mRNA를 얻어야 하기 때문에, 선택적 이어맞추기는 연구하기 어렵다. 사람 유전자의 70% 이상이 선택적 이어맞추기를 수행하는 것으로 추정된다. 또한 대부분의 전사물로부터 mRNA가 얼마나 많이 만들어지는지도 확실하지 않다. RNA 염기서열을 분석한 최근의 한 연구에서 소수의 주요 조직에서 약 10만 번에 이르는 선택적 이어맞추기가 일어나는 것을 확인하였지만, 이들 가운데 몇 개의 전사물이 생물학적으로 기능을 나타내는지는 분명하지 않다. 선택적 이어맞추기는 특정 단백질의 아미노산 서열에 영향을 주지 않는다고 하더라도, 변형된 5′ 또는 3′ UTR을 갖는 mRNA를 만들 수 있어서 mRNA의 번역 효율성이나 안정성에 영향을 줄 수 있다. 연구를 더욱 어렵게 만드는 것은, 동종(同種)인 전사물의 이어맞추기 방식이 다른 종에서는 흔히 다르다는 것이다. 예를 들면, 사람과 생쥐가 유사한 유전자를 갖고 있음에도 불구하고 매우 다른 주요 이유는, 많은 동종 유전자 전사체의 이어맞추기 방식이 다르기 때문이다.

선택적 이어맞추기는 한 유전자로부터 방대한 관련 단백질을 만들어낼 잠재력(*potential*)을 갖고 있다. 성숙한 mRNA에 포함되거나 제거될 수 있는, 선택적으로 이어맞추어지는 10개의 엑손을 가진 어떤 유전자를 가정해 보자. 이런 유형의 유전자는 잠재적으로, 전체 유전체에서 예측할 수 있는 유전자의 수보다 더 많은, 수만 개의 서로 다른 동형(同形, isoform) 폴리펩티드를 만들어낼 수 있을 것이다. 이러한 형태의 단백질 다양성은 특정 시냅스를 형성하는 데 중요한 역할을 한다. 최근 연구 결과에 따르면 신경 기능에 관여된 어떤 유전자에서는 선택적 이어맞추기가 대규모로 일어나는 것으로 보인다. 선택적 이어맞추기가 대규모로 일어나는지 여부와 상관없이, 유전체에 의해 암호화된 폴리펩티드의 수는 DNA 염기서열 분석만으로 밝혀낸 것보다 적어도 몇 배나 많다.

6-5-1-1 RNA 편집

전사후 단계에서 유전자 발현을 조절하는 또 다른 방법은 mRNA **편집**(編輯, editing)으로, RNA가 전사된 후 특정 뉴클레오티드가 다른 뉴클레오티드로 전환된다. RNA 편집은 새로운 이어맞추기 자리를 만들어내고, 정지 코돈을 만들거나 아미노산 치환을 초래할 수 있다. 비록 선택적 이어맞추기처럼 광범위하지는 않지만, RNA 편집은 신경계에서 특히 중요하다. 신경계의 많은 신호분자에서는 1개 이상의 아데닌(A)이 이노신(inosine, I)으로 바뀌어 있다. 이런 변형은 뉴클레오티드의 아미노기를 효소작용으로 제거하여 일어난다. 번역 기구는 I를 G로 인식한다. 뇌에서 흥분성 시냅스 전달을 매개하는 글루탐산염(glutamate) 수용체는 RNA 편집의 산물이다. 이 경우에 A가 I로 변형되어 Ca^{2+} 이온에 비투과적인 내부 통로를 가진 글루탐산염 수용체가 만들어진다. 이 특정한 RNA 편집 단계를 수행하지 못하는 유전자 조작 생쥐는 심한 간질 발작을 겪으며, 태어난 후 몇 주 안에 죽는다. 또 다른 중요한 예는 RNA 편집에 의해 콜레스테롤-운반 단백질인 아포지질단백질 B(apolipoprotein B)가 영향을 받는 것이다. LDL 복합체는 간에서 만들어지며 아포지질단백질 B-100을 갖고 있다. 이것은 약 1만 4,000 뉴클레오티드인 전체 길이 mRNA에서 번역된 것이다. 소장에서 이 RNA의 6,666 번째 뉴클레오티드인 시티딘(cytidine)이 효소에 의해 유리딘(uridine)으로 바뀌고, 이로 인해 번역을 종결시키는 정지코돈(stop codon, UAA)이 만들어진다. 이렇게 짧아진 단백질인 아포지질단백질 B-48은 지방 흡수에 중요한 역할을 하는 소장세포에서만 만들어진다.

복습문제

1. 선택적 이어맞추기는 어떻게 하여 유전체에서 유전자 수를 효과적으로 증가시킬 수 있는가?
2. 선택적 이어맞추기의 예를 설명하시오. 이런 유형의 조절이 세포에게 어떤 가치가 있는가? 세포는 이어맞추기에 선택된 mRNA 전구체의 이어맞추기 자리를 어떻게 조절하는가?
3. RNA 편집은 무엇이며, 어떻게 1개의 mRNA 전구체의 전사물로부터 만들어질 수 있는 단백질의 수를 증가시킬 수 있는가?

6-6 번역-단계의 조절

번역-단계의 조절에는 핵에서 세포질로 수송된 mRNA의 번역에 영향을 주는 다양한 조절 기작이 포함된다. 이런 일반적 조절에서 고려되는 주제에는 다음 내용이 포함된다. (1) mRNA를 세포 내의 특정 자리로 배치하기; (2) mRNA를 번역할 것인지 여부, 번역한다면 얼마나 자주 할 것인지; (3) mRNA의 반감기(얼마나 오래 번역할 것인가를 결정하는 성질).

번역-단계의 조절 기작은 일반적으로 세포질에 있는 특정 mRNA, 다양한 단백질, 마이크로RNA 사이의 상호작용을 통해 작동한다. 제5장에서 mRNA가 5′ 및 3′끝에 **비번역부위**(非飜譯部位, untranslated region, UTR)라는 비암호화 부분을 갖고 있다는 것을 설명하였다. 5′ UTR은 메시지 시작부위인 메틸구아노신 모자(methylguanosine cap)에서부터 AUG 개시코돈까지 확장되어 있는 반면에, 3′ UTR은 암호 영역의 말단인 종결코돈부터 거의 모든 진핵세포의 mRNA에 있는 폴리(A) 꼬리 끝까지 확장되어 있다(그림 5-21 참조). 오랫동안 메시지의 번역되지 않은 부위는 거의 무시되었으나, UTR에 세포가 번역단계의 조절을 매개하는 데 이용하는 뉴클레오티드 서열이 있음이 밝혀지고 있다. 다음 절(節)들에서는 번역 단계의 조절에 관한 세 가지 양상인 mRNA 배치, mRNA 번역, mRNA 안정성에 관해 논의한다.

6-6-1 mRNA의 세포질 내 배치

특정 mRNA를 세포질 내의 특정 지역에 배치하는 것(局在性, localization)은 세포가 기능적으로 구분된 세포질 영역을 만들어내는 핵심 기작이다. 〈그림 6-53*a*〉에서 초파리의 알, 유충, 그리고 성충단계를 간단히 살펴보자. 유충과 성충의 앞-뒤(머리-복부) 축의 발생은 난모세포에서 같은 축을 있는 특정 mRNA의 위치에 의해 예시되어진다. 예를 들면, 난자형성 동안에 *bicoid* 유전자에서 전사된 mRNA는 난모세포의 앞쪽 끝에 주로 위치하게 되고, *oskar* 유전자에서 전사된 mRNA는 반대쪽 끝에 위치하게 된다(그림 6-53*b*,*c*). 이들 mRNA는 각각 위치한 부위에서 번역되어 새롭게 합성된 단백질이 그 곳에 축적된다. *bicoid* mRNA에서 만들어진 단백질은 머리와 흉부 발생에서 중요한 역할을 하고, *oscar* mRNA에서 만들어진 단백질은 유충의 뒤쪽 끝에서 발생하는 생식세포 형성에 필요하다.

세포질에서 mRNA를 배치하는 정보는 3′ UTR에 있다. 이 사실은 bicoid와 oscar mRNA의 3′ UTR을 암호화하는 DNA 염기서열과 연결된 암호화 지역을 가진 외래 유전자를 초파리에 이식한 실험에서 입증된다. 외래 유전자가 난자형성 동안에 전사되면, mRNA는 3′ UTR에 의해 결정되는 위치에 배치된다. mRNA의 3′ UTR 지역에 있는 우편번호(*zip code*)라고 하는 배치 염기서열을 인식하는 RNA-결합 단백질에 의해 mRNA가 배치된다.

미세관(microtubule), 그리고 미세관을 길로 이용하는 운동단백질은 mRNA를 포함한 입자들을 특정 위치로 운반하는 데 중요한 역할을 한다. 예를 들면, 미세관을 단량체로 분해하는 콜히친(colchicine) 같은 물질을 처리하거나 키네신(kinesin) I 운동단백질의 활성을 바꾸는 돌연변이가 일어나면 초파리 난모세포에서 oscar mRNA의 배치가 이루어지지 않는다. 한편, 미세섬유는 mRNA가 목적지에 도달한 후 고정시키는 것으로 보인다. mRNA의 배치는 난자와 난모세포에 제한된 것이 아니라, 극성을 가진 모든 세포에서 일어난다. 예를 들어 액틴 mRNA는 이동하는 섬유모세포의 앞쪽 가장자리 부분(前緣部) 근처에 배치되는데, 이곳은 세포의 운동에 액틴 분자가 필요한 장소이다(그림 6-53*d*). 배치과정 동안에는 mRNA 번역이 연관된 단백질에 의해 특이적으로 억제된다. 이 내용은 번역 조절의 연구 주제가 된다.

6-6-2 mRNA의 번역 조절

많은 중요한 생물학적 대사과정은 미리 합성되어 불활성 상태로 세포질에 저장되어 있는 mRNA에 의존한다. 이런 대사과정 중 하나인 동물 배 발생의 초기단계를 간단하게 살펴보자. 초파리의 *bicoid*

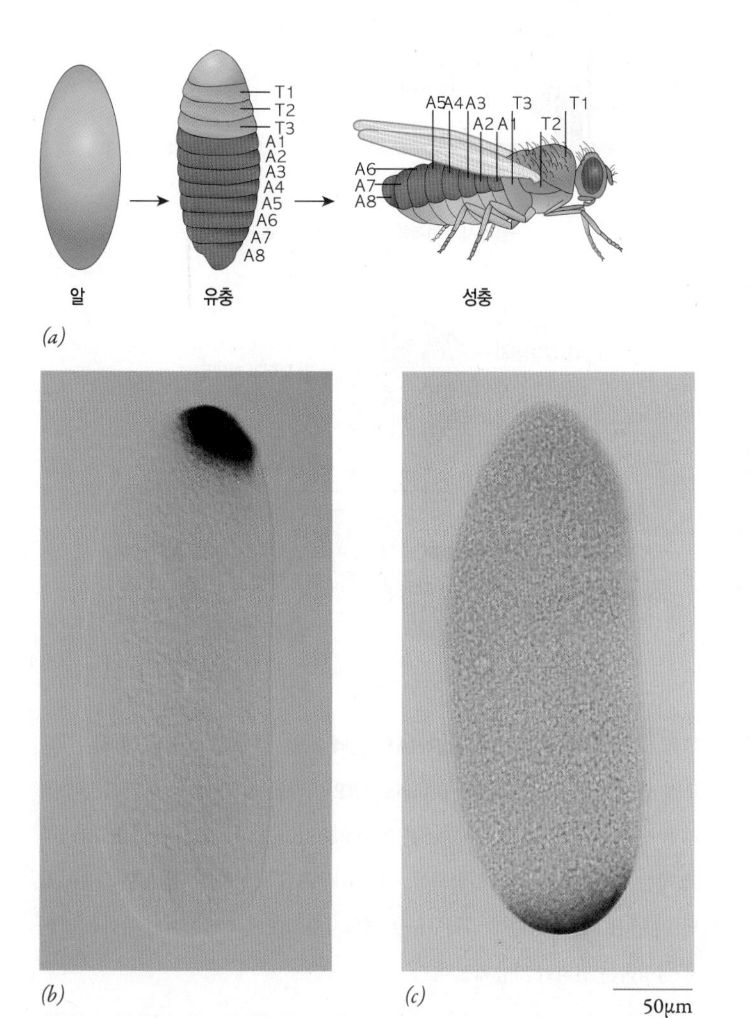

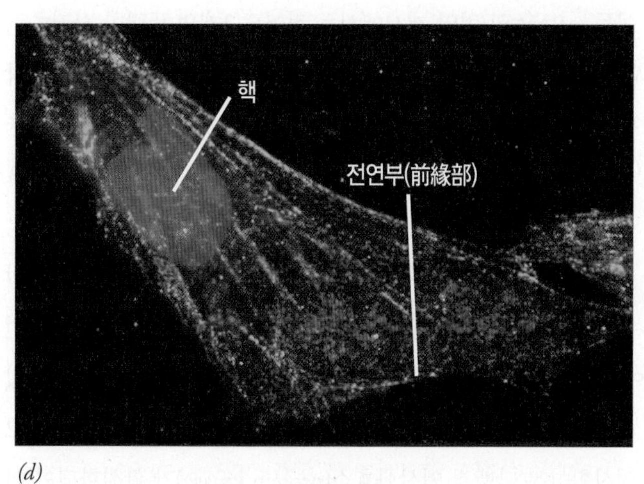

그림 6-53 mRNA의 세포질 내 배치. (*a*) 초파리 일생의 세 시기—알, 유충, 성충—의 개요도. 흉부와 복부의 체절을 표시하였다. (*b*) 초파리 배(胚)의 난할(卵割) 초기에 bicoid mRNA가 앞쪽 극에 분포하는 것을 보여주는 제자리혼성화 결과. (*c*) *b*와 비슷한 시기에 뒤쪽 극에 분포하는 oskar mRNA. 양 극으로 나뉘어 분포하는 RNA가 초파리의 앞-뒤 축 발생에서 중요한 역할을 한다. (*d*) 이동 중인 섬유모세포의 앞쪽 가장자리 부분(前緣部) 근처에 분포하는 β-액틴 mRNA(빨간색). 이곳은 이동하는 동안 액틴이 사용되는 세포 지역이다(그림 13-71 참조).

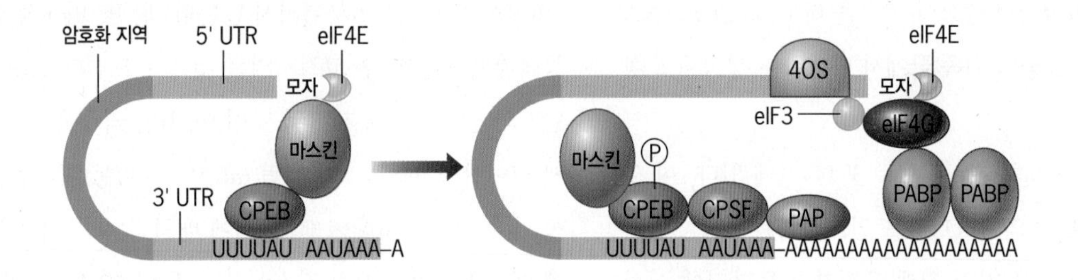

그림 6-54 제노푸스속(*Xenopus*) 개구리 난자가 수정된 후 나타나는 mRNA의 번역 활성화 기작 모형. 이 모형에 따르면, mRNA는 짧은 폴리(A) 꼬리와 결합되어 있는 마스킨(Maskin)이라는 억제 단백질의 조합에 의해 세포질에서 불활성 상태로 유지된다. 마스킨의 한 쪽은 특정 mRNA의 3′ UTR에 있는 염기서열에 결합한 단백질인 CPEB에 묶여있고, 다른 쪽은 모자-결합 단백질(cap-binding protein)인 eIF4E에 묶여있다. 수정 후, CPEB가 인산화되면 마스킨이 떨어져 mRNA가 변화된다. 인산화된 CPEB는 다른 단백질인 CPSF를 불러들이고, CPSF는 폴리(A) 중합효소[poly(A) polymerase, PAP]를 불러들인다. PAP는 폴리(A) 꼬리에 아데노신 잔기를 추가한다. 길어진 폴리(A) 꼬리는 PABP의 결합자리로 작용하여, eIF4G(번역에 필요한 개시인자)의 소집을 돕는다. 이러한 변화의 결과로 mRNA가 번역된다.

또는 *oscar* 유전자에서 전사된 mRNA 등의 비수정란에 저장된 mRNA는 발생 초기단계에서 합성되는 단백질의 주형이다. 즉, 난자 자신의 단백질 합성에는 사용되지 않는다. 난자에 저장된 불활성 mRNA는 대개 짧아진 폴리(A) 꼬리를 갖고 있다. 초기 발생 동안 이들 mRNA의 번역 개시에서는 적어도 2개의 뚜렷한 사건—결합되어 있는 억제 단백질의 제거, 난자의 세포질에 있는 효소의 작용에 의한 폴리(A) 꼬리 길이의 증가—이 나타난다. 이들 사건을 제노푸스속(*Xenopus*) 개구리 배에서 일어나는 번역 활성화 모형으로 설명하였다(그림 6-54).

변화하는 세포 내 요구에 반응하여 mRNA 번역 속도를 조절하는 기작이 많이 발견되었다. 이런 기작 중 일부는 모든 메시지 번역에 영향을 주기 때문에 전체적으로(*globally*) 작동한다고 볼 수 있다. 사람 세포가 어떤 스트레스 자극을 받게 되면, 개시인자인 eIF2를 인산화하는 단백질 인산화효소(protein kinase)가 활성화되어 더 이상의 단백질 합성이 중지된다. eIF2-GTP는 개시 tRNA를 작은 리보솜 소단위에 전달한 후, eIF2-GDP로 전환되어 떨어져 나간다. 인산화된 형태의 eIF2는 GDP를 GTP로 교환하지 못한다. GDP가 GTP로 전환되어야 eIF2가 다시 번역을 개시할 수 있다. eIF2α 소단위의 동일한 세린(Ser)기를 인산화하여 번역을 억제하는 네 종류의 단백질 인산화효소가 확인된 것은 흥미로운 일이다. 이들 인산화효소는 각각 열 충격, 바이러스 감염, 접혀지지 않은 단백질의 존재, 또는 아미노산 결핍 등 다른 종류의 세포 스트레스에

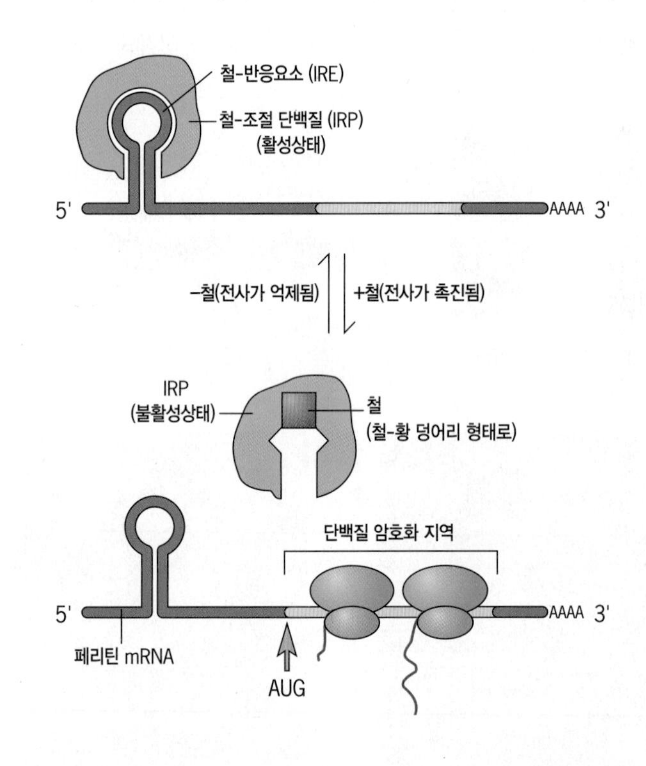

그림 6-55 페리틴(ferritin) mRNA의 번역 조절. 철 농도가 낮을 때에는, 철-조절 단백질(iron-regulatory protein, IRP)이라는 철-결합 억제 단백질이 페리틴 mRNA의 5′ UTR에 있는 철-반응요소(iron-response element, IRE)라고 하는 특정 염기서열에 결합하여, 머리핀 구조를 형성한다. 철 농도가 높아지면, 철이 IRP에 결합하여 입체구조를 변화시켜 IRE에서 떨어지게 하여 페리틴을 형성하는 번역이 가능해진다.

반응하여 활성화된다. 이처럼, 적어도 4개의 다른 스트레스 경로가 수렴하여 같은 반응을 유도한다.

mRNA의 UTR에 있는 특정 요소를 인식하는 단백질의 작용에 의해 특정(*specific*) mRNA의 번역 속도에 영향을 주는 또 다른 기작이 있다. 가장 잘 연구된 예는 페리틴(ferritin) 단백질을 암호화하는 mRNA에서 일어나는 것이다. 페리틴은 세포질에서 철 원자를 격리시켜 금속 성분의 독성으로부터 세포를 보호한다. 페리틴 mRNA의 번역은 철-조절 단백질(*iron regulatory protein*, *IRP*)이라는 특수한 억제인자에 의해 조절되는데, 이 단백질의 활성은 세포 내의 결합되지 않은 철 농도에 따라 달라진다. 철 농도가 낮을 때에는, IRP가 전사체의 5′ UTR에 있는 철-반응요소(*iron-response element*, *IRE*)라는 특정한 서열에 결합한다(그림 6-55). 결합된 IRP가 리보솜이 전사체 5′끝에 결합하는 것을 물리적으로 방해해서 번역 개시를 억제한다. 철 농도가 높을 때에는, IRP가 변형되어 IRE에 대한 친화력을 잃는다. IRP가 분리되면, 페리틴 mRNA에 번역기구가 접근할 수 있게 되어 단백질이 합성된다.

6-6-3 mRNA의 안정성 조절

세포 내에 존재하는 mRNA는 길수록 폴리펩티드 합성 주형의 역할을 더 여러 번 할 수 있다. 세포가 유전자 발현을 조절하려면, mRNA 합성을 조절하는 것만큼이나 mRNA의 생존을 조절하는 것이 중요하다. 원핵세포의 mRNA는 3′끝이 채 완성되기도 전에 5′끝이 분해되기 시작한다. 이와 달리, 진핵세포 mRNA는 대부분 상대적으로 오래 지속된다. 그렇다 하더라도 진핵세포 mRNA의 반감기는 매우 다양하다. 예를 들면, 세포분열 조절에 관여하는 *FOS* mRNA는 빠르게 분해된다(반감기 10~30분). 따라서 Fos는 오직 짧은 기간 동안만 만들어진다. 이에 비해, 특정세포에서 우점(優點)을 이루는 단백질(예를 들면, 적혈구 전구세포의 헤모글로빈 또는 닭 수란관 세포의 난알부민)의 mRNA 반감기는 대개 24시간 이상이다. mRNA의 배치 또는 번역 개시 속도의 경우처럼, 세포의 조절기구와 특정한 차등 처리에 의해 특정 mRNA가 인식될 수 있다.

초기 연구에서 폴리(A) 꼬리가 없는 mRNA는 세포로 주입된 후 빠르게 분해되는 반면에, 꼬리를 갖고 있는 동일한 mRNA는 상대적으로 안정하다는 것이 밝혀졌다. 이것은 mRNA의 수명이 폴리(A) 꼬리의 길이와 관련되어 있음을 밝혀낸 첫 증거이다. mRNA는 대개 핵에서 세포질로 이동할 때 약 200개의 아데노신 잔기로 이루어진 꼬리를 갖고 있다(그림 6-56*a*, 1단계). mRNA가 세포질에 머물면서 폴리(A) 꼬리의 길이가 탈아데닐화효소(deadenylase)에 의해 점진적으로 줄어든다. 이 꼬리가 약 30개의 잔기로 줄어들기 전에는 mRNA의 안정성에 대한 효과가 나타나지 않는다(2단계). 일단 꼬리 길이가 잔기 30개 정도로 짧아지면, mRNA는 대개 두 가지 경로에 의해 빠르게 분해된다. 그 중 한 경로(그림 6-56*a*)에서는, mRNA 3′끝에 남아있는 폴리(A)가 제거되고 이어 5′끝에서 분해되기 시작된다. 3′끝의 폴리(A) 꼬리가 전사물의 5′끝의 모자를 보호한다는 사실에서 mRNA의 양 끝이 매우 가까이 유지되

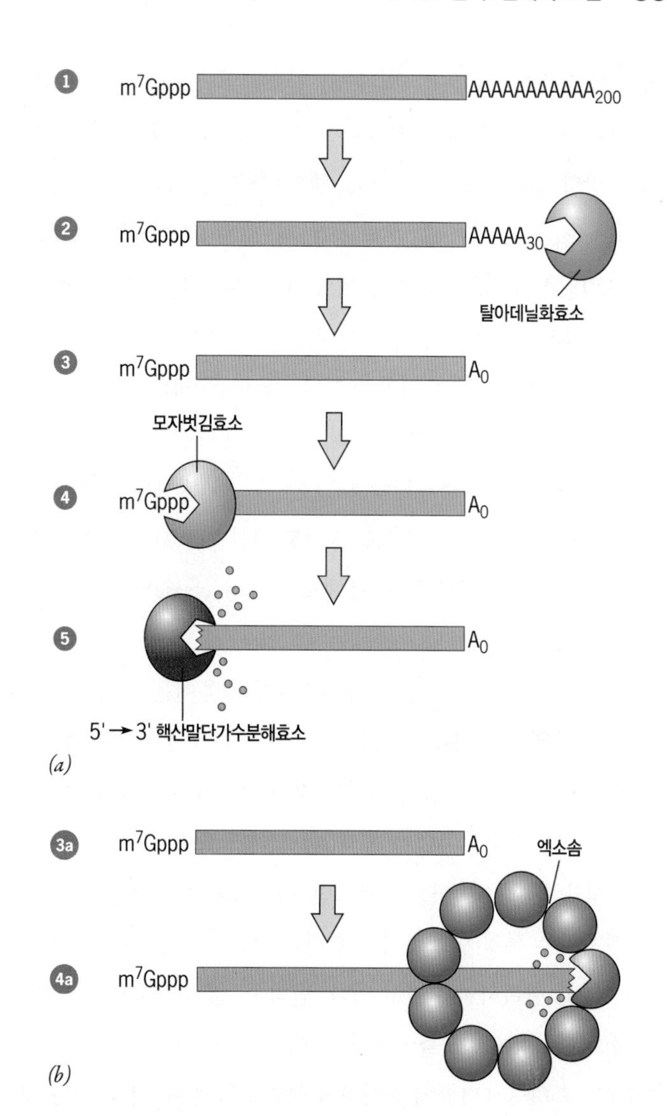

그림 6-56 **포유동물 세포에서 mRNA의 분해.** 각 단계는 본문에서 설명하였다.

고 있음을 추정할 수 있다(그림 5-47 참조). 일단 3′ 꼬리가 제거되면(그림 6-56*a*, 3단계), 전사물의 모자가 제거되고(4단계), 5′끝에서 3′끝 방향으로 분해된다(5단계). 탈아데닐화(deadenylation), 모자벗김(decapping), 5′→3′ 분해 등은 **피-소체**(P-body)라고 부르는 작은 일시적인 세포질 과립 안에서 일어난다. 피-소체는 "필요하지 않은" mRNA를 파괴하며, 또한 더 이상 번역되지 않는 mRNA를 임시로 저장하는 장소 역할을 한다. 또 다른 mRNA 분해 경로(그림 6-56*b*)에서는, 폴리(A) 꼬리가 제거된(3*a*단계) 후 3′끝부터 mRNA가 지속적으로 분해된다(4*a*단계). 3′→5′ 방향의 mRNA 분해는 엑소솜(*exosome*)이라고 하는 3′→5′ 핵산말단가수분해효소 복합체의 한 부분인 핵산말단가수분해효소(exonuclease)에 의해 이루어진다.

매우 다른 반감기를 갖는 mRNA들이 처음에는 비슷한 길이의 꼬리를 갖고 있기 때문에, mRNA의 수명을 설명하기 위해서는 단순히 폴리(A) 꼬리의 길이 이상의 것이 필요하다. 3′ UTR의 뉴클레오티드 염기서열 차이가 폴리(A) 꼬리가 짧아지는 속도에 중요한 역할을 한다. 예를 들면, 글로빈 mRNA의 3′ UTR은 전사체를 안정시키는 특정 단백질이 결합하는 자리로 작용하는 여러 개의 CCUCC 반복서열을 갖고 있다. 만약 이 염기서열에 돌연변이가 일어나면 mRNA가 불안정하게 된다. 이에 비해 수명이 짧은 mRNA는 흔히 3′ UTR에 전사물을 불안정하게 만드는 AU가 풍부한 요소(예: AUUUA 반복서열)를 갖고 있다. 만약 이러한 불안정화 염기서열 중 하나를 글로빈 유전자의 3′ UTR에 삽입하면, 변형된 유전자에서 전사된 mRNA는 반감기가 10시간에서 90분으로 줄어든다. 이들 불안정화 염기서열(그리고 이 염기서열에서 만들어지는 모든 mRNA의 안정성)의 중요성은 위에서 언급한 정상적으로도 수명이 짧은 *FOS* mRNA를 고려할 때, 그 진가가 인정된다. 만약 FOS 유전자에서 불안정화 염기서열을 결실을 통해 제거하면, *FOS* mRNA의 반감기가 증가되고 세포가 악성으로 된다. 3′ UTR의 불안정화 염기서열은 mRNA의 탈아데닐화와 이에 따른 mRNA 분해를 초래하는 단백질(예: AUF1)과 마이크로RNA(예: miR-430)가 모두 결합하는 자리로 작용하는 것으로 보인다. 이에 대해서는 아래에서 설명한다.

6-6-4 번역 단계의 조절에서 마이크로RNA의 역할

단백질이 mRNA 번역과 안정성의 조절자로 작용할 수 있는 유일한 분자는 아니다. 마이크로RNA(miRNA)의 형성과 작용 기작은 제5장에서 설명하였다. 앞서 논의한 번역단계에서 조절을 수행하는 대부분의 단백질과 마찬가지로, miRNA도 주로 표적 mRNA의 3′ UTR에 결합하여 작용한다. miRNA가 거의 모든 생물학적 대사과정의 번역 단계에서 중요한 조절자라는 사실이 점점 명백해지고 있다. 배발생의 가장 초기에서조차 miRNA가 작용하는데, miRNA를 만드는 효소인 다이서(Dicer)가 없는 동물은 낭배형성 이후 발생하지 못한다는 사실로 입증된다. 유사하게, 다이서가 특정 조직에서만 결핍되었을 때에는 그 조직의 세포가 명백한 기형을 나타낸다. 또한 mRNA상의 이상(abnormalities, 異常)이 많은 질환의 발생에 중요한 역할을 하는 것이 분명해지고 있다.

생물학적 대사과정에서 각 miRNA의 역할은 miRNA의 암호화하는 유전자를 돌연변이시키거나 결실시켜 특정 miRNA를 만들지 못하도록 하는 방식에 의해 잘 연구되었다. 이런 유형의 연구 결과로 miRNA가 세포 분화의 다양한 경로에 관여하는 일련의 유전자 발현을 관장한다는 것을 알 수 있다. 심장에 관한 연구로 배발생과 성체 조직 모두에서 miRNA의 중요성을 설명할 수 있다. miRNA의 *miR-1* 부류에 속하는 두 구성요소가 근육조직 발생에서 중요한 역할을 한다. 생쥐 배(胚)에서 이 miRNA 가운데 하나(*miR-1-2*)를 결실시키면 심장 발생에서 극적인 결함이 나타난다. 많은 동물이 심실 사이의 격벽에 생긴 구멍으로 인해 태어나기 전에 죽었고, 일부는 심박 리듬이 어긋나서 태어난 후 죽었다. 이런 유해한 효과는 어떤 핵심 전사인자가 과발현되어 나타나는데, 이 전사인자는 정상 상태에서는 *miR-1* miRNA에 의해 번역이 억제되어 있다. 이와 동일한 miRNA가 성인의 심장질환에도 관여한다. 심장마비를 경험한 후 전기생리학적 이상을 겪는 환자의 심장 조직에는 *miR-1* miRNA가 많이 존재하는 경향이 있다. 예상되는 *miR-1*의 두 표적은 (1) 심실의 근육세포 사이에서 이온 흐름이 일어나는 간극연접(gap junction)을 형성하는 단백질 Cx43을 암호화하는 mRNA, 그리고 (2) 심장세포에서 막전위 재분극에 관여하는 칼륨 통로인 단백질 Kir2.1을 암호화하는 mRNA이다. *miR-1*의 양이 정상보다 높은 상태에서는 두 단백질 모두 발현양이 감소할 것이다. 이러한 관찰의 중요성은 *miR-1*의 과발현을 유도한 쥐에서 심장발작 환자와 비슷한 표현형이 나타나는 것을 관찰한 실험에서 확인된다. 무엇보다 중요한 것은, 이들 쥐에서 *miR-1*의 활성을 억제하면 Cx43과 Kir2.1이 정상 수준으로 돌아가고, 심장의 전기생리학적 상태도 정상으로 돌아간다는 것이다. 이러한 발견을 근거로 하여 심장질환 치료에서 miRNA가 치료제의 효과적인 표적이 될 것으로 기대된다.

miRNA가 번역 단계에서 조절하는 방식은 상당한 논란거리였다. 이 분야에 대한 연구 결과, 전체적으로 볼 때 miRNA는 별개의 여러 기작을 통해 〈그림 6-57〉처럼 mRNA 번역과 안정성에 영향을 주어 조절 작용을 하는 것으로 보인다.

1. 유충에 대한 초기 연구와 포유동물의 배양세포에 대한 최근 연구에서 miRNA가 번역 개시 후 어떤 시점에서 단백질 합성을 억제할 수 있음이 밝혀졌다(그림 6-57*b*). 이 의견은 mRNA와 결합한 miRNA가 활발하게 번역하고 있는 폴리솜의 한 부분이라는 관찰에 바탕을 둔다. 결합한 RISC[miRNA-아르고노트 단백질 복합체(miRNA-Argonaute protein complex), 그림 5-38*b*]가 번역의 신장 단계에 참여하여 리보솜이 이른 시기에 떨어져 나가게 한다고 주장하는 일련의 증거가 있다. 한편, RISC가 새로 만들어지는 폴리펩티드의 분해에 관여하는 것으로 보이는 증거도 있다.
2. 다른 연구에서는 결합한 RISC가 번역 개시를 방해한다고 주장한다(그림 6-57*c*). 이 의견은 RISC 내의 아르고노트 단백질

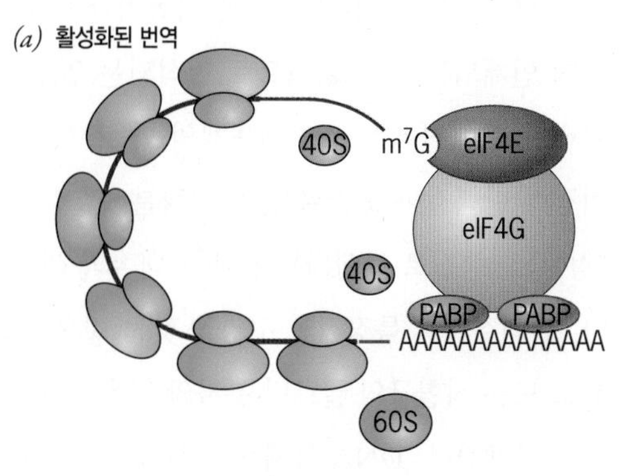

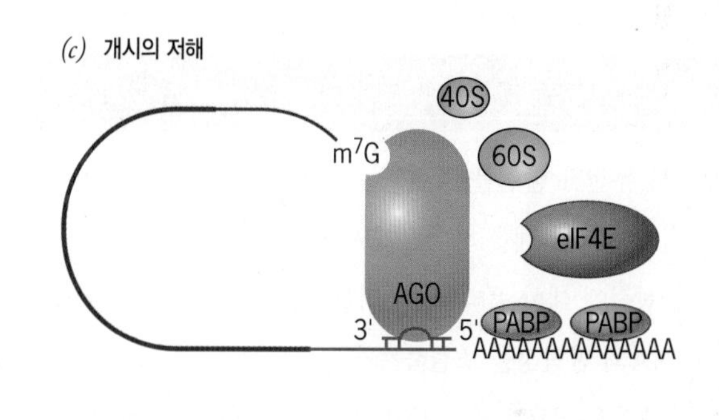

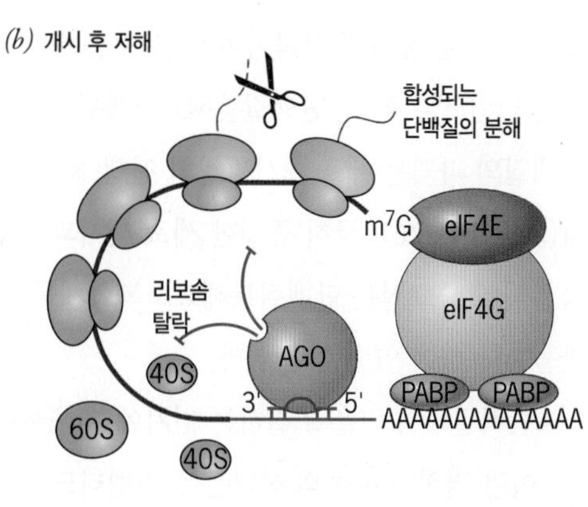

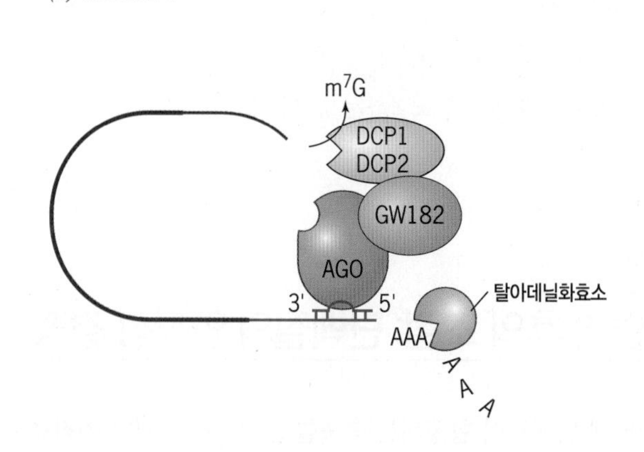

그림 6-57 번역 단계에서 miRNA가 유전자 발현을 감소시키는 가상기작. (*a*) miRNA 조절이 없는 상태에서 활성화된 번역. (*b*) 번역이 개시된 후의 어떤 시점에서 유전자 발현의 저해. 아르고노트(Argonaute) 단백질(AGO)을 갖는 RISC 복합체가 결합하면 만들어지는 단백질이 분해되고 리보솜이 mRNA에서 떨어져 나가게 된다. (*c*) 번역과정이 시작된 어떤 부위에서 유전자 발현의 저해. RISC 복합체가 eIF4E와 mRNA의 5′끝 사이의 상호작용, 그리고 리보솜 소단위들의 완전한 조립을 저해한다. (*d*) mRNA 분해를 촉진함으로써 유전자 발현 저해. RISC 복합체가 단백질 DCP1/2에 의해 mRNA의 모자벗김(decapping)을 촉진하는 단백질과, 그리고 폴리(A) 꼬리를 분해하는 단백질을 불러들인다. GW182는 P-소체의 구성요소이다.

이 mRNA 5′ 끝의 메틸-구아닌 모자에 결합해서 번역 개시인자인 eIF4E와 모자 사이의 상호작용을 차단한다는 내용을 포함한 수많은 관찰에 바탕을 두고 있다. 또 다른 결과에 따르면 RISC가 번역 개시에 필요한 리보솜의 큰 소단위와 작은 소단위 사이의 상호결합을 방해하는 것으로 보인다.

3. 또 다른 연구 결과는 일부 miRNA가 표적 mRNA의 분해를 유도하여 번역 단계의 조절을 수행한다고 주장한다(그림 6-57*d*). 이 연구에서 제브라피시(zebra fish) 배(胚)가 자신의 mRNA을 합성하기 시작할 때에 하나의 특정 miRNA(miR-430) 발현이 급격한 증가를 보였다. 이 miRNA의 출현과 동반하여 성숙한 mRNA가 상당량 분해되는데, 이 mRNA는 수정시 난자에 저장되어 있던 것이며 3′ UTR에 miR-430 miRNA의 결합자리를 갖고 있다.

복습문제

1. 번역 단계에서 유전자 발현을 조절하는 방법 세 가지를 설명하시오. 이들 조절 기작마다 예를 하나씩 드시오.
2. mRNA의 안정성에 대한 폴리(A)의 역할은 무엇인가? 세포는 어떻게 각 mRNA의 안정성을 조절하는가?
3. 다음 구조를 가진 β-글로빈 유전자가 세포에서 95% 이상을 차지하는 단백질의 형성을 지시하도록 유전자 발현이 조절되는 각각의 단계를 설명하시오.

   엑손1—인트론—엑손2—인트론—엑손3
4. miRNA가 유전자 발현을 조절하는 방식을 설명하시오

6-7 번역 후의 조절: 단백질의 안정성 결정

세포가 어떻게 단백질이 합성되는 속도를 조절하는 정교한 기작을 갖고 있는지 살펴보았다. 따라서 세포가 특정 단백질이 완전히 기능적인 상태로 존재하는 시간을 조절하는 기작을 갖고 있을 것으로 기대한다. 비록 단백질 안정성이라는 주제가 유전자 발현 조절이라는 제목에 해당되지는 않지만, 논리적으로 연결된 부분이어서 이 내용에 대해 논의한다. 선택적인 단백질 분해 분야의 선구적인 연구는 이스라엘의 아브람 헤르슈코(Avram Hershko)와 아론 치에하노베르(Aaron Ciechanover), 그리고 미국의 어윈 로즈(Irwin Rose)와 알렉산더 바르샤프스키(Alexander Varshavsky) 연구진에 의해 수행되었다.

세포 내 단백질의 분해는 핵과 세포질에 존재하는 속이 빈 원통형의 단백질-분해 장치인 **단백질분해효소복합체**(proteasome)에 의해 수행된다. 단백질분해효소복합체는 차례로 쌓여있는 4개의 고리 모양의 폴리펩티드 소단위로 구성되며, 양 끝에 모자가 붙어있다(그림 6-58*a*,*b*). 중앙에 있는 2개의 고리는 단백질가수분해효소 기능을 하는 폴리펩티드(β 소단위)로 이루어져 있다. 이들 소단위의 활성자리는 둘러싸인 중앙 공간을 향해 있고, 이 보호된 환경에서 단백질 가수분해가 일어난다.

단백질분해효소복합체는 특이적으로 선택되어 분해하도록 표지된 단백질을 분해한다. 잘못 접혔거나 다른 단백질과 정확하지 않게 연계되는 등 비정상으로 인식되는 일부 단백질이 선택된다. 이러한 단백질에는 조면소포체의 막-결합 리보솜에서 만들어진 비정상 단백질이 포함된다. 단백질분해효소복합체의 파괴에 대해 "정상" 단백질로 선택되는 것은 단백질의 생물학적 안정성에 따른다. 단백질마다 특징적인 수명을 갖는 것으로 보인다. 해당과정의 효소 또는 적혈구의 글로빈 분자와 같은 단백질은 몇 일에서 몇 주 동안 존재한다. DNA 복제를 개시하거나 세포가 분열하도록 하는 조절 단백질 등의 특이적이며 빠른 작동에 필요한 단백질은 단 몇 분 동안만 생존한다. 단백질분해효소복합체에 의한 이런 핵심 조절 단백질의 파괴는 세포 대사과정의 진행에서 매우 중요한 역할을 한다(그림 14-26). 극히 중대한 세포 대사과정에서 단백질분해효소복합체의 중요성은 단백질분해효소복합체를 특이적으로 억제하는 약을 사용하여 입증할 수 있다.

단백질의 수명을 조절하는 인자에 대해서는 잘 알려져 있지 않다. 이런 결정인자 중의 하나는 폴리펩티드 사슬의 N-말단에 있는 특이적 아미노산이다. 예를 들면, 아르기닌이나 리신으로 종결되는 폴리펩티드는 대개 수명이 짧다. 세포주기의 특정 시기에 작용하는 다수의 단백질은 어떤 아미노산기가 인산화되면 파괴되도록 표지된다. 어떤 단백질은 데그론(degron)이라고 하는 특정 아미노산 서열을 내부에 갖고 있는데, 이 서열로 인해 단백질이 세포 내에서 오래 존속하지 못하게 된다.

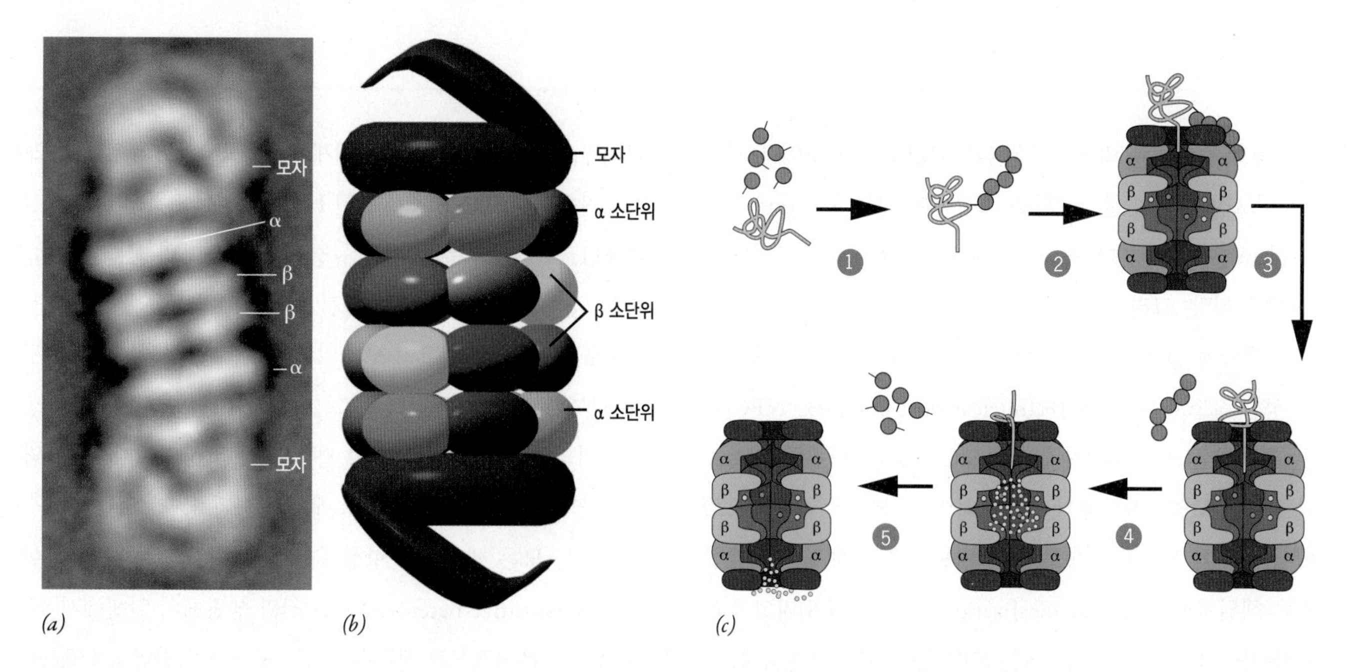

그림 6-58 단백질분해효소복합체(proteasome)의 구조와 기능. (*a*) 초파리에서 분리한 단백질분해효소복합체의 고분해능 전자현미경 사진. (*b*) 고분해능 전자현미경과 엑스-선 결정학에 기초한 단백질분해효소복합체의 모형. 각 단백질분해효소복합체는 4개의 고리가 쌓여서 형성한 터널 모양의 원통(또는 핵심 입자) 양 끝에 결합한 2개의 다소단위 모자(또는 조절 입자)로 이루어져 있다. 각 고리는 7개의 소단위로 구성되며, 이 소단위는 α-형과 β-형으로 나뉜다. 2개의 내부 고리는 β 소단위로 구성되며, 중심 공간을 둘러싸고 있다. 소단위는 서로 비슷하지만 동일한 폴리펩티드가 아니기 때문에 다른 색으로 표시하였다. 각 고리에 있는 7개의 β 소단위중 3개는 단백질 가수분해 활성을 갖고 있다. 나머지 4개는 진핵세포에서 활성이 없다. (원핵세포도 단백질분해효소복합체를 갖고 있지만, 구조가 단순하고 모든 α 소단위가 활성을 나타낸다.) 바깥쪽에 있는 2개의 고리는 좁은 구멍(약 13 Å)을 형성하는 효소 활성이 없는 α 소단위로 구성되며, 이 구멍을 통해 펼쳐진 폴리펩티드 기질이 중심 공간으로 이동하여 분해된다. (*c*) 단백질분해효소복합체에 의한 단백질 분해과정. 1단계에서, 분해될 단백질이 유비퀴틴 분자 사슬과 공유적으로 결합한다. 유비퀴틴의 부착은 별개의 효소 3개(E1, E2, E3)에 의해 이루어지는데, 이 과정은 여기서 설명하지 않는다. 2단계에서, 폴리유비퀴틴과 결합한 표적 단백질이 단백질분해효소복합체 모자와 결합한다. 유비퀴틴 사슬이 제거되고 펼쳐진 폴리펩티드가 단백질분해효소복합체 중심 공간으로 들어가며(3단계), 이곳에서 β 소단위의 촉매작용에 의해 분해된다(4, 5단계).

유비퀴틴(ubiquitin)은 다양한 세포 내 대사과정에서 다수의 기능을 수행하는 작고 잘 보존된 단백질이다. 예를 들면, 1개의 유비퀴틴이 부착된 막단백질은 선택적으로 내포낭(內包囊, endocytic vesicle) 안으로 통합된다. 이처럼 부착된 1개의 유비퀴틴은 주로 분류신호로서 역할을 한다. 이에 비해 유비퀴틴이 서로 연결되어 형성된 폴리유비퀴틴 사슬이 붙으면, 이 단백질은 파괴 대상이 된다(그림 6-58*c*, 1단계). 이 과정의 첫 단계에서, 효소 활성에 의해 유비퀴틴이 운반단백질에서 파괴될 단백질의 리신 잔기로 전달된다. 유비퀴틴을 표적 단백질에게 전달하는 효소는 거대한 유비퀴틴 연결효소(*ubiquitin ligase*) 집단으로, 각각의 구성요소가 서로 다른 파괴신호를 가진 단백질을 인식한다. 이런 효소들이 핵심 단백질의 삶과 죽음을 결정하는 중요한 역할을 하며, 최근 연구의 초점이 되고 있다.

폴리유비퀴틴이 부착된 단백질은 단백질분해효소복합체의 모자가 인식하여(그림 6-58*c*, 2단계), 유비퀴틴 사슬을 제거하고 ATP 가수분해 에너지를 사용하여 표적 단백질을 펼친다. 펼쳐져서 선형으로 된 폴리펩티드는 α 소단위의 고리에 있는 좁은 구멍을 통과하여 단백질분해효소복합체의 중앙 공간으로 들어간다(3단계). 대부분의 세포는 이곳에서 폴리펩티드를 작은 펩티드로 분해한다(4, 5단계). 이들 펩티드는 세포질로 되돌아가서 아미노산으로 분해된다.

요약

진핵세포의 핵은 핵막에 의해 경계가 나누어진 복합 구조이다. 핵막은 핵과 세포질 사이의 물질교환을 조절하여 세포의 주 구획 2개의 고유한 조성을 유지한다. 핵막은 핵 주위 공간에 의해 분리된 안쪽과 바깥쪽 핵막, 그리고 다수의 핵공을 포함하여 여러 개의 구성요소로 이루어져 있다. 핵공은 내막과 외막이 융합되어 원형의 구멍을 형성한 장소로, 핵공복합체(nuclear pore complex, NPC)라고 하는 복잡한 구조로 채워져 있다. NPC는 고리, 바퀴살, 섬유로 구성된 바구니 모양의 8각형 대칭 구조물이다. 핵공은 핵과 세포질 사이에서 물질이 이동하는 통로이다. 일반적으로 핵 안에 머무는 단백질은 핵위치신호(nuclear localization signal, NLS)라고 하는 아미노산 사슬을 갖고 있다. NLS는 NPC를 통해 단백질을 핵 안으로 운반하는 수용체(반입소 또는 임포틴, importin)에 단백질에 결합할 수 있다. 핵에서 일어나는 수송은 핵에서는 랜(Ran)-GTP, 세포질에서는 Ran-GDP 형태로 존재하는 Ran 단백질의 농도 차이에 의해 촉진되는 확산과정이다. 핵막의 안쪽 표면은 핵막하층(nuclear lamina)이라고 하는 미소섬유의 그물막으로 덮여있는데, 중간섬유를 만드는 단백질 집단의 구성요소인 라민(lamin) 단백질로 구성되어 있다. 핵 안의 유동성 물질은 핵질(nucleoplasm)이라고 한다.

핵의 염색체는 DNA와 히스톤 단백질 복합체를 갖고 있어서, 유전물질 포장의 첫 단계를 나타내는 특징적인 핵단백질(nucleoprotein) 섬유를 형성한다. 히스톤은 작은 염기성 단백질로 다섯 가지 종류로 나누어 진다. 히스톤과 DNA는 뉴클레오솜 핵심복합체를 구성한다. 이 복합체는 각각 2개씩의 히스톤 H2A, H2B, H3, H4로 이루어지며 DNA가 거의 2회전하여 감고 있다. 뉴클레오솜 핵심입자들은 연결 DNA(linker DNA)에 의해 서로 연결되어 있다. 핵심입자들과 연결 DNA는 실에 꿴 염주의 사슬과 비슷한 뉴클레오솜 섬유를 만든다. 핵심 히스톤의 N-말단 꼬리에 있는 특정 아미노산에 공유적인 변형—메틸화, 아세틸화, 인산화—은 염색질의 응축상태와 전사 활성을 결정하는 데 있어서 중요한 역할을 한다.

염색질은 세포에서 넓게 펼쳐진 뉴클레오솜 섬유로 존재하는 것이 아니라, 높은 단계의 조직적 체계로 압축되어 있다. 뉴클레오솜 핵심입자는 각각 DNA에 결합된 H1 히스톤을 갖고 있다. 핵심입자와 H1 히스톤 모두 인접한 뉴클레오솜 사이의 상호작용을 매개하여 염색질의 높은 조직체계를 나타내는 30nm 섬유를 만든다. 30nm 섬유는 다시 고리 모양의 영역으로 구성되는데, 이 구조는 유사분열기의 염색체에서 히스톤을 제거하면 쉽게 관찰된다. 유사분열기의 염색체는 염색질이 가장 응축된 상태이다. 이질염색체라는 염색질 부위는 간기 내내 매우 압축된 상태를 유지한다. 이질염색체는 모든 세포에서 항상 응축된 상태로 있는 구성적 이질염색체(constitutive heterochromatin)와 생명체의 일생에서 어떤 기간 동안에 특이적으로 불활성화되는 조건적 이질염색체(facultative heterochromatin)로 나뉜다. 포유동물 암컷의 세포에 있는 X 염색체 중 하나는 배 발생 동안 불활성화과정을 거쳐 전사가 일어나지 않는 조건적 이질염색체이다. X 염색체 불활성은 무작위로 일어나기 때문에, 부계 X 염색체는 배아 세포들의 절반에서 불활성화되며, 모계 X 염색체도 나머지 절반의 세포들에서 불활성화된다. 그 결과, 성체 암컷은 X 염색체 존재하는 유전자에 대해 유전적 모자이크를 갖게 된다. X 염색체 불활성은 DNA 염기서열은 변화하지 않은 채 염색질 구조와 기능에서 변이가 일어나 유전되기 때문에, X 염색체 불활성은 후성유전의 한 예가 된다.

유사분열 염색체는 뚜렷한 여러 특징을 갖고 있다. 유사분열 단계에서 세포주기를 정지시킨 후 용해한 세포를 염색하여 예측 가능한 염색체 띠(banding)의 양상을 나타내는 식별 가능한 염색체로 만들면 유사분열기의 염색체를 관찰할 수 있다. 유사분열기 염색체는 중심절(centromere)이라는 잘록한 부위를 갖고 있는데, 이곳은 고도로 반복된 DNA 염기서열을 갖고 있으며 유사분열 하는 동안 미세관이 부착되는 장소이다. 염색체의 끝 부분을 말단절(telomere)이라고 하며, 세포 세대를 거치면서 특정 효소인 말단절합성효소(telomerase)에 의해 유지된다. 이 효소는 RNA를 내부 구성요소로 갖고 있으며, 염색체를 온전하게 유지하는 데 중요한 역할을 한다.

핵은 질서정연한 세포 구획이다. 이 명제는 다음과 같은 관찰에 의해 지지된다. 즉, 특정 염색체들이 핵의 특정한 부위에 국한되어 있으며, 염색체의 말단절이 핵막과 결합되어 있을 수도 있고, mRNA 전구체(pre-mRNA) 이어맞추기에 관여하는 RNP가 특정한 자리에 제한되어 있다. 핵기질을 구성하는 단백질 섬유의 연결망이 핵의 질서정연한 구조를 유지하는 데 있어서 중요한 역할을 한다는 증거도 있다.

세균에서, 유전자들은 오페론(operon)이라고 하는 조절단위로 구성된다. 오페론은 동일한 대사과정에 있는 여러 효소를 암호화하는 구조 유전자들의 집합체이다. 모든 구조 유전자가 단일 mRNA로 전사되기 때문에, 발현을 통합하여 조절할 수 있다. 유전자의 발현은 유도물질인 젖당(lactose)과 같은 핵심 대사 화합물에 의해 조절되는데, 이 유도물질은 억제인자와 결합하여 억제인자의 형태를 변화시킨다. 이로 인해 DNA의 오퍼레이터에 결합하는 억제인자의 능력이 변화되고, 따라서 전사가 억제된다.

진핵세포에서 특정 폴리펩티드의 합성속도는 세 가지 별개의 과정에서 일어나는 복잡한 일련의 조절 사건에 의해 결정된다. (1) 전사 조절 기작은 유전자의 전사 여부, 전사한다면 얼마나 자주 할 것인지 결정한다. (2) 가공-단계의 조절 기작은 1차 RNA 전사체가 가공되는 경로를 결정한다. (3) 번역 조절 기작은 mRNA의 배치, 특정 mRNA를 실제로 번역할 것인지 여부, 번역할 경우 그 빈도와 기간을 결정한다.

진핵생물의 분화된 세포는 모두 전체 유전정보를 갖고 있다. 발생시기가 다른 세포, 조직이 다른 세포, 받은 자극이 다른 세포에서 다른 유전자가 발현된다. 특정 유전자의 전사는 전사인자들에 의해 조절된다. 전사인자는 유전자의 암호화 부분 바깥쪽 자리에 있는 특정 염기서열에 결합한다. 가장 가까운 상류의 조절 서열은 TATA 상자로, 많은 유전자의 핵심 프로모터의 주요 구성요소이며 개시전 복합체가 조립되는 장소이다. TATA 상자에서 단백질의 활성은 다양한 유형의 반응 요소와 증폭자를 포함하는 다른 자리에 결합된 단백질들과 상호작용에 의해 나타나는 것으로 생각된다. 증폭자는 DNA 내의 한 장소에서 다른 장소로 이동할 수 있고, 심지어 방향이 바뀔 수도 있다는 점에서 구별된다. 일부 증폭자는 자신에 의해 전사되는 유전자 상류의 수만 개의 염기쌍이 떨어진 곳에 위치하기도 한다. 증폭자와 프로모터에 결합한 단백질들은 DNA 고리를 형성하여 접촉하는 것으로 추정된다.

전사인자와 DNA 사이에 형성되는 많은 복합체의 3차구조는 전사인자가 한정된 수의 구조적 모티프를 통해 DNA와 결합한다는 것을 나타낸다. 전사인자는 대개 적어도 2개의 영역을 갖고 있다. 그 중 하나는 DNA의 특정 염기서열을 인식하여 결합하는 작용을 하며, 다른 하나는 다른 단백질들과 상호작용하여 전사를 활성화하는 작용을 한다. 대부분의 전사인자는 이질2량체이거나 동일2합체인 2량체 형태로 DNA와 결합하는데, 이 2량체가 2중의 대칭성 DNA 염기서열을 인식한다. DNA-결합 모티프의 대부분은 흔히 α-나선인 단편을 갖고 있는데, 이 단편이 DNA의 큰 홈(major groove) 안으로 끼어들어가서 홈을 따라 배열된 염기쌍 서열을 인식한다. DNA-결합 단백질의 가장 흔한 모티프는 아연-손가락(zinc finger), 나선–고리–나선(helix–loop–helix), 류신 지퍼(leucine zipper)이다. 이들 모티프 각각은 단백질의 특정 DNA-인식 표면이 DNA 2중나선과 상호작용할 수 있도록 구조적으로 안정한 틀을 제공한다. 전사인자는 대부분 자극작용을 하지만, 억제작용을 하는 것도 있다.

전사의 활성화와 억제는 보조활성인자 또는 보조억제인자로 작용하는 다수의 복합체에 의해 중개된다. 보조활성인자는 상류의 조절부위에 결합된 전사 활성인자와 핵심프로모터에 결합한 기초 전사기구 사이에서 다리 역할을 하는 복합체를 갖는다. 핵심히스톤을 변형시키거나 염색질을 재구성하는 보조활성인자들도 있다. 히스톤 아세틸전달효소(HAT)에 의한 핵심히스톤의 아세틸화는 전사활성과 연관되어 있다. 염색질재구성 복합체(예: SWI/SNF)는 뉴클레오솜이 DNA을 따라 미끄러져 이동하게 하거나 뉴클레오솜을 변형시켜, 조절 단백질들과 잘 결합하도록 한다.

GC가 풍부한 지역에 있는 어떤 뉴클레오티드의 시토신 염기들이 메틸화되면, 진핵세포의 유전자들은 침묵하게 된다. 메틸화는 동적인 후성유전적 변화이다. 유전자 상류에 있는 핵심 조절부위의 DNA에 메틸화가 일어나면 유전자 전사가 감소된다. 메틸화는 암컷 포유동물 세포에서 불활성화된 X 염색체처럼, 이질염색질화에 의해 전사가 불활성화된 염색질에서 특히 명백하다. DNA 메틸화와 연관된 또 다른 현상은 유전체 각인으로, 유전자가 모계인지 부계인지에 따라 배에서 전사가 활성화되거나 불활성화되는 것이다.

단일 유전자가 2개 이상의 관련 단백질을 암호화할 수 있는 선택적 이어맞추기에 의해 가공 단계에서 유전자 발현이 조절된다. 많은 1차전사물이 하나 이상의 경로에 의해 가공되어 엑손의 조합이 다른 mRNA들을 만들어낸다. 가장 단순한 경우는 특정 인트론 1개가 전사물에서 잘려나가거나, 최종 mRNA에 남아있게 된다. mRNA 전구체 가공 동안에 어떤 경로가 선택될 것인지는 잘려질 부위로 인식되는 이어맞추기 자리를 조절하는 단백질의 존재 여부에 달려 있다.

mRNA의 배치, 존재하는 mRNA의 번역 조절, mRNA 수명 등 다양한 과정에 의해 유전자 발현이 번역 단계에서 조절된다. 이런 조절 활성 대부분은 mRNA의 5′와 3′ 비번역부위(UTR)와 상호작용하여 이루어진다. 예를 들면, 초파리 난자의 특정 지역에서 mRNA의 세포질내 배치는 3′ UTR의 위치서열을 인식하는 단백질에 의해 이루어지는 것으로 생각된다. 세포질에 mRNA가 존재한다고 mRNA의 번역이 반드시 이루어지는 것은 아니다. 세포의 단백질 합성기구는 전체적으로 조절될 수 있으므로 모든 mRNA 번역이 영향을 받거나, 페리틴(ferritin) mRNA의 5′ UTR에 결합하는 단백질에 작용하는 철 농도에 의해 페리틴 합성을 조절하듯이 특정 mRNA만 번역의 대상이 되기도 한다. mRNA의 수명(안정성)을 조절하는 주요 요소 중 하나는 폴리(A) 꼬리의 길이이다. 세포의 특정 핵산가수분해효소가 폴리(A)를 짧아지게 하여 보호 단백질이 꼬리에 결합된 상태로 머무르지 못하게 된다. 이 단백질이 떨어져 나가면 mRNA는 5′→3′ 방향이나 3′→5′ 방향으로 분해된다. 번역 단계에서는 번역의 개시 또는 진행을 억제하거나, mRNA 분해를 촉진하는 마이크로RNA(miRNA)에 의해서도 조절된다. miRNA의 중요성에 대한 예는 포유동물의 심장발생에서 볼 수 있다.

분석 문제

1. 히스톤 H3의 K9에 일어난 메틸화(SUV39H1 효소에 의해)는 이질염색질화 및 유전자 침묵과 관련되어 있다. 다른 효소들에 의한 H3 메틸화는 전사를 활성화시킬 수 있다고 보고된 바 있다. 어떻게 메틸화가 반대 효과를 일으킬 수 있는가?
2. 사람의 전체 유전체를 감싸서 뉴클레오솜으로 만들려면, 핵심 히스톤의 유형별로 얼마나 많은 복사본이 있어야 하는가? 비교적 짧은 기간 동안에, 그렇게 많은 단백질을 만들어내야 하는 문제가 진화과정에서 어떻게 해결되었는가?
3. 온도-민감 돌연변이를 발견했다고 가정하자. 이 돌연변이의 핵은 높아진(제한적인) 온도에서 어떤 핵단백질은 핵 안에 축적하지 못하지만, 다른 핵단백질은 계속 축적할 수 있다. 핵 내의 단백질 배치와 이 돌연변이의 성질에 대해 어떤 결론을 내릴 수 있는가?
4. Y 염색체는 없고 X 염색체를 3개 가진 사람은 흔히 정상적인 외형의 여성으로 발달한다. 이런 여성의 세포는 바소체(Barr Body)를 몇 개 가질 것으로 예상하는가? 그 이유는?
5. X-불활성화가 무작위적 과정이 아니고, 항상 부계의 X 염색체만 불활성화시킨다고 가정하자. 이 경우 여성의 표현형에 어떤 영향을 줄 것으로 예상되는가?
6. 〈그림 6-18*b*〉는 염색체 각각에 특수한 것으로 알려진 DNA 단편들과 함께 항온 처리하여 표지한 염색체이다. 이 염색체들 중 하나가 두 가지 색을 갖는 부위를 지니고 있다고 가정하자. 이 염색체에 대하여 내릴 수 있는 결론은 무엇인가?
7. 핵질 전반에 걸친 무작위 과정을 통한 것이 아니라 핵의 일정한 부위에서 전사물들을 합성하고 가공함으로써 얻을 수 있는 이점은 무엇인가?
8. 젖당 오페론의 오퍼레이터에서 나타나는 결실의 결과를 트립토판 오페론의 경우와 비교하시오.
9. 어떤 대장균에 돌연변이가 일어나서 β-갈락토시다아제와 (y 유전자에 의해 암호화되는) 갈락토시드 투과효소를 갖는 연속

적 폴리펩티드 사슬을 만들어낸다. 이 현상이 어떻게 일어났는지 설명하시오.

10. 시험 중인 새로운 어떤 호르몬이 전사 단계에 작동하여 미오신 합성을 자극한다고 생각된다. 어떤 유형의 실험적 증거가 이 견해를 지지할 수 있을까?

11. 몇 개의 서로 다른 성체 조직에서 얻은 핵을 활성화된 핵이 제거된 생쥐 난자에 이식하는 일련의 실험을 수행하여, 그 난자가 배반포(blastocyst) 시기 이후로 발달하지 않는다는 것을 알았다고 가정하자. 이식된 핵이 후포배(postblastula)로 발달하는 데 필요한 유전자들을 잃어버렸다고 결론지을 수 있는가? 그렇거나 그렇지 않은 이유는 무엇인가? 이런 유형의 실험이 부정적인 결과들을 해석함에 있어 더 일반적으로 알려주는 것은 무엇인가?

12. DNA 족문(足文)분석(DNA footprinting)으로 특수한 전사인자들에 결합하는 DNA 염기서열을 분리할 수 있다고 〈321 페이지〉에서 설명하였다. 분리된 DNA 염기서열에 결합하는 전사인자들을 확인하기 위한 실험방법을 기술하시오(〈18-7〉절에서 설명한 기술 참조).

13. 증폭자가 자신의 활성에 영향을 주지 않고 DNA에서 이동할 수 있는 반면에, TATA 상자는 특정한 부위에서만 작동되는 까닭을 설명하시오.

14. 단백질 합성량이 매우 적은 세포가 있다고 가정하자. 이 세포가 포괄적 번역 조절 억제자를 갖고 있다고 추정한다면, 어떤 실험을 수행해야 이 내용을 증명할 수 있을까?

15. 단백질을 소포체로 이동하도록 지시하는 신호서열은 신호 펩티다아제(signal peptidase)에 의해 절단된다. 반면에, 단백질이 핵 안팎으로 이동하는 데 필요한 NLS와 NES은 그 단백질의 일부분으로 남는다. mRNA를 세포질로 이동시키는 hnRNPA1과 같은 단백질에 대해 생각해 보자. ER 단백질에 대한 신호서열은 잘려나가도 괜찮은 반면에, 이 단백질의 수송신호 서열이 단백질의 한 부분으로 남아있는 것이 왜 중요한가?

16. 메틸화된 DNA를 배양된 포유동물 세포에 주입하면, 이 DNA는 일반적으로 억제되기 전에 일정기간 동안 전사된다. 전사가 억제되기 전에 이러한 지연은 왜 일어나는가?

17. 하나의 새로운 전사인자를 분리하여 이 단백질이 어느 유전자를 조절하는지 확인하고자 한다고 가정하자. 이 문제를 해결하기 위해 〈그림 6-34〉에 보인 유형의 cDNA 미세배열을 사용할 수 있는 방법이 있는가? (주: 〈그림 6-41〉과 달리, 〈그림 6-34〉의 미세배열은 단백질-암호화 지역의 DNA를 갖고 있다.)

18. 비록 여러 포유동물 종이 복제(clone)되었지만, 이 과정의 효율성은 매우 낮다. 건강하게 살아있는 탄생을 얻기 위해, 흔히 수십 또는 심지어 수백 개의 난모세포에 공여자 핵을 이식하여야 한다. 많은 연구자들은 개체의 삶 동안 다양한 세포에서 일어나는 DNA와 히스톤의 메틸화 같은 후성유전적 변형 때문에 복제과정이 어렵다고 믿고 있다. 이러한 변형이 어떻게 〈그림 6-31〉과 같은 실험의 성공에 영향을 줄 것이라고 생각하는가?

19. 영국 의학 잡지에 실린 최근의 한 연구는, 염색체 말단절(telomere) 길이가 아버지와 딸 사이, 어머니와 아들 및 딸 사이에서는 상관관계를 이루지만, 아버지와 아들 사이에서는 상관관계를 보이지 않는다고 보고하였다. 이 내용을 어떻게 설명할 수 있는가?

20. 서로 동반되는 경향이 있는 두 가지 사건이나 조건에 대해 보고한 일부 과학 보고서는 상관관계(correlation)라는 표현으로 가장 잘 설명된다. 상관관계는 흔히 두 가지 사건이나 조건 사이에서 원인이 되는 관계의 증거로서 해석된다. 다른 유형의 과학 보고서는 실험적 중재를 포함하며 일반적으로 인과관계에 대한 강한 주장을 만든다. 이번 장(章)에서 주장한 내용으로, 이들 두 가지 유형의 증거에 근거를 두고 있는 과학적 결론을 한 가지 고르시오. 어떤 유형의 보고서가 더 설득력이 있다고 보는가?

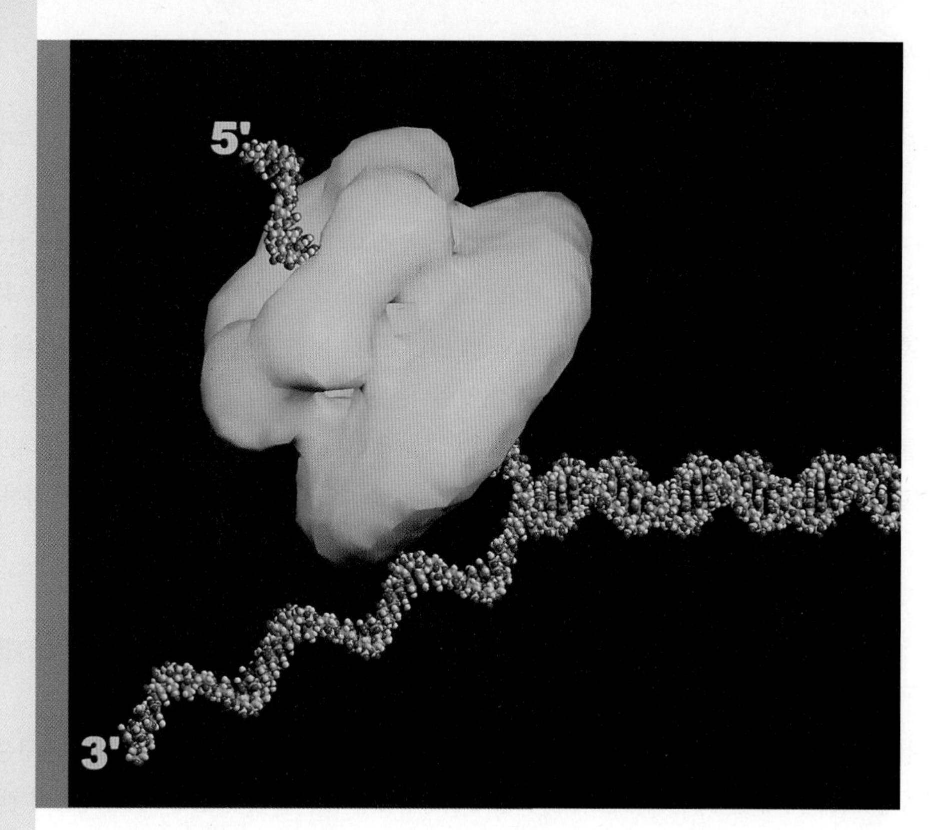

제 7 장 DNA 복제와 수선

생식은 모든 생명계의 기본적인 특성이다. 생식의 과정은 여러 수준에서 관찰될 수 있다. 즉, 생물체는 무성 또는 유성생식에 의해 복사(複寫)되고, 세포는 세포분열에 의해 복사되며, 그리고 유전물질은 **DNA 복제**(DNA replication)에 의해 복사된다. DNA를 복제하는 기구(機構, machinery)는 유전물질이 손상된 후 이를 수선하기 위해서 또 다른 능력으로 작동된다. 이러한 두 가지 과정—DNA 복제와 DNA 수선—의 주제를 이 장에서 다룬다.

자기-복제(self-replication)의 능력은 최초의 원시 생명체들의 진화에서 나타난 제일 중요한 특성들 중 하나였던 것으로 추정된다. 증식 능력이 없는, 어떤 생명체 분자들의 원시 조립체는 흔적도 없이 사라졌을 것이다. 유전정보의 초기 운반체는 아마도 자기-복제를 할 수 있었던 RNA 분자였을 것이다. 진화가 진행되고 RNA 분자가 유전물질로서 DNA 분자로

박테리오파지 T7에 의해 암호화된 DNA 헬리카아제의 3차원 모형. 이 단백질은 6개의 소단위로 이루어진 고리로 구성되어 있다. 각 소단위에는 2개의 영역이 있다. 이 모형에서, 중앙의 구멍은 2개의 DNA 가닥 중 하나 만을 둘러싸고 있다. ATP가 가수분해에 의해 작동되는, 이 단백질은 결합된 가닥을 따라 5′→3′ 방향으로 이동하면서 상보적인 가닥을 이탈시켜 2중가닥을 푼다. DNA 헬리카아제의 활성은 DNA 복제를 위해 필요하다.

대체됨으로써, 복제의 과정은 더 복잡하게 되어 많은 보조 구성요소들이 필요하게 되었다. 그래서 DNA 분자가 그 자신을 복제하기 위한 정보를 갖고 있다 하여도, 이 분자는 자신의 활동을 실행하기 위한 능력을 갖고 있지 않다. 리처드 르원틴(Richard Lewontin)이 표현한 것처럼, "자기-복제하는 분자로서 DNA에 대한 흔한 비유는 자기-복제하는 문서로서 문자를 쓰는 것과 거의 같다. 문자는 복사기를 필요로 하며, DNA는 세포를 필요로 한다." 그렇다면 세포가 이런 활동을 어떻게 수행하는지 알아보자. ■

7-1 DNA 복제

1953년에 왓슨(Watson)과 크릭(Crick)에 의한 DNA 구조의 제안은 DNA의 "자기-복제"를 위해 제시된 기작과 동시에 이루어졌다.

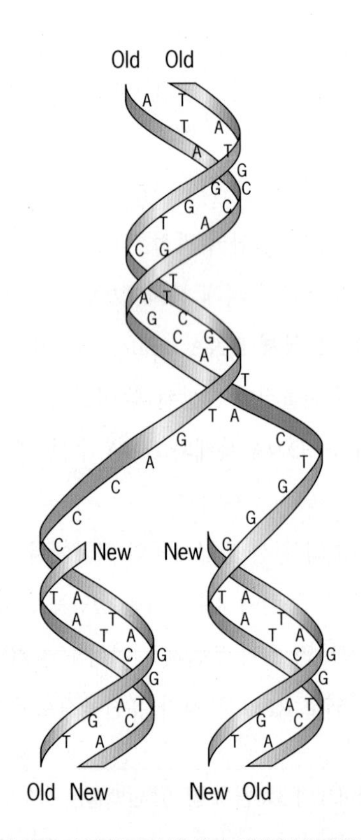

그림 7-1 **DNA의 2중-나선 분자의 복제를 위한 원래의 왓슨-클릭의 제안.** 복제하는 동안, 2중나선이 풀려서, 각각의 부모 가닥은 새로운 상보적 가닥을 합성하기 위한 주형의 역할을 한다. 이 장에서 설명된 것처럼, 이러한 기본 원리들이 확립되었다.

2중나선(double helix)의 두 가닥은 염기들 사이의 수소결합으로 서로 붙어있다. 개개의 이런 수소결합은 약해서 쉽게 끊어진다. 왓슨과 크릭은 복제가 2중나선의 가닥들이 점차로 분리되어, 마치 지퍼에서 2개의 반쪽이 분리되는 것과 매우 비슷하게 일어난다고 생각하였다(그림 7-1). 2개의 가닥은 서로 상보적이기 때문에, 각각의 가닥은 다른 가닥의 구성에 필요한 정보를 갖고 있다. 그래서 일단 가닥들이 분리되면, 각각은 상보적인 가닥의 합성을 지시하여 2중-가닥으로 된 상태를 회복하기 위한 주형으로서 작용할 수 있다.

7-1-1 반보존적 복제

〈그림 7-1〉에 나타낸 왓슨-클릭(Watson-Crick)의 제안은 복제하는 동안 DNA의 행동에 관하여 확실한 예측을 하기에 충분하였다. 이 제안에 따르면, 각각의 딸 2중가닥들은 부모 2중가닥(parental duplex)에서 물려받은 완전한 하나의 가닥과 새로 합성된 완전한 하나의 가닥으로 이루어져야 한다. 이러한 유형의 복제(그림 7-2, 1번 도해)를 **반보존적**(半保存的, semiconservertive)이라고 하는데, 그 이유는 각각의 딸 2중가닥(daughter duplex) 중에서 하나의 가닥이 이들의 모 가닥 구조로부터 왔기 때문이다. 복제를 일어나게 하는 기작에 관한 정보가 없는 상태에서, 다른 두 가지 유형의 복제가 고려되어야 했다. 보존적(*semiconservative*) 복제에서(그림 7-2, 2번 도해), 2개의 본래 가닥들은 2개의 새로 합성된 가닥들과 같이 (주형의 역할을 한 후) 함께 남을 것이다. 그 결과, 딸 2중가닥들 중의 하나는 부모 DNA 가닥 만을 가질 것이며, 반면에 다른 딸 2중가닥은 새로 합성된 DNA 가닥 만을 가질 것이다. 분산적(*disperse*) 복제에서(그림 7-2, 3번 도해), 모 가닥들은 조각들로 끊어질 것이며, 새로운 가닥들은 짧은 조각들로 합성될 것이다. 그러면 오래된 조각과 새로운 조각이 함께 연결되어 완전한 가닥을 형성할 것이다. 그 결과, 딸 2중가닥들은 오래된 DNA와 새로운 DNA로 구성된 가닥들을 가질 것이다. 얼핏 보기에, 분산복제는 불가능한 해결책처럼 보일 수 있지만, 그 당시 막스 델브뤽(Max Delbrück)에게는 DNA가 복제될 때 DNA의 얽힌 두 가닥들이 풀어지는데, 언뜻 보아 불가능한 이런 일을 피하기 위한 유일한 방법이 분산복제인 것으로 보였다.

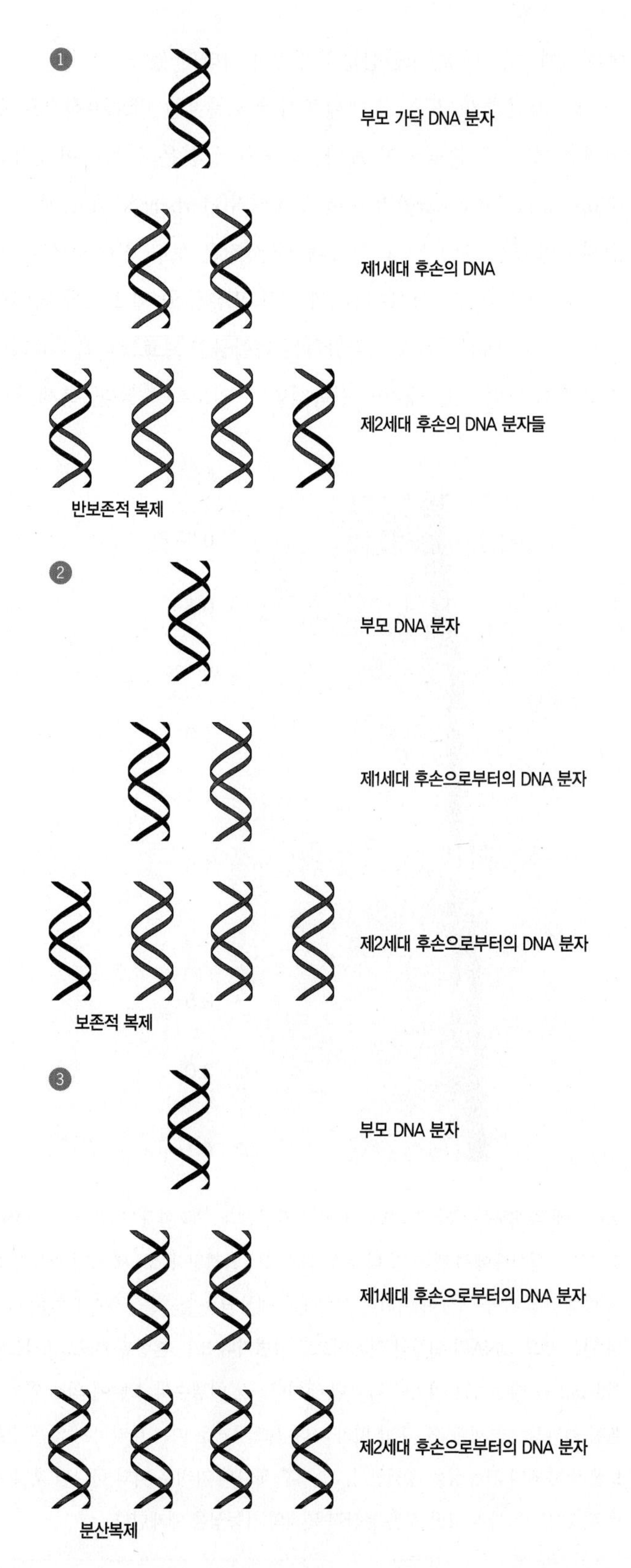

그림 7-2 세 가지의 복제 방식에 대한 도해. 반보존적 복제는 1번 도해에, 보존적 복제는 2번 도해에, 그리고 분산적 복제는 3번 도해에 그려져 있다. 이 세 가지의 다른 복제 방식은 본문에 설명되어 있다.

이러한 세 가지의 가능성들에서 어느 것을 결정하기 위해서, 주형의 역할을 한 원래의 DNA 가닥들으로부터 새로 합성된 DNA 가닥들을 구별할 필요가 있었다. 이것은 1957년 캘리포니아공과대학(California Institute of Technology)의 매튜 메셀슨(Matthew Meselson)과 프랭크린 스탈(Franklin Stahl)에 의해 세균(細菌)을 대상으로 한 연구에서 이루어졌다. 이들은 모가닥과 새로 합성된 DNA 가닥을 구별하기 위해서 무거운 질소(^{15}N)와 가벼운 질소(^{14}N) 동위원소를 사용하였다(그림 7-3). 이 연구자들은 단일 질소원으로서 ^{15}N-염화암모늄을 함유하는 배지에서 세균을 배양하였다. 그 결과, 이러한 세포들 DNA의 질소-함유 염기들은 무거운 질소 동위원소만 포함되어 있었다. "무거운" 동위원소가 포함된 곳에서 배양된 세균은 이전의 오래된 배지에 남아 있지 않도록 세척된 후, 가벼운 ^{14}N을 함유한 화합물을 지닌 신선한 배지에서 배양된 다음, 시료는 수 세대에 걸쳐 증가하는 간격으로 채취하였다. DNA를 세균 시료에서 추출하여 평형 밀도-기울기 원심분리(equilibrium density-gradient centrifugation)를 실시하였다(그림 18-35 참조). 이 과정에서 DNA를 농축된 염화세시움(CsCl) 용액과 혼합시킨 다음, 2중가닥으로 된 DNA 분자들이 밀도에 따라 평형에 도달할 때까지 원심분리 하였다.

메셀슨-스탈의 실험에서, DNA 분자의 밀도는 이 분자 속에 있는 ^{15}N 또는 ^{14}N 원자들의 백분율에 정비례한다. 만일 복제가 반보존적이라면, 우리는 DNA 분자의 밀도는 ^{4}N-함유 배지에서 배양하는 동안 감소할 것으로 기대할 것이다. 이러한 복제 방식은 〈그림 7-3*a*〉에서 맨 위에 있는 한 벌의 원심분리 관들[(a)의 I, II, II]에서 볼 수 있다. 한 세대 후에, 모든 DNA 분자들은 ^{15}N–^{14}N 혼합체일 것이며, 이 분자들의 부유(浮游)밀도는 완전히 무거운 DNA와 완전히 가벼운 DNA의 중간일 것이다. 복제가 제1세대를 지나 계속됨에 따라, 새로 합성된 가닥들은 계속 오직 가벼운 동위원소만 포함될 것이며, 그리고 두 가지 유형, 즉 ^{15}N–^{14}N 혼합체들과 오직 ^{14}N만 포함되어 있는 2중나선(double helix)들이 기울기에서 나타날 것이다. 가벼운 동위원소가 포함된 배지에서 계속 자람에 따라, 가벼운 DNA 분자들의 비율은 점차 커질 것이다. 그러나 복제가 반보존적으로 계속되는 한, 원래 무거운 부모 가닥들은 혼합체 DNA 분자들 속에서 그대로 남아 있을 것이며, 혼합체 분자들의 비율은 전체 DNA 중에서 점차 작은 비율을 차지하게 될 것이다(그림 7-3*a*). 메셀슨과 스탈에 의해 얻은 밀도-기울기 실험의 결과가 〈그림 7-13*b*〉에 있으며, 이들은 복제가 반보존적으로 일어나는 것을 명확하게 입증한다. 복제가 보존적인 또는 분산적인 기작으로 일어났을 경우에 얻게 될 결과들은 〈그림 7-3*a*〉에서 중간(*b*) 및 맨 아래(*c*)에 있는 두 벌의 원심분리 관들에 나타나 있다.[1)]

1960년까지, 또한 진핵세포에서도 복제는 반보존적으로 일어나는 것으로 증명되어 왔다. 최초의 실험은 컬럼비아대학교(Columbia University)의 허버트 테일러(Herbert Taylor)에 의해 수행되었다. 〈그림 7-4의〉 그림과 사진은 보다 최근의 실험 결과를 보여준다. 이 실험에서, 배양된 포유동물 세포들이 티미딘(thymidine) 대신 DNA에 결합하는 화합물인 브로모디옥시유리딘(BrdU)이 들어 있는 배지에서 복제할 수 있도록 하였다. 복제에 이

부모
^{14}N 배지로 옮김
세대
가벼운 띠
혼합된 띠
무거운 띠
가벼운 ^{14}N DNA
혼합된 ^{14}N^{15}N DNA
무거운 ^{15}N DNA
(a)
I
II
III
반보존적 복제
(b)
I
II
III
보존적 복제
(c)
I
II
III
분산적 복제
(*a*)

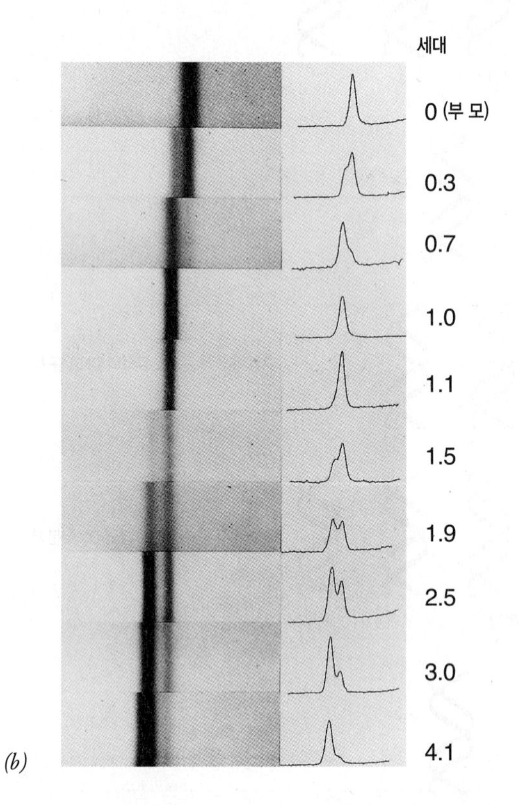

그림 7-3 세균의 DNA 복제가 반보존적임을 증명하는 실험. DNA는 실험의 서로 다른 시기들에서 세균으로부터 추출되었으며, 염화세시움 염의 농축액과 혼합하여, 원심분리 관속에 넣어 초원심분리기에서 고속으로 평형에 도달할 때까지 원심분리되었다. 세시움(Cs) 이온은 원심력에 의해 영향 받을 만큼 충분한 원자량을 갖는다. Cs 이온들은 원심분리하는 동안에 밀도기울기를 형성하는데, 가장 낮은 농도(최저밀도)의 Cs는 관의 꼭대기에 그리고 가장 큰 농도(최고밀도)는 관의 바닥에 형성된다. 원심분리하는 동안에 관 속의 DNA 조각들은 자신의 밀도와 동일한 밀도를 갖는 장소에 위치하게 되는데, DNA 자신의 밀도는 뉴클레오티드에 존재하는 ^{15}N/^{14}N 비율에 따라 결정된다. ^{14}N 함량이 많을수록, DNA 조각은 평형상태에서 관 속의 더 높은 위치에서 발견된다. (*a*) 세 가지 가능한 복제 방식의 각각에 대하여 이러한 실험에서 예상되는 결과들. 왼쪽에 있는 하나의 관은 부모 DNA의 위치와 전체적으로 가볍거나 또는 혼합된 DNA 조각들이 띠(band)를 형성하는 위치를 나타낸 것이다. (*b*) 메셀슨과 스탈에 의해 얻어진 실험 결과들. 한 세대 후, 혼합 띠가 나타나고 무거운 띠는 나타나지 않은 것은 보존적 복제의 가능성을 배제한다. 그 이후 하나의 가벼운 띠와 하나의 혼합 띠로 된 2개의 띠가 나타난 것은 분산적 복제의 가능성을 배제한다.

1) 이러한 선도적 연구 노력에 이르게 되는 상황을 탐색하고 실험의 우여곡절을 알아보고 싶은 사람은 2001년에 출판된 "*Meselson, Stahl, and the Replication of DNA*(저자: Frederick Lawrence Holmes)"라는 책을 읽기 바란다. 또한 실험에 관한 설명은 웹에 있는 〈*PNAS* 101:17889, 2004〉에서도 찾을 수 있다.

어서, 염색체가 2개의 염색분체로 이루어진다. BrdU이 포함된 배지에서 1회의 복제가 완료된 후, 각 염색체를 구성하는 2개의 염색분체는 BrdU를 함유하였다(그림 7-4*a*). BrdU 포함된 배지에서 2회의 복제가 완료된 후, 각 염색체 중 1개의 염색분체는 BrdU를 함유하는 2개의 가닥으로 구성되었고, 반면에 다른 염색분체는 BrdU-함유 가닥과 티미딘-함유 가닥으로 구성되어 있는 혼합 가닥이었다(그림 7-4*a,b*). 티미딘-함유 가닥은 배지에 BrdU를 첨가하기 전에 원래의 부모 DNA 분자의 일부였다.

7-1-2 세균 세포에서의 복제

우리는 여기에서 세균 세포에서 일어나는 복제에 논의의 초점을 맞출 것이다. 세균 세포에서의 복제는 진핵생물에서 일어나는 복제 과정보다 더 잘 이해되어 있다. 세균 연구에서의 초기 진전은 다음과 같은 내용을 포함하는 유전적 및 생화학적 접근에 의해 주도되었다.

염색체
DNA 가닥
염색체는 티미딘만 가짐
BrdU가 첨가된 배지에서 복제함
염색분체
양쪽 염색분체에서, 한 가닥은 BrdU를 가지며 다른 한 가닥은 티미딘을 가짐
BrdU가 함유된 배지에서 계속 복제함
각 염색체들의 한 쪽 염색분체는 티미딘을 가짐
(*a*)
(*b*)

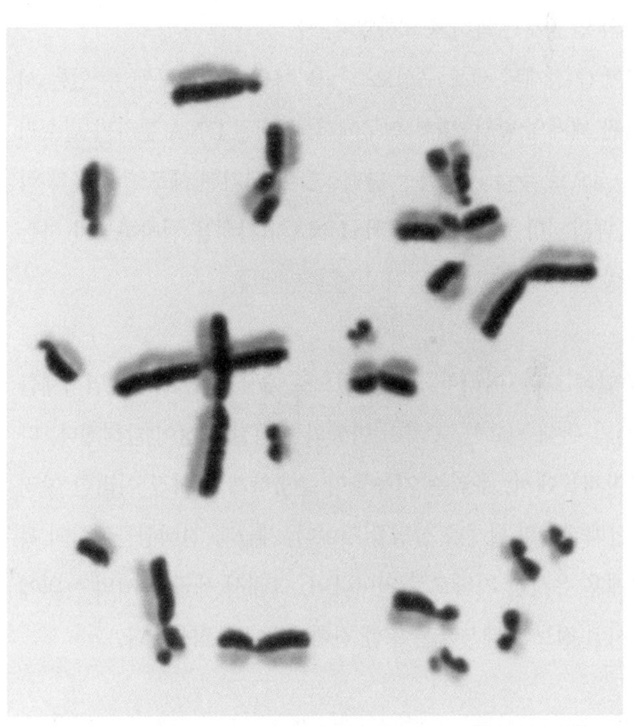

그림 7-4 진핵세포에서 DNA 복제가 반보존적으로 일어난다는 실험적 증명. (*a*) 세포를 티미딘-함유 배지로부터 브로모디옥시유리딘(BrdU)-함유 배지로 옮겨서, 2회 연속 복제를 완료하도록 한 실험결과의 개요도. BrdU를 갖고 있는 DNA 가닥은 빨간색으로 나타내었다. (*b*) 앞의 (*a*)에 나타난 것과 비슷한 실험결과. 이 실험에서, 배양된 포유동물 세포들은 복제를 2회 하는 동안 BrdU가 함유된 배지에서 자랐다. 이들의 유사분열 염색체를 준비하여 형광염료와 김자염색(Giemsa stain)을 이용하는 방법으로 염색하였다. 이런 방법을 이용하면, 어느 한 쪽 또는 양쪽 가닥 속에 티미딘을 함유하는 염색분체는 어둡게 염색되는 반면에, BrdU 만을 함유하는 염색분체는 밝게 염색된다. 사진은 다음과 같은 결과를 나타내고 있다. 즉, BrdU를 함유하는 배지에서 복제를 2회 한 후, 각각의 복제된 염색체에서 하나의 염색분체는 오직 BrdU 만을 갖고 있는 반면에, 다른 염색분체는 티미딘-표지 DNA 가닥을 갖고 있다. (염색체들 중 일부는 자매 염색분체들 사이에 교환된 상동부위를 갖는 것으로 보인다. 이러한 자매 염색분체 교환 과정은 유사분열을 하는 동안 흔한 일이지만 본문에서 설명되어 있지 않다.)

- 복제과정에 필요한 한 가지 또는 다른 단백질을 합성할 수 없는 돌연변이의 유용성. 염색체를 복제할 수 없는 돌연변이들을 분리하는 일이 역설적으로 보일 수 있다. 즉, 생명유지에 필요한 과정에 이러한 결함을 지닌 세포들이 어떻게 배양될 수 있을까? 이런 역설은 **온도-민감**(temperature-sensitive) 돌연변이의 분리에 의해 해결되었다. 이 돌연변이에서 결함 그 자체는, 비허용(*nonpermissive*)[a] [또는 제한적(*restrictive*)] 온도라고 하는, 상승된 온도에서만 드러낸다. 더 낮은[허용된(permissive)] 온도에서 성장할 때, 돌연변이의 단백질은 필요한 활성을 수행하기 위해 충분히 잘 작용할 수 있으며, 세포들은 계속 성장하고 분열할 수 있다. 거의 모든 유형의 생리학적 활성에 영향을 미치는 온도-민감 돌연변이들이 분리되었으며, 이런 돌연변이들은 복제, DNA 수선, 유전적 재조합 등에서 발생하므로 DNA 합성의 연구에서 특히 중요하였다.
- 복제가 정제된 세포 구성요소들을 이용하여 연구될 수 있는 시험관 체계의 발달. 일부 연구에서, 복제될 DNA 분자가 필수적인 것으로 추측되는 특정 단백질들이 제거된 세포 추출물과 함께 배양된다. 다른 연구에서, DNA가 활성을 검사하고자 하는 다양한 정제된 단백질들과 함께 배양된다.

종합해 보면, 이러한 접근 방법으로 대장균(*E. coli*)의 염색체를 복제하기 위해 필요한 30가지 이상의 단백질 활성이 밝혀졌다. 다음 페이지들에서, 우리는 기능들이 분명하게 밝혀진 이러한 여러 가지 단백질들의 활성을 설명할 것이다. 세균과 진핵생물에서의 복제는 매우 유사한 기작으로 일어나며, 그래서 세균 복제의 논의에서 제시된 정보의 대부분은 또한 진핵세포에도 적용된다.

7-1-2-1 복제분기점과 양방향 복제

복제는 **개시점**(開始點, origin)이라고 하는 세균 염색체 상의 특정한 자리에서 시작된다. 대장균(*E. coli*) 염색체 상의 복제개시점(複製開始點, origin of replication)은 많은 단백질들이 복제과정을 **개시하기**(initiate) 위해 결합하는 *oriC*라고 하는 특이한 염기서열이다.[2] 일단 개시되면, 복제는 양쪽 방향으로, 즉 양방향으로(bidirectionally), 개시점으로부터 바깥쪽을 향하여 진행된다(그림 7-5). 〈그림 7-5〉에서 복제된 조각들의 쌍이 합쳐져 비복제된 DNA와 만나는 장소를 **복제분기점**(複製分岐點, replication fork)이라고 한다. 각 복제분기점은 (1) 부모 2중나선(mother double helix)의 가닥이 분리되고, (2) 뉴클레오티드가 새로 합성된 상보적인 가닥에 결합되는 자리에 해당한다. 2개의 복제분기점은 개시점으로부터 원을 가로질러서 한 지점에서 만날 때까지 반대방향으로 이동하여, 그 곳에서 복제가 종결된다. 2개의 새로 복제된 2중가닥은 서로 떨어져서, 결국 2개의 서로 다른 세포 속으로 향한다.

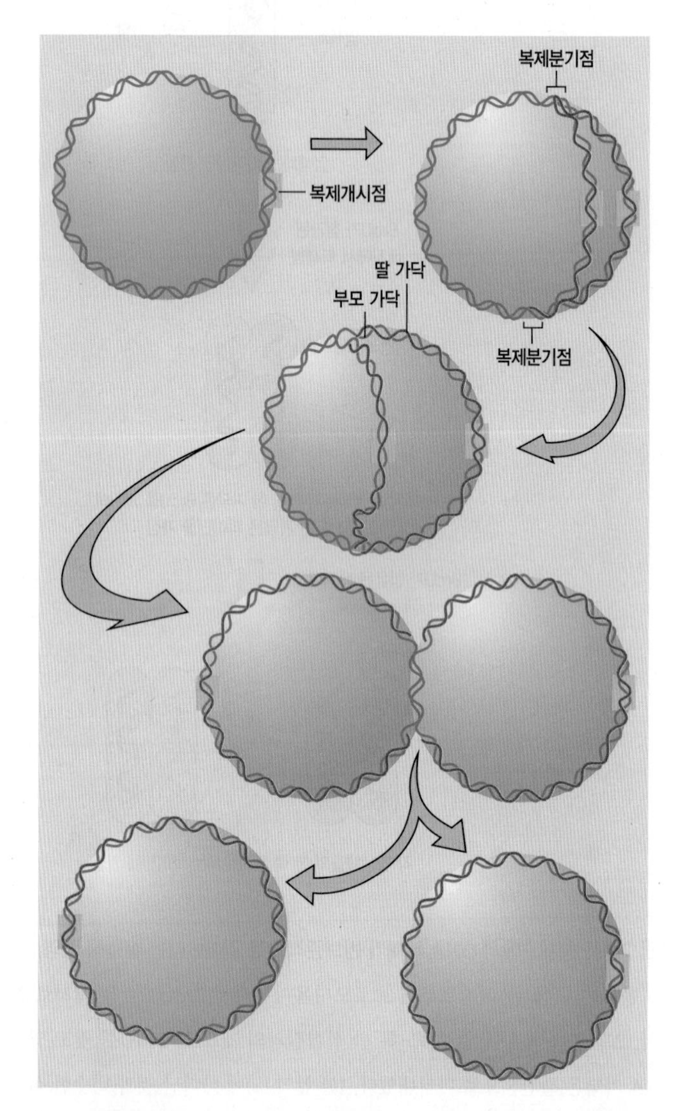

그림 7-5 **양방향, 반보존적 복제가 일어나고 있는 원형의 세균 염색체 모형.** 2개의 복제분기점은 하나의 개시점으로부터 반대방향으로 이동한다. 복제분기점이 원 위의 반대 지점에서 만날 때, 복제는 종결되고 2개의 복제된 2중가닥들은 서로 떨어진다. 새로운 DNA 가닥은 빨간색으로 나타내었다.

역자 주[a] 비허용(*nonpermissive*): '유전물질 등의 복제를 허용하지 않는'다는 뜻으로 쓰인다.

[2] 복제의 개시는 진핵세포에서도 일어나므로, 이 주제는 〈7-1-4-1〉에서 상세히 논의된다.

7-1-2-2 2중가닥 풀기 및 가닥 분리하기

원형의 나선 DNA 2중가닥에서 그 가닥들이 분리되면 주요한 위상적(位相的, topological) 문제를 제기한다. 그 어려운 문제를 가시화하기 위하여, 우리는 DNA 2중가닥과 두 가닥으로 된 나선 밧줄 사이의 비유를 간단히 고려할 수 있다. 만일 당신이 이런 직선형의 밧줄 조각을 바닥 위에 놓고, 한쪽 끝에서 두 가닥을 잡으면, 그리고 DNA가 복제되는 동안에 잡아당겨져 따로 떼어놓는 것과 똑같이 그 가닥들을 잡아당겨 떼어놓기 시작했다면, 무슨 일이 일어날 것인지 생각해 보라. 또한 2중나선 가닥들이 분리된다는 것은 그 구조의 풀림(unwinding) 과정이 있음이 분명하다. 축 둘레를 자유로이 회전하는 밧줄의 경우, 한 쪽 끝에서 그 가닥들이 분리된다면, 밧줄이 장력의 발생에 저항하게 됨에 따라 밧줄 전체가 회전할 것이다. 이제 밧줄의 반대편 끝이 벽 위의 갈고리에 부착되어 있다면 무슨 일이 일어날 것인지 생각해 보라(그림 7–6*a*). 이러한 상황 하에서, 유리(遊離)된(갈고리에 부착되지 않은) 말단에서 두 가닥이 분리된다면, 그 밧줄에서 발생되는 비틀림 압박이 증가할 것이며, 이것은 분리되지 않는 부분을 더 단단히 감기게 만들 것이다. 원형 DNA 분자(또는 큰 진핵세포 염색체의 경우에서처럼, 자유로이 회전하지 않는 직선형 분자)의 두 가닥이 분리되는 것은 직선형 분자의 한쪽 끝이 벽에 부착되어 있는 것과 유사하다. 즉, 이 모든 경우에서, 이 분자 내에서 발생하는 장력은 분자 전체가 회전하여도 완화될 수 없다. 단단히 과도하게 감길 수 있는 밧줄과는 달리(그림 7–6*a*에서처럼), 과도하게 감긴 DNA 분자는 양성 초나선(supercoil)으로 된다. 결국, 복제분기점이 이동함에 따라 분기점 앞에 있는 복제되지 않은 DNA 부분에서 양성 초나선이 생긴다(그림 7–6*b*). 대장균의 완전한 원형 염색체가 약 40만 회전을 하고 있으며 40분 이내에 2개의 분기점에 의해 복제된다고 생각할 때, 이 문제의 중요성은 명확해진다.

세포에는 DNA 분자 속의 수퍼코일 상태를 변화시킬 수 있는 위상이성질화효소라고 하는 효소가 있다. **DNA 자이라아제**(DNA gyrase)라고 하는 효소의 한 유형인, 제II형 위상이성질화효소는 대장균(*E. coli*)에서 복제하는 동안 생긴 기계적 변형(mechanical strain)을 완화시킨다. DNA 자이라아제 분자는 복제분기점 앞에서 DNA를 따라 가면서 양성 초나선(supercoil)을 제거한다. DNA 자이라아제는 이런 일을 다음과 같은 과정으로 수행한다. 즉,

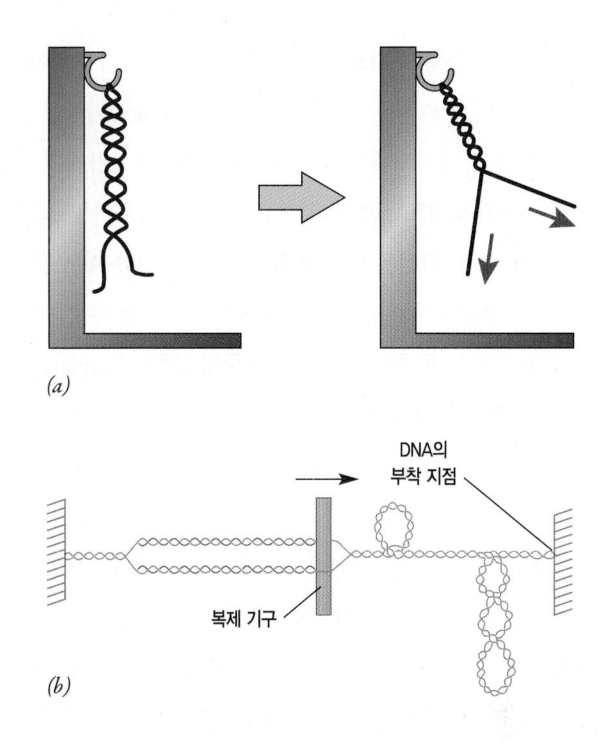

그림 7-6 풀림 문제. (*a*) 한 쪽 끝을 갈고리에 붙들어 매인 두 가닥으로 된 밧줄의 풀림 효과. 분리되지 않은 부분은 더 단단히 감기게 된다. (*b*) 원형 또는 붙들어 맨 DNA 분자가 복제될 때, 복제 기구의 DNA 앞쪽은 지나치게 감기게 되어 양성 초나선이 축적된다. 세포들은, 대장균의 DNA 자이라아제(gyrase)와 같은, 위상이성질화효소(topoisomerase)를 갖고 있어서 양성 초나선을 제거한다.

DNA 2중가닥의 양쪽 가닥을 절단하고, 2중가닥의 절단된 틈을 지나서 다른 쪽으로 DNA 절편을 통과한 다음, 절단된 부분을 다시 연결한다. 이 과정은 ATP가 가수분해 되는 동안 방출된 에너지에 의해 일어난다(〈그림 4–14*b*〉에 자세히 나타냈음). 진핵세포들은 이러한 필수 기능을 수행하는 비슷한 효소를 갖고 있다.

7-1-2-3 DNA 중합효소의 특성

우리는 새로운 DNA 가닥을 합성하는 효소인 **DNA 중합효소**(DNA polymerase)에 대한 몇 가지 특성을 설명함으로써 DNA 복제기작의 논의를 시작한다. 이러한 효소에 대한 연구는 워싱턴대학교(Washington University)의 아서 콘버그(Arthur Kornberg)에 의해 1950년대에 시작되었다. 그들의 초기 실험에서, 콘버그와 그의 동료들은 방사성 물질로 표지된 DNA 전구체를 DNA로서 확인된 산-불용성 중합체 속에 결합되어 있는 세균 추출물에서 효소를 정제하였다. 이 효소는 DNA 중합효소(*DNA polymerase*)라고 명

명되었다(그리고 후에, 추가로 DNA-중합효소들이 발견되어, 이 DNA 중합효소는 DNA 중합효소 I(*DNA polymerase I*)이라고 명명되었다). 반응을 진행하기 위해, 이 효소는 DNA와 4가지의 모든 디옥시리보뉴클레오시드 삼인산(dTTP, dATP, dCTP 및 dGTP) 등이 필요하다. 새로 합성된 방사성 물질로 표지된 DNA는 원래의 비(非)표지된 DNA와 동일한 염기 구성 조성을 가졌으며, 이것은 원래의 DNA 가닥들이 중합반응을 위한 **주형**(鑄型, template)으로 작용했음을 강력하게 암시했다.

DNA 중합효소에 대한 추가적인 특성이 밝혀짐에 따라, 복제가 이전에 생각되었던 것보다 더 복잡하다는 것이 확실해졌다. 다양한 유형의 주형 DNA가 시험되었을 때, 만일 주형 DNA가 표지된 전구체들의 결합을 촉진하기 위한 것이었다면 주형 DNA는 일정한 구조적 필요조건을 충족시켜야 했음이 밝혀졌다(그림 7-7). 예를 들면 , 온전한 2중가닥으로 된 DNA 분자는 결합을 촉진시키지 않았다. 이것은, 복제가 일어나기 위해서는 나선의 가닥들이 분리되어져야만 하는 필요조건을 고려한다면, 놀랄만한 일이 아니다. 왜 단일가닥로 된 원형 DNA 분자가 역시 활성을 지니지 않았었는지는 덜 분명하였다. 즉, 이러한 구조는 상보적인 가닥을 형성하도록 지시하기 위한 이상적인 주형일 것으로 예상할 수 있다. 대조적으로, 부분적으로 2중가닥으로 된 DNA 분자를 반응 혼합물에 첨가하면 즉시 뉴클레오티드의 결합체를 형성하였다.

곧 이어, DNA 중합효소는 DNA 가닥의 형성을 개시할(initiate) 수 없기 때문에, 단일가닥으로 된 원형 DNA는 DNA 중합효소를 위한 주형의 역할을 할 수 없다는 것이 발견되었다. 오히려, DNA 중합효소는 오직 이미 존재하는 가닥의 3′—OH 끝에 뉴클레오티드를 첨가 할 수 있다. 필요한 3′—OH 끝을 갖고 있는 가닥을 **프라이머**(primer)[또는 시발체(始發體)]라고 한다. 모든 DNA 중합효소들—원핵세포 및 진핵세포 모두의—은 다음과 같은 두 가지의 기본적 필요조건 즉, 복사하기 위한 주형 DNA 가닥과 뉴클레오티드를 첨가시킬 수 있는 프라이머 가닥을 갖고 있다(그림 7-8*a*). 이러한 필요조건들은, 어떠한 DNA 구조가 왜 DNA 합성을 촉진시킬 수 없는지를 설명한다(그림 7-7*a*). 온전한 직선형 2중나선은 3′—OH 끝을 갖고 있지만, 주형이 없다. 한편, 원형의 단일가닥은 주형을 갖고 있지만 프라이머가 없다. 부분적으로 2중가닥으로 된 분자는(그림 7-7*b*) 두 가지 필요조건을 충족시키면서 뉴클레오티드의 결합을 촉진시킨다. DNA 중합효소가 DNA 가닥의 합성을 개시할 수 없다는 발견은 중요한 의문을 제기한다. 즉, 어떻게 세포 속에서 새로운 가닥의 합성이 개시되는가? 우리는 곧 이 의문에 대하여 논의하게 될 것이다.

콘버그(Kornberg)에 의해 정제된 DNA 중합효소가 복제효소로서 추정되는 역할이라는 점에서 이해하기 어려운 또 다른 성질을 가졌다. 즉, 이 효소는 DNA를 오직 5′→3′ 방향으로만 합성하였다. 왓슨과 크릭에 의해 처음 제시된 도해(그림 7-1 참조)는 복제 분기점에서 일어날 것으로 예상되는(*expected*) 일들을 표현하였다. 그 도해는 새로 합성된 가닥들 중의 하나는 5′→3′ 방향으로 중합되는 반면, 다른 가닥은 3′→5′ 방향으로 중합되는 것을 제시하였다. 3′→5′ 가닥의 형성을 책임지는 어떤 다른 효소가 있을까? 그 효소는 시험관 속 조건에서보다 세포 속에서 다르게 작용할까? 우리는 이 의문에 대해서도 논의할 것이다.

1960년대 동안, "콘버그 효소(Kornberg enzyme)"가 세균 세포에서 유일한 **DNA** 중합효소가 아니었다는 암시가 있었다. 그리

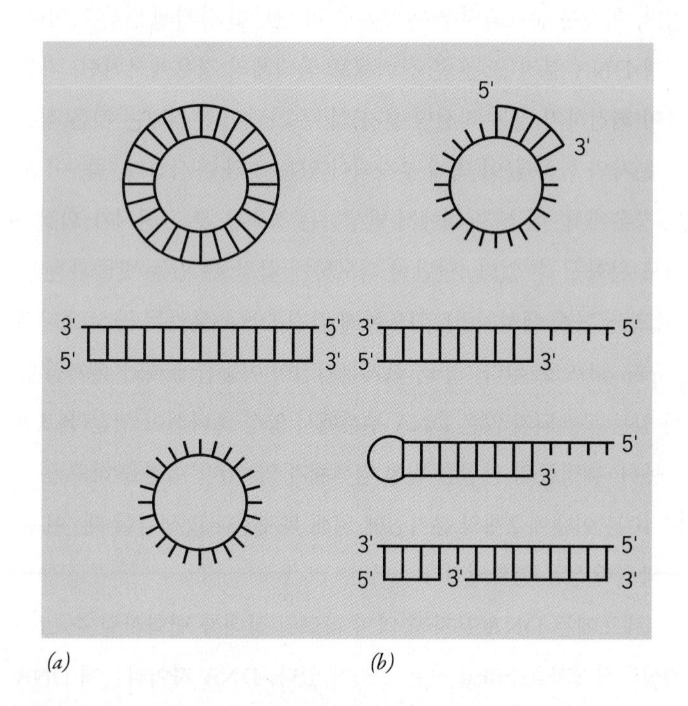

그림 7-7 **DNA 중합효소 활성을 위한 주형들 및 비주형들.** (*a*) 대장균(*E. coli*)에서 분리된 DNA 중합효소에 의해 시험관 속에서 DNA의 합성을 촉진시키지 않는 DNA 구조들의 예. (*b*) 시험관 속에서 DNA의 합성을 촉진시키는 DNA 구조들의 예. 모든 경우에, *b*에 있는 분자들은 복사하기 위한 주형 가닥과 뉴클레오티드를 첨가할 3′—OH를 지닌 프라이머(primer) 가닥을 갖고 있다.

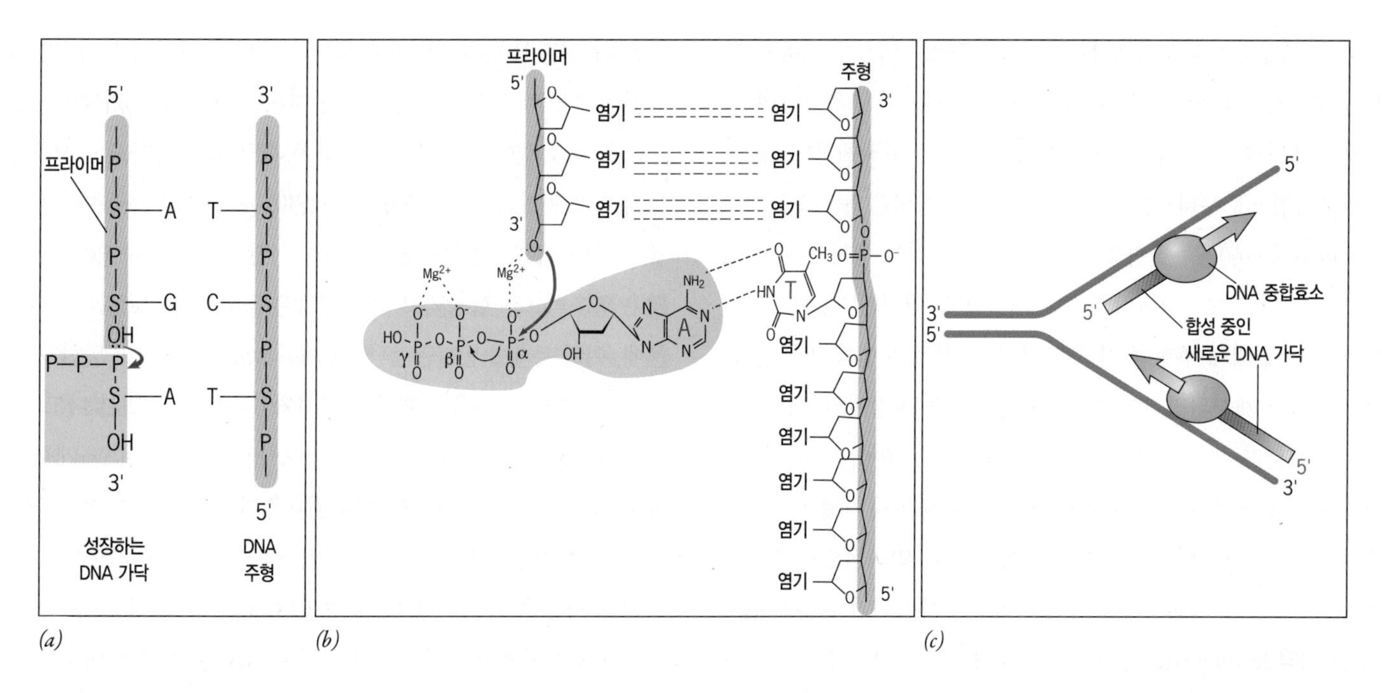

그림 7-8 **DNA 중합효소의 활성.** *(a)* 프라이머 가닥의 3′끝에서 뉴클레오티드의 중합. 효소는 주형 가닥의 뉴클레오티드와 짝을 이루기 위한 능력에 근거하여 결합할 뉴클레오티드를 선택한다. *(b)* 뉴클레오티드들이 DNA 중합효소에 의해 성장하는 중인 DNA 가닥으로 결합되는 반응을 위한 2개의 금속이온 기작을 단순화한 모형. 이 모형에서, 마그네시움 이온들 중 하나가 프라이머의 말단 뉴클레오티드의 3′—OH기로부터 양성자를 빼내어, 들어오는 뉴클레오시드 삼인산의 α 인산 위의 음전하를 띤 3′산소원자의 친핵성 공격을 촉진한다. 두 번째 마그네시움 이온은 피로인산(pyrophosphate)의 방출을 촉진한다. 이 2개의 금속이온은 활성부위의 고도로 보존된 아스파르트산 잔기에 의해서 효소에 결합되어 있다. *(c)* 2개의 주형가닥을 따라 각 중합효소의 이동방향을 나타낸 개요도.

고 1969년, 대장균(*E. coli*)의 한 돌연변이 균주가 분리되었는데, 이 균주의 활성은 콘버그 효소가 지닌 정상적인 활성의 1% 이하였지만, 정상적인 비율로 증식할 수 있었다. 더 연구된 결과, 콘버그 효소 또는 DNA 중합효소 I(*DNA polymerase I*)은 세균 세포에 존재하는 여러 가지 독특한 DNA 중합효소들 중의 하나였다는 것이 밝혀졌다. DNA 복제를 책임지는 주요 효소(예: 복제하는 중합효소)는 DNA 중합효소 III(*DNA polymerase III*)이다. 전형적인 세균 세포는 300~400 분자의 DNA 중합효소 I을 갖고 있지만, DNA 중합효소 III의 약 10개의 복사본 만을 갖고 있다. DNA 중합효소 III의 존재는 세포 내 훨씬 더 많은 양의 DNA 중합효소 I에 의해 가려져 왔다. 그러나 다른 DNA 중합효소들의 발견이 앞에서 제기된 두 가지 기본적 의문에 답하지 못하였다. 즉, 이들 효소들 중 어느 것도 DNA 사슬을 개시할 수 없으며, 어떤 것도 3′→5′ 방향으로 가닥을 형성할 수 없다.

7-1-2-4 반보존적 복제

중합효소의 활성이 3′→5′ 방향으로 이루어지지 않는 것은 간단하게 설명된다. 즉, DNA 가닥들은 그 방향으로 합성될 수 없다. 오히려, 새로 합성되는 가닥들은 모두 5′→3′ 방향으로 조합된다. 〈그림 7-8*b*〉에 나타낸 것처럼, 중합반응을 하는 동안, 프라이머의 3′끝에 있는 —OH기가 들어오는 뉴클레오티드 삼인산의 5′ α-인산에 친핵성 공격을 수행한다. 2개의 새로운 DNA 가닥들의 형성을 책임지는 중합효소 분자들은 주형을 따라서(*along the template*) 3′→5′ 방향으로 이동하며, 2개의 가닥들은 5′-P 끝으로부터 성장하는 사슬을 형성한다(그림 7-8*c*). 그 결과, 새로 합성되는 가닥들 중 하나는 부모 DNA 가닥들이 분리되고 있는 곳에 있는 복제분기점을 향하여 성장하는 반면에, 다른 가닥은 분기점으로부터 멀어지면서 성장한다.

비록 이런 설명으로 DNA 가닥을 오직 한 쪽 방향으로만 합성하는 효소에 관한 문제를 해결할 수 있다고 하더라도, 이 설명은 더욱 복잡한 어려움을 만든다. 〈그림 7-8*c*〉에서 분기점을 향하여 성장하는 가닥은 3′끝에 뉴클레오티드를 계속 첨가하여 형성될 수 있음이 분명하다. 그러나 다른 가닥은 어떻게 합성될까? 복제분기점으로부터 멀어지면서 성장하는 가닥은 불연속적으로(*discontinuously*), 즉 절편들로 합성됨을 암시하는 증거가 곧 축적되었다 (그림 7-9). 절편의 합성이 개시될 수 있기 전에, 복제분기점의 이동에 의해 주형이 적당한 거리(구간)로 노출되어야 한다. 일단 복제가 개시되면, 각 절편은 이전에 합성된 절편의 5′끝을 향하여 복제분기점으로부터 멀어지면서 성장하며, 이어서 이전에 합성된 절편에 연결된다. 그래서 딸 2중가닥들 중에서 새로 합성된 2개의 가닥들은 매우 다른 과정으로 합성된다. 연속적으로 합성되는 가닥은 복제분기점이 전진하면서 합성을 계속하기 때문에 **선도(先導)가닥**(leading strand)이라고 한다. 불연속적으로 합성되는 가닥은 각 절편이 합성되려면 부모 가닥들이 분리되어 추가적인 주형이 노출될 때까지 기다려야 하기 때문에 **지연(遲延)가닥**(lagging strand)이라고 한다(그림 7-9). 양쪽 가닥 모두 아마도 동시에 합성되기 때문에, 선도(*leading*) 및 지연(*lagging*)이라는 용어들은 처음에 만들어졌을 때 생각했던 것만큼 적당하지 않을 수 있다. 한 가닥은 연속적으로 합성되고 다른 가닥은 불연속적으로 합성되기 때문에, 이런 복제를 반불연속적(*semidiscontinuous*)이라고 말한다.

한쪽 가닥이 작은 절편들로 합성되었다는 것은 일본 나고야대학교(Nagoya University)의 레이지 오카자키(Reiji Okazaki)에 의해 다양한 유형의 표지실험 결과 밝혀졌다. 오카자키는 만일 세균들을 [^{3}H]티미딘 속에서 몇 초 동안 배양한 후 즉시 죽이면, 대부분의 방사능은 길이가 1,000~2,000개의 =뉴클레오티드인 작은 DNA 절편들의 일부로서 발견될 수 있다는 것을 알아냈다. 이

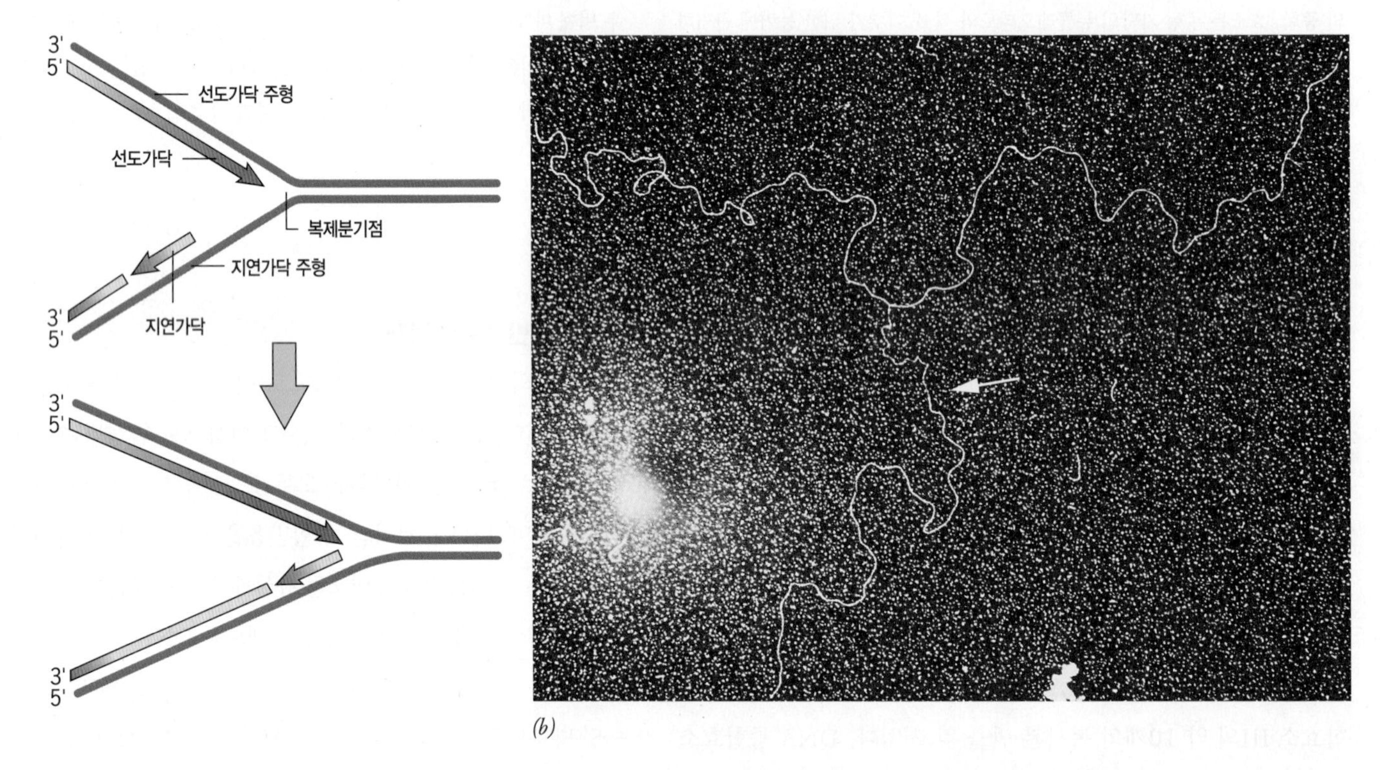

그림 7-9 2중나선(double helix)에서 2개의 가닥은 일들의 진행 순서가 다르게 합성된다. DNA 중합효소 분자는 주형을 따라 3′→5′ 방향으로만 이동한다. 그 결과, 2개의 새로 합성된 가닥들은 반대방향으로 성장하는데, 하나는 복제분기점을 향하여 성장하고 다른 가닥은 복제분기점으로부터 멀어지면서 성장한다. 한 가닥은 연속적인 방식으로 조립되고, 다른 가닥은 효소에 의해서 함께 연결되는 절편으로 조립된다. (*a*) 2개의 가닥을 합성하는 데 있어서 차이점을 나타내는 개요도. (*b*) 복제하는 박테리오파아지 DNA 분자의 전자현미경 사진. 왼쪽에 있는 2개의 가지들은 복제된 2중가닥들이며, 오른쪽 부분은 복제되지 않은 2중가닥이다. 새로 복제된 DNA 중에서 지연가닥은 노출된 단일가닥으로 된(더 가느다란) 부분을 갖고 있는 것으로 보이는데, 이 부분은 복제분기점으로부터 화살표 방향으로 진행된다.

와는 대조적으로, 만일 세포들을 표지된 DNA 전구체 속에서 1~2분 동안 항온처리하면, 결합된 방사능의 대부분은 훨씬 더 큰 DNA 분자들의 일부로 되었다 (그림 7-10). 이러한 결과는 DNA의 일부가 작은 절편들로 구성되었고[이후 **오카자키 절편**(Okazaki fragment)이라고 하였음], 이 절편들은 이전에 합성되었던 더 긴 조각에 신속하게 연결되었음을 암시하였다. 오카자키 절편들을 연속된 가닥으로 연결시키는 효소를 **DNA 연결효소**(DNA ligase)라고 한다.

지연가닥이 조각들로 합성된다는 발견은 DNA 합성의 개시에 관한 새로운 복잡한 의문들을 불러 일으켰다. 어떠한 DNA 중합효소도 가닥의 합성을 개시할 수 없을 때, 어떻게 이러한 절편들 각각의 합성이 개시되는가? 더 많은 연구 결과, 합성의 개시는 DNA 중합효소에 의해 이루어지지 않지만, 오히려 DNA가 아니라, RNA로 구성된 짧은 프라이머를 합성하는 **프리마아제**(primase)라고 하는 별개의 RNA 중합효소에 의해 이루어짐이 밝혀졌다. 복제 개시점에서 합성되기 시작하는 선도가닥 역시 프리마아제 분자에 의해 개시된다. 선도가닥과 각 오카자키 절편의 5′끝에서 프리마아제에 의해 합성된 짧은 RNA들은 DNA 중합효소에 의한 DNA의 합성에 필요한 프라이머의 역할을 한다. 그 후에 RNA 프라이머는 제거되고, 그 결과 그 가닥에서 생기는 빈틈은 DNA로 채워진 다음, DNA 연결효소에 의해 봉합된다. 이런 일들은 〈그림 7-11〉에 도식적으로 그려져 있다. DNA 복제과정 동안에 일시적인 RNA

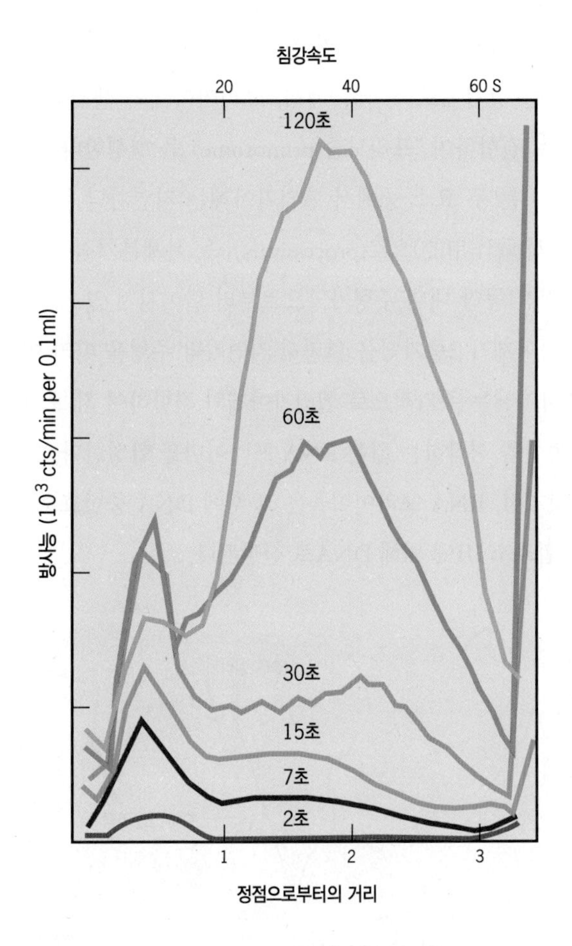

그림 7-10 **DNA의 일부가 작은 절편들로 합성된 것을 보여주는 실험 결과.** 파아지-감염 대장균 세포의 배양으로부터 DNA의 설탕 밀도기울기 분석표. 세포들은 시간이 경과하는 동안 표지되었고, 표지된 DNA의 침강속도가 확인되었다. 매우 짧은 펄스(pulse) 후 DNA를 준비하였을 때, 상당한 비율의 방사성 물질이 매우 짧은 DNA 조각들에서 나타났다(왼쪽에 있는 관의 꼭대기 근처 정점으로 표시되었음). 60~120초 후, 이 정점의 상대적 높이는 표지된 DNA 조각들이 고분자량 분자들의 말단에 결합됨에 따라 낮아졌다.

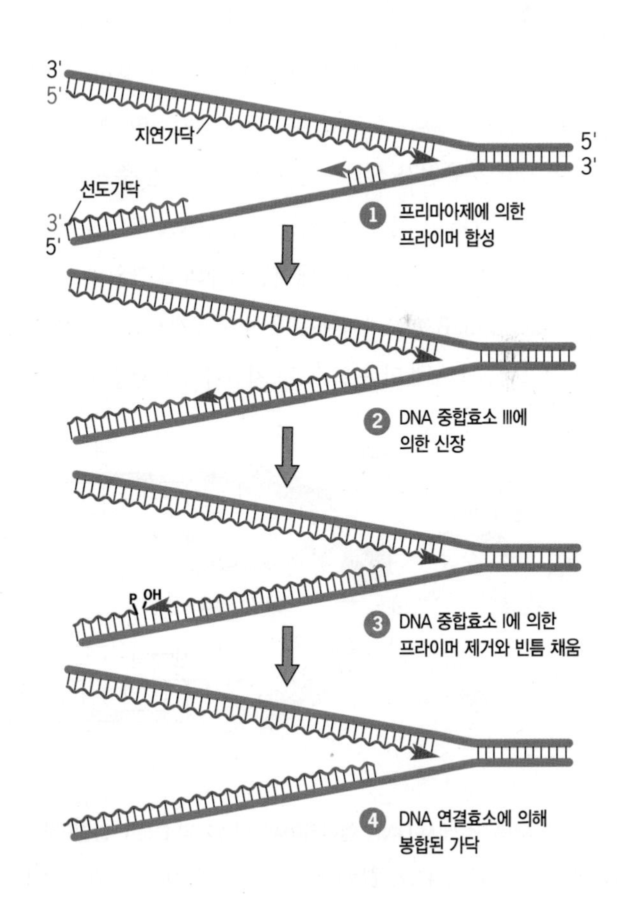

그림 7-11 **지연가닥에서 각 오카자키 절편의 합성을 개시하는 데 있어서 제거 가능한 프라이머로서 짧은 RNA 절편들의 사용.** 주요한 단계들은 그림에 표시되어 있으며 본문에 설명되어 있다. 이러한 활성에서 다양한 부속단백질들의 역할은 다음의 그림들에 나타나 있다.

프라이머를 형성하는 것은 기이한 활성이다. 오류의 가능성은 신장하는 동안보다 개시하는 동안 더 큰 것으로 생각되며, 그리고 짧고 제거할 수 있는 RNA 절편을 사용하는 것은 잘못 짝지어진 염기들이 포함되지 않게 하는 것으로 생각된다.

7-1-2-5 복제분기점에서 작동하는 기구

복제는 뉴클레오티드를 결합시키는 것 이상의 일이 포함되어 있다. 2중가닥을 풀고 그 가닥을 분리하기 위해서는, DNA에 결합하는 두 종류의 단백질인 **헬리카아제**(helicase)와 **단일가닥 DNA 결합 단백질**[single-stranded DNA binding(SSB) protein]의 도움이 필요하다. DNA 헬리카아제는 DNA 가닥들 중 하나를 따라 이동하기 위해서, ATP 가수분해에 의해 방출된 에너지를 사용하는 반응에서 DNA 2중가닥을 풀고, 2개의 가닥을 연결하는 수소결합을 끊어서 단일가닥 DNA 주형을 노출시킨다. 대장균(*E. coli*)은 DNA (그리고 RNA) 대사작용의 다양한 면에서 사용하기 위해 최소 12 가지의 다른 헬리카아제를 갖고 있다. 이러한 헬리카아제들 중의 하나—*dnaB* 유전자 산물—는 복제하는 동안 주요 풀림 장치의 역할을 한다. DnaB 헬리카아제는 단일 DNA 가닥을 둘러싸는 고리-모양 단백질을 형성하도록 배열된 6개의 소단위로 구성된다(그림 7-12*a*). DnaB 헬리카아제는 우선 복제개시점에서 DNA 위에 실려서(단백질 DnaC의 도움으로) 지연가닥 주형을 따라 5′→3′ 방향으로 이동하여 앞으로 가면서 나선을 푼다(그림 7-12). 복제하는 동안에 가닥의 분리에 관여하는 유사한 모양의 박테리오파아지 헬리카아제의 3차원 모형이 이 장의 시작하는 첫 페이지에 그려져 있다. 헬리카아제에 의한 DNA 풀림은 분리된 DNA 가닥에 SSB 단백질들이 부착하여 돕게 된다(그림 7-12). 이러한 단백질들은 단일가닥으로 된 DNA에 선택적으로 결합하여, 가닥이 펴진 상태로 유지시키고 되감기거나 손상되는 것을 방지한다. DNA 2중나선 구조 위에서 DNA 헬리카아제와 SSB 단백질들의 복합적 작용에 대한 시각적 묘사가 〈그림 7-12*b*〉의 전자현미경 사진에 예시되어 있다.

프리마아제라고 하는 효소가 각 오카자키 절편의 합성을 개시한다는 것을 상기해보라. 세균에서, 프리마아제와 헬리카아제는 일시적으로 결합하여 "프리모솜(primosome)"을 형성한다. 프리모솜을 구성하는 두 요소 중에서 헬리카아제는 지연가닥 주형을 따라 연작용적(聯作用的)으로(processively)(즉, 복제분기점이 형성되어 있는 기간 동안 내내 주형가닥으로부터 떨어지지 않고) 이동한다. 헬리카아제가 2중가닥을 열면서 지연가닥 주형을 따라 이동할 때, 프리마아제는 주기적으로 헬리카아제와 결합하여 각 오카자키 절편의 형성을 시작하는 짧은 RNA 프라이머를 합성한다. 위에서 언급된 것처럼, RNA 프라이머들은 그 후에 DNA 중합효소, 특히 DNA 중합효소 III에 의해 DNA로 신장된다.

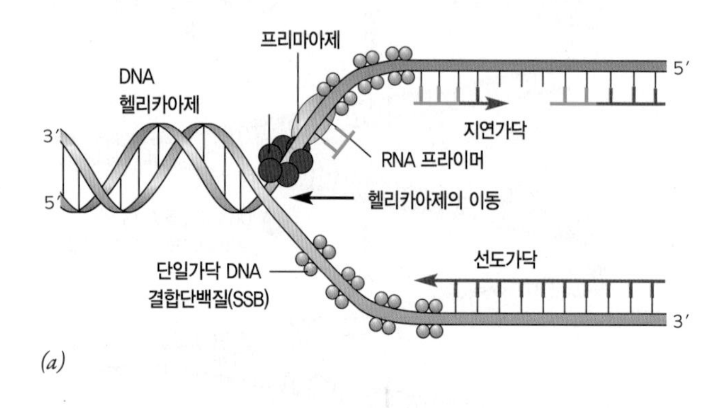

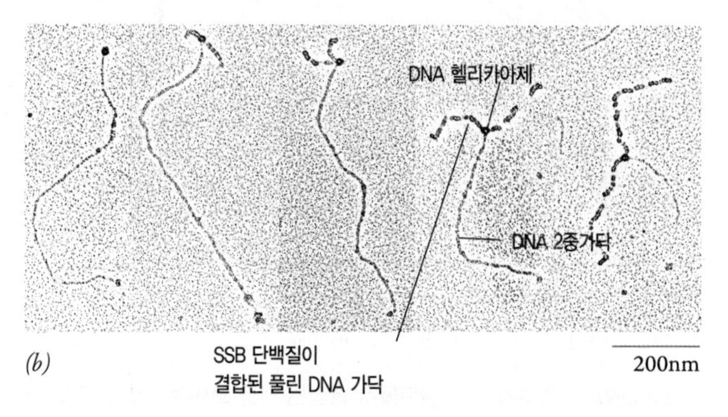

그림 7-12 복제분기점에서 DNA 헬리카아제, 단일가닥 DNA-결합단백질, 프리마아제의 역할. (*a*) 헬리카아제는 DNA를 따라 이동하면서, ATP 에너지를 이용하여 2중가닥 풀림을 촉매한다. DNA가 풀림에 따라, 이 가닥들은 단일가닥 DNA-결합단백질(SSB)들에 의해 2중가닥의 재형성이 방지된다. 헬리카아제와 결합된 프리마아제는 각 오카자키 절편을 시작하는 RNA 프라이머를 합성한다. 그 다음에 약 10개의 뉴클레오티드 길이인 RNA 프라이머가 제거된다. (*b*) 바이러스 DNA 헬리카아제(T 항원)와 대장균 SSB 단백질들을 함께 배양된 DNA 분자를 보여주는 연속된 다섯 장의 전자현미경 사진. DNA 분자는 왼쪽에서부터 오른쪽으로 점진적으로 풀린다. 헬리카아제는 분기점에서 둥근 입자로 보이며, SSB 단백질들은 단일가닥 말단에 결합되어 두꺼운 모양으로 보인다.

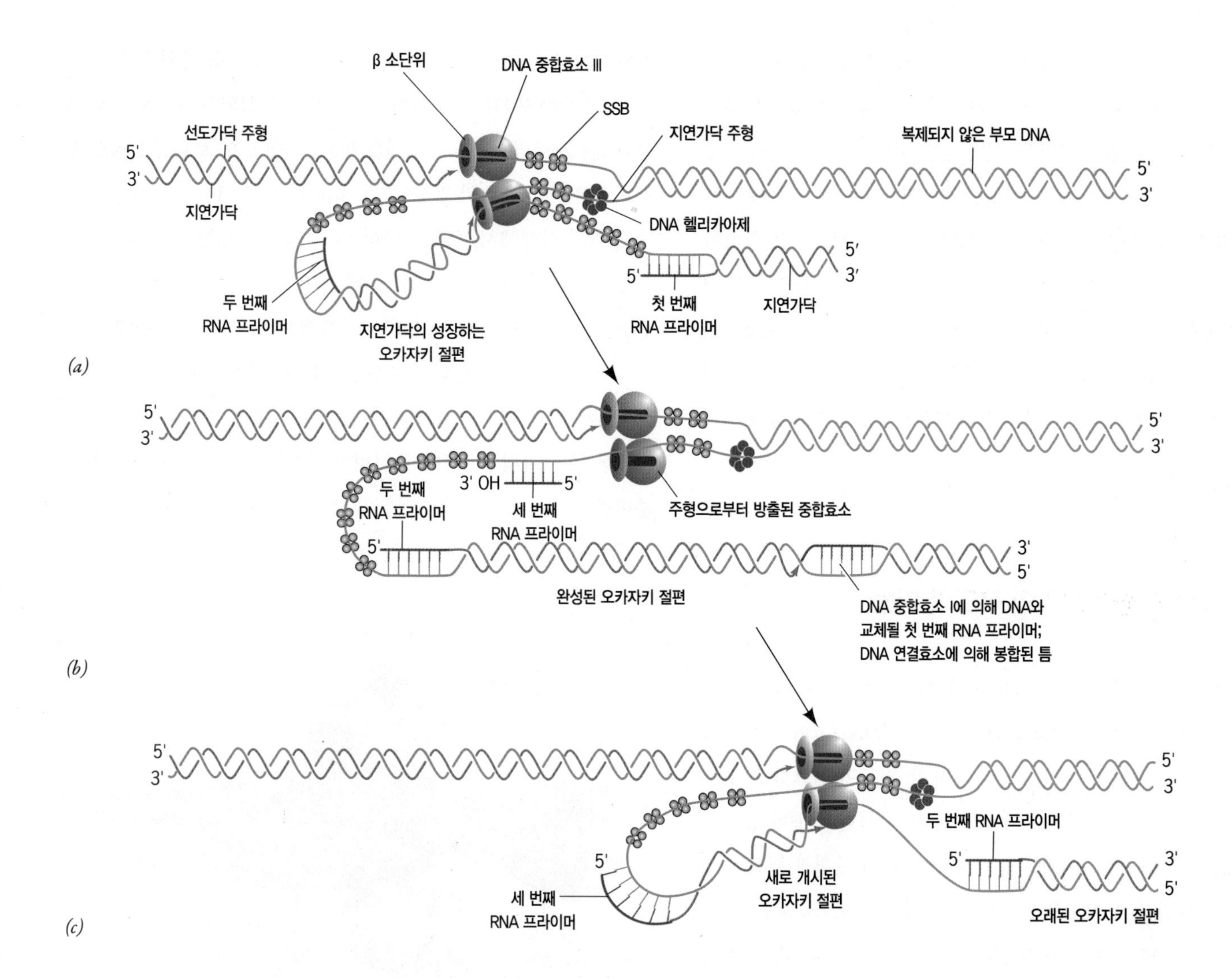

그림 7-13 대장균에서 선도가닥과 지연가닥의 복제는 단일 복합체의 일부로서 함께 작용하는 두 DNA 중합효소에 의해 이루어진다. (*a*) 두 DNA 중합효소 III 분자는 비록 그들 각 주형의 반대편 말단을 향하여 이동하고 있을지라도, 함께 이동한다. 이것은 지연가닥 주형이 고리를 형성하게 되어 이루어진다. (*b*) 중합효소는 앞서 합성된 오카자키 절편과 만날 때, 지연가닥 주형을 방출한다. (*c*) 이전의 오카자키 절편의 조립에 관여했던 중합효소는 이제 더 먼 곳에 있는 지연가닥 주형에 다시 결합하여, 프리마아제에 의해 방금 형성된 세 번째 RNA 프라이머의 말단에서 DNA를 합성하고 있다.

많은 증거들은 동일한 DNA 중합효소 III 분자가 지연가닥의 연속된 절편들을 합성함을 시사한다. 이런 합성이 이루어지기 위해서, 중합효소 III 분자는 하나의 오카자키 절편이 방금 완성된 장소에서부터 지연가닥 주형을 따라 DNA가 풀리고 있는 장소에 더 가까운 다음 장소까지 재활용된다. 일단 새로운 장소에 이르면, 그 중합효소는 방금 프리마아제에 의해 합성된 RNA 프라이머의 3′—OH에 부착하여 짧은 RNA 말단에 디옥시리보뉴클레오티드를 결합하기 시작한다.

중합효소 III 분자가 지연가닥 주형 위의 한 장소로부터 복제분기점에 더 가까운 다른 장소로 어떻게 이동할까? 이 효소는 선도가닥 주형을 따라 그 방향으로 이동하고 있는 DNA 중합효소에 "편승(便乘)하여" 이동한다. 그래서 비록 두 중합효소가 DNA 분자의 직선 축에 대하여 반대방향으로 이동할지라도, 그들은 사실 단일 단백질 복합체의 일부이다 (그림 7−13). 서로 연결된 두 중합효소는 지연가닥 주형의 DNA를 자신의 뒤로 돌아 고리를 형성하여, 이 주형을 선도가닥 주형과 같은 방향을 갖게 함으로써 양쪽 가닥 모두를 복제할 수 있다. 그 다음에 두 중합효소는 DNA 가닥의 합성을 위한 "5′→3′ 규칙"을 어기지 않고 단일 복제 복합체의 일부로서 함께 이동할 수 있다(그림 7-13). 일단 지연가닥을 조립하고 있는 중합효소가 이전 단계에서 합성된 오카자키 절편의 5′끝에 도달하면, 지연가닥 주형은 방출되고 중합효소는 복제분기점을 향하여 다음 RNA 프라이머의 3′끝에서 작용을 시작한다. 〈그림 7-13〉에 그려진 모형은 흔히 "트롬본 모형"이라고 한다. 그 이유는 고리를 형성하는 DNA가, 지연가닥이 복제되는 동안 반복적으로 길어졌다 짧아졌다 하여 트롬본이 연주될 때 금관 "고리"의 이동을 연상하게 하기 때문이다.

7-1-3 DNA 중합효소의 구조와 기능

대장균에서 복제하는 동안에, DNA 가닥을 합성하는 효소인 DNA 중합효소 III은 DNA 중합효소 III 완전효소(*DNA polymerase III holoenzyme*)라고 하는 커다란 "복제 장치"의 일부이다(그림 7-14). 이 완전효소를 구성하는 비촉매 성분들 중의 하나를 **베타 클램프**(β clamp)라고 하는데, 이것은 중합효소가 DNA 주형과 결합된 상태를 유지시킨다. DNA 중합효소들(RNA 중합효소들처럼)은 두 가지 다소 대조적인 특성을 갖는다. 즉, (1) 만일 이 효소들이 계속적인 상보적 가닥을 합성하기 위한 것이라면, 그들은 길게 뻗은 가닥들 위에 주형과 결합된 채로 남아 있어야 한다. 그리고 (2) 이 효소들은 하나의 뉴클레오티드로부터 다음으로 이동하기 위하여 주형에 충분히 느슨하게 붙어 있어야만 한다. 이러한 대조적인 특성은 DNA를 둘러싸며(그림 7-15*a*) 이 DNA를 따라 자유롭게 활주(滑走)하는 도넛 모양의 β 클램프에 의해 생긴다. β "활주클램프(sliding clamp)"에 붙어 있는 한, DNA 중합효소는 주형으로부터 확산되어 떨어지지 않고 하나의 뉴클레오티드로부터 다음으로 연작용(聯作用)으로 이동할 수 있다. 선도가닥 주형 위의 중합효소는 복제하는 동안 단일 β 클램프에 결합된 채로 남아 있다. 이와는 대조적으로, 지연가닥 주형 위의 중합효소가 오카자키 절편의 합성을 완료할 때에는, 그 β 클램프로부터 떨어져서, 복제분기점에 더 가까이 위치한 RNA 프라이머-DNA 주형 연접부에서 조립되어진 새로운 β 클램프로 순환된다(그림 7-15*b*). 그러나 어떻게 매우 신장된 DNA 분자가 〈그림 7-15*a*〉 에서처럼 고리모양의 클램프 내부로 들어갈까? DNA 주위에 β 클램프가 조립되기 위해서는 다소단위 클램프로더(*clamp loader*)를 필요로 하며, 이 로더는 DNA 중합효소 III 완전효소의 일부이기도 하다(그림 7-14, 7-15*c*). ATP가 결합된 상태에서, 클램프로더는 〈그림 7-15*c*〉에 예시된 것처럼 β 클램프가 열린 입체구조 속에 붙어 있는 동안 프라이머-주형 연접부에 결합한다. 일단 DNA가 클램프 벽의 입구를 통해 비집고 들어가면, 클램프로더에 결합된 ATP가 가수분해 되면, 클램프를 방출시키게 되고, 이 클램프는 DNA 주위를 폐쇄한다. 그러면 β 클램프는 〈그림 7-15*b*〉에 그려진 것처럼 중합효소 III에 결합할 준비를 한다.

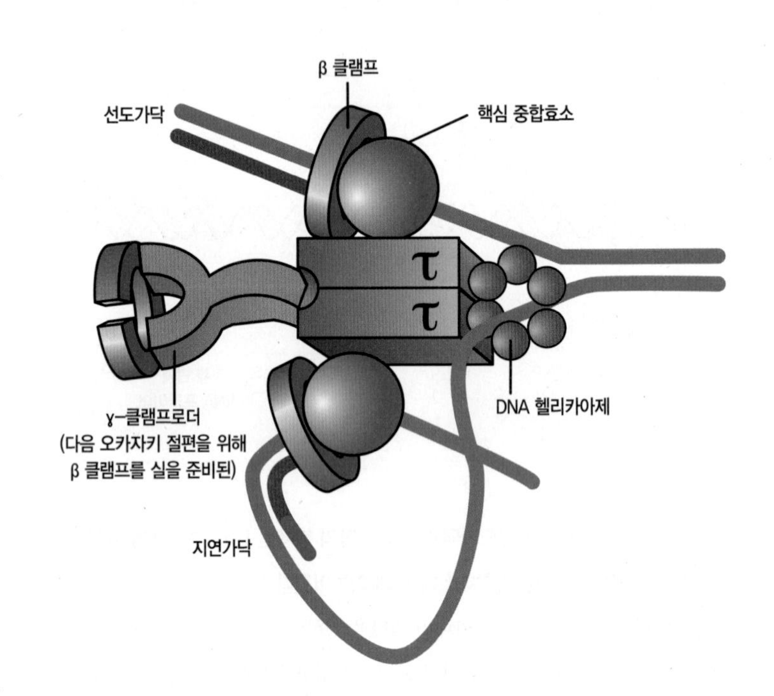

그림 7-14 **DNA 중합효소 III 완전효소의 개요도.** 완전효소는 다수의 독특한 구성성분들로 이루어진 10개의 서로 다른 소단위들을 갖고 있다. 완전효소의 일부로서 (1) DNA를 복제하는 2개의 핵심 중합효소, (2) 중합효소가 DNA와 결합된 채로 남아 있을 수 있게 하는 2개 또는 그 이상의 β 클램프, 그리고 (3) 각 활주클램프를 DNA 위에 싣는 클램프로딩 (γ) 복합체 등이 포함되어 있다. 활발한 복제분기점의 클램프로더(clamp loader)는 복합체에서 핵심 중합효소를 잡아주고 헬리카아제에도 결합하는 2개의 τ(타우) 소단위를 갖고 있다. 또 다른 용어인 레플리솜(*replisome*)은 흔히 복제분기점에서 활성적인 단백질들, 즉 DNA 중합효소 III 완전효소, 헬리카아제, SSB, 그리고 프리마아제 등을 포함하는 전체 복합체를 일컫는 데 사용된다.

DNA 중합효소 I은 오직 하나의 소단위만으로 구성되며, DNA의 손상된 부위가 교정되는 과정, 즉 DNA 수선에 주로 관여되어 있다. 또한 DNA 중합효소 I은 복제하는 동안 각 오카자키 절편의 5′끝에 위치한 RNA 프라이머를 제거하여 이를 DNA로 대체한다. 이러한 놀라운 일을 이루기 위한 이 효소의 능력은 다음 절(節)에서 논의된다.

7-1-3-1 DNA 중합효소의 핵산말단가수분해효소 활성

이제 가닥의 합성을 개시하기 위한 효소의 무능력과 같은 DNA 중합효소 I의 여러 가지 이해하기 어려운 특성들을 설명했으므로, 우리는 또 다른 흥미로운 관찰을 생각해 볼 수 있다. 콘버그(Kornberg)는 DNA 중합효소 I의 준비물이 항상 핵산말단가수분해효소(exonuclease)의 활성을 갖고 있음을 발견하였다. 즉, 그 활성에 의해 분자의 말단으로부터 1개 또는 그 이상의 뉴클레오티드를 제거하여 DNA 중합체를 분해할 수 있었다. 처음에, 콘버그는 핵산말단가수분해효소의 작용이 DNA 합성의 작용과 극적으로 반대되기 때문에, 이러한 활성이 오염된 효소 때문인 것으로 추정하였다. 그럼에도 불구하고, 핵산말단가수분해효소의 활성은 중합효

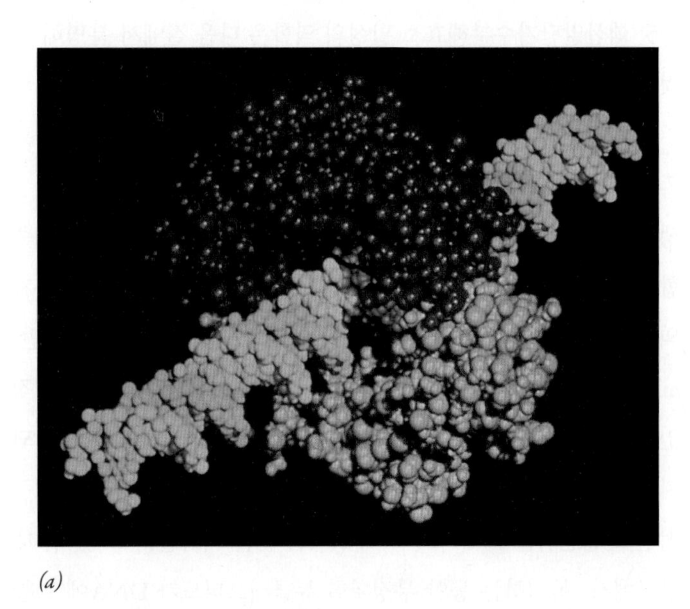
(a)

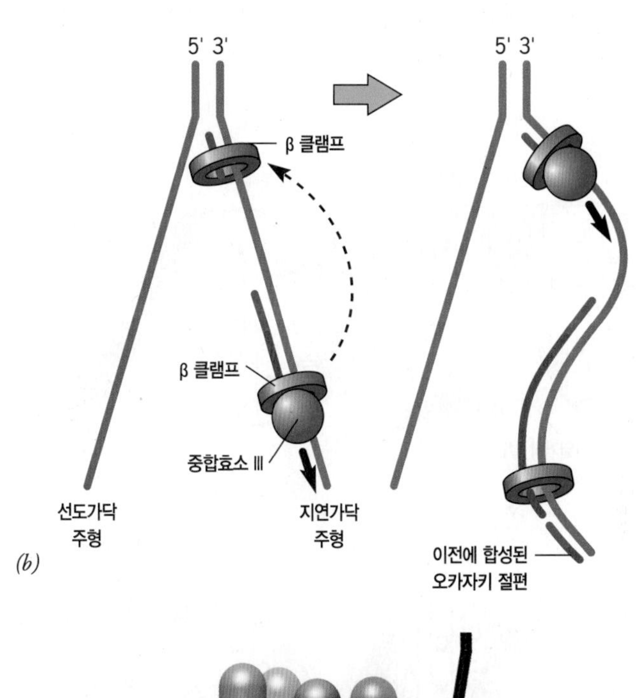

(b)

(c)

그림 7-15 **β 활주클램프와 클램프로더.** (*a*) 대장균에서 도넛 모양의 β 활주클램프를 구성하는 2개의 소단위를 보여주는 공간채움 모형. 2중가닥 DNA는 β 클램프 내부에 파란색으로 나타나 있다. (*b*) 지연가닥 위에서 순환하는 중합효소의 개요도. 중합효소가 주형가닥을 따라 이동하여 상보적인 가닥을 합성할 때, 이 효소는 β 활주클램프에 의해 DNA에 결합된다. 오카자키 절편을 완성한 다음, 이 효소는 β 클램프로부터 분리되어 상류의 RNA 프라이머–DNA 주형 연접부에서 "기다리고 있는" 최근에 조립된 클램프로 순환한다. 원래의 β 클램프는 완성된 오카자키 절편 위에서 당분간 뒤에 남아 있지만, 결국 분해되어 재활용된다. (*c*) 전자현미경의 영상 분석을 바탕으로 한 원시 원핵세포에서 유래한 활주클램프와 클램프로더 사이의 복합체 모형. 클램프로더는(빨간색과 초록색 소단위들로 나타내었음) 나선형 구조(용수철 따리쇠, lock–washer)를 닮은 열린 나선 입체구조 속에 붙어 있는 활주클램프(파란색)에 결합되어 있다. DNA는 클램프 속의 빈틈을 통해 비집고 들어가 있다. DNA의 프라이머 가닥은 클램프로더 속에서 종결되는 반면에, 주형가닥은 단백질의 꼭대기에 있는 입구를 통해 뻗어 있다. 클램프로더는 이 단백질의 소영역(subdomain)들이 DNA 나선 골격 위를 빠져나갈 수 있는 나선 모양을 형성하는 방식으로 DNA에 꼭 맞는 "나사마개"로 표현되어 왔다.

소 준비물로부터 제거될 수 없었으며, 사실 중합효소 분자 본래의 활성이었다. 그 후에 모든 세균 DNA 중합효소들은 핵산말단가수분해효소 활성을 갖고 있는 것으로 나타났다. 핵산말단가수분해효소는 가닥이 분해되는 방향에 따라, 5′→3′ 및 3′→5′ 핵산말단가수분해효소들로 나누어 질 수 있다. DNA 중합효소 I은 그의 중합활성 이외에도 3′→5′ 및 5′→3′ 모두의 핵산말단가수분해효소 활성을 갖고 있다(그림 7-16). 이러한 세 가지 활성은 단일 폴리펩티드의 다른 영역에서 발견된다. 그래서 놀랍게도, DNA 중합효소 I은 세 가지 다른 효소들이 하나로 되어 있는 것이다. 두 가지 핵산말단가수분해효소 활성은 복제에서 전혀 다른 역할을 한다. 우리는 5′→3′ 핵산말단가수분해효소 활성을 먼저 고려해 볼 것이다.

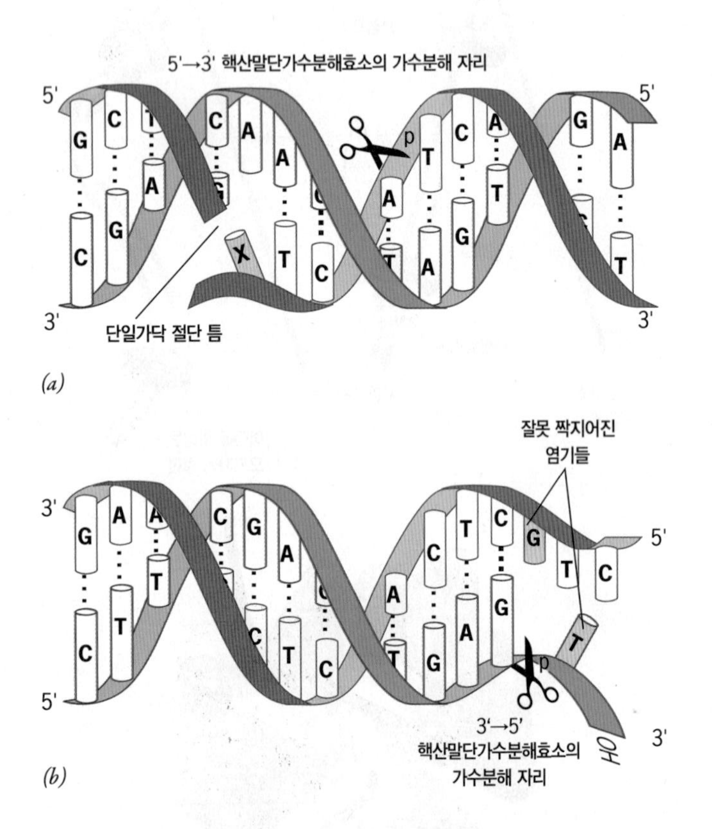

그림 7-16 DNA 중합효소 I의 핵산말단가수분해효소 활성. *(a)* 5′→3′ 핵산말단가수분해효소의 기능은 단일가닥 절단 틈의 5′끝으로부터 뉴클레오티드를 제거한다. 이 활성은 RNA 프라이머를 제거하는 데 있어서 핵심 역할을 한다. *(b)* 3′→5′ 핵산말단가수분해효소의 기능은 성장하는 DNA 가닥의 3′끝으로부터 잘못 짝지어진 뉴클레오티드를 제거한다. 이 활성은 DNA 합성의 정확성을 유지하는 데 있어서 핵심 역할을 한다.

대부분의 핵산분해효소들은 DNA 또는 RNA에 특이적이지만, DNA 중합효소 I의 5′→3′ 핵산말단가수분해효소는 어느 유형의 핵산도 분해할 수 있다. 프리마아제에 의한 오카자키 절편들의 개시는 각 절편의 5′끝에 직선형 RNA를 남기는데(〈그림 7-13*b*〉의 첫 번째 RNA 프라이머 참조), 이는 DNA 중합효소 I의 5′→3′ 핵산말단가수분해효소 활성에 의해 제거된다(그림 7-16*a*). 효소가 프라이머의 리보뉴클레오티드를 제거할 때, 그의 중합효소 활성은 이 때 생긴 틈새를 디옥시리보뉴클레오티드로 동시에 채운다. 그 다음에 결합된 마지막 디옥시뉴클레오티드는 DNA 연결효소에 의해 앞서 합성된 DNA 조각의 5′끝에 공유결합으로 연결된다. 3′→5′ 핵산말단가수분해효소 활성의 역할은 다음 절에서 분명해 질 것이다.

7-1-3-2 DNA 복제하는 동안 높은 정확도의 보장

생명체의 생존은 그 유전체의 정확한 복제에 달려있다. RNA 중합효소에 의한 전령(傳令) RNA(messenger RNA, mRNA) 분자의 합성에서 생긴 오류는 결함을 가진 단백질을 합성하게 되지만, mRNA 분자는 그러한 분자들의 큰 집단 가운데 단 하나의 일시적인 주형이다. 즉, 그러므로 그 오류로부터 지속적인 손상은 초래되지 않는다. 이와는 반대로, DNA 복제하는 동안 생긴 오류는 영구적인 돌연변이를 초래하고 그 세포의 후손을 제거할 수도 있다. 대장균에서, 복제하는 동안 부정확한 뉴클레오티드가 DNA에 결합되어 남아있을 가능성은 10^{-9} 이하, 또는 10억 개의 뉴클레오티드 중 1개 이하이다. 대장균의 유전체는 약 4×10^6 뉴클레오티드 쌍을 갖고 있기 때문에, 이러한 오류율(error rate)은 100회의 복제 주기 마다 1개 이하의 뉴클레오티드 변형에 해당한다. 이것은 이 세균에서의 자연돌연변이율(*spontaneous mutation rate*)에 해당한다. 인간은 단백질을 암호화하는 염기서열의 복제에 대하여 유사한 자연돌연변이율을 갖는 것으로 생각된다.

신장하는 가닥의 말단에 특정한 뉴클레오티드가 결합되는 것은 주형가닥의 뉴클레오티드와 허용 가능한 염기쌍을 형성할 수 있는 들어오는 뉴클레오시드 삼인산(nucleoside triphosphate)에 의해 결정된다(그림 7-8*b* 참조). 원자들 사이의 거리 및 결합 각도에 대한 분석에 따르면, A-T와 G-C 염기쌍들이 거의 동일한 기하학적 구조를 갖는 것으로 나타난다(예: 크기와 모양). 그러한 쌍들이 잘 못 맞추어지면 〈그림 17-7〉에서처럼 기하학적 구조가 다르게 된다. 주형을 따라 각각의 자리에서, DNA 중합효소는 4개의 서로 다른 잠재적인 전구체들이 활성부위에 들어오고 나갈 때 그 전구체들을 식별하여야만 한다. 들어올 수 있는 4개의 뉴클레오시드 삼인산들 가운데, 오직 하나만 주형과 기하학적으로 적합한 짝맞춤을 형성하여, 효소내부의 결합주머니 속에 들어맞을 수 있는 A-T 또는 G-C 염기쌍을 만든다. 이것은 식별과정의 첫 번째 단계일 뿐이다. 만일 들어오는 뉴클레오티드가 효소에 의해 올바른 것으로 "인식된"다면, 효소의 입체구조 변화가 일어나서 즉 중합효소의 "손가락들"이 "손바닥"쪽으로 회전하여(그림 7-18*a*), 들어오는 뉴클레오티드를 붙잡는다. 이것이 제3장의 〈3-2-4-2〉에서 논의된 유도적합(誘導適合, induced fit)의 한 예이다. 만일 새롭게 형성된 염기쌍이 부적합한 기하학적 구조를 나타내면, 그 활성부위는 촉매에 필요한 입체구조를 형성할 수 없으며 부정확한 뉴클레오티드는 결합되지 않는다. 이와는 반대로, 만약 염기쌍이 적절한 기하학적 구조를 나타내면, 들어오는 뉴클레오티드는 신장하는 가닥의 말단에 공유결합으로 연결된다.

때로는 중합효소가 부정확한 뉴클레오티드를 결합시켜서, 틀린짝 염기쌍 즉 A-T 또는 G-C가 아닌 염기쌍이 생긴다. 이러한 종류의 부정확한 쌍은 약 10^{-9}의 자연돌연변이율보다 10^3~10^4배 더 높은 빈도, 즉 결합된 10^5~10^6개의 뉴클레오티드 마다 한 번 생기는 것으로 추정된다. 어떻게 돌연변이율이 그렇게 낮게 유지될

그림 7-17 **적합한 염기쌍들 및 틀린짝 염기쌍들의 기하학적 구조.**

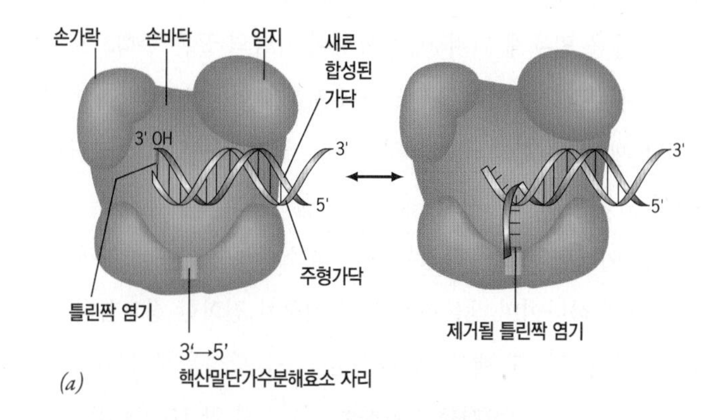

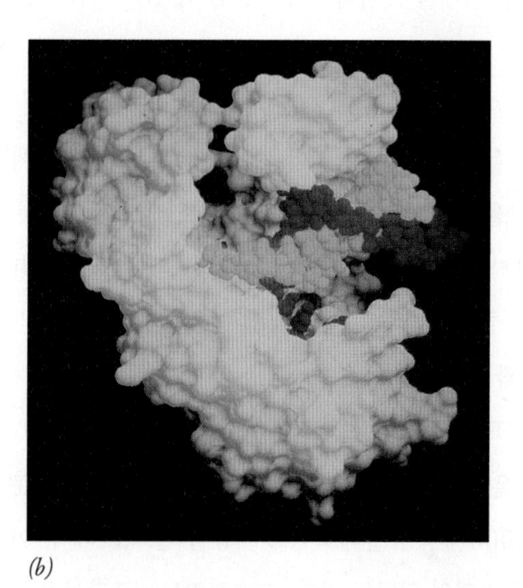

(*b*)

그림 7-18 **DNA 중합효소 I의 3′→5′ 핵산말단가수분해효소의 활성화.** (*a*) 중합효소와 3′→5′ 핵산말단가수분해효소 활성부위를 갖고 있는 클레노브 절편(Klenow fragment)으로 알려진 DNA 중합효소 I의 일부에 대한 도식적 모형. 5′→3′ 핵산말단가수분해효소 활성은 폴리펩티드의 다른 부분에 위치하며, 여기에는 나타나 있지 않다. 클레노브 절편의 부위들은 흔히 부분적으로 열린 오른손 모양에 비유되며, 따라서 그러한 부분들은 "손가락", "손바닥" 및 "엄지손가락" 등으로 표시된다. 중합을 위한 촉매부위는 중앙의 "손바닥" 소영역에 위치한다. 신장하는 가닥의 3′끝은 중합효소와 핵산말단분해효소 활성부위 사이에서 왔다 갔다 할 수 있다. 신장하는 가닥의 끝에 틀린짝 염기가 첨가되면, 이 염기를 제거하는 핵산말단가수분해효소 자리로 들어가서 풀어진(단일가닥) 3′끝을 만든다.(중합효소 III의 중합효소와 핵산말단가수분해효소 자리들은 비슷하게 작용하지만 다른 소단위들 위에 위치한다.) (*b*) DNA에 복합된 클레노브 절편의 분자 모형. 복사되고 있는 주형 DNA 가닥은 파란색으로 표시되어 있으며, 다음 뉴클레오티드가 첨가될 프라이머 가닥은 빨간색으로 표시되어 있다.

까? 해답의 일부는 위에서 언급된 두 가지의 핵산말단가수분해효소 활성들 중에서 두 번째인 3′→5′ 활성에 있다(그림 7−16*b*). 부정확한 뉴클레오티드가 DNA 중합효소 I에 의해 결합될 때, 이 효소는 작용을 멈추게 되며 새로 합성된 가닥의 끝은 주형으로부터 분리되려는 경향이 커져서 단일가닥 3′끝을 형성한다. 이러한 일이 일어날 때, 새로 합성된 가닥의 풀어진 끝은 3′→5′ 핵산말단가수분해효소 자리로 보내져서, 틀린짝 뉴클레오티드를 제거한다(그림 7−18). 이러한 "교정" 작업은 모든 효소활성들 가운데 가장 놀라운 것 중의 하나이며 생물학적 분자 기구가 진화한 정교함의 실례를 보여준다. 3′→5′ 핵산말단가수분해효소 활성은 매 100개의 틀린짝 염기들 중 약 99개를 제거하여 정확도를 약 10^{-7}~10^{-8}으로 올린다. 이외에도, 세균은 틀린짝 수선(mismatch repair)이라고 하는 기작을 갖고 있어서, 복제 후에 작용하여 교정단계를 벗어난 거의 모든 틀린짝들을 교정한다. 이러한 과정들은 모두 함께 전체적으로 관찰된 오류율을 약 10^{-9}으로 감소시킨다. 따라서 DNA 복제의 정확도는 3가지 뚜렷한 활성들을 추적하여 밝혀질 수 있다. 즉, (1) 정확한 뉴클레오티드의 선택, (2) 즉각적인 교정, 그리고 (3) 복제 후 틀린짝 수선.

세균 복제의 또 다른 놀라운 특징은 복제의 속도이다. 37℃에서 약 40분 내에 일어나는 전체 세균 염색체의 복제는 각 복제분기점이 초 당 약 1,000개의 뉴클레오티드 이동을 필요로 하며, 이것은 전체 오카자키 절편의 길이와 같다. 그래서 RNA 프라이머의 형성, DNA 중합효소에 의한 DNA 신장 및 동시교정, RNA의 절단, RNA를 DNA로의 교체, 그리고 가닥연결 등을 포함하는, 오카자키 절편 합성의 전 과정은 몇 초 이내에 일어난다. 비록 대장균이 자체 DNA를 복제하는 데 약 40분 정도 걸리더라도, 이전의 복제주기가 완료되기 전에 새로운 복제주기가 시작될 수 있다. 결국, 이러한 세균들이 최대 속도로 성장할 때, 이 세균들의 수는 약 20분 후에 2배로 된다.

7-1-4 진핵세포에서의 복제

제4장에서 언급된 것처럼, 사람 유전체 염기서열의 뉴클레오티드 문자는 대략 1백만 페이지 길이의 책을 채울 것이다. 수백 명의 연구자들이 사람 유전체의 염기서열을 결정하는 데 수 년이 걸렸지만, 직경이 약 40μm인 단세포의 핵은 몇 시간 이내에 이 DNA를 모두 복사할 수 있다. 진핵세포는 큰 유전체와 복잡한 염색체 구조를 갖는다는 사실을 감안할 때, 진핵세포에서의 복제에 대한 우리의 이해는 세균에서의 복제에 뒤쳐져 있다. 이러한 불균형은 세균 복제를 연구하기 위해 수십 년 동안 사용되었던 것에 상당하는, 다음을 포함하는 진핵세포 실험 체계의 개발에 집중되어 왔다.

- 복제에 관한 다양한 면에 필요한 특정 유전자 산물을 생산할 수 없는 돌연변이 효모 및 동물세포들의 분리.
- 원시적인 종들로부터 유래된 복제단백질들의 구조와 작용 기작에 대한 분석(그림 7−15*c*에서처럼). 이러한 원핵생물들에서의 복제는 다수의 복제개시점에서 시작하며 진핵세포의 것과 상동이지만 덜 복잡하고 연구하기 더 용이한 단백질들을 필요로 한다.
- 복제가 세포의 추출물 또는 정제된 단백질들의 혼합물에서 일어날 수 있는 시험관 체계의 개발. 이러한 체계들 중 가장 중요한 것은 물속에 사는 제노푸스속(*Xenopus*) 개구리를 사용한 것이다. 이 개구리는 12회 정도의 매우 빠른 세포분열 주기를 거치는 데 필요한 모든 단백질들로 채워진 거대한 난자로서 일생을 시작한다. 이러한 개구리 난자들로부터 마련될 수 있는 추출물들에서는, 염기서열에 상관없이, 첨가된 어느 DNA도 복제할 것이다. 또한 개구리 난자 추출물들은 복제와 포유동물 핵의 감수분열을 유지시킬 것이며, 이것은 특히 유용한 무세포계(free-cell system)로 만들었다. 항체는 특정 단백질 추출물을 고갈시키기 위하여 사용될 수 있으며, 그래서 그 추출물의 복제능력은 영향 받은 그 단백질이 없는 상태에서 조사될 수 있다.

7-1-4-1 진핵세포에서 복제의 개시

대장균에서의 복제는 단일 원형의 염색체를 따라 오직 하나의 자리에서만 시작한다(그림 7−5). 고등 생물의 세포들은 이 세균의 1,000배에 해당하는 DNA를 갖고 있지만, 그들의 중합효소들은 훨씬 더 느린 속도로 뉴클레오티드를 DNA에 결합한다. 이러한 차이점들을 수용하기 위해, 진핵세포는 복제단위[複製單位 또는 레플리콘(*replicon*)]라는 작은 부위들에서 그들의 유전체를 복제한다.

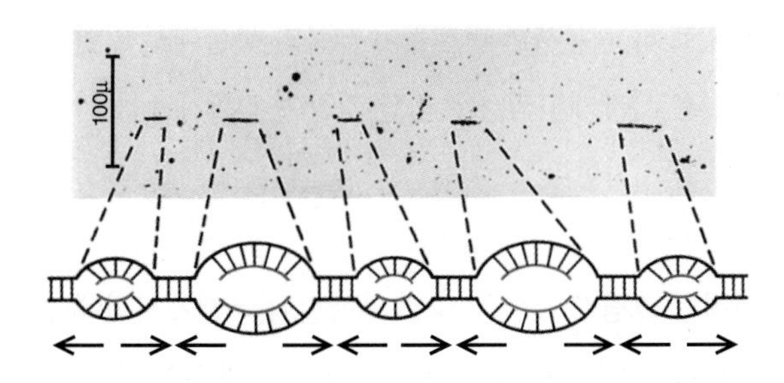

그림 7-19 **진핵세포 염색체에서의 복제가 DNA를 따라 많은 자리에서 시작하는 것을 보여주는 실험적 증명.** 자가방사기록법을 위한 DNA를 준비하기 전에, 세포를 짧은 시기 동안 [^{3}H]티미딘과 함께 항온처리 하였다. 은 입자들에 의해서 검은색으로 나타난 선들은 [^{3}H]티미딘으로 표지되는 동안 방사성 DNA 전구체들이 결합된 자리들을 가리킨다. 합성이 동일한 DNA 분자를 따라 분리된 자리들에서 일어나고 있음이 분명하다. 검은색 선들을 확대하여 그린 도형에서 나타낸 것처럼, 복제의 개시는 티미딘이 결합하는 각 자리의 중앙에서 시작하여, 2개의 복제분기점을 형성하고 인접한 분기점을 만날 때까지 서로 떨어져서 이동한다.

각 복제단위는 자체의 복제개시점을 갖고 있으며, 그로부터 복제분기점들이 양방향에서 바깥쪽으로 진행된다(그림 7-24*a* 참조). 사람 세포에서, 복제는 약 1만~10만 개의 다른 복제개시점에서 시작된다. 복제단위들의 존재는 자가방사기록 실험에서 처음으로 증명되었다. 그 실험에서, 단일 DNA 분자들이 그 길이를 따라 여러 개의 장소에서 동시에 복제되는 것으로 나타났다(그림 7-19).

복제단위들 중에서 약 10~15%는 세포주기의 S기 동안에 언제든지 활성적으로 복제에 참여한다(그림 14-1 참조). 특정한 염색체 내에서 서로 가깝게 위치된 복제단위들은 동시에 복제를 하는 경향이 있다(〈그림 7-19〉에서 명백한 것처럼). 더욱이, DNA가 1회 합성되는 동안, 특정 시간에 활성적인 복제단위들은 이어지는 2회째의 합성에서도 비슷한 시간에 활발한 경향이 있다. 포유동물 세포에서, 어떤 염색체 부위의 복제 시기는 그 부위에서 유전자들의 활성 그리고/또는 그의 응축상태와 대략 서로 관련되어 있다. 유전자 전사와 밀접하게 서로 관련되어 있는 아세틸화 된 히스톤의 존재는 활성적인 유전자 좌위(座位)의 초기 복제를 결정하는 데 있어서 가능한 요인이다. 가장 고도로 응축되고 최소로 아세틸화 된 염색체 부위들은 이질염색질(異質染色質, heterochromatin)로 채워져 있고, 가장 마지막으로 복제되는 부위들이다. 복제시기에서 이러한 차이는 DNA 염기서열과는 무관한데, 그 이유는 암컷 포유동물 세포에서 불활성이며 이질염색질인 X 염색체는 S기에서 늦게 복제되는 반면에, 활성적이며 진정염색질(眞正染色質, euchromatin)인 X 염색체는 더 이른 시기에 복제되기 때문이다.

진핵생물에서 복제가 개시되는 기작은 지난 10년에 걸쳐 연구의 중심이 되어왔다. 이 분야에서 가장 큰 진전은 출아효모를 사용하여 이루어져 왔다. 그 이유는 복제개시점들을 효모 염색체로부터 분리하여 세균 DNA 분자들 속에 삽입시킬 수 있으며, 이러한 세균 DNA 분자들은 효모세포 속에서나 또는 필요한 진핵세포의 복제단백질들을 함유하는 세포추출물 속에서 복제할 수 있는 능력을 갖게 된다. 이러한 염기서열들은 자신이 포함되어 있는 DNA의 복제를 촉진하기 때문에, 자동복제염기서열(*autonomous replicating sequence*, *ARS*)이라고 한다. 분리되고 분석되어진 ARS는 여러 가지 독특한 요소들을 공유한다. ARS의 핵심요소는 11 염기쌍의 보존서열로 구성되어 있으며, 서열은 복제개시점인식복합체(*origin recognition complex*, *ORC*)라고 하는 주요 다단백질 복합체에 대한 특이적 결합 자리로서 작용한다(그림 7-20 참조). 만일 ARS가 돌연변이로 되어 ORC에 결합할 수 없으면, 복제의 개시는 일어날 수 없다.

복제개시점은 효모에서보다 척추동물 세포에서 연구하기가 더 어려운 것으로 증명되었다. 문제의 일부는 실질적으로 어떤 유형의 정제되고, 나출된 DNA가 개구리 난자의 추출물을 사용하는 복제에 적합하다는 사실에서 생긴다. 이러한 연구들은 효모와는 달리, 척추동물 DNA는 복제가 개시되는 특정 염기서열(예: ARS)을 갖고 있지 않음을 암시하였다. 그러나 세포 내에서 온전한 포유동물 염색체의 복제에 관한 연구는 복제가 양서류 난자 추출물에서 일어나는 것처럼 무작위 선별에 의하기 보다는 DNA의 정해진 부위들 속에서 시작됨을 암시한다. DNA 분자는 DNA 복제가 개시될 수 있는 많은 자리를 갖고 있지만, 이러한 자리들의 일부 만이 정해진 세포에서 주어진 시간에 실제로 사용된다. 초기 양서류 배아의 세포들과 같이, 보다 더 짧은 세포주기를 거쳐 생식하는 세포들은 더 긴 세포주기를 갖는 세포들보다 더 많은 수의 자리들을 복제개시점으로 이용한다. 복제의 개시를 위한 실질적인 자리들을 선별하는 것은 뉴클레오솜의 위치, 히스톤 변형의 유형, DNA 메틸화의 상태, 초나선화(supercoiling)의 정도, 그리고 전사의 수준 등과 같은 일부의 후성유전인자들에 의해 지배되는 것으로 생각된다.

7-1-4-2 복제를 세포주기 당 한 번으로 제한하기

유전체의 각 부위가 각 세포주기 동안에 한 번, 그리고 오직 한 번만, 복제되는 것은 필수적이다. 결과적으로, 이미 복사된 자리에서 복제의 재개시를 방지하기 위한 어떤 기작이 존재하여야만 한다. 특정한 복제개시에서 복제의 개시는 많은 별개의 상태를 거쳐서 복제개시점을 통과할 필요가 있다. 효모세포의 복제개시점에서 일어나는 몇 가지 단계들이 〈그림 7–20〉에 예시되어 있다. 상동단백질들을 필요로 하는 유사한 단계들이 식물과 동물에서 일어나는데, 이러한 사실은 복제개시의 기본적인 기작이 진핵세포들 사이에 보존되어 있음을 시사한다.

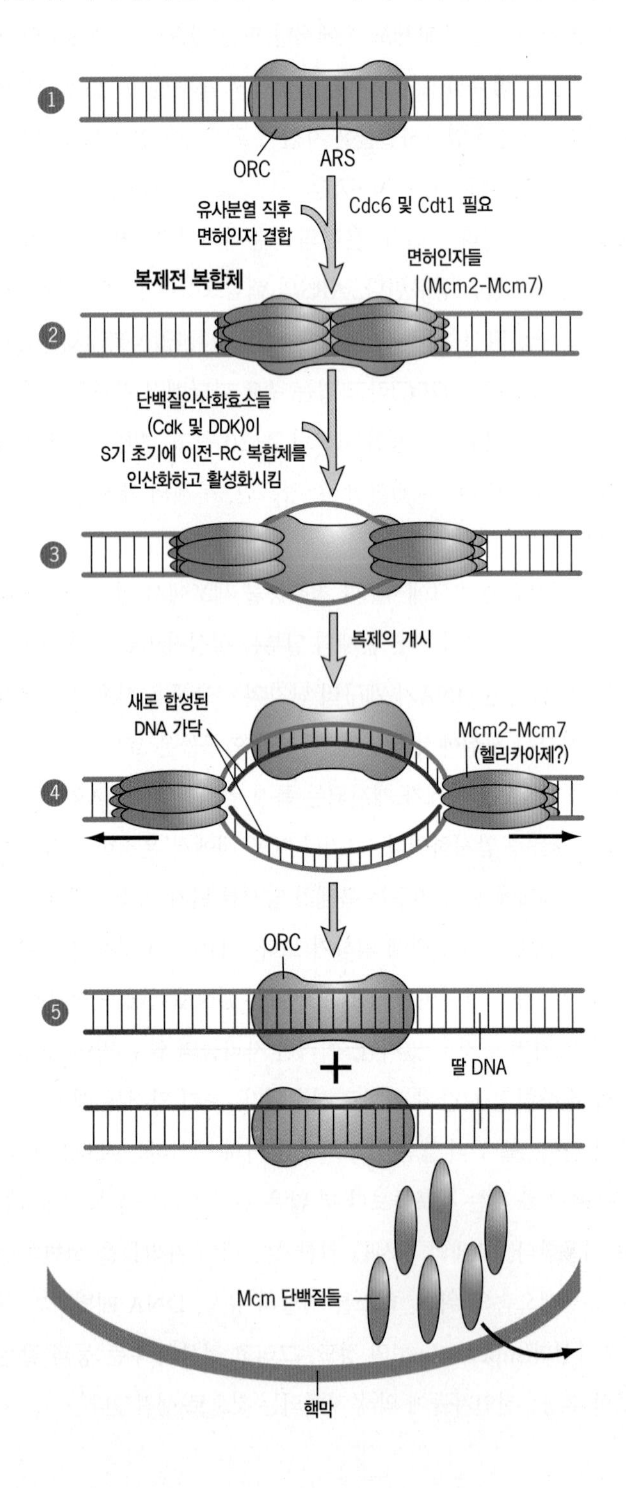

1. 1단계에서(그림 7–20), ORC 단백질이 복제개시점에 결합된다. 효모세포에서, ORC 단백질은 세포주기 전반에 걸쳐 복제개시점에 결합된 채로 남아 있다. ORC는 다음 단계들에서 필요로 하는 단백질들을 결합하는 데 있어서 그 역할 때문에, "분자의 착륙장(molecular landing pad)"으로 표현되어 왔다.
2. "면허인자들(licensing factors)"이라고 하는 단백질들이 ORC에 결합하여(그림 7–20, 2단계), 복제를 개시하기 위해 "면허받은"(능력있는), 복제전(複製前) 복합체(*prereplication complex, pre-RC*)라는 단백질–DNA 복합체를 조립한다. 면허인자들의 분자 성질에 대한 연구는 6개의 관련 Mcm 단백질[b] (Mcm2–Mcm7)들에 집중되었다. Mcm 단백질들은 유사분열

그림 7-20 효모의 복제단위에서 복제에 이르는 단계. 효모의 복제개시점들은 다소단위 복제개시점인식복합체(ORC)에 결합하는 보존서열(ARS)을 갖고 있다(1단계). 복제가 개시되려면 ORC가 결합해야 한다. ORC는 효모 세포주기의 전반에 걸쳐 복제개시점에 결합된다. 2단계에서, 면허인자들(Mcm 단백질들로 확인된)이 유사분열 하는 동안 또는 이후에 복제개시점에 결합하여, 적절한 자극이 주어지면, 복제를 개시할 능력이 있는 복제전복합체(prereplication complex)를 형성한다. 복제개시점에 Mcm 단백질들이 결합하기 위해서는 추가적인 단백질들을 필요로 한다(Cdc6 및 Cdt1, 나타나 있지 않음). 3단계에서, DNA 복제는 사이클린-의존성 인산화효소(Cdk)를 포함하여 특정 단백질 인산화효소들이 활성화된 후에 개시된다. 4단계에서, 복제가 복제개시점으로부터 양방향으로 짧은 거리를 진행한 단계를 볼 수 있다. 이 모형에서, Mcm 단백질들은 복제형 DNA 헬리카아제를 형성하여 반대편으로 향한 복제분기점들의 DNA를 푼다. 복제에 필요한 다른 단백질들은 이 그림에 나타나 있지 않지만 다음 그림에서 표시되어 있다. 5단계에서, 원래 2중가닥의 두 가닥들이 복제되었고, ORC가 양쪽 복제개시점에 있으며, Mcm 헬리카아제를 포함한 복제단백질들이 DNA로부터 벗어나 있다. 효모에서, Mcm 단백질들이 핵으로부터 반출(搬出)되며, 복제의 재개시(再開始)는 세포가 유사분열을 지날 때까지 일어날 수 없다. [척추동물 세포에서, (1) S기로부터 유사분열로의 계속되는 Cdk 활성, (2) Cdc6의 인산화 및 그 이후 핵으로부터의 반출, 그리고 (3) 결합된 억제제에 의한 Cdt1의 불활성화 등을 포함하는, 여러 가지 일들이 복제의 재개시를 막는 것으로 보인다.]

의 늦은 시기 또는 그 직후에 복제개시점 위에 실린다. 연구에 따르면, Mcm2–Mcm7 단백질들은 헬리카아제 활성을 갖는 고리-모양의 복합체로 결합할 수 있음을 암시한다(그림 7–20, 4단계에서처럼). 대부분의 증거는 Mcm2–Mcm7 복합체가 진핵세포의 복제성 헬리카아제, 즉 복제분기점에서 DNA를 푸는 데 관여하는 헬리카아제(대장균에서 DnaB와 유사한)임을 시사한다.

3. 세포주기에서 S기가 시작하기 직전에, 핵심 단백질인산화효소들이 활성화되어 Mcm2–Mcm7 헬리카아제의 활성화 및 복제의 개시에 이르게 된다(그림 7–20, 3단계). 이러한 단백질인산화효소들 중의 하나는 사이클린-의존성 인산화효소(Cdk)인데, 이의 기능은 제14장에서 자세히 논의된다. Cdk 활성은 S기로부터 유사분열을 하는 동안 내내 높게 유지되는데, 이는 새로운 복제전 복합체(pre-RC)의 형성을 억제한다. 결과적으로, 각 복제개시점은 세포주기 당 오직 한 번만 활성화 될 수 있다. 유사분열 말기에 Cdk 활성이 중지되면 다음 세포주기를 위한 pre-RC의 조립을 허용한다.
4. 일단 복제가 S기 초기에 개시되면, Mcm 단백질들은 복제분기점과 함께 이동하며(4단계), 이 단백질들은 복제단위에서 복제를 완료하기 위해 중요하다. 복제 후에 Mcm 단백질들의 운명은 연구된 종에 따라 다르다. 효모에서, Mcm 단백질들은 염색질로부터 떨어져 핵으로부터 빠져 나온다(5단계). 이와는 반대로, 포유동물 세포에서 Mcm 단백질들은 DNA로부터 떨어지지만 분명히 핵 속에 남아있다. 그럼에도 불구하고, Mcm 단백질들은 이미 "점화된(개시된)" 복제개시점과 재결합 할 수 없다.

7-1-4-3 진핵세포의 복제분기점

대체적으로, 복제분기점에서 일어나는 활성은 복제되는 유전체의 유형에 상관없이—바이러스, 세균, 고세균, 또는 진핵세포이던—아주 비슷하다. 진핵세포의 복제 "도구세트(tool set)"에서 다양한 단백질들이 〈표 7–1〉에 나열되어 있고 〈그림 7–21〉에 그려져 있다. 모든 복제체계는 헬리카아제, 단일가닥 DNA–결합단백질, 국소이성화효소, 프리마아제, DNA 중합효소, 활주클램프와 클램프로더 그리고 DNA 연결효소를 필요로 한다. 시험관에서 진핵세포 복제의 개시를 연구할 때, 연구자들은 흔히 포유동물 복제단백질들을 SV40 유전체에 의해 암호화되는 큰 T 항원(*large T antigen*)

표 7-1 복제에 필요한 단백질들의 일부

대장균 단백질	진핵세포 단백질	기능
DnaA	ORC 단백질	복제개시점의 인식
DNA 자이라아제(gyrase)	위상이성질화효소 I/II	복제개시점의 앞에서 양성 초나선의 완화
DnaB	Mcm	부모 2중가닥을 푸는 DNA 헬리카아제
DnaC	Cdc6	헬리카아제를 DNA 위에 실음
SSB	Cdt1	DNA를 단일가닥 상태로 유지
γ-복합체	RPA	클램프를 DNA 위에 싣는 DNA 중합효소 완전효소의 소단위
중합효소 III 핵심부위	RFC	주요한 복제효소들; 전체 선도가닥과 오카자키 절편 합성; 교정능력 보유
β 클램프	중합효소 δ/ε	복제하는 중합효소를 DNA에 고정시키는 DNA 중합효소 완전효소의 고리-모양 소단위; 대장균에서 중합효소 III과 그리고 진핵세포에서는 중합효소 δ 또는 ε과 작용
프리마아제	프리마아제	RNA 프라이머 합성
——	중합효소 α	RNA–DNA 프라이머의 일부로서 짧은 DNA 올리고뉴클레오티드 합성
DNA 연결효소	DNA 연결효소	오카자키 절편을 연속적인 가닥으로 봉합
중합효소 I	FEN-1	RNA 프라이머 제거; 또한 대장균의 중합효소 I은 DNA로 빈틈을 채움

역자 주[b]: Mcm 단백질: "minichromosome maintenance protein(미니염색체 유지 단백질)"의 약자이며, 이 단백질은 고도로 보존된 단백질 중의 하나로 진핵생물 유전체 복사의 개시에 필수적이다.

이라고 하는 바이러스 헬리카아제와 조합한다. 큰 T 항원은 SV40 복제기점에서 가닥분리를 유도하며 복제분기점이 진행됨에 따라 DNA를 푼다(그림 7-21*a*에서처럼).

비록 지연가닥의 오카자키 절편은 세균에서보다 상당히 더 작아 길이가 평균 약 150개의 뉴클레오티드이지만, 진핵세포의 DNA는 세균에서처럼 반불연속적인 방식으로 합성된다. 대장균의 DNA 중합효소 III과 같이, 진핵세포의 복제성 DNA 중합효소는 2량체인데, 이것은 선도 및 지연가닥들이 단일 복제성 복합체 또는 레플리솜(*replisome*)에 의해 조화된 방식으로 합성됨을 암시한다(그림 7-21*b*).

지금까지, 다섯 가지의 "전형적인" DNA 중합효소들이 진핵세포로부터 분리되었으며, 그들은 α, β, γ, δ 그리고 ε으로 표기된다. 이러한 효소들 가운데 중합효소 γ는 미토콘드리아 DNA를 복제하며, 중합효소 β는 DNA 수선에 작용한다. 다른 세 가지 효소들은 복제하는 기능을 갖고 있다. 중합효소 α는 프리마아제와 단단히 결합되어 있으며, 이 효소들은 함께 각 오카자키 절편의 합성을 개시한다. 프리마아제는 짧은 RNA 프라이머 조립으로 합성을 개시하며, 이후 이 프라이머는 중합효소 α에 의해 약 20개의 디옥시리보뉴클레오티드를 첨가하여 길어진다. 중합효소 δ는 지연가닥을 복제하는 동안 주요한 DNA 합성효소로 생각되는 반면에, 중합효소 ε은 선도가닥을 복제하는 동안 주요한 DNA 합성효소로 생각된다. 대장균의 주요한 복제 효소와 같이, 중합효소 δ와 ε은 효소를 DNA에 묶어놓는 "활주클램프"를 필요로 하며, 이렇게 묶여 있음으로써 클램프가 주형을 따라 연작용으로 이동할 수 있게 한다. 진핵세포의 활주클램프는 구조와 기능에서 〈그림 7-14〉에 나타낸 대장균 중합효소 III의 β클램프와 매우 유사하다. 진핵세포에서, 활주클램프는 PCNA[c]라고 한다. PCNA를 DNA 위에 싣는 클램프로더(clamp loader)를 RFC라고 하며, 대장균 중합효소 III 클램프로더 복합체와 유사하다. RNA-DNA 프라이머를 합성한 후, 중합효소 α는 각 주형-프라이머 연접부에서 오카자키 절편의 합성을 완료

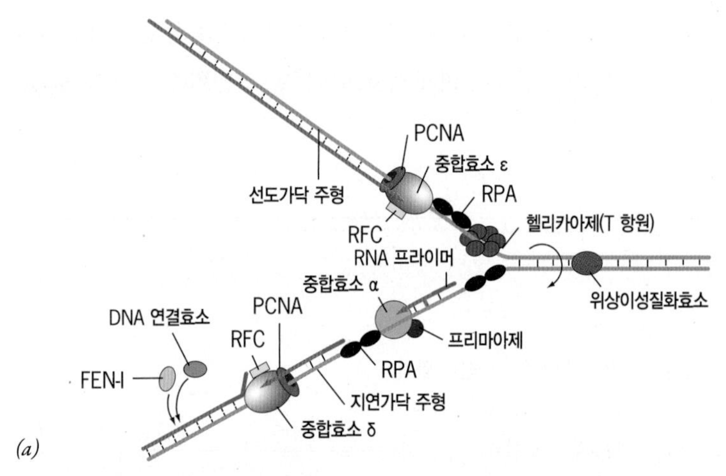

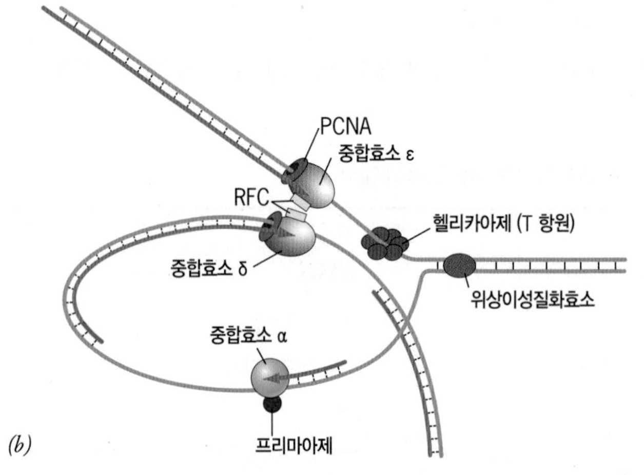

그림 7-21 진핵세포의 복제분기점에서 주요 구성성분들에 대한 개요도 (*a*) 진핵세포 복제에 필요한 단백질들. 바이러스 T 항원은 이 그림에서 복제성 헬리카아제로 그려져 있는데, 그 이유는 DNA 복제연구를 주로 시험관 속에서 하였기 때문이다. DNA 중합효소 δ와 ε은 각각 지연 및 선도가닥들의 주요한 DNA 합성효소들인 것으로 생각된다. PCNA는 중합효소 δ와 ε 모두에 대한 활주클램프로서 작용한다. 활주클램프는 RFC[복제인자(replication factor) C]라고 하는 단백질에 의해 DNA 위에 실린다. RFC는 구조와 기능에서 대장균의 γ-클램프로더와 비슷하다. RPA는 대장균 복제에서 사용된 SSB의 기능과 유사한 3량체로 된 단일가닥 DNA-결합 단백질이다. 중합효소 α-프리마아제 복합체에 의해 합성되는 지연가닥의 RNA-DNA 프라이머는 중합효소 δ의 계속적인 이동에 의해 이탈되어 RNA-DNA 덮개를 형성하며, 이 덮개부분은 FEN-1 핵산내부가수분해효소(endonuclease)에 의해 제거된다. 제거된 후에 생긴 빈틈은 DNA 연결효소에 의해 봉합된다. 대장균에서처럼, 위상이성질화효소는 복제분기점의 앞에서 생기는 양성 초나선을 제거하기 위해 필요하다. (*b*) 복제성 중합효소들이 선도 및 지연가닥 주형 위에서 어떻게 레플리솜의 일부로 함께 작용할 수 있는지를 보여주는 복제분기점에서 일어나는 일들에 대해 제안된 설명. 대장균에서처럼 선도 및 지연가닥들이 단일 복제성 복합체에 의해 복제된다는 확고한 증거는 지금까지 없다.

역자 주[c] PCNA: "proliferating cell nuclear antigen(증식세포핵항원)"의 머리글자이다.

시키는 PCNA-중합효소 δ 복합체에 의해 대체된다. 중합효소 δ가 이전에 합성된 오카자키 절편의 5′끝에 도달할 때, 그 중합효소는 지연가닥 주형을 따라 계속 이동하며, 프라이머를 이탈시킨다(〈그림 7-21*a*〉에서 초록색 덮개로 나타내었음). 이탈된 프라이머는 핵산내부가수분해효소(FEN-1)[d]에 의해 새로 합성된 DNA 가닥으로부터 잘려지고, 그 결과 DNA에 생긴 빈틈은 DNA 연결효소에 의해 봉합된다. FEN-1과 DNA 연결효소는 PCNA 활주클램프와의 상호작용을 통하여 복제분기점으로 동원되는 것으로 생각되고 있다. 사실, PCNA는 DNA 복제, 수선, 재조합 등이 진행되는 동안 일어나는 일들을 조정하는 데 주요한 역할을 하는 것으로 생각된다. PCNA가 죽 늘어선 다양한 단백질들에 결합하는 능력 때문에, 이를 "분자의 도구벨트(tool belt)"로 일컬어 왔다.

세균 중합효소들과 마찬가지로, 진핵세포의 모든 중합효소들은 3′—OH기에 뉴클레오티드를 첨가하여 5′→3′ 방향으로 DNA 가닥을 신장시키며, 이 효소들 중 어느 것도 프라이머 없이는 DNA 사슬의 합성을 개시할 수 없다. 중합효소 γ, δ, ε은 3′→5′ 핵산말단가수분해효소의 기능을 가지며, 이 효소의 교정활성은 복제가 매우 높은 정확도로 일어나도록 보장한다. 여러 가지 다른 DNA 중합효소들(η, κ 그리고 τ를 포함하여)은 세포로 하여금 손상된 DNA를 복제할 수 있도록 하는 특수한 기능을 갖고 있다.

7-1-4-4 복제와 핵의 구조

이 장에서 여기까지는, 복제에 관한 그림들이 정지된 DNA 선로를 따라 기관차처럼 이동하는 복제하는 중합효소를 그린 것이다. 그러나 복제 장치는 구조화된 핵의 범위 내에서 작동하는 단백질들의 거대 복합체로 구성된다. 많은 증거에 따르면, 복제 기구가 핵박판(核薄板, nuclear lamina) 및 핵 기질 모두와 결합되어 존재한다는 것을 암시한다. 세포에 매우 짧은 펄스(pulse)의 방사성 DNA 전구체를 주었을 때, 결합된 표지의 80% 이상이 핵 기질과 결합된다. 만일 펄스 직후에 세포를 고정하는 대신, 세포를 고정하기 전에 한

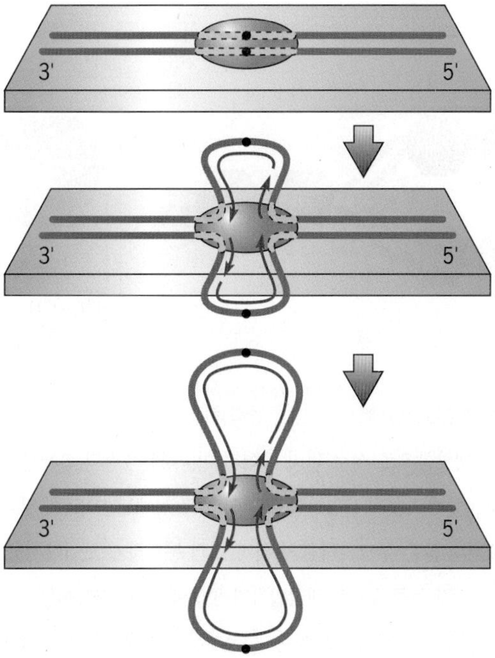

그림 7-22 DNA 복제에서 핵 기질의 관여. 복제개시점은 검은색 점들로 표시되며, 화살표는 성장하는 가닥들의 신장방향을 나타낸다. 이 도식적 모형에 따르면, 정지된 DNA 선로를 따라 이동하는 것은 복제 기구가 아니라, 핵 기질에 단단히 부착되어 있는 복제 장치를 통해 감기는 DNA이다.

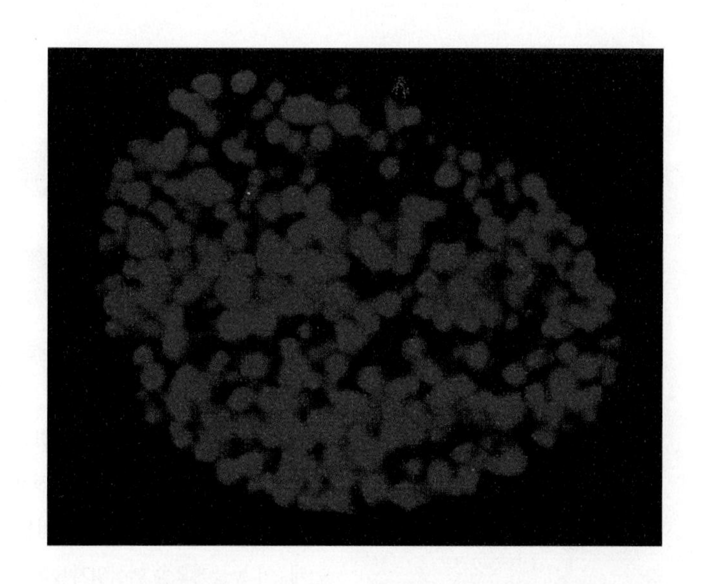

그림 7-23 복제활성은 핵 전체에 걸쳐 무작위로 일어나지 않고 특정한 자리에 한정되어 있는 것을 증명하는 사진. S기 초기에 DNA 합성이 시작되기 전에, 복제개시에 필요한 다양한 인자들이 핵 속의 특정한 자리들에서 조립되어 복제전(複製前) 중심부들을 형성한다. 이러한 자리들은 복제인자 A(RPA)에 대한 형광항체로 염색된 현미경사진에서 뚜렷한 빨간색 물체들로 나타나며, 복제인자 A(RPA)는 복제 개시에 필요한 단일가닥 DNA-결합단백질이다. 또한 PCNA와 중합효소-프리마아제 복합체와 같은 다른 복제인자들도 이러한 중심부들에 위치한다.

역자 주[d] FEN-1: "flap endonuclease-1(덮개를 제거하는 핵산내부가수분해효소)"의 머리글자이다.

시간 가량 동안 표지되지 않은(*unlabeled*) DNA 전구체들이 결합되게 하면, 그 방사능의 대부분은 기질에서부터 둘러싸인 DNA 고리까지 추적된다. 이러한 후자의 발견은 복제하는 중인 DNA는 정지된 상태로 남아있기보다 오히려 고정된 복제 장치를 통해 운반벨트처럼 이동함을 시사한다(그림 7−22).

더 진행된 연구들에 따르면, 어떤 정해진 시각에 활성을 갖는 복제분기점들은 세포 핵 전반에 걸쳐 무작위로 분포되어 있지 않고, 대신 **복제초점**(複製焦點, replication focus)이라고 하는 50~250개의 자리들 속에 위치하는 것으로 나타난다(그림 7−23). 〈그림 7−23〉에 나타낸 밝은 빨간색 부위들의 각각은 뉴클레오티드를 DNA 가닥들로 동시에 결합하고 있는 약 40개의 복제분기점들을 포함하는 것으로 추정된다. 복제분기점들이 무리를 형성함으로써 개개의 염색체 상에서 인접한 복제단위들의 복제를 조정하기 위한 기작을 마련할 수 있다(그림 7−19에서처럼).

7-1-4-5 염색질 구조와 복제

진핵세포의 염색체들은 뉴클레오솜의 형태로 존재하는 규칙적으로 배열된 히스톤 단백질들에 단단히 결합된 DNA로 구성되어 있다. DNA를 따라서 복제 기구가 이동함으로써 그 경로에 있는 뉴클레오솜을 옮겨놓는 것으로 생각된다. 그러나 복제하는 중인 DNA 분자를 전자현미경으로 관찰해 보면, 복제분기점에 매우 가까운 양쪽 딸 2중가닥들 위에 있는 뉴클레오솜들을 볼 수 있는데(그림 7−24*a*), 이것은 뉴클레오솜이 매우 빠르게 재조립됨을 나타낸다. 전체적으로, 복제가 일어나는 과정 동안에 형성되는 뉴클레오솜들은 부모 염색체로부터 물려받은 히스톤 분자들과 새로 합성된 히스톤 분자들이 대략 똑같은 비율로 혼합되어 이루어진다. 뉴클레오솜의 핵심 히스톤 8량체는 1쌍의 H2A/H2B 2량체와 함께 $(H3H4)_2$ 4량체로 구성됨을 기억하라. 복제하는 동안에, 부모 뉴클레오솜이 분포되는 방식은 최근 논란의 영역이 되어왔다. 한 연구에 따르면, 복제하기 전에 존재하는 $(H3H4)_2$ 4량체는 온전한 상태로 남아있으며 두 딸 2중가닥들 사이에 무작위로 분포된

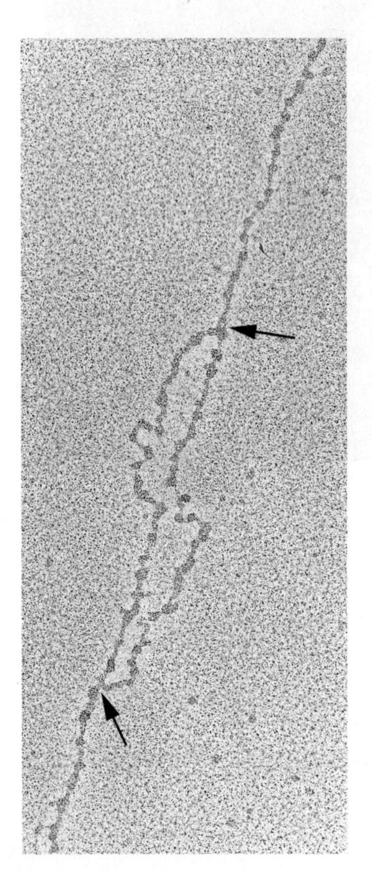

(*a*)

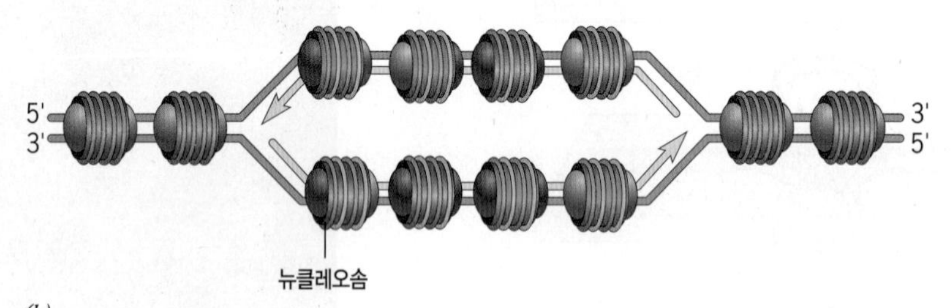

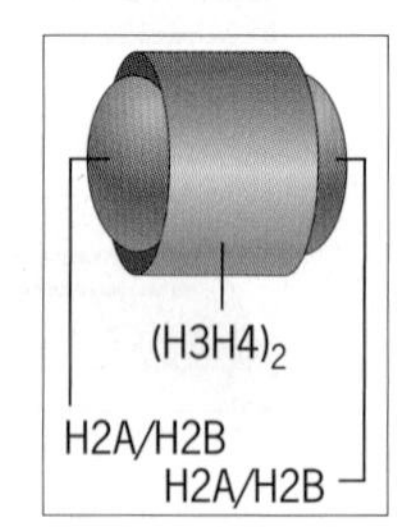

(*b*)

그림 7-24 복제 후 딸 가닥들로 히스톤 핵심 복합체들의 분포. (*a*) 빠르게 분열(난할)하는 중인 초파리속(*Drosophila*) 곤충 배아의 핵에서 분리된 염색질의 전자현미경 사진은 반대방향으로 서로 멀리 떨어져 이동하는 1쌍의 복제분기점들(화살표)을 보여준다. 2개의 복제분기점들 사이에서, 이미 뉴클레오솜 핵심입자들로 덮인 새로 복제된 DNA 부위들이 관찰되는데, 이 뉴클레오솜 핵심입자들의 밀도가 아직 복제되지 않은 부모가닥들의 것과 거의 동일하게 보인다. (*b*) 이 도식적 모형은 DNA 복제 후 핵심 히스톤들의 분포를 보여준다. 각 뉴클레오솜 핵심입자가 중앙에 있는 $(H3H4)_2$ 4량체와 그 옆면에 있는 2개의 H2A/H2B 2량체들로 구성되어 있는 것을 도식적으로 보여준다. 복제하기 전에 부모의 뉴클레오솜에 존재했던 히스톤은 파란색으로 표시되어 있으며, 새로 합성된 히스톤은 빨간색으로 표시되어 있다. 이 모형에 따르면, 양친 $(H3H4)_2$ 4량체는 그대로 남아 있으며 양쪽 딸 2중가닥들에 무작위로 분포된다. 이와는 대조적으로, 부모의 뉴클레오솜에 존재하는 H2A/H2B 2량체의 쌍들은 분리되어 딸 2중가닥들 위의 $(H3H4)_2$ 4량체들과 무작위로 재조합된다. 그 동안 제시되어 온 다른 모형들은 부모 $(H3H4)_2$ 4량체가 히스톤 샤페론에 의해 반으로 쪼개지며, 여기서 생기는 2개의 H3-H4 2량체들이 다른 DNA 가닥들에 분포된다.(〈*Cell* 128:721, 2007〉 그리고 〈*Trends Cell Biol.* 19:29, 2009〉에서 논의되었음).

다. 그 결과, 〈그림 7-24*b*〉에 그려진 모형에 나타낸 것처럼, 오래된 $(H3H4)_2$ 4량체와 새로운 $(H3H4)_2$ 4량체는 각 딸 DNA 분자 위에서 서로 혼합되는 것으로 생각된다. 이 모형에 따르면, 각 부모 뉴클레오솜의 2개의 H2A/H2B 2량체들은 복제분기점이 염색질을 거쳐 이동함에 따라 함께 남아있지 못한다. 대신, 뉴클레오솜의 H2A-H2B 2량체들은 서로 분리되어, 딸 2중가닥들 위에 이미 존재하는 오래된 그리고 새로운 $(H3H4)_2$ 4량체들에 무작위로 결합한다(그림 7-24*b*). 또 다른 관점에 따르면, 부모 뉴클레오솜으로부터 유래된 $(H3H4)_2$ 4량체는 2개의 H3-H4 2량체들로 나누어질 수 있으며, 그 각각은 새로 합성된 H3-H4 2량체와 결합하여 "혼합된" $(H3H4)_2$ 4량체를 형성할 수 있으며, 이 4량체는 다시 H2A-H2B 2량체와 조합된다. 이것이 일어나는 양식과 무관하게, 뉴클레오솜의 단계별 조립 그리고 뉴클레오솜들이 DNA를 따라서 질서정연하게 간격을 형성하는 것은 보조단백질들로 이루어진 연결망에 의해 촉진된다. 이러한 단백질들에 포함된 것으로써, 새로 합성되거나 또는 부모의 히스톤을 받아 그들을 딸 가닥들에 전달할 수 있는 다수의 히스톤 샤페론들이 있다. 이러한 히스톤 샤페론들 가운데 가장 잘 연구된 CAF-1[e]은 활주클램프 PCNA와 상호작용을 거쳐 전진하는 복제분기점으로 동원된다.

복습 문제

1. DNA 복제에 대한 원래의 왓슨-클릭 제안은 DNA 가닥의 연속적인 합성을 상상하였다. 이러한 생각이 그 사이에 세월이 지나면서 어떻게 그리고 왜 수정되었는가?
2. 복제가 반보존적이라는 것은 무슨 뜻인가? 복제의 이러한 특징은 세균 세포에서 어떻게 증명되었는가? 진핵세포에서는 어떻게 증명되었는가?
3. 〈그림 7-3*a*〉에서 맨 위에 있는 3개의 원심분리 관에서 왜 어떠한 무거운 띠도 존재하지 않는가?
4. DNA 복제와 같은 중요한 활성에 필요한 유전자들에 결함이 있는 돌연변이들을 얻는 것이 어떻게 가능한가?
5. 효모세포에서 복제가 개시되는 동안에, 복제개시점에서 일어나는 일들을 설명하시오. 복제가 양방향으로 이루어진다는 것은 무슨 뜻인가?
6. 〈그림 7-7*a*〉에 그려진 DNA 분자들은 DNA 중합효소 I에 의해 뉴클레오티드의 중합을 왜 촉진하지 못하는가? DNA 중합효소 I에 의한 뉴클레오티드 결합을 위한 주형의 역할을 할 수 있게 하는 DNA 분자의 특성은 무엇인가?
7. 2개의 주형가닥들에서 작동하는 DNA 중합효소들의 작용 기작과 이것이 선도가닥에 비해 지연가닥의 합성에 미치는 영향을 설명하시오.
8. 세균 복제에서 DNA 중합효소 I과 III의 역할을 대조하시오.
9. 세균에서 복제하는 동안에, DNA 헬리카아제, SSB, β 클램프, DNA 자이라아제, DNA 연결효소 등의 역할을 설명하시오.
10. 〈그림 7-13*a*〉에서처럼 DNA가 자신의 뒤로 돌아서 고리로 된 지연가닥 주형의 DNA를 갖게 된 결과는 무엇인가?
11. DNA 중합효소 I의 두 가지 핵산말단가수분해효소 활성은 서로 어떻게 다른가? 복제에서 그들 각각의 역할은 무엇인가?
12. DNA 복제의 높은 정확도에 기여하는 인자들을 설명하시오.
13. 진핵세포로 하여금 적절한 시간 내에 DNA 복제를 할 수 있게 하는 세균과 진핵세포 사이의 주요 차이점은 무엇인가?

역자 주[e] CAF-1: "chromatin assembly factor 1(염색질조립인자 1)"의 약자이다.

7-2 DNA 수선

지구상의 생명체는 생물의 내부 및 외부 환경에서 생기는 가혹한 파괴력을 지닌 맹공격을 받는다. 세포 속의 모든 분자들 가운데, DNA는 가장 불안정한 위치에 놓여있다. 한편, 유전 정보가 세포에서 세포로 그리고 개인에서 개인으로 전달될 때, 유전 정보는 거의 변화하지 않고 남아 있는 것이 중요하다. 반면에, DNA는 환경적 손상에 가장 영향 받기 쉬운 세포 내 분자들 중의 하나이다. 이온화 방사선에 부딪힐 때, DNA 분자의 골격은 흔히 파괴된다. 즉, 세포 자체의 물질대사로 생긴 많은 다양한 반응성 화학물질들에 노출될 때, DNA 분자의 염기들이 구조적으로 변형될 수 있다. 또한 자외선 복사(輻射, radiation)에 노출되었을 때, DNA 가닥 위의 인접한 피리미딘들은 서로 상호작용하여 공유결합 복합체, 즉 2량체를 형성하는 경향이 있다(그림 7-25). 물질대사에 의해 생긴 열에너지를 흡수하는 것조차도, DNA 골격의 당에 부착되어 있는 아

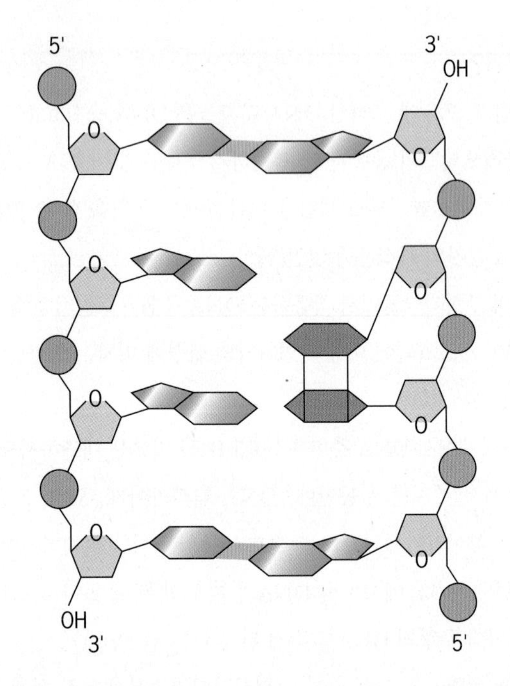

그림 7-25 자외선 복사에 따른 DNA 2중가닥 내에 형성된 피리미딘 2량체.

데닌 및 구아닌 염기들을 분리시키기에 충분하다. 이러한 자연적인 변화 또는 손상(lesion)의 규모는 온혈 포유동물의 각 세포가 하루에 약 10,000개의 염기들을 상실한다는 추정치로부터 인식될 수 있다! 그러한 손상을 수선하지 못하면 DNA의 영구적인 변형 또는 돌연변이가 생긴다. 만일 그 돌연변이가 배우자로 될 운명에 있는 세포에서 일어나면, 그 유전적 변화는 다음 세대에 전달 될 수 있다. 또한 돌연변이는 체세포들(예: 생식계통에 있지 않는 세포들)에도 영향을 미칠 수 있다. 즉, 이 세포들은 전사와 복제를 방해할 수 있어서, 세포의 악성변환(malignant transformation)에 이르게 하거나 또는 생물이 노화하는 과정을 촉진시킨다.

DNA 분자의 변화로 생기는 잠재적으로 극단적인 결과 그리고 그 변화가 높은 빈도로 일어난다는 것을 고려하면, 세포들이 DNA 손상을 수선하기 위한 기작을 갖는 것은 필수적이다. 사실, 세포들은 DNA 분자가 받기 쉬운 어떤 유형의 손상을 실질적으로 교정하는 수선 체계의 놀랄만한 무기를 갖고 있다. 1,000개의 염기변화 중에서 1개 이하의 변화가 세포의 수선체계를 벗어나는 것으로 추정된다. 이러한 체계들의 존재는 세포의 항상성(恒常性)을 유지하는 분자 기작들 중 좋은 예이다. DNA 수선의 중요성은 DNA 수선의 결함이 인간에 미치는 영향들을 살펴봄으로써 이해될 수 있다. 이 주제는 후반부에 있는 〈인간의 전망〉에서 논의되었다.

원핵세포와 진핵세포 모두는 거대한 DNA 가닥을 순찰하여, DNA 2중가닥의 미세한 화학적 변형 또는 뒤틀림을 찾아내는 다양한 단백질들을 갖고 있다. 일부 경우에, 손상이 직접 수선될 수 있다. 예를 들면, 사람은 암을 발생시키는 알킬화 약물들로부터의 손상을 직접 수선할 수 있는 효소를 갖고 있다. 그러나 대부분의 수선 체계는 손상된 DNA 부분이 절단된(*excised*), 즉, 선택적으로 제거되는 것이 필요하다. DNA 2중가닥의 큰 장점들 중 하나는 각 가닥이 그의 상대 가닥을 구성하는 데 필요한 정보를 지니고 있는 것이다. 결과적으로, 만일 하나 또는 그 이상의 뉴클레오티드가 한쪽 가닥에서 제거되면, 상보적인 가닥이 그 2중가닥을 재구성하기 위한 주형의 역할을 할 수 있다. 진핵세포들에서 손상된 DNA의 수선은 핵 속에서 접혀 있는 염색질 섬유 속의 DNA에 접근하기가 어렵기 때문에 복잡해진다. 전사(轉寫)의 경우처럼, DNA 수선은 히스톤 변형 효소들 및 뉴클레오솜 재구성 복합체(nucleosome remodeling complex) 등과 같은 염색질-재편성(chromatin-reshaping) 기구의 관여가 필요하다. 아마도 DNA 수선에 중요하다해도, 이러한 단백질들의 역할은 다음 논의에서 고려되지 않을 것이다.

7-2-1 뉴클레오티드 절제수선

뉴클레오티드 절제수선(切除修繕)(nucleotide excision repair, NER)은, 피리미딘 2량체와 다양한 화학기가 결합된 뉴클레오티드를 비롯하여, 다양한 크기의 손상을 제거하는 잘라붙이기 기작(cut-and-patch mechanism)에 의해 작동된다. 다음과 같은 두 가지 별도의 NER 경로가 구별될 수 있다. 즉,

1. 활성적으로 전사되고 있는 유전자들의 주형가닥들이 우선적으로 수선되는 전사-연결 경로(*transcription-coupled pathway*). 주형가닥의 수선은 DNA가 전사되고 있을 때 일어나는 것으로 생각되며, 손상이 존재하면 정지된 RNA 중합효소에 의해 신호를 보낼 수 있다. 이러한 우선적 수선경로는 그 세포에 가장 중요한 그러한 유전자들을 지켜준다. 그 유전자들은 세포에서 활성적으로 전사되고 있는 유전자들이며, "수선목록"에서 가장

높은 우선권을 받는다.

2. 유전체의 나머지 부분에서 DNA 가닥을 교정하는 더 느리고 덜 효율적인 전(全)유전체 경로(*global genomic pathway*).

비록 손상에 대한 인식이 아마도 2개의 NER 경로에서 서로 다른 단백질들에 의해 이루어질지라도(그림 7-26, 1단계), 그 손상이 수선되는 동안에 일어나는 단계들은 매우 유사한 것으로 생각된다(그림 7-26, 2~6단계들). NER 수선 기구를 구성하는 핵심 요소들 중 하나는 전사의 개시에도 참여하는 거대한 단백질인 TFIIH[f]이다. TFIIH의 관여에 대한 발견은 전사와 DNA 수선 사이에 중요한 관련성을 확립하였는데, 이 두 가지 과정은 이전에 서로 독립되어 있는 것으로 추정되었다(〈실험 경로〉에서 논의되었으며, 웹 사이트 www.wiley.com/college/karp에서 접속될 수 있다). TFIIH의 다양한 소단위들 가운데 포함된 것으로는 헬리카아제 활성을 갖는 2개의 소단위들이 있으며(XPB 및 XPD), 이 효소들은 손상부위의 제거에 대비하여 2중가닥의 두 가닥을 분리시킨다(그림 7-26, 2단계). 이어서 손상된 가닥은 1쌍의 핵산내부가수분해효소에 의해 그 손상부위의 양쪽에서 절단되고(3단계), 절개(切開, incision)된 부분 사이에 있는 DNA 절편은 방출된다(4단계). 일단 DNA 절편이 절제(切除)되면, 그 빈틈은 DNA 중합효소에 의해 채워지고(5단계), 그 가닥은 DNA 연결효소에 의해 봉합된다(6단계).

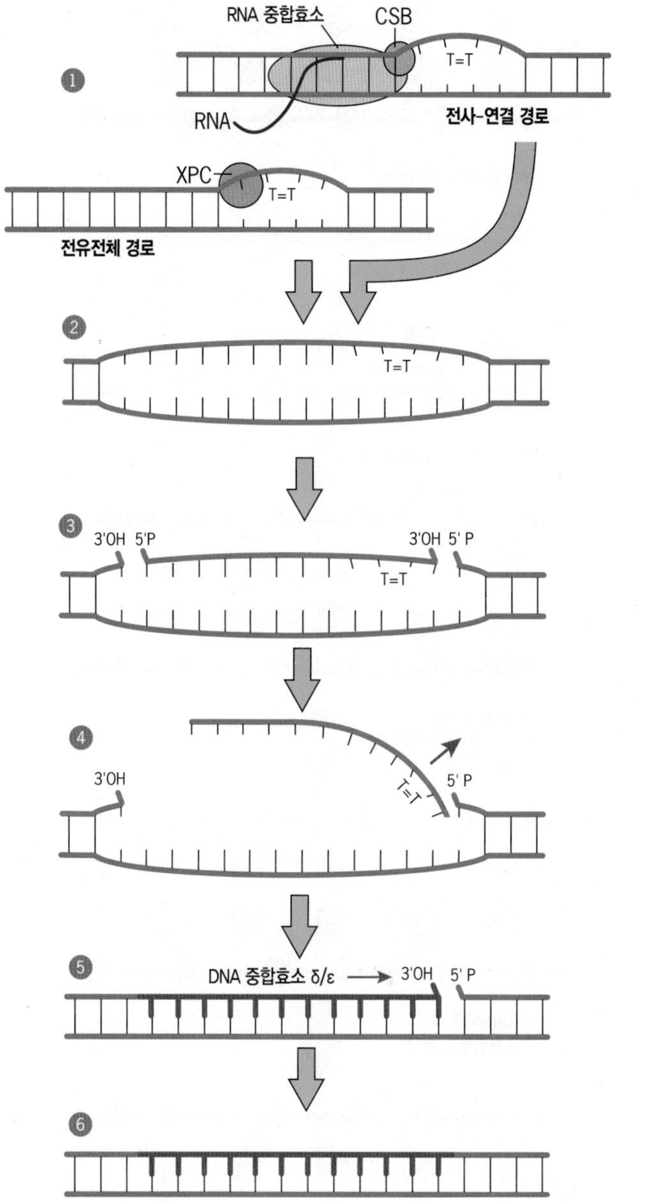

그림 7-26 뉴클레오티드 절제수선. 다음 단계들은 그림에 그려져 있고 본문에서 설명되었다. 즉, (1) 전유전체 경로에서 손상인식은 XPC-함유 단백질 복합체에 의해 이루어지는 반면에, 전사-연결 경로에서 손상인식은 CSB 단백질과 결합하여 정지된 RNA 중합효소에 의해 이루어지는 것으로 생각된다. (2) DNA 가닥 분리(TFIIH의 두 헬리카아제 소단위들인 XPB와 XPD 단백질들에 의해). (3) 절개(3′쪽에서 XPG 그리고 5′쪽에서 XPF-ERCC1 복합체에 의해); (4) 절제. (5) DNA 수선합성(DNA 중합효소 δ 그리고/또는 ε에 의해). (6) 연결(DNA 연결효소 I에 의해).

7-2-2 염기 절제수선

별도의 절제수선 체계가 음식에 있거나 대사작용으로 생긴 반응성 화합물들에 의해 발생되는 변형된 뉴클레오티드를 제거하기 위해 작동한다. **염기 절제수선**(base excision repair, BER)이라고 하는 진핵세포의 이 수선경로의 단계들이 〈그림 7-27〉에 나타나 있다. BER은 변화를 인식하는 DNA 당화(糖化)효소(*DNA glycosylase*)에 의해 개시되며(그림 7-27, 1단계), 디옥시리보오스 당에 염기를 결합시키고 있는 글리코시드결합(glycosidic bond)이 갈라짐으로써 그 염기를 제거한다(2단계). 몇 개의 다른 DNA 당화효소들이 확인된 바 있는데, 각각은 우라실(시토신의 아미노기가 가수분

역자 주[f] TFIIH: "transcription factor II H(전사인자 II H)"의 머리글자이다.

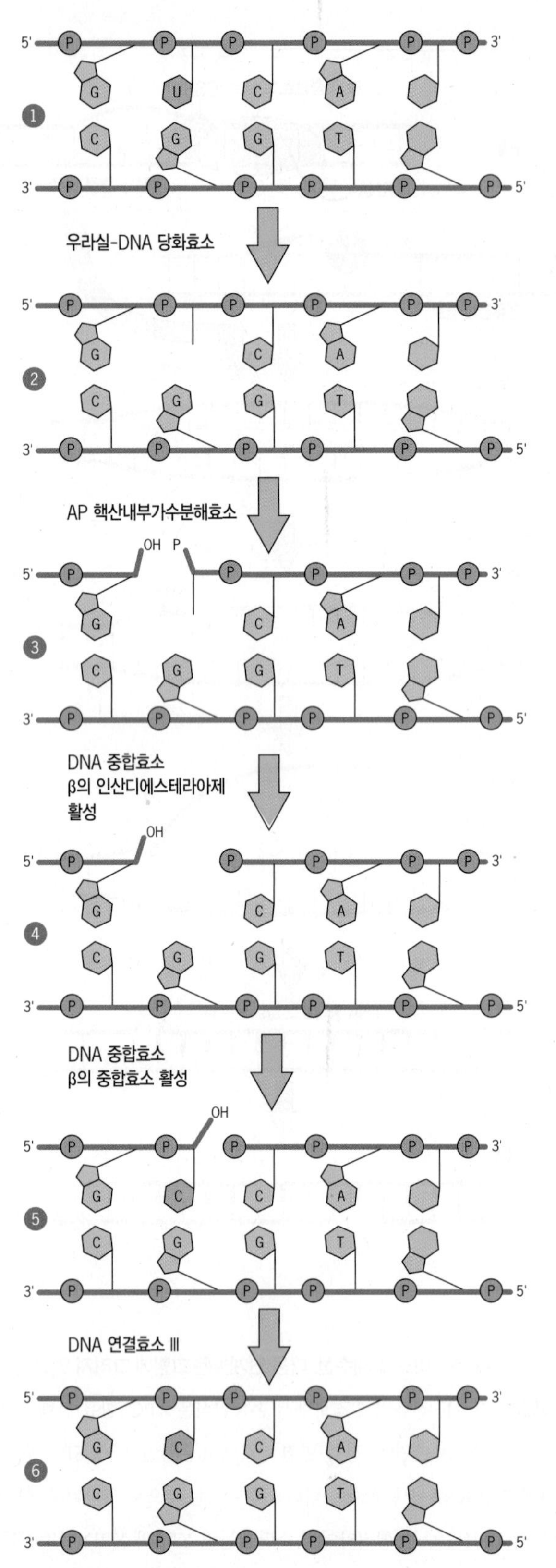

그림 7-27 염기 절제수선. 각 단계는 본문에 설명되어 있다. BER에 대한 다른 경로들이 알려져 있으며, 또한 BER은 별개의 전사-연계 경로 및 전(全)수선 경로를 갖고 있는 것으로 알려져 왔다.

해로 제거되어 형성된), 8-옥소구아닌[산소 유리기(遊離基, free radical)로부터 손상에 의해 생긴), 그리고 3-메틸아데닌(메틸 공여체로부터 메틸기의 전달에 의해 생긴) 등을 포함하는 특정 유형의 변형된 염기에 대하여 다소 특이적이다.

고도로 돌연변이를 유발하는 8-옥소구아닌 (옥소G)을 제거하는 DNA 당화효소의 구조에 관한 연구에 따르면, 이 효소가 DNA 2중가닥 내의 각 G-C 염기쌍들을 "검사하면서(inspecting)" DNA를 따라 신속하게 확산됨을 나타낸다(그림 7-28, 1단계). 2단계에서, 이 효소는 옥소G-C 염기쌍으로 온다. 이런 일이 일어날 때, 효소는 특이 아미노산 곁사슬을 DNA 나선 속에 삽입하여, 그 뉴클레오티드를 DNA 나선으로부터 180° 회전시켜 ("공중제비돌기") 효소 속으로 들어오도록 한다(2단계). 만일 그 뉴클레오티드가 실제로 옥소G를 갖고 있으면, 그 염기는 효소의 활성부위에 잘 맞아서(3단계) 그와 결합된 당으로부터 절단된다. 이와 대조적으로, 만일 돌출된 뉴클레오티드의 구조가, 옥소G와 2개의 원자만 다른, 정상적인 구아닌을 갖고 있다면, 효소의 활성부위에 잘 맞을 수 없어서(4단계) 염기들의 층 속의 적당한 위치로 되돌아가게 된다. 일단 변화된 퓨린 또는 피리미딘이 당화효소에 의해 제거되면, 그 자리에 남아있는 "머리가 잘린(beheaded)" 디옥시리보오스 인산은 특수화된(AP) 핵산내부가수분해효소(endonuclease)[g]와 DNA 중합효소의 공동작용으로 절제된다. AP 핵산내부가수분해효소는 DNA 골격을 절단하여(그림 7-27, 3단계), 중합효소 β의 인산디에스테라아제(phosphodiesterase) 활성은 절제(切除)된 염기에 부착되어있던 나머지 당-인산 부분을 제거한다(4단계). 그 다음, 중합효소 β는 상보적인 뉴클레오티드를 손상되지 않은 가닥에 삽입시켜 그 빈틈을 채워서(5단계), 그 가닥은 DNA 연결효소 III에 의해 봉합된다(6단계).

생명체 진화의 초기에 RNA가 유전물질의 역할을 했을 때 아마도 우라실(U)이 RNA에 존재했을지라도, 시토신(C)이 우라실로 전환될 수 있다는 사실은 자연도태가 DNA의 염기로서 우라실이 아니라 티민(T)의 사용을 선호했는지 그 이유를 설명할 수 있다. 만일 우라실이 DNA 염기로서 남아있었더라면, 수선체계가 특정

역자 주[g] AP: "apurinic/apyrimidinic"의 앞에 있는 2개의 문자(ap)의 약자로서, 'apurinic/apyrimidinic'이란 DNA에서 퓨린(purine)/피리미딘(pyrimidine) 염기가 제거된 것을 뜻한다.

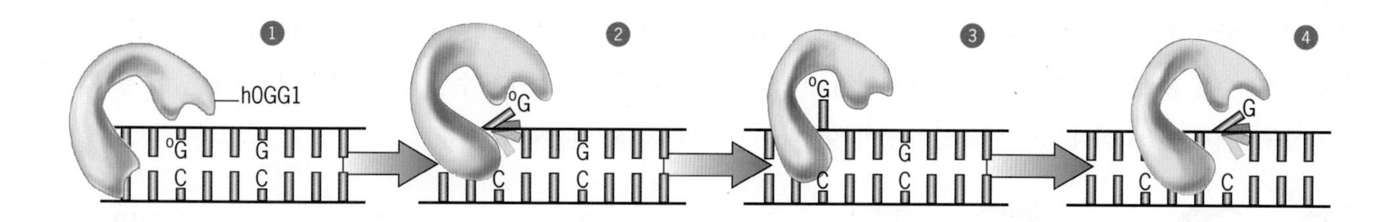

그림 7-28 BER이 일어나는 동안 손상된 염기의 탐지. 1단계에서, DNA 당화효소 (hOGG1으로 명명된)는 시토신과 짝을 이룬 뉴클레오티드를 점검한다. 2단계에서, 그 뉴클레오티드는 DNA 2중가닥으로부터 (밖으로 공중제비 돌아) 젖혀진다. 이 경우, 이 염기는 구아닌의 산화형인 8-옥소구아닌(8-oxoguanine)이며, 이것은 효소의 활성부위에 잘 맞을 수 있고(3단계), 거기에서 부착된 당으로부터 절단된다. BER의 다음 단계들은 〈그림 7-27〉에 나타내었다. 4단계에서, (밖으로) 돌출된 염기는 정상적인 구아닌으로서, 당화효소의 활성부위에 들어맞을 수 없어서 염기 층으로 되돌려 보내진다. 옥소G를 제거하지 못하면, G-T 돌연변이가 될 것이다.

부위에 "속한(belonged)" 우라실 그리고 시토신의 변화로 생긴 우라실 사이를 구별하는 데 어려움을 초래했을 것이다.

7-2-3 틀린짝 수선

세포들은 DNA 중합효소에 의해 결합되고 그 효소의 교정작용을 하는 핵산말단가수분해효소를 피하여 형성된 잘못 짝지어진(틀린짝) 염기들을 제거할 수 있음은 앞에서 언급되었다. 이 과정을 **틀린짝 수선**(mismatch repair, MMR)이라고 한다. 틀린짝 염기쌍은 수선 효소에 의해 인식될 수 있는 2중나선(double helix)의 기하학적 구조에 변형을 일으킨다. 그러나 수선 효소가 틀린짝 쌍 중에서 어느 것이 부정확한 뉴클레오티드인지 어떻게 인식할까? 만일 효소가 그 뉴클레오티드들 중 하나를 무작위로 제거하게 된다면, 그 때 50%가 틀린 선택을 하게 될 것이며, 이로써 그 자리에서 영구적인 돌연변이가 생길 것이다. 그래서 DNA 중합효소가 어느 자리를 지나 이동한 후에 틀린짝이 수선되기 위해서는, 수선 체계가 잘못된 뉴클레오티드를 갖고 있는 새로 합성된 가닥을 올바른 뉴클레오티드를 갖고 있는 부모가닥으로부터 구별하는 것이 중요하다. 대장균(*E. coli*)에서, 2개의 가닥이 모가닥에 있는 메틸화된 아데노신 잔기들에 의해서 구별된다. DNA 메틸화는 진핵세포에서 MMR 체계에 의해 사용되는 것 같지 않으며, 새로 합성된 가닥을 확인하는 기작은 분명하지 않은 상태이다. 여러 가지 다른 MMR 경로들이 확인되었으며 여기서는 논의되지 않을 것이다.

7-2-4 2중가닥 절단수선

방사성 원소들이 물질을 통과할 때에 이온을 발생시키기 때문에, 방사성 원소들에 의해 방출되는 엑스-선, 감마선, 그리고 입자들을 이온화 방사선(*ionizing radiation*)이라고 한다. 수백만의 감마선은 매 분(分) 우리의 몸을 통과하고 있다. 이러한 유형의 방사선이 손상되기 쉬운 DNA 분자와 충돌할 때, 방사선은 흔히 2중나선의 양쪽 가닥 모두를 절단(切斷)한다. 또한 **2중가닥 절단**(double-strand break, DSB)은 암의 화학치료요법에 사용되는 여러 가지 물질(예: 블레오마이신)과 정상적인 세포의 대사에 의해 생기는 유리기(遊離基) 등을 포함하는 화합물들에 의해 초래될 수 있다. DSB는 또한 손상된 DNA가 복제되는 동안 진행되기도 한다. 2중가닥 절단은 세포에 중대한 결과를 나타낼 수 있는 심각한 염색체 이상을 일으킬 수 있다. DSB는 많은 대체경로들에 의해 수선될 수 있다. 포유동물 세포에서 주된 경로를 비상동 말단연결(*nonhomologous end joining, NHEJ*)이라고 하는데, 이 연결에서 단백질들의 복합체가 DNA 2중가닥의 절단된 말단에 결합하여 절단된 가닥들을 재연결하는 일련의 반응을 촉매한다. NHEJ이 진행되는 동안 일어나는 주요한 단계들이 〈그림 7-29*a*〉에 나타나 있으며, 그 그림에 대한 각 단계의 설명이 기술되어 있다. 〈그림 7-29*b*〉는 사람 섬유아세포의 핵을 보여준다. 이 섬유모세포는 한 곳에 모인 2중가닥 절단들의 무리를 유도하기 위해 레이저로 처리되었으며, 레이저 처리 후에 시간대 별로 단백질 Ku의 존재를 확인하기 위해 염색되었다. 이 NHEJ 수선 단백질은 이들이 출현한 직후 DSB 자리에 위치하는 것으로 보인다. 상동 재조합(*homologous recombination*)으로 알려진 또 다른 DSB 수선 경로는 절단된 가닥의 수선을 위해 주형의 역할을 하는 상동염색체가 필요하다. 상동 재조합 수선이 일어나는 동안의 단계들은 〈그림 14-47〉에 그려진 유전자 재조합의 단계들과 비슷하다. 두 가지 수선 경로에 결함이 있으면 암에 걸릴 가능성의 증가와 연관되어 있다.

❶

Ku

❷

DNA-PK_{cs}

❸

DNA 연결효소 IV

❹

(*a*)

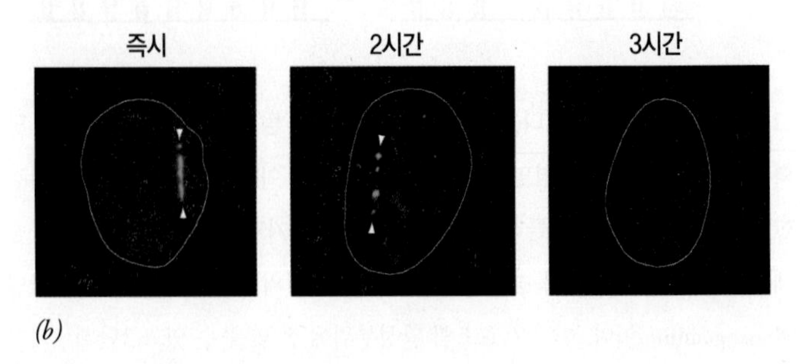

(*b*)

그림 7-29 비상동 말단연결에 의한 2중가닥 절단(DSB)의 수선. (*a*) 2중가닥 절단 수선을 간략화한 이 모형에서, 손상(1단계)은 Ku라고 하는 고리모양의 이질2량체 단백질에 의해 탐지되는데, 이 단백질이 DNA의 절단된 말단에 결합한다(2단계). DNA에 결합된 Ku는 DNA-PK_{cs}[h]라고 하는 다른 단백질을 모집하는데, 이 단백질은 DNA-의존 단백질인산화효소의 촉매 소단위이다(3단계). 이 단백질 인산화효소에 의해 인산화된 대부분의 기질은 확인되지 않았다. 이 단백질들은 온전한 DNA 2중가닥을 재생하기 위해서 DNA 연결효소 IV에 의해 연결될 수 있도록 절단된 DNA의 말단들을 함께 가져오게 한다(4단계). 또한 NHEJ 경로는 핵산분해효소와 중합효소의 활성(나타나 있지 않음)도 포함할 수 있으며, DSB 수선의 상동 재조합 경로보다 더 많은 오류가 생기기 쉽다. (*b*) 화살촉들로 표시된 곳에서 레이저 미세다발(微細束, microbeam) 조사(照射)하여 유도된 DSB 형성 자리에서 시간 경과에 따른 Ku 위치(국재성)의 분석. NHEJ 단백질 Ku는 조사 직후에 손상된 부위에 위치하게 되지만, 아마도 손상이 수선된 것처럼 잠시 거기에 남아 있다. 현미경 사진은 레이저 조사 후 (1) 즉시, (2) 2시간 지나서, 그리고 (3) 8시간 지나서 촬영되었다.

역자 주[h] DNA-PK_{cs}: "DNA-dependent protein kinase catalytic subunit(DNA-의존 단백질인산화효소의 촉매 소단위)"의 머리글자이다.

복습문제

1. 뉴클레오티드 절제수선과 염기 절제수선을 대조하시오.
2. 틀린짝 수선에서 세포가 새로 합성된 가닥으로부터 부모가닥을 구별하는 것이 왜 중요한가? 이것은 어떻게 이루어지는가?

인 간 의 전 망

DNA 수선 결함의 결과

우리 생명체들은 광합성이 일어나는 동안 포착되는 에너지를 공급하는 태양 빛에 신세를 지고 있다. 그러나 태양은 또한 우리의 피부 세포들을 노화시키고 돌연변이를 발생시키는 자외선을 끊임없이 방출한다. 태양으로부터 받는 위험한 영향에 대해서는 색소성건피증(色素性乾皮症, *xeroderma pigmentosum, XP*)이라는 희귀한 열성유전 장애에 의해 가장 극적으로 설명된다. XP를 가진 환자들은 자외선에 의해 손상된 DNA 조각들을 제거할 수 있는 뉴클레오티드 절제수선 체계를 갖고 있지 않다. 그 결과, XP를 가진 사람은 태양 빛에 극히 민감하다. 즉, 태양의 직사광선에 매우 제한되어 노출되더라도 신체의 노출 부위에 다수의 검은 색소 반점들이 생길 수 있으며(그림 1), 그리고 외모를 손상시키고 치명적인 피부암을 발생시키는 대단히 높은 위험성이 생길 수 있다. XP 환자들을 위해서 세균의 DNA 수선 효소를 함유한 피부크림(Dimericine)의 형태로 약간의 도움을 주고 있다. 이 효소는 리포솜(liposome) 속에 들어있어서 피부 바깥층에 스며들어 DNA 수선에 관여할 수 있을 듯하다.

XP 만이 뉴클레오티드 절제수선 결함으로 특징지어지는 유일한 유전적 장애가 아니다. 코케인 증후군(Cockayne syndrome, CS)은 빛에 대한 급성 민감성, 신경세포의 탈수초(脫髓鞘, demyelination)에 의한 신경계 기능장애, 그리고 왜소증 등의 특징이 있는 유전 장애이다. 그러나 이 장애가 피부암의 빈도를 증가시키는지는 분명하지 않다. CS를 가진 사람의 세포들은 활발하게 전사(轉寫)되고 있는 DNA가 수선되는 경로에 결함이 있다. 나머지 유전체는 보통 비율로 수선되며, 이것은 아마도 피부암이 보통 수준으로 생기는 원인이 될 것이다. 그러나 수선 기작에 결함이 있는 사람이 왜소증과 같은 특정한 이상을 겪는 이유는 무엇인가? CS의 대부분은 전사를 DNA 수선과 연결하는 데 관여되어 있는 것으로 생각되는 CSA 또는 CSB 두 유전자들 중 하나의 돌연변이에서 유래될 수 있다(그림 7-26 참조). DNA 수선에 영향을 주는 것 이외에, 또한 이러한 유전자들의 돌연변이는 특정 유전자들의 전사를 방해할 수 있어서, 성장지연과 신경계의 비정상적 발달에 이르게 된다. 이러한 가능성은 다음과 같은 발견으로 강력해진다. 즉, 드문 경우에, CS 증후군은 또한 XPD 유전자에 특정 돌연변이를 보유하는 XP를 가진 사람들에서도 생길 수 있다는 것이 발견되었다. XPD는 전사를 개시하기 위해 필요한 전사인자 TFIIH의 소단위를 암호화한다. XPD의 돌연변이는 DNA 수선과 전사 모두에 결함을 일으킬 수 있다. XPD 유전자에서 어떤 다른 돌연변이들은 또 다른 질환인 모발유황이영양증(毛髮硫黃異營養症, trichothiodystrophy, TTD)을 일으킨다. 이 증상은 DNA 수선과 전사 결함 모두를 나타내는 증상들을 함께 갖는다. CS 환자들과 같이, TTD를 가진 사람들에서 암 발생 위험은 증대되지 않으나 태양 민감성이 증대되는 양상을 보인다. TTD 환자들은 그밖에도 부러지기 쉬운 머리카락과 비늘처럼 생긴 피부 등의 증상을 갖고 있다. 이러한 발견은 세 가지 다른 장애들—XP, CS, TTD—이 단일 유전자의 결함으로 생길 수 있다는 것을 암시하며, 이때의 단일 유전자는 그 유전자에 존재하는 특정한 돌연변이에 의해 결정된 특정 질환의 결과를 갖고 있다. 돌연변이 XPD 분자 구조에 관한 연구에 따르면, 이러한 서로 다른 돌연변이들은 그 단백질의 다른 기능들에 영향을 미친다는 것을 시사한다.

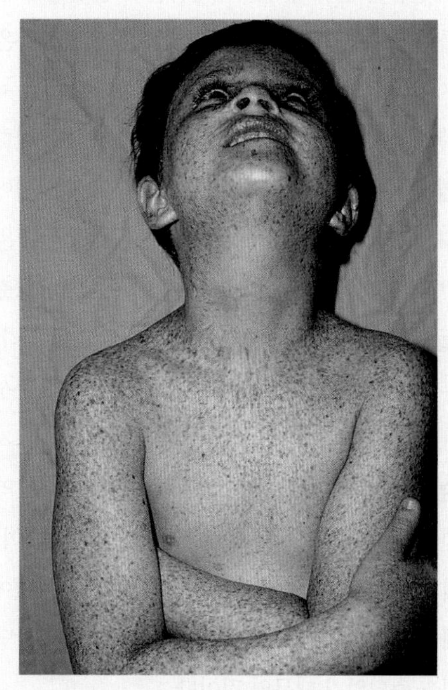

그림 1 색소성 건피증을 가진 이 남자아이의 피부에 색소가 침착된 어두운 부분들이 있다. 태양으로부터 보호되는 턱 아래의 피부 부분은 비교적 손상이 없다.

이 교재의 다른 곳에서, 사람 또는 동물 모델들에서 (1) 유리기(遊離基, free radical)의 증가, (2) 미토콘드리아 DNA 돌연변이의 증가, 그리고 (3) 핵막 단백질의 돌연변이 등의 결과로 조기 (또는 가속화된) 노화에 이르는 상황들이 설명되었다. 2006년, 햇볕에 의한 잦은 화상(火傷)과 조기노화(早期老化)의 몇 가지 특징 등으로 고통을 받은 15세의 소년이 임상연구자들의 주목을 받았다. 유전적 분석결과, 그 소년은 XPF 유전자에 돌연변이를 갖고 있었던 것으로 밝혀졌는데, 이 XPF 유전자에 의해 암호화된 단백질은 NER 경로가 작동되는 동안 절단된 곳들 중의 하나를 수선한다(그림 7-26). XPF에 가벼운 돌연변이를 갖는 환자들에서는 XP가 발생되고 손상된 NER을 갖는다. 이런 사람은 XPF 유전자에 더 심한 돌연변이를 갖고 있어서, 그의 세포들이 DNA 2중가닥의 두 가닥들 사이에서 가끔 형성되는 공유 교차

결합을 수선할 수 없게 한다. 이런 사람의 세포들과 그에 상응하는 돌연변이를 가진 생쥐에 대한 연구에 따르면, 수선되지 못한 교차결합은 직접 또는 간접적으로 조기노화를 촉진하는 세포사멸(細胞死滅, apoptosis)이 증가하게 됨을 암시하였다. 하나의 가설에 따르면, 몸의 세포들에서 돌연변이율을 주로 증가시키는 DNA 수선 체계의 결함은 암에 대한 민감성이 증대되는 것과 관련되어 있는 반면, 주로 세포사멸을 일으키는 DNA 수선 체계의 결함은 노화의 촉진과 관련되어 있다.[1] 이러한 조기 조화 증후군들 중의 어느 것이 정상적인 노화의 기작을 이해하도록 할지는 논란의 문제로 남아있다.

DNA 수선 장애를 가진 사람들은 오직 태양에 노출되는 것을 걱정해야 하는 사람들만 있는 것은 아니다. 수선 효소들이 최적 수준에서 작용하고 있는 피부 세포에서조차도, 손상된 부분의 일부는 절제되고 대체되지 못한다. DNA가 변형되면 세포를 악성으로 되게 할 수 있는 돌연변이가 생긴다. 그래서 자외선으로 유발된 손상을 교정하지 못하여 발생하는 결과들 중의 하나는 피부암의 위험성이다. 다음 통계자료를 생각해 보자. 즉, 미국 내에서 매년 1백만 명 이상의 사람들에게서 세 가지 유형의 피부암 중 하나가 발생되며, 이 경우의 대부분은 태양의 자외선에 과다노출로 인한 것으로 생각된다. 다행히, 가장 흔한 두 가지 유형의 피부암—기저세포 암종(basal cell carcinoma)과 편평세포 암종(squamous cell carcinoma)—은 몸의 다른 부위로 거의 퍼지지 않아서 보통 병원에서 절제될 수 있다. 이러한 유형들의 암은 모두 피부의 상피세포로부터 유래한다.

그러나 세 번째 유형의 피부암인 악성 흑색종(malignant melanoma)은 잠재적인 살인자이다. 다른 것들과 다르게, 흑색종은 피부의 색소세포(멜라닌세포, melanocyte)로부터 발생된다. 미국에서 진단된 흑색종 사례의 수는 매년 4%의 놀라운 비율로 상승하고 있는데, 그 이유는 사람들이 과거 수십 년에 걸쳐 햇빛 아래에서 보내는 시간이 늘어나고 있기 때문이다. 연구에 따르면, 어린이 또는 청소년 시절에 햇볕에 의해 심한 수포성(水疱性) 화상이 발생된 경우가 있다면, 이것이 성인 시절에 흑색종 발생의 가장 큰 위험 요소들 중 하나가 된다는 것을 암시한다. 가장 큰 위험에 처한 사람들은 지나치게 밝은 피부를 가진 백인들이다. 이러한 백인들의 다수는 색소세포들의 표면에, 자외선에 반응하여 피부의 상피세포들에 의해 분비되는 호르몬에 대한 기능성 수용체(MC1R[i]이라고 하는)가 결여되어 있다. 멜라닌세포는 흑색 색소 멜라닌을 생산하여 MC1R 활성에 반응함으로써, 사람 피부를 햇볕에 태우게 한다. 비록 햇볕에 타는 반응을 일으키는 원인이 자외선일지라도, 햇볕에 탄 피부는 햇볕에 타지 않아 밝은 피부보다 자외선으로부터 더 보호된다. 만일 자외선에 노출되어 고통 받는 일 없이 햇볕에 탄 피부를 만드는 일이 가능했다면 어떻게 될까? 몇 몇 연구단체들이 색소세포들에서 햇볕에 타는 반응을 자극하기 위해 자외선-함유 태양광에 대한 노출과는 다른 다양한 방법을 이용하는 그런 접근법에 관하여 연구하고 있다. 이러한 접근법들 중 어느 것이 안전하며 효율적임을 증명할 것인지는 두고 봐야 할 일이다.

피부암은 결함을 지닌 또는 과도한 DNA 수선 체계에 의해 촉진되는 유일한 질환이 아니다. 대장암 사례의 15%까지는 틀린짝 수선에 필요한 단백질들을 암호화하는 유전자들의 돌연변이에 원인이 있을 수 있다. 틀린짝 수선 체계를 손상시키는 돌연변이들은 필연적으로 다른 유전자들에서 더 높은 돌연변이율에 이르게 되는데, 그 이유는 복제하는 동안 형성된 오류가 교정되지 않기 때문이다. 또한 암은 수선되지 않은 채 지나갔거나 또는 부정확하게 수선되어진 두가닥 DNA 절단에서 생긴 결과들 중 하나이다. DNA의 절단은 X-선, 감마선, 그리고 방사능 방출 등을 비롯하여 우리가 흔히 노출되는 다양한 환경 물질들에 의해 생길 수 있다. 이 점에서, 가장 심각한 환경 위험을 초래하는 원인은 아마도 우라늄이 붕괴되는 동안 형성되는 방사성 동위원소인 라돈(특히 222Rn)일 것이다. 지구의 일부 지역들은 토양에 비교적 높은 수준의 우라늄을 함유하며, 이러한 지역에 세워진 집들은 위험한 수준의 라돈 기체를 갖고 있을 수 있다. 이 기체는 폐 속으로 흡입되었을 때, 두가닥 DNA 절단을 일으킬 수 있어서 폐암의 위험성을 증가시킨다. 비흡연자들에서 폐암 사망자의 상당한 부분이 아마도 라돈에 노출되었기 때문일 것이다.

---

[1] 조기노화 증후군을 초래하는 가장 흔한 유전자들 중의 두 가지는 RecQ 헬리카아제라고 하는 특정 유형의 DNA 헬리카아제 집단을 구성하는 단백질들을 암호화한다는 것은 몇 가지 이유로 이 논의에서는 언급되지 않았다. 문제의 이 유전자들은 WRN과 BLM으로서, 이들이 돌연변이를 일으켰을 때, 베르너 증후군(Werner syndrome) 및 블룸 증후군(Bloom syndrome)이라는 유전 질환들이 각각 생긴다. 이 증후군들은 암의 위험을 증가시키며 촉진된 노화의 특징들이 나타난다. 이러한 헬리카아제는 특정 유형의 염기절제와 DSB 수선 경로에 관여함을 암시한다. 이 효소들은 복제성 DNA 중합효소가 손상된 곳에서 멈추게 되며 복제분기점이 "붕괴되는" (해체되는) 상황을 해소하는 데 있어서 특히 중요한 것 같다. 이 주제는 〈*Trends Biochem. Sci.* 33:609, 2008〉에 논의되어 있다.

역자 주[i] MC1R: "melanocortin 1 receptor(멜라노코르틴 1 수용체)"의 머리글자이다.

7-3 복제와 수선 사이

앞의 〈인간의 전망〉은 환자들이 자외선에 노출되어 생긴 손상을 수선할 수 없는 환자로 만드는 유전 질환—색소성 건피증(XP)—을 설명하고 있다. "전형적인" 유형의 XP를 갖고 있다고 하는 환자들은 뉴클레오티드 절제수선에 관여된 7가지의 다른 유전자들 중 하나에 결함을 갖고 있다. 이 유전자들은 *XPA*, *XPB*, *XPC*, *XPD*, *XPE*, *XPF*, 그리고 *XPG* 등으로 지칭되며, 그리고 NER에서 이 유전자들의 역할 중 일부는 〈그림 7-26〉에 나타나 있다. XP를 가진 환자들과 같이, 태양 노출로 인하여 피부암에 걸릴 가능성이 높은 또 다른 환자 군이 확인되었다. 그러나 XP 환자들의 세포들과는 다르게, 이 환자들의 세포는 뉴클레오티드 절제수선을 할 수 있었으며 정상세포들보다 자외선 광에 단지 약간만 더 민감할 뿐이었다. 이렇게 고조된 자외선 민감성은 복제하는 동안 정체를 드러냈다. 즉, 이 세포들은 자외선 조사 후 흔히 조각난 딸 가닥들을 형성하였다. 이런 집단에 속하는 환자들은 XP-V로 지칭된 XP의 변이형을 갖는 것으로 분류되었다. 우리는 잠시 XP-V 결함의 기초에 관하여 알아볼 것이다.

우리는 앞 절(節)에서 세포들이 매우 다양한 DNA 손상을 수선할 수 있음을 보았다. 그러나 가끔, DNA 손상은 DNA 조각이 복제하기로 예정되어 있을 때까지 수선되지 않는다. 이러한 경우, 복제 기구가 주형 가닥 위에 있는 손상된 자리에 도달하여 거기에 멈추게 된다. 이런 일이 일어날 때, 어떤 유형의 신호가 방출되어 그 손상 부위를 우회할 수 있는 특수한 중합효소를 모집하도록 한다.[3)]

[3)] 세포는 정지된 복제분기점에 대해 조치를 취하기 위한 다른 선택권들을 갖고 있지만, 그 선택권들은 더 복잡하고 충분히 이해되지 못하며 논의되지 않을 것이다.

문제의 손상이 자외선에 노출시켜서 생긴 피부 세포에서 티미딘 2량체(thymidine dimer)(그림 7-25)라고 가정해 보자. 복제성 중합효소(중합효소 δ)가 장애 부위에 도달할 때, 이 효소는 중합효소 η라고 하는 "특수화된" DNA 중합효소에 의해 일시적으로 대체된다. 이 중합효소 η는 2량체의 일부로서 공유결합으로 연결된 두 티민(T) 잔기들 건너편에 새로 합성된 가닥에 2개의 아데닌(A) 잔기를 삽입할 수 있다. 일단 이러한 "손상 우회(damage bypass)"가 이루어지면, 세포는 정상적인 복제성 중합효소로 다시 바꾸고 DNA 합성은 심각한 문제가 해소되어 어떤 흔적도 남김없이 계속된다. XP-V를 앓는 환자들은 중합효소 η를 암호화하는 유전자에 돌연변이를 갖고 있어서 티미딘 2량체를 통과하여 복제하는 데 어려움을 갖고 있다.

1999년에 발견된, 중합효소 η는 DNA 중합효소 집단을 구성하는 효소들 중 하나이며, 이 집단에서 각 효소는 주형가닥에서 특정 유형의 DNA 손상 맞은편에 있는 뉴클레오티드를 결합하기 위해 특수화되어 있다. 이 집단의 중합효소들은 손상통과 합성(損傷通過 合成, *translesion synthesis*, *TLS*)에 관여한다고 말한다. X-선 결정학의 연구에 따르면, TLS 중합효소는 특이하게 활성부위의 공간이 넓어서 복제성 중합효소의 활성부위에 잘 맞지 않을 변형된 뉴클레오티드를 물리적으로 받아들일 수 있는 것으로 밝혀지고 있다. 이러한 TLS 중합효소들은 DNA 가닥에 단지 1개 내지 2~3개의 뉴클레오티드 만을 결합시킬 수 있다[이 중합효소들은 연작용성(聯作用性, processivity)을 갖고 있지 않다]. 즉, 이 효소들은 교정능력을 갖고 있지 않으며, 그리고 손상되지 않은 DNA를 복사할 때, 전형적인 중합효소들보다 부정확한 (예: 비상보적인) 뉴클레오티드를 결합시킬 가능성이 훨씬 더 많다.

요약

DNA 복제는 반보존적으로 일어나며, 이것은 세포분열하는 동안 양친 2중가닥 중 하나의 온전한 가닥이 각 딸세포에 전달되는 것을 암시한다. 이러한 복제 기작은 DNA 구조에 대한 모형의 일부로서 왓슨(Watson)과 클릭(Crick)에 의해 처음으로 제안되었다. 그들은 복제가 수소결합이 끊어져서 가닥들이 점차로 분리되어 일어나며, 그래서 각 가닥이 상보적인 가닥을 합성하기 위한 주형의 역할을 할 수 있다고 제안하였다. 이 모형은 세균과 진핵세포 모두에서 곧 확인되었다. 즉, 한 세대 동안 표지된 배지로 옮겨진 세포들은 1개의 표지된 가닥과 1개의 표지되지 않은 DNA 가닥을 갖는 딸세포를 형성하는 것으로 나타났다.

복제 기작은 세균 세포에서 가장 잘 이해되어 있다. 복제는 원형의 세균 염색체 상에 있는 단일 복제개시점에서 시작되며 복제분기점은 1쌍이므로 양쪽 방향으로 바깥쪽을 향해 진행한다. 복제분기점은 2중나선(double helix)이 풀리고, 뉴클레오티드가 2개의 새로 합성되는 가닥에 결합되는 부위이다.

DNA 합성은 DNA 중합효소들의 집단에 의해 촉매된다. 이러한 효소들 중에서 처음으로 특징이 밝혀진 것은 대장균(*E. coli*)의 DNA 중합효소 I이었다. 중합반응을 촉매하기 위하여, 이 효소는 네 가지 모든 디옥시뉴클레오티드 삼인산, 복사하기 위한 주형 가닥, 그리고 뉴클레오티드가 첨가될 수 있는 유리(遊離, free) 3′—OH기를 함유하는 프라이머 등을 필요로 한다. 이 효소는 DNA 가닥의 합성을 개시할 수 없기 때문에, 프라이머가 필요하다. 오히려 이 효소는 단지 기존 가닥의 3′—OH 끝에만 뉴클레오티드를 첨가할 수 있다. DNA 중합효소 I의 또 다른 예상치 못한 특징은 가닥을 단지 5′→3′ 방향으로만 중합하는 것이다. 2개의 새로운 가닥은 두 부모 주형 가닥들을 따라 반대 방향으로 이동하는 중합효소들에 의해 반대방향으로 합성될 것으로 추정되어 왔다. 이 발견은 2개의 가닥이 매우 다르게 합성된다는 것이 증명되었을 때 설명되었다.

새로 합성된 가닥들 중 하나는(선도가닥) 복제분기점을 향하여 자라고 연속적으로 합성된다. 다른 새로 합성되는 가닥은(지연가닥) 분기점으로부터 멀리 자라며 불연속적으로 합성된다. 세균 세포에서, 지연가닥은 오카자키 절편이라고 하는 약 1,000개의 뉴클레오티드 길이의 조각들로 합성되는데, 이들은 DNA 연결효소에 의해 공유결합으로 서로 연결된다. 이와는 대조적으로, 선도가닥은 연속적인 단일 가닥으로 합성된다. 연속적인 가닥이나 또는 오카자키 절편들 중 어떤 것도 DNA 중합효소에 의해 개시될 수 없으며, 대신 프리마아제(primase)라는 일종의 RNA 중합효소에 의해 합성된 짧은 RNA 프라이머(primer)에 의해 개시된다. RNA 프라이머가 조립된 후, DNA 중합효소는 DNA로서의 가닥 또는 절편을 계속 합성한다. 그 후 RNA (프라이머)는 분해되고, 그 빈틈은 DNA로 채워진다.

복제분기점에서 생기는 일들은 특수화된 기능을 갖는 다양한 유형의 단백질들을 필요로 한다. 여기에는 다음과 같은 단백질들이 포함된다. 즉, 제II형 위상이성질화효소인 DNA 자이라아제(gyrase)는 DNA가 풀려서 형성된 복제분기점 앞에서 생기는 장력을 완화하기 위해 필요하며, DNA 헬리카아제(helicase)는 가닥들을 분리하여 DNA를 푼다. 또한 단일가닥 DNA-결합단백질은 단일가닥 DNA에 선택적으로 결합하여 재결합을 방지하고, 프리마아제(primase)는 RNA 프라이머를 합성한다. 그리고 DNA 연결효소(ligase)는 지연가닥의 절편들을 연속적인 폴리뉴클레오티드로 봉합한다. DNA 중합효소 III은 각 RNA 프라이머에 뉴클레오티드를 첨가하는 주요한 DNA 합성효소인 반면, DNA 중합효소 I은 RNA 프라이머를 제거하여 DNA로 대체하는 일을 담당한다. 2분자의 DNA 중합효소 III은 그들 각각의 주형 가닥을 따라 복합체로서 함께 이동하는 것으로 생각된다. 이것은 지연가닥 주형이 자신의 뒤로 되돌아 고리를 형성함으로써 이루어진다.

DNA 중합효소들은 핵산 가닥들의 중합과 분해를 위한 독립된 촉매부위들을 갖고 있다. 대부분의 DNA 중합효소들은 5′→3′과 3′→5′ 양쪽의 핵산말단가수분해효소 활성을 갖고 있다. 이 효소의 첫 번째 활성은 각 오카자키 절편을 시작하는 RNA 프라이머를 분해하기 위해 작용하고, 두 번째 활성은 잘못 결합된 부적당한 뉴클레오티드를 제거하여 복제의 정확도에 기여한다. 대장균에서 복제되는 동안, 10^9개의 뉴클레오티드 가운데 약 1개 정도가 부정확하게 결합되는 것으로 추정된다.

진핵세포에서의 복제는 원핵생물의 것과 비슷한 기작을 따르며 비슷한 단백질들을 사용한다. 복제에 관여된 모든 DNA 중합효소들은 DNA 가닥들을 5′→3′ 방향으로 신장시킨다. DNA 가닥들 중 어느 것도 프라이머 없이 사슬의 합성을 개시하지 않는다. DNA 중합효소의 대부분은 3′→5′ 핵산말단가수분해효소 활성을 갖고 있어서, 복제가 높은 정확도로 일어날 수 있도록 보장한다. 세균과 다르게, 진핵생물의 복제는 염색체를 따라 다수의 자리에서 동시에 개시되며, 이 염색체는 각 개시 자리로부터 바깥을 향하여 양쪽 방향으로 진행하는 복제분기점들이 있다. 효모에 관한 연구에 따르면, 복제개시점들은 복제개시점인식복합체(ORC)라고 하는 매우 중요한 다단백질 복합체에 대한 특이적 결합 자리를 갖고 있음을 시사한다. 복제개시점에서 일어나는 일들은 각 DNA 부분의 복제가 각 세포주기에 대하여 한 번만 일어나도록 보장한다.

진핵세포에서의 복제는 핵의 구조와 밀접하게 연관되어 있다. 증거에 따르면, 복제에 필요한 기구의 많은 부분들이 핵 기질과 연관되어 있음을 암시한다. 그밖에, 어떤 정해진 시각에 활성을 갖는 복제분기점들은 복제초점(replication focus)이라고 하는 약 50~250개의 자리들 속에 위치한다. 새로 합성된 DNA는 신속히 뉴클레오솜과 결합한다. 한 모형에 따르면, 복제이전에 존재했던 $(H3H4)_2$ 4량체는 온전히 남아 있고 딸 2중가닥들에 전달되는 반면, H2A/H2B 2량체들은 서로 분리되어 딸 2중가닥들 위의 새로운 그리고 오래된 $(H3H4)_2$ 4량체들에 무작위로 결합한다.

DNA는 이온화 방사선, 상용 화합물, 그리고 자외선 등을 포함하는 많은 환경적 영향들에 의해 손상 받는다. 세포는 그 결과로 생기는 손상을 인식하고 수선하기 위한 다양한 체계들을 갖고 있다. 1,000개 가운데 1개 이하의 염기 변화가 세포의 수선 체계를 벗어나는 것으로 추정된다. 네 가지 주요 유형의 DNA 수선 체계가 논의된다. 뉴클레오티드 절제수선(NER) 체계는 피리미딘 2량체와 같은 부피가 큰 손상을 갖고 있는 DNA 가닥의 작은 부분을 제거하여 작용한다. NER이 일어나는 동안, 손상된 부분을 포함하고 있는 DNA 가닥들은 헬리카아제에 의해 분리되고, 짝을 이룬 절개(切開)는 핵산내부가수분해효소들에 의해 이루어진다. 그리고 그 빈틈은 DNA 중합효소에 의해 채워지며, 그 가닥은 DNA 연결효소에 의해 봉합된다. 활발하게 전사되는 유전자들의 주형 가닥들은 NER에 의해 우선적으로 수선된다. 염기절제 수선은 DNA 나선에 작은 비틀림을 생성하는 다양한 변형된 뉴클레오티드들을 제거한다. 세포는 다양한 유형의 변형된 염기들을 인식하고 제거하는 여러 가지 당화효소들을 갖고 있다. 일단 염기가 제거되면, 남아 있는 뉴클레오티드의 부분은 핵산내부가수분해효소에 의해 제거되고, 그 빈틈은 인산디에스테르가수분해효소(phosphodiesterase) 활성에 의해 확대된 후, 중합효소와 연결효소에 의해 채워지고 봉합된다. 틀린짝 수선(mismatch repair)은 중합효소의 교정 활동을 피하여 복제하는 동안 잘못 결합된 뉴클레오티드를 제거하는 일을 담당한다. 세균에서, 새로 합성된 가닥은 부모 가닥과 비교하여 메틸기들이 결핍되어 있어서 수선하기 위해 선택된다. 2중가닥 절단(double-strand break)은 단백질들이 절단된 가닥들에 결합하여 말단들을 서로 연결하면서 수선된다.

DNA 복제와 수선에 관여하는 전형적인 DNA 중합효소들 이외에도, 또한 세포는 DNA 손상 또는 잘못 정렬된 자리들에서 복제를 촉진시키는 다수의 DNA 중합효소들을 갖고 있다. 손상통과 합성(translesion synthesis)에 관여하는 이러한 중합효소들은 연작용성과 교정능력이 결여되어 있고 전형적인 중합효소들보다 더 많은 오류가 생기기 쉽다.

분석 문제

1. 메셀슨(Meselson)과 스탈(Stahl)이 세포를 ^{14}N가 들어 있는 배지에서 성장시킨 다음 ^{15}N가 들어 있는 배지에 옮기는 실험을 하였다고 가정해 보자. 만일 복제가 반보존적이라면, 원심분리 관 속에서 띠들이 어떻게 나타났을까? 만일 복제가 보존적이라면, 띠들이 어떻게 나타났을까? 만일 복제가 분산적이라면, 띠들이 어떻게 나타났을까?
2. 여러분이 세포주기마다 한 번 이상 자신의 DNA를 복제하는 돌연변이 효모 세포주를 분리했다고 가정해 보자. 바꿔 말하면, 그 유전체의 각 유전자가 연속적으로 세포분열을 하는 사이에 여러 번 복제되었다. 여러분은 이러한 현상을 어떻게 설명할 수 있는가?
3. 만일 복제가 보존적 또는 분산적 기작으로 일어났다면, 〈그림 7-4〉에 그려진 진핵세포에 대한 실험에서 염색체들은 어떻게 나타났을까?

4. 우리는 세포가 DNA로부터 우라실을 제거하기 위해 특이한 효소를 갖고 있는 것을 보았다. 여러분은 만일 그 우라실 기들이 제거되지 않는다면, 무슨 일이 일어날 것으로 추측하는가? (여러분은 우라실의 짝을 이루는 특성들에 관하여 〈그림 5-44〉에 제시된 정보를 고려할 수도 있다.)
5. DNA 중합효소 I에 의해 DNA 합성을 위한 주형의 역할을 하지 않을 부분적으로 2중가닥으로 된 DNA 분자를 그려보시오.
6. 온도-민감 세균 돌연변이들의 일부는 온도가 상승한 직후에 복제를 중지하는 반면, 다른 돌연변이들은 이 활동을 멈추기 전에 당분간 그들의 DNA를 계속 복제하며, 또 다른 돌연변이들은 일회의 복제가 완료될 때까지 계속한다. 이러한 세 가지 유형의 돌연변이들은 어떻게 다를 수 있을까?
7. 사람의 세포에서 복제하는 동안의 오류율이 세균의 것 약 10^{-9}과 동일하다고 가정하자. 이 오류율은 두 가지 세포들에 어떻게 다르게 영향을 줄까?
8. 〈그림 7-19〉는 세포들이 고정되기 전에 30분 미만 동안 [^{3}H]티미딘과 함께 배양된 실험에서 얻은 결과를 나타낸 것이다. 여러분은 한 시간 동안의 표지 기간 이후에 이 사진이 어떻게 나타날 것으로 예상하는가? 여러분은 전체 유전체가 한 시간 이내에 복제된다고 결론지을 수 있는가? 만약 그렇지 않으면, 왜 아닌가?
9. 복제개시점들은 A-T 염기쌍들이 매우 많은 부위를 갖는 경향이 있다. 여러분은 이러한 부위들이 어떤 기능을 수행할 수 있을 것으로 생각하는가?
10. DNA 복제가 핵질보다는 핵 기질과 함께 일어나는 것에 대하여 여러분은 무슨 장점들을 예상할 수 있는가? 적은 수의 복제초점(replication focus)에서 일어나는 복제의 장점들은 무엇인가?
11. 사람 세포들이 개구리의 세포들보다 더 효율적인 수선 체계를 갖는 여러분이 예상할 수 있는 몇 가지 이유들은 무엇인가?
12. [^{3}H]티미딘에 노출된 두 세포 즉, 하나의 세포는 DNA 복제(S기)가 일어났고 다른 하나의 세포는 복제가 일어나지 않았다. 여러분은 이 두 세포의 자가방사기록 사진들을 비교하게 되어 있다고 가정해 보자. 여러분은 이 세포들의 자가방사기록 사진들이 어떻게 다를 것이라고 예상하는가?
13. 어떻게 활발하게 전사되는 DNA가 조용하게 전사되는 DNA보다 우선적으로 수선되는지를 설명해 줄 모형을 구성하시오.

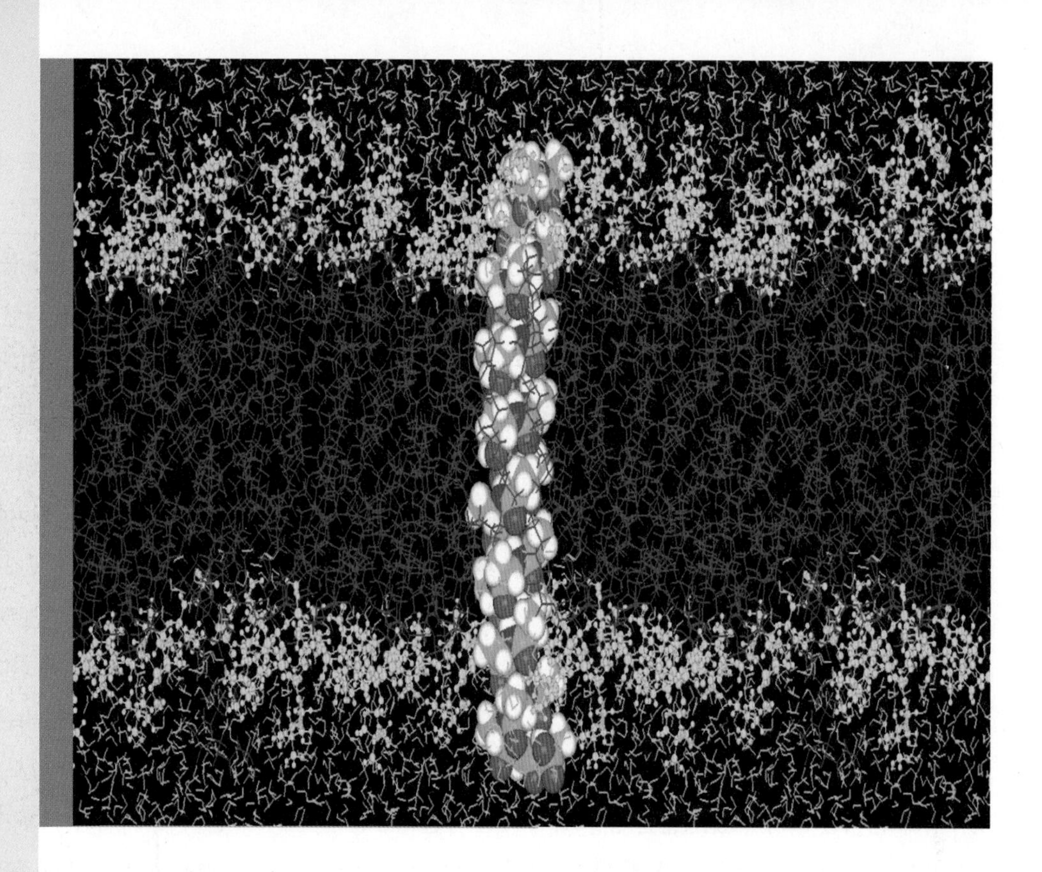

제 8 장

세포의 막

집이나 자동차의 바깥벽은 그 안에 거주하는 사람을 예측할 수 없는 거친 외부 세계로부터 보호해 주는 강하고 단단한 장벽이다. 살아있는 세포 역시 흔히 좋지 않은 환경으로부터 섬세한 내부 구성물을 보호해야만 한다. 따라서 세포의 외부 경계도 벽과 마찬가지로 단단하고 침투할 수 없는 장벽으로 만들어져 있을 것으로 생각할 수 있다. 그러나 세포는 단지 5~10나노미터(nm) 두께에 지나지 않는 **원형질막**(原形質膜, plasma membrane)이라는 얇고 약한 구조에 의해 외부 세계와 분리되어 있다. 원형질막 약 5,000개를 차곡차곡 쌓아야 이 책의 한 페이지 두께와 비슷할 것이다.

원형질막은 너무 얇아서 광학현미경으로 관찰하기 전까지는 그 존재조차 알아낼 수 없었다. 실제로 1950년대에 이르러서야 조직을 처리하여 염색하는 기술이 발전하여 원형질막을 전자현미경으로 관찰할 수 있게 되었다. 듀크대학교(Duke University)의 로버트슨(J. D. Robertson)이 촬영한 것과 같은(그림 8–1*a*), 초기 전자현미경 사진에서 원형질막은 3층 구조로 보인다. 즉, 진하게 염색된 내층과 외층, 그리고 연하게 염색된 중간층으로 이루어져 있다. 원형질막, 핵막, 세포질의 막(그림 8–1*b*)이든, 또는 식물, 동물, 미생물 등에서 얻은 막이든, 모

(각각 2개의 미리스토일 지방산을 갖고 있는) 포스파티딜콜린 분자들과 (알라닌 32개로 구성된) 막횡단 나선 단백질로 이루어진 지질2중층이 완전히 수화(水和)된 모형.

든 막들을 면밀하게 살펴보면 모두 이와 동일한 미세구조를 보인다. 이들 전자현미경 사진을 통해 결정적으로 중요한 세포 구조를 볼 수 있게 되었을 뿐만 아니라, 막의 구조와 기능에 관한 핵심 주제가 된 막을 이루는 다양한 층의 분자 조성에 관한 격렬한 논쟁이 시작되었다. 간략하게 살펴보면, 세포의 막은 지질2중층으로 구성되며, 〈그림 8-1〉의 전자현미경 사진에서 진하게 염색된 두 층은 2중층의 안쪽과 바깥쪽의 극성 표면(이 장의 첫 페이지 사진에서 노란색 원자에 해당)이다. 막의 구조에 대한 논의로 돌아가기 전에, 먼저 세포의 생활에서 몇 가지 막의 주요 기능을 살펴보도록 한다(그림 8-2). ■

8-1 막 기능의 개요

1. **구획화**. 막은 이어져 있는 얇은 층으로, 구획을 확실하게 둘러싸고 있다. 원형질막은 전체 세포의 내용물을 둘러싸고 있는 반면에, 핵막과 세포질에 있는 막들은 다양한 세포 내부 공간을 둘러싸고 있다. 막으로 둘러싸인 세포의 다양한 구획은 각각 현저히 다른 내용물을 지니고 있다. 막의 구획화로 인해 특정한 세포 활동이 외부 방해 없이 일어날 수 있으며, 서로 독립적으로 조절될 수 있다.
2. **생화학 활성을 위한 골격**. 막은 구획을 둘러싸고 있을 뿐만 아니라, 그 자체가 하나의 독특한 구획이기도 하다. 용액 속에 있는 반응물은 안정된 위치에 머물러 있을 수 없으며 무작위로 일어나는 충돌에 의해 상호작용을 한다. 막의 구조는 세포에서 구성 요소들이 효과적인 상호작용을 위해 배열될 수 있는 광범위한 틀 또는 골격의 역할을 한다.
3. **선택적 투과 장벽**. 막은 분자들이 한 곳에서 다른 곳으로 무제한으로 교환되지 않도록 한다. 그와 동시에 서로 나뉘어져 있는 구획 사이의 소통 수단이기도 하다. 세포를 둘러싸고 있는 원형질막은 성(城) 주위의 해자(垓字)에 비유할 수 있다. 원형질막과 해자 모두 일반적인 울타리 역할을 하지만, 선별된 성분은 드나들 수 있도록 하는 문이 달린 "연결 다리(bridge)"를 갖고 있다.
4. **용질의 수송**. 원형질막은 막의 한 쪽에서 다른 쪽으로 물질을 물리적으로 수송하는 기구를 갖고 있는데, 때로는 물질의 농도

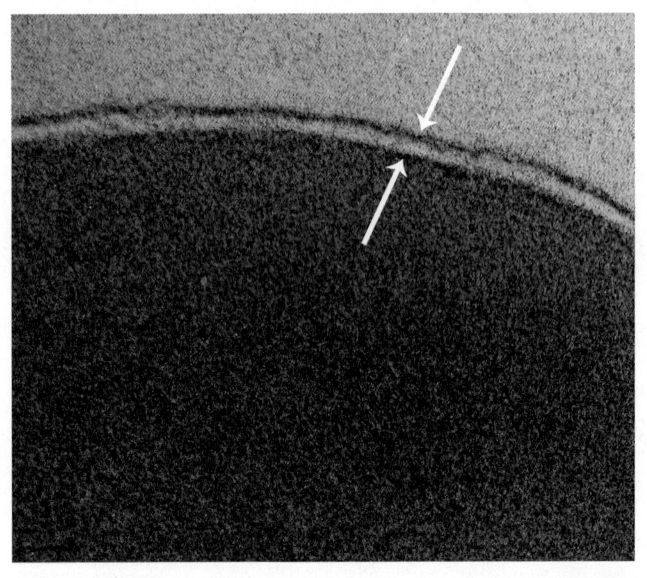

(a) 50nm

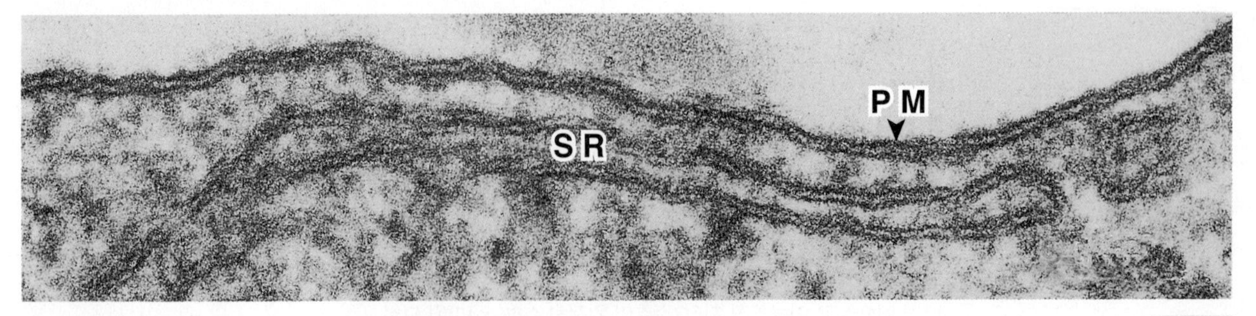

(b) 0.1μm

그림 8-1 3층(trilaminar)으로 보이는 막. (*a*) 중금속인 오스뮴(osmium)으로 염색한 적혈구 원형질막이 3층으로 된 구조를 보이는 전자현미경 사진. 오스뮴은 지질2중층의 극성 머리부위에 선별적으로 결합하여 3층 양상을 나타낸다. 화살표는 막의 안쪽과 바깥쪽 가장자리를 나타낸다. (*b*) 분화된 배양 근육세포의 바깥쪽 가장자리에서 원형질막(PM)과 근소포체(SR) 막의 비슷한 3층 구조를 볼 수 있다. 근소포체(筋小胞體, sarcoplasmic reticulum, SR)는 칼슘을 저장하는 세포질의 구획이다.

가 낮은 곳에서 더 높은 곳으로 수송하기도 한다. 따라서 당과 아미노산 등 세포의 물질대사에 에너지를 제공하거나 고분자 합성에 필수적인 분자들이 세포 안에 축적된다. 원형질막은 또한 특정한 이온을 수송할 수 있어서 자신을 사이에 둔 이온기울기를 생성할 수도 있다. 이러한 능력은 특히 신경과 근육 세포에서 중요하다.

5. **외부 신호에 대한 반응**. 원형질막은 외부 자극에 대한 세포의 반응과정인 **신호전달**(信號傳達, signal transduction)이라는 중요한 역할을 수행한다. 막에는 **수용체**(受容體, receptor)가 있어서 이와 상보적 구조를 갖는 특수 분자인 **리간드**(ligand)와 결합할 수 있다. 종류가 다른 세포는 막에 있는 수용체가 서로 다르므로 주위 환경에서 서로 다른 리간드를 인식하고 대응할 수 있다. 원형질막 수용체와 외부 리간드의 상호작용으로 막에 신호가 발생될 수 있는데, 이로 인해 세포 내부의 활성이 촉진되거나 억제된다. 예를 들면, 원형질막에서 발생된 신호는 어떤 세포에게 글리코겐을 더 만들게 하거나, 세포분열을 준비하게 하거나, 특정 화합물을 농도가 더 높은 쪽으로 이동하게 하거나, 내부 저장소에 있는 칼슘을 방출하게 하거나, 또는 스스로 자살하게 할 수도 있다.
6. **세포 사이의 상호작용**. 다세포생물의 원형질막은 모든 살아있는 세포의 가장 바깥에 놓여 있기 때문에 한 세포와 이웃 세포 사이의 상호작용을 중재한다. 원형질막을 통해서 세포는 서로 인식하고 신호를 주고받으며, 적절한 때에는 결합하기도 하고, 물질과 정보를 교환하기도 한다.
7. **에너지 전달**. 막은 에너지가 한 형태에서 다른 형태로 전환되는 과정(에너지 전달)에 밀접하게 관여한다. 가장 근본적인 에너지 전달은 광합성에서 일어난다. 막에 결합된 색소가 햇빛 에너지를 흡수하여 화학 에너지로 전환하고 탄수화물에 저장한다. 막은 또한 탄수화물과 지방의 화학 에너지를 ATP로 전달하는 과정에도 관여한다. 진핵세포에서 이러한 에너지 전환 기구는 엽록체와 미토콘드리아의 막 속에 있다.

이 장(章)에서는 원형질막의 구조와 기능에 대해서만 설명할 것이지만, 여기에서 논의하는 원리는 세포의 모든 막에 공통이라는 사실을 기억하자. 미토콘드리아 막(제9장), 엽록체 막(제10장), 세포질 막(제12장), 핵막(제6장)의 특수한 구조와 기능에 대해서는 따로 설명하였다.

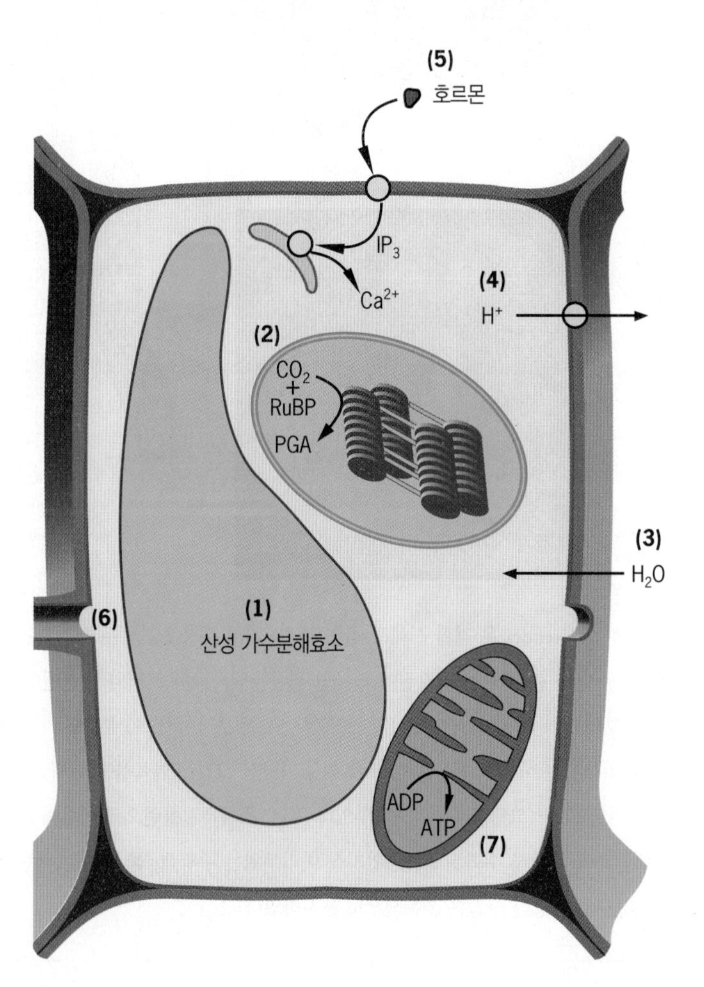

그림 8-2 식물세포에서 막의 기능 요약. (1) 막으로 감싸여 있는 액포(液胞, vacuole) 안에 산성 가수분해효소를 격리하는 구획화. (2) 효소가 위치하는 장소 역할. 식물세포에서 CO_2 고정은 엽록체 틸라코이드의 바깥 표면에 있는 효소에 의해 이루어진다. (3) 선택적 투과장벽 역할. 물 분자는 원형질막을 빠르게 투과할 수 있어서, 식물세포의 이용 가능한 공간을 채우도록 하여 세포벽에 대한 압력을 발생시킨다. (4) 용질의 수송. 원형질막에 있는 수송단백질이 세포질에서 다양한 대사과정에 의해 생성된 수소 이온을 식물세포 밖의 세포외공간으로 퍼낸다. (5) 한 곳에서 다른 곳으로 정보를 전달하는 신호전달. 이 예에서는 어떤 호르몬(예: 앱시스산)이 원형질막의 바깥 표면에 결합하여 화학신호분자(예: IP_3)를 세포질 안으로 방출하도록 한다. IP_3는 세포질의 저장소 안에 있는 Ca^{2+}을 방출하도록 한다. (6) 세포－세포 소통. 원형질연락사(原形質連絡絲, plasmodesmata)라고 하는 인접한 식물세포 사이의 구멍을 통해 한 세포의 세포질에 있는 물질이 이웃한 다른 세포로 직접 이동할 수 있다. (7) 에너지 전환. ADP는 미토콘드리아 내막과 밀접하게 연계되어 ATP로 전환된다.

8-2 원형질막 구조 연구의 간략한 역사

세포의 바깥 경계층이 갖고 있는 화학적 성질에 대한 첫 통찰은 1890년대에 쮜리히대학교(University of Zurich)의 에른스트 오버튼(Ernst Overton)에 의해 이루어졌다. 오버튼은 비극성 용질이 극성 용매보다 비극성 용매에 더 잘 녹으며, 극성 용질은 그 반대의 성질을 갖는다는 사실을 알았다. 그는 그 이유가 물질이 세포 안으로 들어가려면 먼저 세포의 바깥 경계층에 녹아야 하기 때문이라고 생각하였다. 바깥 경계층의 투과성을 조사하기 위하여 오버튼은 식물의 뿌리털을 다양한 용질이 들어 있는 수백 가지의 용액에 담갔다. 그는 용질이 지용성일수록 뿌리털 세포로 빠르게 들어가는 사실을 깨달았다. 그는 세포 바깥 경계층의 용해력(溶解力)은 지방유(脂肪油, fatty oil)의 용해력과 대등하다고 결론지었다.

1925년에 네덜란드 과학자인 고터(E. Gorter)와 그렌델(F. Grendel)은 세포의 막이 지질2중층으로 이루어졌을 것이라고 처음으로 제안하였다. 이들은 사람의 적혈구에서 지질을 추출하여 물 위에 얇게 덮은 후 그 표면의 면적을 측정하였다(그림 8-3*a*). 성숙한 포유류 적혈구에는 핵과 세포소기관이 모두 없기 때문에 원형질막이 세포에서 지질을 포함하는 단 하나의 구조이다. 따라서 적혈구에서 추출한 모든 지질은 세포의 원형질막에 있었던 것으로 가정할 수 있다. 지질을 추출해 낸 적혈구의 표면적과 추출한 지질로 덮인 물의 표면적의 비율이 1.8:1~2.2:1로 나타났다. 고터와 그렌델은 실제 비율은 2:1이라고 추정하고, 원형질막은 2층의 지질 분자인 **지질2중층**(脂質二重層, lipid bilayer)을 포함한다고 결론지었다(그림 8-3*b*). 그들은 또한 지질 분자의 각 층(*leaflet*)의 극성 부위는 물을 향해 바깥쪽으로 향한다고 주장하였다(그림 8-3*b,c*). 이렇게 배열되면 지질의 극성 머리부위가 주위의 물 분자와 상호작용하여 소수성(疏水性)인 지방산 아실(fatty acyl) 사슬이 물과 만나

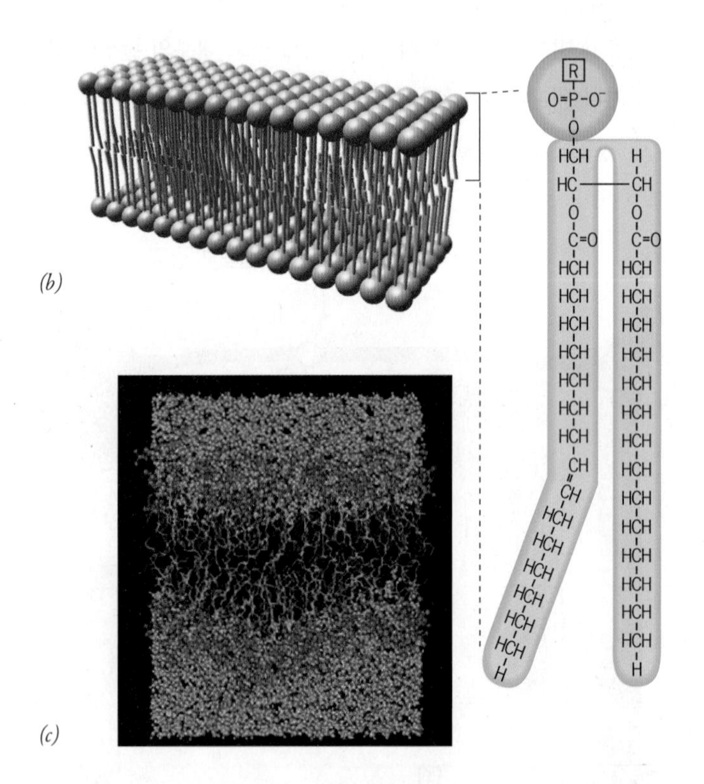

그림 8-3 원형질막은 지질2중층을 갖는다. (*a*) 지질 시료의 표면적 계산. 인지질 시료를 유기용매에 녹인 후 물 표면 위에 펼치면, 인지질 분자가 물 위에 분자 하나의 두께인 단분자층을 형성한다. 이 분자들은 자신의 친수성 부위는 물 표면과 결합하고, 소수성 부위는 공기 쪽으로 향하도록 배열된다. 이 지질이 막을 이루고 있던 것이라면, 이들이 덮을 수 있는 표면적을 계산하기 위해 움직일 수 있는 장벽을 이용하여 지질 분자를 한데 모을 수 있다. 고안자의 이름을 따서 랑뮈르 물통(Langmuir trough)이라고 하는 도구를 이용하여 고터(Gorter)와 그렌델(Grendel)은 적혈구 세포에는 표면을 지질 분자 2층의 두께(2중층)로 덮을 수 있는 충분한 양의 지질이 있다고 결론지었다. (*b*) 고터와 그렌델이 최초로 제안한 바와 같이 막의 핵심은 2층의 인지질 분자이며, 이 분자들의 수용성 머리부위는 바깥 표면을 향하고 소수성 지방산 꼬리는 안쪽을 향한다. 머리부위의 구조는 〈그림 8-6*a*〉에 나와 있다. (*c*) 포스파티딜콜린으로 이루어진 지질2중층이 완전히 수화된 모형. 인지질 머리부위는 주황색, 물 분자는 파란색과 하얀색, 지방산 사슬은 초록색으로 표시하였다.

지 않도록 하기 때문에 열역학(熱力學)적으로도 자연스럽다(그림 8-3*c*). 따라서 극성 머리부위의 한쪽은 원형질을 향하고 반대쪽은 혈장을 향하게 된다. 고터와 그렌델은 실험에서 (우연하게 서로 상쇄된) 몇 가지 실수를 하기는 했지만, 그래도 막에 지질2중층이 있다는 올바른 결론에 도달하였다.

1920년대와 1930년대에 세포생리학자들은 막이 단순히 지질2중층만은 아니고 무엇인가가 더 있어야 한다는 증거를 찾아내었다. 예를 들면, 지질용해도가 어떤 물질이 원형질막을 통과할 수 있는지 여부를 결정하는 단 하나의 요소가 아니라는 사실이 밝혀졌다. 또한 막의 표면장력을 계산하였더니 순수한 지질 구조에 비해 훨씬 낮았는데, 막에 단백질이 존재하여야 이러한 사실을 설명할 수 있다. 1935년에 휴 데이브슨(Hugh Davson)과 제임스 다니엘리(James Danielli)는 원형질막이 지질2중층이며 안쪽과 바깥쪽에 구형(球形) 단백질들로 된 하나의 층이 덮여있는 구조라고 제안하였다. 그들은 1950년대 초반에 자신들이 연구한 막의 선택적 투과성을 설명하기 위해 막의 모형을 수정하였다. 데이브슨과 다니엘리

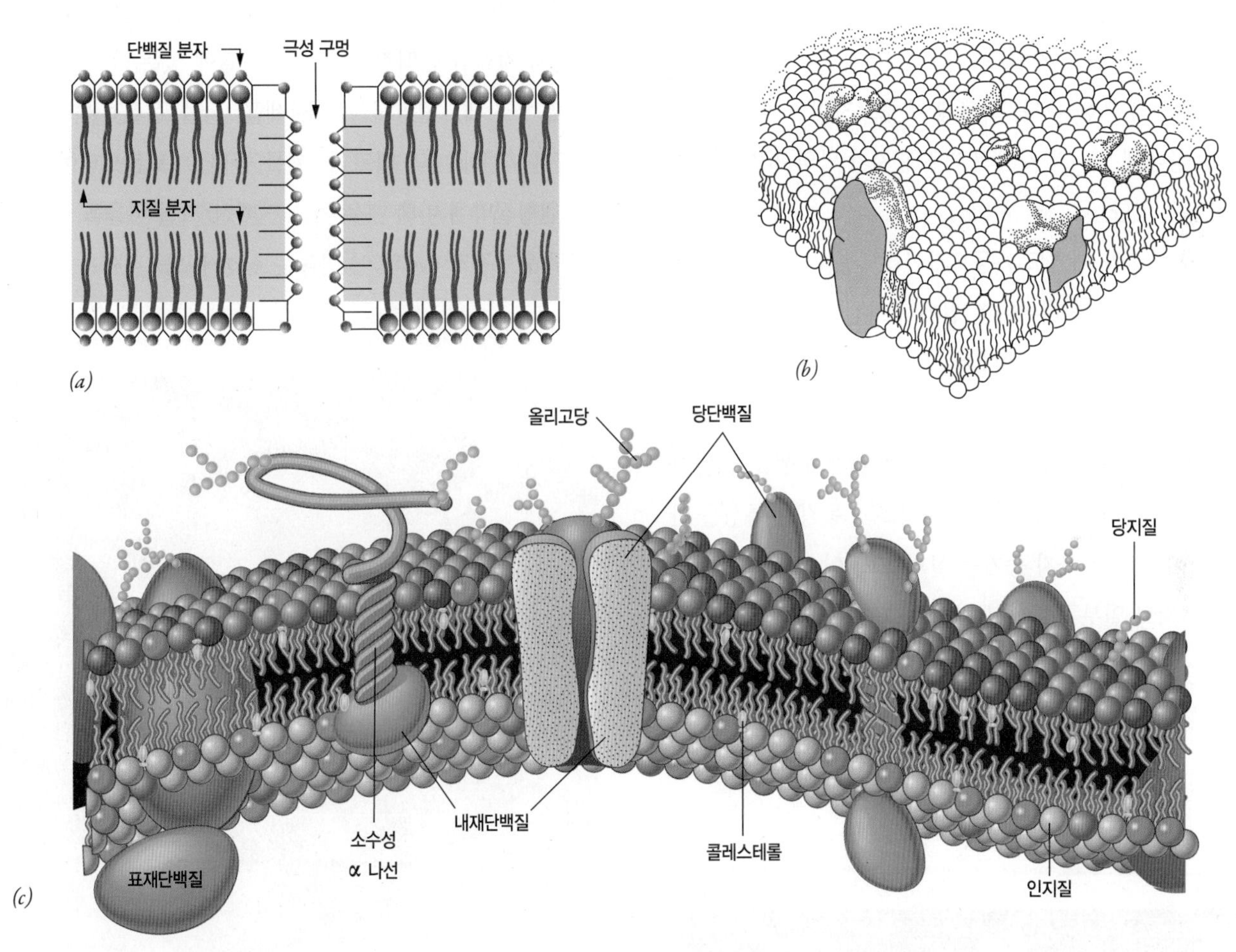

그림 8-4 원형질막 구조 연구의 간략한 역사. (*a*) 양쪽 표면에 단백질의 단일 분자층으로 덮인 지질2중층을 보여주는 데이브슨(Davson)-다니엘리(Danielli) 모형의 1954년 수정판. 단백질이 막에서 뻗어나와 단백질로 덮인 구멍을 형성한다. (*b*) 1972년 싱어(Singer)와 니콜슨(Nicholson)이 제안한 막 구조의 유동모자이크모형. 이전 모형과 다르게 단백질이 지질2중층을 관통한다. 여기에 보인 최초의 모형에서는 단백질이 2중층에 부분적으로만 묻혀있지만, 많은 지질-관통 단백질이 전체 2중층을 횡단한다. (*c*) 현재 받아들이고 있는 원형질막 모형은 싱어와 니콜슨이 제안한 것과 기본적으로 구성이 같다. 대부분의 막단백질과 약간의 인지질은 외부 표면에 짧은 당 사슬을 갖고 있는 당단백질과 당지질이다. 지질2중층 속으로 뻗어있는 폴리펩티드 사슬 부분은 대개 소수성 아미노산으로 이루어진 알파(*α*) 나선을 이룬다. 2중층의 두 층은 각각 다른 종류의 지질을 갖고 있으며, 이를 나타내기 위해 머리부위의 색을 다르게 표시하였다. 바깥쪽 층에는 특수한 지질 종류가 덩어리를 이룬 미세영역("뗏목")이 있을 수 있다.

는 수정된 모형(그림 8-4*a*)에서, 지질2중층의 바깥쪽과 안쪽에 단백질 층이 있으며, 이에 더해 단백질로 덮인 구멍이 지질 층을 관통하고 있어서 극성 용질과 이온이 세포 안팎으로 통과할 수 있다고 주장하였다.

1960대 후반에 수행한 많은 실험의 결과로 막 구조에 대한 새로운 개념이 나타났다. 1972년 캘리포니아대학교(University of California, San Diego)의 조나단 싱어(Jonathan Singer)와 가쓰 니콜슨(Garth Nicolson)은 **유동모자이크모형**(fluid-mosaic model)을 제안하였다. 30년이 지나도록 막생물학(膜生物學, membrane biology)의 "중심이론"이 된 유동모자이크모형에서는 여전히 지질2중층이 막의 핵심 역할을 하지만, 특히 관심은 지질의 물리적 상태에 집중된다. 이전의 모형들과는 다르게, 유동모자이크 막의 2중층은 유동(流動) 상태에 있어서 각각의 지질 분자가 막의 평면을 따라 옆으로 이동할 수 있다.

막단백질의 구조와 배열도 유동모자이크모형에서는 지질층을 뚫고 들어가 "모자이크"를 이룬다는 점에서 이전 모형들과 다르다(그림 8-4*b*). 유동모자이크모형에서 가장 중요한 점은 세포막을 동적인 구조로 설명한 것으로써, 막의 구성요소들이 이동하며 일시적으로 또는 반영구적으로 다양한 상호작용을 함께 수행할 수 있다는 것이다. 다음 절(節)들에서 이러한 막 구조의 동적인 특성을 만들어내고 지지해주는 몇 가지 증거를 살펴보고, 이 모형이 개선되도록 한 최근의 자료 일부를 살펴볼 것이다(그림 8-4*c*).

복습문제

1. 진핵세포 생물에서 막의 중요한 역할 몇 가지를 설명하시오. 이러한 기능의 일부를 수행할 수 없는 막에서는 어떠한 효과가 나타날 것이라고 생각하는가?
2. 막 구조를 설명하는 현재 모형에 이르게 된 주요 단계를 요약하시오. 각각의 새로운 모형은 이전 모형의 기본 원리를 얼마나 유지하였는가?

8-3 막의 화학적 조성

막은 구성성분들이 비공유결합(非共有結合)에 의해 얇은 층을 이루는 지질-단백질 조립체이다. 앞서 설명한 바와 같이, 막의 핵심부는 2층으로 배열된 지질 분자로 이루어져 있다(그림 8-3*b*,*c*). 지질2중층은 주로 막의 구조적 골격을 이루며 수용성 물질이 세포 안팎으로 무작위로 드나드는 것을 방지하는 장벽 역할을 한다. 한편, 막의 단백질은 〈그림 8-2〉에 요약한 대부분의 특수한 기능을 수행한다. 분화된 세포의 종류에 따라 고유한 막단백질을 갖고 있어서, 세포마다 특별한 활성을 나타내게 된다(예로서, 〈그림 8-32*d*〉 참조).

막의 지질과 단백질 비율은 세포질에 있는 막의 종류(원형질, 소포체, 골지체), 생명체의 종류(세균, 식물, 동물), 세포의 종류(연골, 근육, 간)에 따라 다르다. 예를 들면, 미토콘드리아 내막은 적혈구 원형질막에 비해 매우 높은 단백질/지질 비율을 보인다. 또한 적혈구 원형질막에서의 이 비율은 신경세포를 감싸는 다중층(多重

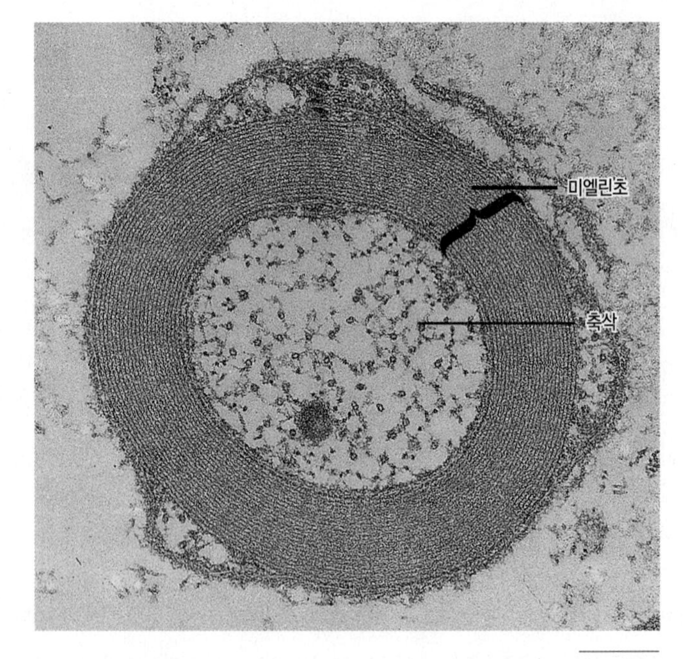

그림 8-5 미엘린초. 미엘린초로 감싸인 신경세포 축삭(軸索, axon)의 전자현미경 사진. 미엘린초는 단백질/지질 비율이 매우 낮은 원형질막이 동심원 층을 이루고 있다. 미엘린초는 신경세포를 외부 환경과 절연시킴으로써 신경충격이 축삭을 따라 이동하는 속도를 증가시킨다. 각각의 막에서 돌출되어 서로 맞물려 있는 단백질(P_0라고 함)에 의해 층 사이의 완벽한 간격이 유지된다.

層)을 이루는 미엘린초의 막에 비해 높다(그림 8–5). 대개의 경우 이러한 차이는 막의 기본적인 기능과 연계되어 나타난다. 미토콘드리아 내막은 전자전달(電子傳達) 사슬(electron-transfer chain)의 단백질 운반체를 갖고 있으며, 다른 막에 비해 지질 함량이 적다. 반면, 미엘린초는 주로 신경세포를 감싸서 전기적으로 절연시키는데, 단백질을 최소한도로 가지며 전기 저항이 큰 두꺼운 지질층이 이러한 절연 기능을 가장 잘 수행한다. 막에는 탄수화물도 지질과 단백질에 결합한 형태로 포함되어 있다(그림 8–4*c*).

8-3-1 막지질

막에는 다양한 지질이 포함되어 있으며, 이들 모두는 **양친매성**(兩親媒性, amphipathic)이다. 즉, 친수성 부위와 소수성 부위를 모두 갖고 있다. 포스포글리세리드, 스핑고리피드, 콜레스테롤은 세 종류의 주요 막지질(膜脂質)이다.

8-3-1-1 포스포글리세리드

대부분의 막지질은 인산기를 1개 갖고 있는 **인지질**(燐脂質, phospholipid)이다. 막의 인지질은 대부분 글리세롤을 골격으로 하기 때문에 이들을 **포스포글리세리드**(phosphoglyceride)라고 한다(그림 8–6*a*). 지방산을 3개 갖고 있으며 양친매성이 아닌 트리글리세리드와는 달리, 막의 글리세리드는 디글리세리드(*diglyceride*)이다. 이것은 글리세롤의 수산기 3개 중에서 2개만 지방산과 에스테르 결합을 하며, 세 번째 수산기는 친수성 인산기와 에스테르 결합을 한 지질이다. 인산기 1개와 지방산 2개로만 이루어진 분자를 포스파티드산(*phosphatidic acid*)이라고 하는데, 이러한 분자는 막에 거의 존재하지 않는다. 막에 있는 포스포글리세리드는 대개 인산기에 콜린, 에탄올아민, 세린, 이노시톨 등이 추가로 결

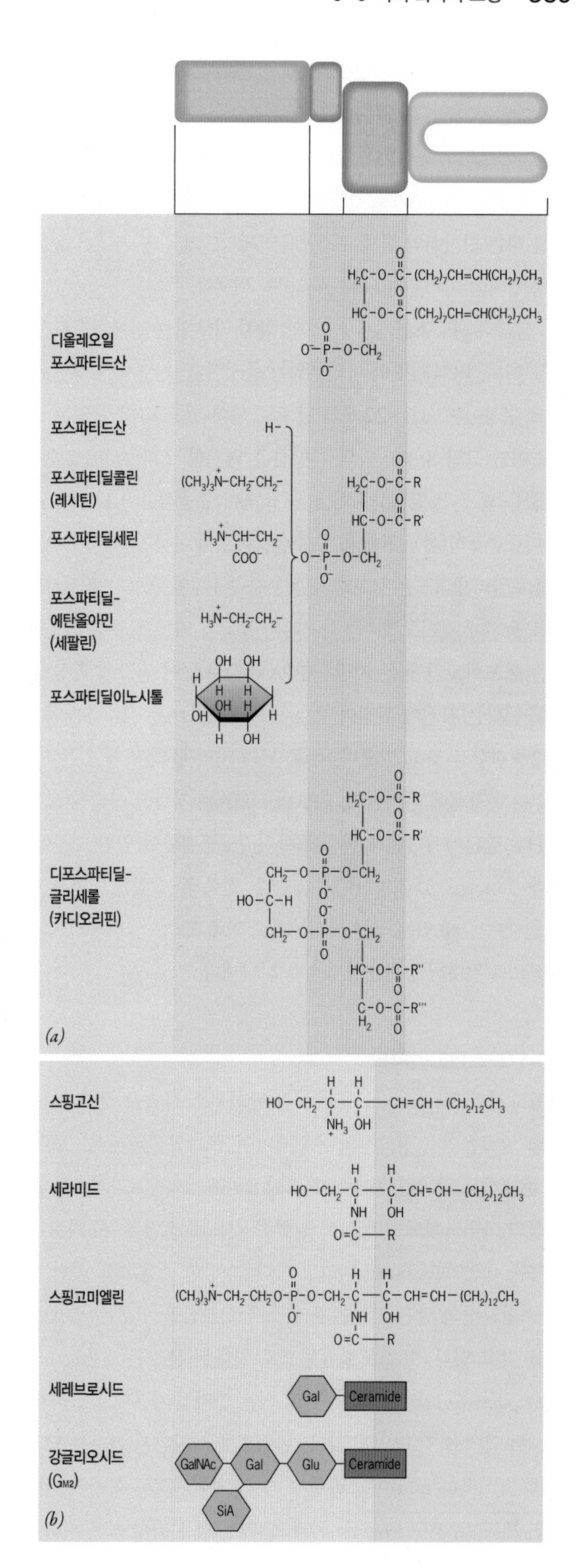

그림 8-6 막지질의 화학적 구조. (*a*) 포스포글리세리드의 구조(그림 2–22 참조). (*b*) 스핑고지질의 구조. 스핑고미엘린은 인지질이고, 세레브로시드와 강글리오시드는 당지질이다. 콜레스테롤도 지질이며, 〈그림 8–7〉에 나타내었다. (R=지방산 사슬). [각 지질의 초록색 부위는 소수성 꼬리를 나타내며, 실제로는 친수성 머리보다 훨씬 길다(그림 8–23 참조).]

합하여, 각각 포스파티딜콜린(*phosphatidylcholine*, PC), 포스파티딜에탄올아민(*phosphatidylethanolamine*, PE), 포스파티딜세린(*phosphatidylserine*, PS), 포스파티딜이노시톨(*phosphatidylinositol*, PI)을 형성한다. 추가로 결합한 분자는 모두 작고 친수성이며, 음전하를 띠는 인산기와 함께 포스포글리세리드의 한쪽 끝에서 높은 친수성 영역인 머리부위(head group)를 이룬다.

생리적 pH 조건에서 PS와 PI의 머리부위는 전체적으로 음전하를 띠며, PC와 PE의 머리부위는 중성이다. 반면에 지방산 사슬은 소수성이며, 16~22개의 탄소로 되어 있고 가지가 없는 탄화수소이다(그림 8–6). 막의 지방산은 완전히 포화(飽和; 2중결합이 없음)되거나, 단일불포화(單一不飽和; 2중결합이 1개 있음) 또는 다중불포화(多重不飽和; 2중결합이 2개 이상 있음)될 수 있다. 포스포글리세리드는 불포화지방산 사슬 1개와 포화지방산 사슬 1개를 동시에 갖기도 한다. 최근에는 물고기 기름에 풍부하게 존재하는 불포화도가 높은 지방산(EPA와 DHA)이 건강에 확실히 도움이 된다는 사실에 관심이 높다. EPA와 DHA는 각각 5개와 6개의 2중결합을 갖고 있으며, 주로 뇌와 망막 등의 막에 있는 PE와 PC 분자 형성에 참여한다. EPA와 DHA는 지방산 사슬의 오메가(CH_3) 말단에서 3번째 탄소에 마지막 2중결합이 있기 때문에 오메가-3(omega-3) 지방산이라고 한다. 한쪽 끝에 있는 지방산 사슬과 반대쪽 끝에 있는 극성 머리부위로 인해 포스포글리세리드는 전체적으로 뚜렷한 양친매성 특성을 나타낸다.

8-3-1-2 스핑고리피드

스핑고리피드(sphingolipid)는 긴 탄화수소 사슬을 갖고 있는 아미노-알코올인 스핑고신의 유도체이며, 포스포글리세리드보다 적게 존재하는 막지질 종류이다(그림 8–6*b*). 스핑고리피드는 스핑고신의 아미노기에 지방산이 결합한 것으로(그림 8–6*b*의 R), 이 분자를 세라미드(*ceramide*)라고 한다. 다양한 스핑고신-기반 지질은 스핑고신의 말단 알코올과 에스테르 결합을 이루는 추가 원자단을 갖고 있다. 포스포릴콜린으로 치환된 분자는 스핑고미엘린(*sphingomyelin*)이라고 하며, 막에 있는 인지질 가운데 유일하게 글리세롤 골격을 갖고 있지 않다. 탄수화물로 치환된 분자는 **당지질**(糖脂質, glycolipid)이라고 한다. 만약 치환된 탄수화물이 단당류이면 세레브로시드(*cerebroside*)라고 하며, 당 분자의 작은 무리이면 강글리오시드(*ganglioside*)라고 한다. 모든 스핑고리피드는 한쪽 끝에 2개의 긴 소수성 탄화수소 사슬을 가지며 반대쪽에는 1개의 친수성 영역을 갖고 있다. 따라서 이들은 모두 양친매성이며, 기본적으로 포스포글리세리드의 전체 구조와 유사하다.

당지질은 흥미로운 막 구성성분이다. 아직 많이 밝혀져 있지는 않지만, 이들이 세포의 기능에 있어서 중요한 역할을 할 것으로 암시하는 많은 증거가 있다. 신경계에는 특히 당지질이 풍부하다. 〈그림 8–5〉의 미엘린초에는 특히 갈락토세레브로시드라는 당지질 함량이 매우 높다(그림 8–6*b* 참조). 이 분자는 세라미드에 갈락토오스가 결합한 것이다. 이 반응을 수행하는 효소가 결핍된 생쥐는 극심한 근육 떨림 현상을 보이며 결국 마비가 나타난다. 이와 비슷하게, 특정한 강글리오시드(G_{M3})를 합성하지 못하는 사람은 극심한 발작과 시력상실의 특성을 보이는 심각한 신경계 질병을 앓게 된다. 당지질은 또한 일부 감염성 질환에서도 중요한 역할을 한다. 콜레라와 보툴리누스중독증을 일으키는 독소는, 인플루엔자 바이러스가 하는 것처럼, 세포 표면의 강글리오시드와 먼저 결합한 후 표적세포 안으로 들어간다.

8-3-1-3 콜레스테롤

막을 이루는 또 다른 지질 구성성분은 스테롤의 일종인 콜레스테롤(cholesterol)이며(그림 2–21 참조), 일부 동물세포에서 원형질막에 있는 지질 분자 가운데 50%나 차지하기도 한다. 콜레스테롤은 대부분의 식물과 모든 세균 세포의 원형질막에는 존재하지 않는다. 콜레스테롤 분자는 작은 친수성 수산기(–OH)가 막 표면을 향하고, 그 나머지 부분은 지질2중층 속에 묻혀있다(그림 8–7). 콜레스테롤 분자의 소수성 고리는 납작하고 단단하며, 인지질의 지방산 꼬리가 이동하는 것을 방해한다.

8-3-1-4 지질2중층의 성질과 중요성

세포의 막은 저마다 고유한 지질 조성을 갖고 있다. 즉, 서로 지질의 종류가 다르고, 머리부위의 특징과 지방산 사슬(들)의 종류도 다르다. 이러한 구조의 다양함으로 인해 일부 생체막(biological membrane)은 수백 종류의 화학적으로 다른 인지질을 포함하고 있을 것으로 추정하기도 한다. 이처럼 지질 종류의 다양함이 갖는 역할은 흥미로운 연구 주제이다.

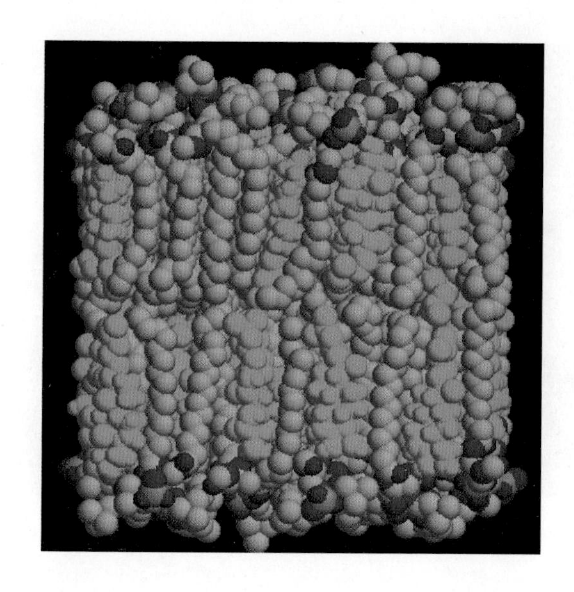

그림 8-7 콜레스테롤 분자. 지질2중층의 콜레스테롤 분자(초록색)는 작은 친수성 말단이 2중층의 바깥 표면으로 향하고, 그 나머지 대부분은 인지질의 지방산 꼬리 부위 사이를 빽빽하게 채우고 있다. 콜레스테롤 분자는 지질 탄화수소 사슬의 유연성을 방해하여 2중층이 전체적인 유동성을 유지하면서도 단단하게 해준다. 막의 다른 지질과는 다르게 콜레스테롤은 흔히 두 층 사이에 고르게 분포한다.

표 8-1 일부 생체막의 지질 조성*

지질	사람 적혈구	사람 미엘린	소 심장 미토콘드리아	*E. coli*
포스파티드산	1.5	0.5	0	0
포스파티딜콜린	19	10	39	0
포스파티딜에탄올아민	18	20	27	65
포스파티딜글리세롤	0	0	0	18
포스파티딜세린	8.5	8.5	0.5	0
카디오리핀	0	0	22.5	12
스핑고미엘린	17.5	8.5	0	0
당지질	10	26	0	0
콜레스테롤	25	26	3	0

*총 지질에 대한 무게 백분율 값.

다양한 막에 있는 주요 지질 가운데 일부의 함량을 〈표 8-1〉에 나타내었다. 막의 지질은 단순한 구조적 요소 이상이다. 즉, 막의 생물학적 성질에 중요한 영향을 줄 수 있다. 지질 조성은 막의 물리적 상태를 결정할 수 있으며, 특정한 막단백질의 활성에 영향을 줄 수 있다. 막지질은 또한 세포의 기능을 조절하는 매우 활성이 높은 화학적 신호분자의 전구물질이 되기도 한다(15-3절).

여러 방법으로 측정한 결과 지질2중층의 각 층에 결합되어 있는 지방산 사슬의 두께는 약 30옹스트롬(Å)이며, 머리부위가 (인접한 물 분자 층과 함께) 추가로 15Å 두께를 이룬다(이 장 의 첫 페이지 그림 참조). 따라서 지질2중층 전체의 두께는 약 60Å(6나노미터, 6nm)에 지나지 않는다. 양친매성 지질 분자가 이렇게 얇은 피막을 이루고 있기 때문에 세포의 구조와 기능에 현저한 영향을 미친다. 열역학적 관점에서, 지질2중층의 탄화수소 사슬은 결코 주변의 수용액에 노출되지 않는다. 따라서 막은 모서리를 가질 수 없으며, 언제나 이어져 있는 구조이다. 결과적으로 막은 세포 안에서 광범위하게 서로 연결된 망상(網狀) 구조를 이룬다. 지질2중층이 유연하기 때문에 막은 변형될 수 있으며, 이동(그림 8-8*a*)이나 세포분열(그림 8-8*b*) 도중에 전체 형태가 바뀔 수 있다. 지질2중층은 막의 조절된 융합이나 출아(出芽, budding)를 촉진하는 것으로 생각되고 있다. 예를 들면, 세포질의 소낭(小囊)이 원형질막과 융합하는 분비 과정이나 세포 2개가 융합하여 1개의 세포로 되는 수정(受精, 그림 8-8*c*) 과정에서는, 떨어져 있는 2개의 막이 한데 합쳐서 1개로 이어진 막을 형성한다(그림 12-32 참조). 어떤 세포의 내부 조성을 적절하게 유지하거나, 원형질막을 사이에 두고 전하(電荷)를 나누거나, 그 밖의 수많은 세포 활성을 유지하는 데 있어서 지질2중층의 중요성은 이 장(章)을 포함하여 연속된 몇 개의 장에서 더욱 뚜렷하게 확인할 수 있을 것이다.

지질2중층의 또 다른 중요한 특성은 스스로 조립되는 것으로, 이 현상은 살아있는 세포에서보다 시험관 내에서 더 쉽게 관찰할 수 있다. 예를 들면, 소량의 포스파티딜콜린을 수용액에 분산시키면, 인지질 분자들은 저절로 액체로 채워진 구형의 소낭(小囊)인 **리포솜**(liposome)을 형성한다. 이 리포솜의 벽은 끊어짐이 없는 지질2중층으로 이루어지는데, 천연 막의 지질2중층과 같은 방식으로 배열되어 있다. 리포솜은 막 연구에 있어서 그 가치가 매우 크다. 막단백질을 리포솜에 삽입할 수 있기 때문에 천연 막보다 훨씬

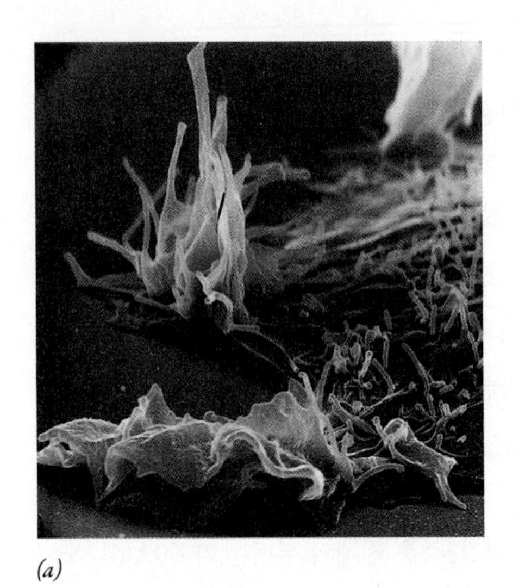
(a)

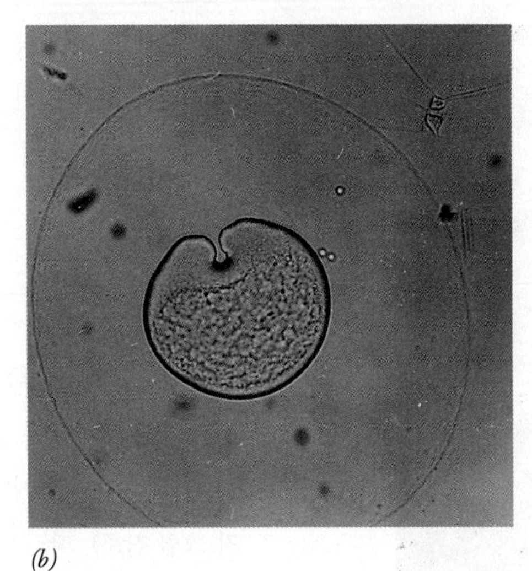
(b)

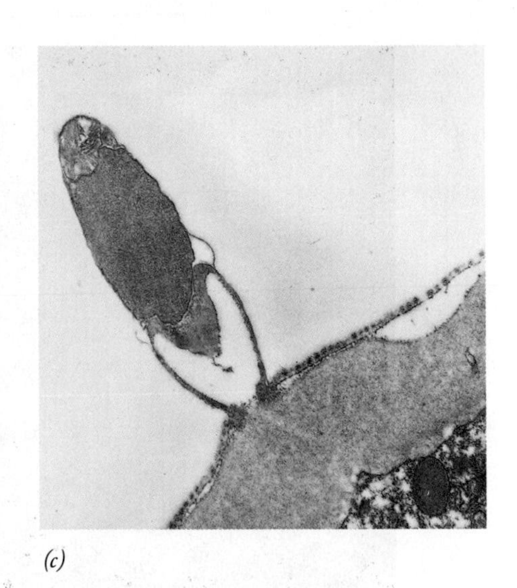
(c)

그림 8-8 원형질막의 동적인 특성. (*a*) 이동하는 세포의 앞쪽 끝부분에는 흔히 원형질막이 물결치는 주름처럼 보이는 부위가 있다. (*b*) 세포의 분열은 원형질막이 세포의 중심을 향해 당겨짐으로써 원형질막이 변형되어 일어난다. 대부분의 분열 세포와 다르게, 이 분열중인 빗해파리 난자의 분열구(分裂溝)는 한쪽 극에서 시작되어 난자를 통과하여 한 방향으로 이동한다. 빗해파리류는 유즐동물(有櫛動物, Ctenophora)의 다른 표현이다. (*c*) 막은 다른 막과 융합할 수 있다. 정자와 난자의 원형질막이 융합하려는 단계에 있다.

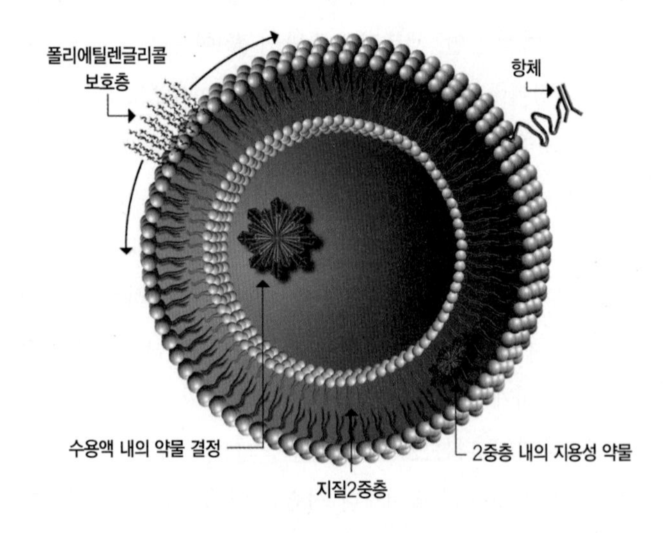

그림 8-9 리포솜. 스텔스 리포솜(stealth liposome)의 모형도. 이 리포솜은 면역세포에 의해 파괴되는 것을 막아주는 친수성 중합체(폴리에틸렌글리콜과 같은), 특정한 신체 조직을 표적으로 하는 항체 분자, 액체로 채워진 내부 공간에 들어있는 수용성 약물, 그리고 2중층에 삽입되어 있는 지용성 약물 등을 갖고 있다.

단순한 환경에서 막단백질의 기능을 연구할 수 있다. 또한 신체에 약물이나 DNA 분자를 투입하기 위한 전달수단으로 리포솜을 이용하기도 한다. 약물이나 DNA는 리포솜의 벽에 결합시킬 수도 있고 또는 내부 공간에 높은 농도로 넣을 수도 있다(그림 8-9). 이러한 연구에서는 리포솜의 벽에 (항체나 호르몬 등의) 특수한 단백질을 포함하도록 만들어, 약물이나 DNA를 보내고자 하는 특정한 표적 세포의 표면에 선택적으로 결합하도록 할 수 있다. 리포솜을 이용한 초기 임상 연구 대부분은 주입한 소낭들이 면역계의 식세포(食細胞)에 의해 빠르게 제거되기 때문에 실패하였다. 이러한 문제점을 극복하기 위해, 리포솜이 면역계에 의해 파괴되지 않도록 합성 중합체 피막으로 외부를 보호하는 이른바 스텔스 리포솜(예: Caelyx)[a)]이 개발되었다(그림 8-9).

역자 주[a)] Caelyx는 liposomal doxorubicin의 상품명이다. Doxorubicin은 anthracycline계 항생제로, DNA에 끼어들어 활성을 나타내므로 항암제로 널리 사용된다.

8-3-2 막지질의 비대칭성

지질2중층은 지질 조성이 뚜렷하게 다른 2개의 층으로 이루어져 있다. 일련의 실험 결과, 지질-분해효소가 원형질막을 침투하지 못하며, 따라서 단지 2중층의 바깥쪽 층에 있는 지질만 분해할 수 있다는 사실에서 이러한 결론을 유도할 수 있다. 사람의 온전한 적혈구에 지질분해효소를 처리하면 막에 있는 포스파티딜콜린의 약 80%가 가수분해 되지만, 포스파티딜에탄올아민은 약 20%, 포스파티딜세린은 10% 미만 정도만 분해된다. 이러한 사실은 안쪽 층에 비해 바깥쪽 층에 상대적으로 포스파티딜콜린(과 스핑고미엘린)의 농도가 높고, 포스파티딜에탄올아민과 포스파티딜세린의 양이 적다는 것을 의미한다(그림 8-10). 따라서 지질2중층은 서로 다른 물리적 화학적 성질을 가진 다소 안정되고 독립된 단일층(單一層) 2개로 이루어진 것으로 생각될 수 있다.

〈그림 8-10〉의 지질들은 서로 다른 성질을 나타낸다. 원형질막의 모든 당지질은 바깥쪽 층에 있으면서 때로는 세포외 리간드에 대한 수용체로 작용한다. 안쪽 층에 농축되어 있는 포스파티딜에탄올아민은 막이 잘 구부러지도록 하는데, 이것은 막의 출아(出芽)와 융합(融合)에 있어서 중요한 성질이다. 안쪽 층에 농축되어 있는 포스파티딜세린은 생리적 pH에서 순수 음전하를 띠며, 양전하를 띠는 리신, 아르기닌이 결합할 수 있도록 한다. 〈그림 8-18〉에서

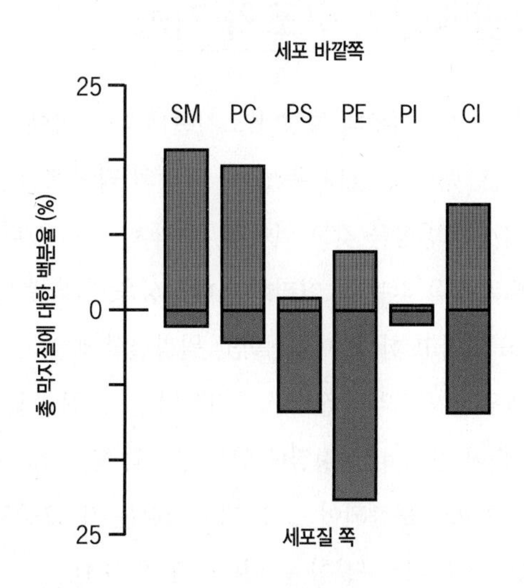

그림 8-10 사람 적혈구의 원형질막에서 인지질(과 콜레스테롤) 분포의 비대칭성. (SM, 스핑고미엘린; PC, 포스파티딜콜린; PS, 포스파티딜세린; PE, 포스파티딜에탄올아민; PI, 포스파티딜이노시톨; Cl, 콜레스테롤.)

글리코포린 A의 막을 건너지르는 알파(α) 나선 부근에 있는 리신과 아르기닌이 한 예이다. 포스파티딜세린이 노화된 림프구의 바깥 표면에 나타나면 이것이 표지가 되어 대식세포(大食細胞)에 의해 파괴된다. 반면에 혈소판의 바깥 표면에 나타나면 혈액 응고를 일으킨다. 안쪽 층에 농축되어 있는 포스파티딜이노시톨은 원형질막에서 원형질로 자극을 전달하는 중요한 역할을 한다(15-3절).

8-3-3 막탄수화물

진핵세포의 원형질막에는 탄수화물도 포함되어 있다. 원형질막의 탄수화물 함량은 생물 종과 세포 종류에 따라 무게로 2~10% 사이를 차지한다. 막탄수화물(膜炭水和物)의 90% 이상은 단백질과 공유결합을 이루어 당단백질을 형성하며, 나머지는 지질과 공유결합을 이루어 당지질을 형성한다. 〈그림 8-4*c*〉에서 나타낸 것처럼, 원형질막의 탄수화물은 모두 바깥쪽의 세포외공간을 향해 배열된다.[1] 내부 세포질 막에 있는 탄수화물도 역시 원형질에서 멀어지는 방향으로 배열된다(이렇게 배열되는 원리는 〈그림 12-14〉에 설명하였다).

단백질의 변형에 대해서는 〈2-5-3-1〉에서 간략하게 논의하였다. 탄수화물을 추가하는 당화(糖化, glycosylation)는 이러한 변형 가운데 가장 복잡한 것이다. 당단백질의 탄수화물은 짧고 가지를 친 친수성 **올리고당**(oligosaccharide)인데, 대개 사슬마다 15개 이하의 당으로 이루어져 있다. 대부분의 단당류 중합체인 고-분자량 탄수화물(예를 들면, 글리코겐이나 녹말, 셀룰로오스)과 비교하면, 막단백질과 막지질에 결합한 올리고당은 그 조성과 구조가 매우 다양하다. 올리고당은 두 가지의 주요 결합 형태로 여러 개의 서로 다른 아미노산과 결합할 수 있다(그림 8-11). 이들 돌출된 탄수화물은 세포가 주변 환경과 상호작용을 하도록 중재하고(제11장) 막단백질을 여러 세포 내 구획으로 분류하는 데(제12장) 있어서 중요한 역할을 한다. 적혈구 원형질막의 막지질에 있는 탄수화물은 사람 혈액형을 A, B, AB, 또는 O형으로 나누는 역할을 한다(그림

[1] 포스파티딜이노시톨도 당을 갖고 있다(그림 8-6). 그러나 여기에서 논의하는 막의 탄수화물 부위로는 간주하지 않는다.

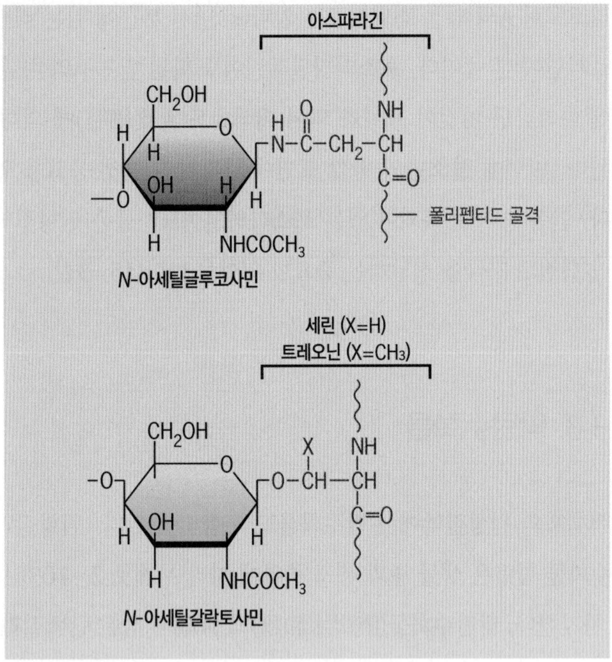

그림 8-11 폴리펩티드 사슬에 당이 연결되는 두 종류의 결합 방식. 아스파라긴과 *N*-아세틸글루코사민 사이의 *N*-글리코시드 결합이 세린이나 트레오닌과 *N*-아세틸갈락토사민 사이의 *O*-글리코시드 결합보다 흔하다.

8−12). 혈액형이 A형인 사람은 사슬의 끝에 *N*-아세틸갈락토사민(*N*-acetylgalactosamine)을 추가하는 효소를 갖고 있으며, B형인 사람은 사슬 말단에 갈락토오스를 추가하는 효소를 갖고 있다. 이 두 효소는 동일한 유전자가 변이(變異)된 상동유전자에 의해 각각 만들어지는 것으로, 서로 다른 기질을 인식한다. AB형인 사람은 두 효소를 모두 가지며, O형인 사람은 둘 다 갖고 있지 않다. ABO 혈액형 항원의 기능은 아직도 분명하지 않다.

복습문제

1. 세포의 막에 있는 주요 지질의 기본 구조를 그리시오. 스핑고리피드와 당지질은 어떻게 다른가? 어떤 지질이 인지질이고, 어떤 지질이 당지질인가? 이러한 지질들이 하나의 2중층에서 어떻게 배열되는가? 2중층이 막의 활성에 중요한 까닭은 무엇인가?
2. 리포솜은 무엇인가? 리포솜은 의학 치료에서 어떻게 사용할 수 있는가?
3. 올리고당은 무엇인가? 이들은 막단백질과 어떤 방식으로 결합되는가? 이들은 사람의 혈액형과 어떠한 관계를 갖는가?

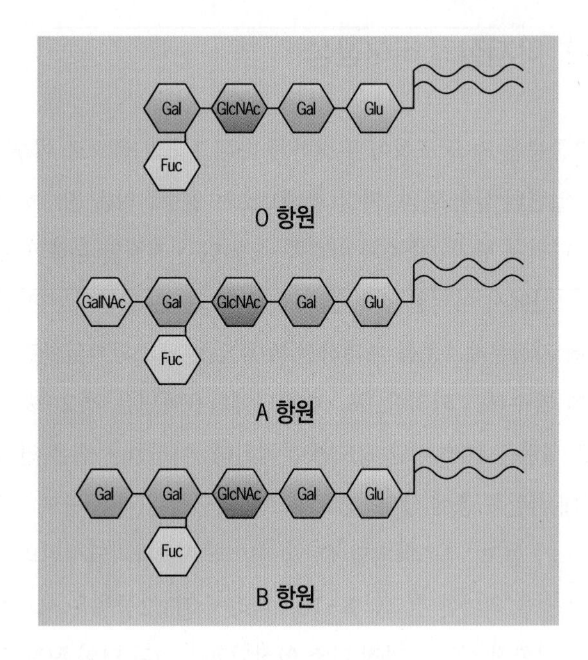

그림 8-12 혈액형 항원. 어떤 사람의 혈액형이 A, B, AB, 또는 O형 중 어떤 것으로 될 것인지는 적혈구 막의 지질과 단백질에 공유결합하고 있는 짧은 당 사슬에 따라 결정된다. 여기에서는 막지질과 결합하여 (강글리오시드를 형성함으로써) A, B, O형을 나타내는 올리고당을 보였다. AB형인 사람은 A 구조를 갖는 강글리오시드와 B 구조를 갖는 강글리오시드를 모두 갖는다. (Gal, 갈락토오스; GlcNAc, *N*-아세틸글루코사민; Glu, 포도당; Fuc, 퓨코오스; GalNAc, *N*-아세틸갈락토사민.)

8-4 막단백질의 구조와 기능

세포의 종류와 세포 내부의 특정한 소기관에 따라 막에는 수백 개의 서로 다른 단백질이 있을 수 있다. 각각의 막단백질은 세포질에 대하여 일정한 방향을 갖고 있어서, 막의 한쪽 면은 다른 쪽 면과 매우 다른 특성을 갖는다. 이러한 비대칭성을 막의 "측면성(側面性, sideness)"이라고 한다. 예를 들면, 원형질막에 있는 막단백질에서 다른 세포나 세포외 물질과 상호작용하는 부위는 세포외 공간 쪽으로 돌출되어 있으며, 원형질에 있는 분자와 상호작용하는 부위는 세포기질 쪽으로 돌출되어 있다. 막단백질은 지질2중층에 대한 친밀도에 따라 3종류로 구분할 수 있다(그림 8−13).

1. **내재단백질**(內在蛋白質, integral protein)은 지질2중층을 관통한다. 내재단백질은 **막횡단 단백질**(膜橫斷蛋白質,

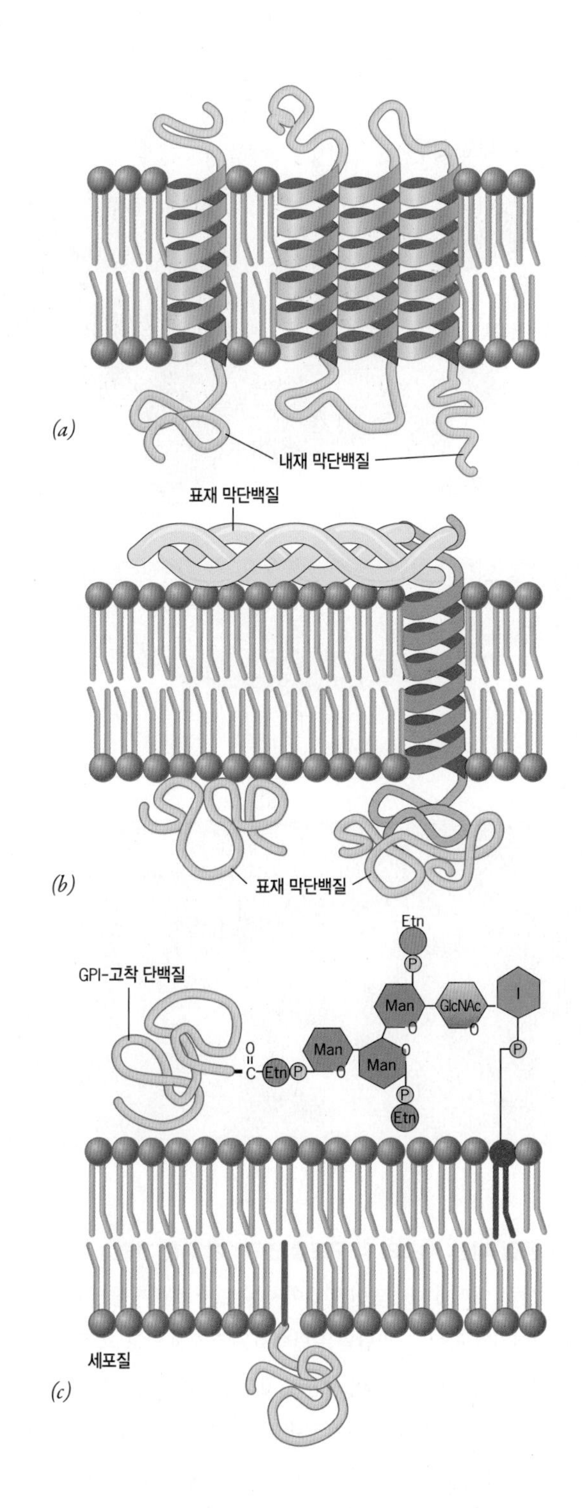

그림 8-13 세 종류의 막단백질. (*a*) 내재단백질은 일반적으로 하나 이상의 막횡단 나선을 갖고 있다(예외는 〈그림 9-4〉 참조). (*b*) 표재단백질은 지질2중층의 극성 머리부위 그리고/또는 내재 막단백질과 비공유결합을 하고 있다. (*c*) 지질-고착 단백질은 막 내부에 있는 지질과 공유결합하고 있다. 이 지질은 포스파티딜이노시시, 지방산, 또는 프레닐기(5-탄소 이소프레노이드 단위체로 이루어진 긴 사슬의 탄화수소)일 수 있다. I, 이노시톨; GlcNAc, *N*-아세틸글루코사민; Man, 만노오스; Etn, 에탄올아민; GPI, 글리코실포스파티딜이노시톨.

transmembrane protein)이다. 즉, 이들은 지질2중층을 완전히 통과한다. 그래서 이 단백질들은 세포 바깥쪽 및 세포질 쪽으로 돌출된 영역을 모두 갖고 있다. 일부 내재단백질은 막을 한 번만 통과하지만, 여러 번 통과하는 것도 있다. 유전체 서열 분석 결과, 내재단백질은 총 단백질의 20~30%를 차지하는 것으로 보인다.

2. **표재단백질**(表在蛋白質, peripheral protein)은 완전히 지질2중층의 바깥쪽, 즉 세포질 쪽 또는 세포 바깥쪽 중 어느 한 쪽에 위치하지만, 모두 비공유결합에 의해 막의 표면과 결합한다.
3. **지질-고착 단백질**(脂質-固着蛋白質, lipid-anchored protein)은 지질2중층의 바깥쪽, 즉 세포외 표면 또는 세포질쪽 표면 중 어느 한 쪽에 위치하지만 2중층 내부에 있는 지질 분자와 공유결합에 의해 연결되어 있다.

8-4-1 내재 막단백질

대부분의 내재 막단백질은 막 표면에서 특정 물질과 결합하는 수용체, 막을 통과하는 이온과 용질의 이동에 관여하는 통로나 수송체, 광합성과 세포호흡 과정 중 전자를 수송하는 전자수송체 등의 기능을 수행한다. 지질2중층의 인지질처럼 내재 막단백질도 친수성과 소수성 부위를 모두 갖고 있는 양친매성이다. 지질2중층 안에 위치하는 내재 막단백질 부위는 소수성인 경향이 있다. 이들 막횡단 영역에 있는 아미노산은 2중층의 지방산 사슬과 반데르발스(van der Waals) 상호작용을 일으켜서, 단백질이 막의 지질 "벽(壁)" 안에 밀봉되도록 한다. 그 결과 막의 투과장벽이 유지되고 단백질이 주위의 지질 분자와 직접 접촉하게 된다(그림 8-14). 막단백질과 밀접하게 결합한 지질 분자는 단백질이 활성을 나타내는 데 있어 중요한 역할을 수행할 수 있다. 그러나 특정 단백질이 특정 지질 분자와 어느 정도까지 특별하게 상호작용하여야 하는지는 아직 분명하지 않다.

내재 막단백질의 세포질 또는 세포외 공간으로 돌출된 부위는 〈2-5절〉에서 논의한 바 있는 구형 단백질과 비슷한 경향이 있다. 이들 돌출된 영역은 친수성이므로 막 경계면에서 수용성 물질(분자량이 작은 물질, 호르몬, 기타 단백질)과 상호작용하려는 경향이 있다. 몇 가지의 큰 막단백질 종류는 지질2중층을 통과하여 물이 지

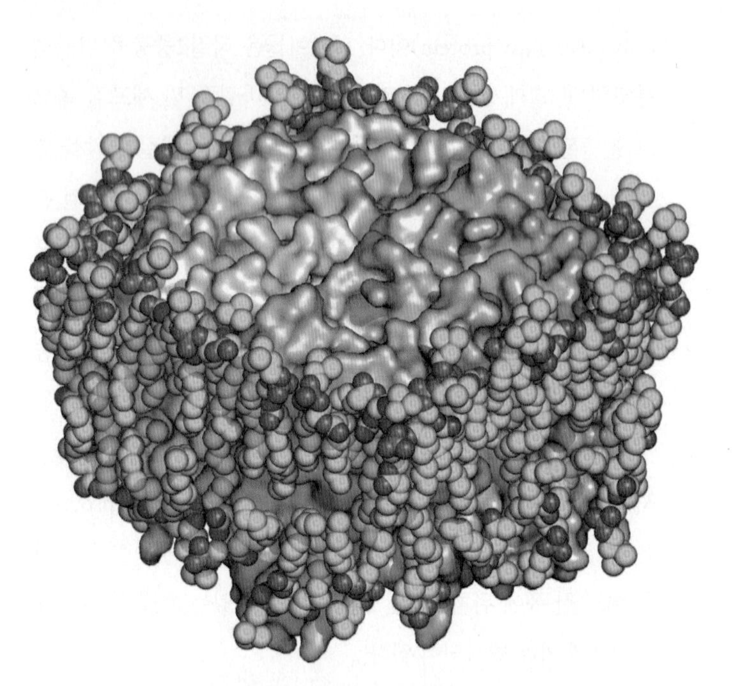

그림 8-14 **단백질은 근접한 지질 분자의 껍질에 둘러싸일 수 있다.** 아쿠아포린은 수용성 구멍을 둘러싸고 있는 4개의 소단위(각각 다른 색으로 표시)로 이루어진 막단백질이다. 이 단백질의 구조를 분석해보면 결합되어 있는 지질 분자가 둘러싸고 있는 층이 있음을 알 수 있다. 이들 지질 분자가 아쿠아포린 분자의 기능에 영향을 주는지는 분명하지 않지만, 이들이 단백질에 아주 가까이에 결합해 있으며 따라서 2중층 내에서 자유롭게 움직일 수 없는 것으로 보인다.

날 수 있는 내부 통로를 갖고 있다. 이러한 통로의 안쪽 표면에는 대개 계획적으로 배치된 주요 친수성 잔기가 있다. 나중에 더 논의하겠지만, 내재단백질은 막에 고정하기 위한 구조를 필요로 하지 않으며, 막 속에서 측면으로 이동할 수 있다.

8-4-1-1 내재단백질의 분포: 동결-파단 분석

단백질이 단순하게 2중층 외부에 있는 것이 아니라 막을 횡단한다는 개념은 주로 동결-파단 복사(凍結-破斷 複寫, freeze-fracture replication) 기술에서 비롯되었다(18-2절 참조). 이 기술은 조직을 얼려서 단단하게 한 후 칼날로 깨뜨려(破) 두 조각으로 쪼개는(斷) 것이다. 이 때 쪼개지는 단면은 지질2중층 두 층 사이의 경로를 따라 형성된다(그림 8-15*a*). 이렇게 쪼개져 노출된 막 표면에 금속을 증착시켜 음영(陰影)이 생긴 복사막(複寫膜, replica)을 만들고, 전자현미경으로 관찰한다(그림 18-17 참조). 〈그림 8-15*b*〉에서 복사막은 막-결합 입자(膜-結合 粒子,

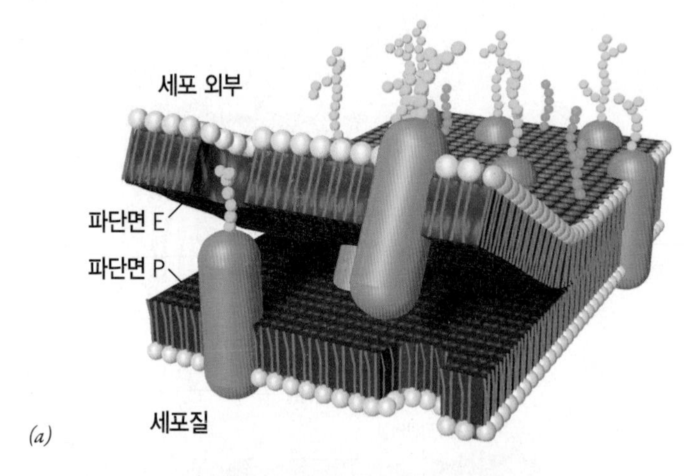

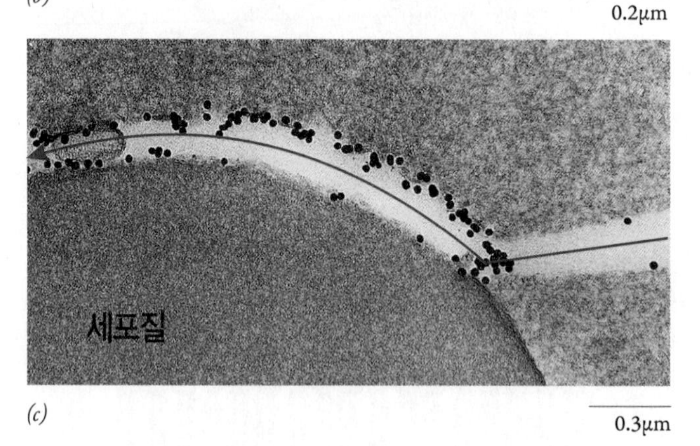

그림 8-15 **동결-파단: 세포의 막 구조를 연구하기 위한 기술.** (*a*) 동결된 조직 덩어리를 칼날로 때리면 파단면이 만들어지는데, 때로는 지질2중층의 중간 부분을 뚫고 이어지기도 한다. 파단면은 단백질을 쪼개지 않고 그 주변으로 이어지며, 단백질들은 2중층 중에서 어느 한 층에 붙어있게 된다. 지질2중층의 가운데에 노출된 면을 금속으로 피복하여 금속 복사막을 만들 수 있다. 이들 노출된 면은 각각 E[ectoplasmic, 외형질(外形質)]면과 P[protoplasmic, 원형질(原形質)]면이라고 한다. (*b*) 사람 적혈구의 동결-파단 복사막. 파단된 P 면은 직경 약 8nm인 입자로 덮여 있다. 작은 능선(화살표)은 미립자 면과 주변의 얼음이 연접한 곳을 표시한 것이다. (*c*) 이 전자현미경 사진은 세포를 동결하여 파단한 후, 복사막을 만드는 대신에 녹여서 고정하고, 내재단백질인 글리코포린(그림 8-18)의 외부 표면에 돌출된 탄수화물에 표지를 한 적혈구 표면이다. 표지한 후 파단한 세포의 얇은 조각 표본에서 글리코포린 분자(검은 입자)가 주로 막의 바깥쪽 절반 부분에 분리되어 있는 것을 볼 수 있다. 붉은 선은 파단면의 경로이다.

membrane-associated particle)라고 하는 자갈이 흩뿌려진 도로처럼 보인다. 파단면이 2중층의 중앙을 따라 이어져 있기 때문에 이들 입자 대부분은 최소한 절반 이상 지질 내부중심으로 뻗어있는 내재 막단백질이다. 파단면이 특정 입자에 이르면 반으로 쪼개지 못하고 그 주위를 비껴서 돌아간다. 따라서 각 단백질(입자)은 원형질막의 한쪽 면으로 분리되며(그림 8-15*c*), 반대쪽 면에는 이에 상응하는 작은 구멍이 생긴다(그림 11-30*c* 참조). 동결-파단 기술은 막의 미세-이질성(微細-異質性)을 연구할 수 있도록 한다는 점에서 가치가 매우 높다. 복사막에서는 막이 부위에 따라 서로 다르다는 사실이 두드러지게 나타난다(〈그림 11-32*d*〉의 간극연접(間隙連接) 복사막 참조). 반면에 생화학적 분석은 평균값으로 처리하므로 이러한 차이를 드러내지 못한다.

8-4-2 내재 막단백질의 구조와 성질에 대한 연구

내재 막단백질은 소수성 막횡단 영역을 갖고 있어서 용해된 상태로는 분리하기 어렵다. 이들 단백질을 막에서 분리하려면 합성세제(合成洗劑)를 이용하여야 한다. (전하를 띤) 이온 세제인 도데실황산나트륨(sodium dodecyl sulfate, SDS)이나 (전하를 띠지 않으며, 일반적으로 단백질의 3차구조를 변형시키지 않는) 비이온 세제인 트리톤 X-100을 많이 사용한다.

$$CH_3-(CH_2)_{11}-OSO_3^-Na^+$$

도데실황산나트륨 (SDS)

$$CH_3-C(CH_3)_2-CH_2-C(CH_3)_2-C_6H_4-(O-CH_2-CH_2)_{10}-OH$$

트리톤 X-100

막지질과 마찬가지로 세제 역시 극성 말단과 비극성 탄화수소 사슬로 이루어진 양친매성이다(그림 2-20 참조). 따라서 세제는 내재단백질이 수용액에 녹을 수 있도록 하는 한편, 인지질을 대체하여 구조를 안정시킬 수 있다(그림 8-16). 일단 단백질을 세제로 녹여내면 단백질의 아미노산 조성, 분자량, 아미노산 서열 등에 대해 다양하게 분석할 수 있다.

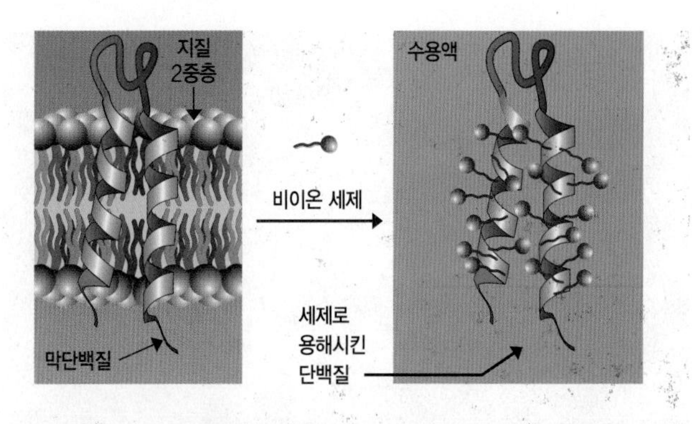

그림 8-16 세제를 이용한 막단백질의 용해. 세제 분자의 비극성 말단은 지질2중층의 지방산 사슬과 결합하고 있던 단백질의 비극성 잔기와 결합한다. 반면에 세제 분자의 극성 말단은 주변의 물 분자와 상호작용을 하여 단백질이 용액으로 떨어져 나오도록 한다. 그림에 보인 비이온 세제는 단백질의 구조를 변형시키지 않은 채 막단백질을 용해시킨다.

엑스-선 결정학(X-ray crystallography)에 사용할 내재 막단백질의 결정(結晶)은 얻기가 매우 어렵다. 실제로, 알려진 고해상도의 단백질 구조 가운데 내재 막단백질에 대한 것은 1% 미만이다(단백질 구조의 원리에 대한 논의는 http://blanco.biomol.uci.edu/MemPro_resources.html에서 확인하고, 최신 사진은 http://blanco.biomol.uci.edu/Membrane_Proteins_xtal.html을 참조).[2] 더욱이 이들 단백질은 대부분 원핵세포의 것이어서 대량으로 쉽게 얻을 수는 있지만, 진핵세포의 것보다 작다. 어떤 막단백질 무리에서 단 하나라도 그 구조를 밝혀내면, 상동성 모형화(相同性 模型化, *homology modeling*)라는 방법을 적용하여 같은 종류에 해당하는 다른 단백질들의 구조와 활성을 조사할 수 있다. 예를 들면, 세균의 K^+ 통로인 KcsA(그림 8-39 참조)의 구조를 알면 훨씬 더 복잡한 진핵세포의 K^+ 통로(그림 8-42)의 구조와 활성 기작에 적용할 수 있는 자료를 풍부하게 얻을 수 있다.

엑스-선 결정학에 의해 전체 3차원 구조가 밝혀진 최초의 막단백질 중 하나를 〈그림 8-17〉에 나타내었다. 세균의 광합성 반응

[2] 많은 내재단백질은 세포질이나 세포외공간에 존재하는 실재 부위를 갖고 있다. 많은 경우에 이들 수용성 부위를 막횡단 영역에서 잘라내어 결정화시킨 후 3차구조를 조사하였다. 이러한 방법으로 단백질에 대한 유용한 정보를 얻었지만, 이 단백질이 막 내부에서 어떤 방향으로 있는지에 대한 정보는 얻지 못하였다. 엑스-선 회절 대신에 전자현미경을 사용한 막단백질에 대한 또 다른 결정학적 방법에 대해서는 441페이지의 〈실험경로〉에서 논의한다.

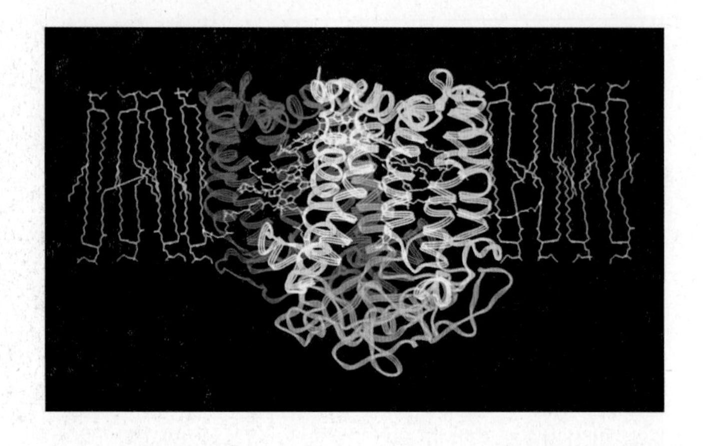

그림 8-17 원형질막 내부에 자리한 내재단백질. 엑스-선 결정학으로 밝혀낸 세균 광합성 반응중심의 3차구조. 단백질은 3개의 막횡단 폴리펩티드를 갖고 있으며, 각각 노란색, 밝은 파란색, 어두운 파란색으로 표시하였다. 막을 횡단하는 부위가 나선을 이루고 있음이 분명하게 보인다.

중심(光合成反應中心)인 이 단백질은 막을 횡단하여 11번 왕복하는 α 나선을 가진 3개의 소단위들로 이루어져 있다. 막단백질 결정 표본을 만드는 기술적인 어려움 가운데 일부는 새로운 방법과 고된 노력으로 극복되었다. 예를 들면, 세균의 한 운반체 단백질을 9만 5,000 가지가 넘는 다양한 결정화 조건에서 조사하고 정제하여 고품질 결정을 얻어낸 사례가 있다. 단백질 결정을 얻어내는 일의 성공률이 증가하고 있기는 하지만, 아직도 막단백질의 3차원 구성을 확인하는 일은 대개 간접적인 접근법에 의존하고 있다. 이러한 접근법 중 일부에 대해 살펴보자.

막횡단 영역 확인 컴퓨터를 사용하여 단백질의 아미노산 서열을 분석하면 막단백질의 구조와 지질2중층 내의 방향성에 대해 많은 정보를 얻을 수 있다. 아미노산 서열은 유전자의 뉴클레오티드 서열에서 쉽게 연역해낼 수 있다. 가장 먼저 드는 의문은 폴리펩티드 사슬 중 실제로 지질2중층 속에 묻혀있는 부위는 어디일까 하는 것이다. 막에 묻혀있는 단백질 부위는 **막횡단 영역**(膜橫斷領域, transmembrane domain)이라고 한다. 이 영역은 지질2중층 중심부를 α나선을 이루어 가로지르며 대부분 20여개의 비극성 아미노산으로 이루어진 사슬로서 단순한 구조이다.[3] 〈그림 8-18〉은 막횡단 나선의 화학적 구조로, 적혈구 원형질막의 주요 내재단백질인 글리코포린 A의 2차원 구조이다. 글리코포린 A 단량체(單量體)의 한 α나선(〈그림 8-18〉에서 73~92개의 아미노산)을 구성하는 20 가지의 아미노산 중에서 3개를 제외하면 모두 소수성(글리신의 경우에는 H 원자)이다. 예외는 세린과 트레오닌으로, 비전하 극성 잔

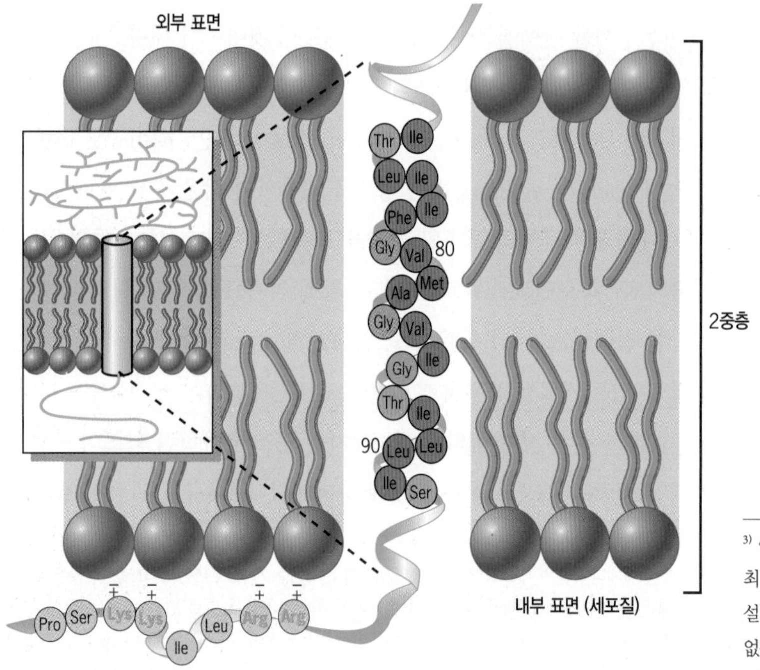

그림 8-18 단일 막횡단 영역을 갖는 내재단백질인 글리코포린 A. 막을 통과하는 단일 α 나선은 주로 소수성 잔기(주황색 원)로 이루어진다. 막의 세포질 쪽 영역에 있는 양전하를 띤 아미노산 잔기 4개는 음전하를 띤 지질 머리부위와 이온결합을 형성한다. 단백질의 바깥 표면에 있는 다수의 아미노산에는 탄수화물이 결합한다(삽입도). 하나를 제외한 16개의 올리고당은 모두 작은 *O*-결합 사슬이다(예외는 26번 위치의 아스파라긴 잔기와 결합한 큰 올리고당). 글리코포린 분자는 적혈구 막 내에 동질2량체로 존재한다(그림 8-32*d*). 나선 2개는 79번째 잔기와 83번째 잔기 사이에서 서로 교차된다. 이러한 Gly-X-X-X-Gly 서열은 막횡단 나선이 아주 가깝게 놓이는 곳에서는 흔히 발견된다.

[3] 〈2-5-3-2〉에서 α나선 구조가 선호되는 까닭은 이웃하는 아미노산 잔기와 수소결합을 최대한 형성할 수 있어서 매우 안정한(에너지가 낮은) 입체 형태이기 때문이라는 사실을 설명하였다. 이러한 사실은 지방산 사슬로 둘러싸여 있어서 수용액과 수소결합을 이룰 수 없는 막횡단 폴리펩티드에게는 특히 중요하다. 막횡단 나선은 최소한 아미노산 20개 길이는 되어야 30Å인 지질2중층의 탄화수소 중심부를 가로지를 수 있다. 일부 내재 막단백질은 2중층을 뚫고 들어가기는 하지만 횡단하지는 않는 고리(loop)나 나선을 가지기도 한다. 〈그림 8-39〉의 P 나선 부위가 하나의 예이다.

기이다(그림 2-26). 〈그림 8-19*a*〉는 트레오닌 잔기가 하나 있는 막횡단 나선의 한 부분인데, 글리코포린 A의 것과 다르지 않다. 이 잔기의 곁사슬에 있는 수산기는 펩티드 골격의 산소원자와 수소결합을 이룰 수 있다. 막횡단 나선에는 완전히 전하를 띤 잔기도 있을 수 있는데, 이들은 소수성 환경에 적합한 방식으로 수용된다. 이에 대해서는 〈그림 8-19*b*〉와 〈그림 8-19*c*〉의 막횡단 나선 모형에서 볼 수 있다. 이들 그림에서 각각의 나선은 한 쌍의 전하를 띤 잔기를 갖고 있는데, 이들의 곁사슬은 막의 안쪽에 있는 극성 부위와 반응할 수 있다. 이로 인해 나선이 비틀어질 수도 있다. 〈그림 8-19*d*〉는 소수성인 방향족 곁사슬을 갖고 있는 티로신 잔기 두 개를 보여주는데, 방향족 고리 각각은 2중층의 탄화수소 사슬과 나란히 배열되어 연결된다.

내재 막단백질의 아미노산 서열을 알면, 소수성 좌표(疏水性座標, *hydropathy plot*)를 이용해 막횡단 부위를 확인할 수 있다. 소수성 좌표는 폴리펩티드의 부위별로 그 위치에 있는 아미노산은 물론 이웃한 아미노산의 소수성(*hydrophobicity*) 값을 부여한 것이다. 이런 방식으로 폴리펩티드 중 짧은 구간의 소수성에 대한 "이동 평균(running average)"[b] 값을 얻을 수 있으며, 서열에 있는 1개 또는 적은 수의 극성 아미노산으로 인해 서열 전체의 특성이 변화하지 않는다는 것을 분명하게 알 수 있다. 아미노산의 소수성 정도는 지질 용해도나 수용액에서 지질 용매로 운반하는 데 필요한 에너지 등의 잣대로 판단할 수 있다. 〈그림 8-20〉은 글리코포린 A의 소수성 좌표이다. 막횡단 부위는 대개 소수성 쪽으로 뻗어있는 피크로 나타난다. 2중층에서 막횡단 부위의 방향성에 대해서는 대개 인접한 아미노산 잔기를 조사하면 신뢰할만한 예측을 얻을 수 있다. 〈그림 8-18〉의 글리코포린 A에 나타낸 것처럼, 대부분의 경우 막횡단 부위의 세포질 쪽에 인접한 폴리펩티드의 소수성 부위가 세포 바깥쪽과 인접한 부위에 비해 양전하를 띠는 경향이 있다.

모든 내재 막단백질에 막횡단 α나선이 있는 것은 아니다. 〈그림 9-4〉에 나타낸 것처럼, 많은 막단백질은 막횡단 베타(β) 가닥이 모여 통(桶, barrel)을 형성한 곳에 위치하는 상대적으로 큰 통로를 갖고 있다. 지금까지 β통으로 이루어진 물 통로는 세균의 외막, 미토콘드리아, 엽록체에서만 발견되었다.

내재 막단백질 안에서 공간적인 관계 결정 여러분 이 내재 막단백질의 유전자를 분리한 후 그 뉴클레오티드 서열에 기초하여 막횡단 α나선이 4개 있음을 확인하려 한다고 가정해 보자. 당신은 아마도 이들 나선이 서로 어떻게 배열되어 있으며, 각 나선의 아미노산 곁

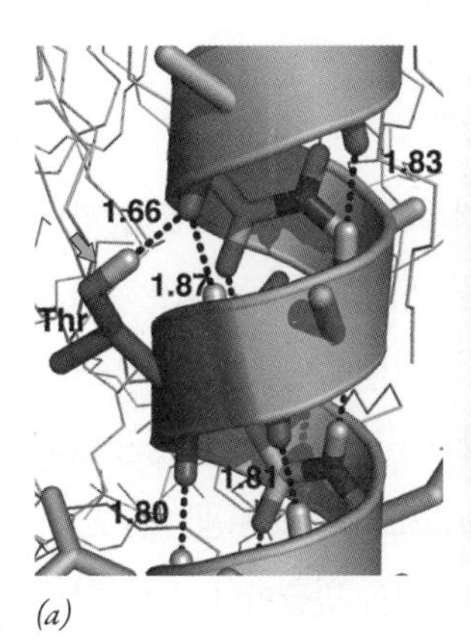

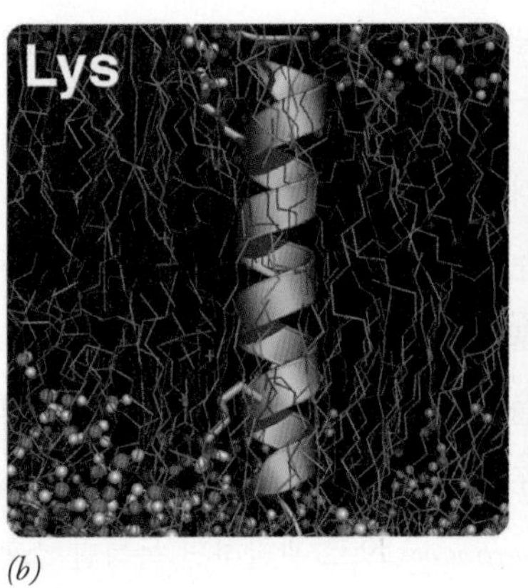

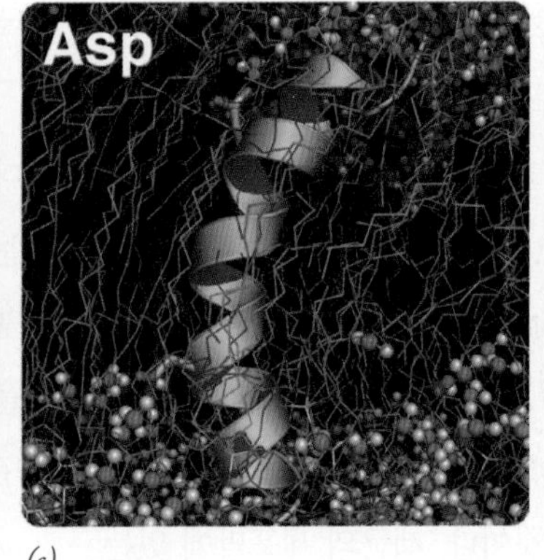

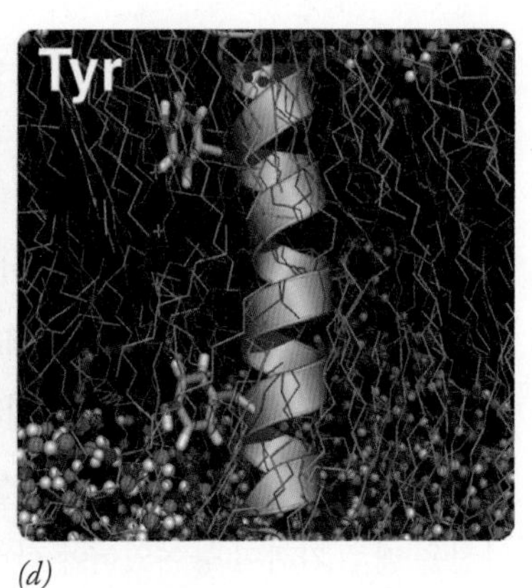

(*a*) (*b*) (*c*) (*d*)

그림 8-19 막횡단 나선 안에 다양한 아미노산 잔기를 수용하기. (*a*) 막횡단 나선의 작은 부분을 나타낸 이 그림에서 트레오닌 곁사슬(화살표)의 수산기는 지질 2중층의 골격 산소와 (공유된) 수소결합을 형성할 수 있다. 수소결합은 점선으로 표시하였으며, 거리는 옹스트롬 단위이다. (*b*) 이 막횡단 나선에 있는 리신 잔기 2개의 곁사슬은 충분히 길고 유연해서 지질2중층의 극성 표면에 있는 머리부위, 그리고 물 분자와 결합을 형성한다. (*c*) 이 막횡단 나선에 있는 아스파르트산 잔기 2개의 곁사슬도 2중층의 극성 표면에 도달할 수 있지만 나선이 비틀어지도록 한다. (*d*) 이 막횡단 나선에 있는 티로신 잔기 2개의 방향족 곁사슬은 막의 축과 수직으로, 그리고 자신들과 상호작용하는 지방산 사슬과는 평행하게 배열된다.

역자 주[b] 이동 평균(移動平均, running average 또는 moving average)은 어느 일정한 시점까지 나타난 변량의 산술적 평균을 의미한다.

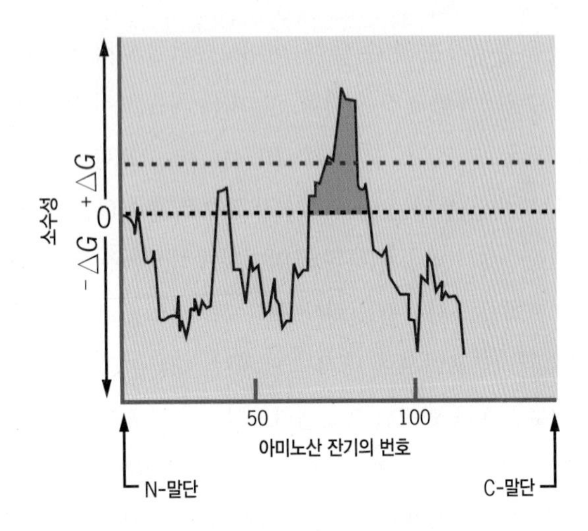

그림 8-20 단일 막횡단 단백질인 글리코포린 A의 소수성 좌표(hydropathy plot). 소수성은 폴리펩티드의 각 구획을 비극성 용매에서 수성 용매로 이전하는 데 필요한 자유에너지로 측정한다. 값이 0보다 크면 에너지를 요구하는 것($+\Delta G_S$)이며, 이 구획이 주로 비극성 곁사슬을 갖는 아미노산으로 이루어져 있음을 의미한다. 빨간색 점선 위로 돌출한 피크는 막횡단 영역으로 해석한다.

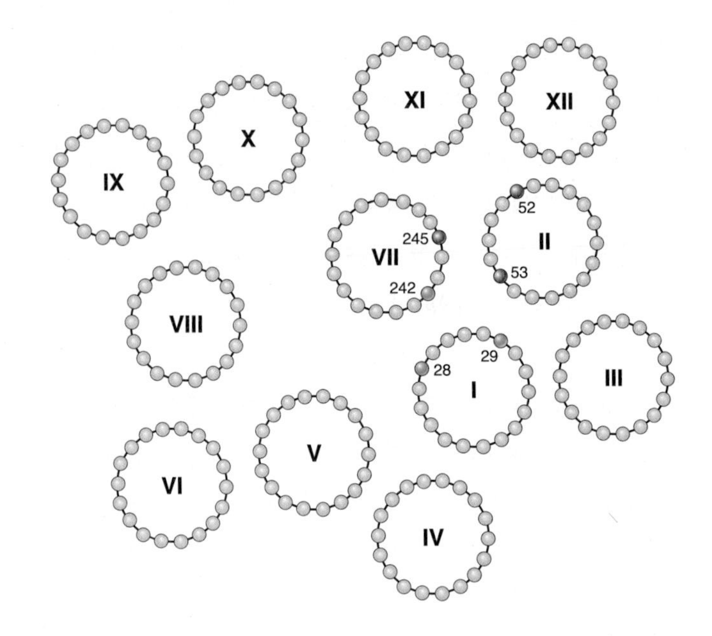

그림 8-21 부위-지향적 교차-결합(site-directed cross-linking) 방법으로 막단백질 내의 나선 위치 확인하기. 시스테인 잔기의 쌍을 부위-지향적 돌연변이유발(site-directed mutagenesis) 방법으로 단백질에 도입하고, 이들 시스테인 잔기가 이황화다리를 형성하는 능력을 조사하였다. 소수성 좌표를 비롯한 여러 자료를 통해 락토오스 투과효소(lactose permease)는 12개의 막횡단 나선을 갖고 있음이 알려져 있다. 나선 VII의 242번 위치에 도입된 시스테인은 나선 I의 28번이나 29번 위치에 도입된 시스테인과 모두 교차결합이 가능하였다. 이와 유사하게, 나선 VII의 245번 위치의 시스테인은 나선 II의 52번이나 53번 위치의 시스테인과 모두 교차결합이 가능하였다. 따라서 이들 세 나선이 근접해 있음을 확인할 수 있다.

사슬 중 어느 것이 지질환경인 바깥쪽으로 향하고 있는지 알고 싶을 것이다. 상세한 구조 모형이 없다면 이러한 내용을 판단하기 어렵지만, 부위-지향적 돌연변이유발(部位-指向的 突然變異誘發, site-directed mutagenesis) 방법을 이용하면 상당한 부분을 추정해 낼 수 있다. 이 기술은 단백질을 암호화하는 유전자에 특별한 변화를 일으키는 것이다(18-18절). 예를 들면, 이 방법으로 이웃 나선의 아미노산 잔기 중 시스테인 잔기를 다른 것으로 대체할 수 있다. 〈2-5-3-1〉에서 논의한 바와 같이, 시스테인 잔기 2개는 하나의 공유결합인 2황화다리(二黃化橋, disulfide bridge)를 형성할 수 있다. 만약 어떤 폴리펩티드의 막횡단 나선 2개가 각각 시스테인 잔기를 갖고 있어서 2황화다리를 형성할 수 있다고 가정하면, 이들 나선은 매우 가까이 놓여있어야 할 것이다. 세균의 세포막에 있는 당-수송 단백질인 락토오스 투과효소(lactose permease)를 부위-지향적 교차-결합(部位-指向的交叉-結合, site-directed cross-linking)으로 연구해 보면, 나선 VII이 나선 I과 II 모두에 매우 가깝게 놓여 있는 것을 볼 수 있다(그림 8-21).

막단백질 아미노산 사이의 공간적 관계를 결정하면 구조에 대한 정보 이상의 것을 더 많이 알 수 있다. 즉, 단백질이 기능을 수행함에 따라 일어나는 동적(動的, dynamic)인 사건도 일부 알 수 있다. 단백질 중에서 특정 잔기 사이의 거리를 알아내는 방법 중 하나는 떨어져 있는 거리에 민감한 성질을 갖는 화학기능기(化學機能基, chemical group)를 도입하는 것이다. 니트록시드(*nitroxide*)는 쌍을 이루지 않은 전자를 갖고 있는 화학기능기로 전자상자성공명(電子常磁性共鳴, *electron paramagnetic resonances*, EPR) 분광법(分光法, *spectroscopy*)으로 관찰하면 독특한 스펙트럼을 방출한다. 특정 아미노산을 시스테인으로 돌연변이시킨 후 시스테인 잔기의 –SH 기에 니트록시드를 결합시키는 방식을 이용하면 단백질의 어느 곳에든 니트록시드를 도입시킬 수 있다. 〈그림 8-22〉는 이 방법을 이용해 pH 변화에 따라 통로가 열릴 때 막단백질에서 일어나는 구조적 변화를 어떻게 찾아낼 수 있는지 보여준다. 세균의 K^+ 통로는 동일한 소단위 4개로 구성된 4량체(四量體, tetramer)이다. 통로가 세포질 쪽으로 열린 입구는 소단위 각각에서 1개씩 나온 막횡단 나선 4

개가 감싸고 있다. 〈그림 8-22*a*〉는 각 막횡단 나선의 세포질 쪽 말단 가까이에 니트록시드를 도입하여 얻은 EPR 스펙트럼이다. 빨간 선은 통로가 닫힌 상태인 pH6.5에서 얻은 스펙트럼이고, 파란 선은 통로가 열린 상태인 pH3.5에서 얻은 것이다. 각 선의 형태는 니트록시드가 서로 얼마나 가까이 있는가에 따라 달라진다. pH6.5에서는 소단위 4개에 있는 니트록시드가 가까이 모여 EPR 신호의 강도를 낮추기 때문에 스펙트럼이 더 넓게 나타난다. 이러한 결과로 미루어, 소단위 4개에 있는 표지된 잔기 사이가 멀어짐에 따라 통로가 활성화된다는 사실을 알 수 있다(그림 8-22*b*). 통로 입구의 직경이 커지면 세포질에 있는 이온이 통로 내부의 실제 투과경로(빨간색으로 표시)로 들어가게 되어 오직 K^+만 통과하도록 한다. 또 다른 기술인 형광공명(螢光共鳴) 에너지전달법(fluorescence resonance energy transfer, FRET)으로도 단백질 내부에 표지된 분자 사이의 거리 변화를 측정할 수 있다(그림 18-8 참조).

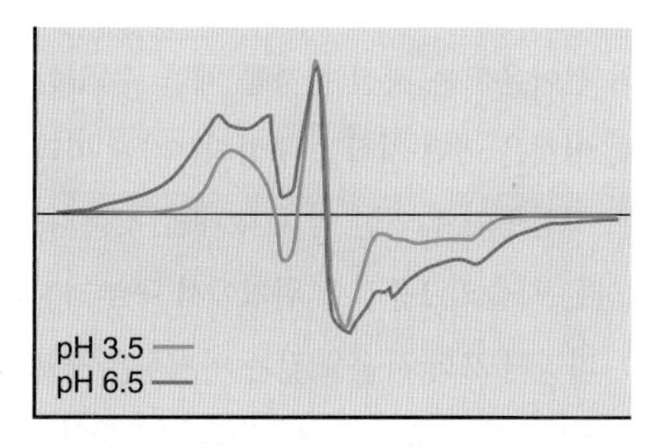

(a)

그림 8-22 열리고 닫힘에 따른 세균 K^+ 통로의 입체구조 변화를 EPR 분광법으로 관찰하기. *(a)* 통로에 덧대어진 4개의 막횡단 나선의 세포질쪽 말단 부근에 있는 시스테인 잔기와 결합한 니트록시드의 EPR 스펙트럼. 각각의 나선에 있는 시스테인 잔기는 원래 그 위치에 있는 글리신을 대체한 것이다. 스펙트럼의 형태는 다른 소단위들의 니트록시드들에 있는 쌍을 이루지 않은 전자들 사이의 거리에 따라 달라진다. (니트록시드를 "스핀-표지(spin-labels)"라고 하며, 이 기술은 부위-지향적 스핀 표지법(site-directed spin labeling)으로 알려져 있다.) *(b)* 니트록시드 EPR 스펙트럼*(a)*에서 얻은 자료를 바탕으로 하여 열리고 닫힌 상태의 이온 통로를 도해한 모식도. 통로가 열릴 때에는 4개의 니트록시드가 서로 멀리 떨어진다.

8-4-3 표재 막단백질

표재단백질은 막과 약한 정전기 결합에 의해 연계되어 있으므로(그림 8-13*b* 참조), 대개 높은 농도의 염 용액으로 정전기 결합을 약하게 하면 용해시킬 수 있다. 많은 내재단백질은 여러 폴리펩티드로 이루어져 있는데, 일부는 지질2중층을 뚫고 들어가 있고 일부는 주변부에 남아있다. 따라서 실제로 내재단백질과 표재단백질을 구분하기가 모호하다.

가장 잘 연구된 표재단백질은 원형질막의 안(세포질)쪽 표면에서 막의 "골격" 역할을 하는 섬유성 그물을 구성하는 단백질이다(그림 8-32*d* 참조). 이들 단백질은 막을 기계적으로 지지하며 내재단백질을 고정하는 역할을 한다. 원형질막의 안쪽 표면에 있는 표재단백질은 효소, 특수한 외피(그림 12-24 참조), 또는 막횡단 신호의 전달 인자(그림 15-17 참조) 등의 기능을 갖고 있다. 표재단백질은 전형적으로 막과 동적 관계를 형성하는데, 세포 내 환경 조건에 따라 막에 편입되거나 막에서 떨어져 나간다.

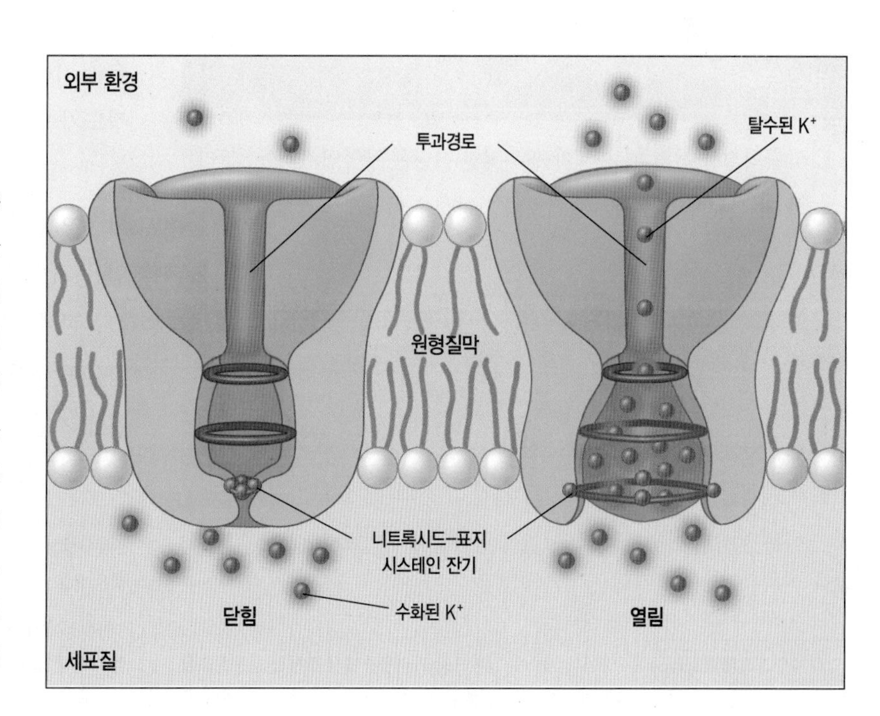

(b)

8-4-4 지질-고착 막단백질

지질-고착 막단백질은 여러 종류로 나누어 볼 수 있다. 원형질막의 외부 표면에 있는 많은 단백질은 지질2중층의 바깥쪽 층에 묻혀있는 포스파티딜이노시톨 분자와 연결된 작고 복잡한 올리고당에 의해 막과 결합한다(그림 8-13*c* 참조). 이런 형태의 당-포스파티딜이노시톨(glycosyl-phosphatidylinositol) 결합을 갖고 있는 표재 막단백질을 **GPI-고착 단백질**(GPI-anchored protein)이라고 한다. 이들 단백질은 이노시톨을 함유한 인지질을 특이하게 인식하고 자르는 인지질분해효소에 의해 일부 막단백질이 떨어져 나와서 발견되었다. 다양한 수용체, 효소, 세포-부착 단백질과 마찬가지로, 세포의 정상 스크래피(scrapie)[c] 단백질인 PrPC도 GPI-연결 분자이다. GPI 합성이 결핍되어 적혈구가 쉽게 용혈될 수 있게 되면 희귀한 형태의 빈혈인 발작성 야간혈색소뇨증(發作性夜間血色素尿症)이 나타난다.

원형질막의 세포질 쪽에 존재하는 한 무리의 단백질은 지질2중층의 안쪽 층에 묻혀있는 하나 이상의 긴 탄화수소 사슬에 의해 막에 고정된다(그림 8-13*c* 참조). 이런 방식으로 막에 고정된 단백질 중 최소한 2개의 단백질(Src와 Ras)이 정상 세포를 비정상 상태로 전환시키는 데 관여한다.

복습문제

1. 막단백질을 녹일 때 세제가 필수적인 까닭은 무엇인가? 순수분리한 막 분획에 있는 내재단백질의 다양성은 어떻게 측정할 수 있을까?
2. (1) 아미노산 서열에 있는 막횡단 단편의 위치, 또는 (2) 막횡단 나선의 상대적인 위치를 어떻게 측정할 수 있을까?
3. 막의 단백질이 비대칭으로 분포한다는 것은 무슨 의미인가? 막의 탄수화물도 마찬가지로 비대칭인가?
4. 막단백질 세 종류(내재, 표재, 지질-고착)의 성질을 기술하시오. 이들은 서로 어떻게 다르고, 얼마나 다양하게 변화하는가?

역자 주[c] 스크래피(scrapie)는 양이나 염소의 질환으로 가려움증에서 진행성 운동실조를 거쳐 사망에 이르며, 신경조직의 해면상 변성(海綿狀 變成)을 특징으로 한다. 분자량 약 5만 달톤인 소수성 프리온에 의해 감염되는 것으로 알려져 있다.

8-5 막지질과 막유동성

막지질의 물리적 성질은 유동성(流動性)이나 점성(粘性)[4]으로 알아볼 수 있다. 포스파티딜콜린과 포스파티딜에탄올아민으로 이루어지고 대부분 불포화 상태의 지방산인 단순한 인공 2중층에 대해 생각해보자. 이 2중층의 온도가 상대적으로 따뜻하다면(예: 37℃) 지질은 상대적으로 유동 상태가 된다(그림 8-23*a*). 이 때 지질2중층은 2차원 지질 결정(結晶)이라고 표현할 수 있다. 결정 속에서 분자들은 여전히 특정한 방향을 유지하고 있다. 이 경우에 분자의 긴 축은 평행하게 배열되는 경향을 갖지만 인지질 각각은 축을 따라 회전하거나 2중층의 면에서 옆으로 이동할 수 있다. 온도를 천천히 낮추면 2중층이 명백하게 변화하는 온도에 이르게 된다(그림 8-23*b*). 지질은 액상(液狀) 결정 상태에서 동결된 결정 젤 상태로 전환되어 인지질 지방산 사슬의 움직임이 크게 제한된다. 이러한 변화가 일어나는 온도를 **전이온도**(轉移溫度, transition temperature)라고 한다.

특정한 2중층의 전이온도는 지질 분자를 채울 수 있는 능력에 따라 달라지는데, 이것은 어떤 지질로 구성되는가에 따라 달라진다. 포화지방산은 직선형의 유연한 막대 형태를 갖는다. 반면에, *cis*-불포화지방산은 사슬의 2중결합 위치에서 구부러진다(그림 2-19 및 8-23). 따라서 포화 사슬을 갖는 인지질은 불포화 사슬을 가진 것보다 더 빽빽하게 채워진다. 2중층의 지방산의 불포화 정도가 클수록 2중층이 젤로 전환되는 온도가 낮아진다. 예로서, 스테아르산 분자에 2중결합이 1개 형성되면 녹는점이 거의 60℃나 낮아진다(표 8-2).[5] 2중층의 유동성에 영향을 주는 또 다른 요인은 지방산 사슬의 길이이다. 인지질 지방산의 길이가 짧을수록 녹는점이 낮아진다. 막의 물리적 성질은 콜레스테롤에 의해서도 영향을 받는다. 콜레스테롤 분자는 2중층 안에서 배열되는 방향성 때문에 지방산 사슬이 촘촘히 채워지지 못하도록 하고 이동성을 방해

[4] 유동성(流動性, fluidity)과 점성(粘性, viscosity)은 역상관관계(逆相關關係)이다. 유동성은 잘 흐르는 정도이고, 점성은 흐름에 저항하는 정도이다.

[5] 녹는점에 대한 지방산의 효과는 식품에서 뚜렷하게 드러난다. 냉장고 안에서 식물성 기름은 액체 상태이지만 마가린은 고체이다. 식물성 기름에는 다중불포화 지방산이 들어있다. 마가린은 식물성 기름으로 만들지만, 그 지방산은 2중결합에 수소를 첨가하는 화학공정을 거치기 때문에 포화되어 있다.

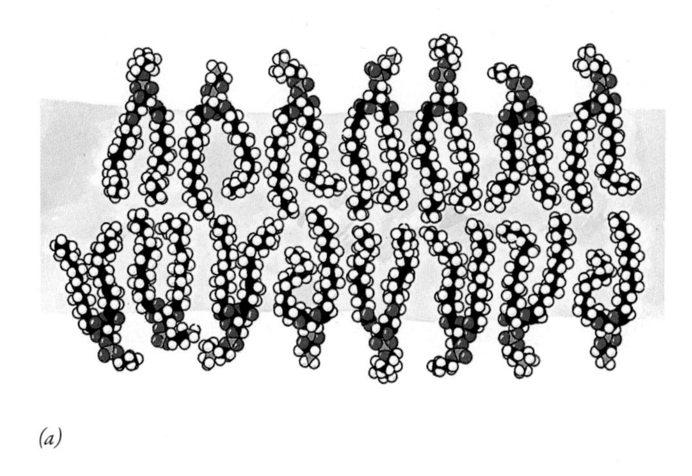

(a)

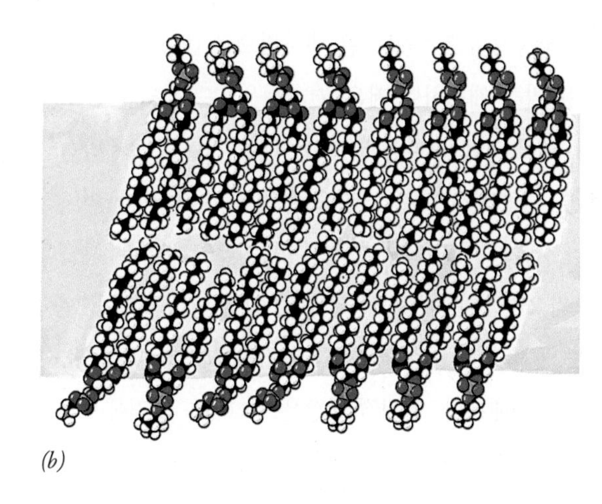

(b)

그림 8-23 지질2중층의 구조는 온도에 따라 달라진다. 이 2중층은 두 종류의 인지질인 포스파티딜콜린과 포스파티딜에탄올아민으로 이루어져 있다. (a) 전이온도보다 높을 때, 지질 분자와 인지질의 소수성 꼬리는 상당한 수준의 질서를 유지하면서 어느 방향으로도 자유롭게 이동할 수 있다. (b) 전이온도보다 낮을 때, 분자의 이동은 매우 제한되며 전체 2중층은 결정 젤의 형태가 된다.

한다. 콜레스테롤이 존재하면 예리한 전이온도가 사라지고 중간 정도의 유동성이 나타나게 된다. 생리학적 관점에서 콜레스테롤은 막의 내구성은 증가시키지만 투과성은 감소시킨다.

표 8-2 일반적인 18-탄소 지방산의 녹는점

지방산	*cis* 이중결합 수	녹는점(℃)
스테아르산	0	70
올레산	1	13
리놀레산	2	−9
리놀렌산	3	−17
EPA*	5	−54

*EPA(eicosapentanoic acid)는 20-탄소 지방산이다.

8-5-1 막유동성의 중요성

지질2중층의 물리적 성질이 막의 생물학적 성질에 어떤 영향을 줄까? 막유동성(膜流動性)으로 인해, 단단하고 정돈된 구조를 이룬 이동성이 없는 상태와 막의 구성성분이 방향성을 잃고 구조적 배열과 기계적 지지를 이루지 못하는 점성이 전혀 없는 액체 상태 사이에서 절충이 이루어진다. 나아가 유동성은 막 내부에서 상호작용이 일어날 수 있도록 한다. 예를 들면, 막유동성으로 인해 한 무리의 막단백질이 막의 특정한 위치에서 조립되어 세포간 연접, 빛-포획 광합성 복합체, 시냅스 등의 특정한 구조를 이루는 것이 가능하게 된다. 막유동성으로 인해 상호작용하는 분자들이 한데 모이고, 필요한 반응을 수행하고, 떨어져 나갈 수 있다.

유동성은 막을 조립하는 과정에서도 중요한 역할을 하는데, 이 내용은 〈제12장〉에서 논의한다. 막은 이미 존재하는 막에서만 만들어지며, 2중층의 액체 기질 내에 지질과 단백질을 삽입함으로써 성장한다. 세포의 이동, 세포 성장, 세포 분열, 세포간 연접 형성, 분비, 내포작용 등 가장 기본적인 세포 내 과정 대부분은 막 구성성분의 이동에 의존한다. 만약에 막이 단단한 비유동성 구조를 갖고 있다면 이러한 과정은 일어나지 못할 것이다.

8-5-2 막유동성의 유지

조류(鳥類)와 포유류(哺乳類)를 제외한 대부분 생명체의 내부 온도는 외부 환경의 온도에 따라 변화한다. 많은 세포 활동은 세포의 막을 유동 상태로 유지하는 것이 필수적이기 때문에, 세포는 조건이 변화하면 막을 구성하는 인지질의 형태를 변형시킴으로써 대응한다. 막유동성의 유지는 세포 수준에서 항상성(恒常性)의 한 예이며, 다양한 방식으로 설명할 수 있다. 예를 들면, 만약 배양 세포의 온도를 낮추어주면 세포들은 대사적으로 대응한다. 초기의 "응급" 대응은 막을 개조하여 저온-저항성을 증가시키는 효소에 의해 나타난다. 막의 개조는 다음과 같이 이루어진다. (1) 지방산 사슬의 단일결합을 불포화시켜 2중결합으로 만들고, (2) 여러 인지질 분자 중 일부의 사슬을 개편하여 불포화 지방산을 2개 갖는 사슬을 만들어냄으로써 2중층의 녹는점을 크게 낮춘다. 단일결합이 2중결합으로 바뀌는 불포화 과정은 불포화효소(不飽和酵素, *desaturase*)라는 효소에 의해 촉매된다. 인지질 개편은 글리세롤 골격에서 지방산을 끊어내는 인지질분해효소(燐脂質分解酵素, *phospholipase*)와 인지질 사이에 지방산을 전달하는 아실전달효소(*acyltransferase*)에 의해 이루어진다. 나아가, 세포는 인지질의 종류를 바꾸어 불포화 지방산을 많이 포함하는 인지질이 합성되도록 한다. 이러한 다양한 효소의 작용으로 세포막의 물리적 성질이 당시의 환경 조건과 알맞게 유지된다. 지방산 조성을 조정함으로써 막유동성을 유지하는 사례는 동면하는 동물, 체온이 낮과 밤에 현저하게 변화하는 연못에서 사는 물고기, 냉해-저항성 식물, 뜨거운 샘에 사는 세균 등에서 다양하게 나타난다.

8-5-3 지질 뗏목

가끔 세포생물학자를 믿는 사람 집단과 믿지 않는 사람 집단으로 가르는 논쟁이 나타난다. 지질 뗏목의 경우가 이에 해당한다. 세포에서 막지질을 추출하여 인공(*artificial*) 지질2중층을 만들면, 콜레스테롤과 스핑고지질은 미세영역 내부에서 스스로 조립되는 경향을 보인다. 이 지역은 주로 포스포글리세리드로 구성된 주변 지역에 비해 더욱 겔화되고 정돈되어 있다. 이들 미세영역은 물리적 성질로 인해 인공 2중층의 무질서한 액성(液性) 환경에 떠 있는 경향을 보인다(그림 8-24*a*). 따라서 이러한 콜레스테롤과 스핑고지질의 조각을 **지질 뗏목**(lipid raft)이라고 한다. 이러한 인공 2중층에 단백질을 추가하면, 일부 단백질은 지질 뗏목 내부에 농축되며 일

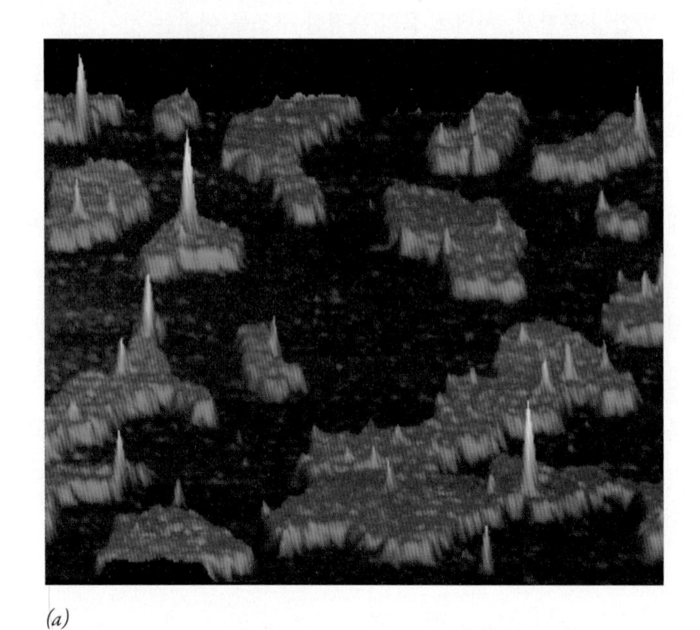

(*a*)

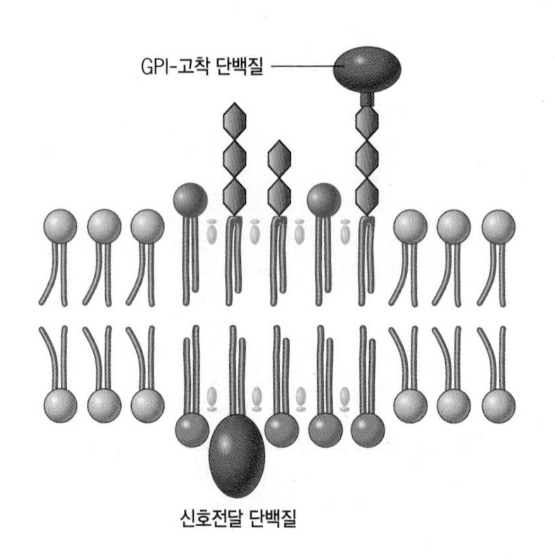

(*b*)

그림 8-24 지질 뗏목. (*a*) 인공 지질2중층의 위 표면 영상. 여기에 포함되어 있는 포스파티딜콜린은 검은 배경으로 보이고, 스핑고미엘린 분자는 저절로 주황색의 뗏목을 이룬다. 노란색 피크는 GPI-고착 단백질로, 이들은 거의 모두 뗏목과 연계되어 있다. 이 영상은 원자력현미경(原子力顯微鏡, atomic force microscope)으로 관찰한 것으로, 분자 수준에서 표본의 다양한 부위의 높이를 측정한 것이다. (*b*) 세포에 있는 지질 뗏목을 도해한 모형. 뗏목의 바깥층은 주로 콜레스테롤(노란색)과 스핑고지질(빨간색 머리부위)로 구성된다. 긴 포화지방산을 갖고 있는 포스파티딜콜린 분자(파란색 머리부위) 역시 이 지역에 농축되는 경향을 갖는다. GPI-고착 단백질은 지질 뗏목에 농축되는 것으로 추정된다. 뗏목의 바깥층에 있는 지질은 안쪽 층의 지질 구성에 영향을 준다. 그 결과 안쪽 층의 뗏목 지질은 주로 콜레스테롤과 긴 포화지방산 꼬리를 갖는 글리세로인지질로 이루어진다. 안쪽 층에는 세포 신호전달에 관여하는 Src 인산화효소 등의 지질-고착 단백질이 농축되는 경향이 있다.

부는 경계 바깥에 머무른다. GPI-고착 단백질은 특히 2중층의 정돈되어 있는 부위에 많이 나타난다(그림 8-24*a*).

〈그림 8-24*b*〉와 같은 콜레스테롤이 풍부한 지질 뗏목 형태가 살아있는 세포에서 존재할 수 있을 것인가에 대한 논의가 활발하게 이루어지고 있다. 지질 뗏목을 선호하는 증거 대부분은 세제를 이용해 추출하거나 콜레스테롤을 제거하는 등의 인위적인 처리에 의해 얻은 것이므로, 이러한 처리과정으로 인해 결과를 해석하는 데 어려움이 있다. 살아있는 세포에서 지질 뗏목의 존재를 확인하고자 하는 시도는 대개 성공하지 못했다. 따라서 지질 뗏목이 존재하지 않거나, 너무 작고 (직경 5~25nm) 존속 기간이 짧기 때문에 현재 기술로는 탐지하기 어려운 것이라고 추측할 수 있다. 지질 뗏목의 개념은 무작위로 놓여있는 지질 분자의 바다에 질서를 부여할 수 있는 수단이라는 점에서 매우 매력이 있다. 지질 뗏목의 역할은 특정 단백질을 농축하는 떠있는 갑판(甲板)으로 작용하여 막에 기능성 구획을 형성하는 것이라고 추정하고 있다(그림 8-24*b*). 예를 들면, 지질 뗏목은 세포 표면의 수용체가 세포 외부 공간에서 세포 내부로 신호를 전달하는 다른 막단백질과 상호작용하는 국소환경(局所環境)을 제공할 것으로 생각된다.

복습문제

1. 막유동성에서 지방산의 불포화도가 중요한 까닭은 무엇인가? 지방산을 불포화시키는 효소는 무엇인가?
2. 막의 전이온도가 의미하는 것은 무엇이며, 지방산 사슬의 포화 정도나 길이에 의해 어떠한 영향을 받는가? 이러한 성질이 지질 뗏목 형성에 왜 중요한가?
3. 막유동성이 세포에게 중요한 까닭은 무엇인가?
4. 지질2중층의 양쪽 면이 서로 다른 전하를 지니게 되는 까닭은 무엇인가?

8-6 원형질막의 역동적인 성질

앞선 논의에서 분명히 알 수 있듯이 지질2중층은 비교적 유동적인 상태로 존재할 수 있다. 따라서 인지질은 같은 지질층에서는 옆으로 쉽게 이동할 수 있다. 원형질막의 2중층에서 지질 분자 각각의 이동은 지질의 극성 머리부위에 금(金) 입자나 형광물질을 붙인 후 현미경으로 직접 관찰할 수 있다(그림 8-29 참조). 인지질 분자는 세균의 한 끝에서 반대쪽까지 1~2초 만에 확산할 수 있는 것으로 추정된다. 그러나 인지질 분자가 반대쪽 층으로 이동하려면 며칠이나 걸린다. 따라서 인지질이 할 수 있는 모든 움직임 중에서 막의 반대쪽으로 이동하는 공중제비 돌기(flip-flop)가 가장 어렵다(그림 8-25). 이러한 사실은 놀라운 것이 아니다. 공중제비 돌기가 일어나려면 지질의 친수성 머리부위가 막의 내부에 있는 소수성 층을 반드시 통과해야만 하는데, 이러한 일은 열역학적으로 일어나기 어렵다. 그러나 세포는 일부 인지질을 한쪽 층에서 반대쪽 층으로 능동적으로 운반하는 효소를 갖고 있다. 이들 효소는 지질의 비대칭성을 이루는 데 중요한 역할을 하며, 또한 속도가 느린 수동적 막횡단 이동이 빠르게 일어나도록 한다.

지질은 막의 내재단백질이 묻혀있는 기질을 형성하므로, 지질의 물리적 상태가 내재단백질의 이동성을 결정하는 중요한 요인이 된다. 내재단백질이 막의 평면에서 이동할 수 있다는 사실은 유동모자이크모형의 토대가 되었다. 막단백질의 역동적인 성질은 여러 가지 방법으로 밝혀졌다.

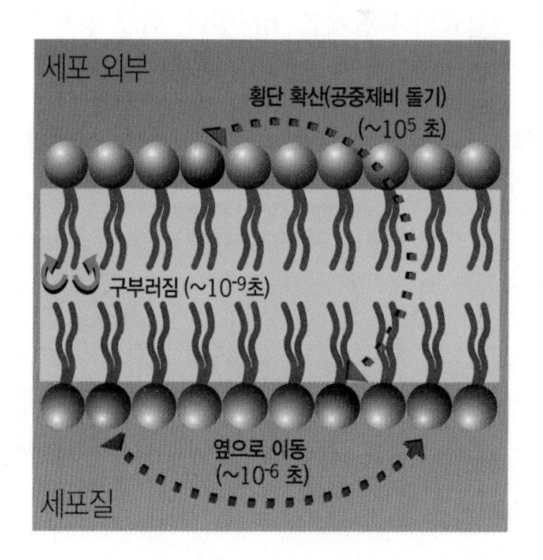

그림 8-25 **막에서 일어날 수 있는 인지질의 이동.** 막 인지질의 가능한 이동 형태와 각각의 이동에 걸리는 대략의 시간. 인지질은 한쪽 층에서 다른 층으로는 매우 느린 속도로 이동하는 반면, 같은 층 안에서는 매우 빠르게 옆으로 확산한다. 콜레스테롤처럼 극성 부위가 없는 지질은 2중층을 매우 빠르게 통과할 수 있다.

8-6-1 세포융합 후 막단백질의 확산

세포융합(細胞融合, cell fusion)은 서로 다른 두 가지 형태의 세포, 또는 서로 다른 두 종의 세포를 융합하여 세포질을 공유하며 1개로 이어진 원형질막을 가진 하나의 세포를 만들어내는 기술이다. 세포의 바깥 표면을 "끈적이게" 만들어 원형질막이 서로 부착되도록 함으로써 융합을 유도한다. 불활성화시킨 특정한 바이러스를 표면 막에 결합시키거나 폴리에틸렌글리콜을 처리하거나, 또는 약한 전기 충격을 주어 세포를 융합시킬 수 있다. 세포융합은 세포생물학에서 중요한 역할을 하며, 현재 특정한 항체를 만드는 과정에서 무한한 가치를 지닌 기술로 이용하고 있다(18-19절).

1970년에 존스홉킨스대학교(Johns Hopkins University)의 래리 프라이(Larry Frye)와 마이클 에디딘(Michael Edidin)은 세포융합을 이용하여 막단백질이 막의 평면 안에서 이동할 수 있음을 밝힌 최초의 실험을 수행하였다. 이 실험에서는 생쥐와 사람의 세포를 융합하였으며, 두 막이 이어진 후에 원형질막에 있는 특정 단백질의 위치를 추적하였다. 융합 후 시간이 지남에 따른 생쥐의 막단백질과 사람의 막단백질의 분포를 추적하기 위해 두 종류의 단백질에 대한 항체를 만들어 형광염료와 공유결합을 시켰다. 생쥐 단백질에 대한 항체는 초록색 형광염료와, 사람 단백질에 대한 항체는 빨간색 형광염료와 복합체를 이루었다. 이들 항체를 융합된 세포에 넣어주면 각각 생쥐나 사람 단백질과 결합하여 형광현미경으로 그 위치를 관찰할 수 있다(그림 8-26*a*). 융합 직후 원형질막의 절반에서는 사람, 나머지 절반에서는 생쥐 단백질이 나타났다. 즉, 두 단백질이 각각 자신의 반구(半球)에 분리된 채로 있었다(그림 8-26*a*, 3단계, *b*). 융합시킨 후 시간이 지나면 두 단백질이 막에서 이동하여 반대쪽 반구로 이동하는 모습이 관찰된다. 약 40분이 지난 후, 두 단백질 모두 융합된 혼성(hybrid) 세포막 전체에 고르게 분포하였다(그림 8-26*a*, 4단계). 이와 동일한 실험을 낮은 온도에서 수행하면 지질2중층의 점성이 증가하여 막단백질의 이동이 느려진다. 이러한 초기의 세포융합 실험을 통해 내재 막단백질이 거의 무제한으로 이동할 수 있음을 알 수 있었다. 곧 살펴보겠지만, 막의 운동성은 이보다 훨씬 복잡하다는 것이 밝혀진다.

8-6-2 단백질과 지질 이동의 제한

몇 가지 기술이 발전하여 살아있는 세포의 막에서 분자의 이동을 광학현미경으로 관찰할 수 있게 되었다. **광탈색후 형광회복**(光奪色後螢光回復, fluorescence recovery after photobleaching, FRAP; 그림 8-27*a*) 기술은 최초로 배양 세포의 내재성 막 성분을 형광염료로 표지하는 방식을 이용하였다. 특정한 막단백질에 형광

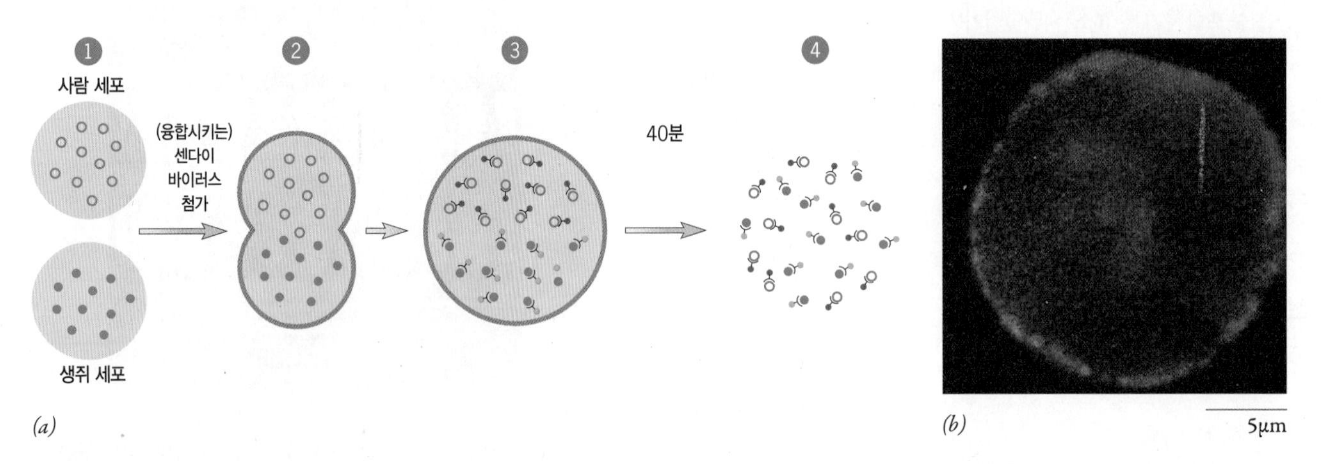

그림 8-26 세포융합을 이용한 막단백질의 이동성 확인. (*a*) 사람 세포와 생쥐 세포를 융합하고(1-2단계), 시간이 지남에 따라 각 세포의 표면에 있던 단백질이 혼성 세포에서 분포하는 양상(3-4단계)을 살펴보는 실험의 개요. 생쥐의 막단백질은 막힌 원으로, 사람의 막단백질은 열린 원으로 표시하였다. 혼성 세포의 원형질막에 있는 사람과 생쥐 단백질은 각각 빨간색과 초록색 형광으로 표지된 항체와 반응하므로 그 분포양상을 관찰할 수 있다. (*b*) 혼성 세포(*a*의 3단계 시기)의 현미경 사진. 사람과 생쥐의 단백질이 융합된 세포에서 여전히 자신의 것에 해당하는 반구에 머물러 있다.

항체와 같은 특수한 탐침(探針, probe)으로 표지할 수 있다. 표지한 후에 세포를 현미경으로 관찰하면서 레이저 빔을 쪼여 준다. 레이저 빔이 쪼인 곳은 형광분자가 탈색되어 세포 표면에 대개 직경 약 1마이크로미터(μm) 크기의 원형 반점(斑點)이 만들어지고, 이 부분에서는 형광이 거의 나타나지 않는다. 막에 있는 표지된 단백질이 이동할 수 있는 것이라면, 이들의 무작위 이동으로 인하여 탈색된 원형 반점에서 형광이 점진적으로 다시 나타나게 될 것이다. 형광이 회복되는 속도(그림 8-27*b*)를 측정하면 이동하는 분자의 확산 속도(확산계수, *D*로 표시)를 바로 알 수 있다. 형광이 회복되는 정도(초기 강도에 대한 백분율로 표시)로는 자유롭게 확산되는 표지된 분자의 백분율을 알 수 있다.

FRAP을 이용한 초기 연구 결과 (1) 막단백질은 순수한 지질2중층보다 원형질막에서 매우 느리게 이동하며, (2) 막단백질의 상당한 정도(30~70%)가 레이저를 쪼인 원형 반점으로 자유롭게 확산되어 되돌아오지 못한다는 사실을 알게 되었다. 그러나 FRAP 기술은 결점을 갖고 있다. FRAP으로는 상당히 많은(수백~수천 개) 표지된 단백질 분자가 상당히 먼 거리(1μm)를 확산하므로, 단지 평균 이동만 추적할 수 있다. 따라서 FRAP 기술로는 전혀 이동하지 않는 단백질과 주어진 시간 동안 제한된 거리만 확산할 수 있는 분자를 구별할 수 없다. 이러한 단점을 극복하기 위한 대체 기술이 개발되어 매우 짧은 거리를 이동하는 단백질 분자 각각의 움직임을 관찰하고 이들의 움직임이 얼마나 제한될 수 있는지 판단할 수 있게 되었다.

단일-입자추적(單一-粒子追跡, single-particle tracking, SPT) 기술은 막단백질 분자 각각을 대개 항체를 입힌 금 입자(직경 약 40nm)로 표지한 후, 표지된 분자의 이동을 컴퓨터를 이용한 영상 현미경을 이용해 추적하는 것이다(18-1절). 이러한 연구의 결과는 연구 대상인 단백질 종류에 따라 달라진다. 예를 들면,

- 어떤 막단백질(그림 8-28, 단백질 A)은 인공 지질2중층에서 예측한 속도보다 상당히 느리기는 하지만, 막에서 무작위로 이동한다. (만약 단백질 이동성을 지질 점성, 단백질 크기 등의 물리적 특성만 고려하여 계산한다면 단백질의 이동 확산계수는 약 10^{-8}~10^{-9}cm^2/sec로 예측된다. 이런 종류의 분자에서 실제로 관찰되는 값은 10^{-10}~10^{-12}cm^2/sec이다.) 확산계수

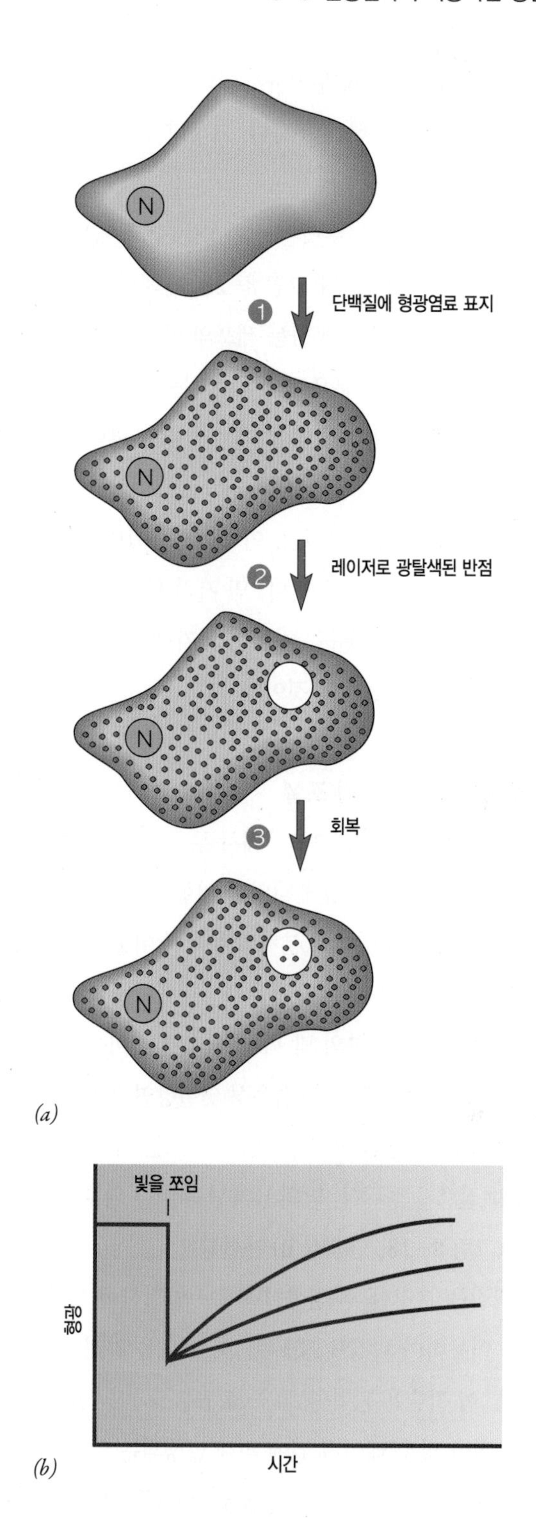

그림 8-27 광탈색후 형광회복(FRAP)에 의한 막단백질의 확산 속도 측정. (*a*) 먼저 막의 특정 구성성분을 형광염료로 표지한다(1단계). 표면의 좁은 지역에 빛을 쪼여 염료 분자를 탈색시킨 후(2단계), 시간이 지남에 따라 탈색된 지역에서 형광이 회복되는 것을 측정한다(3단계). (N은 핵을 나타냄.) (*b*) 빛을 쪼인 반점 안에서 형광이 회복되는 속도는 단백질 종류에 따라 다르다. 회복속도는 형광으로 표지한 단백질의 확산계수와 연관되어 있다.

가 감소되는 이유는 아직 분명하지 않다.

- 어떤 막단백질은 이동하지 못하며, 고정되어 있는 것으로 보인다(그림 8−28, 단백질 B).
- 어떤 경우에, 단백질은 뚜렷한 방향성을 갖고 세포의 한 부위에서 다른 곳으로 이동한다(그림 8−28, 단백질 C). 예를 들면, 어떤 특정 막단백질은 이동하는 세포의 앞선 부위 끝 부분, 또는 뒤에 끌려오는 끝 부분으로 이동하려는 경향을 갖는다.
- 대부분의 연구에서 밝혀진 바에 따르면 많은 단백질이 막에서 자유 확산(확산계수 약 $5 \times 10^{-9} cm^2/sec$)에 해당하는 무작위 브라운(Brown) 운동을 하지만, 이 분자들은 10분의 몇 μm 이상은 자유롭게 이동하지 못한다. 먼 거리 확산은 훨씬 느린 속도로 일어나는데, 그 이유는 장벽이 있기 때문이다. 이들 장벽에 대해서는 앞으로 논의할 것이다.

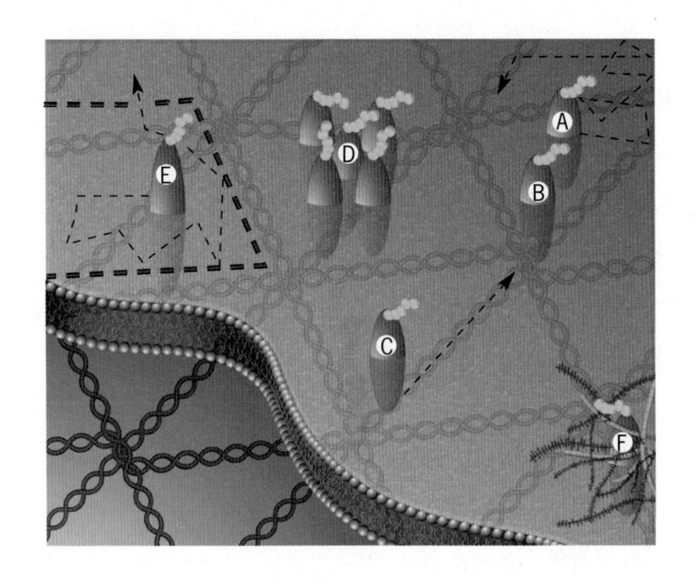

그림 8-28 내재단백질의 이동 양상. 세포 종류와 조건에 따라 내재 막단백질은 여러 방식으로 이동할 수 있다. 단백질 A는 비록 확산속도가 제한될 수는 있지만, 막에서 임의로 확산할 수 있다. 단백질 B는 밑에 있는 막골격과 반응하여 움직이지 못한다. 단백질 C는 막의 세포질 쪽 표면에 있는 운동단백질과 반응하여 특정한 방향으로 이동한다. 단백질 D의 이동은 막에 있는 다른 내재단백질에 의해 제한된다. 단백질 E의 이동은 막골격의 단백질이 형성한 울타리로 인해 제한되지만, 울타리에 일시적으로 생기는 구멍을 통해 인접한 구획으로 옮겨갈 수 있다. 단백질 F의 이동은 세포외부 물질에 의해 억제된다.

8-6-2-1 막단백질 이동성의 조절

원형질막의 단백질들은 지질 "바다"에서 무작위로 떠다닐 만큼 완전히 자유롭지 않으며, 이동성에 다양한 영향을 받는다. 어떤 막에서는 단백질이 밀집되어 있어서 분자의 무작위 이동이 이웃 분자에게 방해를 받는다(그림 8−28, 단백질 D). 내재단백질에 대한 가장 강력한 영향은 원형질 방향의 막 바로 아래에서 비롯되는 것으로 보인다. 많은 세포의 원형질막은 섬유성 연결망인 "막골격(膜骨格, membrane skeleton)"을 갖고 있는데, 이 구조는 막의 원형질 쪽에 있는 표재단백질로 구성된다. 막의 내재단백질 중 일부는 막골격에 묶여 있거나(그림 8−28, 단백질 B) 제한된다.

내재단백질을 분리한 후 원형질막에서 일정한 힘으로 끄는 새로운 기술을 이용하여 막장벽(膜障壁)이 있음을 알려주는 정보를 얻을 수 있다. 이 기술은 광학핀셋(*optical tweezer*)이라는 장치를 이용하는데, 초점을 맞춘 레이저 빔에 의해 발생되는 약한 광학적 힘을 이용한다. 연구 대상인 내재단백질에 항체를 입힌 구슬을 붙여 레이저 빔으로 잡을 수 있는 손잡이로 사용한다. 일반적으로 광학핀셋은 장벽을 만나 단백질이 레이저 손잡이로부터 떨어져 나가기 전까지 내재단백질을 제한된 거리 안에서 끌 수 있다. 이 때 떨어져 나온 단백질은 대개 뒤로 튀어나오기 때문에 장벽이 탄성 구조일 것으로 추정된다.

막단백질의 이동성에 영향을 주는 요인을 연구하는 방법 중 하나는 세포의 유전자를 조작하여 변형된 막단백질을 만들도록 하는 것이다. 원형질 쪽 부위를 유전적으로 제거한 내재단백질은 흔히 더 멀리 이동하며, 이로써 장벽이 막의 원형질 쪽에 있음을 알 수 있다. 이러한 결과들은 막골격이 "울타리" 그물을 형성하여 내재단백질이 이동할 수 있는 거리를 제한하는 구획을 형성한다는 사실을 의미한다(그림 8−28, 단백질 E). 단백질은 울타리가 끊어진 틈새를 통해 한 구획과 다른 구획 사이의 경계를 뚫고 이동한다. 이러한 틈새는 연결망 부위의 동적인 분해와 재구성에 따라 나타나거나 사라지는 것으로 추정된다. 막의 분획은 아마도 서로 상호작용하기에 충분히 가까운 거리에서 단백질의 특별한 조합을 유지하는 것으로 보인다.

세포외공간으로 돌출되는 부위를 제거한 내재단백질은 대개 정상 단백질보다 훨씬 빠른 속도로 이동한다. 따라서 2중층을 통과하는 막횡단 단백질의 이동은 단백질 분자의 외부 부위와 얽힐 수 있는 세포외물질에 의해 느려진다고 추정할 수 있다(그림 8−28, 단백질 F).

8-6-2-2 막지질의 이동성

단백질은 거대한 분자이므로 지질2중층에서 이들의 이동이 제한될 수 있는 것은 놀라운 일이 아니다. 이에 비해 인지질은 지질2중층을 구성하는 작은 분자이다. 따라서 이들의 이동은 완벽하게 자유로울 것이라고 예상할 수 있다. 그러나 인지질의 확산도 역시 제한된다는 연구 결과들이 보고되었다. 원형질막의 인지질 분자를 각각 표지하여 초고속 카메라를 이용한 현미경으로 관찰하면, 매우 짧은 기간 동안 한 구역에 머물다가 다른 구역으로 뛰어 넘는다. 〈그림 8-29*a*〉는 각 인지질 분자가 원형질막에서 56밀리초(millisecond, msec) 동안 움직인 경로를 나타낸 것이다. 컴퓨터로 분석한 결과, 인지질은 한 구역(보라색) 안에서 자유롭게 확산하다가 "울타리"를 뛰어넘어 이웃 구역(파란색)으로 이동한 후, 또 다른 울타리를 넘어 이웃 구역(초록색)으로, 이런 식으로 계속 이동한다. 막골격을 분해하는 물질을 막에 처리하면 인지질의 확산을 제한하는 울타리 일부를 제거할 수 있다. 그러나 막골격이 인지질2중층 바로 밑에 놓여 있다면, 이것이 어떻게 인지질의 이동을 방해할 수 있을까? 이 연구를 수행한 저자들은 원형질 쪽 영역이 막골격과 결합하여 내재단백질이 열을 지은 형태로 울타리가 구성되었을 것이라고 가정하였다. 이것은 땅에 기둥을 박은 말뚝 울타리로 말이나 소를 가두는 것과 비슷하다.

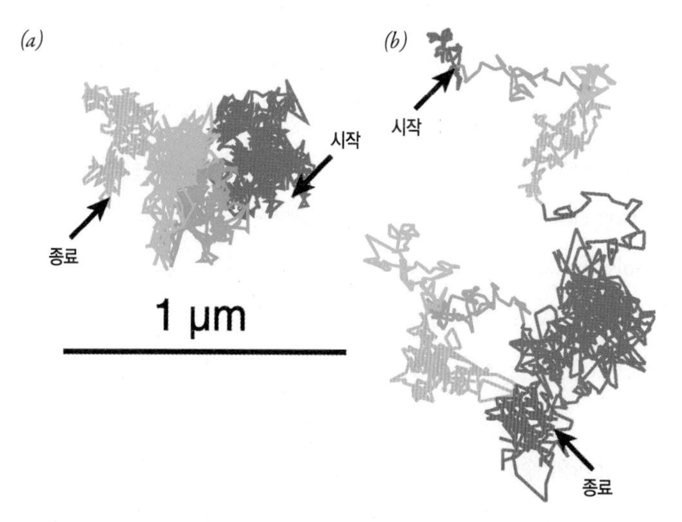

그림 8-29 **원형질막에서 인지질의 확산이 제한되는 사실을 보여주는 실험적 증거.** (*a*) 쥐(rat)의 섬유모세포(纖維母細胞) 원형질막에서 확산되는 단일 표지된 불포화 인지질의 경로를 56msec 동안 추적하였다. 인지질은 제한된 구획 안에서 자유롭게 확산되다가 인접한 구획으로 뛰어넘는다. 한 구획 안에서 확산되는 속도는 방해받지 않은 브라운 운동에서 예상되는 것만큼 빠르다. 그러나 인지질이 확산되는 전체적인 속도는 장벽을 뛰어넘어야 하기 때문에 느려진다. 각각의 구획 안에서 이루어지는 인지질의 이동을 색으로 구분하여 표시하였다. (*b*) 동일한 실험을 인공 2중층에서 33msec 동안 수행하였다. 이 인공 2중층에는 세포의 막에 있는 "말뚝 울타리"가 없다. *a*와 비교해 더 확장된 인지질의 궤적은 제한되지 않은 단순한 브라운 운동으로 설명할 수 있다. 비교하기 위해 가짜 구획을 *b*에 설정하고 다른 색으로 표시하였다.

8-6-2-3 막 영역과 세포 극성

앞서 논의한 바와 같은 막의 동적인 성질에 대한 연구 대부분은 배양접시에 있는 세포의 위나 아래 표면에 있는 비교적 균일한 원형질막에 대해 수행된 것이다. 그러나 대부분의 막은, 특히 다양한 표면들이 서로 다른 독특한 기능을 수행하는 세포에서 단백질의 조성 및 운동성에 뚜렷한 차이를 보인다. 예를 들면, 장(腸)의 벽을 감싸거나 신장(腎臟)의 작은 세관(細管)을 이루는 상피세포는 고도로 극성화되어, 이 세포의 서로 다른 표면들에서 서로 다른 기능을 수행한다(그림 8-30). 연구 결과에 따르면 내강에서 물질을 선택적으로 흡수하는 정단부(頂端部) 원형질막은 이웃한 상

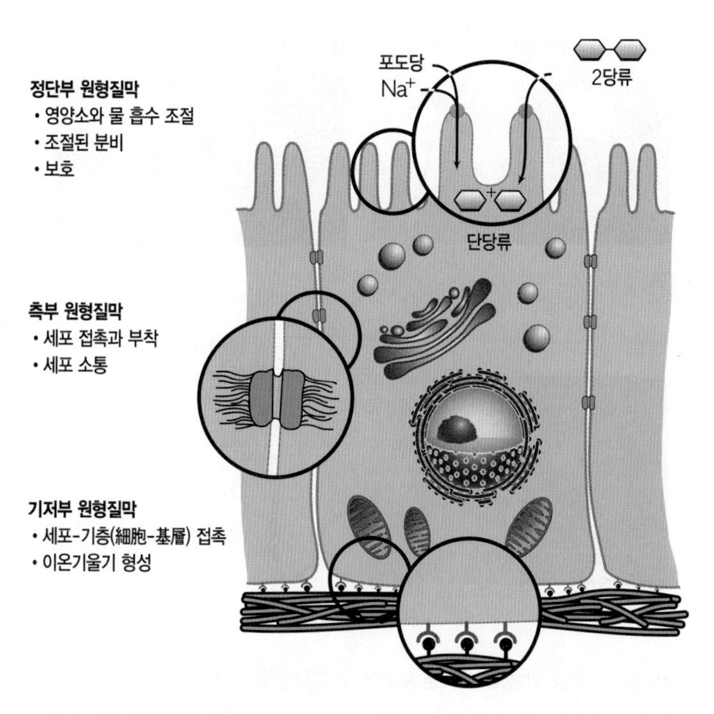

그림 8-30 **상피세포 원형질막의 분화된 기능.** 장 상피세포의 정단부 표면에는 이온을 수송하고 설탕 및 젖당 등의 2당류(二糖類)를 가수분해하는 내재단백질이 있다. 측부 표면에는 세포 사이에서 상호작용하는 내재단백질이 있다. 기저부 표면에는 밑에 있는 기저막과 세포를 연결하는 내재단백질이 있다.

피세포와 상호작용하는 측부(側部) 원형질막이나 세포외 물질[기저막(基底膜), *basement membrane*]에 부착하는 기저부(基底部) 원형질막과는 다른 효소를 갖고 있다. 다른 예로서, 신경전달물질의 수용체는 시냅스 안에 위치하는 원형질막 부위에 집중되어 있으며(그림 8-56), 저밀도 지질단백질의 수용체는 내부화(內部化, internalization)가 잘 이루어지도록 특수화된 원형질막의 조각에 밀집되어 있다(그림 12-38 참조).

포유동물의 다양한 세포 중 아마도 정자(精子)가 가장 분화된 구조를 갖고 있을 것이다. 성숙한 정자는 머리, 중간부분(中片), 꼬리 등으로 나누어질 수 있는데, 각각 특별한 기능을 갖는다. 여러 부위로 나누어져 있지만, 정자는 연속된(*continuous*) 원형질막으로 덮여 있다. 그러나 여러 가지 방법으로 확인한 바에 의하면, 이러한 정자의 원형질막은 서로 다른 유형의 부분 영역들이 모자이크를 이루는 것으로 밝혀졌다. 예로서, 정자를 다양한 항체로 처리하였을 때, 각 항체는 독특한 형태적 양상으로 세포 표면에 결합한다. 이것은 각 항체에 의해 인식되는 특정 단백질 항원이 원형질막에 분포한다는 것을 의미한다(그림 8-31).

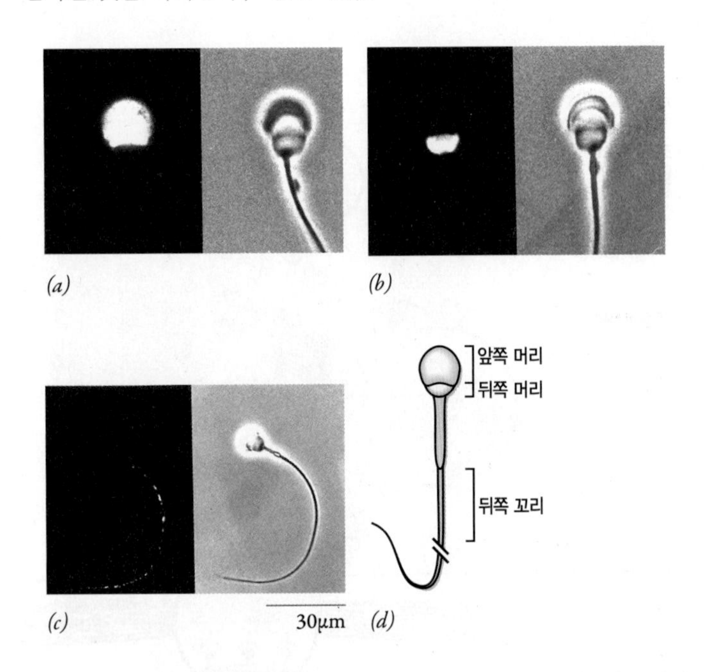

그림 8-31 형광 항체로 밝혀낸 포유동물 정자 원형질막의 분화. (*a*~*c*) 결합된 형광 항체에 의해 세포 표면에서 나타나는 특정 단백질의 분포를 보여주는 현미경 사진. 세 종류의 단백질은 이어진 정자 막의 서로 다른 위치에 있다. 짝을 이룬 사진은 결합된 항체의 형광 양상과 동일한 세포의 위상차(位相差)현미경 사진이다. (*d*) 단백질의 분포를 요약한 모식도.

8-6-3 적혈구: 원형질막 구조의 예

모든 다양한 막의 형태 중에서 사람 적혈구(赤血球)의 원형질막이 가장 많이 연구되었으며, 잘 밝혀져 있다(그림 8-32). 이 막은 몇 가지 이유로 널리 이용된다. 이 세포는 혈액에서 값싸게 대량으로 얻을 수 있으며, 이미 단세포로 존재하기 때문에 복잡한 조직에서 분리해낼 필요가 없다. 또한 다른 세포 형태와 비교할 때 핵막과 소기관막이 없는 단순한 구조이기 때문에 원형질막을 분리할 때에 오염되지 않는다. 나아가 순수 분리한 온전한(intact) 적혈구 원형질막을 얻으려면 그저 적혈구를 묽은 (저장성의) 염용액에 넣어두기만 하면 된다. 그러면 적혈구 세포가 삼투현상(滲透現象, osmosis)에 의해 물을 흡수하여 부풀어 오르는 용혈(溶血, *hemolysis*) 현상이 나타난다. 세포의 표면적이 늘어남에 따라 틈새가 벌어져서 거의 대부분 용해된 헤모글로빈으로 이루어진 내용물이 바깥으로 빠져나가 원형질막 "유령(幽靈, ghost)"만 남게 된다(그림 8-32*b*).

일단 적혈구 원형질막을 분리해낸 뒤에는 단백질을 용해시킨 후 분획하여 막에 존재하는 단백질의 다양성에 대해 살펴볼 수 있다. 막단백질은 이온 세제인 도데실황산나트륨(sodium dodecyl sulphate, SDS) 존재 하에 폴리아크릴아미드 젤 전기영동(polyacrylamide gel electrophoresis, PAGE)으로 분획할 수 있다. (SDS-PAGE 기술에 대해서는 〈18-7절〉 참조.) SDS의 역할은 내재단백질을 용해된 상태로 유지하는 한편, 단백질과 결합하여 수많은 음전하(陰電荷)를 부여한다. 단백질의 단위무게 당 전하를 띤 SDS의 수는 대개 일정하므로, 분자는 자신의 분자량에 따라 서로 분리된다. 가장 큰 단백질이 젤의 분자 체(sieve)를 통해 가장 느리게 이동한다. 적혈구 원형질막의 주요 단백질은 SDS-PAGE에 의해 10여 개의 뚜렷한 밴드로 분리된다(그림 8-32*c*). 이들 단백질로는 다양한 효소(해당과정의 효소 중 하나인 글리세르알데히드-3-인산 탈수소효소 포함), 수송단백질(이온 수송과 당 수송), 골격단백질(예: 스펙트린) 등이 있다.

8-6-3-1 적혈구 막의 내재단백질

〈그림 8-32*d*〉의 적혈구 원형질막 모형에서 주요 단백질을 볼 수 있다. 적혈구 막에서 가장 풍부한 내재단백질은 밴드 3(band 3)과 글리코포린 A(glycophorin A)라고 하는 한 쌍의 탄수화물-함유 막

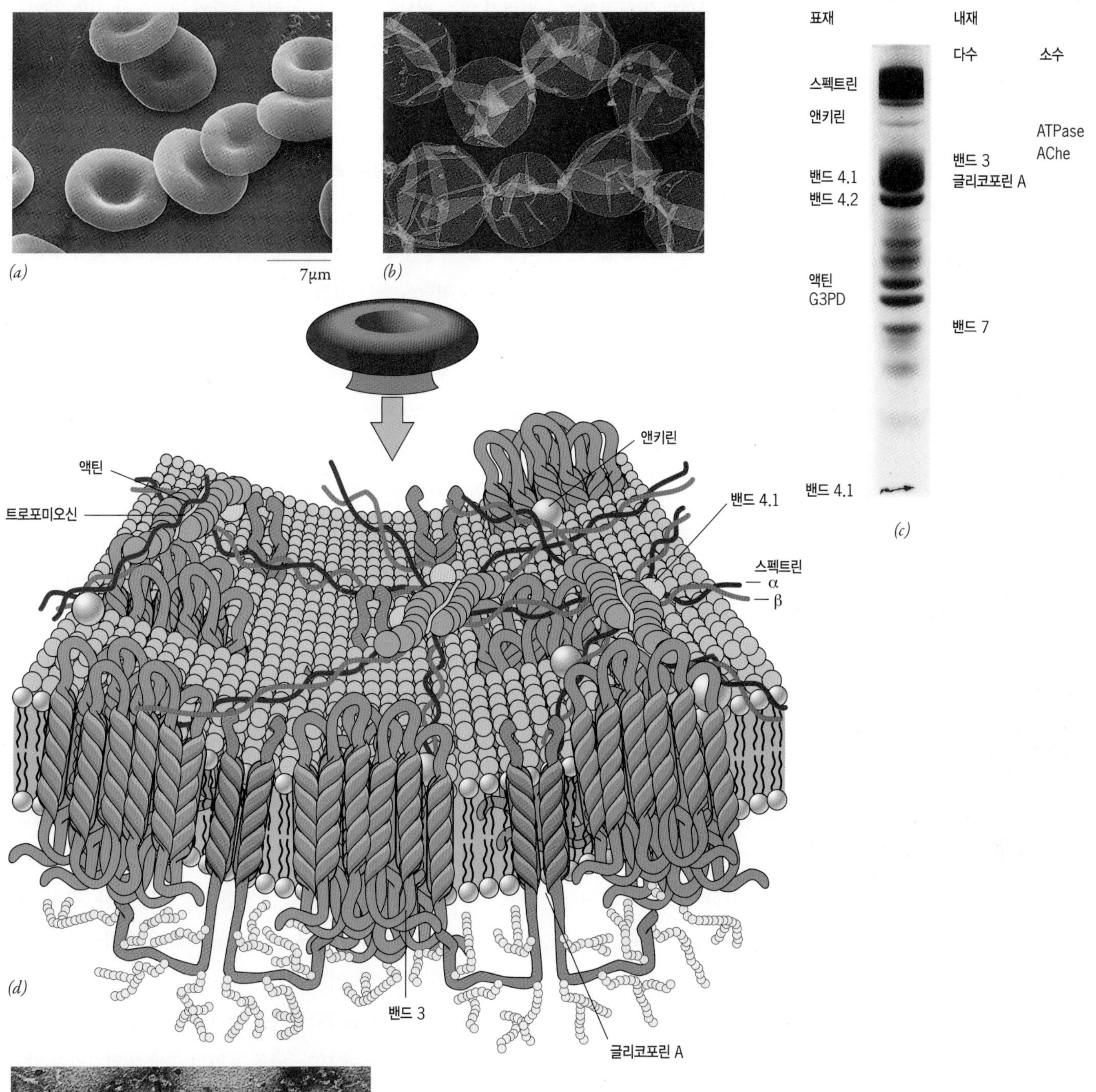

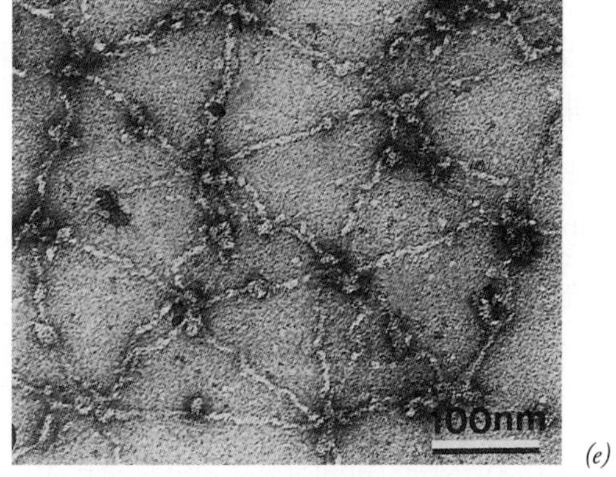

그림 8-32 사람 적혈구의 원형질막. *(a)* 사람 적혈구의 주사(走査)전자현미경 사진. *(b)* 원형질막 유령의 현미경 사진. 본문에 설명한 방법으로 적혈구가 용혈된 것이다. *(c)* 적혈구 막단백질의 SDS-PAGE 양상. 동정(同定)한 단백질의 명칭은 젤의 옆에 표시하였다. *(d)* 적혈구 원형질막을 안쪽 면에서 관찰한 모형. 내재단백질이 지질2중층에 묻혀 있으며 막의 내부 골격을 이루는 표재단백질이 배열된 모습을 볼 수 있다. 여기에 보인 밴드 3의 2량체는 단순하게 표현한 것이다. 밴드 4.1 단백질은 액틴-스펙트린 복합체를 안정시킨다. *(e)* 안쪽 막골격에 있는 단백질의 배열을 보여주는 전자현미경 사진.

횡단 단백질이다. 〈그림 8-15〉의 동결-파단 전자현미경 사진에서 이들 단백질이 막에서 높은 밀도로 존재하는 것을 뚜렷하게 볼 수 있다. 밴드 3은 전기영동 젤에서 세 번째 위치에 나타나기 때문에 이렇게 부르며(그림 8-32*c*), 2개의 동일한 소단위로 이루어진 동질2량체(同質二量體, *homodimer*)로 존재한다. 각 소단위는 막을 최소 10여 차례 횡단하며 비교적 적은 양의 탄수화물(분자량의 6~8%)을 갖고 있다. 밴드 3 단백질은 막을 통해 수동적으로 음이온을 교환하는 통로 역할을 한다. 혈액이 조직을 순환하면 이산화탄소가 혈장에 용해되어 다음 반응이 일어난다.

$$H_2O + CO_2 \rightarrow H_2CO_3 \rightarrow HCO_3^- + H^+$$

중탄산이온(HCO_3^-)은 염소이온(Cl^-)과 교환되어 적혈구 안으로 들어간다. 이산화탄소가 방출되는 허파에서는 역반응이 일어나며, 중탄산이온이 염소이온과 교환되어 적혈구에서 빠져나간다. HCO_3^-와 Cl^-의 역방향 이동은 2량체인 밴드 3의 중앙에 있는 통로를 통해 일어난다.

글리코포린 A는 아미노산 서열이 밝혀진 첫 번째 막단백질이다. 원형질막에서 글리코포린 A의 폴리펩티드 사슬이 배열된 모습은 〈그림 8-18〉에서 볼 수 있다. (비슷한 글리코포린인 B, C, D, E도 막에 존재하지만 그 양이 훨씬 적다.) 밴드 3과 유사하게, 글리코포린 A 역시 막에서 2량체로 존재한다. 밴드 3과는 다르게 각각의 글리코포린 A 소단위는 막을 단 한 번만 횡단하며, 분자량의 약 60%를 차지하는 16 종류의 올리고당 사슬로 이루어진 무성한 탄수화물을 갖고 있다. 글리코포린의 주요 기능은 각 탄수화물 사슬의 끝에 있는 당(糖)인 시알산(sialic acid)이 갖고 있는 많은 음전하에서 비롯되는 것으로 추정된다. 적혈구 세포는 이들의 음전하로 인해 서로 밀어내기 때문에 좁은 혈관을 따라 순환할 때에 뭉쳐지지 않게 된다. 적혈구 세포에 글리코포린 A와 B가 모두 결손된 사람은 이들이 없어도 나쁜 영향을 받지 않는다는 사실은 주목할 만하다. 이 사람의 밴드 3 단백질에는 세포가 뭉쳐지지 않도록 하는 음전하가 부족한 것을 보상하는 당화(糖化)가 많이 일어나 있다. 글리코포린은 또한 말라리아를 일으키는 원생동물이 적혈구 세포로 들어가는 통로가 되는 수용체로 이용되기도 한다. 그렇기 때문에 글리코포린 A와 B가 결손된 적혈구를 가진 사람은 말라리아에 걸리지 않는 것으로 보인다. 글리코포린의 아미노산 서열 차이를 비교하여 사람의 혈액을 MM, MN, 또는 NN 형으로 구분하여 판별한다.

8-6-3-2 **적혈구의 막골격**

적혈구 원형질막의 표재단백질들은 안쪽 표면에 위치하고 섬유성 막골격을 형성하여, 적혈구의 양면이 오목한 모양을 갖도록 하는 데 중요한 역할을 한다(그림 8-32*d*, *e*). 〈8-6-2-1〉에서 논의한 바와 같이, 막골격은 막 속에서 특정 막단백질 무리를 감싸는 영역을 형성할 수 있어서 이들 단백질의 이동을 크게 제한할 수 있다. 골격의 주요 성분은 스펙트린(spectrin)이라는 긴 섬유성 단백질이다. 스펙트린은 약 100nm 길이의 이질2량체(異質二量體)로, α와 β 소단위가 서로 말려 있다. 이러한 2량체 분자 2개가 머리 끝 부위에서 연결되어 200nm 길이의 유연하고 탄력 있는 섬유(filament)를 형성한다. 스펙트린은 막의 안쪽 표면에서 다른 표재단백질인 앤키린(ankyrin, 〈그림 8-32*d*〉의 초록색 구슬)과 비공유결합에 의해 결합한다. 앤키린은 다시 밴드 3 분자의 세포질 영역과 비공유결합으로 연결되어 있다. 〈그림 8-32*d*,*e*〉에서처럼, 스펙트린 섬유가 6각형 또는 5각형 배열로 조직된다. 이러한 2차원 연결망은 각 스펙트린 섬유의 양 끝이 단백질 무리에 연결되어 형성된다. 이 단백질 무리는 대개 수축활동에 관여하는 단백질인 액틴(*actin*)과 트로포미오신(*tropomyosin*)의 짧은 섬유를 포함하고 있다. 상태가 나빠지거나 비정상적인 형태를 갖는 적혈구를 만들어내는 유전질환인 용혈성 빈혈(溶血性貧血, *hemolytic anemia*)은 앤키린이나 스펙트린이 돌연변이를 일으켜 나타나는 것으로 보인다.

적혈구 유령에서 표재단백질을 제거하면 막이 작은 소낭으로 분해되는 것으로 미루어 보아, 안쪽 표면의 단백질 연결망이 막을 유지하는 데 필요하다는 사실을 알 수 있다. 적혈구는 순환하는 세포로, 자신보다 직경이 훨씬 작은 모세혈관을 통해 이동하면서 큰 압력을 받는다. 좁은 통로를 매일 반복하여 이동하기 때문에 적혈구 세포는 심하게 변형될 수 있어야 하고 내구력이 있어야 하며, 찢기는 힘에 견딜 수 있어야 한다. 스펙트린-앤키린 연결망으로 인해 세포는 기능을 수행하는 데 요구되는 튼튼함, 탄력성, 유연성 등을 얻는다.

최초로 발견된 당시에는 적혈구의 막골격이 이러한 세포의 고유한 형태와 기계적 필요를 충족하는 고유한 구조를 하고 있다고 생각하였다. 그러나 다른 세포에서도 스펙트린과 앤키린 집단을 구성하는 요소들을 갖고 있는 유사한 형태의 막골격이 있음이 확인되어, 안쪽 표면의 막골격은 광범위하게 존재하는 것으로 보인다. 예를 들면, 디스트로핀(dystrophin)은 스펙트린 집단을 구성하는 한 요소로서, 근육세포의 막골격에서 발견된다. 디스트로핀이 돌연변이를 일으키면, 어린이가 불구로 되거나 죽게 되는 근육영양장애를 일으킨다. 섬유성낭포증(纖維性囊胞症, 428 페이지의 〈인간의 전망〉 참조)의 경우와 마찬가지로 디스트로핀이 완전히 없어지게 되는 돌연변이가 일어나면 몸이 가장 허약하게 된다. 디스트로핀이 결여된 근육세포의 원형질막은 근육이 수축함에 따라 기계적 스트레스를 받으면 파괴된다. 그 결과로 근육세포가 죽고 결국 더 이상 대체되지 않게 된다.

복습문제

1. 특정한 막단백질의 확산속도를 측정하는 두 가지 기술에 대해 설명하시오.
2. 〈그림 8-28〉에 묘사한 단백질의 이동 형태를 비교하시오.
3. 적혈구 막의 내재단백질과 표재단백질의 두 가지 주요 기능을 설명하시오.
4. 지질의 횡적 확산 속도와 공중제비 돌기(flip-flop)의 속도를 비교하시오. 차이가 나는 이유는 무엇인가?

8-7 세포막을 통한 물질의 이동

세포의 내용물이 원형질막으로 완전하게 둘러싸여 있기 때문에 세포와 세포외기질 사이의 소통은 막의 구조에 의해 중개되어야만 한다. 다시 말해, 원형질막은 2중 기능을 갖는다. 한편으로는 세포의 용해된 내용물이 주변 환경으로 새어나가지 않도록 유지하여야 하며, 다른 한편으로는 세포 안팎으로 필수적인 물질의 교환을 허용하여야 한다. 막의 지질2중층은 전하를 띠거나 극성인 용질이 세포 밖으로 빠져나가는 것을 방지하기에 적절한 구조이다. 따라서 영양분, 이온, 노폐물 등 여러 화합물이 세포 안팎으로 이동하려면 별도의 특별한 장치가 있어야만 한다. 기본적으로 막을 통한 물질의 이동은 두 가지가 있는데, 확산에 의한 수동적인 방법, 그리고 에너지와 연계된 능동적 수송이다. 두 경우 모두 특정 이온이나 화합물의 순 유동(純流動)이 일어나게 한다. 순 유동(*net flux*)이라는 용어는 물질이 세포 안으로 들어오는 이동(유입, *influx*)과 세포 밖으로 나가는 이동(유출, *efflux*)의 양이 달라, 한 쪽이 다른 쪽보다 더 많은 상태를 의미한다.

물질이 막을 통과하는 과정으로는 지질2중층을 통과하는 단순확산, 단백질로 덧대어 있는 수용성 통로를 통과하는 단순확산, 단백질 운반체에 의해 촉진되는 촉진확산, 그리고 에너지에 의해 구동되는 단백질 "펌프"를 필요로 하며 농도기울기를 거슬러 물질을 이동시키는 능동수송이 있다(그림 8-33). 차례로 살펴보기에 앞서, 용질 이동의 에너지 역학에 대해 알아본다.

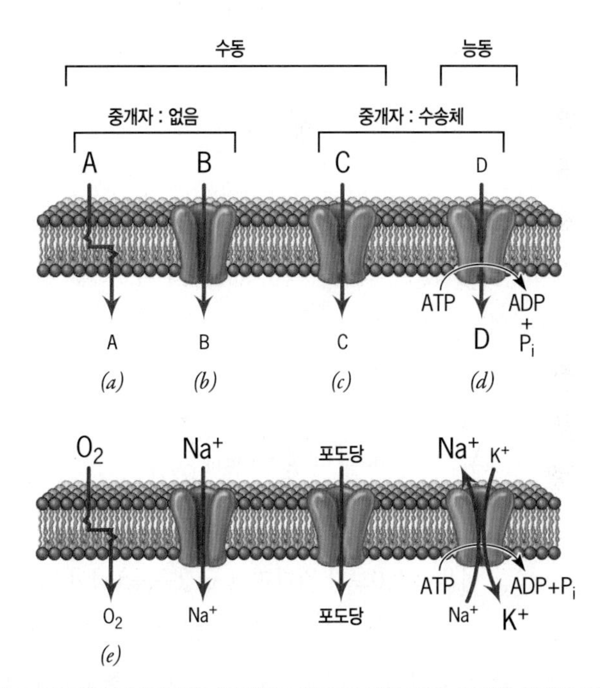

그림 8-33 용질 분자가 막을 통과하는 네 가지 기본 기작. 글자의 상대적 크기는 농도기울기의 방향을 나타낸다. (*a*) 2중층을 통과하는 단순확산. 언제나 농도가 높은 곳에서 낮은 곳으로 이동한다. (*b*) 내재 막단백질이나 단백질 복합체 안에 형성된 수용성 통로를 통한 단순확산. 언제나 농도가 높은 곳에서 낮은 곳으로 이동한다. (*c*) 촉진확산. 용질 분자가 특정한 막단백질 운반체(촉진수송체)와 결합하여 이동한다. 언제나 농도가 높은 곳에서 낮은 곳으로 이동한다. (*d*) 능동수송. ATP 가수분해와 같은 발열반응에서 방출되는 에너지를 이용하여 친화도가 변화되는 특정한 결합부위를 갖고 있는 단백질 수송체에 의해 이동한다. 농도기울기를 거슬러 이동한다. (*e*) 각각의 수송이 적혈구 막에서 일어나는 예.

8-7-1 용질 이동의 에너지 역학

확산(擴散, diffusion)은 물질이 농도가 높은 지역에서 낮은 쪽으로 이동하는 자발적인 과정으로, 이로 인해 결국 두 지역의 농도 차이가 사라지게 된다. 〈3-1-1-2〉에서 살펴본 바와 같이, 확산은 용질의 무작위 열운동(熱運動, thermal motion)에 의존하며 엔트로피 증가에 따라 일어나는 발열반응이다. 여기에서는 막을 통과하는 물질의 확산에 대해서만 논의할 것이다. 전하를 띠지 않은 용질(비전해질, 非電解質)이 막을 통과해 확산할 때에 자유에너지 변화는 막 양쪽의 농도 차이(농도기울기)의 크기에 좌우된다. 다음 관계식은 비전해질이 세포 안으로 이동하는 과정에 해당한다.

$$\Delta G = RT\ln\frac{[C_i]}{[C_o]}$$

$$\Delta G = 2.303\ RT\log_{10}\frac{[C_i]}{[C_o]}$$

여기에서 ΔG는 자유에너지 변화(3-1절 참조), R은 기체상수, T는 절대온도, $[C_i]/[C_o]$는 막의 안쪽(i, inside)과 바깥쪽(o, outside)에 있는 용질의 농도 비율이다. 25℃에서

$$\Delta G = 1.4\text{kcal/mol} \cdot \log_{10}\frac{[C_i]}{[C_o]}$$

만약 $[C_i]/[C_o]$ 비율이 1.0보다 작다면, log 값은 음(−)이 되어 ΔG 값이 음(−)이 되며, 열역학적으로 용질의 순유입이 일어난다(발열반응). 예를 들면, 만약에 외부의 용질 농도가 내부 농도보다 10배 높다고 가정하면, $\Delta G = -1.4$kcal/mol이 된다. 따라서 10배의 농도기울기를 유지하면 1.4kcal/mol을 저장하는 것과 같다. 용질이 세포 안으로 들어감에 따라 농도기울기가 줄어들어 저장에너지가 사라지며, ΔG는 평형에 도달하여 0이 될 때까지 감소한다. (세포 밖으로 용질이 빠져나가는 경우의 ΔG를 계산할 때에는 농도 비율이 $[C_o]/[C_i]$로 바뀐다.)

용질이 전해질(電解質, 전하를 띤 물질)일 때에는 두 구획 사이의 전체적인 전하 차이를 고려하여야 한다. 같은 전하를 가진 이온끼리는 서로 밀어내기 때문에 전해질이 막을 통과하여 같은 부호의 순 전하(純 電荷)를 갖는 다른 구획으로 이동하는 일은 열역학적으로 잘 일어나지 않는다. 반대로 전해질의 전하가 이동해 가려는 구획의 부호와 반대라면, 열역학적으로 잘 이동한다. 두 구획 사이의 전하 차이(퍼텐셜 차이 또는 전압)가 클수록 자유에너지의 차이도 커진다. 따라서 전해질이 두 구획 사이를 확산하는 경향은 두 구획 사이의 물질 농도 차이에 의해 결정되는 화학적 기울기와 전하 차이에 의해 결정되는 전기퍼텐셜 기울기에 의해 좌우된다. 이러한 차이가 한데 합쳐져 **전기화학기울기**(electrochemical gradient)를 형성한다. 세포 안으로 들어가는 전해질 확산에 대한 자유에너지 변화는

$$\Delta G = RT\ln\frac{[C_i]}{[C_o]} + zF\Delta E_m$$

이며, 여기서 z는 용질의 전하, F는 패러데이(Faraday) 상수 [23.06kcal/V · 당량, 당량(當量, equivalent)은 전하 1mole을 갖는 전해질의 양], ΔE_m은 두 구획 사이의 퍼텐셜 차이(volt)이다. 앞선 예에서 25℃에서 막을 통과하는 비전해질의 농도 차이가 10배일 때 −1.4kcal/mol의 ΔG가 생성되는 것을 보았다. 세포 안보다 바깥의 농도가 10배 더 높은 Na^+의 농도기울기에 대해 생각해보자. 세포의 막에서 형성되는 전압은 대개 약 −70mV이므로, 이런 조건에서 Na^+ 1mole이 세포 안으로 이동할 때 자유에너지 변화는 다음과 같다.

$$\Delta G = -1.4\text{kcal/mol} + zF\Delta E_m$$
$$\Delta G = -1.4\text{kcal/mol} + (1)(23.06\text{kcal/V} \cdot \text{mol})(-0.07\text{ V})$$
$$= -3.1\text{kcal/mol}$$

따라서 이러한 조건에서 농도와 전기퍼텐셜 차이는 막을 관통하는 자유에너지 저장에 비슷하게 기여한다.

농도와 퍼텐셜 차이 사이의 상호작용은 K^+이 세포 밖으로 확산될 때 나타난다. K^+의 유출은 세포 안의 K^+ 농도가 높은 농도기울기에 의해 일어나지만, K^+이 빠져나감에 따라 세포 안에 음전하가 높아져 생기는 전기기울기에 의해 방해받는다. 이 내용에 대해서는 〈8-8절〉에서 막퍼텐셜과 신경충격(神經衝擊, nerve impulse)에 대해 논의할 때 다시 살펴볼 것이다.

8-7-2 막을 통한 물질의 확산

비전해질이 원형질막을 통해 수동적으로 확산하려면 두 가지 조건을 만족하여야 한다. 즉, 막의 한쪽에 있는 물질의 농도가 반대쪽보다 높아야 하고, 막은 그 물질에 대해 투과성을 가져야 한다. 어떤 용질에 대해 막이 투과성을 갖는 것은 (1) 용질이 지질2중층을 직접 통과할 수 있거나 (2) 막을 횡단하는 수용성 구멍을 통과할 수 있기 때문에 가능해진다. 먼저 물질이 막을 통과하는 과정 중에 지질2중층에 용해되어야 하는 첫 번째 경로부터 생각해보자.

단순확산에 대해 논의하려면 먼저 용질의 극성에 대해 살펴보아야 한다. 물질의 극성(또는 비극성)을 나타내는 간단한 척도는 **분배계수**(分配計數, partition coefficient)인데, 이것은 비극성 용매와 물이 함께 섞여 있는 조건에서 물속 용해도에 대한 옥타놀(octanol)이나 식물성 기름 등 비극성 용매 속 용해도의 비율이다. 〈그림 8-34〉는 다양한 화학물질과 약품의 분배계수와 막투과성 사이의 상관관계를 보인 것이다. 지질 용해도가 높을수록 더 빠르게 침투하는 것을 뚜렷하게 볼 수 있다.

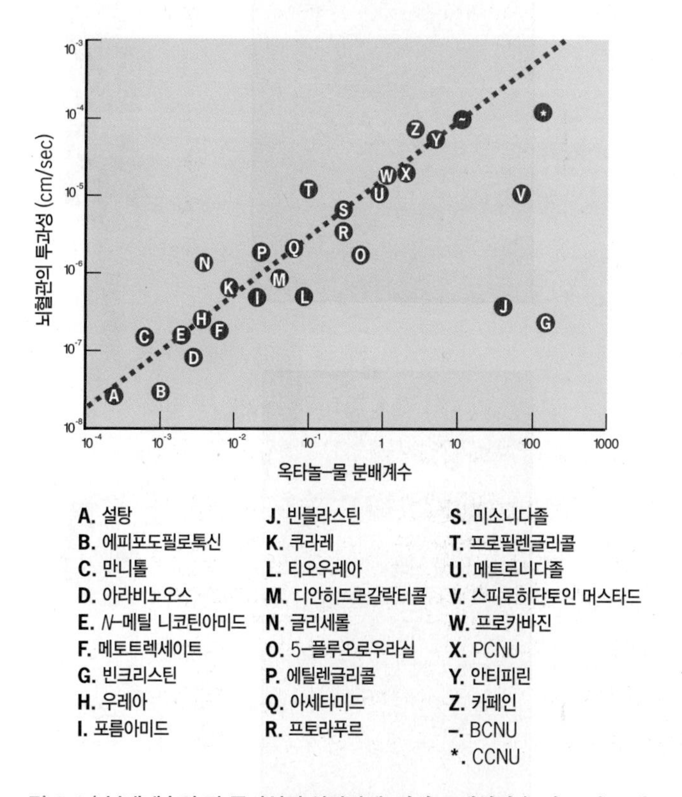

그림 8-34 분배계수와 막 투과성의 상관관계. 뇌의 모세혈관을 덮고 있는 세포의 원형질막에서 다양한 화학물질과 약물이 투과되는 정도를 측정한 것이다. 물질은 이들 세포의 지질2중층의 경로를 지나 투과된다. 분배계수는 어떤 물질의 물속 용해도에 대한 옥타놀 속 용해도의 비율이다. 투과성은 침투도(P, penetrance)를 cm/sec 단위로 나타낸다. 빈블라스틴(J)과 빈크리스틴(G) 등 소수의 화합물을 제외한 모든 물질의 침투도는 지질 용해도와 정비례 관계이다.

화합물이 막으로 침투하는 속도를 결정하는 또 다른 요인은 물질의 크기이다. 만약 두 분자의 분배계수가 거의 같다면, 크기가 작은 분자일수록 막의 지질2중층으로 빠르게 침투한다. 아주 작고 전하가 없는 분자는 세포의 막으로 매우 빠르게 침투한다. 그 결과 막은 O_2, CO_2, NO, H_2O 등의 작은 무기분자에 대한 투과도가 매우 높은데, 이 분자들은 인접한 인지질 사이로 미끄러져 들어가는 것으로 추측된다. 상대적으로 당, 아미노산, 인산화된 중간대사물 등 크고 전하를 가진 분자들은 막 투과도가 낮다. 그 결과로 원형질막의 지질2중층은 이들 필수 대사산물이 세포 밖으로 확산되어 나가지 못하도록 하는 효과적인 장벽 역할을 한다. 이들 분자 가운데 일부(당과 아미노산 등)는 혈액에서 세포로 들어가야만 하는데, 단순확산으로는 그렇게 할 수 없다. 따라서 이들이 원형질막을 통과하도록 하는 특별한 기작이 필요하다. 이러한 기작을 이용함으로써 세포는 표면 장벽을 통과하는 물질의 이동을 조절할 수 있게 된다. 이에 대해서는 나중에 다시 논의할 것이다.

8-7-2-1 막을 통과하는 물의 확산

물 분자는 막을 통과하지 못하는 용해된 이온이나 작은 극성 유기 용질에 비해 매우 빠르게 세포의 막을 통해 이동한다. 물과 용질에 대한 투과도가 다르기 때문에 막을 반투과성(半透過性, semipermeable)이라고 한다. 물은 용질(溶質, solute) 농도가 낮은 지역에서 용질 농도가 높은 지역으로 반투과성 막을 통해 쉽게 이동한다. 이러한 과정을 **삼투현상**(滲透現象, osmosis)이라고 부르며, 세포 내 농도와 다른 농도의 비투과성 용질 용액에 세포를 넣어보면 쉽게 볼 수 있다.

용질 농도가 다른 두 구획을 반투과성 막으로 나누었을 때 용질 농도가 높은 구역은 **고장성**(高張性, hypertonic) 또는 **고삼투성**(高滲透性, hyperosmotic)이라고 하며, 용질 농도가 낮은 구역은 **저장성**(低張性, hypotonic) 또는 **저삼투성**(低滲透性, hypoosmotic)이라고 한다. 세포를 저장성 용액에 넣으면 세포가 물을 빠르게 흡수하여 팽창된다(그림 8-35*a*). 반대로 고장성 용액에 넣은 세포는

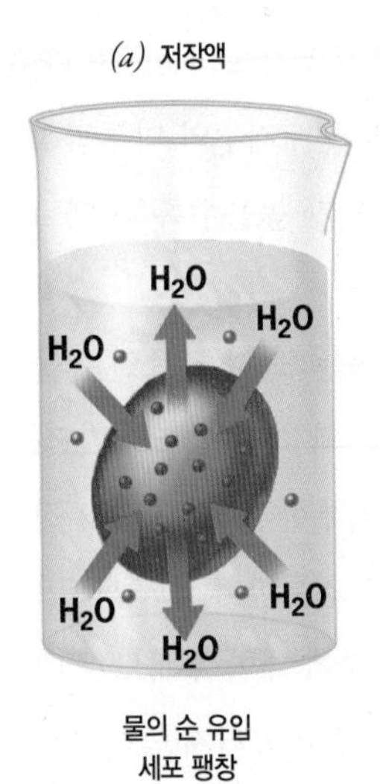

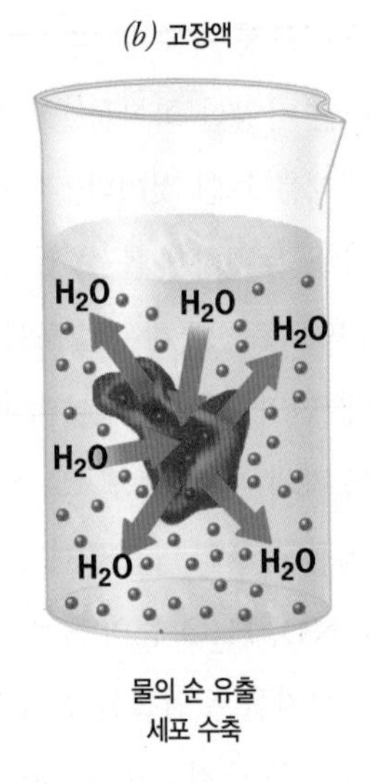

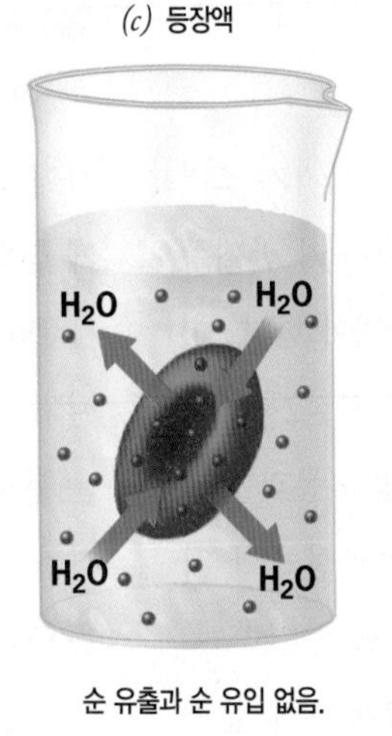

그림 8-35 용질 농도의 차이가 원형질막의 반대편에 주는 영향. (*a*) 저장액(세포보다 용질 농도가 낮은 용액)에 넣은 세포는 삼투현상에 의한 물의 순 유입으로 인해 부풀어 오른다. (*b*) 고장액에 넣은 세포는 삼투현상에 의한 물의 순 유출로 인해 수축된다. (*c*) 등장액에 넣은 세포는 물의 유입과 유출이 같아서 일정한 부피를 유지한다.

삼투현상에 의해 빠르게 물을 잃고 수축된다(그림 8-35*b*). 이러한 간단한 관찰로 세포의 부피가 세포 내부와 세포 밖 매질에 있는 용질의 농도 차이에 의해 조절된다는 것을 알 수 있다. 약한 저장액과 약한 고장액에서 나타나는 팽창과 수축은 대개 일시적인 현상일 뿐이다. 몇 분 안에 세포는 자신의 원래 부피를 회복하게 된다. 저장액에서는 세포가 이온을 잃고 그로 인해 내부의 삼투압이 감소하기 때문에 회복이 일어난다. 고장액에서는 세포가 이온을 얻어 회복이 일어난다. 내부의 (고농도의 용해된 단백질을 포함하는) 용질 농도가 외부 용질 농도와 같다면 내부와 외부 용액은 **등장성**(等張性, isotonic) 또는 **등삼투성**(等滲透性, isoosmotic)이며, 세포 안팎으로의 물의 순 이동이 나타나지 않는다(그림 8-35*c*).

삼투현상은 수많은 신체의 기능에 있어서 중요한 요인이다. 예를 들면, 소화관에서 매일 분비하는 수 리터의 액체를 소장(小腸) 벽의 세포가 삼투현상으로 다시 흡수한다. 이 때 액체를 재흡수하지 못하면 심한 설사의 경우처럼 급격한 탈수증상에 시달리게 될 것이다. 식물은 삼투현상을 다른 방식으로 이용한다. 일반적으로 주변 매질과 등장성인 동물세포와는 다르게, 식물세포는 일반적으로 주변 액체보다 고장성이다. 그 결과로 물이 세포 안으로 들어와 세포벽을 밀어내는 내부 압력인 팽압(膨壓, *turgor pressure*)이 나타난다(그림 8-36*a*). 팽압은 비목본(非木本) 식물과 나뭇잎 등의 비목질(非木質) 부위를 지탱하는 힘이 된다. 식물세포를 고장액에 넣으면 원형질막이 세포벽에서 떨어져 부피가 수축되는데, 이 현상을 **원형질분리**(原形質分離, plasmolysis)라고 한다(그림 8-36*b*). 원형질분리로 인해 물을 잃은 식물은 지탱하는 힘을 잃고 시든다.

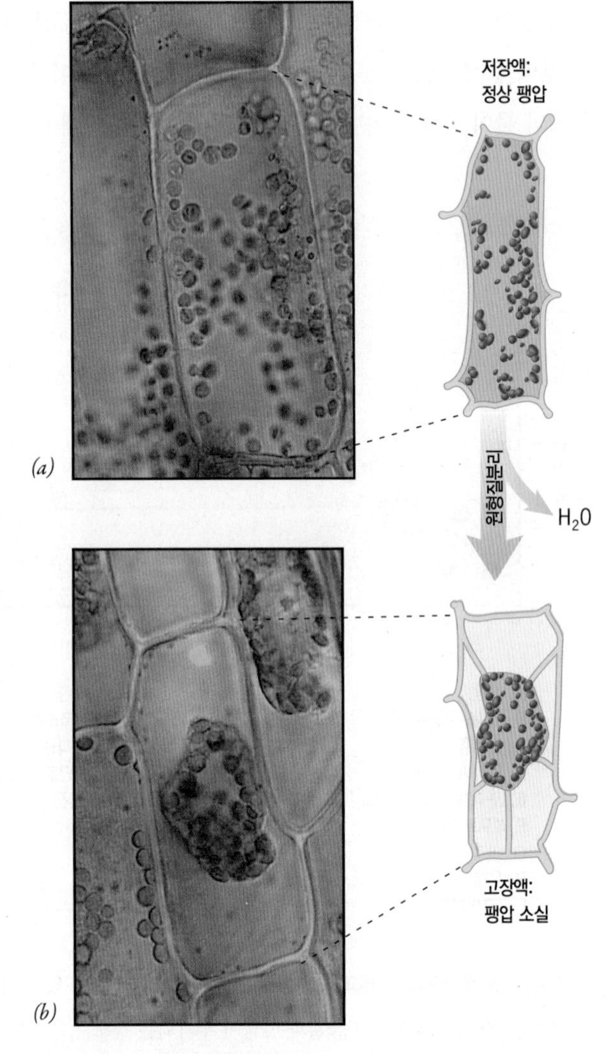

그림 8-36 식물세포에 대한 삼투현상의 영향. (*a*) 저장성 환경에 놓인 민물 수생식물. 물이 세포 안으로 유입되어 팽압이 나타난다. (*b*) 이 식물을 바닷물과 같은 고장성 환경으로 옮기면 물이 유출되어 원형질막이 세포벽에서 떨어진다(원형질분리).

많은 세포는 물에 대해 지질2중층을 통한 단순확산으로 설명할 수 있는 것보다 훨씬 더 높은 투과도를 갖고 있다. 1990년대 초, 존스홉킨스대학교(Johns Hopkins University)의 피터 아그레(Peter Agre) 연구팀이 적혈구 세포 표면에 있는 Rh 항원에 상응하는 막단백질을 순수하게 분리하고자 시도하였다. 이 과정에서 그들은 오랫동안 찾고 있던 적혈구 막의 물 통로로 보이는 단백질을 찾아내었다. 자신들의 가설을 확인하고자 그들은 개구리 난자의 원형질막에 새로 발견한 단백질을 삽입한 후, 저장액에 넣었다. 예측한대로 난자는 물을 흡수하여 부풀었고, 마침내 터져버렸다. 이 연구팀은 아쿠아포린(*aquaporin*)이라는 작은 내재단백질 무리를 찾아낸 것이다. 이 단백질은 원형질막을 가로질러 물이 수동적으로 이동하도록 한다. 아쿠아포린은 4개의 소단위로 구성된다. 각 소단위는 중앙통로를 갖고 있는데, 이 통로는 주로 소수성 아미노산 잔기로 덮여 있으며 물 분자에 대한 특이성이 높다. 통로마다 매 초 10억 개나 되는 물 분자가 일렬종대로 이동할 수 있다. 그러나 (정상적으로는 물 분자 대열을 따라 이동하는) H^+은 이들 열린 구멍으로 침투하지 못한다. 단백질의 구조를 밝혀낸 엑스-선 결정학 연구와 이 단백질 구조를 실제로 작동시켜보는 컴퓨터-기반 모의실험에 의해 이들 통로에서 양성자가 통과하지 못하도록 배제할 수 있는 명백한 기작이 제시되었다. 〈그림 8-37*a*〉은 컴퓨터 모의실험에 바탕을 둔 모형이다. 아쿠아포린 통로의 가장 좁은 곳에 매우 가까이 있는 통로 벽에는 정확한 위치에 한 쌍의 양전하(〈그림 8-37*b*〉의 잔기 N203과 N68)가 있어서 단백질이 수축되어 속도가 빨라짐에 따라 물 분자의 산소원자를 끌어당긴다. 이러한 상호작용으로 인해 중앙의 물 분자를 (정상적으로는 이웃한 물 분자들과 이루는) 수소결합을 이루지 못하는 위치에 배열한다. 이로써 정상적으로는 물 분자 사이에서 양성자가 이동하도록 하는 다리가 제거된다.

아쿠아포린은 신장(腎臟)의 세관(細管, tubule)이나 식물의 뿌리 등, 물의 흐름이 조직의 생리학적 활성에 중요한 역할을 하는 세포에서 특히 두드러진다. 호르몬인 바소프레신(vasopressin)은 아쿠아포린 단백질의 하나인 AQP2 단백질에 작용하여 신장의 수집관(收集管, collecting duct) 내에 물을 축적하도록 촉진한다. 유전질병의 예인 선천성 신성요붕증(先天性腎性尿崩症, *congenital nephrogenic diabetes insipidus*)은 아쿠아포린 통로에 돌연변이가 일

(a) (b)

그림 8-37 아쿠아포린 통로를 통한 물 분자의 통과. (*a*) 막에 있는 아쿠아포린 분자 소단위 중 하나의 통로를 통해 일렬로 통과하는 물 분자(빨간색과 하얀색 공)의 흐름을 분자역학적으로 모의실험하는 한 장면. (*b*) 물 분자가 양성자를 배출하는 동시에 아쿠아포린 통로를 통과하는 기작을 설명하는 모델. 통로 벽을 따라서 물 분자 9개가 일렬로 줄지어 있다. 물 분자는 보라색 원으로 표시한 O 원자에 H가 2개씩 결합한 형태로 나타내었다. 이 모델에서 통로의 위와 아래에 있는 물 분자 4개씩은 단백질 골격의 카르보닐기(C=O)와 상호작용하여 H 원자가 통로의 중심에서 멀어지는 방향으로 놓인다. 이들 물 분자는 이웃에 있는 원자와 수소결합(점선)을 이룰 수 있다. 이에 비해 통로의 중앙에 있는 물 분자 1개는 다른 물 분자와 수소결합을 형성하지 않는 위치에 놓여서 통로를 통한 양성자의 흐름을 방해하는 효과를 나타낸다. www.nobelprize.org/nobel_prizes/chemistry/laureates/2003/animations.html에서 아쿠아포린에 관한 동영상을 볼 수 있다.

어난 것이다. 이 질병의 환자는 신장이 바소프레신에 반응하지 못하기 때문에 대량의 오줌을 배출하게 된다.

8-7-2-2 막을 통한 이온의 확산

생물 막의 핵심을 이루는 지질2중층은 Na^{+}, K^{+}, Ca^{2+}, Cl^{-} 등 작은 이온을 포함하여 전하를 띤 물질에 대한 투과성이 매우 낮다. 그러나 막을 통한 이들 이온의 빠른 이동(**전도성**, conductance)은 신경충격의 생산과 전파, 세포외 공간으로 물질의 분비, 근육의 수축, 세포 부피 조절, 식물 잎에 있는 기공의 열림 등 수많은 세포의 활성에 있어서 중요한 역할을 수행한다.

1955년에 캠브리지대학교(Cambridge University)의 앨런 호지킨(Alan Hodgkin)과 리차드 케인즈(Richard Keynes)는 세포의 막에 특정한 이온이 통과할 수 있는 구멍인 **이온 통로**(ion channel)가 있다고 최초로 제안하였다. 1960년대 후반과 1970년대에 워싱턴대학교(University of Washington)의 버틸 힐(Bertil Hille)과 펜실베니아대학교(University of Pennsylvania)의 클레이 암스트롱(Clay Armstrong)은 이러한 통로가 존재하는 증거를 찾아내기 시작하였다. 마지막 "증거"는 1970년대 후반과 1980년대 초반에 이루어진 독일 막스-플랑크연구소(Max-Planck Institute)의 베르트 자크만(Bert Sakmann)과 에르윈 네어(Erwin Neher)가 찾아내었는데, 이들은 하나의 이온 통로를 통과하는 이온의 흐름을 추적관찰하는 기술을 개발하였다. 이 기술에서는 잘 다듬은 유리로 만든 매우 정교한 미세피펫-전극을 세포 바깥 표면에 올려놓고 흡입에 의해 막으로 밀봉하였다. 막 사이의 전압은 어떤 특정 값으로 유지될(고정될, *clamped*) 수 있으며, 피펫으로 둘러싸인 막의 작은 조각(patch)에서 나오는 전류를 측정할 수 있다(그림 8-38). 이러한 획기적인 연구는 각각의 단백질 분자의 활성에 대한 최초의 성공적인 연구로 인정되었다. 오늘날 생물학자들은 당황스러울 만큼이나 다양한 이온 통로를 확인하였는데, 모두 중앙의 수성(水性) 구멍이 내재 막단백질로 싸여 형성된다. 예측할 수 있듯이, 이온 통로에 대한 유전자에 돌연변이가 일어나면 여러 심각한 질병을 일으킨다(428 페이지 〈인간의 전망, 표1〉 참조).

대부분의 이온 통로는 선택성이 높아서 단 하나의 특정 이온 종류만 구멍을 통과하도록 한다. 막을 통과하는 다른 용질 종류의 수동확산과 마찬가지로, 통로를 통한 이온의 확산은 항상 아래로, 높은 에너지 상태 쪽에서 낮은 에너지 상태 쪽으로 이루어진다. 확인된 이온 통로의 대부분은 열린 형태나 닫힌 형태로 모두 존재할 수 있다. 이러한 통로를 **관문**(關門, gated)이라고 한다. 관문의 열림과 닫힘은 복잡한 생리학적 조절을 받으며, 통로의 종류에 따라 다양한 요인에 의해 유도된다. 관문 통로의 주요 종류는 3가지로 나누어 볼 수 있다.

1. **전압-관문 통로**(voltage-gated channel). 막 양쪽의 이온 전하 차이에 따라 열린 형태나 닫힌 형태로 된다.

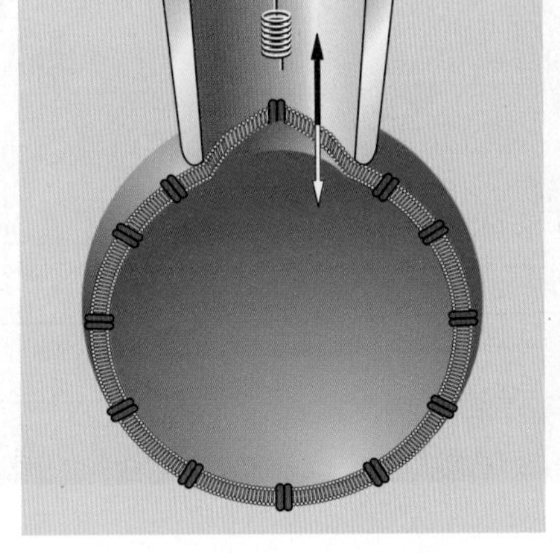

(a)

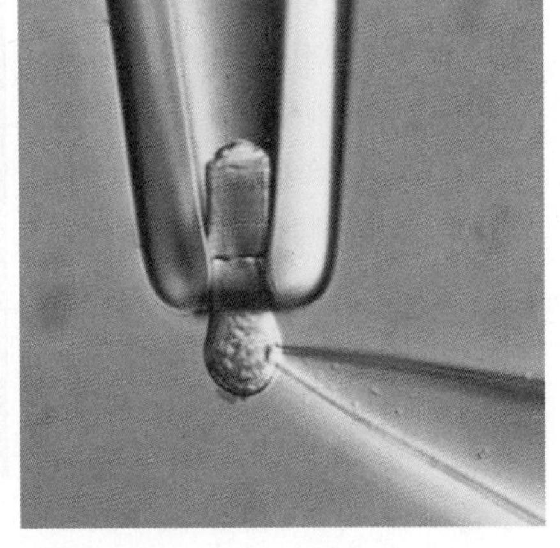

(b)

그림 8-38 세포막흡입(patch-clamp) 기록법에 의한 이온 통로 전도성 측정. (*a*) 잘 연마한 유리 미세피펫을 세포 바깥 표면의 한 부위에 올려놓고 흡입력을 적용하여 원형질막에 맞닿은 피펫의 가장자리를 밀봉한다. 피펫에는 미세전극(*microelectrode*)을 장착하였기 때문에, 피펫으로 감싸인 막의 조각에 전압을 걸고 이에 반응하여 막 통로를 통과하는 이온의 흐름을 측정할 수 있다. 그림에 표시한 것처럼, 미세피펫을 단일 이온 통로만 있는 막 조각으로 감쌀 수 있어서 단일 관문통로의 개폐와 전압에 따른 전도성의 변화를 관찰할 수 있다. (*b*) 도롱뇽의 망막에 있는 광수용체 세포 1개로 세포막흡입 기록법을 만드는 과정을 보여주는 현미경 사진. 세포의 한 부위가 유리 미세피펫 안으로 빨려 들어가고, 두 번째 미세피펫-전극(오른쪽 아래)은 다른 부위에 있는 원형질막의 작은 조각으로 밀봉되어 있다.

2. **리간드-관문 통로**(ligand-gated channel). 통로를 통과하지 않는 특정한 분자(리간드)의 결합 여부에 따라 열린 형태나 닫힌 형태로 된다. 일부 리간드-관문 통로는 어떤 분자가 통로의 바깥 표면에 결합하면 열린다(또는 닫힌다). 통로의 안쪽 표면에 리간드가 결합하면 열리는(또는 닫히는) 종류도 있다. 예를 들면, 아세틸콜린 등의 신경전달물질은 어떤 양이온 통로의 바깥 표면에 작용하며, cAMP 등의 고리형 뉴클레오티드는 어떤 칼슘 이온 통로의 안쪽 표면에 작용한다.
3. **기계적-관문 통로**(mechano-gated channel). 막에 가해지는 기계적 힘(확장 장력 등)에 의해 열린 형태나 닫힌 형태로 된다. 예를 들면, 어떤 양이온 통로는 내이(內耳)의 털 세포(hair cell)에 있는 부동섬모(不動纖毛, stereocilia, 〈그림 13-54〉 참조)가 소리 또는 머리의 움직임에 반응하여 움직이면 열린다.

전압-관문 K^+ 통로가 가장 많이 연구되어 있으므로 이 통로의 구조와 기능에 대해 살펴보도록 한다.

1998년 록펠러대학교(Rockefeller University)의 로데릭 맥키넌(Roderick MacKinnon) 연구진은 KcsA라는 세균의 K^+ 통로 단백질의 원자-수준 해상도 영상을 최초로 제시하였다. 구조와 기능 사이의 상관관계는 생물계 어디에서나 뚜렷하게 드러나지만, 〈그림 8-39〉에 보인 K^+ 통로의 경우보다 더 나은 예를 찾아보기 어려울 것이다. 간단하게 살펴보겠지만, 이 구조의 형태를 보면 이 놀라운 분자 기계가 Na^+보다 K^+을 압도적으로 선별해내고, 그러면서도 K^+의 막 전도성을 놀랍도록 빠르게 유지하는 기작을 즉시 이해할 수 있다. 또한 이 세균의 통로에서 나타나는 이온 선택성과 전도성 유지 기작이 신체가 훨씬 큰 포유동물의 통로에서 작동하는 기작과 사실상 같다는 사실도 알게 될 것이다. 이온 통로를 작동하는 기본적인 기작은 진화의 초기 단계에서 나타났으며, 그 후 10~20억 년에 걸쳐 정교하게 다듬어진 것이다.

KcsA 통로는 4개의 소단위로 이루어져 있으며, 이 가운데 2개를 〈그림 8-39〉에 나타내었다. 각각의 소단위는 2개의 막횡단 나선(M1, M2)과 1개의 구멍 지역(P)을 통로의 세포 바깥쪽 끝부분에 갖고 있다. P는 통로 폭의 약 3분의 1에 걸쳐 뻗어있는 짧은 구멍 나선과 좁은 선택성 여과기(選擇性濾過器, *selectivity filter*, 오직 K^+만 통과시키기므로 이렇게 지칭됨)를 덮는 층(lining)을 이루는 비나

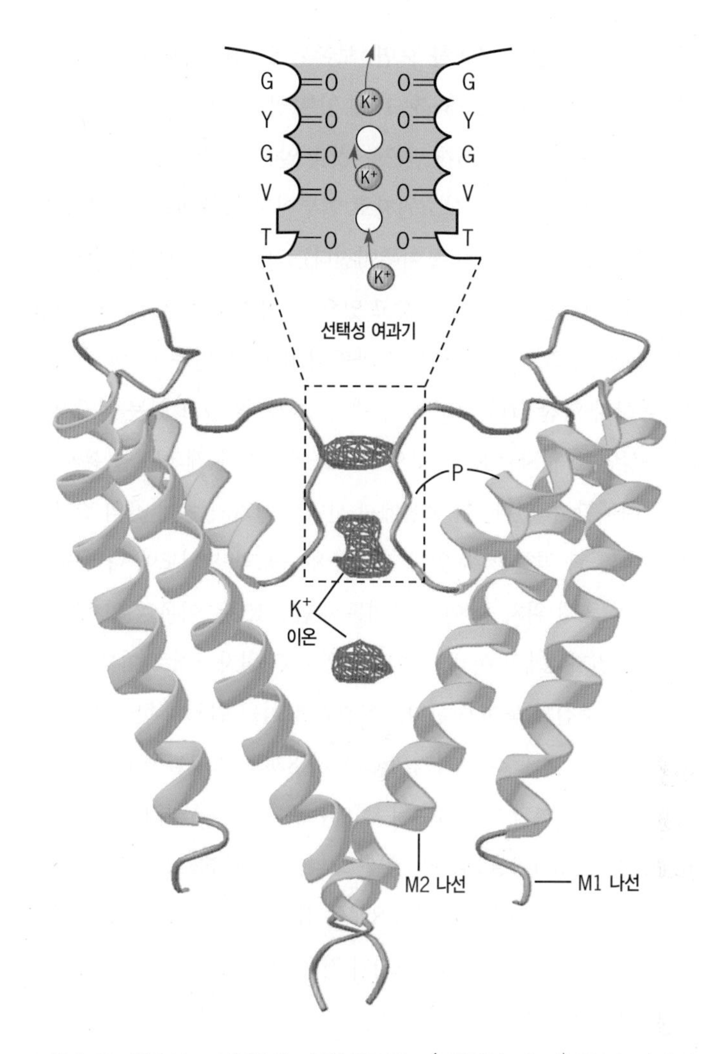

그림 8-39 세균 KcsA 통로의 3차원 구조와 K^+ 선택성. 이 K^+ 통로는 4개의 소단위로 이루어지는데, 그 가운데 2개를 그림에 나타내었다. 각 소단위는 짧은 나선으로 이루어진 P(pore, 구멍) 단편에 의해 연결된 M1과 M2 나선, 그리고 이온이 통과하는 통로 벽을 감싸는 비나선 부위로 구성된다. 각 P 단편에는 보존된 5-펩티드(GYGVT)가 있어서 이 잔기들이 K^+을 걸러주는 선택성 여과기를 덮고 있다. 이들 잔기에 있는 카르보닐기의 산소원자는 통로 안으로 돌출되어 여과기 안에서 K^+(빨간색 그물로 표시)과 선택적으로 반응할 수 있다. 위의 삽입도에 표시한 것처럼, 선택성 여과기는 카르보닐 O 원자의 고리 4개와 트레오닐 O 원자의 고리 1개를 갖고 있다. 이들 5개의 고리 각각은 각 소단위에서 1개씩 제공된 O 원자를 4개씩 갖고 있다. 이들 고리의 직경은 8개의 산소원자가 1개의 K^+ 이온을 결합시킬 수 있어서 수환된 물을 대체시하기에 충분한 크기이다. K^+ 결합자리 가 네 곳에 있지만, 단 두 곳만 동시에 채워진다.

선형 고리(〈그림 8-39〉에 주황색으로 표시)로 이루어져 있다.

선택성 여과기를 덮는 층에는 5-펩티드(pentapeptide)—Gly-Tyr-Gly-Val-Thr; GYGVT—가 매우 잘 보존되어 있다. KcsA 통

로의 엑스-선 결정 구조를 보면, 보존된 5-펩티드에서 나온 카르보닐기(C=O) 골격(<2-5-3-1>에 있는 골격 구조 참조)이 산소원자의 연속되는 고리를 5개 만드는 것을 알 수 있다(4개는 폴리펩티드 골격의 카르보닐기 산소원자로 이루어지고, 1개는 트레오닌의 곁사슬에 있는 산소원자로 이루어진다). 각각의 고리는 (각 소단위에서 온) 산소원자를 4개씩 갖고 있으며, 직경은 약 3 Å으로 (정상적으로는 갖고 있어야 하는) 수화층(水和層)을 잃은 K^+의 직경인 2.7 Å보다 약간 크다. 따라서 선택성 여과기를 덮고 있는 전기적으로 음성인 O 원자는 K^+이 구멍으로 들어올 때에 제거된 물 분자 껍질을 대체할 수 있다. 이 모형에서 선택성 여과기는 네 곳의 결합자리에서 K^+과 결합할 수 있다. <그림 8-39>의 삽입도에 나타낸 것처럼, 이들 네 위치 중 어느 곳에든 결합한 K^+은 이온 위의 평면에 있는 O 원자 4개와 아래의 평면에 있는 O 원자 4개로 이루어지는 "상자"의 중심에 놓이게 된다. 그 결과로 이들 위치의 한 곳에 있는 각각의 K^+은 선택성 여과기의 O 원자 8개와 조화를 이룰 수 있게 된다. 선택성 여과기는 탈수된 K^+에는 정확하게 들어맞지만, 탈수된 Na^+의 직경(1.9 Å)보다는 훨씬 크다. 따라서 Na^+은 구멍 안에서 안정화를 이루는 데 필수적인 8개의 산소원자와 상호작용을 최적으로 이룰 수 없다. 그 결과 크기가 작은 Na^+은 구멍 안으로 침투하는 데 필요한 높은 에너지 장벽을 극복하지 못한다.

K^+이 결합할 수 있는 결합자리가 네 군데 있지만, 단 두 곳 만이 동시에 점유되어 있다. K^+은 <그림 8-39>의 삽입도에 나타낸 것처럼 동시에 2개씩—위치 1, 3에서 위치 2, 4로—이동하는 것으로 추정된다. 세 번째 K^+이 선택성 여과기 안으로 들어가면 정전기 반발이 생겨 반대편 끝에 결합해 있는 이온이 떨어져 나간다. 연구 결과에 따르면 이온이 결합자리 사이에서 이동할 때에 에너지 장벽은 사실상 없는 것으로 보이며, 따라서 이온이 막을 매우 빠르게 통과할 수 있다. K^+ 선택성과 전도성에 관련된 이들 결론을 종합하면, 분자 구조를 이해함으로써 생물학적 기능에 대해 얼마나 알아낼 수 있는지를 보여주는 훌륭한 예가 된다.

<그림 8-39>의 KcsA 통로는 진핵세포의 통로와 마찬가지로 관문을 갖고 있다. KcsA 통로의 관문이 매우 낮은 pH에 반응하여 열리는 사실은 <그림 8-22>에 보인 바 있다. <그림 8-39>의 KcsA의 구조는 (통로 안에 이온이 들어있기는 하지만) 실제로는 닫힌 입체구조이다. KcsA 통로의 열린 입체구조는 결정화할 수 없었지만, 이와 상응하는 원핵세포의 K^+ 통로(MthK라고 함)의 열린 입체구조는 결정화되어 구조가 밝혀져 있다. MthK의 열린 구조와 상응하는 단백질인 KcsA의 닫힌 구조를 비교하면, 안쪽 나선(M2)의 세포질 말단이 구조적으로 변화함에 따라 이들 분자의 관문 개폐가 이루어지는 것으로 보인다. <그림 8-39>와 <그림 8-40>의 왼쪽 그림에서 볼 수 있는 것처럼 닫힌 입체구조에서는 M2 나선이 직선형이며, 서로 겹쳐져 "나선 묶음"을 이루어 구멍의 세포질 쪽 틈새를 막는다. 글리신 위치의 특수한 경첩 부위에서 M2 나선이 구부러지면 통로가 열린다(그림 8-40, 오른쪽).

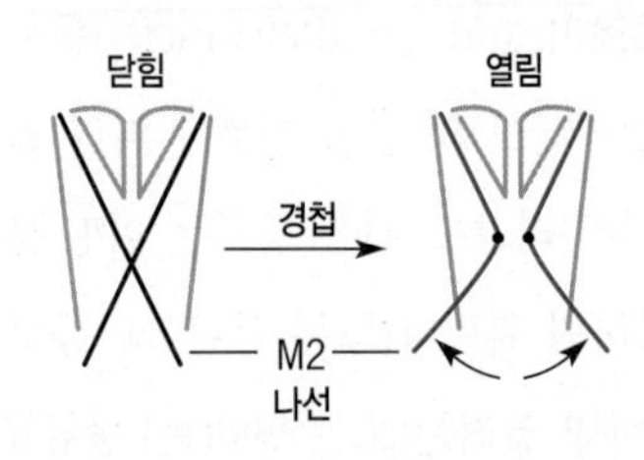

그림 8-40 세균 KcsA 통로의 개폐에 대한 경첩-굴절(hinge-bending) 모형의 모식도. 각 소단위의 M2 나선이 특정 글리신 잔기 위치에서 바깥쪽으로 구부러지면 K^+에 대한 통로의 세포 내 말단이 열린다.

이제 이들 원핵세포의 K^+ 통로가 어떻게 작동하는지 알았으므로, 이들과 유사하게 작동할 것으로 보이는 복잡한 진핵세포의 K^+ 통로의 구조와 기능에 대해서도 이해할 수 있게 되었다. 전압-관문 K^+(Kv) 통로를 암호화하는 다양한 유전자를 분리하여, 이들의 단백질을 분자 수준에서 자세하게 조사하였다. 식물에서는 Kv 통로가 염과 물의 조화, 그리고 세포 부피를 조절하는 중요한 역할을 한다. 동물의 Kv 통로는 근육과 신경 기능에서 그 역할이 가장 잘 밝혀져 있는데, 이에 대해서는 이 장(章)의 뒷부분에서 탐구한다. 진핵세포의 Kv 통로 소단위는 6개의 막-결합 나선(S1~S6)을 갖고 있는데, <그림 8-41>에 2차원 그림으로 나타내었다. 이들 6개의 나선은 기능으로 보아 두 가지 뚜렷한 영역으로 나눌 수 있다.

1. **구멍 영역**(*pore domain*). <그림 8-39>의 전체 세균 통로와 기본 설계가 동일하며, K^+을 선택적으로 통과시키는 선택성 여과기를 갖고 있다. KcsA 통로(그림 8-39)의 나선 M1, M2, P 구획은 진핵세포 전압-관문 통로(그림 8-41)의 S5, S6, P 구획과 각각 상동이다. KcsA의 M2 나선 4개와 마찬가지로 S6

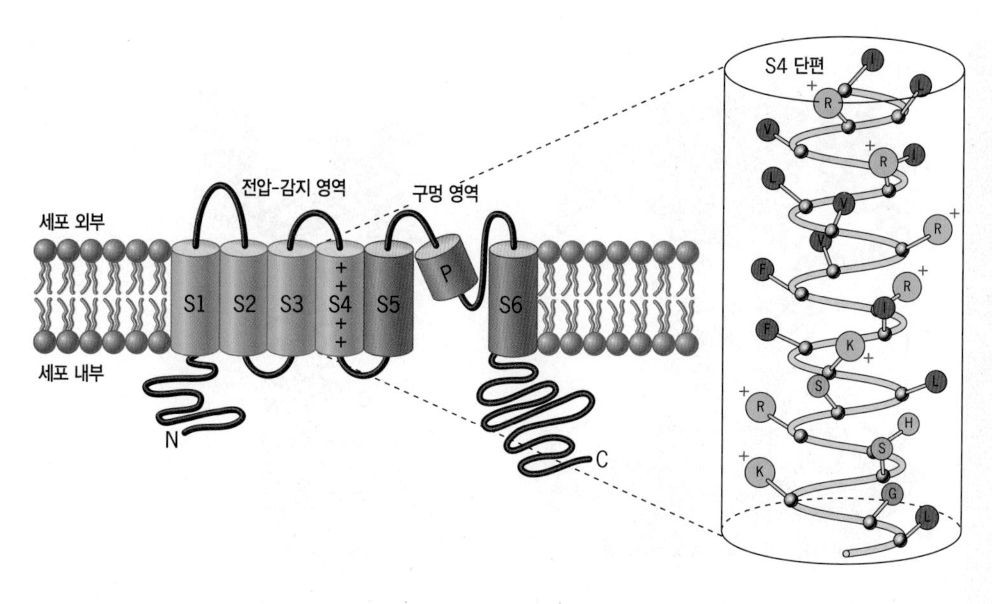

그림 8-41 진핵생물 전압-관문 K^+ 통로를 이루는 소단위 1개의 구조. K^+ 통로 소단위 1개의 2차원 구조. 막횡단 나선 6개와 단백질 내에 살짝 잠겨서 통로 벽을 형성하는 폴리펩티드(구멍 나선 또는 P라고 함) 부분을 볼 수 있다. 삽입도는 초파리(*Drosophila*)의 K^+ *Shaker* 이온 통로에서 전압 감지기로 작용하는 양전하를 띤 S4 나선의 아미노산 서열이다. 양전하를 띤 곁사슬이 다른 소수성 나선을 따라가며 3번째 잔기 위치마다 놓인다. 이런 형태의 Kv 통로를 *Shaker* 통로라고 하는데, 이 단백질에 돌연변이가 생긴 초파리를 에테르로 마취시키면 심하게 떨기(shake) 때문이다. *Shaker* 통로는 1987년에 최초로 확인되어 클론된 K^+ 통로이다.

나선 4개가 구멍 대부분을 덮고 있으며, 이들의 구조에 따라 통로의 관문이 열리거나 닫히게 된다.

2. **전압-감지 영역**(*voltage-sensing domain*). 나선 S1~S4로 이루어지며, 원형질막의 전압을 감지한다(아래에서 논의함).

〈그림 8-42〉는 쥐(rat)의 대뇌에서 순수분리한 완전한 진핵세포 Kv 통로의 3차원 결정(結晶) 구조이다. 세제와 지질 혼합물을 사용하여 순수분리하고 결정화시켜 이 구조를 확인할 수 있었다. 음전하를 띤 인지질의 존재는 막단백질의 원래 구조를 유지하고 전압-관문 통로로서의 기능을 촉진하는 데 중요한 것으로 보인다. KcsA 통로와 마찬가지로, 하나의 진핵세포 Kv 통로는 중앙의 이온-통과 구멍 주위에 대칭적으로 배열한 상동 소단위 4개로 구성된다. 선택성 여과기, 그리고 K^+ 선택에 대해 추정되는 기작은 원핵세포의 KcsA와 진핵세포의 Kv 단백질에서 사실상 동일하다. Kv 통로의 관문은 S6 나선의 안쪽 말단에 의해 형성되며, 세균 통로의 M2 나선(그림 8-40)과 거의 유사한 방식으로 열리고 닫히는 것으로 생각된다. 〈그림 8-42〉의 단백질은 통로가 열려 있는 상태이다.

폴리펩티드 사슬을 따라 놓여있는 몇 개의 양전하 아미노산 잔기를 갖고 있는 S4 나선(〈그림 8-41〉의 삽입도)은 전압을 감지하는 주요 요소로 작용한다. 전압-감지 영역은 〈그림 8-42〉의 모형에서 S4-S5로 표시한 짧은 연결 나선에 의해 구멍 영역과 연결되어 있는 것으로 보인다. 휴지 조건에서는 음성인 막전위로 인해 관문이 닫힌다. 막전위가 양성으로 변화(탈분극)하면 S4 나선에 전기력이 가해진다. 이 전기력이 막횡단 S4 나선을 움직이게 하는 힘이라고 생각되는데, S4 나선의 양전하 아미노산 잔기들이 세포질을 향해 노출되어 있던 위치에서 세포 바깥으로 노출되는 새로운 위치로 이동하게 된다. 전압 감지는 역동적인 과정이기 때문에 〈그림 8-42〉와 같은 단백질의 한 가지 상태만 관찰해서는 그 기작을 알아낼 수 없다. 실제로 전압 감지기의 작용 기작을 설명하려는 몇 가지 모형에 대해 현재 검토하고 있다. 그렇지만 막의 탈분극에 대응한 S4 나선의 이동이 통로의 세포질 방향 말단에서 관문을 여는 단백질의 입체구조에 변화를 일으키는 것은 분명하다.

통로가 열리면 1초에 1천만 개 이상의 K^+이 통과할 수 있는데, 이것은 용액에서 자유롭게 확산되는 것과 거의 같은 속도이다. 이온이 대량으로 흐르기 때문에, 상대적으로 수가 적은 K^+ 통로의 열림이 막의 전기적 특성에 큰 영향을 준다. 통로가 몇 밀리초(msec) 동안 열린 후, K^+의 이동은 불활성화 과정에 의해 "자동으로" 멈춘다. 통로 불활성화를 이해하려면 앞서 논의한 2개의 막횡단 영역 외에 Kv 통로의 또 다른 부위에 대해 생각해보아야 한다.

진핵세포의 Kv 통로는 전형적으로 큰 세포질 구조를 갖고 있는데, 그 구성은 통로의 종류에 따라 다양하다. 〈그림 8-43*a*〉에 나타낸 것처럼, 통로의 불활성화는 단백질의 세포질 부위에 매달린 작은 불활성화 펩티드의 이동에 의해 이루어진다. 불활성화 펩티드는 4개의 "옆 창(side windows)" 중 하나를 통해 꾸불꾸불 들어가

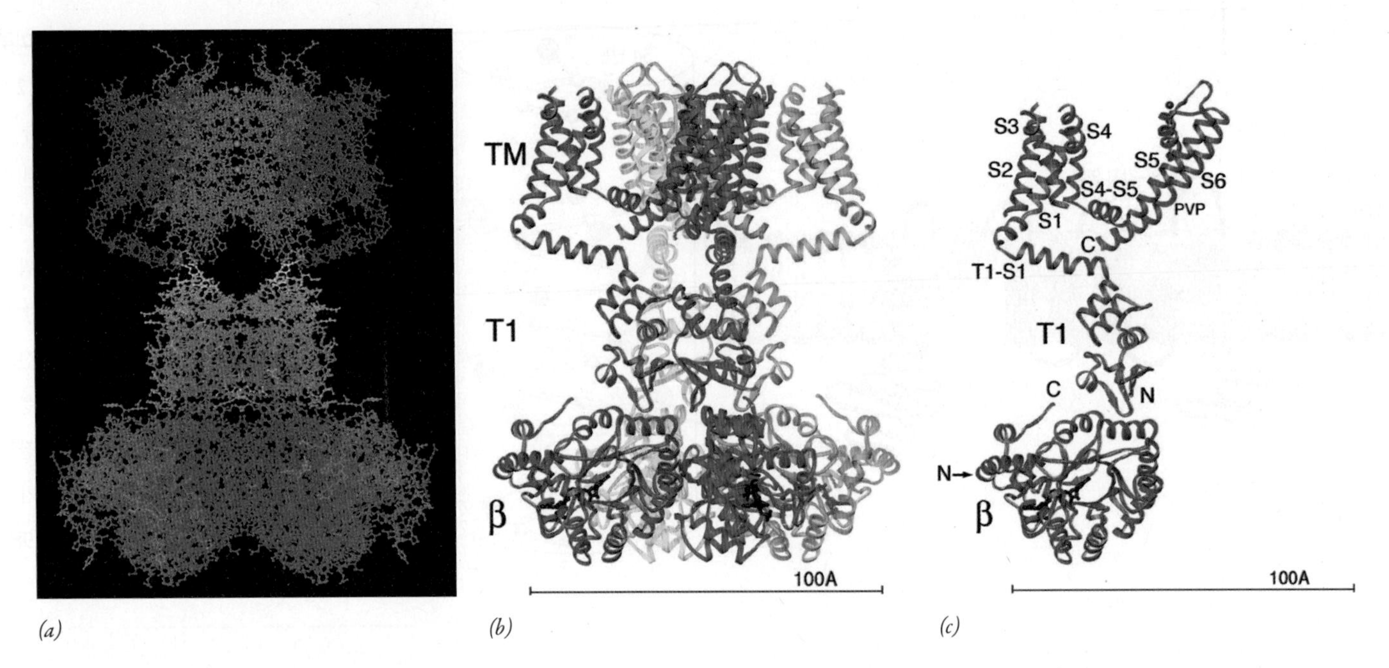

그림 8-42 포유동물 전압-관문 K^+ 통로의 3차원 구조. (*a*) 4량체로 이루어진 Kv1.2 통로 전체의 결정 구조. 이 통로는 *Shaker* 집단의 한 구성요소이며 뇌의 신경세포에서 볼 수 있다. 빨간색은 막횡단 부위, 파란색은 원형질 부위이다. K^+의 결합자리는 초록색으로 표시하였다. (*b*) *a*와 동일한 통로를 리본(띠) 모형으로 그린 모식도. 통로를 이루는 소단위 4개를 각각 다른 색으로 표시하였다. 빨간 소단위만 살펴보면, (1) 소단위의 전압-감지 영역과 구멍 영역 사이가 공간적으로 분리되어 있으며 (2) 각 소단위의 전압-감지 영역이 인접한 소단위의 구멍 영역 바깥 가장자리에 있는 것을 볼 수 있다. 이 특수한 통로의 원형질 부위는 통로를 이루는 폴리펩티드 자체의 한 부분인 T1 영역, 그리고 분리되어 있는 β 폴리펩티드로 구성된다. (*c*) 단일 소단위를 띠 모형으로 그린 모식도. 막횡단 나선(S1-S6) 6개의 공간 배열, 전압-감지 영역과 구멍 영역을 이어주는 S4-S5 연결 나선을 볼 수 있다. 이 연결 나선은 S4 전압 감지기에서 보내는 통로를 열도록 하는 신호를 전달한다. 구멍 영역 아래에 있는 통로의 안쪽 표면은 (〈그림 8-39〉에 보인 세균 통로의 M2 나선과 대략적으로 유사한) S6 나선으로 덮여 있다. 여기에 보인 통로는 S6 나선이 PVP("경첩"을 이루는 것으로 보이는 아미노산 서열인 Pro-Val-Pro을 의미함)로 표시한 위치에서 바깥으로 휘어있는 열린 입체구조이다(〈그림 8-40〉과 비교하시오).

구멍의 원형질쪽 입구로 접근하는 것으로 생각된다. 이들 매달린 펩티드 중 하나가 구멍의 입구 안으로 들어가면(그림 8-43*a*) 이온의 흐름이 막히고 통로가 활성을 잃는다. 이어지는 단계에서 불활성화 펩티드가 방출되고 통로의 관문이 닫힌다. 이러한 내용을 종합하면, K^+ 통로는 〈그림 8-43*b*〉에 도해한 것처럼 세 가지 다른 상태—열림, 불활성화, 닫힘—로 존재할 수 있다.

K^+ 통로는 매우 다양하다. 특히 1,000개 정도의 세포로만 몸이 이루어진 선충의 일종인 예쁜꼬마선충(*C. elegans*)의 경우, 유전자 중 90% 이상이 K^+ 통로를 암호화하고 있다. 선충, 사람, 또는 식물 모두의 경우에서, 세포마다 다른 전압에 반응하여 열리고 닫히는 다양한 K^+ 통로를 갖고 있음이 분명하다. 더욱이 특정 K^+ 통로를 열거나 닫을 때 필요한 전압은 통로 단백질의 인산화 여부, 나아가 호르몬과 다른 요인들에 의한 조절 여부에 따라 달라질 수 있다. 이온 통로의 기능이 다양하고 복잡한 조절 인자들의 조절을 받는다는 사실은 명백하다. 이온 통로의 매우 특별한 종류인 리간드-관문 니코틴성 아세틸콜린 수용체(nicotinic acetylcholine receptor)의 구조와 기능에 대해서는 〈실험 경로〉에서 설명하였다.

8-7-3 촉진확산

물질은 언제나 막을 가로질러 농도가 높은 지역에서 농도가 낮은 반대쪽 지역으로 확산되지만, 언제나 지질2중층이나 통로를 통해서만 확산하는 것은 아니다. 많은 경우에 있어서, 확산되는 물질은 먼저 **촉진수송체**(促進輸送體, facilitative transporter)라는 확산과정을 촉진하는 막횡단 단백질 하나와 선택적으로 결합한다. 용질이

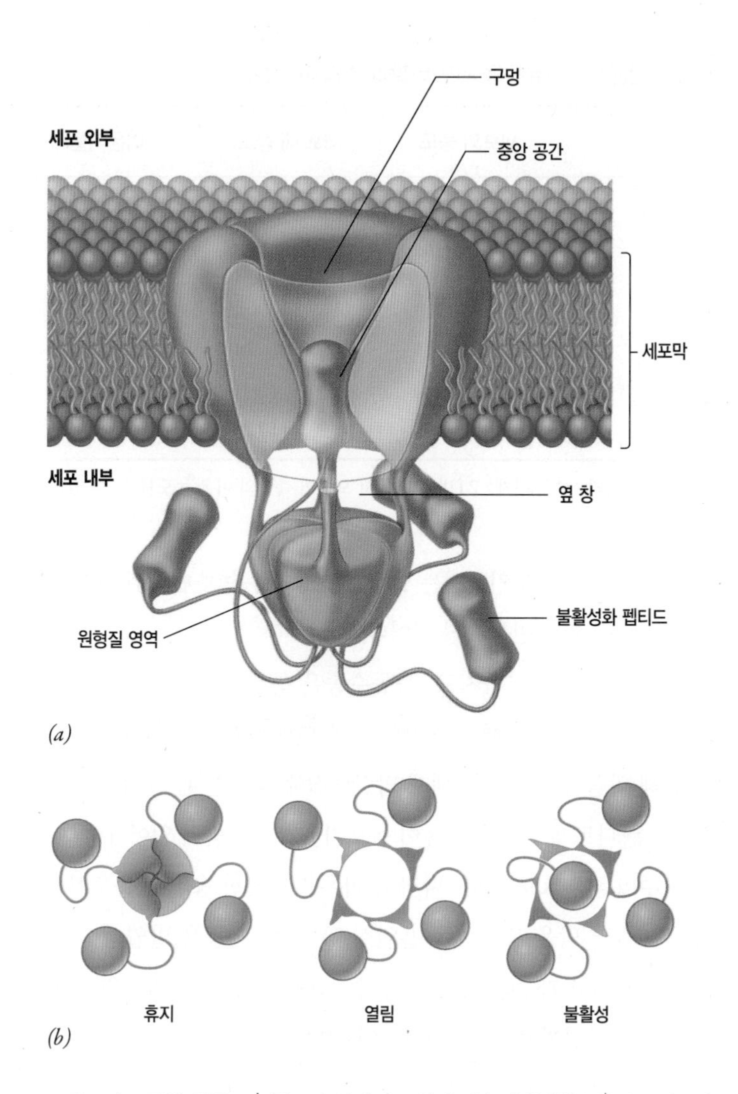

그림 8-43 **전압-관문 K^+ 통로의 입체구조 상태.** *(a)* 진핵생물 K^+ 통로의 3차원 모형. 복합체의 원형질 부위에 매달려 있는 불활성화 펩티드 중 하나가 통로의 원형질쪽 구멍을 막으면 통로가 활성을 잃는다. *(b)* 원형질쪽에서 막에 수직 방향으로 K^+ 통로를 바라본 모형도. 통로의 닫힘(휴지), 열림, 불활성 상태를 나타낸다.

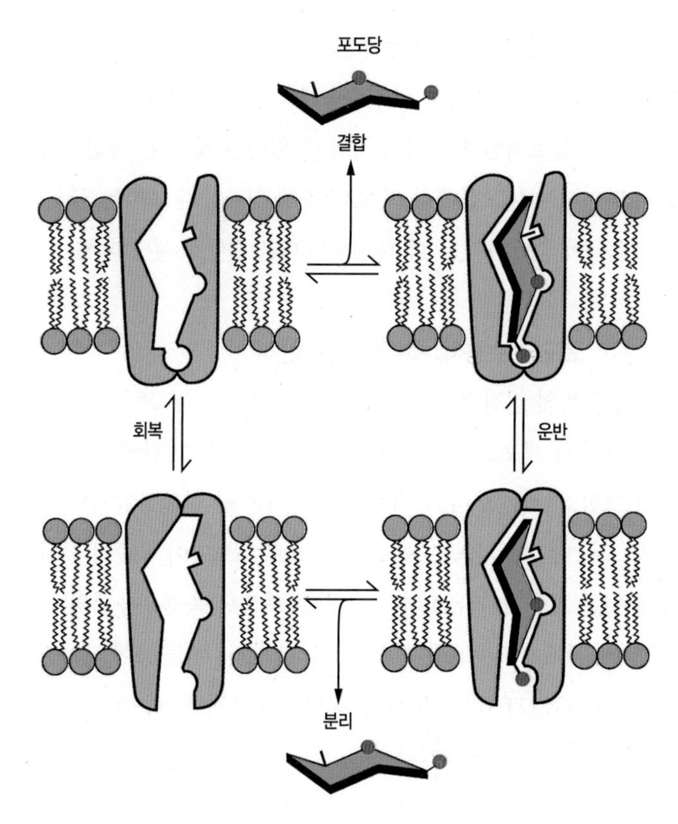

그림 8-44 **촉진확산.** 포도당 촉진확산의 모형도. 운반체의 입체구조가 변화되어 포도당 결합자리가 막의 안쪽과 바깥쪽으로 번갈아 가면서 노출되는 것을 보여준다.

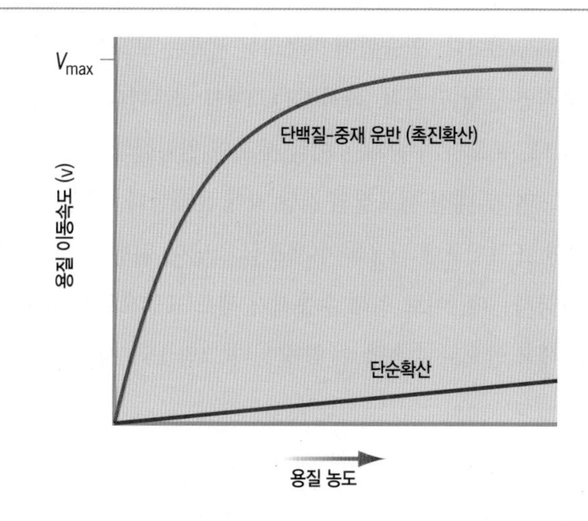

그림 8-45 **단순확산과 비교한 촉진확산의 동역학.**

막 한쪽에 있는 촉진수송체와 결합하면 단백질의 입체구조 변화가 일어나, 용질이 막의 반대쪽으로 노출되도록 하여 농도기울기를 따라 확산될 수 있도록 하는 것으로 생각된다. 이러한 기작을 〈그림 8-44〉에 나타내었다. 이 과정은 에너지 방출 과정과 연계되지 않고 수동적으로 일어나기 때문에 촉진수송체는 용질의 이동을 양방향으로 동등하게 중개할 수 있다. 순 유동의 방향은 막 양쪽의 상대적인 물질 농도에 따라 결정된다.

이러한 과정을 **촉진확산**(促進擴散, facilitated diffusion)이라고 하는데, 여러 면에서 효소-촉매 반응과 유사하다. 효소와 마찬가지로 촉진수송체는 자신이 수송하는 분자에 특이성을 가지므로, 예를 들면 D와 L 입체이성체(立體異性體, stereoisomer)를 분간한다. 더욱이 효소와 수송체는 포화형의 동역학(動力學)을 보인다(그림 8-45). 초 당 수백만 개의 이온을 통과시키는 이온 통로와는 다르게, 대부분의 촉진수송체는 초 당 수백에서 수천 개의 용질 분자만 막을 통과시킬 수 있다. 촉진수송체의 또 다른 중요한 특성은 효소와 이온 통로처럼 활성이 조절될 수 있다는 것이다. 촉진확산은 특히 당이나 아미노산처럼 지질2중층에 침투하지 못하는 극성 용질의 출입에 중요하다. 이에 대해서는 다음 절에서 설명한다.

8-7-3-1 포도당 수송체: 촉진확산의 한 예

포도당은 몸의 직접적인 1차 에너지원이며, 대부분 포유동물 세포는 혈액에서 세포로 포도당의 확산을 촉진하는 막단백질을 갖고 있다(그림 8−44, 8−49). 세포질로 들어온 당은 인산화되므로 세포 내 포도당 농도가 낮아져, 세포 안으로 포도당이 꾸준히 확산되도록 하는 기울기가 유지된다. 사람은 포도당 촉진수송체의 동형(同形, isoform) 단백질을 최소 5개 갖고 있다. 이들 동형 단백질은 GLUT1~GLUT5라고 하는데, 동역학과 조절 특성, 어느 조직에 위치하는가에 따라 구분한다.

인슐린은 췌장의 내분비세포에서 생산되는 호르몬으로, 적절한 혈당 수준을 유지하는 중요한 역할을 한다. 혈액 내 포도당 양이 증가하면 인슐린 분비가 시작되어 여러 표적세포 내로 포도당 흡수를 촉진하는데, 가장 주목할 만한 곳은 골격근과 지방세포(脂肪細胞, adipocyte)이다. 인슐린에 반응하는 세포는 포도당 촉진수송체의 공통적인 동형 단백질, 특히 GLUT4를 공유한다. 인슐린 수준이 낮을 때, 포도당 수송체는 이들 세포의 원형질막에서는 상대적으로 적으며 그 대신 세포질의 소낭 막에 존재한다. 인슐린 수준이 높아지면 표적세포에 작용하여 세포질 소낭이 원형질막과 융합하도록 자극하는데, 이로 인해 수송체가 세포 표면으로 이동하여 포도당을 세포 안으로 수송할 수 있게 된다(그림 15−24 참조).

8-7-4 능동수송

생명체는 평형조건에서는 생존할 수 없다. 이러한 사실은 원형질막 사이의 이온 불균형에서 가장 분명하게 드러난다. 전형적인 포유동물 세포의 바깥과 안에서 나타나는 주요 이온의 농도 차이를 〈표 8−3〉에 정리하였다. 세포의 원형질막 사이에서 나타나는 가파른 농도기울기는 단순확산이나 촉진확산으로는 이룰 수 없는

표 8-3 전형적인 포유동물 세포 바깥과 안의 이온 농도

	세포외 농도	세포 내 농도	이온기울기
Na^+	150mM	10mM	15×
K^+	5mM	140mM	28×
Cl^-	120mM	10mM	12×
Ca^{2+}	10^{-3}M	10^{-7}M	10,000×
H^+	$10^{-7.4}$M (pH 7.4)	$10^{-7.2}$M (pH 7.2)	거의 2×

* 449 페이지의 〈분석 문제〉 21번 문항에서 오징어 축삭의 이온 농도를 볼 수 있음.

것이다. 이러한 농도기울기는 틀림없이 **능동수송**(能動輸送, active transport)에 의해 만들어진 것이다.

촉진확산과 마찬가지로, 능동수송은 특정한 용질과 선택적으로 결합한 후 이에 따른 단백질의 구조 변형을 통해 일어나는 과정을 통해 막을 통과시키는 내재 막단백질에 의존한다. 그러나 촉진확산과는 다르게 용질의 이동이 농도기울기를 거슬러 일어나며, 에너지 투입을 필요로 한다. 따라서 이온을 비롯한 용질이 농도기울기를 거슬러 막을 통과하는 흡열성(吸熱性) 이동은 발열성(發熱性) 과정(ATP 가수분해, 빛의 흡수, 전자 수송, 농도기울기 등에 따른 다른 물질의 이동)과 연결되어 있다. 능동수송을 수행하는 단백질을 "펌프(pump)"라고도 한다.

8-7-4-1 능동수송과 ATP 가수분해의 연결

1957년 덴마크 생리학자인 옌스 스코우(Jens Skou)는 게(蟹)의 신경세포에 있는 ATP 가수분해효소를 발견하였는데, 이 효소는 Na^+과 K^+이 모두 있어야만 활성을 나타내었다. 스코우는 ATP를 가수분해하는 이 효소가 두 이온의 수송에서 활성을 보인 단백질과 같은 것이라고 추정하고, Na^+/K^+-ATP 가수분해효소(Na^+/K^+-ATPase), 또는 나트륨–칼륨 펌프(*sodium−potassium pump*)라고 하였다.

양 방향으로 동등하게 물질을 수송할 수 있는 단백질에 의해 중개되는 촉진확산의 이동과는 다르게, 능동수송은 단지 한 방향으로만 이온을 수송한다. Na^+/K^+-ATP 가수분해효소는 대량의 Na^+을 세포 밖으로, 대량의 K^+을 세포 안으로 수송한다. 이들 두 양이온이 갖고 있는 양전하는 다양한 음이온의 음전하와 균형을 이루어

세포 외부 구획과 내부 구획은 대부분 전기적으로 중성을 이룬다. Cl^-은 세포 외부에 매우 높은 농도로 존재하면서 세포 외부의 Na^+과 균형을 이룬다. 세포 내부에 풍부한 K^+은 주로 단백질과 핵산의 음전하와 균형을 이루게 된다.

많은 연구 결과, Na^+/K^+-ATP 가수분해효소에 의해 수송되는 Na^+ : K^+ 비율은 1:1이 아니라 3:2라는 사실이 밝혀졌다(그림 8-46 참조). 즉, ATP 1분자가 가수분해될 때마다 Na^+ 3개가 바깥으로 나가고 K^+ 2개가 안으로 들어온다. 이렇듯 이온을 수송하는 비율이 다르기 때문에 Na^+/K^+-ATP 가수분해효소는 전기발생(電氣發生, *electrogenic*) 펌프이며, 이것은 막을 사이에 두고 전하를 직접 분리시킨다는 것을 의미한다. Na^+/K^+-ATP 가수분해효소는 P-형 이온 펌프의 한 가지 예이다. "P"는 인산화(燐酸化, phosphorylation)를 의미한다. 펌프 순환과정에서 ATP가 가수분해되어 떨어져 나온 인산기가 수송체 단백질의 아스파르트산 잔기로 전달되고, 이로 인해 단백질 내부에 중요한 입체구조 변화가 일어난다. 입체구조 변화는 수송되는 두 양이온에 대한 단백질의 친화력을 변화시키는 데 있어 필수적이다. 단백질의 활성에 대해 생각해보자. 단백질은 농도가 낮은 지역에서 Na^+이나 K^+을 가져와야 한다. 즉, 단백질의 이온에 대한 친화력이 상대적으로 매우 강해야만 한다는 것을 의미한다. 그 다음에는 각각의 이온 농도가 훨씬 더 높은 반대쪽 막에 이온을 내놓아야만 한다. 이렇게 하려면 그 이온에 대한 단백질의 친화력이 감소해야만 한다. 따라서 막의 양쪽에서 각 이온에 대한 친화력이 달라져야 한다. 이러한 일은 인산화를 통해 이루어지며, 이로 인해 단백질 분자의 입체구조가 변화된다. 또한 단백질의 입체구조가 변화되면 이온 결합부위가 막의 반대쪽으로 노출되는데, 이에 대해서는 다음 단락에서 설명한다.

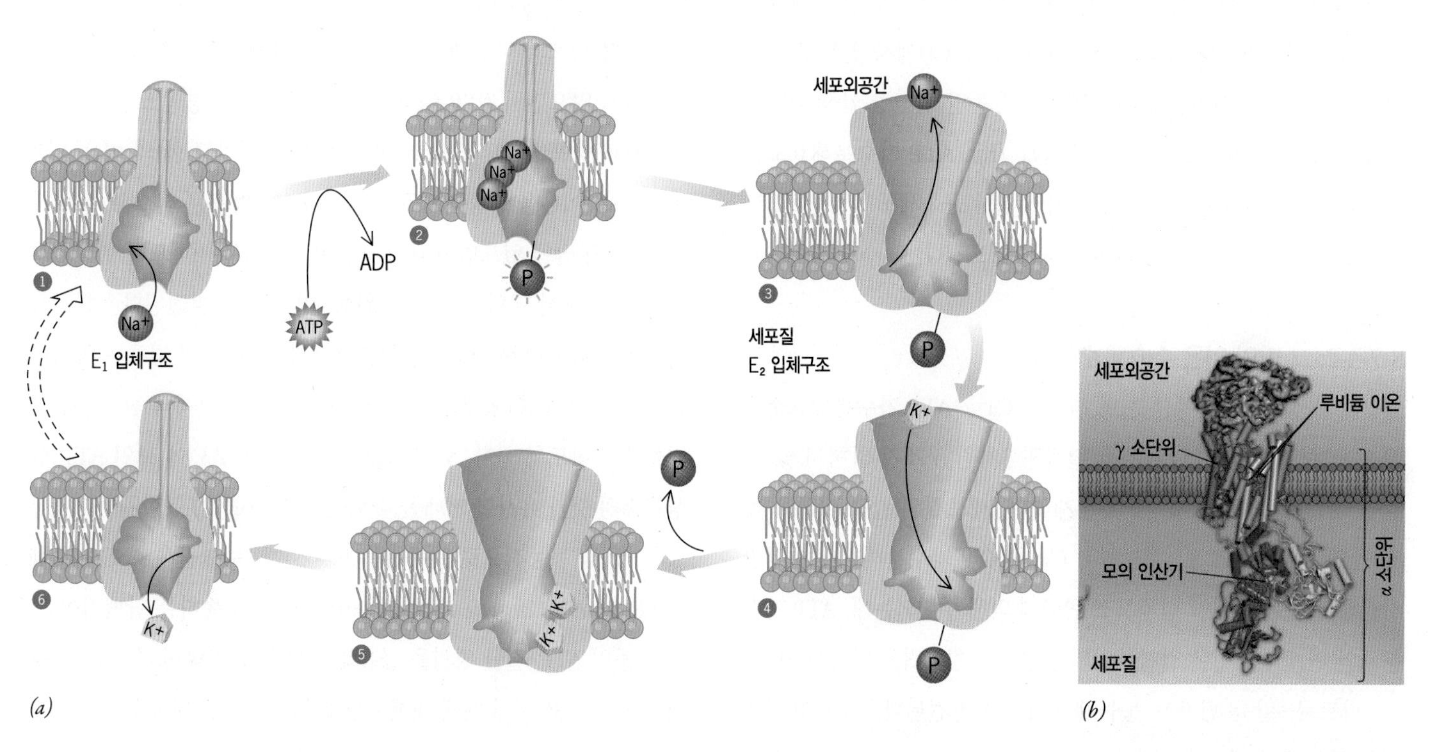

그림 8-46 Na^+/K^+-ATP 가수분해효소. (*a*) 단순화한 수송주기의 모형도. Na^+이 막의 안쪽에 있는 단백질과 결합한다(1). 가수분해된 ATP의 인산기가 단백질로 옮겨가고(2), 단백질의 입체구조가 변하여(3) Na^+이 외부 공간으로 배출되도록 한다. 이제 K^+이 단백질과 결합하고(4), 뒤이어 인산기가 떨어져 나가면(5), 단백질이 원래 입체구조로 재빨리 되돌아가 K^+이 세포 내부로 확산되도록 한다(6). 양이온 결합 부위는 막횡단 영역 깊숙이 위치하며, 막횡단 나선 10개로 이루어져 있다. 실제 Na^+/K^+-ATP 가수분해효소는 최소한 2개의 서로 다른 막횡단 소단위 α와 β로 이루어져 있다. 큰 α 소단위는 수송을 담당하며, 작은 β 소단위는 주로 막에서 펌프를 조립하고 완성하는 일을 담당한다. 세 번째 (γ) 소단위가 있을 수도 있다. (가수분해되기 전에 ATP가 단백질과 결합하는 단계는 그림에 포함하지 않았음.) (*b*) 최근의 엑스-선 결정학 연구 결과에 따른 단백질의 E_2 입체구조 모형. K^+이 결합하는 자리에 루비듐 이온 2개가 결합해 있다.

〈그림 8-46*a*〉은 Na^+/K^+-ATP 가수분해효소의 수송주기(輸送週期)에 대한 일반적인 모식도이다. 세포 내부에서 단백질에 Na^+ 3개가 결합하고(1단계) 인산화되면(2단계), E_1 입체구조에서 E_2 입체구조로 변형된다(3단계). 이렇게 되면 결합부위가 세포 외부 구획으로 노출되며 단백질은 Na^+에 대한 친화력을 잃어 Na^+을 세포 외부에 내놓게 된다. Na^+ 3개를 방출한 단백질은 K^+ 2개를 받아들여(4단계), 탈인산화되고(5단계), 원래의 E_1 입체구조로 되돌아간다(6단계). 이 상태에서 결합부위는 막의 내부 방향으로 열리며 K^+에 대한 친화력을 잃어 K^+을 세포 내부에 내놓는다. 그러면 주기가 다시 반복된다. 〈그림 8-46*b*〉의 Na^+/K^+-ATP 가수분해효소 구조의 모형은 최근의 엑스-선(X-ray) 결정학 연구 결과에 기초한 것이다.

나트륨-칼륨 펌프의 중요성은 이 펌프가 대부분의 동물세포에서 생산된 에너지의 거의 1/3을 소비하며, 특히 신경세포에서는 생산된 에너지의 2/3 가량을 소비한다는 점에서 명백해진다. 현삼과(玄蔘科) 식물인 디기탈리스(*Digitalis purpurea*)에서 얻은 스테로이드인 디기탈리스(digitalis)는 200여 년 동안 선천성 심장질환 치료에 사용되고 있다. 디기탈리스는 Na^+/K^+-ATP 가수분해효소를 억제함으로써 심장의 수축을 강화시켜 심장 근육세포 내부에 Ca^{2+} 농도가 높아지도록 하는 일련의 반응을 일으킨다.

8-7-4-2 그 밖의 이온 수송체계

연구가 가장 잘 이루어진 P-형 펌프는 Ca^{2+}-ATP 가수분해효소이며, 수송주기의 여러 단계에서 결정된 3차원 구조가 밝혀져 있다. 칼슘 펌프는 소포체(ER) 막에 존재하며, 세포질의 칼슘 이온을 내강 안으로 능동적으로 수송한다. Ca^{2+}-ATP 가수분해효소에 의한 칼슘의 수송은 거대한 입체구조 변화에 의해 수행되는데, ATP 가수분해와 연계되어 이온 결합부위의 접근성과 친화력을 변화시킨다.

나트륨-칼륨 펌프는 동물세포에서만 발견된다. 이 단백질은 원시 동물에서 세포 부피를 유지하는 수단으로, 그리고 신경과 근육세포에서 자극을 형성하는 데 중요한 역할을 하는 Na^+과 K^+의 가파른 농도기울기를 만들어내는 기작으로 진화한 것으로 생각된다. 식물세포는 H^+을 수송하는 P-형 원형질막 펌프를 갖고 있다. 이 단백질 펌프는 식물의 세포질 pH 조절과 세포벽의 산성화에 의한 세포생장 조절에서 나타나는 용질의 2차수송(나중에 논의함) 과정에서 핵심 역할을 수행한다.

위(胃)의 상피층 또한 P-형 펌프인 H^+/K^+-ATP 가수분해효소를 갖고 있어서 (0.16N HCl에 이르는) 진한 산 용액을 위강(胃腔)으로 분비한다. 휴지 상태에서 이들 펌프 분자는 위 내층에 있는 벽세포(壁細胞, parietal cell)의 세포막에 있으면서 기능을 나타내지 않는다(그림 8-47). 음식물이 위 안으로 들어오면 호르몬 신호가 벽세포로 전달됨에 따라 펌프가 들어있는 막이 정단세포(頂端細胞, apical cell) 표면으로 이동하여 원형질막과 융합되어 산을 분비하기 시작한다(그림 8-47). 위산은 소화기능을 하기도 하지만 속쓰림을 일으킬 수도 있다. 속쓰림을 방지하는 용도로 널리 사용되는 프릴로섹(Prilosec)은 심장의 H^+/K^+-ATP 가수분해효소를 억제한다. 그 밖에 잔탁(Zantac), 펩시드(Pepcid), 타가메트(Tagamet) 등의 속쓰림 완화 제산제는 H^+/K^+-ATP 가수분해효소를 직접 억제하지 않고, 벽세포 표면에 있는 수용체를 차단하여 호르몬에 의해 활성화되는 것을 막아준다.

P-형 펌프와 다르게, V-형 펌프는 인산화 단백질 중간물질을 형성하지 않으면서 ATP 에너지를 사용한다. V-형 펌프는 세포 내 소기관과 액포(液胞, vacuole, 따라서 V-형이라고 함)의 벽을 통과하여 수소 이온을 능동적으로 수송한다. 이 펌프는 리소솜, 분비과립, 액포의 막에 있으면서 내부의 pH를 낮게 유지하도록 한다. V-형 펌프는 또한 다양한 세포의 원형질막에서도 발견된다. 예를 들면, 신장 세관(腎臟 細管)의 원형질막에 있는 V-형 펌프는 양성자를 분비하여 오줌(尿)으로 배출되게 함으로써 신체의 산-염기 균형을 유지하도록 한다. V-형 펌프는 〈그림 9-23〉에 보인 ATP 합성효소의 것과 유사한 거대한 다소단위(多小單位) 복합체이다.

이온을 능동적으로 수송하는 또 다른 단백질군은 ABC 수송체(*ATP-binding cassette transporter*)로, 여기에 속하는 단백질이 모두 상동인 ATP-결합 영역을 공유하기 때문에 이렇게 부른다. 가장 잘 연구된 ABC 수송체에 대해서는 〈인간의 전망〉에서 논의한다.

8-7-4-3 빛에너지를 이용한 이온의 능동수송

할로박테리움(*Halobacterium salinarium*, 또는 *H. halobium*)은 그레이트 솔트 레이크(Great Salt Lake)와 같은 극한의 염 환경에서 서식하는 고세균(古細菌, archaebacterium)이다. 혐기성 조건에서 이 세균의 원형질막은 특정 단백질인 박테리오로돕신(*bacteriorhodopsin*)에 의해 보라색을 띤다. 박테리오로돕신은 레티

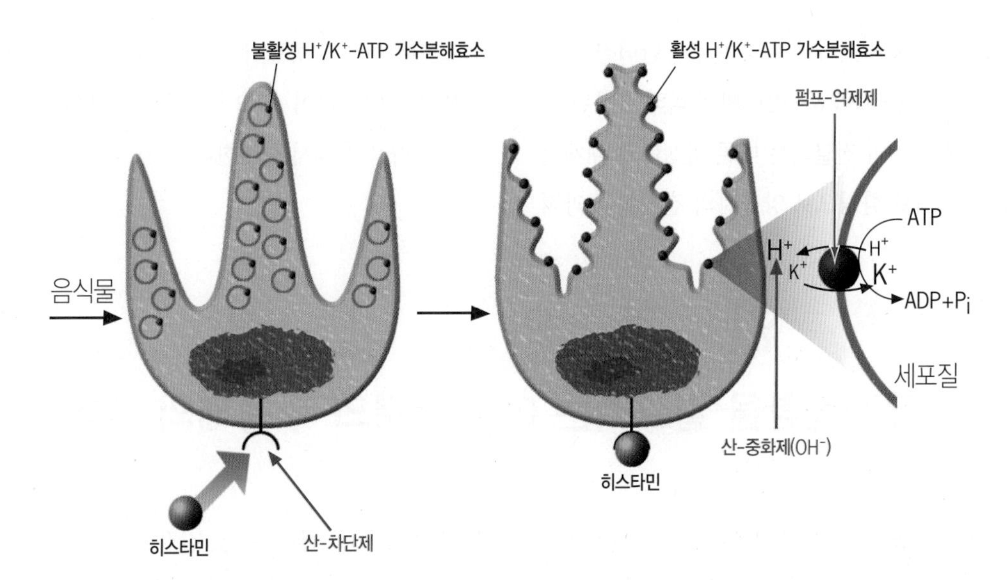

그림 8-47 위(胃)의 산 분비 조절. 휴지 상태에서 H^+/K^+-ATP 가수분해효소 분자는 원형질 소낭의 벽 안에 있다. 음식물이 위 안으로 들어오면 위벽에서 호르몬에 의해 촉진되는 계단식(cascade) 반응이 시작되어 히스타민을 분비한다. 히스타민은 산을 분비하는 벽세포(parietal cell)의 표면에 있는 수용체와 결합한다. 히스타민이 수용체와 결합하면 H^+/K^+-ATP 가수분해효소가 들어있는 소낭과 원형질막이 융합하는 반응이 일어나서 소관(小管, canaliculi)이라는 깊은 주름을 형성하게 된다. 표면에서 수송단백질이 활성화되면 단백질을 농도기울기를 거슬러 위강 안으로 펌프한다(글자의 크기로 표시). 속쓰림 약물인 프릴로섹은 H^+/K^+-ATP 가수분해효소를 직접 억제함으로써 산을 분비하지 못하도록 하는데, 다른 산-차단제들은 벽세포의 활성을 방해한다. 산-중화제는 염기성 음이온을 내놓아 분비된 양성자와 결합하도록 한다.

날(retinal)이라는 보결분자단(補缺分子團, prosthetic group)을 갖고 있는데, 이것은 척추동물 망막(網膜)의 간상(桿狀)세포에서 빛을 흡수하는 단백질인 로돕신(rhodopsin)에 있는 것과 동일하다(그림 8-48). 레티날이 빛에너지를 흡수하면 단백질에서 일련의 입체

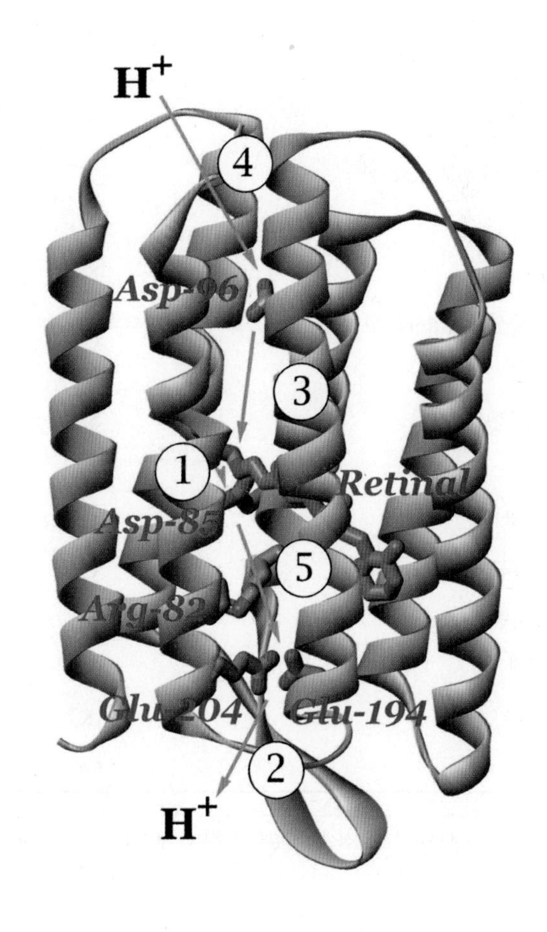

그림 8-48 박테리오로돕신 : 빛으로 작동하는 양성자 펌프. 이 단백질은 막횡단 나선 7개와 중앙에 위치한 레티날기(retinal group, 보라색으로 표시) 1개로 구성된다. 레티날은 빛을 흡수하는 발색단(chromophore) 역할을 한다. 광자를 흡수하면 레티날의 전자 구조가 변화되어 $-NH^+$ 기의 양성자가 가까이에 있는 음전하를 띤 아스파르트산 잔기(#85)에게 전달된다(1단계). 이 양성자는 몇몇 아미노산 잔기(Asp82, Glu204, Glu194)의 중계에 의해 막의 세포 외부로 방출된다(2단계). 이들 아미노산 잔기 사이의 공간은 수소결합을 이룬 물 분자로 채워져 있어서 양성자가 왕복하는 것을 도와준다. 양성자를 잃은 레티날은 막의 원형질 쪽에 가까이 있는 해리되지 않은 아스파르트산 잔기(Asp96)에서 양성자 1개를 받아 원래 상태로 되돌아간다(3단계). Asp96은 세포질에게서 양성자를 받는다(4단계). Asp85는 양성자를 잃어(5단계) 다음 수송주기에 레티날에게서 양성자를 받을 수 있게 된다. 이러한 과정을 거쳐 양성자가 단백질의 중앙 통로를 통해 세포질로부터 세포 외부로 이동한다.

구조 변화가 일어나며, 이로 인해 레티날의 양성자가 단백질의 통로를 통해 세포 외부로 이동한다(그림 8-48). 빛에 의해 흥분된 레티날이 잃은 양성자는 세포질에서 전달되는 다른 양성자로 대체된다. 이를 통해 세포질에서 외부 환경으로 양성자의 전달이 효과적으로 이루어져 원형질막 사이에 가파른 H^+ 기울기가 형성된다. 이 기울기를 이용하여 ATP 합성효소가 ADP를 인산화시키는데, 이 내용은 다음 장에서 설명한다.

인 간 의 전 망

유전질환을 일으키는 이온 통로와 수송체의 결함

몇 가지 심각한 유전병이 이온 통로 단백질 유전자의 돌연변이에 의해 나타나는 것으로 밝혀졌다(표 1). 〈표 1〉에 있는 질병 대부분은 흥분성(興奮性) 세포(근육, 신경, 감각세포 등)의 원형질막을 통과하는 이온의 이동에 영향을 주어, 이들 세포가 충격을 만들거나 전달하는 능

표 1

유전질병	통로의 종류	유전자	임상적 결과
가족성 편마비편두통	Ca^{2+}	*CACNL1A4*	편두통
발작성 운동실조 2형	Ca^{2+}	*CACNL1A4*	운동실조 (균형과 협동 상실)
저칼륨혈증성 주기성사지마비	Ca^{2+}	*CACNL1A3*	주기적 근 긴장과 마비
발작성 운동실조 1형	K^+	*KCNA1*	운동실조
양성가족성 신생아경련	K^+	*KCNQ2*	간질성 경련
비증후군성 우성난청	K^+	*KCNQ4*	난청
QT간격연장증후군(LQTS)[d]	K^+	*HERG*	현기증, 심실세동에 의한 급사
		KCNQ1, or	
	Na^+	*SCN5A*	
고칼륨혈증성 주기성사지마비	Na^+	*SCN4A*	주기적 근 긴장과 마비
리들증후군	Na^+	*B-ENaC*	고혈압
중증근무력증	Na^+	*nAChR*	근육 약화
덴트질환	Cl^-	*CLCN5*	신장 결석
선천성 근강직증	Cl^-	*CLC-1*	주기적 근 긴장
바르터증후군 4형	Cl^-	*CLC-Kb*	신장 기능장애, 난청
낭포성섬유증	Cl^-	*CFTR*	폐 울혈과 감염
심장부정맥	Na^+	많은 유전자	불규칙적 또는 빠른 심장박동
	K^+		
	Ca^{2+}		

역자 주[d] 심전도에서 QT 간격은 심실이 탈분극된 후부터 재분극될 때까지 나타나는 전류를 나타낸다.

력을 감소시킨다. 이에 비해 가장 흔하고 연구가 잘 이루어져 있는 유전적 이온 통로 질병인 낭포성섬유증(cystic fibrosis, CF)은 상피세포의 이온 통로 결함(缺陷)에서 비롯된다.

북유럽인은 25명 가운데 1명 비율로 CF를 일으킬 수 있는 돌연변이 유전자 사본을 1개씩 갖고 있다. 이들은 돌연변이 유전자의 증상을 드러내지 않기 때문에 이형접합인 사람 대부분은 자신이 그 유전자를 갖고 있음을 알지 못한다. 따라서 이들 백인(Caucasian) 집단의 어린이는 2,500명 가운데 1명(1/25 × 1/25 × 1/4) 정도가 동형접합 열성이 되어 CF 환자로 태어난다. CF는 장, 췌장, 땀샘, 생식관 등의 다양한 기관에 영향을 주지만, 대개 호흡관에서 가장 큰 영향이 나타난다. CF 환자의 점액은 진하고 끈끈하여 기도(氣道) 밖으로 배출하기가 매우 어렵다. 환자는 대개 만성 폐 감염과 염증에 시달리며, 점차 폐 기능이 손상된다.

CF를 일으키는 유전자는 1989년에 확인되었다. CF 유전자의 염기서열과 이에 따른 아미노산 서열을 확인한 결과, 이 폴리펩티드가 ABC 수송체 군의 하나인 것이 밝혀졌다. 이 단백질은 낭포성섬유증막횡단전도조절자(*cystic fibrosis transmembrane conductance regulator, CFTR*)라고 하는데, 이러한 모호한 용어에서 당시 연구자들이 이 단백질의 정확한 기능에 대해 확신하지 못하였음을 알 수 있다. 처음에는 이 단백질을 정제하여 인공 지질2중층에 삽입한 후, 수송체가 아니라, cAMP에 의해 조절되는 Cl^- 통로의 기능을 갖고 있는지 여부를 살펴보면 기능에 대한 의문이 풀릴 것으로 기대하였다. 그러나 이어진 연구로 인해 이러한 계획이 매우 복잡하게 되었다. CFTR은 염소 통로의 기능을 갖고 있을 뿐만 아니라, (1) 중탄산(HCO_3^-) 이온을 전도하고, (2) 상피 Na^+ 통로(ENaC)의 활성을 억제하며, (3) 상피에 있는 염소/중탄산염 교환운반체 군의 활성을 촉진한다는 사실이 밝혀진 것이다. CFTR의 역할이 복잡해짐에 따라 이 단백질의 결함이 어떻게 하여 만성 폐 감염으로 이어지는지 규명하는 것이 더 어려워졌다. 많은 논란이 있기는 하지만, 아래 내용에 대해서는 많은 연구자들이 동의할 것이다.

상피세포에서 염이 빠져나가면 그 뒤를 이어 삼투현상에 의해 물이 빠져나가기 때문에, CFTR 결함에 의해 Cl^-, HCO_3^-, Na^+의 흐름이 비정상으로 되면 기도의 상피세포를 적셔주는 액체가 줄어들게 된다(그림 1). 표면의 액체 양이 줄어들어 분비 점액의 점도가 높아지면, 점액과 세균을 호흡관에서 배출하는 섬모의 기능에 장애가 나타난다. 기도의 액체량을 증가시키고 섬모 기능을 개선하는 브론키톨(Bronchitol) 등의 약물이 현재 CF 환자의 삶을 개선해주는 가장 효과적인 대안이다. 브론키톨은 만니톨로 이루어진 미세한 건조 분말로 단순히 흡입시켜 투여한다. 이 약물이 흡입에 의해 폐로 들어가면 만니톨이 용해되어 기도 표면 액체의 삼투농도를 증가시켜 물이 상피세포

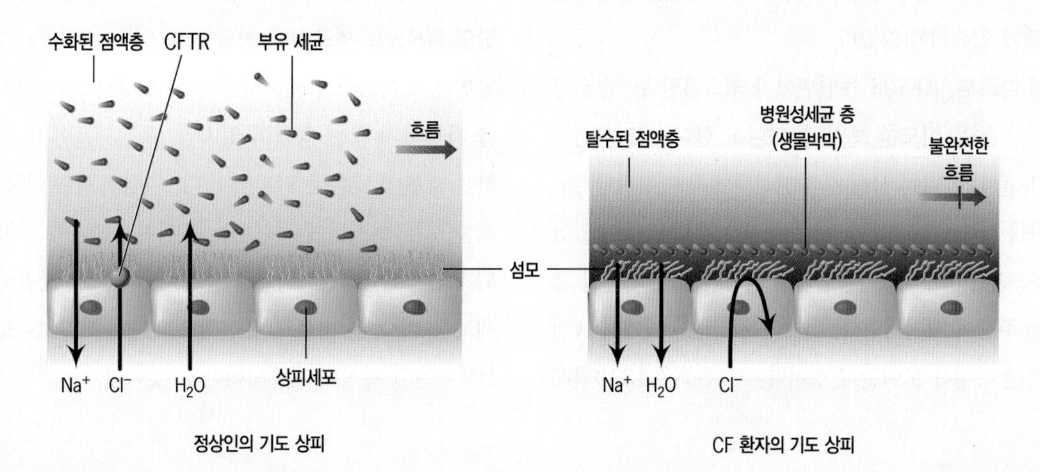

그림 1. CFTR 단백질이 없으면 폐 기능이 약해지는 이유. 정상인의 기도 상피에서는 이온이 상피세포 바깥으로 이동함에 따라 물이 밖으로 빠져 나가서 표면의 점액층이 수화(水和)된다. 수화된 점액층은 포획한 세균과 함께 기도 밖으로 쉽게 배출된다. 낭포성섬유증 환자의 기도 상피에서는 이온의 이동이 비정상적이기 때문에 물이 반대 방향으로 흐르게 되어 점액층이 탈수된다. 그 결과로 포획된 세균이 기도 밖으로 이동하지 못하고 생물박막(生物薄膜, biofilm) 형태로 증식하여 만성감염을 일으킨다.

에서 빠져나와 세포 밖으로 이동하도록 한다. 한편, 상피세포 내외로 이동하는 이온의 흐름을 바꾸어 표면 액체의 양을 증가시키는 화합물에 대한 임상시험도 이루어졌다(그림 1). 이러한 약물로는 데뉴포졸(Denufosol)과 몰리1901(Moli1901) 등이 있다. 데뉴포졸은 기도 액체에서 상피세포로 흡수되는 Na^+ 양을 감소시키는 Na^+ 통로 억제제이며, 몰리1901은 상피세포에서 기도 액체로 이동하는 Cl^-의 전도성을 증가시키는 (CFTR이 아닌) Cl^- 통로 활성제이다.

지난 10년 동안 CF를 유발하는 돌연변이가 1,000개 이상 발견되었다. 그러나 미국에서 발견된 CF와 관련된 상동유전자의 약 70%는 동일한 유전적 변이(ΔF508)를 보인다. 즉, 모두 CFTR 폴리펩티드의 원형질쪽 영역 중 하나에서 508번 위치의 페닐알라닌을 암호화하는 염기쌍 3개가 결실된 것이다. 이어진 연구에서 특정 아미노산이 결핍된 CFTR 폴리펩티드는 소포체 안에서 정상적으로 가공되지 못하며, 상피세포 표면으로 결코 가지 못한다는 사실이 밝혀졌다. 따라서 ΔF508 상동유전자가 동형접합인 CF 환자는 원형질막에 CFTR 통로를 전혀 갖고 있지 않으며 심한 병세를 보인다. 이들 환자의 세포를 낮은 온도에서 배양하면 돌연변이 단백질이 원형질막으로 수송되어 정상적으로 기능을 수행한다. 이 발견으로 인해 많은 제약회사들이 돌연변이 CFTR 분자와 결합하여 세포질에서 파괴되지 않도록 보호하면서 세포 표면에 도달할 수 있도록 하는 작은 분자를 찾아내기 위해 노력하였다. 몇 가지 후보물질을 찾아내었으나, 아직은 임상시험에서 아무 것도 효과가 입증되지 않았다.

한 가지 추정에 따르면, ΔF508 돌연변이가 최소 5만 년 전에 나타났어야 지금과 같은 높은 빈도를 보일 수 있다고 한다. CF 유전자가 이렇게 높은 빈도를 나타내는 사실은 자연선택에서 이형접합자인 사람이 결함 유전자를 갖지 않은 사람보다 무엇인가 유리한 점이 있었음을 의미한다. 이와 관련하여 CF 이형접합인 사람은 콜레라에 잘 걸리지 않을 것이라는 주장이 제기되었다. 콜레라는 장(腸) 벽에서 액체를 과도하게 분비하는 특성을 보이는 질병이다. 이 주장은 1820년대까지 유럽에서 콜레라가 유행한 기록이 없다는 점에서 어려움을 겪고 있다. 또한 이형접합인 사람은 CFTR 분자 수가 줄어든 장의 벽에 장티푸스균이 잘 결합하지 못하기 때문에 장티푸스에 걸리지 않는다는 주장도 제기되어 있다.

CF를 유발하는 유전자가 분리된 이후, 결함이 있는 유전자를 정상 유전자로 대체하는 유전자치료법 개발이 CF 연구의 주요 대상이 되었다. CF의 가장 나쁜 증상은 기도의 상피세포 활성 결함에서 비롯되므로 에어로솔 흡입 방식으로 투여할 수 있는 약물의 접근성이 높다. 따라서 CF는 유전자치료법의 좋은 대상이 된다. 몇 가지 형태의 투여 방식이 임상적으로 시도되었다. 그 중 하나는 정상 *CFTR* 유전자를 결손 아데노바이러스의 DNA에 삽입한 것이다. 아데노바이러스는 상호흡기도(上呼吸氣道)에 감염되는 바이러스이다. 재조합 바이러스 입자를 기도의 세포에 감염시켜 유전적으로 결손된 세포에 정상 유전자를 투여하였다. 아데노바이러스를 사용할 때 가장 큰 단점은 (*CFTR* 유전자를 갖고 있는) 바이러스 DNA가 감염된 숙주세포에 삽입되지 않기 때문에 자주 바이러스로 감염시켜야 한다는 것이다. 그 결과로 이 과정에서 환자의 면역반응이 유도되어 바이러스가 제거되고 폐 염증이 생기게 된다. 연구자들은 자신의 유전체(genome)를 삽입하는 바이러스는 암을 유발할 것이라는 두려움으로 사용하기를 주저하였다. 또 다른 시도는 정상 *CFTR* 유전자를 양전하를 띤 리포솜에 넣은 것이다. 이 리포솜은 기도 세포의 원형질막과 융합하여 내용물인 DNA를 세포질에 전달할 수 있다. 지질을 기반으로 하는 전달 방법은 바이러스를 이용하는 방식에 비해 반복 처치에 따른 면역반응을 자극하지 않는 장점이 있지만, 표적세포에서 유전적 변형을 유도하는 효율이 낮다는 단점이 있다. 지금까지 생리학적 과정과 질병 증세를 모두 현저하게 개선하는 유전자치료법에 대한 임상시험은 개발되지 않았다. 유전자치료를 통한 CF 치료가 성공하기 위해서는 기도 세포를 더 높은 비율로 유전적으로 변형시킬 수 있는 더욱 효과적인 DNA 전달 방식이 개발되어야 할 것이다.

8-7-4-4 동시수송 : 능동수송과 이온기울기의 연계

(Na^+, K^+, H^+ 등의) 이온 농도기울기는 세포에 자유에너지를 저장할 수 있는 수단이 된다. 세포는 이온기울기에 저장된 퍼텐셜 에너지를 이용하여 다른 용질을 수송하는 등 다양한 방식으로 일한다. 장(腸)의 생리학적 활성에 대해 생각해보자. 내강 안에서 효소들이 분자량이 큰 다당류를 단당류로 가수분해하고, 이를 장 내층의 상피세포가 흡수한다. 상피세포의 정단부(頂端部, apical) 원형질막을 통과하는 포도당의 이동은 농도기울기를 거슬러 Na^+

과 **동시수송**(同時輸送, cotransport)된다(그림 8-49). 세포 내부의 Na^+ 농도는 기저부 및 측부의 원형질막에 있으면서 Na^+을 농도기울기에 역행하여 세포 밖으로 뿜어내는 1차(*primary*) 능동수송계(Na^+/K^+-ATP 가수분해효소)에 의해 매우 낮게 유지된다. Na^+이 정단부 원형질막을 통과하여 농도기울기를 따라 확산되어 되돌아오려는 힘이 상피세포의 "마개를 열어" 포도당 분자가 농도기울기에 역행하여 세포 안으로 동시수송되는 힘이 된다. 이 때, 포도당 분자는 2차 능동수송(*secondary active transport*)에 의해 이동된 것이다. 이 경우에 나트륨/포도당 동시수송체(*Na^+/glucose cotransporter*)라고 하는 수송단백질은 1회 순환할 때마다 Na^+ 2개와 포도당 1분자를 수송한다. 내부로 들어온 포도당 분자는 세포 안에서 확산되며, 촉진확산에 의해 기저막을 통과하여 이동한다.

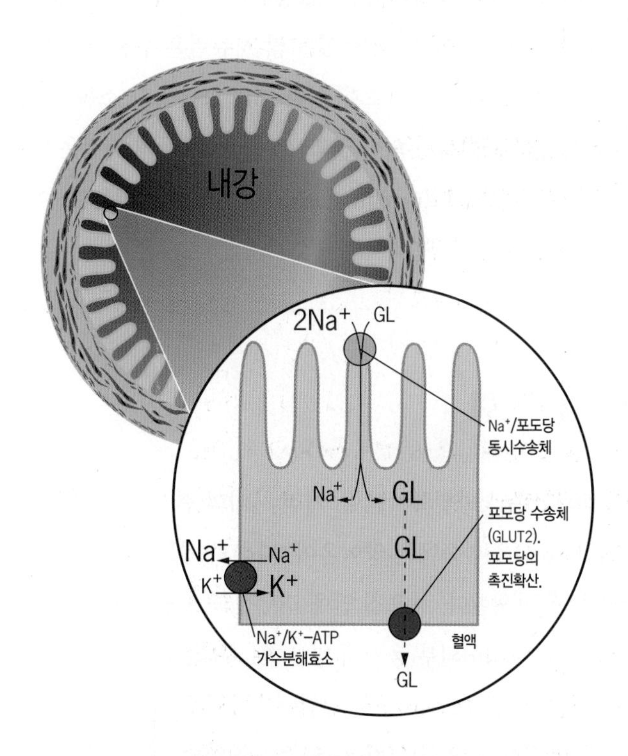

그림 8-49 2차 수송: 이온기울기에 저장된 에너지 사용. 측부 원형질막에 있는 Na^+/K^+-ATP 가수분해효소로 인해 세포질의 Na^+ 농도가 매우 낮게 유지된다. 원형질막 안팎의 Na^+ 기울기는 저장에너지의 한 형태로, 정단부 원형질막에 있는 Na^+/포도당 동시수송 운반체가 포도당을 수송하는 등의 일에 사용될 수 있다. 정단부 표면(apical surface)을 통해 세포 안으로 수송된 포도당 분자는 기저부 표면(basal surface)으로 확산되어 포도당 촉진수송 운반체에 의해 세포 밖으로 나가 혈액으로 들어간다. 글자의 상대적 크기는 각 농도기울기의 방향을 나타낸다. 포도당 1분자마다 2개의 Na^+이 수송된다. 즉, 2:1 Na^+/포도당 비율을 가지므로 1:1 비율일 때보다 포도당을 세포 안으로 수송하는 구동력이 크다.

다른 종류의 용질을 세포 내부에 축적하는 이온기울기의 힘을 알아보기 위해 나트륨/포도당 동시수송체에 대한 에너지론을 간단하게 살펴보자. 〈8-7-1항〉에서 살펴본 바와 같이 Na^+이 세포 안으로 이동할 때 나타나는 자유에너지 변화는 -3.1kcal/mol이다. 따라서 Na^+ 2mole이면 6.2kcal이며, 이 정도면 포도당 1mole을 세포 안으로 오르막 수송하기에 충분할 것이다. 〈8-7-1항〉에서 살펴본 비전해질(포도당 등)이 막을 통과하여 이동할 때의 반응식은 다음과 같다.

$$\Delta G = RT \ln\frac{[C_i]}{[C_o]}$$

$$\Delta G = 2.303\ RT \log_{10}\frac{[C_i]}{[C_o]}$$

이 식을 이용하여 이 동시수송에서 만들어질 수 있는 포도당(X)의 농도기울기가 얼마나 가파른지 계산할 수 있다. 25℃에서,

$$-6.2\text{kcal/mol} = 1.4\text{kcal/mol} \cdot \log_{10} X$$

$$\log_{10} X = -4.43$$

$$X = \frac{1}{23{,}000}$$

이 계산에 따르면 나트륨/포도당 동시수송체는 2만 배가 넘는 농도기울기를 거슬러 포도당을 세포 안으로 수송할 수 있다.

식물세포는 2차 능동수송계를 통해 설탕, 아미노산, 질산염 등의 다양한 영양분을 섭취한다. 식물이 이러한 화합물을 섭취할 때에는 Na^+ 대신 H^+이 안으로 들어오는 내리막 이동과 연계된다. 장(腸) 상피세포 안으로 들어가는 포도당의 2차 능동수송과 식물세포로 들어가는 설탕의 수송은 동향수송(同向輸送, *symport*)의 예로, 수송되는 두 물질(Na^+와 포도당, 또는 H^+와 설탕)이 같은 방향으로 이동한다. 한편, 수송되는 두 물질이 서로 다른 방향으로 이동하는 이향수송(異向輸送, *antiport*)에 참여하는 2차 능동수송 단백질도 많이 알려져 있다. 예를 들면, 세포는 때로는 안으로 들어오는 Na^+의 내리막 이동과 바깥으로 나가는 H^+의 이동을 연계시켜 세포질의 적정 pH를 유지한다. 이향수송에 참여하는 단백질을 보통 교환운반체(交換運搬體, *exchanger*)라고 한다.

복습문제

1. 〈그림 8−33〉에 나타낸 것처럼 물질이 원형질막을 통과할 수 있는 기본적인 방법 네 가지를 비교하시오.
2. 막을 통과하는 확산에서 전해질과 비전해질의 다른 점을 에너지론으로 비교하시오.
3. 막 투과성과 관련하여 분배계수와 분자 크기 사이의 상관관계를 설명하시오.
4. 세포를 저장액, 고장액, 등장액에 넣었을 때 각각 나타나는 효과를 설명하시오.
5. 농도기울기를 거슬러 이온과 용질을 이동시키기 위하여 에너지를 사용하는 방법 두 가지를 설명하시오.
6. Na^+/K^+-ATP 가수분해효소로 어떻게 원형질막의 비대칭성을 설명할 수 있는가?
7. Na^+/K^+-ATP 가수분해효소의 활성 기작에서 인산화의 역할은 무엇인가?
8. 원핵세포 KcsA K^+ 통로와 진핵세포 전압-조절 K^+ 통로의 부위들 사이에 나타나는 구조적 연관성은 무엇인가? 이온 선택성, 통로의 관문, 통로 불활성화에 관여하는 부위는 각각 어디인가? 이러한 과정(이온 선택, 관문, 불활성화)은 어떻게 하여 일어나는가?
9. Na^+은 크기가 작기 때문에 K^+이 통과하는 크기의 구멍이라면 어느 것이든 통과할 수 있을 것이다. 그렇지만 K^+ 통로는 K^+에게만 선택성을 나타내는데, 이러한 일이 어떻게 하여 가능한가?

8-8 막전위와 신경충격

모든 생명체는 외부 자극에 반응하며, 이러한 특성을 자극감수성(刺戟感受性, *irritability*)이라고 한다. 심지어 단세포생물인 아메바도 가는 유리바늘로 찌르면 위족(僞足)을 감추고 둥글게 말며 다른 방향으로 이동하는 반응을 보인다. 아메바의 자극감수성은 신경충격을 형성하고 전파하는 막과 동일한 기본적 성질에 의존한다. 나머지 부분에서는 이러한 내용을 주제로 다룬다.

신경세포[神經細胞, *nerve cell*, 또는 뉴런(*neuron*)]는 정보를 수집하고 전도하며 전달하는 일에 특수화되어 있는데, 이 정보는 빠르게 이동하는 전기충격 형태로 암호화되어 있다. 〈그림 8−50〉은 전형적인 뉴런의 기본적 부위이다. 뉴런의 핵은 세포체(細胞體, *cell body*)라고 하는 확장된 지역 안에 있는데, 세포체는 세포의 대사가 일어나는 중심지역으로, 신경세포의 내용물 대부분을 만들어낸다. 대부분의 뉴런 세포체에서 확장된 여러 개의 **수상돌기**(樹狀突起, dendrite)는 대개 다른 뉴런에서 들어오는 정보를 받는다. 또한 세포체에서 뻗어 나온 하나의 두드러진 확장체인 **축삭**(軸索, axon)은 세포체로부터 표적세포(들)로 나가는 충격을 전도한다. 일부 축삭의 길이는 몇 ㎛에 지나지 않으나, 기린이나 고래와 같은 거대한 척추동물에서는 몇 미터(m)에 이르기도 한다. 대부분의 축삭은 그 말단부위에서 작은 돌기로 나누어지는데, 이 돌기의 끝은 말단혹(*terminal knob*)이라고 하며 신경충격이 뉴런에서 표적세포로 전달되는 특수한 장소이다. 뇌에 있는 많은 뉴런은 수천 개의 말단혹을 갖고 있어서 이들 뇌세포가 수천 개의 표적들과 소통하도록 한다. 〈8−8−3−1〉에서 논의한 것과 같이 척추동물의 뉴런은 대개 지질이 풍부한 **미엘린초**(myelin sheath)로 감싸여져 있는데, 이것의 기능은 아래에서 설명한다.

8-8-1 휴지전위

원형질막의 안쪽과 바깥쪽처럼 두 지점 사이의 전압(電壓, 또는 전기적 전위 차이)은 한쪽에는 양이온이, 다른 쪽에는 음이온이 과도하게 많을 때 발생한다. 세포질 안에 미세전극(*microelectrode*)을 넣고 다른 전극은 세포 외부 용액에 넣은 후, 두 전극을 두 지점 사이의 전하 차이를 측정하는 기구인 전압계에 연결하여 원형질막 사이의 전압을 측정할 수 있다(그림 8−51). 오징어의 거대축삭(巨大軸索)을 재료로 수행한 실험에서 전압 차이는 약 −70mV로 나타났는데, 음(−) 부호로 미루어 음전하가 외부보다 내부에 많이 있다는 것을 알 수 있다. 막전위는 신경세포뿐만 아니라 모든 종류의 세포에서 나타나며, 약 −15mV에서 −100mV 사이의 값을 갖는다. 뉴런이나 근육세포 이외의 비흥분성 세포의 경우에는 이들 전압을 단순히 **막전위**(膜電位, membrane potential)로 정의한다. 그렇지만 뉴런이나 근육세포에서는 이 전위를 **휴지전위**(休止電位, resting potential)라고 하는데, 다음 절에서 설명하는 것처럼 극적인 변화가 나타나기 때문이다.

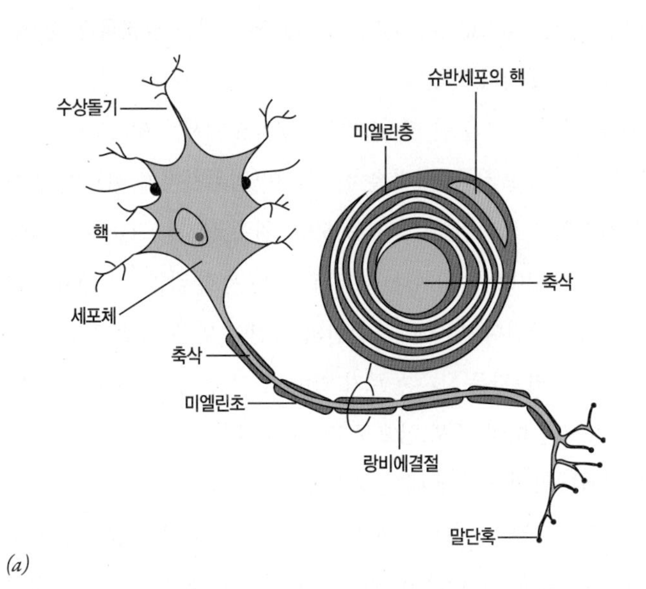

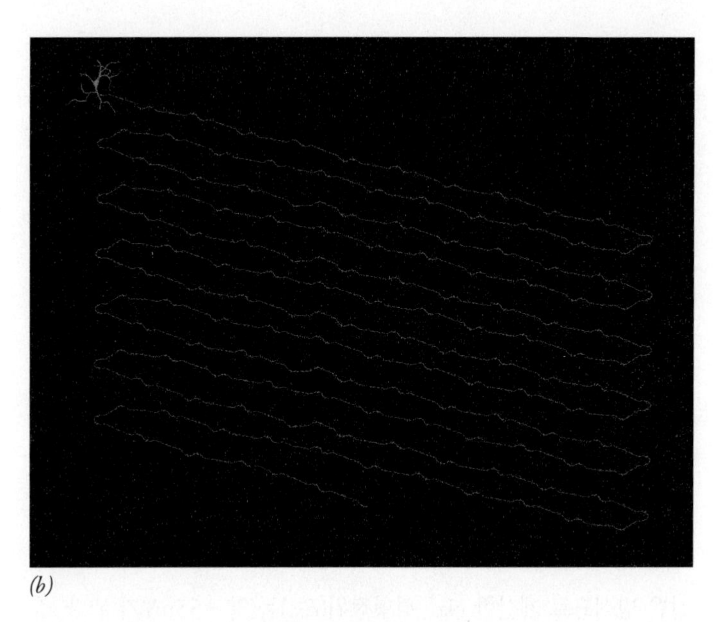

그림 8-50 신경세포의 구조. (*a*) 축삭에 수초가 있는 단순한 뉴런의 모식도. 미엘린초는 축삭 둘레를 감싸고 있는 각각의 슈반세포(Schwann cell)로 이루어진다(삽입도). 미엘린초로 감싸이지 않은 축삭 부위를 랑비에결절(node of Ranvier)이라고 한다. [주: 중추신경계에서는 미엘린을 형성하는 세포를 슈반세포 대신 희소돌기교세포(稀少突起膠細胞, oligodendrocyte)라고 한다.] (*b*) 쥐의 해마(海馬, hippocampus)에 있는 뉴런 1개의 복합현미경 사진. 세포체와 수상돌기(보라색)를 갖고 있으며, 축삭(빨간색)의 길이는 1cm이다. 더 큰 포유류의 운동 신경세포는 이보다 100배나 길다.

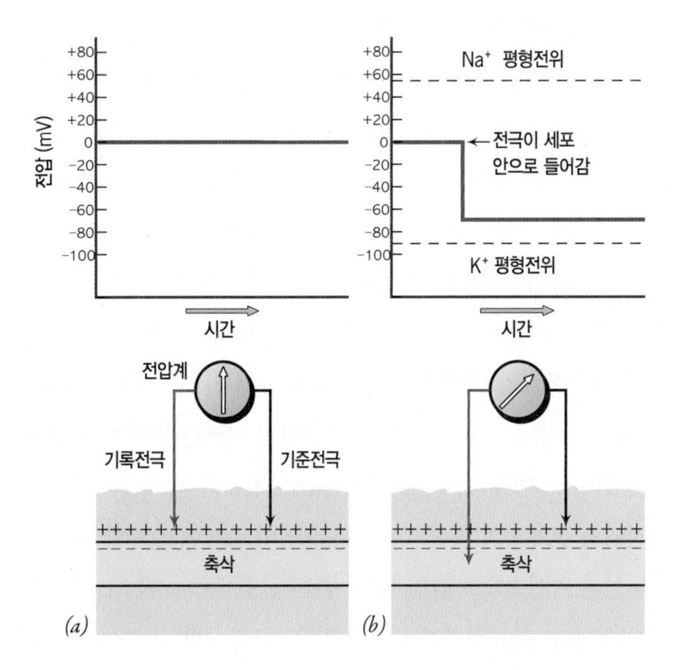

그림 8-51 막 휴지전위 측정. 기준전극과 기록전극 사이에 전하 차이가 있으면 전위가 측정된다. (*a*)에서는 두 전극 모두 세포 바깥에 있어서 전위 차이(전압)가 측정되지 않는다. 전극 하나가 원형질막을 뚫고 들어가 있는 (*b*)에서는 전위가 즉시 −70mV(내부 음전하)로 떨어지는데, 이 값은 K^+에 대한 평형전위에 가깝다. 즉, 막이 K^+을 제외한 이온은 모두 투과시키지 않는다면 이러한 전위 값을 가지게 된다.

원형질막 사이 전압의 크기와 방향은 막 양쪽의 이온 농도 차이와 이온의 상대적 투과성에 의해 결정된다. 앞에서 설명한 것처럼, Na^+/K^+-ATP 가수분해효소는 Na^+은 세포 밖으로 K^+은 세포 안으로 펌프하며, 이에 따라 원형질막에 이들 두 이온의 가파른 기울기가 형성된다. 이 기울기로 인해 K^+은 세포 바깥으로, Na^+은 세포 안으로 각각의 이온 통로를 통해 흐르게 될 것이다. 그러나 휴지(休止, *resting*) 상태인 신경세포의 원형질막에서 열려있는 이온통로의 대부분은 K^+에 선택성을 보인다. 이들은 K^+ 누출통로(漏出通路, *leak channel*)라고 한다. K^+ 누출통로는 K^+ 통로 군 가운데 S4 전압감지기가 결손된 것으로, 전압의 변화에 반응하지 못하는 것으로 추정된다.

K^+이 휴지 신경세포에서 투과할 수 있는 유일한 전하를 띤 물질이기 때문에 이 이온이 막을 통과해 바깥으로 흘러나가면 막의 세포질 쪽에 다량의 음이온이 남게 된다. 막의 농도기울기 힘은 여전히 K^+을 유출시키려 하지만, 막 내부에 많이 있는 음전하 때문에 생기는 전기기울기로 인해 K^+이 세포 내부에 머물게 된다. 이들 상반되는 두 힘이 균형을 이루면 평형에 이르게 되며, 막을 통과하는 K^+의 순(*net*) 이동이 더 이상 일어나지 않는다. 네른스트(Nernst)

방정식이라고 하는 다음 식을 이용하면, 신경세포의 원형질막이 단지 K^+만 투과시킨다고 가정할 때, 평형상태의 막전위(V_m)를 계산할 수 있다.[6] 이 경우에 V_m은 K^+ 평형전위(E_K)와 같아질 것이다.

$$E_K = 2.303 \frac{RT}{zF} \log_{10} \frac{[K_o^+]}{[K_i^+]}$$

오징어 거대축삭의 경우 내부 $[K_i^+]$는 약 350mM이며, 외부 $[K_o^+]$는 약 10mM이다. 따라서 25℃(298K), $z = +1$ [K^+이 1가(價)이므로]일 때,

$$E_K = 59 \log_{10} 0.028 = -91\text{mV}$$

같은 방식으로 계산한 Na^+ 평형전위(E_{Na})는 약 +55mV가 된다. 휴지 신경세포막에서 방금 계산한 전압 측정값이 K^+ 평형전위와 비슷한 부호와 크기(−70mV)를 가지므로, K^+의 이동이 휴지전위 값을 결정하는 가장 중요한 요인인 것으로 보인다. 계산한 K^+ 평형전위 값(−91mV)과 측정한 휴지전위(−70mV, 그림 8−51) 사이에 차이가 나타나는 것은 최근에 발견된 Na^+ 누출통로를 통해 Na^+이 미세하게 투과되기 때문이다.

8-8-2 활동전위

막전위와 신경충격에 대한 현재의 이해는 1940년대 후반과 1950년대 초반에 영국의 생리학자들, 특히 앨런 호지킨(Alan Hodgkin), 앤드류 헉슬리(Andrew Huxley), 버나드 카츠(Bernard Katz)가 오징어의 거대축삭으로 수행한 연구에 바탕을 두고 있다. 직경 약 1mm인 이 축삭은 매우 빠른 속도로 충격을 전하여 오징어가 포식자로부터 재빠르게 달아날 수 있도록 한다. 휴지상태의 오징어 축삭 막을 미세한 바늘로 찌르거나 아주 작은 전류로 자극하면 Na^+ 통로 일부가 열려 약간의 Na^+이 세포 안으로 확산된다. 이렇게 양이온이 세포 안으로 들어가게 되면 음전하 양이 줄어, 막전위가 감소한다. 막전압이 양의 방향으로 변화되면 막 양쪽 사이의 극성을 감소(*decrease*)시키기 때문에, 이를 **탈분극**(脫分極, depolarization)이라고 한다.

어떤 자극이 막을 단 몇 mV(예: −70mV에서 −60mV로)에 의해 탈분극을 일으킨다면, 막은 이 자극이 멈추자마자 빠르게 원래의 휴지전위로 돌아간다(그림 8−52*a*, 왼쪽 상자). 그러나 자극에 의해 막이 **역치**(閾値, threshold)라고 하는 특정 값(약 −50mV) 이상으로 탈분극된다면 새로운 일련의 사건이 발생한다. 전압의 변화로 인해 전압-관문 Na^+ 통로가 열린다. 그 결과로 Na^+이 농도와 전기기울기를 따라 세포 안으로 자유롭게 확산된다(그림 8−52*a*, 중간 상자). 막의 Na^+에 대한 투과성이 증가하고 이에 따라 양전하 이온이 세포 안으로 이동하게 되면 막의 전위가 잠깐 동안 역전되어(그림 8−52*b*) 약 +40mV에 이르게 되는데, 이것은 Na^+ 평형전위에 근접한 값이다(그림 8−51).

약 1msec 후에 Na^+ 통로는 저절로 활성을 잃고 Na^+의 유입을 차단한다. 유력한 관점에 따르면, 〈8−7−2항〉에서 설명한 K^+ 통로와 비슷한 방식으로 불활성화 펩티드가 통로의 열린 구멍 안으로 무작위로 확산되어 불활성화가 일어난다. 한편으로는 Na^+ 유입으로 인한 막전위의 변화로 인해 〈8−7−2항〉에서 설명한 전압-관문 K^+ 통로의 열림(그림 8−52*a*, 오른쪽 상자)이 유발된다. 그 결과, K^+은 가파른 농도기울기를 따라 세포 바깥으로 자유롭게 확산되어 나간다. 막의 Na^+에 대한 투과도 감소와 K^+에 대한 투과도 증가로 인해 막전위가 K^+ 평형전위(그림 8−51)와 거의 같은 약 −80mV의 음수 값으로 되돌아간다. 막전위의 음수 값이 높으면 전압-관문 K^+ 통로가 닫히게 되며(그림 8−43*b* 참조), 이로 인해 막이 다시 휴지상태로 되돌아간다. 막전위의 이러한 변화를 종합하여 **활동전위**(活動電位, action potential)라고 한다(그림 8−52*b*). 활동전위의 전체적인 일련의 변화는 오징어 축삭에서는 약 5msec, 포유동물의 미엘린으로 덮인 유수(有髓) 신경세포에서는 1msec 이내에 일어난다. 활동전위가 끝나면 막은 재-자극될 수 없는 기간인 짧은 불응기(不應期, *refractory period*) 상태가 된다. 불응기가 나타나는 까닭은 활동전위의 초기 단계에서 불활성화된 Na^+ 통로가 닫혀야만 또 다른 자극에 반응하여 다시 열릴 수 있기 때문이다. 〈그림 8−43〉에서처럼, 이온 통로가 불활성 상태에서 닫힌 입체구조로 변형되려면 불활성화 펩티드가 구멍의 개구부(開口部)에서 방향을 바꾸어야만 가능하다.

[6] 네른스트 방정식은 〈8−7−1항〉의 식에서 ΔG를 0으로 놓아 평형상태에서 이온이 이동하는 경우를 가정함으로써 유도된다. 발터 네른스트(Walther Nernst)는 독일의 물리화학자로 1920년에 노벨상을 수상하였다.

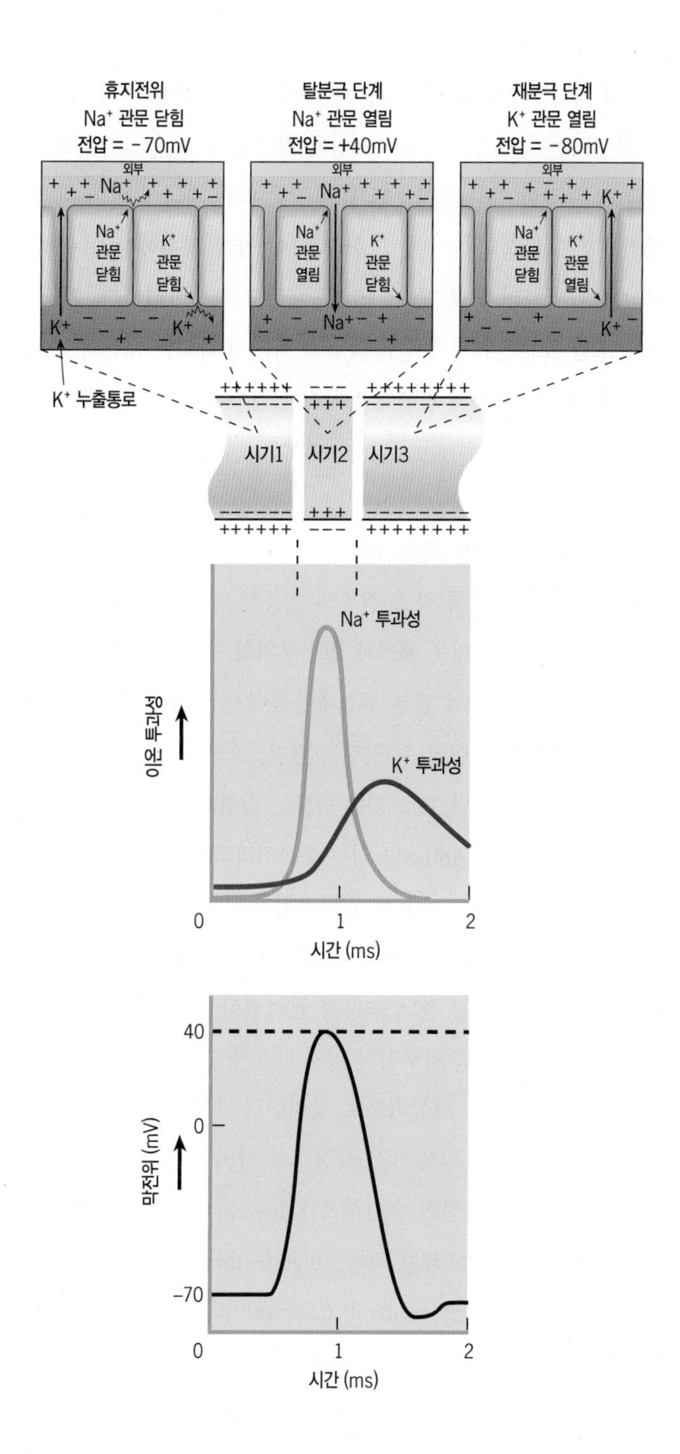

그림 8-52 활동전위 형성. (*a*) 시기1(위 왼쪽 상자) : 신경세포의 이 영역에 있는 막에서는 휴지전위가 나타난다. 이 영역에서는 오직 K^+ 누출통로만 열리며 막전압은 약 −70mV이다. 시기2(위 중간 상자), 탈분극 단계: 막이 역치 아래로 탈분극된다. 전압에 의해 조절되는 Na^+ 관문이 열려 Na^+이 유입된다(아래 그래프에서 투과성 변화로 표시). Na^+ 투과성이 증가되면 막전압이 일시적으로 역전되어, 오징어의 거대축삭에서는 약 +40mV에 이르게 된다(시기2). 이러한 막전위의 역전이 활동전위를 이룬다. 시기3(위 오른쪽 상자), 재분극 단계: 몇 분의 1초 안에 Na^+ 관문이 불활성화되고 K^+ 관문이 열리며, K^+이 막을 통과해 확산되어(그림의 아래 부분) 그 지역에 휴지전위보다 더 음성인 전위(−80mV)가 만들어진다. K^+ 관문은 거의 열리자마자 닫히고, K^+ 누출통로가 막을 통과하는 이온 이동의 주요 경로가 되어 휴지전위가 다시 만들어진다. (*b*) *a*에서 설명한 활동전위가 만들어지는 동안 나타나는 전압 변화에 대한 요약.

활동전위가 막의 전압을 극적으로 변화시키기는 하지만, 막 양쪽에 있는 이온 중 아주 적은 비율 만이 활동전위에 참여할 뿐이다. 〈그림 8−52*b*〉에서 볼 수 있는 현저한 막전위 변화는 막 양쪽의 Na^+과 K^+ 농도 변화(이러한 변화는 사소한 것이다)에 의해 유도되지 않는다. 그 대신에 이들 이온의 투과도가 신속하게 변화한 결과로 전하가 한 방향, 또는 반대 방향으로 이동함에 따라 유도된다. 활동전위 동안 막을 통과하여 장소를 바꾼 Na^+과 K^+은 Na^+/K^+-ATP 가수분해효소에 의해 펌프되어 결국 제 자리로 돌아온다. 만약 Na^+/K^+-ATP 가수분해효소를 억제시켜도, 뉴런은 흔히 펌프의 활성에 의해 형성된 이온기울기가 사라지기 전에 수천 개의 충격을 지속적으로 만들어낼 수 있다.

뉴런의 막이 일단 역치 값으로 탈분극되면 별도의 자극이 없어도 전면적인 활동전위가 발생된다. 신경세포 기능의 이러한 특성을 실무율(悉無律, *all-or-none law*)이라고 한다. 중간 단계는 없다. 즉, 역치에 미치지 못하는 탈분극은 활동전위를 일으키지 못하며, 역치에 이른 탈분극은 자동으로 최대의 반응을 발휘한다. 또한 활동전위는 에너지를 요구하는 과정이 아니라 이온들이 자신의 전기화학기울기를 따라 흐른 결과라는 점도 기억하자. Na^+/K^+-ATP 가수분해효소가 원형질막 사이에 가파른 이온기울기를 만들어낼 때에는 에너지가 필요하지만, 일단 기울기가 만들어지고 나면 다양한 이온들이 자신의 이온 통로가 열리자마자 막을 통과하여 흐를 태세를 갖추게 된다.

신경세포의 원형질막을 통과하는 이온의 이동으로 인해 뉴런 사이에서 소통의 기초가 형성된다. 프로카인(procaine)과 노보카인(novocaine) 등의 몇몇 국소(局所, *local*) 마취제는 감각세포와 뉴런의 막에 있는 이온 통로를 닫는다. 이들 이온 통로가 닫혀있는 한, 세포는 활동전위를 생산할 수 없으며 따라서 피부나 치아에서 일어나는 사건을 뇌에 알릴 수 없다.

8-8-3 신경충격으로서 활동전위의 전파

지금까지는 실험적인 탈분극에 의해 활동전위가 발생한 신경세포막의 특정한 장소에서 일어나는 사건에 대해서만 설명하였다. 일단 개시된 활동전위는 특정 장소에 머무르지 않고 신경종말(神經終末, nerve terminal) 쪽을 향해 세포를 따라 **신경충격**(神經衝擊, nerve impulse)으로서 전파(傳播, *propagate*)된다.

신경충격은 막을 따라 전파되는데, 한 장소에서 발생한 하나의 활동전위는 인접한 장소에만 영향을 주기 때문이다. 활동전위에 수반되는 큰 탈분극이 원형질막의 내부 표면과 외부 표면을 따라 전하의 차이를 만들어낸다(그림 8−53). 그 결과, 양이온이 막 외부 표면의 탈분극 장소를 향해 내부 표면에 있는 장소에서는 멀어지는 방향으로 이동한다(그림 8−53). 이러한 국소적인 전기의 흐름이 활동전위에 바로 앞선 지역의 막을 탈분극시킨다. 활동전위에 수반되는 탈분극이 매우 크기 때문에 인접 지역의 막은 쉽게 역치 값보다 높은 수준으로 탈분극되어, 인접 지역의 Na^+ 통로를 열어 또 다른 활동전위를 만들어낸다. 이처럼 일단 시작되면 연속적인 활동전위가 강도의 손실 없이 뉴런 전체를 따라 이동하여, 원래 시작한 지점에서 갖고 있던 것과 동일한 강도를 지닌 채 표적세포에 도달하게 된다.

뉴런을 따라 이동하는 모든 충격이 동일한 강도를 나타내기 때문에, 강한 자극이 약한 자극보다 "더 큰" 충격을 만들지는 못한다.

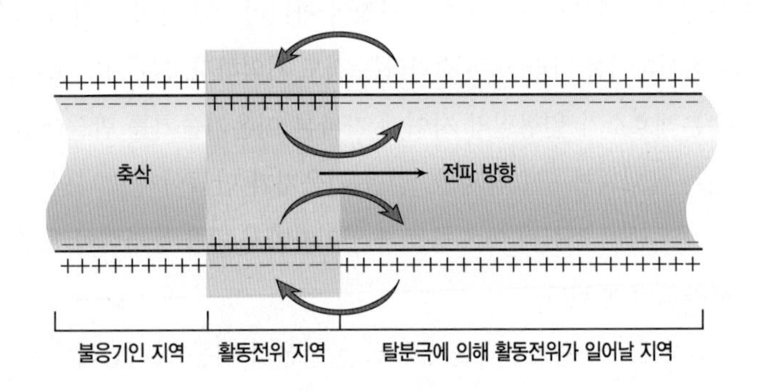

그림 8-53 국소적인 이온 흐름 결과로 생긴 충격의 전파. 막의 한 곳에 생긴 활동전위는 인접한 지역의 막을 탈분극시켜 두 번째 위치에 활동전위를 일으킨다. 활동전위는 오직 전진하는 방향으로만 진행하는데, 그 이유는 활동전위를 막 겪은 부위는 불응기로 되기 때문이다.

그러나 자극의 강도에 따른 차이를 명확하게 알아낼 수 있다. 감각을 식별하는 능력은 몇 가지 요인에 좌우된다. 예를 들면, 뜨거운 물과 같은 강한 자극은 따뜻한 물과 같은 약한 자극에 비해 더 많은 신경세포를 활성화시키며, 또한 자극이 약할 경우에는 여전히 휴지상태에 머물러 있을 "높은 역치" 뉴런도 활성화시킨다. 자극 강도는 또한 활동전위가 특정한 뉴런을 따라 전파되는 패턴과 빈도로 암호화된다. 대부분의 경우에 자극이 강할수록 생성되는 충격의 수가 많다.

8-8-3-1 속도가 가장 중요하다

축삭의 직경이 클수록 국소 전류의 흐름에 대한 저항이 적으며 한 장소의 활동전위가 더욱 빠르게 인접부위의 막을 활성화시킨다. 오징어나 갯지렁이 등의 일부 무척추동물에서는 거대축삭이 진화하여 위험으로부터 벗어날 수 있도록 한다. 그러나 이러한 진화적 접근법에는 한계가 있다. 전도되는 속도는 직경의 제곱근에 비례하여 증가하므로, 직경이 480㎛나 되는 축삭이라 해도 직경 30㎛인 축삭에 비해 겨우 4배 빠른 속도로 활동전위를 전도할 수 있을 뿐이다.

척추동물의 진화과정에서 축삭이 미엘린초로 감싸이자(그림 8−5 및 8−50 참조) 전도 속도가 빨라졌다. 미엘린초는 많은 층의 지질-함유 막으로 이루어져 있기 때문에 이온이 원형질막을 통과하여 흐르는 것을 이상적으로 방지한다. 더욱이 유수신경(有髓神經)—미엘린초로 감싸여진 신경—의 거의 모든 Na^+ 통로는 미엘린초를 만드는 인접한 슈반세포(Schwann cell; 말초신경계) 또는 희돌기교세포(稀突起膠細胞, oligodendrocyte; 중추신경계) 사이에 랑비에 결절(結節)(*nodes of Ranvier*)이라는 감싸이지 않은 틈을 갖고 있다(그림 8−50 참조). 따라서 랑비에 결절에서만 활동전위를 일으킬 수 있다. 하나의 결절에서 발생한 활동전위가 다음 결절에서 활동전위를 일으키므로(그림 8−54), 충격이 중간에 끼인 막을 활성화시키지 않은 채로 결절에서 결절로 뛰어넘게 된다. 이런 방식으로 충격이 전파되는 것을 **도약전도**(跳躍傳導, saltatory conduction)라고 한다. 유수 축삭에서는 초당 120m에 이르는 속도로 충격이 전도되는데, 이것은 동일한 굵기를 가진 무수신경(無髓神經)에서 충격이 전달되는 속도보다 20배 이상 빠른 것이다. 미엘린화(myelination)의 중요성은 신경계의 다양한 부위에서 축삭을 감싸는 미엘린초의 손상으로 인해 발생하는 질병인 다발성경화

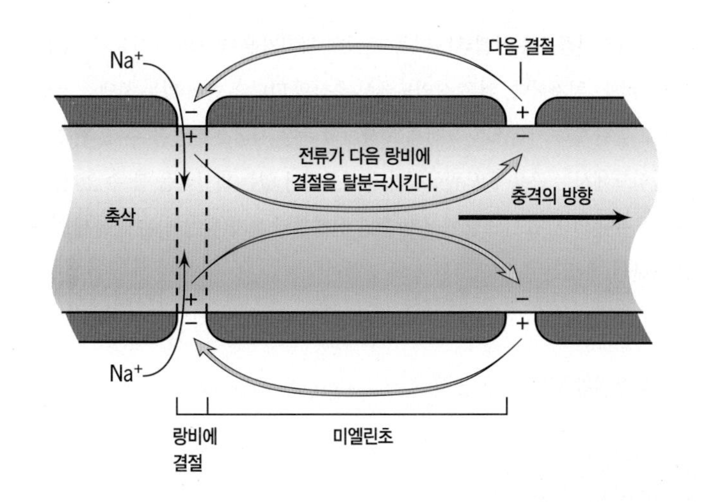

그림 8-54 **도약전도.** 도약전도가 일어나는 동안에는 오직 축삭의 결절 부위만 탈분극되고 활동전위를 만들어낼 수 있게 된다. 이러한 현상은 활성화된 결절에서 다음 휴지 결절로 전류가 직접 흘러서 이루어진다.

증(多發性硬化症, multiple sclerosis)에서 극적으로 드러난다. 증상의 발현은 대개 젊은 연령층에서 나타나기 시작하는데, 환자는 손힘이 약해지고 잘 걷지 못하며, 시신경에도 장애가 생긴다.

8-8-4 신경전달: 시냅스틈 뛰어넘기

뉴런은 **시냅스**(synapse)라는 특별한 연접을 통해 표적세포와 연결되어 있다. 시냅스를 자세히 조사해보면 두 세포가 직접 연결된 것이 아니라 20~50nm의 좁은 틈에 의해 분리되어 있음을 알 수 있다. 이 틈을 **시냅스틈**(synaptic cleft)이라고 한다. **시냅스전 세포**(presynaptic cell; 수용체 세포 또는 뉴런)는 시냅스를 향해 충격을 전달하고, **시냅스후 세포**(postsynaptic cell; 뉴런, 근육, 또는 샘세포)는 항상 시냅스에서 받아들이는 방향에 놓인다. 〈그림 8-55〉는 골격근 세포의 종말가지(terminal branches)와 축삭 사이에 있는 여러 시냅스를 나타낸 것이다. 이런 종류의 시냅스를 **신경근육 연접부**(神經筋肉連接部, neuromuscular junction)라고 한다.

시냅스전 뉴런의 신경충격이 어떻게 시냅스틈을 뛰어넘어 시냅스후 세포에 영향을 줄 수 있을까? 연구 결과에 따르면, 하나의 세포에서 다른 세포로 신경충격이 전달되는 과정에는 화학물질이 관여하고 있음이 밝혀졌다. 한 축삭의 돌기 끝(말단혹)을 전자현미경으로 관찰하면 수많은 **시냅스 소낭**(synaptic vesicle)(그림 8-55, 왼쪽 삽입도)이 있는데, 여기에는 시냅스후 세포에 영향을 주는 화학전달물질이 저장되어 있다. 연구가 가장 잘 이루어진 **신경전달물질**(神經傳達物質, neurotransmitter)인 아세틸콜린(acetylcholine)과 노르에피네프린(norepinephrine)은 골격근과 심장근에서 신경충격을 전달한다.

$$CH_3-\overset{\overset{\displaystyle O}{\|}}{C}-O-CH_2-CH_2-\overset{+}{N}(CH_3)_3$$

아세틸콜린(Ach)

$$HO-C_6H_3(OH)-\underset{\underset{\displaystyle OH}{|}}{\overset{\overset{\displaystyle H}{|}}{C}}-CH_2-\overset{+}{N}H_3$$

노르에피네프린

시냅스에서 일어나는 일련의 전달과정은 다음과 같이 요약할 수 있다(그림 8-56). 신경충격이 말단혹에 도달하면(그림 8-56, 1단계), 이를 뒤따르는 탈분극에 의해 이 부위에 해당하는 시냅스전 신경세포의 원형질막에 있는 전압-관문 Ca^{2+} 통로가 열리게 된다(그림 8-56, 2단계). 모든 세포에서 그러하듯이, Ca^{2+}은 정상적으로는 뉴런에 매우 낮은 농도(약 100nM)로 존재한다. 관문이 열리면 Ca^{2+}이 세포외액에서 말단혹으로 확산되어 들어와, 통로 부근의 미세영역에서는 $[Ca^{2+}]$가 1,000배 이상 높아진다. $[Ca^{2+}]$가 높아지면 가까이에 있는 시냅스 소낭 여러 개가 원형질막과 빠르게 융합되어 신경전달 분자가 시냅스틈으로 방출된다(그림 8-56, 3단계).

시냅스 소낭에서 방출된 신경전달 분자는 좁은 틈으로 확산되어 시냅스후 원형질막에 있는 틈에 농축되어 있는 수용체 분자와 선택적으로 결합한다(그림 8-56, 4단계). 신경전달 분자는 자신이 결합하는 표적세포 막에 있는 수용체 종류에 따라 두 가지 상반되는 효과를 나타낼 수 있다.[7]

[7] 이 논의에서는 이온 통로가 아니어서 막전압에 직접 영향을 주지 않는 중요한 종류의 신경전달 수용체에 대해서는 무시하고 있다. 이런 종류의 수용체는 GPCRs라고 하는 단백질들로 〈15-3절〉에서 논의하였다. 이들 수용체에 신경전달물질이 결합하면 다양한 반응을 일으킬 수 있는데, 간접적인 기작에 의한 이온 통로의 열림도 흔히 이에 포함된다.

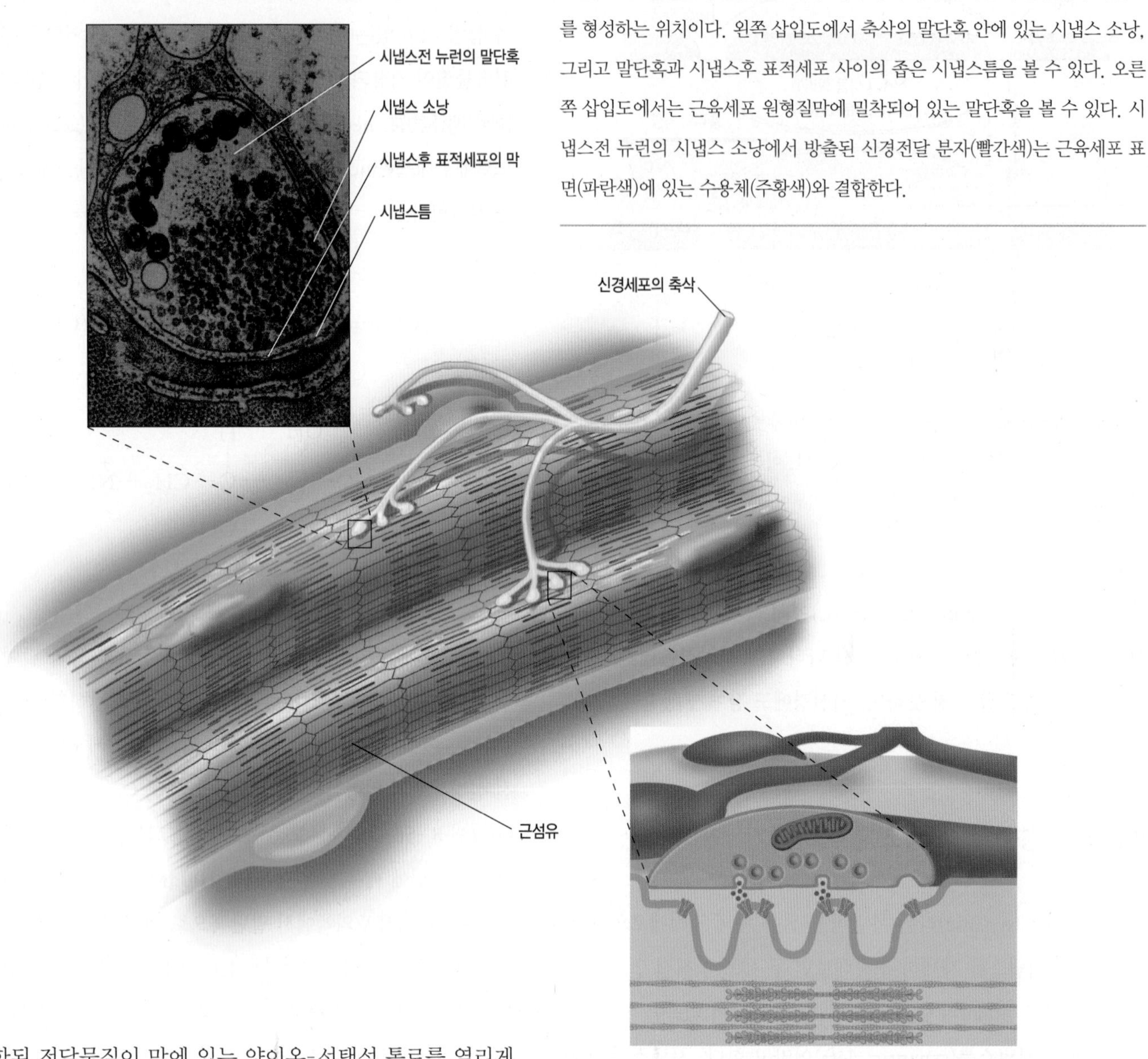

그림 8-55 신경근육 연접부는 운동 축삭의 가지가 골격근의 근섬유와 시냅스를 형성하는 위치이다. 왼쪽 삽입도에서 축삭의 말단혹 안에 있는 시냅스 소낭, 그리고 말단혹과 시냅스후 표적세포 사이의 좁은 시냅스틈을 볼 수 있다. 오른쪽 삽입도에서는 근육세포 원형질막에 밀착되어 있는 말단혹을 볼 수 있다. 시냅스전 뉴런의 시냅스 소낭에서 방출된 신경전달 분자(빨간색)는 근육세포 표면(파란색)에 있는 수용체(주황색)와 결합한다.

1. 결합된 전달물질이 막에 있는 양이온-선택성 통로를 열리게 하여 주로 Na^+의 유입을 유도하여 막전위가 덜 음성(더 양성)으로 된다. 이러한 시냅스후 막의 탈분극이 세포를 흥분시켜(*excite*) 세포가 이 자극, 또는 이 자극에서 자체의 활동전위가 발생되어 나타나는 자극에 더욱 잘 반응하도록 한다(그림 8-56, 5*a*단계와 6단계).
2. 결합된 전달물질이 음이온-선택성 통로를 열리게 하는데, 주로 Cl^-이 유입되도록 하여 막전위가 더욱 음성(과분극, 過分極, *hyperpolarized*)으로 된다. 시냅스후 막이 과분극 상태로 되면 세포에서 활동전위 생산이 어렵게 되는데, 막의 역치에 도달하기 위해서는 Na^+이 더 많이 유입되어야 하기 때문이다.

뇌에 있는 신경세포 대부분은 여러 시냅스전 뉴런에게서 흥분성 신호와 억제성 신호를 모두 받는다. 이러한 상반되는 영향을 종합하여 시냅스후 뉴런에서 신경충격 생성 여부가 결정된다.

한 뉴런의 모든 말단혹은 동일한 신경전달물질(들)을 방출한다. 그렇지만 한 가지 신경전달물질이 하나의 특정한 시냅스후 막에서는 자극 효과를, 또 다른 막에서는 억제 효과를 나타낼 수 있다. 예를 들면, 아세틸콜린은 심장의 수축은 억제하지만, 골격근의 수축은 촉진한다. 뇌에서 글루탐산(glutamate)은 주요 흥분성 신경전달물질이며, 감마-아미노부티르산(γ-aminobutyric acid,

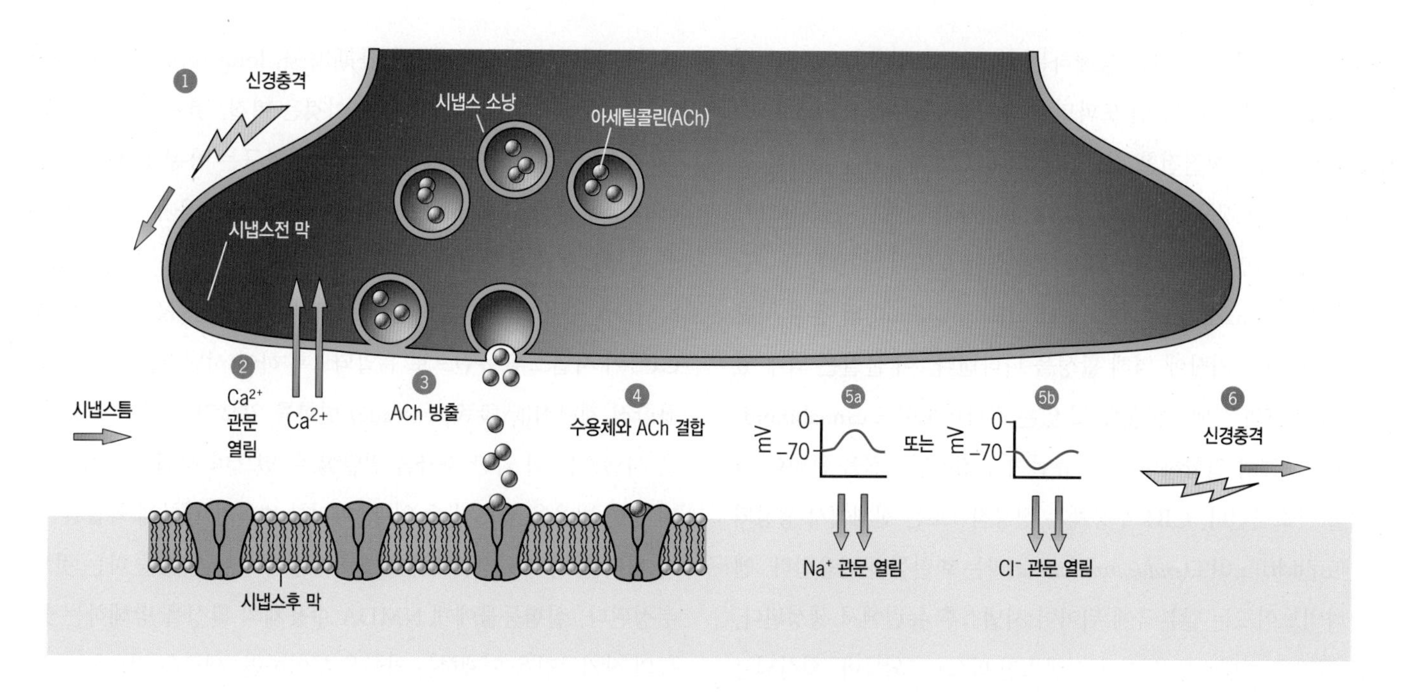

그림 8-56 신경전달물질인 아세틸콜린이 시냅스에서 전달되는 일련의 과정. 1–4 단계 동안에 신경충격이 축삭의 말단혹에 이르고, 칼슘 관문이 열려 Ca^{2+}이 유입되며, 아세틸콜린이 시냅스 소낭에서 방출되어 시냅스후 막의 수용체와 결합한다. (5*a*처럼) 신경전달물질 분자가 결합하여 시냅스후 막의 탈분극을 유도한다면, 신경충격이 그 위치에서 만들어질 것이다(6). 그러나 (5*b*처럼) 신경전달물질이 결합하여 시냅스후 막의 과분극을 유도한다면 표적세포가 억제되어, 다른 흥분성 자극에 의해 표적세포에서 충격을 만들어내기가 더 어렵게 된다. 아세틸콜린에스터라제에 의해 신경전달물질이 분해되는 과정은 생략하였다.

GABA)은 주요 억제성 신경전달물질이다. 발륨(valium)과 그 유도체를 포함하는 다수의 일반적 마취제는 GABA 수용체와 결합하고 뇌의 주요 "차단(遮斷)" 스위치의 활성을 높인다.

8-8-4-1 시냅스에 대한 약물의 작용

시냅스전 뉴런에서 방출된 신경전달물질은 아주 짧은 반감기를 갖는다는 사실이 중요하다. 그렇지 않다면 신경전달물질의 효과가 지속되어 시냅스후 뉴런이 회복될 수 없을 것이다. 신경전달물질을 제거하는 방식은 두 가지가 있다. 즉, 시냅스틈에 있는 신경전달물질 분해효소에 의해 분해되는 방식과 신경전달물질을 시냅스전 말단으로 되돌려 보내는 단백질에 의해 재흡수(再吸收, *reuptake*)되는 방식이 있다. 신경전달물질이 분해되거나 재흡수되기 때문에 각각의 신경충격은 단 몇 msec 정도만 지속된다.

신경전달물질의 분해나 재흡수를 방해하면 생리현상과 행동에 극적인 효과가 나타날 수 있다. 아세틸콜린 에스터라아제(acetylcholinesterase)는 시냅스틈에 있으면서 아세틸콜린을 가수분해하는 효소이다. 예를 들면, 이 효소가 신경가스인 DFP에 노출되어 억제되면, 신체의 골격근은 아세틸콜린이 지속적으로 높은 농도로 존재하기 때문에 극심하게 수축된다.

많은 약물이 시냅스틈에서 신경전달물질을 제거하는 수송체(transporter)를 억제한다. 프로잭(Prozac)을 비롯하여 널리 처방되는 항우울증약은 우울함과 연관되어 있는 신경전달물질인 세로토닌(serotonin)의 재흡수를 방해한다. 반면에 코카인(cocaine)은 대뇌의 변연계(邊緣系, limbic system)에 있는 신경세포에서 분비되는 신경전달물질인 도파민(dopamine)의 재흡수를 방해한다. 변연계에는 뇌의 "즐거움" 또는 "보상" 중추가 있다. 변연계의 시냅스틈에 도파민이 지속적으로 존재하면 단기간의 도취감(euphoria)을 느끼게 되며, 또한 그 활성을 반복하고 싶은 강한 욕구를 느끼게 된다. 반복하여 사용하면 약물의 즐거운 효과가 점점 감소하지만, 탐닉하려는 성향은 더욱 강해진다. 암페타민(amphetamine) 역시 도파민을 방출하는 뉴런에 작용한다. 이 약물은 시냅스전 말단에서 도파민을 과도하게 분비하도록 자극하며, 이 신경전달물질이 시냅스틈에서 재흡수되는 것을 방해하는 것으로 여겨진다. 도파민 재흡수에 관여하는 단백질인 도파민 수송체(dopamine transporter, DAT)가 결여된 형질전환 쥐는 코카인이나 암페타민을 투여한 정상 쥐와 유사한 행동을 보인다. *DAT* 유전자가 결여된 동물은 코카인이나 암페타민을 투여해도 행동에 변화를 보이지 않는다.

마리화나(marijuana, Δ^9-tetrahydrocannabinol)의 활성 화합물은 전혀 다른 기작에 의해 활성을 나타낸다. 이 물질은 뇌에 있는 특정 뉴런의 시냅스전 말단에 있는 칸나비노이드(cannabinoid, CB1) 수용체와 결합하여 이들 뉴런이 신경전달물질을 분비할 가능성을 감소시킨다. CB1 수용체는 정상적으로는 신체에서 생성되는 엔도칸나비노이드(*endocannabinoid*)라는 화합물과 반응한다. 엔도칸나비노이드는 탈분극에 뒤이어 시냅스후 뉴런에서 생성된다. 이들 물질은 시냅스틈을 지나 시냅스전 막으로 "되돌아" 확산되는데, 여기에서 CB1 수용체와 결합하여 시냅스 전달을 억제한다. CB1 수용체는 해마, 소뇌, 시상하부 등 뇌의 여러 곳에 분포하므로, 마리화나가 각각 기억, 협동 운동, 식욕 등에 영향을 미치는 이유를 알 수 있다. 마리화나가 CB1 수용체와 결합함으로써 식욕을 증진시킨다면, 이들 수용체를 차단하면 식욕이 감소할 것이다. 이러한 추론에 근거하여 아콤플리아(Acomplia)라는 CB1-차단 체중 감소제가 개발되었으나, 부작용으로 인해 시판이 중지되었다.

8-8-4-2 시냅스의 유연성

시냅스는 이웃한 뉴런을 단순히 연결한 것 이상이다. 시냅스는 신경계를 통해 신경충격의 경로를 지정한다. 사람의 뇌에는 최소한 1백 조(兆) 이상의 시냅스가 있는 것으로 추정된다. 이들 시냅스는 다양한 경로에서 관문 역할을 하여 어떤 정보를 하나의 뉴런에서 다른 뉴런으로 전달하며, 한편으로는 어떤 정보는 억제하거나 다른 방향으로 보내기도 한다. 시냅스는 흔히 고정되어 변화되지 않는 구조로 인식되기는 하지만, "시냅스의 유연성(柔軟性, plasticity)"이라는 대단한 동적 움직임을 보여준다. 시냅스의 유연성은 뇌의 신경회로가 성숙한 입체구조로 형성되는 유아시기와 어린시기에 특히 중요하다.

시냅스의 유연성은 학습과 단기기억에 특히 중요한 뇌 부분인 해마의 뉴런에서 가장 쉽게 관찰할 수 있다. 해마의 뉴런이 짧은 기간 동안 반복하여 자극을 받으면 이들 뉴런을 이웃한 뉴런과 연결하는 시냅스들이 장기증강(長期增强, long-term potentiation)이라는 과정에 의해 "강화"되며, 이것은 며칠, 몇 주, 심지어 그 이상 지속될 수 있다. 장기증강에 대한 연구는 흥분성 신경전달물질인 글루탐산(glutamate)과 결합하는 여러 수용체 종류 중 하나인 NMDA 수용체에 초점을 맞추어왔다. 글루탐산이 시냅스후 NMDA 수용체와 결합하면, 수용체 내부의 양이온 통로를 열어 Ca^{2+}이 시냅스후 뉴런으로 유입되도록 하여 시냅스를 강화하는 생화학적 계단식(階段式, cascade) 변화를 일으킨다. 장기증강을 겪은 시냅스는 더 약한 자극을 전달할 수 있으며 시냅스후 세포에서 더 강한 반응을 일으킬 수 있다. 이러한 변화가 새롭게 학습한 정보나 기억을 뇌의 신경회로에 암호화하는 주요한 역할을 하는 것으로 추정된다. 실험동물에게 NMDA 수용체의 활성을 방해하는 물질 등의 장기증강을 억제하는 약물을 투여하면, 새로운 정보를 학습하는 능력이 현저하게 감소된다.

시냅스를 연구하는 것이 매우 중요한 이유는 그 밖에도 많이 있다. 예를 들면, 중증근무력증(重症筋無力症, myasthenia gravis), 파킨슨씨 질병(Parkinson's disease), 정신분열증(schizophrenia), 우울증(depression)에 이르기까지 수많은 신경계 관련 질병이 시냅스의 기능장애에서 비롯된 것이다.

복습문제

1. 휴지전위란 무엇인가? 이온의 흐름 결과로 어떻게 휴지전위가 생성되는가?
2. 활동전위란 무엇인가? 활동전위의 다양한 국면을 이루는 단계를 설명하시오.
3. 활동전위는 어떻게 축삭을 따라 전파되는가? 도약전도는 무엇이며, 이 과정은 어떻게 하여 일어나는가?
4. 신경충격의 전도에 있어서 미엘린초의 역할은 무엇인가?
5. 시냅스전 뉴런의 말단혹에 신경충격이 도달한 후 시냅스후 세포에서 활동전위가 개시될 때까지의 단계를 설명하시오.
6. 특히 신경세포에서, 이온기울기의 형성과 이용에 있어서 이온 펌프와 통로의 역할을 비교하여 설명하시오.

실 험 경 로

아세틸콜린 수용체

프랑스 작은 마을의 약사 겸 포부 넘치는 극작가이던 30세의 클로드 베르나르(Claude Bernard)는 1843년에 파리로 이사하여 자신의 문학 경력을 추구하고자 하였다. 그러나 그는 작가가 되는 대신에 의과대학에 입학하여, 19세기의 최고 생리학자가 되는 길을 걸었다. 그의 관심사 중에는 신경이 골격근의 수축을 자극하는 기작도 있었다. 그는 열대식물에서 추출한 매우 독성이 높은 약물이며 여러 세기 동안 남미 원주민 사냥꾼들이 독화살을 만드는 데 사용해 온 큐라레(curare)를 사용하여 연구를 수행하였다. 베르나르는 큐라레가 근육으로 충격을 전달하는 신경의 능력과 직접 자극을 받은 근육이 수축되는 능력에는 영향을 주지 않으면서 골격근을 마비시키는 사실을 발견하였다. 베르나르는 큐라레가 어떤 방식으로든 신경과 근육 사이의 접촉 부위에 작용한다고 결론을 내렸다.

캠브리지대학교(Cambridge University)의 생리학자인 존 랭리(John Langley)는 베르나르의 결론을 확인하고 확장시켰다. 랭리는 식물에서 유래한 또 다른 물질인 니코틴(nicotine)이 분리해낸 개구리 골격근의 수축을 촉진하는 능력과 큐라레가 니코틴의 작용을 억제하는 효과에 대해 연구하고 있었다. 1906년, 랭리는 다음과 같은 결론을 내렸다. "신경충격은 전기방전에 의해 신경에서 근육으로 전달되는 것이 아니라, 신경 말단에서 분비하는 특수한 물질에 의해 전달된다."[1] 랭리는 이 "화학적 전달자"가 근육세포 표면에 있는 "수용 물질"과 결합하는데, 같은 곳에 니코틴과 큐라레가 결합한다고 주장하였다. 이러한 주장은 선견지명이 있는 제안이었다.

신경에서 근육으로 가는 자극이 화학물질에 의해 전달된다는 랭리의 주장은 1921년 오스트리아에서 태어난 생리학자인 오토 로위(Otto Loewi)가 수행한 천재적인 실험에 의해 입증되었다. 척추동물의 심장박동률은 2개의 상반되는(antagonistic) 신경 입력에 의해 조절된다. 로위는 두 신경 모두 완전한 상태로 개구리 심장을 분리하였다. 억제성 미주(迷走, vagus) 신경을 자극하였을 때 심장에서 화학물질이 염 용액으로 흘러나왔는데, 이것을 두 번째 분리된 심장이 담겨 있는 용액으로 흘려 넣었다. 두 번째 심장의 박동률은 자신의 억제성 신경이 활성을 갖고 있음에도 극적으로 느려졌다.[2] 로위는 개구리 심장을 억제하는 물질을 "Vagusstoff('미주신경 물질'이라는 뜻)"이라고 불렀다. 몇 년 후, 로위는 Vagusstoff의 화학적, 생리적 성질이 아세틸콜린과 동일함을 밝혀내었고, 아세틸콜린(ACh)이 미주신경을 구성하는 신경세포의 끝에서 방출되는 물질이라는 결론을 내렸다.

1937년 소르본느(Sorbonne)의 신경생리학자인 다비드 나흐만손(David Nachmansohn)은 파리 세계박람회에서 전시되어 있는 전기가오리의 한 종인 토르페도 마르마로타(*Torpedo marmarota*)를 관찰하였다. 이 가오리는 전기발생기관을 갖고 있어 먹잇감을 죽일 수 있는 강한 충격(40~60볼트)을 만들어낸다. 당시에 나흐만손은 운동신경 말단에서 분비된 ACh를 분해하는 효소인 아세틸콜린 에스터라아제(AChE)에 대해 연구하고 있었다. 나흐만손은 이들 물고기의 전기발생기관이 변형된 골격근 조직에서 유래하였음을 알게 되었고(그림 1), 박람회가 끝난 후 몇 마리를 연구용으로 사용할 수 있도록 요청하였다. 첫 번째 연구 결과는 전기발생기관에 AChE가 매우 풍부하다는 것이었다.[3] 또한 니코틴성 아세틸콜린 수용체(nAChR)*)도 매우 풍부

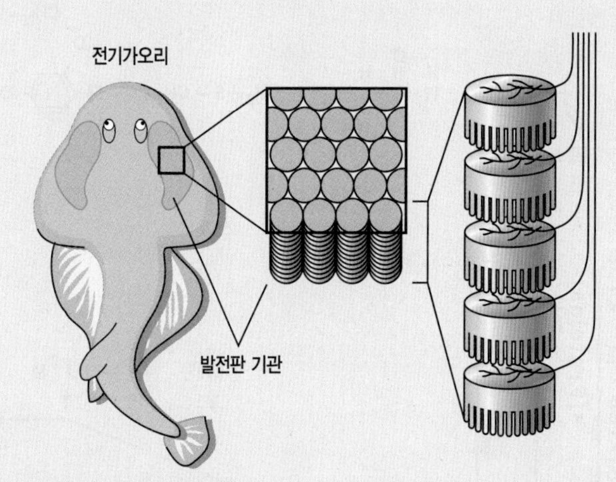

그림 1 토르페도속(*Torpedo*) 전기가오리의 전기발생기관. 몸의 양쪽에 있는 변형된 신경근 접합이 쌓여서 형성된다.

---

*) 이 수용체를 '니코틴성'이라고 묘사한 이유는 아세틸콜린은 물론 니코틴에 의해서도 활성화될 수 있기 때문이다. 이것은 부교감신경 시냅스의 무스카리닉 아세틸콜린 수용체와 비교된다. 이 수용체는 니코틴에 의해서는 활성화되지 않으며 무스카린(muscarine)에 의해 활성화되고, 큐라레에 의해서는 억제되지 않으며 아트로핀에 의해 억제된다. 흡연자의 신체는 높은 수준의 니코틴에 적응되어 금연하면 금단현상을 겪는데, 그 이유는 nAChR을 갖고 있는 시냅스후 뉴런이 평소 수준으로 자극되지 않기 때문이다. 금연보조제인 챈틱스(Chantix)는 뇌 nAChR의 가장 일반적인 형태($\alpha4\beta2$ 소단위를 가진 것)와 결합한다. 결합한 챈틱스 분자는 니코틴의 결합은 방해하면서 수용체를 부분적으로 자극한다.

하게 존재하는데, 이 수용체는 골격근 세포의 시냅스후 막에 있으며 운동뉴런 말단에서 방출되는 ACh과 결합한다. 세포의 구조나 기능의 특정한 면을 연구하는 데 있어서 이상적인 시스템을 찾아내는 것은 헤아릴 수 없을 만큼의 가치를 갖는다. 이 논의를 통해 명백해지겠지만, 가오리의 전기발생기관은 nAChR 연구를 위한 유일한 재료였다.

nAChR은 내재 막단백질이며, 이런 단백질을 분리하는 기술은 1970년대까지는 개발되지 않았다. 〈제18장〉에서 논의한 바와 같이, 특정 단백질을 순수분리하려면 특정 분획마다에 존재하는 단백질의 양을 결정하기 위한 적절한 분석물질이 필요하다. nAChR에 대한 이상적인 분석물질은 이 단백질에 선택적으로 단단하게 결합하는 화합물이다. 국립대만대학교(National Taiwan University)의 첸-유안 리(Chen-Yuan Lee) 연구팀이 1963년에 찾아낸 이 화합물은 대만뱀의 독액에 있는 물질인 α-붕가로톡신(α-bungarotoxin)이다. 이 물질은 골격근 세포의 시냅스후 막에 있는 nAChR에 단단하게 결합하여 마비시킴으로써 근육이 ACh에 반응하지 못하도록 한다.[4]

분석에 사용하기 위해 표지된 α-붕가로톡신, 전기발생기관, 막단백질 용해세제를 이용하여 많은 연구자들이 1970년대 초반에 ACh 수용체를 분리해낼 수 있었다. 그 가운데 한 연구[5]에서는 전기발생기관을 믹서에서 균질화한 후 원심분리하여 얻은 막 분획에서 nAChR을 갖고 있는 막을 분리하였다. 막 분획에 트리톤 X-100을 처리하여 막단백질을 추출하고, 이 혼합물을 끝 부분 구조가 ACh와 유사한 합성 화합물로 피복한 작은 구슬이 들어있는 관(管, column) 통과시켰다(그림 2*a*). 용해된 단백질 혼합물이 컬럼을 따라 내려갈 때 ACh 결합부위를 갖고 있는 두 단백질, nAChR과 AChE가 구슬에 달라붙는다. 추출물에 있는 나머지 90%의 단백질은 구슬과 결합하지 못하므로 빠져나간다(그림 2*b*). 이 컬럼에 10^{-3}M의 플락세딜(flaxedil) 용액을 통과시키면 nAChR만 선택적으로 구슬에서 제거되며, AChE는 결합한 채로 남아있게 된다. 이러한 방법을 이용하여 붕가로톡신 결합으로 측정한 ACh 수용체를 한 단계 만에 150배 이상 순수하게 분리해 내었다. 이러한 과정을 친화성 크로마토그라피(*affinity*

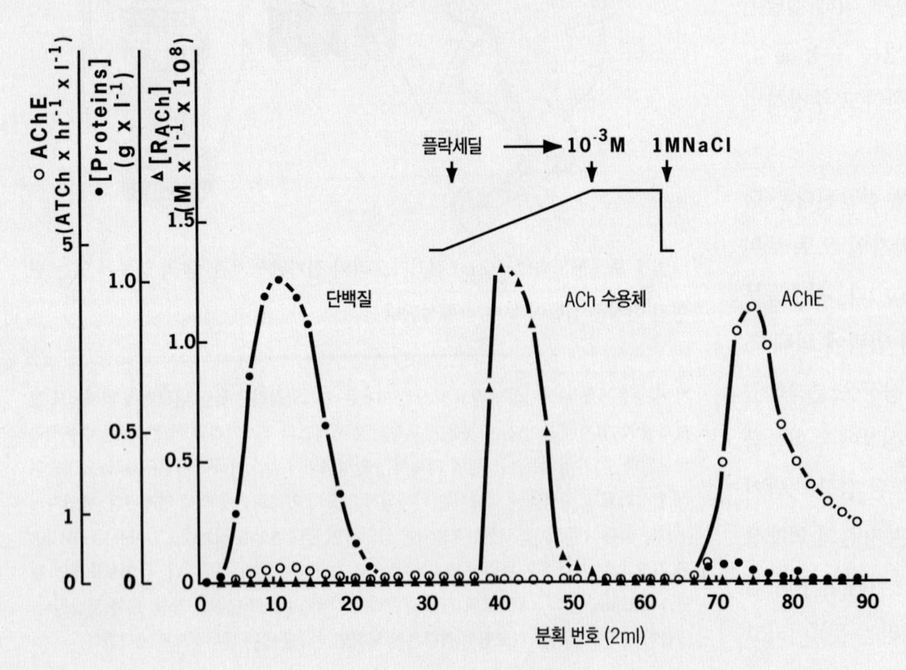

그림 2 니코틴성 아세틸콜린(nAChR)을 분리하는 과정. (*a*) 합성화합물 CT5263의 구조. 세파로스 구슬과 결합시켜 친화성 컬럼을 만드는데 사용한다. 구슬에서 돌출된 화합물의 말단은 아세틸콜린과 유사하여 아세틸콜린 에스터라제(AChE)와 니코틴성 아세틸콜린 수용체(nAChR)가 모두 구슬과 결합하도록 한다. (*b*) 트리톤 X-100 추출물이 컬럼을 통과할 때 아세틸콜린-결합 단백질은 모두 구슬과 결합하고, (추출물 중 전체 단백질의 약 90%에 이르는) 나머지 용해 단백질은 통과해 나간다. 이 컬럼에 10^{-3} M 플락세딜 용액을 통과시키면 결합된 AChE는 남고, 결합되었던 nAChR만 떨어져 나온다.

chromatography)라고 부르며, 일반적인 이용법은 〈18-7절〉에 소개하였다.

다음 단계는 ACh 수용체의 구조를 밝히는 것이다. 컬럼비아대학교(Columbia University)의 아더 칼린(Arthur Karlin) 연구진은 nAChR이 5개의 소단위로 구성된 5량체(pentamer)라는 사실을 밝혀내었다. 각 수용체는 α 소단위 2개를 가지며, 3개의 다른 소단위를 1개씩 갖는다. 소단위들은 트리톤 X-100으로 막단백질을 추출한 후 친화성 크로마토그라피로 nAChR을 순수분리하고, 폴리아크릴아미드 젤(〈18-7절〉에서 소개한 SDS-PAGE)에서 전기영동하여 크기에 따라 각 폴리펩티드를 분리함으로써 구별할 수 있다(그림 3).[6] nAChR의 서로 다른 소단위 4개는 서로 상동이며, 각 소단위는 4개의 상동성 막횡단 나선(M1~M4)을 갖고 있음이 밝혀졌다.

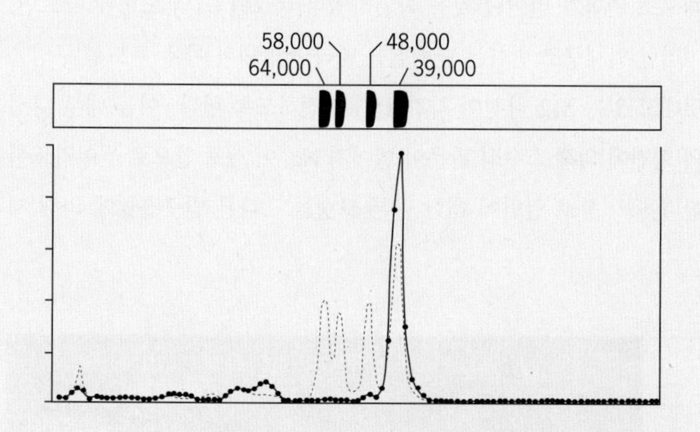

그림 3 그림의 윗부분은 순수분리한 nAChR을 전기영동한 SDS-폴리아크릴아미드 젤이다. 수용체를 구성하고 있는 4개의 서로 다른 소단위의 분자량을 표시하였다. 전기영동하기 전에 아세틸콜린과 유사한 방사성 화합물(^{3}H-MBTA)을 순수분리한 수용체와 배양하여 nAChR의 아세틸콜린 결합부위와 결합시켰다. 전기영동 후, 젤을 1mm 두께의 얇은 조각으로 저며 각각의 조각에서 방사능을 측정하였다. 모든 방사능이 3만 9,000달톤의 소단위에서 검출되어, 이 소단위에 ACh 결합부위가 있음을 알 수 있다. 점선은 각 분획의 흡광도로, 그 분획에 있는 단백질 총량을 나타낸다. 피크의 높이는 단백질을 이루는 각 소단위의 상대적 양을 나타낸다. 가장 작은 소단위(ACh 결합부위를 갖는 α 소단위)를 제외한 모든 소단위는 동일한 양으로 존재하며, α 소단위는 다른 소단위에 비해 2배 더 많다.

nAChR 연구의 또 다른 중요한 이정표는 순수분리한 수용체가 ACh의 결합부위는 물론 양이온의 통로로도 작용한다는 사실을 밝혀낸 것이다. 파리에 있는 파스퇴르연구소(Pasteur Institute)의 장-피에르 샹죄(Jean-Pierre Changeux)는 몇 년 전부터 ACh가 수용체와 결합하면 입체구조의 변형을 일으켜 단백질의 이온 통로가 열리게 된다고 주장해 왔다. 통로를 통해 Na^+이 유입되면 막의 탈분극을 유도하여 근육 세포를 활성화시킬 수 있다. 1970년대 후반에 샹죄 연구팀은 순수분리한 nAChR 분자를 인공 지질 소낭에 삽입하는 데 성공하였다.[7] 표지된 Na^+과 K^+을 다양한 농도로 포함하고 있는 소낭을 이용하여 이들은 지질2중층에 있는 수용체와 ACh가 결합하면 "막"을 통과하는 양이온의 흐름이 개시된다는 사실을 밝혀내었다. "순수한 단백질이 실제로 전기 신호의 화학적 전달에 필요한 구조적 요소—즉, ACh 결합부위, 이온 통로, 그리고 이들 활성의 짝지음 기작—모두를 포함하고 있음"이 명백해졌다.

지난 20여 년 동안 연구자들은 nAChR의 구조, 그리고 ACh의 결합이 이온 관문의 열림을 유도하는 기작을 밝히고자 노력하였다. 구조의 분석은 여러 다른 경로를 통해 이루어졌다. 하나의 예에서, 연구자들은 유전자를 분리하여 아미노산 서열을 조사하고 부위-지향적 돌연변이유발을 통해 막을 횡단하는 폴리펩티드 부위나 신경전달물질과 결합하는 부위, 또는 이온 통로를 형성하는 부위를 찾아내고자 하였다. 이러한 단백질 분자의 구조 분석에 대한 비-결정학 연구는 〈8-4절〉에 소개한 것과 그 원리가 유사하다.

또 다른 접근법은 전자현미경을 사용하는 것이다. 전기발생기관 막의 전자현미경 사진에서 nAChR의 대략적인 최초의 모습을 볼 수 있었다(그림 4).[8] 수용체는 직경 8nm, 중앙 통로 직경은 2nm인 고리처럼 보이며, 지질2중층에서 외부공간으로 돌출되어 있다. 영국의학연구협의회(Medical Research Council of England)의 나이젤 언윈(Nigel Unwin) 연구진은 nAChR의 더욱 자세한 모형을 개발하였다.[9-13] 전기발생기관의 막을 동결하여 얻은 전자현미경 사진을 수학적으로 분석하는 전자결정학(18-8절) 기술을 이용하여, 언윈은 자연상태의 지질 환경에 존재하는 온전한 nAChR 구조를 분석할 수 있었다. 그는 중앙 통로 주변에 5개의 소단위가 배열하고 있음을 밝혀냈다(그림 5). 이온 통로는 5개의 내부(M2) α 나선으로 이루어진 벽으로 감싸인 좁은 구멍으로 이루어지는데, M2 나선은 둘러싸고 있는 소단위 각각에서 하나씩 온 것이다. 구멍의 관문은 막 중간 가까이 놓여

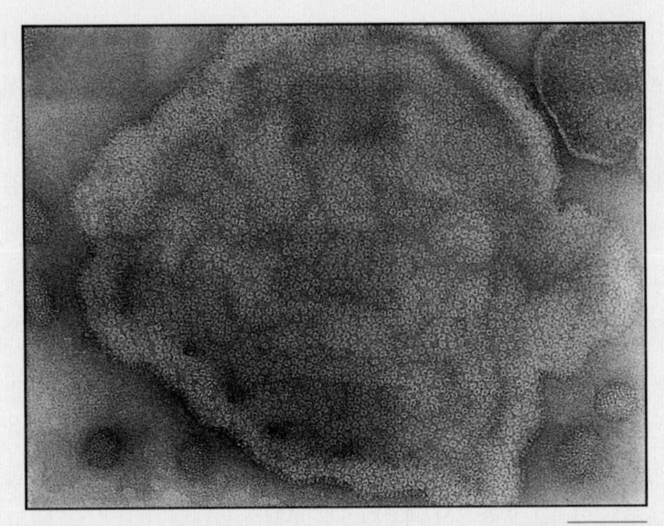

그림 4 전기가오리 전기발생기관의 수용체가 풍부한 막을 음성염색한 전자현미경 사진. nAChR 분자가 밀집하여 배열된 모습을 볼 수 있다. 각 수용체 분자는 중심에 아주 작은 검은 점이 있는 작은 하얀 원으로 보이는데, 검은 점들은 중앙 통로로서 짙게 염색되었다.

있는데, 그 곳에는 각각의 M2 α 나선이 안쪽으로 구부러져 있어서(그림 5*a*의 V-형태 막대들의 꼭대기 부위) 불활성화 수용체 안에서 비틀림을 형성한다. 류신 잔기의 곁사슬은 각 비틀림으로부터 안으로 돌출되어 있다. 이 모형에서 5개의 내부 나선에 있는 류신 잔기들은 치밀한 소수성 고리를 형성하여 이온이 막을 통과하지 못하도록 한다. 이 관문은 ACh 분자 2개가 α 소단위마다 하나씩 결합하면 열린다. ACh 각각은 α 소단위의 주머니 안에 있는 부위와 결합한다(그림 5*b*).

통로가 열리는 동안 나타나는 nAChR의 변화를 연구하기 위해 언윈은 다음 실험을 수행하였다.[11] nAChR이 풍부한 막을 준비하여 그리드(grid)에 올린 후 액체질소로 차갑게 식힌 에탄이 담긴 냉동조에 넣어 막을 동결시킨다. 냉동조 표면에 닿기 5msec 전, 그리드에 ACh 용액을 분무하여 수용체와 결합하여 통로가 열리도록 하는 입체구조 변화가 일어나도록 하였다. 언윈은 통로가 열린 상태와 닫힌 상태에서 nAChR의 전자현미경 사진을 비교하여, ACh가 결합되면 두 ACh 결합부위 가까이에 있는 수용체 소단위의 세포외영역에 작은 입체구조 변화가 일어난 것을 확인하였다. 〈그림 6〉의 모형에 따르면, 이러한 입체구조 변화는 단백질을 따라 전파되어 이온-전도성 구멍을 덧대고 있는 M2 나선이 약간(15°) 회전하도록 한다. 이들 내부 나선의 회전에 의해 소수성 관문이 벌어져 Na^+이 세포 안으로 들어가도록 한다.[12,13] 통로 열림에 대한 다른 모형들도 다른 연구진들에 의해 제

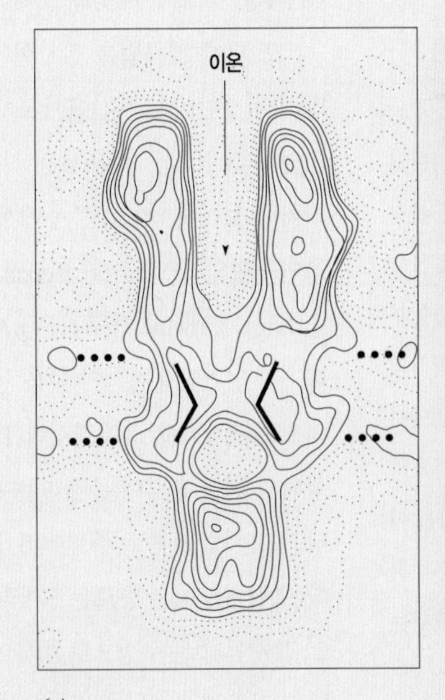

(*a*)

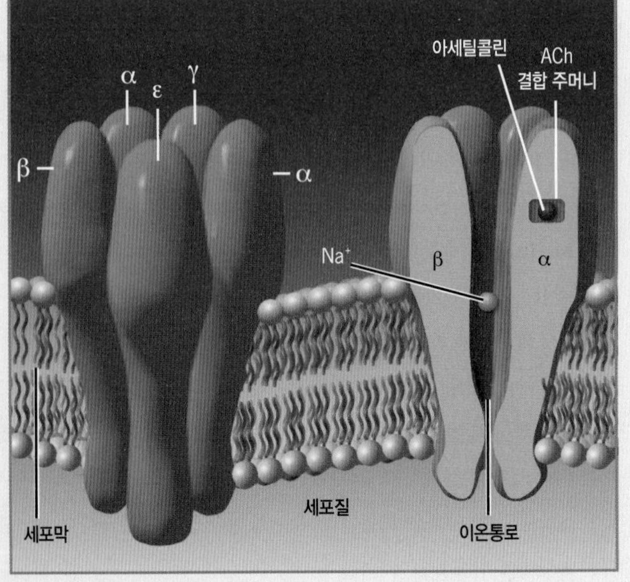

(*b*)

그림 5 (*a*) 얼음 속에 묻혀 있는 토르페도속(*Torpedo*) 전기가오리 막의 관상결정(管狀結晶)을 전자현미경으로 관찰하고 분석하여 얻은 nAChR을 통과하는 절편의 전자밀도 지도. 이러한 분석을 통해 하나의 nAChR 단백질을 막에 있는 온전한 모습대로 3차원으로 재구성할 수 있다. 등고선은 물보다 높은 밀도의 분포를 나타낸다. 2개의 짙은 막대 모양의 선은 가장 좁은 위치에서 통로를 덧대고 있는 α 나선이다. (*b*) nAChR의 모식도. 단백질의 횡단면과 소단위들의 배열을 볼 수 있다. 5개의 소단위는 각각 4개의 막횡단 나선(M1~M4)을 갖고 있다. 이들 가운데 오직 내부 나선(M2)만 구멍을 덧대고 있다. 나머지 논의의 주제는 M2에 대한 것이다.

안되어 있다. 통로의 관문이 작동하는 기작을 명확하게 밝히려면 열린 상태와 닫힌 상태의 단백질에 대한 고해상도 엑스-선 결정 구조가 필요할 것이다. 다양한 모형과 그 원리는 참고문헌14~16에서 확인할 수 있다.

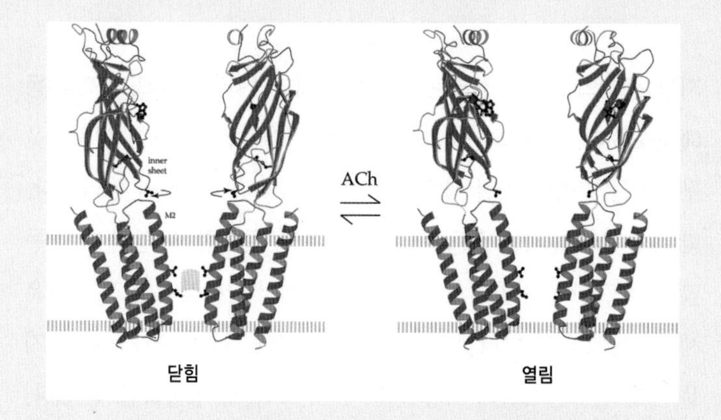

그림 6 아세틸콜린과 결합할 때 nAChR에서 나타나는 변화를 설명하는 리본 형식 모식도. 수용체의 α 소단위 두 개만 그림에 표시하였다. 닫힌 상태(왼쪽)에서는 소수성 잔기들(알파 나선에 있는 이들 잔기의 발린과 류신 곁사슬을 구멍이 죄어지는 부위에 작은 공-막대 모형으로 표시하였다.)의 고리가 가깝게 근접하여 구멍이 막힌다(분홍색 조각). 구멍의 가장 좁은 곳의 직경은 약 6Å이어서, 수화된 Na^+이 통과하기에 충분하지 않다. 탈수된 Na^+은 충분히 지날 수 있지만, 통로의 벽에는 (〈그림 8-39〉의 K^+ 통로의 선택성 여과에서 일어나는 것과 같은) 물 분자층을 대체하는 데 필요한 극성 기능기가 없다. 소단위의 세포질 쪽 영역에 있는 트립토판 곁사슬은 아세틸콜린이 결합하는 대략적인 위치를 나타낸다. 리간드가 (대개 β 병풍구조로 이루어진 것으로 보이는) 세포질 쪽 영역 각각과 결합하면 입체구조 변화가 일어나 세포질쪽 영역에 있는 내부 β 병풍구조가 조금 회전하게 된다(왼쪽 그림의 구부러진 화살표). 이에 따라 소단위의 내부 막횡단 나선이 회전하게 되어 구멍의 직경이 넓어지고, Na^+이 통로의 열린 상태를 통해 흐르게 된다(오른쪽). 관련되어 있는 이동부위는 파란색으로 표시하였다.

참고문헌

1. Langley, J. N. 1906. On nerve endings and on special excitable substances in cells. *Proc. R. Soc. London B Biol. Sci.* 78:170–194.
2. Loewi, O. 1921. Uber humorale ubertragbarkeit der herznervenwirkung. *Pfluger's Arch.* 214:239–242. (A review of Loewi's work written by him in English can be found in *Harvey Lect.* 28:218–233, 1933.)
3. Marnay, A. 1937. Cholinesterase dans l'organe électrique de la torpille. *Compte Rend.* 126:573–574. (A review of Nachmansohn's work written in English can be found in his book, *Chemical and Molecular Basis of Nerve Action*, 2nd ed., Academic Press, 1975.)
4. Chang, C. C. & Lee, C.-Y. 1963. Isolation of the neurotoxins from the venom of *Bungarus multicinctus* and their modes of neuromuscular blocking action. *Arch. Int. Pharmacodyn. Ther.* 144:241–257.
5. Olsen, R. W., Meunier, J. C., & Changeux, J. P. 1972. Progress in the purification of the cholinergic receptor protein from *Electrophorus electricus* by affinity chromatography. *FEBS Lett.* 28:96–100.
6. Weill, C. L., McNamee, M. G., & Karlin, A. 1974. Affinity-labeling of purified acetylcholine receptor from *Torpedo californica*. *Biochem. Biophys. Res. Commun.* 61:997–1003.
7. Popot, J. L., Cartaud, J., & Changeux, J.-P. 1981. Reconstitution of a functional acetylcholine receptor. *Eur. J. Biochem.* 118:203–214.
8. Schiebler, W. & Hucho, F. 1978. Membranes rich in acetylcholine receptor: Characterization and reconstitution to excitable membranes from exogenous lipids. *Eur. J. Biochem.* 85:55–63.
9. Brisson, A. & Unwin, N. 1984. Tubular crystals of acetylcholine receptor. *J. Cell Biol.* 99:1202–1211.
10. Unwin, N. 1993. Acetylcholine receptor at 9 Å resolution. *J. Mol. Biol.* 229:1101–1124.
11. Unwin, N. 1995. Acetylcholine receptor channel imaged in the open state. *Nature* 373:37–43.
12. Miyazawa, A., Fujiyoshi, Y. & Unwin, N. 2003. Structure and gating mechanism of the acetylcholine receptor pore. *Nature* 423:949–955.
13. Unwin, N. 2005. Refined structure of the nicotinic acetylcholine receptor at 4.0 Å resolution. *J. Mol. Biol.* 346:967–989.
14. Corry, B. 2006. An energy-efficient gating mechanism in the acetylcholine receptor channel suggested by molecular and brownian dynamics. *Biophys. J.* 90:799–810.
15. Cymes, G. D. & Grosman, C. 2008. Pore-opening mechanism of the nicotinic acetylcholine receptor evinced by proton transfer. *Nature Struct. Mol. Biol.* 15:389–396.
16. Changeux, J.-P. & Taly, A. 2008. Nicotinic receptors, allosteric proteins and medicine. *Trends. Mol. Med.* 14:93–102.

요약

원형질막은 매우 얇고 약한 구조를 갖고 있지만, 세포의 매우 중요한 기능 대부분에서 중심 역할을 수행한다. 원형질막은 살아있는 세포와 주변 환경을 분리시킨다. 선택성 장벽 역할을 하여 특정 물질을 교환할 수 있도록 하며, 그 밖의 물질은 통과시키지 않는다. 원형질막에는 막의 한쪽에서 다른 쪽으로 물질을 물리적으로 수송하는 기구를 갖고 있으며, 세포 외부 공간에 있는 특수한 리간드와 결합하는 수용체를 갖고 있어서 세포 내부 분획으로 정보를 전달한다. 원형질막은 다른 세포와 상호작용하도록 중재한다. 원형질막은 구성요소가 배열할 수 있는 틀을 제공하며, 에너지가 서로 전환되는 장소이다.

막은 구성성분들이 비공유결합을 이루어 얇은 층에 함께 모여 있는 지질과 단백질의 조립체이다. 막은 극성 머리부위는 바깥쪽으로, 소수성 지방산 아실 꼬리는 안쪽으로 향해 있는 양친매성 지질의 2-분자층으로 이루어진 지질2중층에 의해 서로 연결된 응집력이 있는 얇은 판이다. 지질로는 포스파티딜콜린 등의 포스포글리세리드, 인지질인 스핑고미엘린과 탄수화물-함유 세레브로시드와 강글리오시드(당지질) 등의 스핑고신-기반 지질, 콜레스테롤이 포함된다. 막의 단백질은 다음과 같이 세 종류로 나눌 수 있다. 지질2중층을 뚫고 들어가 있거나 관통하여 세포질쪽과 세포 외부쪽 모두에 돌출되어 있는 내재단백질, 지질2중층의 바깥에 있지만 지질2중층의 극성 머리부위 또는 내재단백질 표면과 비공유결합으로 연결되어 있는 표재단백질, 지질2중층 외부에 있으며 2중층을 이루는 지질과 공유결합으로 연결되어 있는 지질-고착 단백질이다. 내재단백질의 막횡단 부위는 대개 소수성 잔기로 구성된 α나선을 이룬다.

막은 비대칭 구조여서 막을 이루는 두 층은 매우 다른 성질을 갖는다. 예를 들면, 막의 탄수화물 사슬은 모두 세포질에서 멀어지는 쪽으로 향한다. 많은 내재단백질은 외부 표면에 세포 외부 리간드와 상호작용하는 부위를 갖고 있으며, 내부 표면에는 표재단백질과 상호작용하여 막 내부 골격을 형성하는 부위를 갖고 있다. 2중층의 두 층에 있는 인지질 성분도 비대칭성이 매우 높다. 막에 있는 단백질의 조성은 동결-파단 복사물에서 가장 잘 드러난다. 세포를 동결시켜 파단면으로 2중층의 중앙부위를 쪼갠 후 노출된 안쪽 표면에 금속 복사물을 형성하여 관찰한다.

지질2중층의 물리적 상태는 인지질과 내재단백질 모두의 횡적 이동에 중요하다. 2중층의 점성과 상전이가 일어나는 온도는 인지질을 구성하는 지방산 아실 사슬의 불포화도와 길이에 따라 달라진다. 막 유동성의 유지는 신호전달, 세포 분열, 특수한 막 영역 형성 등 많은 세포 활동에 있어서 중요하다. 막에서 단백질의 횡적 확산은 세포융합에 의해 밝혀졌으며, 형광물질이나 전자밀도가 높은 표지를 이용하여 단백질의 이동을 추적하는 기술로 정량화할 수 있다. 내재단백질의 확산계수를 측정하면 대부분 이동을 억제하는 제한성 영향을 받는다는 것을 알 수 있다. 단백질은 다른 내재단백질이나 막 표면의 표재단백질과 결합함으로써 제한될 수 있다. 이러한 다양한 형태의 제한으로 인해 막은 특정한 막 영역이 서로 다르게 분화될 수 있는 구조적 안정성을 이루게 된다.

적혈구 원형질막은 밴드 3과 글리코포린 A라는 2개의 주요 내재단백질을 갖고 있으며, 표재단백질로 구성된 잘 조성된 내부 골격을 갖고 있다. 각각의 밴드 3 소단위는 막을 최소한 10여 차례 횡단하며 중탄산염과 염소 음이온을 교환하는 내부 통로를 갖고 있다. 글리코포린 A는 당화 정도가 높으며 기능이 분명하지 않은 단백질로, 소수성 α나선으로 이루어진 하나의 막횡단 영역을 갖고 있다. 막골격의 주요 성분은 섬유성 단백질인 스펙트린인데, 다른 표재단백질과 상호작용하여 막을 지지하고 내재단백질의 확산을 제한한다.

원형질막은 선택성 장벽이어서 지질2중층이나 막 통로를 통한 단순 확산, 촉진확산, 능동수송 등의 몇 가지 기작에 의해 용질이 이동할 수 있다. 확산은 용질이 전기화학기울기를 따라 이동하여 기울기에 저장되어 있는 자유에너지를 사라지게 하는, 에너지와 무관한 과정이다. O_2, CO_2, H_2O 등의 작은 무기 용질은 분배계수가 높은(지질 용해도가 높은) 용질과 마찬가지로 지질2중층을 쉽게 투과한다. 이온, 그리고 당과 아미노산 등의 극성 유기 용질이 세포 안팎으로 드나들려면 특별한 수송체가 필요하다.

물은 삼투현상에 의해 반투과성인 원형질막을 통과해 용질 농도가 낮은 곳(저장성 분획)에서 용질 농도가 높은 곳(고장성 분획)으로 이동한다. 삼투현상은 많은 생리적 활성에서 중심 역할을 한다. 예를 들면, 식물에서는 물이 유입되면 세포벽에 대한 팽압이 만들어져 비-목질 조직을 지탱하게 된다.

이온은 특수한 단백질로 덧댄 통로를 통해 원형질막을 확산하는데, 이 통로는 때로 특정 이온에 대해 특수하게 작용한다. 이온 통로에는 대개 관문이 있어 전압 또는 신경전달물질 등의 화학적 리간드에 의해 조절된다. 세균의 이온 통로(KcsA)를 분석하면, 폴리펩티드 골격에서 나온 산소원자가 어떻게 K^+과 정상적으로 결합하고 있는 물 분자를 대체하여 단백질이 중앙의 통로를 통해 K^+을 선택적으로 통과시키도록 하는지 알 수 있다. 전압-관문 K^+ 통로는 관문을 열리거나 닫히게 하는 막 전압에 대응하여 이동하는 전하를 띤 나선형 단편을 갖고 있다.

수송되는 용질과 특수하게 결합하는 내재 막단백질이 촉진확산과 능동수송에 관여한다. 촉진수송체는 에너지를 사용하지 않으면서 농도기울기에 따라 막을 양방향으로 가로질러 용질을 이동시킨다. 이 수송체는 입체구조를 변화시킴으로써 용질 결합부위를 막의 양쪽 면에 번갈아 노출시키는 것으로 추정된다. 포도당 수송체는 촉진수송체의 하나로, 인슐린 농도가 높아지면 원형질막에 많이 존재하게 된다. 능동수송 수송체는 에너지를 필요로 하며 이온과 용질을 농도기울기를 거슬러 운반한다. Na^+/K^+-ATP 가수분해효소 등의 P-형 능동수송 수송체는 ATP의 인산기를 수송체에 전이시켜 수송되는 이온에 대한 친화력을 변화시켜 구동력을 얻는다. 2차 능동수송은 이온기울기에 저장된 에너지를 이용하여 두 번째 용질을 농도기울기를 거슬러 운반한다. 예를 들면, 장 상피의 정단 표면을 가로지르는 포도당의 능동수송은 Na^+이 자신의 전기화학적기울기를 따라 동시수송되는 힘에 의해 일어난다.

원형질막의 휴지전위는 대부분 막의 K^+에 대한 제한된 투과성에 의해 이루어지며, 극적인 변화가 나타난다. 전형적인 신경세포나 근육세포의 휴지전위는 약 −70mV(내부가 음성)이다. 흥분성 세포의 막이 탈분극되어 역치 값을 넘어서면 Na^+ 관문 통로가 열려 Na^+이 유입되는데, 이로 인해 막 전압이 역전된다. Na^+ 관문은 열린 후 수 msec 이내에 닫히고 K^+ 관문 통로가 열려, 그 결과 K^+이 유출되어 휴지전위로 회복된다. 탈분극에 따른 일련의 극적인 막전위 변화가 활동전위로 나타난다.

활동전위는 일단 개시되면 스스로 전파된다. 막의 한 부위에서 활동전위에 수반하는 탈분극이 인접한 막을 탈분극시켜 그 위치에서 활동전위를 일으키기에 충분하기 때문에 활동전위가 전파된다. 유수축삭에서는 수초의 한 결절에 있는 활동전위가 다음 결절에 있는 막을 탈분극시킬 수 있어서 활동전위가 결절과 결절 사이에서 빠르게 뛰어넘을 수 있다. 활동전위가 축삭의 말단혹에 도달하면 원형질막의 Ca^{2+} 관문이 열려서 Ca^{2+}이 유입되며, 이로 인해 신경전달물질이 담겨있는 분비소낭의 막과 겹쳐지는 원형질막의 융합이 일어나게 된다. 신경전달물질은 시냅스틈으로 확산되어 시냅스후 막의 수용체와 결합하며, 표적세포에서 탈분극 또는 과분극을 일으킨다.

분석 문제

1. 적혈구의 원형질막에는 없지만 상피세포의 원형질막에는 있을 것이라고 예상되는 내재단백질은 어떤 종류일까? 이러한 차이는 이들 세포의 활성과 어떤 연관성을 갖고 있을까?
2. 많은 종류의 세포들은 지질-용해성 분자인 스테로이드 호르몬과 결합하는 수용체를 갖고 있다. 이러한 수용체는 세포의 어느 곳에 있을까? 인슐린 수용체는 세포의 어느 곳에 있을까? 그 이유는?
3. 세 층으로 보이는 원형질막이 최초로 보고되었을 때, 그 현미경 사진(예: 그림 8-1*a*)은 데이브슨-다니엘리의 원형질막 구조 모델을 지지하는 증거로 받아들여졌다. 이들 현미경 사진

이 이런 식으로 해석될 수 있었던 까닭은 무엇이라고 생각하는가?

4. 당신이 리포솜을 이용하여 약물을 신체의 특정 부위, 예를 들면 지방세포나 근육세포로 전달하려고 한다고 가정하자. 표적 특이성을 높이려면 리포솜을 어떻게 만들어야 할까?

5. 녹말이나 글리코겐 등의 다당류와는 달리 원형질막의 표면에 있는 올리고당은 어떻게 하여 특별한 상호작용에 참여할 수 있는 것일까? 어떻게 하여 수혈받기 전에 사람의 혈액형을 검사하는 것으로 이 특성을 설명할 수 있을까?

6. 트립신은 막단백질의 친수성 부위를 소화하는 효소이지만, 지질2중층을 뚫고 세포 안으로 들어갈 수 없다. 이런 성질로 인하여 트립신은 SDS-PAGE와 함께 어떤 단백질이 세포외영역을 갖고 있는지 확인하는데 이용된다. 트립신을 이용하여 적혈구 막에 있는 단백질이 어느 쪽에 있는지 판단할 수 있는 실험을 설명하시오.

7. 〈그림 8-32*a*〉에 있는 적혈구의 주사전자현미경 사진을 보면, 이들 세포는 납작하고 양면이 오목한 형태를 갖고 있다. O_2 흡수의 관점에서 양면이 오목한 형태가 공처럼 둥근 형태보다 생리학적으로 유리한 이유는 무엇일까?

8. 어떤 세균 개체군을 15℃에서 배양하다가 37℃로 배양온도를 높였다고 가정하자. 이러한 변화가 막의 지방산 조성, 지질2중층의 전이온도, 막에 있는 불포화효소(不飽和酵素, desaturase)의 활성에 각각 어떠한 영향을 주었을까?

9. 〈그림 8-6〉에서 공중제비 돌기(flip-flop) 속도가 가장 빠른 지질과 가장 느린 지질은 각각 어떤 것이라고 추정할 수 있을까? 실험에서 포스파티딜콜린이 실제로 가장 빠른 공중제비 돌기 속도를 보였다면, 이 결과를 어떻게 설명할 수 있을까? 내재단백질과 비교할 때 인지질의 공중제비 돌기 속도는 어떠할까? 그 이유는?

10. 막단백질의 2차원 모식도와 3차원 모식도의 차이는 무엇일까? 서로 다른 프로필은 어떻게 얻어진 것이며, 어느 것이 더 유용할까? 3차원 구조가 알려진 단백질보다 2차원 구조가 알려진 단백질이 더 많은 이유는 무엇일까?

11. 바닷물로 배양하는 오징어 거대축삭에 아주 적은 양의 0.1M NaCl과 0.1M KCl를 포함하는 용액을 주사하려 한다. 이 용액의 Na^+과 K^+은 방사능으로 표지한 것이다. 뉴런이 휴지상태를 유지하는 상태에서 방사능으로 표지된 이온 가운데 어느 것이 축삭에서 배양액으로 더 빠르게 빠져나오게 될까? 뉴런이 다수의 활성전위를 일으키도록 자극을 준 후에는 어떻게 될까?

12. 물의 통로(즉, 아쿠아포린)가 있는 단백질은 물이 지질2중층을 빠르게 확산하기 때문에 분리하기가 어려웠다. 어째서 이러한 성질로 인해 아쿠아포린 분리가 어렵게 될까? 지질2중층을 통한 물의 확산과 아쿠아포린을 통한 물의 확산을 구별할 수 있는 방법이 있을까? 아쿠아포린의 행동을 연구하는 가장 좋은 방법은 아쿠아포린 유전자를 개구리 난자에서 발현시키는 것이다. 연못에서 생활하는 양서류의 난자가 이러한 연구에 특히 적합한 이유는 무엇일까?

13. 막에 있는 지질의 확산계수가 동일한 막에 있는 단백질의 확산계수에 비해 자유로운 확산일 때 예상되는 확산계수와 더 가까운 값을 갖는 까닭은 무엇일까?

14. 한 세포의 원형질막이 갑자기 Na^+과 K^+을 동등하게 투과시켜 두 이온이 같은 크기의 농도기울기를 나타내게 되었다고 가정하자. 이 때 두 이온이 막을 통과하는 속도는 같을까, 다를까? 그 이유는?

15. 대부분의 해양 무척추동물은 삼투현상에 의해 물을 잃거나 얻지 않지만, 해양 척추동물은 대부분 염분도가 높은 환경에서 끊임없이 물 손실을 겪고 있다. 이러한 차이를 보이는 배경은 무엇이며, 이러한 차이가 어떻게 하여 이들 두 동물군이 서로 다른 진화경로를 걸었음을 반영할 수 있는지 추론하시오.

16. 식물세포의 경우 세포 외부 액체와 비교하여 세포 내부의 용질 농도가 어떠하리라고 추정할 수 있을까? 동물세포의 경우에도 동일할까?

17. 활동전위가 일어나는 동안에 닫힌 Na^+ 통로가 즉시 다시 열린다면, 신경충격 전도에 어떠한 결과가 나타나게 될까?

18. K^+의 외부 농도가 200mM이고 내부 농도가 10mM이라면, 25℃에서 K^+ 평형전위 값은 얼마일까? 37℃에서는 얼마일까?

19. Na^+/포도당 동시수송체는 포도당 1분자마다 Na^+ 2개를 수송한다. 이 비율이 2:1이 아니라 1:1이라면, 수송체가 일을 할 수 있는 포도당 농도는 어떤 영향을 받게 될까?

20. 막횡단 단백질은 대개 다음과 같은 성질을 갖고 있다. (1) 막의 2중층을 횡단하는 부위는 거의 비극성 잔기로 이루어진 아미노산을 최소한 20개 갖는다. (2) 단백질을 외부 표면에 고정하는 부위는 2개 이상의 연속된 산성 잔기를 갖는다. (3) 단백질을 세포질쪽 표면에 고정하는 부위는 2개 이상의 연속된 염기성 잔기를 갖는다. 다음과 같은 염기서열을 갖고 있는 막횡단 단백질에 대해 생각해보자.

NH_2-MLSTGVKRKGAVLLILLFPWMVAGGPLFWLAADESTYKGS-COOH

이 단백질이 원형질막에 존재하는 형태대로 그림을 그리시오. 이 때 N-말단과 C-말단, 막의 외부와 세포질 쪽 면을 반드시 표시하시오. (단일문자 표기법—아미노산을 문자 1개로 표시하는 방법—은 〈그림 2-26〉을 참고하시오.)

21. 오징어 등의 많은 해양 무척추동물은 바닷물과 유사한 세포외액을 가지며, 따라서 포유동물에 비해 세포 내 이온 농도가 훨씬 높다. 오징어 뉴런의 이온 농도는 대략 다음과 같다.

이온	세포 내 농도	세포외 농도
K^+	350mM	10mM
Na^+	40mM	440mM
Cl^-	100mM	560mM
Ca^{2+}	2×10^{-4}mM	10mM
pH	7.6	8.0

원형질막의 휴지전위(V_m)가 −70mV인 경우, 평형 조건에 놓이는 이온은 무엇일까? 각각의 이온은 평형에서 (mV 단위로) 얼마나 떨어져 있을까? 이온이 각각 투과할 수 있는 통로가 열렸을 때, 이들 각각의 순 이동 방향은 어느 쪽이 될까?

22. 어떤 세포의 막전위는 다양한 이온의 막에 대한 상대적인 투과도에 의해 결정된다. 아세틸콜린이 시냅스후 근육 막에 있는 수용체와 결합하면 Na^+과 K^+에 동등한 투과도를 보이는 통로가 대량으로 열리게 된다. 이러한 조건에서 휴지전위는 다음과 같이 계산한다.

$$V_m = (V_{K^+} + V_{Na^+})/2$$

만일 근육세포의 $[K^+_{in}]$ = 140mM, $[Na^+_{in}]$ = 10mM이고 $[Na^+_{out}]$ = 150mM, $[K^+_{out}]$ = 5mM이라면, 아세틸콜린에 의해 자극된 근육의 신경근육 연접부에서 막전위는 얼마일까?

23. 개개의 α나선들이나 하나의 β병풍구조로 이루어진 막횡단 영역은 원통을 형성한다. 〈그림 2-30〉과 〈그림 2-31〉을 참조하여 단일 α나선이 단일 β병풍구조보다 2중층을 횡단하는데 더 적합한 이유를 설명하시오.

24. K^+ 통로가 K^+을 선별하는 방법을 근거로 하여, Na^+ 통로가 Na^+을 선별할 수 있는 기작을 제안하시오.

25. 통로를 통한 이온의 이동속도와 P-형 펌프에 의한 이온의 능동수송 속도를 어떻게 비교할 수 있을까? 그 이유는 무엇인가?

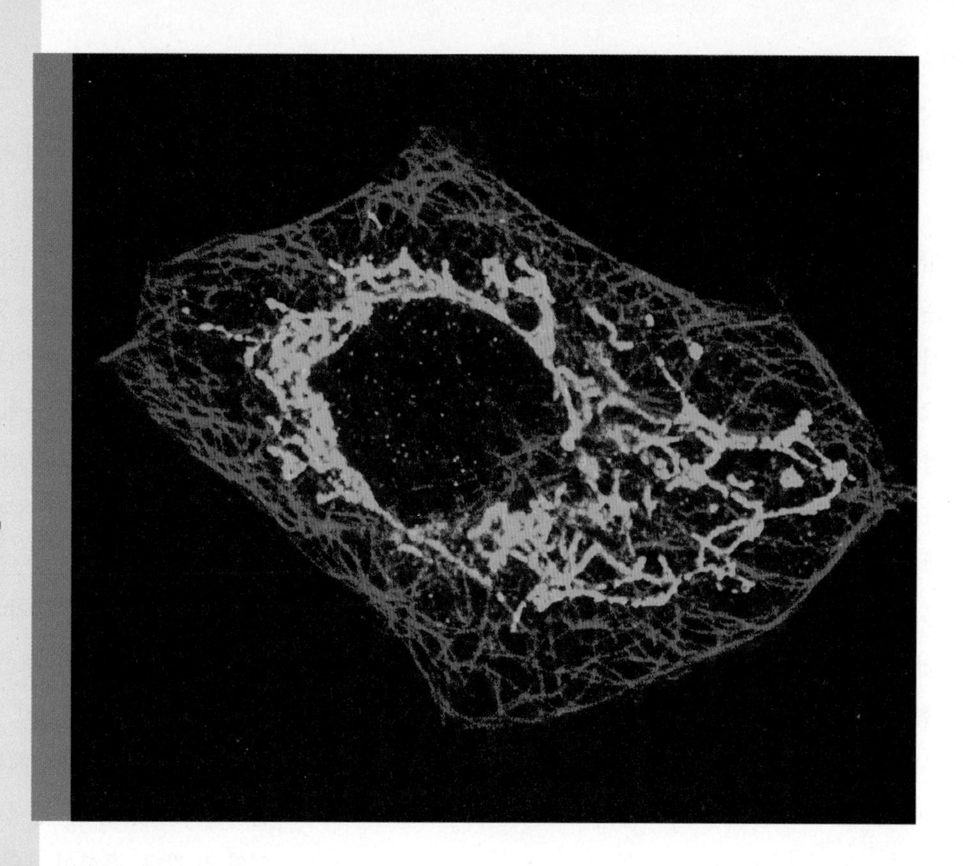

제 9 장

미토콘드리아의 구조와 기능

20억년 동안 또는 생명체가 지구상에 존재했던 동안, 대기는 주로 수소(H_2), 암모니아(NH_3), 그리고 물(H_2O)과 같은, 환원된 분자들로 구성되었다. 이 기간 동안 지구에는 해당작용(解糖作用, glycolysis)과 발효(醱酵)와 같은 산소-비의존(혐기성의) 대사에 의해 에너지를 얻고 사용하는 **혐기성**(嫌氣性) **생물**(anaerobe)들이 살았다. 그 후 24억 년과 27억 년 전 사이에, 남세균(cyanobacateria)이 출현하였다. 광합성(光合成)이라는 새로운 방식의 기능을 수행하는 이 새로운 생명체는 물 분자를 분해하여 산소(O_2) 분자를 방출하였다. 남세균이 출현한 후 어느 시점에서, 지구의 대기는 상당한 수준의 산소를 축적하기 시작했으며, 이로써 이 행성에 살게 될 생물 유형들이 극적으로 변화하기 위한 발판이 마련되었다.

산소 분자는 가외의 전자들을 받아들이며 생명체를 구성하는 다양한 분자들과 반응하는 매우 유독한 물질일 수 있다. 대기 중에 존재하는 산소는 자연선택을 위한 강력한 물질이었음에 틀림없다. 세월이 흐르면서, 산소 분자의 해로움으로부터 보호되었을 뿐만 아니라, 산소를 매우 유용하게 사용하는 대사 경로도 갖춘 종들이 진화하였다. 산소를 사용할 수 없는 생물들은, 젖산과 에탄올과 같이 많은 에너지를 방출하는 그들의 음식물에서 제한된 양의 에

형광 항체로 고정 염색된 포유동물 섬유모세포의 현미경 사진은 미토콘드리아(초록색)와 세포골격을 구성하는 미세관들(빨간색)의 분포를 보여준다. 미토콘드리아는 세포에 널리 퍼져 있는 것으로 보인다.

너지 만을 추출할 수 있었으며 그 이상 물질대사에 이용할 수 없었다.

이와는 대조적으로, 물질대사에 산소(O_2)를 끌어들이는 생명체들은 그러한 화합물들을 이산화탄소(CO_2)와 물(H_2O)로 완전히 산화시킬 수 있었으며, 그 과정에서, 훨씬 많은 에너지를 추출할 수 있었다. 산소에 의존하게 된 이 생명체들은 지구상에서 최초의 **호기성 생물**(好氣性 生物, aerobe)들 이었으며, 결국 이들로부터 오늘날 생존하고 있는 모든 산소-의존 원핵생물들(prokaryotes)과 진핵생물들(eukaryotes)이 생겼다. 진핵생물들에서, 에너지를 얻는 수단으로서 산소를 이용하는 것은 특수한 소기관인 **미토콘드리아**(mitochondria)에서 일어난다. 수많은 자료에 의하면, 미토콘드리아가 혐기성 숙주 세포의 세포질 속에서 살았던 호기성 세균 조상으로부터 진화되었음을 보여준다. ■

9-1 미토콘드리아의 구조와 기능

미토콘드리아는 광학현미경으로 볼 수 있을 정도로 충분히 크며(그림 9-1*a*), 세포 속에 이 소기관이 있었다는 것은 수백 년 이상 전부터 알려졌다. 세포의 유형에 따라서, 미토콘드리아의 구조는 매우 다를 수 있다. 그 중의 하나로서, 미토콘드리아가 소시지 모양으로 보일 수도 있으며(그림 9-1*b*), 그 길이는 1~4μm정도이다. 또 다른 경우는, 미토콘드리아가 고도로 분지되어 관(管)들이 서로 연결된 그물처럼 보일 수도 있다. 이런 유형의 미토콘드리아 구조는 이 장을 시작하는 첫 페이지의 현미경 사진에서 볼 수 있다. 살아있는 세포 속에서 형광물질로 표지된 미토콘드리아를 관찰해 보면, 이들의 모양이 극적으로 변화될 수 있는 동적인 소기관임을 보여준다. 가장 중요한 점은, 미토콘드리아가 서로 융합할 수 있으며, 또는 두 개로 분열할 수 있다는 것이다(그림 9-2).

이와 같은 미토콘드리아의 융합과 분열에 관한 이해는 최근에 들어서 향상되었다. 미토콘드리아를 연구하기 위한 시험관 내에서의 분석 기술이 발달하고, 미토콘드리아의 융합과 분열에 필요한 단백질들이 확인되었기 때문이다. 융합과 분열 사이의 균형은 미토콘드리아의 숫자, 길이, 서로 연결되는 정도 등을 결정하는 주요 요인인 것 같다. 융합이 분열보다 더 자주 일어나게 될 때, 미토콘드리아는 더 길어지고 서로 연결되는 경향이 있는 반면, 분열이 빈번하면 더 많은 그리고 뚜렷한 미토콘드리아를 형성하게 된다. 많은 신경학적 유전 질병은 미토콘드리아의 융합 장치를 구성하는 요소들을 암호화하는 유전자들의 돌연변이에 의해 생긴다.

포유동물의 간세포 하나에서 미토콘드리아의 부피는 평균

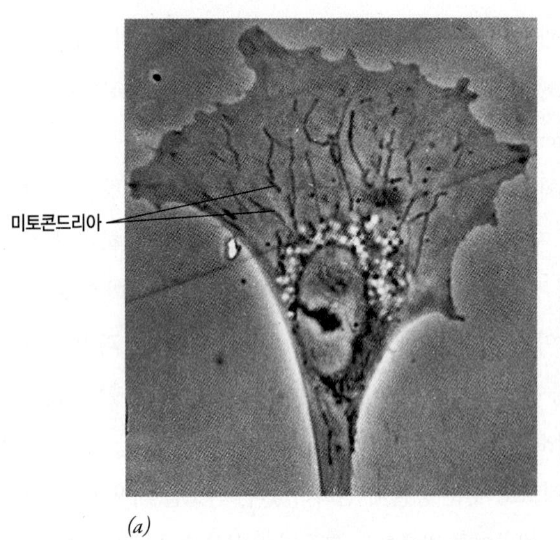

(*a*)

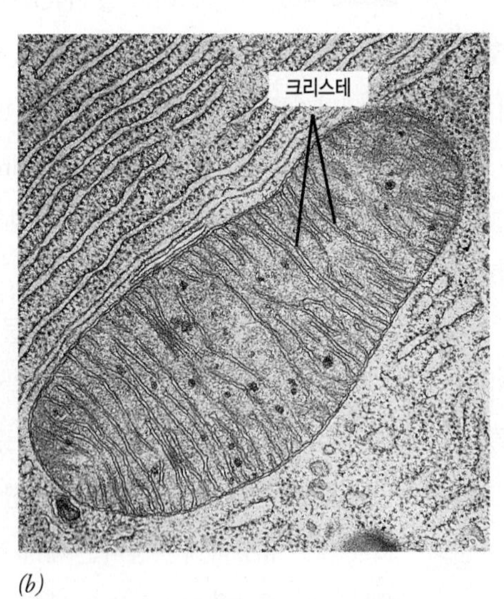

(*b*)

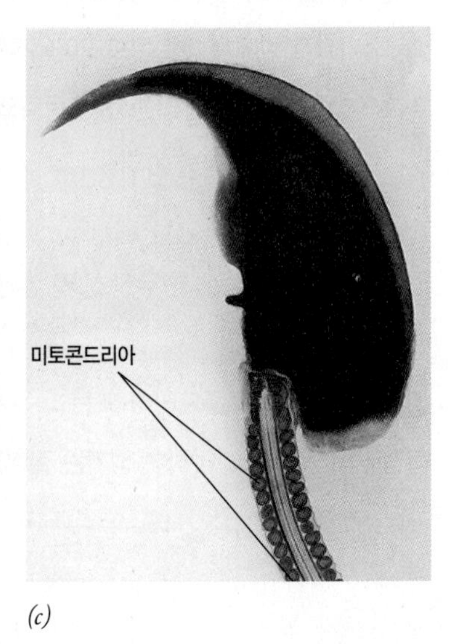

(*c*)

그림 9-1 미토콘드리아. (*a*) 위상차현미경으로 본 살아있는 섬유모세포. 미토콘드리아는 길고 짙은 구조로 보인다. (*b*) 얇게 자른 절편에서 투과전자현미경으로 관찰된 하나의 미토콘드리온은 이 소기관의 내부 구조, 특히 내막의 크리스테(cristae) 구조를 잘 보여준다. (*c*) 편모의 기부 근처에 있는 정자의 가운데 부분(midpiece)에서 볼 수 있는 미토콘드리아.

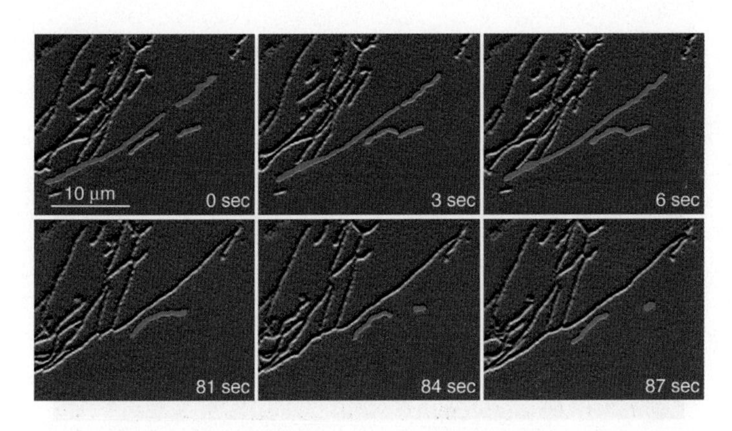

그림 9-2 미토콘드리아의 융합과 분열. 이 소기관들의 동적인 성질이 이 영상에 잡혔다. 이 영상은 생쥐 섬유모세포의 일부로서, 이 세포의 미토콘드리아는 형광 단백질로 표지(標識)되었다. 위에 있는 3장의 사진에서, 2쌍의 미토콘드리아(인위적으로 색을 칠했음)는 끝과 끝이 맞닿아 있으며 곧 융합한다. 아래에 있는 3장의 사진에서, 아래쪽의 미토콘드리아는 융합했다가 분열하여 서로 떨어져 이동한다.

15~20%를 차지하며, 이 미토콘드리아는 수천 가지 이상의 단백질을 갖고 있다. 이 소기관은 세포에서 대부분의 에너지-요구 활동에 사용될 ATP를 생산하는 역할을 하는 것으로서 가장 잘 알려져 있다. 이 기능을 수행하기 위해서, 미토콘드리아는 때로 지방산을 함유하는 기름(oil) 방울들을 함유하는데, 이로부터 원료를 얻어서 산화시킨다. 아주 특이하게 배열된 미토콘드리아가 정세포의 핵 바로 뒤의 중간 부분에 생긴다(그림 9-1*c*). 정자의 운동은 이 미토콘드리아에서 생긴 ATP에 의해 추진된다. 또한 미토콘드리아는 많은 식물세포들에서 중요하다. 즉, 식물세포들 속의 미토콘드리아는 암반응 시기에 광합성을 하는 잎 세포들의 ATP 공급원으로서는 물론, 비광합성 조직들에서 일차적인 ATP 공급원의 역할을 한다.

9-1-1 미토콘드리아의 막들

〈그림 9-1*b*〉의 전자현미경 사진을 가까이 보면, 미토콘드리아는 2개의 막, 즉 외막(*outer membrane*)과 내막(*inner membrane*)으로 싸여 있다. 외막은 미토콘드리아를 완전히 둘러싸고 있어서 바깥 경계의 역할을 한다. 내막은 서로 연결된 2개의 영역으로 다시 나뉜다. 그 중 하나는 내부경계막(*inner boundary membrane*)이라고 하며, 외막의 바로 안쪽에 있고, 미토콘드리아의 2중막을 형성한다. 내부경계막은 특히 미토콘드리아의 단백질을 들여오는(搬入) 역할을 하는 단백질들이 풍부하다(그림 12-47 참조). 내막의 다른 영역은 **크리스테**(cristae)라고 하는, 일련의 함입된 막으로서 미토콘드리아의 안쪽에 있다. 에너지 전환체로서의 미토콘드리아 역할은 이 소기관의 전자현미경 사진에서 매우 눈에 잘 띄는 크리스테의 막과 밀접하게 관련되어 있다. 크리스테는 매우 넓은 막 표면을 갖고 있어서 유산소 호흡과 ATP 형성에 필요한 기구를 수용할 장소를 마련한다. 크리스테의 체제는 〈그림 9-3*a*〉의 주사전자현미경 사진과 〈그림 9-3*b*〉의 3차원 재구성 그림 등의 보다 뚜렷한 윤곽에서 볼 수 있다. 내부경계막과 안쪽의 크리스테 막들은, 〈그림 9-3*c*〉의 모식도에서처럼, 좁은 연결부, 또는 크리스테 연접부(*cristae junction*)에 의해 서로 이어진다.

미토콘드리아는 막에 의해 2개의 수용성 구획으로 나누어지는데, 그 하나는 **기질**(基質, matrix)로서 미토콘드리아의 안쪽에 있는 구획이며, 다른 하나는 **막사이공간**(intermembrane space)으로서 외막과 내막 사이에 있는 구획이다. 기질은 고농도(500mg/ml 이상)의 수용성 단백질이 있기 때문에 젤과 비슷한 밀도를 갖는다. 막사이공간에 있는 단백질들은 세포 자살을 일으키는 역할을 하는 것으로 가장 잘 알려져 있다.

미토콘드리아의 내외막들의 성질은 매우 다르다. 외막은 전체 무게의 약 50%가 지질로 구성되며, 이 막에는 에피네프린의 산화, 트립토판의 분해, 지방산의 신장 등과 같은 여러 가지 활동을 하는 효소들이 혼합되어 있다. 이와 대조적으로, 내막에는 100 가지 이상의 폴리펩티드가 포함되어 있으며, 이 막에서 단백질/지질의 비율은 매우 높다(무게의 비율이 3:1 이상이며, 이 비율은 15개의 인지질 당 약 1개의 단백질 분자에 해당한다). 내막에는 거의 콜레스테롤이 없으며 특이한 인지질인 카디오리핀(diphosphatidylglycerol, 이 구조는 〈그림 8-6〉 참조)이 풍부하다. 이 두 물질은 세균의 원형질막에 있으며 이로부터 미토콘드리아의 내막이 진화된 것으로 추정된다. 카디오리핀은 ATP 합성에 관여된 단백질들의 활성을 촉진하는 중요한 역할을 한다. 미토콘드리아의 외막은, 일부 세균에서 세포벽의 한 부분인 원형질막 바깥에 있는 외막과 상동인 것으로 생각된다. 미토콘드리아의 외막과 세균의 외막에는 모두, β 폴리펩티드(병풍구조)가 원통형 구조로 둘러싸인

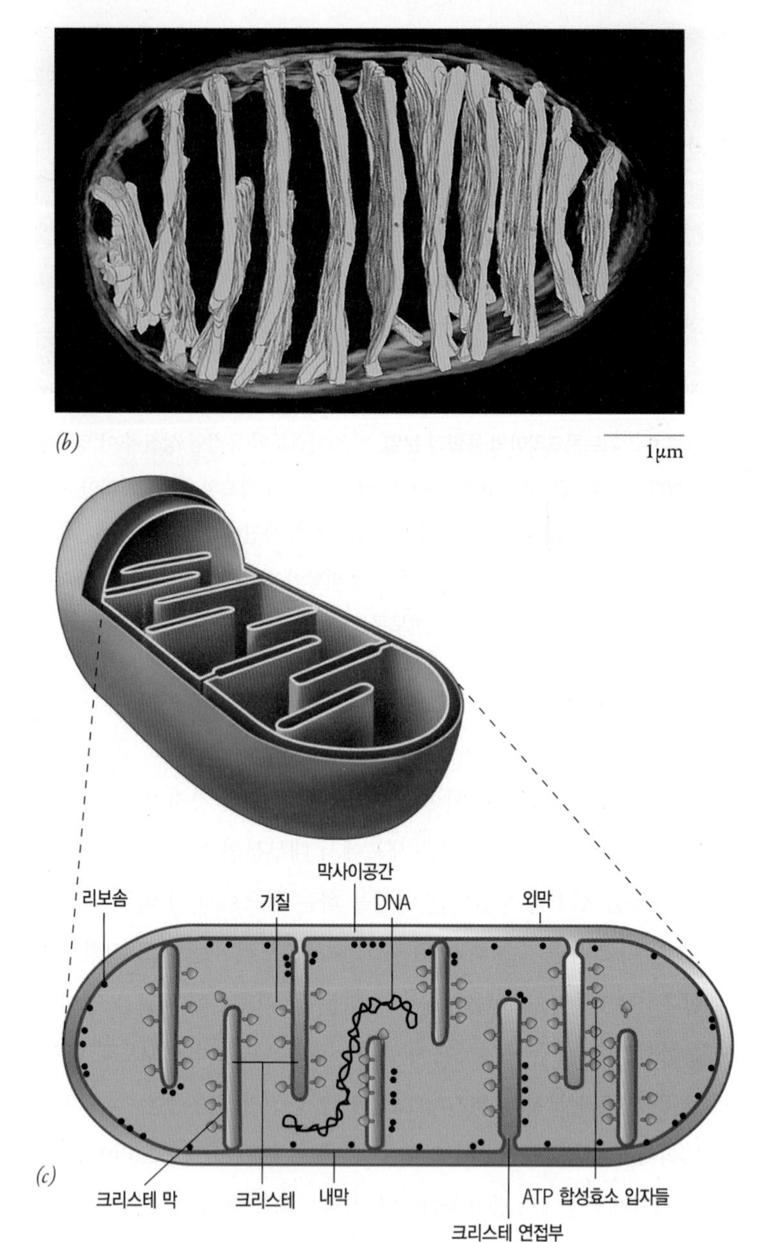

그림 9-3 미토콘드리아의 구조. (*a*) 연화된 미토콘드리아의 주사전자현미경 사진은 안쪽 기질이 접혀진 내막으로 싸여 있는 구조를 보여준다. (*b*) 갈색 지방조직에서 자른 하나의 두꺼운 절편을 여러 각도에서 고-전압 전자현미경으로 연속 촬영하여 찍은 사진을 바탕으로 미토콘드리온을 재구성한 3차원 구조. 고-전압 전자현미경은 전자가 두꺼운(1.5μm까지) 조직 절편에 투과하도록 가속시킨다. 이 기법으로 관찰된 결과에 의하면, 크리스테는 납작한 얇은 판(lamellae) 구조임을 보여준다. 이 구조는, 흔히 그려지는 것같이 "넓게 열린" 통로라기보다, 좁은 관 모양의 열린 통로를 거쳐 막사이공간과 연결된다. 이 재구성도에서 미토콘드리아의 내막은 주변 부위에 파란색으로 나타내었으며, 이 내막이 크리스테로부터 기질 속으로 들어간 부분은 노란색으로 그려졌다. (*c*) 소의 심장 조직에 있는 하나의 미토콘드리온의 3차원적 내부 구조(위)과 얇은 절편(아래)을 보여주는 개요도.

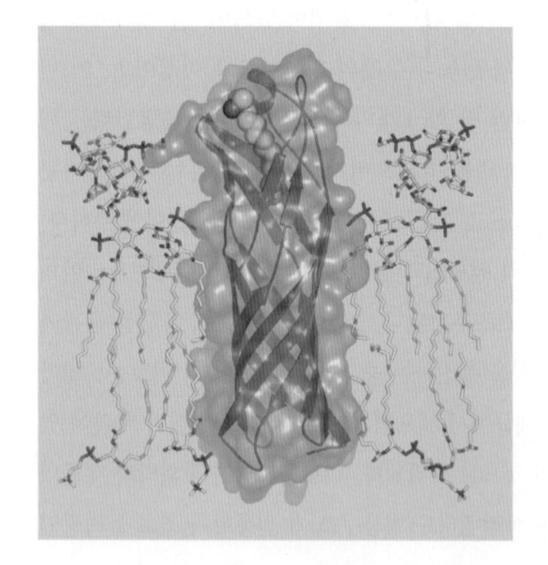

그림 9-4 포린. 그람-음성 세균은 세포벽의 일부로서 원형질막 바깥쪽에 지질을 함유하는 외막을 갖고 있다. 이 외막에는 포린(porin)이라는 단백질이 있다. 포린은 베타(β) 폴리펩티드가 원통형 구조의 통로를 형성하여 적당한 크기의 분자들이 통과할 수 있다. 이 상은 대장균(*E. coli*)에서 외막에 묻혀있는 OmpW 단백질[a]을 보여준다. 이 포린은 중앙 통로 속에 작은 친수성 화합물을 갖고 있다. 또한 서로 다른 크기의 통로와 선택성을 갖고 있는 다양한 포린이 진핵세포들의 미토콘드리아 외막에서 발견된다.

역자 주(註)[a] OmpW 단백질: 대장균의 외막에 있는 단백질(outer membrane protein)로서 그람-음성 세균에 널리 분포하여(widespread), 이를 약자로 표시한 것이다.

비교적 큰 내부 통로(예: 2~3nm)가 있는, 포린(*porin*)이라는 내재 단백질이 있다(그림 9-4).

미토콘드리아의 외막에 있는 포린들은, 한때 정적인 구조로 생각했었지만, 실제로는 세포 내부의 조건에 반응하여 가역적으로 닫힐 수 있는 단백질이다. 포린 통로들이 넓게 열릴 때, 외막은 미토콘드리아 속에서 일어나는 에너지 대사에서 핵심 역할을 하는 ATP, NAD, 그리고 조효소 A 등과 같은 분자들을 자유롭게 통과시킬 수 있다. 이와 대조적으로, 미토콘드리아의 내막은 매우 불투과성이다. 즉, 실제로 모든 분자와 이온이 기질로 들어가기 위해서는 특수한 막 수송체들을 필요로 한다.

다음 절(節)에서 논의될 것으로서, 미토콘드리아 내막의 조성과 체제는 이 소기관에서 일어나는 생물에너지 활성을 이해하기 위해서 중요하다. 내막의 구조와 이 2중층의 유동성은 ATP 형성에 필요한 구성요소들의 상호작용을 용이하게 한다.

9-1-2 미토콘드리아의 기질

미토콘드리아 기질에는 많은 효소들 이외에, 리보솜(세포기질에서 발견되는 것보다 상당히 더 작은 크기의)과 DNA 분자가 들어 있다(그림 9-3*c*). 고등 동식물에서 이 DNA는 원형이다. 그래서 미토콘드리아는 자신의 유전 물질과 자신의 RNA 및 단백질을 만들기 위한 기구를 갖고 있다. 미토콘드리아에서, 이런 비염색체 DNA는 적은 수의 폴리펩티드들(사람에서 13개)을 암호화하기 때문에 중요하다. 이 폴리펩티드들은 핵 속에 있는 유전자들에 의해 암호화된 폴리펩티드와 함께 미토콘드리아 내막 속에 단단히 결합되어 있다. 또한 사람의 미토콘드리아 DNA는 이 소기관 속에서 단백질 합성에 사용되는 2개의 rRNA와 22개의 tRNA를 암호화한다. 미토콘드리아 DNA(mtDNA)는 역사적으로 오래된 유물에 해당한다. 이 유물은 결국 모든 진핵세포들의 조상이 된 원시 세포의 세포질 속에 자리 잡고 살았던 단 하나의 혐기성 세균으로부터 물려받은 것으로 생각된다.

이런 오래된 공생체의 유전자들 대부분은 진화 과정을 거치면서 소실되었거나 또는, 미토콘드리아 내막의 가장 소수성인 단백질들의 일부를 암호화하기 위해서 약간의 유전자들 만을 남겨두고, 숙주 세포의 핵으로 전달되었다. 미토콘드리아의 여러 RNA를 합성하는 RNA 중합효소(RNA polymerase)는 원핵세포와 진핵세포들에서 발견되는 다소단위(多小單位, multisubunit) 효소와 관련되어 있지 않다는 것은 흥미로운 일이다. 대신, 미토콘드리아의 RNA 중합효소는 여러 면에서 세균 바이러스(박테리오파지)로부터 진화된 것으로 보이는 것과 비슷한 단일 소단위 효소이다. 많은 이유로 인하여, mtDNA는 인류의 이동과 진화 연구에 사용하기 적당하다. 예로서, 많은 회사들은 민족 또는 지리적 뿌리를 찾고 있는 고객의 조상을 추적하기 위해서 mtDNA의 서열을 사용한다.

우리는 이 장의 뒤에 가서 미토콘드리아 막의 분자 구조를 논의할 것이지만, 우선 〈그림 9-5〉에 요약된 진핵세포의 기본적인 산화 경로들에서 미토콘드리아의 역할을 생각해보자. 이어지는 이 경로들에 대한 자세한 설명에 접하기 전에, 개괄적인 이 그림을 살펴보고 그림에 딸린 설명을 읽으면 도움이 될 것이다.

복습문제

1. 남세균의 진화와 성공에 따른 산화적 물질대사의 변화를 설명하시오.
2. 미토콘드리아의 내외막, 막사이공간, 기질 등의 특성과 진화적 역사를 비교하시오.

9-2 미토콘드리아에서의 산화적 대사

제3장에서 탄수화물 산화의 초기 과정을 설명하였다. 포도당에서 시작하는 탄수화물 산화 과정의 첫 단계는 세포기질 속의 해당작용(解糖作用, glycolysis) 효소들에 의해 이루어진다(그림 9-5). 해당작용 경로에서 10단계에 걸친 반응이 〈그림 3-24〉에 그려져 있으며, 이 경로의 주요 단계들은 〈그림 9-6〉에 요약되어 있다.

해당작용이 진행되는 동안, 포도당에 있는 자유 에너지 중 소량 만이 세포에 이용될 수 있다—이 에너지는 산화된 포도당 한 분자 당 단 2분자의 ATP를 순(純) 합성하는 데 충분한 양이다(그림 9-6). 대부분의 에너지는 피루브산(pyruvate)에 저장된 채 남아 있다. 또한 글리세르알데히드-3-인산(glyceraldehyde-3-phosphate)이 산화되는 동안에 생긴 NADH 분자(그림 9-6, 6번 반응)는 고-

에너지를 지닌 1쌍의 전자를 운반한다.[1] 해당작용에서 생긴 두 가지 반응 산물들—피루브산과 NADH—은 세포 유형과 산소의 존재 유무에 따라서 매우 다른 두 가지 물질대사 경로를 거칠 수 있다.

산소가 있을 경우에, 호기성 생물들은 해당작용에서 생산된 피루브산과 NADH로부터 많은 양의 에너지를 더 얻을 수 있다—30개 이상의 ATP 분자를 합성하기에 충분하다. 이 에너지는 미토콘드리아 속에서 만들어진다(그림 9-5). 우리는 피루브산에서부터 논의를 시작할 것이며, NADH의 운명에 대해서는 나중에 설명하기로 한다. 해당작용에 의해 생긴 각 피루브산 분자가 미토콘드리아의 내막을 지나 기질 속으로 수송되면, 피루브산의 카르복실기(carboxyl group)가 제거되어 2개의 탄소를 가진 아세틸기(—CH_3COO^-)가 형성된다. 아세틸기는 조효소 A(*coenzyme A*)[비타민 판토텐산(pantothenic acid)에서 생긴 복합 유기 화합물]로 전달되어 아세틸 CoA(acetyl CoA)를 만든다. 피루브산의 카르복실기 제거 및 CoA로의 아세틸기 전달(그림 9-5 및 9-7)은 거대한 다효소 복합체인 피루브산 탈수소효소(pyruvate dehydrogenase)에 의해 촉매된다.

$$\text{피루브산} + HS\text{—}CoA + NAD^+ \rightarrow$$
$$\text{아세틸 } CoA + CO_2 + NADH + H^+$$

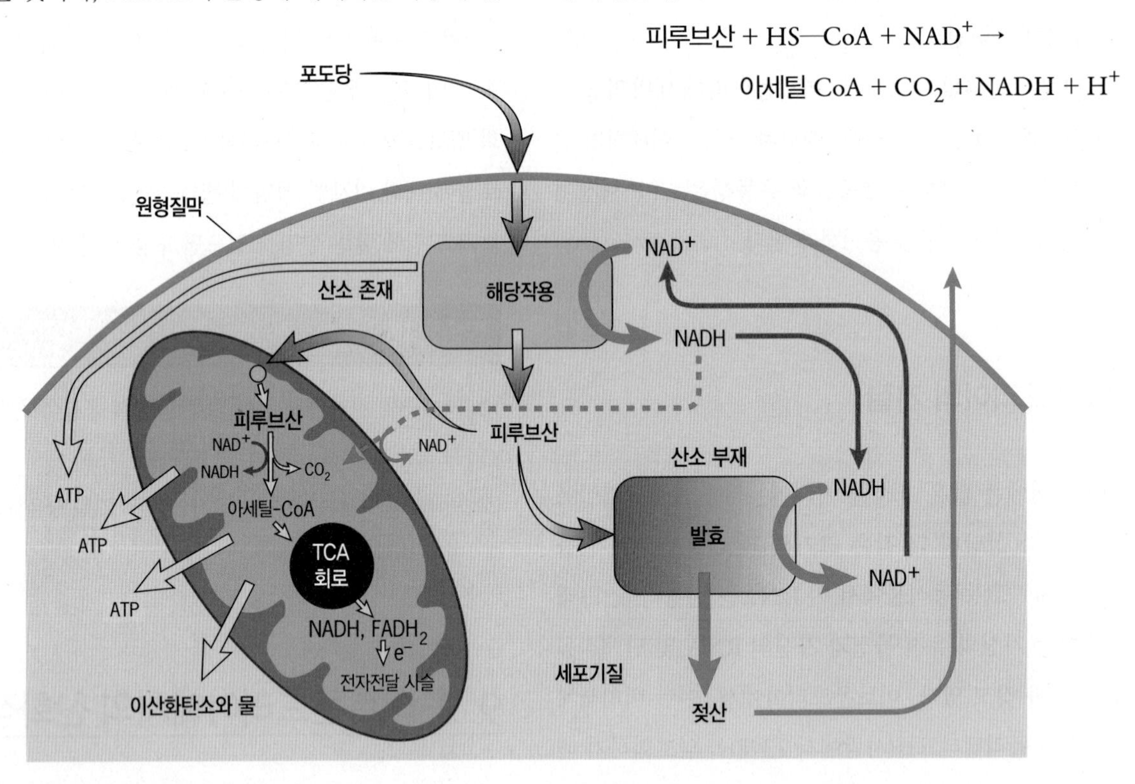

그림 9-5 진핵세포에서 탄수화물 대사의 개요. 세포기질에서 일어나는 해당작용 반응에서 피루브산과 NADH가 생긴다. 산소가 없는 상태에서, 피루브산(pyruvate)은 NADH에 의해 젖산(lactate)(또는 효모에서 알콜과 같은 다른 발효 산물, 자세한 내용은 〈그림 3-29〉 참조)으로 환원된다. 이 반응에서 형성된 NAD^+는 계속되는 해당작용(glycolysis)에서 다시 사용된다. 산소가 있는 상태에서, 피루브산은 카르복실기가 제거되는 미토콘드리아의 기질 속으로 이동하여(막에 있는 수송체에 의해 촉진됨) 조효소 A(CoA)에 연결되며, 이 반응에서 NADH를 형성한다. 해당작용에서 형성된 NADH는 고-에너지 전자를 미토콘드리아의 내막을 가로지르는 화합물에 건네준다. 아세틸 CoA(acetyl CoA)는 TCA 회로를 거치며(〈그림 9-7〉에 그려진 것처럼), 이 회로에서 NADH와 $FADH_2$가 생성된다. 이들 NADH와 $FADH_2$ 분자들 속의 전자는 전자-전달 사슬을 따라서 이동한다. 이 사슬은, 산소(O_2) 분자에 이르기까지, 미토콘드리아의 내막 속에 들어 있는 운반체들로 이루어져 있다. 전자가 전달되는 동안 방출된 에너지는 이 장의 뒤에 자세히 논의되는 과정에 의해서 ATP 생산에 사용된다. 만일 전자 전달 과정에서 생긴 모든 에너지가 ATP 형성에 사용되었다면, 1분자의 포도당으로부터 약 36개의 ATP가 형성될 수 있다.

[1] "고-에너지 전자(*high-energy electron*)"와 "저-에너지 전자(*low-energy electron*)"라는 용어는 생화학자들에게 항상 잘 받아들여지는 것은 아니지만, 이 용어들은 유용한 표현을 담고 있다. 고-에너지 전자는 낮은 친화력을 지니며, 저-에너지 전자보다 공여체에서 수용체로 더 쉽게 전달된다.

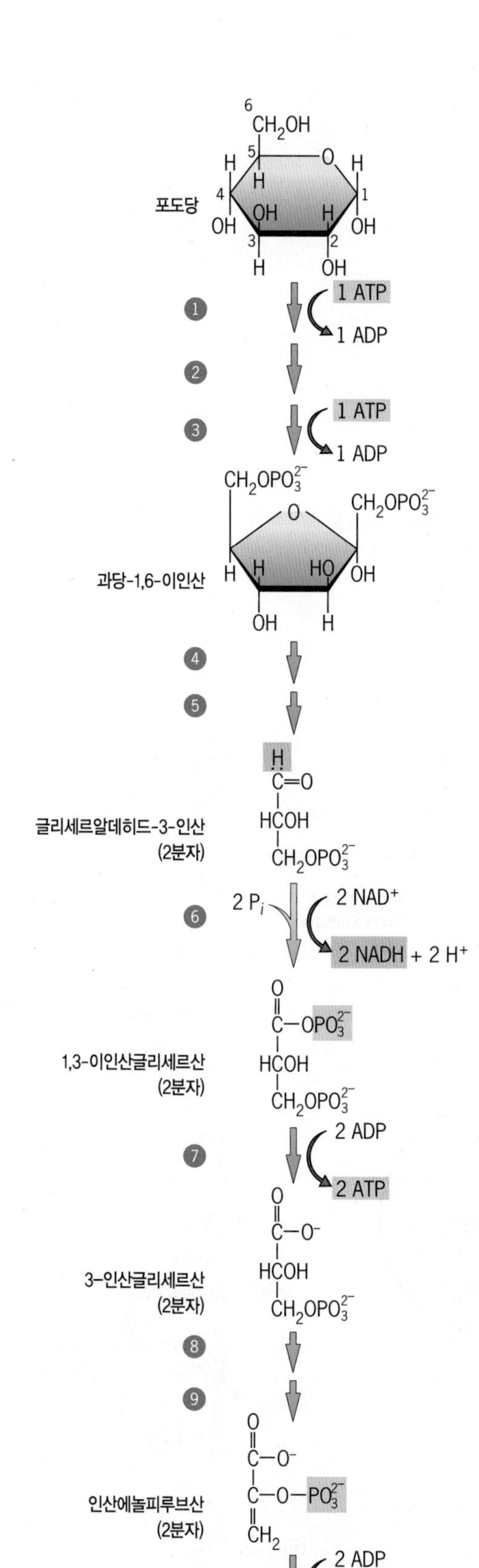

그림 9-6 몇 가지 주요 단계를 나타낸 해당작용의 개요. 처음의 두 단계에서 인산기가 ATP로부터 6탄당에 전달되어 과당-1,6-이인산(fructose-1,6-bisphosphate)을 형성한다(1, 3단계). 글리세르알데히드-3-인산(glyceraldehyde-3-phosphate)이 산화 및 인산화 되어 1,3-이인산글리세르산(1,3-bisphosphoglycerate)과 NADH를 형성하며(6단계), 인산기가 3탄당의 인산화된 기질로부터 ADP에 전달되고 기질이 인산화되어 ATP를 형성한다(7과 10단계). 각 포도당 분자로부터 글리세르알데히드-3-인산이 2분자 형성되기 때문에, 여기 그림에서 6번부터 10번까지의 반응은 산화된 포도당 분자 당 2회 일어나는 것을 잊지 말아야 한다.

포도당이 1분자의 ATP를 소비하여 인산화 되고, 과당인산을 형성하기 위해 구조적으로 재배열되며, 이어서 두 번째 ATP를 사용하여 다시 인산화 된다. 2개의 인산기가 과당의 두 곳(1번과 6번 탄소)에 있다.

6-탄소 이인산이 2개의 3-탄소 일인산으로 나누어진다.

기질에서 제거된 전자들이 조효소 NAD^+를 NADH로 환원시키는 데 사용됨에 따라, 3-탄소 알데히드는 산(酸)으로 산화된다. 추가로, 1번 탄소의 산은 인산화되어 아실인산을 형성하여, 높은 인산기-전달 전위를 갖게 된다(노란색 음영으로 표시되었음).

1번 탄소의 인산기가 ADP에 전달되어 기질-수준 인산화에 의해 ATP를 형성한다. 산화된 포도당에서 2분자의 ATP가 형성된다.

이 반응들은 기질을 재배열하고 탈수작용을 일으켜서, 2번 탄소에 높은 인산기-전달 전위를 갖는 에놀인산을 형성한다.

인산기가 ADP에 전달되어 기질-수준 인산화로 ATP를 형성하고, 2번 탄소에 케톤이 생긴다. 산화된 포도당에서 2분자의 ATP가 형성된다.

순 반응:

포도당 + $2NAD^+$ + 2ADP + 무기인산(Pi) → 2피루브산 + 2ATP + 2NADH + $2H^+$ + $2H_2O$

9-2-1 트리카르복실산(TCA) 회로

일단 형성된 아세틸 CoA는 **트리카르복실산 회로**(tricarboxylic acid cycle, TCA cycle)라고 하는 경로 속으로 들어간다. 이 회로에서 기질이 산화되고 그 에너지가 보존된다. 내막에 결합된 숙신산 탈수소효소(succinate dehydrogenase) 이외에, TCA 회로의 모든 효소들은 가용성인 상태의 기질 속에 있다(그림 9–5). TCA 회로는, 1930년대 이 경로를 연구했던 영국의 생화학자 한스 크렙스(Hans Krebs) 이후에, 크렙스 회로(Krebs cycle)라고도 한다. 크렙스가 처음에 대사의 회로에 관한 생각을 지지할 만한 증거를 충분히 얻었을 때, 그는 그 결과를 영국의 학술지인 네이쳐(*Nature*)에 투고하였다. 이 논문은 수일이 지난 후에 게재불가라는 편지와 함께 되돌아 왔다. 크렙스는 그 논문을 다른 학술지에 재빨리 출간하였다.

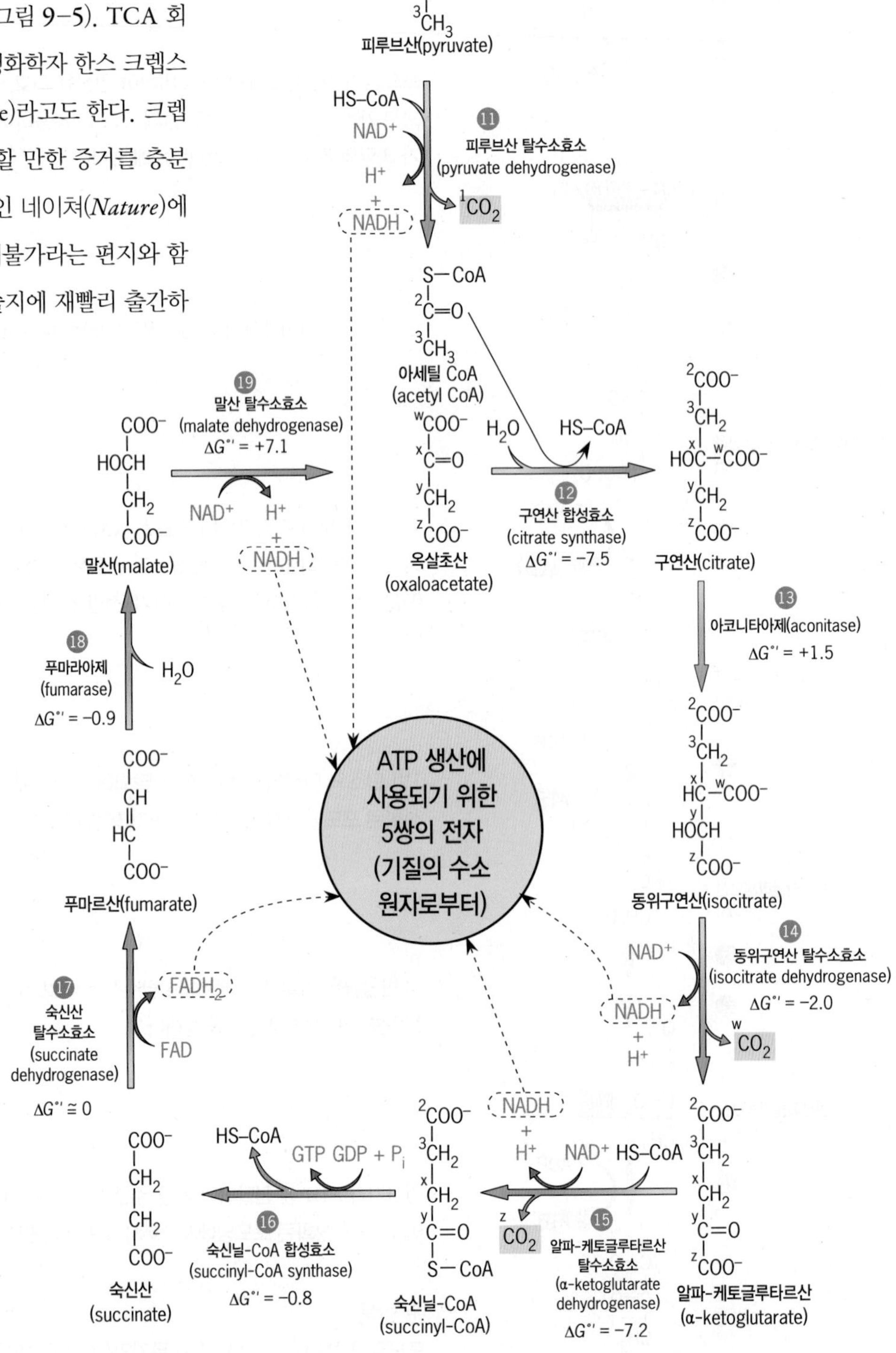

그림 9-7 **트리카르복실산(TCA) 회로.** 이 회로는 또한 이를 체계화한 사람의 이름을 따서 크렙스(Krebs) 회로라고도 하며, 또는 이 회로에서 최초로 형성된 화합물의 명칭을 따서 구연산(citric acid) 회로라고도 한다. 이 회로는 옥살초산(OAA)과 에세틸 CoA의 축합으로 시작된다(12번 반응). 이 두 가지 화합물들의 탄소를 숫자 또는 문자로 표시하였다. 이 회로가 도는 동안 줄어든 2개의 탄소는 옥살초산에서 기원된 것이다. 또한 표준 자유 에너지[몰 당 킬로칼로리(kcal/mol)의 단위로]와 효소의 명칭들을 표기하였다. 5쌍의 전자가 피루브산 탈수소효소와 TCA 회로의 효소들에 의해서 기질 분자들로부터 나온다. 이들 고-에너지 전자는 NAD^+ 또는 FAD로 전달된 다음 ATP 형성에 쓰기 위해서 전자-전달 사슬로 보내진다. 여기에 표시된 반응들은 11번으로 시작되는데, 그 이유는 이 경로가 해당작용의 마지막 반응(〈그림 9–6〉의 10번)이 끝난 곳에서 계속되기 때문이다.

TCA 회로의 첫 단계에서, 2-탄소인 아세틸기와 4-탄소인 옥살초산(oxaloacetate)의 축합으로 6-탄소인 구연산(시트르산, citrate)이 생성된다(그림 9-7, 12단계). 이 회로가 돌아가는 동안, 구연산 분자에서 탄소가 1개씩 떨어져 나와 사슬의 길이가 짧아지며, 4-탄소 옥살초산이 다시 형성되어 다른 아세틸 CoA와 축합할 수 있다.

TCA 회로가 작동되는 동안 제거된 2개의 탄소(아세틸기에 전달되었던 것과 동일하지 않은)는 CO_2로 완전히 산화된다. TCA 회로가 1회 작동하는 동안에, 1쌍의 전자가 기질로부터 전자를 수용하는 조효소로 전달되는 반응이 4번 일어난다. 그 중 3번은 NAD^+를 NADH로 환원시키고, 1번은 FAD를 $FADH_2$로 환원시킨다(그림 9-7). TCA 회로의 반응을 다음과 같은 순(純) 등식으로 쓸 수 있다.

$$\text{아세틸 CoA} + 2H_2O + FAD + 3NAD^+ + GDP + Pi \rightarrow$$
$$2CO_2 + FADH_2 + 3NADH + 3H^+ + GTP + HS + HS—CoA$$

TCA 회로는 상당히 중요한 대사 경로이다. 만일 세포 속에서 일어나는 전체 대사에서 TCA 회로의 위치를 생각해 본다면(그림 9-8, 또한 그림 3-22 참조), 이 회로의 대사산물들은 대부분 세포들의 이화작용(異化作用) 경로에 의해 생긴 것과 동일한 화합물들이라는 것을 알게 된다. 예를 들면, 아세틸 CoA는 미토콘드리아의 기질 속에서, 지방산이 2개의 탄소 단위들로 분해되는 경우와 같이, 많은 이화작용 경로의 중요한 최종산물이다(그림 9-8*a*).

이러한 2-탄소 화합물들은 아세틸 CoA로서 TCA 회로로 들어간다. 또한 단백질의 구성 단위인 아미노산의 이화작용도 TCA 회로의 대사산물들을 발생시키며, 이 물질들은 미토콘드리아 내막

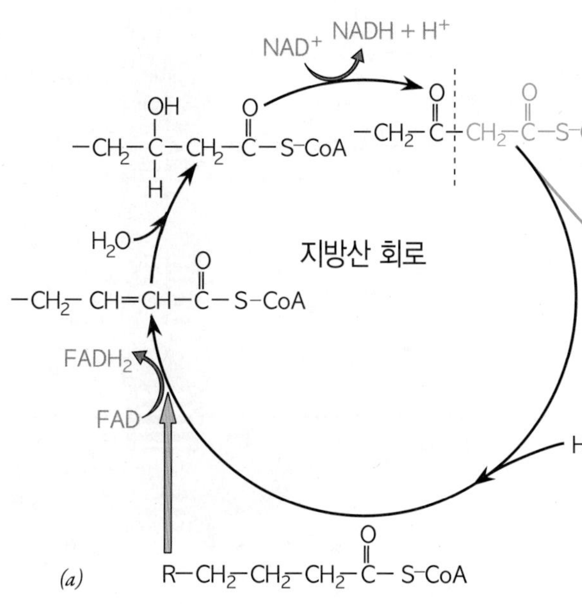

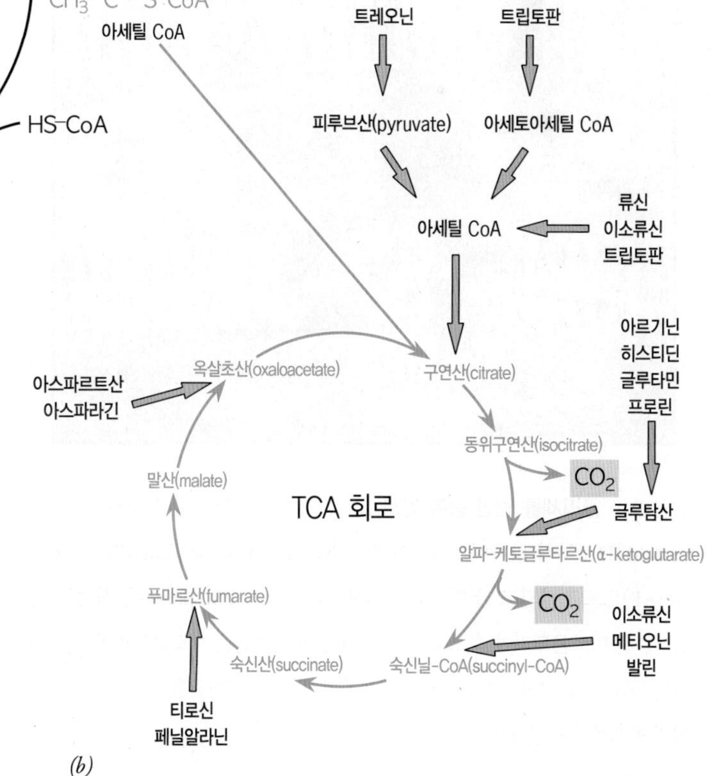

그림 9-8 이화작용 경로들은 TCA 회로로 들어가는 화합물을 생산한다. (*a*) 지방산(fatty acid)의 산화. 지방산 산화의 첫 단계는 지방산이 조효소의 티올기(thiol group, —SH)에 연결되어서 활성화 되며, 이 반응은 지방 아실기(fatty acyl group)가 운반체 단백질과 연결된(표시하지 않았음) 미토콘드리아 내막을 가로질러 수송된 후에 일어난다. 미토콘드리아 속에서, 지방 아실 CoA 분자는 순차적으로 분해되며, 여기서 아세틸 CoA(파란색으로 표시되었음)는 지방산 사슬에서 매회 제거된다. TCA 회로 속으로 들어간 아세틸 CoA 분자에 덧붙여, 지방산 회로가 매회 돌아갈 때마다 1분자의 NADH와 1분자의 $FADH_2$를 생산한다. 지방이 이렇게 풍부한 화학 에너지의 보고인 이유는 이런 일련의 반응을 보면 확실히 알 수 있다. (*b*) 아미노산들이 TCA 회로로 들어가는 과정.

속에 있는 특별한 수송계에 의해 기질 속으로 들어간다. 세포의 에너지를 공급하는 모든 고분자들(다당류, 지방, 그리고 단백질)은 TCA 회로의 대사산물들로 분해되는 것이 확실하다. 그래서 최초 물질의 성질과 무관하게 미토콘드리아는 대사에서 최종 에너지-보존 단계들의 중심점이 된다.

9-2-2 ATP 형성에서 환원된 조효소들의 중요성

TCA 회로의 순 반응식에서, 이 회로의 1차 생산 물질은 환원된 조효소인 $FADH_2$와 NADH임이 확실하며, 이 조효소들은 다양한 기질들이 산화될 때 떨어져 나온 고-에너지 전자들을 갖고 있다. 또한 NADH는 (피루브산과 함께) 해당작용에서 생긴 물질 중의 하나이다. 미토콘드리아는 (세포기질에서 일어나는) 해당작용에서 형성된 NADH를 들여올 수 없다. 대신, NADH의 전자는 분자량이 낮은 대사산물을 환원시키는 데 사용된다. 이 대사산물은 (1) 미토콘드리아 속으로 들어올 수 있어서[말산-아스파르트산 왕복(malate-aspartate shuttle)이라는 경로에 의해] NAD^+를 NADH로 환원시키거나, 또는 (2) 그 전자들을 FAD에 수송하여[〈그림 9-9〉에 나타낸, 글리세롤 인산 왕복(glycerol phosphate shuttle)이라는 경로에 의해] $FADH_2$를 형성한다. 이 두 가지 기작에 의해, 세포기질에서 형성된 NADH의 전자들은 미토콘드리아의 전자-전달 사슬(electron-transport chain) 속으로 흘러 들어가서 ATP 형성에 사용된다.

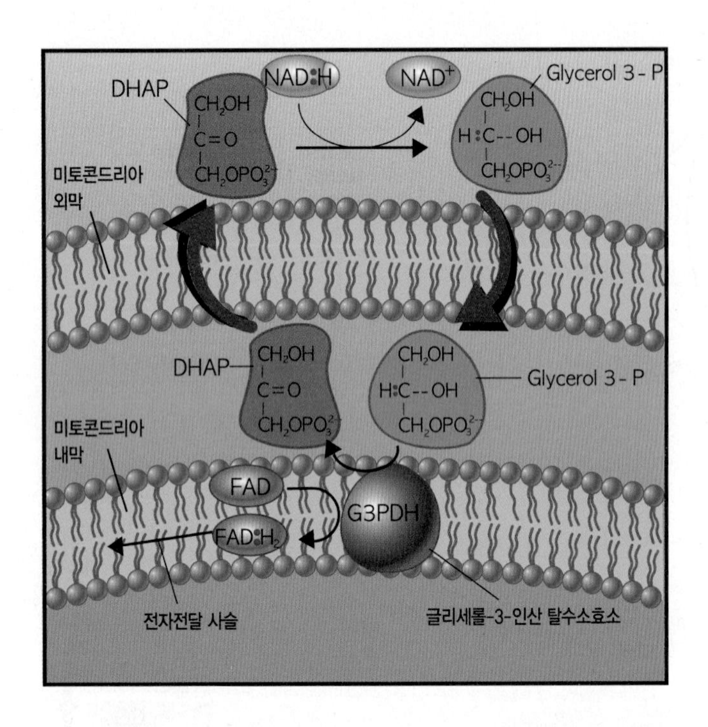

그림 9-9 글리세롤 인산 왕복 경로. 글리세롤 인산 왕복 경로에서, 전자들이 NADH로부터 디하이드록시아세톤 인산(dihydroxyacetone phosphate, DHAP)으로 전달되고 글리세롤-3-인산(grlycerol-3-phosphate)을 형성하여, 전자들을 미토콘드리아 속으로 이동시킨다. 이 전자들은 미토콘드리아 내막에 있는 FAD를 환원시켜 $FADH_2$를 형성하고, 이것은 전자들을 전자-전달 사슬의 운반체로 수송한다.

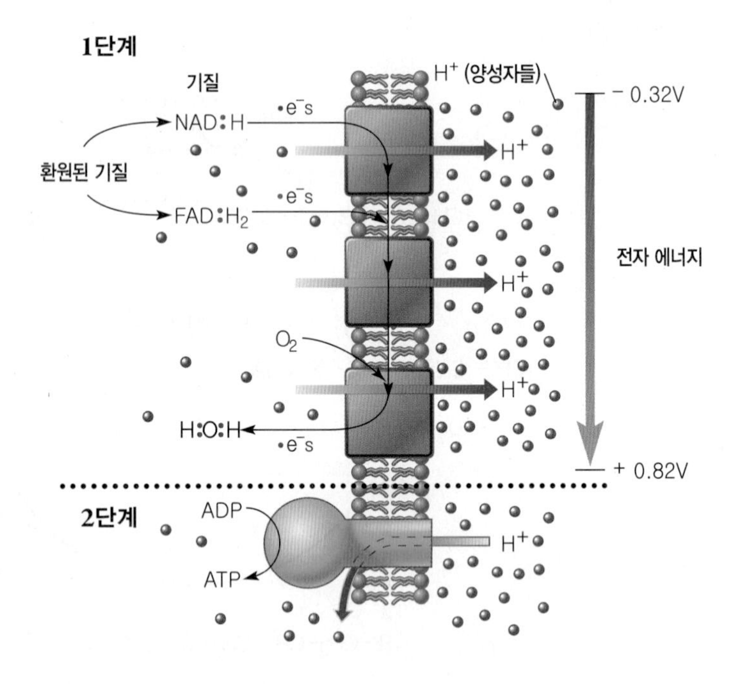

그림 9-10 산화적 인산화 과정의 요약. 이 과정의 첫 단계에서, 이소시트르산 및 숙신산과 같은 기질이 산화되며(그림 9-7), 그 전자들은 조효소인 NAD^+ 또는 FAD로 전달되어 NADH 또는 $FADH_2$를 형성한다. 그 후 이 고-에너지 전자들은 전자-전달 사슬에 있는 일련의 전자 운반체들을 거쳐 이동된다. 방출된 에너지는 양성자들을 기질로부터 막사이공간으로 전위시키는 데 사용되며, 그 결과 미토콘드리아 내막을 가로지르는 양성자의 전기화학적 기울기가 형성된다. 2단계에서, 양성자들은 ATP-합성 복합체를 거쳐서 전기화학적 기울기가 낮은 쪽으로 이동한다. 이 기울기에 저장된 에너지는 ATP의 합성에 사용된다. 이러한 산화적 인산화의 두 가지 기본 단계는 1961년 피터 미첼(Peter Mitchell)에 의해 제안된 화학삼투 기작의 기초를 형성한다.

이제 우리는 해당작용과 TCA 회로에서 형성된 NADH와 $FADH_2$에 관하여 설명하였으므로, ATP를 생산하기 위해서 이런 환원된 조효소들을 사용하는 단계로 돌아갈 수 있다. 전체 과정은 2단계로 나누어지며, 아래와 같이 요약될 수 있다.

1단계(그림 9-10). 고-에너지 전자들은 NADH 또는 $FADH_2$로부터 일련의 전자 운반체들 중에서 첫 번째 운반체로 전달된다. 이 전자 운반체들은 미토콘드리아 내막 속에서 전자-전달 사슬을 구성한다. 전자들은 에너지-방출 반응에서 전자-전달 사슬을 따라 통과한다. 이 반응들은, 양성자들을 미토콘드리아 내막을 가로질러 바깥 쪽(막사이공간)으로 이동시키는, 전자 운반체들에서 에너지를 요하는 입체구조 변화와 연결된다. 그 결과, 전자 전달 과정 동안에 방출된 에너지는 막을 가로질러 형성된 양성자들의 전기화학적 기울기(electrochemical gradient) 속에 저장된다. 결국, 낮은 에너지의 전자들은 최종 전자 수용체, 즉 산소(O_2) 분자로 전달된다. 이 산소는 물로 환원된다.

2단계(그림 9-10). 양성자들은 조절된 상태에서 다시 내막을 가로질러 (기질 쪽으로) 이동한다. 이때 내막에 있는 ATP-합성 효소를 거쳐 이동된 양성자들은 ADP를 ATP로 인산화 시키는 데 필요한 에너지를 공급한다. ATP 형성을 위한 양성자 이동의 중요성은 1961년 에딘버러대학교(University of Edinburgh)의 피터 미첼(Peter Mitchell)에 의해 처음으로 제안되었다. 주장했던 **화학삼투 기작**(chemiosmotic mechanism)을 받아들이게 했던 실험은 웹사이트(www.wiley.com/colleg/karp)의 〈실험경로(Experimental Pathway)〉에 논의되어 있다. 위에 요약된 2단계에 관한 그 이상의 분석은 이 장의 나머지 부분에서 많이 다루어질 것이다.

전자-전달 사슬에 의해 NADH로부터 산소로 전달된 각 전자쌍은 약 3개의 ATP 분자를 형성하기에 충분한 에너지를 방출한다. $FADH_2$에 의해 공여된 각 전자쌍은 약 2개의 ATP 분자를 형성하기에 충분한 에너지를 방출한다. 해당작용과 TCA 회로에 의해 1분자의 포도당이 완전 분해되어 형성된 ATP를 모두 합한다면, 순수하게 얻어지는 ATP는 약 36분자이다(매회 돌아가는 TCA 회로에서 형성된 GTP를 포함하여, 그림 9-7의 16단계). 산화된 포도당 분자 당 형성된 실제의 ATP 분자 수는 그 세포가 관여된 특별한 작용에 의해 좌우된다. 사람의 골격근 작용에 있어서, 해당작용에 대한 TCA 회로의 상대적 중요성은, 즉 무산소에 대한 유산소 산화의 대사에 대해서는 아래에 이어지는 〈인간의 전망〉에서 논의된다.

복습문제

1. 어떻게 해당작용에서 생긴 두 가지의 생성물이 TCA 회로의 반응에 연결되는가?
2. 왜 TCA 회로가 세포의 에너지 물질대사에서 중심 경로라고 생각하는가?
3. 해당작용에 의해 세포기질에서 형성된 NADH로부터 전자가 TCA 회로로 전달될 수 있는 기작을 설명하시오.

인 간 의 전 망

운동에서 무산소 및 유산소 물질대사의 역할

근육 수축은 많은 양의 에너지를 필요로 한다. 이 에너지의 대부분은 액틴과 미오신을 함유하는 섬유들이 서로 미끄러지는(滑走) 작용에 사용된다. 이것은 제13장에서 논의될 것이다. 근육의 수축을 일으키는 에너지는 ATP에서 얻는다. 최대로 수축하는 골격근에서 ATP 가수분해 속도(율)는 휴식 상태에 있는 동일한 근육의 100배 이상 증가한다. 평균적으로 인간의 골격근은 2~5초 동안 격렬한 수축에 쓰일 충분한 ATP를 갖고 있는 것으로 추산된다. ATP가 가수분해 되는 그 순간에도, ATP의 추가 생산이 중요하다. 그렇지 않으면 ATP/ADP 비율이 떨어질 것이며 그와 함께 수축에 쓰일 자유 에너지도 감소할 것이다. 근육 세포들은, ATP보다 더 큰 인산 전달 전위를 가진 화합물 중 하나인, 많은 크레아틴 인산(creatine phosphate, CrP)을 갖고 있으며(그림 3-28 참조), 그래서 다음과 같은 식으로 ATP를 만드는 데 사용될 수 있다.

$$CrP + ADP \rightarrow Cr = ATP$$

골격근은 보통 약 15초 동안 높은 수준의 ATP를 유지하기 위해 저장된 크레아틴 인산을 충분히 갖고 있다. 근육 세포들은 ATP와 크레아틴 인산의 제한된 공급으로 인하여, 강렬한 또는 지속적인 근육 활동을 위해서는 ATP의 양적인 추가 형성이 필요하며, 이는 산화적 대사에 의해 얻어져야 한다. 사람 골격근은 두 가지 유형의 섬유들, 즉 매우 빠르게 수축할 수 있는(예: 15~40msec) 신속(迅速)-연축(攣縮) 근섬유(fast-twitch fiber)와 느리게 수축하는(예: 40~100msec) 완서(緩徐)-연축 근섬유로 구성되어 있다(그림 1).

전자현미경으로 보면, 신속-연축 근섬유들은 미토콘드리아를 거의 갖고 있지 않은데, 이것은 이 세포들이 유산소 호흡으로 많은 ATP를 생산할 수 없음을 나타낸다. 한편, 완서-연축 근섬유들은 상당수의 미토콘드리아를 갖고 있다. 이런 두 가지 유형의 골격근섬유들은 서로 다른 활동을 하기에 적당하다. 예로서, 역기 들어올리기 또는 단거리 전력 질주하기 등은 완서-연축 근섬유보다 더 많은 힘을 낼 수 있는 신속-연축 근섬유에 주로 의존한다. 신속-연축 근섬유들은 해당작용의 결과로 거의 모든 ATP를 무산소 상태에서 생산한다.

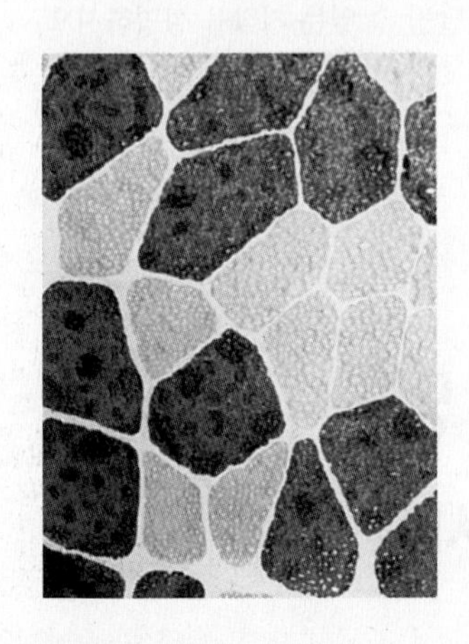

그림 1 골격근은 신속-연축(또는 제2형) 근섬유(짙게 염색된)와 완서-연축(또는 제1형) 근섬유(옅게 염색된)가 혼합되어 있다.

해당작용이 유산소 호흡(aerobic respiration)에 비해서 산화된 포도당 분자 당 약 5%만 ATP를 생산하더라도, 해당작용의 반응은 TCA 회로와 전자 전달 반응들보다 훨씬 더 빠르게 일어난다. 그래서 무산소 상태에서 ATP의 생산율은 유산소 호흡에서보다 실제로 더 높다. 해당작용으로 생산되는 ATP의 문제점은 근섬유가 이용할 수 있는 포도당(글리코겐으로 저장된)을 빠르게 사용하며 젖산이라는 바람직하지 않은 최종 산물을 생산하는 것이다. 후자에 관하여 더 생각해 보자.

해당작용이 계속되면 발효에 의해 생기는 NAD^+가 재생산되는 것을 상기하자. 근육세포들은 피루브산(pyruvate)—해당작용의 최종 산물—을 젖산(lactic acid)으로 환원시켜 NAD^+를 재생산한다. 젖산의 대부분은 활발한 근세포로부터 혈액 속으로 확산되어, 간으로 운반되고 다시 포도당으로 전환된다. 간에서 생산된 포도당은 혈액 속으로 방출되고, 다시 높은 수준의 해당작용에 연료를 계속 공급하기 위해 활발한 근육으로 다시 돌아갈 수 있다. 그러나 젖산의 형성은 근육 조직 속에서 pH감소와 관련되어 있어서(약 pH7.00에서 6.35로), 이로 인하여 격렬한 운동에 따른 통증과 경련이 일어날 수 있다. 글리코겐의 고갈과 함께 산성도의 증가는, 아마도 무산소 상태에서 운동을 한 후에 느끼는 근육 피로의 원인이 될 것이다.[1]

만일, 여러분이 역기를 들어 올리거나 단거리 질주를 하기 위해 근육을 사용하는 것 대신, 자전거 타기 또는 빠르게 걷기와 같은 유산소 운동을 하였다면, 여러분은 근육의 통증이나 피로함 없이 훨씬 더 오랫동안 그 운동을 계속할 수 있을 것이다. 그 이름이 의미하는 것처럼, 유산소(有酸素) 운동(aerobic exercise)이란 산소가 있는 상태에서 여러분의 근육 운동을 계속하는, 즉 전자 전달과 산화적 인산화에 의해 필요한 ATP 생산을 계속하는 것을 뜻한다. 유산소 운동은 주로 골격근의 완서-연축 근섬유의 수축에 의존한다. 이 근섬유들이 힘을 많이 발생시키지는 않더라도, 젖산을 형성하지 않고 유산소 상태에서 ATP을 계속 생산하기 때문에 오랜 시간 동안 운동을 계속할 수 있다.

유산소 운동은 처음에 근육 자체에 저장되었던 포도당 분자가

[1] 다른 견해는 사이언스〈Science 305:1112, 2004〉에서 찾아 볼 수 있다.

연료로 공급되지만, 몇 분이 지나면, 근육은 지방 조직으로부터 혈액 속으로 방출된 유리(遊離) 지방산에 점점 더 의존하게 된다. 운동시간이 길어질수록 지방산에 더 많이 의존하게 된다. 근육이 소비한 열량의 약 50%가 지방에서 나온 것으로 추산된다. 천천히 걷기(緩走, 조깅), 빠르게 걷기, 수영, 자전거 타기 등과 같은 유산소 운동은 체지방량을 줄이는 가장 좋은 방법의 하나이다. 신속-연축 대(對) 완서-연축 근섬유의 비율은 근육에 따라 다양하다. 예로서, 사람이 서 있는 자세를 취할 때 필요한 등에 있는 체위근(體位筋, postural muscle)은 물건을 던지거나 들어 올리는 데 사용하는 팔 근육보다 높은 비율의 완서-연축 근섬유들로 이루어져 있다.

특정한 근육에서 신속-연축 대 완서-연축 근섬유의 정확한 비율은 유전적으로 결정되며, 어떤 사람은 특별한 체육 활동을 뛰어나게 잘하는 등 사람에 따라 아주 다양하다. 예를 들면, 세계적인 스프린터들이나 역도 선수들은 장거리 육상 선수보다 신속-연축 근섬유의 비율이 더 높은 경향이 있다. 또한 역기 들기와 같은 운동 경기를 위한 훈련을 하게 되면 신속-연축 근섬유를 불균형적으로 증가시키게 된다. 또한 심장의 근육 조직은 격렬한 운동을 하는 동안 활동을 증가시켜야 하지만, 골격 근육과 다르게, 심장은 오직 유산소 대사에 의해서만 ATP를 만들 수 있다. 사실 사람의 심장 근육 세포에서 세포질 공간의 약 40%를 미토콘드리아가 차지하고 있다.

9-3 ATP 형성에서 미토콘드리아의 역할

미토콘드리아는 때로 소형 발전소(發電所)라고 하기도 한다. 그와 같이, 미토콘드리아는 유기 물질로부터 에너지를 추출하여, 일시적으로 전기 에너지 형태로 저장한다. 더 특수하게, 물질로부터 추출된 그 에너지는 미토콘드리아 내막을 가로질러 이온 기울기를 발생시키는 데 사용된다. 막을 가로지르는 이온 기울기는 일을 하기 위해 쓸 수 있는 에너지의 한 형태를 의미한다. 우리는 앞 장에서 장(腸) 세포들이 내강으로부터 당과 아미노산을 수송하기 위하여 원형질막을 가로질러 형성된 이온 기울기를 어떻게 이용하는가를 보았다. 이것은 신경세포들이 신경 충격을 전달하기 위해 비슷한 기울기를 이용하는 것과 같은 원리이다. 에너지 흐름의 한 형태로서 이온 기울기를 사용하는 데에는 기울기 발생을 위한 체제, 기울기를 유지할 수 있는 막, 일을 하기 위해 그 기울기를 이용하는 기구 등을 비롯한 여러 가지 구성요소들이 필요하다.

미토콘드리아는 에너지를 요하는 많은 활성, 특히 ATP 합성을 추진하기 위해서 내막을 가로지르는 이온 기울기를 사용한다. 기질이 산화되는 과정에서 제거되는 전자로부터 방출된 에너지에 의해 ATP가 형성되는 과정을 **산화적 인산화**(酸化的 燐酸化, oxidative phosphorylation)라고 하며, 〈그림 9-10〉에 요약되어 있다. 산화적 인산화는, 기질 분자의 인산기가 ADP로 전달됨으로써 ATP가 직접 형성되는, 기질-수준 인산화(substrate-level phosphorylation)와 대조하여 뚜렷한 차이가 있을 수 있다. 추정치에 따르면, 산화적 인산화에 의해 우리 몸에서 하루에 2×10^{26} 분자(160kg) 이상의 ATP가 만들어진다고 한다. 산화적 인산화를 설명하는 기본 기작은 세포 및 분자 생물학 분야에서 최고의 성과 중 하나이다. 산화적 인산화 기작을 이해하기 위해서, 기질의 산화에 의해 자유 에너지가 어떻게 방출될 수 있는가를 첫 번째로 생각할 필요가 있다.

9-3-1 산화-환원 전위

다양한 산화제들을 비교해 보면, 전자에 대한 친화력에 따라서 이들의 순위를 정할 수 있다. 즉, 친화력이 클수록, 더 강한 산화제이다. 또한 환원제들도 전자에 대한 친화력에 따라서 이들의 순위를 매길 수 있다. 즉, 친화력이 낮을수록(전자가 더 쉽게 방출될수록), 더 강한 환원제이다. 이것을 계량할 수 있는 조건으로 바꾸기 위해서, 환원제들은 **전자-전달 전위**(electron-transfer potential)에 따라 등급이 정해진다. 즉, NADH와 같이 높은 전자-전달 전위를 가진 물질들은 강한 환원제들인 반면, 물(H_2O)과 같이 낮은 전자-전달 전위를 가진 물질들은 약한 환원제들이다. 산화제와 환원제는, 전자의 수가 다른 NAD^+ 및 NADH와 같이, 쌍(*couple*)으로 존재한다. 강한 환원제들은 약한 산화제들과 짝을 이루며 그 반대일 수도 있다. 예를 들면, NAD^+(NAD^+-NADH 쌍의)는 약한 산화제인 반면, O_2(O_2-H_2O 쌍의)는 강한 산화제이다.

전자가 이동하면 전하의 분리가 일어나기 때문에, 전압을 재는 기계로 전자에 대한 물질의 친화력을 측정할 수 있다(그림 9-11). 특정한 쌍에서 측정된 것은 어떤 표준 쌍의 전위에 상대적인 **산화-환원 전위**(oxidation-reduction potential 또는 redox potential)이다. 수소(H^+-H_2)와 같이, 표준 쌍은 인위적으로 선택된다. 표준 자유-에너지 변화(ΔG°)가 사용되는 곳에서 자유-에너지가 변화하므로, 비슷한 일이 산화환원 쌍들에게 주어진다. 특정한 쌍에 대한 표준 산화환원 전위 E_0은 반(半)-전지(1쌍을 구성하는 요소들만 있는)에 의해 생긴 전압으로 나타내며, 이 반-전지에서 그 쌍의 각 요소는 표준 조건하에 있다(그림 9-11에서처럼).

25℃에서 용질과 이온의 표준 조건은 1.0M이며 가스(예: H_2)의 표준 조건은 1기압이다. 수소[$2H^+$ + 2전자 → H_2]의 산화-환원 반응에 대한 표준 산화환원 전위는 0.00볼트(V)이다. 〈표 9-1〉은 생물학적으로 중요한 몇 가지 쌍들의 산화환원 전위를 보여준다. 이 표에서 수소 쌍의 산화환원 전위 값은 0.00이 아니라 −0.42V이다. 이 수치는 H^+의 농도가 생리학적으로 거의 사용되지 않는 0.1M(pH0.0)이라기보다 10^{-7}M(pH7.0)이었을 때의 값이다. pH7.0로 계산했을 때, 표준 산화환원 전위는 E_0으로 표시하기보다 기호 E_0'으로 나타낸다. 쌍에 대한 기호(+ 또는 −)는 임의로 표시되며 서로 다른 분야 사이에 다르게 표시될 수 있다. 우리는 다음과 같은 방식으로 표시할 것이다. 환원제들이 전자를 더 잘 주는 공여체들의 쌍은 더 큰 음(−)의 산화환원 전위로 나타내었다. 예로서, NAD^+-NADH 쌍의 표준 산화환원 전위는 −0.32V 이다(표 9-1).

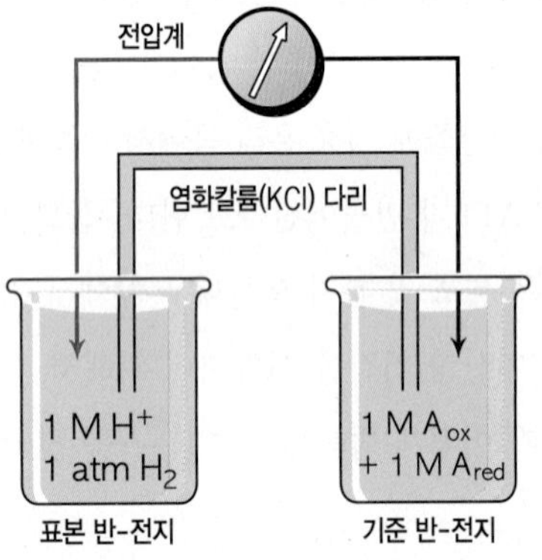

그림 9-11 표준 산화-환원 전위의 측정. 표본 반(半)-전지(sample half-cell)에는 모두 1M의 산화 및 환원 된 물질들이 쌍으로 들어 있다. 기준(reference) 반-전지에는 1M의 H^+ 용액이 들어 있고, 이 용액은 1 기압의 수소(H_2) 가스와 평형 상태에 있다. 전기 회로는 전압계와 염다리(salt bridge)를 거쳐 반-전지들을 연결하여 형성된다. 만일 전자들이 표본 반-전지 쪽으로부터 기준 반-전지 쪽으로 선택적으로 흐른다면, 표본 쌍의 표준 산화환원 전위(E_0)는 음(−)이며, 만일 전자가 반대 방향으로 흐르면 표본 쌍의 표준 산화환원 전위는 양(+)이다. 포화된 염화칼륨(KCl) 용액으로 된 염다리는 상대방-이온들이 상대방 반-전지들로 이동하기 위한 통로를 만든다.

표 9-1 선별된 반(半)-반응(half-reaction)의 표준 산화환원 전위

전극 등식	E^{0}(v)
숙신산 + CO_2 + $2H^+$ + $2e^-$ ⇆ 알파-케토글루타르산 + H_2O	−0.670
초산 + $2H^+$ + $2e^-$ ⇆ 아세트알데히드	−0.580
$2H^+$ + $2e^-$ ⇆ H_2	−0.421
알파-케토글루타르산 + CO_2 + $2H^+$ + $2e^-$ ⇆ isocitrate	−0.380
시스테인 + $2H^+$ + $2e^-$ ⇆ 2시스테인	−0.340
NAD^+ + $2H^+$ + $2e^-$ ⇆ NADH + H^+	−0.320
$NADP^+$ + $2H^+$ + $2e^-$ ⇆ NADPH + H^+	−0.324
아세트알데히드 + $2H^+$ + $2e^-$ ⇆ 에탄올	−0.197
피루브산 + $2H^+$ + $2e^-$ ⇆ 젖산	−0.185
옥살초산 + $2H^+$ + $2e^-$ ⇆ 말산	−0.166
FAD + $2H^+$ + $2e^-$ ⇆ $FADH_2$(플라빈단백질에서)	+0.031
푸마르산 + $2H^+$ + $2e^-$ ⇆ 숙신산	+0.031
유비퀴논 + $2H^+$ + $2e^-$ ⇆ 유비퀴놀	+0.045
2시토크롬 b(산화) + $2e^-$ ⇆ 2시토크롬 b(환원)	+0.070
2시토크롬 c(산화) + $2e^-$ ⇆ 2시토크롬 c(환원)	+0.254
2시토크롬 a_3(산화) + $2e^-$ ⇆ 2시토크롬 a_3(환원)	+0.385
$\frac{1}{2}O_2$ + $2H^+$ + $2e^-$ ⇆ H_2O	+0.816

아세트알데히드(acetaldehyde)는 NADH보다 더 강한 환원제이며, 아세트산-아세트알데히드 쌍의 표준 산화환원 전위는 −0.58V이다. NAD^+보다 전자를 더 잘 받아들이는 수용체, 즉 NAD^+보다 전자에 대한 친화력이 더 큰, 산화제들의 쌍은 더 큰 양(+)의 산화환원 전위를 갖는다.

다른 어떤 자연발생적 반응이 자유 에너지의 소실에 의해 일어나는 것과 마찬가지로, 산화−환원 반응도 역시 그렇게 일어난다. 이런 유형의 반응이 다음과 같이 일어나는 동안,

$$A_{(ox)} + B_{(red)} \leftrightarrows A_{(red)} + B_{(ox)}$$

표준 자유-에너지 변화는 이 등식에 따라 이 반응에 포함된 2쌍의 표준 산화환원 전위로부터 계산될 수 있다.

$$\Delta G^{0\prime} = -nF\,\Delta E_0^{\prime}$$

여기서 n은 위 반응에서 전달된 전자의 개수이고, F는 파라데이 상수(Faraday constant, 23.063kcal/V • mol)이며, $\Delta E_0^{\prime}$는 2쌍의 표준 산화환원 전위 사이의 전압의 차이이다. 2쌍의 표준 산화환원 전위 차이가 크면 클수록, 이 반응은 표준 조건하에서 평형상태에 도달하기 전에 생산물을 형성하기 위해서 더 진행된다. 다음 반응에서, 강한 환원제인 NADH가 강한 산화제인 산소분자에 의해 산화되는 것을 생각해 보자.

$$NADH + \tfrac{1}{2}O_2 + H^+ \rightarrow H_2O + NAD^+$$

2쌍의 표준 산화환원 전위는 다음과 같이 쓸 수 있다.

$$\tfrac{1}{2}O_2 + 2H^+ + 2e^- \rightarrow H_2O \qquad E_0^{\prime} = +0.82V$$
$$NAD^+ + 2H+ + 2e^- \rightarrow NADH + H^+ \qquad E_0^{\prime} = -0.32V$$

전체 반응에서 전압의 변화는 2개의 $E_0^{\prime}$ 값의 차이($\Delta E_0^{\prime}$)와 같다. 즉,

$$\Delta E_0^{\prime} = +0.82V - (-0.32V) = 1.14V$$

이것은, NADH가 표준 조건 하에서 산소분자에 의해 산화될 때 방출된 자유 에너지이다. 이 값을 위의 등식($\Delta G^{0\prime} = -nF\,\Delta E_0^{\prime}$)에 대입하면,

$$\Delta G^{0\prime} = (-2)\ (23.063\text{kcal/V} \cdot \text{mol})\ (1.14V)$$
$$= -52.6\text{kcal/mol}\ (\text{산화된 NADH의})$$

표준 자유-에너지 차이($\Delta G^{0\prime}$)는 −52.6 kcal/mol이다. 다른 반응에서와 같이, 사실상의 ΔG 값은 일정 순간에 세포 속에 있는 반응물과 생산물(화합물의 산화형과 환원형)의 상대적 농도에 의해 결정된다. 하여튼, 1쌍의 전자가 NADH에서 산소분자로 전달될 때 이 전자의 자유 에너지의 하락(−52.6kcal/mol)은, 세포 속의 ATP/ADP 비율이 표준 조건에서보다 훨씬 높은 조건하에서조차, 많은 ATP($\Delta G^{0\prime}$= +7.3kcal/mol) 분자들의 형성을 추진하기에 충분해야 할 것이다. 미토콘드리아 속에서 이런 에너지가 NADH로부터 ATP로 전달되는 과정은 일련의 작은 에너지-방출 단계들에 의해서 일어나며, 이것은 이 장의 나머지 부분에서 논의의 첫 번째 주제로 다루어질 것이다.

전자들은 TCA 회로의 여러 가지 기질들로부터, 즉 이소시트르산(isocitrate), 알파-케토그루타르산(α-ketoglutarate), 말산(malate), 숙신산(succinate)(〈그림 9−7〉에서 각각 14, 15~16, 19, 17번 등의 반응) 등으로부터 미토콘드리아 속의 NAD^+(또는 FAD)로 전달된다. 이 중간산물들 중에서 앞의 세 가지는 비교적 높은 음(−)의 산화환원 전위 값(표 9−1)—세포 속의 보편화된 조건 하에서(*under conditions that prevail in the cell*)[2] 전자를 NAD에 전달하기에 충분히 높은—을 갖는다.

[2] 〈표 9−1〉에 나타낸 것과 같이, 옥살초산-말산(oxaloacetate-malate) 쌍의 표준 산화환원 전위($E_0^{\prime}$)는 NAD^+-NADH의 것보다 더 큰 양(+)의 값이다. 그래서 말산이 옥살초산으로 산화될 때의 $\Delta G^{0\prime}$(표준 자유-에너지 차이)은 양의 값이다. 이런 산화는, 오직 생산물 대 반응물의 비율이 표준 조건 이하로 유지될 때에만, 옥살초산이 형성되는 방향으로 진행될 수 있다. 이 반응의 ΔG는 매우 낮은 옥살초산 농도가 지속됨으로써 음(−)의 상태로 유지된다. 이런 상태의 유지는, TCA 회로의 다음 반응(그림 9−7, 12번 반응)에서 자유 에너지가 매우 감소하고 TCA 회로의 주요 속도-조절 효소들 중의 하나에 의해 촉매되기 때문에 가능하다.

9-3-2 전자 전달

〈그림 9-7〉에 나타낸 아홉 가지의 반응 중 다섯 가지는, 기질로부터 조효소로 전자쌍을 수송하는 탈수소효소(dehydrogenase)에 의해 촉매된다. 다섯 가지의 반응 중 네 가지는 NADH를, 하나는 $FADH_2$를 생산한다. 미토콘드리아의 기질에서 형성된 NADH 분자들은 각각의 탈수소효소들로부터 분리되어, 미토콘드리아 내막의 내재단백질인 NADH 탈수소효소에 결합한다(그림 9-17 참조). TCA 회로의 다른 효소들과는 다르게, $FADH_2$의 형성을 촉매하는 숙신산(succinate) 탈수소효소(그림 9-7, 17번 반응)는 미토콘드리아 내막의 구성요소이다. 어느 경우이든, NADH 또는 $FADH_2$와 결합된 고-에너지 전자들은 미토콘드리아 내막에서 **전자-전달 사슬**(electron-transport chain) 또는 **호흡 사슬**(respiratory chain)을 구성하는 일련의 특수한 전자 운반체들을 통해서 전달된다.

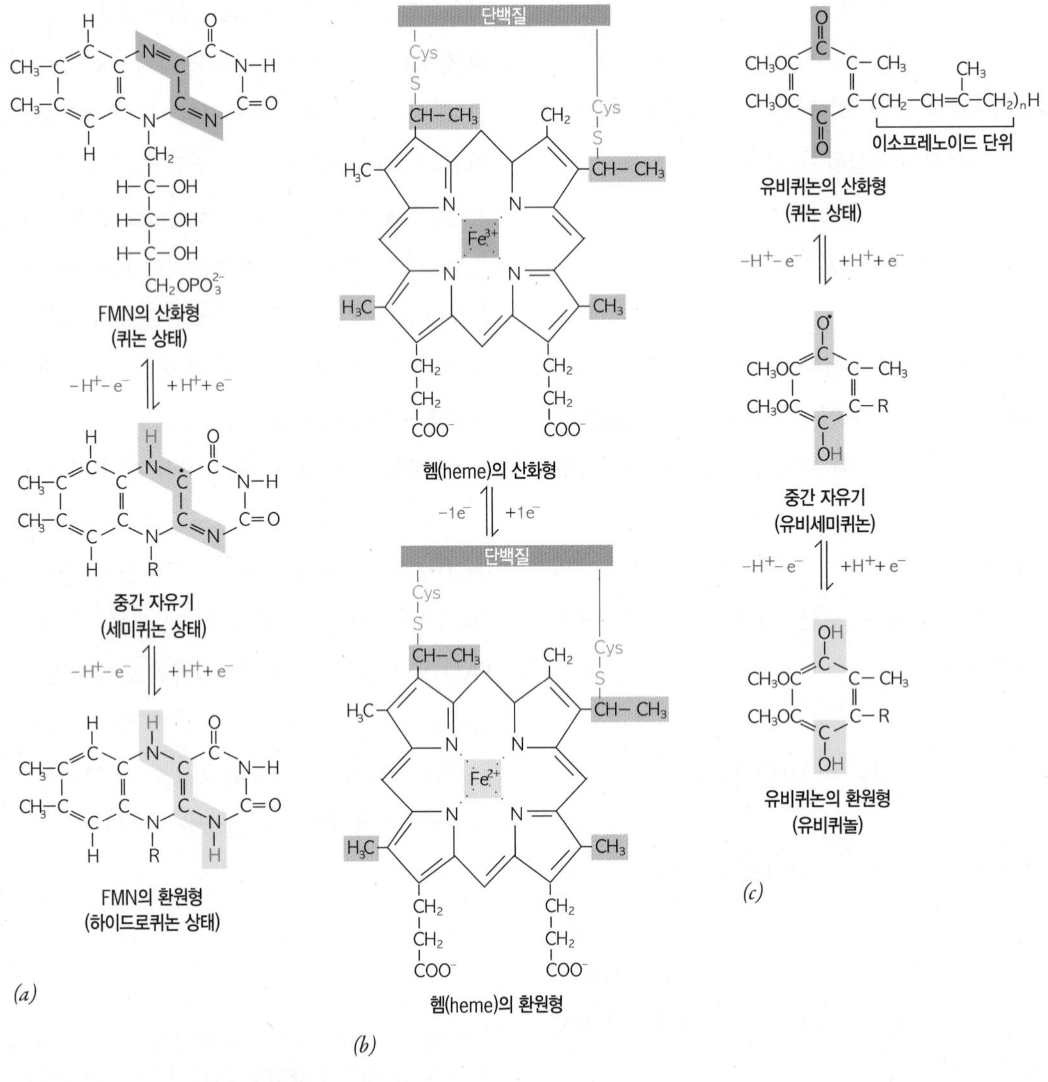

그림 9-12 세 가지 유형의 전자 운반체들의 산화형과 환원형의 구조. (*a*) NADH 탈수소효소의 FMN, (*b*) 시토크롬 *c*의 헴기(heme group), 그리고 (*c*) 유비퀴논(조효소 Q). 전자-전달 사슬에서 다양한 시토크롬들의 헴기들은 폴피린 환(porphyrin ring, 파란색 음영으로 표시되었음)의 치환 방식 및 단백질과의 연결 유형이 각각 다르다. 시트크롬들은 오직 1개의 전자 만을 받을 수 있는 반면, FMN과 퀴논은 표시된 것처럼 2개의 전자와 2개의 양성자를 연속적인 반응에서 받을 수 있다. FAD는 인산에 결합된 아데노신 기를 갖는 점에서 FMN과 다르다.

9-3-3 전자 운반체들

전자-운반 사슬에는 막에 결합된 다섯 가지, 즉 플라빈단백질(flavoprotein), 시토크롬(cytochrome), 구리(銅, Cu) 원자, 유비퀴논(ubiquinone), 그리고 철-황 단백질(iron-sulfur protein) 등의 전자운반체들이 들어 있다. 유비퀴논을 제외하고, 전자를 주고받는 호흡 사슬 속에 있는 모든 산화환원 중심부는 보결분자단(補缺分子團, *prosthetic group*), 즉 단백질과 단단히 결합된 비(非)아미노산 성분이다.

■ **플라빈단백질**(flavoprotein)들은 2개의 관련된 보결분자단 중의 하나, 즉 FAD(flavin adenine dinucleotide) 또는 FMN(flavin mononucleotide)(그림 9-12*a*)과 단단히 결합된 하나의 폴리펩티드로 이루어져 있다. 플라빈단백질의 보결분자단들은 리보플라빈(비타민 B_2)에서 유래되며, 각 보결분자단은 2개의 양성자와 2개의 전자를 주고 받을 수 있다. 미토콘드리아의 주요 플라빈단백질들로서, 전자-전달 사슬의 NADH 탈수소효소(dehydrogenase)와 TCA 회로의 숙신산 탈수소효소가 있다.

■ **시토크롬**(cytochrome)들은 헴(heme) 보결분자단을 갖고 있는 단백질이다. 헴 속의 철(Fe) 원자는, 전자를 하나씩 얻고 잃은 결과, Fe^{3+}과 Fe^{2+} 산화 상태 사이를 가역적으로 변화한다(그림 9-12*b*). 세 가지 유형의 시토크롬—*a*, *b*, 그리고 *c*—이 있으며, 이들은 전자-전달 사슬 속에 존재하고, 이 헴기(heme group) 내에서 치환되어 서로 다른 형이 된다(〈그림 9-12*b*〉에서 파란색 음영으로 표시되었음).

■ **3개의 구리 원자**들은 모두 미토콘드리아 내막에 있는 하나의 단백질 복합체 속에 위치하며(그림 9-19 참조), 하나의 전자를 얻으면 Cu^{2+} 상태로 그리고 전자를 잃으면 Cu^{1+} 상태로 서로 교대된다.

■ **유비퀴논**[ubiquinone, UQ, 또는 조효소(coenzyme) Q]은 5-탄소 이소프레노이드(isoprenoid) 단위들로 구성된 긴 소수성 사슬을 갖고 있는 지용성 분자이다(그림 9-12*c*). 플라빈단백질과 같이, 각 유비퀴논은 2개의 전자와 2개의 양성자를 받고 줄 수 있다. 이 분자가 부분적으로 환원되면 자유기(自由基, free radical) 상태인 유비세미퀴논(ubisemiquinone)이 되며, 완전히 환원되면 유비퀴놀(ubiquinol, UQH_2)이 된다. UQ/UQH_2은 막의 지질2중층 속에 남아 있으며, 신속하게 측면으로 확산할 수 있다.

■ **철-황 단백질**(iron-sulfur protein)들은 철-함유 단백질로서, 이 속의 철 원자들은 헴기 속에 위치하지 않고 대신 철-황 중심부(iron-sulfur center)의 일부로서 무기 황화물(sulfide) 이온에 연결되어 있다. 가장 흔한 중심부는 단백질의 시스테인(cysteine) 잔기에 연결된 2개 또는 4개의 철과 유황 원자들—[2Fe-2S] 및 [4Fe-4S]라고 하는—을 갖고 있다(그림 9-13). 하나의 중심부에 여러 개의 철 원자들이 있더라도, 전체 복합체는 단 1개의 전자 만을 받고 줄 수 있다. 철-황 중심부의 산화환원 전위는 그 주변 환경을 구성하는 아미노산 잔기들의 소수성과 전하에 의해 결정된다. 하나의 무리로서, 철-황 단백질들은 약 −700 mV에서 약 +300mV에 이르는 범위의 전위를 갖는데, 이것은 전자 전달이 일어나는 전체 단

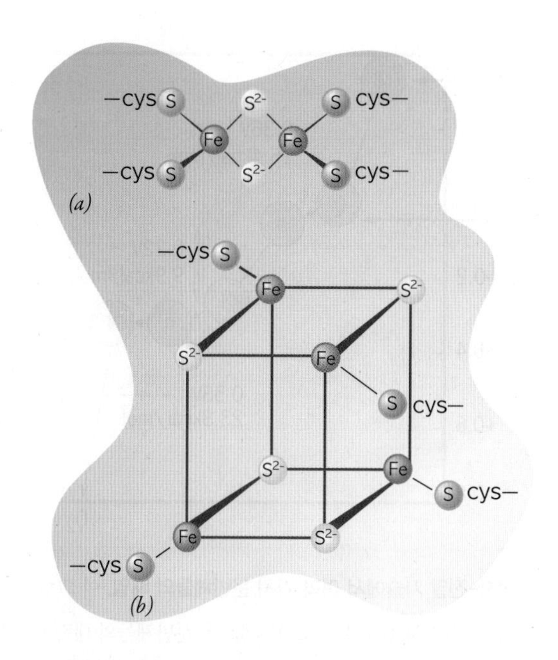

그림 9-13 **철-황 중심부들.** [2Fe-2S](*a*)와 [4Fe-4S](*b*) 중심부의 구조. 이 두 가지 유형의 철-황 중심부들은 시스테인(cysteine) 잔기의 유황(S) 원자(주황색으로 표시되었음)에 연결된 단백질과 결합되어 있다. 무기 황화물 이온(S^{2-})들은 노란색으로 표시되었다. 이 두 가지 유형의 철-황 중심부들은 단 1개의 전자만을 받아들이며, 이 전자의 전하는 여러 가지 철 원자들 사이에 분포되어 있다.

백질의 주요 부위의 전위와 일치한다. 12개 이상의 철-황 중심부가 미토콘드리아 속에서 확인되었다.

전자-전달 사슬의 운반체들은 양(+)의 산화환원 전위가 증가하는 순서대로 배열되어 있다(그림 9-14). 각 운반체는 이 사슬에서 앞에 있는 운반체로부터 전자를 얻어서 환원되며, 그리고 그 다음에 있는 운반체로 전자를 주어서(잃어서) 연속적으로 산화된다. 그래서 전자들은 하나의 운반체에서 다음으로 전달되며, 이렇게 전자들이 이 사슬을 따라서 "내려오는" 이동을 할 때 에너지를 잃게 된다.

이러한 전자의 최종 수용체는 산소인데, 이 산소는 에너지가 고갈된 전자를 받아서 물로 환원된다. 전자-전달 사슬을 구성하는 운반체들의 특이한 순서는 펜실베니아대학교(University of Pennsylvania)의 브리튼 챈스(Britton Chance)와 그의 공동 연구자들에 의해 연구되었다. 이들은 그 경로의 특정한 장소에서 전자 전달을 차단하는 다양한 저해제를 사용하였다. 이 실험의 개념을 유추하여 〈그림 9-15〉에 나타내었다. 이 경우에, 하나의 저해제를 세포에 넣고, 이 저해된 세포 속에서 다양한 전자 운반체들의 산화 상태를 결정하였다. 여러 가지 파장에서 한 시료의 빛 흡수를 측정하는 분광광도계(分光光度計, spectrophotometer)를 사용하여 결정할 수 있었다.

이런 측정에 의해서, 특정한 운반체가 산화되었는지 아니면 환원되었는지를 밝힐 수 있다. 〈그림 9-15〉의 경우에, 안티마이신(antimycin) A를 첨가하였을 때, NADH, $FMNH_2$, QH_2, cyt *b* 등은 환원된 상태로 남고 cyt *c* 및 *a*는 산화된 상태로 남는 그 위치에서 전자 전달이 차단되었다. 이 결과는 NAD, FMN, Q, cyt *b* 등은 차단 지점으로부터 "상류(upstream)"에 위치되어 있음을 나타낸다. 대조적으로, FMA과 Q 사이에 작용하는 저해제[예: 로테논(rotenone)]는 단지 NADH와 $FMNH_2$ 만을 환원된 상태로 남게 할 것이다. 그래서 여러 가지 저해제를 첨가하고 산화 및 산화된 운반체들을 확인하여, 전자-전달 사슬에 있는 운반체들의 순서를 결정할 수 있다.

전자가 하나의 운반체에서 다음 운반체로 전달되는 경향은 두

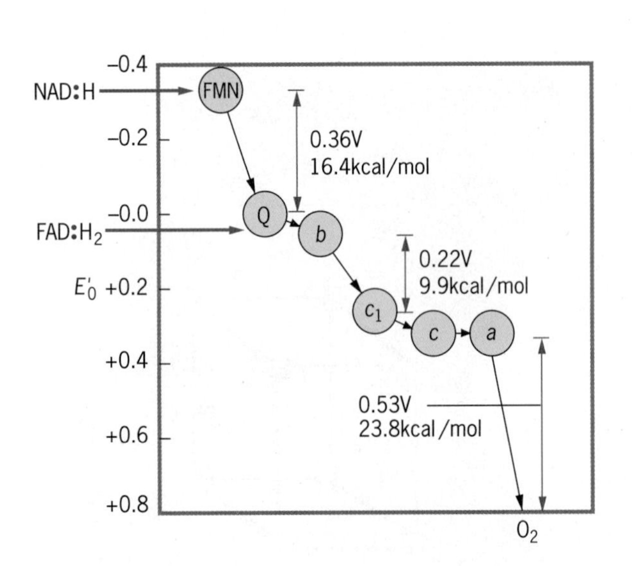

그림 9-14 전자-전달 사슬에서 여러 가지 운반체들의 배열. 이 그림은 전자쌍들이 호흡 사슬을 따라서 산소 분자로 이동할 때, 운반체들의 대략적인 산화환원 전위와 자유 에너지의 기울기를 표시한 것이다. 다수의 철-황 중심부들은 그림을 단순화하기 위해서 표시되지 않았다. 다음 절에서 논의된 것처럼, 빨간색 화살로 표시된 3개의 전자 전달 장소에서 각각은 양성자를 미토콘드리아 내막을 가로질러 이동시키기에 충분한 에너지를 생산하며, 이어서 ADP로부터 ATP를 형성하기 위해 필요한 에너지를 공급한다.

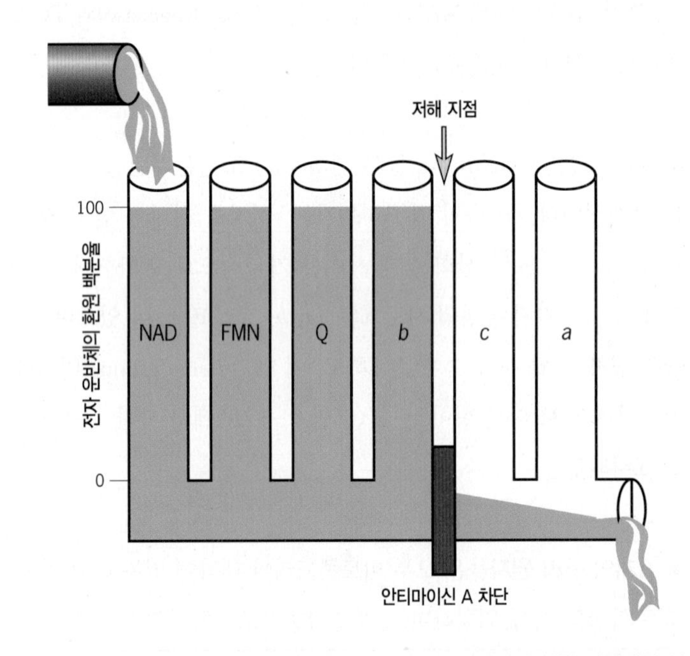

그림 9-15 전자-전달 사슬에서 운반체들의 순서를 결정하기 위한 저해제의 실험적 사용. 이러한 유수(流水) 유추 방법에서, 미토콘드리아를 저해제인 안티마이신 A로 처리하면, 저해제 처리 지점으로부터 상류(NADH) 쪽에 있는 운반체들은 완전히 환원된 상태로 남고 하류(O_2) 쪽에 있는 운반체들은 완전히 산화된 상태로 남는다. 이런 방법으로 여러 저해제들의 효과를 비교하여 이 사슬 속에 있는 운반체들의 순서를 밝혔다.

산화환원 중심부 사이의 전위 차이에 의존하지만, 전달 속도는 관련된 단백질의 촉매 활성에 의해 좌우된다. 연구 결과에 의하면, 전자들은 이웃하고 있는 산화환원 중심부들 사이에 상당한 거리(10~20Å)를 이동할 수 있음을 시사한다. 또한 전자들은 아마도 다수의 아미노산 잔기들을 지나서 뻗어있는 일련의 공유결합과 수소결합으로 이루어진 특수한 "터널링 경로(tunneling pathway)"를 통해 흐를 것으로 생각된다. 시토크롬 *c*를 포함하는 이런 경로의 한 예를 〈그림 9-16〉에 나타내었다.

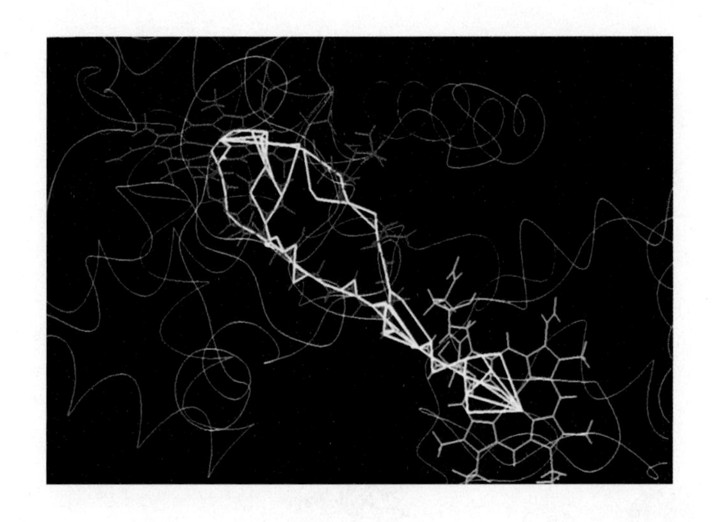

그림 9-16 효모(yeast)의 시토크롬 *c*-시토크롬 *c* 퍼옥시다아제 복합체의 전자-터넬링 경로. 시토크롬 *c*의 헴기는 파란색으로 표시되어 있고, 시토크롬 *c* 퍼옥시다아제(이것은 미토콘드리아의 전자-전달 사슬의 운반체는 아니지만 유사한 전자 수용체를 제공하며 이를 위해서 고-분해 결정 구조가 이용될 수 있음)는 빨간색으로 표시되어 있다. 많은 경로들(노란색)이 하나의 헴으로부터 다른 헴으로 전자를 이동시키기 위해서 존재한다. 각 경로는 헴기들 사이에 위치하는 다수의 아미노산 잔기들을 거쳐서 전자를 운반한다. (전자 전달의 다른 기작들이 제안되어 있음에 주목할 수 있다.)

9-3-3-1 전자-전달 복합체들

세제를 처리하여 미토콘드리아의 내막을 분쇄시키면, 여러 가지 전자 운반체들이 분리될 수 있다. 즉, 네 가지의 독특하고 비대칭적인 막-횡단 복합체들로서, 이들은 제1, 2, 3, 그리고 4복합체 등으로 확인되었다(그림 9-17). 이 네 가지 복합체들은 전 산화 과정에서 각각 독특한 기능을 담당할 수 있다. 전자-전달 사슬에서 두 가지 구성요소인 시토크롬(cytochrome) *c*와 유비퀴논(ubiquinone)은 네 가지 복합체에 포함된 부분이 아니다. 유비퀴논은 지질2중층 속에 용해된 분자의 풀(pool)로서 존재하며, 시토크롬 *c*는 내외막 사이의 공간 속에 있는 가용성 단백질이다. 유비퀴논과 시토크롬 *c*는 막 속에서 또는 막을 따라서 이동하는, 즉 크고 비교적 움직이지 않는 단백질 복합체들 사이를 왔다 갔다 하는 것으로 생각된다. 일단 커다란 다단백질 복합체(multiprotein complex)들 중의 한 복합체 속으로 들어가면, 전자들은 상대적으로 일정한 장소에 고정된 이웃 산화환원 중심부들 사이에 정해진 경로(〈그림 9-16〉에 그려진 것과 같은)를 따라서 이동한다.

NADH가 전자 공여체 일 때, 전자는 제1복합체에 의해 호흡 사슬로 들어가며, 이 복합체는 전자를 유비퀴논에 전달하여 유비퀴놀(ubiquinol)을 형성한다(그림 9-12 및 9-17). 가용성 탈수소효소들로부터 멀리 확산될 수 있는 NADH와는 다르게, $FADH_2$는 제2복합체의 구성요소인 숙신산 탈수소효소(succinate dehydrogenase)에 공유 결합된 채 남아 있다. $FADH_2$가 전자 공여체일 때, 전자는 사슬의 위쪽 말단을 거쳐 직접 유비퀴논으로 전달된다. 이 전자는 플라빈 뉴클레오티드의 낮은 에너지를 가진 전자를 받기에는 지나치게 음(−)인 산화환원 전위를 갖고 있다(그림 9-14).

만일 〈그림 9-14〉에서 연속된 운반체들의 산화환원 전위를 살펴보면, 전자 전달이 자유 에너지의 주요 방출로 이루어지는 3개의 장소가 있음이 확실하다. 이런 위치를 연결장소(*coupling site*)라고 한다. 3개의 연결 장소는 제1, 3, 4 등 3개의 복합체들의 일부에 있는 운반체들 사이에 존재한다. 전자가 이 3개의 장소를 가로질러 전달될 때 방출된 자유 에너지는, 양성자(proton, H^+)를 기질에서 내막을 가로질러 내외 막사이공간 속으로 전위되어서 보존된다. 이 3개의 단백질 복합체를 때로 양성자 펌프(*proton pump*)라고 한다. 이러한 전자-전달 복합체에 의한 양성자의 전위는 ATP 합성을 추진하는 양성자 기울기를 형성한다. 독립된 양성자 전위(轉位) 단위로서 작용하기 위한 이 놀라운 분자 기구의 능력은 이들 각각을 정제하여 인공 지질 소낭 속에 삽입시켜 증명될 수 있다. 적절한 전자 공여체를 주었을 때, 이들 단백질-함유 소낭들은 전자를 수용할 수 있으며 소낭의 막을 가로질러 양성자를 펌프하기 위해서 방출된 에너지를 사용할 수 있다(그림 9-18).

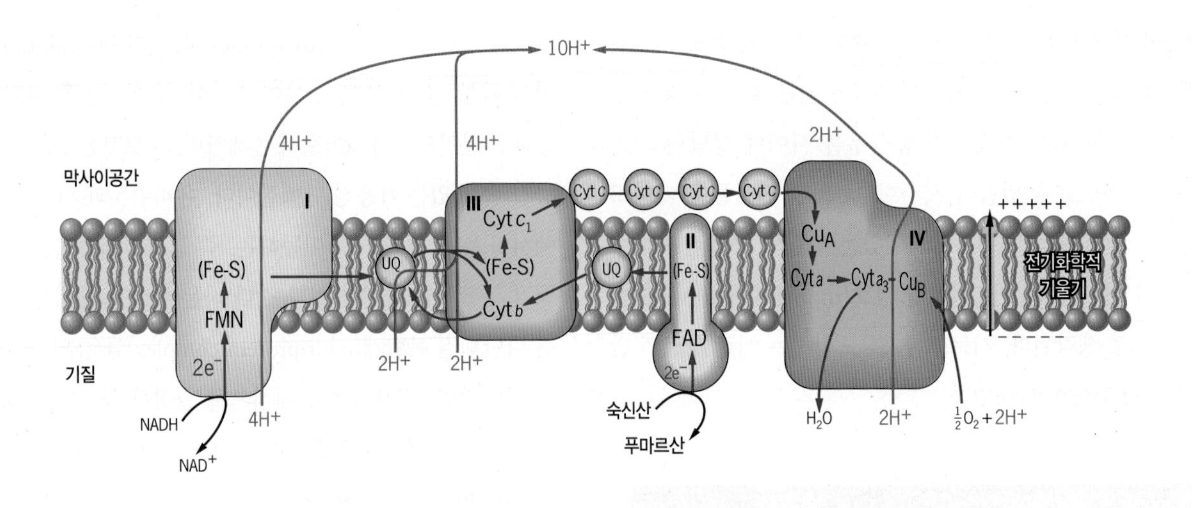

소단위	제1복합체 NADH 탈수소효소 (포유동물)	제3복합체 시토크롬 bc_1	제2복합체 숙신산 탈수소효소	제4복합체 시토크롬 *c* 산화효소
mtDNA	7	1	0	3
nDNA	39	10	4	10
합계	46	11	4	13
분자량(달톤)	>900,000	≈240,000	≈125,000	≈200,000

(a)

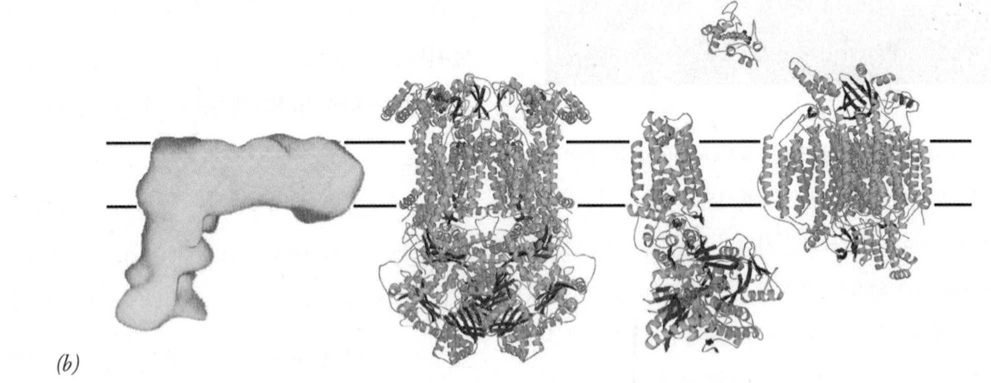

(b)

그림 9-17 미토콘드리아 내막의 전자-전달 사슬. *(a)* 호흡 사슬은 4개의 전자 운반체의 복합체들과 독립적으로 위치하는 2개의 다른 운반체들(유비퀴논과 시토크롬 c)로 구성되어 있다. 전자들은 NADH(제1복합체를 거쳐) 또는 $FADH_2$(제2복합체의 일부)로부터 사슬로 들어간다. 전자들은 제1 또는 제2복합체로부터 지질2중층 속에 풀(pool)로서 존재하는 유비퀴논(UQ)으로 전달된다. 계속해서 전자는 환원된 유비퀴논(유비퀴놀)으로부터 제2복합체로 전달된 다음에, 움직일 수 있는 것으로 생각되는 표재단백질인 시토크롬 *c*로 전달된다. 전자는 시토크롬 *c*로부터 제4복합체(시토크롬 산화효소, cytochrome oxidase)로 전달된 다음 산소(O_2)에 전달되어 물(H_2O)을 형성한다. 미토콘드리아의 기질로부터 막사이공간(intermembrane space)으로 전위(轉位)되는 양성자의 위치를 표시하였다. 각 위치에서 전위되는 양성자의 정확한 수는 아직 논쟁의 여지가 있으며, 여기에 표시된 수는 일반적인 견해에 따른 것이다. 양성자의 수는 운반된 각 전자쌍에 의해 형성된 것을 나타냈음을 기억하기 바란다. 이 전자는 오직 반 분자의 산소($\frac{1}{2}O_2$)를 환원시키기에 충분하다. [제3복합체에 의한 양성자의 전위는 큐 회로(Q cycle)의 경로에 의해 일어난다. 이 회로는 웹사이트(www.wiley.com/colleg/karp)에서 〈실험경로〉의 〈그림 4〉에 나타나 있다. 큐 회로는 2단계로 구분될 수 있는데, 각 단계는 2개의 양성자를 세포기질로 방출시킨다.] *(b)* 전자-전달 사슬(미토콘드리아 또는 세균에서)의 단백질 구성요소들의 구조. 제1복합체의 3차 구조는 아직 결정되지 않았으나, 그 전체적인 모양을 나타내었다.

지난 몇 년 동안, 미토콘드리아 내막의 모든 단백질 복합체들의 분자 구조를 밝히기 위해서 커다란 발전이 이루어졌다(그림 9-17*b*). 연구자들은 이 단백질들이 비슷하게 보인다는 점에 더 이상 의문을 제기하지 않지만, 이들이 어떻게 작동하는지를 이해하기 위해서 많은 새로운 구조에 관한 정보를 이용하고 있다. 우리는 포유동물에서 약 70개의 서로 다른 폴리펩티드를 함께 갖고 있는 4개의 전자-전달 복합체들에 대해서 간단히 살펴볼 것이다. 세균의 복합체들은 포유동물의 것보다 상당히 더 단순하며 훨씬 적은 소단위들을 갖고 있다. 포유동물에서 복합체들에 추가되어 있는 소단위들은 산화환원 중심부를 갖고 있지 않으며, 전자의 전달보다는 오히려 이 복합체들을 조절하거나 또는 조립하는 데 작용하는 것으로 생각된다. 바꾸어 말하면, 호흡하는 동안 일어나는 전자 전달의 기본 과정은 이의 진화가 수십억 년 전에 우리의 원핵생물 조상에서 일어난 이후로 사실상 변화하지 않고 남아 있다.

제1복합체(*complex I*) 또는 NADH 탈수소효소(*NADH dehydrogenase*)

제1복합체는, 유비퀴놀(UQH_2)을 형성하기 위해서 NADH 로부터 유비퀴논(UQ)으로 1쌍의 전자 운반을 촉진시키는, 전자-전달 사슬로 들어가기 위한 관문이다. 포유동물의 제1복합체는 거대한 L자 모양의 덩어리로서, 최소한 45가지의 소단위들로 이루어져 있으며 분자량은 거의 100만 달톤에 이른다. 그 소단위들 중에서 일곱 가지는—모두 소수성이며, 막을 횡단하는 폴리펩티드—미토콘드리아의 유전자에 의해 암호화되며 세균의 폴리펩티드와 상동이다. 〈그림 9-17*b*〉에 나타낸 것과 같이, 다른 복합체에 비하여 제1복합체의 3차 구조는 이 책을 쓸 무렵 엑스-선(X-ray) 결정학에 의해 밝혀지지 않은 전자-전달 사슬의 구성요소이다. 제1복합체는 적어도 8개의 철-황 중심부에서 NADH를 산화시키는 FMN을 함유하는 플라빈단백질과 2분자의 결합된 유비퀴논을 포함하고 있다. 제1복합체를 통한 1쌍의 전자 전달은 기질로부터 내외 막사이 공간으로 4개의 전자가 이동되어 이루어지는 것으로 생각된다. 신경퇴화의 원인으로서 제1복합체의 기능장애에 관한 중요성은 후반부의 〈인간의 전망〉에서 논의되었다.

제2복합체(*complex II*) 또는 숙신산 탈수소효소(*succinate dehydrogenase*)

제2복합체는 4개의 폴리펩티드로 구성된다. 그 중 2개는 소수성 소단위로서 막 속에 이 단백질을 고정시키며, 나머지 2개는 친수성 소단위로서 TCA 회로의 효소인 숙신산 탈수소효소를 포함하고 있다. 제2복합체는 숙신산으로부터 FAD를 거쳐 유비퀴논으로 낮은-에너지의 전자들(0mV에 가까운)을 받아들이기 위한 경로를 제공한다(그림 9-14 및 9-17). 효소의 활성부위에 있는 $FADH_2$로부터 전자는 3개의 철-황 집단을 지나 40Å 떨어진 유비퀴논에 전달된다. 또한 제2복합체는 헴(heme) 그룹을 갖고 있다. 이 헴은 이탈된 전자를 끌어당기는 것으로 생각되며, 이로 인하여 해로운 과산화기(superoxide radical)의 형성을 방지한다. 제2복합체를 통한 전자 전달에서는 양성자 전위(轉位)를 수반하지 않는다.

제3복합체(*complex III*) 또는 시토크롬 bc_1(*cytochrome* bc_1)

제3복합체는 유비퀴놀에서 시토크롬 *c*로의 전자 전달을 촉진한다. 실험 결과에 의하면, 1쌍의 전자가 제3복합체를 거칠 때마다 4개의 양성자가 막을 가로질러 전위되는 것으로 나타난다. 이 양성자들이 막사이공간으로 방출되는데, 이 과정은 독립된 2단계에 의해 일어난다. 즉, 하나는 1쌍의 전자가 서로 분리될 때 방출된 에너지에 의해 추진되며, 다른 하나는 1쌍의 전자가 이 복합체를 거쳐 다른 경로를 따라 이동될 때에 방출된 에너지에 의해 추진된다. 2개의 양성자는 유비퀴놀 분자로부터 기원되어 제3복합체로 들어간다. 다른 2개의 양성자는 기질로부터 이동되어 두 번째 유비퀴놀을 거쳐 막을 가로질러 전위된다. 이러한 단계들은 웹사이트(www.wiley.com/colleg/karp)에서 볼 수 있는 〈실험경로〉의 〈그림 4〉에 더 자세하게 기술되어 있다. 제3복합체를 구성하는 3개의 소단위들, 즉 상이한 산화환원 전위를 지닌 2개의 헴 *b* 분자를 갖고 있는 시토크롬 *b*, 시토크롬 *c*, 그리고 철-황 단백질 등은 산화환원 기(基)를 갖고 있다. 시토크롬 *b*는 미토콘드리아 유전자에 의해 암호화된 이 복합체의 유일한 폴리펩티드이다.

제4복합체(*complex VI*) 또는 시토크롬 *c* 산화효소(*cytochrome c oxidase*)

미토콘드리아에서 전자전달의 최종 단계는, 전자가 환원된 시토크롬 *c*에서부터 산소로 다음의 반응에 따라 계속 전달된다.

$$2\text{cyt } c^{2+} + 2H^+ + \frac{1}{2}O_2 \rightarrow 2\text{cyt } c^{3+} + H_2O$$

전체 산소(O_2) 분자를 환원시키기 위해서 다음과 같이 쓸 수 있다.

$$4\text{cyt } c^{2+} + 4H^+ + O_2 \rightarrow 4\text{cyt } c^{3+} + 2H_2O$$

산소(O_2)의 환원은 **시토크롬 산화효소**(cytochrome oxidase)라고 하는 거대한 폴리펩티드 조립체인 제4복합체에 의해 촉진된다. 시토크롬 산화효소는 산화환원으로 추진되어 양성자 펌프로 작용하는 전자-전달 사슬의 첫 번째 구성요소였다. 이것은 〈그림 9-18〉에 그려진 실험에서 증명되었다. 이 그림에서 정제된 시토크롬 산화효소를 인공적으로 만든 지질2중층(리포솜)으로 된 소낭 속에 삽입시켰다. 그리고 소낭의 막에 환원된 시토크롬 *c*를 삽입시키면 소낭으로부터 H^+ 이온이 밖으로 방출되었다. 이것은 소낭 주변의 pH가 감소하는 것으로 알 수 있었다.

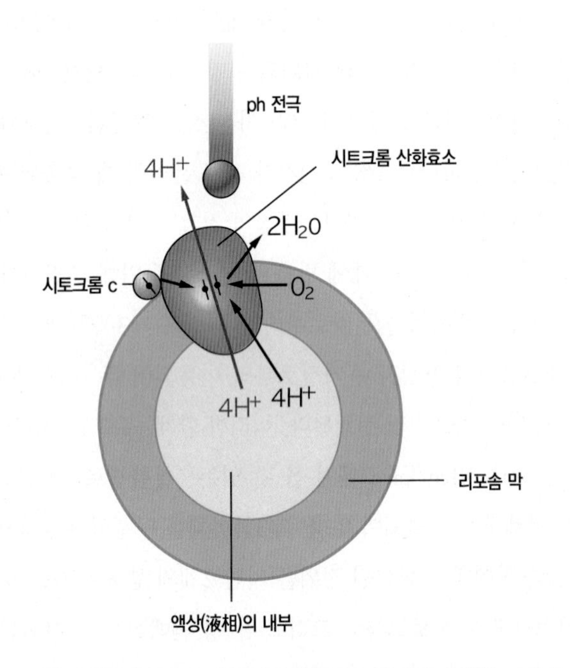

그림 9-18 시토크롬 산화효소가 양성자 펌프임을 증명하는 실험. 정제된 시토크롬 산화효소가 리포솜(liposome)의 인공 2중층 속에 삽입되었을 때, 환원된 시토크롬 *c*를 리포솜 막에 첨가함에 따라 매질이 산성화되었다. 이것은 전자들이 시토크롬 *c*로부터 시토크롬 산화효소로 전달되며, 산소(O_2)가 물로 환원되고, 양성자는 소낭의 구획으로부터 밖의 매질 쪽으로 전위되어지고 있음을 나타낸다. 이 실험은 원래 1960년대 말에 마르텐 윅스트룀(Mårten Wikström)과 그의 동료들에 의해 실시되었다.

리포솜의 안쪽이든 미토콘드리아의 내막이든, 양성자의 전위는 전자전달에 따른 에너지 방출로 인하여 입체구조의 변화와 연결된다. 시토크롬 산화효소에 의해 환원된 산소(O_2) 분자마다, 8개의 양성자가 기질로부터 취해지는 것으로 생각된다. 그 중에서 4개의 양성자는 앞의 그림에 표시된 것처럼 2분자의 물을 형성하는 데 쓰이며, 다른 4개의 양성자는 막을 가로질러 전위되어 막사이공간 속으로 방출된다(그림 9-17). 결과적으로, 전체 반응을 다음과 같이 쓸 수 있다.

$$4\text{cyt } c^{2+} + 8H^+_{\text{기질}} + O_2 \rightarrow$$
$$4\text{cyt } c^{3+} + 2H_2O + 4H^+_{\text{세포기질}}$$

사람은 하루에 이 반응으로부터 약 300ml의 "대사수(代謝水, metabolic water)"를 생산한다. 일산화탄소(CO), 아지드(N_3^-), 시안화물(CN^-) 등을 비롯한 여러 가지 강력한 호흡 독성 물질은 시토크롬 산화효소의 헴 a_3 위치에 결합하여 독성 효과를 낸다. (또한 일산화탄소는 헤모글로빈의 헴기에 결합한다.)

9-3-3-2 더 가까이에서 본 시토크롬 산화효소

시토크롬 산화효소는 13개의 소단위로 구성되어 있는데, 그 중에서 3개의 소단위는 미토콘드리아 유전체에 의해 암호화되며 이들은 모두 4개의 산화환원 중심부를 갖고 있다. 제4복합체를 거치는 전자 전달의 기작은 핀란드의 마르텐 윅스트룀(Mårten Wikström)과 미시간주립대학교(Michigan State University)의 제럴드 밥콕(Gerald Bobcock) 등의 실험실에서 가장 집중적으로 연구되었다. 연구자들의 주요 도전 과제는 오직 하나의 전자 만을 운반할 수 있는 운반체들이 어떻게, 4개의 전자(4개의 양성자와 함께)를 요하는 과정인, 즉 1개의 산소분자(O_2)를 2개의 물분자(H_2O)로 환원시킬 수 있는가를 설명하는 것이다. 가장 중요한 것으로서, 이 과정은 세포가 매우 위험한 물질을 다루고 있기 때문에 대단히 효율적으로 일어나야만 한다. 즉, 부분적으로 환원된 산소가 "우발적"으로 방출되면, 사실상 세포 속의 모든 고분자에 해를 끼칠 가능성이 있기 때문이다.

시토크롬 산화효소에 있는 산화환원 중심부들 사이에 일어나는 전자의 이동을 〈그림 9-19〉에 나타내었다. 전자는 시토크롬 *c* 로부터 제2 소단위에 있는 2개의 구리 중심부(Cu_A)를 거쳐 제1 소단위에 있는 헴(heme *a*)으로 하나씩 전달된다. 거기서부터, 전자는 제1 소단위에 위치한 산화환원 중심부로 전달된다. 제1 소단위는 5Å 이하의 거리로 떨어져 있는 두 번째 헴(heme a_3)과 다른 구리 원자(Cu_B)를 갖고 있다.

처음 2개의 전자를 받으면, 다음 반응에 의해 a_3-Cu_B의 2핵성(binuclear) 중심부가 환원된다.

$$Fe^{3+}_{a_3} + Cu^{2+}_{B} + 2e^{-} \rightarrow Fe^{2+}_{a_3} + Cu^{1+}_{B}$$

일단 2핵성 중심부가 두 번째 전자를 받으면, 산소분자(O_2)가 중심부에 결합한다. 그러면 산소원자(O)가 환원된 a_3-Cu_B 핵성 중심부로부터 1쌍의 전자를 받음으로써, O=O 2중결합이 파괴되고 반응성 과산화(peroxy) 음이온(O_2^{2-})이 형성될 것이다.

$$Fe^{2+}—O{=}O\ Cu^{1+} \rightarrow Fe^{3+}—O^{-}—O^{-}\ Cu^{2+}$$

과산화 이온은 이 반응 순서에서 가장 높은 에너지 요소이며, 헴 자체로부터 또는 근처의 아미노산 잔기로부터 세 번째 전자를 받기 위해서 빠르게 반응한다. 동시에, 2핵성 중심부는 기질로부터 2개의 양성자를 받아들여, O—O 공유결합이 쪼개지며 산소 원자들 가운데 1개를 산화시킨다.

$$Fe^{4+} = O^{2-} \quad Cu^{2+} — OH_2$$

기질로부터 네 번째 전자가 전달되고 2개의 양성자가 추가로 들어오면 2개의 물 분자를 형성하게 된다.

$$Fe^{3+} + Cu^{2+} + 2H_2O$$

기질에서 제거된 각 양성자에 대한, 과잉 음(−) 전하(OH^-형으로)가 뒤에 남는데, 이것은 미토콘드리아 내막을 가로지르는 전기화학적 기울기 형성에 직접적으로 기여하게 된다.

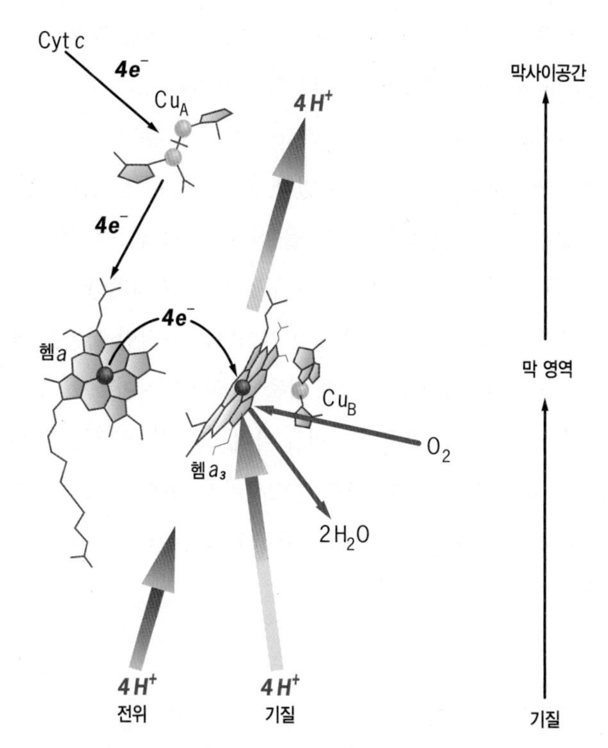

그림 9-19 시토크롬 산화효소 활성의 요약. 이 모형은 시토크롬 산화효소에서 4개의 산화환원 중심부를 통한 전자의 흐름을 보여준다. 철 원자들은 빨간색 구형으로, 구리 원자들은 노란색 구형으로 각각 표시되었다. 전자들은 시토크롬 *c*로부터 2량체 구리 중심부(Cu_A)로, 다음에 시토크롬 *a*에 있는 헴(heme *a*)으로, 이어서 두 번째 철[시토크롬 a_3에 있는 헴(heme a_3)]과 구리 이온(Cu_B)으로 구성된 2핵성 산화환원 중심부로 한 번에 하나씩 전달되는 것으로 생각된다. 산화환원 중심부들의 구조와 제안된 방향성을 나타내었다.

위에 언급한 것처럼, 기질로부터 취해진 양성자들은 매우 다른 두 가지 경로로 사용된다. 시토크롬 산화효소에 의해 산소분자(O_2)가 2개의 H_2O로 환원될 때마다, (1) 4개의 H^+ 이온이 이 화학반응에서 소모되며 (2) 또 다른 4개의 H^+ 이온이 미토콘드리아 내막을 가로질러서 전위된다. 처음 4개의 양성자는 "기질(substrate)" 양성자라고 할 수 있으며 나중의 것은 "펌프된(pumped)" 양성자라고 할 수 있다. 이러한 두 무리의 양성자가 이동하여, 막을 가로지르는 전기화학적 기울기 형성에 기여한다.

시토크롬 산화효소의 3차원 결정 구조가 밝혀짐으로써, 기질 그리고 펌프된 양성자들이 거대한 단백질을 거쳐 이동할 수 있는 경로에 관한 연구가 가능하게 되었다. 확산에 의해 스스로 이동해야 하는 다른 이온들(예: Na^+ 또는 Cl^-)과는 다르게, H^+ 이온들은 이들 스스로 그 경로를 따라 존재하는 다른 양성자들과 스스로 교환되어 통로를 거쳐 “도약(hop)”할 수 있다. 이러한 양성자-전도(傳導, conduction) 경로 또는 “양성자선(線)(proton wire)”은 산성 잔기들, 수소-결합된 잔기들, 그리고 포착된 물 분자들이 한 줄로 구성되어 있기 때문에 확인될 수 있다. 연구자들은 전위를 지닌 양성자 통로를 확인하였으나 그 역할을 실험적으로 입증하지는 못하였다. 불행하게도, 양성자의 정적인 구조 모형 그 자체만으로는 양성자가 작용할 때 그 단백질 속에서 일어나는 동적인 이동을 밝힐 수 없다. 산소(O_2)의 환원에 의해 방출된 에너지는 아마도 이 통로 속에서 이온화 상태를 바꾸며 그리고 아미노산 사슬의 정밀한 위치를 바꾸는 데 필요한 입체구조를 변화시키기 위해 사용될 것이다. 이어서 이러한 변화는 이 단백질을 통한 H^+ 이온의 이동을 촉진할 것이다.

복습문제

1. 호흡 사슬을 내려오는 전자 전달에 의해 양성자 기울기가 형성되는 단계들을 설명하시오.
2. 다섯 가지의 전자 운반체들 가운데, 가장 적은 분자량을 갖는 것은 무엇인가? 운반된 전자에 대한 철 원자의 비율이 가장 큰 것은 무엇인가? 지질2중층 바깥에 위치하는 것은 무엇인가? 양성자와 전자를 받을 수 있는 것은 무엇이며, 전자만 받을 수 있는 것은 무엇인가?
3. 화합물의 전자 친화력과 이의 환원제 역할을 하기 위한 능력 사이의 관계를 설명하시오. 환원제의 전자-전달 전위와 산화제 역할을 하기 위해 다른 것과 결합할 수 있는 능력 사이에는 무슨 관계가 있는가?
4. 〈그림 9-12〉를 보고, 유비퀴논과 FMN의 세미퀴논(semiquinone) 상태가 얼마나 비슷한지 서술하시오.
5. 시토크롬 산화효소의 2핵성 중심부란 무엇을 의미하는가? 이것은 산소의 환원에서 어떻게 작용하는가?
6. 시토크롬 산화효소가 양성자 기울기에 기여하는 두 가지의 다른 경로는 무엇인가?
7. 어떤 전자 전달은 다른 전달보다 더 큰 에너지를 방출하게 되는 이유는 무엇인가?

9-4 양성자의 전위와 양성자-구동력의 확립

우리는 전자가 전달되는 동안 방출된 자유 에너지가 기질로부터 막사이공간과 기질로 양성자를 이동시키는 데 사용되는 것을 알아보았다. 내막을 가로지르는 양성자의 전위(轉位, translocation)는 전기발생적(electrogenic, 즉 전압이 생기는)이다. 왜냐하면, 양성자 전위는 막사이공간과 세포 기질에는 더 큰 양전하를 갖게 하며 그리고 기질 속에는 더 큰 음전하를 갖게 하기 때문이다. 그래서 양성자 기울기는 두 가지 구성요소로 이루어진다. 하나는, 막의 어느 한쪽과 다른 쪽에 있는 수소 이온 사이의 농도 차이이다. 즉, 이것은 pH 기울기(**ΔpH**)이다. 다른 하나의 요소는, 막을 가로질러서 전하를 분리함으로써 생기는 전압(ψ)이다. 농도(화학적)와 전기(전압)의 두 가지 요소로 이루어진 기울기는 전기화학적 기울기(*electrochemical gradient*)이다. 양성자의 전기화학적 기울기를 구성하는 두 가지 요소들 속에 있는 에너지를 합쳐서 **양성자-구동력**(陽性子-驅動力, proton-motive force)(**Δp**)으로 표현될 수 있으며, 이 힘은 밀리볼트(millivolt)로 측정된다. 그래서,

$$\Delta p = \psi - 2.3\ (RT/F)\ \Delta pH \text{ 이다.}$$

2.3(RT/F)는 25°C에서 59 mV이므로, 이 식[3]을 다음과 같이 다시 쓸 수 있다.

$$\Delta p = \psi - 5.9\ \Delta pH$$

양성자-구동력 형성에 기여하는 전기적 전위(電位) 대(對) pH 기울기의 비율은 내막의 투과성에 따라 다르다. 예로서, 만일 전자가 전달되는 동안 양성자들이 바깥쪽으로 이동될 때 음으로 하전된 염소(鹽素) 이온(Cl^-)이 동반된다면, 전기적 전위(ψ)는 양성자 기울기(ΔpH)에 영향을 주지 않고 감소된다. 여러 연구소에서 측정한 바에 의하면, 활발하게 호흡하는 미토콘드리아는 내막을 가로질러서 약 220mV의 양성자-구동력을 발생시킨다. 포유동물의 미

[3] 1pH 단위의 차이는 막을 가로지르는 H^+ 농도에서 10배의 차이를 나타낸다. 이러한 1 pH 단위의 차이는 59mV의 전위차와 같으며, 이 전압은 1.37kcal/mol의 자유 에너지 차이와 같다.

토콘드리아에서, 양성자 기울기(ΔpH) 속에 있는 자유 에너지의 약 80%는 전압에 의해 나타나며, 나머지 20%는 양성자 농도 차이(약 0.5~1 pH 단위 차이)에 의해 나타난다. 만일 양성자 농도 차이가 이보다 훨씬 크다면 세포질에 있는 효소들의 활성에 영향을 미칠 것이다. 미토콘드리아 내막을 가로지르는 막 횡단 전압은, 전기적 전위에 비례하여 막을 가로질러 분포하는, 양으로 하전된 지용성 염료를 사용하여 시각적으로 확인할 수 있다(그림 9-20).

세포들이 어떤 지용성, 특히 2,4-디니트로페놀(2,4-dinitrophenol, DNP)과 같은 물질로 처리되었을 때, 이 세포들은 ATP를 발생시킬 수 없는 상태에서 기질들을 계속 산화시킨다. 바꾸어 말하면, DNP는 포도당의 산화와 ADP 인산화를 연결시키지 않는다(*uncouple*). 이런 성질 때문에, DNP는 ATP 형성을 저해하기 위해 실험실에서 널리 사용되고 있다. 1920년대 동안에, 몇 명의 의사들은 살 빼는 약으로서 DNP를 처방해 주기도 했다. 세포들이 그 약물에 노출되면, 지나치게 살찐 환자들의 세포는 정상적인 ATP 수준을 유지하기 위해서 저장된 지방을 계속 산화시키는 헛수고를

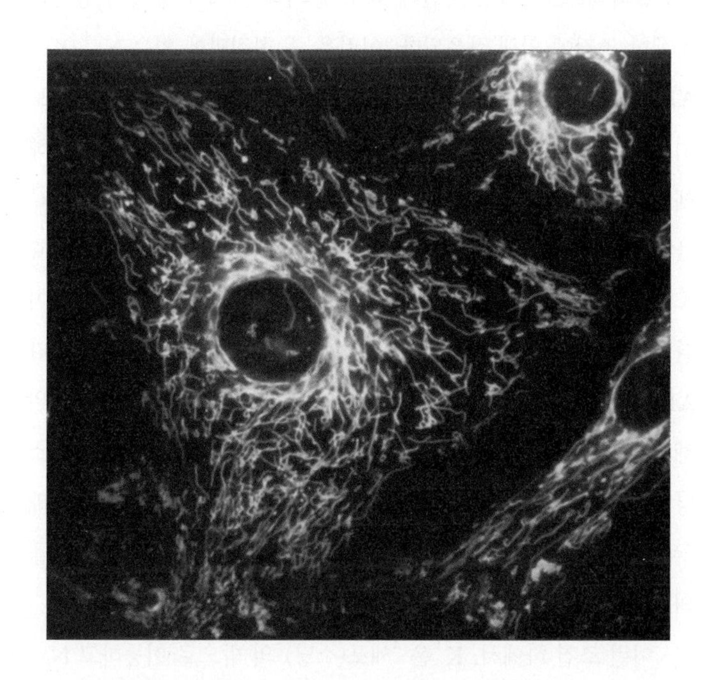

그림 9-20 양성자-구동력을 시각적으로 보여주는 사진. 형광물질인 양이온 염료 로다민(rhodamine)으로 염색된 배양된 세포의 형광현미경 사진. 이 세포의 활성이 활발할 때, 미토콘드리아의 내막[안쪽은 음(−)의 상태임]을 가로질러 발생된 전압은 미토콘드리아 속에서 양이온을 띤 염료를 축적하게 하여 이 소기관들이 형광을 발하게 한다.

한다. 그 결과 이 약물을 복용하는 많은 환자들이 죽었다. 화학삼투설이 공식화되고 미토콘드리아에서 양성자 기울기가 만들어진다는 사실이 확인됨으로써, DNP의 작용 기작이 이해되었다. 이 약물은 산화와 인산화작용을 연결할 수 없다. 그 이유는, 이 약물이 양성자와 결합하며, 지용성이고, 미토콘드리아 내막을 횡단하는 양성자들을 전기화학적 기울기가 낮은 쪽으로 운반하기 때문이다.

양성자-구동력을 유지하기 위해서는, 미토콘드리아 내막이 양성자들에 대해서 매우 불투과성인 상태를 유지해야 할 필요가 있다. 만일 그렇지 않으면, 전자 전달에 의해서 형성된 그 기울기는 양성자들이 기질 속으로 다시 새어 들어감으로써 급속히 흐트러지며, 이는 에너지를 열로서 방출되게 한다. 일부 세포들의 미토콘드리아 내막은 자연적인(내생적인) 불연결자(*uncoupler*)로서 작용하는 단백질을 갖고 있다는 놀라운 사실이 발견되었다. 불연결 단백질(*uncoupling protein* 또는 *UCP*)들 이라고 하는 이러한 단백질들은 특히 포유동물의 갈색 지방조직에 풍부한데, 이 갈색 지방조직은 추운 온도에 노출되는 동안 열 발생원으로 작용한다.

또한 사람 중에서 유아들은 체온을 유지하기 위해서 갈색 지방을 축적한다. 이런 갈색 지방 세포들은 우리가 성숙하면서 거의 소실되며, 우리는 체열을 발생시키기 위해서 근육 수축(떨림)에 의존하게 된다. 많은 제약회사들은 UCP1에 관심을 집중시키고 있는데, 이 회사들은 체중-감소를 위한 투약 계획의 일환으로서 이 단백질을 자극하는 약물 개발을 희망하고 있다. 다른 UCP 동형(同形, isoform)들(UCP2-UCP5)은 다양한 조직 특히 신경계의 세포들 속에 있지만, 이 물질들의 역할은 확실하지 않다. 한 가지 가설에 따르면, 미토콘드리아 내막에 있는 UCP들은 지나치게 큰 양성자-구동력의 형성을 막는다. 만일 이러한 고-에너지 상태가 형성되었다면, 호흡 복합체를 통해서 전자의 통과를 차단할 수 있을 것이며, 이로부터 전자가 새어나가게 되어서 반응성 산소기가 발생하게 된다.

ATP 형성의 중간 단계로서 양성자-구동력을 수용하도록 한 실험은 웹사이트(www.wiley.com/colleg/karp)에서 볼 수 있는 〈실험경로〉에 논의되어 있다.

복습문제

1. 양성자-구동력의 두 가지 구성요소는 무엇이며, 이들의 상대적 기여도는 세포에 따라 어떻게 변할 수 있는가?
2. 디니트로페놀이 미토콘드리아의 ATP 형성에 미치는 영향은 무엇인가?

9-5 ATP 형성을 위한 기구

우리는 전자 전달 과정에서 어떻게 미토콘드리아 내막을 가로지르는 양성자 전기화학적 기울기가 발생되는지를 알아보았다. 이제 우리는 ADP의 인산화반응을 작동시키기 위해서 이러한 기울기 속에 저장된 에너지를 사용하는 분자 기구에 대해서 알아보기로 한다.

1960년대 초기에, 메사추세츠 종합병원(Messachussetts General Hospital)의 훔베르트 훼르난데즈-모란(Humbert Fernandez-Moran)은 그 당시 개발된 최신 기술인 음성염색법(negative staining)으로 분리된 미토콘드리아를 실험하고 있었다. 훼르난데즈-모란은 내막의 안(기질)쪽에 부착된, 막으로부터 돌출되어 있으며 자루에 의해 막에 붙어 있는, 둥근 구조(구체, 球體)들이 층을 이루고 있는 것을 발견하였다(그림 9-21).

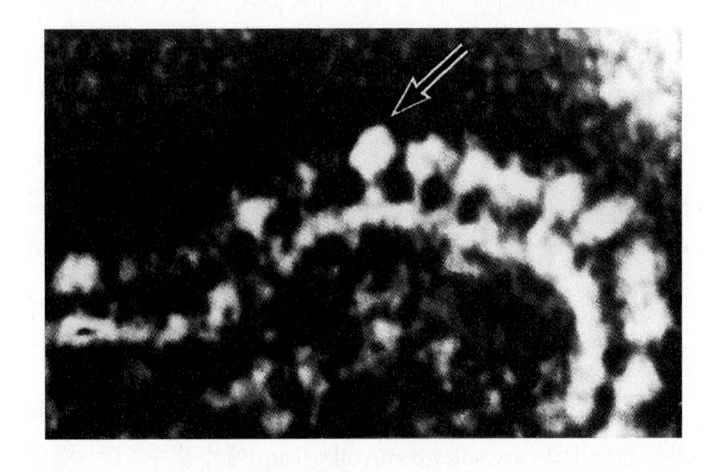

그림 9-21 ATP 합성을 위한 기구. 소(beef) 심장에 있는 미토콘드리아의 일부를 건조시킨 후 배경을 염색하여 관찰된 전자현미경 사진. 약 50만 배의 배율에서, 둥근 입자들이 가느다란 자루에 의해 크리스테(cristae) 막 안쪽 표면에 붙어 있는 것을 보여준다(화살표).

몇 년 후에, 코넬대학교(Cornell Univerity)의 에프라이임 랙커(Efraim Racker)는 그가 연결요소 1(*coupling factor 1*) 또는 단순히 F_1이라고 부른 내막의 구체를 분리하였다. 랙커는 F_1 구체가 ATP를 가수분해하는 효소, 즉 ATPase 효소와 같이 작용하는 것을 발견하였다. 얼핏 보아 이것은 특별한 발견인 것처럼 보인다. 왜 미토콘드리아는 만들어질 예정인 물질을 가수분해하는 유력한 효소를 갖고 있어야 하나?

만일 ATP 의 가수분해가 ATP 형성의 역반응이라고 생각한다면, F_1 구체의 기능은 보다 확실해진다. 즉, 이 구체는 촉매 부위를 갖고 있으며 그 곳에서 ATP 형성이 정상적으로 일어난다. 다음을 상기해 보자.

1. 효소들은 그들이 촉매하는 반응의 평형 상수에 영향을 미치지 않는다.
2. 효소들은 정방향 및 역방향의 양쪽 반응을 모두 촉매할 수 있다.

결과적으로, 일정 시간에 효소에 의해 촉매된 반응의 방향은 우세한 조건에 의해 좌우된다. 이것은, 원형질막에 있는 Na^+/K^+-ATPase와 같이, 다른 ATPase를 갖고 실시한 실험에서 아주 잘 보여주고 있다. 이 효소를 제4장에서 논의했을 때, ATP 가수분해에서 얻어진 에너지를 Na^+과 K^+ 각각의 기울기에 역행하여 Na^+을 밖으로 내보내고 K^+을 안으로 들어가도록 하는 데 사용하는 효소로서 설명하였다. 이것은 세포 속에서 그 효소의 유일한 기능이다. 그러나 실험 조건 하에서, 이 효소는 ATP를 가수분해하기보다 ATP의 형성을 촉매할 수 있다(그림 9-22). 이러한 조건을 얻기 위해서, 적혈구의 원형질막으로 만들어진 소낭을 준비하였다. 즉, 소낭의 안쪽은 매우(*very*) 높은 K^+ 농도를 그리고 소낭의 바깥쪽은 매우(*very*) 높은 Na^+ 농도를 유지하도록 하였는데, 여기서 이 이온들의 농도는 몸속에서 정상적으로 유지되는 것보다 더 높다.

이런 조건 하에서, K^+은 "세포(소낭)"의 밖으로 이동하고 Na^+은 "세포"의 속으로 이동한다. 이 두 가지 이온들은, 정상적으로 살아 있는 세포 속에서 일어나는 것처럼, 그들 농도에 역행하여 이동하기보다 각각의 기울기가 낮은 쪽으로 이동한다. 만일 ADP와 무기인산이 이 원형질막으로 만들어진 소낭 속에 있다면, 그 이온들의 이러한 이동은 ATP를 가수분해하기보다 오히려 ATP를 합성하

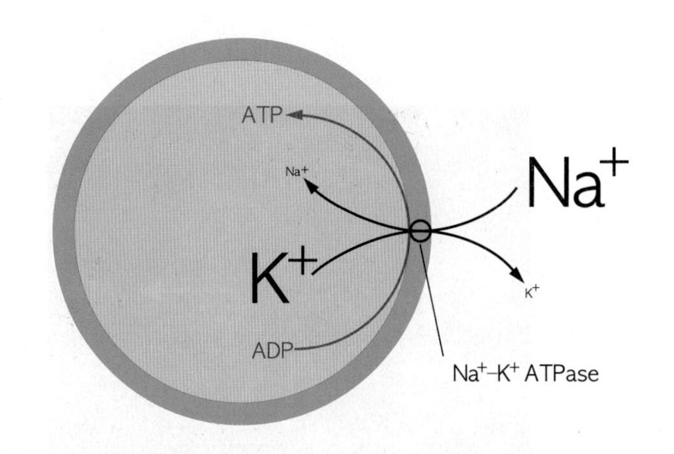

그림 9-22 Na^+/K^+-ATPase를 끼워 넣은 막으로 만들어진 소낭에서 ATP 형성을 작동시키기 위한 실험. 이 소낭의 내부는 매우 높은 K^+ 농도를 그리고 소낭의 바깥쪽은 매우 높은 Na^+ 농도를 갖도록 함으로써, 반응이 원형질막 속에서 정상적인 과정으로 일어나는 것과 반대 방향으로 진행되도록 하였다. 이 과정에서, ADP와 무기인산(Pi)으로부터 ATP가 형성된다. Na^+과 K^+ 글자의 크기는 농도 기울기의 방향을 나타낸다.

도록 한다. 이와 같은 실험은 효소에 의해 촉매된 반응들이 가역적(可逆的)으로 일어날 수 있다는 이론을 기초로 하여 예측된 사실을 증명하는 사례이다. 또한 이 실험은, 하나의 이온 기울기가 미토콘드리아 속에서 정교하게 일어나는, ADP가 ATP로 인산화 되는 반응을 작동시키기 위해서 어떻게 사용될 수 있는가를 설명하는 예이기도 하다. 여기서 반응을 작동시키는 힘은 전자 전달에 의해 형성된 양성자-구동력이다.

9-5-1 ATP 합성효소의 구조

F_1 구체가 미토콘드리아에서 ATP를 만드는 효소의 촉매 부위라고 하더라도, 이것이 이야기의 전부는 아니다. **ATP 합성효소**(ATP synthase)라고 하는 ATP를 합성하는 효소는 두 가지의 중요한 구성요소들, 즉 둥근 모양의 F_1 머리부분(F_1 head, 직경이 약 90 Å임)과 내막에 매몰되어 있는 F_0라고 하는 기부(基部, base)로 이루어진 버섯 모양의 단백질 복합체이다(그림 9-23*a*).

고분해능 전자현미경 사진에 의하면, 〈그림 9-23*b*〉에서 보여주는 것처럼, 이 두 부분이 중앙부 자루와 주변부 자루에 의해서 연결되어 있다. 전형적인 포유동물의 간세포에서 하나의 미토콘드리온(mitochondrion)은 약 1만 5,000개의 ATP 합성효소를 갖고 있다. 이런 ATP 합성효소와 유사한 구조들이 세균의 원형질막, 식물 엽록체의 틸라코이드 막, 미토콘드리아 내막 등에서 발견되었다.

세균과 미토콘드리아 ATP 합성효소들의 F_1 부분은 매우 보존적이다. 즉, 세균과 미토콘드리아 양쪽 모두의 ATP 합성효소들은 $\alpha_3\beta_3\delta\gamma\varepsilon$으로 된 5개의 서로 다른 폴리펩티드로 이루어져 있다. α와 β 소단위들(subunits)은 오렌지 조각과 비슷하게 F_1 머리부분 속에 교대로 배열되어 있다(그림 9-23*b*; 또한 9-26*b* 참조). 이 후의 논의를 위해서 두 가지를 특별히 언급할 수 있다. 즉, (1) 각 F_1 부분은 ATP 합성을 위한 3개의 활성부위를 갖고 있으며, 이는 각 β 소단위 위에 있다. (2) γ 소단위는 F_1 머리부분의 바깥쪽 끝에서부터 중앙의 자루에까지 연속되며 F_0 기부에도 닿아 있다. 미토콘드리아 효소에서, F_1의 다섯 가지 폴리펩티드 전부는 핵의 DNA에 의해 암호화되어, 세포질에서 합성된 다음, 미토콘드리아 속으로 들어간다(그림 9-47 참조).

ATP 합성요소의 F_0 부분은 막 속에 있으며, 화학량론적(化學量論的)으로 $ab_2c_{10\text{-}14}$인 3개의 서로 다른 폴리펩티드로 구성된다(그림 9-23*b*). 분자 구조에 관한 연구에 의하면 *c* 환(環, ring)의 소단위 숫자가 효소원에 따라 다양할 수 있다고 밝혀졌기 때문에, *c* 환을 구성하는 소단위의 숫자가 10~14로 쓰여 있다. 예로서, 효모(yeast)의 미토콘드리아와 대장균(*E. coli*)의 ATP 합성효소는 10개의 *c* 소단위를 갖는 반면, 엽록체의 효소는 14개의 *c* 소단위를 갖는다(그림 9-24). 이 F_0 기부에 통로가 있으며, 이를 통해서 양성자(H^+)들이 내외막 사이의 공간에서 기질 쪽으로 전달된다.

막을 횡단하는 통로가 있다는 사실은 다음과 같은 실험에 의해 처음으로 증명되었다. 즉, 내막을 조각으로 쪼개서 미토콘드리아이하 입자(*submitochondrial particle*)라고 하는 막으로 된 소낭(小囊, vesicle)을 만든다(그림 9-25*a*). 소낭의 막에 ATP 합성효소가 매몰되어 있는, 이 미토콘드리아이하 입자들은 기질들을 산화시킬 수 있으며, 이로부터 양성자 기울기를 발생시키고 ATP를 합성하게 한다(그림 9-25*b*). 그러나 만일 이 입자로부터 구형의 F_1 부분이 제거되면, 소낭의 막은 기질의 산화와 전자 전달이 계속 일어남에도 불구하고 양성자 기울기를 유지할 수 없다. 전자 전달이 일어나는

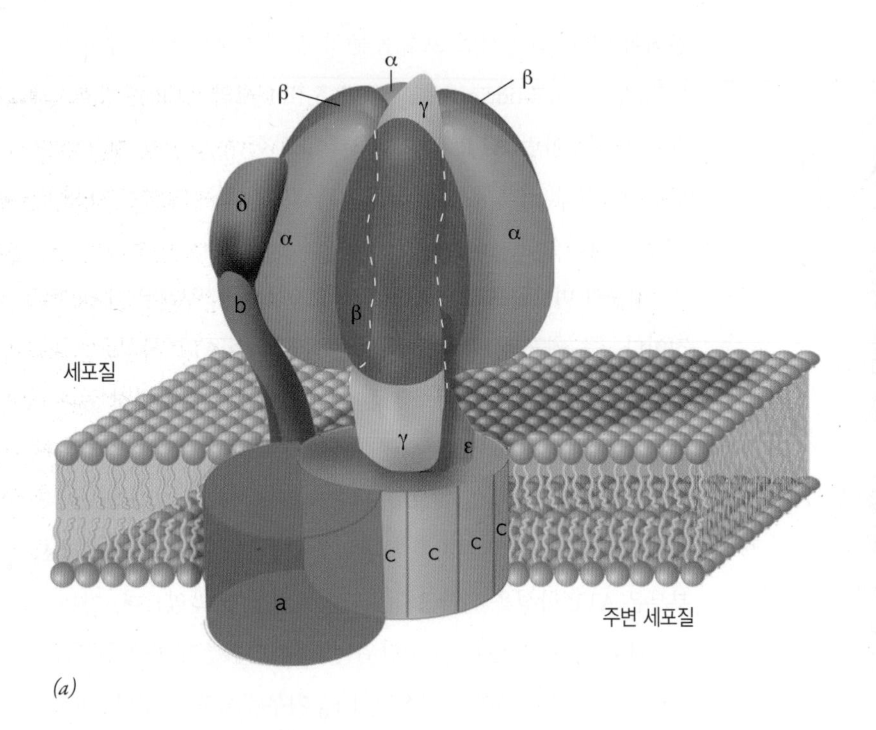

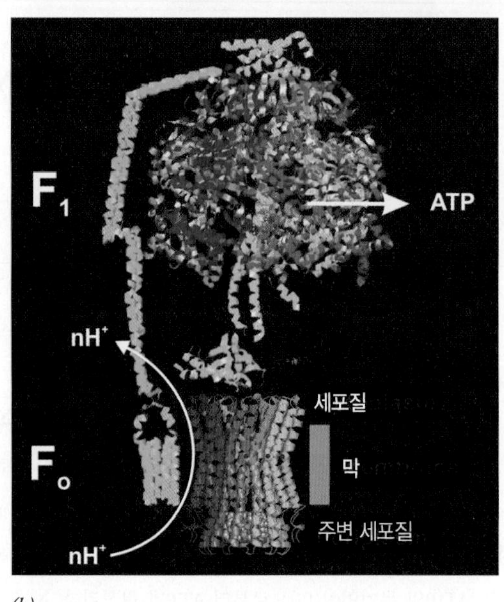

그림 9-23 ATP 합성효소의 구조. (*a*) 세균 ATP 합성효소의 도해. 이 효소는 F_1과 F_0라고 하는 두 가지 주요 부분으로 구성된다. F_1 머리부분은 다섯 가지의 서로 다른 소단위들이 $3\alpha:3\beta:1\delta:1\gamma:1\varepsilon$의 비율로 이루어져 있다. α와 β 소단위들은 원형으로 배열되어서 이 입자의 둥근 머리부분을 형성한다. γ 소단위는 F_1의 꼭대기 부분에서부터 F_0 기부에까지, 즉 ATP 합성효소의 중앙부를 관통하여 이 효소의 한 가운데에 있는 자루를 형성한다. ε 소단위는 γ 소단위를 F_0에 부착되도록 한다. 원형질막 속에 들어 있는 F_0 기부는 세 가지의 서로 다른 소단위들이 $1a:2b:10-14c$의 비율로 구성되어 있다. 뒤에 논의된 것처럼, *c* 소단위들은 막 속에서 회전하는 환(ring)을 형성한다. F_0 기부에 있는 1쌍의 *b* 소단위와 F_1 머리부분에 있는 δ 소단위는 주변부 자루를 형성하여, α/β 소단위들을 고정된 위치에 있도록 한다. *a* 소단위에는 양성자가 막을 가로질러 이동하는 양성자 통로가 있다. 포유동물에서 이 효소에는 가외로 7~9개의 작은 소단위들이 있는데 이들의 기능은 잘 알려져 있지 않다. (*b*) 세균 ATP 효소의 3차원 구조. 이 상은 다양한 생물체들에 있는 효소의 몇 개 부분의 구조로 구성된 것이다. 이 효소의 동영상을 웹사이트(www.biologie.uni-osnabrueck.de/biophysik/junge)에서 볼 수 있다.

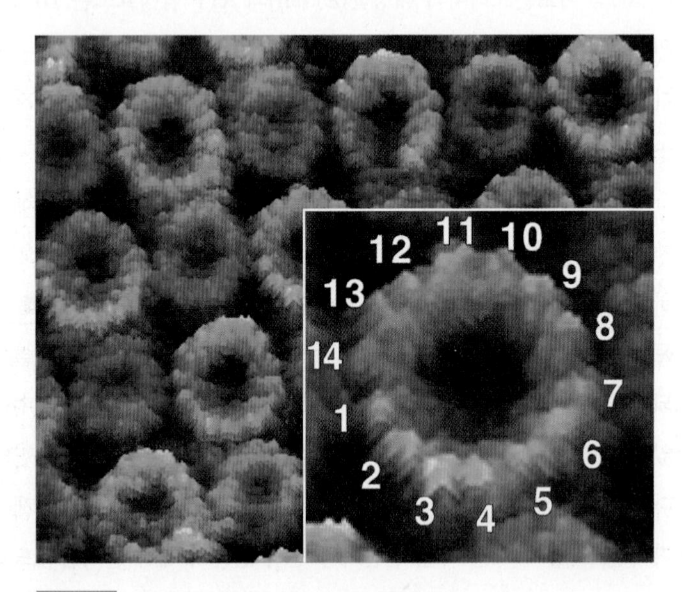

그림 9-24 엽록체의 ATP 합성효소에서 *c* 환을 구성하는 소중합체(oligomer)를 보여주는 사진. 엽록체 ATP 합성효소에서 분리하여 인공 지질 막 속에 2차원적으로 배열된 것을 재구성한 *c* 환 "부위"의 원자력현미경(atomic force microscope) 사진. *c* 환의 직경이 두 가지로 다르게 보이는 것은 "인공 막" 속에서 이 소중합체들이 두 가지의 가능한 방향으로 위치하는 것으로 생각되기 때문이다. 오른쪽 아래에 삽입된 것은 하나의 *c* 환의 고해상 사진으로서, 14개의 소단위로 구성된 것을 보여준다.

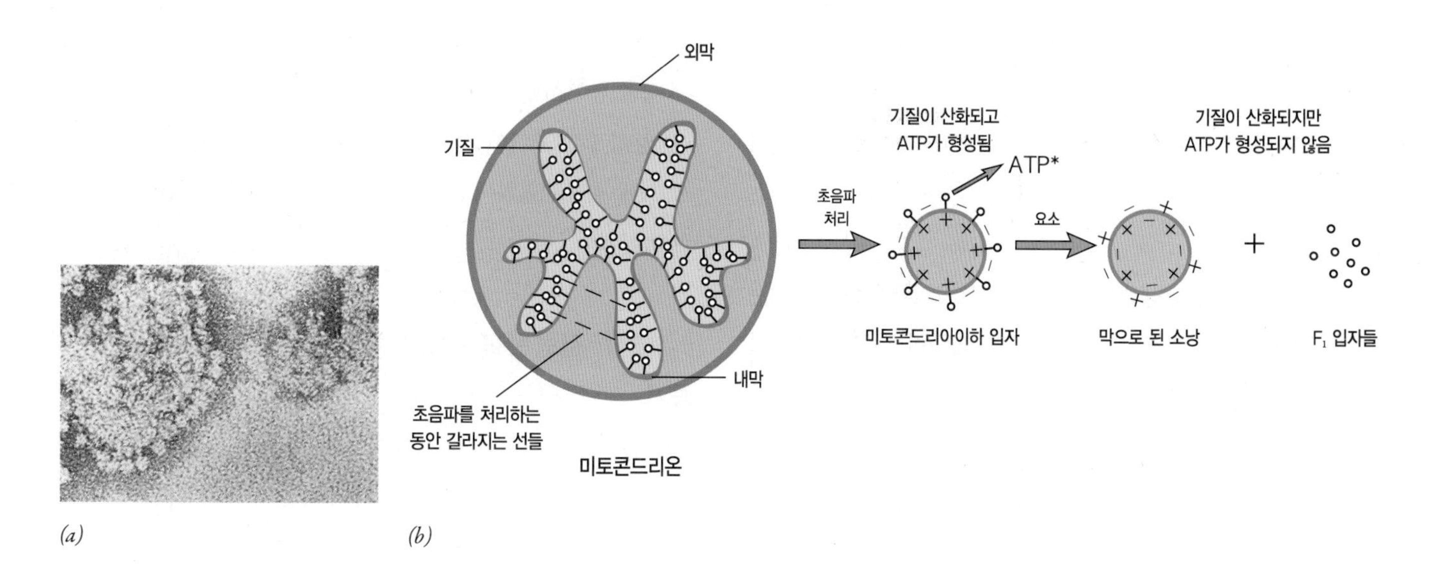

그림 9-25 미토콘드리아이하 입자를 갖고 한 실험에서 ATP 합성. *(a)* 미토콘드리아이하 입자의 전자현미경 사진. 이 입자는 미토콘드리아 내막에서 떨어져 나온 조각으로서, 기질 속으로 돌출된 구형의 F_1 부분을 지닌 소낭으로 된 것이다. *(b)* 온전한 상태의 미토콘드리아이하 입자가 기질을 산화시킬 수 있으며, 양성자 기울기를 형성(전하가 막 안팎으로 분리된 상태로 표시되었음)할 수 있고, ATP를 형성할 수 있음을 보여주는 실험의 개요. 이와는 대조적으로, F_1 머리부분이 없는 미토콘드리아 이하 입자는 기질을 산화시킬 수는 있지만, 양성자 기울기를 유지할 수 없어서(전하가 분리되지 않은 상태로 표시되었음) ATP를 형성할 수 없다.

동안 막을 가로질러 전위(轉位)된 양성자들은 F_1 머리부분이 절단된 ATP 합성효소를 통해서 다시 건너가며, 에너지는 사라진다.

9-5-2 결합변화기작에 의한 ATP 합성의 기초

어떻게 양성자의 전기화학적 기울기가 ATP를 합성을 추진하기 위해서 필요한 에너지를 제공하는가? 이 질문에 답하기 위해서, 캘리포니아대학교(UCLA)의 폴 보이어(Paul Boyer)는 1979년에 결합변화기작(*binding change mechanism*)이라고 하는 혁신적인 가설을 내놓았으며, 이 가설은 그 후 널리 받아들여졌다. 전체적으로 이 가설은 몇 가지 요소로 이루어지며, 이것을 논의할 것이다.

1. 양성자의 이동에 의해 방출된 에너지는 직접적으로 ADP의 인산화반응에 사용되지 않지만, 원칙적으로 ATP생산을 위한 활성부위의 결합 친화력을 변화시키기 위해서 사용된다. 우리는 물의 농도가 55M이고, '반응물질과 반응산물은 그 매체 속에서 간단히 용해된다'는 물이 있는 환경에서 일어나는 세포의 반응들을 생각하는 데 익숙해 있다. 이런 조건 하에서, 에너지는 ATP를 형성하기 위해서 ADP와 무기인산(Pi)을 연결하는 공유결합을 협상하는 데 필요하다. 그러나 일단 ADP와 무기인산은 ATP 합성효소의 활성부위 속에서 결합되며, 이 두 가지 반응물질들은 추가 에너지의 유입 없이 단단히 결합된 ATP 분자를 형성하기 위해서 쉽게 축합한다는 사실이 증명된 바 있다. 바꾸어 말하면, 다음의 반응은 상당한 에너지(표준 조건 하에서 7.3kcal/mol)의 유입이 필요하더라도,

$$\text{가용성 ADP} + \text{가용성 } P_i \rightarrow \text{가용성 ATP} + H_2O$$

아래 반응은 1에 가까운 평형 상수($\Delta G^\circ = 0$)를 가지며 그래서 에너지의 유입 없이 자연적으로 일어날 수 있다.

$$\text{효소-결합 ADP} + \text{효소-결합 } P_i \rightarrow \text{효소-결합 ATP} + H_2O$$

이것은 ATP가 에너지를 소비하지 않고 ADP로부터 형성되는 것을 의미하는 것이 아니다. 대신 그 에너지는, 인산화(반응) 자체보다, 촉매(활성) 부위로부터 단단히 결합된 생산물 방출시키기 위해서 필요하다.

2. 각 활성부위는 기질과 생성물에 대하여 서로 다른 친화력을 갖는 세 가지 독특한 입체구조를 갖도록 연속적으로 진행(변화)된다. F_1 복합체는 3개의 β 소단위 각각에 있는 3개의 활성부위가 있음을 상기하자. 연구자들이 정적인 상태의 효소(촉매작용을 하지 않았던)에서 3개의 활성부위에 대한 성질을 조사했을 때, 각각의 활성부위는 서로 다른 화학적 특성을 보였다. 보이어는, 어떤 특정한 시각에, 3개의 활성부위는 서로 다른 입체구조의 상태로 존재하며, 이는 3개의 활성부위가 뉴클레오티드에 대하여 서로 다른 친화력을 갖는 원인이라고 제안하였다. 어떤 일정한 순간에, 하나의 활성부위가 "느슨한(loose)" 또는 L 입체구조의 상태에 있으며, 이 상태에서 ADP와 무기인산은 느슨하게 결합되어 있다. 두 번째 활성부위는 "견고한(tight)" 또는 T 입체구조 상태에 있고, 이 상태에서 뉴클레오티드들(ADP + 무기인산 기질들, 또는 ATP 생산물)이 단단히 결합되어 있다. 그리고 세 번째 부위는 "열린(open)" 또는 O 입체구조 상태에 있는데, 이 구조는 뉴클레오티드들에 대한 친화력이 매우 낮기 때문에 ATP를 방출하도록 한다. 정적인 효소에서 3개의 활성부위 사이에 서로 차이가 있었다 해도, 보이어는 활발한 효소에 의해 생산된 모든 ATP 분자들은 동일한 촉매 기작에 의해 합성되었다는 증거를 얻었다. 바꾸어 말하면, 그 효소에 있는 3개의 모든 활성부위는 동일하게 작동되고 있었던 것 같다. 효소 구조의 비대칭성과 이의 촉매 기작의 동일성 사이의 명백한 모순을 설명하기 위해서, 보이어는 3개의 활성부위 각각은 동일한 L, T, 그리고 O 입체구조를 차례로 거친다고 제안하였다(그림 9-27 참조).

3. ATP는 회전촉매작용에 의해 합성되며, 이 작용에서 ATP 합성효소의 일부분은 다른 부분과 관련되어 회전한다. 각 활성부위들의 입체구조가 연속적으로 변화한다는 것을 설명하기 위해서, 보이어는 F_1 머리부분 속에서 6각형 고리(環)(hexagonal ring)를 형성하는 α와 β 소단위들은 중앙 자루(γ 소단위의 棒)와 관련되어(*relative*) 회전한다고 제안했다. 회전촉매작용(*rotational catalysis*)이라고 부르는 이 모형에서, 회전은 양성자들이 F_0 기부 속에 있는 통로를 거쳐서 막을 통과하여 이동함으로써 작동된다. 그래서 이 모형에 따르면, 양성자 기울기에 저장된 전기 에너지는 γ 봉을 회전시키는 기계적 에너지로 변환되고, 이 에너지는 ATP에 저장된 화학 에너지로 변환된다.

9-5-2-1 결합변화기작과 회전촉매작용을 지지하기 위한 증거

1944년에 영국 의학연구심의회(Medical Research Council)의 존 워커(John Walker)와 그의 공동 연구자들에 의해서 F_1 머리부분의 상세한 원자 모형이 출판되었다. 이 출판물은 보이어의 결합변화기작을 지지하기 위한 놀랄만한 구조적 증거를 구체적으로 제공하였다. 첫째로, 이 연구는 정적인 상태의 효소에서 각 활성부위에 대한 구조를 밝혔으며, 이 부위들의 입체구조와 이들의 뉴클레오티드들에 대한 친화력이 서로 다른 것을 확인하였다. L, T, 그리고 O 입체구조에 상응하는 구조들이 3개의 β 소단위들에 있는 활성부위들에서 확인되었다.

둘째로, 이 연구는 이 효소를 구성하는 γ 소단위가, F_0 막 구역으로부터 F_1 활성부위로 입체구조 변화를 전달하기 위해서, ATP 합성효소 속에 완벽하게 위치되어 있음을 밝혔다. γ 소단위는 하나의 축으로서 F_0 부분으로부터 자루(棒) 부분을 거쳐 F_1 속의 중앙 빈 곳 속으로 뻗어 있는 것을 볼 수 있었으며(그림 9-26*a*), γ 소단위는 3개의 β 소단위들과 서로 다르게 접촉되어 있다(그림 9-26*b*).

γ 소단위의 끝부분은 매우 비대칭이며, 어느 특정한 순간에 γ 소단위의 상이한 면들이 서로 다른 β 소단위들과 상호작용함으로써 β 소단위들이 서로 다른(L, T, 그리고 O) 입체구조를 취하도록 한다. γ 소단위가 회전할 때, γ 소단위에 있는 각 결합자리는 F_1의 3개의 β 소단위들과 연속적으로 상호작용한다. 1회의 촉매 주기 동안에, γ 소단위는 완전히 360° 회전함으로써, 각 활성부위는 순차적으로 L, T, 그리고 O의 입체구조를 거치게 된다. 이 기작은 〈그림 9-27〉에 도식적으로 그려져 있으며 그 그림 설명에서 자세하게 논의되었다. 〈그림 9-27*a*〉에 나타낸 것처럼, 각 β 소단위가 T 입체구조의 상태에 있을 때 ATP를 형성하기 위해서 ADP와 무기인산의 축합이 일어난다. 〈그림 9-23*b*〉에서와 같이, ε 소단위는 γ

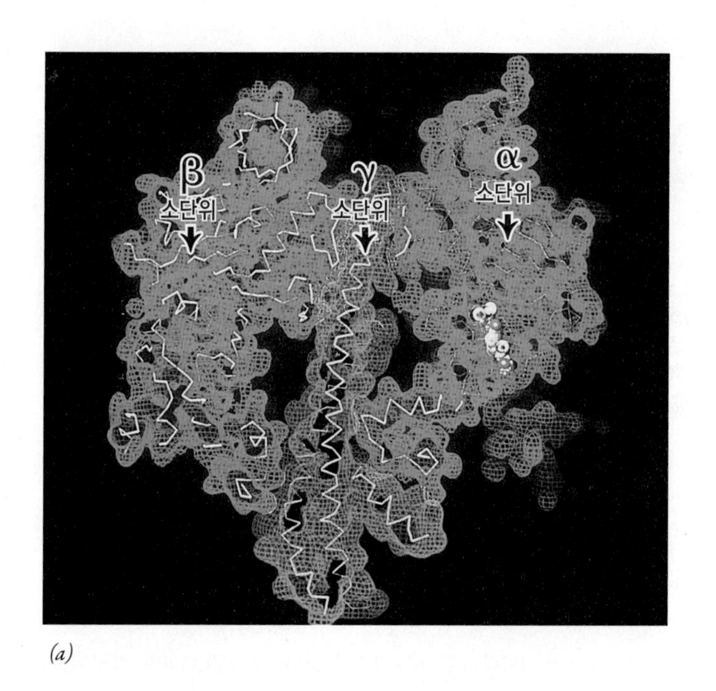

(a)

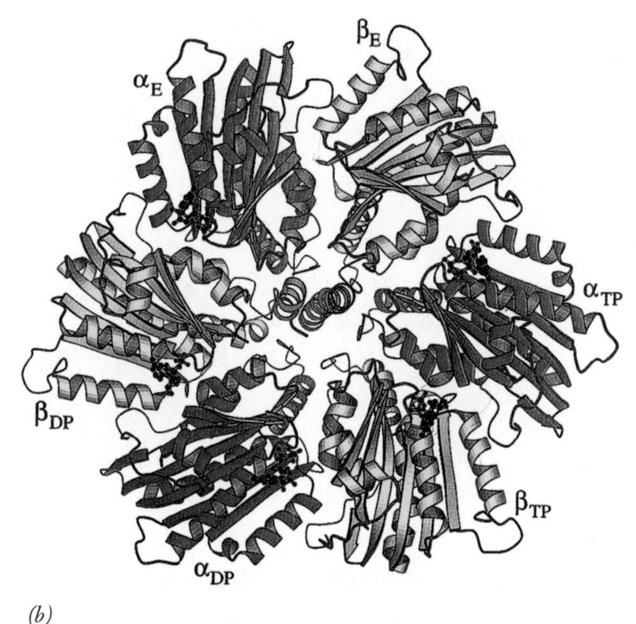

(b)

그림 9-26 활성부위의 입체구조. *(a)* F_1 머리부분의 절단면은 세 가지 소단위들의 공간적 배열을 보여준다. γ 소단위는 서로 엉켜 있는 2개의 α 나선으로 구성되어 있다. 이 나선 구조의 자루는 F_1 의 중앙 공간 속으로, 그리고 옆에 있는 α 소단위와 β 소단위의 사이로 돌출되어 있다. β 소단위(왼쪽에 그려진)에 있는 활성부위의 입체구조는 γ 소단위와의 접촉에 의해서 결정된다. *(b)* F_1 머리부분을 위에서 내려다 본 구조로서, 비대칭적인 γ 소단위(파란색 부분) 주변에 6개의 α와 β 소단위들(빨간색과 노란색 부분)이 배열되어 있음을 보여준다. γ 소단위는 주위에 있는 소단위들에 대하여 회전시키기 적합한 적당한 위치에 있다. γ 소단위는 3개의 β 소단위들과 다른 방식으로 접촉하여, 각 β 소단위가 서로 다른 입체구조를 취하도록 유도한다. β_E는 O 입체구조에 해당하며, β_{DP}는 L 입체구조에, 그리고 β_{TP}는 T 입체구조에 각각 해당한다.

소단위의 "아래" 부분과 결합되어서 이 두 가지 소단위들은 하나의 단위로서 함께 회전한다.

αβ 소단위들과 관련된 γ 소단위의 회전에 대한 직접적인 증거는 여러 가지 실험에 의해 얻어진바 있다. 만일 "보는 것이 믿는 것이다"라고 한다면, 1997년 일본의 동경(東京)공과대학(Tokyo Institute of Technology)과 게이오(慶應)대학교(Keio University)의 마사수케 요시다(Masasuke Yosida)와 그의 동료들의 업적에 의해서 가장 신빙성 있게 증명되었다. 이 연구자들은 그 효소가 세포 속에서 정상적으로 작동하는 것에 비하여 역반응을 촉매하는 것을 보기 위해서 독창적인 장치를 고안하였다(그림 9-28). 첫째로, 그들은 3개의 α 소단위, 3개의 β 소단위, 1개의 γ 소단위들($\alpha_3\beta_3\gamma$)로 구성된 ATP 합성효소의 F_1 부분을 유전공학적으로 처리하여 준비하였다(그림 9-28).

다음에, 이 폴리펩티드 복합체의 머리부분을 덮개 유리에 고정시키고, 형광물질로 표지된 짧은 액틴섬유를 매질 속에서 돌출된 γ 소단위의 끝에 부착시켰다. 이와 같이 준비된 실험 장치를 ATP와 함께 항온기에 넣고 현미경으로 관찰하면, 형광물질로 표지된 액틴섬유가 아주 작은 현미경적인 크기의 프로펠러처럼 회전하는 것을 볼 수 있었다. 이때의 회전은 ATP 분자가 β 소단위의 활성부위에 결합되고 가수분해 됨으로써 방출된 에너지에 의해 구동된 것이었다.

보다 최근에는, F_1과 유사한 복합체가 세포 속에서 정상적으로 일어나는 보다 도전적인 작용—ATP의 합성—을 수행하도록 보완되었다. 이 연구에서, F_1의 γ 소단위에 현미경으로 볼 수 있는 크기의 자석 구슬 하나를 붙인 다음, 회전하는 자장의 영향을 받게 하여 시계반대 방향으로 돌도록 하였다. 이런 F_1 분자들 중의 하나는 ADP와 무기인산이 들어 있는 작고 투명한 미세 공간에 놓아두었을 때, γ 단위의 강제된 회전에 의해 μM 농도에 이르는 ATP를 합성하게 되었다. 그 모형에서 기대했던 것처럼, γ 소단위가 360° 회전할 때마다 세 분자의 ATP가 합성되었다. 자장이 제거되었을 때, γ 소단위는 역방향으로 자동적으로 회전하였는데, 이 회전은 최근

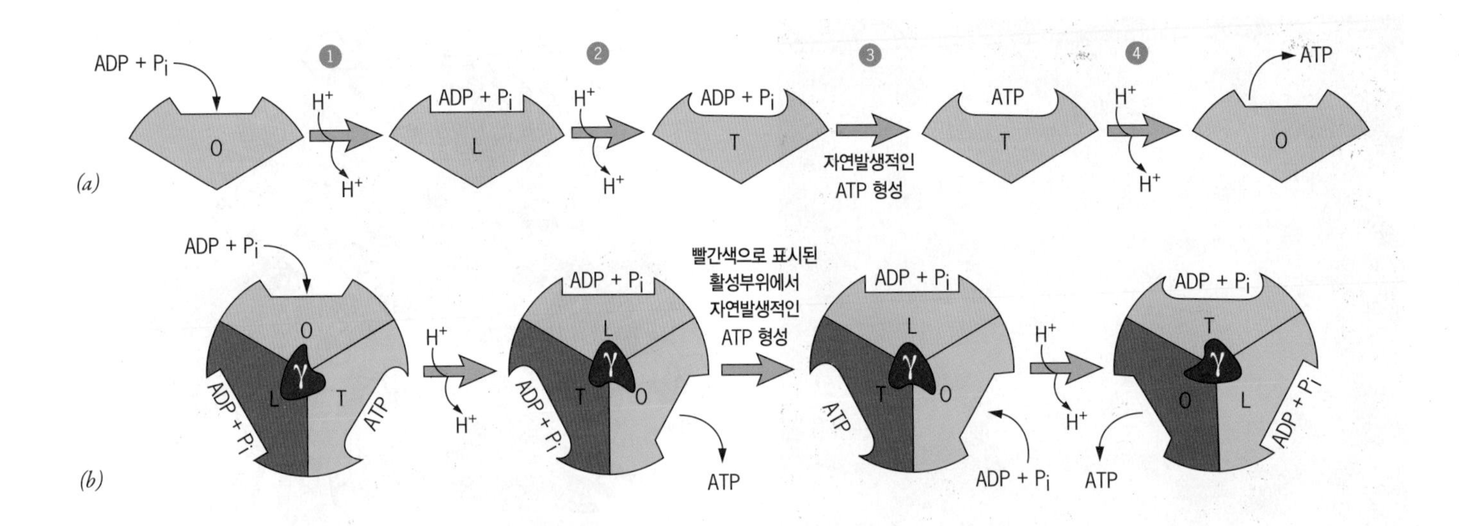

그림 9-27 ATP 합성을 위한 결합변화기작. *(a)* 이 개요도는 촉매작용이 1회전하는 (또는 1주기) 동안에 일어나는 단일 촉매(활성)부위의 변화를 보여준다. 회전(주기)이 시작될 때에, 활성부위의 입체구조는 열려(open, O) 있어서, 기질인 ADP와 무기인산이 그 자리로 들어간다. 1단계에서, 양성자가 막을 거쳐 이동하면 활성부위가 느슨한(loose, L) 입체구조로 변하도록 유도되어 기질들이 느슨하게 결합된다. 2단계에서, 양성자가 추가로 이동하면 활성부위가 단단한(tight, T) 입체구조로 변화하도록 유도됨으로써, 기질들에 대한 친화력이 증가하여 기질들이 활성부위에 단단히 결합되도록 한다. 3단계에서, 단단히 결합된 ADP와 무기인산은 단단히 결합된 ATP를 형성하기 위해서 자연적으로 응축한다. 이 단계에서 활성부위의 입체구조 변화는 필요하지 않다. 4단계에서, 양성자가 추가로 이동하면 활성부위가 열려진(O) 입체구조로 변하도록 유도되어, ATP에 대한 친화력이 대단히 감소함으로써 생산물(ATP)이 활성부위로부터 방출되게 한다. 일단 ATP가 분리되면, 활성부위는 기질과 결합할 수 있으며 주기가 반복된다. *(b)* 이 개요도는 효소에 있는 3개의 모든 활성부위에서 자발적으로 일어나는 변화를 보여준다. 양성자가 이 효소의 F_0 부분을 거쳐 이동함으로써, 비대칭적인 γ 소단위를 회전시킨다. 이로 인하여 γ 소단위는 활성부위를 구성하는 3개의 β 소단위들의 서로 다른 면(面)을 보여주게 된다. γ 소단위가 회전함으로써, β 소단위들에 있는 활성부위의 입체구조를 변화시키도록 유도한다. 이러한 변화는 각 활성부위가 T, O, L의 입체구조를 연속적으로 거치도록 한다.

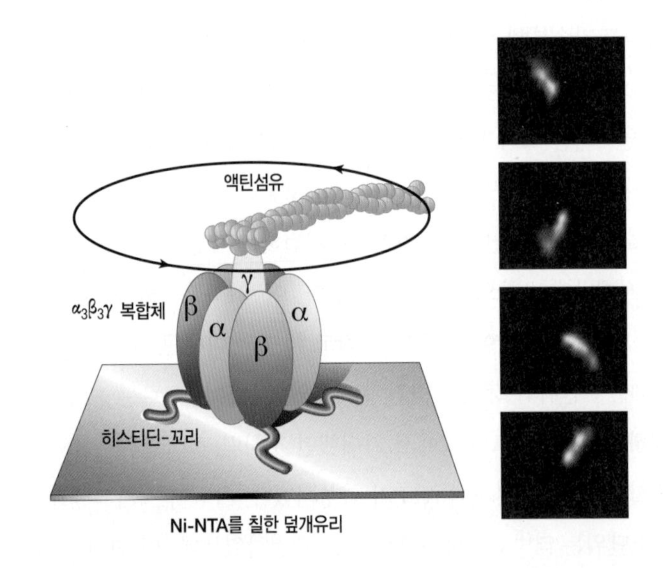

그림 9-28 회전촉매작용의 직접 관찰. (a) 실험을 시행하기 위해서, 변형된 $a_3\beta_3\gamma$ 로 구성된 ATP 합성효소 부분이 준비되었다. 각 β 소단위는 F_1 머리부분의 바깥(기질)쪽에 위치한 N 말단에 10개의 히스티딘(histidine, His) 잔기를 갖도록 변형되었다. 이 히스티딘의 곁사슬은 덮개유리에 칠하는 데 사용된 물질(Ni-NTA)에 높은 친화력을 갖는다. γ 소단위는 이 자루(棒)의 끝 근처에 있는 세린(serine) 잔기들 중의 하나를 시스테인(cysteine) 잔기로 대체하여 변형되었다. 이 시스테인 잔기에 형광물질로 표지된 액틴섬유를 부착시켰다. ATP가 존재하면, 액틴섬유가 시계반대 방향으로 회전하는 것을 볼 수 있었다(막이 있는 쪽에서 보았을 때). ATP 농도가 낮아지면, 액틴섬유가 120°의 보폭으로 회전하는 것을 볼 수 있었다. *(b)* 회전하는 액틴섬유를 촬영한 비디오에서 4개의 연속된 사진.

에 합성된 ATP의 가수분해에 의해 추진되었다. 이와 같은 혁신적인 생명공학적 실험을 통해서 ATP 합성효소는 하나의 회전 모터(rotary motor)로서 작동한다는 것이 명백하게 증명되었다.

회전 기계들은 우리의 산업화된 사회에서 흔히 볼 수 있다. 즉, 우리는 회전 터빈, 회전 드릴, 회전 바퀴, 프로펠러 등을 사용한다. 그러나 이러한 회전 장치들은 살아 있는 생물체 속에서 극히 보기 드물다. 예로서, 진핵세포 속에서 회전하는 소기관(organelle)은 알려진 것이 없으며, 동물에서 회전 관절, 또는 생물계에서 회전 섭식(攝食) 구조 등을 들 수 있다. 사실, 단 두 가지 유형의 생물학적 구조 만이 회전하는 부분을 갖고 있는 것으로 알려졌다. 즉, ATP 합성효소(그리고 이온 펌프로서 작용하는 관련된 단백질들)과 세균의 편모(〈그림 1-14*a*〉의 삽입된 사진에 있음)로서, 이 두 가지는 그 크기가 나로미터(nanometer)로 측정되기 때문에 회전하는 "나노기계(nanomachine)"라고 할 수 있다.

공학자들은 무기물질로 만들어진 나노 크기의 기계들을 발명하기 시작하였으며, 이로써 언젠가는 여러 가지 유형의 현미경 이하에서 볼 수 있는 기계적 활동들을 수행하게 될 것이다. 나노 크기의 모터를 제작하는 일은 특별한 도전이며, 단순한 무기 재료로 만든 장치에 동력을 공급하기 위해 ATP 합성효소를 이용하려는 시도들은 이미 이루어진 바 있다. 가까운 미래에 인간은 정교한 기구에 동력을 제공하기 위해서 전기 대신에 ATP를 사용하게 될지도 모른다.

9-5-2-2 **촉매 기구를 작동시키기 위해 사용되는 양성자 기울기: ATP 합성효소에서 F_0 부분의 역할**

1997년경, F_1 복합체의 기계적 작동을 자세하게 이해하게 되었으나, 그 효소에서 막에 결합된 F_0 부분의 구조와 기능에 대해서는 답해야 할 문제들이 남아 있었다. 그 중에서 가장 중요한 의문은, "양성자들이 F_0 복합체를 통해서 이동할 때 양성자들이 취하는 경로는 무엇이며, 이러한 양성자의 이동이 어떻게 ATP를 합성하게 하는가?"이다. 이에 대하여 다음과 같이 가정된 바 있다. 즉,

1. F_0 부분의 *c* 소단위들이 지질2중층 속에서 하나의 고리(環, ring)를 이루고 있다.
2. 그 *c* 환은 γ 소단위 자루와 물리적으로 결합되어 있다.
3. 양성자들이 막을 통해서 "내려오는(downhill)" 이동을 하여 *c* 소단위 환의 회전이 추진된다.
4. F_0 부분에 있는 *c* 환이 회전함으로써, 이 환에 붙어 있는 γ 소단위의 회전을 추진하는 회전력(*torque*)이 제공되어서 ATP가 합성되고 방출되도록 한다.

위의 모든 가정은 확인되었다. 우리는 이 가정들을 각각 더 자세하게 살펴볼 것이다.

엑스-선 결정학과 원자력현미경 관찰에 의한 구체적인 증거는 *c* 소단위들이 환상(環狀) 복합체를 형성하기 위해서 실제로 하나의 원(圓)으로 배열되어 있음을 보여준다(그림 9-24). 고분해능 전자현미경 사진들에 의하면, 〈그림 9-23〉에서 보는 것처럼, F_0 복합체에서 2개의 *b* 소단위와 1개의 *a* 소단위가 *c* 환의 바깥쪽에 있음을 암시한다. *b* 소단위들은 원래 ATP 합성효소를 구성하는 구조적 요소인 것으로 생각된다. 2개의 긴 *b* 소단위들은 이 효소의 F_0와 F_1 부분을 연결하는 주변자루(*pheriperal salk*)를 형성한다(그림 9-23*b*). 그리고 이들 *b* 소단위들은, F_1의 δ 소단위와 함께, γ 소단위가 F_1 복합체의 중앙부 속에서 회전하는 동안에 고정된 위치에서 $\alpha_3\beta_3$ 소단위들을 받치고 있는 것으로 생각된다.

ATP를 합성하는 동안 F_0에 있는 *c* 환이 회전한다는 것은, c 환과 γ 소단위가 모두 회전자(回轉子, rotor)로서 작용하는 것을 확인하는 여러 가지 실험에 의해 증명된 바 있다. 이 두 가지의 "움직이는 부분들"이 어떻게 연결되어 있나? 각 *c* 소단위는 머리핀처럼 되어 있다. 즉, 이 분자는 F_1 머리부분 쪽을 향해서 돌출된 친수성 고리(loop)에 의해 연결된 막을 횡단하는 2개의 나선 구조를 갖고 있다. *c* 소단위의 꼭대기 위에 위치한 친수성 고리들은 γ 와 ε 소단위의 기부와 결합하는 자리를 형성하는 것으로 생각되며, γ 와 ε 소단위들은 함께 *c* 환에 단단히 부착되어 있는 "다리"와 같은 역할을 한다(그림 9-23*b* 및 9-29). 이러한 부착의 결과로, *c* 환이 회전하면 이에 붙어 있는 γ 소단위의 회전이 추진된다.

양성자(H^+)의 이동에 의해 *c* 환의 회전이 추진되는 기작은 더 복잡하고 완전히 이해되어 있다. 〈그림 9-29〉는 H^+ 이온들이 F_0 복합체를 어떻게 통과해 흐르는가에 관한 하나의 모형을 제시한다. 이 모형에 대한 다음의 논의를 기억해 두자. 즉, (1) *c* 환의 소단위들은 정지상태(*stationary*)에 있는 *a* 소단위를 연속적으로 통과하여 이동하며, 그리고 (2) 막사이공간에 있던 양성자들은 각 *c* 소단

위에 의해 하나씩 포착되고, 원을 완전히 빙 돌아(*completely around a circle*) 운반되어 미토콘드리아의 기질 속으로 방출된다. 이 모형에서, 각 *a* 소단위에는 물리적으로 서로 떨어져 있는 2개의 반(半)-통로(half-channel)가 있다. 하나의 반-통로는 막사이(세포기질)공간으로부터 *a* 소단위의 중간 속으로 이어지며, 다른 하나의 반-통로는 *a* 소단위의 중간으로부터 기질 속으로 이어진다. 각 양성자는 막사이공간으로부터 반-통로를 거쳐 이동하여, 이웃하고 있는 *c* 소단위의 표면에 위치하는 음전하를 띤 아스파르트산(aspartic acid) 잔기와 결합한다(그림 9-29).

양성자가 카르복실기에 결합함으로써, *c* 소단위의 입체구조에 큰 변화가 생겨서 그 소단위가 시계 반대 방향으로 약 30° 회전하도록 한다. 최근에 양성자와 결합된 *c* 소단위가 이동하게 되면, 그와 이웃하고 있는 소단위(이전 단계에서 양성자와 결합되었던)가 *a* 소단위의 두 번째 반-통로와 일치하는 위치로 오게 된다. 일단, 아스파르트산이 결합된 양성자를 방출하면, 이 양성자는 기질 속으로 확산된다. 양성자가 분리되고 나면 *c* 소단위의 입체구조는 원래의 상태로 돌아가고, *c* 소단위는 막사이공간으로부터 다른 양성자를 받아들일 준비를 하며, 이런 주기가 반복된다.

이 모형에 의하면, 각 *c* 소단위에 있는 아스파르트산은 회전하는 양성자 운반체와 같이 작용한다. 하나의 양성자는 선택된 승차(포착) 자리에 있는 운반체 위에 오른(편승) 다음, 원을 한 바퀴 돌고나서 선택된 하차 자리에서 방출된다. *c* 환의 회전 운동은 각 *c* 소단위에 있는 아스파르트산 잔기가 연속적으로 양성자와 결합하고 분리되는 과정에서 그 입체구조가 변화되어 추진되어진다. 생물(종)에 따라서, *c* 환은 10~14개 사이의 소단위들로 이루어져 있다. 단순화하기 위해서, 〈그림 9-29〉에 그려진 것처럼, 우리는 12개로 구성된 *c* 환을 설명할 것이다. 이 경우, 기술된 방식으로 4개의 양성자가 결합/분리하는 과정을 거치면, *c* 환은 120° 이동할 것이다.

c 환이 120° 회전 운동을 하면, 이 환에 부착된 γ 소단위를 120° 회전시킬 것이며, 이 회전 운동은 F_1 복합체에 의해 새로 합성된 한 분자의 ATP를 방출하게 할 것이다. 이 화학량론(化學量論)에 따르면, 12개의 양성자가 전위되면 *c* 환과 γ 소단위가 완전히 360° 회전하게 되며, 3분자의 ATP를 합성하여 방출하게 될 것이다. 만일 *c* 환이 12개 이상 또는 이하의 소단위로 되어 있다면, H^+/ATP 비율은 변할 것이다. 그러나 그 비율은 〈그림 9-29〉에 나타낸 양성자-추진 회전의 기본 모형 내에서 쉽게 조절될 수 있다.

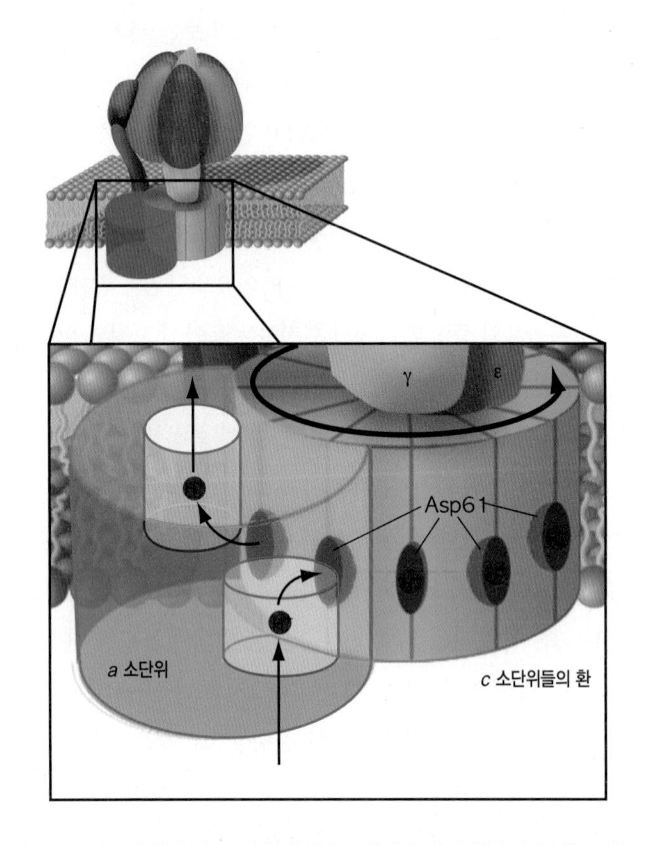

그림 9-29 양성자 확산이 F_0 복합체에서 *c* 환의 회전과 연결되어 있는 것을 보여주는 모형. 본문에서 논의된 것처럼, 이 모형에서 다음과 같은 내용이 제안된다. 즉, 막사이공간에 있던 각 양성자가 *a* 소단위 속에 있는 반-통로로 들어간 다음, *c* 소단위들 중의 어느 하나에 접근할 수 있는 아스파르트산 잔기(대장균에서는 Asp 61)에 결합한다. 양성자가 결합되면 입체구조의 변화가 유도되어, *c* 환을 약 30° 이동시키게 된다. 결합된 양성자는 *c* 환의 회전에 의해 원을 한 바퀴 완전히 돌아서, 기질 속으로 열린 두 번째 반-통로 속으로 방출된다. 계속적으로 이러한 과정에 참여하는 양성자들은 그림에서 보는 것처럼 *c* 환을 시계 반대 방향으로 회전시킨다.

9-5-3 ATP 합성효소 이외에 양성자-구동력의 다른 역할

ATP 생산이 미토콘드리아의 가장 중요한 작용이지만, 이 소기관은 에너지의 투입을 필요로 하는 수많은 다른 작용에 관여한다. 대부분의 소기관들이 작용하기 위해서 주로 ATP의 가수분해에 의존하는 것과는 다르게, 미토콘드리아는 다른 에너지원으로 양성자-구동력에 의존한다. 예로서, 양성자-구동력은 미토콘드리아 속으로 ADP와 무기인산을 들여오며 이들은 각각 ATP 및 H^+와 교환된다. 유산소 호흡을 하는 동안에 일어나는 이러한 작용과 다른 활동들이 〈그림 9-30〉에 요약되어 있다. 다른 예를 들면, 양성자-구동력은 미토콘드리아 속으로 칼슘 이온을 "끌어 들이기" 위한 에너지원, NADPH를 형성하게 하는 수소전달효소(transhydrogenase) 반응을 작동시키거나 세포의 환원력을 작동시키기 위한 에너지원, 그리고 특별히 표적화 된 폴리펩티드를 기질로부터 미토콘드리아 속으로 들어가도록 하기(그림 12-47) 위한 에너지원 등으로 사용될 수 있다.

우리는 제3장에서, 주요 효소들의 활성을 조절함으로써 해당작용의 속도와 TCA 회로를 조절하는 데 있어서 ATP의 수준이 얼마나 중요한 역할을 하는지를 알아보았다. 미토콘드리아 속에서, ADP 수준은 호흡률을 결정하는 주요소이다. ADP 수준이 낮을 때, ATP 수준은 보통 높다. 이때에 호흡 연쇄를 위한 전자를 공급하기 위해 산화되어야 할 추가 기질은 필요하지 않다. 이러한 조건 하에서, ATP 합성 수준이 낮기 때문에, 양성자는 ATP 합성효소를 통해 미토콘드리아의 기질로 다시 들어갈 수 없다. 이런 상태는 양성자-구동력을 지속적으로 강화시켜서 전자-전달 사슬의 양성자 펌프 반응과 시토크롬 산화효소에 의한 산소의 소비를 억제한다. ATP/ADP의 비율이 감소하면, 산소의 소비는 갑자기 증가한다. 많은 요소들이 미토콘드리아의 호흡률에 영향을 미치는 것으로 나타났으나, 호흡 조절을 지배하는 경로는 잘 알려져 있지 않다.

복습문제

1. ATP 합성효소의 기본 구조를 설명하시오.
2. 결합변화기작에 따른 ATP 합성 과정의 각 단계를 설명하시오.
3. 결합변화기작을 지지하는 몇 가지 증거를 설명하시오.
4. 양성자가 막사이공간에서 기질 속으로 확산되어 ADP를 인산화시키는 기작에 대해 설명하시오.

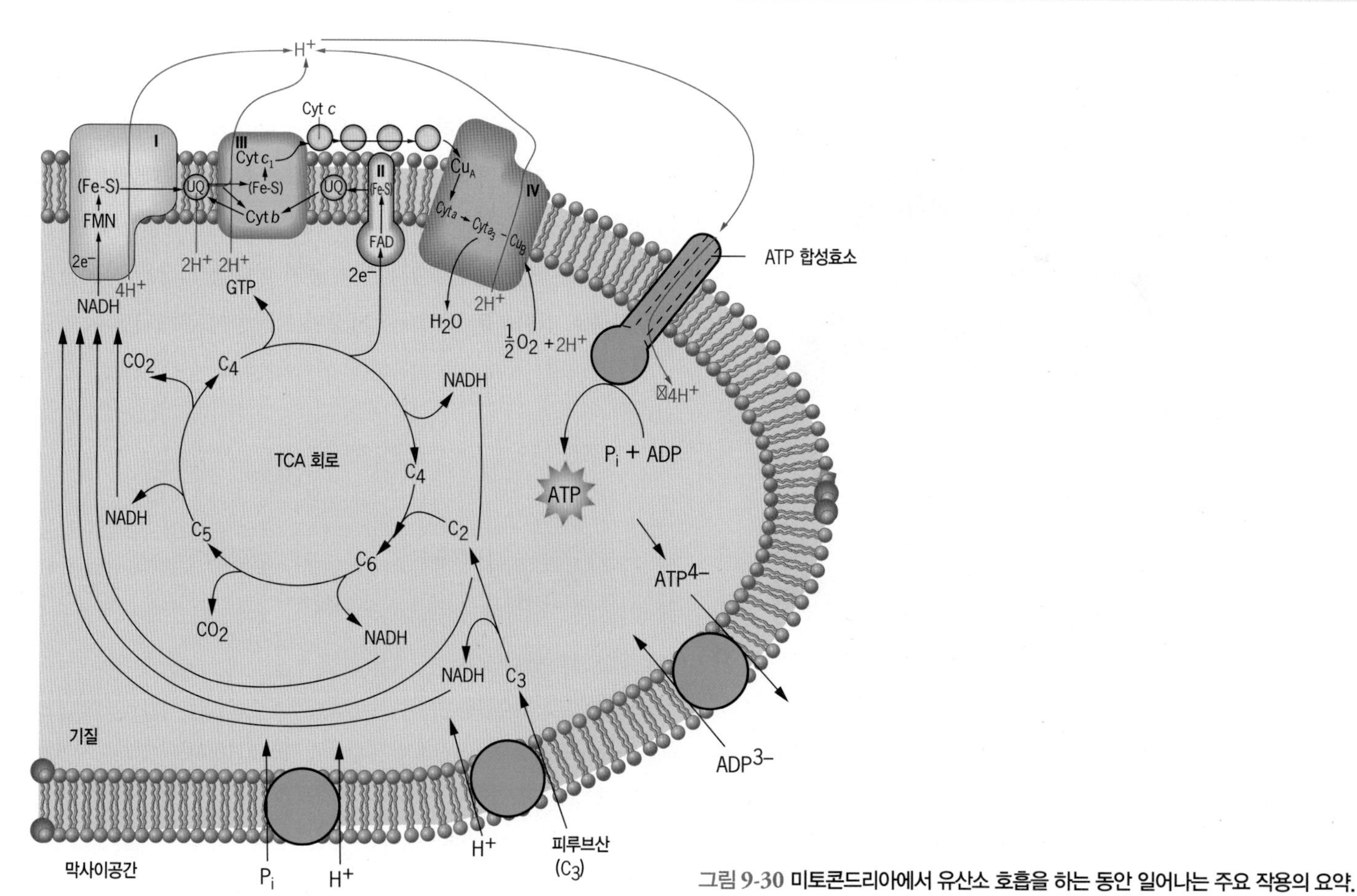

그림 9-30 미토콘드리아에서 유산소 호흡을 하는 동안 일어나는 주요 작용의 요약.

9-6 퍼옥시솜

퍼옥시솜(peroxisome)은 단순한 막으로 싸인 구조로서(그림 9-31*a*), 직경은 0.1~1.0μm이며, 짙은 결정체의 산화 효소들을 갖고 있다. 퍼옥시솜[또는 미소체(*microbody*)라고 하기도 함]은 여러 가지 기능을 수행하는 소기관이며, 사슬이 매우 긴 지방산들(사슬이 24~26개의 탄소를 갖는)의 산화 및 플라스말로겐(plasmalogen)의 합성과 같은 다양한 작용에 관련된 50종류 이상의 효소들을 갖고 있다.

플라스말로겐은 특이한 종류의 인지질로서, 이 물질의 지방산 중의 하나는 에스테르 결합이 아닌 에테르 결합에 의해 글리세롤과 연결되어 있다. 플라스말로겐은 뇌에서 축삭(軸索, axon)들을 절연시키는 미에린초(myelin sheath)에 매우 풍부하다(그림 4-5 참조). 플라스말로겐이 비정상적으로 합성되면, 심각한 신경학적 기능장애를 일으킬 수 있다. 반딧불이가 내는 빛을 발생시키는 루시페라아제(luciferase, 발광효소)도 역시 퍼옥시솜의 효소이다. 퍼옥시솜은 미토콘드리아와 여러 가지 특성을 공유하기 때문에 이 장에서 언급되고 있다. 즉, 이 두 소기관들은 이미 존재하는 소기관들로부터 분열하여 형성된다. 또한 이 두 유형의 소기관들은 세포기질로부터 이미 형성된 단백질을 반입(搬入)하며(8-9절), 비슷한 유형의 산화적 대사를 수행한다. 사실, 최소한 한 가지 효소, 즉 알라닌/글리옥실산 아미노기전달효소(alanine/glyoxylate aminotrasnferase)는 일부 포유동물(예: 고양이와 개)의 미토콘드리아와 다른 포유동물(예: 토끼와 사람)의 퍼옥시솜에서 발견된다.

이 소기관은 대단히 민감하고 유독한 산화제인 과산화수소(hydrogen peroxide, H_2O_2)의 합성 및 분해 장소이기 때문에 "퍼옥시솜(peroxisome)"이라고 명명되었다. 과산화수소는 요산 산화효소(urate oxidase), 글리콜산(glycolate) 산화효소, 아미노산 산화효소 등을 비롯한 여러 가지 퍼옥시솜의 효소들을 생산한다. 이 산화효소들은 그들 각각의 기질을 산화시키기 위해서 산소 분자를 사용한다(그림 9-31*b*). 이러한 반응들로부터 발생된 H_2O_2는 퍼옥시솜 속에 높은 농도로 들어있는 카탈라아제(catalase, 또는 과산화수소분해효소)라는 효소에 의해 신속히 분해된다. 사람의 대사에서 퍼옥시솜이 갖는 중요성은 아래에 이어지는 〈인간의 전망〉에서 논의된다.

또한 퍼옥시솜은 식물에도 존재한다. 유식물(幼植物)은 **글리옥시솜**(glyoxysome)이라고 하는 특별한 유형의 퍼옥시솜을 갖고 있다(그림 9-32). 유식물은 새로운 식물을 형성하는 데 필요한 에너지와 물질을 공급하기 위해서 저장된 지방산을 이용한다. 이런 유식물이 발아할 때, 1차대사 작용 중의 하나는 저장된 지방산을 탄수화물로 전환하는 것이다. 저장된 지방산이 분해되면 아세틸

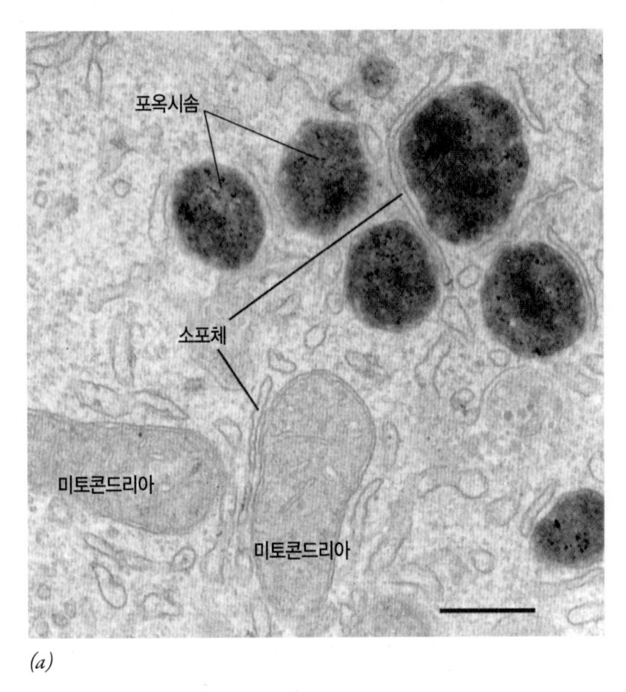

(*a*)

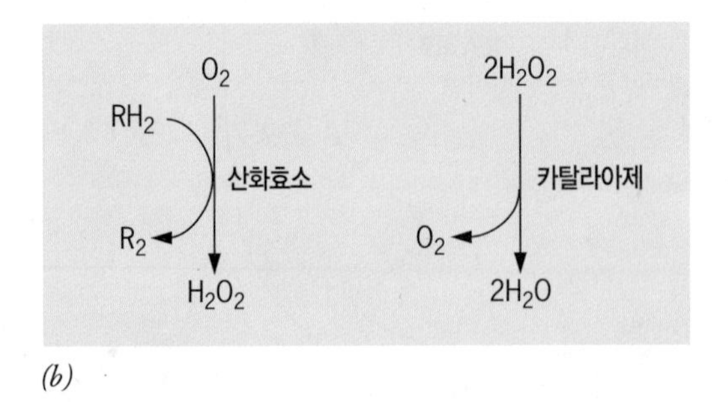

(*b*)

그림 9-31 퍼옥시솜의 구조와 기능. (*a*) 설탕 밀도 기울기에 의한 원심분리 방법으로 분리 정제된 퍼옥시솜의 전자현미경 사진. 하나의 식물세포 속에 있는 퍼옥시솜의 전자현미경 사진은 〈그림 6-23〉에 있다. (*b*) 퍼옥시솜은 산소 분자를 2단계에 걸쳐 물로 환원시키는 효소를 갖고 있다. 1단계에서, 산화효소는 요산(uric acid) 또는 아미노산과 같은 다양한 기질(RH_2)로부터 전자를 제거한다. 2단계에서, 카탈라아제(catalase)라고 하는 효소가 1단계에서 형성된 과산화수소(H_2O_2)를 물(H_2O)로 전환시킨다.

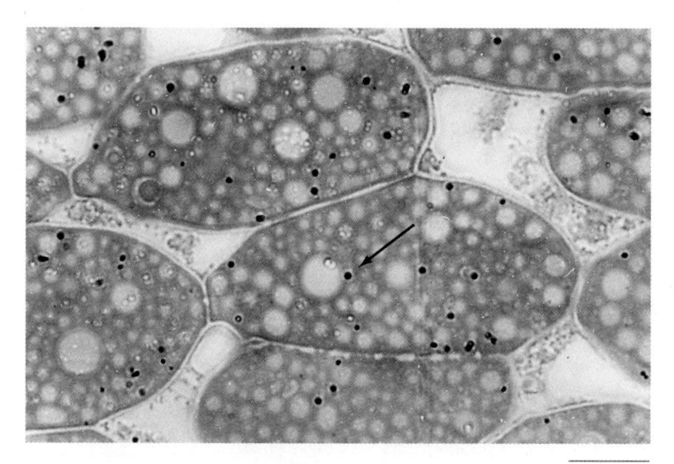

그림 9-32 유식물 속에 있는 글리옥시솜. 물에 담가 놓았던 목화씨 속의 자엽을 자른 절편에서 본 광학현미경 사진. 작은 검은색 구조(화살표)로 보이는 글리옥시솜들은 카탈라아제 효소를 세포화학적으로 염색하여 볼 수 있다.

CoA가 생기며, 이 물질은 옥살초산(oxaloacetate)으로 축합되어 시트르산(또는 구연산, citrate)을 형성한다. 이어서 시트르산은 글리옥시솜 속에 있는 일련의 글리옥실산 회로(glyoxylate cycle) 효소들에 의해서 포도당(glucose)으로 전환된다. 식물 잎 세포의 대사에서 포옥시솜의 역할은 다음 장에서 논의된다.

복습문제

1. 퍼옥시솜의 몇 가지 주요 작용은 무엇인가? 이런 작용에서 카탈라제의 역할은 무엇인가?
2. 퍼옥시솜은 어떤 면에서 미토콘드리아와 비슷한가? 이 두 소기관들은 어떤 면에서 독특한가?

인간의 전망

미토콘드리아 또는 퍼옥시솜의 비정상적 기능으로 인하여 생기는 질환들

1. 미토콘드리아

1962년, 스웨덴의 스톡홀름대학교(University of Stockholm)의 롤프 루프트(Rolf Luft)는 한 여성으로부터 분리된 미토콘드리아에 관한 연구를 보고하였다. 이 여성은 만성 피로와 근무력증으로 고생하고 있으며, 대사율 및 체온이 높았다. 이 환자의 미토콘드리아는 왜 그런지 정상적인 호흡 조절이 이루어지지 않았다. 보통, ADP 수준이 낮을 때, 분리된 미토콘드리아는 기질의 산화를 멈춘다. 이와 대조적으로, 이 환자의 미토콘드리아는, 인산화 될 ADP가 없는데도, 높은 비율로 기질을 계속 산화시켜, 기계적인 일보다 오히려 열을 발생시켰다. 첫 보고가 있은 후, 다양한 질병의 원인이 미토콘드리아의 기능장애에 의한 것으로 밝혀졌다. 이런 질환의 대부분은 유난히 ATP를 많이 사용해서 근육 또는 뇌 조직이 퇴화되는 특징을 보인다.

이런 증상이 심하면 어려서 죽게 되거나, 발작, 맹인, 벙어리, 그리고/또는 뇌졸중 비슷한 사건 등을 일으킨다. 가벼운 증상으로는 운동 과민성 또는 비운동성 정자의 특징이 있다. 심한 증상을 보이는 환자들은 보통 비정상적인 골격근 섬유를 갖는데, 이 경우 많은 미토콘드리아가 섬유 주변에 모인다(그림 1*a*). 미토콘드리아를 더 자세히 관찰해 보면 다수의 비정상적인 함유물이 발견된다(그림 1*b*).

호흡 사슬을 구성하는 폴리펩티드의 95% 이상은 핵에 있는 유전자들에 의해 암호화된다. 그러나 미토콘드리아에 기초한 질환과 관련된 돌연변이들의 대부분은 미토콘드리아 DNA(또는 mtDNA)의 돌연변이에 원인이 있다. 가장 심각한 장애는 보통 미토콘드리아의 운반 RNA를 암호화하는 유전자들에 영향을 미치는 돌연변이(또는 결실)에서 생긴다. 이 운반 RNA는 사람의 미토콘드리아에서 형성된 13개의 폴리펩티드 전부를 합성하기 위해서 필요하다. mtDNA로 운반된 모든 유전자들은 산화적 인산화에 필요한 단백질들을 암호화하기 때문에, 모든 유형의 mtDNA 돌연변이는 비슷한 임상적 표현형을 형성할 것으로 기대된다. 그러나 이 경우는 그렇지 않은 것이 확실하다. 사

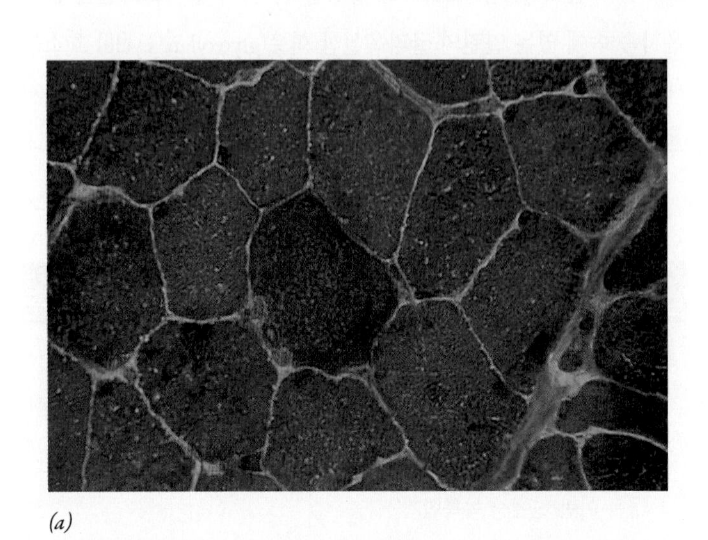

(a)

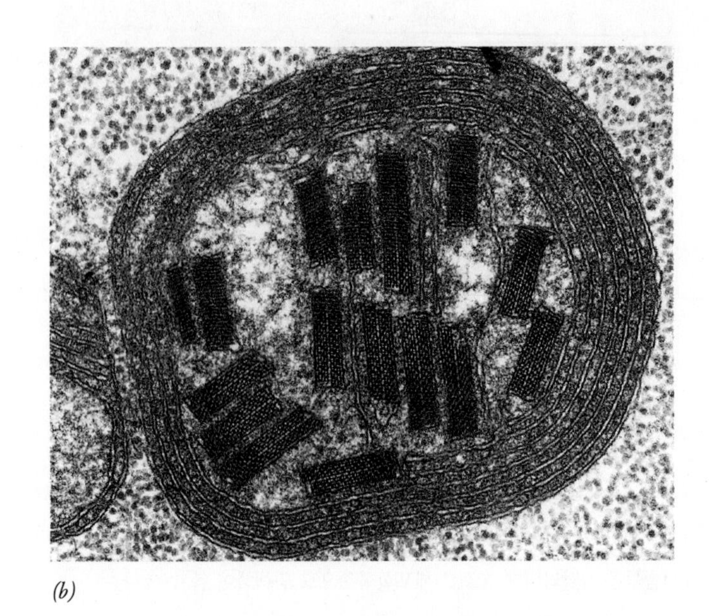

(b)

그림 1 골격근에서 비정상적인 미토콘드리아. (*a*) 우둘투둘한 빨간색 섬유. 퇴화하는 이 근육섬유들은 환자의 생체조직 검사에서 나온 것이며, 미토콘드리아의 비정상적 증식으로 인하여 세포의 원형질막 바로 아래에 빨간색으로 염색된 "반점들"이 축적되어 있는 것을 보여준다. (*b*) 비정상 미토콘드리아를 가진 환자의 세포에서 미토콘드리아 기질 속에 결정체 구조가 있는 것을 보여주는 전자현미경 사진.

람 배(胚)의 세포 속에 있는 미토콘드리아는 수정하는 정자의 어떤 영향 없이, 오로지 수정 당시의 난자 속에 있던 미토콘드리아로부터 유래된다. 결국, 미토콘드리아 장애는 어머니로부터 유전된다. 게다가, 하나의 세포 속에 있는 미토콘드리아는, 이형질성(*heteroplasmy*)이라고 알려진, 즉 정상형(즉, 야생형)과 돌연변이체가 혼합된 mtDNA를 갖고 있다.

mtDNA 돌연변이체가 생기는 빈도는 한 개체 내에서 기관에 따라 다양할 수 있다. 이 경우는 오직 미토콘드리아의 수가 많은 특정한 조직이, 보통 임상적인 증상들이 나타나는, 결함을 지닌 유전 정보를 갖고 있을 때이다. 이러한 다양성 때문에, 동일한 mtDNA을 보유한 가계의 구성원들이 현저히 다른 증상을 나타낼 수 있다. 미토콘드리아는 전자-전달 과정에 가까이 있기 때문에, 돌연변이성 산소 자유기(自由基)가 방출되어, mtDNA가 핵 DNA보다 훨씬 더 많은 공격을 받게 되는 것으로 생각된다. 또한 핵 DNA는 더 다양한 DNA 수선 체계를 갖고 있어서 반복되는 손상으로부터 더 잘 보호된다(7-2절). 이런 이유로, mtDNA의 돌연변이율은 핵 DNA의 10배 이상이다. 미토콘드리아 돌연변이는 신경과 근육 조직 같은 곳에 오랫동안 남아서 세포 속에 축적되기 쉽다.

미토콘드리아 기능의 퇴화는 특히 파킨슨병처럼 성인이 되어 생기는 많은 신경학적 질환의 원인이 되는 것으로 생각된다. 원래 이런 가능성은 갑자기 근육이 심하게 떨리는 많은 젊은 약물 중독자들이 병원에 보고된 1980년대 초에 밝혀졌다. 이 증상은 나이 든 성인들에서 많이 진행된 파킨슨병의 특징이다. 이 젊은이들은 MPTP[b)]라고 하는 화합물에 오염된 합성 헤로인을 정맥에 주사한 것으로 밝혀졌다. 계속된 연구에 의해, MPTP는 미토콘드리아의 호흡 사슬에서 제I복합체에 손상을 일으켜, 파킨슨병 환자에서 발생하는 것과 동일한 뇌 부분(흑색질, substantia nigra)에 있는 신경 세포들을 죽게 하는 것으로 알려졌다.

파킨슨병 환자들의 흑색질 세포들이 연구되었을 때, 이 세포들은 제1복합체 활성이 현저히 그리고 선택적으로 감소되어 있음이 발견되었다. 이러한 제1복합체 결함의 원인은 아마도 다른 세포에 비하여 이 세포들에서 DNA의 돌연변이율이 기록상으로 증가되기 때문인 것 같다. 연구 결과는, 파킨슨병 발생의 위험한 환경 요소인, 제1복합체의 저해제로 알려진 특히 로테논(rotenone)과 같은 일부 살충제에 노출된 것이 이 복합체 결함의 원인임을 시사한다. 로테논을 쥐에 주사하면, 사람에서 나타나는 특징으로서, 도파민-생산 신경세포가 파괴

역자 주[b)] MPTP: "1-methyl-4-phenyl1,2,3,6-tetrahydropyridine"의 머리글자이다.

된다. 로테논과 파킨슨병 사이의 연관 가능성에 관한 연구는 진행 중이다. mtDNA에 돌연변이가 점차 축적되는 것은 인간의 노화가 주요 원인인 것으로 오래 동안 가정되었다.

이 가설은 나이든 사람으로부터 취한 세포들은 젊은 사람의 동일한 세포에 비해 mtDNA 돌연변이가 수적으로 증가한다는 사실을 바탕으로 세워졌다. 그러나 이 돌연변이들은 노화의 원인인가 또는 단순히 많은 생리학적 특성에 영향을 미치는 보다 근본적인 노화 과정의 결과인가? 이 물음에 가장 적절할 수 있는 실험이 mtDNA를 복제하는 효소를 암호화하는 동형접합체 돌연변이 유전자(*Polg*라고 하는)를 갖는 생쥐를 대상으로 실시되었다. 이 생쥐의 mtDNA는 이들의 정상적인 한배의 새끼들보다 훨씬 높은 수준의 돌연변이를 축적한다. 이러한 "돌연변이 유발유전자(mutator)"를 지닌 생쥐들은 생후 6~9개월 동안은 정상인 것처럼 보이지만, 그 후 청력 상실, 털의 회색화, 골다공증 등과 같은 조로(早老) 증상이 급격히 발달한다(그림 2).

대조군 생쥐들의 수명은 2년 이상인 반면, 실험군 생쥐들의 수명은 평균 약 1년이다. 흥미롭게도, 유전자 변형 동물들은 산화적(자유기) 손상의 증가 현상을 보이지 않는다. 따라서 mtDNA 돌연변이율의 증가가 조로 표현형을 어떻게 야기하는가는 분명하지 않다. 이형접합 *Polg* 돌연변이 생쥐들은 높은 mtDNA 돌연변이율을 갖지만(동형접합체보다 훨씬 적을지라도), 이들의 수명은 단축되지 않는다. 만일 mtDNA 돌연변이가 정상적인 노화 과정의 주요 원인이었다면, 이러한 이형접합체들의 수명은 상당히 짧아야 할 것이다. 종합해보면, 이 결과들은 mtDNA 돌연변이가 동물의 조로 현상을 일으키기에 충분할 수 있지만, 정상적(*normal*) 노화 과정의 일부로서 반드시 필요한 것은 아니라는 것을 시사한다.

그림 2 mtDNA의 돌연변이가 증가하여 생기는 조로 표현형. 이 사진은 13개월 된 정상 생쥐와 미토콘드리아 DNA에 비정상적으로 아주 많은 돌연변이가 있는 한배에서 태어난 "늙은" 생쥐이다. 이러한 조로 표현형은 mtDNA를 복제하는 DNA 중합효소를 암호화하는 핵 유전자의 돌연변이에 의해 유발되었다.

2. 퍼옥시솜

젤베거 증후군(Zellweger syndrome)은 유아기 초에 사망하게 되는 희귀 유전병으로서, 신경, 시각, 그리고 간 등이 비정상적인 특징을 보인다. 1973년, 알베르트 아인쉬타인 의과대학(Albert Einstein College of Medicine)의 시드니 골드휘셔(Sidney Goldfischer)와 그의 동료들은 이 증후군을 겪는 환자들의 간과 신장 세포들에 퍼옥시솜이 없다고 보고하였다. 그 후의 조사에 의해, 퍼옥시솜이 이 환자들의 세포에 전혀 없는 것은 아니었지만, 이 소기관들이 비어 있는 막의 "껍질"—즉, 퍼옥시솜에서 정상적으로 발견되었던 효소들이 없는—이었음이 밝혀졌다. 이 환자들은 퍼옥시솜 효소들을 합성할 수 없었던 것은 아니지만, 이 효소들을 퍼옥시솜 속으로 반입(搬入)될 수 없어서, 효소들이 주로 세포기질 속에 남아 있기 때문에 정상적인 기능을 수행할 수 없었다. 젤베거 증후군 환자의 세포들에 관한 유전 연구에 따르면, 이 장애는 최소 12가지 유전자들의 돌연변이에 의해 생길 수 있고, 이 유전자들은 모두 세포기질로부터 퍼옥시솜 효소들의 반입에 관련된 단백질들을 암호화한다는 것이 밝혀졌다.

아주 다양한 퍼옥시솜 기능에 영향을 미치는 젤베거 증후군과 다르게, 많은 유전병은 퍼옥시솜 효소들 중 한 가지가 없어서 나타나기도 한다. 이러한 단일-효소 결핍 질병들 중 하나가 부신백(색)질형성장애(증)[또는 부신백질이영양증(adrenoleukodystrophy, ALD)]는 1993년의 영화 로렌조의 오일(*Lorenzo's Oil*)의 주제였다. 이 질병에 걸린 소년들은 부신부전(副腎不全) 및 신경학적 장애의 증상이 시작될 때, 보통 아동기의 중반까지 영향을 받지 않는다. 이 질환은 아주 긴 지방산 사슬(very long-chain fatty acid, VLCFA)들을 물질대사에 쓰일 장소인 퍼옥시솜으로 운반하는 막단백질의 결핍으로 생긴다. 이 단백질이 없으면, VLCFA들이 뇌에 축적되고 신경세포를 절연시키는 미에린초(鞘)(myelin sheath)가 파괴된다.

로렌조의 오일에서, ALD에 걸린 소년의 부모는 지방산이 풍부한 음식이 이 병의 진행을 지연시킬 수 있다는 것을 발견한다. 그 후의 연구에서, 이런 음식의 가치에 관하여 모순되는 결과들이 나왔다. 많은

ALD 환자들은 VLCFA를 물질대사로 변화시킬 수 있는 정상 세포를 갖게 해 주는 골수 이식으로, 그리고 VLCFA의 수준을 저하시킬 수 있는 약물(예: 로바스타틴, lovastatin) 투여 등으로 성공적인 치료를 받고 있다. 유전자 치료를 이용하는 임상 연구도 계획되어 있다.

요약

미토콘드리아는 구멍이 있는 외막과 주로 주름들(크리스테)로 이루어진 매우 불투과성인 내막으로 구성되어 있는데, 크리스테에는 유산소 호흡에 필요한 많은 기구를 갖고 있다. 외막에 있는 구멍은 포린(porin)이라고 하는 내재단백질에서 생긴다. 내막의 구조와 2중층의 유동성은 전자전달과 ATP 형성 과정에 필요한 구성요소들 사이의 작용을 촉진한다. 내막은 젤 비슷한 기질을 둘러싸고 있다. 기질은 단백질, DNA, RNA, 리보솜, 유전 정보를 전사하고 번역(해독)하는 데 필요한 모든 기구 등을 갖춘 유전체계를 갖고 있다. 미토콘드리아의 많은 특성은 고대의 공생 세균에서 생겼다고 추정되는 진화에 의해 설명될 수 있다.

미토콘드리아는 탄수화물, 지방, 단백질 등의 이화작용 산물을 ATP에 저장된 화학 에너지로 전환시키는, 세포에서 산화적 물질대사의 중심이 되는 장소이다. 피루브산과 NADH는 해당작용의 산물이다. 피루브산이 미토콘드리아의 내막을 거쳐 수송되면, 카르복실기가 제거되어 조효소 A와 결합하여 아세틸 CoA를 형성한다. 아세틸 CoA는 옥살초산과 축합되어 시트르산(구연산)을 형성하여 TCA 회로로 들어간다. TCA 회로를 거치면서, 시트르산에서 2개의 탄소가 제거되고 이산화탄소로 방출되어, 탄소 원자가 매우 산화된 상태로 된다. 기질에서 제거된 전자들은 FAD와 NAD^+로 전달되어 $FADH_2$와 NADH를 형성한다. 지방산은 아세틸 CoA로 분해되어 TCA 회로로 들어가고, 20 가지의 아미노산은 피루브산, 아세틸 CoA, 또는 TCA 회로의 중간물질 등으로 분해된다. 그래서 TCA 회로는 세포의 주요 이화작용 과정들이 모이는 경로이다.

기질에서 $FADH_2$와 NADH로 전달된 전자들은 전자 운반체들의 사슬을 따라 통과되어, 미토콘드리아 내막을 가로지르는 전기화학적 기울기를 형성하기 위해 사용되는 에너지를 방출한다. 양성자들은 ATP 합성효소를 통하여 막을 다시 가로질러 이동하여 합성효소의 활성부위에서 ATP 형성을 추진(구동)하기 위해 사용된다. NADH에서 생긴 각 전자쌍은 약 3개의 ATP를 형성하기에 충분한 에너지를 방출하는 반면에, $FADH_2$에서 생긴 하나의 전자쌍은 약 2개의 ATP를 형성하게 된다.

전자가 공여체(환원제)로부터 수용체(산화제)로 전달되었을 때 방출된 에너지량은 이 2쌍 사이의 산화환원 전위의 차이로 계산될 수 있다. 1쌍의 표준 산화환원 전위는 표준 상태 하에서 측정되며 H_2-H^+ 쌍에 비교된다. NADH-NAD^+ 쌍의 표준 산화환원 전위는 −0.32V로, NADH가 강한 환원제, 즉 이의 전자를 쉽게 전달한다는 것을 뜻한다. H_2O-O_2 쌍의 표준 산화환원 전위는 +0.82V로, 산소는 강한 산화제, 즉 전자 친화력이 강하다는 것을 의미한다. 1.14V에 상당하는 이들 2쌍 사이의 전위 차이는 1쌍의 전자가 NADH로부터 전체 전자-전달 사슬을 거쳐 O_2에까지 전달되었을 때 방출된 자유 에너지량(52.6kca/mol)을 제공한다.

전자-전달 사슬은 다섯 가지 유형의 운반체, 즉 헴-함유 시토크롬, 플라빈 뉴클레오티드-함유 플라빈단백질, 철-황 단백질, 구리 원자, 퀴논 등이 있다. 플라보단백질과 퀴논은 수소 원자를 주고받을 수 있는 반면, 시토크롬, 구리 원자, 철-황 단백질 등은 오직 전자 만을 주고받을 수 있다. 전자-전달 사슬의 운반체들은 양(+)의 산화환원 전위 값이 증가하는 순서로 배열되어 있다. 다양한 운반체들이 4개의 커다란 다단백질 복합체로 구성되어 있다. 시토크롬 *c* 와 유비퀴논은 이동할 수 있는 운반체로서, 전자를 커다란 복합체들 사이로 왔다 갔다 하게 한다. 전자쌍들이 제1, 3, 4복합체들을 통과할 때,

양성자들은 기질에서 막을 가로질러 막사이공간 속으로 전위된다. 이러한 전자-전달 복합체들에 의한 양성자의 전위(轉位)로 인하여 양성자 기울기가 형성되고, 그 기울기 속에 에너지가 저장된다. 마지막 복합체는 시토크롬 산화효소로, 전자가 시토크롬 *c*에서 산소로 전달되면, 산소가 환원되어 물을 형성한다. 또한 이때 기질에서 양성자가 제거되어 양성자 기울기 형성에 기여한다.

양성자 농도의 차이 이외에, 양성자가 전위됨으로써 막을 가로질러 전하가 분리된다. 결국, 양성자 기울기는 두 가지의 구성요소들—전압과 pH 기울기—로 이루어지며, 그 크기는 다른 이온들이 막을 가로질러 이동함으로써 결정된다. 이 두 가지 구성요소들이 합쳐져서 양성자-구동력(Δp)을 이룬다. 포유동물의 미토콘드리아에서, Δp에서 자유 에너지의 약 80%가 전압 기울기에 의해 그리고 20%는 pH 기울기에 의해 형성된다.

ATP 형성을 촉매하는 효소는 ATP 합성효소라고 하는 커다란 다단백질 복합체이다. ATP 합성효소는 2개의 독특한 부분으로 되어 있다. 즉, F_1 머리부분은 기질 속으로 돌출되어 있고 촉매부위를 갖고 있으며, F_0 기부는 지질2중층 속에 들어 있고 통로를 형성하여 양성자들이 막사이공간으로부터 기질 속으로 전위된다. 현재 일반적으로 수용되는, ATP 형성에 관한 결합변화 가설에서, 이 효소의 F_0 부분을 통한 양성자의 조절된 이동은 이 효소의 감마(γ)소단위의 회전을 일으킨다. 이 소단위는 효소의 F_0와 F_1을 연결하는 자루를 형성한다. γ 소단위의 회전은 F_0 기부에 있는 *c* 환의 회전에 의해 이루어지며, *c* 환의 회전은 전자들이 *a* 소단위에 있는 반-통로(half-channel)를 거쳐 이동하여 유도된다. γ 소단위가 회전하면 F_1 촉매부위의 입체구조를 변화시켜, ATP 합성을 작동시킨다. 증거에 의하면, 에너지를 요하는 단계는 실제로 ADP가 인산화 되는 것이 아니라, 입체구조의 유도된 변화에 반응하여 활성부위에서 형성된 ATP가 방출됨을 시사한다. ATP 형성에 덧붙여, 또한 양성자-구동력은 많은 수송, 즉 세포기질로 ATP를 방출하는 것과 교환하여 미토콘드리아 속으로 ADP의 흡수, 인산과 칼슘 이온의 흡수, 미토콘드리아 단백질의 반입 등을 포함하는 활동에 필요한 에너지를 공급한다.

퍼옥시솜은 H_2O_2를 발생시키는, 요산, 글리콜산, 아미노산 등을 포함하는 많은 다양한 대사 반응을 수행하는 막으로 싸인 소낭이다.

분석 문제

1. 반응 A:H + B ⇌ B:H + A 를 생각해 보자. 만일 평형상태에서 [B:H]/[B]의 비율이 2.0이라면, 다음과 같은 결론을 내릴 수 있다. 즉, (1) B:H는 네 가지 화합물들 중 가장 강한 환원제이다. (2) (A:H-A) 쌍은 (B:H-B) 쌍보다 더 음(−)의 산화환원 전위 값을 갖는다. (3) 네 가지 화합물들 중 어느 것에도 해당되지 않는 것은 시토크롬이다. (4) B와 결합된 전자들은 A와 결합된 것보다 더 높은 에너지이다. 위의 설명 중 어느 것이 사실인가? 이 산화환원 반응에 대한 반(半)-반응들 중 하나를 그리시오.
2. F_1 머리부분을 제거한 후, 미토콘드리아이하 입자(submitochondrial particle)들의 막으로 된 소낭은 다음과 같은 일을 할 수 있을 것이다. 즉, (1) NADH의 산화, (2) 산소로부터 물의 형성, (3) 양성자 기울기의 발생, (4) ADP의 인산화. 위의 기술 중 어느 것이 사실인가? 만일 연구되고 있는 재료가 디니트로페놀(dinitrophenol)로 처리된 원래 그대로의 미토콘드리아이하 입자였다면, 이 답이 어떻게 달라질 것인가?
3. 단백질 A는 산화환원 전위가 0.2V인 플라보단백질이다. 단백질 B는 +0.1V의 산화환원 전위를 가진 시토크롬이다.
   a. 이들 두 가지 전자 운반체들의 반-반응을 그리시오.
   b. 환원된 A 분자와 산화된 B 분자를 혼합했을 때 일어날 반응을 기술하시오.
   c. 반응이 평형에 도달했을 때, 앞의 *b* 반응에서 2개의 화합물 중 어느 것이 가장 높은 농도로 있을까?
4. 유비퀴논, 시트크롬 *c*, NAD^+, NADH, O_2, H_2O 등 여섯 가

지 물질 중에서 가장 강한 환원제는 어느 것인가? 가장 강한 산화제는 어느 것인가? 가장 큰 전자 친화력을 가진 것은 어느 것인가?

5. 만일 염소 이온(Cl^-)이 미토콘드리아 내막을 자유롭게 투과하였다면, 이것이 미토콘드리아 내막을 가로지르는 양성자-구동력에 무슨 영향을 미칠 수 있는가?
6. 〈그림 9-14〉에 그려진 전자 전달 과정에서 에너지가 하락하는 것을 살펴보자. 만일 원래 전자 공여체가 NADH가 아니라 $FADH_2$였다면, 이 그림은 어떻게 달라지는가?
7. 무기인산(Pi)이 들어오면 양성자-구동력이 감소할 것으로 기대하는가? 왜 그런가?
8. 〈표 9-1〉의 표준 산화환원 전위에서, 옥살초산-말산 쌍이 NAD^+-NADH 쌍보다 더 적은 음(−)의 값이다. 이 값이 TCA 회로에서 전자가 말산으로부터 NAD^+로 전달되는 경우와 어떻게 양립할 수 있는가?
9. TCA 회로가 한 번 회전하는 동안(오직 TCA 회로의 반응 만을 생각할 것), 기질 수준의 인산화에 의해 몇 분자의 ATP가 형성되는가? 산화적 인산화에 의해서는 몇 분자의 ATP가 형성되는가? 몇 분자의 FAD가 환원되는가? 기질로부터 몇 쌍의 전자가 나오는가?
10. 미토콘드리아 기질에서 일어나는 Fe-S 무리의 조립은 산소가 있는 곳에서는 매우 취약하다. 유산소 물질대사에서 미토콘드리아가 중요한 역할을 한다고 생각하면, 미토콘드리아의 기질은 Fe-S 무리의 조립 과정이 일어난다고 믿기에는 어려운 장소 같지 않은가?
11. 1쌍의 전자가 NADH에서 O_2로 전달될 때 $\Delta G^{\circ\prime}$는 −52.6 kcal/mol로 하락하며, ATP가 형성될 때 $\Delta G^{\circ\prime}$는 +7.3kcal/mol이다. 만약 기질로부터 제거된 각 전자쌍에서 3개의 ATP가 형성된다면, 산화적 인산화의 효율은 단지 21.9/52.6 또는 42%라고 결론지을 수 있는가? 왜 그런가? 아니면 왜 그렇지 않은가?
12. 대사적으로 활발한, 분리된 미토콘드리아가 현탁되어 있는 배지를 산성화 또는 알칼리화 시킬 것으로 기대하는가? 만일 미토콘드리아가 아니고 미토콘드리아이하 입자(submitochondrial particle)들로 실험을 했더라면 여러분의 대답은 달라지는가? 왜 그런가?
13. 1분자의 ATP를 합성하기 위해서 3개의 양성자 이동이 필요한 것을 생각해 보자. 양성자-구동력이 220mV로 측정되었을 때, 3몰의 양성자가 기질로 전달되어서 방출된 에너지를 계산하시오.
14. 여러분은 분리된 미토콘드리아가 포도당을 산화시켜 ATP를 형성할 수 있다고 생각하는가? 왜 그런가? 아니면 왜 그렇지 않은가? ATP를 합성하기 위해서 분리된 미토콘드리아에 첨가할 좋은 화합물은 무엇인가?
15. 표준 조건하에서 $FADH_2$가 산소 분자에 의해 산화될 때 방출된 자유 에너지를 계산하시오.
16. 미토콘드리아아의 체제와 ATP의 형성 방법에 관한 여러분의 이해를 이용하여, 다음 물음에 간단한 설명으로 답하시오.

    a. 미토콘드리아 막에서 양성자를 새어나오게 만드는 물질(protonophore)을 넣으면 ATP 형성에 어떤 영향을 미치는가?

    b. 산소 공급을 감소시키면 미토콘드리아 기질의 pH에 어떤 영향을 미치는가?

    c. 세포에 포도당을 공급하면 대단히 환원된 상태가 된다고 생각하라. 미토콘드리아에 의한 이산화탄소 형성에 어떤 영향을 미치는가?
17. 여러분이 분리된 미토콘드리아의 내막의 전위를 조절할 수 있다고 생각하라. 여러분은 미토콘드리아 기질의 pH를 측정하여 8.0인 것을 알게 된다. 여러분은 미토콘드리아가 들어 있던 용액을 측정하여 pH가 7.0인 것을 확인한다. 여러분은 내막의 전위를 +59mV에 맞게 죔쇠로 고정시킨다. 즉, 미토콘드리아가 들어 있던 배지에 대하여 기질의 전위를 +59mV로 되게 만든다. 이 조건 하에서, 미토콘드리아는 ATP 합성을 작동하기 위해 양성자 기울기를 이용할 수 있을까? 답을 설명하시오.
18. 여러분이 감마(γ) 소단위가 없는 ATP 합성효소를 합성할 수 있었다고 가정하자. 이러한 효소의 β 소단위들의 촉매부위들은 서로 어떻게 비교되는가?
19. 기능적인 관점에서, ATP 합성효소는 두 부분으로 나눌 수 있다. 즉, "고정자(stator)"는 촉매작용이 일어나는 동안 움직이지 않는 소단위들로 만들어 졌고, "회전자(rotator)"는 움직이

는 부분으로 만들어 졌다. 이 효소의 소단위들은 이들 두 부분으로 구성된다. F_0에 있는 고정자의 움직일 수 없는 부분들은 F_1에서 고정자의 움직일 수 없는 부분들과 구조적으로 어떻게 관련되어 있는가?

20. 세포는 IF라고 하는 단백질을 갖고 있어서 ATP 합성효소의 촉매부위에 단단히 결합하여, 어떤 상황 하에서 효소의 작용을 저해한다. 이런 저해제가 세포 속에서 도움이 될 수 있는 것은 어느 상황에서 생각할 수 있는가?

21. 미토콘드리아의 DNA는 DNA 중합효소 γ에 의해 복제된다. 앞의 〈인간의 전망〉에서 설명된 "돌연변이 유발유전자(mutator)"를 갖는 생쥐들은 mtDNA 주형을 복사할 때 실수하는 경향이 있는 중합효소 감마를 소유하기 때문에 이런 표현형을 갖게 되었다. 정상적인 노화 과정의 측면에서 이런 연구를 해석하는 데 있어서 몇 가지 한계가 있는 것으로 지적되었다. 정상(야생)형보다 더 적은 실수를 하는 초정밀 중합효소 γ를 가진 생쥐를 만드는 것을 여러분은 어떻게 생각하는가?

제 10 장

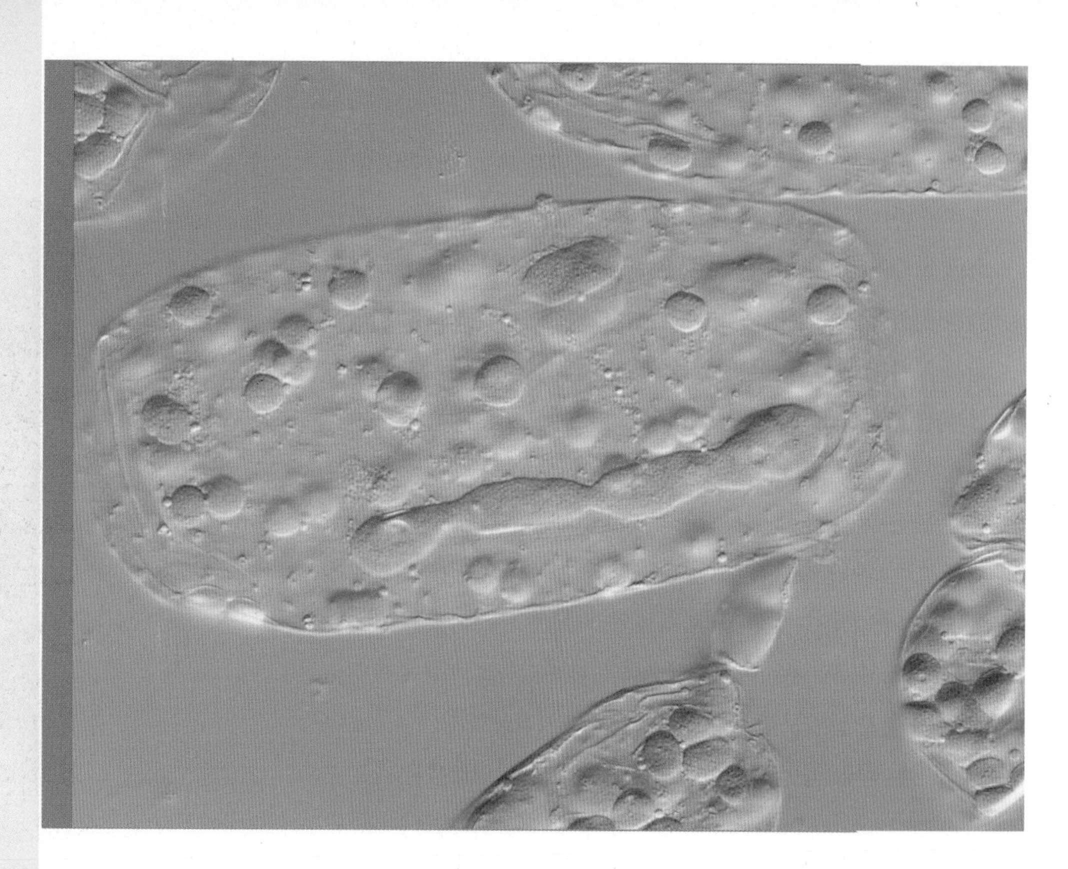

엽록체의 구조와 기능

지구에 최초로 출현한 생명체는 물의 환경 속에 녹아 있는 단순한 유기 분자들로부터 원료와 에너지를 얻었음에 틀림없다. 이러한 유기 분자들은 비생물적으로(*abiotically*), 즉 원시 바다에서 일어나는 비생물적 화학 반응의 결과로 형성되었을 것이다. 그래서 우리들이 우리의 환경으로부터 취한 영양물질로 생존하는 것처럼, 최초의 생명체들도 역시 그랬어야 한다. 외부의 유기화합물에 의존하는 생명체들을 **종속**(또는 **타가**)**영양생물**[從屬(또는 他家)營養生物, heterotroph]이라고 한다.

자연발생적으로 생산되는 유기 분자들은 매우 느리게 생기기 때문에, 원시 지구에서 살아가는 종속영양 생물들의 숫자는 극히 제한되었음에 틀림없다. 지구상에서 생명체의 진화는

애기장대(*Arabidopsis thaliana*)에서 살아 있는 잎의 표피 세포의 광학현미경 사진. 이 세포는 많은 엽록체—식물의 광합성 기구(機構)를 갖고 있는 소기관—들을 갖고 있다. 엽록체들은 보통 한 번의 협착으로 소기관을 동일한 2개로 나누는 이분법으로 분열한다. 이 세포는 비대칭 분열을 하는 특징을 가진 돌연변이 식물에서 나온 것이다. 매우 신장된 엽록체들은, 여러 곳이 협착된 것으로 보아, 몇 군데에서 비대칭적으로 분열을 시작하였다. 돌연변이는 모든 종류의 세포 기능에 관련된 유전자를 확인하는 데 있어서 매우 중요함을 입증하였다. 오직 한 유전자가 작동하지 않을 때에만 그 유전자의 효과를 눈으로 볼 수 있어서, 연구자들이 그 유전자의 정상적인 기능—이 경우에는 엽록체 분열에서의 역할—을 인식할 수 있다.

새로운 대사 전략을 사용하는 생명체들이 출현함으로써 거대한 상승세를 나타내었다. 그들의 조상들과 다르게, 이 생명체들은 이산화탄소(CO_2)와 황화수소(H_2S) 같은 가장 단순한 무기 분자들로부터 자신의 유기 양분을 만들 수 있었다. 주요 탄소원으로서 이산화탄소를 이용하여 살아갈 수 있는 생명체들을 **독립**(또는 **자가**)**영양생물**[獨立(또는 自家)營養生物, autotroph]이라고 한다.

이산화탄소(CO_2)로부터 복잡한 유기 분자들을 만들기 위해서는 많은 양의 에너지 투입이 필요하다. 진화 과정에서, 독립영양생물의 두 가지 주요 유형이 진화되었으며, 이들은 에너지원에 의해 구별될 수 있다. **화학독립영양생물**(化學獨立營養生物, chemoautotroph)들은 이산화탄소를 유기 화합물로 전환하기 위해서 무기 분자들(암모니아, 황화수소, 또는 아질산염 등과 같은) 속에 저장된 화학 에너지를 사용하는 반면, **광독립영양생물**(光獨立營養生物, photoautotroph)들은 태양의 빛 에너지를 사용한다.

모든 원핵생물은 화학독립영양생물들이며, 그리고 지구상에서 이들의 생물량 형성의 기여도가 상대적으로 적기 때문에, 원핵생물들의 대사 활성에 대해서는 고려하지 않을 것이다. 한편, 광독립영양생물들은 지구상에서 거의 모든 생명체들의 활동에 필요한 연료를 공급하기 위해 에너지를 포착한다. 광독립영양생물에는 식물, 진핵 조류(藻類), 편모를 가진 다양한 원생생물, 원핵생물에 속하는 다수의 생물 등이 있다. 이 모든 생물들은 **광합성**(photosynthesis), 즉 태양의 빛 에너지가 탄수화물과 기타의 유기 분자들 속에 저장된 화학 에너지로 전환되는 과정을 수행한다.

광합성이 일어나는 동안, 비교적 저-에너지를 가진 전자들이 공여 화합물로부터 이동되어 빛으로부터 흡수된 에너지를 이용하는 고-에너지 전자로 전환된다.[1] 이 고-에너지 전자들은 녹말과 기름(油) 같은 환원된 생물체 구성 분자들의 합성에 사용된다. 20억 년 동안 지구를 지배해 온 최초의 광독립영양생물 집단은, 다음과 같은 반응을 수행하여, 광합성을 위한 전자원(源)으로서 황화수소를 사용했을 것이다.

$$CO_2 + 2H_2S \xrightarrow{\text{light}} (CH_2O) + H_2O + 2S$$

[1] "고-에너지 전자들"이라는 용어의 사용에 관하여 제9장의 각주 [1]을 참조할 것.

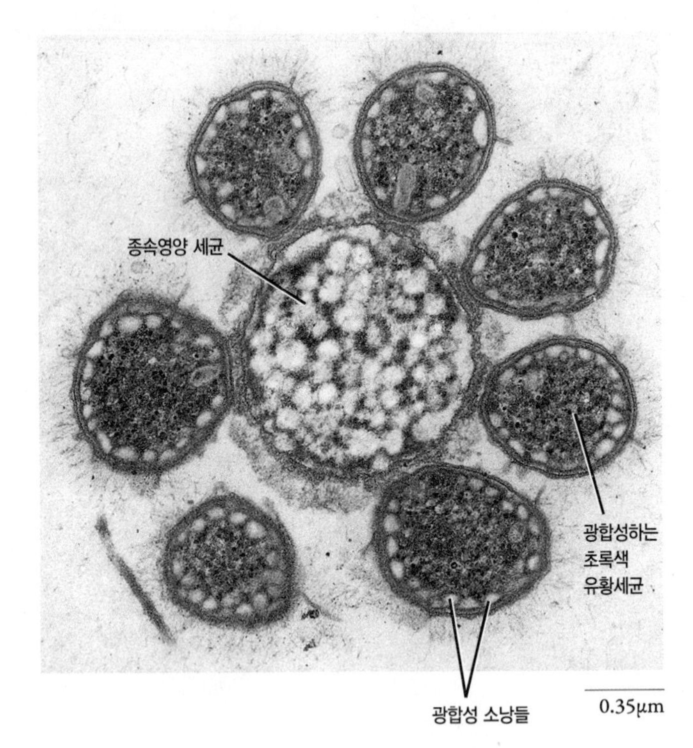

그림 10-1 광합성을 하는 초록색 유황세균들은 "군체(colony)"의 주변에 환상으로 배열되어 있다. 이들은 중앙에 있는 하나의 혐기성 종속영양 세균과 공생(共生) 관계로 살아간다. 중앙의 종속영양 세균은 공생하는 광합성 세균들이 생산한 유기물질을 받는다. 빛을 포착하는 기구를 갖고 있는 광합성 소낭(photosynthetic vesicles)들을 초록색 유황세균들에서 볼 수 있다.

여기서 (CH_2O)는 탄수화물의 단위를 나타낸다. 오늘날 살고 있는 수많은 세균들은 이러한 유형의 광합성을 수행한다. 이러한 예를 〈그림 10-1〉에 나타내었다. 그러나 오늘날, 황화수소는 풍부하거나 널리 분포하지도 않기 때문에, 결국 전자원으로서 이 화합물에 의존하는 생물들은 유황 온천과 깊은 바다의 분출구 등과 같은 서식지에 제한되어 살고 있다.

약 27억 년 전, 지구상에 출현한 광합성을 할 수 있는 새로운 유형의 원핵생물은 훨씬 더 풍부한 전자원, 즉 물을 사용할 수 있었다. 물을 이용함으로써 이 생명체들—남세균(藍細菌, cyanobacteria) 또는 남조류(藍藻類, blue-green algae)—은 지구상의 훨씬 더 다양한 서식지를 개척할 수 있었을 뿐만 아니라(그림 1-15 참조), 모든 생명체들에게 엄청나게 중요한 폐기물을 생산했다. 이 폐기물은 산소(O_2)로서, 다음과 같은 반응으로부터 형성된다.

$$CO_2 + H_2O \xrightarrow{\text{light}} (CH_2O) + O_2$$

광합성을 위한 기질로서 황화수소(H_2S)가 물(H_2O)로 바뀌는 것은 알파벳에서 하나의 문자가 다른 문자로 교체되는 것보다 더 어렵다. O_2-H_2O 짝의 산화환원 전위 +0.816V(볼트)에 비하여, S-H_2S 짝의 산화환원 전위는 −0.25볼트이다. 바꾸어 말하면, H_2S 분자 속의 유황 원자는 이의 전자에 대해서, H_2O 분자 속의 산소 원자가 갖는 전자 친화력보다, 훨씬 더 낮은 친화력을 갖는다(그리고 더 쉽게 산화된다). 그래서 만일 하나의 생명체가 산소를 발생시키는(*oxygenic*) 광합성을 수행하고 있다면, 이 생물은 물로부터 단단히 붙어 있는 전자들을 끌어당기기 위해 광합성 대사의 일부로서 매우 강한 산화제를 만들어야만 한다. 광합성을 위한 전자원으로서 H_2S(또는 다른 환원된 기질들)를 H_2O로 전환하기 위해서는 광합성 기구(機構, machinery)에 대한 면밀한 검토가 필요하다.

어느 시점에서, 이 고생물들 중 하나인 산소를 발생시키는 남세균이 미토콘드리아를 갖고 있는 비(非)광합성 원시진핵세포 속에 살게 되었다. 오랜 기간의 진화를 거쳐, 공생하는 남세균은 숙주세포 속에서 살고 있는 별개의 생물체에서 하나의 세포 소기관인 **엽록체**(葉綠體, chloroplast)로 전환되었다. 엽록체가 진화됨으로써, 원래 공생하는 남세균 속에 있었던 유전자들의 대부분이 소실되었거나 식물 세포의 핵으로 옮겨졌다. 그 결과, 오늘날 엽록체 속에서 발견되는 폴리펩티드들은 핵과 엽록체의 유전체들에 의해 암호화된다. 엽록체 유전체의 광범위한 유전자 분석 결과에 의하면, 모든 현대의 엽록체들은 단일 조상의 공생 관계로부터 생겼음을 암시한다. 엽록체가 공통 조상으로부터 유래된 결과, 엽록체와 남세균은 다음에 자세히 논의될 비슷한 광합성 기구를 비롯한 여러 가지 기본적 특징을 공유한다. ■

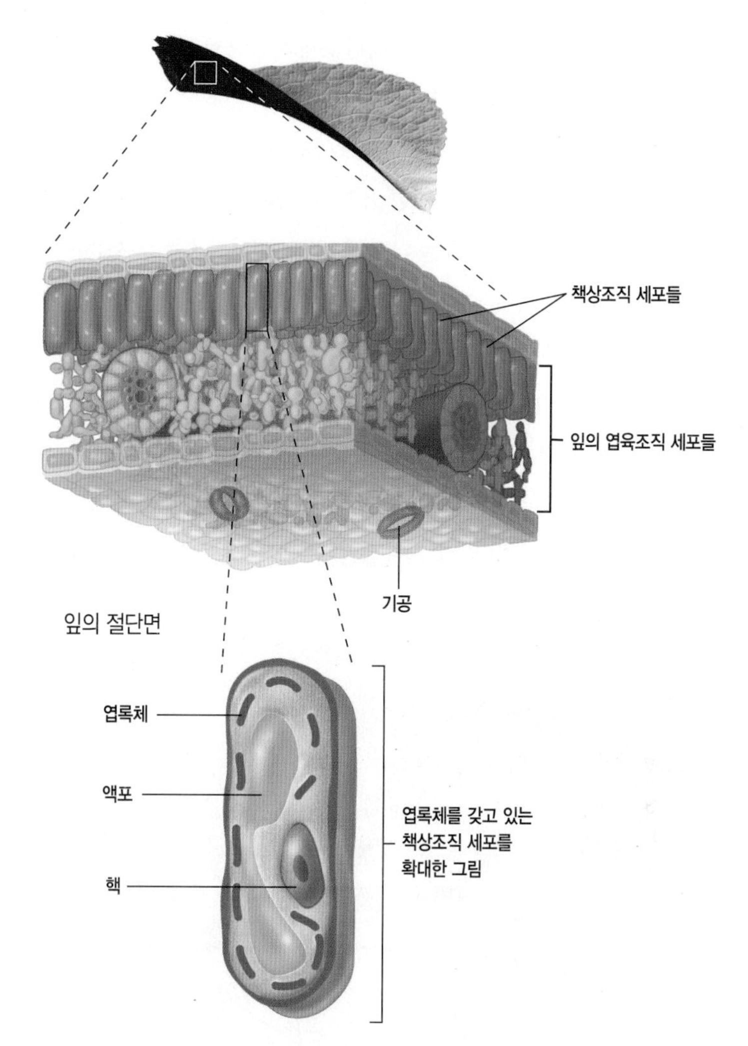

그림 10-2 **잎의 기능적인 체제.** 잎의 절단면에서 세포질 속에 분포된 엽록체들이 들어 있는 여러 층의 세포들을 볼 수 있다. 이 엽록체들은 광합성을 수행하여 식물 전체에 원료와 화학 에너지를 제공한다.

10-1 엽록체의 구조와 기능

엽록체는 잎의 엽육조직 세포에 주로 분포되어 있다. 잎의 구조와 엽육조직 세포의 중앙 액포 주변에 있는 엽록체들의 배열을 〈그림 10-2〉에 나타내었다. 고등 식물의 엽록체들은 일반적으로 렌즈 모양이며(그림 10-3), 폭은 약 2~4μm이고 길이는 5~10μm이며, 하나의 세포는 보통 20~40개의 엽록체를 갖고 있다. 엽록체는—모든 포유동물의 적혈구만큼 큰—커다란 소기관이다. 이 장을 시작하는 첫 페이지의 현미경 사진에서 보는 바와 같이, 엽록체들은 이미 있었던 엽록체들[또는 색소를 갖고 있지 않은 **전색소체**(前色素體, proplastid)라고 하는 전구체]로부터 생긴다.

엽록체는 1881년 독일의 생물학자 엥겔만(T. Engelmann)의 독창적인 실험에 의해 광합성이 일어나는 장소로서 확인되었다. 그는 녹조류(綠藻類)인 해캄속(*Spirogyra*) 식물의 세포들에 빛을 비추었을 때, 활발하게 움직이는 세균들이 해캄의 큰 리본처럼 생긴 엽록체 근처의 세포 바깥쪽에 모이는 것을 발견하였다. 세균들은 유산소 호흡을 하는 동안에 엽록체 속에서 일어나는 광합성 결과 방출되는 소량의 산소를 이용하였다.

엽록체는 좁은 간격으로 분리된 2개의 막으로 싸여 있다(그림 10-3). 미토콘드리아의 외막과 같이, 엽록체의 외막도 서로 다른 다수의 포린(porin)을 갖고 있다. 이 단백질들은 비교적 큰 통로(1 nm정도)를 갖고 있지만, 다양한 용질에 대해 약간의 선택성을 보이므로, 흔히 기술되는 것과는 다르게, 중요 대사산물들을 자유롭게 투과시키지 않을 수도 있다. 내막은 매우 불투과성이다. 이 막을 거쳐서 이동하는 물질들은 다양한 수송체들의 도움을 받아야만 한다.

엽록체에서 여러 가지 광합성 기구—빛-흡수 색소들, 전자 운반체들의 복잡한 사슬, ATP-합성 장치—는 내부 막계(膜系)의 일부분이다. 이 내부 막계는 두 층의 내외막으로부터 물리적으로 분리되어 있다. 에너지-전환 기구를 갖고 있는, 엽록체의 내부 막은 **틸라코이드**(thylakoid)라고 하는 막으로 된 납작한 주머니들로 이루어져 있다. 틸라코이드는 **그라나**(grana)라고 하는 질서 정연한 층들로 배열되어 있다(그림 10-3 및 10-4). 틸라코이드 주머니 안쪽의 공간은 내강(內腔, *lumen*)이며, 틸라코이드 바깥쪽 공간이며 엽록체 안쪽 공간은 기질(基質), 즉 **스트로마**(stroma)로서 이 속에 탄수화물 합성을 담당하는 효소들이 들어 있다.

미토콘드리아의 기질과 같이, 엽록체의 스트로마에는 두 가닥으로 된 작은 원형 DNA 분자 그리고 원핵생물에서와 비슷한 리보솜들이 있다. 위에서 논의된 것처럼, 엽록체의 DNA는 조상 세균인 내공생체(內共生體, endosymbiont)가 갖고 있던 유전체의 유물이다. 생물체에 따라서, 엽록체 DNA에는 유전자 발현(예: tRNA, rRNA, 리보솜의 단백질들) 또는 광합성에 관련된 약 60~200개의 유전자들이 있다. 식물 엽록체에서 약 2,000~3,500개의 폴리펩티드들 중 대다수는 핵의 DNA에 의해 암호화되고 세포 기질에서 합성된다. 이 단백질들은 특수화된 수송 장치에 의해 엽록체 속으로 반입(搬入)되어야 한다(12-9절).

틸라코이드 막에는 많은 단백질이 들어 있으며, 인지질(phospholipid)은 비교적 적은 것이 특이하다. 대신, 이 막들은 아래에 나타낸 것과 같이 갈락토스-함유 당지질(galactose-containing glycolipid)의 함량이 높다. 이 지질의 두 지방산은 많은 2중결합을

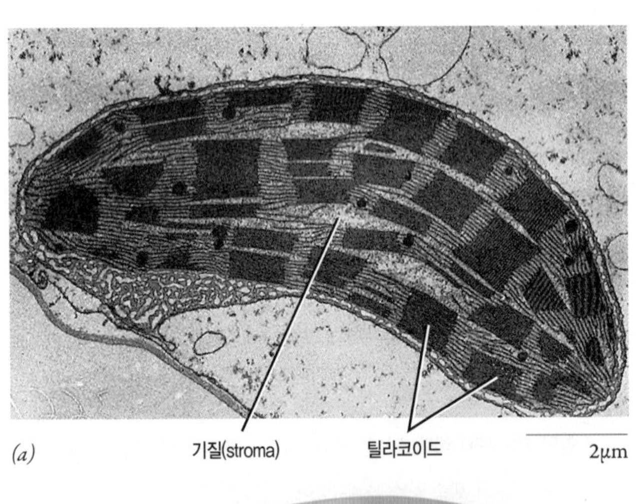

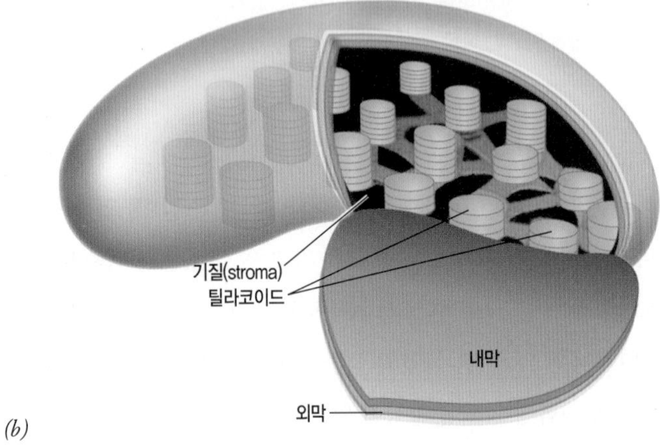

그림 10-3 엽록체의 내부 구조. (*a*) 하나의 엽록체를 보여주는 투과전자현미경 사진. 외막과 물리적으로 분리된 내막은 원반 모양의 틸라코이드(thylakoid) 더미(그라나, grana)로 배열되어 있다. (*b*) 내외 2중막과 틸라코이드 막을 보여주는 엽록체의 모식도.

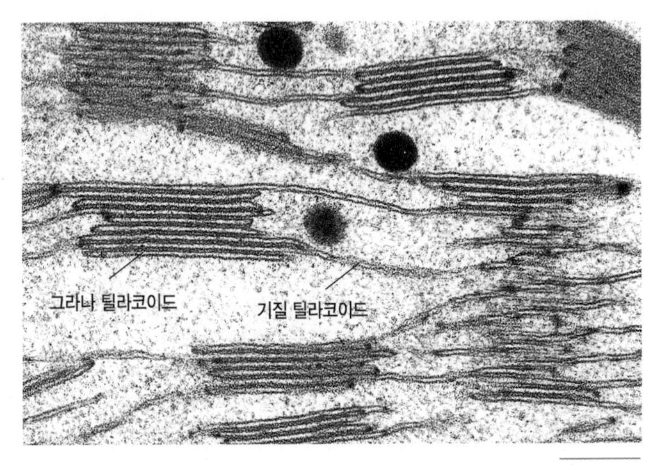

그림 10-4 틸라코이드 막. 시금치의 엽록체 부분을 자른 절편의 전자현미경 사진은 더미(층)를 이룬 그라나 틸라코이드(grana thylakoid)를 보여준다. 이 그라나 틸라코이드는 층을 이루지 않는 기질 틸라코이드[stroma thylakoid, 또는 스트로마 라멜라(lamellae)]에 의해 다른 그라나 틸라코이드와 연결되어 있다.

갖고 있으며, 이는 틸라코이드 막의 지질2중층을 매우 유동적으로 만든다. 지질2중층의 유동성은 광합성을 하는 동안 막을 통해서 단백질 복합체들의 측면 확산을 촉진한다.

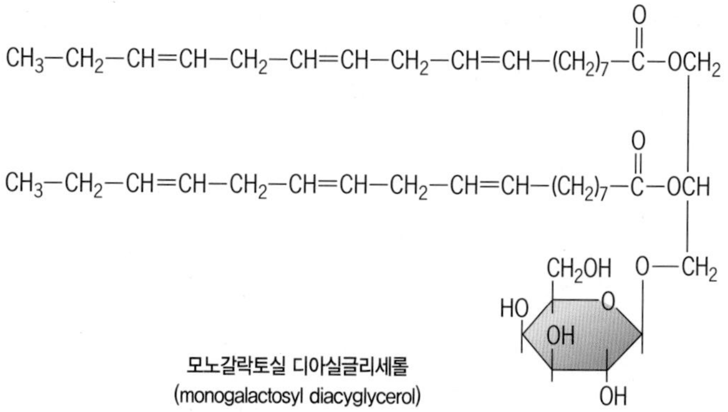

$$CH_3-CH_2-CH=CH-CH_2-CH=CH-CH_2-CH=CH-(CH_2)_7-\overset{O}{\overset{\|}{C}}-OCH_2$$

$$CH_3-CH_2-CH=CH-CH_2-CH=CH-CH_2-CH=CH-(CH_2)_7-\overset{O}{\overset{\|}{C}}-OCH$$

CH_2OH O—CH_2 HO O OH OH

모노갈락토실 디아실글리세롤
(monogalactosyl diacyglycerol)

복습문제

1. 남세균의 진화가 생물들의 대사에 미친 것으로 생각되는 영향에 대해 설명하시오.
2. 엽록체에서 막의 체제를 설명하시오. 이러한 막의 체제가 미토콘드리아 막의 체제와 어떻게 다른가?
3. 기질(stroma)과 내강(lumen), 경계막(envelope membrane)과 틸라코이드 막, 독립영양생물과 종속영양생물 등이 각각 어떻게 다른지 구별하시오.

10-2 광합성 대사의 개요

광합성의 화학 반응에 관한 이해의 큰 진전은 당시 스탠퍼드대학교(Stanford University)의 대학원생이었던 반 닐(C. B. van Niel)의 제안이 있던 1930년대 초에 이루어졌다. 앞에서 제시되었던 것과 같은 광합성의 전체 등식을 생각해 보자.

$$CO_2 + H_2O \xrightarrow{\text{light}} (CH_2O) + O_2$$

1930년에는 일반적으로, 빛 에너지가 이산화탄소(CO_2)를 쪼개서, 산소(O_2) 분자를 방출하고 탄수화물의 단위(CH_2O)를 형성하기 위해 탄소 원자를 물 분자에 전달하는 데 사용되는 것으로 믿었다. 1931년에, 반 닐은 유황 세균으로 실시한 연구를 바탕으로 하여 다른 기작(機作, mechanism)을 제안하였다. 이 유황 세균들은 자연 발생하는 산소 분자 없이 빛 에너지를 사용하여 이산화탄소를 탄수화물로 환원할 수 있었음이 증명되었다. 유황 세균들에서 제안된 광합성 반응은 다음과 같았다.

$$CO_2 + 2H_2S \xrightarrow{\text{light}} (CH_2O) + H_2O + 2S$$

모든 생물들의 광합성 과정들이 기본적으로 유사하다고 가정하여, 반 닐은 이러한 모든 활동을 포함할 수 있는 일반적인 반응을 제안하였다.

$$CO_2 + 2H_2A \xrightarrow{\text{light}} (CH_2O) + H_2O + 2A$$

포도당과 같은 6탄당을 생산하기 위해서, 이 반응은 다음과 같이 표현되어야 할 것이다.

$$6CO_2 + 6H_2A \xrightarrow{\text{light}} C_6H_{12}O_6 + 6H_2O + 12A$$

반 닐은 광합성이 기본적으로 산화-환원의 과정임을 인식하였다. 앞의 반응에서 H_2A는 전자 공여체(환원제)이며, 이것은 여러 종류의 세균들에 의해 사용된 H_2O, H_2S, 기타 환원된 기질들을 예로 들 수 있다. 그러나 이산화탄소는 하나의 산화제이며, 이것은 모든 식물 세포에서 다음 반응과 같이 6탄당을 형성하기 위해 환원된다.

$$6CO_2 + 6H_2O \xrightarrow{\text{light}} C_6H_{12}O_6 + 6H_2O + 6O_2$$

이 반응식에서, 각 산소(O_2) 분자는 이산화탄소(CO_2)에서 유래된 것이 아니며, 빛이 흡수되어 일어나는 과정으로써 두 분자의 물(H_2O)이 분해되어서 생긴 것이다. 산소 분자 형성에서 물의 역할은 캘리포니아대학교[University of California(UC), Berkeley]의 사무엘 루벤(Samuel Ruben)과 마틴 카멘(Martin Kamen)에 의해 1941년에 분명하게 확립되었다. 이 연구자들은 보통의 산소 동위원소 ^{16}O 대신, 특수하게 표지된 산소 동위원소 ^{18}O를 이용하여 녹조류 현탁액(懸濁液)으로 실험하였다. 이 녹조류의 한 시료는 표지된 $C[^{18}O_2]$와 표지되지 않은 물에 노출시킨 반면, 다른 시료는 표지되지 않은 이산화탄소와 표지된 $H_2[^{18}O]$에 노출시켰다. 이 연구자들은 간단한 질문을 던졌다. 즉, 이 두 가지 광합성 녹조류들의 시료 중에서 어느 것이 표지된 $^{18}O_2$를 방출했을까?

표지된 물에 노출되었던 녹조류는 표지된 산소를 생산하였다. 이로써 광합성 하는 동안 생산된 O_2는 H_2O에서 유래되었음이 증명되었다. 표지된 이산화탄소에 노출되었던 녹조류는 표지되지 않은 산소를 생산함으로써, O_2는 CO_2의 화학적 분해에 의해 형성되지 않음이 확인되었다. 일반적인 생각과 달리, 2개의 원자 구성요소로 쪼개져 있던 것은 이산화탄소가 아니라 물이었다. 그리하여 반 닐의 가설이 확인되었다.

반 닐의 제안으로 광합성에 대한 관점이 달라졌다. 즉, 광합성은 본질적으로 미토콘드리아 호흡의 반대 과정이 되었다. 미토콘드리아에서의 호흡은 산소를 물로 환원시키는 반면, 엽록체에서의 광합성은 물을 산소로 산화시킨다. 전자의 과정은 에너지를 방출하고, 후자의 과정은 에너지를 필요로 한다. 광합성과 유산소 호흡의 열역학적 개관을 〈그림 10-5〉에 표시하였다. 이 두 가지 대사작용 사이의 많은 유사성은 다음 페이지에서 언급될 것이다.

광합성은 2개의 연속된 반응으로 나눌 수 있다. 첫 번째 단계인 **광-의존 반응**(light-dependent reaction) 동안에, 태양 빛의 에너지가 흡수되어, 2개의 중요한 생물 분자인 ATP와 NADPH 같은 화학 에너지로 저장된다. ATP는 세포의 1차 화학 에너지원(源)이며 NADPH는 세포의 1차 환원력원(還元力源)이다. 두 번째 단계인 **광-비의존 반응**(light-independent reaction)(또는 흔히 "암반응"으로 불렸음) 동안에, 탄수화물이 합성되는데, 이 과정에서 광-의존 반응에서 생산된 ATP와 NADPH 분자들 속에 저장된 에너지를 이용한다. 지구상의 식물체들은 매년 약 500조kg의 CO_2를 탄수화물로 전환시키는데, 이는 매년 세계의 쇠고기 생산량의 약 1만 배에 달한다. 우리는 복잡하며 아직도 완전히 이해되어 있지 않은 광-의존 반응부터 논의를 시작할 것이다.

복습문제

1. 어떤 면에서 광합성은 호흡의 반대 작용인가?
2. 전자 공여체로서 황화수소(H_2S)를 사용하는 비산소발생 광합성이 전자 공여체로서 물(H_2O)을 사용하는 산소발생 광합성과 어떤 면에서 비슷한가? 이 두 가지 광합성은 어떤 면에서 다른가?
3. 일반적으로, 광-비의존 반응과 광-의존 반응은 어떻게 다른가? 이 두 가지 유형의 반응에서 1차 생산물은 무엇인가?

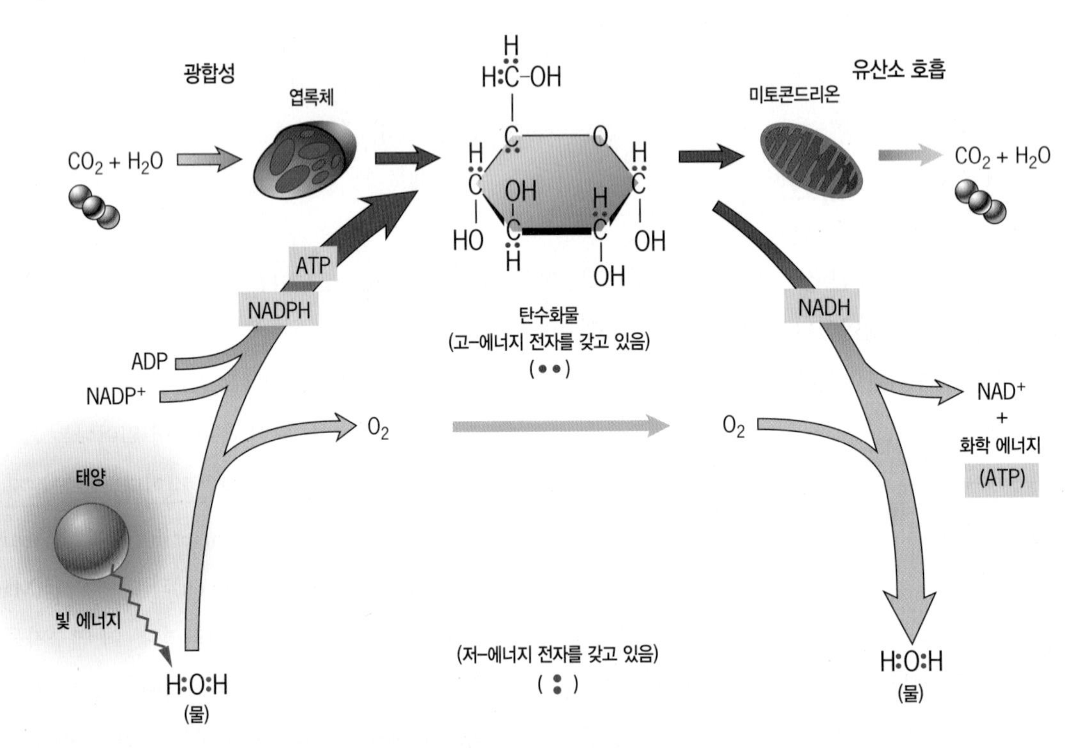

그림 10-5 광합성(photosynthesis)과 유산소 호흡(aerobic respiration)에 관한 에너지론의 개관.

10-3 빛의 흡수

빛은 빛의 "입자"로 생각할 수 있는 **광자**(光子, photon)라고 하는 에너지의 다발(또는 양자, 量子)로 운동(이동)한다.[2] 광자의 에너지 양은 다음 등식에 따라 빛의 파장에 의해 결정된다.

$$E = hc/\lambda$$

여기서 h는 플랑크 상수(Plank's constant, 1.58×10^{-34} cal·sec)이고, c는 진공상태에서 빛의 속도이며, λ는 빛의 파장이다. 파장이 짧을수록, 에너지양은 더 많다. 광합성에서 중요한 파장인 680nm의 광자 1몰(6.02×10^{-23})은 약 42kcal의 에너지를 갖고 있으며, 이것은 산화환원 전위를 약 1.8볼트(V)(42kcal를 파라데이 상수 23.06kcal/V로 나눈 값임) 변화시키는 것과 동일하다.

빛의 흡수는 광화학(光化學) 작용의 첫 번째 단계이다. 하나의 광자가 어떤 분자에 의해 흡수되었을 때, 하나의 전자는 안쪽 궤도에서 바깥쪽 궤도로 밀려나가기에 충분한 에너지를 갖게 된다. 이 분자는 **기저상태**(基底狀態, ground state) 또는 **바닥상태**에서 **여기상태**(勵起狀態, excited state) 또는 **들뜬상태**로 전환되었다고 한다. 전자가 존재할 수 있는 궤도의 수는 제한되어 있고 각 궤도는 특별한 에너지 수준을 갖고 있기 때문에, 어느 원자 또는 분자는 어떤 특수 파장의 빛 만을 흡수할 수 있다.

여기상태에 있는 분자는 불안정하며 이 상태는 단 약 10^{-9}초 정도만 지속되는 것으로 예측된다. 상황에 따라서 여기상태의 전자는 여러 가지 결과에 처할 수 있다. 가장 중요한 빛-흡수 광합성 색소인 **엽록소**(葉綠素, chlorophyll) 한 분자를 생각해 보자. 만일 여기된 엽록소 분자의 전자가 낮은 궤도로 되 떨어진다면, 흡수되었던 에너지는 방출되어야만 한다. 만일 에너지가 빛[형광(螢光, fluorescene) 또는 인광(燐光, phosphorescene)] 또는 열의 형태로 방출된다면, 이 엽록소는 원래의 기저상태로 되돌아가서 흡수된 광자의 에너지는 사용되지 않는다.

이것은 분리된 엽록소(*isolated chlorophyll*)가 들어 있는 용액에 빛을 비추었을 때 정확하게 관찰된다. 즉, 이 용액은 흡수된 에너지가 더 긴(다시 말하면, 낮은 에너지) 파장에서 다시 방출되기 때문에, 강한 형광을 내게 된다. 그러나 만일 똑같은 실험을 분리된 엽록체들(*isolated chloroplasts*)을 준비하여 실시하면, 단지 희미한 형광 만이 관찰된다. 이것은 흡수된 에너지의 아주 적은 양이 방출되었음을 의미한다. 대신, 엽록소 분자들의 여기된 전자들은 낮은 에너지 궤도로 되 떨어지기 전에 엽록체 막 속에 있는 전자 수용체들로 전달된다. 그래서 엽록체들은 흡수된 에너지를 방출되기 전에 이용할 수 있다.

[2] 전자기(電磁氣) 방사선(예: 빛)이 파동(波動)과 같은 그리고 입자(粒子)와 같은 두 가지 특성을 갖는다는 생각은, 20세기 초에 막스 플랑크(Max Planck)와 알버트 아인슈타인(Albert Einstein)의 연구에서 나왔으며 그리고 양자역학이라는 학문이 시작되었다.

10-3-1 광합성 색소들

색소들(pigments)은 가시광선 속의 특정한 파장(들)의 빛 만을 흡수하기 때문에 색깔을 나타내는 화합물들이다. 엽록체에 상당량의 엽록소 색소가 함유되어 있기 때문에, 잎들은 초록색이다. 이 색소는 우리 눈에 반사되는 중간의 초록색 파장 이외에 파란색과 빨간색 파장을 가장 강하게 흡수한다. 엽록소의 구조를 〈그림 10-6〉에 나타내었다. 각 엽록소 분자는 두 부분으로 구성되어 있다. 즉, (1) 폴피린 환(環)(porphyrin ring)은 빛을 흡수하는 작용을 하며, (2) 소수성인 피톨 사슬(phytol chain)은 엽록소를 틸라코이드 막 속에 묻힌 상태로 유지시킨다.

헤모글로빈과 미오글로빈의 빨간색 철-함유 폴피린(헴기, heme group)과 다르게, 엽록소 분자의 폴피린은 마그네슘(Mg) 원자를 함유한다. 폴피린 환의 가장자리를 따라서 단일결합과 2중결합이 교대로 바뀌면서 연결되어 있는데, 이들 결합을 따라서 전자가 다른 위치로 이동하여 폴피린 환의 가장자리에 전자구름(電子雲)을 형성한다(그림 10-6).

이러한 유형의 계(系)를 공액(共軛, *conjugated*) 상태라고 하며 가시광선을 강하게 흡수한다. 흡수된 에너지는 그 분자의 전자 밀도를 재분배시키며, 이어서 잃어버린 전자를 적당한 수용체로 가게 한다. 또한 공액 결합계는 흡수 피크(정점)를 넓혀 개개의 분자들이 파장 범위에 있는 에너지를 흡수할 수 있도록 한다. 이러한 특징은 정제된 엽록소 분자들의 흡수스펙트럼에서 확실히 나타난다(그림 10-7). **흡수스펙트럼**(absorption spectrum)은 파장에 대하여 흡수된 빛의 강도를 표로 나타낸 것이다. 틸라코이드 속에 있는 광합성

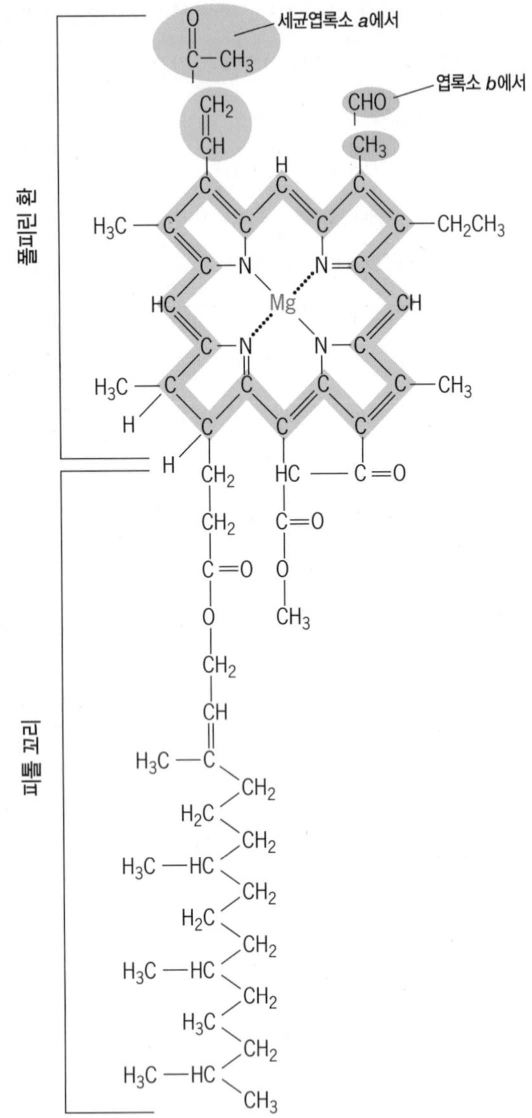

세균엽록소 a에서

엽록소 b에서

폴피린 환

피톨 꼬리

엽록소 a

그림 10-6 **엽록소 *a*의 구조.** 엽록소 분자는 중앙의 마그네슘 이온과 긴 탄화수소 꼬리(phytol tail)를 갖고 있는 폴피린 환[porphyrin ring, 4개의 작은 피롤 환(pyrrole ring)으로 구성되어 있음]으로 이루어져 있다. 폴피린 주위에 표시된 초록색 부위는 전자들이 다른 위치로 이동하여 전자구름을 형성하는 것을 나타낸다. 엽록소에서 마그네슘을 함유하는 폴피린의 구조는 〈그림 9-12〉에 표시된 철을 함유하는 헴(heme)의 폴피린에 비유될 수 있다. 엽록소 *b*와 세균 엽록소 *a*는 각각 표시된 부분에서 바뀐다. 예로서, 두 번째 환에서 $-CH_3$기는 엽록소 *b*에서 $-CHO$기로 바뀐다. 엽록소 *a*는 산소를 생산하는 모든 광합성 생물들이 갖고 있지만, 여러 종류의 유황 세균에는 없다. 엽록소 *a* 이외에, 엽록소 *b*는 모든 고등식물과 녹조류에 있다. 이 그림에 표시되지 않은 엽록소 *c*는 갈조류, 규조류, 일부 원생동물 등에 있으며, 엽록소 *d*는 홍조류에 있다. 세균 엽록소는 광합성에서 산소를 생산하지 않는 초록색 세균과 자주색 세균에서만 발견된다.

색소들에 의해 흡수된 파장들의 범위는 더 증가되는데, 그 이유는 그 색소들이 서로 다른 다양한 폴리펩티드들과 비공유 결합을 하고 있기 때문이다.

폴피린 환의 옆에 붙어 있는 서로 다른 종류의 엽록소는 광합성하는 생물들 사이에 생긴다. 이 색소들의 구조가 〈그림 10-6〉에 표시되어 있다. 엽록소들은 주로 빛을 흡수하는 광합성 색소이지만, 육상식물들은 다음과 같은 복합 2중결합의 선상 구조인 베타-카로틴을 포함하는 카로티노이드(*carotinoid*)라고 하는 주황색과 빨간색의 보조색소(accessary pigment)도 갖고 있다.

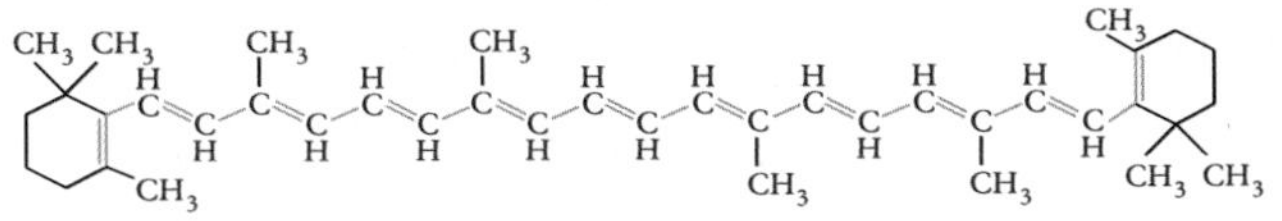

베타-카로틴

카로티노이드는 주로 스펙트럼에서 파란색과 초록색 부위의 빛을 흡수하는 반면(그림 10-7), 노란색, 주황색, 빨간색 부위의 빛을 반사시킨다. 카로티노이드는 당근, 오렌지, 그리고 가을에 일부 식물의 잎(단풍잎) 등의 특징적인 색깔을 만든다. 카로티노이드는 여러 가지 작용, 즉 광합성 하는 동안 2차적인 빛 수집기의 역할

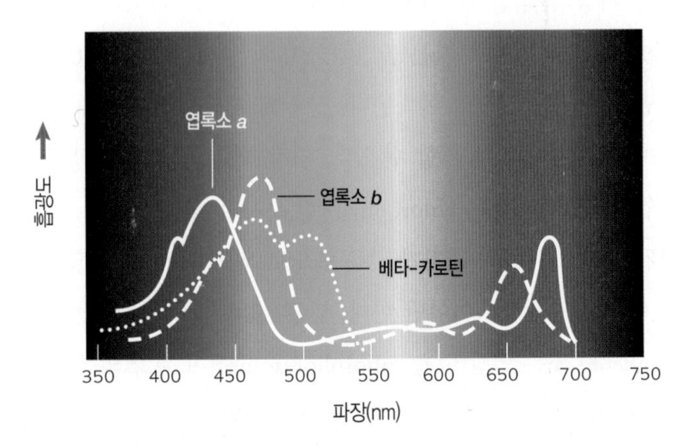

그림 10-7 **고등식물에서 여러 가지 광합성 색소들의 흡수스펙트럼.** 배경에 있는 색깔들은 우리가 가시 스펙트럼의 파장들로 인식한다. 엽록소(chlorophyll)는 스펙트럼의 보라색, 파란색, 빨간색 부위에서 빛을 가장 강하게 흡수하는 반면, 카로티노이드(예: 베타-카로틴)는 초록색 부위에서 흡수한다. 홍조류와 남세균은 스펙트럼의 중간 부위에서 흡수하는 다른 색소(피코빌린, phycobilin)를 갖고 있다.

을 하며, 여기된 엽록소 분자들로부터 과잉 에너지를 빼내어 열로 발산시킨다. 만일 이러한 과잉 에너지가 카로티노이드에 의해 흡수되지 않으면, 에너지가 산소에 전달될 수 있다. 그러면 1중항산소($^1O^*$)(一重項酸素, singlet oxygen)라고 하는 과도한 반응 형태의 분자를 생산하게 되며, 이 산소는 생물을 구성하는 분자들을 파괴할 수 있고 세포를 죽음에 이르게 한다.

잎 위에 도달한 빛은 여러 가지 파장으로 구성되어 있기 때문에, 다양한 흡수 특성을 지닌 색소들은 광자들을 더 많이 받아 들여 광합성을 자극하게 한다. 이것은 여러 가지 파장의 빛에 의해 생긴 상대적인 광합성 비율(또는 효율)을 표로 나타낸 **작용스펙트럼**(action spectrum)을 조사하여 알아 볼 수 있다(그림 10-8). 단순히 특정한 색소들에 의해 흡수된 빛의 파장을 측정한 흡수스펙트럼과는 다르게, 작용스펙트럼은 특정한 생리학적 반응을 일으키는 데 있어서 효과적인 파장을 알아 볼 수 있게 한다. 광합성의 작용스펙트럼은 엽록소와 카로티노이드의 흡수스펙트럼과 아주 밀접하게 표시되는데, 이것은 이 색소들이 광합성 과정에 참여한다는 것을 반영한다.

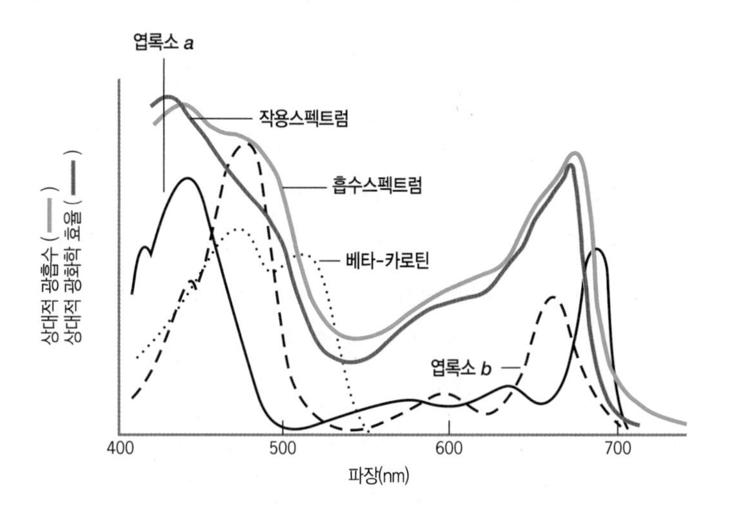

그림 10-8 광합성의 작용스펙트럼. 작용스펙트럼(action spectrum, 빨간색 선으로 표시된)은 여러 가지 파장의 빛이 식물 잎에서 광합성을 촉진할 수 있는 상대적 효율을 나타낸다. 작용스펙트럼은 잎을 여러 가지 파장에 노출시킨 후 생산된 산소(O_2)를 측정하여 만들어질 수 있다. 검은색 선은 주요 광합성 색소들의 흡수스펙트럼(absorption spectrum)을 표시한 것이다. 초록색 선은 모든 색소들의 흡수스펙트럼을 합쳐서 나타낸 것이다.

복습문제

1. 흡수스펙트럼과 작용스펙트럼의 차이는 무엇인가?
2. 클로로필과 카로티노이드의 구조, 흡수, 기능을 비교하시오.

10-4 광합성단위와 반응중심

1932년, 캘리포니아공과대학교(California Institute of Technology)의 로버트 에머슨(Robert Emerson)과 윌리엄 아놀드(William Arnold)에 의해 실시된 실험에 따르면, 하나의 엽록체 속에 있는 모든 엽록소 분자들이 빛 에너지를 화학 에너지로 전환시키는 과정에 직접 관련되어 있지 않음을 알 수 있다. 이 연구자들은 클로렐라속(*Chlorella*) 녹조류의 현탁액에 포화 강도에서 극히 짧은 시간 동안 섬광을 비추어서, 광합성 하는 동안 산소를 최대로 생산하는 데 필요한 빛의 최소량을 결정하였다. 현탁액 속에 있는 엽록소 분자의 수를 기초로 하여, 그들은 짧은 섬광을 2,500개의 엽록소 분자에 비추었을 때, 산소(O_2) 1분자가 방출된 것으로 계산하였다. 그 후에 에머슨은 산소 1분자를 생산하기 위해서 최소 8개의 광자가 흡수되어야 한다는 것을 밝혔다. 그런데 이것은 엽록체들이 물을 산화하여 산소를 발생시키는 데 필요한 것으로 보이는 수의 약 300배나 많은 엽록소 분자들을 갖고 있다는 뜻이다.

이러한 발견에 대한 한 가지 가능한 해석은 오직 아주 적은 숫자의 엽록소 분자들 만이 광합성에 관여한다는 것이다. 그러나 이것은 그 경우가 아니다. 오히려, 수백 개의 엽록소 분자들이 하나의 **광합성단위**(photosynthetic unit)로서 함께 작용한다. 이 단위에서 단 하나의 엽록소—**반응-중심 엽록소**(reaction-center chlorophyll)—만이 실제로 전자들을 전자 수용체에 전달한다. 많은 색소 분자들이 빛 에너지를 화학 에너지로 전환시키는 데 직접적으로(*directly*) 참여하지 않더라도, 이 색소들은 빛을 흡수한다. 이 색소 분자들은 빛을 모으는(集光) **안테나**(antenna)를 형성한다. 다양한 파장의 광자를 흡수하여 에너지[여기 에너지(*excitation energy*)라고 하는]를 반응중심에 있는 색소 분자로 아주 빠르게 전달한다.

하나의 색소 분자로부터 다른 분자로의 여기 에너지 전달은 분자들 사이의 거리에서 매우 민감하게 이루어진다. 한 안테나의 엽록소 분자들은 가까이 있으며(1.5nm이하의 거리) 내재 막 폴리펩티드들 사이에 비공유 결합에 의해 적절한 방위(方位)를 유지하고 있다. 안테나 색소들 사이에 작동되는 하나의 "규칙"은 에너지가 오직 동일한 양의 에너지 또는 더 적은 양의 에너지를 요구하는 분자로만 전달될 수 있는 것이다. 바꾸어 말하면, 에너지는 오직 공여체 분자에 의해 흡수된 것과 동일하거나 흡수된 것보다 긴 파장(낮은 에너지)의 빛을 흡수하는 색소 분자로만 전달될 수 있다. 에너지는 광합성단위를 거쳐 "돌아다닐" 때, 긴 파장에서 흡수된 색소 분자로 반복해서 전달된다(그림 10-9). 그 에너지는, 결국 반응중심에 있는 엽록소에 전달된다. 이 엽록소는 그 이웃에 있는 어떤 파장보다 더 긴 파장의 빛을 흡수한다. 일단 그 에너지가 반응중심에 수용되면, 빛 흡수에 의해 여기된 전자는 그의 수용체로 전달될 수 있다.

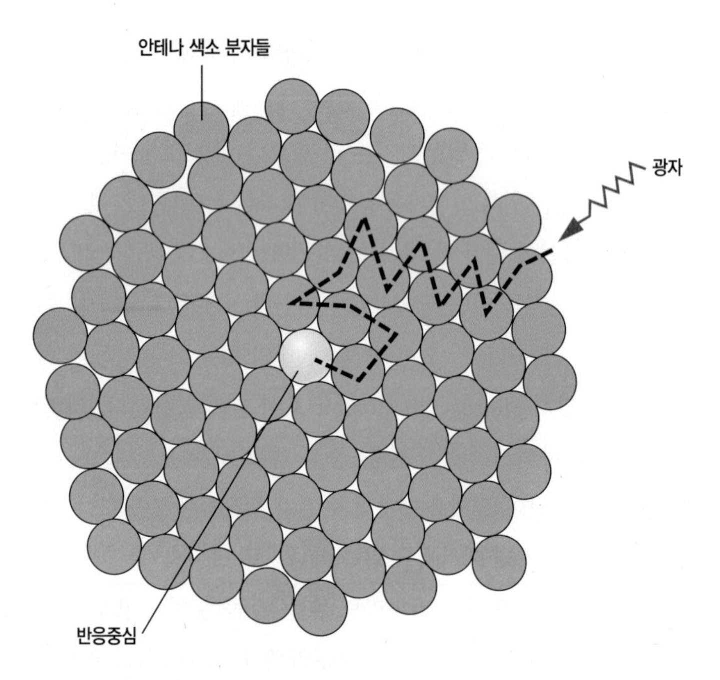

그림 10-9 여기 에너지의 전달. 에너지는 반응-중심 엽록소에 도달할 때까지 점차로 더 긴 파장의 빛을 흡수하는 색소 분자들의 연결망(網)을 통해서 무작위로 전달된다. 반응-중심 엽록소는 여기된 전자를, 이 장의 뒤에 기술된 것과 같은, 1차수용체로 전달한다.

10-4-1 산소의 형성: 2개의 다른 광합성 계의 작용을 통합시킴

전자원(源)으로서 H_2O를 사용할 수 있는 생명체들의 진화는 광합성 기구에 큰 변화를 가져왔다. 이 변화의 이유는 산소를 발생하는(O_2-방출) 광합성의 에너지론을 고려함으로써 밝혀졌다. O_2-H_2O 짝의 표준 산화환원 전위는 +0.82V(볼트)인 반면, $NADP^+$-NADPH 짝은 −0.32볼트이다(표 9-1). 이 2쌍의 산화환원 전위의 차이(1.14볼트)는 표준 조건하에서(*under standard conditions*) H_2O로부터 전자를 제거하여 $NADP^+$로 전달하는 체계에 의해 흡수되어야 하는 최소 에너지의 측정치이다. 그러나 세포들은 표준 조건하에서 작동하지 않으며, H_2O로부터 $NADP^+$로 전자를 전달하기 위해서는 최소 에너지 투입량 이상을 필요로 한다.

엽록체에서 실제로 작동하는 동안, 2볼트 이상의 에너지가 이 산화-환원 반응을 수행하기 위해 사용되는 것으로 측정되었다. (여기서 2볼트라는 수치는, +1볼트 이하로부터 −1볼트 이상까지 표시된, 〈그림 10-10〉의 왼쪽 눈금에서 측정되었다.) 680nm 파장(적색광, red light)의 광자 1몰은 산화환원 전위의 1.8볼트 변화와 동일하다. 표준 조건하에서(즉, 1.14볼트) 적색광의 광자 1개가 하나의 전자를 $NADP^+$의 환원에 필요한 에너지 수준으로 끌어올린다는 것이 이론적으로 가능하더라도, 그 과정은 2개의 다른 빛-흡수 반응의 결합된 작용을 통해 세포 속에서 이루어진다.

광합성의 빛-흡수 반응은 **광계**(光系, photosystem)라고 하는 커다란 색소-단백질 복합체에서 일어난다. 두 유형의 광계가 산소 발생 광합성에서 이용된 두 가지의 빛-흡수 반응을 촉진시키기 위해 필요하다. 하나의 광계, 즉 **제2광계**(photosystem II, PSII)는 전자들의 에너지 수준을 물의 에너지 수준 아래에서부터 중간 지점까지 끌어 올린다(그림 10-10). 다른 광계, 즉 **제1광계**(photosystem I, PSI)는 전자들의 에너지 수준을 중간 지점에서부터 $NADP^+$ 에너지 수준의 훨씬 위까지 끌어 올린다. 두 광계는 연속적으로 작용한다. 이 두 광계는 상이한 광화학 반응을 중재하더라도, 광합성 세균 세포에서는 물론 식물들에서도 두 광계는 단백질의 조성과 전체 구조에서 현저한 유사성을 보인다. 이러한 공유된 특성들로 보아, 모든 광합성 반응중심들이 30억년 이상 동안 보존되어 온 공통 조상의 구조로부터 진화했음을 시사한다.

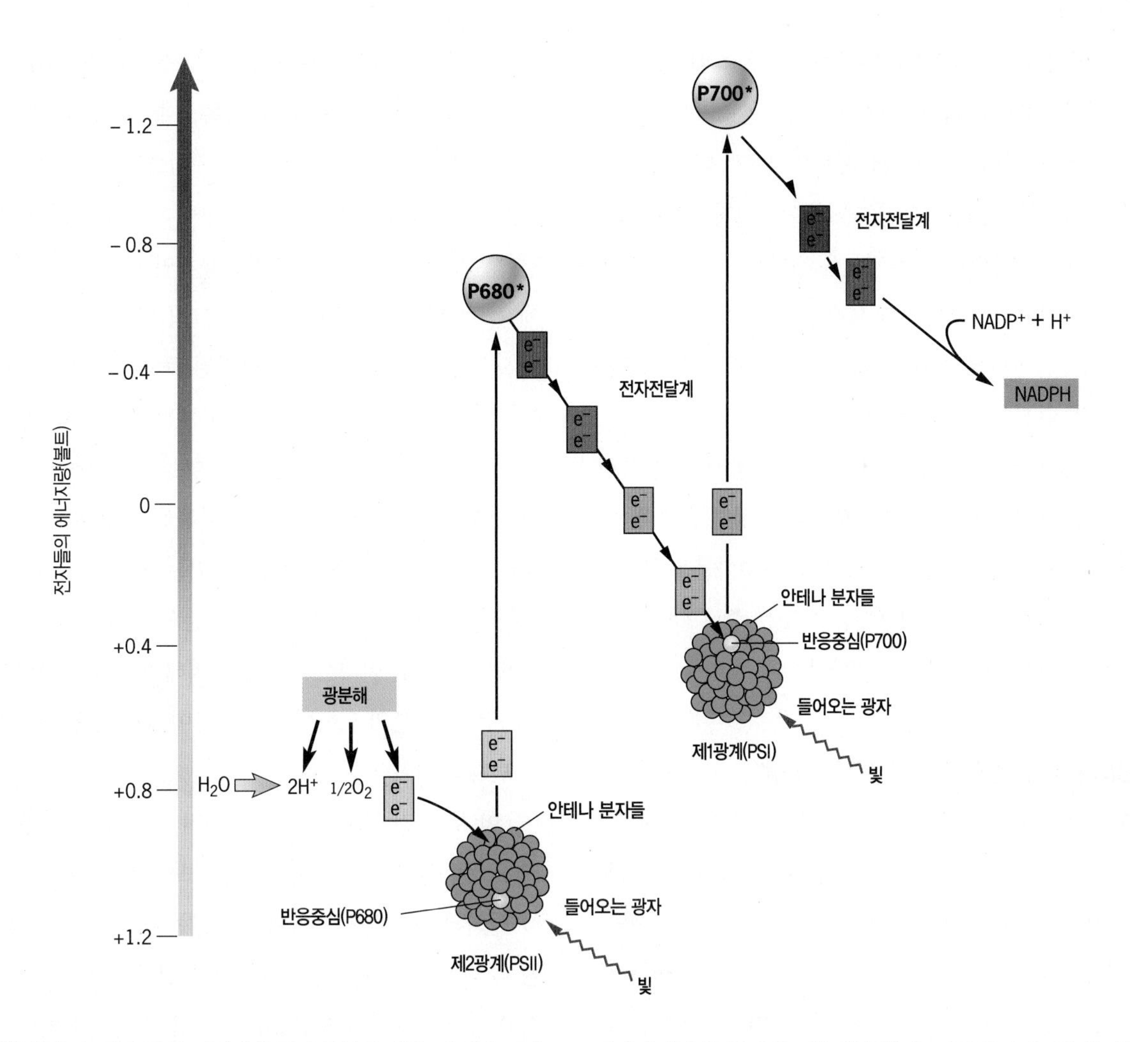

그림 10-10 광합성의 광-의존 반응 과정에서 전자 흐름의 개관. 이 개요도에 그려진 것들은 아래에 자세히 기술하였다. 전자의 에너지량은 볼트(전압의 단위)로 표시되었다. 이 볼트의 수치를 칼로리(열량의 단위)로 바꾸기 위해서, 파라데이 상수인 23.06kcal/V를 곱한다. 예로서, 2.0V의 차이는 46kcal/mole 에너지 차이를 보이는 전자들에 상당한다. 이것은 약 42kcal/mole의 적색광(680nm) 에너지에 비교될 수 있다.

PSII의 반응중심은 **제2광계 중심색소**(P680)라고 하는 엽록소 2량체이며, "P"는 "색소(pigment)"를 뜻하고 "680"은 이 특별한 엽록소 쌍이 가장 강하게 흡수하는 빛의 파장을 나타낸다. PSI의 반응중심도 엽록소 2량체이며 이를 **제1광계 중심색소**(P700)라고 한다. 태양 빛이 틸라코이드 막에 닿으면, 에너지가 PSII와 PSI의 안테나 색소들에 의해 흡수되어 두 광계의 반응중심으로 전달된다. 두 반응-중심 색소들의 전자들은 바깥 궤도로 올라가게 되고, 각 전자는 **1차 전자수용체**(primary electron acceptor)에 전달된다. 전자를 잃은 후, PSII와 PSI의 반응-중심 엽록소들은 각각 $P680^+$ 및 $P700^+$이라고 하는 양으로 하전된 색소가 된다. 이어서 전자 수용체들은 음으로 하전된다. 본질적으로, 광계들 속에서 이루어지는 이러한 전하의 분리가 광-의존 반응—빛 에너지를 화학 에너지로 전환—이다. 양으로 하전된 반응중심들은 전자를 끌어당기는 물질로 작용하며 음으로 하전된 수용체들은 전자 공여체로 작용한다. 결국, 각 광계 속에서 전하가 분리되는 것은 특별한 운반체들의 사슬에 따라서 전자들의 흐름을 준비하는 것이다.

두 광계가 연속적으로 작용하는, 산소발생 광합성에서, 전자의 흐름은 3개의 구간—물에서 PSII로, PSII에서 PSI로, PSI에서 $NADP^+$로—을 따라, 즉 제트도식(*Z scheme*)이라고 하는 배열을 따라 일어난다. 이 도식은 캠브리지대학교(University of Cambridge)의 로버트 힐(Robert Hill)과 페이 벤달(Fay Bendall)에 의해 처음으로 제안되었다. 제트도식의 개요는 〈그림 10-10〉에 그려져 있다. 우리가 이 도식의 경로에서 주요 부분들을 검토할 때, 몇 가지 특수한 구성요소들의 명칭을 설명할 것이다. 미토콘드리아의 호흡 사슬을 구성하는 요소들과 같이(제5장), 제트도식에서 대부분의 전자 운반체들은 커다란 막 단백질 복합체들로 이루어져 있다.(그림 10-16 참조). 세월이 지나면서, 연구자들은 점차로 이 복합체들의 자세한 구조를 밝혀내고 있다. 이러한 노력은 많은 연구소에서 점차 더 높은 분해능으로 PSI과 PSII의 엑스-선(X-ray) 결정 구조를 발표하면서 지난 몇 년간 절정에 이르렀다.

미토콘드리아에서처럼, 전자전달은 에너지를 방출하여, 양성자 기울기를 만드는 데 사용되고 이어서 ATP를 합성하게 된다. 엽록체에서 생산된 ATP는 이 소기관 속에서 우선 탄수화물을 합성하는 데 사용된다. 엽록체 바깥에서 사용되는 ATP는 주로 식물 세포의 미토콘드리아에서 생산된 것에서 기원한다.

10-4-1-1 PSII의 작동: 물의 분해로 전자를 얻음

PSII는 물로부터 전자를 제거하여 양성자 기울기를 형성하는 이 두 가지의 상호 관련된 작용을 하기 위해 흡수된 빛 에너지를 이용한다. 식물 세포에서 PSII는 20가지 이상의 폴리펩티드로 된 복합체로서, 이의 대부분은 틸라코이드 막 속에 묻혀있다. 이 단백질들 중 D1과 D2로 표시된 두 단백질은 특히 중요하다. 그 이유는 이 두 단백질은 함께 P680 반응-중심 엽록소 2량체 및 광계에서 전자전달에 포함된 모든 보조 요소들 등과 결합하기 때문이다(그림 10-11).

PSII 작용의 첫 번째 단계는 안테나 색소에 의한 빛의 흡수이다. PSII를 위해서 태양의 빛 에너지를 모으는(集光) 안테나 색소들의 대부분은 **제2집광복합체**(light-harvesting complex II) 또는, 간단히, **LHCII**라고 하는 하나의 격리된 색소-단백질 복합체 속에 있다. LHCII 단백질은 엽록소와 카로티노이드 등과 결합하며 광계 핵심부의 바깥쪽에 위치한다(그림 10-11*a*). 웹사이트(www.wiley.com/college/kap)에서 접근할 수 있는 〈실험경로〉에 논의된 것과 같이, LHCII는 항상 PSII와 결합되어 있지 않지만, 적당한 조건하에서, 틸라코이드 막을 따라서 이동할 수 있으며 PSI과 결합하게 되어 PSI의 반응중심을 위한 집광복합체의 역할을 한다.

PSII로부터 플라스토퀴논으로의 전자 흐름 여기(勵起)상태의 에너지는 LHCII의 바깥쪽-안테나 색소들로부터 PSII의 핵심부 속에 위치한 몇 개의 안쪽-안테나 엽록소 분자들로 전달된다. 여기서부터, 그 에너지는 결국 PSII 반응중심으로 전달된다. 여기된 반응-중심 색소(P680*)는, 빛에 의해 여기된 하나의 전자를 밀접하게 결합된 엽록소-유사 1차 전자수용체인 피오피틴(pheophytin) 분자에 전달함으로써 반응하게 된다(그림 10-11*a*, 1단계). 이러한 전자전달은 PSII에서 양으로 하전된 공여체($P680^+$)와 음으로 하전된 수용체($Pheo^-$) 사이에 전하의 분리를 발생시킨다. 반대로 하전된 두 분자 즉, $P680^+$ 및 $Pheo^-$ 형성의 중요성은 이 두 분자의 산화-환원 능력을 고려할 때 더 확실해진다. $P680^+$는 전자가 결여된 상태이어서 전자를 받아들일 수 있는 하나의 산화제를 만든다. 대조적으로, $Pheo^-$는 곧 잃게 될 여분의 전자를 갖고 있어 하나의 환원제를 만든다. 이러한 일—빛에 의해 산화제와 환원제를 형성하는 것—은 10억분의 1초 이하의 시간이 걸리며 광합성에서 필수적인 첫 번째 과정이다.

이 두 가지 물질은 반대로 하전 되어 있기 때문에, $P680^+$ 및 $Pheo^-$는 서로 뚜렷한 반응성을 보인다. 반대로 하전된 이 물질들 사이의 상호작용은 일어나지 않는데, 그 이유는 분리된 전하들은 다수의 다른 장소들을 통과하여 결국은 막의 반대쪽으로 더 멀리 이동하기 때문이다. $Pheo^-$는 처음에 전자를 막의 바깥(기질) 쪽에 결합된 플라스토퀴논(〈그림 10-11*a*〉에서 PQ_A로 표시되었음) 분자로 전달한다(그림 10-11*a*, 2단계). 플라스토퀴논(PQ)은 유비퀴논(ubiquinone)의 구조(그림 9-12*c* 참조)와 비슷한 지용성 분자이다(그림 10-12). 전자는 PQ_A으로부터 두 번째 플라스토퀴논(〈그림 10-11*a*〉에서 PQ_B로 표시됨)으로 전달되어(그림 10-11*a*, 3단계), 반쯤 환원된 형태의 분자($PQ_B\cdot^-$)를 형성하며 이 분자는 반응중심의 D1 단백질에 단단히 결합된 채로 남아 있다. 이러한 전달에 의해 전자는 막의 기질 쪽으로 더 가까이 이동한다.

양으로 하전된 색소($P680^+$)는 P680으로 되 환원되어(아래에 기술된 바와 같이), 다른 광자를 흡수하기 위한 반응중심을 준비한다. 두 번째 광자를 흡수하면, 에너지를 지닌 두 번째 전자를 P680으로부터 피오피틴, PQ_A, ($PQ_B\cdot^-$) 등의 경로를 따라 내보내어 PQ_B^{2-}를 형성한다(그림 10-11*a*, 4단계). PQ_B^{2-}는 2개의 양성자와 결합하여 플라스토퀴놀(plastoquinol, PQH_2)을 형성한다(그림 10-11*a*, 5단계; 그림 10-12). PQH_2를 형성하는 데 사용된 양

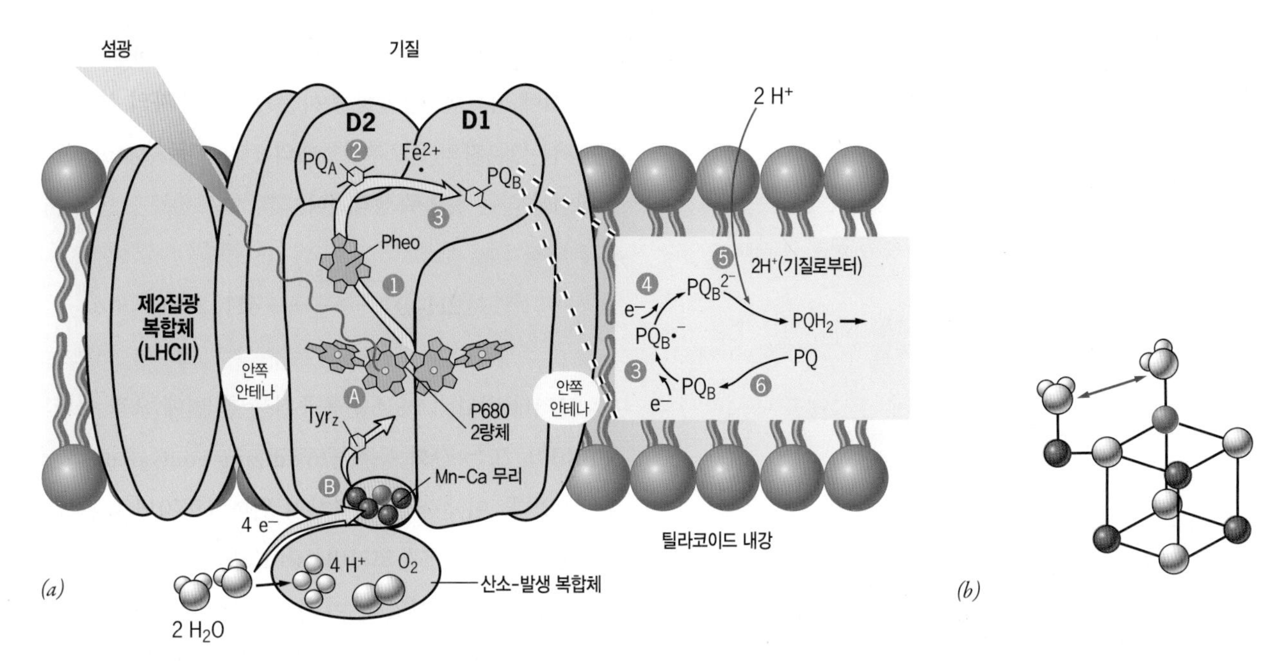

그림 10-11 PSII의 기능적 체제. (*a*) 커다란 단백질-색소 복합체를 단순화시킨 도식 모형. 이 복합체는 빛에 의한 물의 산화와 플라스토퀴논의 환원을 촉진시킨다. 전자들이 지나는 경로는 노란색 화살표로 나타내었다. 이 경로는 바깥쪽의 제2집광복합체(LHCII)에 있는 안테나 색소들이 빛을 흡수함으로써 시작된다. 에너지는 LHCII로부터 안쪽의 안테나색소-단백질 복합체를 거쳐 P680 반응-중심 엽록소 *a* 분자로 전달된다. 이 엽록소 *a* 분자는 가까이 위치하고 있는 4개의 엽록소 *a* 분자들(P680 2량체와 2개의 보조 엽록소 *a* 분자들) 중의 하나이다. 이 에너지를 P680이 흡수함으로써 전자를 여기상태로 만들고, 전자는 PSII의 1차 전자수용체인 피오피틴(pheophytin, Pheo)으로 전달된다(1단계). [피오피틴은 마그네슘(Mg^{2+}) 이온이 없는 엽록소 분자이다.] 이어서 전자는 플라스토퀴논(PQ_A)으로 전달되고(2단계), 다음에 비헴(non-heme) Fe^{2+}를 거쳐 PQ_B로 전달되어(3단계) 음으로 하전된 자유기(基) $PQ_B\cdot^-$를 형성한다. 두 번째로 흡수된 광자는 똑같은 경로를 따라서 두 번째 전자를 내보내어, 수용체를 PQ_B^{2-}로 전환시킨다(4단계). 그리고 2개의 양성자가 기질로부터 들어와서 PQH_2를 발생시키고(5단계), 이것은 지질2중층 속으로 방출되며 새로 산화된 PQ_B 분자로 대체된다(6단계). 위와 같은 일이 일어나고 있을 때, 전자들은 물(H_2O)에서부터 Tyr_z를 거쳐 양으로 하전된 반응-중심 색소로 이동한다(B와 A단계). 그래서 전체적으로, PSII는 물에서부터 플라스토퀴논까지 전자전달을 촉진시킨다. 산소(O_2) 1분자를 방출시키기 위해 물(H_2O) 2분자를 산화시킴으로써, 2분자의 PQH_2를 발생시킨다. 물의 산화에 의해 양성자들이 틸라코이드 내강 속으로 방출되며, PQ_B^{2-}의 환원으로 양성자들이 스트로마로부터 이동하기 때문에 PSII의 작동은 양성자(H^+)의 기울기 형성에 크게 기여한다. 그림은 2량체로 된 PSII 복합체 중 하나의 단량체를 보여준다. (*b*) 분광기와 엑스선 결정학 자료에 기초하여 제안된 물의 산화 장소에서 금속 이온들의 체제. 이 모형에서, 3개의 망간(Mn) 이온과 1개의 칼슘(Ca) 이온(그리고 4개의 산소 원자)이 근처의 네 번째 망간 이온과 연결되어 주사위 비슷한 무리로 배열되어 있다. 기질인 물 분자들 중의 하나는 네 번째 망간 이온과 결합되고 다른 기질 물 분자는 칼슘 이온과 결합된다. 2개의 물 분자에 있는 산소 원자들 사이의 작용(빨간색 화살표)은 O=O 결합을 형성하게 한다. 망간, 갈색; 칼슘, 파란색; 산소, 빨간색.

성자들은 기질로부터 유래되며, 기질의 H^+ 농도를 감소시켜 양성자 기울기를 만드는 데 기여한다. 환원된 PQH_2 분자는 D1 단백질에서 분리되어 지질2중층 속으로 확산된다. 이탈된 PQH_2는 2중층 속에 있는 플라스토퀴논 분자들의 작은 "공급원(供給源, pool)"에서 유래된 완전 산화된 PQ 분자로 대체된다(그림 10-11*a*, 6단계). PSII 반응에서 이 부분을 다음 식으로 요약할 수 있다.

$$2e^- + PQ + 2H^+_{기질} \xrightarrow{2개\ 양성자} PQH_2$$

간단히 살펴보자면, PSII에 의한 물 분자의 산화는 4개의 양성자가 필요하며, 그래서 PSII 반응에서 이 부분을 다음 식으로 더 잘 표현할 수 있다.

$$4e^- + 2PQ + 4H^+_{기질} \xrightarrow{4개\ 양성자} 2PQH_2$$

다음 절(節)에서 PQH_2에 의해 운반된 전자들(그리고 양성자들)의 운명을 추적할 것이다.

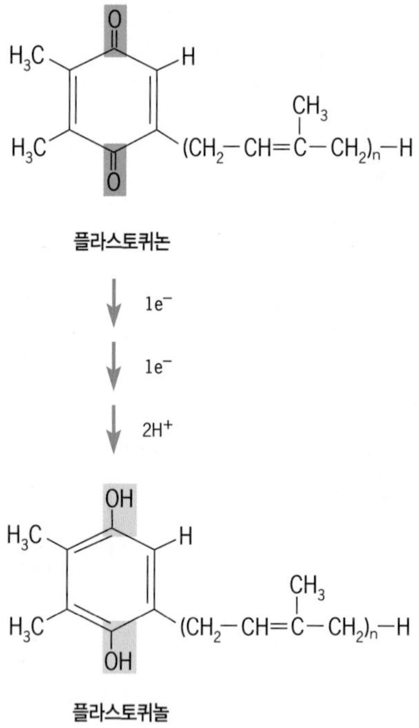

플라스토퀴논

$\downarrow$ 1e⁻

$\downarrow$ 1e⁻

$\downarrow$ 2H⁺

플라스토퀴놀

그림 10-12 플라스토퀴논(plastoquinone). 플라스토퀴논(PQ)은 2개의 전자와 2개의 양성자를 받아서 플라스토퀴놀(PQH_2)로 환원된다. 중간산물은 〈그림 9-12*c*〉에 나타낸 미토콘드리아에서 유비퀴논(ubiquinone)의 것과 비슷하다.

물로부터 PSII로의 전자 흐름 물에서부터 $NADP^+$까지의 전자 흐름의 첫 번째 단계는 물(H_2O)과 PSII 사이의 부분이다. 물은 수소와 산소 원자들과 단단히 결합되어 만들어진 매우 안정된 분자이다. 사실 물의 분해는 살아 있는 생물체 속에서 일어나는 것으로 알려진 것 중 열역학적으로 가장 자극적인 (에너지 흡수) 반응이다. 실험실에서 물을 분해시키기 위해서는 강한 전류 또는 2,000℃에 가까운 온도를 사용할 필요가 있다. 그러나 식물 세포는 단지 가시광선의 에너지 만을 사용하여 눈 쌓인 산중턱에서도 이러한 일을 할 수 있다.

우리는 앞 절에서 PSII에 빛이 흡수됨으로써 하전된 두 분자, 즉 $P680^+$ 및 $Pheo^-$가 어떻게 형성되는가를 보았다. 우리는 $Pheo^-$와 결합된 여기된 전자의 전달 경로를 추적하였다. 이번에는 다른 물질, 즉 현재까지 생물계에서 발견된 것 중 가장 강력한 산화제인 $P680^+$의 경로를 살펴보기로 한다. P680 산화형의 산화환원 전위는 물에 단단히 결합되어 있는(저-에너지) 전자를 끌어당겨서 물을 분해시키기에 충분히 강하다(+0.82볼트의 산화환원 전위). 광합성 하는 동안 물이 분해되는 것을 **광분해**(photolysis)라고 한다. 다음 등식에 따르면, 광합성을 하는 동안 1분자의 산소를 형성하기 위해서는 2분자의 물로부터 4개의 전자가 동시에(*simultaneous*) 소실되어야 하는 것으로 생각된다.

$$2H_2O \xrightarrow{\text{4개 양성자}} 4H^+_{\text{내강}} + O_2 + 4e^-$$

그러나 하나의 PSII 반응중심은 한 번에 오직 하나의 양전하($P680^+$), 또는 산화 등가물(oxidizing equivalent) 만을 발생시킬 수 있다. 이 문제를 해결하기 위해 1970년경 피에르 졸리오(Pierre Joliot)와 베젤 코크(Bessel Kok)는 에스-상태 가설(S-state hypothesis)을 제안하였다. 이 가설은 광계에서 물을 산화시키기 위해 필요한 4개의 산화 등가물이 축적되게 한다는 것이다. 틸라코이드 내강(lumen)의 표면에는 PSII의 D1 단백질과 밀접하게 결합된 5개의 금속 이온들의 무리가 있다. 즉, 4개의 망간(Mn) 이온들과 1개의 칼슘(Ca) 이온으로서, 이들은 산소-발생 복합체(*oxygen-evolving complex*)를 형성하는 몇 개의 표재단백질들에 의해 안정화되고 보호되어 있다(그림 10-11*a*).

망간-칼슘 무리의 제안된 체제를 〈그림 10-11*b*〉에 나타냈으며 이 그림의 설명에 논의되었다. 망간-칼슘 무리는 4개의 전자를 $P680^+$ 근처로 한 번에 하나씩 전달하여 4개의 산화 등가물을 축적한다. 망간-칼슘 무리에서부터 $P680^+$까지 각 전자의 전달(〈그림 10-11*a*〉에서 B와 A단계)은 중간 전자 운반체, 즉 Tyr_Z라고 하는 D1 단백질의 티로신(tyrosine) 잔기를 거쳐 통과함으로써 이루어진다. 각 전자가 $P680^+$로 전달된 후, P680이 재생되며, 이 색소는 광계에 의해 다른 광자를 흡수하여 다시 산화된다($P680^+$로 되돌아간다). 그래서 망간-칼슘 무리에 의한 4개의 산화 등가물이 단계적으로 축적되는데, 이것은 PSII에서 4개의 광자를 연속적으로 흡수하여 추진된다. 일단 이 과정이 일어나면, 이 체계는 밀접하게 결합된 2개의 물 분자로부터 4개의 전자(e^-) 제거를 촉진할 수 있으며(그림 10-11*b*), 다음과 같이 나타낼 수 있다.

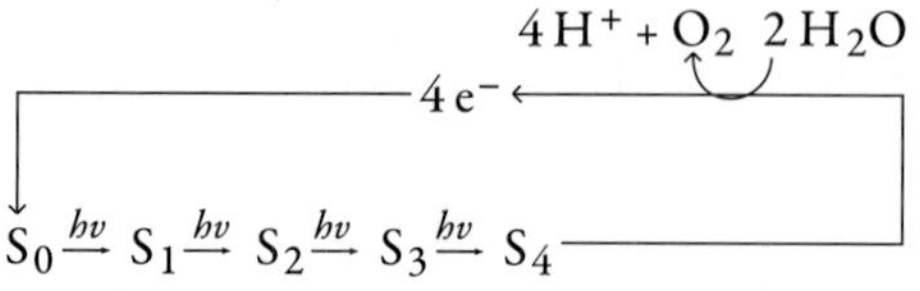

$$4H^+ + O_2 \quad 2H_2O$$
$$\leftarrow 4e^- \leftarrow$$
$$S_0 \xrightarrow{h\nu} S_1 \xrightarrow{h\nu} S_2 \xrightarrow{h\nu} S_3 \xrightarrow{h\nu} S_4$$

여기서 S 아래에 적은 숫자는 망간-칼슘 무리에 의해 저장된 산화 등가물의 숫자를 나타낸다. 산화 등가물이 연속적으로 축적된다는 증거는 조류(藻類) 세포를 매우 짧은(1 마이크로초, μsec) 섬광에 노출시켜서 최초로 얻어졌다(그림 10-13). 이 도면에서 산소 발생이 매번 4번째 섬광이 비추어진 후에 절정에 이르는 것을 볼 수 있는데, 이것은 4개의 개별적 광반응의 효과는 산소가 방출되기 전에 축적되어야함을 암시한다.

광분해 반응에서 생산된 양성자들은 틸라코이드 내강 속에 남아서(그림 10-11*a*), 양성자 기울기에 기여한다. 광분해 반응에서 생산된 4개의 전자는 완전히 환원된 망간-칼슘 무리(S_0 상태)를 재생시키기 위해 소용되는 반면, 산소는 환경 속으로 하나의 폐기물로서 방출된다.

이러한 광계의 활동과 보전(保全)이 높은 광도(光度)에 의해 부정적으로 작용할 수 있는 경우가 있다. 이러한 현상을 광저해(光沮害, *photoinhibition*)라고 한다. 매우 강한 산화제의 형성 그리고 매우 유독한 산소 분자가 형성됨으로써, 항상 생기는 위험성은 이 광계를 과도하게 여기시켜서 PSII가 스스로 파괴될 가능성이다. 그 피해의 대부분은 광계의 활발한 산화환원 중심들 및 망간-칼슘 무리와 결합하는 폴리펩티드(D1)를 표적으로 하는 것 같다. 엽록체들은 D1의 선택적인 단백질 분해와 이를 새롭게 합성된 폴리펩티드 분자로 대체하는 기작을 갖고 있다.

10-4-1-2 PSII에서부터 PSI까지

PSII의 반응중심에서 2개의 양성자가 연속적으로 흡수되어 완전히 환원된 PQH_2 분자가 어떻게 형성되는지를 앞에서 설명하였다. 결과적으로, PSII에 의해 4개의 양성자가 흡수되어 1분자의 산소를 생산하고 2분자의 PQH_2를 형성하게 된다. PQH_2는 이동할 수 있는 전자 운반체로서, 틸라코이드 막의 지질2중층을 통해 확산되어, 시토크롬 b_6f(*cytochrome* b_6f)라고 하는 큰 다단백질 복합체에 결합한다(그림 10-14). 각 PQH_2 분자는 자신이 갖고 있는 2개의 전자를 시토크롬 b_6f에 주고 2개의 양성자는 틸라코이드 내강 속으로 방출된다. 시토크롬 b_6f는 미토콘드리아에서 전자전달 사슬의 시토크롬 bc_1의 구조 및 기능과 관련되어 있다.

이 복합체들은 퀴놀(quinol)이 기질이며 비슷한 산화환원 기(基)를 공유하고, 일부 동일한 저해제에 의해 활성이 억제될 수 있으며, 각 전자쌍에 대하여 4개의 양성자(H^+)를 전위(轉位)시키는 Q 회로에 관여한다. 이 경우에, 2개의 양성자가 PQH_2로부터 주어지며, 나머지 2개의 양성자는 기질로부터 복합체를 거쳐 전위된다. 이 양성자들은 원래 기질(스트로마)에서 유래되었기 때문에, 이들은 틸라코이드 막을 가로질러 틸라코이드 내강 속으로 방출된다(그림 10-16*b* 참조). 시토크롬 b_6f로부터 나온 전자는, 수용성이며 구리를 함유하는 막의 표재단백질로서, 틸라코이드 막의 내강 쪽에 위치하는 플라토시아닌(plastocyanin)이라고 하는 또 하나의

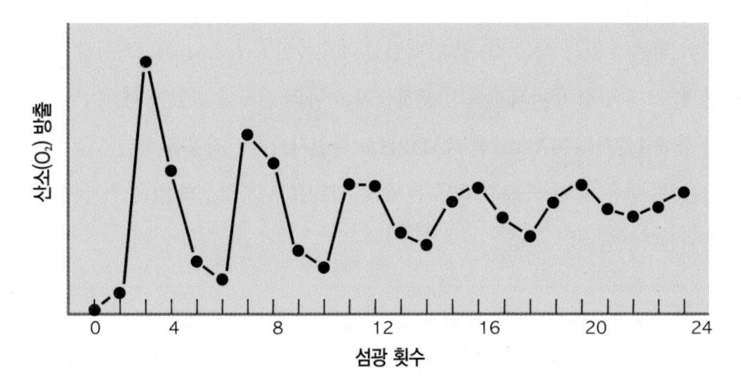

그림 10-13 산소 방출의 반응 속도 측정. 이 도표는 암처에 보관되었던 분리된 엽록체들에 아주 짧은 시간 동안 연속적으로 빛을 비추었을 때의 반응을 나타낸 것이다. 방출된 산소량은 4번째 섬광을 비출 때마다 최고점에 이른다. 첫 번째 정점은 암처에 보관되었을 때 망간 무리의 대부분이 S_1 상태(하나의 산화 등가물)로 존재하기 때문에 3번의(4번이 아니라) 섬광을 비춘 후 생긴다. 진폭은 섬광의 수가 증가함에 따라 줄어들게 된다.

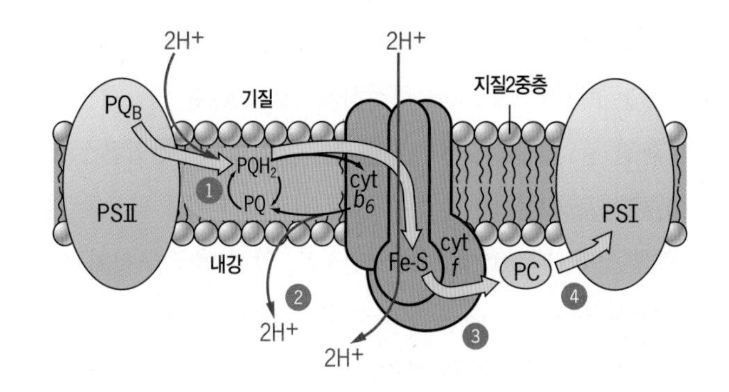

그림 10-14 PSII와 PSI 사이의 전자전달. 1쌍의 전자가 흐르는 경로는 노란색 화살표로 나타내었다. 시토크롬 b_6f는 미토콘드리아에서 시토크롬 bc_1과 매우 비슷한 방식으로 작동하며, 복합체를 통해서 이동하는 전자쌍마다 4개의 양성자를 전위시키는 Q 회로(본문에서 논의 되지 않았음)에 관여한다. 환원된 플라스토퀴논, 즉 플라스토퀴놀(PQH_2)과 플라스토시아닌(PC)은 멀리 떨어져 있는 광계들 사이에 전자를 수송할 수 있는 이동성 운반체들이다.

이동성 전자 운반체로 전달된다(그림 10-14). 플라토시아닌은 전자를 PSI의 내강 쪽으로 운반하며, 그 곳에서 전자는 양으로 하전된 PSI의 반응중심 색소인 $P700^+$로 전달된다.

이 논의에서 기술된 모든 전자전달은 에너지방출 반응이며, 전자들이 전자에 대한 친화력이 증가하는[더 높은 양(+)의 산화환원 전위를 갖는] 운반체들로 전달될 때 일어난다는 것을 기억해 두자. PQH_2와 플라스토시아닌과 같은, 이동성 전자 운반체들의 필요성은 두 광계(PSII와 PSI)가 막 속에서 서로 가까이 위치되어 있지 않고 0.1μm 정도의 거리로 떨어져 있음이 발견되었을 때 확실하게 되었다. 이러한 발견을 가능하게 한 실험은, 웹사이트(www.wiley.com/college/karp)에서 볼 수 있는 제10장의 〈실험경로〉에 자세히 기술되어 있다.

10-4-1-3 PSI의 작동: NADPH의 형성

고등식물의 PSI은 12~14개의 폴리펩티드 소단위로 이루어진 반응중심 핵심부와 제1집광복합체(LHCI)라고 하는 단백질-결합 색소들의 주변부 복합체 등으로 구성되어 있다. 빛 에너지는 LHCI의 안테나 색소들에 의해 흡수되어, 엽록소 *a* 2량체인 PSI 반응-중심 색소 P700으로 전달된다(그림 10-15). 에너지 흡수에 이어서, 여기된 반응-중심 색소(P700*)는 하나의 전자를, 1차 전자수용체로 작용하는, 분리되어 있는 단량체 엽록소 *a* 분자(A_0로 표시되었음)로 전달한다(그림 10-15, 1단계).

PSII에서와 같이, 빛이 흡수되면 2개의 하전된 분자들, 즉 이 경우에는 $P700^-$ 및 A_0^-를 형성하게 된다. A_0^-는 약 -1.0볼트의 산화환원 전위를 갖는 매우 강한 환원제이며, 이 전압은 $NADP^+$(-0.32볼트의 산화환원 전위)를 환원시키기 위해 필요한 전압보다 훨씬 높다. $P700^2$ 색소의 양전하는, 앞서 언급한 것처럼, 플라스토시아닌에서 온 전자를 받아서 중성화된다.

PSI에서 최초의 전하 분리는 다음 과정, 즉 전자가 A_0^-로부터 필로퀴논(*phylloquinone*, A_1로 표기되었음)이라는 퀴논의 한 유형에서부터 시작하는 다수의 보조 요소들 그리고 이어서 3개의 철-황 무리(F_X, F_A, 그리고 F_B) 등을 거쳐서 안정된다(그림 10-15, 2-4단계). P700이 $P700^+$로의 산화는 막의 내강 쪽에서 일어난다. 〈그림 10-15〉에 표시된 것과 같이, 1차 전자수용체로 넘겨진 전자는 막의 기질 쪽에 결합된 철-황 중심부를 통과한다. 계속

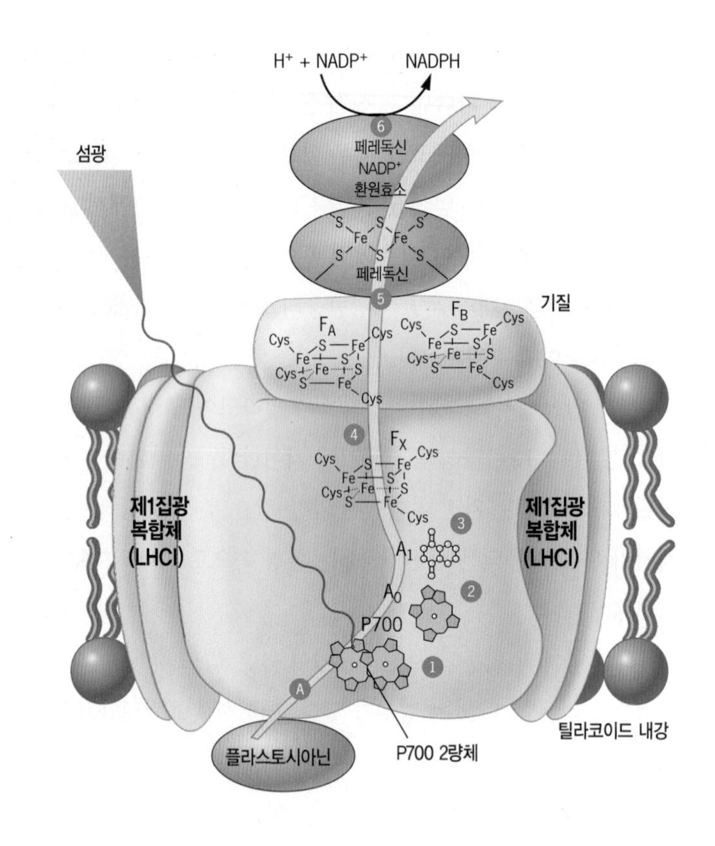

그림 10-15 **PSI의 기능적 체제.** 전자들이 지나가는 경로는 노란색 화살표로 나타내었다. 이 경로는 안테나 색소에 의한 빛의 흡수와 PSI 반응중심에서 P700 엽록소로의 에너지 전달로부터 시작된다. P700이 에너지를 흡수하면 하나의 전자를 여기시켜서, PSI의 1차 전자수용체인 A_0로 전달된다(1단계). 전자는 계속적으로 A_1로(2단계) 그리고 다음에 명명된 철-황 중심부로 전달된다(3단계). F_X로부터 전자는, 막의 기질 쪽에 있는 표재단백질과 결합된, 2개의 철-황 중심부(F_A와 F_B)를 더 거쳐 전달된다(4단계). 결국 전자는 PSI 복합체의 외부에 있는 작은 철-황 단백질인 페레독신(ferredoxin)으로 전달된다(5단계). 2개의 상이한 페레독신 분자들이 하나의 전자를 받았을 때, 이 분자들은 함께 1분자의 $NADP^+$를 NADPH로 환원시키기는 작용을 한다(6단계). 전자-결핍 반응-중심 색소($P700^+$)는 플라스토시아닌으로부터 받은 전자에 의해 환원된다(A단계).

해서 이 전자는 PSI에서 막의 기질 쪽 표면에 결합된 페레독신(ferredoxin)이라는 작고 수용성인 철-황 단백질에 전달된다(그림 10-15, 6단계). NADPH를 형성하기 위한 $NADP^+$의 환원은(그림 10-15, 5단계) 페레독신-$NADP^+$ 환원효소라는 큰 효소에 의해 촉진된다. 이 효소는 2개의 전자를 주고받을 수 있는 하나의 FAD 보결분자단(補缺分子團)을 갖고 있다. 개개의 페레독신 분자는 단 하나의 전자 만을 줄 수 있기 때문에, 다음과 같은 환원 과정

에서 2개의 페레독신이 함께 작용한다.

$$2페레독신_{환원형} + H^+ + NADP^+ \xrightarrow{페레독신\text{-}NADP^+ 환원효소} 2페레독신_{산화형} + NADPH$$

기질(스트로마)로부터 제거된 하나의 양성자는 틸라코이드 막을 가로질러서 양성자 기울기에 더해진다. PSII에서 했던 것처럼 4개의 양성자 흡수를 기초로 하여 PSI의 전체적인 반응을 다음과 같이 쓸 수 있다.

$$4e^- + 2H^+_{기질} + 2NADP^+ \xrightarrow{4개\ 양성자} 2NADPH$$

페레독신으로 전달된 모든 전자들이 필연적으로 NADPH에서 종료되지 않는다. 즉, 이는 특정한 생물체와 조건에 따라서 다른 경로가 취해질 수 있다. 예로서, PSI에서 나온 전자들은 여러 가지 무기 수용체들을 환원시키는 데 사용될 수 있다. 전자들의 이러한 경로는 생물의 주요 성분 분자인 질산염(NO_3^-)을 최종적으로 암모니아(NH_3)로, 또는 황산염(SO_4^{2-})을 황화수소(—SH)로 환원시킬 수 있다. 그래서 태양 에너지는 대부분의 산화된 탄소 원자들(CO_2)을 환원시킬 뿐만 아니라, 게다가 질소와 유황 원자들의 매우 산화된 형을 환원시키는 데도 사용된다.

10-4-1-4 광합성에서 전자전달의 개관

〈그림 10-16*a*〉는 틸라코이드 막의 광-의존 반응에 관련된 주요 구성요소들의 분자 구조를 나타낸 것이다. 이 구조들에 대한 정보는 분자 수준에서 광합성에 관한 많은 의문을 밝히는 데 있어서 매우 중요함을 증명하였다. 만일 우리가 산소를 발생시키는 광합성에서 일어나는 전자전달의 전 과정(〈그림 10-16〉에 요약되었음)을 되돌아본다면, 2개의 빛-흡수 광계의 작용에 의해 전자들이 물에서부터 $NADP^+$로 이동한다는 것을 알 수 있다. PSII에서는 물로부터 산소를 생산할 수 있는 강한 산화제를 발생시키는 반면, PSI에서는 $NADP^+$로부터 NADPH를 생산할 수 있는 강한 환원제를 발생시킨다. 이 두 가지 일은 살아 있는 생물들에서 산화환원 화학 작용의 반대편 끝에 위치해 있다.

1분자의 산소를 생산하기 위해서는 2분자의 물로부터 4개의 전자가 제거(이동)되어야 한다. 물로부터 4개의 전자를 이동시키기 위해서는, 각 전자로부터 1개씩, 4개의 양성자를 흡수해야 한다. 동시에, 1분자의 $NADP^+$를 환원시키기 위해서는 2개의 전자가 전달되어야 한다. 그래서 가설적으로, 만일 단 하나의 광계가 H_2O로부터 $NADP^+$로 전자를 전달한다면, 4개의 양성자는 2분자의 NADPH를 생산하는 데 충분할 것이다. 세포에서 2개의 광계가 사용되기 때문에, 양성자의 수는 PSII에서 사용되는 4개 그리고 PSI에서 4개 등 모두 8개로 배가된다. 바꾸어 말하면, 1몰의 산소 분자와 2몰의 NADPH를 형성하기 위해서 세포는 전체 8몰의 양성자를 흡수해야 한다. 그래서 잠시 이 양성자들을 무시하고(*ignoring the protons for a moment*), 만일 PSII와 PSI을 합친다면, 전체 광-의존 반응을 다음과 같은 방정식으로 나타낼 수 있다.

$$2H_2O + 2NADP^+ \xrightarrow{8개\ 양성자} 1O_2 + 2NADPH$$

(전체의 광-의존 반응)

덧붙여서, 광합성의 광-의존 반응은 틸라코이드 막을 가로질러 양성자 기울기를 만들어서 ATP를 형성하게 된다. 이 양성자 기울기는 기질로부터 제거된 H^+를 틸라코이드 내강 속으로 추가하여 형성된다. 양성자 기울기는 (1) 내강 속에서 물의 분해, (2) 내강 쪽으로 양성자를 방출하는 시토크롬 b_6f에 의한 플라스토퀴놀(PQH_2)의 산화, 그리고 (3) 기질에서 양성자를 제거하는 $NADP^+$와 PQ의 환원 등이 일어나서 형성된다.

10-4-2 전자전달의 차단에 의한 잡초 제거

광합성의 광-의존 반응은 상당히 많은 수의 전자 운반체들을 이용하는데, 이들은 식물을 죽이는 다수의 서로 다른 화학물질들(제초제)의 표적 역할을 한다. 디우론(diuron), 아트라진(atrazine), 터부트린(terbutryn) 등의 많은 일반 제초제들은 PSII의 핵심 단백질에 결합하여 작용한다. PSII에 빛이 흡수됨으로써, PSII의 Q_B 자리로부터 계속 방출되고 공급원(pool)에서 PQ로 대체되는, 플라스토퀴놀(PQH_2) 분자가 어떻게 형성되지는 앞에서 살펴보았다.

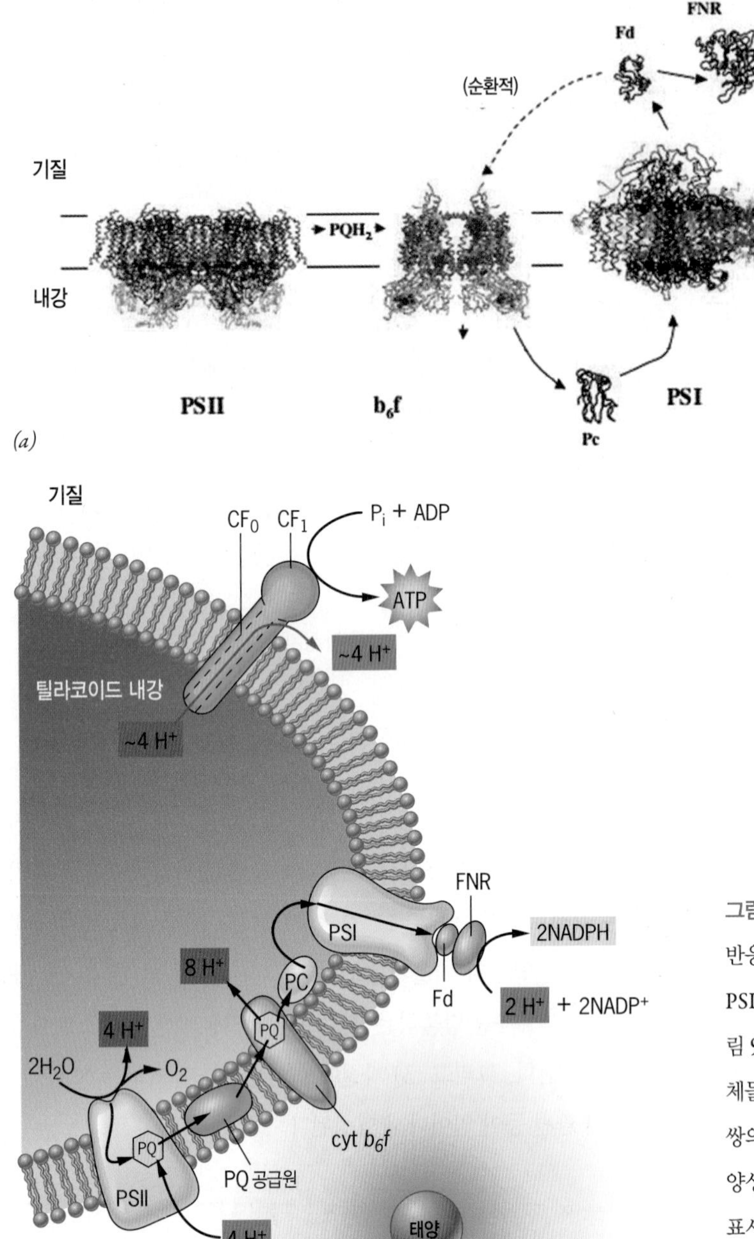

그림 10-16 **광-의존 반응의 요약.** (*a*) 틸라코이드 막 속에서 광합성의 광-의존 반응을 수행하는 단백질들의 3차 구조. 4개의 주요 단백질 복합체들 중에서, PSII와 시토크롬 b_6f는 2량체로 막 속에 있는 반면, PSI과 ATP 합성효소(〈그림 9-23〉에 아주 자세하게 나타냈음)는 단량체로 있다. (*b*) 3개의 막횡단 복합체들을 통해서 H_2O로부터 NADPH로 흐르는 전자전달의 요약. 이 그림은 2쌍의 전자를 형성하는 2분자의 물이 산화된 결과로써, 막을 거쳐 전위(轉位)된 양성자의 추정 숫자를 보여주고 있다. 또한 틸라코이드 막의 ATP 합성효소도 표시되어 있다(ATP-합성 효소에 관한 논의는 〈9-5절〉 참조). 약 4개의 양성자가 각 ATP 분자 합성에 필요하다. FNR, 페레독신 $NADP^+$ 환원효소.

위에 든 제초제들은 PQH_2를 방출한 후 Q_B의 열린 자리에 결합하여 PSII를 통한 전자전달을 차단함으로써 작용한다. 파라쿼트(paraquat)라는 제초제는 대마 식물을 죽이는 데 사용되며 이의 잔류물이 사람에게 대단히 유독하기 때문에 뉴스 매체에서 주목을 받고 있다. 이 제초제는 PSI의 반응중심으로부터 나온 전자를 받기 위해 페레독신과 경쟁하여 PSI의 기능을 방해한다. 파라쿼트로 방향을 바꾼 전자들이 나중에 산소에 전달되면, 엽록체를 손상시키고 식물을 죽이는 고도로 민감하게 반응하는 산소기(基)를 발생시킨다. 파라쿼트는 호흡 사슬의 제1복합체로부터 전환된 전자들을 이용하여 산소기를 발생시켜 인체의 조직을 파괴한다.

복습문제

1. 광자(photon)의 에너지량과 빛의 파장 사이에는 무슨 관계가 있는가? 빛의 파장이 광합성을 자극할 것인지 아닌지를 어떻게 결정하는가? 광합성 색소의 빛 흡수 특성은 에너지가 광합성단위 속으로 전달되는 방향을 어떻게 결정하는가?
2. 집광 안테나 색소가 광합성에서 무슨 역할을 하는가?
3. PSII의 반응-중심 색소에 의해 빛의 광자가 흡수된 이후에 일어나는 일을 기술하시오. PSI에서 일어나는 일도 기술하시오. 두 광계가 서로 어떻게 연결되는가?
4. 두 광계에서 반응-중심 색소들의 산화환원 전위의 차이를 기술하시오.
5. 광합성이 일어나는 동안 물이 분해되는 과정을 기술하시오. 이러한 물의 광분해가 일어나기 위해서 PSII로부터 얼마나 많은 양성자들이 흡수되어야 하는가?

10-5 광인산화

앞 페이지에서 논의된 광-의존 반응은 이산화탄소(CO_2)를 탄수화물로 환원시키기 위해서 필요한 에너지를 공급한다. 1몰(mol)의 CO_2를 1몰의 탄수화물(CH_2O)로 전환시키기 위해서는 3몰의 ATP와 2몰의 NADPH 투입이 필요하다(그림 10-19참조). 식물 세포들이 탄수화물을 만드는 데 필요한 NADH를 어떻게 생산하는지를 알아보았다. 이제 이 세포들이 필요한 ATP를 어떻게 생산하는지를 알아보자.

엽록체에서 ATP 합성 기구는 미토콘드리아 또는 호기성 세균의 원형질막의 것과 거의 동일하다. 이들의 경우와 같이, ATP 합성효소(그림 10-16)는 효소의 촉매부위가 있는 머리부분(頭部, 엽록체에서는 CF_1 이라고 함)과 막을 가로질러 있으며 양성자 이동을 중개하는 기부(基部, CF_0)로 구성되어 있다. 이 두 부분은 회전하는 자루부분으로 연결되어 있다. CF_1 머리부분은 기질 쪽으로 돌출되어 있는데, 이 방향은 틸라코이드 내강 속에 더 높은 농도를 유지하는 양성자 기울기의 방향과 일치한다(그림 10-16). 그래서 양성자들은 내강의 더 높은 농도로부터 ATP 합성효소의 CF_0 기부를 거쳐서 기질 속으로 이동하며, 이에 의해 제9장의 미토콘드리아에서 설명된 바와 같은 ADP의 인산화가 일어난다.

ATP 합성이 최대에 이를 때 측정한 바에 의하면, 틸라코이드 막을 가로질러 1,000~2,000배의 수소 이온(H^+) 농도 차이가 있는 것으로 나타난다. 이것은 3 단위 이상의 pH기울기(ΔpH)에 상당한다. 전자가 전달되는 동안에 양성자들이 내강 속으로 이동하면 다른 이온들이 내강 속으로 이동하여 중화되기 때문에, 현저한 막 전위는 형성되지 않는다. 그래서 양성자-구동력(proton-motive force)이 주로 전기화학적 전위로 표현되었던 미토콘드리아에서와는 다르게, 엽록체에서 작용하는 양성자-구동력(Δp)은 절대적인 것은 아니더라도 주로 pH 기울기 때문에 생긴다.

10-5-1 비순환적 광인산화 대(對) 순환적 광인산화

산소를 발생시키는 광합성 과정 동안에 일어나는 ATP 합성은, 전자들이 H_2O로부터 $NADP^+$로 일직선상의(즉, 비순환적) 경로로 이동하기 때문에, **비순환적 광인산화**(noncyclic photophosphorylation)라고 한다(그림 10-16). 1950년대에, 캘리포니아대학교(UC, Berkeley)의 다니엘 아론(Daniel Arnon)은 분리된 엽록체들이 ADP로부터 ATP를 합성할 수 있을 뿐만 아니라 이산화탄소(CO_2) 또는 $NADP^+$를 첨가하지 않을 때에도 ATP를 합성할 수 있음을 발견하였다. 이 실험은 엽록체들이 산소 발생, 이산화탄소 고정, 또는 $NADP^+$ 환원 등으로 이어지는 광합성 반응의 대부분을 필요로 하지 않고 ATP를 형성하는 방법을 갖고 있음을 암시한다. 필요했던 것은 빛, 엽록체, ADP, 그리고 무기인산(P_i) 등이 전부였다. 아론이 발견했던 이 과정을 그 후에 **순환적 광인산화**(cyclic photophosphorylation)라고 하였다.

순환적 인산화는 PSII와 무관하게 PSI에 의해 이루어진다. 이 과정을 발견한 것이 50년 이상 되었음에도 아직도 잘 이해되어 있지 않다. 최근의 연구에 의하면, 2개의 겹친 순환적 전자전달 경로가 있는 것으로 보이며 그 중의 하나를 〈그림 10-17〉에 나타내었다. 순환적 전자전달은 PSI에서 광자를 흡수하여 시작되고 고-에너지 전자가 1차수용체에 전달된다. 〈그림 10-17〉에 그려진 경로에서, 전자는 페레독신(ferredoxin)으로 전달되지만, 이 전자는

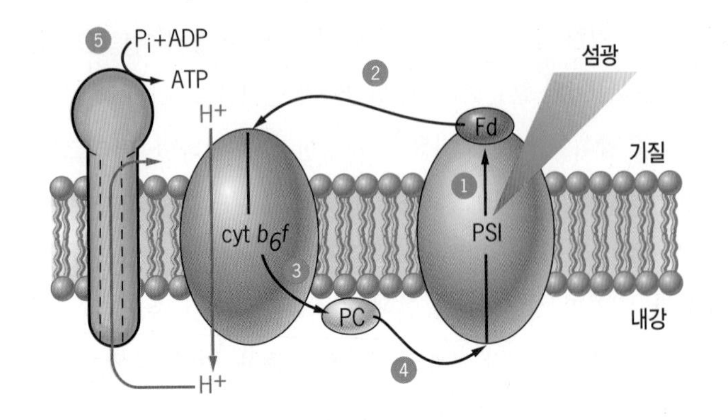

그림 10-17 **순환적 광인산화를 단순화한 도식.** PSI에서 빛이 흡수되면 전자가 여기된다. 이 전자는 페레독신(1단계), 시토크롬 b_6f(2단계), 플라스토시아닌(3단계) 등으로 전달되고, $P700^+$로 되돌아간다(4단계). 이 과정에서, 양성자들은 시토크롬 b_6f에 의해 전위되어 ATP 합성에 사용된 기울기를 형성한다(5단계). 전자들이 PSI으로부터 NADPH를 거쳐 시토크롬 b_6f로 이동하는 또 다른 순환적 전자전달 경로는 나타내지 않았다.

$NADP^+$로 전달되기보다 오히려 전자-결핍 반응중심(그림 10-17에 나타낸 것처럼)으로 되 보내져서 순환 회로를 완성한다.

이 과정을 따라 전자가 흐르는 동안 충분한 자유 에너지가 방출됨으로써, 양성자들(2개의 H^+/e^-로 추산된)을 시토크롬 b_6f 복합체에 의해 막을 가로질러 전위(轉位)시키고 ATP 합성을 추진할 수 있는 양성자 기울기를 만들게 된다. 순환적 광인산화는 엽록체에서 탄수화물의 합성(그림 10-19 참조)과 다른 ATP를 요하는 활동(예: 단백질 반입에 관련된 분자 샤페론) 등에 필요한 ATP를 추가로 공급하는 것으로 생각된다. 순환적 광인산화를 저해시키면 고등식물의 발달과 생장을 해치게 된다.

지금 광합성의 광-의존 반응에서 탄수화물 합성에 필요한 에너지인 ATP와 NADPH를 어떻게 생산하게 되는지를 알아보았다. 이제 탄수화물을 형성하는 반응을 살펴보기로 한다.

복습문제

1. 광-의존 반응의 어느 단계에서 틸라코이드 막을 가로질러 양성자의 전기화학적 기울기가 발생되는가?
2. 이 양성자 기울기는 pH 기울기 대(對) 전압 기울기를 어느 정도까지 반영하는가?
3. 어떻게 양성자 기울기가 ATP를 형성하게 하는가?

10-6 이산화탄소의 고정과 탄수화물의 합성

세계 2차 대전 후, 캘리포니아대학교(UC, Berkeley)의 멜빈 캘빈(Melvin Calvin)은 앤드류 벤슨(Andrew Benson)과 제임스 바샴(James Bassham) 등과 함께, 이산화탄소가 세포의 유기 분자들로 동화되는 효소 반응들에 관하여 10여 년에 걸친 연구를 시작하였다. 새롭게 이용할 수 있는 수명이 긴 탄소 방사성 동위원소(^{14}C)와 2차원 종이 크로마토그래피의 새로운 기술 등을 갖춘, 그들은 세포들이 $[^{14}C]O_2$를 흡수했을 때 생산된 모든 표지(標識)된 분자들을 확인하는 일에 착수하였다. 연구는 식물 잎으로 시작했지만 곧 더 단순한 클로렐라속(*Chlorella*) 녹조류로 바뀌었다. 녹조류를 동위원소로 표지되지 않은 이산화탄소(CO_2)를 공급한 밀폐된 상자 속에서 배양한 다음에, 방사성 CO_2를 배지에 주입하였다.

표지된 CO_2로 배양하여 일정한 기간이 지난 후에, 녹조류 현탁액을 가열된 알콜 용기 속으로 흘러 들어가게 하였다. 이 용기는 세포들을 즉시 죽이고, 효소의 활성을 정지시키며, 가용성 분자를 추출하는 등의 효과를 겸하였다. 다음에 세포들의 추출물을 크로마토그래피 종이 위에 점으로 찍어 올려 2차원 크로마토그래피를 실시하였다. 그 과정의 마지막에 방사성 화합물의 위치를 알아내기 위해, 엑스-선 필름을 크로마토그램(chromatogram)에 눌러 붙이고, 필름에 노출시키기 위해 그 판을 암실에 보관하였다. 사진 현상 후, 자가방사기록사진(autoradiogram)에 표지된 방사성 화합물들의 확인은 이미 알려진 표준들과의 비교 및 원래 점들의 화학적 분석으로 이루어졌다. 이들이 발견한 것 일부를 생각해 보자.

10-6-1 C_3 식물에서 탄수화물의 합성

방사성 동위원소로 표지된 이산화탄소 $[^{14}C]O_2$는 매우 빠르게 환원된 유기 화합물로 전환되었다. 배양 기간이 (몇 초 정도로) 아주 짧았어도, 크로마토그램에서 하나의 방사성 점이 두드러지게 나타났다(그림 10-18). 이 점을 형성한 화합물은 해당과정(glycolysis)의 중간산물 중 하나인 3-인산글리세르산(3-phosphoglycerate, PGA)으로 확인되었다. 캘빈 연구진은 처음에 이산화탄소(CO_2)가

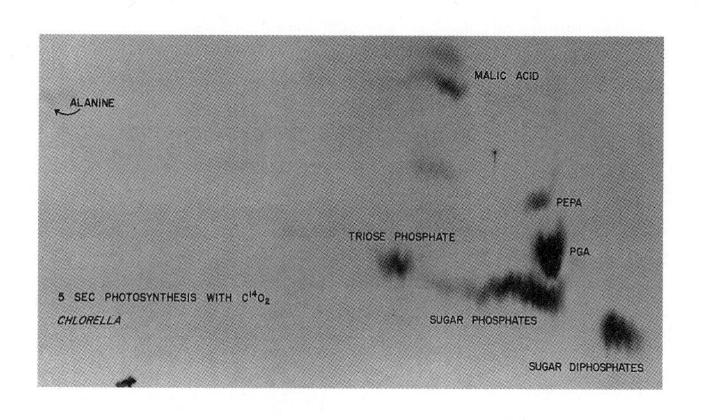

그림 10-18 **녹조류 세포들을 알콜 속에 넣기 전에 [^{14}C]O_2에서 5초 동안 배양한 후의 실험 결과를 보여주는 크로마토그램.** 3-인산글리세르산(표지된 PGA)에 해당하는, 하나의 점의 대부분은 방사성 물질을 함유하고 있다.

(탄소가 3개인) 3-탄소 PGA 분자를 형성하기 위해 2-탄소 화합물과 공유 결합된[또는 고정된(fixed)] 것으로 추측했다. 확인되었던 첫 번째 중간산물이 3-탄소 분자였기 때문에, 대기 중의 CO_2를 고정하기 위해 이러한 경로를 이용하는 식물들을 **C_3 식물**(C_3 plant)이라고 한다.

상당한 조사가 이루어진 후에, 최초의 CO_2 수용체 분자는 2-탄소 화합물이 아니라 5-탄소 화합물, 즉 리불로오스-1,5-이인산(ribulose-1,5-bisphosphate, RuBP)임이 확인되었으며, 이 분자는 CO_2와 축합하여 6-탄소 분자를 만든다. 이러한 6-탄소 화합물은 2분자의 PGA로 빠르게 나누어지며, 이들 중 한 분자는 최근에 들어간 탄소 원자를 갖고 있다. RuBP의 축합 및 6-탄소 생성물의 갈라지는 반응(그림 10-19*a*)은 모두 여러 개의 소단위들이 합쳐진 커다란 효소, 즉 흔히 루비스코(*Rubisco*)라고 알려진 리불로오스 이인산 카르복실화효소/산소첨가효소(*ribulose bisphosphate carboxylase/oxygenase*)에 의해 기질에서 일어난다. 무기 탄소를 유용한 생물 분자로 전환시키는 일을 하는 효소로서, 루비스코는 초(秒) 당 단 3분자의 CO_2 만을 고정시킬 수 있으며, 이는 알려진 효소 가운데 가장 적은 전환 횟수일 것이다(표 3-3 참조). 이러한 비효율성을 보상하기 위해서, 잎에 있는 단백질의 절반 정도가 루비스코로 존재한다. 사실 루비스코는 지구상에서 가장 풍부한 단백질이다.

다양한 중간산물들의 구조가 표지된 탄소 원자의 위치와 함께 결정됨으로써, CO_2를 탄수화물로 전환시키는 경로는 순환적이며(cyclic) 복잡하다는 것이 확실해 졌다. 이 경로는 **캘빈회로**(Calvin cycle)(또는 **캘빈-벤슨회로**, Calvin-Benson cycle)라고 알려졌으며, 이 회로는 남세균과 광합성을 하는 모든 진핵 세포들에서 일어난다. 간단하게 그려진 캘빈회로를 〈그림 10-19*b*〉에 나타내었다. 이 회로는 세 가지의 주요 부분들, 즉 (1) PGA를 형성하기 위한 RuBP의 카르복실화, (2) 광-의존 반응에서 생산된 NADPH와 ATP를 사용하여 형성된 글리세르알데히드-3-인산(glyceraldehyde 3-phosphate, 3-GAP)에 의해 PGA를 당(CH_2O)의 수준으로 환원, 그리고 (3) ATP를 요하는 RuBP의 재생산 등으로 구성되어 있다.

고정된 CO_2 6분자마다 12분자의 GAP가 형성됨을 〈그림 10-19*a*〉에서 볼 수 있다[GAP는 〈그림 10-18〉의 크로마토그램에서 3탄당 인산(triose phosphate)으로 표시된 그 점이다]. 그 중에서 10분자의 3-탄소 GAP에 있는 원자들은 CO_2 수용체인 5-탄소 RuBP 6분자를 재생산하기 위해 재배열된다(그림 10-19*b*). 나머지 2분자의 GAP는 생성물로 생각될 수 있다. 이 GAP 분자들은 인산을 교환하기 위해 세포기질로 내보내 질 수 있으며(그림 10-20 참조) 2당류인 설탕(蔗糖, sucrose) 합성에 사용된다. 그렇지 않으면, GAP는 엽록체 속에 남아서 녹말로 전환될 수 있다. 광-의존 반응(빛의 흡수, 물의 산화, $NADP^+$의 환원, 양성자의 전위), ADP의 인산화, 캘빈회로, 그리고 녹말 또는 설탕의 합성 등을 비롯한 광합성 전 과정의 개관을 〈그림 10-20〉에 나타내었다.

캘빈회로의 GAP로부터 세포기질에서 형성된 설탕 분자들은 잎 세포의 밖으로 나가 체관부(phloem)로 수송되어 식물의 다양한 비광합성 기관들로 운반된다. 포도당(glucose)이 대부분의 동물에서 에너지원 및 유기물질의 구성요소로 쓰이는 것과 마찬가지로, 설탕은 대부분 식물에서 유사한 역할을 한다. 한편, 녹말은 입자 상태로 엽록체 속에 저장된다(그림 2-17*b* 참조). 동물에게 필요할 때 저장된 글리코겐으로부터 사용하기 쉬운 포도당이 공급되는 것과 마찬가지로, 식물의 잎 속에 저장된 녹말은 광-의존 반응이 일어나지 않는 밤에 식물에게 당(糖)을 공급한다. 〈그림 10-19*b*〉의 반응으로 보아, 탄수화물의 합성은 비용이 많이 드는 활동임이 확실하다. 6분자의 CO_2를 1분자의 6-탄소 당으로 전환시키고 RuBP를 재생산하기 위해 12분자의 NADPH와 18분자의 ATP가 필요하다. 이와 같이 많은 에너지를 소비하게 되는 것은 CO_2가

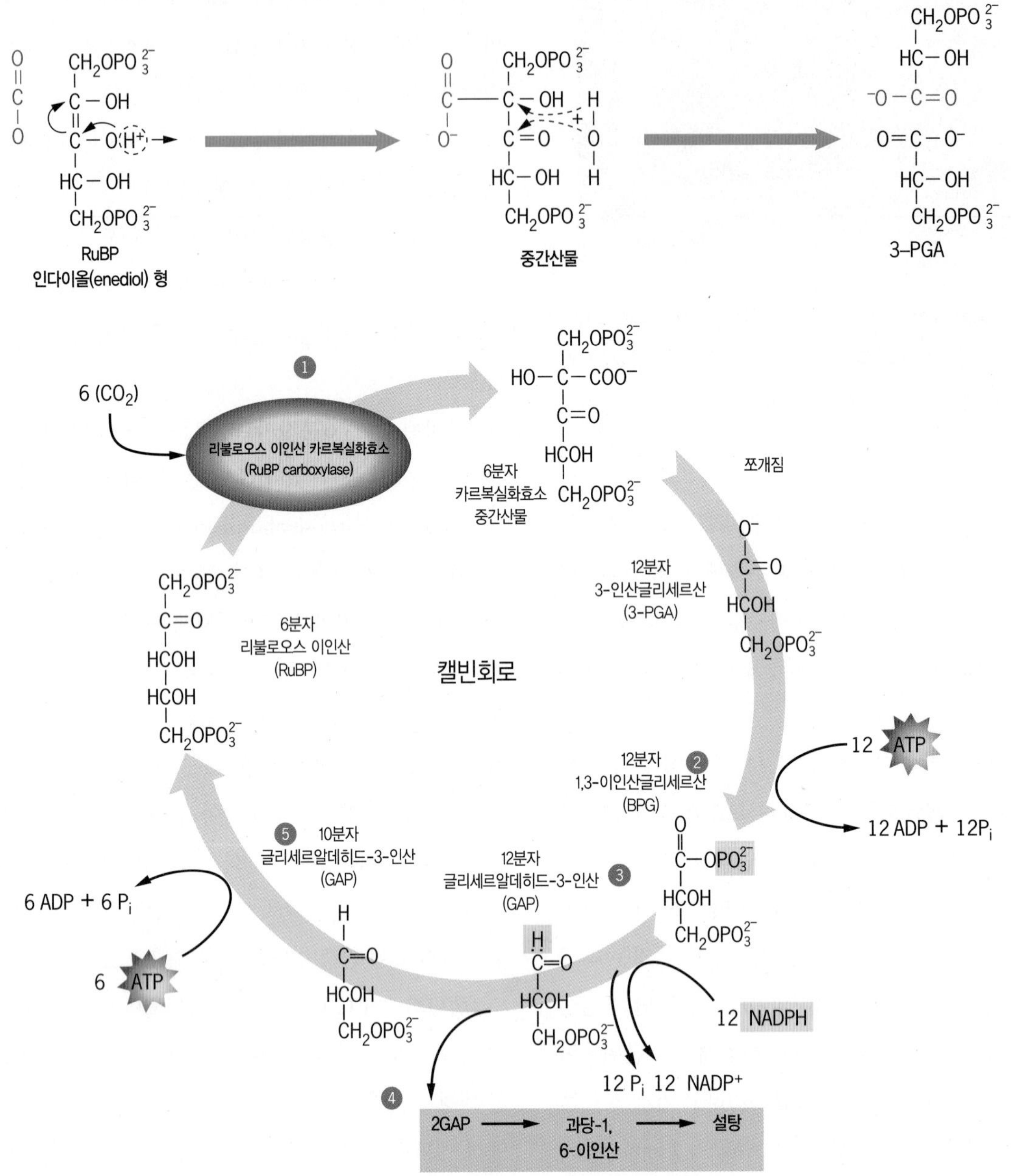

그림 10-19 CO_2가 탄수화물로 전환되는 과정. (*a*) 리불로오스 이인산 카르복실화효소(ribulose bisphosphate carboxylase, Rubisco)에 의해 촉진된 반응으로서, CO_2가 RuBP에 결합하여 고정된다. 이 반응의 생산물은 2분자의 3-인산글리세르산(PGA)으로 신속하게 분해된다. (*b*) 6분자의 RuBP와 결합되어 고정된 6분자의 CO_2의 운명을 나타내는 축약된 캘빈회로(많은 반응이 생략되었음). CO_2의 고정은 1단계에 나타내었다. 2단계에서, 12분자의 3-PGA들은 인산화되어 12분자의 1,3-이인산글리세르산(BPG)을 형성하며, 이것은 3단계에서 NADPH에 의해 생긴 전자들에 의해 환원되어 12분자의 글리세르알데히드-3-인산(GAP)을 형성한다. 여기서 2분자의 GAP는 세포기질에서 설탕의 합성에 사용되기 위해 빠져나가며(4단계), 이 GAP들은 광-의존 반응의 생산물로 생각될 수 있다. 나머지 10분자의 GAP들은 6분자의 RuBP로 전환되어(5단계), 또 다른 6분자의 CO_2 수용체 역할을 할 수 있다. 6분자의 RuBP를 재형성하기 위해서는 6분자의 ATP가 가수분해 되어야 한다. 캘빈회로에서 사용된 NADPH와 ATP는 광-의존 반응에서 형성된 고-에너지 물질들이다.

이로부터 탄소가 생길 수 있는 가장 고도로 산화된 형이라는 사실을 반영한다.

10-6-1-1 산화환원 조절

이 책을 통해서, 단백질의 활성을 조절하기 위해 세포에서 사용된 많고 다양한 기작들을 논의할 것이다. 산화환원 조절(*redox control*)이라고 알려진, 이러한 기작들 중의 하나는 단백질의 접힘(folding), 전사(transcription), 번역(translation) 등을 포함하는 기본적인 세포 작용들의 조절자로서 점점 더 자주 나타나고 있다. 산화환원 조절이 엽록체 대사의 조절자로서 가장 잘 이해되어 있기 때문에, 여기서 이에 대하여 생각해 볼 것이다. 캘빈회로에서 여러 가지 주요 효소들은 ATP와 NADPH가 광합성에 의해 생산되는 동안 오직 빛이 있는 곳에서만 활성을 나타낸다. 엽록체 효소들의 이러한 광-의존 조절은 환원형이나 또는 산화형으로 존재할 수 있는 티오레독신(thioredoxin)이라고 하는 작은 단백질에 의해 이루어진다.

페레독신을 통과한 전자들이 모두 $NADP^+$를 환원시키는 데 사용되지 않는다. 사실, 이 전자들 중 일부는 티오레독신에 전달된다. 일단 티오레독신이 1쌍의 전자를 받으면, 선택된 캘빈회로 효소들에서 2황화물 다리(橋)(—S-S—)들을 황화수소기(—SH)로 환원시킨다(그림 10-21). 단백질 구조에서 이러한 공유결합의 변화는 이 효소들을 활성화하여, 엽록체에서 탄수화물의 합성을 촉진한다. 어두운 곳에서, 광합성이 중지되었을 때, 티오레독신은 페레독신에 의해 더 이상 환원되지 않으며, 캘빈회로 효소들은 산화된(—S-S—) 상태로 되돌아가서 불활성화 된다. 이러한 발견으로부터, 캘빈회로의 반응을 "암반응"이라고 하는 것은 잘 못 지칭한 것이다.

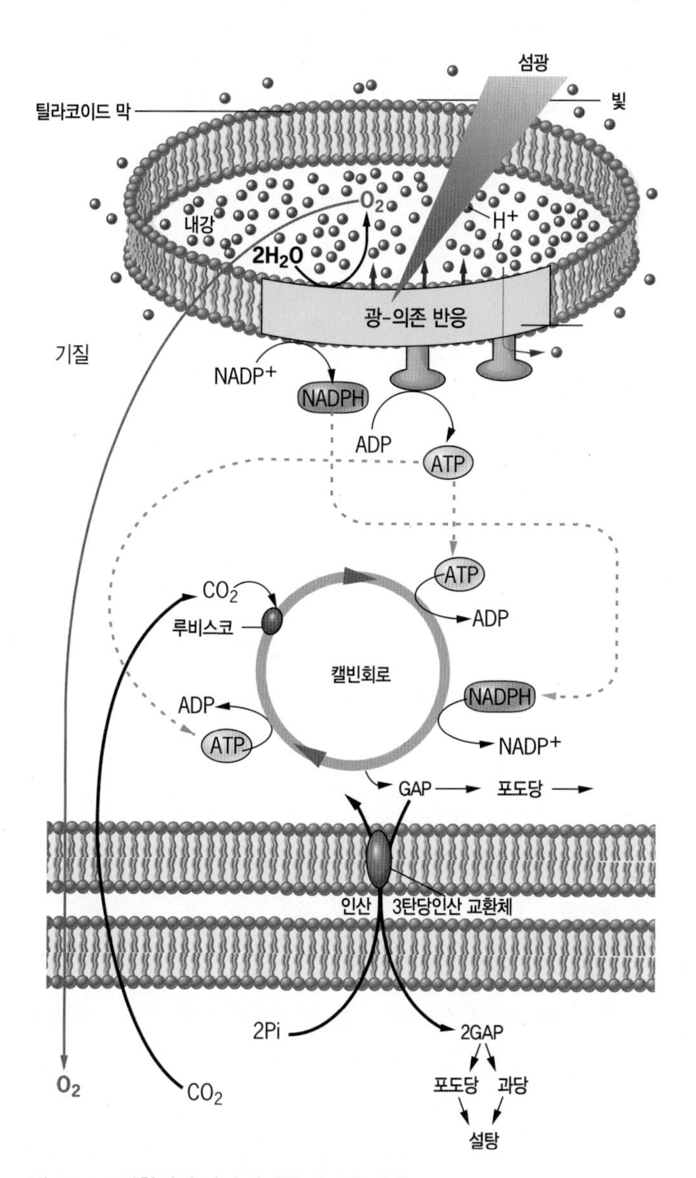

그림 10-20 광합성의 여러 단계를 나타낸 개관.

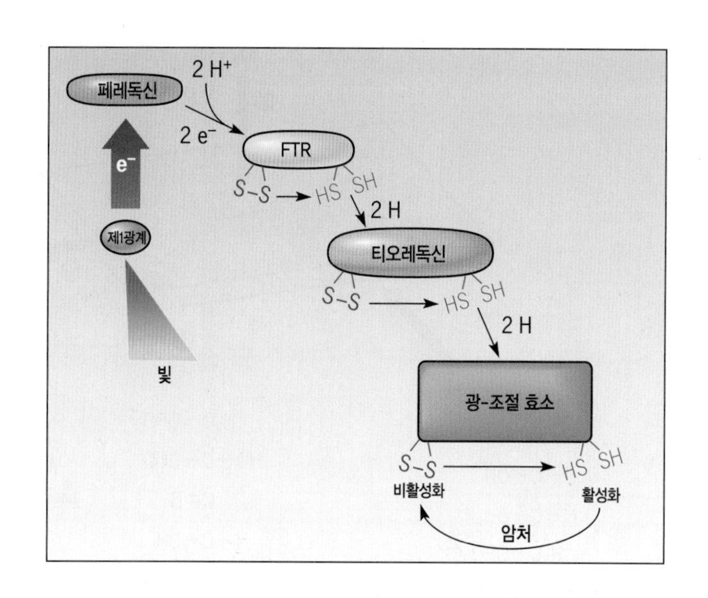

그림 10-21 캘빈회로의 산화환원 조절. 빛이 있는 곳에서, 페레독신(ferredoxin)은 환원되며 이 전자의 일부가 작은 단백질인 티오레독신(thioredoxin)으로 전달된다. 이 물질은 캘빈회로 효소들에 있는 2황화기(—S-S—)를 환원시켜 효소들을 활성 상태로 유지시킨다. 빛이 없는 어두운 곳에서, 티오레독신으로의 전자 흐름이 중단되고, 조절된 효소들의 황화수소기(—SH)는 2황화기를 가진 상태로 산화되어 효소들이 비활성화 된다. FTR, 페레독신-티오레독신 환원효소.

10-6-1-2 광호흡

녹조류 세포들을 대상으로 한 캘빈의 초기 연구에서 크로마토그램에 나타났던 점들 중 하나는 글리콜산(glycolate)으로 확인되었다. 이 화합물은 〈그림 10-19〉의 캘빈회로에는 나타내지 않았다. 글리콜산이 캘빈회로에서 생기지 않았다 해도, 루비스코에 의해 촉진된 반응 산물이다. 약 20년 후 루비스코가 CO_2를 RuBP에 결합시키는 반응을 촉진한다는 것이 발견되었고, 또한 루비스코가 O_2를 RuBP에 결합시켜 (PGA와 함께) 2-인산글리콜산(2-phosphoglycolate)을 형성하는 제2의 반응을 촉진함이 발견되었다(그림 10-22). 이어서 인산글리콜산은 기질에 있는 효소에 의해 글리콜산으로 전환된다. 엽록체에서 생긴 글리콜산은 퍼옥시솜(peroxisome)으로 수송되어, 결국은 뒤에 설명된 것처럼 CO_2를 방출하게 된다(그림 10-23 참조).

이와 같이 O_2를 흡수하고 CO_2를 방출하기 때문에, 이러한 일련의 반응을 **광호흡**(光呼吸, photorespiration)이라고 한다. 광호흡은 이전에 고정된 CO_2 분자를 방출시키기 때문에, 식물의 에너지를 낭비하는 반응이다. 사실, 광호흡은 높은 광도(光度)의 조건하에서 자라는 농작물에 의해 새로 고정된 이산화탄소의 손실율 가운데 50%까지 차지할 수 있다. 그래서 광호흡이 일어날 가능성이 더 적은 식물을 육종하려고 10여 년 동안 공동 노력을 기울여 오고 있다. 지금까지, 이러한 노력은 거의 아무런 성과를 얻지 못하고 있다.

정제된 루비스코의 효소 활성에 관한 연구에서, 이 효소가 기질로서 O_2보다 CO_2를 겨우 보통 정도로 선호하는 것으로 나타났다. 이와 같이 기질에 대한 특이성이 상대적으로 부족한 이유는 이 효소의 활성 부위에 CO_2 또는 O_2 중 어느 것도 결합하지 않기 때문이다(그림 3-11*a* 참조). 오히려 이 효소는 RuBP와 결합하여, 〈그림 10-22〉에 나타낸 인다이올(enediol) 형을 취한다. 그 후 RuBP의 인다이올 형은 CO_2나 또는 O_2에 의해 공격받을 수 있다. 이러한 점으로 보아, 광호흡은 대기 중에 O_2가 없었을 때 형성된 것으로 추정되는 루비스코 효소의 불가피한 촉매 특성의 결과인 것으로 보인다.

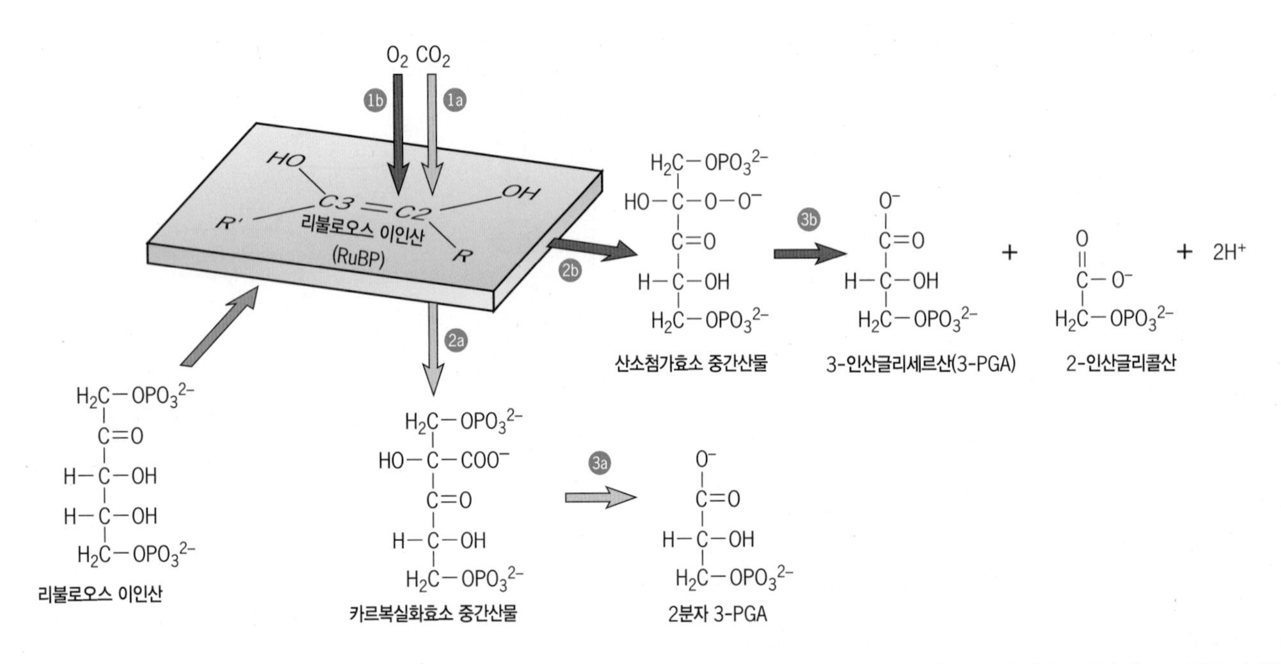

그림 10-22 광호흡의 반응. 루비스코는 기질로서 RuBP와 두 가지의 다른 반응을 촉진할 수 있다(평면 도형 속에 인다이올 상태로 나타냈음. 그림 10-19*a* 참조). 만일 RuBP가 O_2와 반응하면(1*b* 단계), 이 반응은 산소첨가효소 중간산물(oxygenase intermediate)을 생산하며(2*b* 단계), 이것은 3-PGA와 2-인산글리콜산(phosphoglycolate)으로 분해된다(3*b* 단계). 이어지는 인산글리콜산의 반응은 〈그림 10-23〉에 나타내었다. 이 반응들에서 나오는 최종 결과는 CO_2의 방출이다. 이 CO_2는 세포가 이전에 고정하기 위해 에너지를 소비했던 분자이다. 이와는 대조적으로, 만일 RuBP 분자가 CO_2와 반응한다면(1*a* 단계), 이 반응은 카르복실화효소 중간산물(carboxylase intermediate)을 생산하고(2*a* 단계), 이 물질은 2분자의 PGA로 분해되어(3*a* 단계) 캘빈회로를 계속 거친다.

오늘날의 대기조건 하에서, O_2와 CO_2가 서로 경쟁하며, 루비스코-촉매 반응의 진행 방향은 이 효소가 이용할 수 있는 CO_2/O_2 비율에 의해 결정된다. 식물들이 높은 수준의 CO_2가 있는 밀폐된 환경에서 자랐을 때, 이 식물들은 높은 CO_2 고정율로 인하여 훨씬 더 빠르게 생장할 수 있다. 지난 세기 동안 대기 중의 CO_2 수준이 상승하여(1870년에 약 270ppm에서 현재 380ppm으로), 이 기간에 농작물 생산량은 10% 정도 증가되었다. 이러한 대기 중의 CO_2 농도 상승은 또한 지구 온난화를 초래한 것으로 생각된다. 지구의 온도가 약간 상승해도 해수면의 상승 및 사막지대의 확장 등과 같이 지구의 환경에 큰 영향을 미칠 수 있다

10-6-1-3 퍼옥시솜과 광호흡

퍼옥시솜은 앞 장의 〈9–6절〉에서 논의된 산화적 대사의 역할을 하는 세포 소기관이다. 잎 세포의 퍼옥시솜에 관한 연구에서, 독립된 세포 구조를 연구하는 데 있어서 흔히 놓쳐버리기 쉬운 특징, 즉 다른 소기관들과의 상호의존성의 좋은 예가 밝혀졌다. 〈그림 10–23〉의 전자현미경 사진은, 잎 세포에서 2개의 엽록체와 미토콘드리아 근처에 있는 퍼옥시솜을 보여준다. 이러한 배열은 우연의 일치가 아니라 근본적인 생화학적 관련성을 나타내며, 이에 의해 한 소기관에서 형성된 물질들이 다른 소기관에서 기질의 역할을 한다. 서로 다른 소기관들에서 일어나는 반응이 〈그림 10–23〉의 사진

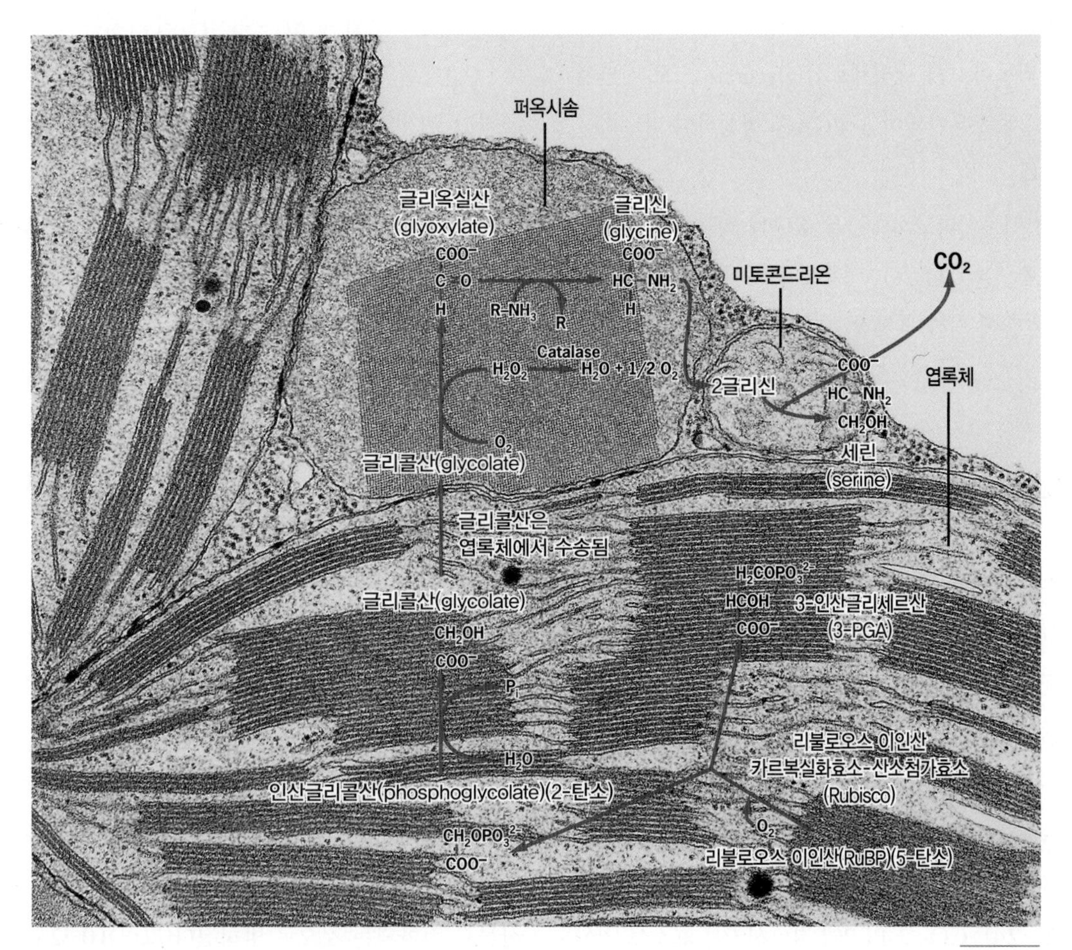

그림 10-23 광호흡을 위한 소기관들의 배열. 토마토 잎 엽육조직에서 세포 일부의 전자현미경 사진으로서, 퍼옥시솜(가운데에 있는 결정체로 확인됨)이 1쌍의 엽록체 사이에 눌려 있고 미토콘드리아가 그 근처에 있다. 이들 각 소기관들에서 일어나는 광호흡 반응은 본문 내용에 기술되었으며, 반응이 일어나는 소기관들 위에 표시하였다. 이러한 일련의 반응을 C_2 회로라고 한다. 이 회로의 최종 단계들—퍼옥시솜에서 세린(serine)이 글리세르산(glycerate)으로, 이어서 엽록체에서 3-PGA로 전환—은 나타내지 않았다.

위에 쓰여 있으며 아래에 요약되어 있다.

RuBP가 산소(O_2)와 반응하여 3-PGA와 2-탄소 화합물인 인산글리콜산을 형성할 때 광호흡이 시작되는 것은 위에서 언급하였다(그림 10-22). 일단 형성된 인산글리콜산은 글리콜산으로 전환되며, 이 분자는 엽록체에서 퍼옥시솜 속으로 이동한다. 퍼옥시솜 속에서, 글리콜산 산화효소(glycolate oxidase)는 글리콜산을 글리옥실산(glyoxylate)으로 전환시키며, 이 산은 글리신(glycine)으로 전환되어 미토콘드리아로 이동될 것이다. 미토콘드리아 속에서, 2분자의 글리신(2-탄소 분자)은 1분자의 세린(serine, 2-탄소 분자)으로 전환되고, 나머지는 1분자의 CO_2로 방출된다. 그래서 루비스코에 의해 생긴 인산글리콜산 2분자 마다, 앞서 고정되었던 1개의 탄소 원자는 대기로 되돌아간다. 미토콘드리아에서 생긴 세린은 다시 퍼옥시솜으로 되돌아가서 글리세르산(glycerate)으로 전환될 것이며, 이 산은 엽록체로 운반되어 3-PGA를 형성하여 탄수화물 합성에 사용될 수 있다.

C_4식물과 CAM 식물이라고 하는, 두 집단의 식물들은 루비스코 효소 분자들이 노출되는 CO_2/O_2 비율을 증가시키는 대사 기작들을 진화시켜서 광호흡에 의한 부정적 효과를 극복한다.

10-6-2 C_4 식물에서 탄수화물의 합성

1965년, 휴고 코르츠챠크(Hugo Kortschak)은 사탕수수에 $[^{14}C]O_2$를 공급했을 때 최초로 나타난 방사성 물질은 다른 유형의 식물에서 발견된 3-탄소 PGA 분자가 아니라, 4-탄소 골격을 가진 유기 화합물이었음을 보고하였다. 더 분석한 결과, 이 4-탄소 화합물들(주로 옥살초산과 말산)은 인산에놀피루브산(phosphoenolpyruvate, PEP)과 CO_2의 결합에 의해 생긴 것으로 밝혀졌으며, 그래서 대기의 이산화탄소를 고정하는 두 번째 기작이 규명되었다(그림 10-24). CO_2를 PEP에 결합시키는 효소를 인산에놀피루브산 카르복실화효소(*phosphoenolpyruvate carboxylase*)라고 명명하였으며, 이 효소는 **C_4 경로**(C_4 pathway)의 첫 번째 단계를 촉진한다. 이 경로를 이용하는 식물을 **C_4 식물**(C_4 plant)이라고 한다. 이렇게 새로 고정된 탄소 원자가 어떻게 될 것인지 그 운명을 생각하기 전에, 또 다른 하나의 CO_2 고정 경로가 진화된 이유를 검토해 보는 것은 유익한 일이다.

C_3 식물을 밀폐된 방에 놓고 광합성 활성을 추적 관찰했을 때, 다음과 같은 사실이 발견되었다. 즉, 일단 이 식물은 방안의 CO_2 수준(농도)을 약 50ppm 정도로 감소시키고, 광호흡에 의한 CO_2 방출율은 광합성에 의한 고정율과 동일하기 때문에, 탄수화물의 순 생산이 정지된다. 이와 대조적으로, C_4 경로를 이용하는 식물은 CO_2 수준이 1~2ppm으로 떨어질 때까지 탄수화물의 순 합성을 계속한다. C_4 식물들이 이러한 능력을 갖고 있는 이유는, PEP 카르복실화 효소가 루비스코보다 훨씬 낮은 CO_2 수준에서 작용을 계속하며 그리고 O_2에 의해 저해되지 않기 때문이다. 그러나 대기의 CO_2 함량이 항상 300ppm을 훨씬 넘을 때, 그렇게 낮은 수준의 CO_2를 고정할 수 있는 이 식물의 가치는 무엇일까?

C_4 경로의 가치는 많은 C_4 식물들이 살고 있는 것과 비슷한 건조하고 뜨거운 환경 속에 C_4 식물들을 놓아두었을 때 확실하게 나타난다. 뜨겁고 건조한 기후에서 살아가는 식물들이 처한 가장 심각한 문제는 이 식물들의 잎 표면에 있는 기공(氣孔)이라는 구멍을 통해 물이 손실되는 것이다(그림 10-2 참조). 열린 구멍으로 물이 손실되지만, 기공은 잎 속으로 CO_2를 들어오게 하는 통로이다. C_4 식물들은 물의 손실을 방지하기 위해 기공을 닫을 수 있기 때문에 뜨겁고 건조한 환경에 적응되어 있다. 그러나 이 식물들은 아직도 광합성 활동을 최고의 속도로 하기에 충분한 CO_2 흡수를 지속할 수 있다. 이것이 C_4 식물의 하나인 왕바랭이가 원래 집안에 심은 C_3 벼과식물들을 추방시키고 잔디밭을 접수하기 쉬운 이유이다. 사탕수수, 옥수수, 수수 등은 C_4 경로를 이용하는 가장 중요한 농작물이다. 대부분의 C_4 식물들은 차가운 온도에서 거의 광합성을 하지 않기 때문에, 이 식물들의 분포는 위도가 높은 지역에는 제한되어 있다.

C_4 경로에서 고정된 CO_2의 운명을 추적하였을 때, CO_2는 곧 방출되어 오직 루비스코에 다시 포착되고 C_3 경로의 대사 중간산물로 전환되는 것으로 밝혀졌다(그림 10-24). 겉보기에 역설적인 이러한 물질대사에 대한 근거는 C_4 식물의 잎을 해부해 보면 확실하게 된다. C_3 식물들의 잎과 다르게, C_4 식물들의 잎에는 2개의 동심원 층으로 배열된 세포들이 있다. 바깥쪽 층은 엽육세포(*mesophyll cell*)들로 그리고 안쪽 층은 유관속-초(維管束-鞘)세포(*bundle-sheath cell*)들로 이루어져 있다(그림 10-24). CO_2가 PEP

에 고정되는 과정은 바깥의 엽육세포들 층에서 일어난다. PEP 카르복실화효소 활성은 잎의 기공이 거의 완전히 닫혀서 세포 속의 CO_2 수준이 매우 낮을 때에도 계속될 수 있다.

일단 형성된 C_4 생산물들은 인접한 세포벽에 있는 원형질연락사(plasmodesmata)를 통해서(그림 11-35 참조), 대기의 가스로부터 차단되어 있는 두꺼운 세포벽을 가진 유관속-초세포들 속으로 운반된다. 일단 유관속-초세포들 속에서, 그 전에 고정된 CO_2는 운반체(분자)에서 분리될 수 있어서, 이 안쪽 세포들 속에서 높은 CO_2 수준—루비스코에 의해 고정되기에 적당한 수준—을 형성한다. 유관속-초세포들 속의 CO_2 수준은 엽육세포들 수준의 100배에 달할 것이다. 그래서 C_4 경로는, CO_2를 유관속초 속으로 "퍼넣어(pumping)"서 덜 효율적인 C_3 경로에 의해 CO_2를 고정하는 기작을 작동시킨다.

일단 CO_2가 4-탄소 화합물로부터 분리되면, 이때 형성된 피루브산은 엽육세포로 돌아가서 다시 PEP으로 재충전된다(그림 10-24). 물의 절약 이외에, C_4 경로를 이용하는 식물들은 제한된 루비스코 환경에서 높은 CO_2/O_2 비율을 발생시킬 수 있기 때문에, 광호흡을 능가하는 CO_2 고정 과정이 촉진된다. 사실, C_4 식물의 손상되지 않은 온전한 잎에서 일어나는 광호흡을 증명하기 위한 시도는 성공하지 못하고 있다. C_4 광합성의 주제를 벗어나기 전에, 많은 식물학 실험실에서는 농작물의 생산성을 높이기 위해 C_4 광합성 장치 부분을 C_3 식물에 도입시키려는 시도를 하고 있다. 예를 들면, 루비스코(Rubisco)가 들어 있는 쌀의 엽육세포 속에 CO_2-농축 기작을 개발하려는 기대에서, 옥수수(C_4 식물)의 PEP 카르복실화효소 유전자가 쌀(C_3 식물)에 도입된 바 있다. 이러한 식물 유전공학의 일부 연구 분야는 장려되고 있지만, 관찰된 광합성 효율의 증가가 CO_2 동화작용 수준의 증가, 광호흡 수준의 감소, 스트레스에 대한 저항력 증가 등에서 기인된 것인지 또는 어떤 다른 기작에

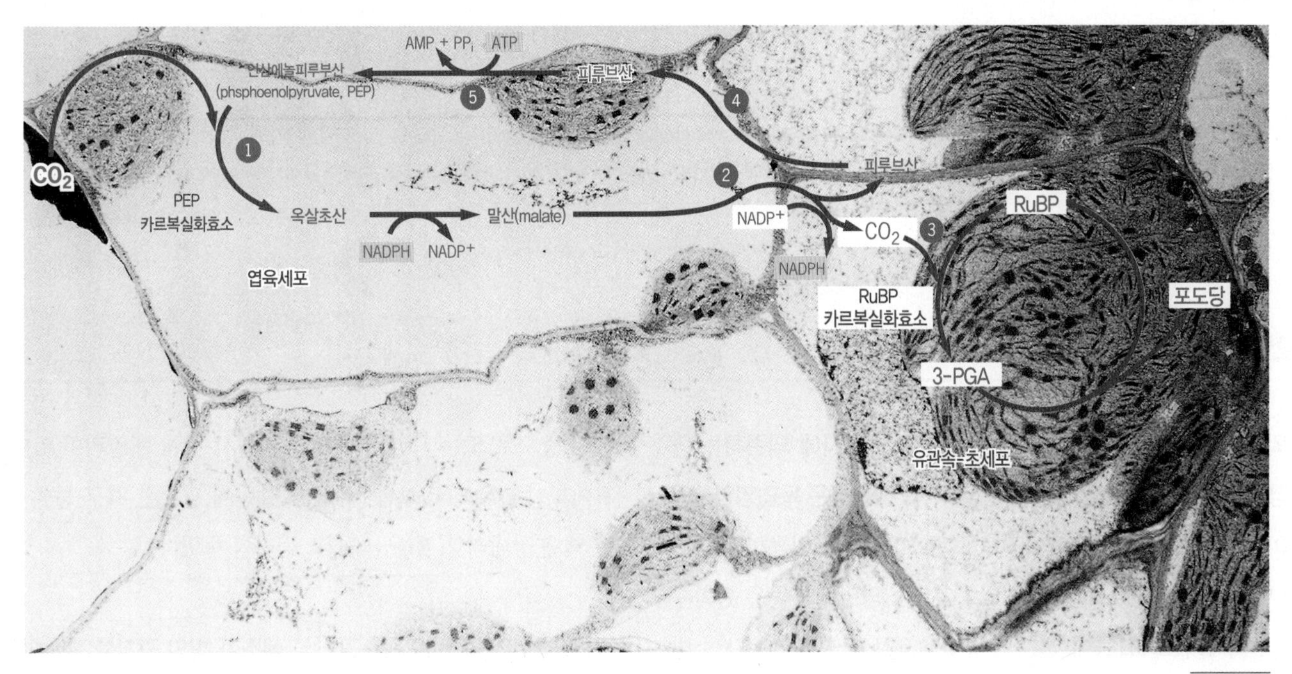

그림 10-24 C_4 식물 잎의 구조와 기능. 횡단된 C_4 식물 잎에서 엽육세포와 유관속-초세포들 사이의 공간적 관련성을 보여주는 전자현미경 사진. 사진 위에 쓰여 진 것은 각 유형의 세포에서 일어나는 CO_2 고정 반응들이다. 〈1단계〉에서, 잎의 외부에 가까이 위치한 엽육세포 속의 PEP 카르복실화효소(PEP carboxylase)에 의해, CO_2가 PEP과 결합한다. 이 반응으로 형성된 4-탄소 말산(malate)은 더 중앙에 위치한 유관속-초세포로 수송되어(2단계), 이곳에 CO_2가 방출된다. CO_2는 유관속-초세포 속에 고도로 농축되고 루비스코에 의한 CO_2 고정이 촉진됨으로써, 캘빈회로를 거쳐 순환될 수 있는 3-PGA를 형성한다(3단계). CO_2가 방출될 때 형성된 피루브산(pyruvate)은 엽육세포로 되돌아가서(4단계), PEP으로 전환된다. 이 과정은 ATP의 가수분해가 필요하더라도, 유관속-초세포 속에서 높게 유지되는 CO_2/O_2 비율은 광호흡율을 최소화 한다.

의해 기인된 것인지를 말하기에는 너무 이르다.

10-6-3 CAM 식물에서 탄수화물의 합성

선인장과 같은 많은 사막 식물들은 매우 뜨겁고 건조한 서식지에서 살아남을 수 있는 다른 생화학적 적응 방법을 갖고 있다. 이러한 식물을 **CAM 식물**(CAM plant)이라고 한다.[3] 이 식물들은, C_4 식물들과 똑 같이, 대기 중의 CO_2를 고정하기 위해 PEP 카르복실화효소를 이용한다. 그러나 C_4 식물들과는 다르게, CAM 식물 종들은, 잎에서 공간적으로 서로 다른 세포들에 의해서가 아니라, 하루 중 시간적으로 서로 다른 때에 광-의존 반응 및 CO_2 고정을 수행한다. C_3 식물과 C_4 식물들은 낮 동안에 잎의 기공을 열어 놓고 CO_2를 고정하는 반면, CAM 식물들은 뜨겁고 건조한 빛이 비치는 낮 동안 기공을 닫는다.

그 후 밤에 수증기 손실율이 매우 감소되었을 때, 기공을 열고 PEP 카르복실화효소에 의해 CO_2를 고정한다. 밤 동안에 CO_2가 엽육세포들 속에서 더욱더 고정된다. 이때 형성된 말산(malate)은 세포의 중앙 액포 속으로 운반된다. 말산의 존재(산성화된 액포 속에 말산 형태로 있는)는 식물들의 "아침 맛보기"에서 신맛을 내기 때문에 확실히 알 수 있다. 낮 동안에 기공이 닫히고, 말산은 세포질로 이동한다. 거기에서 말산 속의 CO_2가 분리되어 루비스코에 의해 고정될 수 있다. 이때 기공은 닫혀 있고 O_2 농도는 낮은 상태에 있다. 그 후, 광-의존 반응에서 형성된 ATP와 NADPH의 에너지를 이용하여 탄수화물이 합성된다.

[3] CAM은 "crassulacean acid metabolism(돌나물과 식물들의 산 대사)"의 머리글자로서, 이 대사가 처음으로 발견된 돌나물과(Crassulaceae)라는 과명(科名)을 따서 명명되었다.

복습문제

1. 에너지 유입을 필요로 하는 반응을 나타내는 캘빈회로를 기술하시오. 왜 이것을 회로라고 하는가? 왜 이 경로에서 에너지가 소비되어야 하는가? 이 경로의 최종 산물들은 무엇인가?
2. C_3와 C_4 식물 사이의 주요한 구조적 그리고 생화학적 차이점들을 기술하시오. 이러한 차이는 뜨겁고 건조한 기후에서 자라기 위한 이 두 유형의 식물들의 능력에 어떤 영향을 미치는가?

요약

최초의 생명체들은 비생물적으로 형성된 유기 분자에 의존하는 종속영양생물이었을 것으로 추정된다. 결국 이 생물들은 독립영양생물들—이들의 주요 탄소원으로서 이산화탄소(CO_2)를 이용하여 생존할 수 있는 생물들—로 이어졌다. 최초의 독립영양생물들은 황화수소(H_2S)와 같은 화합물이 전자의 공급원으로 산화되어 비산소발생 광합성을 수행했을 것으로 생각된다. 물(H_2O)이 산화되어 산소(O_2)가 발생하는, 산소발생 광합성의 진화 과정에서 남세균이 다양한 서식지를 개척하여 유산소 호흡의 발판을 마련하였다.

엽록체는 광합성을 하는 원핵생물로부터 진화된 막으로 싸인 큰 소기관이다. 엽록체는 2중막으로 싸여 있고, 바깥쪽 외막은 포린들에 의해 구멍이 형성되어있다. 틸라코이드는 막으로 된 납작한 주머니로서 층으로 또는 그라나(grana)로 질서 있게 배열되어 있다. 틸라코이드는 DNA, 리보솜, 유전자 발현에 필요한 기구 등이 들어 있는 액체 상태의 기질(stroma)로 둘러싸여 있다.

광합성의 광-의존 반응은 광합성 색소가 빛의 광자를 흡수하여 시작된다. 이때 색소의 전자가 바깥 궤도로 밀려 나서 전자 수용체에 전달될 수 있다. 식물에서 주요한 광-흡수 색소는 엽록소와 카로티노이드이다. 각 엽록소 분자는 빛을 흡수하는 Mg^{2+}-함유 폴피린 환과 색소를 지질2중층 속에 묻혀 있게 하는 탄화수소 꼬리(피톨)로 구성되어 있다. 엽록소는 가시(可視) 스펙트럼의 파란색과 빨간색 부분에서 가장 강하게 흡수하며 초록색에서 가장 약하게 흡수한다. 카로티노이드는 파란색과 초록색 부분에서 가장 강하게 흡수하고 빨간색과 주황색에서 가장 약하게 흡수한다. 광합성이 일어나도록 자극할 수 있는 빛의 파장을 나타내는 광합성의 작용스펙트럼은 색소의 흡수스펙트럼과 아주 비슷하다. 광합성 색소들은 기능적인 단위로 구성되어 있으며, 그 중에서 단 한 분자—반응-중심 엽록소—가 전자를 전자수용체에 전달한다. 많은 색소 분자들은 집광안테나를 형성하여 서로 다른 파장의 광자를 포착하고 여기상태 또는 들뜬상태의 에너지를 반응중심에 있는 색소 분자로 전달한다.

엽록체에서 일어나는 조건하에서 H_2O로부터 $NADP^+$까지 1쌍의 전자를 전달하려면, 분리된 두 광계의 합동 작용으로 운반된 약 2V의 에너지 투입이 필요하다. 제2광계(PSII)는 전자의 에너지 수준을 물 아래의 에너지 수준으로부터 중간 지점까지 밀어 올리는 반면, 제1광계(PSI)은 전자의 에너지 수준을 $NADP^+$ 위의 가장 높은 에너지 수준으로 끌어 올린다. 각 광계에서 전자를 흡수하여, 에너지를 각각의 반응-중심 색소들(PSII는 P680 그리고 PSI은 P700)로 보낸다. 반응-중심 엽록소들에 의해 흡수된 에너지가 1차수용체에 전달되면 전자를 바깥 궤도로 끌어 올리는 작용을 하여, 양(+)으로 하전된 색소($P680^+$ 및 $P700^+$)를 형성한다.

물로부터 PSII까지 그리고 PSI과 $NADP^+$까지 비순환적 전자 흐름의 경로는 제트(Z) 모양으로 나타난다. 제트 경로의 첫 번째 구간은 물에서부터 PSII까지이다. 대부분의 안테나 색소들은 PSII에서 빛을 모으는 제2집광복합체(LHCII)라고 하는 독립된 복합체 속에 있다. 에너지는 LHCII로부터 PSII까지 흐르고, 전자는 P680에서부터 1차수용체, 즉 엽록소와 비슷한 피오피틴(pheophytin) 분자까지 전달된다. 이러한 전자전달은 강한 산화제($P680^+$)와 약한 환원제($Pheo^-$)를 형성한다. PSII에서 전하가 분리되면 반대로 하전된 분자들을 더 멀리 이동시킴으로써 PSII가 안정된다. 이 과정에서 전자는 피오피틴으로부터 퀴논 PQ_A와 PQ_B까지 전달된다. PSII에 의해 2개의 광자가 연속적으로 흡수되면 2개의 전자가 PQ_B로 전달되어 PQ_B^{2-}를 형성한다. 그러면 PQ_B^{2-}는 기질로부터 2개의 전자를 취하여 PQH_2(환원된 플라스토퀴논)를 형성한다. 환원된 프라스토퀴논은 반응중심을 떠나고 다른 전자를 수용할 수 있는 산화된 플라스토퀴논으로 대체된다. 각 전자가 P680으로부터 1차수용체 그리고 PQ_B까지 전달될 때, 양(+)으로 하전된 반응-중심 색소($P680^+$)는 4개의 망간과 1개의 칼슘 이온들을 함유하는 무리로부터 1개의 전자를 받아 중성화된다. 각 전자가 P680으로 전달됨으로써, 망간-칼슘 함유 단백질은 산화 등가물을 축적한다. 일단 이 무리가 4개의 산화 등가물을 축적하면, 물로부터 4개의 전자를 제거할 수 있으며, 이 반응은 산소를 발생시키고 4개의 양성자(H^+)를 틸라코이드 내강으로 운반하여 양성자 기울기 형성에 기여한다.

환원된 플라스토퀴논으로부터 전자들이 다단백질 복합체인 시토크롬 b_6f로 전달되고, 양성자들은 틸라코이드 내강 속으로 방출되어 양성자 기울기에 기여하게 된다. 시토크롬 b_6f로부터 전자들이 틸라코이드 막의 내강 쪽에 위치한 플라스토시아닌과 PSI의 반응-중심 색소인 $P700^+$로 전달된다. 이 $P700^+$는 하나의 광자를 흡수하고 전자를 잃는다. 각 광자가 P700에 흡수됨으로써, 전자는 제1수용체, A_0,그리고 PSI의 반응중심에 있는 많은 철-황 중심부를 거쳐 페레독신까지 전달된다. 전자들은 페레독신으로부터 $NADP^+$로 전달되어 NADPH를 형성하며, 이때 NADPH는 기질로부터 하나의 전자를 취하여 양성자 기울기에 기여하게 된다. 요약하면, 비순환적 전자 흐름은 물을 산소로 산화시킨다. 이때 전자가 $NADP^+$에 전달되어 NADPH를 형성하고, 막을 가로지르는 양성자 기울기를 만든다.

광-의존 반응에서 형성된 양성자 기울기는 엽록체의 광인산화라고 하는 과정에서 ATP 형성에 필요한 에너지를 제공한다. 엽록체에서 ATP 합성을 위한 기구는 거의 미토콘드리아의 것과 동일하다. ATP 합성효소는 기질 쪽으로 돌출된 CF_1 머리부분과 틸라코이드 막 속에 들어 있는 CF_0 기부로 이루어진다. 양성자들은 높은 농도의 틸라코이드 내강으로부터 CF_0 기부를 거쳐 기질 속으로 이동할 때, ATP 형성이 추진되고, 양성자의 기울기는 사라진다. ATP 합성은 PSII에 포함되어 있지 않은 순환적 광인산화 과정을 통해서 물을 산화시키지 않고 일어날 수 있다. PSI의 P700에 빛이 흡수되면, 전자가 페레독신으로 전달되고, 시토크롬 b_6f를 거쳐 전자-결핍 PSI 반응중심으로 되돌아온다. 전자들이 순환적 경로로 전달될 때, 양성자들은 틸라코이드 내강 속으로 전위되어 ATP 합성을 계속 추진한다.

광-의존 반응이 일어나는 동안, NADPH와 ATP에 저장된 화학 에너지는 이산화탄소로부터 탄수화물을 합성하는 데 사용된다. CO_2는 C_3경로(또는 캘빈회로)에 의해 탄수화물로 전환된다. 이 회로에서 CO_2는 RuBP 카르복실화효소(Rubisco)에 의해 5-탄소 화합물인 RuBP로 고정되어 불안정한 6-탄소 중간산물을 형성하며, 이 산물은 2분자의 3-PGA로 나누어진다. NADPH와 ATP는 PGA 분자를 글리세르알데히드 인산(GAP)으로 전환시키는 데 사용된다. 고정된 CO_2 6분자마다 2분자의 GAP가 당 또는 녹말을 형성할 수 있으며, 나머지 10분자의 GAP는 연속되는 CO_2 고정에서 RuBP를 재생하기 위해 사용될 수 있다.

또한 루비스코는 CO_2보다 O_2가 RuBP에 공유 결합되는 반응을 촉진할 수 있다. 광호흡이라고 하는 이 과정은 CO_2의 손실을 초래하는 반응들로 대사작용을 일으키는 화합물들을 형성한다. 광호흡은 O_2를 흡수하고 CO_2를 방출하기 때문에 식물의 에너지를 낭비하게 된다. 광호흡 대 CO_2 고정의 비율은 루비스코가 직면하는 CO_2/O_2 비율에 따라 결정된다. C_4 식물과 CAM 식물들은 이 비율을 증가시키는 기작을 갖고 있다.

C_4 식물과 CAM 식물들은, 매우 낮은 CO_2 농도에서 작용할 수 있는, PEP 카르복실화효소라고 하는 가외의 CO_2-고정 효소를 갖고 있다. C_4 식물들은 안쪽의 유관속초세포들과 바깥쪽의 엽육세포들로 이루어져서 대기 가스를 차단하는 특이한 잎 구조를 갖고 있다. PEP 카르복실화효소는 엽육조직에서 작용하는데, 여기서 CO_2는 3-탄소 화합물인 포스포에놀피루브산(PEP)에 고정되어 4-탄소의 산이 형성되며, 이것은 유관속초로 수송되어 카르복실기가 제거된다. 유관속초에 방출된 CO_2는 고농도로 축적되어, RuBP에 CO_2 고정이 촉진되고 캘빈회로에 의한 PGA와 GAP 형성을 용이하게 한다. CAM 식물들은 하루 중 서로 다른 시간에 광-의존 그리고 광-비의존 반응을 수행한다. 이 식물들은 뜨겁고 건조한 낮 시간에 기공을 닫아서 물의 손실을 방지한다. 그 후, 밤 동안에 기공을 열고 PEP 카르복실화효소에 의해 CO_2를 고정한다. 형성된 말산은 낮 시간 동안에 액포 속에 저장되었다가 엽록체로 다시 이동되고, 말산에서 CO_2가 분리된다. O_2 농도가 낮은 조건하에서 CO_2는 루비스코에 의해 고정되고, 광-의존 반응에서 생긴 ATP와 NADPH의 에너지를 이용하여 탄수화물로 전환될 수 있다.

분석 문제

1. 두 광계들 중 어느 쪽이 최대 음(−)의 산화환원 전위에서 작동하는가? 어느 광계가 가장 강한 환원제를 형성하는가? 어느 광계가 비순환적 광인산화가 일어나는 동안 4개의 광자를 흡수해야 하는가?
2. 만일 C_3, C_4, 또는 CAM 식물들이 뜨겁고 건조한 조건에 낮 동안 계속 노출된다면, 어느 유형의 식물이 가장 잘 견딜 것으로 생각하는가? 왜 그런가?
3. PQH_2, 환원된 시토크롬 b_6, 환원된 페레독신, $NADP^+$, NADPH, O_2, H_2O 중에서, 어느 것이 가장 강한 환원제인가? 어느 것이 가장 강한 산화제인가? 어느 것이 전자 친화력이 가장 큰가? 어느 것이 가장 큰 에너지를 발생하는 전자를 갖고 있는가?
4. 광합성을 하고 있는 엽록체에 불연결자 디니트로페놀(DNP)을 첨가 했다고 가정해 보자. 다음 중 어느 활동에 영향을 미칠 것으로 생각되는가? (1) 빛의 흡수, (2) 순환적 광인산화, (3) PSII와 PSI 사이의 전자전달, (4) 비순환적 광인산화, (5) PGA의 합성, (6) $NADP^+$의 환원.
5. 양성자[H^+]가 10만 배의 차이로 유지된 그리고 전기 전위 차이가 없는 틸라코이드 막을 가로질러 형성되는 양성자-구동력을 계산하시오. (제9장에 양성자-구동력 등식이 있다.)
6. 식물이 가장 심하게 순환적 인산화를 수행하기 위해서는 무슨 조건하에 있어야 한다고 생각하는가?
7. 분리된 엽록체가 광합성을 할 때 일어나는 매질에서의 pH 변화를 분리된 미토콘드리아가 유산소 호흡을 하는 것과 비교하

여 대조하시오.

8. 미토콘드리아에서 양성자-구동력의 대부분은 전압으로 표시된다고 앞 장에서 언급하였다. 이와는 대조적으로, 광합성을 하는 동안 생긴 양성자-구동력은 오직 pH 기울기로 나타냈다. 여러분은 이러한 차이를 어떻게 설명할 수 있는가?

9. 틸라코이드 막을 가로지르는 전기화학적 기울기를 발생시키는 데 있어서 PSI과 PSII의 역할을 대조하시오.

10. 여러분은 C_3 식물이 C_4 식물보다 탄수화물로 전환된 CO_2 분자 당 더 많은 에너지를 소비해야만 한다는 의견에 동의하는가? 왜 그런가? 아니면 왜 그렇지 않은가?

11. 광합성에서, 빛 에너지가 포착되면 전자의 방출과 전달로 이어진다. 전자들은 원래 무슨 분자로부터 기원되는가? 결국 이 전자들은 무슨 분자 속에 존재하는가?

12. C_3 경로에서 6-탄소 당을 만들기 위해 몇 분자의 ATP와 NADPH가 필요한가? 만일 1분자의 ATP를 합성하기 위해 4개의 양성자가 필요했다면, 이러한 ATP와 NADPH의 상대적 필요가 순환적 광인산화 없이 비순환적 광인산화에 의해 이루어질 수 있다고 생각하는가?

13. 만일 페오피틴과 A_0(엽록소 *a* 분자)가 각각 PSII와 PSI의 1차 전자수용체들이라면, 각 광계의 1차 전자공여체는 무엇인가?

14. 광합성의 광-의존 반응에서 3개의 금속 원자들의 역할을 대조하시오.

15. 온실 효과(대기의 CO_2 양 증가)가 C_4 식물 또는 C_3 식물 중 어느 것에 더 큰 영양을 미칠 것으로 생각하는가? 왜 그런가?

16. 대기에 있는 물의 양이 C_3 식물이 잘 살아가는 데 중요한 요소라고 생각하는가? 왜 그런가?

17. 낮은 CO_2 수준(농도)은 O_2 농도를 21%에서 안정적으로 유지하는 데 중요한 역할을 하는 것으로 제안되었다. 대기에서 CO_2 농도가 O_2 농도에 영향을 미칠 수 있는 가능성은 어느 정도인가?

18. CO_2 농도가 600ppm까지 상승했다고 가정해 보자. 사실 이 수치는 아마 약 3억 년 전에 그랬을 것이다. 여러분은 이 상황이 C_3 식물과 C_4 식물 사이의 경쟁에 무슨 영향을 미칠 수 있다고 생각하는가?

19. C_3 식물이 뜨겁고 건조한 환경 하에 놓여 있고, 이 식물에 방사선으로 표지된 $^{18}O_2$를 공급했다고 생각해 보자. 결합된 방사선 표지 물질은 무슨 화합물에서 발견되는가?

제 11 장

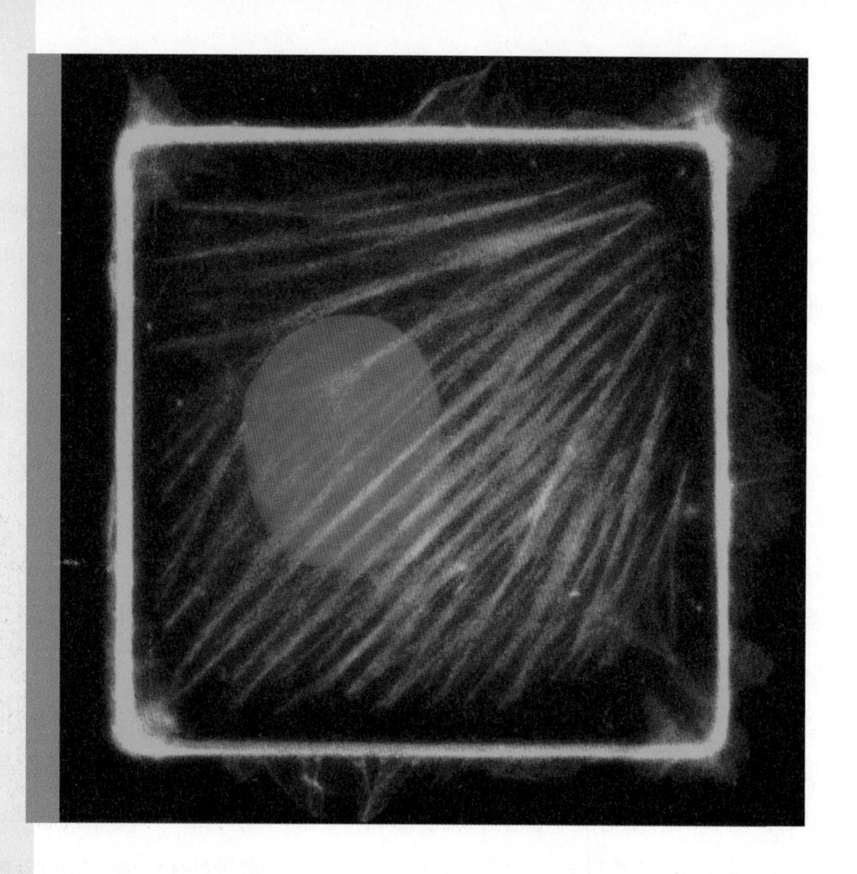

세포외 기질과 세포의 상호작용

원형질막은 살아 있는 세포와 그 주변의 죽어 있는 환경 요소들 사이에 경계를 형성한다 해도, 원형질막 바깥에 있는 물질들은 세포의 생명에 있어서 중요한 역할을 한다. 다세포 동식물의 대부분 세포들은 분명하게 구별되는 조직들로 구성되어 있으며, 이 세포들은 다른 세포 그리고 세포들 사이에 있는 세포외 물질들과 일정한 관계를 유지하고 있다. 몸속을 순찰하는 백혈구와 같이 조직 속에서 고정되어 있지 않는 세포들일지라도, 다른 세포들 및 접촉되어 있는 세포외 물질들과 매우 특수한 방법으로 상호작용을 해야 한다. 이러한 상호작용은 세포의 이동, 생장, 분화 등과 같은 다양한 활동을 조절하며, 특히 배발생하는 동안 생기는 조직과 기관의 3차원적 체제를 결정한다.

내피(內皮, endothelium)[a] 세포—혈관의 안쪽 표면을 따라 늘어서 있는 세포—의 형광현미경 사진. 이 세포의 모양이 정사각형인 것은 섬유결합소(纖維結合素, fibronectin)라고 하는 부착성 단백질을 배양 용기(접시)에 정사각형으로 발라 놓아서, 이 세포가 작은 정사각형 부분을 따라 그 위로 퍼졌기 때문이다. 이 세포는, 세포골격 구성요소로서 세포질 단백질인 액틴과 결합하는 초록색형광 항체로 처리되었기 때문에 초록색 틀 속에 고정되어 있는 것으로 보인다.

역자 주(註)[a] 내피(內皮, endothelium): 완전히 폐쇄된 동물 몸속의 표면을 따라 늘어서 있는 상피로서, 동맥, 정맥, 모세혈관, 심장 그리고 림프관 등 순환기관계의 내강(內腔)을 싸고 있는 단층편평상피(單層扁平上皮)이다.

우리는 이 장(章)에서 세포들이 관여하는 세포의 외부 환경과 상호작용의 유형에 초점을 맞출 것이다. 〈그림 11-1〉은 사람 피부의 단면도이며, 이 장에서 논의되는 여러 가지 주제의 개관을 보여주고 있다. 피부의 바깥 층(표피, epidermis)은 **상피조직**(上皮組織, epithelial tissue)의 한 유형이다. 몸속에서 공간을 따라 늘어서 있는 다른 상피와 같이, 표피는 주로 특수화된 접촉에 의해 서로 밀접하게 붙어 있는 세포들과 그 아래에 있는 비세포성 층에 붙어 있는 세포들 등으로 구성된다(〈그림 11-1〉에서 위에 삽입된 그림). 이러한 접촉은 세포들을 서로 부착시켜 연락하기 위한 기작을 제공한다. 이와는 대조적으로, 피부의 더 깊은 층[진피(眞皮), dermis]은 **결합조직**(connective tissue)의 한 유형이다.

힘줄(腱) 또는 물렁뼈(軟骨)를 형성하는 다른 결합조직들처럼, 진피는 주로 특수한 방법으로 서로 작용하는 다양한 섬유들을 포함하는 세포외 물질로 구성되어 있다. 진피에 흩어져 있는 세포들(섬유모세포, 纖維母細胞, fibroblast) 중의 하나를 더 확대하여 보면, 원형질막의 바깥 표면에는 이 세포와 그 주변 환경의 구성요소들 사이의 상호작용을 중개하는 수용체들이 있다(〈그림 11-1〉에서 아래에 삽입된 그림). 이러한 세포 표면의 수용체들은 외부 환경과 상호작용할 뿐만 아니라, 수용체에서 안쪽에 있는 끝부분은 세포질에 있는 다양한 단백질들과도 연결되어 있다. 이와 같이 2중 부착 부위를 갖는 수용체들은 하나의 세포와 그의 환경 사이에 신호를 전달하기에 적당하다. ■

11-1 세포외공간

만일 우리가 원형질막에서 시작하여 그 바깥으로 옮겨가면, 우리는 다양한 유형의 세포들을 둘러싸고 있는 세포외 요소들을 볼 수 있다. 일부 막지질들은 물론, 거의 모든 막의 내재단백질들이 원형질막 바깥으로 돌출된 다양한 길이의 당(올리고당류) 사슬들을 갖고

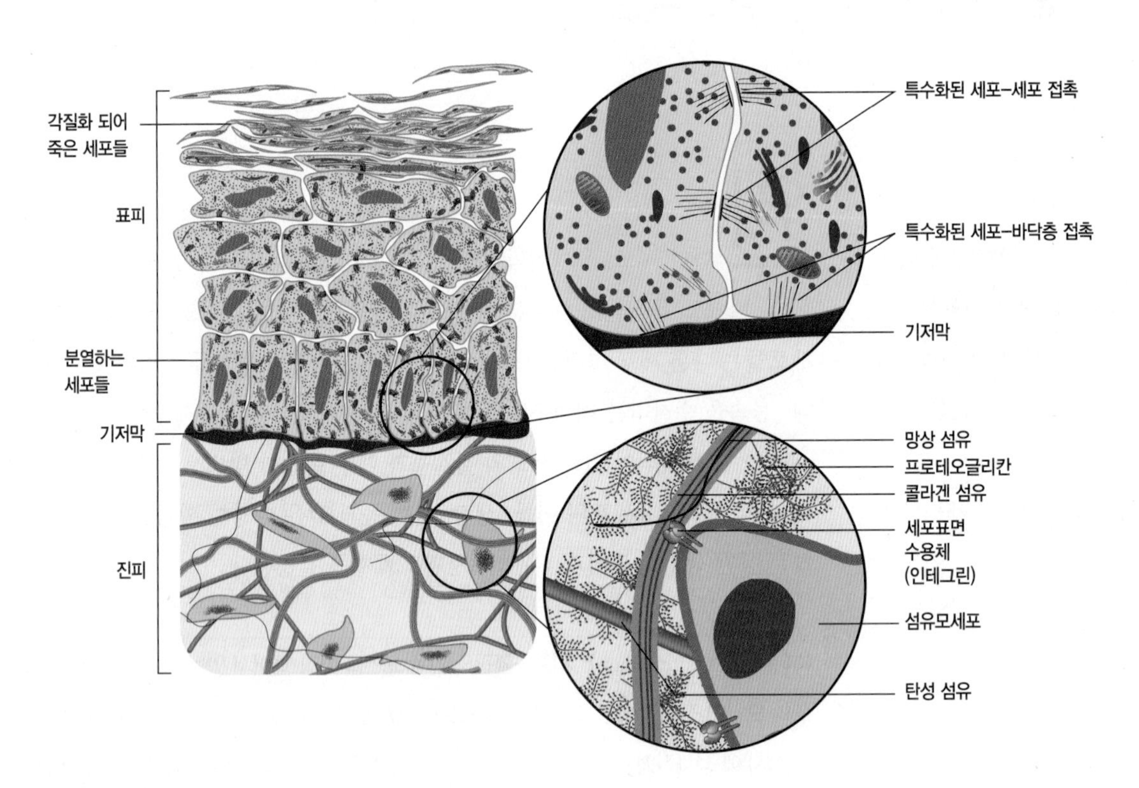

그림 11-1 **세포들이 어떻게 조직으로 구성되며 어떻게 그들 서로 그리고 세포외 환경과 상호작용 하는 가를 나타낸 개관.** 사람 피부의 절단면을 나타낸 이 개요도에서, 표피의 세포들이 특수화된 접촉에 의해 서로 붙어 있는 것을 보여준다. 또한 표피의 기저층(基底層, basal layer)에 있는 세포들은 그 아래의 비세포층(기저막, 基底膜, basement membrane)에 붙어 있다. 진피는 주로 세포외 요소들로 이루어져 있는데, 이 요소들은 서로 상호작용하며 그리고 산재된 세포(주로 섬유모세포)들의 표면과 상호작용한다. 이 세포들은 세포외 물질들과 상호작용하여 세포 내부로 신호 를 전달하는 수용체를 갖고 있다.

있음은 제8장에서 언급되었다(그림 8-4*c* 참조). 이렇게 돌출된 탄수화물 부분은 **당질층**(糖質層, glycocalyx) 또는 세포외피(*cell coat*)라고 하는 원형질막 바깥 표면에 밀접하게 붙어 있는 층을 형성한다(그림 11-2*a*). 이러한 세포외 물질은 포유동물 소화기관 벽을 따라 늘어서 있는 상피세포와 같은 일부 유형의 세포들에서 매우 중요하다(그림 11-2*b*). 당질층은 세포와 세포 그리고 세포와 기층(基層, substratum, 바닥층)의 상호작용을 중개하며, 세포들을 기계적으로 보호하고, 원형질막 쪽으로 이동하는 입자들을 막는 장벽 역할을 하며, 세포 표면에서 작용하는 중요한 조절 요소들과 결합하는 등의 일을 하는 것으로 생각된다.

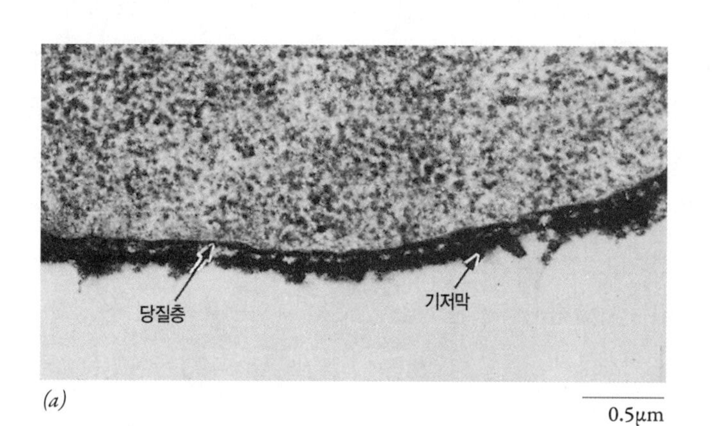

그림 11-2 당질층. (*a*) 병아리의 초기 배에서 외배엽 세포의 기저부(基底部) 표면(basal surface). 세포의 바깥쪽 표면에 밀접하게 붙어 있는 2개의 뚜렷한 구조들, 즉 안쪽의 당질층과 바깥쪽의 기저막이 구별된다. (*b*) 소장의 벽을 따라 늘어서 있는 상피세포의 정단부(頂端部) 표면(apical surface)의 전자현미경 사진은 넓은 범위에 걸쳐 있는 당질층을 보여준다. 이 층은 철-함유 단백질인 페리틴(ferritin)으로 염색되었다.

11-1-1 세포외 기질

많은 유형의 동물세포들은 **세포외 기질**(extracellular matrix, ECM)—원형질막의 바로 바깥에 있는 세포외 물질들로 구성된 연결망 구조—로 둘러싸여 있다(그림 11-3). ECM은 불활성 포장물질 또는 세포들을 함께 결합시키는 비특이적 접착제일 뿐만 아니라, 때로는 세포의 모양과 활성을 결정하는 데 있어서 중요한 조절

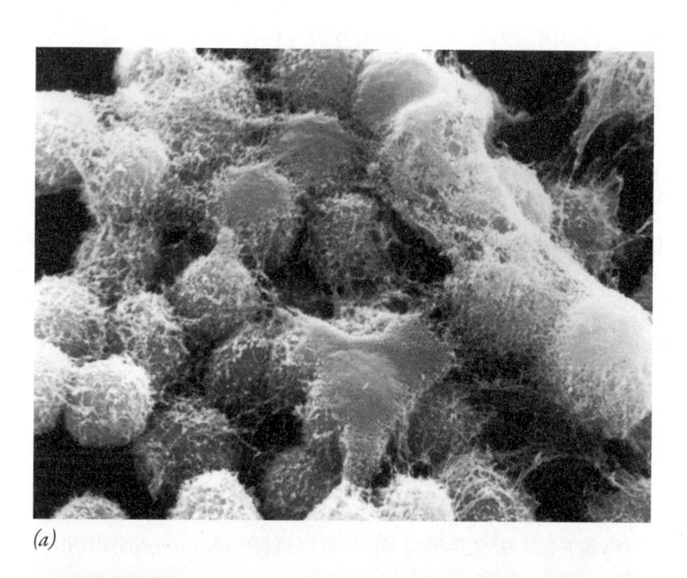

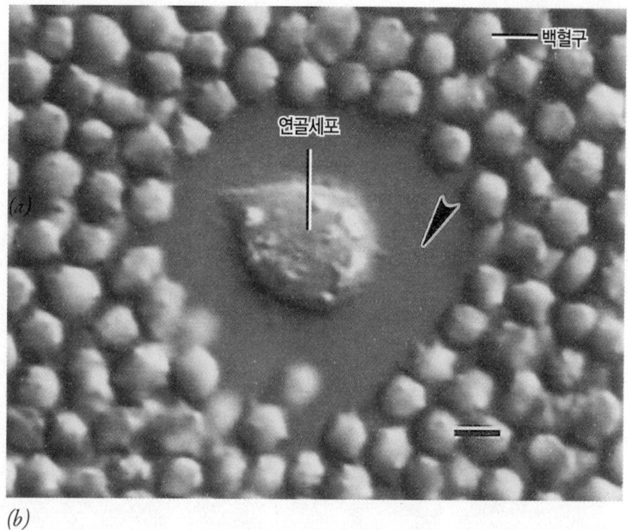

그림 11-3 연골세포의 ECM. (*a*) 연골세포 집단의 일부에서, 세포들에 의해 분비된 세포외 물질들을 보여주는 주사전자현미경 사진. (*b*) 하나의 연골세포의 ECM을 적혈구 현탁액을 가함으로써 볼 수 있게 되었다. ECM의 두께는 적혈구가 없는 공간(화살촉표)에 의해 분명히 드러난다. 아래 오른쪽 선은 10μm이다.

역할을 한다. 예를 들면, 배양된 연골세포들 또는 유선(乳腺)의 상피세포들을 둘러싸고 있는 ECM을 효소로 처리하여 분해시키면, 이 세포들의 합성과 분비 활성이 현저히 감소하게 된다. 배양 접시에 다시 ECM 물질을 첨가하면, 세포의 분화된 상태를 그리고 보통의 세포 생산물 제조 능력을 회복할 수 있다(그림 11-29 참조).

가장 잘 알려진 ECM들 중의 하나는 **기저막**(基底膜, basement membrane) 또는 기저판(基底板, basal lamina)이다. 이 층은 50~200nm 두께로 연속되어 있고, (1) 신경섬유, 근육, 지방 세포 등을 둘러싸며, (2) 피부의 표피(그림 11-1 및 11-4*a*)와 같은 상피조직, 또는 소화관과 호흡관의 안쪽을 따라 늘어서 있는 상피조직들의 기저부(基底部) 표면의 아래에 있고, (3) 혈관 벽을 따라 늘어서 있는 안쪽 내피의 아래 등에 있다. 기저막은 부착된 세포들을 기계적으로 지지하고, 세포의 생존을 유지시키는 신호를 발생시키며, 세포이동 시 바닥층의 역할을 하고, 하나의 기관 속에서 인접한 조직들을 분리시키며, 고분자들의 통과를 막는 장벽으로 작용한다.

위에 든 것들 중 마지막 역할에서, 모세혈관들의 기저막은 단백질을 혈액 밖으로 그리고 조직 속으로 통과시키지 않는 중요한 역할을 한다. 이것은 특히 신장에서 중요하다. 즉, 신장의 혈액은 신관(腎管)들의 벽으로부터 사구체(絲球體, glomerulus)의 모세혈관을 격리시키는 2중층으로 된 기저막을 거쳐 높은 압력 하에서 여과되기 때문이다(그림 11-4*b*). 장기간의 당뇨병으로 인한 신부전(腎不全)은 사구체들을 둘러싸고 있는 기저막이 비정상적으로 두꺼워져서 생긴 것이다. 또한 기저막은 암세포들이 조직으로 침입할 때, 이를 막는 장벽의 역할도 한다. 기저막의 분자 체제는 뒤에 논의된다(그림 11-12 참조).

세포외 기질의 형태가 조직과 개체에 따라 다양할 수 있더라도, 비슷한 고분자들로 이루어지는 경향이 있다. 세포 속에 있는 대부분의 단백질들이 조밀한 구형 분자들인 것과는 다르게, 세포외공간에 있는 단백질들은 전형적으로 긴 섬유 모양이다. 이 단백질들은 세포외공간에서 서로 연결된 입체적인 연결망 구조로 자가-조립 될 수 있다. 이런 구조는 〈그림 11-5〉에 그려져 있으며 다음 절(節)에서 논의된다. 이들의 다양한 기능 중에서, ECM의 단백질들은 실험 표지(물), 뼈대, 대들보, 굵은 밧줄(cable), 그리고 접착제 등의 역할을 한다. 다음 논의의 전반에 걸쳐 언급된 것처럼, 세포외 단백질들의 아미노산 서열 변화는 심각한 질환을 일으킬 수 있다. 우리는 가장 중요하고 흔히 있는 ECM 분자들 중의 하나인 당단백질 콜라겐부터 시작할 것이다.

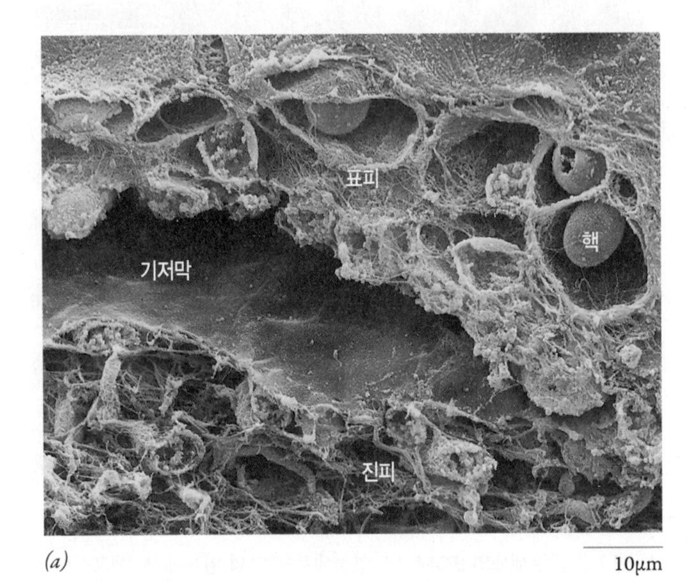

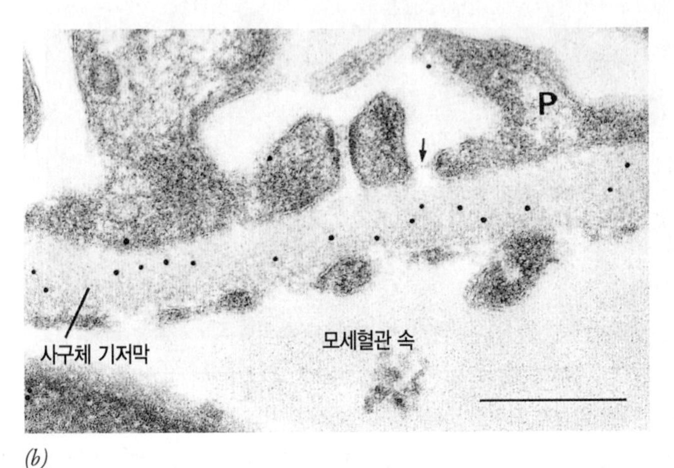

그림 11-4 **기저막(또는 기저판).** (*a*) 사람 피부의 주사전자현미경 사진. 표피는 표피세포들의 아래쪽에서 볼 수 있는 기저막 부분에서 떨어져 있다. (*b*) 특별히 두꺼운 기저막이 신장에서 사구체의 혈관과 신관(腎管)의 기부 말단 사이에 형성되어 있다. 이 기저막은 오줌이 형성되는 동안 모세혈관 밖에서 신관 속으로 액체를 여과하는 중요한 작용을 한다. 사구체의 기저막 속에 있는 검은 점들은 기저막 속의 제IV형 콜라겐 분자들에 결합되어 있는 항체에 부착된 금 입자들이다. P, 세관의 족세포(足細胞, podocyte). 오른쪽 아래의 선은 0.5μm이다.

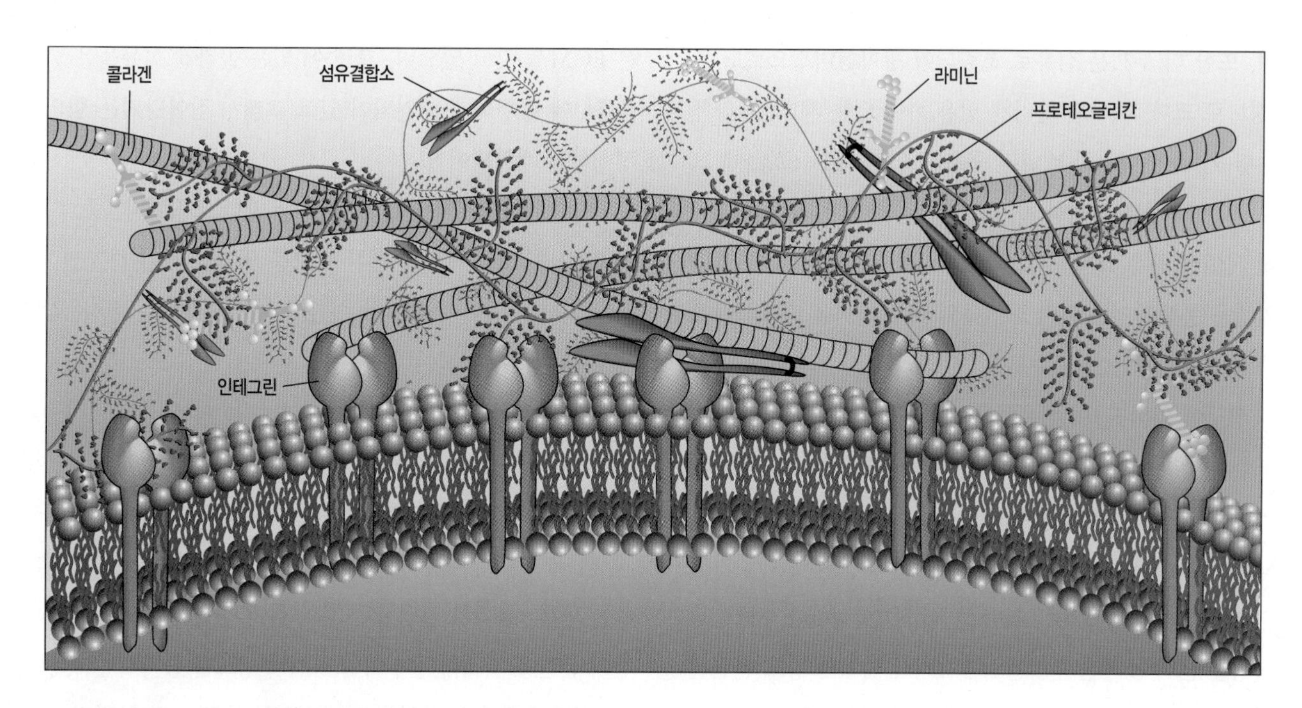

그림 11-5 **세포외 기질의 고분자 체제의 개관.** 이 그림에서 표시된 단백질들과 다당류들은 다음 절에서 논의될 것이다. 여기에 그려진 단백질들(섬유결합소, 콜라겐, 라미닌)은 서로 결합할 수 있는 부위를 갖고 있으며, 세포 표면에 위치한 수용체들(인테그린)과 결합할 수 있는 자리도 있다. 프로테오글리칸은 세포외공간의 부피를 많이 차지하는 거대한 단백질–다당류 복합체이다.

11-1-1-1 콜라겐

콜라겐(collagen)은 오직 세포외 기질에만 있는 섬유성 당단백질들의 집단으로 구성된다. 콜라겐은 동물계 전체에 걸쳐 발견되며, 인장(引張) 강도, 즉 잡아당기는 힘(引力)에 대한 저항력이 높은 것이 특징이다. 직경이 1mm인 하나의 콜라겐 섬유는 10kg(22lb)의 무게를 끊어지지 않고 들어 올릴 수 있는 것으로 측정되었다. 콜라겐은 인체에서 단일 단백질로서는 가장 풍부하며(전체 단백질 중에서 25% 이상 차지함), 이 사실은 세포외 물질들이 광범위하게 존재함을 의미한다.

콜라겐은 주로, 다양한 유형의 결합조직들에 있는 섬유모세포들에 의해 만들어지며, 또한 평활근 세포들과 상피세포들에 의해서도 만들어진다. 현재까지, 사람에서 27가지 유형의 콜라겐이 확인되었다. 이런 콜라겐의 각 유형은 체내의 특정한 위치에 제한되어 있지만, 때로는 두 가지 또는 그 이상의 서로 다른 유형들이 동일한 ECM 속에 존재한다. 동일한 섬유 속에 여러 가지 유형의 콜라겐이 혼합되어서 복합적인 기능을 수행할 수 있다. 이러한 "이형(異型, heterotypic)" 섬유들은 생물학적인 금속 합금에 해당한다. 콜라겐 집단을 구성하는 단백질들 사이에는 많은 차이가 있을지라도, 이들 모두 최소한 두 가지의 중요한 구조적 특징을 공유한다. (1) 모든 콜라겐 분자들은 알파(*α*) 사슬이라고 하는 3개의 폴리펩티드 사슬로 구성되는 3량체(三量體, trimer)이다. (2) 그 길이를 따라서, 콜라겐 분자의 3개의 폴리펩티드 사슬들은 서로 감겨서 독특한 자루 모양의 3중 나선 구조를 형성한다(그림 11–6*a*).

콜라겐 분자의 *α* 사슬은 많은 양의 프롤린(proline)을 갖고 있으며, 많은 프롤린(그리고 리신) 잔기들은 폴리펩티드의 합성 후에 수산화(水酸化)된다. 수산화된 아미노산들은 사슬들 사이에 수소결합을 형성하여 3중 나선의 안정성을 유지하는 데 중요하다. 콜라겐 사슬들이 수산화되지 않으면, 결합조직들의 구조와 기능에 심각한 결과를 초래한다. 이런 경우는 비타민 C(아스코르브산) 결핍으로 생기는 질병인 괴혈병(壞血病)의 증상에서 분명히 나타나며, 그리고 특징적으로 충혈된 잇몸과 이의 손실, 상처 치료의 지연, 뼈 부러짐, 내출혈을 일으키는 혈관을 덮는 내피의 연약화 등의 증상을 보인다. 콜라겐의 리신과 프롤린 아미노산에 수산기를 첨가하는 효소들은 조효소로서 아스코르브산이 필요하다.

제I, II, III형을 비롯한 다수의 콜라겐들은, 단단한 굵은 밧줄 모양의 섬유로 조립되기 때문에, 섬유성 콜라겐(*fibrillar collagen*)이라고 하며, 또한 더 두꺼운 섬유로 조립되어 광학현미경으로도 볼 수 있을 정도로 크다. 하나의 콜라겐 섬유 속에 있는 제I형 콜라겐 분자들의 열(列)들이 나란히 배열된 구조가 〈그림 11-6*b*,*c*〉에 그려져 있다. 이 섬유들은 인접한 콜라겐 분자들에 있는 리신과 수산화된 리신 사이에 공유 교차-결합에 의해 강화된다. 이 교차-결합 과정은 일생을 통해서 계속되며 노인들의 피부 탄력을 감소시키고 골절을 증가시키는 원인이 될 수도 있다. 콜라겐 섬유의 표면을 조사한 최근 연구에 의하면, 이 섬유들은 축을 중심으로 꼬여 있는 가닥들로 구성되어 하나의 굵은 밧줄(cable)이라기보다는 나노크기의 밧줄과 더 비슷한 구조를 형성한다(그림 11-6*d*).

ECM의 여러 가지 구성요소들 가운데, 콜라겐 분자들은 기질의 많은 기계적 특성을 결정하는 불용성 골격을 형성한다. 사실, 각 조직의 특성은 흔히 콜라겐 분자들의 3차원적 체제와 상호 관련될 수 있다. 예로서, 근육을 뼈에 연결시켜주는 힘줄(腱)은 근육이 수축하는 동안에 굉장히 잡아당기는 힘(引力)에 저항해야 한다. 힘줄은 ECM을 갖고 있으며, 그 속에 있는 콜라겐 섬유들은 힘줄의 긴 축(軸)에 평행하게 배열되어 있고 그래서 잡아당기는 힘의 방향에 평행하게 배열되어 있다.

또한 눈의 각막(角膜)도 주목할 만한 조직이다. 즉, 이 조직은 안구(眼球) 표면에서 튼튼한 보호층 역할을 해야 하지만, 빛이 렌즈를 지나서 망막에 도달할 수 있도록 투명해야만 한다. 각막의 두꺼운 중간층이 기질이며, 이 기질은 독특한 층으로 된 비교적 짧은 콜라겐 섬유들을 갖고 있다. 이렇게 층을 이루고 있는 기질의 구조는 합판과 비슷하다. 즉, 각 층의 섬유들은 그 층의 다른 섬유들과 서로 평행하지만 양쪽 층의 섬유들과는 거의 직각으로 교차한다(그림 11-7). 이런 합판 비슷한 구조는 이 민감한 조직에 강한 힘을 주는 반면, 섬유의 일정한 크기와 질서 정연한 배열은 들어오는 광선의 산란을 최소화하여 이 조직의 투명도를 증가시킨다.

콜라겐 섬유의 풍부하고 광범위한 분포는 잘 알려진 사실이며, 섬유성 콜라겐이 비정상적으로 형성되면 심각한 질병을 일으킬 수

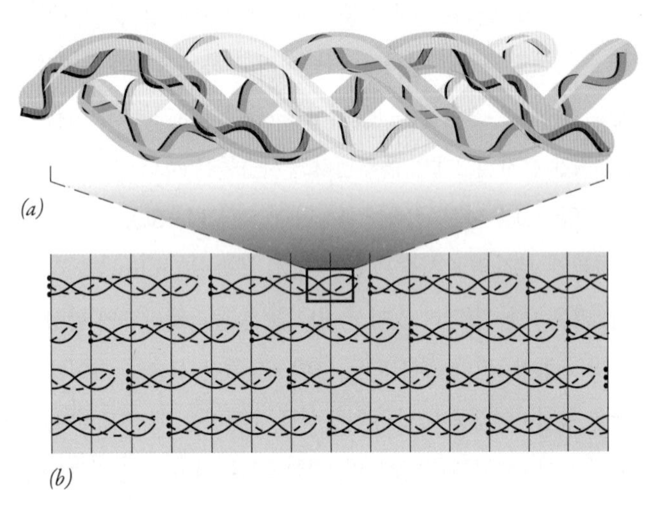

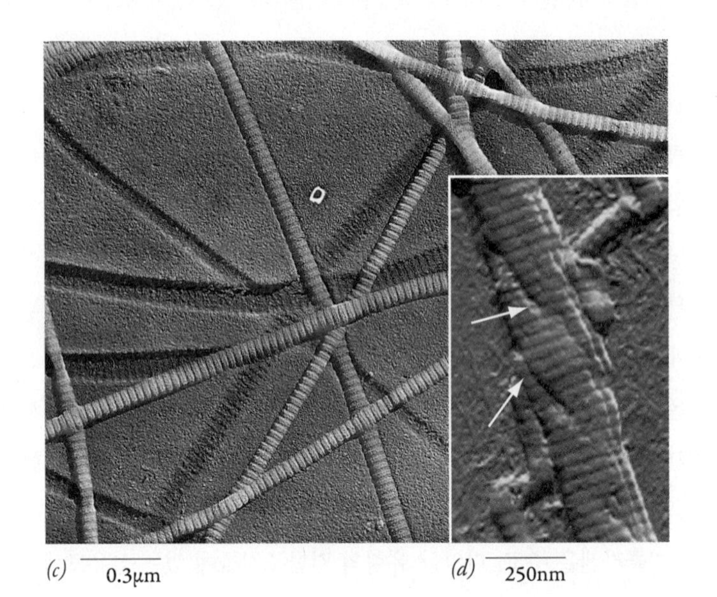

그림 11-6 제I형 콜라겐의 구조. 이 그림은 여러 수준의 콜라겐 분자 체제를 보여준다. (*a*) 콜라겐 분자(또는 단량체)는 3개의 α 나선 사슬들로 구성된 3중 나선 구조이다. 콜라겐의 일부 유형들은 3개의 동일한 α 사슬을 갖고 있으며 그래서 동질3량체(homotrimer)인 반면, 다른 것들은 2개 또는 3개의 서로 다른 사슬을 갖고 있는 이질3량체(heterotrimer)이다. 제I형 콜라겐 분자의 길이는 295nm이다. (*b*) 콜라겐 분자들은 열(列)로 배열되는데, 하나의 열에 있는 분자들은 이웃 열에 있는 분자들에 상대적으로 엇갈리게 배열되어 있다. 여기에 나타낸 것처럼, 콜라겐 분자들의 한 다발은 하나의 콜라겐 섬유를 형성한다. 분자들의 엇갈린 배열에 의해, 섬유를 가로지르는 띠들(그림에서 수평으로 표시된 검은 선들)이 만들어 지며, 이 띠는 67nm의 주기로 반복된다. (*c*) 금속을 이용하여 음영을 만든 후(그림 18-15 참조) 관찰된 사람 콜라겐 섬유의 전자현미경 사진. 이 섬유들의 띠무늬가 확연하다. (*d*) 콜라겐 섬유의 표면을 보여주는 원자력현미경 사진. 이 섬유를 구성하는 가닥들이 밧줄처럼 섬유의 축을 중심으로 나선상으로 꼬여 있는 것으로 보인다. 띠무늬는 분명하게 남아있다. 화살표들은, 우리가 밧줄이 감겨있는 반대 방향으로 비틀었을 때 나타나는 것과 유사하게, 섬유가 약간 감기지 않은 부위를 가리킨다.

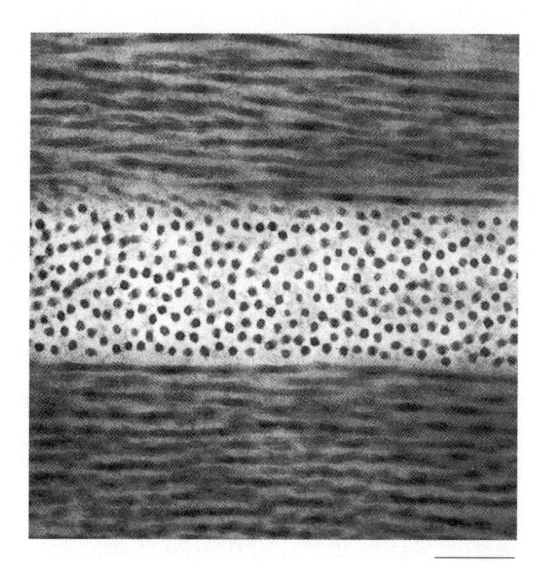

그림 11-7 **각막의 기질은 주로 일정한 직경과 공간을 이루는 콜라겐 섬유들의 층들로 이루어진다.** 교대되는 층들의 분자들은 합판의 구조와 비슷하게 서로 직각으로 배열되어 있다.

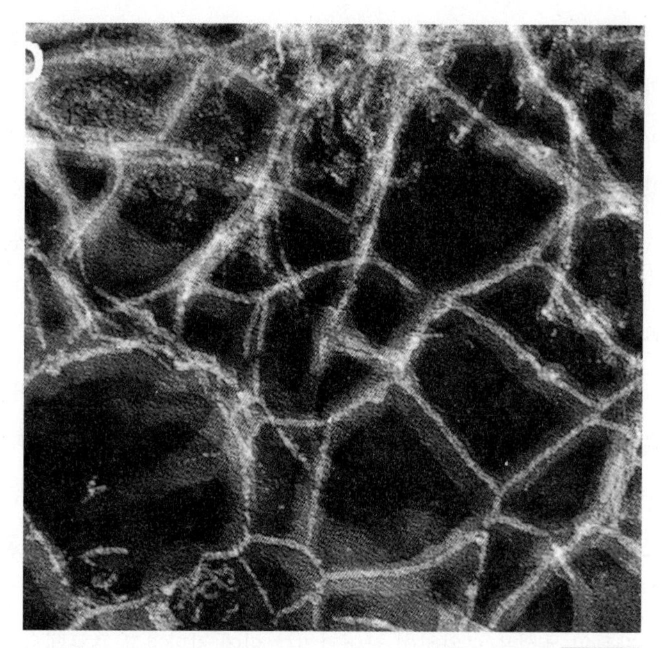

그림 11-8 **기저막을 구성하는 제 IV형 콜라겐의 연결망 구조.** 콜라겐 이외의 물질을 제거하기 위해 일련의 염 용액을 처리하여 추출된 사람의 양막(羊膜) 조직에 있는 기저막의 전자현미경 사진. 염 용액을 처리하면 불규칙한 격자를 형성하는 섬유들의 넓고, 분지된, 다각형 망상 구조가 남는다. 이 증거는 이 격자가 복잡한 3차원 구조 배열에서 서로 공유결합 된 제IV형 콜라겐 분자들로 구성되어 있음을 나타낸다. 기저막 구조의 골격 모형은 〈그림 11-12〉에 그려져 있다.

있다는 것은 놀라운 일이 아니다. 내부 장기에 화상(火傷) 또는 외상(外傷)을 입으면 주로 섬유성 콜라겐으로 이루어진 흉터(瘢痕) 조직이 축적될 수 있다. 제I형 콜라겐을 암호화하는 유전자의 돌연변이는, 극단적으로 약한 뼈, 얇은 피부, 약한 힘줄 등의 특징을 보이는 어쩌면 치사 상태의 골형성부전증(*osteogenesis imperfecta*)을 일으킬 수 있다. 제II형 콜라겐을 암호화하는 유전자 돌연변이는 연골조직의 특성을 변화시켜서 왜소발육증과 골격기형을 유발한다. 많은 다른 콜라겐 유전자들의 돌연변이는 콜라겐 기질 구조에서 다양하고 독특한 그러나 관련된 결함들[엘러스-단로스 증후군(*Ehlers-Danlos syndrome*)이라고 하는]을 발생시킬 수 있다. 이러한 증후군 중 어느 하나를 지닌 사람은 지나치게 구부릴 수 있는 관절이나 고도로 늘어날 수 있는 피부 등을 갖는다.

모든 콜라겐들이 섬유를 형성하지는 않는다. 제IV형은 비섬유성 콜라겐 중의 하나로서 기저막에 제한되어 분포한다. 기저막은 지지 작용을 하는 얇은 층이며, 제IV형 콜라겐 분자들은 기계적 지지 작용을 하는 연결망으로 조직되어 있고, 다른 세포외 물질들의 축적을 위한 격자 역할을 한다(그림 11-12 참조). 길고 연속된 3중 나선 구조인 제I형 콜라겐과 다르게, 제IV형 콜라겐 3량체는 그 분자의 사이에 퍼져 있는 비나선 구조 부분들과 각 말단에 구형 영역들을 갖고 있다. 비나선 부분들은 이 분자를 유연하게 만드는 반면, 구형 말단부들은 분자들 사이에 상호작용하는 자리의 역할을 하여, 이 복합체가 격자 비슷한 특징을 갖게 한다(그림 11-8). 제IV형 콜라겐 유전자 돌연변이는 사구체의 기저막(그림 11-4*b*)이 붕괴된 유전성 신장 질환인 알포트 증후군(*Alport syndrome*)을 갖고 있는 환자에게서 확인되었다.

11-1-1-2 프로테오글리칸

콜라겐에 덧붙여, 기저막과 다른 세포외 기질은 전형적으로 **프로테오글리칸**(proteoglycan)이라고 하는 특이한 유형의 단백질-다당류 복합체를 다량 함유하고 있다. 프로테오글리칸은 하나의 핵심 단백질 분자(〈그림 11-9*a*〉에서 검은색으로 표시되었음)와 여기에 공유결합으로 붙어 있는 글리코사미노글리칸(*glycosaminoglycan, GAG*) 사슬들(〈그림 11-9*a*〉에서 빨간색으로 표시되었음)로 구성되어 있다. 각 GAG의 사슬은 반복되는 2당류로 구성된다. 즉, 이 사슬은 -A-B-A-B-A- 의 구조를 가지며, 여기서 A와 B는 2개의 서로 다른 당을 나타낸 것이다. GAG들은 당의 고리 구조에 황산염과 카르복실기가 붙어 있기 때문에 강한 산성을 띤다(그림 11-9*b*). 세포외 기질의 프로테오글리칸은 핵심 단백질을 황산화 되지 않은 GAG인 히알루론산(*hyaluronic acid*) 분자에 연결하여 거대한 복합체로 조립될 수 있다(그림 11-9*c*). 이 복합체 하나의 부피는 세균 세포 하나가 차지하는 것과 동일하며, 이것을 전자현미경으로 본 모양이 〈그림 11-9*d*〉에 있다.

황산화된 GAG들에 있는 음 전하들 때문에, 프로테오글리칸들은 막대한 수의 양이온들과 결합하며, 또한 이 양이온들은 상당한 수의 물 분자들과 결합한다. 그 결과, 프로테오글리칸은 구멍이 많은 수화(水和)된 젤을 형성하여, 포장재처럼 세포외공간을 채우고 (그림 11-5) 압박하는 힘에 저항한다. 이런 특성은 인접한 콜라겐 분자들의 특성을 보완하여 끌어당기는 힘에 저항하고 프로테오글리칸의 골격을 형성한다. 콜라겐과 프로테오글리칸, 이 두 가지는 함께 연골과 다른 세포외 기질로 하여금 내구력과 저항력을 지니게 하여 변형되지 않도록 한다. 뼈의 세포외 기질도 콜라겐과 프로테오글리칸으로 구성되어 있지만, 칼슘 인산염이 스며들어서 단단하게 된다.

11-1-1-3 섬유결합소

"기질(*matrix*)"이라는 용어는 상호작용하는 구성요소들이 연결망 모양으로 만들어진 구조를 뜻한다. 이 용어는, 고도로 특수한 방법으로 서로 작용하는 콜라겐과 프로테오글리칸 이외에 많은 단백질을 갖고 있는, 세포외 기질에 매우 적합한 것으로 증명되었다(그림 11-5). 이 장(章)에서 논의되는 다수의 다른 단백질들처럼, 섬유결합소[纖維結合素, 또는 피브로넥틴(*fibronectin, Fn*)]는 서로 다른 종류의 "기본 단위들"이 일직선상으로 배열되어 구성된다. 이 단위들은 각 폴리펩티드를 (독립된 기능을 지닌) 하나의 모듈(module) 구조로 만든다(그림 11-10*a*). 섬유결합소의 각 폴리펩티드는 약 30개의 독자적으로 접히는 Fn 모듈들의 서열로 이루어지며, 그 중 2개의 모듈을 〈그림 11-10*a*〉에서 위에 삽입된 그림에 나타내었다.

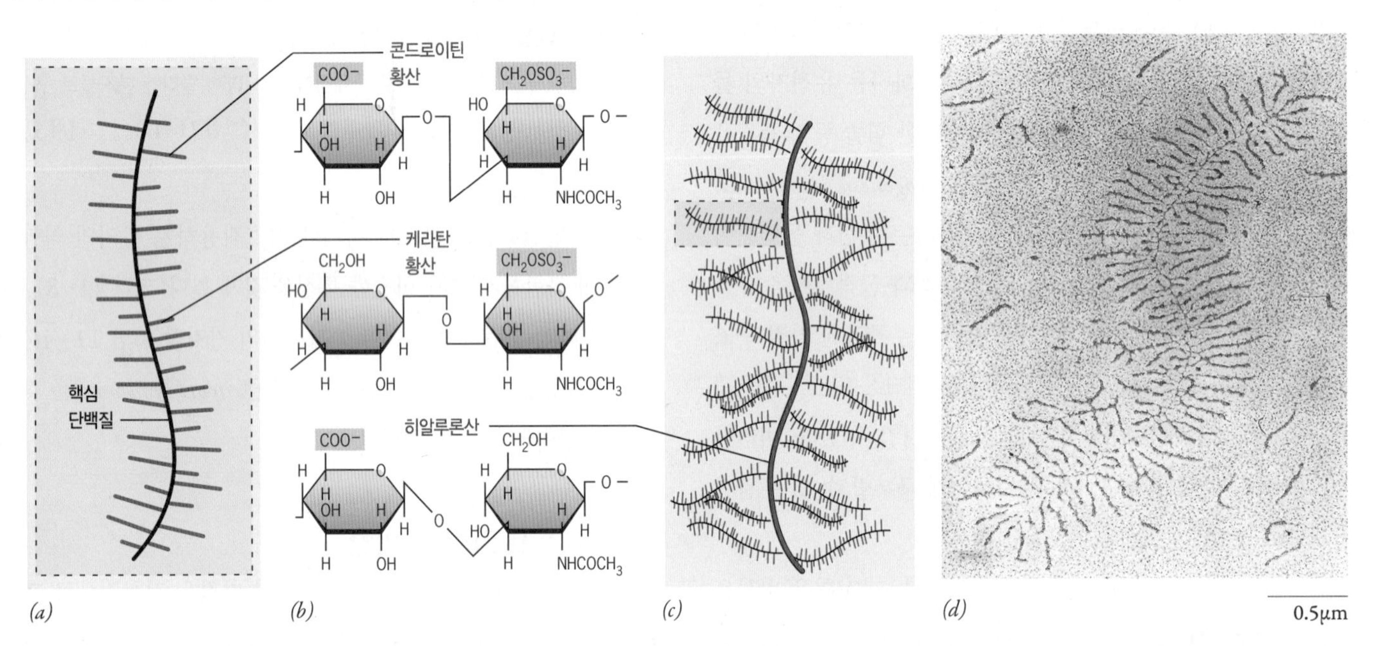

그림 11-9 연골-형 프로테오글리칸 복합체의 구조. (*a*) 이 도해는 핵심 단백질과 이에 붙어 있는 다수의 글리코사미노글리칸 사슬들(GAG, 빨간색으로 나타냈음)로 구성되어 있는 단일 프로테오글리칸을 보여주고 있다. 연골 기질[예: 아그레칸(aggrecan)]에서 프로테오글리칸은 30개의 케라탄 황산(keratan sulfate)과 100개의 콘드로이틴 황산(chondroitin sulfate) 사슬들을 가질 수 있다. 기저막에서 발견된 프로테오글리칸[예: 페르레칸(perlecan)과 아그린(agrin)]은 핵심 단백질에 단 2~3개의 GAG 사슬들이 붙어 있다. (*b*) 이 그림은, 각 GAG가 2당류들이 반복되어 구성되는 것을 보여준다. 모든 GAG는 수많은 음전하들을 띠고 있다(파란색 음영으로 표시되었음). (*c*) 연골 기질에서, 개개의 프로테오글리칸은 히알루론산(또는 히알루로난)이라고 하는 황산화되지 않은 GAG에 연결되어, 분자량이 약 300만 달톤인 거대한 복합체를 형성한다. 점선으로 표시된 직사각형 부분(초록색)은 하나의 프로테오글리칸으로서 *a*에 나타내었다. (*d*) 연골 기질에서 분리된, 하나의 프로테오글리칸 복합체의 전자현미경 사진으로서 *c*에 그려진 것과 비교할 수 있다.

Fn-형 모듈들은 섬유결합소에서 최초로 발견되었지만, 이 모듈들은 혈액 응고인자에서부터 막의 수용체에 이르기까지 많은 다른 단백질의 일부로 알려졌다(그림 11-22 참조). 다양한 단백질들 사이에 공유된 부위들이 있다는 것은, 많은 현재의 유전자들이 독립된 조상 유전자들의 부분이 진화하는 동안 융합되어 생겼음을 강력히 시사한다. 〈그림 11-10*a*〉에서 색칠한 원통들로 그려진 것처럼, 섬유결합소에서 30개 정도의 구조적 모듈들이 5개 또는 6개의 커다란 기능적 영역을 형성하기 위해 결합한다. 하나의 섬유결합소 분자를 구성하는 2개의 폴리펩티드 사슬의 각각은 다음과 같은 결합자리들을 갖고 있다. 즉,

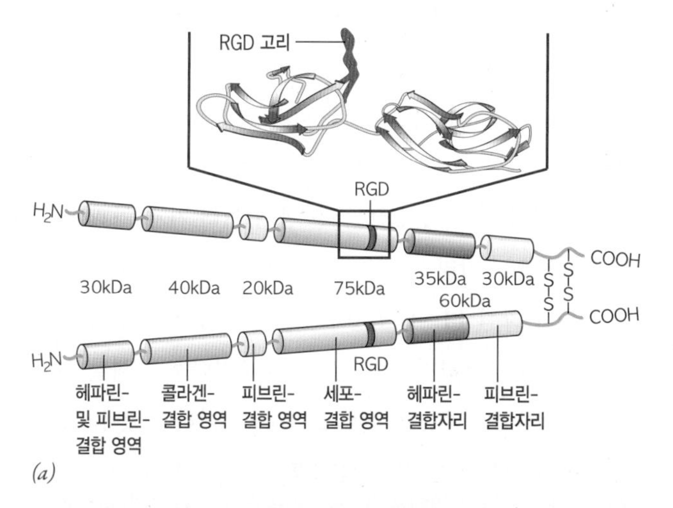

(*a*)

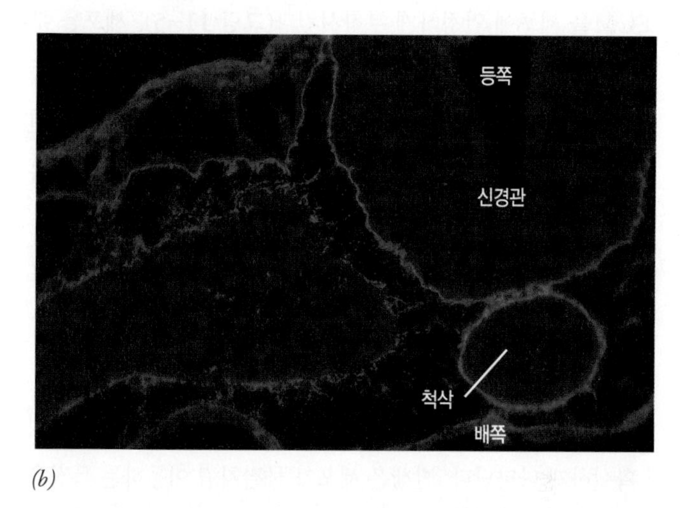

(*b*)

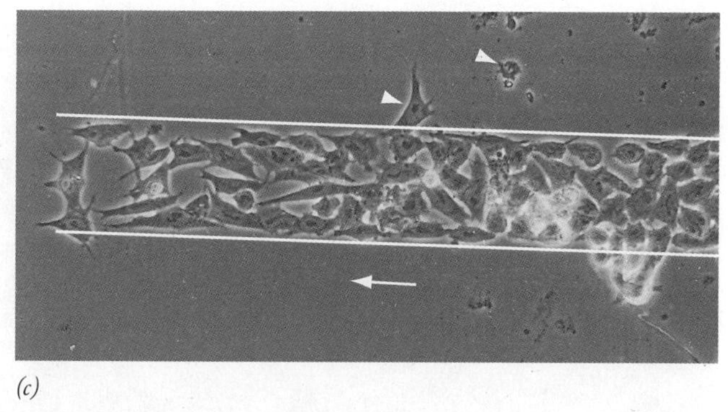
(*c*)

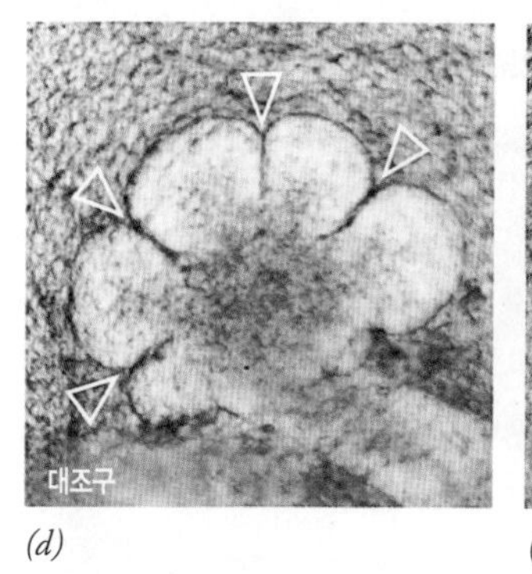

(*d*)

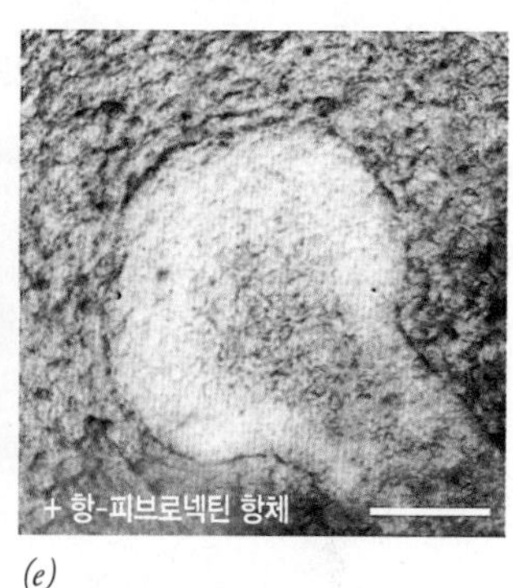

(*e*)

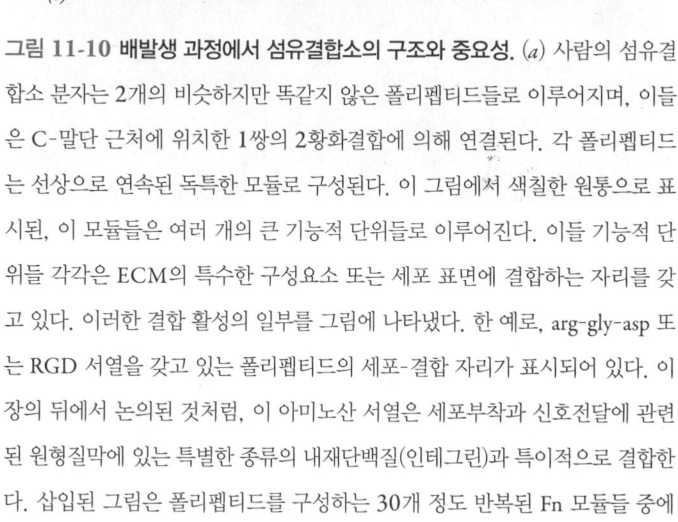

그림 11-10 배발생 과정에서 섬유결합소의 구조와 중요성. (*a*) 사람의 섬유결합소 분자는 2개의 비슷하지만 똑같지 않은 폴리펩티드들로 이루어지며, 이들은 C-말단 근처에 위치한 1쌍의 2황화결합에 의해 연결된다. 각 폴리펩티드는 선상으로 연속된 독특한 모듈로 구성된다. 이 그림에서 색칠한 원통으로 표시된, 이 모듈들은 여러 개의 큰 기능적 단위들로 이루어진다. 이들 기능적 단위들 각각은 ECM의 특수한 구성요소 또는 세포 표면에 결합하는 자리를 갖고 있다. 이러한 결합 활성의 일부를 그림에 나타냈다. 한 예로, arg-gly-asp 또는 RGD 서열을 갖고 있는 폴리펩티드의 세포-결합 자리가 표시되어 있다. 이 장의 뒤에서 논의된 것처럼, 이 아미노산 서열은 세포부착과 신호전달에 관련된 원형질막에 있는 특별한 종류의 내재단백질(인테그린)과 특이적으로 결합한다. 삽입된 그림은 폴리펩티드를 구성하는 30개 정도 반복된 Fn 모듈들 중에서 2개를 나타낸 것이다. 즉, RGD 서열은 하나의 모듈에서 돌출된 고리 모양의 폴리펩티드를 형성한다. (*b*) 섬유결합소에 대한 형광 항체를 처리한 어린 병아리 배(胚)를 자른 절편. 섬유결합소는 기저막(짙은 빨간색 부위들) 속에 섬유로 존재하며, 기저막은 배의 상피 아래에 있고, 그 위로 세포들이 이동하기 위한 바닥층 역할을 한다. (*c*) 이 현미경 사진에서, 신경능선 세포들은 발생하는 병아리 신경계의 한 부위에서부터(사진의 가장자리를 지나서) 섬유결합소를 칠한 표면과 칠하지 않은 표면이 있는 유리 배양 접시 위로 이동하고 있다. 섬유결합소를 칠한 부분의 경계는 하얀색 선으로 표시되었다. 세포들이 섬유결합소를 칠한 표면에만 있는 것이 확실히 보인다. 유리 바닥층에 도달한 세포들(화살촉표)은 둥글게 되어 이동 능력을 상실하는 경향이 있다. 화살표는 이동 방향을 나타낸다. (*d*, *e*) 배의 침샘 형성에 있어서 섬유결합소의 역할. *d*의 현미경 사진은 배양 후 10시간 동안 자란 쥐의 배에 있는 침샘이다. 침샘이 일련의 갈라진 틈들에 의해 여러 개로 나뉘어져 보인다(열린 삼각형들). *e*에 보이는 침샘은 항-섬유결합소 항체가 있는 곳에서 똑같은 시간 동안 자란 것으로서, 이 항체가 완전히 갈라진 틈을 형성하지 않도록 저해한다.

1. 콜라겐, 프로테오글리칸, 다른 섬유결합소 분자들과 같은, ECM의 많은 구성요소들의 결합자리들. 이런 결합자리들은 다양한 분자들을 안정한 상태의 서로 연결된 망상 구조로 결합시키는 상호작용을 촉진한다(그림 11-5).
2. 세포 표면에 있는 수용체들의 결합자리들. 이 결합자리들은 ECM을 세포에 안정하게 부착시킨다(그림 11-5). 세포를 부착시키기 위해 바닥층에 섬유결합소가 함유되어 있어야 하는데, 이의 중요성은 이 장을 시작하는 첫 페이지의 현미경 사진에 예시되어 있다. 이 사진에서 보이는 배양된 내피 세포가 몸속에서와는 다른 모양(정사각형)을 취하고 있는데, 그 이유는 섬유결합소를 배양 접시 위에 정사각형으로 칠해 놓아서 세포가 그 위로 정사각형의 모양을 따라 퍼졌기 때문이다.

섬유결합소와 다른 세포외 단백질들의 중요성은 배발생 과정에서 확실하게 나타난다. 발생은 세포가 물결처럼 이동하는 특징을 보이며, 그 동안에 서로 다른 세포들이 배의 한 부분에서 다른 부분으로 각기 다른 경로를 따라 이동한다(그림 11-11*a*). 이동하는 세포들은 이들이 통과하는 분자 이정표 속에 있는 섬유결합소와 같은 단백질들에 의해 안내된다. 예를 들면, 발달하는 신경계로부터 실제로 배의 모든 부분들로 이동하는 신경능선(neural crest) 세포들은 상호 연결된 섬유결합소로 구성된 섬유들이 많이 분포하는 경로를 지나간다(그림 11-10*b*). 신경능선 세포의 이동에서, 섬유결합소의 중요성은 〈그림 11-10*c*〉에 나타난 것처럼 배양 접시 위에서 쉽게 드러난다.

침샘, 신장, 허파 등을 비롯한 몸의 여러 가지 기관들은 상피층이 연속적으로 갈라진 틈으로 나누어지는 분지(分枝) 과정을 거쳐 형성된다(그림 11-10*d*). 이와 같이 갈라진 틈이 형성될 때에 섬유결합소가 중요하며, 이것은 항-섬유결합소 항체를 처리하여 배양된 침샘을 보여주는 〈그림 11-10*e*〉에 나타나 있다. 이 경우에 갈라진 틈의 형성과 분지는 섬유결합소 분자들의 불활성으로 인하

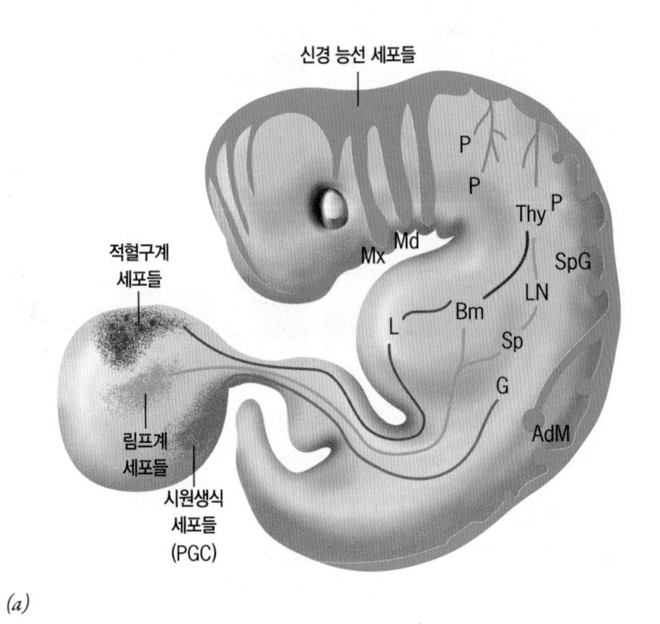

(*a*)

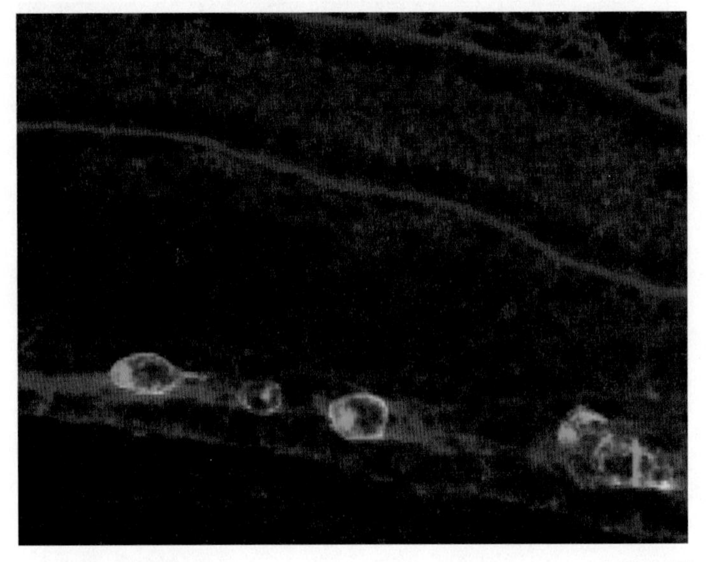

(*b*)

그림 11-11 배발생 과정에서 세포 이동의 역할. (*a*) 포유동물의 발생 과정에서 일어나는 세포 이동의 일부를 나타낸 개요. 가장 광범위한 이동은 신경능선 세포들(파란색으로 표시되었음)에 의해 일어난다. 이 세포들은 배(胚)의 등(背) 중앙선에 있는 신경판으로부터 이동하여, 피부의 색소 세포들(P), 교감신경절(SpG), 부신 수질(AdM), 그리고 배의 두개골의 연골[Mx, 상악궁(上顎弓, maxillary arch); Md, 하악궁(下顎弓, mandibular arch)] 등을 모두 발생시킨다. 시원생식세포(primordial germ cell, PGC)는 노른자주머니(난황낭)로부터 배(胚) 속의 생식선(G) 형성 자리로 이동한다. 림프계세포(lymphoid cell)의 전구세포들은 간(L), 골수(Bm), 흉선(Thy), 림프절(LN), 그리고 이자(Sp) 등으로 이동된다. [주(註): 여기에 표시된 "경로들"은 원래의 세포 자리를 그들의 목적지와 연결한 것으로써, 세포가 실제로 이동하는 길을 정확하게 그린 것은 아니다.] (*b*) 10일 동안 자란 생쥐 배의 후장(後腸) 일부를 자른 절편의 현미경 사진. 시원생식세포들(초록색)이 발달하는 생식선으로 가는 도중에 등(背)쪽의 장간막(腸間膜)을 따라 이동하는 것을 보여준다. 이 조직은 라미닌(laminin) 단백질(빨간색)의 항체로 염색되었으며, 이 라미닌은 세포들이 그 위로 이동하는 표면에 집중된 것으로 보인다.

여 전혀 나타나지 않는다.

11-1-1-4 라미닌

라미닌(*laminin*)은 세포외 당단백질 집단에 속하며, 2황화결합으로 연결된 3개의 상이한 폴리펩티드 사슬로 구성되어 있고 3개의 짧은 팔과 1개의 긴 팔 부분을 가진 십자형과 비슷한 분자 구조로 되어 있다(그림 11-5). 최소한 15가지의 서로 다른 라미닌이 확인되었다. 섬유결합소와 같이, 세포외 라미닌은 세포의 이동, 생장, 분화 등을 위한 잠재력에 크게 영향을 미칠 수 있다. 예로서, 라미닌은 시원생식세포의 이동에 중요한 역할을 한다(그림 11-11*a*). 이 세포들은 배의 외부에 위치한 노른자주머니에서 생긴 다음, 혈류와 배의 조직들을 지나서 정자 또는 난자가 발생되는 생식선으로 이동한다. 이 세포들이 이동하는 동안, 시원생식세포들은 특히 라미닌이 풍부한 표면을 지나간다(그림11-11*b*). 연구에 의하면, 시원생식세포들은 라미닌 분자의 소단위들 중 하나에 강하게 달라붙는 세포-표면 단백질을 갖고 있는 것으로 보인다. 신경의 성장에 미치는 라미닌의 영향이 〈그림 13-48*a*〉에 나타나 있다.

세포-표면의 수용체들에 견고하게 결합하는 것 이외에, 라미닌은 기저막에 있는 다른 라미닌 분자들, 프로테오글리칸들, 그리고 다른 구성요소들과도 결합할 수 있다(그림 11-5). 기저막에 있는 라미닌과 제IV형 콜라겐 분자들은, 〈그림 11-12〉에 그려진 것처럼, 떨어져 있지만 서로 연결된 망상 구조를 형성하는 것으로 생각된다. 이렇게 섞여 짜여진 망상 구조들은 기저막으로 하여금 내구력과 유연성을 갖게 한다. 실제로 라미닌을 합성할 수 없는 생쥐의 배에서는 기저막이 형성되지 않아서, 착상될 무렵에 배가 죽게 된다.

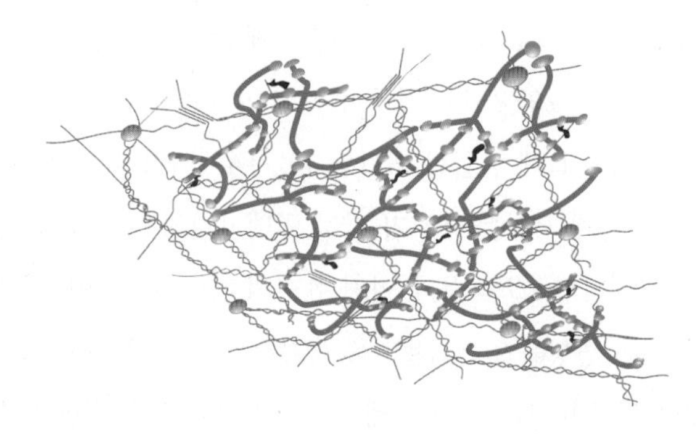

그림 11-12 기저막 골격의 모형. 기저막은 두 가지의 망상 구조-형성 분자들, 즉 〈그림 11-8〉에서 보였던 제IV형 콜라겐(분홍색)과 두꺼운 십자형 분자들로 표시된 라미닌(초록색)을 갖고 있다. 콜라겐과 라미닌의 망상 구조들은 엔탁틴(entactin) 분자들(자주색)에 의해 연결되어 있다.

11-1-1-5 동적 특성

이 장의 첫 번째 절(節)에 있는 현미경 사진들과 그림들은 정적인 상태에 있는 ECM의 구조를 나타낸 것이다. 그러나 실제로 ECM은 공간적 시간적으로 동적인 특성을 나타낼 수 있다. 공간적인 특성의 예로서, ECM 섬유들이 세포에 의해 잡아 당겨질 때 원래 길이의 몇 배로 늘어나며 장력이 감소될 때 수축하는 것을 볼 수 있다. 일시적으로, ECM의 구성요소들은 계속 분해되고 재구성될 수 있다. 이 과정들은 그 기질을 새롭게 하고 배가 발생하는 동안 또는 조직이 상처 받은 후에 기질을 재편성하는 데 도움을 준다. 우리가 안정된, 불활성 구조인 것으로 생각하는 우리의 석회화된 뼈의 기질조차도 계속해서 복원될 수 있다.

세포-표면 단백질들과 함께 세포외 물질들의 분해는 주로 **기질 금속단백질분해효소**(matrix metalloproteinase, MMP)들이라고 하는 아연-함유 효소들의 집단에 의해 이루어진다. 이 효소들은 세포외공간 속으로 분비되거나 또는 원형질막에 고정되어 있다. 하나의 집단을 구성하는 개개의 효소들이 공격할 수 있는 세포외 분자들은 유형에 따라 제한되어 있지만, MMP들은 다양한 ECM 구성요소들을 거의 전부 소화시킬 수 있다. MMP들의 생리학적 역할은 잘 이해되어 있지 않지만, 이들은 조직의 재편성, 배(胚) 세포의 이동, 상처의 치료, 혈관의 형성 등에 관련된 것으로 생각된다. 이 효소들의 정상적인 기능이 세포외 물질들을 분해하는 데 있다는 것에서 예상되는 것처럼, MMP들의 과잉 또는 부적당한 활성은 질병을 일으키는 것 같다. 실제로 MMP들은 관절염, 동맥경화증, 이와 잇몸 질환, 종양 진행 등을 비롯한 여러 가지 병리학적 조건과 관련되어 있다. 최소한 세 가지의 유전성 골격 장애가 MMP 유전자들의 돌연변이에서 생긴 것으로 밝혀졌다.

복습문제

1. 당질층, 기저막, 연골조직의 세포외 기질 등을 구별하시오.
2. 세포외공간에서 콜라겐과 프로테오글리칸의 역할을 대조하시오. 섬유결합소와 라미닌이 배발생에 어떻게 기여하는가?
3. 동물조직에서 세포외 기질의 몇 가지 기능을 나열하시오.

11-2 세포와 세포외 물질과의 상호작용

섬유결합소, 라미닌, 프로테오글리칸, 콜라겐 등과 같은 ECM의 구성요소들은 세포 표면에 위치한 수용체들(〈그림 11-5〉에서처럼)과 결합할 수 있다는 것은 앞의 논의에서 언급되었다. 세포를 그들의 세포외 미세 환경에 부착시키는 수용체들의 가장 중요한 집단은 인테그린이다.

11-2-1 인테그린

오직 동물에서만 발견되는 **인테그린**(integrin)들은 막단백질 집단으로서, 세포 내외의 환경을 통합하는 중요한 역할을 한다. 원형질막의 한 쪽에서, 인테그린들은 세포외 환경 속에 있는 대단히 다양한 많은 분자(리간드, ligand)들과 결합한다. 막의 세포 안쪽에서, 인테그린들은 세포 내에서 일어나는 작용들에 영향을 미치는 많은 단백질들과 직접 또는 간접적으로 상호작용한다. 인테그린들은 2개의 막횡단 폴리펩티드 사슬들, 즉 비공유적으로 결합된 α와 β 사슬로 구성되어 있다. 18가지의 α 소단위들과 8가지의 β 소단위들이 확인되었다. 이론적으로 α와 β 소단위들의 가능한 쌍이 수백 가지 이상 생길 수 있지만, 약 20여 가지의 인테그린 만이 세포의 표면에서 확인되었으며, 이것들은 각기 몸속의 특별한 곳에 분포되어 있다. 많은 소단위들은 오직 단일 인테그린 이질2량체로 존재하는 반면, β_1 소단위는 12가지의 인테그린들에서 발견되며 α_v 소단위는 그들 중 다섯 가지 인테그린에서 발견된다(표 11-1 참조). 대부분의 세포들은 다양한 인테그린들을 갖고 있으며, 그리고 거꾸로, 대부분의 인테그린들은 다양한 유형의 세포들에 있다.

1980년대 말에 시작된 인테그린 분자의 전자현미경 관찰에 의하면, 2개의 소단위에서 구형의 머리 부분은 세포 바깥쪽에 있고 1쌍의 긴 "다리" 부분에 의해 막에 연결되어 있는 것으로 나타났다(〈그림 11-5〉에 그려진 것처럼). 각 소단위의 다리 부분은 막을 횡단하는 단일 나선 구조로서 지질2중층 속에 있고, 약 20~70개의 아미노산으로 된 작은 영역은 세포질에서 끝난다.[1] 각 인테그린은 Ca^{2+}, Mg^{2+}, 그리고 Mn^{2+} 등을 포함하여 많은 2가 양이온들과 결합할 수 있다. 각 이온들이 이 단백질의 구조와 리간드-결합 능력에 미치는 영향은 확실히 알려져 있지 않다. 한 인테그린에서 세포 바깥에 있는 부분의 엑스-선(X-ray) 결정 구조가 2001년에 최초로 발표되었는데, 기대와는 대단히 다른 특징을 보였다. 앞서 말한 것처럼 "곧게 서있다"라기보다, $\alpha_v\beta_3$ 인테그린은 "무릎" 부분에서 심하게 굽어있어서, 머리부분이 원형질막의 바깥쪽 표면을 향하여 있다(그림 11-13*a*). 이처럼 굽어있는 구조의 중요성을 이해하기 위해 인테그린의 특성을 밝힐 필요가 있다.

〈그림 11-13〉에 제시된 것을 포함하여, 많은 인테그린들은 비활성 상태의 입체구조로 세포의 표면에 존재할 수 있다. 이 인테그린들은 세포질 영역에 있는 소단위의 입체구조를 변화시키는 세포 속의 일들에 의해 신속하게 활성화될 수 있다. 세포질 영역의 입체구조 변화가 모듈에 전달됨으로써, 세포외 리간드에 대한 인테그린의 친화력을 증가시킨다. 예를 들면, 혈액이 응고되는 동안 일어나는 혈소판의 응집(그림 11-15 참조)은, 섬유소원(피브리노겐)에 대한 친화력을 증가시키는 $\alpha_{IIb}\beta_3$ 인테그린이 세포질 쪽에서 활성화 된 다음에만 일어난다. 세포 속에서 일어나는 변화에 의해 야기된 이런 유형의 인테그린 친화력의 변화를 "안쪽에서-밖으로(inside-out)"의 신호전달이라고 한다. 안쪽에서-밖으로의 신호가 없으면, 인테그린은 불활성 상태로 남아서 몸을 부적당한 혈액 응고의 형성으로부터 보호한다.

하나의 구체적인 증거로서, 〈그림 11-13*a*〉에 보여준 인테그린의 굽은 입체구조는 리간드와 결합할 수 없는 비활성 상태의 단백질에 해당함을 강력하게 시사한다. 실제로, 리간드가 결합된 $\alpha_v\beta_3$ 인테그린을 분석했을 때, 이 인테그린은 더 이상 굽은 구조를 보이지 않고 〈그림 11-13*b*〉에서처럼 곧게 서있는 입체구조로 존재한다. 리간드는 α와 β 소단위들이 함께 만나는 곳에서 인테그린 머리부분 사이의 틈에 결합한다(그림 11-14에서처럼). 만일 굽어있는 구조와 곧게 서있는 구조가 각각 인테그린의 비활성 및 활성 상태를 나타낸다면, 그 다음에 어떤 유형의 자극이 이러한 단백질 구조의 뚜렷한 변형을 일으키는지를 생각하는 것이 중요하다.

연구에 의하면, 인테그린의 세포외 영역의 리간드-결합 능력은 막의 안쪽에 있는 α와 β 소단위들의 세포질 쪽 꼬리 부분의 공간적

[1] 이러한 분자 구조에서 한 가지 예외로서, β_4 사슬의 세포질 영역은 수천 개쯤 되는 아미노산들로 되어 있다. 이렇게 거대한 아미노산이 첨가됨으로써, β_4 인테그린은 더 깊은 세포질 속으로 뻗어 있을 수 있게 된다(그림 11-19 참조).

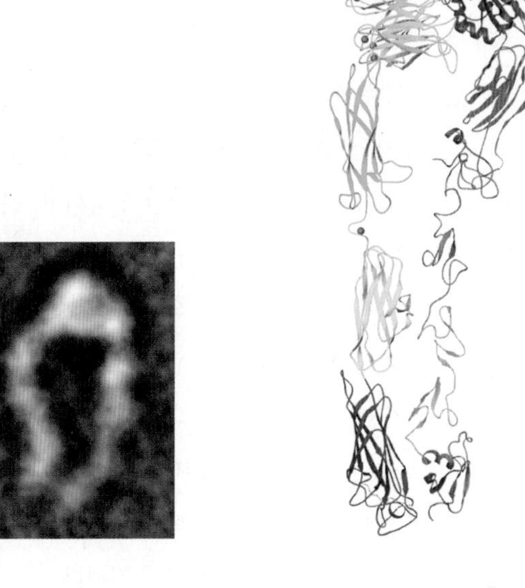
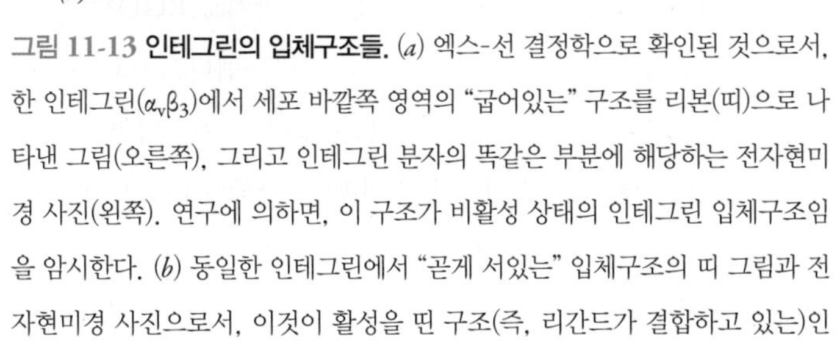

(a) (b)

그림 11-13 인테그린의 입체구조들. (*a*) 엑스-선 결정학으로 확인된 것으로서, 한 인테그린($\alpha_v\beta_3$)에서 세포 바깥쪽 영역의 "굽어있는" 구조를 리본(띠)으로 나타낸 그림(오른쪽), 그리고 인테그린 분자의 똑같은 부분에 해당하는 전자현미경 사진(왼쪽). 연구에 의하면, 이 구조가 비활성 상태의 인테그린 입체구조임을 암시한다. (*b*) 동일한 인테그린에서 "곧게 서있는" 입체구조의 띠 그림과 전자현미경 사진으로서, 이것이 활성을 띤 구조(즉, 리간드가 결합하고 있는)인 것으로 생각된다. 2가 금속 이온들(Ca^{2+}, Mg^{2+}, 그리고/또는 Mn^{2+})은 주황색 원으로 나타내었다. [주(註): 인테그린 입체구조와 리간드-결합 활성 사이의 관계는 논란의 초점이 되고 있다. 여기에 나타낸 두 가지 사이의 중간형 입체구조들도 리간드와 결합하는 것으로 보여지며, 이것은 〈*J. Cell Sci.* 122:165, 2009〉에서 논의되었다.]

배열에 의해 결정되는 것으로 보인다. 인테그린의 세포질 쪽 영역은 다양한 단백질들과 결합한다. 이런 단백질들 중의 하나인 탈린(talin)은 α와 β 소단위들을 분리시킨다(그림11-14). β-인테그린 소단위들의 상호작용을 차단하는 탈린의 돌연변이도 인테그린의 활성화와 ECM에의 부착을 방해한다. 탈린의 결합으로 인테그린의 세포질 쪽 끝(꼬리) 부분들이 서로 떨어지는 것은 이 인테그린의 다리를 통하여 입체구조의 변화를 전달함으로써, 이 분자가 곧게 서있는 자세를 취하도록 하여 머리부분이 적합한 리간드와 특수하게 상호작용할 수 있도록 하는 것으로 생각된다. 각 인테그린들의 친화력 증가는 흔히 활성화된 인테그린들이 무리를 이룬 후에 이루어지며, 이 경우 세포 표면과 세포외 리간드들 사이에 상호작용하는 전체적인 힘을 대단히 향상시킨다.

인테그린들은 두 가지 주요 활동, 즉 세포들을 바닥층(또는 다른 세포들)에 부착시키며 그리고 "바깥쪽에서-안으로(outside-in)"의 신호전달이라고 알려진 현상으로서 외부 환경으로부터 세포 내부로 신호를 전달하는 일과 관련되어 있다. 인테그린의 세포외 영역이 섬유결합소 또는 콜라겐과 같은 리간드와 결합함으로써 그 반대편의 세포질에 있는 인테그린의 꼬리 부분의 입체구조 변화를 유도할 수 있다. 세포질 쪽 꼬리 부분이 변화되면, 이어서 인테그린이 근처의 세포질에 있는 단백질들과 상호작용하는 방식을 변화시킬 수 있고, 이것은 곧 그 단백질들의 활성을 변형시킨다. 그래서 인테그린이 세포외 리간드와 결합함으로써, 이 인테그린은 FAK[b]와 Src[c](그림 11-17*c* 참조) 같은 세포질에 있는 단백질 인산화효소(protein kinase)를 활성화시킬 수 있다. 그러면 이 인산화효소들은 다른 단백질들을 인산화 시킬 수 있어서 연쇄 반응이 시작된다. 어떤 경우에, 이 연쇄 반응은 특수한 유전자 집단이 활성화 되는 핵까지 줄곧 이어진다.

인테그린(그리고 다른 세포-표면 분자들)에 의해 바깥쪽에서-

역자 주[b] FAK: "focal adhesion kinase[국소부착(局所附着) 인산화효소]"의 머리글자이다.

[c] Src: "sarcoma(肉腫)"을 줄여서 표기한 것이며 '사르크[sarc]'로 발음한다. 육종이란 중간엽에서 생긴 결합조직, 뼈, 근육 등으로부터 기원된 악성 종양을 일컫는다. Src는 원-발암(原-發癌) 유전자 티로신 인산화효소(proto-oncogenic tyrosine kinase)의 하나이다.

안으로 전달된 신호들은 분화, 이동, 생장, 그리고 세포의 생존까지 도 포함하는 다양한 세포 행동에 영향을 미칠 수 있다. 세포의 생존에 대한 인테그린의 영향은 정상 세포와 악성 세포들을 비교해봄으로써 가장 잘 알 수 있다. 대부분의 악성 세포들은 액체 배지 속에서 현탁 배양하는 동안에 자랄 수 있다. 대조적으로, 정상적인 세포들은 고체 배지(바닥층) 위에서 배양될 경우에만 생장하고 분열할 수 있다. 그러나 이 세포들은 현탁 배양을 하면 죽는다. 정상 세포들이 현탁 배양에서 죽는 이유는, 이 세포들의 인테그린이 세포외 물질들과 상호작용 할 수 없어서, 그 결과 생명-구제 신호들을 세포 내부로 전달할 수 없기 때문인 것으로 생각된다. 세포들이 악성으로 되었을 때, 이 세포들의 생존은 이미 인테그린 결합에 의존하지 않는다. 신호전달에 있어서 인테그린의 역할은 매우 활발한 연구이며 뒤에 나오는 〈11-3-5항〉에서 더 탐구될 것이다.

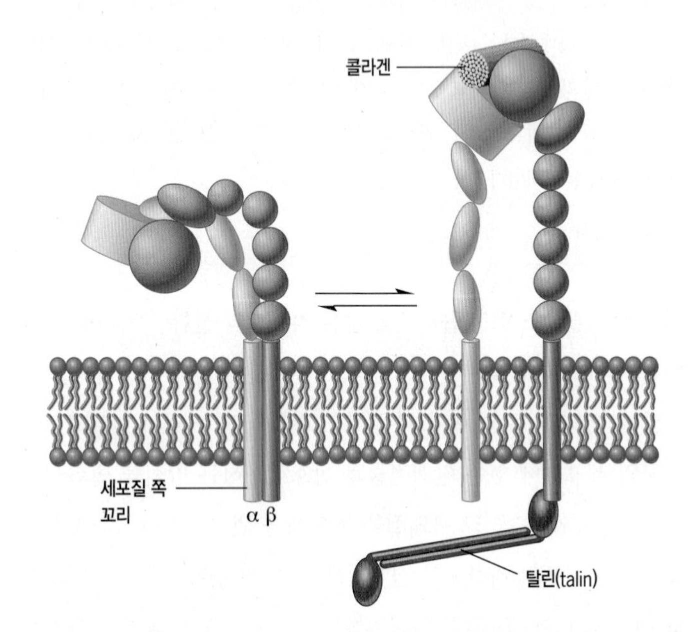

그림 11-14 **인테그린의 활성화 모형.** 굽어 있는 비활성 상태의 입체구조(왼쪽)와 곧게 서있는 활성 상태의 입체구조(오른쪽)인 이질2량체(heterodimeric) 인테그린 분자를 나타낸 도해. 이 경우는, 탈린(talin) 단백질이 β 소단위의 작은 세포질 영역에 결합하여 입체구조의 변화가 유발된다. 탈린이 결합되면, 두 소단위가 분리되어 활성형 입체구조로 전환되도록 유도된다. 활성화된 인테그린들은 보통, 〈그림 11-17*c*〉에 나타나 있는 것과 같이, 세포질 쪽 영역이 그 아래에 있는 세포골격과 상호작용한 결과 무리를 이루게 된다. 〈그림 11-13〉의 띠 그림들에서 보이는 각 소단위의 영역 구조는 여기서 구형 부분들로 나타내었다. 이 경우에 콜라겐(collagen) 섬유인 세포외 리간드는 활성화된 인테그린 2량체의 머리부분에 있는 2개의 소단위 사이에 결합한다.

〈표 11-1〉은 지금까지 알려진 많은 인테그린들과 이와 결합하는 세포외 중요 리간드들을 열거한 것이다. 인테그린과 리간드 사이가 연결됨으로써 세포들과 그들 환경 사이의 부착이 이루어진다. 개개의 세포들은 그들 표면에 각기 다른 다양한 인테그린들을 발현할 수 있기 때문에, 이러한 세포들은 각기 다른 다양한 세포외 구성요소들과 결합할 수 있다(그림 11-5). 〈표 11-1〉은 확실히 중복된 것을 보여줌에도 불구하고, 대부분의 인테그린들은 독특한 기능을 갖는 것 같다. 이것은 다른 인테그린 소단위들을 갖고 있지 않은 유전자제거(knockout)[d] 생쥐들(18-18절)이 특별한 표현형을 보이는 것과 비슷하다. 예로서, α_8, α_4, 그리고 α_5 등에 유전자를 제거한 생쥐들은 각각 신장, 심장, 그리고 혈관 등에 결함을 보인다.

인테그린과 결합하는 많은 세포외 단백질들은 arginine-glycine-aspartic acid(또는 아미노산 명칭의 약어로 RGD)의 아미노산 서열을 갖고 있어서 결합할 수 있다. 이 '3-펩티드(tripeptide)'는 프로테오글리칸, 섬유결합소, 라미닌, 그리고 다른 다양한 세포외 단백질들의 세포-결합 자리에 존재한다. 확장된 RGD-함유 고리 부분을 갖는, 섬유결합소의 세포-결합 영역이 〈그림 11-10*a*〉에 그려져 있다.

RGD 서열의 중요성에 대한 발견은 수용체-리간드 상호작용에 관련된 질병 치료를 위한 새로운 길로 가는 문을 열게 되었다. 혈관의 벽이 상처를 입었을 때, 상처 부위는 혈액 속을 순환하는 핵이 없는 세포들인 혈소판의 조절된 응집으로 봉합된다. 만일 이런 일이 부적당한 시간 또는 장소에서 일어날 때, 혈소판의 응고가 잠재적으로 위험한 혈액응고(*thrombus*)를 일으킬 수 있다. 이것은 혈액이 주요 장기로 흐르는 것을 막아 심장마비와 뇌졸중을 일으키는 원인이 되게 한다. 혈소판이 응집되기 위해서는 혈소판-특이 인테그린($\alpha_{IIb}\beta_3$)과 가용성 RGD-함유 혈액 단백질들과의 상호작용이 필요하다(그림 11-15, 위 그림). 이런 혈액 단백질들로서, 혈소판들을 응집시켜 함께 결합시키는 연결자로 작용하는 피브리노겐과 폰 빌레브란트 인자(von Willebrand factor)가 있다.

역자 주[d] 유전자제거(knockout): 생물체에서 특정 유전자를 작동하지 못하도록 만드는 (그 생물을 망가뜨리는, "knock out") 유전공학적 기술이다. 이런 생물을 '넉아웃 생물(knockout organism)' 또는 단순히 '넉아웃'이라고 한다. 이렇게 생물의 유전자를 작동할 수 없게 만드는 기술은, 망가진 유전자의 서열은 밝혀졌지만 그 기능을 모르거나 불완전하게 알고 있을 때, 이 유전자에 관한 기능을 분석하기 위해서 사용된다. 연구자들은 유전자제거 생물과 정상적인 개체 사이의 차이로부터 그 유전자의 기능을 유추할 수 있다.

표 11-1 RGD 서열 인식을 바탕으로 한 인테그린 수용체들의 분류

RGD인식		RGD비인식	
인테그린 수용체들	주요 리간드들	인테그린 수용체들	주요 리간드들
$\alpha_3\beta_1$	섬유결합소(fibronectin)	$\alpha_1\beta_1$	콜라겐(collagen)
$\alpha_5\beta_1$	섬유결합소	$\alpha_2\beta_1$	콜라겐
$\alpha_v\beta_1$	섬유결합소		라미닌(laminin)
		$\alpha_3\beta_1$	콜라겐
$\alpha_{IIb}\beta_3$	섬유결합소		라미닌
	폰 빌레브란트 인자 (von Willebrand factor)	$\alpha_4\beta_1$	섬유결합소
	비트로넥틴(vitronectin)		혈관세포 접착분자 (VCAM)[e]
	피브리노겐(fibrinogen)	$\alpha_6\beta_1$	라미닌
$\alpha_v\beta_3$	섬유결합소	$\alpha_L\beta_2$	세포간 접착분자-1 (ICAM-1)[f]
	폰 빌레브란트 인자		세포간 접착분자-2
	비트로넥틴	$\alpha_M\beta_2$	피브리노겐
$\alpha_v\beta_5$	비트로넥틴		세포간 접착분자-1
$\alpha_v\beta_6$	섬유결합소		

출처: S. E. D'Souza, M. H. Ginsberg, and E. F. Plow, *Trends Biochem. Sci.* 16:249, 1991.
모든 인테그린들과 이들의 리간드들에 대한 완전한 목록은 〈*Annu Rev. Neurosci.* 30:463, 2007〉을 참조할 것.

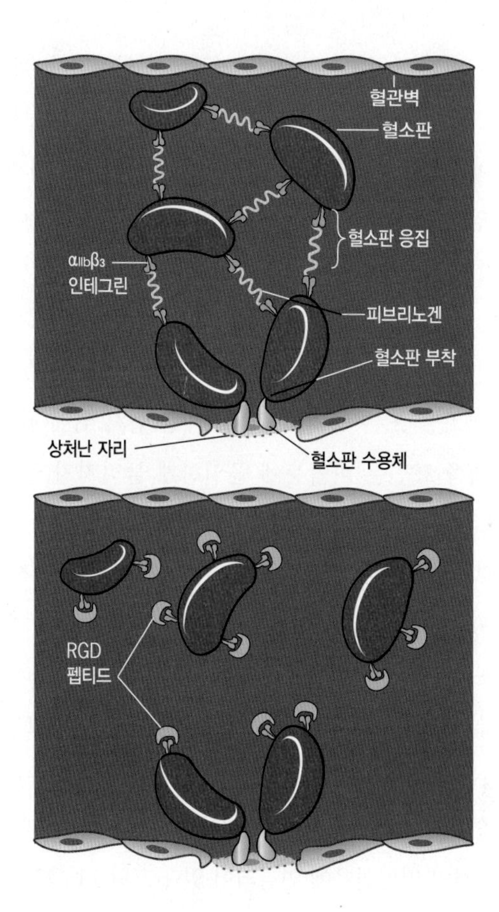

그림 11-15 혈액응고는 혈소판들이 혈소판-인테그린에 결합하는 피브리노겐 다리(橋)를 통하여 서로 부착할 때 형성된다. 합성된 RGD 펩티드(peptide)가 있으면, 혈소판의 $\alpha_{IIb}\beta_3$ 인테그린(또한 GPIIb/IIIa라고 알려진)에 있는 RGD-결합자리를 놓고 피브리노겐 분자와 경쟁하여 혈액응고를 막을 수 있다. 비(非)펩티드 RGD 유사물질과 항-인테그린 항체도 고위험군 환자들의 혈액 응고를 막기 위해 비슷한 방식으로 작용할 수 있다.

동물 실험 결과에 의하면, RGD-함유 펩티드들은 혈소판 인테그린을 혈액 단백질들과 결합하지 못하게 하여 혈액 응고를 막을 수 있는 것으로 나타났다(그림 11-15, 아래 그림). 이러한 발견은 새로운 종류의 항혈전제들(Aggrastat 및 Integrelin)의 개발을 계획하기에 이르렀다. 이 약품들은 RGD 구조와 비슷하지만 선택적으로 혈소판 인테그린과 결합한다. 또한 $\alpha_{IIb}\beta_3$ 인테그린의 RGD 결합자리에 대한 특수한 항체(ReoPro)도 매우 위험한 혈관 수술을 하는 일부 환자들의 혈액응고를 막을 수 있다. 다른 질병들에 관련된 인테그린을 표적으로 하는 많은 화합물들이 현재 임상실험 중에 있다.

인테그린의 세포질 쪽 영역에는 그 인테그린을 세포골격의 액틴섬유에 연결시키는 어댑터[adaptor, 연계(連繫)분자]들로 작용하는 다양하고 많은 세포질 단백질들의 결합자리가 있다(그림 11-17 참조). ECM과 세포골격 사이를 연결시키는 인테그린의 역할은 두 가지의 특수화된 구조, 즉 국소부착과 헤미데스모솜에서 가장 잘 알려져 있다.

역자 주[e] VCAM: "vascular cell adhesion molecule(혈관세포 접착분자)"의 머리글자이다.
[f] ICAM: "intercellular adhesion molecule(세포간 접착분자)"의 머리글자이다.

11-2-2 국소부착과 헤미데스모솜: 세포를 바닥층에 고정시킴

세포들과 배양 접시 바닥층과의 상호작용을 연구하는 것은 동물 내부의 세포외 기질과 상호작용하는 것을 연구하는 것보다 훨씬 쉽다. 그 결과, 세포-기질 상호작용에 관한 많은 지식은 시험관 속에

서 다양한 기질에 부착하는 세포의 연구에서 얻어졌다. 배양된 세포가 바닥층에 달라붙는 시기 별 특징이 〈그림 11-16〉에 나타나 있다. 초기에, 세포는 둥근 형태이며, 이는 일반적으로 액체 배지에서 현탁(배양)된 동물세포들의 전형적인 모양이다. 일단 이 세포가 바닥층과 접촉되면, 돌출부들을 밖으로 내보내서 점차로 안정된 상태로 부착된다. 시간이 지나면, 세포는 납작해져서 배양 접시의 바닥층에 펼쳐진다.

섬유모세포들 또는 상피세포들이 배양 접시 위에 펼쳐질 때, 세포의 아래쪽 표면은 바닥층에 균일하게 눌려지지 않는다. 대신 이 세포는 불연속적으로 흩어진, **국소부착**(局所附着, focal adhesion)이라고 하는 지점들에서만 접시의 표면에 고정된다(그림 11-17*a*). 국소부착은 동적인 구조로서, 만일 부착된 세포가 이동하도록 또는 유사분열에 들어가도록 자극되면 신속하게 떨어질 수 있다. 국소부착 부위에서 원형질막은 커다란 인테그린—흔히 $\alpha_v\beta_3$—무리를 가지며, 이 인테그린의 구조를 〈그림 11-13〉에 나타내었다. 인테그린의 세포질 쪽 영역들은 여러 가지 연계분자들에 의해 세포골격인 액틴섬유에 연결되어 있다(그림 11-17*b*,*c*). 국소부착은 감각 구조의 역할을 할 수 있어서, 세포외 환경의 물리적 화학적 특성에 관한 정보를 수집하고, 세포의 부착, 증식, 또는 생존 등에 변화를 일으킬 수 있는 정보를 세포 내부로 전달한다. 또한 국소부착은 세포의 이동에도 관련되어 있어서, 이동하는 동안 인테그린이 세포외 물질과 일시적인 상호작용을 일으킨다.

국소부착은 기계적인 힘을 만들어 낼 수 있거나 또는 그 힘에 반응할 수 있으며, 이런 성질은 세포에서 두 가지 주요 수축 단백질인 액틴과 미오신을 갖고 있는 구조에서 예상될 수 있다. 〈그림 11-18〉은 일정 부위에 제한된 힘에 의해 변형될 수 있는 젤(gel)화된 표면에 붙어 있는 배양된 섬유모세포를 보여준다. 원래의 표면은 균일한 격자 모양인데, 이것이 세포의 아래쪽 표면에 있는 국소부착들에 의해 생긴 끌어당기는 힘, 즉 견인력(牽引力)에 의해 비틀려 있다. 반대 방향에서 작동하면, 세포들의 표면에 가해진 기계적 힘이 국소부착들에 의해 세포질 신호로 전환될 수 있다. 예를 들면, 한 연구에서 세포들을 섬유결합소 막으로 싸여진 구슬들과 결합시켰다. 막으로 싸인 구슬을 광학 핀셋으로 잡아 당겼을 때, 이 기계적인 자극이 Src 인산화효소 활성화 신호를 발생하도록 세포 내부로 전달되었다.

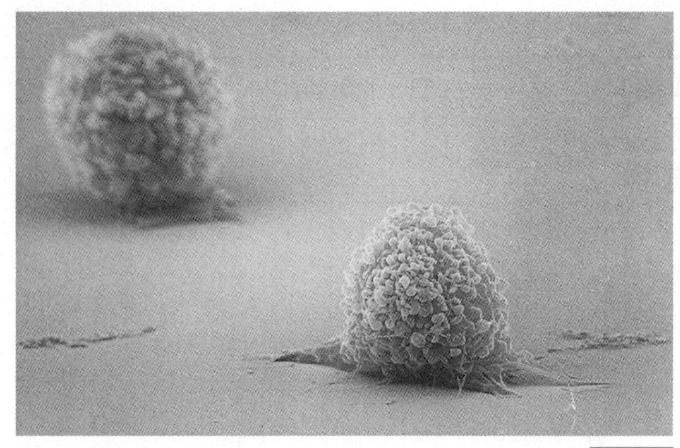
(*a*) 2.5μm

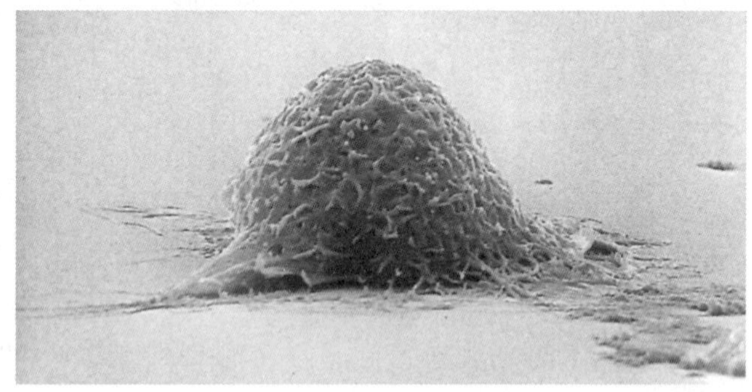
(*b*) 2.5μm

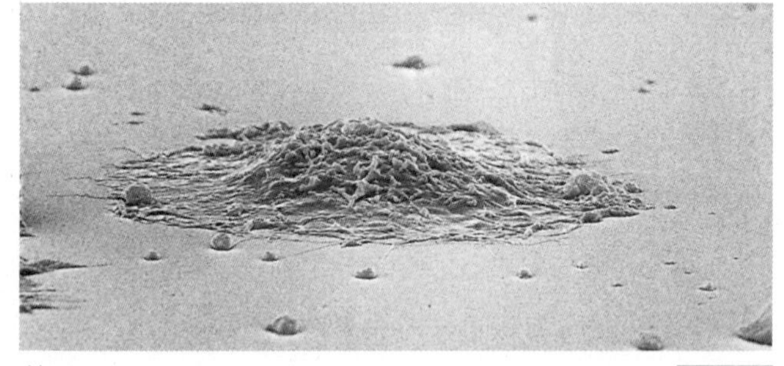
(*c*) 2.5μm

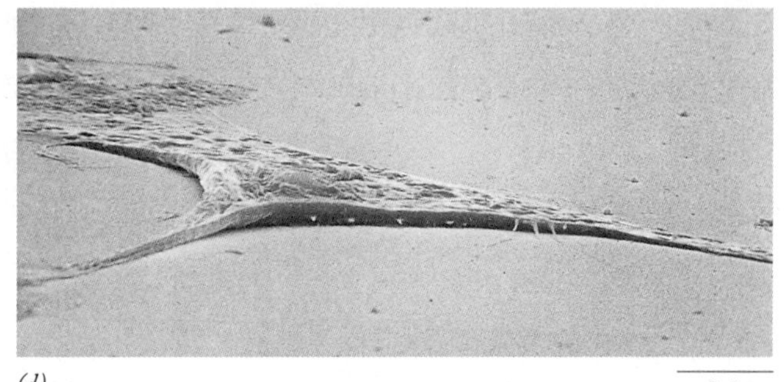
(*d*) 2.5μm

그림 11-16 세포가 펼쳐지는 과정의 단계들. 쥐의 섬유모세포들이 덮개유리 위에 부착되어 펼쳐지는 동안 시간이 지남에 따라 변하는 모양을 보여주는 주사전자현미경 사진들. 세포들은 부착하여 (*a*) 30분, (*b*) 60분, (*c*) 2시간, 그리고 (*d*) 24시간이 지난 후에 각각 고정되었다.

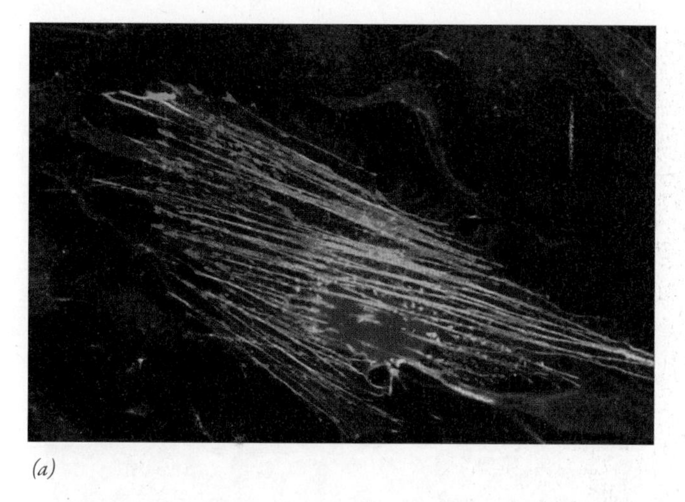

(a)

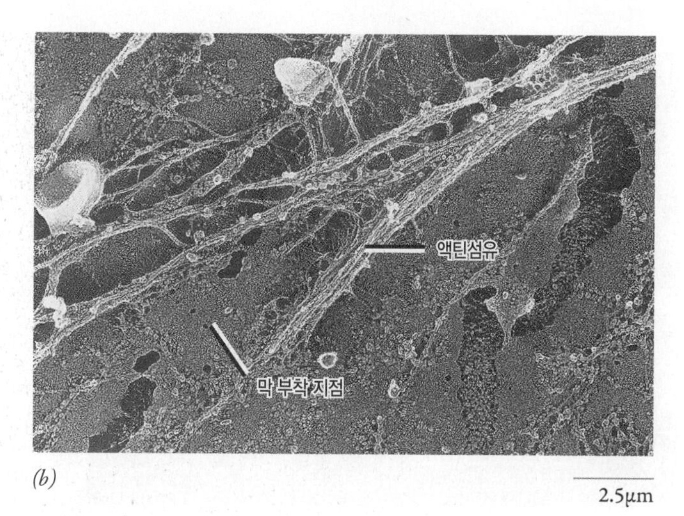

(b)

그림 11-17 국소부착은 세포들이 그들의 바닥층에 붙어 있는 지점이며 세포 내부로 신호를 전달한다. *(a)* 이 배양된 세포들은 액틴섬유(회녹색)와 인테그린(빨간색)의 위치를 나타내기 위해 형광 항체로 염색되었다. 인테그린의 위치는 국소부착의 지점에 해당하는 여러 군데에 있는 조그만 반점들에 있다. *(b)* 배양된 양서류 세포에서, 막의 안쪽 표면을 신속-동결, 심층-식각 분석을 위해 처리한 후, 국소부착이 있는 세포질 표면을 본 것이다. 미세섬유의 다발들이 국소부착 부위에서 막의 안쪽 표면과 결합되어 있는 것을 보여준다. *(c)* 인테그린 분자들이 지질2중층 양쪽에서 다른 단백질들과 상호작용하는 것을 보여주는 개요도. 콜라겐과 섬유결합소 등 세포 바깥에 있는 리간드들이 결합함으로써, 인테그린의 세포질 쪽 영역의 구조를 변화시키며, 그 결과 인테그린이 액틴섬유에 결합하게 되는 것으로 생각된다. 세포골격과의 연결에 이어서, 세포 표면에서 인테그린들이 무리를 형성하게 된다. 세포골격과의 연결은 인테그린의 β 소단위와 결합하는 탈린(talin)과 알파-액티닌(α-actinin)의 다양한 액틴-결합 단백질들의 중개로 이루어진다. 또한 인테그린의 세포질 쪽 영역은 국소부착 인산화효소(focal adhesion kinase, FAK)와 Src 같은 단백질 인산화효소와 결합된다. 인테그린이 세포 바깥쪽에 있는 리간드에 부착되면, 이런 단백질 인산화효소를 활성화 시킬 수 있으며, 이어서 세포 전반에 걸쳐 신호를 전달하는 연쇄반응을 시작할 수 있다. 미오신 분자들이 액틴섬유들과 결합하면 끌어당기는 힘(견인력)이 생길 수 있으며, 이 힘은 세포-기질 부착 지점으로 전달된다.

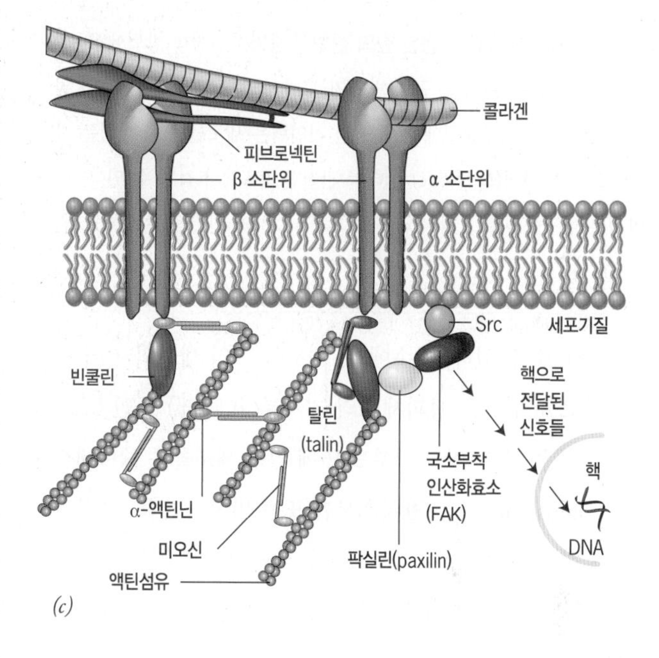

(c)

〈그림 11-17*c*〉는 섬유결합소(fibronectin) 또는 콜라겐 분자를 끌어당겨서 FAK 또는 Src와 같은 단백질 인산화효소를 어떻게 활성화 시킬 수 있는가를 보여준다. 이어서, 이런 효소의 활성화는 유전자 발현의 변화를 촉진할 수 있는 핵을 포함하여 세포 전체에 신호를 전달할 수 있다. 몸속에서, Src 단백질 인산화효소가 활성화되면 세포의 행동을 극적으로 변화시킬 수 있다. 세포의 행동에 영향을 미치는 세포 환경의 물리적 특성의 중요성이 다양한 탄력적인(또는 단단한) 물체 위에서 자란 성인의 골수로부터 유래된 중간엽의 줄기세포(mesenchymal stem cell, MSC)들을 연구하여 밝혀졌다. 이런 MSC들이 발생 중인 뇌 속의 세포와 만날 수 있는 것과 같이 부드럽고 유연한 바닥층 위에서 자랐을 때, 이 MSC들은 신경세포들로 분화하였다. 매우 단단한 바닥층 위에서 자랐을 때, 똑같은 이 줄기세포들은 근육세포들로 분화하였다. 마지막으로, 이 세포들이 연골 또는 뼈와 같은 골격조직에서 자라는 세포들에게는 제집과도 같은 더 단단한 물체 위에서 자랐을 때, MSC들은 뼈세포를 발생시키는 뼈(骨)모세포(osteoblast)들로 분화하였다.

이와 비슷한 유형의 부착 접촉들이 근육과 힘줄 같은 조직에서 발견되기는 하지만, 국소부착들은 시험관 속에서 자란 세포들

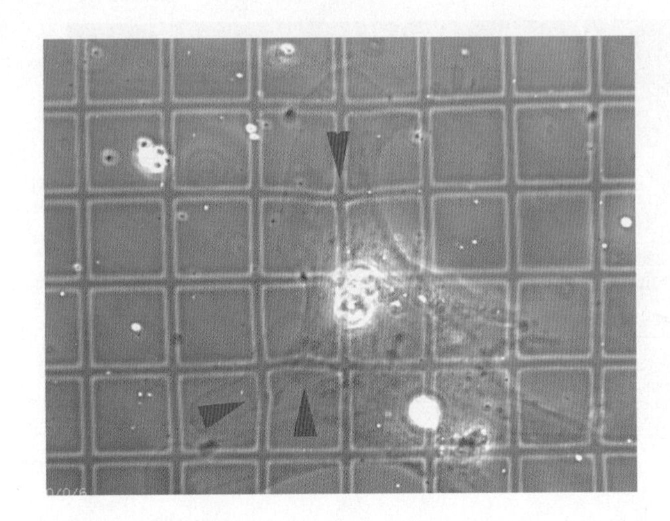

그림 11-18 **국소부착에 의해 사용된 힘의 실험적 증명.** 이 실험 방법에서, 섬유모세포들을 눈으로 볼 수 있는 균일한 격자 모양의 변형될 수 있는 표면 위에 평판 배양하였다. 국소부착들에 의해 생긴 견인력은 세포들이 붙어 있는 바닥층의 격자 모양의 변형(화살촉표) 상태를 관찰함으로써 추적될 수 있다. 이런 힘의 발생은 형광물질로 표지된 국소부착들의 위치와 연관될 수 있다(그림 13-73 참조).

에서 가장 흔히 볼 수 있다. 몸속에서, 세포와 그의 세포외 기질 사이의 가장 견고한 부착은 상피세포의 기저부(基底部) 표면(basal surface)에서 볼 수 있다. 이 기저부 표면에 있는 세포들은 **헤미데스모솜**(hemidesmosome) 또는 **반데스모솜**(또는 반부착반점, 半附着斑點)이라고 하는 특수화된 부착 구조에 의해 아래에 있는 기저막에 고정되어 있다(그림 11-1 및 11-19). 헤미데스모솜은 원형질막의 안쪽 표면에 높은 밀도의 작은 판 구조(플라크, plaque)가 있으며, 이 플라크에는 세포질 바깥쪽에서 안쪽으로 향하는 섬유들이 붙어 있다.

액틴으로 구성된 국소부착의 섬유들과는 다르게, 헤미데스모솜의 섬유들은 더 두꺼운 케라틴(keratin) 단백질로 이루어져 있다. 케라틴-함유 섬유들은 (〈13-4절〉에서 자세히 논의되는 것처럼) 주로 지지 작용을 하는 중간섬유(intermediate filament)로 분류된다. 헤미데스모솜의 케라틴 섬유들은 $\alpha_6\beta_4$를 포함하는 막-횡단 인테그린에 의해 세포외 기질과 연결된다(그림 11-19*b*). 국소부착에서와 같이, 이 인테그린도 부착된 상피세포들의 모양과 활동에 영향을 미치는 ECM으로부터 신호들을 전달한다.

헤미데스모솜의 중요성은 희귀 질병인 수포성유천포창(水疱性類天疱瘡, *bullous pemphigoid*)에 의해 밝혀졌다. 이 병에 걸

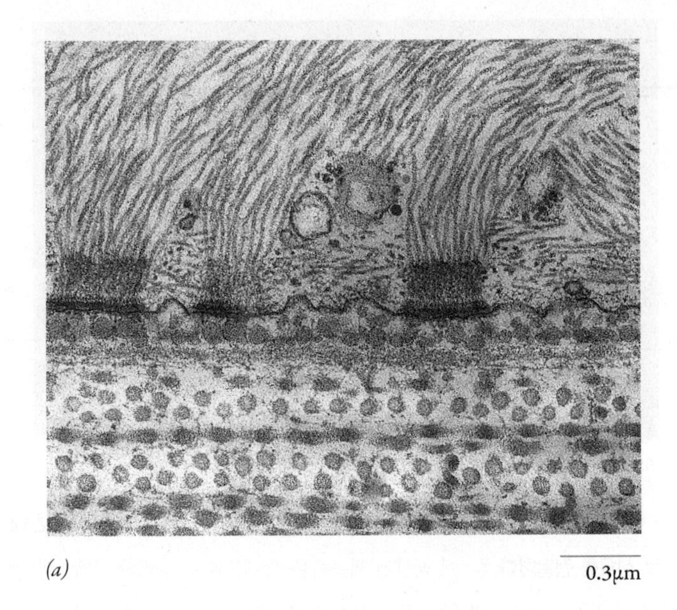

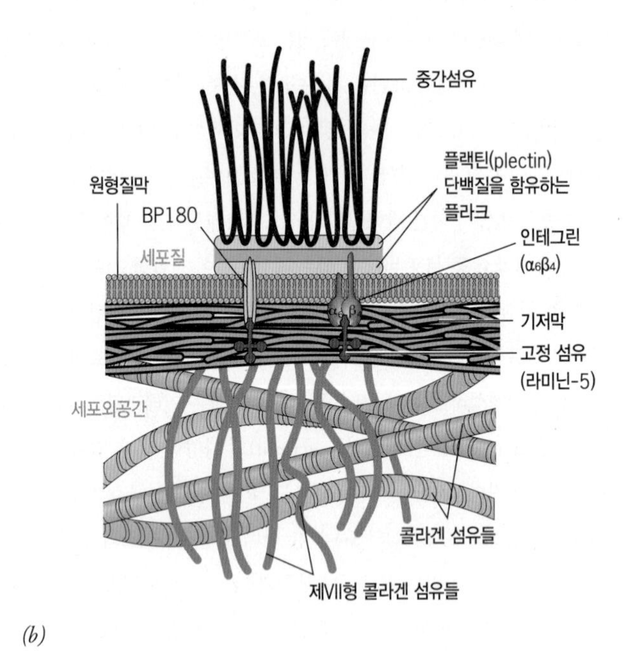

그림 11-19 **헤미데스모솜**은 상피세포들의 기저부 표면에 있는 분화된 장소로서, 세포들이 그 아래에 있는 기저막에 붙어 있다. (*a*) 원형질막의 안쪽 표면에 있는 높은 밀도의 작은 판 구조인 플라크와 세포질 속으로 돌출되어 있는 중간섬유들을 보여 주는 헤미데스모솜의 전자현미경 사진. (*b*) 표피를 그 아래에 있는 진피에 연결하고 있는 헤미데스모솜의 주요 구성요소들을 보여주는 개요도. 표피세포의 $\alpha_6\beta_4$ 인테그린 분자들이, 짙게 염색된 플라크 속에 있는 플렉틴(plectin)이라는 단백질에 의해 세포질의 중간섬유들과 연결되어 있으며, 그리고 특별한 유형의 고정 섬유인 라미닌(laminin)에 의해 기저막과 연결되어 있다. 또한 두 번째 막횡단 단백질(BP180)이 헤미데스모솜에 있다. 콜라겐 섬유들은 아래에 있는 진피의 일부이다.

린 환자들은 이 부착 구조 속에 있는 단백질(수포성유천포창 항원, *bullous pemphigoid antigen*)에 대한 항체를 생산한다. 이와 같이 자기 자신의 조직을 표적으로 하는 항체, 즉 자가항체(autoantibody)의 형성에 의해 생기는 질병을 자가면역질환(autoimmune disorder)라고 하며, 이 질환은 광범위하고 다양한 병을 일으킨다. 이런 경우, 자가항체가 생기면 표피의 기저부 표면은 그 아래에 있는 기저막에 부착할 수 없게 된다(그래서 그 다음에 있는 진피의 결합조직 층에도 부착할 수 없게 된다). 그 결과, 표피 아래의 공간 속으로 액체가 새어 나오게 되어 피부에 심한 물집(水泡)이 생긴다. 이와 비슷한 유전성 수포 질환인 수포성표피박리증(水疱性表皮剝離, *epidermolysis bullosa*)은, α_6 또는 β_4 인테그린 소단위, 제VII형 콜라겐, 라미닌-5 등을 비롯한, 여러 가지 헤미데스모솜 구성 단백질들 중 어느 한 가지가 유전적으로 변화된 환자에게 생길 수 있다.

복습문제

1. 어떻게 인테그린들은 ECM을 구성하는 물질과 세포의 표면을 연결할 수 있는가? 비활성 및 활성 상태의 인테그린 구조는 구조적 그리고 기능적으로 서로 어떻게 다른가? 인테그린 리간드에서 RGD 모티프(motif) 존재의 중요성은 무엇인가?
2. 어떻게 하나의 세포-표면 단백질이 세포의 부착과 막횡단 신호전달의 두 가지 일에 관여할 수 있는가?
3. 신호전달에 있어서 '안쪽에서-밖으로'와 '바깥쪽에서-안으로'의 차이는 무엇인가? 각 경우가 세포 활동에 미치는 중요성은 무엇인가?
4. 헤미데스모솜과 국소부착을 구별하는 두 가지 특징을 열거하시오.

11-3 세포와 다른 세포와의 상호작용

어느 동물의 주요 기관을 얇게 잘라서 그 절편을 관찰해 보면, 다양한 유형의 세포들로 이루어진 복잡한 구조를 보여준다. 발생하는 기관들 속에서 발견되는 이 복잡한 3차원적 세포 배열을 만들어내는 기작에 대해서는 밝혀진 것이 거의 없다. 이 과정은, 서로 다른 유형의 세포들 사이에서는 물론, 같은 유형의 세포들 사이에 일어나는 선택적인(*selective*) 상호작용에 크게 의존하는 것으로 추정된다. 세포들이 어떤 세포들과는 상호작용하고 다른 세포들은 무시하는 것처럼, 다른 세포들의 표면을 인식할 수 있다는 증거가 있다.

조직이 형성되기 시작할 무렵에 발생하는 배(胚)의 아주 작은 기관들 속에서 일어나는 세포의 상호작용을 연구하는 것은 매우 어렵다. 세포-세포 인식과 접착에 관한 지식을 얻기 위한 초기의 시도로써, 먼저 병아리 또는 양서류 배에서 발생하는 기관을 떼어 내었다. 그리고 그 기관의 조직을 분리시켜 단일 세포들을 얻어, 현탁배양하면서 세포들의 재결합 능력을 확인하는 일을 수행하였다. 서로 다른 두 기관으로 발생하는 세포들을 분리시킨 다음 이를 함께 혼합시키는 실험을 하였는데, 처음에는 세포들이 하나의 혼합된 덩어리를 형성하기 위해 결집되었다. 그러나 시간이 지나면서, 이 세포들은 그 집합체 속에서 이리저리 이동하였고, 결국 이 세포들은 "그들 스스로를 분류(구분)"하여, 각 세포는 오직 똑같은 유형의 세포들끼리만 달라붙었다(그림 11-20). 일단 동일한 세포들이 모인 무리로 분리되면, 이 배의 세포들은 온전한 배 속에서 형성되었던 많은 구조들로 분화할 것이다.

막의 내재단백질을 정제하고, 최근에는 이런 단백질을 암호화하는 유전자들을 분리하고 복제(클로닝)하기 위한 기술이 발달할 때까지는 세포-세포 접착을 중개하는 분자들의 성질에 대해 알려진 것이 거의 없었다. 오늘날에는 세포의 접착에 관련된 수십 가지의 단백질들이 확인되었다. 서로 다른 유형의 세포들 표면에 있는 서로 다른 많은 이 분자들은 복잡한 조직들 속에서 세포들 사이에 특수한 상호작용을 일으키는 것으로 생각된다. 막의 내재단백질들 가운데 4개 집단, 즉 (1) 셀렉틴(selectin), (2) 면역글로불린 대집단(immunoglobulin superfamily, IgSF)의 일부 구성요소들, (3) 인테그린(integrin) 집단의 일부 구성요소들, 그리고 (4) 카드헤린(cadherin) 등이 세포-세포 접착을 중개하는 주요 역할을 한다.

11-3-1 셀렉틴

1960년대에, 말초 림프절에서 떼어내어 방사성 동위원소로 표지된 림프구(lymphocyte)들을 몸속에 다시 주사했더니 이 림프구들이 원래 생겼던 자리로 돌아가는 것—림프구의 귀환(*lymphocyte homing*)이라고 하는 현상—을 발견하였다. 이어서 림프구들을 림프 기관을 얼려서 자른 절편에 달라붙게 하여, 이 귀환 현상을 시험

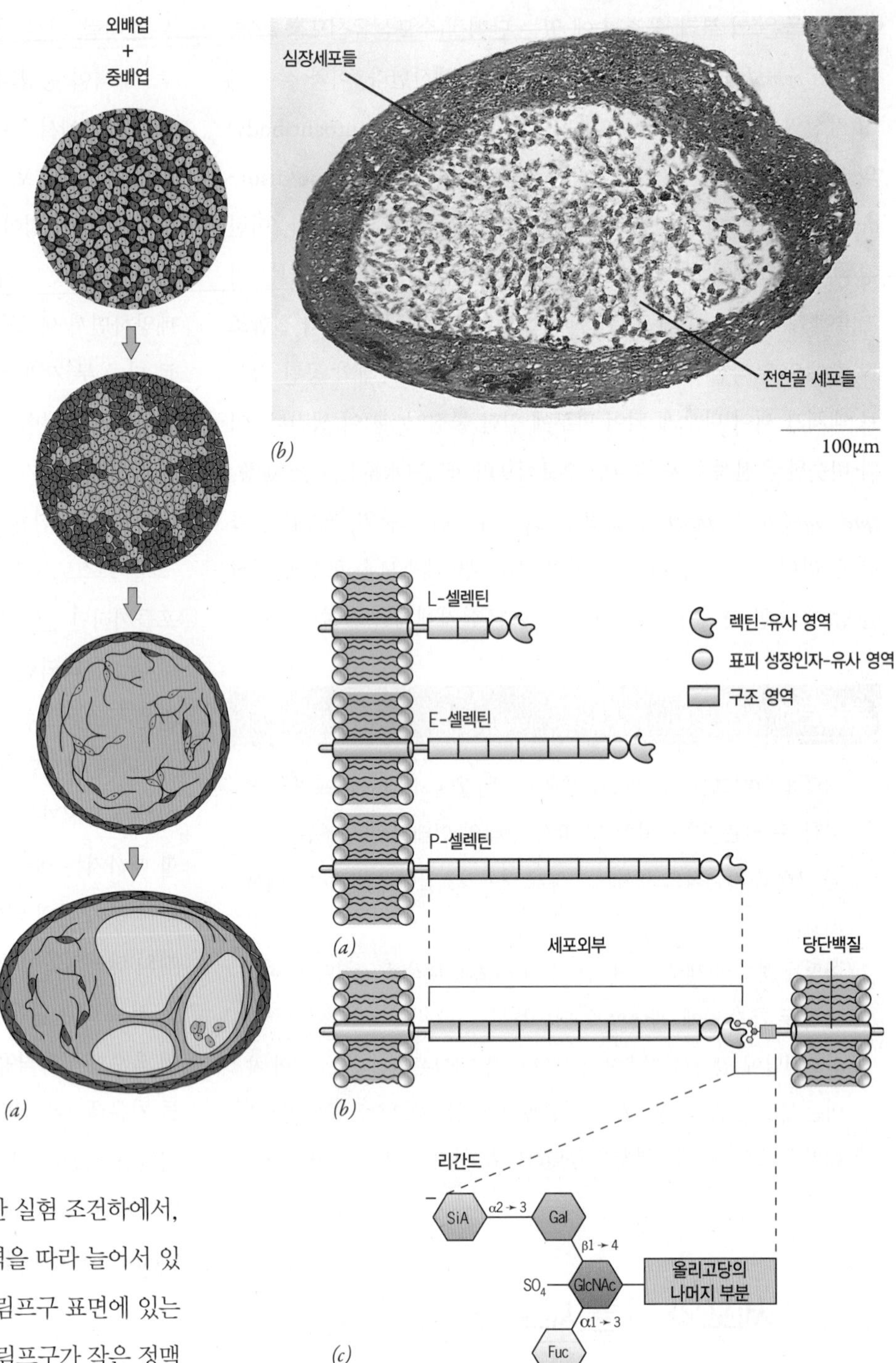

그림 11-20 세포–세포 인식의 실험적 증명. 하나의 배에서 서로 다른 부위들에 있는 세포들을 분리한 후에 서로 혼합되었을 때, 처음에 이 세포들은 합쳐지고 난 후 똑같은 유형의 세포들끼리 결합하여 나누어진다. 이러한 고전적 실험의 두 가지 결과를 여기에 나타내었다. (*a*) 이 실험에서, 양서류 초기 배의 두 부위(외배엽과 중배엽)에서 각각 단일 세포들을 분리하여 이들을 합쳤다. 처음에 이 세포들은 혼합된 집합체를 형성하였으나, 결국 세포들은 나누어졌다. 외배엽 세포들(빨간색으로 표시되었음)은, 이들이 배에서 위치될 집합체의 바깥쪽 표면으로 이동한다. 그리고 내배엽 세포들(보라색으로 표시되었음)은, 이들이 배에서 차지하게 될 위치인 안쪽으로 이동한다. 그 다음 이 두 가지 유형의 세포들은 이들이 정상적으로 발생될 유형의 구조들로 분화한다. (*b*) 병아리 사지(四肢)의 전연골(precartilage) 세포들이 심장의 심실 세포들과 혼합된 실험 결과를 보여주는 광학현미경 사진. 이 두 가지 유형의 세포들은 혼합된 집합체로부터 그들 스스로를 분류(구분)하여, 안쪽에 있는 전연골 세포들의 바깥쪽에 한 층의 심장 세포들이 형성된다. 전연골 세포들이 심장에서 분리된 세포들보다 더 강하게 서로 달라붙기 때문에, 전연골 세포들이 집합체의 중앙에 모이는 것으로 제안되었다. (여기의 모형과 다른 모형들이 〈*Nat. Cell Biol.* 10:375, 2008〉에 논의되어 있다.)

그림 11-21 셀렉틴들. 세 가지 유형의 셀렉틴들을 보여주는 개요도. (*a*) 모든 셀렉틴들은, (*b*)에 나타낸 것과 같이, 당단백질들의 올리고당 사슬 끝에 있는 비슷한 탄수화물 리간드를 인식하여 결합한다. (*c*) 탄수화물 리간드의 상세한 구조. 말단의 퓨코스(fucose)와 시알산(sialic acid) 부분들은 셀렉틴 인식에 있어서 특히 중요하며, *N*-아세틸글루코사민 부분은 흔히 황산화(黃酸化) 되어 있다. EGF: 표피성장인자(epidermal growth factor)의 약자

관 속에서 연구할 수 있음을 알게 되었다. 이러한 실험 조건하에서, 이 림프구들은 말초 림프절의 가장 작은 정맥 벽을 따라 늘어서 있는 내피에 선택적으로(selectively) 접착되었다. 림프구 표면에 있는 특수한 당단백질에 결합하는 항체를 처리하면, 림프구가 작은 정맥에 결합하는 것을 차단할 수 있었다. 이러한 림프구의 당단백질을 LEU-CAM1[g]이라고 명명하였으며, 그 후에 L-셀렉틴(L-selectin)으로 명명되었다.

셀렉틴(selectin)들은 다른 세포의 표면에 돌출되어 있는 올리고당의 특별하게 배열된 당(糖)을 인식하고 결합하는 막의 내재당단백질의 한 집단을 구성한다. 이러한 종류의 세포-표면 수용체

역자 주[g] CAM: "cell adhesion molecule(세포접착분자)"의 머리글자이다.

들에 대한 명칭은 특별한 탄수화물 무리에 결합하는 화합물의 일반적 용어인 "렉틴(lectin)"이라는 낱말에서 유래되었다. 셀렉틴들은 작은 세포질 영역, 단일 막-횡단 영역, 커다란 세포외 부분을 갖고 있다. 세포외 부분은 렉틴으로 작용하는 맨 바깥쪽 영역을 비롯하여 여러 가지 독립된 모듈들로 구성되어 있다(그림 11-21). 셀렉틴에는 세 가지, 즉 내피(endothelial) 세포에 있는 E-셀렉틴(E-selectin), 혈소판(platelet)과 내피 세포에 있는 P-셀렉틴(P-selectin), 백혈구(leukocyte)에 있는 L-셀렉틴(L-selectin) 등이 알려져 있다.

이 세 가지 셀렉틴은 모두 복합 당단백질들의 탄수화물 사슬 끝에서 발견되는 특별한 당의 무리(그림 11-21*c*)를 인식한다. 셀렉틴들이 탄수화물 리간드와 결합하기 위해서는 칼슘이 필요하다. 한 무리로서, 셀렉틴들은 염증 및 응고 부위에서 순환하는 백혈구와 혈관 벽 사이의 일시적인 상호작용을 중개한다. 백혈구들은 상당한 속도로 혈류(血流)를 통해 흐르고 있기 때문에, 하나의 백혈구를 포착하는 것은 힘든 일이다. 셀렉틴들은 이런 작용을 하기에 아주 적합하다. 그 이유는 다음과 같다. 즉, 백혈구가 혈관 벽의 어느 특정 장소에서 끌어 당겨지고 있을 때, 백혈구가 그의 리간드와 결합하는 일은 그 상호작용이 기계적인 스트레스 하에 놓여 있을 때 더 강하게 일어나기 때문이다. 염증에서 셀렉틴의 역할이 이어지는 〈인간의 전망〉에서 더 논의된다.

인 간 의 전 망

염증과 전이에서 세포 접착의 역할

염증은 감염에 대한 1차 반응의 하나이다. 피부의 찔린 상처에서 생길 수 있는 것처럼, 몸의 한 부분이 세균에 감염되면, 상처 난 자리는 다양한 백혈구를 끌어당기는 자석처럼 된다. 정상적으로 혈류 속에 남아 있는 백혈구(leukocyte)들은 그 부위에 있는 가장 작은 정맥(세정맥)의 벽을 따라 늘어서 있는 내피(內皮, endothelium) 층을 지나 조직 속으로 들어가도록 자극된다. 일단 조직 속으로 들어가면, 백혈구들은 화학신호에 반응하여 잡아먹을 침입자 미생물들을 향하여 이동한다.[1] 염증이 방어하기 위한 반응이라 해도, 역시 열, 체액의 축적으로 인한 부어오름(부종), 발적(發赤), 통증 등과 같은 부작용이 생긴다.

또한 염증은 적절하지 않게 생길 수도 있다. 예로서, 심장마비 또는 뇌졸중으로 이 기관들로 흐르는 피가 차단되었을 때, 심장 조직 또는 뇌 조직의 손상이 생길 수 있다. 이 기관들로 피의 흐름이 회복(再灌流)되었을 때 순환하는 백혈구들은 그 손상된 조직을 공격하여 재관류손상(*reperfusion damage*)이라고 알려진 증상을 일으킨다. 지나친 염증반응은 천식, 독소충격 증후군, 호흡장애 증후군 등을 일으킬 수 있다. 많은 연구는 이런 증상에 관련된 의문에 초점을 맞추고 있다. 즉, 어떻게 백혈구들이 염증이 생긴 곳으로 모여드는가? 어떻게 백혈구들이 혈류를 통한 흐름을 멈추고 혈관 벽에 달라붙을 수 있는가? 어떻게 염증 반응의 이로운 점을 방해하지 않고 염증의 일부 부작용이 차단될 수 있는가? 염증에 대한 질문들의 대답은 세 가지 유형의 세포 접착 분자들, 즉 셀렉틴(selectin), 인테그린(integrin), 면역글로불린 대집단(immunoglobulin superfamily, IgSF) 단백질 등에 초점이 맞추어져 있다.

급성 염증반응으로 생기는 것으로 제안된 일련의 과정들을 〈그림 1〉에 나타내었다. 첫 단계는 세정맥의 벽이 근처의 손상된 조직에서 나오는 화학신호에 반응하여 활성화 되면서 시작된다. 세정맥을 싸고 있는 내피세포들은 순환하는 호중성백혈구(neutrophilic leucocyte)에 더 접착성이 높게 된다. 이 호중성백혈구는 식세포작용을 하는 백혈구로서, 침입하는 병원체를 신속하게 비특이적으로 공격한다. 내피세포의 이런 접착력의 변화는 손상 부위에서 활성화된 내피세포들의 표면에 있는 P-셀렉틴 및 E-셀렉틴들이 일시적으로 출현하여 이루어진다(그림 1, 2단계). 호중성백혈구가 셀렉틴을 만나게 되면, 이들은 일시적인 접착을 형성하여 혈관에서의 이동이 급격히 느려진다. 이 시기에, 호중성백혈구는 혈관의 벽을 따라 느리게 "굴러가는" 것으로 보여 질 수 있다. 많은 생명공학 회사들은 리간드와 E-셀렉틴 및 P-셀렉틴의 결합방해의 약리 작용을 하는 항-염증 약제 개발을 시도하고 있

[1] 세균을 "추격하는" 주목할 만한 백혈구의 막(film)을 웹사이트에서 "호중성백혈구의 기어가기(neutrophil crawling)"라는 검색어로 찾아 볼 수 있다.

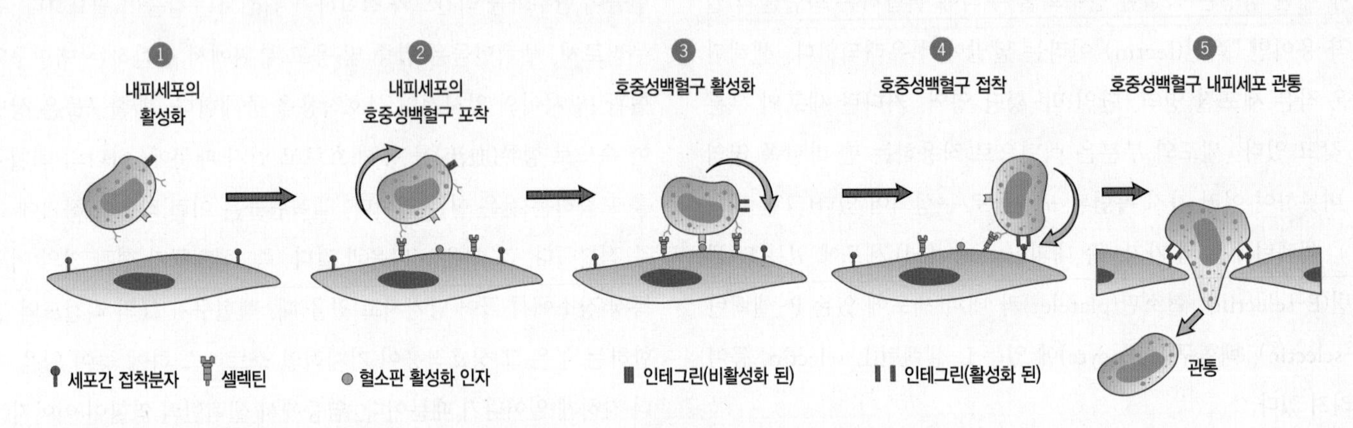

그림 1 염증 반응 동안 혈류로부터 호중성백혈구의 이동 단계들. 각 단계는 본문에 설명되어 있다. 1단계: 내피세포의 활성화, 2단계: 내피세포의 호중성백혈구 포착, 3단계: 호중성백혈구의 활성화, 4단계: 호중성백혈구의 접착, 5단계: 호중성백혈구의 내피세포 관통

다. 항-셀렉틴 항체는 시험관 속에서 셀렉틴 막을 입힌 표면을 호중성백혈구가 굴러가지 못하게 하며, 동물에서 염증 및 재관류손상을 억제한다. 이와 비슷한 유형의 차단 효과가 합성 탄수화물[예: 에포마이신(efomycine)]을 이용하여 얻어진 바 있다. 이 물질은 E-셀렉틴 및 P-셀렉틴과 결합하여 호중성백혈구 표면에서 탄수화물 리간드들과 경쟁한다.

호중성백혈구가 염증을 일으킨 세정맥 내피와 상호작용함으로써, 이 두 세포의 표면에서 서로 다른 분자들 사이에 상호작용이 일어난다. 내피세포의 표면에 드러나 있는 그런 분자들 중의 하나가 혈소판 활성화인자(*platelet activating factor, PAF*)라고 하는 인지질이다. PAF는 호중성백혈구 속으로 신호를 보내는 호중성백혈구 표면의 수용체와 결합한다. 그러면 호중성백혈구는 이미 자신의 표면에 있는 인테그린들(예: $\alpha_L\beta_2$ 및 $\alpha_4\beta_1$)의 결합 활성을 증가시키게 된다(그림 1, 3단계). 이것은 〈그림 11-14〉에 예시된 안쪽에서-밖으로 신호전달 방식의 예이다. 이어서 활성화된 인테그린들은 내피세포 표면에 있는 IgSF 분자들(예: ICAM-1 및 VCAM-1)과 높은 친화력으로 결합하여, 호중성백혈구를 구르지 못하게 하고 혈관 벽에 단단히 접착시킨다(4단계). 다음으로, 결합된 호중성백혈구는 모양이 변화되어 인접한 내피세포들 사이를 비집고 손상된 조직 속으로 들어간다(5단계). 이런 호중성백혈구는 혈관 벽 세포들 사이에서 장벽을 형성하는 접착연접을 분해시킬 수 있는 것으로 보인다. 여러 가지의 세포-접착 분자들이 관여하는 이런 일련의 단계들은, 혈액 세포의 혈관 벽 접착 및 관통 등을 백혈구가 필요한 장소에서만 일어나도록 보장한다.

염증 반응에서 인테그린들의 중요성은 백혈구 접착결핍증(*leukoyte adhesion deficiency, LAD*)이라고 하는 희귀한 질병에 의해 증명되었다. 이 병에 걸린 사람은 많은 백혈구 인테그린들 중에서 β_2 소단위를 만들 수 없다. 그 결과, 이런 사람의 백혁구들은 세정맥의 내피 층에 접착할 수 없다. 이 단계는 혈류로부터 빠져 나가기 위해 필요하다. 이런 환자들은 생명을 위협하는 반복된 세균 감염으로 고통 받는다. 이 질병은 환자에게 정상적인 백혈구를 형성할 수 있는 줄기세포를 제공하는 골수이식으로 가장 잘 치료된다. β_2 소단위에 대한 항체 투여는 LAD의 효과를 모방하여 중성구 및 다른 백혈구를 혈관 밖으로 이동하는 것을 막는다. 이런 항체들은 천식 및 류마티스 관절염과 같은 질병과 관련된 또는 재관류와 관련된 염증 반응을 방지하는데 유용함이 입증될 것이다.

암은 세포들이 몸의 정상적인 생장조절 기작을 벗어나서 조절되지 않는 상태로 증식하는 병이다. 일부의 피부암 또는 갑상선암에서처럼, 악성세포들이 하나의 덩어리로 남아 있을 경우, 대부분의 암은 병에 걸린 조직을 외과적으로 제거하여 쉽게 치료될 것이다. 그러나 악성종양의 대부분은 1차 종양 덩어리를 남겨놓고 혈류 또는 림프통로로 들어가서 몸의 다른 부분에 2차 종양의 생장을 시작할 수 있는 세포를 만든다(그림 2). 몸 안에서 종양이 퍼지는 것을 **전이**(轉移, metastasis)라고 하며, 이런 이유로 암은 파괴적인 병이다. 전이세포들(2차 종양 형성을 시작할 수 있는 암세포들)은 종양에서 대부분 다른 세포들과 공유되지 않은, 다음 예와 같은 특수한 세포-표면 특성을 갖고 있는 것으로 생각된다.

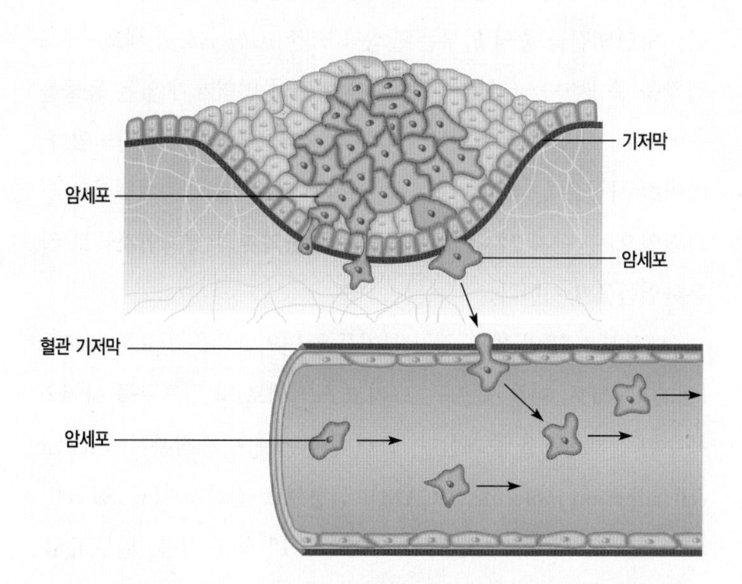

그림 2 상피암(癌腫, carcinoma)이 전이 확산되는 단계들. 1차 종양세포들의 일부가 다른 종양세포들에 접착하는 성질을 상실하고 상피조직 아래에 있는 기저막 장벽을 침입할 수 있는 능력을 얻는다. 중간엽과 유사한 모습을 취하는 이 세포들은 둘러싸고 있는 기질조직을 통해 이동하며 혈관 또는 림프관의 기저막을 가로질러 대순환으로 들어간다. 이 세포들은 다른 조직들로 옮겨가서, 혈관의 기저막을 다시 가로질러 이동하여 2차 종양을 형성할 가능성이 있는 조직으로 들어간다. 1차 종양에서 나온 종양세포의 아주 적은 비율 만이 이러한 많은 장애물들을 극복하지만, 이들이 숙주의 생명에 위협을 가하게 된다.

1. 전이세포들은 종양 덩어리로부터 벗어나기 위해 다른 세포들보다 접착력이 낮아야만 한다.
2. 이 세포들은 결합조직을 둘러싸고 있는 세포외 기질, 그리고 상피 아래에 놓여 있고 이 세포들을 먼 장소로 운반하는 혈관의 벽을 따라 늘어서 있는 기저막 등과 같은 많은 장벽들을 통과할 수 있어야만 한다(그림 2).
3. 전이세포들이 만일 2차 집단을 형성하기 위해 존재한다면 정상 조직으로 침투할 수 있어야만 한다.

암세포들이 세포외 기질을 관통하기 위해 사용된 기작들은 잘 알려져 있지 않다. 그 이유는 이러한 일을 실제로 살아 있는 동물 조직 속에서 연구하는 것이 불가능하기 때문이다. 기저막을 통한 이동은 주로, ECM-분해효소, 특히 앞에서 설명된 기질-금속단백질분해효소(MMP)들에 의해 이루어진다. 이 효소들은 암세포의 이동 통로에 있는 단백질 및 프로테오글리칸을 분해하는 것으로 추정된다. 더욱이, MMP에 의해 ECM의 단백질이 분해되면 활성을 지닌 단백질 조각들이 형성되어서, 암세포들에 역으로 작용하여 이들의 생장 및 침입 특성을 자극한다. MMP가 악성종양 발생에 분명한 역할을 하기 때문에, MMP는 제약업계의 중요한 약물표적이 된다. 일단 MMP에 대한 합성 저해제들이 생쥐에서 전이를 감소시킬 수 있다는 것이 증명되었고, 이 약제에 대한 많은 임상실험이 상당히 진전되어 수술로 치료할 수 없는 암 환자를 대상으로 실시되었다. 불행하게도, 이 저해제들은 말기 종양 진행을 저지시킬 가능성이 희박한 것으로 나타났으며, 일부의 경우에 관절 손상을 일으켰다. 현재까지, 유일한 FDA-승인 MMP 저해제(Periostat)가 치주질환 치료에 사용되고 있다.

또한 다양한 세포-접착 분자들의 수와 유형이 변화하는 것—그래서 세포들이 다른 세포들 또는 세포외 기질에 접착하는 능력—도 전이를 촉진하는 일에 관련되어 있는 것으로 보인다. 이 분야의 주요 연구는 상피세포들을 결합시키는 접착연접(adherens junction)에서 주된 세포-접착 분자인 E-카드헤린(E-cadherin)에 집중되어 있다. 배가 발생하는 동안 상피세포들이 E-카드헤린을 상실하면 이 세포들이 접착력이 감소될수록 더 운동성을 지닌 중간엽의 표현형으로 전환되는 것과 어떻게 관련되어 있는가를 아래의 〈11-3-3항〉에서 설명한다. 아주 비슷한 상피-중간엽 전이는, 악성세포들이 1차 종양 덩어리에서 분리되고 인접한 정상 조직으로 침투하여 종양이 생장 발달하는 동안에 일어난다(그림 2). 이것은 전이 과정에서 중요한 단계이다.

다양한 상피세포 종양(예: 유방암, 전립선암, 대장암)을 조사한 결과, 이런 악성세포들은 E-카드헤린이 상당히 감소되어 있는 것으로 확인된다. 즉, E-카드헤린의 수준이 낮을수록 이 세포들의 전이 가능성은 더 커진다. 결국, 악성세포들이 E-카드헤린 유전자의 추가 전사를 강제로 발현하도록 했을 때, 이 세포들을 숙주 동물에 주입하면 종양을 훨씬 적게 일으킬 수 있게 된다. E-카드헤린이 있으면, 세포들을 다른 세포에 접착하도록 촉진하고 먼 장소까지 종양세포의 확산을 억제하는 것으로 생각된다. 또한 E-카드헤린은 조직 침투 및 전이를 일으키는 세포 내 신호전달 경로를 저해할 수 있다. E-카드헤린의 중요성은 30년 이상 동안 위암으로 25명을 잃은 뉴질랜드 원주민의 한 가계의 연구에서 확인되었다. 가족 구성원들의 DNA를 분석한 결과, E-카드헤린을 암호화하는 유전자의 돌연변이를 가지고 있어서 암에 걸릴 확률이 높은 것으로 밝혀졌다.

11-3-2 면역글로불린 대집단

1960년대에, 혈액에서 생산된 항체 분자들의 구조가 밝혀짐으로써 면역반응을 이해하는 데 있어서 하나의 이정표가 되었다. 면역글로불린(immunoglobulin, 또는 Ig)이라고 하는 단백질의 한 유형인, 항체(抗體, antibody)들은 많은 비슷한 영역으로 구성된 폴리펩티드 사슬들로 이루어진 것으로 밝혀졌다. 이들 각 Ig 영역들은, 〈그림 11-22〉의 삽입된 그림처럼, 단단히 접혀진 구조로 된 70~110개의 아미노산들로 구성된다. 사람의 유전체는 765가지의 독특한 Ig 영역들을 암호화하여 사람의 단백질에서 가장 풍부한 영역을 만든다. 한 무리로 취급하여, 이 단백질들은 **면역글로불린 대집단**(immunoglobulin superfamily, 또는 IgSF)을 구성하는 요소들이다. 대부분의 IgSF 구성요소들은 면역 작용의 다양한 면에 관련되어 있지만, 이 단백질들 중의 일부는 칼슘-비의존(*independent*) 세포-세포 접착을 중개한다. 무척추동물들—전형적인 면역계가 없는 동물들—에서 세포-접착 수용체들에 있는 Ig-유사 영역들이 발견되었다. 이러한 사실은 Ig-유사 단백질들이 원래 세포-접착 중개물질로 진화되었으며, 단지 2차적으로 척추동물 면역계의 영향인자들로 작용하였음을 암시한다.

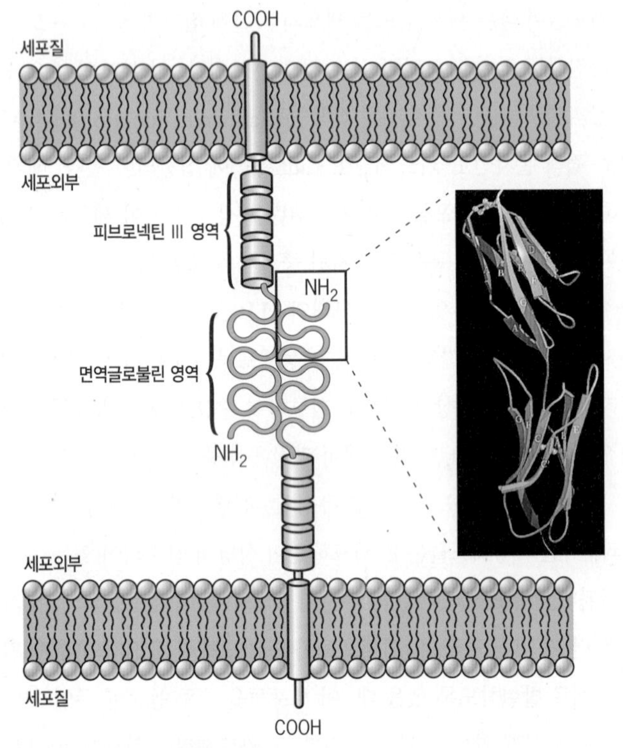

그림 11-22 L1은 면역글로불린(Ig) 대집단의 세포-접착 분자이다. 인접한 세포들 표면에서 돌출되어 있는 두 L1 분자들의 면역글로불린(Ig) 영역에서 특수한 상호작용으로 생긴 세포-세포 접착의 모형. 각 L1 분자는 세포질 쪽의 작은 영역, 막횡단 부분, 섬유결합소에서 발견된 모듈 중의 한 유형과 비슷한 많은 부분들 이 분자의 N-말단 부위에 있는 6개의 Ig 영역들로 구성되어 있다. 삽입된 그림은 내피세포의 표면에 있는 IgSF인 혈관세포-접착분자(VCAM)에서 2개의 N-말단 영역의 구조를 보여준다. VCAM과 L1의 Ig 영역들은 비슷한 3차원 구조를 갖고 있으며, 이들은 마주보며 배열된 2개의 β 층으로 구성되어 있다.

대부분 IgSF의 세포-접착 분자들은 면역반응을 필요한 세포들(예: 대식세포, 다른 림프구, 그리고 표적세포)과 림프구들 사이의 특수한 상호작용을 중개한다. 그러나 혈관세포-접착분자(vascular cell-adhesion molecule, VCAM), 신경세포-접착분자(neural cell-adhesion molecule, NCAM), 그리고 L1[h] 등과 같은, 일부 IgSF 구성 분자들은 비면역 세포들 사이의 접착을 중개한다. 예를 들면, NCAM과 L1은 신경계의 발생 과정 동안에 신경 성장, 시냅스 형성, 그 밖의 일 등에서 중요한 역할을 한다. 섬유결합소와 같이, 접착분자들은 모듈 구조를 갖고 있으며(그림 11-22) 다른 단백질들에 있는 영역과 비슷한 구조의 독특한 영역들로 구성되어 있다.

신경의 발생에 있어서 L1의 중요성은 여러 방면에서 밝혀졌다. 사람에서, *L1* 유전자 돌연변이는 심각한 결과를 가져올 수 있다. 극단적인 경우에, 어린 아기들은 뇌수종(腦水腫, "머리에 물이 차는")이라는 치명적인 병을 갖고 태어난다. 약한 돌연변이를 갖고 있는 어린이들은 전형적으로 정신 지체(遲滯)와 사지 운동 조절 장해(경련성 마비)를 보인다. L1-결함 질병으로 사망한 환자들을 부검(剖檢)하면 주목할 만한 이상이 나타난다. 즉, 이 환자들은 흔히 2개의 큰 신경관이 없다. 정상인의 경우 하나의 신경관은 뇌의 두 반구 사이를 지나며 다른 하나는 뇌와 척추 사이를 지난다. 이러한 신경관들이 없다는 것은, L1이 배(胚)의 신경계 속에서 축삭돌기의 지향적 성장에 관련되어 있음을 암시한다.

다양한 유형의 단백질들이 IgSF 세포-표면 분자들의 리간드 역할을 한다. 앞에서 설명한 것처럼, 대부분의 인테그린은 세포를 바닥층에 부착하도록 촉진하지만, 몇 몇 인테그린은 다른 세포들의 단백질에 결합하여 세포-세포 접착을 중개한다. 예로서, 백혈구의 표면에 있는 인테그린 $\alpha_4\beta_1$은 혈관 벽을 따라 늘어서 있는 내피의 IgSF 단백질인 VCAM에 결합한다.

역자 주[h] L1: 신경세포 접착분자(neural cell adhesion molecule)들 중의 하나이다.

11-3-3 카드헤린

카드헤린(cadherin)은 큰 당단백질 집단으로서, 칼슘-의존 세포-세포 접착을 중개하며 ECM에서 세포질로 신호를 전달한다. 카드헤린은 비슷한 유형의 세포들을 서로 결합시키며 그래서 주로 인접한 세포의 표면에 있는 동일한 카드헤린에 결합한다. 카드헤린의 이런 특성은 다양한 카드헤린들 중 하나를 발현하는 비접착성 세포들을 유전공학적으로 처리하여 최초로 증명되었다. 이 세포들을 다양한 조합으로 혼합하여 그들의 상호작용을 관찰 조사하였다. 한 종류의 카드헤린을 발현하는 세포들은 동일한 카드헤린을 발현하는 다른 세포들에 우선적으로 접착하였다.

셀렉틴과 IgSF 분자들처럼, 카드헤린은 모듈 구조를 갖고 있다. 가장 잘 연구된 카드헤린은 상피(epithelial)세포에서 E-카드헤린, 신경(neural)세포에서 N-카드헤린, 태반(placenta)세포에서 P-카드헤린 등이다. 이러한 "고전적"이라고 하는 카드헤린들은 크기와 구조가 비슷한 5개의 직렬 영역들로 구성된 비교적 큰 세포외 부분, 하나의 막횡단 부분, 작은 세포질 영역 등으로 이루어져 있다(그림 11-23). 세포질 영역은 흔히 세포기질 단백질 중에서 2중 역할을 하는 카테닌(*catenin*) 집단의 구성요소들과 결합한다. 카테닌의 2중 역할은 카드헤린을 세포골격에 결합시키며(그림 11-26 참조), 그리고 신호들을 세포질과 핵으로 전달하는 것이다.

카드헤린 접착의 여러 가지 모형이 〈그림 11-23〉에 그려져 있다. 구조에 관한 연구에 의하면, 동일한 세포-표면에 있는 카드헤린들은 평행 2량체를 형성하기 위해 측면으로 연결되는 것으로 보인다. 또한 이러한 연구들에서 세포-세포 접착에 필수적인 것으로 알려진 칼슘의 역할이 밝혀졌다. 〈그림 11-23〉에 나타낸 것처럼, 칼슘 이온은 일정한 분자의 연속된 영역들 사이에 다리를 형성한다. 이러한 칼슘 이온들은 각 카드헤린의 세포외 부분을 세포 접착에 필요한 단단한 입체구조로 유지시켜준다. 세포들 사이의 접착은, "세포-접착 지퍼"가 형성됨으로써 이루어진다. 이런 지퍼는 서로 마주하고 있는 세포들에서 카드헤린의 세포외 영역들 사이에 일어나는 상호작용의 결과로 형성된다.

마주하고 있는 세포들의 카드헤린들이 서로 중복되어 있는 정도에 대하여 상당한 논란이 있었는데, 이것이 〈그림 11-23〉에 여러 가지 다른 배열로 나타낸 이유이다. 다른 카드헤린을 갖고 있는

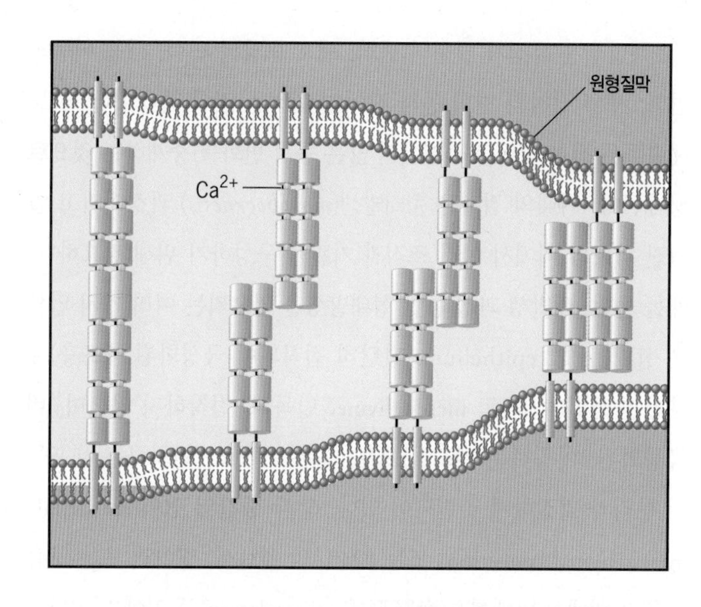

그림 11-23 카드헤린들과 세포 접착. 각 세포의 원형질막에서 돌출된 비슷한 유형의 카드헤린들 사이의 상호작용으로 서로 접착되어 있는 두 세포의 모식도. 칼슘 이온들(작은 노란색 원으로 나타냈음)은 카드헤린 분자의 연속적인 영역들 사이에 위치되어 있으며, 이 장소에서 이온들은 단백질의 세포외 부분을 견고하게 유지하는 중요한 역할을 한다. 이 그림은 서로 마주하고 있는 세포들의 카드헤린들이 상호작용할 수 있는 여러 가지 다른 모형들을 나타내고 있다. 서로 다른 연구에 따라, 마주하고 있는 세포들의 세포외 영역 사이에 중복(상호교차)된 정도가 다르게 나타난다(논의를 위해서, 〈*Annu. Rev. Cell Dev. Biol.* 23:237〉 참조). 일관성을 유지하기 위해 앞으로 나올 그림들은 하나의 영역이 중복된 카드헤린으로 그릴 것이다.

다른 유형의 세포들은 서로 다른 상호작용에 관여하는 것 같으며, 따라서 〈그림 11-23〉에 나타낸 것 중 한 가지 이상(또는 모두)의 배열이 한 개체 내에서 생길 수 있다. 손가락 모양 돌기의 접착(指狀突起接着, interdigitation)이 지퍼(zipper)에 비교될 수 있는 것과 마찬가지로, 카드헤린 무리들은 벨크로(Velcro)에 비교될 수 있다. 즉, 한 무리에서 상호작용하는 카드헤린의 숫자가 많을수록, 마주대하고 있는 세포들 사이의 접착 강도는 더 커진다.

카드헤린-중개 접착은, 〈그림 11-20〉에 그려진 것처럼, 세포들의 혼합된 집합체에서 비슷한 세포들을 "분류(구분)"하는 능력을 지닌 것으로 생각된다. 사실 카드헤린들은 배(胚)에서 세포들을 서로 밀착된 조직들로 만들고, 성체에서 이 조직들을 함께 붙어 있도록 유지시키는 가장 중요한 하나의 요소일 수 있다. 〈인간의 전망〉에서 논의된 것처럼, 카드헤린의 기능이 상실되면 악성 종양의 확산에 중요한 역할을 할 수 있다.

배발생은 유전자 발현의 변화, 세포 모양의 변화, 세포 이동의 변화, 세포 접착의 변화 등과 같이 변화하는 것이 특징이다. 카드헤린들은 접착성 접촉 과정에서 많은 동적 변화를 중개하는 것으로 생각된다. 이때의 접촉은 형태발생(*morphogenesis*) 과정이라고 알려진 하나의 배에서 여러 조직과 기관을 구성하기 위해 필요하다. 예를 들면, 배발생 과정 동안 형태발생을 일으키는 여러 가지 일들은 상피(上皮, epithelium: 단단히 접착되어 극성화된 세포층)로부터 중간엽(中間葉, mesenchyme: 단독의, 접착하지 않으며, 비극성화된, 이동하는 세포들)으로, 또는 거꾸로, 변화하는 세포들의 무리와 밀접하게 관련되어 있다. **상피-중간엽 전이**(epithelial-mesenchymal transition, 또는 EMT)의 예로서, 병아리 또는 포유동물의 배에서 낭배형성(囊胚形成, gastrulation) 동안에 일어나는 중배엽 형성을 들 수 있다. 전형적으로 이 세포들은 초기 배의 등(背) 표면에서 결합력 있는 상피 층[배반엽상층(epiblast)이라고 하는]에서 이탈되어 안쪽 지역으로 이동하여 중간엽 세포들이 된다(그림 11-24*a*,*b*). 이 중간엽 세포들은 결국 혈액, 근육, 뼈와 같은 중배엽 조직을 발생시킬 것이다. 배반엽상층의 세포들은 그들 표면에 E-카드헤린을 드러내는데, 이것은 서로 밀접한 결합을 촉진하는 것으로 추정된다. 배반엽상층으로부터 분리되기 전에 장래에 중배엽으로 될 세포들은 E-카드헤린의 발현을 중지하는데, 이것은 상피로부터의 방출과 중간엽 세포로의 전환을 촉진하기 위한 것으로 생각된다(그림 11-24*a*). 그 후의 발생 시기에서도, 원시 신경계 형성이라는 또 하나의 중요한 일이 카드헤린 발현의 변화로 일어난다.

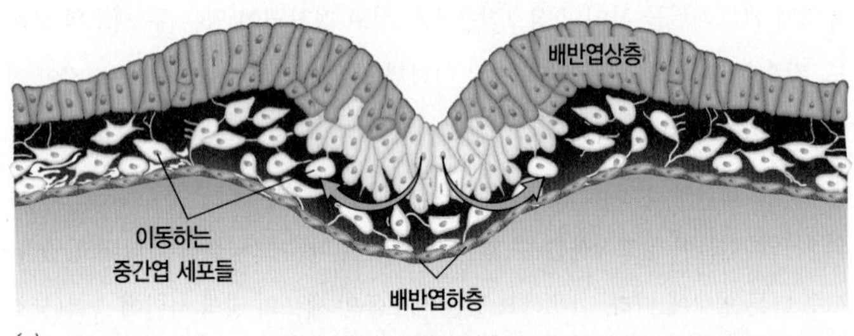

(*a*)

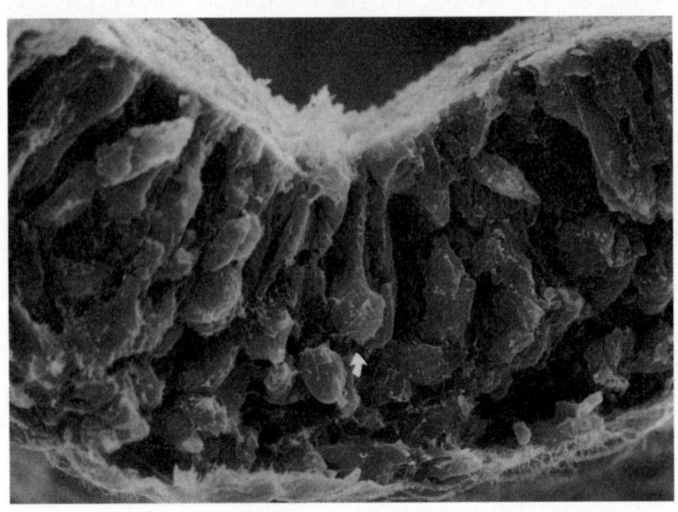

(*b*)

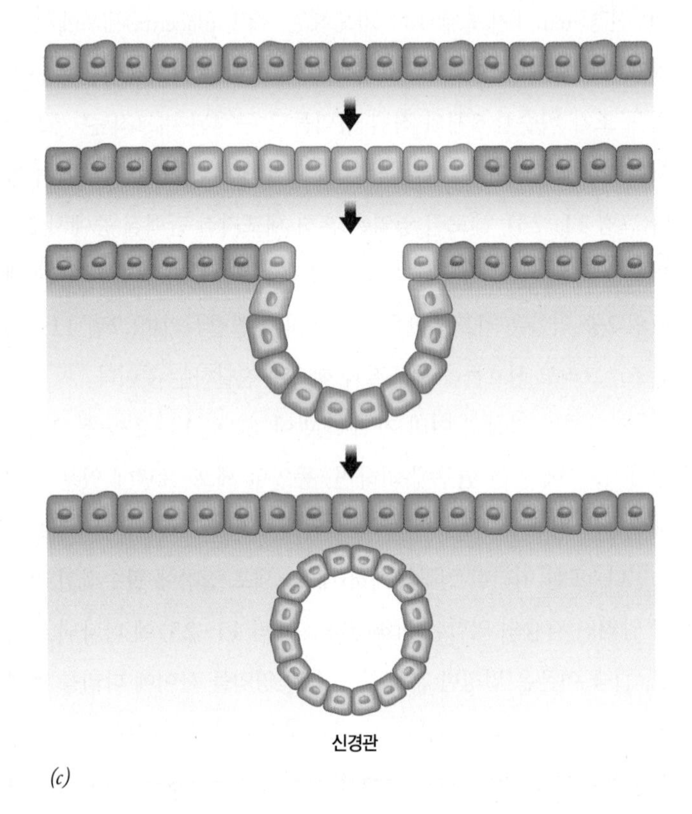

(*c*)

그림 11-24 카드헤린과 형태발생. (*a*) 낭배형성 동안, 배의 상층 세포들(배반엽상층)은 배 중앙의 홈 쪽으로 이동하여, 홈 속으로 내려앉은 다음에, 배반엽상층 아래에 있는 공간으로 측면 이동하여 중간엽 세포들이 된다. 이러한 상피-중간엽 전이는 상피세포의 특징인 E-카드헤린의 발현이 일어나지 않음으로써 나타난다. E-카드헤린을 발현하는 세포들은 주황색으로 그렸다. (*b*) 위의 *a*에 그려진 상피-중간엽 전이(화살표)가 진행되고 있는 세포를 보기 위해 파단(破斷)된 낭배형성 시기에 있는 병아리 배의 주사전자현미경 사진. (*c*) 이 그림들은 신경관의 발생 순서를 나타낸 것이다. 신경관은 등(背)쪽 외배엽 위에 있는 층으로부터 분리되어 형성되는 상피 층이다. 맨 위의 그림에서, 상피세포들은 E-카드헤린을 발현하고 있다. 아래의 그림에서, 신경관의 세포들은 E-카드헤린(주황색)의 발현을 중단하고 대신 N-카드헤린(파란색)을 발현한다.

낭배형성에 이어서, 배의 등(背) 표면은 한 층의 세포로 된 상피로 싸이게 되며, 이 층은 동물의 외배엽조직(피부와 신경계를 포함한)으로 될 것이다. 이 시기에, 이 층의 중앙 부위에 있는 세포들은 E-카드헤린의 발현을 중단하고 N-카드헤린의 발현을 시작한다(그림 11-24*c*). 다음 시기에서, N-카드헤린을 발현하는 상피세포들은 양쪽에서 인접한 세포들로부터 분리되어 신경관 속으로 말려 들어가며, 이들은 동물의 뇌와 척수(脊髓)로 될 것이다. 카드헤린들(그리고 다른 세포-접착 분자들)은 세포의 접착 특성을 변화시켜서 이런 일을 하는 데 중요한 역할을 하는 것으로 생각된다.

카드헤린들은 보통 2개의 붙어 있는 세포들 표면을 따라 산재되어 분포되지만, 또한 다음 절의 주제인 특수화된 세포간 연접의 형성에도 관여한다.

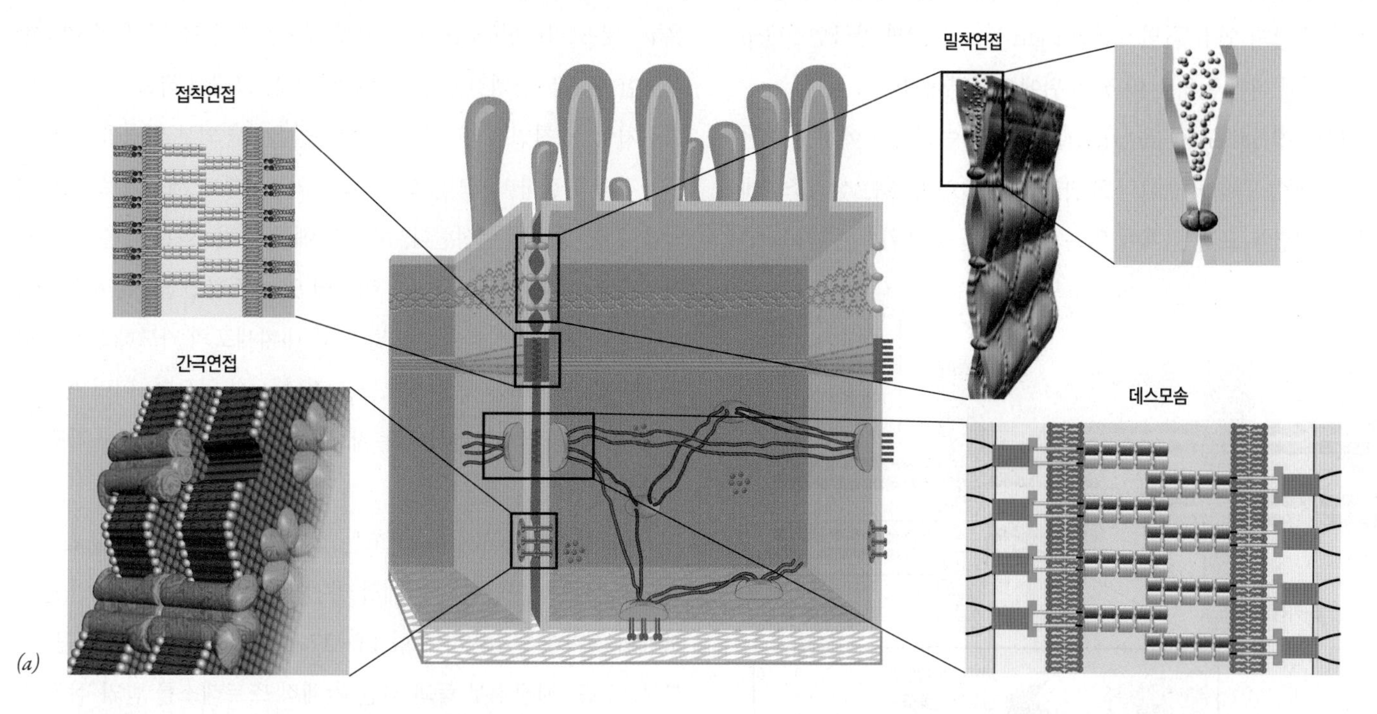

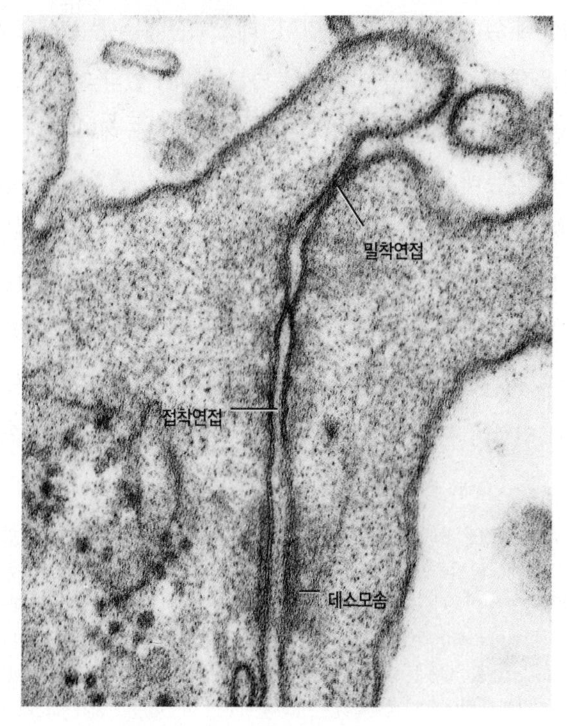

그림 11-25 세포 사이의 연접복합체. (*a*) 단순한 원주상피세포의 측면에 있는 연접복합체를 보여주는 개요도. 이 복합체는 밀착연접, 접착연접, 그리고 데스모솜 등으로 구성된다. 다른 데스모솜과 간극연접은 이 세포들의 측면을 따라서 더 깊은 곳에 위치되어 있다. 접착연접과 밀착연접은 세포를 에워싸는 반면, 데스모솜과 간극연접은 이웃 세포들 사이의 특정한 장소에 제한되어 있다. 헤미데스모솜(hemidesmosome)은 세포의 기저부 표면에 있다. (*b*) 쥐의 기도(氣道) 상피세포들 사이에 있는 연접복합체의 전자현미경 사진.

11-3-4 접착연접과 데스모솜: 세포를 다른 세포에 고정시킴

특히 상피와 심장 근육 같은 조직의 세포들은 특수화된 칼슘-의존 접착연접들에 의해 서로 단단히 결합되어 있기 때문에 서로를 분리시키기 어렵다. 세포-세포 접착성 연접에는 접착연접(接着連接, adherens junction)과 데스모솜[desmosome, 또는 접착반점(接

着斑點)]의 두 가지 주요 유형이 있다. 접착성 연접에 덧붙여, 상피세포들은 흔히 정단부 루멘(內腔) 근처의 옆 표면을 따라 위치하여 있는 다른 유형의 세포 연접을 갖고 있다(그림 11-25). 이 연접들이 특별한 열(列)로 배열되어 있을 때, 이런 종류의 표면 특수화를 연접복합체(*junctional complex*)라고 한다. 이 복합체에서 두 가지 접착성 연접들의 구조와 기능은 다음 문단들에서 설명되며, 다른 유형의 상피 연접들[밀착연접(tight junction)과 간극연접(gap junction)]에 대한 논의는 이 장의 뒤에서 다루어진다.

접착연접(adherens junction)은 몸속의 여러 장소에서 발견된다. 이 연접은 특히 장(腸)의 표면을 따라 늘어서 있는 상피조직에 흔하며, 정단부 표면 근처에 있는 각 세포들을 에워싸는 "띠(belt) 또는 접착대(接着帶, *zonulae adherens*)"의 구조로서, 한 세포를 주위에서 둘러싸고 있는 이웃 세포들과 결합시킨다(그림 11-25*a*). 접착연접에서, 세포들은 이웃 세포들 사이에 있는 30nm의 틈을 가로지르는 카드헤린 분자의 세포외 영역들 사이에 형성된 칼슘-의존 결합에 의해 함께 달라붙어 있다(그림 11-26).

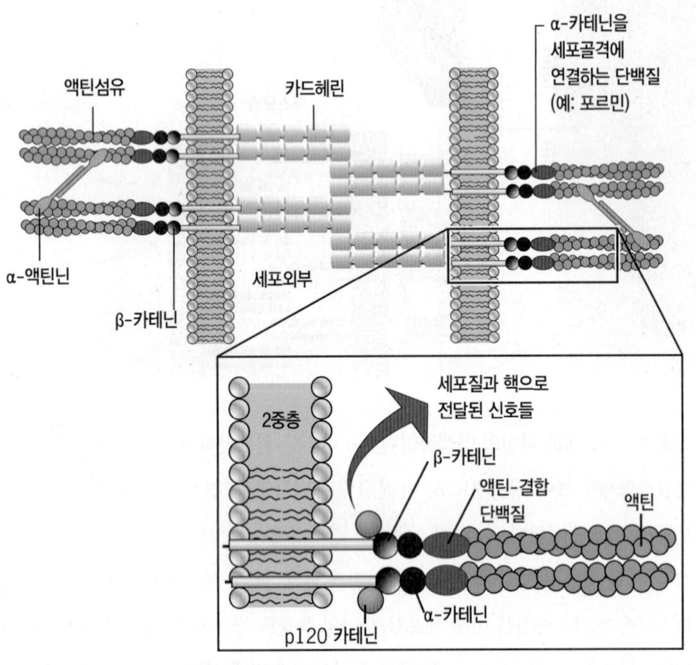

그림 11-26 **접착연접 분자구조의 도식적 모형.** 각 카드헤린 분자의 세포질 쪽 영역은 α- 및 β-카테닌(catenin) 그리고 다양한 액틴-결합 단백질들을 포함하는 결합 단백질들에 의해 세포골격인 액틴섬유에 연결되어 있다. 액틴-결합 단백질들 중 하나가 액틴섬유 중합에 참여하는 포르민(formin)이다. 연접에서 액틴섬유의 조립은 α-카테닌에 의해 조절된다. 또한 β-카테닌은 세포 표면으로부터 세포의 핵으로 신호를 전달하는 Wnt 신호전달 경로[i]의 핵심 요소이다. 접착연접이 해체되면 β-카테닌을 방출하여 유전자 발현을 활성화시킨다. 카테닌 집단의 다른 구성요소인 p120 카테닌은 카드헤린의 세포질 쪽 영역에 결합한다. p120 카테닌은 접착연접의 접착 강도를 조절하고 세포 내 신호전달 경로를 구성하는 요소의 역할을 할 것이다. 이 연접들에서 발견되는 수많은 다른 단백질들은 표시되지 않다.

〈그림 11-26〉에서와 같이, 이 카드헤린들의 세포질 쪽 영역은 α- 및 β-카테닌(catenin)에 의해 세포골격인 액틴섬유를 비롯한 다양한 세포질 단백질들과 연결되어 있다. 그래서 국소부착의 인테그린처럼, 접착연접의 카드헤린 무리들은 (1) 외부 환경을 액틴 세포골격과 연결하며, 그리고 (2) 세포 외부로부터 세포질로 신호 전달을 위한 경로를 형성한다. 하나의 예를 들면, 혈관 벽을 따라 늘어서 있는 내피세포들 사이에 위치해 있는 접착연접들은 세포들의 생존을 확보하는 신호들을 전달한다. 내피세포의 카드헤린이 결핍된 생쥐들은 이러한 생존 신호들을 전달할 수 없으며, 이런 동물들은 혈관 벽을 따라 늘어서 있는 세포들이 죽게 되어 배발생 과정 동안에 사망한다.

데스모솜(desmosome) 또는 접착반점(接着班點, *maculae adherens*)들은 다양한 조직에서 발견되는 직경이 약 1μm인 원반 모양의 접착성 연접이다(그림 11-27*a*). 데스모솜은 특히 심근, 피부 상피 층, 자궁경부 등과 같은 기계적 스트레스를 받기 쉬운 많은 조직들에 있다. 접착연접과 같이, 데스모솜에는 좁은 세포외공간을 가로질러 두 세포를 연결하는 카드헤린이 있다. 데스모솜의 카드헤린은 접착연접에서 발견되는 전형적인 카드헤린과 다른 영역 구조를 갖는데, 이들을 데스모글레인(*desmoglein*)과 데스모콜린(*desmocollin*)이라고 한다(그림 11-27*b*). 원형질막의 안쪽 표면에 짙은 밀도의 플라크(plaque)는 헤미데스모솜의 것(그림 11-19)과 비슷한 고리 모양의 중간섬유들을 고정시키는 장소 역할을 한다. 밧줄 같은 중간섬유들의 3차원적 연결망은 전체 세포층에 구조적 연속성과 인장(引張) 강도를 형성한다. 〈그림 11-27*b*〉에서처럼,

역자 주[i] Wnt 신호전달 경로: **Wnt**는 **Wg**(wingless)와 **Int**(integration)가 연결되어 만들어졌으며 '윈트[wint]'로 발음한다. 배발생과 암에서 그 역할이 잘 알려진 단백질들에 의해 이 경로의 연결망을 이룬다. *wingless* 유전자는 노랑초파리에서 날개의 발달에 영향을 미치는 열성 돌연변이로 확인되었다. INT 유전자는 생쥐 유방암에서 생쥐 유방종양 바이러스의 통합(integration) 지점 근처에 있는 척추동물 유전자로 확인되었다. Int-1 유전자와 wingless 유전자에서 발현된 단백질들의 아미노산 서열이 비슷하다는 증거 때문에, 이 유전자들이 진화적으로 공동 기원되어 상동성을 갖는 것으로 알려졌다.

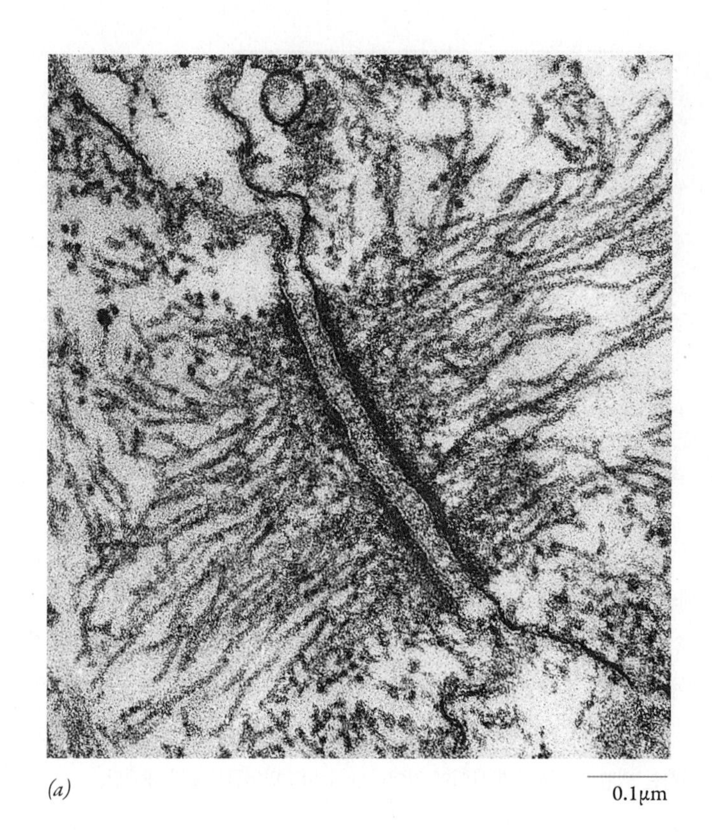
(a)

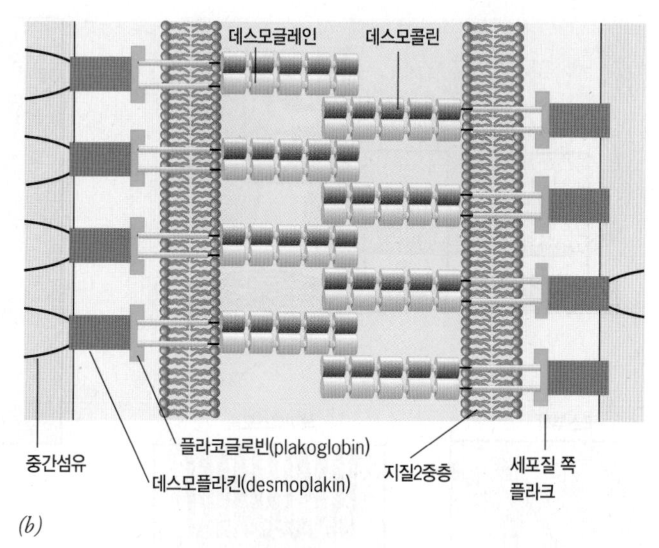

(b)

그림 11-27 **데스모솜의 구조.** (*a*) 영원[k]의 표피에 있는 데스모솜의 전자현미경 사진. (*b*) 데스모솜 분자 구조의 도식적 모형.

중간섬유들은 부수적인 단백질들에 의해 데스모솜에서 카드헤린의 세포질 쪽 영역에 연결되어 있다. 상피의 구조를 완전하게 보존하는 데 있어서 카드헤린들의 중요성은 자가면역질환[수포창(水泡瘡, *pemphigus vulgaris*)][j]을 예로 들어 설명할 수 있는데, 이 병은 데스모글레인에 대한 항체가 생산된다. 이 병의 특징은 표피의 세포-세포 접착을 상실하고 피부에 심한 물집(水泡)이 생긴다.

11-3-5 막횡단 신호전달에서 세포-접착 수용체들의 역할

〈그림 11-28〉은 이 장에서 설명했던 몇 가지 중요한 점들을 요약하여 나타낸 것이다. 이 그림은 논의된 네 가지 유형의 세포-접착 분자들 그리고 이들의 세포 내 및 세포외 물질들과의 상호작용을 보여준다. 막의 내재단백질의 역할 중 하나는 **막횡단 신호전달**(transmembrane signaling)이라고 알려진 과정으로서, 원형질막을 가로질러 정보를 전달하는 것이다. 이 주제는 제15장에서 상세히 언급될 것이지만, 〈그림 11-28〉에 예시된 네 가지 유형의 모든 세포-접착 분자들이 신호전달의 기능을 수행할 가능성이 있음을 설명할 수 있다. 예를 들면, 인테그린과 카드헤린은 단백질 인산화효소와 G단백질 같은 세포기질의 조절 분자들 및 세포골격과 결합하여, 세포 바깥의 환경으로부터 세포질로 신호들을 전달할 수 있다. 단백질 인산화효소는 인산화를 통해 그들의 표적 단백질을 활성화(또는 억제)시키는 반면에, G 단백질들은 물리적인 상호작용을 통해 그들의 표적 단백질을 활성화(또는 억제)시킨다(그림 15-19*b* 참조).

인테그린과 리간드가 결합하면, 세포질의 pH 또는 Ca^{2+} 농도, 단백질 인산화, 유전자 발현 등을 포함하는 세포 내에서의 다양한 반응이 유도될 수 있다. 이어서, 이런 변화들은 세포의 성장 가능성, 이동 활성, 분화의 상태, 또는 생존 등을 변화시킬 수 있다. 이러한 현상은 〈그림 11-29〉에 나타낸 유선(乳腺)의 상피세포를 예로 들어 설명된다. 이 세포들을 유선에서 떼어 내어 영양분이 없는 배양 접시에서 배양했을 때, 이 세포들은 우유 단백질의 합성 능력을 상실하고 납작하게 되어 미분화된 세포들처럼 보인다(그림 11-29*a*). 이와 똑같은 미분화된 세포들을 세포외 분자들(예: 라미닌)

역자 주[j] 수포창(水泡瘡): 피부와 점막에 수포(물집)를 형성하는 만성적인 물집 질환이다. 대부분의 환자는 혈액 내에 각질형성 세포 항원(데스모글레인)에 대한 자가항체를 가지고 있는데, 이 자가항체가 수포창의 발병에 직접적으로 관여한다.

역자 주[k] 영원(蠑蚖, newt): 양서강(兩棲綱) 유미목(有尾目) 영원과 동물을 총칭한다.

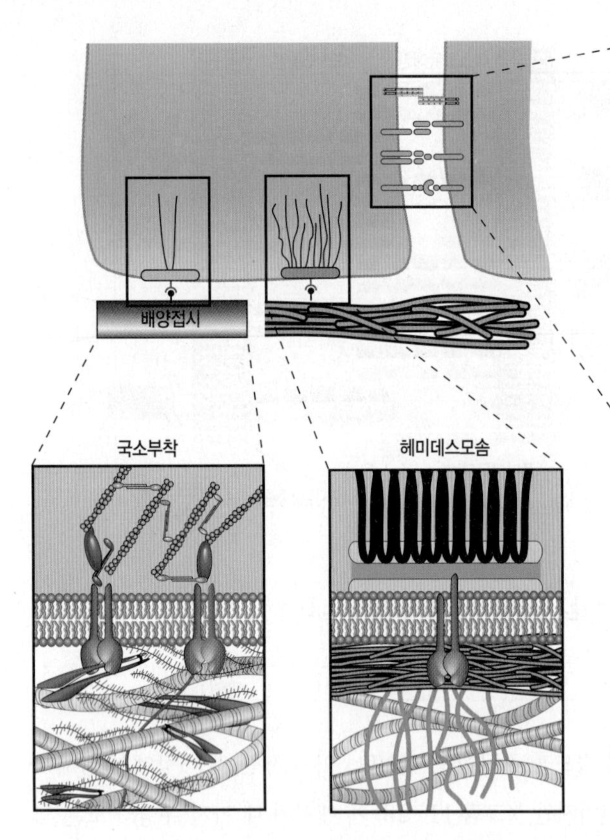

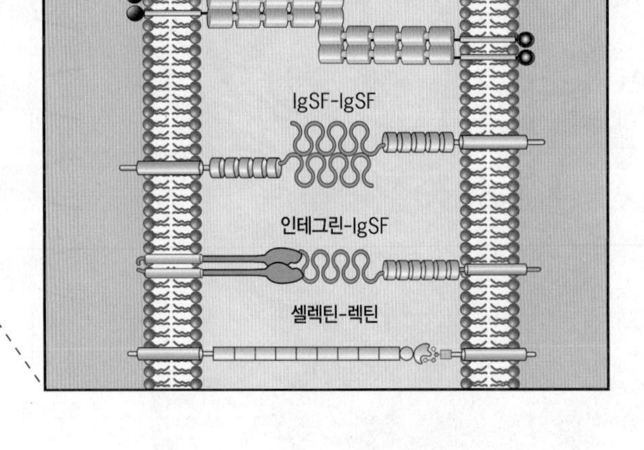

그림 11-28 세포 표면에서 일어나는 상호작용 유형들의 개관. 이 그림은 세포와 세포외 바닥층(基層) 사이에 일어나는 두 가지 유형의 상호작용은 물론, 네 가지 유형의 세포-세포 상호작용을 보여준다. 여기에 그려진 다양한 상호작용들은 단일 세포 유형끼리 연결되어 일어나지 않지만, 예시하기 위해서 이러한 방식으로 나타내었다. 예를 들면, 셀렉틴과 렉틴 사이의 상호작용은 주로 순환하는 백혈구과 혈관벽 사이에 일어난다. IgSF: 면역글로불린 대집단.

(a)

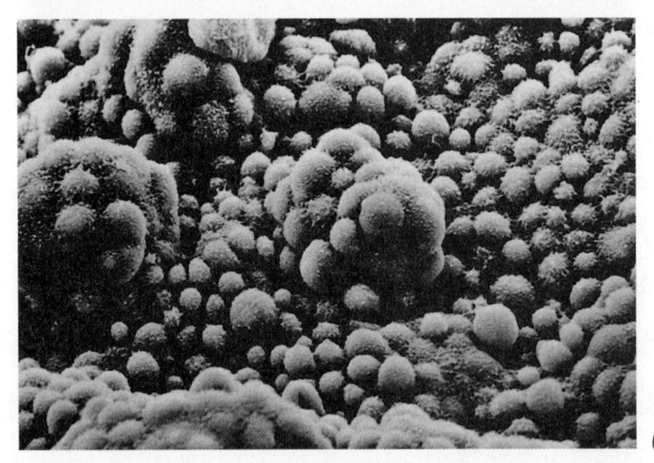
(b)

그림 11-29 세포를 분화된 상태로 유지하는데 있어서 세포외 단백질의 역할. (*a*) 생쥐 유선의 상피세포를 분리하여 세포외 기질이 없는 상태에서 배양하였다. 정상적으로 분화된 유선 세포들과 다르게, 이 세포들은 납작해졌으며 우유 단백질을 합성하지 않는다. (*b*) 세포외 기질 분자들을 첨가하여 다시 배양했을 때, 이 세포들은 분화된 모양을 회복하며 우유 단백질을 합성한다.

이 존재하는 상태에서 배양하였을 때, 이 세포들은 분화된 모양을 되찾고 우유를 생산하는 유선과 비슷한 구조를 만들게 된다(그림 11-29*b*). 라미닌은 세포-표면 인테그린에 결합하여 그리고 막의 안쪽 표면에 있는 인산화효소를 활성화시켜서(그림 11-17*c*에서처럼) 유선 세포들을 자극하는 것으로 생각된다.

복습문제

1. 헤미데스모솜과 데스모솜 그리고 데스모솜과 접착연접 사이의 차이점을 비교하시오.
2. 액틴섬유, 중간섬유, 인테그린, 및 카드헤린 등을 가지고 있는 세포 연접은 각각 어떤 유형(들)이 있는가?
3. 카드헤린, IgSF 무리, 셀렉틴 등이 세포-세포 접착을 중개하는데, 그 방법이 분자 수준에서 어떻게 다른가?

11-4 밀착연접: 세포외공간의 밀폐

장 또는 허파의 내피와 같은, 단층상피는 얇은 세포층을 형성하기 위해 서로 단단히 붙어 있는 한 층의 세포들로 구성되어 있다. 개구리의 피부나 방광의 벽과 같은 상피를 서로 다른 용질 농도를 갖는 2개의 구획 사이에 놓아두었을 때, 이온 또는 용질이 한 구획에서 다른 구획으로 상피의 벽을 가로질러서 거의 확산되지 않음이 관찰된다. 생물학자들은 이런 사실을 수십 년 동안 알고 있었다. 용질들이 상피 층의 세포를 통해 자유롭게 확산될 수 없다는 것은 놀랄만한 일이 아니다. 그러나 왜 용질들이 세포간 경로(*paracellular pathway*)(그림 11-30*a*에서처럼)를 거쳐 세포들 사이로 통과할 수 없는가? 그 이유는 1960년대에, 인접한 상피세포들 사이에 **밀착연접**(密着連接, tight junction) 또는 폐쇄대(閉鎖帶, *zonulae occludens*)라고 하는 특수화된 접촉 구조를 발견하여 분명하게 되었다.

밀착연접(TJ)은 이웃한 상피세포들 사이에 있는 연접복합체의 정단부 바로 끝에 위치되어 있다(그림 11-25 참조). 이웃한 세포들의 원형질막을 포함하여 TJ을 지나도록 자른 절편을 관찰한 전자현미경 사진이 〈그림 11-30*a*〉에 있다. TJ의 막들 사이의 상호작용을 보여주는 고배율 사진이 〈그림 11-30*a*〉에 삽입되어 있다. 서로 붙어 있는 막들은, 넓은 표면적에 걸쳐 융합되어 있다기보다, 중간 중간의 지점에서 접촉되어 있는 것이 분명하다. 〈그림 11-30*b*〉에 나타낸 것과 같이, 세포-세포 접촉 지점들은 2개의 인접한 막들의 내재단백질들이 세포 바깥의 공간 속에서 만나는 장소들이다.

동결-파단(freeze-fracture) 방법으로 절단된 막의 내부 면을 관찰하면(그림 8-15), TJ의 원형질막에 서로 연결된 (실 모양의) 가닥들이 보인다(그림 11-30*c*). 이 가닥들은 서로 거의 평행하게 상피의 정단부 표면에 평행하게 뻗어 있다. 이 가닥(또는 파단 된 막의 반대쪽 면에서는 파여진 홈)들은, 〈그림 11-30*b*〉의 삽입된 그림에서처럼, 막의 내재단백질들이 쌍으로 배열된 열(列)에 해당한다. TJ의 내재단백질들은 개스킷(gasket)처럼 세포를 완전히 에워싸고 사방에 있는 이웃 세포들과 접촉하게 하는 연속된 작은 실 가닥을 형성한다(그림 11-30*d*). 그 결과, TJ는 상피 층에서 어느 한 쪽의 세포외 구획으로부터 다른 쪽 구획으로 물과 용질의 자유로운 확산을 막는 장벽 역할을 한다. 또한 TJ는 상피세포들의 극성화된 특성을 유지하도록 돕는 "울타리" 역할도 한다(그림 8-30 참조). TJ는 원형질막의 정단부 영역, 측부 영역, 그리고 기저부 영역들 사이에 있는 내재단백질들의 확산을 차단함으로써 그러한 역할을 수행한다. 세포 접착의 다른 장소에서와 같이, 또한 TJ도 수많은 세포의 작용을 조절하는 신호전달 경로에 관련되어 있다.

모든 TJ들이 동일한 투과 특성을 나타내지는 않는다. 이에 대한 설명의 일부를 전자현미경 사진을 통해서 이해할 수 있다. 즉, 다수의 평행한 실 가닥을 가진 TJ들(〈그림 11-30*c*〉의 것과 같이)은 단 하나 또는 2~3개의 가닥을 갖는 연접들보다 더 좋은 밀폐구조를 형성하는 경향이 있다. 그러나 가닥의 수가 많고 적은 것보다 더 중요하게 언급되어야 할 것이 있다. 일부의 TJ들은 특수한(*specific*) 이온 또는 용질을 투과시킬 수 있는 반면, 다른 TJ들은 불투과성이다. 지난 10여 년 동안의 연구에 의해, TJ 투과성에 관한 분자 수준의 기초 지식이 상당히 밝혀졌다.

1998년까지, TJ 가닥들은 단일 단백질인, 오클루딘(*occludin*)[l]으로 구성된 것으로 생각했었다. 그 후, 오클루딘 유전자가 결핍되어 이 단백질을 생산할 수 없는 세포를 배양하여도 정상적인 구조와 기능을 갖는 TJ 가닥들을 형성할 수 있다는 것이 알려졌다. 일본 교토(京都)대학교(University of Kyoto)의 쇼이치로 츠키타(Shoichiro Tsukita)와 그의 동료들이 연구를 계속하여, TJ 가닥의 주요 구성요소를 형성하는 클라우딘(*claudin*)[m]이라는 단백질 집단을 발견하게 되었다. 〈그림 11-31〉의 전자현미경 사진은 오클루딘과 클라우딘이 TJ에서 선 모양의 가닥들 속에 함께 있는 것을 보여준다.

최소한 24가지의 상이한 클라우딘이 확인되었으며, 이 단백질들이 다르게 분포하는 것은 TJ 투과성의 선택적 차이로 설명될 수 있다. 예를 들면, 사람 신장에서 세뇨관의 한 부위—두꺼운 상행지(上行肢, thick ascending limb, TAL)라고 하는 부위—에는 마그네슘(Mg^{2+}) 이온을 투과시킬 수 있는 TJ들이 있다. 세포 바깥 공간으로 뻗어 있는 클라우딘 분자의 고리들이 Mg^{2+} 이온을 선택적으로 투과시킬 수 있는 TAL에서 구멍들을 형성하는 것으로 생각된다. 이 생각은 클라우딘 집단 가운데 특수한 구성요소의 하나인 클

역자 주[l], [m] 오클루딘(occludin) 및 클라우딘(claudin): 이 두 용어의 라틴어원은 각각 '*occludere*'와 '*claudere*'로서 모두 "밀폐하다(to close)"라는 뜻이다. 이 용어는 이런 뜻과 함께 어떤 물질의 '성질'을 뜻하는 '소(素)'에 해당하는 '-in'이 합쳐진 것이다.

라우딘-16이 주로 TAL에서 발현되는 것이 발견됨으로써 확인되었다. 신장 기능에서 클라우딘-16의 중요성은 혈액 속의 Mg^{2+} 수준이 비정상적으로 낮은 것이 특징인 희귀 질환을 앓고 있는 환자들을 연구하여 밝혀졌다. 이 환자들은 *claudin-16* 유전자에 돌연변이가 있는 것으로 밝혀졌다. 이들의 혈액 내 Mg^{2+} 수준이 낮은 이유는 비정상적인 클라우딘을 갖고 있는 밀착연접들이 Mg^{2+}을 투과시킬 수 없기 때문이다. 그 결과, 이 중요한 이온이 세뇨관으로부터 재흡수 되지 않고 오줌으로 배설된다.

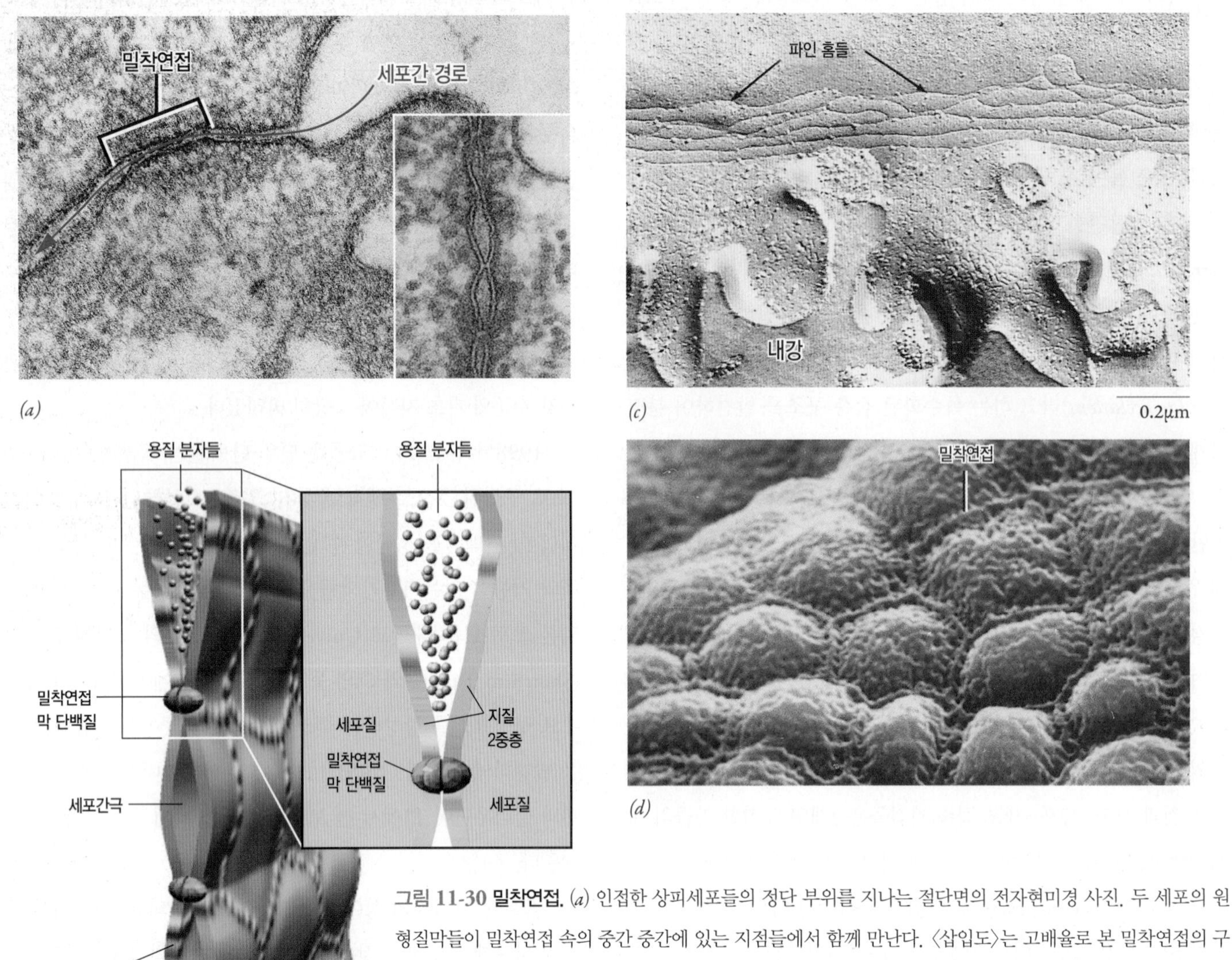

그림 11-30 밀착연접. (*a*) 인접한 상피세포들의 정단 부위를 지나는 절단면의 전자현미경 사진. 두 세포의 원형질막들이 밀착연접 속의 중간 중간에 있는 지점들에서 함께 만난다. 〈삽입도〉는 고배율로 본 밀착연접의 구조이다. 밀착연접은 세포간 경로(paracellular pathway)를 통한 용질의 확산을 막는다. (*b*) 나란히 붙어 있는 2개의 막에서 내재단백질들 사이에 접촉된 지점들이 중간 중간에 있는 밀착연접을 보여주는 모형. 이들 접촉 지점들은 각기 막 속에서 쌍으로 된 단백질 열(列)로 늘어서 있어서, 이 세포들 사이의 공간으로 용질들이 통과하지 못하도록 차단하는 장벽을 형성한다. (*c*) 동결-파단(破斷) 후에 만들어진 그 표면의 복사막(replica)은, 밀착연접 부위에서 세포들 중 한 원형질막의 E면(E face)[n]을 보여준다. E면에 파여 있는 홈(groove)은, 막이 파단 될 때 이 막의 반쪽(지질2중층의 한쪽 층)이 떨어져 나가면서 원형질막의 내재단백질들이 함께 빠져 나간 후에 남겨진 것이다. (*d*) 상피의 정단부 표면에서, 밀착연접들이 세포들을 에워싸는 특징을 보여주는 주사전자현미경 사진.

역자 주[n] E면: 이 용어에서 'E'는 "ectoplasmic(외형질)"에서 비롯된 것이며, 원형질막을 구성하는 지질2중층(二重層, bilayer) 중에서 (세포의 안쪽을 향해 있는 층을 제거하고 남은) 바깥쪽의 지질층 면(face)을 가리킨다. 반면에 2중층에서 원형질(protoplasm)과 맞닿아 있던 세포의 안쪽 지질층 면은 'P면(protoplasmic face)'로 표시한다.

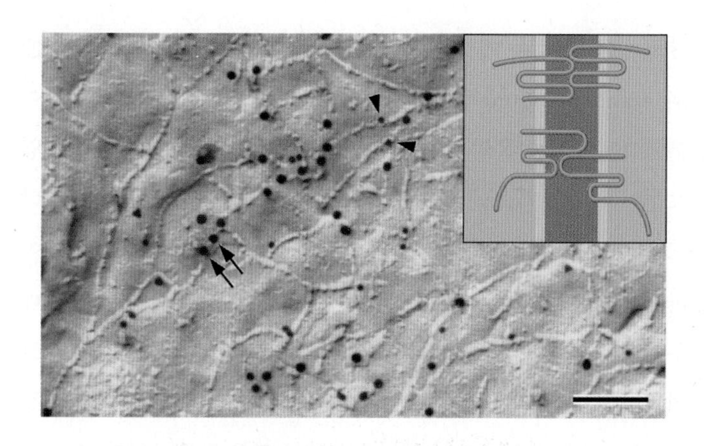

그림 11-31 **밀착연접 가닥들의 분자 조성.** 밀착연접에 의해 서로 결합된 세포들을 동결-파단 후 그 표면의 복사막을 관찰한 전자현미경 사진. 파단 된 면을 두 가지의 금-표지 항체와 함께 처리하였다. 작은 금 입자들(화살촉표)은 클라우딘 분자들이 있는 위치를 나타내는 반면, 큰 금 입자들(화살표)은 오클루딘이 있는 장소를 나타낸다. 이 실험은 두 단백질이 동일한 밀착연접 가닥들에 존재하는 것을 증명한다. 아래의 오른쪽 선은 0.15μm이다. 오른쪽 위에 삽입된 그림은, 두 가지 내재막단백질들이 세포 사이의 공간에서 접촉될 때, 두 단백질의 가능한 배열을 나타낸 것이다. 클라우딘(빨간색)과 오클루딘(갈색) 모두 막에 네 번에 걸쳐 있다.

밀착연접의 또 다른 중요한 기능이 2002년에 밝혀졌다. 포유동물 피부에 물이 투과할 수 없는 것은 단지, 빽빽이 들어찬 단백질 섬유 및 지질과 결합된 피부 바깥쪽에 있는 각질(角質) 층의 특성(그림 11-1 참조) 때문이었다고 수십 년 동안 생각했었다. 그러나 클라우딘-1 유전자가 없는 생쥐는 탈수(脫水)로 인하여 태어난 후 곧 죽었다. 더 조사해 본 결과, 정상적인(*normal*) 표피의 바깥층들 중 한 층에 있는 세포들이 밀착연접에 의해 서로 연결되어 있음이 알려졌다. 클라우딘-1 유전자가 없는 동물은 표피에 방수용 밀착연접을 만들 수 없었고, 그 결과 수분 손실이 억제되지 않아서 고통을 겪었다.

또한 밀착연접은 모세혈관 벽을 따라 늘어서 있는 내피(內皮) 세포들 사이에도 있다. 이 연접들은 특히 뇌에서 분명히 나타난다. 즉, 밀착연접이 혈액 속의 물질들을 뇌 속으로 통과하지 못하게 하는 혈액-뇌 장벽(*blood-brain barrier*)의 형성을 돕는다. 작은 이온과 물 분자까지 혈액-뇌 장벽을 투과할 수 없더라도, 면역계 세포들은 이 연접을 통해 내피를 가로질러 통과할 수 있다. 이 면역 세포들은 자신들을 통과시킬 수 있도록 밀착연접을 열리게 하는 신호를 보내는 것으로 생각된다. 혈액-뇌 장벽은 원하지 않는 용질로부터 뇌를 보호하는 한편, 또한 중추신경계에 영향을 미치는 많은 약물의 접근을 막는다. 결과적으로, 제약업계의 주요 목표는 뇌의 밀착연접을 일시적으로 열어서 치료 약물이 들어가도록 하는 약품을 개발하는 것이다.

복습문제

1. 염색된 조직 절편의 관찰에서 볼 수 없는 연접 구조를 동결-파단 방법으로 분석하면 무엇을 알 수 있는가?
2. 어떻게 밀착연접의 구조가 그 기능에 기여하는가?

11-5 간극연접: 세포간 연락의 중개

간극연접(間隙連接, (gap junction)은 세포간 연락을 위해 특수화된 동물세포들 사이에 있는 구조이다. 전자현미경 사진에서, 간극연접은 이웃한 세포들의 원형질막이 서로 아주 가까이(약 3nm 이내) 있으나, 직접 접촉되어 있지는 않은 것으로 나타난다. 대신, 이 세포들 사이에 있는 틈은 아주 작은 구조에 의해 연결되어 있다(그림 11-32*a*). 이 구조는 인접한 원형질막들을 통과하는 실질적인 분자의 "통로"이며 이웃 세포들의 세포질 속으로 열려있다(그림 11-32*b*).

간극연접의 분자 조성은 간단하다. 즉, 코넥신(*connexin*)[1)]이라고 하는 막의 내재단백질만으로 구성되어 있다. 코넥신들은 **코넥손**(connexon)이라고 하는 다소단위(多小單位, multisubunit) 복합체들로 조직되며, 이 구조는 막을 완전히 가로지른다(그림 11-32*b*). 각 코넥손은 중앙의 통로 주위에 원형, 또는 환형(環形, *annulus*)으로 배열된 6개의 코넥신 소단위들로 구성된다. 이 통로의 직경은 세포 바깥 표면에서 보았을 때 약 1.5nm이다(그림 11-32*c*, 왼쪽).

간극연접이 형성되는 동안, 서로 마주하고 있는 세포들의 원형질막에 있는 코넥손들이 서로 단단히 연결되는데, 이것은 코넥신 소단위들의 세포외 영역들이 광범위한 비공유 상호작용을 하기 때

역자 주[1)] 코넥신(connexin): 이 용어는 '연결하다(connect)'라는 뜻과 함께 어떤 물질의 '성질'을 뜻하는 '소(素)'에 해당하는 '-in'이 합쳐진 것이다.

문이다. 일단 코넥신들이 이렇게 배열되면, 마주하고 있는 원형질막들의 코넥손들은 한 세포의 세포질과 그 이웃 세포의 세포질을 연결하는 완전한 세포간 통로를 형성한다(그림 11-32*b*). 다수의 코넥손들이 막의 특수한 부위에 무리를 이루어 간극연접 플라크를 형성하는데, 이 구조는 동결-파단에 의해 막의 중간이 갈라졌을 때 볼 수 있다(그림 11-32*d*).

〈실험경로〉에서 설명된 것처럼(www.wiley.com/college/karp 참조), 간극연접은 이웃 세포들의 세포질 사이에 일어나는 연락(連絡, communication) 장소이다. 간극연접에 의해 세포간 연락이 이루어지는 것은 이온의 흐름이나 또는 형광물질과 같은 저분자량 염료들이 하나의 세포에서 이웃 세포로 통과하는 것으로 알 수 있다(그림 11-33). 포유동물의 간극연접은 분자량이 약 1,000달톤 이하인 분자들을 확산시킬 수 있다. 세포를 외부 매질과 연결하는 매우 선택적인 이온 통로들과는 대조적으로, 간극연접 통로들은 비교적 비선택적이다. 이온 통로들이 개폐될 수 있는 것처럼, 간극연접 통로들도 역시 문(門, gate)을 갖고 있는 것으로 생각된다. 통로가

(*a*) 0.15μm

(*b*)

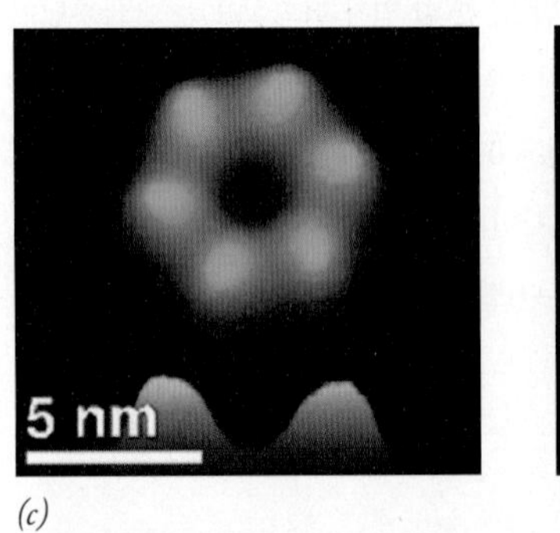

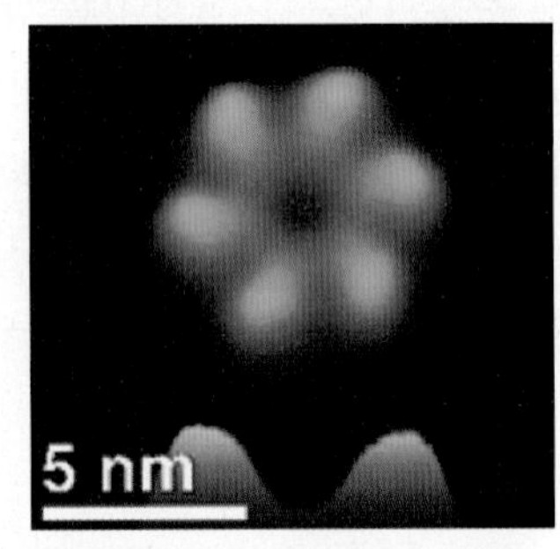

(*c*)

(*d*)

그림 11-32 간극연접. (*a*) 2개의 이웃한 막들의 면에 수직으로 위치한 간극연접을 지나는 절단면의 전자현미경 사진. 2개의 세포들 사이에 있는 "통로들"이 나란히 놓인 원형질막들에서 전자밀도가 높은 구슬들 같이 보인다. (*b*) 하나의 코넥손을 형성하는 6개의 코넥신 소단위들의 배열을 보여주는 도해 모형. 6개의 코넥신은 이 통로의 절반을 구성하며, 인접한 두 세포들의 세포질을 연결한다. 각 코넥신 소단위는 4개의 막횡단 영역을 갖는 내재단백질이다. (*c*) 하나의 코넥손에서 열린 상태(왼쪽)와 닫힌 상태(오른쪽)의 입체구조를 세포 바깥쪽 표면에서 원자현미경으로 관찰한 고해상도 상. 높은 농도의 Ca^{2+} 이온에 노출되면 코넥손이 닫히게 된다. (*d*) 동결-파단 후 그 표면의 복사막 관찰에서, 수많은 코넥손들의 고밀도 상태를 보여주는 간극연접 플라크.

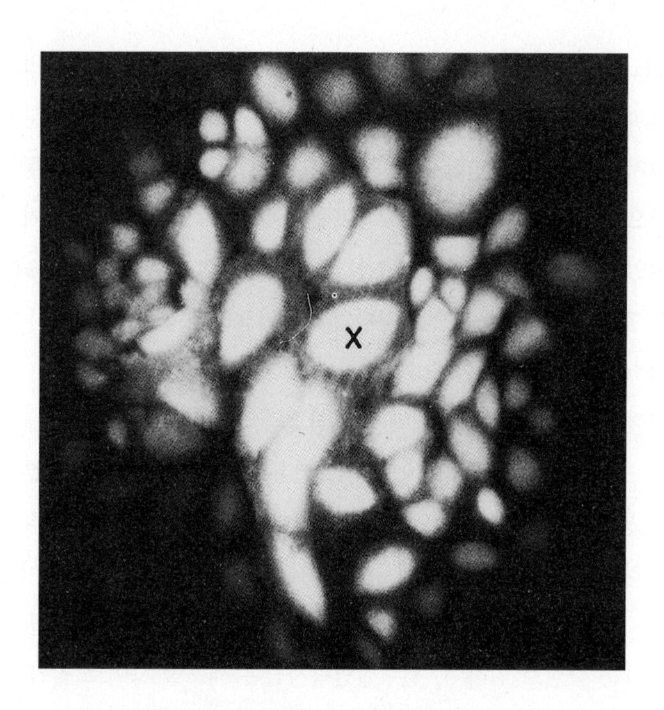

그림 11-33 간극연접을 통해서 저분자량 용질의 통과를 증명하는 실험 결과. 형광물질이 주입된 한 세포(X)로부터 그 주변에 있는 세포들로 이동하는 것을 보여주는 현미경 사진.

닫히는 것은 아마도 주로 코넥신 소단위들의 인산화에 의해 유도되고, 또한 전압의 변화 또는 비정상적으로 높은 Ca^{2+} 농도에 의해서도 일어날 수 있다(그림 11-32*c*, 오른쪽).

우리는 제4장에서 골격근 세포들이 인접한 신경 세포의 말단에서 분비된 화학물질에 의해 어떻게 자극되는가를 보았다. 심장근 또는 평활근(민무늬근) 세포의 자극은 간극연접을 포함하는 매우 다른 과정으로 일어난다. 포유동물 심장의 수축은, 심장의 박동원(搏動源), pacemaker)으로 작용하는 동방결절(洞房結節, *sinoatrial node*)이라고 하는 특수화된 심장 근육의 작은 부위에서 발생된 전기적 충격에 의해 자극된다. 이 충격은, 간극연접들을 통해 하나의 심근 세포로부터 이웃 세포들로 이온의 흐름이 빠르게 퍼짐으로써, 근육 세포들을 동시에 수축하게 한다. 이와 비슷하게, 식도 또는 장의 벽에 있는 평활근 세포들을 서로 연결하는 간극연접들을 통한 이온의 흐름은 그 벽을 따라서 아래로 이동하는 조화로운 연동운동파(蠕動運動波)를 발생시킨다.[2]

간극연접들은 하나의 조직을 구성하는 수많은 세포들의 세포질을 직접 접촉하게 할 수 있다. 이것은 생리학적으로 중요한 결과를 가져온다. 그 이유는, 고리형(cyclic) AMP와 인산 이노시톨(inositol phosphate) 같은, 활성도가 높은 많은 조절 물질들(제15장)은 간극연접 통로를 통해 지나갈 정도로 작기 때문이다. 그 결과, 간극연접들은 하나의 조직을 이루는 각 세포들의 활성을 하나의 기능적 단위로 통합할 가능성이 있다. 예로서, 만일 하나의 특정한 혈관 근처에 있는 단 몇 개의 세포들이 어느 호르몬에 의해 자극된다면 이 자극은 그 조직을 구성하는 모든 세포들로 신속하게 전달될 수 있다. 또한 간극연접들은, 세포간 통로를 거쳐 지나갈 정도로 작은 ATP, 당 인산, 아미노산, 많은 조효소 등과 같은 중요한 대사산물들을 공유하여 대사적으로 협조하도록 한다. 이러한 대사적 협조는 혈관이 없는 수정체와 같은 조직에서 특히 중요하다.

간극연접을 구성하는 단백질인 코넥신(Cx)들은 다(多)유전자 집단의 구성요소들이다. 특별한 조직에 특이적으로 분포하는 약 20가지의 코넥신들이 확인되었다. 서로 다른 코넥신들로 구성된 코넥손은 전도성, 투과성, 조절 등에서 현저한 차이를 보인다. 일부의 경우에, 서로 다른 코넥신들로 구성된 인접 세포들의 코넥손들이 결합하여 기능적인 통로를 형성할 수 있는 반면, 다른 경우에는 그렇지 않다. 이러한 화합성(和合性)의 차이는 하나의 기관에서 서로 다른 유형의 세포들 사이에 일어나는 연락을 촉진하거나 또는 방해하는 데 있어서 중요한 역할을 할 수 있다.

예를 들면, 심장 근육 세포들을 연결하는 코넥손들은 코넥신 Cx43으로 이루어져 있는 반면, 심장의 전기 전도계를 구성하는 세포들을 연결하는 코넥손들은 Cx40으로 이루어져 있다. 이들 두 코넥신들은 불화합성 코넥손을 형성하기 때문에, 이 두 유형의 세포들은 물리적으로 접촉되어 있을지라도 전기적으로는 서로 절연(絕緣)되어 있다. 많은 유전적 장애는 코넥신을 암호화하는 유전자들의 돌연변이와 관련되어 있다. 이러한 장애에는 귀머거리, 맹인, 심부전증, 피부이상증, 또는 신경퇴화증 등이 포함된다.

지난 몇 년 동안에, 새로운 유형의 연락 체계가 발견되었다. 이것은 가늘고 매우 긴 관으로 되어 있는데, 이를 통해서 세포-표면 단백질, 세포질 소낭, 칼슘 신호 등을 하나의 세포에서 다른 세포로 보낼 수 있다. 오늘날 이러한 턴넬링 나노튜브(*tunneling nanotube*)라고 하는 것은 배양에서 성장하는 세포들 사이에서만 관찰된다

[2] 웹 사이트의 〈실험경로〉에서 논의된 바와 같이, 간극연접들은 또한 뇌의 일부에서 인접한 신경 세포들의 시냅스 전후의 막들 사이에도 생긴다. 이 경우, 신경 충격은 화학 전달물질의 방출을 필요로 하지 않고 한 뉴런에서 다른 뉴런으로 직접 전달되게 한다.

(〈그림 11-34〉에서처럼). 그래서 이것이 몸속에서 생리적으로 중요한 역할을 하는지는 앞으로 밝혀져야 할 것이다.

11-5-1 원형질연락사

세포들이 서로 직접 접촉하는 동물들과는 다르게, 식물세포들은 튼튼한 장벽—세포벽—에 의해 서로 분리되어 있다. 그러므로 우리가 이 장에서 논의하고 있는, 세포-접착 분자들을 식물세포들이 갖고 있지 않은 것은 놀라운 일이 아니다. 식물들이 동물 조직에서 발견되는 특수화 된 연접들을 갖고 있지 않더라도, 대부분의 식물세포들은 원형질연락사에 의해 연결되어 있다. **원형질연락사**(plasmodesmata, 단수는 plasmodesma)는 이웃 세포들의 세포벽을 통과하는 세포질 통로이다. 〈그림 11-35*a*,*b*〉는 단순한(즉, 분지되지 않은) 원형질연락사를 보여주고 있다. 원형질연락사는 원형질막으로 싸여 있으며, 보통 두 세포들의 활면소포체(s-ER)에서 기원되었으며 가운데가 짙은 구조인 연결소관(連結小管, *desmotubule*)을 갖고 있다. 동물세포들 사이의 간극연접들과 같이, 물질들이 연결소관을 둘러싸는 환대(環帶, annulus) 부위를 통과하기 때문에, 원형질연락사는 세포들 사이에 연락 장소의 역할을 한다.

원형질연락사는 약 1kDa(킬로달톤)(1,000달톤) 이상의 분자를 통과시킬 수 없는 것으로 생각되었다. 이런 결론은 서로 다른 크기의 형광 염료들을 세포에 주입시키는 연구를 바탕으로 한 것이었다. 보다 최근의 연구에 의하면, 원형질연락사의 구멍이 확장될 수 있다는 사실로 인하여, 원형질연락사들은 세포들 사이로 훨씬 큰 분자들(50킬로달톤까지)을 통과시킬 수 있는 것으로 나타났다. 이런 동적 특성은 원형질연락사를 통해 한 세포에서 다른 세포로 전파되는 식물 바이러스에 관한 1980년대의 연구에서 처음으로 알려졌다. 바이러스들은 원형질연락사의 벽과 상호작용하여 구멍의 직경을 증가시키는 이동단백질(*movement protein*)을 암호화한다는 것이 발견되었다. 계속된 연구 결과, 식물세포들은 세포에서 세포로 단백질과 RNA의 흐름을 조절하는 그들 자신의 이동단백질을 형성하는 것으로 밝혀졌다. 이런 고분자들 중 일부는 관다발계(vascular system) 내에서 그들의 목적지를 찾아가서, 새로운 잎과 꽃의 생장 또는 병원균의 방어 등과 같은 식물의 다양한 활동을 한다. 〈그림 11-35*c*〉는 단백질(초록색형광으로 표지된)이 합성되었던 한 조직(중심주)으로부터 인접한 조직(내피)으로 이동하는 것을 보여준다. 이 단백질은 유전자의 전사 작용을 자극하기 위해 한 층으로 된 내피세포들의 둥근 핵 속에 집중된 것으로 보인다.

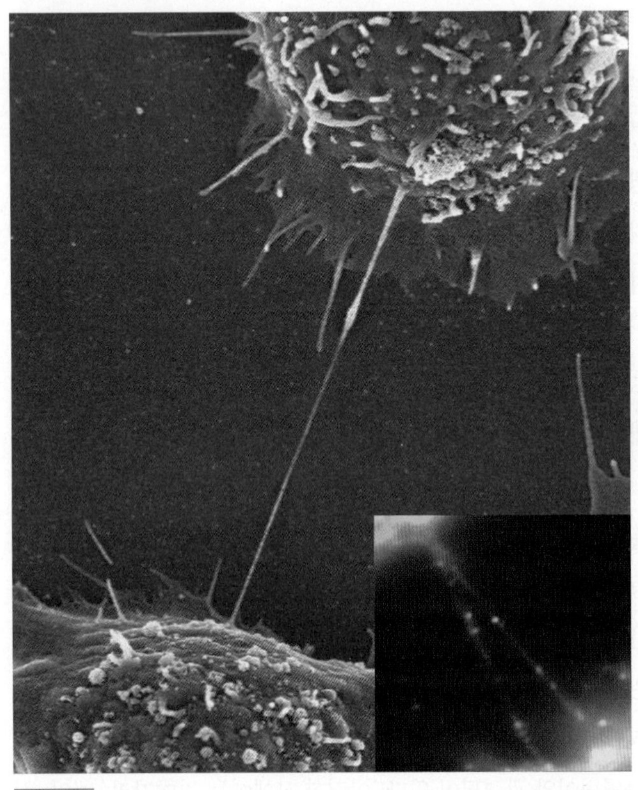

그림 11-34 턴넬링 나노튜브. 인접한 세포들의 세포질 사이에 물질을 운반할 수 있는 가느다란 관 모양의 돌기에 의해 서로 연결된 2개의 배양된 신경내분비 세포들을 보여주는 주사현미경 사진. 직경이 겨우 100nm인 이러한 돌기들은 내부의 액틴 "골격"에 의해 지지된다. 아래 오른쪽에 삽입된 사진은 형광물질로 표지된 많은 소낭들이 2개의 세포들 사이를 이동하는 장면을 보여준다.

복습문제

1. 밀착연접과 간극연접에서 내재막단백질들의 배열을 비교하시오.
2. 원형질연락사와 간극연접의 비슷한 점은 무엇인가? 이들의 다른 점은 무엇인가? 여러분은 어느 정도 크기의 단백질이 원형질연락사를 통과하기에 적당하다고 생각하는가?

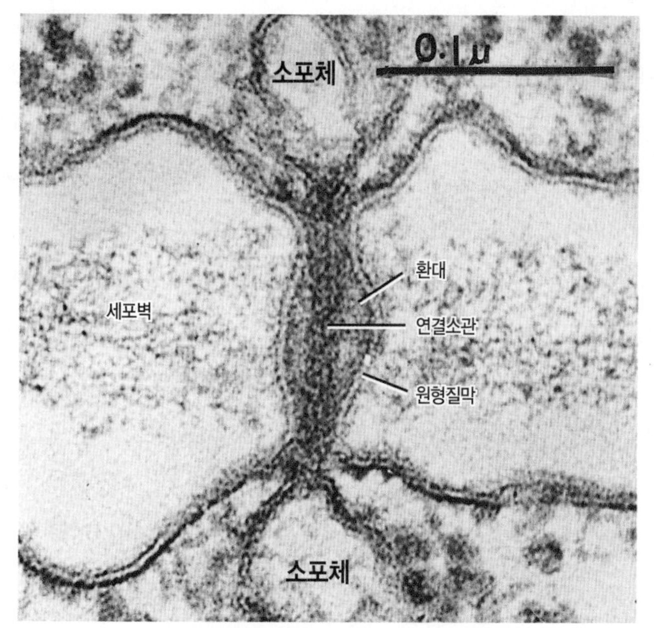

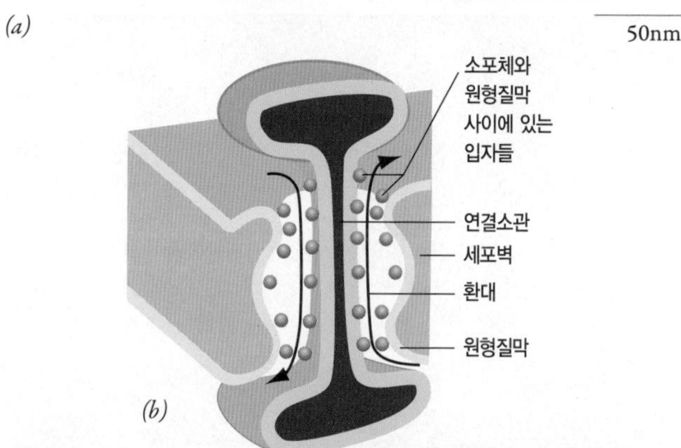

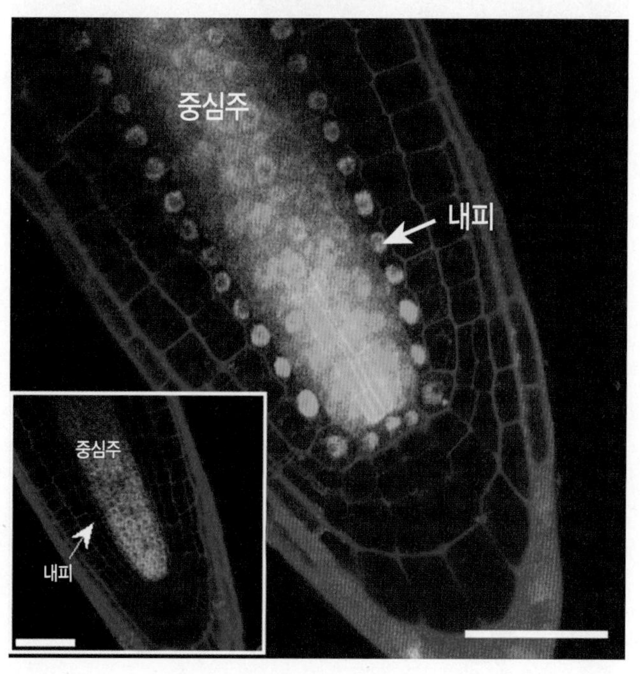

그림 11-35 원형질연락사. (*a*) 고사리 배우자체(配偶子體, gametophyte)의 원형질연락사를 지나는 절단면의 전자현미경 사진. 연결소관이 양쪽 원형질막 위의 세포질에 있는 소포체(ER)와 연속된 막으로 이루어진 것을 보여준다. (*b*) 원형질연락사의 개요도. 검은색 화살표는 분자들이 환대 부위를 통해 세포에서 세포로 통과할 때의 경로를 나타낸 것이다. (*c*) 단백질이 식물 뿌리 속에서 하나의 세포로부터 다른 세포로 이동하는 예. 아래 왼쪽에 삽입된 작은 사진은 형광물질로 표지된 Shr이라는 단백질을 암호화하는 mRNA 분자들(초록색)의 국재성(局在性)을 보여준다. 이 mRNA 분자들은 이 단백질이 합성되었던 조직인 중심주(Ste)의 세포들 속에 위치하고 있다. 오른쪽의 큰 사진도 형광물질로 표지된 Shr 단백질(초록색)의 국재성을 보여주며, 이 단백질은 합성되었던 중심주 세포들과 이와 접한 내피(End) 세포들 속에 모두 존재한다. 단백질은 이 두 세포들을 연결하는 원형질연락사의 통로를 거쳐 통과된다. 수송된 이 단백질은 내피 세포들의 핵 속에 위치되어 있으며, 이곳에서 전사 요소로서 작용한다. 두 사진 아래의 선들은 각각 50μm 및 25μm(삽입도)이다.

11-6 세포벽

10nm 두께 이하의 지질-단백질로 된 원형질막은 세포 내용물을 최소한으로 보호해 줄 것으로 예상될 수 있기 때문에, "나출(裸出)된" 세포들이 극히 파괴되기 쉬운 구조라는 것은 놀라운 일이 아니다. 동물 이외의 거의 모든 생물의 세포들은 보호 작용을 하는 외부 덮개 속에 싸여 있다. 원생동물은 두꺼운 외피를 갖는 반면, 세균, 곰팡이, 식물 등은 뚜렷한 **세포벽**(cell wall)을 갖고 있다. 우리는 여기서 광학현미경으로 관찰된 최초의 세포 구조인 식물의 세포벽에 국한하여 논의할 것이다.

식물의 세포벽은 생명 유지에 필요한 많은 기능을 수행한다. 식물세포들은 둘러싸고 있는 세포벽을 밀어붙이는 팽압(膨壓, turgor pressure)을 발생시킨다. 그 결과, 이 세포벽은 감싸고 있는 그 세포를 특징적인 다면체의 모양을 갖게 한다(그림 11-36*a*). 각 세포의 지지 작용 외에, 세포벽은 총체적으로 식물 전체의 "골격" 역할을 한다. 실제로, 세포벽이 없는 나무는 많은 점에서 뼈 없는 사람과 비슷할 것이다. 세포벽은 또한 세포를 기계적인 찰과상과 병원균의 피해로부터 보호하며, 그리고 세포-세포 상호작용을 중개한다. 동물세포의 표면에서 ECM과 같이, 식물의 세포벽은 접촉한 세포들의 활성을 변화시키는 신호원(信號源)이다.

식물 세포벽은 비섬유성 젤과 유사한 기질 속에 들어 있는 섬유 요소를 갖고 있기 때문에, 흔히 철근 콘크리트 또는 강화 섬유유리와 같은 가공 물질들에 비유된다. 섬유소(纖維素, cellulose)는 세포벽의 섬유성 구성요소이며, 단백질과 펙틴(아래에 기술된)은 기질이다. 섬유소 분자들은 세포벽을 단단하게 하고 장력에 저항하도록 하는 막대 모양의 **미세원섬유**(microfibril)들로 조직된다(그림 11-36*b*,*c*). 각 미세원섬유는 직경이 약 5nm이며, 보통 서로 평행하게 배열되고 수소결합으로 연결된 36개의 섬유소 분자들의 다발로 구성된다. 많은 식물세포의 벽은 층으로 구성되며, 한 층에 있는 미세원섬유들은 이웃의 다른 층에 있는 것들과 약 90° 방향으로 배열되어 있다(그림 11-36*b*).

섬유소 분자들은 세포 표면에서 중합된다. 여러 개의 소단위로 된 섬유소합성효소(*cellulose synthase*)가 자라고 있는 섬유소 분자의 끝에 포도당 소단위들을 첨가한다. 이 효소를 구성하는 6개의 소단위들은 원형, 또는 로제트(rosette) 구조로 배열되어 원형질막 속에 묻혀 있다(그림 11-37*a*,*b*). 이와는 대조적으로, 기질이 되는 물질들은 세포질에서 합성되어 분비 소낭들에 의해 세포 표면으로 운반된다(그림 11-37*c*). 기질은 매우 복합적이어서 이의 합성과 분해를 위해서는 수백 가지의 효소가 필요하다. 세포벽의 기질은 세 가지의 고분자들로 구성되어 있다(그림 11-36*c*).

1. **헤미셀루로스**(hemicellulose)는 분지된 다당류이며, 이의 골격

(*a*)

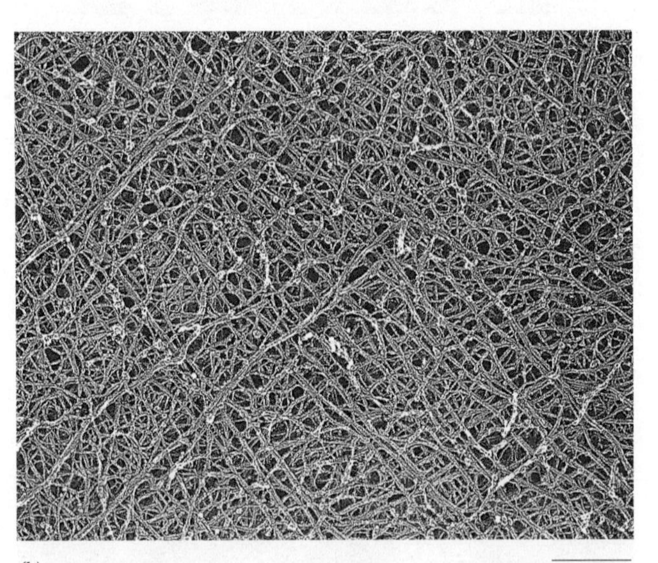

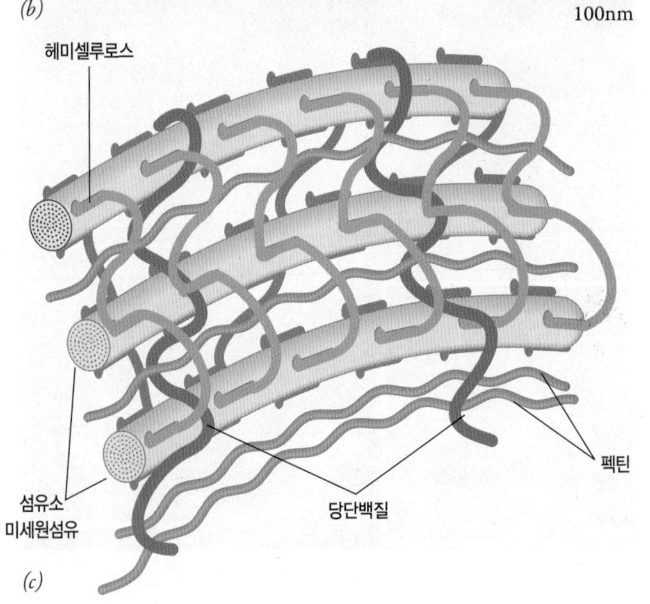

그림 11-36 식물의 세포벽. (*a*) 세포벽으로 둘러싸인 식물세포의 전자현미경 사진. 중간층(中間層, middle lamella)은 인접한 세포벽들 사이에 있는 펙틴-함유 층이다. (*b*) 비섬유성 펙틴 중합체를 추출한 후, 양파 세포벽에서 섬유소 미세원섬유와 헤미셀루로스가 교차-연결된 것을 보여주는 전자현미경 사진. (*c*) 일반적인 식물 세포벽의 모형을 그린 개요도.

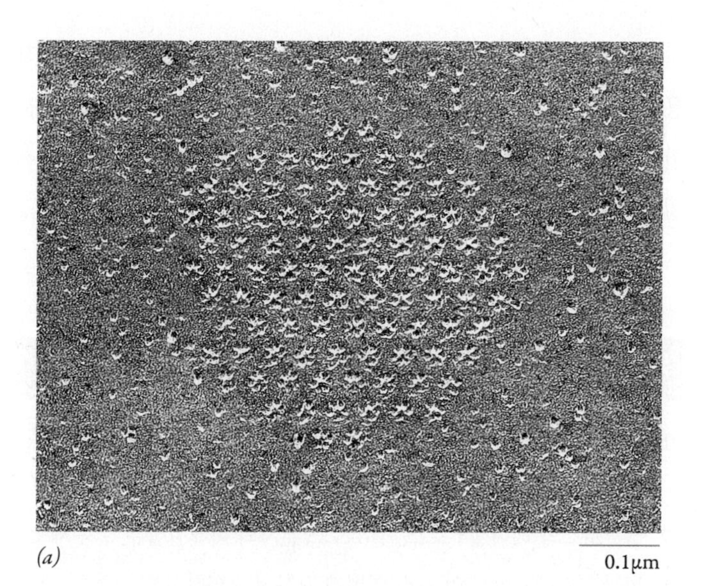

(a)

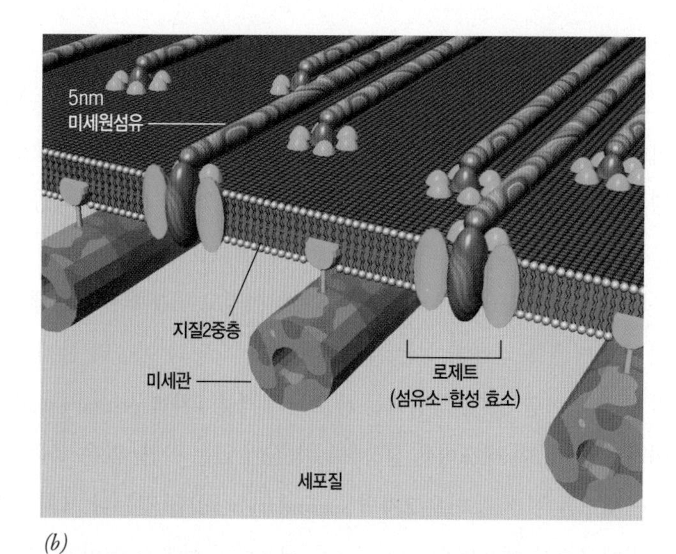

(b)

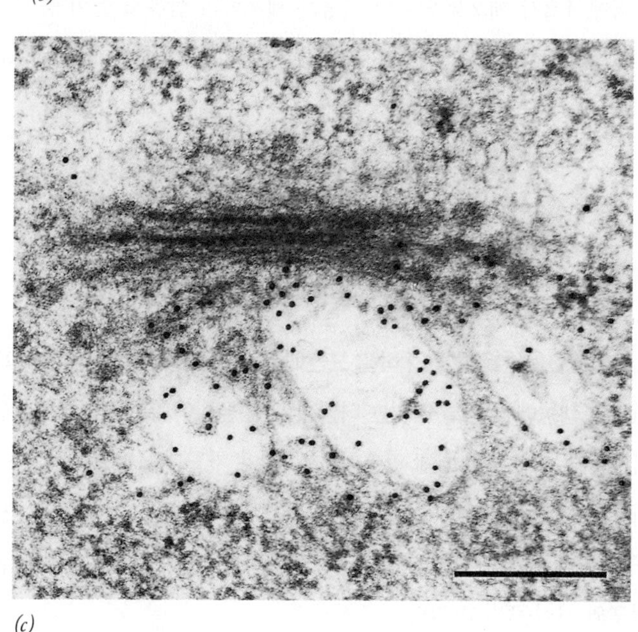
(c)

그림 11-37 식물 세포벽의 고분자 합성. (*a*) 조류(藻類) 세포 원형질막의 동결-파단 후 그 표면의 복사막을 관찰한 구조. 로제트(rosette) 구조들은 원형질막 속에 있는 섬유소-합성 효소(cellulose synthase)인 것으로 생각된다. (*b*) 섬유소 미세원섬유의 집적 모형. 각 로제트는 하나의 미세원섬유를 형성하고, 이것은 다른 로제트에서 형성된 미세원섬유들과 측면에서 결합하여 더 큰 섬유를 형성하는 것으로 생각된다. 로제트가 신장하고 있는 섬유소 분자들에 의해 밀려나게 됨에 따라, 로제트 구조의 전체 배열이 막 속에서 측면으로 이동될 수 있다. 연구에 의하면, 막 속에 있는 로제트의 이동 방향은 원형질막 밑에 있는 미세관의 방향에 의해 결정되는 것으로 보인다(제13장에서 논의되었음). (*c*) 골지복합체의 전자현미경 사진. 이 사진은 펙틴의 주요 구성요소들 중 하나인 갈락투론산 중합체에 대한 항체로 염색된 근관의 주변부 세포에서 관찰된 것이다. 헤미셀루로스와 같이, 이 물질은 골지복합체에서 조립된다. 항체는 검은 입자로 볼 수 있도록 금 입자와 결합되었다. 아래의 선은 0.25μm이다.

은 포도당과 같은 하나의 당 그리고 자일로스(xylose)와 같은 다른 당의 곁사슬로 구성된다. 헤미셀루로스 분자들은 섬유소 미세원섬유들의 표면에 결합하는데, 이들은 교차-연결되어 탄력 있는 연결망 구조를 형성한다.

2. **펙틴**(pectin)은 갈락투론산(galacturonic acid)을 함유하는 음전하를 띤 이질적인 다당류이다. 동물세포의 기질에 있는 글리코사미노글리칸과 같이, 펙틴은 물을 함유하여 수화(水和)된 젤을 형성하여 섬유 요소들 사이의 공간을 채운다. 식물이 병원균의 공격을 받았을 때, 세포벽에서 방출된 펙틴 조각들이 식물세포에 의한 방어 반응을 일으킨다. 정제된 펙틴은 잼이나 젤리가 젤과 같은 점도를 유지시키기 위해 상업적으로 이용된다.

3. **단백질**(protein)은 그 기능이 잘 알려져 있지 않으나 동적인 활성을 중개한다. 이의 한 종류인 확장소[擴張素, 또는 익스펜신(*expansin*)]는 세포의 확장(신장)을 촉진한다. 이 단백질은 세포벽을 부분적으로 느슨하게 만들어서, 세포 속에서 발생된 팽압에 반응하는 곳에서 그 세포를 신장시킨다. 세포벽-결합 단백질 인산화효소는 원형질막을 횡단하여 있으며, 세포벽으로부터 세포질로 신호들을 전달하는 것으로 생각된다.

세포벽에 있는 이러한 여러 가지 물질들의 비율은 식물에 따라, 세포에 따라, 세포벽의 시기에 따라, 대단히 다양하다. 동물 결합조직의 세포외 기질과 같이, 식물의 세포벽은 변화하는 환경 조건에 따라 변형될 수 있는 동적인 구조이다.

세포벽은 세포분열에서 새로 형성된 딸세포들의 원형질막 사이에 생긴 얇은 **세포판**(細胞板, cell plate: 〈그림 14-38〉에서 설명되었음)에서 생긴다. 세포벽은 세포 속에서 조립되어 세포외공간으로 분비된 물질들이 추가로 결합하여 성숙한다. 기계적 지지 작용과 외부 병원균들로부터의 보호 외에, 어리고 미분화된 식물세포의 세포벽은 둘러싸여 있는 세포의 엄청난 생장과 어울려 함께 자랄 수 있어야만 한다. 생장하는 세포들의 벽을 **1차벽**(primary wall)이라고 하며, 이 세포벽은 신장하는 성질이 있는 반면, 많은 성숙한 식물세포들은 더 두꺼운 **2차벽**(secondary wall)을 갖는다. 1차 세포벽에서 2차 세포벽으로의 변형은 세포벽의 섬유소 양이 증가함으로써 일어나며, 이때 대부분의 경우 목질소(木質素, *lignin*)라고 하는 페놀-함유 중합체가 결합한다. 목질소는 구조를 지지하는 작용을 하며 목재의 주요 구성요소이다. 물관부(xylem)에서 물을 운반하는 세포들의 벽에 있는 목질소는 식물이 물을 이동시키기 위해 필요한 지지력을 갖게 한다.

복습문제

1. 식물 세포벽을 구성하는 요소들과 이들 각각이 세포벽의 구조와 기능에서 어떤 역할을 하는지 설명하시오.
2. 셀루로스와 헤미셀루로스, 셀루로스 분자와 미세원섬유, 1차 세포벽과 2차 세포벽 등이 각각 어떻게 다른지 구별하시오.

요약

세포외공간은 원형질막의 바깥 표면에서 밖으로 뻗어 있는 부분이며, 세포의 행동에 영향을 미치는 다양한 분비 물질이 포함되어 있다. 상피조직들은 기저막 위에 있으며, 기저막은 가느다란 세포외 물질들이 서로 얽힌 연결망 구조로 되어 있다. 힘줄, 연골, 각막기질 등을 포함한 다양한 결합조직은 그 조직의 특성을 갖게 하는 광범위한 세포외 기질을 갖고 있다.

세포외 기질(ECM)의 주요 구성요소들에는 콜라겐, 프로테오글리칸, 그리고 섬유결합소와 라미닌 같은 다양한 단백질들이 있다. ECM의 각 단백질은 영역들로 이루어진 모듈 구조를 갖고 있으며, 이 영역들은 서로 결합하거나 세포 표면의 수용체와 결합하는 자리를 갖고 있다. 그 결과, 이러한 다양한 세포외 물질들은 상호작용하여 세포 표면에 결합되어 있는 서로 연결된 그물 구조를 형성한다. 콜라겐은 세포외 기질이 견인력에 저항하는 능력을 갖게 하는 매우 풍부한 섬유 단백질이다. 프로테오글리칸은 단백질과 글리코사미노글리칸으로 구성되며 세포외공간을 채우는 무정형의 포장재 역할을 한다.

인테그린들은 세포와 그의 바닥층 사이에 일어나는 상호작용을 중개하는 세포-표면 수용체들이다. 인테그린들은 이질2량체인 내재막 단백질로서, 세포질 쪽 영역은 세포골격 구성요소들과 상호작용하며, 세포외 영역은 다양한 세포외 물질들과 결합하는 자리를 갖고 있다. 세포 속의 내부 변화는 "안쪽에서-밖으로" 신호를 내보낼 수 있어서, 인테그린의 리간드-결합 활동을 활성화한다. 이러한 활성화는 인테그린의 구조를 굽은 상태에서 곧게 펴진 입체구조로 바뀌는 극적인 변화와 관련되어 있다. 거꾸로, 인테그린에 세포외 리간드가 결합되면, "바깥쪽에서-안으로" 신호를 보내어 세포의 활동에 변화를 가져온다.

세포들은 국소부착과 헤미데스모솜(반부착반점)과 같은 세포-표면 특수화에 의해 바닥층에 부착(附着)한다. 국소부착은 세포골격 중 액틴-함유 미세섬유에 결합된 인테그린 무리들이 있는 원형질막의 부착 지점이다. 헤미데스모솜이 있는 부착 지점에서, 원형질막은 바깥 표면에 기저막과 연결된 그리고 안쪽 표면에는 케라틴-함유 중간섬유에 간접적으로 연결된 인테그린 무리를 갖고 있다. 또한 이 두 가지 부착 구조는 잠재적인 세포 신호전달의 자리이기도 하다.

세포와 세포 사이의 접착(接着)은 셀렉틴, 인테그린, 카드헤린, 면역글로불린 대집단(IgSF)의 구성요소들 등 다수의 독특한 내재막단백질들의 집단에 의해 중개된다. 셀렉틴은 다른 세포의 표면에서 돌출된 특이하게 배열된 탄수화물 무리에 결합하며, 염증 및 혈액 응고의 장소에서 순환하는 백혈구와 혈관 벽 사이에 일시적인 칼슘-의존 상호작용을 중개한다. IgSF의 세포-접착 분자들은 칼슘-비의존 세포-세포 접착을 중개한다. 세포 표면에 있는 IgSF 단백질은 다른 세포에서 돌출된 인테그린과 또는 동일하거나 서로 다른 IgSF 단백질과 상호작용한다. 카드헤린은 마주하고 있는 세포에서 동일한 카드헤린과 결합하여 칼슘-의존 세포-세포 접착을 중개함으로써, 비슷한 유형의 세포들로 구성된 조직 형성을 촉진한다.

세포들 사이의 강한 접착은 특수화된 접착연접과 데스모솜(접착반점)의 형성으로 촉진된다. 접착연접들은 세포의 정단부 표면 근처에서 세포를 에워싸서, 그 세포와 주변의 모든 세포들 사이를 접촉하게 한다. 접착연접들의 원형질막은 중개 단백질들에 의해 세포골격 중 액틴섬유들에 연결된 카드헤린 무리를 갖고 있다. 데스모솜은 세포들 사이를 연결할 때 생기며, 세포질 쪽에 이 구조의 특징인 높은 밀도의 플라크가 막의 안쪽 표면에 있다. 데스모솜은 카드헤린이 집중된 장소로서, 카드헤린은 중개 단백질에 의해 세포질 플라크를 거치는 고리 모양으로 된 중간섬유들과 연결되어 있다.

밀착연접들은 상피조직에서 세포들 사이에 용질의 확산을 차단하는 특수화된 접촉 장소이다. 밀착연접을 지나는 횡단면에서, 인접한 세포들의 바깥 표면이 중간 중간에 직접 접촉되어 나타난다. 동결-파단 방법으로 막을 관찰하면, 그 접촉된 장소에 열을 지어 배열된 입자들이 이웃 세포들의 원형질막 속에서 실 모양의 가닥들을 형성하는 것을 볼 수 있다.

간극연접들과 원형질연락사는 각각 동물과 식물에서 인접한 세포들 사이의 연락을 위해 특수화된 장소이다. 간극연접의 원형질막에는 코넥손을 형성하는 코넥신 소단위들이 6각형으로 배열하여 형성된 통로가 있다. 이 통로는 한 세포의 세포질과 인접 세포의 세포질을 연결한다. 코넥신의 중앙 통로는 세포들 사이에 약 1,000달톤에 이르는 물질을 직접 확산시킬 수 있다. 간극연접들을 통과하는 이온의 흐름은 심장의 근육조직을 통한 흥분의 전파를 비롯한 여러 가지 생리학적 작용에서 핵심 역할을 한다. 원형질연락사는 세포벽에 끼어 있는 구조로서 이를 통해서 직접 인접한 식물 세포들 사이를 연결하는 원통형 세포질 통로이다. 이러한 통로는 약 1,000달톤의 용질 분자들을 자유롭게 통과시키지만, 특수한 단백질에 의해 팽창될 수 있어서 고분자들을 통과시킨다.

식물세포들은 섬유소와 다양한 분비 물질들로 구성된 복잡한 세포벽으로 싸여 있으며, 이런 세포벽은 세포를 물리적으로 지지하며 잠재적인 손상으로부터 보호하는 작용을 한다. 섬유소 미세원섬유는 원형질막 속에 있는 효소에 의해 합성된 섬유소 분자들의 다발로 구성되며, 강직성과 인장 강도를 갖게 한다. 헤미셀루로스는 섬유소 미세원섬유들과 교차-연결되어 있고, 펙틴은 광범위하게 교차-연결된 젤을 형성하여 세포벽의 섬유들 사이에 있는 공간을 채운다. 동물세포의 세포외 기질처럼, 식물세포벽은 동적인 구조로서, 변화하는 환경 조건에 반응하여 변형될 수 있다.

분석 문제

1. 세포접착은 흔히 시험관 속에서 세포를 특수한 물질로 처리하여 차단될 수 있다. 다음 물질들 중 어느 것이 셀렉틴에 의해 중개된 세포접착을 막을 것으로 생각하는가? L1 분자에 의해 중개된 세포접착을 막는 것은 무엇인가? 1) 단백질을 분해시키는 트립신. 2) RGD를 포함하고 있는 펩티드. 3) 올리고당으로부터 시알산을 제거하는 뉴라민산분해효소(neuraminidase). 4) 콜라겐분해효소(collagenase). 5) 히알루론산분해효소(hyaluronidase). 6) 배지에서 칼슘 이온과 결합

하는 EGTA.

2. 신경능선 세포(neural crest cell)들의 이동을 막으려면 배양 접시에 무슨 물질을 넣어야 하는가? 섬유모세포가 바닥층에 부착하는 것을 막으려면 무슨 물질을 넣어야 하는가?
3. 섬유결합소 유전자가 없는 생쥐들은 배발생 초기에 죽는다. 이러한 배의 생존에 지장을 줄 수 있는 두 가지 과정을 말하시오.
4. 여러분이 다음과 같은 사실을 발견했다고 가정하자. 분자량이 1,500달톤인 분자 A가 간극연접의 통로를 지나갈 수 있었으나, 1,200달톤인 분자 B는 똑같은 세포에서 확산될 수 없었다. 이 결과를 설명하기 위해서 이 두 분자가 어떻게 다르다고 할 수 있는가?
5. 동물의 세포외 기질과 식물 세포벽의 구조에서 어떤 점이 비슷한가?
6. 두 가지 자가면역질환에 대해 언급된 바 있었다. 즉, 하나는 헤미데스모솜의 구성요소에 대한 항체를 생산하는 것이고, 다른 하나는 데스모솜의 구성요소에 대한 항체를 생산하는 것이다. 이 두 경우 피부에 심각한 물집(수포)이 생긴다. 왜 이 두 경우에 비슷한 증상이 생긴다고 생각하는가?
7. 세포접착을 중개하는 다양한 분자들 가운데 어느 것이 유형을 분류(구분)하는 데(〈그림 11-20〉의 세포들에 의해 증명된) 있어서 가장 신뢰할 수 있는가? 왜 그런가? 여러분의 결론을 어떻게 시험할 수 있는가?
8. 여포-자극 호르몬(FSH)은 뇌하수체 호르몬의 하나로서, 난소의 여포세포에 작용하여 다양한 대사 변화를 자극하는 고리형 AMP의 합성을 유도한다. FSH은 심장 근육세포에는 영향을 주지 않는다. 그러나 난소의 여포세포와 심장의 근육세포를 함께 혼합 배양한 후, 배지에 FSH를 첨가하면 다수의 심장 근육세포가 수축하는 것으로 나타났다. 이 관찰 결과가 어떻게 설명될 수 있는가?
9. 왜 동물세포들은, 거의 모든 다른 생물군에서 발견되는 세포벽 없이 살아갈 수 있다고 생각하는가?
10. 세포들이 자라고 있던 배지의 온도를 낮추어 주는 것이, 서로 간극연접을 형성하기 위한 세포들의 능력에 왜 영향을 미칠 것으로 예상하는가?
11. 세포의 연접들 중 어떤 것은 둘러싸는 띠로 생기는 반면, 다른 것은 별개의 점으로 생긴다. 이런 두 유형의 구조적 배열은 각 연접의 기능과 어떻게 서로 관련되는가?
12. 담배모자이크 바이러스가 원형질연락사의 투과성을 어떻게 변형시킬 수 있었나를 설명할 수 있는 몇 가지 기작을 제안하시오. 여러분의 제안을 어떻게 시험할 수 있는가?
13. 인테그린이 없는 것으로 생각되는 척추동물의 세포들 중의 하나가 적혈구이다. 여러분은 이 사실이 놀라운가? 왜 그런가? 아니면 왜 그렇지 않은가?

제 12 장

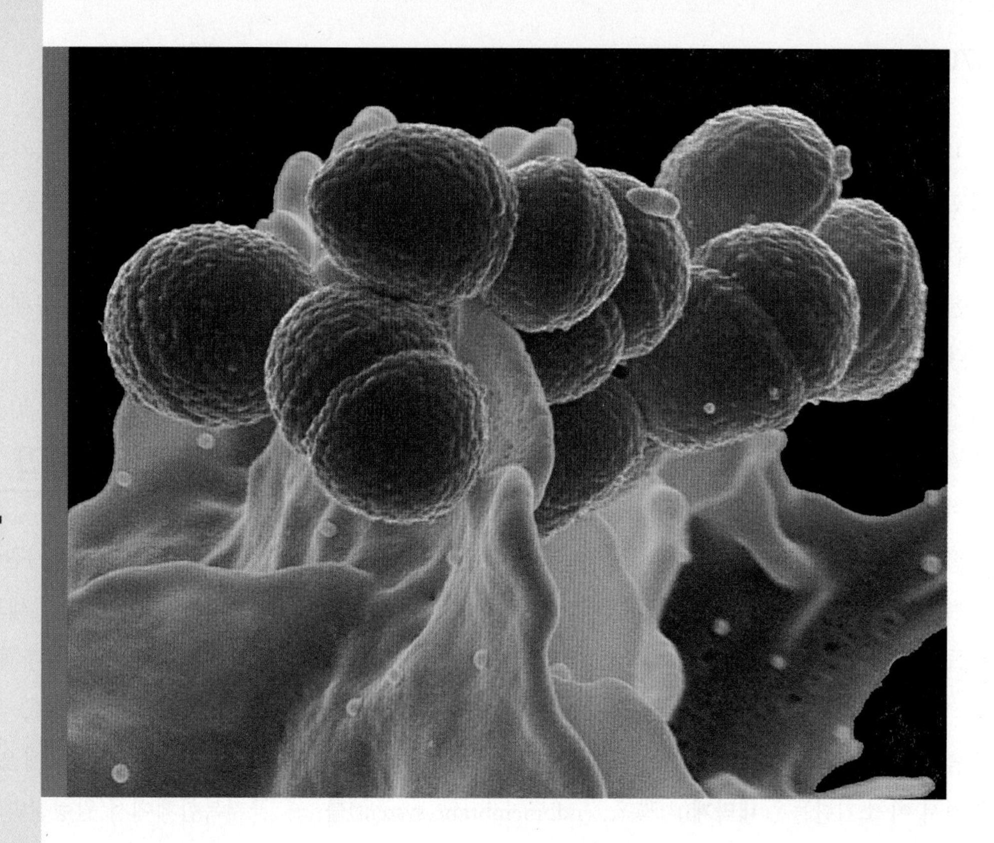

세포 소기관과 막의 경로수송

광학현미경 하에서, 살아 있는 세포의 세포질은 비교적 일정한 구조를 갖고 있지 않은 것처럼 보인다. 그러나 20세기가 시작되기 전에도, 동물 조직의 염색된 절편을 관찰한 결과 세포질 속에 막으로 된 거대한 네트워크(연결망)가 있다는 것을 어렴풋이 알게 되었다. 그러나 1940년대에 전자현미경이 개발될 때까지, 생물학자들은 대부분 진핵세포의 세포질 속에 있는 다양하고 많은 막으로 싸인 구조들을 바르게 인식하지 못하였다. 이 시대에 초기의 전자현미경 사용자들은 전자 밀도가 서로 다른 물질을 가지며 막으로 싸여 있는 다양한 직경의 소낭들, 세포질 속에 여러 갈래로 뻗어 있어서 서로 연결된 망을 형성하는 막으로 싸인 긴 통로들, 그리고 시스터나(*cisternae*)라고 하는 막으로 싸인 납작한 주머니들의 더미 등을 관찰하였다.

이와 같은 초기의 전자현미경적 연구와 생화학적 조사를 통해, 진핵세포들의 세포질이 막으로 싸여 있는 다양하고 독특한 구획들로 다시 나누어져 있다는 것이 확실하게 되었다. 더 많은 유형의 세포들이 관찰되면서, 세포질 속에서 이런 막으로 된 구획들이 다양한 소기관들을 형성한다는 것이 분명하게 되었다. 이런 사실은 효모에서 다세포 동식물에 이르기까

식세포작용(phagocytosis)에 의해 많은 세균을 잡아먹는 사람의 백혈구 중 하나인 호중성백혈구의 채색된 주사전자현미경 사진. 호중성백혈구들은 항원에 대하여 선천적 면역반응을 하는 중요한 혈구이다.

지 다양한 세포들에서 확인될 수 있었다. 막 구조들로 가득한 진핵 세포의 세포질이 〈그림 12-1〉의 옥수수 뿌리 세포의 전자현미경 사진에 나타나 있다. 다음 페이지에서 볼, 이들 각 소기관들은 특별한 단백질들을 갖고 있으며 특별한 활동을 하기 위해 특수화되어 있다. 그래서 집이나 음식점이 특수화된 방들로 나뉘어서, 방들마다 서로 독립적으로 특별한 일을 할 수 있는 것과 똑같이, 한 세포의 세포질은 비슷한 이유로 특수화된 막의 구획들로 나뉘어 있다. 여러분들이 이 장(章)에서 전자현미경 사진들을 볼 때, 집이나 음식점의 방들처럼, 세포질 속의 여러 소기관들은 안정된 구조로 보일 수 있지만, 사실 이 소기관들은 계속적으로 변화하는 동적인 구획들임을 기억하기 바란다.

이 장에서, 우리는 소포체, 골지복합체, 엔도솜(endosome), 리소솜, 그리고 액포 등의 구조와 기능에 대하여 검토할 것이다. 모두 합쳐서 이 소기관들은 **내막계**(內膜系, endomembrane system)를 형성하며, 이 계의 각 구성요소들은 통합된 단위의 일부로서 작용한다. (미토콘드리아와 엽록체는 이 내막계 부분이 아니며, 이들은 제9장과 제10장의 주제들이었다. 오늘날의 증거에 의하면, 제10장에서 논의되었던 퍼옥시솜의 기원은 이중적이다. 즉, 퍼옥시솜에서 경계막의 기본 요소들은 소포체에서 생긴 것으로 생각되나, 대부분의 막단백질과 가용성 내부단백질 등은 〈12-9절〉에서 기술된 것처럼 세포기질에서 유래되었다.) ■

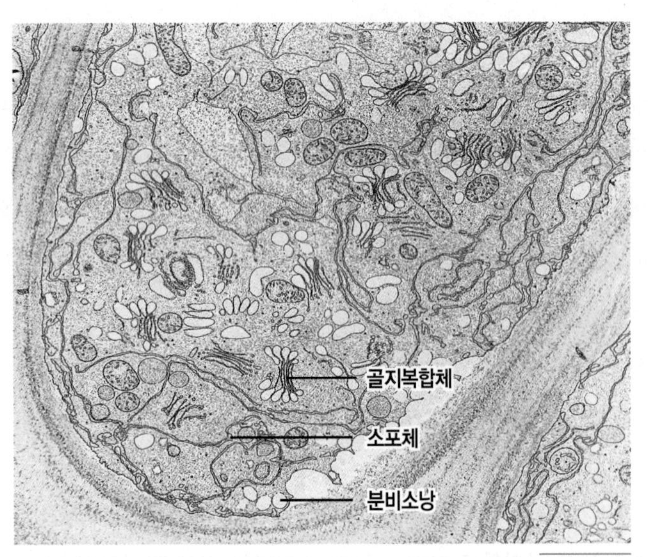

그림 12-1 세포질에서 막으로 싸여 있는 구획들. 옥수수 뿌리의 근관세포에서 세포질은 막으로 싸인 많은 소기관들을 갖고 있으며, 이들의 구조와 기능을 이 장에서 다루게 될 것이다. 이 사진에서 보는 것처럼, 세포질에 있는 막들을 합한 전체 표면적은 이 세포를 둘러싸고 있는 원형질막의 전체 표면적보다 수십 배 더 넓다.

12-1 내막계의 개관

내막계를 구성하는 소기관들은 동적이며 통합된 연결망의 일부로서, 그 속에서 물질들이 세포의 한 부분에서 다른 부분으로 왔다 갔다 하며 옮겨 다닌다. 대체로, 공여체 구획(donor compartment)의 막에서 떨어져 나온, 작고 막으로 싸인 **수송소낭**(輸送小囊, transport vesicle)들 속에 있는 물질들은 소기관들 사이를—예로서, 골지복합체에서 원형질막으로—왔다 갔다 한다(그림 12-2*a*).[1] 수송소낭들은 통제된 방식으로 세포질을 거쳐 이동하며, 때로는 미세관의 트랙(track, 線路) 위에서 작동하는 운동단백질(motor protein)에 의해 끌려가기도 한다(그림 13-1*a* 참조). 이 소낭들은 목적지에 도달하였을 때, 이를 받아들이는 수용체 구획(acceptor compartment)의 막과 융합한다(그림 12-2*a*). 이 수용체 구획은 소낭을 싸고 있는 막은 물론 그 속의 수용성 물질(화물, cargo)을 받아들인다. 막의 출아(出芽, budding)와 융합이 반복됨으로써, 세포에서 일어나는 수많은 경로를 따라 다양하고 많은 물질들이 이동한다.

세포질을 거치는 많은 별개의 경로들이 알려졌으며, 이 경로들은 〈그림 12-2*b*〉에 나타낸 개관에서 볼 수 있다. **생합성경로**(生合成經路, biosynthetic pathway)는 다음과 같은 과정으로 인식될 수 있다. 즉, 단백질들이 소포체에서 합성되어, 골지복합체를 통과하는 동안 변형되고, 골지복합체로부터 원형질막, 리소솜, 또는 식물세포의 큰 액포 등과 같은 여러 가지 목적지로 수송된다. 소포체에서 합성된 많은 단백질들(골지복합체에서 합성된 복합다당류는 물론)이 그 세포로부터 방출될(**분비될**, secreted) 운명에 놓여 있을 때, 이런 경로를 또한 **분비경로**(分泌經路, secretory pathway)

[1] "소낭(小囊, *vesicle*)"이란 용어는 구형의 운반체를 뜻한다. 또한 화물(cargo)은 불규칙하거나 또는 관 모양의 막으로 싸인 운반체 속에서 수송될 수 있다. 단순화하기 위해, 이런 운반체를 일반적으로 "소낭"이라고 할 것이며, 소낭이 항상 구형은 아니라는 것을 기억하자.

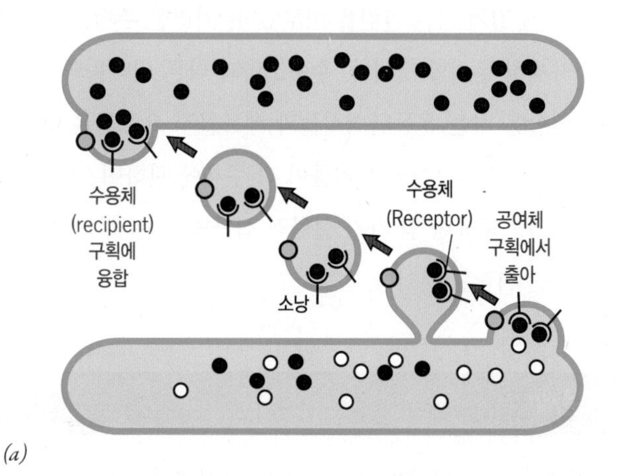

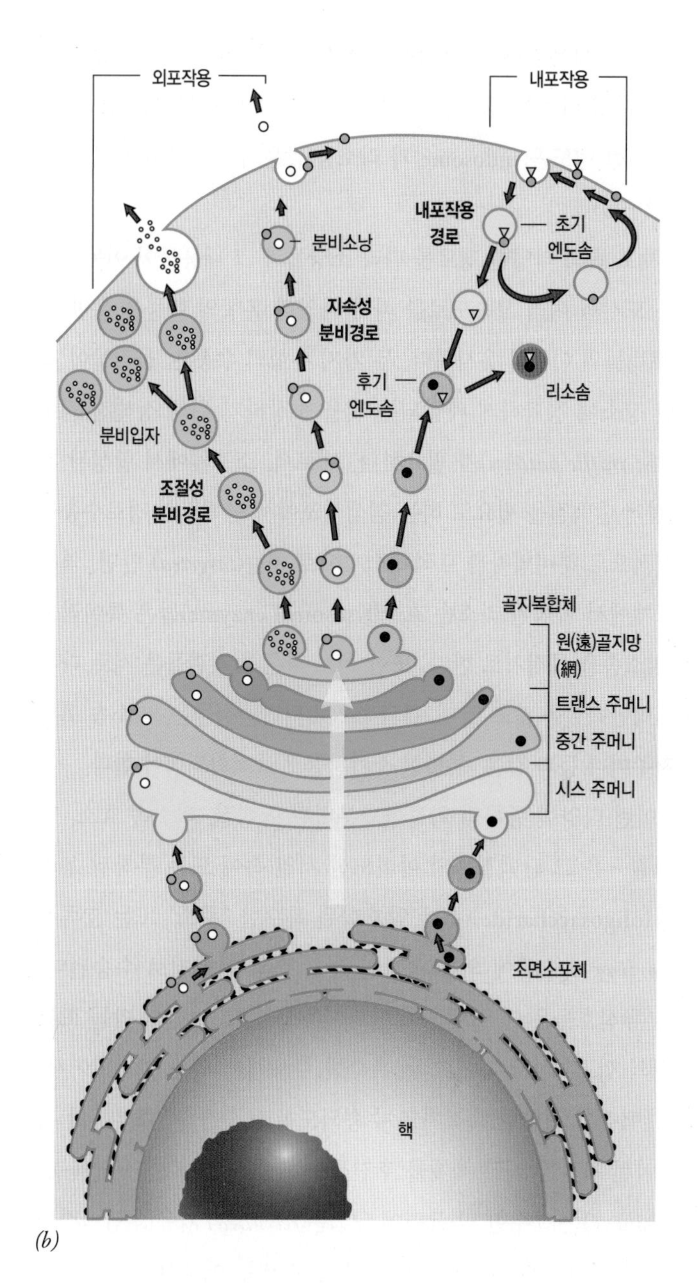

그림 12-2 내막들을 동적이며 서로 연결된 망으로 통합시키는 생합성/분비 경로와 내포작용 경로의 개요. *(a)* 물질들이 공여체 구획으로부터 수용체 구획으로 수송되는 소낭수송의 과정을 나타낸 개요도. 소낭은 막의 출아에 의해 형성되며, 그 동안에 공여체(donor) 막의 막단백질들이 소낭의 막 속으로 들어가고 공여체 구획 속의 가용성 단백질들은 특수한 수용체에 결합한다. 이어서 수송소낭이 다른 막과 융합할 때, 소낭 막의 단백질들은 수용체막의 일부로 되며, 가용성 단백질들은 수용체 구획의 내강 속으로 들어가게 된다. *(b)* 물질들은 소포체로부터 골지복합체를 거쳐서 리소솜, 엔도솜, 분비소낭, 분비입자, 액포, 원형질막 등의 다양한 장소로 생합성(또는 분비) 경로를 따라간다. 물질들은 세포 표면으로부터 엔도솜 그리고 리소솜 효소에 의해 분해되는 리소솜을 경유하여 세포 내부로 내포작용 경로를 따라간다.

라고 한다. 세포의 분비 활동은 두 가지 유형, 즉 지속성 분비와 조절성 분비로 나누어진다(그림 12-2*b*). **지속성 분비**(持續性 分泌, constitutive secretion)가 이루어지는 동안, 물질들은 합성된 장소에서 분비소낭 속으로 수송되어 세포 밖의 공간으로 지속적으로 방출된다. 대부분 세포들의 분비는 지속성 분비로 이루어지는데, 이 과정은 세포외 기질의 형성은 물론 원형질막 자체의 형성에도 기여한다(11-1절).

조절성 분비(調節性 分泌, regulated secretion)가 이루어지는 동안, 물질들은 막으로 싸여 포장된 상태로 저장되고, 오직 적절한 자극에 반응하는 경우에만 방출된다. 예로서, 조절성 분비는 호르몬을 분비하는 내분비 세포에서, 소화효소를 분비하는 췌장의 꽈리 세포에서, 그리고 신경전달물질을 분비하는 신경세포 등에서 일어난다. 이러한 세포들 중 일부에서, 분비될 물질들은 막에 싸인 크고 짙은 **분비과립**(分泌顆粒, secretory granule) 속에 저장된다(그림 12-3 참조).

단백질, 지질, 복합 다당류 등은 생합성경로 또는 분비경로를 따라 세포를 거쳐 수송된다. 〈그림 12-2*b*〉에 요약된 것처럼, 우리는 이 장의 첫 부분에서 단백질의 합성과 수송에 초점을 맞출 것이다. 우리는 많은 독특한 종류의 단백질을 논의할 것이다. 이들 중에는 세포에서 배출된 가용성 단백질들, 〈그림 12-2*b*〉에 나타낸 다양한 막의 내재단백질들, 막으로 싸인 다양한 구획들 속에 있는 가용성 단백질들(예: 리소솜 효소들) 등이 포함된다. 물질들이 분비경로에 의해 세포 밖으로 이동하는 반면, 그 반대 방향으로 내포작용 경로가 작동한다. **내포작용**[a] **경로**(內胞作用 經路, endocytic pathway)를 따라서, 물질들은 세포의 바깥 표면으로부터 세포질 속에 위치한 엔도솜(endosome)과 리소솜 같은 구획으로 이동한다(그림 12-2*b*).

세포 속의 다양한 경로를 따라 소낭들과 그 내용물이 이동하는 것은 도시의 여러 고속도로를 따라 다양한 유형의 화물을 운반 하는 트럭들의 이동과 유사하다. 두 가지 유형의 수송은, 물질들이 적합한 장소에 정확하게 배달되는 것을 보장하기 위해 정해진 경로(經路, *traffic pattern*)가 필요하다. 예로서, 소포체에서 합성된 침샘 점액 단백질을 필요로 하는 침샘세포에서 단백질의 경로수송은 특이적으로 분비입자를 표적(목적지)으로 하는(*targeted*) 반면, 역시 소포체에서 합성된 리소솜 효소(lysosomal enzyme)들은 특이적으로 리소솜을 목적지로 한다. 또한 서로 다른 소기관들은 서로 다른 내재막단백질을 갖고 있다. 결과적으로 막단백질들은, 리소솜 또는 골지주머니 등과 같은, 특별한 소기관들로 표적화되어야 한다.

이런 다양한 종류의 화물들—분비된 단백질, 리소솜 효소, 막단백질—은 그 단백질들의 아미노산 서열 속에 또는 부착된 올리고당(oligosaccharide) 속에 암호화된 특수한 "주소" 또는 분류신호(*sorting signal*)에 의해 적합한 세포 속의 목적지로 수송된다. 이 분류신호들은 (공여체 구획에서) 출아되는 소낭들의 막들 또는 표면의 껍질(피복) 속에 있는 특수한 수용체에 의해 인식되어서, 그 단백질이 적합한 목적지로 수송되도록 보장한다. 대부분의 경우, 이런 복잡한 배달 체계를 추진하는 일을 담당하는 기구(機構, machinery)는 특수한 막 표면에 모집된(*recruited*) 가용성 단백질들로 이루어진다. 이 장이 진행되는 동안 우리는 예로서, 왜 어느 단백질은 소포체로 모이는 반면 다른 단백질은 골지복합체의 특정한 부분으로 모이게 되는가를 이해하기 위해 노력할 것이다.

진핵세포에 존재하는 경로수송의 지도 작성, 경로의 흐름을 조절하는 특수한 주소(목적지)와 수용체의 확인, 물질을 세포의 적합한 장소로 운반하도록 보장하는 기구의 상세한 조사 등에 관하여 지난 30년에 걸쳐 많은 발전을 이루었다. 이러한 주제는 다음 페이지에서 자세히 논의할 것이다. 수송소낭과 다른 내막들의 이동에서 중요한 역할을 하는 운동단백질들과 세포골격 요소들은 다음 장에서 설명될 것이다. 오늘날 우리들이 그 주제에 관하여 이해할 수 있도록 한, 가장 중요한 몇 가지 실험적 접근법을 논의하면서 내막에 관한 공부를 시작할 것이다.

역자 주[a] 내포작용(內胞作用, endocytosis): 이 용어의 어원은 "그리스어(Gk), *endo*, within + *kytos*, a hollow vessel(cell) + *osis*, process"로써, '세포(細胞) 밖에 있는 물질을 안(內)으로 흡수하는 과정(=作用)'이라는 뜻이다. 이 용어는 저술자에 따라 세포내섭취(攝取), 세포내도입(導入), 세포내유입(流入), 세포내이입(移入), 세포이물흡수 등 여러 가지로 표기되기도 한다.

복습문제

1. 생합성경로와 내포작용 경로를 비교하고 대조하시오.
2. 어떻게 특정한 단백질들이 특정한 세포이하 구획들의 목적지로 향하는가?

12-2 내막 연구를 위한 몇 가지 접근 방법

전자현미경을 이용한 초기의 연구에서, 생물학자들은 세포의 자세한 구조를 알게 되었지만, 관찰된 세포 구성요소들의 기능에 관해서는 충분히 알지 못하였다. 세포질에 있는 소기관들의 기능을 알기 위해 신기술의 개발과 혁신적인 실험의 실행이 필요하였다. 다음 절(節)에 기술된 실험 접근 방법들은 오늘날 세포 소기관들의 연구를 위한 지식의 토대를 마련하는 데 있어서 특히 유용한 것으로 증명되었다.

12-2-1 자가방사기록법

몸을 구성하는 수백 가지의 세포들 중에서 췌장(이자, pancreas)의 꽈리세포(acinar cell)들은 특히 넓은 내막계를 갖고 있다. 이 세포들은 주로 소화효소들을 합성하고 분비하는 작용을 한다. 이 효소들은 췌장에서 분비된 후, 관을 거쳐서 섭취된 음식물을 분해하는 소장으로 수송된다. 이 분비단백질들은 췌장 꽈리세포들 속의 어느 곳에서 합성되며, 어떻게 이 단백질들이 분비될 세포의 표면에 도달하는가? 이 의문들은 본질적으로 답하기 어렵다. 그 이유는 분비 과정의 모든 단계들이 세포 속에서 동시에 일어나기 때문이다. 시작해서 끝날 때까지, 즉 그 세포에서 분비단백질의 합성에서부터 방출되기까지 1회의 주기를 추적하기 위해, 록펠러대학교(Rockefeller University)의 제임스 제미슨(James Jamieson)과 죠지 펄라드(George Palade)는 **자가방사기록법**(自家放射記錄法, autoradiography)이라는 기술을 사용하였다.

제18장에서 논의된 것처럼, 연구자들이 세포 속에서 방사성 원소로 표지된 물질의 위치를 확인함으로써 생화학적 과정들을 시각적으로 볼 수 있는 것이 자가방사기록법이다. 이 방법에서, 방사성 동위원소가 들어 있는 조직의 절편을 얇은 층의 사진(필름) 감광유제(emulsion)로 덮는다. 이 유제는 조직 속의 동위원소에서 나오는 방사선에 노출된다. 감광유제 위에 있는 은(銀) 입자들에 의해, 방사선을 내고 있는 세포 속의 위치를 현미경하에서 확인할 수 있다(그림 12-3).

분비단백질이 합성되는 장소를 확인하기 위해서, 펄라드와 제미슨은 췌장 조직 조각을 방사성 아미노산이 들어 있는 용액 속에 잠시 동안 처리하였다. 이 동안에, 표지된 아미노산은 살아 있는 세포 속에 들어가고, 리보솜 위에서 합성될 때 소화효소에 결합된다. 이 조직을 신속히 고정하여, 표지된 아미노산으로 잠시 처리하는

(a)

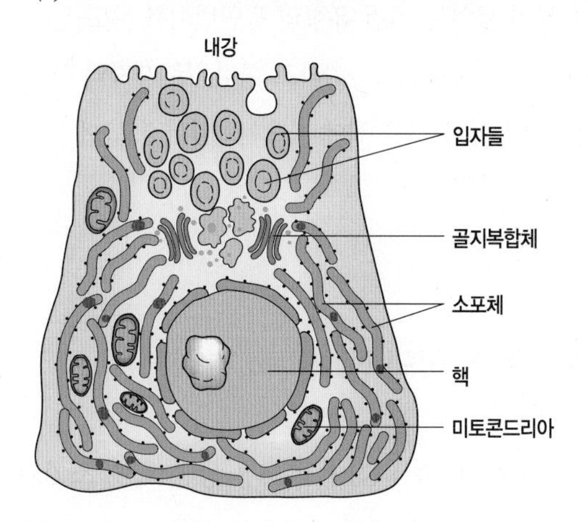

(b)

20분

(c)

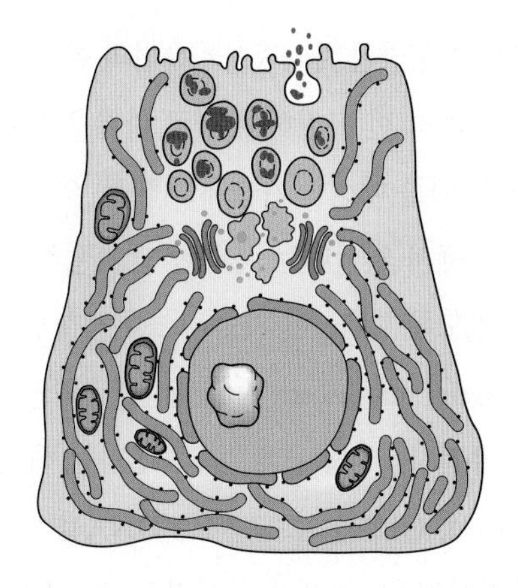

(d)

그림 12-3 자가방사기록법은 분비단백질의 합성 자리와 그 후의 수송 과정을 알려준다. *(a)* 췌장 꽈리세포를 관찰한 전자현미경 사진. 이 세포는 방사성 아미노산에서 3분 동안 항온 처리한 다음 즉시 자가방사기록법(방법은 18-4절 참조)으로 준비되었다. 현상 후에 유제에 나타나는 검은색 은 입자들은 조면소포체 위에 위치되어 있다. *(b-d)* 췌장의 꽈리세포를 거치는 표지된 분비단백질(은 입자를 빨간색으로 표시하였음)의 이동을 나타내는 자기방사의 순서를 나타낸 도해(圖解). 이 세포가 3분 동안 펄스-표지되어 즉시 고정되었을 때(*a* 에서와 같이), 방사성 물질은 소포체 속에 위치되어 있다(*b*). 3분간의 펄스와 17분간의 추적 후, 방사성 표지는 골지복합체와 인접한 소낭들에 집중되었다(*c*). 3분간의 펄스와 117분의 추적 후, 방사성 표지는 분비입자 속에 집중되었으며 췌장관 속으로 방출되기 시작하고 있다(*d*).

동안에 합성된 단백질의 위치를 자가방사기록법으로 확인한다. 이런 방법을 사용하여, 소포체가 분비단백질을 합성하는 장소임이 발견되었다(그림 12-3*a*).

분비단백질의 합성 장소로부터 분비 장소까지의 세포 내 경로를 확인하기 위해서, 펄라드와 제미손은 실험을 더 진행하였다. 조직을 방사성 아미노산에서 잠시 동안 처리 한 후, 과량의 동위원소를 조직에서 씻어내고 그 조직을 표지되지 않은 아미노산이 들어 있는 배지로 옮겼다. 이런 실험을 "펄스-추적(*pulse-chase*)"이라고 한다. 펄스(*pulse*)란 표지된 아미노산이 단백질에 들어가도록 조직을 방사성 물질로 잠시 동안 처리하는 것을 말한다. 추적(*chase*)이란 그 조직이 방사성으로 표지되지 않은 배지에 노출시켰을 때의 기간을 말하며, 이 기간 동안 비방사성 아미노산을 이용하여 단백질이 추가로 합성된다. 추적기간이 길수록, 펄스기간 동안에 합성된 방사성 단백질은 그 세포 속에서 합성된 장소로부터 더 먼 곳으로 이동했을 것이다. 이런 방법을 이용하여 그 과정이 완료될 때까지, 한 장소에서 다음 장소로 세포질 속의 소기관들을 거쳐 이동하는 방사성 물질의 이동 경로를 관찰함으로써, 새롭게 합성된 분자의 이동을 추적할 수 있다. 이 실험의 결과—우선 생합성(또는 분비) 경로를 확실하게 밝혔으며 겉보기에 막으로 싸인 많은 분리된 구획들을 하나의 통합된 기능의 단위로 결합시킨—는 〈그림 12-3*b*-*d*〉에 요약되어 있다.

12-2-2 초록색형광단백질의 이용

앞에서 설명된 자가방사기록법의 실험은 방사성 표지를 한 후에 재료를 여러 번 고정하여 서로 다른 세포들의 얇은 절편을 관찰해야 한다. 이를 대신한 기술에 의해서, 연구자들이 하나의 살아 있는 세포 속에서 일어나는 특수한 단백질의 동적 이동을 눈으로 추적할 수 있도록 한다. 이 기술은 초록색형광 빛을 내는 **초록색형광단백질**(green fluorescent protein, GFP)이라는 작은 단백질을 암호화하는 유전자를 사용한다. 이 유전자는 해파리에서 분리되었다. 이 방법에서, GFP을 암호화하는 DNA를 연구하고자 하는 단백질을 암호화하는 DNA에 융합시킨다. 그 결과 키메라(chimera)(즉, 혼합된) DNA가 세포 속에 도입되어서 현미경으로 관찰될 수 있다. 일단 세포 속에서 혼합된 DNA가 연구 대상인 단백질 끝에 융합된 GFP가 붙어 있는 혼합된 단백질을 발현시킨다. 대부분의 경우, 단백질의 끝에 결합된 GFP는 그 단백질의 이동 또는 기능에 거의 영향을 미치지 않는다.

〈그림 12-4〉는 GFP 융합 단백질을 갖고 있는 세포들을 나타내는 두 장의 사진을 보여준다. 이 경우에, 세포들은 수포성구내염 바이러스(vesicular stomatitis virus, VSV)에 감염되었으며, 이 바이러스 유전자(*VSVG*)들 중 하나가 *GFP* 유전자에 융합되어 있다. 바이러스는 감염된 세포들을 바이러스 단백질의 생산을 위한 공장으로 전환시키기 때문에, 이런 연구를 하는 데 유용하다. 이 바이러스 단백질들은 생합성경로를 통해서 다른 단백질 화물과 같이 운반된다. 세포가 VSV에 감염되었을 때, 대량의 VSVG 단백질이 소포체에서 생산된다. 그 후 이 단백질 분자는 골지복합체를 거쳐 감염된 세포의 원형질막으로 운반된다. 방사성 물질의 펄스-추적 실험에서처럼, 바이러스를 사용하면 연구자들이 이 경우에 감염 후 곧 시작되는 초록색형광 물질의 이동에 의해 나타나는 단백질 이동 경로를 비교적 동시에 추적할 수 있다.

〈그림 12-4〉에 나타낸 실험처럼, 이런 동시성은 높은 온도(즉, 40°C)에서 자란 감염된 세포에서는 소포체를 떠날 수 없는 돌연변이 VSVG 단백질을 가진 바이러스를 사용함으로써 향상될 수 있다. 온도를 32°C로 낮추었을 때, 소포체 속에 축적된 형광 GFP-VSVG 단백질(그림 12-4*a*,*c*)은 여러 가지 처리 과정이 일어나는 골지복합체로 동시에 이동한 다음(그림 12-4*b*,*c*), 원형질막으로 이동한다. 낮은(허용) 온도에서 정상적으로 작용하지만 높은(제한) 온도에서는 작용하지 못하는 이런 유형의 돌연변이를 온도-민감 돌연변이(*temperature-sensitive mutant*)라고 한다. 두 가지의 서로 다른 형광 탐침을 이용하는 실험은 뒤에 나오는 〈실험경로〉에 기술되어 있다.

12-2-3 세포이하 분획의 생화학적 분석

전자현미경, 자가방사기록법, GFP의 사용 등은 세포 소기관들의 구조와 기능에 관한 정보를 자세히 보여주지만, 이 구조들의 분자 조성을 잘 파악하지는 못한다. 세포들을 파쇄하여(**균질화** 하여)

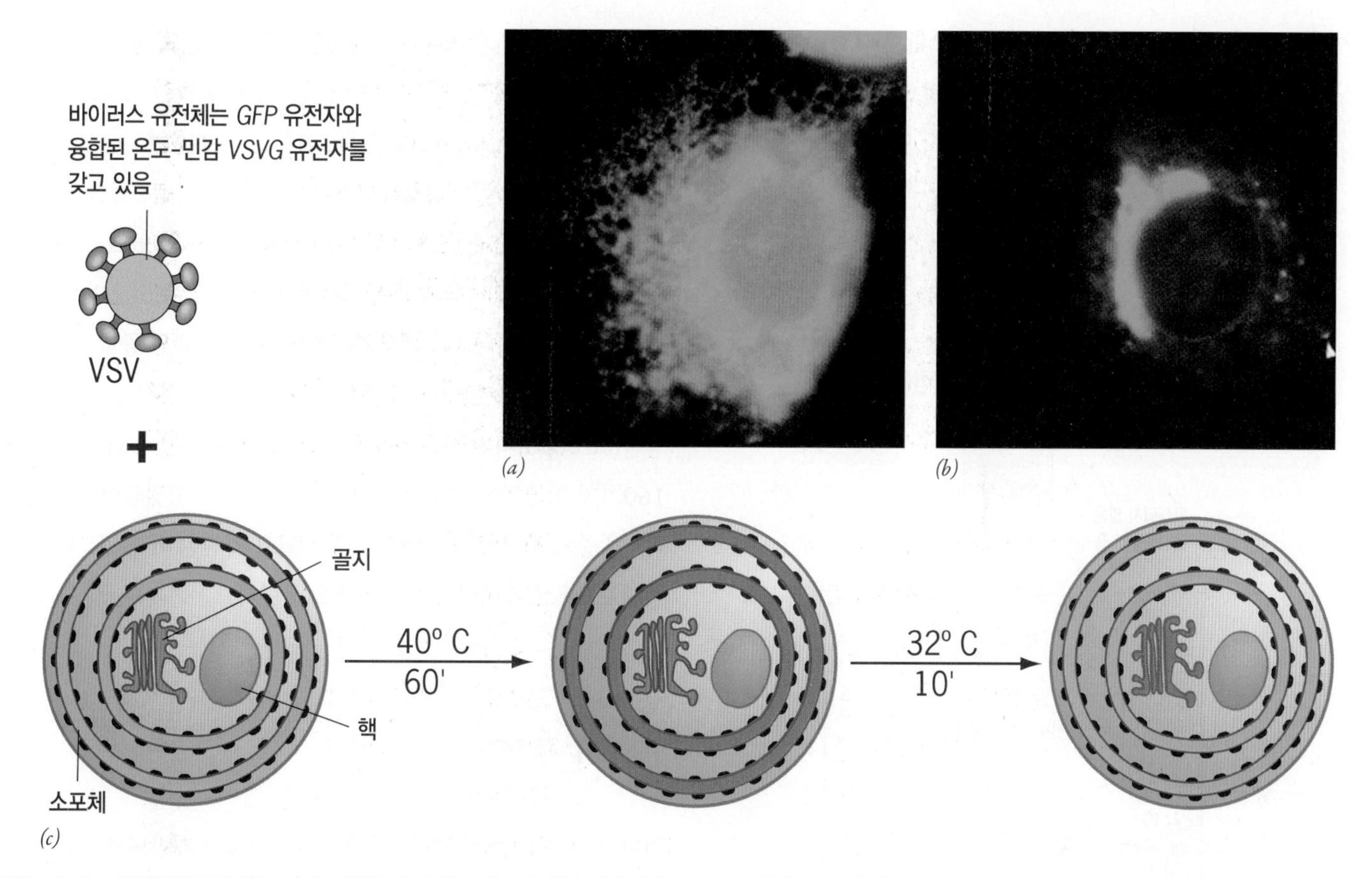

그림 12-4 초록색형광단백질(GFP)의 사용은 살아 있는 세포 속에서 단백질의 이동을 보여준다. (*a*) 40℃에서 수포성구내염 바이러스(VSV)를 감염시킨 살아 있는 배양된 포유동물 세포의 형광현미경 사진. 이러한 특정 VSV 바이러스 주(株)는 *VSVG* 유전자를 갖고 있다. 이 유전자는 (1) 형광 단백질 GFP 유전자에 융합되어 있으며 (2) 40℃로 유지했을 때 새로 합성된 VSVG 단백질이 소포체(ER)를 떠나지 못하게 하는 온도-민감 돌연변이를 갖고 있다. 이 사진 속의 초록색형광은 ER에 제한되어 있다. (*b*) 살아 있는 감염된 세포의 형광현미경 사진. 이 세포는 VSVG 단백질을 ER 속에 축적되도록 40℃로 유지한 다음 10분 동안 32℃에 항온처리 되었다. 형광 VSVG 단백질이 골지복합체를 포함하고 있는 부위로 이동하였다. (*c*) 40℃에서 돌연변이 VSVG 단백질이 ER 속에 유지되어 있으며 낮은 온도에서 10분 이내에 골지복합체로 이동하는 것을 보여주는 개요도.

특정한 소기관들을 분리하는 기술이 1950년대와 1960년대에 알베르 클로드(Albert Claude)와 크리스티앙 드 뒤브(Christian De Duve)에 의해 개척되었다. 하나의 세포가 균질화 되어서 터지면, 세포질에 있는 막(膜)들이 조각나게 되며, 조각난 막의 파열된 가장자리가 융합되어 직경이 100nm 이하인 둥글고 작은 주머니(小囊, vesicle)를 형성한다. 서로 다른 소기관들(핵, 미토콘드리아, 원형질막, 소포체 등)로부터 유래된 소낭들은 각기 다른 특성을 갖고 있어서 서로 분리시킬 수 있다. 이런 방법을 **세포이하 분획화**(細胞以下 分劃化, subcellular fractionation)라고 한다.

내막계(주로 소포체와 골지복합체)에서 기원된 막으로 된 소낭들은 **마이크로솜**(microsome)이라고 하는 비슷한 크기의 이질적인 소낭의 무리를 형성한다. 한 세포에서 마이크로솜 분획의 신속한(그리고 정제하지 않은) 준비 과정을 〈그림 12-5*a*〉에 나타내었다. 이 마이크로솜 분획은 〈18-6절〉에서 논의된 기울기 기법(gradient technique)으로 활면 및 조면 막 분획들로 더 나누어질 수 있다(그림 12-5*b*,*c*). 일단 분리되면, 다양한 분획의 생화학적 조성을 확인할 수 있다. 예로서, 이런 방법을 이용하여, 골지복합체의 서로 다른 부위에서 기원된 소낭들이 당단백질 또는 당지질에서 자라고 있는 탄수화물 사슬 끝에 서로 다른 당을 첨가하는 효소들을 갖는다는 것을 발견하였다. 하나의 특수한 효소를 마이크로솜 분획에서 분리할 수 있으며, 그 다음 이 효소는 이에 대한 항체를 만들기 위한 항원으로 사용될 수 있다. 그 때 이 항체를, 전자현미경에서 볼 수 있는 금 입자와 같은 물질에 결합시켜서, 막의 구획 속에 있는 효소의 위치를 확인할 수 있다. 이런 연구 방법으로, 복합 탄수화물의 단계적 조립에 관여하는 골지복합체의 역할이 상세히 밝혀졌다.

지난 몇 년 동안, 세포 분획에 있는 단백질들은 정교한 단백질체 기술(proteomic technology)을 이용한 새로운 차원에서 확인되었다. 일단 하나의 특정한 소기관이 분리되면, 단백질들을 추출 분리하여, 제2장에서 설명된 질량분석법(mass spectrometry)에 의해 확인된다. 수백 가지의 단백질이 동시에 확인될 수 있으며, 이로서 비교적 순수한 상태로 준비될 수 있는 어떤 소기관의 종합적인 분자 정보를 파악할 수 있다. 이런 기술의 한 예에서, 섭취한 유액(乳液) 방울(latex bead)이 들어 있는 단순한 식소체(食小體, phagosome)에 160가지 이상의 서로 다른 단백질이 포함되어 있었음이 발견되었다. 이 중의 대다수 단백질은 이전에 결코 확인된 바 없었으며 또는 식세포작용에 관련되어 있다는 것을 몰랐다.

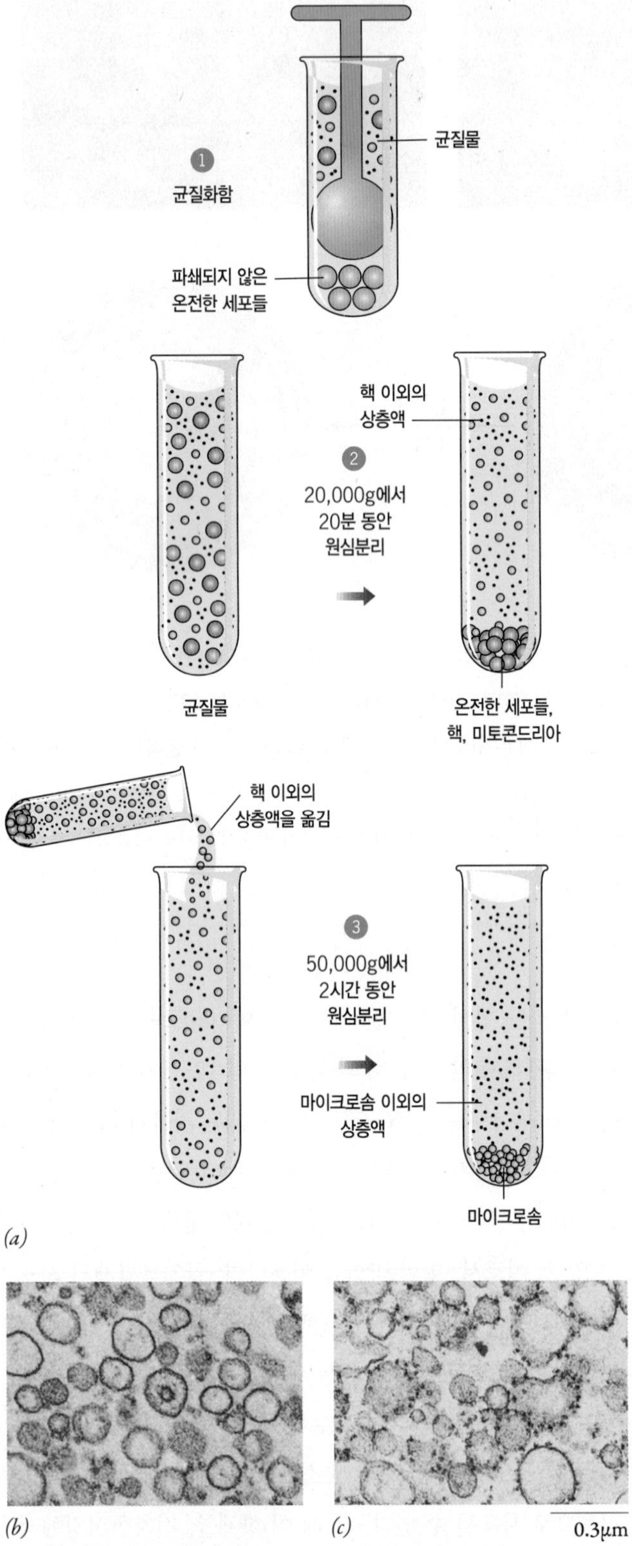

그림 12-5 **차등원심분리에 의한 마이크로솜 분획의 분리.** (*a*) 하나의 세포를 기계적으로 균질화하여 파쇄하면(1단계), 막으로 된 다양한 소기관들이 조각나게 되어 막으로 된 둥근 소낭(小囊)들을 형성한다. 서로 다른 소기관들로부터 생긴 소낭들은 다양한 원심분리 기술에 의해 분리될 수 있다. 여기에 나타낸 과정에서, 세포를 파쇄한 균질물은 우선 저속 원심분리를 거치면, 핵과 미토콘드리아처럼, 더 큰 입자들은 가라앉고 더 작은 소낭(마이크로솜)들은 상층액에 남는다(2단계). 마이크로솜은 더 오랜 시간 동안 더 높은 속도로 원심분리 하여 상층액에서 분리할 수 있다. 이런 정제되지 않은 마이크로솜 분획은 다음 단계에서 서로 다른 유형의 소낭으로 나누어 질 수 있다. (*b*) 활면 마이크로솜 분획에서 리보솜이 없는 막으로 된 소낭들의 전자현미경 사진. (*c*) 막에 리보솜이 붙어 있는 조면 마이크로솜 분획의 전자현미경 사진.

12-2-4 무세포계의 이용

일단 막으로 된 소기관들을 분획화하는 기술이 개발되자, 연구자들은 이러한 정제되지 않은 세포 수준 이하의 시료에 대한 특성을 면밀히 조사하기 시작하였다. 그들은 한 세포로부터 분리된 부분들이 뚜렷한 활동을 할 수 있다는 것을 발견하였다. 이러한 초기의 **무세포계**(無細胞系, cell-free system)—이른바 이 계에는 완전한 세포가 없기 때문에—는 손상되지 않은 완전한 세포를 이용한 연구가 불가능했던 복잡한 과정들에 관한 많은 정보를 주었다. 예로서, 1960년대에 록펠러대학교(Rockefeller University)의 죠지 펄라드(George Palade), 필립 시케비츠(Philip Siekevitz), 그리고 이들의 공동연구자들은 조면소포체에서 기원된 조면 마이크로솜 분획(〈그림 12−5*c*〉에 나타낸)의 특성에 관하여 더 많은 것을 배우기 시작하였다.

그들은 조면 마이크로솜에서 입자들을 떼어내고, 세포기질에 필요한 성분을 넣어 주었을 때 분리된 입자(즉, 리보솜)들이 단백질을 합성할 수 있음을 발견하였다. 이런 조건 하에서, 리보솜에 의해 새로 합성된 단백질들이 시험관의 액체 속으로 간단히 방출되었다. 손상되지 않은 완전한 조면 마이크로솜을 이용하여 동일한 실험을 하였을 때, 새로 합성된 단백질들은 배양 배지 속으로 방출되지 않았으나 막으로 된 소낭의 내강 속에 들어 있었다. 이런 연구로부터, 마이크로솜의 막은 아미노산들을 단백질로 결합하는 데는 필요하지 않지만 ER 주머니 속에 새로 합성된 분비단백질을 격리시키는 데는 필요하다고 판단하게 되었다.

지난 몇 10년 동안, 연구자들은 막의 경로수송(經路輸送, trafficking)에 관련된 많은 단백질들의 역할을 확인하기 위해 무세포계를 이용하였다. 〈그림 12−6〉은 리포솜(liposome)의 표면에서 출아(出芽)하는 소낭을 보여준다(화살표). 리포솜은 소낭이며 그 표면은 실험실에서 정제된 인지질로 만든 인공 2중층으로 되어 있다. 〈그림 12−6〉에서 본 출아체(出芽體, bud)들과 소낭들은 준비된 리포솜을, 세포 속에서 수송소낭의 세포기질 쪽 표면에 있는 껍질(被覆)을 구성하는 단백질들을 정제하여 이와 함께 항온 처리한 후에 형성되었다. 첨가된 피복 단백질이 없으면, 소낭의 출아는 일어나지 않을 수 있다. 세포에서 일어나는 과정들이 정제된 구성요소들로부터 시험관 속에서 재구성된(*reconstituted*) 이러한 방법을 이용하여, 연구자들은 소낭 형성을 시작하기 위해 막에 결합하는 단백질, 화물(cargo) 선택을 담당하는 단백질, 공여체 막으로부터 소낭을 잘라내는 단백질 등을 연구할 수 있었다.

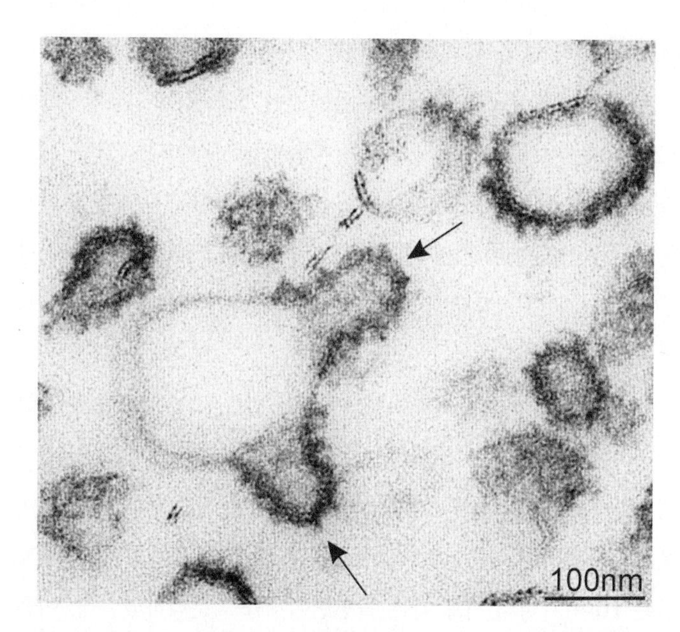

그림 12-6 무세포계에서 피복소낭(被覆小囊, coated vesicle)의 형성. 세포 속에서 소낭의 출아를 촉진하는 데 필요한 구성요소들과 함께 항온 처리된 리포솜 시료의 전자현미경 사진. 배지 속의 단백질들은 리포솜 표면에 붙게 되어 단백질이 피복된 출아체들(화살표)의 형성을 유도한다.

12-2-5 돌연변이 표현형의 연구

돌연변이란 염색체에 비정상적인 단백질을 암호화하는 1개 또는 그 이상의 유전자가 있는 생물(또는 배양된 세포)이다. 돌연변이 유전자에 의해 암호화된 단백질이 정상적인 기능을 수행할 수 없을 때, 돌연변이를 지닌 그 세포는 특징적인 결핍 증상을 보인다. 이런 결핍증의 정확한 성질을 확인하면 정상적인 단백질의 기능에 관한 정보를 얻을 수 있다. 분비에 관한 가장 두드러진 유전적 기초 연구는, 캘리포니아대학교(University of California, Berkeley)의 랜디 쉐크만(Randy Schekman)과 동료들에 의해, 주로 효모 세포를 대상으로 하여 이루어진 바 있다. 효모는 다른 진핵생물에 비하여 적은 수의 유전자를 갖고 있기 때문에 유전 연구를 위해 특별히 다루기 쉽다. 또한 효모는 배양에서 쉽게 자라는 작은 단세포 생물이며, 생활사의 대부분을 반수체로 자랄 수 있다. 반수체 세포에서 단일 유전자의 돌연변이는 그 유전자 산물의 효과를 관찰할 수 있다. 왜냐하면, 세포들이 비정상적인 유전자의 존재를 나타나지 않게 하는 대립유전자를 갖고 있지 않기 때문이다.

모든 진핵세포에서처럼, 효모에서 소낭은 ER로부터 출아되어 골지복합체로 이동하고 골지 주머니와 융합한다(그림 12−7*a*). 분비경로의 이런 부분에 관련된 단백질을 암호화하는 유전자(즉,

SEC 유전자)들을 확인하기 위해서, 연구자들은 세포질에서 막의 비정상적인 분포를 나타내는 돌연변이 세포를 선별한다. 〈그림 12-7*b*〉는 야생형 효모 세포의 전자현미경 사진이다. 〈그림 12-7*c*〉에 있는 세포는 ER 막에서 소낭 형성에 관련된 단백질을 암호화하는 유전자의 돌연변이를 갖고 있다(그림 12-7*a*, 1단계). 소낭을 형성하지 않는 상태에서, 돌연변이 세포는 주머니가 부풀어 오른 ER을 축적한다.

이와 대조적으로, 〈그림 12-7*d*〉에 있는 세포는 소낭의 융합에 관여된 단백질을 암호화하는 유전자의 돌연변이를 갖고 있다(그림 12-7*a*, 2단계). 이 유전자의 산물이 결손 되었을 때, 돌연변이 세포는 융합되지 않은 소낭들을 지나치게 많이 축적한다. 연구자들은 10여 가지의 서로 다른 돌연변이체들을 분리하였는데, 이들은 모두 분비경로의 거의 모든 단계가 중단된 상태를 보인다. 이런 결함을 초래하는 유전자들이 복제되어 그 염기 서열이 밝혀졌으며, 이 유전자들이 암호화하는 단백질들이 분리되었다. 효모에서 단백질을 분리하게 됨으로써, 포유동물에서 같은 종류의 단백질(즉, 연관된 서열을 가진 단백질)에 대한 조사를 시작하였다.

이런 모든 기술을 이용하여 배운 가장 중요한 교훈 중의 하나는 내막계의 동적인 활성이 잘 보존되어 있다는 것이다. 효모, 식물, 곤충, 그리고 사람 등의 세포들은 비슷한 과정을 수행할 뿐만 아니라, 이 세포들은 대단히 비슷한 단백질에 의해 비슷한 과정을 수행한다. 세포들의 구조가 다양하다는 사실은 그 세포들을 구성하는 분자들이 유사하다는 것과 모순되는 것이 확실하다. 많은 경우에, 매우 다른 (근연관계가 먼) 종들의 단백질들이 서로 교환될 수 있다. 예로서, 포유동물 세포에서 기원된 무세포계(cell-free system)는 소낭수송을 촉진하기 위해 흔히 효모의 단백질을 이용할 수 있

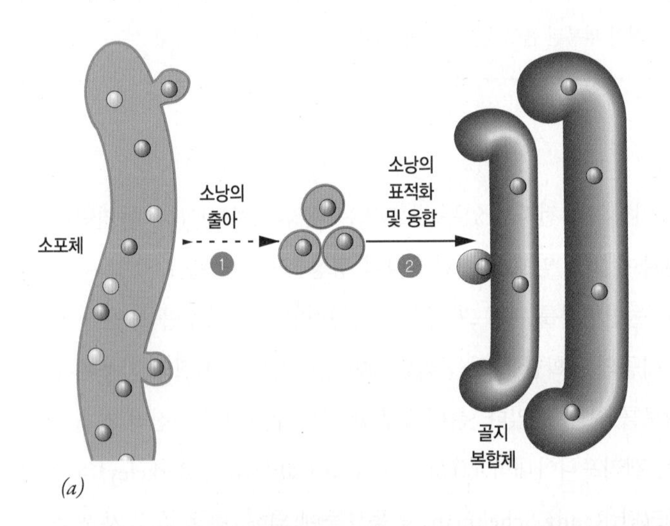

그림 12-7 분비에 관한 연구에서 유전자 돌연변이의 이용. (*a*) 출아하는 효모에서 생합성 분비경로의 첫 번째 국면. 각 단계는 아래에 기술하였다. (*b*) 야생형 효모 세포 절단면의 전자현미경 사진. (*c*) *sec12* 유전자의 돌연변이를 가진 효모 세포로서, 이 유전자의 산물은 ER 막에서 소낭의 형성에 관련되어 있다(*a*의 1단계). 소낭들이 형성될 수 없기 때문에, 확장된 ER 주머니들이 세포에 축적된다. (*d*) *sec17* 유전자의 돌연변이를 가진 효모 세포로서, 이 유전자의 산물은 소낭들의 융합에 관련되어 있다(*a*의 2단계). 소낭들(화살촉으로 표시되었음)이 골지 막에 융합할 수 없기 때문에 세포에 축적된다. [*c*와 *d*에 있는 돌연변이체들은 온도-민감 돌연변이체들이다. 낮은(허용) 온도에 유지시켰을 때, 이 돌연변이체들은 정상적으로 생장과 분열을 할 수 있다.]

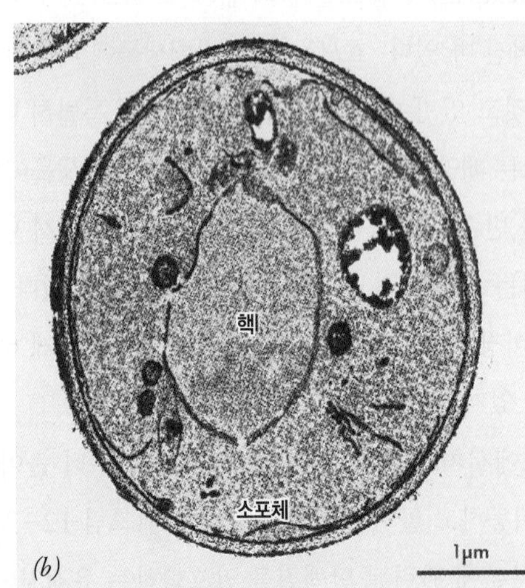

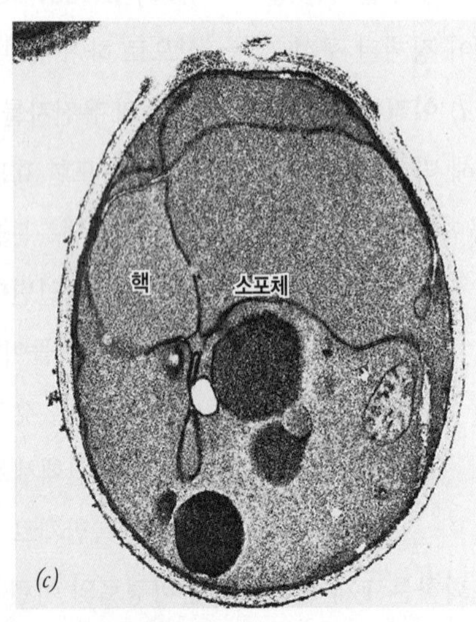

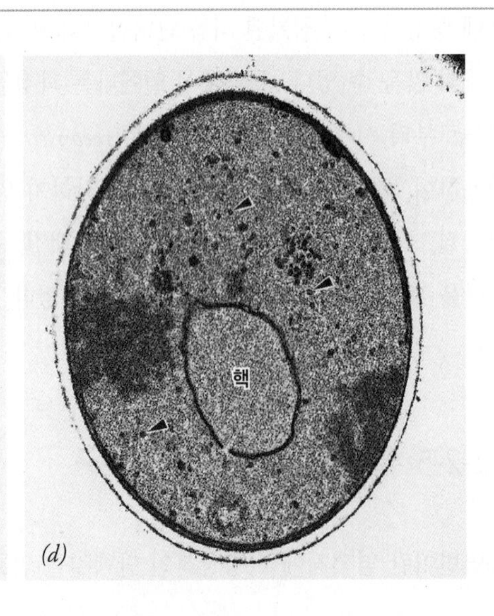

다. 거꾸로, 생합성경로의 일부 단계를 중단시키는 유전자 결함을 지닌 효모 세포가 포유동물의 유전자를 갖도록 유전공학적으로 "고쳐질" 수 있다.

지난 10여 년 간, 식물 또는 동물 세포에서 일어나는 특정한 과정에 영향을 미치는 유전자들을 찾는 데 관심을 가진 연구자들은 RNA 간섭(*RNA interference*, *RNAi*)이라고 하는 세포 현상을 이용해 왔다. RNAi는 세포가 특수한 mRNA에 결합하는 작은 RNA(*siRNA*라고 하는)를 만들어서 mRNA를 단백질로 번역하는 과정을 억제한다. 이런 현상과 이의 이용은 〈5-5절〉 및 〈18-18절〉에서 자세히 논의된다. 여기에서는, 연구자들이 유전체에 의해 생산된 어떤 mRNA의 번역을 방해할 수 있는 siRNA 라이브러리(library)를 종합할 수 있도록 간단히 언급할 것이다. 각 mRNA는 특수한 유전자의 발현을 의미한다. 그러므로 특정 과정을 방해하는 어느 siRNA를 확인하면 그 과정에 관여된 유전자를 찾을 수 있다.

〈그림 12-8〉에 나타낸 실험에서, 연구자들은 분비경로의 여러 단계에 관련된 유전자들의 확인에 착수하였다. 이것의 목표는 〈그림 12-7〉에 나타낸 효모 돌연변이를 연구하는 사람들의 목표와 비슷하다. 이 경우에, 연구자들은 배양된 초파리속(*Drosophila*) 곤충의 세포를 사용하여 만노시다아제 II의 국재성(局在性, localization)에 영향을 미치는 유전자들의 확인을 시도하였다. 이 효소는 소포체에서 합성되어 수송소낭을 거쳐 이 효소가 잔류할 골지복합체로 이동한다. 〈그림 12-8*a*〉는 GFP-만노시다아제 II를 합성하는 대조구 세포를 보여준다. 즉, 형광물질은 예상한 대로 이 세포의 많은 골지복합체에 위치하게 된다. 〈그림 12-8*b*〉는 GFP-만노시다아제를 골지복합체와 융합된 것으로 보이는 ER 속으로 재배치시키는 siRNA 분자를 갖는 세포를 보여준다. 이런 표현형은 ER로부터 골지복합체로 그 효소를 운반하는 데 관련된 단백질들 중 어느 것이 없어서 생긴다.

이런 연구에서 몇 가지 방식으로 분비경로를 방해하는 것으로 알려진 130 종류의 siRNA 가운데, 31가지가 〈그림 12-8*b*〉에 나타낸 것과 비슷한 표현형을 발현시킨다. 이런 31가지의 siRNA에 포함된 것들 중 많은 종류가 분비경로에 관여된 것으로 이미 알려진 유전자들의 발현을 방해한다. 그 외에, 이 연구는 기능이 알려지지 않은 다른 유전자들을 확인하였으며, 현재 이 유전자들은 물론 이 과정에 관련된 것으로 추정된다. 돌연변이 유전자를 갖는 생물을 만드는 일보다 작은 RNA를 합성하는 것이 더 쉽기 때문에, RNAi는 결손된 단백질의 영향을 조사하기 위한 일반적인 방법이 되었다.

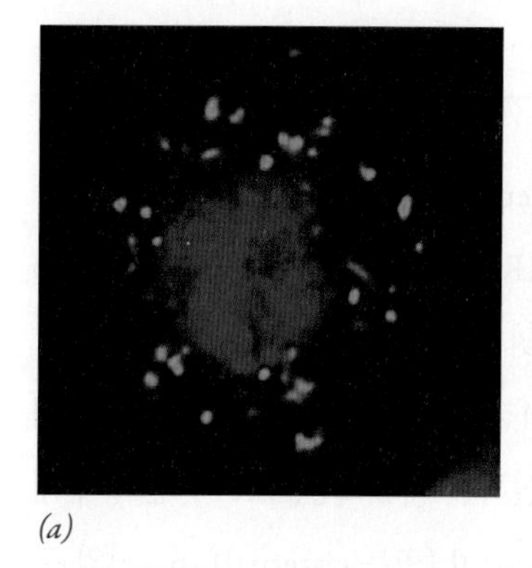

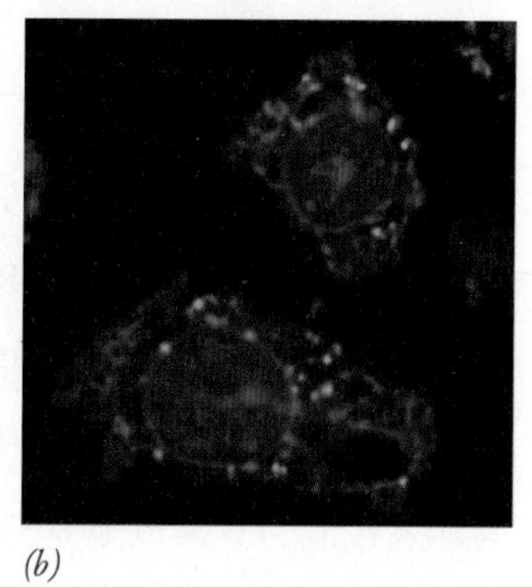

(*a*) (*b*)

그림 12-8 RNA 방해에 의한 유전자 발현의 억제. (*a*) GFP-표지 만노시다아제 II를 발현하고 있는 노랑초파리속(*Drosophila*) S2의 배양된 대조구 세포. 형광물질로 표지된 효소는 ER에서 합성된 후 골지복합체에 자리 잡게 된다. (*b*) 이 세포는, 상보적인 mRNA와 결합하여 암호화된 단백질의 번역을 억제하는 특수한 siRNA를 발현하도록 유전공학적으로 처리되었다. 이 경우에, 이 siRNA는 형광 표지된 효소를 골지 막과 융합된 ER 속에 남아 있게 한다. 이런 표현형은, 이 효소가 ER에서 합성되어 골지복합체로 이동하는 동안에, mRNA가 분비경로의 초기 단계에 관련된 단백질을 암호화하는 siRNA에 의해 영향 받고 있음을 암시한다. siRNA에 의해 표적화 되었을 때 이런 표현형을 나타내는 유전자들 가운데에는, COPI 피복, Sar1, Sec23 등의 단백질을 암호화하는 유전자들이 있다. 이런 단백질의 기능은 이 장의 뒤에서 논의된다.

복습문제

1. 표지된 아미노산들로 3분 동안 항온 처리한 후 즉시 고정한 췌장 세포의 자기방사 사진과 표지된 아미노산들로 3분 동안 처리한 다음 40분 동안 추적한 후 고정된 세포의 사진 사이에 차이점을 설명하시오.
2. 단백질이 소포체 속에 정상적으로 존재한다는 것을 알기 위해 사용할 수 있는 기술 또는 접근 방법은 무엇인가?
3. 소낭을 축적하는 돌연변이 효모를 분리하면, 어떻게 이것이 단백질 경로수송 과정에 관한 정보를 알려주는가?
4. GFP는 막의 역동성 연구에 어떻게 사용될 수 있는가?

12-3 소포체

소포체(小胞體, endoplasmic reticulum, ER)는 2개의 구획, 즉 **조면**(粗面)**소포체**(rough ER, RER)와 **활면**(滑面)**소포체**(smooth ER, SER)로 나뉜다. 이 두 유형의 소포체들은 그 주위에 있는 세포기질로부터 분리된 공간, 또는 내강(內腔, lumen)을 에워싸는 막계를 구성한다. 다음 논의에서 확실하게 되겠지만, ER 막 안쪽의 **내강**(또는 **납작한 주머니) 공간**[luminal (또는 cisternal) space]의 조성은 그 주위에 있는 세포질 공간의 조성과 아주 다르다.

형광물질로 표지된 단백질과 지질이 한 유형의 소포체에서 다른 유형으로 확산할 수 있는데, 이것은 이들의 막이 연속되어 있음을 암시한다. 사실, 이 두 유형의 ER은 많은 동일한 단백질을 공유하며 지질 및 콜레스테롤의 합성과 같은 일부의 공동 활동에 참여한다. 그러나 동시에 수많은 단백질들이 오직 한 가지 유형 또는 다른 유형에서만 발견된다. 그 결과, SER와 RER는 구조와 기능에 있어서 중요한 차이가 있다.

RER은 세포질 쪽 표면에 리보솜이 결합되어 있는 반면, SER은 리보솜이 결합되어 있지 않다. RER은 보통 〈그림 12-9〉에 나

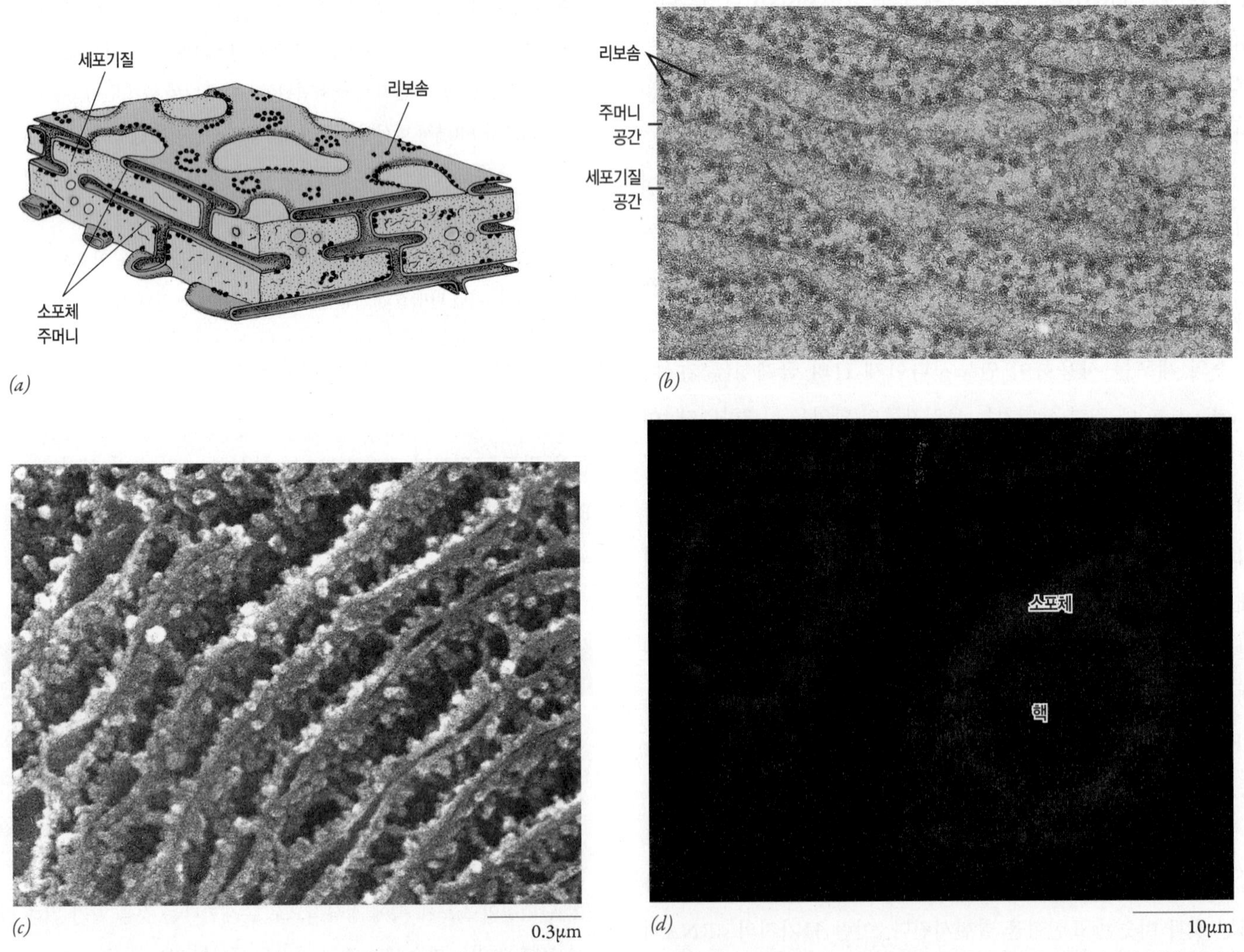

그림 12-9 조면소포체(RER). *(a)* 조면소포체를 구성하는 납작한 주머니의 더미들을 보여주는 개요도. 소포체 막의 세포기질 쪽 표면에는 이 주머니를 거친 모양으로 보이게 하는 리보솜이 결합되어 있다. *(b)* 췌장 꽈리세포에서 조면소포체의 일부를 보여주는 투과전자현미경 사진. 조면소포체의 주머니 속 공간(리보솜이 없는)과 세포기질 쪽 공간이 분명하게 구분된다. (c) 췌장 꽈리세포에 있는 조면소포체의 주사전자현미경 사진. *(d)* ER 속에 잔류하는 단백질인 단백질 2황화 이성질화효소를 면역형광물질로 염색하여, 배양된 하나의 완전한 세포 속에 있는 조면소포체를 시각화하여 본 것이다.

타낸 것처럼 납작한 주머니들(cisternae)의 연결망으로 이루어져 있다. RER은 핵막의 바깥쪽 막과 연속되어 있으며, 이 핵막도 세포질 쪽에 리보솜이 있다(그림 12-2*b*). 이와 대조적으로, SER의 막은 매우 굽어 있고 관상(管狀)이어서, 세포질을 통해 굽어 있는 관들이 서로 연결되어 있는 계(系)를 형성한다. 세포들이 균질화 되었을 때, SER은 표면이 매끄러운 소낭으로 나누어지는 반면, RER은 표면이 거친 소낭으로 나누어진다(그림 12-5*b*,*c*).

세포의 활성에 따라, 서로 다른 유형의 세포들은 두 가지 ER 유형의 비율이 현저히 다르다. 예를 들면, 췌장 또는 침샘 세포와 같이 대량의 단백질을 분비하는 세포들은 넓은 지역에 걸쳐 RER을 갖는다(그림 12-9*b*,*c*). 우선 SER의 활동을 살펴본 후, RER의 기능을 설명할 것이다.

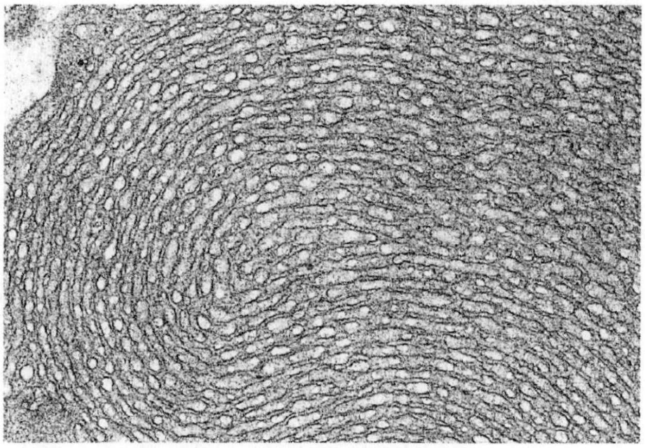

그림 12-10 활면소포체(SER). 정소(精巢)의 라이디히 세포(Leydig cell)에서 스테로이드 호르몬이 합성되는 장소인 활면소포체가 광범위하게 퍼져있는 것을 보여주는 전자현미경 사진.

12-3-1 활면소포체

활면소포체는 골격근, 신장의 관들, 스테로이드를 생산하는 내분비선 등을 비롯한 많은 세포들에서 널리 발달된다(그림 12-10). SER은 다음과 같은 작용을 한다.

- 생식선과 부신피질의 내분비 세포에서 스테로이드 호르몬을 합성한다.
- 상습적으로 사용하면 간세포에서 SER이 급증될 수 있는 바르비트루산염(barbiturate)과 에탄올 등을 비롯한 아주 다양한 유기화합물들이 간에서 해독(解毒)된다. 해독작용은 시토크롬 P450(*cytochrome P450*) 집단을 포함하는 산소-전달 효소(oxygen-transferring enzyme)(산소첨가효소, oxygenase) 계(系)에 의해 이루어진다. 이 효소들은 기질 특이성을 갖고 있지 않아서 수천 가지의 소수성 화합물을 산화시킬 수 있으며, 이 화합물들을 더 친수성이고 더 쉽게 배설될 유도체로 전환시킬 수 있다는 점에서 주목할 만하다. 그 효과가 항상 긍정적인 것은 아니다. 예로서, 고기가 석쇠 위에서 탈 때 생기는 비교적 무해한 화합물인 벤조피렌[benzo(*a*)pyrene]은 SER의 "해독하는" 효소에 의해 강력한 발암물질로 전환된다. 시토크롬 P450은 처방된 많은 약제를 물질대사로 변화(분해)시킨다. 사람에 따라 이 효소의 유전적 변이가 나타나는데, 이것으로 사람에 따라 많은 약물에 대한 효과와 부작용의 정도가 왜 다른가를 설명할 수 있을 것이다.
- 세포질 속에서 칼슘 이온을 격리시킨다. 골격근과 심근 세포들의 SER[근육세포에서 근소포체(*sarcoplasmic reticulum*)라고 알려져 있음]에서 Ca^{2+}의 방출을 조절하여 수축을 일으킨다.

12-3-2 조면소포체의 기능

RER의 기능에 관한 초기의 연구는 췌장의 꽈리세포들(그림 12-3) 또는 소화관을 따라 늘어서 있는 점액-분비 세포들(그림 12-11)과 같이 대량의 단백질을 분비하는 세포들을 대상으로 이루어졌다. 〈그림 12-11〉의 그림과 사진에서, 이들 상피 분비세포들에서 소기관들은 한 쪽 끝에서 다른 쪽으로 뚜렷한 극성을 형성하는 방식으로 세포 속에 위치되어 있다. 핵과 거대한 RER 주머니들은, 혈액 공급을 받는 면을 향하여 세포의 기저부 표면 근처에 위치되어 있다. 골지복합체는 세포의 중앙부에 위치되어 있다. 세포의 정단부 표면은 분비된 단백질들을 소화관의 바깥으로 운반하는 관(管)을 향하고 있다. 이 세포의 정단부 끝에 있는 세포질은 분비과립으로 채워져 있고, 그 내용물은 적당한 신호가 도달되면 관 속으

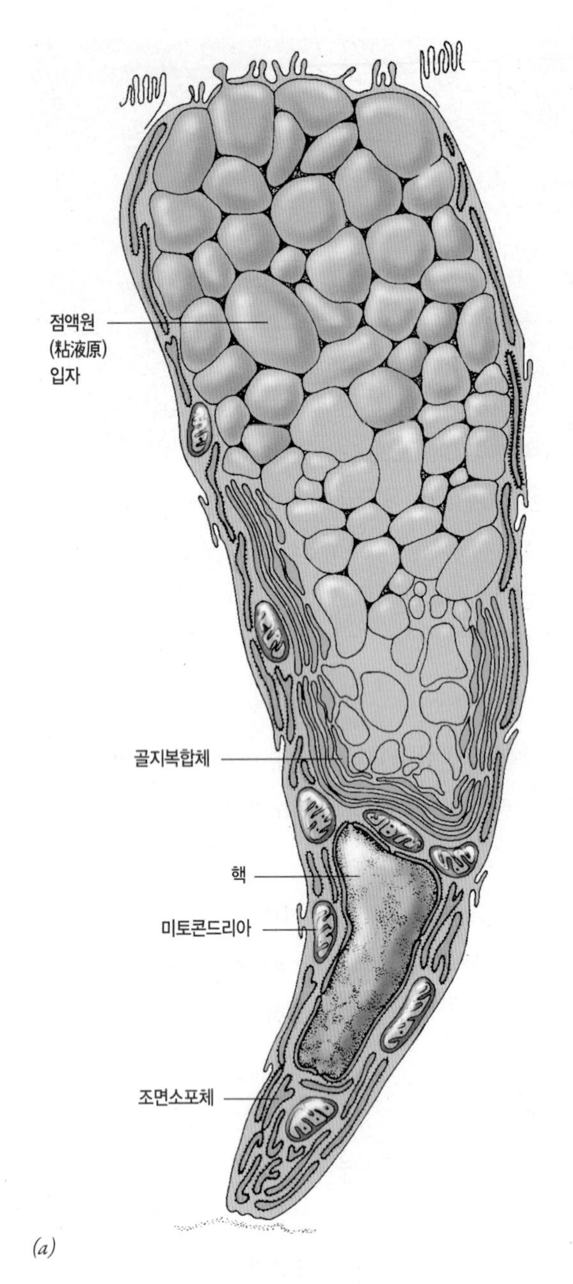

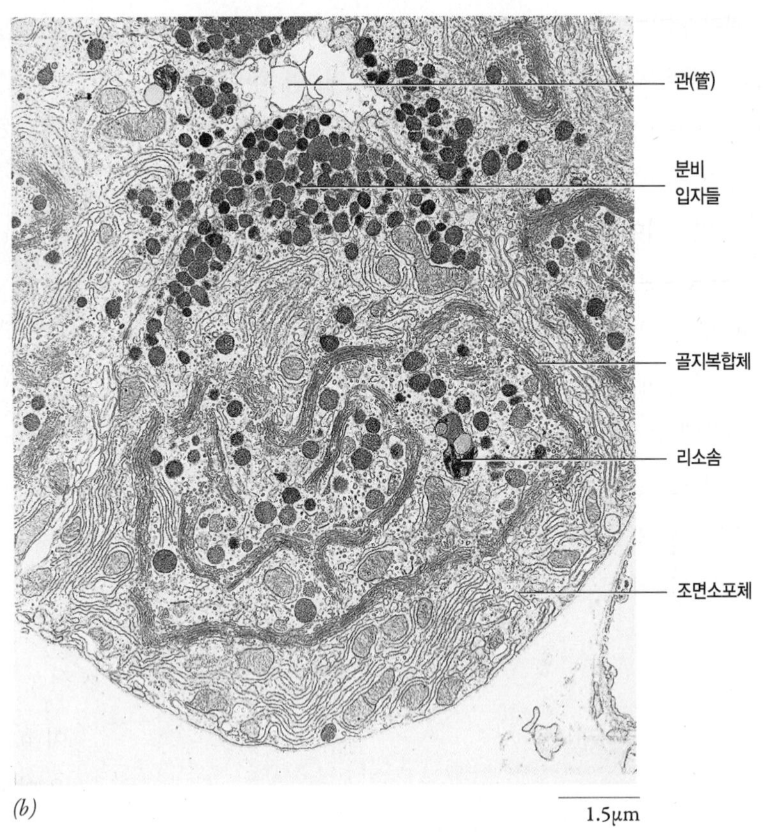

그림 12-11 분비세포의 극성화 된 구조. (*a*) 쥐의 결장(結腸)에서 점액을 분비하는 배상(杯狀)세포의 그림. (*b*) 생쥐 소장의 브루너선(Brunner's gland)에 있는 점액분비 세포를 낮은 배율로 본 전자현미경 사진. 이 두 유형의 세포들에서 소기관들의 배열이 뚜렷하게 극성화 되어 있음을 보여주며, 이것은 이 세포들에서 다량의 점액단백질 분비의 역할이 이루어짐을 반영한다. 이 세포들에서 기부의 끝에 핵과 조면소포체가 있다. 조면소포체에서 합성된 단백질들이 가까이 있는 골지복합체로 이동하여, 거기에서 최종 분비 산물이 집중되는 막으로 싸인 운반체 속으로 이동한다. 이 세포들의 정단부는 관(管) 속으로 분비될 것을 대비하여 점액단백질을 지닌 분비입자들로 채워져 있다.

로 방출될 것을 준비하고 있다. 이러한 분비 상피세포들의 극성은 합성 장소로부터 방출될 장소로 세포를 통해 분비단백질을 이동시키는 것을 반영한다. 조면소포체는 생합성경로의 출발 지점이다. 즉, 세포의 막으로 된 구획들을 거쳐서 이동하는 단백질, 탄수화물 사슬, 인지질 등을 합성하는 장소이다.

12-3-2-1 막에 결합된 리보솜 및 유리(遊離) 리보솜에서의 단백질 합성

췌장의 꽈리세포들 속에서, 조면소포체가 분비단백질의 합성 장소라는 것이 발견된 것은 앞서 기술되었다(그림 12-3). 비슷한 결과는 점액단백질을 분비하는 배상(杯狀)세포(goblet cell), 폴리펩티드 호르몬을 분비하는 내분비(內分泌)세포, 항체를 분비하는 형질(形質)세포(plasma cell), 혈청 단백질을 분비하는 간(肝)세포 등을 비롯한 다른 유형의 분비세포들에서도 발견되었다.

더 많은 실험에 의해, 폴리펩티드들이 세포 속에서 별개의 두 장소에서 합성되는 것으로 밝혀졌다.

1. 어떤 폴리펩티드들은 RER 막의 세포질 쪽 표면에 붙어 있는 리

보솜에서 합성된다. 이에는 (a) 분비단백질, (b) 내재막단백질, (c) 가용성 단백질 등이 포함되며, 이런 단백질들은 소포체, 골지복합체, 리소솜, 엔도솜, 소낭, 식물의 액포 등의 내막계 구획들 속에 있다.

2. 다른 폴리펩티드들은 "유리(遊離, free)" 상태의 리보솜, 즉 RER에 붙어 있지 않은 리보솜에서 합성되고, 이어서 세포질 속으로 방출된다. 이런 종류에는 (a) 세포질 속에 남도록 운명지워진 단백질들(해당과정의 효소들과 세포골격의 단백질들 같은), (b) 원형질막의 안쪽 표면에 있는 표재단백질들(원형질막의 세포질 쪽 표면에 약하게 결합되어 있는 스펙트린과 안키린 같은), (c) 핵으로 수송될 단백질들(6-1절), (d) 퍼옥시솜, 엽록체, 미토콘드리아 등으로 들어가야 할 단백질들 등이 포함된다. 마지막 두 무리의 단백질들은 세포질에서 합성이 완료된 다음, 즉 번역 후에(*posttranslationally*), 적당한 소기관의 경계막(들)을 가로질러 들어가게(搬入, import) 된다.

하나의 단백질이 합성되는 세포 속의 위치를 무엇이 결정하는가? 1970년대 초, 록펠러대학교(Rockefeller University)의 귄터 블로벨(Günter Blobel)은 그의 동료 데이비드 사바티니(David Sabatini)와 베른하르트 돕버슈타인(Bernhard Dobberstein) 등과 함께, 이 문제를 처음으로 제안하였다. 그 후 이들은 단백질의 합성 장소는 단백질이 합성되는 동안 리보솜으로부터 나오는 첫 번째 부분인 폴리펩티드의 N-말단부에 있는 아미노산들의 서열에 의해 결정되는 것을 증명하였다. 그들은 다음과 같은 내용을 제안하였다.

1. 분비단백질들은 N-말단에 **신호서열**(signal sequence)이 있어서, 합성되어 나오는 폴리펩티드와 리보솜을 ER의 막으로 향하도록 한다.
2. 이 폴리펩티드는 ER 막에 있는 수용성인 단백질 통로를 거쳐서 ER의 주머니 속으로 이동한다. 이 폴리펩티드가 합성되고 있을 때, 즉 번역과 동시에(*cotranslationally*) 막을 통해서 이동하는 것으로 제안되었다.[2)]

신호가설(*signal hypothesis*)이라고 알려진, 이 제안은 많은 실험 증거에 의해 입증되었다. 더 중요한 것은, 단백질들이 고유의 "주소(목적지) 부호"들을 갖고 있다는 블로벨(Blobel)의 원래 생각은 실제로 세포 전반에 걸친 모든 유형의 단백질 수송 경로에 기본적으로 적용되는 것으로 밝혀졌다.

12-3-2-2 막에 결합된 리보솜에서 분비, 리소솜, 또는 식물 액포 등의 단백질 합성

분비단백질, 리소솜의 단백질, 또는 식물 액포 속의 단백질 등을 합성하는 동안 일어나는 단계들을 〈그림 12-12〉에 나타내었다. 이 폴리펩티드의 합성은 전령 RNA가 유리 상태의 리보솜에, 즉 세포질에서 막에 붙어있지 않은(*not*) 리보솜에 결합한 후에 시작된다. 사실, 모든 리보솜은 동일한 것으로 생각된다. 즉, 분비단백질, 리소솜의 단백질, 또는 식물 액포 속의 단백질 등을 합성하는 데 사용된 리보솜들은 세포질에서 단백질들을 합성하는 데 사용되었던 것과 동일한 집단(공급원, *pool*)에서 취해진 것이다. (ER)막에 결합된 리보솜에서 합성된 폴리펩티드들은 하나의 신호서열—6~15개 정도의 소수성 아미노산 잔기들을 포함하는—을 갖고 있다. 이 서열은 새로 생기는(*nascent*) 폴리펩티드를 ER 막으로 가도록 하여, 폴리펩티드는 ER 내강 속으로 들어가게 된다. [새로 생기는(*nascent*) 폴리펩티드란 합성되고 있는 과정에 있는 것을 일컫는다.] 그 신호서열이 보통 N-말단에 또는 그 근처에 위치한다 하더라도, 일부 폴리펩티드들에서는 사슬의 (말단이 아닌) 내부에 위치한다.

폴리펩티드가 합성되어 리보솜으로부터 나올 때, 소수성 신호서열 부분은 **신호인식입자**(signal recognition particle, SRP)에 의해 인식된다. 이 입자는 포유동물 세포에서 6개의 폴리펩티드와 7S RNA라고 하는 작은 RNA 분자로 구성되어 있다. SRP는 새로 합성되는 폴리펩티드의 신호서열과 리보솜 모두에 결합하며(그림 12-12, 1단계), 폴리펩티드의 합성은 일시적으로 중지된다. 결합된 SRP는 전(全) 복합체(SRP-리보솜-새로 합성되는 폴리펩티드

[2)] ER 막을 가로지르는 단백질 수송은 또한 번역 후에(posttranslationally)(즉, 합성 후에)도 일어날 수 있음에 주목해야 한다. 이 과정에서, 폴리펩티드는 모두 세포기질에서 합성된 다음, 번역과 동시에(cotranslationally) 합성된 단백질의 이동 경로에서 사용된 것과 동일한 단백질-수송 통로를 거쳐서, ER 내강 속으로 들어간다. 번역 후 합성된 단백질이 ER 속으로 반입되는 경로는 포유동물의 세포에서보다 효모에서 훨씬 더 많이 사용된다. 사실, 번역과 동시에 ER 속으로 수송할 수 없는 효모세포는 정상 세포보다 더 느리게 자라더라도 생존할 수 있다.

등으로 된)를 ER 막의 세포질 쪽 표면에 특수하게 결합할 수 있게 하는 꼬리표 역할을 한다. 복합체가 ER에 결합하는 일은 적어도 두 가지 별도의 상호작용을 통해 일어난다. 즉, 하나는 SRP와 **SRP 수용체**(SRP receptor) 사이의 상호작용이며(2단계), 다른 하나는 리보솜과 **전위체**(轉位體, translocon) 사이의 상호작용이다(3단계). 전위체는 ER 막 속에 들어 있는 단백질로 된 통로로서, 이를 통해서 새로 생기는 폴리펩티드가 세포질로부터 ER 내강 속으로 이동할 수 있다.

지난 몇 년 동안 막의 경로수송 분야에서 이룬 주요 업적 중의 하나는 엑스-선 결정학에 의해 원핵생물 전위체의 3차원 구조를 결정한 것이다. 이런 노력으로, 모래시계 모양의 구멍으로 된 전위체 속에서 직경이 가장 좁은 곳에 위치하는 6개의 소수성 아미노산으로 된 환상(環狀) 구조가 있다는 것이 밝혀졌다. 불활성(즉, 전위되지 않는) 상태에서, 전위체는 결정화 된 상태에 있었고, 환상의 구멍은 짧은 알파 나선 구조의 마개(plug)로 막혀있다. 이 마개는 통로를 밀폐하여, 세포기질과 ER 내강 사이에 칼슘과 다른 이온들

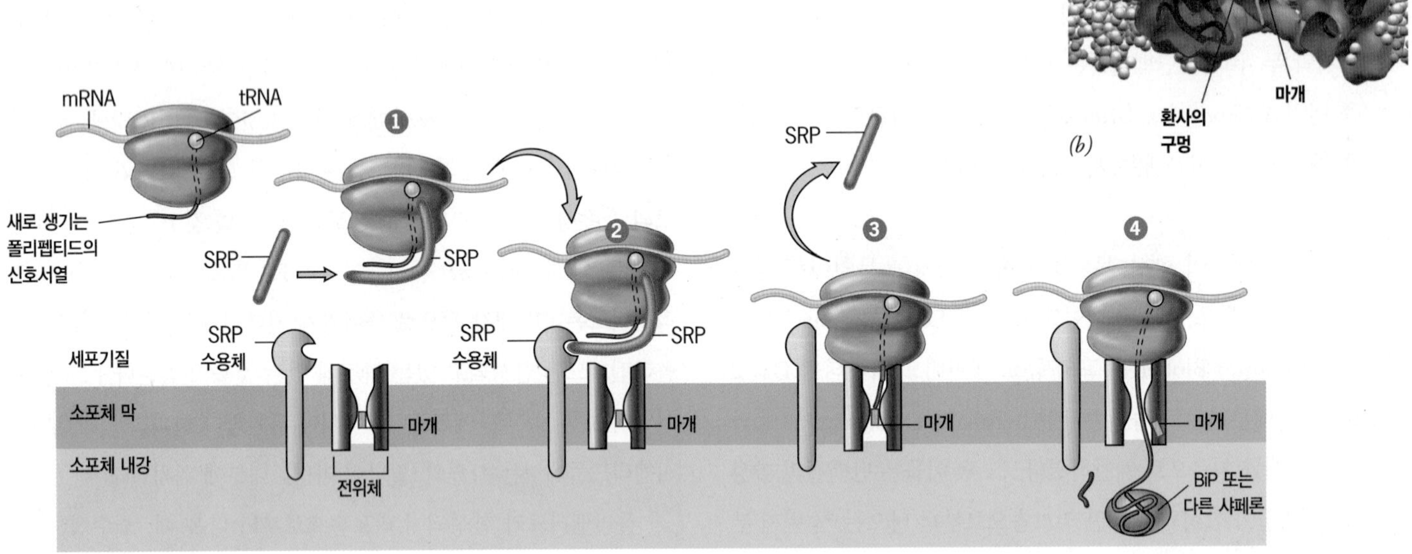

그림 12-12 RER의 막에 결합된 리보솜에서 분비단백질(또는 리소솜의 효소) 합성에 관한 도식적 모형. *(a)* 폴리펩티드의 합성은 유리(遊離) 리보솜에서 시작된다. 신호서열(빨간색으로 표시되었음)이 합성되어 리보솜으로부터 나올 때, 이 서열은 신호인식입자(SRP)와 결합한다(1단계). 이때, SRP-리보솜-새로운 사슬 등으로 된 복합체가 소포체(ER)에 접촉할 수 있을 때까지 더 이상의 번역 진행되지 않는다. 그 후, SRP-리보솜 복합체는 ER 막 속에 있는 SRP 수용체와 충돌하여 결합한다(2단계). 이 복합체가 SRP 수용체에 부착되면, SRP는 방출되고 리보솜은 ER 막에 있는 전위체(translocon)와 결합한다(3단계). 리보솜이 전위체와 결합하는 일은 SRP와 수용체에 결합된 GTP 분자(그림에 나타내지 않았음)의 가수분해에 의해서 일어난다. 여기에 그려진 모형에서, 신호 펩티드가 전위체의 내부에 결합되면, 통로에서 마개가 이동되어 폴리펩티드의 나머지 부분을 번역과 동시에 막을 거쳐 전위시킨다(4단계). 새로 합성된 폴리펩티드가 ER의 내강 속으로 통과한 후, 신호 펩티드는 막 단백질[신호펩티다아제(signal peptidase), 여기의 그림에 표시되지 않았음]에 의해 떨어져 나가고, 합성된 단백질은 BiP[b]와 같은 ER 샤페론의 도움으로 접혀진다. 연구들에 의하면, 전위체들은 여기에 나타낸 것처럼, 하나라기보다 2개 또는 4개의 단위로 구성된다. *(b)* 고세균에 있는 전위체의 엑스-선(X-ray) 결정 구조를 바탕으로 하여 종단면에서 본 전위체 통로. 모래시계 모양의 수용성 통로가 있다. 나선형 마개는 전위체의 닫힌 입체구조에서 용질의 이동을 막는다. 고리 모양의 소수성 곁사슬(초록색)은 통로에서 가장 좁은 장소에 위치한다.

역자 주[b] BiP: "binding immunoglobulin protein(결합하는 면역글로불린 단백질)"의 머리글자로서, 소포체 내강 속에 있는 분자 샤페론의 하나이다. 소포체 잔류신호인 KDEL 모티프를 갖고 있다.

의 불필요한 통과를 차단하기 위한 것으로 제안되었다.

일단 SRP-리보솜-새로 생긴 폴리펩티드 사슬 등으로 된 복합체가 ER 막에 결합하면(그림 12-12, 2단계), SRP는 ER 수용체로부터 떨어지고, 리보솜은 전위체의 세포질 쪽 끝부분에 붙게 되며, 새로 생긴 폴리펩티드는 전위체의 좁은 수용성 통로 속으로 삽입된다(3단계). 신호서열이 전위체의 내부에 접촉되면, 마개의 위치를 변경시켜 통로가 열리는 것으로 제안되었다. 그 다음에 자라나는 폴리펩티드는 소수성인 환상(環狀)의 구멍을 통해서 ER 내강 속으로 전위된다(4단계). 결정체 구조에서 관찰된 환상의 구멍은 나선형 폴리펩티드 사슬의 직경보다 상당히 더 작으며(5–8Å), 이 구멍은 새로 합성된 사슬이 그 통로를 지나갈 때 확장되는 것으로 추정된다. (구멍 직경의 확장은 그 구멍을 만들고 있는 아미노산 잔기들이 전위체 단백질의 다른 나선 구조 위에 위치하기 때문에 가능하다.) 단백질의 합성(번역)이 완료되고 완성된 폴리펩티드가 전위체를 통해 전위됨으로써, 막에 결합된 리보솜은 ER 막에서 분리되며, 나선형 마개는 전위체 통로 속으로 다시 삽입된다.

분비단백질들의 합성과 경로수송에 관련된 여러 단계는 GTP의 결합 또는 가수분해에 의해 조절된다. 제15장과 이 장의 다른 곳에서 상세히 설명될, **GTP-결합 단백질**(GTP-binding protein) 또는 **G단백질**(G protein)들은 세포 속에서 일어나는 서로 다른 많은 과정들에서 핵심 조절 역할을 한다.[3] G단백질들은 적어도 두 가지의 서로 다른 입체구조로 존재할 수 있다. 즉, 하나는 GTP 분자와 결합된 상태이고 다른 하나는 GDP 분자와 결합된 것이다. GTP-결합 및 GDP-결합 G단백질은 서로 다른 입체구조를 갖고 있어서 다른 단백질들과 결합하는 능력도 다르다. 이러한 결합 특성의 차이 때문에, G단백질들은 "분자 스위치"와 같이 작용한다. 즉, 보통 GTP-결합 단백질은 그 과정을 작동시키는 스위치를 켜고, 결합된 GTP의 가수분해는 그 과정을 작동시키는 스위치를 끈다. 〈그림 12-12〉에 그려진 구성요소들 가운데, SRP와 SRP 수용체는 GTP-결합 상태에서 서로 상호작용하는 G단백질들이다. 이 2개의 단백질에 결합된 GTP의 가수분해는 2단계와 3단계 사이에서 일어나며, SRP에 의해서 신호서열의 방출 및 전위체 속으로 폴리펩티드 사슬의 삽입 등이 일어난다.

12-3-2-3 ER에서 새로 합성된 단백질의 가공처리

새로 합성된 폴리펩티드가 RER 주머니 속으로 들어가면, RER의 막이나 또는 RER의 내강 속에 있는 다양한 효소들이 작용하게 된다. 신호 펩티드가 포함된 N-말단 부위가 단백질 분해효소인 **신호 펩티다아제**(signal peptidase)에 의해 가장 최근에 합성된 폴리펩티드에서 제거된다. 탄수화물이 올리고당전달효소(*oligosaccharyltransferase*)에 의해 새로운 단백질에 첨가된다. 두 가지 효소들, 즉 신호 펩티다아제와 올리고당전달효소는 내재막단백질로서, 전위체에 아주 가까운 곳에 위치하며 새로 합성된 단백질이 ER 내강 속으로 들어갔을 때 이 단백질에 작용한다.

RER은 주요한 단백질 가공처리 공장이다. 이 일을 수행하기 위해서 RER 내강은 샤페론(chaperone) 분자들로 채워져 있다. 샤페론은 접히지 않은(펼쳐진) 또는 잘못 접힌 단백질을 인식하여 결합하고, 올바른(본래의) 3차원 구조를 형성하도록 한다. 또한 ER 내강에는 단백질 2황화 이성질화효소(*protein disulfide isomerase, PDI*)와 같은 많은 단백질-가공처리 효소들이 있다. 단백질들은 환원된(—SH) 상태의 시스테인(cysteine) 잔기를 가지고 ER 속으로 들어가지만, 이 단백질들은 산화된 2황화물(—SS—)로서 서로 결합된 많은 잔기들을 갖고 ER에서 떠난다. 2황화 결합의 형성(및 재배열)은 PDI에 의해 촉진된다. 2황화 결합은 원형질막의 세포외 표면에 존재하는 또는 세포외 공간으로 분비된 단백질들의 안정성을 유지하는 데 중요한 역할을 한다.

소포체는 세포의 생합성경로를 위한 하나의 통관항(通關港)과 같은 역할을 하기에 이상적인 구조로 되어있다. 소포체의 막은 많은 리보솜이 부착될 수 있도록(간에서 세포 하나 당 1,300만개로 추정됨) 넓은 표면적을 갖고 있다. ER 주머니 속의 내강은 단백질들의 접힘과 조립을 돕는 환경을 제공하며, 그리고 분비단백질, 리소솜의 단백질, 식물세포에서 액포의 단백질 등이 다른 새롭게 합성된 단백질로부터 격리될 수 있는 구획을 제공한다. ER 속에서 새로이 합성된 단백질들이 격리되면, 이 단백질들을 세포기질로부터 제거하고 변형시켜서, 세포의 바깥쪽으로 또는 세포질에 있는 막으로 된 소기관들 중 어느 하나의 속으로 그들의 최종 목적지를 향하여 신속히 처리된다.

---

[3] 일반적으로 GTP 단백질들은 그 기능을 수행하기 위해 부속 단백질을 필요로 한다. 이 단백질의 역할은 제15장에서 논의되며 〈그림 15-19〉에 예시되어 있다. 이 단백질이 이러한 활동에 관련되어 있을지라도, 이 장에서는 이 단백질을 논의하지 않을 것이다.

12-3-2-4 막에 결합된 리보솜에서 내재막단백질의 합성

막에 끼어 있는 내재단백질들—미토콘드리아와 엽록체 이외의—도 역시 ER의 막에 결합된 리보솜에서 합성된다. 이 막단백질들은 분비단백질과 리소솜의 단백질 합성에서 설명된 것과 동일한 기구(機構)를 사용하여 합성될 때(즉, 번역과 동시에) ER 막 속으로 전위된다(그림 12-12). 그러나 전위되는 동안 ER의 막을 거쳐 완전히 통과하는 가용성 분비단백질 그리고 리소솜의 단백질과는 다르게, 내재단백질들에는 하나 또는 그 이상의 소수성인 막횡단 부분(hydrophobic transmembrane segment)들이 있다. 이 부분은 전위체의 통로로부터 지질2중층 속으로 직접 삽입된다. 어떻게 이러한 수송이 일어날 수 있는가? 앞에서 설명된 전위체의 엑스-선 결정학 연구에 의하면, 전위체는 이의 통로가 개폐될 수 있는 벽의 한쪽 면에 홈 또는 갈라진 틈을 가진 조개 모양의 입체구조를 갖고 있는 것으로 밝혀졌다.

폴리펩티드가 이 전위체를 통과할 때, 그 통로에서 측면에 있는 이런 "문(gate)"이 계속적으로 열리고 닫히는 것으로 제안되었다. 옆문의 개폐에 의해, 새로 합성된 폴리펩티드의 각 (막횡단) 부분이 용해도의 특성에 따라 전위체 통로 속의 수용성 구획으로 또는 둘러싸고 있는 지질2중층의 소수성인 중앙 부분으로 나뉘어 들어갈 기회를 갖는다. 충분히 소수성인 이런 새로 합성된 폴리펩티드 부분들은 지질2중층에 자연적으로 "용해"될 것이며 결국 내재막단백질의 막횡단 부분으로 된다. 이러한 생각은 시험관 속 연구에서 강한 지지를 받았다. 그 연구에서, 전위체들은 다양한 소수성의 시험 부위를 포함하는 주문-설계된 새로운 단백질들을 전위시키는 것으로 밝혀졌다. 시험 부위가 더 소수성일수록, 전위체의 벽을 통과하여 지질2중층의 막횡단 부위로 통합될 가능성은 더 크다.

〈그림 12-13〉은 하나의 막횡단 부위를 갖고 있는 1쌍의 내재막단백질이 합성되는 것을 보여준다. 하나의 막횡단 단백질은 N-말단의 방향이 세포기질이나 또는 ER 내강(그리고 결국은 세포외 공간)을 향할 수 있다. 막단백질의 배열을 결정하는 가장 일반적인 요인은 막횡단 부위에서 세포기질 쪽 말단에 측면으로 위치하는 양전하를 띤 아미노산 잔기들의 존재이다(그림 8-18 참조). 막단백질을 합성하는 동안, 〈그림 12-13〉에 나타낸 것처럼, 전위체의 안쪽 벽 부분이 새로 합성된 폴리펩티드를 특정 방향으로 맞추는 것으로 생각되며, 그래서 더 많은 양(+)의 말단이 세포질 쪽을 향한다.

다수의 막횡단 부위를 갖는 단백질에서(그림 8-32*d*에서처

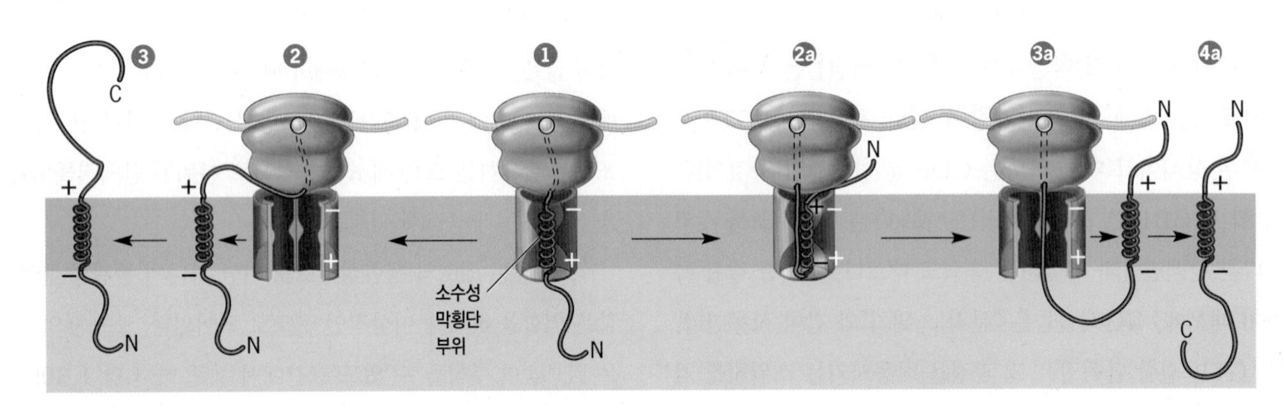

그림 12-13 내재막단백질 합성을 위한 도식적 모형. 이 내재막단백질은 새로 합성된 폴리펩티드의 N-말단 근처에 하나의 막횡단 부위를 갖고 있다. 〈그림 12-12〉에 나타낸 SRP와 막의 다양한 구성요소들도 내재단백질의 합성에 관련되어 있지만, 여기에서는 간결하게 표시하기 위해 이 요소들을 생략하였다. 새로운 폴리펩티드는 분비단백질의 경우와 마찬가지로 전위체 속으로 들어간다(1단계). 그러나 소수성 막횡단 부위가 구멍 속으로 들어감으로써, 새로운 폴리펩티드는 그 통로를 통해서 더 이상 전위되지 못한다. 2-3단계는 N-말단이 ER 내강 속에 있고 C-말단은 세포기질에 있는 막횡단 단백질의 합성 과정을 보여준다. 〈2단계〉에서, 전위체가 옆으로 열려 있어서 막횡단 부위를 2중층 속으로 내보낸다. 〈3단계〉는 이 단백질의 최종적인 배치를 보여준다. 〈2a-4a 단계〉는 C-말단이 내강 속에 있고 N-말단이 세포기질에 있는 막횡단 단백질의 합성을 타나낸 것이다. 〈2a 단계〉에서, 전위체는 막횡단 부위의 방향을 새로 바꾸어서, 즉 전위체와 반대로 된 양전하와 음전하를 측면에 배치시킨다. 〈3a 단계〉에서, 전위체는 측면으로 열려서 막횡단 부위를 2중층 속으로 내보낸다. 〈4단계〉는 이 단백질의 마지막 배치를 보여준다. 하얀색으로 쓴 +와 − 표시는 전위체 안쪽 벽의 전하를 나타낸다.

럼), 연속되는 막횡단 부위들은 반대 방향으로 위치한다. 막 속에서 이런 단백질들의 배열은 맨 처음에 삽입되는 막횡단 부위의 방향에 의해 결정된다. 일단 결정되면, 각각의 막횡단 부위는 전위체를 빠져 나오기 전에 180°로 회전되어야 한다. 무세포계(cell-free system)에서 정제된 구성요소들로 연구한 결과, 하나의 전위체는 스스로 막횡단 부위들을 특정 방향으로 맞출 수 있음을 암시한다. 전위체는 ER 막을 지나는 단순한 통로 이상인 것 같다. 즉, 여러 가지 신호서열들을 인식할 수 있고 복잡한 기계적 활동을 수행할 수 있는 하나의 복잡한 "기계"이다.

12-3-2-5 ER에서 막의 생합성

막은 즉, 단백질과 지질이 서로 혼합되어 있는 공급원으로부터 새로운 실체(막)로서 새로(*de novo*) 생기지 않는다. 대신, 막들은 기존의 막으로부터 생긴다. 새롭게 합성된 단백질과 지질이 ER의 기존 막 속에 삽입되어서 막이 자란다. 다음 논의에서 확실하게 될 것이지만, 막의 구성요소들은 ER로부터 세포의 거의 모든 다른 구획으로 이동한다. 막이 하나의 구획으로부터 다른 구획으로 이동할 때, 막의 단백질과 지질은 세포의 여러 가지 소기관들 속에 있는 효소들에 의해 변형된다. 이러한 변형에 의해 막으로 된 각 구획은 독특한 조성과 뚜렷한 독자성을 지니게 된다.

세포의 막들은 비대칭인 것을 상기하도록 하자. 즉, 하나의 막에서 2개의 인지질 층들의 조성은 다르다. 이런 비대칭성은 처음에 소포체에서 형성되었다. 비대칭성은 막의 운반체들이 하나의 구획에서 떨어져 나와서 다음의 구획과 융합할 때 유지된다. 그 결과, ER 막의 세포기질 쪽에 위치된 영역들이 수송소낭의 세포기질 쪽 표면에서, 골지 주머니들의 세포기질 쪽 표면에서, 그리고 원형질막의 안(세포질)쪽 표면 등에서 확인될 수 있다(그림 12-14). 이와 비슷하게, ER 막의 내강 표면에 위치하는 영역들은 그들의 방향성을 유지하며 원형질막의 바깥쪽 표면에서 발견된다. 사실, 높은 칼슘 농도, 2황화 결합, 그리고 탄수화물 사슬을 갖는 풍부한 단백질들을 비롯하여, 여러 가지 면에서 ER의 내강은 세포외 공간과 많이 유사하다.

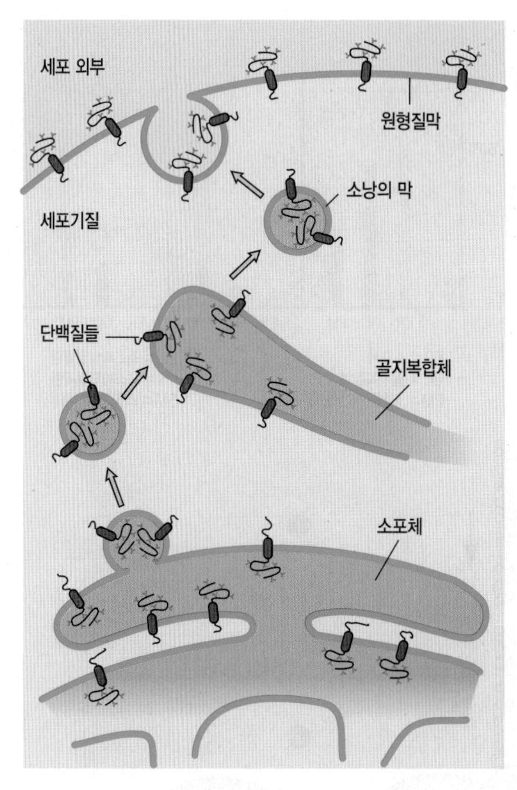

그림 12-14 막의 비대칭성 유지. 각 단백질이 조면소포체에서 합성될 때, 단백질은 아미노산 서열에 의해 결정된 예측 가능한 방향으로 2중층 속에 삽입된다. 이 방향성은 이 그림에서 보는 것처럼, 내막계를 거치는 동안 계속 유지된다. ER에서 처음으로 첨가된 탄수화물 사슬들은, 항상 세포질에 있는 막들의 주머니 쪽에 있기 때문에 막의 면(面)을 확인하는 데 있어서 편리한 수단을 제공한다. 소낭이 원형질막과 융합되면 탄수화물 사슬은 원형질막의 바깥쪽에 있게 된다.

막지질의 합성　대부분의 막지질은 소포체 속에서 완전히 합성된다. 주요 예외로서, (1) 스핑고미에린(sphingomyelin)과 당지질(glycolipid)의 합성은 ER 속에서 시작되어 골지복합체에서 완료되며, 그리고 (2) 미토콘드리아와 엽록체의 일부 특이한 지질은 그들의 막 속에 있는 효소들에 의해 합성된다. 인지질의 합성에 관련된 효소들은 그 자체가 세포기질을 향한 쪽에 활성부위를 갖는 ER 막의 내재단백질이다. 새롭게 합성된 인지질은 2중층에서 세포기질을 향한 쪽의 층 속으로 삽입된다. 그 후 이 지질 분자들의 일부는 훌립파아제(*flippase*)라고 하는 효소의 작용으로 (2중층에서) 반대편 쪽의 층 속으로 (공중제비 돌 듯) 홱 돌아버린다. 지질은 수송소낭들의 벽을 구성하는 2중층의 일부로서 ER로부터 골지복합체와 원형질막으로 운반된다.

서로 다른 소기관들에서 막지질의 조성은 현저히 다른데(그림

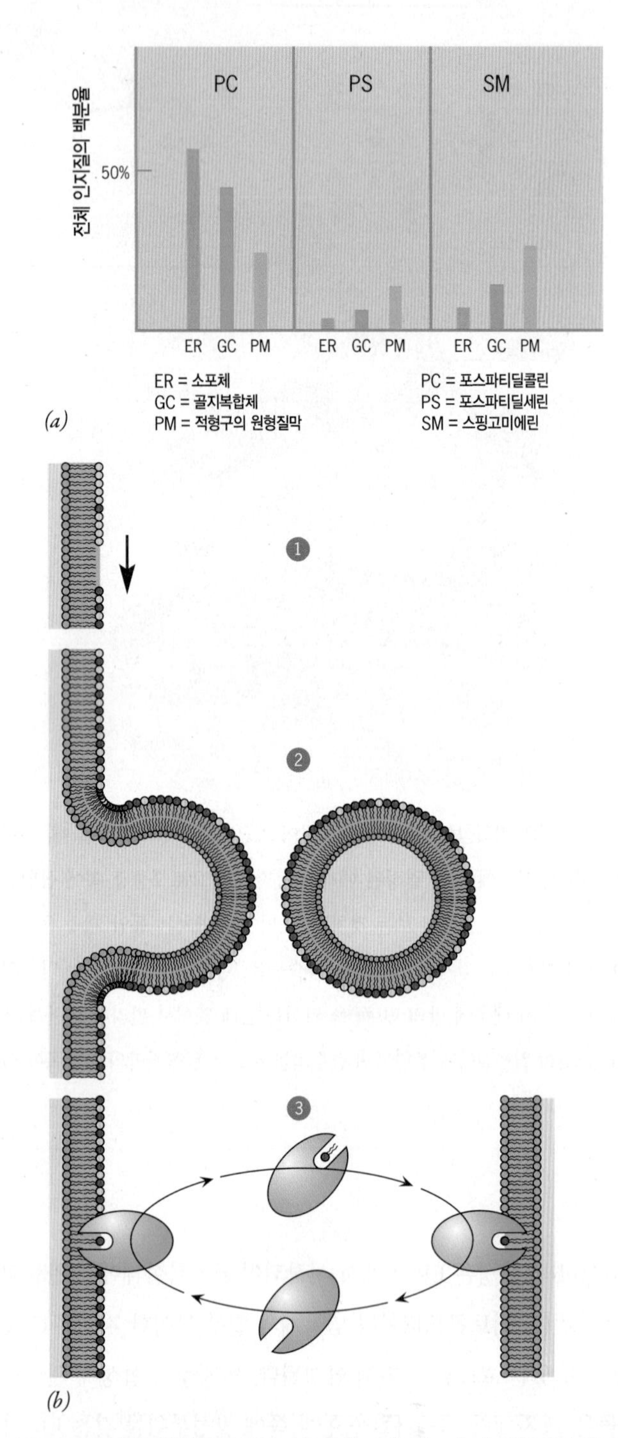

그림 12-15 막의 지질 조성 변화. *(a)* 막대 그래프는 세 가지의 다른 세포막(소포체, 골지복합체, 원형질막) 속의 세 가지 인지질(포스파티딜콜린, 포스파티딜세린, 스핑고미에린)의 백분율을 나타낸 것이다. 각 지질의 백분율은 막이 소포체로부터 골지복합체를 거쳐 원형질막으로 흐름에 따라 점차 변한다. *(b)* 이 개요도는, 막으로 된 구획들이 공간적으로 시간적으로 연속되어 있다하더라도, 내막계에서 어느 막의 인지질 조성이 이 계에서 다른 막과 어떻게 달라질 수 있는가를 설명할 수 있는 세 가지 뚜렷한 기작을 보여주고 있다. 즉, (1) 2중층에서 인지질의 머리부분이 효소에 의해 변화된다. (2) 소낭을 형성하는 막의 인지질 조성은 출아하는 막의 것과 다르다. (3) 인지질이 어느 막으로부터 제거되어 인지질-수송 단백질에 의해 다른 막 속으로 삽입된다.

12-15*a*), 이것은 그 세포에서 막의 흐름이 일어날 때 변화가 생긴다는 것을 암시한다. 이러한 변화의 원인이 될 수 있는 요인은 여러 가지이다(그림 12-15*b*).

1. 막으로 된 대부분의 소기관들은 이미 막 속에 있는 지질을 변형시키는 효소들을 갖고 있어서, 한 유형의 인지질(예: 포스파티딜세린, phosphatidylserine)을 다른 유형(예: 포스파티딜콜린, phosphatidylcholine)으로 전환시킨다(그림 12-15*b*, 1단계).
2. 소낭들이 하나의 구획으로부터 출아(出芽)될 때(그림 12-2*a* 참조), 일부 유형의 인지질들은 형성되고 있는 소낭의 막 속에 선택적으로 포함될 수 있는 반면, 다른 것들은 뒤에 남겨질 수 있다(그림 12-15*b*, 2단계).
3. 세포들은 **인지질-수송 단백질**(phospholipid-transfer protein)들을 갖고 있다. 이 단백질들은 인지질과 결합하여 막으로 된 한 구획에서 다른 구획으로 수용성 세포기질을 거쳐(*through the aqueous cytosol*) 수송할 수 있다(그림 12-15*b*, 3단계). 이 효소들은 ER에서 다른 소기관들로 특수한 인지질들의 이동을 촉진한다. 이것은 생합성경로를 따라 정상적인 막의 흐름이 일어나지 않는 부분인, 미토콘드리아와 엽록체로 지질을 배달하는 데 있어서 특히 중요하다.

12-3-2-6 조면소포체에서의 당화

ER 막에 결합된 리보솜에서 생산된 거의 모든 단백질들—막의 내재단백질들, 리소솜 또는 액포의 수용성 효소들이든지, 또는 세포외 기질 부분들이든—은 당단백질로 된다. 탄수화물 부분들은 세포의 많은 과정들에서 일어나는 특히 다른 고분자들과의 상호작용에서 결합자리로서, 많은 당단백질들의 기능에서 핵심 역할을 한다. 또한 탄수화물 부분들은 자신이 붙어 있는 단백질을 적당히 접히도록 돕는다. 당단백질의 올리고당을 구성하는 당의 순서는 매우 특이하다. 즉, 만일 올리고당들이 정제된 단백질로부터 분리된다면, 이 당들의 순서는 일정하며 예측할 수 있다. 어떻게 올리고당에서 당의 순서가 결정되나?

하나의 올리고당 사슬에 당을 첨가시키는 것은 **당전달효소**(glycosyltransferase)라고 하는 막에 결합된 효소들의 집단에 의해 촉매 된다. 이 효소들은 GDP-만노스 또는 UDP-*N*-아세틸글루코사민 등과 같은 뉴클레오티드 당으로부터(그림 12-16) 자라나고 있는 탄수화물 사슬의 말단으로 특수한 단당류를 전달한다. 올리고당이 조립되는 동안 전달되는 당의 순서는 그 과정에 참여하는 당 전달효소들의 작용 순서에 따라 결정된다. 이어서 이 순서는 분비 경로의 다양한 막들 속에 있는 특수 효소들의 위치에 의해 좌우된다. 그래서 당단백질의 올리고당 사슬들에 있는 당의 배열은 조립 라인에 있는 특정한 효소들의 위치에 의해 결정된다.

가용성 단백질들과 막의 내재단백질들의 *N*-연결 올리고당(*O*-연결 올리고당의 반대로서; 그림 8-11 참조) 조립의 첫 번째 단계가 〈그림 12-16〉에 나타나 있다. 각 탄수화물 사슬의 기본, 또는 핵심 부위는 단백질 자체에서 조립되지 않지만, 지질 운반체에서 독립적으로 구성된 다음, 폴리펩티드의 특수한 아스파라긴(asparagine) 잔기에 하나의 덩어리로 전달된다. **돌리콜 인산**(dolichol phosphate)이라고 하는 이러한 지질 운반체는 ER 막 속에 들어 있다. 〈그림 12-16〉의 1단계를 시작으로, 당들은 막-결

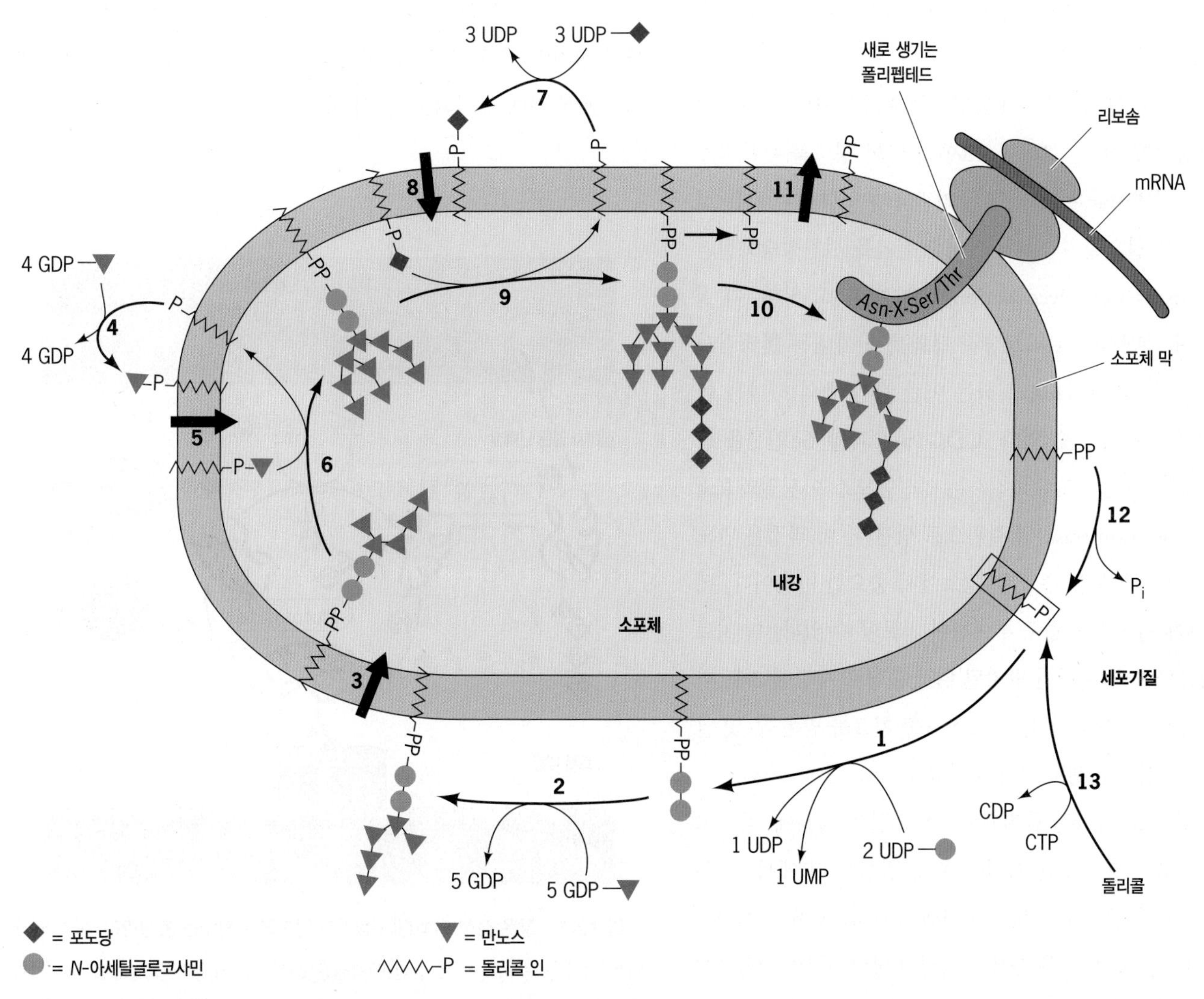

그림 12-16 조면소포체에서 *N*-연결 올리고당(*N*-linked oligosachharide)의 핵심 단백질의 합성 단계들. 처음에 7개의 당들[5개의 만노스(mannose)와 2개의 *N*-아세틸글루코사민(*N*-acetylglucosamine, NAG) 잔기들]이 ER 막의 세포기질 쪽에 있는 돌리콜-인산(dolichol-PP)에 한 번에 하나씩 전달된다(1과 2단계). 이 시기에, 올리고당이 붙어 있는 돌리콜은 막을 가로질러 공중제비를 돌아 들어가며(3단계), 나머지 당(4개의 만노스와 3개의 포도당 잔기들)은 ER 막의 내강 쪽에서 붙는다. 이들 후자의 당들은 ER 막의 세포기질 쪽에서 돌리콜 인산 분자의 끝에 차례로 부착되어(4와 7단계에서처럼), 막을 가로질러 공중제비를 돌아 들어가서(5와 8단계), 당 부분을 자라나고 있는 올리고당 사슬의 끝에 전달해 준다(6과 9단계). 일단 올리고당이 완전히 조립되면, 효소에 의해 새로운 폴리펩티드의 아스파라긴 잔기에 전달된다(10단계). 돌리콜-PP는 막을 가로질러 밖으로 되 공중제비를 돌아 나와서(11단계), 다시 당을 받기 시작할 준비를 한다(12와 13단계).

합 당전달효소들에 의해 하나씩 돌리콜 인산 분자에 첨가된다. 당화(糖化, glycosylation) 과정의 이 부분은 본질적으로 변하지 않는다. 즉, 포유동물 세포에서 〈그림 12-16〉에 나타낸 정밀한 방식으로, 이 과정은 *N*-아세틸글루코사민(*N*-acetylglucosamine)-1-인산의 전달로 시작된다. 이어서 다른 *N*-아세틸글루코사민이 전달되고, 다음에는 9개의 만노스와 3개의 포도당 단위들이 전달된다. 그 다음에 폴리펩티드가 ER 내강 속으로 전위되고 있을 때, 미리 조립된 14개의 당 덩어리는 ER 효소인 올리고당전달효소에 의해 돌리콜 인산으로부터 새로 합성되는 폴리펩티드의 아스파라긴으로 전달된다(그림 12-16, 10단계).

N-당화를 전혀 할 수 없는 돌연변이들은 수정난이 착상하기 전에 배를 사망하게 한다. 그러나 ER에서 당화 경로를 부분적으로 교란하는 돌연변이들은 거의 모든 기관계에 영향을 미치는 심각한 유전 질환을 일으킬 수 있다. 이러한 질환을 선천성당화질환(Congenital Diseases of Glycosylation, CDG)이라고 하며, 이 질환은 보통 혈청 단백질들의 비정상적 당화를 찾아내는 혈액검사를 통해 확인된다. CDG1b라고 하는 이런 질환 중의 하나는 아주 간단한 치료로 처리될 수 있다. CDG1b는 과당-6-인산을 만노스-6-인산으로 전환하도록 촉진하는 인산만노스 이성질화효소(phosphomannose isomerase)의 결핍으로 생긴다. 이 과정은 만노스를 올리고당에 결합시킬 수 있는 경로에서 중요한 반응이다. 이 질환은 환자에게 만노스를 경구 투여하여 치료할 수 있다. 이 치료는 흔한 합병증 질환의 하나인 방치된 위장 출혈로 사망해 가는 한 소년에게 처음으로 시도되었다. 만노스 보충 치료를 받은 후 몇 달 안에 어린이는 정상적인 생활을 하게 되었다.

올리고당이 새로 합성된 폴리펩티드에 전달된 직후에, 올리고당 사슬은 점차로 변형 과정을 거친다. 이런 변형은 ER에서 3개의 말단 포도당 잔기들 중 2개가 효소에 의해 제거됨으로써 시작된다(그림 12-17, 1단계). 이것은 새롭게 합성된 당단백질의 일생에서 중요한 일을 하기 위한 기초를 마련한 것이다. 이 당단백질은 생합성경로의 다음 구획으로 이동하기에 적당한지 아닌지를 결정하는 **품질관리**(quality control) 체계에 의해 걸러진다. 이러한 선별 과정을 시작하기 위해, 이 시기에 1개의 포도당 만을 갖고 있는 각 당단백질은 ER 샤페론[칼넥신(calnexin) 또는 칼레티큐린(calreticulin)]에 결합한다(2단계). 포도당가수분해효소 II(glucosidase II)에 의해 남아 있는 포도당이 제거되면, 그 샤페론으로부터 당단백질이 방출된다(3단계). 만일 이 시기에 당단백질의 접힘이 완료되지 않거나 잘 못 접히면, 입체구조-감지 효소(conformation-sensing enzyme)[포도당전달효소(glucosyltransferase, GT)라고 하는]에 의해 인식된다. 이 효소는 하나의 포도당 잔기를 최근에 잘라낸 올리고당의 노출된 말단에 있는 하나의 만노스 잔기에 다시 첨가한다(4단계).

불완전하게 접히거나 또는 잘못 접힌 단백질들은 적절하게 접힌 단백질들에서 볼 수 없는 노출된 소수성 잔기들을 드러내기 때문에, 포도당전달효소는 그런 불량 단백질들을 인식한다. 일단 포도당 잔기가 첨가되면, 그 "꼬리표를 달은" 당단백질은 동일한 ER 샤페론에 의해 인식되는데, 이 샤페론은 그 단백질을 적절히 접힐

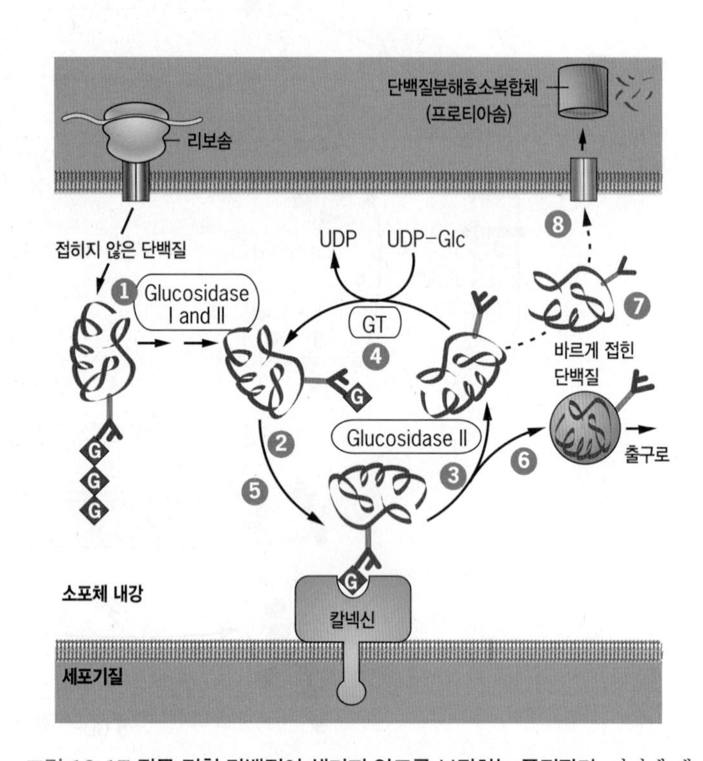

그림 12-17 잘못 접힌 단백질이 생기지 않도록 보장하는 품질관리. 여기에 제안된 기작을 토대로, 잘못 접힌 단백질은 올리고당 사슬의 끝에 당을 첨가시키는 포도당전달효소(GT)에 의해 인식된다. 1개의 포도당이 결합된 올리고당 사슬을 포함하는 당단백질은 막에 결합된 칼넥신(calnexin) 샤페론에 의해 인식되어, 올바르게 접힌(원래의) 상태로 될 수 있는 기회를 갖는다. 만일 반복된 시도 후에도 교정되지 않으면, 이 단백질은 세포기질로 전위되어 파괴된다. 이 과정은 본문에 기술되어 있다. 가용성 샤페론(칼레티큐린)은 이와 동일한 품질-관리 경로에 참여한다. Glucosidase: 포도당가수분해효소

수 있는 또 다른 기회를 준다(5단계). 잠시 그 샤페론과 함께 한 후, 첨가되었던 포도당 잔기는 제거되고 입체구조-감지 효소가 그 당단백질이 적당한 3차원 구조를 형성하였는지를 확인하기 위해 다시 점검한다. 만일 그 당단백질이 아직도 부분적으로 접히지 않았거나 또는 잘못 접혀 있으면, 다른 포도당 잔기가 첨가된다.

결국 이 과정은 그 당단백질이 바르게 접혀져서 다음 경로로 계속될 때까지(6단계), 또는 잘못 접힌 채로 남아서 파괴될 때까지 반복된다. 연구에 의하면, 결함을 가진 단백질의 파괴를 "결정"하는 것은 ER 속의 천천히 작용하는(緩效性) 효소(slow-acting enzyme)에 의해 이루어지는 것으로 나타난다. 이 효소는 연장된 기간 동안 ER 속에 있었던 단백질에서 올리고당의 노출된 말단에 있는 만노스 잔기를 잘라낸다. 일단 이런 만노스 잔기가 1개 또는 그 이상 제거되면(7단계), 이 단백질은 더 이상 재순환될 수 없어서 분해되는 과정으로 들어간다(8단계).

우리는 단백질 당화 과정의 이야기를 〈12-4절〉에서 다시 거론할 것이다. 거기에서는 ER에서 조립된 올리고당이 생합성경로 중에 골지복합체를 통과할 때 커지는 단계를 설명할 것이다.

12-3-2-7 잘못 접힌 단백질의 파괴를 보장하는 기작

적절하게 접히지 못한 단백질들이 ER 효소들에 의해 어떻게 탐지되는지를 바로 앞에서 알아보았다. 잘못 접힌 단백질들은 ER에서 파괴되지 않지만, 그 대신 이 단백질들은 "탈위(脫位, dislocation)" 과정에 의해 세포질로 수송된다는 것을 발견한 것은 놀라운 일이었다. 잘못 접힌 단백질들이, ER 속으로 그 단백질들을 들어가게 한 전위체를 통해서 또는 밝혀지지 않은 별도의 탈위 통로에 의해서, 세포질 속으로 되돌아가는지는 불확실하다. 일단 세포질에서 올리고당 사슬들이 제거되고, 잘못 접힌 단백질들은 단백질-분해 기구인 단백질분해효소복합체(또는 프로티아솜, proteasome)에 의해 파괴된다. 이 복합체의 구조와 기능은 〈6-7절〉에서 논의되었다. 소포체-관련 분해(*ER-associated degradation, ERAD*)라고 알려진 이 과정은 비정상적 단백질들이 세포의 다른 부분으로 수송되지 않도록 보장하지만, 부정적인 결과를 가져올 수도 있다. 낭포성섬유증(cystic fibrosis)을 가진 대부분 환자들에서, 상피세포들의 원형질막은 낭포성섬유증 유전자에 의해 암호화된 비정상적 단백질을 갖고 있지 않다. 이 경우에, 돌연변이 단백질은 ER의 품질관리 과정에 의해 파괴되어서 세포 표면에 도달하지 못한다.

특정한 상황 하에서, 잘못 접힌 단백질들은 세포질로 반출될 수 있는 것보다 더 빠른 속도로 ER 속에서 만들어질 수 있다. 잠재적으로 세포에 치명적인, 잘못 접힌 단백질들이 축적되면 **펴진(非摺) 단백질 반응**(unfolded protein response, UPR)이라고 알려진 세포 속의 종합적인 "작동계획(plan of action)"을 유발시킨다. ER은 내강 속에 접히지 않은 또는 잘못 접힌 단백질들의 농도를 감시하는 단백질 감지장치를 갖고 있다. 〈그림 12-18〉에 그려진 일반적인 모형에 의하면, 그 감지장치들은 특히 BiP라고 하는 분자 샤페론에 의해 보통 불활성 상태로 유지된다. 만일 어떤 상황에 의해 잘못 접힌 단백질들이 축적된다면, ER 내강 속의 BiP 분자들은 잘못 접힌 단백질들을 위한 샤페론의 역할을 하게 하여, 감지장치들을 방해할 수 없도록 해준다. 감지장치들이 활성화되면 핵과 세포질 양쪽에 복합적인 신호를 전달하여 다음과 같은 결과를 일으킨다.

- ER 속에서 스트레스를 받는 환경을 완화하기 위한 가능성을 지닌 단백질들을 암호화하는 수백 가지의 서로 다른 유전자들의 표현. 여기에는 다음과 같은 유전자들이 포함된다. 즉 (1) 잘못 접힌 단백질들을 원래의 상태에 이르도록 도울 수 있는 ER에 기반을 둔 분자 샤페론들, (2) ER 밖으로 단백질들을 수송하는 데 관여된 단백질들, 그리고 (3) 위에 언급한 것처럼 비정상적인 단백질들의 선택적 파괴에 관련된 단백질들.

- 단백질 합성에 필요한 핵심 단백질(eIFα)[c]의 인산화. 이런 변형은 단백질 합성을 억제하여 새로 합성된 단백질들이 ER 속으로 유입되는 것을 감소시킨다. 이렇게 하여 세포는 ER 내강 속에 이미 존재하는 단백질들을 제거하기 위한 기회를 갖게 된다.

흥미롭게도, UPR은 세포-생존 기작 이외에도, 세포의 사멸로 이끄는 경로의 활성화도 포함하고 있다. 이 UPR은 스트레스를 받는 환경에 있는 자신을 구제하기 위한 기작을 제공하는 것으로 추측된

역자 주[c] eIFα: "eukaryotic initiation factor alpha[진핵생물 (번역) 개시인자 알파 소단위]"의 머리글자이다.

다. 만일 이러한 교정 조치가 성공하지 못한다면, 세포-사멸 경로가 유발되어 그 세포는 파괴된다.

12-3-3 소포체로부터 골지복합체까지: 소낭수송의 1단계

RER 주머니의 출구 부위에는 리보솜이 없으며 생합성경로에서 첫 번째 수송소낭(輸送小囊, transport vesicle)들이 형성되는 장소의 역할을 한다. 수송소낭이 ER로부터 골지복합체로 이동하는 과정은, 분비단백질을 초록색형광단백질(GFP)로 표지하여 살아 있는 세포에서 실제로 추적될 수 있다. 이 방법을 이용하여 다음과 같은 사실을 발견할 수 있다. 즉, 수송소낭들이 ER 막에서 출아된 직후 서로 융합하여 더 큰 소낭을 형성하고 ER과 골지복합체 사이의 지역에서 서로 연결된 관을 형성한다. 이런 지역을 소포체골지 중간구획(*endoplasmic reticulum Golgi intermediate compartment, ERGIC*)이라고 하며, 거기에서 형성된 소낭-세관 운반체들을 *VTC*(vesicular-tubular carrier)라고 한다(그림 12-25*a* 참조). 일단 형성된 VTC들은 ER로부터 골지복합체를 향하여 더 멀리 이동한다. 막으로 된 이런 두 가지 소낭-세관 운반체들이 ERGIC로부

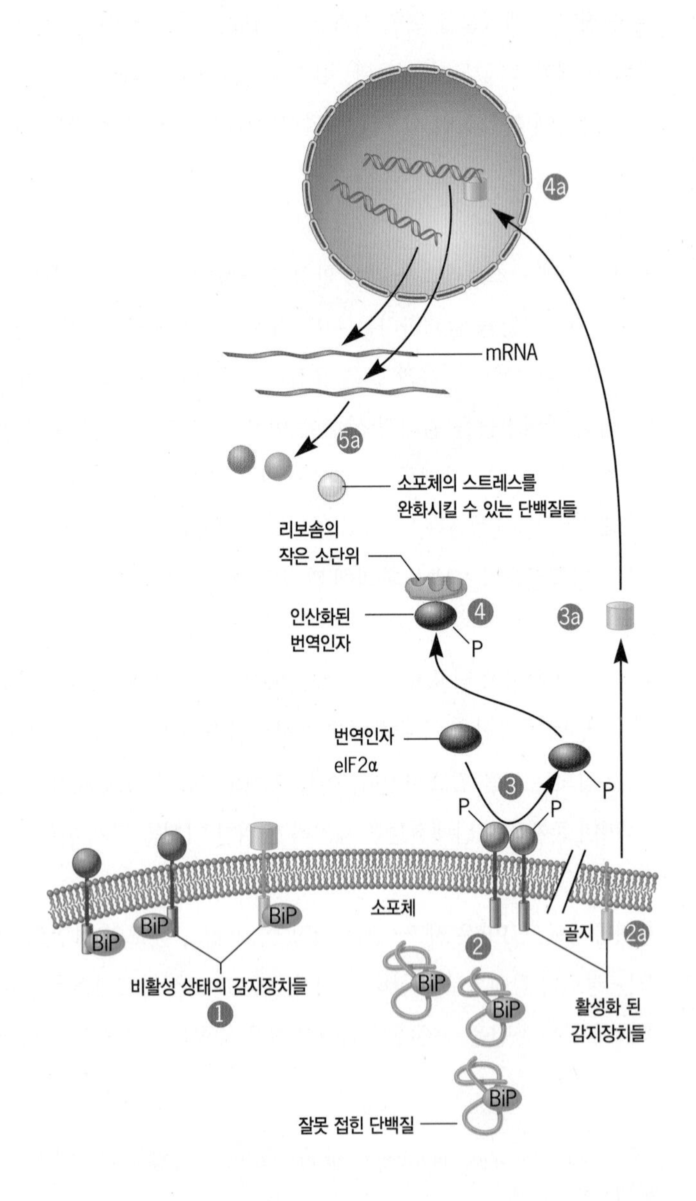

그림 12-18 포유류에서 펴진 단백질 반응(unfolded protein response, UPR)의 모형. ER은 그 내강 속에서 일어나는 일들을 감지하는 장치로서 작용하는 막횡단 단백질을 갖고 있다. 정상적인 환경에서, 이 감지장치들은 특히 BiP 샤페론과 결합한 결과 비활성 상태로 존재한다(1단계). 만일 펴진 또는 잘 못 접힌 단백질의 수가 높은 수준으로 증가하면, 이 샤페론은 단백질 접기를 돕기 위해 모이게 되며, 이는 감지장치를 결합되지 않은 활성화된 상태로 변화시켜 UPR을 시작할 수 있다. 포유동물의 세포에서, 최소한 세 가지의 뚜렷한 UPR 경로가 확인되었다. 그 중 두 가지 경로를 이 그림에 나타내었다. 이 중 하나의 경로에서, 억제 BiP 단백질이 방출되면 감지장치가 2량체(PERK[d-1] 라고 하는)로 된다(2단계). 2량체 상태에서, PERK는 활성화된 단백질 인산화효소로 되어 단백질 합성(번역)을 시작하는 데 필요한 단백질(eIF2*α*)을 인산화시킨다(3단계). 이런 번역인자(translation factor)는 인산화된 상태에서는 활성을 띠지 않으므로 ER에서 추가적인 단백질 합성을 정지시켜(4단계), 세포가 ER 내강 속에 이미 존재하는 단백질들을 처리하기 위해 더 많은 시간을 갖게 한다. 여기에 나타낸 두 번째 경로에서, 억제 BiP 단백질이 방출되면, 감지장치(ATF6[d-2]라고 하는)를 골지복합체로 이동시켜 여기에서 감지장치 단백질의 세포기질 쪽 영역이 막횡단 영역에서 떨어져 나간다(2a 단계). 이 감지장치의 세포기질 쪽 부분은 세포질을 거쳐(3a 단계) 핵 속으로 확산되어(4a 단계), ER에서 스트레스를 완화시킬 수 있는 단백질들을 암호화하는 유전자들의 발현을 자극한다(5a 단계). 그 산물로서 샤페론, 수송소낭에 형성되는 피복 단백질, 그리고 품질-관리 기구를 구성하는 단백질 등이 포함된다.

역자 주[d-1] PERK: "protein kinase RNA-like endoplasmic reticulum kinase(단백질 인산화효소 RNA-유사 소포체 인산화효소)"의 머리글자이다.

[d-2] ATF6: "activating transcription factor 6(활성화 전사인자6)"의 머리글자로서, 소포체에서 스트레스를 조절하는 전사(轉寫)인자로서 막을 가로질러 있다.

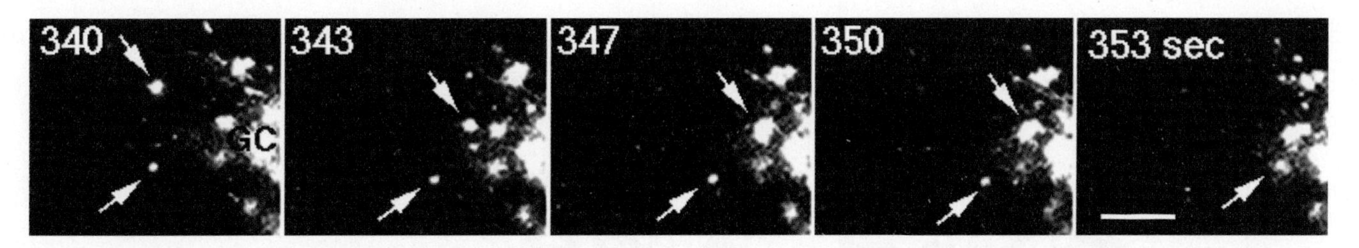

그림 12-19 **형광물질 표지를 사용하여 막 이동을 시각적으로 보여주는 사진.** 연속 촬영된 이 사진들은, *VSVG-GFP* 혼합 유전자를 지닌 수포성 구내염바이러스(vesicular stomatitis virus, VSV)에 감염된 살아 있는 포유동물 세포의 작은 부분을 보여준다. 일단 RER에서 합성된 융합 단백질은 초록색형광을 내기 때문에, 이 단백질이 세포에서 이동할 때 추적될 수 있다. 여기에 있는 연속 촬영된 사진에서, 형광 단백질이 들어 있는 2개의 소낭-세관 운반체(VTC, 화살표)들이 ER에서 출아되어 골지복합체(GC)를 향하여 이동하고 있다. 여기 나타낸 연속된 과정은 13초 동안에 걸쳐 일어났다. 마지막 사진 아래의 선은 6mm이다.

터 골지복합체까지 이동하는 것을 〈그림 12-19〉에 나타내었다. VTC는 미세관들로 이루어진 선로를 따라서 이동한다.

복습문제

1. RER과 SER 사이의 주요한 형태적 차이는 무엇인가? 그리고 이들의 기능의 차이는 무엇인가?
2. 리보솜이 분비단백질을 암호화하는 전령 RNA에 부착하는 시간과 그 단백질이 RER을 떠나는 시간 사이에 일어나는 단계들을 설명하시오.
3. 새로 합성된 내재단백질이 어떻게 막에 삽입되는가?
4. 막들의 계속적인 이동과 그 막들을 통한 물질의 이동에도 불구하고 막으로 된 소기관들이 독특한 조성을 유지할 수 있는 방법을 설명하시오.
5. 막이 ER에서 원형질막까지 이동할 때, 어떻게 막의 비대칭성이 유지되는지 설명하시오.
6. 잘 못 접힌 단백질들은 (1) ER 속에서 인식되지 않으면 밖으로 나가지 않을 것이며 (2) ER 속에서 과잉 수준으로 축적되지 않을 것이다. 세포가 이런 것을 보장하기 위한 기작을 설명하시오.

12-4 골지복합체

19세기 후반에, 이탈리아의 생물학자 카밀로 골지(Camilo Golgi)는 중추신경계 속에 있는 신경 세포들의 체제를 밝힐 수 있는 새로운 염색방법을 고안하고 있었다. 1898년, 골지는 금속 염색방법을 소뇌의 신경 세포들에 적용하여 그 세포의 핵 근처에 위치한 짙게 염색된 그물 모양(網狀)의 구조를 발견하였다. 그 후 다른 유형의 세포에서 확인된 이 망상 구조를 **골지복합체**(Golgi complex)라고 하였으며, 이 발견자는 1906년에 노벨상을 받았다. 골지복합체는 살아 있는 세포 속에 있는 소기관이라고 믿는 사람들과 현미경 관찰을 위해 준비하는 동안 생긴 인위구조(*artifact*)라고 생각하는 사람들 사이에 10여 년 동안 논란의 중심에 있었다. 골지복합체는 고정되지 않고 동결-파단된 세포들(그림 18-17 참조)에서 분명하게 확인되어 그 존재가 엉뚱한 의심으로부터 증명되었다.

골지복합체의 형태적 특징은 주로 납작하고 판 모양의 막으로 된 주머니들(cisternae)로 구성되는데, 그 가장자리가 팽창되어 있고 소낭들과 관들이 결합되어 있다(그림 12-20*a*). 직경이 보통 0.5~1.0μm 정도인 주머니들은 팬케이크를 쌓아 놓은 것처럼 질서 있게 배열되어 있으며, 얇은 사발 모양처럼 굽어있다(그림 12-20*b*).[4] 보통 하나의 골지더미는 8개 이하의 주머니로 되어 있다. 각 세포는 그 유형에 따라 몇 천 개에서 수천 개의 골지더미를 가지고 있을 수 있다. 포유동물 세포의 골지더미들은 막으로 된 관들에 의해 서로 연결되어서 세포의 핵 근처에 위치한 하나의 큰 띠와 같은 복합체를 형성한다(그림 12-20*c*). 개개의 주머니를 더 가까이

[4] 식물세포에서 하나의 골지더미를 때로는 딕티오솜(*dictyosome*)이라고 한다.

보면, 소낭들이 각 주머니의 주변에 있는 관 모양의 영역으로부터 출아(出芽)하는 것을 보여준다(그림 12-20*d*). 뒤에 논의되는 것으로서, 이러한 많은 소낭들은 독특한 단백질 껍질(피복, 被覆, coat)을 갖고 있으며, 이를 〈그림 12-20*d*〉에서 볼 수 있다.

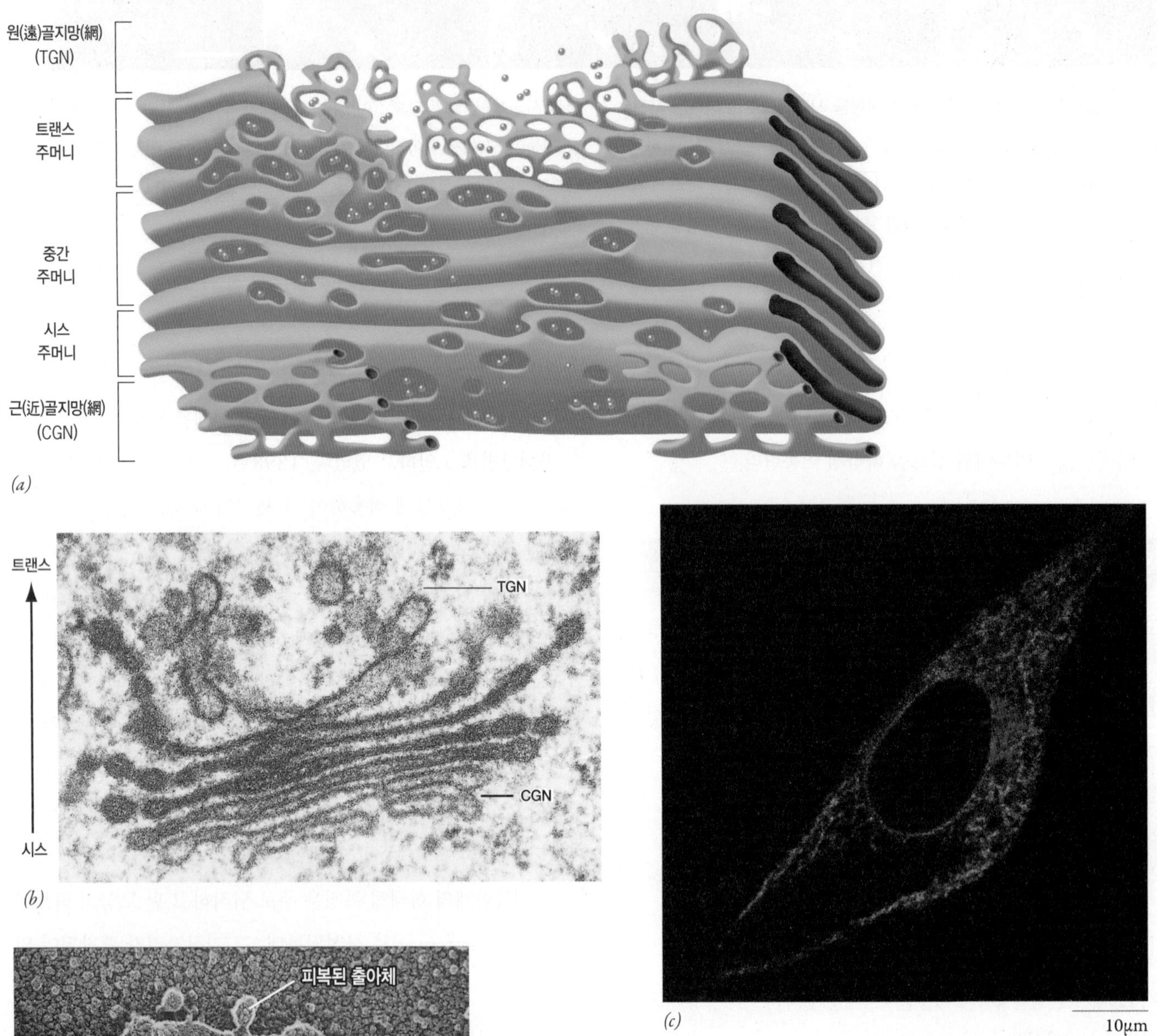

그림 12-20 골지복합체. (*a*) 수컷 쥐의 생식관의 상피세포에 있는 골지복합체의 일부를 그린 도식적 모형. 시스(*cis*)와 트랜스(*trans*) 구획들은 흔히 연속되어 있지 않으며 관(管)들이 연결된 그물(網)처럼 보인다. (*b*) 담배 뿌리에서 근관세포의 일부를 관찰한 전자현미경 사진은 골지더미의 시스에서 트랜스까지의 극성을 보여준다. (*c*) 배양된 포유동물 세포의 형광현미경 사진. 골지복합체 위치는 빨간색 형광물질에 의해 드러나 있으며, 그 곳은 COPI 피복(被覆) 단백질에 대한 항체의 국재성을 나타낸다. (*d*) 분리된 하나의 골지 주머니의 전자현미경 사진은 뚜렷한 두 가지 영역, 즉 오목한 중앙 영역과 불규칙한 주변 영역을 보여주고 있다. 주변 영역은 관상의 그물 구조로 되어 있으며, 여기에서 단백질로 덮인(피복된) 출아체(出芽體)가 떨어져 나오고 있다.

골지복합체는 기능적으로 독특한 다수의 구획들로 나누어져 있다. 즉, ER에 가장 가까운 시스(*cis*)면 또는 입구면(入口面)으로부터 골지더미의 반대 방향 끝에 있는 ER로부터 가장 먼 트랜스(*trans*)면 또는 출구면(出口面)에 이르기까지 하나의 축을 따라 배열되어 있다(그림 12-20*a*,*b*). 골지복합체에서 ER과 가장 가까운(近) 시스면 주머니는 관들이 서로 연결된 그물(網) 구조로 되어 있으며, 이를 **근**(近)**골지망**(網)(*cis*-Golgi network, CGN)이라고 한다. 근골지망은 주로 단백질들 중에서 ER로 되돌려 보내져야 할 것과 다음 골지 정류장으로 가게 해야 할 것들을 구별하는 분류 장소로서 작용하는 것으로 생각된다. 대부분의 골지복합체는 크고 납작한 주머니들이 연속되어 이루어지며, 이들은 시스-, 중간-, 트랜스-주머니(*cis*-, *medial*-, *trans*-cisternae) 등의 세 가지로 구별된다(그림 12-20*a*).

골지복합체에서 ER과 가장 먼(遠) 트랜스면 주머니는 관들과 소낭들에 의해 독특하게 연결된 그물(網) 구조를 형성하고 있어서, 이를 **원**(遠)**골지망**(網)(*trans*-Golgi network, TGN)이라고 한다. 원골지망은 분류장소로서, 여기에서 단백질들이 원형질막이나 또는 다양한 세포 내 목적지로 향하는 서로 다른 유형의 소낭들 속으로 분리된다. 골지복합체의 막으로 된 요소들은, 스펙트린, 안키린, 액틴 등의 집단을 구성하는 요소들—이 단백질들은 또한 원형질막 골격의 일부이기도 한—을 비롯하여, 다양한 단백질로 구성된 주변부 막의 골격에 의해 기계적으로 지지되는 것으로 생각된다. 골지의 뼈대는 골지복합체로 들어오고 나가는 소낭 및 세관 이동을 안내하는 운동단백질과 물리적으로 연결되어 있을 수 있다. 별도의 섬유성 단백질 무리가 유사분열 하는 동안에 골지복합체를 해체하고 재조립하는 데 있어서 핵심 역할을 하는 골지 "기질(matrix)"을 형성하는 것으로 생각된다.

〈그림 12-21〉은 한 쪽 끝에서 다른 쪽 끝 주머니에 이르기까지 골지복합체의 조성이 동일하지 않다는 시각적 증거를 보여준다. 시스면으로부터 트랜스면에 이르는 막 구획들의 조성이 다른 것은 골지복합체가 주로 "가공처리공장"이라는 사실을 반영한다. 분비단백질들과 리소솜의 단백질들은 물론, 새롭게 합성된 막 단백질들

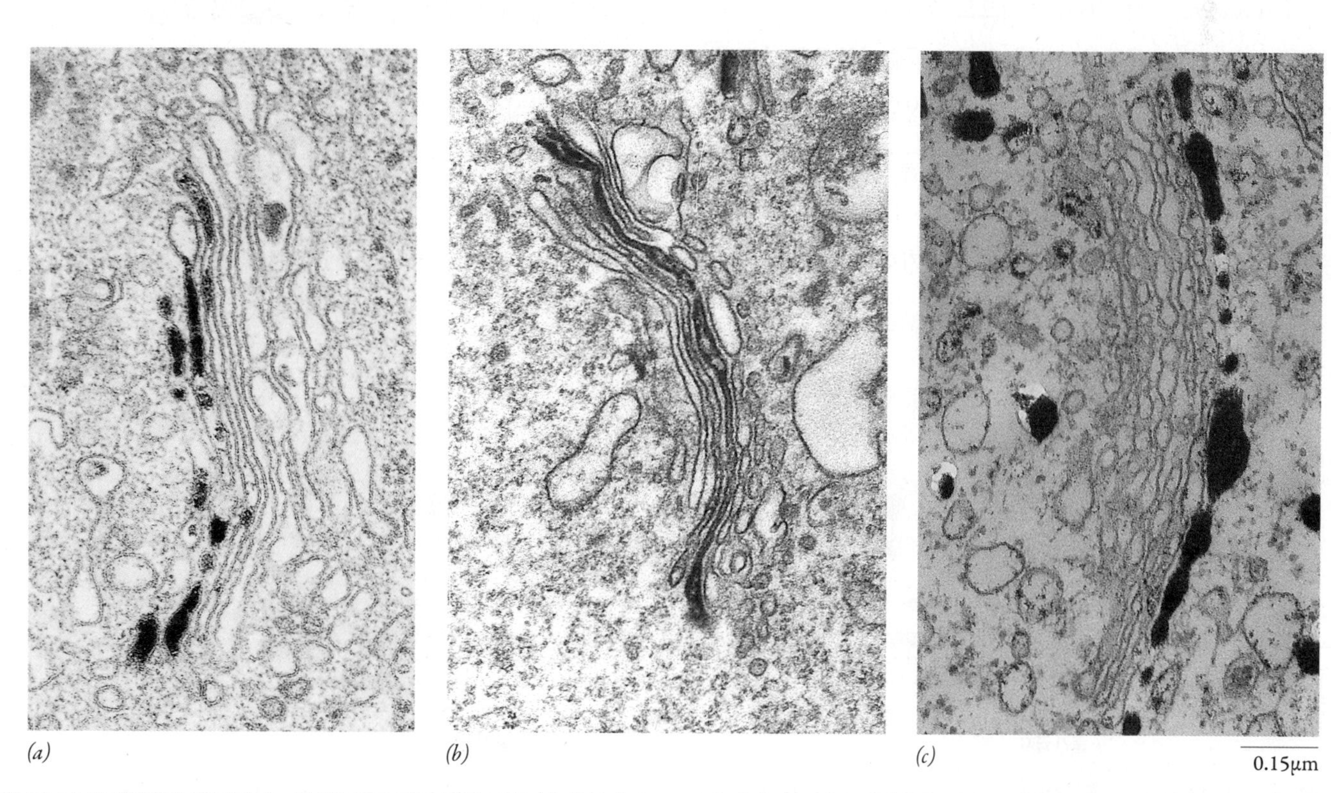

그림 12-21 골지더미를 가로지르는 부위에 따라 다른 막의 조성. (*a*) 환원된 오스미움 테트록사이드(osmium tetroxide)는 골지복합체의 시스(*cis*) 주머니에 선택적으로 들어 있다. (*b*) 본문에 기술된 것처럼, 핵심 올리고당에서 만노스 잔기의 제거에 관련된 효소인 만노시다아제 II는 중간(*medial*) 주머니에 위치되어 있다. (*c*). 당이 제거된 후 2-뉴클레오티드(dinucleotide)(예: UDP)를 분리시키는 효소인 뉴클레오시드 디포스파타아제(nucleoside diphosphatase)는 선택적으로 트랜스(*trans*) 주머니에 위치되어 있다.

은 ER을 떠나서 골지복합체의 시스면으로 들어간 다음 주머니 더미를 가로질러 트랜스면까지 통과한다. 이렇게 새롭게 합성된 막단백질들이 골지더미를 따라 이동할 때, 처음에 RER에서 합성되었던 단백질들은 특수한 방법으로 순차적으로 변형된다. 가장 잘 연구된 골지 활동에서, 단백질에 결합된 탄수화물들은 일련의 단계적인 효소의 작용으로 변형되며, 이는 다음 절에서 논의된다.

12-4-1 골지복합체에서의 당화

골지복합체는 당단백질과 당지질의 탄수화물 부분을 조립하는 핵심 역할을 한다. 앞에서 *N*-연결 탄수화물 사슬들의 합성에 관하여 언급할 때, 포도당 잔기들이 핵심 올리고당의 말단에서 제거되었다. 새롭게 합성된 가용성 막 당단백질들이 골지더미의 시스 및 중간 주머니들을 거쳐 지나갈 때, 대부분의 만노스 잔기들도 핵심 올리고당으로부터 제거되고, 다른 당들이 다양한 글리코실전달효소(glycosyltransferase)들에 의해 순차적으로 첨가된다.

RER에서처럼, 골지복합체에서 올리고당에 결합되는 당의 순서는, 골지더미를 거치며 이동할 때 새로 합성된 단백질과 만나는 특별한 당전달효소들의 공간적 배열에 의해 결정된다. 예로서, 동물세포에서 시알산(sialic acid)을 올리고당 사슬의 말단에 위치시키는 시아릴전달효소(sialyltransferase)는 골지더미의 트랜스 끝에 위치되어 있으며, 예상대로 새로 합성된 당단백질들은 골지복합체의 트랜스 끝 부분을 향하여 계속 이동된다. 단일 핵심 올리고당을 조립하는 ER 속에서 일어나는 당화 단계들과는 대조적으로, 골지복합체 속에서의 당화 단계들은 아주 다양할 수 있기 때문에 탄수화물 영역들이 대단히 다양한 순서를 만들게 된다. 당화의 여러 가지 가능한 경로들 중의 하나를 〈그림 12-22〉에 나타내었다. ER에서 합성되기 시작하는 *N*-연결 올리고당들과 다르게, *O*-연결(그림 8-10 참조)에 의해 단백질들에 부착된 올리고당들은 골지복합체에서 완전히 조립된다.

또한 골지복합체는 세포 속의 복잡한 다당류의 대부분을 합성하는 장소이다. 이런 다당류에는 〈그림 11-9*a*〉에 그려진 프로테오글리칸의 글리코사미노글리칸(glycosaminoglycan)과 식물의 세포벽에서 발견된 펙틴과 헤미셀루로스(그림 11-37*c* 참조) 등이 포함된다.

12-4-2 골지복합체를 통한 물질의 이동

물질들이 골지복합체의 다양한 구획들을 거치면서 이동한다는 것은 오랫동안 알려져 왔다. 그러나 물질 이동 방법에 관한 두 가지 상반된 견해가 수년간 우세하였다. 1980년대 중반에 이르기까지, 골지 주머니들이 일시적인 구조였던 것으로 받아들여졌다. 골지 주

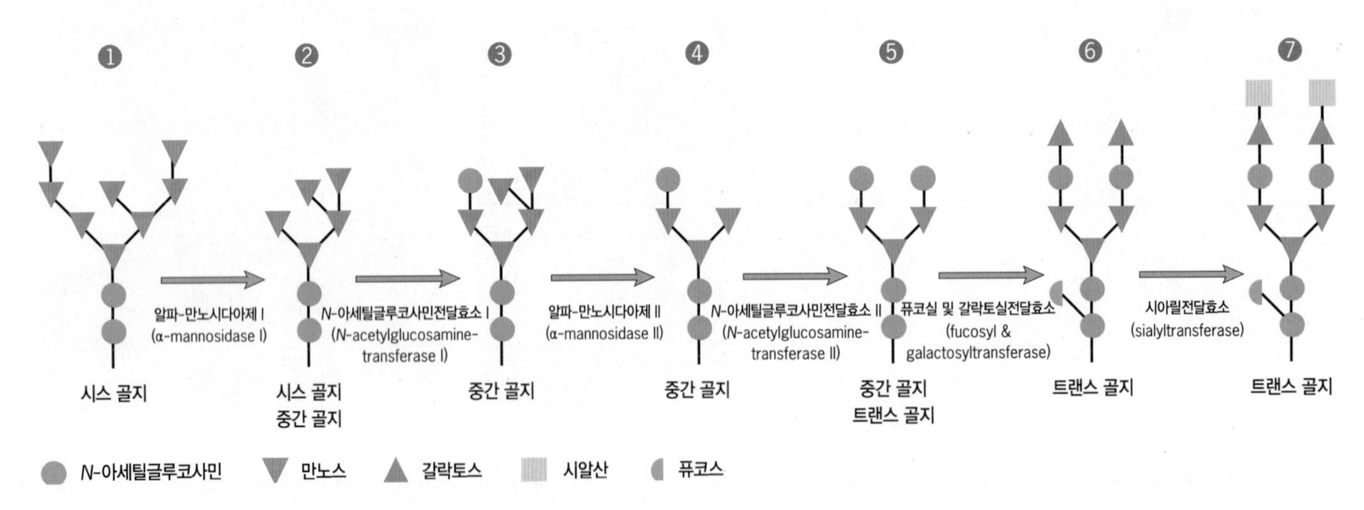

그림 12-22 골지복합체에서 전형적인 포유동물의 *N*-연결 올리고당의 당화 단계들. 3개의 포도당 잔기를 제거한 다음에 다양한 만노스 잔기들이 순차적으로 제거되는 반면, 다양한 당(*N*-아세틸글루코사민, 갈락토스, 퓨코스, 시알산)이 특수한 글리코실전달효소들에 의해 올리고당에 첨가된다. 이 효소들은 막의 내재단백질로서, 이들의 활성부위는 골지 주머니의 내강을 향해 있다. 여기에 소개된 것은 수많은 당화 경로들 중의 한 가지일 뿐이다.

머니들은 소포체와 소포체골지중간구획(ERGIC)으로부터 막으로 된 운반체들의 융합에 의해 골지더미의 시스면에서 형성되며, 각 주머니는 물리적으로 골지더미의 시스로부터 트랜스 끝으로 이동되어, 이 과정에서 주머니의 조성이 변화하는 것으로 생각되었다. 이것이 주머니성숙 모형(*cisternal maturation model*)이라고 알려졌으며, 그 이유는 이 모형에 따르면, 각 주머니가 골지더미를 따라서 다음 주머니로 "성숙하기" 때문이다.

1980년대 중반부터 1990년대 중반까지, 골지 이동에 관한 성숙 모형은 대부분 폐기되었고 다른 모형으로 대체되었다. 즉, 하나의 골지더미를 구성하는 주머니들은 안정된 구획들로서 제 자리에 그대로 남아 있는 것으로 제안되었다. 소낭수송 모형(*vesicular transport model*)으로 알려진 이 모형에서, 화물(즉, 분비단백질, 리소솜의 단백질, 막단백질 등)이 소낭들 속에서 근골지망으로부터 원골지망까지 골지더미를 거쳐서 왔다 갔다 한다. 이 소낭들은 하나의 막으로 된 구획(주머니)으로부터 출아되어 골지더미를 따라서 인접한 구획과 융합한다. 소낭수송 모형이 〈그림 12-23*a*〉에 그려져 있으며, 주로 다음과 같은 관찰에 근거하여 이 모형이 수용되고 있다.

1. 하나의 더미를 구성하는 여러 개의 골지 주머니들의 각각은 그 속에 독특한 내재(內在) 효소들을 갖고 있다(그림 12-21). 주머니성숙 모형에 의해 암시된 것처럼, 만일 각 주머니가 늘어서 있는 다음 주머니를 만들었다면, 어떻게 여러 개의 주머니들이 그토록 서로 다른 특성을 지닐 수 있었을까?

2. 수많은 소낭들이 골지 주머니들의 가장자리에서 출아되는 현상

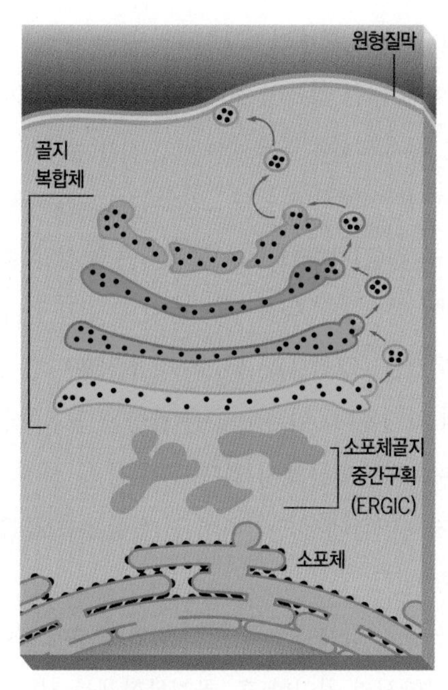

(a) 소낭수송 모형

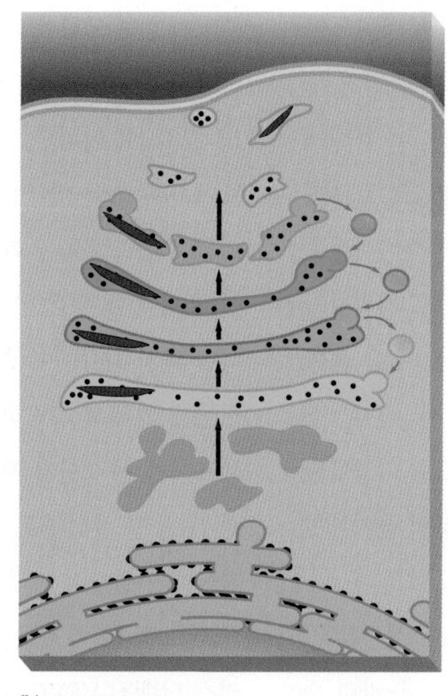

(b) 주머니성숙 모형

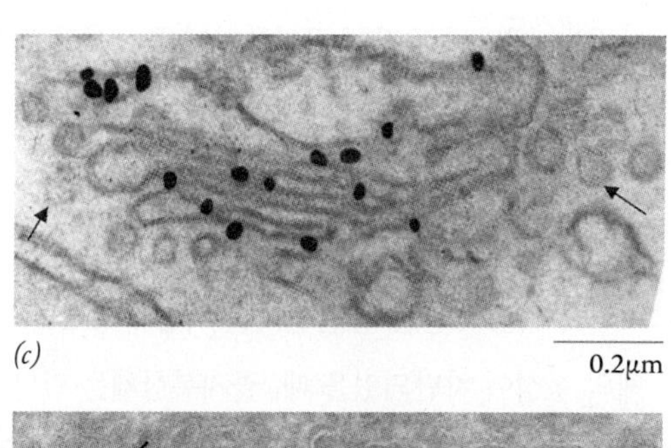

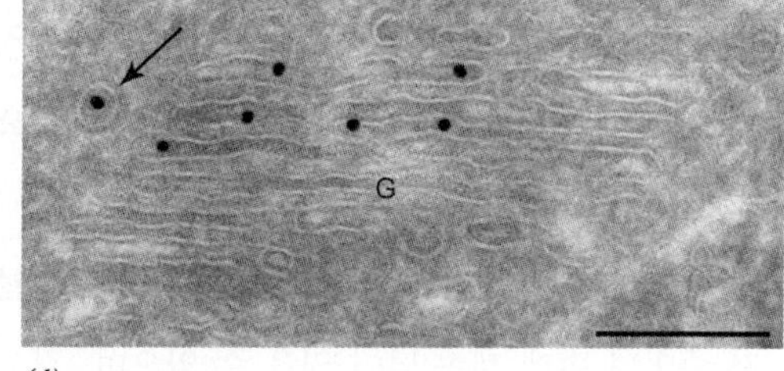

그림 12-23 골지복합체를 통한 역동적인 수송. *(a)* 소낭소송 모형에서, 화물(검은색 점들)은 수송소낭들에 의해 앞쪽(前方向)으로 운반되는 반면, 그 주머니들 자체는 안정한 요소들로 남아있다. *(b)* 주머니성숙 모형에서, 주머니들은 시스로부터 트랜스 위치로 점차 진행되어 TGN에서 흩어진다. 수송소낭들은 골지에 내재(內在)하는 효소들(소낭들에 색깔을 칠하여 표시하였음)을 뒤쪽(逆方向)으로 운반한다. 빨간색으로 표시된 렌즈 모양의 물체들은, 섬유모세포의 프로콜라겐(procollagen) 복합체와 같은, 큰 화물 물질을 나타낸 것이다. *(c)* 수포성구내염 바이러스(vesicular stomatitis virus, VSV)에 감염된 세포를 동결시켜 자른 얇은 절편에서 관찰된 골지복합체 부분의 전자현미경 사진. 검은색 점들은 전방향 화물 분자인 VSVG 단백질에 항체를 결합시킨 나노(nano) 크기의 입자들이다. 이 화물은 주머니들 속에 제한되어 있고 소낭들(화살표) 근처에는 나타나지 않는다. *(d)* 앞 *c*의 것과 비슷한 전자현미경 사진이지만, 이 경우 금 입자들이 화물에 결합되어 있지 않고, 중간(*medial*) 골지 주머니에 내재되어 있는 효소인 만노시다제 II에 결합되어 있다. 이 효소는 소낭(화살표)과 주머니 양쪽에서 나타난다. 표지된 소낭은 아마도 역방향으로 이 효소를 운반하고 있는 것으로 보이며, 이것은 주머니성숙의 결과로써 전방향으로 이동된 이 효소를 보충한다. 오른쪽 아래의 선은 0.2μm이다. (골지-내 수송에 관한 세 번째 모형이 〈*Cell* 133:951, 2008〉에 논의되어 있다.)

을 전자현미경 사진들에서 볼 수 있다. 1983년 스탠퍼드대학교(Stanford University)의 제임스 로스만(James Rothman)과 그의 동료들은, 골지 막의 무세포계를 이용하여, 시험관 속에서 수송소낭들이 하나의 골지 주머니로부터 출아되어 다른 골지 주머니와 융합할 수 있었음을 증명하였다. 이런 획기적인 실험은, 세포 속에서 화물을 지니고 있는 소낭들이 시스(*cis*) 주머니들로부터 출아되어서 그 골지더미의 트랜스(*trans*)에 더 가까이 위치한 주머니들과 융합되었다고 제안하는 가설의 바탕을 이루었다.

골지 기능에 관한 양쪽 모형의 지지자들이 계속 생기더라도, 의견의 일치는 주머니성숙 모형 쪽으로 다시 변하였다. 이런 변화의 많은 주요한 이유들은 다음과 같다.

- 주머니성숙 모형은, 이 소기관의 주요 구성요소인 주머니들이 계속적으로 시스면에서 형성되어지고 트랜스면에서 흩어져 사라지는, 대단히 동적인 골지복합체를 상상하게 한다. 이 견해에 의하면, 골지복합체 자체가 존재하려면 ER과 ERGIC로부터 수송 운반체들의 계속적인 유입(流入)이 필요하다. 주머니성숙 모형에 의해 설명된 바와 같이, 세포를 특수한 약물로 처리하거나 또는 온도-민감 돌연변이를 사용하여 ER로부터 수송 운반체의 형성이 차단되었을 때, 골지복합체는 간단히 사라진다. 약물이 제거되거나 또는 돌연변이 세포가 허용 온도로 되돌아왔을 때, ER에서 골지로의 수송이 새로 이루어짐으로써 골지복합체는 신속히 재조립된다.
- ER에서 생산되어서 골지복합체를 거쳐 이동하는 물질들은 골지 주머니 속에 계속 남아 있을 수 있으며, 결코 골지-관련 수송소낭들 속에 나타나지 않는다. 예로서, 섬유모세포들을 대상으로 한 연구들은 프로콜라겐(procollagen) 분자들(세포외 콜라겐의 전구체들)의 큰 복합체가 주머니의 내강을 결코 떠나지 않고 시스면 주머니로부터 트랜스면 주머니로 이동함을 암시한다.
- 1990년대 중엽까지 수송소낭들은 항상 "앞으로"(전방향, *anterograde*), 즉 처음에 시스에서 출발하여 트랜스에 더 가까운 목적지로 이동된다고 생각했다. 그러나 많은 증거는 소낭들이 "뒤로"(역방향, *retrograde*), 즉 트랜스면의 공여체막(donor membrane)으로부터 시스면의 수용체막(acceptor membrane) 쪽으로 이동할 수 있음을 보여주었다.
- 형광물질로 표지된 골지 단백질을 지닌 살아서 출아하는 효모세포들을 대상으로 한 연구들에 의하면, 각 골지 주머니들의 조성이 시간이 지남에 따라—초기(*cis*) 골지 내재(內在) 단백질을 지닌 주머니로부터 후기(*trans*) 골지 내재 단백질들을 지닌 주머니로—변화할 수 있음을 직접적으로 보여주었다. 이 실험 결과는 소낭수송 모형과 일치하지 않는다. 이 실험 결과가 제18장을 시작하는 첫 페이지에 있으며, 이 결과는 소낭수송 모형과 양립할 수 없다. 효모를 대상으로 한 이 결과가 더 복잡하고 층으로 된 포유동물 골지복합체에 적용하여 추정될 수 있을지 또는 없을지는 앞으로 결정되어야 문제이다.

주머니성숙 모형에 대한 현재의 견해가 〈그림 12-23*b*〉에 그려져 있다. 주머니성숙 모형에 대한 최초의 견해와는 다르게, 〈그림 12-23*b*〉에 나타낸 것은 골지 막들로부터 출아되는 것을 분명하게 보여준 수송소낭들의 역할을 인정하고 있다. 그러나 이 모형에서, 이들 수송소낭들은 화물을 앞(전방향)으로 이동시키지 않지만, 대신 골지에 내재(內在)되어 있는 효소들을 뒤(역방향)로 운반한다. 이런 골지-내(內) 수송 모형은 〈그림 12-23*c,d*〉의 전자현미경 사진들에 의해서 강력하게 지지된다. 이 사진들은 배양된 포유동물 세포들을 동결시켜 자른 초박절편들에서 얻은 것이다. 두 사진의 경우, 동결 절편들은 전자현미경에서 관찰하기 전에 항체를 금 입자들에 연결시켜 처리되었다.

〈그림 12-23*c*〉는 금-표지 항체를 화물 단백질(이 경우에 바이러스 단백질 VSVG)에 결합시켜 처리한 후, 골지복합체를 지나는 절단면을 보여준다. VSVG 분자들은 주머니 속에 있지만 소낭들(화살표) 근처에는 없다. 이것은 화물이 성숙하는 주머니 속에서 전방향으로 운반되지만 작은 수송소낭들 속으로는 운반되지 않음을 암시한다. 〈그림 12-23*d*〉는 금-표지 항체를 골지 내재 단백질(이 경우 가공처리 효소인 만노시다아제 II)에 결합시켜 처리한 후, 골지복합체를 지나는 절단면을 보여준다. VSVG 화물 단백질과는 다르게, 만노시다아제 II 분자들은 주머니 및 연관된 소낭들(화살표) 모두에서 발견되었다. 이것은 이 소낭들이 골지 내재 효소들을 역

방향으로 운반하는 데 사용한다는 제안을 강하게 뒷받침한다.

〈그림 12-23*b*〉에 그려진 주머니성숙 모형은 하나의 골지더미 속에 있는 서로 다른 주머니들이 어떻게 특유의 독자성을 가질 수 있는가를 설명한다. 예로서, 올리고당으로부터 만노스 잔기를 제거하고 주로 중간(*medial*) 주머니에 제한되어 있는(그림 12-21) 만노시다제 II와 같은 효소는 각 주머니가 골지더미의 트랜스 끝을 향하여 이동할 때, 수송소낭들 속에서 뒤로 재순환될 수 있다. 몇 몇 출중한 연구자들은, 다른 실험 결과에 근거하여, 화물이 골지 주머니 사이에 있는 수송소낭들에 의해 전방향으로 운반될 수 있음을 계속 주장하고 있다. 그래서 이 문제는 미해결 상태로 남아 있다.

복습문제

1. 췌장세포의 소화효소와 같은 가용성 분비단백질이 RER로부터 시스 골지 주머니로, 그리고 이로부터 TGN까지 이동할 때 일어나는 단계들을 설명하시오.
2. 막 당단백질이 합성될 때 돌리콜 인산의 역할은 무엇인가? 이 단백질에 붙는 당의 순서는 어떻게 결정되는가?
3. 골지복합체에서 일어나는 당화의 과정은 RER에서 일어나는 것과 어떻게 비교되는가?
4. 골지 활성에 관한 주머니성숙 모형이 골지 지역에서 나타나는 수송소낭의 존재를 어떻게 받아들일 수 있는가?

12-5 소낭수송의 유형과 기능

진핵세포의 생합성경로는 막으로 싸인 일련의 소기관들로 이루어진다. 이 소기관들은 가용성 막단백질을 합성하고 변형하여 세포 속의 적당한 목적지로 수송하는 작용을 한다. 〈그림 12-2*a*〉에 그려진 것처럼, 물질들은 공여체막으로부터 출아(出芽)되어 수용체막과 융합하는 소낭(小囊)(또는 다른 유형의 막으로 싸인 운반체)들에 의해 구획들 사이에 운반된다. 만일 출아하는 소낭들을 찍은 전자현미경 사진을 자세히 관찰해 보면, 막으로 싸여 있는 출아된 구조(出芽體, bud)의 대부분에서, 세포기질 쪽 표면 위에 "보풀 같은," 전자 밀도가 높은 층이 덮여 있는 것을 볼 수 있다.

더 분석하여 보면, 짙게 염색된 층은 출아가 일어나는 장소에서 공여체막의 세포기질 쪽 표면 위에서 조립되는 가용성 단백질들로부터 형성된 단백질 껍질(피복, 被覆, coat)로 이루어져 있는 것으로 드러난다. 이 피복의 조립은 특별히 그 장소에 모인 작은 G 단백질의 활성화에 의해 시작된다. 피복된 각 출아체가 떨어져 나와, 〈그림 12-24〉에 나타낸 것과 같은 **피복소낭**(被覆小囊, coated vesicle)을 형성한다. 비슷한 크기와 구조의 소낭들은 〈그림 12-6〉에 나타낸 것처럼 무세포계(cell-free system)에서 형성될 수 있다. (피복소낭의 발견은 뒤에 나오는 〈실험경로〉에서 논의된다.)

단백질 피복은 최소한 다음과 같은 두 가지 기능을 갖고 있다. 즉, (1) 이 단백질 피복은 막을 굽게 하여 출아(분리)되는 소낭을 형성하도록 하는 기계적 장치로 작용하며, (2) 단백질 피복은 그 소낭

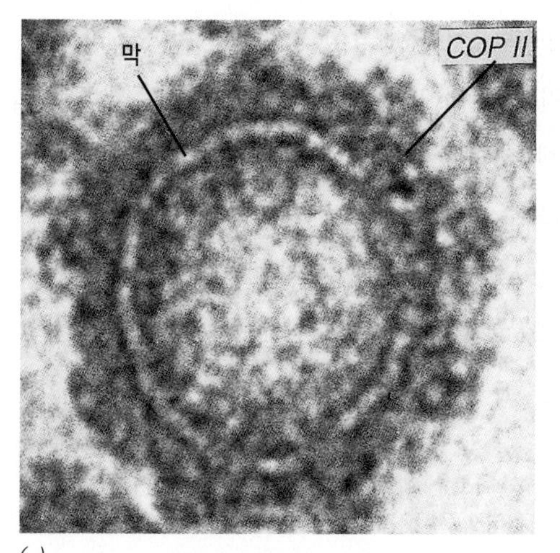

(*a*)

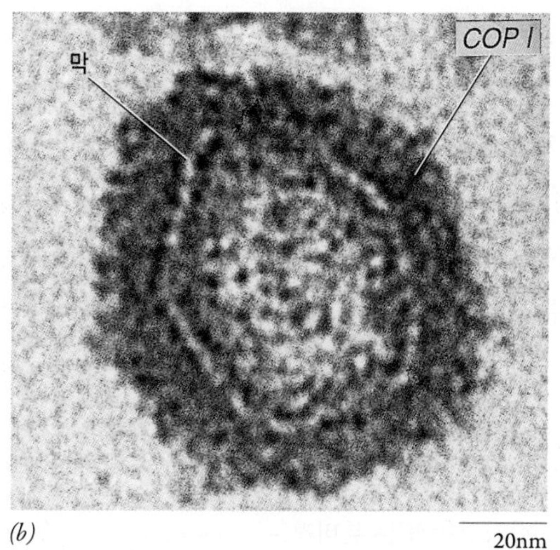

(*b*)

그림 12-24 피복소낭. 이 전자현미경 사진들은 소낭들의 막이 바깥(세포기질)쪽 표면에 뚜렷한 단백질 껍질(피복)로 덮여 있음을 보여준다. 왼쪽의 사진(*a*)은 COPII-피복소낭을 보여주는 반면, 오른쪽 사진(*b*)은 COPI-피복소낭을 보여준다.

에 의해 운반될 구성요소들을 선발하기 위한 기작을 제공한다. 선발된 구성요소들에는 (a) 수송될 분비단백질, 리소솜의 단백질, 막단백질 등으로 구성되어 있는 화물 그리고 (b) 소낭을 정확한 수용체막이 있는 목적지로 향하게 하여 결합시키기 위해 필요한 기구(機構) 등이 포함된다. 가장 잘 이해되어 있는 두 경우로서(그림 12-26 및 12-40 참조), 소낭의 피복은 2개의 단백질 층으로 되어 있다. 즉, 바깥쪽 층은 골격으로서 피복의 틀을 형성하며 안쪽 층의 어댑터[adaptor, 연계분자(連繫分子)]들은 주로 소낭의 화물과 결합하는 일을 한다. 아래에서 논의된 것처럼, 연계분자들은 공여체막 속에 있는 내재단백질의 세포기질 쪽 "꼬리"에 대한 특별한 친화력에 의해 특별한 화물을 선발할 수 있다(그림 12-25*b* 참조).

여러 종류의 피복소낭들이 알려졌다. 즉, 이 소낭들은 피복을 만드는 단백질들, 전자현미경에서의 모양, 세포 내 경로수송에서의 역할 등에 의해 구별된다. 가장 잘 연구된 세 가지의 피복소낭들은 다음과 같다.

1. **COPII-피복소낭**(COPII-coated vesicle)(그림 12-24*a*)들은 ER로부터 ERGIC과 골지복합체까지 "앞으로" 물질을 이동시킨다. (ERGIC은 소포체와 골지복합체의 사이에 위치한 중간 구획임을 〈12-3-3항〉으로부터 상기하자.) [COP는 <u>co</u>at <u>p</u>rotein(피복단백질)의 머리글자이다.]
2. **COPI-피복소낭**(COPI-coated vesicle)(그림 12-24*b*)들은 (1) ERGIC과 골지더미로부터 ER을 향하여 "뒤로" 그리고 (2) 트랜스(*trans*) 골지 주머니로부터 시스(*cis*) 골지 주머니를 향하여 "뒤로" 즉, 역방향으로 물질을 이동시킨다(그림 12-25*a* 참조).
3. **클라트린-피복소낭**(clathrin-coated vesicle)들은 원골지망(TGN)으로부터 엔도솜, 리소솜, 그리고 식물의 액포 등으로 물질을 이동시킨다. 또한 이 피복소낭들은 내포작용 경로(endocytic pathway)를 따라서 원형질막으로부터 세포기질의 구획들로 물질을 이동시킨다. 이 피복소낭들은 또한 엔도솜과 리소솜으로부터 이루어지는 경로수송에 밀접하게 관련되어 있다.

우리는 이어지는 다음 절에서 피복소낭의 각 유형을 고찰할 것이다. 이 피복소낭들에 의해 중개되는 생합성경로 또는 분비경로를 따라 일어나는 다양한 수송 단계를 〈그림 12-25*a*〉에 요약하여 나타내었다.

12-5-1 COPII-피복소낭: 화물을 소포체에서 골지복합체로 수송하기

COPII-피복소낭들은 생합성경로—ER로부터 ERGIC과 CGN까지—를 거치는 이동의 첫 번째 구간을 중개한다(그림 12-25*a*,*b*). COPII 피복은 약간의 단백질들을 함유하고 있는데, 이 단백질들은 ER로부터 골지복합체로 수송을 수행할 수 없었던 돌연변이 효모 세포들에서 처음으로 확인되었다. 그 후에 효모 단백질들과 상동인 단백질들이 포유동물 세포들의 ER로부터 출아하는 소낭들의 피복에서 발견되었다. COPII-피복 단백질들의 항체는 ER 막으로부터 소낭의 출아를 방해하지만, 분비경로의 다른 시기에서는 화물의 이동에 영향을 미치지 않는다.

COPII 피복들은 수송을 위한 특정한 구성요소들을 선발하여 소낭들 속으로 농축시키는 것으로 생각된다. ER 막의 일부 내재단백질들은 세포기질 쪽의 꼬리 부분에 "ER 내보내기[반출(搬出), export]" 신호를 갖고 있기 때문에 선택적으로 포착된다. 이 신호들은 특히 소낭 피복의 COPII 단백질들과 상호작용한다(그림 12-25*b*). COPII-피복소낭들에 의해 선택된 단백질들로서, (1) 골지복합체의 당전달효소들과 같이, 생합성경로의 늦은 시기에 작용하는 효소들(〈그림 12-25*b*〉에서 주황색으로 표시된 막단백질), (2) 소낭이 표적 구획과 결합하고 융합하는 데 포함된 막단백질들, 그리고 (3) 가용성 화물과 결합할 수 있는 막단백질들(〈그림 12-25*b*〉에서 빨간색 원으로 표시된 분비단백질과 같은) 등이 포함된다. 이런 화물 수용체들 중의 어느 하나가 돌연변이를 일으키면, 유전성 출혈(出血) 병으로 이어진다. 이런 병을 가진 사람들은 혈액응고를 촉진하는 응고 인자들을 분비하지 못한다.

COPII 피복단백질들 중에 특히 ER 막에 모이는 Sar1[e)]이라고

역자 주[e)] Sar1: "<u>S</u>ecretion-<u>a</u>ssociated and <u>R</u>as-related"의 머리글자로서, 'Sar1' 단백질은 ER로부터 골지복합체까지의 단백질 수송 과정에서 중요한 역할을 한다. 'Ras'는 〈역자 주 h) Rab 단백질〉의 각주를 참조할 것.

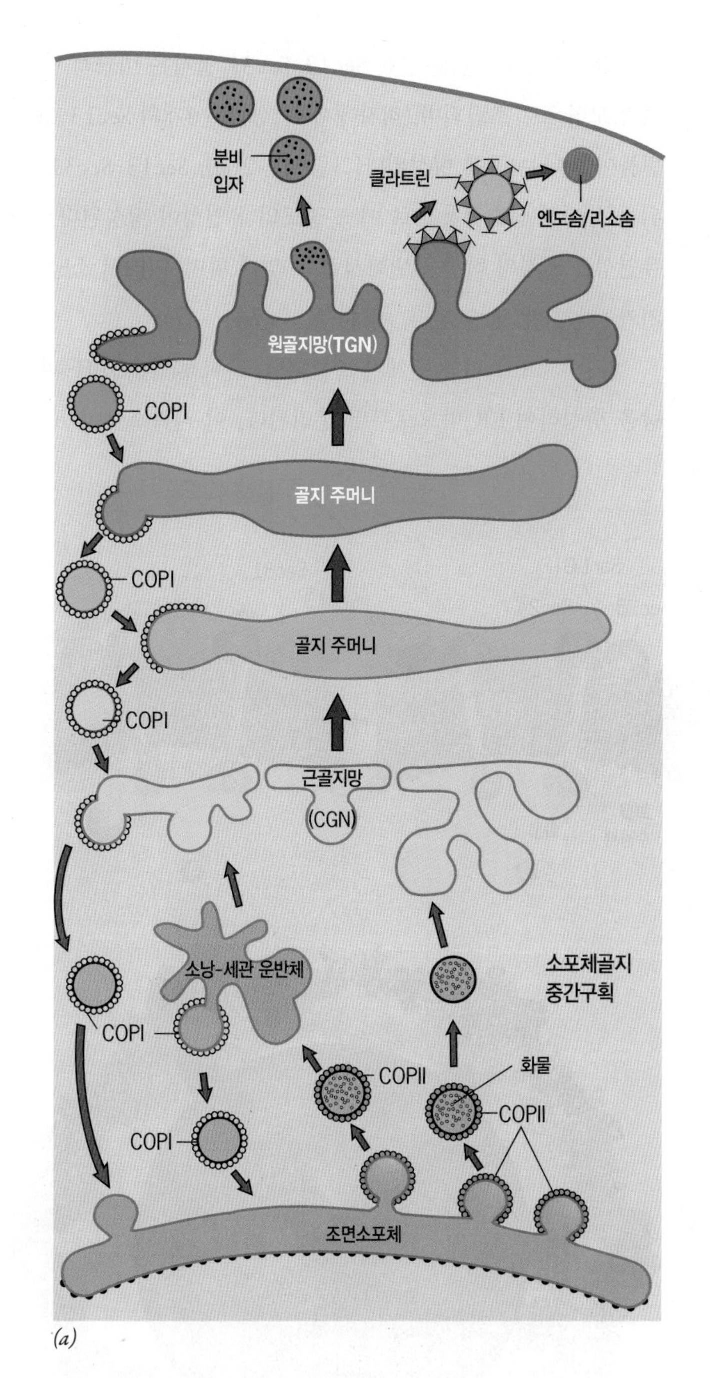

(a)

그림 12-25 생합성/분비경로에서 막으로 된 구획들 사이에 소낭수송에 의한 물질 이동의 제안. *(a)* 이 개요도에서 나타낸 세 가지 유형의 피복소낭들은 독특한 수송 역할을 수행하는 것으로 생각된다. COPII-피복소낭은 ER로부터 ERGIC과 골지복합체까지의 수송을 중개한다. COPI-피복소낭은 골지 효소들을 주머니들 사이에서 역방향으로 수송한다. 클라트린(clathrin)-피복소낭은 원골지망(TGN)으로부터 엔도솜과 리소솜까지의 수송을 중개한다. 내포작용 경로를 따라 일어나는 물질의 이동은 이 그림에 나타내지 않았다. *(b)* COPII-피복소낭의 조립을 보여주는 개요도. 이 조립은 Sar1이 ER 막에 모여서 결합된 GDP를 GTP로 바꾸어 활성화될 때 시작된다. 이 단계들은 〈그림 12-26〉에 나타내었다. ER 내강의 화물 단백질들(빨간색의 원과 다이아몬드 모양으로 표시되었음)은 막횡단 화물 수용체들의 내강 쪽 말단에 결합한다. 그 다음, 이 수용체들은 세포기질 쪽 꼬리부분이 COPII 피복의 구성요소와 상호작용하여 피복소낭 속으로 집중된다. ER 내재 단백질들(예: BiP)은 보통 피복소낭에서 제외된다. 피복소낭 속에 들어가게 되는 ER 내재 단백질들은, 본문의 뒤에 설명된 것처럼, ER로 되돌아간다. COPII 피복단백질 가운데 하나인, 즉 Sec24는 적어도 네 가지의 다른 동형(isoform)으로 존재할 수 있다. 이런 동형단백질은 서로 다른 분류신호를 가진 막단백질을 인식하고 결합하며, 그래서 COPII 소낭에 의해 수송될 수 있는 물질들의 특이성을 넓힌다.

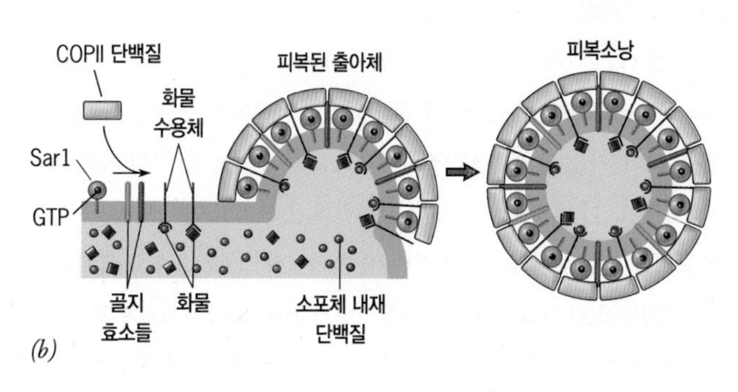

(b)

하는 작은 G단백질이 있다. 다른 G단백질들과 같이, Sar1은 이 경우에 소낭 형성의 시작과 소낭 피복의 조립을 조절하는 역할을 한다. 이러한 활동이 〈그림 12-26〉에 그려져 있다. 〈그림 12-26〉의 1단계에서, Sar1은 GDP-결합 형태로 ER 막으로 모이게 되어, GDP를 GTP 분자로 교환하도록 유도된다. GTP가 결합됨으로써, Sar1의 입체구조가 변화되어 자신의 N-말단 α 나선 부분을 ER 2중층에서 세포기질 쪽에 있는 층 속으로 삽입시키게 한다(2단계). 이 과정은 지질2중층을 굽게 하는 것으로 증명되었으며, 납작한 막을 둥근 소낭으로 전환시키기 위해 중요하다. 막의 구부러짐은 아마도 2중층에서 2개의 층을 형성하는 지질의 포장 상태가 변화되어 촉진되는 것 같다. 3단계에서, Sar1-GTP는 COPII 피복을 구성하는 2개의 추가 폴리펩티드들(Sec 23과 Sec 24)을 모이게 하는데, 이들은 "바나나 모양"의 2량체로 결합한다.

막이 굽은 모양이기 때문에(그림 12-26*b*), Sec23-Sec24 2량

체는 막을 더 굽게 하여 아예 굽은 모양의 출아체(出芽體, bud)가 되도록 막의 표면에 추가 압력을 가한다. 또한 Sec24는 COPII 피복의 1차 연계단백질로 작용한다. 이 단백질은 골지복합체로 이동하도록 예정되어 있는 막단백질의 세포기질 쪽 꼬리에서 ER로부터 내보내는 신호와 특별히 상호작용한다. 〈그림 12-26*a*〉의 4단계에서, COPII 피복의 남아 있는 소단위들인 Sec13과 Sec 31은 단백질 피복에서 바깥쪽 구조의 골격을 형성하기 위해 막에 결합한다. 〈그림 12-26*b*〉는 COPII 피복이 소낭 표면에 결합된 40nm 크기의 소낭을 그린 것이다. Sec13-Sec31 골격은 비교적 단순한 격자 모양으로 조립되며, 격자에서 각 정점은 4개의 Sec13-Sec31 변들이 만나는 곳에 형성된다(그림 12-26*b*). Sec13-Sec31 소단위들 사이의 상호작용으로 어느 정도의 유연성이 형성된다. 이런 유연성은 골격의 직경을 변화시킬 수 있게 하며, 그래서 소낭의 크기가 다양하게 될 수 있다.

일단 COPII 피복 전체가 조립되면, 출아체가 COPII-피복소낭을 형성하여 ER 막으로부터 분리된다. 이 피복소낭이 표적 막

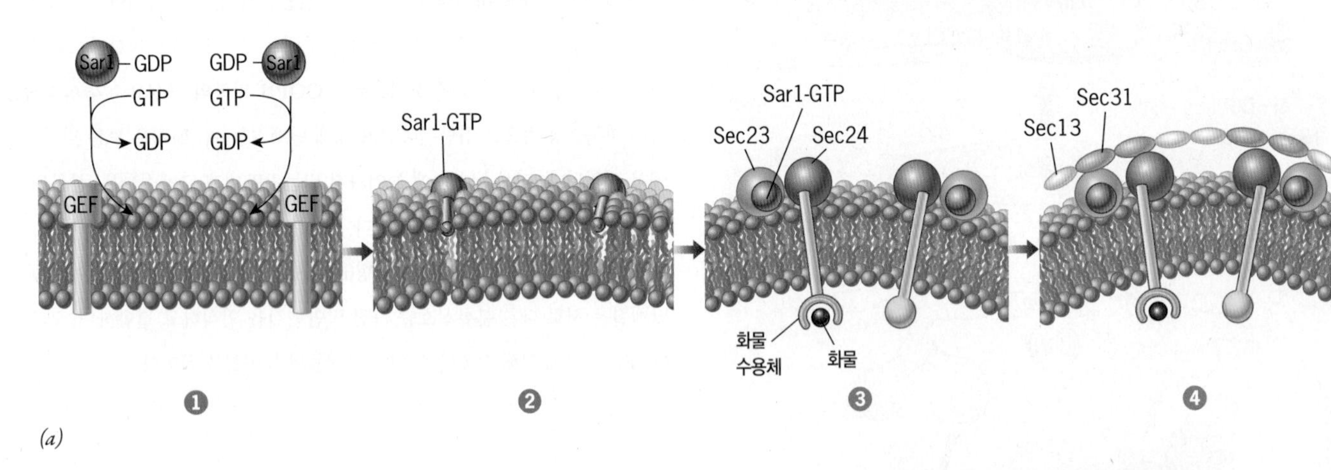

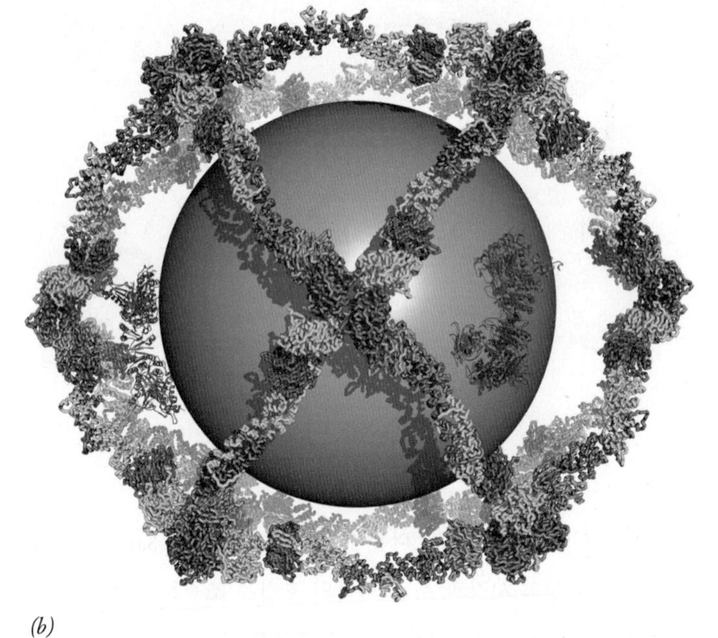

그림 12-26 막의 구부러짐, 단백질 피복의 조립, 화물의 포착 등에서 COPII 피복단백질의 역할을 제안하는 도해. (*a*) 〈1단계〉에서, Sar1-GDP 분자들이 결합된 GDP를 GTP와 교환하도록 촉진하는 구아닌-교환인자(guanine-exchange factor, GEF)라고 하는 단백질에 의해 ER 막에 모이게 된다. 〈2단계〉에서, Sar1-GTP 분자는 막의 2중층에서 세포기질 쪽에 있는 층 속의 막을 따라서 손가락 같은 α-나선 구조로 늘어난다. 이런 일은 그 장소에서 지질2중층을 굽게 만든다. 〈3단계〉에서, 2개의 COPII 폴리펩티드(Sec23과 Sec24)로 된 2량체가 결합되었던 Sar1-GTP에 의해 모이게 된다. Sec23-Sec24 2량체는 소낭을 형성하는 데 있어서 막을 더 굽게 하는 것으로 생각된다. Sar1과 Sec23-Sec24는 시험관 속에서 합성 리포솜(liposome)과 함께 항온 처리하면 막을 굽게 할 수 있다. 막을 가로질러 있는 화물 수용체는, 세포기질 쪽 꼬리부분이 COPPII 피복의 Sec24 폴리펩티드에 결합함으로써 형성되고 있는 COPII 소낭 속에 축적된다. 〈4단계〉에서, 나머지 COPII 폴리펩티드들(Sec13과 Sec31)은 피복의 바깥쪽 구조의 골격을 형성하기 위해 그 복합체에 결합된다. (*b*) 40nm "소낭"의 표면 주위에 COPII 피복의 바깥쪽 Sec13-Sec31 골격이 조립될 때의 분자 모형. 골격을 만드는 격자의 각 변은 이질(異質)4량체로 구성된다(2개의 Sec31은 짙은 초록색과 옅은 초록색으로 보이며, 2개의 Sec13은 주황색과 빨간색으로 보인다). 이런 4개의 변이 만나서 격자의 각 정점을 형성한다. 이 모형에서, 두 벌의 Sar1-Sec23-Sec24 복합체(각각 빨간색, 자홍색, 파란색으로 보임)는 COPII 피복의 안쪽 층을 형성할 것이다. 이 그림은 Sec23-Sec24 복합체의 안쪽 표면이 소낭의 굽은 면과 어떻게 들어맞게 되는가를 보여줄 수 있다.

과 융합할 수 있기 전에, 단백질 피복이 해체되어야 하고 그 구성 요소들은 세포기질로 방출된다. 피복의 해체는 Sar1-GDP 소단위를 형성하기 위해 결합된 GTP의 가수분해에 의해 일어난다. 이때 Sar1-GDP 소단위는 소낭의 막에 대한 친화력이 감소된다. 막으로부터 Sar1-GDP가 분리되면 이어서 다른 COPII 소단위들이 방출된다.

12-5-2 COPI-피복소낭: 소포체에서 이탈된 단백질들을 원위치로 수송하기

COPI-피복소낭들은, GTP와 다르며 가수분해 될 수 없지만 GTP와 유사한 구조를 가진 분자로 처리된 세포들의 실험에서 처음으로 확인되었다. 이런 조건 하에서, COPI-피복소낭들은 세포 속에 축적되었고(그림 12-27), 밀도기울기 원심분리(18-6절)에 의해 균질화된 세포들로부터 분리될 수 있었다. COPI-피복소낭들은 가수분해 될 수 없는 GTP 유사 물질이 있을 때 축적된다. 그 이유는 COPII-피복소낭들과 비슷하게 COPI-피복은 ARF1[f]이라고 하는 작은 GTP-결합 단백질을 갖고 있는데, 이 단백질에 결합된 GTP는 그 피복이 해체되기 전에 가수분해 되어야 하기 때문이다.

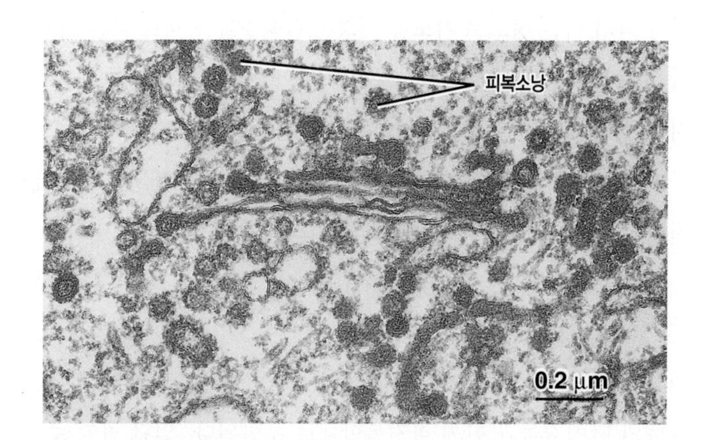

그림 12-27 **COPI-피복소낭의 축적.** 이 전자현미경 사진은 가수분해될 수 없는 GTP 유사물질(GTPγS)로 처리된 세포의 골지복합체를 보여준다. 많은 COPI-피복소낭들과 피복된 출아체들을 볼 수 있다. COPI 피복은 GTP-결합 단백질인 ARF1 이외에도 일곱 가지의 단백질로 된 조립전(組立前)의 복합체를 갖고 있다.

역자 주[f] ARF: "ADP-ribosylation factor(ADP-리보실화 인자)"의 머리글자이다.

COPI-피복소낭들은 단백질들의 역방향 수송과 확실히 관련되어 있다. 이런 수송에는 (1) 시스(*cis*)에서 트랜스(*trans*) 방향으로 골지 내재 효소들의 이동(COPI 소낭 속에 금-표지 만노시다아제 II 분자를 보여주는 〈그림 12-23*d*〉에 나타낸 것처럼) 그리고 (2) ERGIC과 골지복합체로부터 ER로 되돌려 보내는 ER 내재 효소들의 이동(그림 12-25*a*) 등이 포함된다. 역방향 수송에서 COPI-피복소낭들의 역할을 이해하기 위해서, 우리는 더 일반적인 주제를 생각해야 한다.

12-5-2-1 소포체 내재(內在) 단백질의 잔류와 회수

만일 소낭들이 막으로 된 구획들로부터 계속 출아된다면, 어떻게 각 구획이 그의 고유한 구성 성분을 유지하는가? 예로서, 무엇이 ER 막의 특정 단백질이 ER 속에 남아 있게 하는지 또는 골지복합체로 가게 하는지를 결정하는가? 연구에 의하면, 다음의 두 가지 기작의 조합에 의해 단백질들이 하나의 소기관 속에 유지됨을 암시한다.

1. 수송소낭들에서 제외된 내재 분자들의 잔류(殘留, *retention*). 잔류는 주로 그 단백질의 물리적 특성에 근거할 수 있다. 예로서, 커다란 복합체의 부분 또는 짧은 막횡단 영역을 가진 막 단백질들 등의 가용성 단백질들은 수송소낭으로 들어가지 않는 것 같다.
2. "이탈된" 분자들을 원래 있었던 구획으로 되돌려 보내는 회수(回收, *retrieval*).

보통 ER 내강과 막 속에 존재하는 단백질들은 C-말단에 짧은 아미노산 서열을 갖고 있어서 회수신호(回收信號, *retrieval signal*)의 역할을 한다. 만일 이 단백질들이 잘못되어 ERGIC 또는 골지복합체 등의 구획들을 향해서 운반될 경우, 이 회수신호는 그 단백질들을 ER로 되돌아가게 한다. 이런 구획들로부터 "이탈된" ER 단백질들을 회수하는 일은 그 분자들을 포착하여 COPI-피복소낭들 속으로 넣어서 ER로 되돌려 보내는 특수한 수용체들에 의해 수행된다(그림 12-25*a*, 12-28). ER 내강에 있는 가용성 내재 단백질들(단백질의 접힘을 촉진하는 단백질 2황화 이성질화효소와 분자 샤페론 같은)은 전형적인 회수신호인 "lys-asp-glu-leu"(또는 단일-문자 명칭으로 KDEL)를 갖고 있다. 〈그림 12-28〉에 나타낸 것처럼, 이 단백질들은 크델수용체(*KDEL receptor*)에 의해 인식되어 ER 속으로 되돌아간다. 만일 KDEL 서열이 ER 단백질에서 삭제되면, 이탈된 단백질은 ER로 되돌아오지 못하지만 대신 골지복합체를 거쳐 앞 방향으로 운반된다.

거꾸로, 세포를 유전공학적으로 처리하여 첨가된 KDEL C-말단을 갖는 리소솜 또는 분비단백질을 발현하도록 했을 때, 이 단백질은 원래 목적지로 보내지지 않고 ER로 되돌아간다. 또한 ER의 막에 있는 단백질도 COPI 피복에 결합하는 회수신호를 갖고 있어서, ER로 되돌아오게 된다. ER 막단백질들에 대한 가장 흔한 회수 서열에는 밀접하게 연결된 2개의 염기성 잔기로서 가장 일반적으로 KKXX[K는 리신(lysine)이며 X는 다른 아미노산 잔기임]가 포함되어 있다. 생합성경로에서 막으로 된 각 구획은 각자 자신의 회수신호들을 가질 수 있다. 이런 회수신호들은 소낭들이 끊임없이 그 구획에 들어갔다 나왔다 함에도 불구하고, 각 구획이 자신의 독특한 단백질들의 전체량을 어떻게 유지할 수 있는가를 설명하는 데 도움을 준다.

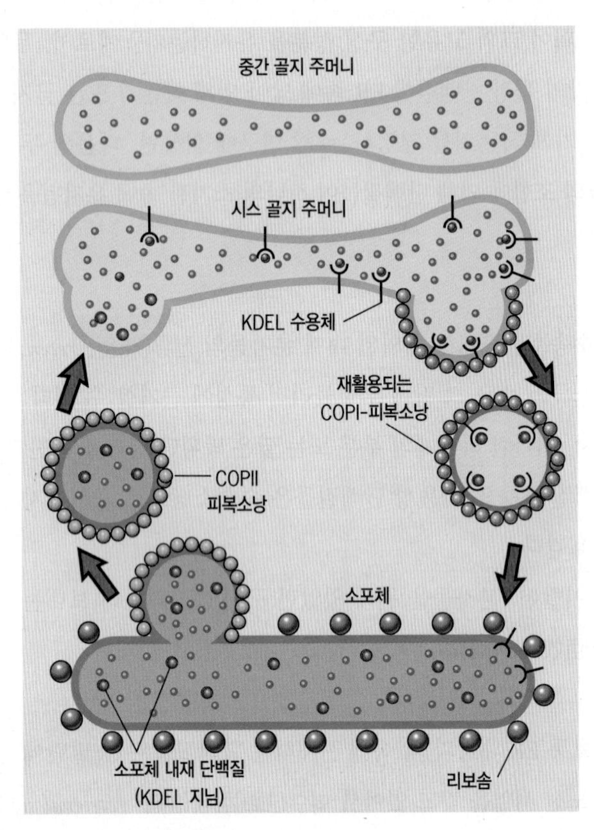

그림 12-28 ER 단백질의 회수. 만일 ER의 내재 단백질이 뜻하지 않게 골지-결합 수송소낭 속으로 들어갈 경우, 이 단백질은 골지복합체로부터 회수되게 하는 아미노산 서열을 갖고 있다. 가용성 ER 단백질은 회수신호인 KDEL을 지니고 있다. 회수는 가용성 ER 단백질이 시스(*cis*) 골지 구획 막의 벽에 있는 KDEL 수용체와 결합함으로써 이루어진다. 다음에 KDEL 수용체는 COPI 피복의 단백질과 결합하며, 이 전체 복합체를 ER로 되돌아가 재순환되게 한다.

12-5-3 골지복합체를 지나서: 원골지망(TGN)에서의 단백질 분류

수송소낭들에 관한 많은 논의 가운데, 우리는 아직 ER에서 합성되었던 특정한 단백질이 어떻게 세포의 특정한 목적지로 향하게 되는지를 검토하고 있다. 세포가 자신이 만들어낸 여러 가지 단백질들을 구별할 수 있다는 것은 중요하다. 예로서 췌장 세포는, 궁극적으로 원형질막에 위치할 새로 합성된 세포-부착 분자들로부터 그리고 리소솜이 목적지인 리소솜 효소들로부터, 췌장 관으로 분비되어야 할 새로 합성된 효소들을 격리시켜야만 한다. 이런 작용은 그 세포가 각기 다른 장소로 가도록 예정된 단백질들을 서로 다른 막-결합 운반체들 속으로 분류함으로써 이루어진다. 골지복합체에서 마지막 정류장인 원골지망(TGN)은 단백질들을 다양한 목적지로 향하게 하는 주요 분류 장소로서 작용한다. 가장 잘 이해되어 있는 골지-이후의 경로 중의 하나는 리소솜 효소들을 운반하는 것이다.

12-5-3-1 리소솜 효소들의 분류와 수송

리소솜의 단백질들은 ER 막에 결합된 리보솜에서 합성되어 다른 유형의 단백질들과 함께 골지복합체로 운반된다. 일단 골지 주머니 속에서 리소솜의 가용성 효소들은 특히, *N*-연결 탄수화물 사슬들의 만노스 당에 인산기를 2단계에 걸쳐 첨가하도록 촉진하는 효소들에 의해 인식된다(그림 12-29*a*). 그래서 원골지망(TGN)에서 분류된 다른 당단백질들과 다르게, 리소솜 효소들은 분류신호들로 작용하는 인산화 된 만노스 잔기들을 갖고 있다. 이러한 단백질 분류 기작은 인산 첨가에 관련된 효소들 중 어느 하나가 결핍된

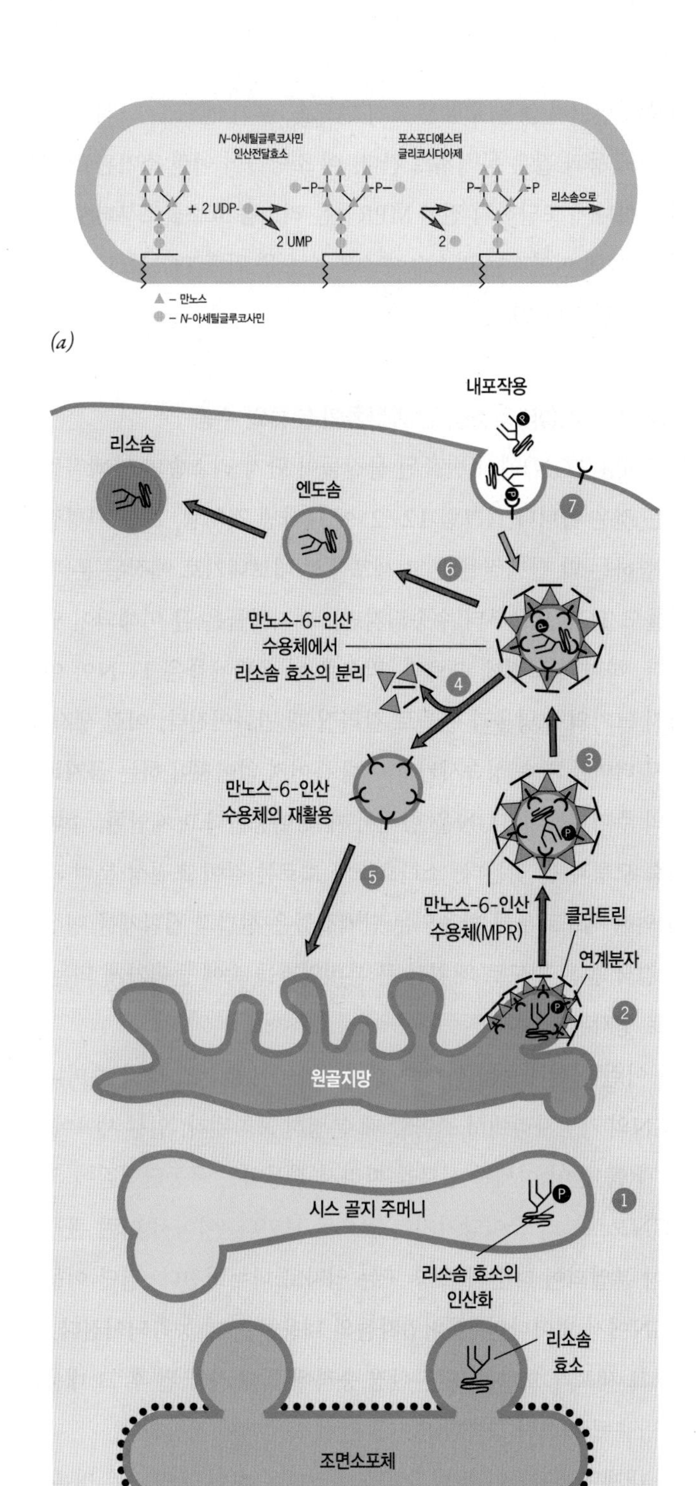

그림 12-29 리소좀 효소들을 리소좀으로 표적화하기. (*a*) 리소좀 효소들은 시스(*cis*) 골지 주머니 속에 있는 한 효소에 의해 인식된다. 이 효소는 인산화 된 *N*-아세틸글루코사민을 뉴클레오티드 당(糖) 공여체로부터 *N*-연결 올리고당의 1개 또는 그 이상의 만노스 잔기들에 전달한다. 그 다음, 2단계서 글루코사민 부분은 두 번째 효소에 의해 제거되고, 올리고당 사슬의 일부인 만노스-6-인산 잔기들이 남는다. (*b*) 리소좀 효소(검은색으로 표시되었음)가 합성 장소인 ER로부터 리소좀으로 배달되기까지의 경로를 나타낸 개요도. 리소좀 효소의 만노스 잔기가 골지 주머니에서 인산화 되며(1단계), 이어서 원골지망(TGN)에서 선택적으로 클라트린-피복소낭 속으로 들어간다(2단계). 만노스-6-인산 수용체들은 다음과 같은 두 가지 역할을 하는 것으로 생각된다(3단계). 즉, 이 수용체들은 소낭의 내강 쪽에 있는 리소좀 효소들과 특수하게 상호작용하며, 소낭의 세포기질 쪽에 있는 연계(連繫)분자(adaptor)와도 특수하게 상호작용한다(그림 12-30에 나타내었음). 만노스-6-인산 수용체들은 효소들로부터 분리되어(4단계) 골지복합체로 되돌아간다(5단계). 리소좀 효소는 엔도솜(endosome)을 거쳐(6단계), 최종적으로 리소좀에 배달된다. 또한 만노스-6-인산 수용체들은 원형질막에도 있으며, 이곳에서 세포외 공간으로 분비된 리소좀 효소를 포착하여 리소좀으로 향하는 경로로 되돌려 보낸다(7단계).

사람의 세포를 대상으로 한 연구를 통해서 발견되었다(〈2-6절〉의 끝에 있는 〈인간의 전망〉에서 논의되었음). 만노스-6-인산 신호를 지니고 있는 리소좀 효소들은 만노스-6-인산 수용체(*mannose-6-phosphate receptor*, *MPR*)들에 의해 인식되고 포착되는데, 이 수용체들은 원골지망의 막을 가로질러 있는 내재단백질들이다(그림 12-29*b*).

리소좀 효소들은 TGN으로부터 클라트린-피복소낭들 속으로 수송된다(이것은 논의될 세 번째와 마지막 유형의 피복소낭이다). 클라트린-피복소낭의 구조는, TGN에서 출아하는 것 보다 더 잘 이해되어 있는 내포작용(內胞作用, endocytosis)과 관련하여 〈12-8-1항〉에 자세히 기술되어 있다. 이 소낭들의 피복은 다음과 같은 두 부분으로 이루어져 있다. 즉, (1) 외부의 벌집 같은 격자 구조는 단백질 클라트린으로 구성되어 골격을 형성하고, (2) 내부의 굽은 판(曲板, shell)은 연계(連繫)단백질들로 구성되며 세포기질을 향하는 소낭 막의 표면을 덮는다(그림 12-30). "어댑터(*adaptor*)"라는 용어는 2개의 서로 다른 유형의 구성요소들을 물리적으로 연결하는 분자(즉, 연계분자)를 말한다. 리소좀 효소들은 원골지망으로부터 **GGA**[g]라고 하는 연계단백질 집단과 함께 이동된다.

역자 주[g] GGA: "Golgi-localized, γ(gamma)-ear-containing, ARF(adenosine diphosphate ribosylation factor)-binding proteins"의 머리글자이다.

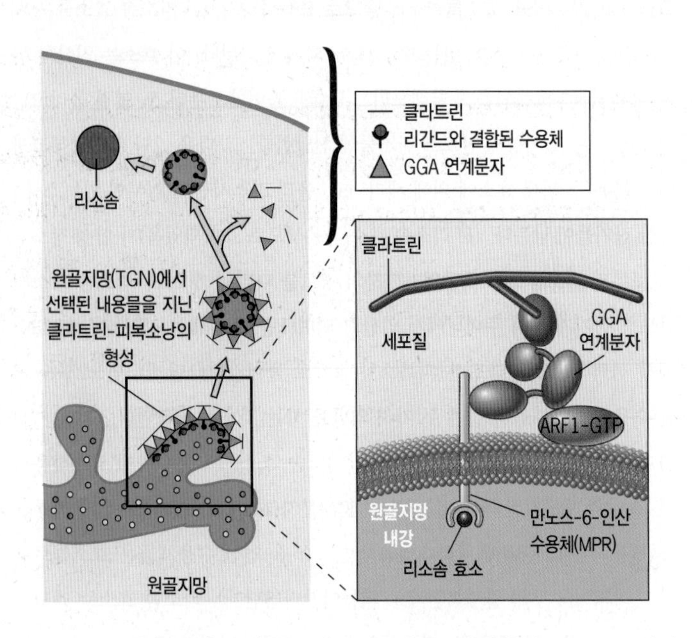

그림 12-30 **원골지망(TGN)에서 클라트린-피복소낭의 형성.** TGN으로부터 출아하는 클라트린-피복소낭들은 다수의 독특한 영역으로 구성되어 있는 연계 단백질인 GGA를 갖고 있다. GGA 영역들 중 하나는, 궁극적으로 리소솜의 경계막 속에 있게 될 단백질들 그리고 리소솜 효소들을 수송하는 만노스-6-인산 수용체(MPR) 등을 비롯한 막 단백질들의 세포기질 쪽 영역과 결합한다. 다른 GGA 영역들은 ARF1과 그 주변의 세포기질 쪽에 있는 연결망 구조인 클라트린 분자들과 결합한다.

〈그림 12-30〉의 삽입된 그림에 나타낸 것처럼, GGA 분자는 다수의 영역이 있으며, 각 영역은 소낭 형성에 관련된 단백질과 결합할 수 있다. GGA 연계분자들의 바깥쪽 말단은 클라트린 분자와 결합하여, 그 소낭의 표면 위에서 클라트린 골격을 유지한다. 이 연계분자들의 안쪽 표면에서, GGA 연계분자들은 만노스-6-인산 수용체의 세포기질 쪽 꼬리에 있는 분류신호와 결합한다. 이번에는, MPR이 소낭의 내강 속에 있는 리소솜의 가용성 효소들과 결합한다(그림 12-30, 삽입된 그림). 이러한 GGA 연계분자들과의 상호작용 결과로, TGN 막 속의 MPR과 TGN 내강 속에 있는 리소솜 효소들이 클라트린-피복소낭 안에 집중되게 된다. COPI과 COPII 소낭들의 형성에서와 같이, 클라트린-피복소낭들의 형성은 작은 GTP-결합 단백질(이 경우에 ARF1)을 막으로 모이도록 함으로써 시작된다. ARF1은 다른 피복단백질들이 결합하도록 한다. 소낭이 TGN으로부터 출아된 후, 클라트린 피복은 소실되고 피복이 덮이지 않은 소낭은 초기 엔도솜, 후기 엔도솜, 그리고 식물의 액포 등과 같은 목적지로 간다. 이 소낭들이 이런 소기관들 중의 어느 하나에 도달하기 전에 MPR들은 리소솜 효소들로부터 분리되어, 다음에 이어지는 리소솜 효소의 수송을 위해 TGN으로 되돌아간다(그림 12-29*b*).

12-5-3-2 비(非)리소솜 단백질들의 분류와 수송

원골지망(TGN)에서 반출된 물질들이 단지 리소솜의 단백질들만 있는 것은 아니다. 〈그림 12-2〉에 나타낸 것처럼, 또한 원형질막을 향하는 막 단백질들과 그 세포에서 내보내기로 예정된 분비 물질들도 TGN으로부터 수송되지만, 그 기작들은 잘 이해되어 있지 않다. 하나의 모형에 따르면, 막으로 된 운반체들은 TGN이 여러 가지 크기의 소낭들과 관들로 갈라질 때 만들어진다. 이런 생각은, 골지 더미를 계속 성숙시키기 위해 흩어져 없어져야 하는 골지복합체의 주머니들이 TGN을 향해서 계속 이동한다고 제안한, 주머니 성숙 모형과 잘 맞는다. 소화효소와 호르몬 같이 조절성 분비 과정에 의해 세포로부터 방출되는 단백질들은 선별적 집합체를 형성하여 결국 높은 밀도로 채워진 큰 분비입자들 속에 들어가게 되는 것으로 생각된다.

이런 집합체들은 미성숙 분비입자들이 트랜스 골지 주머니와 TGN의 가장자리에서 출아할 때 분명히 포착된다. 일부 세포에서, 긴 관(管)들이 미세관 선로를 따라서 작동하는 운동단백질에 의해 TGN으로부터 끌어당겨지는 것으로 보인다. 이어서 이런 관들은 막이 분열되어 다수의 소낭 또는 입자로 나누어진다. 일단 이들이 TGN에서 벗어나면, 분비입자들의 내용물은 더 농축되어진다. 결국, 그 세포가 호르몬 또는 신경 충격에 의해 자극 된 후 그 내용물이 방출될 때까지 성숙한 입자들은 세포질 속에 저장된다.

내재단백질들이 원형질막을 목적지로 하여 운반되는 것은 주로 막 단백질들의 세포질 쪽 영역에 있는 분류신호들에 근거하는 것 같다. 많은 연구가 〈그림 12-11〉에 그려진 것처럼 극성을 띤 세포들에 초점을 맞추고 있다. 이런 세포들에서, 원형질막의 정단부에 존재하도록 예정된 막 단백질들은 측부 또는 기저부를 향하는 단백질들과 다른 분류신호들을 갖고 있다. 섬유모세포와 백혈구 같이 극성을 띠지 않는 세포들의 원형질막 단백질들은 특수한 분류신호를 필요로 하지 않을 것이다. 이런 단백질들은 단순히 지속성 분비경로에 있는 소낭 상태로 TGN으로부터 세포 표면으로 운반될 것이다(그림 12-2*b*).

12-5-4 소낭들을 특정한 구획으로 표적화하기

소낭이 융합되려면 서로 다른 막들 사이에 특별한 상호작용이 필요하다. 예로서, 소포체에서 생긴 소낭들은 ERGIC 또는 CGN과 융합하지만 트랜스 주머니와는 융합하지 않는다. 이런 선별적 융합은 그 세포에서 막으로 된 구획들을 거쳐 일정한 방향으로 이동하도록 하는 요인들 중 하나이다. 많은 연구 노력에도 불구하고, 우리는 아직까지 세포들이 소낭들을 특정한 구획들로 향하여 가게 하는 기작들을 충분히 이해하지 못하고 있다. 하나의 소낭은 자신의 막에 결합된 특수한 단백질들을 갖고 있어서, 그 소낭의 이동과 융합 가능성을 결정하는 것으로 생각된다. 이러한 단백질의 성질을 이해하기 위해서, 우리는 소낭의 출아와 융합 과정들 사이에 일어나는 단계들을 생각해 볼 것이다.

1. **특수한 목표 구획을 향한 소낭의 이동** 많은 경우에, 막으로 된 소낭들은 이들의 최종 목적지에 도달하기 전에 세포질을 거쳐서 상당한 거리를 이동해야만 한다. 이런 유형의 이동은 주로 정해진 경로를 따라서 예정된 목적지까지 화물 컨테이너를 운반하는 철도와 같이 작용하는 미세관들에 의해 중개된다. 예로서, 〈그림 12-19〉에서 보는 것처럼 막으로 된 운반체들은 ERGIC로부터 골지복합체까지 미세관들 위로 이동하는 것이 관찰되었다.

2. **소낭을 목표 구획에 잡아매기** 수송소낭과 이의 표적 막(골지 주머니와 같은) 사이에 일어나는 최초의 접촉은 소위 잡아매는(結縛, tethering) 단백질들에 의해 중개되는 것으로 생각된다. 두 무리의 결박단백질들이 기술된 바 있다(그림 12-31*a*). 즉, 막대 모양의 섬유성 단백질들은 상당한 거리(50~200nm)에 있는 2개의 막 사이에 분자의 다리를 형성할 수 있으며, 큰 다단백질 복합체들은 2개의 막을 아주 더 가깝게 유지시키는 것 같다. 결박하는 현상은 소낭과 목표 구획 사이에 특이성을 요하는 소낭 융합 과정의 초기에 나타나는 것으로 가정된다. 이러한 특이성의 대부분은 **랩**(Rab)[h]이라고 하는 작은 GTP-결합 단백질들의 집단에 의해 나타날 수 있다. 이 Rab은 활성 GTP-결합 상태와 불활성 GDP-결합 상태 사이를 순환한다. GTP-결합 Rab은 지질 고정 분자(lipid anchor)에 의해 막과 결합한다.

사람에게서 60가지 이상의 서로 다른 Rab 유전자들이 확인됨으로써, 이 단백질들은 막의 경로수송에 관여된 가장 다양한 단백질 집단을 이룬다. 더 중요하게, 서로 다른 Rab들은 각기 다른 막 구획들과 결합하게 된다. 이런 선별적 제한성으로 인하여 각 구획은 그 표면에 독특한 독자성을 갖게 된다. 이런 성질은 표적화 특이성에 관여된 단백질들을 모집하기 위해 필요하다. Rab들이 GTP와 결합된 상태에서, Rab들은 세포기질에 있는 특수한 결박단백질들을 특수한 막의 표면으로 모이게 하여 소낭의 표적화에서 핵심 역할을 한다(그림 12-31*a*). 또한 Rab들은 막으로 된 소낭들을 세포질을 통해 이동시키는 운동 단백질들을 포함하여(그림 13-52*b*에 나타내었음), 막의 경로수송에서 다른 일에 관련된 수많은 단백질들의 활동을 조절하는 핵심 역할을 한다.

3. **소낭을 목표 구획에 결합시키기** 소낭 융합으로 이어지는 과정의 어느 시점에서, 두 막들의 내재단백질 가운데 세포기질에 있는 부위들 사이에 상호작용이 일어난 결과, 소낭의 막과 목표 구획이 서로 가까이 접촉하게 된다. 이러한 상호작용에 관여하는 핵심 단백질들을 **SNARE**[i-1]라 하고, 35가지 이상의 막 단

역자 주[h] Rab 단백질: "Ras in the brain(뇌 속의 Ras)"의 머리글자로서, Ras 종양유전자와 관련된 작은 GTPase의 거대집단 가운데 가장 큰 부류의 단백질이다. Ras 유전자는 육종(肉腫) 바이러스(sarcoma virus)에서 처음으로 확인되었었으며, 이 바이러스는 1960년대에 쥐(rat)에서 발견되었다. 그 육종을 '쥐의 육종', 즉 'Rat sarcoma'라고 명명하였으며 이를 축약하여 'Ras'로 표시한다.

역자 주[i-1] SNARE: receptors for SNAPs[i-2], 즉 SNAP 단백질들의 수용체를 일컫는다. 특히 막의 융합, 그리고 세포 내 단백질 경로수송과 분비과정에 관련된 작은 단백질들의 대집단이다.

[i-2] SNAP: "soluble NSF[i-3] attachment protein(가용성 NSF 부착 단백질)"의 머리글자이다.

[i-3] NSF: "N-ethylmaleimide-sensitive factor(N-ethylmaleimide-민감 인자)"의 머리글자이다.

백질 집단을 구성하며 이들은 세포이하의 특수한 구획에 국한되어 있다. SNARE들은 구조와 크기가 상당히 다양하지만, 이들은 모두 세포기질 쪽 영영에 SNARE 모티프(*SNARE motif*)라고 하는 부분을 갖고 있다. 이 부분은 다른 SNARE 모티프와 복합체를 형성할 수 있는 60~70개의 아미노산들로 구성되어 있다. SNARE들는 기능적으로 2개의 범주, 즉 소낭이 형

(*a*) 잡아매기

(*b*) 결합(도킹)하기

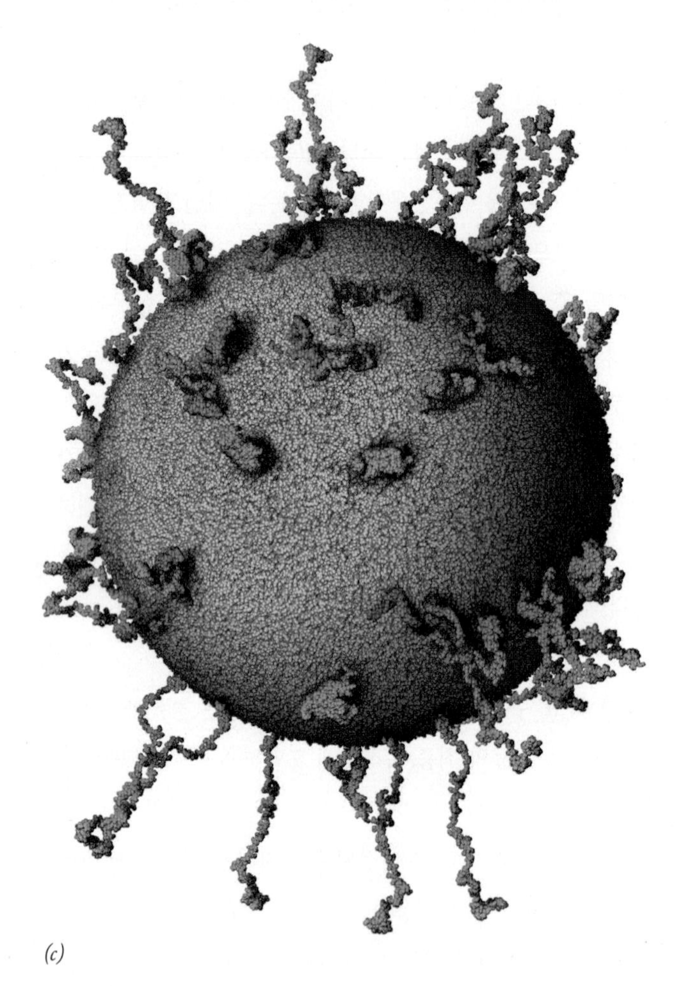
(*c*)

그림 12-31 수송소낭을 표적 막으로 표적화하는 데 있어서 제안된 단계들. (*a*) 잡아매기(結縛하기). (*b*) 결합(도킹)하기. (*a*) 이 모형에 따르면, 소낭(vesicle)과 표적(target) 막의 위에 있는 Rab 단백질들은 이 두 가지 막들 사이의 최초 접촉을 중개하는 하나 또는 그 이상의 결박단백질들을 모집하는 일에 관여한다. 결박단백질로서 두 유형, 즉 대단히 긴 섬유 단백질들(예: p 115[j-1]와 EEA1[j-2])과 다단백질 복합체들[예: 엑소시스트(exocyst)[j-3]와 TRAPP I[j-4]]이 그려져 있다. (*b*) 막 융합으로 이어지는 결합 시기 동안, 수송소낭(vesicle) 막 속에 있는 v-SNARE 단백질이 표적(target) 막 속에 있는 t-SNARE 단백질과 상호작용하여, 4가닥으로 된 알파 나선 다발을 형성함으로써 2개의 막을 가까이 접촉시킨다(다음 그림 참조). 본문에 설명된 바와 같이, 이 경우에 t-SNARE들 중의 하나인 SNAP-25는 막의 표재단백질이어서 (막횡단 영역이 아니라) 지질 고정 분자에 의해 지질2중층에 결합되어 있다. 이런 2가닥의 SNAP-25 나선에 의해 4가닥의 SNARE 나선으로 된 다발을 형성하게 된다. (*c*) 소낭을 구성하는 단백질들 중에서 SNARE 시냅토브레빈 하나만의 분포를 보여주는 시냅스 소낭의 모형. 시냅토브레빈 분자의 이러한 표면 밀도와 구조는 소낭 하나 당 이 단백질들의 수를 계산하고 알려진 분자 구조를 바탕으로 한 것이다. 시냅스 소낭 표면 위에 있는 단백질들의 완전한 그림은 이 교재의 안쪽 표지에 그려져 있다.

역자 주[j-1] p115: 골지 주머니들 사이에서 소낭수송에 관여하는 단백질이다.

[j-2] EEA1: "early endosomal antigen(초기엔도솜항체)"의 머리글자로서, 내포작용 과정에서 막이 융합될 때 Rab5의 작동인자 역할을 하는 단백질이다.

[j-3] 엑소시스트(exocyst): 소낭의 경로수송과 관련된 작용을 하는 진핵생물의 단백질 복합체로서 외포작용(exocytosis)에서 역할을 수행한다.

[j-4] TRAPP: "transport protein particle(수송단백질입자)"의 머리글자로서 TRAPP I과 II가 있고, ER에서 생긴 소낭수송에 관여한다.

성되는(출아하는) 동안 수송소낭(vesicle)의 막 속으로 들어가게 되는 **v-SNARE**들과 목표(target) 구획들의 막 속에 위치된 **t-SNARE**들로 나누어질 수 있다(그림 12-31*b*).

가장 잘 연구된 SNARE들은 신경전달물질의 조절된 분비 과정에서 시냅스(synapse) 소낭을 시냅스전 막(presynaptic membrane)과 도킹(결합)시키는 일을 중개한다. 이 경우, 신경 세포의 원형질막은 신택신(syntaxin) 및 SNAP-25 등 2개의 t-SNARE들을 갖고 있는 반면에, 시냅스 소낭의 막은 시냅토블레빈(synaptobrevin)이라는 1개의 v-SNARE를 갖고 있다. 시냅스 소낭 위의 시냅토블레빈 분자의 분포를 〈그림 12-32*c*〉이 나타내었다. 시냅스 소낭과 시냅스전 막이 서로 접근함으로써, 서로 근접한 막들에서 t- 및 v-SNARE의 SNARE 모티프들이 상호작용하여, 〈그림 12-32*a*〉에서 보여주는 바와 같이, 4가닥으로 된 다발을 형성한다. 각 다발은 2가닥의 SNAP-25와 1가닥의 신택신과 1가닥의 시냅토블레빈 등 모두 4가닥의 α 나선으로 이루어진다.

이들 평행한 α 나선들은 함께 2개의 나란히 놓인 지질2중층을 아주 근접한 거리로 잡아당겨서 지퍼를 잠근 모양으로 단단히 짜여진 복합체를 형성한다(그림 12-31*b* 및 12-32*a*). 비슷한 4가닥으로 된 나선 다발의 형성은 막들이 융합되기로 예정된 곳이면 어느 곳이든 이 세포의 여러 곳에서 다른 SNARE들 사이에 일어난다. 시냅스 소낭과 시냅스전 막의 SNARE들은 보튤리늄독소증(botulism)[k)]과 파상풍을 일으키는 두 가지의 가장 강력한 세균 독소들의 표적이다. 이들 치명적인 독소들은

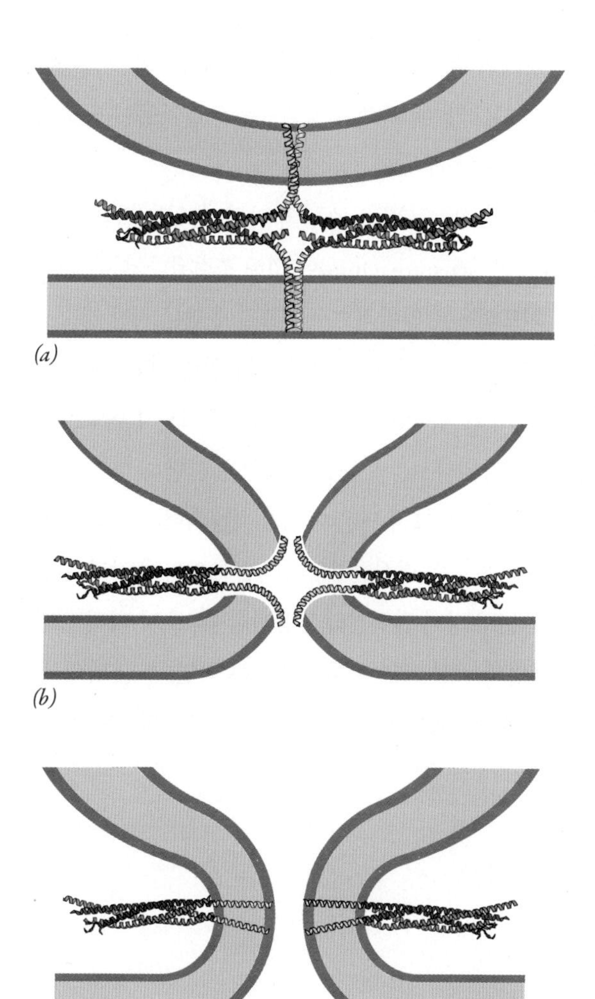

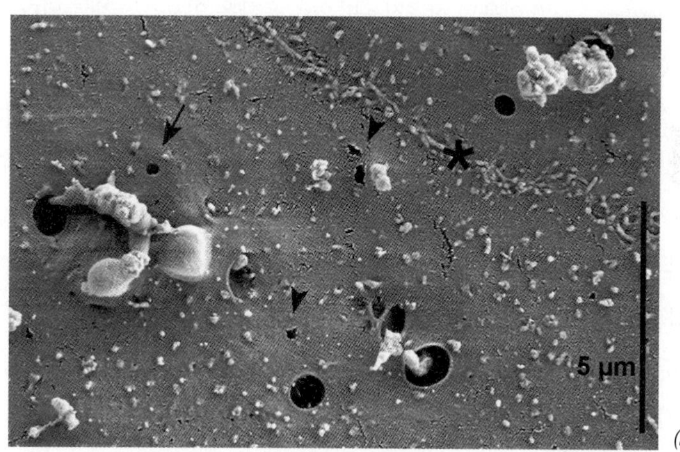

그림 12-32 막의 융합과 외포작용으로 이어지는 v- 및 t-SNARE들 사이의 상호작용을 나타낸 모형. (*a*) 시냅스 소낭은 신택스(syntaxin, 빨간색), 시냅토블레빈(synaptobrevin, 파란색), SNAP-25(초록색) 등의 α 나선 4가닥으로 된 다발 형성을 거쳐 원형질막에 결합(도킹)하게 된다. 2개의 나선 구조인 SNAP-25는 막횡단 영역(노란색)을 갖고 있지 않다. (*b*) 2개의 막이 융합하는 데 있어서 가상적인 전이 상태. 물로 채워진 작은 공간이 막횡단 나선 다발의 중앙에 보인다. (*c*) 이전에 분리된 2개의 막 속에 있던 막횡단 나선들이 지금은 동일한 2중층 속에 있으며, 융합으로 인하여 생긴 구멍이 소낭과 표적 막 사이에 열려 있다. 이제 소낭 속의 신경전달물질이 외포작용에 의해서 방출될 수 있다. (*d*) 분비과립 속에 저장되었던 단백질들을 방출하도록 자극된 1쌍의 배양된 폐포(허파꽈리) 세포들(alveolar cells)의 세포외 표면을 보여주는 주사전자현미경 사진. 융합으로 생긴 팽창된 구멍들일 것으로 보이는 매끄럽고 둥글게 트인 구멍들을 통해서 물질이 세포로부터 방출되고 있는 것으로 보인다. 화살표는 팽창되지 않은 융합 구멍을 가리키며, 표본 준비 과정에서 뜻하지 않게 생긴 구멍들(화살촉표)과 쉽게 구별된다.

역자 주[k)] 보툴리늄독소증(botulism): 썩은 소시지 등에 있는 그람양성 무산소성 간상균인 보툴리늄균(*Clostridium botulinum*)에서 생긴 독소에 의한 중독으로 이 독소는 중추신경계에 강한 친화성이 있다.

단백질분해효소(protease)로서 작용하며, 이 효소의 기질로 알려진 것은 오직 SNARE들 뿐이다. 이 독소들에 의해서 신경의 SNARE들이 분열되면 신경전달물질의 방출을 차단하여 마비를 일으킨다.

4. **소낭과 목표 막 사이의 융합** 정제된 t-SNARE를 함유한 인공 지질 소낭(리포솜, liposome)과 정제된 v-SNARE를 함유한 리포솜을 혼합하였을 때, 이 두 가지 유형의 소낭은 서로 융합하지만 같은 것끼리는 융합하지 않는다. 이 발견은 t- 및 v-SNARE들 사이의 상호작용은 이들을 융합시키기에 충분한 힘으로 2개의 지질2중층을 함께 끌어당길 수 있음을 시사한다(그림 12–32*b*,*c*). 그러나 많은 구체적인 증거에 의하면, t- 및 v-SNARE들 사이의 상호작용이 막의 융합에 필요하더라도, 한 세포 속에서(*within a cell*) 이들의 상호작용만으로 융합을 일으키기에는 충분하지 않음을 나타내고 있다.
   신경전달물질 분자의 조절된 분비에 관한 일반적인 견해에 따르면, 4가닥으로 된 SNARE 다발은 부속 단백질들과의 상호작용으로 불활성 상태의 구조로 남아있다. 이 시기의 소낭들은 막에서 결합된 채 남아 있으며, 일단 이들이 Ca^{2+} 농도의 상승에 의해 활성화되는 신호를 받음과 거의 동시에 소낭 속의 내용물을 방출할 준비를 하고 있다(아래에서 논의된 것처럼). 이것이 어떻게 조절 되는가와는 무관하게, 일단 이 두 막의 지질2중층이 융합하면, 이전에 서로 다른 막에서 돌출되어 있던 SNARE들은 이제 동일한 막 속에 존재하게 된다(그림 12–32*c*). 4가닥으로 된 SNARE 복합체의 분리는 NSF라고 하는 세포기질에 있는 도넛 모양의 단백질에 의해 이루어진다. NSF 단백질은 SNARE 다발에 붙어 있으며, ATP의 가수분해로 얻어진 에너지를 이용하여 이 다발을 비틀어 뺀다.

우리는 소낭이 표적 막과 융합하는 동안 일어나는 일들을 설명하였는데, 이제 다음과 같은 질문을 할 수 있다. 어떻게 이런 상호작용의 특이성이 결정되는가? 현재의 일치된 의견에 의하면, 특정한 소낭과 표적 막이 융합할 수 있는 능력은, 세포 속의 그런 장소에서 조립될 수 있는 결박단백질, Rab, 그리고 SNARE 등을 비롯하여 상호작용하는 단백질들의 특수한 조합에 의해 결정된다. 여러 가지 유형의 단백질들 사이에 일어나는 이러한 복합적인 상호작용은 고도의 특이성을 갖게 해 준다. 이런 특이성은 각 막의 구획이 선택적으로 인식될 수 있도록 보장한다.

12-5-4-1 외포작용

분비소낭 또는 분비과립과 원형질막의 융합에 이어지는 그 내용물의 방출 과정을 **외포작용**(外胞作用, exocytosis)[1)]이라고 한다. 외포작용은 아마도 단백질들과 다른 물질들이 원형질막과 세포외 공간으로 운반됨에 따라 대부분의 세포에서 지속적으로 일어날 것이다. 그러나 외포작용에 관하여 가장 잘 연구된 예는, 특히 신경전달물질이 시냅스 틈 속으로 방출되는 조절성 분비(regulated secretion) 과정에서 일어나는 일들이다. 이 경우, 막이 융합되면 트인 구멍이 생겨서 이를 통해 소낭 또는 과립의 내용물들이 세포외 공간으로 방출된다. 신경 충격이 뉴런의 말단에 도달하면, Ca^{2+}의 유입량이 증가되고 이어서 외포작용에 의해 신경전달물질 분자들이 방출되는 것은 제8장(8–8–4항)에서 언급되었다.

이 경우에, 막의 융합은 시냅스 소낭의 막 속에 있는 칼슘-결합 단백질(시냅토태그민, synaptotagmin)에 의해 조절된다. 다른 유형의 세포들에서, 외포작용은 일반적으로 세포질에 있는 저장 장소로부터 Ca^{2+}이 방출되어 일어난다. 소낭의 막과 원형질막이 접촉되면, 단백질로 싸인 작은 "융합 구멍(fusion pore)"(그림 12–32*c*)이 형성되는 것으로 생각된다. 일부 융합 구멍들은 간단히 다시 닫힐 수 있으나, 대부분의 경우 그 구멍은 빠르게 확장되어 소낭의 내용물을 방출하기 위한 통로를 형성한다(그림 12–32*d*). 기작과 무관하게, 세포질에 있는 소낭이 원형질막과 융합할 때, 소낭 막의 내강쪽 표면은 원형질막의 바깥 표면 부분으로 되는 반면, 소낭 막의 세포기질 쪽 표면은 원형질막의 안쪽(세포기질 쪽) 표면의 일부가 된다(그림 12–14).

역자 주[1)] 외포작용(外胞作用, exocytosis): 이 용어의 어원은 "Gk, *exos*, outside + *kytos*, a hollow vessel(cell) + *osis*, process"로써, '세포(細胞) 속의 입자를 밖(外)으로 내보내는 과정(=作用)'이라는 뜻이다. 이 용어는 저술자에 따라 세포외방출(細胞外放出), 세포외유출(流出), 세포외배출(排出), 토세포(吐細胞)현상 등 다양하게 표기되기도 한다.

복습문제

1. 수송소낭과 이와 융합할 막 구획 사이에 일어나는 상호작용의 특이성을 결정하는 것은 무엇인가? SNARE 단백질들은 어떻게 막 융합의 과정에 관여하는가?
2. 리소솜 효소가 분비소낭이 아닌 리소솜으로 표적화되는 단계를 설명하시오. GGA 단백질의 역할은 무엇인가?
3. 막의 경로수송에서 COPI- 및 COPII-피복소낭들의 역할을 대조하시오.
4. 어떻게 회수신호들이 단백질들을 특정한 막 구획에 계속 유지되도록 보장하는가?

12-6 리소솜

리소솜(lysosome)은 동물세포에서 소화작용을 하는 소기관이다. 보통 리소솜은 최소한 50가지의 가수분해 효소들을 갖고 있으며(표 12-1), 이 효소들은 소포체에서 생산되어 리소솜으로 표적화된 것들이다. 리소솜 효소들은 모두 생물체가 지닌 모든 유형의 고분자들을 가수분해할 수 있다. 리소솜 효소들은 한 가지 중요한 성질을 공유하고 있다. 즉, 모든 효소들은 산성 pH에서 최적 활성을 나타내며 그래서 이들은 **산성가수분해효소**(acid hydrolase)들이다. 이 효소들의 최적 pH는 약 4.6 정도인 리소솜 구획의 낮은 pH에 잘 맞는다. 리소솜 내부의 높은 양성자 농도는 이 소기관을 싸고 있는 막 속의 양성자 펌프(H^+-ATPase)에 의해 유지된다. 리소솜의 막들은 고도로 당화(糖化) 된 다양한 내재단백질들을 갖고 있으며, 이 단백질들의 탄수화물 사슬은 그 속에 있는 효소들의 공격으로부터 막을 감싸서 보호하는 부분을 형성하는 것으로 생각된다.

리소솜들은 예측 가능한 효소들을 갖고 있더라도, 전자현미경 사진에 나타나는 모양은 독특하거나 균일하지 않다. 〈그림 12-33〉은 노화하는 적혈구를 잡아 삼키는, 즉 간에서 식세포작용을 하는 쿠퍼세포(Kupffer cell)의 일부이다. 쿠퍼세포의 리소솜들이 불규칙한 모양과 다양한 전자 밀도를 보이고 있어서, 형태 한 가지만을 바탕으로 해서 이 소기관들을 구분하는 것이 얼마나 어려운가를 보여준다.

표 12-1 리소솜 효소들

효소	기질
인산분해효소(phosphatase)	
산성 인산분해효소	포스포모노에스터
산성 포스포디에스터라아제	포스포디에스터(phosphodiester)
핵산분해효소(nuclease)	
산성 리보핵산분해효소	RNA
산성 디옥시리보핵산분해효소	DNA
단백질가수분해효소(protease)	
카텝신(cathepsin)	단백질
콜라겐분해효소(collagenase)	콜라겐
GAG-가수분해효소	
이두론산 설파타아제(iduronate sulfatase)	황산데르마탄(dermatan sulfate)
β-갈락토시다아제	황산케라탄(keratan sulfate)
헤파란 *N*-설파타아제	황산헤파란(heparan sulfate)
α-*N*-아세틸글루코사미니다아제	황산헤파란
다당류분해효소와 올리고당분해효소	
α-글루코시다아제	글리코겐
퓨코시다아제(fucosidase)	퓨코실올리고당
α-만노시다아제	만노실올리고당
시알리다아제(sialidase)	시알릴올리고당
스핑고리피드 가수분해효소	
세라미다아제(ceramidase)	세라미드
글루코셀레브로시다아제	글루코실세라미드
β-헥소사미니다아제	G_{M2} 강글리오시드
아릴설파타아제 A (arylsulfatase A)	가락토실설파티드(galactosylsulfatide)
지질 가수분해효소	
산성 지질분해효소(acid lipase)	트리아실글리세롤(triacylglycerol)
인산지질분해효소(phospholipase)	인지질

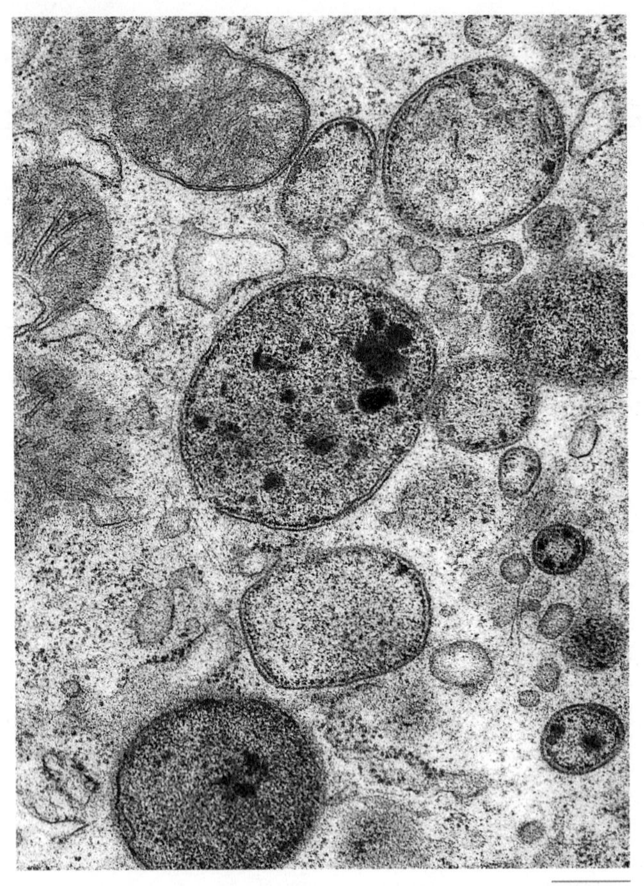

그림 12-33 리소솜. 간에서 식세포작용을 하는 쿠퍼세포의 일부에서 최소 10개의 리소솜들이 아주 다양한 크기를 보인다.

실제로 파괴적인 효소들의 주머니인 세포 속의 리소솜은 많은 작용을 할 가능성을 암시한다. 가장 잘 연구된 리소솜의 역할은 세포 외부 환경으로부터 세포 속으로 끌어들인 물질들을 분해하는 것이다. 많은 단세포 생물들이 섭취한 먹이 입자들은 리소솜에 있는 효소의 작용으로 분해된다. 그 결과 생긴 영양물질들은 리소솜의 막을 거쳐 세포기질 속으로 들어간다. 포유동물에서, 대식세포(macrophage)와 호중성백혈구처럼 식세포작용을 하는 세포들은 부스러기와 잠재적으로 위험한 미생물들을 섭취하는 청소부의 역할을 한다. 섭취된 세균들은 보통 리소솜의 낮은 pH에 의해 비활성화 된 다음 효소의 작용으로 소화된다. 〈그림 17-24〉에서처럼, 이러한 소화 과정을 거쳐 생긴 펩티드들은 세포의 표면으로 "보내져서" 외부에 있는 물질에 면역계의 존재를 알린다.

또한 리소솜은 소기관을 **재편성**(turnover), 즉 세포 자신의 소기관들을 조절하여 파괴하고 이를 교체하는 데 있어서 중요한 역할을 한다. 〈그림 12-34〉에 나타낸 미토콘드리아와 같이, **자식작용**(自食作用, autophagy)이라고 하는 과정이 일어나는 동안 하나의 소기관이 소포체 주머니에서 기원된 이중막으로 둘러싸인다. 이런 구조를 자식소체(自食小體, *autophagosome*)라고 한다. 이어서 바깥쪽 막이 리소솜과 융합되어 자식작용리소솜(*autophagolysosome*)을 형성하고, 그 속에 있는 소기관이 분해되면 그 산물을 세포가 이용할 수 있다. 포유동물의 간세포에서 하나의 미토콘드리온은 약 10분마다 자식작용이 일어나는 것으로 측정된다. 만일 세포의 영양분이 고갈되면 자식작용이 현저히 증가하는 것으로 관찰되었다. 이러한 조건 하에서, 그 세포는 자신의 소기관들을 포식하여 자신의 생명을 유지하기 위한 에너지를 얻는다. 최근에, 또한 자식작용은 비정상적인 단백질 집합체에서부터 침입하는 세균에 이르기까지 세포 속의 위협에 대항하여 생물체를 보호하는 것으로 밝혀진 바 있다. 만일 실험동물의 뇌의 특정 부분에서 자식작용이 방해되면, 그 부위의 신경계에 있는 많은 신경세포들이 죽는다. 이러한 발견은, 자식작용이 이런 긴 수명을 가진 세포들이 겪는 단백질 및 소기관의 지속적인 손상으로부터 뇌세포를 보호하기 위해 얼마나 중요한가를 보여준다.

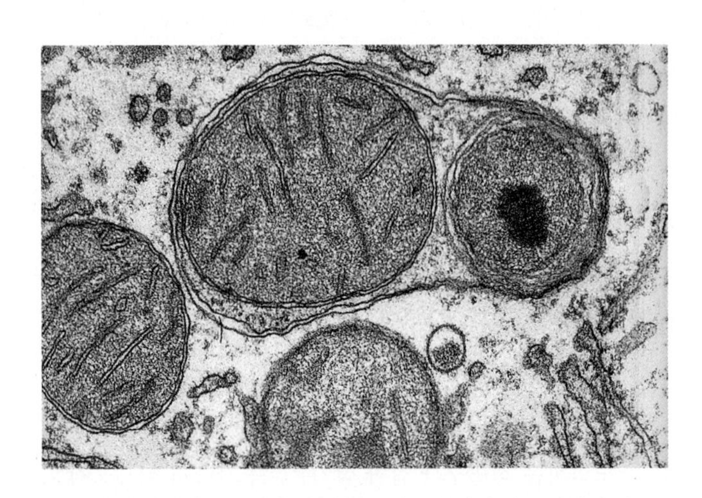

그림 12-34 자식작용. ER에서 기원된 2중막으로 싸여 있는 하나의 미토콘드리온과 퍼옥시솜을 보여주는 전자현미경 사진. 이 자식포(自食胞, autophagic vacuole) 또는 자식소체(自食小體, autophagosome)는 리소솜과 융합하여 그 내용물이 소화될 것이다.

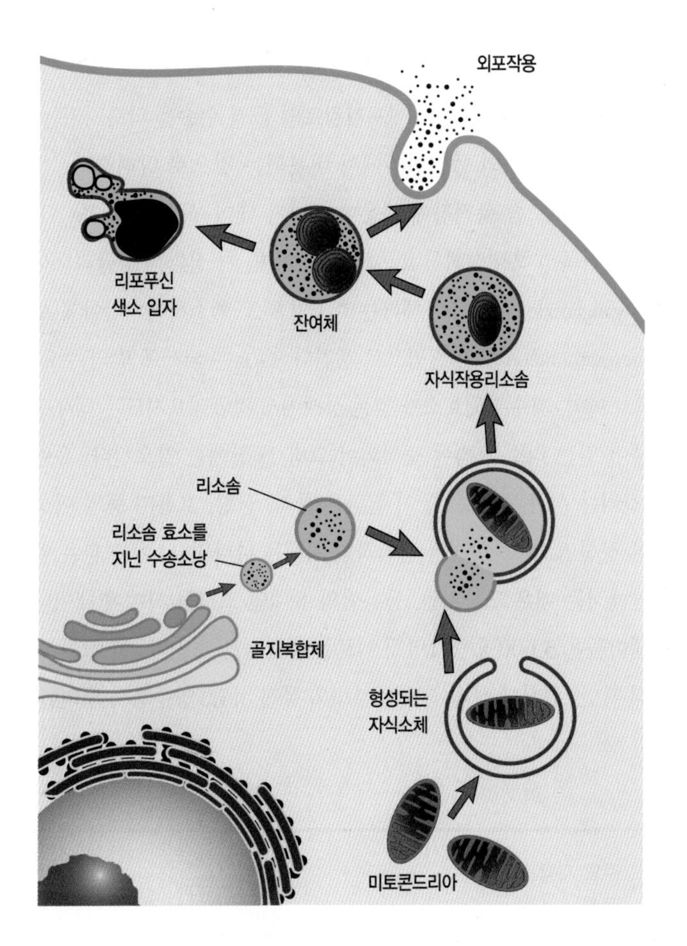

그림 12-35 **자식작용 경로의 요약.** 각 단계는 본문에 기술되었다.

자식작용에서 리소솜들의 역할이 〈그림 12-35〉에 요약되어 있다. 일단 자식작용리소솜에서 소화 과정이 완료되면 그 소기관을 잔여체(殘餘體, *residual body*)라고 한다. 세포의 유형에 따라서, 잔여체의 내용물은 외포작용에 의해 세포 밖으로 제거될 수 있거나, 또는 리포푸신 입자(*lipofuscin granule*)[m]로서 계속 세포질 속에 남아 있을 수 있다. 개체가 더 늙어감에 따라 이 입자의 수도 증가한다. 즉, 이 입자들의 축적은 특히 신경 세포와 같이 수명이 긴 세포들에서 확실하며, 이런 세포에서 이 입자들은 노화 과정에서 나타나는 주요 특징으로 생각된다. 다양한 질병에서 리소솜의 역할이 이어지는 〈인간의 전망〉에서 논의된다.

복습문제

1. 리소솜의 세 가지 뚜렷한 역할을 설명하시오.
2. 하나의 미토콘드리온이 자식작용에 의해 파괴될 때 일어나는 과정을 설명하시오.

역자 주[m] 리포푸신 입자: 황갈색의 지방 색소 입자(脂肪褐色素 粒子)를 일컫는다.

인간의 전망

리소솜 기능의 결함으로 생기는 장애들

단백질들이 특정한 소기관들로 표적화되는 기작의 이해는 리소솜 효소들에 있는 만노스-6-인산 잔기가 이 단백질들을 리소솜으로 운반하는 "주소"로 작용한다는 발견에서 시작되었다. 리소솜 주소의 발견은 아이-세포 질환(*I-cell disease*)[n]으로 알려진 희귀하고 치명적인 유전병을 가진 환자의 연구에서 이루어졌다. 이 환자들에서 많은 세포들은 분해되지 않은 물질들을 지니고 부풀어 있는 리소솜을 갖는다. 가수분해 효소들이 없기 때문에 물질들이 리소솜 속에 축적된다. 이런 환자들로부터 분리 배양하는 연구를 했을 때, 리소솜 효소들은 정상 수준으로 합성되지만 배지로 분비되어 리소솜으로 표적화되지 않는다는 것이 발견되었다. 더 연구한 결과, 분비된 효소들은 정상인의 세포에서 리소솜 효소에 있는 만노스 인산 잔기를 갖고 있지 않다는 것이 밝혀졌다. 곧 아이-세포 결함은 골지복합체에서 만노스의 인산화에 필요한(그림 12-29*a* 참조) 하나의 효소(*N*-아세틸글루코사민 인산전달효소)가 결핍된 것으로 추적되었다.

1965년, 벨기에 루팽대학교(University of Louvain)의 허스(Hers)

역자 주[n] 아이-세포 질환(I-cell disease): 'I-cell'에서 'I'는 'Inclusion body' 즉, 이 질병에서 분해되지 않고 세포 내에 축적되어 있는 '함유물(inclusion body)'을 뜻한다.

는 겉보기에는 중요하지 않은 리소솜 효소인 알파-글루코시다아제(α-glucosidase)가 없어서 생기는 폼페 질환(Pompe disease)이라고 알려진 치명적인 유전병이 어떻게 발생될 수 있는지를 설명하였다. 허스는 α-글루코시다아제가 없는 상태에서 소화되지 않은 글리코겐이 리소솜에 축적되어, 리소솜을 부풀게 하고 그 세포와 조직에 불가역적인 손상을 일으킨다고 말하였다. 리소솜 효소들 중 단 하나의 효소가 결핍되고 그에 해당하는 기질이 분해되지 않아서 축적되어(그림 1) 생기는 이런 질환들을 **리소솜 축적장애**(lysosome storage disorder)라고 한다. 40여 가지가 넘는 이런 질환은 8,000명의 유아 중 약 1명꼴로 걸리는 것으로 나타나고 있다. 분해되지 않은 스핑고리피드의 축적으로 생기는 질환들이 〈표 1〉에 열거되어 있다.

리소솜 축적장애의 증상은 1차적으로 효소의 기능장애 정도에 따라, 매우 심한 상태에서부터 겨우 알아차릴 수 있을 정도까지 다양할 수 있다. 또한 많은 질환이 세포기질로의 물질 수송을 악화시키는 리소솜 막 단백질들의 돌연변이에서 비롯되는 것으로 알려졌다. 가장 잘 연구된 리소솜 축적장애 가운데 하나가 테이-삭스 질환[Tay Sachs disease, 가족성 흑내장백치(黑內障白痴)]이며, 이 질환은 강글리오시드 G_{M2}(ganglioside G_{M2})를 분해하는 효소인 β-*N*-헥소사미니다아제 A(β-*N*-hexosaminidase A)의 결핍으로 생긴다. G_{M2}는 뇌세포 막의 주요 구성요소이며, 가수분해효소가 없는 상태에서 강글리오시드는 뇌세포의 부풀어 있는 리소솜 속에 축적되어(그림 1) 장애를 일으킨다. 유년기에 걸리는 심한 경우로서, 이 질환은 골격, 심장, 호흡기 등의 이상은 물론 정신 및 운동 신경의 점진적인 지체를 나타낸다. 이 질환은 일반 집단에서는 매우 드물지만, 동유럽의 유대인 조상들 사이에 태어나는 신생아들은 3,600명 중 1명에 이르는 발병률을 보인다. 이 질환 보유자의 확인, 위험한 상태에 있는 부모의 유전 상담, 양수검사에 의한 태

표 1 스핑고리피드 축적 질환

질환	결핍된 효소	주요 저장 물질	결과
G_{M1} 강글리오시드증(症) (G_{M1} Gangliosidosis)	G_{M1} 베타-갈락토시다아제	강글리오시드 G_{M1}	정신지체(遲滯), 간 확장, 골격 연루, 2세에 사망
테이-삭스 질환 (Tay-Sachs disease)	헥소사미니다아제 A	강글리오시드 GM12	정신지체, 시각상실(失明), 3세에 사망
파브리 질환 (Fabry's disease)	알파-갈락토시다아제 A	트리핵소실세라미드 (trihexosylceramide)	피부발진, 신부전, 하지(다리) 통증
샌드호프 질환 (Sandhoff's disease)	헥소사미니다아제 A와 B	강글리오시드 GM12와 글로보시드(globoside)	테이-삭스 질환과 비슷하나 더 급속히진행됨
고셰 질환 (Gaucher's disease)	글루코셀레브로시다아제	글루코셀레브로시드 (glucocerebroside)	간장과 비장의 확장, 장골(긴뼈) 침식, 영아기에 정신지체
니만-피크 질환 (Niemann-Pick disease)	스핑고미에린아제	스핑고미에린 (sphingomyelin)	간장과 비장의 확장, 정신지체
파아버 지방육아종증 (Farber's lipogranulomatosis)	세라미다아제	세라미드(cerqamide)	관절의 통증과 점진적 변형, 피부 혹, 2-3년 내 사망
크라베 질환 (Krabbe's disease)	갈락토셀레브로시다아제	갈락토셀레브로시드 (galactocerebroside)	미에린 손실, 정신지체, 2세에 사망
설파티드 지방(축적)증 (Sulfatide lipidosis)	아릴설파타아제 A (arylsulfatase A)	설파티드(sulfatide)	정신지체, 10년 후 사망

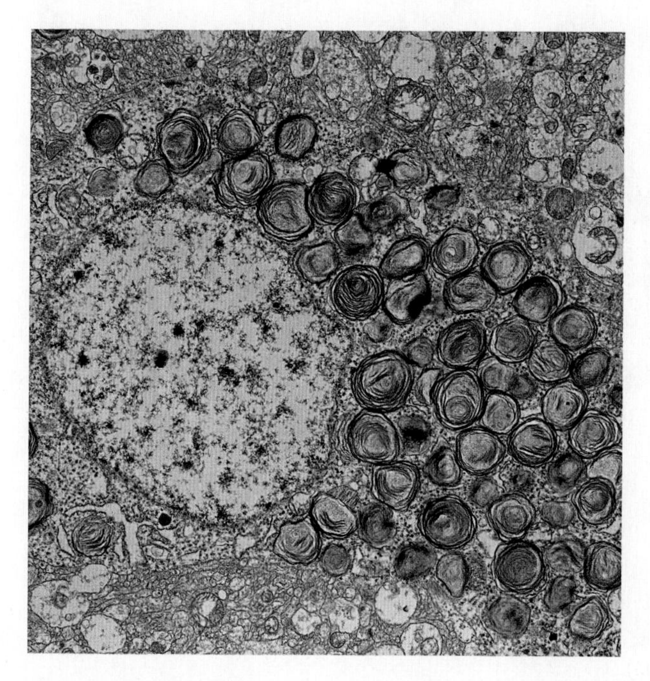

그림 1 **리소솜 축적장애.** 강글리오시드 G_{M2}를 분해할 수 없는 리소솜 축적 질환을 가진 사람의 신경 세포 일부의 절단면을 보여주는 전자현미경 사진. 세포질에 있는 많은 액포와 유사한 구조들은 리소솜 효소와 강글리오시드를 확인하기 위해 염색되었으며, 이 구조들은 리소솜으로서 그 속에 소화되지 않은 당지질이 축적되어 있다.

아 진단 등의 결과에서, 이 민족 집단에서 이 질환의 발병률이 최근에 현저하게 감소되었다. 사실, 이미 알려진 모든 리소솜 축적 질환은 태아기에 진단될 수 있다.

지난 몇 년 동안, 리소솜 효소 중 글루코세레브로시다아제(glucocerebrosidase)의 결핍으로 생기는 고셰 질환(Gaucher's disease)[역]의 증상이 효소대체요법(*enzyme replacement therapy*)으로 완화될 수 있음이 증명됨으로써, 리소솜 축적 질환의 치료 전망이 향상되었다. 고셰 질환을 가진 유아는 대식세포(macrophage)의 리소솜 속에 글루코세레브로시드 지질이 대량으로 축적되어 이자의 확장과 빈혈증을 일으킨다. 정상인 사람의 효소액을 혈류에 주사하여 이 질환을 고치려는 최초의 시도는 간세포들이 이 효소를 흡수하기 때문에 실패하였다. 이 효소를 사람의 태반 조직에서 정제한 다음에 대식세포를 표적으로하여, 만노스 잔기들 아래에 노출된(그림 12-22 참조) 이 효소의 올리고당 사슬 말단에 있는 당들을 제거하기 위해 세 가지의 글리코시다아제를 처리하였다.

혈류에 주사된 이후에, 이런 변형된 효소[세레자임(Cerezyme)이라는 이름으로 시판됨]는 대식세포 표면에 있는 만노스 수용체에 인식되어 수용체-중개 내포작용으로 신속하게 흡수된다. 리소솜들은 내포작용으로 대식세포 속에 들어온 물질들의 자연적인 표적 장소이기 때문에, 이 효소들은 결핍된 세포의 정확한 장소에 효과적으로 수송된다. 이 질환으로 고생하는 수천 명의 환자들은 이 방법으로 성공적인 치료를 받은 바 있다. 많은 다른 리소솜 축적 질환을 치료하기 위한 효소대체요법은 임상실험에서 증명되었거나 또는 조사되고 있는 중이다. 불행하게도, 이 질환의 대다수는 혈액-뇌 장벽으로 인하여 순환하는 효소들을 흡수할 수 없는 중추신경계에 영향을 미친다.

예비 임상실험에서 약간의 가능성을 보여준 다른 방법이 있는데, 이를 기질감소요법(*substrate reduction therapy*)이라고 한다. 이 요법에서 저분자량의 약물[예: 자베스카(Zavesca)]이 이 질환에서 축적되는 기질의 합성을 억제시키기 위해 투여된다. 마지막으로, 환자에게 상당한 위험이 수반되지만, 골수 또는 제대혈(臍帶血, 탯줄혈액, cord blood) 이식 방법은 일부의 이 질환을 치료하는 데 있어서 비교적 성공적인 것으로 증명되었다. 문제의 유전자를 정상적으로 갖고 있는 외부에서 이식된 세포들은 정상적인 리소솜에 비하여 제한된 양의 효소를 분비하는 것으로 생각된다. 이 효소 분자들 중의 일부는 환자 자신의 세포들이 흡수하여 효소 결핍의 영향력을 감소시킨다.

역자 주[역] 고셰 질환(Gauche's disease): 프랑스의 의사 P.C.E. 고셰(1853~1918)에 의해 발표된 상염색체(autosome, 1번 염색체)의 열성 유전성 질환이다.

12-7 식물세포의 액포

많은 식물세포에서 부피의 90% 정도는 단일막으로 싸여 있고 액체로 채워져 있는 중앙 **액포**(液胞, vacuole)가 차지하고 있다(그림 12-36). 구조적으로는 단순하지만 식물의 액포는 매우 다양하고 중요한 기능을 수행한다. 이온, 당, 아미노산, 단백질, 다당류 등을 비롯한 세포의 용질과 고분자들의 대부분은 액포 속에 일시적으로 저장된다. 또한 액포는 다수의 유독한 화합물을 저장하기도 한다.

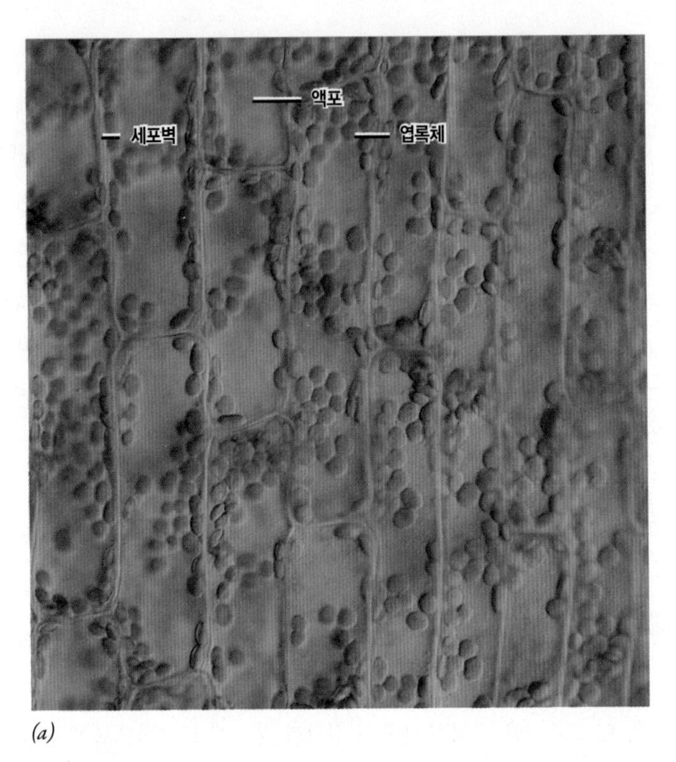

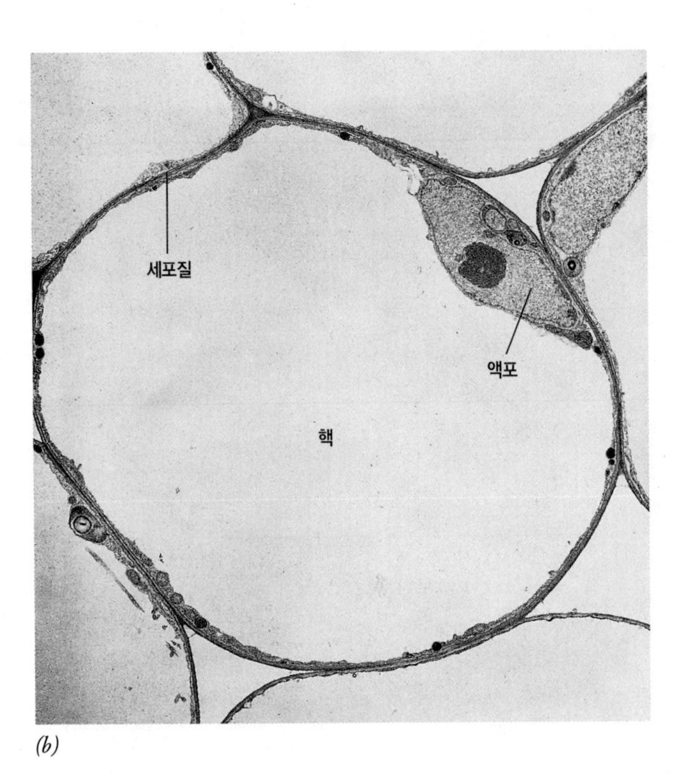

그림 12-36 **식물세포의 액포.** (*a*) 수생식물인 엘로데아속(*Elodea*) 식물에서 원통형인 잎 세포들은 커다란 중앙 액포를 갖고 있다. 이 액포는 현미경 사진에서 보이는 엽록체들이 포함된 세포질 층으로 둘러싸여 있다. (*b*) 콩에서 피층(皮層, cortex) 세포의 투과전자현미경 사진으로서, 커다란 중앙 액포와 이를 둘러싸고 있는 얇은 세포질 층을 보여준다.

이러한 화합물의 일부[시아나이드(CN)를 함유하는 배당체(글리코시드, glycoside)와 글루코시노레이트(glucosinolate) 같은]는 세포가 초식동물이나 곰팡이 등에 의해서 상처를 입으면 방출되는 화학무기이다. 다른 독성 화합물들은 단순히 대사 작용의 부산물이다. 즉, 식물은 동물에서 발견되는 배설계를 갖고 있지 않기 때문에, 세포의 나머지 부분으로부터 이러한 부산물들을 격리시키기 위해 액포를 사용한다. 디기탈리스(digitalis)와 같은, 이러한 화합물들 중 일부는 중요한 임상적 가치를 지닌 것으로 증명되었다.

액포를 싸고 있는 막, 즉 **액포막**(tonoplast)에는 세포질 또는 세포외 액의 농도보다 훨씬 더 높은 농도로 액포의 구획 속으로 이온들을 펴 넣는 많은 능동 수송계가 있다. 액포 속의 높은 이온 농도 때문에 물이 삼투작용에 의해 액포로 들어온다. 액포에 의해 생긴 정수(팽)압은 식물의 연약한 조직들을 기계적으로 지지하는 작용을 할뿐만 아니라 세포가 생장하는 동안 세포벽을 늘어나게도 한다.

또한 식물의 액포는 식물세포에 없는 리소솜과 같이 세포 내 소화의 장소이기도 하다. 사실, 식물의 액포는 리소솜에서 발견되는 것과 똑같은 산성가수분해효소들의 일부를 갖고 있다. 액포의 pH는 양성자를 액포 속으로 퍼 넣는 액포막 속에 있는 액포-유형(V-type)의 H^+-ATPase에 의해 낮은 값으로 유지된다. 리소솜의 단백질들과 같이, 식물 액포의 많은 단백질들은 막에 결합된 RER의 리보솜에서 합성되어 골지복합체를 거쳐 수송된 다음, 액포로 표적화 되기 전에 골지의 트랜스면에 저장된다.

복습문제

1. 식물세포에서 액포의 세 가지 특별한 역할을 설명하시오.
2. 식물의 액포가 어떤 면에서 리소솜과 비슷한가? 그리고 어떤 면에서 다른가?

12-8 내포작용 경로: 세포 내부로 이동하는 막과 물질들

우리는 세포가 RER과 골지로부터 원형질막과 세포외 공간으로 물질을 어떻게 수송하는지를 자세히 살펴보았다. 이제 그 반대 방향으로 일어나는 물질의 이동을 알아보자. 우리는 제8장에서 분자량이 낮은 용질들이 원형질막을 어떻게 통과하는지를 알아보았다. 그러나 원형질막의 투과성과는 무관하게 이 막을 투과하기에는 너무 큰 물질들을 세포가 어떻게 흡수할 수 있는가? 그리고 원형질막 속에 있는 단백질들이 세포의 내부 구획들로 어떻게 재순환(재사용)되는가? 이 두 가지 필요조건은 원형질막의 일부가 함입되어 세포 내부로 수송되는 세포질의 소낭을 형성하여 일어나는 내포작용 경로에 의해 충족된다. 우리는 두 가지 기본적인 과정들, 즉 서로 다른 기작에 의해 일어나는 내포작용과 식세포작용을 이 절(節)에서 고찰할 것이다. **내포작용**(內胞作用, endocytosis)은 주로 세포가 세포 표면의 수용체들 그리고 결합된 세포외 리간드(ligand)들을 세포 안으로 끌어들이는(引入) 과정이다. **식세포작용**(食細胞作用, phagocytosis)은 미립자 물질을 흡수하는 것을 말한다.

12-8-1 내포작용

내포작용은 대체로 두 가지 범주, 즉 부피상 내포작용과 수용체-중개 내포작용으로 나눌 수 있다. 부피상(相) 내포작용(*bulk-phase endocytosis*)[또한 음세포작용(飲細胞作用, *pinocytosis*)으로 알려진]은 세포 바깥의 액체를 비특이적으로 흡수한다. 원형질막으로 감싸인 액체 속에 있는 크고 작은 분자들이 세포 속으로 들어온다. 부피상 내포작용은 세포에 의해 비특이적으로 흡수되는 루시퍼옐로우(lucifer yellow) 염료 또는 고추냉이 과산화수소(horseradish peroxide) 등과 같은 물질을 배양 배지에 첨가하여 시각적으로 볼 수 있다. 또한 부피상 내포작용은 원형질막의 일부를 제거시켜서 주로 세포 표면과 안쪽 구획들 사이에서 막의 재순환(재사용) 작용을 할 것이다. 이와 대조적으로, **수용체-중개 내포작용**(receptor-mediated endocytosis, RME)은 원형질막의 외부 표면에서 수용체와 결합하는 특수한 세포외 고분자(리간드)들을 흡수하게 된다.

12-8-1-1 수용체-중개 내포작용과 피복 만입부의 역할

수용체-중개 내포작용(RME)은 세포외 액에 비교적 낮은 농도로 있는 고분자들을 선택적이고 효과적으로 흡수하는 방법이다. 세포들은 호르몬, 생장요소, 효소, 영양물질을 지닌 혈액에서 생긴 단백질 등을 포함하는 다양한 유형의 리간드(ligand)들을 흡수하기 위한 수용체들을 갖고 있다. RME에 의해 세포 속으로 들어간 물질들은, **피복만입부**(被覆灣入部, coated pit)라고 알려진, 원형질막의 특수한 영역에 모여 있는 수용체들과 결합하게 된다. 수용체들은 원형질막의 다른 부분에서보다 피복만입부에 10~20배로 집중되어 있다. 피복만입부(그림 12-37*a*)는 전자현미경 사진에서 그 표면이 함입되어 있는 자리로 나타나며 그 곳의 세포질 쪽을 향한 원형질막은 클라트린을 포함하는 꺼칠꺼칠하고 높은 전자-밀도를 지닌 피복으로 덮여있다. 여기의 클라트린은 원골지망(TGN)에서 형성된 소낭의 단백질 피복에서 발견된 것과 똑같은 것이다. 피복만입부는 세포질 속으로 (더 깊게) 함입된(그림 12-37*b*) 다음, 원형질막으로부터 떨어져서 피복소낭을 형성한다(그림 12-37*c*,*d*). 피복소낭의 형성 기작을 이해하기 위해 클라트린 피복의 분자 구조를 알아 볼 필요가 있다.

〈그림 12-38〉은 수용체-중개 내포작용이 일어난 세포에서, 세포 바깥쪽의 원형질막 표면과 세포질 쪽 표면에서 본 피복만입부를 보여준다. 만입부를 세포질 쪽 표면에서 보았을 때(그림 12-38*b*,*c*), 꺼칠꺼칠한 피복은 벌집처럼 생긴 다각형(5각형과 6각형)의 연결망 구조를 이루는 것으로 보인다. 피복의 기하학적 구조는 클라트린 구성단위들로부터 생긴다. 각 클라트린 분자는 3개의 무거운 사슬과 3개의 가벼운 사슬로 이루어지는데, 이 사슬들은 중앙에서 서로 연결되어 삼각조립체(三脚組立體, *triskelion*)라고 하는 3개의 다리(脚, leg)로 된 조립체를 형성한다(그림 12-39). 피복소낭의 클라트린 골격 속에서 삼각조립체들의 겹쳐진 배열이 〈그림 12-40〉에 그려져 있다. 클라트린 삼각조립체의 각 다리(脚)는 다각형 구조에서 2개의 변(邊)을 따라서 바깥쪽으로 뻗어 있다. 피복의 다각형 구조에서 각 꼭지점은 삼각조립체의 구성요소들 중 어느 하나의 중심부를 끼고 겹쳐 있다.

TGN으로부터 출아하는 클라트린-피복 소낭들과 같이, 내포작용 동안에 형성되는 피복소낭들도 클라트린 격자와 세포기질을 향하고 있는 소낭의 표면 사이에 위치된 한 층의 연계분자들을 갖

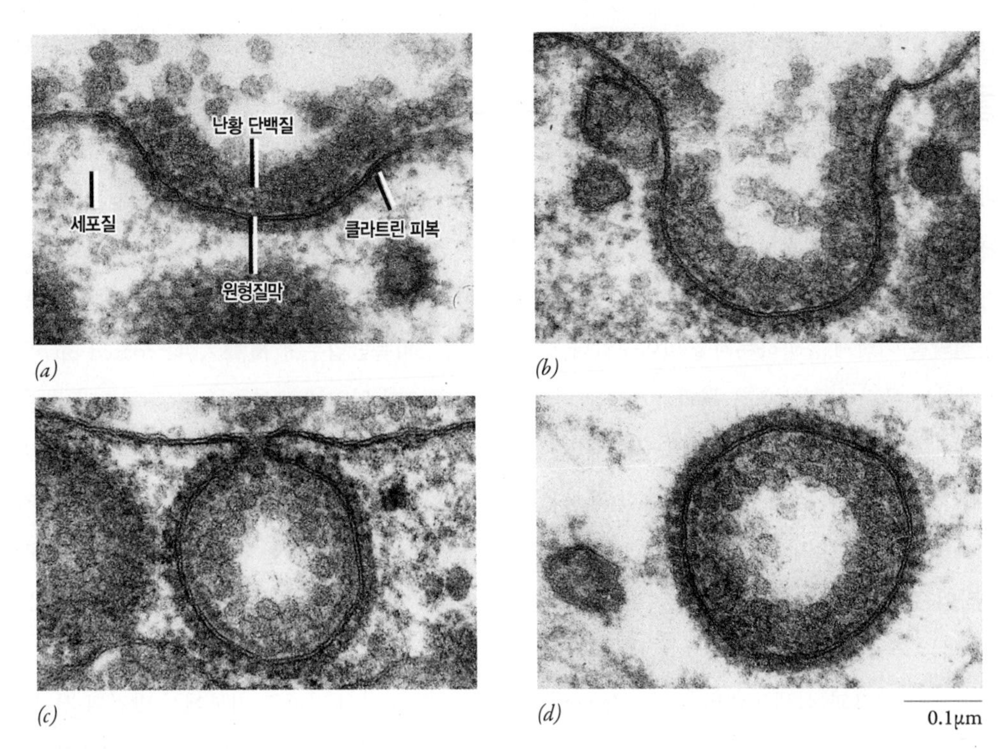

그림 12-37 수용체-중개 내포작용. 여기에서 전자현미경 사진들의 순서는 닭의 난모세포에 의해 난황(卵黃) 지질단백질이 흡수되는 단계들을 보여준다. *(a)* 세포 속으로 들어가게 될 단백질들이 피복만입부를 형성하는 원형질막의 움푹 들어간 부위의 세포 바깥쪽 표면에 집중되어 있다. 피복만입부에서 원형질막의 세포질 쪽 표면은 클라트린 단백질로 이루어진 꺼칠꺼칠하고 높은 전자밀도를 갖는 물질의 층으로 덮여 있다. *(b)* 피복만입부가 세포 안쪽으로 가라앉으면서 피복된 출아체(bud)를 형성한다. *(c)* 원형질막으로부터 거의 완성된 소낭이 떨어지기 직전에 있다. 이 소낭의 내강(이전에 세포 바깥쪽) 표면에는 난황 단백질이 있고 세포질 쪽 표면에는 클라트린이 있다. *(d)* 원형질막으로부터 떨어져 나온 하나의 피복소낭. 이 과정의 다음 단계에서 클라트린 피복이 방출된다.

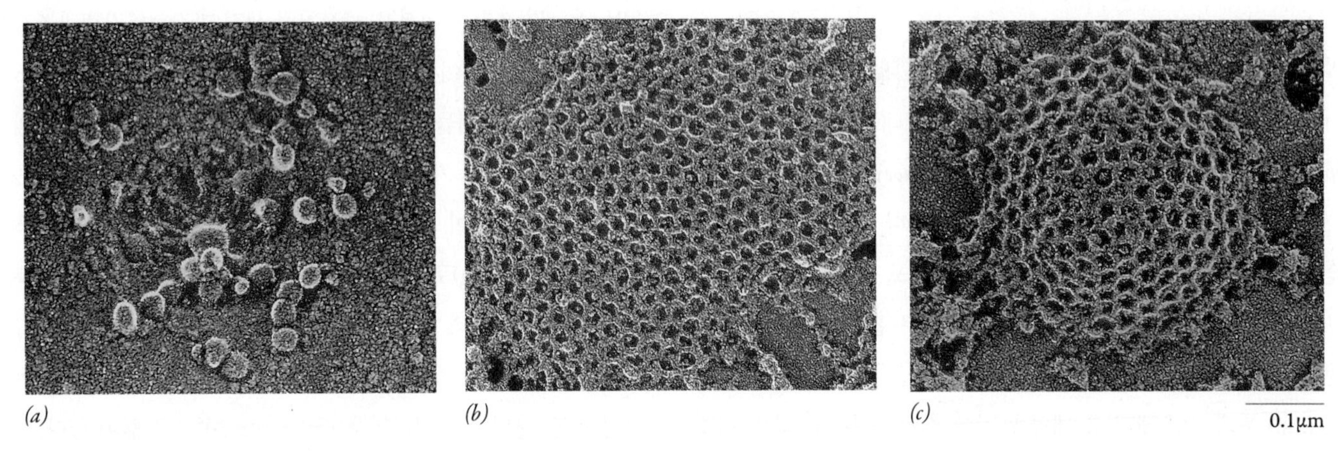

그림 12-38 피복만입부. *(a)* 섬유모세포의 바깥쪽 표면의 복사막(replica)을 관찰한 전자현미경 사진. 이 세포는 저밀도 지질단백질(LDL)-콜레스테롤로 항온 처리한 후에 세포 전체를 동결-건조시켜 준비하였다. LDL-콜레스테롤의 입자들은 피복만입부의 세포외(바깥쪽) 표면(*extracellular surface*)에 있는 둥근 구조들로 보인다. *(b)* 섬유모세포의 파열된 피복만입부의 세포기질 쪽 표면(*cytosolic surface*)의 복사막을 관찰한 전자현미경 사진. 이 피복은 원형질막의 안쪽 표면에 결합된 클라트린을 함유하는 다각형의 편평한 연결망 구조로 이루어져 있다. *(c)* 피복된 출아체의 세포기질 쪽 표면의 복사막을 관찰한 전자현미경 사진으로서, 클라트린 격자로 에워싸인 함입된 반구형(半球形)의 원형질막을 보여준다.

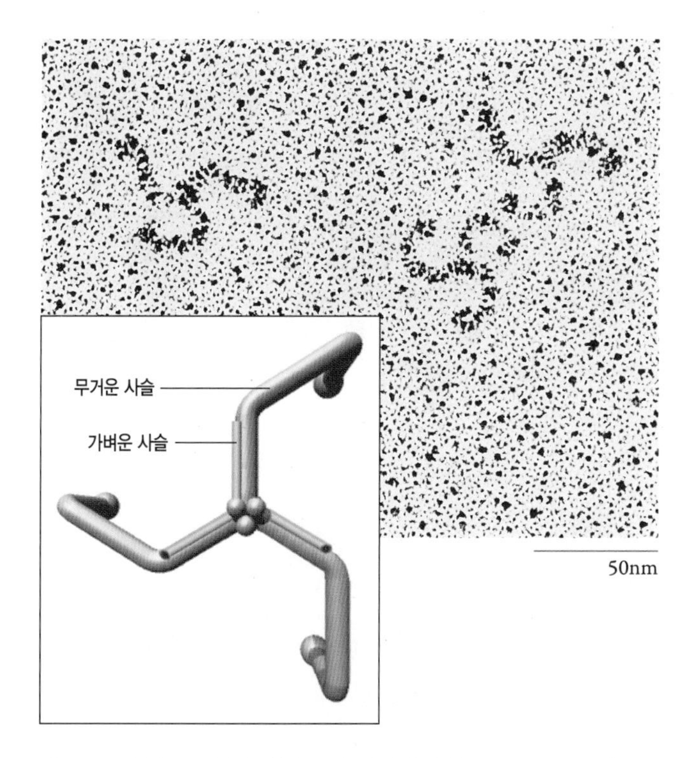

그림 12-39 **클라트린 삼각조립체.** 금속-음영처리법(metal-shadowing)으로 준비하여 관찰된 클라트린 삼각조립체의 전자현미경 사진. 아래에 삽입된 그림은 삼각조립체가 3개의 무거운 사슬로 이루어진 것을 보여준다. 각 무거운 사슬의 안쪽 부위에 작은 가벼운 사슬이 결합되어 있다.

고 있다. 클라트린-중개 내포작용과 관련하여 작동하는 가장 잘 연구된 연계분자는 AP2이다. 다수의 영역을 가진 단일 소단위로 되어(그림 12-30) TGN에서 사용된 GGA 연계분자와는 다르게, 원형질막으로부터 출아하는 소낭들과 합쳐지는 AP2(연계분자)는 서로 다른 기능을 지닌 많은 소단위들로 이루어져 있다(그림 12-40). AP2의 μ 소단위는 원형질막의 특수한 수용체의 세포질 쪽에 있는 꼬리 부분과 연결되며, 이들 선택된 수용체들—그리고 그들과 결합된 화물 분자들—을 출아되어 나오는 피복소낭 속으로 집중시킨다(이 장의 끝 부분에 있는 〈실험경로〉에서 더 논의되었음).

이와는 대조적으로, AP2 연계분자들의 β-어댑틴(adaptin) 소단위는 위에 있는 격자의 클라트린 분자들과 결합하여 이 분자들

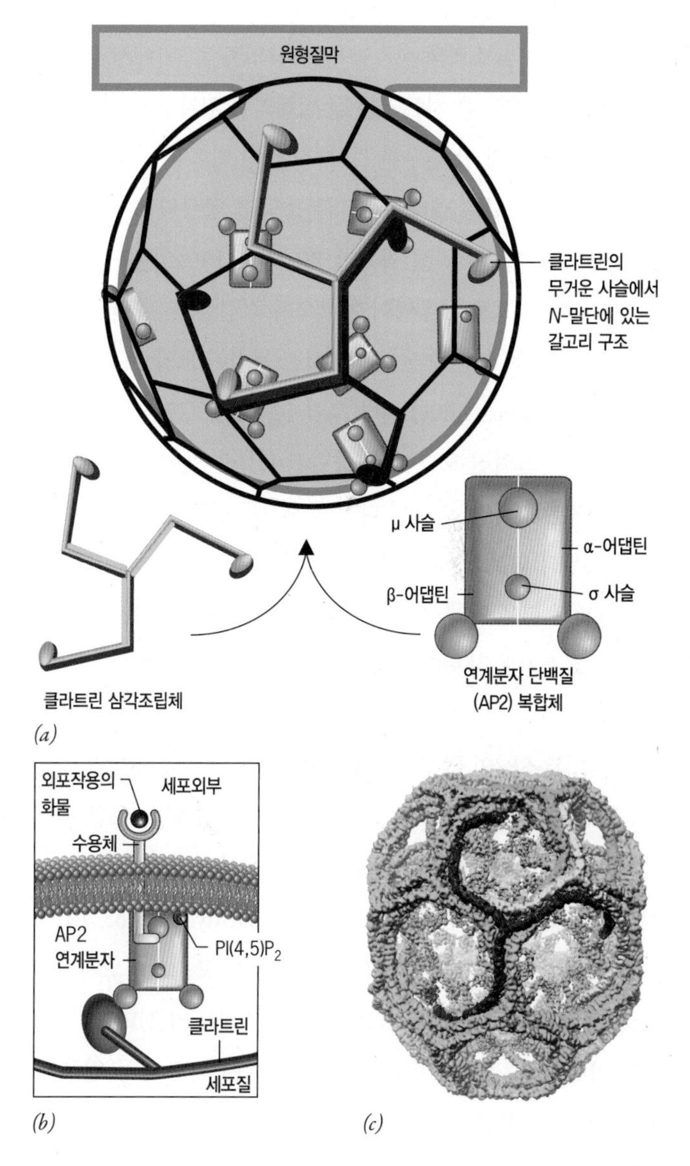

그림 12-40 **피복소낭의 분자 체제.** (*a*) 바깥쪽 클라트린 피복에서 삼각조립체와 연계분자의 배열을 보여주는 피복소낭 표면의 개요도. 이 다각형의 면(面)들은 삼각조립체들의 다리 부분들이 중첩되어 형성된다. 각 클라트린에서 무거운 사슬의 N-말단은 "갈고리" 구조를 형성하는데, 이 구조는 연계분자가 결합된 위치에서 막의 표면을 향해 돌출되어 있다. 서로 다른 4개의 폴리펩티드 소단위로 이루어진 각 연계분자는 이 그림에 표시되지 않은 다양한 부속 단백질들과 결합할 수 있다. 갈고리 구조와 연계분자는 다각형의 꼭지점에 위치되어 있다. [주(註): 이 그림에서 삼각조립체의 격자 구조가 모두 표시되어 있지 않다. 만일 모두 표시했더라면, 모든 꼭지점에 클라트린의 중심부, 갈고리 부분, 그리고 결합된 연계분자 등이 표시되어야 할 것이다.] (*b*) 횡단된 피복소낭의 개요도는 AP2 연계분자 복합체들이 클라트린 피복 및 막 수용체들과의 상호작용하는 것을 보여준다. 원형질막의 안쪽(세포기질 쪽)에 있는 PI(4,5)P_2 분자들이 AP2 연계분자들을 원형질막으로 모이도록 촉진한다. 각 수용체는 세포 안쪽으로 들어갈 리간드와 결합되어 있다. (*c*) 36개의 삼각조립체로 이루어진 클라트린 골격을 재구성한 그림으로서, 많은 3량체 분자들(서로 다른 색깔로 표시되었음)이 중첩되어 배열된 것을 보여준다.

을 모이게 한다. 〈그림 12-26〉과 〈그림 12-40〉을 비교하면, COPII-피복소낭과 클라트린-피복소낭에서 피복 부분들 사이의 현저한 차이점과 유사성 모두를 보인다. 이 두 가지 피복은 2개의 뚜렷한 층, 즉 바깥쪽의 기하학적 골격과 안쪽의 연계단백질 분자를 갖는다. 그러나 바깥쪽의 골격 구조는 매우 다르다. 즉, 클라트린 골격의 소단위(3개의 다리로 된 클라트린 복합체)들은 광범위하게 중복되어 있는 반면, COPII 격자의 소단위(자루 모양의 Sec13-Sec31 복합체)들은 전혀 중복되어 있지 않다. 서로 다른 이들 두 유형의 구조가 기능적으로 다른 것인지는 확실하지 않다.

〈그림 12-40〉에 나타낸 구조는 "진짜" 피복소낭을 아주 단순화하여 그린 것이다. 진짜 구조는 상호작용하는 분자들의 동적인 연결망을 형성하는 서로 다른 24개 이상의 부속 단백질들로 이루어질 것이다. 이 단백질들이 화물의 모집, 피복의 조립, 막의 굴곡과 함입, 세포골격 요소와의 상호작용, 소낭의 방출, 막에서 피복의 방출 등에서 어떤 역할을 하는지는 잘 이해되어 있지 않다. 이 부속 단백질들 중에서 가장 잘 연구된 것이 디나민이다.

디나민(*dynamin*)은 클라트린-피복소낭이 형성되는 막으로부터 이 소낭을 방출하기 위해 필요한 커다란 GTP-결합 단백질이다. 피복소낭이 막으로부터 떨어져 나오기 직전에, 디나민은 함입된 피복만입부의 목 부분을 둘러싸는 나선 목걸이 모양으로 자가조립(自家組立, self-assembly) 된다(그림 12-41). 〈그림 12-41*a*〉의 3-4단계에 그려진 모형에서, 중합된 디나민 분자들에 결합된 GTP가 가수분해 되면, 디나민 나선이 꼬이는 동작을 유도하여 원형질막으로부터 피복소낭이 절단(분리)된다. 이 기작에 의하면, 디나민은 기계적 힘을 발생시키기 위해 GTP의 화학 에너지를 사용할 수 있는 효소처럼 작용한다.

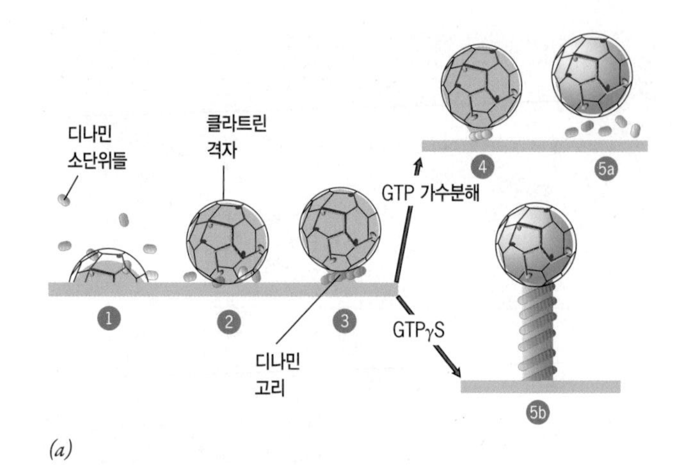

(*a*)

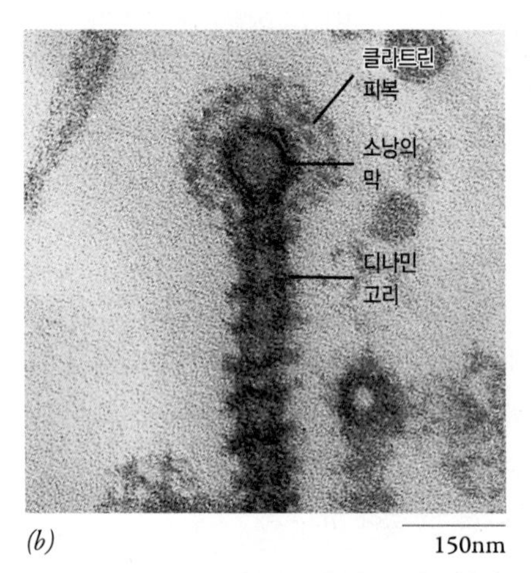

(*b*) 150nm

그림 12-41 클라트린-피복소낭 형성에서 디나민(dynamin)의 역할. (*a*) 피복만입부의 클라트린 격자(1단계)는 아래에 있는 원형질막에 자루로 연결된 함입된 소낭을 형성하기 위해 재배열 된다(2단계). 자루가 형성되는 지점에서, 이 부위에 집중된 디나민 소단위들이 중합되어 자루 주변에 고리(環)를 형성한다(3단계). GTP 가수분해로 일어나는 것으로 생각되는 고리의 입체구조 변화에 의해서(4단계), 원형질막으로부터 소낭이 떨어져 나가고 디나민 고리는 해체된다(5a 단계). 만일 가수분해할 수 없는 GTP 유사물질인 GTPγS가 있는 상태에서 소낭의 출아(出芽)가 일어나면, 디나민은 단순한 깃(목) 부분의 형성을 넘어서 계속 중합되어, 디나민 나선(helix)이 여러 번 회전하여 만들어진 좁은 관을 형성하게 된다(5b 단계). (*b*) 이 전자현미경 사진은 GTPγS가 존재하는 상태에서 형성되는 피복소낭을 보여주며, 이것은 앞 그림(*a*)의 〈5b 단계〉에 그려진 시기에 해당한다.

12-8-1-2 피복소낭의 형성에서 포스포인노시티드의 역할

피복과 소낭의 단백질 분자들을 주로 설명하고 있지만, 또한 소낭막의 인지질도 중요한 역할을 한다. 제15장에서 논의된 것처럼, 인산기가 인지질 포스파티딜이노시톨(phosphatidylinositol, PI)에 있는 당 고리의 다른 위치에 첨가될 수 있어서 포스포이노시티드(phosphoinositide)로 전환된다(그림 15-8 참조). PI(3)P, PI(4)P, PI(5)P, PI(3,4)P_2, PI(4,5)P_2, PI(3,5)P_2, PI(3,4,5)P_3 등 일곱 가지의 포스포이노시티드들이 확인되었다. 이들 포스포이노시티드에서 인산화된 고리는 막의 표면에 위치하고 있어서 특정한 단백질에 의해 인식되고 결합될 수 있다. 서로 다른 포스포이노시티드들은 서로 다른 막의 구획들에 집중되어 있어서 각 구획에 독특한 "표면 독자성(surface identity)"을 갖게 한다.

예로서, 원형질막의 지질2중층에서 세포질(안) 쪽의 지질층은 PI(4,5)P_2[phosphatidylinositol-(4,5)-biphosphate]를 많이 함유하는 경향이 있는데, 이것은 디나민과 AP2 같은 클라트린-중개 내포작용에 관여된 단백질들을 결집시키는 중요한 작용을 한다(그림 12-40*b* 참조). PI(4,5)P_2와 같은 지질 분자는 세포 속에서 특정한 장소와 시간에 제한적으로 존재하는 효소들에 의해 신속하게 형성되었다가 파괴될 수 있기 있기 때문에 동적인 조절 역할을 할 수 있다. 내포작용의 예에서, PI(4,5)P_2는 피복소낭이 원형질막에서 떨어져 나올 무렵에 내포작용이 일어나는 장소에서 사라진다. 분비/내포작용 경로에 관련된 다른 PI들로서, PI(3)P는 초기 엔도솜과 후기 엔도솜의 내강 속 소낭에, PI(4)P는 TGN과 분비입자와 시냅스 소낭에, PI(3,5)P_2는 후기 엔도솜의 경계막에 각각 위치되어 있다.

12-8-1-3 내포작용 경로

내포작용에 의해 세포 속으로 들어온 분자들은 명확한 **내포작용 경로**(endocytic pathway)를 거쳐 수송된다(그림 12-42*a*). 내포작용 경로를 따라 일어나는 일들을 설명하기 전에, 내포작용을 일으키는 서로 다른 두 가지 유형의 수용체를 생각하는 것은 의미 있는 일이다. 우리가 "일반 수용체(housekeeping receptor)"라고 부를 첫 번째 수용체 집단은 세포에 의해 쓰여 질 물질의 흡수를 담당한다. 가장 잘 연구된 예로서, 트랜스페린(transferrin) 수용체와 LDL(저밀도 지질단백질) 수용체 등을 들 수 있으며, 이 수용체들은 각각 철과 콜레스테롤을 세포로 운반하도록 중개한다. LDL 수용체는 이 절의 끝부분에서 자세히 논의된다. 〈그림 12-42*a*〉에서 빨간색의 수용체는 일반 수용체를 표시한 것이다. 우리가 "신호전달 수용체(signaling receptor)"라고 부를 두 번째 수용체 집단은 세포의 활동을 변화시키는 정보(message)를 운반하는 세포외 리간드들과 결합하는 일을 맡는다. 인슈린과 같은 호르몬 및 EGF[p)]와 같은 성장인자를 포함하는, 이런 리간드들은 표면 수용체(〈그림 12-42*a*〉에서 초록색으로 표시되었음)와 결합하여 세포 속에서 생리학적 반응을 일으키도록 신호를 보낸다(제15장에서 자세히 논의되었음).

첫 번째 수용체 집단의 내포작용은, 철과 콜레스테롤 같은, 결합된 물질들을 세포로 운반하게 하고, 그 수용체를 추가적인 흡수를 위해 세포 표면으로 되돌아가게 한다. 두 번째 수용체 집단의 내포작용은 수용체를 파괴하게 하는데, 이 과정을 수용체 감소-조절(*receptor down-regulation*)이라고 한다. 이 과정은 호르몬 또는 성장 인자 등에 의한 추가적인 자극에 대해 세포의 민감성을 감소시키는 효과가 있다. 수용체 감소-조절의 기작에 의해 세포들은 세포외 전령(傳令, messenger)들에 반응하기 위한 능력을 조절한다. "신호전달 수용체들"은 내포작용의 전형적인 특징이며, 수용체가 세포 표면에 있는 동안 수용체의 세포질 쪽 꼬리에 공유결합으로 부착된 "꼬리표"에 의해서 파괴된다. 이 꼬리표는 유비퀴틴(ubiquitin)이라고 하는 작은 단백질로서 효소의 작용으로 첨가된다. 만일 정상적으로 내포작용 경로를 거치지 않는 막단백질들이 첨가된 유비퀴틴을 운반하기 위해 만들어진다면, 이 막단백질들은 세포 내부로 흡수, 즉 내부화(內部化, internalization)된다.

내부화된 다음, 소낭에 결합된 물질들은 총체적으로 **엔도솜**(endosome)이라고 알려진 세관 및 소낭으로 구성된 동적인 연결망으로 수송된다. 엔도솜은 내포작용 경로를 따라 유통 센터(또는 배급소)의 역할을 한다. 엔도솜들의 내강 속에 있는 액체는 경계막에 있는 H^+-ATPase에 의해 산성화된다. 엔도솜들은 두 종류, 즉 세포의 주변 지역 근처에 위치하는 **초기 엔도솜**(early endosome)과 핵에 더 가까이 위치하는 **후기 엔도솜**(late endosome)으로 나누어진다. 일반적인 모형에 따르면, 초기 엔도솜은 점차로 후기 엔도솜으로 성숙된다. 초기 엔도솜에서 후기 엔도솜으로의 이런 변형은 pH의 감소, 랩(Rab) 단백질의 교환(예: Rab5에서 Rab7로), 이 구조의 내부 형태의 주요 변화 등에 의해 이루어진다. 내부 형태의 변화는 엔도솜의 바깥 경계막이 안쪽으로 함입되어 내강 표면에서 출아체들을 형성할 때 일어난다. 그 결과, 많은 소낭들이 후기 엔도솜의 내부를 꽉 채우게 된다. 〈그림 12-42*b*〉의 전자현미경 사진에서처럼, 이러한 엔도솜의 내부에 형성된 소낭들 때문에, 후기 엔소솜을 다소낭체(*multivesicular body, MVB*)라고 한다.

내포작용에 의해 내부화된 수용체는 소낭 속에서 초기 엔도솜으로 수송된다(그림 12-42*a*). 초기 엔도솜은 서로 다른 유형의 수용체와 리간드를 서로 다른 경로를 따라 보내는 분류 장소의 역할을 한다. "일반 수용체"는 보통 초기 엔도솜의 수소이온 농도가 높기 때문에 결합되었던 리간드로부터 분리된다. 그 다음, 수용체는 재활용 센터의 역할을 하는 초기 엔도솜의 특수화된 세관(細管)의

역자 주[p)] EGF: "epidermal growth factor(표피성장인자)"의 머리글자이다.

구획 속으로 집결된다. 이 세관들로부터 출아되는 소낭들은 다시 이어지는 내포작용을 위해 수용체를 원형질막으로 되돌려 보낸다(그림 12-42*a*).

이와는 대조적으로, 방출된 리간드(예: LDL)는 후기 엔도솜 및 궁극적으로 최종 처리 과정이 일어나는 리소솜으로 수송되기 전에 분류 구획 속으로 집결된다. 위에서 언급된 것처럼, 유비퀴틴 꼬리표를 달고 있는 "신호전달 수용체들"은 원형질막으로 되돌아가 재활용되지 않는다. 그 대신, 이런 꼬리가 달린 신호전달 수용체들은 일련의 단백질 복합체(ESCRT 복합체라고 하는)에 의해 인식된다. 이 복합체는 수용체를 후기 엔도솜의 내부 소낭들을 형성하는 막 속으로 분류시킨다(그림 12-42*c*). 궁극적으로, 내강 속에 소낭들을 갖고 있는 이런 후기 엔도솜은 리소솜과 융합하고(그림 12-42*b*), 이 엔도솜의 내용물들은 리소솜 효소에 의해 분해된다.

원형질막
신호전달 수용체
인반 수용체
주변의 초기 엔도솜
재활용 구획
분류 구획
H^+
내강 속 소낭
리소솜
H^+
H^+
후기 엔도솜/다소낭체(MVB)
MPR
MPR
리소솜 효소
원골지망
(*a*)

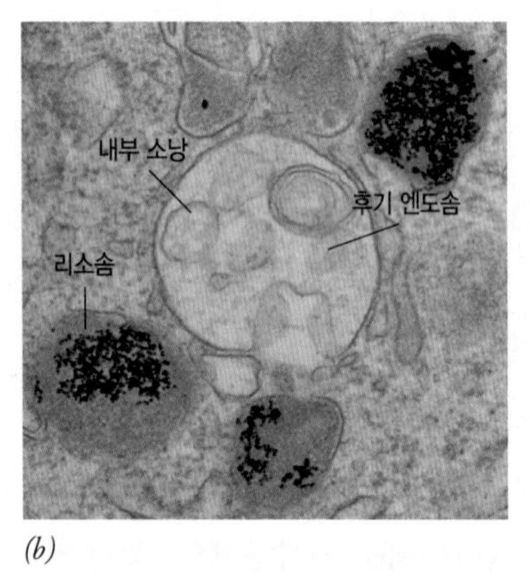

(*b*)

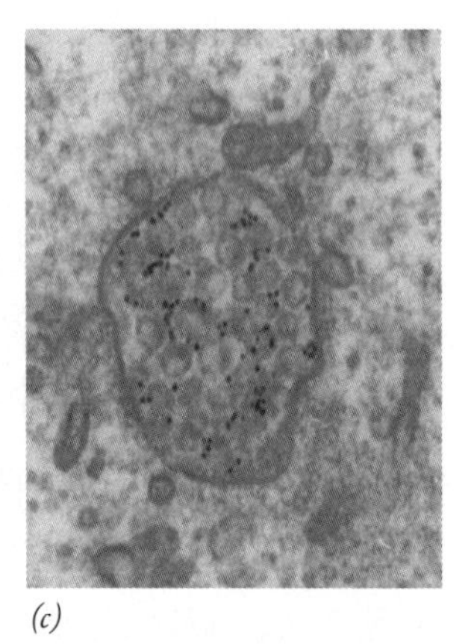
(*c*)

그림 12-42 내포작용 경로. (*a*) 세포 바깥 공간에 있던 물질이 분류 작업이 일어나는 초기 엔도솜으로 이동한다. 두 가지 유형의 수용체-리간드 복합체에 의한 내포작용을 나타내었다. LDL 수용체(빨간색으로 나타냈음)와 같은, 일반 수용체(housekeeping receptor)는 원형질막으로 되돌려 보내지는 반면, 이 수용체의 리간드(파란색 구체)는 후기 엔도솜으로 수송된다. 표피성장인자(EGF) 수용체(초록색으로 나타냈음)와 같은, 신호전달 수용체(signaling receptor)는 리간드(주황색)와 함께 후기 엔도솜으로 수송된다. 또한 후기 엔도솜은 원골지망(TGN)으로부터 새로 합성된 리소솜 효소(빨간색 구체)를 받는다. 이 효소는 TGN으로 돌아가는 만노스-6-인산 수용체(MPR)에 의해 운반된다. 후기 엔도솜의 내용물은 많은 경로(표시하지 않았음)를 거쳐서 리소솜으로 수송된다. 왼쪽의 삽입도는 후기 엔도솜의 일부를 확대한 것으로서, 내강 속의 소낭들이 바깥쪽 막으로부터 안쪽을 향하여 출아하는 것을 보여준다. (*b*) 후기 엔도솜의 내강 속에 있는 내부 소낭들을 보여주는 전자현미경 사진. 많은 리소솜이 가까이 있다. (*c*) 이 전자현미경 사진에서 보이는 금 입자들은, 내포작용에 의해 내부화되어 이런 후기 엔도솜의 내부 소낭들의 막 속에 위치된 EGF 수용체에 결합되어 있다.

저밀도 지질단백질과 콜레스테롤 대사 수용체-중개 내포작용의 많은 예 중에서, 첫 번째로 연구되고 가장 잘 이해되어 있는 것은 세포 밖에서 생긴 콜레스테롤을 동물세포에 공급하는 것이다. 동물세포는 원형질막의 필수 성분으로서 그리고 스테로이드 호르몬의 전구물질로서 콜레스테롤을 사용한다. 콜레스테롤은 〈그림 12-43〉에 나타낸 저밀도 지질단백질(*low-density lipoprotein*, *LDL*)과 같은 거대한 지질단백질 복합체의 일부로서 혈액 속으로 수송되는 소

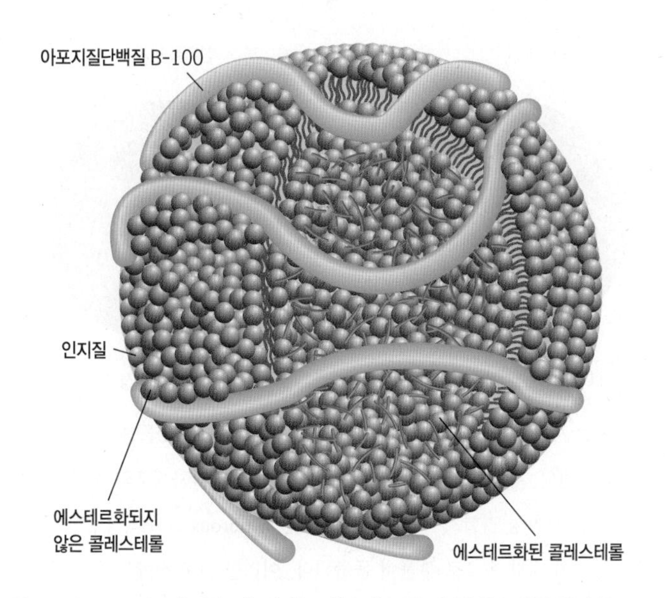

그림 12-43 LDL 콜레스롤. 각 입자는 에스테르화 된 콜레스테롤 분자들로 구성된다. 이 분자들은 인지질, 콜레스테롤, 그리고 하나의 단백질 분자인 아포지질단백질 B-100(apolipoprotein B-100) 등이 혼합된 단일분자 층으로 싸여 있다. 아포지질단백질 B-100은 원형질막에서 돌출되어 있는 LDL 수용체와 특수하게 상호작용한다.

수성(疏水性) 분자이다. 각 LDL 입자는 중심부에 긴 지방산 사슬에 에스테르화 된 약 1,500개의 콜레스테롤 분자를 갖고 있다. 이 중심부는 한 층의 인지질로 둘러싸여 있다. 이 인지질 층은 세포의 표면에 있는 LDL 수용체들과 특수하게 결합하는 아포지질단백질 B-100(*apolipoprotein B-100*)이라고 하는 하나의 커다란 단백질을 갖고 있다.

LDL 수용체는 리간드가 없더라도 세포의 원형질막으로 수송되어 피복만입부에 집결하게 된다. 그 결과, 이 수용체는 혈액에서 생긴 지질단백질들이 쓰여 져야 할 경우 이 지질단백질을 흡수하기 쉽게 세포의 표면에 존재한다. 〈그림 12-42*a*〉에 그려진 것과 같이, 일단 LDL이 피복만입부에 결합되면, 그 만입부는 피복소낭을 형성하기 위해 함입되며 클라트린 피복은 해체되고 LDL 수용체는 초기 엔도솜을 거쳐 원형질막으로 되돌아간다. 그 동안에, LDL 입자들은 후기 엔도솜과 리소솜으로 수송되어 단백질 성분은 분해되고 콜레스테롤은 탈(脫)에스테르화 되어 막의 조립 또는 다른 대사 과정(예: 스테로이드 호르몬 형성)에 사용된다. C형 니만-피크 질환(*Nimann-Pick type C disease*)이라고 하는 희귀 유전 장애를 가진 사람은 리소솜으로부터 콜레스테롤을 수송하는 데 필요한 단백질들 중 어느 한 가지가 결핍되어 있다. 그 결과 리소솜 속에 콜레스테롤이 축적되어 어린 시절 초기에 신경이 퇴화되어 죽게 된다. 수용체-중개 내포작용 및 LDL의 내부화를 발견하도록 한 다른 질환의 연구는 이어지는 〈실험경로〉에 설명되어 있다.

혈액 속의 LDL 수준은 동맥경화증의 발생과 관련되어 있다. 이 증상은 동맥의 벽에 플라크가 형성되어 피의 흐름을 감소시키고 혈액 응고를 일으키는 장소의 역할을 한다. 혈액 응고로 인하여 관상동맥이 막히면 심근경색의 원인이 된다. 연구에 의하면, 〈그림 12-44〉에 나타낸 것처럼, 동맥경화증은 혈관의 내벽 속에 LDL이 축적되어 시작되는 만성염증 반응을 일으키는 것으로 생각된다. 혈액의 LDL 수준을 낮추기 위한 가장 쉬운 방법은, 콜레스테롤 합성의 핵심 효소인 HMG CoA[q] 환원효소를 차단하는 스타틴(*statin*)[예로서, 로바스타틴(lovastatin)과 리피토(Lipitor)]이라는 약물을 투여하는 것이다. 혈액의 콜레스테롤 수준을 낮추면 심장 발작의 위험이 줄어든다.

LDL이 혈액 속에서 콜레스테롤을 수송하는 유일한 물질은 아니다. 고밀도 지질단백질(*high-density lipoprotein, HDL*)은 LDL과 비슷한 구조이지만 다른 단백질(아포지질단백질 A-I)을 가지고 있으며 체내에서의 생리적 역할도 다르다. LDL은 주로 콜레스테롤 분자들을 이의 합성과 포장 장소인 간으로부터 혈액을 거쳐 체내의 세포들로 수송하는 일을 한다. HDL은 콜레스테롤을 반대 방향으로 운반한다. 과량의 콜레스테롤은 체내 세포의 원형질막으로부터 순환하는 HDL 입자들로 직접 수송되는데, 이 입자들은 콜레스테롤을 배설하기 위해서 간으로 운반한다. 혈액 내 LDL의 수준이 높으면 심장 질환의 위험성이 증가되는 것과 마찬가지로, 혈액 내 HDL의 수준이 높으면 위험이 감소되며 이런 HDL을 "좋은 콜레스테롤"이라고 부르게 된다. LDL 수준을 낮추면 이롭다는 것은 의심의 여지가 거의 없으나, HDL 수준을 높인 결과가 이로운지는 불분명하다.

예로서, HDL 콜레스테롤의 수준을 더 낮추는 경향이 있는 콜레스테롤 에스테르 수송단백질(cholesterol ester transfer protein, CETP)이라고 하는 효소에 의해, 콜레스테롤 분자들은 HDL로부

역자 주[q] HMG CoA: "3-hydroxy-3-methylglutaryl coenzyme A"의 머리글자이다.

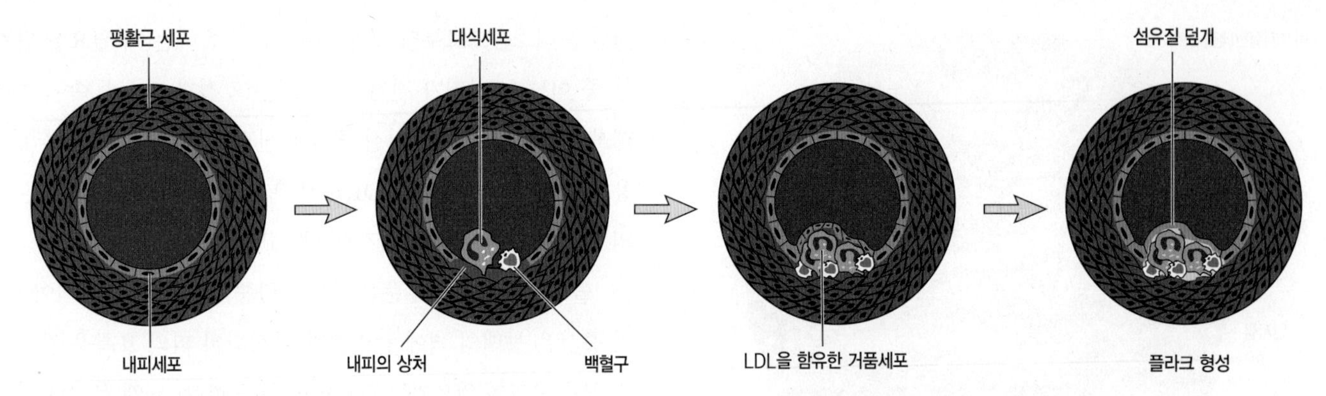

그림 12-44 죽상(粥狀) 동맥경화증의 플라크 형성 모형. 이 모형에 따르면, 플라크 형성은, LDL-콜레스테롤 입자를 변형시키는 산소 자유라디칼에 의해 생긴 상처를 포함하여, 혈관을 싸고 있는 내피세포에 생긴 여러 가지 유형의 상처로 시작된다. 내피에 생긴 상처는 백혈구와 대식세포를 끌어들이는 역할을 하며, 이 혈액 세포들은 내피 아래로 이동하여 만성 염증의 과정이 시작된다. 대식세포는 산화된 LDL을 섭취하며, 이 LDL은 콜레스테롤이 풍부한 지방 입자 상태로 세포질에 축적된다. 이런 대식세포(macrophage)들을 거품세포(foam cell)라고 한다. 대식세포에 의해 방출된 물질들이 평활근세포의 증식을 자극하여 치밀한 섬유성 결합조직 기질(섬유질 덮개, fibrous cap)을 형성한다. 이 기질은 동맥의 내강 속으로 부풀어 돌출된다. 이러한 돌출 장애는 혈액의 흐름을 제한시킬 뿐만 아니라, 파열되기 쉬워서, 혈액을 응고시키고 심장 발작을 일으킬 수 있다.

터 다른 지질단백질 입자들로 수송될 수 있다. CETP는 가족들이 100년 이상 한 곳에 계속 살며 *CETP* 유전자 돌연변이를 보유하고 있는 일본인 가계 집단이 발견된 후 연구의 초점이 되고 있다. 최소한 2개의 저분자량의 CETP 저해제들이 임상 실험에서 조사되었는데, 이 저해제들이 혈액 내 HDL 수준을 증가시키는 것으로 알려졌다. 이런 약물 후보들 중의 하나(토르세트라핍, torcetrapib)는 혈액 내 HDL 수준을 높였다는 사실에도 불구하고 더 이상 연구되지 않았다. 그 이유는 분명치 않으며, 이 약물과 스타틴을 복용하는 사람들은 스타틴만 복용하는 대조구의 사람들보다 상당히 더 많이 사망하는 것 같았다. 다른 ECTP 저해제(아나세트라핍, anacetrapib)는 이 책을 쓰고 있을 무렵에 아직도 임상 실험 중에 있다.

12-8-2 식세포작용

식세포작용(phagocytosis, "세포가 먹는다")[r]은 환경으로부터 비교적 큰 입자들(직경이 0.5μm 이상)을 섭취하기 위해 특수화된 몇 몇 유형의 세포들에 의해 광범위하게 이루어진다. 아메바와 섬모충 같은 많은 단세포 원생생물들은 먹이 입자들과 더 작은 생물체들을 포획하고 원형질막을 함입시켜 그 속에 이들을 감싸서 그 먹이를 먹고 산다(그림 12-45*a*). 함입된 원형질막은 이로부터 안쪽으로 떨어져 나와 융합되어서 식포(食胞, vacuole) 또는 식소체(食小體, *phagosome*)를 형성하게 된다. 식소체는 리소솜과 융합되어 식작용 리소솜(*phagolysosome*)을 형성하며 그 속에서 물질이 소화된다.

대부분의 동물에서, 식세포작용은 먹이의 섭취 방식이라기보다 하나의 방어 기작이다. 포유동물들은 침입하는 유기(생명)체, 손상되고 죽는 세포 그리고 부스러기 등을 먹어치우면서 혈액과 조직 속을 떠돌아다니는, 대식(大食)세포와 호중성백혈구를 비롯한 다양한 "전문적인" 식세포들을 갖고 있다. 이런 물질들은 섭취되기 전에 식세포의 표면에 있는 수용체에 의해 인식되어 결합하게 된다. 일단 식세포 속으로 들어오면, 미생물들은 리소솜 효소에 의해 또는 식소체의 내강 속에서 생긴 산소 자유기에 의해 죽을 수 있다. 입자를 삼키는 과정이 이 장을 여는 첫 페이지의 사진과 〈그림 12-45*b*〉에 있다. 삼켜진 물질들의 소화 단계는 〈그림 12-46〉에 그려져 있다. 식세포작용에 의해 입자 물질을 삼키는 일은 원형질막 아래에 있는 액틴-함유 미세섬유의 수축 활동에 의해 일

역자 주[r] 식세포작용(phagocytosis): 이 용어의 어원은 "그리스어(Gk), *phago*, eating + *kytos*, cell + *-osis*, process"로서, "세포(細胞)가 먹는(食) 과정(=작용)"이라는 뜻이다.

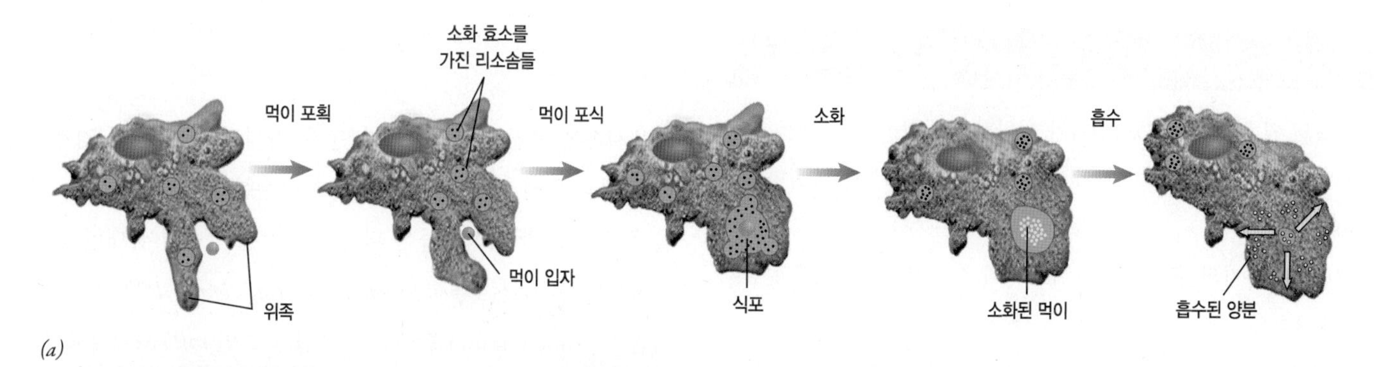

(a)

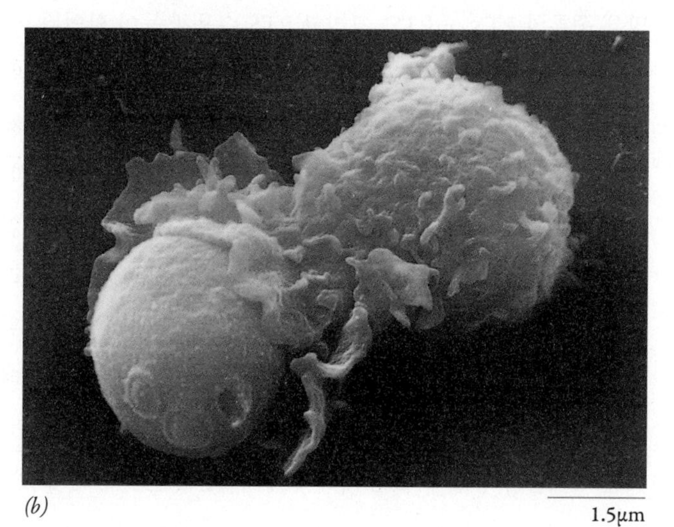

(b) 1.5μm

그림 12-45 **식세포작용.** (*a*) 식세포작용에 의해 아메바 속으로 물질을 포획하여 집어 삼키고, 소화시켜서, 흡수하는 단계들을 그린 개요도. (*b*) 다양한 핵 모양을 갖는 백혈구가 효모 입자(아래 왼쪽)를 삼키는 과정을 보여주는 사진.

어난다.

식세포에 의해 섭취된 모든 세균이 소화되는 것은 아니다. 사실, 일부의 종들은 체내에서 살아남기 위해 식세포 기구(機構)를 무력화 시킨다. 예로서, 폐결핵을 일으키는 세균(*Mycobacterium tuberoculosis*)은 식세포작용에 의해 대식세포의 세포질 속으로 흡수되지만, 이 세균은 자신을 감싸고 있는 식소체(食小體)와 리소솜의 융합을 억제할 수 있다. 최근의 연구에 의하면, 식소체가 고도로 산성화되더라도 이 세균은 자신을 둘러싸고 있는 주변의 pH가 낮아졌음에도 불구하고 자신의 생리적 pH를 유지할 수 있다. Q열(熱)을 일으키는 세균(*Coxiella burnetii*)은 리소솜과 융합하는 식소체 속에 감싸이게 되지만, 그 속의 산성 환경이나 리소솜 효소들이 이 병원균을 파괴시킬 수 없다. 뇌막염(腦膜炎)을 일으키는 세균(*Listeria monocytogenes*)은 리소솜의 막을 파괴하는 단백질을 만들어서, 자신을 세포의 기질 속에서 달아나게 된다(그림 13-67 참조).

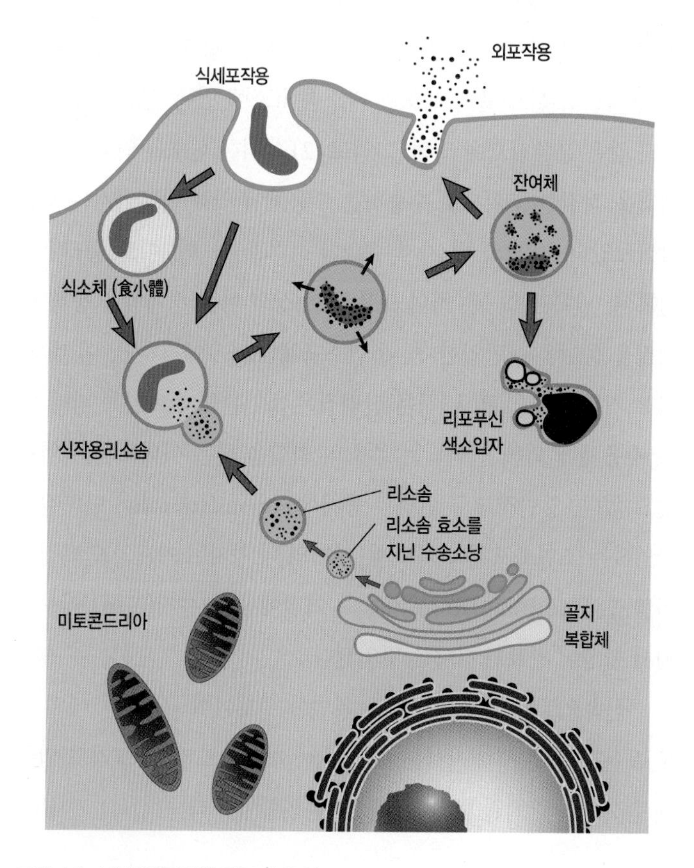

그림 12-46 **식세포작용 경로의 요약.**

복습문제

1. 세포의 원형질막에 LDL 입자가 결합하는 일과 콜레스테롤 분자가 세포기질로 들어가는 일 사이에 일어나는 단계들을 설명하시오.
2. 클라트린 분자의 구조 그리고 이 구조와 기능 사이의 관계를 설명하시오.
3. 아메바에서 식세포작용의 역할은 다세포 동물에서의 그 역할과 어떻게 비교되는가? 식세포작용이 일어나는 주요 단계들은 무엇인가?

12-9 퍼옥시솜, 미토콘드리아, 엽록체 등에서 번역 후 단백질 들여오기

세포의 내용물이 다수의 구획으로 나누어지면 그 세포의 단백질-경로수송 기구에 의해 많은 일들이 조직적으로 일어난다. 우리는 이 장에서 진핵세포 속에서 일어나는 단백질 경로수송이 (1) 분비된 단백질의 신호 펩티드 또는 리소솜 효소에 있는 만노스-인산기 등과 같은 분류신호에 의해, 그리고 (2) 이러한 신호를 인식하여 단백질을 적절한 구획으로 수송하는 수용체에 의해 이루어지는 것을 알아보았다. 세포의 네 가지 주요한 소기관들—핵, 미토콘드리아, 엽록체, 퍼옥시솜—은 하나 또는 그 이상의 바깥 경계막을 통해 단백질을 들여온다(반입한다). 조면소포체의 경우에서처럼, 이 네 가지 소기관이 반입(搬入)하는 단백질은 소기관들의 바깥쪽 막에 있는 수용체에 의해 인식되는 주소의 역할을 하는 아미노산 서열을 갖고 있다. 일반적으로 번역과 동시에(cotranslationally) 단백질을 반입하는 조면소포체와 다르게, 여기의 네 가지 소기관의 단백질은 번역 후에(posttranslationally), 즉 기질에 있는 유리(遊離) 리보솜에서 합성이 완료된 다음에 반입된다.

핵 속으로의 단백질 반입은 특별한 주제이며 〈6-1절〉에서 별도로 논의되었다. 여기서는 퍼옥시솜, 미토콘드리아, 그리고 엽록체 속으로의 단백질 반입에 관하여 논의할 것이다.

12-9-1 퍼옥시솜 속으로 단백질 들여오기

퍼옥시솜은 반입된 단백질들이 단 두 가지의 소구획, 즉 경계막과 내부 기질 등에 위치할 수 있는 매우 단순한 소기관이다. 퍼옥시솜을 목적지로 한 단백질들은 퍼옥시솜 기질 단백질에 대한 신호인 퍼옥시솜 표적화신호(*peroxisomal targeting signal*, *PTS*) 또는 퍼옥시솜의 막(membrane) 단백질에 대한 신호인 *mPTS*를 갖고 있다. 많은 종류의 PTS, mPTS, 그리고 PTS 수용체 등이 확인된 바 있다. PTS 수용체는 세포 기질에서 퍼옥시솜을 목적지로 한 단백질들과 결합하여 퍼옥시솜의 막표면으로 수송된다. 이 PTS 수용체는 분명히 퍼옥시솜의 단백질을 경계막을 거쳐 기질 속으로 운반한 다음, 다시 세포 기질로 되돌아가서 다른 단백질을 수송한다. 반입된 단백질들이 접히지 않은 상태라고 추정해야만 하는 미토콘드리아 및 엽록체와 다르게, 퍼옥시솜의 기질 단백질들이 다수의 소단위들로 구성되더라도, 퍼옥시솜은 아무튼 원래 접혀진 입체구조 상태로 퍼옥시솜의 기질 단백질들을 반입할 수 있다. 퍼옥시솜이 이런 어려운 과제를 수행할 수 있는 기작에 대해서는 추론의 단계에 있다.

12-9-2 미토콘드리아 속으로 단백질 들여오기

미토콘드리아는 4개의 소구획들, 즉 미토콘드리아의 외막, 내막, 막사이공간, 기질(그림 9-3*c* 참조) 등으로 단백질이 운반될 수 있다. 미토콘드리아가 자신의 내막을 구성하는 몇 개의 폴리펩티드(포유동물에서 13개)를 합성하더라도, 미토콘드리아 단백질의 약 99%는 핵의 유전체에 의해 암호화되고, 세포기질에서 합성(번역)된 후에 반입된다. 우리는 현재의 논의를 미토콘드리아 기질과 내막의 단백질을 대상으로 할 것이다. 이 두 가지 단백질은 미토콘드리아로 표적화된 단백질 가운데 거의 대부분을 차지한다. 퍼옥시솜과 다른 구획의 단백질이 가지고 있는 것처럼, 미토콘드리아의 단백질들도 이들의 본거지로 향하게 하는 신호서열을 갖고 있다. 대부분의 미토콘드리아 기질 단백질은 이 분자의 N-말단에 위치된 제거될 수 있는 표적화 서열[전서열(前序列, *presequence*)이라고 하는]을 가지고 있다(그림 12-47*a*, 1단계). 이 서열은 다수의 양전하를 띤 잔기들을 포함하고 있다. 대조적으로, 미토콘드리아의 내막을 목적지로 하는 대부분의 단백질은 내부 표적화 서열을 갖고 있으며, 이 서열은 (제거되지 않고) 그 분자의 일부로 남아 있다.

하나의 단백질이 미토콘드리아로 들어가기 전에, 여러 가지 일이 일어나는 것으로 생각된다. 첫째, 이 단백질은 비교적 펼쳐진 또는 접히지 않은 상태로 미토콘드리아에 보내져야 한다(그림 12-47*a*, 1 및 A단계). 다수의 서로 다른 분자 샤페론(예: Hsp70[s]과 Hsp90)은 폴리펩티드를 미토콘드리아 속으로 들어가도록 준비하는 일에 관련되어 있다(그림 12-47*a*). 그런 폴리펩티드에는 미토콘드리아 단백질을 특별히 외막의 세포질 쪽 표면으로 향하게 하는 것들이 포함되어 있다. 미토콘드리아의 외막은 단백질-반입 복합체인 TOM[t-1] 복합체(*TOM complex*)를 갖고 있다. 이 복합체에는 (1) 미토콘드리아의 단백질을 인식하여 결합하는 수용체와 (2) 접히지 않은 폴리펩티드가 외막을 가로질러 전위되도록 하는 단백질 통로가 있다(그림 12-47*a*, 2 및 B단계).[5]

미토콘드리아 내막 또는 기질을 목적지로 하는 단백질들은 내외막 사이의 공간을 거쳐 통과해야만 하며, TIM[t-2] 복합체(*TIM complex*)라고 하는 내막에 위치해 있는 두 번째 단백질-반입 복합체를 거쳐야 한다. 미토콘드리아 내막에는 2개의 주요한 TIM 복합체, 즉 TIM22와 TIM23이 들어 있다. TIM22는 내막의 내재단백질들과 결합한다. 이 내재단백질은 폴리펩티드의 내부에 표적화 서열을 갖고 있어서 지질2중층 속으로 삽입된다(그림 12-47*a*, C-D단계). 대조적으로, TIM23은, 기질의 모든 단백질들(여기서는 논의되지 않을 미토콘드리아 내막의 많은 단백질들은 물론)을 포함하는 N-말단 전서열을 지닌 단백질들과 결합한다. TIM23은 기질 단백질들을 인식하여 이들을 내막을 거쳐 안쪽의 수용성 기질 구획 속으로 완전히 전위시킨다(그림 12-47*a*, 3단계). 전위는 미토콘드리아의 내막과 외막이 아주 근접한 곳에서 일어나기 때문에, 반입된 단백질이 동시에 2개의 막을 통과할 수 있다. 단백질이 기질 속으로 이동하는 것은 양 전하를 띤 표적화 신호에 반응하는 내막을 가로지르는 전위(電位)에 의해 이루어진다. 만일 이 전위가 DNP와 같은 약물을 첨가하여 사라진다면, 단백질의 전위(轉位)는 중단된다.

단백질이 기질에 들어가면, 폴리펩티드는 수용성 구획 속으로 들어가도록 중개하는 mtHsp70과 같은 미토콘드리아의 샤페론과 상호작용한다(그림 12-47*a*, 4단계). 널리 알려진 현상으로서, 두 가지의 기작이 막을 횡단하는 단백질의 이동에 관련된 분자 샤페론들의 일반적인 작용을 설명하기 위해서 제안된 바 있다. 하나의 견해에 따르면, 샤페론들은 힘-발생 모터(motor, 운동단백질)의 역할을 하는데, 이 운동단백질은 ATP의 가수분해로 생긴 에너지를 전위(轉位) 구멍을 통하여 접히지 않은 폴리펩티드를 활발하게 "끌어당기기" 위해 사용한다. 다른 견해에 의하면, 샤페론들은 막을 횡단하는 폴리펩티드의 확산을 돕는다. 확산은 무작위로 일어나는 과정이며, 이 과정에서 분자는 어느 방향으로든지 이동할 수 있다. 만일 접히지 않은 폴리펩티드가 미토콘드리아 막 속에 있는 전위 구멍 속으로 들어가서 기질 속으로 "그의 머리부분을 내밀었다"고 한다면, 어떤 일이 일어날지 생각해 보자.

그 다음에, 막의 안쪽 표면에 있는 샤페론이 그 폴리펩티드를 구멍을 통해 세포 기질 속으로 거꾸로 확산되는 것을 방해하지만 기질 속으로 더 확산되는 것을 방해하지 않는 그런 방식으로, 구멍 속으로 밀고 들어오는 폴리펩티드와 결합할 수 있다면 무슨 일이 일어날지 생각해 보자. 폴리펩티드가 기질 속으로 더 확산될 때, 샤페론이 반복적으로 결합될 것이며 이때마다 역방향(세포질 쪽)으로 확산되는 것을 방지할 것이다. 샤페론 작용에 관한 이런 기작을 편향확산(偏向擴散, *biased diffusion*)이라고 하며, 이 샤페론은 "브라운의 래치트(Brownian ratchet)"로 작용하고 있다고 말한다. 여기서 "브라운의(*Brownian*)"라는 말은 무작위 확산을 뜻하며, "래치트(ratchet)"는 오직 한쪽 방향으로만 운동하게 하는 장치이다. 최근 연구에 의하면, 아마도 샤페론 작용에 관한 이 두 가지 기작들이 사

역자 주[s] Hsp70: "70 kilodalton heat shock protein(70킬로달톤 열충격 단백질)"의 머리글자이다. 이 단백질은 합성된 단백질을 접을 때 작용하며, 스트레스로부터 세포를 보호하는 작용을 한다.

[t-1] TOM: "translocase of the outer membrane[외막의 전위(轉位)효소]"의 머리글자이다.

---

[5] ER 또는 퍼옥시솜의 전위체(轉位體, translocon)와 다르게, TOM 복합체(Tom40)의 구멍을 형성하는 단백질은, 미토콘드리아 외막의 다른 내재단백질과 같이, 베타-원통형(β-barrel) 단백질이다. 이것은 조상 세균의 외막으로부터 진화된 것을 암시한다. β-원통형 단백질은 측면으로 열릴 수 없어서 미토콘드리아 외막 속으로 내재단백질들을 삽입시킬 수 없기 때문에, 기능적으로 중요성을 지닌다. 그 결과, 미토콘드리아 외막 단백질들은 외막의 2중층으로 들어가기 전에 내외막 사이의 공간 속으로 통과해야만 한다.

역자 주[t-2] TIM: "translocase of the inner membrane(내막의 전위효소)"의 머리글자이다.

용되며 서로 협력하여 작용함을 암시하고 있다. 미토콘드리아 속으로 들어가는 기작과 무관하게, 일단 기질 속에서 폴리펩티드가 원래의 입체구조를 형성하면(그림 12−47*a*, 5a 단계), 이어서 효소에 의해 전서열 부분이 제거된다(5b 단계).

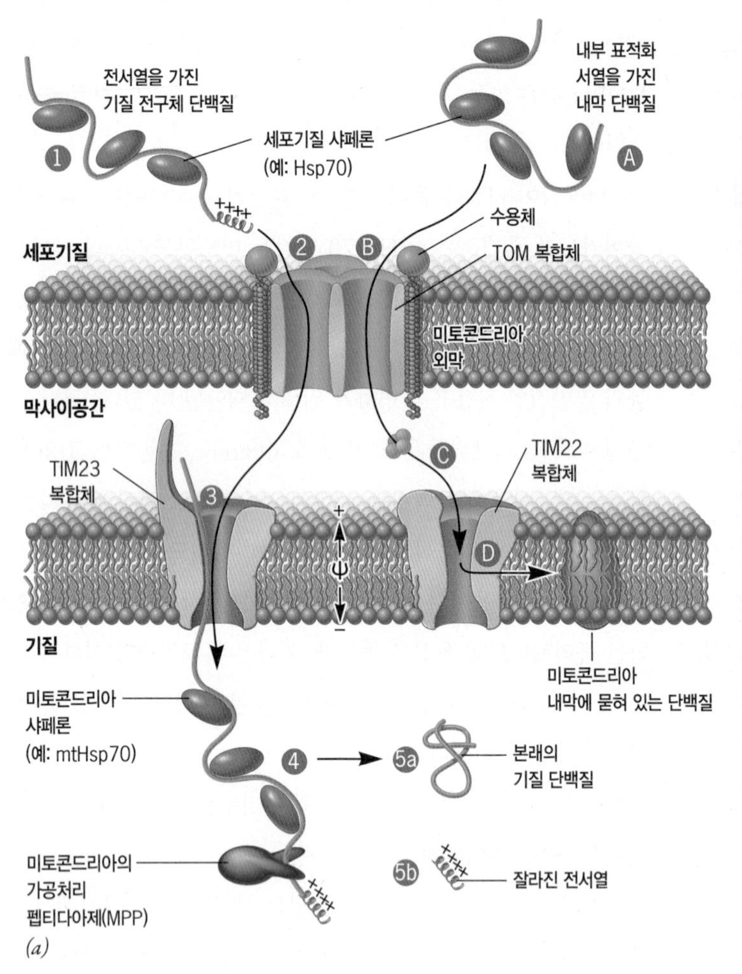

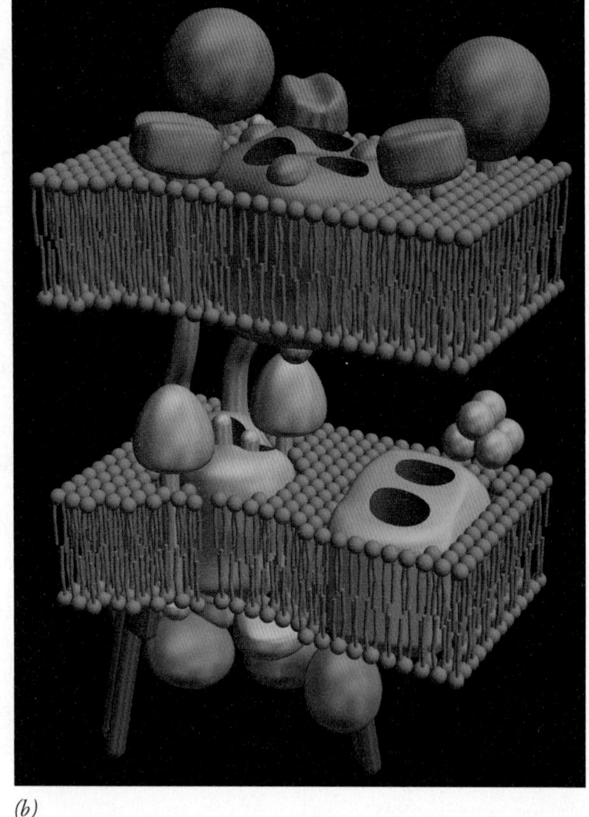

그림 12-47 **미토콘드리아 속으로 반입되는 단백질들.** (*a*) 번역 후에 단백질들이 미토콘드리아의 기질이나 또는 내막 속으로 반입되는 단계들을 제안한 그림. 이 폴리펩티드는 표적화 서열에 의해 미토콘드리아를 목적지로 한다. 이 서열은 기질 단백질의 N-말단에 위치한다(1단계). 대부분의 내막 단백질에서는 표적화 서열이 폴리펩티드의 내부에 위치한다(A단계). 세포기질에 있는 Hsp70 분자는 폴리펩티드를 미토콘드리아 속으로 들어가기 전에 접히지 않게 한다. 단백질은 막에 있는 수용체(빨간색으로 표시된 막횡단 단백질)에 의해 인식되어, 외막에 있는 외막 전위(轉位)효소 복합체(TOM complex)에 있는 구멍을 지나, 미토콘드리아 외막을 거쳐 전위된다(2 또는 B단계). 미토콘드리아 내막 속으로 들어갈 대부분의 내재단백질은 내막에 있는 내막의 전위효소23 복합체(TIM22 complex)로 보내지며(C단계), 이 복합체는 내재단백질을 내막의 지질2중층 속으로 들어가게 한다(D단계). 미토콘드리아 기질 단백질들은 미토콘드리아 내막의 전위효소23 복합체(TIM23 complex)를 거쳐 전위된다(3단계). 일단 이 단백질이 기질 속으로 들어가면, 미토콘드리아 샤페론과 결합되며(4단계), 이 샤페론은 폴리펩티드를 기질 속으로 끌어당기거나 또는 기질 속으로 확산시키는 브라운의 래치트(Brownian ratchet)와 같이 작용할 수 있다(이러한 샤페론 기작들은 본문에 설명되었음). 일단 기질 속으로 들어오면, 접히지 않은 단백질은 Hsp60 샤페론의 도움으로(여기에는 나타내지 않았음) 원래의 입체구조를 갖춘다(5a 단계). 전서열(presequence)은 효소에 의해 제거된다(5b 단계). (*b*) 미토콘드리아의 단백질-반입 기구의 3차원 모형은 이 활동에 관련된 여러 가지 단백질의 수, 상대적 크기, 위상 등을 보여준다. TOM 복합체는 빨간색이며, TIM23 복합체는 황록색이고, TIM22 복합체는 초록색이며, 협력하는 샤페론은 파란색이다.

12-9-3 엽록체 속으로 단백질 들여오기

엽록체에서는 6개의 소구획들, 즉 내막, 외막, 내외막 사이의 공간, 기질, 틸라코이드 막, 틸라코이드 내강 등의 속으로 단백질들이 수송될 수 있다(그림 12−48). 엽록체와 미토콘드리아에서 단백질 반입을 위한 전위(轉位) 기구들은 독립적으로 진화되었지만, 이들의 단백질 반입 기작은 많은 비슷한 점을 보인다. 미토콘드리아에서와 같이,

1. 엽록체 단백질의 상당 부분은 세포기질에서 반입되고,

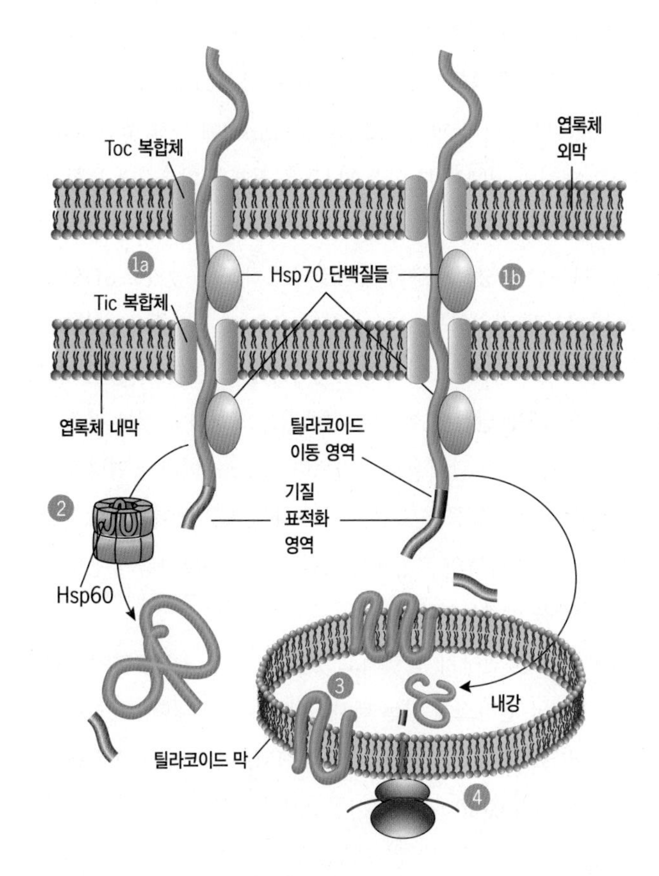

그림 12-48 엽록체 속으로 반입되는 단백질. 핵의 유전자에 의해 암호화된 단백질들은 세포기질에서 합성되어 엽록체의 외막과 내막에 있는 단백질로 된 구멍을 통해 반입된다(1단계). 기질로 가야할 단백질(1a 단계)은 N-말단에 기질-표적화 영역을 갖고 있는 반면, 틸라코이드로 가야할 단백질(1b 단계)은 N-말단에 기질-표적화 영역과 틸라코이드 이동 영역을 갖고 있다. 기질 단백질은 외막을 거쳐 전위(轉位)되고 하나의 표적화 서열이 제거된 후에 기질에 남는다(2단계). 틸라코이드 이전 영역은 틸라코이드 단백질을 틸라코이드 막 속으로 전위시키거나 또는 틸라코이드 막을 완전히 지나서 전위시킨다(3단계). 틸라코이드 막의 많은 단백질은 엽록체 유전자들에 의해 암호화되며 틸라코이드 막의 바깥쪽 표면에 결합된 엽록체 리보솜에 의해 합성된다(4단계).

2. 내막과 외막은 단백질을 들여오는(반입하는) 동안 함께 작동하는 별도의 전위(轉位) 복합체[각각 Toc[u-1] 복합체(*Toc complex*) 및 Tic[u-2] 복합체(*Tic complex*)]를 갖고 있으며,
3. 샤페론들이 세포기질에서 폴리펩티드들을 접히지 않은 상태로 그리고 엽록체 속에서는 접혀진 상태로 있도록 도우며, 그리고
4. 엽록체를 목적지로 한 단백질들은 제거될 수 있는 N-말단 서열[통과펩티드(*transit peptide*)라고 하는]과 함께 합성된다.

통과펩티드는 폴리펩티드를 단순히 엽록체로 향하게 하는 것 이상의 작용을 한다. 즉, 이 펩티드는 엽록체 속에서 여러 가지 가능한 소구획들 중 어느 한 곳으로 폴리펩티드를 위치시키는 "주소"의 역할을 한다(그림 12-48). 엽록체의 막을 거쳐 전위된 모든 단백질들은 통과펩티드 부분으로서 기질 표적화 영역(*stroma targeting domain*)을 갖고 있어서, 폴리펩티드가 기질로 들어가도록 보장한다. 일단 기질 속으로 들어가면, 기질 표적화 영역은 기질 구획 속에 있는 가공(처리) 펩티다아제에 의해 제거된다. 틸라코이드 막 또는 틸라코이드 내강에 속하는 폴리펩티드들은, 틸라코이드 속으로 들어가도록 지시하는 틸라코이드 이동(移動) 영역(*thylakoid transfer domain*)이라고 하는 부분이, 통과펩티드에 추가되어 있다. 여러 가지 특별한 경로에 의해 단백질들이 틸라코이드 막 속으로 삽입되거나 또는 틸라코이드 내강 속으로 전위된다는 사실이 확인되었다. 이러한 경로들은 엽록체의 조상인 것으로 추정되는 세균의 세포 속에 있는 수송계들과 현저한 유사성을 나타낸다. 〈그림 12-48, 4단계〉에 그려진 것처럼, 틸라코이드 막 속에 있는 많은 단백질들은 엽록체의 유전인자들에 의해 암호화되며 엽록체의 막에 결합된 리보솜에서 합성된다.

복습문제

1. TCA 회로의 효소들과 같은 단백질들은 어떻게 미토콘드리아의 기질에 도달할 수 있나?
2. 미토콘드리아 속으로 반입되는 과정에서 세포기질에 있는 그리고 미토콘드리아에 있는 샤페론들의 역할은 무엇인가?
3. 두 가지의 가능한 반입 기작, 즉 편향확산과 힘-발생 모터(운동단백질)를 구별하시오.
4. 하나의 폴리펩티드가 합성된 장소인 세포기질로부터 틸라코이드 내강으로 이동하는 단계들을 설명하시오.

역자 주[u-1] Toc: "Translocon, at the outer chloroplast envelope membrane(엽록체의 외막에 있는 전위체)"의 머리글자이다.
[u-2] Tic: "Translocon, at the inner chloroplast envelope membrane(엽록체의 내막에 있는 전위체)"의 머리글자이다.

실 험 경 로

수용체-중개 내포작용

배(胚)의 발달은 작은 정자와 훨씬 더 큰 난자의 융합에서부터 시작된다. 난자는 여성 몸의 어느 다른 곳에서 합성된 난황을 축적하고 있는 난모(卵母)세포(oocyte)로부터 발달한다. 고분자량의 난황 단백질이 어떻게 난모세포 속으로 들어갈 수 있는가? 1964년, 하버드대학교(Harvard University)의 토마스 로스(Thomas Roth)와 케이스 포터(Keith Porter)는 난황 단백질이 모기의 난모세포 속으로 들어갈 수 있는 기작에 관하여 보고하였다.[1] 그들은, 급격히 성장하는 동안 난모세포 표면에서 구덩이처럼 움푹 들어간 부분의 수가 급격히 증가하는 것에 주목하였다. 원형질막의 함입으로 형성된 만입부(灣入部, pit)들의 안쪽 표면은 꺼칠꺼칠한 층(피복)으로 덮여있었다. 선견지명이 있는 제안으로, 로스와 포터는 난황 단백질이 피복된 만입부(coated pit)에서 막의 바깥 표면으로 특수하게 흡수된다고 추정하였으며, 이어서 이 피복만입부는 피복소낭(coated vesicle)으로 함입될 것이다. 피복소낭에서 꺼칠꺼칠한 피복 부분이 없어져서 다른 소낭과 융합하고, 성숙한 난모세포의 특징인 커다란 막으로 싸인 난황체(yolk body)를 형성한다.

피복소낭의 구조에 관한 최초의 이해는 1969년 오사카대학교(University of Osaka)의 토쿠 카나세키(Toku Kanaseki)와 켄 카도타(Ken Kadota)에 의해 이루어졌다.[2] 기니피그(guinea pig) 뇌에서 분리된 정제되지 않은 소낭 분획을 전자현미경으로 관찰한 결과, 피복소낭들이 다각형(또는 다변형) 바구니세공품처럼 덮여 있는 것으로 나타났다(그림 1). 이 연구자들은 피복의 형성은 소낭을 만드는 과정에서 원형질막의 함입을 조절하는 장치였다고 제안하였다.

소낭에 있는 피복의 생화학적 성질에 관한 최초의 연구는 1975년 영국 캠브리지 의학연구협의회(Medical Research Council in Cambridge)의 바바라 피어스(Barbara Pearse)에 의해 출간되었다.[3] 피어스는 돼지의 뇌에서 분리한 소낭들을 정제된 피복소낭 분획이 얻어질 때까지 설탕밀도 기울기를 연속하여 원심분리하는 방법을 개발하였다. 피복된 소낭으로부터 단백질의 용해도를 높였고 SDS-폴리아크릴아미드겔 전기영동(SDS-polyacrylamide gel electrophoresis, SDS-PAGE, 18-7절)에 의해 분획화되었다. 그 결과, 소낭의 피복은 분자량이 약 18만 달톤인 한 주요 단백질을 포함하고 있는 것으로 나타났다. 피어스는 이 단백질을 클라트린(clathrin)이라고 명명하였다. 그녀는 1종 이상의 동물에서 얻은 서로 다른 많은 유형의 세포들로부터 분리된 피복소낭들의 표본에서 동일한 단백질(분자량과 펩티드 지도를 근거로)을 발견하였다.[4]

위에 설명된 연구가 진행되고 있었을 무렵, 1973년에 독자적인 연구가 미국 댈러스에 있는 텍사스대학교 의과대학(University of Texas Medical School)의 마이클 브라운(Micheal Brown)과 조셉 골드스타인(Joseph Goldstein)의 실험실에서 시작되었다. 브라운과 골드스타인은 유전병인 가족성 고(高)콜레스테롤혈증(血症)(*familial hypercholesterolemia, FH*)에 관심을 갖게 되었다. 결합유전자(*FH* 대

(a)

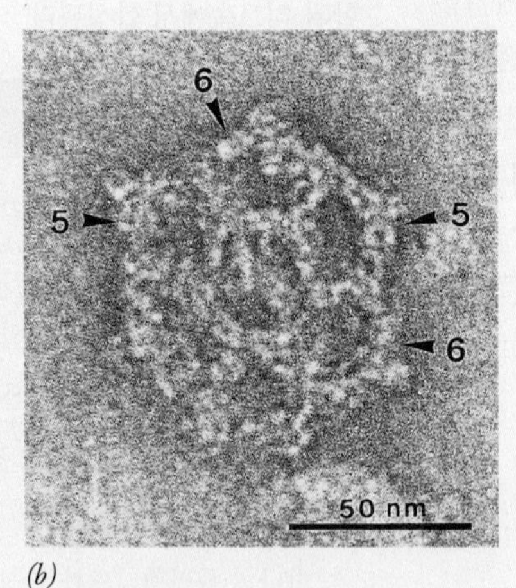

(b)

그림 1 *(a)* 피복소낭의 표면 격자를 형성하는 "빈 바구니"의 수제품 모형. *(b)* 단백질 성분으로 된 빈 바구니 구조의 고전압 전자현미경 사진. 5와 6의 숫자는 각각 격자의 5각형과 6각형을 뜻한다.

립인자)가 동형접합자인 사람에서 혈청 콜레스테롤 수준이 극심하게 높았으며(정상인 사람에서 200mg/dl인 반면에 800mg/dl 임), 예외 없이 심하게 막힌(죽상경화, 粥狀硬化, atherosclerotic) 동맥으로 진행되었고, 보통 20세가 되기 전에 심장마비로 사망하였다. 그 무렵에, 이 장애에 관한 근본적인 생리학적 또는 생화학적 결함에 관하여 알려진 것이 거의 없었다.

브라운과 골드스타인은 정상인과 FH로 괴로워하는 사람의 피부에서 유래된 배양된 섬유모세포에서 콜레스테롤 대사를 조사하여 FH에 관한 연구를 시작하였다. 그들은 콜레스테롤 생합성에서 속도-조절 효소인 HMG CoA 환원효소가 배지에 넣은 콜레스테롤-함유 지질단백질(LDL과 같은)에 의해 정상적인 섬유모세포에서 억제될 수 있다는 것을 발견하였다(그림 2).[5] 그래서 정상 섬유모세포가 배양되고 있던 배지에 LDL을 첨가하면, HMG CoA 환원효소의 활성 수준이 감소되며 이 섬유모세포에 의한 콜레스테롤 합성도 감소된다. HMG CoA 환원효소의 수준을 FH-유래 섬유모세포들에서 측정했을 때, 정상 섬유모세포의 40~60배인 것으로 밝혀졌다.[6] 그 외에, FH 섬유모세포의 효소 활성도는 배지에 있는 LDL에 의해 전혀 영향받지 않았다(그림 3).

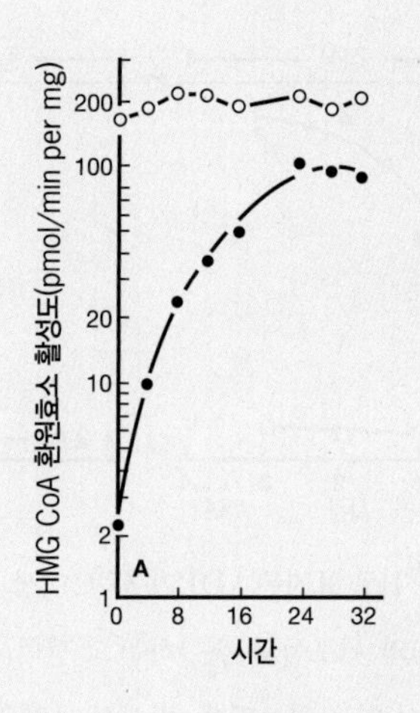

그림 3 대조구(닫힌 원) 또는 동형접합자의 FH를 가진 환자(열린 원) 등의 섬유모세포들을 태아 상태의 송아지 혈청이 들어 있는 배지에서 배양하였다. 6일째에(그래프에서 0 시간에 해당함), 배지를 지질단백질이 결핍된 사람 혈장을 함유하는 신선한 배지로 교체하였다. 표시된 시간에, 추출물을 준비하여, HMG CoA 환원효소의 활성도를 측정하였다. 대조구 세포들을 보면, 조사를 시작할 시기에 이 세포들은 아주 낮은 효소 활성도를 나타내는데, 그 이유는 배지에는 이 세포들이 스스로 합성할 필요가 없는 콜레스테롤-함유 지질단백질들이 충분히 들어 있기 때문이다. 이 배지를 지질단백질이 결핍된 혈청으로 바꾸어 주었을 때, 이 세포들은 배지의 콜레스테롤을 더 이상 사용할 수 없게 되어 세포 내에 효소의 양이 증가되었다. 대조적으로, FH 환자의 세포들은 배지에 지질단백질이 있거나 또는 없는 경우를 막론하고 반응을 나타내지 않았다.

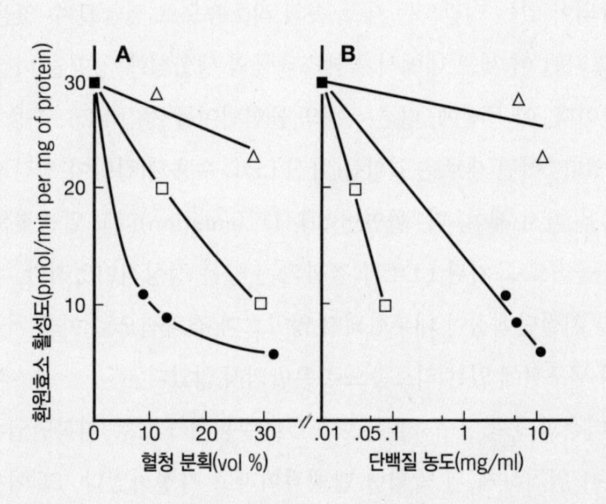

그림 2 정상적인 섬유모세포에서 HMG CoA 환원효소의 활성도를 송아지 혈청의 지질단백질 분획(열린 정사각형), 분획되지 않은 송아지 혈청(닫힌 원), 송아지 혈청의 비지질단백질 분획(열린 삼각형) 등을 첨가한 후에 측정하였다. 지질단백질들이 이 효소의 활성을 대단히 떨어뜨리는 반면, 비지질단백질은 거의 영향을 미치지 않는 것이 확실하다.

배지 속의 지질단백질들이 배양된 세포의 세포질에서 효소의 활성도에 어떻게 영향을 미칠 수 있었나? 이 질문에 답하기 위해서, 브라운과 골드스타인은 세포와 지질단백질 사이의 상호작용에 관하여 연구하기 시작하였다. 그들은 FH 환자 또는 정상적인 사람으로부터 얻은 한 층으로 된 섬유모세포들이 들어 있는 배양 접시에 방사성 물질로 표지된 LDL을 첨가하였다.[7] 정상적인 섬유모세포들은 높은 친화력과 특수성을 갖는 표지된 LDL 분자와 결합하였지만, 돌연변이 세포들은 이 지질단백질 분자들과 결합할 수 있는 능력이 없음을 보여주었다(그림 4). 이 결과는 정상 세포들이 LDL에 대한 매우 특수한 수용체를 갖고 있으며 이런 수용체가 FH 환자의 세포에서 결핍되었거나 상실되었음을 나타냈다.

수용체와의 결합 그리고 이의 세포 내부로의 흡수(內部化, internalization) 과정을 시각화하기 위해, 브라운과 골드스타인은 전

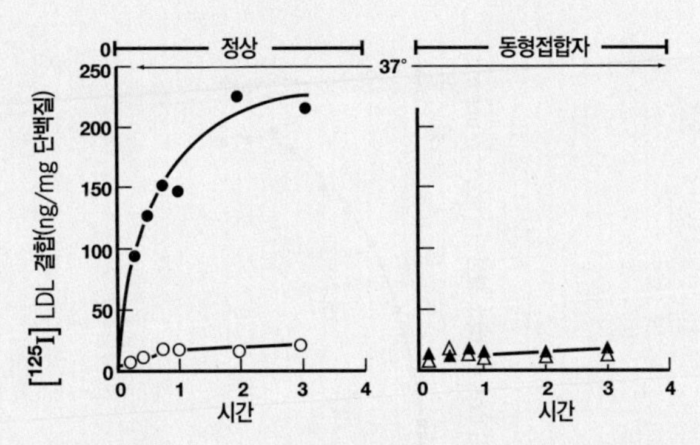

그림 4 방사성 물질 [^{125}I]로 표지된 LDL이 37°C에서 정상인(원)과 FH를 가진 동형접합자(삼각형)의 세포들과 결합하는 과정의 추이. 세포들을 5mg/ml의 [^{125}I] LDL이 들어 있는 완충액에, 방사성 물질을 갖고 있지 않은 LDL 250mg/ml이 첨가된 경우(열린 원과 삼각형)와 첨가되지 않은 경우(닫힌 원과 삼각형)를 각각 배양하였다. 방사성 물질을 함유하지 않은 LDL이 없는 경우에 정상인의 세포들은 상당한 양의 표지된 LDL과 결합하는 반면, FH 환자의 세포들은 결합하지 않는다. 표지된 LDL의 결합은 방사성 물질을 함유하지 않는 LDL이 있는 경우에 상당히 감소되었다. 그 이유는 표지되지 않은 지질단백질들이 결합자리를 놓고 표지된 지질단백질들과 경쟁하기 때문이다. 그래서 지질단백질이 세포에 결합하는 것은 특이적이다(즉, 이것은 일부 비특이적 결합의 결과가 아니다).

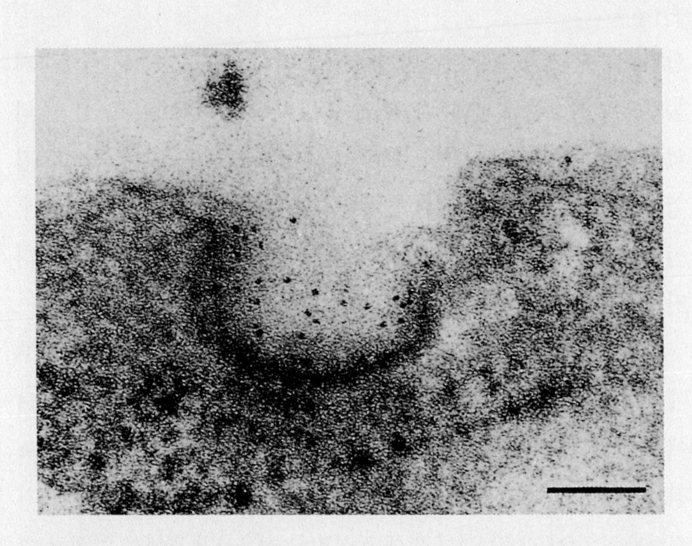

그림 5 사람의 섬유모세포에서 LDL이 피복만입부에 결합하는 것을 보여주는 전자현미경 사진. LDL 입자들은 전자밀도가 높은 철-함유 페리틴에 결합하여 볼 수 있게 된다.

자현미경으로 세포의 구조를 연구하고 있는 리차드 앤더슨(Richard Anderson)과 협력하였다. 이들은 정상인과 FH 환자의 섬유모세포들을 철-함유 단백질인 페리틴(ferritin)에 공유 결합시킨 LDL과 함께 배양하였다. 철 원자 때문에 페리틴 분자들은 전자의 다발을 산란시킬 수 있어서 전자현미경으로 볼 수 있다. 정상 섬유모세포들을 LDL-페리틴과 함께 4°C에서 배양하였다. 이 온도에서 리간드가 세포 표면에 결합할 수 있으나 세포 안으로 들어올 수는 없다. 면밀한 조사에 의해, LDL 입자들이 세포 표면 전체에 아무렇게나 퍼져있지 않고, 막이 함입된 그리고 "희미한" 물질로 피복된 원형질막의 일부에 제한되어 나타났다(그림 5).[8] 이런 원형질막 부분은 처음에 로스와 포터가 언급했던 피복만입부와 비슷하였으며 그 후 다양한 세포에서 나타나고 있다. LDL-페리틴은 이 돌연변이 세포들과 결합되지 않았다. 이 결과는 돌연변이 FH 대립인자가 LDL에 결합할 수 없었던 수용체를 암호화했다는 제안을 지지하였다. LDL-페리틴의 내부화(內部化, internalizstion)에 관하여 전자현미경으로 더 연구한 결과, 이 장에서 설명된 것처럼, 이런 지질단백질 입자들이 내포작용 경로에 의해 내부화 되는 것이 밝혀졌다.[9]

이런 연구 결과를 바탕으로, 이 연구진은 수용체-결합 LDL의 신속한 내부화는 LDL 수용체들이 피복만입부에 한정되어 위치함으로써 정확히 결정된다고 가정하였다. 이런 가정에 따라, 만일 LDL 수용체가 피복만입부 내에 제한적으로 위치하지 않게 된다면, 이 수용체에 결합되어 있는 리간드는 세포 속의 리소솜으로 전달될 수 없을 것이며, 그러면 이 세포 내에서 콜레스테롤의 생합성에 영향을 미칠 수 없을 것이다. 이 무렵에, 다른 유형의 돌연변이를 가진 LDL 수용체가 발견되었다. 이런 새로운 결함을 가진 LDL 수용체[결함이 생긴 환자의 이름을 따서 제이. 디. 돌연변이(J. D. mutation)라고 알려졌음]는 방사성 물질로 표지된 LDL과 결합되는 양은 정상적이었지만, 수용체-결합 지질단백질이 내부화되지 않았으며 결과적으로 이를 처리하기 위해 세포질에 있는 리소솜으로 운반되지 않았다.[10]

앤더슨과 공동연구자들은 이 LDL 수용체가 보통 피복만입부에 제한되어 위치하게 된 막횡단 단백질이라고 가정하였다. 그 이유는 이 수용체의 세포질 영역이 특히 클라트린(그러나 그 후, 아래에 논의된 것처럼, AP 연계분자의 소단위로 확인되었음)과 같은 피복만입부의 구성요소와 결합되었기 때문이다. 수용체의 세포질 영역에 결함이 있기 때문에, J. D. 돌연변이체에 있는 수용체는 세포의 피복만입부에 한정되어 위치하게 될 수 없었다. 이 돌연변이를 가진 사람들의 수용체들은 LDL과 결합할 수 없는 환자들과 동일한 표현형을 나타낸다. 계속된 연구에 의해, 정상적인 LDL 수용체는 839개의 아미노산으로 된 막횡단 당단백질이며, 세포질 영역은 막으로부터 안쪽을 향하여 뻗어 있는 단백질의 C-말단에 50개의 아미노산으로 되어 있는 것으로 밝혀졌다. 제이. 디. 돌연변이체의 수용체를 분석한 결과, 이 단백질은 단 하나의 아미노산이 치환되어 있는 것으로 나타났다. 즉, 정상적으로는 807번째에 위치된 티로신(tyrosine) 잔기가 시스테인(cysteine)으로 바뀌었다.[11] 이렇게 아미노산 서열에서 단 하나의 변화로 인하여, 이 단백질을 피복만입부에 집결시킬 수 있는 능력이 상실되었다.

그 후 몇 년 동안에 걸쳐, 연구의 관심은 피복만입부에 제한적으로 위치하게 된 다른 수용체들의 세포질 쪽에 있는 꼬리 부분의 아미노산 서열 분석 쪽으로 기울었다. 다양한 막 수용체들에 관한 연구는 많은 막 단백질이 공유하고 있는 여러 가지 내부화 신호 쪽으로 바뀌었다. 이러한 신호들 가운데 다음과 같은 두 가지가 가장 잘 알려져 있다. 즉, 하나는 YXXϕ 신호[트랜스페린(transferrin) 수용체에서처럼]로서, 여기서 X는 아미노산이고 ϕ는 큰 부피의 소수성 곁사슬을 가진 하나의 아미노산이다. 다른 하나는 산성을 띤 2-류신(dileucine) 신호(T 림프구 표면에서 HIV의 수용체 역할을 하는 CD4 단백질에서처럼)로서 2개의 인접한 류신 잔기를 함유하고 있다. 수용체에서 YXXϕ 서열은 AP2 연계분자의 μ 소단위와 결합하며, 2-류신 모티프는 AP2 연계분자의 σ 소단위와 결합한다(그림 12-40).[12]

엑스-선 결정학 연구에 의해, 연계분자와 이러한 내부화 신호들 사이의 상호작용에 관한 성질이 밝혀졌다. μ 소단위 속에는 2개의 소수성인 오목한 부분이 포함되어 있는데, 하나는 YXXϕ 내부화 신호의 티로신 잔기와 결합하고 다른 하나는 큰 부피의 소수성 곁사슬과 결합한다.[13] 이와 비슷하게, 2-류신 신호는 σ 소단위 속의 오목한 소수성 부분에 결합한다.[14] 반면, AP2 연계분자 복합체는 자신의 β 소단위에 의해 클라트린 피복과 결합한다(그림 12-40). 이렇게 다양한 분자들 사이의 접촉 결과, 연계분자 복합체와 수용체는 내포작용이 일어나기 전에 피복만입부에 모이게 된다.[15에서 자세히 검토되었음.]

지난 10년 동안, 클라트린-중개 내포작용에 관한 많은 연구가 이루어졌다. 가장 가치 있는 실험 접근법 중의 하나는 2개 또는 그 이상의 내포작용 기구에 서로 다른 형광 표지를 붙여 살아 있는 세포 속에서 시간의 경과에 따라 이들의 이동을 추적하는 것이었다. 이런 방법

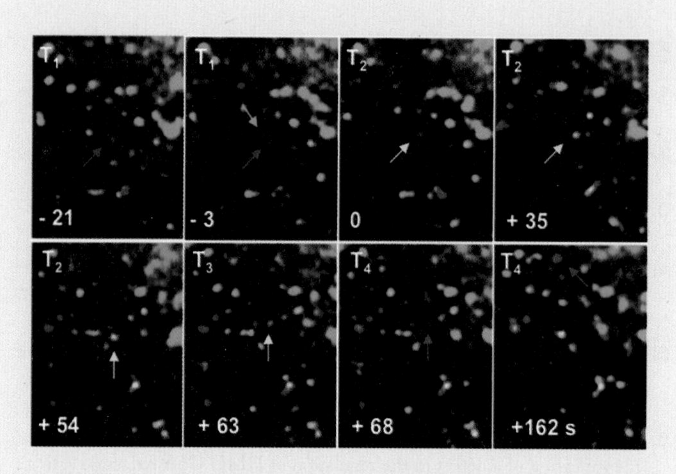

그림 6 연속 촬영된 형광현미경 사진들은, 빨간색-염료와 결합된 하나의 LDL 입자가 초록색-염료와 결합된 클라트린-피복만입부에 의해 포착되어 클라트린-피복소낭 속으로 들어가고, 이 소낭의 피복이 벗겨져서 세포질 속으로 이동하는 것을 보여준다. 각 단계는 본문에 설명되어 있다. T_1-T_4는 결합 전(T_1), 결합하는 동안(T_2), 옆으로 움직이는 LDL과 피복이 벗겨지기 전의 클라트린의 결합(T_3), 피복이 벗겨진 후에 움직이는 LDL(T_4) 등을 각각 나타낸다. 각 사진에서 시간은 초(秒)로 표시되었고, LDL과 클라트린이 결합하게 되었을 때의 시간은 0으로 표시되었다.

을 이용하여, 연구자들은 디나민, AP2 연계분자들, 또는 다양한 유형의 화물 수용체들이 클라트린-피복만입부에 결합하여, 클라트린-피복소낭 속으로 들어가게 되고 이어서 세포질로 떨어져 사라지는 것을 관찰하였다. 〈그림 6〉은 이런 실험 방법의 한 예를 보여준다.[16] 형광현미경 사진들은 배양된 포유동물의 상피세포 표면을 보여준다.

이 세포는 변형된 초록색형광단백질과 융합되는 클라트린의 가벼운 사슬을 표현하고 있다. 대부분의 초록색 부위들은 세포 표면에 있는 클라트린-피복만입부를 나타낸다. 빨간색으로 염색된 점들은 세포가 자라고 있던 배지에 첨가된 형광물질로 표지된 LDL 입자들이다. 이 사진들은 특정한 클라트린-피복만입부(앞쪽 사진 T_1에서 초록색 화살표로 나타내었음)가 특별한 LDL 입자(동일한 사진에서 빨간색 화살로 표시되었음)를 포착한 것을 보여준다. 일단 LDL 입자가 피복만입부에 있는 LDL 수용체에 결합되면, 두 가지 형광염료가 중복되어 노란색-주황색의 점으로 보이게 된다(T_2와 T_3 사진에서 노란색 화살표로 나타내었음). 나머지 사진(T_4)은 피복되지 않은 소낭을 보여주는데, 이 소낭은 가까운 세포질로 이동하는 빨간색 염료와 결합된 LDL 입자를 지니고 있다.

참고문헌

1. Roth, T. F. & Porter, K. R. 1964. Yolk protein uptake in the oocyte of the mosquito *Aedes aegypti*. *J. Cell Biol.* 20:313–332.
2. Kanaseki, T. & Kadota, K. 1969. The "vesicle in a basket." *J. Cell Biol.* 42:202–220.
3. Pearse, B. M. F. 1975. Coated vesicles from pig brain: Purification and biochemical characterization. *J. Mol. Biol.* 97:93–96.
4. Pearse, B. M. F. 1976. Clathrin: A unique protein associated with the intracellular transfer of membrane by coated vesicles. *Proc. Nat'l. Acad. Sci. U.S.A.* 73:1255–1259.
5. Brown, M. S., Dana, S. E., & Goldstein, J. L. 1973. Regulation of HMG CoA reductase activity in human fibroblasts by lipoproteins. *Proc. Nat'l. Acad. Sci. U.S.A.* 70:2162–2166.
6. Goldstein, J. L. & Brown, M. S. 1973. Familial hypercholesterolemia: Identification of a defect in the regulation of HMG CoA reductase activity associated with overproduction of cholesterol. *Proc. Nat'l. Acad. Sci. U.S.A.* 70:2804–2808.
7. Brown, M. S. & Goldstein, J. L. 1974. Familial hypercholesterolemia: Defective binding of lipoproteins to cultured fibroblasts associated with impaired regulation of HMG CoA reductase activity. *Proc. Nat'l. Acad. Sci. U.S.A.* 71:788–792.
8. Anderson, R. G. W., Goldstein, J. L., & Brown, M. S. 1976. Localization of low density lipoprotein receptors on plasma membrane of normal human fibroblasts and their absence in cells from a familial hypercholesterolemia homozygote. *Proc. Nat'l. Acad. Sci. U.S.A.* 73:2434–2438.
9. Anderson, R. G. W., Brown, M. S., & Goldstein, J. L. 1977. Role of the coated endocytic vesicle in the uptake of receptor-bound low density lipoprotein in human fibroblasts. *Cell* 10:351–364.

5. Brown, M. S., Dana, S. E., & Goldstein, J. L. 1973. Regulation of HMG CoA reductase activity in human fibroblasts by lipoproteins. *Proc. Nat'l. Acad. Sci. U.S.A.* 70:2162–2166.
6. Goldstein, J. L. & Brown, M. S. 1973. Familial hypercholesterolemia: Identification of a defect in the regulation of HMG CoA reductase activity associated with overproduction of cholesterol. *Proc. Nat'l. Acad. Sci. U.S.A.* 70:2804–2808.
7. Brown, M. S. & Goldstein, J. L. 1974. Familial hypercholesterolemia: Defective binding of lipoproteins to cultured fibroblasts associated with impaired regulation of HMG CoA reductase activity. *Proc. Nat'l. Acad. Sci. U.S.A.* 71:788–792.
8. Anderson, R. G. W., Goldstein, J. L., & Brown, M. S. 1976. Localization of low density lipoprotein receptors on plasma membrane of normal human fibroblasts and their absence in cells from a familial hypercholesterolemia homozygote. *Proc. Nat'l. Acad. Sci. U.S.A.* 73:2434–2438.

요약

진핵세포들의 세포질에는 기능적으로 구조적으로 서로 관련된 그리고 원형질막과 관련된 소포체, 골지복합체, 리소솜 등을 비롯한 막으로 된 소기관들의 계(系)가 있다. 이런 다양한 막으로 된 소기관들은 동적이며 통합된 내막의 연결망을 이루며, 거기에서 물질들은 하나의 구획으로부터 출아하여 그리고 서로 융합되어서 형성되는 수송소낭들의 일부로서 앞뒤로 왔다 갔다 한다. 생합성(분비) 경로는 단백질들을 ER의 합성된 장소로부터 골지복합체를 거쳐 최종 목적지(어느 소기관, 원형질막, 또는 세포외 공간)로 이동시킨다. 반면에, 내포작용 경로는 원형질막 또는 세포외 공간으로부터 세포 내부로 물질을 반대 방향으로 이동시킨다. 화물은 단백질 자체의 일부인 특수한 표적화 신호들에 의해 그의 적합한 목적지로 향하게 된다.

소포체(ER)는 관, 주머니, 소낭 등으로 된 하나의 계(系)로서, 세포질을 ER 막 속의 내강 공간과 막 바깥의 세포기질 쪽 공간으로 나눈다. ER은 두 가지 유형으로 나누어진다. 즉, 조면(粗面)소포체(RER)는 보통 납작한 주머니이며 그 막에 리보솜이 붙어 있고, 활면(滑面)소포체(SER)는 흔히 관상 구획이며 그 막에는 리보솜이 없다. SER의 기능은 세포에 따라 다양하며, 스테로이드 호르몬의 합성, 다양한 유기 화합물의 해독(解毒), 칼슘 이온의 격리(수용) 등과 같은 작용을 한다. RER은 분비단백질, 리소솜의 단백질, 막의 내재단백질 등을 합성하는 작용을 한다.

RER의 막-결합 리보솜에서 합성될 단백질들은 보통 새로운 폴리펩티드의 N-말단 근처에 있는 소수성 신호서열에 의해 인식된다. 신호서열이 리보솜에서 나오면, 신호인식입자(SRP)와 결합되며, 이 입자는 단백질 합성을 중지시키고 RER 막에 복합체가 결합하도록 중개한다. 결합된 후, SRP는 막에서 방출되며, 새로운 폴리펩티드는 ER에 있는 단백질로 된 구멍을 거쳐 내강 속으로 들어간다. 리소솜의 단백질과 분비단백질은 완전히 내강 속으로 전위되는 반면, 막 단백질들은 하나 또는 그 이상의 소수성 막횡단 서열에 의해 지질2중층 속으로 삽입된다. 바르게 접히지 않은 단백질들은 세포기질로 다시 전위되어 파괴된다. 일단 새로 합성된 단백질이 RER의 내강 또는 막에 위치되어 있으면, 이 단백질은 그 장소에서 생합성 경로를 따라 특수한 목적지로 이동될 수 있다. 만일 ER 내강이 새로 합성된 단백질로 과다하게 채워지게 되면, UPR이라고 하는 종합적인 반응에 의해 ER 단백질들은 더 이상 합성되지 않으며 이미 합성되었던 단백질들의 제거가 촉진된다.

또한 세포의 막을 구성하는 대부분의 지질도 ER에서 합성되어 그 장소로부터 여러 목적지로 이동된다. 인지질은 ER의 세포기질 쪽에서 합성되어 ER 막의 (지질2중층 가운데) 바깥쪽 층에 삽입된다. 이 분자들 중 일부는 그 후 맞은편 쪽 층으로 (공중제비를 돌아) 회전한다. 막의 지질 구성요소는 여러 가지 방법에 의해 변형될 수 있다. 예로서, 인지질은 하나의 소기관에 있는 막으로부터 다른 곳으로 선택적으로 수송될 수 있으며, 또는 특수한 지질의 (극성인) 머리부분은 효소에 의해 변형될 수 있다.

단백질의 아스파라긴 잔기에 당을 첨가하는 당화(糖化)는 ER로부터 시작하여 골지복합체에서 계속된다. 당단백질들의 올리고당 사슬을 구성하는 당의 순서는 큰 집단을 이루는 당전달효소들의 유형과 위치에 따라 결정된다. 이 효소들은 특수한 당을 뉴클레오티드 당 공여체로부터 특정한 수용체로 전달한다. 탄수화물 사슬들은 ER에서 한 번에 하나씩 당을 첨가하여 조립된 다음, 돌리콜 운반체에서 폴리펩티드의 아스파라긴 잔기에 하나의 단위로서 전달된다. 탄수화물 덩어리가 전달되자마자 곧, 처음에 말단 포도당 잔기를 제거하여 변형되기 시작한다. 화물을 에워싸고 있는 막으로 된 소낭들은 ER의 가장자리에서 출아되어 골지복합체를 목표로 향한다.

골지복합체는 막의 구성요소들과 ER에서 합성된 화물을 목적지로 이동하기 전에 변형시키는 공장의 역할을 한다. 또한 골지복합체는 식물 세포벽의 기질을 구성하는 복합 다당류를 합성하는 장소이다. 각 골지복합체는 가장자리가 팽창되고 소낭들과 관들이 연결된 납작한 판 모양인 주머니들의 더미로 이루어져 있다. 물질들은 시스(*cis*)면 주머니로 들어가서, 소낭수송에 의해 반대방향, 또는 트랜스(*trans*)면으로 이동하면서 변형된다. 물질들이 주머니들을 거쳐 갈 때, 특정한 골지주머니에 위치된 당전달효소들에 의해 당(糖)들이 올리고당 사슬에 첨가된다. 일단 단백질들이 골지더미의 끝에 있는 원골지망(TGN)에 도달되면, 분류될 준비가 되어 그들의 최종 세포 내 또는 세포외 목적지로 향하게 된다.

내막계를 거쳐 물질을 수송하는 소낭들의 대부분은 처음에 단백질 껍질(피복)로 싸인다. 많은 독특한 유형의 피복소낭들이 확인되었다. COPII-피복소낭은 물질들을 ER로부터 골지복합체로 운반한다. COPI-피복소낭은 물질을 반대(역) 방향으로, 즉 골지로부터 ER로 운반한다. 클라트린-피복소낭은 TGN으로부터 엔도솜, 리소솜, 식물의 액포 등으로 운반한다. 또한 클라트린-피복소낭은 내포작용 경로의 일부로서, 물질들을 원형질막으로부터 엔도솜과 리소솜으로 운반한다.

생합성 또는 내포작용 경로를 따라 배열되어 있는 각 구획의 단백질 조성은 특이하다. 잔류 단백질들은 특정한 구획에 남아 있는 경향이 있으며, 만일 이 단백질이 다른 구획으로 이탈하였을 경우 회수될 수 있다. 생합성 경로에서 단백질의 분류는 주로 골지의 마지막 구획인 TGN에서 일어난다. 이 TGN은 특정한 막 단백질들을 갖고 있는 소낭들이 형성되는 곳이며, 이 단백질들은 소낭을 특정한 목적지로 향하도록 한다. ER에서 생산된 리소솜 효소들은 TGN에서 분류된 다음, 클라트린-피복소낭 속에서 리소솜으로 표적화된다. 리소솜 효소들은 출아하는 이런 소낭들 속에 싸여 있는데, 그 이유는 이 효소들의 핵심 올리고당에 인산화된 만노스 잔기들을 갖고 있기 때문이다. 이렇게 변형된 올리고당들은 막의 수용체(MPR)들에 의해 인식된 후, 바깥쪽 클라트린 피복과 소낭의 막 사이에 층을 형성하는 일단의 연계분자(GGA 단백질)들과 결합된다.

공여체 구획으로부터 출아하는 소낭들은 그들의 막 속에 목표(수용체) 구획에 위치된 단백질들을 인식하는 특수한 단백질들을 갖고 있다. 2개의 막이 결합(독킹)되는 일은 결박단백질들의 중개로 이루어지며 랩(Rab)이라고 하는 큰 집단의 G단백질들에 의해 조절된다. 공여체 막과 수용체 막의 융합은 v-SNARE들과 t-SNARE들에 의해 중개되는데, 이 SNARE들은 상호작용하여 4가닥으로 된 다발을 형성한다.

리소솜은 모양이 다양하며 막으로 싸인 소기관으로서, 그 속에 생명체를 구성하는 모든 유형의 고분자를 소화시킬 수 있는 많은 산성 가수분해효소들이 들어 있다. 많은 역할 중에서, 리소솜은 식세포작용에 의해 세포 속으로 들어온 세균과 부스러기 같은 물질을 분해시킨다. 즉, 리소솜은 자식(自食)작용이라고 하는 과정으로 오래된 세포 소기관들을 분해하며, 수용체-중개 내포작용에 의해 엔도솜으로 운반된 다양한 고분자들을 소화시킨다. 척추동물에서, 리소솜은 면역학적 방어에서 중요한 역할을 수행한다.

식물의 액포는 다양한 활동을 한다. 액포는 용질과 고분자를 일시적으로 저장하는 역할을 한다. 즉, 액포는 방어 작용에 사용하는 독성 화합물을 갖고 있으며, 세포의 폐기물을 담아놓는 용기 역할을 하고, 세포벽에 대한 팽압이 생기도록 고장액 구획을 유지하며, 산성 가수분해효소들에 의해 세포 내 소화 작용이 일어나는 장소이다.

내포작용은 액체와 현탁된 고분자들의 흡수 그리고 막의 수용체들과 그와 결합된 리간드들의 내부화 등을 촉진하며, 세포 표면과 세포질 사이에서 막을 재활용하는 작용을 한다. 식세포작용은 입자상태의 물질을 흡수하는 것이다. 수용체-중개 내포작용에서, 특수한 리간드들은 원형질막에 있는 수용체들과 결합된다. 이 수용체들은 세포질 쪽 표면에 클라트린 분자들로 된 다각형 골격으로 덮여있는 막의 만입부에 모인다. 이 피복만입부들은 피복소낭을 만들게 되며, 이들의 피복은 벗겨지고 그 내용물들은 엔도솜으로 그리고 궁극적으로는 리소솜으로 운반된다. 식세포작용은 먹이 섭취 기작 또는 세포의 방어체계 역할을 할 수 있다.

핵의 유전자들에 의해 암호화된 퍼옥시솜, 미토콘드리아, 또는 엽록체 등의 속에 있는 단백질들은 번역 후에 각 소기관으로 반입(搬入)되어야 한다. 이들 모든 경우에, 반입되는 단백질들은 단백질 반입을 담당하는 수용체들과 상호작용하는 신호서열을 갖고 있다. 이들 세 가지 소기관들은 그들의 막에 단백질로 된 통로가 있어서 접혀있는(퍼옥시솜에서) 또는 접혀있지 않은 폴리펩티드들(미토콘드리아와 엽록체에서)을 각 소기관 속으로 전위시킨다. 미토콘드리아와 엽록체는 서로 다른 여러 개의 구획이 있어서, 새로 전위된 단백질들이 그 속으로 향하게 된다.

분석 문제

1. 콜라겐, 산성 인산가수분해효소, 헤모글로빈, 리보솜의 단백질들, 글리코포린, 액포의 단백질들 등과 같은 폴리펩티드들 중에서, 만일 있다면, 어느 것이 신호펩티드를 갖고 있지 않을 것으로 예상되는가?
2. 여러분이 아이-세포 질환으로 고통 받는 환자로 생각된다고 가정해보자. 어떻게 여러분은 이런 진단이 환자로부터 배양된 세포를 사용하여 정확하게 내려진 것인지를 판단할 수 있는가?
3. 어느 세포 구획에서, 당단백질이 (1) 이의 가장 큰 만노스를, (2) 이의 가장 큰 *N*-아세틸글루코사민을, 그리고 (3) 이의 가장 큰 시알산을 갖는다고 각각 생각되는가?
4. 퍼옥시솜은 접혀있는 단백질을 반입할 수 있다고 〈12–9절〉에서 언급하였다. 그러나 퍼옥시솜은 NADH와 아세틸-CoA 같은 비교적 작은 분자들을 투과시킬 수 없다. 어떻게 어느 것은 투과시킬 수 있고 다른 것은 투과시킬 수 없는가?
5. SER에 존재하지 않는 RER 막의 내재단백질일 것으로 생각되는 두 가지 단백질의 이름은 무엇인가? RER에는 없는 SER의 단백질 두 가지 이름은 무엇인가?
6. 여러분이 성숙한 분비입자들을 갖고 있지 않은, 즉 소낭 속에 들어 있던 분비 물질이 이미 방출된 세포에서 조절성 분비 과정을 연구하길 원한다고 가정해 보자. 어떻게 여러분은 이런 입자가 없는 세포를 얻을 수 있는가?
7. 어떻게 글루코세레브로시다아제(glucocerebrosidase)가 보통의 당인 시알산(sialic acid)보다 오히려 올리고당 표면의 말단

에 만노스(mannose) 잔기들을 지닐 할 수 있는가를 〈인간의 전망〉에서 설명하였다. 노출된 만노스 잔기들을 가진 비슷한 글루코세레브로시다아제가 특수한 세포주를 이용한 DNA 재조합체 기술로 생산되고 있다. 여러분은 이 세포들이 무슨 특징을 나타낼 수 있다고 생각하는가? 힌트: 이 질문에 답하기 위한 정보는 〈그림 12-22〉에 있다.

8. 자가방사기록법(autoradiography)은 조직 절편 위에 있는 사진(필름) 감광유제(emulsion)에 부딪치는 방사성 원자들에서 나오는 입자들에 의해 실현된다. 이 필름 유제가 현상되면, 그 입자들이 유제에 부딪쳤던 그 자리는 〈그림 12-3*a*〉에서처럼 은 입자로 나타난다. 조직 절편의 두께가 이 기술의 분해능, 즉 방사성 물질이 결합된 세포에서 정확한 장소에 위치하도록 하는 능력에 영향을 미칠 수 있다는 것에 대하여 여러분은 어떻게 생각하는가?

9. 여러분은, 다음 화합물들이 세포의 어느 부분에서 최초로 결합될 것으로 예상하는가? [^{3}H]류신(leucine), [^{3}H]시알산, [^{3}H]만노스, [^{3}H]콜린(choline), [^{3}H]글루쿠론산(glucuronicacid, GAG의 전구물질), [^{3}H]프레그네놀론(pregnenolone, 스테로이드 호르몬의 전구물질), 식물세포에서 [^{3}H]람노스(rhamnose, 펙틴의 전구물질).

10. 다음 세포들 중에서 부피-상 내포작용에 가장 강력하게 관여할 것으로 생각하는가? (a) 백혈구, (b) 췌장의 꽈리세포, (c) 골격근세포. 그 이유는 무엇인가?

11. 골지 막의 주머니(속)쪽 특성은 원형질막에서 세포 바깥쪽 또는 세포기질 쪽 중 어느 것과 더 비슷하다고 생각하는가? 그 이유는 무엇인가?

12. 세포의 어느 구획(들)이 다음의 것과 관련되어 있는가? 클라트린, 골격근 세포의 칼슘 이온들, 돌리콜(dolichol) 인산, 리보핵산분해효소와 지방분해효소, 디기탈리스(digitalis), LDL 수용체들, COPI 단백질들, COPII 단백질들, 결합되지 않은 SRP.

13. 만일 췌장 조직의 조각을 [^{3}H]류신(leucine)과 함께 2시간 동안 계속 항온처리 했다면, 결합된 방사성 물질을 꽈리세포의 어느 곳에서 발견할 것으로 예상되는가?

14. 만일 여러분이 mRNA와 결합하기 위한 리보솜의 능력을 방해하는 약물을 첨가하였다면, 이것이 RER의 구조에 무슨 영향을 미칠 것으로 기대되는가?

15. 수용체-중개 내포작용을 수행하는 모든 수용체들은 리간드와 결합하기 전에 피복만입부에 위치되어 있지 않다. 그러나 역시 이 수용체들은 내부화되기 전에 피복만입부에 모이게 된다. 리간드가 수용체에 결합함으로써 수용체가 피복만입부로 집중되는 것을 여러분은 어떻게 생각하는가?

16. 리소솜은 전자현미경에서 일정한 모양이 없다고 본문에서 언급되었다. 어떻게 여러분은 특정한 액포가 실제로 리소솜인지를 결정할 수 있는가?

17. 덴트 질환(Dent's disease)이라고 하는 희귀 유전 장애에 관한 연구에 의하면, 이 환자들은 신장의 관(管)을 구성하는 세포들의 엔도솜에 있는 염소(Cl^-) 이온의 통로가 없다는 것이 밝혀졌다. 다양한 증상으로 고생하는 이환자들에서, 엔도솜의 구획이 정상인에서 만큼 산성을 나타내지 않았던 것으로 나타났다. 염소 이온 통로의 결함이 이 병의 원인임을 밝힐 수 있었던 것을 여러분은 어떻게 생각하는가?

18. 〈그림 12-20*c*〉에 있는 형광현미경 사진을 살펴보자. 골지복합체가 밝게 염색되었음에도, 이 세포의 다른 부위들에 빨간색 형광이 흩어져 있다. 염색이 이렇게 산재되어 나타난 것을 여러분은 어떻게 설명할 수 있겠는가?

19. 〈그림 12-8*b*〉는 분비경로의 초기 단계에 관여된 단백질을 암호화하는 mRNA에 siRNA를 처리한 세포에서, GFP로 표지된 만노시다아제 II(mannosidase II)의 국재성(局在性)을 보여준다. GGA단백질을 암호화하는 mRNA에 siRNA를 처리했던 세포에서, 형광의 양상이 어떻게 나타나리라고 여러분은 예상하는가? 또는 클라트린 단백질은? 또는 신호인식입자의 단백질은?

제13장

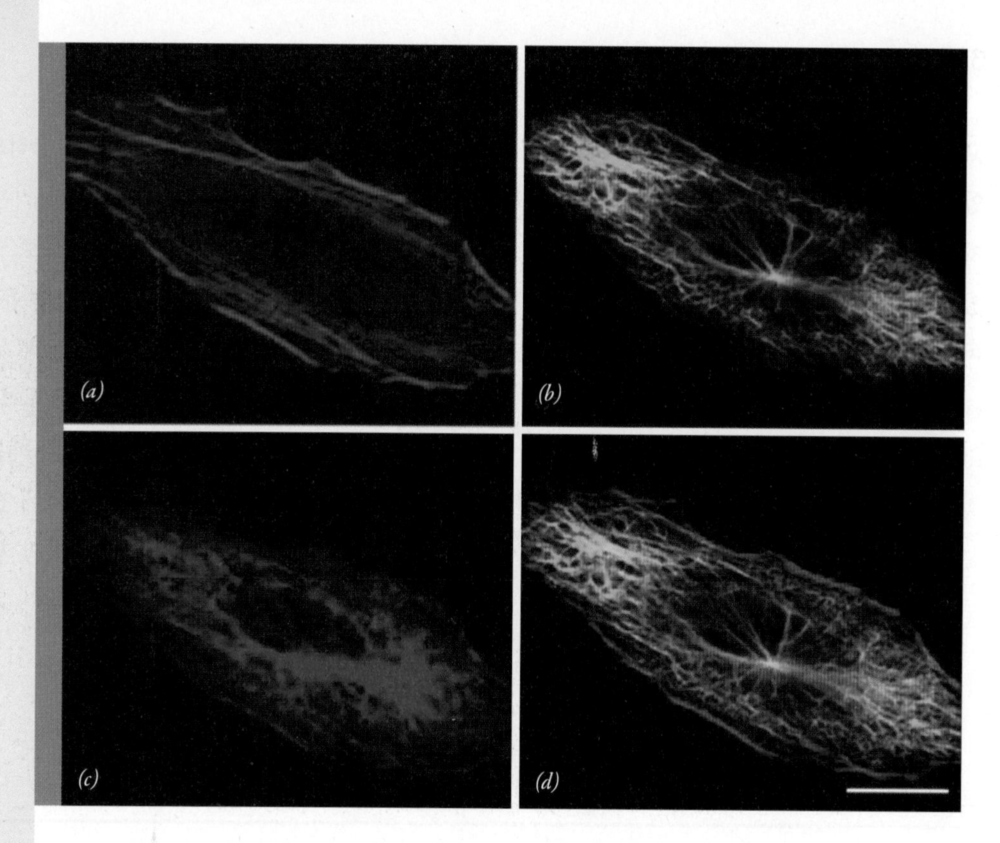

세포골격

척추동물의 골격은 몸의 연약한 조직을 지지하며 몸의 이동을 조정하는 데 있어서 핵심 역할을 하는 단단한 요소들로 구성되어 있는 기관계이다. 또한 진핵세포들도 유사한 기능을 하는 "골격계"—**세포골격**(細胞骨格, cytosteleton)—를 갖고 있다. 세포골격은 윤곽이 뚜렷한 세 가지의 섬유성 구조들—미세관, 미세섬유, 중간섬유—로 구성되며, 이들은 함께 상호작용하는 정교한 네트워크(연결망)를 형성한다. 세 종류의 세포골격 섬유들 각각은 단백질 소단위(subunit)들이 약한 비공유 결합으로 연결된 중합체이다. 이런 유형으로 구성되어 있기 때문에 세포의 복잡한 조절 작용에 따라서 중합체들을 신속하게 조립하

세포골격은 세 가지 주요 유형의 섬유들로 이루어지며, 이를 〈*a*—*c*〉에 별도의 상으로 나타내었다. 배양된 간세포(hepatocyte)에서 각 유형의 섬유 분포는 각각의 섬유에 특별히 결합하는 형광물질에 의해 나타난다. 미세섬유(*a*)의 분포는 형광물질과 팔로이딘 결합에 의해, 미세관(*b*)의 분포는 형광물질과 항-튜불린 항체의 결합에 의해, 중간섬유(*c*)의 분포는 형광물질과 항-케라틴 항체의 결합에 의해 볼 수 있다. 마지막 사진 (*d*)는 앞의 세 가지 상을 함께 합성한 것으로 세포질에서 각 섬유 유형의 체제가 뚜렷이 구별되는 것을 보여준다. 오른쪽 아래 선은 10μm이다.

고 해체하기에 적합하다. 각 세포골격 요소는 뚜렷한 특성을 갖고 있다. **미세관**(微細管[a], microtubule)은 길고 속이 비어 있으며 가지가 없는 가느다란 튜불린(tubulin) 단백질 소단위들로 구성되어 있다. **미세섬유**(微細纖維, microfilament)는 속이 비어 있지 않으며 더 가느다란 구조로서, 때로는 분지된 연결망을 구성하며, 액틴(actin) 단백질로 이루어져 있다. **중간섬유**(中間纖維, intermediate filament)는 거칠고 밧줄 같은 섬유로서, 다양한 근연(同類) 단백질로 구성되어 있다. 미세관, 중간섬유, 액틴섬유의 특성이 〈표 13-1〉에 요약되어 있다.

세포골격 요소들이 현미경 사진에서 정적인 것으로 보이더라도, 실제로 이것들은 극적으로 재구성될 수 있는 매우 동적인 구조이다. 최근까지 세포골격은 원핵세포에는 없는, 엄밀히 말하면 진핵세포에만 있는 것으로 널리 받아들여졌다. 현재 우리는 수많은 원핵생물이 세포골격과 유사한 작용을 하는 세포질 섬유들로 중합되는 튜불린이나 액틴과 유사한 단백질을 갖고 있음을 알고 있다. 또한 중간섬유의 단백질과 유연관계가 먼 단백질들이 일부 원핵생물에서 발견된 바 있기 때문에, 세 가지 유형의 세포골격 요소들은 모두 원핵생물의 구조에 진화적 근원을 두고 있는 것이 확실하다. 우리는 주요 세포골격의 활동을 간단히 살펴보는 것으로부터 시작할 것이다. ■

표 13-1 미세관, 중간섬유, 액틴섬유의 특성

	미세관	중간섬유	액틴섬유
중합체에 결합된 소단위들	GTP-αβ-튜불린 이질2량체	~70가지의 단백질들	ATP-액틴 단량체들
소단위의 결합이 더 우세한 자리	양(+)의 말단(β-튜불린)	섬유의 내부	양(+)의 말단(가시 돋친 모양)
극성	있음	없음	있음
효소의 활성	GTPase	관련 없음	ATPase
운동단백질들	키네신, 디네인	관련 없음	미오신들
주요 결합 단백질	미세관결합단백질(MAP)	플라킨(plakin)	액틴-결합 단백질
구조	단단하고, 속이 빈, 신장성이 없는 관	거칠고, 밧줄 같은, 신장성 섬유	유연성이 있고 신장성이 없는 나선형 섬유
크기	25nm(外徑)	10nm(직경)	8nm(직경)
분포	모든 진핵생물	동물	모든 진핵생물
주요 기능	지지 작용, 세포 내 수송, 세포의 체제형성	구조적 지지 작용	운동성, 수축성
세포 내 분포	세포질	세포질과 핵	세포질

역자 주[a]) 미세관(微細管): 'microtubule'의 그리스어원은 '*mikros*, small + *tubulus*, small tube'로서, '작은 관'이라는 뜻이다. 각종 영어사전에는 '미소관(微小管)'으로 표기되어 있으며, 'tubule'을 '가느다란(작은)관' 또는 이의 한자어인 '세관(細管)'으로 표기하고 있다. 각종 국어사전에는 '미소(微小)'를 '아주 작음'으로 풀이되어 있다. 전자현미경으로 관찰된 'microtubule'은 '아주 작고 가느다란(긴)' 구조이므로, 단순히 '아주 작은 관(微小管)'이라는 표기는 이 구조의 개념을 잘 전달하지 못한다. 따라서 '작고 가느다란 관'이란 의미로 미세관(微細管)'으로 표기하는 것이 합리적이다. 이 용어를 '미세소관'이라고 하는 것은 '작다'는 뜻인 '미(微)'와 역시 같은 뜻인 '소(小)'가 겹쳐서 쓰인 것이다. 특히 일본에서 출간된 "岩波 生物學辭典(제4판)(岩波書店, 2003)"에는 'microtubule'을 '微細小管'으로 표기되어 있으며, 이 사전을 한글로 번역한 "생물학사전(한국생물과학협회, 아카데미서적, 1998)"에는 '미소관'과 '미세소관'으로 함께 표기하고 있다.

13-1 세포골격의 주요 기능에 대한 개관

세 가지의 서로 다른 비근육 세포들에 있는 세포골격의 주요 기능에 대한 개관을 〈그림 13-1〉에 나타내었다. 이 개요도에 그려진 세포들은 극성을 띤 상피세포, 신장하는 신경세포의 끝부분, 분열하는 배양된 세포 등이다. 이런 세포들에서 세포골격이 수행하는 다음과 같은 작용을 이 장(章)에서 설명할 것이다.

1. 세포의 모양을 결정할 수 있고 그 모양을 변형시키려는 힘에 저항할 수 있는 지지 구조를 형성하는 역동적인 뼈대 역할.
2. 세포의 내부에서 다양한 소기관들의 위치를 정하는 내부의 틀. 이 기능은, 〈그림 12-11〉에 그려진 소기관들과 같이, 특히 극성을 띤 상피세포에서 확실하게 나타나며, 그 그림에서 소기관들이 세포의 정단부 말단(apical end)에서부터 기저부 말단(basal end)에 이르기까지 질서정연하게 배열되어 있다.
3. 세포들 속에서 물질 및 소기관의 이동을 안내하는 트랙(track, 線路)들의 연결망 역할. 이 기능의 예로서, mRNA 분자를 세포의 특별한 위치로 운반하거나, 막으로 된 운반체를 소포체로부터 골지복합체로 이동시키거나, 신경전달물질을 지닌 소낭을 신경세포를 따라 아래로 수송하는 것 등을 들 수 있다. 배양된 세포의 일부를 보여주는〈그림 13-2〉는 초록색 형광물질로 표지된 퍼옥시솜의 대부분이 이 세포의 세포골격인 미세관(빨간색)과 밀접하게 결합되어 있음을 명확하게 보여준다. 포유동물의 세포에서, 미세관은 그 위로 퍼옥시솜이 수송되는 선로이다.
4. 세포를 한 장소에서 다른 장소로 이동시키는 힘-발생 기구. 단세포 생물들은 고체의 바닥층(基層, substratum) 표면 위로 "기어감(匍匐)"으로써 또는 세포 표면에서 돌출된 특수화된 미세관-함유 운동 소기관들(섬모와 편모)의 도움으로 수중 환경에서 자신들을 추진시켜 이동한다. 다세포 동물들은 독립된 운동을 할 수 있는 다양한 세포들을 갖고 있는데, 이에는 정자, 백혈구, 섬유모세포(그림 13-3) 등이 있다. 또한 성장하는 축삭(軸

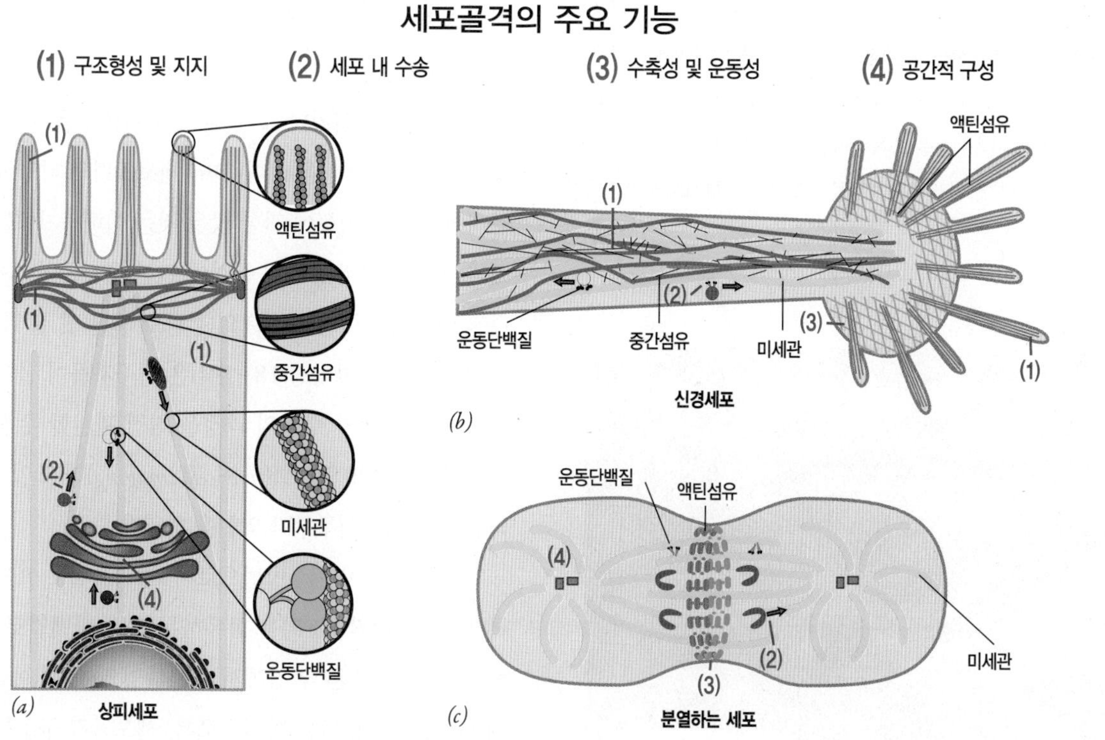

세포골격의 주요 기능

(1) 구조형성 및 지지 (2) 세포 내 수송 (3) 수축성 및 운동성 (4) 공간적 구성

(a) 상피세포 (b) 신경세포 (c) 분열하는 세포

그림 13-1 세포골격의 구조와 기능에 대한 개관. *(a)* 상피세포, *(b)* 신경세포, *(c)* 분열하는 세포 등의 개요도. 상피세포와 신경세포의 미세관(microtubule)은 주로 지지와 소기관 수송의 작용을 하는 반면에, 분열하는 세포에서 미세관은 유사분열 시 염색체의 분리에 필요한 방추체를 형성한다. 중간섬유(intermediate filament)는 상피세포와 신경세포에서 지지 작용을 하는 구조이다. 미세섬유(microfilament)는 상피세포의 미세융모를 지지하며, 신경세포의 신장과 세포분열에 관련된 운동 기구(機構)의 필수적인 부분이다.

索)의 끝 부분은 대단한 운동성을 보이며(그림 13-1), 이 운동은 포복하는 세포와 비슷하다.

5. 세포분열 기구의 필수 구성요소. 세포골격 요소들은 유사분열과 감수분열 시에 염색체들을 분리시키고, 세포질분열 시에는 모세포를 2개의 딸세포로 나누는 일에 관여하는 기구를 만든다. 이에 대해서는 제14장에서 자세하게 설명된다.

그림 13-2 **미세관이 소기관을 수송하는 역할의 예.** 이 세포의 퍼옥시솜(초록색으로 보이며 화살표로 나타냈음)은 세포골격 중의 미세관(빨간색으로 보임)과 밀접하게 연결되어 있다. 퍼옥시솜은 초록색형광단백질과 융합된 단백질을 갖고 있어서 초록색으로 보인다. 미세관은 형광물질로 표지된 항체로 염색되어서 빨간색으로 보인다.

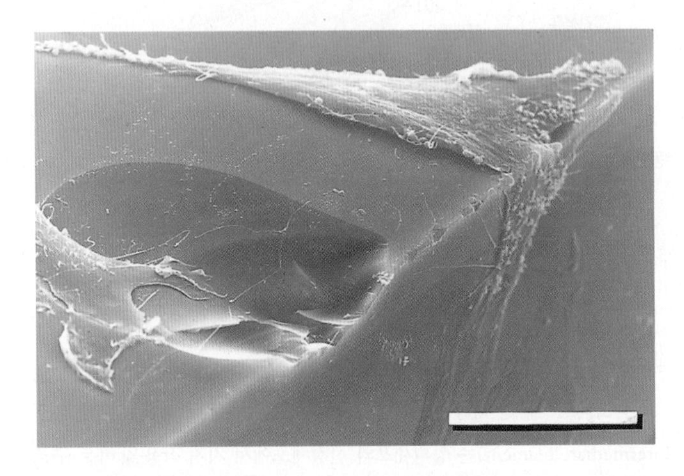

그림 13-3 **3차원적 구조를 변화시킬 수 있는 세포골격의 능력이 덮개유리의 90°로 각진 모서리를 넘어 이동하고 있는 생쥐의 섬유모세포에서 확실히 보인다.** 왼쪽 아래 선의 길이는 30μm이다.

13-2 세포골격의 연구

과학자들이 형태학, 생화학, 분자 등의 통합된 접근 방법을 추구할 수 있도록 기술이 크게 발달했기 때문에, 세포골격은 현재 세포생물학에서 가장 활발하게 연구되는 주제 중의 하나이다. 그 결과, 우리는 세포골격을 구성하는 단백질 집단에 대해 매우 많은 것을 알게 되었다. 즉, 소단위들이 제 각각의 섬유 구조를 어떻게 구성하며, 이 섬유를 따라 이동하면서 운동에 필요한 힘을 발생시키는 "모터(motor, 운동단백질)" 분자, 그리고 다양한 세포골격 요소들의 공간적 구성, 조립, 해체 등을 조절하는 동적인 성질 등을 알게 되었다. 이러한 세포골격 연구를 위해 가장 중요한 몇 가지 접근 방법을 간단히 살펴보기로 한다.

13-2-1 살아있는 세포의 형광 영상의 이용

진핵세포들이 세포골격 요소들로 된 연결망 구조를 갖고 있다는 생각은 1950년대와 1960년대에 조직 절편의 전자현미경적 연구에서 최초로 비롯되었다. 그러나 전자현미경을 이용한 연구는 단지 정적인 모양(像) 만을 보여주며, 세포골격의 다양한 요소들에 대한 동적인 구조와 기능에 관한 많은 것을 이해하기에는 충분하지 못하였다. 세포골격의 동적인 특성에 관한 우리들의 이해는 광학현미경 관찰 방법에서 이룬 대변혁의 결과로 지난 몇 십 년 동안 대단히 증진되었다. 형광현미경(18-1절)은 연구자들이 살아있는 세포 속에서 일어나는 분자 수준의 과정을 직접 관찰할 수 있게 함으로써—살아있는 세포의 영상화(*live-cell imaging*)라고 알려진 접근법—이러한 대변화의 선두주자 역할을 하였다.

가장 널리 이용된 방법으로서, 형광물질로 표지된 단백질이 초록색형광단백질(GFP)을 함유하는 융합 단백질로 세포 속에서 합성된다. 이 기술은 앞 장에서 설명되었으며, 한 예를 〈그림 13-2〉에 나타냈다. 또 다른 방법으로서, 세포골격 구조를 구성하는 단백질 소단위들(예: 정제된 튜불린 또는 케라틴)을 시험관 속에서 작은 크기의 형광 염료와 공유 결합시켜서 형광을 표지시킨다. 그 다음, 표지된 소단위들을 살아 있는 세포 속으로 미세주입시키면, 미세관 또는 중간섬유 등과 같은 중합체 단백질에 결합(삽입)된다. 형광물질로 표지된 구조의 동적인 행동은 그 세포가 정상적인 활동에 참여하기 때문에 시간의 경과에 따라 추적될 수 있다. 〈그림 13–4〉는 형광물질로 표지된 튜불린을 주사한 세포의 앞(前)쪽 가장자리(緣) 부분(部), 즉 전연부(前緣部, leading edge)에서 각 미세관들의 길이와 방향의 동적인 변화를 보여준다.

만일 특히 소량의 형광으로 표지된 단백질을 주입시키면, 세포골격 섬유들은 〈그림 13–4〉에서처럼 균일하게 표지되지는 않지만, 대신 이 섬유들은 불규칙한 간격으로 결합된 형광 반점을 갖는다. 이런 형광 반점들은 이 섬유의 길이 또는 방향성의 동적인 변화를 추적할 수 있게 하는 고정된 표식 역할을 하게 된다. 형광반점현미경관찰법(*fluorescent speckle microscopy*)이라고 알려진, 이 방법의 한 예가 〈그림 13–27〉에 그려져 있다.

또한 형광현미경 관찰법은 매우 낮은 농도로 존재하는 단백질이 세포 속의 어느 곳에 위치하는지를 밝히는 데 사용될 수 있다. 이런 실험은 흔히 연구하고자 하는 단백질과 높은 친화력으로 결합하는 형광 표지된 항체를 처리하면 가장 잘 수행될 수 있다. 항체는 어떤 단백질의 밀접하게 관련되어 있는 변형체[isoform(동형)]들 사이를 구별할 수 있기 때문에 특히 유용하다. 표지된 항체를 살아있는 세포 속에 주입시키면, 이 단백질은 어느 한 장소에 제한적으로 위치(局在)될 수 있다. 이 경우에, 일반적으로 항체가 결합된 단백질은 정상적 활동을 수행할 수 있는 능력을 상실하기 때문에, 목표 단백질의 기능을 밝힐 수도 있다. 또 다른 방법으로 〈그림 13–5〉에 예시된 것처럼, 화학물질로 고정된 세포 또는 조직 절편에 형광 항체를 첨가하여 목표 단백질의 위치를 확인할 수도 있다.

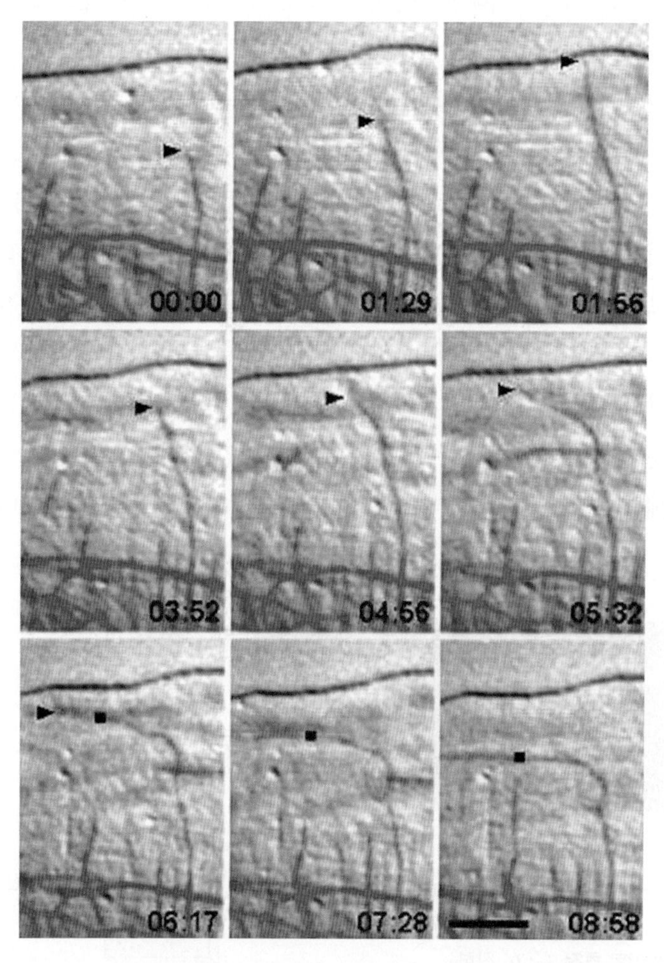

그림 13-4 상피세포 속에서 일어나는 미세관 길이의 동적인 변화. 세포에 (빨간색) 형광 염료(rhodamine)를 공유 결합시킨 소량의 튜불린이 주입되었다. 표지된 튜불린이 미세관에 결합되도록 시간이 지난 후, 살아 있는 세포의 가장자리 일부분을 형광현미경으로 관찰하였다. 경과 시간은 각 영상의 아래 오른쪽에 표시되어 있다. 미세관은 명암 대비를 높이도록 인위적으로 채색되었다. 미세관의 "끝부분"(화살촉표)이 세포의 전연부(前緣部)에서 자라는 것을 볼 수 있다. 이곳에서 미세관이 휘어진 다음 세포의 가장자리와 평행한 방향으로 계속 자란다. 휘어진 후 평행하게 자라는 미세관의 성장 속도는 이 세포의 가장자리에 수직으로 자라는 미세관의 속도보다 훨씬 더 빠르다. 오른쪽 아래 선의 길이는 10μm이다.

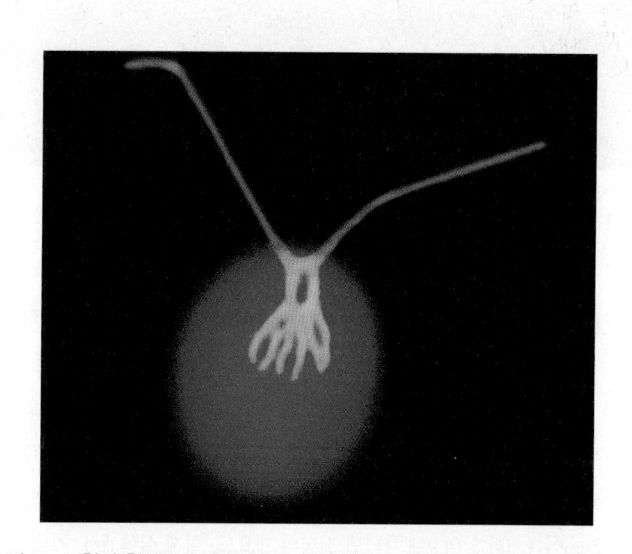

그림 13-5 형광 항체를 이용한 세포 속 단백질의 제한된 위치(局在性) 확인. 이 조류(藻類) 세포는 센트린(centrin)이라고 하는 단백질과 결합할 수 있는 형광 항체(황록색)로 염색되었다. 센트린은 세포의 편모 속과 편모의 기부에 있는 뿌리 비슷한 구조에 제한되어 있는 것으로 보인다. 세포가 빨간색인 것은 이 광합성 조류가 갖고 있는 엽록소 분자의 자가형광(autofluorescence) 때문이다.

13-2-2 시험관 속 및 생체 속에서 단일-분자 분석의 이용

최신 비디오카메라로 촬영된 디지털 화상(畵像)은 뛰어난 콘트라스트(명암대비)를 지니고 있으며 컴퓨터의 지원을 받는 화상 처리에 의해 향상될 수 있다. 이런 특징을 이용하면, 25nm 크기의 미세관 또는 40nm 크기의 막으로 된 소낭 등과 같이 보통의 광학현미경으로 볼 수 없는 물체를 관찰하여 사진을 촬영할 수 있다. 고분해능 비디오 현미경의 출현으로 시험관 속에서 운동성 분석법(*in vitro motility assay*)을 개발하게 되었다. 이 방법은 운동단백질로 작용하는 각 단백질 분자의 활동을 "실시간"으로 탐지할 수 있게 해준다.[1] 연구자들이 많은 분자로부터 얻은 결과를 평균하는 표준 생화학 방법으로 불가능했던 것을 단일-분자 분석을 이용하면 측정할 수 있다.

이 전의 일부 분석 방법에서, 미세관을 덮개 유리에 부착시킨 다음, 조준된 레이저 광선을 이용하여 운동단백질을 부착시킨 미세한 크기의 구슬을 미세관 위에 직접 올려놓았다. 레이저 광선을 현미경의 대물렌즈를 통해 비추면, 초점 근처에서 약하게 끌어당기는 힘(引力)이 생긴다. 이 힘은 미세한 작은 물체를 붙잡을 수 있기 때문에, 이런 장치를 광학핀셋(*optical tweezers*)이라고 한다. 에너지원으로서 ATP가 존재할 때, 미세관을 따라 이동하는 구슬을 비디오카메라로 추적할 수 있으며, 이로써 운동단백질의 보폭(步幅) 크기를 알아 낼 수 있다. 또한 초점을 고정시킨 레이저 광선은 하나의 구슬을 "잡기(trap)" 위해 사용될 수 있으며, 이 광선은 광학트랩으로 생긴 힘에 반하여 그 구슬을 움직이려고 "시도" 할 때 단일 운동단백질에 의해 발생된 작은 힘[몇 피코뉴턴(piconewton, pN)으로 측정되는]을 결정할 수 있다(이런 실험의 예시를 위해 〈그림 5-5〉 참조).

광학트랩 실험으로 시험관 속에서 운동단백질의 운동성을 탐지할 수 있다고 해도, 이 측정 방법은 연구자가 단백질 분자를 직접 보는 것이 아니라 구슬의 운동성을 관찰하는 것이기 때문에 간접적인 방법이다. 형광현미경 관찰 방법과 특수화된 영상 기술을 결합시켜서, 과학자들은 시험관 속 및 살아 있는 세포 속에서 각 운동분자의 이동을 직접 눈으로 볼 수 있게 되었다. 이런 실험 방법의 예를 〈그림 13-6〉에 나타내었다. 시험관 속 분석을 위해서, 키네

(*a*)

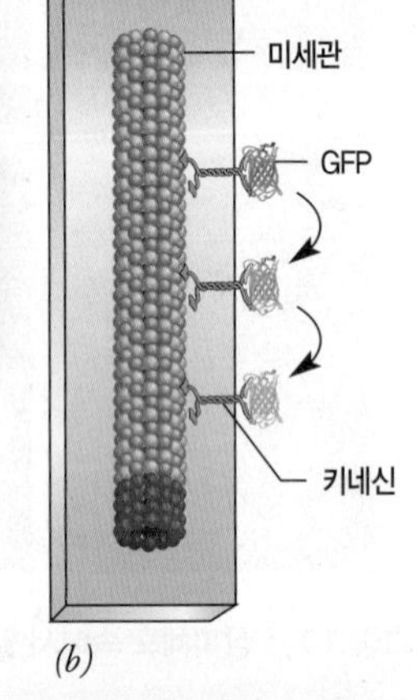

(*b*)

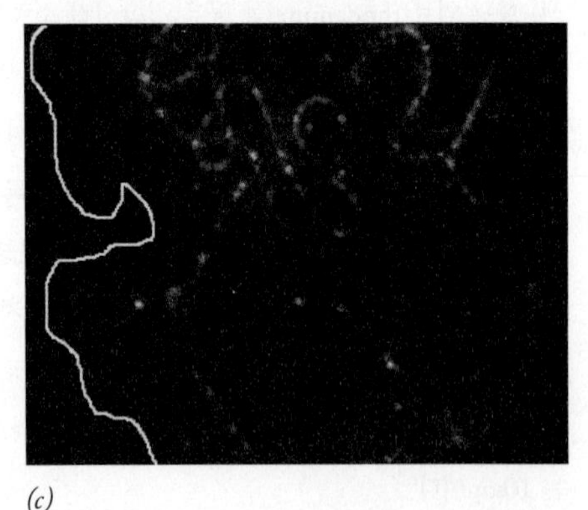

(*c*)

그림 13-6 시험관 속 및 생체 속에서 미세관을 따라 형광으로 표지된 각 키네신 분자의 이동 추적. (*a*) 이 실험에서, 정제된 GFP-표지 키네신 분자(초록색)가 미세관을 따라 점차 이동하는 것을 보여준다. 미세관에서 양(+)의 말단은 Cy5라고 하는 빨간색 형광 염료도 표지되었다. 왼쪽에서 오른쪽으로 연속된 상들은 실험 과정에서 시간의 경과에 따라 촬영된 별도의 사진들이다. 키네신은 초 당 0.77μm의 평균 속도로 이동하고 있다. (초록색형광의 강도는 관찰하는 동안 시간이 지나면서 형광의 탈색으로 인하여 감소된다.) 오른쪽 위 선의 길이는 2μm이다. (*b*) 앞의 *a*에 나타낸 실험의 개요도. 실제 실험에서, 키네신 분자 당 1분자 이상의 GFP 분자가 결합되었다. (*c*) 이 상은 Cy5-표지 튜불린(빨간색-표지 미세관들로 조립됨)과 GFP-표지 키네신 분자들을 합성한 살아 있는 세포의 일부를 보여준다. 여기에 보이는 상은 단일 시점에서 촬영된 것이다. 시간의 경과에 따라 관찰되었을 때, 키네신 분자들은 미세관을 따라 종종걸음을 치면서 이동하는 것으로 보인다. (키네신의 이동은 www.biophysj.org에 있는 이 논문의 영상자료 6에서 볼 수 있다.)

[1] 모터(운동단백질) 분자에 관한 예비지식은 뒤에 나오는 있는 〈13-3-5항〉에서 볼 수 있다.

신 운동단백질 분자의 유전자를 GFP에 융합시키고, 융합된 유전자를 배양된 세포 속에 삽입시켜서 이 세포들이 표지된 키네신 단백질을 생산하도록 한 다음, 표지된 단백질을 정제하였다. 이 과정에서 연구자들은 초록색형광 운동단백질 분자를 얻게 된다. 한편, 이 연구팀은 빨간색 형광 염료로 표지된 미세관을 준비하였다.

이 두 가지 준비물을 적당한 조건 하에서 결합시켰을 때, 연구자는 GFP로 표지된 각각의 키네신 분자가 하나의 미세관을 따라 내려가면서 이동하는 것을 추적할 수 있었다. 이것은 〈그림 13-6*a*〉의 연속된 사진에서 볼 수 있다. 이런 영상들을 내부전반사 현미경관찰법(total internal reflection microscopy, TIRF)이라고 하는 특수한 유형의 레이저-기반 형광현미경 관찰법을 이용하여 선명하게 만들 수 있다. 이 관찰법으로 미세관이 놓여 있는 표면 바로 위의 매우 얇은 면에 초점을 맞출 수 있다. 그 결과, 활동을 추적관찰하고 있는 개별 단백질 분자에서 나오는 정보가 시계(視界)의 다른 지역에서 나오는 형광 빛에 의해 방해받지 않게 된다. 이러한 실험 방법을 이용하여, 과학자들은 서로 다른 운동단백질의 특성을 비교할 수 있으며, 서로 다른 실험 조건 하에서 각 운동단백질의 특성을 측정할 수 있고, 또는 운동단백질의 특수한 돌연변이가 운동 특성에 어떻게 영향을 미치는가를 알아 볼 수 있다.

비슷한 기술을 이용하여, 과학자들은 살아 있는 세포 속에서 각 키네신의 이동을 시각적으로 볼 수 있게 되었다. 이런 실험의 한 예를 〈그림 13-6*c*〉에 나타내었다. 이 실험을 실시하기 위해, 세포를 유전공학적으로 조작하여 각각 형광물질로 표지된 미세관 중합체와 키네신 분자를 모두 합성할 수 있도록 한다. 그 다음, 연구자들은 세포의 세포질 속에서 일어나는 두 가지의 표지된 단백질이 상호작용하는 것을 관찰할 수 있다. 시험관 속 실험에서와 같이, 각 GFP-키네신 분자의 이동은 내부전반사 현미경관찰법을 이용하여 추적된다. 이러한 기술을 함께 이용하면, 연구자들은 작동 중인 운동단백질(motor protein)을 자세히 관찰할 수 있다.

또한 세포골격 요소들 자체의 기계적 특성을 측정할 수 있는 기술도 개발되었다. 원자력현미경(atomic force microscope, AFM; 18-3절)은 고분자 시료의 표면을 탐색하기 위한 나노크기의 팁(tip)을 사용하는 기구이다. 일단의 연구자들은 하나의 중간섬유 속에 ATM의 팁을 넣고 이 섬유의 신장성과 인장(引張) 강도를 시험하기 위해 섬유의 끝부분 또는 중간 부분에서 잡아당길 수 있다는

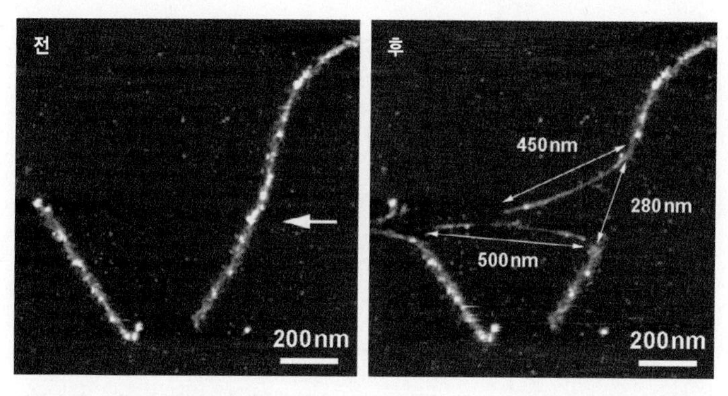

그림 13-7 단일 세포골격 섬유에 대한 기계적 특성의 결정. 이 영상은 원자력현미경의 팁에 의해 단일 중간섬유가 기계적 힘을 받기 전후를 보여주고 있다. 팁이 섬유의 한 지점에 부착되고(화살표), 닿았던 섬유 조각을 잡아당기면서 왼쪽으로 이동한다. 이 조각은 원래 길이의 3배 이상으로 늘어났다(원래 280nm에서 500 + 450nm의 늘어난 길이로). 섬유의 늘어난 부분은 늘어나지 않은 부분보다 더 가늘다는 것을 지적할 수 있다. 이것은 이 중합체를 구성하는 소단위들(그림 13-41 참고)이 섬유가 끌어 당겨질 때 서로 활주(滑走)할 수 있다는 것을 시사한다.

것을 발견하였다. 〈그림 13-7〉은 이런 실험 결과를 보여주는데, 고정되어 있는 중간섬유의 짧은 조각이 선상(線狀) 구조로 잡아당겨지고 있다. 이 실험에서 섬유 조각이 두 가닥으로 끊어지기 전 원래 길이의 3.5배까지 기계적으로 늘어날 수 있음이 증명되었다. 이 결과는 중간섬유가 미세섬유 또는 미세관보다 훨씬 더 신장될 수 있다는 제안을 확인시켜준다.

단일 분자를 가지고 연구하기 위한 기술의 발달은 동시에 **나노기술**(nanotechnology)이라고 하는 기계공학의 새로운 분야를 만들게 되었다. 나노기술자들의 목표는 현미경 이하의 세계에서 특수한 활동을 수행할 수 있는 작은 "나노기계"(10~100nm 크기의 범위인)를 개발하는 것이다. 의학 분야에서의 역할을 비롯하여, 인지된 나노기계의 용도는 많다. 언젠가 이러한 기계를 몸 속에 집어넣어 암세포를 찾아내고 이를 파괴하는 등의 특수한 일을 수행할 수 있는 날이 올 것으로 상상된다. 공교롭게도, 자연은 이미 운동단백질을 포함하는 나노 크기의 기계를 진화시켰다. 이러한 운동단백질은 이 장에서 설명될 것이다. 많은 나노기술 실험실에서, 살아 있는 생명체 속에서 발견된 것과 다른 종류의 분자 화물들을 이동시키기 위해 이런 나노 크기의 "트럭"을 사용하기 시작하였다는 것은 놀라운 일이 아니다.

13-2-3 세포골격의 역동성을 추적 관찰하기 위한 형광 영상 기술의 이용

살아 있는 세포 속에서, 세포골격을 형성하는 미세관과 액틴섬유는 모두 매우 동적인 중합체들이다. "동적"이라는 용어가 이 책에서 흔히 사용되는데, 이 용어의 뜻을 생각해보는 것은 가치 있는 일이다. 세포생물학자에게 있어서, "동적"이란 말은 "늘 변화한다"는 것을 뜻한다. 동적인 구조들은, 그 구조의 오래된 부분이 새로운 것으로 교환된다거나 또는 그 구조 전체가 파괴되어 다시 만들어지던지 하여, 계속적으로 어떤 유형의 재구성이 이루어지고 있다. 그래서 현미경으로 관찰할 때, 미세관 또는 액틴섬유가 한 순간에서 다음 순간으로 변하지 않는 것으로 보이더라도, 실제로 이들의 분자 구성요소들은 일정한 유동(流動, 끊임없는 변화) 상태에 있다. 중요한 것은, 이러한 구조들의 동적인 특성이 세포에 의해 면밀하게 조절되며, 세포질의 한 곳에서 다른 곳으로 또는 세포 주기 동안의 서로 다른 시각에 변화될 수 있다는 것이다. 이런 변화를 추적하여 관찰하기 위해서는 중합체의 역동성을 측정할 수 있는 기술을 이용할 필요가 있다. 한 가지 강력한 기술은 광탈색후 형광회복(*fluorescence recovery after photobleaching*, FRAP)이라고 하는 것이며, 이것은 막단백질의 이동과 연관하여 앞에서 설명되었다.

여기서는 미세관의 동적 특성에 관한 연구에 적용하여 살펴볼 것이다. FRAP 실험을 수행하기 위해서, 형광 염료가 결합된 튜불린을 세포에 주입시키거나 또는 세포가 GFP-튜불린을 발현하도록 유도시킨다. 세포의 작은 부위에 초점을 맞출 수 있는 레이저를

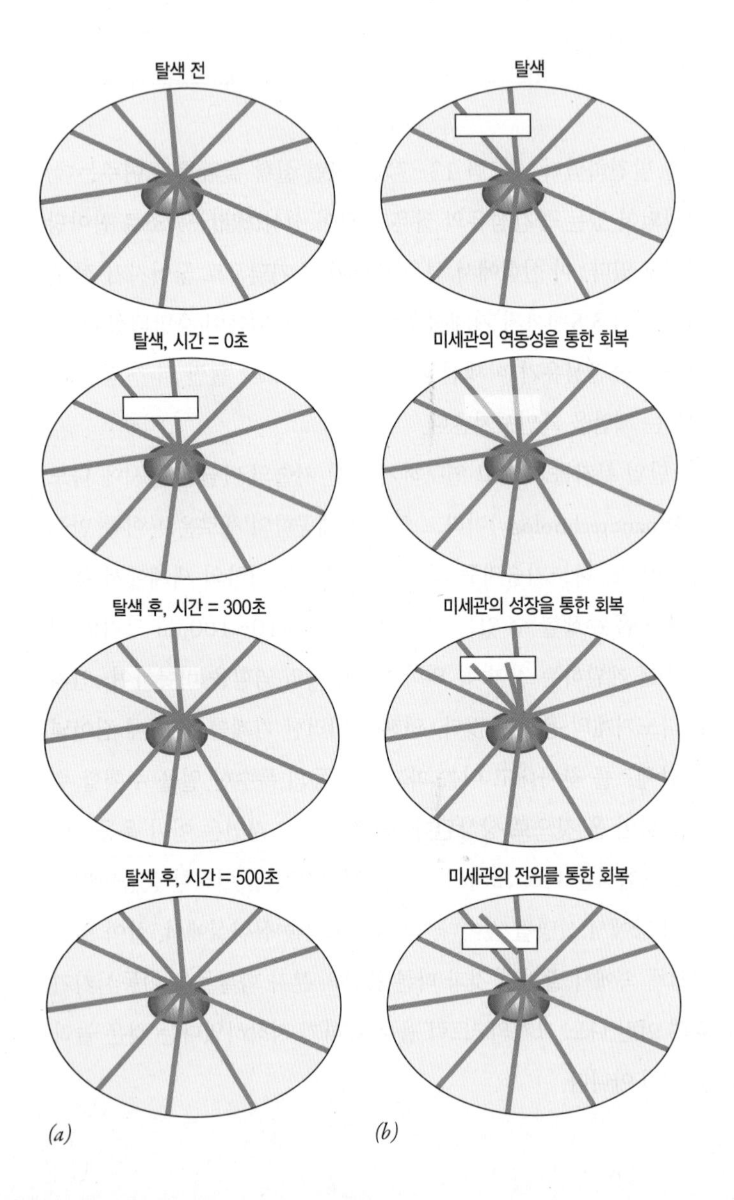

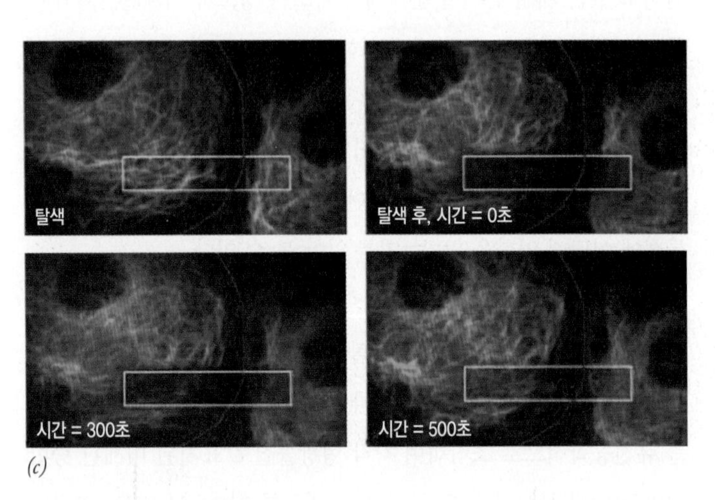

그림 13-8 **FRAP를 이용한 세포골격의 연구.** (*a*) GFP-튜불린을 발현하고 있는 세포가 형광튜불린을 미세관 배열에 결합시킨다. 레이저의 초점을 미세관 배열 위에 있는 상자 부분에 맞추었을 때, 형광이 탈색된다(t = 0초). 시간이 지나면서 탈색된 부위에 형광이 회복된다. (*b*) 형광회복은 미세관들의 다른 특성에서 비롯될 수 있다. 미세관의 동적 특성이 형광회복에 매우 기여하는 것 같다. 또 다른 경우로서, 만일 새로운 형광 미세관들이 중심체로부터 자라나온다면, 이 미세관들도 탈색된 부위로 성장할 수 있다. 마지막 경우로서, 위치를 변경시키는 중인 형광 미세관이 탈색된 부위를 거쳐 이동할 수 있어서, 관찰하는 시각에 그 곳에서 볼 수 있게 된다. (*c*) GFP-튜불린을 발현하고 있는 간기(분열하지 않는)의 세포들을 대상으로 실시된 FRAP 실험에서 얻은 사진들. 나란히 있는 2개의 세포에서 상자로 표시된 부위를 레이저로 탈색시킨 다음, 이 세포를 시간 경과에 따라 촬영하였다. 실험 시간이 경과하면서, 탈색된 부위에서 형광 신호가 회복된다.

장착한 현미경을 이용하여, 그 부위에 있는 튜불린 형광을 레이저로 탈색시킨다. 그 다음, 시간이 경과함에 따라서 시료를 추적하여 형광 신호가 탈색된 부위로 되돌아오는 것을 확인할 수 있다(그림 13-8*a*,*c*). 세포 및 분자생물학에서 사용된 대부분의 방법들처럼, 실험 결과는 여러 가지로 해석될 수 있다. 예로서, 형광회복은 탈색된 부위에서 재편성(전환)되는 미세관들의 역동성에 의한 것이거나, 탈색된 부위로 새로운 미세관들이 성장하여 일어났거나, 또는 탈색된 부위를 거쳐 미세관들이 이동하여 일어난 것일 수도 있다.

복습문제

1. 세포골격의 성질을 이해하는 데 기여한 다음의 각 방법에 대한 예를 설명하시오. 형광현미경 관찰법, 시험관 속 운동성 분석법, 원자력현미경 관찰법.
2. 세포골격의 주요 기능 몇 가지를 열거하시오.

13-3 미세관

13-3-1 구조와 조성

그 명칭이 의미하듯, 미세관은 속이 비어 있고 비교적 단단한 관(管) 모양의 구조이며, 거의 모든 진핵세포에 있다. 미세관은 유사분열하는 세포의 방추체, 섬모와 편모의 중심부 등을 비롯한 다양한 구조를 구성하는 요소이다. 미세관의 외경은 25nm, 벽의 두께는 약 4nm이며, 세포의 길이로 또는 폭을 가로질러 뻗어 있다. 미세관의 벽은 관의 긴 축에 평행으로 배열된 **원섬유**(原纖維, protofilament)라고 하는 종렬로 배열된 구형 단백질로 이루어져 있다(그림 13-9*a*). 횡단면에서 보면, 미세관은 벽 속에 원형으로 나란히 배열된 13개의 원섬유들로 구성되어 있다(그림 13-9*b*). 인접한 원섬유들 사이에서 일어나는 비공유 상호작용이 미세관의 구조를 유지하는 데 있어서 중요한 역할을 하는 것으로 생각된다. 각 원섬유는 1개의 알파(α)-튜불린(tubulin) 소단위와 1개의 베타(β)-튜불린 소단위로 구성된 2량체(dimer)의 기본단위로 조립된다. 이 두 가지 유형의 구형 튜불린 소단위들의 3차원 구조가 비슷하기 때문에, 〈그림 13-9*c*〉에서처럼 서로 딱 들어맞는다.

〈그림 13-9*d*〉에서처럼, 튜불린 2량체는 각 원섬유의 길이를 따라 선상으로 배열되어 있다. 각 조립 단위는 2개의 동일하지 않은 구성요소, 즉 이질2량체(異質2量體, heterodimer)로 되어 있기 때문에, 원섬유는 한쪽 말단에 α-튜불린을 그리고 다른 쪽 말단에 β-튜불린을 갖는 비대칭적 구조이다. 미세관에 있는 원섬유들은 모두 동일한 극성을 갖고 있다. 결과적으로, 전체 중합체가 극성을 갖는다. 미세관의 한쪽 끝은 양(+)의 말단(*plus end*)으로 알려졌고 β-튜불린 소단위 열(列)로 끝난다(그림 13-9*d*). 반대쪽은 음(−)의 말단(*minus end*)이며 α-튜불린 소단위 열로 끝난다. 이 장의 뒤에 설명된 것처럼, 미세관의 구조적 극성은 이 구조의 성장과 지향적인 기계적 활동 참여 능력에 있어서 중요한 요소이다.

13-3-2 미세관-결합 단백질

살아있는 조직으로부터 준비된 미세관은 보통 **미세관-결합 단백질**(microtubule-associated protein, 또는 MAP)이라고 하는 가외의 단백질을 갖고 있다. MAP는 이질적인 단백질들의 무리로 이루어져 있다. 최초로 밝혀진 MAP는 "고전적 MAP"라고 하며, 이 단백질들은 흔히 미세관 쪽에 부착된 하나의 영역과 미세관의 표면에서 섬유로서 바깥쪽으로 돌출된 또 다른 영역을 갖고 있다. 미세관의 표면에 이런 MAP들 중의 하나가 결합되어 있는 것이 〈그림 13-10〉에 그려져 있다. 전자현미경 사진에서, 일부의 MAP는 미세관들 사이를 서로 연결하여 평행한 배열을 유지시키는 교차-다리(橋)(cross-bridge)로 보여 질 수 있다. MAP는 보통 미세관의 안정성을 증가시키며 미세관의 조립을 촉진시킨다.

다양한 MAP들이 갖고 있는 미세관-결합 활성은 주로 특정한 아미노산 잔기에 인산기를 첨가하거나 제거함으로써 조절된다. 타우(*tau*)라고 하는 하나의 특정한 MAP가 비정상적으로 높은 수준으로 인산화 되면, 알츠하이머 질환을 비롯한 다수의 치명적인 신경퇴화 장애의 발생과 관련되어 있다. 이 질환을 가진 사람의 뇌 세포들은 이상하게 얽힌 섬유[신경섬유결절(*neurofibrillary tangle*)이라고 하는]를 갖고 있다. 이 섬유는 과도하게 인산화 되어 미세관과 결합할 수 없는 타우 분자들로 이루어져 있다. 이 신경섬유가 신경

세포를 죽게 하는 것으로 생각된다. 이런 질환 중 하나인 FTDP-17[b)]이라고 하는 유전성 치매(癡呆, dementia) 환자들은 *tau* 유전자의 돌연변이를 갖고 있는데, 이것은 타우 단백질의 변화가 이 장애의 근본적 원인임을 시사한다.

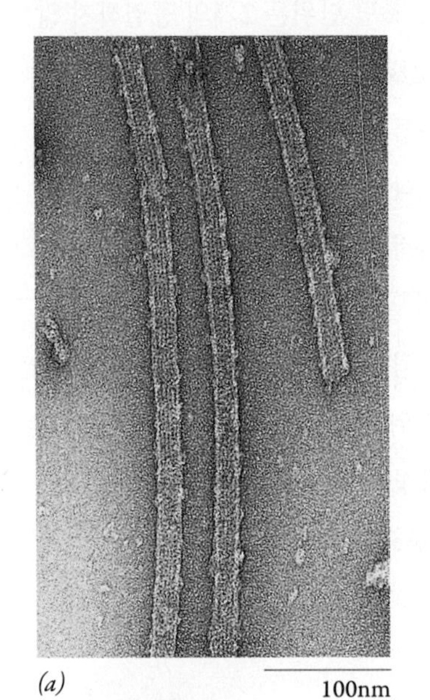

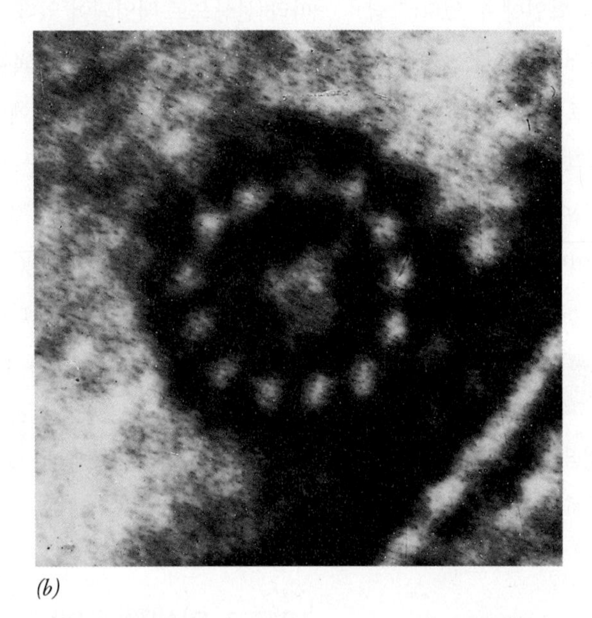

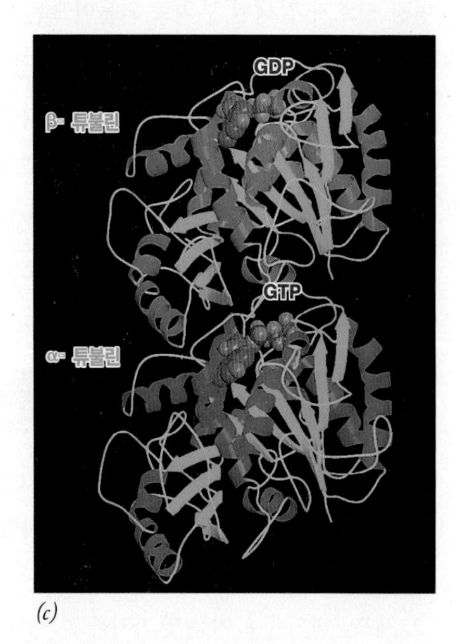

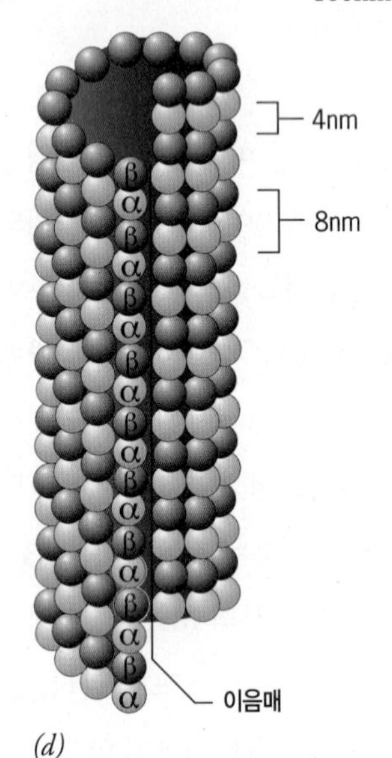

그림 13-9 미세관의 구조. (*a*) 뇌에서 분리된 미세관들을 음성 염색하여 관찰한 전자현미경 사진으로서, 원섬유를 구성하는 구형의 소단위들을 보여준다. 미세관의 표면에 붙어 있는 것들은 뒤에서 설명할 미세관-결합 단백질(MAP)이다. (*b*) 향나무속(*Juniperus*) 식물의 뿌리 끝에 있는 세포의 미세관을 횡단한 전자현미경 사진으로서, 관의 벽 속에 배열된 13개의 소단위들을 보여준다. 이 식물세포의 미세관들은 원형질막(사진의 오른쪽 아래에 보임) 바로 아래에 있는 약 100nm 두께의 피질부에 가장 많이 있다. (*c*) αβ-튜불린 이질2량체의 3차원 구조를 보여주는 리본 모형. 상호작용하는 표면에서 소단위들의 상보적인 모양에 주목하라. α-튜불린 소단위에는 결합된 GTP가 있는데, 이것은 가수분해되지 않으며 교환될 수 없다. β-튜불린 소단위에 결합된 GDP는 중합체로 조립되기 전에 GTP로 바뀐다. 2량체에서 양(+)의 말단은 꼭대기에 있다. (*d*) 세포 속에 존재할 것으로 생각되는 구조인 B-격자 방식으로 나타낸 미세관의 종단면 모식도. 미세관의 벽은 머리-꼬리로 배열되어 층을 이루는 αβ-튜불린 이질2량체로 구성된 13개의 원섬유로 이루어져 있다. 인접한 원섬유들은 일정한 높이로 배열되어 있지 않고 약 1nm 정도 어긋나 있기 때문에, 튜불린 분자들은 미세관 둘레를 따라 돌면서 나선으로 배열된다. 이 나선구조는 α와 β 소단위들이 측면의 접촉되는 지점에서 중단된다. 이것은 미세관의 길이를 따라서 "이음매"를 형성한다.

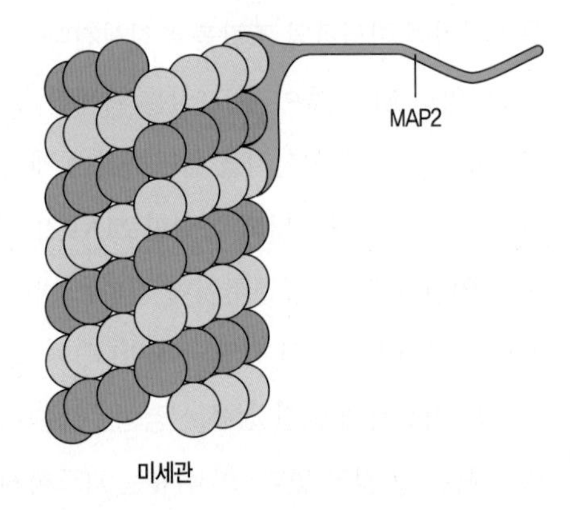

그림 13-10 미세관-결합 단백질(MAP). 미세관의 표면에 결합된 뇌 MAP2 분자의 개요도. 이 그림에 있는 MAP2 분자는 폴리펩티드 사슬의 짧은 부분으로 연결된 3개의 튜불린-결합 자리를 갖고 있다[다른 동형(同形, isoform)은 4개의 결합 자리를 갖고 있다]. 결합 자리들은 미세관 벽에서 MAP2 분자가 별도의 튜불린 소단위들 3개와 붙을 수 있도록 충분한 거리를 두고 있다. MAP 분자의 꼬리는 밖으로 돌출되어서 다른 세포 구성요소들과 상호작용을 할 수 있게 한다.

역자 주[b)] FTDP-17: "Frontotemporal dementia and Parkinsonism linked to chromosome 17(17번 염색체에 연결된 전측두엽 치매와 파킨슨병)"의 머리글자이다.

13-3-3 구조의 지지체와 형성체로서의 미세관

미세관은 섬유를 압축하거나 또는 휘게 할 수 있을 정도의 힘에 견딜 만큼 충분히 단단하다. 이런 특성은 강철 대들보가 높은 건물을 지지하거나 또는 폴대가 텐트의 구조를 지지할 만큼 강한 기계적 지지력을 미세관이 지닐 수 있게 한다. 세포에서 세포질에 있는 미세관의 분포가 그 세포의 모양을 결정하는 데 도움을 준다. 배양된 동물세포에서, 미세관들은 핵 주변 지역에서 바깥쪽을 향해 방사상으로 뻗어 있어서, 그 세포가 둥글고 납작한 모양을 갖게 된다(그림 13-11). 이와는 대조적으로, 원주상피(圓柱上皮) 세포의 미세관은 보통 세포의 장축에 평행하게 장축으로 배열되어 있다(그림 13-1*a*). 이런 배열은 미세관들이 세포의 신장된 모양을 유지하는 데 도움을 주고 있다는 것을 암시한다. 골격 요소로서 미세관의 역할은, 섬모와 편모 그리고 신경 세포의 축삭과 같이 매우 신장된 세포의 돌기에서 특히 명확하다.

식물세포에서, 미세관들은 세포벽 형성에 영향을 미침으로써 세포의 모양 유지에 간접적인 역할을 한다. 간기에, 식물세포에서 대부분의 미세관들은 뚜렷한 피질부(cortical zone)를 형성하는 원형질막의 바로 아래에 위치되어 있다(그림 13-9*b*에서처럼). 이러한 피질부의 미세관들은 원형질막에 위치하는 섬유소-합성효소(cellulose synthase)의 이동에 영향을 미치는 것으로 생각된다(그림 13-37 참조). 그 결과, 세포벽의 섬유소 미세원섬유(cellulose microfibril)들은 그 아래에 놓여 있는 피질부 미세관과 평행한 방향으로 조립된다(그림 13-12). 이러한 섬유소 미세원섬유의 방향성은 세포의 생장 특성과 그 모양을 결정하는 데 있어서 중요한 역할을 한다. 대부분의 세포들에서, 새롭게 합성된 섬유소 미세원섬유와 동일한 방향으로 배열된 미세관들은, 드럼통 둘레에 굴렁쇠를 두른 것처럼, 세포의 장축에 직각으로(횡으로) 배열되어 있다(그림 13-12). 섬유소 미세원섬유는 측면 팽창에 저항하기 때문에, 세포의 액포 속에 있는 액체에 의해서 생긴 팽압이 그 세포의 양쪽 끝에 작용하게 되어 세포가 길이로 늘어나게 된다.

또한 미세관은 세포의 내부 체제를 유지하는 데 있어서도 중요한 역할을 한다. 미세관-해체 약물을 세포에 처리하면, 소포체와 골지복합체를 비롯하여 막으로 된 소기관들의 위치에 심한 영향을 미칠 수 있다. 동물세포에서, 골지복합체는 보통 핵의 바로 바깥쪽의 중앙 근처에 위치한다. 세포에 미세관의 해체를 촉진시키는 노코다졸(nocodazole)[c]이나 콜히친(colchicine)을 처리하면, 골지 요소들을 세포의 주변 부위로 분산시킬 수 있다. 약물을 제거하면 미세관은 다시 조립되고, 골지 막들은 세포 안쪽의 원래 위치로 돌아간다.

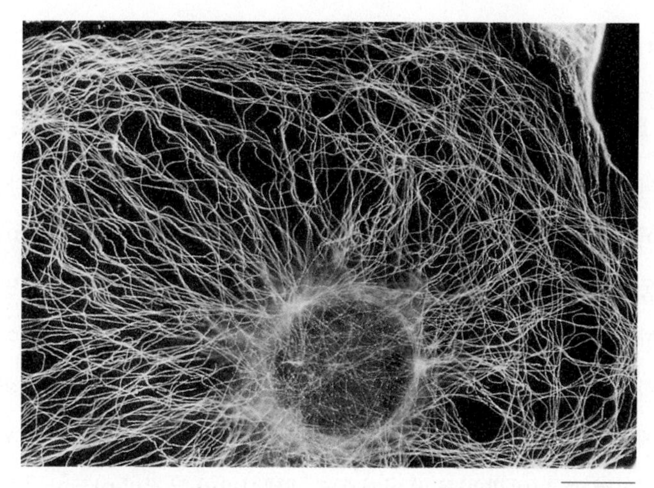

그림 13-11 미세관의 위치(局在性). 납작한 모양의 배양된 생쥐 세포에서, 형광물질로 표지된 항-튜불린 항체에 의해 미세관의 국재성을 확인할 수 있다. 미세관들은 세포의 핵 주변 부위로부터 뻗어 나와 방사상으로 배열된 것으로 보인다. 각 미세관은 추적될 수 있으며 세포의 모양에 맞추어 점차로 휘는 것으로 보인다.

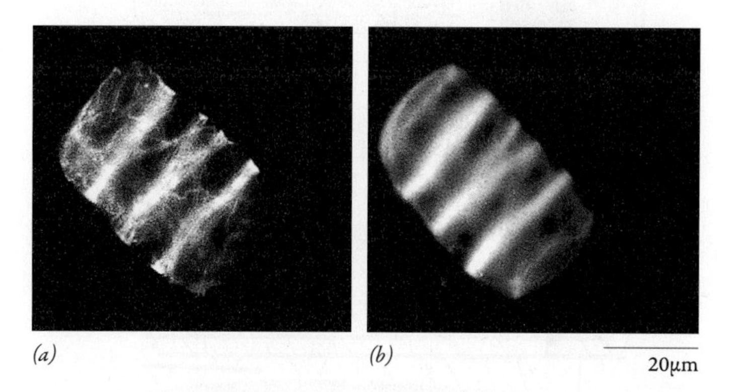

그림 13-12 식물세포에서 미세관의 방향과 섬유소 집적 사이의 공간적 관계. 밀의 엽육조직 세포를 미세관(*a*)과 세포벽의 섬유소(*b*)를 관찰하기 위해 이중으로 염색하였다. 피질부 미세관과 섬유소 미세원섬유가 같은 방향으로 배열되어 있는 것이 명확하다.

역자 주[c] 노코다졸(nocodazole): 항종양제(anti-neoplastic)로서, 세포에서 미세관의 중합을 방해한다.

13-3-4 세포 내 운동성을 중개하는 미세관

세포 속에서 고분자들과 소기관들은 지향적(指向的)인 방식으로 이리저리 이동하므로 살아있는 세포들은 활성으로 가득 차 있다. 이러한 활기찬 움직임은 살아있는 세포 속에서 미입자 물질들의 이동을 관찰하면 알 수 있지만, 대부분의 세포들이 고도로 질서 정연한 세포골격을 갖고 있지 않기 때문에, 그런 과정을 연구하기가 어렵다. 예로서, 우리는 미세관에 의해 물질이 막으로 된 하나의 구획에서 다른 구획으로 수송된다는 것을 알고 있다. 그 이유는 이들 세포골격 요소(미세관)를 특이적으로 해체시키면 물질의 이동이 중지되기 때문이다. 세포 내 운동성에 관한 공부는 신경세포에 초점을 맞추어 시작할 것인데, 신경세포 안에서의 물질 이동은 미세관과 다른 세포골격 섬유들의 고도로 조직화된 배열에 의존한다.

13-3-4-1 축삭수송

각 운동 뉴런(motor neuron)의 축삭(軸索, axon)은 척수(脊髓)로부터 손가락이나 발가락의 끝으로 뻗어 있다. 이런 뉴런에서 물질을 제조하는 중심부는 척수 안에 있는 뉴런의 둥근 부분인 세포체(細胞體, cell body)이다. 표지된 아미노산을 세포체 속에 주입시키면, 이들은 표지된 단백질로 결합되어 축삭(돌기)으로 이동하고 길이를 따라 점차 아래로 내려간다. 신경전달물질(neurotransmitter) 분자를 비롯하여 여러 가지 다른 물질들이 세포체의 ER과 골지복합체에 있는 막으로 된 소낭(小囊, vesicle)들 속으로 들어가고 축삭의 길이를 따라 아래로 수송된다(그림 13-13*a*). 또한 RNA, 리보솜, 세포골격 요소들까지 막으로 싸여 있지 않은 화물들도 아주 길게 뻗어 있는 세포질을 따라 수송된다.

물질에 따라 이동 속도는 다르며, 가장 빠른 축삭수송은 초(秒)

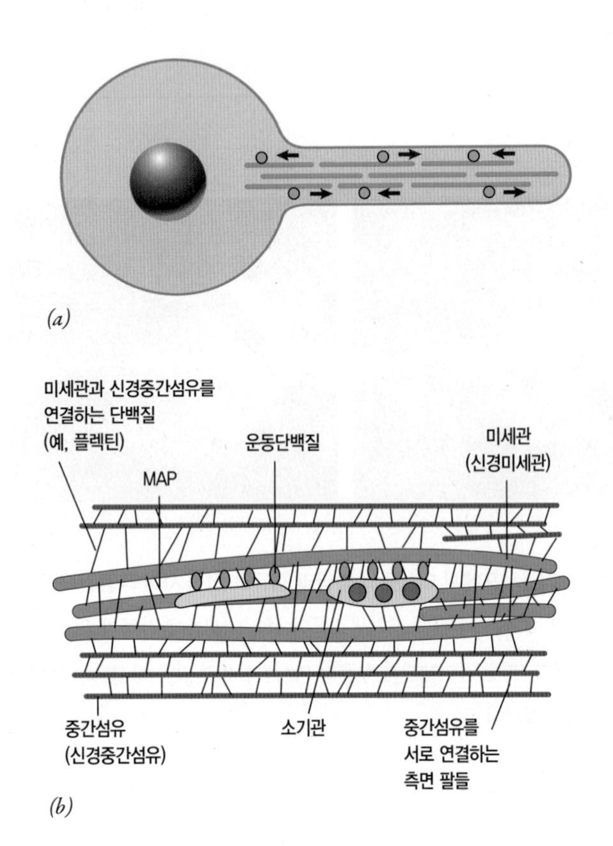

그림 13-13 축삭수송. (*a*) 미세관의 선로를 따라 축삭의 길이 아래로 소낭들이 이동하는 것을 보여주는 신경세포의 개요도. 소낭들은 축삭 속에서 양방향으로 이동한다. (*b*) 축삭 속에 있는 미세관과 중간섬유(신경중간섬유, neurofilament)의 체제를 그린 개요도. 수송될 물질을 갖고 있는 소낭들은 키네신과 디네인 같은 운동단백질을 포함한 교차-연결 단백질들에 의해 미세관에 부착된다. (*c*) 배양된 신경세포에서 축삭 일부의 전자현미경 사진. 축삭 수송을 위해 선로의 기능을 하는 평행하게 배열된 수많은 미세관이 보인다. 이 사진에서 보이는 막으로 싸인 두 소기관들은 이 신경세포를 고정할 때 축삭을 따라 이동하는 것을 광학현미경으로 볼 수 있었다.

당 5μm의 속도로 일어난다. 이런 속도로, 나노(nano) 크기의 운동단백질에 의해 끌어당겨진 시냅스 소낭(synaptic vesicle)은 하루에 0.4m를 이동할 수 있다. 이 거리는 척수로부터 손가락 끝까지의 절반 길이에 해당한다. 세포체로부터 뉴런의 끝을 향해서 이동하는 구조들 및 물질들을 전방향(前方向, *anterograde direction*)으로 이동한다고 말한다. 축삭의 말단에서 형성되어 표적세포들로부터 조절인자들을 운반하는 내포작용의 소낭들을 포함한 다른 구조들은 시냅스로부터 세포체를 향해서 반대방향으로, 또는 역방향(逆方向, *retrograde direction*)으로 이동한다. 전방향 수송 및 역방향 수송이 일어나지 않는 것은 여러 가지 신경학적 질환과 관련되어 있다.

축삭은 여러 방향에서 서로 연결된 미세섬유 다발, 중간섬유, 미세관 등의 세포골격 구조로 채워져 있다(그림 13-13*b,c*). 영상 현미경을 이용하여, 연구자들은 소낭들이 축삭에서 미세관을 따라 세포체 쪽으로 향하거나 또는 세포체로부터 멀어질 때, 각각의 소낭을 추적할 수 있다(그림 13-14). 이런 이동은 1차적으로 미세관에 의해 중개된다(그림 13-13*c*). 이 미세관들은 세포 속에서 물질 이동에 필요한 힘을 발생시키는 여러 가지 **운동단백질**(motor protein)들을 위한 선로의 역할을 한다. 운동단백질에 관한 연구는 세포 및 분자생물학에서 주요한 관심의 대상이 되고 있으며, 이 분자들의 성질과 작용 기작에 관한 많은 정보가 알려져 있으며, 이는 다음 절(節)에서 다룰 주제이다.

13-3-5 미세관 세포골격 위를 걷는 운동단백질

세포의 운동단백질들은 화학에너지(ATP 속에 저장된)를 기계적 에너지로 전환시켜서, 힘을 발생시키는 데 사용하거나 운동단백질에 부착된 세포의 화물(cargo)을 이동시키는 데 사용한다. 이런 운동단백질에 의해 수송되는 세포 내 화물로서는 리보핵단백질(ribonucleoprotein) 입자, 소낭, 미토콘드리아, 리소솜, 염색체, 다른 세포골격 섬유 등이 있다. 하나의 세포는 서로 다른 많은 종류의 운동단백질을 갖고 있을 수 있으며, 각 운동단백질은 아마도 세포의 특정한 장소에서 특정한 유형의 화물을 이동시키기 위해 전문화되었을 것이다. 전체적으로, 운동단백질은 키네신(kinesin), 디네인(dynein), 미오신(myosin)의 세 가지로 분류될 수 있다. 키네신과 디네인은 미세관을 따라 이동하는 반면, 미오신은 미세섬유를 따라 이동한다. 중간섬유를 따라 이동하는 운동단백질은 알려진 것이 없다. 중간섬유는 구조적으로 극성화 되어 있지 않아서 운동단백질에

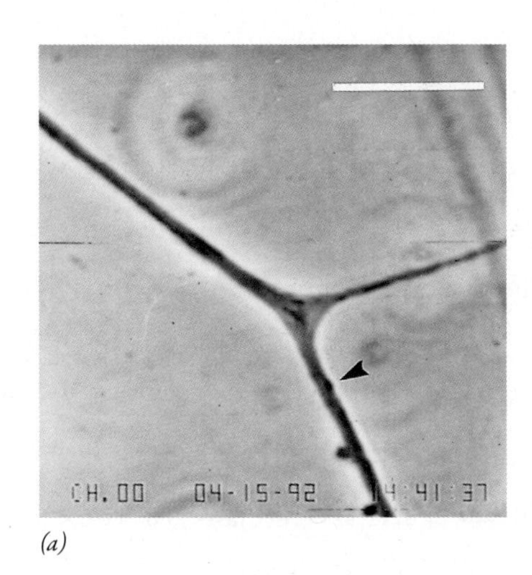

(*a*)

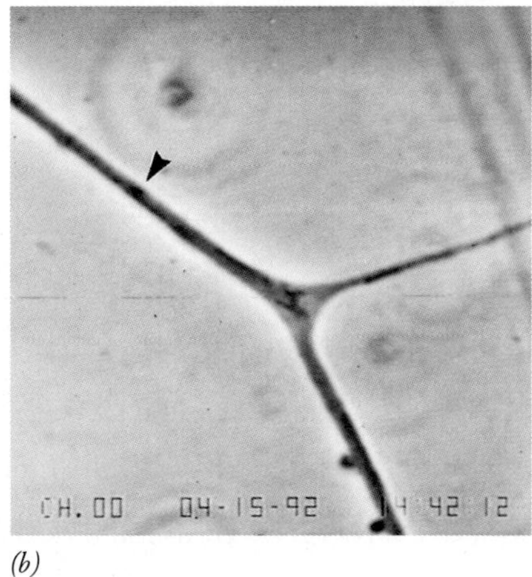

(*b*)

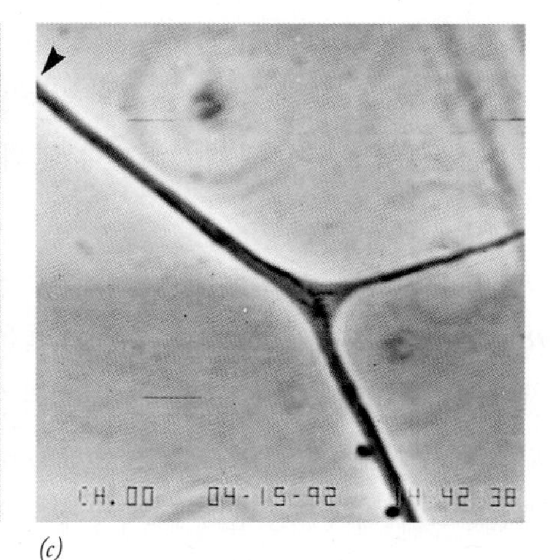

(*c*)

그림 13-14 **축삭수송을 보여주는 비디오 사진.** (*a*–*c*) 이 비디오 사진들은 막으로 싸인 소기관이 분지된 축삭을 따라 이동하는 것을 보여준다. 세포체는 사진 위의 왼쪽 시야에서 멀리 벗어나 있는 반면, 말단부[성장원추체(成長圓錐體, growth cone)]는 사진 아래의 오른쪽 시야에서 벗어나 있다. 소기관의 위치는 화살촉으로 표시되었다. 추적되고 있는 소기관[자식포(自食胞, autophagic vacuole)]은 분지점을 지나 역방향으로 이동하며 세포체를 향해서 계속 이동한다. 첫 번째 사진의 위 오른쪽 선의 길이는 10μm이다.

방향을 지시하는 신호를 보내지 않을 것이라는 점을 고려하면 놀랄 만한 일이 아니다.

운동단백질들은 하나의 결합자리에서 다음 자리로 한 걸음씩 걸어가는 방식으로 세포골격의 선로를 따라 한쪽 방향으로 이동한다. 이 단백질이 선로를 따라 이동할 때, 일련의 입체구조 변화가 일어나서 기계적 주기(mechanical cycle)를 형성한다. 기계적 주기의 단계는 화학적(또는 촉매적) 주기[*chemical*(또는 *catalytic*) *cycle*]의 단계와 연결된다. 후자는 운동단백질의 활동에 연료를 보급하기 위해 필요한 에너지를 공급한다(예로서 〈그림 13-61〉 참조). 화학적 주기의 단계들은 운동단백질에 ATP 분자의 결합, ATP의 가수분해, 운동단백질로부터 산물(ADP + P_i)의 방출, 그리고 새로운 ATP 분자의 결합 등으로 이루어진다. 1분자의 ATP가 결합하고 가수분해 되면, 운동단백질이 선로를 따라 정확히 몇 나노미터(nm)를 이동시키기 위한 파워 스트로크를 하는 데 사용된다. 운동단백질이 세포골격 중합체를 따라 연속되는 다음 장소로 이동함에 따라, 기계적 주기와 화학적 주기가 계속 반복되어, 화물을 상당한 거리에까지 끌어당긴다. 환경의 영향을 크게 받는 사람이 만든 기계와는 다르게, 우리는 분자-크기의 운동단백질을 설명하고 있다는 것을 기억해 두자. 예로서, 운동단백질은 사실상 운동량(관성, 慣性)을 갖고 있지 않으며, 점성이 있는 환경으로부터 굉장한 마찰 저항을 받기 쉽다. 그 결과, 일단 에너지 투입이 중지되면 운동단백질은 거의 즉시 멈추게 된다.

이제 키네신(kinesin)의 분자 구조와 기능을 알아보려고 하는데, 키네신은 가장 작고 가장 잘 알려진 미세관의 운동단백질이다.

13-3-5-1 키네신

1985년, 로날드 베일(Ronald Vale)과 동료들은, 선로(線路)로서 미세관을 이용한 운동단백질을 오징어 축삭의 세포질에서 분리하였다. 그들은 이 단백질의 이름을 **키네신**(kinesin)이라고 하였으며, 키네신은 그 후 거의 모든 진핵세포에서 계속 발견되었다. 키네신은 4량체(tetramer)로서, 2개의 무거운 사슬과 2개의 가벼운 사슬로 이루어져 있다(그림 13-15*a*). 키네신 분자는 여러 부분으로 되어 있으며, 그 중에서 1쌍의 구형 머리부분(head)은 미세관에 결합하고 ATP를 가수분해하여 힘을 발생시키는 "엔진"의 역할을 한다. 각 머리부분[또는 모터영역(*motor domain*)]은 목부분(neck), 자루부분(stalk), 부채 모양의 꼬리부분(tail)과 연결되어 있으며, 꼬리부분에 운반될 화물이 결합한다(그림 13-15*a*). 키네신은 미오신보다 훨씬 더 작은 크기의 단백질이며, 이 두 가지 운동단백질은 서로 다른 선로 위에서 작동한다는 사실에도 불구하고, 놀랍게도 키네신의 모터영역은 미오신(myosin)의 머리 구조와 아주 비슷하다. 키네신과 미오신은 원시적인 진핵세포에 존재하는 공통 조상 단백질에서 진화된 것이 거의 확실하다.

정제된 키네신 분자들을 시험관 속의 운동성 분석으로 관찰하면, 운동단백질들은 양(+)의 말단을 향해 미세관을 따라 이동한다(그림 13-6 참조). 그러므로 키네신은 양(+)의 말단-지향적 미세관 운동단백질(*plus end-directed microtubular motor*)이라고 한다. 모든 미세관들의 음(−)의 말단이 세포체를 향하는 축삭에서, 키네신은 소낭 및 기타 화물을 시냅스 끝을 향하여 수송한다. 키네신의 발견은 〈실험경로〉에 설명되어 있고, 이는 웹사이트(www.wiley.com/college/karp)에서 볼 수 있다.

하나의 키네신 분자는 ATP 농도에 비례하는 속도로(초 당 약 1μm의 최대 속도까지) 미세관에서 하나의 원섬유를 따라 이동한다. ATP의 농도가 낮으면, 키네신 분자들은 명확한 걸음걸이(step)로 이동한다고 관찰자들이 결론을 내리기에 충분할 정도로 느리게 이동한다(그림 13-15*b*). 각 걸음 보폭은 약 8nm이고, 또한 이 길이는 원섬유에서 튜불린 2량체 1개의 길이와 같으며, 이 걸음을 이동하기 위해 1분자의 ATP가 가수분해 되어야 한다. 키네신은 〈그림 13-15*b*〉에 그려진 "번갈아 옮기기(핸드-오버-핸드, hand-over-hand)" 기작으로 이동한다는 것이 현재 일반적으로 받아들여지고 있다. 사람이 두 손으로 밧줄을 번갈아 가며 잡고 오르는 것과 비슷한 이 모형에 의하면, 걸을 때마다 자루부분과 화물이 회전하지 않으면서 2개의 머리부분이 교대로 앞서고 뒤서는 자세를 취한다.

시험관 및 생체(세포) 속에서, 키네신 분자의 운동은 매우 **연작용적**(聯作用的, processive)이다. 이 표현은 운동단백질이 미세관을 따라 상당한 거리(1μm 이상)를 떨어지지 않고 이동하는 것을 의미한다. 2개의 머리부분을 갖고 있는 키네신은, 그 중 최소한 1개의 머리부분이 미세관에 항상 붙어 있기 때문에, 이러한 재주를 피울 수 있다(그림 13-15*b*). 이런 능력을 가진 운동단백질은 작은 화물 꾸러미들을 독자적으로 원거리 수송하도록 잘 적응되어 있다.

키네신 분자에 있는 2개의 머리부분은 서로 협조적인 방식으

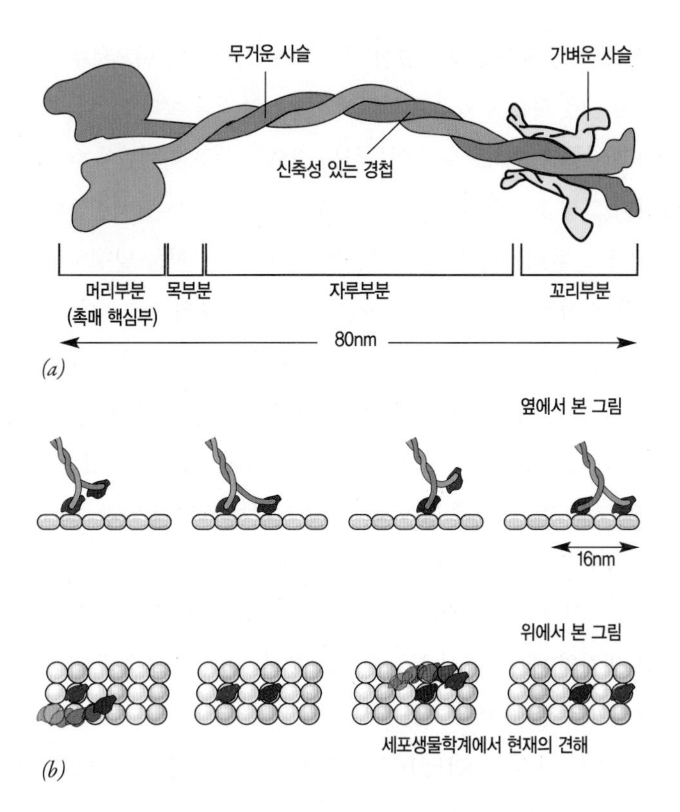

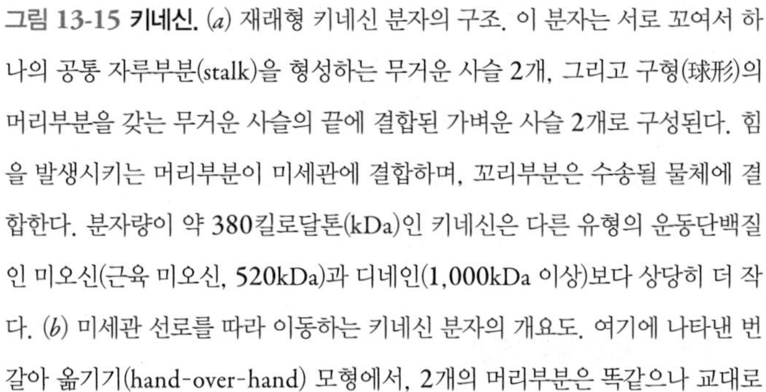

그림 13-15 키네신. (*a*) 재래형 키네신 분자의 구조. 이 분자는 서로 꼬여서 하나의 공통 자루부분(stalk)을 형성하는 무거운 사슬 2개, 그리고 구형(球形)의 머리부분을 갖는 무거운 사슬의 끝에 결합된 가벼운 사슬 2개로 구성된다. 힘을 발생시키는 머리부분이 미세관에 결합하며, 꼬리부분은 수송될 물체에 결합한다. 분자량이 약 380킬로달톤(kDa)인 키네신은 다른 유형의 운동단백질인 미오신(근육 미오신, 520kDa)과 디네인(1,000kDa 이상)보다 상당히 더 작다. (*b*) 미세관 선로를 따라 이동하는 키네신 분자의 개요도. 여기에 나타낸 번갈아 옮기기(hand-over-hand) 모형에서, 2개의 머리부분은 똑같으나 교대로 운동을 한다. 이것은 마치 사람이 정원에서 일직선상으로 놓인 디딤돌 길을 걷는 것과 비슷하다. 걸음을 걸을 때, 뒤따라 가는 머리부분(다리)은 자루부분(몸통)의 왼쪽과 오른쪽에서 교대로 16nm씩 앞을 향해 이동한다. (*c*) 미세관(노란색 등고선 지도)을 따라서 단백질을 이동하게 하는 단량체인 키네신 분자의 머리부분(파란색)과 목부분(빨간색)에서 생기는 입체구조의 변화. 끝이 잘라진 키네신 분자의 목부분이 두 번째 머리부분에 연결되어 있는 대신 GFP 분자(초록색)에 붙어 있다. 목부분의 휘두름 운동은 보통 짝을 이루는 머리부분의 전진 운동을 추진하여, 이 2량체가 원섬유의 양(+)의 말단을 향해 걸을 수 있게 한다.

로 행동하기 때문에, 이 2개의 머리부분은 어느 일정 시각에 화학적 및 기계적 주기가 항상 서로 다른 시기에 있게 된다. 1개의 머리부분이 미세관에 결합하면, 이 운동단백질 근처의 목부분에서 입체구조의 변화가 일어나게 된다. 이로 인하여 다른 1개의 머리부분이 원섬유 위에 있는 다음 결합자리를 향해 앞으로 나아가게 된다. 앞으로(전진하여) 이동하는 머리부분은 아마도 신속한 방산적(放散的)(무작위)인 탐색을 통해 원섬유에 있는 자신의 정확한 결합자리를 찾을 것이다. 이런 작용이 〈그림 13-15*c*〉에 그려져 있고, 이 그림은 미세관과 결합된 단량체 키네신에서 무거운 사슬의 머리부분과 목부분을 나타내고 있다. 머리부분에서 촉매활성이 일어나면, 목부분이 휘두름(swinging) 운동을 하게 한다. 이 그림에서 목부분은 키네신의 머리부분 대신 GFP(초록색의 원통형 단백질) 분자에 붙어 있다. 이 과정에서 미세관은 단순한 수동적 선로가 아니라 키네신 분자의 기계적 주기 그리고 화학적 주기의 어느 단계들을 자극하는 데 있어서 능동적인 역할을 한다.

1985년에 발견된 키네신 분자를 "재래형 키네신(conventional kinesin)" 또는 키네신-1(kinesin-1)이라고 하며, 이것은 유연관계가 있는 단백질들로 구성된 대집단(superfamily)에 속하는 하나의 단백질일 뿐이다. 우리는 이 단백질들을 **키네신-유사 단백질**(kinesin-like protein, KLP)이라고 할 것이다. 유전체 서열 분석을 바탕으로 포유동물들은 약 45가지의 KLP를 만든다. KLP들의 운동단백질(모터) 부분은 유연관계를 지닌 아미노산 서열을 갖고 있다. 이것은 이 단백질들이 진화적으로 공통 조상으로부터 유래되었음을 나타내며 그리고 미세관을 따라 이동한다는 점에서 이 단백질의 역할이 유사함을 반영한다. 이와는 대조적으로, KLP들에서 꼬리부분의 아미노산 서열은 다양하다. 이것은 이 운동단백질이 운반하는 화물이 다양함을 나타낸다. 특정한 KLP와 이의 화물을 연결하는 잠재적인 연계분자(adaptor)로 작용할 수 있는 많은 종류의 단백질이 확인되었다.

kinesin-1과 같이, 대부분의 KLP는 이들이 결합되어 있는 미세관의 양(+)의 말단 쪽을 향하여 이동한다. 그러나 널리 연구된 노랑초파리(*Drosophila melanogaster*)의 Ncd[d] 단백질을 비롯하여, 작은 키네신 집단(kinesin-14라고 하는)은 반대방향, 즉 미세관 선로의 음(−)의 말단 쪽을 향하여 이동한다. 양(+)의 말단 지향적 KLP 및 음(−)의 말단 지향적 KLP의 머리부분들은 서로 다른 구조를 갖고 있을 것으로 예상할 수 있는데, 이는 촉매작용을 하는 모터영역을 갖고 있기 때문이다. 그러나 이들 두 단백질에서 머리부분의 차이점은 거의 구별할 수 없다. 대신, 이동하는 방향이 다른 것은 두 단백질에서 인접해 있는 목부분의 차이로 인한 것으로 밝혀졌다.

음(−)의 말단을 향하여 이동하는 성질이 있는 Ncd 분자의 머리부분을 kinesin-1 분자의 목부분과 자루부분에 결합시키면, 이 혼성(混成, hybrid) 단백질은 선로의 양(+)의 말단을 향하여 이동한다. 그래서 이 혼성 운동단백질은 양(+)의 말단 방향으로 이동한다. 즉, 이 혼성 단백질이 정상적으로는 미세관의 음(−)의 말단으로 이동하는 촉매부위를 갖고 있더라도, 이 단백질이 양(+)의 말단에 있는 운동단백질의 목부분과 결합되면, 이 단백질은 양(+)의 말단을 향해 이동한다. 키네신-유사 단백질의 세 번째 집단을 구성하는 단백질들(kinesin-13)은 운동을 할 수 없다. 이 집단의 KLP는 미세관의 양(+)의 말단 그리고 음(−)의 말단 어느 쪽과도 결합하여 미세관을 따라 이동하지 않고 오히려 미세관을 탈중합(해체)시킨다. 이 단백질들을 흔히 미세관 탈중합효소(*depolymerase*)라고 한다. 세포가 분열하는 동안에, 이 단백질들과 다른 KPL의 중요한 역할은 제14장에서 언급될 것이다.

키네신에 의해 중개되는 소기관의 수송　우리는 제12장에서, 소낭(小囊)들이 골지복합체와 같이 막으로 된 하나의 구획으로부터 리소솜과 같은 다른 구획으로 어떻게 이동하는지를 살펴보았다. 세포질의 소낭들과 소기관들이 이동하는 경로는 주로 미세관에 의해 정해지며(그림 13-1 참조), 키네신 대집단에 속하는 단백질들이 이런 막으로 둘러싸인 화물의 이동을 추진시키는 힘을 발생하는 물질임을 강하게 암시한다. 축삭에서처럼, 대부분의 세포들에서, 미세관의 양(+)의 말단은 세포의 중앙으로부터 먼 곳을 향하여 배열되어 있다. 그러므로 키네신 대집단에 속하는 단백질들은 소낭들 및 소기관들(예: 퍼옥시솜과 미토콘드리아)을 세포의 원형질막을 향하여 세포의 바깥 쪽 방향으로 이동시키는 경향이 있다. 이것이 〈그림 13-16〉의 사진에 나와 있다.

이 사진에서, 왼쪽에 있는 1쌍의 사진은 9.5일 동안 자란 정상적인 생쥐의 배(胚)에서 분리된 세포로서, 미세관(초록색)과 미토콘드리아(주황색)의 위치를 확인하기 위해 염색되었다. 오른쪽에 있는 1쌍의 사진은, KIF5B[e]라는 키네신의 무거운 사슬을 암호화하는 유전자 두벌이 모두 없는 9.5일 동안 자란 생쥐의 배에서 분리된 세포이다. 만일 양(+)의 말단 방향으로 이동하는 키네신이 막으로 된 소기관들을 바깥쪽을 향하여 이동하는 일을 담당한다면(또한 그림 13-17*c* 참조), 예상되는 것처럼 KIF5B가 결여된 미토콘드리아는 세포의 주변부에서 볼 수 없다.

13-3-5-2 세포질 디네인

미세관-결합 운동단백질은 섬모와 편모의 운동을 담당하는 단백질로서 1963년에 최초로 발견되었다. 이 단백질은 **디네인**(dynein)으로 명명되었다. 거의 즉시 이 단백질의 세포질 형(形)들이 존재하리라고 의심하였으나, 비슷한 단백질이 포유동물의 뇌 조직에서 정제되어 특성이 밝혀져서, 이를 **세포질 디네인**(cytoplamic dynein)이라고 부르기까지는 20년 이상 걸렸다. 세포질 디네인은 동물계 전반에 걸쳐 존재하지만, 식물계에 존재하는지의 여부에 대해서는 논쟁 중에 있다. 우리들 개개인은 특수한 기능에 적응된 많은 종류의 키네신(그리고 미오신)을 갖고 있는 반면에, 우리는 단지 두 가지의 세포질 디네인만으로 일을 처리할 수 있으며, 그 중 한 가지는 대부분의 수송 작용을 담당하는 것으로 보인다.

역자 주[d] Ncd: "nonclaret disjunctional[비(非)클라렛 불분리(不分離)]"의 머리글자이다. 'Ncd 단백질'은 방추사 조립과 분열에서 염색체의 분리에 필요하다.

역자 주[e] KIF5B: "kinesin family member 5B(키네신 집단 구성요소 5B)"의 머리글자이다.

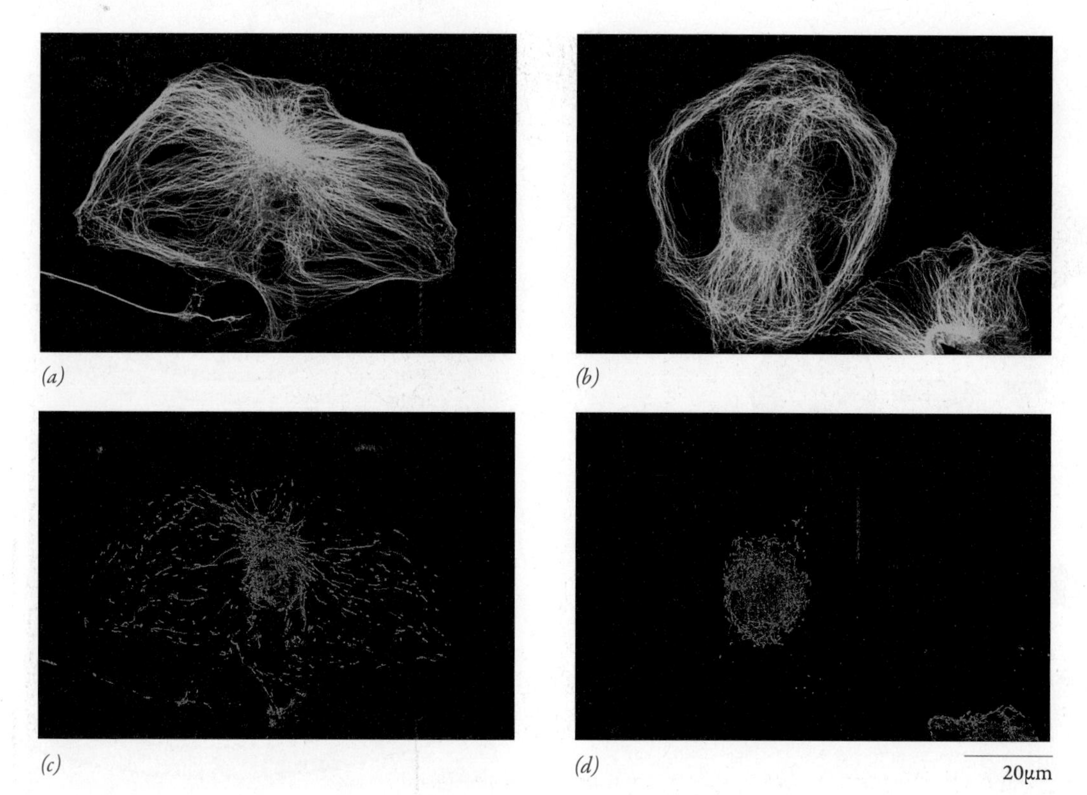

그림 13-16 키네신 대집단에 속하는 단백질들 중 한 가지가 결핍된 세포에서 표현형의 변화. (*a*,*c*) 9.5일 동안 자란 정상적인 생쥐 배(胚)의 바깥 조직(extraembryonic tissue)에서 분리된 대조구 세포에서, 미세관(초록색)은 *a*에 그리고 미토콘드리아(빨간색)는 *c*에 염색되었다. 세포에서 상당수의 미토콘드리아가 세포 주변부에 있는 미세관을 따라 위치되어 있다. (*b*,*d*) 생쥐와 사람에서 3가지 재래형 키네신 동형(isoform) 중의 하나인, KIF5B를 암호화하는 유전자가 결여된 배에서 분리된 대조구에 해당하는 세포. 모든 미토콘드리아가 세포의 중앙부에 모여 있는데, 이것은 KIF5B가 세포의 바깥쪽 방향으로 미토콘드리아를 수송하는 일을 담당하고 있음을 암시한다.

세포질 디네인은 동일한 2개의 무거운 사슬과 여러 가지 중간 사슬들 그리고 가벼운 사슬들로 구성되어 있는 아주 큰 단백질(약 1,500만 달톤의 분자량)이다(그림 13-17*a*). 각 디네인의 무거운 사슬은 긴 돌출부(자루부분)와 큰 구형 머리부분으로 구성되어 있다. 키네신의 머리부분보다 더 큰 디네인의 머리부분은 힘을 발생시키는 엔진의 역할을 한다. 각 자루부분의 끝에는 미세관과 결합하는 가장 중요한 자리가 있다. 줄기부분(stem)(또는 꼬리부분, tail)으로 알려진 더 긴 돌출부는 중간 사슬들 및 가벼운 사슬들과 결합하는데, 이들의 기능은 잘 알려져 있지 않다. 구조를 분석한 바에 의하면, 디네인 모터영역은 하나의 바퀴 모양으로 된 몇 개의 독특한 기능단위(module)들로 구성되어 있다(그림 13-36 참조). 이런 구조를 갖고 있는 디네인 운동단백질은 구조와 작동 양식에 있어서 기본적으로 키네신 및 미오신과 다르다.

시험관 속 운동성 분석에 의하면, 세포질 디네인은 중합체의 음(−)의 말단을 향하여—키네신과는 반대로—미세관을 따라 연작용(聯作用)으로 이동한다(그림 13-17*b*). 구체적인 증거에 의하면, 세포질 디네인은 최소한 다음과 같은 두 가지의 역할이 잘 밝혀진 것으로 보인다.

1. 유사분열하는 동안, 방추체의 위치를 정해주며 염색체들을 이동시키는 데 필요한 힘을 발생시키는 물질의 역할을 한다(제14장에서 설명되었음).
2. 세포질을 통해 중심체와 골지복합체의 위치를 정해주며 소기관과 소낭 및 입자를 이동시키는 데 있어서 음(−)의 말단을 지향하는 미세관 운동단백질의 역할을 한다.

신경세포에서, 세포질 디네인은 막으로 싸인 소기관들의 역방향 이동 그리고 미세관들의 전방향 이동과 관련되어 있다. 섬유모세포와 다른 비(非)신경세포들에서, 세포질 디네인은 막으로 싸인 소기관들을 세포의 주변부에서 중앙을 향하여 수송하는 것으로 생각

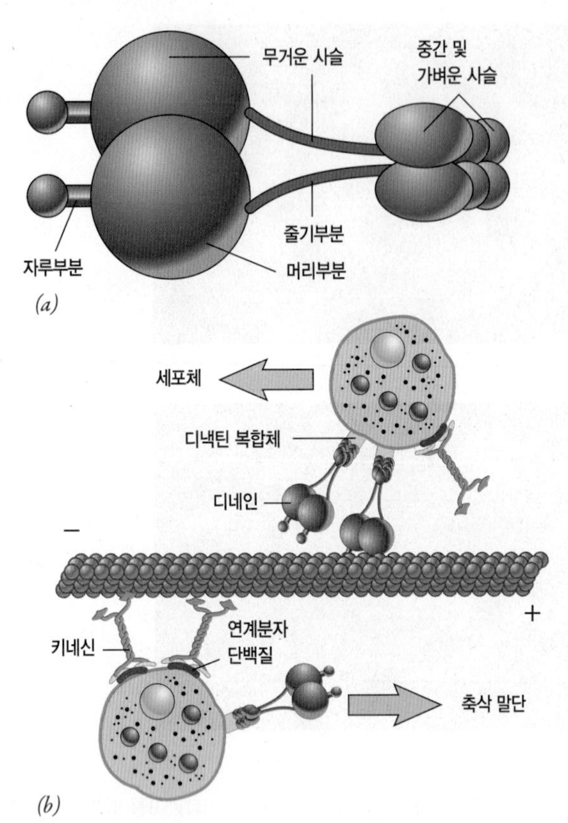

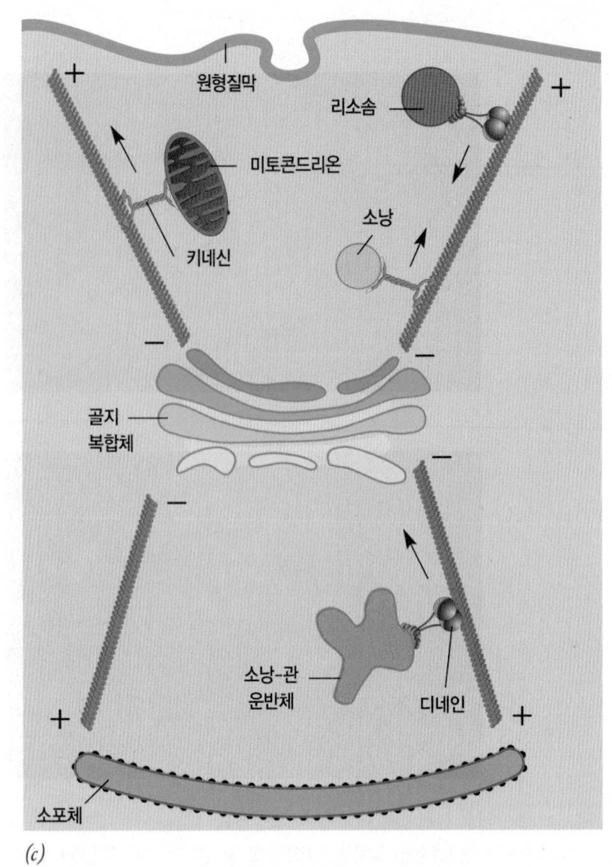

그림 13-17 세포질 디네인과 미세관 선로를 이동하는 운동단백질에 의한 소기관의 수송. (*a*) 세포질 디네인 분자의 구조. 이 분자는 2개의 무거운 사슬과 이 분자의 기부에 몇 개의 더 작은 중간 사슬들 및 가벼운 사슬들을 갖고 있다. 각 디네인의 무거운 사슬은 크고 구형인 힘-발생 머리부분, 미세관에 결합하는 자리를 갖고 있는 돌출된 자루부분(stalk), 그리고 줄기부분(stem) 등을 갖고 있다. (*b*) 2개의 소낭이 동일한 미세관을 따라 반대 방향으로 이동하는 개요도로서, 하나는 미세관의 양(+)의 말단을 향하여 이동하는 키네신에 의해 동력을 갖게 되며, 다른 하나는 미세관의 음(−)의 말단을 향하여 이동하는 세포질 디네인에 의해 동력을 갖게 된다. 여기에 그려진 모형에서, 각 소낭은 두 가지 운동단백질을 갖고 있다. 그러나 위에 있는 소낭에서 키네신 분자는 불활성화 되어 있고 아래에 있는 소낭에서는 디네인 분자가 불활성화 되어 있다. 이 두 가지 운동단백질은 모두 중간물질에 의해 소낭의 막에 붙어 있다. 즉, 키네신은 다양한 내재막단백질 및 표재막단백질에 의해 소낭에 부착될 수 있으며, 디네인은 디낵틴(dynactin)이라고 하는 가용성 단백질 복합체에 의해 부착될 수 있다. (*c*) 극성이 없는 배양된 세포에서 소낭, 소낭-관 운반체(VTC), 그리고 소기관 등이 키네신과 디네인의 중개에 의해 수송되는 모식도.

된다(그림 13-17*c*). 디네인에 의해 수송되는 화물들로서, 엔도솜(endosome), 리소솜, 골지복합체 쪽으로 가는 소포체-기원 소낭, RNA 분자, 감염된 세포에서 핵으로 수송되는 HIV 바이러스 등이 있다. 세포질 디네인은 막으로 싸여 있는 화물들과는 직접 작용하지 않으나, 디낵틴(*dynactin*)이라고 하는 개재다소단위(介在多小單位) 연계분자(intervening multisubunit adaptor)를 필요로 한다. 또한 디낵틴은 디네인의 활성을 조절할 수도 있어서, 운동단백질이 미세관에 결합하도록 도와주어서 연작용성(聯作用性, processivity)을 증가시킨다.

〈그림 13-17*c*〉에 그려진 단순화된 모형에 따르면, 키네신과 세포질 디네인은 동일한 철도망 위에서 반대 방향으로 비슷한 물질을 이동시킨다. 〈그림 13-17*b*〉에 나타낸 것처럼, 소기관들은 키네신 그리고 디네인에 동시에 결합할 수 있으며, 이런 성질은 상황에 따라 소기관들을 반대 방향으로 이동시킬 수 있는 능력을 갖게 한다. 반대 방향으로 작용하는 운동단백질들의 활성이 어떻게 조절되는지는 확실치 않다. 또한 미오신이 일부의 이런 소기관들의 위에 있을 수도 있다.

13-3-6 미세관-형성 중심

살아있는 세포 속에서 미세관의 기능은 미세관의 위치와 방향성에 따라 다르다. 이 위치와 방향성은 미세관이 어느 한 장소에서는 조립되고 다른 곳에서는 해체되는지 그 이유를 이해하는 데 있어서 중요하다. 시험관 속에서 연구되었을 때, αβ-튜불린 2량체가 미세관으로 조립되는 것은 뚜렷한 두 가지 시기에 걸쳐 일어난다. 즉, 첫 번째는 미세관의 작은 부분이 최초로 형성되며 느리게 일어나는 핵형성(核形成, *nucleation*)의 시기이다. 다음은 매우 빠르게 일어나는 신장(伸長, *elongation*)의 시기이다. 시험관 속에서 일어나는 경우와 다르게, 세포 속에서 미세관의 핵형성은 빠르게 일어난다. 이 핵형성은 세포 속에서 **미세관-형성 중심**(microtubule-organizing center, **MTOC**)이라고 하는 특수화된 구조와 관련되어 일어난다. 가장 잘 연구된 MTOC는 중심체이다.

13-3-6-1 중심체

동물세포에서, 세포골격을 형성하는 미세관의 핵형성은 보통 **중심체**(中心體, centrosome)에 의해 이루어진다. 중심체는 일정한 모양이 없으며 높은 전자 밀도를 지닌 **중심립주변 물질**(pericentriolar material, **PCM**)로 둘러싸여 있는 원통형인 2개의 **중심립**(中心粒, centriole)으로 이루어진 복합 구조이다(그림 13-18*a*,*b*). 중심립은 직경이 약 0.2μm이며 길이는 보통 직경의 약 2배인 원통형 구조이다. 중심립은 일정한 간격으로 배열된 9개의 섬유(미세관)를 갖고 있는데, 횡단면에서 각각의 섬유는 A세관, B세관, C세관이라고 하는 3개의 미세관, 즉 3중관(三重管, triplet)이 띠처럼 보인다. 3개 중 오직 A세관 만이 완전한 미세관이며(그림 13-18*a*,*b*), 방사

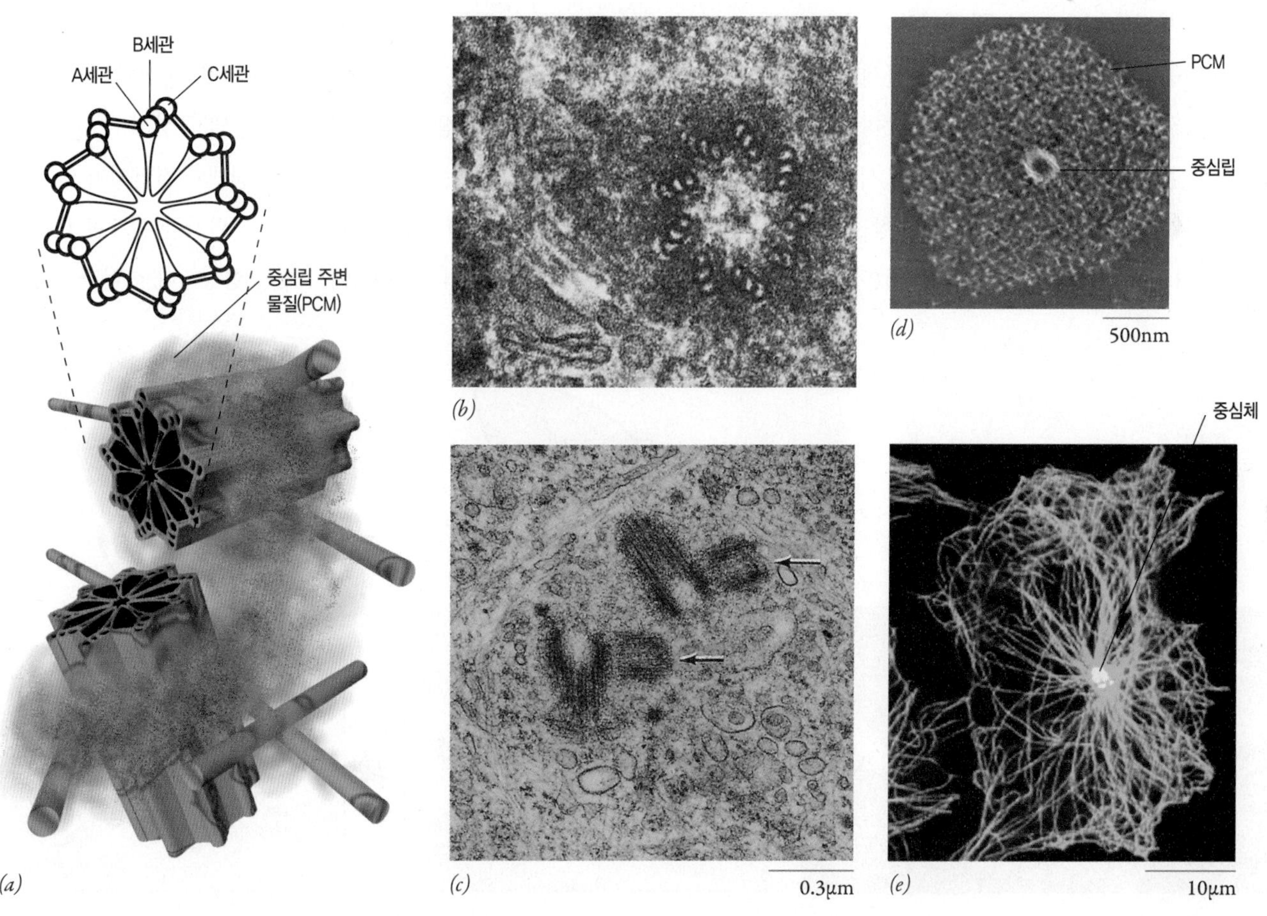

그림 13-18 중심체. (*a*) 쌍으로 된 중심립, 그 둘레에 있는 중심립주변 물질(PCM), 핵형성(nucleation)이 일어나는 PCM으로부터 생기는 미세관 등을 보여주는 중심체의 개요도. (*b*) 횡단된 중심립의 전자현미경 사진으로서, 주위의 섬유들 9개가 바람개비 모양으로 배열된 것을 보여준다. 각 섬유는 1개의 완전한 미세관과 2개의 불완전한 미세관으로 구성된다. (*c*) 2쌍의 중심립을 보여주는 전자현미경 사진. 각 쌍은 길이가 더 긴 모(母) 중심립 그리고 크기가 더 작은 딸 중심립(화살표)으로 구성되는데, 작은 크기의 딸 중심립은 세포주기의 이 시기에서 신장되고 있는 중이다(〈14-2절〉에서 설명됨). (*d*) 1.0 M 요오드화칼륨(KI)으로 추출된 중심체를 재구성한 전자현미경 사진으로서, PCM이 느슨하게 구성된 섬유성 격자를 갖고 있는 것을 보여준다. (*e*) 광범위하게 펼쳐져 있는 미세관 연결망의 중앙에 중심체(중심체의 단백질에 대한 항체로 인하여 노란색으로 염색되었음)가 있음을 보여주는 배양된 포유동물 세포의 형광현미경 사진.

상으로 뻗어 나온 바퀴살(방사살, radial spoke) 구조에 의해 중심립의 중앙에 연결되어 있다. 각 3중관에서 3개의 미세관들은 중심립을 바람개비 모양을 갖게 하는 양상으로 배열되어 있다. 중심립은 거의 항상 쌍으로 관찰되며 서로 직각으로 위치한다(그림 13-18*a*,*c*). 분리된 중심립을 1.0 M 요오드화칼륨(potassium iodide, KI)으로 처리하여 추출하면, PCM 단백질의 약 90%가 제거되고 스파게티처럼 생긴 불용성 섬유 골격이 남게 된다(그림 13-18*d*). 아래에서 설명된 것처럼, 중심체는 동물세포에서 미세관이 나타나기 시작하는 주요한 장소이며, 중심체는 보통 세포에서 미세관 연결망의 중앙에 있다(그림 13-18*e*).

〈그림 13-19*a*〉는 미세관 세포골격 형성의 개시 및 조직화에 있어서 중심체의 역할을 증명하는 초기 실험을 보여준다. 배양된 동물세포에 콜세미드(colcemid)를 처리하여 항온기에 놓아두면, 미세관들이 탈중합(해체)된다. 그 이유는 콜세미드가 튜불린 소단위에 결합하여 세포가 튜불린을 사용하지 못하게 차단하기 때문이다. 그 다음에 콜세미드를 제거하여, 다양한 시간 간격으로 세포를 고정하고, 이 세포에 형광물질을 부착시킨 항-튜불린 항체를 처리하여, 미세관의 재조립 현상을 추적 관찰하였다. 저해 조건을 해소한 후 2~3분 이내에, 1~2개의 밝은 형광 점들이 각 세포의 세포질에서 관찰되었다. 15~30분 이내에(그림 13-19*a*), 그 초점으로부터 방사상으로 뻗어 나오는 표지된 미세관의 숫자가 극적으로 증가된다. 이와 동일한 세포들을 절단하여 전자현미경으로 관찰하면, 새로 형성된 미세관들이 중심립으로부터 바깥쪽을 향하여 방사상으로 뻗어 나오는 것을 볼 수 있다. 확대하여 관찰하여 보면, 미세관들은 실제로 중심체 속으로 통과하지 않고 중심립과 접촉되어 있으나, 중심립 주변에 있는 밀도가 짙은 PCM에서 끝나 있다. 이것이 미세관 형성을 개시하는 물질이다(그림 13-20*c* 참조). 중심립이 미세관의 핵형성(nucleation)에 직접적으로 관여되어 있지는 않더라도, 중심립은 중심체가 조립되는 동안 그 주위에 PCM이 모이도록 하는 역할을 하며 그리고 중심체 복제의 전 과정에서 역할을 한다(〈14-2절〉에서 설명되었음).

방금 기술된 실험에서 예시된 것처럼, 중심체는 미세관의 핵형성이 일어나는 장소이다. 이 미세관들의 극성(極性, polarity)은 항상 동일하다. 즉, 음(−)의 말단은 중심체와 결합되어 있고, 양(+)의 (또는 성장하는) 말단은 반대쪽 끝에 위치한다(그림 13-19*b*). 그래서 미세관들이 MTOC에서 핵을 형성한다 하더라도, 이들은 중

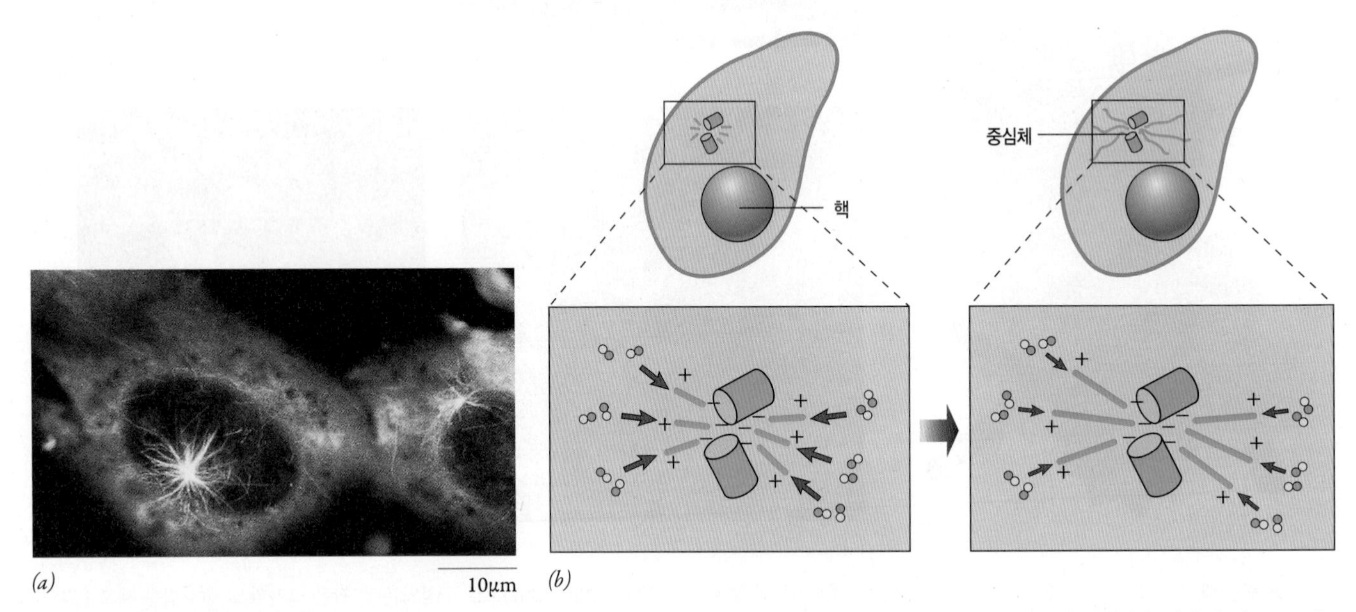

그림 13-19 중심체에서 미세관의 핵형성. (*a*) 배양된 섬유모세포의 형광현미경 사진으로서, 세포의 미세관을 해체시키는 콜세미드를 처리하고 30분 동안 미세관 형성을 회복하도록 한 후에, 형광물질을 부착시킨 항-튜불린 항체를 처리하였다. 밝은 별 모양의 구조가 중심체이며, 사방으로 신장되기 시작한 새로 조립된 미세관들과 함께 있다. (*b*) 미세관들의 재신장을 나타낸 개요도로서, 중심체에서 멀리 떨어진 중합체의 양(+)의 말단에 소단위들이 첨가되는 것을 보여준다.

합체의 반대쪽 끝에서 신장된다. 미세관에서 신장하는 끝부분에는 다수의 특수한 단백질들을 갖고 있을 수 있는데, 이 단백질들은 미세관이 간기의 세포에서 엔도솜(endosome)이나 골지 주머니와 같은 또는 유사분열 하는 세포에서 응축된 염색체와 같은 특정한 표적에 부착되는 것을 돕는다.

전체 미세관 중에서, 중심체와 연결되어 있는 미세관 부분은 세포의 유형에 따라 매우 다양하다. 극성이 없는 세포(예: 섬유모세포)의 중심체는 대체로 세포의 중앙 근처에 위치하며, 많은 미세관의 음(−)의 말단과 결합된 채로 있는 경향이 있다(그림 13−18*e* 참조). 반면, 극성이 있는 상피세포에서 많은 미세관들은 세포의 정단부 끝 부근의 분산된 자리에서 음(−)의 말단에 고정되어 있는 반면에, 양(+)의 말단은 세포의 기부 표면을 향하여 뻗어 있다(그림 13−1). 이와 비슷하게, 신경세포의 축삭은 중심체와 결합되어 있지 않은 많은 미세관을 갖고 있으며, 중심체는 신경세포의 세포체 속에 위치되어 있다. 이런 축삭에 있는 미세관들은 처음에 형성된 중심체로부터 잘려 나간 다음에, 운동단백질에 의해 축삭 속으로 수송된다. 생쥐의 난모세포를 포함한 일부 동물세포들은 중심체를 전혀 갖고 있지 않지만, 감수분열 시의 방추체와 같은 복잡한 미세관 구조를 형성할 수 있는 능력을 여전히 갖고 있다(제14장에서 설명된 것처럼).

13-3-6-2 기저체와 다른 미세관-형성 중심들

중심체가 세포에서 유일한 미세관-형성 중심(MTOC)은 아니다. 섬모나 편모에서 바깥쪽으로 돌출된 미세관들은 섬모나 편모의 기부(基部, base)에 있는 **기저체**(基底體, basal body)라고 하는 구조의 미세관으로부터 생긴다(그림 13−32 참조). 기저체는 구조적으로 중심립과 동일하며, 실제로 기저체와 중심립은 서로 가역적으로 생길 수 있다. 예로서, 정자 세포의 편모를 만드는 기저체는 중심립에서 유래되는데, 이 중심립은 정자를 만드는 정모세포(spermatocyte)가 감수분열 할 때 형성되었던 방추체 부분이었다. 거꾸로, 정자의 기저체는 보통 수정난이 첫 번째 유사분열 하는 동안에 중심립으로 된다. 식물세포들은 중심체와 중심립, 또는 뚜렷한 다른 유형의 MTOC를 갖고 있지 않다. 대신, 식물세포에서 미세관의 핵형성(nucleation)은 핵 표면 주위와 피질부 전체에서 이루어진다(그림 13−22 참조).

13-3-6-3 미세관의 핵형성

여러 곳에서 나타나는 것과 무관하게, 모든 MTOC들은 모든 살아있는 세포에서 비슷한 역할을 한다. 즉, MTOC는 미세관의 수, 미세관의 극성, 미세관의 벽을 구성하는 원섬유(protofilament)의 수 그리고 미세관 조립의 시간과 위치 등을 조절한다. 그 외에, 모든 MTOC들은 공통된 단백질 성분—1980년대 중엽에 발견된 **감마-튜불린**(γ-tubulin)이라고 하는 튜불린의 한 종류—을 공유한다. 비신경 세포에서 단백질의 약 2.5%를 구성하는 α- 및 β-튜불린과 다르게, γ-튜불린은 세포 전체 단백질의 단지 약 0.005% 만을 구성한다. γ-튜불린에 대한 형광 항체는 중심체의 중심립주변 물질을 비롯한 모든 유형의 MTOC를 염색시킨다. 이것은 γ-튜불린이 미세관 핵형성에 있어서 중요한 구성요소임을 암시한다(그림 13−20*a*). 이 결론은 다른 연구들에 의해 지지되고 있다. 예로서, 살아있는 세포에 항-γ-튜불린 항체(anti-γ-tubulin antibody)를 미량 주사하면, 약품 또는 저온 처리에 의해 미세관이 탈중합(해체)에 이어 재조립이 차단된다.

미세관 핵형성의 기작을 이해하기 위해서, 연구자들은 중심체 주위에 있는 중심립주변 물질(PCM)의 구조와 조성에 집중하였다. PCM의 불용성 섬유들(그림 13−18*d*)은 미세관과 동일한 직경(25nm)이며 γ-튜불린을 갖고 있는 고리(環, ring) 모양의 구조가 붙는 장소의 역할을 하는 것으로 생각된다. 이 고리 모양의 구조들은 정제된 중심체들을 γ-튜불린과 결합하는 금-표지된 항체(gold-labeled antibody)와 함께 항온 처리하였을 때 발견되었다. 전자현미경에서, 이 금 입자들은 미세관의 음(−)의 말단에 위치한 반원 또는 고리 모양으로 모여 있는 것으로 보인다(그림 13−20*b*).

이 입자들은 핵형성이 일어나는 중심체의 PCM 속에 묻혀있는 미세관의 말단들이다. 비슷한 γ-튜불린 고리복합체(*γ-tubulin ring complex, γ-TuRC*)들이 세포 추출물에서 분리되었으며, 시험관 속에서 미세관 조립의 핵을 형성하는 것으로 나타났다. 이 연구와 다른 연구에 의해 〈그림 13−20*c*〉와 같은 모형이 제시되었다. 이 모형에서, γ-튜불린 소단위들(갈색)이 나선상으로 배열하여 열린 고리 모양의 주형을 형성하며, 이 주형 위에 αβ-튜불린 2량체들의 첫 번째 열이 조립된다. 이 모형에서 이질2량체 중 α-튜불린 만이 γ-튜불린 고리와 결합할 수 있다. 그래서 γ-TuRC는 전체 미세관의 극성을 결정하고 또한 미세관의 음(−)의 말단에서 모자를 형성한다.

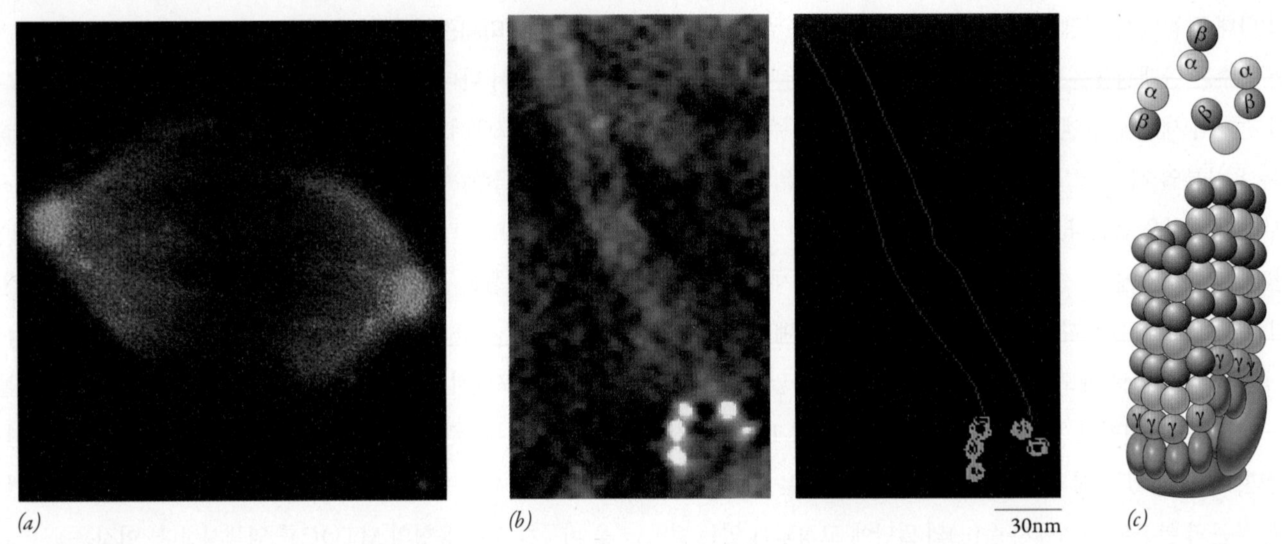

그림 13-20 중심체의 기능에 있어서 γ-튜불린의 역할. (*a*) 분열하는 섬유모세포가 γ-튜불린(빨간색)과 β-튜불린(초록색)에 대한 항체들로 이중 염색되었다. 주황색으로 염색된 것은 두 종류의 튜불린이 동시에 존재하기 때문인데, 이 튜불린들은 분열하는 세포의 반대편 극에 위치한 2개의 중심체에서 생긴 것이다. (*b*) 중심체 일부의 전자현미경 사진을 바탕으로 재구성한 것으로서, 이 중심체는 시험관 속에서 정제된 튜불린과 함께 항온 처리한 다음, γ-튜불린에 대한 항체로 표지되었다. 이 항체는 재구성된 사진에서 볼 수 있도록(하얀색 점들로서) 금 입자와 결합시켰다. 튜불린과 함께 항온 처리하는 동안, 중심체는 미세관들의 핵을 형성하기 위한 MTOC의 역할을 한다. 이때 미세관들의 음(−)의 말단은 흔히 반원 또는 고리(環) 모양으로 배열된 금 입자들로 표지되어 보인다. 오른쪽 그림은 왼쪽의 재구성된 사진에서 보이는 미세관의 윤곽을 나타낸 것이다. (*c*) 미세관이 조립되는 동안 γ-튜불린의 기능을 나타낸 모형. 핵형성(nucleation)은 αβ-튜불린 2량체가 열린 고리 모양의 γ-튜불린 분자들(갈색)에 결합하여 시작되며, 이. γ-튜불린 분자들은 커다란 γ-TuRC를 구성하는 많은 다른 단백질들(초록색)에 의해 고정되어 있다. γ-TuRC에 의해 핵이 형성되면, α-튜불린 단량체들로 이루어진 고리가 γ-TuRC의 음(−)의 말단에 위치되어 미세관의 극성을 결정한다.

13-3-7 미세관의 동적인 특성

모든 미세관들이 형태적으로 아주 비슷하게 보이더라도, 그들의 안정성(stability)에는 현저한 차이가 있다. 미세관들은 이에 결합된 단백질(MAP)들과 아마도 아직 밝혀지지 않은 다른 요소들이 있을 때 안정화된다. 유사분열 방추체 또는 세포골격을 구성하는 미세관들은 극히 불안정하여 쉽게 해체된다. 성숙한 신경세포의 미세관은 훨씬 덜 불안정하며, 중심립, 섬모, 편모 등에 있는 미세관은 대단히 안정하다. 살아있는 세포들은 다른 세포 구조를 교란시키지 않고 불안정한 세포골격 미세관을 해체(분해)시키는 다양한 화학 약품 처리에 쉽게 영향 받을 수 있다. 미세관의 해체는 낮은 온도, 정수압(靜水壓), 높은 Ca^{2+}농도, 그리고 콜히친, 빈블라스틴(vinblastine)[f], 빈클리스틴(vincristine)[g], 노코다졸(nocodazole), 포도필로톡신(podophyllotoxin)[h] 등의 화학물질에 의해 유도될 수 있다. 택솔(taxol)[i]은 매우 다른 기작으로 미세관의 동적인 활성을 정지시킨다. 택솔이 미세관 중합체에 결합하면, 중합체의 해체를 저해하게 된다. 따라서 세포에 필요한 새로운 미세관의 조립을 막는다. 택솔을 비롯한 이와 같은 많은 화합물들은 종양세포를 선택적으로 죽이기 때문에 암의 화학요법에 사용된다.

오랫동안 종양세포들은 높은 세포분열 속도 때문에 이 약물들에 대하여 특히 민감하다고 생각해왔다. 그러나 최근 연구에서 그 이외의 사실이 밝혀졌다. 제14장에서 설명된 것처럼, 정상적인 세

역자 주[f] 빈블라스틴(vinblastine): 식물성 항종양 알카로이드이다.

[g] 빈클리스틴(vincristine): 백혈병 치료용 알카로이드이다.

[h] 포도필로톡신(podophyllotoxin)[podo: Gk. *pous* = foot]: '포도필록스(podofilox)'라고 하기도 한다. 매자나무과(Berberidaceae)의 포도필룸속(*Podophyllum*) 식물의 지하경(地下莖, rhizome)에 있는 비(非)알카로이드 독성 물질로서, 항암 약물의 전구물질이다.

[i] 택솔(taxol): 주목과(朱木科, Taxaceace)의 식물에서 추출되는 항암제이다.

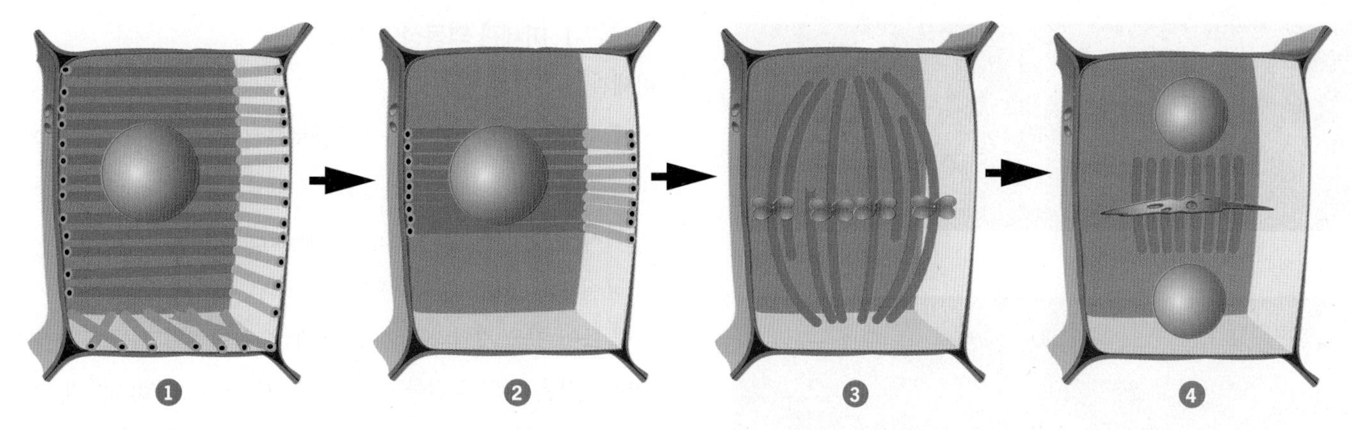

그림 13-21 식물세포의 세포주기가 진행되는 동안에 나타나는 미세관의 네 가지 주요 배열. 각 시기에서 미세관의 체제는 본문에 기술되어 있다.

포들은 유사분열 방추체를 변형시키는 빈블라스틴 또는 택솔과 같은 약물이 있으면 세포의 분열을 정지하는 기작(또는 세포주기확인점, checkpoint)을 갖고 있다. 그 결과, 정상 세포들은 보통 몸에서 그 약물이 제거될 때까지 분열 활동을 멈춘다. 이와 대조적으로, 많은 암세포들은 이러한 유사분열을 정지시키는 기작(세포주기확인점)이 없으며, 기능을 발휘하는 유사분열 방추체가 없는 경우에도 분열을 완료하려고 시도한다. 이런 결과로 인하여, 종양세포들은 죽게 된다.

세포골격인 미세관이 불안정하다는 것은 미세관이 단백질 소단위들의 비공유 결합으로 형성된 중합체라는 사실을 의미한다. 이러한 세포골격 미세관은 때에 따라 세포의 변화가 요구될 경우 보통 탈중합 및 재중합된다. 미세관 세포골격의 동적인 특성은 식물세포에서 잘 나타난다. 전형적인 식물세포가 유사분열을 한 번 한 후 다음 유사분열까지 이어지면, 다음과 같은 네 가지의 뚜렷한 미세관 배열이 차례로 나타난다(그림 13-21).

1. 대부분의 간기 동안에 식물세포의 미세관들은, 〈그림 13-21, 1단계〉에 그려진 것처럼, 피층부에 널리 분포한다. γ-튜불린을 탐색하면, 이 핵형성(nucleation) 요소가 피질부 미세관들의 표면을 따라 위치되어 있는 것을 보여준다. 이것은 새로운 미세관들이 이미 존재하는 기존의 미세관 표면 위에서 직접 형성될 수 있음을 시사한다. 이 생각은 살아있는 세포 속에서(그림 13-22*a*) 튜불린 결합에 관한 연구와 이미 존재하는 미세관 옆에서 일정한 각도로 분지하여 새로 형성된 미세관을 보여주는 시험관 속의 분석에 의해서도 지지된다(그림 13-22*b*). 일단 형성되면, 이 딸 미세관들은 이미 존재했던 모(母) 미세관으로부터 절단되어 세포를 둘러싸는 평행하게 배열된 미세관 다발의 일부로 된다(그림 13-12*a*, 13-21).
2. 세포가 유사분열을 시작할 시기가 가까워짐에 따라, 미세관들은 대부분의 피질부에서 사라지고, 세포를 벨트처럼 둘러싸는 전기전(前期前) 띠(*preprophase band*)라고 하는 횡으로 배열된 띠만 남는다(그림 13-21, 2단계). 전기전 띠는 장차 생길 분열면(面)의 자리를 나타낸다.
3. 세포가 유사분열의 단계로 진행됨에 따라, 전기전 띠는 사라지고 미세관들은 유사분열 방추체의 형태로 다시 나타난다(그림 13-21, 3단계).
4. 염색체들이 분리된 후, 유사분열 방추체는 사라지고 격벽형성체(隔壁形性體, *phragmoplast*)라고 하는 미세관 다발로 대체된다(그림 13-21, 4단계). 격벽형성체는 2개의 딸세포로 분리시키는 세포벽을 형성하는 데 역할을 한다(그림 14-38 참조).

미세관의 공간적 구성에서 일어나는 이러한 동적 변화들은 다음과 같은 별개의 두 가지 기작이 조합되어 이루어지는 것으로 생각된다. 즉, (1) 기존 미세관의 재배열, (2) 기존 미세관의 해체(분해) 그리고 그 세포의 다른 장소에서 새로운 미세관의 재조립. 후자의 경우, 전기전 띠를 형성하는 미세관들은 조금 전에 세포의 피질부에 배열되었던 미세관의 일부였거나 또는 그 전에 격벽형성체를 형성하는 미세관의 일부였던 것과 똑같은 소단위들로부터 형성된다.

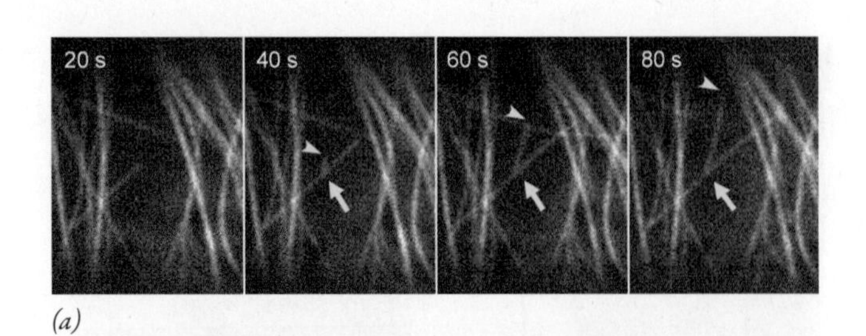

(a)

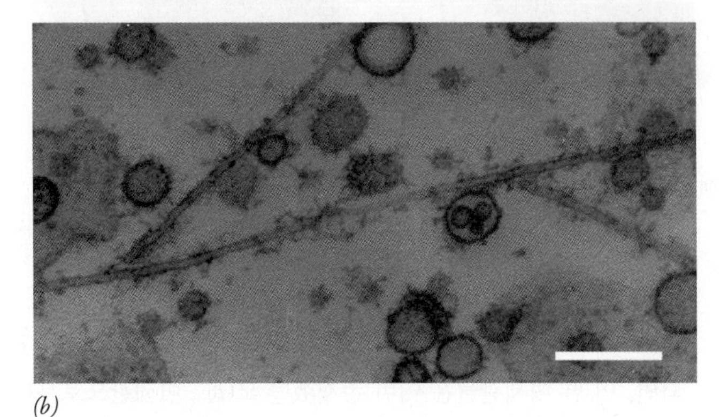

(b)

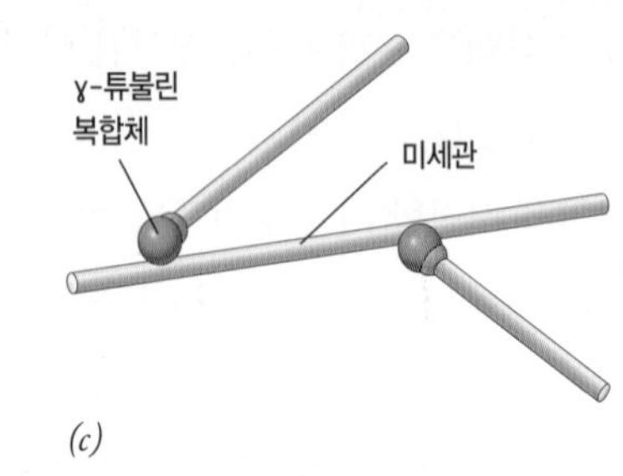

(c)

그림 13-22 식물세포의 피질부에 있는 미세관들의 핵형성. *(a)* 현미경 사진들은 형광물질로 표지된 GFP-튜불린을 발현하고 있는 살아 있는 배양된 담배 세포의 일부를 보여주고 있다. 관찰하는 동안, 피질부에 있는 기존의 미세관이 딸 미세관을 조립하기 위해 핵을 형성하고 있으며, 이 딸 미세관은 Y자 모양의 가지를 형성하여 밖으로 자라고 있다. 새로 형성된 미세관의 끝이 화살촉으로, 그리고 그 분지점은 화살로 표시되었다. *(b)* 미세관의 표면으로부터 분지되는 2개의 딸 미세관을 갖고 있는 미세관의 전자현미경 사진. 분지된 미세관은 튜불린 소단위들이 들어 있는 무세포계(cell-free system)에서 조립되었다. 사진의 오른쪽 아래 선의 길이는 10μm이다. *(c)* 기존의 미세관 표면 위에 있는 γ-튜불린의 자리에서, 새로운 미세관이 어떻게 핵을 형성하는가를 보여주는 도식적 모형.

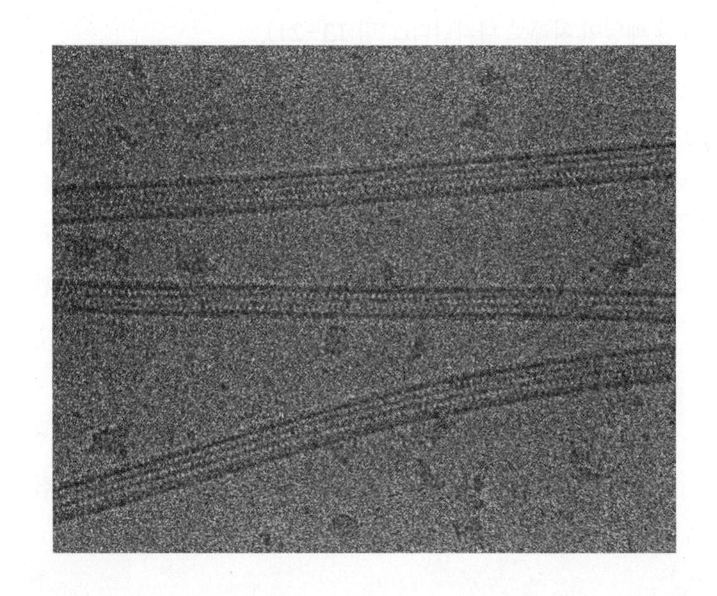

그림 13-23 시험관 속에서 조립된 미세관들. 시험관 속에서 중합된 미세관들을 얼려서, 고정하지 않은 채로 관찰한 전자현미경 사진. 각 원섬유와 구형 튜불린 소단위들을 볼 수 있다. 3개의 미세관 중에서 가운데에 있는 것은 오직 11개의 원섬유 만을 갖고 있음에 주목하라.

13-3-7-1 미세관 역동성의 기초

미세관 조립과 해체 속도에 영향을 미치는 요인들에 대한 이해는 초기에 시험관 속에서 행해진 연구들로부터 얻어졌다. 시험관 속에서 미세관 조립의 최초 성공은 1972년 템플대학교(Temple University)의 리차드 와이센버그(Richard Weisenberg)에 의해 이루어졌다. 세포의 균질물(homogenate)에는 미세관 조립 과정에 필요한 모든 분자들이 들어 있을 것이라는 추론에 따라, 와이센버그는 37℃에서 정제하지 않은 뇌의 균질물 속에 Mg^{2+}, GTP, EGTA(Ca^{2+}와 결합하는 중합 저해제)들을 가하여 튜불린 중합체를 얻었다. 와이센버그는 간단히 혼합액의 온도를 올리고 내림으로써, 반복해서 미세관이 해체되고 재조립될 수 있음을 발견하였다. 〈그림 13-23〉은 정제된 튜불린으로부터 시험관 속에서 조립된 3개의 미세관을 보여준다. 이 그림에서 3개의 미세관 중 하나(직경이 더 좁은 것으로 나타나 있음)는 단지 11개의 원섬유(protofilament)만 갖고 있다.

시험관 속에서 조립된 미세관들은 비정상적인 수의 원섬유를 갖고 있을 수도 있다는 것은 예상치 못한 일이 아니다. 그 이유는 세포 속에서 γ-튜불린 고리복합체(γ-tubulin ring complex)에 의해 정상적으로 공급된 적당한 주형이 없기 때문이다(그림 13-20*c*). 시험관 속에서 미세관이 조립되는 과정은 MAP 또는 미세관 조각 또는 미세관이 포함된 어떤 구조 등을 첨가함으로써 대단히 촉진된다(그림 13-24). 이 첨가물들은 유리(遊離) 상태의 미세관 소단위를 추가로 결합시킬 수 있는 주형의 역할을 한다. 이런 시험관 속 연구에서, 튜불린 소단위들은 이미 있었던 중합체의 양(+)의 말단에 주로 첨가된다.

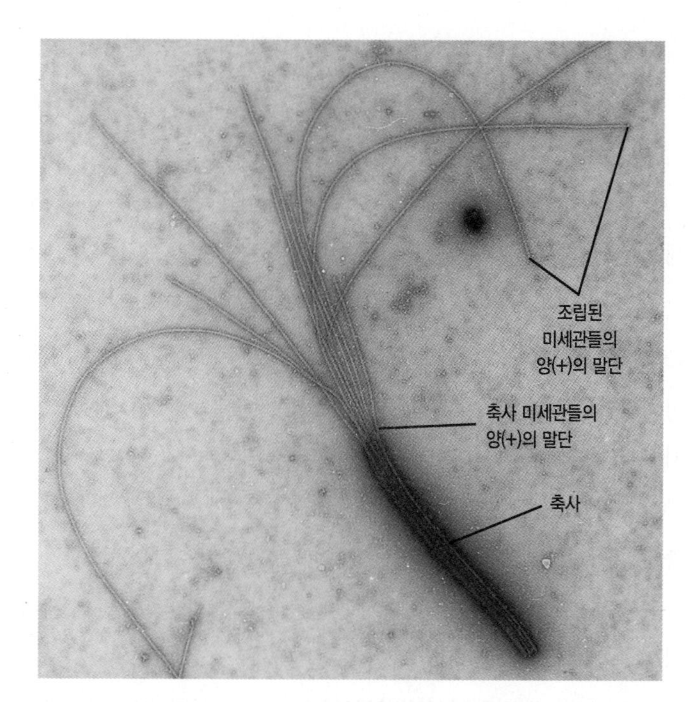

그림 13-24 이미 존재하는 미세관 구조 위로 튜불린의 조립. 이 전자현미경 사진은, 시험관 속에서 클라미도모나스속(*Chlamydomonas*) 녹조류의 편모 축사(軸絲, axoneme)에 있는 미세관의 양(+)의 말단에서 뇌로부터 유래된 튜불린이 조립되는 것을 보여준다.

초기의 시험관 속 연구에서 미세관 조립을 위해 GTP가 필요함을 알았다. 튜불린 2량체가 조립되려면 1분자의 GTP가 β-튜불린 소단위에 결합되어야 한다.[2] 미세관 말단에 2량체가 실제로 결합되기 위해서 GTP 가수분해는 필요하지 않다. 오히려 GTP는 2량체가 미세관에 결합된 직후에 GDP로 가수분해되고, 이때 생긴 GDP는 조립된 중합체에 결합된 상태로 남아 있게 된다. 해체되는 동안 2량체가 미세관에서 방출된 후 가용성 공급원(pool)으로 들어가고, GDP는 새로운 GTP로 대체된다. 이러한 뉴클레오티드 교환은 2량체를 "재충전"하여, 중합체의 구성단위로서 다시 한 번 사용할 수 있도록 한다.

이 과정은 GTP 가수분해가 포함되어 있기 때문에, 미세관 조립은 비용이 들지 않는 세포 활동이 아니다. 왜 이렇게 비용이 많이 드는 중합 경로가 진화되었는가? 이 질문에 답하기 위해서, GTP 가수분해가 미세관 구조에 미치는 영향을 생각해 보는 것이 유용하다. 미세관이 자라고 있을 때, 전자현미경 하에서 양(+)의 말단은 열려있는 얇은 판으로 보이며 여기에 GTP-2량체가 첨가된다(그림 13-25, 1단계).

미세관이 빠르게 자라는 시기에는, GTP가 가수분해 되는 속도보다 튜불린 2량체들이 더 빠르게 첨가된다. 원섬유의 양(+)의 말단에서 튜불린-GTP 2량체들의 모자가 형성되는데, 이것은 더 많

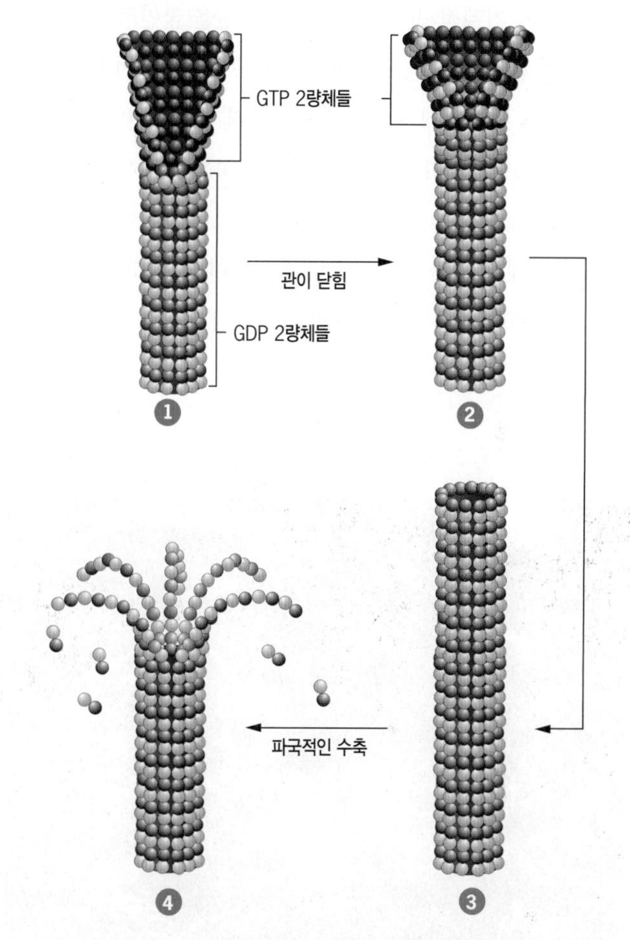

그림 13-25 동적 불안정성을 보여주는 미세관 구조의 모자모형. 이 모형에 따르면, 미세관의 성장 또는 수축은 미세관의 양(+)의 말단에 있는 튜불린 2량체의 상태에 따라 좌우된다. 튜불린-GTP 2량체는 빨간색으로, 튜불린-GDP 2량체는 파란색으로 나타내었다. 성장하는 미세관에서(1단계), 그 말단은 튜불린-GTP 소단위들을 갖고 있는 열린 얇은 판(板) 모양이다. 2단계에서, 관이 닫히기 시작하고, 결합된 GTP를 가수분해 시킨다. 3단계에서, 이 관의 말단까지 닫히고, 튜불린-GDP 소단위들만 남는다. GDP-튜불린 소단위들은 GTP-튜불린 소단위들에 비하여, 그 입체구조가 휘어 있어서 곧게 뻗은 원섬유에 잘 맞지 않게 된다. 이 미세관의 양(+)의 말단에 있는 GDP-튜불린 소단위들로부터 생긴 변형된 부분은, 원섬유들이 관의 바깥으로 휘면서 파국적인 수축이 일어날 때 방출된다(4단계).

[2] 또한 1분자의 GTP가 α-튜불린 소단위에 결합되지만, 이것은 교환될 수 있는 것이 아니며 소단위의 결합에 이어 가수분해 되지 않는다. αβ-튜불린 이질2량체에서 구아닌 뉴클레오티드의 위치를 〈그림13-9*c*〉에 나타내었다

은 소단위들을 첨가시키고 미세관의 성장에 유리한 것으로 생각된다. 그러나 〈그림 13-25〉의 1단계에서처럼, 말단이 열려 있는 미세관은 관을 닫히게 하는 자발적인 반응이 일어나는 것으로 생각된다(2단계와 3단계). 이 모형에서, 결합된 GTP가 가수분해 되어 미세관이 닫히고, 이것은 GTP가 결합된 튜불린 소단위들을 형성한다. GDP-튜불린 소단위들은 이들의 GTP-튜불린 전구체와 입체 구조가 다르기 때문에, 곧게 뻗은 원섬유에 들어맞기에는 덜 적당하다. 그 결과 기계적 변형이 생겨서 미세관을 불안정하게 만든다. 원섬유들이 관의 양(+)의 말단에서 바깥쪽으로 휘면서 파국적인 탈중합(해체)이 진행됨에 따라, 변형 에너지가 방출된다(4단계). 그래서 GTP 가수분해가 미세관의 동적 특성을 결정하는 기본 요인인 것으로 보인다. GTP 가수분해의 결과로 미세관에 저장된 변형 에너지는 원래 미세관을 불안정하게 만들며, 그리고—미세관결합 단백질(MAP)과 같은 다른 안정화 요소들이 없으면—중합된 후 곧 해체될 수 있게 한다. 특히 세포 속에서 미세관들은 대단히 빠르게 수축될 수 있어서, 세포가 미세관으로 된 세포골격을 매우 빠르게 해체시킬 수 있게 한다.

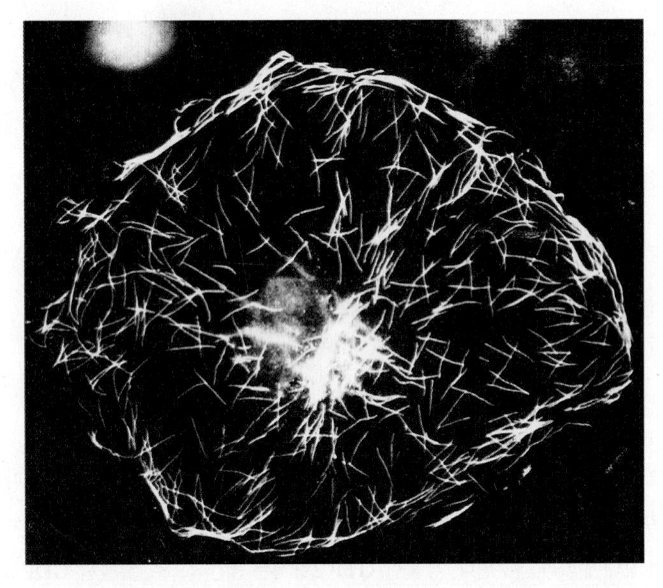

그림 13-26 살아 있는 세포에서 미세관의 역동성. 배양된 섬유모세포에 비오틴(biotin)과 공유 결합된 소량의 튜불린을 주입시켰다. 형광물질로 처리된 항-비오틴 항체를 이용하여, 작은 분자인 비오틴의 세포 속 위치를 쉽게 확인할 수 있다. 주입 후 약 1분경에 세포를 고정하여, 불용성 미세관에 결합되어 있는 비오틴-결합 튜불린의 위치를 확인하였다. 이 형광현미경 사진에서, 1분 정도의 짧은 시간 동안이라도 튜불린 소단위들은 미세관 세포골격의 성장하는 말단에 광범위하게 결합되는 것이 분명하다.

세포 속에서 미세관으로 된 세포골격의 동적인 특성은 배양된 세포 속에 형광물질로 표지된 튜불린을 미량 주입함으로써 밝혀질 수 있다. 표지된 소단위들은 형태적 변화가 없는 상태에서도 이미 존재하던 미세관에 신속하게 결합된다(그림 13-26). 만일 각각의 미세관들을 형광현미경으로 관찰한다면, 〈그림 13-27〉에서 관찰되고 있는 미세관에서 볼 수 있는 것과 같이, 잠시 동안 느리게 성장하는 것처럼 보이다가 그 다음 신속히 그리고 예상치 못하게 수축된다(그림 13-27). 미세관은 신장하는 것보다 더 빠르고 갑자기 수축되기 때문에, 대부분의 미세관들은 세포에서 몇 분 안에 사라지고 중심체로부터 자라나오는 새로운 미세관들로 대체된다.

1984년, 캘리포니아대학교(University of California, San Francisco)의 티모시 미치슨(Timothy Mitchison)과 마크 커쉬너(Marc Kirschner)는 각 미세관들의 특성을 보고하였으며, 미세관의 행동은 그들이 **동적 불안정성**(dynamic instability)이라고 하는 현상에 의해 설명될 수 있다고 제안하였다. 동적 불안정성은, (1) 미세관의 성장과 축소가 한 세포의 동일한 지역에 공존할 수 있으며, 그리고 (2) 〈그림 13-27〉에서와 같이, 한 미세관이 성장과 수축의 시기 사이를 예측할 수 없이(*stochastically*) 오락가락할 수 있다는 관찰을 설명하여 준다. 동적 불안정성은 미세관 자체의, 더 정확하게 말하면, 미세관의 양(+)의 말단이 갖는 본질적인 특성이다. 〈그림 13-25〉에서처럼, 튜불린 소단위들이 성장하는 동안 첨가되고 축소되는 동안 소실되는 장소는 양(+)의 말단이다. 이것은 동적 불안정성이 외부 요인에 의해 영향을 받을 수 없다는 뜻이 아니다. 예로서, 세포들은 미세관의 동적인 양(+)의 말단에 결합하는 다수의 단백질(+*TIP*이라고 하는)을 갖고 있다. 이들 +TIP들 중 일부는 미세관의 성장 또는 축소의 속도 또는 이 두 시기의 상호 전환하는 빈도 등을 조절한다. 또 다른 +TIP들은 세포분열하는 동안 유사분열 중인 염색체의 동원체(動原體, kinetochore) 또는 소낭을 수송하는 동안 피질부에 있는 액틴 세포골격 등과 같은 특수한 세포 구조에 미세관의 양(+)의 말단이 부착되는 것을 중개한다.

동적 불안정성은 미세관의 양(+)의 말단이 부착될 적절한 자리를 찾기 위해서 세포질을 신속하게 탐색할 수 있는 기작을 제공한

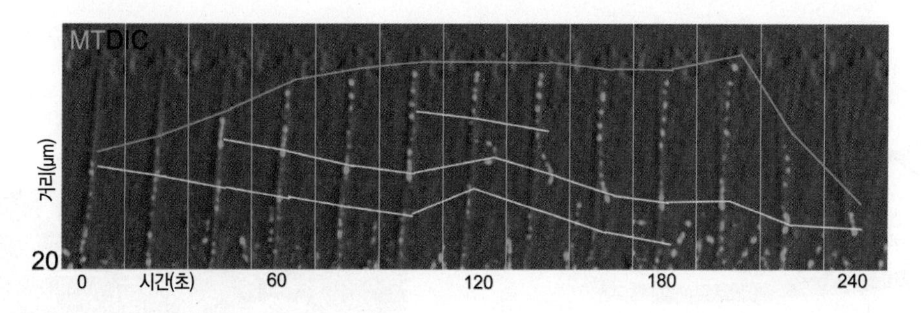

그림 13-27 동적 불안정성. 연속된 사진들은 신경세포의 성장원추체(growth cone)에서 단일 미세관의 길이 변화를 보여준다. 이 세포에, 미세관의 길이에 따라 초록색 형광물질의 반점을 형성하기에 충분히 낮은 농도에서 형광물질로 표지된 튜불린을 미세 주입하였다. 이런 반점들은 시간 경과에 따라 추적될 수 있는 고정된 기준점들을 제공한다. 각각의 노란색 수평선들은 한 시점의 반점을 다른 여러 시점의 반점들과 연결시킨 것이다. 파란색 선은 여러 시점에서 미세관의 대략적인 양(+)의 말단을 표시한 것이다. 0에서부터 약 200초까지, 이 미세관은 양(+)의 말단에서 튜불린 소단위들을 점차로 첨가해 간다. 그 다음, 200초에서부터 240초에 이르는 동안에 미세관은 갑자기 수축하게 된다.

다. 소단위가 부착되면 일시적으로 미세관을 안정시키며, 이 장에서 설명된 복잡한 세포골격의 연결망을 세포가 구축할 수 있도록 한다. 또한 동적 불안정성은, 세포들이 미세관으로 된 세포골격의 재편성을 필요로 하는 조건 변화에 대해 신속하게 반응할 수 있도록 한다. 이러한 재편성의 가장 극적인 예 중 하나가 유사분열에서 일어나는데, 이때 세포골격을 구성하는 미세관들이 해체된 후 양극에서 유사분열 방추체로 재편성된다. 이러한 재구성은 미세관 안정성의 뚜렷한 변화와 관련되어 있다. 즉, 간기 세포의 미세관들은 유사분열하는 세포의 미세관보다 5~10배 더 긴 반감기를 갖는다. 유사분열 방추체 또는 세포골격을 이루는 미세관들과는 다르게, 아래에 설명될, 소기관들의 미세관은 동적인 활동성이 없어서 매우 안정하다.

13-3-8 섬모와 편모: 구조와 기능

연못의 물 한 방울을 현미경의 렌즈 아래에 놓고 시야에서 원생동물이 헤엄쳐서 빠져나가지 못하도록 시도해 보면, 섬모와 편모의 활동을 이해할 수 있다. **섬모**(cillia)와 **편모**(flagella)는 다양한 진핵세포들의 표면에 돌출되어 있는 머리카락과 같은 운동성 소기관들이다. 또한 세균도 편모(*flagella*)라고 하는 구조를 가지고 있으나, 원핵생물의 편모는 단순한 섬유상 구조이며 진핵생물들의 것과 진화적으로 유연관계가 없다(그림 1−14 참조). 이어지는 설명은 오직 진핵세포에 있는 소기관에만 해당된다.

섬모와 편모는 기본적으로 동일한 구조이다. 대부분의 생물학자들은 이 두 가지 소기관이 세포에서 돌출되어 있는 세포의 유형과 이의 운동 양식에 근거하여 섬모 또는 편모라는 용어를 사용한다. 이러한 구별에 따라, 섬모는 자신의 수직 방향으로 세포를 이동하게 함으로 (배의) 노에 비유될 수 있다. 섬모의 파워 스트로크(power stroke) 상태에서, 섬모가 주변의 매개물을 밀쳐낼 때 빳빳한 상태를 유지한다(그림 13−28*a*). 섬모의 회복 스트로크(recovery stroke) 상태에서, 섬모는 유연하게 되어 매개물에 대한 저항을 줄인다.

섬모는 흔히 세포 표면에 많은 수(數)로 생기는 경향이 있으며, 섬모의 박동(搏動, beating)은 보통 조화를 이루어 움직인다(그림 13−28*b*). 다세포 생물에서, 섬모는 여러 가지 관(管)을 통해서 액체나 미립자 물질 등을 이동시킨다(그림 13−28*c*). 예를 들면, 사람에서 기도(氣道) 내피의 섬모상피는 점액과 걸려든 부스러기들을 허파로부터 멀리 밖으로 내보낸다. 모든 섬모가 운동성인 것은 아니다. 즉, 몸에 있는 많은 세포들은 비운동성 섬모[1차섬모(*primary cilium*)라고 하는]를 갖고 있다. 이런 섬모는 세포외 액의 특성을 감시하는 감각 기능을 갖고 있는 것으로 생각된다. 운동성인 단일 섬모 및 비운동성인 단일 섬모의 역할 중 일부가 〈인간의 전망〉에 설명되어 있다.

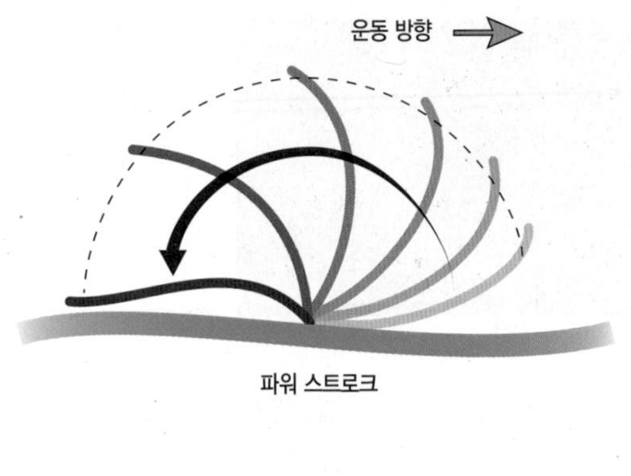

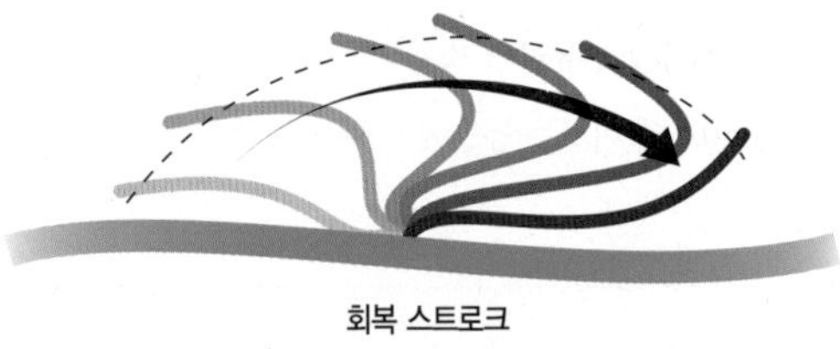

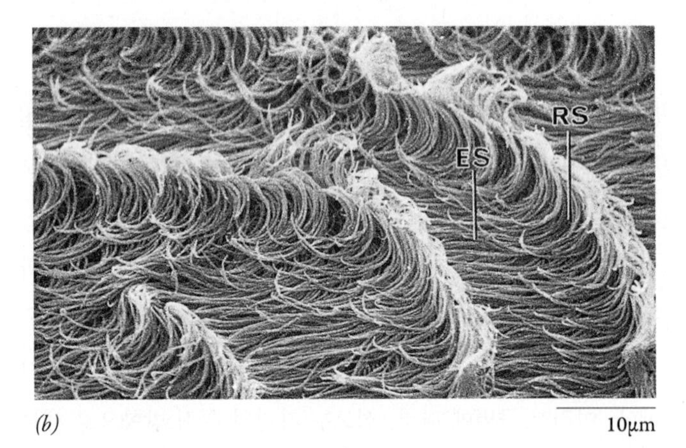

그림 13-28 섬모의 박동운동. *(a)* 섬모 박동의 여러 시기. *(b)* 섬모를 갖고 있는 원생동물 표면의 섬모들은 섬모파(纖毛波, metachronal wave)를 만드는 박동을 하는데, 일정한 열에 있는 섬모들은 박동 주기가 동일한 시기에 있지만, 이웃한 다른 열에 있는 섬모들은 그와 다른 시기에 있다. RS, 회복 스트로크 상태에 있는 섬모들; ES, 효과적인 파워 스트로크 상태에 있는 섬모들. *(c)* 생쥐 (수)난관의 표면에 있는 섬모들.

인간의 전망

발생과 질병에 있어서 섬모의 역할

여러분이 거울 속을 들여다보면, 몸이 비교적 대칭인 것을 알게 된다. 즉, 여러분의 왼쪽 절반은 오른쪽 절반의 거울상이다. 한편, 외과 의사들은 흉강 또는 복강을 열었을 때 현저하게 비대칭인 것을 보게 된다. 예로서, 위, 심장, 이자 등은 몸의 왼편에 있는 반면, 간은 주로 오른편에 있다. 가끔, 내과의사는 내장기관들의 좌-우 비대칭이 바뀐[내장자리바뀜(증)(*situs inversus*)이라고 하는] 환자들을 보게 될 것이다.

내장자리바뀜(증)은 카르타게너 증후군(Kartagener syndrome)을 지닌 환자에게서 나타난다. 또한 이 증후군은 재발(성)부비동염(副鼻洞炎), 기도감염, 남성의 불임 등과 같은 특징을 나타낸다. 이러한 장애의 근본적인 원인에 대한 첫 번째 단서는 1970년대에 알려졌다. 이러한 환자의 정자는 운동성이 없는데, 그 정자의 축사(軸絲) 구조가 비정상적임이 발견되었다. 환자에 따라, 축사의 바깥쪽 또는 안쪽 디네인 팔(dynein arm), 중앙 미세관들, 또는 방사살(radial spoke) 등의 구조가 없을 수 있다(그림 13-30 참조). 그 후의 연구에 의해, 디네인의 무거운 사슬과 중간 사슬을 암호화하는 유전자들을 비롯한 몇 몇 유전자에서 생긴 돌연변이들이 이 증후군을 일으킬 수 있는 것으로 밝혀졌다. 이러한 환자들은 기도(氣道)의 섬모에 의해 이물질(異物質) 조각과 세균 등의 청결에 의해 좌우되는 기도 감염 그리고 남성의 불임 등으로 고통 받을 것임을 이해할 수 있다. 그러나 왜 이 환자들의 약 절반 가량이 역전된 좌-우 비대칭성을 보이는 것일까?

포유동물에서 몸의 기본설계는 배(胚)의 결절(*embryonic node*)이라고 하는 구조와 관련되어 있는 낭배형성(gastrulation) 동안에 정해진다. 이 결절을 구성하는 각 세포는 하나의 섬모를 갖고 있다. 이 섬모들은 특이한 특성을 갖고 있다. 즉, 이 섬모들은 2개의 중앙 미세관이 없어서(이 섬모들은 9 + 0 의 축사 구조를 가짐) 특이한 회전(꼬임) 운동을 한다. 편모의 디네인 유전자의 돌연변이를 갖고 있는 생쥐에서 일어나는 것과 같이, 만일 이 섬모들의 운동성이 손상 받게 되면, 이 동물의 약 절반이 역전된 비대칭성을 갖고 발생되는데, 이것은 이 돌연변이 개체들에서 좌-우 비대칭성이 우연히 결정됨을 암시한다. 배의 결절에 있는 섬모가 회전하면, 주변의 액체를 배아 정중선(正中線)(embryonic midline)의 왼편으로 이동시키는데, 이것은 형광물질로 표지된 미세한 크기의 구슬들의 이동 과정을 추적하여 증명되었다. 결절 섬모들에 의해 이동된 세포외 액체에는 형태발생 물질들(즉, 배아의 발생을 총괄하는 물질들)이 포함되어 있으며, 이 액체가 배아의 왼편으로 농축되어 결국은 정중선을 기점으로 양쪽에 서로 다른 기관들이 형성되게 한다고 제안되었다. 이 제안은 액체가 배아의 결절을 가로질러 인위적으로 강제로 흐르도록 할 수 있는 축소된 방에서 길러진 생쥐 배아(mouse embryo) 실험 결과에 의해 강력하게 지지되었다. 배아들이 정상적으로 발생하는 경우와 반대 방향으로 액체를 흐르게 하였을 때, 이 배아들은 역전된 좌-우 비대칭성을 갖고 발생하였다.[1]

몸을 구성하는 많은 세포들은 중앙 미세관들과 디네인 팔이 모두 없는 비운동성인 단일 1차섬모를 갖고 있다. 연구자들은 수년 동안 이러한 섬모들을 중요시 하지 않았다. 그러나 최근 연구에 의하면, 이러한 섬모는 액체의 화학적 및 기계적인 특성들을 돌출된 곳으로 감지하여 보내는 "안테나"로서 중요한 기능을 갖고 있음을 암시하고 있다. 오줌이 형성되는 신장에서 작은 세관들의 내강(內腔)을 싸고 있는 상피세포에 있는 1차섬모(그림 1)를 생각해보자. 이 섬모들의 중요성은

그림 1 1차섬모. 신장의 각 상피세포들이 비운동성인 단일 1차섬모를 갖고 있는 것을 보여주는 주사전자현미경 사진.

폴리시스틴(polycystin)이라고 하는 1쌍의 막단백질이 발견되었을 때 밝혀졌는데, 이 막단백질은 Ca^{2+}이온 통로를 형성하는 신장의 섬모 표면에 위치되어 있다.

폴리시스틴을 암호화하는 유전자인 PKD1과 PKD2의 돌연변이들은 다낭신장질환(polycystic kidney disease, PKD)을 일으키는데, 이 질환은 신장의 기능을 파괴하는 낭종(囊腫, cyst)이 신장에서 다수 발생된다. PKD에서 낭종은 신장의 세관들을 싸고 있는 상피세포들이 비정상적으로 높은 수준으로 증식되어 생기는 것이기 때문에, PKD는 세포분열의 조절이 잘못되어 생기는 병으로 생각된다. 폴리시스틴의 돌연변이들은 액체 흐름에 대한 1차섬모들의 반응을 변경시켜서, 섬모 막을 가로질러 일어나는 칼슘 흐름을 교란시키고, 이어서 세포의 몸통과 핵으로의 신호전달을 손상시켜 비정상적인 세포 증식

[1] 다르지만 관련된 가설로서, 배의 결절에는 두 유형의 섬모들, 즉 결절의 중앙에 위치하고 있는 운동성 섬모 그리고 결절의 주변에 분포된 비운동성인 1차섬모가 있다. 이 가설에 따르면, 운동성 섬모들은 왼쪽 방향의 흐름을 발생시키고, 비운동성 섬모들은 이동을 감지하는 감각 구조로 작용하여 비대칭성을 유도하는 신호를 전달하는 역할을 한다.

이 일어나는 것으로 생각된다.

사람의 발생에서 섬모의 중요성은, 바뎃-비델 증후군(Bardet-Biedel syndrome, BBS)이 기저체와 섬모의 조립에 영향을 미치는 많은 유전자들 중 어느 하나의 돌연변이로 생긴다는 것이 밝혀짐으로써 더 확실하게 되었다. BBS로 고통 받는 사람들은 다지증(多指症, 손가락 또는 발가락이 5개 이상인), 내장좌우자리바뀜증, 비만증, 신장질환, 심장결함, 정신지체, 생식기형, 망막퇴화, 청각과 후각의 상실, 당뇨병, 고혈압 등을 비롯하여 아주 다양한 이상 증상을 보인다. 이러한 모든 장애가 기저체와 섬모의 이상에서 비롯될 수 있다는 사실은 기관의 발생과 기능에 있어서 이 구조들이 광범위하게 중요함을 설명한다. 섬모에 기반을 둔 이러한 다양한 장애(ciliopathy)를 일으키는 많은 유전자들이 클라미도모나스속(*Chlamydomonas*) 녹조류 또는 예쁜꼬마선충(*Caenorhabditis elegans*)과 같은 모델 생물들에서 최초로 확인되었는데, 이 생물들은 인간 질병을 더 잘 이해하는 데 있어서 비척추동물을 대상으로 한 기초 연구의 중요성을 보여주는 또 다른 예이다.

편모는 세포의 유형에 따라, 여러 가지 다양한 박동 양식[파형(波形, *waveform*)]을 보인다. 예로서, 〈그림 13-29*a*〉의 사진에 있는 단세포인 녹조류(綠藻類)는 2개의 편모로 비대칭의 파형 운동을 하여 자신을 앞으로 끌어당기는데, 이 운동은 사람이 수영할 때의 평영(平泳)과 비슷하다(그림 13-29*b*). 또한 이와 동일한 조류 세포는, 정자의 파동과 비슷한(〈그림 13-34〉에 나타내었음), 대칭적인 박동을 이용하여 매질을 통해 자신을 앞으로 밀어낼 수 있다. 조류 세포의 편모 박동 양식에서 비대칭성의 정도는 내부의 칼슘 이온 농도에 의해 조절된다.

섬모와 편모의 횡단면을 관찰한 전자현미경 사진은 세포생물학에서 가장 친숙한 사진들 중 하나이다(그림 13-30*a*). 섬모 또는 편모의 돌출부 전체는 그 세포의 원형질막과 연속된 막으로 덮여있다. **축사**(軸絲, axoneme)라고 하는, 섬모의 핵심부에는 섬모 전체를 통해 종(縱)으로 줄지어 늘어서 있는 미세관들이 들어 있다. 드문 경우를 제외하고, 운동성 섬모 또는 편모의 축사는 중앙에 1쌍의 단일 미세관을 둘러싸고 있는 9개의 주변부 2중(二重) 미세관(doublet microtubule)들로 구성된다. 9 + 2 배열로 알려진 이와 동일한 미세관 구조는 원생동물에서부터 포유동물에까지 이르는

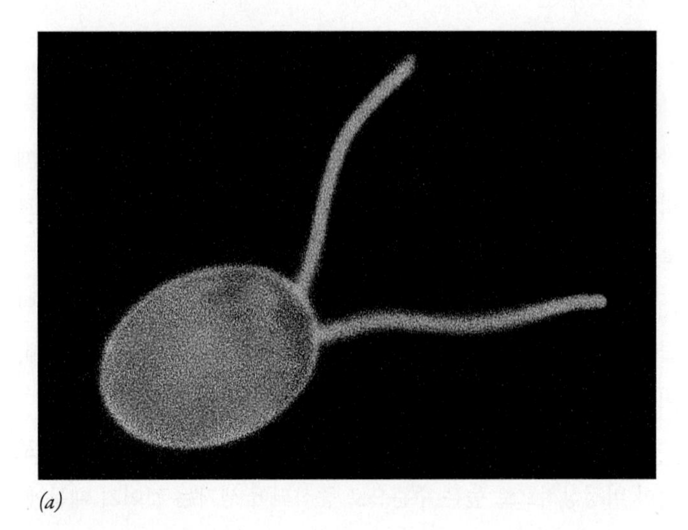
(*a*)

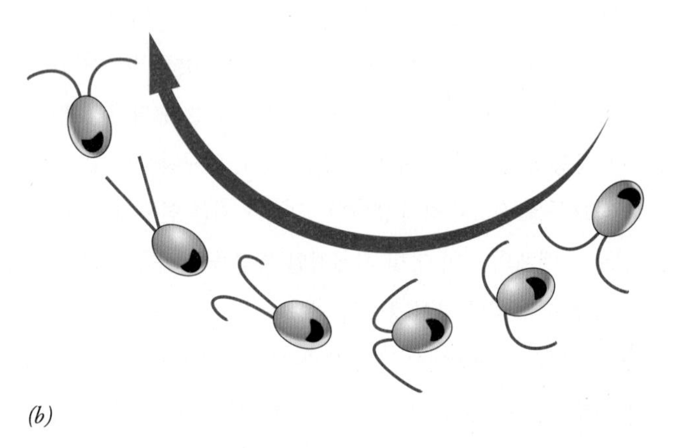
(*b*)

그림 13-29 진핵생물의 편모. (*a*) 단세포 녹조류(綠藻類)인 클라미도모나스속의 일종(*Chlamydomonas reinhardtii*). 2개의 편모가 초록색으로 보이는 것은 편모의 주요 막단백질에 형광물질이 결합된 항체가 결합되었기 때문이다. 세포가 빨간색으로 보이는 것은 세포 속에 있는 엽록소의 자가형광(自家螢光)에 의한 것이다. 편모를 가진 많은 생물과는 다르게, 클라미도모나스는 생존과 생식을 위해서 편모를 필요로 하지 않기 때문에, 다양한 유형의 편모 결함을 보이는 돌연변이를 배양할 수 있다. (*b*) 클라미도모나스의 전진 운동은 평영과 비슷한 비대칭 파형으로 이루어진다. 여러 가지 유형의 편모 파형이 〈그림 13-34〉에 나와 있다.

축사에서 볼 수 있다. 이 구조는 살아있는 모든 진핵생물들이 하나의 공통 조상으로부터 진화했다는 많은 암시 가운데 하나의 역할을 한다. 축사의 모든 미세관은 동일한 극성을 갖고 있다. 즉, 섬모와 편모의 돌출부 끝에 양(+)의 말단이 있고, 아래쪽(基部)에 음(−)의 말단이 있다. 주변부에 있는 각각의 2중관은 A세관(細管)(*A tubule*)이라고 하는 하나의 완전한 미세관과 B세관(*B tubule*)이라고 하는 또 하나의 불완전한 미세관으로 구성되며, B세관은 보통의 13개가 아닌 10 또는 11개의 소단위로 되어 있다.

1952년, 식물에서 축사의 기본 구조는 아이린 맨튼(Irene Manton)에 의해, 그리고 동물에서는 돈 포셋(Don Fawcett)과 키이스 포터(Keith Porter)에 의해 최초로 기술되었다. 전자현미경의 분해능이 향상되면서, 분명하지 않았던 일부 구성요소들을 볼 수 있게 되었다(그림 13−30*b*). 중앙의 세관들은 중앙덮개(*central sheath*)에 의해 둘러싸여 있는 것으로 보이며, 이 중앙덮개는 한 벌의 방사살(*radial spoke*)에 의해 주변부 2중관의 A세관에 연결되어 있다. 2중관들은 탄력성을 지닌 넥신(nexin)이라는 단백질로 된 2중관간(二重管間) 다리(*interdoublet bridge*)에 의해 서로 연결되어 있다. 특히 중요한 관찰로써 1쌍의 "팔(arm)"—안쪽 팔(*inner arm*)과 바깥쪽 팔(*outer arm*)—이 A세관으로부터 돌출되어 있다(그림 13−30*a*). 축사를 긴 축(軸)에 평행하게 절단한, 즉 종단면은 미세관들의 연속적인 특성 그리고 다른 요소들의 불연속적인 특성을 보여준다(그림 13−31*a*).

앞에서 언급한 것처럼, 섬모 또는 편모는 중심립(그림 13−18*a*)의 구조와 비슷한 기저체(基底體, *basal body*)(그림 13−32*a*)에서 생긴다. 기저체의 A세관과 B세관은 신장되어 섬모 또는 편모의 2중관을 형성한다(그림 13−32*b*). 만일 섬모 또는 편모가 살아있는 세포의 표면에서 절단되는 경우에는, 기저체가 바깥쪽으로 자라서 새로운 섬모 또는 편모가 재생된다. 다른 미세관 구조와 같이, 축사의 성장은 미세관의 양(+)의 말단에서 일어난다. 축사를 구성

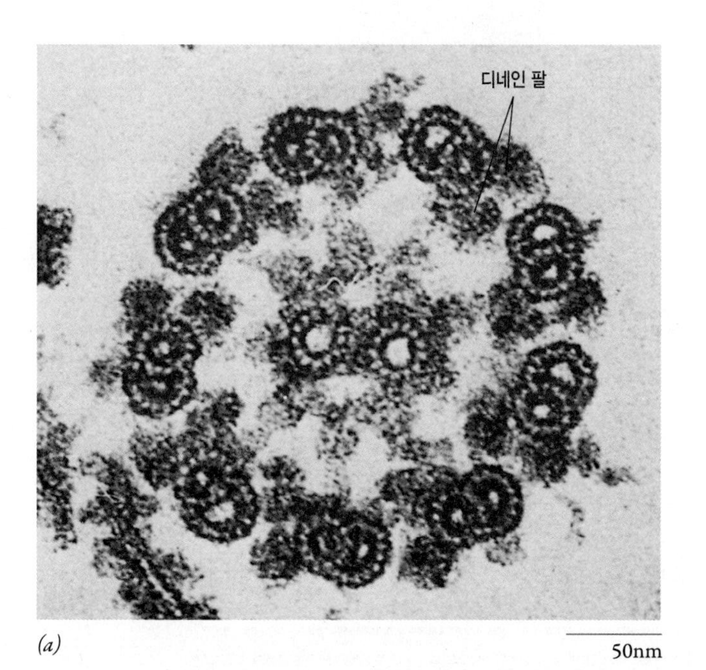

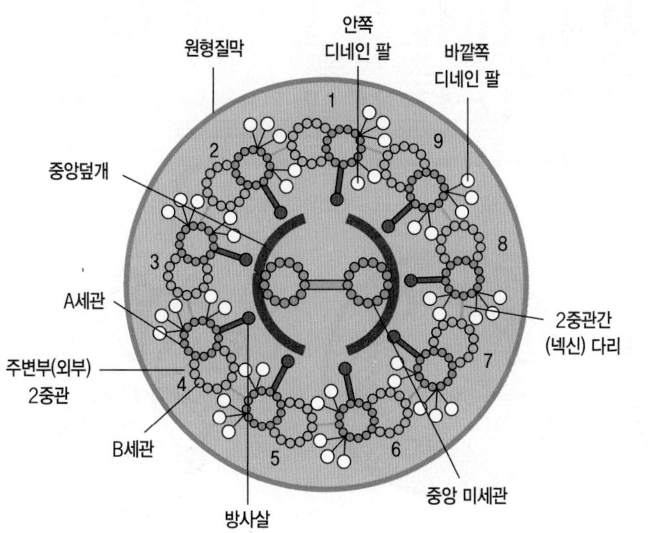

그림 13-30 섬모 또는 편모 축사의 구조. (*a*) 정자 축사의 횡단면. 주변부의 2중관들은 완전한 미세관과 불완전한 미세관으로 구성된 것으로 보이는 반면, 중앙에 있는 2개의 미세관은 완전하다. 디네인 팔(dynein arm)은 완전한 미세관의 벽에서 나온 "희미한" 돌기들로 보인다. 이 디네인 팔의 분자 구조는 뒤의 절에서 설명된다. (*b*) 미세관 섬유의 구조를 보여주는 원생생물 축사의 개요도로서, 두 유형의 디네인 팔(3개의 머리부분을 갖고 있는 바깥쪽 팔과 2개의 머리부분을 갖고 있는 안쪽 팔), 2중관 사이를 연결하는 넥신, 중앙 미세관들을 둘러싸는 중앙덮개, 그리고 주변부(외부)의 2중관으로부터 중앙덮개를 향하여 방사상으로 돌출되어 있는 방사살 등을 보여준다. 더 자세하고 복잡한 축사의 구조는 동결전자현미경 단층촬영법(cryoelectron tomography)으로 관찰된 바 있다(18−2절). [주(註): 동물의 섬모와 편모의 바깥쪽 디네인 팔은 보통 2개의 머리부분을 갖는다.]

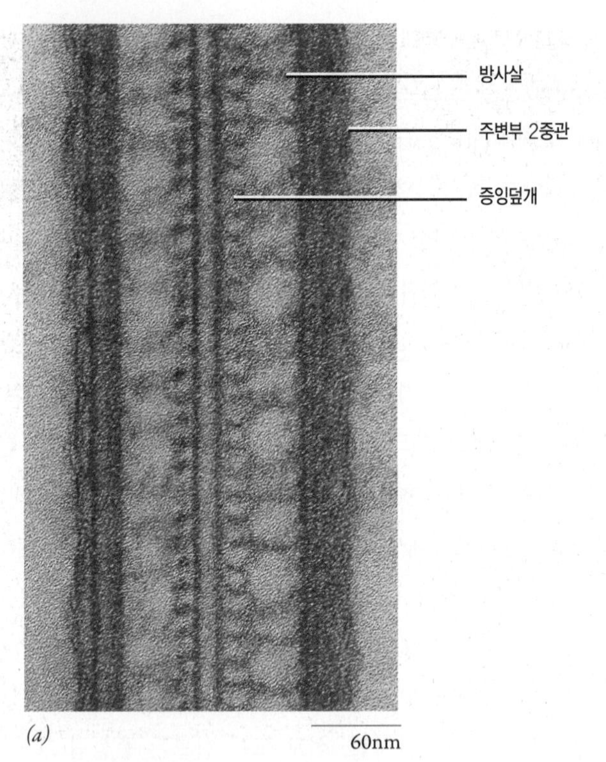

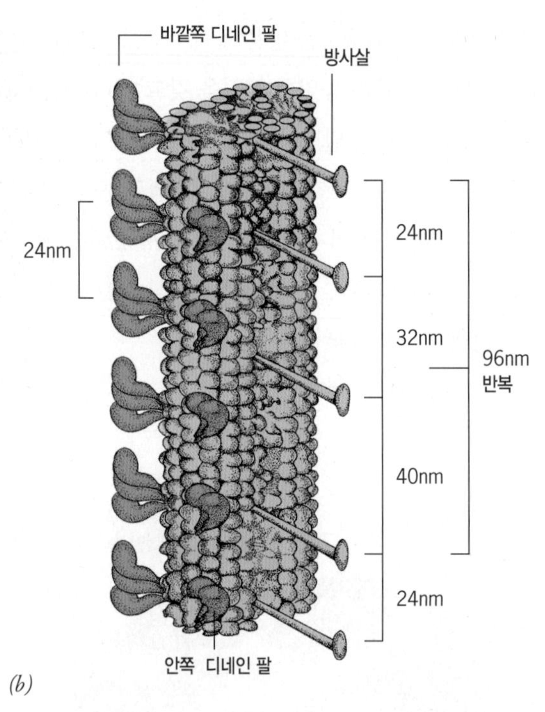

그림 13-31 축사의 종단면. (*a*) 섬모에서 곧게 펴진 부위의 중앙 종단면의 전자현미경 사진. 방사살들은 중앙덮개를 주변부에 있는 2중관의 A세관과 연결시키는 것으로 보인다. (*b*) 편모에서 2중관의 종단면 개요도. 방사살들이 3개의 무리로 나와 있으며, 이 무리가 미세관의 길이를 따라 반복된다(이 경우는 96nm로). 바깥쪽 디네인 팔들은 24nm의 간격을 유지한다.

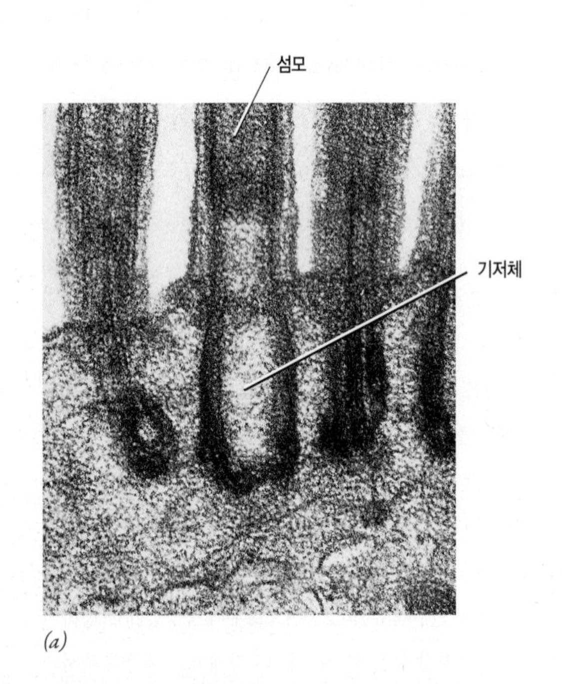

섬모 기저체
중앙 미세관 중앙덮개 방사살 주변부 2중관
(b)

그림 13-32 기저체와 축사. (*a*) 토끼 수란관에서 상피세포의 정단부 표면에 있는 수많은 섬모에서 기저체의 종단면을 보여주는 전자현미경 사진. 이 기저체들은 세포질에서 생긴 후 원형질막 아래로 이동된 중심립으로부터 생긴다. (*b*) 섬모 또는 편모의 기저체와 축사의 미세관들 사이의 구조적 유연관계를 나타낸 개요도.

하는 물질의 합성은 세포의 몸통에서 일어난다. 그러면 어떻게 세포가 몸통에서 몇 마이크로미터 떨어진 곳에 있는 축사의 바깥쪽 끝에서 조립 공사 장소를 구성하고 유지하는가?

생물학자들은 수백 년 동안 살아있는 세포의 편모를 관찰해 왔지만, 1993년까지 연구자들은 주변부 2중관과 이를 둘러싸고 있는 원형질막 사이에 있는 공간에서 입자들이 움직이는 것을 관찰하지 못하였다. 그 후의 연구에서, 섬모의 조립과 유지를 담당하는 **편모내 수송**(intraflagellar transport, IFT)이라고 알려진 과정이 밝혀졌다. IFT는 양(+)의 말단과 음(−)의 말단 양쪽을 지향하는 미세관 운동의 활성에 의해 일어난다(그림 13−33). 제II형 키네신은 복잡하게 늘어서 있는 미세관 구성 물질들을, 주변부 2중관의 원섬유를 따라서, 자라나고 있는 축사 끝에 있는 조립 장소로 이동시킨다. 제II형 키네신 분자(그리고 재사용된 축사의 구성 단백질들)는 세포질 디네인에 의해 추진되는 기작에 의해 동일한 섬모의 미세관을 따라 기저체를 향해 뒤로 수동된다. 또한 최근의 연구에 의하면, IFT가 다수의 중요한 신호전달 분자들을 수송하는 일에 관련되어 있음을 시사한다. 비만과 다지증을 비롯한 바뎃-비델 증후군(Bardet-Biedel syndrome)의 여러 가지 특징들은 신호전달 분자의 수송에서 생기는 장애가 그 원인일 수 있다.

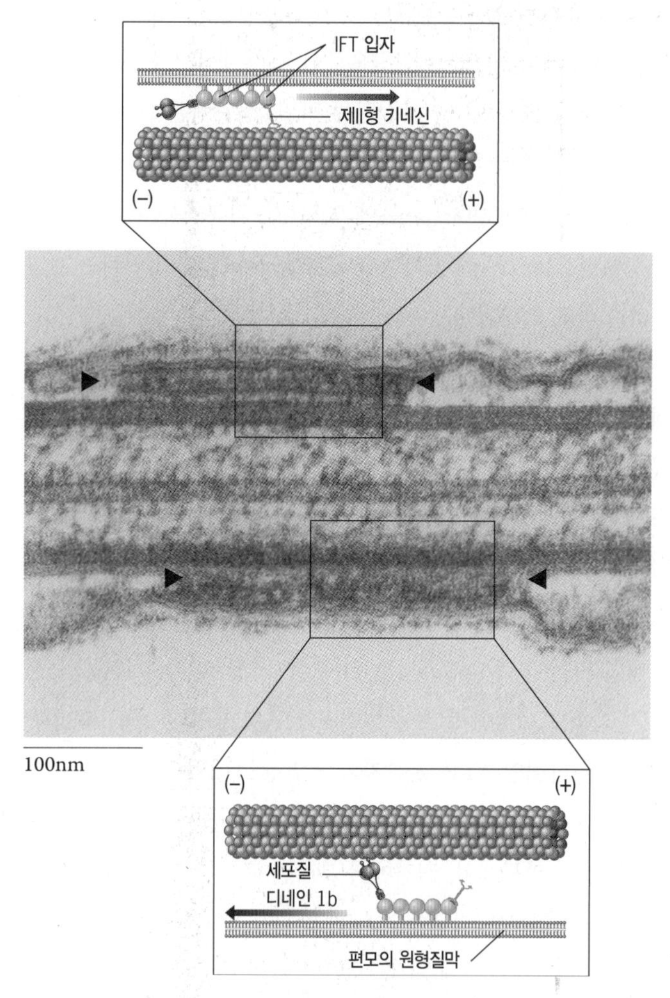

그림 13-33 **편모내 수송(IFT).** 클라미도모나스속(*Clamydomonas*) 녹조류 편모의 종단면을 관찰한 전자현미경 사진으로서, 주변부(외부) 2중 미세관과 편모의 원형질막 사이에 위치한 두 열의 단백질 입자들(좌우 2개의 화팔촉으로 묶여진)을 보여준다. 삽입된 그림에 나타낸 것처럼, 축사 단백질의 입자들 그리고 이들과 결합된 화물로 이루어진 각각의 열(列)은 운동단백질에 의해 주변부 2중 미세관을 따라 이동된다. 운동단백질은, 만일 이 입자들이 편모의 기부를 향하여 이동하면 세포질 디네인 1b이고 또는 편모의 끝 부분을 향해 이동하면 제II형 키네신이다.

13-3-8-1 디네인 팔

섬모와 편모의 운동을 위한 기구(機構)는 축사 속에 있다. 이것은 〈그림 13−34〉에 나타낸 실험에 예시되어 있는데, 정자의 꼬리에 있는 축사는 그 위에 있어야 할 막이 없다. 그러나 Mg^{2+}과 ATP가 첨가되면, 이 정자는 정상적이고 지속적인 박동을 할 수 있다. ATP 농도가 높을수록, 이들 "재활성화 된" 소기관의 박동 빈도는 더욱 더 빨라진다.

ATP의 화학 에너지를 섬모 운동을 위한 기계 에너지로 전환시키는 일을 담당하는 단백질이 하버드대학교(Harvard University)의 이안 기본스(Ian Gibbons)에 의해 1960년대에 분리되었다. 기

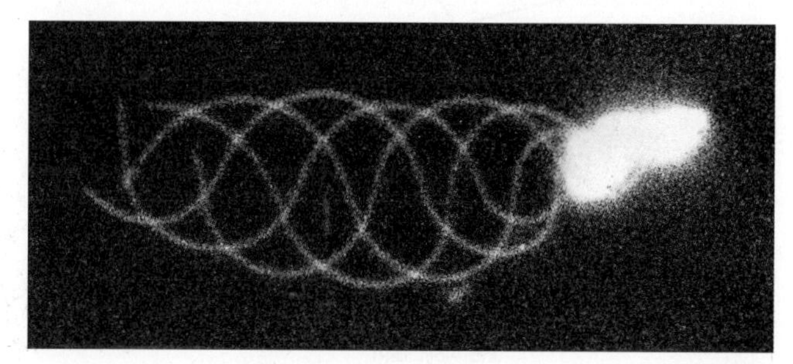

그림 13-34 **세제인 트리톤(Triton) X−100으로 원형질막을 제거한 후 0.2mM ATP로 재활성화시킨 성게의 정자.** 다중 노출된 이 광학현미경 사진은 5번의 빛을 비춰서 촬영된 것이며, 서로 다른 박동 시기에 있는 재활성화 된 편모를 보여준다.

본스의 실험은 생물학적 체제에 있어서 구조와 기능 사이의 관계를 보여주는 좋은 예이며, 이러한 방법에 의해 그 관계가 실험적인 분석으로 밝혀질 수 있다. 서로 다른 구성 성분들을 용해시킬 수 있는 다양한 용액을 사용함으로써, 기본스는 테트라히메나속(*Tetrahymena*) 원생동물의 섬모를 화학적으로 해부하는 실험을 실시하였다(그림 13-35).

섬모 전체의 완전한 횡단면이 그림의 〈1단계〉에 있다. 이 섬모의 원형질막은 세제인 디지토닌(digitonin)으로 용해시켜서 해부되기 시작했다(2단계). 그리고 불용성 분획인 분리된 축사를 EDTA가 들어 있는 용액 속에 넣는다. EDTA는 2가 이온과 결합하여 제거하는(킬레이트화 하는) 화합물이다. EDTA를 처리한 축사를 전자현미경으로 관찰하면, A세관들으로부터 돌출된 팔(arm)들과 함께, 축사의 중앙에 있는 세관들이 사라졌다(3단계). 중앙 세관들과 팔들의 구조가 동시에 소실됨으로써, 불용성 축사는 ATP를 가수분해 할 수 있는 능력을 상실하는 반면, 상층액은 그 능력을 갖게 된다. 상층액 속에서 발견된 ATP 가수분해효소(ATPase)는 거대한 단백질이었으며(200만 달톤에 이르는), 기본스는 이것을 디네인(*dynein*)["힘(force)"을 뜻하는 *dyne*과 *protein*(단백질)이라는 낱말로부터]이라고 명명했다.

소기관 및 입자의 수송에 관여하는 단백질과 유연관계가 있는 세포질 디네인(cytoplasmic dynein)과 구별하기 위해서, 이제 디네인 단백질은 **섬모**(또는 **축사**) **디네인**[ciliary (or axonemal) dynein]이라고 한다. 축사의 불용성 부분을 Mg^{2+}를 포함하는 가용성 단백질과 혼합하면, 많은 ATPase 활성이 다시 한 번 혼합물 속의 불용성 물질과 결합하게 된다(4단계). 이러한 불용성 분획의 실험에서, 디네인 팔들이 축사의 A세관 위에 다시 나타났다. 기본스는 현미경 사진에서 보였던 팔 부분들이 EDTA를 함유한 용액 속에서 회복되었던 디네인 ATPase 분자와 동일한 것이었으며, 그래서 운동에 필요한 에너지를 방출했던 것은 디네인 팔이었다고 결론지었다.

그 후의 연구에서, 정자에서 분리된 축사에 고농도의 염(0.6M NaCl)을 처리하면 디네인의 바깥쪽 팔들이 선택적으로 제거되고 안쪽 팔들은 제자리에 남아 있는 것이 발견되었다(5단계). 바깥쪽 팔들이 없는 축사에 ATP를 첨가하면, 이 축사는 정상적인 파형으로 박동을 하지만, 온전한 축사에 비하여 반 정도의 속도로 박동한다.

테드라히메나속(*Tetrahymena*) 원생동물의 축사에서 유래된 바깥쪽 디네인 분자(즉, 바깥쪽 디네인 팔)를 보여주는 전자현미경 사진이 〈그림 13-36*a*〉에 있다. 이 디네인 분자는 3개의 무거운 사슬 그리고 다수의 중간 및 가벼운 사슬로 구성되어 있다. 각각의 무

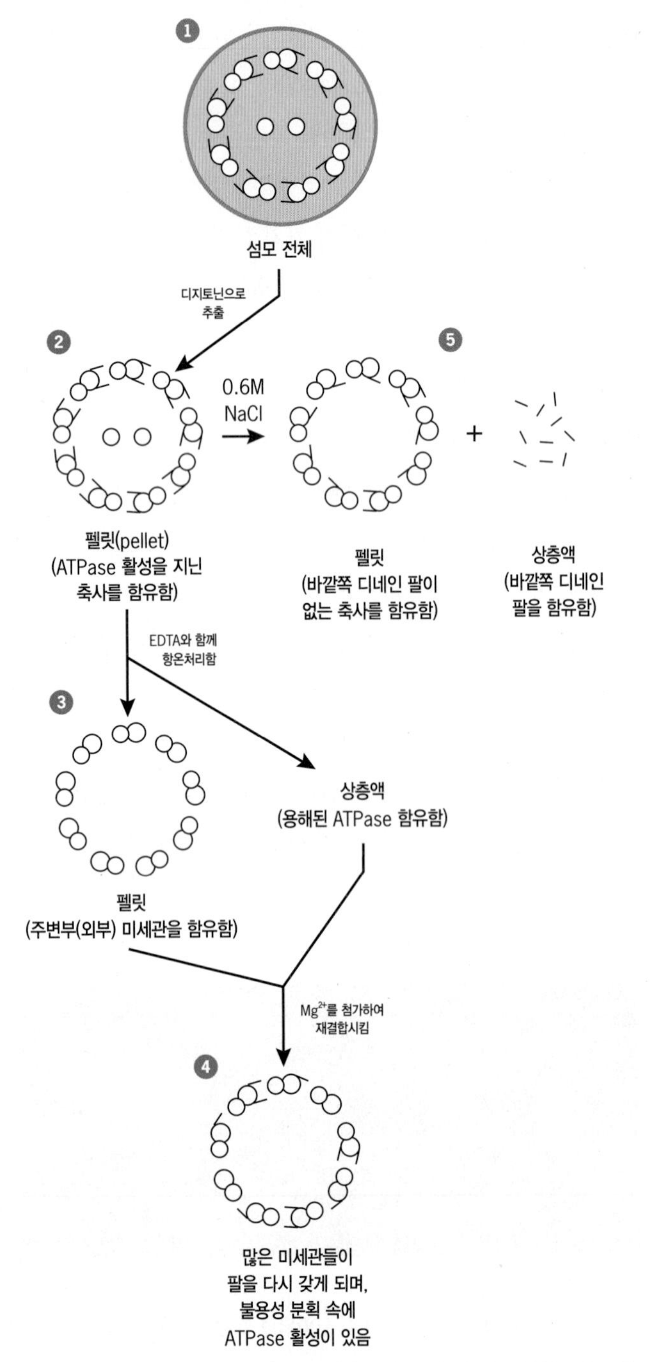

그림 13-35 테트라히메나속(*Tetrahymena*) 원생동물 섬모의 화학적 해부 단계. 번호가 매겨진 단계들이 본문에 기술되어 있다.

거운 디네인 사슬은 길이가 긴 줄기부분(stem), 바퀴 모양의 머리부분, 자루부분(stalk) 등으로 이루어져 있다. 〈그림 13-36*b*,*c*〉는, 두 가지 다른 조건에서 준비된 클라미도모나스속(*Chlamydomonas*) 녹조류의 편모에서 유래된 1개의 무거운 디네인 사슬을 보여주는 고분해능 전자현미경 사진이다. 이 2개의 사진(합성된 사진은 〈그림 13-36*d*〉에 있음)에서 분자들 사이의 입체구조에 차이가 있는 것은 편모에서 디네인 운동단백질의 파워 스트로크를 나타내는 것으로 제안된다. 이 모형에서, 〈그림 13-36*b*′,*c*′〉에 그려진 머리부분의 회전은 섬모/편모 운동에 필요한 기본 추진력의 역할을 한다. 이러한 유형의 운동을 일으키는 기작을 이해하기 위해, 우리는 축사의 구조를 다시 살펴보아야 한다.

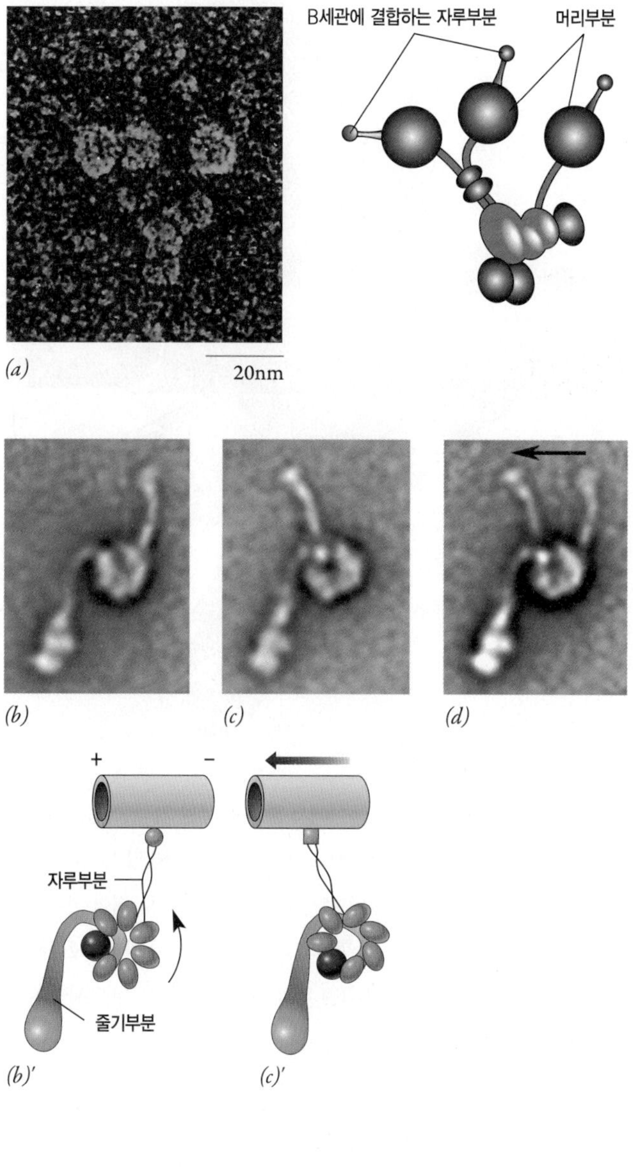

B세관에 결합하는 자루부분 머리부분

(*a*) 20nm

(*b*) (*c*) (*d*)

\+ −

자루부분

줄기부분

(*b*)′ (*c*)′

13-3-8-2 섬모와 편모 운동의 기작

이 장의 뒷부분에서 설명될, 근육의 수축은 인접한 미오신 섬유 위에서 액틴섬유가 활주(滑走)함으로써 이루어진다. 활주하는 힘은 미오신 분자의 머리부분에 있는 (톱니바퀴의 역회전을 막는) 바퀴 쐐기와 같은 교차-다리(橋)(cross-bridge)에 의해 생긴다. 하나의 모형으로서 근육계와 함께, 섬모운동은 인접한 2중 미세관들 사이에 일어나는 활주 운동에 의해 설명될 수 있는 것으로 제안되었다. 이 제안에 따라면, 〈그림 13-36〉에 그려진 디네인 팔들은 섬모 또는 편모의 운동에 필요한 힘을 발생시키는 움직이는 교차-다리로서 작용한다. 이 운동의 순서가 〈그림 13-37〉에 나타나 있다.

온전한 축사에서, 각 디네인 분자의 줄기부분(중간 및 가벼운 사슬과 결합된)은 A세관의 바깥 표면에 단단히 고정되어 있고, 구형인 머리부분 및 자루부분은 이웃 2중관의 B세관을 향해 돌출되어 있다. 〈그림 13-37〉의 1단계에서, 아래쪽 2중관의 A세관을 따라 고정되어 있는 디네인 팔들은 위쪽 2중관의 B세관에 있는 결합자리에 붙는다. 2단계에서, 디네인 분자는 입체구조 변화 또는 파워 스트로크가 일어나서 아래쪽 2중관이 위쪽 2중관의 기부 끝을 향하여 활주하도록 한다. 디네인의 무거운 사슬에서 일어나는 이러한 입체구조의 변화는 〈그림 13-36*b*−*d*〉에 그려져 있다. 〈그

그림 13-36 편모/섬모 디네인의 구조와 기능을 나타낸 모형. (*a*) 급속-동결, 심층-식각(deep-etch) 방법으로 준비된 편모의 바깥쪽 디네인 팔 분자를 회전-음영 처리(rotary-shadowing) 장치를 이용하여 얻은 백금 복사막(replica)을 관찰한 전자현미경 사진. 3개의 무거운 사슬들 각각은 신장된 자루부분을 갖는 뚜렷한 구형의 머리부분을 형성한다. 자루부분은 디네인 팔을 인접한 2중관과 연결시키는 작용을 한다. 이의 도해(圖解)를 오른쪽에 나타내었다. (*b*−*d*) 파워 스트로크 전(*b*)과 후(*c*)의 편모에서 디네인의 무거운 사슬의 고분해능 전자현미경 사진(아래의 *b*′,*c*′는 해석적 모형임). 바퀴 모양으로 배열된 다수의 모듈로 구성된 모터영역은 회전한 것으로 보이며, 이런 회전에 의해서 자루부분이 왼쪽 방향으로 이동하게 된다. (*d*)에 나타낸 상은 파워 스트로크 전과 후의 자루부분의 위치를 보여주는 분자들을 합성한 것이다. 파워 스트로크는 자루부분의 끝에 결합된 미세관을 모터영역의 위치로부터 왼쪽 방향으로(화살표) 15nm 활주하도록 한다. 시험관 속에서 실시한 운동성 분석에 의하면, 디네인은 "기어를 변속"시킬 수 있어서, 무게가 증가하는 짐을 이동시킬 때 더 짧고 더 강한 스텝(걸음)을 내디딜 수 있다.

림 13-37〉의 3단계에서, 디네인 팔은 위쪽 2중관의 B세관으로부터 떨어진다. 4단계에서, 팔들이 위쪽 2중관에 다시 붙어서, 활주의 주기를 다시 시작할 수 있다. (하나의 2중관으로부터 나온 디네인 팔들이 인접한 2중관에 부착된 것을 보여주는 전자현미경 사진이 〈그림 18-18〉에 있다.)

넥신(nexin)은 탄력성을 지닌 단백질로서 인접한 2중관들을 연결한다(그림 13-30*a*). 이러한 넥신 다리(橋)는 인접한 2중관들이 서로 활주할 수 있는 범위를 제한시킴으로써 섬모/편모 운동에서 중요한 역할을 한다. 넥신 다리에 의해 생긴 활주에 대한 저항력은 축사를 활주력(滑走力)에 반응하여 휘게 만든다. 활주는 축사의 양쪽(예: 오른쪽과 왼쪽) 방향에서 교대로 일어나기 때문에, 섬모 또는 편모의 일부가 처음에는 한 쪽 방향(오른쪽)으로 휘고 다음에는 그 반대 방향(왼쪽)으로 휜다(그림 13-38). 이러한 활주 운동은, 어느 일정 시각에 축사의 어느 한 쪽에 있는 디네인 팔들이 활성 상태에 있는 반면에, 다른 쪽에 있는 팔들은 비활성 상태에 있는 것이 필요하다. 이러한 디네인 활성의 차이로 인하여, 휘어 있는 축사에서 안쪽 2중관들(〈그림 13-38〉에서 맨 위와 맨 아래에 있는)은 축사의 반대쪽에 있는 2중관들보다 더 늘어나게 된다.

활주-미세관 이론과 디네인 팔들의 역할을 지지하는 증거가 꾸준히 축적되고 있다. 박동하는 편모의 축사에서 미세관의 활주를 〈그림 13-39〉의 사진에서처럼 직접 눈으로 볼 수 있게 되었다. 이 실험에서, 분리된 축사를 작은 금 구슬과 함께 항온처리하면, 금 구슬이 축사의 주변부 2중관들의 노출된 표면에 부착되었다. 이 구슬

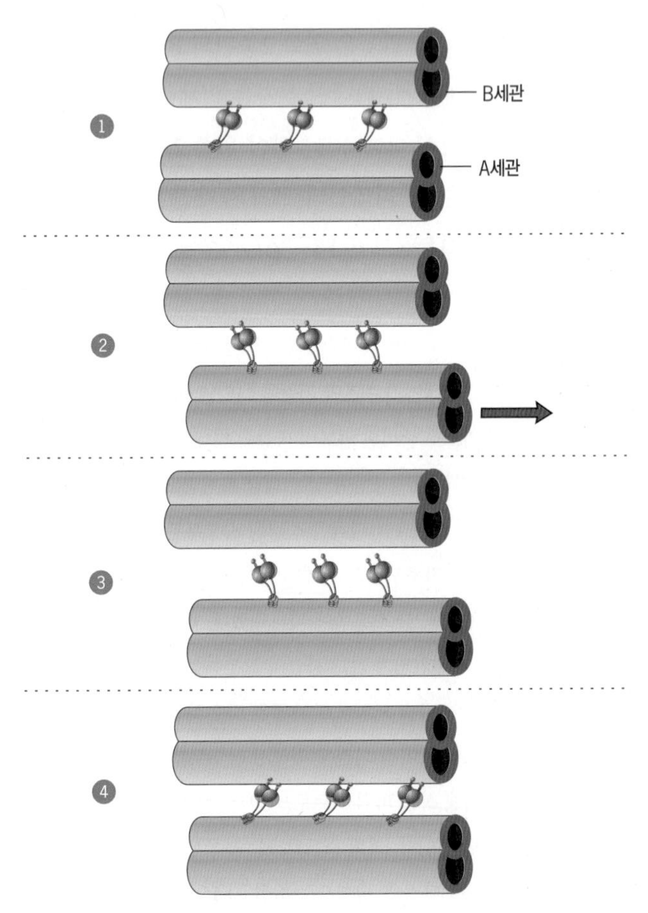

그림 13-37 섬모 또는 편모의 운동을 추진하는 힘을 나타낸 도해. 각 단계는 본문에 설명되어 있다. 파워 스트로크의 사실적인 표현은 앞의 〈그림 13-36〉에 있다.

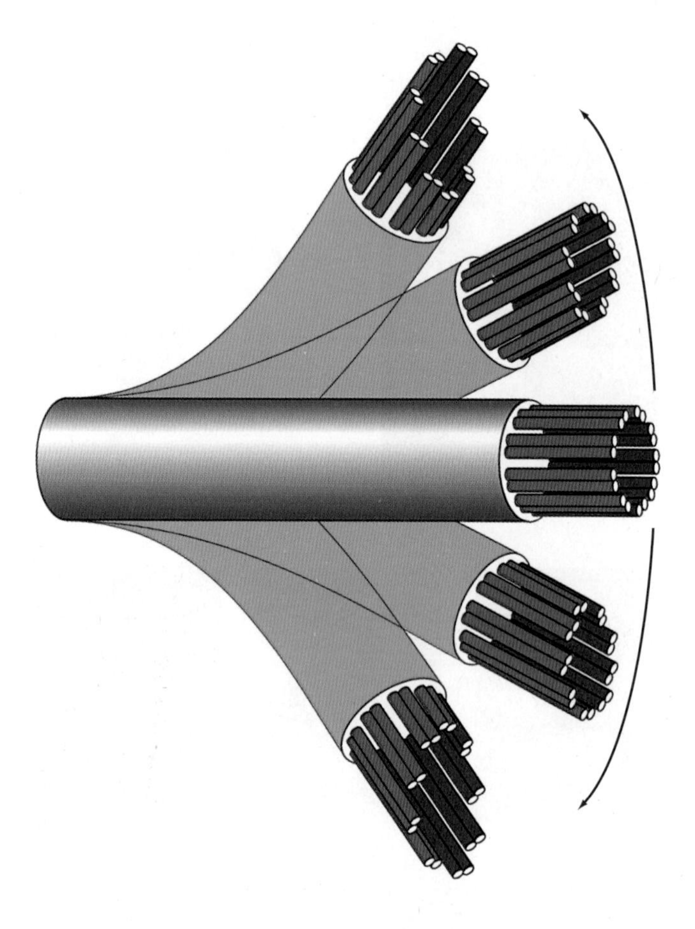

그림 13-38 섬모 또는 편모의 운동성에서 활주-미세관 기작. 인접한 미세관들이 서로 활주하는 모양을 나타낸 개요도. 섬모가 곧은 상태일 때, 모든 주변부(외부) 2중관들은 동일한 수준(높이)에서 끝나 있다(가운데). 휘어 있는 섬모에서, (휘어지는 쪽에 있는) 안쪽 2중관이 (그 반대편에 있는) 바깥쪽 2중관을 벗어나서 활주할 때 섬모가 휘게 된다(맨 위와 맨 아래). 인접한 미세관들이 활주하도록 하는 디네인 팔들의 운동은 앞의 그림에 나타내었다.

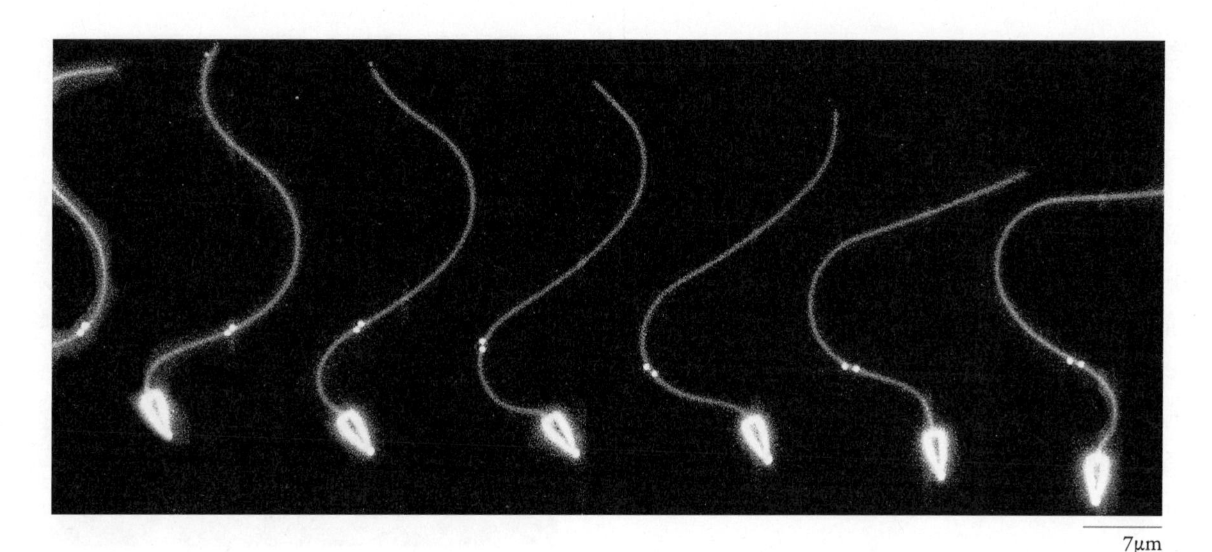

그림 13-39 미세관 활주의 실험적 증명. 성게 정자의 편모에서 원형질막을 제거한 다음 ATP를 공급하여 재활성화 시키고, 〈그림 13-34〉에서처럼 다중 노출시켜 사진을 촬영하였다. 이 실험에서, 금 구슬들이 노출된 주변부 2중 미세관들에 부착되었으며, 그 곳에서 이 구슬들은 다른 2중관을 따라 위치하는 특정한 자리를 나타내는 표지물로서 작용할 수 있다. 편모가 박동하고 있을 때, 구슬들의 상대적인 위치를 추적 관찰하였다. 여기에 나타난 것과 같이, 편모가 파동 침에 따라서 구슬들은 서로 멀어졌다 가까워졌다 하며 움직이는데, 이것은 2중관들이 서로에 대하여 앞뒤로 활주하고 있음을 뜻한다.

들은 2중관 위의 특수한 위치를 나타내는 고정된 표지물의 역할을 한다. 이어서 ATP를 첨가하여 축사들이 박동하도록 자극되었을 때, 구슬들의 상대적인 위치를 추적 관찰하였다. 축사가 앞뒤로 휘어짐에 따라서, 인접한 2중관들이 서로 위 아래로 활주했을 때 예상되는 것과 같이, 서로 다른 2중관 위에 있는 구슬들 사이의 거리가 번갈아서 늘었다 줄었다 하였다(그림 13-39).

복습문제

1. 미세관의 세 가지 기능을 설명하시오.
2. 축삭수송에서 키네신과 세포질 디네인의 분명한 역할을 대조하시오.
3. 미세관-형성 중심(MTOC)은 무엇인가? 세 가지 MTOC의 구조를 기술하고 이들이 각각 어떻게 작용하는지를 설명하시오.
4. 미세관의 조립에서 GTP의 역할은 무엇인가? 동적 불안정성(dynamic instability)이란 무엇을 뜻하는가? 동적 불안정성이 세포 활동에서 무슨 역할을 하는가?
5. 섬모와 편모 운동을 비교해 보시오. 디네인의 무거운 사슬에서 일어나는 파워 스트로크를 설명하시오. 섬모와 편모가 휘는 운동을 할 수 있는 기작을 기술하시오.

13-4 중간섬유

이제부터 설명할 세 가지 주요 세포골격 요소들 가운데 두 번째는 전자현미경에서 직경이 약 10~12nm이며, 속이 비어 있지 않고, 분지되지 않은 섬유로 보인다. 이 구조를 **중간섬유**(中間纖維, intermediate filament, IF)라고 한다. 오늘날까지, 중간섬유는 동물세포들에서만 확인되었다. 중간섬유는 강하고 신축성 있는 밧줄 같은 섬유로서, 뉴런, 근육세포, 체강(體腔)의 내벽을 형성하는 상피세포 등을 비롯하여 물리적 스트레스를 받기 쉬운 세포들에게 기계적인 힘을 갖게 한다. 미세섬유 및 미세관과는 다르게, IF의 구조는 화학적으로 이질적인 집단으로서, 사람에서 약 70가지의 유전자들에 의해 암호화된다. IF의 폴리펩티드 소단위들은, 생화학적, 유전적, 면역학적 기준은 물론, 발견되는 세포의 유형에 근거하여 다섯 가지 종류로 나눌 수 있다(표 13-2). 여기서는 세포질 섬유의 구조에서 발견되는 제I-IV형에 관하여 설명할 것이며, 핵의 안쪽 층 부분에 있는 제V형 IF(라민, lamin)는 〈6-1절〉에서 설명할 것이다.

IF는 아주 다양한 동물세포의 세포질 전체에 사방으로 퍼져있으며, 때로는 얇고 작은 교차-다리에 의해 다른 세포골격 섬유들과 서로 연결되어 있다(그림 13-40). 많은 세포에서, 이 교차-다리는

표 13-2 포유동물에서 주요 중간섬유 단백질들의 특성과 분포

IF 단백질	유형	분포하는 1차 조직
케라틴(산성) (28가지의 폴리펩티드)	I	상피조직
케라틴(염기성) (26가지의 폴리펩티드)	II	상피조직
비멘틴(vimentin)	III	중간엽조직 세포
데스민(desmin)	III	근육
신경아교섬유질산성단백질 (glial fibrillary acidic protein, GFAP)	III	성상(星狀)아교세포(astrocyte)
페리페린(peripherin)	III	말초신경
신경중간섬유(neurofilament, NF) 단백질		중추신경과 말초신경
NF-L	IV	
NF-M	IV	
NF-H	IV	
네스틴(nestin)	IV	신경상피(neuroepithelial)
라민(lamin) 단백질		모든 유형의 세포
라민 A	V	(핵막)
라민 B	V	
라민 C	V	

더 자세한 표는 〈*Trends Biochem Sci*. 31:384, 2006〉, 〈*Genes and Development* 21:1582, 2007〉, 그리고 〈*Trends Cell Biol*. 18:29, 2008〉 등에서 볼 수 있다.

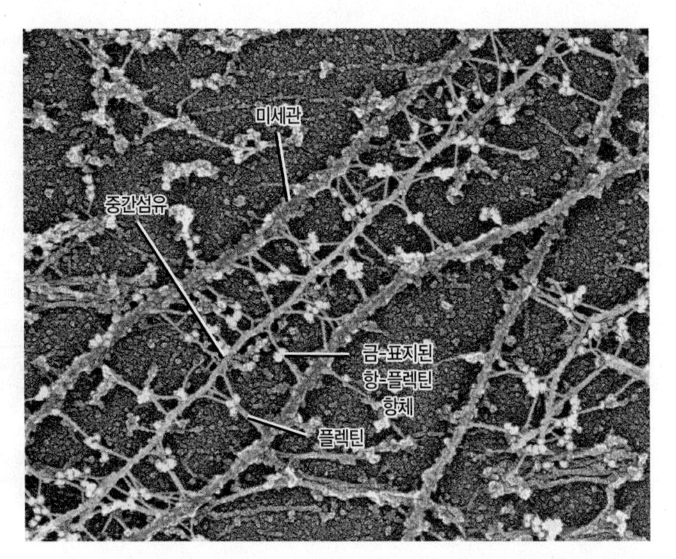

그림 13-40 세포골격 요소들은 단백질 교차-다리에 의해 서로 연결된다. 섬유모세포에서 액틴섬유를 선택적으로 제거한 후 세포골격 일부의 복사막(replica)을 관찰한 전자현미경 사진. 각 구성요소들은 시각적 효과를 돕기 위해 컴퓨터를 이용하여 채색되었다. 중간섬유들(파란색)은 섬유상 단백질인 플렉틴(plectin, 초록색)으로 된 길고 가는 교차-다리에 의해 미세관들(빨간색)과 연결된 것으로 보인다. 플렉틴은 콜로이드 금 입자들(노란색)에 결합된 항체들이 있는 곳에 위치한다.

다수의 동형(同形, isoform)으로 존재할 수 있는 플렉틴(*plectin*)이라고 하는 긴 2량체 단백질로 구성되어 있다. 각 플렉틴 분자는 한쪽 말단에 IF와 결합하는 자리를 갖고 있으며, 동형에 따라서 다른 말단에는 또 다른 종류의 중간섬유, 미세섬유, 미세관 등과 결합하는 자리를 갖고 있다.

IF 폴리펩티드들이 다양한 아미노산 서열을 갖고 있지만, 이들이 비슷하게 보이는 섬유를 형성할 수 있도록 이들 모두가 비슷한 구조를 공유한다. 특히, IF를 구성하는 모든 폴리펩티드는 중앙부에 길이가 비슷하고 상동인 아미노산 서열로 된 자루 모양의 α-나선 구조 영역을 갖고 있다. IF의 이러한 긴 섬유상 영역은 중간섬유의 소단위들을 미세관의 구형 튜불린 그리고 미세섬유의 액틴 소단위들과 매우 다르게 만든다. 이 중앙부에 있는 섬유상 영역의 양쪽 말단부에는 다양한 크기와 서열로 이루어진 구형 영역이 있다(그림 13-41, 1단계). 2개의 이러한 폴리펩티드들은, 이들의 α-나선 자루부분이 서로 감겨서 길이가 약 45nm인 밧줄 같은 2량체를 형성함에 따라, 자발적으로 상호작용을 한다(2단계). 2개의 폴리펩티드가 동일한 방향으로 서로 평행하게 배열되기 때문에, 이 2량체는 한쪽 끝에 폴리펩티드들의 C-말단이 있고 그 반대쪽에 N-말단을 지닌 극성을 갖고 있다.

13-4-1 중간섬유의 조립과 해체

IF 조립의 기본 단위는 2개의 2량체로 형성된 자루 모양의 4량체(tetramer)일 것으로 생각된다. 이 2개의 2량체는 〈그림 13-41〉

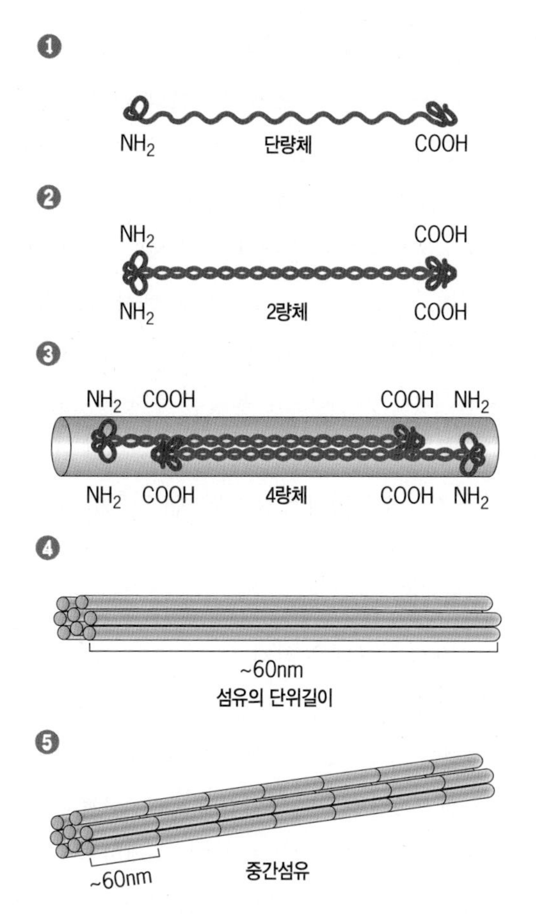

그림 13-41 중간섬유의 조립과 구성을 나타낸 모형. 각 단량체의 양쪽 말단에는 구형 영역(빨간색)이 있고, 그 중간에 긴 α-나선 부위가 있다(1단계). 쌍을 이룬 단량체 말단들이 정렬되어 평행하게 배열된 상태로 결합하여 2량체를 형성한다(2단계). 중간섬유의 유형에 따라, 이 2량체들은 동일한 단량체(동질2량체)들로 또는 다른 단량체(이질2량체)들로 구성될 수 있다. 이어서 2량체는 반대 방향으로 엇갈린 방식으로 평행하게 결합하여 4량체를 형성하는데(3단계), 이 4량체는 중간섬유의 조립에 있어서 기본 소단위인 것으로 생각된다. 여기에 나타낸 모형에서, 8개의 4량체들이 측면에서 결합하여 중간섬유의 단위길이를 형성한다(4단계). 그래서 이러한 단위길이들의 끝과 끝이 결합되어 대단히 신장된 중간섬유가 형성된다(5단계).

의 3단계에 나타낸 것처럼, N-말단 및 C-말단이 서로 반대 방향으로 엇갈린 방식으로 나란히 배열된다. 2량체들이 반대 방향으로 향하고 있기 때문에, 4량체 자신은 극성이 없다. 시험관 속에서 IF의 자가-조립에 관한 최근의 연구에 의하면, 8개의 4량체들이 나란히(측면으로) 배열된 상태에서 서로 결합하여 하나의 단위길이(unit length)(약 60nm)인 섬유를 형성한다(4단계). 섬유의 이러한 단위길이의 끝과 끝이 만나는 방식으로 서로 결합하여 매우 긴 IF를 형성함으로써, 중합체의 신장이 이루어진다(5단계). 이러한 조립 단계에서는 ATP나 또는 GTP의 직접적인 관여가 필요하지 않은 것으로 생각된다. 기본 단위인 4량체가 극성을 갖고 있지 않기 때문에, 조립된 섬유들도 역시 극성이 없으며, 이것은 IF가 다른 세포골격 구조들과 구별되는 또 다른 특징이다.

IF는 다른 세포골격 구조들보다 화학물질에 대하여 덜 민감하여 용해시키기가 더 어려운 경향이 있다. 이러한 불용성 때문에, IF는 처음에 영구적으로 변하지 않는 구조일 것으로 생각되었다. 그래서 IF가 시험관 속에서 동적인 행동을 한다는 것을 발견한 것은 놀랄만한 일이었다. 표지된 케라틴(keratin) 소단위들이 배양된 피부 세포 속에 주입되었을 때, 이 소단위들은 이미 존재했던 IF와 신속하게 결합되었다. 미세관 그리고 미세섬유의 조립을 유추하여 예상할 수 있는 것처럼, 그 소단위들은 섬유의 말단에 결합되지 않고, 놀랍게도 섬유의 내부에 결합된다(그림 13-42). 〈그림 13-42〉에 나타난 결과는 섬유의 단위길이들(〈그림 13-41, 4단계〉에서 나타낸 것처럼)이 이미 존재하고 있던 IF의 망상 구조로 직접 바뀌었다는 것을 반영할 수도 있다. 다른 두 가지 주요 세포골격 구조들과 다르게, IF의 조립과 해체는 소단위들의 인산화와 탈인산화에 의해 조절된다. 예로서, 단백질 인산화효소 A(protein kinase A)에 의해 비멘틴(vimentin)[j] 섬유가 인산화 되면 이 섬유는 해체된다.

13-4-2 중간섬유들의 유형과 기능

케라틴 섬유는 상피세포들(표피세포, 간세포, 췌장의 분비세포 등을 비롯하여)에서 주요 구조 단백질로 구성되어 있다. 〈그림 13-43*a*〉는 일반화된 상피세포에서 케라틴 섬유의 공간적 배열을 보여주는 개요도이며, 〈그림 13-43*b*〉는 1쌍의 배양된 표피세포 속에서 이 섬유의 실제 배열을 보여준다. 케라틴을 함유하는 IF는 세포질 전체에 방사상으로 퍼져 있으며, 세포 중앙에서 핵막에 묶여 있고, 데스모솜과 헤미데스모솜의 세포질 플라크에 연결되어 세포

역자 주[j] 비멘틴(vimentin): 결합조직세포, 근육세포, 신경계의 지지세포 등에 있는 IF를 구성하는 단백질이다.

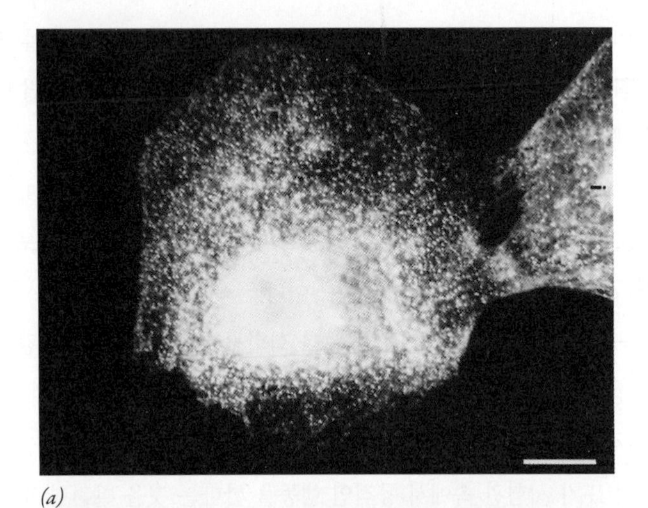

(a)

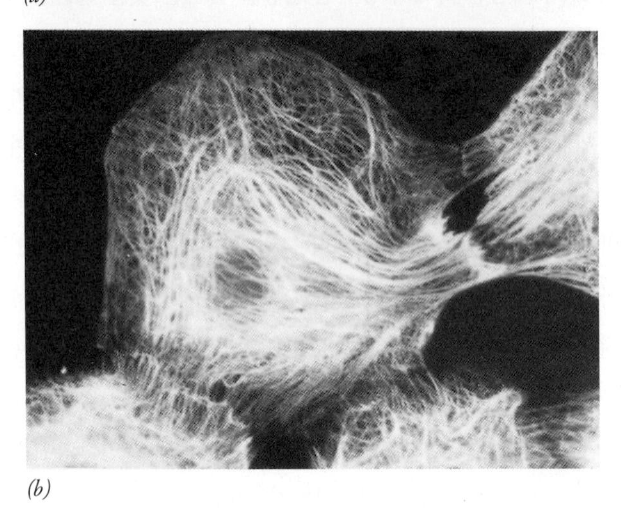

(b)

그림 13-42 중간섬유의 동적 특성을 보여주는 실험적 증명. 이 사진들은, 비오틴(biotin)으로 표지된 제I형 케라틴을 배양된 상피세포에 미세주입하고 20분 후에 면역형광물질을 이용하여 그 위치를 확인한 실험 결과를 보여준다. (*a*)의 사진은, 미세주입 후 20분 동안에 중간섬유 속으로 끼어 들어가게 된, 주입된 비오틴과 결합된 케라틴(항-비오틴 항체에 의해 나타난 것으로서)의 위치(국재성)를 보여준다. (*b*)의 사진은, 항-케라틴 항체에 의해 나타난 것으로서, 세포 속에 있는 중간섬유의 분포를 보여준다. *a*에서 형광물질이 점과 같이 나타난 것은 주입된 소단위들이 섬유의 말단에 결합한 것이 아니라 섬유의 길이 전체에 걸친 여러 지점에서 이미 존재해 있던 섬유들 속으로 들어가 결합되었음을 암시하는 것이다. (〈그림 13-26〉에서 표지된 튜불린을 처리한 비슷한 실험과 비교해 보라.) *a*의 아래 오른쪽 선의 길이는 10μm이다.

의 바깥쪽 가장자리에 고정되어 있다. 또한 〈그림 13-43*a*〉는 IF와 이 세포의 미세관 및 미세섬유가 서로 연결되어서, 서로 다른 독립된 이 구조들을 하나의 통합된 세포골격으로 변화시킨다. 이러한 다양한 물리적 연결로 인하여, IF의 연결망은 세포의 구성을 체계화하고 유지시키기 위한, 그리고 세포외 환경으로부터 받는 기계적 스트레스를 흡수하기 위한 골격의 역할을 한다.

뉴런의 세포질에는 느슨하게 꾸려진 IF의 다발들이 들어 있는데, 이 섬유의 긴 축(軸)은 신경 세포의 축삭돌기의 긴 축과 평행하게 배열되어 있다(그림 13-13*b* 참조). 이 IF, 또는 **신경중간섬유**(neurofilament)는 세 가지의 단백질들, 즉 NF-L, NF-H, NF-M 등으로 구성되며, 이들은 모두 〈표 13-2〉에서 제IV형의 무리에 속한다. 다른 IF의 폴리펩티드들과는 다르게, NF-H와 NF-M은 이들 신경중간섬유로부터 밖으로 돌출된 측면 팔(side arm)을 갖고 있다. 이 측면 팔은 축삭 속에 평행하게 배열되어 있는 신경중간섬유들 사이의 간격을 적당하게 유지시키는 것으로 생각된다(그림 13-13*b* 참조).

축삭이 목표 세포를 향하여 자라고 있는 분화의 초기 단계에, 축삭는 신경중간섬유를 매우 적게 갖고 있지만 지지 작용을 하는 미세관은 많이 갖고 있다. 일단 이 신경세포가 완전히 신장하게 되면, 축삭의 직경이 극적으로 증가함에 따라, 신경세포는 지지 작용을 하기 위한 신경중간섬유로 채워지게 된다. 신경중간섬유의 집적 현상은 근위축성(筋萎縮性) 측삭(側索) 경화증(amyotrophic lateral sclerosis, ALS)과 파킨슨병(Parkinson's disease)을 비롯한 사람의 퇴행성 신경질환에서 볼 수 있다. 이러한 신경중간섬유들이 집적되면 축삭에서 일어나는 수송을 차단할 수 있어서, 그런 뉴런은 죽음에 이르게 된다.

IF의 기능을 입증하기 위한 노력은 주로 유전공학적으로 처리된, 즉 특정한 IF의 폴리펩티드를 생산할 수 없거나[유전자제거(gene knockout)에 의해] 또는 변형된 IF의 폴리펩티드를 생산하는 생쥐에 의존해 왔다. 이러한 연구를 통해서, 특정한 유형의 세포에서 IF의 중요성이 밝혀졌다. 예로서, 표피의 아래쪽(기부층)에 있는 세포들에 의해 정상적으로 합성된 제I형 케라틴 폴리펩티드인 K14를 암호화하는 유전자가 결실된 생쥐는 심각한 건강 문제를 갖고 있다. 이러한 생쥐은 기계적 압력에 너무 예민하기 때문에, 산도(産道)를 지나는 동안 또는 새로 태어난 새끼를 보호하고 키우는 동안에 생길 수 있는 가벼운 외상조차도 피부 또는 혀에 심한 물집을 생기게 할 수 있다. 이러한 표현형은 단순수포 표피박리증(*epidermolysis bullosa simplex*, *EBS*)[3]이라고 하는 사람의 희귀한

[3] 제11장에서 언급된 것처럼, 비슷한 유형의 수포성질환이 헤미데스모솜의 단백질들이 결핍되어 생길 수 있는데, 헤미데스모솜은 표피의 아래쪽(기부) 층을 기저막(basement membrane)에 붙어 있게 한다.

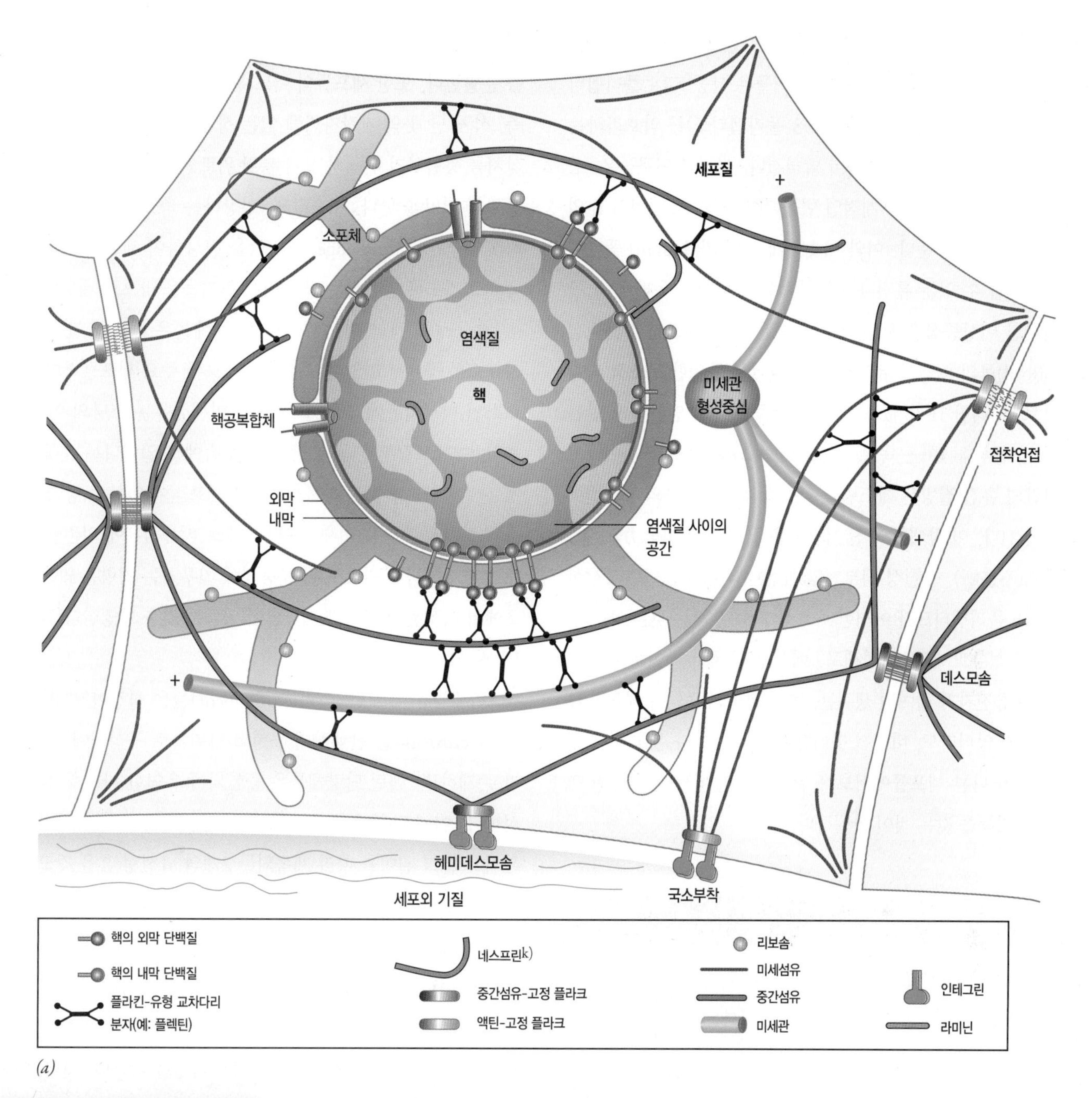

(a)

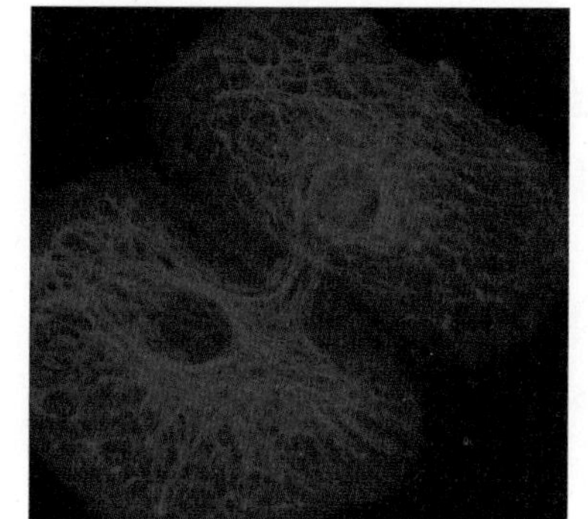

(b)

그림 13-43 상피세포 속에 있는 중간섬유들의 체제. (*a*) 이 개요도에서, IF는 세포 전체에 사방으로 퍼져 있으며, 핵의 바깥 표면과 원형질막의 안쪽 표면에 고정되어 있는 것으로 보인다. IF는 2개의 핵막을 모두 가로지르는 단백질을 통해서 핵과 연결되며, 그리고 데스모솜과 헤미데스모솜 같은 특수화 된 부착 지점들을 통해서 원형질막과 연결된다. 또한 IF는 다른 두 가지 유형의 세포골격 구조와 모두 상호 연결되는 것으로 보인다. 미세관과 미세섬유에 연결된 것은 〈그림 13-40〉에 나타낸 2량체 플렉틴(plectin) 분자와 같은 플라킨(plakin) 단백질 집단의 구성요소들에 의해 주로 이루어진다. (*b*) 배양된 피부세포(각질세포, keratinocyte)들에서 케라틴-함유 IF들의 분포. 섬유들은 핵 주위에 새장 같은 연결망을 형성하고 또한 세포 주변으로 뻗어 있는 것으로 보인다.

역자 주[k] 네스프린(nesprin): "nuclear envelope spectrin repeat protein(핵막 스펙트린 반복 단백질)"의 머리글자로서, 이 단백질 집단은 주로 핵의 외막에서 발견된다. Nesprin-1 및 -2는 액틴섬유와 결합하고, nesprin-3은 중간섬유에 결합된 플렉틴과 결합하며, nesprin-4는 키네신-1과 상호작용한다.

피부-수포성 질환과 대단히 유사하다.

그 후 EBS 환자들을 분석한 결과, 이들은 상동 K14 폴리펩티드(또는 K14로 2량체를 형성하는 K5 폴리펩티드)를 암호화하는 유전자의 돌연변이를 갖고 있음이 밝혀졌다. 이러한 연구들은, 상피 층에 있는 세포들에게 기계적인 힘을 갖게 하는 데 있어서 IF의 역할을 더 분명히 해 준다. 이와 비슷하게, 데스민(desmin) 폴리펩티드를 생산할 수 없는 유전자삭제 생쥐들은 심장 근육과 골격 근육에 심각한 이상증상을 보인다. 데스민은 근육 세포에서 근원섬유(myofibril)들의 배열을 유지하는 데 있어서 중요한 구조적 역할을 함으로, 이러한 IF가 없으면 이 세포들을 몹시 연약하게 만든다. 데스민-동류(同類) 근육병증(*desmin-related myopathy*)이라고 하는 사람의 유전 질병은 데스민을 암호화하는 유전자의 돌연변이에 의해 생긴다. 이 장애를 가진 사람들은 골격근 무력(無力), 심장성 부정맥(不整脈), 울혈성 심부전(鬱血性 心不全) 등으로 고생한다. 모든 IF 폴리펩티드가 이러한 중요한 기능을 갖는 것은 아니다. 예를 들면, 섬유모세포, 대식세포, 백혈구 등에서 발현된 비멘틴(vimentin) 유전자가 결여된 생쥐는, 병에 걸린 세포들이 세포질 IF를 갖고 있지 않더라도, 비교적 경미한 이상을 보인다. 이러한 연구로부터, IF가 다른 세포들에서보다 일부 세포들에서 더 중요한 조직-특이적 기능을 갖는 것이 확실하다.

복습문제

1. 중간섬유들이 모든 세포에 공통된 기본적인 활동에서보다 주로 조직-특이적인 기능들에서 본질적으로 중요하다는 제안을 지지하는 예를 몇 가지 드시오.
2. 미세관 조립과 중간섬유 조립을 비교하여 대조해 보시오.

13-5 미세섬유

세포는 놀랄만한 운동 능력이 있다. 척추동물 배(胚)에서 신경능선(neural crest) 세포들은 발생 중인 신경계를 떠나서 배의 전체 폭을 가로질러 이동하여, 피부의 색소 세포와 이(齒) 그리고 턱의 연골 같은 다양한 부분을 형성한다(그림 11-11 참조). 다수의 백혈구 세포들은 세포 속의 파편이나 미생물들을 찾기 위해서 몸의 조직들을 순찰한다. 또한 세포들의 어느 부분들도 운동성이 있을 수 있다. 즉, 상처 난 곳의 가장자리에 있는 상피세포들의 넓적한 돌기들은 상처를 봉합하기 위해서 상처 부위 위로 세포들을 끌어당기는 운동 장치의 역할을 한다. 비슷하게, 성장하는 축삭돌기의 앞쪽 가장자리(前緣部, leading edge)는 바닥을 검사하여 세포를 시냅스 표적 쪽으로 가도록 안내하는 아주 작은 돌기들을 밖으로 내보낸다.

운동성에 관한 이런 다양한 모든 예들은 최소한 한 가지의 구성요소를 공유하고 있다. 즉, 이들은 모두 주요 세포골격의 세 번째 요소인 미세섬유에 의존한다. 또한 미세섬유는 소낭의 이동, 식세포작용, 세포질분열 등과 같은 세포 속에서 일어나는 운동 과정들에 관여한다. 실제로, 식물세포들은 세포질에 있는 소낭 및 소기관들의 장거리 수송을 미세관보다는 주로 미세섬유에 의존한다. 이렇게 미세섬유를 기반으로 한 운동성에 치우치는 경향은 많은 식물세포에서 미세관의 분포가 제한되어 있다는 것을 반영한다(그림 13-12 참조).

미세섬유(微細纖維, microfilament)들은 직경이 약 8nm이며, **액틴**(actin)이라는 단백질의 구형 소단위들로 구성되어 있다. ATP가 존재하면, 액틴 단량체들은 중합되어 유연한 나선형 섬유를 형성한다. 이 소단위가 조직화된 결과(그림 13-44*a*), 액틴섬유는 기본적으로 그 길이를 따라 계속되는 2개의 나선형 홈을 갖고 있는 2가닥으로 된 구조이다(그림 13-44*b*). 액틴섬유(*actin filament*), F-액틴(*F-actin*), 미세섬유(*micro-filament*) 등과 같은 용어들은 기본적으로 이런 유형의 섬유에 대한 동의어이다. 각각의 액틴 소단위는 극성을 갖고 있으며 액틴섬유의 모든 소단위들은 동일한 방향을 향하고 있기 때문에, 미세섬유 전체가 극성을 갖는다. 결국, 액틴섬유의 2개의 말단은 서로 다른 구조와 동적 특성을 지닌다. 세포의 유형과 그 세포가 관여하고 있는 활성에 따라서 액틴섬유들은 매우 질서 정연한 배열, 느슨하고 윤곽이 불명확한 연결망 구조, 또는 단단히 고정된 다발 등의 구조로 조직될 수 있다.

어느 세포에서 액틴섬유를 확인하는 것은 세포화학적 검사를 이용하여 확실하게 이루어질 수 있다. 그 이유는 다음과 같다. 즉, 이 검사는 액틴섬유들이 어느 세포에서 유래되었는가는 상관없이, 액틴섬유들이 미오신 단백질과 매우 특수한 방식으로 상호작용 한다는 사실을 이용하기 때문이다. 이 두 단백질의 상호작용을 촉진하기 위해, 정제된 미오신(근육 조직에서 얻은)을 단백질 분해효소에 의해 몇 조각으로 쪼갠다. 이 조각들 중의 하나인 S1(그림 13-49 참조)은 미세섬유를 따라 죽 액틴 분자들과 결합한다. 섬유가 액틴이라는 것을 확인하는 것 이외에도, 결합된 S1 조각들은 그 섬유의 극성을 알게 해 준다. S1 조각들이 결합되면, 미세섬유의 한 쪽 말단이 화살촉처럼 뾰족하게(*pointed*) 보이는 반면에, 다른 쪽 말단은 가시 돋친(*barbed*) 모양으로 보인다. 이러한 화살촉 모양 "장식"의 예는 〈그림 13-45〉에서처럼 장(腸)의 상피세포에 있는 미세융모들에서 볼 수 있다. S1-액틴 복합체에 의해 형성된 화살촉 부분의 지향(방향)성은 미세섬유가 미오신 운동단백질에 의해 이동될 것으로 예상되는 방향에 관한 정보를 알려준다. 또한 액틴의 위치는, 액틴 섬유와 결합하는 형광물질로 표지된 팔로이딘(*phaloidin*)을 사용하거나(그림 13-74*a*) 또는 형광물질로 표지된 항-액틴 항체를 사용하여 광학현미경으로 확인될 수 있다.

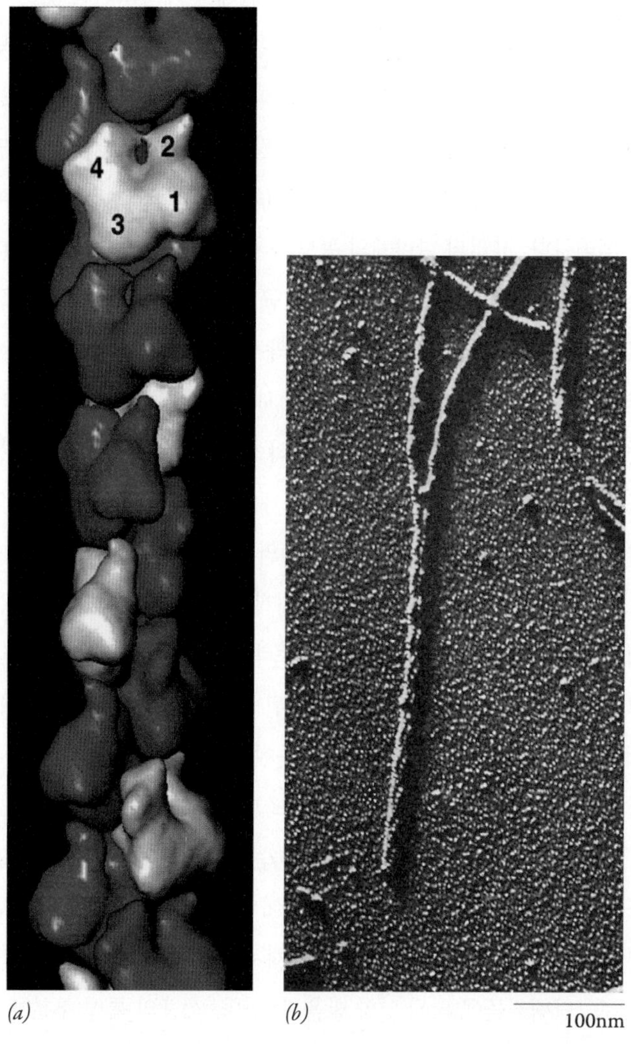

그림 13-44 액틴섬유의 구조. (*a*) 액틴섬유의 모형. 연속적으로 배열되어 있는 액틴 소단위들을 보다 쉽게 구별하기 위해서 세 가지 색깔로 표시하였다. 하나의 액틴 소단위에 있는 소영역(subdomain)들을 1, 2, 3, 4 등으로 표시하였으며, 각 소단위에는 ATP가 결합할 수 있는 틈이 있다. 액틴섬유는 양(+)과 음(−)의 말단으로 표시되는 극성을 갖고 있다. ATP가 결합하는 틈(위쪽의 빨간색 소단위에 있는)은 섬유의 음(−)의 말단에 있다. (*b*) 2중나선 구조를 보여주는 복사막(replica) 시료에서 관찰된 액틴섬유의 전자현미경 사진.

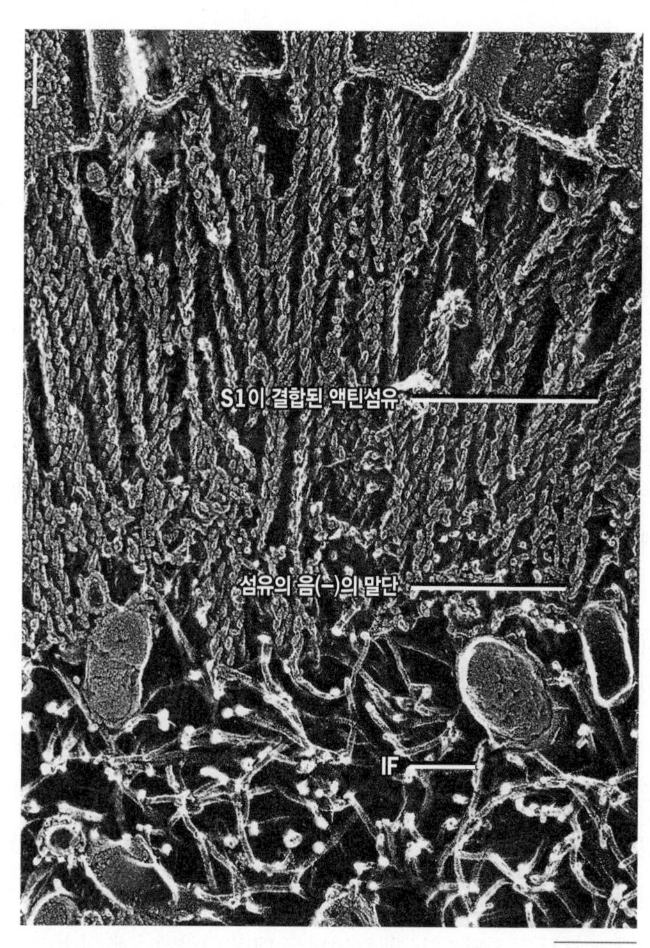

그림 13-45 미오신의 S1 소단위를 이용한 액틴섬유의 위치와 극성의 확인. 복사막에서 관찰된 전자현미경 사진은 장의 상피세포에서 미세융모의 중심부에 있는 미세섬유 다발을 보여준다. 세포질의 섬유상 구성요소들을 노출시키기 위해, 이 세포를 고정하여, 미오신의 S1 조각을 처리하고, 동결-파단과 심층-식각 방법을 시행하였다. 사진 아래의 중간섬유(IF)들은 액틴을 함유하지 않으므로, 미오신의 S1 조각들이 결합하지 않는다. 이러한 중간섬유들은 세포 측면에 있는 데스모솜에서 기원한 것이다.

액틴은 근육 세포의 주요한 수축 단백질의 하나로서 50년여 년 전에 확인되었다. 그 이후, 액틴은 실험된 바 있는 거의 모든 유형의 진핵세포에서 주요한 단백질로 확인되었다. 고등한 식물 및 동물 종들은 다수의 액틴-암호화 유전자들을 갖고 있으며, 이 유전자들에 의해 만들어진 단백질들은 서로 다른 유형의 운동 과정들을 위해 특수화 되었다. 액틴은 진핵생물들이 진화하는 동안 매우 잘 보존되어 왔다. 예로서, 효모 세포와 토끼의 골격 근육에서 액틴 분자의 아미노산 서열은 88%가 동일하다. 사실, 다양한 종들로부터 유래된 액틴 분자들은 함께 중합되어 혼성(混成) 섬유들을 형성할 수 있다.

13-5-1 미세섬유의 조립과 해체

액틴 단량체들은 섬유에 결합하기 전에 1분자의 ATP와 결합한다. 튜불린이 GTP 분해효소(GTPase)인 것처럼, 액틴은 ATP 분해효소(ATPase)이며, 액틴 조립에서 ATP의 역할은 미세관 조립에서의 GTP의 역할과 비슷하다. 액틴 단량체와 결합된 ATP는 자라고 있는 액틴섬유에 결합된 후 언젠가 ADP로 가수분해 된다. 그 결과, 액틴섬유의 대부분은 ADP-액틴 소단위들로 되어 있다.

액틴의 중합은 ATP-액틴 단량체들이 들어 있는 시험관 용액에서 쉽게 증명된다. 미세관의 경우에서처럼, 미세섬유 형성[즉, 핵형성(*nucleation*)]의 초기 단계는 시험관 속에서 느리게 일어나는 반면에, 이어지는 섬유의 신장 단계는 훨씬 더 빠르게 일어난다. 반응 혼합물 속에 미리 형성된 액틴섬유가 들어 있으면, 미세섬유의 핵형성 단계는 생략될 수 있다. 미리 형성된 액틴섬유가 고농도의 표지된 ATP-액틴 단량체들과 함께 항온 처리되면, 미세섬유의 양쪽 말단이 모두 표지되지만, 한쪽 말단은 액틴 단량체들과 더 높은 친화력을 갖고 있어서 다른 쪽 말단보다 약 10배의 속도로 단량체들이 결합한다. S1 미오신 조각이 장식(결합)되는 실험에서, 미세섬유의 가시 돋친 모양을 한 [또는 양(+)의] 말단은 빠르게 자라는 반면에, 끝이 뾰족한[또는 음(−)의] 말단은 느리게 자란다는 것이 드러난다(그림 139−46*a*).

〈그림 13−46*b*〉는 시험관 속에서 액틴 조립/해체가 액틴 단량체들의 농도에 따라 어떻게 일어나는가를 보여준다. ATP가 있는 상태에서 액틴 용액에 미리 형성된 액틴섬유[씨(seed)에 해당함]를 첨가하여 조립이 시작된다고 가정해 보자(1단계). ATP-액틴 중합체들이 높은 농도로 유지되는 한, 소단위들이 섬유의 양쪽 말단에 계속 첨가될 것이다(그림 13−46*b*, 2단계). 반응 혼합물에 있는 단량체들이 섬유의 말단들에 첨가되어 소비됨에 따라, 유리(遊離)된 ATP-액틴의 농도는 다음과 같은 지점에 도달할 때까지 계속 낮아진다. 즉, ATP-액틴의 농도는, 단량체들의 순(純) 첨가가 ATP-액틴과 높은 친화력을 갖는 양(+)의 말단에서 계속되지만 낮은 친화력을 가진 음(−)의 말단에서 중단되는 지점에 도달할 때까지 낮아진다(3단계). 섬유가 계속 길어짐에 따라, 유리 상태의 단량체 농도는 더욱 감소한다. 이 시점에서, 단량체들은 섬유의 양(+)의 말단에 계속 첨가되지만 소단위들의 순(純) 손실이 음(−)의 말단에서 일어난다. 유리된 단량체의 농도가 저하됨에 따라, 섬유의 반대쪽 말단에서 일어나는 2개의 반응이 균형을 이루는 지점에 도달되어서, 섬유의 길이와 유리된 단량체의 농도가 모두 일정하게 유지된다(4단계). 2개의 반대되는 활성들 사이에 유지되는 이런 유형의 균형은 정류(定留)상태(*steady state*)의 한 예이며, ATP-액틴의 농도가 약 0.1μM일 때 생긴다. 정류상태에서 소단위들이 각 섬유의 양(+)의 말단에 첨가되고 있고 음(−)의 말단으로부터 떨어져 나가고 있기 때문에, 각 섬유 속에 있는 개개 소단위들의 상대적 위치는 계속 이동하고 있다—이런 과정을 "트레드밀 상태(treadmilling)"라고 한다(4−5단계). 형광물질로 표지된 액틴 소단위들을 갖고 있는 세포를 대상으로 한 연구들은 세포 속에서 트레드밀링 현상이 일어남을 지지하고 있다(그림 13−54*c* 참조).

튜불린과 미세관들을 대상으로 하는 것과 꼭 마찬가지로, 세포들은 액틴의 단량체형과 중합체형 사이의 동적 평형 상태를 유지한다. 세포에서 액틴섬유의 조립과 해체 속도는 많고 다양한 종류의 "부속" 단백질들에 의해 영향 받을 수 있다. 세포의 특정 부분에서 생기는 국지적인 조건이 변화되면, 평형 상태를 미세섬유들의 조립이나 또는 해제 중 어느 한 방향으로 밀고 나갈 수 있다. 이런 평형 상태를 조절함으로써, 세포는 자신의 미세섬유 세포골격을 재편성할 수 있다. 이와 같은 재편성은 세포의 운동, 세포 모양의 변화, 식세포작용, 세포질분열 등과 같은 동적인 과정들을 위해 필요하다.

앞에서 언급한 바와 같이, 액틴섬유들은 거의 모든 세포의 운동 과정들에서 역할을 한다. 미세섬유들이 여러 가지 과정에 관

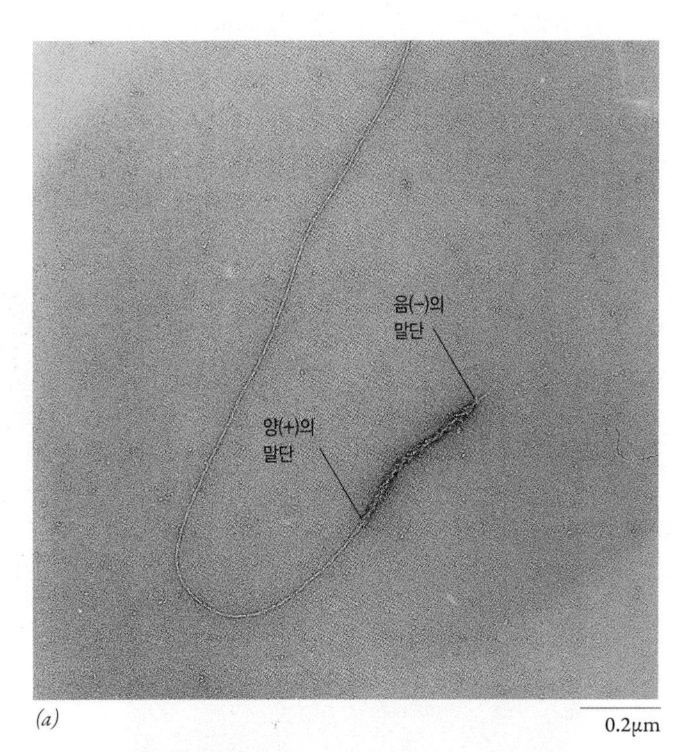

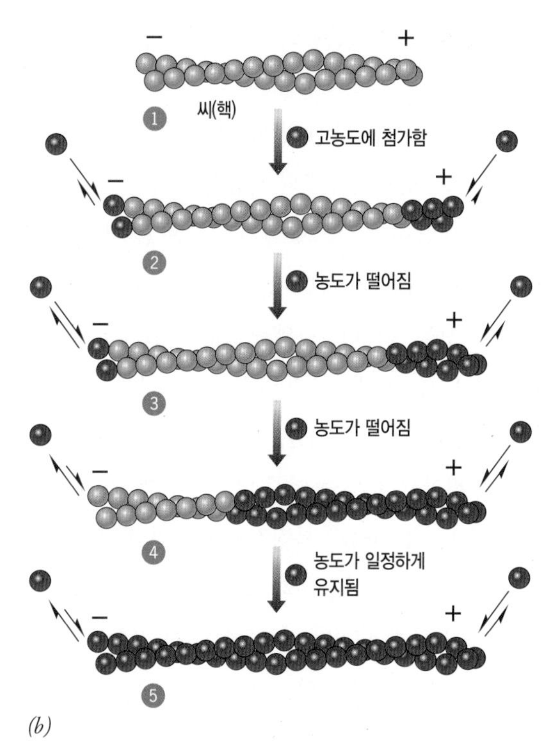

그림 13-46 시험관 속에서 액틴의 조립. (*a*) S1 미오신으로 표지된 다음 액틴 중합을 시작하는 핵형성에 사용된 짧은 액틴섬유의 전자현미경 사진. 액틴 소단위들의 결합은 이미 존재하는 섬유의 뾰족한(음의) 말단보다 가시 돋친 모양의(양의) 말단에서 훨씬 더 빠르게 일어난다. (*b*) 시험관 속에서 일어나는 액틴섬유 조립을 동력학적(動力學的)으로 나타낸 개요도. 모든 주황색 소단위들은 최초의 씨(seed) 부분이며, 빨간색 소단위들은 항온 처리를 시작할 때 용액 속에 있던 것이다. 각 단계들은 본문에 설명되었다. 일단 단량체들이 정류(定留) 상태의 농도에 도달하면, 소단위들은 음(−)의 말단에서 방출되는 것과 똑같은 속도로 양(+)의 말단에 첨가된다. 그 결과, 소단위들은 시험관 속에서 섬유의 양(+)의 말단에는 첨가되고 음(−)의 말단에서는 떨어지는 일이 계속 반복된다(트레드밀, treadmill). 주(註): ATP가 결합된 소단위들과 ADP가 결합된 소단위들 사이를 구별하기 위한 일은 시도되지 않았다.

여한다는 것은, 세포를 동적인 미세섬유를 기반으로 한 활동들을 차단하는 다음과 같은 약품들 중의 어느 하나를 처리하면 가장 쉽게 증명될 수 있다. 즉, 곰팡이로부터 얻는 사이토칼라신(cytochalasin)은 액틴섬유의 양(+)의 말단을 차단하고 음(−)의 말단에서 탈중합(해체) 시킨다. 독성이 있는 버섯에서 얻는 팔로이딘(phaloidin)은 온전한 액틴섬유와 결합하여 이 섬유의 재편성(전환)을 막는다. 그리고 해면동물에서 얻는 라트룬쿨린(latrunculin)은 유리 상태의 단량체에 결합하여 중합체로 되는 것을 차단한다. 세포가 이들 화합물 중의 하나를 갖고 있으면, 미세섬유에 의해 중개되는 돌기들은 신속하게 멈추게 된다. 성게의 배아 세포들에 있는 아주 가느다란 운동성 돌기들[사상위족(絲狀僞足, *filopodia*)]에 미치는 사이토칼라신(cytochalasin) D의 영향을 〈그림 13−47〉에 있다.

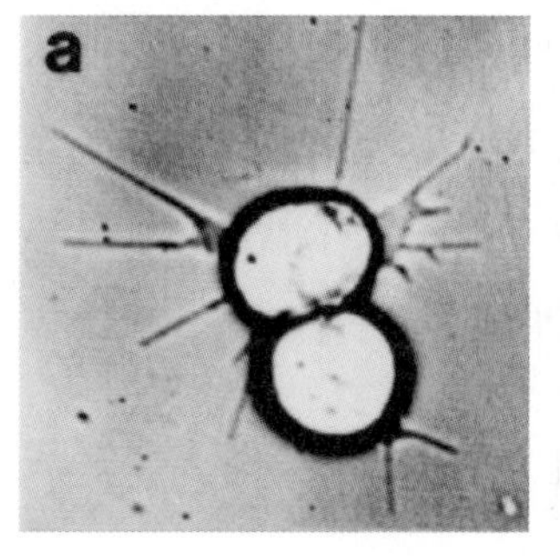

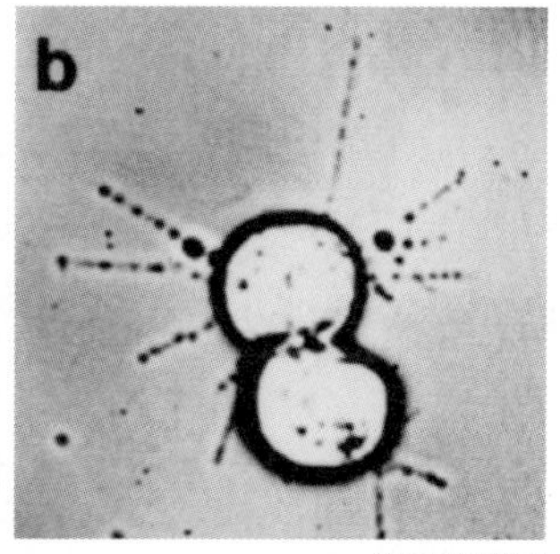

그림 13-47 액틴섬유를 갖고 있는 구조에 미치는 사이토칼라신의 영향. 성게에서 가느다란 섬유상 돌기(사상위족)들을 갖고 있는, 1쌍의 중간엽조직 세포들을 사이토칼라신 D에 30초(*a*) 그리고 5분(*b*)동안 노출시켰다. 이 약물은 주로 액틴섬유로 구성된 세포 돌기들을 해체시킨다.

13-5-2 미오신: 액틴섬유의 운동단백질

앞에서 미세관 선로 위에서 반대 방향으로 작동하는 두 가지 운동 분자—키네신과 디네인—의 구조와 작용을 알아보았다. 현재까지, 액틴섬유와 함께 작동하는 것으로 알려진 모든 운동단백질들은 미오신 대집단(superfamily)에 속한다. 아래에서 설명되는 미오신들은—제VI형 미오신을 제외하고—액틴섬유의 양(+)의 말단을 향해서 이동한다. 미오신은 포유동물의 골격근육 조직에서 처음으로 분리되었으며, 그 후 원생동물, 식물, 동물의 비근육 세포, 척추동물의 심근 조직 및 평활근 조직 등 아주 다양한 진핵 세포들에서 분리되었다. 모든 미오신 분자들은 특징적인 모터영역(머리부분)을 공유한다. 이 머리부분은 액틴섬유와 결합하는 자리 그리고 미오신 모터를 작동시키기 위해 ATP와 결합하여 이를 가수분해하는 자리를 갖고 있다. 다양한 미오신들의 머리부분 영역은 비슷한 반면에, 꼬리부분 영역은 매우 다양하다. 또한 미오신들은 다양한 저분자량의 (가벼운) 사슬도 갖고 있다.

미오신들은 일반적으로 크게 2개의 무리로 나누어진다. 즉, 근육 조직에서 처음으로 확인된 **재래형**(또는 **제II형**) **미오신**(conventional or type II myosin) 그리고 **비재래형 미오신**(unconventional myosin)이다. 비재래형 미오신들은 아미노산 서열을 바탕으로 하여 적어도 17가지의 서로 다른 종류(제I 및 III-XVIII형)로 다시 나뉜다. 이들 중 일부는 진핵생물들 사이에서 널리 발현되는 반면에, 다른 것들은 발현이 제한되어 있다. 예로서, 미오신 제X형은 척추동물에서 만 발견되며, 미오신 제VIII형과 제XI형은 식물에 만 있다. 사람은 적어도 11종류에서 약 40가지의 서로 다른 미오신을 갖고 있으며, 각각의 미오신은 그 자신의 특수화된 기능(들)을 갖고 있는 것으로 추측된다. 다양한 미오신들 가운데 제II형 분자가 가장 잘 이해되어 있다.

13-5-2-1 재래형(제II형) 미오신

제II형 미오신 종류에 속하는 단백질들은 근육 수축에 필요한 주된 운동단백질들이지만, 또한 다양한 비근육 세포에서도 발견된다. 사람의 유전체는 16가지의 제II형에 속하는 무거운 사슬을 암호화하며, 그 중 3가지는 비근육 세포들에서 작용한다. 제II형 미오신을 필요로 하는 비근육 활동 중에는, 세포분열하는 동안 하나의 세포를 2개로 나누며, 국소부착(focal adhesion)에서 장력을 발생시키고, 성장원추체의 행동 방향을 전환시키는(그림 13-76 참조) 등의 일이 있다. 전진하는 성장원추체에서 제II형 미오신의 활동을 저해하는 영향이 〈그림 13-48〉에 나타나 있다.

(a)

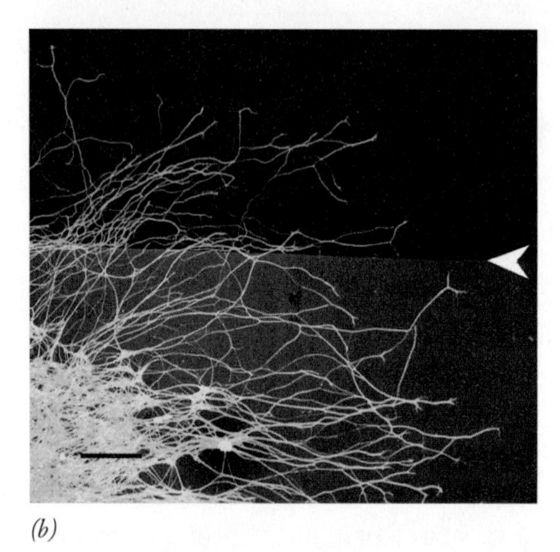

(b)

그림 13-48 성장원추체의 지향적 운동에 있어서 제II형 미오신 역할의 실험적 증명. (*a*) 이 형광현미경 사진은 생쥐 배(胚)에 있는 신경조직의 미세 조각에서 자라나오는 가느다란 돌기(신경돌기, neurite)들을 보여준다. 신경돌기들(초록색으로 염색된)은 라미닌(laminin, 빨간색으로 염색된)을 칠한 덮개유리 위에서 밖을 향해 자라나오고 있다. 라미닌은 일반적인 세포외 기질의 구성요소이다. 각각의 신경돌기 끝부분에는 운동성 성장원추체가 있다. 성장원추체들이 라미닌이 칠해져 있는 덮개유리의 가장자리(화살촉들로 표시된 선으로 나타내었음)에 도달하였을 때, 이 원추체들은 급격히 방향을 전환하여 라미닌을 칠한 표면 위에서 계속 자란다. 아래 왼쪽 선의 길이는 500μm이다. (*b*) 이 사진에 있는 조직은 제IIB형 미오신이 결여된 생쥐 배에서 얻었다. 성장원추체들이 라미닌을 칠한 표면의 가장자리에 도달할 때, 성장원추체들은 더 이상 방향을 전환하지 않고, 신경돌기들을 라미닌이 없는 표면(검은색) 위로 향하여 자라도록 한다. 아래 왼쪽 선의 길이는 800μm이다.

1쌍의 미오신 분자를 전자현미경으로 관찰한 사진이 〈그림 9-49*a*〉에 있다. 각 제II형 미오신 분자는 6개의 폴리펩티드 사슬들—1쌍의 무거운 사슬과 2쌍의 가벼운 사슬—로 이루어져 있으며, 대단히 비대칭적인 단백질을 형성하는 방식으로 구성되어 있다. 〈그림 9-49*b*〉에 있는 분자를 살펴보면, 이 미오신 분자는 다음과 같이 세 부분으로 구성되어 있다. 즉, (1) 이 분자의 활성부위가 있는 1쌍의 구형인 머리부분, (2) 연속된 단일 α-나선과 여기에 결합된 2개의 가벼운 사슬들로 구성된 1쌍의 목부분, 그리고 (3) 2개의 무거운 사슬에 있는 긴 α-나선 부분이 서로 꼬여서 형성된 하나의 긴 자루 모양의 꼬리부분 등으로 이루어져 있다.

덮개유리의 표면에서 움직이지 못하도록 고정시킨 분리된 미오신 머리부분(〈그림 13-49*b*〉의 S1 조각들)은 〈그림 13-50〉에 나타나 있는 것처럼 시험관 속 분석 실험에서, 부착된 액틴섬유를 활주시킬 수 있다. 그래서 운동단백질의 활동을 위해 필요한 모든 기구(機構)가 머리부분에 들어있다. 미오신 머리부분의 작용 기작과 목부분이 하는 주요 역할은〈13-6절〉에서 설명된다.

제II형 미오신 분자에서 섬유상의 꼬리부분은 구조적 역할을 하여, 이 단백질이 섬유를 형성할 수 있게 한다. 제II형 미오신 분자들은 꼬리부분의 끝이 섬유의 중앙을 향하고 구형의 머리부분은 중앙으로부터 먼 쪽을 향하도록 조립된다(그림 13-51 및 13-57). 그 결과, 이 섬유는 양극성(*bipolar*)이라고 하며, 이는 섬유의 중앙에서 극성이 반전되는 것을 나타낸다. 미오신 섬유들이 양극성이기 때문에, 미오신 섬유의 반대쪽 말단에 있는 미오신 머리부분들은, 근육 세포에서 일어나는 것처럼, 서로를 향하여 액틴섬유를 끌어당길 수 있다. 다음 절에서 설명된 것처럼, 골격 근육 세포에서 조립되는 제II형 미오신 섬유들은 고도로 안정된 수축 장치를 구성하는 요소이다. 그러나 대부분의 비근육 세포들에서 형성하는 더 작은 크기의 제II형 미오신 섬유들은 흔히 필요한 시간과 장소에서 조립되어 작용한 후에 해체되는 일시적인 구조이다.

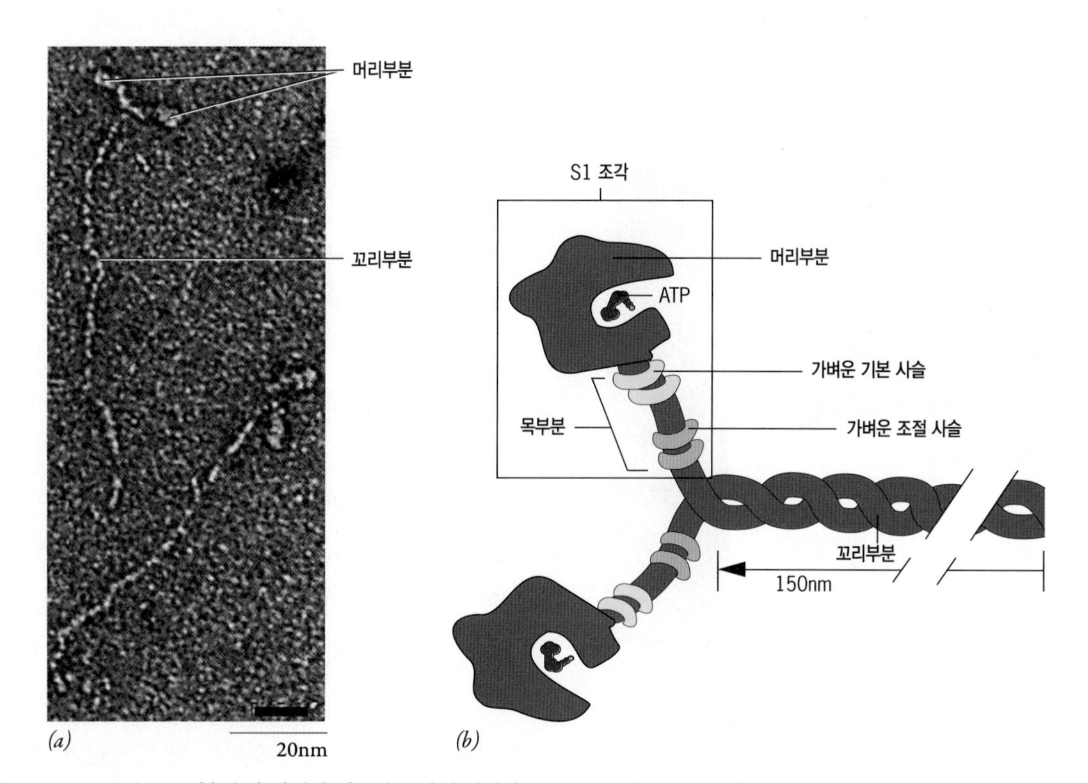

그림 13-49 제II형 미오신 분자의 구조. (*a*) 음성 염색된 미오신 분자의 전자현미경 사진. 각 분자에서 2개의 머리부분과 꼬리부분을 분명하게 볼 수 있다. (*b*) 제II형 미오신 분자(분자량: 52만 달톤)의 개요도. 이 분자는 1쌍의 무거운 사슬(파란색)과 2쌍의 가벼운 사슬들(명칭을 표시하였음)로 이루어져 있다. 쌍으로 된 무거운 사슬은 2개의 폴리펩티드 사슬이 서로 휘감아 꼬인 나선을 형성하는 자루 모양의 꼬리부분과 그 끝에 1쌍의 구형인 머리부분으로 구성되어 있다. 단백질분해효소(protease)를 약하게 처리하면, 이 분자는 목부분과 꼬리부분 사이의 연결지점에서 절단되어 S1 조각이 생긴다.

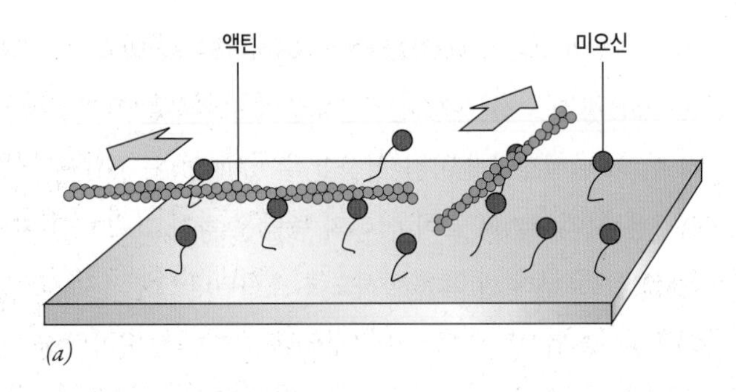

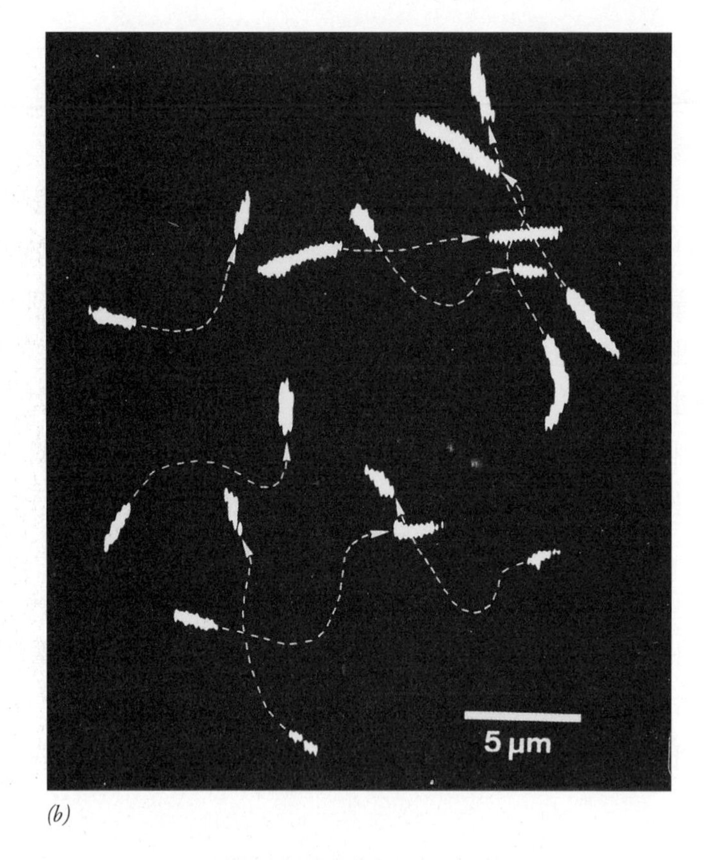

그림 13-50 시험관 속에서 미오신의 운동성 분석. (*a*) 미오신(myosin) 머리부분을 실리콘을 칠한 덮개유리에 결합시킨 다음, 이것을 액틴섬유와 함께 항온처리하였다. (*b*) 앞의 *a*에 그려진 실험 결과. 2개의 비디오 상은 15초 간격으로 찍었으며, 이것을 동일한 필름에 이중 노출시켜서 사진을 촬영하였다. 화살촉표에 이어지는 점선들은 노출 간격 사이의 짧은 시간 동안에, 액틴섬유들이 미오신 머리부분 위로 활주하여 이동한 것을 나타낸 것이다.

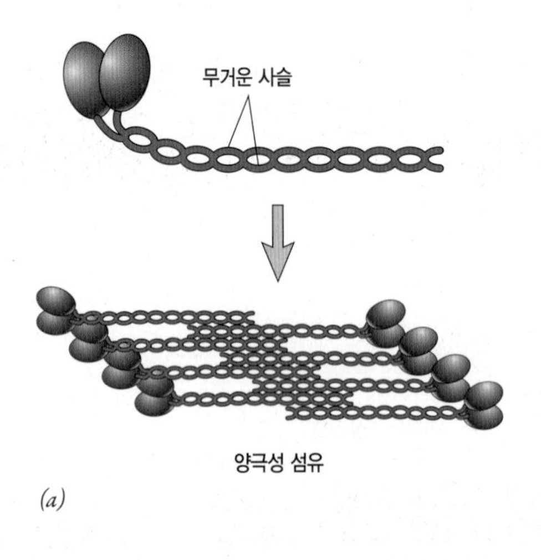

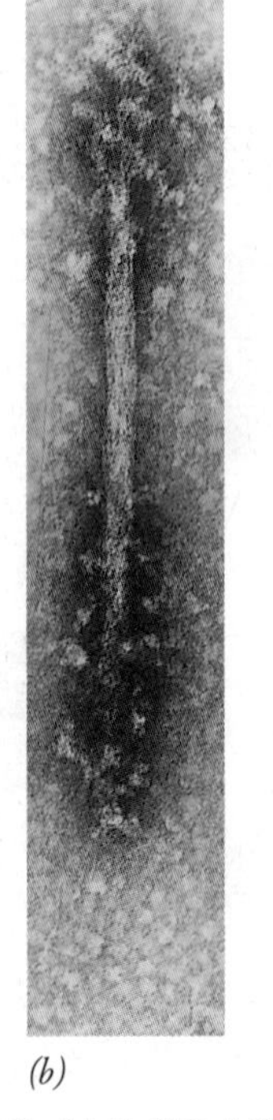

그림 13-51 양극성인 제II형 미오신 섬유의 구조. (*a*) 제II형 미오신 섬유에서 개개의 미오신 분자들이 엇갈려서 배열되어 있는 것을 나타낸 개요도. (*b*) 시험관 속에서 형성된 양극성 미오신 섬유의 전자현미경 사진. 이 섬유의 머리부분은 양쪽 끝에 보이며, 중앙에는 매끄러운 부위가 있다.

13-5-2-2 비재래형 미오신

1973년, 미국 국립보건원의 토마스 폴라드(Thomas Pollard)와 에드워드 콘(Edward Korn)은 원생생물의 한 종인 담수산 아메바(*Acanthamoeba castellanii*)에서 추출된 독특한 미오신-유사 단백질을 보고하였다. 근육 미오신과 다르게, 더 작은 비재래형 미오신은 단 1개의 머리를 갖고 있으며 시험관 속에서 섬유의 형태로 조립될 수 없었다. 이 단백질은 제I형 미오신으로 알려지게 되었고, 미세융모에서 이 미오신의 위치가 〈그림 13−66〉에 나타나 있다. 상당한 연구에도 불구하고, 세포의 활동에 있어서 제I형 미오신의 정확한 역할은 분명하지 않다.

또 다른 유형의 비재래형 미오신—제V형 미오신—의 걸음걸이가 기계적 주기의 여러 시기에 있는 이 분자를 찍은 일련의 전자현미경 사진들에 나타나 있다(그림 13−52*a*). 제V형 미오신은 액틴섬유를 따라 연작용(聯作用)으로 이동하는 2개의 머리부분를 가진 2량체의 미오신이다. 연작용성(processivity)은 액틴섬유에 대해 미오신 머리부분이 높은 친화력을 갖고 있어서, 이 성질은 두 번째 머리부분이 다시 부착될 때까지 각 미오신 머리부분이 액틴섬유에

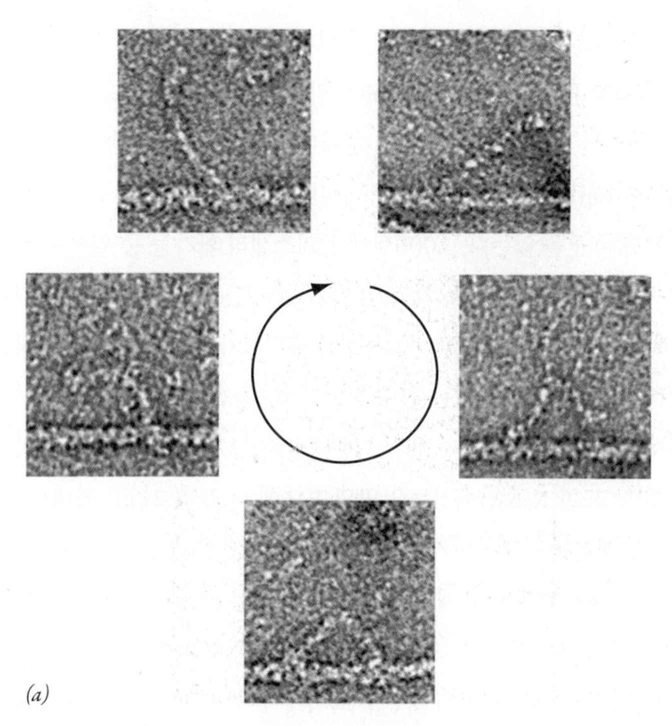

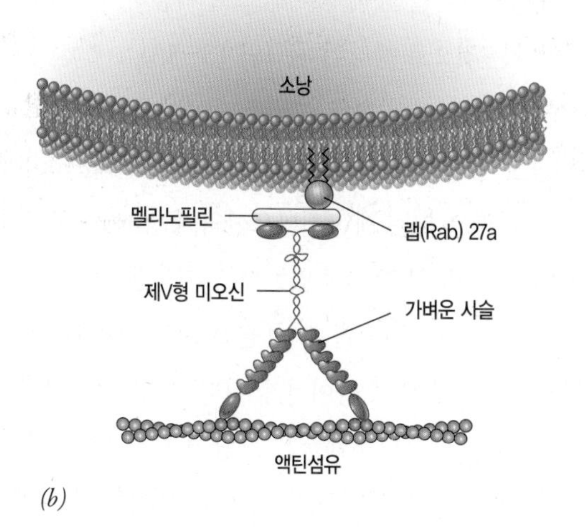

그림 13-52 제V형 미오신—소기관의 수송에 관여하는 2개의 머리부분를 갖는 비재래형 미오신. (*a*) 음성 염색하여 관찰된 일련의 이 전자현미경 사진들은, 개개의 제V형 미오신 분자들이 액틴섬유를 따라 "걷고" 있었을 때, 기계적 주기의 서로 다른 시기에서 촬영되었음을 보여준다. 원형 화살표는 분자가 가시 돋친 모양의 [양(+)의] 말단을 향하여 액틴섬유를 따라 왼쪽에서 오른쪽으로 이동할 때의 순서를 나타낸다. 아래 중앙의 사진은 기계적 주기에서 미오신 분자의 양쪽 머리부분이 약 36nm의 간격을 유지하며 액틴섬유에 부착되어 있고, 이 거리는 액틴섬유에서 나선 구조의 반복 주기와 일치한다. (*b*) 앞의 *a*에서 아래 중앙 사진과 일치하는 시기에 있는 2량체인 제V형 미오신 분자의 개요도. Rab 27a와 멜라노필린(melanophilin)[1)]은 운동단백질의 구형 꼬리부분을 소낭의 막에 연결시키는 연계분자의 역할을 한다.

부착된 채로 남아 있게 한다(〈그림 13-52〉의 아래쪽 사진에 보이는 것처럼). 또한 제V형 미오신은 목부분의 길이에 주목할 만하다. 즉, 그 길이가 23nm로서 제II형 미오신 목부분보다 약 3배 길다. 목부분이 길기 때문에, 제V형 미오신은 매우 큰 보폭을 취할 수 있다. 이 특징은 소단위들에 의해 나선형(*helical*) 가닥으로 만들어진 액틴섬유를 따라 연작용으로 이동하는 운동단백질에게는 매우 중요하다. 액틴의 나선은 약 13개의 소단위(36nm)마다 반복되는데, 이것은 거의 제V형 미오신 분자의 걸음 크기(보폭)이다(그림 13-52*b*).

단일 제V형 미오신 분자들의 운동에 관한 이들 및 그 후의 연구들은, 〈그림 13-15*b*〉에 그려진 키네신의 운동과 비슷하게, 이 모터(운동단백질)가 "번갈아 옮기기(핸드-오버-핸드, hand-over-hand)" 모형으로 액틴섬유를 따라 걷는다는 것을 시사한다. 이런 유형의 운동을 하기 위해서, 각각의 미오신 머리는 72nm의 거리를 움직여야 한다. 이 거리는 액틴섬유 위에 있는 2개의 연속된 결합자리 사이의 거리(36nm)의 2배이다(그림 13-52*b*). 이러한 큰 보폭(步幅) 때문에, 제V형 미오신은 그 아래에 놓인 "도로"가 미오신의 "발과 발" 사이에 360° 회전하는 나선형으로 되어 있더라도 직선 경로로 액틴섬유를 따라 걸을 수 있다.

많은 비재래형 미오신들(제I, V, VI형 미오신들을 비롯하여)은 여러 가지 유형의 세포질 소낭 그리고 소기관들에 결합된다. 일부 소낭들이 미세관을 기반으로 한 운동단백질들(키네신 그리고/또는 세포질 디네인) 그리고 미세섬유를 기반으로 한 운동단백질들(비재래형 미오신들)을 갖고 있는 것으로 밝혀진 바 있으며, 사실 이 두

역자 주[1)] 멜라노필린(melanophilin, MLPH): 사람에 있어서, *MLPH* 유전자에 의해 암호화되는 운반체 단백질이다.

유형의 운동단백질들은 서로 물리적으로 연결되어 있을 수 있다. 동물세포 속에서 소낭들과 다른 막으로 된 운반체들의 원거리 이동은, 앞에서 기술된 것처럼, 미세관 위에서 일어난다. 그러나 일단 이들이 미세관의 말단부에 접근하면, 이들 막으로 된 소낭들은 때로 액틴이 풍부한 세포 주변부를 통해 국지적으로 이동하기 위해 미세섬유 선로로 갈아타는 것으로 생각된다(그림 13-53).

미세관들과 미세섬유들 사이의 협조는 색소 세포에서 가장 잘 연구되어 왔다(그림 13-53). 포유동물에서 색소 입자(멜라닌소체, melanosome)들은 Va라고 하는 제V형 미오신의 동형(isoform)들 중의 하나에 의해 색소 세포의 주변에 있는 가느다란 돌기들 속으로 수송된다. 이어서 멜라닌소체들은 모낭(毛囊)으로 운반되어 그 곳에서 발달하고 있는 털 속으로 들어가게 된다. 제Va형 미오신 활성이 결여된 생쥐들은 멜라닌소체들을 모낭 속으로 수송할 수 없기 때문에, 이들의 외피는 훨씬 더 밝은 색을 띤다. 제Va형 미오신을 암호화하는 정상적인 유전자가 결여된 사람들은 글리스셀리 증후군(Griscelli syndrome)이라는 희귀한 장애로 고통 받는다. 즉, 이런 사람들은 (피부색이 결여된) 부분적 피부 백변증(白變症, albinism)을 보이며 소낭수송의 결여와 관련된 것으로 생각되는 다른 증후군을 앓는다. 2000년에 글리스셀리 환자들 중 일부는 정상적인 제Va형 미오신을 갖고 있으나 Rab 27a라고 하는 막의 표재단백질을 암호화할 수 있는 기능적인 유전자가 결여된 것으로 밝혀졌다. Rab 집단에 속하는 단백질들은 소낭들을 목표로 하는 막에 잡아매는 일을 하는 분자들로서 제12장의 〈12-5-4항〉에서 설명되었다. 또한 Rab 단백질들은 막의 표면에 미오신(그리고 키네신) 운동단백질들을 부착시키는 일에 관여되어 있다(그림 13-52*b*).

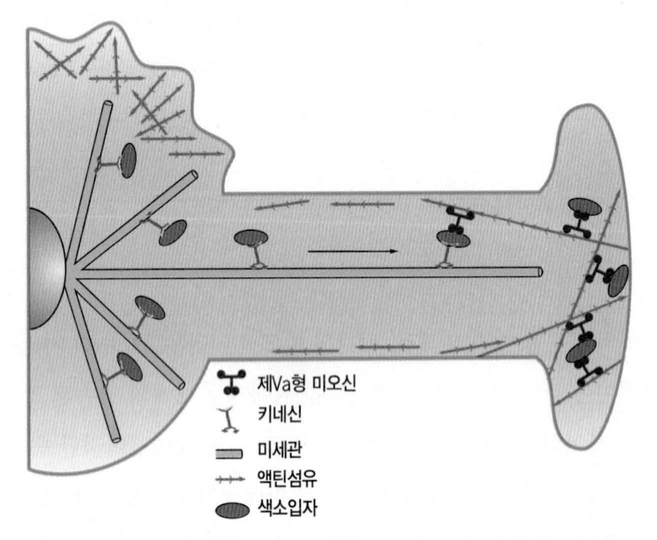

그림 13-53 세포 내 수송에서 미세관-기반 운동단백질 및 미세섬유-기반 운동단백질의 대조적인 역할. 대부분의 소낭수송은 키네신과 디네인 집단의 구성요소들에 의해 중개되는 것으로 생각되는데, 이 요소들은 비교적 장거리에 걸쳐 화물을 운반한다. 또한 일부 소낭들도 제Va형 미오신과 같은 미오신 운동단백질들을 갖고 있는 것으로 생각되는데, 이 제Va형 미오신은 세포의 주변(피질)부에 분포되어 있는 것들을 포함하는 미세섬유들 위에서 화물을 운반한다. 이 두 가지 유형의 운동단백질은, 색소 입자들이 신장된 세포 돌기들 속에서 앞뒤로 이동하는 색소 세포의 경우에, 여기에 그려진 것처럼, 서로 협조하는 방식으로 작용할 것이다.

〈그림 13-54*a*〉에 그 구조가 나와 있는, 털 세포들은 비재래형 미오신들의 기능을 연구하기 위해 특별히 좋은 재료가 되어 왔다. 털 세포들이란, 세포의 정단부 표면에서 내이(內耳)의 액체로 채워진 공간 속으로 돌출되어 있는, 뻣뻣하며 머리카락과 유사한 부동섬모(不動纖毛, stereocilium)들의 다발에 붙여진 이름이다. 기계적 자극에 의해 부동섬모들이 이동하면, 우리가 소리로서 인식하게 되는 신경 충격을 발생하게 한다. 부동섬모들은 앞에서 설명된 진짜 섬모들과는 유연관계를 갖고 있지 않다. 각 부동섬모는 미세관 대신 평행한 액틴섬유의 다발에 의해 지지되는데(그림 13-54*b*), 가시 돋친 모양의 말단들은 섬모의 바깥쪽 끝에 위치하며 뾰족한 모양의 말단들은 기부에 위치한다.

부동섬모들로부터 액틴 세포골격의 동적인 성질을 보여주는 가장 두드러진 몇 가지 상(像)을 촬영하였다. 부동섬모 자체는 영구적인 구조이지만, 액틴 다발들은 끊임없이 유동 상태에 있다. 액틴 단량체들은 섬유 전체에서 일어나는 트레드밀 현상에 의해서 각 섬유의 가시 돋친 모양인 양(+)의 말단에 계속 결합하고 뾰족한 음(−)의 말단에서는 떨어져 나간다. 이 과정이 〈그림 13-54*c*〉의 형광 사진에 잡혔는데, 이 사진은 각 섬유의 양(+)의 말단에 초록색형광단백질(GFP)로 표지된 액틴 소단위들이 결합된 것을 보여준다. 다수의 비재래형 미오신들(제I, V, VI, V, VII, XV형)이 내이의 털 세포들 속의 여러 곳에 있다. 그 중에서 두 가지의 단백질이 〈그림 13-54*d* 및 *e*〉에 나타나 있다.

이러한 다양한 운동단백질들의 정확한 역할은 분명하지 않다. 제VIIa형 미오신의 돌연변이는 아셔 1B 증후군(Usher 1B

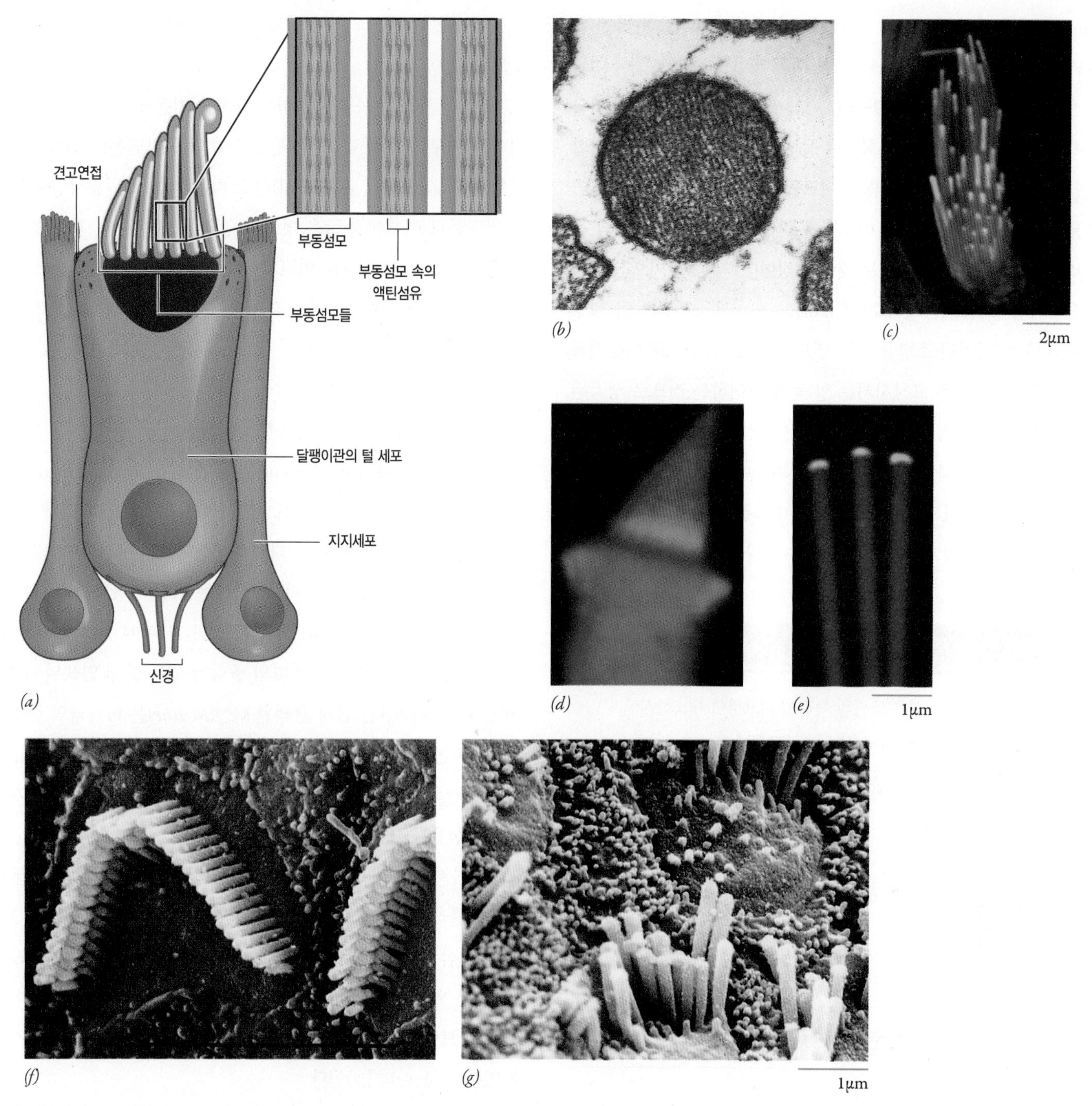

그림 13-54 털 세포, 액틴 다발, 그리고 비재래형 미오신. *(a)* 달팽이관(와우관, 蝸牛管)의 털 세포 그림. 위의 삽입도는 많은 부동섬모들의 일부를 보여주고 있는데, 이들은 단단히 무리지은 액틴섬유들의 다발로 구성되어 있다. *(b)* 횡단된 부동섬모의 투과전자현미경 사진으로서, 이 섬모가 밀집된 액틴섬유들의 다발로 구성된 것을 보여준다. *(c)* 쥐 내이(內耳)의 전정(前庭)에 있는 털 세포의 형광현미경 사진. 부동섬모들의 끝은 액틴섬유의 양(+)의 말단에서 GFP가 액틴 단량체와 결합하여 초록색으로 표지되어 있다. 키가 더 큰 부동섬유들은 더 긴 GFP로 표지된 소단위들의 부분을 갖고 있는데, 이것은 액틴 단량체들이 더 빠르게 결합되었음을 나타낸다. 부동섬모들은 로다민(rhodamine)이 표지된 팔로이딘(phalloidin)으로 표지되었기 때문에 빨간색으로 보이는데, 이 로다민-표지 팔로이딘은 액틴섬유에 결합한다. *(d)* 황소개구리 내이의 털 세포. 제VIIa형 미오신의 위치는 초록색으로 표지되어 있다. 부동섬모의 기부 근처에 있는 주황색(초록색과 빨간색이 중첩되어 있기 때문에) 띠들은, 이곳에 제VIIa형 미오신이 집중되어 있음을 나타낸다. *(e)* 쥐의 귀에 있는 털 세포에서, 제XVa형 미오신(초록색)은 부동섬모들의 끝에 위치한다. *(f)* 대조군 생쥐의 달팽이관에서 털 세포들의 주사전자현미경 사진. 부동섬모들이 V-자 모양의 열로 배열되어 있다. *(g)* 귀머거리의 원인이 되는, 제VIIa형 미오신을 암호화하는 유전자 돌연변이를 가진 생쥐 달팽이관의 털 세포를 보여주는 전자현미경 사진. 털 세포들에서 부동섬모들의 배열이 흐트러져 있는 것을 보여준다.

syndrome)의 원인이 되는데, 귀머거리와 맹인의 특징을 나타낸다. 제VIIa형 미오신 유전자 돌연변이가 생쥐 내이의 털 세포들에 미치는 형태학적 영향을 〈그림 9-54*f,g*〉에서 볼 수 있다. 사람에서와 같이, 이 운동단백질을 암호화하는 돌연변이 대립인자가 동형접합자인 생쥐는 귀머거리이다. 많은 세포들의 세포질에서 소기관을 연작용으로 수송하는 제VI형 미오신은 "역방향" 즉, 액틴섬유의 음(−)의 말단을 향하여 이동하는 것이 특징이다. 제VI형 미오신은 원형질막에서 클라트린-피복소낭(clathrin-coated vesicle)들을 형성하고, 피복이 벗겨진 소낭을 초기 엔도솜(endosome)으로 이동시키며, 액틴섬유에 막을 고착시키는 일 등에 관여하는 것으로 생각된다. 제IV형 미오신의 돌연변이들은 많은 유전 질환을 일으킨다.

지금까지 액틴과 미오신의 구조와 기능에 대한 기본 원리들을 설명하였으므로, 이 두 가지 단백질들이 복잡한 세포 활동을 중개하기 위해 어떻게 상호작용하는지 알 수 있다.

복습문제

1. 미세관 조립과 액틴섬유 조립의 특징을 비교하여 대조하시오.
2. 완전히 조립된 미세관, 액틴섬유, 중간섬유의 구조를 비교하시오.
3. 액틴섬유의 세 가지 기능을 설명하시오.
4. 제II재래형 미오신과 제V비재래형 미오신의 구조와 기능을 대조하시오.
5. 동일한 소낭이 미세관과 미세섬유 모두를 따라서 수송되는 것이 어떻게 가능한가?

13-6 근육의 수축성

골격근(骨格筋, skeletal muscle)이란 이름은 근육의 대부분이 이 근육에 의해 움직이는 뼈에 고정되어 있다는 사실로부터 유래되었다. 이 근육은 수의적(隨意的)으로 조절되며 의식적인 명령으로 수축될 수 있다. 골격근 세포의 구조는 매우 특이하다. 원통형인 근육 세포 하나는 두께가 보통 10~100μm이며, 길이는 100μm 이상이고, 수백 개의 핵을 갖고 있다. 이러한 특징 때문에, 골격근 세포는 **근섬유**(筋纖維, muscle fiber)라고 하는 것이 더 적합하다. 각 섬유는 배(胚)에서 하나의 핵을 가진 많은 근모세포(筋母細胞, *myoblast*)들이 융합되어 형성되었기 때문에, 근섬유는 많은 핵을 갖고 있다.

골격근 세포는 몸을 구성하는 세포들 가운데 가장 고도로 질서 정연한 내부 구조를 갖고 있다. 근섬유의 종단면은(그림 13-55) **근원섬유**(筋源纖維, myofibril)라고 하는 가늘고 원통형인 수백개의 가닥들로 이루어진 굵은 밧줄 모양임을 보여준다. 각 근원섬유는 **근절**(筋節, sarcomere)이라고 하는 수축 단위가 일직선 상으로 배열되어 이루어진다. 이어서 각 근절은 특징적인 띠무늬를 보이기 때문에, 근섬유에 줄무늬 또는 가로무늬(횡문, 橫紋, *striated*)가 생긴다.

염색된 근섬유를 전자현미경으로 관찰하면, 뚜렷한 두 유형의 섬유, 즉 **가는 섬유**(thin filament)와 **굵은 섬유**(thick filament)들이 부분적으로 겹쳐져서 띠무늬로 나타난다(그림 13-56*a*). 각 근절은 하나의 Z선(*Z line*)에서 그 다음의 Z선까지의 구간이며, 몇 개의 어두운 띠와 밝은 지역이 있다. 근절에는 바깥 가장자리에 있는 밝게 염색된 1쌍의 I띠(*I band*), 바깥쪽 I띠들 사이에 있는 더 짙게 염색된 A띠(*A band*), 그리고 A띠의 중앙에 있는 밝게 염색된 H지역(*H zone*) 등이 있다. 짙게 염색된 M선(*M line*)은 H지역의 중앙에 있다. I띠는 가는 섬유들만 있고, H지역은 굵은 섬유만 있으며, H지역의 양쪽에 있는 A띠 부분은 겹쳐진 지역을 나타내며 두 가지 유형의 섬유를 모두 갖고 있다.

두 가지 섬유가 겹쳐 있는 지역의 횡단면은 가는 섬유들이 굵은 섬유들 둘레에 육각형으로 배열되어 있고, 각각의 가는 섬유가 2개의 굵은 섬유들 사이에 위치해 있는 것을 보여준다(그림 13-56*b*). 종단면은 일정한 간격을 두고 굵은 섬유들로부터 돌기들이 나와 있는 것을 보여준다. 이 돌기들은 인접해 있는 가는 섬유들에 부착될 수 있는 교차-다리(橋)이다.

13-6-1 근수축의 활주섬유 모형

모든 골격근은 단축됨으로써 작동한다. 즉, 골격근이 일을 수행할 수 있는 다른 방법은 없다. 단축의 단위는 근절이며, 근절들의 길이가 감소되면 근육 전체의 길이가 짧아진다. 근수축의 근본적인 기작에 대한 가장 중요한 단서는 근수축의 서로 다른 시기에서 근절

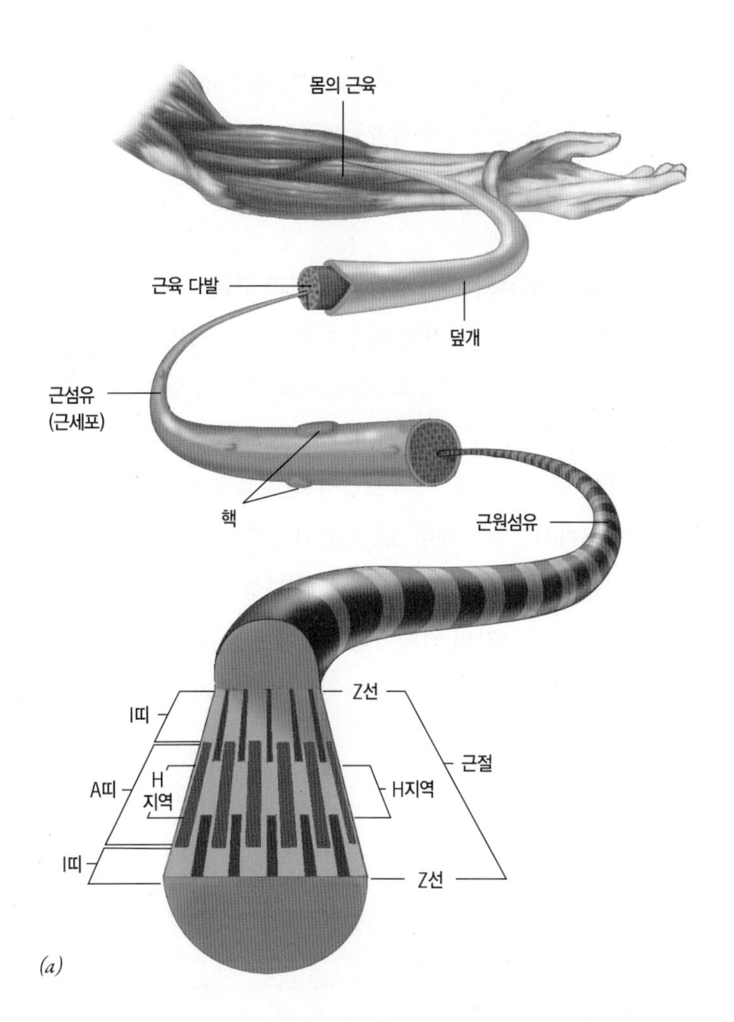

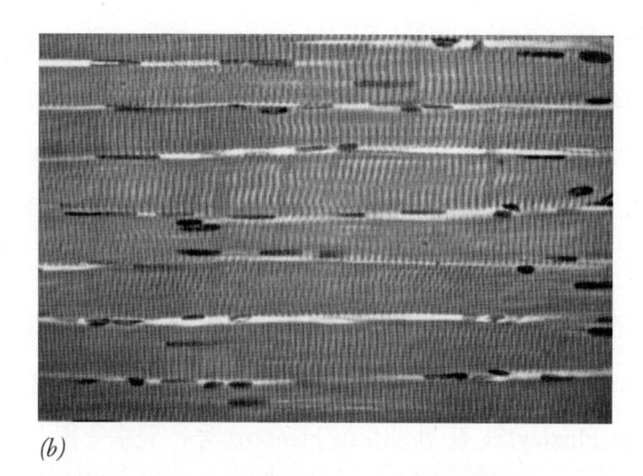

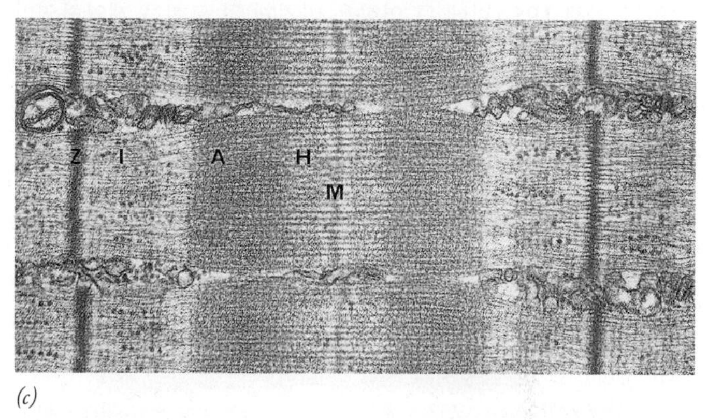

그림 13-55 골격근의 구조. (*a*) 골격근의 체제. (*b*) 다핵성 근섬유의 광학현미경 사진. (*c*) 띠들이 문자로 표시되어 있는 근절의 전자현미경 사진.

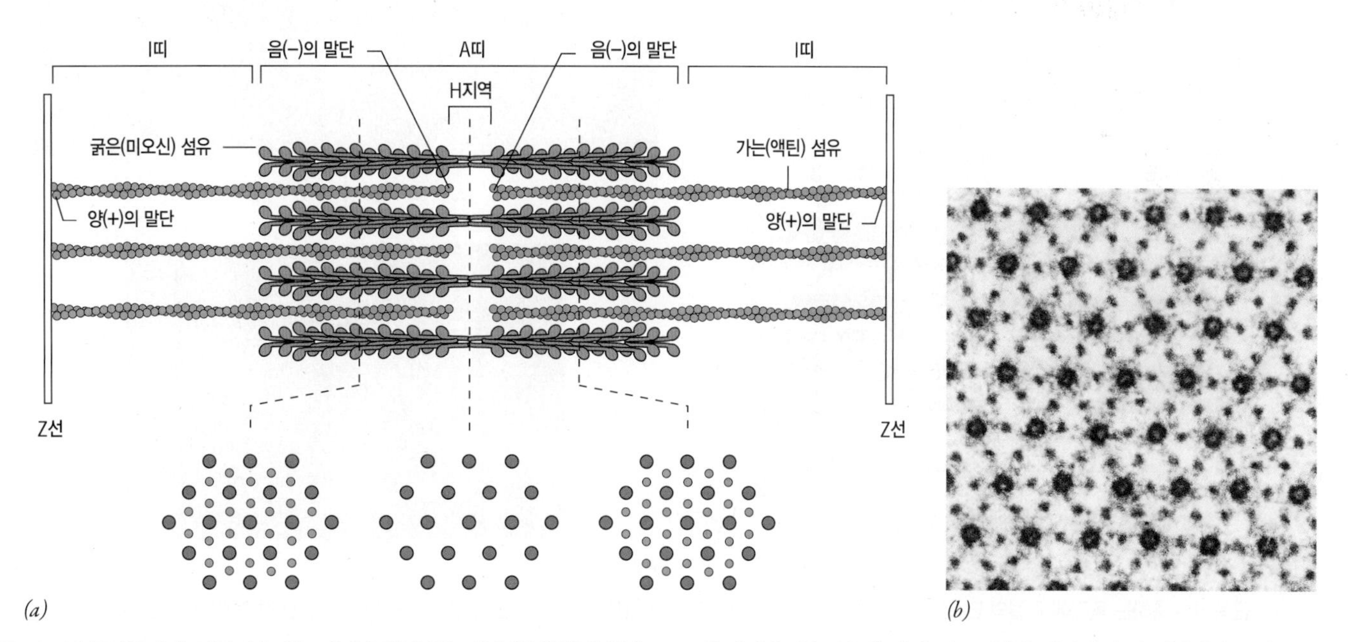

그림 13-56 근절의 수축 기구. (*a*) 가는 액틴을 함유하는 섬유(주황색)와 굵은 미오신을 함유하는 섬유(보라색)가 겹쳐 있는 배열을 보여주는 근절의 도해. 미오신 섬유 위에 가로놓인 작은 돌기들은 미오신의 머리부분(교차-다리)을 나타낸 것이다. (*b*) 곤충의 비상근(飛翔筋)을 횡단하여 본 전자현미경 사진으로서, 각각의 굵은 섬유 주위에 가는 섬유들이 6각형으로 배열되어 있는 것을 보여준다.

의 띠무늬 관찰로부터 나왔다. 근섬유가 짧아짐에 따라서, 각 근절에 있는 A띠의 길이는 일정하게 유지되는 반면에, H지역과 I띠의 폭이 좁아졌다가 함께 사라진다. 단축이 진행됨에 따라서, 근절의 양쪽 말단에 있는 Z선들이 A띠의 바깥 가장자리에 접촉할 때까지 안쪽을 향해 이동한다(그림 13-57).

이러한 관찰에 근거하여, 영국의 두 연구진인 앤드류 헉슬리(Andrew Huxley)와 롤프 니더저크(Rolf Niedergerke) 그리고 휴 헉스리(Hugh Huxley)와 진 한센(Jean Hansen) 등은 근수축을 설명하기 위해 1954년에 큰 영향을 미치게 될 모형을 제안하였다. 그들은 각 근절들이 단축되는 것은 섬유들이 단축되어 생긴 결과가 아니라, 오히려 섬유들이 서로 미끄러져서(滑走하여) 이루어진다고 제안하였다. 가는 섬유들이 근절의 중앙부를 향하여 활주하면, 섬유들 사이에서 겹쳐진 부분이 증가하게 되어 I띠와 H지역의 폭이 감소하게 될 것이다(그림 13-57). 활주-섬유 모형(*sliding-filament model*)은 신속하게 받아들여졌고, 이를 지지하는 증거가 계속 축적되었다.

13-6-1-1 굵은 섬유와 가는 섬유의 조성과 구성

액틴 이외에도, 골격근의 가는 섬유는 두 가지 다른 단백질인 트로포미오신(*tropomyosin*)과 트로포닌(*troponin*)을 갖고 있다(그리 13-58). 트로포미오신은 긴 분자(길이가 약 40nm)로서, 가는 섬유에 있는 홈에 딱 들어맞는다. 자루 모양인 각 트로포미오신 분자는 가는 섬유를 따라서 7개의 액틴 소단위들과 결합되어 있다(그림 13-58). 트로포닌은 3개의 소단위로 구성된 구형 단백질 복합체로서, 각 소단위들은 이 분자의 전체적인 기능에서 중요하며 별개의 역할을 하고 있다. 트로포닌 분자들은 가는 섬유를 따라 약 40nm 간

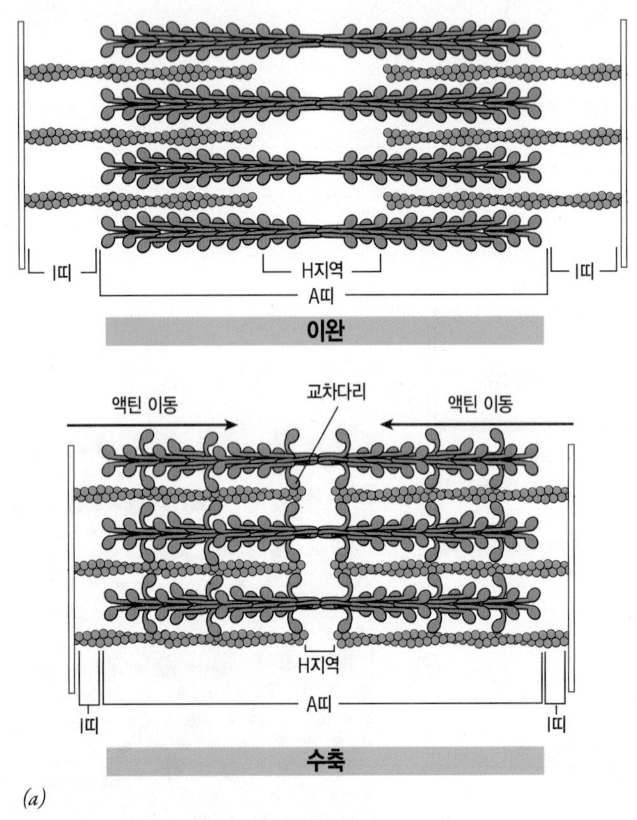

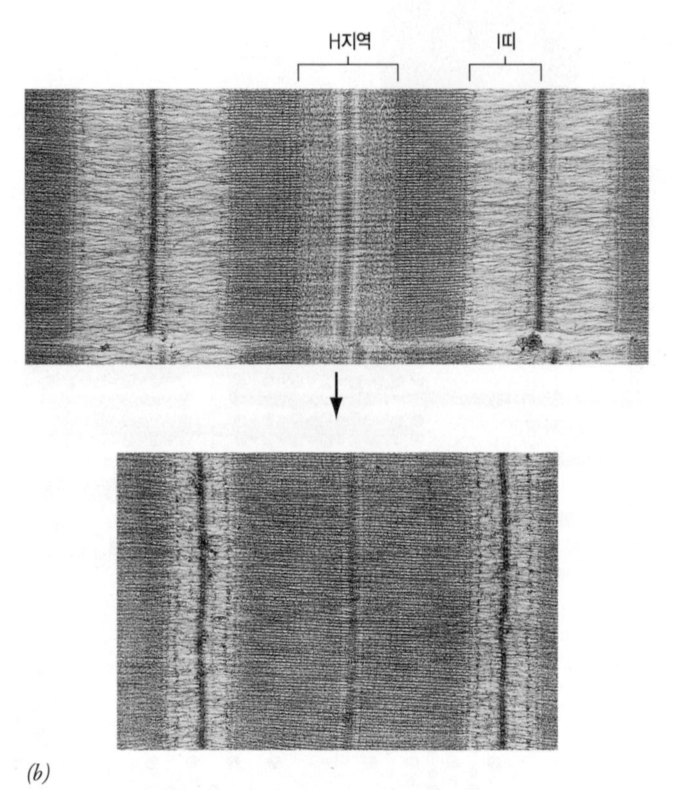

그림 13-57 근육이 수축하는 동안에 근절의 단축. (*a*) 이완된 근육과 수축된 근육에서 근절 구조의 차이를 보여주는 개요도. 수축하는 동안, 미오신 교차-다리는 둘러싸고 있는 가는 섬유와 접촉하고, 가는 섬유들은 근절의 중앙을 향해서 활주하게 된다. 교차-다리들은 동시에 작동하지 않기 때문에, 어느 순간에 일부만 활성을 띤다. (*b*) 이완된(위) 근절과 수축된(아래) 근절의 종단면을 보여주는 전자현미경 사진. 이 사진들은, 가는 섬유가 근절의 중앙을 향해서 활주한 결과 H지역이 사라지는 것을 보여준다.

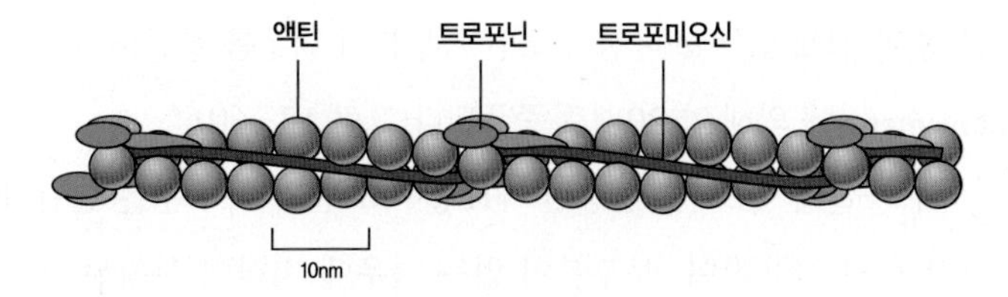

그림 13-58 가는 섬유의 분자 구성. 본문에 설명한 것처럼, 각각의 가는 섬유는 액틴 소단위들이 나선 배열로 이루어져 있는데, 그 홈에는 자루 모양의 트로포미오신 분자들이 위치하며, 트로포닌 분자들은 일정한 간격을 두고 배열되어 있다. 수축을 일으키는 이 단백질들의 위치 변화는 〈그림 13-63〉에 나와 있다.

격으로 배열되어 있으며, 섬유의 액틴과 트로포미오신 모두와 접촉되어 있다. 근절의 각 절반 부위에 걸쳐 있는 액틴섬유들은 가시 돋친 모양의 양(+)의 말단이 Z선에 연결된 상태로 배열되어 있다.

각각의 굵은 섬유는 소량의 다른 단백질과 함께 수백 개의 제II형 미오신 분자들로 구성되어 있다. 시험관 속에서 형성되는 섬유들처럼(그림 13-51 참조), 근육 세포에 있는 굵은 섬유들의 극성은 근절의 중앙에서 거꾸로 바뀐다. 섬유의 중앙부는 반대 방향으로 위치한 미오신 분자들의 꼬리부분들로 구성되어 있고 머리부분은 없다. 이 섬유의 몸통을 구성하는 미오신 분자들의 위치가 엇갈려 있기 때문에, 미오신의 머리부분들은 그 나머지 길이를 따라 각각의 굵은 섬유에서 돌출되어 있다.

척추동물 골격근에서 세 번째로 많은 단백질은 티틴(*titin*)으로서, 생물체에서 발견된 가장 큰 단백질이다. 완전한 티틴 유전자(길이가 다른 동형들을 만들 수 있음)는 분자량이 3천 500만 달톤 이상이고 3만 8,000개 이상의 아미노산을 갖는 폴리펩티드를 암호화한다. 티틴 분자들은 각 근절의 중앙에 있는 M선에서 시작하여 미오신 섬유를 따라 뻗어 있고, 계속해서 A띠를 지나 Z선에서 끝난다(그림 13-59). 티틴은 분자 내의 어느 부분이 풀어지게 되면 분자 용수철처럼 펼쳐지는 매우 탄력적인 단백질이다. 티닌은 근육이 이완하는 동안 근절을 잡아당겨 서로 갈라지게 되는 것을 방지하는 것으로 생각된다. 또한 티틴은 근육이 수축하는 동안에 근절의 중앙부 속에서 미오신 섬유들을 적합한 위치에 있도록 유지시킨다.

13-6-1-2 수축의 분자적 기초

활주-섬유 가설이 공식화됨에 따라, 연구자들의 관심은 근섬유에서 힘을 발생시키는 구성요소인 미오신 분자의 머리부분으로 쏠렸다. 수축하는 동안, 각각의 미오신 머리부분은 바깥쪽으로 펼쳐져서 가는 섬유와 단단히 결합하여, 두 가지 섬유들 사이에 교차-다리(橋)를 형성한다(그림 13-57). 단일 미오신 섬유에 있는 미오신

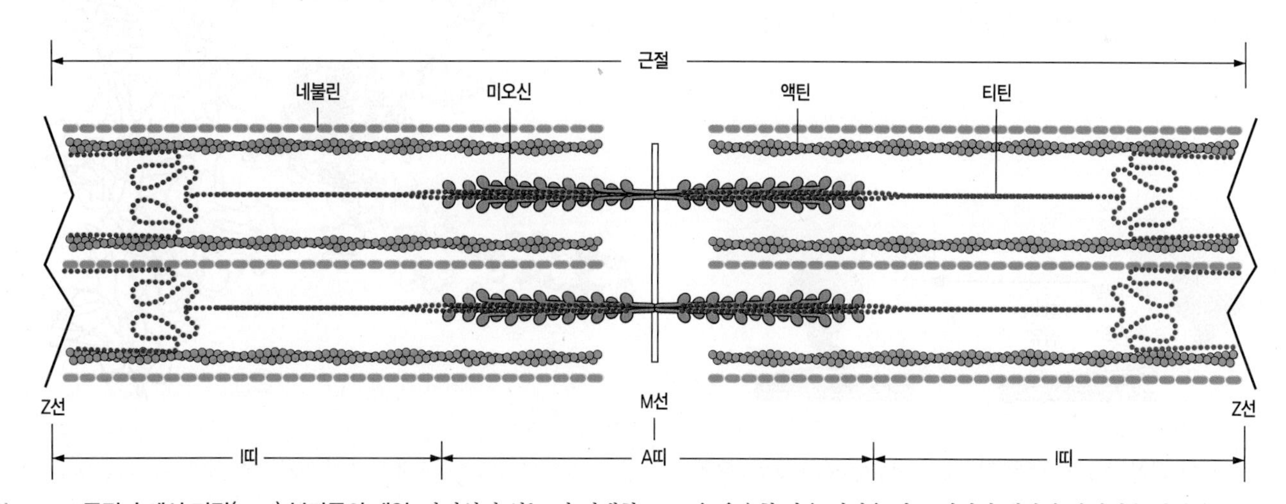

그림 13-59 근절 속에서 티틴(titin) 분자들의 배열. 탄력성이 있는 이 거대한 분자들은 근절의 끝인 Z선에 있는 근절의 말단에서부터 근절의 중앙에 있는 M선까지 뻗어 있다. 수축하는 동안 티틴 분자들은 굵은 미오신 섬유를 근절의 중앙부에 유지시키는 것으로 생각된다. I띠 부위에 위치한 티틴 분자 부분은 용수철 같은 영역을 갖고 있어서 대단한 탄력성을 발휘할 수 있다. 네불린(nebulin) 분자들(본문에서 설명되지 않았음)은 가는 섬유로 조립되게 하는 액틴 단량체의 수를 조절함으로써 "분자의 자(molecular ruler)"와 같이 작용하는 것으로 생각된다.

머리부분들은 주위에 있는 6개의 액틴섬유와 상호작용한다. 액틴섬유에 단단히 결합하는 동안, 미오신 머리부분의 입체구조가 변화되어(아래에 설명되었음), 가는 액틴섬유를 근절의 중앙 쪽으로 약 10nm 정도 이동시킨다. 제V형 미오신(〈그림 13-52〉에 그려져 있음)과는 다르게, 근육 미오신(즉, 제II형 미오신)은 비연작용(非聯作用) 운동단백질(*nonprocessive motor*)이다. 근육 미오신은 전체 주기 중에서 작은 부분(약 5% 이하) 만이 자신의 선로(이 경우 가는 섬유)와 접촉하고 있다. 그러나 각각의 가는 섬유는 수백 개의 미오신 머리부분과 접촉되어 서로 동시에 부딪친다(그림 13-57*a*). 결과적으로, 가는 섬유는 매번의 수축 주기 동안 계속적인 운동을 한다. 근육 세포에서 가는 섬유 하나는 50 밀리 초(msec) 정도로 짧은 기간 동안 수백 나노미터를 이동할 수 있는 것으로 추정된다.

근육 생리학자들은, 단일 미오신 분자가 어떻게 한 번의 파워 스트로크(power stroke)로 액틴섬유를 약 10nm 정도 이동시킬 수 있는지를 이해하기 위해 오랫동안 노력해 왔다. 1993년 위스콘신 대학교(Wisconsin University)의 이반 레이멘트(Ivan Rayment), 하젤 홀덴(Hazel Holden), 그리고 그 동료들에 의해 발표된 제II형 미오신 S1 조각의 원자 구조를 최초로 밝힌 논문은 S1의 작용 기작을 설명하기 위한 제안에 초점을 맞추었다. 이 제안에서, (미오신) 머리부분이 액틴섬유에 단단히 결합되어 있는 동안, ATP의 가수분해에 의해 방출된 에너지는 머리부분 속에서 작은(0.5nm) 입체 구조 변화를 일으킨다. 이어서 머리부분 속에서의 작은 이동은, 머리부분과 접해 있는 α-나선 구조인 목부분의 휘두름 운동(swinging movement)에 의해 약 20배로 증폭된다(그림 13-60).

이 가설에 따르면, 신장된 제II형 미오신의 목부분은 단단한 "지렛대"로 작용하여, 목부분이 없는 경우에 비하여 부착된 액틴섬유가 훨씬 더 먼 거리로 활주하도록 한다. 목부분의 둘레를 감싸고 있는 2개의 가벼운 사슬들은 지렛대에 견고함을 부여하는 것으로 생각된다. "지렛대"에 관한 제안은 스탠퍼드대학교(Stanford University)의 제임스 스푸디히(James Spudich)와 동료들에 의해 실시된 일련의 실험에 의해 최초로 지지되었다. 이 연구자들은, 길이가 서로 다른 목부분을 갖는 미오신 II 분자의 변형체들을 암호화하는 유전자들을 만들었다. 이어서 유전공학적으로 만들어진 이 미오신 분자들은 〈그림 13-50〉의 것과 비슷한 방법으로 액틴섬유와 함께 시험관 속에서 운동성 분석을 위한 실험에 사용되었다. 지렛대 가설에 의해 예상되었던 것처럼, 미오신 분자에 의해 이루어지는 파워 스트로크의 길이는 미오신 목부분의 길이에 정비례하였다.

10nm
머리부분
액틴 섬유
미오신 섬유
목부분

(*a*)

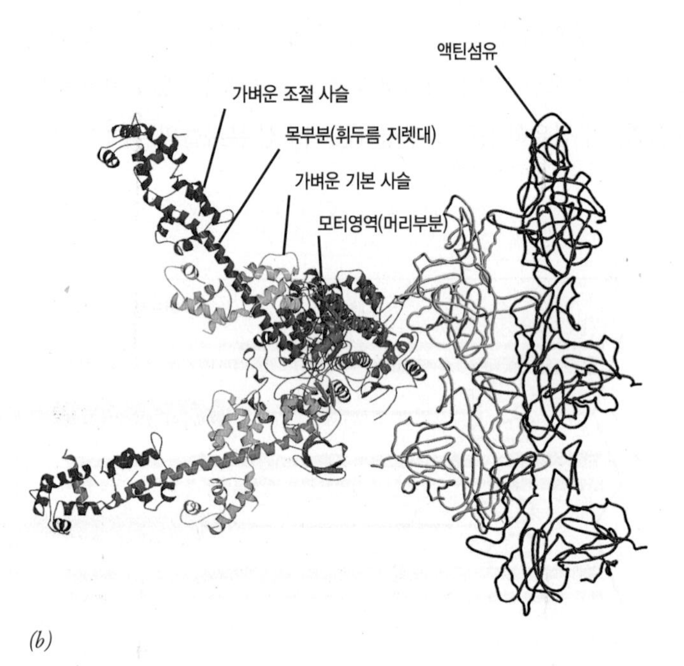

(*b*)

그림 13-60 제II형 미오신 분자의 휘두름 지렛대(swinging lever arm) 모형. (*a*) 파워 스트로크를 하는 동안, 미오신 분자의 목부분이 약 70° 회전하여 이동하며, 이것은 액틴섬유를 약 10nm 이동시킬 것이다. (*b*) 모터영역(또는 머리부분)과 인접한 목부분(또는 지렛대)으로 이루어진 미오신 모터영역의 파워 스트로크 모형. 부착된 액틴섬유는 회색/갈색으로 표시되어 있다. 긴 나선형 목부분은, 파워 스트로크 전후의 두 가지 위치(각각 위의 짙은 파란색과 아래의 옅은 파란색으로 나타내었음)를 보여주고 있다. 이러한 목부분의 이동이 근육 운동에 힘을 주는 것으로 생각된다. 목부분의 둘레를 감싸고 있는 가벼운 기본 사슬 및 가벼운 조절 사슬은 각각 노란색 및 자홍색으로 나타나 있다.

더 짧은 목부분을 가진 미오신 분자들은 더 짧게 이동한 반면에, 더 긴 목부분을 가진 분자들은 더 길게 이동하였다. 모든 연구가 보폭의 크기와 목부분 길이 사이의 상관관계를 지지하지 않기 때문에, 지렛대의 역할은 논란의 문제로 남아 있다.

13-6-1-3 섬유 활주의 에너지론

키네신과 디네인 등의 다른 운동단백질들처럼, 미오신도 ATP의 화학 에너지를 섬유 활주를 위한 기계적 에너지로 전환시킨다. 미오신 교차-다리의 기계적 활동 주기는 매번 약 50밀리초(msec) 정도 걸리며, 〈그림 13-61〉에 나타낸 모형에서 보듯이, ATP 분해 효소(ATPase)의 활동 주기가 수반된다. 이 모형에 따르면, 이 주기는 1분자의 ATP가 미오신 머리부분에 결합하여 시작되는데, 이로 인하여 액틴섬유로부터 교차-다리의 분리가 유도된다(그림 13-61, 1단계). ATP가 결합된 후 이의 가수분해가 뒤따르게 되는데, 이것은 미오신 머리부분이 액틴섬유와 접촉하기 전에 일어난다. ATP의 가수분해 산물인 ADP와 P_i는 효소(미오신 머리부분)의 활성부위에 결합된 채로 남아 있는 반면에, 가수분해에 의해 방출된 에너지는 미오신 머리부분에 의해 모두 흡수된다(그림 13-61, 2단계). 이 시점에서, 교차-다리는 에너지를 얻은 상태에 있으며, 이것은 자발적 운동을 할 수 있는 늘어난 용수철과 유사하다. 그 후, 에너지를 얻은 미오신이 액틴 분자에 부착되면(3단계) 결합되었던 인산이 방출되어서, 저장된 자유 에너지에 의해 추진되어 커다란 입체구조 변화를 일으킨다(4단계). 이 입체구조 변화는 액틴섬유를 근절의 중앙을 향하여 이동시킨다. 이런 이동은 〈그림 13-60〉에서처럼 미오신 머리부분의 파워 스트로크를 의미한다. 결합된 ADP가 방출되고(5단계), 이어서 새로운 ATP 분자가 결합되어 새로운 주기가 시작 될 수 있다. ATP가 없으면, 미오신 머리부분이 액틴섬유에 단단히 결합된 채로 남아 있다. ATP가 없어서 미오신 교차-다리가 떨어질 수 없으면, 죽음 뒤에 이어서 근육이 경직되는 사후강직(死後强直, *rigor mortis*) 상태에 이르게 된다.

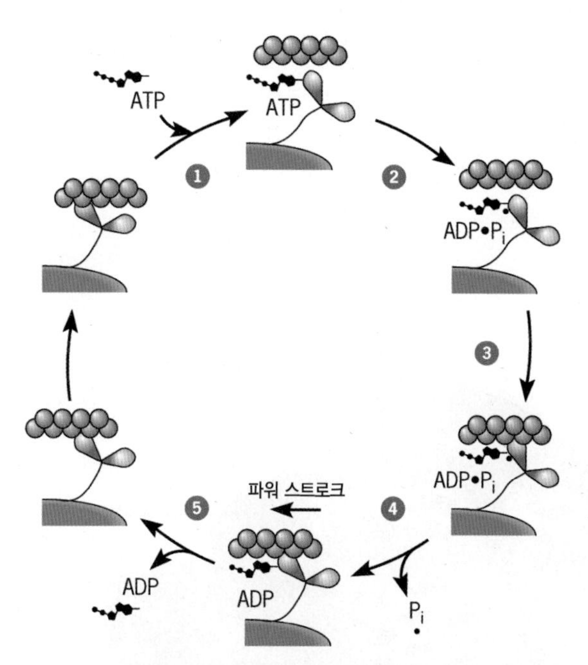

그림 13-61 액틴미오신 수축 주기의 도식적 모형. 액틴섬유의 이동은 힘을 발생시키는 미오신 머리부분에 의해 일어난다. 이 일은 미오신 머리부분의 부착, 이동, 머리부분의 분리 과정 등으로 이루어진 기계적 주기 그리고 ATP의 결합 및 가수분해, ADP와 P_i의 방출 등으로 이루어진 화학적 주기 사이가 연결된 결과로 일어난다. 이 모형에서, 이 두 가지 주기는 미오신 머리부분의 갈라진 틈에 ATP가 결합하여 시작되며, 이때에 액틴섬유로부터 미오신 머리부분이 분리된다(1단계). 결합된 ATP가 가수분해 되어(2단계) 머리부분이 에너지를 얻게 되면, 머리부분이 액틴섬유에 약하게 결합하게 된다(3단계). 무기인산(P_i)이 방출되면 미오신 머리부분이 액틴섬유에 더 단단히 부착되어 파워 스트로크가 일어나서(4단계), 액틴섬유를 근절의 중앙을 향하여 이동시킨다. ADP가 방출되면(5단계) 그 다음 주기를 준비한다.

13-6-1-4 흥분-수축 연결

근섬유들은 운동단위(運動單位, *motor unit*)라고 하는 집단으로 조직되어 있다. 운동단위를 구성하는 모든 섬유들은 단일 운동 뉴런(motor neuron)으로부터 생긴 분지들에 의해 신경이 공동으로 분포되어 있어서, 이 섬유들은 그 뉴런을 따라 전파되는 충격에 의해 자극되었을 때 동시에 수축한다. 축삭돌기 말단이 근섬유와 접촉하는 지점을 **신경근육 연접부**(neuromuscular junction)라고 한다(그림 13-62; 또한 확대된 시냅스 구조를 보여주는 〈그림 8-55〉 참조). 신경근육 연접부는 신경 충격을 축삭으로부터 시냅스 틈을 가로질러 근섬유로 전파시키는 장소이며, 또한 근섬유의 원형질막도 흥분할 수 있어서 활동전위를 전달할 수 있다.

근섬유의 원형질막에 도달된 신경 충격을 근섬유 속 깊은 곳에 있는 근절을 수축하도록 연결시키는 단계들은 **흥분-수축 연결**(excitation-contraction coupling)이라고 하는 과정을 구성한다.

활동 전위가 세포 표면에 남아 있는 뉴런과는 다르게, 골격근 세포에서 발생된 충격은 **횡세관**(橫細管) 또는 **T세관**[transverse(T) tubule]이라고 하는 함입된 막을 따라서 세포 안쪽으로 전파된다(그림 13-62). 횡세관들은 근원섬유 둘레에 막으로 된 보호관(sleeve)을 형성하는 **근소포체**(sarcoplasmic reticulum, SR)를 구성하는 세포질 막계에 아주 근접한 곳에서 끝난다. SR 막에서 내재단백질의 약 80%가 Ca^{2+}-ATPase 분자들로 이루어져 있는데, 이 효소들은 세포질 밖으로 그리고 SR 속으로 Ca^{2+}를 수송하는 작용을 한다. Ca^{2+}은 필요할 때까지 SR에 저장된다.

근수축에 있어서 칼슘의 중요성은 영국의 내과 의사인 시드니 링거(Sydney Ringer)에 의해 1882년에 최초로 알려졌다. 링거는 분리된 개구리의 심장이 런던의 수돗물로 만든 식염수에서는 수축하지만, 증류수로 만든 용액에서는 수축하지 않는 것을 발견하였다. 링거는 수돗물 속에 있는 칼슘 이온이 근수축에서 중요한 요소였다는 것을 밝혔다. 이완 상태에서, 근섬유의 세포질 속에 있는 Ca^{2+}의 농도는 수축에 필요한 역치(閾値) 농도 이하로 매우 낮다(약 5×10^{-7}M). 횡세관을 통해서 활동전위가 도달됨으로써, SR 막에 있는 칼슘 통로들이 열리고, 칼슘은 SR 구획 밖으로 나와서 근원섬유들까지 짧은 거리에 거쳐 확산된다. 그 결과, 근세포 속의 Ca^{2+} 농도는 약 5×10^{-5}M까지 올라간다. 칼슘 농도가 상승되면 어떻게 골격근 섬유의 수축이 일어나는지를 이해하기 위해서, 가는(액틴) 섬유들을 구성하고 있는 단백질을 다시 생각해 볼 필요가 있다.

근절이 이완되었을 때, 액틴섬유들의 홈 속에 있는 트로포미오신 분자들(그림 13-58 참조)은 액틴 분자 위에 있는 미오신-결합 자리를 차단하고 있다. 홈 속에 있는 트로포미오신의 위치는 부착

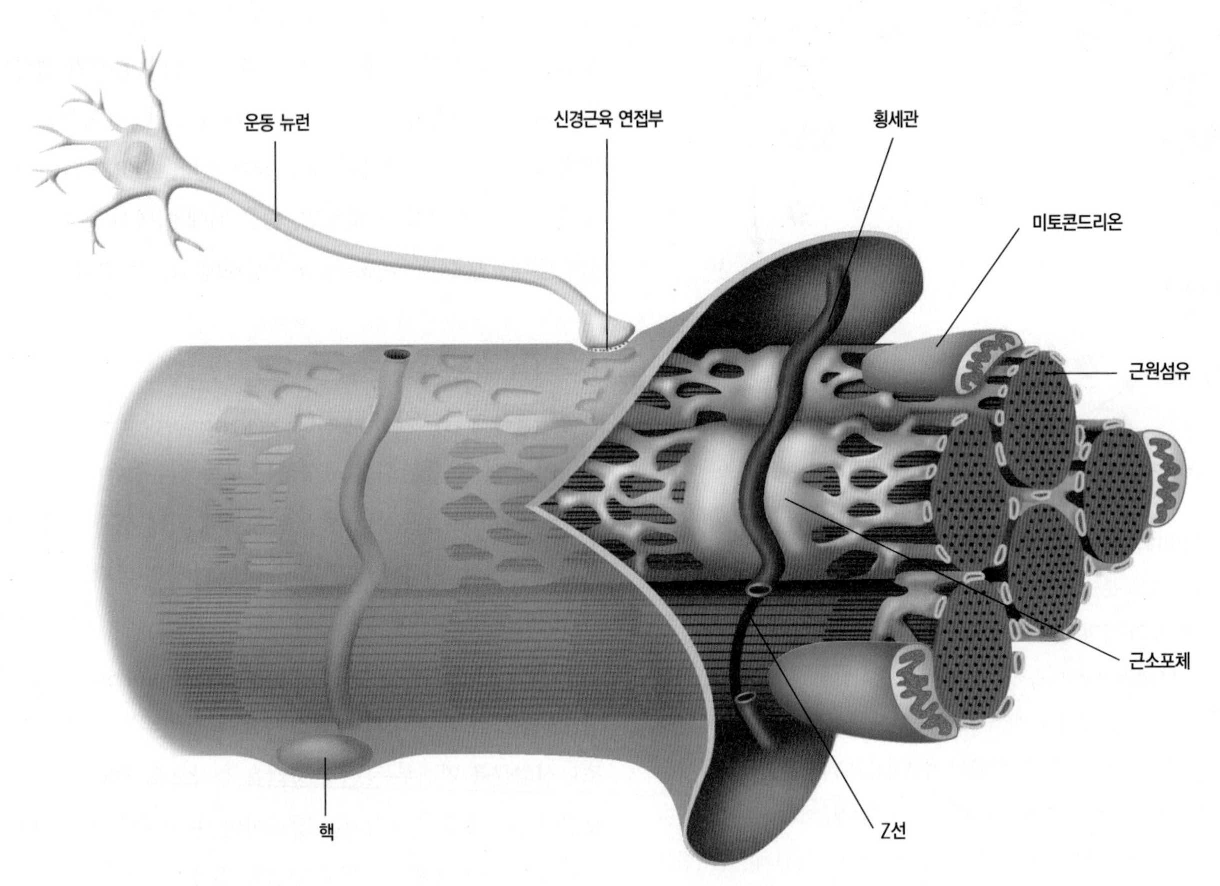

그림 13-62 근섬유의 기능적 해부. 칼슘은 근소포체(SR)를 구성하는 내부 막의 정교한 연결망 속에 저장되어 있다. 자극이 운동 뉴런에 의해 도달되면, 이 자극은 횡세관의 막을 따라 섬유의 안쪽으로 들어가서 SR에 도달된다. SR의 막에 있는 칼슘이 출입할 수 있는 관문(關門, gate)들이 열려서 칼슘이 세포기질로 방출된다. 칼슘 이온이 가는 섬유에 있는 트로포닌 분자에 결합하게 되면 다음 그림에서 설명된 일들이 일어나게 되어 근섬유가 수축된다.

된 트로포닌 분자에 의해 조절된다. 칼슘 농도가 올라갈 때, 이 칼슘 이온들은 트로포닌의 소단위들 중 하나(트로포닌 C)에 결합하여, 또 다른 소단위인 트로포닌 분자의 입체구조 변화를 일으킨다. 도미노의 열(列)이 쓰러지는 것처럼, 트로포닌의 이동이 이웃한 트로포미오신에게 전달되면, 트로포미오신은 액틴섬유의 홈 중앙부로 약 1.5nm 정도 더 가깝게 이동한다(〈그림 13-63〉에서 b에서 a의 위치로). 이렇게 트로포미오신의 위치가 바뀌면, 인접한 액틴 분자들 위에 있는 미오신-결합 자리가 노출됨으로써, 미오신 머리부분이 액틴섬유에 붙게 된다. 각 트로포닌 분자는 1개의 트로포미오신 분자의 위치를 조절하고, 이것은 다시 가는 섬유에 있는 7개의 액틴 소단위들의 결합 능력을 조절한다.

일단 분포된 운동 신경 섬유로부터 자극이 멈추면, SR 막에 있는 Ca^{2+} 통로들이 닫히고, SR 막에 있는 Ca^{2+}-ATPase 분자들이 세포질에 있는 과량의 칼슘을 제거한다. 칼슘 농도가 감소됨에 따라, 이 이온들은 트로포닌 위에 있는 결합 자리에서 분리되어, 트로포미오신 분자들이 액틴-미오신 상호작용을 차단했던 위치로 되돌아가게 한다. 이완 과정은 SR 막의 수송 단백질과 트로포닌 사이에서 일어나는 칼슘에 대한 경쟁으로 생각될 수 있다. 수송 단백질은 칼슘 이온에 대한 친화력이 크기 때문에, 세포질로부터 칼슘을 우선적으로 제거하여 칼슘이 결합되지 않은 트로포닌 분자들이 남게 된다.

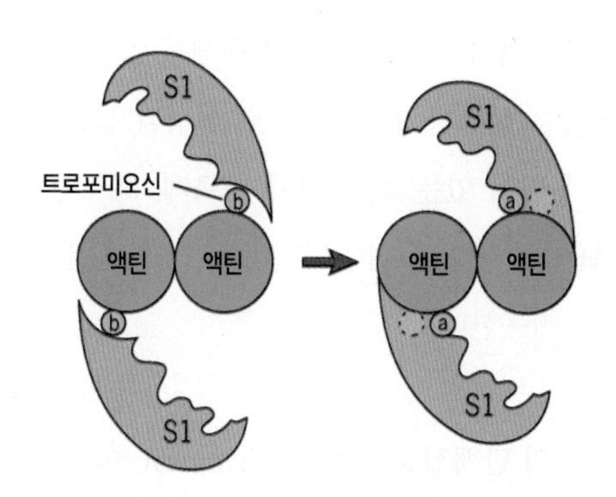

그림 13-63 근육 수축에서 트로포미오신의 역할. 가는 액틴섬유 위에 있는 미오신-결합 자리가 트로포미오신 분자의 위치에 의해 조절되는 것을 보여주는 입체장애(steric hindrance) 모형의 개요도. 칼슘의 농도가 올라가면, 칼슘과 트로포닌(나타내지 않았음) 사이의 상호작용이 일어나서, b의 위치에 있던 트로포미오신이 a의 위치로 이동하게 되어, 가는 섬유 위에 있는 미오신-결합자리가 미오신 머리부분에 노출된다.

복습문제

1. 골격근 미세원섬유에서 근절의 구조와 근절이 수축하는 동안 일어나는 변화를 기술하시오.
2. 신경 충격이 신경근육 연접부를 가로질러 전달되는 시간과 근섬유가 실제로 수축하기 시작하는 시간 사이에 일어나는 단계들을 기술하시오.

13-7 비근육 세포의 운동성

골격근 세포들은 수축성과 운동성 연구를 위한 이상적인 체제를 갖고 있다. 그 이유는 상호작용하는 수축성 단백질들이 높은 농도로 존재하며 특징적인 세포 구조를 갖고 있기 때문이다. 비근육 세포의 운동성에 관한 연구는 근육세포에 비하여 더 어려운데, 그 이유는 중요한 구성요소들이 덜 질서정연하고, 더 불안정하며, 일시적으로 배열된 상태로 존재하는 경향이 있기 때문이다. 더욱이, 이 구성요소들은 대체로 원형질막 바로 아래에 있는 얇은 피질부(皮質部)에 제한되어 있다. 피질부는 세포외 물질의 섭취, 세포 운동 시 돌기의 신장, 세포분열 시 하나의 동물세포를 2개의 세포로 나누기 위해 수축하는 등의 과정들을 담당하는 세포의 활발한 부위이다. 이 과정은 모두 피질부에 있는 미세섬유의 조립에 의존한다.

다음 페이지에서, 우리는 액틴섬유 그리고 일부의 경우에서 미오신 대집단의 구성요소들에 의존하는 비근육 세포의 수축성과 운동성에 대한 많은 예를 살펴볼 것이다. 그러나 우선, 액틴섬유의 조립 속도, 숫자, 길이, 공간적인 모양 등을 결정하는 요소들을 알아보는 것이 중요하다.

13-7-1 액틴-결합 단백질들

정제된 액틴은 시험관 속에서 액틴섬유를 형성하기 위해서 중합할 수 있지만, 이런 섬유들은 서로 상호작용할 수 없거나 또는 유용한 활동을 수행할 수 없다. 현미경으로 관찰하면 이런 섬유들은 짚으로 덮인 헛간 바닥과 비슷하다. 이와 대조적으로, 살아있는 세포 속의 액틴섬유들은 다양한 유형의 다발들, 가는(2차원적) 연결망 구조, 복합적인 3차원 젤 등의 다양한 양상으로 조직된다(그림 13-64). 세포 속에서 액틴섬유들의 구성 및 행동은 액틴섬유의 조립 또는 해체, 이들의 물리적 특성, 그리고 이들 서로 간의 상호작용 및 다른 세포 소기관들과의 상호작용 등에 영향을 미치는 아주 다양한 **액틴-결합 단백질들**(actin-binding proteins)에 의해 결정된다. 수많은 집단에 속하는 100가지 이상의 서로 다른 액틴-결합 단백질들이 여러 가지 다른 유형의 세포들에서 분리되었다. 액틴-결합 단백질들은 세포 속에서 이들의 추정된 기능에 기초하여 여러 가지의 범주로 나눌 수 있다(그림 13-65).[4)]

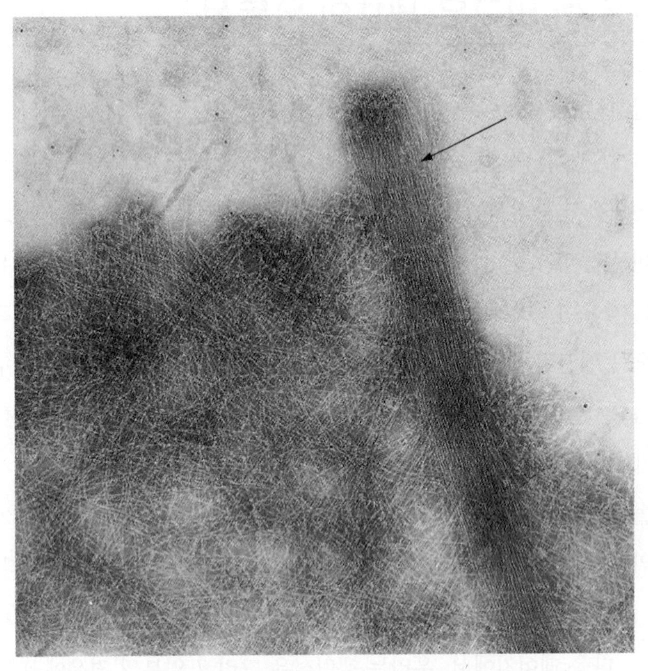

그림 13-64 세포 속에서 액틴섬유의 두 가지 서로 다른 배열. 이 장의 뒷부분에서 설명된 것처럼, 세포들은 다양한 돌기들을 길게 죽 뻗어서 바닥층(基層)을 건너서 이동한다. 운동성 섬유모세포에서 앞쪽 가장자리(前緣部)의 전자현미경 사진은 액틴섬유들의 높은 밀도를 보여준다. 이 섬유들은 두 가지로 구별되는 배열, 즉 섬유들이 서로 평행하게 배열된 다발(화살표)과 여러 방향으로 배열된 섬유들이 교차-결합된 연결망 구조 등으로 구성되어 있는 것을 보여준다.

1. **핵형성 단백질들.** 액틴섬유를 형성하는 데 있어서 가장 느린 단계는 첫 번째 단계인 핵형성(核形成, nucleation)이다. 이 단계에서, 중합체 형성을 시작하기 위해서 최소한 2~3개의 액틴 단량체들이 알맞은 방향으로 함께 모여야 할 필요가 있다. 이것은 자신의 액틴섬유에서 떨어져 나온 액틴 분자들에게는 아주 일어나기 어려운 과정이다. 앞서 언급된 바와 같이, 액틴섬유의 형성은 단량체들이 첨가될 수 있는 이미 존재하는 씨 또는 핵이 되는 부분이 있어야 촉진된다(그림 13-46*a*에서처럼). 액틴섬유의 핵형성을 촉진하는 여러 가지 단백질들이 확인되었다. 가장 잘 연구된 것이 Arp2/3 복합체(*Arp2/3 complex*)[m)]인데, 이것은 두 가지의 "액틴-동류(同類) 단백질들"을 갖고 있다. 즉, 이 단백질들은 액틴과 상당히 비슷한 서열을 공유하지만, "진짜" 액틴으로 간주되지는 않는다.

   일단 이 복합체가 활성화 되면, γ-튜불린이 미세관 핵형성의 주형을 형성하기 위해 제안된 것(그림 13-20*c*)과 유사한 방법으로, 두 가지의 Arp들이 액틴 단량체들이 첨가될 수 있는 주형을 제공하는 입체구조를 취한다. Arp2/3 복합체는 짧고 분지된 액틴섬유들의 연결망 구조를 만든다. 포르민(*formin*)이라고 하는 다른 핵형성 단백질은, 국소부착(focal adhesion)과 분열하는 세포의 수축 고리(14-2절)에서 발견되는 것과 같은 분지되지 않은 섬유를 만든다. 새로 형성된 섬유의 뾰족한 음(−)의 말단에 남아 있는 Arp2/3과 다르게, 포르민은 새로운 소단위가 음(−)의 말단에 삽입되더라도 가시 돋친 모양의 양(+)의 말단으로 이동한다.

2. **단량체-격리 단백질들.** 티모신(thymosin, 예: thymosin β_4)[n)]은 액틴-ATP 단량체[흔히 G-액틴(*G-actin*)이라고 함]와 결합하여, 이 단량체들이 중합되는 것을 막는 단백질이다. 이런 활성

---

4) 이 단백질들 중 일부는 액틴-결합 단백질의 농도 및 지배적인 조건(예: Ca^{2+}과 H^+의 농도)에 따라서 열거된 활동들 중에서 한 가지 이상의 활동을 수행할 수 있음을 주목해야 한다. 이 단백질들에 관한 연구의 대부분은 시험관 속에서 실시되었기 때문에, 그 결과를 세포 속에서의 활동에까지 확대하여 적용하기는 어렵다.

역자 주[m)] 비멘틴(vimentin): Arp: "actin-related protein(액틴-동류 단백질)"의 머리글자이다.

역자 주[n)] 티모신(thymosin): '흉선(胸線, thymus gland)'에서 분비되는 호르몬을 일컫는다.

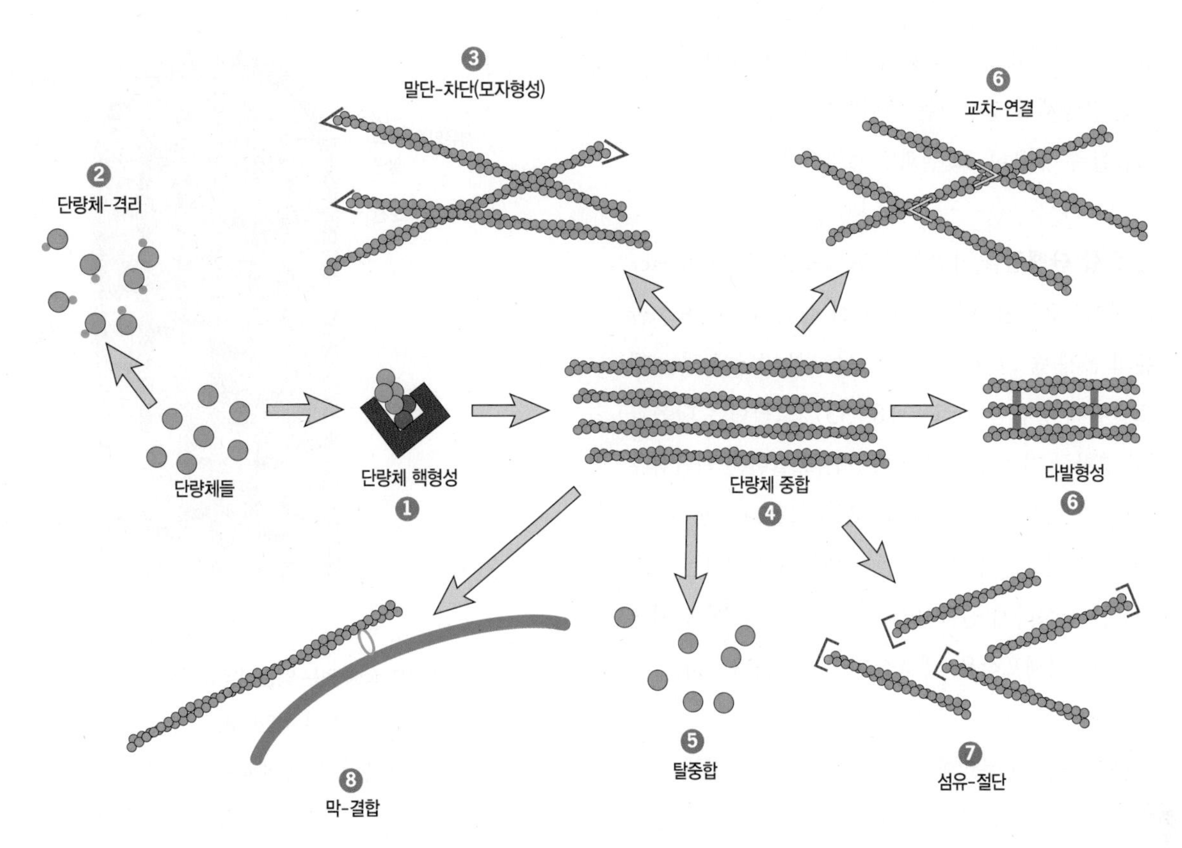

그림 13-65 **액틴-결합 단백질들의 역할.**

을 지닌 단백질들을 액틴 단량체-격리 단백질(actin monomer-sequestering protein)이라고 한다. 이 단백질들이 비근육 세포에서 비교적 높은 G-액틴 농도(50~200mM)를 유지시키는 것으로 믿어진다. 단량체-격리 단백질이 없으면, 이런 세포질 속의 조건은 가용성 액틴 단량체들을 섬유 구조로 되도록 거의 완전한 중합 반응을 촉진시킬 것이다. 이 단백질들이 G-액틴과 결합하여 단량체 공급원을 안정화시키는 능력이 있다. 그래서 단량체-격리 단백질들의 농도 또는 활성의 변화에 의해서 세포의 어느 부위에서 단량체-중합체 사이의 평형을 변화시킬 수 있고, 그 시점에서 중합 또는 탈중합 반응을 촉진시킬 것인지 여부를 결정할 수 있다.

3. **말단-차단(모자형성, capping) 단백질들.** 이 단백질 집단은 소단위들이 붙거나 떨어지는 것을 방지하는 모자를 형성하여, 섬유들의 한 쪽 말단 또는 다른 쪽 말단에 결합하여 액틴섬유의 길이를 조절한다. 만일 섬유에서 빠르게 성장하는 가시 돋친 모양의 양(+)의 말단에 모자가 형성되면, 그 반대쪽 말단에서 탈중합이 진행될 수 있어서 섬유가 해체된다. 또한 뾰족한 모양의 음(−)의 말단에 모자가 형성되면, 섬유의 탈중합은 차단된다. 가로무늬 근육의 가는 섬유들은 Z선에 있는 양(+)의 말단에 capZ라고 하는 단백질에 의해 그리고 음(−)의 말단에는 트로포모듈린(tropomodulin) 단백질에 의해 각각 모자가 형성된다. 만일 항체를 근육 세포 속에 미량 주입시켜 트로포모듀린 모자를 교란시키면, 가는 섬유는 새로 노출된 음(−)의 말단에 액틴 소단위를 더 많이 첨가시켜서 근절의 중앙부에서 극적인 액틴 섬유의 신장이 일어난다.

4. **단량체-중합 단백질들.** 프로필린(profilin)은 티모신이 작용하는 것과 같이 액틴 단량체 위에 있는 동일한 자리에 결합하는 작은 크기의 단백질이다. 그러나 프로필린은 중합을 방해하기보다 액틴섬유의 성장을 촉진한다. 액틴 단량체에 부착하여 이에 결합된 ADP의 분리를 촉진시키고 신속히 ATP로 대체시켜

서, 프로필린이 액틴섬유의 성장을 촉진시킨다. 이어서 프로필린-ATP-액틴 단량체가 성장하는 액틴섬유의 노출된 양(+)의 말단에서 조립될 수 있으며, 그 결과 프로필린은 방출된다.

5. **액틴섬유-탈중합 단백질들.** [코필린, ADF[o)], 디펙틴(depactin) 등을 비롯한] 코필린(cofilin) 단백질 집단의 구성요소들은 액틴섬유의 몸체 속 그리고 뾰족한 음(−)의 말단에 있는 액틴-ADP 소단위에 결합한다(그림 18−33). 코필린은 다음과 같은 두 가지 명확한 기능을 갖고 있다. 즉, 코필린은 액틴섬유를 조각낼 수 있으며 음(−)의 말단에서 탈중합을 촉진할 수 있다. 이 단백질들은 세포골격 구조의 동적 변화가 일어나는 장소에서 액틴섬유를 신속하게 전환시키는 역할을 한다. 이 단백질들은 세포의 운동, 식세포작용, 세포질분열 등에 중요하다.

6. **교차-연결 단백질들.** 이 무리에 속하는 단백질들은 전체 액틴섬유의 3차원적 구성을 변경시킬 수 있다. 이 단백질들의 각각은 2개 또는 그 이상의 액틴—결합 자리를 갖고 있으므로, 2개 또는 그 이상의 분리된 액틴섬유들을 교차—연결시킬 수 있다. 이 단백질들 중의 어떤 것[예: 필라민(filamin)]은 길고 신축성 있는 자루 모양을 하며, 서로에 대하여 거의 직각으로 연결된 섬유들이 느슨한 연결망 구조를 형성하도록 촉진한다(그림 13−64에서처럼). 이런 연결망 구조를 갖고 있는 세포질 부위는 국소적인 물리적 압력에 저항하는 3차원적이며 탄력 있는 젤의 특성을 갖는다. 다른 교차-연결 단백질들[예: 빌린(villin)과 핌브린(fimbrin)]은 더 둥근 모양이며 단단하게 결합하고 평행 배열되어 액틴섬유들의 다발 형성을 촉진시킨다. 이런 배열은 일부 상피세포(그림 13−66)에서 돌출된 미세융모와 내이(內耳)의 수용체 세포들에서 돌출된 털 모양의 부동섬모(그림 13−54)에서 발견된다. 섬유들이 함께 다발을 형성하면 단단한 성질을 갖게 되어, 세포질 돌기들을 지지하는 내부 골격으로서 작용하도록 한다.

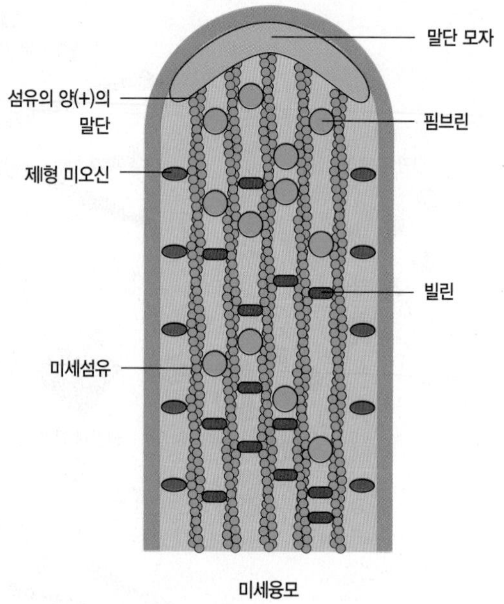

그림 13-66 미세융모 속에 있는 액틴섬유와 액틴-결합 단백질들. 미세융모들은 장(腸)의 내벽(lining) 및 신장의 세관(細管) 벽과 같이, 용질 흡수 작용을 하는 상피의 정단부 표면에 있다. 빌린(villin)과 핌블린(fimbrin) 같은 다발형성 단백질에 의해, 액틴섬유들은 고도로 질서 정연한 배열을 유지한다. 미세융모의 원형질막과 주변의 액틴섬유들 사이에 있는 제I형 미오신의 역할은 확실히 알려져 있지 않다.

7. **섬유-절단 단백질들.** 이 종류의 단백질들은 이미 존재하는 섬유의 측면에 결합하여 2개로 절단할 수 있다. 또한 절단 단백질들[예: 겔솔린(gelsolin)]은 양(+)의 말단을 추가로 만들어서 액틴 단량체들의 결합을 촉진시킬 수 있으며, 또는 이 단백질들이 절단해 놓은 조각들에 모자를 형성할 수도 있다. 〈그림 13−71〉에 나타낸 것처럼, 또한 코필린(cofilin)도 섬유들을 절단할 수 있다.

8. **막-결합 단백질들.** 비근육 세포들에 있는 상당수의 수축 기구(機構)는 원형질막 바로 아래에 놓여 있다. 수많은 활동을 하는 동안, 수축 단백질에 의해 발생된 힘은 원형질막에 작용하여, 원형질을 바깥으로 돌출시키거나(예를 들면, 세포가 운동하는 동안에 생기는 것과 같이) 또는 안쪽으로 함입시킨다(예를 들면, 식세포작용 또는 세포질분열 등을 하는 동안에 생기는 것과 같이). 이러한 작용은 보통 액틴섬유를 원형질막에 간접적으로 연결시켜서, 즉 막의 표재단백질에 부착시키는 방법에 의

역자 주[o)] ADF: "actin depolymerizing factor(액틴 탈중합 인자)"의 머리글자이다.

해 촉진된다. 다음과 같은 두 가지 예가 앞 장에서 설명되었다. 즉, 짧은 액틴 중합체들이 적혈구 막의 골격으로 첨가되며(그림 8-32*d* 참조) 그리고 국소부착(focal adhesion)과 부착연접(adherens junction)에 있는 막에 액틴섬유들이 부착된다(그림 11-17 및 11-26 참조). 막을 액틴에 연결시키는 단백질들은 빈쿨린(vinculin), ERM 집단의 구성요소들[에즈린(ezrin), 라딕신(radixin), 모에신(moesin)], 스펙트린(spectrin) 집단의 구성요소들[근육퇴행위축(dystrophy)의 원인 단백질인 디스트로핀(dystrophin)을 비롯하여]이 포함된다.

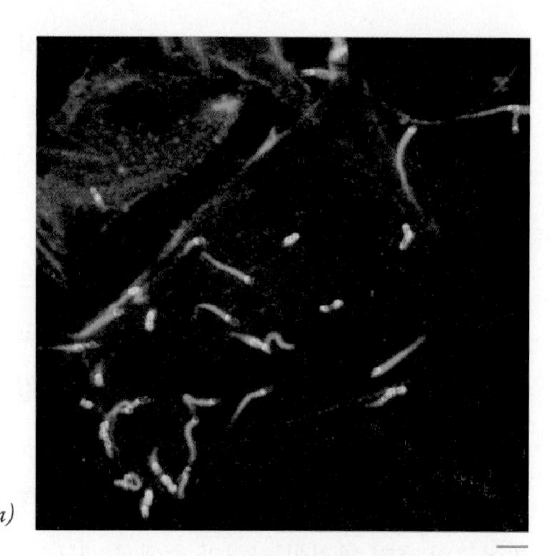

13-7-2 비근육 세포의 운동성과 수축성의 예

흔히 미오신 운동단백질과 함께 작용하는 액틴섬유는 비근육 세포에서 세포질분열, 식세포작용, 세포질 유동(큰 식물세포에서 세포질이 일정한 방향으로 이동하는), 소낭의 경로수송, 혈소판의 활성화, 막 속에서 내재단백질의 측면 이동, 세포–바닥층(기층) 상호작용, 세포운동, 축삭의 성장, 세포모양의 변화 등을 포함하는 다양한 동적 활동을 담당한다. 비근육 세포의 운동성과 수축성은 다음과 같은 예가 있다.

13-7-2-1 힘을 발생시키는 기작으로서 액틴의 중합

일부 유형의 세포 운동은 액틴 중합의 결과로서만 일어나고, 미오신 활성은 관여하지 않는다. 대식세포(大食細胞)를 감염시켜 뇌염이나 식중독을 일으키는 세균인 리스테리아(*Listeria monocytogenes*)의 예를 생각해 보자. 리스테리아 세균은 자신의 바로 뒤에서 액틴 단량체들의 중합에 의해 생기는 로켓과 같은 추진력으로 감염된 세포의 세포질을 밀어제치고 앞으로 나아간다(그림 13-67). 어떻게 이 세균 세포가 자신의 표면에 있는 특정한 부위

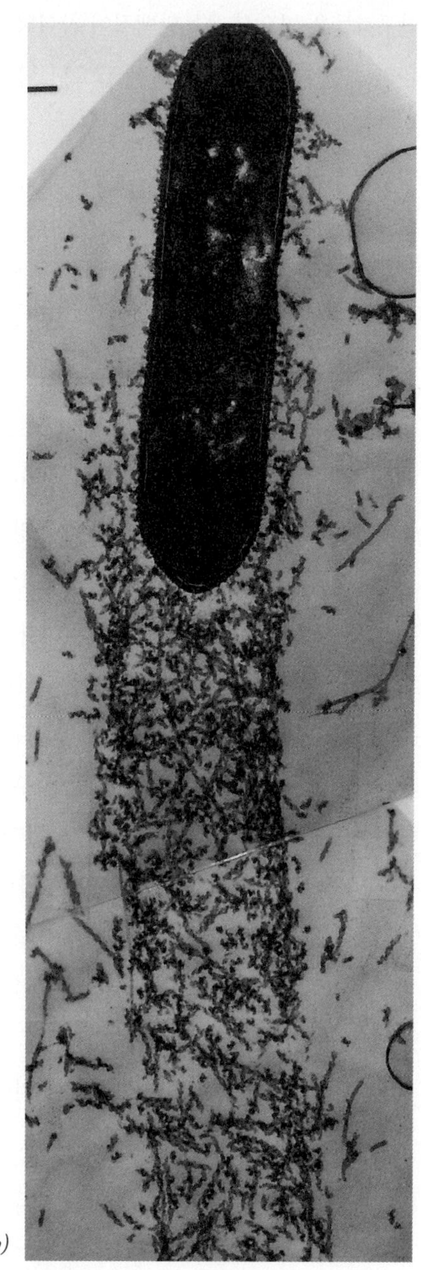

그림 13-67 세포의 운동성이 액틴 중합에 의해 추진될 수 있다. (*a*) 리스테리아(*L. monocytogenes*) 세균에 감염된 세포 일부의 형광현미경 사진. 이 세균들은 초록색으로 염색된 섬유상 액틴의 꼬리 바로 앞에 빨간색으로 염색된 물체로 보인다. (*b*) 앞의 *a*에서와 동일한 세균에 감염된 세포의 전자현미경 사진으로서, 세균 세포의 뒤에 형성된 액틴섬유들을 보여주며 세균이 세포질을 밀어제치고 나아간다. 이 액틴섬유들은 미오신 머리로 장식(결합)되어 있기 때문에 털이 난 것처럼 보인다. 왼쪽 위의 선은 0.1μm이다.

에서 액틴섬유의 형성을 유도할 수 있을까? 어떤 유형의 운동 과정을 연구하는 데 있어서 위치에 관하여 의문을 갖는 것은 중요한데, 그 이유는 운동성이 특정한 장소와 특정한 시간에 필요한 기구를 조립할 수 있는 세포에 의존하기 때문이다.

이 리스테리아균은 ActA[P]라고 하는 표면 단백질을 자신의 오직 한 쪽 끝에만 갖고 있기 때문에 이러한 묘기를 부릴 수 있다. ActA가 숙주 세포질 속에 노출되면, 이 단백질은 액틴 중합 과정이 일어나도록 함께 작용하는 숙주 세포의 많은 단백질들(아래에 설명된 Arp2/3 복합체를 비롯한)을 모이게 하여 활성화시킨다. 리스테리아균의 추진 과정이 시험관 속에서 재구성된 바 있다. 이로부터 연구자들은 미오신 운동단백질이 참여하지 않은 상태에서, 액틴섬유의 중합 자체만으로 운동에 필요한 힘이 생길 수 있음을 결론적으로 증명하였다.

리스테리아를 추진시킬 때 일어나는 것과 동일한 일들이 세포질 속 소낭들과 소기관들의 추진에서부터 다음 절의 주제인 세포 자신의 이동에 이르기까지의 정상적인 세포 활동에 이용된다.

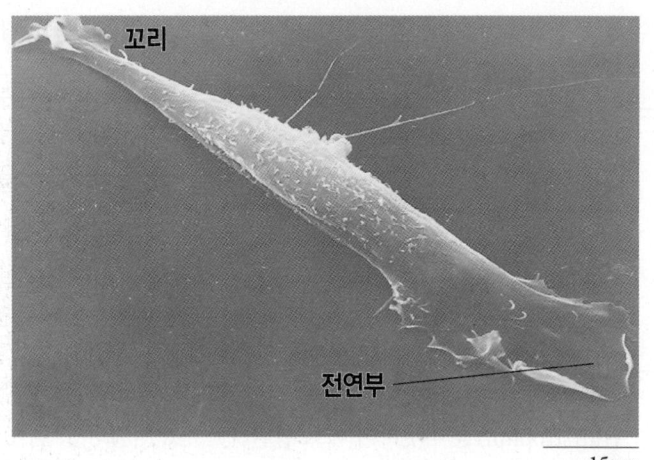

그림 13-68 배양 접시의 표면 위에서 기어가는 생쥐 섬유모세포의 주사전자현미경 사진. 이 세포의 전연부(前緣部)는 납작한 판상족(板狀足, lamellipodium)으로 펼쳐져 있다. 이 판상족의 구조와 기능은 이 장의 후반부에서 설명된다.

13-7-2-2 세포 이동

세포 이동은 고등한 척추동물들에서, 조직과 기관의 발달, 혈관의 형성, 축삭의 발달, 상처치료, 감염에 대한 보호 등의 여러 가지 활동에 필요하다. 또한 세포 이동은 암 종양을 퍼지게도 한다. 다음의 설명에서, 우리는 평평한(즉, 2차원적인) 기질 위를 이동하는 배양된 세포들의 연구에 초점을 맞출 것이다. 그 이유는, 이런 실험 조건이 이 분야의 연구에서 주로 사용되었기 때문이다. 몸을 구성하는 세포들은 아무 것도 없는 평판 기질 위로 이동하지 않는다는 것과 이러한 연구에서 얻은 발견들 중 일부는 더 복잡한 장소를 횡단하는 세포들에게 적용되지 않을 수도 있다는 증거가 늘어나고 있음을 기억해 두자. 연구자들은 최근에 다양한 유형의 3차원적 세포외 기질을 포함하여 더 복잡한 바닥층(基層)을 개발하기 시작하였는데(그림 18-22 참조), 이것은 아래에 설명된 세포 운동에 관한 기작 중 일부를 수정하게 할 수도 있다.

〈그림 13-68〉은, 현미경 관찰을 위해 준비했을 당시, 시야에서 오른쪽 아래의 구석을 향하여 이동하는 과정 중에 있던 섬유모세포이다. 〈그림 13-68〉의 섬유모세포에서처럼, 예를 들면 세포 이동은 걷기와 같은 다른 유형의 이동과 특성을 공유한다. 여러분이 걸을 때, 몸은 다음과 같이 일련의 반복된 활동을 하게 된다. 첫째, 다리를 이동하려는 방향으로 뻗는다. 둘째, 발바닥은 일시적인 부착 지점으로 작용하는 지면과 접촉한다. 셋째, 정지된 발이 부착 지점에 대해 견인력을 계속 형성하는 동안, 몸 전체가 정지된 발을 지나 앞으로 이동하게 만드는 힘이 다리에 있는 근육에 의해 생긴다. 넷째, 이제 몸의 앞에 있기보다 뒤에 있는 발은 다음 걸음을 예상하여 바닥으로부터 들어올린다.

운동성 세포들이 바닥층 위를 기어갈 때 매우 다른 모양을 취하더라도, 이 세포들은 비슷한 활동 순서를 보인다(그림 13-69). (1) 세포가 이동하려는 방향으로 세포 표면의 한 부분이 돌출되어서 이동이 시작된다. (2) 돌출부의 아래쪽 표면의 일부분이 바닥층에 부착되어 일시적으로 고정시키는 장소를 형성한다. (3) 세포의 대부분이 부착된 접촉 지점들을 지나 앞으로 끌어당겨지면, 결국 이 접촉 지점들은 세포 뒤쪽에 있는 부분이 된다. (4) 세포는 바닥층과 자신의 뒤쪽에 있는 접촉 지점들을 끊어버리고, 끌려가는 가장자리 또는 "꼬리"를 움츠러들게 한다.

역자 주[P] ActA: "Actin assembly-inducing protein(액틴 조립-유도 단백질)"의 머리글자이다.

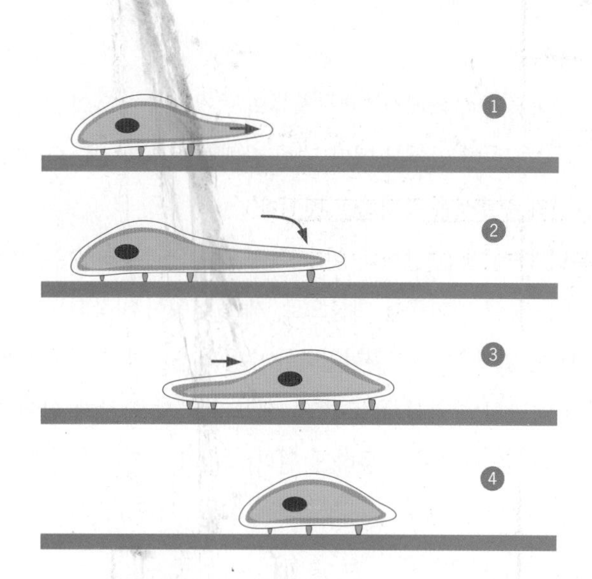

그림 13-69 세포가 바닥층 위를 기어갈 때 일어나는 활동의 반복 순서. 1단계는 판상족의 형태로 되어 있는 세포의 전연부(前緣部)의 돌출부를 보여준다. 2단계는 판상족의 아래쪽 표면이 바닥층에 부착하는 것을 보여준다. 이 부착은 원형질막 속에 있는 인테그린에 의해 중개된다. 세포가 바닥층을 움켜쥐기 위해 이런 부착을 이용한다. 3단계는 비교적 정지 상태에 있는 부착 지점을 지나 세포의 대부분이 앞으로 이동하는 것을 보여준다. 이런 이동은 바닥층에 가해진 수축(견인)력에 의해 이루어진다. 4단계는 바닥층과의 부착 지점들이 끊어지고 세포의 뒷부분이 앞으로 끌어당겨진 후의 세포를 보여준다.

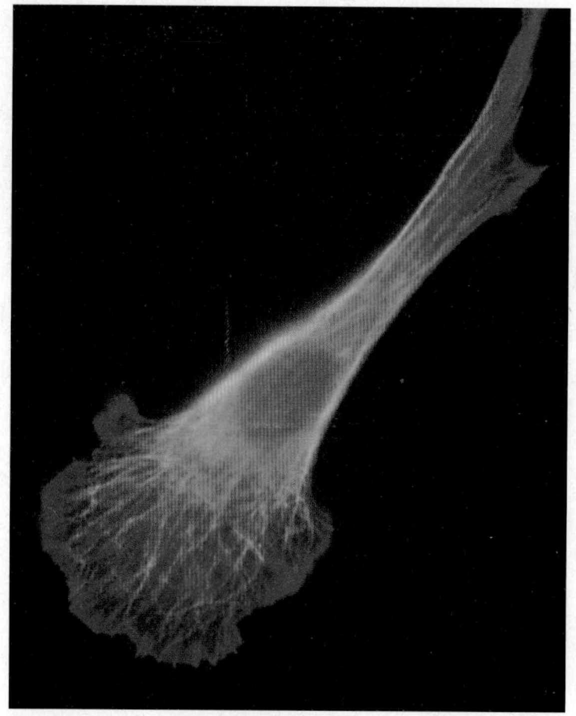

(a)

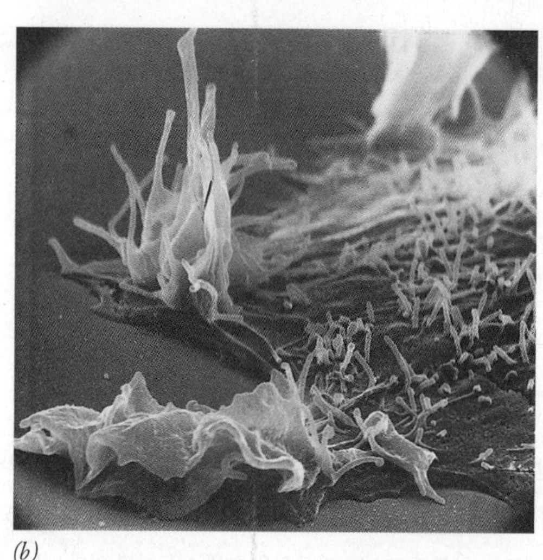

(b)

그림 13-70 운동성 세포의 전연부. *(a)* 이 운동성 섬유모세포의 앞쪽 가장자리(전연부)는 바닥층에 대하여 평평해져 있고 면사포 같은 판상족으로 펼쳐져 있다. *(b)* 배양된 세포의 전연부를 촬영한 주사전자현미경 사진은 판상족의 주름진 막을 보여준다.

바닥층(기층) 위를 기는 세포들 피부 또는 간과 같은 살아있는 조직의 작은 조각을 적당한 배양 배지가 담긴 접시에 놓아두면, 각 세포들은 그 시료 조각의 바깥으로 나와서 접시 표면 위로 이동한다. 이런 세포들을 현미경으로 관찰하면, 주로 결합조직에 있는 섬유모세포(fibroblast)들을 볼 수 있다(그림 11-1 참조). 세포가 움직임에 따라, 바닥층 가까이에서 자신을 납작하게 하여, 넓적한 앞쪽 말단과 좁은 "꼬리"를 갖고 있는 부채 모양으로 된다(그림 13-68 참조). 세포의 움직임은 불규칙하고 변덕스러워서 때로는 전진하고 어떤 때는 뒤로 물러난다. 좋을 때에는 섬유모세포가 약 1mm의 거리를 이동할 수 있다. 섬유모세포 운동의 핵심은 전연부(前緣部, leading edge)를 관찰함으로써 알 수 있다. 즉, 전연부는 **판상족**(板狀足, lamellipodium)[q]이라고 하는 넓고 납작하며 면사포처럼 생긴 돌출부로서 세포에서 나와 펼쳐져 있다(그림 13-70*a*). 판상족들은 대체로 세포질의 소낭과 다른 입자 구조를 갖고 있지 않으며, 바깥쪽 가장자리는 흔히 물결치는 움직임을 보여서 주름 잡힌 모양을 만든다(그림 13-70*b*). 판상족이 세포에서 펼쳐져 나올 때, 특

역자 주[p] 판상족(板狀足, lamellipodium): 이 용어의 어원은 "L(라틴어). *lamella*, small plate + Gk(그리스어). *pous*, foot"이다. 이것은 '작은 판(板) 모양(狀)의 발(足)'이라는 뜻이므로, 이를 판상족(板狀足)이라고 표기할 수 있다.

수한 지점에서 아래에 있는 바닥층에 달라붙어서 세포 자신을 앞으로 끌어당기기 위한 일시적인 고정 지점을 만든다.

우리는 액틴 단량체들이 중합됨으로써 리스테리아 세균이 세포질을 밀어제치고 나가는 힘(추진력)이 어떻게 생길 수 있는가를 앞에서 알아보았다. 이런 유형의 세포 내 이동은 운동단백질 분자들이 관여되지 않은 상태에서 이루어진다. 비슷한 유형의 액틴-중합 기작이 판상족의 전연부가 돌출될 때 필요한 운동력을 형성하는 것으로 생각된다. 또한 이런 유형의 비근육 운동성은 특정 시각에 세포 속의 특정 부위에서 액틴-섬유의 연결망 구조들의 조립과 해체를 조정하는 데 있어서 액틴-결합 단백질들(그림 13-65에 그려져 있음)의 중요성을 증명하는 것이다.

우리 몸에 생긴 상처의 어느 특정 방향으로부터 오는 화학신호를 받는 둥근 백혈구를 대상으로, 세포 이동이 시작되는 것을 가정해 보자. 일단 자극이 원형질막에 수용되면 세포 안의 제한된 장소에서 액틴의 중합을 유도하고, 세포가 극성을 갖게 되어 자극원(刺戟源)을 향하여 이동하게 된다(그림 13-71*a*).[5] 리스테리

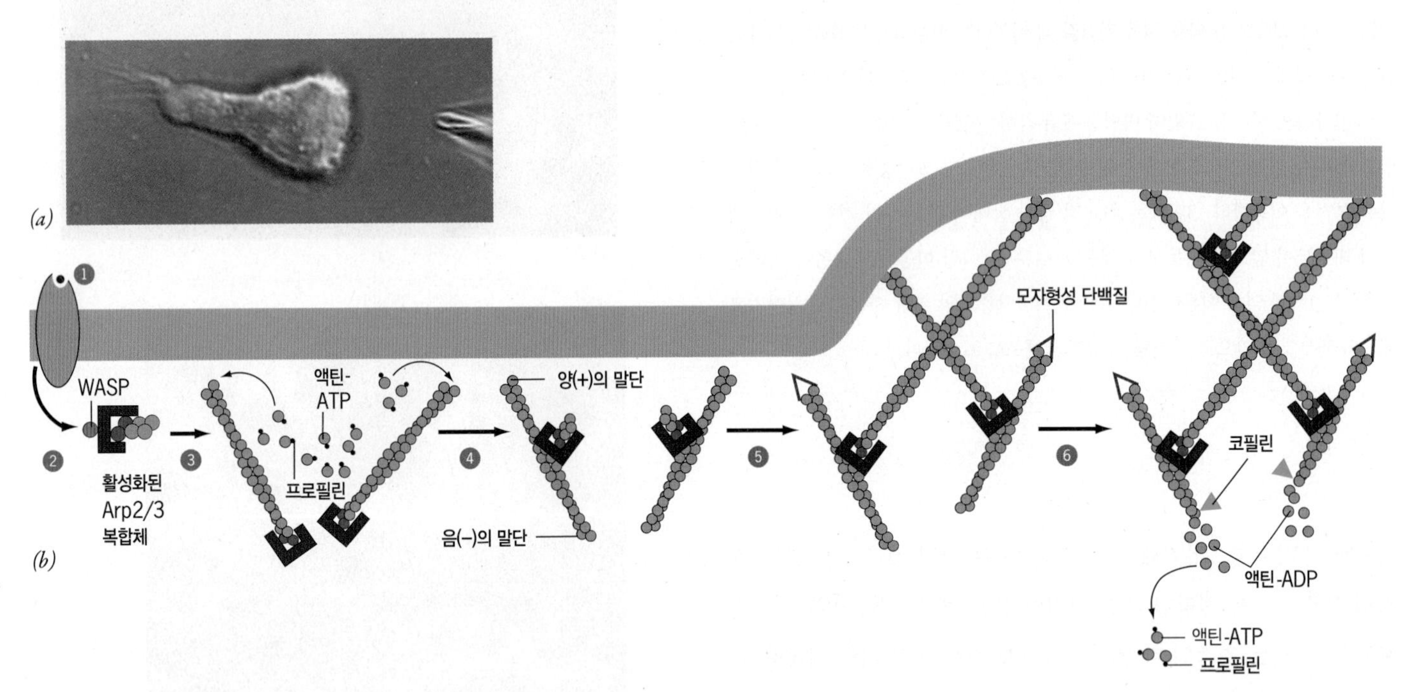

그림 13-71 지향적(指向的) 세포 운동성. (*a*) 피펫(오른쪽에 보이는)에 의해 전달되고 있는 화학유인물질(chemoattractant)에 반응하는 백혈구(호중성구)의 현미경 사진. 이 세포는 극성화 되어서 자극원을 향해 이동하고 있다. (*b*) 지향적인 방식으로 세포의 이동을 설명하기 위해 제안된 기작. 자극이 세포 표면에 수용되어(1단계), WASP/WAVE 집단에 속하는 구성요소에 의해 Arp2/3 복합체가 활성화된다(2단계). 활성화된 Arp2/3 복합체들은 새로운 액틴섬유들을 만들기 위한 핵형성(nucleation) 자리의 역할을 한다(3단계). 일단 섬유들이 형성되면, Arp2/3 복합체들은 그 섬유들의 측면에 붙어서(4단계), 섬유들의 핵형성 활동을 촉진한다. 그 결과, 결합된 Arp2/3 복합체들은 자신들이 고정되어 있는 기존의 섬유들에 대해 약 70°의 각도로 바깥쪽을 향해 뻗는 곁가지를 만들기 시작한다(5단계). 이 섬유들이 중합됨에 따라, 원형질막을 바깥쪽으로 밀어내어 판상족의 전연부가 펼쳐지게 되는 것으로 생각된다. 한편, 이전에 형성된 섬유들의 양(+)의 말단에는 모자형성 단백질이 결합되어, 이 섬유들이 더 자라지 못하게 하여 짧고 단단한 상태를 유지시킨다. 결국, 더 오래되고 이전에 형성되었던 액틴섬유들의 음(−)의 말단들은 탈중합되어 액틴-ADP 소단위들이 방출된다(6단계). 탈중합은 코필린(cofilin)에 의해 촉진된다. 코필린은 섬유 속에 있는 액틴-ADP 소단위들에 결합하여 그 섬유의 음(−)의 말단에서 소단위들이 분리되도록 자극한다. 방출된 소단위들은 프로필린(profilin)과 결합하여 ATP/ADP 교환에 의해 재충전되어서 액틴 중합에 참여할 준비를 하게 된다(3단계에서처럼).

[5] 이런 유형의 반응은 세균을 추적하는 호중성백혈구를 보여주는 웹사이트의 주목할 만한 영상에서 볼 수 있다. "neutrophile crawling"이라는 검색어를 사용하여 찾을 수 있다.

아 세균이 세포 표면에서 중합을 활성화시키는 단백질(ActA)을 갖고 있는 것과 같이, 포유동물 세포들은 원형질막 근처에 있는 자극 지점에서 Arp2/3 복합체를 활성화시키는 단백질 집단(WASP/WAVE[r] 집단)을 갖고 있다. 이 집단을 구성하는 단백질들 중 WASP(Wiskott-Aldrich syndrome protein)는 비스코트-알드리히 증후군을 일으키는 유전자의 산물로서 발견되었다. 이 장애를 갖는 환자들은 그들의 백혈구가 기능적인 WASP 단백질을 갖고 있지 않아서 결과적으로 주화성(走化性) 신호에 반응할 수 없기 때문에 무력한 면역체계를 갖는다.

〈그림 13-71*b*〉는 세포를 특정한 방향으로 안내할 수 있는 판상족 형성의 주요 단계들을 모형으로 그린 것이다. 자극이 세포의 한 쪽 끝에서 수용되면(그림 13-71*b*, 1단계), 활성화된 WASP 단백질들에 의해 Arp2/3 단백질 복합체들이 활성화된다(2단계). 활성화된 상태의 Arp2/3 복합체들은 액틴섬유의 양(+)의 말단에서 노출된 표면과 유사한 입체구조를 취한다. 그 결과, 유리 상태의 ATP-액틴 단량체들이 Arp2/3 주형에 결합하여, 액틴섬유들의 핵이 형성된다(3단계). 성장하는 섬유들의 노출된 양(+)의 말단에서, ATP-결합 액틴 단량체들이 중합되는 과정은 프로필린(profilin) 분자에 의해 촉진된다. 일단 새로운 액틴섬유들이 형성되면, Arp2/3 복합체들은 이 섬유들의 측면에 결합하여(4단계) 추가로 분지된 액틴섬유들을 형성하기 위한 핵을 형성한다(5단계).

Arp2/3 복합체들은 분지된 지점에 위치하는 음(−)의 말단에 남아 있다. 그 동안에, 더 오래된(긴) 섬유들의 양(+)의 말단에서 이루어진 성장은 모자형성 단백질이 첨가되어 중단된다(5단계). 이와는 대조적으로, 연결망 구조에서 보다 최근에 형성된 섬유들의 양(+)의 말단에 액틴 소단위들이 첨가됨으로써, 유인 자극제의 방향으로 판상족의 막을 바깥쪽을 향하여 밀게 된다(5단계와 6단계). 더 새롭게 만들어진 섬유들이 그들의 양(+)의 말단에 소단위를 첨가하여 성장함에 따라, 더 오래되고 모자가 형성된 섬유들은 음(−)의 말단에서 해체된다(6단계). 이런 해체는 섬유를 따라 액틴-ADP 소단위들에 결합하는 코필린(cofilin)에 의해 촉진된다(6단계). 해체되는 섬유들로부터 방출된 액틴-ADP 소단위들은 프로필린(profilin)-ATP 액틴 단량체들로 전환되어 재충전되고, 이들은 판상족의 전연부에서 액틴섬유의 조립에 재사용될 수 있다.

역자 주[r] WAVE: "WASP-family verprolin-homologous protein(WASP-집단의 베르프로린-상동 단백질)"의 머리글자이다.

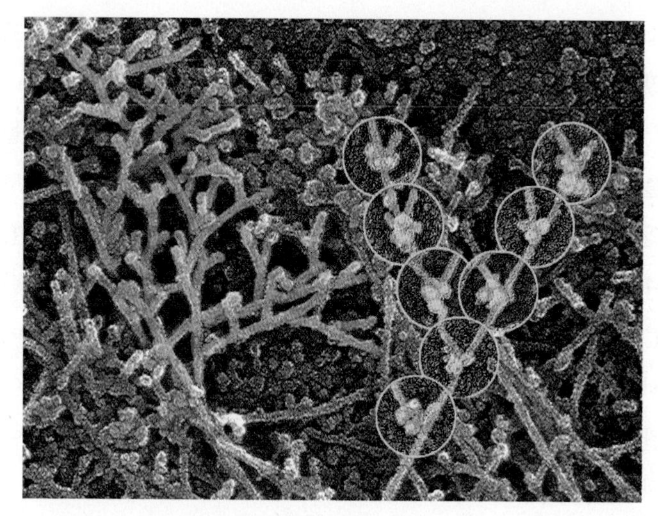

그림 13-72 판상족이 펼쳐지는 부분의 기본 구조. 생쥐의 운동성 섬유모세포의 전연부에 있는 세포골격의 복사막에서 관찰된 전자현미경 사진. 액틴섬유들이 분지된 연결망 구조로 배열되어 있는 것으로 보이는데, 이 구조는 개개의 "나무들" 모양을 나타내기 위해 채색되었다. 동그라미로 표시된 부분들은 분지된 액틴섬유들 사이에 와이자(Y) 모양의 합류 지점들이 연속되어 있음을 보여준다. Arp2/3 복합체들은 콜로이드 금 입자(노란색)에 연결된 항체에 의해 각 분지의 기부에 위치(局在)되어 있다.

〈그림 13-72〉는 세포의 이동에서 주요 구조적 특징들 중 일부를 나타낸 것이다. 〈그림 13-72〉의 전자현미경 사진은 전진하는 판상족의 원형질막 바로 아래에 있는 섬유상 액틴의 연결망 구조가 분지되어 있는 그리고 교차-연결된 특징을 보여주고 있다. 〈그림 13-72〉에서 동그라미로 표시된 부분들은 면역-금 입자들로 표지된 Arp2/3 복합체들과 함께, 짧은 액틴-섬유 가지들이 연속되어 있는 것을 보여주고 있다. Arp2/3 복합체들은 와이자(Y) 모양의 합류 지점에 있는 것으로 보이는데, 이곳에서 새로 중합된 섬유들이 기존의 섬유들로부터 분지(分枝)되어 나온다.

판상족의 이동은 동적인 과정이다. 액틴섬유의 중합 그리고 분지가 판상족의 전연부에서 계속됨에 따라서, 액틴섬유들은 판상족의 뒤쪽을 향해서 탈중합되고 있다(그림 13-71, 6단계). 그래서 전체적으로 볼 때, 액틴섬유 전체에 배열되어 있는 소단위들이 트레드밀 상태의 과정을 거친다(앞의 〈13-5-1항〉 참조). 즉, 액틴 소단위들이 섬유 앞쪽에 있는 양(+)의 말단에 첨가되면서 뒤쪽에 있는 음(–)의 말단에서는 떨어져 나간다.

〈그림 13–69〉에 그려진 일들의 순서에 따르면, 전연부가 돌출되는 과정은 그 세포의 대부분이 이동한 다음에 일어난다. 세포의 몸체를 앞으로 끌어당기거나 또는 "잡아당기기" 위해 필요한, 즉 세포 이동에 관여된 주요 힘은 부착 지점들에서 생긴다(그림 13–69, 3단계). 이런 힘은 흔히 세포가 바닥층을 움켜쥐는 지점에서 생기므로 견인력(牽引力, traction force)이라고 한다. 세포들이 탄성을 지닌 얇은 판 위를 이동하게 되었을 때, 이런 세포 이동에 의해 아래에 놓인 바닥층(얇은 판)이 변형된다(그림 11–18 참조). 살아서 이동 중인 세포 속의 여러 지점에서 생기는 견인력의 크기는 바닥층 모양의 동적인 변형에서 계산될 수 있으며 〈그림 13–73*a*〉에서처럼 나타낼 수 있다. 이동 중인 섬유모세포의 이러한 컴퓨터 상을 조사함으로써 볼 수 있는 것처럼, 최대의 견인력은 세포의 전연부(前緣部)의 바로 뒤에서 발휘되는데, 그곳에서 세포는 아래에 있는 바닥층에 강하게 붙어 있다.

이런 부착 지점들의 존재는 살아 있는 세포 속에서 형광물질로 표지된 빈쿨린(vinculin)의 위치(국재성)를 추적함으로써 가장 잘 밝힐 수 있다. 이 방법은 과학자들이 세포가 그 아래에 있는 바닥층과 접촉하고 있는 구조들을 명확하게 시각화 할 수 있게 해 준다. 〈그림 13–73*b*〉는 이동하는 세포의 전연부 바로 뒤에 빨간색 형광의 빈쿨린 분자들이 집중되어 있는 것을 보여주는 형광현미경 사진

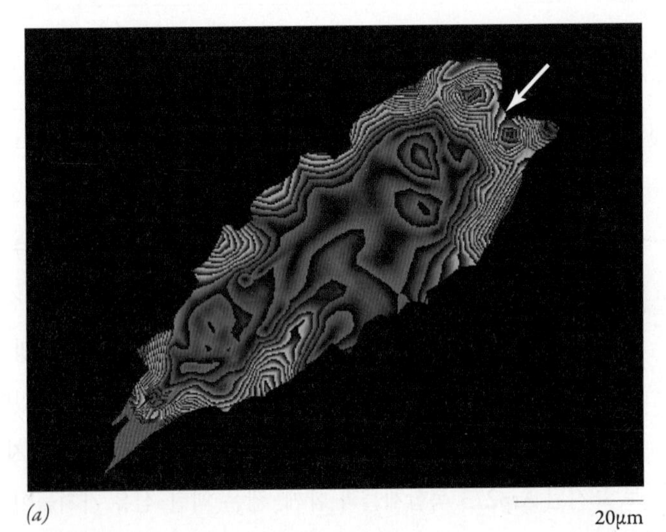

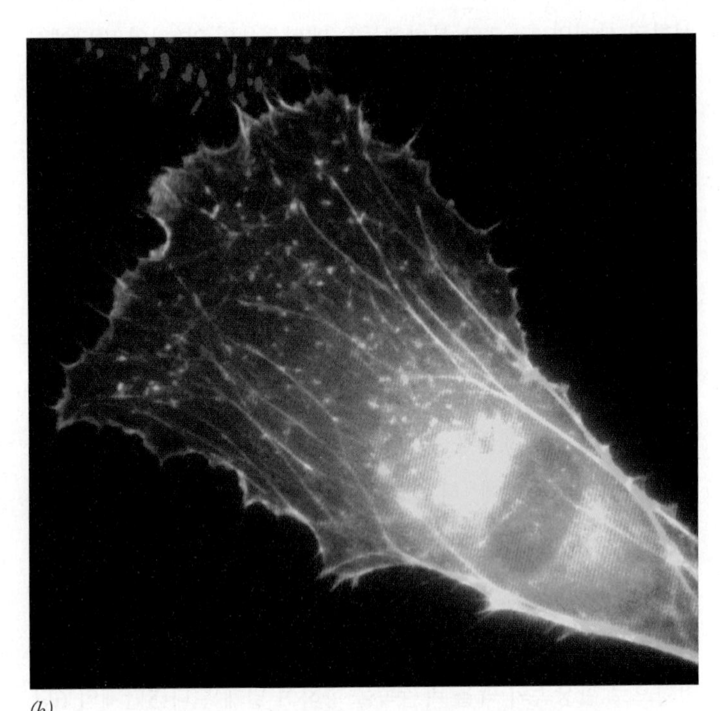

그림 13-73 이동하는 섬유모세포 속에서 견인력의 분포. *(a)* 세포가 이동할 때 바닥층에 대한 견인력(끌어당기는 힘)이 발생한다. 이 상은 이동하는 섬유모세포의 표면에서 단위 면적 당 발생된 견인력을 보여준다. 견인력은 바닥층의 변형 정도를 기초로 하여 표면 위의 서로 다른 지점들에서 계산되었다(그림 11–18 참조). 견인력의 크기는 여러 가지 색깔로 표현되었으며, 빨간색이 가장 강한 힘을 나타낸다. 가장 큰 힘은 판상족이 확장되고 있는 세포의 전연부 뒤에서 일시적으로 형성되는 작은 국소복합체들의 자리에서 발생된다(화살표). 세포의 뒤쪽에서 생기는 변형(變形)(빨간색으로 표시되었음)은 앞쪽 말단이 수동적으로 고정되어 있는 꼬리 부분에 대하여 능동적으로 끌어당길 때 생긴다. *(b)* 여러 개의 지점들(빨간색)에서 아래의 바닥층에 부착되어 있는 잘 발달된 판상족을 보여주고 있는 살아서 이동 중인 섬유모세포. 이 세포는 GFP-액틴(초록색)을 발현하고 있으며 로다민(rhodamine)으로 표지된 빈쿨린(vinculin)을 미세주입시켰다. 형광물질로 표지된 빈쿨린은 이 세포에서 전연부 근처의 점(빨간색)처럼 보이는 국소복합체들 속에 결합되어 있다. 이러한 국소복합체들 중 일부는 해체되는 반면에, 다른 복합체들은 국소부착으로 성숙되는데, 이 국소부착은 전진하는 전연부에서 더 먼 곳에 위치하여 있다.

이다. 빈쿨린은 〈그림 11-17〉에 나타낸 액틴-함유 지점들, 즉 국소부착(局所附着, focal adhesion)을 구성하는 주요 요소이다. 이동하는 세포의 전연부가 바닥층에 부착되어 있는 곳에 빈쿨린-함유 지점들이 있다. 이 지점들은 고도로 펼쳐진 정지 상태의 배양된 세포에서 관찰되는 성숙한 국소부착보다 더 작고 더 단순한 경향이 있으며, 이를 흔히 국소복합체(*focal complex*)라고 한다. 운동성 세포에서 전연부 근처에 형성되는 국소복합체들은 이에 결합된 액틴 섬유들을 통해 견인력을 발휘하며, 그 후에는 보통 세포가 앞으로 이동함에 따라 해체된다.

많은 증거에 의하면, 액틴 중합과정이 세포의 전연부를 바깥쪽으로 밀어내는 역할을 하며(그림 13-69, 1단계), 반면에 (액틴섬유와 함께) 미오신은 세포의 나머지 부분을 앞쪽으로 끌어당기는 역할을 하는 것으로(그림 13-69, 3단계) 나타나고 있다. 액틴과 미오신의 이러한 대조적인 역할은, 어류의 비늘을 덮는 표피로부터 유래된 각막(角膜)세포(keratocyte)에 관한 연구에서 가장 잘 알려져 있다. 각막세포들의 신속한 활주(滑走) 운동은 매우 넓고 얇은 판상족에 의존하기 때문에, 이들은 세포의 이동에 관한 연구를 하기 위해 선호되는 대상이다. 〈그림 13-74〉는 이동하는 각막세포에서 액틴(그림 13-74*a*)과 제II형 미오신(그림 13-74*b*)을 고정하여 염색한 것이다. 앞의 설명에서 예상할 수 있는 것처럼, 판상족의 전진하는 전연부는 액틴으로 채워져 있다. 한편, 미오신은 판상족의 뒷부분이 그 세포의 나머지 부분과 합쳐지는 띠 모양의 부위에 집중되어 있다. 이 부분의 전자현미경 사진들은 액틴의 연결망 구조에 결합된 작고 양극성인 제II형 미오신 섬유들의 집단이 있음을 보여준다(그림 13-74*c*). 이 미오신 분자들에 의해 생긴 수축력은 전진하는 판상족의 뒤를 따라 오는 이 세포의 나머지 대부분을

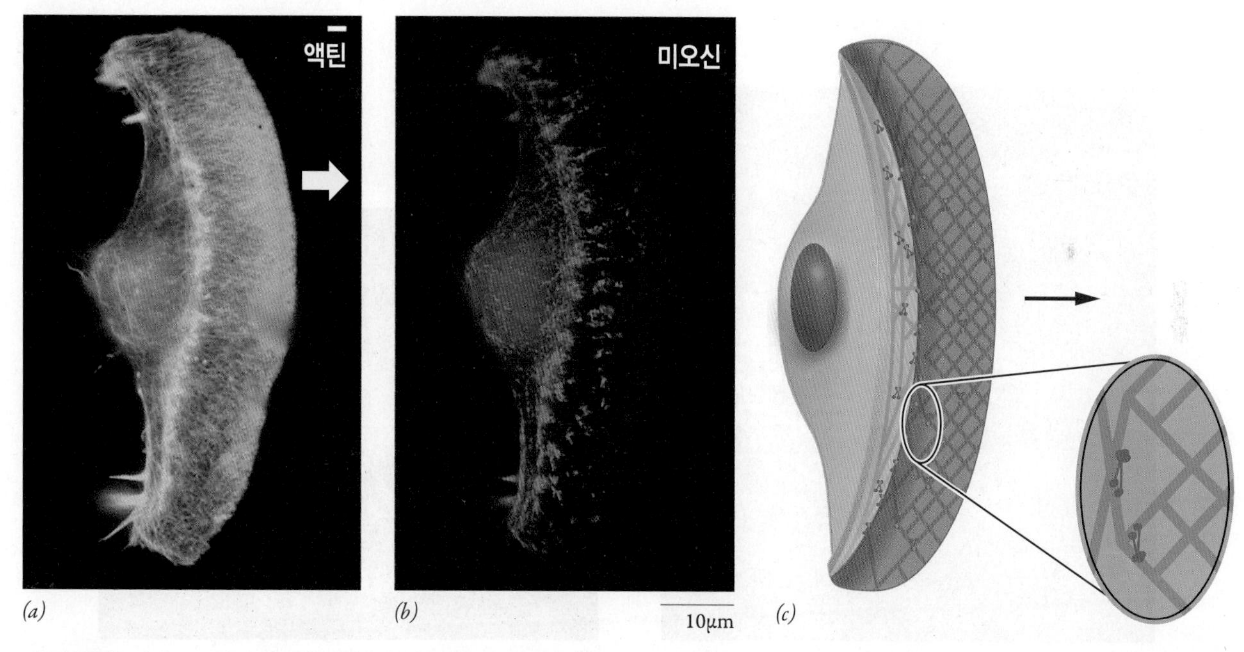

그림 13-74 판상족을 기반으로 하여 이동하는 어류의 각막세포에서 액틴과 미오신의 역할. (*a,b*) 넓적하고 납작한 판상족에 의해 배양 접시 위를 이동하고 있는 어류 각막세포의 형광현미경 사진. 화살표는 분 당 10μm의 속도로 이동할 수 있는 방향을 나타낸다. 섬유상 액틴의 분포는 *a*에 나타나 있으며, 액틴섬유들에만 결합하는 형광물질로 표지된 팔로이딘(phalloidin)의 국재성을 보여준다. 동일한 세포에서 미오신의 분포는 *b*에 나타나 있으며, 형광물질과 결합된 항미오신 항체의 국재성을 보여준다. 판상족의 몸통은 액틴섬유들을 갖고 있지만 미오신을 거의 갖고 있지 않은 것이 분명하다. 그 대신, 미오신은 세포의 몸통과 합쳐지는 판상족의 바로 뒤에 있는 띠 모양의 부위에 집중되어 있다. (*c*) 판상족에서 섬유상 액틴의 연결망 그리고 판상족의 뒤를 향한 액틴-미오신 상호작용을 그린 개요도. 액틴의 연결망 구조는 빨간색으로, 미오신 분자는 파란색으로 나타냈다.

끌어당기는 것으로 추정된다. 또한 제I형 미오신과 다른 비재래형 미오신도 일부의 생물에서 세포 이동을 위한 힘을 발생시키는 것으로 생각된다.

13-7-2-3 축삭의 성장

1907년, 예일대학교(Yale University)의 로스 해리슨(Ross Harrison)은 생물학에서 고전적 실험 중 한 가지를 시행하였다. 해리슨은 개구리 배에서 발생 중인 신경계에서 조직의 작은 조각을 떼어서 아주 작은 한 방울의 림프액 속에 넣었다. 그는 몇 일간 현미경으로 그 조직을 관찰하여, 그 신경세포들이 건강하게 살아 있을 뿐만 아니라 그 중의 많은 세포들에서 돌기들이 자라기 시작하여 주위의 배지 속으로 자라나는 것을 발견하였다. 이것은 조직배양에서 세포들이 살아 있는 상태로 유지되었던 최초의 일이었을 뿐만 아니라, 이 실험은 축삭(軸索)들이 활발한 성장과 신장 과정에 의해 발달한다는 강력한 증거를 제공하였다.

신장하고 있는 축삭의 끝부분은 세포의 나머지 부분과는 매우 다르다(그림 13-1*b* 참조). 축삭의 몸체 대부분은 운동 활성을 거의 보이지 않지만, 그 끝부분, 또는 **성장원추체**(成長圓錐體, growth cone)는 고도의 운동성을 갖고 기어 다니는 섬유모세포와 비슷하다. 살아 있는 성장원추체를 자세히 살펴보면, 이동을 위한 여러 가지 유형의 돌출부들이 있다. 즉, 바닥층 위에서 바깥쪽을 향해서 기어가는 넓고 평편한 판상족, 이 판상족의 가장자리까지 바깥쪽으로 향해 있는 짧고 뻣뻣한 미세돌출사(微細突出絲, *microspike*)(그림 13-75*a*), 그리고 뻗었다 오그렸다 하며 계속적인 운동 활성을 보이는 매우 신장된 사상위족(絲狀僞足, *filopodia*) 등이 있다. 형광현미경으로 관찰하면, 성장원추체의 주변 영역에 있는 이런 모든 구조들은 액틴섬유들로 채워져 있는 것을 볼 수 있다(〈그림 13-75*b*〉에서 초록색으로 나타냈었음). 이런 액틴섬유들은 성장원추체의 운동 활성을 담당하는 것으로 추정된다. 한편, 미세관들은 축삭과 성장원추체의 중앙부를 채워서, 가늘고 신장하는

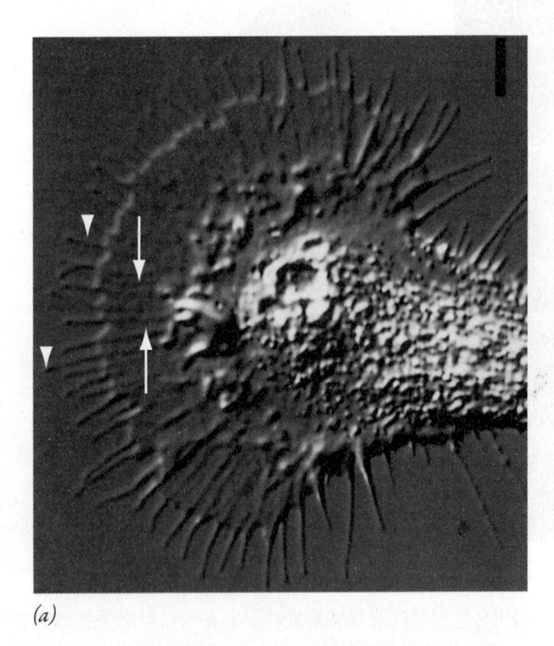

(*a*)

(*b*)

그림 13-75 성장원추체의 구조: 성장하는 축삭에서 운동성을 지닌 끝부분. (*a*) 살아 있는 성장원추체의 비디오 상. 성장원추체의 말단부가 납작한 판상족으로 펼쳐져 있고, 이 판상족은 앞을 향해 바닥층 위로 기어간다. 막대 모양의 미세돌출사들(화살표)을 판상족의 투명한 막 속에서 볼 수 있으며, 사상위족(화살촉표)이라고 하는 작은 돌기들은 판상족의 전연부 앞쪽에 돌출되어 있는 것을 볼 수 있다. 오른쪽 위 구석의 선은 5μm를 나타낸다. (*b*) 주변부에 집중되어 있는 액틴섬유들(초록색)과 중앙부에 집중되어 있는 미세관(주황색)을 보여주는 뉴런의 성장원추체의 형광현미경 사진. 많은 미세관들이 주변부 영역을 관통해 있는 것을 볼 수 있으며, 이 주변부에서 미세관들은 액틴-섬유 다발들과 상호작용을 한다.

축삭을 지지하는 역할을 한다. 수많은 미세관들 하나하나가 액틴이 풍부한 주변 부위로 관통하는 것으로 보인다(〈그림 13-75*b*〉에서 주황색으로 나타내었음). 이렇게 관통하는 미세관들은 대단히 동적이며 축삭의 성장 방향을 결정하는 데 있어서 중요한 역할을 할 수 있다.

성장원추체는 세포에서 고도의 운동성을 지닌 부위로서, 환경을 탐사하고 축삭을 신장시킨다. 배(胚) 속에서 발달하는 뉴런의 축삭은 바닥층의 어떤 위상학적인 특징을 따르던가 또는 이들의 경로로 확산되는 어떤 화학물질의 존재에 대하여 반응하면서 정해진 경로를 따라 자란다. 성장원추체에서 생긴 판상족과 사상위족은 경로를 탐색하는 축삭이 유인 요소들을 향하여 방향을 전환하거나 또는 기피 요소들로부터 멀어지게 하면서, 이들 물리적 및 화학적 자극들에 반응한다. 〈그림 13-76*a*〉는 배양된 뉴런을 보여주는데, 이 뉴런의 전진하는 앞쪽 끝부분이 네트린(netrin)[s)]이라고 하는 확산성 단백질을 향하여 곧바로 방향을 바꾸었다. 네트린은 초기의 배(胚)에서 성장하는 축삭을 유인하는 물질로 작용한다. 결국, 전체 신경계의 올바른 배선(配線)은, 신경을 분포시켜야 할 목표 기관에 이들이 도달하도록 적절한 방향 조정을 "결정"하기 위해서 배의 성장원추체들이 지닌 초자연적인 능력에 의존하여 이루어진다.

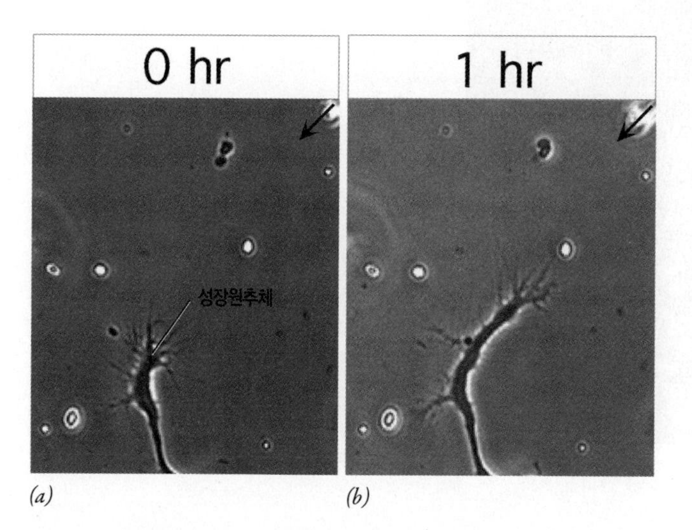

그림 13-76 성장원추체의 지향적 이동. 제노푸스속(*Xenopus*) 개구리에서 뉴런의 살아 있는 성장원추체를 촬영한 비디오 상. 이 뉴런은 화살로 표시된 위치에 있는 피펫에서 방출된 확산성 단백질(netrin-1) 쪽으로 방향을 전환하였다.

역자 주[s)] 네트린(netrin): 이 용어는 산스크리트(Sanskrit)어인 "netr"에서 유래되었으며, "안내하다"라는 뜻이다. 네트린은 구조적으로 라미닌(laminin)과 비슷하다.

13-7-2-4 배발생하는 동안에 일어나는 세포 모양의 변화

몸의 각 부분은 배발생하는 동안 생긴 특징적인 모양과 내부 구조를 갖고 있다. 즉, 척수(脊髓)는 기본적으로 비어있는 관이며, 신장은 미세한 관들로 이루어져 있고, 폐(肺)는 공기가 들어 있는 미세한 공간(氣室)으로 구성되어 있다. 세포 모양의 예정된 변화를 포함하여 기관의 특징적인 형태 발달을 위해 다양한 세포 활동이 필요하다. 세포 모양의 변화는 주로 세포 속에 있는 세포골격 요소들의 방향성 변화에 의해 일어난다. 이런 현상의 가장 좋은 예 중의 하나는 신경계 발달의 초기 단계에서 볼 수 있다.

척추동물에서 낭배형성(gastrulation)의 말기에, 배(胚)의 등(背) 표면을 따라 위치된 바깥쪽(외배엽) 세포들은 신장하여 신경판(*neural plate*)이라고 하는 긴 상피 층을 형성한다(그림 13-77*a*,*b*). 미세관들이 그 세포의 장축과 평행하게 배열됨으로써 신경판의 세포들이 신장된다(그림 13-77*b*, 삽입된 그림). 신장에 이어서, 신경상피의 세포들은 한쪽 끝에서 수축되며 이 세포들이 쐐기 모양으로 되어 전체 세포층이 안쪽을 향해 휘어진다(그림 13-77*c*). 이러한 후반부의 세포 모양 변화는 정단부 세포막 바로 아래 세포의 피질부에서 조립되는 미세섬유 띠가 수축하여 일어난다(그림 13-77*c*, 삽입된 그림). 결국, 신경관이 휘는 것은 바깥쪽 가장자리를 서로 접촉하게 만들어서 빈 원통형 관을 형성하여(그림 13-77*d*,*e*), 동물의 전체 신경계가 발생될 것이다.

복습문제

1. 다양한 유형의 액틴-결합 단백질들을 열거하고 각 유형에 대해 기능을 한 가지씩 열거해 보시오.
2. 바닥층(substratum) 위를 기어가고 있는 포유동물 세포가 취하는 단계들을 설명하시오.
3. 뉴런의 성장원추체의 활동에서 액틴섬유가 하는 역할을 설명하시오.

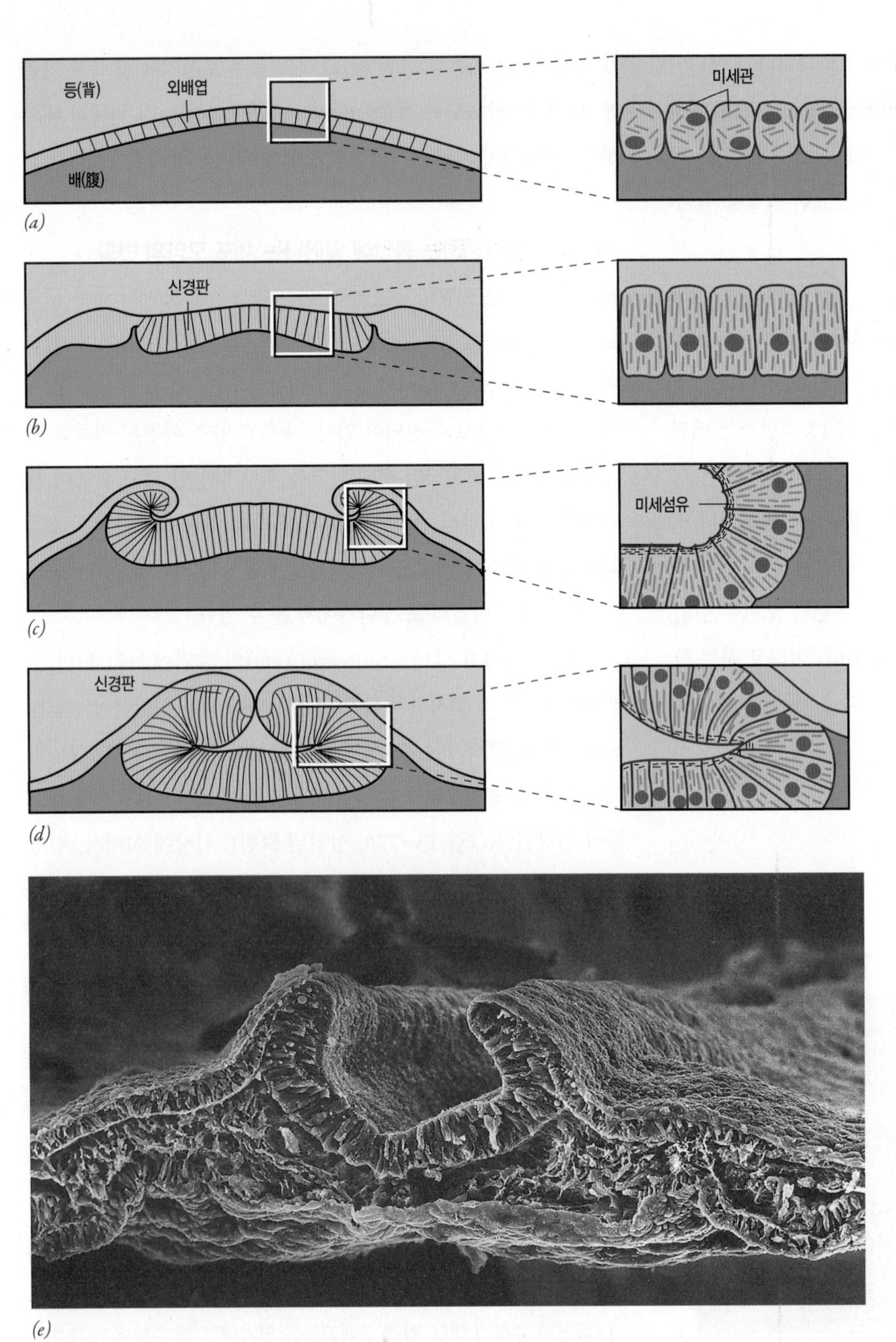

그림 13-77 척추동물에서 신경계 발달의 초기 단계들. (*a–d*) 배(胚)의 등(背) 중앙부에 있는 납작한 외배엽 세포층을 둥글게 말아서 신경관으로 만드는 세포 모양의 변화를 나타낸 개요도. 처음에 일어나는 세포의 높이 변화는 미세관들의 방향과 신장에 의해 추진되는 것으로 생각된다. 반면에, 신경판이 관으로 둥글게 말리는 것은 세포들의 정단부 끝에 있는 액틴섬유들에 의해 생긴 수축력으로 추진되는 것으로 생각된다. (*e*) 병아리 배의 등 표면에서 신경판이 관을 형성하기 위해 접히고 있을 때의 주사전자현미경 사진.

요약

세포골격은 세 가지의 독특한 유형의 섬유상 구조인 미세관, 중간섬유, 미세섬유(액틴섬유) 등으로 구성되며, 이들은 많은 세포 활동에 참여한다. 전체적으로, 세포골격 요소들은 세포의 모양 유지를 돕는 구조적 지지 작용을 하며, 세포 내부에 있는 다양한 소기관들의 위치를 조정하는 내부의 골격 역할도 하고, 세포들 속에서 물질과 소기관들의 이동에 필요한 기구의 일부로 작용하며, 그리고 한 곳에서 다른 곳으로 세포를 이동시키기 위해 필요한 힘을 발생시키는 요소로서도 작용한다.

미세관은 속이 빈 관 모양의 구조로서 직경이 25nm이며, 튜불린 단백질로 조립된다. 세포골격 이외에도 방추체의 일부, 중심립, 그리고 섬모와 편모의 핵심부를 형성한다. 미세관들은 열(列)로 배열되어 있는 αβ-튜불린 이질2량체 또는 원섬유로부터 조립된 중합체이다. 안정성 및 상호작용하는 능력 등 미세관의 많은 특성이 미세관-결합 단백질(MAP) 집단을 구성하는 요소들에 의해 영향을 받는다. 단단한 성질로 인하여, 미세관은 흔히 철제 대들보가 높은 건물을 지지하는 것처럼 지지력을 발휘한다. 미세관의 구조적 역할에 대해서는, 축삭처럼 대단히 길게 신장되어 있는 돌기들을 조사해 보는 것이 가장 확실하다. 축삭은 이 돌기의 긴 축에 평행하게 배열된 미세관들로 채워져 있다. 또한 미세관은 식물 세포벽에서 섬유소의 집적에 영향을 미치며, ER과 골지복합체를 포함하는 생합성 경로에서 막으로 된 소기관들의 위치를 유지시키고, 신경세포의 세포체와 축삭 말단 사이에서 소낭 및 기타 물질들의 이동과 같은 다양한 활동에 작용한다.

세 가지의 운동(모터)단백질 집단이 확인되어 그 특징이 밝혀졌다. 즉, 키네신과 디네인은 미세관을 따라 이동하며, 미오신은 미세섬유를 따라 이동한다. 이 운동단백질들은 ATP에 저장된 화학 에너지를 기계 에너지로 전환시킬 수 있다. 기계 에너지는 그 운동단백질에 부착된 세포의 화물을 운반하는 데 사용된다. 운동단백질의 입체구조가 변화할 때 생긴 힘은 뉴클레오티드의 결합과 가수분해 그리고 결합된 산물의 방출 등을 포함하는 화학적 주기와 연결된다.

대부분의 경우, 키네신과 세포질 디네인은 미세관을 따라서 물질을 서로 반대 방향으로 이동시킨다. 키네신과 세포질 디네인은 구형 머리부분과 그 반대쪽 말단을 가진 운동단백질들이다. 머리부분은 미세관과 상호작용을 하며 힘을 발생시키는 엔진과 같은 역할을 한다. 그 반대쪽 말단에는 수송되어야 할 특수한 화물이 결합한다. 키네신은 물질을 미세관의 양(+)의 말단 쪽으로, 세포질 디네인은 음(−)의 말단 쪽으로 이동시킨다. 키네신은 ER-유래 소낭, 엔도솜, 리소솜, 분비입자 등의 이동에 관련되어 있으며, 축삭에서 역방향 수송(세포체에서 축삭 말단으로)을 중개하는 주요 운동 단백질이다.

세포 속에서 미세관의 핵형성은 몇 가지 미세관-형성 중심(MTOC)들과 관련되어 일어난다. 동물세포에서, 세포골격의 하나인 미세관은 보통 중심체(中心體)와 관련하여 형성된다. 중심체는 무정형이며 전자 밀도가 높은 중심립주변 물질로 둘러싸인 원통형의 중심립 2개를 갖고 있는 복합 구조이다. 중심립들은 일정한 간격으로 배열된 9개의 원섬유를 갖고 있으며, 이들 각각은 3개의 미세관으로 구성되어 있고, 보통 쌍으로 생기며 서로 직각으로 배열된다. 미세관은 보통 미세관의 핵형성에 필요한 구성요소들을 갖고 있는 중심립 주변 물질로부터 바깥쪽으로 퍼져 나간다. 섬모 또는 편모의 섬유들을 형성하는 미세관은 기본적으로 중심립과 동일한 구조인 기저체(基底體)로부터 기원된다. 중심체, 기저체, 그리고 다른 MTOC 등은 미세관의 핵형성에서 중요한 역할을 하는 γ-튜불린이라고 하는 공통 단백질 성분을 공유한다.

세포골격으로서 미세관은 수축, 신장, 해체, 그리고 재조립 될 수 있는 동적인 중합체이다. 미세관으로 된 세포골격의 해체는 콜히친, 저온, Ca^{2+} 농도의 상승 등을 비롯한 여러 가지 물질들에 의해 유도될 수 있다. 세포골격을 구성하는 미세관들은 세포분열 전에 보통 해체되며, 그리고 튜불린 소단위들은 유사분열 시 나타나는 방추체 부분으로 재조립된다. 이러한 해체와 재조립 과정은 분열한 후에 거꾸로 일어난다. 언제든지 세포골격 미세관들의 일부는 길이가 계속 성장하는 반면에, 다른 미세관들은 짧아진다. 개개의 미세관을 시간 경과에 따라 추적하였을 때, 길이의 성장 및 수축의 시기가 앞뒤로 바뀌는 것을 볼 수 있는데, 이런 현상을 동적 불안정성이라고 한다. 성장과 수축은, 절대적인 것은 아니더라도, 대부분 이 중합체의 양(+)의 말단—MTOC의 반대쪽 말단—에서 일어난다. 미세관으로 중합되는 튜불린 2량체들은 GTP 분자를 갖고 있으며 중합체에 결합된 직후 가수분해 된다. 신속하게 중합이 일어나는 동안에, 중합된 튜불린 2량체에 결합된 GTP의 가수분해는 새로운 2량체가 결합한 뒤에 지연되어 일어난다. 그래서 미세관의 말단에는 소단위들의 첨가와 미세관의 성장을 촉진하는 튜불린-GTP 2량체의 모자(cap)가 있다. 또한 조립과 해체는 Ca^{2+} 농도 및 특수한 MAP 들의 존재 등에 의해 좌우될 수 있다.

섬모와 편모는 핵심 구조인 축사(軸絲)를 갖고 있다. 축사는 다수의 미세관으로 이루어져 있다. 미세관은 세포 표면으로부터 돌출되어 있으며 이동에 필요한 힘을 발생시키는 기구로 작용하는 섬모와 편모를 지지한다. 횡단면에서, 축사는 중앙에 있는 단일 미세관 1쌍을 둘러싸고 있는 9개의 주변부(바깥쪽) 2중 미세관들(완전한 A세관과 불완전한 B세관)로 구성된 것으로 보인다. 1쌍의 팔이 각 2중관의 A세관으로부터 돌출되어 있다. 이 팔들은 섬모 디네인으로 구성되어 있다. 이 디네인은 섬모 또는 편모가 휘는 데 필요한 힘을 발생시키기 위해 ATP의 가수분해로 방출된 에너지를 사용하는 운동단백질이다. 이런 휘는 운동은, 하나의 2중관에 있는 디네인 팔들이 인접한 2중관의 B세관에 부착된 다음에 입체구조의 변화가 일어나서, A세관이 지각할 수 있을 정도의 거리를 활주(滑走)하게 만든다. 축사의 활주는 어느 한쪽에서 다른 한쪽으로 교대로 일어난다. 그래서 섬모 또는 편모의 한 부분이 한 쪽 방향으로 먼저 휘어지고 그 다음에 반대쪽 방향으로 휜다. 미세관의 활주는 원형질막을 벗겨낸 축사의 2중관에 구슬들을 부착시키고, 재활성화 되는 동안 이 구슬들의 상대적인 이동을 추적함으로써 직접 증명되었다.

중간섬유(intermediate filament, IF)는 직경이 약 10nm인 밧줄 같은 세포골격 구조이며, 세포 유형에 따라 비슷한 유형의 섬유들로 조립될 수 있는 다양한 단백질 소단위들로 구성된다. 미세관과 다르게, 중간섬유는 대칭적인 구성요소(4량체 소단위)들로 이루어지며, 이 단위들은 극성이 없는 섬유들로 조립된다. IF는 인장력(引張力)에 잘 견디며 비교적 불용성이다. 그러나 다른 두 가지 세포골격 요소들처럼, IF도 동적인 구조이어서 형광물질로 표지된 소단위들을 세포에 주입하면 빠르게 결합한다. 조립과 해체는 주로 인산화와 탈인산화에 의해 조절되는 것으로 생각된다. IF는 세포에 기계적 안정성을 갖게 하며 특수화된 조직-특이적 기능을 위해 필요하다.

액틴섬유(또는 미세섬유)는 직경이 8nm이고, 액틴 단백질로 된 2중-나선 중합체이며, 세포들 속에서 거의 모든 유형의 수축성과 운동성에 중요한 역할을 한다. 세포의 유형과 활동에 따라, 액틴섬유는 고도의 질서정연한 배열로, 느슨하고 윤곽이 뚜렷하지 않은 연결망으로, 또는 단단하게 고정된 다발 등으로 조직될 수 있다. 액틴섬유는 흔히 미오신의 S1 조각에 결합하는 능력에 의해 확인되는데, 이는 또한 섬유의 극성을 나타나게 한다. 액틴섬유의 양쪽 말단에 소단위들이 붙거나 떨어질 수 있지만, 가시 돋친 모양[또는 양(+)]의 말단에는 소단위들이 더 잘 첨가되며, 뾰족한[또는 음(−)]의 말단에서는 소단위들이 더 잘 떨어져 나간다. 섬유의 성장하는 말단에 결합되기 위해서 액틴 소단위는 ATP와 결합되어야 하며, 결합된 후에는 곧 가수분해 된다. 세포들은 액틴의 단량체형과 중합체형 사이에 동적인 평형 상태를 유지하며, 이 상태는 다양한 국지적 상황 변화에 의해 바뀔 수 있다. 특정한 과정에서 액틴섬유의 역할은 세포들에 섬유의 탈중합을 촉진시키는 사이토칼라신(cytochalasin)을 처리하거나 또는 섬유의 해체와 동적인 활동 참여를 막는 팔로이딘(phalloidin)을 처리하여 가장 쉽게 시험할 수 있다.

미세섬유-의존성 과정을 일으키는 데 필요한 힘은 액틴섬유의 조립에 의해 생길 수 있으며, 또는 더 흔하게 운동단백질인 미오신과의 상호작용 결과로 생길 수 있다. 일부 세균이 감염된 대식세포의 세포질을 밀치고 나가는 추진력은 액틴의 중합에 의해 일어나는 과정이다. 미오신은 일반적으로 재래형(제II형) 미오신과 비재래형(제I형과 제III-XVIII형) 미오신의 두 가지 종류로 나누어진다. 제II형 미오신은 다양한 유형의 근육 조직에서 그리고 세포질분열을 비롯한 다양한 비근육 세포의 활동에서 힘을 발생시키는 운동단백질 분자이다. 제II형 미오신 분자는 한 쪽 끝에 2개의 구형 머리부분이 있고 여기에 긴 자루 모양의 꼬리부분이 붙어 있다. 머리부분은 액틴섬유와 결합하며, ATP를 가수분해하고, 입체구조가 변화되어 힘을 발생시킨다. 목부분은 머리부분의 입체구조 변화를 증폭시키는 지렛대의 역할을 하는 것으로 생각된다. 꼬리부분은 미오신을 양극성 섬유로 조립하는 일을 중개한다. 대부분의 비재래형 미오신은 하나의 머리부분과 변하기 쉬운 꼬리부분을 갖고 있으며, 세포의 운동성과 소기관의 수송에 관련되어 있다.

골격 근섬유의 수축은 액틴을 함유한 가는 섬유들이 근원섬유에서 각 근절의 중앙을 향하여 활주함으로써 이루어진다. 이 수축은 굵은 섬유에서 바깥쪽으로 뻗어 나온 미오신 교차-다리(橋)에서 생긴 힘으로 추진된다. 근섬유가 수축하는 동안 일어나는 변화는 근절의 띠 모양(banding pattern)에 변화를 가져오는데, 이때 근절의 끝에 있는 Z선이 A띠의 바깥쪽 가장자리를 향해 이동된다. 근육의 수축은 충격이 막으로 된 횡세관들을 따라 근섬유 내부로 침투되어 근소포체(SR) 속에 저장된 Ca^{2+}의 방출을 자극함으로써 일어난다. 칼슘 이온들이 가는 섬유의 트로포닌(troponin) 분자와 결합하면, 트로포미오신(tropomyosin) 분자를 가는 섬유의 액틴 소단위 위에 있는 미오신-결합 자리가 노출된 위치로 이동시키는 입체구조 변화를 일으킨다. 이어서 미오신과 액틴 사이의 상호작용에 의해 섬유 활주(滑走)가 일어난다.

비근육 세포의 운동성과 수축성은 근육 세포에서 발견된 것과 동일한 일부의 단백질들에 의존한다. 그러나 이 단백질들은 덜 질서정연하며 더 변하기 쉽고 일시적인 구조로 배열되어 있다. 비근육 세포의 운동성은 보통 미오신과 함께 액틴에 의존한다. 액틴섬유의 체제와 행동은 다양한 액틴-결합 단백질들에 의해 결정되며, 이 단백질들은 액틴섬유의 조립, 이 섬유의 물리적 특성, 이 섬유들 간의 상호작용 및 다른 세포 소기관들과의 상호작용 등에 영향을 미친다. 목록에 포함된 이런 단백질로는 다음과 같은 것들이 있다. 즉, 액틴 단량체들을 격리시켜 이들의 중합을 방해하는 단백질, 액틴섬유의 한 쪽 말단에 모자를 형성하여 섬유의 성장을 차단하거나 또는 섬유를 해체시키는 단백질, 액틴섬유들을 다발로, 느슨한 연결망으로, 또는 3차원적 젤 상태로 교차-연결시키는 단백질들, 액틴섬유를 절단하는 단백질, 그리고 액틴섬유들을 원형질막 안쪽 표면에 연결시키는 단백질 등이 있다.

비근육 세포의 운동성과 수축성의 예로서, 세포들이 바닥층 위로 기어가는 것(匍匐)과 축삭의 성장을 들 수 있다. 세포의 포복은 보통 세포의 앞쪽 가장자리(전연부)에서 형성되는 납작한 면사포 모양의 돌출부인 판상족(板狀足, lamellipodium)에 의해 이루어진다. 세포로부터 판상족이 뻗어 나옴에 따라서, 판상족은 특정한 지점들에서 아래의 바닥층에 붙고, 특정 지점들은 세포가 포복하는 데 필요한 일시적인 고정 부위 역할을 한다. 판상족의 돌출은 액틴섬유의 핵형성과 중합 그리고 액틴섬유와 다양한 유형의 액틴-결합 단백질들의 결합 등과 관련되어 있다. 판상족이 돌출되기 위해 필요한 힘은 액틴 중합에서 생긴다. 신장하는 축삭의 끝부분은 성장원추체(成長圓錐體)로 되어 있다. 이 구조는 매우 운동성이 있고 포복하는 섬유모세포와 비슷하며, 판상족, 미세돌출사(微細突出絲), 사상위족(絲狀僞足) 등을 비롯한 몇 가지 유형의 이동 돌출부를 갖고 있다. 이런 성장원추체는 환경을 탐색하고 적합한 경로를 따라 축삭을 신장시키는 일을 한다.

분석 문제

1. 만일 근원섬유를 잡아당겨서 근절의 길이가 약 50% 늘어났다고 한다면, 이것은 근원섬유의 수축 능력에 무슨 영향을 미칠 것으로 생각하는가? 그 이유는? 이것은 H지역, A띠, I띠 등에 어떤 영향을 미치는가?
2. 세포 속에 주입시켰을 때 다른 유형의 세포골격 요소들은 표지시키지 않으면서 세포의 미세관들을 표지할 수 있는 방사성 또는 형광으로 표지된 세 가지 물질은 무엇인가?
3. 제I형 및 제II형 미오신의 항체에 대해 모두 영향 받지 않을 수도 있는 두 가지 유형의 비근육세포의 운동성은 무엇인가? 그 이유는?
4. 중심립과 섬모는 각각 완전한 미세관을 몇 개씩 갖고 있나?
5. 시험관 속에서, 미세관들은 가수분해 될 수 없는 (GTP와 다른) GTP 유사물질과 결합된 튜불린으로부터 형성될 수 있다. 이런 미세관들이 갖고 있을 것으로 예상되는 특성은 무엇인가?
6. 튜불린과 미세관 시료가 준비된 시험관 속에서 이의 동적 평형 상태를 미세관들이 형성되는 쪽으로 변화시키기 위해 할 수 있는 두 가지 방법을 열거하시오. 평형 상태를 반대 방향으로 변화시키는 두 가지의 처리 방법을 열거하시오.
7. 원형질막이 제거된 섬모 또는 편모의 축사가 정상적인 빈도와 방식으로 박동 운동을 할 수 있다는 것을 언급한 바 있다. 원형질막이 섬모 또는 편모의 기능에 중요하지 않다고 결론지을

수 있는가?

8. 축삭 속에서 세포질에 있는 소낭들이 양쪽 방향으로 이동되는 것으로 보이기 때문에, 일부 미세관에서 양(+)의 말단이 축삭의 끝부분(말단)을 향하여 있고 음(−)의 말단은 축삭의 반대 극 쪽을 향하고 있다고 결론지을 수 있는가? 그 이유는? 아니면 그렇지 않은 이유는?
9. 동물세포에서 중심체가 미세관들의 신장과 수축 속도를 결정하는 데 있어서 핵심 역할을 한다는 설명에 동의하는가? 그 이유는? 아니면 동의하지 않는 이유는?
10. 만일 여러분이 공통 조상 단백질로부터 유래된 것으로 생각되는 키네신과 미오신의 분자 구조를 비교하고 있었다면, 이 분자들의 어느 부분(머리 또는 꼬리)이 두 분자들 사이에 가장 비슷할 것으로 생각하는가? 그 이유는?
11. 〈그림 13−30*a*〉는 섬모의 중간 부분을 횡단한 축사의 모양을 보여주고 있다. 만일 회복 스트로크(recovery stroke)가 시작되는 섬모의 거의 맨 끝부분을 절단하였다면, 횡단면의 상이 어떻게 다를까?
12. 만일 시험관 속에서 실시한 운동성 분석에서, 키네신 분자가 초 당 800nm의 속도로 이동할 수 있다고 하면, 이 분자의 모터(운동단백질) 영역들 중 하나에 의한 최대 전환율(turnover rate)(초 당 가수분해 된 ATP 분자들)은 얼마인가?
13. 방사성 물질로 표지된 튜불린보다 형광물질로 표지된 튜불린을 세포에 주사하는 것이 미세관의 역동성에 대하여 더 많은 것을 알 수 있다고 생각하는 이유는 무엇인가? 방사성 물질로 표지된 튜불린을 사용하는 것이 더 좋은 답을 얻게 되리라는 의문을 가져볼 수 있는가?
14. 재래형 키네신 유전자를 갖고 있지 않은 생쥐가 부작용 없이 오래 동안 산 것을 발견했다고 생각해 보자. 세포 내 이동에서 키네신의 역할에 대하여 무슨 결론을 내릴 수 있을까?
15. 척추동물에서 튜불린, 액틴, 케라틴을 얻기에 가장 좋은 출처는 각각 어느 유형의 조직이라고 생각되는가? 어느 단백질이 가장 용해되지 않으며 가장 추출하기 어려운가? 튜불린을 준비하는 데 있어서 무슨 유형의 단백질이 오염 물질들이라고 생각하는가? 액틴을 준비하는 데 있어서 무슨 유형의 단백질이 오염 물질들이라고 생각하는가?
16. 액틴은 진화적으로 가장 잘 보존된 단백질들 중의 하나이다. 이것은 진핵세포들에서 이 단백질의 구조와 기능에 관하여 무엇을 말하는가?
17. 유전체 서열의 자료에 따르면, 세포질 디네인은 어떤 식물[예: 애기장대속(*Arabidopsis*) 식물]에는 없으며 다른 식물(예: 쌀)에는 있다. 여러분은 이런 발견이 놀라운 일인가? 여러분은 이런 보고를 확인하거나 또는 논박하기 위해 어떤 일을 할 수 있겠는가? 고등한 식물세포들이 세포질 디네인 없이 작동할 수 있다는 것이 어떻게 가능한가?
18. 키네신 머리부분들 중 하나는 항상 미세관에 접촉되어 있는 반면에, 미오신의 두 머리부분들은 모두 액틴섬유로부터 완전히 떨어지게 된다는 점에서, 제II형 미오신의 행동(그림 13−61)은 키네신의 행동(그림 13−15)과 다르다. 이러한 차이가 이 단백질들이 관여하는 두 가지 유형의 운동단백질 활동과 어떠한 상관관계가 있는가?
19. 축삭의 미세관들은 중심체에서 핵형성이 된 다음, 핵형성 지점에서 절단되어 축삭으로 이동하는 것으로 생각된다. 세포질 디네인은 축삭에서 소기관들의 역방향 이동을 담당하는 것으로 언급되었으나, 이와 동일한 운동단백질이 이와 동일한 세포 돌기들에서 미세관의 전방향 이동을 중개하는 것으로 생각된다. 어떻게 동일한 음(−)의 말단-지향적 운동단백질이 전방향과 역방향 이동에 모두 참여할 수 있는가?
20. 운동단백질들은 흔히 기계효소(mechanoenzyme)라고 한다. 그 이유는? 이 용어를 거의 모든 효소들에 적용시킬 수 있는가? 그 이유는? 또는 적용시킬 수 없는 이유는?

제 14 장

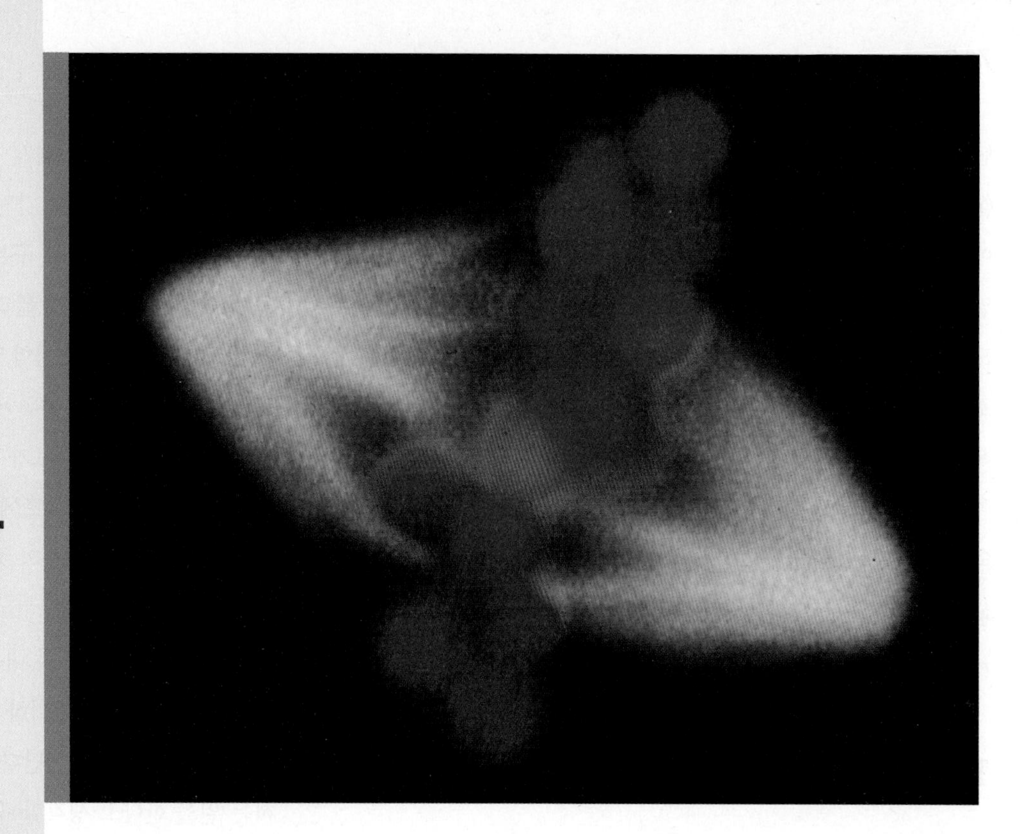

세포분열

세포설의 세 번째 정의에 의하면, 새로운 세포는 오직 다른 살아있는 세포들로부터 생긴다. 이런 일이 일어나는 과정을 **세포분열**(細胞分裂, cell division)이라고 한다. 사람이나 참나무와 같은 다세포 생명체에서, 하나의 세포로 이루어진 접합자(接合子, zygote)가 무수히 분열하여 놀랍도록 복잡하고 조직화된 세포로 이루어진 생명체를 만들어 낸다. 생명체가 성숙했다고 해서 세포분열이 멈추는 것이 아니고, 어떤 조직에서는 일생동안 세포분열이 계속된다. 여러분의 뼈의 골수나 장관(腸管, intestinal tract)의 내부에 존재하는 수백만 개의 세포들은 지금 이 순간에도 분열하고 있다. 이러한 세포의 엄청난 생산량은 오래되거나 죽은 세포를 대체하기 위해 필요하다.

세포분열은 모든 생명체에서 일어나지만, 원핵생물과 진핵생물에서 매우 다르게 일어

중심체(中心體, centrosome)가 존재하지 않는 개구리 난자 세포의 파쇄액에서 조립된 유사분열 방추체(mitotic spindle)의 형광현미경 사진. 빨간색 둥근 모양은 세포 파쇄액에 첨가한 구슬들인데 이 구슬은 염색질로 싸여(피복되어) 있다. 이 사진은 양극 방추체(bipolar spindle)가 염색체나 중심체가 없어도 조립될 수 있다는 것을 증명한다. 이 실험에서 염색질로 피복된 구슬은 미세관(microtubule)이 조립되기 위한 핵 형성 자리로 작용하여 방추체가 형성된다. 세포가 중심체 없이 유사분열 방추체를 형성하는 기작은 본문에서 논의한다.

난다. 여기서 우리는 진핵생물에 관해서만 이야기할 것이다. 이 장(章)에서는 두 가지 유형의 진핵생물 세포분열에 관하여 설명할 것이다. 유사분열(有絲分裂, mitosis)에 의해 부모와 유전적으로 동일한 세포가 생기는 반면, 감수분열(減數分裂, meiosis)에 의해 부모의 유전 물질을 반만 갖는 세포가 생긴다.유사분열은 새로운 세포들을 생산하기 위한 기본적인 역할을 하고, 감수분열은 유성 생식으로 새로운 생명체를 생산하기 위한 기본 역할을 한다. 이러한 두 종류의 세포분열은 부모와 그들의 자식 사이를, 그리고 넓은 의미에서 지구상에 존재했던 초기의 진핵생물과 현존하는 종(種, species)을 서로 연결시켜준다. ■

14-1 세포주기

몸의 내부에 있든 배양 접시에 있든 분열하는 세포 집단에서, 각각의 세포는 일련의 뚜렷한 시기를 지나게 되는데, 이러한 시기들이 모여 **세포주기**(細胞週期, cell cycle)를 구성한다(그림 14-1). 광학현미경으로 쉽게 관찰할 수 있는 세포의 움직임을 기초로 하여 세포주기를 두 가지 주요 시기, 즉 M기(분열기, M phase)와 간기(interphase)로 구분할 수 있다. **M기**(분열기)는 (1) 복제된 염색체가 두 핵으로 분리되는 **유사분열**(mitosis) 과정과 (2) 전체 세포가 분열하여 2개의 딸세포가 되는 **세포질분열**(細胞質分裂, cytokinesis) 시기로 이루어진다. 세포분열과 분열 사이의 기간인 **간기**(interphase)는 세포가 성장하고 다양한 신진대사 활동을 하는 시기이다. 포유동물 세포에서 M기는 주로 겨우 한 시간쯤 지속되는 반면에, 간기는 세포의 종류와 상태에 따라 며칠, 몇 주, 또는 더 길게 지속되기도 한다.

비록 실제로 세포의 내용물이 나누어지는 시기는 M기이지만, 다가올 유사분열을 준비하기 위해 DNA 복제를 포함하는 수많은 일이 간기 동안에 일어난다. 혹시 세포가 간기 내내 DNA를 복제하는 일을 한다고 생각할 수도 있다. 그러나 1950년대 초반의 비동기배양(非同期培養, asynchronous culture) (즉, 세포주기의 특정 시기에 있지 않고 전반에 걸쳐 무작위로 분포하는 세포들을 이용한 배양) 연구에서 이것이 사실이 아니라는 것이 밝혀졌다. 제

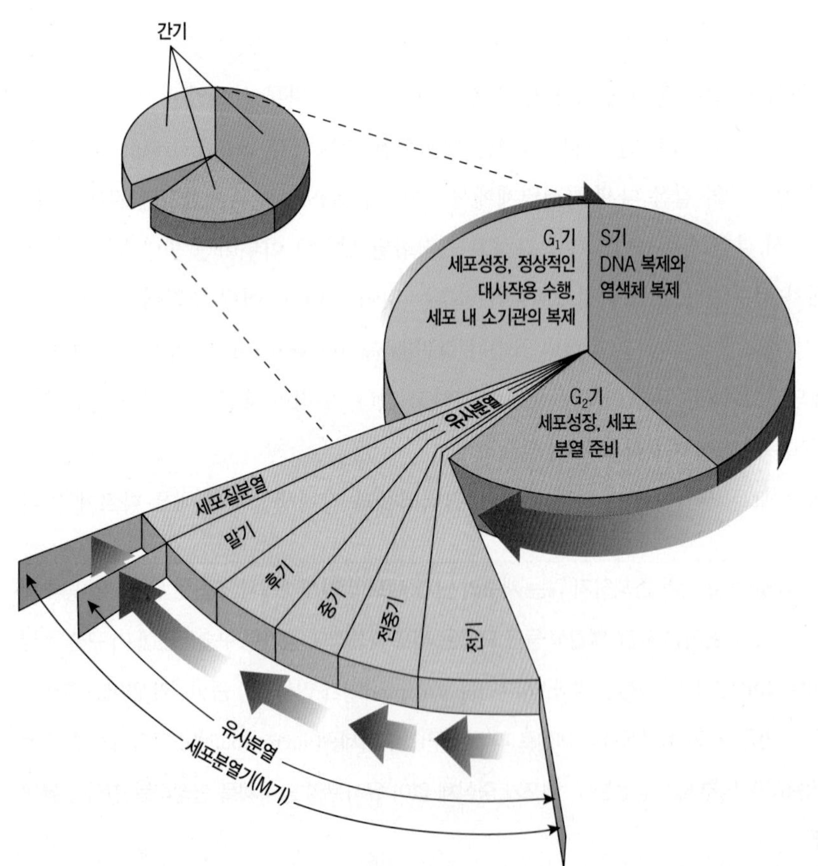

그림 14-1 진핵세포의 세포주기 개요. 세포주기를 나타낸 이 도해는 세포가 한 번의 분열에서 다음 분열로 넘어가는 동안의 시기들을 보여준다. 세포주기는 크게 2개의 주요 시기인 세포분열기(M기)와 간기로 나눠진다. 세포분열기에서는 유사분열과 세포질분열이 연속적으로 일어난다. 간기는 G_1기, S기, G_2기로 나눠지는데, S기는 DNA 합성 시기이다. DNA 합성 시기에 따라 간기를 세 가지 시기로 구분하는 방법은 런던의 해머스미스(Hammersmith)병원에서 식물 분열 조직을 이용하여 실험을 하였던 앨마 하워드(Alma Howard)와 스테판 펠크(Stephen Pelc)에 의해 1953년에 최초로 제안되었다.

7장에서 설명한 것처럼, DNA 복제는 새롭게 합성되는 DNA에 [^{3}H]티미딘(thymidine)을 혼합시켜서 관찰할 수 있다. 만약 [^{3}H]티미딘을 짧은 시간 동안(예: 30분) 세포 배양에 첨가한 후, 세포를 슬라이드 위에 말려 고정하고, 세포들을 자가방사기록법(自家放射記錄法, autoradiography)으로 조사하면, 일부 세포만 방사성 동위원소를 포함하는 핵을 지니고 있음을 알 수 있다. 고정될 당시 유사분열 중인 세포들(응축된 염색체를 갖고 있으므로 알 수 있다) 중에는 어떠한 세포도 방사성 동위원소로 표지된 핵을 갖고 있지 않았다. 유사분열 중인 세포는 방사성 동위원소로 표지되는 시간 동안 DNA 복제가 일어나지 않았기 때문에 염색체가 표지되지 않는다.

만약 세포를 고정하기 전에 1~2시간 동안 계속 방사성 동위원소로 표지를 하더라도, 여전히 어떠한 세포도 표지된 유사분열 염색체를 갖지 않는다(그림 14-2). 이러한 결과로부터 DNA 합성의 종료와 M기의 시작 사이에 어떤 특정한 기간이 존재한다는 결론을 내릴 수 있었다. 이런 기간을 G_2기[두 번째 공백(gap)이라는 뜻으로]라고 한다. 표지된 유사분열 염색체가 관찰될 때까지, 배양된 세포를 일정한 간격으로 취하여 조사함으로써 G_2기의 지속 시간을 알아낼 수 있었다. 표지된 유사분열 염색체를 갖는 첫 번째 세포는 [^{3}H]티미딘과 함께 배양을 시작할 때 DNA 합성의 마지막 시기에 있었던 세포이다. 표지되기 시작한 시기와 표지된 유사분열 상태의 세포가 출현하는 시기 사이의 간격은 G_2기의 지속 시간에 해당한다.

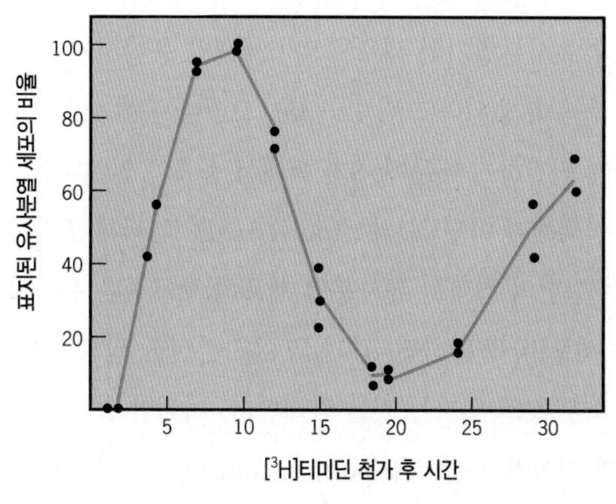

그림 14-2 세포주기의 특정한 시기 동안에 DNA 복제가 일어나는 것을 보여주는 실험 결과. [^{3}H]티미딘이 들어있는 배양액에서 헬라 세포를 30분 동안 배양한 후, 방사성 동위원소가 들어있지 않은 배양액에서 다양한 시간동안 배양하고 고정시켜서 자가방사기록법을 시행하였다. 각각의 배양접시에서 고정된 시기에 유사분열 과정에 있던 세포들을 조사하였고, 표지된 염색체를 갖는 유사분열 세포들의 비율을 도표로 나타내었다.

DNA 복제는 **S기**(S phase)라는 세포주기 기간 동안에 일어난다. S기는 또한 세포가 염색체의 뉴클레오솜(nucleosome)의 수를 두 배로 늘리는 데 필요한 부가적인 히스톤들을 합성하는 기간이다(그림 7-24 참조). S기의 길이는 직접적으로 결정할 수 있다. 비동기배양을 할 때 특정 활동을 수행중인 세포의 비율은 세포의 전체 생애에서 이 활동이 차지하는 시간의 비율과 비슷한 수치이다. 따라서 만약 우리가 전체의 세포주기 시간을 안다면, [^{3}H]티미딘으로 짧게 표지한 세포들 중에서 방사성 동위원소로 핵이 표지된 세포들의 비율을 알아봄으로써 S기의 길이를 직접적으로 산출할 수 있다. 마찬가지로, M기의 길이는 유사분열이나 세포질분열 상태에 있는 세포의 비율로부터 산출할 수 있다. G_2 + S + M의 기간을 합산해 보았더니, 이 시기 이외에 추가적인 시기가 존재한다는 것이 분명하였다. G_1기라고 하는[첫 번째 공백(gap)이라는 뜻으로] 이 시기는 유사분열이 끝난 후 DNA 합성 전까지의 기간이다.

14-1-1 생체내 세포주기

다세포 식물이나 동물에 존재하는 다양한 종류의 세포들을 구별할 수 있는 특성들 중 하나는 성장하고 분열하는 능력이다. 이에 따라 세포는 세 가지 광범위한 범주로 나눌 수 있다.

1. 신경세포, 근육세포, 또는 적혈구세포와 같이 매우 특수화되었으며 분열하는 능력이 결여되어있는 세포들. 이러한 세포들은 한 번 분화되면 그 상태를 죽을 때까지 유지한다.

2. 정상적으로는 분열하지 않는 세포이지만 적당한 자극을 줄 때 DNA 합성이 시작되고 분열을 유도할 수 있는 세포들. 이 무리에 속하는 것 중 하나는 간(肝, liver)세포로서 수술로 일부가 제거되면 증식이 일어난다. 또한 림프구(lymphocyte)들은 적당한 항원과의 상호작용에 의해 증식이 일어난다.

3. 비교적 높은 수준의 유사분열 활성을 지닌 세포들. 이 범주에는 다양한 성체 기관들에 존재하는 줄기세포들이 포함되는데, 적혈구나 백혈구들을 만들어 내는 조혈(造血)줄기세포(hematopoietic stem cell)(그림 17-6 참조), 체강과 체표면에 배열된 많은 상피세포의 기저 부위에 존재하는 줄기세포 등이 있다(그림 11-1 참조). 식물의 뿌리와 줄기의 끝 부분에 위치한 분열조직(分裂組織, meristem)의 비교적 덜 분화된 세포들도 빠르고 지속적으로 세포분열을 한다. 줄기세포는 대다수 세포들이 갖지 않는 중요한 성질을 지니고 있다. 즉, 줄기세포는 비대칭적으로 분열할 수 있다. **비대칭 세포분열**(asymmetric cell division)에 의해 두 딸세포는 다른 특성 또는 운명을 지니게 된다. 줄기세포의 비대칭 분열에 의해 모세포와 동일한 비수임(非受任, uncommitted) 줄기세포로 남아있는 딸세포 하나와, 조직의 분화된 세포로 되는 단계로 들어가는 또 다른 딸세포[즉, 수임세포(受任細胞, committed cell)]가 생긴다[a]. 다시 말하면, 비대칭 세포분열에 의해 줄기세포는 자기-재생(self-renewal) 세포와 분화된 조직 세포를 형성하게 된다. 〈그림 14-41*b*〉의 난모세포와 극체의 형성, 그리고 제17장의 첫 페이지 사진에 있는 T세포의 분열에서 예시한 것처럼 줄기세포가 아닌 몇 가지 종류의 세포들 또한 비대칭(또는 동일하지 않은) 세포분열을 할 수 있다.

세포주기의 길이는 다양하다. 즉, 개구리 배아의 분할에서처럼 G_1기과 G_2기가 모두 결여되어 30분 정도로 짧은 주기도 있으며, 포유동물의 간처럼 천천히 자라는 조직에서는 몇 달이 걸리기도 한다. 몇 가지 주목할 만한 예외가 있기는 하지만, 일시적이든 영구적이든, 몸 안이든 배양 상태이든, 분열이 정지된 세포들은 대개 DNA 합성 시작 전의 시기에 존재한다. 이 상태에 정지된 세포는—이것이 몸에서 세포의 대부분을 차지하는데—곧 S기로 들어가는 일반적인 G_1기 세포들과 구별하여 G_0기 상태라고 부른다. 세포가 G_0기에서 G_1기로 바뀌어서 다시 세포주기로 들어가기 위해서는 성장-촉진신호(growth-promoting signal)를 받아야 한다.

역자 주[a] 줄기세포가 줄기세포로서의 성질을 잃어버리고 특정 세포로 분화되는 것을 '특정한 임무를 맡았다'는 뜻으로 "수임(受任, committed)"되었다고 하며, 반대로 줄기세포의 성질을 계속 유지하는 것을 "비수임(uncommitted)"되었다고 한다.

14-1-2 세포주기 조절

세포주기의 연구는 기초 세포생물학에서 중요할 뿐 아니라, 암과의 싸움에서 실질적으로 커다란 영향을 미치는데, 암이라는 질병은 자신의 분열을 조절하는 세포의 능력이 고장나서 발생하기 때문이다. 1970년, 콜로라도대학교(University of Colorado)의 포투 라오(Potu Rao)와 로버트 존슨(Robert Johnson)은 세포 융합 실험들을 수행하여 어떻게 세포주기가 조절되는 지를 이해하는 데 새로운 장을 열였다.

라오와 존슨은 세포의 세포질이 세포주기 활성에 영향을 미치는 조절요소를 포함하고 있는지 알고 싶었다. 그들은 다른 시기의 세포주기에 있는 포유동물 세포들을 융합하는 방법으로 의문에 접근했다. 그들은 유사분열 세포를 다른 세포주기 시기에 있는 세포와 융합했다. 유사분열을 하는 세포는 항상 유사분열을 하지 않는 세포의 핵에 있는 염색질의 응축을 유도했다(그림 14-3). 만약 G_1기와 M기 세포를 융합하면 G_1기 핵 염색질은 조기(早期) 염색체 응축(*premature chromosomal compaction*)을 겪게 되어 기다랗게 응축된 염색체 한 쌍이 형성된다(그림 14-3*a*). 만약 G_2기와 M기 세포를 융합하면, G_2기 염색체 또한 조기 염색체 응축을 겪게 된다. 그러나 G_1기 핵과는 다르게 응축된 G_2기 염색체는 2쌍으로 보이는데, 이것은 이미 DNA가 복제되었다는 사실을 반영한다(그림 14-3*c*). 만약 유사분열기의 세포를 S기 세포와 융합시키면, S기 염색질 또한 응축하게 된다(그림 14-3*b*). 그러나 복제 중인 DNA는 특히 손상에 민감하기 때문에, S기 핵에서 응축이 일어나면 완전하고 응축된 염색체가 아닌 "분쇄된(pulverized)" 염색체 조각이 만들어진다. 이 실험의 결과는 유사분열 세포의 세포질은 유사분열을 하지 않는 세포(바꿔 말하면, 간기)의 유사분열을 일으킬 수 있는 확산성 요소를 갖고 있다는 것을 암시한다. 이러한 발견은 G_2기에서 M기로의 전이가 양성 조절(positive control) 하에 있다는, 즉 어떤 자극제가 존재하여야만 전이가 일어날 수 있다는 사실을 시사한다.

14-1-2-1 단백질 인산화효소의 역할

세포 융합 실험을 통해 세포주기를 조절하는 인자들이 존재함이 밝혀졌지만, 그 실험들은 이런 인자들의 생화학적인 특징에 대해서는 아무런 정보를 제공하지 못했다. 세포가 유사분열(또는 감수분

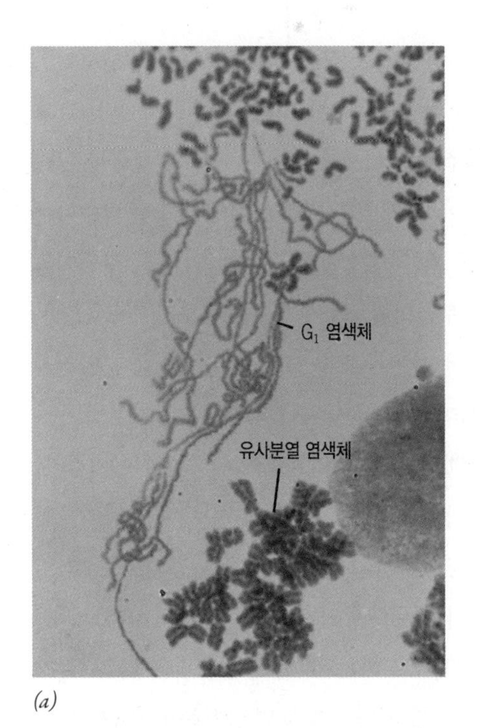

(a)

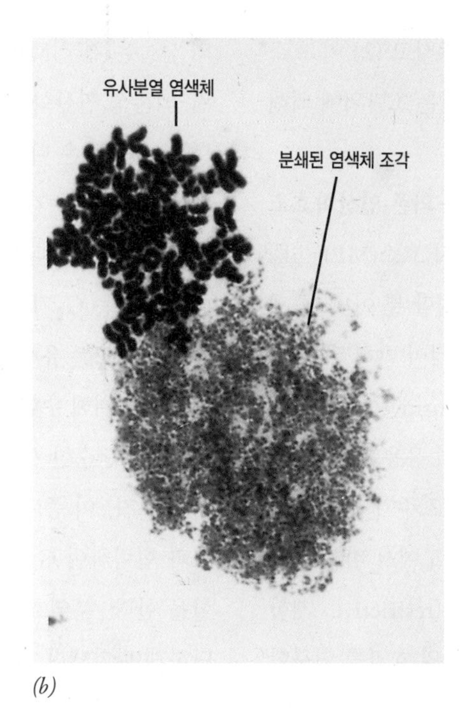

(b)

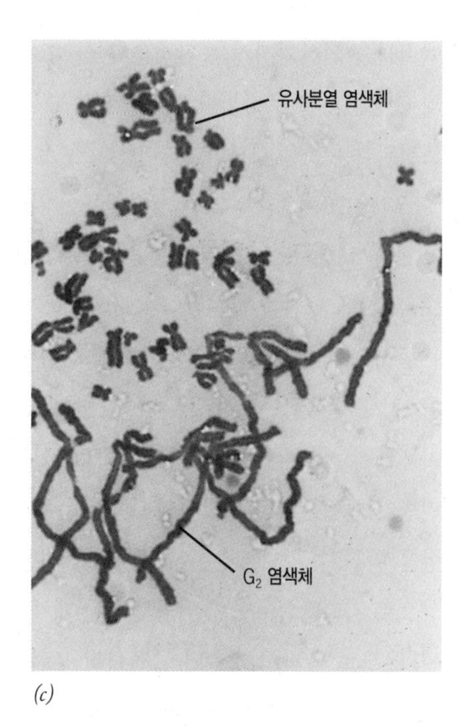

(c)

그림 14-3 유사분열의 시작을 촉진하는 인자들이 세포에 존재함을 보여주는 실험적 증거. 사진은 M기의 헬라 세포와 쥐캥거루에서 유래된 PtK2 세포를 융합시킨 결과를 보여주는데, PtK2 세포들은 융합 당시 각각 (*a*) G_1기 (*b*) S기 (*c*) G_2기에 있었다. 본문에 설명된 것처럼, G_1기와 G_2기의 PtK2 세포 염색질은 너무 이른 시기에 응축되는 반면에, S기 세포의 염색체는 완전히 분쇄된다. 그림c에서 보이는 G_2기 세포의 가늘고 긴 염색분체는 그림*a* 에서 보이는 G_1기 세포의 염색분체들과 비교해 볼 때 두 배가 되었다.

열)로 진입하는 것을 촉진하는 인자들의 특성에 관한 이해는 개구리나 무척추 동물의 난모세포와 초기 배아를 이용한 여러 실험들을 통하여 처음으로 얻어졌다. 이 실험들은 이 장의 마지막에 있는 〈실험경로〉에 서술되어 있다. 간단히 요약하면, 이 실험들은 세포가 M기에 진입하는 것은 성숙촉진인자(成熟促進因子, *maturation-promoting factor*, *MPF*)라는 단백질에 의해서 개시된다는 것을 보여준다. MPF는 2개의 소단위로 구성된다. 즉, (1) ATP의 인산기를 특정 단백질 기질의 특정 세린(serine)과 트레오닌(threonine) 잔기로 전달하는 인산화효소(kinase) 활성을 가진 소단위 하나와 (2) 사이클린(*cyclin*)이라고 하는 조절 소단위로 이루어져 있다. 사이클린이라는 용어는 이 조절 단백질의 농도가 각 세포주기에서 예상 가능한 양상으로 상승하고 하락하기 때문에 붙여졌다(그림 14-4). 사이클린의 농도가 낮으면 인산화효소는 사이클린 소단위와 결합하지 못하고, 이 결과 불활성화된다. 사이클린의 농도가 높으면, 인산화효소는 활성화 되고, 세포가 M기로 들어가게 된다. 이런 결과들은 (1) 세포가 유사분열로 진행하는 것은 다른 단

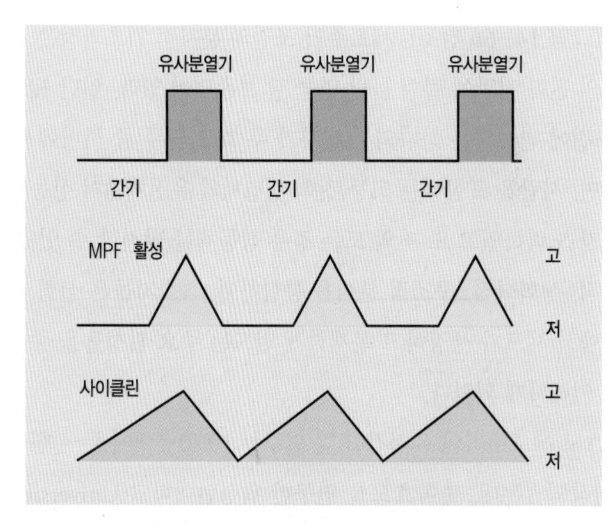

그림 14-4 세포주기 동안의 사이클린 농도와 MPF 수준의 변동. 이 그림은 개구리의 발생 초기에 배아의 모든 세포가 빠르게 그리고 동시에 유사분열이 일어날 때의 주기적 변화를 나타낸 것이다. 맨 위의 도표는 유사분열과 간기가 교대로 나타나는 주기를 보여주고, 가운데 도표는 MPF 인산화효소 활성의 주기적 변화를, 그리고 마지막 도표는 MPF 인산화효소의 상대적 활성을 조절하는 사이클린 농도의 주기적 변화를 나타낸다.

백질들을 인산화시키는 활성을 가진 효소에 의존하고 (2) 이 효소의 활성은 세포주기의 각 시기마다 농도가 달라지는 소단위에 의해 조절된다는 것을 시사한다.

지난 20여 년간, 많은 실험실들이 **사이클린-의존 인산화효소**(cyclin-dependent kinase, Cdk)라는 MPF-유사 효소(MPF-like enzyme)에 초점을 맞춰왔다. Cdk는 M기에 관여할 뿐 아니라, 세포주기 내내 활성을 조율하는 핵심 물질이라는 것이 밝혀졌다. 효모 세포들은 온도-민감 돌연변이(temperature-sensitive mutant)를 이용할 수 있다는 면에서 세포주기의 연구에 특히 유용했다. 이 돌연변이 개체들의 비정상적인 단백질은 다양한 세포주기 과정에 영향을 미칠 수 있다. 낮은(permissive, 허용된) 온도에서 비교적 정상으로 자라는 온도-민감 돌연변이 개체를 높은(restrictive, 제한된) 온도로 옮겨서 키우면 돌연변이 유전자 산물의 효과를 연구할 수 있다. 유전적 조절을 이용하여 세포주기를 연구하는 과학자들은 먼 친척 관계인 두 효모 균주에 관심을 가졌다. 출아효모의 일종인 사카로미세스 체레비지아에(*Saccharomyces cerevisiae*)는 세포의 한 끝에서 눈(bud)이 형성되면서 번식하는 반면(그림 1-18*b* 참조), 분열효모의 일종인 스키조사카로미세스 폼베(*Schizosaccharomyces pombe*)는 길게 자란 후 같은 크기의 2개의 세포들로 갈라져 번식한다(그림 14-6*b* 참조). 세포주기 조절의 분자적 기초과정은 진핵생물의 진화 전반에 걸쳐 놀랄 만큼 잘 보존되어 있다. 일단 세포주기 조절에 관여하는 하나의 유전자가 두 효모 균주 중 하나에서 발견되면, 사람을 포함하는 고등 진핵 생명체의 유전체에서 상동체를 찾고자 노력하였고 또 거의 모든 경우 상동체를 발견할 수 있었다. 유전적, 생화학적, 구조적 분석을 통합하여, 과학자들은 실험 배양접시에서 세포가 생장하고 복제하게 만드는 주요 활성들을 종합적으로 이해하게 되었다.

효모 세포주기의 유전적 조절 연구는 1970년대에 두 실험실에서 시작되었는데, 출아효모를 연구한 워싱턴대학교(University of Washington)의 리랜드 하트웰(Leland Hartwell)이 처음으로 시작하였고, 뒤를 이어 옥스퍼드대학교(University of Oxford)의 폴 너스(Paul Nurse) 실험실에서 분열효모를 이용하여 연구하였다. 두 실험실들은 높은 온도에서 돌연변이가 되면 세포주기의 특정 시기에서 세포 성장을 멈추게 만드는 하나의 유전자를 규명했다. 분열효모에서 *cdc2*(그리고 출아효모에서 *CDC28*)라고 했던 이 유전자의 산물은 결국 MPF의 촉매소단위(catalytic subunit) 즉, 사이클린-의존성 인산화효소와 상동성을 갖는다는 것이 밝혀졌다. 효모뿐 아니라 많은 다른 척추동물 세포를 이용한 이후의 실험들은 진핵세포의 세포주기 진행이 몇 개의 특별한 시기에서 조절 받는다는 생각을 뒷받침했다. 처음 조절 시기 중 하나는 G_1기의 끝 부근이고 다른 하나는 G_2기의 끝 부근이다. 이 시기들은 세포가—복제를 시작하거나 또는 유사분열에 들어가거나—세포주기에서 중대한 일을 시작하기 위해 수임(受任)되는 시점들임을 의미한다.

가장 단순한 세포주기를 갖는 분열효모에 관하여 이야기를 시작해 보자. 이 종에서는 동일한 Cdk(cdc2)가 서로 다른 사이클린들과 협력하여 G_1기 끝과 G_2기의 끝, 두 지점을 통과하는 데 역할을 한다. 분열효모에서의 세포주기 조절을 〈그림 14-5〉에 간단하게 나타냈다. START라고 하는 첫 번째 전환점은 늦은 G_1기에 일어난다. 일단 START를 지나가게 되면 세포는 DNA를 복제할 수밖에 없게 되고 결국 세포주기를 완성하게 된다.[1] START를 통과하기 위해서는 늦은 G_1기 동안 하나 이상의 G_1사이클린의 농도가 증가하여 cdc2가 활성화되어야 한다(그림 14-5). 사이클린에 의해 cdc2가 활성화되면 복제전복합체(複製前複合體, prereplication complex)가 이미 모여 있는 장소에서 복제의 시작이 유도된다(그림 7-20, 3단계 참조).

세포가 G_2기에서 유사분열로 들어가기 위해서는 유사분열 사이클린(*mitotic cyclin*)이라는 다른 무리의 사이클린들에 의해 cdc2가 활성화되어야 한다. 유사분열 사이클린과 결합한 Cdk(즉, 앞에서 기술한 MPF)는 세포가 유사분열에 진입하기 위해 필요한 기질들을 인산화시킨다. 기질들 중에는 간기에서 유사분열로 전환할 때 특징적으로 나타나는 염색체, 세포골격 구조의 동적 변화에 필요한 단백질들도 있다. 세포는 유사분열 중간에 세 번째 수임(受任)을 하게 되는데, 이 임무는 세포분열을 끝내고 다음 주기의 G_1기로 진입할 것인지를 결정하는 것이다. 유사분열기를 지나서 G_1기로 진입하는 것은 Cdk 활성의 신속한 감소에 의해 결정되는데(그림

[1] 포유동물 세포들도 G_1기 동안 비슷한 지점을 지나게 되는데, 이를 제한점(*restriction point*)이라고 한다. 이 기점에서 세포들은 DNA를 복제하도록 수임되고 결국 유사분열을 완료하도록 수임된다. 포유동물 세포가 세포주기를 진행하기 위해서는 제한점을 통과하기 전에 세포배양액에 성장인자(growth factor)가 존재하여야 한다. 제한점을 통과한 이후에 세포는 외부의 자극 없이도 세포주기를 계속 진행할 것이다.

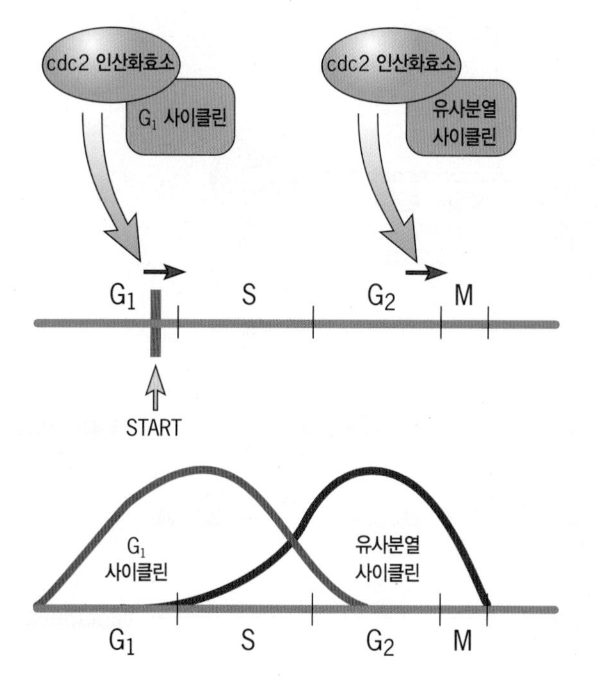

그림 14-5 분열효모 세포주기 조절의 단순화 모형. 세포주기는 START와 G_2–M 전환점, 두 지점에서 주로 조절된다. 분열효모에서 사이클린은 G_1사이클린과 유사분열 사이클린의 두 가지 무리로 나누어진다. 세포가 2개의 주요 조절 지점을 통과하기 위해서는 다른 종류의 사이클린에 의해 동일한 cdc2 인산화효소가 활성화되어야 한다. 세 번째의 주요 전환은 유사분열의 마지막 시기에서 일어나는데, 유사분열 사이클린 농도의 급격한 저하에 의해 일어난다.

14–5), 이 현상은 유사분열 사이클린 농도가 급격히 감소하여 생기며, 다른 유사분열 활성과 함께 뒤에서 논의할 것이다.

사이클린-의존성 인산화효소들은 세포주기의 다양한 시기에서 세포주기를 몰아가기 때문에 흔히 "엔진"으로 표현된다. 이 효소들의 활성은 상호간의 조합에 의해 작동하는 다양한 "제동장치(브레이크)"와 "가속장치(액세레이터)"에 의해 조절된다. 조절 방법은 다음과 같다.

사이클린 결합　사이클린이 세포 내에 존재할 때, 사이클린은 Cdk의 촉매소단위와 결합하여 촉매소단위의 입체구조를 크게 변화시킨다. 다양한 사이클린-Cdk 복합체의 X-선 결정구조에 따르면, 사이클린이 결합함으로써 Cdk 폴리펩티드 사슬의 신축성 있는 고리 부위가 효소의 활성부위를 향하는 입구로부터 멀어지게 된다. 이로 인하여 Cdk는 단백질 기질들을 인산화시킬 수 있게 된다.

Cdk 인산화/탈인산화　우리는 이미 다른 장에서 세포 내에 일어나는 많은 현상이 단백질에 인산기를 추가하거나 제거하는 것에 의해 조절된다는 것을 살펴보았다. 유사분열이 시작되는 현상도 마찬가지다. 〈그림 14–5〉에서 볼 수 있듯이 유사분열 사이클린의 농도는 S기와 G_2기 동안 증가한다. 효모 내에서 유사분열 사이클린들은 유사분열 기간 동안 Cdk와 결합하여 사이클린-Cdk 복합체를 형성지만, 이 복합체는 인산화효소 활성이 거의 없다. 그 후 늦은 G_2기에서 사이클린-Cdk가 활성화되고 유사분열이 시작된다. Cdk 활성의 이러한 변화를 이해하기 위해서는 세 가지 다른 조절 효소들[2개의 인산화효소와 하나의 인산가수분해효소(phosphatase)]의 활성에 관심을 기울여야한다. 〈그림 14–6*a*〉에 그려진 분열효모 세포주기에서의 이 효소들의 역할은 유전적, 생화학적 분석 방법의 조합을 통해 밝혀졌다. 1단계에서, Cdk-활성화 인산화효소(CAK, Cdk-activating kinase)라는 효소가 cdc2의 중요한 트레오닌 잔기를 인산화시킨다(〈그림 14–6*a*〉에서 cdc2의 Thr161〉. 이 잔기의 인산화는 Cdk가 활성화되기 위해 필수적이지만 충분하지는 않다. 〈그림 14–6*a*〉의 1단계에 보이는 것처럼 Wee1이라는 두 번째 인산화효소가 Cdk의 ATP 결합주머니의 중요 티로신 잔기를 인산화시킨다(〈그림 14–6*a*〉에서 cdc2의 Tyr15). 만약 이곳의 잔기가 인산화되면, Cdk는 다른 어떤 잔기의 인산화와 상관없이 불활성화된다.

다시 말해서, Wee1의 역할이 CAK의 역할을 뛰어넘어 Cdk를 불활성화 상태로 유지하게 한다. 〈그림 14–6*b*〉의 2번째 줄은 *wee1* 유전자에 돌연변이가 생긴 세포의 표현형을 보여준다. 이런 돌연변이가 생기면 Cdk는 불활성 상태를 유지할 수 없고, 세포주기의 초기에 분열이 일어나서 작은 세포들이 생기되는데, 이런 이유로 이 유전자를 "wee"[b]라고 하게 되었다. 정상적인(야생형) 세포에서, Wee1은 G_2기의 마지막까지 Cdk를 불활성 상태로 유지시킨다. G_2기 말에 Tyr15의 억제적 인산기는 세 번째 효소인 Cdc25 인산가수분해효소에 의해 제거된다(2단계, 그림 14–6*a*). 이 인산기가 제거되면 저장된 사이클린-Cdk 분자는 활성상태로 전환되고, 중요 기질들을 인산화시켜 효모세포가 유사분열을 하도록 이끌게 된다. 〈그림 14–6*b*〉의 3번째 줄은 *cdc25* 유전자에 돌연변이가

역자 주[b] Wee는 "작다"라는 뜻이다.

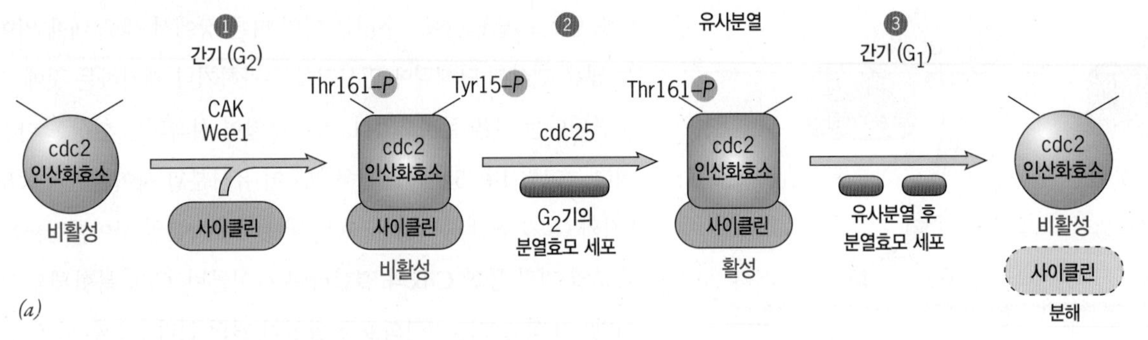

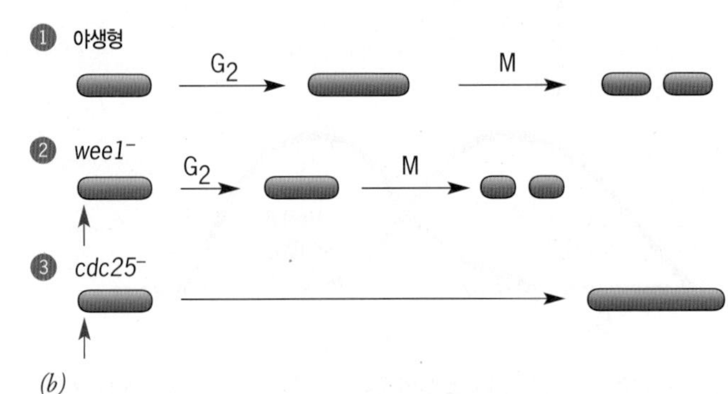

그림 14-6 분열효모의 세포주기를 진행하기 위해서는 cdc2 주요 잔기의 인산화와 탈인산화가 필요하다. *(a)* G_2기 동안, cdc2 인산화효소는 유사분열 사이클린과 결합하지만, Wee1에 의하여 중요 티로신 잔기(분열효모에서 Tyr15)가 인산화되기 때문에 비활성 상태를 유지한다(1단계). CAK이라는 또 다른 인산화효소가 다른 잔기에 인산기를 붙여주는데, 이 과정은 이후의 세포주기에서 cdc2 인산화효소가 활성화되기 위해 필요하다. 세포가 어느 정도 크기로 자라면, Cdc25 인산가수분해효소가 활성화되고, 이 효소는 Tyr15 잔기의 억제성 인산기를 제거한다. 이 결과 cdc2 인산화효소가 활성화되어 세포가 유사분열을 시작하게 된다(2단계). 유사분열의 마지막 시기에서(3단계), 또 다른 인산가수분해효소에 의하여 Thr161에 있는 촉진성 인산기가 제거된다. 뒤이어 떨어져 나온 사이클린이 분해되고 세포는 또 다른 주기를 시작한다. (포유동물 세포에서 유사분열 Cdk는 이와 비슷한 방식으로 인산화되고 탈인산화된다.) *(b)* Wee1 인산화효소와 Cdc25 인산가수분해효소는 그림과 같은 표현형을 보이는 돌연변이의 연구를 통해 발견되었다. 처음 줄은 야생형 세포의 G_2기와 M기를 나타낸다. 두 번째 줄은 *wee1* 유전자의 돌연변이 영향을 보여주는데, 이 때 세포는 미성숙하게 분열하여 작은 세포를 만들어낸다. 세 번째 줄은 *cdc25* 유전자의 돌연변이 영향을 보여주는데, 이 경우 세포는 분열하지 않고 계속적으로 성장한다. 붉은색 화살표는 돌연변이 단백질을 불활성화시키기 위하여 온도를 높인 시점을 나타낸다.

생긴 세포들의 표현형을 보여준다. 이런 돌연변이들은 Cdk로부터 억제적 인산기를 제거할 수 없고 유사분열로 들어갈 수 없다. 일반적으로 세포가 G_2기에 남을지, 또는 유사분열로 진행할지를 결정하는 Wee1 인산화효소와 Cdc25 인산가수분해효소의 활성간의 균형은 또 다른 인산화효소와 인산가수분해효소에 의해 조절된다. 곧 알아보게 될 것처럼 비정상적인 세포분열이 발생할지도 모르는 상황에서 이런 기작들이 세포분열을 시작하지 못하게 막을 수 있다.

Cdk 제해자 Cdk 활성은 다양한 저해자(沮害者, inhibitor)에 의해 억제될 수 있다. 예를 들면, 출아효모에서 Sic1이라는 단백질은 G_1기 동안 Cdk 저해자로 작용한다. Sic1이 분해되면 세포 내 존재하는 사이클린-Cdk가 DNA 복제를 개시시킨다. 포유동물에서 Cdk 저해자들의 역할은 뒤쪽에서 논의할 것이다.

단백질 분해 조절 〈그림 14-4〉와 〈그림 14-5〉는 세포주기 동안 사이클린의 농도가 진동하여 Cdk들의 활성이 변화한다는 사실을 보여준다. 세포는 세포주기 동안 단백질의 합성과 분해 정도를 조절함으로써 사이클린들과 다른 주요 세포주기 단백질들의 농도를 조절한다. 분해에는 앞에서 설명된 유비퀴틴-단백질분해효소복합체(또는 프로티아솜)(ubiquitin-proteasome) 방법을 이용한다. Cdk의 활성을 조절하는 다른 기작들과는 달리 분해는 세포주기가 한쪽으로만 진행될 수 있도록 만드는 비가역적(非可逆的)인 방법이다. 세포주기의 조절에는 유비퀴틴 연결효소(*ubiquitin ligase*)의 역할을 하는 두 가지 종류의 다소단위 복합체(多小單位複合體, multisubunit complex)인 SCF와 APC 복합체가 필요하다. 이 복합체들은 분해되어야할 단백질을 인식하고, 이런 단백질이 단백질분해효소복합체에서 파괴될 수 있도록 폴리유비퀴틴

(polyubiquitin) 사슬을 연결한다. SCF 복합체는 늦은 G_1기부터 초기 유사분열 동안 활성화되어〈그림 14-26*a* 참조〉 G_1 사이클린과 Cdk 저해자 그리고 다른 세포주기 단백질들의 분해를 매개한다. 이런 단백질들은 세포주기를 조절하는 단백질 인산화효소(즉, Cdk)에 의해 인산화된 후 SCF 복합체의 표적이 된다. 돌연변이가 일어나서 SCF 복합체가 G_1 사이클린이나 Cdk 저해자인 Sic1 같은 주요 단백질을 분해하지 못하면 세포는 S기에 들어가지 못하고, DNA를 복제하지 못한다. APC 복합체는 유사분열 시기에서 작용하여 유사분열 사이클린을 포함하는 몇 개의 주요 유사분열 단백질을 분해한다. 유사분열 사이클린이 파괴되면 세포는 유사분열에서 빠져나오게 되고 새로운 세포주기로 들어가게 된다.

세포 내의 국재성　세포에는 많은 서로 다른 구획들이 있으며, 그 속에서 조절 분자들이 상호 작용할 단백질들과 결합하거나 또는 분리될 수 있다. 세포 내 국재성(細胞內 局在性, subcellular localization)이란 세포주기 조절자들이 세포주기의 서로 다른 시기에 다른 구획으로 이동되는 역동적인 현상이다. 예를 들면, 동물세포에서 주요 유사분열 사이클린 중 하나인 사이클린B1은 G_2기가 될 때까지 핵과 세포질을 왕복하다가 유사분열 시작 직전에 핵에 축적된다(그림 14-7). 사이클린B1의 핵 축적은 사이클린B1의 핵 반출신호(nuclear export signal, NES)에 존재하는 세린 잔기들이 인산화 되면서 일어난다. 사이클린의 인산화는 아마 핵 내로 들어온 사이클린이 세포질로 다시 반출되는 것을 막는 것 같다. 만약 사이클린이 핵에 축적되는 것을 막는다면 세포는 세포분열을 시작하지 못한다.

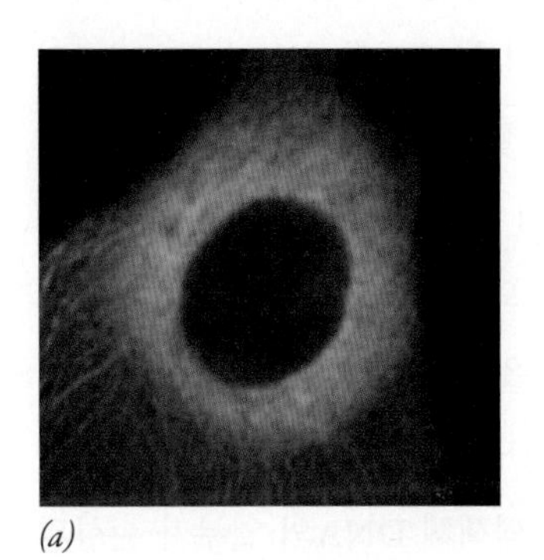

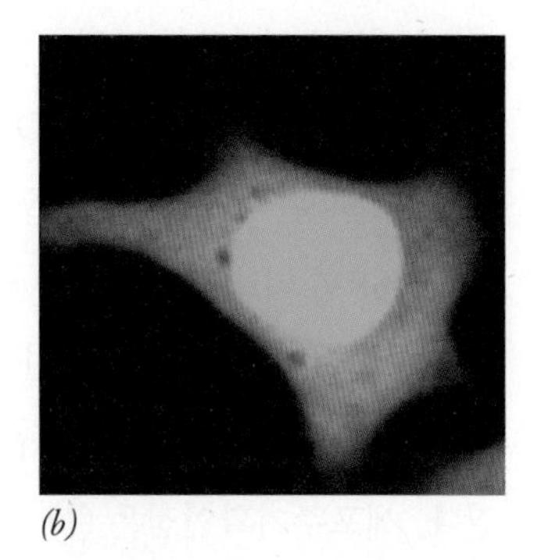

(*a*)　(*b*)

그림 14-7 세포주기 동안 세포 내 국재성의 실험적 증명. 초록색형광단백질이 붙어있는 사이클린B1을 주입한 살아있는 헬라 세포의 현미경 사진. *a*에서 보이는 세포는 G_2기에 있는 세포로 형광물질이 부착된 사이클린B1이 세포질 전체에 퍼져있는 것을 볼 수 있다. *b*의 현미경 사진은 유사분열의 전기에 있는 세포로 형광표지가 있는 사이클린B1이 세포핵에 집중되어 있는 것을 볼 수 있다. 이와 같은 세포 내 국재성의 변화에 대한 이유는 본문에서 다루었다.

위에서 언급한 바와 같이, 세포주기를 조절하는 단백질들과 그 과정들은 진핵생물들 간에 대단히 잘 보존되어있다. 효모에서와 마찬가지로 포유동물 세포에서도 서로 다른 사이클린들이 계속적으로 합성과 분해를 반복하는 것이 세포주기가 한 시기에서 다음 시기로 넘어가는 데 주요한 역할을 한다. 한 종류의 Cdk를 갖는 효모 세포와 달리, 포유동물 세포는 몇 가지 다른 Cdk 인산화효소를 만들어낸다. 서로 다른 사이클린-Cdk 복합체는 세포주기 내의 다른 시점에서 다른 무리의 기질을 표적으로 삼아 인산화시킨다. 각각의 사이클린과 Cdk 사이의 결합은 특이적이어서 특정한 조합만이 발견된다(그림 14-8). 예를 들면, 포유동물 세포에서 사이클린E-Cdk2 복합체는 세포를 S기로 진입하게 작용하는 반면, 사이클린B1-Cdk2 복합체(포유동물의 MPF)의 역할은 세포가 유사분열로 들어가게 하는 것이다. Cdk가 항상 일이 진행하도록 활성을 촉진시키는 것은 아니고, 적절하지 못한 현상은 억제를 하기도 한다. 예를 들면, G_2기 동안 사이클린B1-Cdk1 활성은 세포주기의 초기에 이미 복제된 DNA가 재복제되는 것을 억제한다. 이런 기작은 유전체의 모든 부분이 한 번의 세포주기 마다 단 한번만 복제되도록 도와준다.

〈그림 14-8〉에 나타낸 다양한 사이클린-Cdk 복합체의 역할은 동물세포를 이용하여 이루어진 20여년 이상의 광범위한 생화학 연구에 의해서 결정되었다. 지난 몇 년 동안, 유전자제거 생쥐(knockout mice)를 이용하여 이 단백질들의 역할을 재조사하여 몇 가지 놀라운 결과를 얻게 되었다. 예상대로, 특정 유전자제거 생쥐의 표현형은 제거된 유전자에 의존적이었다. Cdk1, 사이클린B1 또는 사이클린A2를 생성할 수 없는 생쥐가 초기 배아 상태에서 사망하는 것으로 보아 이 3개의 유전자에 의해 암호화되는 단백질들은 정상적인 세포주기에 필수적이라는 사실을 알 수 있다. 다른 세포주기 Cdk를 암호화하는 4개의 모든 유전자(즉, Cdk2, 3, 4 그리고 6)가 결핍된 생쥐의 배아는 완전한 기관을 형성하는 시기까지는 발생하지만 죽은 상태로 태어나게 된다. 이런 배아로부터 얻어

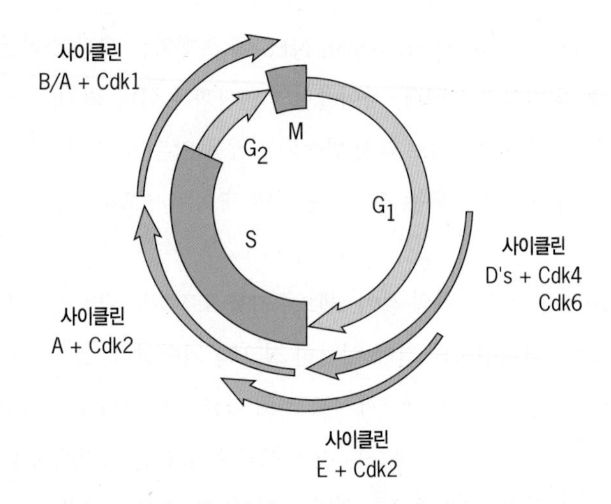

그림 14-8 포유동물 세포주기의 각 시기에서 다양한 종류의 사이클린과 사이클린 의존성 인산화효소간의 결합. 초기 G_1기에서 Cdk의 활성은 매우 낮고, 이로 인해 복제개시점(origin of replication)에서 복제전복합체의 형성이 촉진된다(그림 7-20 참조). G_1기의 중반에 이르면, Cdk4와 Cdk6가 D-형 사이클린(D-type cyclin, D1,D2,D3)과 결합하기 때문에 Cdk가 활성화된다. 이 Cdk의 기질 중에는 pRb(16-3절, 그림 16-11〉)라는 중요한 조절 단백질이 있다. pRb가 인산화되면 많은 유전자들의 전사가 일어나는데, 이중에는 사이클린E와 사이클린A, Cdk1, 그리고 복제에 관련되는 여러 단백질들을 암호화하는 유전자들이 포함된다. 복제가 시작되는 G_1기-S기 전환은 사이클린E-Cdk2와 사이클린A-Cdk2 복합체에 의하여 촉발된다. G_2기에서 M기로의 전환은 세포골격 단백질, 히스톤, 핵막과 같은 매우 다양한 기질을 인산화시키는 사이클린A-Cdk1과 사이클린B1-Cdk1 복합체가 순차적으로 활성화되면서 촉발된다. (포유동물의 Cdk1 인산화효소는 분열효모의 cdc2 인산화효소에 해당하며, Cdk1 인산화효소의 억제와 활성화는 〈그림 14-6〉에 나와 있는 것과 유사하다.)

진 세포를 배양하면 이 세포는 증식하는 능력은 있지만 정상적인 세포보다 더 느리게 증식한다. 이 발견은 효모에서와 마찬가지로, 포유동물 세포에서도 Cdk1이 세포주기의 모든 단계를 통과하는 데 필요한(*required*) 유일한 Cdk라는 것을 나타낸다. 바꾸어 말하면, 보통은 동물 세포주기의 특정 시기에 다른 Cdk들이 발현되지만, 이런 Cdk들이 결핍되면 Cdk1가 "대신(커버, cover)"하는 역할을 하여, 세포주기의 각 시기에서 필요한 기질 모두를 확실히 인산화할 수 있도록 해준다. 이것은 어떤 단백질이 보통 때에는 하지 않는 기능을 수행할 수 있는 현상인 기능중복성(*redundancy*)의 전형적인 예이다. 그러나 여전히 "꼭 필요하지는 않은" 사이클린 또는 Cdk 중 하나가 결핍되면 적어도 특정 세포에서는 독특한 세포주기 이상이 나타난다. 예를 들면, 사이클린D1 유전자가 결핍된 생쥐들은 신체 전반에 걸쳐 세포분열 정도가 감소하여 정상 동물보다 크기가 더 작다. 또한, 사이클린D1이 결핍된 동물들은 망막이 발달하는 동안 세포 증식이 결핍된다. Cdk4가 부족한 쥐들은 췌장에서 인슐린을 생산하는 세포가 발달하지 않는다. Cdk2가 부족한 쥐들은 정상적으로 발달한 것처럼 보이지만, 감수분열동안 특정한 결함이 나타나며, 이를 통하여 유사분열과 감수분열의 조절에서 중요한 차이점이 있음을 알 수 있다.

14-1-2-2 세포주기확인점, 인산화효소 저해자, 세포반응

혈관확장성-운동실조증(血管擴張性-運動失調症, *Ataxia-telangiectasia*, *AT*)은 특정 유형 암의 발생 위험성이 크게 증가되는 등 다양한 증상이 나타나는 열성 b 유전 장애이다[2]. 1960년대 후반에 방사선 치료를 받은 몇몇 사람이 사망함에 따라 AT가 있는 환자는 이온화 방사선(ionizing radiation)에 극도로 민감하다는 것이 발견되었다. 마찬가지로 이러한 환자들에서 유래된 세포들도 정상세포에는 존재하는 중요한 보호 반응이 결여되어 있다. 정상세포가 이온화 방사선 또는 DNA를 변경시키는 시약 등에 노출되어 DNA가 손상되면, 손상이 복구되는 동안 세포주기 진행이 정지된다. 예를 들면, 만약 세포주기의 G_1기에 있는 정상세포에 방사선을 조사하면 이 세포는 S기로의 진행이 지연된다. 유사하게, S기에서 방사선이 조사된 세포는 더 이상의 DNA 합성이 지연되고, G_2기에서 방사선이 조사된 세포는 유사분열로의 진행이 지연된다.

1988년 리랜드 하트웰과 테드 와이너트(Ted Weinert)는 효모를 이용하여 이러한 유형의 연구들을 수행하여 세포는 세포주기의 일부로 **세포주기확인점**(checkpoint)을 갖고 있다는 개념을 수립하였다. 세포주기확인점은 (1) 만약 염색체 DNA의 일부가 손상된 경우 또는 (2) S기 동안 DNA 복제나 M기 동안 염색체 정렬과 같은 어떤 결정적인 과정이 제대로 완료되지 않았을 경우 세포주기

[2] 이 질병의 다른 증상으로는 소뇌 신경세포의 퇴화에 의한 자세의 불안정(운동 실조, ataxia), 안면 및 다른 부위의 영구적인 혈관확장(telangiectasia), 감염에 대한 감수성 증가, 비정상적인 많은 수의 염색체를 갖는 세포의 증가 등이 있다. 처음 두 증상의 원인은 아직 밝혀지지 않았다.

의 진행을 정지시키는 감시체계이다. 세포주기확인점은 세포주기가 정확하고 적절한 순서로 일어나도록 만드는 각각의 다양한 현상들이 확실히 일어나게 한다. 세포주기확인점 장치에 관여하는 많은 단백질들은 정상적인 세포주기 상황에서는 역할을 하지 않지만, 이상이 나타나면 작동하게 된다. 실제로 세포주기확인점 단백질을 암호화하는 몇몇 유전자는 DNA가 손상을 입거나 심각한 결함을 일으키는 이상이 있음에도 불구하고 세포주기가 계속 진행되는 돌연변이 효모 세포에서 처음으로 분리되었다.

세포주기확인점은 DNA 손상 또는 세포 내의 이상을 인식하는 감지 체계에 의해 세포주기의 도중에 활성화된다. 만약 감지기가 결함이 존재함을 발견하면, 일시적으로 더 이상의 세포주기 진행을 억제하는 반응이 유발된다. 세포는 다음 세포주기의 시기로 들어가지 않고 지연 상태에서 손상을 수리하거나 결함을 정정한다. 유전자 손상을 가진 포유동물 세포가 계속 분열하게 되면 암세포로 형질전환될 수 있는 위험이 있기 때문에 이러한 과정은 특히 중요하다. 만약 DNA가 복구할 수 없을 정도로 손상되었다면 세포주기확인점 기작은 (1) 세포를 죽음으로 이끌거나 (2) 세포주기가 영구적으로 중지된 상태로 전환시키는 신호를 전달한다.

이 책의 여러 부분에서 인간의 희귀한 질병에 대한 연구를 통하여 세포생물학, 분자생물학 측면에서 중요한 발견을 하게 되는 것을 볼 수 있었다. 세포의 DNA 손상 반응은 이러한 발견 경로의 또 다른 예이다. 혈관확장성-운동실조증에 관여하는 *ATM* 유전자는 특정 DNA 손상, 특히 이중가닥의 손상에 의해 활성화되는 단백질 인산화효소를 암호화한다. 주목할 만한 것은, 세포의 단 하나의 DNA 분자에서 한군데의 절단만으로도 ATM 분자가 빠르고 대규모로 활성화되어 세포주기를 중지시키기에 충분하다는 것이다. 관련된 단백질 인산화효소인 ATR은 DNA의 불완전한 복제나 UV 조사로 인해서 생기는 결함을 포함하는 다른 종류의 손상에 의해 활성화된다. ATM과 ATR은 손상된 DNA가 존재하는 염색질에 결합할 수 있는 다단백질 복합체(多蛋白 質複合體, multiprotein complex)의 일부이다. ATM과 ATR은 세포주기확인점에 관여하는 단백질과 DNA 복구에 참여하는 매우 다양한 단백질을 인산화시킬 수 있다.

어떻게 세포는 세포주기가 한 시기에서 다음 시기로 진행하는 것을 중단시킬까? DNA 손상이 일어났을 때 포유동물 세포가 세포주기를 중지시키기 위해 이용하는 경로 중 가장 연구가 많이 이루어진 두 가지 경로에 대해 간단히 살펴보자.

1. 만약 유사분열로 들어가기 위해 준비하는 세포에 UV를 조사하면, ATR 인산화효소는 활성화되고 세포는 G_2기에 중지한다. ATR 인산화효소 분자는 UV에 손상된 DNA가 수리될 때 나타나는, 단백질로 둘러싸인 단일 가닥 DNA 부위에 모여진다고 생각된다(그림 7-26). ATR는 Chk1이라는 세포주기확인점 인산화효소를 인산화하여 활성화시킨다(그림 14-9, 1단계). 활성화된 Chk1은 Cdc25의 특정 세린 잔기를 인산화하여(2단계) 세포질에서 특별한 연계(連繫)분자단백질(adaptor protein)과 Cdc25가 결합하게 한다(4단계). 이 상호작용에 의해 Cdc25의 탈인산화 활성이 억제되고 Cdc25가 핵으로 다시 들어가는 것이 방해를 받는다. Cdc25는 일반적으로 Cdk1의 억제 인산기를 제거하여 G_2/M기 전이에서 중요한 역할을 담당한다. 따라서 핵에 Cdc25가 존재하지 않게 되면 Cdk1가 불활성화 상태로 유지되고(5단계) 세포는 G_2기에 머물러 있게 된다.

2. 또한 DNA 손상은 세포주기를 가동시키는 사이클린-Cdk 복합체를 직접 억제하는 단백질을 합성하게 한다. 예를 들면, G_1기에서 이온화 방사선에 노출된 세포는 p21[분자량이 21kDa(킬로달톤)인 단백질]이라는 단백질을 합성하는데, p21은 G_1 Cdk의 인산화효소 활성을 방해한다. 이로 인해 주요 기질이 인산화되지 못하여 세포가 S기로 들어가지 못하게 된다. ATM이 이러한 세포주기확인점 기작에 관여한다. DNA 손상 반응에서 이온화 방사선에 의해 절단된 DNA는 MRN이라는 단백질 복합체가 결합할 수 있는 자리가 된다. 그러므로 MRN은 DNA 절단의 감지기로 간주될 수 있다. MRN은 ATM를 모으게 되고, ATM은 Chk2라는 또 다른 세포주기확인점 인산화효소를 인산화하여 활성화시킨다(그림 14-9 *a*단계). Chk2는 전사인자 p53을 인산화시키고(b단계), p53은 *p21* 유전자의 전사와 번역을 유발한다(*c*,*d*단계). 생성된 *p21*은 Cdk를 억제하게 된다(*e*단계). 사람 종양의 약 50%에서 p53 유전자의 돌연변이가 발견된다는 사실은 세포성장을 제어하는 데 p53이 얼마나 중요

한지를 알려준다. p53의 역할은 제16장에서 자세히 설명할 것이다.

p21은 최소 7개의 알려진 Cdk 저해자 중 하나이다. 〈그림 14-10*a*〉는 사이클린-Cdk 복합체와 연관된 종류의 Cdk 저해자

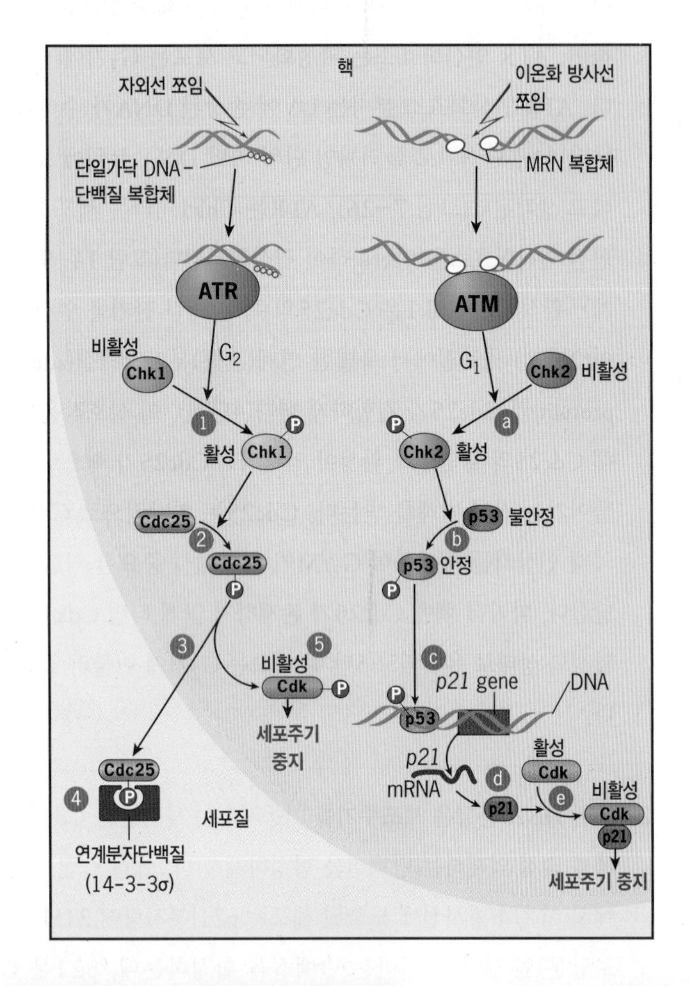

그림 14-9 두 가지 DNA-손상 세포주기확인점의 작용 기작 모형. ATM과 ATR은 특정한 종류의 DNA 손상이 일어났을 때 활성화되는 인산화효소 단백질이다. 각 단백질은 세포주기 중단을 일으키는 세포주기확인점 신호전달 경로를 통하여 작용한다. ATM은 DNA 이중나선구조의 손상에 반응하여 활성화되는데, 이 손상은 MRN 단백질 복합체에 의하여 감지된다. 반면 ATR은 복제분기점이 더 이상 진행하지 않거나, 다양한 손상에 의하여 DNA가 복구될 때 만들어지는 단백질-피복 단일가닥 DNA(protein-coated ssDNA)에 의해 활성화된다. 그림에서 보이는 G_2 경로에서, ATR은 세포주기확인점 인산화효소인 Chk1을 인산화하여 활성화시키고(1단계), 이것이 다시 인산가수분해효소 Cdc25를 인산화하여 불활성화시킨다(2단계). Cdc25는 보통 핵과 세포질 사이를 왔다 갔다 한다(3단계). Cdc25는 일단 인산화되면 세포질에 있는 연계분자단백질에 결합하는데(4단계), 결합 이후에는 다시 핵 안으로 되돌아갈 수 없고, 이 때문에 Cdk는 인산화된 불활성 상태를 유지한다(5단계). 그림에서 보이는 G_1 경로에서는, ATM이 세포주기확인점 인산화효소 Chk2를 인산화하여 활성화시키고(*a*단계), 이는 다시 p53을 인산화시킨다(*b*단계). p53은 보통 아주 일시적으로만 존재하지만, Chk2에 의하여 인산화되면 안정화되어 *p21*의 전사를 일으키는 능력이 향상된다(*c*단계). 전사되고 번역된 p21은 직접적으로 Cdk의 활성을 억제한다(*e*단계). (ATM과 ATR이 관련되는 많은 다른 종류의 G_1, S, G_2 세포주기확인점이 발견되었다.)

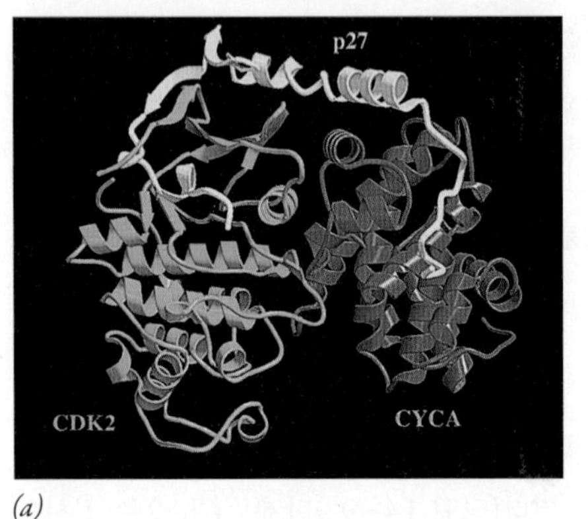

(a)

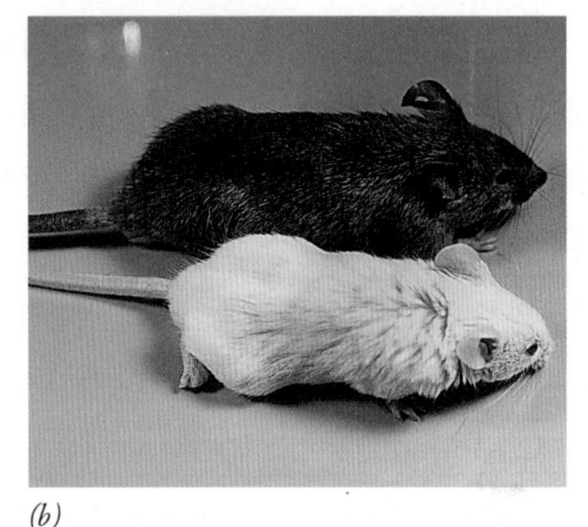
(b)

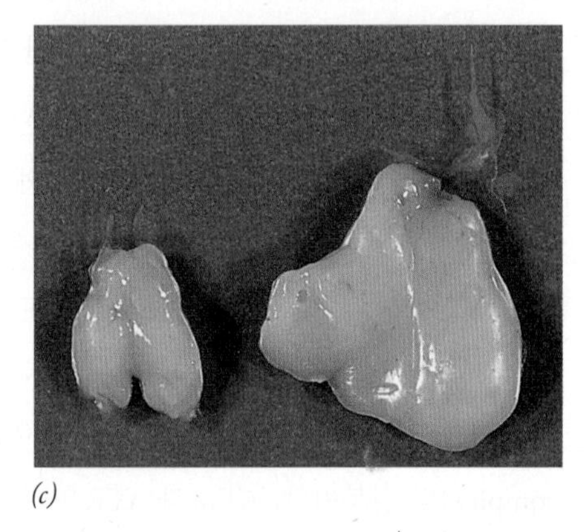
(c)

그림 14-10 p27: 세포주기 진행을 중지시키는 Cdk 저해자. *(a)* p27과 사이클린A-Cdk2 복합체의 3차원 구조. p27과의 상호작용에 의해 Cdk의 촉매소단위의 구조가 바뀌어서 단백질 인산화효소 활성이 저하된다. *(b)* 12 주령의 한 배에서 태어난 생쥐 1쌍. 털 색깔을 결정하는 유전자가 다를 뿐 아니라, 진한 색 털을 갖고 있는 쥐는 *p27* 유전자 1쌍 모두가 없도록($p27^{-/-}$로 표기) 유전적으로 조작되었는데, 이로 인해 크기가 더 크다. *(c)* 정상 생쥐(왼쪽)와 $p27^{-/-}$ 생쥐(오른쪽)의 흉선 비교. *p27* 유전자제거 생쥐의 흉선은 세포 수의 증가로 인하여 크기가 훨씬 크다.

(p27) 사이의 상호작용을 보여준다. 이 모형에서 p27 분자는 사이클린A-Cdk2 복합체의 두 소단위를 가로질러 걸침으로써 촉매소단위의 형태를 변경시켜 인산화효소 활성을 억제한다. 많은 세포에서 p27은 세포가 S기로 진행되기 전에 인산화되고 분해되어야 한다.

p21과 p27과 같은 Cdk 저해자는 세포가 분화할 때 또한 활성화된다. 세포는—근육세포, 간세포, 혈구, 또는 몇몇의 다른 종류의 세포로—분화되기 전에 일반적으로 세포주기에서 빠져나오면서 분열이 정지된다. Cdk 저해자는 세포가 직접 세포주기에서 빠져나오게 허용하는 역할을 하거나 이를 유도한다고 생각된다. 유전자제거 생쥐를 이용하여 특정 Cdk와 사이클린의 기능을 연구한 것과 마찬가지로 Cdk 저해자도 비슷한 방법으로 연구되었다. *p27* 유전자가 결여된 유전자제거 생쥐는 특이한 표현형을 보여준다. 이 생쥐는 정상 생쥐보다 크고, 갑상선, 비장과 같은 특정 기관의 세포 수가 정상적인 생쥐보다 훨씬 많다(그림 14-10*c*). 정상적인 생쥐에서 이 특정 기관들의 세포는 비교적 높은 수준으로 p27을 합성한다. p27-결핍 동물들에서는 이 단백질의 결핍에 의해 세포들이 분화하기 전에 여러 번 더 분열한다고 생각된다.

복습문제

1. 세포주기란 무엇인가? 세포주기에는 어떤 시기(時期)들이 있는가? 세포의 주기는 세포의 종류에 따라서 얼마나 다양한가?
2. 세포주기의 다양한 지속시간을 측정하기 위해서 [^{3}H]티미딘과 자가방사기록법을 어떻게 이용하는지 기술하시오.
3. M기의 세포와 G_1기, G_2기, S기의 세포를 융합하였을 때 각각 어떤 결과가 나타나는가?
4. MPF의 활성도는 세포주기 동안 어떻게 변하는가? 이것은 사이클린의 농도와 어떤 연관성이 있는가? 사이클린의 농도가 어떻게 MPF의 활성에 영향을 미치는가?
5. 분열효모에서 Cdk의 활성을 조절하는 CAK, Wee1, Cdc25 각각의 역할은 무엇인가?
6. 세포주기확인점은 무엇을 의미하는가? 세포주기확인점의 중요성은? 어떻게 세포는 세포주기확인점 중 한곳에서 세포주기 진행을 멈출 수 있는가?

14-2 M기: 유사분열과 세포질분열

세포주기 조절에 대한 이해는 효모의 유전적 연구에 크게 의존한 반면, M기에 대한 이해는 100여 년간의 현미경을 이용한 동물과 식물의 세포관찰 그리고 생화학적 연구에 의해 이루어졌다. 유사분열(有絲分裂, mitosis)이라는 이름은 "실(絲)"이라는 뜻의 그리스어인 *mitos*에서 왔다. 1882년 독일 생물학자인 월터 플레밍(Walther Flemming)이 동물세포가 2개로 나누어지기 바로 직전에 불가사의하게 나타나는 실과 비슷한 염색체를 묘사하기 위해 이렇게 이름을 붙였다. 책을 읽는 것보다는 시간 간격을 두고 촬영한 비디오를 보면 세포분열이 얼마나 아름답고 정교하게 일어나는 지를 더 잘 알 수 있다(www.bio.unc.edu/faculty/salmon/lab/mitosis/mitosismovies.html).

유사분열은 각 염색체의 복제된 DNA분자들이 정확하게 2개의 핵으로 나누어지는 핵분열 과정이다. 유사분열은 주로 세포가 2개로 나누어져 세포질이 2개의 세포에 의해 싸이는 과정인 **세포질분열**(cytokinesis)과 같이 일어난다. 유사분열과 세포질분열의 결과 형성된 두 딸 세포들은 서로가, 그리고 그들이 유래한 모세포와, 똑같은 유전물질을 가진다. 그러므로 유사분열은 염색체 수를 유지하면서 새로운 세포들을 만들어 개체의 성장과 생명체를 지속시키기 위한 과정이다. 유사분열은 반수체나 2배체 세포들에서 일어날 수 있다. 반수체 유사분열은 진균류, 식물 배우자체, 그리고 수벌과 같은 몇 몇 동물들에서 일어난다. 유사분열은 세포가 모든 에너지를 "염색체 분리"라는 단 하나의 활동에 쏟아 붓는 세포주기의 시기이다. 결과적으로 유사분열 동안 전사, 번역을 포함하는 세포의 대부분의 대사 활동은 감소한다. 그리고 세포는 상대적으로 외부의 자극들에 반응이 없게 된다.

우리는 특정 인자들이 어떤 과정을 어떻게 조절하는 지를 살아있는 세포 밖에서 연구함으로써 이 인자들에 대해 많은 것을 배울 수 있다는 것을 앞 장에서 살펴보았다. 유사분열에 대한 우리의 생화학적 이해는 개구리 난자로부터 준비된 추출물을 이용함으로써 큰 도움을 받았다. 이런 추출물은 유사분열을 수행하기 위해 필요한 히스톤, 튜불린 등의 모든 재료들을 포함하고 있다. 난자 추출물에 염색질이나 핵을 첨가하면, 염색질은 유사분열 염색체(mitotic chromosome)로 응축된다. 또한 잇따라 이 무세포(無細胞) 혼합물

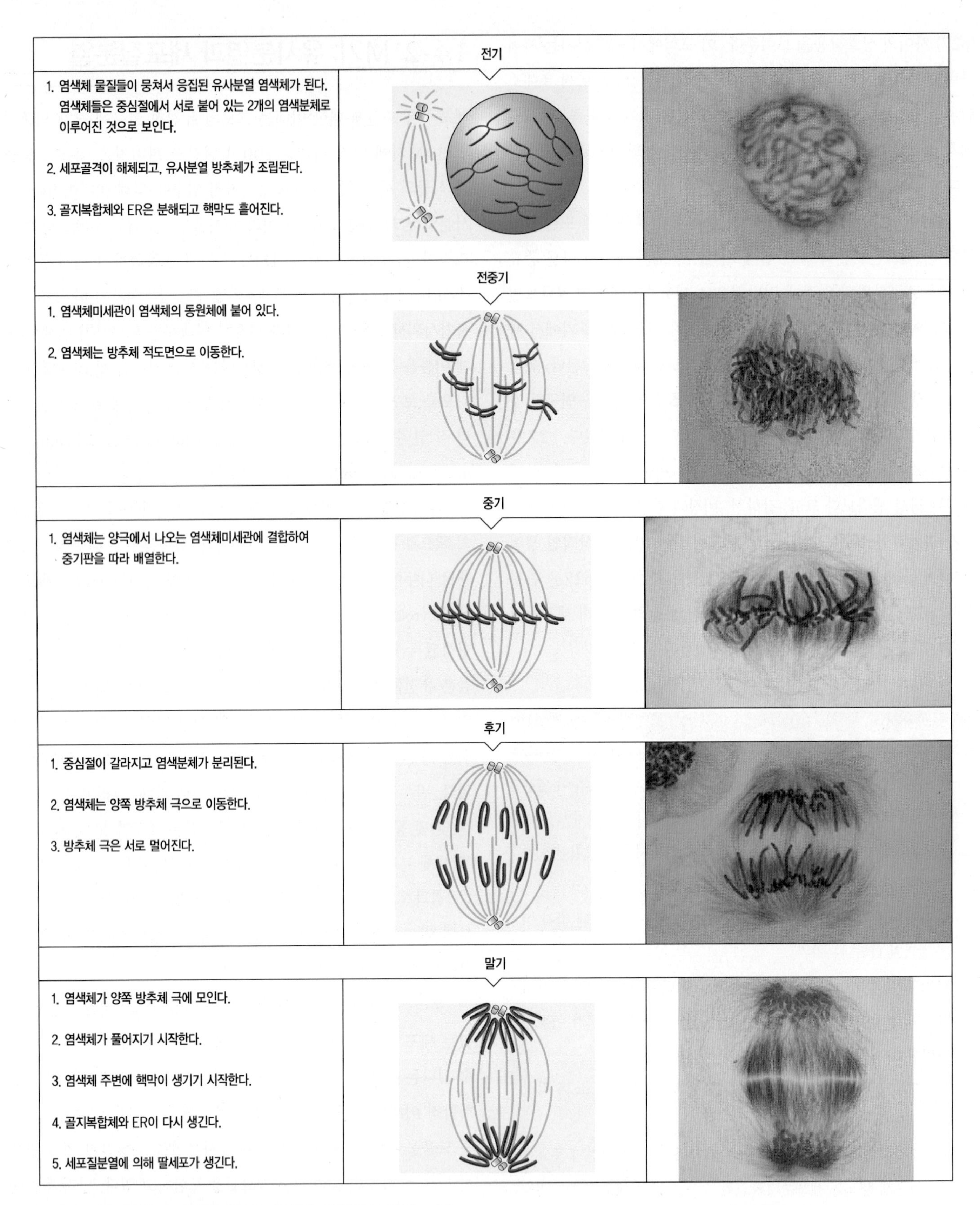

그림 14-11 동물세포(왼쪽 그림)와 식물세포(오른쪽 사진)의 유사분열 시기.

(cell-free mixture) 안에서 자연스럽게 유사분열 방추체가 조립되어 응축된 염색체가 양쪽으로 나누어지게 된다. 어떤 단백질이 유사분열에서 중요한가를 알아보기 위해서는 난자 추출물에 단백질에 대한 항체를 첨가하여 단백질을 제거한 상태에서 세포주기 과정이 계속될 수 있는지를 결정하는 실험을 이용할 수 있다(예는 그림 14-21 참조).

유사분열은 일반적으로 각각의 단계에서 일어나는 일련의 특정한 사건의 특징에 의해 전기(前期, *prophase*), 전중기(前中期, *prometaphase*), 중기(中期, *metaphase*), 후기(後期, *anaphase*), 그리고 말기(末期, *telophase*)의 다섯 시기로 나누어진다. 이 시기들은 사실은 연속된 과정의 일부분이고 유사분열의 시기를 나누는 것은 오직 토론과 실험의 목적을 위해서라는 것을 명심하라.

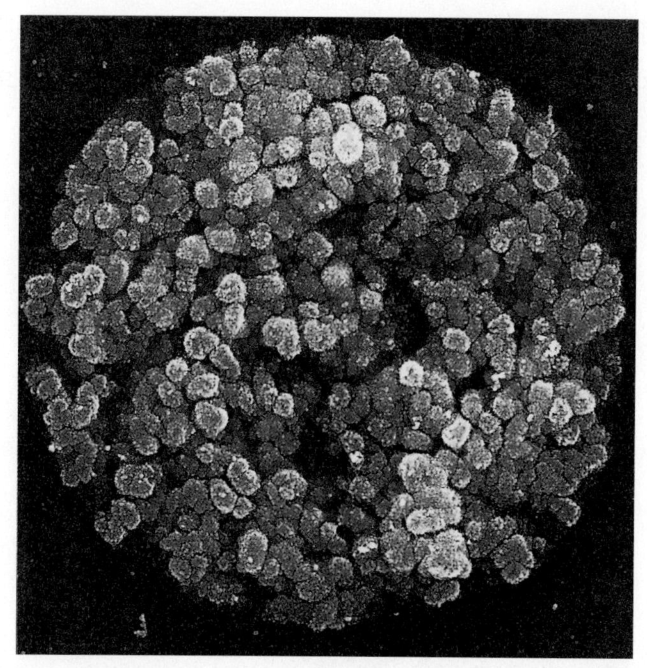

그림 14-12 전기 초기의 핵 염색체가 짧고 막대 모양인 유사분열 염색체로 변화하기 위해 응축 과정을 시작하고 있다. 유사분열 염색체는 유사분열의 다음 시기에서 분리된다.

14-2-1 전기

유사분열의 첫 번째 시기인 **전기** 동안에 복제된 염색체는 분리되기 위한 준비를 하고 유사분열 장치가 조립된다.

14-2-1-1 유사분열 염색체의 형성

간기 세포핵에 존재하는 염색질 섬유들은 길이가 매우 길다. 간기 염색질의 풀어진 상태는 전사와 번역을 위해서는 적합하지만 두 딸 세포들로 분리되기 위해서는 이상적이지 않다. 세포는 염색체가 분리되기 전에, 전기의 초기에 **염색체 응축**(染色體凝縮, chromosome compaction, 또는 *chromosome condensation*)이라는 특별한 과정을 통해 염색체를 더 짧고 더 두꺼운 구조로 바꾼다(그림 14-11 및 14-12).

앞에서 언급했던 것처럼 간기 세포의 염색질은 대략 지름 30나노미터(nm)의 섬유로 구성되어있다. 유사분열 세포들로부터 분리된 염색체의 전자현미경 관찰에서 볼 수 있듯이 유사분열 염색체도 유사한 종류의 섬유들로 구성되어 있다(그림 14-13*a*). 염색체 응축은 염색질 섬유의 성질이 바뀌는 것은 아니고 단지 염색질 섬유가 포장되는 방법인 것 같다. 히스톤과 비히스톤(非히스톤) 단백질의 대부분을 녹이는 용액을 유사분열 염색체에 처리하면 온전한 염색체의 기본적인 모양을 그대로 갖고 있는 구조적 뼈대 또는 틀이 나타난다(그림 14-13*b*). 〈그림 6-11〉에 고배율로 확대되어 보이는 것처럼 DNA 고리의 염기와 비히스톤 단백질이 결합하여 틀을 만들게 된다. 간기 동안 염색체 틀의 단백질은 아마 핵 내부에 분산되어 핵 바탕질의 일부를 형성하게 되는 것으로 보인다.

최근 몇 년간 염색체 응축에 대한 연구는 콘덴신(*condensin*)[c]이라는 풍부한 다단백질 복합체에 초점이 맞춰졌다. 콘덴신의 단백질들은 개구리 난자 추출물에 핵을 첨가하였을 때 염색체가 응축되는 동안 염색체와 결합하는 단백질을 확인하면서 발견되었다. 추출물로부터 콘덴신을 제거하면 염색체가 응축되지 않았다. 어떻게 콘덴신은 염색질 구조의 극적인 변화와 연관되어 있는가? 이 질문에 대답할 수 있는 생체 내(*in vivo*) 연구 결과는 거의 없지만 상당히 그럴싸한 가설이 있다.

초나선 DNA(supercoiled DNA)는 풀어진 DNA보다 부피가

역자 주[c] "콘덴신(condensin)"은 'condense(응축하다)'와 어떤 물질의 '성질'을 뜻하는 '소(素)'에 해당하는 '-in'의 합성어이다.

매우 작다(그림 4-12 참조). 염색질 섬유가 유사분열 염색체가 차지하는 만큼의 작은 부피로 응축하는 데 DNA의 초나선화가 중요한 역할을 한다는 것이 많은 연구들에 의해 밝혀졌다. 시험관 내에서 위상(位相)이성질화효소(topoisomerase)와 ATP가 존재하면 콘덴신은 DNA에 결합하고 DNA를 꼬아서 양성 초나선 고리(positively supercoiled loop)로 만든다. 이러한 발견은 전기에 염색체 응축이 일어나는 과정에서 위상이성질화효소 II가 콘덴신과 함께 유사분열 염색체 틀의 일부분으로 존재해야 한다는 관찰과 잘 들어맞는다(14-13*b*). 콘덴신 작용의 추정 모형은 〈그림 14-14〉에 나타내었다. G_2기에서 유사분열로 진입하는 데 역할을 하는 사이클린-Cdk는 유사분열이 시작되는 시기에 콘덴신의 소단위 몇 개를 인산화하여 활성화시킨다. 따라서 콘덴신은 Cdk가 세포주기 활동을 촉발시킬 때의 표적 단백질 중 하나이다. V-모양의 콘덴신 분자의 소단위 구조를 〈그림 14-14〉의 아래쪽 삽입도에 나타냈다.

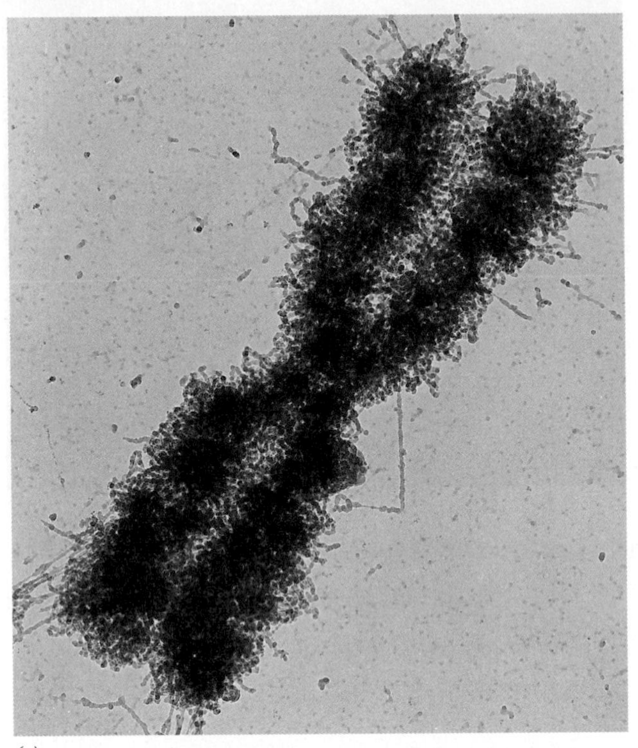
(*a*)

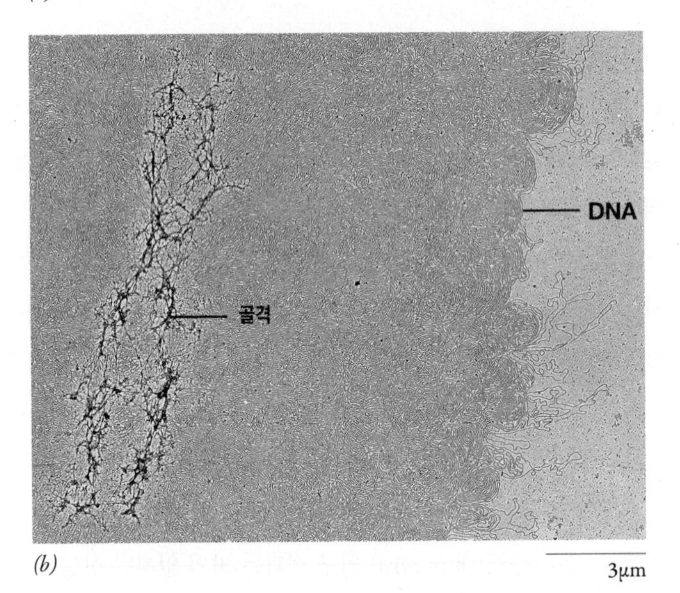

(*b*)

그림 14-13 유사분열 염색체. (*a*) 사람의 유사분열 염색체 1개 전체를 준비하여 관찰한 전자현미경 사진. 지름이 30nm인 울퉁불퉁한 섬유로 구성되어 있는 구조를 볼 수 있는데, 이는 간기의 염색체에서 발견되는 구조와 유사하다. (*b*) 히스톤과 대부분의 비히스톤 단백질이 제거된 후의 유사분열 염색체의 모습. 남아있는 단백질들이 골격을 형성하는데, 이로부터 DNA 고리가 뻗어 나온다. (DNA 고리는 〈그림 6-11〉에 더 선명하게 나와 있다.)

응축 결과로 유사분열 세포의 염색체는 독특한 막대모양을 나타난다. 자세히 관찰하면 유사분열 염색체는 2개의 거울상인 "자매(sister)" **염색분체**(chromatid)로 이루어져 있다는 것을 알 수 있다(그림 14-13*a*). 자매염색분체는 전기 전에 일어나는 복제의 결과로 생성된다.

복제 전에, 각각의 간기 염색체 DNA에 길이를 따라 몇몇 장소에서 **코헤신**[cohesin[d]]이라고 하는 다단백질 복합체가 결합한다(그림 14-14). 복제 후에 코헤신은 G_2기 동안 내내 그리고 궁극적으로 두 자매 염색분체가 분리되는 시기인 유사분열로 들어갈 때까지 두 자매염색분체를 함께 잡고 있다. 〈그림 14-14〉의 삽입도에서처럼, 콘덴신과 코헤신은 구조적으로 비슷하다. 수많은 실험들이 〈그림 14-14〉의 위, 아래 부위에 보이는 것처럼 코헤신 고리가 두 자매 DNA분자를 둘러싼다는 가설을 지지해준다.

척추동물에서 코헤신은 2개의 별도의 단계에서 염색체로부터 분리된다. 대부분의 코헤신은 전기 동안 염색체가 응축될 때 염색체의 팔 부위에서부터 분리된다. 폴로-유사 인산화효소(polo-like kinase)와 오로라 B 인산화효소(aurora B kinase)라는 두 가지 중요한 유사분열 효소에 의해 코헤신의 소단위가 인산화되어 분리가 일어난다. 결과적으로 각 유사분열 염색체의 염색분체는 기다란 팔 부위에서는 상대적으로 느슨하게 결합되고, 중심절(中心節, centromere)에서는 더 단단히 결합하게 된다(그림 14-13*a*, 14-15). 중심절에 코헤신이 남아있는 이유는 인산화효소에 의해 코헤

역자 주[d] "코헤신(cohesin)"은 'cohesive(점착성이 있는)'와 어떤 물질의 '성질'을 뜻하는 '소(素)'에 해당하는 '-in'의 합성어이다.

신에 첨가되는 인산기를 제거하는 탈인산화효소가 이 부위에 존재하기 때문이라고 생각된다. 앞에서 언급하였듯이 중심절에서의 코헤신의 분리는 보통 후기까지는 지연된다. 만약 실험적으로 인산가수분해효소를 불활성화시키면 자매염색분체는 후기 전에 너무 이른 시간에 서로에게서 분리된다.

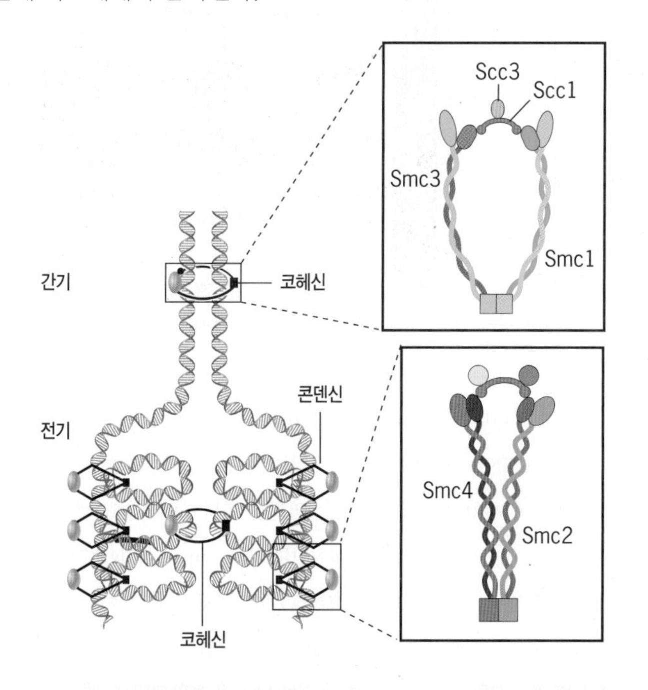

그림 14-14 유사분열 염색체의 형성과정에서 콘덴신(condensin)과 코헤신(cohesin)의 역할에 대한 모형. 그림의 맨 위에 보이는 것처럼, 복제 직후 1쌍의 자매염색분체 DNA나선은 코헤신 분자들이 자매 DNA나선 구조를 둘러싸서 붙어있게 된다. 세포가 유사분열을 시작하면, 그림의 아래쪽에 나타낸 것과 같이 콘덴신 분자의 도움을 받으며 응축과정이 시작된다. 이 모형에서 콘덴신은 염색질내의 초나선 DNA 고리를 둘러싸는 원형고리를 형성하여 염색체를 응축시킨다. 코헤신 분자들에 의해 자매염색분체의 DNA는 계속적으로 붙어있는 상태를 유지한다. 그림에는 나타내지 않았지만, 콘덴신 분자들 간의 협력적 상호작용에 의해 이후 초나선 고리(supercoiled loop)가 더 큰 나선형을 형성하게 되고, 이것이 다시 유사분열 염색체 섬유(mitotic chromosome fiber)로 접히게 된다. 위쪽과 아래쪽의 삽입도는 각각 코헤신과 콘덴신 복합체의 소단위 구조를 보여준다. 2개의 복합체 모두 1쌍의 SMC 소단위를 둘러싸며 형성된다. 각각의 SMC 폴리펩티드는 자신을 따라 반대로 접히면서 매우 가늘고 긴 역평행의 연속꼬인나선(coiled-coil)구조를 만드는데, N-말단과 C-말단에 존재하는 ATP-결합 구형영역(ATP-binding globular domain)이 서로 맞닿게 된다. 또한 코헤신과 콘덴신은 SMC이 아닌 소단위를 두세 개 포함하는데, 이 소단위에 의해 단백질들의 고리 모양 구조가 완성된다.

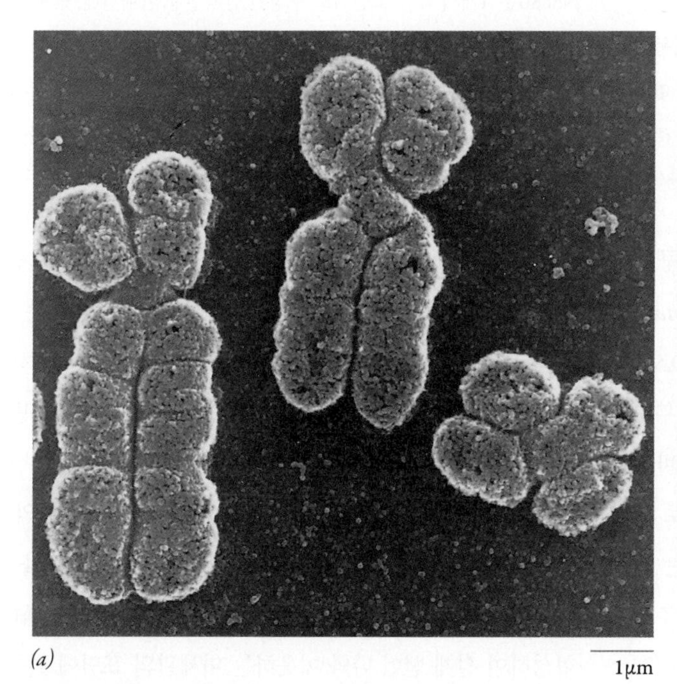

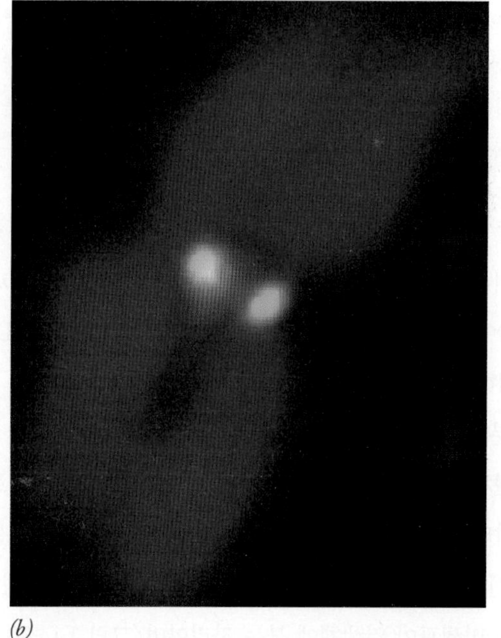

그림 14-15 유사분열 염색체는 코헤신(cohesin) 단백질 복합체에 의하여 서로 결합되는 1쌍의 자매염색분체로 구성된다. (*a*) 사람 중기 염색체를 주사전자현미경으로 본 사진에서 짝을 이룬 상동염색분체들이 팔 쪽에서는 느슨하게 붙어있고, 중심절에서는 단단하게 결합되어 있음을 볼 수 있다. 염색분체들은 후기 때까지 서로 분리되지 않는다. (*b*) 배양된 사람 세포 중기 염색체의 형광현미경 사진. DNA는 파란색으로, 동원체는 초록색으로, 코헤신은 빨간색으로 염색하였다. 유사분열의 이 시기에서, 코헤신은 자매염색분체의 팔로부터 사라지지만 자매염색분체가 단단히 결합하고 있는 중심절 부위에 집중되어 계속 존재한다.

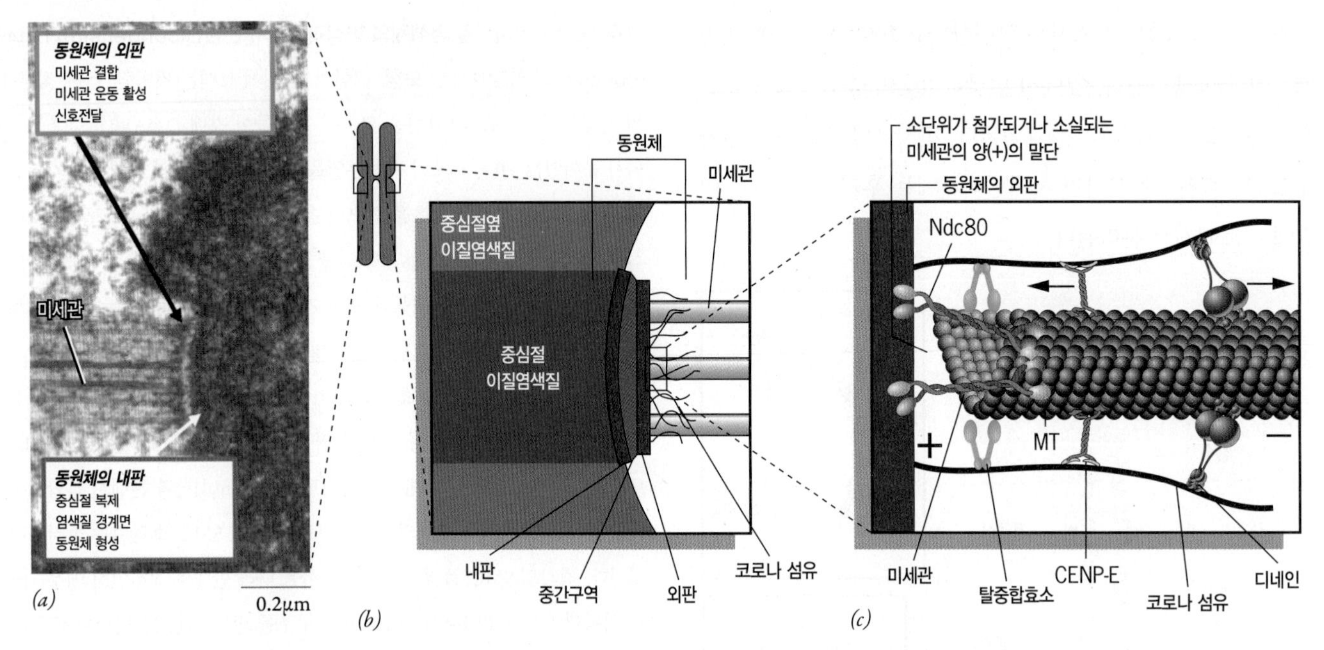

그림 14-16 동원체. (*a*) 포유동물 중기 염색체 동원체의 3층(trilaminar) 구조의 단면을 보여주는 전자현미경 사진. 유사분열 방추체의 미세관들이 동원체에서 끝나는 것을 볼 수 있다. (*b*) 동원체의 개요도는 동원체에 전자 밀도가 높은 내판(inner plate)과 외판(outer plate)이, 엷게 염색되는 중간구역(interzone)에 의하여 분리되어 있음을 보여준다. 추정되는 내판과 외판의 기능은 *a* 그림에 나타내었다. 내판에는 염색체의 중심절 이질염색질(centromeric heterochromatin)에 결합하는 다양한 종류의 단백질이 존재한다. 외판에는 섬유성코로나(fibrous corona)가 결합하는데, 섬유성코로나에는 염색체 이동에 관여하는 운동단백질이 결합한다. (*c*) 동원체의 바깥 표면에서 발견되는 몇몇 단백질의 배치를 제안한 도식적 모형. 동원체와 결합하는 운동단백질들 중에서, 세포질 디네인(cytoplasmic dynein)은 미세관의 음(−)의 말단으로 움직이는 반면, CENP−E는 양(+)의 말단 쪽으로 움직인다. 또한 운동단백질들은 미세관이 동원체에 붙어있도록 하는 역할을 한다. "탈중합효소(depolymerase)"라고 표시된 단백질은 키네신 대집단(kinesin superfamily) 중의 하나인데, 운동에 관여하지 않고 미세관의 탈중합과정과 관련된 기능을 한다. 그림에서 탈중합효소는 비활성 상태로 존재하여 미세관은 탈중합이 일어나지 않는다. Ndc80은 4개의 다른 소단위로 구성된 단백질 복합체인데, 동원체 본체에서부터 바깥쪽으로 길게 늘어난 50nm 길이의 막대 모양을 하고 있다. Ndc80 소섬유(fibril)는 동원체를 미세관의 양(+)의 말단에 연결시켜 주는 연결자로 알려져 있다.

중심절과 동원체 유사분열 염색체에서 가장 눈에 띄는 구조는 중심절의 위치를 알 수 있게 해주는 홈 또는 1차협착(*primary constriction*)이다(그림 14−13*a*). 중심절은 고도로 반복되는 DNA 서열이 존재하여(그림 4−19 참조) 특정 단백질들이 결합하는 부위이다. 유사분열 염색체의 절편들을 관찰하여 염색체의 중심절 바깥 표면에 **동원체**(動原體, kinetochore)라는 단추 모양의 구조로 된 단백질 덩어리가 있는 것이 밝혔다(그림 14−16*a*,*b*). 동원체는 전기 동안 중심절에 형성된다. 동원체의 기능은 (1) 유사분열 방추체의 역동적인 미세관이 염색체에 붙는 자리이며〈그림 14−30〉 (2) 염색체의 운동에 관여하는 몇몇 운동단백질(motor protein)〈14−16*c*〉이 존재하는 위치이고 (3) 중요한 유사분열 세포주기확인점의 신호전달 경로에 관여하는 주요 구성요소의 집합지이다.

중심절을 연구하는 과학자들이 가장 궁금해 하는 질문은 어떻게 이런 구조들이 끊임없이 늘어났다 줄어들었다 하는 방추사의 양(+)의 말단(plus end)과 연결을 유지할 수 있는가 하는 것이다. 이런 종류의 "유동적 쥐기(floating grip)"를 유지하기 위해서는 미세관 소단위가 추가되거나 제거될 때 연결자(coupler)가 반드시 미세관의 끝과 함께 움직여야 한다. 〈그림 14−16*c*〉는 중심절과 미세관을 연결하는 데 관여할 가능성이 있는 두 가지 종류의 단백질인, 운동단백질들과 Ndc80이라는 막대 모양의 단백질을 보여준다. Ndc80은 필수적인 중심절 단백질로서, 소섬유(小纖維, fibril)를 형성하여 길게 뻗어 나와 이웃하는 미세관의 표면에 결합하는 것처럼 보인다. 동원체와 연결된 다양한 운동단백질 중 키네신 대집단(kinesin superfamily)에 속하는 CENP−E가 미세관 연결자 역할을 할 가능성이 있다고 생각된다. 효모 세포에서의 세 번째 후보 물질인 Dam1은 〈그림 14−30〉에 나타내었다.

14-2-1-2 유사분열 방추체의 형성

우리는 제13장에서 어떻게 동물세포에서 **중심체**(centrosome)라는 특별한 미세관-형성 중심(microtubule-organizing center)으로부터 미세관의 조립이 시작되는지 논의하였다. 세포가 G_2기를 지나고 유사분열로 들어갈 때 세포골격(cytoskeleton)인 미세관은 전체적으로 해체되면서 **유사분열 방추체**(mitotic spindle)라는 복잡하고 작은 장치의 구성요소로 재조립되기 위한 준비과정을 거친다. 간기에 세포골격이 빠르게 해체되는 것은 미세관들을 안정화시키는 단백질(즉, 미세관-결합 단백질, microtubule-associated proteins, MAP)의 불활성화 그리고 미세관을 불안정화시키는 단백질들의 활성화에 의해 이루어진다.

유사분열 방추체의 형성을 이해하기 위해서는 세포주기와 함께 진행하는 중심체주기(*centrosome cycle*)를 검토할 필요가 있다(그림 14-17*a*). 하나의 동물세포가 유사분열에서 벗어나면, 각 세포질은 서로 직각으로 위치한 2개의 중심립(centriole)을 포함하는 하나의 중심체를 갖는다. 세포질분열이 완료되기도 전에, 각 딸세포에서 아주 밀접하게 존재하던 2개의 중심립들의 사이가 벌어지게 된다[이것을 "분리된다(disengage)"고 말함]. 이 현상은 유사분열의 늦은 시기에 활성화되기 시작하는 세파라아제(separase) 효소에 의해 개시된다. 후에 S기의 핵 안에서 DNA 복제가 시작될 때 세포질에서 중심체의 각 중심립은 "복제"를 시작한다. 이 과정은 이미 존재하던 각각의 중심립[모(母)중심립(maternal centriole)]의 바로 옆에 작은 전중심립(前中心粒, *procentriole*)이 직각으로 출현하면서 시작한다(그림 14-17*b*). 미세관이 신장함에 따라 각각의 전중심립은 완전한 길이의 딸중심립(daughter centriole)으로 전환된다. 유사분열이 시작되는 시기에 중심체는 근접한 2개의 중심체로

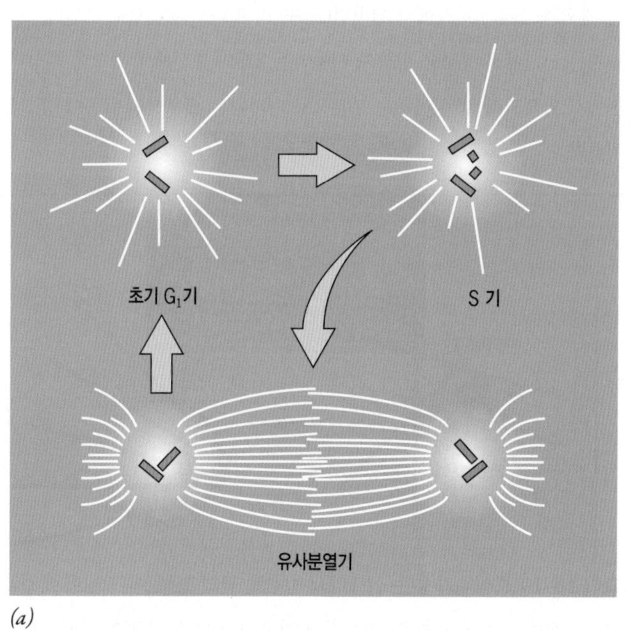

(*a*)

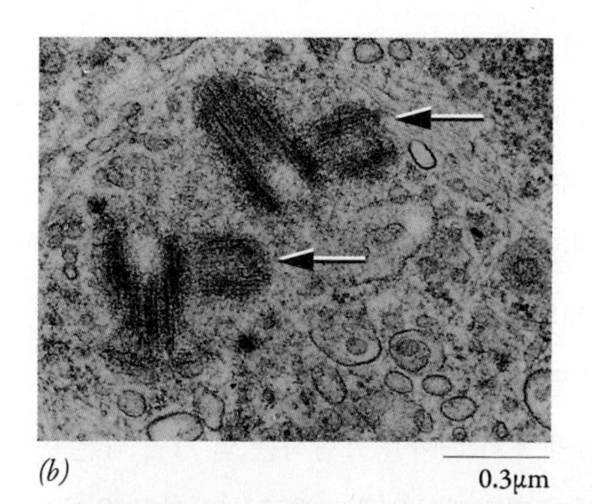

(*b*)

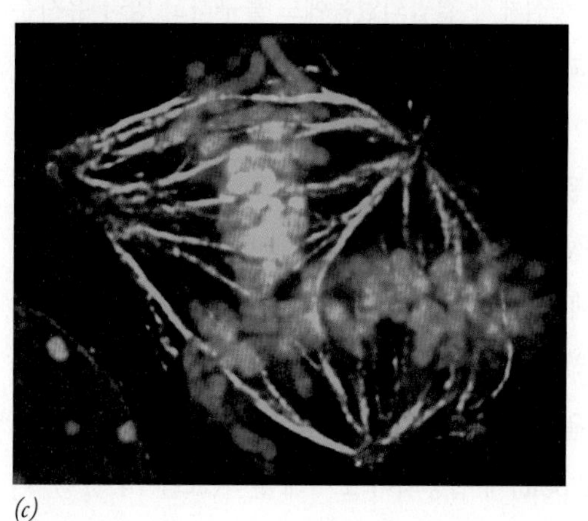

(*c*)

그림 14-17 **동물세포의 중심체주기(centrosome cycle).** (*a*) G_1기 동안 중심체 안에는 1쌍의 중심립이 존재하는데, 이 중심립들은 유사분열 시기에서처럼 단단하게 결합되어 있지는 않다. S기 동안 딸 전중심립이 모(母)중심립(maternal centriole)의 옆에서 생성되어, 중심체 안에는 2쌍의 중심립을 볼 수 있게 된다(그림 *b* 참조). 딸 전중심립은 G_2기 동안 계속하여 성장하고, 유사분열이 시작되면 중심체가 둘로 나뉘어져서 중심립들의 각 쌍은 자신의 중심체 부분이 된다. 중심체가 나누어짐에 따라, 중심체들은 유사분열 방추체를 형성하는 미세관 섬유들을 조직화한다. (*b*) 이 세포의 중심체는 두 쌍의 모-녀(mother-daughter) 중심립을 갖고 있다. 짧은 전중심립을 화살표로 표시하였다. (*c*) 생쥐의 유방암 세포는 정상적인 2개의 중심체보다 더 많은 중심체를 가지고 있어서(빨간색) 다극성 방추체장치(multipolar spindle apparatus)가 형성된다(초록색). 정상보다 많은 수의 중심체는 염색체의 분리 현상에 이상을 초래하여 염색체 숫자를 비정상적으로 만드는데(파란색), 이것은 악성 종양 세포의 전형적인 특징이다.

나눠지는데, 각각은 한 쌍의 모녀(母女)중심립(mother-daughter centriole)을 갖고 있다. G_1-S 전환에서 DNA복제의 시작에 관여하는 Cdk2 인산화효소가 중심립 단백질을 인산화시킴으로써 중심체 복제가 시작된다(그림 14-8). 중심체의 복제는 엄격하게 제어되는 과정으로 각 세포주기 동안 각 모중심립은 단지 하나의 딸중심립을 생산한다. 추가적인 중심립들이 생성되면 세포가 비정상적으로 분열하게 되고, 암이 발생할 수 있다(그림 14-17*c*).

전형적인 동물 세포에서 유사분열 방추체 형성의 첫 단계는, 이른 전기에 각 중심체 주변에서 미세관들이 "방사상으로 퍼지는" 모양의 배열 또는 **성상체**(星狀體, aster)를 형성하는 것이다(그림 14-18). 제13장에서 설명된 것처럼, 미세관의 양(+)의 말단(plus end)에 소단위가 추가되어 길어지는 반면에, 미세관의 음(−)의 말단(minus end)은 중심체와 연결된 채로 남아있다. 성상체가 형성된 후 중심체가 서로 분리되어 핵을 따라 움직이면서 세포의 반대쪽 끝으로 이동한다. 중심체 분리는 인접한 미세관에 연결되어 있는 운동단백질에 의해 유도된다. 중심체가 분리될 때 중심체 사이를 이어주는 미세관들의 수가 늘어나면서 길어지게 된다(그림 14-18). 결국 2개의 중심체는 서로 반대쪽 지점에 도달하고 양극성(*bipolar*) 유사분열 방추체의 두 극을 형성한다(그림 14-7*a*). 중심체는 유사분열에 의해 각 딸세포에 하나씩 분배된다.

고등 식물 세포와 쥐의 초기 배아를 포함하는 몇 가지 다른 종류의 동물 세포는 중심체가 결핍되었음에도 불구하고 양극 유사분열 방추체가 형성되고 비교적 정상적인 유사분열을 수행한다. 중심체가 없는 돌연변이 초파리속(*Drosphila*) 곤충의 세포, 또는 실험적으로 중심체가 제거된 포유동물 세포도 기능적으로 문제가 없는 유사분열 방추체를 형성한다. 이러한 모든 경우에 유사분열 방추체의 미세섬유들은 중심체가 원래 놓여있던 양극 쪽이 아니라 염색체 근처에서 응집되기 시작한다. 그 후 미세섬유의 중합체가 형성되기 시작하면 미세섬유의 음(−)의 말단은 운동단백질의 활성에 의해 각각의 방추체 극(spindle pole)에 집중되어 모이게 된다(그림 14-19). 이 장의 첫 페이지에 있는 사진은 개구리 난자 추출물에서 미세섬유 운동단백질의 작용에 의해 형성된 양극 방추체를 보여준다. 이런 실험 결과는 세포가 같은 목적을 달성하기 위해 근본적으로 두 가지의 다른 기작—중심체 의존적, 중심체 비의존적—을 갖고 있다는 것을 보여준다. 최근의 연구들을 통하여 방추체 형성의 두 가지 경로가 같은 세포에서 동시에 일어난다는 것과 정상 기능을 하는 중심체를 가진 세포들에서도 방추체 미세관들의 일부가 염색체에서 응집되기 시작한다는 것을 알게 되었다.

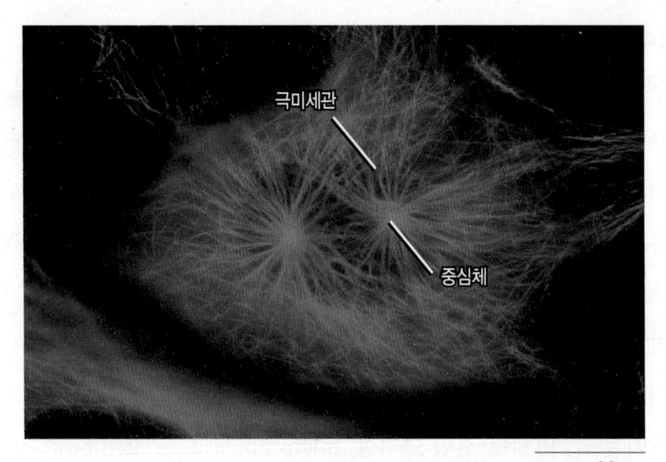

그림 14-18 유사분열 방추체의 형성. 전기 동안 염색체가 응축하기 시작하면, 중심체는 유사분열 방추체를 형성하는 미세관 다발들을 조직화시키면서 서로 반대쪽으로 이동한다. 이 현미경 사진은 전기 초기의 영원(newt) 폐 세포를 배양하여, 튜불린에 대한 형광 항체로 염색한 것인데, 세포의 미세관이 어떠한 형태로 분포되어 있는지 보여준다(초록색). 발달 중인 유사분열 방추체의 미세관은 세포 속 2개의 자리에서 별처럼(aster) 퍼져 나오는 것으로 보인다. 이 2개의 위치는 전기에서 양극을 향하여 이동하는 2개의 중심체의 위치데 해당한다. 사진에서 염색되지 않은 어두운 부분으로 나타나는 세포핵의 위쪽에 중심체가 위치한다.

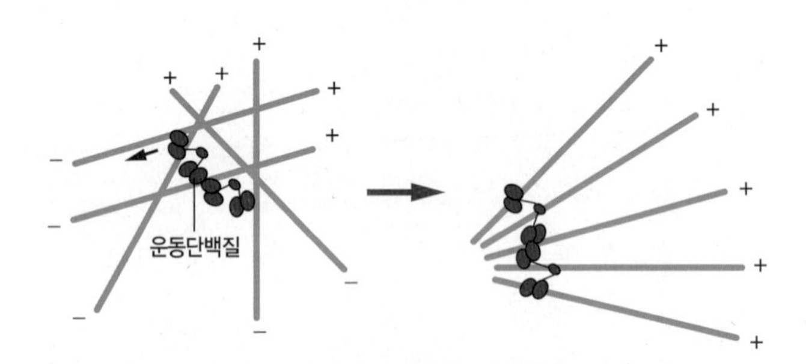

그림 14-19 중심체가 없는 상태에서 방추체 극의 형성. 이 모형에서 각각의 운동단백질들은 여러 개의 머리를 갖고 있으며, 이것들이 각기 다른 미세관들과 결합한다. 운동단백질의 움직임에 의해 미세관의 음(−)의 말단이 모여들어 뚜렷한 방추체 극이 형성된다. 중심체가 없을 때 이런 종류의 기작에 의해 방추체 극의 형성이 가능하다고 생각되어지지만, 중심체가 있는 경우에도 어떠한 역할을 수행하는 듯하다.

14-2-1-3 핵막의 해체와 세포 내 소기관들의 분배

대부분의 진핵 세포에서 유사분열 방추체는 세포질에서 조립되는 반면 염색체는 핵질에서 응축된다. 그러므로 방추사와 염색체 사이의 상호작용은 전기 말에 핵막이 붕괴한 후에 가능해진다. 핵막의 주요한 세 가지 구성요소들—핵공복합체(nuclear pore complexes), 핵박판(核薄板, nulear lamina), 핵막—은 독립적인 과정에 의해 해체된다. 모든 과정은 주요 유사분열 인산화효소, 특히 사이클린 B-Cdk1이 주요 기질을 인산화시킴에 의해 시작된다고 생각된다. 핵공복합체는 뉴클레오포린(nucleoporin) 복합체 사이의 상호작용이 깨지고 주변으로 흩어짐에 의해 해체된다. 핵박판은 라미닌 섬유의 탈중합(脫重合)에 의해 해체된다. 핵막은 초기에는 바깥쪽 핵막에 결합된 세포질 디네인(dynein) 분자들에 의해 핵막에 구멍이 생기면서 기계적으로 찢어지기 때문에 해체된다. 핵의 막으로 된 부분이 이후에 어떻게 되는지는 아직 논란거리이다. 고전적인 견해에 따르면, 핵막은 조각이 나서 유사분열 세포 전체에 흩어지는 작은 소낭 집단이 된다. 다른 견해는 핵의 막들이 소포체의 막으로 흡수된다는 것이다.

세포질에 존재하는 막으로 싸여 있는 몇몇 소기관들은 유사분열 하는 동안 비교적 그대로 유지된다. 여기에는 미토콘드리아, 리소솜, 퍼옥시솜 뿐만 아니라 식물세포의 엽록체도 포함된다. 최근 몇 년간 골지복합체와 소포체가 유사분열동안 분해되는 기작에 대한 논쟁이 있어왔다. 한 견해에 의하면, 골지복합체는 전기 동안 구성물이 소포체 안으로 흡수되어 뚜렷한 기관으로 존재하지 못하게 된다. 다른 견해에 의하면, 골지의 막들이 조각나서 작은 소낭을 형성하여 두 딸세포로 분배된다. 주로 조류와 원생동물의 연구에 기초한 세 번째 견해는 전체 골지복합체가 2개로 조각나게 되고, 각 딸세포들은 원래 구조의 절반을 받는다. 결론적으로 다른 종류의 세포 또는 개체는 다른 종류의 골지 유전 기작을 이용할지도 모른다. 소포체의 운명에 대한 우리의 생각들도 또한 바뀌었다. 살아있는 포유동물 세포들을 배양하는 최근의 연구들은 소포체 연결망이 유사분열 동안에도 비교적 온전하다는 것을 알려준다. 이런 견해는 난자와 배아를 이용한 많은 초기 연구들에서 제기한 '전기 동안에 소포체가 넓은 범위에 걸쳐 조각으로 갈라진다'는 주장을 반박하고 있다.

14-2-2 전중기

핵막의 해체는 유사분열의 두 번째 시기인 **전중기**(prometaphase)가 시작됨을 나타낸다. 전중기 동안 유사분열 방추체가 완전히 조립되고 염색체는 세포의 중앙으로 자리를 옮긴다. 다음의 설명은 전중기 시기의 일반적인 특징에 대한 것이지만, 실제로는 이 과정에서 많은 변형된 현상들이 보고되고 있다.

전중기가 시작될 때, 응축된 염색체는 원래 핵이었던 공간 전체에 퍼져있다(그림 14-20). 방추체의 미세관이 세포의 중앙 지역을 관통할 때 미세관의 양(+)의 말단은 마치 염색체를 찾으려고 "탐색하고" 있는 것처럼 역동적으로 자라고 움츠러드는 것이 보인다. 여러 증거들에 의하면, 미세관이 주로 염색체가 포함된 지역 쪽으로 선호하여 자란다는 것을 보여주기 때문에 이러한 검색이 완전히 무작위적으로 일어나는지는 불확실하다. 동원체와 접촉한 미세관들은 "포획(captured)"되어 안정화된다.

일반적으로 동원체는 처음에는 미세관의 끝보다는 미세관의 측면과 접촉한다. 한번 초기 접촉이 이루어지면 염색체들은 동원체에 위치한 운동단백질(motor protein)에 의해 미세관의 벽을 따라 활발히 움직인다. 그러나 곧 동원체는 하나의 방추체 극에서 뻗

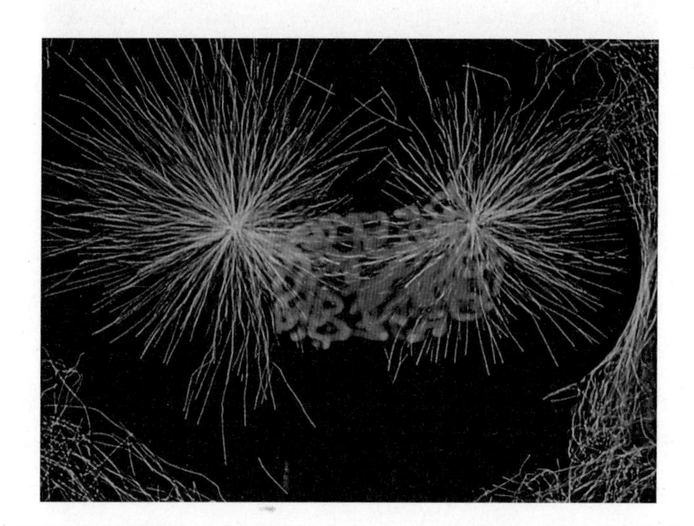

그림 14-20 전중기. 유사분열의 이른 전중기의 시기에 있는 배양된 영원의 폐 세포를 핵막이 분해된 직후에 찍은 형광현미경 사진. 유사분열 방추체의 미세관은 이때부터 염색체와 상호작용할 수 있다. 튜불린에 대한 단일클론항체로 표지한 유사분열 방추체는 초록색으로 나타나고, 염색체는 형광 물질로 표지하여 파란색으로 나타난다.

어 나온 하나 또는 그 이상의 방추체 미세관의 양(+)의 말단과 안정적으로 결합한다. 최종적으로는 자매염색분체의 동원체, 즉 미세관에 부착되지 않은 동원체가 반대쪽 방추체 극으로부터 나오는 다른 미세관을 붙잡는다. 또 다른 보고에 의하면 미세관이 부착되지 않은 동원체는 미세관이 조립될 수 있는 핵형성 부분으로 작용하고 여기서 생성된 미세관은 반대편 방추체 극 쪽으로 자라게 된다. 어떤 과정을 거치든 상관없이, 궁극적으로 각 유사분열 염색체의 2개의 자매염색분체의 동원체는 반대쪽 극으로부터 뻗어 나온 미세관에 연결된다. 살아있는 세포를 관찰해보면 전중기의 염색체가 방추체 미세관과 연결된 후 바로 방추사의 중심으로 이동되는 것이 아니라, 극 방향과 반대 극 방향으로 앞뒤로 움직이는 것을 볼 수 있다. 궁극적으로 전중기 세포의 염색체들은 **회합**(會合, congression)[c] 과정에 의해서 유사분열 방추체의 중심, 즉 양극 사이의 가운데로 이동된다. 전중기 동안 염색체가 움직이는 데 필요한 힘은 동원체와 염색체 팔에 결합된 운동단백질에 의해 생긴다(〈그림 14-33*a*〉에 설명되어 있음). 〈그림 14-21〉은 극으로부터 염색체를 멀리 밀어내는 기능을 가진 염색체성 운동단백질이 결핍되었을 때의 결과를 보여준다.

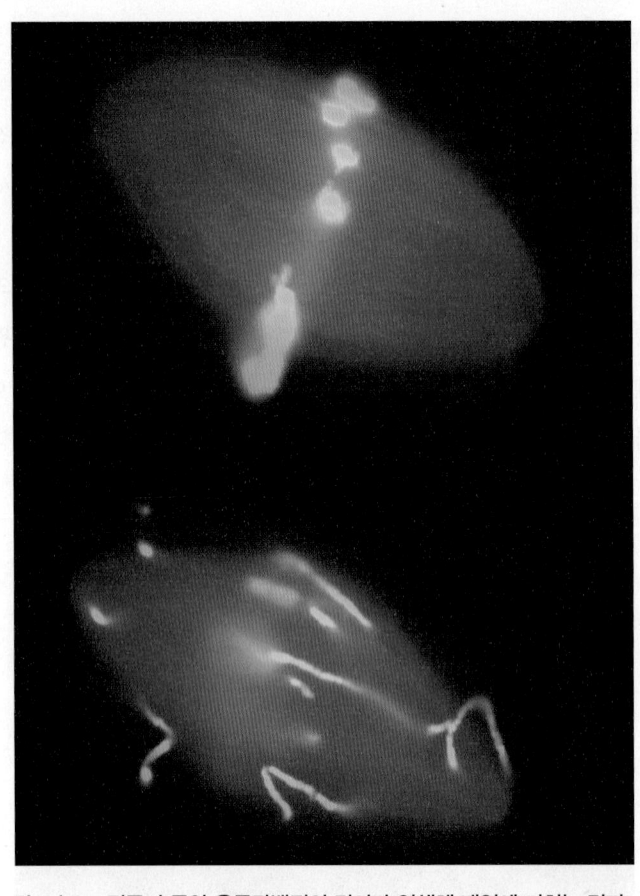

그림 14-21 전중기 동안 운동단백질의 결여가 염색체 배열에 미치는 결과. 위쪽의 현미경 사진은 온전한 개구리 난자 추출물에서 만들어진 유사분열 방추체를 보여준다. 아래쪽 사진은 Kid라는 특정 키네신-유사 단백질을 제거한 개구리 난자 추출물에서 만들어진 방추체를 보여준다. Kid 단백질은 전중기 염색체의 팔 부위를 따라서 존재한다. 이 운동단백질이 결여된 경우 염색체는 방추체의 중심에 배열할 수 없고, 방추체 미세관에 의해 당겨져서 양극 쪽에 모여 있게 된다. Kid 단백질은 정상적으로는 염색체가 양극으로부터 이동할 수 있는 힘을 제공한다.

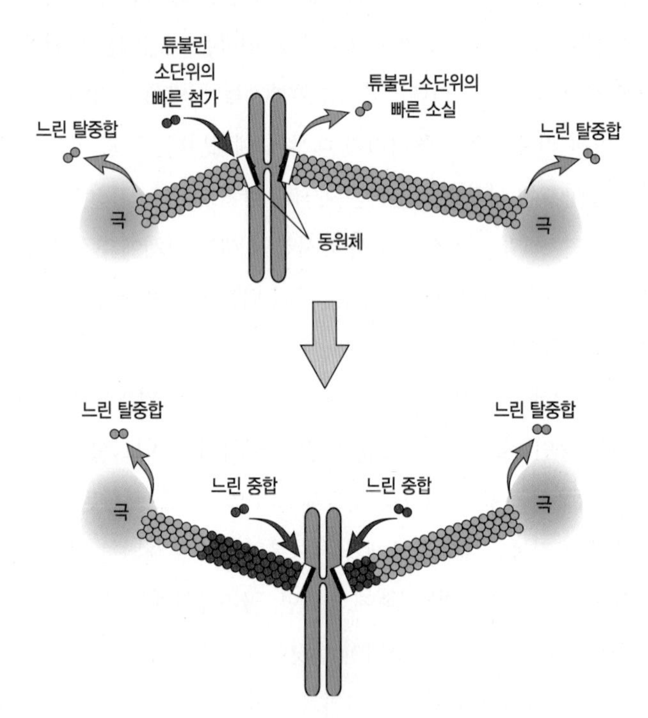

그림 14-22 중기판을 형성하는 동안 미세관의 움직임. 처음에 염색체는 양극으로부터 뻗어 나온 매우 다양한 길이의 미세관들과 연결되어 있다. 전중기가 진행함에 따라, 한쪽 극에서 유래된 미세관은 동원체 부분에서 튜불린 소단위가 빠르게 소실되어 짧아지게 된다. 반면 반대쪽 극에서 나온 미세관은 동원체에서 빠른 속도로 튜불린 소단위가 첨가되어서 길이가 길어지게 된다. 이를 통해 미세관 길이의 불균형이 해소된다. 이러한 변화는 전중기와 중기 동안 계속적으로 일어나는 훨씬 더 느린 중합과 탈중합(아래쪽 그림)으로 대체되게 된다. 이로 인하여 미세관의 소단위가 극 쪽으로 이동하는데, 이러한 움직임을 미세관 유동(microtubule flux)이라고 한다.

역자 주[c] 세포분열의 중기에 염색체들이 방추사에 의해 적도면으로 이동하는 것을 일컫는다.

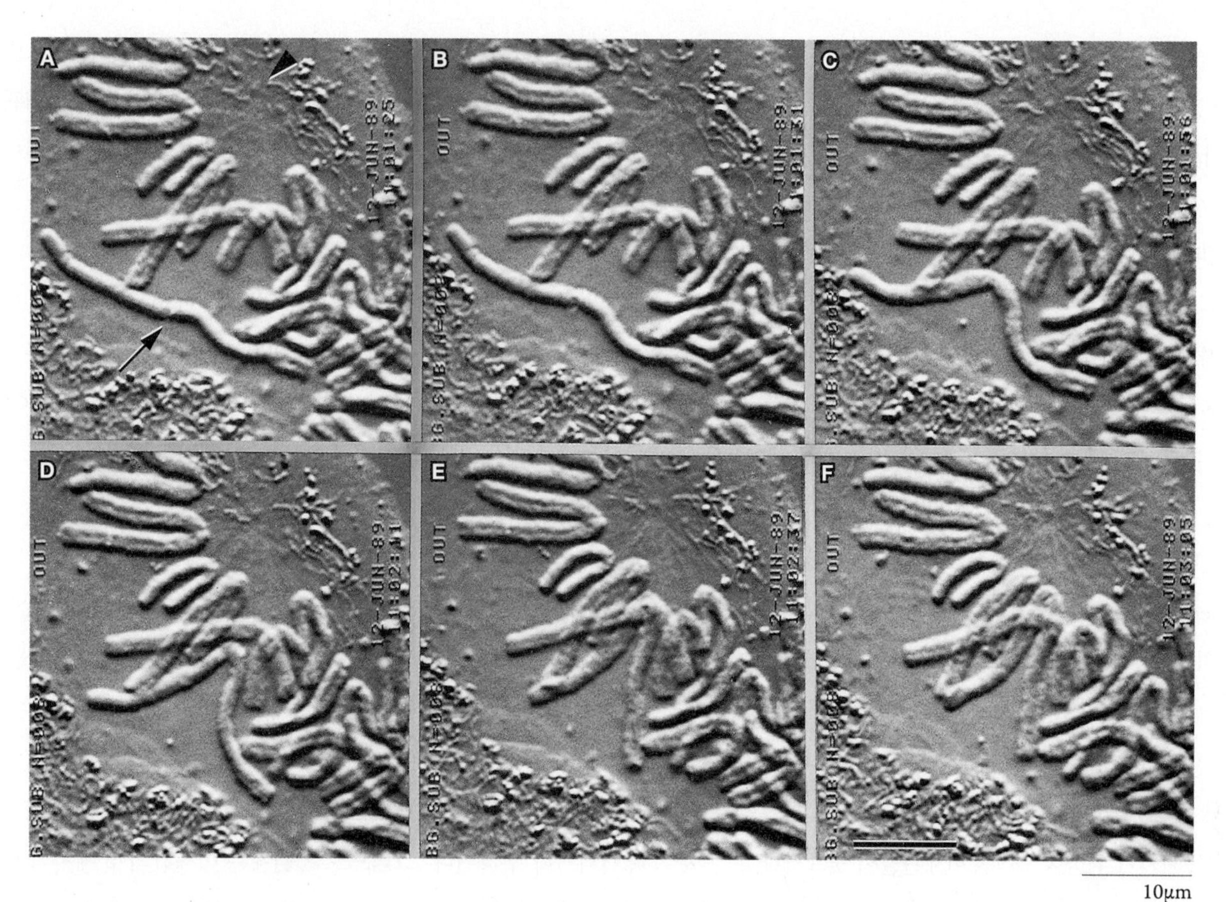

그림 14-23 전중기 동안 염색체의 배열과 중기판으로의 이동. 이 연속 사진은 전중기 동안 영원의 폐 세포의 염색체 이동을 100초 이상 비디오로 촬영한 영상에서 나온 것이다. 대부분의 염색체가 전중기가 시작할 무렵에 중기판에 정렬되었지만, 1개의 염색체(화살표)는 양극으로부터 유래된 방추사와 결합하지 못하였다. 이 1개의 염색체는 B 사진에서 양극으로부터 나온 방추사와 결합한 후, F 사진에서와 같이 안정적인 위치에 다다를 때까지 가변적인 속도로 방추체 적도면을 향해 이동한다. 한 쪽 극의 위치는 A 사진에서 화살표로 나타내었다.

미세관의 역동성도 전중기 동안 염색체가 움직이는 데 중요한 역할을 한다. 염색체가 유사분열 방추체의 중심으로 회합할 때, 한 쪽 동원체에 결합된 좀 더 긴 미세관들은 짧아지고, 자매염색분체의 동원체에 붙은 더 짧은 미세관들은 더 길어진다. 미세관 길이의 이런 변화는 두 자매동원체를 끄는 힘(장력)의 차이에 의해 조절된다고 생각된다. 미세관이 짧아짐과 길어짐은 주로 미세관의 양(+)의 말단에 소단위가 소실되거나 추가되면서 일어난다(그림 14-22). 놀랍게도, 이 역동적인 활동은 각 미세관의 양(+)의 말단이 동원체에 부착되어 있는 동안에 일어난다.

결국 각 염색체는 방추체 중심면 쪽으로 이동하고, 그 결과 각 극에서 유래된 미세관들은 동등한 길이가 된다. 전중기 동안 한쪽 극 근처의 주변부에 있던 염색체가 유사분열 방추체의 중심으로 이동하는 것을 〈그림 14-23〉에 연속된 사진으로 보여주고 있다.

14-2-3 중기

각 염색체의 염색분체 중 하나가 동원체를 통하여 한쪽 극에서부터 온 미세관과 연결되고, 이 염색체의 다른 자매염색분체의 동원체가 다른 쪽 극에서부터 유래한 미세관과 연결됨으로서 모든 염색체가 방추체 적도면에 정렬하게 되면, 그 세포는 **중기**(metaphase)의 시기에 도달한 것이다(그림 14-24). 중기에서 염색체가 정렬한 면을 중기판(*metaphase plate*)이라고 부른다. 중기 세포의 유사분열 방추체는 매우 조직화된 미세관을 포함하고 있는데, 이것은 세포 중앙에 위치한 복제된 염색분체를 분리시키는 일에 매우 적합하다. 동물 세포의 중기 방추체의 미세관은 기능적으로 그리고 공간적으로 3개의 무리로 나눌 수 있다(그림 14-24).

1. 성상체미세관(*astral microtubule*)들은 중심체에서 사방으로 뻗어 나와 방추체의 바깥 방향으로 퍼져나간다. 그들은 세포 내에서 방추체 장치의 위치를 결정하고, 세포질분열의 수평면을 결정하는 일을 하는 것으로 생각된다.
2. 염색체미세관(*chromosomal microtubule*) 또는 동원체미세관(*kinetochore microtubule*)들은 중심체와 염색체의 동원체 사이에 뻗어있다. 포유동물 세포에서, 각각의 동원체는 방추사(spindle fiber)를 형성하는 20~30개로 된 미세관의 다발에 부착된다. 중기 동안에, 염색체미세관들은 동원체를 끌어당기는 힘을 발휘한다. 결과적으로, 염색체들은 반대쪽 극으로부터 나온 방추사들이 양쪽으로 끌어당기는 줄다리기에 의해 힘의 균형이 잡혀서 적도면에 위치하게 된다. 후기 동안에, 극 쪽으로 염색체를 이동시키기 위하여 염색체미세관들이 필요하다.
3. 극미세관(*polar microtubule*)들은 중심체에서 뻗어 나와서 염색체를 지나간다. 하나의 중심체로부터 나온 극미세관들은 반대쪽 중심체에서 나온 극미세관들과 서로 겹쳐진다. 극미세관의 바구니 같은 구조에 의해 방추체는 역학적으로 완전한 형태를 유지하게 된다.

만약 유사분열의 영상이나 영화를 본다면, 중기는 마치 모든 유사분열 활동이 갑자기 정지해서 짧은 시간 동안 세포가 중지해 있는 시기처럼 보인다. 그러나 실험 결과, 중기는 중요한 일들이 일어나는 시기라는 것이 밝혀졌다.

14-2-3-1 중기 방추체에서 미세관의 변화

염색체가 중기판에 배열했을 때 염색체미세관의 길이에는 특별한 변화가 없는 것처럼 보인다. 그러나 형광으로 표지된 튜불린을 이용한 연구를 통하여 미세관이 매우 역동적인 상태로 존재한다는 것이 밝혀졌다. 비록 미세관의 양(+)의 말단이 동원체에 붙어있을지라도, 튜불린 소단위가 염색체 미세관의 양(+)의 말단에서 빠르게 제거되거나 추가된다. 그러므로 동원체는 미세관의 끝에서 소단위의 출입을 방해하는 모자와 같은 역할을 하는 것이 아니라, 역동적

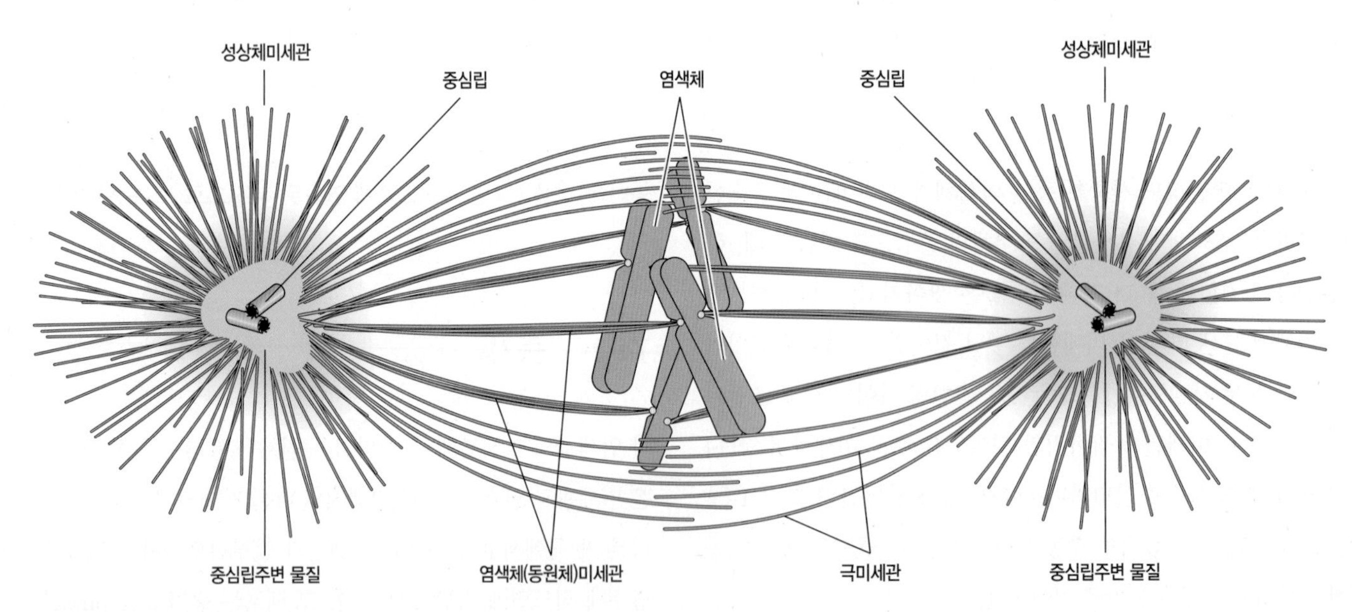

그림 14-24 동물세포의 유사분열 방추체. 각각의 방추체 극은 미세관들의 핵(核)이 형성되는 장소인, 부정형(不定形)의 중심립주변 물질(pericentriolar material)로 둘러싸인 한 쌍의 중심립을 갖고 있다. 방추체미세관은 성상체미세관, 염색체미세관, 극미세관의 세 종류가 있는데, 이들의 기능은 본문에 설명하였다. 수 천여 개가 넘는 모든 방추사미세관의 음(−)의 말단은 중심체를 향하고 있다.

인 활동이 일어나는 장소라는 것을 알 수 있다. 제거되는 것보다 더 많은 소단위가 양(+)의 말단에 추가되기 때문에, 동원체에서 소단위의 전체 개수는 늘어나게 된다. 그동안 미세관의 음(−)의 말단에서는 총 수가 줄어들게 되는데, 따라서 소단위는 염색체미세관을 따라 동원체에서 극 쪽으로 움직이게 된다. 유사분열방추사의 튜불린 소단위의 극방향 유동(*poleward flux*)을 설명한 실험을 〈그림 14-25〉에 나타냈다. 극에 있는 튜불린 소단위의 소실은 운동단백질인 키네신-13(kinesin-13) 집단을 구성하는 한 종류의 단백질에 의해 도움을 받는 것 같은데, 이 단백질은 미세관의 이동보다는 미세관의 탈중합을 촉진하는 기능을 한다.

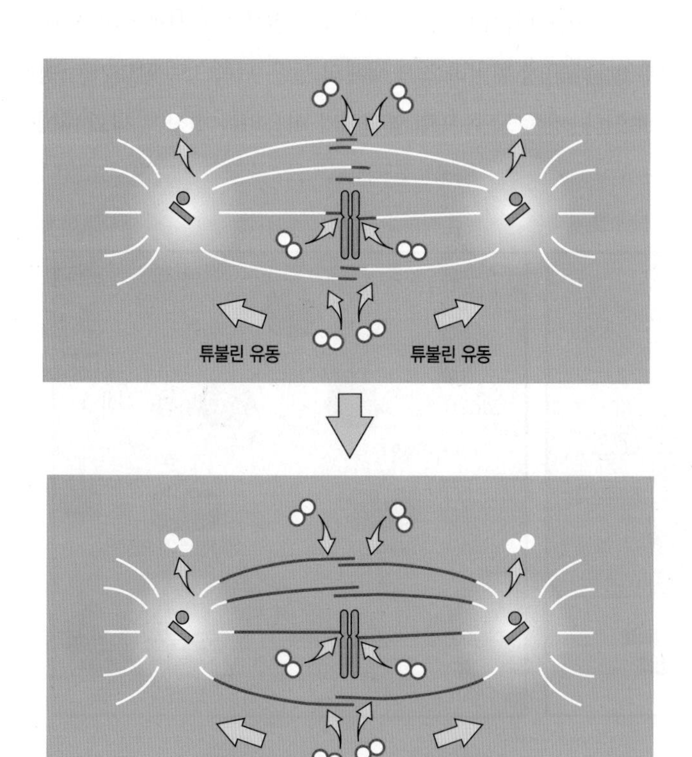

그림 14-25 중기 유사분열 방추체의 미세관에서 튜불린 유동. 이 시기의 미세관은 움직이지 않는 것처럼 보이지만, 형광 물질로 표지된 튜불린 소단위를 주입하면 방추사를 이루는 요소들이 유동(流動, flux)하는 역동적 상태에 있음을 볼 수 있다. 소단위는 염색체미세관의 동원체 쪽 말단과 극미세관의 적도면 쪽 말단에 우선적으로 결합하고, 주로 양 극 부위의 미세관 음(−)의 말단에서부터 떨어져 나온다. 튜불린 소단위는 약 1분에 1μm의 속도로 중기 방추사의 미세관을 따라 움직인다.

14-2-4 후기

후기(anaphase)는 각 염색체의 자매염색분체가 갈라져서 반대 극 쪽으로 이동하면서 시작된다.

14-2-4-1 유사분열 진행 과정에서 단백질분해의 역할

유전적 그리고 생화학적인 연구들을 통하여 후기를 개시시키는 기작에 대해 많은 양의 정보가 얻어졌다. 2개의 특별한 다단백질 복합체인 SCF와 APC가 세포주기의 다른 시기에서 단백질에 유비퀴틴을 첨가하여 이 단백질들을 단백질분해효소복합체(proteasome)가 파괴하게 만든다는 것이 이미 알려져 있었다. 세포주기 동안 SCF와 APC 복합체들이 작용하는 기간을 〈그림 14-26*a*〉에 나타냈다. 〈그림 14-26*a*〉에서 보여주는 것처럼 SCF는 주로 간기 동안 활성화된다. 대조적으로, 후기촉진복합체(*anaphase promoting complex*)인 *APC*는 유사분열동안 발생하는 현상들을 조절하는 데 주요한 역할을 한다. APC는 약 10여 개의 핵심소단위로 이루어져 있고, 추가적으로 "연계분자단백질(Adaptor protein)"이 존재한다. 연계분자단백질은 APC의 기질로 작용하는 단백질을 결정하는 중요한 역할을 한다. 두 가지 종류의 연계분자단백질인 Cdc20과 Cdh1이 유사분열 동안 기질 선택에 중요한 역할을 한다. 어떤 연계분자단백질을 포함하는가에 따라 APC복합체는 APC^{cdc20}또는 APC^{cdh1}라고 한다(그림 14-26*a*).

APC^{cdc20}은 중기 전에 활성화되고〈그림 14-26*a*〉, 세큐린(*securin*)이라는 주요 후기 저해자에 유비퀴틴을 붙인다. 세큐린이라는 이름은 이 단백질이 자매염색분체의 결합을 안전하게 지키기(secure) 때문에 붙여졌다. 세큐린이 유비퀴틴화되어 분해되면 세파라아제(*separase*)라는 단백질분해효소(protease)가 자유로워지면서 활성화된다. 세파라아제는 자매염색분체를 잡고 있는 코헤신(cohesin) 분자의 주요 소단위를 분해한다(그림 14-26*b*). 코헤신이 분해되면 자매염색분체가 분리되고, 바로 이 현상이 후기의 개시를 알려주는 지표이다.

유사분열의 후반부에 Cdc20은 불활성화되고, 대체적인 연계분자단백질인 Cdh1이 APC와 결합하여 기질 선택을 조절하게 된다(그림 14-26*b*). Cdh1이 APC에 결합하면, 이 효소는 사이클린 B를 유비퀴틴화시킨다. 사이클린이 파괴되면 유사분열 Cdk의 활성은 급격히 하락하고, 결과적으로 세포는 유사분열을 벗어나서 다음 세포주기의 G_1기로 들어간다. 억제제를 이용하면 유사분열과 G_1기로 세포가 재진입하는 과정을 조절하는 데 단백질 분해가 얼마나 중요한지를 쉽게 알 수 있다(그림 14-27). 단백질분해효소복합체의 억제제를 이용하여 사이클린B의 분해를 방해하면, 세포는 유사분열의 늦은 시기에서 정지 상태로 남게 된다. 만약 유사분열에서 정지된 세포에 Cdk1의 인산화효소 활성을 억제하는 화합물을 처리하면, 세포는 정상적으로 다시 유사분열과 세포질분열을 수행한다. 유사분열이 완성되기 위해서는 분명히(사이클린 활성제의 정상적인 파괴에 의해서든 또는 실험적인 억제에 의해서든) Cdk1의 작동이 정지할 필요가 있다. 단백질분해효소복합체를 억제시키고 Cdk1을 억제시켜서 유사분열을 벗어나게 만든 세포에서 Cdk1 억제제를 없애주면 가장 인상적인 현상을 관찰할 수 있다(그림 14-27). 사이클린B와 활성화된 Cdk1을 둘 다 포함하게 된 세포는 실제로 세포주기를 반대 방향으로 진행시켜 다시 유사분열로 들어가게 된다. 이 세포주기 역행은 〈그림 14-27〉에서 보여주는 것처럼 염색체의 응축, 핵막의 파괴, 유사분열방추사의 조립, 중기판으로 염색체의 이동 등의 특징을 나타낸다. 이 모든 현상은 Cdk1의 억제제를 제거함으로써 Cdk1의 활성이 부적절하게 다시 증가함으로써 유발된다. 이 발견은 원래는 단 한번만 일어나고 되돌릴 수 없는 정상적인 세포주기에서 단백질분해가 얼마나 중요한지를 설명해 준다.

14-2-4-2 후기에서 일어나는 일들

중기판에 위치한 모든 염색체는 후기의 시작과 동시에 나눠진다. 그리고 염색분체(더 이상 그들의 자매염색분체에 붙어있지 않기 때문에 이제 염색체라 부를 수 있다)는 극 쪽으로 이동한다(그림 14-11). 후기에 염색체가 이동할 때, 중심절은 방추사에 끌려가는 전연부(前緣部)에 위치하고 염색체의 팔은 뒤쪽으로 딸려가는 형태로 보인다. 양쪽 극 쪽으로 염색체가 이동하는 현상은 세포 내에서

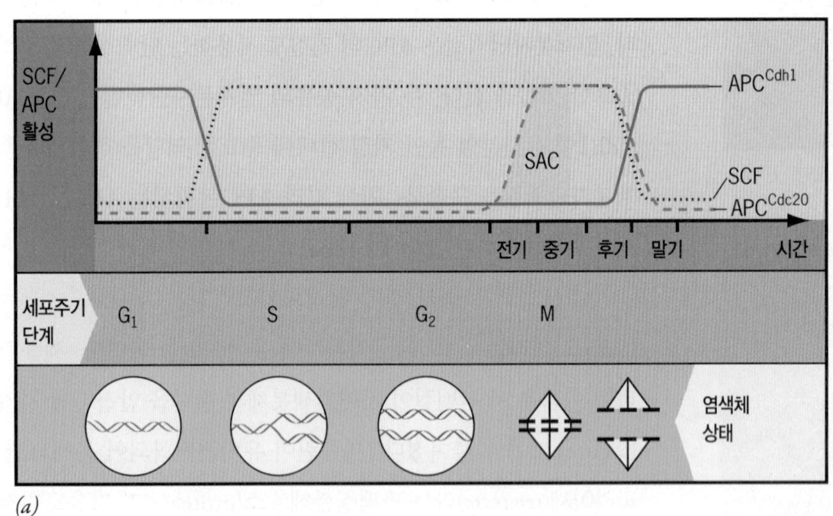

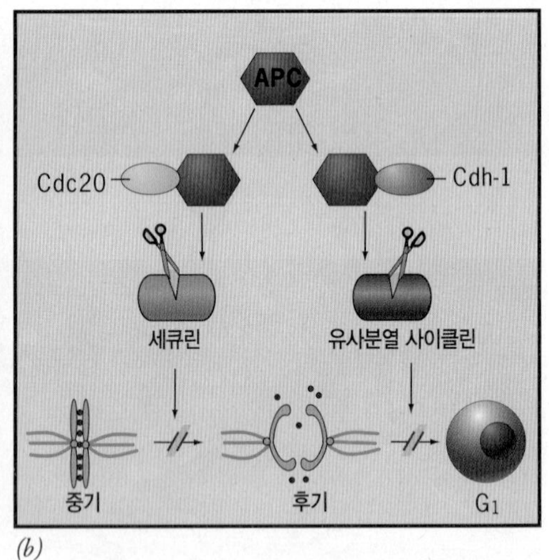

그림 14-26 세포주기 동안 SCF와 APC의 활성. SCF와 APC는 여러 개의 소단위로 이루어진 단백질 복합체로 기질을 유비퀴틴화하여, 단백질분해효소복합체에 의하여 분해되도록 만든다. *(a)* SCF는 주로 간기 동안 활성화되는 반면, APC는 유사분열기와 G_1기 동안 활성화된다. 두 가지 다른 형태의 APC가 존재하고 이 두 가지 APC는 Cdc20 또는 Cdh1 중 어떤 연계분자단백질을 가지느냐에 따라 구별되는데, 이 연계분자단백질에 의해 APC가 인식하는 기질이 달라진다. APC^{Cdc20}은 APC^{Cdh1}보다 유사분열의 이른 시기에서 활성화된다. SAC은 방추사조립 세포주기확인점을 의미하는데, 이와 관련된 내용은 본문에서 다루고 있다. SAC은 모든 염색체들이 중기판에 정확한 형태로 배열할 때까지 APC^{Cdc20}의 기능을 막아서 후기 분열 과정이 촉발되지 못하게 한다. *(b)* APC^{Cdc20}은 후기 과정을 억제하는 세큐린과 같은 단백질을 분해시킨다. 세큐린이 분해되면 중기-후기 전환이 촉진된다. APC^{Cdh1}은 유사분열의 종료를 억제하는 유사분열 사이클린 등의 단백질을 유비퀴틴화하는 데 관여한다. 유사분열 사이클린의 분해에 의해 유사분열기-G_1기 전환이 촉진된다. 초기 G_1기에서는 APC^{Cdh1}가 활성화되어 사이클린-Cdk 활성이 낮게 유지된다(그림 14-8). 이 과정은 복제개시점에서 복제전복합체가 형성되기 위해 필요하다.

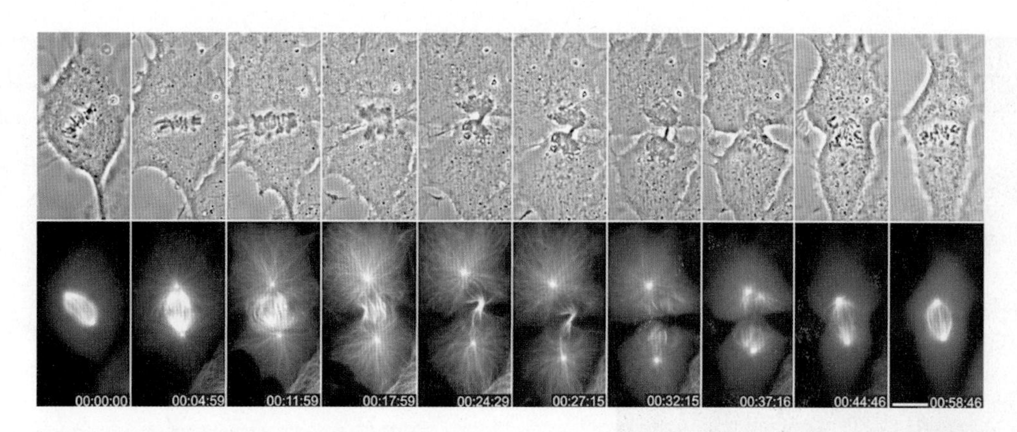

그림 14-27 비가역적 유사분열 종료에서 단백질분해의 중요성을 보여주는 실험적 증거. 이 사진은 단백질분해효소복합체 억제제인 MG132를 사용하여 유사분열을 중단시킨 세포를 비디오로 촬영한 장면을 보여준다. 0 시간에서 배양액에 Cdk 억제제인 플라보피리돌(flavopiridol)을 첨가한 결과 세포가 유사분열을 끝내고 세포질분열을 시작하였다. 25분에 세포를 세척하여 Cdk1 억제제를 완전히 제거했다. 보통 단백질분해효소복합체(proteasome)에 의하여 분해되었어야 하는 사이클린B가 세포 내에 여전히 존재하기 때문에, 비디오의 마지막 다섯 장면에서 보이는 것처럼 세포는 유사분열 시기에 재진입하고 중기로 되돌아간다. 위쪽 사진은 다양한 시간에서 세포의 위상차 이미지를 나타내고, 아래쪽은 위쪽과 동일한 시간의 형광현미경 사진을 보여준다. 이 장면들이 찍힌 "Video 3"은 타마라 에이. 포타포바(Tamara A. Potapova) 등의 네이쳐 〈*Nature* 440:954, 2006〉 온라인 판에서 볼 수 있다. 오른쪽 아래의 선은 10μm이다.

일어나는 다른 종류의 이동에 비하면 매우 느리다. 이동은 거의 분당 1 마이크로미터(μm) 정도인데, 한 유사분열 연구자는 만약 이러한 속도로 여행을 한다면 미국의 북캐롤라이나(North Carolina) 주에서 유럽의 이태리(Italy)까지 이동하는 데 약 1,400만 년이 걸릴 것이라는 계산을 내놓았다. 염색체 이동이 천천히 일어나는 것은 염색체가 정확하고 서로 얽힘이 없이 분리되기 위해서다. 후기동안 염색체를 이동하게 한다고 생각되는 힘은 뒷장에서 설명할 것이다.

염색체가 극 쪽으로 이동하는 것은 분명히 염색체미세관의 단축에 의한 것이다. 오래전부터 후기동안 염색체미세관의 양(+)의 말단(중심절 부분)에서 튜불린 소단위가 소실된다는 것이 알려져 왔다(그림 14-28*b*). 전중기와 중기에서처럼 후기에서도 튜불린 소단위는 계속 극 쪽으로 이동하면서 미세관의 음(−)의 말단에서 소실된다(그림 14-22, 그림 14-25). 중기와 후기에서의 미세관 동역학의 중요한 차이는 중기 동안에는 튜불린 소단위가 미세관의 양(+)의 말단에 더해지면서 염색체 섬유가 일정한 길이로 유지되지만〈그림 14-25〉, 후기 동안에는 소단위가 양(+)의 말단에서도 소실되어 염색체 섬유가 단축된다는 것이다(그림 14-28*b*). 미세관 양(+)의 말단의 행동의 변화는 자매염색분체가 분리되면서 동원체 장력이 변화됨으로써 촉발된다고 생각된다.

극 쪽으로 염색체가 이동하는 현상을 **후기 A**(anaphase A)라고 한다. 반면 **후기 B**(anaphase B)는 후기 A와 구별되는데, 2개의 방추체 극이 서로 멀어짐에 따라 모든 염색체가 동시에 이동한다. 후기 B 동안 유사분열 방추체가 길어지는 것은 극미세관의 양(+)의 말단에 튜불린 소단위가 첨가됨에 의해 이루어진다. 따라서 동일한 시기에 동일한 염색체미세관의 어떤 부위에서는 튜불린 소단위가 극미세관에 첨가되고, 동시에 다른 부위에서는 제거된다(그림 14-28*b*).

14-2-4-3 후기의 염색체 이동에 필요한 힘

1960년대 초, 우즈 홀(Woods Hole)에 있는 해양생물학연구소의 신야 이노우에(Shinya Inoue)는 후기 동안 염색체미세관이 탈중합(脫重合)되는 것은 염색체 이동의 단순한 결과가 아니고 염색체가 이동하게 되는 원인이라고 주장하였다. 이노우에는 방추사를 이루는 미세관의 탈중합이 염색체를 잡아당기기에 충분한 기계적 힘을 일으킬 수 있다고 제안했다.

결합된 미세관의 탈중합 결과로 염색체가 꽤 많이 이동한다는 연구를 통하여 해체-힘 모형(disassembly-force model)은 실험적인 지지를 받았다. 이런 실험의 한 예를 〈그림 14-29〉에 나타냈다.

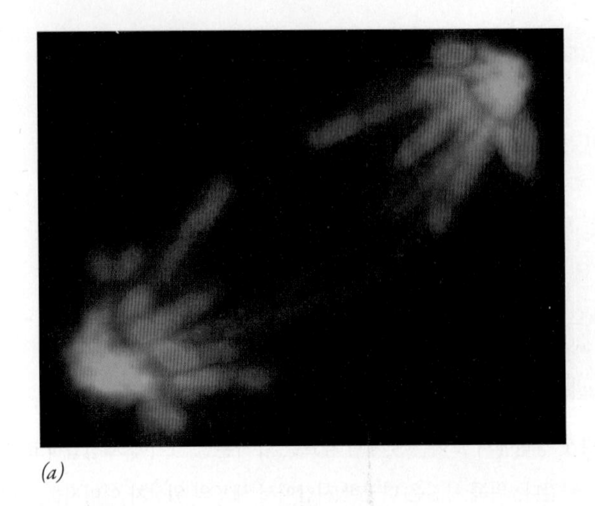

(a)

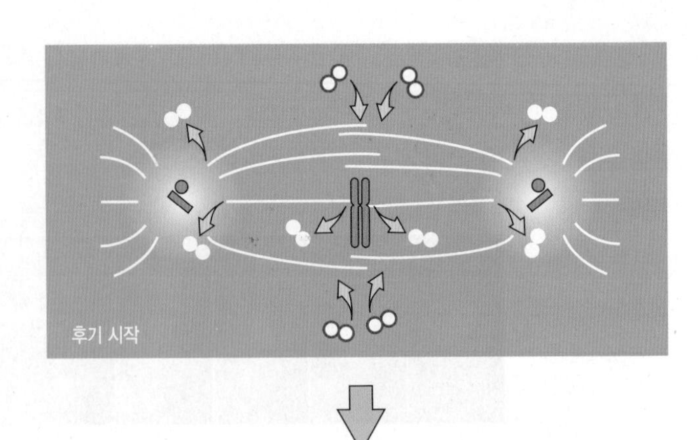

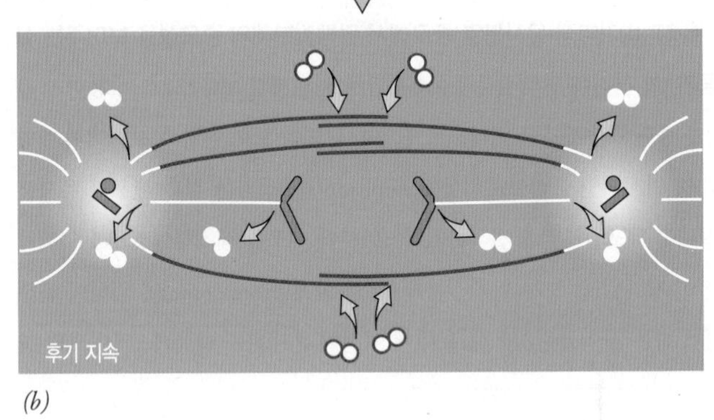

(b)

그림 14-28 후기에서 유사분열 방추체와 염색체. *(a)* 늦은 후기의 형광현미경 사진에서 염색체 팔이 고도로 응축된 것을 볼 수 있다. 동원체가 양쪽 극으로 이동할 때 염색체의 팔이 뒤쪽에서 끌려가는 것을 볼 수 있다. 이 늦은 후기에 염색체 방추사가 극도로 짧아져서 끌려가는 염색체의 앞쪽과 양극 사이에서는 더 이상 보이지 않게 된다. 반대로 극미세관은 분리되는 염색체들의 사이에서 확실하게 보인다. 극미세관의 상대적인 움직임에 의하여 후기 B 동안에 양극의 분리가 일어난다고 생각된다. *(b)* 후기 동안의 미세관의 역동성. 후기 A 동안 염색체미세관의 양쪽 끝으로부터 튜불린 소단위가 떨어져나감으로써 염색체미세관 섬유가 짧아지고 염색체가 양쪽 극으로 이동하게 된다. 그 동안 튜불린 소단위가 극미세관의 양(+)의 말단에 첨가되면서, 서로 겹쳐서 스쳐 지나가고, 결국 후기 B동안 양극이 분리된다.

이 경우 배지를 희석하자 미세관에 결합한 염색체(화살표)가 이동하였다. 배지가 희석되면 용해되어 있는 튜불린 농도가 상대적으로 줄어들게 되어 미세관의 탈중합이 촉진된다. 이런 종류의 실험은 직접적인 힘을 측정하는 연구와 함께 미세관 탈중합이 세포에서 염

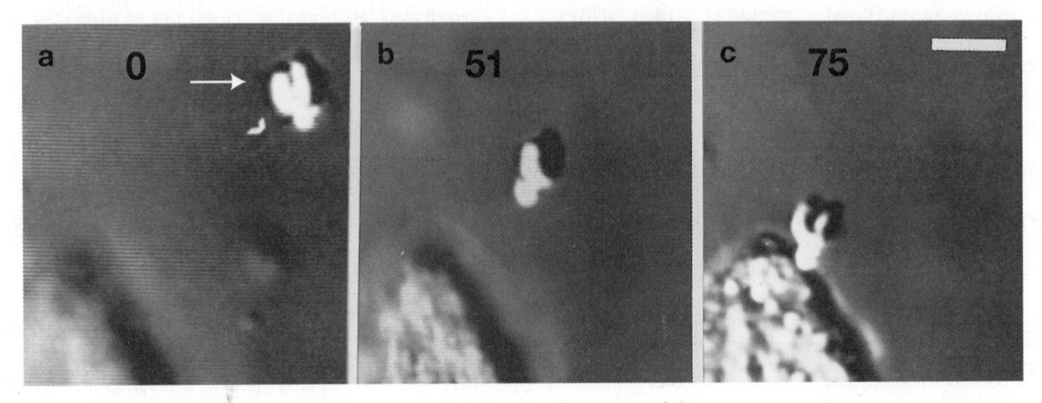

그림 14-29 결합된 염색체가 미세관의 탈중합에 의해 이동할 수 있다는 시험관 내에서의 실험 예시. 왼쪽 아래 부분에 있는 것은 용해된 원생동물의 잔여물이다. 튜불린이 존재할 때, 원생동물의 표면에 있는 기저체(基底體, basal body)가 미세관 형성 시작 부위로 이용되어 미세관은 배양액을 향하여 바깥쪽으로 자라난다. 미세관이 형성된 후, 응축된 유사분열 염색체를 시험관에 넣고, 미세관의 끝부분이 결합할 수 있도록 하였다. 화살표는 미세관 다발의 끝부분에 결합해 있는 염색체를 나타낸다. 이 후 희석을 통하여 시험관 안에 있는 가용성 튜불린의 농도를 낮추었더니 미세관의 탈중합이 일어났다. 이 연속 비디오 장면에서 볼 수 있듯이, 미세관의 수축에 의해 이와 결합된 염색체가 같이 이동하였다. 위의 선은 5μm이다.

색체를 잡아당기는 충분한 힘을 스스로 만들 수 있다는 것을 증명한다.

〈그림 14-30*a*〉에는 출아효모 세포에서 후기 동안 염색체 이동시에 일어난다고 생각되는 현상들을 모형으로 나타냈다. 〈그림 14-28*b*〉에서 지적하였던 것처럼 염색체미세관은 후기 동안 음(-)의, 양(+)의 말단 모두에서 탈중합이 일어난다. 이것은 효모와 다세포 진핵생물 모두에 해당된다. 이런 상호협동적인 작용에 의해 염색체는 극 쪽으로 이동한다. 미세관 음(-)의 말단에서 탈중합이 일어나면 극방향 유동(poleward flux)이 생겨서 염색체가 극 쪽으로 이동하게 되는데, 이것은 마치 공항의 "자동 이동식 보도(moving walkway)" 위에 사람이 서 있는 것과 비슷한 형태이다. 반대로, 미세관의 양(+)의 말단에서 일어나는 탈중합은 염색체를 끌고 가는 섬유를 "씹어 먹는 것(chew up)"처럼 작용한다. 어떤 세포들에서 염색체의 이동은 음(-)의 말단의 탈중합에 의한 극 쪽으로의 흐름에 더 의지하는 반면, 어떤 세포는 양(+)의 말단의 탈중합에 더 많이 의존한다. 후기에 있는 동물 세포를 이용한 연구에서 염색체 섬유의 양(+)의, 음(-)의 말단 모두에 탈중합 키네신(depolymerizing kinesin, 앞에서 언급한 키네신-13 집단의 한 종류)이 위치하고 있다는 것을 밝혔다. 탈중합효소(depolymerase)는 〈그림 14-30*a*〉의 미세관의 양 말단에 나타내었다. 만약 어느 한 쪽의 미세관 "탈중합효소"라도 특이적으로 억제되면 후기동안 염색체 분리는 최소 부분적으로라도 망가지게 된다. 이러한 발견은 ATP-의존성, 키네신-매개성 탈중합이 유사분열 동안 염색체 분리의 기본적인 기작이라는 것을 의미한다.

유사분열 분야에서 가장 중요한 질문 중 하나는 "어떻게 동원체가 튜불린 소단위가 계속 소실되는 미세관의 양(+)의 말단과 결합해 있을 수 있는가?"하는 것이다. 이 질문은 출아효모에서 가장 잘 연구되었다. 〈그림 14-30*a*〉에 나타낸 것처럼 각각의 동원체는 Dam1이라는 고리 모양을 갖는 단백질 복합체를 갖고 있는 것으로 생각된다. Dam1의 32nm의 내부 직경은 미세관을 편안하게 둘러싸기에 충분한 크기이다. Dam1은 조립되어서 고리, 나선모양을 이루어 미세관을 둘러싸게 된다(그림 14-30*b*). 만약 Dam1에 둘러싸인 미세관을 시험관 내에서 탈중합시키면 Dam1 고리가 미세관이 해체되는 끝 쪽 바로 뒤 몇 μm의 거리에서 미세관을 따라 미끄러지듯 움직이는 것을 볼 수 있다.

후기에서의 Dam1 고리의 추정되는 역할을 〈그림 14-30*a*〉에 설명하였다. 이 모형에 따르면 원섬유(原纖維, protofilament)가 미세관 섬유에서 떨어져 나갈 때 방출되는 에너지는 Dam1 고리를 미세관의 반대쪽 끝으로 밀어주는 데 이용된다. 고리가 후기 염색체의 동원체에 붙어있기 때문에 염색체 전체는 방추체 극 쪽으로 이동된다. 그러나 이 모형에는 문제가 있다. 척추동물에는 Dam1 단백질과 비슷한 상동(homologue) 단백질이 존재하지 않는다. 그리고 분열하는 세포의 동원체를 높은 분해능을 가진 전자현미경으로 관찰해 보았을 때 Dam1과 같은 고리가 존재한다는 연구 결과도 없다. 그러나 이 연구를 통하여 미세관 연결체일 가능성이 있는 다른 동원체 구성요소가 발견되었다. 동원체의 Ndc80 복합체는 미세섬유 형태로 길게 뻗어서 미세관의 양(+)의 말단과 접촉해 있다. 만약 Ndc80 복합체가 〈그림 14-30*c*〉에서 보여준 것처럼 미세관이 짧아질 때 같이 이동할 수 있다면, 이 복합체는 효모에서 Dam1 고리가 하는 것과 비슷한 역할을 할 수 있을 것이다. 다른 제안들은 동원체에 존재하는 다른 단백질들이 아직은 파악되지 않은 결합 장치라고 주장하기도 한다.

14-2-4-4 방추체조립 세포주기확인점

세포는 세포주기 동안에 일어나는 현상들을 점검할 수 있는 세포주기확인점 기작을 갖고 있다. 이런 세포주기확인점 중 하나는 중기에서 후기로 전환 시기에 작동한다. **방추체조립 세포주기확인점**(spindle assembly checkpoint, SAC)은 이름과 같이 중기판에 염색체가 정렬하는 것이 실패할 때 나타난다. 이 세포주기확인점 기작은 잘못 배열된 염색체가 방추사 적도를 따라 올바른 자리에 존재할 때 까지 후기가 시작되는 것을 연기시킨다. 만약 세포가 염색체 분리를 연기시키지 못한다면, 딸세포가 비정상적인 숫자의 염색체를 받아 이수성(異數性, aneuploidy)이 될 위험도가 상당히 증가할 것이다. 이 예상은 방추체조립 세포주기확인점 단백질 중 하나가 유전적으로 결핍된 몇몇 아이들의 특징에 의해 확인되었다. 이런 아이들은 높은 빈도의 이수성 세포들과 암 발생 위험도가 증가하는 특징을 갖는 MVA라는 장애를 나타낸다.

세포는 어떻게 모든 염색체가 중기판에 올바르게 배열되었는지 알아내는가? 〈그림 14-23*a*〉에 화살표로 표시된 것과 같이 한 쪽 방추체 극에서 부터 나온 미세관에만 결합되어 제멋대로 흔들

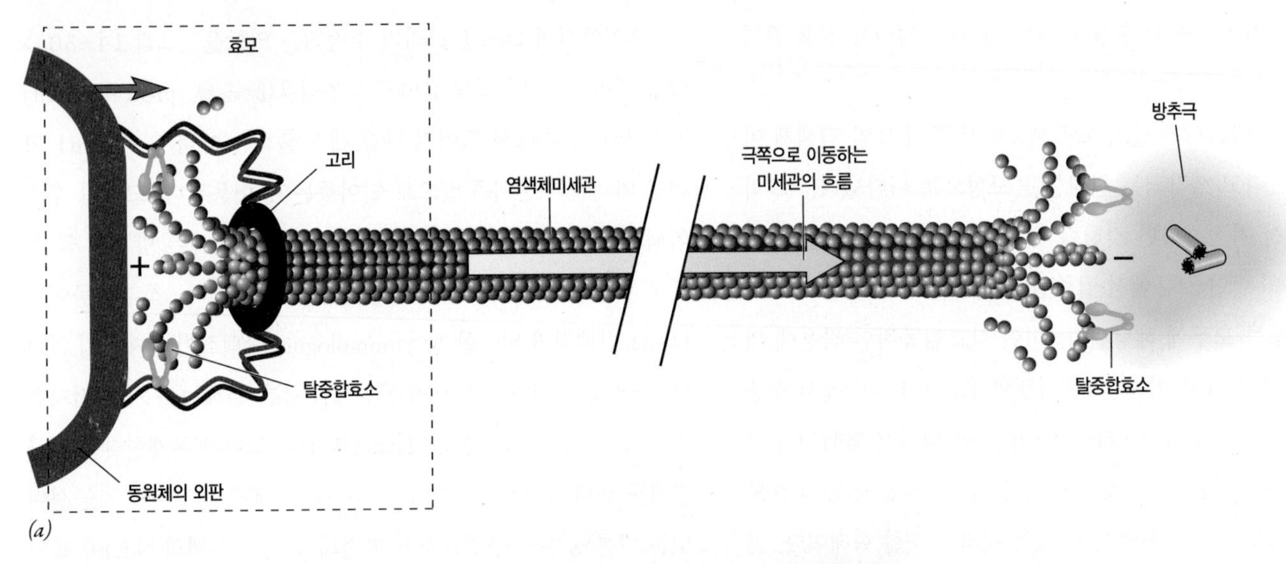

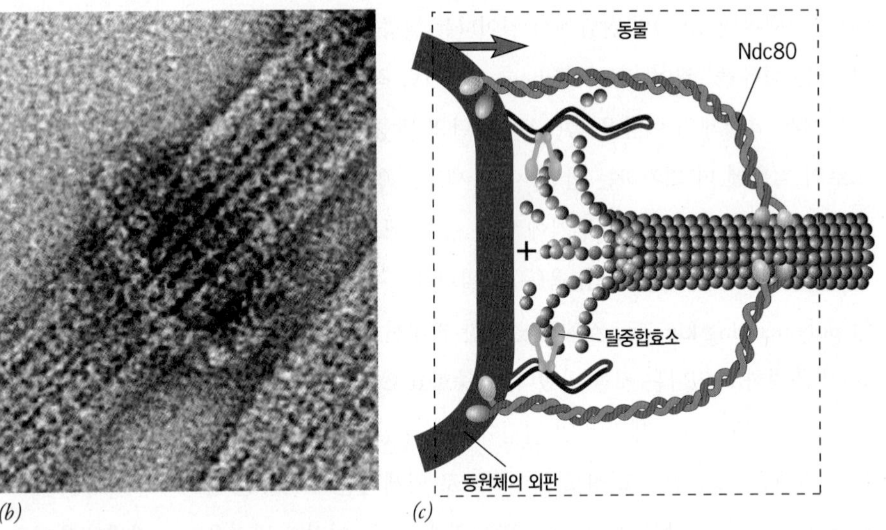

그림 14-30 후기 동안 출아효모와 동물세포의 염색체 이동에 관하여 제안된 기작. 그림에 나타낸 모형에서 각각의 미세관 모음을 극으로 이동시키는 극방향 유동(poleward flux)과 이와 동시에 일어나는 미세관 양 끝의 탈중합의 합동작용으로 염색체가 양극으로 이동한다. 키네신-13 집단에 속하는 탈중합 키네신은 염색체미세관의 양(+)의 말단(동원체 쪽)과 음(−)의 말단(극쪽) 모두에 존재하여 각각의 위치에서 탈중합에 관여한다고 생각된다. (*a*) 출아효모 모형에서 Dam1 고리가 존재하기 때문에 미세관이 탈중합되어도 염색체가 미세관의 양(+)의 말단에 결합된 상태를 유지한다. Dam1 고리는 동원체에서 미세관의 양(+)의 말단을 둘러싸고 있다. 염색체 이동에 필요한 힘은 미세관의 탈중합이 일어나면서 생기는 변형(變形)에너지(strain energy)에 의해 만들어진다. 탈중합하는 원섬유의 둥글게 말린 끝부분에서 사용되는 변형에너지는 Dam1 고리가 미세관을 따라 극 쪽으로 이동할 수 있게 한다. (*b*) 효모 Dam1 복합체 단백질 고리로 둘러싸인 미세관의 음성 염색된 전자현미경 사진. Dam1 복합체는 10개의 서로 다른 폴리펩티드로 구성되어 있다. 정제된 Dam1 소단위를 시험관에 첨가하여 반응시켰을 때 소단위들이 미세관을 둘러싸서 형성된 고리를 보여주는 그림이다. (*c*) Dam1 단백질은 동물세포 내에서는 발견되지 않았고, 비슷한 고리형태의 구조가 동원체와 탈중합되는 미세관을 결합시킨다는 증거도 없다. 이 그림에서는, *a*에서 점선 직사각형으로 표시된 부분의 Dma1 고리가, 동원체의 외판에 존재하는 다른 유형의 연결 장치로 추정되는 Ndc80 단백질 복합체로 대체된 것을 보여준다.

리는 염색체를 생각해 보자. 부착되지 않은 동원체에는 여러 단백질들이 복합체를 이루고 있는데, 이들 중 Mad2가 가장 잘 연구된 단백질이다. Mad2는 방추체조립 세포주기확인점에 관여한다. 방추사가 부착되지 않은(*unattached*) 동원체에 존재하는 이 단백질은 "기다려"라는 신호를 세포주기 조절 기구에 보내서 세포가 후기로 진입하는 것을 막는다. 제멋대로 움직이던 염색체에 양쪽 극에서 온 방추사 섬유가 연결되어 염색체가 중기판에 정확하게 배열하게 되면, 신호 단백질들은 동원체에서 떨어지게 되고 "기다려"라는 신호가 꺼져서 세포는 후기로 진입하게 된다.

〈그림 14-31〉은 하나의 염색체가 제대로 정렬되지 않아서 중기 직전에 멈춰진 세포의 유사분열 방추체를 보여준다. 이 세포에 존재하는 다른 모든 동원체와는 다르게 정렬되지 않은 염색체

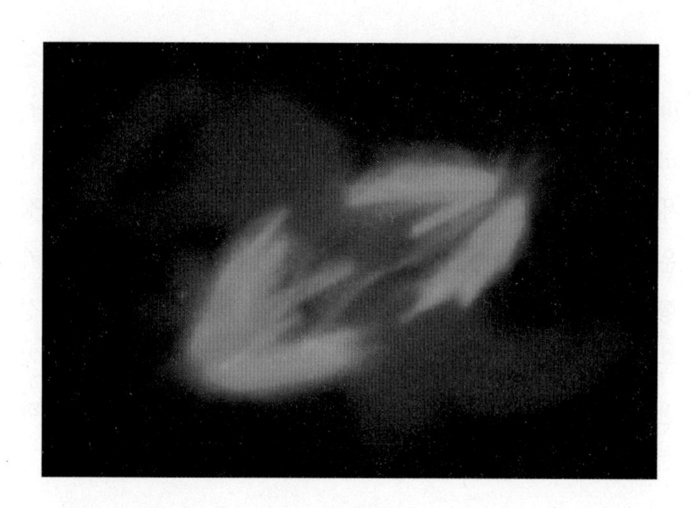

그림 14-31 방추체조립 세포주기확인점. 방추체 세포주기확인점 단백질인 Mad2(분홍색)와 미세관의 튜불린(초록색)에 대한 항체로 표지한 늦은 전중기 포유동물 세포의 형광현미경 사진. 염색체는 파란색으로 나타냈다. 이 세포에서 오직 하나의 염색체 만이 Mad2 단백질을 갖고 있는 것으로 보이며, 이 염색체는 아직 중기판에 배열하지 않았다. 이 염색체의 동원체에 Mad2가 존재하는 것만으로도 충분히 후기의 시작이 완전히 억제된다.

만 Mad2 단백질을 여전히 지니고 있는 것이 보인다. 세포가 정렬되지 않은 염색체를 갖고 있는 상태에서는 Mad2 분자가 세포주기 진행을 억제할 수 있다. 선호되는 모형에 따르면 Mad2는 APC의 활성인자인 Cdc20와 직접적으로 결합하여 세포주기를 억제한다. Cdc20와 Mad2가 결합하고 있는 동안에는 APC 복합체는 후기 저해자인 세큐린(securin)을 유비퀴틴화할 수 없다. 따라서 모든 자매 염색분체가 그들의 코헤신(cohesin) "접착제"에 의해 서로 붙어 있게 된다.

방추사가 부착되지 않은 동원체가 존재하면 방추체조립 세포주기확인점이 활성화된다는 것은 확실하다. 그러나 중기 진행 동안 수정 조치가 필요한 또 다른 염색체 이상이 발생하기도 한다. 예를 들면, 자매염색분체의 2개의 동원체가 같은 방추체 극에서 나온 미세관과 결합할 수도 있는데, 이러한 상황을 신텔릭부착(syntelic[f] attachment)이라고 한다. 만약 신텔릭부착이 바로잡혀지지 않는다면, 두 자매염색분체가 한쪽 딸세포로만 끌려가게 되고, 다른 딸세포는 이 염색체가 결손된다.

세포는 신텔릭부착 그리고 다른 종류의 비정상적 미세관 연결을 오로라 B 인산화효소의 작용으로 수정할 수 있다. 오로라 B 인산화효소는 전중기와 중기 동안 동원체에 위치하고 있는 이동 단백질 복합체의 일부분이다. 동원체 미세관 결합에 관여한다고 생각되는 Dam1과 Ndc80 복합체, 그리고 〈그림 14-30〉에 나타낸 키네신 탈중합효소 등이 오로라 B 인산화효소의 기질에 속하는 단백질이다. 많은 연구들은 잘못 부착된 염색체에 존재하는 오로라 B 인산화효소 분자가 이런 단백질 기질들을 인산화시켜서 양쪽 동원체와 미세관의 결합을 불안정하게 만든다고 제안하였다. 결합이 끊어져서 자유로워지면 각 자매염색체의 동원체는 반대편 방추체 극으로부터 나오는 미세관과 결합할 수 있는 새로운 기회를 갖게 된다. 세포 내부 또는 세포 추출물에서 오로라 B 인산화효소를 억제하면 염색체는 비정상적으로 정렬하고 잘못된 분리를 한다.

14-2-5 말기

염색체들이 극 근처에 왔을 때, 염색체들이 집단으로 모이는 경향이 있는데, 이것은 유사분열의 마지막 시기인 **말기**(telophase)의 시작을 나타낸다(그림 14-11, 14-32). 말기 동안 딸세포들은 간기의 상황으로 돌아간다. 유사분열 방추체가 해체되고, 핵막이 재형성되고, 현미경으로 관찰해 보면 염색체는 점점 퍼져서 사라지게 된다. 두 딸세포로의 실질적인 세포질 분획은 곧 논의될 과정에 의해 일어난다. 하지만 우선, 유사분열하는 동안 몇 번의 염색체 이동에 필요한 힘에 대하여 살펴보자.

14-2-6 유사분열 이동에 필요한 힘

유사분열은 세포 구조들이 다양하게 이동하는 특징을 가진다. 전기에는 방추체 극들이 세포의 양끝으로 이동하고, 전중기에는 염색체들이 방추체의 적도면으로 이동한다. 후기 A에는 염색체들이 방추체의 적도면에서 극 쪽으로 이동하고, 후기 B에서는 방추체가 길게

역자 주[f] 신텔릭(syntelic): "syntelic"의 그리스어원은 '*syn* = together(함께, 동시에)' + '*telos* = goal(목표)'으로서, '동시에 목표(물)에 부착한다'는 뜻이다. 따라서 "syntelic attachment"는 같은 극에서 나온 미세관이 자매염색분체에 있는 2개의 동원체에 동시에 부착한다는 뜻이다.

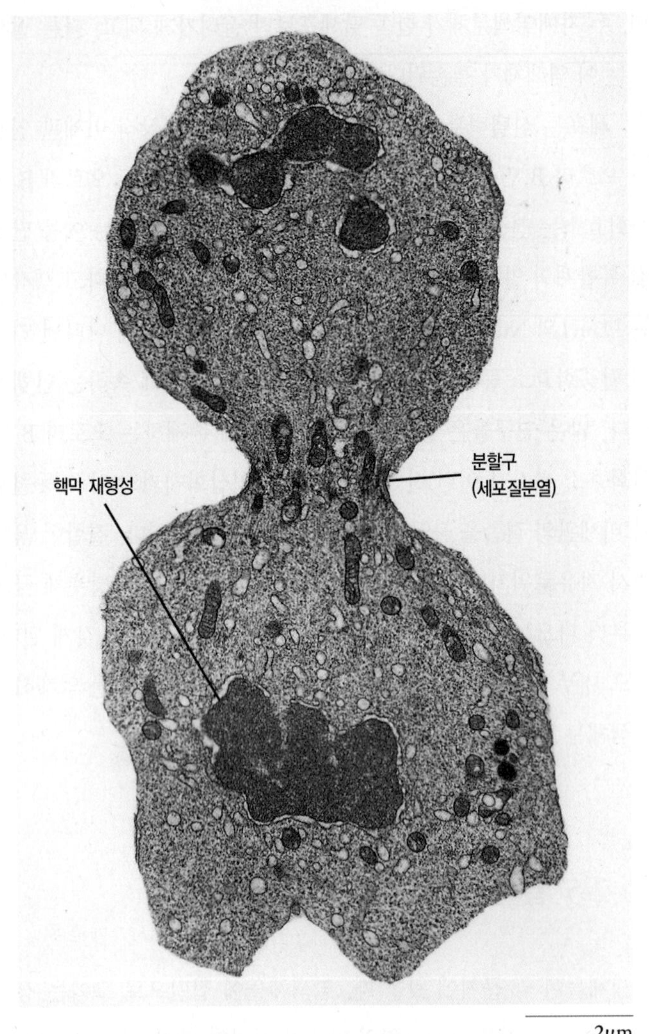

그림 14-32 말기. 말기 상태의 난소 과립층세포(ovarian granulosa cell) 절단면을 관찰한 전자현미경 사진.

늘어나게 된다. 지난 십여 년 동안 다양한 종의 유사분열 세포 내의 여러 위치에서 많은 종류의 분자 모터[g]들이 발견되었다. 유사분열 이동에 관여하는 운동단백질들은 주로 미세관 운동단백질로 몇 종류의 키네신-동류(同類) 단백질(kinesin-related protein)과 세포질 디네인(cytoplasmic dynein)이 포함된다. 몇몇 운동단백질들은 미세관의 양(+)의 말단 쪽으로 움직이고, 다른 것들은 음(−)의 말단 쪽으로 움직인다. 위에서 언급했듯이, 한 무리의 키네신은 어느 쪽으로도 움직이지 않고 미세관의 탈중합을 촉진한다. 운동단백질들은 방추체 극과 방추사 위 그리고 염색체의 동원체와 염색체의 팔 쪽에 위치하고 있다.

특정 운동 단백질의 역할은 주로 세 가지 연구로부터 얻어졌다. (1) 운동단백질을 암호화하는 유전자의 돌연변이를 만들거나, siRNA를 처리하여 단백질의 합성을 막아 운동단백질을 결핍시킨 세포의 표현형을 분석 (2) 다양한 세포분열 시기에서 세포의 특정 운동 단백질에 대한 항체나 억제제를 주입 (3) 유사분열 방추체가 형성된 세포 추출물로부터 운동단백질을 제거시킨 경우. 비록 특정 운동단백질들의 기능에 대한 확실한 결론은 아직 도출되지 않았지만, 이 분자들의 역할에 대해 제시된 일반적인 그림은 다음과 같다(그림 14-33).

- 아마도 극미세관들을 따라 위치하는 운동단백질은 극이 서로 떨어지도록 유지하는 역할을 할 것이다(그림 14-33*a*,*b*).
- 염색체 위에 존재하는 있는 운동단백질은 전중기 동안의 염색체 이동(그림 14-33*a*), 중기판에 염색체를 유지(그림 14-33*b*), 그리고 후기 동안 염색체가 분리되는 데 중요할 것이다(그림 14-33*c*).
- 방추체의 적도 지역에 겹쳐진 극미세관들을 따라 위치한 운동단백질은 아마도 역평행 상태의 미세관의 교차 결합에 관여하고 후기 B 동안에 극미세관들이 서로의 반대방향으로 미끄러져 이동하면서 방추사가 길어지는 현상에 관여한다(그림 14-33*c*).

14-2-7 세포질분열

유사분열에서 복제된 염색체는 2개의 딸핵으로 나뉘지만, 세포는 **세포질분열**(cytokinesis)이라는 별도의 과정을 통해 2개의 딸세포로 나뉜다. 대부분의 동물세포에서 세포질분열의 첫 번째 징후는 후기 동안에 세포표면에 세포를 둘러싼 가는 띠 자국이 보이는 것이다. 시간이 진행됨에 따라, 띠 자국은 점점 깊어져서 세포를 완전히 둘러싼 깊은 홈(溝, furrow)을 형성한다. 홈의 면은 이전에 중기판의 염색체가 차지했던 것과 같은 면을 차지하게 되고 두 세

역자 주[g] 분자 모터(molecular motor): 이 용어는 '운동단백질(motor protein)'과 거의 동일어로 사용되고 있다.

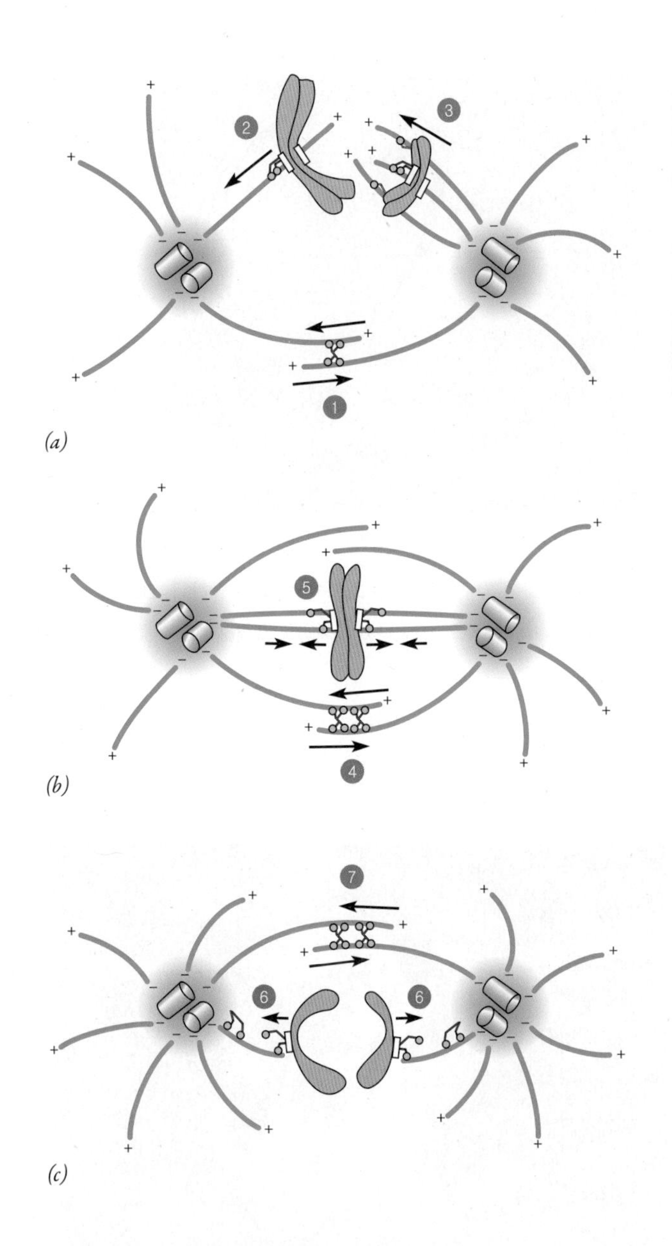

그림 14-33 유사분열 중 운동단백질의 작용에 대한 제안. *(a)* 전중기. 유사분열 방추체의 2개의 반쪽이 서로에게서 반대쪽을 향해 움직인다. 이것은 반대쪽에서 유래된 극미세관이 양(+)의 말단-지향적 운동단백질(plus-end-directed motor)의 작용에 의해 서로 미끄러지는 현상에 의해 일어난다(1단계). (중심체와 피질에 결합해있는 추가적인 운동단백질은 나타내지 않았다.) 염색체는 염색체미세관과 결합하고 미세관을 따라 앞뒤로 요동치게 된다. 결과적으로 염색체는 방추체의 중앙 즉, 두 극의 가운데에 위치한다. 염색체가 극 쪽으로 움직이게 되는 것은 동원체에 위치한 음(−)의 말단-지향적 운동단백질(즉, 세포질 디네인)에 의한 것이다(2단계). 극에서 멀어지게 되는 염색체의 움직임은 동원체 그리고 특히 염색체의 팔에 위치한 양(+)의 말단-지향적 운동단백질(즉, 키네신-유사 단백질)에 의한 것이다(3단계)(그림 14-21 참조). *(b)* 중기. 방추체의 2개의 반쪽이 극미세관과 결합된 양(+)의 말단-지향적 운동단백질의 작용 결과로 서로 같은 거리를 유지하고 있다(4단계). 염색체는 동원체에 위치한 운동단백질의 균형적인 작용에 의해서 적도면에 위치하게 된다고 생각된다(5단계). *(c)* 후기. 염색체가 극 쪽으로 움직이게 되는 과정에는 미세관의 양(+)의, 음(−)의 말단 모두에서 탈중합을 일으키는 키네신 탈중합효소의 작용이 필요하다고 생각된다(6단계). 두 극의 분리(후기 B)는 극미세관에 있는 양(+)의 말단-지향적 운동단백질의 계속적인 작용에 의한다고 생각된다(7단계).

트의 염색체들은 궁극적으로 다른 세포로 나뉜다(그림 14-32 참조). 하나의 세포가 2개로 될 때 추가되어야하는 세포막이 세포소낭에 의해 세포 표면으로 이동하여 점점 깊어지는 분할구(分割溝, cleavage furrow)와 융합하게 된다. 홈은 계속해서 깊어져 중심 부분에서 유사분열 방추체의 잔여물을 단단히 감싸게 되어 딸세포 사이에 중앙체(中央體, *midbody*)라는 세포질의 다리가 형성된다(그림 14-34*a*). 반대쪽에서부터 수축하기 시작한 면들은 결국 세포의 중심에서 다른 면과 융합하고 결국 세포는 2개로 나뉜다(그림 14-34*b*).

세포질분열을 일으키는 기작에 대한 현재의 개념은 1950년 더글라스 말스랜드(Douglas Marsland)가 제시한 수축환이론(收縮環理論, *contractile ring theory*)에 뿌리를 두고 있다(그림 14-35*a*). 말스랜드는 세포질분열에 필요한 힘은 분할구의 세포막 바로 아래쪽의 피질부(*cortex*)에 위치한 수축성 세포질의 얇은 띠에서 만들어진다고 제안했다. 분열하는 세포의 홈 아래쪽 피질을 현미경으로 관찰해 보면 많은 수의 액틴섬유가 존재한다는 것을 알 수 있다(그림 14-35*b*, 그림 14-36*a*).

액틴섬유들 사이에는 적은 수의 짧고 양극성인 미오신섬유가 산재되어 있다. 항-제II형 미오신 항체가 결합하는 것으로 보아 이 섬유들은 제II형 미오신으로 구성되어 있다(그림 14-36*b*). 세포질분열에서 제II형 미오신의 중요성은 (1) 분열하는 세포에 항-제II형 미오신 항체를 주입하였을 때 세포질분열이 빠르게 중단된다(그림 14-36*b*)는 점과 (2) 정상적 기능을 하는 제II형 미오신 유전자가 결핍된 세포는 유사분열을 통해 핵분열은 일어나지만, 딸세포로 정상적으로 분열할 수 없다는 사실로 분명해졌다. 액틴-미오신 수축 장치가 나중에 분할구가 될 면에서 조립되는 과정을 RhoA라는 G단백질(G protein)이 조절한다. RhoA에 GTP가 결합되면 RhoA

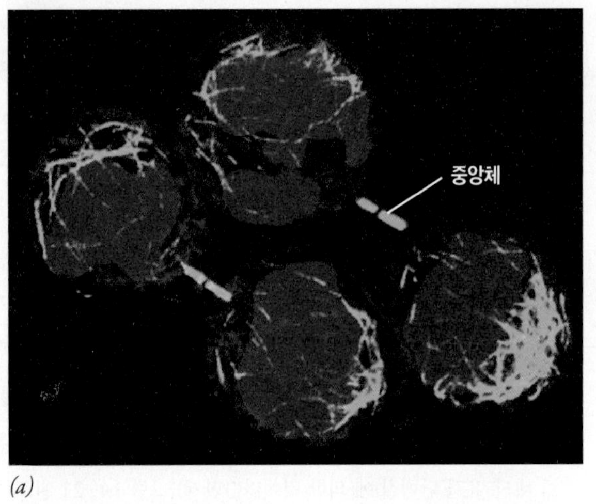

(a)

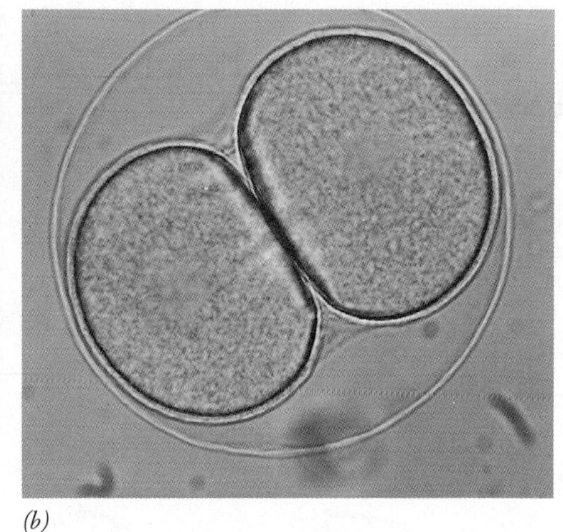

(b)

그림 14-34 세포질분열. *(a)* 배양된 포유동물 세포들이 절단(abscission)이라고도 하는 세포질분열의 마지막 단계를 수행하고 있다. 이 과정에서 유사분열 방추체의 중간 부분의 잔여물로 이루어진 얇은 세포질 다리인 중앙체(中央體)를 분할구가 반으로 자른다. 미세관은 초록색, 액틴은 빨간색, DNA는 파란색으로 나타내었다. *(b)* 수정된 성게 난자가 세포질분열에 의해 방금 2개의 세포로 나뉜 모습이다.

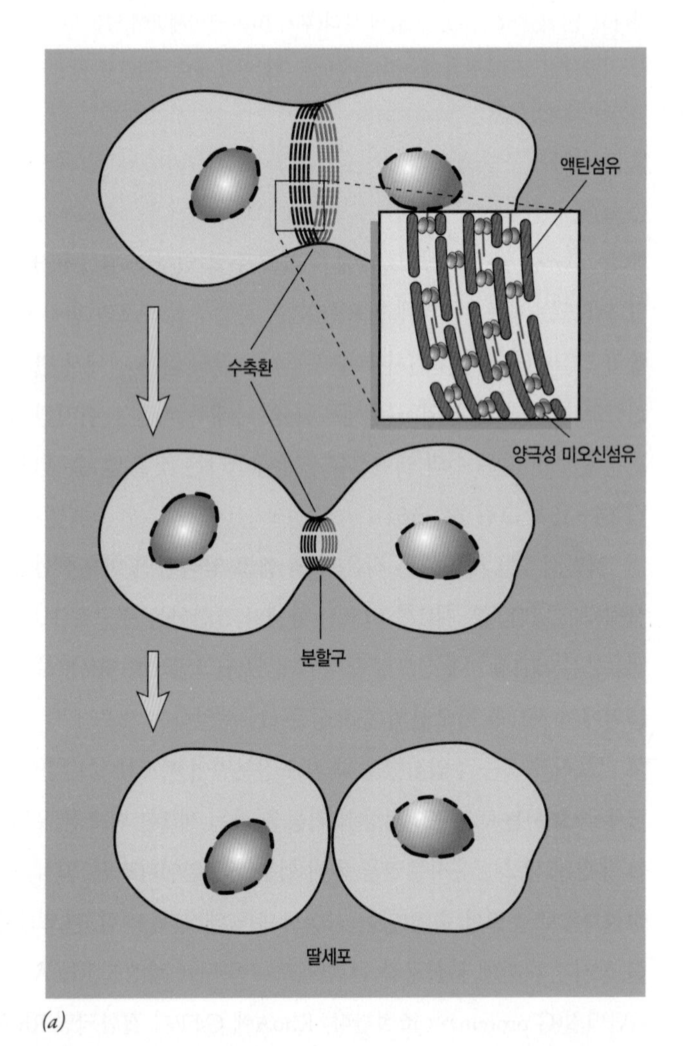

(a)

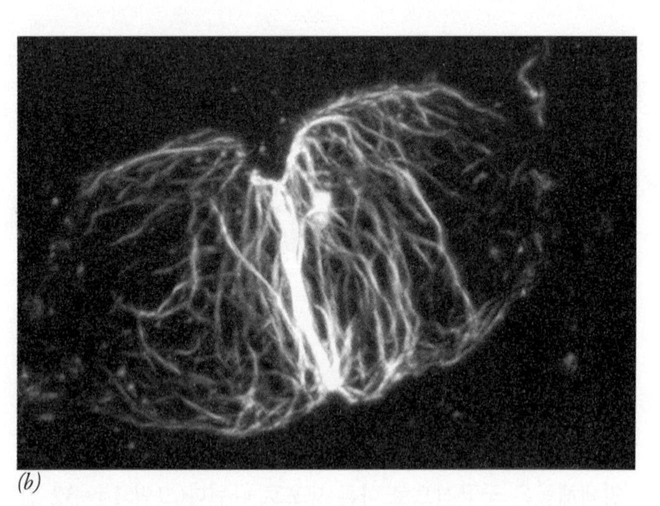

(b)

그림 14-35 세포질분열 동안 수축환의 형성과 작용. *(a)* 세포의 적도면에서 액틴섬유가 고리 모양을 만든다. 미오신의 작용으로 고리가 수축되어 세포를 둘로 나누는 분할구를 형성한다. *(b)* 제 I 감수분열의 마지막 시기에서 세포질분열을 하는 파리 정모세포의 공초점형광현미경 사진. 버섯 독소인 팔로이딘(phalloidin)으로 염색된 액틴섬유가 분할구의 원형의 적도 띠에 집중되어 있는 것을 볼 수 있다.

는 액틴섬유의 조립과 제II형 미오신의 운동 활성을 일으키는 일련의 과정을 촉발시킨다. 만약 세포에 RhoA가 결핍되거나 불활성화되면 분할구가 생기지 않는다.

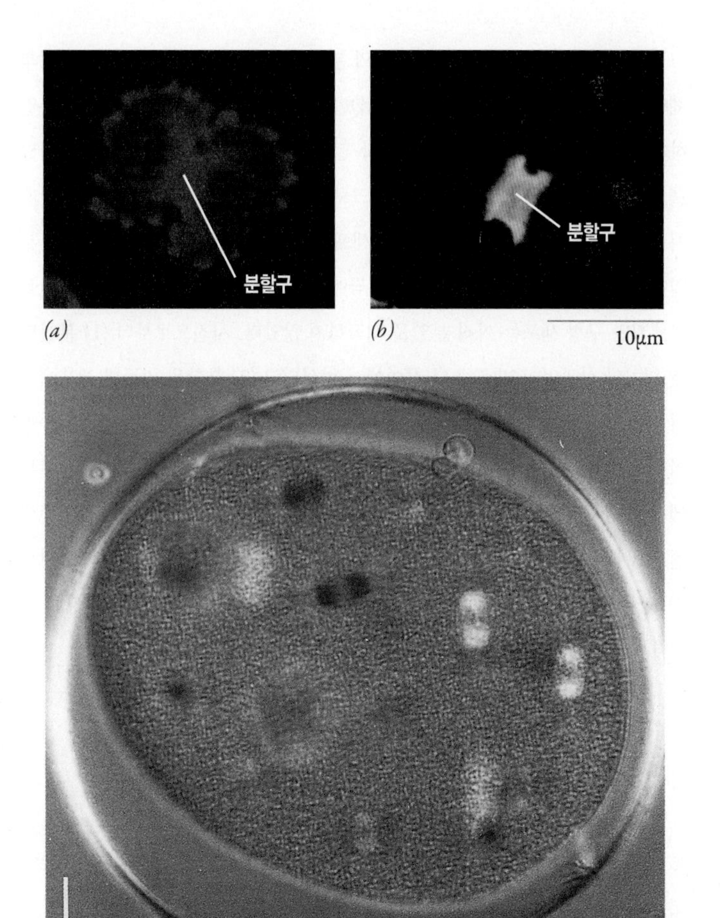

그림 14-36 세포질분열에서 미오신의 중요성에 대한 실험 예시. *(a,b)* 세포질분열이 일어나는 동안 딕티오스텔륨속(*Dictyostelium*) 아메바를 이중-염색 면역형광법(double-stain immunofluorescence)으로 염색하였을 때의 액틴과 제II형 미오신의 위치. *(a)* 액틴섬유(빨간색)는 분할구 그리고 세포 이동에 주요 역할을 하는(13-7절) 세포 주변부 모두에 분포되어 있다. *(b)* 제II형 미오신(초록색)은 분할구에 분포하여, 적도를 둘러싸는 수축환의 일부가 된다. *(c)* 불가사리 미오신에 대한 항체를 미세주사한 불가사리의 난모세포를 편광현미경으로 관찰한 모습이다(방향성 있는 미세관이 존재하기 때문에 방추사가 배경보다 밝거나 또는 어둡게 나타난다). 항체에 의해 세포질분열이 완전히 억제되지만, 유사분열은 영향을 받지 않고 계속해서 진행된다(유사분열 방추체로 알 수 있는 것처럼).

세포질분열이 일어나는 동안 작동하는 힘-발생 기작은 액틴과 미오신에 기초한 근육세포의 수축과 유사할 것으로 생각된다. 근육세포에서는 액틴섬유의 미끄러짐[활주(滑走)]에 의해 근섬유의 수축이 일어나는 반면, 수축환에서는 섬유가 활주함으로써 피질부와 여기에 부착된 세포막이 세포 중심 쪽으로 당겨진다. 결과적으로 수축환이 세포 적도 지역으로 수축하는 것은 보따리의 끈을 당겨서 주둥이를 좁히는 것과 유사하다.

분할구의 위치가 후기 유사분열 방추체에 의해 결정되고, 피질 안의 좁은 고리에서 RhoA의 활성을 유도한다는 것은 일반적으로 공통된 의견이다. 그러나 어떻게 피질의 특정지역이 선택되는 지에는 다양한 의견이 있다. 뉴욕 유니온대학(Union College in New York)의 레이 래퍼포트(Ray Rappaport)는 해양 무척추 동물을 이용한 초기의 선도적인 연구에서 세포에 미세바늘을 삽입하여 한쪽 극을 대체해도 방추체 극들 사이의 중앙 면에 수축환이 형성된다는 것을 입증했다. 방추체 극과 분할면의 위치 간의 관계에 대한 예는 〈그림 14-37〉의 실험에 나타냈다. 이 연구는 액틴섬유가 조립되는 부분, 즉 세포질분열의 면이 방추체 극으로부터 나온 신호에 의해 결정된다는 것을 보여준다. 이 신호는 성상체미세관을 따라 방추체 극에서 세포의 피질 쪽으로 전해진다고 생각된다. 실험적인 방법에 의해 극과 피질 사이의 거리가 변형되면 세포질분열의 시기는 극적으로 변화된다(그림 14-37). 반면에 작은 포유동물 세포를 이용하는 연구자들은 분할구의 형성 부위가 세포의 극보다는 유사분열 방추체의 중심 부분에서 생기는 신호에 의하여 결정된다는 증거를 발견하였다. 연구자들은 이런 상반된 발견을 조화롭게 설명하기 위해 고군분투했다. 가장 간단한 설명은 (1) 다른 종류의 세포는 다른 기작을 사용하거나 (2) 하나의 세포가 두 가지 기작을 모두 이용한다는 것이다. 사실 최근의 연구들은 후자의 가능성에 무게를 두고 있다.

14-2-7-1 식물세포의 세포질분열: 세포판의 형성

상대적으로 늘어날 수 없는 세포벽에 의해 둘러싸인 식물세포는 매우 다른 기작에 의해 세포질분열이 일어난다. 세포 표면 바깥에서 안쪽으로 홈이 수축되는 동물세포와는 달리, 식물세포는 살아있는 세포 내부에 외부 세포벽을 만들어야한다. 세포벽의 형성은 세포 중심에서 시작되고, 바깥쪽으로 성장하여 이미 존재하는 측면 벽과 만난다. 새로운 세포벽의 형성은 간단한 전구체 구조인 **세포판**(cell plate)에서 시작된다.

세포판을 형성하는 면은 유사분열방추사의 축에 수직이지

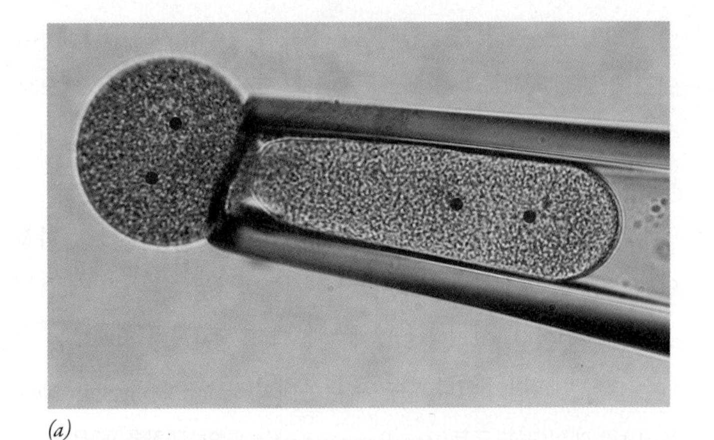
(a)

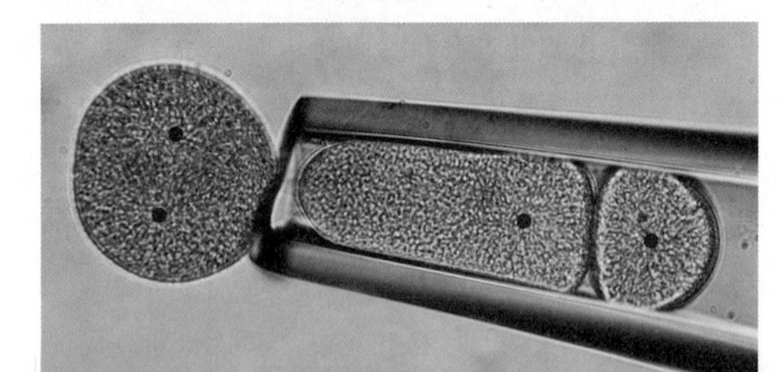
(b)

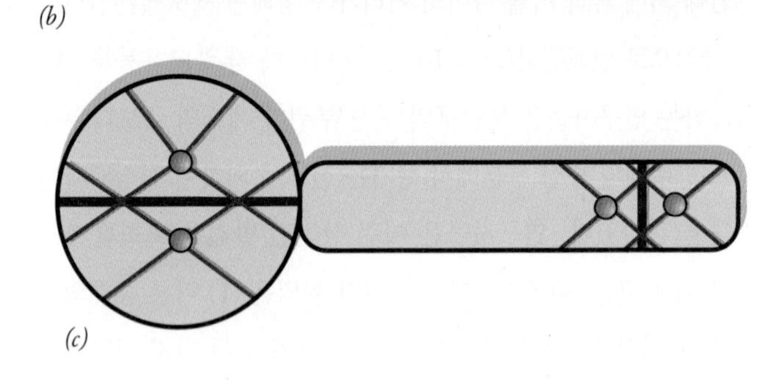
(c)

그림 14-37 분할면이 형성되는 부위와 분할이 일어나는 시기는 유사분열 방추체에 의하여 결정된다. (*a*) 극피동물(棘皮動物, echinoderm) 난자를 한번 분열하게 하여 2세포기 배아를 생성하였다. 그 후 두 세포 각각에 방추체가 나타났을 때, 두 세포 중 1개의 세포를 마이크로피펫(micropipette) 안으로 끌어당겨서 원통형 모양으로 변형시켰다. 각 세포에서 2개의 짙은 색 점은 두 번째 분열이 일어나기 전에 만들어진 방추체 극이다. (*b*) 9분 후 원통형 세포는 분열을 끝냈지만 구형 세포는 아직 분열을 시작하지 않았다. 사진으로부터 (1) 분할면은 위치와 상관없이 방추체 극 사이에서 형성되고 (2) 분할은 원통형 세포에서 더 빠른 속도로 일어난다는 것을 알 수 있다. 막대는 80μm를 나타낸다. (*c*) 이러한 실험 결과들은 (1) 분할면(빨간색 막대)은 성상체미세관이 겹쳐지는 부분에서 형성되고 (2) 원통형 세포에서 분할이 더 일찍 일어나는 것은 극(초록색 원)으로부터 분열이 일어나는 위치까지의 거리가 짧아져서 분할 신호가 표면까지 도달하는 데 걸리는 시간이 단축되기 때문이라는 가정을 통하여 설명될 수 있다.

만, 동물세포의 경우와는 달리 방추체의 위치에 의해 결정되지는 않는다. 유사분열방추사와 세포판의 방향은 G_2기 말에 형성되는 피질 미세관 띠에 의해 결정된다. 이 띠를 전기전(前期前) 띠(, *preprophase band*)라고 한다. 비록 전기전 띠는 전중기에서 해체되지만, 눈에 보이지 않는 흔적을 남겨서 미래의 분열 장소를 결정한다. 세포판 형성의 첫 번째 징후는 분열하는 세포의 후기 말에 세포의 중앙에 **격벽형성체**(隔壁形成體, phragmoplast)가 출현하는 것이다. 격벽형성체는 앞으로 생길 세포판에 수직으로 위치한 미세관들(그림 13-21), 여기에 액틴섬유, 막의 소낭, 높은 전자밀도의 물질들 등으로 구성된다. 격벽형성체의 미세관들은 골지에서 유래된 작은 분비 소낭이 세포판이 생길 곳으로 이동할 때 트랙(선로, 線路) 역할을 한다. 이 미세관들은 유사분열 방추사들의 일부에서 유래된 것이다. 소낭들은 딸 핵들 사이의 적도면에 정렬하게 된다(그림 14-38*a*). 급속 동결시킨 담배 세포의 전자현미경 사진을 통해 골지에서 유래된 소낭이 세포판으로 재구성되는 단계를 관찰할 수 있다. 이 과정을 시작하기 위해 (그림 14-38*b*, 1단계), 소낭들은 손가락 같은 가느다란 관(細管)을 내보내 주변의 소낭과 접촉하고 융합하여 세포의 중앙에 서로 얽힌 세관(細管) 연결망(tubular network)을 형성한다(2단계). 추가적인 소낭들이 미세관을 따라 연결망의 측면 가장자리로 향하게 된다. 새로 도착된 소낭들이 세관 형성과 융합 과정을 계속함으로써 연결망이 바깥쪽으로 확장되어 나간다(2단계). 결국 성장하는 연결망의 앞쪽 가장자리가 모세포의 원형질막과 접촉한다(3단계). 궁극적으로, 세관 연결망은 뚫려 있던 구멍 부분이 사라지고 연속된 편평한 분할판으로 된다. 세관 연결망의 막은 2개의 인접한 딸세포의 원형질막이 된다. 반면에 소낭 안쪽에서 수송된 분비산물들이 세포판이 된다. 세포판이 완성되면 섬유소와 다른 물질들이 추가되어 성숙한 세포벽이 만들어진다.

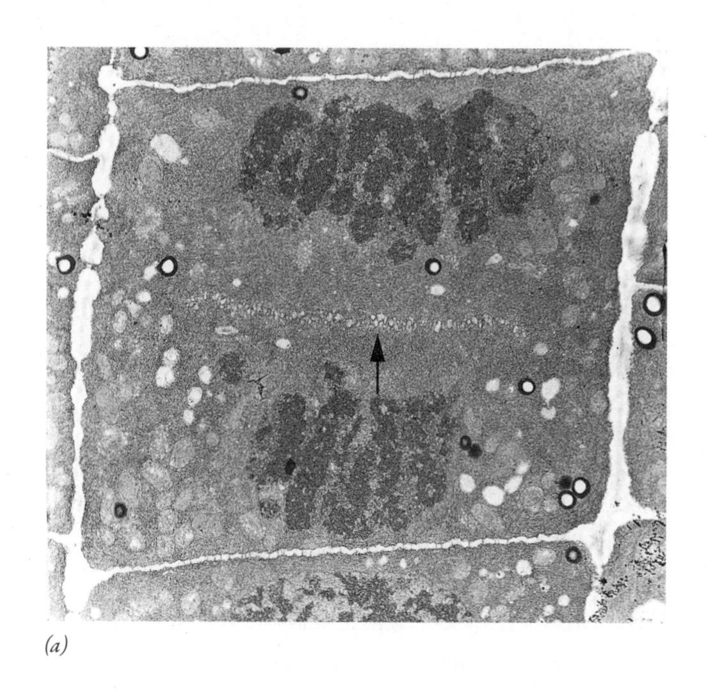

(a)

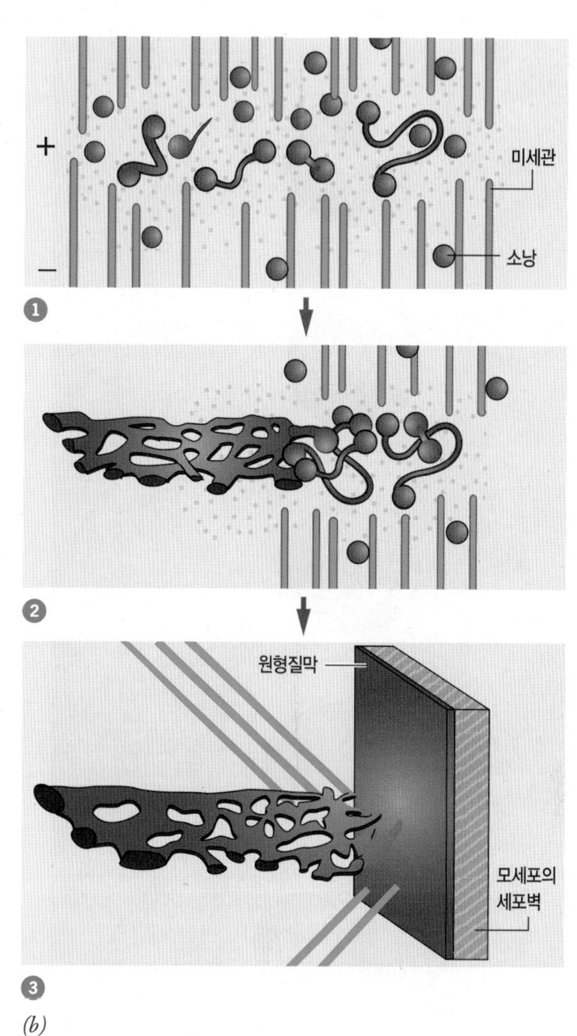

(b)

그림 14-38 식물세포의 세포질분열에서 두 딸 핵 사이의 세포판 형성. (*a*) 장차 만들어질 딸세포들 사이에 세포판이 형성되는 것을 보여주는 낮은 배율의 전자현미경 사진. 근처 골지복합체로부터 만들어진 분비 소낭들이 적도면(화살표)에 배열하여 융합하기 시작한다. 소낭들의 막은 두 딸세포의 원형질막이 되고, 소낭들의 내용물은 세포를 분리하는 세포판을 형성하는 물질을 공급한다. (*b*) 세포판을 형성하는 과정은 본문에 설명되어 있다.

복습문제

1. 유사분열 전기에 일어나는 일들은 후기의 염색체 분리를 위해서 어떤 준비를 하는가?
2. 유사분열 과정 중 동원체의 작용은 무엇인가?
3. 전중기와 후기 동안 세포에서 일어나는 일들을 기술하시오.
4. 중기와 후기에서 일어나는 미세관의 움직임의 공통점과 차이점을 기술하시오. 후기 A와 후기 B에서의 움직임의 차이점은 무엇인가?
5. 후기 동안 어떠한 종류의 힘-발생 기작이 염색체의 이동에 관여하는가?
6. 일반적인 식물세포와 동물세포에서 세포질분열을 하는 동안 일어나는 일들을 비교하시오.

14-3 감수분열

유성생식에서는 반수체 염색체를 가진 두 세포가 결합하여 자손을 생산한다. 제4장에서 논의한 것처럼, 수정에 의해 염색체 수가 두 배가 되는 현상은 이전 시기에서 배우자가 형성될 때 염색체 수가 반으로 감소함으로써 의해 보완된다. 이러한 현상을 **감수분열**(meiosis)이라고 하며, 이 용어는 "감소"를 뜻하는 그리스어로부터 1905년에 만들어졌다. 생활사에서 감수분열은 반수체의 생산을 책임지고, 수정은 2배체의 생산을 책임진다. 만약 감수분열이 없다면 염색체 수는 각 세대마다 2배씩 증가할 것이고, 유성생식은 가능하지 않을 것이다.

유사분열과 감수분열에서 일어나는 현상을 비교하기 위해서, 염색분체의 운명을 조사할 필요가 있다. 유사분열이든 감수분열이든, 2배체 G_2기 세포는 상동염색체 쌍을 포함하고 있는데, 각 염색

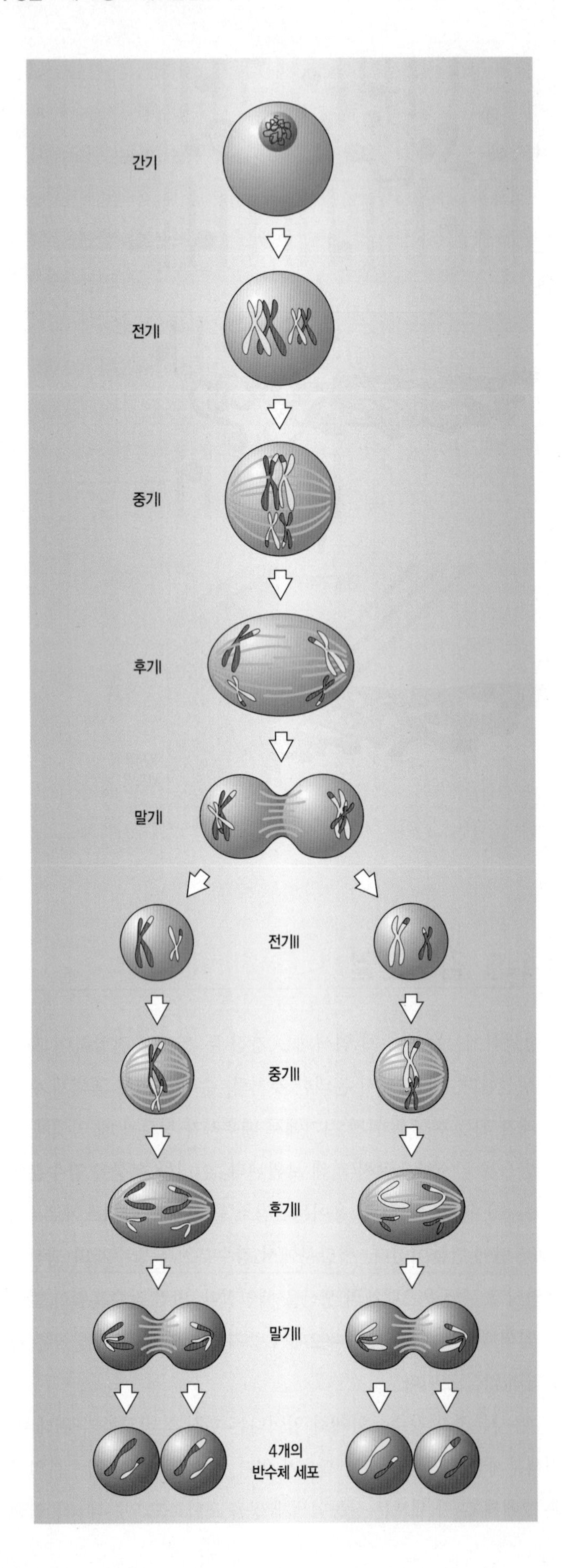

그림 14-39 감수분열 시기.

체는 2개의 염색분체로 이루어져있다. 유사분열 동안, 각각의 염색체의 염색분체는 "한 번(*single*)"의 분열에 의해 따로 갈라져서 2개의 딸핵으로 분리된다. 결과적으로, 유사분열에 의해 생기는 세포는 상동염색체 쌍을 포함하고 유전적으로 그들의 부모와 일치한다. 대조적으로, 감수분열에서는 복제된 상동염색체 쌍의 4개의 염색분체가 4개의 딸핵으로 분배된다. 감수분열에서는 중간에 DNA 복제 시기 없이 연속적으로 두 번 분열이 일어나서 이러한 결과가 생긴다(그림 14-39). 첫 번째 감수분열에서 2개의 염색분체로 이루어진 각 염색체는 그것의 상동염색체와 분리된다. 결과적으로, 각각의 딸세포는 상동염색체 쌍 중에서 단 하나 만을 포함한다. 이러한 현상이 일어나기 위해, 상동염색체는 감수분열 전기I 동안 정교한 과정에 의해서 쌍을 이루어야 하는데〈그림 14-39, 전기I〉, 이러한 현상은 유사분열에서는 찾아볼 수 없다. 쌍을 이루었을 때, 상동염색체는 유전자재조합 과정을 수행하여 모계와 부계 대립형질의 새로운 조합을 가진 염색체를 생산한다(그림 14-39의 중기I을 보라). 두 번째 감수분열에서 각 염색체의 두 염색분체는 서로 분리된다(그림 14-39, 후기II).

다양한 진핵생물의 생활사를 조사해 보면 감수분열이 일어나는 시기와 반수체로 지속되는 기간에 현저한 차이점이 보인다. 이것에 기초하여 다음과 같은 세 가지 무리로 나눠질 수 있다(그림 14-40).

1. 배우자 또는 말기 감수분열(*gametic or terminal meiosis*). 이 무리에는 모든 다세포 동물과 많은 원생생물들이 포함되는 데 감수분열은 배우자의 형성과 밀접하게 연관되어있다(그림 14-40, 왼쪽). 예를 들면, 수컷 척추동물에서 감수분열은 정자(spermatozoa)의 분화 전에 일어난다(그림 14-41*a*). 정원세포(精原細胞, *spermatogonia*)는 감수분열로 들어가면서 1차정모세포(精母細胞, *primary spermatocyte*)가 된다. 1차정모세포는 2번의 감수분열에 의해 4개의 비교적 분화되지 않은 정세포(*spermatid*)가 된다. 각각의 정세포는 복잡한 분화 과정을 통해서 고도로 분화한 정자(*spermatozoon*)가 된다. 암컷 척추동물에

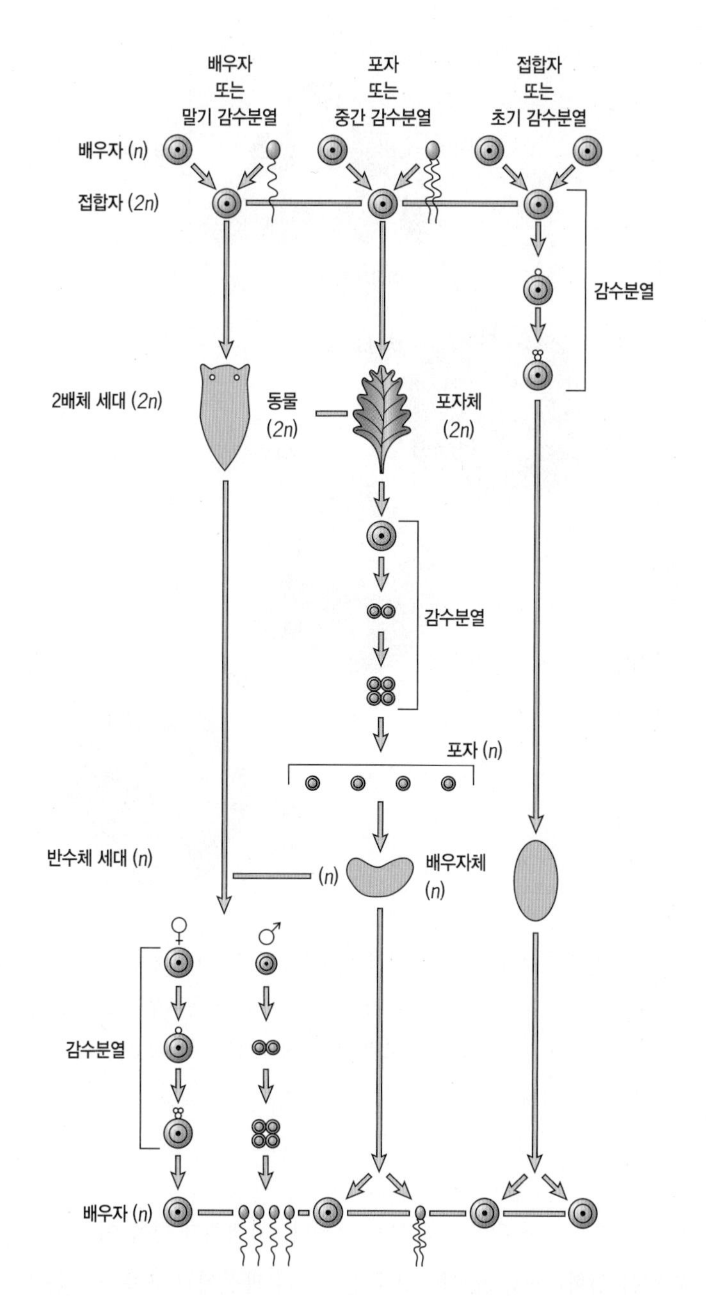

그림 14-40 생활사에서 감수분열이 일어나고 반수체 시기가 지속되는 기간을 바탕으로 한 세 가지 주요 생물군의 비교.

서 〈그림 14-41*b*〉의 난원세포(卵原細胞, *oogonia*)는 1차난모세포(卵母細胞, *primary oocyte*)가 된 후 매우 긴 감수분열 전기로 들어간다. 이 전기 동안, 1차난모세포는 성장하고, 난황과 다른 물질들로 가득 채워지게 된다. 난모세포가 완전히 분화한 후 (즉, 난모세포가 수정이 될 때와 근본적으로 동일한 상태에 이르렀을 때)에만 감수분열이 일어난다. 척추동물의 난자(egg)는 일반적으로 감수분열이 완료되기 전의 시기(주로 중기II)에서 수정된다. 난자의 감수분열은 정자가 세포질로 들어온 후 즉, 수정 후에 완료된다.

2. 접합자 또는 초기 감수분열(*zygotic or initial meiosis*). 이 무리에는 원생생물과 곰팡이만 포함되는데, 감수분열은 수정 후에 바로 일어나서(그림 14-40, 오른쪽), 반수체의 포자(spore)가 생긴다. 포자의 유사분열에 의해서 반수체의 성체가 형성된다. 결과적으로, 생활사에서 2배체의 시기는 수정 후 개체가 아직 접합자 상태인 짧은 기간에 제한되어있다.

3. 포자 또는 중간 감수분열(*sporic or intermediate meiosis*). 이 무리에는 식물과 일부 조류(藻類, algae)가 포함되는데, 감수분열이 배우자 형성이나 수정과 관계없는 시기에서 일어난다(그림 14-40, 가운데). 꽃가루(花粉) 속의 웅성 배우자(정세포, sperm cell)들과 배낭(胚囊) 속의 자성 배우자(난세포, egg)의 결합에서부터 생활사를 살펴보면, 2배체 접합자는 유사분열을 수행하여 2배체 **포자체**(胞子體, sporophyte)로 발달한다. 포자체 발달의 특정 시기에서, 감수분열을 포함하는 포자발생(胞子發生, *sporogenesis*)이 일어나며, 형성된 포자의 직접적인 발아에 의해 반수체 **배우자체**(配偶子體, gametophyte)가 된다. 배우자체는 독립적인 개체로 존재하거나 종자식물의 경우처럼 밑씨 안쪽에 작은 구조로 보존된다. 두 가지 경우 모두 배우자는 반수체 배우자체의 유사분열(*mitosis*)에 의해 형성된다.

14-3-1 감수분열의 단계

유사분열과 마찬가지로 감수분열 전에 DNA는 복제된다. 일반적으로 감수분열 전의 S기는 유사분열 전의 S기 보다 몇 배 더 오래 걸린다. 전형적인 감수분열 전기I[h]은 유사분열 전기와 비교할 때 이례적으로 길다. 예를 들면, 인간 여성의 난모세포는 태어나기 전에 감수분열 전기I을 시작한 후 기나긴 정지 상태에 들어가게 된다. 사춘기

역자 주[h] 전기I: 타 교재에서 주로 표기되는 방식인 "제I 감수분열 전기, 제I 감수분열 중기" 등은 모두 "전기I, 중기I" 등으로 표기하였다. 마찬가지로 "제II 감수분열 전기" 등은 "전기II" 등으로 표기하였다.

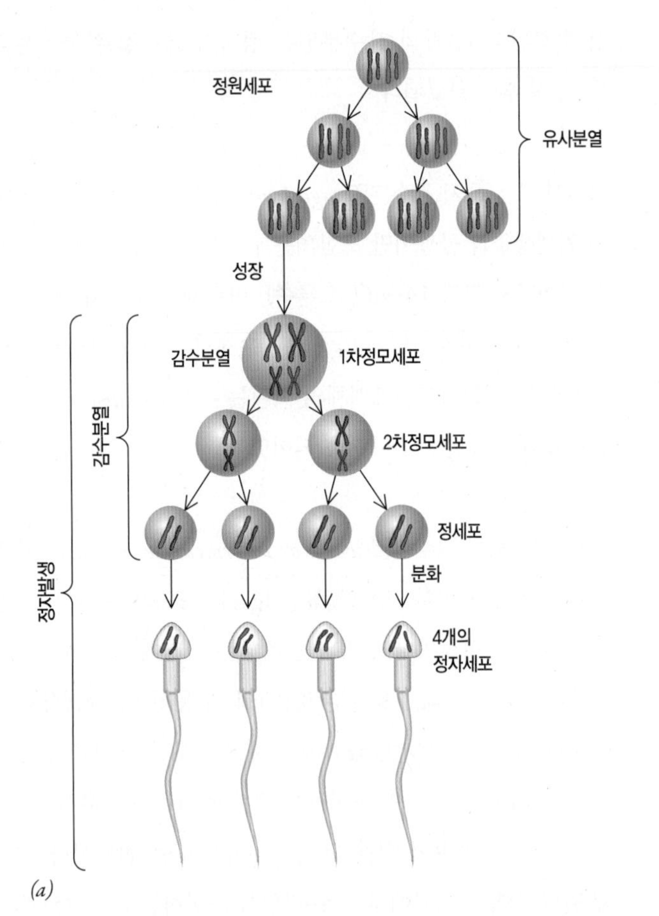

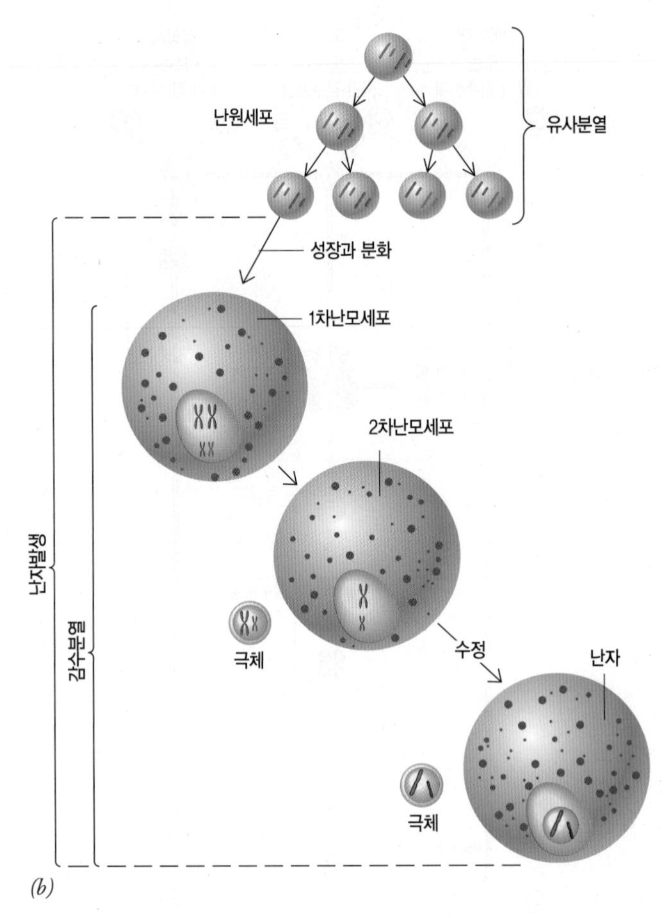

그림 14-41 척추동물에서 배우자발생(gametogenesis)의 단계들: 정자 및 난자 형성의 비교. 암수 모두에서 배아에 존재하는 상대적으로 적은 수의 원시생식세포(primordial germ cell)가 유사분열로 증식하여 생식원세포(gonial cell)(정원세포 및 난원세포)가 된다. 생식원세포는 배우자로 분화한다. (*a*) 수컷에서는 감수분열이 분화가 되기 이전에 일어나는 반면, (*b*) 암컷에서는 두 번의 감수분열 모두 분화 후에 일어난다. 각 1차정모세포는 보통 4개의 생존 가능한 배우자를 만들어내는 반면, 1차난모세포는 오직 하나의 수정 가능한 난자를 만들고 2~3개의 극체가 형성된다.

가 된 후 매 28일 간격으로 배란이 되기 직전에 난모세포는 감수분열을 재개한다. 결과적으로, 사람의 많은 난모세포는 수십 년 동안 전기 근처의 동일한 시기에 정지되어 있다. 첫 번째 감수분열 전기는 또한 매우 복잡하여 관례적으로 몇 시기로 분류하는데, 이 시기는 유성 생식하는 모든 진핵 생물에서 비슷하다(그림 14-42).

전기I의 첫 번째 시기는 염색체가 광학현미경으로 관찰되기 시작하는 세사기(細絲期, *leptotene*)이다. 비록 염색체는 이미 이전 시기에서 복제되지만 각각의 염색체가 실제로 똑같은 염색분체 쌍으로 이루어졌다는 것을 알 수는 없다. 그러나 전자현미경으로 관찰해 보면 염색체들이 염색분체 쌍으로 이루어져 있다는 것을 알 수 있다.

전기I의 두 번째 시기인 접합기(*zygotene*)는 상동염색체간의 결합이 눈으로 관찰된다는 특징을 가진다. 염색체가 쌍을 이루는 이 과정을 **접합**(synapsis)이라고 하는데, 이 과정에는 매우 흥미롭지만 아직은 잘 밝혀지지 않은 중요한 의문 사항들이 존재한다. 즉, 어떻게 2개의 상동염색체가 서로를 인식하는가? 어떻게 상동염색체 쌍이 완벽하게 정렬할 수 있는가? 상동염색체 상호간의 인식이 언제 처음으로 일어나는가? 등이다. 최근 연구는 이러한 의문점을 상당히 많이 해명해 주었다. 지난 수년 동안에 상동염색체 간의 상호작용은 염색체 접합이 시작되면서 처음으로 시작된다고 추측되어왔다. 낸시 클레크너(Nancy Kleckner)와 그녀의 하버드대학교(Harvard University) 동료들이 효모세포를 이용하여 연구한 바에 따르면 상동염색체 DNA의 상동지역은 세사기에 이미 서로 연결되어 있다. 접합기 동안 염색체가 응축하고 접합이 생기면서 이

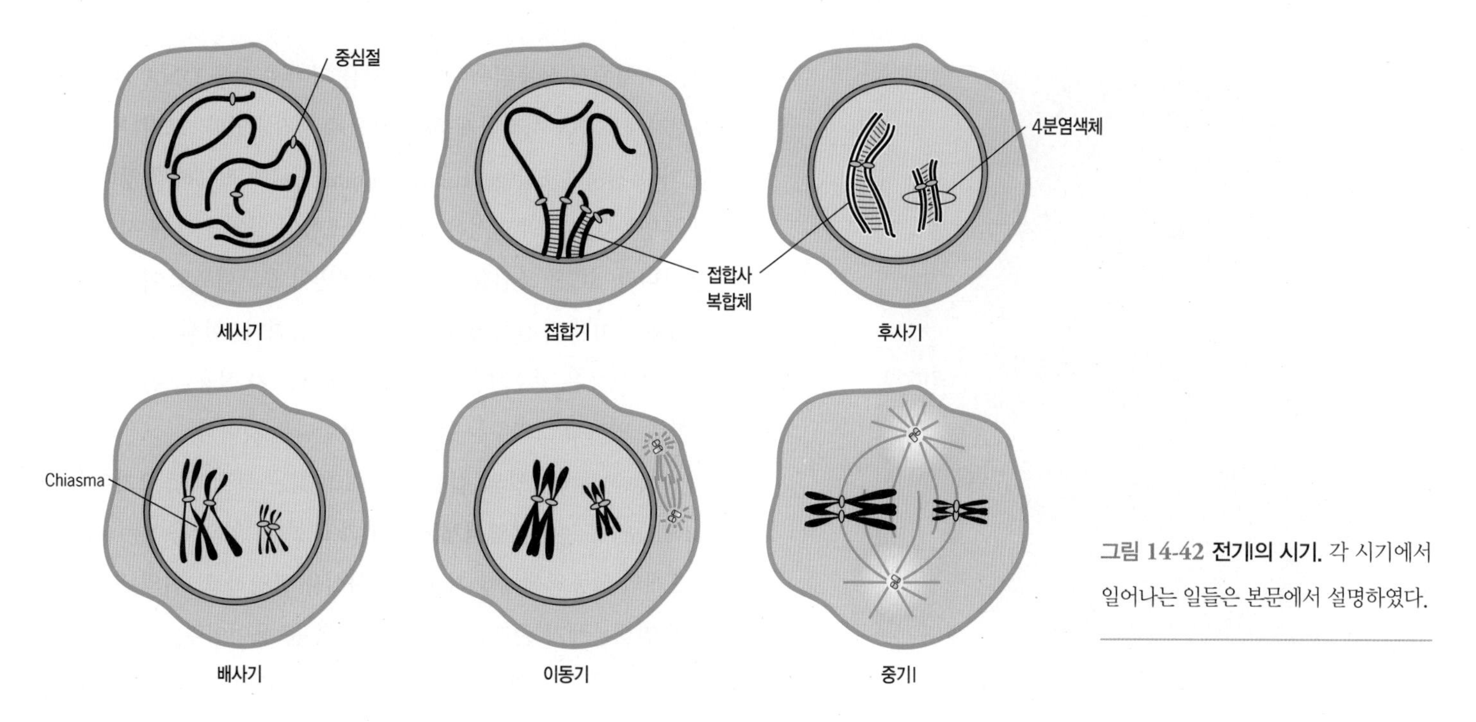

그림 14-42 **전기I의 시기.** 각 시기에서 일어나는 일들은 본문에서 설명하였다.

배열을 현미경으로 관찰할 수 있게 된다. 뒤쪽에서 이야기 하겠지만 유전자재조합의 첫 단계는 배열된 DNA 분자의 이중가닥이 절단되는 것이다. 효모와 생쥐를 이용한 모든 연구에서, 염색체가 짝을 이루는 것을 관찰할 수 있는 시기의 한참 전 시기인 세사기에 DNA 절단이 발생한다는 것이 밝혀졌다.

이러한 발견은 감수분열 전의 세포와 감수분열을 하는 세포의 핵 안에 특정 DNA 서열의 위치를 결정하는 연구에 의해 뒷받침되었다. 각각의 염색체는 핵공간 전체에 무작위로 분산되어 있지 않고 핵 안의 특정 지역을 차지하고 있다. 막 감수분열 전기로 들어가려고 하는 효모세포를 조사해 보면 상동염색체 쌍은 특정 지역에 모여서 다른 상동염색체 쌍이 위치한 지역과는 다른 위치를 차지한다는 것이 발견되었다. 이 발견은 감수분열 전기 시작 전에 상동염색체가 어느 정도는 짝지어져 있다는 것을 시사한다. 세사기의 염색체의 텔로미어[telomere, 말단절(末端節)]는 핵 전체에 퍼져있다. 많은 종들에서 세사기 말기 쯤에 염색체의 극적인 재조직이 일어난다. 말단절은 핵 한쪽의 핵막 내부 표면에 위치하기 시작한다. 핵막의 한 끝에 말단절이 밀집되는 현상은 다양한 진핵세포에서 광범위하게 나타난다. 이로 인해 염색체가 부케 꽃다발의 밀집된 줄기와 비슷한 모양이 된다(그림 14-43). 말단절의 밀집이 접합 과정에 도움을 주는지에 대해서는 논란이 많다.

전자현미경으로 관찰하면 염색체 접합과 함께 **접합사**(接合絲) **복합체**(synaptonemal complex, SC)라고 하는 복합체 구조가 형성

그림 14-43 **감수분열 염색체 말단절(텔로미어, telomere)과 핵막의 결합.** 수컷 메뚜기(grasshopper)의 감수분열 전기의 염색체. 상동염색체가 2가염색체를 이루면서 물리적으로 결합되어 있다. 2가염색체는 말단절 부분이 핵막의 안쪽 표면 부근에 뭉쳐서, 잘 만들어진 "부케" 모양으로 배열된다(사진 아래쪽).

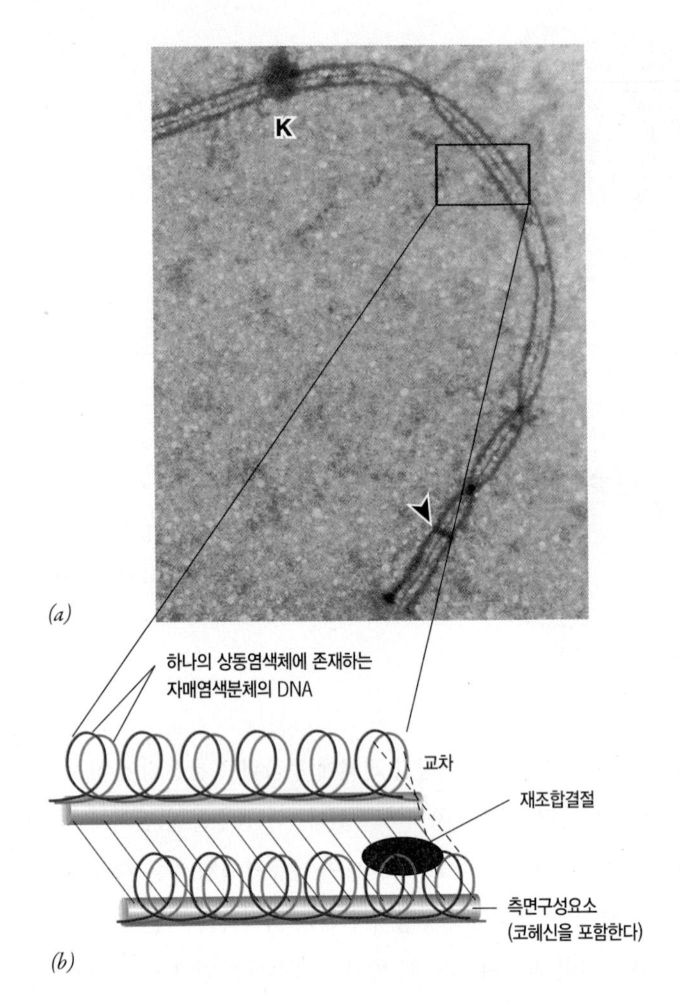

그림 14-44 접합사복합체. *(a)* 1쌍의 상동염색체가 잘 정돈되어 평행하게 배열된 사람의 후사기 2가염색체의 전자현미경 사진. K, 동원체. *(b)* 접합사복합체(SC)와 이에 결합하는 염색사(chromosomal fiber)를 나타낸 개요도. SC의 중심부분에 보이는 밀집된 알갱이(재조합결절)(*a*에서 화살촉으로 표시되었음)에는 유전자재조합을 완성하는 데 필요한 효소 시스템이 들어있는데, 유전자재조합은 전기I의 매우 이른 시기에 시작된다고 생각된다. 각 염색체에서 2개의 자매염색분체의 DNA 고리(loop)가 가깝게 쌍을 이루는 것이 그려져 있다. 고리들은 코헤신(그림에는 나타내지 않았음)에 의해 쌍을 이루는 구조를 유지하는 것 같다. 유전자재조합(교차, crossing-over)은 그림과 같이 비자매염색분체의 DNA 고리들 사이에서 일어난다.

되는 것을 볼 수 있다. 접합사복합체는 사다리 같은 구조로 이루어졌는데, 단백질 섬유가 양 측면에 위치한 구성요소를 가로로 연결한다(그림 14-44). 각 상동염색체의 염색질은 고리모양을 이루어 SC의 측면 구성요소 위에서 밖으로 뻗어 있다(그림 14-44*b*). 측면 구성요소는 주로 자매염색분체의 염색질과 함께 결합할 것으로 생각되는 코헤신(cohesin)으로 구성되어 있다. 수년 동안 SC는 적당한 위치에서 상동염색체의 각 쌍을 잡아서 상동 DNA 가닥간의 유전자재조합을 시작하게 하는 것으로 생각되었다. 그러나 현재는 SC가 유전자재조합(genetic recombination)에 필요하지 않다는 것이 분명하다. SC의 형성은 유전자재조합이 일어난 후에 시작될 뿐만 아니라, SC를 조립할 수 없는 돌연변이 효모세포도 여전히 상동염색체 사이에 유전적 정보의 교환이 가능하다. 현재 생각되는 SC의 주요 기능은 상호작용하는 염색분체가 교차 작용을 완전하게 수행할 수 있도록 도와주는 틀로서 작용한다는 것이다.

상동염색체 2쌍의 접합에 의해 형성된 복합체를 **2가염색체**(bivalent) 또는 **4분염색체**(tetrad)라고 한다. 앞의 용어는 복합체가 2개의 상동염색체를 가진다는 사실을 반영하고, 뒤의 용어는 4개의 염색분체가 존재한다는 데 의미를 둔 용어이다. 접합의 완성은 접합기의 끝을 의미하고 전기I에서 다음 시기인 후사기(厚絲期, *pachytene*)가 시작됨을 의미한다. 후사기는 접합사복합체가 완전히 형성되는 것이 특징이다. 후사기 동안 SC에 의해 상동염색체가 길이에 따라 서로 가깝게 결합한다. 자매염색분체의 DNA는 평행한 고리형태로 길게 뻗어 배열된다(그림 14-44). 전자현미경으로 관찰해보면, 직경이 약 100nm이며 전자밀도가 높은 다수의 덩어리가 SC의 중앙에 보인다. 이런 구조는 재조합결절(再組合結節, *recombination nodule*)이라고 명명되었는데, 이유는 이곳이 교차가 일어나는 자리와 일치하기 때문이다. 이것은 재조합 과정의 중간단계 동안에 이 자리에서 DNA 합성이 일어나는 것에 의해 입증되었다. 재조합결절은 후사기 말에 끝나는 유적적재조합을 용이하게 하는 효소 장치를 갖고 있다.

감수분열 전기I에서의 다음 시기인 배사기[倍絲期, 또는 복사기(複絲期, *diplotene*)]의 시작은 SC의 분리로 알 수 있다. 이로 인해 특정한 지점에서만 염색체가 서로 붙은 X자 모양의 구조가 되는데, 이것을 **교차점**(交叉點; 복수는 chiasmata, 단수는 chiasma)이라고 한다(그림 14-45). 교차점은 두 염색체의 DNA 분자 사이에 이미 교차가 발생된 자리이다. 교차점은 하나의 상동염색체의 염색분체와 다른 상동염색체에서 유래한 비자매염색분체(nonsister chromatid) 간의 공유 결합성 연접에 의해 형성된다. 이 부착 장소는 유전자재조합이 일어나는 정도를 잘 관찰할 수 있는 위치이다. 배사기에서 상동염색체가 서로에게서 분리됨에 따라 교차점을 더 쉽게 관찰할 수 있다.

척추동물 난모세포의 성장이 일어나는 난자발생과정에서 배사

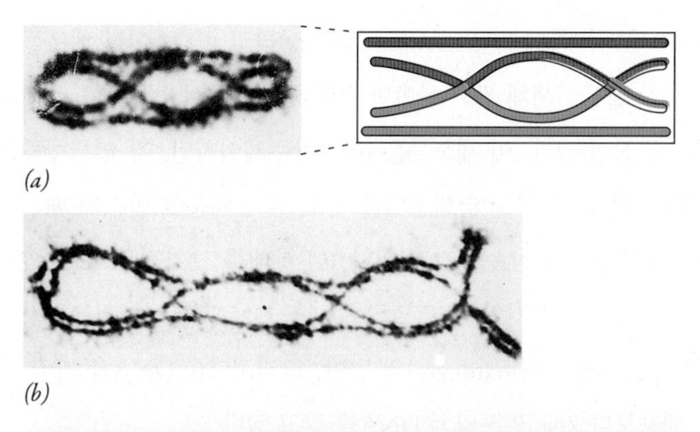

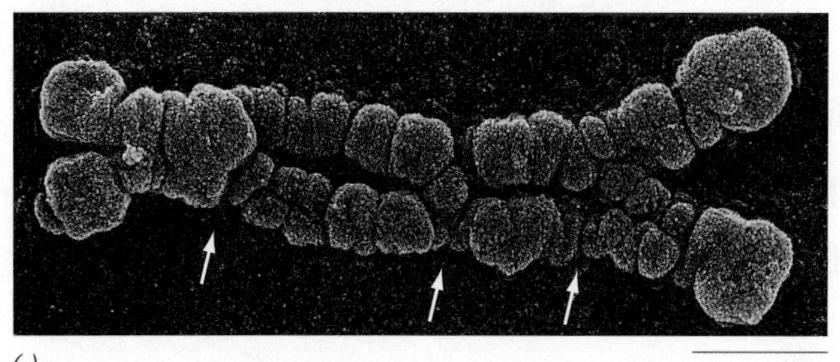

그림 14-45 교차의 가시적 증거. (*a*,*b*) 메뚜기의 배사기 2가염색체에서 각 상동염색체의 염색분체 사이에 교차점이 형성되어 있는 것을 볼 수 있다. 첨부된 삽입도는 *a*의 2가염색체에서 아마도 일어났을 교차를 나타낸다. 배사기 염색체의 염색분체들이 교차점을 제외하고는 근접하여 나란히 배열되어 있다. (*c*) 3개의 교차점(화살표)을 갖는 사막메뚜기(desert locust) 2가염색체의 주사전자현미경 사진.

기는 매우 긴 시기이다. 따라서 배사기는 왕성한 대사활동 시기가 될 수 있다. 난모세포의 배사기 동안 전사에 의해 RNA가 만들어지는데, 이 RNA는 난자발생과정과 수정 후에 일어나는 초기 배아발달 모두에서 단백질 합성에 이용된다.

감수분열 전기I에서의 마지막 시기인 이동기(移動期, *diakinesis*)에는 감수분열 방추사가 조립되고 염색체는 분리를 위한 준비를 한다. 배사기 동안 염색체가 분산되는 종에서는 이동기 동안 염색체가 다시 응축된다. 인(nucleolus)이 사라지고, 핵막이 붕괴되며, 4분염색체가 중기판으로 이동하면서 이동기는 끝나게 된다. 척추동물 난모세포에서 이러한 현상은 성숙촉진인자(maturation-promotion factor, MPF)의 단백질 인산화효소 활성이 증가하여 촉진된다. 이 장의 마지막 〈실험경로〉에서 논의된 것처럼, MPF는 난모세포의 "성숙(*maturation*)"을 개시할 수 있는 이 인자의 능력에 의해 최초로 발견되었다.

대부분의 진핵생물 종에서 교차점은 제I 감수분열 중기판에 상동염색체가 배열될 때까지 관찰할 수 있다. 사실상 이 시기까지 상동염색체가 서로를 붙잡아 2가염색체로 유지되기 위해서는 교차점이 필요하다. 인간과 다른 척추동물에서 모든 상동염색체 쌍은 일반적으로 적어도 하나의 교차점을 갖고 있다. 더 긴 염색체는 2~3개 이상의 교차점을 갖는 경향이 있다. 심지어 가장 작은 염색체에도 교차점이 형성되게 하는 기작이 존재한다고 생각된다. 만약 상동염색체 쌍에 교차점이 하나도 생기지 않으면, 그 2가염색체는 접합사복합체(SC)가 분해된 후에 서로로부터 쉽게 분리될 것이다. 상동염색체의 조기 분리는 흔히 잘못된 수의 염색체를 가진 핵을 만드는 결과를 낳는다. 그런 현상의 결과는 〈인간의 전망〉에 논의되어 있다.

감수분열 중기I에서 각 2가염색체의 두 상동염색체들은 반대쪽 극으로부터 나오는 방추사에 연결되어 있다(그림 14-46*a*). 반면에, 자매염색체들은 같은 방추체 극으로부터 나오는 미세관에 연결되어 있으며, 그것은 〈그림 14-46*a*〉의 삽입도에서처럼, 자매염색체 동원체가 나란히 배열함으로써 가능하다. 2가염색체의 모계 및 부계 염색체는 중기I의 중기판에 무작위적인 방향으로 배열한다. 즉 특정 2가염색체에서 모계 염색체가 2개의 극 중에서 어느 한쪽을 마주할 가능성은 동일하다. 그 결과, 후기I 동안 상동염색체가 분리될 때 각 극은 무작위 조합에 의해 모계와 부계 염색체를 받는다(그림 14-39 참조). 따라서 후기I은 멘델의 독립의 법칙(Mendel's law of independent assortment)에 해당하는 세포질 현상이다. 독립의 법칙의 결과로, 개체는 거의 무제한으로 다양한 배우자(gamete)를 생산할 수 있다.

감수분열 후기I에서 상동염색체가 분리되기 위해서는 2가염색체를 서로 잡고 있는 교차점이 소멸되어야 한다. 교차점은 재조합 부위 바로 옆의 자매염색분체 사이의 결합에 의해 유지된다(그림 14-46*a*). 중기I-후기I 전환점에서 2가염색체의 염색분체 팔의 부착이 상실되면서 교차점은 사라진다(그림 14-46*b*). 염색분체 팔 사이의 부착이 상실되는 것은 염색체의 이 지역에 있던 코헤신 분자 단백질이 분해되면서 이루어진다. 반면 자매염색분체를 연결하는 중심절의 결합은 강하게 남아있게 되는데, 이것은 중심절에 위치한 코헤신이 단백질 분해 공격으로부터 보호받기 때문이다(그림 14-46*b*). 결과적으로 자매염색체는 후기I 동안 서로 단단히 붙어서 한 쪽의 방추체 극 쪽으로 함께 이동한다.

감수분열 말기I은 유사분열의 말기보다 덜 역동적으로 변화한다. 비록 염색체가 흔히 약간 흩어지기도 하지만, 간기 핵에서 발견되는 것처럼 완전히 펼쳐진 상태에는 도달하지 않는다. 말기I 동안 핵막은 다시 형성될 수도 있고 그렇지 않는 경우도 있다. 두 번의 감수분열 사이의 시기를 분열간기(分裂間期, interkinesis)라 하는데 일반적으로 이 시기는 짧다. 동물에서는 이 짧은 시기에 있는 세포를 2차정모세포(二次精母細胞, *secondary spermatocyte*)나 2차난모세포(二次卵母細胞, *secondary oocyte*)라고 한다. 이런 세포들은 오직 각 상동염색체 쌍의 한쪽만 포함하기 때문에 반수체(haploid)라는 특징이 있다. 이 세포들은 비록 반수체이지만, 각 염색체들은 여전히 1쌍의 부착된 염색분체를 갖고 있기 때문에 반수체 배우자보다 2배 많은 DNA를 갖고 있다. 이 상태를 "2차정모세포는 2C 양의 DNA를 갖고 있다"고 말하며, 4C DNA 양을 가진 1차정모세포(primary spermatocyte)의 절반, 그리고 1C DNA을 가진 정자 세포보다 2배 많은 양의 DNA를 갖고 있다.

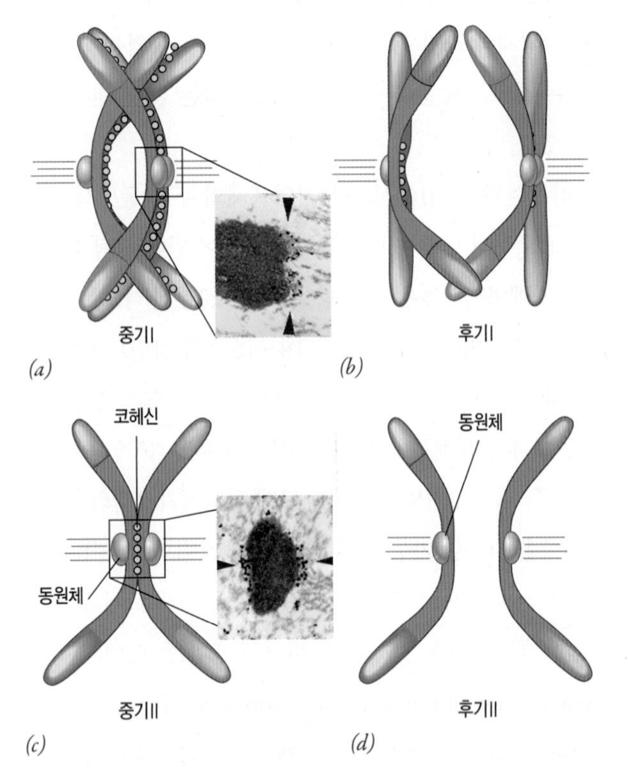

그림 14-46 제I 감수분열 동안 상동염색체의 분리와 제II 감수분열 동안 염색분체의 분리. (*a*) 중기I에서 1쌍의 상동염색체의 개요도. 염색분체가 코헤신(cohesin)에 의해 팔과 중심절 모두에서 붙어있다. 상동염색체 쌍은 교차점에 의해 2가염색체로 존재한다. 삽입도의 현미경 사진은 자매염색분체의 동원체(화살촉표)가 염색체의 한쪽 측면에 위치하여 동일한 극 방향을 향하는 것을 보여준다. 검은 점은 동원체의 CENP-E 운동단백질에 결합한 금 입자이다(그림 14-16*c* 참조). (*b*) 후기I에서 염색분체의 팔에 결합되어있던 코헤신은 분해되고 이로 인해 상동염색체는 서로에게서 떨어진다. 중심절에는 코헤신이 그대로 남아있어 자매염색분체를 잡아준다. (*c*) 중기II에서 자매염색분체는 중심절에 의해 연결되어 있고 반대쪽에서 유래된 미세관이 두 동원체에 결합되어 있다. 삽입도의 현미경 사진은 자매염색분체의 두 동원체가 이제는 염색체의 반대쪽에 위치함으로 서로 다른 쪽 극을 향하고 있음을 보여준다. (*d*) 후기II에서 자매염색분체를 잡아주던 코헤신이 분해되고 이로 인해 염색체는 반대쪽 극으로 이동하게 된다.

분열간기 다음 시기인 감수분열 전기II는 감수분열 전기I에 비해 무척 단순하다. 만약에 후기I에서 핵막이 재생되었다면, 핵막은 다시 부수어진다. 염색체는 다시 응축되어 중기판에 늘어서게 된다. 중기I과는 다르게 중기II의 자매염색분체의 동원체는 서로 반대 극을 바라보면서 양쪽에서 나온 염색체미세관 방추사에 결합된다(그림 14-46*c*). 척추동물 난모세포는 감수분열 중기II에서 진행을 멈춘다. 중기II에서 감수분열이 정지하는 것은 특정 인자들에 의해 APC^{cdc20}의 활성이 억제되어, 사이클린B의 분해를 방해하기 때문이다. 난모세포 안에 높은 농도의 사이클린B가 남아있으면 Cdk의 활성이 유지되어 세포는 다음 감수분열 시기로 진행하지 못한다. 중기II 중단은 난모세포(이제는 난자(egg) 또는 알이라 불린다)가 수정이 될 경우에만 풀어진다. 수정이 되면 Ca^{2+} 이온이 빠르게 유입되면서, APC^{cdc20}가 활성화되어 사이클린B가 분해된다. 이러한 변화로 인해 수정된 난자는 두 번째 감수분열을 완료하게 된다. 후기II는 2개의 자매염색분체를 잡고 있던 중심절이 동시에 쪼개지면서 시작된다. 이로 인해 염색체는 세포의 반대 극 쪽으로 움직일 수 있게 된다(그림 14-46*d*). 제II 감수분열은 말기II에 핵막이 염색체를 다시 감싸면서 종료된다. 감수분열 결과로 1C 양의 DNA를 가진 반수체 세포가 만들어진다.

14-3-2 감수분열 동안의 유전자재조합

감수분열은 유성생식을 위해 염색체 수를 줄이는 역할 뿐 아니라, 한 세대에서 다음 세대로 생명체의 구성원이 바뀔 때 유전적 변이를 증가시키는 역할을 한다. 배우자가 형성될 때 염색체의 독립 조합(independent assortment)[i]에 의해 모계와 부계 염색체가 섞이게 된다. 또한 유전자재조합, 즉 교차는 염색체에서 모계와 부계 대립유전자가 잘 섞이게 하는 역할을 한다(그림 14-39). 유전자재조합이 없다면 각각의 염색체에 존재하는 대립유전자들은 세대가 지나도 함께 묶여있다. 상동염색체 사이에 모계와 부계 대립유전자가 섞임으로써 감수분열은 새로운 유전형과 표현형을 갖는 생명체를 만들어 자연선택이 작용할 수 있게 만든다(〈그림 4-7〉에 있는 초파리의 예를 보라).

재조합이 일어날 때 각각의 DNA분자는 물리적으로 절단되고, 하나의 DNA 2중가닥의 잘려진 말단과 상동염색체 2중가닥의 잘려진 말단이 서로 연결된다. 재조합은 일반적으로 새로운 염기쌍이 첨가되거나 결실되지 않고 이루어지는 매우 정확한 과정이다. 이 과정이 정확하게 일어나게 하기 위해 재조합은 하나의 염색체의 단일가닥과 상동염색체의 단일가닥 사이의 상보적인 염기 서열에 의존한다. 재조합 과정의 정확성은 DNA 가닥이 교환되는 동안 생기는 틈을 메워주는 DNA 수선효소(DNA repair enzyme)에 의해 더욱 확실하게 유지된다.

진핵세포에서 재조합 되는 동안 일어나는 것으로 추측되는 과정의 간략한 모형을 〈그림 14-47〉에 나타냈다. 이 모형에서 보면, 막 재조합하려는 두 DNA 2중가닥(duplex)들은 상동성검사(*homology search*)에 의해 서로 나란히 정렬하기 시작한다. 상동성검사에서 상동 DNA 분자는 재조합을 준비하기 위해 상호작용하게 된다. 일단 나란히 정렬되면, 효소(Spo11)가 1개의 2중가닥 DNA의 두 가닥 모두를 절단한다(그림 14-47, 1단계). 2단계에 나타낸 것처럼 절단된 틈은 점점 절제(切除)되면서 넓어진다. 절제는 아마 5′→3′ 핵산말단가수분해효소(엑소뉴클레아제, exonucrease)의 작용에 의해 또는 다른 기작에 의해 일어난다. 어떤 기작에 의한 절제이든 상관없이, 절단된 가닥들은 각각 3′OH 끝을 가진 노출된 단일가닥 꼬리들을 갖는다. 〈그림 14-47〉에 있는 모형에서처럼, 단일가닥 꼬리들 중의 하나는 자신의 2중가닥을 떠나서 비자매염색분체의 DNA 분자에 끼어들어가게 되어, 옆에 있는 2중가닥의 상보적인 가닥과 수소결합을 한다(3단계). 대장균에서, 단일가닥이 온전한 상동 2중가닥에 끼어들어가서 상응하는 가닥을 밀어내고 대체되는 과정은 *RecA 단백질*이라는 재조합 효소에 의해 촉매된다. RecA 단백질은 중합하여 단일가닥 DNA의 길이를 따라 결합하는 섬유 형태를 형성한다. RecA는 단일가닥 DNA가 상동 2중나선을 찾아서 그 사이로 끼어들어갈 수 있게 한다. 진핵세포들도 가닥 끼어들기를 촉매할 것으로 생각되는 RecA 상동체(예: Rad51)를 갖고 있다. 4단계에서 보여주는 것처럼 가닥 침입은 틈을 채우는 DNA 수선 작용(7-3절)을 활성화시킨다.

DNA 가닥들이 상호 교환된 결과로, 2개의 2중가닥들은 공유결합에 의해 서로 연결되어 결합 분자(이질2중가닥, *heteroduplex*)를 형성하는데, 이 분자는 가닥이 교환된 부분의 옆쪽으로 한 쌍의 DNA 교차 또는 홀리데이 연접(*Holliday junction*)이 존재한다(그림 14-47, 4와 5단계). 이러한 연접은 1964년 이 연접의 존재를 제안한 로빈 홀리데이(Robin Holliday)의 이름을 따서 명명되었다. 이런 종류의 재조합 중간체의 연결 지점은 이쪽저쪽으로 이동될 수

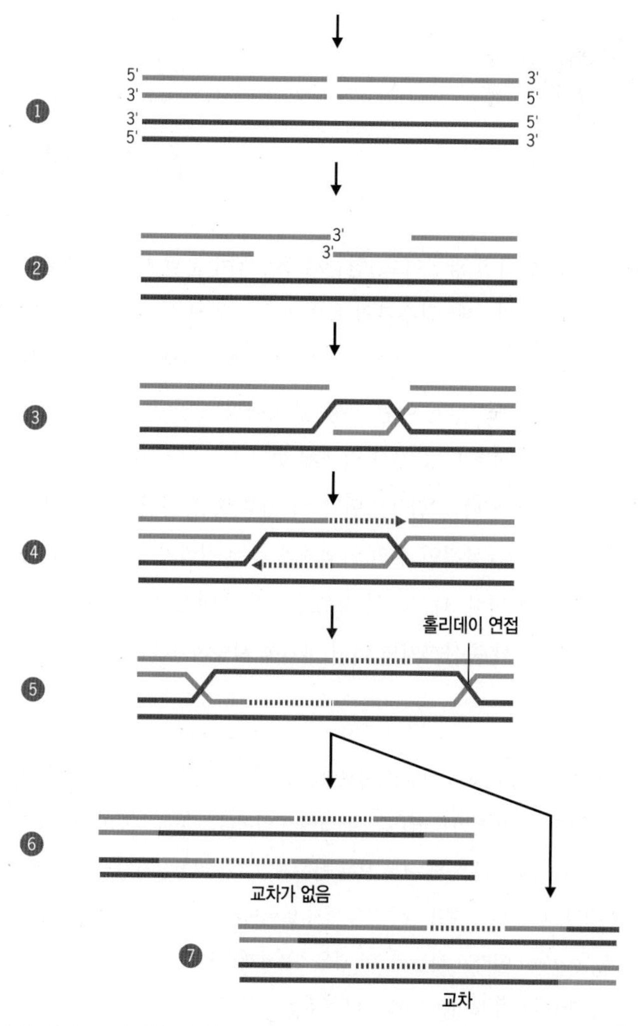

그림 14-47 2중가닥 절단(double-stranded break)에 의해 시작되는 유전자재조합의 제안된 기작. 자세한 과정은 본문에 설명하였다.

역자 주[i] 서로 연관되지 않은 유전자가 감수분열에서 자유로운 조합으로 배우자에 분배되는 것. 멘델의 독립의 법칙을 설명하는 염색체의 무작위적인 이동 현상을 나타내는 말이기도 하다.

있기 때문에[이 현상을 가지이동(*branch migration*)이라고 한다] 고정된 구조가 아니다. 가지이동은 원래 가닥의 염기쌍을 잡아주던 수소결합이 끊어지고, 새롭게 이어진 2중가닥에서 수소결합이 재형성되어 이루어진다(5단계). 홀리데이 연접과 가지이동은 후사기 동안에 일어난다(그림 14-42).

홀리데이 연접에서 서로 연결된 DNA 분자를 풀고 이 DNA를 다시 2개의 분리된 2중가닥으로 되돌려 주기 위해서, 다시 한 번 DNA 절단이 일어나야만 한다. 어떤 DNA 가닥이 절단되고 이어지는 지에 따라 2개의 서로 다른 생산물이 만들어진다. 한 가지 경우에서 두 2중가닥은 짧은 부분에서만 유전자 교환이 일어나고 교차가 일어나지 않는다(그림 14-47, 6단계). 절단과 결합이 일어나는 다른 경우에서는, 한 DNA 분자 이중가닥이 상동염색체 분자의 2중나선과 공유결합을 하게 되어 유전자재조합이(즉, 교차가) 일어나는 자리가 생긴다(7단계). 재조합 상호작용이 교차로 끝날지 교차가 아닌 것으로 끝날지는 2중 홀리데이 연접이 풀리기 훨씬 전에 결정된다. 모계와 부계 염색체의 융합인 교차(7단계)는 제 I 감수분열 동안 상동염색체가 서로 결합하기 위해 필요한 교차점으로 발달한다.

복습문제

1. 식물 또는 동물의 유사분열과 감수분열의 전체적인 역할을 비교하시오. 이 두 가지 과정에 의해 형성되는 핵은 서로 어떻게 다른가?
2. 감수분열의 전기I과 전기II에서 일어나는 일을 비교하시오.
3. 정자발생(spermatogenesis)과 난자발생(oogenesis)에서 감수분열의 시기를 비교하시오.
4. 유전자재조합에서 DNA 가닥 절단의 역할은 무엇인가?

인간의 전망

감수분열 비분리와 그 결과

감수분열은 복잡한 과정이고, 인간의 경우 감수분열 시에 매우 흔하게 실수가 일어난다. 제I 감수분열 동안 상동염색체가 서로 분리하지 못할 수도 있고, 또는 제II 감수분열 동안 자매염색분체가 서로 떨어지지 못하는 경우도 있다. 이런 상황 중 하나라도 일어난다면 배우자는 부수적인 염색체를 더 갖거나 염색체 수가 모자라는 비정상적인 수의 염색체를 갖게 된다(그림 1). 만약 이 배우자 중 하나가 정상 배우자와 융합하면 비정상적인 수의 염색체를 갖는 접합자가 형성되어 심각한 결과가 발생한다. 대부분의 경우 접합자는 비정상적인 배아로 발달되다가 임신에서 출산까지의 어떤 시기에 사망하게 된다. 그러나 가끔

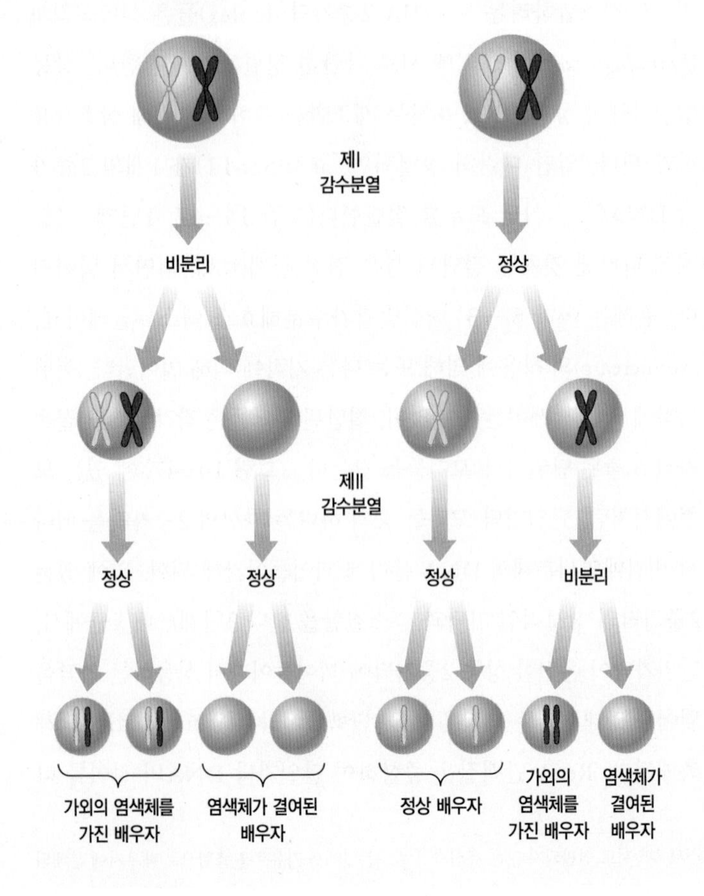

그림 1 감수분열 비분리 현상은 염색체가 감수분열하는 동안 서로 분리되지 않을 때 일어난다. 비분리가 제I 감수분열에서 일어나는 것을 "1차비분리(*primary nondisjunction*)"이라고 하는데, 모든 반수체세포가 비정상적인 수의 염색체를 갖게 된다. 비분리가 제II 감수분열에서 일어나는 것을 "2차비분리(*secondary nondisjunction*)"이라고 하는데. 이 경우에는 4개의 반수체 중 2개 만이 영향을 받게 된다.(여기에 보이는 것보다 더 복잡한 비분리 현상도 일어날 수 있다.)

이 접합자가 이수성(異數性, *aneuploidy*)이라는 비정상적인 수의 염색체를 포함하는 세포를 갖는 배아로 발달한다. 이수성의 결과는 어떤 염색체가 영향을 받았는가에 따라 달라진다.

정상적인 사람은 22쌍의 상염색체(常染色體, autosome)와 1쌍의 성(性)염색체(sex chromosome)로 이루어진 46개의 염색체를 갖고 있다. 추가적인 염색체가 존재하여 전체 47개의 염색체가 되는 것을 3염색체성(trisomy)이라고 한다(그림 2). 예를 들면, 21번 염색체가 하나 더 있는 세포를 가진 사람은 3염색체성 21이라고 한다. 염색체가 하나 모자라서 전체 45개의 염색체를 갖게 되면 1염색체성(monosomy)이 된다. 상염색체 수의 이상에 의한 영향에 대해 먼저 이야기해 보자.

어떤 염색체이든 하나의 상염색체가 부족하면 배아 시기 또는 태아로 발생하는 도중 어떤 시기에서 반드시 죽게 된다는 것이 증명되었다. 따라서 상염색체 1염색체성 접합자는 임신 기간을 채운 태아로 태어나지 못한다. 비록 부가적인 염색체가 존재하는 경우가 항상 생명을 위협하지는 않지만, 그렇다고 3염색체성이 1염색체성보다 더 나은 것은 아니다. 사람의 22개의 상염색체 중 3염색체성 21을 가진 사람 만이 몇 주 또는 몇 개월을 지나서도 생존할 수 있다. 대부분의 3염색체성은 치명적이어서 발생하는 동안 사망하게 된다. 13번 및 18번 염색체들이 3염색체성인 경우 가끔 아주 심각한 장애를 가지고 태어가기도 하지만, 결국 그들은 출생 후 곧 사망하게 된다. 자연적으로 유산이 되는 태아의 1/4 이상은 3염색체성에 의한 것이다. 훨씬 많은 접합자가 비정상적인 수의 염색체를 갖고 배아로 발생하지만, 임신한 것을 인식하기 전의 발생 초기에 사망하는 것으로 생각된다. 예를 들면, 수정할 때 3염색체성 접합자가 만들어지면 이론적으로 같은 수의 1염색체성 접합자가 만들어지는데, 1염색체성 접합자는 3염색체성 접합자보다 더 치명적이다. 대략 20–25%의 사람 난모세포가 이수성인데 이것은 지금까지 연구되어온 어떤 다른 종보다 매우 높은 수치이다. 예를 들면, 생쥐의 난자는 일반적으로 1–2% 수준의 이수성을 보여준다. 폴리카보네이트 플라스틱(polycarbonate plastic)의 제조에 사용되는 비스페놀 A(bisphenol A)는 에스트로겐 유사 화합물인데, 생쥐가 이 화합물에 노출되면 감수분열 동안 비분리 정도가 크게 증가시킨다. 이것은 주변 환경에 존재하는 합성 화합물과 감수분열 이수성 사이의 관계를 밝힌 첫 번째 명백한 증거이다. 이 화합물 또는 다른 화합물과 사람 난모세포의 높은 수준의 이수성이 연관이 있는지는 명확하지 않다. 이유가 무엇인지는 모르지만 남성의 감수분열에서는 여성보다 비정상적인 염색체가 매우 낮은 수준으로 나타난다.

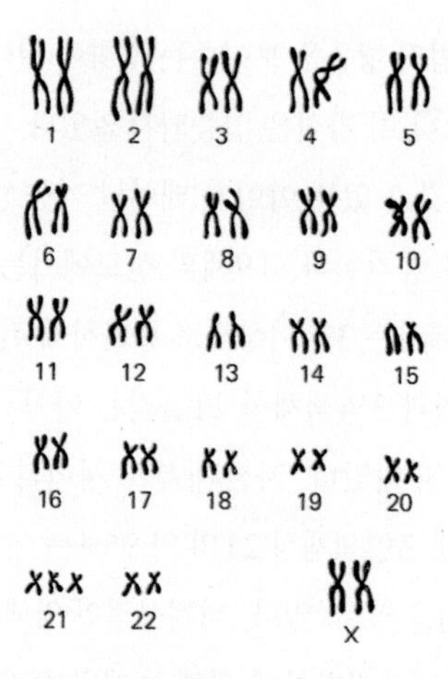

그림 2 다운증후군이 있는 사람의 핵형. 21번에 추가적인 염색체가 존재하는 것이 보인다(3염색체성 21).

비록 사람의 21번 염색체가 400개 이하의 유전자를 포함하는 가장 작은 염색체일지라도 이 염색체가 하나 더 존재하면 다운증후군(Down syndrome)이 발생한다. 다운증후군을 가진 사람은 다양한 정도의 정신적 결함, 특정한 몸 형태의 변형, 순환기 이상, 전염병에 대한 감수성 증가, 백혈병 발병률의 엄청난 증가, 어린 나이에 알츠하이머병의 발병 등이 나타난다. 이 모든 의학적인 문제는 21번 염색체에 위치한 유전자가 비정상적인 수준으로 발현되어 초래된다고 생각된다. 그러나 21번 염색체에 암호화된 어떤 전사인자 유전자가 과도하게 발현되어 다른 염색체 위의 유전자의 발현도 또한 영향을 받는다.

성염색체가 비정상적인 수로 존재하는 경우에는 인간 발달 과정에 영향을 덜 미친다. 오직 하나의 X염색체 만을 갖고 두 번째 성염색체가 없는 접합자(XO로 표기한다)는 터너증후군(*Turner syndrome*)을 가진 여성으로 발달한다. 이 여성은 생식기 발달이 청소년기에서 중지되고, 난소가 발달하지 않고, 몸 구조가 조금 비정상적이다. Y염색체는 남성을 결정하기 때문에 적어도 하나의 Y염색체를 가진 사람은 남성으로 발달한다. X염색체를 하나 더 가진 남성(XXY)은 클라인펠터증후군(*Klinefelter syndrome*)이 생긴다. 이 남성은 정신지체, 생식기의 발육 부진, 그리고 가슴의 확대와 같은 여성적 체형이 생기는 특징을 가진다. 필요 이상의 Y를갖는 접합자(XYY)는 평균보다 키가 큰 정상적인 남성으로 발달한다. XXY 남자들이 XY남자보다 더 공격적이고,

반사회적, 그리고 범죄 행동을 보여주는 경향이 있다는 주장에 관해서 상당한 논쟁이 있으나 이 가설은 입증되지 않았다.

다운증후군을 갖고 있는 아이가 태어날 가능성은 산모의 나이와 비례하여 극적으로 증가한다. 19세의 산모에서는 0.05%인데 비해 45세 이상의 여성에서는 3% 이상으로 증가하게 된다. 대부분의 연구에서 아버지의 연령과 3염색체성 21을갖는 아이가 태어날 확률과의 상관관계는 발견하지 않았다. 자손과 부모 사이의 DNA의 서열을 비교하여 추정해 보면, 3염색체성 21의 약 95%는 어머니에서 발생하는 비분리에 의한 것임을 알 수 있다. 비정상적인 염색체 수는 두 번의 감수분열 중 한 번의 비분리현상에 의해 초래될 수 있다는 것을 위에서 언급했다(그림 1). 비록 접합자의 염색체 수의 관점에서 보면 서로 다른 비분리 상황이 같은 효과를 야기한다고 해도, 유전적으로는 어느 감수분열에서의 비분리현상인지를 구별할 수 있다. 첫 번째 감수분열의 비분리현상에서는 두 상동염색체가 하나의 접합자에 들어가는 반면, 두 번째 감수분열에서의 비분리현상에 의해서는 2개의 자매염색분체가 하나의 접합자로 보내진다(두 자매염색분체는 대부분 교차 에 의해 변형되어 있어서 동일하지는 않다). 연구에 의하면 대부분의 착오는 제I 감수분열 동안 일어난다. 예를 들면, 모계에서의 비분리현상에 의한 3염색체성 21의 433가지 사례 중, 373가지는 제I 감수분열 동안 발생한 오류의 결과이고, 60가지는 제II 감수분열 동안 생긴 오류의 결과라는 연구가 있다.

왜 제II 감수분열보다 제I 감수분열에서 비분리현상이 일어나기 쉬울까? 우리는 그 질문에 대한 명확한 답을 알지 못한다. 그러나 그것은 아마도 나이가 든 여성의 난모세포가 제I 감수분열 상태로 세포주기가 중지되어 매우 긴 기간 동안 난소 내에 존재하게 된다는 것과 관련이 있는 듯하다. 이 장의 앞에서 기술하였듯이 유전자재조합이 일어나는 곳을 나타내는 교차점은 중기I 동안 2가염색체를 동시에 잡는 중요한 역할을 한다. 하나의 가설에 의하면, 어린 난모세포에 비하여 늙은 난모세포의 감수분열 방추사는 염색체의 끝 가까이에 단 하나의 교차점 만을 갖고 약하게 결합한 염색체를 동시에 잡는 능력이 떨어진다. 이로 인해 상동염색체는 후기I에서 잘못 분리될 가능성이 증가한다. 또 다른 가능성은 교차점이 염색체의 끝으로 미끄러지면서 없어지는 것을 방지하는 자매염색분체의 결합이 끝까지 유지되지 않는다는 것이다. 이로 인해 상동염색체는 정상보다 이른 시기에 분리된다.

실 험 경 로

MPF의 발견과 특성

양서류의 난모세포가 난자발생의 마지막에 다다르면, 난핵포(卵核胞, germinal vesicle)라고 하는 큰 핵이 세포의 끝 쪽으로 이동한다. 이어지는 시기에 핵막이 분해되고, 응축된 염색체는 난모세포 끝 쪽의 동물극 근처에서 중기판을 따라 정렬된다. 이 후 세포는 커다란 2차난모세포와 작은 극체(極體, polar body) 하나를 형성하는 첫 번째 감수분열을 진행한다. 난핵포가 부서지면서 첫 번째 감수분열이 일어나는 현상을 난자 성숙(*maturation*)이라 하는데, 완전히 자란 난모세포에 스테로이드 호르몬인 프로게스테론을 처리하여 유도할 수 있다. 호르몬이 처리된 양서류의 난모세포가 성숙되는 첫 번째 신호는 프로게스테론 처리 후 13~18시간 때 난핵포가 난자 표면 끝 근처로 이동하는 것이다. 난핵포는 곧 분해되고 난모세포는 호르몬 처리 후 36시간쯤 두 번째 감수분열 중기에 도달한다. 프로게스테론을 난모세포를 배양하는 실험배지에 첨가되었을 때만 성숙이 유도됐고, 이것을 난모세포의 내부에 주입하였을 때는 난모세포가 반응을 보이지 않았다.[1] 이것은 프로게스테론이 세포 표면에 작용하여 난모세포의 세포질에 이차적인 변화를 촉발하여 난핵포붕괴(germinal vesicle breakdown, GVBD)와 난자 성숙과 연관된 다른 변화를 유도한다는 것을 나타낸다.

성숙을 촉발하는 데 관여하는 세포질 변화의 본질을 밝히기 위하여 토론토대학교(University of Toronto)의 요시오 마수이(Yoshio Masui)와 예일대학교(Yale University)의 클레멘트 마컬트(Clement Markert)는 일련의 실험을 시작하였다. 그들은 호르몬이 처리된 다양

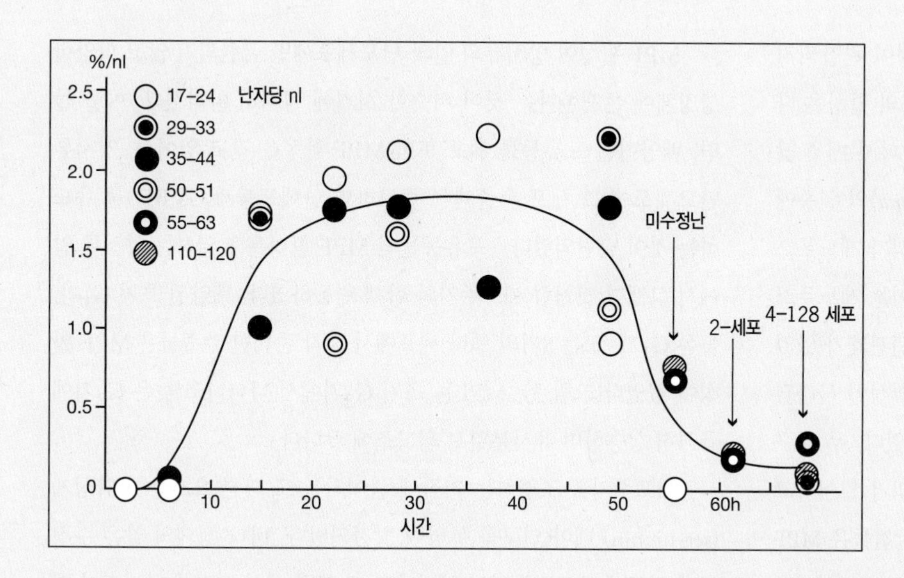

그림 1 표범개구리(*Rana pipens*) 난모세포의 성숙과정과 초기 발생과정 동안에 난모세포의 세포질에서 성숙촉진인자의 활성 변화. 세로축: 주입된 세포질의 부피에 대하여 유도된 성숙의 빈도 비율. 비율이 높을수록, 세포질이 더 효과가 좋은 것이다. nl, 주입된 세포질의 나노리터(nl) 양. 가로축: 공여자의 시기(프로게스테론 첨가 후 시간)

한 시기의 개구리 난모세포에서 세포질을 분리한 후 이 공여체 세포질을 호르몬이 처리되지 않은 완전히 자란 미성숙 난모세포들에 40~60 나노리터(nanoliter, nl)씩 주입하였다.[2] 그들은 프로게스테론이 처리된 후 처음 12시간동안 난모세포로부터 채취된 세포질을 주입하였을 경우에는 수용체 난모세포가 거의 변화하지 않는다는 것을 발견하였다. 그러나 이 기간이 지난 후에는 공여체 세포질이 수용체 난모세포의 성숙을 유도하는 능력이 생겼다. 프로게스테론 처리 후 20시간 정도 지난 공여체 난모세포로부터 얻어진 세포질은 최대의 효과를 보였고, 이 효과는 40시간 후에 감소하였다(그림 1). 그러나 초기 배아들로부터 얻어진 세포질은 난자 성숙을 유도하는 약간의 능력을 계속 보여 주었다. 마수이와 마컬트 박사는 수용체 난모세포에서 성숙을 유도하는 세포질에 있는 이 물질을 "성숙촉진인자(maturation promoting factor)"라고 하였고 MPF로 알려지게 되었다.

MPF는 난모세포의 성숙 유도에만 특이적으로 관련될 것이라고 추정되었기 때문에 처음에는 그 물질이나 그것의 활성 기작에 대한 관심이 비교적 덜하였다. 1978년에 퍼듀대학교(Purdue University)의 윌리엄 와저맨(William Wasserman)과 데니스 스미스(Dennis Smith)가 초기 양서류 발달동안 MPF의 행동 방식에 대한 논문을 발표하였다.[3] 이전까지는 초기 배아들에서 나타나는 MPF의 활성이 단지 난모세포에 나타났던 활성의 잔재라고 추정되었었다. 그러나 와저맨과 스미스는 MPF의 활성이 분열하는 알에서 역동적으로 변화하고, 그것이 세포주기의 변화와 연관이 있다는 것을 발견하였다. 예를 들면, 수정 후 30~60분이 지난, 분열하는 개구리 알에서부터 채취된 세포질을 미성숙 난모세포에 주입하였을 때는 MPF의 활성이 거의 관찰되지 않았다(그림 2). 그러나 수정 후 90분의 알에서부터 얻어진 세포질은 MPF 활성을 다시 보여주었다. MPF 활성은 수정 후 120분에 최고조에 도달하였고, 150분쯤에 다시 감소하기 시작하였다(그림 2).

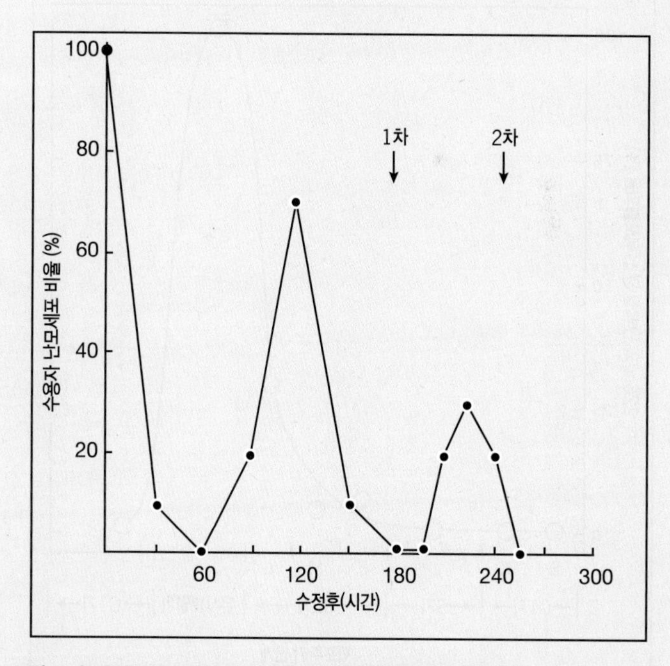

그림 2 수정된 표범개구리 난자에서 MPF 활성의 주기적 변화. 세로축: 수정된 난자 세포질 80nl를 주입하였을 때 반응하여 난핵포붕괴가 일어나는 수용자 난모세포 비율(%). 가로축: 표범개구리 난자 세포질의 MPF 활성을 측정할 당시의 수정 후 시간. 화살표는 분할이 일어나는 시간을 나타낸다.

180분에 알이 첫 번째 세포질분열을 수행할 때는 활성이 관찰되지 않았다. 그 후 두 번째 분열주기를 진행하려 할 때 MPF의 활성은 다시 나타났고, 수정 후 225분에서 절정에 도달하였다가 다시 매우 낮은 수준으로 감소했다. MPF의 변동이 표범개구리속(*Rana*)의 일종에서 보다 더 빠르게 일어난다는 차이는 있지만 비슷한 결과가 제노푸스속(*Xenopus*) 개구리의 알에서도 관찰되는데, 이러한 차이는 제노푸스속 개구리의 초기 배아가 더 빠르게 분열한다는 것과 상관관계가 있었다. 따라서 시간적인 면에서 두 양서류 종에서 MPF의 활성이 사라졌다 나타났다 하는 것은 세포주기의 길이와 연관성이 있었다. 두 개구리 종에서 MPF 활성이 가장 고조되었을 때는 핵막 붕괴가 일어나고 세포가 유사분열로 진입하는 시간과 일치하였다. 이런 발견들은 MPF가 단순히 난자 성숙 시간을 조절하는 것 이상의 기능을 하고, 실제로 세포분열 세포주기 조절에서 중요한 역할을 할 것이라는 사실을 제시했다.

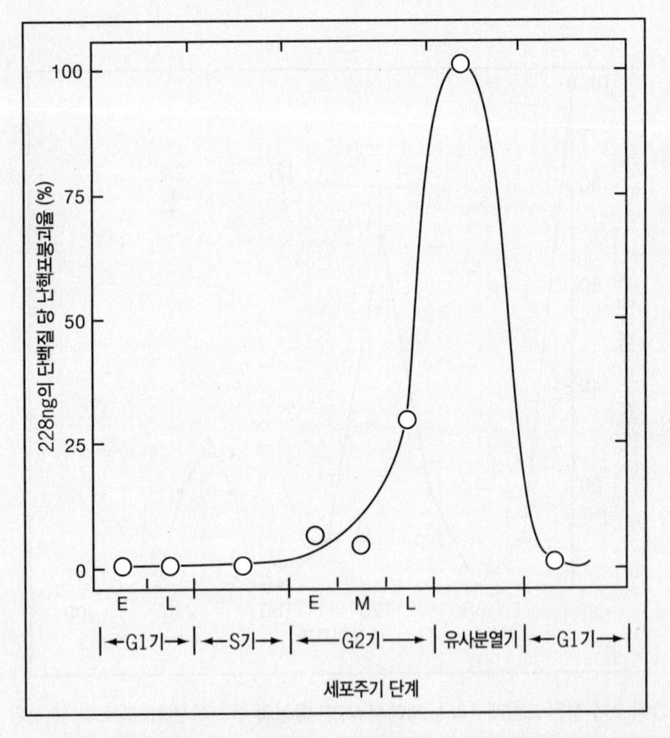

그림 3 서로 다른 시기의 세포주기에 있는 헬라 세포 추출액의 성숙촉진 활성. 228ng의 유사분열 단백질이 100%의 난핵포붕괴를 일으키므로 다른 시기의 세포주기에서의 % 활성도는 단백질의 양에 맞추어 교정하였다. E, 초기; M, 중간 시기; L, 늦은 시기

MPF 활성이 양서류의 알과 난모세포에만 국한되지 않고 다양한 생명체에 존재한다는 것이 비슷한 시기에 명백히 밝혀졌다. 예를 들면, 배양하는 포유동물 세포 또한 MPF 활성을 갖고 있어서, 양서류 난모세포에 그 세포 추출액을 주사하면 난핵포붕괴(GVBD)를 유도하는 것이 발견되었다.[4] 포유동물의 MPF 활성은 분열하는 양서류 알에서 그랬던 것처럼 세포주기와 함께 변동하였다. 배양된 초기 G_1기, 늦은 G_1기, 또는 S기의 헬라 세포에서 각각 준비한 추출물은 MPF 활성이 없었다(그림 3). MPF는 초기 G_2기에서 나타나고 늦은 G_2기에 급격히 상승하며 유사분열시 최고조에 달한다.

세포주기를 조절하는 기작에 관여하는 또 다른 요소는 바다성게(sea urchin) 배아 연구를 통하여 발견되었다. 바다 성게의 알은 수정 후에 빠르게 세포질분열이 일어나고, 정확한 예상 시간에 나눠지기 때문에 세포분열 연구에서 선호되는 재료이다. 만약 바다 성게 알을 단백질 합성 저해제가 포함된 바닷물에서 수정시키면, 그 알은 첫 번째 체세포분열 진행에 실패하여 염색체가 응축되고 핵막이 붕괴되기 바로 전 시기에서 멈춘다. 비슷하게, 세포분열이 정상적으로 일어나기 직전의 적정 시간에 배지에 단백질 합성 저해제를 처리하면 이후의 유사분열의 각 시기가 중단된다. 이러한 발견은 유사분열이 확실히 일어나기 위해서는 각각의 세포주기 초기에 하나 또는 그 이상의 단백질이 반드시 합성되어야만 한다는 것을 보여준다. 하지만 분열하는 바다 성게 알을 이용한 초기 연구는 이 시기 동안에 만들어지는 새로운 종류의 단백질들이 무엇인지를 밝히는 데는 실패하였다.

1983년 우즈 홀(Woods Hole)에 있는 해양생물학연구소(Marine Biological Laboratory)의 팀 헌트(Tim Hunt)와 그의 동료는 수정된 바다성게 알에서는 합성되지만 수정되지 않은 성게 알에서는 합성되지 않는 몇 가지 단백질에 대해 보고했다.[5] 이 단백질을 더 잘 연구하기 위해 그들은 수정된 알을 [^{35}S]메티오닌이 포함된 바닷물에서 배양하고 수정 후 16분부터 10분 간격으로 샘플을 채취했다. 샘플에서 단백질을 추출하여 폴리아크릴아미드 젤 전기영동(polyacrylamide gel electrophoresis)을 수행한 후, 표지된 단백질들을 자가방사기록법으로 관찰하였다. 방사성 동위원소로 표지된 몇 개의 두드러진 단백질 띠들이 수정된 알의 추출물에서만 나타났고, 수정되지 않은 알에서부터 만들어진 추출액에서는 나타나지 않았다. 단백질 띠 중 하나는 수정 후 초기에는 강하게 나타났다가 85분이 지난 후에는 젤에서 거의 사라졌는데, 이것은 이 단백질이 선택적으로 분해된다는 것을 보여준다. 같은 단백질 띠가 나중 시간에 채취된 알에서 다시 나타났다가 수정 후 127분에 채취된 샘플에서는 다시 사라졌다. 이 단백질 양의 변동을 처음 두 번의 세포분열이 일어나는 시간을 나타내주는 분열 지표와 함께 〈그림 4〉에 나타냈다(단백질 띠 A). 이 단백질의 분해는 세포가 처음 그리고 두 번째 분열이 일어날 때와 같은 시간에 일어난다. 연구에 널리 사용되는 또 다른 무척추동물인 동죽조개(surf clam)의 알에서 비슷한 단백질이 발견되었다. 헌트와 그의 동료들은 그들이 조사한 이 단백질 양의 변동과 초기 연구의 MPF 활성이 매우 유사한 경향을 보인다는 것을 인지하고는 단백질을 "사이클린(Cyclin)"이라고 명명하였다. 이어지는 연구에 의해, 세포주기 동안 다른 시기에 분해되는, 두 가지 구별되는 사이클린(A와 B)이 존재함이 밝혀졌다. 사이클린A는 중기-후기 전환 바로 직전 5~6분 정도에 분해되고, 사이클린B는 이 전환이 일어난 후 몇 분 뒤에 분해된다. 이런 연구들은 주요 세포 활성 조절에서 단백질 분해 조절이 매우 중요하다는 첫 번째 예를 제공했다.

사이클린과 MPF 사이의 명백한 연관관계는 우즈 홀 해양생물학 연구소의 조앤 루더맨(Joan Ruderman)과 그녀의 동료들에 의해 처음으로 밝혀졌다.[6] 그들은 완전한 사이클린A를 암호화하는 서열을 갖는 DNA 조각들을 클로닝하고 이것을 이용하여 시험관 내에서 사이클린A를 암호화하는 mRNA를 전사하였다. 시험관에서 이 mRNA를 번역시킨 후 이것이 실제로 조개의 사이클린A를 암호화하고 있다는 것을 밝힘으로써 이 mRNA의 정체가 입증되었다. 합성된 사이클린 mRNA를 발톱개구리의 난모세포에 주사하였을 때, 그 세포에서는 프로게스테론을 처리하여 유도했을 때와 동일한 시간에 난핵포붕괴와 염색체 응축이 일어났다(그림 5). 이 결과는 감수분열과 유사분열 동안에 일반적으로 일어나는 사이클린A의 증가가 세포가 M기로 진입하는 것을 유도하는 직접적인 역할을 한다는 것을 주었다. 사이클린A는 보통 빠르게 양이 감소하고, 다음 분열이 일어나기 전에 반드시 재합성되어야한다. 그렇지 않으면 세포가 M기로 재진입 할 수 없다.

그러나 사이클린과 MPF 사이의 관계는 무엇일까? 이 질문에 대

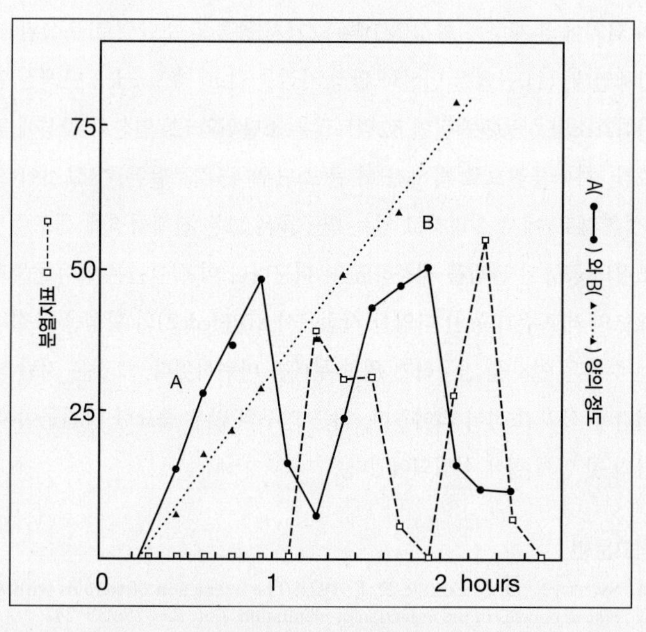

그림 4 세포분열 주기와 사이클린 양과의 상관관계. 난자 부유액을 수정시키고, 6분 후에 [^{35}S]-메티오닌을 첨가하였다. 수정 16분 후에 10분 간격으로 시료를 채취하고 젤 전기영동으로 분석하였다. 전기영동된 젤의 자가방사선을 스캔하여 표지 정도를 분석하여 그래프로 나타냈다. 세포주기 동안 변화하는 단백질 A는 사이클린으로 명명되었고, 세포주기에 따라 변화하지 않는 단백질 B(사이클린B와 혼동하지 말것)는 채워진 삼각형으로 나타냈다. 주어진 시간에 분열하는 세포의 %는 분열지표(cleavage index)로 하얀 사각형으로 나타냈다.

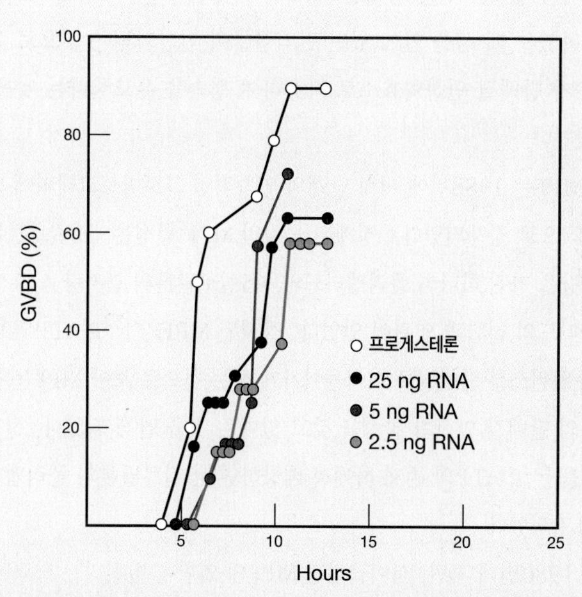

그림 5 프로게스테론과 사이클린A mRNA에 의한 제노푸스속 개구리 난모세포 활성화의 반응속도. 커다란 미성숙 난모세포를 난소에서 분리한 후 프로게스테론을 처리하거나 또는 다양한 농도의 사이클린A mRNA를 미세주입하였다. 주사 3~4 시간 후에 심각하게 손상된 난모세포를 제거하고(보통 20개중 2~4개), 남은 난모세포(이것을 100%로 간주함)들을 발생시켰다. 난핵포붕괴와 난모세포의 활성화는 동물극 쪽 부위에 하얀 반점이 나타나는 것을 관찰함으로써 확인하였고, 또 난모세포를 절개하여 확인하였다.

한 대답이 어려웠던 이유 중 하나는 그 당시 이루어졌던 실험들이 서로 다른 종들을 사용했기 때문이다. MPF는 주로 양서류에서 연구되었고, 사이클린은 바다성게와 조개에서 연구되었다. 여러 증거들은 개구리 난모세포가 비활성 상태인 프리-MPF(pre-MPF)을 함유하고 있다가 제I 감수분열 동안 활성화된 MPF로 전환시킨다는 것을 시사했다. 반면에 조개 난모세포에서는 사이클린이 전혀 존재하지 않다가 수정 후 즉시 생성된다. 루더맨은 사이클린A가 MPF의 활성자일 가능성을 고려했다. 이것에 관해서는 뒤에 다시 이야기할 것이다.

한편에서는 MPF의 활성에 관여하는 물질을 정제하고 특성을 밝히는 다른 연구들이 시작됐다. 1980년에 캘리포니아대학교(University of California, Berkeley)의 마이클 우(Michael Wu)와 존 게르하르트(John Gerhart)는 암모늄 설페이트(ammonium sulfate)로 단백질을 침전시킨 후 다시 녹여서 칼럼 크로마토그래피(column chromatography)를 수행하는 방법으로 MPF를 20~30배로 농축 정제하였다. 최종 정제된 MPF를 양서류 난모세포에 주입하였을 때 난모세포의 성숙이 촉진되었을 뿐 아니라 ^{32}P가 단백질로 삽입되는 것이 촉진되었다.[7] 부분 정제된 MPF를 시험관에서 [^{32}P]ATP와 함께 배양하였을 때 샘플 안에 있던 단백질들이 인산화되는 것으로 보아 MPF가 단백질 인산화효소로 작용하여 성숙을 유도한다는 것을 알 수 있었다.

MPF는 1988년에 여섯 단계의 연속적인 크로마토그래피에 의해 최종적으로 정제되었다.[8] 정제된 물질의 MPF 활성은 32킬로달톤의 분자량을 가진 하나의 폴리펩티드와, 45킬로달톤의 분자량을 가진 폴리펩티드의 결합과 연관이 있었다. 정제된 MPF가 [^{32}P]ATP의 방사성 동위원소를 단백질로 끼어들어가게 하는 것으로 보아 MPF는 높은 수준의 단백질 인산화 활성을 갖고 있다는 것을 알게 되었다. 정제된 물질을 [^{32}P]ATP의 존재 하에서 배양하면 45킬로달톤의 폴리펩티드가 표지되었다.

1980년대 후반, 사이클린과 MPF의 역할을 밝히려는 노력은 옥스퍼드대학교(University of Oxford)의 폴 널스(Paul Nurse)와 그의 동료들이 수행한 분열효모를 이용한 다른 방향의 연구와 합쳐지기 시작했다.[9] 그들은 효모가 34킬로달톤의 분자량을 가진 단백질 인산화효소를 만들고 이 효소의 활성이 세포가 M기로 들어가는 데 필요하다는 것을 밝혀냈다. 이 효모의 단백질은 p34^{cdc2} 또는 간단히 cdc2라고 불렸다. Cdc2와 MPF 사이를 연결시키는 첫 번째 증거는 효모 연구단과 양서류 연구단의 협동 연구에 의해 나왔다.[10,11] MPF가 32킬로달톤 단백질과 45킬로달톤 단백질로 이루어졌다는 것을 발견한 앞의 연구를 상기해 보자. 분열효모의 cdc2에 대해 만들어진 항체가 제노푸스속 개구리의 알에서부터 분리된 MPF의 32킬로달톤 물질과 특이적으로 결합하는 것이 밝혀졌다. 이 발견은 이 MPF의 구성요소가 효모의 34킬로달톤 인산화효소와 유사하다는 것을 암시하였고, 따라서 효모와 척추동물에서 세포주기를 조절하는 기작이 진화적으로 보존된 요소를 포함한다는 것을 암시하였다.

효모의 cdc2를 인식하는 항체를 이용한 비슷한 연구를 통하여 이 단백질의 척추동물 상동단백질은 세포주기 동안 변동하지 않는다는 것을 알 수 있었다.[12] 이것은 척추동물 세포에서 32킬로달톤의 단백질 인산화효소의 활성이 다른 단백질에 의존한다는 가설을 지지하였다. 그 조절인자는 각 세포주기 동안 농도가 증가하였다가 세포가 후기에 들어갈 때 파괴되는 사이클린이라고 예상되었다. 이 제안은 후에 양서류, 조개, 불가사리에서 MPF를 정제하여 그것의 펩티드 구성을 분석한 몇 가지 연구에 의해 입증되었다. 모든 경우에서 동물세포의 M기에 존재하는 활성 MPF는 2가지 종류의 소단위로 구성된 복합체인데, (1) 단백질 인산화 활성 자리를 갖고, 효모 cdc2 단백질 인산화효소와 상동단백질인 32킬로달톤 소단위와 (2) 인산화 활성에 필요한, 사이클린으로 밝혀진 더 큰 소단위(45킬로달톤)가 그것이다. 〈실험경로〉에서 설명하고 있는 연구들은 모든 진핵생명체 세포주기 조절의 공통된 관점을 제공하였다. 더군다나 이 실험들은 포유동물과 효모의 세포주기 동안 다양한 시점에서 MPF(cdc2)의 활성을 조절하는 수많은 인자를 연구하기 위한 무대를 마련하였다. 그것은 지난 몇 년간 관심의 초점이 되어왔다. 최근 연구의 많은 중요한 발견들이 이 장의 첫 번째 절에 설명되어있다.

참고문헌

1. SMITH, L. D. & ECKER, R. E. 1971. The interaction of steroids with *R. pipiens* oocytes in the induction of maturation. *Dev. Biol.* 25:233–247.
2. MASUI, Y. & MARKERT, C. L. 1971. Cytoplasmic control of nuclear behavior during meiotic maturation of frog oocytes. *J. Exp. Zool.* 177:129–146.
3. WASSERMAN, W. J. & SMITH, L. D. 1978. The cyclic behavior of a cytoplasmic factor controlling nuclear membrane breakdown. *J. Cell Biol.* 78:R15–R22.
4. SUNKARA, P. S., WRIGHT, D. A., & RAO, P. N. 1979. Mitotic factors from mammalian cells induce germinal vesicle breakdown and chromosome condensation in amphibian oocytes. *Proc. Nat'l. Acad. Sci. U.S.A.* 76:2799–2802.
5. EVANS, T., ET AL. 1983. Cyclin: A protein specified by maternal mRNA in sea urchin eggs that is destroyed at each cleavage division. *Cell* 33:389–396.

6. SWENSON, K. I., FARRELL, K. M., & RUDERMAN, J. V. 1986. The clam embryo protein cyclin A induces entry into M phase and the resumption of meiosis in *Xenopus* oocytes. *Cell* 47:861–870.
7. WU, M. & GERHART, J. C. 1980. Partial purification and characterization of the maturation-promoting factor from eggs of *Xenopus laevis*. *Dev. Biol.* 79:465–477.
8. LOHKA, M. J., HAYES, M. K., & MALLER, J. L. 1988. Purification of maturation-promoting factor, an intracellular regulator of early mitotic events. *Proc. Nat'l. Acad. Sci. U.S.A.* 85:3009–3013.
9. NURSE, P. 1990. Universal control mechanism regulating onset of M-phase. *Nature* 344:503–507.
10. GAUTIER, J., ET AL. 1988. Purified maturation-promoting factor contains the product of a *Xenopus* homolog of the fission yeast cell cycle control gene *cdc2* 1. *Cell* 54:433–439.
11. DUNPHY, W. G., ET AL. 1988. The *Xenopus* cdc2 protein is a component of MPF, a cytoplasmic regulator of mitosis. *Cell* 54:423–431.
12. LABBE, J. C., ET AL. 1988. Activation at M-phase of a protein kinase encoded by a starfish homologue of the cell cycle control gene *cdc2*. *Nature* 335:251–254.
13. LABBE, J. C., ET AL. 1989. MPF from starfish oocytes at first meiotic metaphase is a heterodimer containing one molecule of cdc2 and one molecule of cyclin B. *EMBO J.* 8:3053–3058.
14. DRAETTA, G., ET AL. 1989. cdc2 protein kinase is complexed with both cyclin A and B: Evidence for proteolytic inactivation of MPF. *Cell* 56:829–838.
15. GAUTIER, J., ET AL. 1990. Cyclin is a component of maturation-promoting factor from *Xenopus*. *Cell* 60:487–494.

요약

세포가 한 번의 세포분열에서 다음 세포분열로 넘어가는 시기들이 합쳐져서 세포주기가 이루어진다. 세포주기는 크게 M기와 간기의 두 시기로 나뉜다. M기는 복제된 염색체가 2개의 핵으로 분리되는 유사분열과 세포 전체가 2개의 딸세포로 물리적으로 갈라지는 세포질분열 과정을 포함한다. 간기는 일반적으로 M기보다 긴데 세포주기에서 명백히 국한된 시기인 DNA 복제 시기에 기반을 두고 세 시기로 나눌 수 있다. G_1기는 유사분열 후 DNA 복제가 일어나기 전 시기이고, S기는 DNA와 히스톤의 합성이 일어나는 시기이며, G_2기는 DNA 복제 후 유사분열이 시작되기 전까지의 시기이다. 세포주기의 길이, 그리고 각 시기의 길이는 세포에 따라 매우 다양하다. 근육세포나 신경세포와 같이 완전히 분화된 특정 종류의 세포는 분열하는 능력을 상실하기도 한다.

초기 연구에 의해 세포가 M기로 들어가기는 것은 MPF라는 단백질 인산화효소의 활성에 의해 촉발된다는 것이 밝혀졌다. MPF는 2개의 소단위로 이루어져 있다. 촉매소단위는 단백질 기질의 특정 세린이나 트레오닌 잔기에 인산기를 붙여주는 역할을 하고, 조절소단위는 사이클린이라는 단백질족 중 하나이다. 촉매소단위는 사이클린-의존 인산화효소(cyclin-dependent kinase, Cdk)라고 한다. 사이클린의 농도가 낮을 때, 인산화효소는 사이클린 소단위와 결합하지 못하고 비활성화된다. 사이클린의 농도가 충분해지면, 인산화효소는 활성화되어 세포가 M기로 들어가는 것을 촉진하다.

세포주기를 조절하는 활성은 주로 두 지점에서 조절되는데, G_1기에서 S기로 넘어가는 시기와 G_2기에서 유사분열로 들어가는 시기이다. 이 두 지점을 통과하기 위해서는 특별한 사이클린에 의해 Cdk가 일시적으로 활성화되어야 한다. 효모에서는 G_1기-S기, G_2기-M기의 전환 과정에 동일한 Cdk가 다른 사이클린에 의해 활성화된다. 사이클린의 농도는 합성과 분해 정도에 따라 증가하거나 감소한다. Cdk의 활성은 사이클린에 의한 조절과 더불어 촉매소단위의 인산화 상태에 의해 조절된다. 인산화 정도는 최소 2개의 인산화효소(CAK, Wee1)와 인산가수분해효소(Cdc25)에 의해 조절된다. 포유동물 세포에서는 최소 8개의 다른 사이클린과 6개 이상의 다른 Cdk가 세포주기를 조절하는 역할을 한다.

세포에는 복제, 염색체 응축 등의 세포주기 현상의 상태를 점검하고 세포주기를 계속할 것인지를 결정하는 감시 기작이 있다. 만약 세포의 DNA가 손상되면 이 손상이 고쳐지기 전까지 세포주기 진행이 연기된다. DNA의 손상에 의해 특정 저해자의 합성이 촉진되어서 세포주기확인점 중 하나에서 세포주기가 중지된다. 만약 세포가 외부 물질 처리에 의해 G_1기-S기 세포주기확인점을 통과할 수 있게 자극을 받아서 DNA 복제가 시작되면, 세포는 더 이상의 외부 자극이 없어도 이후의 유사분열까지 세포주기를 계속 진행한다.

유사분열에 의해 두 딸핵은 완전한 그리고 동일한 유전물질을 받는다. 유사분열은 전기, 전중기, 중기, 후기, 말기로 나눌 수 있다. 전기는 염색체가 분리할 준비를 하고 염색체의 이동에 필요한 장치들을 조립하는 시기이다. 유사분열 염색체는 완전히 응축된 막대모양이다. 각각의 유사분열 염색체는 세로로 쪼개진 2개의 염색분체로 이루어졌는데, 이것은 S기에서 DNA 복제에 의해 만들어진 복사본이다. 유사분열 염색체에서 가장 수축된 부분은 중심절로 이 부분에는 접시같은 구조인 동원체가 위치한다. 동원체에는 방추체의 미세관이 결합한다. 방추체가 형성되는 동안 2개의 중심체는 극 쪽을 향해 서로 멀어져간다. 이 시기에 두 중심체를 연결하는 미세관은 수가 증가하고 길어지게 된다. 결국 2개의 중심체는 세포의 반대쪽에 도달하고 2개의 극이 생긴다. 식물세포를 포함하는 다양한 종류의 세포에서는 중심체가 없어도 유사분열 방추사가 생긴다. 핵막의 붕괴가 일어나면 전기의 끝이라는 것을 알 수 있다.

전중기와 중기 동안 각각의 염색체는 양쪽 극에서 나온 방추사 미세관과 결합하여 방추체의 중앙의 판으로 이동한다. 전중기가 시작할 때 형성된 방추체에서 나온 미세관은 원래 핵이 있던 곳을 지나 응축된 염색체의 동원체와 결합한다. 동원체는 방추체의 양쪽 극에서부터 온 미세관의 양(+)의 말단과 안정적으로 결합한다. 결과적으로 각각의 염색체는 방추사의 중앙 쪽에 판을 따라 정렬한다. 이 현상은 어떤 미세관의 튜불린 소단위는 소실되면서 짧아지고, 어떤 미세관에서는 튜불린이 첨가되어 길어지면서 일어난다. 염색체가 안정적으로 정렬되면 세포는 중기에 도달한 것이다. 전형적인 동물세포는 중기에 세 가지 종류의 유사분열 방추사를 갖는다. 성상체미세관은 중심체에서 밖으로 뻗어있고, 염색체미세관은 동원체와 붙어있으며, 극미세관은 염색체를 지나 길게 뻗어서 방추체가 완전한 상태를 유지하며 바구니와 같은 구조를 이루게 된다. 형광 표지된 소단위의 움직임을 조사하면 중기의 미세관이 동적(動的)인 활성을 나타내는 것을 알 수 있다.

후기와 말기동안 자매염색분체는 서로 떨어져 각각 분열된 세포로 들어가고 염색체는 간기 때의 형태로 되돌아간다. 후기에서는 자매염색분체가 갑자기 서로 분리되는데, 이 과정은 자매염색분체를 잡아주는 코헤신(cohesin)이 유비퀴틴-매개 단백질 분해 과정에 의해 분해되면서 촉진된다. 분리된 염색체는 결합되어 있는 염색체미세관이 짧아지면서 각각의 극 쪽으로 이동하게 된다. 염색체미세관이 짧아지는 현상은 극 쪽과 동원체 쪽에서 튜불린 소단위가 소실되면서 일어난다. 후기 A에는 염색체의 이동이 일어나고, 동시에 유사분열방추사가 길어지면서 두 극 사이가 벌어지는 후기 B가 일어난다. 말기에는 핵막의 재형성, 염색체의 분산 그리고 막으로 이루어진 세포 내 소기관들의 재형성 등의 특징이 나타난다.

세포질분열은 세포질이 2개의 딸세포로 분열하는 현상인데, 동물세포에서는 세포막의 수축에 의해, 식물세포에서는 세포벽의 형성에 의해 일어난다. 동물세포는 표면에 자국 또는 깊은 홈이 생기고 이것이 세포의 안쪽으로 수축되면서 2개로 갈라지게 된다. 깊어지는 홈에는 액틴섬유 띠가 존재하는데 이 띠는 작은 제II형 미오신섬유에 의해 발생되는 힘에 의해 서로 미끄러져 지나가게 된다. 세포질분열이 일어나는 자리는 유사분열 방추체에서부터 나온 신호에 의해 결정되는 것으로 생각된다. 식물세포에서는 두 극 사이의 평면에 세포막과 세포벽이 생기면서 세포질분열이 일어난다. 세포판이 생기는 첫 번째 징후는 서로 얽혀있는 미세관 무리 그리고 그 사이에 높은 전자 밀도의 물질들이 생기는 것이다. 작은 소낭들이 이 부위로 이동하고 정렬되어 판을 이룬다. 소낭들은 다른 소낭들과 융합되어 막으로 된 연결망 구조를 이루고 이것이 세포판으로 발달한다.

감수분열은 2회의 연속적인 핵분열에 의해 반수체 딸핵을 생성한다. 반수체 딸핵은 각각의 상동염색체 쌍 중 하나씩 만을 갖게 되어 결과적으로 염색체의 수가 반으로 줄게 된다. 감수분열은 개체의 종류에 따라 생애의 다양한 시기에서 일어난다. 각각의 딸핵이 오직 한 세트의 상동염색체를 갖게 하기 위해 상동염색체가 짝을 이루는 매우 정교한 과정이 제I 감수분열에서 일어나는데, 이러한 과정은 유사분열에서는 찾아볼 수 없다. 염색체가 짝을 이루는 과정은 단백질로 된 사다리와 같은 구조인 접합사복합체가 만들어지면서 이루어진다. 각각의 상동염색체는 접합사복합체의 측면 막대구조 중 하나와 결합한다. 전기I 동안 상동염색체에서는 유전자재조합이 일어나서 모계, 부계 대립형질의 새로운 조합이 생긴다. 재조합 후 염색체는 더욱 응축되면서 상동염색체는 교차점이라고 하는, 실제로는 재조합이 일어나는 특정 자리에서 서로 결합한 상태를 유지하게 된다. 이 짝을 이룬 상동염색체(2가염색체 또는 4분체)는 중기판에 배열하여 결과적으로 1개의 염색체의 2개의 염색분체가 같은 극을 마주하게 된다. 후기I 동안 각 상동염색체는 서로 분리되고 4분체의 모계, 부계 염색체는 각각 독립적으로 나뉘게 된다. 이제 염색체 조성이 반수체인 세포는 두 번째 감수분열을 하여 자매염색분체가 다른 딸핵으로 나뉘게 된다.

감수분열 동안 4분체의 서로 다른 상동염색체 DNA 가닥이 절단되고 다시 연결되어 유전자재조합이 일어난다. 재조합동안 다른 DNA 가닥의 상동 부위는 새로운 염기쌍의 추가나 손실이 없이 교환이 일어난다. 첫 단계에서 2개의 2중가닥들은 나란히 옆에 배열한다. 일단 배열되면, 2중가닥들 중의 하나의 두가닥 모두가 절단된다. 다음 단계에서, 2중가닥의 절단된 DNA 가닥 하나가 다른 2중가닥에 끼어들어가서, 서로 연결된 구조를 형성한다. 이어지는 단계로 핵산분해효소(nuclease)가 작용하여 빈틈을 만들고 중합효소(polymerase)가 작용하여 그 빈틈을 메우게 된다. 이러한 과정은 DNA 수선 방식과 유사하다.

분석 문제

1. 어떤 면에서 세포분열은 인간과 초창기 진핵세포를 연결할 수 있는가?
2. 어떤 종류의 합성 현상이 G_1기에서는 일어나고 G_2기에서는 일어나지 않을 것으로 생각되는가?
3. 만약 여러분이 비동기배양하는 세포를 [^{3}H]티미딘으로 표지하였다고 가정해보자. G_1기는 6시간, S기는 6시간, G_2기는 5시간 그리고 M기는 1시간이다. 15분 동안 표지를 하였다면 몇 %의 세포가 표지되었겠는가? 몇 %의 유사분열 세포가 표지되었겠는가? 표지된 유사분열 염색체를 관찰하기 위해서는 이 세포들을 얼마나 오래 추적하며 조사해야하는가? 만약 18시간 후 조사하였다면 몇 %의 세포가 표지된 유사분열 염색체를 갖는가?
4. 위의 문제와 동일하게 세포를 배양하면서 [^{3}H]티미딘으로 잠깐 동안 표지하지 않고 20시간동안 표지했다고 가정해 보자. 세포배양 후 20시간이 지난 후 방사성 동위원소로 표지된 DNA양을 나타내는 그래프를 그려보시오. 모든 세포가 표지되는 데 필요한 최소의 시간은 얼마인가? 이 세포에서 방사선 동위원소 표지의 이용없이 어떻게 세포주기의 길이를 결정할 수 있는가?
5. G_1기의 세포와 S기의 세포를 융합하는 것은 G_2기의 세포와 S기의 세포를 융합하는 것과는 다른 결과를 나타낸다. 어떠한 차이가 생기고 어떻게 설명할 수 있는가? [힌트: 〈그림 7-20〉 나타낸 것처럼 복제를 시작하기 위해서는 G_1기에서만 생길 수 있는 복제전복합체(prereplication complex)가 형성되어야 한다.]
6. 〈그림 14-6〉는 Wee1 그리고 Cdc25를 암호화하는 유전자에 돌연변이가 생겼을 때 세포주기에 미치는 영향을 보여준다. 인산화효소 CAK는 돌연변이 세포를 이용한 유전적인 방법이 아니라 생화학적 방법으로 발견되었다. 온도-민감성 CAK 돌연변이를 갖고 있는 효모세포를 키우다가, 이른 G_1기에서 배양액의 온도를 높이면 어떠한 표현형이 나타나는가? 늦은 G_2기라면? 온도를 높이는 시기에 따라 차이점이 나타나는 이유는 무엇인가?
7. Cdk가 비활성화되는 4가지 다른 기작을 기술하시오.
8. 다핵체(多核體, syncytium)는 골격근세포나 초파리 배아의 포배(胞胚, blastula)와 같이 여러 개의 핵을 갖는 "세포"이다. 이 두 가지 종류의 다핵체는 다른 기작에 의해 형성된다. 다핵체가 생기게 되는 두 가지 기작을 생각해보자. 어느 것이 유사분열과 세포질분열 사이의 관계를 잘 설명해줄 수 있는가?
9. 극미세관의 미세관이 후기 동안 동적으로 변화한다는 것을 어

떻게 실험적으로 증명할 수 있는가? 이 시기에 일어나는 현상을 얇으로서, 여러분은 무엇을 관찰할 수 있을 것으로 기대되는가?

10. 만약 감수분열 전에 복제가 일어나는 S기의 세포에 [^{3}H]티미딘을 첨가하면 배우자의 몇 %의 염색체가 표지되겠는가? 만약 이 배우자 (정자) 중 하나가 표지되지 않은 난자와 수정이 된다면 2-세포 상태에서 몇 %의 염색체가 표지되어 있을까?

11. 인간의 염색체의 반수체 수가 23이고 정자에서의 핵 DNA의 양을 1C라 한다면 다음 시기에서 인간의 세포는 얼마나 많은 염색체를 갖고 있는가? 유사분열의 중기, 감수분열 전기I, 감수분열 후기I, 감수분열 전기II, 감수분열 후기II. 각각의 시기에서 세포는 얼마나 많은 염색분체를 갖고 있는가? 각각의 시기에서 세포는 얼마나 많은 DNA(C의 수로 표기)를 갖는가?

12. 첫 번째 감수분열이 일어나기 전의 G_1기에서부터 감수분열 과정 동안의 정원세포(精原細胞, spermatogonia)의 핵 DNA 양을 그래프로 그려보시오. 그래프 위에 세포주기와 감수분열의 주요 시기를 표시하시오.

13. 유사분열 중기에 세포는 얼마나 많은 중심립을 갖고 있는가?

14. 대부분의 3염색체성은 난관에서 수정을 기다리는 난자의 나이와 연관이 있다는 것을 알고 있다고 가정하자. 이 가설을 확실히 하기 위해서 여러분은 자연적으로 유산이 된 태아를 검사하여 어떤 종류의 증거를 얻을 수 있는가? 이것은 이미 수집된 결과와 얼마나 잘 맞는가?

15. [^{3}H]티미딘으로 세사기와 접합기 사이의 감수분열 세포를 표지하고, 후사기에 이 세포를 고정한 후 자가방사선을 측정하였다. 은(銀) 입자가 농축되어 까맣게 나온 부분이 교차점이라는 것을 알았다. 이 결과를 통하여 재조합 과정에 대해 알 수 있는 것은?

16. 만약 Cdc20 폴리펩티드가 돌연변이가 일어나서 1) Mad2와 결합을 못하거나 2) APC의 다른 소단위와 결합을 할 수 없거나 3) 후기의 끝에서 APC에서 떨어지지 않는다면 각각의 세포는 어떤 표현형이 나타나는가?

17. 교차가 일어나지 않는 상황을 상상해 보자. 당신의 염색체 중 절반은 모계에서 절반은 부계에서 받았다는 것에 동의하는가? 당신의 염색체중 1/4은 조부모에서 유래되었다는 것에 동의하는가? 만약 교차가 일어난다면 대답이 달라지겠는가?

18. 모든 염색체가 3염색체성, 즉 세 세트의 염색체를 갖는 태아는 임신기간을 거쳐 태어난 후 유아기에 사망하는 반면, 1개의 염색체에서만 3염색체성이 있는 태아는 생존하지 못한다. 이 결과를 어떻게 해석할 수 있는가?

19. 돌연변이에 의해 Tyr15 또는 Thr161의 잔기가 없는 Cdk 소단위를 갖는 분열효모 세포는 어떠한 표현형을 나타낼까?

20. G_1기의 끝에 활성화되는 사이클린E-Cdk2에 의해 중심체가 복제되고 DNA합성이 일어난다. 최근의 연구에 의하면 만약 G_1기의 시작 시기와 같은 이른 시기에 사이클린E-Cdk2가 활성화된다면 이 시기에서 중심체의 복제가 일어나지만, DNA의 복제는 S기가 정상적으로 시작될 때 까지는 일어나지 않는다. 왜 DNA 합성이 일어나지 않는지 가정을 세워 보시오. 정보가 더 필요하면 〈그림 7-20〉을 참조하시오.

제 15 장

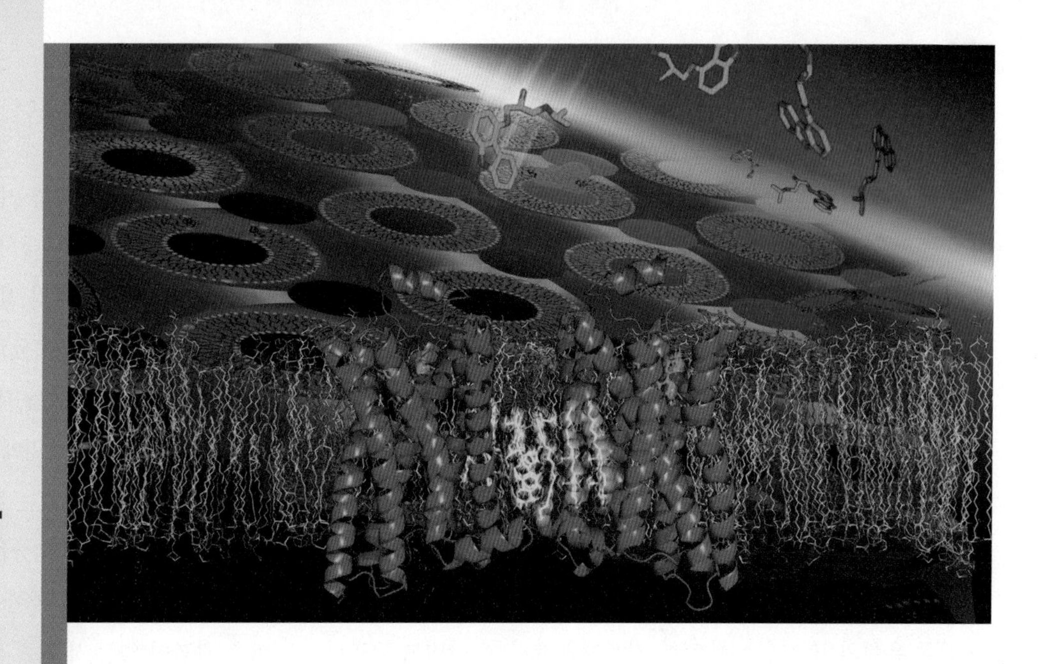

세포신호전달 경로

영국의 시인인 존 던(John Donne)은 "어느 누구도 홀로 있지 않다"라는 구절로 사람들이 상호의존하며 살아간다는 그의 믿음을 표현하였다. 복잡한 다세포 생물을 구성하는 세포에 대해서도 똑같은 말을 할 수 있다. 식물이나 동물에 있는 대부분의 세포들은

G단백질-연결 수용체(G protein-coupled receptor, GPCR) 대집단(superfamily)의 대표적인 구성요소인 β_2-아드레날린성 수용체(β_2-adrenergic receptor, β_2-AR)의 3차원 엑스-선(X-ray) 결정구조. 이들 내재막단백질들은 특징적으로 7개의 막횡단 나선을 갖고 있다. 이 단백질 집단(family)은 다양한 종류의 생물학적 정보전달물질들과 결합한다. 이는 신체의 가장 기본적인 많은 반응을 일으키는 데 있어서 첫 번째 단계를 구성한다. β_2-AR은 다양한 세포의 원형질막에 있으며 정상적으로 리간드인 에피네프린과 결합하여 심장 박동률 증가 및 평활근 세포 이완과 같은 반응들을 매개한다. 베타-아드레날린 수용체는 베타-차단제(β-blockers)를 비롯한 다수의 중요한 약물들이 작용하는 표적이다. 베타-차단제는 고혈압과 심장 부정맥 치료를 위해 널리 처방된다. GPCR은 결정화하기가 매우 어렵기 때문에, 그 동안 중요한 이들 단백질의 고해상도 구조를 얻을 수 없었다. 최근에는 결정 기술이 발달함에 따라 상황이 변화하고 있다. 고해상도 구조가 새롭게 밝혀짐에 따라, 구조에 기반을 두어 고안된 새로운 종류의 약물이 개발될 것으로 기대된다. 여기 나와 있는 상은 2개의 β_2-AR을 나타내고 있다. 이것은 콜레스테롤과 팔미트산(노란색) 그리고 수용체와 결합한 리간드(초록색)가 존재하는 상태에서 결정화 된 것이다.

한 가지 이상의 특수한 기능을 수행하도록 특수화되어 있다. 여러 가지 생물학적 과정(작용)들은 다양한 세포들을 함께 일하게 하면서 이들의 활동이 조화롭게 이루어지게 한다. 이런 일이 가능하도록 하기 위해서 세포들은 서로 정보를 전달해야만 하며, 이는 **세포신호전달**(細胞信號傳達, cell signaling)이라고 하는 과정을 통해 이루어진다. 세포신호전달은 특정한 환경 자극에 대해 세포가 적절한 방법으로 반응할 수 있게 해 준다.

세포신호전달은 거의 모든 면에 있어서 세포 구조와 기능에 영향을 미친다. 이것이 이 장(章)을 책의 거의 후반부에 배열해 놓은 근본 이유 중 하나이다. 한편으로는 세포신호전달을 이해하기 위해서 다른 유형의 세포 활동에 관한 지식이 필요하다. 반면에 세포신호전달을 이해하면 겉으로는 상관없어 보이는 여러 가지 세포의 과정(작용)들을 함께 연결시킬 수 있다. 또한 세포신호전달은 세포의 성장 및 분열을 조절하는 데 직접적으로 관련되어 있다. 이러한 사실은 세포가 세포분열을 제어하는 능력을 상실하게 되면 어떻게 악성종양으로 발달할 수 있는가를 이해하기 위한 세포신호전달 연구를 대단히 중요하게 만든다. ■

15-1 세포신호전달 체계를 구성하는 기본적인 인자들

대부분의 신호전달 경로들이 공유하고 있는 일반적인 특징들 몇 가지를 설명하면, 복잡한 주제에 대한 논의를 시작하는 데 도움이 될 수 있다. 세포들은 보통 **세포외 정보전달물질 분자**(extracellular messenger molecule)를 통해 서로 정보를 전달한다. 세포외 정보전달물질들은 짧은 거리를 이동하여 신호의 출발점으로부터 아주 가까이 있는 세포들을 자극하거나, 또는 신체 전체를 이동하면서 출발점으로부터 아주 멀리 떨어져 있는 세포들을 잠재적으로 자극할 수 있다. 자가분비(自家分泌, *autocrine*) 신호전달의 경우, 정보전달물질을 생산하고 있는 세포는 그 정보전달물질에 반응할 수 있는 수용체들을 세포 표면에 발현하고 있다(그림 15-1*a*). 결과적으로 신호를 방출하고 있는 세포들은 자신을 자극하거나 아니면 저해하게 된다. 측분비(側分泌, *paracrine*) 자극이 일어나는 동안(그림 15-1*b*), 정보전달물질 분자들은 신호를 생산하고 있는 세포에 아주 가까이 있는 세포로 세포외 공간을 통해서 짧은 거리만을 이동한다. 측분비 정보전달물질 분자들은 체내에서 이동할 수 있는 능력이 보통 제한된다. 그 이유는 이들이 본질적으로 불안정하거나, 효소에 의해 분해되거나, 아니면 세포외 기질과 결합하기 때문이다. 마지막으로 내분비(內分泌, *endocrine*) 신호전달이 일어나는 동안, 정보전달물질 분자들은 혈류를 통한 통로를 거쳐 자신의 표적세포에 도달한다(그림 15-1*c*). 내분비 정보전달물질을 호르몬(*hormone*)이라고도 하며, 보통 체내에서 멀리 위치한 표적 세포들에 작용한다.

세포 신호전달 경로의 개관을 〈그림 15-2〉에 나타내었다. 체내의 다른 세포로 신호를 보내는 데 관여하고 있는 세포가 정보전달물질 분자를 방출하면 세포 신호전달이 개시된다(그림 15-2, 1단계). 세포가 특정한 정보전달물질 분자를 특이적으로 인지하여 결합하는 **수용체**(受容體, receptor)들을 발현하는 경우에만, 세포외 신호에 대해 세포들이 반응할 수 있다(2단계). 대부분의 경우 정

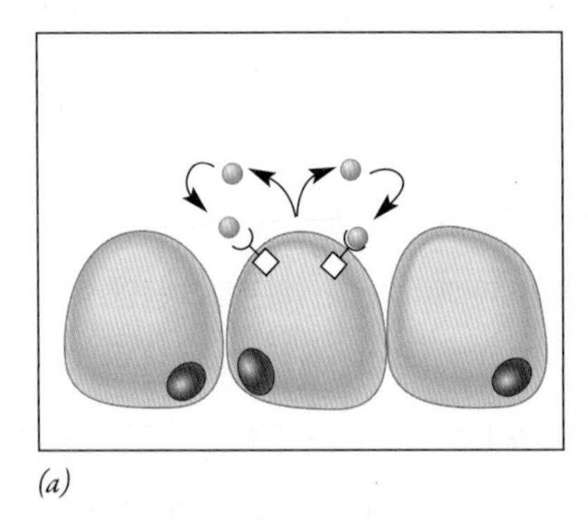
(*a*)

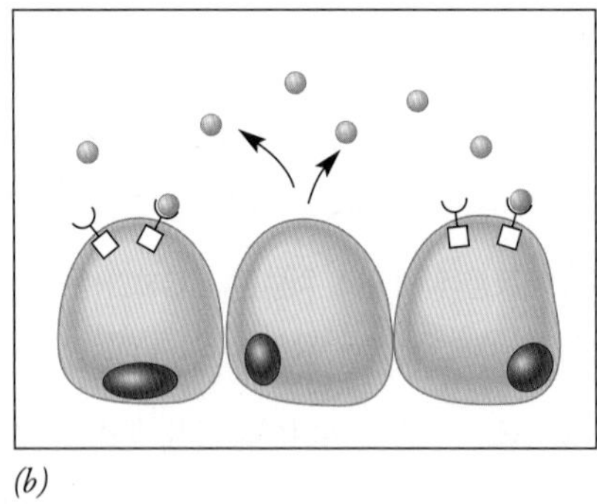
(*b*)

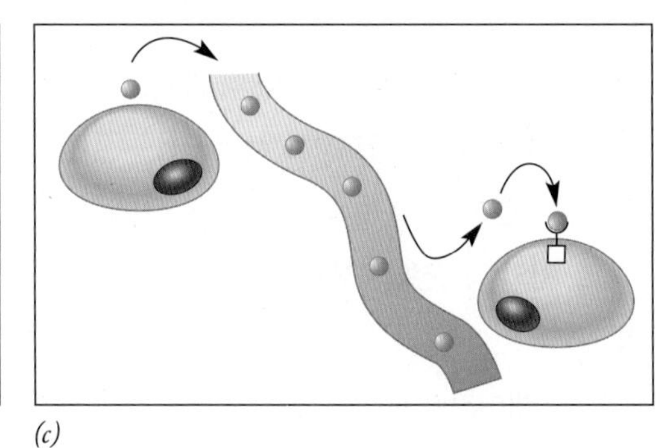
(*c*)

그림 15-1 세포 간 신호전달의 유형들 (*a*) 자가분비, (*b*) 측분비, (*c*) 내분비.

보전달물질 분자(또는 리간드)는 반응 세포의 바깥 표면에 있는 수용체와 결합한다. 이런 상호작용에 의해 전달된 신호는 막을 통과하여 수용체의 세포질 영역(domain)으로 가게 된다(3단계). 일단 원형질막의 안쪽 면에 신호가 도달하면, 두 가지 주요 경로에 의해 세포 내부로 신호가 전파되고, 세포 내부에서 적절한 반응을 이끌어 내게 된다. 어떤 특정 경로를 취할 것인지는 활성화되는 수용체 유형에 달려있다. 다음 논의에서 두 가지 주요한 신호전달 경로에 초점을 맞출 것이지만, 세포외 신호들이 세포에 영향을 줄 수 있는 또 다른 방법들이 존재한다는 점을 생각해 두어야 한다. 예를 들면, 원형질막에 있는 이온 통로들이 열림으로써 신경전달물질들이 어떻게 작용하는지에 대해서는 〈8-8절〉에서, 그리고 스테로이드 호르몬들이 원형질막을 통해 확산되어 세포 내 수용체와 어떻게 결합하는지에 대해서는 〈6-4절〉에서 설명하였다. 이 장에서 설명된 두 가지 주요 경로는 다음과 같다.

- 한 종류의 수용체(15-3절)는 수용체의 세포질 영역으로부터 근처에 있는 효소로 신호를 전파하고(4단계), 이 효소가 **2차 정보전달물질**(second messenger)을 생성한다(5단계). 2차 정보전달물질을 생성함으로써 세포 반응을 일으키기 때문에, 관련된 효소를 **영향인자**(effector)라고 한다. 2차 정보전달물질은 전형적으로 특정한 단백질들을 활성화시키는(또는 불활성화시키는) 작은 물질이다. 화학적 구조에 따라서 2차 정보전달물질은 세포질을 통해 확산되거나 아니면 막의 지질2중층에 묻혀있는 상태로 남아 있을 수 있다.

- 또 다른 종류의 수용체(15-4절)는 수용체의 세포질 영역을 세포 신호전달 단백질들을 모집하는 장소로 전환시켜서(4*a*단계) 신호를 전파한다. 〈2-5절〉에서 설명하였던 SH3 영역처럼 특수한 유형의 상호작용 영역들에 의해 단백질들이 상호작용하거나 아니면 세포막 구성성분들과 상호작용을 한다.

신호 전파가 2차 정보전달물질에 의해 이루어지든지 아니면 단백질 모집 과정에 의해 이루어지든 간에 그 결과는 유사하다. 즉, 세포 내 **신호전달경로**(signaling pathway)에서 가장 상위에 위치한 단백질이 활성화된다(그림 15-2, 6단계). 신호전달 경로는 세포

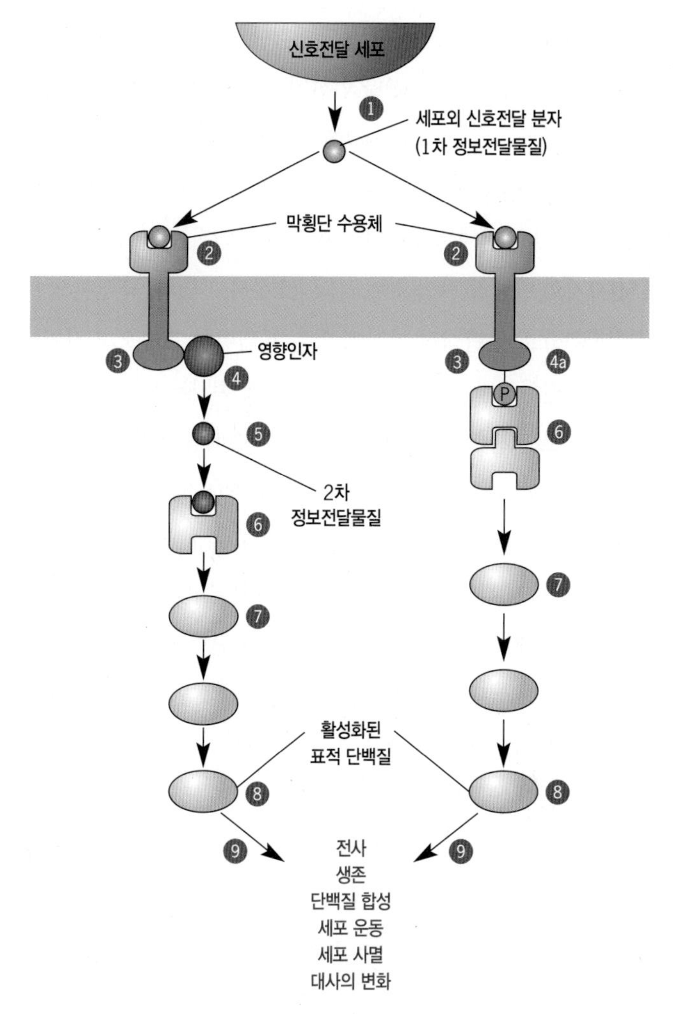

그림 15-2 세포외 정보전달물질이 세포 내 반응을 일으킬 수 있는 주요 신호전달경로들의 개관. 두 가지 서로 다른 유형의 신호전달 경로가 묘사되어 있다. 한 가지는 확산되는 2차 정보전달물질에 의해 활성화되는 신호전달 경로이고, 다른 한 가지는 원형질막으로 단백질들을 모집하여 활성화되는 신호전달 경로이다. 대부분의 신호전달 경로들은 이들 기작들이 조합되어 관여한다. 신호전달 경로들은 여기 그려진 것처럼 전형적으로 직선상의 경로가 아니라, 분지된 경로를 갖고 있어서 상호 연결되어 복잡한 그물 구조를 이룬다는 점을 주목해야 한다. 각 단계들은 본문에 설명되어 있다.

의 초고속 정보통신망이다. 각각의 신호전달 경로는 순차적으로 작동하는(7단계) 일련의 별개 단백질들로 구성되어 있다. 경로에 있는 각각의 단백질은 일련의 단백질들 중 그 다음(또는 하류) 단백질의 입체구조를 변형시킴으로써 작용하는데, 구조변형에 의해 그 단백질은 활성화되거나 아니면 저해된다(그림 15-3). 세포생물학의

다른 주제들을 읽은 후에는, 다른 단백질에 인산기를 붙이는 단백질 인산화효소(protein kinase)나 인산기를 떼어내는 단백질 인산가수분해효소(protein phosphatase)에 의해 신호전달 단백질들의 입체구조 변형이 흔히 이루어진다는 사실은 놀랄 일이 아니다(그림 15-3). 사람의 유전체는 500가지 이상의 단백질 인산화 효소들과 약 150가지의 단백질 탈인산효소를 암호화하고 있다. 대부분의 단백질 인산화효소가 단백질 기질에 있는 세린이나 트레오닌 잔기에 인산기를 전달하지만, 대단히 중요한 무리에 속하는 단백질 인산화효소들은 티로신 잔기를 인산화 한다. 일부 단백질 인산화효소들과 단백질 탈인산효소들은 가용성 세포질 단백질(soluble cytoplasmic protein)이고, 다른 효소들은 내재단백질(integral protein)이다. 세포에 있는 수천 종류의 단백질들이 인산화될 수 있는 가능성이 있는 아미노산 잔기들을 갖고 있지만, 각각의 단백질 인산화효소와 단백질 탈인산효소가 자신의 특정한 기질들만을 인식하고 다른 모든 단백질들은 무시한다는 점은 주목할 만하다. 일부 단백질 인산화효소들과 단백질 탈인산효소들은 기질로서 다양한 단백질에 대해 작용하는 반면에, 다른 효소들은 단일 단백질 기질에 있는 단일 아미노산 잔기만을 인산화 하거나 탈인산화 한다. 이 효소들이 작용하는 단백질 기질들 상당수는 효소 그 자체—가장 흔히 다른 종류의 인산화효소와 탈인산효소—이지만, 이온 통로, 전사인자 및 기타 여러 종류의 조절단백질들도 기질에 포함된다. 막횡단 단백질과 세포질 단백질 중 적어도 50퍼센트는 한 곳 이상의 부위에서 인산화되는 것으로 생각되고 있다. 단백질 인산화가 일어나면 단백질의 작용을 여러 가지 방법으로 변화시킬 수 있다. 인산화는 효소를 활성화하거나 불활성화 시킬 수 있고, 단백질-단백질 상호작용을 증가시키거나 감소시킬 수 있고, 어떤 세포 내 구획에서 다른 구획으로 단백질의 이동을 유도시킬 수 있으며, 단백질 분해를 개시하는 신호로 작용할 수 있다. 여러 단백질 인산화효소들이 작용할 수 있는 잠재적인 기질들을 확인하기 위해, 대규모의 단백질체를 연구하는 접근 방법이 사용되어 왔다. 일차적인 목표는 여러 유형의 세포들이 작용하는 데 있어서 다양한 번역후 변형(posttranslational modification)이 하는 역할을 알아보기 위한 것이다.

이러한 신호전달 경로를 따라서 전파된 신호들은 최종적으로 기본적인 세포 과정에 관여하고 있는 표적단백질(標的蛋白質, *target protein*)(그림 15-2, 8단계)에 도달한다(9단계). 세포의 종류와 신호에 따라, 표적단백질에 의해 개시되는 반응은 유전자 발현 변화, 대사 과정에 관여하는 효소들의 활성 변화, 세포골격의 재구성, 세포 운동성의 증가 또는 감소, 이온 투과도 변화, DNA 합성 활성화, 아니면 세포사까지도 관련될 수 있다. 실질적으로 세포가 관여하고 있는 모든 활동은 세포 표면에서 기원하는 신호에 의해 조절된다. 세포외 정보전달물질 분자에 의해 운반되는 정보가 세포 안에서 일어나는 변화로 번역되는 이러한 전반적인 과정을 **신호전달**(信號傳達, signal transduction)이라고 한다.

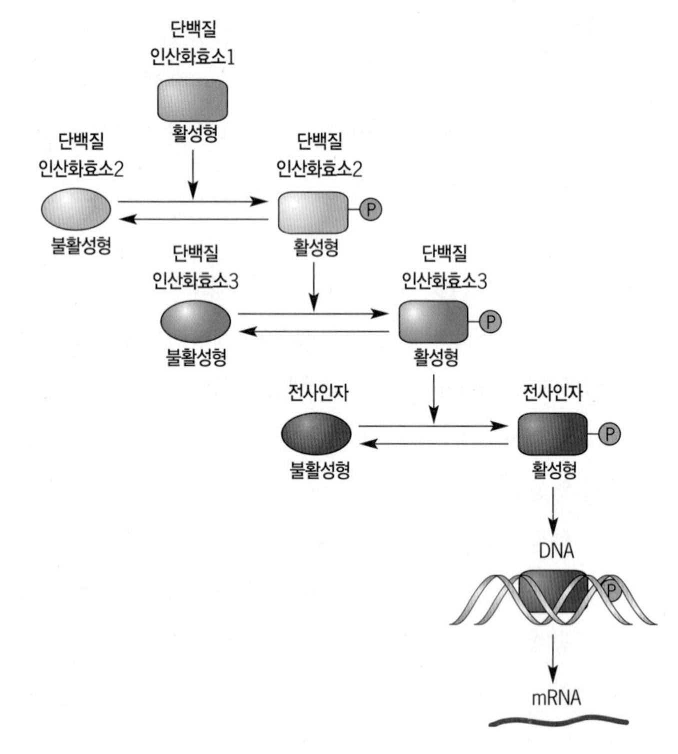

그림 15-3 단백질 인산화효소와 단백질 탈인산효소로 구성된 신호전달 경로. 이 효소들의 촉매작용에 의해 입체구조가 변하고, 따라서 변형된 그 단백질의 활성이 변화한다. 여기서 제시된 예에서 단백질 인산화효소1에 의해 단백질 인산화효소2가 활성화된다. 일단 활성화된 단백질 인산화효소2는 단백질 인산화효소3을 인산화시켜 효소를 활성화시킨다. 그 다음 단백질 인산화효소3은 전사인자를 인산화시켜서, DNA 부위에 대한 전사인자의 친화력을 증가시킨다. DNA에 전사인자가 결합하면 해당된 유전자가 전사되는 데 영향을 준다. 신호전달 경로에 있는 이들 활성화 단계 각각은 단백질 탈인산효소에 의해 뒤바뀔 수 있다. 전형적으로 단백질 인산화효소들은 1개의 소단위로 작용을 하는 반면에, 다수의 단백질 탈인산효소들은 기질 특이성을 결정하는 데 도움을 주는 핵심적인 조절 소단위를 갖고 있다.

마지막으로, 신호전달과정은 종료되어야만 하는 것도 중요하다. 세포가 다시 받게 될 수도 있는 추가적인 신호에 대해 반응성이 있어야만 하기 때문이다. 이 일의 첫 번째 순서는 세포 밖의 정보전달물질 분자를 제거하는 것이다. 이런 일을 수행하기 위해, 어떤 세포는 세포 밖의 특정한 정보전달물질들을 파괴하는 세포외 효소를 생산한다. 다른 경우에서는 활성화된 수용체들이 세포 내부로 이동된다. 일단 세포로 운반된 수용체는 리간드와 함께 분해될 수 있다. 이렇게 되면 세포는 부차적인 자극에 대해 민감도가 떨어지게 된다. 다른 방법으로 수용체와 리간드가 엔도솜(endosome)에서 분리될 수도 있다. 그 후 리간드는 분해되고 수용체는 세포 표면으로 되돌아가게 된다.

복습문제

1. 신호전달이란 용어는 무엇을 의미하는가? 신호전달이 일어날 수 있는 단계로는 어떤 것들이 있는가?
2. 2차 정보전달물질이란 무엇인가? 이런 이름으로 불리는 이유는 무엇이라고 생각하는가?

15-2 세포외 정보전달물질 및 이들 수용체의 개관

매우 다양한 분자들이 세포외 정보 운반자로서 기능을 할 수 있다. 이런 역할을 하는 것으로는 다음과 같은 것들이 있다.

- 아미노산 및 아미노산 유도체. 예로는 글루탐산, 글리신, 아세틸콜린, 에피네프린, 도파민, 그리고 갑상선 호르몬이 있다. 이들 분자는 신경전달물질과 호르몬으로서 작용한다.

- NO나 CO와 같은 기체.

- 콜레스테롤로부터 유래한 스테로이드. 스테로이드 호르몬은 성의 분화, 임신, 탄수화물 대사 그리고 나트륨과 칼륨 이온 분비를 조절한다.

- 아이코사노이드(eicosanoid). 아이코사노이드는 아라키돈산(arachidonic acid)이라고 하는 지방산에서 유래한 탄소 20개의 비극성 분자이다. 아이코사노이드는 통증, 염증, 혈압 그리고 혈액 응고를 비롯한 다양한 과정들을 조절한다. 두통과 염증 치료를 위해 처방전 없이 구입할 수 있는 여러 가지 종류의 약들은 아이코사노이드 합성을 저해한다.

- 여러 가지 종류의 폴리펩티드와 단백질. 이들 중 일부는 상호작용하는 세포 표면에 막횡단 단백질로 존재한다. 다른 단백질들은 세포외 기질(extracellular matrix)의 일부로서 존재하거나 아니면 세포외 기질과 결합되어 있다. 마지막으로 많은 수의 단백질들이 세포외 환경으로 분비되어 세포분열, 분화, 면역반응 또는 세포사 및 세포생존과 같은 조절반응에 관여하고 있다.

세포외 신호전달 분자들은, 항상 그런 것은 아니지만, 보통 반응세포 표면에 존재하는 특수한 수용체에 의해 인지된다. 〈그림 15-2〉에서 보는 바와 같이, 수용체는 높은 친화력으로 자신의 신호전달 분자와 결합하여 세포의 바깥 면에서 일어난 상호작용을 세포 안에서 일어나는 변화로 전환시킨다. 신호전달을 조정하도록 진화되어 온 수용체들이 아래에 열거되어 있다.

- G단백질-연결 수용체(G protein-coupled receptor, GPCR)는 커다란 집단으로 구성되는 수용체들이며 이들은 7개의 막횡단 α나선을 갖고 있다. 이들 수용체는 세포외 신호전달 분자 결합을 GTP-결합 단백질의 활성화로 전환시킨다. **GTP-결합 단백질** 또는 **G단백질**(GTP-binding protein, G protein)은 제12장에서 소낭(vesicle)의 출아와 융합, 제13장에서 미세관의 동역학, 제12장 및 제5장에서 단백질 합성, 제6장에서 핵세포질 수송 등과 연관되어 설명되었다. 이 장에서는 "세포의 정보 회로"를 따라 메시지를 전달하는 데 있어서 이들 수용체의 역할을 알아 볼 것이다.

- 수용체 단백질-티로신 잔기 인산화효소(receptor protein-tyrosine kinase, RTK)는 세포외 정보전달물질 분자의 존재를 세포안의 변화로 전환시키도록 진화되어 온 두 번째 종류의 수

용체에 해당한다. 특정 세포외 리간드가 RTK와 결합하면 보통 수용체 2량체화가 일어나고, 이어서 세포질 쪽 부위에 있는 수용체의 단백질-인산화효소 영역이 활성화된다. 일단 활성화가 되면 이들 단백질 인산화효소들은 세포질에 있는 기질 단백질의 특정 티로신 잔기들을 인산화 한다. 그로 인해 기질 단백질의 활성, 위치, 또는 세포 안에서 다른 단백질들과 상호작용 능력이 변화한다.

- 리간드-관문 통로(ligand-gated channel)는 세포외 리간드와 결합하는 세 번째 종류의 세포 표면 수용체에 해당한다. 원형질막을 통과하여 이온의 흐름을 유도하는 이들 단백질들의 능력은 리간드 결합에 의해 직접적으로 조절된다. 막을 통과하여 일어나는 이온 흐름은 일시적인 막 전위 변화를 일으킬 수 있고, 이것은 전압-관문 통로(voltage-gated channel)와 같은 다른 막 단백질들의 활동에 영향을 주게 된다. 이러한 일련의 일들이 신경자극(nerve impulse) 형성의 기초가 된다. 이밖에도 Ca^{2+}과 같이 어떤 이온들의 유입은 특정 세포질 효소의 활성을 변화시킬 수 있다. 〈8-8절〉에서 설명하였던 것처럼, 리간드-관문 통로에 속하는 어떤 단백질들은 신경전달물질의 수용체로서 작용한다.

- 스테로이드 호르몬 수용체는 리간드에 의해 조절되는 전사인자로서 작용을 한다. 스테로이드 호르몬은 원형질막을 가로질러 확산되어 세포질에 있는 이들의 수용체와 결합한다. 호르몬이 결합하면 구조적 변화가 일어나서 호르몬-수용체 복합체가 핵으로 이동하여 프로모터(promotor)에 있는 반응요소(element)나 호르몬-반응성 유전자들에 있는 증폭자(enhancer)와 결합한다(그림 6-43 참조). 이런 상호작용에 의해 유전자 전사 속도가 증가하거나 감소하게 된다.

- 마지막으로, 독특한 기작에 의해 작용하는 몇 가지 다른 유형의 수용체들이 존재한다. 이들 수용체 중 일부는, 예를 들면 외래 항원에 대한 반응에 관여하는 B-세포 수용체와 T-세포 수용체는, 세포질의 단백질-티로신 잔기 인산화효소와 같이 알려진 신호전달분자들과 결합한다. 이 장에서는 GPCR과 RTK에 대해 집중적으로 논의할 것이다.

15-3 G단백질-연결 수용체와 이들의 2차 정보전달물질

G단백질-연결 수용체(G protein-coupled receptor, GPCR)는 아래에서 설명하는 것처럼, G단백질과 상호작용을 하기 때문에 이러한 이름을 갖게 되었다. GPCR 대집단에 속하는 구성요소들은 7개의 막횡단 나선을 갖고 있기 때문에(그림 15-4), 7-막횡단 수용체(seven-transmembrane receptor, 7TM receptor)라고도 한다. 수천가지 다른 종류의 GPCR이 효모로부터 현화식물 그리고 포유류에 이르는 생물들에서 밝혀졌고, 이들은 함께 매우 광범위한 세포의 과정들을 조절한다. 실지로 GPCR은 동물 유전체가 암호화 하는 단백질들 중 가장 큰 단일 대집단을 구성하고 있

표 15-1 GPCR 및 이질3량체인 G단백질들이 매개하는 생리적 작용들의 예

자극	수용체	영향인자	생리적 작용
에피네프린	β-아드레날린성 수용체	아데닐산 고리화효소	글리코겐 분해
세로토닌	세로토닌 수용체	아데닐산 고리화효소	군소속(*Aplysia*) 연체동물의 행동 감각 및 학습
빛	로돕신[rhodopsin, 시홍소(視紅素)]	cGMP 포스포디에스테라아제	시각 자극
IgE-항원 복합체	비만세포 IgE 수용체	인지질분해효소C	분비
f-Met 펩티드	주화성 수용체	인지질분해효소C	주화성
아세틸콜린	무스카린 수용체	칼륨 통로	박동원 (pacemaker)의 활동을 느리게 함

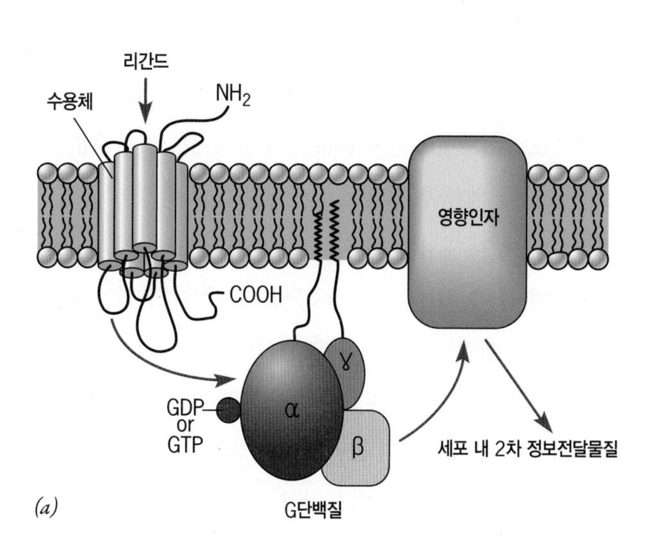

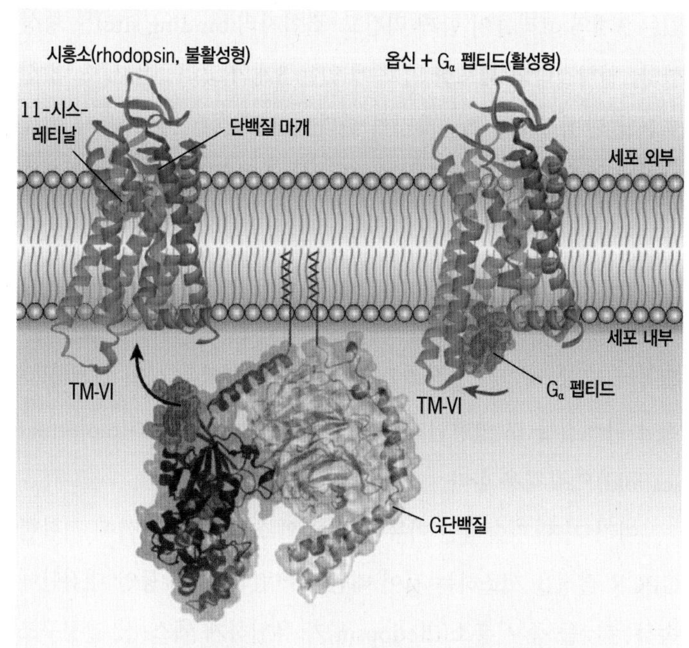

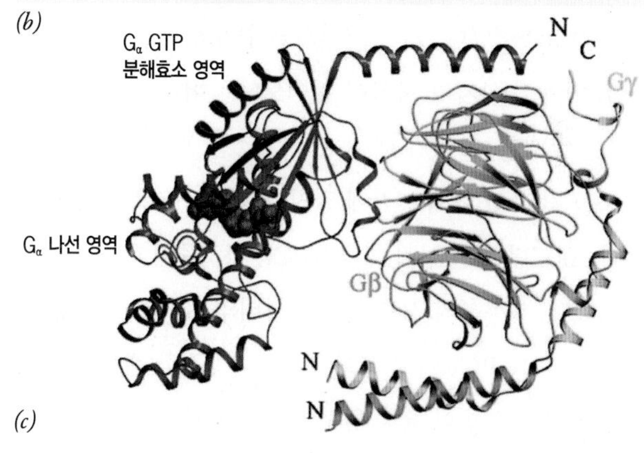

그림 15-4 7-막횡단 수용체와 이질3량체인 G단백질에 의한 신호전달 경로에서 막-결합 기구. (*a*) 에피네프린 및 글루카곤과 결합하는 수용체를 포함하여 이러한 유형의 수용체들은 7개의 막 횡단 나선을 갖고 있다. 자신의 리간드와 결합하면 수용체는 3량체인 G단백질과 상호작용을 하고, G단백질은 아데닐산 고리화효소와 같은 영향인자를 활성화시킨다. 그림에서 표시되어 있는 것과 같이 G단백질의 α와 γ 소단위는 지질2중층에 묻혀 있는 지질기에 의해 막에 연결되어 있다. (주: 다수의 GPCR들은 2개 이상의 수용체 분자들로 이루어진 복합체로 존재할 때 활성형일 수 있다.) (*b*) 최근 밝혀진 엑스-선 결정구조에 근거하여, GPCR인 시홍소(視紅素, rhodopsin)의 활성화 과정을 나타낸 모형. 좌측에서 시홍소는 결합하고 있지 않은 상태의 이질3량체인 G단백질(트랜스듀신이라고 함)과 함께 불활성형(암순응형) 구조로 나와 있다. 레티날(좌측의 시홍소 분자에서 빨간색으로 표시) 보조인자가 광자를 흡수하면 레티날 보조인자는 이성질화(시스형에서 트랜스형으로 전환) 반응이 일어나서, 단백질의 세 번째 나선과 여섯 번째 나선에 있는 잔기들 사이의 이온 결합이 끊어지게 된다. 이것은 다시 여섯 번째 막횡단 나선이 외측으로 이동함으로써(빨간색 곡선 화살표) G단백질의 G_α 소단위에 대한 결합자리 노출을 비롯한 입체구조 변화를 일으킨다. 우측의 시홍소 분자는 수용체의 세포질 면에 결합한 G_α 소단위(빨간색) 부분과 함께 활성형의 구조로 나타내었다. (*c*) 이질3량체인 G단백질의 구조를 보여주는 리본 모형. G단백질을 구성하는 3개의 소단위들이 서로 다른 색으로 다른 색으로 표시되어 있다.

다. GPCR에 결합하는 자연적인 리간드 중에는 다양한 종류의(식물 및 동물) 호르몬, 신경전달물질, 아편 유도체, 주화성(走化性)물질(chemoattractant, 면역계에서 식세포를 유인하는 분자), 후각자극제와 미각촉진제(후각과 미각 수용체에 의해 인지되어 냄새와 맛이 나게 하는 분자들), 그리고 광자(photon)가 있다. 이 경로에 의해 작동하는 리간드와 영향인자(effector) 일부에 대한 목록이 〈표 15-1〉에 나와 있다.

15-3-1 G단백질-연결 수용체에 의한 신호전달

15-3-1-1 수용체

G단백질-연결 수용체는 보통 다음과 같은 형태를 갖고 있다. 아미노-말단은 세포의 바깥쪽에 위치하고, 원형질막을 횡단하는 7개의 α 나선은 다양한 길이의 고리들에 의해 연결된다. 그리고 카르복실-말단은 세포의 내부에 위치한다(그림 15-4). 세포의 바깥쪽에

있는 3개의 고리들이 함께 리간드-결합자리(binding site)를 형성한다. 원형질막의 세포질 면 쪽에 있는 3개의 고리들은 세포 내 신호전달 단백질들의 결합자리가 된다. G단백질은 세포 내 세 번째 고리에 결합한다. 〈15-3절〉에 그 기능이 설명되어 있는 어레스틴(arrestin)도 또한 세포 내 세 번째 고리에 결합하기 때문에, 수용체와 결합하기 위해 G단백질과 경쟁한다. 마지막으로, GPCR의 카르복실-말단에 결합하는 단백질 수가 점점 많이 밝혀지고 있다. 이들 단백질 중 다수는 수용체를 세포 안에 존재하는 여러 가지 신호전달 단백질들 및 영향인자들과 연결시키는 분자 골격(molecular scaffold)으로 작용 한다.

여러 가지 기술적인 이유 때문에 엑스-선 결정분석에 적합한 GPCR 결정을 제조하는 것이 대단히 어렵다. 수년 동안 대집단에 속하는 것들 중 시홍소(rhodopsin)가 유일하게 엑스-선 결정구조가 밝혀진 구성요소이었다. 리간드(레티날기)가 단백질에 상시 결합되어 있고 단백질 분자가 자극이 없어도(즉, 어둠에서도) 단일 입체구조로만 존재할 수 있기 때문에, 시홍소는 흔치않게 안정한 GPCR 구조를 갖고 있다. 수년간에 걸친 여러 연구 그룹들의 노력의 결과로서 2007년 초반 여러 개의 GPCR 구조들이 한꺼번에 문헌에 보고되었다. 대부분의 경우 불활성 상태의 GPCR 구조를 밝힌 것이다. 하지만 GPCR이 활성화되어 G단백질과 결합함에 따라 일어나는 입체구조 변화들 중 일부에 대해 이해력을 돕는 많은 양의 구조적 및 분광학적 자료들도 있다. 막횡단 α 나선에 있는 특정 잔기들 사이에서 일어나는 비공유적 상호작용에 의해 불활성형 구조가 안정화된다. 리간드가 결합하면 이러한 상호작용을 방해함으로써 수용체가 활성형인 구조를 취하게 만든다. 이것은 막횡단 α 나선들이 상호 간에 회전과 이동이 필요하다. 막횡단 α 나선들이 세포질 고리에 부착되어 있기 때문에, 이들 막횡단 α 나선이 회전 또는 이동하게 되면 세포질 고리의 구조가 변화를 일으킨다. 이것은 다시 원형질막의 세포질 면에 있는 G단백질(그림 15-4*b*)에 대해 수용체의 친화력이 증가하게 한다. 그 결과 리간드가 결합된 수용체는 수용체-G단백질 복합체를 구성한다(그림 15-5, 1단계). 수용체와의 상호작용은 G단백질의 α 소단위에 구조변화를 유도하여 GDP가 방출되고, 이어서 GTP가 결합되게 만든다(2단계). 활성형 상태로 있는 동안, 1개의 수용체는 여러 개의 G단백질 분자들을 활성화시킬 수 있어서 신호증폭의 한 방법이 된다.

15-3-1-2 G단백질

이질3량체인 G단백질은 미국 국립보건원(National Institutes of Health)의 마틴 로드벨(Martin Rodbell)과 동료들 그리고 버지니아대학교(University of Virginia)의 알프레드 길먼(Alfred Gilman)과 동료들에 의해 발견되어 정제되었고 그 특성이 규명되었다. 이들의 연구에 대해서는 웹 사이트 www.wiley.com/college/karp에 접속하여 볼 수 있는 〈실험경로〉에 자세히 설명되어 있다. 이들 단백질을 G단백질이라고 하는데, GDP 또는 GTP와 같은 구아닌 뉴클레오티드와 결합할 수 있기 때문이다. 이들 모두 α, β, γ라고 하는 세 가지 다른 종류의 폴리펩티드 소단위들로 구성되어 있기 때문에, G단백질을 이질3량체라고 한다(그림 15-4). 이러한 특성에 의해 G단백질은 이 장의 후반부에서 설명되는 Ras와 같이 소형인 단량체 G단백질과 구별된다. 이질3량체 G단백질은 α와 γ 소단위에 공유적으로 부착되어 있는 지질 사슬에 의해 원형질막에 붙어 있다(그림 15-4*a*).

구아닌 뉴클레오티드-결합자리는 G_α 소단위에 위치한다. GDP가 GTP로 대체되고 활성화된 GPCR과의 상호작용이 이어지면, G_α 소단위에서 구조변화가 일어나게 된다. GTP가 결합된 구조에서 G_α는 $G_{\beta\gamma}$에 대해 낮은 친화력을 갖고 있기 때문에, 복합체로부터 G_α가 분리된다. 분리된 각각의 G_α 소단위(GTP가 결합된 상태)는 아데닐산 고리화효소와 같은 영향인자 단백질을 자유롭게 활성화시킨다(그림 15-5, 3단계). 이 경우, 영향인자가 활성화되면 2차 정보전달물질인 cAMP 생성을 유도한다(4단계). 다른 종류의 영향인자로는 인지질분해효소 C-β(phospholipase C-β)와 cGMP 포스포디에스터라아제(cGMP phosphodiesterase)가 있다(아래 참조). 이어서 2차 정보전달물질은 한 가지 이상의 세포 신호전달 단백질들을 활성화시킨다.

G단백질의 α 소단위가 GTP와 결합되어 있을 때, G단백질이 활성화되었다고 말한다. G_α 소단위는 GTP를 GDP와 무기인산(Pi)으로 가수분해시킴으로써 자신을 불활성화 시킬 수 있다(그림 15-5, 5단계). 이 결과로 구조변화가 일어나서, 영향인자에 대한 친화력이 감소되고 $\beta\gamma$ 소단위에 대한 친화력이 증가되도록 만든다. 즉, GTP가 가수분해 된 후 이어서 G_α 소단위가 영향인자로부터 분리되고 $\beta\gamma$ 소단위와 재결합하게 되어 불활성형인 이질3량체 G단백질을 다시 형성하게 된다(6단계). 어떤 의미에서 이질3량체

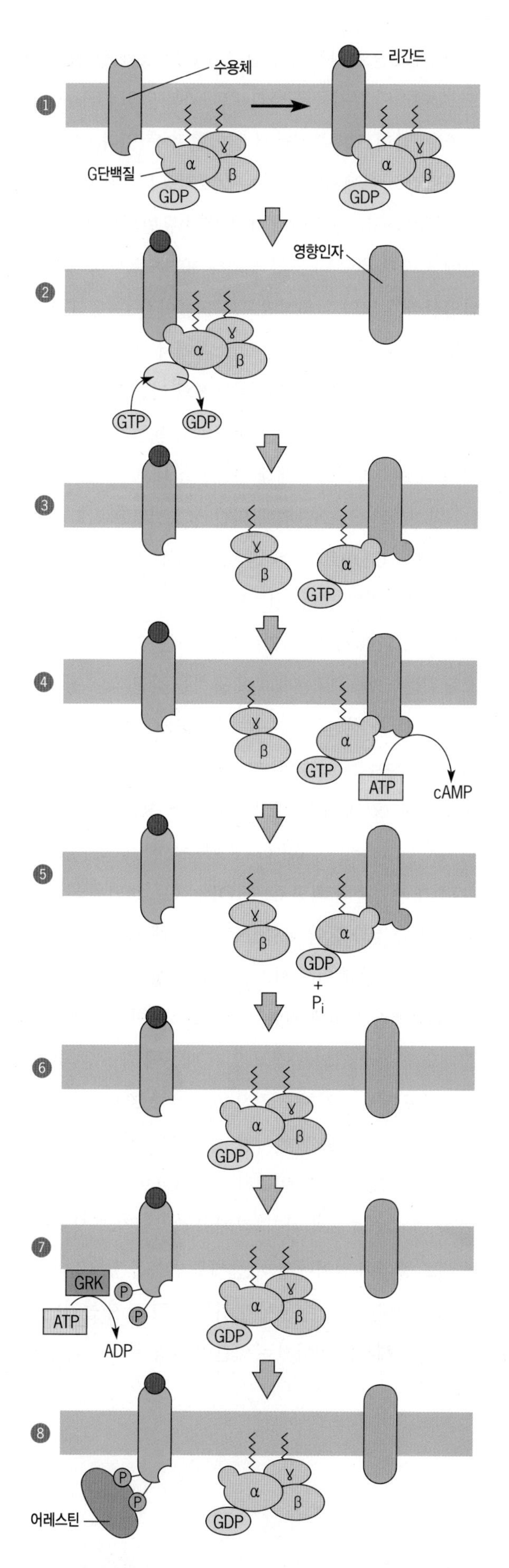

그림 15-5 이질3량체인 G단백질에 의해 일어나는 영향인자의 수용체-매개 활성화(또는 저해) 기작. 1단계에서 리간드가 수용체에 결합하면, 수용체의 구조를 변화시켜서 수용체가 결합하는 G단백질에 대한 친화력을 증가시킨다. 2단계에서 G_α 소단위에 결합되어 있던 GDP가 방출되고 GTP로 대체된다. 3단계에서 G_α 소단위가 $G_{\beta\gamma}$ 복합체로부터 분리되어 영향인자(이 경우는 아데닐산 고리화효소)와 결합하여 영향인자를 활성화시킨다. 또한 $G_{\beta\gamma}$ 2량체는 이온통로나 효소와 같은 영향인자(그림에는 표시되어 있지 않음)와 결합할 수도 있다. 4단계에서 활성화된 아데닐산 고리화효소가 cAMP를 만든다. 5단계에서 G_α의 GTP분해효소 활성이 결합된 GTP를 가수분해하여 G_α를 불활성화시킨다. 6단계에서 G_α는 $G_{\beta\gamma}$와 다시 결합하여 3량체인 G단백질로 재구성되고, 영향인자는 활동을 중지하게 된다. 7단계에서 수용체가 G단백질-연결 수용체 인산화효소(GRK, G protein-coulped receptor kinase)에 의해 인산화되면, 8단계에서 인산화된 수용체는 어레스틴 분자와 결합하여 리간드와 결합된 수용체가 또 다른 G단백질들을 활성화시키는 것을 막는다. 어레스틴에 결합된 수용체는 내포작용(endocytosis) 에 의해 세포 안으로 운반되는 것으로 추정된다.

인 G단백질은 분자 타이머로서 작용하는 것이다. 이들은 활성화된 수용체와 상호작용에 의해 활성화되고, 어느 정도 시간이 지난 후 결합되어 있는 GTP를 가수분해함으로써 자신을 불활성화 시킨다. 활성형으로 있는 동안, G_α 소단위는 하류의 영향인자들을 활성화시킬 수 있다.

이질3량체 G단백질은 네 가지 변종인 G_s, G_q, G_i, $G_{12/13}$이 있다. 이러한 분류는 G_α 소단위와 이들이 연결된 영향인자에 근거한 것이다. 일부 GPCR은 여러 종류의 G단백질들과 상호작용을 하여 한 가지 이상의 생리 반응을 일으킬 수 있지만, 활성화된 GPCR에 의해 유도되는 특정 반응은 GPCR이 상호작용을 하는 G단백질의 종류에 따라 달라진다. G_s 집단을 구성하는 단백질들은 수용체를 아데닐산 고리화효소(adenylyl cyclase)와 연결시킨다. 아데닐산 고리화효소는 GTP가 결합된 G_s 소단위에 의해 활성화된다. G_q 집단에 속하는 구성요소들은 PLCβ를 활성화 시키는 G_α 소단위를 갖고 있다. PLCβ는 포스파티딜이노시톨-이인산(phosphatidylinositol bisphosphate)을 가수분해하여, 이노시톨-삼인산과 디아실글리세롤을 만든다. 활성화된 G_i 소단위는 아데닐산 고리화효소를 저해함으로써 작용한다. $G_{12/13}$의 부적절한 활성화는 과도한 세포증식 및 악성변환(malignant transformation)과 연관되어 있지만, $G_{12/13}$에 속하는 구성요소들은 다른 G단백질과에 비해 규명이 미흡하다. G_α 소단위로부터 분리된 후, $\beta\gamma$ 복합체도 또한 신호전달 기능을 갖고 있어서 적어도 네 가지 다른 종류의 영향인자들(PLCβ, K^+ 이온 통로, 아데닐산 고리화효소, PI 3-인산화효소)과 연결될 수 있다.

15-3-1-3 반응 종료

여러분은 리간드 결합이 수용체를 활성화하는 것을 보았다. 활성화된 수용체는 G단백질을 활성화하고, G단백질은 영향인자를 활성화한다. 과도한 자극을 방지하기 위해, 수용체가 G단백질을 계속해서 활성화하는 것을 차단하여야 한다. 다음에 오는 자극에 대한 민감도를 회복하기 위해 수용체, G단백질, 영향인자 모두 불활성형으로 되돌려져야만 한다. 활성형인 수용체가 여분의 G단백질들을 활성화하는 것을 차단하는 과정인 둔감화(*desensitization*)는 두 단계로 일어난다. 첫 번째 단계에서, G단백질-연결 수용체 인산화효소(*G protein-coupled receptor kinase, GRK*)라고 하는 특정 종류의 인산화효소에 의해 활성화된 GPCR의 세포질 영역이 인산화된다(그림 15-5, 7단계). GRK는 활성화된 GPCR을 특이적으로 인식하는 세린-트레오닌 단백질 인산화효소의 작은 집단에 해당된다.

GPCR이 인산화되면 두 번째 단계가 일어나서, 어레스틴(arrestin)이라고 하는 단백질이 결합한다(그림 15-5, 8단계). 어레스틴은 GPCR에 결합하여 이질3량체인 G단백질과 경합하는 단백질들로 이루어진 작은 무리에 해당된다. 그 결과 어레스틴이 결합하면 여분의 G단백질들이 활성화가 더 일어나는 것을 방해한다. 자극이 세포의 바깥 면에서 작용을 계속 하고 있지만 세포는 자극에 대해 반응하는 것을 멈추기 때문에, 이런 작용을 둔감화라고 한다. 둔감화는 변하지 않는 환경에서 끊임없이 자극을 계속 일으키는 대신에, 주위 환경 변화에 세포가 반응할 수 있도록 하는 기작 중 하나이다. GRK가 시홍소를 인산화시키는 것을 방해하는 돌연변이가 일어나면 망막의 광수용체 세포를 죽게 만든다는 관찰에 의해 둔감화의 중요성을 보여준다. 이런 종류의 망막세포 죽음은 색소성 망막염(retinitis pigmentosa) 질환에 의해 일어나는 실명의 원인들 중 하나라고 생각된다.

어레스틴 분자들이 인산화된 GPCR과 결합되어 있는 동안에도, 어레스틴 분자들은 클라트린-피복 만입부(clathrin-coated pit)에 있는 클라트린 분자들과 결합할 수도 있다. 결합된 어레스틴과 클라트린 사이에서 일어나는 상호작용은 인산화된 GPCR이 내포작용(endocytosis)에 의해 세포 내로 운반되는 것을 촉진시킨다. 환경에 따라서 세포 내 도입에 의해 표면으로부터 제거된 수용체들은 탈인산화가 되면 원형질막으로 되돌아갈 수 있다. 다른 경로로서, 세포 내로 유입된 수용체는 리소솜에서 분해된다(그림 12-42). 만약 수용체가 분해되면 세포는 문제의 리간드에 대한 민감도를 적어도 일시적이라도 잃어버린다. 만약 수용체가 세포 표면으로 되돌아가면 세포는 리간드에 대해 민감한 상태로 있게 된다.

활성화된 G_α 소단위에 의한 신호전달은 간단한 기작, 즉 결합된 GTP가 GDP로 단순히 가수분해 됨으로써 종료된다(그림 15-5, 5단계). 이와 같이, 신호의 강도와 지속 기간은 부분적으로 G_α 소단위에 의해 GTP가 가수분해 되는 속도에 의해 결정된다. G_α 소단위는 약한 GTP분해효소 활성을 갖고 있어서, G_α 소단위가 결합된 GTP를 천천히 가수분해하여서 G_α 소단위를 불활성화 시킨다. 반응 종료는 G단백질 신호전달 조절인자(*regulators of G protein signaling, RGS*)에 의해 가속화된다. RGS 단백질과 상호작용을 하면 G_α 소단위에 의한 GTP 가수분해 속도를 증가시킨다. 일단 GTP가 가수분해 되면 G_α-GDP는 $G_{\beta\gamma}$ 소단위와 재결합하여 앞에서 설명한 것과 같이 불활성형인 3량체 복합체를 다시 이룬다(6단계). 이런 과정에 의해 시스템은 휴지 상태로 돌아간다.

G단백질에 의해 원형질막을 통과하여 신호를 전파하는 기작은 고대의 진화적 기원을 갖고 있기 때문에 잘 보존되어 있다. 이것은 효모세포에서 유전자 조작으로 포유류 호르몬인 소마토스타틴을 인식하는 수용체를 발현시킨 실험에서 예증이 된다. 이들 효모 세포에 소마토스타틴을 처리하면 세포표면의 포유류 수용체가 막의 안쪽 면에서 효모의 이질3량체인 G단백질과 상호작용을 하여 효모세포 증식이 일어나게 하는 세포 반응을 일으킨다.

G단백질-연결 수용체의 기능에 몇 가지 돌연변이들이 미치는 영향에 대해서는 이어지는 인간의 질병 치료에 대한 전망에서 설명된다.

인 간 의 전 망

G단백질-연결 수용체와 관련된 장애

GPCR은 사람 유전체에 의해 암호화되는 유전자들 중 가장 큰 집단에 해당한다. 인체 생물학에서 이들의 중요성은 모든 처방약의 삼분의 일 이상이 거대한 이들 대집단에 속하는 수용체들과 결합하는 리간드로 작용한다는 사실에 나타나 있다. 몇 가지 선천성 장애가 GPCR(그림 1)과 이질3량체인 G단백질(표 1)에서 모두 일어난 장애 때문인 것으로 밝혀졌다. 색소성 망막염(retinitis pigmentosa, RP)은 망막이 점진적으로 퇴행되어 결국에는 실명하는 특징을 갖는 선천성 질환이다. 색소성 망막염은 간상세포의 시각 색소인 시홍소(視紅素, rhodopsin)를 암호화하는 유전자에서 일어난 돌연변이가 원인이 된다. 이들 돌연변이 중 다수는 시홍소 단백질의 조기 종결을 일으키거나 부적합한 접힘이 일어나게 만들어서 시홍소가 원형질막에 도달하기 전에 세포에서 제거되게 만든다. 다른 종류의 돌연변이들도 자신의 G단백질을 활성화시킬 수 없어서 신호를 하류의 영향인자로 전달할 수 없는 시홍소 분자가 합성되게 한다.

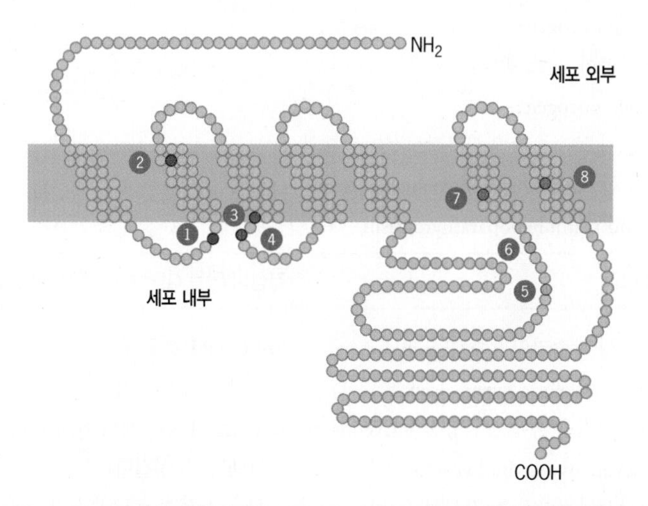

그림 1 사람의 질병 원인과 관련 있는 몇 가지 돌연변이들의 대략적 위치를 나타내고 있는 "복합" 막횡단 수용체의 2차원 그림. 돌연변이 대부분(1번, 2번, 5번, 6번, 7번 및 8번)은 영향인자가 항시 자극되도록 만들지만, 다른 돌연변이(3번과 4번)들은 수용체가 영향인자를 자극할 수 있는 능력을 봉쇄하게 한다. 1번과 2번에서 일어난 돌연변이는 멜라닌세포-자극 호르몬(melanocyte-stimulating hormone, MSH) 수용체에서 발견되었다. 3번은 부신피질자극 호르몬(adrenocorticotrophic hormone, ACTH)에서, 4번은 바소프레신 수용체에서, 5번과 6번은 갑상선-자극 호르몬(thyroid-stimulating hormone, TSH) 수용체에서, 7번은 황체형성 호르몬(luteinizing hormone, LH) 수용체에서, 8번은 망막의 감광 색소인 시홍소(rhodopsin)에서 각각 발견되었다.

색소성 망막염은 암호화된 수용체의 기능을 상실하게 하는 돌연변이로 인해 생긴다. 신호전달 단백질들의 구조를 변화시키는 다수의 돌연변이는 반대 효과를 가질 수 있어서, "기능 획득(gain of function)"으로 표현되는 결과를 일으킬 수 있다. 이런 경우 중 한 가지에서, 돌연변이가 선종(adenoma)이라고 하는 양성의 갑상선 종양을 일으키는 것이 발견되었다. 뇌하수체 호르몬인 TSH에 의한 자극에 대해서만 반응하여 갑상선 호르몬을 분비하는 정상적인 갑상선 세포와는 달리, 이들 갑상선 선종 세포는 TSH에 의한 자극 없이도 대량의 갑상선 호르몬을 분비한다[수용체가 항시(*constitutively*) 활성형으로 작용한다고 설명된다]. 이들 세포에 있는 TSH 수용체는 단백질의 세포 내 세 번째 고리 구조에 영향을 주는 아미노산 치환이 일어나 있다(그림 1에서 5번 또는 6번 부위에서 일어난 돌연변이). 돌연변이가 일어난 결과로서 TSH 수용체는 항시적으로 세포의 안쪽 면에서 G단백질을 활성화시켜서, 갑상선 호르몬을 과량으로 분비하게 만들뿐만 아니라, 종양을 일으키는 과도한 세포증식이 일어나게 하는 경로를 통해 연속적인 신호를 보낸다. 이러한 결론은 돌연변이 유전자를 정상적으로 TSH 수용체가 결여된 배양 세포에 도입시켰을 때, 돌연변이 단백질이 합성되고 원형질막에 도입되어 유전자 조작된 세포에서 연속적으로 cAMP 합성이 일어난다는 것을 보여 줌으로써 확인되었다.

갑상선 선종의 원인이 되는 돌연변이는 환자의 정상적인 부분의 갑상선에서 발견되지 않고 오직 종양 조직에서만 발견되는데, 이것은 돌연변이가 유전에 의한 것이 아니라 갑상선 세포들 중 한 세포에서 돌연변이가 일어난 후 증식되어 종양이 생겼다는 것을 나타내는 것이다. 어떤 사람의 세포 전체에 존재하는 유전된 돌연변이(inherited mutation)와 구분하기 위해, 갑상선 세포와 같이 신체를 구성하는 세포에서 일어난 돌연변이를 체세포 돌연변이(somatic mutation)라고 한다. 다음 장에서 자세히 설명될 것이지만, 체세포 돌연변이는 사람에서 암을 일으키는 주된 원인이다. 암을 일으키는 바이러스 중 적어도 한 가지는 항시 활성형인 GPCR로 작용하는 단백질을 암호화한다는 것이 밝혀졌다. 그 바이러스는 자줏빛 피부 병변을 일으키며 AIDS 환자에서 만연하는 카포시 육종(Kaposi's sarcoma)의 원인이 되는 헤르페스(herpes) 바이러스 중 한 유형이다. 바이러스 유전체는 인터류킨-8에 대해 항시 활성형으로 작용하는 수용체를 암호화하고, 이것은 세포 증식을 제어하는 신호전달 경로를 촉진시킨다.

〈표 1〉에 나와 있는 것처럼, 이질3량체인 G단백질의 소단위를 암호화하는 유전자에서 일어난 돌연변이들도 선천성 장애를 일으킬 수 있다. 희귀한 내분비 장애의 조합, 즉 성조숙(precocious puberty)과 부갑상선기능저하증(hypoparathyroidism)을 동시에 앓고 있는 두 명의 남자 환자에 대한 진료기록이 이러한 예가 될 수 있다. 두 환자 모두 G_α 동형(isoform) 중 한 종류에서 아미노산 한 곳이 치환되었음이 발견되었다. 아미노산 서열 변화는 돌연변이체 G단백질에 두 가지 영향을 주게 된다. 정상적인 체온보다 낮은 온도에서는 결합된 리간드가 없더라도 돌연변이체 G단백질은 활성형 상태를 유지하였다. 반면에 정상적인 체온에서 돌연변이체 G단백질은 결합된 리간드가 있는 상태와 없는 상태에서 모두 불활성형이었다. 몸통의 바깥쪽에 위치한 고환은 신체의 내장에 있는 기관들보다 낮은 온도를 유지한다(33℃ vs. 37℃). 보통 고환의 내분비 세포들은 사춘기 때 만들어지기 시작하는 뇌하수체 호르몬인 황체형성 호르몬(luteinizing hormone, LH)에 반응하여 이 시기에 테스토스테론 생산을 개시한다. 순환중인 LH는 고환세포의 표면에 있는 LH 수용체와 결합하여 cAMP 합성을 유도하고, 이어서 남성 성호르몬을 생산한다. G단백질에 돌연변이를 갖고 있는 환자의 고환세포들은 LH 리간드가 없는 상태에서 자극을 받아 cAMP를 합성하고, 성숙하기 전에 테스토스테론을 생산하여 성조숙이 일어나게 된다. 대조적으로 부갑상선에 있는 세포에서 동일한 G_α 소단위에서 일어난 돌연변이는 37℃ 온도에서 작용하여 G단백질을 불활성 상태로 유지하게 만든다. 그 결과 부갑상선 세포들은 보통 부갑상선 호르몬 분비가 일어나게 하는 자극에 대해 반응을 하지 못해 부갑상선기능저하증 상태가 되게 만든다. 이들 환자에서 나머지 기관들이 정상적인 기능을 한다는 사실은 특정한 G_α 동형이 대부분의 다른 세포들 활동에 필수적이지 않다는 것을 시사하고 있다.

돌연변이는 유전자에 있는 뉴클레오티드 서열에서 드물게 일어나면서 기능을 상실시키는 변화로 간주된다. 이와 대조적으로 유전적 다형성(genetic polymorphism)은 집단 내에서 흔하게 일어나는 "정상적인" 변이로 간주된다. 하지만 유전적 다형성이 사람의 질병에 상당한 영향을 줄 수도 있어서, 어떤 사람들은 다른 사람들보다 특정한 질병에 다소간 더 잘 걸릴 수 있게 만든다는 것이 최근에 명확해지고 있다.

표 1 G단백질 경로와 연결된 사람의 질병

질병	결함이 있는 G단백질*
알브라이트씨 유전성 골이형성증 및 위부갑상선이상증 (Albright's hereditary osteodystrophy and pseudohypoparathyroidisms)	$G_{s\alpha}$
맥큔–알브라이트씨 증후군 (McCune–Albright syndrome)	$G_{s\alpha}$
뇌하수체, 갑상선 종양 (*gsp* oncogene)	$G_{s\alpha}$
부신피질, 난소 종양 (*gip* oncogene)	$G_{s\alpha}$
사춘기 조숙증과 의사부갑상선이상증의 조합 (Combined precocious puberty and peudohypoparathyroidism)	$G_{s\alpha}$
질병	**결함이 있는 G단백질–연결 수용체**
가족성 칼슘과잉혈증 (Familial hypocalciuric hypercalcemia)	BoPCAR1 수용체의 유사 사람 단백질
신생아 중증 부갑상선항진증 (Neonatal severe hyperparathyroidism)	BoPCAR1 수용체의 유사 사람 단백질 (동형접합)
갑상선기능항진증 (갑상선 선종)	갑상선 자극 호르몬 수용체
가족성 남아 사춘기 조숙증 (Familial male precocious puberty)	황체형성 호르몬 수용체
X 염색체 연관 신성요붕증 (X-linked nephrogenic diabetes insipidus)	V2 바소프레신 수용체
망막색소변성증	시홍소(視紅素, rhodopsin) 수용체
색맹, 파장에 대한 민감도 변이	원추세포에 있는 옵신 수용체
가족성 글루코코티코이드 결핍증 및 산발성 글루코코티코이드 결핍증	부신피질자극호르몬 (ACTH) 수용체

* 본문에 설명되어 있는 것처럼, $G_{s\alpha}$를 갖고 있는 G단백질은 영향인자를 촉진하는 작용을 하는 반면에, $G_{i\alpha}$를 갖고 있는 G단백질은 영향인자를 저해한다.

이는 GPCR 사례에서 정리가 잘 되어 있다. 예를 들면, β_2-아드레날린성 수용체를 암호화하는 유전자의 어떤 대립형질은 천식 또는 고혈압으로 발달할 높은 개연성과 연관되어 있다. 도파민 수용체의 어떤 대립형질은 약물 남용이나 정신분열증에 걸릴 위험 증가와 연관이 있다. 케모카인(chemokine) 수용체(*CCR5*)의 어떤 대립형질은 HIV에 감염된 사람들의 생존율 증가와 연관이 있다. 질병에 걸릴 취약성과 유전적 다형성 사이의 상관관계를 밝히는 것은 임상 연구에서 현재 집중되고 있는 분야이다.

15-3-1-4 세균 독소

G단백질은 다세포 생물이 정상적인 생리 작용을 하는 데 있어서 대단히 중요하기 때문에, 세균(bacteria) 병원균의 뛰어난 표적이 된다. 예를 들면, 콜레라 독소[콜레라균(*Vibrio cholerae*)에 의해 생산되는]는 장 상피세포에서 G_α 소단위를 변형시켜 G_α 소단위의 GTP분해효소 활성을 저해함으로써 효과를 나타낸다. 그 결과 아데닐산 고리화효소 분자는 활성화된 상태로 유지되면서 cAMP를 대량 생성하여, 상피세포가 많은 양의 액체를 장의 내강으로 분비하게 만든다. 이렇게 부적합한 반응과 연관되어 물이 손실되면 흔히 탈수 때문에 사망하게 된다.

백일해 독소는 백일해를 일으키는 미생물인 보르데텔라균(*Bordetella pertussis*)이 만드는 여러 가지 병독성 인자 중 하나이다. 백일해는 전 세계에서 매년 5,000만 명의 사람들에서 관찰되어 연간 35만 명을 사망하게 하는 소모성중증 호흡기 감염이다. 백일해 독소도 G_α 소단위를 불활성화 시켜서 숙주가 세균 감염에 대한 방어 반응을 갖추게 하는 신호전달경로를 방해한다.

15-3-2 2차 정보전달물질

15-3-2-1 전형적인 2차 정보전달물질인 cAMP의 발견

호르몬이 원형질막에 결합하면 글리코겐 대사에 관여하는 효소인 글리코겐 가인산분해효소(glycogen phosphorylase)와 같은 세포질 효소의 활성을 어떻게 변화시키는가? 케이스웨스턴대학교(Case Western University)의 얼 서덜랜드(Earl Sutherland)와 그의 동료들 그리고 워싱턴대학교(University of Washington)의 에드윈 크렙스(Edwin Krebs)와 에드먼드 피셔(Edmond Fisher) 실험실에서 1950년대 중반에 시작된 연구로부터 이 의문에 대한 해답이 나왔다. 서덜랜드의 실험목적은 호르몬에 대한 생리적 반응을 연구하기 위해 시험관 속 시스템을 개발하는 것이었다. 상당한 노력 끝에 글루카곤이나 에피네프린과 함께 배양시킨 파쇄된(*broken*) 세포의 표본에서 글리코겐 가인산분해효소를 활성화 시킬 수 있었다. 이렇게 파쇄된 세포 표본은 원심분리에 의해 주로 세포막으로 구성된 미립자 분획과 가용성인 상층액 분획으로 나눌 수 있었다. 글리코겐 가인산분해효소는 상층액 분획에만 존재하였지만, 호르몬 반응을 얻기 위해서는 미립자 물질이 필요하였다. 이어진 실험들을 통해 반응은 적어도 별개의 두 단계를 통해 일어난다는 것을 보였다. 간 균질액으로부터 미립자 분획을 분리하여 호르몬과 반응 시켰을 때 어떤 물질이 방출되었으며, 이 물질을 가용성 상층액 분획에 넣어주면 가용성인 글리코겐 가인산분해효소가 활성화되었다. 서덜랜드는 미립자 분획의 막에서 방출된 물질이 고리형 아데노신 일인산(cyclic adenosine monophosphate, *cyclic AMP* 또는 줄여서 *cAMP*)임을 확인하였다. 이 발견은 신호전달 연구가 시작되었음을 알리는 일이었다. 아래에서 설명될 것이지만, cAMP는 글리코겐 가인산분해효소 폴리펩티드에 있는 특정한 세린 잔기에 인산기를 붙이는 특정한 단백질 인산화효소를 활성화시킴으로써 포도당 동원(glucose mobilization)을 자극시킨다.

cAMP는 세포 내 다른 부위로 확산될 수 있는 **2차 정보전달물질**(second messenger)이다. cAMP 합성은 1차 정보전달물질—호르몬이나 기타 리간드—이 세포의 바깥쪽 면에 있는 수용체와 결합한 뒤에 일어난다. 〈그림 15-6〉은 세포외 정보전달물질 분자에 의해 자극된 후 이어서 뉴런의 세포질 안에서 cAMP가 확산되는 과정을 보여준다. 1차 정보전달물질이 전적으로 한 가지 종류의 수용체에만 결합하는 반면에, 2차 정보전달물질은 흔히 여러 종류의 세

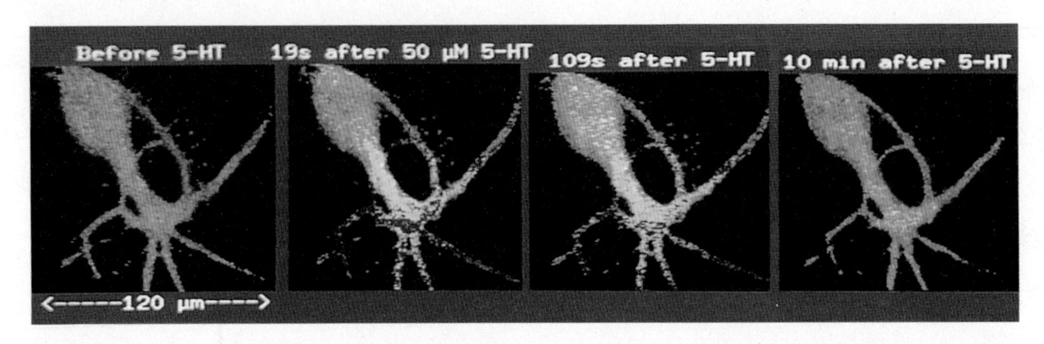

그림 15-6 **세포외 정보전달물질 분자 첨가에 대한 반응으로 간세포에서의 국지적인 cAMP 생성.** 일련의 이 사진들은 군소속(*Aplysia*) 연체동물의 감각 신경세포를 보여 주고 있다. 유리 cAMP의 농도는 색으로 표시되어 있는데, 파란색은 저농도의 cAMP를, 노란색은 중간 농도를 그리고 빨간색은 고농도를 가리킨다. 왼쪽 사진은 자극 받지 않은 뉴런의 세포 내 cAMP 농도를 보여주고 있고, 그 다음 세 장의 사진은 표시된 시간에서 신경전달물질인 세로토닌(5-hydroxytryptamine)에 의한 자극의 영향을 보여주고 있다. 신경전달물질이 계속 존재하고 있음에도 불구하고, cAMP 농도가 109초에서 감소되는 것을 주목하라. [이 실험에서는 cAMP-의존성 단백질 인산화효소의 서로 다른 소단위에 플루오레세인(fluorescein)과 로다민(rhodamine) 형광을 표지하여 미세주입(microinjection) 시킴으로써, cAMP 농도를 간접적으로 측정하였다. 이들 소단위(그림 18-8 참조) 사이에서 일어나는 에너지 전달 양을 측정하면, cAMP 농도를 알 수 있다.]

포 활동을 자극한다. 그 결과 한 종류의 세포외 리간드에 의해 자극된 후 이어서 2차 정보전달물질은 세포가 대규모의 조정된 반응을 갖추도록 해 준다. 다른 종류의 2차 정보전달물질로는 Ca^{2+}, 포스포이노시티드(phosphoinositide), 이노시톨-삼인산(inositol triphosphate), 디아실글리세롤(diacylglycerol), cGMP 그리고 산화질소(nitric oxide)가 있다.

15-3-2-2 포스파티딜이노시톨에서 유래된 2차 정보전달물질

세포막을 구성하고 있는 인지질이 막을 응집성 있게 만들어서 액상 용질을 투과하지 못하게 만드는 구조적 분자로서 정확히 간주되기 시작한 것은 그다지 오래 전이 아니다. 인지질 분자가 여러 가지 2차 정보전달물질의 전구체를 구성한다는 것을 깨달으면서 이들 분자에 대한 이해를 더 많이 하게 되었다. 세포막에 있는 인지질들은 세포외 신호에 의해 조절되는 여러 효소들에 의해서 2차 정보전달물질로 전환된다. 이러한 효소로는 인지질분해효소(phospholipase, 지질을 분해하는 효소), 인지질인산화효소(phospholipid kinase, 지질을 인산화 시키는 효소), 인지질인산가수분해효소(phospholipid phosphatase, 지질을 탈인산화 시키는 효소)가 있다. 인지질분해효소는 인지질 분자를 구성하는 여러 가지 요소들을 연결시키는 특수한 에스테르 결합(ester bond)을 가수분해하는 효소이다. 〈그림 15-7*a*〉는 주요한 종류의 인지질분해효소들에 의해 공격을 받게 되는 일반적인 인지질 안의 절단부위들을 나타내고 있다. 〈그림 15-7*a*〉에 나와 있는 네 가지 유형의 효소들 모두 세포외 신호에 반응하여 활성화될 수 있으며 이들이 생산하는 산물은 2차 정보전달물질로서 기능을 한다. 이 절에서는 연구가 가장 많이 된 지질 2차 정보전달물질에 집중하여 살펴볼 것이다. 지질 2차 정보전달물질은 포스파티딜이노시톨(phosphatidylinositol)로부터 유래하며 G단백질-연결 수용체와 수용체 단백질-티로신 잔기 인산화효소가 신호를 전파한 후에 생성된다. 스핑고미엘린(sphingomyelin)으로부터 유래하는 또 다른 무리의 지질 2차 정보전달물질에 대해서는 설명하지 않을 것이다.

포스파티딜이노시톨 인산화 신경전달물질인 아세틸콜린이 위벽 안의 평활근(smooth muscle cell) 표면에 결합하면, 근육 세포는 자극을 받아 수축한다. 외래 항원이 비만세포(mast cell) 표면에 결합하면, 세포는 자극을 받아 알레르기 증후군을 유발하는 물질인 히스타민(histamine)을 분비한다. 수축을 유도하는 반응과 분비를 유도하는 반응은 모두 동일한 2차 전달물질에 의해 일어난다. 2차 전달물질은 대부분의 세포막 구성성분 중 미량으로 존재하는 포스파티딜이노시톨 화합물로부터 유래한다(그림 8-10 참조).

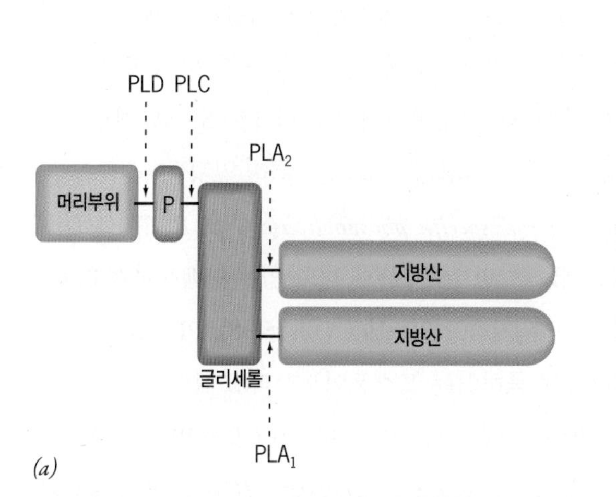

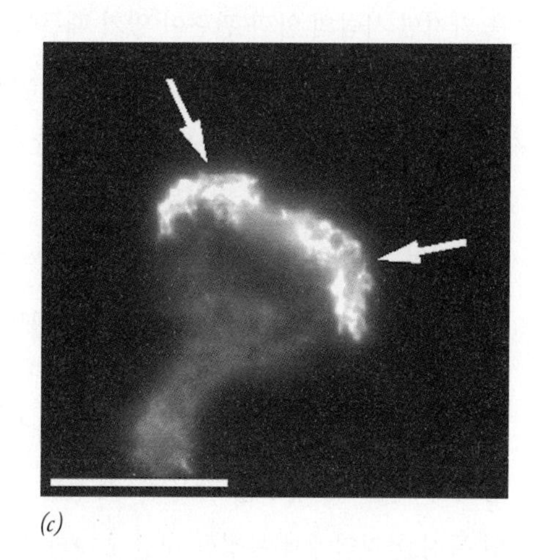

그림 15-7 인지질로부터 유래된 2차 정보전달물질. (*a*) 일반적인 인지질의 구조(그림 2-22 참조). 표시된 부위에서 분자를 절단하는 네 가지 유형의 인지질분해효소에 의해 인지질이 공격을 받게 된다. 이들 효소 중에서 PLC에 대해 초점을 맞출 것인데, PLC는 디아실글리세롤로부터 인산화된 머리부위를 절단한다(그림 15-8 참조). (*b*) 포스포이노시티드에 있는 인산화된 이노시톨 고리와 이곳에 결합하는 PH 영역을 갖고 있는 PLC 효소 분자의 일부분 사이에 일어나는 상호작용을 나타낸 모형. 이런 상호작용은 효소를 원형질막의 안쪽 면에 고정시켜주기 때문에 효소 활성을 변화 시킬 수 있다. (*c*) 주화성인자(세포를 유인시키는 화학물질)를 향해 이동하도록 자극을 받은 세포의 형광현미경 사진. 이 세포는 PI-3,4,5-삼인산(PIP_3)에 특이적으로 결합하는 항체로 염색하였다. 이동 중인 세포의 앞 가장자리에 PIP_3가 집중되어 있는 것이 보인다. 왼쪽 아래 막대는 15μm에 해당된다.

1950년대 초에 몬트리올 종합병원(Montreal General Hospital)과 맥길대학교(McGill University)의 로웰(Lowell)과 메이벌 호킨(Mabel Hokin)에 의해 수행된 연구에서 인지질들이 세포외 신호에 대한 세포 반응에 관여할 수도 있다는 최초의 보고가 있었다. 이들 연구자들은 췌장에서 일어나는 RNA 합성에 아세틸콜린이 미치는 영향을 연구하고 있었다. 이러한 연구를 수행하기 위해, 비둘기 췌장 조각을 [^{32}P]오르토인산염(orthophosphate)을 넣고 배양하였다. 실험의 아이디어는 RNA 합성 과정에서 [^{32}P]오르토인산염이 RNA 전구체로 사용되는 뉴클레오시드 삼인산으로 도입될 수도 있다는 것이었다. 흥미롭게도, 이들은 조직에 아세틸콜린을 처리하면 방사능이 세포의 인지질 분획으로 도입된다는 것을 발견하였다. 추후 수행된 분석에 의해 동위원소는 주로 포스파티딜이노시톨(PI)에 도입되었고, 이들은 다른 종류의 인산화된 유도체들로 신속하게 전환됨이 밝혀졌다. 이러한 물질을 총칭하여 **포스포이노시티드**(phosphoinositide)라고 한다. 이 사실은 이노시톨을 함유하고 있는 지질들이 아세틸콜린과 같이 세포외 정보전달물질 분자에 반응하여 활성화되는 특정 지질 인산화효소에 의해 인산화될 수 있음을 암시하는 것이다. 다양한 종류의 세포외 신호들에 반응하여 지질 인산화효소들이 활성화된다는 사실은 현재 잘 알려져 있다.

포스포이노시티드 대사에 관여 하는 여러 반응들이 〈그림 15-8〉에 나와 있다. 그림 왼쪽에 표시되어 있는 것처럼, 2중층(bilayer)의 세포질 면에 있는 이노시톨 고리는 6개의 탄소 원자를 갖고 있다. 1번 탄소는 이노시톨과 디아실글리세롤 사이의 연결에 관여되어 있다. 3번, 4번, 5번 탄소들은 세포 안에 있는 특정 포스포이노시티드 인산화효소에 의해 인산화될 수 있다. 예를 들면, PI에 있는 이노시톨 당의 4번 위치로 단일 인산기가 PI-4-인산화효소(PI 4-kinase, PI4K)에 의해 전달되면 PI-4-인산(PI 4-phosphate, PI(4)P)가 생성된다. 이것은 PIP-5-인산화효소(PIP 5-kinase, PIP5K)에 의해 인산화되어 PI-4,5-이인산(PI 4,5-bisphosphate, $PI(4,5)P_2$, 〈그림 15-8〉의 1 및 2단계)을 만든다. $PI(4,5)P_2$는 PI-3-인산화효소(PI 3-kinase, PI3K)에 의해 인산화되어 $PI(3,4,5)P_3$ (PIP_3)를 만든다(그림 15-23*c* 참조). $PI(4,5)P_2$가 인산화되어 PIP_3를 만드는 과정은 특히 관심의 대상이 되는데, 그 이유는 이 과정에 관여되는 PI3K 효소가 아주 다양한 세포외 분자들에 의해 조절될 수 있으며 PI3K가 과량의 활성을 가지면 사람의 암과 관련이 있기 때문이다. 인슐린에 반응하여 PIP_3가 형성되는 과정은 〈15-4절〉에서 설명된다.

앞에서 설명한 모든 종류의 인지질들은 원형질막의 (지질2중층 중에서) 세포질 쪽에 위치된 지질층 속에 존재한다. 이들은 막에 결합되어 있는 2차 정보전달물질이다. 포스포이노시티드에 인산기를 부가하는 지질 인산화효소(lipid kinase)가 존재하는 것과 같이, 인산기를 제거하는 지질 인산가수분해효소(lipid phosphatase)가 존재한다. 이들 인산화효소와 인산가수분해효소의 활성이 조정되기 때문에, 신호를 받은 후 특정한 포스포이노시티드가 막의 특정한 지역에서 특정한 시간에 나타나게 된다. 막의 경로수송(membrane trafficking)에서 특정한 포스포이노시티드의 역할에 대해서는 〈12-8절〉에서 설명하였다.

포스포이노시티드에 있는 인산화된 이노시톨 고리는 단백질들에서 발견되는 여러 가지 종류의 지질-결합 영역들에 대한 결합자리를 형성한다. 가장 잘 알려진 것이 **PH 영역**(PH domain, 〈그림 15-7*b*〉)인데, 150가지 이상의 단백질들에서 확인되었다. PH 영역에 의해 단백질이 PIP_2나 PIP_3와 결합하면 원형질막의 세포질 면으로 단백질이 모이게 되고, 이곳에서 활성인자, 저해인자 또는 기질 등과 같은 다른 종류의 막 결합 단백질들과 상호작용을 하게 된다. 〈그림 15-7*c*〉는 세포의 원형질막 특정부위에 PIP_3가 특이적으로 존재하고 있는 예를 보여주고 있다. 국지적으로 존재하는 지질 인산화효소에 의해 세포 전면에서 PIP_3가 생성된 후, 국지적으로 존재하는 지질 인산가수분해효소에 의해 세포 후면과 측면에서 분해된다. 〈그림 15-7*c*〉에 나와 있는 세포는 주화성(走化性, chemotaxis)에 관여하고 있다. 이것은 주화성 인자(chemoattractant)로 작용하는 배지안의 특정한 화학 물질 농도가 증가하는 곳을 향하여 이동하는 것이라고 말할 수 있다. 이것은 대식세포(macrophage)와 같은 식세포(phagocytic cell)들이 삼킬 세균이나 기타 표적들을 향해 이동하게 만드는 기작이다. 주화성은 포스포이노시티드 정보전달물질의 국지적인 생성에 의존하며, 이것은 다시 표적 방향으로 세포 이동에 필요한 액틴섬유(actin filament)나 판상족(板狀足, lamellipodia) 형성에 영향을 미친다.

15-3-2-3 인지질분해효소 C

이노시톨을 갖고 있는 모든 2차 정보전달물질들이 막의 지질2중층에 존재하는 것이 아니다. 아세틸콜린이 평활근 세포에 결합하거나 아니면 항원이 비만세포에 결합하면, 결합된 수용체는 이질3량체인 G단백질을 활성화시키고(그림 15-8, 3단계), 이것은 다시 영향인자인 포스파티딜이노시톨-특이 인지질분해효소 C-β(*phosphatidylinositol-specific phospholipase C-β, PLCβ*)를 활성화 시킨다(4단계). 〈그림 15-7*b*〉에 나와 있는 단백질처럼 PLCβ는 막의 안쪽 면에 위치하고 있는데 (그림 15-8), PLCβ의 PH 영역과 지질2중층에 묻혀있는 포스포이노시티드 사이의 상호작용에 의해 막의 안쪽 면에 결합되어 있다. PLCβ는 PIP_2를 이노시톨-1,4,5-삼인산(*inositol 1,4,5-triphosphate,* IP_3)과 디아실글리세롤(*diacylglycerol, DAG*) 두 분자로 나누는 반응을 활성화하며, 이들 분자 모두 세포신호전달에서 2차 정보전달물질로서 중요한 역할을 한다. 이들 2차 정보전달물질에 대해서는 자세히 살펴보려고 한다.

디아실글리세롤 디아실글리세롤(그림 15-8)은 PLCβ에 의해 생성된 후 원형질막에 남아 있는 지질 분자이다. 그곳에서 디아실글리세롤은 DAG-결합 C1 영역(DAG-binding C1 domain)을 갖고 있는 영향인자 단백질들을 모이게 하여 이들을 활성화 시킨다. 이들 중 연구가 가장 많이 된 것은 단백질 인산화효소 C(*protein kinase C, PKC*)이며(그림 15-8, 6단계), 이 단백질은 다양한 종류의 표적 단백질들에 있는 세린과 트레오닌 잔기들을 인산화 시킨다.

단백질 인산화효소 C 는 세포의 성장 및 분화, 세포의 대사, 세포사, 그리고 전사 활성화에서 여러 가지 중요한 역할을 한다(표 15-2). 성장을 조절하는 과정에서 단백질 인산화효소 C의 중요성은 DAG와 구조가 유사한 포르볼에스터(*phorbol ester*)라고 하는 강력한 식물 화합물 무리를 사용한 연구에서 볼 수 있다. 이 화합물들은 여러 가지 배양된 세포에서 단백질 인산화효소 C를 활성화시켜 성장을 조절할 수 있는 능력을 잃어버리게 하여, 이들이 일시적으로 악성종양세포(malignant cell)처럼 작용하게 한다. 포르볼 에스터를 배지에서 제거하면 세포는 정상적인 성장 특성을 회복한다. 대조적으로 단백질 인산화효소 C가 항시 발현되도록 유전공학으로 조작된 세포를 배양하면, 영구적인 악성 종양 형질을 나타내고 민감한 생쥐에서 종양을 일으킬 수 있다. 마지막으로 어떤 다른 종

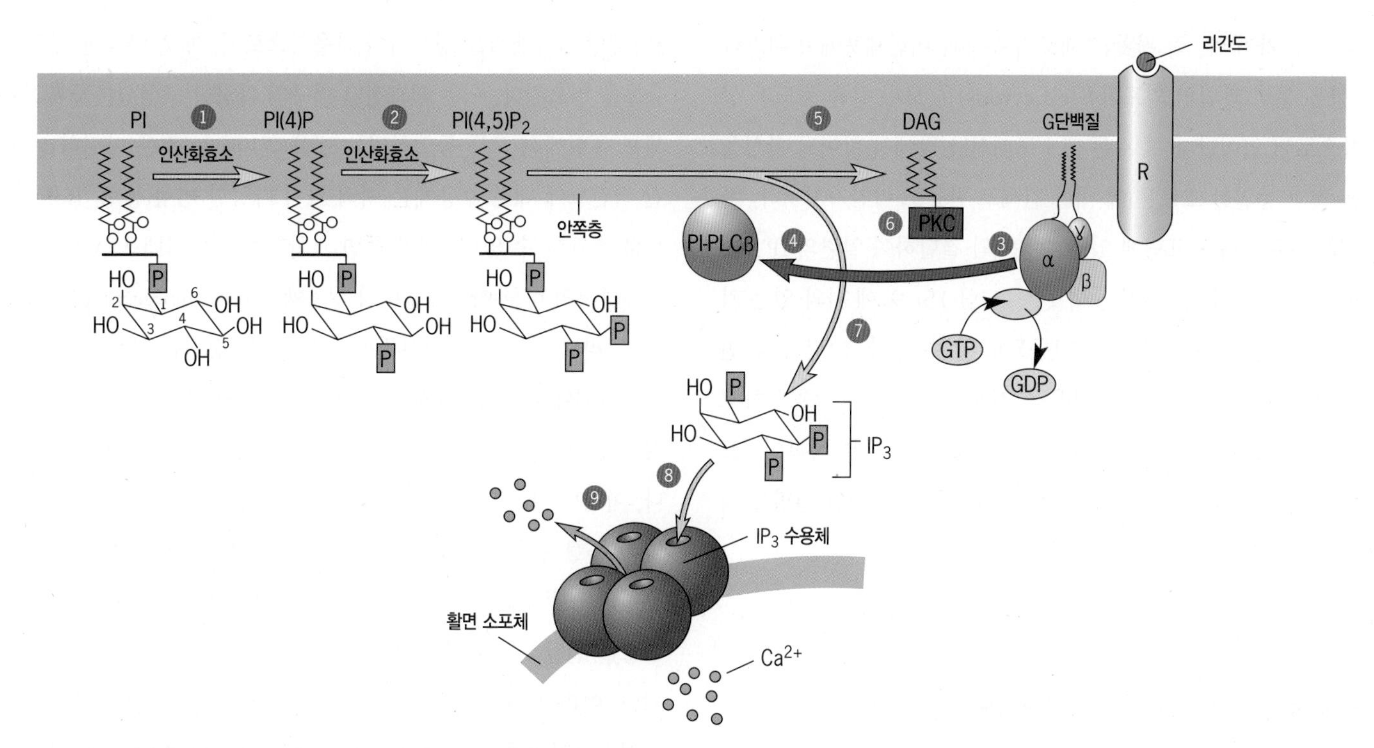

그림 15-8 지질2중층에서 리간드-유도성 포스포이노시티드 (PI) 절단에 의한 2차 정보전달물질의 생성. 1과 2단계에서 지질 인산화효소에 의해 인산기가 포스파티딜이노시톨(PI)에 부가되어 PIP_2를 만든다. 수용체에 의해 자극이 감지되면, 리간드와 결합한 수용체가 이질3량체인 G단백질을 활성화 시키고(3단계), 활성화된 G단백질은 PI-특이성 인지질분해효소 C-β(4단계)를 활성화시킨다. 활성화된 PLC-β는 PIP_2를 디아실글리세롤(DAG)과 이노시톨-1,4,5-삼인산(IP_3)으로 절단하는 반응을 촉매한다(5단계). DAG는 단백질 인산화효소 PKC를 막으로 이동시켜 PKC를 활성화 시킨다(6단계). IP_3는 세포질로 확산되고(7단계), SER 막에 있는 IP_3 수용체 및 Ca^{2+} 통로와 결합한다(8단계). 수용체와 결합한 IP_3는 세포질로 칼슘 이온을 방출하게 만든다(9단계).

표 15-2 단백질 인산화효소 C (Protein Kinase C)가 관여하는 세포 반응의 예

조직	반응
혈소판	세로토닌 방출
비만세포	히스타민 방출
부신 수질	에피네프린 분비
췌장	인슐린 분비
뇌하수체 세포	GH와 LH 분비
갑상선	칼시토닌 분비
고환	테스토스테론 합성
뉴론	도파민 방출
평활근	수축이 일어남
간	글리코겐 분해
지방조직	지방 합성

류의 화학물질과 함께 포르볼 에스터를 피부에 바르면 피부 종양을 일으킬 수 있다.

이노시톨-1,4,5-삼인산 (IP_3) 이노시톨 1,4,5-삼인산 (IP_3)은 세포 내부 전체에 신속히 확산될 수 있는 작은 크기의 수용성 분자인 당 인산이다. 막에서 형성된 IP_3는 세포질로 확산되어(그림 15-8, 7단계), 활면 소포체(smooth endoplasmic reticulum) 표면에 있는 특정한 IP_3 수용체와 결합한다(8단계). 여러 종류의 세포에서 활면 소포체가 칼슘 저장 부위라는 점은 〈15-3절〉에서 언급되었다. 또한 IP_3 수용체는 4량체인 Ca^{2+} 통로(tetrameric Ca^{2+} channel)로서 작용한다. IP_3가 결합하면 통로가 열려서, Ca^{2+} 이온이 세포질로 확산될 수 있게 해 준다(9단계). 칼슘이온도 또한 세포 내 정보전달물질 또는 2차 정보전달물질로 간주되는데, 그 이유는 이들이 여러 표적 분자에 결합하여 특정 반응을 일으키기 때문이다. 위에 설명한 두 가지 예, 즉 평활근 세포의 수축과 비만세포에서 히스타민-함유 분비 과립의 외포작용(exocytosis)은 모두 칼슘 농도가 상승함으로써 일어난다. 호르몬 바소프레신(신장에서 항이뇨 활성을 갖는 것과 동일한 호르몬)에 대한 간세포 반응도 마찬가지이다. 바소프레신은 간세포 표면에 있는 수용체와 결합하여 일련의 IP_3-매개성 Ca^{2+} 방출을 일으킨다. 이것은 〈그림 15-9〉에 나와 있는 기록지에서 유리된 세포질 칼슘 진동으로 알 수 있다. 이런 진동 빈도와 강도는 세포의 특정한 반응을 지배하는 정보를 암호화하고 있을 수도 있다. IP_3가 관여하고 있는 반응들 중 일부 목록이 〈표 15-3〉에 나와 있다. 〈15-5절〉에서 Ca^{2+} 이온에 대한 설명을 더 할 것이다.

15-3-3 G단백질-연결 반응들의 특이성

호르몬, 신경전달물질 그리고 감각자극들을 포함하는 다양한 작용제들은 원형질막을 통과하여 정보를 전달하기 위해 GPCR과 이질3량체인 G단백질을 경유하여 작용함으로써, 매우 다양한 세포 반응들을 일으킨다. 이는 신호전달 기구의 다양한 구성성분들이 모든 세포 유형에서 모두 동일하다는 것을 의미하는 것은 아니다. 주어진 리간드에 대한 수용체는 여러 가지 다양한 변형(동형, isoform)으로 존재할 수 있다. 예를 들면 과학자들은 에피네프린과 결합하는 9가지의 다른 아드레날린성 수용체(adrenergic receptor) 동형들을, 그리고 뇌의 일부 신경세포가 방출하는 강력한 신경전달물질인 세레토닌에 대한 15가지 다른 종류의 수용체 동형들을 밝혀냈다. 다른 종류의 동형들은 리간드에 대해 다른 친화력을 가질 수 있거나, 아니면 다른 유형의 G단백질과 상호작용을 할 수도 있다. 서로 다른 동형 수용체들이 원형질막에 함께 존재하거나, 아니면 다른 유형의 표적세포들 막에 있을 수도 있다. 수용체로부터 영향인자로 신호를 전달하는 이질3량체 G단백질들도 여러 종류의 영향인자들처럼, 여러 가지 유형으로 존재할 수 있다. 사람 유전체는 영향인자로서 9가지 동형(isoform)의 아데닐산 고리화효소와 함께, 적어도 16가지의 G_α 소단위, 5가지의 G_β 소단위, 그리고 11가지의 G_γ 소단위를 암호화하고 있다. 특정한 소단위들이 다른 조합을 이루어 특정한 동형의 수용체 및 영향인자들과 다른 반응을 할 수 있는 능력을 갖고 있는 G단백질들을 구성한다.

〈15-3절〉에서 설명한 것처럼, 일부 G단백질들은 영향인자를 저해함으로써 작용한다. 동일한 자극은 한 세포에서는 $G_{\alpha s}$를 갖

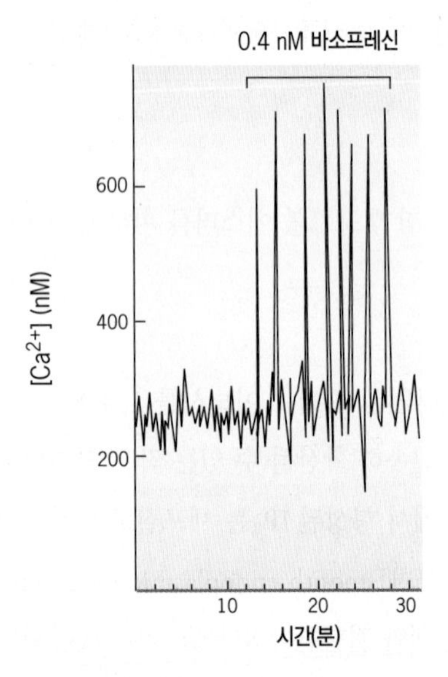

그림 15-9 호르몬 자극에 대한 반응으로 유리 칼슘 농도 변화의 실험적 예시. 어떤 해파리에서 추출한 단백질인 에쿼린(aequorin)은 칼슘 이온과 결합하게 되면 빛을 낸다. 한개의 간세포에 에쿼린을 주입시켰다. 발광 정도는 유리된 칼슘 이온 농도에 비례한다. 세포에 바소프레신을 처리하면 일정한 간격으로 유리된 칼슘 농도가 조절된 증폭을 일으킨다. 고농도의 호르몬을 처리하면 증폭되는 높이(진폭)가 증가되는 것이 아니라 빈도가 증가된다.

표 15-3 투과성 세포나 온전한 세포에 IP_3를 첨가함으로써 일어나는 세포 반응의 요약

세포 유형	반응
관상 평활근	수축
위 평활근	수축
점균류	cGMP 생성, 액틴 중합
혈소판	형태 변화, 응집
도롱뇽의 간상체 세포	빛반응 조절
개구리 난모세포	칼슘 동원, 막 탈분극
성게 알	막 탈분극, 피질 반응
눈물샘	칼륨 흐름의 증가

고 있는 자극성 G단백질(stimulatory G protein)을 그리고 다른 세포에서는 $G_{\alpha i}$를 갖고 있는 저해성 G단백질(inhibitory G protein)을 활성화 시킬 수 있다. 예를 들면 에피네프린이 심장의 근육세포에 있는 β-아드레날린성 수용체에 결합을 하면 $G_{\alpha s}$를 갖고 있는 G단백질이 활성화되고, 이것은 cAMP 생산을 자극시켜 수축 속도와 수축력이 증가하게 된다. 이와는 대조적으로 에피네프린이 장의 평활근에 있는 α-아드레날린성 수용체에 결합을 하면 $G_{\alpha i}$ 소단위가 활성화되고, cAMP 생산이 저해되어 근육 이완이 일어난다. 마지막으로 일부 아드레날린성 수용체는 $G_{\alpha q}$ 소단위를 갖고 있는 G단백질을 활성화시켜, PLCβ 활성화가 일어나게 한다. 확실히, 똑같은 세포외 신호전달물질이라고 하더라도 세포 종류에 따라 여러 가지 다른 경로들을 활성화 시킬 수 있다.

15-3-4 혈당 농도 조절

포도당은 신체에 존재하는 모든 세포 유형에서 에너지원으로 사용될 수 있다. 해당작용과 TCA 회로에 의해 CO_2와 H_2O로 산화되어, 에너지가 필요한 반응들을 추진시키는 데 사용될 수 있는 ATP를 세포에 제공해 준다. 신체는 혈류의 혈당 농도를 큰 변화가 없게 유지하고 있다. 제3장에서 설명한 것과 같이, 동물세포에서 과량의 포도당은 글리코겐으로 저장된다. 글리코겐은 포도당 단량체를 배당결합으로 연결하여 구성된, 크고 가지로 된 중합체이다. 호르몬인 글루카곤은 낮은 혈당 농도에 대한 반응으로 췌장의 알파세포에 의해 만들어진다. 글루카곤은 글리코겐이 분해되는 것을 촉진시켜서 포도당이 혈류로 방출되도록 함으로써 포도당 농도를 상승하게 한다. 호르몬인 인슐린은 높은 혈당 농도에 대한 반응으로 췌장의 베타세포에 의해 만들어지며, 포도당을 흡수하여 글리코겐으로 저장되도록 하는 과정을 촉진시킨다. 마지막으로, 흔히 투쟁-도주(fight-or-flight) 호르몬이라고도 하는 에피네프린은 스트레스 상황에서 부신(adrenal gland)에서 생산된다. 에피네프린은 혈당 농도가 증가하도록 하여, 스트레스 상황에 대처하는 데 필요한 여분의 에너지 자원을 신체에 제공한다.

인슐린은 단백질-티로신 잔기 인산화효소 구조인 수용체를 통해 작용하며, 인슐린의 신호전달과정은 〈15-4절〉에서 설명한다.

이와 대조적으로 글루카곤과 에피네프린은 모두 GPCR에 결합하여 작용한다. 글루카곤은 29개의 아미노산으로 구성된 분자량이 작은 단백질인 반면에, 에피네프린은 아미노산인 티로신으로부터 유도된 분자량이 작은 분자이다. 구조적으로 말하면, 이들 두 분자는 공통적인 점이 없지만, 이들 모두 GPCR과 결합하여 글리코겐을 포도당-1-인산으로 분해하는 과정을 촉진시킨다(그림 15-10). 또한 이들 호르몬 중 하나가 결합하면 글리코겐 합성효소의 저해가 일어난다. 글리코겐 합성효소는 성장하고 있는 글리코겐 분자에 포도당 단위체를 첨가시키는 반응을 촉매한다. 즉, 다른 종류의 수용체에 의해 인지되는 두 가지 다른 종류의 자극(글루카곤 및 에피네프린)은 동일한 표적세포에서 동일한 반응을 유도한다. 두 종류의

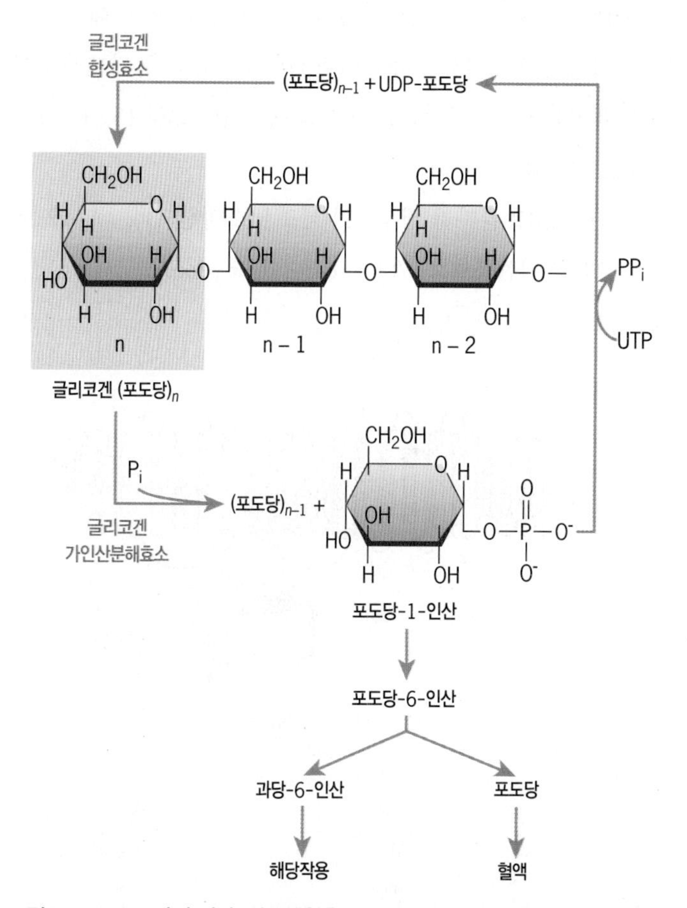

그림 15-10 포도당의 저장 또는 동원을 일으키는 반응들. 이들 반응에서 두 가지 핵심효소인 글리코겐 가인산분해효소와 글리코겐 합성효소의 활성은 신호전달 경로를 통해 작용하는 호르몬에 의해 조절된다. 글리코겐 가인산분해효소는 글루카곤과 에피네프린에 반응하여 활성화되는 반면에, 글리코겐 합성효소는 인슐린에 반응하여 활성화된다.

수용체들은 주로 세포의 바깥쪽 면에 존재하는 리간드-결합 포켓 구조가 다르다. 리간드-결합 포켓은 호르몬마다 특이적이다. 각각의 리간드에 의해 활성화가 된 후, 이들 수용체는 cAMP 농도 증가를 일으키는 동일한 종류의 이질3량체인 G단백질을 활성화시킨다.

15-3-4-1 포도당의 동원: cAMP에 의해 유도되는 반응의 예

cAMP는 아데닐산 고리화효소에 의해 합성되며, 아데닐산 고리화효소는 내재성 막단백질로서 촉매 영역이 원형질막의 안쪽 면에 있다(그림 15-11). cAMP가 〈그림 15-12〉에 나와 있는 것과 같은 다단계 반응(*reaction cascade*)들을 개시시킴으로써 포도당이 동원되게 하는 반응을 일으킨다. 호르몬이 자신의 수용체와 결합하여 $G_{\alpha s}$ 소단위를 활성화시키고, 활성화된 $G_{\alpha s}$가 영향인자인 아데닐산 고리화효소를 활성화시킴에 따라 이런 다단계 반응의 첫 단계가 일어난다. 활성화된 효소가 cAMP 생성을 촉매한다(그림 15-12, 1단계 및 2단계).

일단 cAMP 분자가 생성되면 세포질로 확산되어, cAMP-의존성 단백질 인산화효소[cAMP-dependent protein kinase, 단백질 인산화효소 A(*protein kinase A, PKA*)]의 조절 소단위에 있는 다른자리입체성 부위에 결합한다(그림 15-12, 3단계). 불활성형인 PKA는 2개의 조절 소단위(R)와 2개의 촉매 소단위(C)로 구성된 이질4량체(heterotetramer)이다. 정상적으로는 조절 소단위가 효소의 촉매활성을 저해한다. cAMP가 결합되면 조절 소단위들이 분리되어 PKA의 활성형 촉매 소단위들이 방출된다. 간세포에서 PKA의 표적 기질로는 포도당 대사에서 중심적인 역할을 하는 두 가지 효소인 글리코겐 합성효소와 가인산분해효소 인산화효소(phosphorylase kinase)가 있다(4단계 및 5단계). 글리코겐 합성효소가 인산화되면 촉매 활성이 저해되어, 포도당이 글리코겐으로 전환되는 과정이 방해된다. 이와는 대조적으로 가인산분해효소 인산화효소가 인산화되면 효소가 활성화되어 인산기를 글리코겐 가인산분해효소 분자로 전달하는 과정을 촉매한다. 크렙스(Krebs)와 피셔(Fischer)가 발견한 것과 같이, 글리코겐 가인산분해효소 폴리펩티드에 있는 특정한 세린 잔기에 단일 인산기가 부가되면 이 효소는 활성화되어(6단계) 글리코겐 분해를 촉진시킨다(7단계). 반응에서 형성된 포도당-1-인산은 포도당으로 전환되고, 혈류로 확산되어 신체의 다른 조직에 도달한다(8단계).

예측할 수 있듯이, 앞에서 설명한 단계들을 역으로 진행시키는 기작이 존재해야만 한다. 그렇지 않다면 세포는 활성형으로 무한히 남아 있게 된다. 간세포는 인산화효소가 부가한 인산기를 제거하는 인산가수분해효소를 갖고 있다. 이 집단에 속하는 효소들 중 특정한 구성요소인 단백질 인산가수분해효소-1(protein phosphatase-1)은 〈그림 15-12〉에 있는 인산화된 효소들(가인산분해효소 인산화효소, 글리코겐 합성효소, 글리코겐 가인산분해효소) 모두로부터 인산기를 제거할 수 있다. 세포에 존재하는 cAMP 분자를 파괴하는 것은 cAMP 포스포디에스터라아제(cAMP

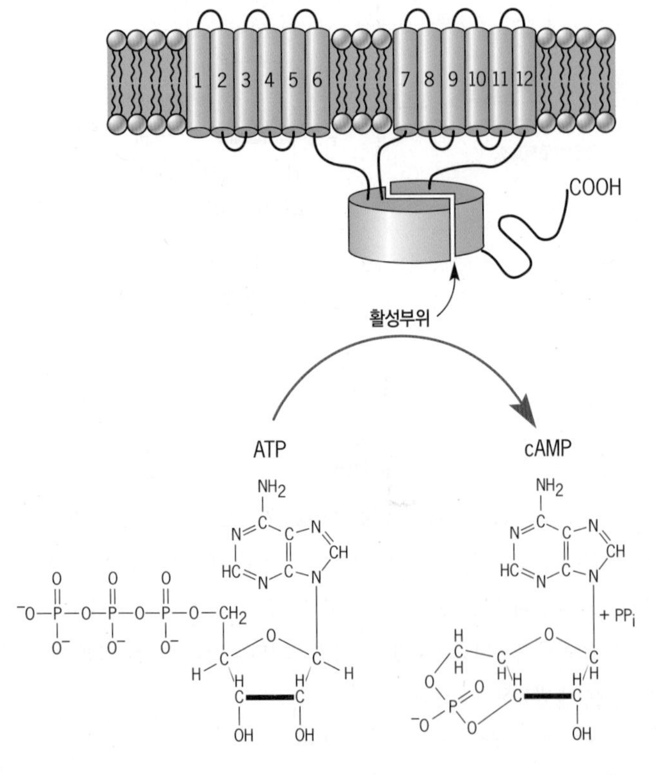

그림 15-11 ATP로부터 고리형 AMP 형성은 아데닐산 고리화효소에 의해 촉매된다. 아데닐산 고리화효소는 두 부분으로 구성되어 있으며, 각 부분은 막횡단 나선 6개를 갖고 있는 (이 그림에서 2차원으로 표시되었음) 내재성 막단백질이다. 효소의 활성부위는 유사한 2개의 세포질 영역 사이에 위치한 틈에 있는 막의 안쪽 면에 있다. cAMP 붕괴는 포스포디에스터라아제에 의해 이루어지는데, 이 효소는 고리형 뉴클레오티드를 5′-일인산으로 전환 시킨다.

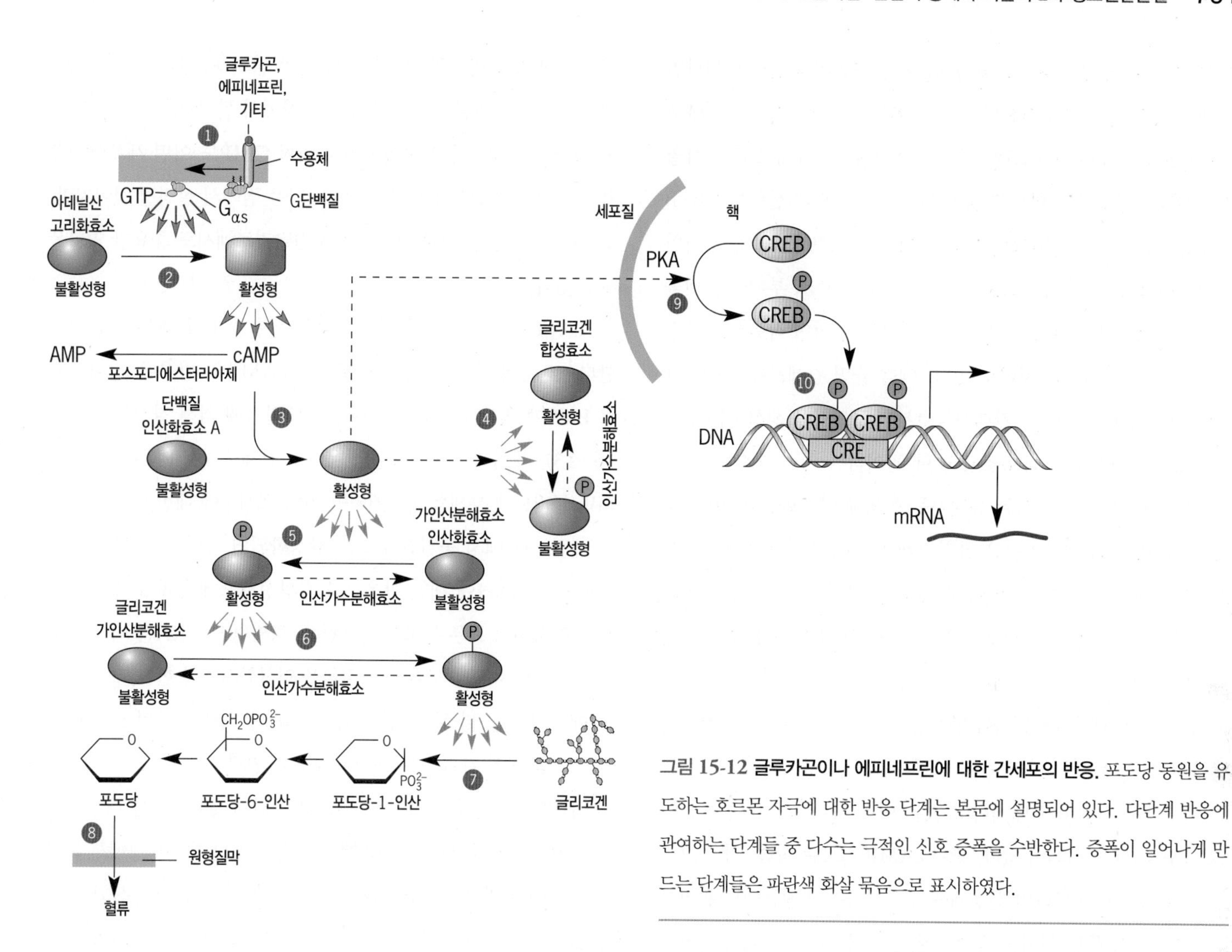

그림 15-12 글루카곤이나 에피네프린에 대한 간세포의 반응. 포도당 동원을 유도하는 호르몬 자극에 대한 반응 단계는 본문에 설명되어 있다. 다단계 반응에 관여하는 단계들 중 다수는 극적인 신호 증폭을 수반한다. 증폭이 일어나게 만드는 단계들은 파란색 화살 묶음으로 표시하였다.

phosphodiesterase) 효소에 의해 이루어지고, 이것은 반응 종결을 돕는다.

15-3-4-2 신호증폭

세포 표면에 호르몬 분자 하나가 결합하면 여러 개의 G단백질들을 활성화시킬 수 있고, 활성화된 G단백질 각각은 영향인자인 아데닐산 고리화효소들을 활성화시켜 짧은 시간 동안 많은 수의 cAMP 정보전달물질을 생산할 수 있다. 즉, 2차 정보전달물질 생성은 원래의 메시지로부터 유래된 신호를 크게 증폭시키는 기작을 제공한다. 〈그림 15-12〉는 다단계 반응을 구성하고 있는 여러 단계들에서 신호증폭(이러한 단계들을 파란색 화살표로 나타냈음)이 일어나는 것을 보여주고 있다. cAMP 분자는 PKA를 활성화시킨다. 각각의 PKA 촉매 소단위는 많은 수의 가인산분해효소 인산화효소를 인산화시키고, 인산화된 가인산분해효소 인산화효소는 다시 더 많은 수의 글리코겐 가인산분해효소를 인산화시킨다. 글리코겐 가인산분해효소는 다시 많은 수의 포도당-인산이 생성되는 반응을 촉매할 수 있다. 이와 같이, 세포 표면에서 간신히 인지할 수 있는 자극으로 시작한 것이 세포 안에서 포도당을 다량으로 동원하는 신호로 신속히 전환된다.

15-3-4-3 cAMP 신호전달 경로의 다른 작용

가장 신속하게 그리고 가장 많이 연구가 된 cAMP의 영향들은 세포질에서 일어나지만, 또한 핵 그리고 핵에 있는 유전자들도 반응에 관여하고 있다. 활성화된 PKA 분자들 중 일부가 핵으로 위치이동을 하여 그 곳에서 중요한 핵단백질들을 인산화 시킨다(그림 15-12, 9단계). 그중에서도 cAMP 반응요소-결합 단백질

(*cAMP response element-binding protein, CREB*)라고 하는 전사인자에서 가장 현저하게 인산화가 일어난다. cAMP 반응요소(*cAMP response element, CRE*)로 알려진 특정한 뉴클레오티드 서열(TGACGTCA)을 포함하고 있는 DNA 부위에, 인산화된 CREB가 2량체로서 결합한다(그림 15-12, 10단계). 반응요소는 전사인자가 결합하면 전사 개시속도를 증가 시키는 DNA 부위라는 것을 제6장에서 설명하였다. CRE는 cAMP에 반응하여 작용하는 유전자들의 조절 부위에 위치하고 있다. 예를 들면 간세포에서 해당작용(그림 3-31 참조)의 중간대사물로부터 포도당을 생성하는 경로인 포도당신합성(gluconeogenesis)에 관여하는 여러 효소들은, 조절부위에 CRE를 갖고 있는 유전자들에 의해 암호화된다. 이와 같이 에피네프린과 글루카곤은 글리코겐 분해에 관여하는 분해대사 효소들을 활성화 시킬 뿐만 아니라, 작은 크기의 전구체들로부터 포도당을 합성하는 데 필요한 생합성 대사 효소들의 합성을 촉진시킨다.

cAMP는 매우 다양한 여러 종류의 리간드들(예: 1차 정보전달물질)에 반응하여 여러 가지 다른 세포들에서 생성된다. 포유류 세포에서 cAMP가 매개하고 있는 여러 가지 호르몬 반응들이 〈표 15-4〉에 정리되어 있다. 또한 cAMP 경로는 학습, 기억 그리고 약물 중독을 비롯하여 신경계에서 일어나는 과정들에도 관여하고 있다. 예를 들면 아편을 장기간에 걸쳐 복용하면 아데닐산 고리화효소와 PKA 농도가 증가하게 되고, 이것은 약물을 끊었을 때 일어나는 생리적 반응의 부분적인 원인이 될 수도 있다. 〈15-7절〉에서 설명한 평활근 세포의 유도된 이완에서 볼 수 있는 것과 같이, 또 다른 고리형 뉴클레오티드인 고리형 GMP도 어떤 세포에서 2차 정보전달물질로 작용 할 수 있다. 다음 절에서 설명될 것이지만, 고리형 GMP는 시각과 관련된 신호전달경로에서도 중요한 역할을 하고 있다.

cAMP는 PKA를 활성화시킴으로써 효과의 대부분을 발휘한다. 따라서 주어진 어떤 세포에서 cAMP의 반응은 전형적으로 PKA에 의해 인산화되는 특정 단백질들에 의해 결정된다(그림 15-13). 에피네프린에 대한 반응으로 간세포에서 PKA가 활성화되면 글리코겐 분해를 일으키지만, 바소프레신에 대한 반응으로 신장 세관 세포에서 동일한 효소가 활성화되면 막의 물 투과도를 증가시키고, TSH에 대한 반응으로 갑상선세포에서 효소가 활성화되면 갑상선 호르몬 분비를 일으킨다. 명확하게, PKA는 이들 세포유형 각각에서 다른 종류의 기질들을 인산화시켜야 한다. 그럼으로써 에피네프린, 바소프레신 그리고 TSH에 의해 유도된 cAMP 농도 증가를 여러 가지 다른 생리 반응들과 연결시킨다.

100가지 이상의 PKA 기질들이 알려져 있다. 이들 대부분은 다른 기능들을 수행한다. 이러한 사실은 특정한 세포유형에서 특정 자극에 대한 반응으로 PKA가 어떻게 적절한 기질을 인산화 시킬 수 있는가에 대한 의문을 일으킨다. 이 의문은 세포 종류가 다르면 다른 종류의 PKA 기질들이 발현된다는 관찰과 더불어서 신호전

표 15-4 cAMP가 관여하는 호르몬 유도 반응의 예

조직	호르몬	반응
간	에피네프린과 글루카곤	글리코겐 분해, 포도당 합성 (포도당신합성), 글리코겐 합성 저해
골격근	에피네프린	글리코겐 분해, 글리코겐 합성 저해
심장근	에피네프린	근육 수축 증가
지방 조직	에피네프린, ACTH 및 글루카곤	트리아실글리세롤 이화작용
신장	바소프레신 (ADH)	물에 대한 상피세포의 투과도 증가
갑상선	TSH	갑상선 호르몬 분비
뼈	부갑상선 호르몬	칼슘 재흡수 증가
난소	LH	스테로이드 호르몬 분비 증가
부신 피질	ACTH	글루코코르티코이드 분비 증가

달의 중추역할을 하는 PKA-고정 단백질(*PKA-anchoring protein*, *AKAP*)이 발견됨으로써 일부분 설명된다. 최초의 AKAP은 PKA와 함께 정제된 단백질로서 발견되었다. 그 이후 30가지 이상의 AKAP들이 발견되었으며, 이들 중 몇 가지가 〈그림 15-14〉에 나

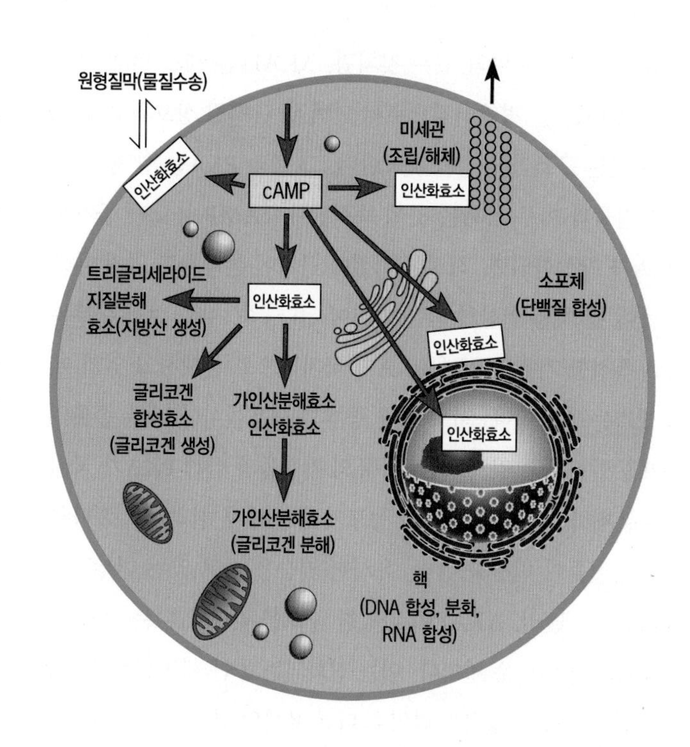

그림 15-13 cAMP 농도 변화에 의해 영향 받을 수 있는 다양한 과정들을 설명하는 도해. 동일한 효소인 단백질 인산화효소 A(PKA)에 의해, 이러한 모든 효과들이 매개된다고 생각된다. 실지로, 동일한 호르몬이 동일한 수용체와 결합하더라도 다른 종류의 세포에서 매우 다른 반응을 일으킬 수 있다. 예를 들면 에피네프린은 간세포, 지방세포 그리고 창자의 평활근 세포에 있는 유사한 β-아드레날린성 수용체와 결합하여, 세 종류의 세포에서 모두 cAMP를 생산하게 한다. 그렇지만 이들 세포에서 일어나는 반응들은 매우 다르다. 간세포에서는 글리코겐이 분해되고, 지방 세포에서는 트리아실글리세롤이 분해되며, 평활근에서는 이완이 일어난다. PKA이외에 cAMP는 이온 통로, 포스포디에스터라제, 그리고 GEF와 상호작용을 하는 것으로 알려져 있다.

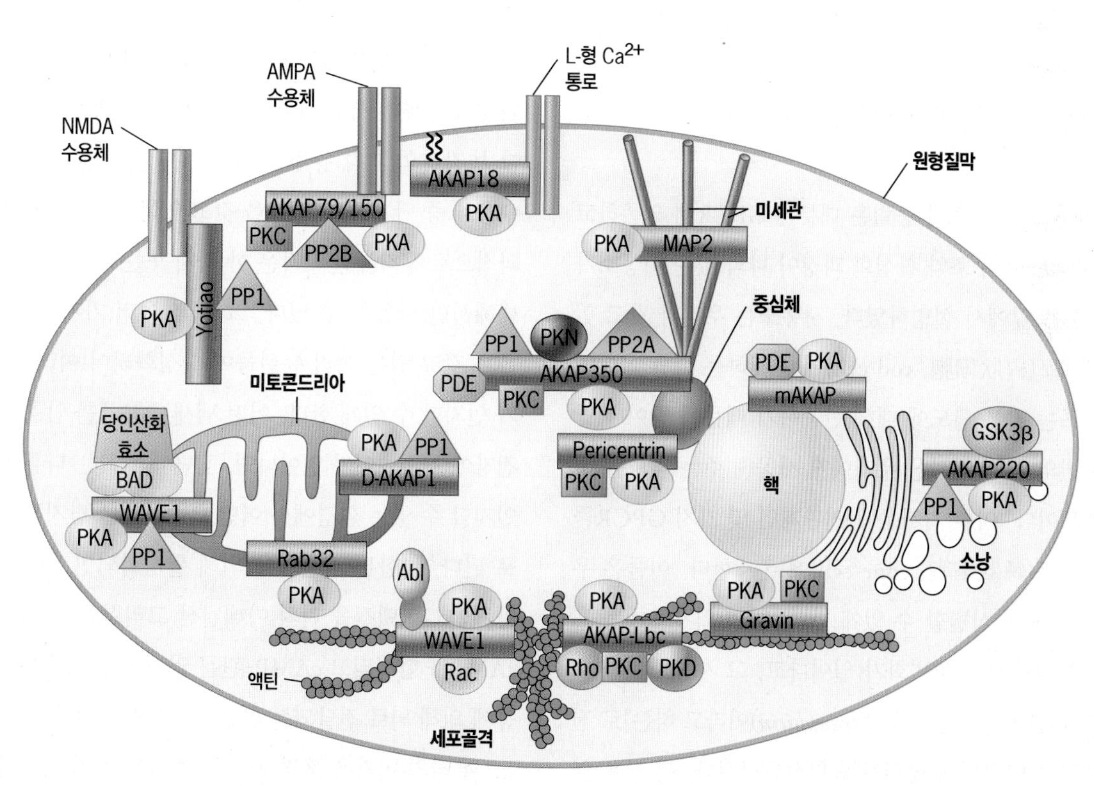

그림 15-14 여러 다른 세포 내 구획에서 작동하는 AKAP 신호전달 복합체의 도해. 각각의 단백질 복합체에서 AKAP는 자주색 막대로 표시되어 있다. 각각의 경우, AKAP은 PKA분자가 잠재적인 기질 그리고 첨가된 인산기를 제거할 수 있는 탈인산효소(초록색 삼각형)를 비롯하여 신호전달 경로에 관여하고 있는 기타 단백질들과 함께 만날 수 있게 하는 구조적 골격을 이룬다. 여기 나와 있는 AKAP은 PKA를 원형질막, 미토콘드리아, 세포골격, 중심체 그리고 핵을 비롯한 여러 다른 구획들로 표적화 시킨다.

와 있다. 이 그림에 나와 있는 것처럼, AKAPs는 세포 안의 특정 한 장소에 PKA를 격리시킴으로써 단백질-단백질 상호작용을 조정할 수 있는 구조적 골격을 제공한다. 그 결과 PKA는 한 종류 이상의 기질들과 아주 가까운 곳에 축적된다. cAMP 농도가 증가하여 PKA가 활성화되면, 적절한 기질이 근처에 존재하고 있기 때문에 이들이 맨 처음 인산화 되는 기질이 된다. 즉, 기질 선별은 부분적으로 특정한 기질과 함께 PKA가 국지적으로 존재하고 있기 때문에 생기는 결과이다. 서로 다른 종류의 세포들마다 다른 종류의 AKAP을 발현하고 있고, 다른 종류의 기질들과 함께 PKA가 국지적으로 존재하고 있어서 cAMP 농도가 증가된 후 결과적으로 다른 종류의 기질들이 인산화 된다. 유사한 기능을 갖고 있는 대부분의 단백질들과는 달리, AKAP이 다양한 구조를 갖고 있다는 점을 언급하는 것은 흥미로운 일이다. 이는 진화되는 동안 세포신호전달에서 유사한 역할을 수행하는 다양한 다른 유형의 단백질들이 선임되었다는 사실을 암시한다.

15-3-5 감각인식과정에서 GPCR의 역할

우리의 시각, 미각 그리고 후각 능력은 대부분 GPCR에 의존하고 있다. 〈그림 15-4*b*〉에 구조와 활성화 과정이 나와 있는 시홍소가 GPCR이라는 점은 앞에서 설명하였다. 시홍소는 우리가 갖고 있는 망막의 간상세포(桿狀細胞, rod cell)에 존재하는 감광성 단백질이다. 간상세포는 낮은 광도에 대해 반응하기 때문에 밤이나 암실에서 우리 주변의 흑백 영상을 우리에게 제공해 주는 역할을 하는 광수용체 세포이다. 아주 가까운 근연관계인 몇 가지 GPCR들이 망막의 추상세포(錘狀細胞, cone cell)에 존재한다. 이들은 우리가 밝은 빛에서 색을 식별할 수 있게 한다. 빛의 입자 1개를 흡수하면 시홍소 분자에서 구조변화가 일어나고, 그 시홍소는 신호를 이질3량체인 G단백질[트랜스듀신(*transducin*)이라고 하는]로 전달하며, G단백질은 연결된 영향인자를 활성화시킨다. 이 경우 영향인자는 cGMP 포스포디에스터라제 효소이고, cAMP(그림 15-11)와 구조가 유사한 2차 정보전달물질인 고리형 뉴클레오티드 cGMP를 가수분해시킨다. cGMP는 망막의 간상세포에서 일어나는 시각 자극 과정(visual excitation)에서 중요한 역할을 하고 있다. 어두울 때, cGMP 농도가 높은 상태로 유지되므로 cGMP는 원형질막의 cGMP-관문 나트륨 통로(cGMP-gated sodium channel)와 결합할 수 있어서 통로를 열린 구조로 유지시킨다. cGMP 포스포디에스터라제가 활성화되면 cGMP 농도를 낮추어 나트륨 통로가 닫히게 된다. 2차 정보전달물질의 농도 감소에 의해 개시된다는 점에서 이례적이지만, 이 반응에 의해 시신경을 따라 활동전위(action potential)가 생성된다.

우리의 후각은 상부 비강(upper nasal cavity)을 둘러싸고 있는 상피세포로부터 뇌간(brain stem)에 위치한 후각 신경구(olfactory bulb)로 뻗어 있는 후각 뉴런(olfactory neuron)을 따라 전달되는 신경자극에 의존한다. 코의 상피세포에 위치하고 있는 후각 뉴런의 끝은 냄새 수용체(*odorant receptor*)를 갖고 있다. 이들이 우리 코에 들어온 다양한 화학물질들과 결합할 수 있는 GPCR이다. 포유류의 냄새 수용체는 컬롬비아대학교(Columbia University)의 린다 벅(Linda Buck)과 리처드 액셀(Richard Axel)에 의해 1991년 최초로 밝혀졌다. 사람은 대략 400가지의 서로 다른 냄새 수용체들을 발현하고 있는 것으로 추정되는데, 이들이 함께 작용하여 아주 다양한 종류의 서로 다른 화학 구조물들(냄새)과 결합할 수 있게 한다.[1] 각각의 후각 뉴런은 유전체가 암호화하는 수백 종류의 냄새 수용체 중 단지 한 가지만을 갖고 있는 것으로 생각되고 있어서, 결과적으로 후각뉴런 각각은 한 가지 또는 소수의 유사한 화학물질에 대해서만 반응할 수 있다. 그 결과 여러 가지 종류의 냄새 수용체들을 갖고 있는 여러 뉴런들이 활성화되어 여러 가지 향들을 우리가 인지할 수 있게 한다. 어떤 냄새 수용체를 암호화하는 특정한 유전자에 돌연변이가 일어나면, 집단에 속하는 다른 사람들 대부분이 인지할 수 있는 환경에서 어떤 화학물질을 탐지하지 못하는 사람으로 된다. 결합된 리간드에 의해 활성화되면, 냄새수용체는 이질3량체인 G단백질을 거쳐 아데닐산 고리화효소로 신호를 보내어서, cAMP가 합성되고 cAMP-관문 양이온 통로가 열리게 된다. 이 반응에 의해 뇌로 전달되는 활동전위가 생성된다.

우리의 미각은 후각보다 분간을 잘 하지 못한다. 혀에 있는 각

[1] 사람 유전체는 냄새 수용체를 암호화하는 유전자를 대략 1,000개 갖고 있지만 대부분 기능을 발휘하지 못하는 위(僞)유전자(pseudogene)로 존재한다. 사람보다 후각에 더 의존하는 생쥐는 유전체에 1,000개 이상의 냄새 유전자를 갖고 있고, 이들 중 95% 이상이 기능을 발휘하는 수용체를 암호화한다.

각의 미각 수용체 세포는 네 가지 기본적인 맛의 본질(짠맛, 신맛, 단맛 그리고 쓴맛) 중 한 가지만을 전달한다. (다섯 번째 유형의 미각 수용체 세포는 아미노산인 아스파르트산과 글루탐산 그리고 퓨린 뉴클레오티드에 반응하여 음식이 풍미가 있다는 인식을 만든다. 이런 이유 때문에 맛을 증가시키기 위해 가공 식품에 흔히 글루탐산-일나트륨(monosodium glutamate)과 구아닐산-이나트륨(disodium guanylate)을 넣는다.) 음식이나 음료가 짜거나 시다는 인식은 음식에 있는 나트륨 이온이나 양성자에 의해 직접 유도된다. 이들 이온이 미각 수용체 세포의 원형질막에 있는 양이온 통로로 들어가서, 막의 탈분극(depolarization)이 일어나게 된다고 설명되었다. 반면에 음식이 쓰고, 달고 아니면 풍미가 있다는 인식은 수용체 세포의 표면에 있는 GPCR과 상호작용을 하는 화합물에 의해 일어난다. 사람은 T2R이라고 하는 30여 가지의 쓴 맛 수용체로 이루어진 집단을 암호화하고, 이들은 동일한 이질3량체인 G단백질과 연결되어 있다. 한 무리로서, 이들 미각 수용체는 우리 입에서 쓴맛을 일으키는 식물 알카로이드와 시아나이드를 비롯하여 여러 화합물들의 다양한 집합체와 결합한다. 대부분 이런 인식을 일으키는 물질들은 우리 입에서 음식물을 토해내게 하는 불쾌한 보호반응을 일으키는 독성 화합물들이다. 한 가지 종류의 수용체 단백질을 갖고 있는 후각 세포들과는 달리, 쓴 감각을 일으키는 1개의 미뢰(味蕾, taste-bud) 세포에는 서로 관련 없는 유해 물질들에 대해 반응 하는 여러 가지 다른 종류의 T2R 수용체들을 갖고 있다. 그 결과 여러 가지 다양한 물질들이 기본적으로 같은 맛을 내게 하여, 단순히 우리가 먹은 음식이 쓰게 느껴져서 불쾌하게 만든다. 이와는 대조적으로, 단맛을 내는 음식은 에너지가 풍부한 탄수화물을 갖고 있을 가능성이 있다. 사람은 단맛에 대해 높은 친화력을 갖는 수용체(T1R2-T1R3 이질2량체)를 한 종류만 갖고 있어서, 이 수용체가 설탕과 인공 감미료에 모두 반응한다고 연구결과들이 보여주고 있다. 다행히 씹힌 음식이 방출하는 냄새는 목을 거쳐 코의 점막에 있는 후각 수용체 세포로 전달되어, 미각 수용체가 제공하는 비교적 단순한 메시지 보다 우리가 먹는 음식에 대해 더 많은 정보를 뇌가 알 수 있게 해 준다. 후각과 미각 뉴런 두 곳에서 오는 병합된 정보가 우리에게 풍부한 미각을 갖게 한다. 미각을 인지하는 데 있어서 후각 뉴런의 중요성은 음식 맛을 상당 부분 잃어버리게 만드는 감기에 걸렸을 때 더 명확해진다.

복습문제

1. 신호전달경로에서 G단백질의 역할은 무엇인가?
2. 2차 정보전달물질의 개념을 정립하게 만든 서덜랜드의 실험을 설명하시오.
3. 신호전달과 관련하여 증폭(*amplification*)이란 용어는 무엇을 의미하는가? 다단계 반응을 이용하면 신호증폭이 어떻게 일어나는가? 다단계 반응은 어떻게 대사 조절의 가능성을 증가시키는가?
4. 에피네프린과 같은 동일한 1차 정보전달물질이 표적 세포에 따라서 다른 종류의 반응을 일으키는 것이 어떻게 가능한가? cAMP와 같이 동일한 2차 정보전달물질도 표적 세포에 따라서 다른 종류의 반응을 일으킬 수 있는가? 다른 종류의 자극에 의해 글리코겐 분해와 같은 동일 반응이 개시될 수 있는가?
5. 간세포 원형질막의 안쪽 면에서 일어나는 cAMP 합성과 포도당이 혈류로 방출되는 과정을 연결시키는 단계들을 설명하시오. 이 과정은 GRK와 어레스틴(arrestin)에 의해 어떻게 조절되는가? 단백질 인산가수분해효소에 의해서는 어떻게 조절되는가? cAMP 포스포디에스터라아제에 의해서는 어떻게 조절되는가?
6. 글루카곤과 같은 리간드가 7-막횡단 수용체와 결합하면 영향인자인 아데닐산 고리화효소를 활성화시킨다. 이 과정에서 일어나는 단계들을 설명하시오. 이 반응은 보통 어떻게 약화될 수 있는가?
7. 2차 정보전달물질인 IP_3는 어떤 기작에 의해 생성되는가? IP_3 생성과 세포 내 $[Ca^{2+}]$ 농도 증가 사이에는 어떤 연관성이 있는가?
8. 포스파티딜이노시톨, 디아실글리세롤, 칼슘 이온, 그리고 단백질 인산화효소 C 간의 관련성을 설명하시오. 포르볼 에스터는 DAG가 관여하는 신호 전달 경로를 어떻게 방해하는가?

15-4 신호전달 기작으로서 단백질-티로신 인산화

단백질-티로신 잔기 인산화효소(protein-tyrosine kinase)는 단백질 기질에 있는 특정한 티로신 잔기들을 인산화 시키는 효소이다. 단백질-티로신 인산화는 다세포 생물이 진화하면서 나타난 신호전달 기작이다. 사람 유전체는 90가지 이상의 단백질-티로신 잔기 인산화효소를 암호화하고 있다. 이들 인산화효소는 성장, 분열, 분화,

생존, 세포외 기질 부착, 그리고 세포 이동에 관여되어 있다. 조절되지 않고 계속 활성형으로 작용하는 단백질-티로신 잔기 인산화효소 돌연변이체가 발현되면, 제어되지 않는 세포분열을 일으켜서 암으로 발달하게 된다. 예를 들면 백혈병의 한 가지 유형은 조절되지 않는 유형의 단백질-티로신 잔기 인산화효소인 ABL을 갖고 있는 세포에서 일어난다.

단백질-티로신 잔기 인산화효소는 2개의 무리로 나누어진다. 그 중 한 가지는 **수용체 단백질-티로신 잔기 인산화효소**(receptor protein-tyrosine kinase, RTK)로서 단일 막횡단 나선과 세포외 리간드 결합 영역을 갖고 있는 내재막단백질이다. 또 다른 한 가지는 비수용체형(non-receptor) 또는 세포질 단백질-티로신 잔기 인산화효소(*cytoplasmic protein-tyrosine kinase*)이다. 사람 유전체는 거의 60가지의 RTK와 32가지의 비수용체형 TK를 암호화하고 있다. RTK는 표피성장인자(epidermal growth factor, EGF) 또는 혈소판-유래 성장인자(platelet-derived growth factor, PDGF)와 같이 세포외 성장 및 분화 인자 나 인슐린 같은 대사 조절인자에 의해 직접 활성화된다. 비수용체형 단백질-티로신 잔기 인산화효소는 세포외 신호에 의해 간접적으로 조절되어서 면역반응, 세포 부착 및 신경세포 이동 등의 다양한 과정들을 조절한다. 이 절에서는 RTK에 의한 신호전달을 집중하여 설명한다.

15-4-0-1 수용체 2량체화

신호전달의 역학을 생각하면 "세포 밖에 존재하는 성장인자가 어떻게 세포 안의 생화학적 변화로 전환될 수 있을까?"라는 질문이 떠오르게 된다. 리간드가 결합하면 한 쌍의 수용체에 있는 세포외 리간드 결합 영역들이 2량체를 만든다는 사실은 단백질-티로신 잔기 인산화효소 분야에서 일하는 연구자들 사이에서 일반적으로 받아들여지고 있다. 수용체가 2량체를 만드는 기작 두 가지, 즉 리간드-매개 2량체화(ligand-mediated dimerization)와 수용체-매개 2량체화(receptor-mediated dimerization)가 알려져 있다(그림 15-15). 초기에 수행한 연구 결과에서는 RTK에 작용하는 리간드들이 2개의 수용체-결합자리를 갖고 있는 것으로 나타났다. 이것은 한 분자의 성장인자나 분화인자가 동시에 2개의 수용체와 결합하는 것을 가능하도록 함으로써, 리간드-매개 수용체 2량체화가 일어나게 한다(그림 15-15*a*). 이러한 모형은 혈소판-유래 성장인자(PDGF)나 집락(集落)-자극인자-1(colony-stimulating factor-1, CSF-1)과 같은 성장 및 분화 인자들이 2황화결합으로 연결된 유사하거나 동일한 2개의 소단위들로 구성되어 있으며, 각각의 소단위들이 수용체 결합자리를 갖고 있다는 결과에 의해 확인되었다. 그렇지만 모든 성장인자들이 이 모형을 따르는 것처럼 보이지는 않는다. 최근, 일부 성장인자들(예: EGF 또는 TGFα)은 수용체-결합자리를 1개만 갖고 있다는 사실이 확인되었다. 현재 구조 연구 결과에 의하면 리간드가 결합하면 수용체의 세포외 영역에서 구조변화를 유도하여 수용체 2량체화 단면을 형성하던가 아니면 노출되게 만드는 두 번째 기작(그림 15-15*b*)을 뒷받침하고 있다. 이 기작에 따르면 리간드는 수용체가 2량체를 형성할 수 있는 능력을 발휘하게 하는 다른자리입체성 조절인자로서 작용한다. 기작에 관계없이 수용체가 2량체를 형성하면 원형질막의 세포질 면에서 2개의 단백질-티로신 잔기 인산화효소 영역들이 병렬로 놓이게 된다. 2개의 인산화효소 영역들이 가까이 접촉하게 하면 트랜스-자가인산화(*trans-autophosphorylation*)가 일어날 수 있다. 이 과정에서 2량체를 구성하고 있는 수용체 중 하나가 갖고 있는 단백질 인산화효소 활성이 2량체를 구성하는 또 다른 수용체의 세포질 영역에 있는 티로신 잔기를 인산화시킨다. 역과정도 또한 일어난다 (그림 15-15*a*, *b*).

15-4-0-2 단백질 인산화효소의 활성화

RTK에 있는 자가인산화 부위들은 두 가지 다른 기능들을 수행할 수 있다. 즉, 수용체의 인산화효소 활성을 조절하거나 아니면 세포질의 신호전달 물질들에 대한 결합자리로서 작용할 수 있다. 인산화효소 활성은 인산화효소 영역의 활성화 고리(*activation loop*)에 있는 티로신 잔기에서 일어나는 자가인산화에 의해 보통 조절된다. 인산화가 되지 않은 상태에서 활성화 고리는 기질-결합자리를 가로막아 ATP가 들어오는 것을 막는다. 인산화가 일어나면 활성화 고리가 기질-결합자리로부터 떨어진 위치에서 안정되어 인산화효소 영역이 활성화된다. 일단 인산화효소 영역이 활성화되면, 인산화효소 영역의 인접 지역에 위치한 티로신 잔기들을 수용체 소단위들이 서로 인산화시킨다. 이들 자가인산화 부위들이 세포의 신호전달 단백질들에 대한 결합자리로 작용한다.

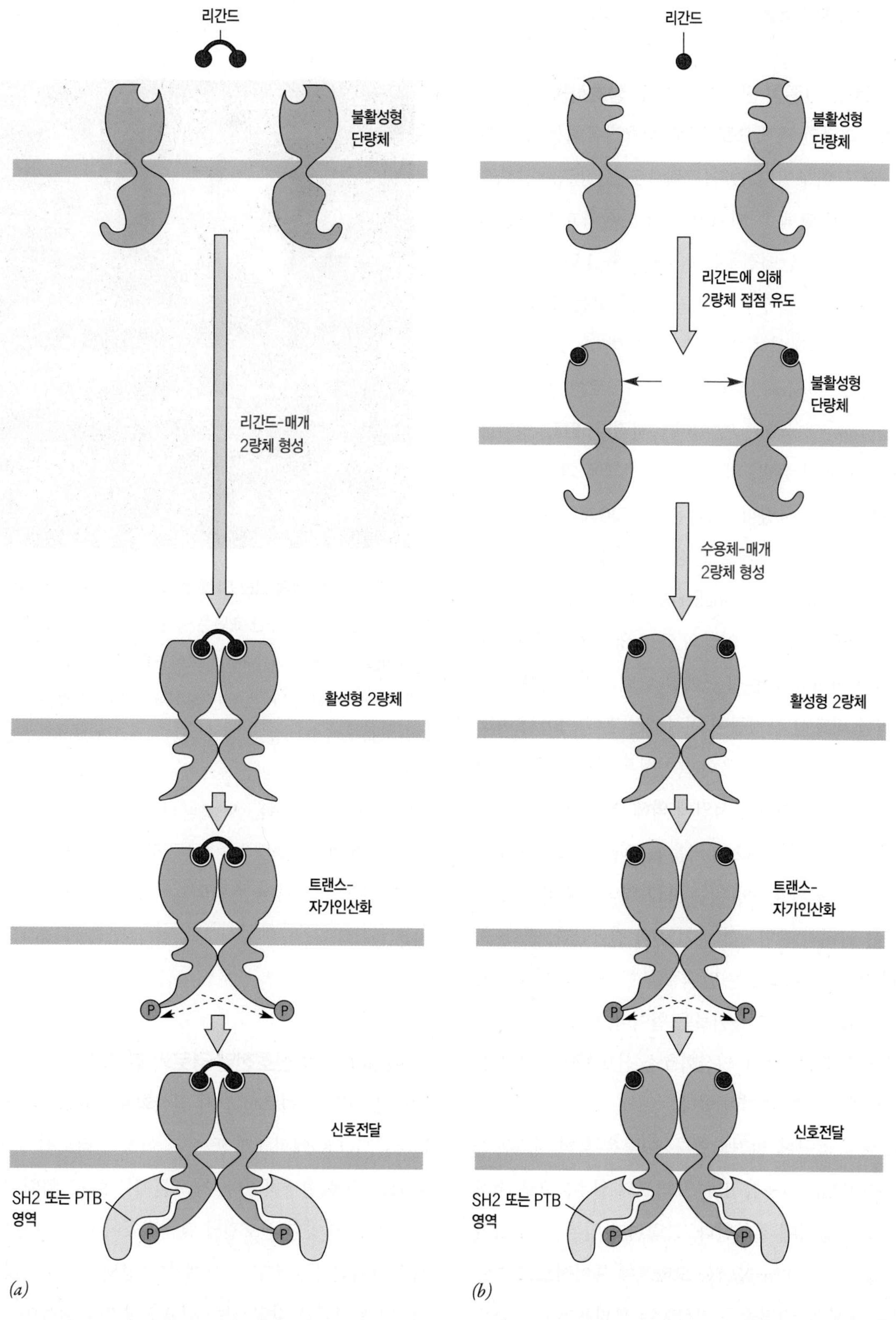

그림 15-15 수용체 단백질-티로신 잔기 인산화효소(receptor protein-tyrosine kinase, RTK)의 활성화 단계. (*a*) 리간드-매개 2량체 형성. 활성화되지 않은 상태에서 수용체들은 막에서 단량체로 존재한다. 2가 리간드(bivalent ligand) 결합에 의해 직접적으로 수용체들이 2량체를 형성하게 한다. 2량체가 형성되면 인산화효소가 활성화되어 다른 수용체 소단위에 있는 세포질 영역에 인산기를 첨가하게 만든다. 수용체에서 새롭게 형성된 인산-티로신 잔기는 SH2나 PTB 영역을 갖고 있는 표적 단백질들에 대해 결합자리로서 작용을 한다. 표적 단백질들은 수용체와 상호작용을 한 결과에 의해 활성화된다. (*b*) 수용체-매개 2량체 형성. 형성과정 순서는 그림 설명 (*a*)에서 일어나는 것과 유사하지만, 여기서 리간드는 2가가 아니라 1가이므로 결과적으로 별개의 리간드 분자가 불활성형인 단량체 각각에 결합한다. 각각의 리간드가 결합하면 2량체의 접점 (빨간색 화살표)을 만드는 구조변화가 수용체에서 일어난다. 리간드가 결합한 단량체는 이 접점을 통해 상호작용을 하여 활성형인 2량체가 된다.

15-4-0-3 인산-티로신-의존성 단백질-단백질 상호작용

신호전달 경로는 연속적인 방법으로 서로 상호작용하는 신호전달 단백질들의 사슬로 이루어져 있다(그림 15-3 참조). 신호전달 단백질들은 활성화된 단백질-티로신 잔기 인산화효소 수용체와 결합할 수 있는데, 이런 단백질들은 (〈그림 15-15〉에서와 같이) 인산화된 티로신 잔기들에 특이적으로 결합하는 영역을 갖고 있기 때문이다. 지금까지 이들 영역 중 두 가지, 즉 Src-유사성 2 영역(*Src-homology2 domain, SH2*)과 인산-티로신-결합 영역(*phosphotyrosine-binding domain, PTB*)이 밝혀졌다. SH2 영역은 처음에 종양을 일으키는(암 유발) 바이러스 유전체에 의해 암호화되는 단백질의 일부로서 밝혀졌다. 이들은 약 100개의 아미노산으로 구성되어 있으며 인산화된 티로신 잔기를 수용할 수 있는 보존된 구조의 결합-주머니(binding-pocket)를 갖고 있다(그림 15-16). 사람 유전체에 의해 110가지 이상의 SH2 영역들이 암호화된다. 이들은 여러 가지 인산화-의존성 단백질-단백질 상호작용을 중재하고 있다. 특정한 티로신 잔기들이 인산화된 후에 이어서 이러한 상호작용들이 일어난다. 상호작용의 특이성은 인산화된 티로신 잔기에 아주 가까이 있는 아미노산 서열에 의해 결정된다. 예를 들면, Src 단백질-인산화효소의 SH2 영역은 p-Tyr-Glu-Glu-Ile를 인식하는 반면, PI-3-인산화효소에 있는 SH2 영역은 p-Tyr-Met-X-Met(여기서 X는 임의의 아미노산 잔기임)과 결합한다. 출아-효모 유전체가 SH2 영역을 갖고 있는 단백질을 한 종류만 암호화하고 있다는 사실을 언급하는 것은 흥미로운 일이다. 이것은 이들 하등한 단세포 진핵생물에서 티로신-인산화효소 신호전달 활성이 전반적으로 결여되어 있는 것과 관련이 있다.

PTB 영역은 더욱 최근에 발견되었다. 이들은 흔히 아스파라긴-프롤린-X-티로신(Asn-Pro-X-Tyr) 모티프의 일부분으로 존재하는 인산화된 티로신 잔기에 결합한다. 그렇지만 일부 PTB 영역들이 인산화되지 않은 Asn-Pro-X-Tyr 모티프에 특이적으로 결합하는 반면에, 다른 종류의 PTB들은 인산화된 모티프에 특이적으로 결합하기 때문에 이야기는 더 복잡해진다. PTB 영역들은 보존이 잘 되어 있는 편이 아니어서, 여러 가지 PTB 영역들은 이들의 리간드들과 상호작용을 하는 여러 가지 다른 아미노산 잔기들을 갖고 있다.

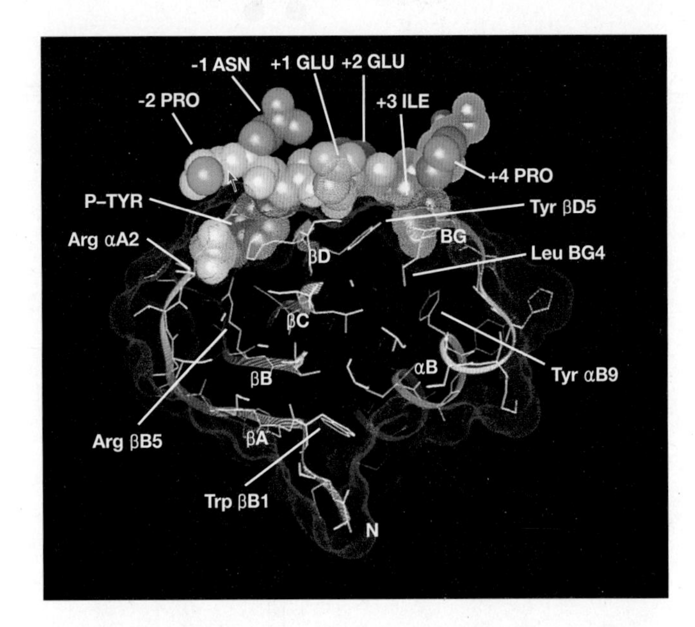

그림 15-16 단백질에 있는 SH2 영역과 인산-티로신을 갖고 있는 펩티드 사이의 상호작용. 접근 가능한 표면은 빨간색 점으로 그리고 폴리펩티드 골격은 자주색 리본으로 나타낸, 내부가 보이도록 한 모형으로서 단백질에 있는 SH2 영역을 보여주고 있다. 인산-티로신을 포함하고 있는 헵타펩티드(Pro-Asn-pTyr-Glu-Glu-Ile-Pro)를 공간-충전 모형으로 보여주고 있는데, 여기서 곁사슬들은 초록색으로 그리고 골격은 노란색으로 표시되어 있다. 인산기는 옅은 파란색으로 나타나 있다. 인산화된 티로신 잔기와 이소류신 잔기 (+3)가 SH2 영역의 표면에 있는 포켓으로 돌출된 것으로 보이는데, 핵심 역할을 하는 티로신 잔기가 인산화 되었을 때 한해서만 정확히 들어맞는 결합을 만든다.

15-4-0-4 하류 신호전달 경로의 활성화

수용체 단백질-티로신 잔기 인산화효소(receptor protein-tyrosine kinase, RTK)에서 1개 또는 그 이상의 티로신 잔기들이 자가인산화되는 것을 설명하였다. 세포질에는 SH2 영역이나 PTB 영역을 갖고 있는 다양한 신호전달 단백질들이 존재한다. 따라서 수용체가 활성화되면 신호전달 복합체가 형성되고, 그 안에서 SH2 영역이나 PTB 영역을 갖고 있는 신호전달 단백질들이 수용체에 존재하는 특정한 자가인산화 부위에 결합한다(그림 15-15 참조). 연계분자 단백질(adaptor protein), 결합단백질(docking protein), 전사 인자 그리고 효소를 비롯하여 여러 가지 신호전달 단백질 무리로 구분할 수 있다(그림 15-17).

- 연계분자 단백질들은 두 가지 또는 그 이상의 신호전달 단백질들이 신호 복합체의 일부로서 함께 연결될 수 있게 하는 연결자로서의 역할을 한다(그림 15-17*a*). 연계분자 단백질들은 SH2 영역과 부가적인 단백질-단백질 상호작용 영역을 1개 이상 갖고 있다. 예를 들면 연계분자 단백질인 Grb2는 1개의 SH2 영역과 2개의 SH3(Src-homology 3) 영역을 갖고 있다(그림 15-18). SH3 영역은 프롤린이 많은(proline-rich) 서열 모티프와 결합한다. Grb2에 있는 SH3 영역들은 Sos 및 Gab을 비롯한 다른 단백질들과 항시적으로 결합한다. SH2 영역은 Tyr-X-Asn 모티프 안에 있는 인산화된 티로신 잔기와 결합한다. 결과적으로, RTK에 있는 Tyr-X-Asn 모티프에서 티로신 인산화가 일어나면 Grb2-Sos나 Grb2-Gab이 세포질로부터 원형질막에 존재하는 수용체로 위치를 이동하게 된다(그림 15-17*a*).

- IRS와 같은 결합단백질(docking protein)은 어떤 수용체에 부가적인 티로신 인산화부위들을 제공해 준다(그림 15-17*b*). 결합단백질들은 PTB 영역이나 SH2 영역을 갖고 있고 또한 몇 개의 티로신 인산화부위도 갖고 있다. 수용체가 세포외 리간드

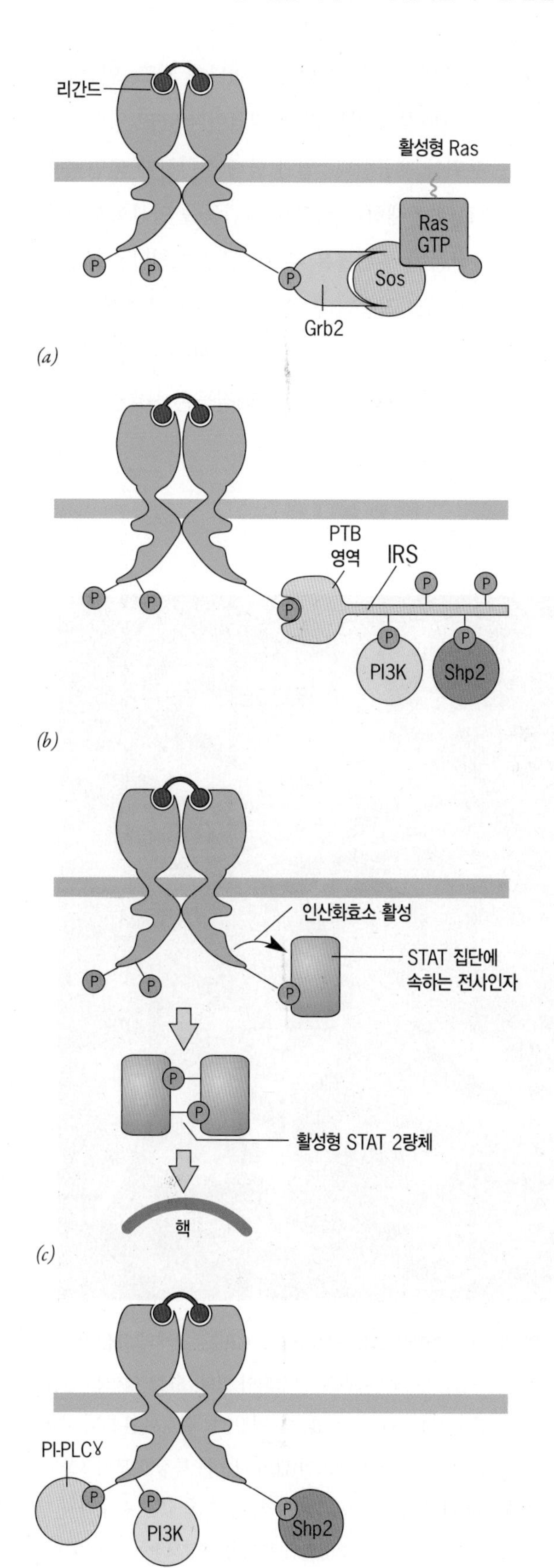

그림 15-17 신호전달 단백질의 다양성. 세포에는 인산화된 티로신 잔기들과 결합하는 SH2 영역 또는 PTB 영역들을 갖고 있는 여러 가지 단백질들이 있다. (*a*) Grb2와 같은 연계분자 단백질은 다른 단백질들 사이에서 고리의 기능을 한다. 그림에서와 같이, Grb2는 활성화된 성장인자 RTK와 Ras라고 하는 하류 단백질의 활성인자인 Sos사이에서 고리로 작용할 수 있다. Ras의 기능은 나중에 설명된다. (*b*) 결합단백질- IRS는 활성화된 수용체와 결합할 수 있게 하는 PTB 영역을 갖고 있다. 일단 결합되면 결합단백질에 있는 티로신 잔기들은 수용체에 의해 인산화된다. 인산화가 일어난 이들 잔기들은 다른 신호전달 단백질들에 대한 결합자리로 작용을 한다. (*c*) 어떤 전사인자들은 활성화된 RTK와 결합하고, 이 과정은 전사인자의 인산화와 활성화를 일으켜서 핵으로 위치이동을 하게 한다. 이러한 방법으로 전사인자 중 STAT 집단에 속하는 구성요소들(17-4절에서 보충 설명이 있음)이 활성화된다. (*d*) 활성화된 RTK와 결합한 후 다양한 종류의 신호전달 효소들이 활성화된다. 그림에서와 같이 인지질분해효소(PLCγ), 지질 인산화효소(PI3K) 그리고 단백질-티로신 잔기 인산가수분해효소(Shp2)는 모두 수용체에 있는 인산-티로신 부위에 결합되어 있다.

와 결합하면 수용체의 자가인산화가 일어나게 되고, 인산화된 티로신들은 결합단백질에 있는 PTB 영역이나 SH2 영역이 결합할 수 있는 부위를 제공한다. 일단 함께 결합하게 되면 수용체는 결합단백질에 존재하는 티로신 잔기들을 인산화시킨다. 그러면 이들 인산화된 부위들은 부가적인 신호전달 분자들이 결합할 수 있는 부위로 작용한다. 수용체가 신호전달 분자들을 작동시킬 수 있는 능력은 특정 세포에서 발현하는 결합단백질에 따라 달라질 수 있기 때문에, 결합단백질들은 신호전달 과정에서 다양성을 제공한다.

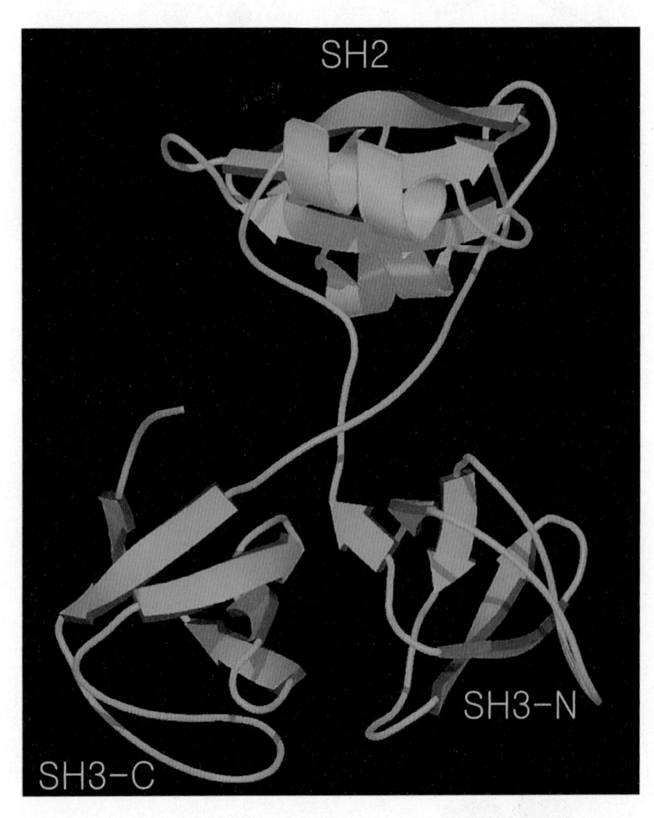

그림 15-18 연계분자 단백질인 Grb2의 3차구조. Grb2는 2개의 SH3 영역과 1개의 SH2 영역을 포함하는 세 부분으로 구성되어 있다. SH2 영역은 인산-티로신 잔기가 포함된 특정한 모티프가 있는 단백질(예: 활성화된 EGF 수용체)과 결합한다. SH3 영역은 프롤린 잔기가 많이 나오는 특정한 모티프를 갖고 있는 단백질(예: Sos)과 결합한다. 이러한 영역들을 갖고 있는 수십 가지 단백질들이 밝혀졌다. SH3 영역과 SH2 영역이 관여하는 상호작용은 각각 〈그림 2-40〉과 〈그림 15-16〉에 나와 있다. 다른 종류의 연계분자 단백질로는 Nck, Shc 및 Crk 등이 있다.

- 전사 인자들에 대해 제6장에서 상세히 설명하였다. STAT 집단에 속하는 전사인자들은 면역체계에서 중요한 역할을 한다(〈17-4절〉에서 설명함). STAT에는 또 다른 STAT 분자가 갖고 있는 SH2 영역에 대해 결합자리로 작용할 수 있는 티로신 인산화 부위를 포함하는 SH2 영역이 있다(그림 15-17*c*). 2량체를 형성한 수용체 안쪽에 자리 잡고 있는 STAT SH2 결합자리의 티로신이 인산화되면, STAT 단백질들이 모이게 된다(그림 15-17*c*). 수용체 복합체와 결합하게 되면, 이들 STAT 단백질에 있는 티로신 잔기들이 인산화된다. 첫 번째 STAT 단백질에 있는 인산화된 티로신 잔기와 두 번째 STAT 단백질에 있는 SH2 영역 사이 또는 첫 번째 단백질의 SH2 영역과 두 번째 STAT 단백질의 인산화된 티로신 간에 일어나는 상호작용의 결과로서, 이들 전사인자들은 2량체를 형성하게 된다. 단량체는 핵으로 이동하지 못하지만, 2량체는 핵으로 이동하여 그곳에서 면역 반응에 관여된 특정 유전자들의 전사를 촉진시킨다.

- 신호전달 효소로는 단백질 인산화효소(protein kinase), 단백질 인산가수분해효소(protein phosphatase), 지질 인산화효소(lipid kinase), 인지질분해효소(phospholipase), GTP분해효소 활성화 단백질(GTPase activating protein) 등이 있다. SH2 영역을 포함하고 있을 때, 이들 효소는 활성화된 RTK와 결합하여 직접 또는 간접적으로 활성화된다(그림 15-17*d*). 수용체와 결합한 후 이들 효소가 활성화되는 세 가지의 일반적인 기작이 밝혀졌다. 효소가 단순히 막으로 전위(轉位)되어 활성화될 수 있는데, 위치이동은 효소들을 기질과 아주 가까운 곳에 놓이게 한다. 효소는 또한 다른자리입체성 기작에 의해 활성화 될 수 있다. 이 기작에서 인산-티로신과 결합을 하게 되면 SH2 영역에 구조변화가 일어나서 촉매 영역의 구조변화를 일으킨다. 이러한 구조변화의 결과로 촉매활성에 변화가 일어난다. 마지막으로 효소는 인산화에 의해 직접 조절될 수 있다. 아래에서 설명할 것이지만, 활성화된 RTK와 결합하는 신호전달 단백질들은 세포외 정보전달물질 분자들에 대해 반응하기 위해 필요한 생화학적 변화들을 일으키는 다단계 반응을 개시한다.

15-4-0-5 반응 종료

RTK에 의한 신호전달은 보통 수용체가 내재화(internalization)됨으로써 종료된다. 정확하게 무엇이 수용체 내재화를 일으키는 지에 관해서는 연구대상으로 남아 있다. 한 가지 기작은 Cbl이라고 하는 수용체-결합 단백질과 관련되어 있다. 리간드에 의해 RTK가 활성화되면 RTK는 티로신 잔기들을 자가인산화시키고, 이것은 SH2 영역을 갖고 있는 Cbl의 결합자리로 작용할 수 있다. 이어서 Cbl은 수용체와 결합하여 유비퀴틴(ubiquitin) 분자가 수용체에 부착되는 것을 활성화시킨다. 유비퀴틴은 다른 단백질들에 공유적으로 연결되어 이들 단백질이 내재화되거나 분해될 것이라는 것을 표시하는 작은 분자량의 단백질이다. Cbl 복합체가 활성화된 수용체에 결합하면 수용체의 유비퀴틴화, 내재화 그리고 대부분의 경우 리소솜(lysosome)에서 일어나는 분해가 뒤따른다.

RTK가 신호전달 경로들을 활성화 시킬 수 있는 몇 가지 기작에 대해 설명하였고, RTK의 하류에서 활성화되는 몇 가지 중요한 경로들에 대해 더 자세히 살펴볼 것이다. 먼저 Ras-MAP 인산화효소 경로를 설명할 것이며, 이 경로는 활성화된 단백질-티로신 잔기 인산화효소에 의해 작동되는 신호전달 다단계 반응으로 가장 잘 규명되어 있다. 인슐린 수용체와 같은 맥락에서 다른 종류의 다단계 반응이 설명될 것이다.

15-4-1 Ras-MAP 인산화효소 경로

레트로바이러스(retrovirus)는 유전정보를 RNA 형태로 갖고 있는 작은 크기의 바이러스이다. 이들 바이러스 중 일부는 발암유전자(oncogene)라고 하는 유전자들을 갖고 있어서, 바이러스가 정상세포를 종양세포로 형질전환 시킬 수 있게 해준다. 레트로바이러스의 발암유전자 산물로서 Ras가 최초로 보고되었으며, 얼마 후 레트로바이러스의 포유류 숙주로부터 유래되었다는 사실이 밝혀졌다. 그 후 모든 사람의 암 중 대략 30%에서 돌연변이 형의 *RAS* 유전자를 갖고 있다는 것이 발견되었다. 이러한 점에서 Ras 단백질이 Rabs, Sar1 그리고 Ran을 비롯한 150가지 이상의 소형 G단백질(small G protein)들이 모여 구성하는 대집단의 일부라는 점을 언급하는 것이 중요하다. 이들 단백질은 세포분열, 분화, 유전자 발현, 세포골격 구성, 소낭 경로수송(vesicle trafficking), 핵세포질 간의 수송(nucleocytoplasmic transport) 등을 비롯한 여러 과정들의 조절에 관여하고 있다. Ras와 관련하여 설명하는 원리들은 소형 G단백질 대집단에 속하는 여러 구성 단백질들에도 적용된다.

Ras는 2중층에서 안쪽층(inner leaflet)에 묻혀 있는 지질 무리(lipid group)에 의해 원형질막의 안쪽 면에 고정되어 있는 소형 GTP분해효소이다(그림 15−17*a*). Ras는 앞에서 설명한 이질3량체 G단백질과 기능적으로 유사하므로, Ras도 또한 이들 단백질처럼 스위치와 분자 타이머로 작용한다. 그러나 이질3량체 G단백질들과는 달리, Ras는 하나의 소형 소단위로만 이루어져 있다. Ras 단백질들은 두 가지 다른 형, 즉 GTP가 결합된 활성형과 GDP가 결합된 불활성형(그림 15−19*a*)으로 존재한다. Ras-GTP는 하류의 신호전달 단백질들에 결합하여 이들을 활성화 시킨다. 결합된 GTP가 GDP로 가수분해되면, Ras의 작동이 중지된다. 사람의 종양 형성을 유도하는 *RAS* 유전자에서의 돌연변이는 Ras에 결합된 GTP를 가수분해하여 GDP 형으로 되돌리는 것을 방해한다. 그 결과 돌연변이 형의 Ras는 작동상태를 유지하게 되어, 연속적인 메시지를 신호전달 경로를 따라 하류로 전달하면서 세포를 증식 상태로 유지시킨다.

Ras와 같은 단량체 G단백질들이 활성 상태와 불활성 상태 사이를 순환하는 과정은 G단백질과 결합하여 G단백질 활성을 조절하는 보조 단백질들에 의해 도움을 받는다(그림 15−19*b*). 이런 보조 단백질로는 다음과 같은 것들이 있다.

1. GTP분해효소-활성화 단백질(*GTPase-activating proteins, GAPs*) 대부분의 단량체 G단백질들은 결합된 GTP를 가수분해 시킬 수 있는 능력을 상당히 갖고 있지만, 이 능력은 특수한 GAP과 상호작용을 함으로써 크게 증진된다. GAP은 결합된 GTP 가수분해를 촉진시켜서 G단백질을 불활성화 시키기 때문에, G단백질이 매개하는 반응 시간을 극적으로 줄여준다. Ras-GAP 유전자들 중 한 곳(*NF1*)에서 일어난 돌연변이는 신경섬유종증1(neurofibromatosis 1)을 일으키는데, 이 질병은 환자의 신경원 줄기(nerve trunk)를 둘러싸는 덮개(sheath)를 따라 다수의 양성 종양(신경섬유종, neurofibromas)이 발달되게 만든다.

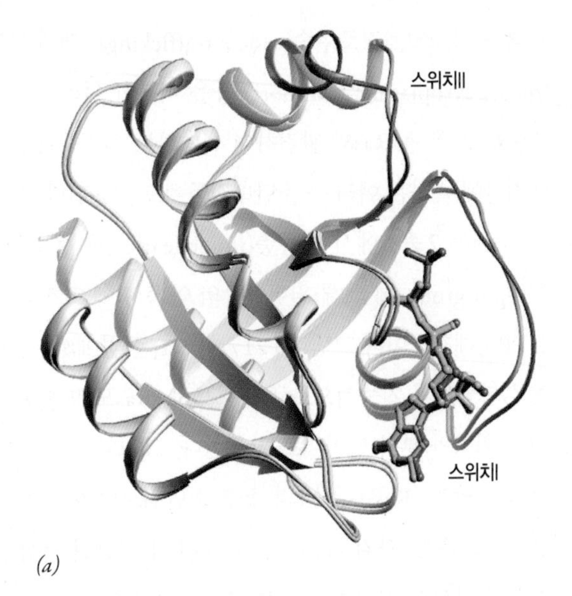

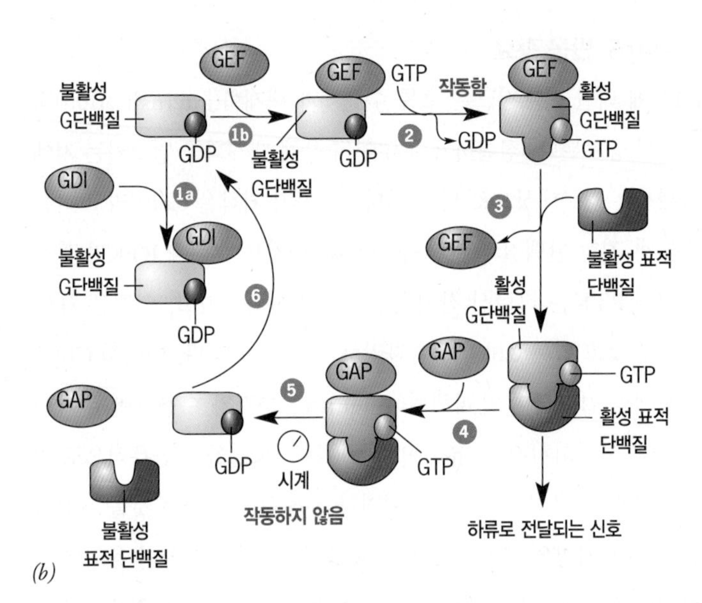

그림 15-19 G단백질의 구조와 G단백질 주기. (*a*) 소형 G단백질인 Ras에서 GTP-결합 활성 상태 (빨간색)와 GDP-결합 불활성 상태 (초록색)의 3차구조 비교. 결합되어 있는 구아닌 뉴클레오티드는 "공과 막대형(ball-and-stick form)"으로 나타내져 있다. 분자 안의 스위치I과 스위치II로 알려진 가변지역 두 곳에서 구조 차이가 일어난다. 그림에 나와 있는 구조 차이는 이 분자가 다른 단백질과 결합할 수 있는 능력에 영향을 준다. (*b*) G단백질 주기. G단백질은 GDP 분자가 결합되어 있을 때 불활성 상태로 있다. 만약 불활성인 G단백질이 구아닌 뉴클레오티드 분리 저해인자(guanine nucleotide dissociation inhibitor, GDI)와 상호작용을 한다면, GDP 방출이 저해되어서 단백질은 불활성인 상태로 남게 된다(1a단계). 만약 불활성인 G단백질이 구아닌 뉴클레오티드 교환인자(guanine nucleotide exchange factor, GEF, 1b단계)와 상호작용을 한다면, G단백질은 자신의 GDP를 GTP로 교환한다(2단계). GTP는 G단백질을 활성화시켜 하류 부위의 표적 단백질들과 결합할 수 있다(3단계). GTP-결합 G단백질에 표적단백질이 결합하면 활성화된다. 표적 단백질은 전형적으로 단백질 인산화효소나 단백질 탈인산효소와 같은 효소이다. 이 과정은 신호전달 경로를 따라서 하류로 더 멀리 신호를 전파하는 효과를 갖는다. G단백질은 약한 내재성 GTP분해효소 활성을 갖고 있는데, GTP분해효소-활성화 단백질(GTPase-activating protein, GAP)과 상호작용을 하면 이 활성이 촉진된다(4단계). GAP이 GTP분해효소를 자극하는 정도가 G단백질이 활성형으로 존재하는 시간의 길이를 결정한다. 결과적으로, GAP은 반응 기간을 조절하는 일종의 시계 역할을 한다(5단계). 일단 GTP가 가수분해 되면, 복합체가 분리되고 불활성인 G단백질은 새로운 주기를 시작할 준비가 되어 있다(6단계).

2. 구아닌 뉴클레오티드-교환인자(*guanine nucleotide-exchange factors, GEFs*) 결합된 GDP가 GTP로 대체되면, 불활성형인 G단백질이 활성형으로 전환된다. GEF는 불활성형인 단량체 G단백질과 결합하여 결합된 GDP가 분리되는 것을 촉진시키는 단백질들이다. 일단 GDP가 방출되면 G단백질은 세포 안에 비교적 고농도로 존재하는 GTP와 신속하게 결합함으로써 G단백질이 활성화된다.

3. 구아닌 뉴클레오티드-분리 저해인자(*guanine nucleotide-dissociation inhibitors, GDI*) GDI는 단량체 G단백질로부터 결합되어 있는 GDP가 방출되는 것을 저해하여, 단백질을 불활성형인 GDP-결합 상태로 유지되도록 만드는 단백질이다.

다양한 이들 보조 단백질의 활성과 위치는 다른 단백질들에 의해 엄격히 조절되고 있다. 따라서 이것은 G단백질의 상태를 조절한다.

Ras-GTP는 하류에 있는 여러 표적들과 직접적인 상호작용을 할 수 있다. 지금부터 **Ras-MAP 인산화효소 다단계 반응**(Ras-MAP kinase cascade)을 구성하는 요소로서 Ras를 설명하려고 한다. 다양한 종류의 세포외 신호에 반응하여 Ras-MAP 인산화효소 다단계 반응이 작동되며, 세포 증식과 분화와 같은 생명활동을 조정하는 데 있어서 중요한 역할을 한다. 이 경로는 세포외 신호를 원형질막으로부터 세포질을 통해 핵으로 전달한다. 경로의 전반적인 개요가 〈그림 15-20〉에 나와 있다. EGF나 PDGF와 같은 성장인자가 해당 RTK의 세포외 영역과 결합하면 경로가 활성화된다. 다수의 활성화된 RTK는 연계분자(adaptor) 단백질인 Grb2에 대해 도킹(docking) 부위로 작용하는 인산화된 티로신 잔기들을 갖고 있다. Grb2는 다시 Sos와 결합하는데, Sos는 Ras에 대해 작용하는 구아닌 뉴클레오티드 교환인자(guanine nucleotide exchange factor, GEF)이다. 활성화된 수용체에 Grb2-결합자리를 만들면 세포질에서 원형질막의 세포질쪽 표면으로 Grb2-Sos가 전위(轉位)되도록 촉진시켜, (〈그림 15-17*a*〉에서와 같이) Sos는 Ras와 아주 가까운 위치에 놓이게 한다.

Sos를 단순히 원형질막으로 가져오는 것만으로도 Ras가 활성화되도록 하기에 충분하다. 이 사실은 원형질막의 안쪽 면에 영구적으로 묶여 있는 돌연변이 형의 Sos를 이용한 실험에서 확인된다. 이렇게 막과 결합된 Sos 돌연변이를 발현시키면 Ras가 항시 활성화되므로 세포는 악성 표현형으로 형질전환된다. Sos와 상호작용을 하면 Ras의 뉴클레오티드 결합자리가 열린다. 그 결과 GDP가 방출되고 GTP로 대체된다. Ras의 뉴클레오티드 결합자리에 있는 GDP가 GTP로 교환되면 구조 변화가 일어나서 Raf라고 하는 중요한 신호전달 단백질을 비롯한 몇 가지 단백질들이 결합할 수 있는 경계면이 생성된다. 그 다음 Raf는 원형질막의 안쪽 면으로 모이게 되고, 이곳에서 인산화 반응과 탈인산화 반응 조합에 의해 활성화된다.

Raf는 세린-트레오닌 단백질 인산화효소이다. Raf의 기질 중 한 가지는 단백질 인산화효소인 MEK이다(그림 15-20). Raf에 의해 인산화가 된 결과 활성화된 MEK은 ERK1과 ERK2라고 하는 두 가지 종류의 MAP 인산화효소를 인산화 시키기 시작하여 이들을 활성화시킨다. 이들 인산화효소의 작용에 의해 인산화될 수 있는 160가지 이상의 단백질들이 밝혀졌는데, 여기에는 전사인자, 단백질 인산화효소, 세포골격 단백질, 세포사멸 조절인자, 수용체 그리고 기타 신호전달 단백질들이 포함된다. 일단 활성화되면 MAP 인산화효소는 핵으로 이동될 수 있고, 이곳에서 다수의 전사인자들과 기타 핵단백질들을 인산화 시켜 이들을 활성화시킨다. 최종적으로 사이클린D1(cyclin D1)을 포함하여 세포 증식에 관여된 유전자들이 활성화 되도록 만드는 경로는 세포를 G1기에서 S기로 진행되도록 하는 데 있어서 중요한 역할을 한다(그림 14-8).

다음 장에서 설명되는 것처럼, 발암유전자(oncogene)들은 세포에 암이 일어나도록 할 수 있는 능력에 의해 확인되었다. 돌연변이가 일어났거나 아니면 과량으로 발현되는 정상적인 세포 유전자로부터 발암유전자들이 유래된다. Ras 신호전달 경로에서 역할을 하고 있는 단백질들 중 다수는 암을 유발하는 발암유전자에 의해 암호화되기 때문에 발견되었다. 여기에는 Ras, Raf 그리고 경로 후반에 생성된 다수의 전사인자들(예: Fos와 Jun)을 만드는 유전자들이 포함된다. EGF 수용체와 PDGF 수용체를 비롯하여 경로의 초반부에 위치한 여러 가지 RTK를 만드는 유전자들도 또한 알려져 있는 수십 개의 발암유전자들 가운데서 확인되었다. 이 경로에 존재하는 많은 단백질들이 돌연변이가 일어났을 때 암을 일으키게 되는 유전자들에 의해서 암호화된다는 사실은 세포의 성장과 증식에서 이 경로의 중요성을 강조하고 있다.

15-4-1-1 여러 유형의 정보를 전달하기 위한 MAP-인산화효소의 적응

〈그림 15-20〉에 나와 있는 것과 같이, RTK로부터 시작하여 Ras를 통해 전사인자가 활성화되는 동일한 기본 경로는, 효모로부터 파리와 선충을 거쳐 포유동물까지 연구된 모든 진핵생물에서 발견되었다. 이 경로는 진화에 의해 여러 가지 다른 목적에 적합하도록 이루어져 왔다. 예를 들면, 효모에서 MAP 인산화효소 다단계반응은 세포가 교배 페로몬(mating pheromone)에 대해 반응하기 위해 필요하다. 초파리에서는 겹눈(compound eye)에 있는 광수용체가 분화되는 동안 이 경로가 이용된다. 현화식물에서는 병원균에 대한 방어를 개시시키는 신호를 전달한다. 각각의 경우, 경로의 핵심에는 3가지로 구성된 효소들이 순차적으로 작용한다. 세 가지 효소는 MAP-인산화효소-인산화효소-인산화효소(MAP kinase kinase kinase, MAPKKK), MAP-인산화효소-인산화효소(MAP kinase kinase, MAPKK) 그리고 MAP-인산화효소(MAP kinase, MAPK)이다(그림 15-20). 이들 구성 효소들 각각은 작은 집단을 구성하는 단백질들을 대표하고 있다. 현재까지 MAPKKK 14가지, MAPKK 7가지 그리고 MAPK 13가지가 포유류에서 확인되었다. 이들 집단에 속하는 단백질들의 숫자가 다르다는 것을 이용

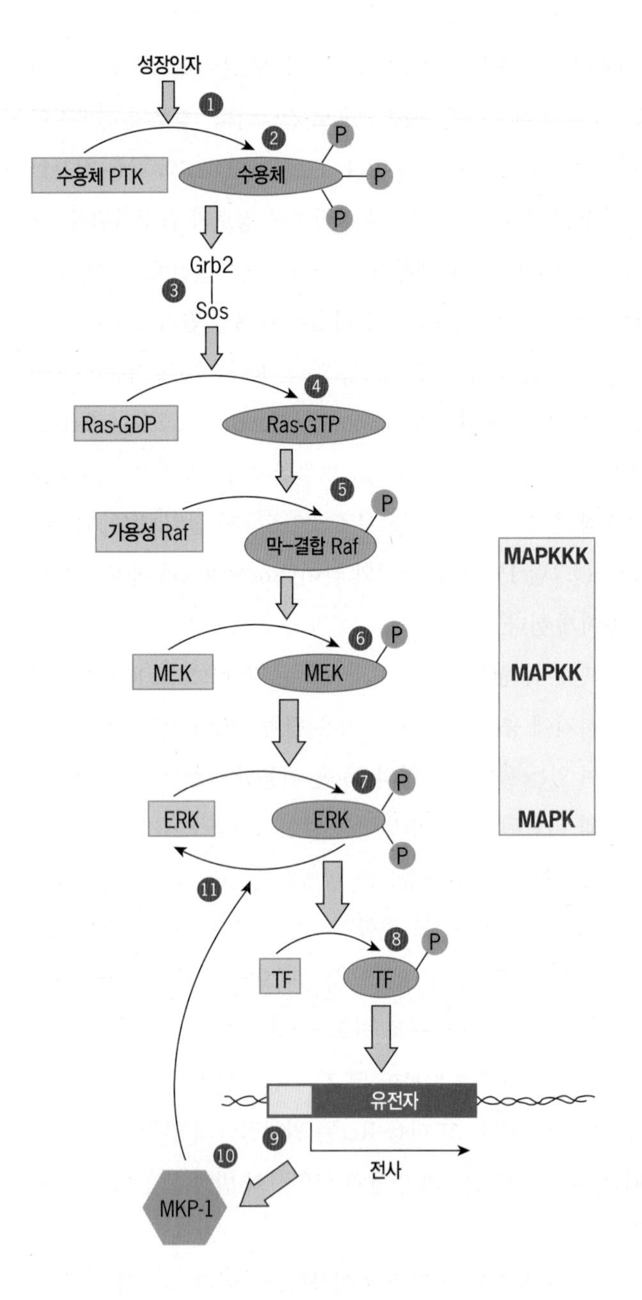

그림 15-20 일반적인 MAP-인산화효소 다단계 반응을 구성하고 있는 단계들. 성장인자가 자신의 수용체와 결합하면(1단계), 수용체에 있는 티로신 잔기들에서 자가인산화가 일어나게 된다(2단계). 이어서 Grb2-Sos 단백질들이 모이게 된다(3단계). 이 복합체는 Ras에서 GTP-GDP 교환을 일으킨다(4단계). GTP와 결합한 Ras는 Raf 단백질을 막으로 모이게 하고, 막에서 Raf는 인산화되어 활성화된다(5단계). 여기 나와 있는 경로에서 Raf는 MEK이라고 하는 또 다른 인산화효소를 인산화시켜 활성화시킨다(6단계). MEK은 다시 ERK라고 하는 또 다른 인산화효소를 인산화시켜 활성화되게 만든다(7단계). 5-7단계에 나와 있는, 3-단계로 구성된 이런 인산화 과정은 모든 MAP-인산화효소 다단계 반응의 특징이다. 이들의 순차적인 인산화효소 활성 때문에 Raf는 MAPKKK(MAP-인산화효소-인산화효소-인산화효소)로, MEK는 MAPKK(MAP-인산화효소-인산화효소)로, 그리고 ERK는 MAPK(MAP-인산화효소)로 알려져 있다. MAPKK는 이중-특이성 인산화효소인데, 이 용어는 이들이 세린과 트레오닌 잔기들뿐만 아니라 티로신도 인산화시킬 수 있다는 것을 가리킨다. 모든 MAPK 효소들은 활성부위 근처에 Thr-X-Tyr로 구성된 트리펩티드를 갖고 있다. MAPK의 트리펩티드 서열에 있는 트레오닌과 티로신 잔기를 모두 MAPKK가 인산화시킴으로써 효소를 활성화 시킨다(7단계). 일단 활성화되면 MAPK는 핵으로 위치이동을 하여 이곳에서 Elk-1과 같은 전사인자들을 인산화시킨다(8단계). 전사인자들이 인산화되면 DNA에 있는 조절부위들에 대해 친화력이 증가되어(9단계), 성장 반응에 관여하고 있는 특정한 유전자들(예: *Fos*와 *Jun*)의 전사를 증가시키게 된다. 발현이 촉진되는 유전자들 중 한 가지는 MAPK 탈인산효소(MKP-1, 10단계)를 암호화한다. MKP 집단에 속하는 구성요소는 MAPK에 있는 티로신과 트레오닌 잔기들로부터 인산기를 제거할 수 있다(11단계). 인산기가 제거되면 MAPK가 불활성화되어 경로를 따라 다음 단계로 신호전달하는 활성을 중지하게 된다.

하여, 포유류는 다른 유형의 세포의 신호를 전달할 수 있는 여러 가지 다른 조합의 MAP-인산화효소 경로들을 조립할 수 있다. 세포증식이 일어나게 하는 어떤 유형의 MAP-인산화효소 경로를 따라서 유사분열촉진물질(mitogen)의 자극이 어떻게 전달되는가에 대해서는 이미 설명하였다. 이와는 대조적으로, 엑스-선 또는 손상을 일으키는 화학물질과 같은 스트레스 자극에 세포가 노출되면, 〈그림 15-20〉에 나와 있는 것 같이 MAP-인산화효소 경로를 통해 진행하기보다는 세포가 세포주기를 중단하게 하는 다른 MAP-인산화효소 경로를 따라 신호가 전달된다. 세포주기가 중단되면 열악한 조건 때문에 생긴 손상을 수선할 시간을 세포에게 주게 된다.

다른 종류의 세포 반응을 일으키는 여러 경로들의 구성성분으로서 유사한 단백질들을 세포가 어떻게 이용할 수 있는가를 이해하기 위해, 최근의 연구는 MAP 인산화효소 다단계반응의 신호전달 특이성에 대해 집중되어 있다. 아미노산 서열 및 단백질 구조에 관한 연구 결과에서 그 해답의 일부분이 효소와 기질 간의 선택적인 상호작용에 있다는 것을 암시하고 있다. 예를 들면 MAPKKK 집단에 속하는 어떤 구성요소들은 MAPKK 집단에 속하는 특정한 구성요소들을 인산화시킨다. 이들은 다시 MAPK 집단에 속하는 특정한 구성요소들을 인산화시킨다. 그렇지만 이들 집단에 속하는 구성요소들 중 상당수는 한 가지 이상의 MAPK 신호전달 경로에 참여할 수 있다.

MAP-인산화효소 경로의 특이성은 구성성분 단백질들의 공간적 배치(spatial localization)에 의해서도 이루어진다. 공간적 배치는 골격단백질(*scaffolding protein*)이라고 하는 구조단백질(즉, 효소 활성이 없는)에 의해 이루어진다. 골격단백질의 명확한 기능은 구성성분들 사이의 상호작용을 증진시키는 특정한 공간적 배열로 신호전달 경로의 구성성분들을 묶어놓는 것이다. 〈그림 15-14〉에 나와 있는 AKAP단백질들은 골격단백질의 예이다. 이와 유사한 단백질들이 다양한 MAP 인산화효소 경로들 중 한 가지를 통해 신호를 전달하는 과정에서 중요한 역할을 한다. 골격단백질들은 결합된 단백질들의 구조변화를 유도함으로써 신호전달 과정에서 적극적인 역할을 할 수도 있다. 특정한 일련의 반응들을 촉진시키는 일 이외에, 골격단백질들은 한 가지 신호전달 경로에 관여하고 있는 단백질들이 다른 경로에 관여하는 것을 막을 수도 있다. 이 절에서 세포의 신호전달경로가 아주 복잡하다는 사실이 아주 명료해졌다. 이 사실은 학생과 생화학자들 모두에게 이 주제에 대한 도전의식을 불러 일으키게 만든다(그림 15-21).

15-4-2 인슐린 수용체에 의한 신호전달

우리 신체는 혈당 농도가 큰 변화 없이 유지되도록 하기 위해 상당한 노력을 기울이고 있다. 중추신경계는 에너지 대사를 대부분 포도당에 의존하기 때문에, 혈당 농도가 감소하면 의식을 잃어 혼수상태를 일으킬 수 있다. 혈당 농도가 지속적으로 상승하면 소변으

그림 15-21

로 포도당, 체액 그리고 전해질이 빠져나가 심각한 건강상 문제가 될 수 있다. 췌장이 혈액순환계에 있는 포도당 농도를 감시한다. 혈당 농도가 일정 수준 이하로 내려가면, 췌장의 알파세포가 글루카곤(glucagon)을 분비한다. 앞에서 설명한 것처럼, 글루카곤은 GPCR을 통해 작용하여 글리코겐 분해를 촉진시킴으로써 혈당 농도를 증가시킨다. 탄수화물이 풍부한 식사를 한 후에 일어나는 것처럼, 포도당 농도가 상승하면 췌장의 베타 세포는 인슐린을 분비하여 반응한다. 인슐린은 세포외 정보전달물질 분자로 작용하여, 포도당 농도가 높다는 것을 세포에게 알려준다. 간세포처럼 세포 표면에 인슐린 수용체를 발현하고 있는 세포들은 포도당 흡수 증가, 글리코겐과 트리글리세리드 합성 증가 그리고 포도당신합성(gluconeogenesis) 감소를 통해 이 신호에 대해 반응한다.

15-4-2-1 인슐린 수용체는 단백질-티로신 잔기 인산화효소이다

각각의 인슐린 수용체는 α사슬과 β사슬로 구성되어 있으며, 이들은 단백질분해효소의 분해과정에 의해 단일 전구체 단백질로부터 유래한다. α사슬은 전적으로 세포밖에 있으며 인슐린-결합자리를 를 갖고 있다. β사슬은 각각 하나의 세포 밖 지역, 막횡단 지역 그리고 세포질 지역으로 구성되어 있다(그림 15-22). α와 β사슬들은 2황화결합(disulfide bond)에 의해 함께 연결된다(그림 15-22). 이들 두 쌍의 αβ 이질2량체(heterodimer)는 α사슬들 사이의 2황화결합에 의해 결합된다. 이와 같이, 대부분의 RTK들이 세포 표면에서 단량체로 존재한다고 생각되어지는 데 반하여, 인슐린 수용체는 안정한 2량체로서 존재한다. 다른 종류의 RTK처럼, 인슐린 수용체는 리간드가 없으면 불활성형이다(그림 15-22*a*). 최근 연구 결과는 인슐린 수용체 2량체가 인슐린 단일 분자와 결합한다는 것을 시사하고 있다. 인슐린과 결합하면 세포 밖에 있는 리간드 결합 영역 위치가 재조정되어, 세포 안에 있는 티로신 인산화효소들을 물리적으로 아주 가까운 위치에 놓이게 한다(그림 15-22*b*). 티로신 인산화효소 영역들이 병렬로 배치되면 트랜스-자가인산화(trans-autophosphorylaton)가 일어나서 수용체가 활성화된다(그림 15-22*c*).

인슐린 수용체의 세포질 지역에서 티로신 인산화가 일어나는 부위 여러 곳이 확인되었다. 이들 티로신 인산화부위 중 세 곳은 활성화 고리(activation loop)에 존재한다. 인산화가 되지 않은 상태에서는, 활성화 고리는 활성부위를 점유하고 있는 구조를 취하고 있다. 3개의 티로신 잔기들이 인산화되면, 활성화 고리는 촉매 틈(catalytic cleft)으로부터 멀어지는 새로운 구조를 취하게 된다. 이러한 새로운 구조는 인산화효소 영역에 있는 작은 엽(lobe)과 큰 엽이 서로에 대해 회전하는 과정이 필요하다. 따라서 촉매작용에 필

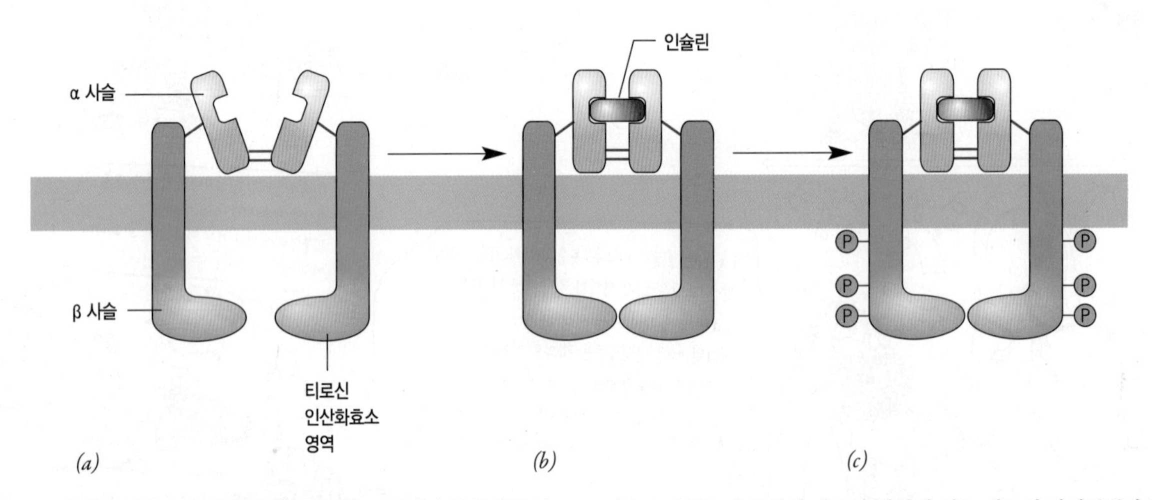

그림 15-22 리간드 결합에 대한 인슐린 수용체 반응. (*a*) 그림에서 불활성형 상태를 도식적으로 나타낸 인슐린 수용체는 α 소단위 2개와 β 소단위 2개로 구성된 4량체이다. (*b*) 인슐린 분자 1개가 α 소단위에 결합하면 β 소단위의 구조변화를 일으켜서, β 소단위의 티로신 인산화효소 활성이 활성화된다. (*c*) 활성화된 β 소단위는 수용체의 세포질 영역에 있는 티로신 잔기들뿐만 아니라 아래에서 설명되어 있는 여러 가지 인슐린 수용체 기질들(IRS)에 있는 티로신 잔기들도 인산화 시킨다.

수적인 잔기들이 가깝게 함께 모이게 되고, 이어서 활성화 고리가 촉매 틈을 열린 상태로 만들어서 활성화부위는 기질과 결합할 수 있게 된다. 인산화효소 영역이 활성화된 후에, 수용체는 막에 인접해 있으며 카르복실-말단의 꼬리에 있는 수용체 자신의 티로신 잔기들을 인산화한다(그림 15-22*c*).

15-4-2-2 인슐린 수용체 기질1과 2

대부분의 RTK는(그림 15-17*a*, *c* 및 *d*에서와 같이) SH2 영역을 갖고 있는 신호전달 단백질들이 직접 모을 수 있는 자가인산화 부위를 갖고 있다. 인슐린 수용체는 이러한 일반화된 규칙에 대해서 예외인데, 그 이유는 **인슐린-수용체 기질**(insulin-receptor substrate, IRS)이라고 하는 작은 집단을 구성하고 있는 결합단백질들(그림 15-17*b*)과 간접적으로 결합하기 때문이다. IRS가 결합하게 되면, IRS는 SH2 영역을 갖고 있는 신호전달 단백질들에 대하여 결합자리를 제공한다. 인슐린 신호전달 과정 동안 일어나는 일 중 일부가 〈그림 15-23〉에 나와 있다. 리간드가 결합하고 인산화효소가 활성화 된데 이어서 인슐린 수용체가 960번 티로신 잔기를 자가인산화 시키면, 인산화된 티로신은 인슐린 수용체 기질들에 있는 인산-티로신 결합(phosphotyrosine binding, PTB) 영역에 대하여 결합자리를 만든다. 〈그림 15-23*a*〉에 표시되어 있는 것 같이, IRS는 N-말단의 PH 영역, PTB 영역 그리고 티로신 인산화 부위가 있는 긴 꼬리를 갖고 있다는 점이 특징이다. PH 영역은 원형질막의 (지질2중층에서) 안쪽층에 있는 인지질과 상호작용을 할 수 있고, PTB 영역은 활성화된 수용체에 있는 티로신 인산화 부위와 결합을 하며, 티로신 인산화부위는 SH2 영역을 갖고 있는 신호전달 단백질들이 도킹할 수 있는 부위를 제공한다. IRS 집단에 속하는 구성요소들이 최소한 네 가지 확인되었다. 생쥐에서 수행된 유전자제거 실험결과에 근거하여, IRS-1과 IRS-2가 인슐린-수용체 신호전달 과정에 가장 많이 관련되어 있다고 생각된다.

티로신 960번에서 활성화된 인슐린 수용체의 자가인산화가 일어나면 IRS-1과 IRS-2가 결합할 수 있는 결합자리를 제공한다. IRS-1 또는 IRS-2와 안정한 결합을 한 후에만, 활성화된 인슐린 수용체가 이들 결합단백질에 있는 티로신 잔기들을 인산화 시킬 수 있다(그림 15-23*b*). IRS-1과 IRS-2는 둘 다 많은 수의 잠재적인 티로신 인산화부위를 갖고 있는데, 여기에는 PI-3-인산화효소, Grb2, 그리고 Shp2에 있는 SH2 영역들과 결합할 수 있는 결합자리들이 포함된다(그림 15-23*a*, *b*). 이들 단백질은 수용체에 결합된 IRS-1이나 IRS-2와 결합하여 하류 부위의 신호전달 경로를 활성화시킨다.

PI-3-인산화효소(*PI 3-kinase*, *PI 3-K*)는 2개의 소단위로 구성되어 있다. 그 중 한 소단위는 2개의 SH2 영역을 갖고 있고, 또 다른 소단위는 촉매 영역을 갖고 있다(그림 15-23*b*). PI-3-인산화효소가 갖고 있는 2개의 SH2 영역들이 티로신 인산화 부위에 결합함으로써, PI-3-인산화효소가 직접적으로 활성화된다. 활성화된 PI-3-인산화효소는 이노시톨 고리의 3번 위치에 있는 포스포이노시티드를 인산화시킨다(그림 15-23*c*). PI-3-인산화효소가 작용하여 생성한 산물인 PI-3,4-이인산(PI 3,4-bisphosphate, PIP_2)과 PI-3,4,5-삼인산(PI 3,4,5-triphosphate, PIP_3)은 원형질막의 세포질쪽 지질층에 남아 있으면서, 이곳에서 세린-트레오닌 인산화효소인 PKB와 PDK1과 같이 PH 영역을 갖고 있는 신호전달 단백질들에 대해 결합자리를 제공하는 역할을 한다. 〈그림 15-23*c*〉에 나와 있는 것과 같이, PKB(AKT로도 알려져 있음)는 다른 세포외 신호들뿐만 아니라 인슐린에 대한 반응을 중재하는 역할을 한다. PDK1이 원형질막으로 모이게 되어 PKB와 아주 근접한 위치에 존재하게 되면, PDK1이 PKB를 인산화시켜 활성화시킬 수 있는 환경을 제공하게 된다(그림 15-23*c*). PDK1에 의해 인산화가 되는 것이 필수적이지만, PDK1에 의한 인산화가 PKB 활성화에 충분조건은 아니다. PKB가 활성화되기 위해서는 두 번째 인산화효소에 의한 인산화가 필요하다. 이 때 또 다른 두 번째 인산화효소는 아마도 mTOR인 것 같다.

15-4-2-3 포도당 수송

PKB는 포도당 수송과 글리코겐 합성 조절에 직접적으로 관여되어 있다. 포도당 수송체인 GLUT4는 혈액으로부터 인슐린-의존성 포도당 수송을 수행한다. 인슐린이 존재하지 않을 때, GLUT4는 인슐린 반응성 세포의 세포질에 있는 막 소낭에 존재한다(그림 15-24). 이들 소낭은 인슐린에 반응하여 원형질막과 융합한다. 이 과정을 GLUT4 전위(轉位)(GLUT4 translocation)라고 한다. 원형질막에서 포도당 수송체 수가 증가하면 포도당 흡수가 증가된다(그림 15-24). GLUT4 위치이동은 PI-3-인산화효소와 PKB의 활

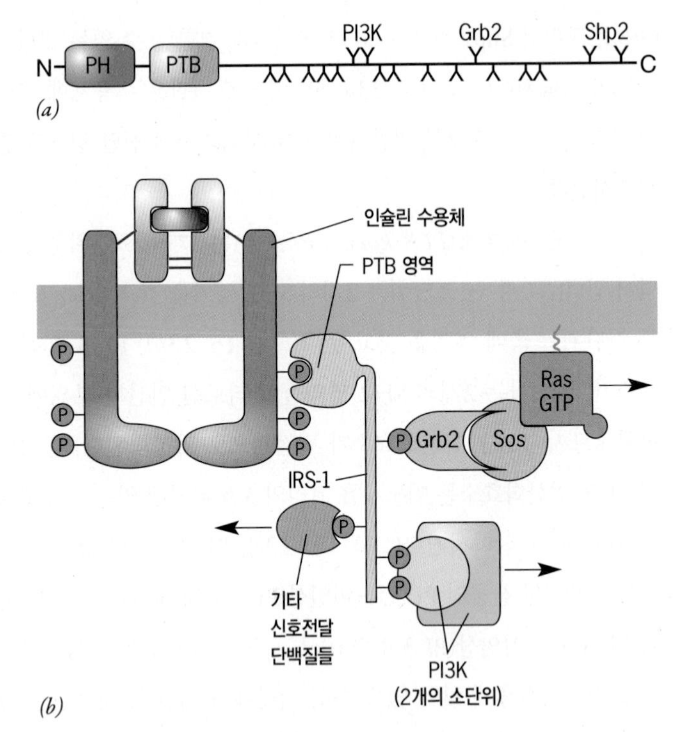

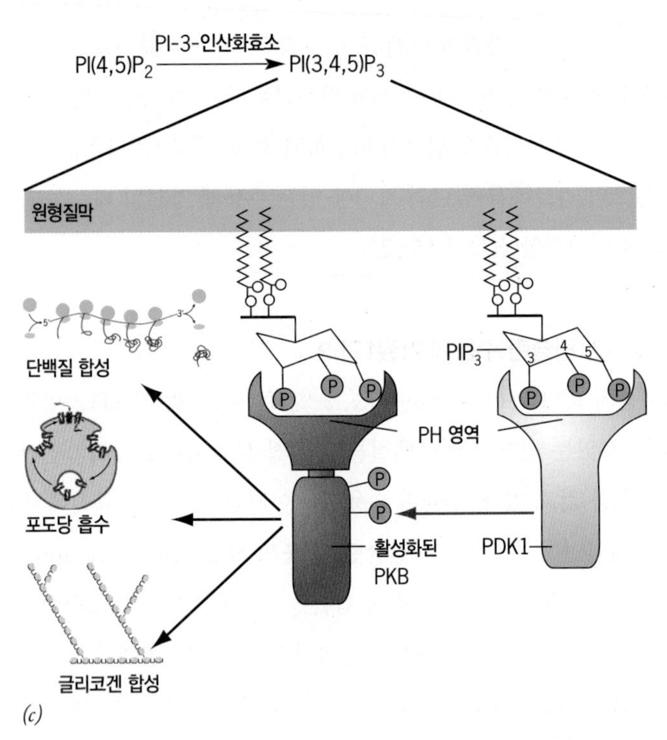

그림 15-23 다양한 신호전달 경로를 활성화시키는 데 있어서 티로신이 인산화된 IRS의 역할. *(a)* IRS 폴리펩티드의 도식적 표현. IRS분자의 N-말단 부분에는 막의 포스포이노시티드와 결합할 수 있게 하는 PH 영역 그리고 활성화된 인슐린 수용체의 세포질 영역에서 인산화가 일어난 특정 티로신 잔기 (#960)와 결합할 수 있게 하는 PTB 영역이 있다. 일단 인슐린 수용체와 결합하면 IRS에 있는 다수의 티로신 잔기들이(Y로 표시됨) 인산화 될 수 있다. 인산화된 이들 티로신 잔기들은 지질 인산화효소(PI3K), 연계분자 단백질(Grb2) 그리고 단백질-티로신 잔기 인산가수분해효소(Shp2)를 비롯한 다른 단백질들에 대해 결합자리로서의 역할을 할 수 있다. *(b)* 활성화된 인슐린 수용체에 의해 IRS가 인산화되면 PI3K 경로와 Ras 경로를 활성화시킨다고 알려져 있다. PI3K 경로와 Ras 경로는 모두 이 장에서 설명되어 있다. 자세하게 밝혀져 있지 않은 다른 경로들도 또한 IRS에 의해 활성화된다. (설명을 목적으로 IRS를 펼쳐진, 이차원적 분자로 나타냄.) *(c)* PI3K가 활성화되면 PIP3와 같이 막에 결합된 포스포이노시티드가 생성된다. 다양한 신호전달 경로에서 핵심적인 역할을 하는 인산화효소들 중 하나가 PKB(AKT)이다. 이 효소는 단백질에 있는 PH 영역을 통해 원형질막에서 PIP_3와 상호작용을 한다. 이러한 상호작용은 PKB 분자 구조를 변화시켜, 또 다른 PIP_3-결합 인산화효소 (PDK1)의 기질이 되게 만들어서 PDK1이 PKB를 인산화 시킨다. PKB와 연결되어 있는 것으로 나와 있는 두 번째 인산은 대부분의 경우에서 또 다른 종류의 인산화효소인 mTOR에 의해 부가된다. 일단 활성화되면, PKB는 원형질막으로부터 분리되어 세포질과 핵으로 이동한다. PKB는 인슐린 반응을 매개하는 다수의 독립된 신호전달 경로들에서 주요한 구성성분이다. 이들 경로에 의해 포도당 수송체의 원형질막으로 위치이동, 글리코겐의 합성, 그리고 세포에서 새로운 단백질 합성이 일어나게 된다.

성화에 의해 좌우된다. 이러한 결론은 PI3K 저해제가 GLUT4의 전위를 막는다는 것을 보여주는 실험 결과에 근거한다. 이밖에도 PI3K나 PKB의 과량발현에 의해 GLUT4의 전위가 촉진된다. 여러 가지 수용체들이 PI3K를 활성화시키는 반면에, 인슐린 수용체만이 GLUT4의 위치이동을 촉진시킨다는 사실은 잘 알려져 있다. 이것은 GLUT4의 위치이동이 일어나기 위해 필수적인 인슐린 수용체의 하류에 또 다른 경로가 존재한다는 것을 시사한다. 두 가지 경로들이 함께 작용하여 어떻게 GLUT4의 위치이동을 촉진시키는가에 대한 상세한 내용은 아직 잘 모르고 있다.

근육 및 간세포에 의해 흡수되는 과량의 포도당은 글리코겐의 형태로 저장된다. 글리코겐 합성은 세린과 트레오닌 잔기들이 인산화 되었을 때 작동이 중지되는 효소인 글리코겐 합성효소(glycogen synthase)에 의해 수행된다. 글리코겐 합성효소 인산화효소-3(glycogen synthase kinase-3, GSK-3)은 글리코겐 합성효소의 음성조절인자(negative regulator)로 밝혀졌다. 다시 PKB에 의해 인산화가 되면 GSK-3이 불활성화 된다. 이와 같이, 인슐린에

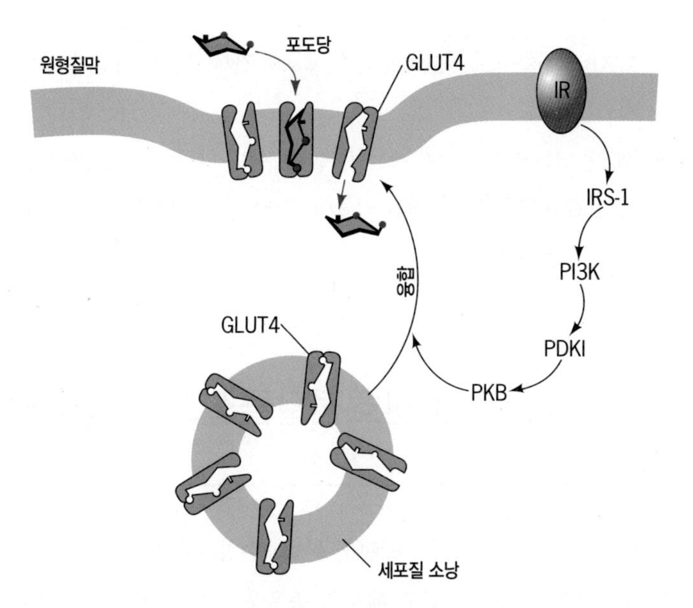

그림 15-24 인슐린에 의해 근육과 지방 세포에서 포도당 흡수 조절. 포도당 수송체들이 출아에 의해 원형질막으로부터 형성된 세포질 소낭의 막에 저장되어 있다(내포작용, endocytosis). 인슐린 농도가 증가하면 IRS-PI3K-PKB 경로를 통해 신호가 전달되어 세포 주변으로 세포질 소낭의 위치이동을 일으킨다. 소낭은 원형질막과 융합하여(외포작용, exocytosis), 수송체를 세포 표면으로 전달하여서 그곳에서 수송체들이 포도당 수송을 매개할 수 있다. 인슐린 수용체로부터 GLUT4의 위치이동으로 이어지는 두 번째 경로는 그림에 나와 있지 않다.

대한 반응으로 PI3K-PKB 경로가 활성화 되면 GSK-3 인산화효소의 활성을 감소하게 만들어서, 그 결과로 글리코겐 합성효소 활성이 증가된다(그림 15-23*c*). 글리코겐 합성효소를 탈인산화 시키는 것으로 알려진 단백질 인산가수분해효소1(protein phosphatase 1)이 활성화되면 글리코겐 합성효소는 더욱 활성화 된다.

15-4-2-4 당뇨병

사람의 가장 흔한 질병 중 하나인 당뇨병(diabetes mellitus)은 인슐린 신호전달 경로의 결함에 의해 일어난다. 당뇨병은 두 가지 형이 있는데, 제1형이 5~10%를 차지하고 나머지 90~95%를 제2형이 차지한다. 제1형 당뇨병은 인슐린을 생산하지 못하여 일어나며, 제17장에 있는 〈인간의 전망〉에서 설명되어 있다. 제2형 당뇨병은 더 복잡한 질병인데, 놀라운 속도로 전 세계에서 발생률이 증가하고 있다. 질병 발생률이 증가하는 것은 생활양식과 식습관 변화 때문인 것 같다. 좌식 생활양식과 더불어서 고열량 음식물이 만성적으로 인슐린 분비를 증가시킨다고 생각된다. 인슐린 농도가 올라가면 간세포와 신체의 다른 부위에 있는 표적 세포들을 과량으로 자극시켜, 인슐린 저항성(*insulin resistance*)이라고 하는 상태를 만든다. 이렇게 되면 표적세포들은 호르몬 존재에 대한 반응을 멈춘다. 생쥐에서 수행된 유전 실험 결과에 따르면, 인슐린 수용체 또는 IRS-2의 유전자에서 일어난 돌연변이는 세포가 인슐린에 대해 반응 할 수 없게 되어 당뇨병 표현형을 만든다. 그렇지만 사람 집단에서 이들 유전자 돌연변이가 일어나는 것은 드물기 때문에, 인슐린 내성이 생기게 하는 정확한 근거는 밝혀져야 할 것으로 남아있다.

15-4-2-5 인슐린 신호전달과 수명

음식물 섭취를 줄임으로써(즉, 열량 제한), 동물의 수명을 유의하게 증가시킬 수 있다는 것을 제2장에 소개된 "인간의 전망"에서 설명하였다. 혈류를 순환하는 인슐린(또는 인슐린-유사 성장인자) 농도를 감소시킴으로써 선충이나 초파리 수명도 증가시킬 수 있다는 것을 초기에 수행된 다수의 연구 결과들이 보여주었다. 사람에 대한 연구 결과도 이러한 관련성을 뒷받침하고 있다. 예외적으로 장수하는 사람들은 유별나게 높은 인슐린 감수성을 보인다. 즉, 이들의 조직은 비교적 낮은 농도로 순환중인 인슐린에 대해 충분한 반응을 보인다. 인슐린 저항성 증가와 건강 악화와 관련되는 것과 같이, 인슐린 감수성이 증가되면 양호한 건강과 관련되는 것처럼 보인다. 실험동물에서 열량 제한을 시키면 인슐린 농도를 감소시켜 인슐린 감수성을 증가시키므로, 수명을 증가시키는 이들 두 가지 경로는 동일한 기작으로 작용하는 것일 수 있다.

15-4-3 식물에서 신호전달 경로

식물과 동물은 Ca^{2+}과 포스포이노시티드 신호전달물질을 사용하는 것을 비롯하여 기본적인 어떤 신호전달 기작들을 공유하고 있다. 하지만 다른 경로들이 각각의 주요한 계(kingdom)에 독특하게 존재한다. 예를 들면, 고리형 뉴클레오티드는 동물 세포에서 가장 흔한 정보전달물질이지만 식물세포의 신호전달에서는 거의 역할을 하지 않는 것처럼 보인다. 또한 수용체 티로신 인산화효소(receptor tyrosine kinase)도 식물세포에는 결여되어 있다. 반면에 식물세포는 동물세포에 없는 유형의 단백질 인산화효소를 갖고 있다.

세균세포가 단백질 인산화효소를 갖고 있고 이들이 히스티딘 잔기들을 인산화시켜 다양한 환경 신호에 대한 세포 반응을 매개한다는 것은 오래 전부터 알려져 왔다. 1993년까지 이들 효소는 세균세포에만 국한되어 있다고 생각되어 왔지만, 그 이후에 효모와 현화식물에서도 발견되었다. 두 유형의 진핵생물에서의 효소는 막횡단 단백질(transmembrane protein)인데, 외부 자극을 인지하는 수용체 역할을 하는 세포외 영역과 신호를 세포질로 전달하는 세포질의 히스티딘 인산화효소 영역으로 이루어져 있다. 가장 연구가 많이 된 이들 식물 단백질들 중 하나가 *Etr1* 유전자에 의해 암호화된다. *Etr1* 유전자 산물은 에틸렌(C_2H_4) 가스에 대한 수용체를 암호화하는데, 에틸렌은 종자 발화, 개화 그리고 과일 숙성을 비롯하여 다양한 배열의 발달과정을 조절하는 식물호르몬이다. 에틸렌이 자신의 수용체에 결합하게 되면 효모와 동물세포에서 발견되는 MAP 인산화효소 다단계반응과 아주 유사한 경로를 따라 신호가 전달되게 한다. 다른 진핵생물에서와 같이 식물의 MAP 인산화효소 경로의 하류에 있는 표적들은 호르몬 반응에 필요한 단백질들을 암호화하는 특정 유전자들의 발현을 활성화시키는 전사인자들이다. 애기장대속(*Arabidopsis*) 식물 및 기타 식물 유전체들의 염기서열 결정을 통해 얻은 방대한 양의 자료들을 과학자들이 분석함에 따라서, 식물과 동물의 신호전달 경로 사이에 존재하는 유사성과 차이점들이 더욱 명확해질 것이다.

복습문제

1. 표적세포 표면에 인슐린 분자가 결합하는 것과 영향인자인 PI3K가 활성화 되는 과정 사이에서 일어나는 단계들을 설명하시오. 인슐린 작용은 수용체 티로신 잔기 인산화효소를 통해 작용하는 다른 리간드들과 어떻게 다른가?
2. 신호전달 경로에서 Ras의 역할은 무엇인가? 이것은 Ras-GAP 활성에 의해 어떻게 영향을 받는가? Ras는 이질3량체인 G단백질과 어떻게 다른가?
3. SH2 영역은 무엇이며 신호전달 경로에서 어떤 역할을 하는가?
4. MAP 인산화효소 다단계 반응은 세포의 전사 활성을 어떻게 변화시키는가?
5. 제2형 당뇨병과 인슐린 생산 사이에는 어떤 연관성이 있는가? 인슐린 감수성을 증가시키는 약물이 당뇨병을 치료하는 데 어떻게 도움이 될 수 있는가?

15-5 세포 내 신호전달물질로서 칼슘의 역할

칼슘이온은 근육 수축, 세포분열, 분비, 수정, 시냅스 전달, 대사, 전사, 세포의 운동, 그리고 세포의 죽음을 비롯하여 다양한 종류의 세포 활동에서 중요한 역할을 한다. 이들 각각의 경우 세포 표면에서 세포외 신호가 수신되면 세포질에서 칼슘이온 농도가 극적으로 증가하게 된다. 특정한 세포 구획(compartment)에서 칼슘이온 농도는 〈그림 15-26〉에서처럼 구획을 둘러싸고 있는 막의 안에 위치하고 있는 Ca^{2+} 펌프(Ca^{2+} pump), Ca^{2+} 교환운반체(Ca^{2+} exchanger), Ca^{2+}이온 통로(Ca^{2+} ion channel)의 조절되는 활성에 의해 제어된다. 휴지 세포의 세포질에서 Ca^{2+}이온 농도는 아주 낮은 농도로 유지되는데, 전형적으로 약 10^{-7}M이다. 대조적으로 세포외 공간 또는 ER의 내강(lumen) 또는 식물세포의 액포(vacuole)에서 Ca^{2+}이온의 농도는 전형적으로 세포질보다 1만 배 더 높다. (1) 원형질막과 ER의 막에서 Ca^{2+}이온 통로들이 보통 닫힌 상태로 있기 때문에, 이 이온에 대해서 이들 막을 불투과성으로 만들고, (2) 원형질막과 ER의 막에 있는 에너지-추진 Ca^{2+} 수송 체계가 세포질로부터 칼슘을 퍼내기 때문에[2], 세포질의 칼슘 농도는 대단히 낮게 유지된다. 뇌졸중 후 뇌에서 일어날 수 있는 것처럼, 세포질의 Ca^{2+}농도가 비정상적으로 올라가면 세포가 대량으로 죽게 된다.

15-5-0-1 IP_3와 전압-관문 Ca^{2+} 통로

우리는 앞에서 두 가지 중요한 유형의 신호전달 수용체인 GPCR과 RTK에 대해 살펴보았다. 세포외 정보전달물질 분자와 GPCR이

[2] 미토콘드리아도 Ca^{2+}이온을 격리시키고 방출하는 데 있어서 중요한 역할을 하지만, 미토콘드리아의 역할에 대해서는 제9장에서 다루고 여기서는 설명하지 않는다.

상호작용을 하게 되면 인지질분해효소-β를 활성화 시키게 되고, 이 효소는 포스포이노시티드 PIP_2를 분해하여 IP_3 분자를 방출한다. IP_3 분자가 ER 막에 있는 칼슘 통로를 열어 세포질의 Ca^{2+}농도를 증가시킨다는 사실은 〈15-3절〉에서 설명하였다. RTK를 통해 신호전달을 하는 세포와 정보전달물질들은 유사한 반응을 일으킬 수 있다. 근본적인 차이는 RTK가 인지질분해효소-γ의 소집단(subfamily)에 속하는 구성요소들을 활성화시키는 것이다. 인지질분해효소-γ는 SH2 영역을 갖고 있어서, 활성화되어 인산화가 일어난 RTK와 결합한다. 여러 가지 다른 종류의 PLC 동형들이 존재한다. 예를 들면 PLCδ는 Ca^{2+}이온에 의해 활성화되고, PLCε은 Ras-GTP에 의해 활성화된다. 모든 PLC 동형들은 IP_3를 생성하는 동일한 반응을 수행하며, 세포 표면에 있는 다수의 수용체들과 세포질에서 Ca^{2+}농도가 증가되는 현상을 연결시킨다. 〈8-8절〉에서 시냅스 전달을 설명할 때 나왔던 세포질의 Ca^{2+}농도를 상승시키는 또 다른 경로가 존재한다. 이 경우 신경자극은 원형질막의 탈분극화(depolarization)를 일으키고, 원형질막에 있는 전압-관문 칼슘 통로가 열리게 하여 세포 밖의 배지로부터 Ca^{2+}이 유입되도록 한다.

15-5-0-2 세포질 Ca^{2+}농도의 실시간적 시각화

유리 칼슘이 존재할 때 빛을 발산하는 표지물질이 개발됨으로써, 세포반응에서 Ca^{2+}이온의 역할을 이해하는데 있어서 커다란 발전이 이루어졌다. 1980년대 중반, 매우 민감하면서 형광을 내는 새로운 유형의 칼슘-결합 화합물[예: 퓨라-2(*fura-2*)]이 캘리포니아대학교(University of California, San Diego)의 로저 첸(Roger Tsien) 실험실에서 개발되었다. 이들 화합물은 세포의 원형질막을 통과하여 확산에 의해 세포로 들어갈 수 있는 형태로 합성되었다. 일단 세포 안으로 들어가면, 화합물은 세포를 떠날 수 없는 형태로 변형된다. 이들 탐침(probe)을 사용하여 형광현미경과 컴퓨터로 처리된 영상 기술로 방출된 빛을 측정하면, 살아있는 세포의 여러 부위에서 유리 칼슘이온 농도를 시간에 따라 측정할 수 있다. 칼슘에 민감하여 빛을 발산하는 분자를 사용하면, 1개의 세포에서 다양한 유형의 자극에 대한 반응으로 복잡하게 일어나는 세포질 유리 칼슘 농도의 공간적 그리고 시간적 변화에 대해 극적인 영상을 얻을 수 있다. 세포 안에서의 위치를 바로 시각화 할 수 없는 다른 유형의 정보전달물질들이 매개하는 반응과 비교하였을 때, 이것은 칼슘-매개 반응을 연구하는 데 있어서의 장점 중 한 가지이다.

반응하는 세포 유형에 따라 〈그림 15-9〉에서 보는 것처럼, 특정한 자극이 유리 칼슘이온 농도의 반복적인 진동을 일으킬 수 있다. 즉, 자극에 의해 세포의 한쪽 끝에서 다른 끝으로 퍼지는 Ca^{2+} 방출 파동이 일어나게 하거나(그림 15-27 참조), 아니면 세포의 한 부분에서 국지적이면서 일시적인 Ca^{2+}방출을 유발한다. 〈그림 15-25〉는 포유류 소뇌에 있는 신경세포 중 한 가지 유형인 퍼킨지(Purkinje) 세포를 보여주는 것으로, 시냅스 후 수상돌기(postsynaptic dendrite)의 정교한 네트워크를 통해 수천 개의 다른 세포들과 시냅스 접촉을 유지하고 있다. 〈그림 15-25〉의 현미경 사진은 시냅스가 활성화된데 이어서 세포의 "수상돌기 나무(dendritic tree)"의 국지적 부위에서 유리 칼슘이 방출되는 것을 보여주고 있다. 한 번에 쏟아지는 칼슘 방출은 세포의 이 지역에 국한된 상태로 있다.

앞에서 설명한 IP_3 수용체는 ER 막에 존재하는 두 가지 주요한 유형의 Ca^{2+}이온 통로 중 하나이다. 또 다른 유형은 리아노딘 수용체(*ryanodine receptor, RyR*)라고 하는데, 독성 식물 알칼로이드인 리아노딘과 결합하기 때문이다. 리아노딘 수용체는 주로 흥분성 세포(excitable cell)에서 발견되는 데 심근세포와 골격근세포에서 연구가 가장 많이 되어 있다. 이들 세포에서 리아노딘 수용체는 활동전위(action potential)가 도달한 후 일어나는 Ca^{2+}농도 증가를 조정한다. 심근세포의 RyR 동형에서 일어난 돌연변이는 운동하는 동안 발생하는 돌연사와 관련이 있다. 이들이 발견되는 세포 종류에 따라, 칼슘 자체도 포함하여 여러 가지 물질에 의해 RyR이 열린다. 원형질막에서 열린 통로를 통해 제한된 양의 칼슘이 유입되면 ER에 있는 리아노딘 수용체가 열리도록 유도하여, 세포질로 Ca^{2+}방출이 일어나게 한다(그림 15-26). 이러한 현상을 칼슘-유도성 칼슘방출(*calcium-induced calcium release, CICR*)이라고 한다.

Ca^{2+}이온을 통해 전달되는 세포외 신호는 전형적으로 자극부위에 있는 세포 표면에서 소수의 Ca^{2+}이온 통로들이 열리게 함으로써 작용한다. Ca^{2+}이온이 통로를 통해 신속히 수송되어 세포질로 유입되고, 유입된 칼슘은 근처 ER에 있는 Ca^{2+}이온 통로들에 작용한다. 이어서 ER의 통로가 열려서 칼슘이 인접한 세포질 부위에 추가적으로 방출된다. 어떤 반응에서는 칼슘농도의 증가된 상태

가 〈그림 15-25〉와 같이 세포질의 일부지역에 한정된 상태로 유지된다. 다른 경우에서는 칼슘방출의 증폭된 파동이 전체 세포질 구획을 통해 퍼진다. 가장 극적인 Ca^{2+} 파동 중 한 가지는 수정된 후 최초 약 1분에서 일어나는 것으로, 이것은 난자의 원형질막에 정자가 접촉함으로써 유도된다(그림 15-27). 수정된 후 세포질에서 칼슘농도가 급격히 증가하면 접합체가 첫 번째 유사 분열을 향해 가도록 하는 사이클린-의존성 인산화효소 활성화를 비롯한 몇 가지 일들이 촉발된다. 이온들이 세포질에서 곧 바로 배출되어 ER 또는 세포외 공간으로 되돌려지기 때문에, 칼슘 파동은 일시적이다.

최근의 칼슘 신호전달 분야 연구는 "저장고-작동 칼슘유입(*store-operated calcium entry, SOCE*)"으로 알려진 현상에 집중되고 있다. 여기서 "저장고"는 ER에 저장된 칼슘을 가리킨다. 반복적으로 세포 반응이 일어나는 동안 세포 안에 비축된 칼슘이온이 고

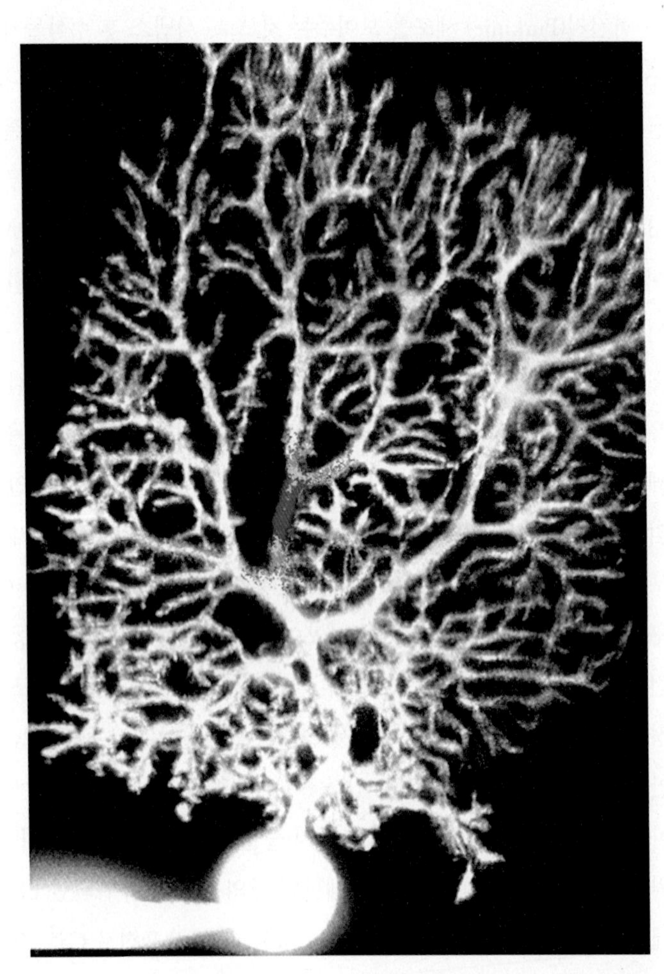

그림 15-25 **뉴런의 단일 수상돌기 안에서 세포 내 Ca^{2+}의 국지적 방출을 보여주는 실험.** 세포 내 저장소로부터 IP_3가 매개하는 Ca^{2+} 방출 기작이 〈15-3절〉에 설명되어 있다. 이 현미경 사진은 소뇌에 있는 대단히 복잡한 퍼킨지 세포(뉴런)를 촬영한 것으로, 복잡한 "수상돌기 나무(dendritic tree)"의 일부분에서만 칼슘이온이 국지적으로 방출되고 있다. IP_3의 국지적 생산에 이어 칼슘방출(빨간색으로 나타냈음)이 수상돌기에서 유도되었다. 이것은 인접한 시냅스가 반복적으로 활성화되는 과정이 뒤따른다. 세포를 자극하기 전, 세포에 투여한 칼슘 형광표시제가 내는 형광에 의해 세포질 Ca^{2+} 방출 부위가 보이게 된다.

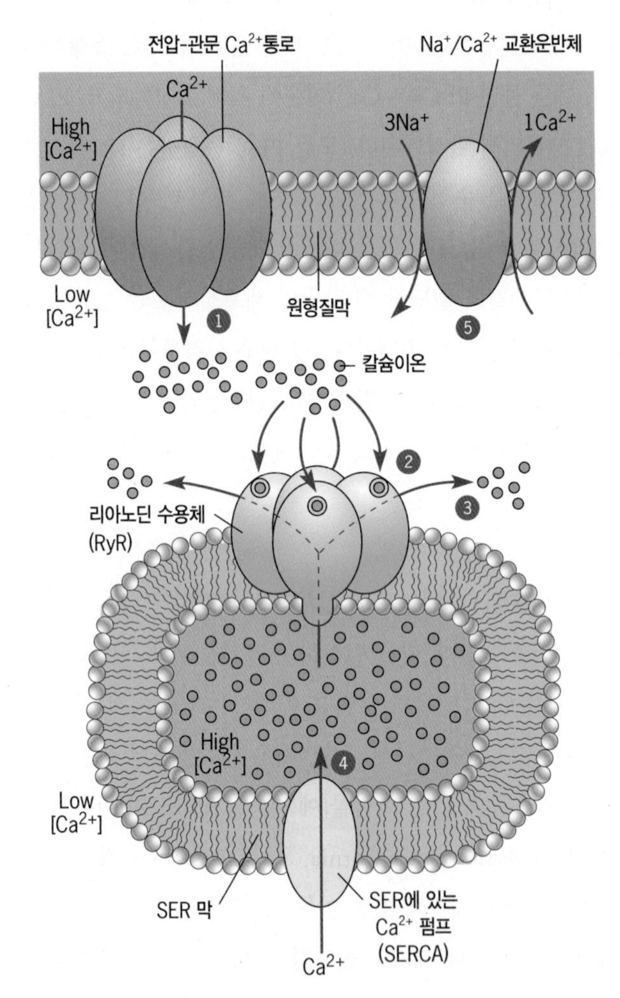

그림 15-26 **심장 근육 세포에서 일어나는 칼슘-유도성 칼슘 방출 (calcium-induced calcium release, CICR).** 막 전압이 탈분극화되면 원형질막에서 전압-관문(voltage-gated) 칼슘통로가 열려서 소량의 칼슘이 세포질로 들어오게 한다(1단계). 칼슘 이온이 SER 막에 있는 리아노딘 수용체와 결합하면(2단계), 저장된 Ca^{2+}을 세포질로 방출되게 하여(3단계), 세포의 수축을 일으킨다. 뒤이어 칼슘이온들이 SER 막의 Ca^{2+} 펌프(4단계)와 원형질막의 Na^{+}/Ca^{2+} 이차 수송계(5단계)의 작용에 의해 세포질에서 제거되면, 세포 이완이 일어나게 한다. 이런 주기가 심장이 박동 한 후 매번 반복된다.

갈될 수 있다. SOCE가 일어나는 동안 ER에서 칼슘이 고갈되면 〈그림 15-28〉에 나와 있는 것과 같이, 원형질막의 칼슘통로들이 열리게 하는 반응을 촉발시킨다. 일단 이들 통로가 열리면 Ca^{2+}이온들은 세포질로 들어갈 수 있게 되고, 이곳으로부터 칼슘을 ER로 되돌려 보냄으로써 ER의 칼슘 비축량을 보충시킨다. 이러한 일들이 ER과 원형질막 사이에서 작동하고 있는 신호체계에 의해 조정된다는 것이 최근 발견되기 전까지, SOCE에 관여하는 기작은 몇 년 동안 풀리지 않는 미스터리로 남아 있었다. 이 신호체계

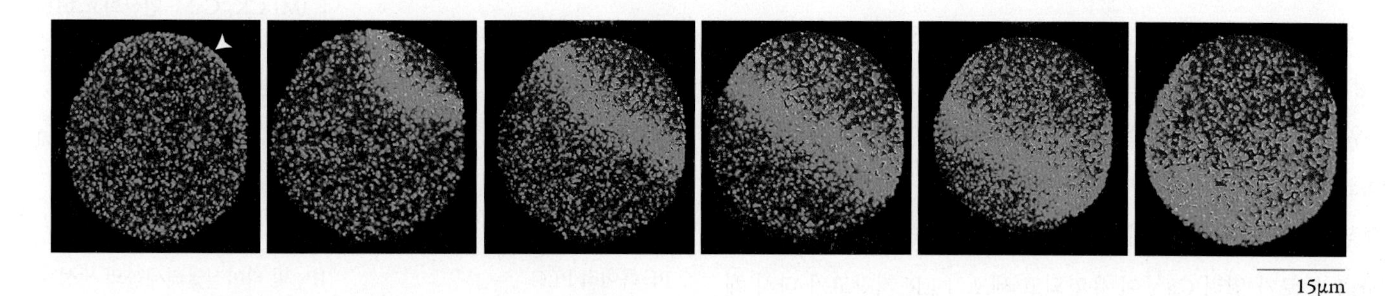

그림 15-27 수정 중인 정자에 의해 유도된 불가사리 난자에서의 칼슘 파동. 칼슘에 민감한 형광 염료를 수정되지 않은 난자에 주입하고, 수정 시킨 후 10초 간격으로 사진 촬영을 하였다. 정자가 도입된 지점(화살표)으로부터 난자 전체를 통해 Ca^{2+}농도 상승이 확산되는 것이 보인다. 파란색은 유리된 $[Ca^{2+}]$농도가 낮은 것을 가리키는 반면에, 빨간색은 유리된 $[Ca^{2+}]$농도가 높은 것을 가리킨다. 수정 중인 정자에 의해 난자로 도입된 인지질분해효소 C에 의해 IP_3가 형성됨으로써 포유류 난자에서 유사한 Ca^{2+} 파동이 유발된다.

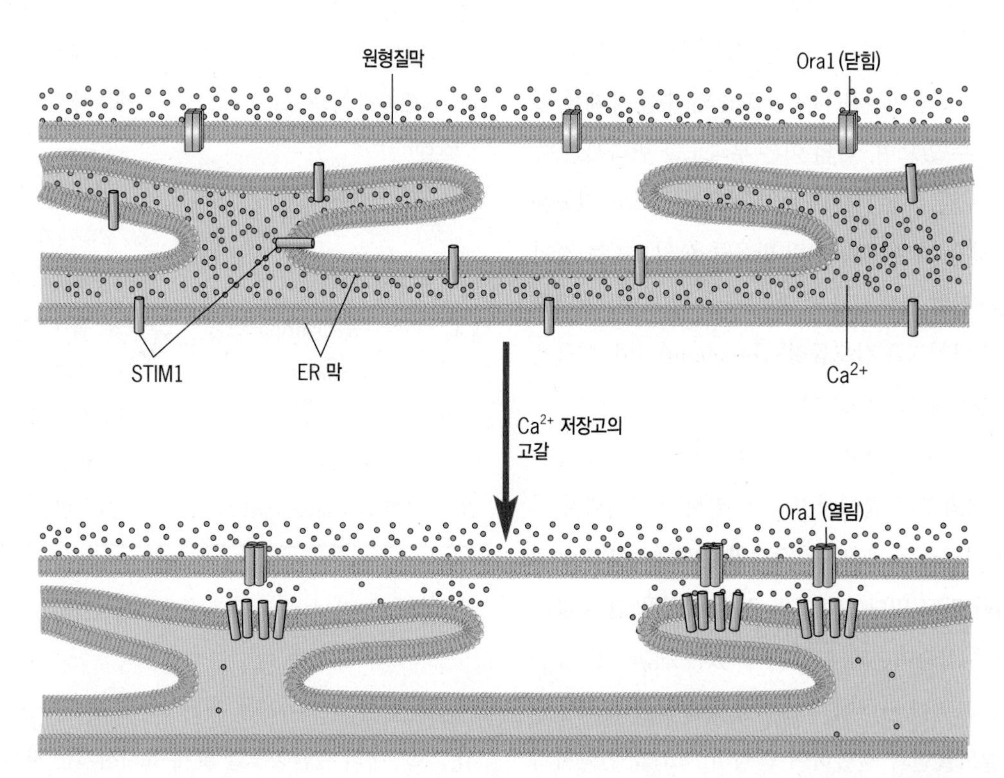

그림 15-28 저장고-작동 칼슘유입(store-operated calcium entry) 모형. ER 내강에 충분한 양의 Ca^{2+}이 있을 때, ER 막의 STIM1 단백질과 원형질막의 Ora1 단백질들은 각각의 막에 분산되어 있고, Ora1 칼슘통로는 닫혀 있다. 만약 ER 비축량이 고갈되면, 신호체계가 2개의 막 사이에서 작동하여 두 종류의 단백질들이 서로 가까운 위치에 있도록 각각의 막에서 집단을 이루게 한다. 두 종류의 단백질들 사이에서 일어나는 정확한 상호작용은 Ora1 통로를 열어 Ca^{2+}이온이 세포질로 유입되게 만들고 이곳으로부터 칼슘이온들을 ER 내강으로 펴 올릴 수 있다.

에서, ER의 Ca^{2+}이 고갈되면 STIM1이라고 하는 Ca^{2+}-인지 단백질(Ca^{2+}-sensing protein)이 ER의 막에서 집단을 이루게 된다. STIM1 단백질들이 ER막에서 재배열됨에 따라서, Ora1이라고 하는 단백질이 원형질막 안에서 상응하는 재배열을 하게 된다. Ora1은 T 림프구(lymphocytes)에서 Ca^{2+} 저장이 결여됨으로써 일어나는 특정한 유형의 선천성 사람 면역결핍에 관여하는 것으로 밝혀진 4량체 Ca^{2+} 이온통로이다. ER과 원형질막은 전형적으로 특정한 부위에서 서로 아주 가까운 위치에 있게 된다. 이곳에서 STIM1과 Ora1이 ER 막과 원형질막에서 집단을 이루어 서로 정확히 접촉하게 된다(그림 15-28). 이들 단백질 사이에서 일어난 접촉에 의해 Ora1 통로가 열려 Ca^{2+}이 유입되고 세포의 ER 저장고가 다시 채워진다.

15-5-0-3 Ca^{2+}-결합 단백질

보통 단백질 인산화효소를 자극시킴으로써 작용하는 cAMP와는 달리, 칼슘은 단백질 인산화효소(〈표 15-5〉 참조)를 비롯하여 몇 가지 다른 유형의 세포 내 영향인자(effector)들에 영향을 줄 수 있다. 세포 종류에 따라서 칼슘이온은 다양한 효소와 수송 체계를 활성화시키거나 저해할 수 있으며, 막의 이온 투과도를 변화시킬 수 있고, 막 융합을 유도시킬 수 있거나 또는 세포골격 구조와 기능을 변하게 할 수 있다. 칼슘 그 자체가 이런 반응들을 일으키는 것이 아니라 몇 가지 **칼슘-결합 단백질**과 함께 작용을 한다. 가장 연구가 많이 된 칼슘-결합 단백질은 **칼모듈린**(calmodulin)이며, 이들은 여러 가지 신호전달 경로에 참여하고 있다.

칼모듈린은 식물, 동물 그리고 진핵 미생물 어디에서나 발견되며, 전체 진핵생물체의 한쪽 끝에서 또 다른 끝에 이르기까지 거의 동일한 아미노산 서열을 갖고 있다. 각각의 칼모듈린 분자는 4개의 칼슘 결합자리를 갖고 있다(그림 15-29). 자극을 받지 않은 세포에서, 칼모듈린은 칼슘이온과 결합할 수 있는 친화력을 충분히 갖고 있지 못하다. 그러나 자극에 대한 반응으로 칼슘 농도가 증가한다면, 이온이 칼모듈린과 결합하여 단백질 구조를 변화시키면서 다양한 영향인자들에 대한 친화력을 증가시킨다. 세포 종류에 따라서 칼슘-칼모듈린(Ca^{2+}-CaM) 복합체는 단백질 인산화효소, 고리형 뉴클레오티드 포스포디에스터라아제(cyclic nucleotide phosphodiesterase), 이온통로, 또는 원형질막에 있는 칼슘-수송 체계와도 결합할 수 있다. 후자의 경우에서는, 칼슘농도가 증가되면 세포에서 과량의 이온을 제거하는데 관여하는 체계를 활성화시켜서, 세포 내의 칼슘농도를 낮게 유지시키는 자가-조절 기작으로 구성되어 있다. Ca^{2+}-CaM 복합체는 전사인자들을 인산화시키는 다양한 단백질 인산화효소(CaMK)들을 활성화시켜 유전자 전사를 촉진시킬 수도 있다. 연구가 가장 잘 이루어진 예에서, 이들 단백질 인산화효소 중 한 가지는 PKA(그림 15-12)가 인산화 시키는 것과 동일하게 CREB의 세린 잔기를 인산화시킨다.

표 15-5 Ca^{2+}에 의해 활성화되는 포유동물 단백질의 예

단백질	단백질 기능
트로포닌 C (Troponin C)	근육 수축의 조절인자
칼모듈린 (Calmodulin)	단백질 인산화효소 및 기타 효소들 (MLCK, CaM-인산화효소II, 아데닐산 고리화효소I)의 일반적인 조절인자
칼레티닌(calretinin), 레티닌(retinin)	구아닐산 고리화효소의 활성인자
칼시뉴린 B (calcineurin B)	인산가수분해효소
칼페인 (calpain)	단백질분해효소
PI-특이적 PLC	IP_3 및 디아실글리세롤의 생성자
α-액티닌 (α-actinin)	액틴-묶음 단백질
아넥신 (annexin)	내포작용 및 외포작용과 관련됨, PLA_2 저해
인지질분해효소 A_2	아라키돈산의 생산자
단백질 인산화효소 C	일반적인 단백질 인산화효소
겔솔린 (gelsolin)	액틴-절단 단백질
IP_3 수용체	세포 내 Ca^{2+}방출 영향인자
리아노딘 수용체 (Ryanodine receptor)	세포 내 Ca^{2+}방출 영향인자
Na^+/Ca^{2+} 교환운반체	원형질막을 경계로 Ca^{2+}과 Na^+을 교환시키는 영향인자
Ca^{2+}-ATPase	막을 통과하여 Ca^{2+}을 유입시킴
Ca^{2+}-이향수송체(antiporter)	Ca^{2+}을 1가이온과 교환하는 운반체
칼데스몬 (caldesmon)	근육 수축 조절인자
빌린 (villin)	액틴 구성인자
어레스틴 (arrestin)	광수용체 반응의 종결인자
칼세퀘스트린 (calsequestrin)	Ca^{2+} 완충작용

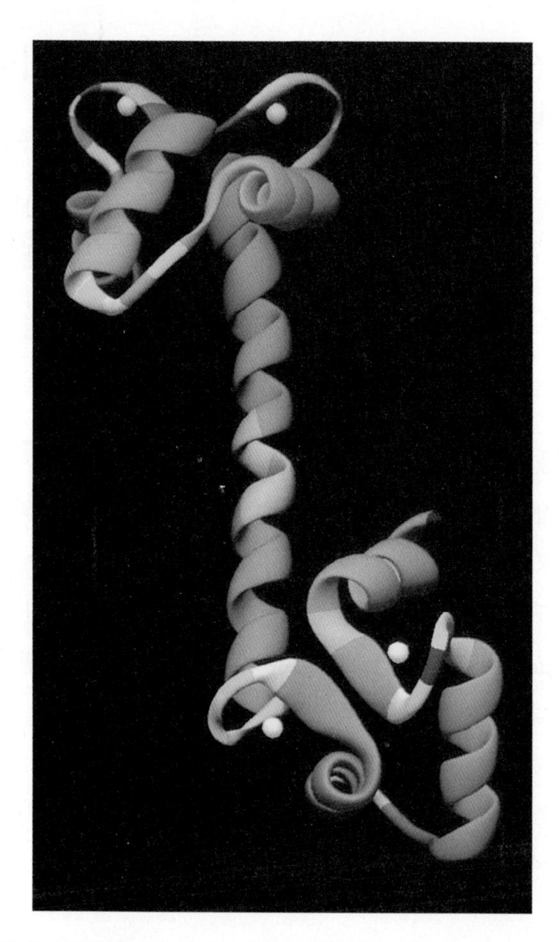

그림 15-29 **칼모듈린.** 4개의 칼슘이온(하얀색 공)이 결합된 칼모듈린(CaM)의 리본 도식. 이들 Ca^{2+}이온이 결합하여 칼모듈린의 구조를 변화시키면, 소수성 표면이 노출됨으로써 Ca^{2+}-CaM이 많은 종류의 표적 단백질들과의 상호작용이 촉진된다.

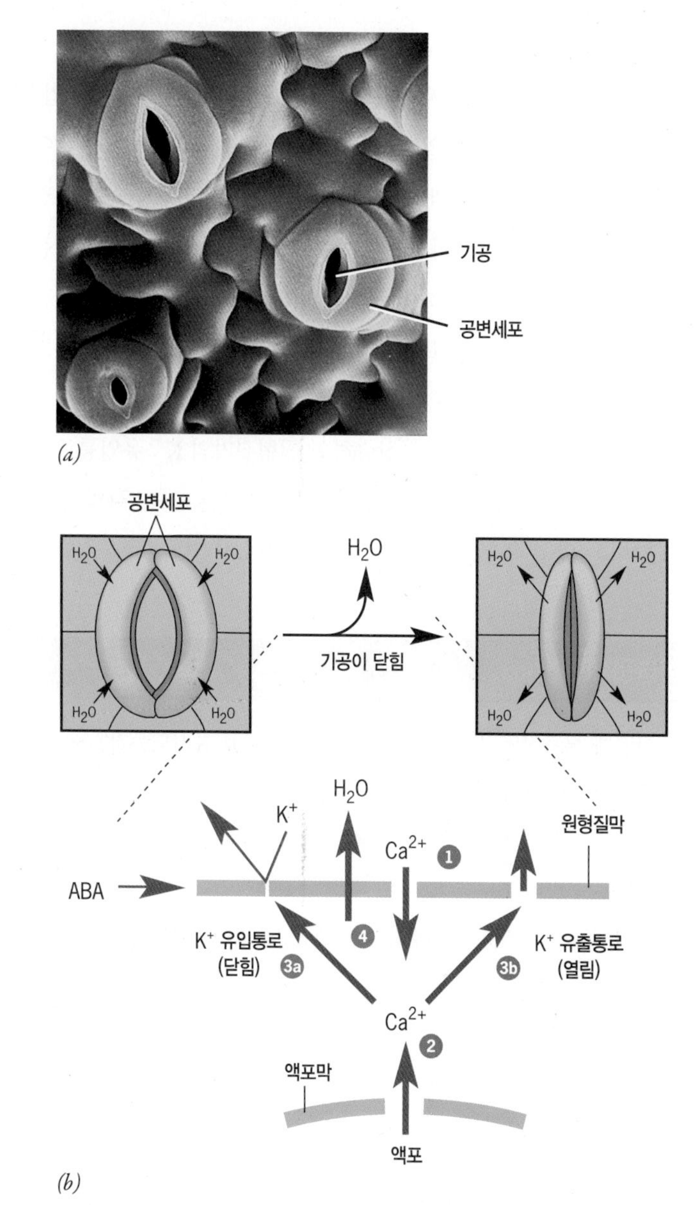

그림 15-30 공변세포 개폐에서 Ca^{2+} 역할의 단순 모형. *(a)* 기공의 각 측면에 있는 한 쌍의 공변세포 사진. 공변세포 안에서 팽압이 높게 유지되어 그림에 나와 있는 것과 같이 바깥쪽으로 돌출되게 만들면 기공은 열린 상태를 유지한다. *(b)* 기공의 크기를 조절하는 인자들 중 한 가지가 호르몬인 아브시스산(abscisic acid, ABA)이다. ABA 농도가 상승하면 원형질막의 칼슘이온 통로가 열려, 칼슘이 안으로 유입되게 하고(1단계), 이것은 내부 저장고로부터 Ca^{2+} 방출을 유발시킨다(2단계). 추가적인 세포 내 $[Ca^{2+}]$ 농도 상승은 K^+ 유입통로를 닫고(3a단계), K^+ 유출통로를 연다(3b단계). K^+ 유출은 Cl^- 유출을 수반한다. 이러한 이온 이동은 내부의 용질 농도를 낮추어 삼투적으로 수분 소실을 일으킨다(4단계).

15-5-1 식물세포에서 칼슘 농도 조절

칼슘이온(칼모듈린과 함께 작용하는 칼슘)은 식물세포에서 중요한 세포 내 정보전달물질이다. 빛, 압력, 중력 그리고 아브시스산(abscisic acid)과 같은 식물 호르몬 농도 변화를 비롯한 다양한 자극에 대한 반응으로 어떤 식물세포 안에서 세포질의 칼슘농도가 극적으로 변화한다. 휴면중인 식물세포의 세포질 안에서 Ca^{2+}농도는 원형질막과 액포막(tonoplast)에 있는 수송단백질의 작용에 의해 대단히 낮게 유지된다.

식물세포의 신호전달 과정에서 Ca^{2+}의 역할은 잎에 있는 기공(stomata)의 직경을 조절하는 공변세포(guard cell)에서 볼 수 있다(그림 15-30*a*). 기공은 식물에서 수분 손실이 일어나는 주요한 부위이기 때문에, 구멍의 직경은 엄격하게 조절되어 탈수를 방지한다. 공변세포에서 팽압(turgor pressure)이 감소됨에 따라서 기공의 직경이 감소한다. 팽압 감소는 공변세포의 이온농도(삼투압, osmolarity) 감소에 의해 일어난다. 고온 그리고 낮은 습도와 같이 열악한 조건은 식물 스트레스 호르몬인 아브시스산의 방출을 촉진시킨다. 최근의 연구 결과들은 아브시스산이 공변세포의 원형질막에 있는 GPCR과 결합하여 동일한 막에서 Ca^{2+}이온 통로가 열리게 한다는 것을 시사하고 있다(그림15−30*b*). 그 결과 세포질로 Ca^{2+}이 유입되면 세포 내 저장고로부터 추가적인 Ca^{2+}방출을 일으킨다. 세포질의 Ca^{+}농도가 상승하면 원형질막의 K^{+} 유입통로가 닫히고, K^{+} 유출통로가 열리게 된다. 이들 변화는 K^{+}이온(및 동반된 Cl^{-}이온)의 순유출을 일으켜서 팽압을 감소시킨다.

복습문제

1. 어떻게 세포질의 $[Ca^{2+}]$이 그렇게 낮은 농도로 유지되는가? 자극에 반응하여 농도는 어떻게 변화하는가?
2. 반응을 일으키는 데 있어서 칼모듈린과 같은 칼슘-결합 단백질의 역할은 무엇인가?
3. 공변세포에서 기공의 직경을 조정하는 데 있어서 칼슘의 역할을 설명하시오.

15-6 서로 다른 신호전달 경로 사이에서 일어나는 수렴, 분기, 교차-반응

신호전달 경로들은 세포 표면의 수용체로부터 최종 목적지까지 직접 도달하는 직선상의 경로들로 앞에서 설명하였고 다양한 그림들로 도식적으로 나타내었다. 실제로 세포 안에서의 신호전달 경로들은 훨씬 더 복잡하다. 예를 들면,

- 수용체들이 각각 자신의 리간드와 결합하여, 여러 가지 서로 관련 없는 수용체들이 받아들인 신호들은 수렴(*converge*)되어 Ras나 Raf와 같은 공통 영향인자(effector)를 활성화시킬 수 있다.
- EGF나 인슐린과 같이 동일한 리간드로부터 유래한 신호는 분기(*diverge*)되어 여러 가지 다른 종류의 영향인자들을 활성화시켜 다양한 세포 반응들이 일어나게 할 수 있다.
- 신호들은 다른 경로들 사이를 왔다 갔다 하면서 전달될 수 있는데, 이런 현상을 교차-반응(*cross-talk*)이라고 한다.

세포신호전달 경로의 이런 특징들은 〈그림 15−31〉에 도식으로 설명되어 있다.

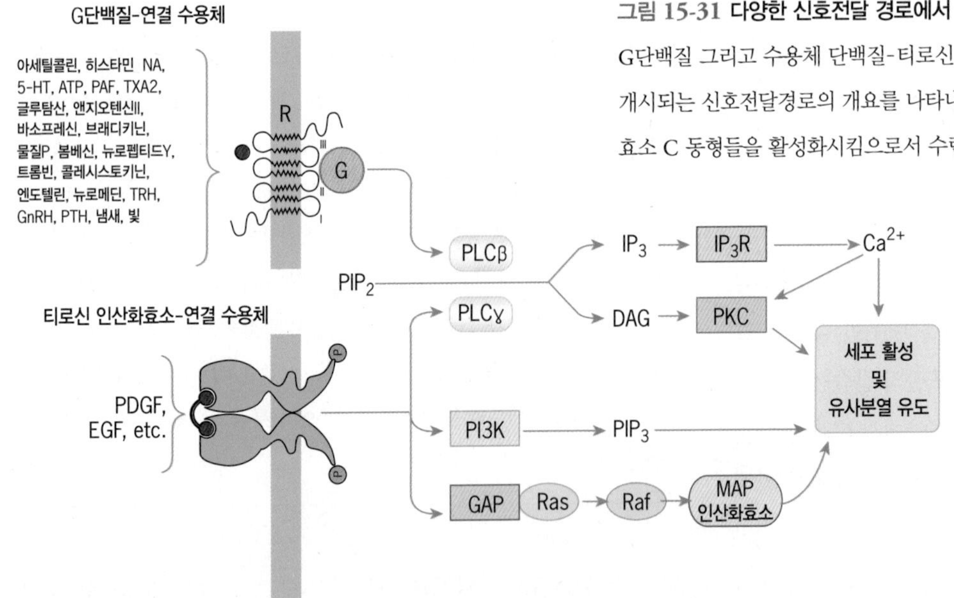

그림 15-31 다양한 신호전달 경로에서 수렴, 분기, 교차-반응의 예. 이 그림은 이질3량체인 G단백질 그리고 수용체 단백질-티로신 잔기 인산화효소를 통해 작용하는 수용체들에 의해 개시되는 신호전달경로의 개요를 나타내고 있다. 두 가지 수용체들은 서로 다른 인지질분해효소 C 동형들을 활성화시킴으로서 수렴되는 것으로 보인다. 두 가지 인지질분해효소 C 동형들은 동일한 2차 정보전달물질(IP_3와 DAG)을 생산한다. 분기의 예로는, PDGF나 EGF에 의해 RTK가 활성화되면 세 가지 다른 경로들을 따라 신호가 전달되는 것이다. 두 가지 유형의 경로들 사이에 일어나는 교차-반응은 칼슘이온이 예가 될 수 있다. 칼슘은 IP_3의 작용에 의해 SER로부터 방출되고 이는 다시 단백질 인산화효소 C (PKC)를 비롯한 다양한 단백질들에 대해 작용을 할 수 있다. PKC 활성은 또한 DAG에 의해 촉진된다.

중추신경계가 정보를 신체의 여러 기관으로 전달하거나 아니면 여러 기관으로부터 정보를 전달받는 방법과는 다르게, 신호전달 경로는 세포를 통해 정보를 발송하는 기작을 제공한다. 중추신경계가 여러 감각기관으로부터 환경에 대한 정보를 수집하는 것과 같이, 세포는 표면에 있는 여러 수용체들의 활성화를 통해 환경에 대한 정보를 받는다. 이 때 수용체들은 세포외 자극을 탐지하는 센서와 같은 작용을 한다. 특정한 유형의 자극(예: 빛, 압력, 음파)에 민감한 감각기관들처럼, 세포-표면 수용체들은 특정한 리간드에 대해서만 결합을 할 수 있기 때문에 관련 없는 분자들이 아주 많이 존재하여도 영향을 받지 않는다. 단일 세포는 세포 내부로 신호를 동시에 전달하는 수십 가지 다른 종류의 수용체들을 갖고 있을 수 있다. 일단 세포로 전달되면, 이들 수용체로부터 유래한 신호들은 몇 가지 다른 신호전달 경로들을 따라 선택적으로 발송될 수 있다. 이들 신호전달 경로는 세포가 분열, 모양 변화, 특정한 대사경로를 활성화하거나 아니면 심지어 자살(다음 절에서 설명함)을 하게 만들 수도 있다. 이런 방법에 의해 세포는 여러 가지 다른 원천으로부터 도달한 정보들을 통합하여서 적절하고 포괄적인 반응을 시작한다.

15-6-1 신호전달 경로 사이에서 일어나는 수렴, 분기 그리고 교차-반응의 예

1. **수렴(convergence).** 이 장에서 이미 두 가지 다른 유형의 세포 표면 수용체인 G단백질-연결 수용체와 수용체 티로신 인산화효소에 대해 설명하였다. 신호전달을 할 수 있는 또 다른 유형의 세포-표면 수용체인 인테그린(integrin)에 대해서는 제11장에서 설명하였다. 이들 세 가지 유형의 수용체들은 아주 다른 유형의 리간드들과 결합할 수 있지만, 이들은 모두 원형질막에서 아주 근접한 위치에 있는 연계분자(adaptor) 단백질 Grb2의 SH2 영역이 결합할 수 있는 인산-티로신 도킹 부위를 형성할 수 있다(그림 15-32). Grb2-Sos 복합체가 모이게 되면 Ras가 활성화되어 MAP 인산화효소 경로를 따라 신호가 전달된다. 이러한 신호 수렴의 결과로서 다양한 수용체가 받아들인 신호들은 각각의 표적세포에서 유사한 성장-촉진 유전자 집단들의 전사와 번역을 일으킬 수 있다.

2. **분기(divergence).** 신호 분기의 증거는 이 장에서 설명한 거의 모든 신호전달의 예에서 명확하다. 〈그림 15-13〉이나 〈그림 15-23*b*,*c*〉는 단일 자극—GPCR 또는 인슐린 수용체와 리간드의 결합—이 여러 가지 다른 경로들을 따라서 신호를 전달하는 방법을 나타내고 있다.

3. **교차-반응(cross-talk).** 앞 절에서, 마치 각 경로가 독립된 직선상의 연쇄 사건들처럼 작동되는 몇 가지 신호전달 경로들을 살펴보았다. 실제, 세포에서 작동되는 정보 회로는 상호 연결된 거미줄을 닮았는데, 여기서 어떤 경로에서 만들어진 구성성분이 다른 경로에서 일어나는 일에도 참여할 수 있다. 세포 안에서 일어나는 정보전달에 관해 더 많이 알수록, 신호전달 경로 사이에 더 많은 교차-반응이 발견된다. 세포 안에서 정보가 여기저기 전달될 수 있는 방법을 정리하기 보다는, cAMP가 관여된 예를 살펴보면 이런 유형의 교차-반응이 중요함을 알 수 있다.

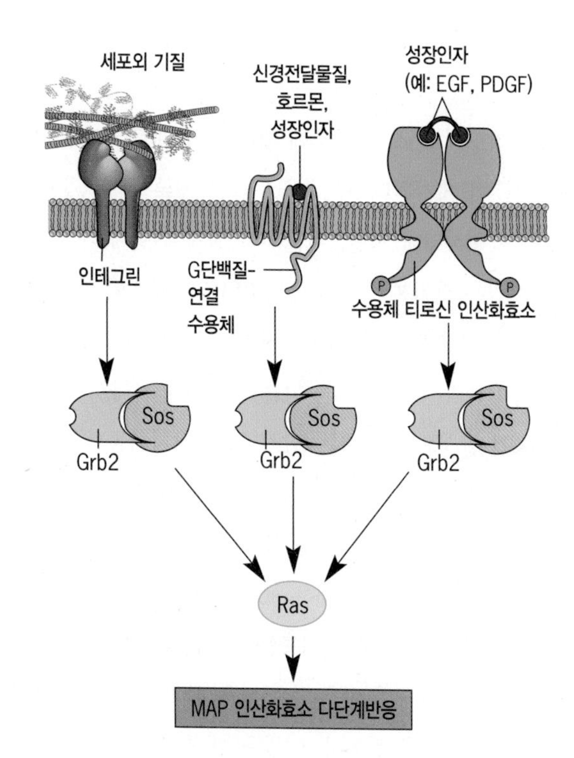

그림 15-32 G단백질-연결 수용체, 인테그린 그리고 수용체 티로신 인산화효소로부터 전달된 신호들은 모두 Ras로 수렴된 후 MAP 인산화효소 다단계 반응을 따라 전달된다.

고리형 AMP는 포도당 동원(glucose mobilization)을 일으키는 다단계반응의 개시자로서 초기에 설명되었다. 그렇지만 MAP 인산화효소 다단계반응을 통해 전달되는 신호들을 차단함으로써, cAMP도 또한 섬유아세포(fibroblasts)와 지방세포를 비롯한 다양한 세포의 성장을 저해할 수 있다. cAMP는 cAMP-의존성 인산화효소인 PKA를 활성화하여 MAP 인산화효소 다단계반응의 맨 앞에 있는 단백질인 Raf를 인산화시킴으로써, Raf가 저해되도록 만들어 세포 성장을 저해하는 작용을 한다고 생각된다(그림 15-33). 또 다른 중요한 신호전달 영향인자인 전사인자 CREB에서도 이들 두 경로가 교차한다. CREB는 cAMP-매개 경로의 최종 영향인자이다. 수년 동안 CREB는 cAMP-의존성 인산화효소인 PKA에 의해서만 인산화될 수 있을 것이라고 추측되어 왔다. 하지만 실제 CREB는 훨씬 더 많은 종류의 인산화효소에 대해 기질로 작용한다는 사실이 밝혀졌다. 예를 들면, CREB를 인산화시키는 인산화효소 중 한 가지가 Rsk-2인데, Rsk-2는 MAPK에 의해 인산화되었을 때 활성화된다(그림15-33). 실제로 PKA와 Rsk-2는 모두 정확하게 동일한 아미노산 잔기 즉, Ser133에서 CREB를 인산화시킨다. 이것은 두 가지 경로를 통해 전사인자에게 동일한 잠재력을 부여해 주는 것이다.

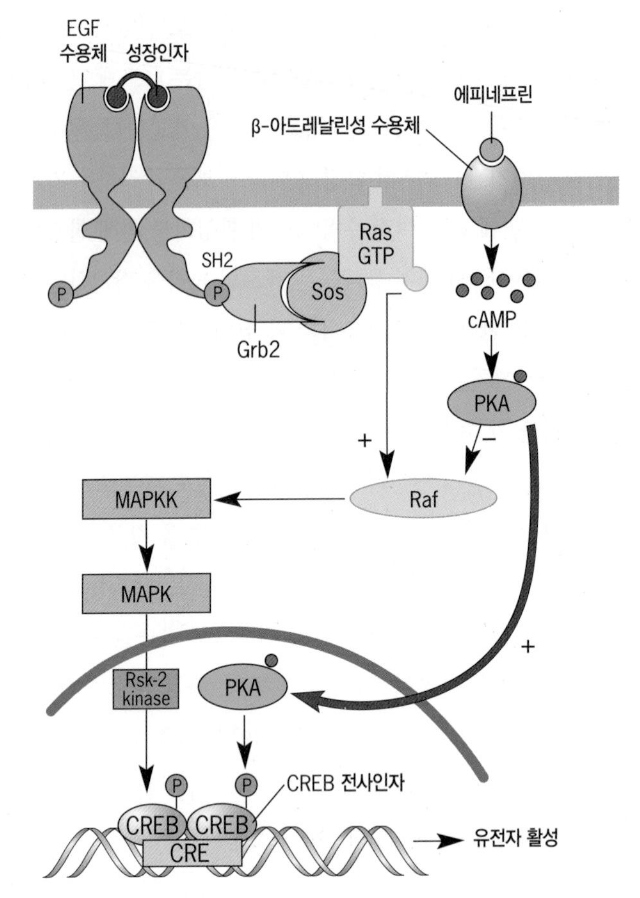

그림 15-33 두 가지 주요 신호전달 경로 간에 일어나는 교차-반응의 예. 일부 세포에서 고리형 AMP는 cAMP-의존형 인산화효소인 PKA를 통해 Ras로부터 Raf로 신호가 전파되는 것을 막는 작용을 하여 MAP 인산화화효소 다단계 반응이 활성화되는 것을 저해한다. 이밖에도 PKA와 MAP 인산화효소 다단계 반응에 관여하는 인산화효소들은 모두 전사인자인 CREB에 있는 동일한 세린 잔기들을 인산화하여, 전사인자를 활성화시켜서 CREB가 DNA에 있는 특정한 부위와 결합할 수 있게 한다.

수렴, 분기 그리고 교차-반응에 대한 이들 예로부터 풀리지 않은 중요한 의문이 제기된다. 즉, "아주 다른 종류의 자극들이 유사한 경로들을 이용하고 있지만, 이들이 어떻게 뚜렷이 다른 반응들을 일으킬 수 있는 것일까?" 예를 들면 PI3K는 세포외 기질의 세포 부착, 인슐린 그리고 EGF를 비롯하여 현저하게 다른 종류의 자극들에 의해 활성화되는 효소이다. 인슐린에 의해 자극을 받은 간세포에서 PI3K가 활성화될 때에는 GLUT4의 위치이동과 단백질 합성이 촉진되는 반면에, 부착된 상피세포에서 PI3K가 활성화되면 세포 생존이 촉진되는 것은 어떻게 일어나는가? 결국 이렇게 대비되는 세포 반응들이 일어나는 것은 세포 유형간의 단백질 조성 차이 때문일 것이다. 다른 종류의 세포들이, PI3K를 비롯한 이들 다양한 단백질들에 대해 다른 종류의 동형을 갖고 있다는 사실에 아마도 해답의 일부가 있을 것이다. 이들 동형 중 일부는 다르지만 근연관계인 유전자들에 의해 암호화된다. 반면에 어떤 것들은 선택적 이어맞추기(alternative splicing) 또는 다른 기작에 의해 생성된다. 예를 들면, 다른 동형 PI3K, PKB, 또는 PLC는 다른 집단에 있는 상류와 하류의 구성성분들과 결합할 수도 있어서, 이것이 아마도 유사한 경로들이 별개의 반응들을 일으킬 수 있게 하는 것 같다. 그렇지만 뉴런의 구조 차이로서 신경계에 의해 일어나는 반응의 범주를 설명할 수 없는 것과 같이, 동형 변이(isoform variation)로서 대단히 다양한 세포 반응들을 모두 설명할 수 있을 것 같지는 않다. 기대하건대 점점 더 많은 수의 세포에서 신호전달 경로가 밝혀짐에 따라서, 유사한 신호전달 분자들의 이용을 통해 얻을 수 있는 특이성에 대해 더 많이 이해하게 될 것이다.

15-7 세포 간의 정보전달물질로서 산화질소의 역할

1980년대, cAMP와 같은 유기화합물도 아니고 Ca^{2+}과 같은 이온도 아닌 새로운 유형의 정보전달물질이 발견되었다. 그것은 무기 기체인 산화질소(nitric oxide, NO)였다. 산화질소는 세포 간의 연락을 조정하는 세포외 정보전달물질로 그리고 자신이 생성된 세포 안에서 작용하는 2차 정보전달물질로 모두 작용하기 때문에 특이하다. NO는 산소와 NADPH를 필요로 하는 반응에 의해 아미노산 L-아르기닌으로부터 형성된다. 이 반응은 산화질소 합성효소(nitric oxide synthase, NOS)에 의해 촉진된다. 산화질소가 발견된 이후, NO가 항응고, 신경전달, 평활근 이완 그리고 시각인식을 비롯하여 무수히 많은 생물학적 과정에 관여하고 있다는 사실이 밝혀졌다.

여러 가지 다른 생물학적 현상에서와 같이, NO가 정보전달물질 분자로 작용을 한다는 발견은 우연한 관찰과 함께 시작되었다. 체내에서 아세틸콜린이 혈관의 평활근을 이완시키는 작용을 하지만, 반응이 시험관 속에서(in vitro) 재현되지 않는다는 사실이 수년 동안 알려져 왔다. 시험관 속에서 대동맥과 같은 주혈관의 일부분을 생리적 농도의 아세틸콜린과 반응시켰을 때, 시료는 보통 반응을 거의 보이지 않는다. 1970년대 후반 뉴욕주립 의료원(New York State medical center)의 약리학자인 로버트 퍼치고트(Robert Furchgott)는 시험관 속에서 여러 가지 약물에 대한 토끼의 대동맥 조각의 반응을 연구하고 있었다. 초기 연구에서 퍼치고트는 기관으로부터 절개된 대동맥 조각을 사용하였다. 기술적인 이유 때문에 퍼치고트는 대동맥 조직의 조각을 사용하는 대신 대동맥 벽륜(aortic ring)으로 바꾸었다. 새로운 시료는 아세틸콜린에 대해 반응하여 이완이 일어나는 것이 발견되었다. 이어진 연구에서 절개하는 동안 대동맥을 둘러싸는 손상되기 쉬운 내피층이 떨어져 나갔기 때문에 대동맥 조각이 이완반응을 보이지 못했음이 밝혀졌다. 이러한 놀라운 발견은 내피세포가 이웃한 근육세포에 의한 반응에 어떻게든 관여되어 있음을 시사하는 것이다. 계속해서 수행된 연구에서, 아세틸콜린이 내피세포 표면에 있는 수용체와 결합함으로서, 세포 원형질막을 통하여 확산되어 근육세포가 이완되도록 하는 물질을 만들어 방출하게 한다는 사실이 발견되었다. 확산되는 물질은 1986년 캘리포니아대학교(UCLA)의 루이스 이그나로(Louis Ignarro)와 영국 웰컴 연구 실험실(Wellcome Research Labs)의 살바도르 몬까다(Salvador Moncada)에 의해 산화질소로 밝혀졌다. 아세틸콜린에 의해 유도되는 이완반응 단계들은 〈그림 15-34〉에 나와 있다.

아세틸콜린이 내피세포의 바깥 표면에 결합하면(그림 15-34, 1단계), 세포질의 Ca^{2+}농도를 증가시키는 신호를 보내(2단계) 산화질소 합성효소를 활성화 시킨다(3단계). 내피세포에서 형성된 NO는 원형질막을 통과하여 확산되어 이웃한 평활근에 도착하고(4단계), 이곳에서 산화질소는 구아닐산 고리화효소에 결합하여 효소를 활성화시킨다(5단계). 구아닐산 고리화효소는 고리형 GMP(cyclic GMP, cGMP)를 합성하는 효소이고, cGMP는 cAMP와 구조가 유사한 대단히 중요한 2차 정보전달물질이다. 고리형 GMP는 cGMP-의존성 단백질 인산화효소(cGMP-dependent protein kinase, PKG)와 결합하며, PKG는 근육세포의 이완(6단계)과 혈관 확장을 일으키는 특정한 기질들을 인산화시킨다.

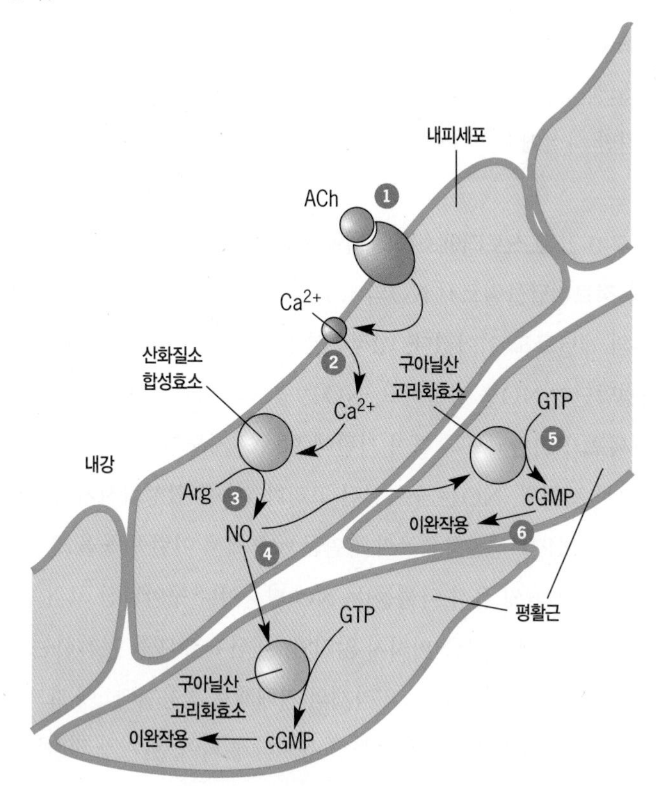

그림 15-34 NO와 혈관 확장을 유도하는 고리형 GMP를 통해 작용하는 신호전달경로. 그림에 나와 있는 단계들은 본문에 설명되어 있다.

15-7-0-1 구아닐산 고리화효소의 활성인자로서 NO

NO가 구아닐산 고리화효소의 활성인자로 작용한다는 발견은 버지니아대학교(University of Virginia)의 페리드 뮤라드(Ferid Murad)와 그의 동료들에 의해 1970년대 후반에 이루어졌다. 뮤라드는 전자전달계의 강력한 저해제인 아지드(azide, N_3)에 대해 연구하고 있었고, 우연히 이 분자가 세포 추출물에서 cGMP 생산을 촉진시킨다는 것을 발견하였다. 뮤라드와 그의 동료들은 최종적으로 아지드가 효소 작용에 의해 산화질소로 전환되어, 구아닐산 고리화효소의 활성인자로 작용한다는 것을 증명하였다. 또한 이 연구는 심장으로 혈액이 부적절하게 흐르기 때문에 일어나는 협심증의 통증을 치료하기 위해 1860년대 이후부터 사용되어온 니트로글리세린의 작용을 설명해 주고 있다. 니트로글리세린이 대사되어 산화질소로 되면, 심장 혈관을 둘러싸고 있는 평활근의 이완을 촉진시켜 기관으로 혈액 흐름을 증가시킨다. 니트로글리세린을 치료용으로 사용할 수 있는 편익은 흥미 있는 관찰을 통해 발견되었다. 알프레드 노벨(Alfred Nobel)의 다이너마이트 공장에서 일하는 심장질환을 앓고 있는 사람이 니트로글리세린을 갖고 일하는 날보다 일하지 않는 날에 협심증 통증이 더 심하다는 것이 발견되었다. 알프레드 노벨의 재산 기증에 의해 설립된 노벨상이 신호물질로서 NO를 발견한 사실에 대해 1998년 수여되었다는 것은 당연한 일이다.

15-7-0-2 포스포디에스터라제의 저해

2차 정보전달물질로서 NO의 발견은 비아그라(실데나필, sildenafil)의 개발로도 이어졌다. 성적흥분이 일어나는 동안 음경에 있는 신경말단이 NO를 방출하고, NO는 음경의 혈관을 둘러싸는 평활근 세포가 이완되도록 하여 기관에 혈액이 차도록 만든다. 앞에서 설명한 것처럼, NO는 구아닐산 고리화효소를 활성화시켜 부차적으로 cGMP를 생산함으로써 평활근 세포에서 이런 반응을 조정한다. 비아그라(및 유사 약물들)는 NO 방출이나 구아닐산 고리화효소의 활성화에 영향을 미치지 않지만, 대신 cGMP를 분해하는 효소인 cGMP 포스포디에스터라제의 저해제로 작용한다. 이 효소가 저해되면 cGMP가 상승된 농도를 유지하게 되어, 발기가 지속되는 것을 돕는다. 비아그라는 cGMP 포스포디에스터라제 중 특정한 동형인 PDE5에 대해 아주 특이적인데, PDE5는 음경에서 작용하는 유형이다. 효소의 또 다른 동형인 PDE3는 심장 근육 수축 조절에 중요한 역할을 하지만, 다행히도 비아그라에 의해 저해되지 않는다. 비아그라는 협심증 치료제의 가능성이 있는 약제가 예기치 않은 부작용을 나타냈을 때 발견되었다.

NO는 체내에서 cGMP 생산이 관여되지 않는 다양한 작용을 한다는 것이 최근 연구 결과에 의해 밝혀졌다. 예를 들면 헤모글로빈, Ras, 리아노딘 통로, 카스파아제(caspase)를 비롯하여 몇 가지 단백질에 있는 어떤 시스테인 잔기들의 —SH기에 NO가 부가된다. 이러한 번역후 변형(posttranslational modification)을 S-니트로실화(*S-nitrosylation*)라고 부르고, 단백질의 활성, 전환(turnover) 또는 상호작용을 변화시킨다.

복습문제

1. 산화질소가 혈관팽창에 관여하는 신호전달 경로의 단계들을 설명하시오.

15-8 세포사멸(예정된 세포사)

세포사멸(細胞死滅, apoptosis) 또는 예정된 세포사(programmed cell death)는 정상적으로 일어나는 일인데, 일련의 조직된 사건들이 일어나 세포를 죽게 한다. 세포사멸에 의해 일어나는 죽음은 깔끔하고 정돈된 과정이어서, 세포와 핵 부피의 전체적인 수축, 이웃한 세포에 대한 부착력 상실, 세포 표면의 거품 형성, 작은 조각으로 염색질 절개, 식세포작용(phagocytosis)에 의해 죽은 세포가 신속하게 둘러싸임 등의 특징을 갖고 있다(그림 15-35). 세포사멸은 안전하고 질서정연하게 일어나는 과정이므로, 파편이 날아가는 것을 고려하지 않고 단순히 건축물을 폭파시키는 방법과 비교했을 때 세포사멸은 조심스럽게 장착한 폭탄을 이용하여 건물을 제어하면서 내파시키는 방법이라고 볼 수 있다.

우리 신체는 왜 원치 않는 세포를 갖고 있는가? 그리고 제거할 세포를 어디서 찾아내는가? 단답형으로 말하면 우리가 보는 거의 모든 곳이다. 사람의 신체에서 매일같이 10^{10}~10^{11} 세포가 세포사멸에 의해 죽는 것으로 추정된다. 예를 들면, 회복할 수 없는 유전체 손상이 지속되고 있는 세포 제거에 세포사멸이 관여되어 있

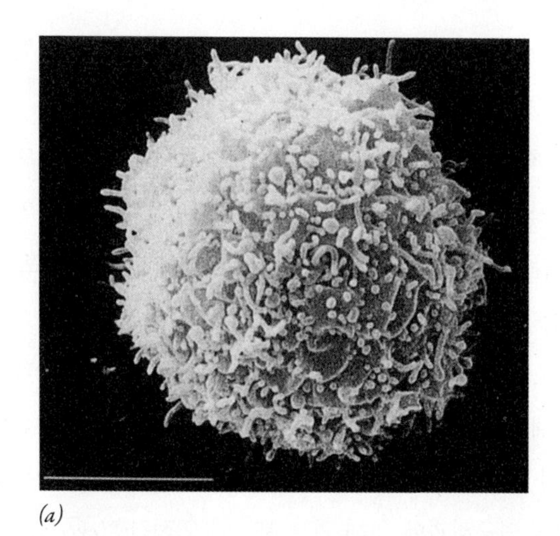
(a)

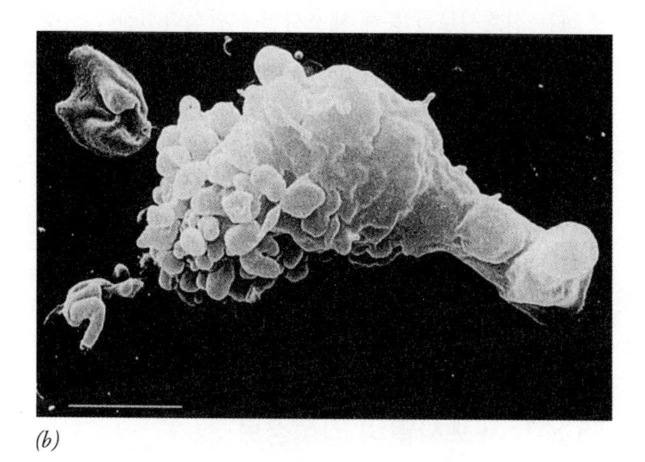
(b)

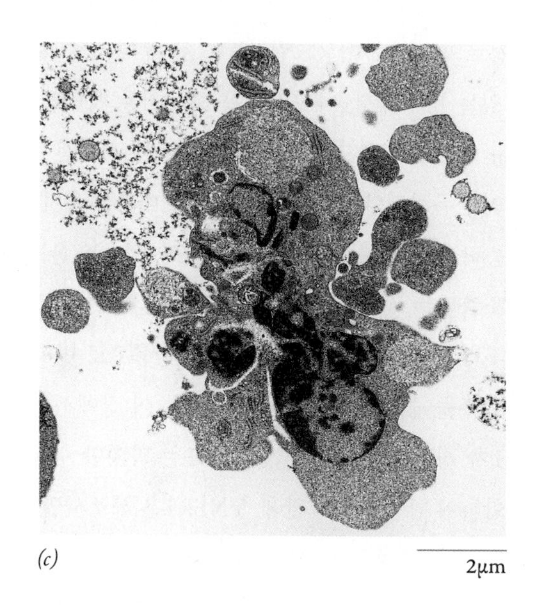

(c)

그림 15-35 정상세포와 세포사멸 중인 세포의 비교. (*a*, *b*) 정상 T-세포 하이브리도마(*a*)와 세포사멸 중인 T-세포 하이브리도마(*b*)의 주사전자현미경 사진. 세포사멸 중인 세포는 세포에서 출아된 표면 거품이 여러 개 보인다. 사진 아래 줄은 4mm에 해당된다. (*c*) 막에 거품을 형성하는 단계에서 세포자살을 억제하는 저해제가 처리된 세포사멸 중인 세포의 투과전자현미경 사진.

다. 유전자의 청사진에 손상이 일어나면 조절되지 않는 세포 분열을 야기할 수 있어서 암으로 발전할 수 있기 때문에 세포를 제거하는 것이 중요하다. 배아 발생 과정에서 뉴런은 중추신경계로부터 자라나서 신체의 주변에 존재하는 기관들과 통하게 된다. 보통 정상적인 신경 분포를 위해 필요한 것 보다 더 많은 뉴런들이 자라난다. 목적지에 도달한 뉴런들은 표적조직으로부터 이들이 생존할 수 있게 하는 신호를 받는다. 표적조직에 도달하는 길을 찾지 못한 뉴런들은, 생존 신호를 받지 못하여서 최종적으로 세포사멸에 의해 제거된다. T 림프구는 비정상적이거나 병원균에 감염된 표적세포를 인식하여 죽이는 면역계의 세포다. T 림프구의 표면에 있는 특수한 수용체가 이들 표적세포들을 인식한다. 배 발생과정 동안, 신체 안의 정상적인 세포 표면에 존재하는 단백질들과 단단히 결합할 수 있는 수용체를 갖고 있는 T 림프구들이 생성된다. 이렇게 위험한 능력을 갖고 있는 T 림프구들은 세포사멸에 의해 제거된다(그림 17-25 참조). 마지막으로, 세포사멸은 알츠하이머병(Alzheimer's disease), 파킨슨병(Parkinson's disease) 그리고 헌팅턴병(Huntington's disease)과 같은 퇴행성 신경질환과 연관되어 있는 것처럼 보인다. 질병이 진행되는 동안 필수적인 뉴런들이 제거되면 기억력을 상실하거나 운동 협응(motor coordination)이 저하된다. 이러한 예는 세포사멸이 다세포 생물의 항상성 유지에 중요하기 때문에 세포사멸 조절에 실패하게 되면 생물체에 심각한 위험을 초래한다는 사실을 보여주고 있다.

1972년에 스코틀랜드 애버딘대학교(University of Aberdeen)의 존 커(John Kerr), 앤드루 윌리(Andrew Wyllie)와 큐리(A. R. Currie)가 다양한 종류의 세포에서 예정된 사멸이 진행되는 동안 협동적으로 일어나는 일들에 대해 최초로 기술한 이정표적인 논문에서 세포사멸이란 용어가 만들어졌다. 세포사멸에 대한 분자적 기초에 대한 통찰은 예쁜꼬마선충(*C. elegans*)의 연구에서 처음 밝혀졌다. 선충 세포에서 세포자살은 배 발생과정 동안 아주 정교하게 연달아 일어난다. 이 선충의 발생 과정 동안 만들어지는 1090개의 세포 중 131개의 세포가 정상적으로 세포사멸에 의해 죽도록 예정되어 있다. 1986년에 매사추세츠공과대학교(Massachusetts Institute of Technology)의 로버트 호비츠(Robert Horvitz)와 그의 동료는 *CED-3* 유전자에서 일어난 돌연변이를 갖고 있는 선충이 세포사멸에 의한 세포 손실 없이 발생을 진행한다는 사실을 발견하였다. 이러한 발견은 이 생물의 세포사멸 과정에서 *CED-3* 유전자 산물이 중요한 역할을 하고 있다는 사실을 시사하고 있다. 선충과 같은 한 종류의 생물에서 한 유전자가 일단 확인되면, 과학자들은 사람이나 다른 포유동물과 같은 다른 생물에서 상동 유전자(homologous gene)들을 찾을 수 있다. 선충에서 *CED-3* 유전자를 확인함에 따라 포유동물에 있는 상동 단백질집단을 발견하게 되었고, 이 단백질들은 현재 **카스파아제**(caspase)라고 한다. 카스파아제 효소들은 시스테인 단백질분해효소(즉, 촉매 부위에 중요한 역할을 하는 시스테인 잔기를 갖고 있는 단백질분해효소)에 속하는 독특한 무리로서, 세포사멸의 초기단계에서 활성화되어 세포자살이 일어나는 동안 관찰되는 변화의 대부분을 일으킨다. 카스파아제는 선별된 무리의 필수 단백질들을 절단함으로써 이러한 일들을 수행한다. 카스파아제의 표적 중에는 다음과 같은 것들이 있다.

- 국소부착 인산화효소(focal adhesion kinase, FAK), PKB, PKC, Raf1 등을 포함하는 수십 가지 이상의 단백질 인산화효소. 예를 들면, FAK가 불활성화되면 세포 부착이 손상되었다고 추정되며, 세포사멸 중인 세포가 이웃한 세포로부터 떨어지게 된다.

- 핵막의 안쪽에 늘어서 있는 부분을 구성하는 라민. 라민이 절단되면 핵박판(核薄板, nuclear lamina)이 해체되어 핵이 수축된다.

- 중간섬유, 액틴, 튜불린, 그리고 젤솔린과 같은 세포골격을 구성하는 단백질들. 이들 단백질이 절단되어 불활성화되면 세포 모양이 변하게 된다.

- 카스파아제-활성형 DNA분해효소(*caspase activated DNase, CAD*)라고 하는 핵산분해효소. CAD는 저해단백질이 카스파아제에 의해 절단되면 활성화 된다. 일단 활성화되면 CAD는 세포질로부터 핵으로 위치이동을 하게 되고, 핵에서 DNA를 공격하여 조각으로 만든다.

최근 연구는 세포자살 프로그램의 활성화를 유도하는 일들에 집중되어 이루어지고 있다. 세포사멸은 DNA에서 일어난 비정상과 같은 내부 자극, 그리고 사이토카인(면역계의 세포에 의해 분비되는 단백질)과 같은 외부 자극에 의해 모두 개시될 수 있다. 예를 들면, 전립선의 상피세포는 남성 호르몬인 테스토스테론이 결여되면 세포사멸을 하게 된다. 이것은 다른 조직으로 퍼진 전립선암을 흔히 테스토스테론 생산을 저해하는 약물로 치료하는 원리이기도 하다. 연구결과에 의해 외부 자극이 외적경로(*extrinsic pathway*)라고 하는 신호경로를 통해 세포사멸을 활성화시킨다는 것이 알려졌다. 외적경로는 내적경로(*intrinsic pathway*)라고 하는 내부 자극에 의해 이용되는 경로와 구분된다. 여기서 외적경로와 내적경로를 구분하여 설명하려고 한다. 그렇지만 이들 경로 사이에도 교차-반응가 존재하며 세포외 세포사멸 신호가 내적경로의 활성화를 일으킬 수 있다는 점을 주목하여야 한다.

15-8-1 세포사멸의 외적경로

외적경로의 단계들이 〈그림 15-36〉에 나와 있다. 그림에 설명되어 있는 경우에서, 세포사멸을 일으키는 자극은 종양괴사인자(tumor necrosis factor, TNF)라고 하는 세포외 정보전달물질 단백질에 의해 운반된다. 종양괴사인자라는 이름은 종양세포를 죽일 수 있는 능력 때문에 붙여졌다. 전리방사선, 상승된 온도, 바이러스 감염에 노출되는 것과 같이 열악한 조건이나 또는 항암 치료에 사용되는 것과 같은 독성 화학약품에 대한 반응으로 면역계를 구성하는 어떤 세포들에 의해 TNF가 생산된다. 이 장에서 설명한 다른 유형의 1차 정보전달물질들처럼, TNF는 막횡단 수용체인 TNFR1에 결합하여 반응을 일으킨다. TNFR1은 세포사멸 과정을 유도시키는 "죽음의 수용체(death receptor)"와 근연관계인 집단에 속하는 구성요소이다. TNF 수용체가 미리 조립된 3량체로서 원형질막에 존재하고 있다는 것을 시사하고 있는 증거가 있다. 각각의 TNF 수용체 소단위의 세포질 영역에는 약 70개의 아미노산으로 구성된 "죽음의 영역(death domain, 〈그림 15-36〉에 나와 있는 각각의 초록색 부분)"이 있어서 이곳에서 단백질-단백질 상호작용을 조정한다. TNF가 3량체인 수용체와 결합을 하면 수용체에 있는 죽음의 영역 구조에 변화를 일으켜서 〈그림 15-36〉에서 표시되어 있는 것처럼 여러 가지 단백질들을 모이게 한다.

원형질막의 안쪽 면에서 조립되는 복합체에 참여하는 마지막 단백질은 2분자의 프로카스파아제-8이다(그림 15-36). 이들 단백질을 "프로카스파아제(procaspase)"라고 하는데 그 이유는 각각 카스파아제의 전구체이고, 효소가 활성화되기 위해서 단백질 가수분해 가공 과정에 의해 제거되어야만 하는 추가 부분을 갖고 있기 때문이다. 카스파아제를 전구효소(proenzyme)로 합성하면 우연히 일어날 수 있는 단백질 가수분해 손상으로부터 세포를 보호한다. 대부분의 전구효소들과는 달리 프로카스파아제는 낮은 단백질 가수분해 활성을 나타낸다. 한 가지 모형에 따르면 2개 또는 그 이상의 프로카스파아제들이 〈그림 15-36〉에서와 같이 서로 가깝게 결합되어 있을 때, 이들은 서로의 폴리펩티드 사슬을 절단할 수 있어서 다른 분자를 완전히 활성형인 카스파아제로 전환시키게 된다. 최종적으로 완성된 효소 (예: 카스파아제-8)는 그림에 나와 있는 것처럼 두 분자의 프로카스파아제 전구체로부터 유래한 4개의 폴리펩티드 사슬을 갖고 있다.

카스파아제-8의 활성화는 호르몬이나 성장인자에 의해 영향인자가 활성화 되는 과정과 원리가 유사하다. 이들 모든 신호전달 경로에서 세포외 리간드가 결합하게 되면 수용체 구조 변화를 일으켜서 경로의 하류에 위치한 단백질과 결합하여 활성화되게 만든다. 카스파아제-8은 개시자(*initiator*) 카스파아제로 묘사되는데, 하류의 집행자(*executioner*) 카스파아제를 절단하고 활성화시켜 세포사멸을 개시시키기 때문이다. 집행자 카스파아제는 앞에서 설명한 것과 같이 세포의 조절된 자가-파괴를 수행한다.

15-8-2 세포사멸의 내적경로

수선할 수 없는 유전적 손상, 산소 결핍(저산소증, hypoxia), 대단히 높은 세포질 Ca^{2+}농도, 바이러스 감염 또는 심한 산화적 스

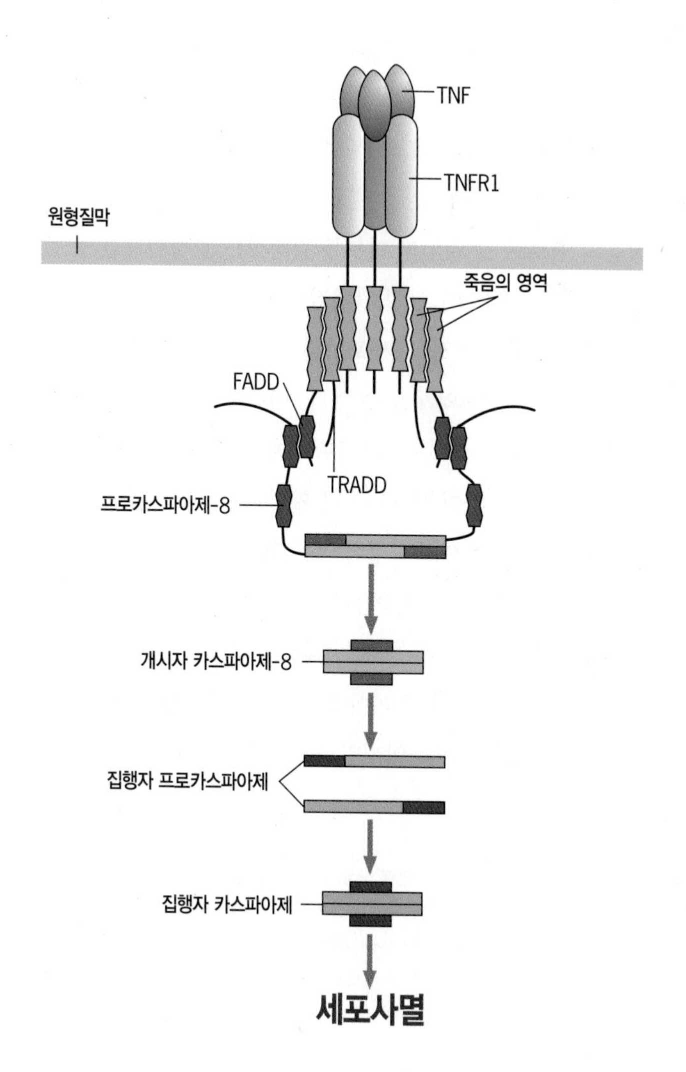

그림 15-36 세포사멸의 외적(수용체-매개) 경로. TNF가 TNF 수용체(TNFR1)와 결합을 하면 활성화된 수용체는 두 가지 다른 종류의 연계분자 단백질들(TRADD 및 FADD) 그리고 프로카스파아제-8과 결합을 하여 원형질막의 안쪽 면에서 여러 개의 단백질로 구성된 복합체를 형성한다. TNF 수용체의 세포질 영역, FADD 그리고 TRADD는 각각의 단백질에 존재하는 죽음의 영역(death domain, 초록색 상자로 표시되었음)이라고 하는 상동 지역에서 서로 상호작용을 한다. 프로카스파아제-8과 FADD는 죽음의 영향인자 영역(death effector domain, 갈색 상자로 표시되었음)이라고 하는 상동 지역을 통해 상호작용을 한다. 일단 복합체로 조립되면 프로카스파아제 두 분자가 서로 절단하여 4개의 폴리펩티드 구획을 갖고 있는 활성형 카스파아제-8분자를 생성한다. 카스파아제-8은 사형선고를 수행하는 하류의 (집행자) 카스파아제를 활성화시키는 개시자 복합체이다. 또한 TNF와 TNFR1 사이에 일어나는 상호작용은 또 다른 신호전달 경로들을 활성화 시키는데, 이들 중 한 가지가 자가-파괴가 아니라 세포 생존으로 이어진다는 점은 주목할 만하다.

트레스(즉, 다수의 파괴적 유리 라디칼 생산)와 같은 내적 자극이 〈그림 15-37〉에 나와 있는 내적경로에 의한 세포사멸을 유발한다. 내적경로가 활성화되는 과정은 단백질 중 Bcl-2 집단에 속하는 구성요소들에 의해 조절되며, 이 집단에 속하는 단백질들은 BH 영역을 1개 이상 갖고 있는 특징이 있다. Bcl-2 집단에 속하는 구성요소들은 3개의 무리, 즉 (1) 세포사멸을 촉진시키는 친세포사멸성 구성요소들(proapoptotic members)(예: Bax와 Bak), (2) 세포사멸로부터 세포를 보호하는 항세포사멸성 구성요소들(antiapoptotic members)(예: Bcl-xL, Bcl-w, Bcl-2 등)[3], (3) 간접적인 기작에 의해 세포사멸을 촉진시키는 BH3-단일 단백질[BH3-only proteins, Bcl-2 집단에 속하는 다른 구성요소 단백질들과 작은 영역(BH3 영역) 1개만을 공유하기 때문에 이런 이름을 갖게 됨] 등으로 나누어진다. BH3-단일 단백질들(예: Bid, Bad, Puma, Bim 등)은 관여하고 있는 특정 단백질에 따라서 두 가지 다른 방법으로 친세포사멸성 효과를 나타내는 것으로 많이 알려져 있다. 한 가지 방법은 이들이 항세포사멸성 Bcl-2 구성요소들을 저해함으로써 세포사멸을 촉진시키는 반면에, 다른 경우에는 친세포사멸성 Bcl-2 구성요소들을 활성화시킴으로써 세포사멸을 촉진시키는 것 같다. 두 경우 모두, BH3-단일 단백질들은 세포가 생존 경로로 갈 것인지 아니면 죽음의 경로로 갈 것인지 여부를 결정짓는 결정인자인 것 같다. 건강한 세포에서 BH3-단일 단백질들은 결여되어 있거나 아니면 강력히 저해되어 있어서, 항세포사멸성 Bcl-2 단백질들이 친세포사멸성 구성요소들을 억제할 수 있다. 이러한 일이 일어나는 기작에 대해서는 아직 논쟁 중이다. 어떤 유형의 스트레스에 대해서만 BH3-단일 단백질들이 발현되거나 활성화된다. 그럼으로써 세포사멸이 일어나는 방향으로 균형이 이동된다. 이러한 환경에서 항세포사멸성 Bcl-2 단백질들이 작용하던 억제효과는 무시되고, Bax와 같이 Bcl-2 집단에 속하는 어떤 친세포사멸성 구성요소들이 자유롭게 세포질로부터 미토콘드리아 외막으로 위치이동을 한다. 기작이 전체적으로 명료하지는 않지만, Bax (및/또는 Bak) 분자들에

[3] 1985년에 Bcl-2 집단에 속하는 첫 번째 구성요소인 Bcl-2 자체가 사람의 림프종에서 암을 일으키는 발암유전자로 처음 확인되었다. Bcl-2를 암호화하는 유전자는 위치이동이 일어난 결과에 의해 이들 악성종양세포에서 과량 발현된다. Bcl-2는 세포사멸에 의해 죽게 될 잠재적 암세포들의 생존을 촉진시킴으로써 발암유전자로 작용한다고 이해되고 있다.

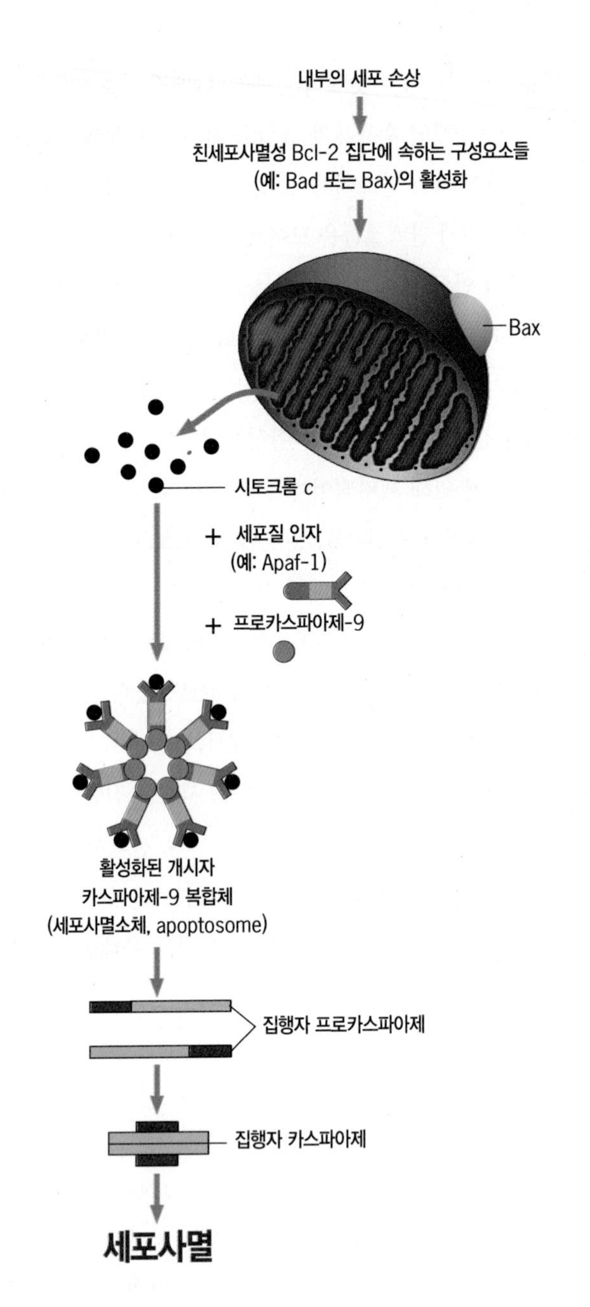

그림 15-37 세포사멸의 내적(미토콘드리아-매개) 경로. 여러 유형의 세포 스트레스에 의해 Bax와 같은 Bcl-2 집단 단백질에 속하는 친세포사멸성 구성요소들이 미토콘드리아의 외막에 삽입된다. 이들 단백질이 삽입되면 미토콘드리아의 막 사이 공간으로부터 시토크롬 *c* 방출을 일으킨다. 시토크롬 *c* 방출은 Bax 다량체에 의해 형성된 미토콘드리아 막의 통로에 의해 매개된다고 생각된다. 일단 세포질에서 시토크롬 *c* 분자는 Apaf-1이라고 하는 세포질 단백질 및 프로카스파아제-9 분자와 여러 개의 소단위로 된 복합체를 형성한다. 프로카스파아제-9 분자는 Apaf-1과 결합하여 유도되는 구조변화의 결과에 의해 자신이 갖고 있는 단백질 가수분해 활성을 완전히 갖도록 활성화되는 것으로 보인다. 카스파아제-9 분자가 집행자 카스파아제를 절단하여 활성화 시키면, 이들이 세포사멸 반응을 수행한다.

(a)

(b)

그림 15-38 세포사멸 중 일어나는 시토크롬 c의 방출과 핵의 분절. 내적 세포사멸 경로를 활성화시키는 세포독성 단백질-인산화효소 저해제를 배양하는 포유동물의 세포에 처리하기 전 (*a*)과 처리한 후 (*b*)에 찍은 형광현미경 사진. 처리 전 세포에서는 시토크롬 *c*(초록색)가 미토콘드리아 네트워크에 위치하며 핵(파란색)이 온전한 상태로 보인다. 일단 세포사멸이 유발되면 시토크롬 *c*가 미토콘드리아로부터 방출되어 세포 전체에 존재하게 되고, 한편으로 핵은 깨져서 여러 조각으로 된다.

구조변화가 일어나면 이들은 미토콘드리아 외막에 삽입되어 단백질이 안을 둘러싸는 여러 개의 소단위로 된 통로로 조립된다고 생각된다. 일단 형성되면, 이 통로는 미토콘드리아 외막의 투과도를 극적으로 증가시켜서 어떤 미토콘드리아 단백질들, 특히 막 사이 공간에 존재하는(그림 9-17 참조) 시토크롬 *c*(그림 15-38)의 방출을 현저히 촉진시킨다. ER로부터 이온 방출에 이어 세포질 Ca^{2+} 농도가 상승됨으로써 미토콘드리아 막 투과도가 증진될 수 있다. 5분 정도의 짧은 시간 안에 세포사멸 중인 세포로부터 세포의 모든 미토콘드리아에 있는 시토크롬 *c* 분자들 거의 대부분이 방출될 수 있다.

시토크롬 *c*와 같은 친세포사멸성인 미토콘드리아 단백질들이 방출되는 것은 "돌아올 수 없는 지점" 즉, 세포가 비가역적으로 세포사멸을 일으키는 과정으로 보인다. 일단 세포질에서 시토크롬 *c*는 세포사멸소체(小體) 또는 아폽토시스소체(*apoptosome*)이라고 하는 여러 개의 단백질로 구성된 복합체의 일부를 구성하는데, 세포사멸소체는 여러 분자의 프로카스파아제-9도 갖고 있다. 프로카스파아제-9 분자들은 단순히 단백질 복합체에 결합하면 활성화되며 단백질 분해효소에 의한 절단이 필요하지 않다고 생각되어진다(그림 15-37). 앞에서 설명한 수용체-매개 경로(receptor-mediated pathway)에 의해 활성화되는 카스파아제-8과 같이, 카스파아제-9는 하류에 있는 집행자 카스파아제를 활성화시키는 개시자 카스파아제이다. 세포사멸은 집행자 카스파아제가 일으킨다.[4] 외적(수용체-매개)경로와 내적(미토콘드리아-매개)경로는 모두 동일한 집행자 카스파아제들을 활성화시킴으로써 최종적으로 수렴되며, 이들은 동일한 세포 표적을 절단한다.

여러분들은 전자전달 사슬의 구성분인 시토크롬 *c*와 세포의 발전소로서 기능을 하는 소기관인 미토콘드리아가 세포사멸 개시에 관여되어 있는 이유에 대해 의문이 있을 수도 있다. 현재 이 의문에 대해 명확한 정답은 없다. 미토콘드리아가 원핵생물의 내공생체(endosymbiont)로부터 진화되어 왔으며 원핵생물에서는 세포사멸이 일어나지 않는다는 점을 생각해 보면 세포사멸 과정에서 미토콘드리아의 핵심적인 역할은 더욱 복잡해진다.

세포가 세포사멸 프로그램을 실행함에 따라, 세포는 이웃 세포와 접촉을 하지 못하면서 수축하기 시작한다. 최종적으로 세포는 응축된 상태의 막으로 둘러싸인 세포사멸체(apoptotic body)로 해체된다. 이런 전체적인 세포사멸 프로그램은 한 시간 안에 이루어질 수 있다. 세포사멸체는 표면에 포스파티딜세린의 존재에 의해 인지된다. 포스파티딜세린은 정상적으로 원형질막의 안쪽 층(inner leaflet)에만 존재하는 인지질이다. 세포사멸이 일어나는 동안 "인지질 위치이동효소(phospholipid scramblase)"는 포스파티딜세린 분자를 원형질막의 (2중층에서) 바깥층(outer leaflet)으로 이동시키며 이 바깥층에 존재하는 포스파티딜세린 분자는 특수한 대식세포(macrophage)에 의해 잡아먹히도록 하는 신호("eat me" signal)로 인지된다. 즉, 세포사멸을 통한 세포 죽음은 세포의 내용물을 세포 밖 환경으로 누출시키지 않으면서 일어난다(그림 15-39). 세포 내

[4] Apaf-1 및 카스파아제-9와 독립적이면서, 아마도 시토크롬 *c*와도 독립적인 다른 종류의 내적 경로들도 설명되었다.

용물이 누출되지 않는다는 사실은 세포 조각이 방출되면 염증을 일으킬 수 있고, 염증이 상당한 양의 조직 손상을 일으킬 수 있기 때문에 중요하다.

세포에게 자가-파괴가 일어나도록 하는 신호가 있는 것과 같이 세포의 생존을 유지시키는 정 반대의 신호가 존재한다. 실제로, TNF가 TNF 수용체와 상호작용을 하면 흔히 두 가지 명확하면서도 반대되는 신호들이 세포 내부로 전달된다. 한 가지 신호는 세포자살을 촉진시키는 신호이고, 또 다른 신호는 세포 생존을 촉진시키는 신호이다. 그 결과 TNF 수용체를 갖고 있는 대부분의 세포들은 TNF를 처리하였을 때 세포사멸을 겪지 않는다. TNF는 종양세포를 죽일 수 있는 물질로 사용될 수도 있다고 처음 기대되었기 때문에 이것은 실망스러운 발견이었다. 세포 생존은 전형적으로 NF-κB라고 하는 핵심적인 전사인자가 활성화됨으로써 이루어지며, NF-κB는 세포 생존에 관여하는 단백질들을 암호화하는 유전자들의 발현을 활성화시킨다. 생존할 것인가 아니면 죽을 것인가 하는 세포의 운명은 친세포사멸성 신호와 항세포사멸성 신호들 사이에서 일어나는 정교한 균형에 달려 있는 것처럼 보인다.

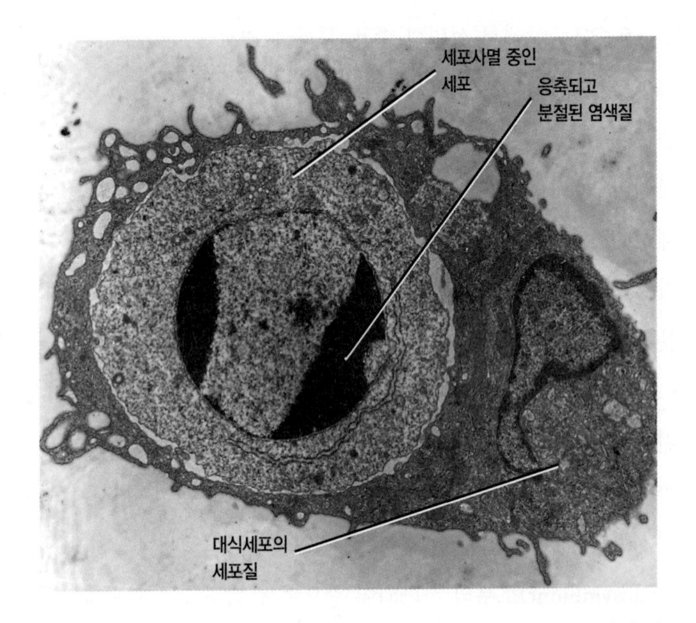

그림 15-39 세포사멸이 일어나고 있는 세포의 청소는 식세포작용에 의해 이루어진다. 이 전자현미경 사진은 식세포의 세포질 안에 세포사멸이 일어난 세포의 "시신"이 있음을 보여주고 있다. 에워싸인 세포가 압축된 특성을 갖고 있고 염색질 밀도가 높은 상태임을 주목하시오.

복습문제

1. 척추동물 생물학에서 세포사멸의 기능은 무엇인가? (a) TNF 분자가 자신의 수용체와 결합하여 세포가 궁극적으로 죽게 되는 시간과 (b) 친세포사멸성인 Bcl-2 구성요소가 미토콘드리아 외막에 결합하여 세포가 죽게 되는 시간 사이에 일어나는 단계들을 설명하시오.
2. 세포사멸 과정에서 카스파아제가 포함된 복합체가 형성되면 어떤 역할을 하는가?

요약

세포신호전달은 정보가 원형질막을 통과하여 세포 내부로 그리고 대개 세포의 핵으로 전달되는 현상이다. 세포신호전달은 전형적으로 원형질막의 바깥 면에서 자극을 인식하고, 원형질막을 통과하여 신호를 전달하며, 세포 내부로 신호를 전파하여, 반응을 야기하는 과정을 포함하고 있다. 세포 반응으로는 유전자 발현 변화, 대사 과정에 관여하는 효소들의 활성 변화, 세포 골격의 재배열, 이온 투과도의 변화, DNA 합성의 활성화 또는 세포 사멸이 포함될 수 있다. 이 과정을 흔히 신호전달이라고 한다. 세포 안에서, 정보는 신호전달 경로를 따라서 전달된다. 여기에는 구조변화를 통해 자신의 기질을 활성화 시키거나 저해하는 단백질 인산화효소와 단백질 인산가수분해효소가 대부분 포함되어 있다. 신호전달경로의 또 다른 현저한 특징은 경로를 작동시키거나 아니면 작동을 멈추게 하는 스위치로 작용하는 GTP-결합 단백질이 관여하고 있다는 점이다.

다수의 세포외 자극들(1차 정보전달물질)이 세포 밖의 표면에 있는

G단백질-연결 수용체와 상호작용을 하여 세포 안에서 2차 정보전달물질의 방출을 촉진시킴으로써 반응을 일으킨다. 다수의 세포외 정보전달물질들은 막-횡단 α-나선 7개를 갖고 있는 내재 막단백질인 수용체(GPCRs)에 결합하여 작용한다. 신호는 이질3량체인 G단백질에 의해 수용체로부터 영향인자로 전달된다. 이들은 세 가지의 소단위(α, β 및 γ)를 갖고 있기 때문에 이질3량체로, 그리고 구아닌 뉴클레오티드인 GDP 또는 GTP 와 결합하기 때문에 G단백질로 불린다. 각각의 G단백질은 두 가지 상태로 존재할 수 있는데, GTP가 결합된 활성 상태 그리고 GDP가 결합된 불활성 상태이다. 아주 다양한 자극들에 대해 반응하는 수백 가지 종류의 G단백질-연결 수용체들이 밝혀졌다. 이들 수용체는 모두 유사한 기작을 통해 작용한다. 자신의 특정한 수용체에 리간드가 결합하게 되면 수용체의 구조 변화를 일으켜서 G단백질에 대한 친화력이 증가한다. 그 결과 리간드가 결합한 수용체가 G단백질과 결합하여, G단백질에 결합되어 있는 GDP가 방출되고 GTP 대체물과 결합하게 만들어서 G단백질은 활성 상태로 전환된다. 구아닌 뉴클레오티드가 교환되면 G_α 소단위 구조를 변화시켜서 $G_{\beta\gamma}$ 복합체로서 함께 존재하는 두 가지 다른 소단위들로부터 분리되게 만든다. 분리된 G_α 소단위 각각은 부착된 GTP와 함께 아데닐산 고리화효소와 같은 특정한 영향인자 분자들을 활성화시킬 수 있다. 분리된 G_α 소단위는 또한 GTP분해효소 활성을 갖고 있는데 보조 단백질의 도움을 받아 결합된 GTP를 가수분해하여 GDP가 결합된 상태로 만들어서 영향인자 분자들을 활성화 시키는 소단위의 능력을 차단한다. G_α-GDP는 다시 $G_{\beta\gamma}$ 소단위와 재결합을 하여 3량체 복합체를 재구성하여 휴지상태로 체계를 되돌린다. 이질3량체인 G단백질을 구성하는 세 가지 소단위들 각각은 다른 종류의 동형이 존재할 수 있다. 특정한 소단위들이 서로 다른 조합을 이루어서 수용체 및 영향인자들에 대해 모두 상호 작용을 하는 데 있어서 다른 특성을 갖고 있는 G단백질을 구성한다.

인지질분해효소 C(PLC)는 원형질막의 안쪽 면에 있는 또 다른 중요한 영향인자이며, 이질3량체인 G단백질에 의해 활성화될 수 있다. PI-인지질분해효소 C는 포스파티딜이노시톨-4,5-이인산(PIP_2)을 두 가지 다른 종류의 2차 정보전달물질인 이노시톨-1,4,5-삼인산(IP_3)과 1,2-디아실글리세롤(DAG)로 절단한다. DAG는 원형질막에 남아 있으면서 이곳에서 단백질 인산화효소 C(PKC)를 활성화시킨다. PKC는 다양한 종류의 표적 단백질들에 있는 세린과 트레오닌 잔기들을 인산화 시킨다. 단백질 인산화효소 C가 항시 활성화되면 성장을 제어할 수 있는 능력을 잃어버리게 된다. IP_3는 세포질로 확산될 수 있는 작은 크기의 수용성 분자이고, 세포질에서 활면소포체 표면에 있는 IP_3 수용체와 결합한다. IP_3 수용체는 4량체인 칼슘이온 통로이다. IP_3가 결합하게 되면 이온 통로가 열리게 되어 Ca^{2+}이 세포질로 확산된다.

포도당 이용은 활성화된 GPCR로 시작하는 신호전달경로에 의해 제어된다. 글리코겐이 포도당으로 분해되는 과정은 에피네프린과 글루카곤 호르몬에 의해 촉진되는데, 이들 호르몬은 표적 세포의 바깥 면에 있는 자신의 수용체와 결합하여 1차 정보전달물질로서 작용한다. 호르몬이 결합하면 막의 안쪽 면에서 영향인자인 아데닐산 고리화효소를 활성화하여 확산되는 2차 정보전달물질인 고리형 AMP(cAMP)를 만든다. 고리형 AMP는 일련의 효소들이 공유적으로 변형되는 다단계 반응(reaction cascade)을 통해 자신의 반응을 일으킨다. 고리형 AMP 분자는 PKA라고 하는 cAMP-의존성 단백질 인산화효소의 조절 소단위와 결합하고, PKA는 가인산분해효소 인산화효소(phosphorylase kinase)와 글리코겐 합성효소를 인산화하여 가인산분해효소 인산화효소를 활성화시키고 글리코겐 합성효소를 저해시킨다. 활성화된 가인산분해효소 인산화효소 분자들은 글리코겐 가인산분해효소에 인산을 부가하여 글리코겐 가인산분해효소를 활성화시켜 글리코겐이 포도당-1-인산으로 분해되게 만들고, 포도당-1-인산은 포도당으로 전환된다. 이러한 다단계 반응이 일어난 결과, 최초의 메시지—호르몬이 세포 표면에 결합하여 전달된—가 크게 증폭되며, 반응 시간이 크게 감소한다. 또한 이러한 유형의 다단계 반응은 다양한 조절 부위들을 제공한다. 인산화효소에 의해 인산기가 부가되는 반응은 인산을 제거하는 인산가수분해효소에 의해 되돌려진다. 다양한 종류의 1차 정보전달물질에 반응하여 여러 가지 다른 세포들에서 고리형 AMP가 만들어진다. 표적세포에서 일어나는 일들의 순서는 cAMP-의존성 인산화효소에 의해 인산화되는 특정한 단백질에 달려있다.

여러 가지 종류의 세포외 자극들은 수용체 단백질-티로신 잔기 인

산화효소(RTK)의 세포외 영역과 결합함으로써 세포 반응을 일으키는데, 이것은 원형질막의 안쪽 면에 위치한 티로신 인산화효소 영역을 활성화시킨다. RTK는 세포 성장 및 증식, 세포분화 과정, 외래 입자 유입, 그리고 세포 생존을 포함한 다양한 기능들을 조절한다. PDGF, EGF 그리고 FGF와 같이 가장 연구가 많이 된 성장-촉진 리간드들은 Ras라고 하는 소형 단량체 GTP-결합 단백질이 관여하는 MAP 인산화효소 다단계반응이라고 하는 신호경로를 활성화 시킨다. 다른 G단백질들과 같이 Ras는 불활성 상태인 GDP-결합형과 활성 상태인 GTP-결합형 사이를 순환한다. 활성형으로 있을 때 Ras는 신호경로의 하류에 놓여 있는 영향인자들을 자극한다. 다른 G단백질들과 같이 Ras는 GTP분해효소(GAP에 의해 촉진됨) 활성을 갖고 있어서 결합된 GTP를 가수분해하여 GDP가 결합된 상태로 만들어, 자신을 불활성형으로 만든다. 리간드가 RTK와 결합하면, 수용체의 세포질 영역에서 트랜스-자가인산화(trans-autophosphorylation)가 일어나서 Ras의 활성인자인 Sos를 막의 안쪽 면으로 모이게 한다. Sos는 GDP를 GTP로 교체하는 과정을 촉매하여 Ras를 활성화시킨다. 활성화된 Ras는 Raf라고 하는 또 다른 단백질에 대한 친화력이 증가된다. Raf는 원형질막으로 모이게 되어 그곳에서 활성형의 단백질 인산화효소가 되어 〈그림 15-20〉에 요약되어 있는 체계적인 인산화 반응 사슬을 개시시킨다. MAP 인산화효소 다단계 반응의 최종 표적은 유전자들의 발현을 촉진시키는 전사인자들인데, 발현된 유전자 산물은 세포주기를 활성화 시키는 데 있어서 중요한 역할을 하여, DNA 합성을 개시시키고 세포분열이 일어나게 한다. 세포 유형마다 다른 종류의 반응을 일으키도록 진화를 통해 적응되어 왔지만, MAP 인산화효소 다단계 반응은 효모로부터 포유류까지 모든 진핵생물에서 발견된다.

인슐린은 표적세포에서 일으키는 여러 가지 작용들을 RTK인 인슐린 수용체와 상호작용을 통해 매개한다. 활성화된 인산화효소가 수용체 그리고 IRS라고 하는 수용체-결합 결합단백질들에 모두 존재하고 있는 티로신 잔기에 인산기를 첨가한다. IRS에서 인산화된 티로신 잔기들은 SH2 영역을 갖고 있는 단백질들에 대한 도킹 부위로 작용한다. 이들이 IRS와 결합하게 되면 활성화된다. 여러 가지 신호전달 단백질들이 인산화된 IRS에 결합됨으로써, 별개인 여러 신호전달 경로들이 활성화될 수 있다. 한 가지 경로에서는 DNA 합성과 세포 분열을 촉진할 수 있고, 다른 경로에서는 포도당 수송체가 세포막으로 이동하는 과정을 촉진할 수도 있으며, 또 다른 경로에서는 인슐린-특이적 유전자들을 발현시키는 전사 인자들을 활성화시킬 수도 있다.

세포질막 또는 원형질막에 상관없이 이들 막에 있는 이온통로가 열려서 세포질 Ca^{2+}농도가 급격히 상승되면 아주 다양한 세포 반응이 일어난다. 세포질의 Ca^{2+}농도는 보통 원형질막과 SER막에 있는 Ca^{2+} 펌프의 작용에 의해 약 10^{-7} M로 유지된다. 수정중인 정자부터 근육세포에 도착한 신경 자극에 이르기까지 여러 가지 다른 종류의 자극들에 의해 세포질의 $[Ca^{2+}]$이 급격히 증가하게 되면, 이어서 원형질막의 Ca^{2+} 통로, IP_3 수용체, 리아노딘 수용체가 열린다. IP_3 수용체, 리아노딘 수용체는 SER막에 있는 다른 유형의 칼슘통로들이다. 세포 유형에 따라서 세포에 도착한 활동전위 또는 원형질막을 통해 소량의 Ca^{2+}이 유입되어 리아노딘 통로가 열릴 수 있다. 반응들 가운데서 상승된 세포질 $[Ca^{2+}]$은 다양한 효소들 및 수송체계의 활성화 또는 저해, 막 융합, 세포골격 또는 수축기능의 변화 등을 일으킬 수 있다. 칼슘은 이들 다양한 표적에 유리된 이온 상태로 작용하는 것이 아니라, 몇 가지 종류의 칼슘-결합 단백질 중 한 가지와 결합한 후 이들이 반응을 일으킨다. 이들 단백질 중 가장 보편화된 것이 칼모듈린이고, 여기에는 4개의 칼슘 결합자리가 있다. 또한 칼슘이온은 식물세포에서 중요한 세포내 정보전달물질이어서, 빛, 압력, 중력 및 아브시스산과 같은 식물호르몬 농도 변화를 비롯한 다양한 종류의 자극에 대한 반응을 매개한다.

서로 다른 신호전달 경로들은 대개 상호 연결되어 있다. 그 결과 근연관계가 없는 다양한 종류의 리간드로부터 유래한 신호들이 수렴되어 Ras와 같이 공통적인 영향인자를 활성화시킨다. 동일한 리간드로부터 유래한 신호들은 분기되어 다양한 종류의 다른 영향인자들을 활성화 시킬 수 있다. 신호들은 서로 다른 경로들 사이에서 이리 저리로 전달될 수 있다(교차-반응).

산화질소(nitric oxide, NO)는 표적세포의 원형질막을 통해 직접 확산되는 세포간 정보전달물질로서 작용한다. NO에 의해 촉진되는 작용들 중에는 혈관을 둘러싸는 평활근 세포 이완이 포함된다. 산화질소 합성효소에 의해 NO가 생성되며, 산화질소 합성효소는 기질로서 아르기닌을 사용한다. NO는 대개 구아닐산 고리화효소를 활성화하여 2차 정보전달물질인 cGMP를 생산함으로써 작용한다.

신호전달 경로는 예정된 세포사 과정인 세포사멸로 끝을 맺을 수 있다. 세포사멸의 예로는 과량의 신경세포 죽음, 신체에 있는 자신의 조직과 반응하는 T 림프구의 죽음, 잠재적인 암세포의 죽음이 포함된다. 세포사멸에 의한 죽음은 세포 및 세포의 핵이 전반적으로 응축되어 특수한 핵산분해효소에 의해 체계적으로 염색질이 해체되는 특징이 있다. 세포사멸은 폴리펩티드 사슬에 있는 특정한 부분을 제거함으로써 핵심적인 단백질 기질들을 활성화 시키거나 아니면 불활성화 시키는 카스파아제라고 하는 단백질 가수분해효소에 의해 수행된다. 별개인 2개의 세포사멸 경로가 밝혀졌는데, 하나는 TNFR1과 같이 죽음의 수용체를 통해 작용하는 세포 외부의 자극에 의해 개시되는 경로이고, 또 다른 하나는 미토콘드리아의 막사이공간에서 시토크롬 *c* 방출과 Bcl-2 단백질 집단에 속하는 친세포사멸성 구성요소들의 활성화를 통해 작용하는 세포 내부의 스트레스에 의해 개시되는 과정이다.

분석 문제

1. 세포생물학의 다양한 여러 가지 주제들을 함께 연결시키기 때문에, 세포신호전달에 관한 내용이 책의 후반부에 배열되어 있다. 이 장을 공부한 여러분은 이런 주장에 대해 동의하는가? 아니면 동의하지 않는가? 여러분이 내린 결론을 예를 들어 설명해 보시오.
2. 〈그림 15-3〉의 신호전달 경로가 세포주기 S기로 세포를 이동시키는 데 관여하는 사이클린-의존성 인산화효소를 저해하는 유전자 발현을 활성화 시킨다고 가정해보자. 단백질 인산화효소3의 기능을 약화시키는 돌연변이는 세포의 성장에 어떻게 영향을 줄 수 있는가?
3. cAMP 포스포디에스터라제를 암호화하는 유전자에 돌연변이가 일어나면 간 기능에 어떤 영향을 줄 수 있는가? 글루카곤 수용체를 암호화하는 유전자에 돌연변이가 일어나면 간 기능에 어떤 영향을 줄 수 있는가? 가인산분해효소 인산화효소를 암호화하는 유전자에 돌연변이가 일어나면 간 기능에 어떤 영향을 줄 수 있는가? G_α 소단위가 갖고 있는 GTP분해효소의 활성화 부위를 변하게 하는 돌연변이가 일어나면 간 기능에 어떤 영향을 줄 수 있는가? (모든 경우에서 돌연변이가 유전자 산물의 기능 상실을 일으킨다고 가정하시오.)
4. Ca^{2+}, IP_3, cAMP는 모두 2차 정보전달물질로 설명된다. 이들의 작용 기작은 어떤 면에서 유사한가? 이들의 작용 기작은 어떤 면에서 다른가?
5. 〈그림 15-20〉에 나와 있는 다단계 반응에서, 어느 단계가 신호 증폭을 일으키는가? 또 어느 단계가 증폭을 일으키지 않는가?
6. 에피네프린과 노르에피네프린이 특정한 표적세포에서 유사한 반응을 일으킬 수 있다고 가정하자. 두 종류의 화합물들이 동일한 세포-표면 수용체에 결합하여 작용하는지 여부를 어떻게 확인할 수 있는가?
7. 간극연접(gap junction)이 작은 분자량의 분자들을 통과시킨다는 것을 보여주는 핵심적인 실험들 중 한 가지는 심장 근육세포(노르에피네프린에 대해 수축함으로써 반응함)가 난소의 과립막 세포(granulosa cell, FSH에 대해 다양한 대사 변화를 일으키는 반응을 함)와 간극연접을 형성할 수 있게 함으로써 수행되었다. 그 다음 과학자들은 혼합된 세포 배양액에 FSH를 첨가하고 근육세포 수축을 관찰하였다. 근육세포들은 FSH에 대해 어떻게 반응할 것인가? 그리고 이 결과는 간극연접의 구조와 기능에 대해 어떤 정보를 주고 있는가?
8. 글루카곤 자극을 받는 동안 간세포에서 일어나는 신호전달 과정들에 대해 세포가 분해할 수 없는 GTP 유사체(가수분해가

되지 않는 유사체)가 어떤 영향을 준다고 생각하는가? 상피성장인자(EGF)에 노출된 후 상피세포에서 일어나는 신호전달 과정에 대해 동일한 유사체는 어떤 영향을 주는가? 동일한 세포들에 대해 콜레라 독소가 미치는 영향과 비교하였을 때 어떤 차이가 있는가?

9. 여러분이 연구 중인 배양 내분비 세포에서 호르몬 분비를 일으키는 2차 정보전달물질의 전구물질로 포스파티딜콜린이 작용할 수도 있다고 추정하고 있다. 더욱이 자극에 대한 반응으로 원형질막에서 방출된 2차 정보전달물질이 콜린-인산이라고 추정하고 있다. 여러분의 가설을 입증하기 위하여 어떤 실험을 수행해야 하는가?

10. 〈그림 15-25〉는 퍼킨지 세포의 수상돌기 안에서 [Ca^{2+}]의 국지적 변화를 나타내고 있다. 칼슘이온은 크기가 작아서 신속히 확산될 수 있는 물질이다. 세포는 어떻게 세포질의 여러 지역에서 유리된 칼슘이온 농도를 다르게 유지시킬 수 있는가? 형광을 띄는 칼슘 탐침을 미리 주입시킨 세포의 특정 부위에 소량의 염화칼슘 용액을 주입한다면 어떤 일이 일어날 것으로 추측하는가?

11. 수정중인 정자가 한 곳에서 난자의 바깥 면과 접촉하게 되면 〈그림 15-27〉에 나와 있는 것과 같이 난자 전체를 통해 전파되는 Ca^{2+} 방출의 파동을 어떻게 유도하는 지를 설명할 수 있는 가설을 제안해 보라.

12. 칼모듈린은 여러 종류의 영향인자들(예: 단백질 인산화효소, 포스포디에스터라제, 칼슘수송 단백질)을 활성화하기 때문에, 칼모듈린 분자는 단백질 분자의 표면에 여러 가지 다른 종류의 결합자리들을 갖고 있어야만 한다. 이런 주장에 대해 동의하는가? 동의한다면 그 이유는 무엇인가? 동의하지 않는다면 그 이유는 무엇인가?

13. 당뇨병은 인슐린 기능이 관여하고 있는 몇 가지 다른 종류의 결함들로 인해 일어나는 질병이다. 다른 종류의 환자들에게서 예를 들면, 고농도의 포도당이 들어 있는 혈액과 오줌을 비롯하여 유사한 임상학적 상황을 나타나게 만들 수 있는 간세포의 세 가지 다른 종류의 분자적 비정상에 대해 설명해 보시오.

14. EGF에 대한 세포의 반응이 인슐린에 대한 세포 반응보다 원형질막의 유동성에 대해 더 민감하게 될 것이라고 예상할 수 있는가? 그렇다면 그 이유는? 그렇지 않다면 그 이유는 무엇인가?

15. Ras에서 일어난 돌연변이가 암의 원인으로서 우성으로 아니면 열성으로 작용할 것으로 예상하는가? 그 이유는 무엇인가? (우성 돌연변이는 상동성 대립형질 중 한 곳에서만 돌연변이가 일어났을 때 그 작용을 나타내는 반면에, 열성 돌연변이는 유전자의 대립 형질이 모두 돌연변이가 일어나는 것을 필요로 한다.)

16. 다음 장에서 설명할 주제인 암의 발달을 막는 데 있어서 세포사멸이 중요한 역할을 하고 있을 수 있는 가능성을 추론해 보시오.

17. 상피성장인자에 대해서는 정상적으로 세포의 성장과 분열 속도가 증가되는 반응을 보이지만, 에피네프린에 대해서는 성장과 분열 속도가 느려지는 반응을 하는 유형의 섬유모세포를 재료로 사용하여 여러분은 현재 실험을 하고 있다. 실험을 통해 이러한 반응들이 모두 MAP 인산화효소 경로가 필요하며, EGF는 RTK를 통해서 그리고 에피네프린은 G단백질-연결 수용체를 통해 작용한다는 결과를 얻었다. 이들 세포로부터 EGF에 대해서는 여전히 동일한 반응을 보이지만 에피네프린에 대해서는 저해가 되지 않는 돌연변이 주를 얻었다고 가정해 보자. 당신은 돌연변이가 두 경로 사이에 존재하는 교차-반응(〈그림 15-33〉에 나와 있음)에 대해 영향을 미치고 있다고 추정하고 있다. 이 그림에 있는 어느 성분이 이런 돌연변이에 의해 영향을 받았을까?

18. 수정될 때 일어나는 칼슘파동은 뉴런을 따라 이동하는 신경자극과 어떻게 유사한가?

19. 현재 미각 인식에 관한 절을 읽고 있다고 가정하고, 효과적인 쥐약을 찾기 어려운 이유를 생각해 보라.

20. 우두 바이러스(cowpox virus)의 유전자 중 하나가 CrmA라고 하는 단백질을 암호화하는데, 이는 카스파아제의 강력한 저해인자이다. 바이러스에 감염된 세포에 대해 이 단백질이 어떤 영향을 미칠 것이라고 예측하는가? 이 단백질은 감염한 바이러스에 어떻게 유리하게 만드는가?

21. RTK 대부분이 하류의 영향인자에 직접적으로 작용을 하는 반면에, 인슐린 RTK는 중간의 결합단백질인 인슐린 수용체

기질(insulin receptor substrate, IRS)을 통해 작용한다. 이들 IRS 중간체를 사용함으로써 생기는 신호전달 과정의 장점은 어떤 것들이 있는가?

22. 과학자들이 (1) PI3K효소를 특이적으로 저해하는 화합물인 월트마닌(wortmannin)을 세포에 넣고 배양시키면 표적세포에 대한 인슐린의 생리적 영향 대부분을 막을 수 있으며, (2) 항시 활성형(즉, 환경에 관계없이 계속해서 활성형인 효소)인 PKB를 세포에서 과량 발현하게 하면 이들 세포에 인슐린을 처리한 것과 거의 동일한 반응을 유도할 수 있다고 보고하였다. 〈그림 15-23〉을 보면서 이러한 관찰들은 당신이 예측하던 것과 같은 것인가? 그렇다면 그 이유는 무엇인가? 그렇지 않다면 그 이유는 무엇인가?

23. 카스파아제-9를 만들지 못하는 유전자제거(knockout) 생쥐는 몇 가지 결함 때문에 죽는데, 그 중 아주 커진 뇌가 가장 뚜렷한 증상이다. 유전자제거 생쥐가 이런 표현형을 갖게 된 이유는 무엇인가? 카스파아제-9 유전자제거 생쥐와 비교하여 시토크롬 *c* 유전자제거 생쥐의 표현형은 어떨 것으로 예상되는가?

24. 어떤 사람들은 PROP이라고 하는 화합물이 쓴맛을 갖고 있는 것을 알지만, 또 다른 사람들은 이런 인식을 하지 못한다. 그 이유는 무엇이라고 생각하는가?

제 16 장

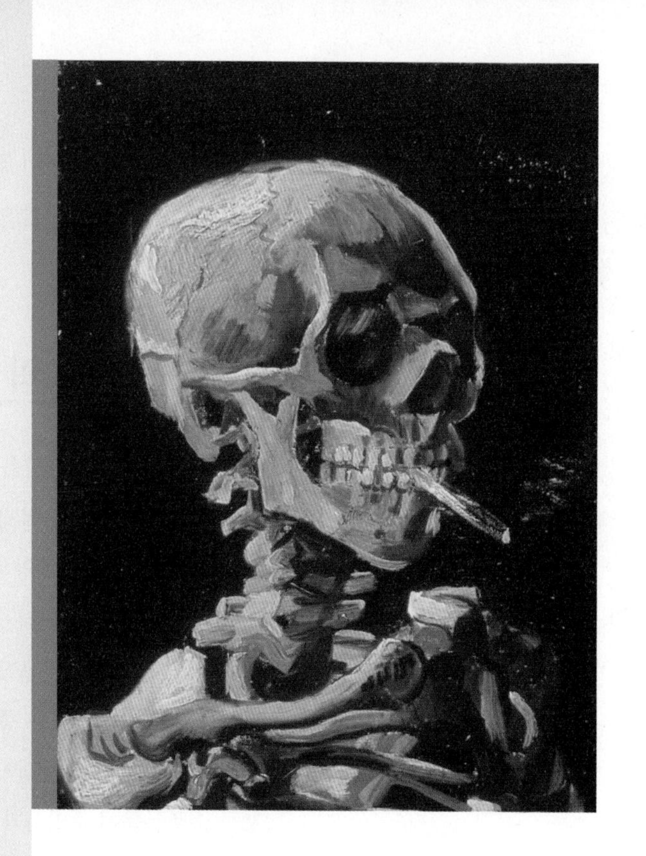

암

16-1 암세포의 기본 특성

16-2 암의 원인

16-3 암의 유전학

16-4 암치료를 위한 새로운 전략

실험경로: 암유전자의 발견

암은 특정한 유전자 변형에서 유래하므로 일종의 유전적인 질환이라고 할 수 있지만, 대부분의 경우 자손에게 유전되지는 않는다. 유전질환의 경우, 유전자의 결함이 부모의 염색체 상에 존재하며 접합자(수정란)에게 전달된다. 반면에, 대부분의 암을 일으키는 유전적 변형은 발병하는 개인의 일생 중에 체세포의 DNA에서 일어난다. 이러한 유전적 변화에 의하여 암세포의 분열은 통제되지 않으며, 결국 주변의 건강한 조직을 침범하는 악성종양이 된다(그림 16-1). 자라는 종양이 일부 부위에만 국한되어 존재하는 경우에는 수술로 제거하여 치유할 수 있다. 그러나 악성종양은 전이되는(轉移, *metastasize*) 경향이 있다. 전이란 원래 종양 덩어리에서 떨어져 나간 일부 세포가 림프계 또는 혈관 순환계로 들어가서 몸의 다른 자리로 퍼져, 치명적인 2차종양[전이체(轉移體, *metastase*)]이 생기는 것을 말한다. 이러한 경우에는 수술로 제거하기가 쉽지 않다. 전이에 관한 주제는 제11장의 〈인간의 전망〉에 논의되어 있다.

인간의 건강에 미칠 수 있는 암의 영향력 그리고 치료 방법이 개발될 수 있다는 희망 때문에, 암은 지난 수십 년간 많은 연구의 초점이 되어왔다. 이런 연구들에 의하여 암의 세포학적, 분자생물학적 기작을 획기적으로 많이 이해하게 되었지만, 아직도 암의 발생을 막거나,

담배를 문 두개골

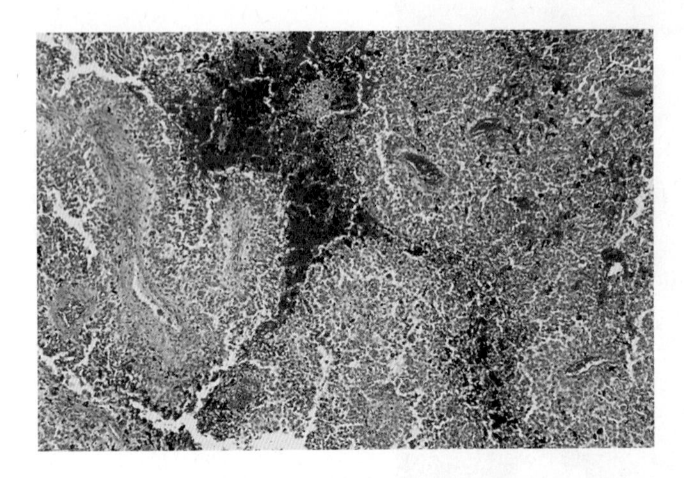

그림 16-1 **성장하는 종양의 정상조직 침범.** 이 광학현미경 사진은 사람 간조직의 절단면으로서, 정상 간 조직을 침범하고 있는 전이된 흑색육종(*melanosarcoma*, 빨간색 부분)을 보여준다.

암환자의 생존율을 높이기에는 역부족이다. 미국 내의 다양한 암 발생율과 그에 따른 치사율이 〈그림 16-2〉에 나타나 있다. 화학요법 및 방사선요법 등과 같은 최근의 치료법은, 동시에 정상적인 세포들을 다치지 않고 암세포 만을 죽이기 위한 특이성이 없기 때문에, 치료 과정에서 심각한 부작용이 동반된다. 결과적으로 체내의 모든 종양세포를 사멸시키기에 충분한 양의 약물 또는 방사선을 환자에게 투여하지는 못한다. 그러므로 연구자들은 지난 수년 간 더욱 효과적이며 부작용이 적은 치료법을 찾기 위하여 연구해 왔다. 최신 항암요법 중 일부를 이 장의 마지막 부분에 소개할 것이다. ■

16-1 암세포의 기본 특성

암세포들의 행동은 배양을 하여 키우면 가장 쉽게 연구할 수 있다. 암세포는 악성종양을 절제한 후, 종양 조직을 각각의 세포로 분리하여 시험관 내에서 배양하여 얻을 수 있다. 지난 수년 동안, 사람의 종양에서 유래된 여러 종류의 배양된 세포주들이 세포은행에 보관되어 연구에 사용되고 있다. 또 다른 방법은 정상세포에 발암성 화학물질, 방사선, 또는 종양 바이러스를 처리하여 암세포로 전환시키는 것이다. 화학물질이나 바이러스 처리에 의해 형질전환된 세포를 숙주동물에 주입시키면, 대부분의 경우에 종양을 유발시킬 수 있다. 암세포들은 그 종류에 따라 다양한 특성을 나타낸다. 동시에, 암세포들은 그 조직의 기원과는 무관하게 많은 공통적인 기본 특성을 갖고 있다.

세포 수준에서, 암세포의—체내에 있든 또는 배양 접시에 있든—가장 중요한 특징은 성장-조절 능력의 상실이다. 성장과 분열을 위한 능력(*capacity*)은 암세포와 대부분의 정상세포 사이에 크게 다르지 않다. 정상세포들이 세포 증식을 촉진하는 조건에서 조직배양

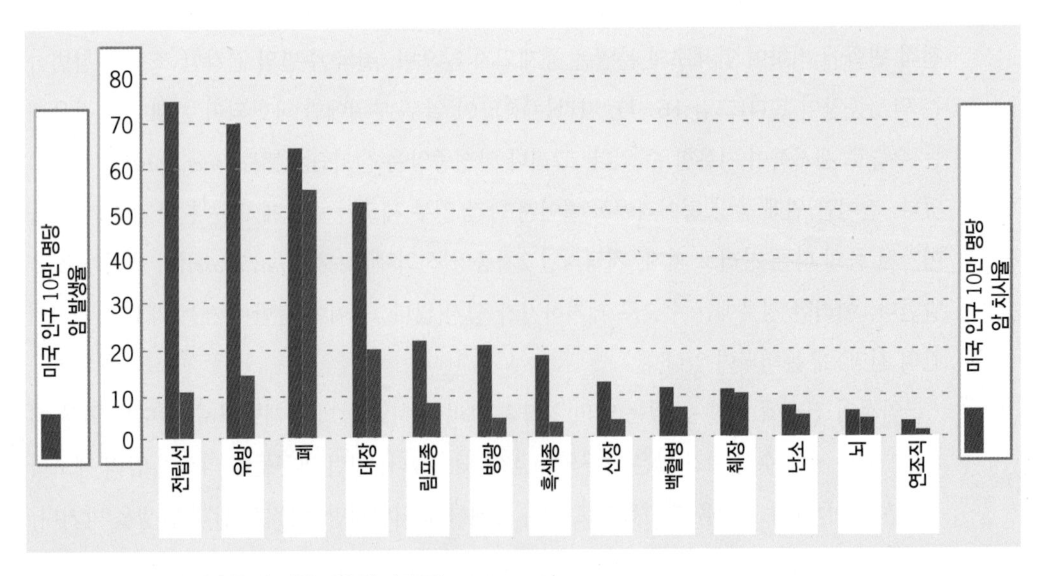

그림 16-2 **미국 내 새로운 암 발생 건수와 사망률(2000–2003).**

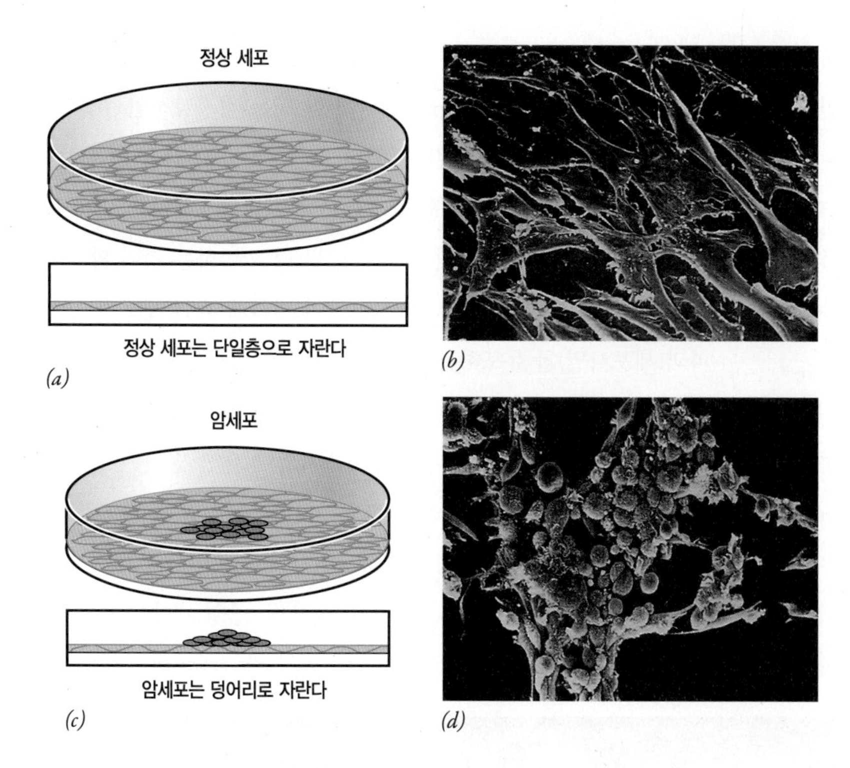

그림 16-3 정상세포와 암화(癌化)된 세포의 성장 특징. 정상세포들은 배양 접시를 단층으로 덮을 때까지만 성장한다(*a*와 *b*). 대조적으로, 바이러스나 발암성 화합물에 의해 형질전환된 세포(또는 종양에서 절제되어 배양된 악성 세포)들은 계속적으로 성장하여 다층의 세포 덩어리들을 형성한다(*c*와 *d*).

으로 자랐을 때, 이 세포들은 암세포와 비슷한 속도로 성장하고 분열한다. 그러나 정상세포들이 배양 접시의 바닥을 모두 덮을 때까지 증식하면, 그 성장 속도는 현저히 감소하고, 배양 접시 표면에 단층(單層, *monolayer*)으로 머무는 경향이 있다(그림 16-3*a*,*b*). 정상세포가 주변 환경에서 생긴 억제적인 영향에 반응할 때, 성장 속도는 감소한다. 성장억제 영향은 배지 내의 성장 인자의 고갈 또는 배양 접시에서 주변 세포와의 접촉에 의해 생길 수 있다. 반면, 암세포를 동일한 조건에서 배양하였을 때, 이 세포들은 계속 자라서 세포들이 서로 위에 겹쳐 쌓여서 덩어리를 형성한다(그림 16-3*c*,*d*). 이것은 정상세포에서는 성장과 분열을 멈추게 하는 신호에 대해서 암세포가 반응하지 않는다는 증거이다.

암세포는 이러한 성장억제 신호를 무시할 뿐만 아니라, 정상세포들이 필요로 하는 성장자극 신호가 없는 상태에서도 계속 자란다. 배지에서 자라는 정상세포들은 표피 성장인자 및 인슐린과 같은 성장인자들에 의존적이다. 그래서 혈청(혈액의 액체 분획) 속에 있는 이런 인자들을 흔히 성장 배지에 첨가한다(그림 16-4). 반면에, 암세포는 혈청이 없는 조건에서도 증식할 수 있다. 그 이유는, 암세포들의 세포주기는 세포 표면에 있는 수용체와 혈청 내 성장인자 사이에 일어나는 상호작용에 의존하지 않기 때문이다. 아래에서 처럼, 이러한 형질전환은 세포의 분열과 생존을 조절하는 세포 내 경로가 변화되어 생긴 것이다.

배양 상태에서 자라는 정상세포는 세포분열 능력이 제한되어 있다. 즉, 일정한 횟수의 유사분열 후에는 성장과 분열을 계속할 수 없게 되는 노화 과정을 거친다. 한편 암세포는 끊임없이 분열하므

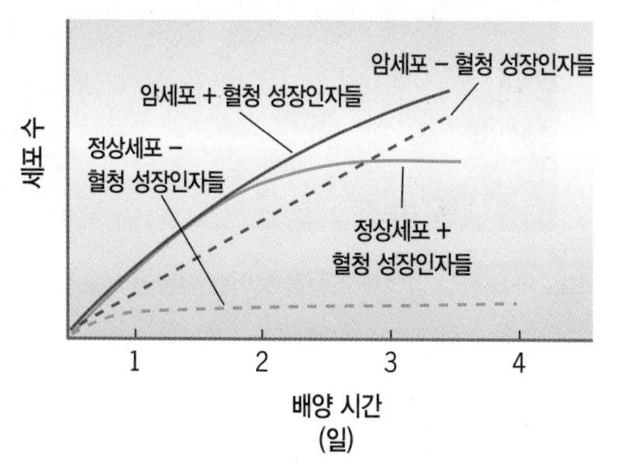

그림 16-4 정상세포와 형질전환된 세포의 성장에 미치는 혈청 결핍의 영향. 암세포의 성장은 외부 성장인자의 존재 여부와 상관없이 지속되는 반면에, 정상세포는 지속적인 성장을 하기 위해 배양액에 이러한 인자들이 존재해야 한다. 정상세포의 성장은 배지 내 성장인자가 고갈되면 정지된다.

로 겉보기에는 죽지 않는 것처럼 보인다. 이러한 성장 잠재력의 차이는, 염색체의 말단절(末端節, telomere)를 합성하는 효소인 말단절합성효소(telomerase)가 암세포에는 있지만 정상세포에는 없기 때문에 생긴다. 이 효소는 염색체의 끝에 있는 말단절을 유지시켜서 세포가 계속 분열할 수 있게 하는 효소이다. 대부분의 정상세포에 말단절합성효소가 없는 것은 종양의 성장을 막기 위한 몸의 중요한 방어 작용 중의 하나로 생각된다.

형질전환에 따른 세포 내 핵의 가장 큰 변화는 염색체 내에서 생긴다. 정상세포들은 생체 내에서 그리고 시험관 내에서 성장 및 분열할 때 2배체 염색체 조성(diploid chromosomal complement)을 유지한다. 그러나 암세포들은 유전적으로 불안정하며 비정상적인 염색체 조성을 갖게 되는데, 이러한 상태를 이수성(異數性, *aneuploidy*)(그림 16-5)이라고 한다. 이수성은 주로 유사분열 세포주기확인점(mitotic checkpoint)의 결함 또는 비정상적인 수의 중심체 형성 등의 결과로 생길 수 있다(그림 14-17*c* 참조).[1] 〈그림 16-5〉에서 보면, 정상 세포의 성장은 일반적인 2배체 염색체 양에 의존적이지만, 암세포의 성장은 훨씬 덜 의존하는 것이 확실하다. 실제로 정상세포에서는 염색체 양이 변하게 되면 세포의 자기파괴(세포사멸)를 유도하는 신호전달 과정이 활성화된다. 반면에, 암세포는 염색체 양이 상당히 변화되어 있을 때 조차도 세포사멸 반응을 유도하지 못한다. 따라서 세포사멸에 대한 방어는 암세포를 정상세포와 구별하는 중요한 지표가 된다. 마지막 특징으로, 흔히 암세포는 혐기성 대사경로인 해당작용에 의존한다(그림 3-24 참조). 이 특성은 암세포의 대사율이 높으며, 종양 내에는 혈액 공

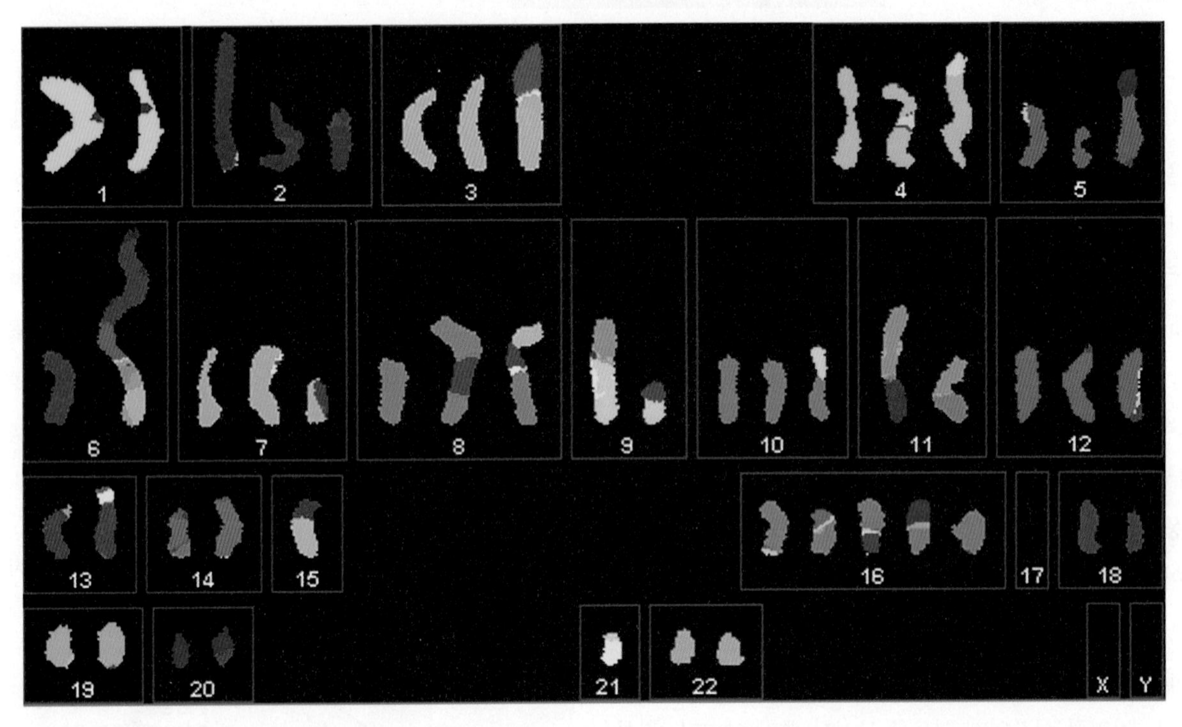

그림 16-5 고도의 비정상 염색체 조성을 보이는 유방암 세포주로부터 한 세포의 핵형. 정상인 2배체 염색체는 22쌍의 상염색체와 2개의 성염색체를 갖는다. 한 쌍으로 된 2개의 염색체는 동일할 것이며 각 염색체는 동일한 색깔일 것이다(비슷한 분광 시각화 기술을 이용한 〈그림 6-18*b*〉의 정상세포 핵형에서처럼). 이 세포 염색체들은 부가적인, 또는 소실된 염색체, 그리고 한 가지 이상의 색을 나타내는 염색체 등이 존재하는 것으로 보아 매우 비정상적이다. 여러 가지 색의 염색체들은 이전의 세포세대에서 염색체 전위가 많이 일어났음을 알려준다. 정상적인 세포주기확인점과 세포사멸 기작을 지닌 세포라면 여기서 보인 것과 비슷한 염색체 조성이 결코 나타날 수 없을 것이다.

[1] 염색체 이수성의 형성이 종양형성 초기에 생기는지, 암세포의 특징인 불안정성의 원인인지, 또는 종양형성 후기에 나타나며 단순히 비정상적인 암성장의 결과인지는 아직 논쟁 중이다.

급이 불충분함을 반영한다. 저산소증(hypoxia)에서 암세포는 HIF[a] 라는 전사인자의 활성화를 통하여 새로운 혈관을 형성하고 자신의 이동을 촉진하게 되는데, 이로 인하여 암이 퍼지게 된다. 그러나 산소가 충분한 조건에서 조차, 암세포는 해당작용을 통하여 다량의 ATP를 계속적으로 생산한다. 해당작용의 최종산물인 젖산은 종양의 미세환경으로 분비되고 이는 암의 성장을 더욱 촉진한다.

배양 환경에서 입증될 수 있는 이러한 특징들과 체내에서 먼 자리까지 퍼질 수 있는 경향이, 암세포가 한 생명체 전체의 안녕을 위협하게 만든다.

복습문제

1. 정상세포와 암세포를 구별하는 특징에 대하여 서술하시오
2. 배양상태에서 암세포는 어떠한 특징을 나타내는가?

16-2 암의 원인

1775년 영국의 외과의사 퍼시벌 포트(Percivall Pott)는 환경적 요인과 암 발생과의 연관관계를 최초로 발견하였다. 포트는 굴뚝청소부에서 높은 비율로 나타나는 비강암과 음낭 피부의 암이 그을음에 빈번히 노출되었기 때문이라고 결론지었다. 지난 수십 년 동안, 그을음 속에서 발암성 화학물질이 분리되었으며, 암을 유도하는 수백 종의 화합물이 실험동물을 통해서도 확인되었다. 다양한 종류의 화학물질들 이외에, 이온화 방사선과 여러 가지 DNA-함유 및 RNA-함유 바이러스들 등을 포함한 많은 다른 유형의 물질이 암을 일으킨다. 이런 모든 물질들은 유전체(遺傳體, genome)를 변화시킨다는 한 가지 공통점을 갖고 있다. 그을음이나 담배연기 등에 존재하는 발암성 화학물질은 직접적인 돌연변이 유발원이거나 또는 세포 내 효소에 의해 돌연변이 유발성 화합물로 변화할 수 있다는 것이 거의 항상 판명되었다. 이와 유사하게, 피부암을 유발하는 자외선 역시 강한 돌연변이 유발원이다.

많은 바이러스들은 배양 상태에서 자라는 포유류 세포를 감염시켜 암세포로 형질전환 시킬 수 있다. 이러한 바이러스들은 성숙한 바이러스 입자 내에서 발견되는 핵산의 유형에 따라 크게 두 가지 무리, 즉 **DNA 종양바이러스**(DNA tumor viruse)와 **RNA 종양바이러스**(RNA tumor viruse)로 분류된다. 세포를 형질전환 시킬 수 있는 DNA 바이러스에는 폴리오마바이러스(polyoma virus), 시미안바이러스[simian virus (SV40)], 아데노바이러스(adenovirus), 그리고 헤르페스-유사 바이러스(herpes-like viruses)가 있다. RNA 종양바이러스 또는 레트로바이러스(retroviruses)의 구조는 HIV와 유사하며(그림 1-21*b* 참조), 이 장의 끝부분에 있는 〈실험경로〉에서 논의할 것이다. 종양바이러스는 세포의 정상적인 성장조절 활동을 방해하는 산물을 만드는 유전자를 갖고 있기 때문에 세포의 형질전환을 유도한다. 비록 이 종양바이러스들은 연구자들이 세포의 형질전환에 관련되어 있는 다수의 유전자를 발견하게 하는 데는 귀중한 도구였지만, 이들 종양바이러스는 단지 소수의 사람의 암과 관련되어 있다. 그러나 다른 종류의 바이러스들은 세계적으로 발생하는 암의 20% 정도와 관련되어 있다. 이 바이러스들의 대부분은 암을 일으키는 유일한 결정 요인으로 작용하기보다는, 발암 위험을 크게 증가시키는 역할을 한다. 바이러스 감염과 암과의 상관관계는 성행위로 전파되어 전체 인구에서 증가 추세에 있는 사람유두종 바이러스(human papilloma virus, HPV)에서 잘 나타난다. 이 바이러스가 자궁경부암의 약 90%에 존재하고 이 질환의 발병에 HPV가 중요하다고 할지라도, 이 바이러스에 감염된 여성의 대부분이 암에 걸리지는 않을 것이다. HPV는 남성과 여성의 구강암 및 설암의 원인으로 작용하기도 한다. 이 바이러스에 대한 효과적인 백신이 현재 시판되고 있다. 사람의 암과 관련이 있는 또 다른 바이러스로는 간암과 관련된 B형 간염바이러스(hepatitis B virus), 말라리아 발생 지역에서 흔한 버킷 림프종(Burkitt's lymphoma)과 관련된 엡스타인-바 바이러스(Epstein-Barr virus), 카포시 육종(Kaposi's sarcoma)과 관련된 헤르페스 바이러스(Herpes virus, HHV-8) 등이 있다.

일부 소화기계 림프종(gastric lymphomas)은 위에 존재하는 위궤양의 원인이 되는 헬리코박테르 피로리(*Helicobacter pylori*) 균에 의한 만성적인 감염과 관련이 있다. 감염과 관련된 암들은 실제로 병원균에 의하여 생기는 만성적인 염증과 관련되어 있다는 증거들이 최근 들어 제시되고 있다. 장내의 만성적인 염증에 의한 염증성

역자 주[a] HIF: "hypoxia-inducible factor(저산소증-유도성 인자)"의 머리글자이다.

대장질환(Inflammatory bowel disease, IBD)의 경우도 대장암의 위험률 증가와 관련이 있는 것으로 보고되고 있다. 이러한 발견들은 여러 가지 암의 발달과정에서 연구자들이 예전에는 관심을 갖지 않았던 요인인 염증의 일반적인 과정에 관심을 갖게 만들었다.

여러 종류의 암의 원인을 규명하는 것은 전체 인구를 대상으로 질환의 유형을 연구하는 연구자인 역학자(疫學者, *epidemiologist*)의 몫이다. 어떤 암은 그 원인이 확실하게 알려져 있다. 예로서, 흡연은 폐암, 자외선에의 노출은 피부암, 그리고 석면의 흡입은 중피종(mesothelioma)을 일으킨다. 그러나 많은 연구에도 불구하고 우리는 여전히 많은 종류의 사람에서 생기는 암의 원인을 정확히 알지 못하고 있다. 사람은 복잡한 환경에서 살아가고 있으며, 수십 년간 여러 종류의 잠재적인 발암물질에 노출된다. 개인의 생활방식에 대한 질문과 대답을 바탕으로 만들어진 산더미 같은 통계 자료를 바탕으로 암의 원인을 규명하는 것은 매우 어렵다는 것이 증명되었다. 환경적 요인[예: 식이(食餌)]의 중요성은 아시아에서 미국으로 또는 유럽으로 이주한 부부의 자녀를 대상으로 실시한 연구에서 명확히 밝혀졌다. 이들은 아시아인에서 흔히 나타나는 소화기암의 발생빈도가 현저히 낮았으며, 서양인에게 특징적인 대장암과 유방암의 발병률이 현저히 높았다(그림 16-6).

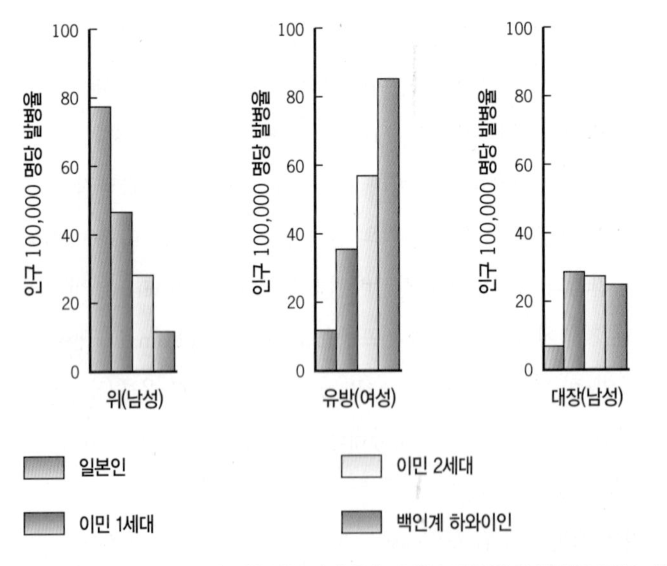

그림 16-6 하와이로 이주한 일본인의 후손에게서 관찰된 암 발병률 변화. 위암의 발병은 감소하는 반면 유방암과 결장암의 발병은 증가하였다. 그러나 세 가지 종류의 암 중에서 결장암 만이 제2세대에서 하와이계 백인과 동등한 비율로 나타났다.

역학자의 일반적인 일치된 의견에 따르면, 음식에 들어있는 어떤 성분, 예를 들면, 동물성 지방, 알코올 등은 암의 발병을 증가시키는 요인이 되며, 과일, 야채, 차 등에 함유된 일부 화합물은 그 위험률을 감소시킨다. 몇몇 조제된 약들도 예방 효과를 보인다. 아스피린(aspirin), 인도메타신(indomethacin)과 같은 비스테로이드성 항염증약물(nonsteroidal anti-inflammatory drug, NSAID)을 장기간 복용하면 대장암의 발병률은 현저히 감소된다. 이들 약물은 사이클로옥시게나아제-2(cycloxygenase-2)를 억제하는 것으로 생각된다. 사이클로옥시게나아제-2는 장관 내 용종(polyps)의 생장을 촉진하는 호르몬 유사물인 프로스타그란딘(prostaglandin)의 합성을 촉매하는 효소이다. 이러한 NSAID류의 항암작용은 염증이 여러 가지 암의 발달과정에서 중요한 역할을 한다는 사실을 뒷받침한다.

16-3 암의 유전학

암은 서구사회에서 사망의 주된 요인으로 손꼽히는 두 가지 중의 하나이며, 인구 3명중 1명이 앓고 있는 질환이다. 이러한 측면에서, 암은 가장 흔한 질환 중의 하나이다. 그러나 세포학적 측면에서 보면, 암은 매우 희귀한 현상이라고 말할 수 있다. 악성종양 내의 세포를 유전학적인 측면에서 면밀히 조사하면, 그들은 하나의 세포로부터 유래됨을 알 수 있다. 그러므로 다수의 세포가 변화되어야 하는 다른 질환과는 달리, 암은 통제하기 어려운 하나의 세포가 제어되지 않는 증식을 함으로써 만들어진다[그래서 암은 단일클론(*monoclonal*)이라고 함]. 사람은 수 조 개의 세포로 구성되어 있으며, 하루 동안 그 중 수십억 개가 세포분열을 하고 있다. 분열하는 세포 중 어느 것이라도 유전적으로 변화되어 악성종양으로 자라날 수 있는 가능성이 있다. 그럼에도 불구하고, 인구의 1/3 만이 일생에서 암이 생긴다.

더 많은 세포가 암으로 변화하지 않는 이유는 악성 형질전환(malignant transformation)에는 하나 이상의 유전적 변화가 요구되기 때문이다. 특정 종류의 암으로 발전할 가능성이 있는 유전적 변화는 부모로부터 유전되는 생식계열 돌연변이(germ-line mutation) 그리고 우리의 일생을 통해 발생되는 체세포 돌연변이(somatic mutation) 등의 두 가지로 구분된다. 유전적으로 물려받으면 암에 걸릴 가능성이 증가하는 몇 몇 종류의 돌연변이가 있다. 이런 돌연변이에 대한 연구로 우리는 기능이상 유전자가 어떻게 암을 발생시키는지를 알게 되었는데, 이 유전되는 암에 대하여서는 차후에 기술할 것이다. 그러나 대부분의 경우 유전된 돌연변이는 질병 발생의 주된 원인이 아니다. 암 발병에 대한 유전적인 영향을 추정할 수 있는 하나의 방법은 일란성 쌍둥이가 일정 연령에 이르렀을 때 나타내는 암을 연구하여 가능성을 확인하는 것이다. 이러한 연구에 의하면, 두 명의 75세 일란성 쌍둥이 모두가 유방암이나 전립선암 등의 동일한 암에 걸릴 확률은 암의 종류에 따라 일반적으로 10~15%이다. 유전된 유전자가 암의 발달에 큰 영향을 미치지만, 가장 큰 영향을 미치는 요인은 우리 일생동안 변화되는 유전자인 것이다.

악성 종양형성(腫瘍形成, *tumorigenesis*)은 다단계 과정으로, 하나의 세포가 여러 번의 계속적인 세포분열을 거치면서 수년에 걸쳐 완성되는 영속적인 유전적 변화이다. 이 유전자의 변화는 특별한 악성 상태, 예를 들면, 세포사멸(apoptosis)에 대한 저항 등을 일으킨다(관련 내용은 〈16-1절〉에 서술되었음). 유전적 변화가 점차적으로 발생되는 동안, 해당 세포들이 신체의 정상적인 통제 기작에 대해 반응하는 능력이 계속적으로 저하되고 주변의 정상조직을 침범하는 능력은 증가한다. 이러한 이론에 의하면, 종양형성은 세포분열을 많이 할 수 있는 능력을 가진 암을 시작하게 하는 데 관여하는 세포가 필요하다. 이러한 필요조건은 암으로 변화될 수 있는 잠재력이 있는 조직에 존재하는 세포의 종류에 관심을 기울이게 하였다.

가장 일반적인 고형암(solid tumor), 즉 유방암, 대장암, 전립선암, 폐암 등은 세포분열이 빠르게 일어나는 상피조직(epithelial tissue)에서 발생한다. 이것은 빠르게 분열하는 조혈조직(blood-forming tissue) 질환인 백혈병(leukemia)도 동일하다. 이러한 조직들의 세포는 대략 다음과 같이 세 가지로 분류될 수 있다. 즉, (1) 줄기세포(stem cell)들은 무한정으로 분열할 수 있는 능력을 갖고 있어서 자신과 같은 세포를 만들어내는 능력이 있으며, 또한 어떠한 조직으로도 분화될 수 있다. (2) 전구세포(progenitor cell)들은 줄기세포에서 분화되었으며 제한적인 분열능력을 갖고 있다. (3) 조직의 분화된 최종산물은 보통 분열능력이 결여되어 있다. 이들 세 무리의 세포들에 대한 예는 〈그림 17-6〉에 예시되어 있다.

과다 분열 능력을 가진 세포에 의해 종양이 형성된다는 사실은 종양의 근원에 대해 두 가지 시나리오를 고려해 볼 수 있게 한다. 성체 조직 내에 존재하는 비교적 적은 수의 줄기 세포에 의하여 암이 발생된다는 것이 첫 번째 시나리오이다. 줄기세포는 생존 기간이 길고 무한한 분열능력을 나타내므로 악성 형질전환에 요구되는 돌연변이가 축적될 수 있다. 실제로 여러 연구 결과들이 줄기세포가 다양한 종류의 암의 원인이라고 제안하고 있다. 또 다른 시나리오는 전구세포가 종양 형성의 과정에 필요한 새로운 능력—무한한 분열능력 등과 같은—을 획득함으로써 악성종양이 된다는 것이다. 어떤 종양은 줄기세포에 의해, 또 다른 종양은 전구세포에서 유래되는 것으로 보아, 이들 두 시나리로는 상호 보완적으로 보인다.

암이 자라남에 따라, 암조직 내 세포군에서 암의 성장에 가장 적절한 특징을 갖는 세포 만이 축적되는 일종의 자연선택(natural selection)이 일어난다. 예를 들면, 염색체의 텔로미어 길이가 일정하게 유지되는 세포만으로 이루어진 종양 만이 무한히 자라날 수 있을 것이다. 말단절합성효소를 발현하는 종양 내 세포들은 이 효소를 갖고 있지 않은 세포보다 탁월한 성장을 나타낼 것이다. 결국 이 효소를 갖고 있지 않은 세포는 죽어가고, 염색체의 말단절합성효소-발현 세포(telemorase-expressing cell)는 잘 자라서 마침내 종양 내의 모든 세포는 말단절합성효소를 갖게 된다. 말단절합성효소의 발현은 종양 발달(tumor progression)의 또 다른 중요성을 나타낸다. 즉, 이런 모든 종양으로의 변화가 유전적 돌연변이에 의한 것은 아니다. 말단절합성효소 발현은 정상상태에서 억제되어 있던 유전자가 활성화되는 후성유전적(epigenetic) 변화에 의한 것으로 생각된다. 즉, 제6장에서 설명되었듯이 이러한 활성화에는 유전자 근처의 염색질 구조의 변화 또는 DNA 메틸화반응(DNA methylation)의 변화 등이 관여하는 것 같다. 한번 후성유전적 변화가 일어나면, 이 변화는 이 세포에서 유래된 자손 세포에 전해지므로, 결과적으로 영구적이고 유전될 수 있는 변화가 된다. 심지어 악성종양이 된 이후에도 암세포는 돌연변이와 후성유전적 변화가 축적되어 더더욱 비정상화된다(그림 16-5에서처럼). 이러한 유전적 불안정성에 의하여 흔히 종양조직 안의 세포가 약물에 저항성을 나타내게 되므로 일반적인 약물치료로 질환을 치료하기가 어렵게 된다.

암 발생 과정에서 일어나는 유전적 변화에는 조직학적 변화, 즉 세포의 형태 변화가 함께 나타나게 된다. 최초의 변화는 "전암증상(precancerous)"이다. 이것은 세포가 성장 제어능력의 상실과 같은 암의 특정 성질을 얻게 되지만, 아직 주변조직을 침범하거나 먼 자리에 위치한 조직까지 전이되지는 않은 변화를 의미한다. 팝스미어(*Pap smear*, 파파니콜로우 도말검사법)는 자궁경부 상피세포의 전암세포 여부를 측정하는 방법이다. 자궁경부암(cervical cancer)의 발병은 10년 이상의 기간이 소요되며, 증가된 비정상적인 세포(〈그림 16-7〉에서처럼, 정상 세포보다 더 큰 핵을 가지며 덜 분화되어 있음) 들에 의해 특징화되어진다. 비정상적인 모양을 가진 세포가 발견되면, 자궁경부에서 전암(前癌) 상태인 부위를 찾아서 레이저 요법, 냉동요법 또는 수술적인 방법으로 파괴해 버린다. 일부 조직은 흔히 양성종양(*benign* tumor)을 만들게 되는데, 양성종양은 세포가 분열하여 덩어리가 형성되지만 악성종양이 될 위험은 없다. 우리가 많이 갖고 있는 사마귀(mole)가 양성종양의 예이다. 최근 연구에 의하면 사마귀에 있는 색소 세포는 노화(*senescence*)라고 정의될 수 있는 일종의 성장 정지 상태에 들어가는 반응을 겪는다. 색소 세포에서 노화는 특정 유전적 변화가 일어난 후 촉진되는데, 그렇지 않다면 이 세포는 악성종양이 되는 과정으로 들어가게 된다. "강제적인 노화(forced senescence)"는 고등동물에서 암의 발달을 억제하기 위해 진화한 또 다른 기작으로 생각되고 있다.

16-3-1 종양-억제 유전자와 암유전자 : 제동장치와 가속장치

발암(發癌, carcinogenesis)에 관련된 유전자는 종양-억제 유전자와 암유전자(oncogene) 두 가지로 분류된다. **종양-억제 유전자**(tumor-suppressor gene)는 세포의 제동장치로 작용한다. 이 유전자는 세포의 성장을 제한하고 세포의 악성화를 저해하는 단백질을 암호화 하고 있다(그림 16-8*a*). 이러한 유전자의 존재는 1960년대에 설치류의 정상 세포와 악성 암세포를 융합시킨 연구에 의하여 밝혀졌다. 융합에 의하여 형성된 혼성체(hybrid)의 일부가 악성 암의 특징을 잃어버렸는데, 이것은 정상세포가 암세포의 비정상적인 성장을 억제하는 어떤 인자를 보유하고 있다는 것을 암시하였다. 종양-억제 유전자가 존재한다는 또 다른 증거는 특정 조류의 암에서 어떤 염색체의 특정부위가 항상 결여되어 있다는 것으로부터 유래되었다. 만약 이 유전자가 결여되어 있는 것이 암의 발생과 상호연관이 있다면, 이 유전자의 존재가 암의 형성을 억제한다는 것을 알 수 있다.

한편 **암유전자**(oncogene)는 세포의 성장 제어 능력을 상실하게 하고 악성화 상태로 변화시키는 단백질을 암호화하고 있다(그림 16-8*b*). 대부분의 암유전자는 세포 분열을 가속화시키는 작용을 하고, 또한 다른 기능도 갖고 있다. 암유전자는 유전자의 불안정성을 유도하며, 세포사멸을 방해하거나 전이를 촉진한다. 암유전자는

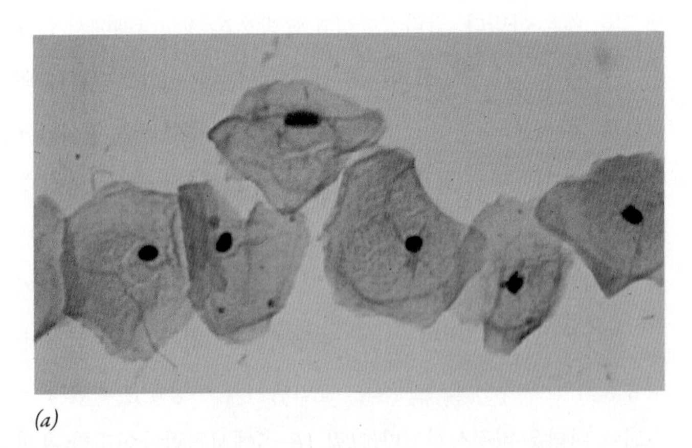

(*a*)

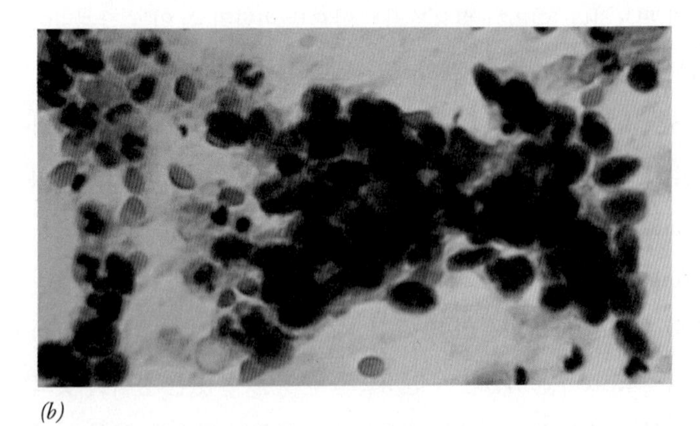

(*b*)

그림 16-7 팝스미어 검사법에 의한 비정상(전악성) 세포의 탐색. (*a*) 자궁경부의 정상적인 편평상피세포. 세포는 작고 중앙에 위치한 핵을 가진 균일한 모양을 하고 있다. (*b*) 자궁경부에 침범하기 전(前)의(preinvasive) 암인 암종(carcinoma) 속의 비정상 세포들. 비정상세포는 커다란 핵과 균일하지 않은 모양을 갖고 있다.

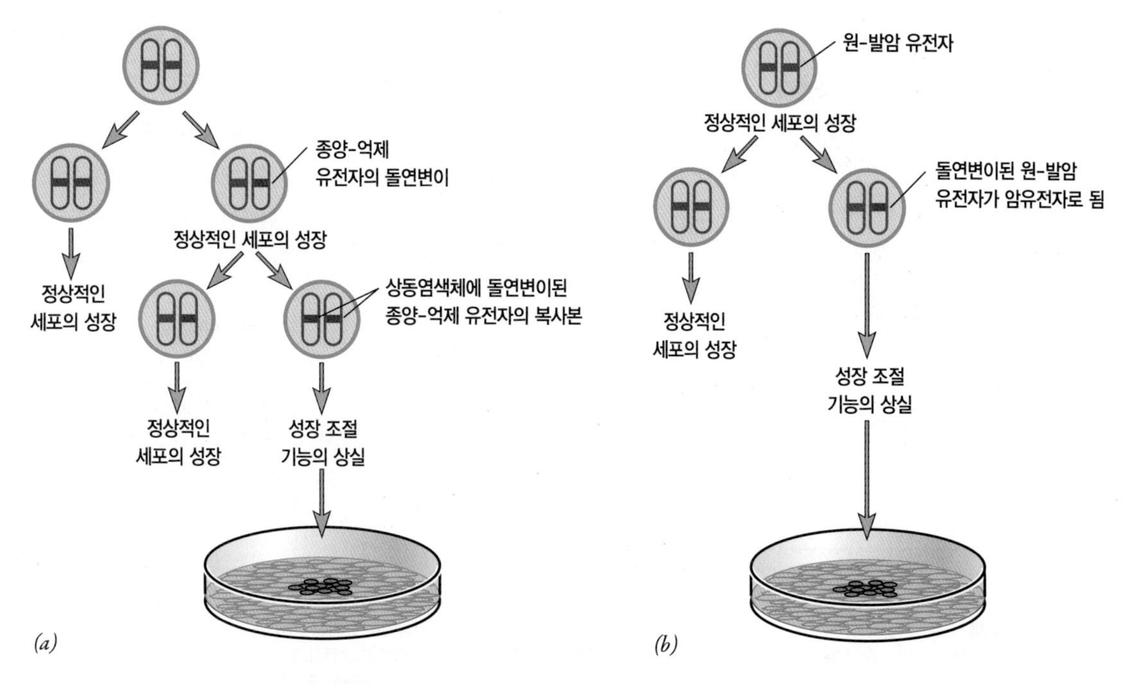

그림 16-8 종양-억제 유전자(*a*)와 암유전자(*b*)에서 돌연변이의 대조적인 효과. 암유전자의 두 DNA 복사본(대립유전자) 중 하나에서 돌연변이가 발생되면 세포의 성장-조절 기능을 상실하게 되는 반면에, 종양-억제 유전자는 두 DNA 복사본이 모두 돌연변이로 되어야만 동일한 효과를 나타낸다. 즉, 원-발암 유전자의 기능 획득성 돌연변이에 의하여 암유전자가 발생되는데, 이 돌연변이를 통해 악성 변화를 일으키는 새로운 기능의 유전자 산물이 생산된다. 반면 종양-억제 유전자는 기능 상실 돌연변이 그리고/또는 후성유전적 불활성화를 겪어서 세포의 생장을 억제할 수 없게 만든다.

본 장의 실험경로에 설명된 일련의 RNA 종양바이러스에 대한 연구에서 밝혀졌다. 이러한 바이러스는 정상 세포의 활동을 간섭하는 단백질을 발현하는 암유전자를 갖고 있기 때문에 정상세포를 악성세포로 형질전환시킨다. 암 유전자에 대한 이 연구는 1976년 조류육종 바이러스(avian sarcoma virus)라는 RNA 종양바이러스에 존재하는 *src* 라는 암유전자가 감염되지 않은 세포의 유전체(genome)에도 실제로 존재한다는 것이 발견되면서 전환점을 맞이하게 된다. 사실 암유전자는 바이러스성 유전자(viral gene)가 아니라 세포성 유전자(cellular gene)로, 전단계의 감염과정에서 바이러스 유전체(viral genome)로 끼어들어가게 된 것이다. 곧이어 세포가 현재는 **원-발암 유전자**(原-發癌 遺傳子, proto-oncogenes)라 불리는 다양한 유전자들을 갖고 있다는 것이 밝혀졌는데, 이 유전자는 세포 자신의 활동을 파괴시키고, 세포를 악성상태로 유도하는 잠재적 기능을 갖고 있다.

아래에 설명된 것처럼, 원-발암 유전자들은 세포의 정상적인(*normal*) 활동에서 다양한 기능을 하는 단백질을 암호화한다. 그러나 원-발암 유전자는 여러 가지 기작에 의하여 암유전자로 변환[즉, 활성화될(*activated*)] 수 있다(그림 16-9).

1. 유전자가 돌연변이를 일으켜서 유전자 산물의 성질이 변화되어 더 이상 정상적으로 기능하지 못한다(그림 16-9, 경로 a).
2. 유전자가 한번 또는 그 이상으로 복제되어서 결과적으로 유전자가 증폭되고 암호화된 단백질이 과량 생산된다(그림 16-9, 경로 b).
3. 염색체 재배열에 의하여 먼 자리에 위치한 DNA 서열이 유전체의 가까운 곳으로 위치하게 되어, 유전자의 발현이 변하거나 또는 유전자 산물의 성질이 변화될 수 있다(그림 16-9, 경로 c).

이러한 유전적 변화 중 하나가 일어나면, 세포의 정상적인 성장-조절에 대한 반응이 저하되고 악성 세포로 행동하게 한다. 암유전자는 우성으로(*dominantly*) 행동한다. 다시 말하자면, 상동염색체 상에 정상적이거나 불활성화된 유전자의 대립유전자(對立遺

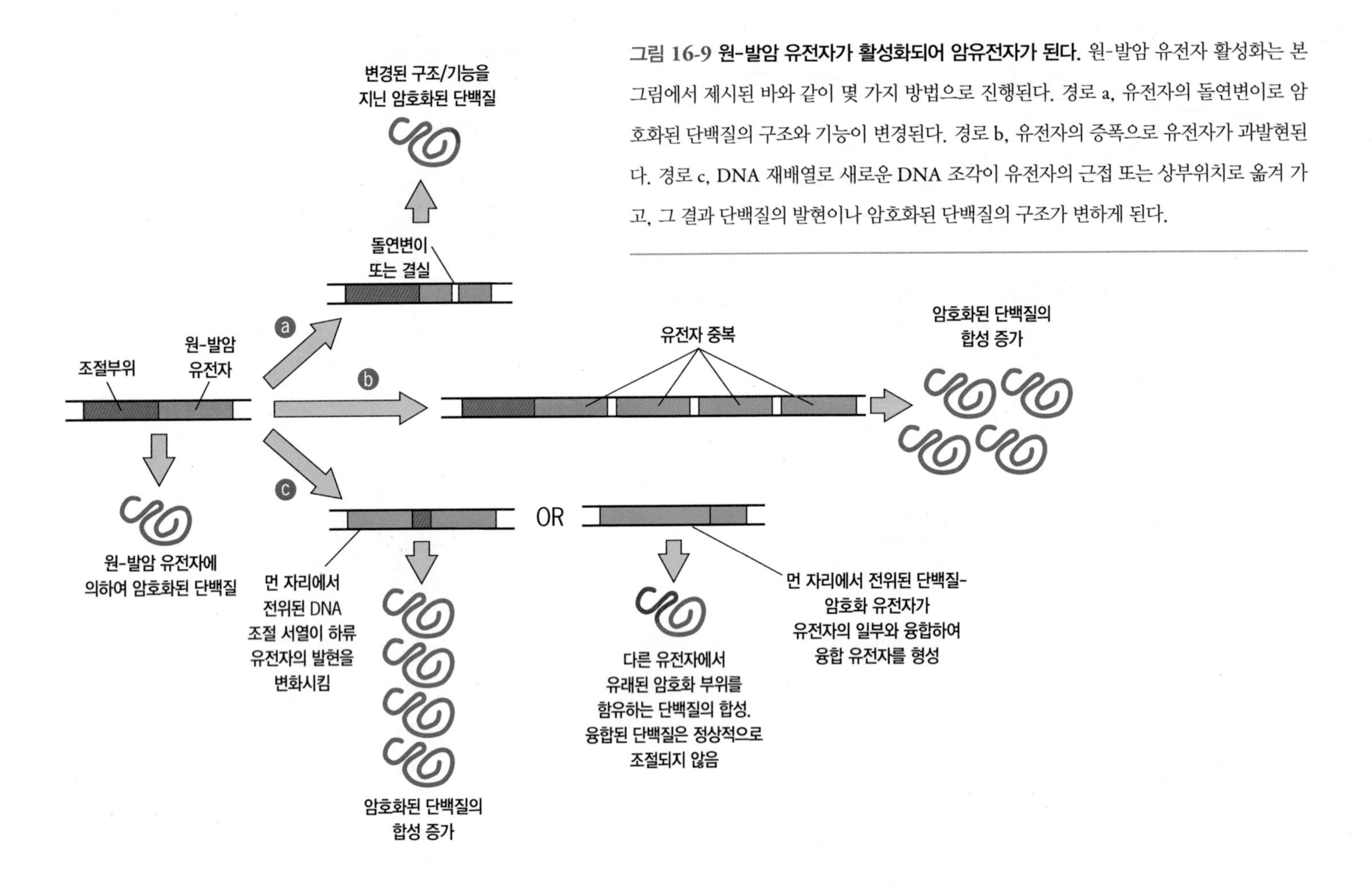

그림 16-9 원-발암 유전자가 활성화되어 암유전자가 된다. 원-발암 유전자 활성화는 본 그림에서 제시된 바와 같이 몇 가지 방법으로 진행된다. 경로 a, 유전자의 돌연변이로 암호화된 단백질의 구조와 기능이 변경된다. 경로 b, 유전자의 증폭으로 유전자가 과발현된다. 경로 c, DNA 재배열로 새로운 DNA 조각이 유전자의 근접 또는 상부위치로 옮겨 가고, 그 결과 단백질의 발현이나 암호화된 단백질의 구조가 변하게 된다.

傳子, allele)가 있는 것과는 무관하게, 상동염색체 둘 중의 하나에 암유전자가 존재하면 세포는 변화된 표현형을 나타낸다(그림 16-8*b*). 연구자들은 암유전자를 동정하기 위해서 다음과 같은 성질을 이용하였다. 즉, 배양되는 세포에 후보유전자가 함유된 DNA를 삽입하여 변화된 성장 형태를 보여주는지 여부를 관찰하여 암유전자를 규명하였다.

우리는 앞에서 사람의 악성종양 발암과정은 한 가지 이상의 유전적 변화가 필요하다고 이야기하였다. 그 이유는 암 형성과 관련된 2가지 형태의 유전자들이 있다는 사실을 인식하면 더욱 분명해진다. 종양-억제 유전자의 기능이 유지되는 동안은 세포는 암유전자의 영향으로부터 보호받는다고 생각된다. 대부분 암에서는 종양-억제 유전자와 암유전자 모두가 변형되어 있다. 이는 한 세포 내에서 종양-억제 유전자의 기능 상실과 원-발암 유전자에서 암유전자로의 전환이 함께 이루어져야만 세포가 악성화 단계로 전환된다는 것을 의미한다. 그럼에도 불구하고, 세포는 주변조직을 침입하거나 전이에 의해 이차적 군집 형성 등의 성질을 나타내지 않을 수도 있다. 세포가 생명체 전체에 위협을 주는 표현형을 나타내는 세포가 되기 위해서는 세포부착분자(cell adhesion molecule) 또는 세포외 단백질분해효소(extracellular protease) 등의 부가적인 유전자들이 돌연변이를 일으켜야 한다.

이제 종양-억제 유전자와 암유전자에 의하여 암호화된 단백질의 기능과 이러한 유전자의 돌연변이가 어떻게 악성화를 유도하는지에 대하여 살펴보겠다.

16-3-1-1 종양-억제 유전자

정상세포가 암세포로 형질전환될 때는 하나 또는 그 이상의 종양-억제 유전자의 기능이 소실된다. 현재까지 20 여개 이상의 유전자가 종양-억제 유전자라고 생각되고 있으며, 일부를 〈표 16-1〉에 나타내었다. 표에 있는 유전자들은 전사인자[transcription factor(예: *TP53*, *WT1*)], 세포주기 조절인자[cell cycle regulator(예: *RB*, *p16*)], G 단백질 조절성분(*NF1*), 포스포이노시티드 인산가수분해효소(phosphoinositide phosphatase, *PTEN*),

표 16-1 종양-억제 유전자

유전자	일차종양	제시된 기능	선천성 증후군
APC	결장	전사인자로 작용하는 베타-카테닌과 결합	가계성 선종성 용종증
ARF	흑색종	p53활성 (MDM2 길항제)	가계성 흑색종
BRAC1	유방	DNA 수선	가계성 유방암
MSH2, MLH1	결장	틀린짝 수선	HNPCC
E-Cadherin	유방, 대장 등	세포유착단백질	가계성 위암
INK4α	흑생종, 체장	p16: Cdk 저해자	가계성 흑색종
NF1	신경섬유종	$p14^{ARF}$: p53 안정화유도	제1형 신경섬유종증
NF2	뇌수막종	Ras의 GTPase 활성유도	제2형 신경섬유종증
TP53	육종, 림프종 등	세포막을 세포골격에 연결	리-프라우메니 증후군
PTEN	유방, 갑상선	전사인자(세포주기 및 세포사멸)	카우덴 증후군
RB	망막	PIP_3인산가수분해효소	망막모세포종
VHL	신장	E2F와 결합(세포주기 전사과정 조절)	폰히펠-린다우 증후군
WT1	신장 빌름스 종양	단백질 유비퀴틴화 및 분해	빌름스 종양

단백질 분해 조절 단백질(*VHL*) 등을 암호화한다.[2] 종양-억제 유전자를 암호화한 단백질의 대부분은 세포 증식에 대하여 음성 조절인자(negative regulator)로 작용하는 데, 바로 이것이 이들이 없으면 무절제한 세포의 성장이 촉진되는 이유이다. 종양-억제 유전자의 산물은 세포가 유전적 안정성을 유지할 수 있도록 도와주는 데 이것이 아마도 종양이 비정상적인 핵형을 갖게되는 주 이유인 것 같다 (그림 16-5). 일부 종양-억제 유전자는 여러 가지 다양한 암의 발달과정에 연관되어 있으며, 반면 일부 종양-억제 유전자들은 한 종류의 암의 발생에만 영향을 미친다.

일부 가계는 특정한 종류의 암 발병률이 매우 높은 것으로 알려졌다. 비록 이러한 유전적 암이 드물긴 하지만, 결손되었을 때 유전적인 또는 비유전적인 암을 형성하게 하는 종양-억제 유전자 동정에 매우 중요한 단서를 제공한다. 이러한 연구를 통해 최초로 눈의 망막에서 발생되는 희귀 소아암인 망막모세포종(*retinoblastoma*)과 관련성이 큰 것으로 알려진 가장 중요한 종양-억제 유전자 중의 하나를 찾아냈다. 이 질병을 유발하는 유전자는 *RB*로 명명되었다. 망막모세포종은 두 가지 다른 유형으로 발병한다. (1) 일부 가족 구성원에게 잦은 빈도로 주로 청년기에 발병한다. (2) 좀 더 많은 인구에서 나타나며 비유전적이고 노년기에 발병한다. 일부 가족에서 자주 발병하는 것으로 미루어 망막모세포종은 유전되는 것으로 생각된다. 어린이 망막모세포종 환자에게서 채취한 세포를 검사한 결과 상동염색체 13번 쌍의 내부의 작은 부분이 한쪽에서 결손 되어 있었다. 이러한 결손은 어린이 환자의 망막암내 세포뿐 아니라 다른 부위의 체세포 모두에서 확인되는 것으로 보아 염색체의 변형은 양친 중 한쪽으로부터 유전되었다고 볼 수 있다.

질병이 발생한 망막모세포종 고위험 가족의 염색체는 하나의 정상 대립유전자(allele)와 하나의 비정상 대립유전자가 유전되었으므로, 망막모세포종은 우성 유전됨을 알 수 있다. 그러나 염색체가 결손되거나 변화된 유전자를 이어받은 사람이 항상 질환이 발병하는 무도병(Huntinton's disease) 같은 대부분의 우성 유전 조건과는 달리, 망막모세포종 유전자가 결손된 염색체를 물려받은 아이들은 질병 자체를 유전받기보다는 망막모세포종이 발병할 높은 성향을 물려 받는다. 실제로 *RB* 결손 염색체를 유전 받은 사람의 약 10%

[2] 이 장에서는 주로 인간의 생물학을 다루므로, 다음과 같은 보편적인 규칙을 따른다. 인간의 유전자는 대문자로(예: *APC*), 쥐 유전자는 첫 글자 만을 대문자로(예: *Brca1*), 바이러스 유전자는 소문자로 표기하였다(예: *src*).

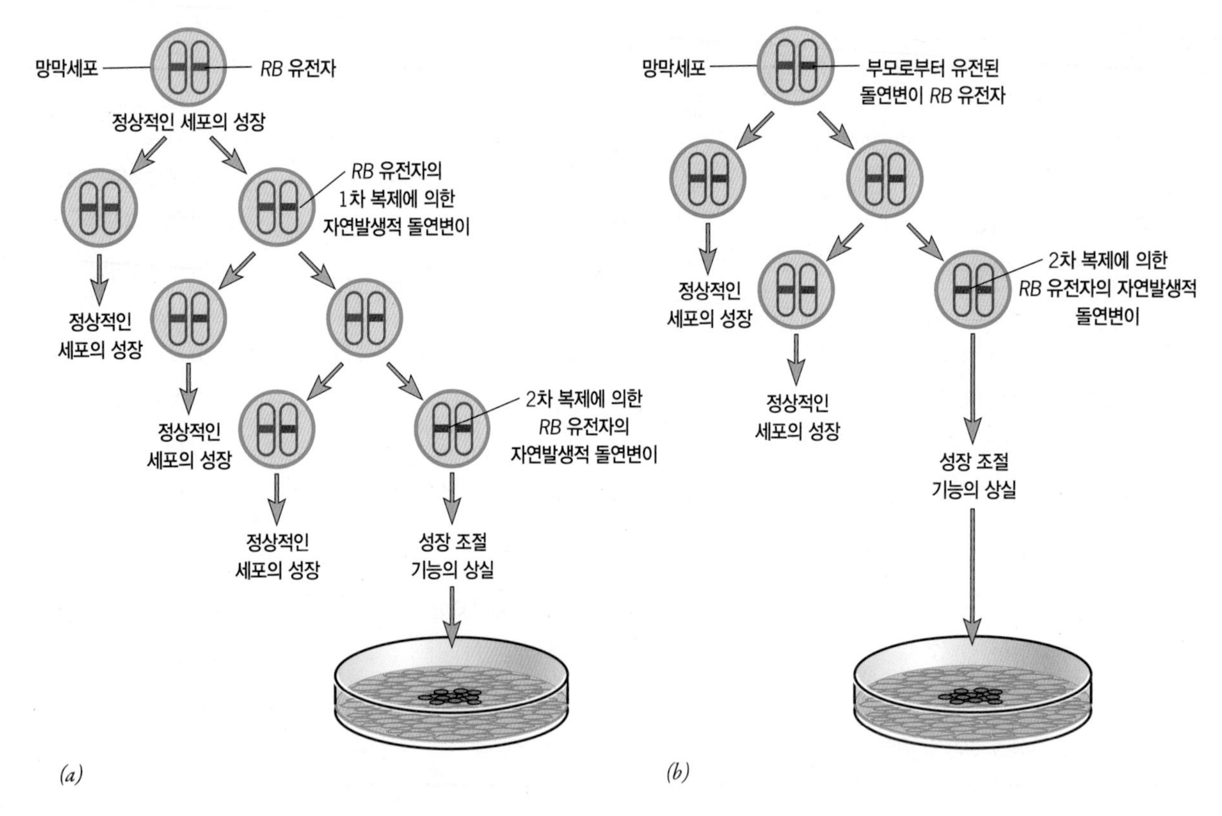

그림 16-10 망막모세포종을 유도할 수 있는 RB 유전자의 돌연변이. (*a*) 비유전적인 (즉, 가족력이 아닌) 질환의 경우, 정상인은 접합자 내에서 2개의 정상 *RB* 유전자 복제본을 갖는다. 두 대립유전자의 *RB* 유전자가 각각 독립적으로 돌연변이를 일으킨 아주 드문 사람에서 망막모세포종이 발생된다. (*b*) 가족력인(즉, 유전적인) 경우, 한 개인은 하나의 비정상, 주로 결손된, 대립유전자의 *RB* 유전자를 이미 갖는다. 즉 모든 망막 세포가 2개의 *RB* 유전자 중 적어도 하나는 비기능적인 유전자를 갖는다. 만약 망막 세포에서 다른 *RB* 대립유전자가 불활성화되면, 보통 점돌연변이를 일으켜서, 세포는 망막 종양을 일으킨다.

는 망막모세포종에 걸리지 않는다. 그렇다면 이들은 왜 이 질환을 나타내지 않은가?

망막모세포종의 유전적 기초는 1971년 텍사스대학교(University of Texas)의 알프레드 넛슨(Alfred Knudson)에 의하여 확립되었다. 넛슨은 망막모세포종이 발병하기 위해서는 2개의 *RB* 유전자 모두가 결손 되거나 돌연변이가 되어야 한다는 가설을 제안하였다. 다른 말로 표현하면, 하나의 세포에 대하여 두 차례의 각각 다른 "타격(hit)"의 결과로 암이 생긴다는 것이다. 비유전적인 망막모세포종의 경우, 암은 하나의 망막 세포(retinal cell)에서 2개의 *RB* 유전자 모두가 연속적으로 무작위로 돌연변이로 되어야 발생한다(그림 16−10*a*). 한 세포 내에서 동일한 유전자의 두 대립유전자가 모두 기능 약화성 돌연변이가 되는 경우는 극히 드물기 때문에, 전체 인구에서 이 암의 발생률은 극히 낮다. 반면 *RB* 결여 염색체를 물려받은 사람의 세포는 악성화 되는 과정의 절반에 이미 도달한 상태이다. 망막에 존재하는 어떤 한 개의 세포에서 정상적인 *RB* 대립유전자가 돌연변이를 일으키면, 정상 *RB* 유전자가 결여된 세포가 생기므로, 기능적인 *RB* 유전자 산물을 형성할 수 없게 된다(그림 16−8*b*). 이는 하나의 비정상 *RB* 유전자를 물려받은 사람의 발병 성향이 매우 높은 이유를 설명한다. 즉, 두 번째 "타격"이 일어나지 않은 10%의 사람은 암이 발생하지 않는다. 망막모세포종의 성향을 갖고 태어난 환자의 세포를 조사하였을 때 예상한대로 암세포에서 *RB* 유전자의 두 대립유전자가 돌연변이를 일으킨 것이 확인됨으로써, 넛슨의 가설은 증명되었다. 비유전적인 망막모세포종 환자는 *RB*가 돌연변이를 일으키지 않은 정상적인 세포를 그리고 두 대립유전자가 돌연변이를 일으킨 암세포를 동시에 갖고 있었다.

RB 유전자의 결여가 망막암의 발생에서 최초로 증명되었다 하더라도, 이것이 이 이야기의 끝이 아니다. 또한 유전형 망막모세포종의 고통을 받는 사람들은 나이가 들어서, 특히 연조직 육종(상피

조직이 아니라 중간엽조직에서 기원되는 종양)과 같은 다른 종양이 발생할 위험이 높다. *RB* 돌연변이의 결과는 돌연변이 대립유전자를 물려받는 사람에 국한되지 않는다. *RB* 대립유전자의 돌연변이는 2개의 정상적인 *RB* 대립유전자를 물려받은 사람들 사이에 돌발적인 유방암, 전립선암, 폐암 등이 흔하게 발생한다. 이 종양들로부터 세포를 시험관 속에서 배양할 때, 정상형 *RB* 유전자를 그 세포에 다시 도입시키면 암의 표현형을 충분히 억제한다. 이것은 이 유전자의 기능이 상실되면 종양발생에 상당히 기여한다는 것을 시사한다. *RB* 유전자를 좀더 자세히 살펴보기로 하자.

세포주기 조절에서 pRB의 역할 세포의 성장과 분화에 있어서 세포주기의 중요성은 제14장과 제15장에서 설명하였다. 세포주기를 조절하는 인자들은 암의 발생에 중요한 역할을 한다. *RB* 유전자 산물인 pRB는 세포주기의 G_1기에서 DNA 합성이 이루어지는 S기로의 통과를 조절하는 단백질이다. 세포가 G_1기에서 S기로의 전환은 세포가 세포주기에서 절대 임무를 부여받는 시간이므로, 세포가 S기로 들어가면 남은 세포주기가 중단없이 유사분열까지 진행된다. G_1기에서 S기로의 전환 과정에는, DNA 중합효소(DNA polymerase)부터 사이클린(cyclin), 히스톤(histone)에 이르기까지 많은 단백질을 암호화하는 다양한 유전자들이 발현된다. S기의 활동에 필요하여 활성화되는 유전자에 포함되는 전사인자들 중에서 E2F족 단백질은 pRB의 주요 표적단백질이다. pRB가 E2F 활성을 조절하는 기작을 〈그림 16-11〉에 나타내었다. G_1기 동안 E2F 단백질은 일반적으로 pRB와 결합하여, S기 활성화에 필요한 단백질(즉, cyclin E, DNA 중합효소 α)의 발현이 저해된다. 〈그림 16-11, 1단계〉에 나타낸 것처럼, E2F-pRB 결합체는 DNA와 결합하여, 유전자 활성자(gene activator)가 아니라 유전자 억제자(gene repressor)로서 작용한다. G_1기 말기에 pRB-E2F 결합체의 pRB 소단위(subunit)가 G_1-S기로의 변화를 조절하는 사이클린-의존 인산화효소(cyclin-dependent kinase)에 의하여 인산화된다. 인산화된 pRB는 E2F와 떨어지고, 전사인자는 유전자 발현을 활성화하여 비가역적 S기로 진입하게 된다. *RB* 돌연변이에 의해 pRB 활성을 잃어버린 세포는 E2F를 불활성화 시키는 능력을 상실하게 될 것이므로, S기로의 진입 억제가 불가능해진다. E2F는 pRB와 결합할 수 있는 수십 개의 단백질 중의 하나이므로, pRB는 다양한 기능을 수행할 수 있는 것으로 생각된다. 게다가 pRB에 사이클린-의존 인산화효소에 의하여 인산화 될 수 있는 세린(serine), 트레오닌(threonine) 부위가 최소 16개 이상임을 고려하면 그 결합은 매우 복잡하리라 생각된다. 다른 조합의 아미노산에 인산화가 일어나면 하부의 다른 표적과 결합이 가능할 것으로 생각된다.

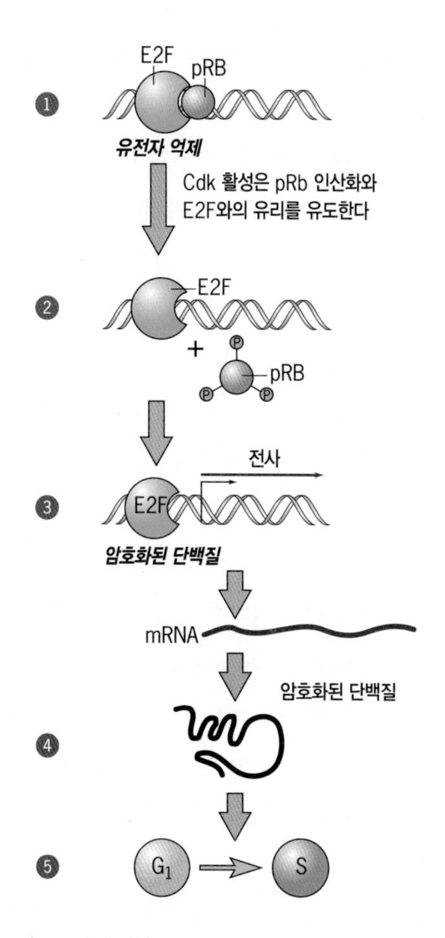

그림 16-11 세포주기의 진행에 필요한 유전자들의 전사를 조절하는 pRB의 역할. G_1기의 대부분 기간 동안, 인산화되지 않은 pRB는 E2F 단백질과 결합한다. E2F-pRB 결합체는 세포주기의 진행에 관여하는 많은 유전자의 프로모터(promoter) 부위의 조절자리들에 결합하여, 유전자의 발현을 차단하는 전사억제자 역할을 한다. 전사억제는 아마도 염색체 구조를 조절하는 히스톤(histone) H3의 9번 리신(lysine)의 메틸화에 의한 것으로 생각된다. 사이클린-의존 인산화효소(Cdk)의 활성화는 pRB를 인산화시키며, 그 결과 pRB은 더 이상 E2F 단백질과 결합하지 못한다(2단계). 그림에 의하면 결합되어있던 pRB가 떨어짐으로써 DNA-결합 E2F가 전사 활성자로 작용하고 이것에 의하여 조절되는 유전자가 발현한다(3단계). mRNA는 단백질로 번역된다(4단계). 이 단백질들은 세포주기가 G_1기에서 S기로 전환되기 위하여 필수적인 단백질들이다(5단계). pRB의 확인된 그 외 기능은 설명되어 있지 않다.

세포주기의 음성(억제적) 조절자로서 pRB의 중요성은 DNA 종양바이러스(아데노바이러스, 사람유두종 바이러스, SV40 등을 포함하는)가 pRB에 결합하여 E2F에 결합하는 능력을 차단한다는 사실에 의해 증명되었다. 감염된 세포에서 암을 유발하기 위한 바이러스의 이런 능력은 세포주기를 진행시키는 것에 대하여 pRB가 갖고 있는 음성적 영향을 차단할 수 있는 바이러스의 능력에 달려있다. 즉, 이들 바이러스는 pRB-차단 단백질(pRB-blocking protein)을 이용하여 *RB* 유전자가 삭제되었을 때와 똑같은 결과를 나타내어, 결국 사람에게 종양을 유발시킨다.

p53의 역할: 유전체의 보호자 특별하지 않은 이름에도 불구하고 *TP53* 유전자는 유전체 내의 어떠한 구성원보다도 사람의 암 진행 과정에 깊이 관련되어 있다. 이 유전자가 암호화하는 산물이 분자량 5만 3,000달톤의 폴리펩타이드이므로 p53이라는 이름을 갖게 되었다. 1990년 *TP53*은 종양-억제 유전자이며, 결핍 시 리-프라우메니 증후군(Li-Fraumeni syndrome)이라는 희귀한 유전적 장애가 유발된다는 것이 알려졌다. 이 질환을 가진 사람은 유방암, 뇌암 및 백혈병 등을 비롯한 여러 가지 암에 걸리기 쉽다. 유전적인 망막모세포종 질환을 갖는 환자와 마찬가지로 리-프라우메니 증후군인 사람은 하나의 정상적 대립유전자와 하나의 비정상적인 대립유전자인 *TP53* 종양-억제 유전자를 물려받으며, 정상 대립유전자가 무작위로 돌연변이를 일으킨 결과로 암에 대하여 높은 감수성을 나타낸다.

*TP53*이 사람의 암에서 가장 흔하게 돌연변이를 일으킨 유전자라는 사실로 보아, 항암 무기로서 p53의 중요성은 가장 확실하다. 대략 암환자의 50% 정도가 *TP53*의 양쪽 대립유전자에 점돌연변이(point mutation) 또는 결손을 갖고 있다. 더욱이, *TP53* 돌연변이를 갖는 세포로 이루어진 종양의 경우는 정상 *TP53* 유전자를 가진 종양과 비하여 그 생존율이 낮다. 분명히, 완전한 악성화 상태로 변해가는 암세포의 진행 과정에서 *TP53* 기능 상실은 매우 중요하다.

세포의 악성화를 저지하는 데 있어서 p53의 존재가 왜 중요할까? p53은 세포주기 조절과 세포사멸에 관련된 수많은 유전자의 발현을 활성화하는 전사인자이다. 〈그림 16-12〉에 p53의 전사 조절 역할에서의 중요성을 나타내었다. 또한 인간 암에서 관찰되는 p53의 돌연변이 중에서 빈번하게 나타나는 여섯 가지 돌연변이의 위치를 나타내었는 데 모든 돌연변이들은 DNA와의 결합 부위에 존재한다. p53에 의하여 활성화되는 유전자 중에서 가장 많이 연구된 유전자는 p21이라는 단백질을 암호화하는 유전자이다. p21은 세포가 G_1 세포주기확인점을 통과하게 하는 사이클린-의존적 인산화효소를 저해하는 단백질이다. 손상된 G_1기 세포는 p53이 증가하여, *p21*유전자의 발현이 증가하고 세포주기는 정지된다(그림 14-9 참조). 이로써 세포는 DNA 복제가 시작되기 전에 유전적 손상을 복구할 수 있는 시간을 가질 수 있다. *TP53* 유전자 2개의 대립유전자가 모두 돌연변이를 일으켜서 이들의 산물이 더 이상 기능을 나타내지 못하면, 세포는 p21과 같은 세포주기 저해제를 더 이상 생산하지 못하거나, S기로의 진입을 막는 되먹임 제어(feedback control)가 저해된다. 이로 인해 DNA 손상으로부터 회복되지 못하면 악성화 가능성이 높은 비정상 세포가 만들어진다.

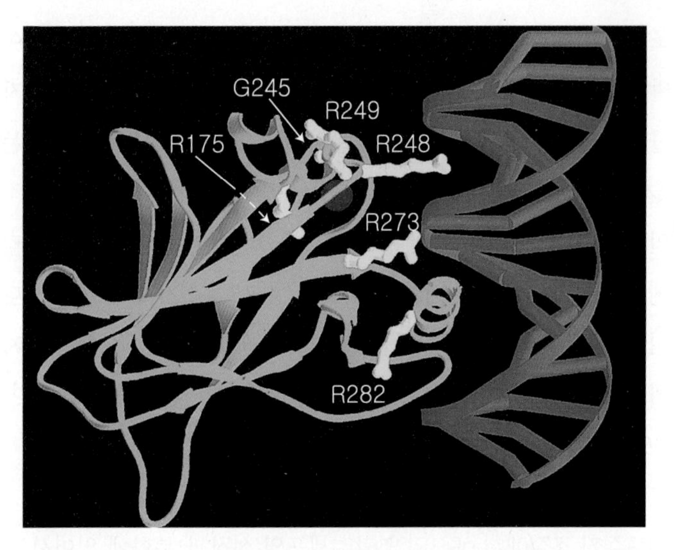

그림 16-12 p53의 기능은 DNA-결합 영역의 돌연변이에 특별히 민감하다. p53는 4량체로 작용하며, p53의 각 소단위는 다른 기능을 갖는 다수의 영역으로 구성되어 있다. 이 그림은 DNA-결합 영역을 띠 모형으로 그린 것이다. 사람의 종양에서 빈번히 돌연변이를 일으켜 나타나는 6개의 아미노산 잔기를 한 글자 아미노산(그림 2-26 참조)으로 표시하였다. 이러한 잔기는 단백질-DNA 접촉면 또는 그 근처에 위치하며, p53의 DNA 결합력에 직접 영향을 미치거나 p53의 입체구조를 변화시킨다. (논의를 위해서 〈*Annu. Rev. Biochem*. 77:557, 2008〉 참조)

세포주기 정지(cell cycle arrest) 유도가 p53에 의한 암 발생을 막는 유일한 방어기작은 아니다. p53은 유전적으로 손상된 세포를 세포사멸이라는 또다른 방법으로 제거시킴으로써, 잠재적인 악성화의 위험을 제거한다. p53이 세포를 세포주기 정지로 유도할지 또는 세포사멸로 유도할지는 번역후 변형과정(posttranslational modification)에서 결정된다. p53 단백질은 세포사멸을 개시하는 산물인 Bax를 암호화하는 BAX 유전자 발현을 활성화시킴으로써 세포사멸을 유도한다고 생각된다. p53의 모든 작용이 전사 활성화에 국한된 것만은 아니다. p53은 여러 종류의 Bcl-2 족 단백질에 직접 결합하여 세포사멸을 촉진할 수 있다. 예를 들면 p53은 미토콘드리아 외벽에 존재하는 Bax 단백질과 결합하여, 직접 막 투과성을 향상시켜 세포사멸 인자가 방출되도록 한다. 만약 TP53의 두 대립유전자가 불활성화되면, 손상된 DNA를 가진 세포는 성장을 통제하는 유전적 기능성이 상실되었음에도 불구하고 파괴되지 않는다(그림 16-13). 쥐에서 p53 유전자가 회복되어 활성화되면 이미 형성된 종양 조차 퇴화된다는 연구결과가 보고되었다. 이러한 결과는 세포가 유전적으로 불안정하게 되더라도 종양이 진행되는 것은 기능성 *TP53* 유전자의 존재유무에 계속적으로 의존적임을 의미한다. 이러한 이유로 돌연변이 p53 단백질에서 p53의 기능을 회복시키는 약물(예: PRIMA-1) 개발은 활발히 연구되는 분야중 하나이다.

건강한 G_1기 세포는 p53의 수치를 매우 낮게 유지하여 p53의 작용이 일어나지 않도록 조절한다. G_1기 세포가 자외선 또는 화학적 발암제 등에 노출되어 유전적 손상을 받으면, p53의 농도는 급격히 상승한다. 끊어진 가닥을 함유하는 DNA를 세포에 주입함으로써 이와 유사한 반응을 유발시킬 수 있다. p53의 증가는 유전자 발현의 증가가 아닌 단백질 안정성의 증가에 의한 결과이다. 정상적인 세포에서 p53의 반감기는 몇 분 정도이다. p53의 분해과정은 MDM2라는 단백질에 의하여 촉진되는데, MDM2는 p53과 결합하여 p53이 핵 외로 배출되어 세포질로 이동하도록 돕는다. 세포질에서 MDM2는 유비퀴틴(ubiquitin) 분자를 p53 분자에 결합시킴으로써 p53이 단백질분해효소복합체(proteasome)에 의해 분해되도록 유도한다. DNA 손상이 어떻게 p53을 안정화 시키는가? 모세혈관확장성 운동실조증(ataxia telangiectasia) 환자는 ATM이라는 단백질 인산화효소(protein kinase)가 존재하지 않으며 DNA 손상을 일으키는 방사선에 적절히 반응하지 못한다. DNA가 손상받으면 ATM은 활성화되고, ATM에 의해 인산화되는 단백질 중의 하나가 p53이다. 인산화된 p53은 MDM2와 더 이상 결합하지 못하므로 핵 내에 존재하는 p53분자는 안정화되어 *p21*과 *BAX*와 같은 유전자의 발현이 활성화된다(그림 16-16 참조).

일부 종양세포는 정상적인 *TP53*을 갖지만, 여분의 *MDM2* 복사본을 갖고 있다. 이러한 세포는 MDM2가 과량 생산되기 때문에 DNA 손상(또는 다른 암 유도 자극)이 왔을 때 세포주기를 멈추거나, 세포사멸 반응을 일으키기에 충분한 양의 p53이 생산되지 못한다. 주요 종양 억제 유전자인 p53이 정상적으로 존재하는 암세포에서 p53의 활성을 회복시키기 위해, MDM2와 p53의 결합을 저해하는 약물을 개발하려는 노력이 진행 중이다. MDM2와 p53의 관계는 유전자제거(gene knockout) 실험에서도 증명되었다. MDM2 유전자가 결여된 생쥐는 발생의 초기단계에서 죽는데, 이

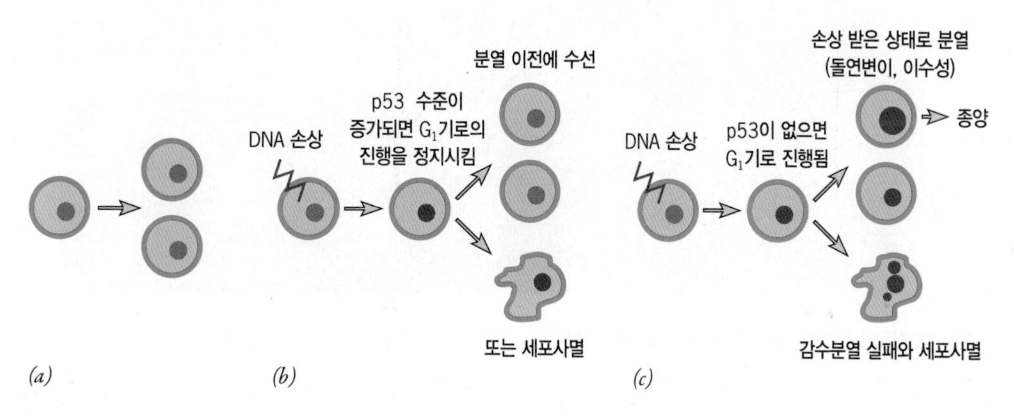

그림 16-13 p53의 기능에 대한 모형. *(a)* 세포 분열에는 일반적으로 p53의 기능이 필요하지 않다. *(b)* 그러나 한 세포가 돌연변이유발원에 노출되어 DNA가 손상되면 p53의 양이 증가되어, 돌연변이 세포의 세포분열을 G_1기에 정지시키거나, 세포사멸 과정이 유도되도록 직접 조절한다. *(c)* 만약 *TP53* 유전자의 두 DNA 복제본이 모두 불활성화 되면, DNA가 손상되어도 세포주기가 정지되거나, 세포사멸과정이 유도되지 않는다. 그 결과로써 이들 세포는 유사분열의 실패로 죽거나, 또는 악성 성장을 나타낼 수 있는 유전적 비정상성을 가진 채 계속 분열한다.

러한 현상은 p53-의존 세포사멸(p53-dependent apoptosis)에 의한 결과로 추정된다. 이러한 해석은 MDM2와 p53 유전자 모두가 제거된 2중 유전자제거(double knockout) 생쥐가 성체까지 생존하지만, 발암률이 매우 높다는 실험 결과에 의해서도 뒷받침 되고 있다. 이 배아는 p53을 생산하지 못하기 때문에, MDM2 같은 p53을 파괴시키는 단백질을 필요로 하지 않는다. 이런 관찰은 다음과 같은 암 유전학의 중요한 원리를 설명해 준다. 즉, *RB* 또는 *TP53*과 같은 "중대한(crucial)" 유전자가 돌연변이로 되지 않거나 또는 결실되지 않더라도, 그 유전자의 기능(*function*)이 다른 유전자("중대한" 유전자와 동일한 경로의 일부에서 산물을 형성하는)의 변화에 의해 영향을 받을 수 있다. 이 경우에, MDM2의 과다발현은 p53이 없을 때와 동일한 효과를 나타낸다. 종양-억제 경로가 차단되는 한, 종양-억제 유전자 자체는 돌연변이를 일으킬 필요가 없다. 다양한 연구에 의하면, 대부분의 종양이 진행하기 위해서는 어떻게 해서든 p53과 pRB 활성경로가 모두 불활성화 되어야 한다.

세포를 사멸시키는 능력 때문에 p53은 방사선이나 화학요법에 의한 항암 치료에서 중요한 역할을 하고 있다. 수 년 동안 암세포는 정상세포보다 더 빠르게 분열할 수 있기 때문에 약물과 방사선에 대하여 민감하다고 생각하였다. 그러나 일부 종양세포는 정상세포에 비하여 매우 느리게 분열하지만, 약물과 방사선에 민감하게 반응한다. 다른 이론은, 정상세포가 유전적 손상을 받으면 손상으로부터 회복될 때 까지 세포주기가 중단되거나 세포가 사멸되기 때문에, 정상적인 세포는 약물과 방사선에 더 저항성을 갖고 있다는 것이다. 반면 기능을 나타내는 *TP53* 유전자를 갖는 암세포가 지속적인 DNA 손상을 받은 경우, 암세포는 쉽게 세포사멸로 빠지게 된다. 만약 종양세포가 p53 기능이 결실되어 있다면, 이 세포는 흔히 세포사멸로 들어가지 않고, 계속적인 항암 치료에 대하여 더욱 높은 저항성을 나타내게 된다(그림 16-14). 이것이 기능적 *TP53* 유전자가 없는 대부분 종양들[대장암(colon cancer), 전립선암(prostate cancer), 췌장암(pancreatic cancer)]이 정상 *TP53* 유전자를 갖는 다른 암[정소암(testicular cancer)과 소아급성백혈병(childhood acute lymphoblastic leukemias)]에 비하여 방사선이나

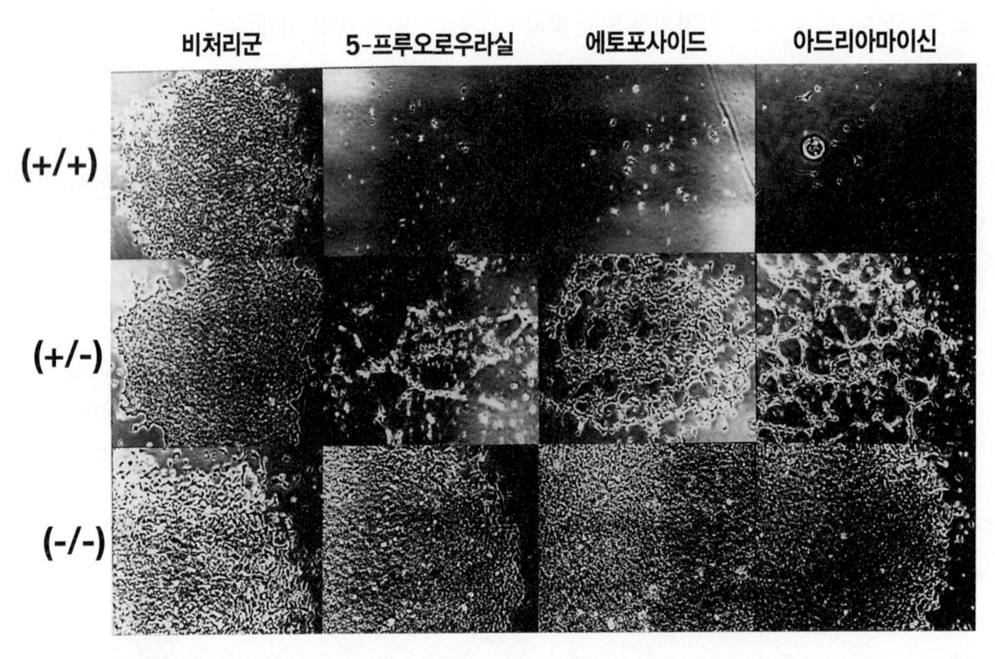

그림 16-14 화학요법제로 처리된 세포들의 생존에 있어서 p53의 역할에 대한 실험적 증명. p53을 암호화하는 유전자 2개가 모두 정상적인 기능을 하는 대립유전자를 갖는 생쥐(맨 위 가로줄, +/+), 하나의 대립유전자만 정상인 경우(중간 가로줄, +/−), 두 대립유전자가 모두 정상이 아닌 경우(맨 아래 가로줄, −/−)의 생쥐에서 유래된 세포를 배양하였다. 이 세포들의 각각은 화학요법제가 없거나(첫 번째 세로줄) 또는 나머지 3개의 세로줄들의 꼭대기에 표시된 3개의 화합물 중 하나가 있는 상태에서 배양되었다. 정상세포의 경우, 이 약물들에 의해 성장의 정지와 세포사멸효과가 현저히 나타났지만, p53이 결여된 세포는 이러한 화합물들이 존재하는 조건에서도 증식을 계속하였다.

화학요법에 대하여 반응성이 낮은 이유이다.

우리는 p53이 어떻게 잠재적인 종양세포의 성장을 정지시키거나 또는 세포사멸을 유도할 수 있는지를 살펴보았다. 최근 연구에 의하면 세포가 악성종양으로 발달하는 것을 저지하도록 진화한 다른 기작인 세포 노화(cellular senescence)를 유도하는 신호전달체계도 p53이 조절한다는 것이 밝혀졌다. 사멸되는 세포와는 달리 노화세포는 살아있으며 대사적으로 활성화된 상태이지만, 사마귀 내의 노화 색소세포와 같이 영원히 분열되지 않는 상태로 존재한다. 정상세포에서 노화는 다른 방법으로 야기될 수 있는데, Ras와 같은 암유전자를 실험적으로 활성화시킴으로써 유도할 수 있다. 이런 암유전자의 활성화는 정상 조직 내에서 분열하는 세포의 일상 활동 과정에서도 흔히 야기되는 현상이다. 연구에 의하면 암유전자가 활성화되면 분열의 가속화가 유도되고, 이후에 노화 프로그램이 작용하여 갑자기 제동을 걸게 된다. 이는 양성 사마귀가 형성되는 일반적인 방법이다. 노화가 유도되는 기작 중의 하나에는 *INK4a*라는 종양-억제 유전자의 발현이 필요한데, 이 유전자는 사람의 암에서 흔히 손상되어 있다(표 16-1). *INK4a*는 2개의 다른 종양-억제 단백질인 p16과 ARF를 암호화한다. p16은 사이클린-의존적 인산화효소의 저해자이며, ARF는 p53을 안정화시키는 역할을 한다. 세포의 노화를 일으키는 p53의 정확한 기능은 아직 명확하지 않다.

기타 종양-억제 유전자 *RB* 유전자와 *TP53* 유전자의 돌연변이는 다수의 악성종양과 연관이 있지만, 다른 종양-억제 유전자의 돌연변이는 일부 암에서만 나타난다.

가계성선종성용종증(家族性線腫性茸腫症, *familial adenomatous polyposis*, FAP)은 유전적인 질병으로, 환자는 장관의 상피세포에 수백, 수천 개의 악성전단계 용종(선종)[premalignant polyps(adenoma)]이 나타난다(그림 16-15). 만약 이것들을 제거하지 않으면 용종 내 일부 세포가 악성화 될 가능성이 높다. 이 환자의 세포는 5번 염색체 일부에서 결실이 관찰되었는데, 이 자리에는 종양-억제 유전자인 *APC*라는 유전자가 존재하는 것으로 밝혀졌다. *APC* 결실을 물려받은 사람은 *RB* 결실을 물려받은 사람과 비슷한 입장에 있다. 즉, 이 유전자의 두 번째 대립유전자가 세포 속에서 돌연변이를 일으키면, 이 유전자 기능의 보호가치는 상실된다. *APC*의 두 번째 대립유전자가 상실되면 그 세포는 성장을 조절할 수 없으며, 증식한 세포가 분화되어 정상적인 창자 벽 상피세포를 형성하지 못하고 용종이 형성된다. 여기에 *TP53* 등을 포함한 주요 종양-억제 유전자가 추가적으로 돌연변이를 일으키면 용종의 세포는 다른 조직으로 전이, 침범할 수 있는, 더욱 악성화된 상태로 변화한다. 돌연변이를 일으킨 *APC* 유전자는 유전적인 대장암 뿐만 아니라, 비유전적인 대장암의 80%에서 발견되므로 이 유전자는 대장암의 발달에 매우 중요한 역할을 하는 것으로 생각된다. *APC* 유전자로부터 발현되는 단백질은 수많은 단백질과 결합하는 데 그 기작은 매우 복잡하다. 가장 잘 연구된 역할 중에서, APC는 Wnt 경로를 억제한다. 이 경로는 세포의 증식을 촉진하는 유전자들(예: *MYC*, *CCND1*)의 전사를 활성화한다. 또한 APC는 유사분열 염색체의 동원체(kinetochore)에 미세관(microtubule)이 결합하는 데 중요한 역할을 한다. 그러므로, APC의 기능이 상실되면 비정상적인 염색체 분리 및 이수성(異數性, *aneuploidy*)을 직접적으로 유발하게 된다. 대장암 초기 환자의 혈액에서 돌연변이 *APC* DNA를 발견할 수 있기 때문에, 이를 이용한 대장암 진단 가능성이 매우 높

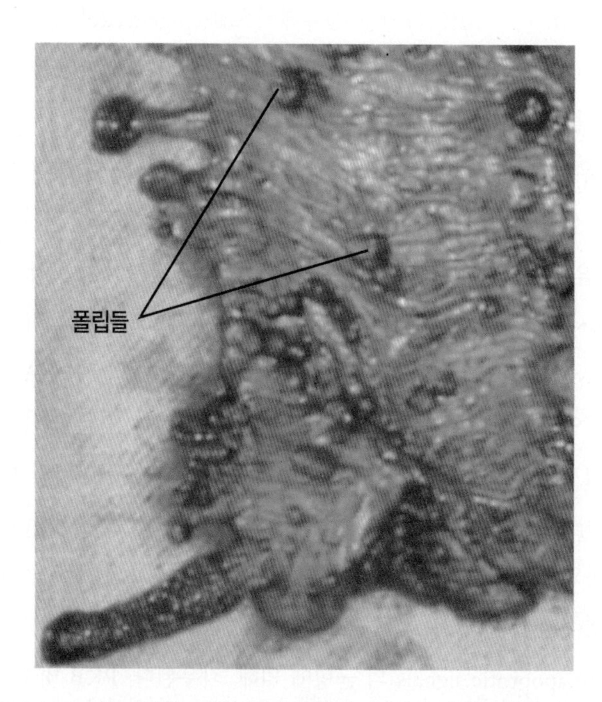

그림 16-15 사람의 대장 상피조직에 존재하는 전악성 단계의 용종. 가드너 증후군 환자에게서 제거한 용종 형성의 형태를 보여주는 대장의 일부 사진이다. 유사한 형태가 유전적인 질환인 가족성 선종성 용종증을 가진 사람의 대장에서도 관찰된다.

아졌다.

미국, 캐나다, 유럽 등에서 여성의 1/8이 유방암에 걸린다고 추정되고 있다. 이 중 5~10%는 암 발병과 관련된 유전자의 유전에 의한다. 실제로, 1990년 중반, 몇 몇 실험실의 집중적인 연구 결과로 유방암의 유전에 주된 원인이 되는 두 유전자 *BRCA1*과 *BRCA2*가 확인되었다. *BRCA* 돌연변이를 갖는 여성은 치사율이 높은 난소암에도 취약하게 된다.

BRCA1과 BRCA2 단백질에 대해 많은 연구가 이루어졌지만 아직 정확한 기능은 밝혀져 있지 않다. 세포는 DNA 손상이 일어나면 세포주기를 정지시키는 세포주기확인점을 갖는다. BRCA 단백질은 DNA 손상에 반응하고, 상동 재조합(homologous recombination) 과정을 이용하여 DNA 수선 기작을 활성화시키는 하나 또는 여러 개의 큰 단백질 결합체의 일부로 작용한다. BRCA 단백질 돌연변이를 갖는 세포는 수선되지 못한 DNA를 갖고 있으며, 따라서, 높은 이수성 핵형(aneuploid karyotype)을 나타낸다. 기능적 *TP53* 유전자를 갖는 세포에서는 DNA가 수선되지 못하면 p53이 활성화되고, 세포주기 정지 또는 세포사멸이 유도된다(그림 16-16). 비록 *BRCA1*가 후성유전적으로(epigenetically) 침묵을 지키더라도, 대부분의 종양-억제 유전자와는 다르게, *BRCA* 유전자는 돌발형 암에서 돌연변이를 일으키지 않는다.

우리는 이 장에서 세포사멸은 잠재적인 종양세포가 되지 않으려는 신체의 주요한 기작이라는 것을 살펴보았다. 세포사멸 기작은 세포의 파괴보다는 세포의 생존을 촉진하는 기작이라는 것이 지난 장에서 자세히 설명되었다. 가장 잘 연구된 세포-생존 경로(cell-survival pathway)는 포스포이노시티드 PIP_3에 의한 PKB(AKT)라는 인산화효소의 활성화와 연관이 있다. PIP_3는 지질 인산화효소 PI3K(PI3K kinase)의 촉매 활동에 의하여 형성된다(그림 15-23 참조). PI3K/PKB 기작이 활성화되면 일반적으로 정상 세포를 파괴하는 자극에도 세포는 생존할 수 있다. 세포의 생존과 사멸은 호(好)세포사멸 신호(proapoptotic signal)와 항(抗)세포사멸 신호(antiapoptotic signals)의 균형에 의해 좌우된다. PKB 및 PI3K의 과다발현 돌연변이는 이러한 균형에 영향을 미치어, 균형을 세포 생존의 방향으로 이끌게 되고, 잠재적 종양세포에게는 엄청나게 유리하게 작용한다. 세포 생사의 균형에 영향을 미치는 또 다른 단백질은 *PTEN*이라는 지질 인산가수분해효소(lipid phosphatase)이다. 이 효소는 PIP_3의 3-위치에 존재하는 인산을 제거하여 PKB를 활성화시킬 수 없는 $PI(4,5)P_2$로 변화시킨다. *PTEN* 유전자의 양쪽 대립유전자가 모두 불활성화 되어있는 세포에서는 PIP_3의 농도가 높아지고, 이런 조건은 PKB 분자의 과다활성을 유도한다. 〈표 16-1〉에 기술된 다른 종양-억제 유전자와 마찬가지로, *PTEN*의 돌연변이는 종양 위험률 증가를 동반하는 희귀 질환을 발병시키며, *PTEN* 돌연변이는 또한 여러 종류의 비유전적 종양에서도 관찰된

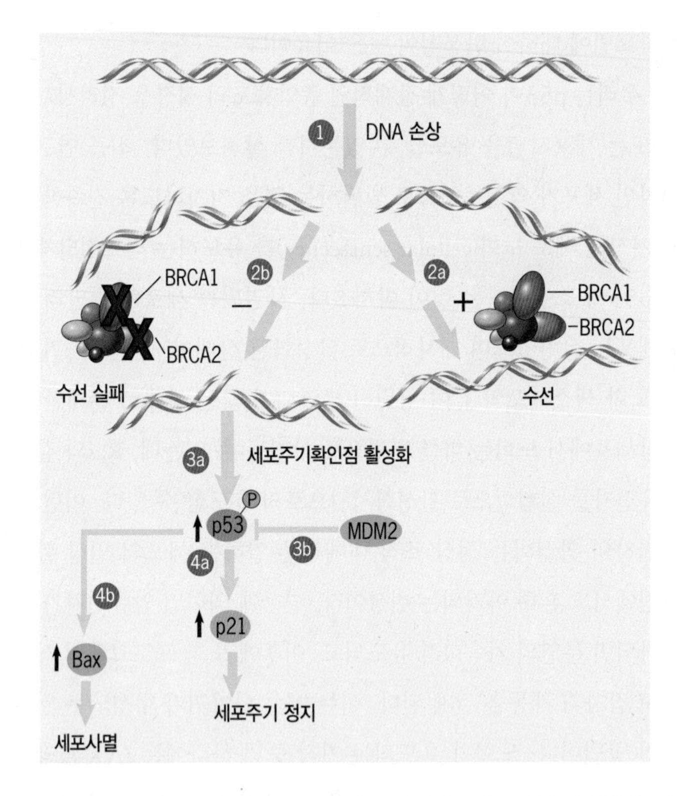

그림 16-16 DNA 손상은 종양-억제 유전자와 원-발암 유전자를 암호화하는 수많은 단백질의 활성을 유도한다. 그림에서 DNA 손상에 의해 DNA 2중나선 구조가 절단되었다(단계 1). DNA 손상은 BRCA1과 BRCA2를 포함한 다단백질 복합체(multiprotein complex)에 의하여 수선된다(2a 단계). 이러한 단백질을 암호화하는 유전자 중 하나가 돌연변이가 되면 수선과정이 차단될 수 있다(2b 단계). 만약 DNA 손상이 수선되지 않으면, 세포주기확인점이 활성화되고, p53의 활성이 증가된다(3a 단계). p53 단백질은 MDM2와의 상호작용에 의해 정상적으로 억제된다(3b 단계). p53은 전사인자로써 (1) 세포주기 정지를 초래하는 *p21*유전자의 발현을 활성화 시키거나(4a 단계), (2) 세포사멸을 유도하는 *BAX* 유전자(4b 단계)의 발현을 촉진시킨다. p53 활성화는 세포의 노화과정 역시 촉진하지만, 그 기작은 아직 명확하지 않다.

다. 돌연변이 만이 종양-억제 유전자의 불활성화를 유도하는 유일한 기작은 아니다. *PTEN* 유전자는, 흔히 유전자의 전사를 억제하는 DNA 메틸화와 같은 후성유전적 기작에 의해 기능을 하지 못하게 된다). *PTEN* 유전자 기능이 결여된 종양세포에 정상 *PTEN* 유전자를 삽입하면, 예상대로 종양세포는 세포사멸하기 시작한다.

16-3-1-2 암유전자

이상에서 설명하였듯이, 암유전자는 세포의 성장 제어능을 소실시키고 악성화 상태로 유도하는 단백질을 암호화한다. 암유전자는 정상세포에서 기능을 갖는 단백질을 암호화하는 유전자인 원-발암 유전자에서 유래된다. 알려진 대부분의 원-발암 유전자는 세포의 성장과 분열에 기능을 한다. 많은 암유전자들이 초기에 RNA 종양바이러스 유전체(genome)의 일부로 확인되었다. 그러나 더 많은 암유전자들이 실험동물 또는 사람의 종양 조직에서 밝혀짐에 따라 종양형성(tumorigenesis)에 있어서 그 중요성 때문에 확인된 바 있다. 특정 종류의 암유전자가 특정 종양에서 활성화된다는 사실을 고려해 볼 때, 세포 종류마다 작용하는 신호전달체계가 매우 다양하다는 것을 알 수 있다. 사람 종양에서 가장 빈번히 돌연변이를 일으키는 것으로 알려진 암유전자는 *RAS*이다. 이 유전자는 세포의 증식을 조절하는 신호체계에서 스위치를 켰다(on) 껐다(off) 하는 기능을 담당하는 GTP-결합 단백질(Ras)을 암호화하고 있다.[3] 암유전자인 *RAS*의 돌연변이체는 GTPase 활성이 상실된 단백질을 발현한다. 따라서 활성화된 형태인 GTP-결합 상태가 유지되고, 증식 신호를 계속적으로 전달한다. 여러 암유전자의 기능은 〈그림 16-17〉에 정리되어 있고, 아래에서 자세히 설명할 것이다.[4]

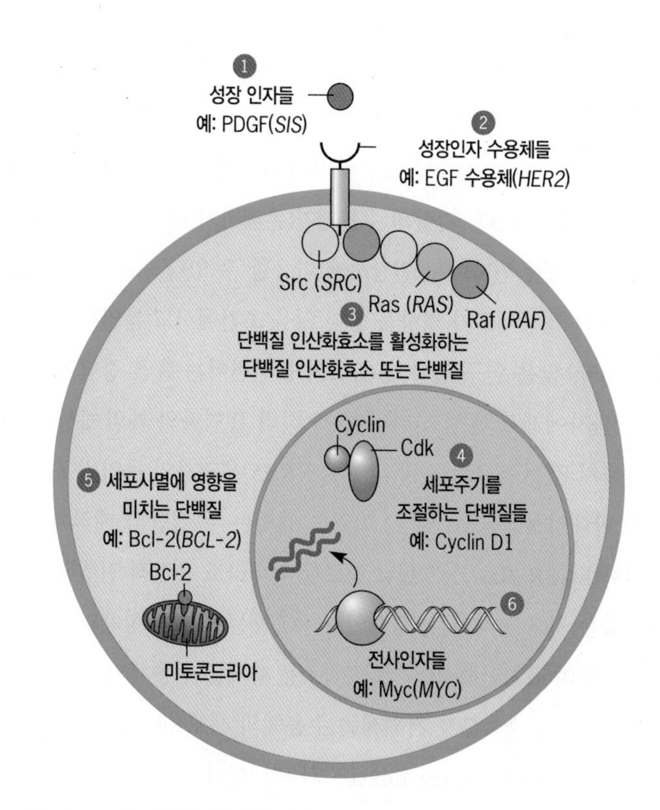

그림 16-17 원-발암 유전자에 의하여 암호화된 단백질의 종류를 나타낸 모식도. 여기에는 성장인자(1), 성장인자의 수용체(2), 단백질 인산화효소와 이를 활성화시키는 단백질(3), 세포주기를 조절하는 단백질(4), 세포사멸을 저해하는 단백질(5) 및 전사인자(6) 등이 포함되어 있다. 유사분열, 조직 침범 및 전이와 관련한 단백질들은 포함되어 있지 않다.

성장인자 또는 그 수용체를 암호화하는 암유전자 암유전자와 성장인자와의 연관관계는 1983년 암-유도 유인원 육종 바이러스(cancer-causing simian sarcoma virus)가 사람의 혈액에 존재하는 혈소판-유래 성장인자(platelet-derived growth factor, PDGF)의 세포성 유전자에서 유래한 암유전자(*sis*)를 갖는다는 사실로 부터 밝혀졌다. 이 바이러스에 의해 형질전환된 배양 세포는 다량의 PDGF를 배지 내에 분비하고, 분비된 성장인자는 세포를 무절제하게 증식시킨다. PDGF의 과다발현은 뇌암(신경교종, gliomas)의 발생과 연관이 있다.

또 다른 암유전자 바이러스인 조류 적아세포증(鳥類 赤芽細胞症) 바이러스(avian erythroblastosis virus)는 암유전자인 *erbB*를 갖고 있음이 밝혀졌다. *erbB*는 성장 인자와 결합하는 세포외 영역의 일부가 결여된 형태의 EGF 수용체를 암호화한다. 이렇게 변화된 형태의 수용체는 배지 내 성장인자의 유무에 관계없이 세포를 계속적으로 자극할 수 있다. 이것이 이 변형된 유전자를 가진 배양 세포가 통제 불능 상태로 증식하게 되는 이유이다. 많은 종류의 자생적

---

3) 사람의 유전자는 실제로 세 가지 다른 *RAS* 유전자를 가지며, 각각의 *RAS* 유전자는 다른 조직에서 활성화된다. 이 중에서 주로 *KRAS*와 *BRAF*가 종양 형성에 관여한다.

4) 세포 표면 분자를 암호화하는 유전자와, 조직 침범과 전이에 중요한 역할을 담당하는 세포외 단백질분해효소(protease)에 대하여 알아보고자 한다면 제11장의 〈인간의 전망〉을 참조하기 바란다.

인간 종양은 EGFR 등의 성장인자 수용체 활성에 영향을 미치는 유전적 변화를 가진 세포를 포함한다는 것이 알려졌다. 일반적으로 대부분의 악성세포는 정상세포와 비교하여 원형질막에 더 많은 수의 수용체를 갖는다. 과량의 수용체가 존재하기 때문에 악성세포는 저농도의 성장 인자에도 민감하게 반응할 수 있다. 그래서 악성화된 세포는 정상세포가 영향을 받지 않을 조건에서도 분열하도록 자극받는다. 많은 연구 결과, *EGFR*의 돌연변이는 흡연 경험이 없는 폐암 환자에게서 흔히 나타나며, 오히려 흡연자의 폐암에서는 잘 나타나지 않는 것으로 관찰되었다. *KRAS* 유전자의 돌연변이는 이와는 반대양상을 갖고 있다. 이러한 결과는 두 집단의 폐암환자가 동일한(EGFR-Ras) 신호전달 경로를 갖더라도 유전적 진행 과정이 다르다는 것을 암시한다. 성장인자 수용체는 치료용 항체와 저분자 저해제들의 표적단백질이 된다. 치료용 항체는 수용체의 세포외 영역과 결합하고, 저분자 저해제는 수용체의 세포 내 티로신 인산화효소 영역(tyrosine kinase domain)과 결합한다.

세포질 단백질 인산화효소를 암호화하는 암유전자 과다활성화된 단백질 인산화효소(protein kinases)는 비정상적 증식이나 생존을 초래하는 신호를 만들어 냄으로써 암유전자로 작용한다. 예를 들면, Raf는 세린-트레오닌 단백질 인산화효소(serine-threonine protein kinase)로서 주요 성장-조절 신호전달경로(growth-controlling signaling pathway)인 MAP 인산화효소 연쇄반응(MAP kinase cascade)의 최상위단계에 존재한다. Raf가 돌연변이를 일으켜서 효소활성이 바뀌게 되면 세포가 엄청난 피해를 받게 된다. 성장인자 수용체가 Ras와 더불어, 돌연변이 Raf가 항상 "켜져 있는(on)"상태로 존재하는 효소로 변화되면, 원-발암유전자는 암유전자가 되고, 세포의 성장-조절기능은 소실된다. Raf는 흑색종(melanoma)과 깊이 연관되어 있으며, 이 암의 약 70%는 BRAF 돌연변이가 그 원인으로 알려져 있다.

최초로 발견된 암유전자인 *SRC* 역시 단백질 인산화효소이지만, 이 효소는 단백질의 세린-트레오닌 잔기 대신에 티로신 잔기를 인산화시킨다. src-함유 종양바이러스에 의하여 세포가 형질전환되면 여러 종류의 단백질이 인산화 된다. Src의 기질이 되는 단백질은 신호전달, 세포골격 조절, 세포접착 등에 관여하는 것들이다. *SRC* 돌연변이는 사람의 종양세포의 유전적 변화에서는 드물게 관찰되는데, 이유는 밝혀지지 않았다.

핵의 전사인자를 암호화하는 암유전자 많은 수의 암유전자들이 전사인자로 작용하는 단백질을 암호화한다. 세포주기에서는 적절한 시간에 세포 성장과 분열에 관여하는 산물을 발현시키는 다양한 유전자가 활성화 되어야 한다. 그러므로 이러한 유전자의 발현을 조절하는 단백질의 변화가 세포의 정상적인 성장 양식을 교란시키는 것은 놀랄만한 일은 아니다. 이러한 분야에서 가장 잘 연구된 전사인자를 암호화하는 암유전자는 *MYC* 이다.

활발히 성장하지 못하고 분열하지 않는 세포는 세포주기에서 벗어나서, 세포의 수선 단계라고 말할 수 있는 G_0 단계에 머무르게 된다. Myc는 휴지기 단계의 세포가 성장 인자에 의하여 자극 받고, 세포주기와 분열에 재진입하는 시점에서 발현되는 초기 단백질 중의 하나이다. Myc는 세포 성장과 분열에 관련된 많은 단백질들과 miRNA들의 발현을 조절한다. MYC의 발현을 선택적으로 차단하면 G_1기의 세포주기 진행과정이 차단된다. *MYC* 유전자는 사람의 종양에서 가장 일반적으로 변형된 원-발암 유전자 중의 하나로, 유전체 내에서 증폭되거나 또는 염색체 전이의 결과로 재배열되어 있다. 이러한 염색체의 변화로 *MYC* 유전자는 정상적으로 조절이 되지 않게 되고, 세포 내의 발현 양이 증가되어 Myc 단백질이 과다생산된다. 아프리카에서 가장 잘 알려진 종양인 버킷 림프종(Burkitt's lymphoma)은, *MYC* 유전자가 근처 항체 유전자의 위치로 전위하기 때문에 발생한다. 이 질환은 주로 엡스타인-바 바이러스(Epstein-Barr virus)에 감염된 사람에게 빈번하게 발병된다. 동일한 바이러스가 서구 지역에 사는 사람에게 경미한 감염증[예: 단핵구증(mononucleosis)]을 일으키지만 발암성과는 무관하다.

세포사멸에 영향을 미치는 산물을 암호화하는 암유전자 세포사멸은 종양세포의 악성화를 초기에 제거할 수 있는 인체의 중요한 기작이다. 따라서, 자기파괴능력이 없어지는 세포의 돌연변이는 종양 발생 가능성을 높이게 된다. 이것은 세포의 생존과 발암성에서 PI3K/PKB의 역할에 대한 앞에서의 설명으로 명확해진다. 이러한 관점에서 보면 PI3K와 PKB가 암유전자에 의해 암호화되어 있다는 것은 놀라운 일이 아니다. 세포사멸과 가장 관련이 있는 암유전자는 *BCL-2*로서 세포사멸을 저해하는 막-결합 단백질

(membrane-bound protein)을 암호화한다.

세포사멸에 대한 *BCL-2*의 기능은 *Bcl-2* 유전자제거 생쥐를 이용한 연구를 통해서 확실하게 밝혀졌다. 이러한 생쥐의 림프조직은 광범위한 세포사멸에 의해 급격한 퇴행이 이루어진다. *MYC*과 같이, *BCL-2* 유전자가 염색체에서 비정상적인 자리로 전위되면 유전자 산물이 정상 수준보다 높게 발현되어 암유전자화 된다. 특정 인간 림프종[여포성 B-세포 림프종(follicular B-cell lymphoma)]은 항체분자의 무거운 사슬을 암호화하는 유전자 옆에 *BCL-2* 유전자가 위치하게 되는 전이와 연관이 있다. *BCL-2* 유전자의 과발현은 림프조직의 세포사멸을 억제하여, 비정상적인 세포가 분열하여 림프 종양을 형성하게 된다. *BCL-2* 유전자는 종양세포가 약물에 의해 손상을 입어도 생존하고 증식하게 하기 때문에 화학요법의 효과를 감소시킨다. 종양세포의 이러한 성질에 대응하기 위해, 수많은 제약회사는 종양세포를 효과적으로 세포사멸 시킬 수 있는 화합물을 개발하고 있다.

여러 페이지에 걸쳐, 우리는 종양형성에 연관된 중요한 종양-억제유전자와 암유전자에 대하여 알아보았다. 〈그림 16-18〉에 이들 단백질 중 일부와 이들이 작용하는 신호전달 기작의 개요를 나타냈다. 종양-억제유전자와 억제 경로는 빨간색으로 나타내었으며, 암유전자와 종양 촉진 경로는 파란색으로 나타내었다. 종양-억제유전자와 암유전자의 기본적 기능은 〈그림 16-18〉에 설명하였다. 이 도표에서 상당히 다양한 단백질의 작용이 종양형성에 기여할 수 있다는 것을 확인할 수 있다.

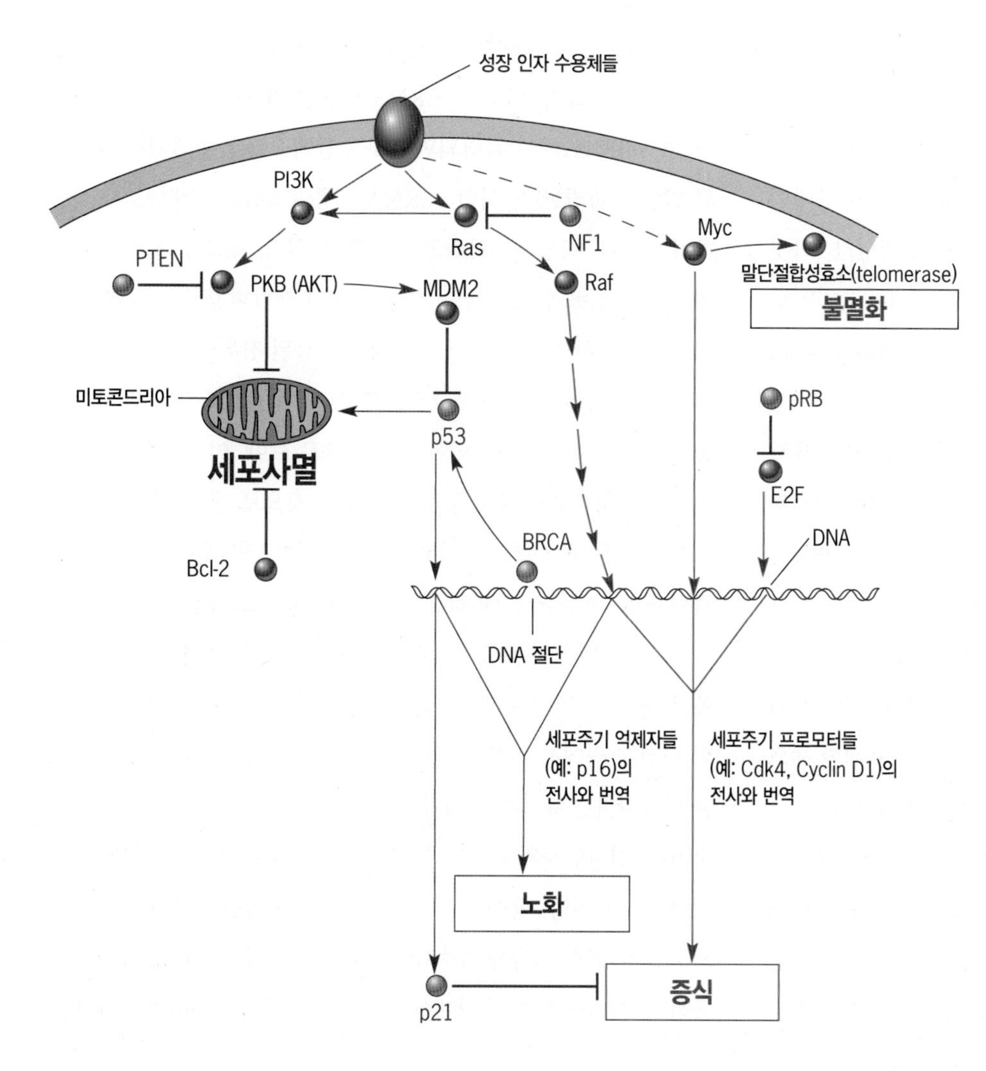

그림 16-18 종양형성에 연관된 여러 신호전달계의 개요. 종양-억제유전자와 종양 억제는 빨간색으로 나타내었고 암유전자와 종양 촉진은 파란색으로 나타내었다. 화살표는 활성화를, 수직선은 저해를 의미한다. 이 그림에 나타난 주요 단백질은 전사인자(p53, myc, E2F), 전사 보조활성인자 또는 보조억제인자(pRB), 지질 인산화효소(PI3K)와 지질 인산가수분해효소(PTEN), 세포질 티로신 인산화효소(Raf)와 그 활성자(Ras), Ras의 GTP 가수분해효소-활성화 단백질(NF1), 세포의 생존을 촉진시키는 단백질 인산화효소(PKB/AKT), DNA 파손을 감지하는 단백질(BRCA), 사이클린-의존 인산화효소의 소단위들(cyclin D1과 Cdk4), Cdk 저해제(p21), 항세포사멸 단백질(Bcl-2), 유비퀴틴 리가아제(MDM2), DNA를 연장시키는 말단절합성효소(telomerase) 및 성장인자와 결합하는 단백질(예: EGFR) 등이다. 점선은 *MYC* 유전자의 발현의 활성에 의한 간접적인 작용을 나타낸다. 그림에서는 종양형성에 연관된 네 가지의 과정, 즉 세포사멸, 노화, 증식 및 불멸화(immortalization)에 관해서 만 설명하였다.

16-3-1-3 돌연변이유발 유전자의 표현형 : DNA 수선에 관여된 돌연변이 유전자

종양이 체세포 DNA의 변화에 의해 초래되는 질환이라는 사실을 고려하면, 유전자 돌연변이의 빈도를 상승시키는 어떤 작용은 종양의 발달 위험성을 증가시킨다. 제7장에서 설명하였듯이, 화학적으로 변화되거나, 복제과정에서 부정확한 위치에 끼어들어간 뉴클레오티드(nucleotide)는 DNA 수선과정에 의해 DNA 가닥으로부터 선택적으로 제거된다. DNA 수선과정은 손상을 인식하는 단백질, 가닥에서 손상된 부분을 제거하는 단백질, 상보적인 뉴클레오티드를 이용하여 제거된 부위를 복원하는 단백질 등을 비롯하여, 많은 단백질들의 원활한 협력이 필요하다. 이러한 단백질들 중 하나라도 손상되면, 변이가 생긴 세포는 비정상적으로 높은 돌연변이를 나타내며, 이를 "돌연변이유발 유전자의 표현형(mutator phenotype)"이라고 한다. 돌연변이유발 유전자의 표현형을 가진 세포들은 종양-억제 유전자와 암유전자 모두에 2차적인 돌연변이가 유발되기 쉬우며, 악성화 될 위험이 증가한다.

제7장에서 살펴보았듯이, 뉴클레오티드 절단수선(nucleotide excision repair, NER) 기작이 결여되면 색소성건피증(xeroderma pigmentosum)이라는 암이 유발된다. 1993년 또 다른 형태의 DNA 수선 결함이 종양을 유발시킨다는 것을 알게 되었다. 이것은 전에 언급하였던 FAP(폴립성 대장암)과는 구별되는, 가장 보편적으로 유전되는 대장암인 유전성 비폴립성 대장암(hereditary nonpolyposis colon cancer, HNPCC) 세포를 이용하여 연구되었다. HNPCC를 일으키는 유전자의 손상은 인류의 0.5%가 보유하고 있으며, 모든 대장암의 3% 정도를 차지한다. 유전체는 미세부수체(微細附隨體, microsatellite)라는 반복적인 짧은 DNA 배열을 다수 포함하고 있다. HNPCC 환자의 DNA를 분석한 결과, 종양 세포의 미세부수체 배열이 동일 환자의 정상적인 세포 DNA의 해당 배열에 비하여 그 길이가 달라진다는 것이 밝혀졌다. 사람 사이의 DNA 차이는 예견되었으나, 동일한 사람으로부터 채취한 세포의 DNA가 차이를 나타내는 것은 예상하지 못한 결과였다.

이들 유전적 종양에서의—그리고 비유전적 대장암에서도—미세부수체 배열의 변화는 틀린짝 수선체계(mismatch repair system)에 손상이 있다는 것을 의미한다. HNPCC 환자에 대한 연구 결과가 이러한 가설을 뒷받침한다. 정상 세포 추출물은 시험관 내에서 틀린짝 수선을 수행할 수 있지만, HNPCC 종양 추출물은 DNA-수선에 결함을 나타낸다. HNPCC 환자의 DNA 분석 결과, DNA 틀린짝 수선 기작을 형성하는 단백질을 암호화하는 유전자들이 결손되거나 또는 기능을 막는 돌연변이가 있음이 확인되었다. 틀린짝 수선에 결함이 있는 세포는 유전체 전체에 걸쳐 이차적인 돌연변이가 축적된다.

16-3-1-4 마이크로RNA: 암 유전학의 새로운 분자

〈제5-5절〉에서 언급되었듯이, 마이크로RNA(microRNA, miRNA)들은 mRNA들의 발현을 음성적으로 조절하는 작은 조절성 RNA이다. 비정상적인 유전자 발현의 결과로 종양이 야기되므로 miRNA가 종양형성과 연관이 있다는 발견은 놀라운 것이 아니다. 2002년, 대부분의 만성림프구성 백혈병(chronic lymphocytic leukemia)에서 2개의 마이크로RNA, *miR-15a*와 *miR-16*을 암호화하는 부위가 결손되거나 발현이 저하되어 있다고 보고되었다. 이 두 miRNA는 항세포사멸 단백질(antiapoptotic protein)이며 원-발암 유전자로 알려진 Bcl-2 mRNA 발현을 저해하는 것으로 밝혀졌다. 이 miRNA들이 결핍되면 Bcl-2 단백질이 과발현되어 림프종의 발달을 촉진한다. 이런 miRNA는 종양형성을 저해하도록 작용하기 때문에, 종양억제자라고 생각될 수 있다. *miR-15a* 와 *miR16*이 결여된 림프종 세포에 이러한 RNA가 재발현될 수 있도록 유전적으로 조작하면, 종양억제자 활성이 회복된 경우와 동일하게 림프종 세포는 사멸한다. *miR-15*와 *miR-16*이 암호화된 부위가 다른 종류의 종양에서도 결손되어 있는 것으로 보아, 이 RNA는 종양의 억제에서 광범위한 중요성을 갖고 있는 것으로 생각되고 있다. 사람에서 가장 중요한 암유전자인 *RAS*와 *MYC*의 발현은 최초로 발견된 miRNA인 *let-7*에 의하여 저해된다고 보고되었다.

일부 miRNA는 종양억제자보다 더 암유전자처럼 작용한다. 예를 들면, 특별한 무리(cluster)의 miRNA 유전자는 일부 림프종의 형성 과정에서 과발현 된다. 이러한 miRNA 과발현은 miRNA를 암호화하는 유전자 무리가 종양세포에서 그 수가 증가되어 존재하거나, 전사인자의 과도한 활성화로 유전자 무리가 지나치게 많이 전사된 결과이다. 생쥐를 특정한 miRNA가 과발현 되도록 유전적으로 조작하면, 이들을 암호화한 유전자가 암유전자와 유사하게 작용하며, 예상대로 이 생쥐에서 림프종이 발생된다. miRNA의 비정상적인 발현은 종양세포의 침입과 전이에 영향을 미치는 주요 인자임이 알려졌고, 이로 인해 이들 RNA에 대한 관심이 증가되고 있다.

miRNA가 사람의 종양 발생에 얼마나 중요한지는 아직 명확하지 않다. 그렇지만, 많은 수의 작은 조절 RNA들에 대한 미세배열(microarray) 연구 결과, 종양세포에서 특징적인 mRNA 발현 양상이 나타나는 것으로 확인되었다. miRNA 발현 양상 분석은 어떤 사람이 앓고 있는 종양의 종류를 알아낼 수 있는 정확하고 민감한 생체지표(biomarker)로 이용되고, 또한 치료법으로도 확립될 수 있을 것으로 예상된다. 즉, *let-7*과 같은 miRNA는 항암치료를 위한 중요한 치료 수단이 될 것으로 전망된다.

16-3-2 암 유전체

모든 종양은 유전적인 변이의 결과로 생긴다. 지금까지 설명된 바와 같이 발암성과 관련된 유전자들은 유전체에서 특별한 부분 집합(subset)을 구성하는 데 이들 유전자의 산물은 세포주기를 통한 세포의 발달, 주변 세포와의 접착, 세포사멸, DNA 손상 수선 등의 작용에 관여한다. 종합하면, 약 350개의 각기 다른 유전자가 "종양 유전자(cancer gene)"로 결정되었으며, 이 유전자는 최소한 한 종류의 악성화 경로 과정에서 중요한 역할을 한다고 생각된다. 지난 수년간 다양한 종류의 종양에서 점돌연변이(point mutation), 결실(deletion), 중복(duplication) 등에 의해 변이된 유전자들을 동정하기 위해 노력해 왔다. 최근에 진보된 DNA 염기서열분석(DNA sequencing) 기술에 의하여, 이전과 비교하여 빠르고 저렴하게 유전체의 특정 부위 뉴클레오티드 배열을 결정할 수 있게 되었다.

대부분 종양이 상대적으로 적은 수의 유전자의 변화로 특징지어 질 수 있으면 하는 바람이 있다. 예를 들면, 오랫동안 많은 경우의 흑색종은 *BRAF* 유전자가 돌연변이를 일으켰고, 대장직장암(colorectal cancer)의 많은 경우에서 APC 유전자가 돌연변이를 일으켰다는 사실이 알려져 왔다. 이 두 가지 돌연변이는 종양 발달의 초기단계에서 일어나며, 세포가 악성단계로 진입하는 데에 결정적인 역할을 한다고 생각되었다. 그러나 종양 유전체에 대한 초기 연구에 의하면, 서로 다른 개개인에게 발생한 동일한 종양은 매우 다양한 비정상 유전자의 조합을 갖는다는 것이 확인되었다. 이러한 결과는 각각의 종양이 세포의 정상적인 항암 기작을 피해가기 위해서 다양한 방법을 이용할 수 있다는 것을 의미한다. 이러한 결과는 〈그림 16-19〉처럼 나타낼 수 있는데, 이 그림에서는 매우 많은 수의 대장직장암에서 발견되는 돌연변이 유전자들을 2차원 "돌연변이 배치도" 내에 피크(산봉우리 모양)로 표현하였다. 다양한 피크의 높이는 이 암에 특정 유전자가 돌연변이를 일으키는 빈도를 의미한다. 이런 그림으로부터, 다수의 종양에서 비교적 적은 수의 유전자가 돌연변이를 일으키는 것을 알 수 있다. 이는 배치도에서 "산(mountain)"과 같은 형태를 나타난다. 이들의 대부분은 종양학자들이 수 년 동안 집중해서 연구해 오던 암유전자들이다. 그러나 놀랍게도 많은 수의 유전자들이 아주 낮은 빈도로 돌연변이를 일으킨다(5% 이하). 이들은 배치도에서 "언덕(hill)"으로 표현된다. 〈그림 16-19〉을 보면 대장암의 경우 약 50개의 다른 유전자가 돌연변이 배치도에서 언덕으로 나타난다. 높은 빈도로 돌연변이를 일으키는 유전자(산)들은 세포의 악성화에 중요한 인자로 추측할 수 있는 반면에, 낮은 빈도로 돌연변를 일으키는 유전자 (언덕)들의 역할에 대해서는 아직도 의견이 분분하다. 언덕으로 나타나는 많은 유전자는 비록 종양에게 아주 적은 선택적 이점을 줄지라도, 악성화 표현형의 특징에 원인이 되는 것은 분명하다. 그러나 언덕을 구성하는 일부 유전자는 단순히 "승객(passenger)"으로 표현되며, 이는 돌연변이를 일으켰지만, 종양세포의 표현형에 영향을 끼치지 않는 종류들인 것으로 판단된다. 어떤 유전자가 종양의 유발자인지 단순히 승객인지를 결정하는 것은 매우 어려운 일이다. 산과 언덕에 해당하는 유전자 이외에, 낮은 빈도로 돌연변이를 일으키는 많은 유전자들도 있다. 이러한 부류의 돌연변이는 〈그림 16-19〉에서처럼, 산이나 언덕이 되지 못하고 배치도에 산재된 작은 동그라미로 나타난다. 〈그림 16-19*a*,*b*〉는 두 사람의 대장직장암의 돌연변이 배치도를 나타내고 있다. 평균적으로 한 사람의 종양은 약 80개 정도의 돌연변이를 갖고 있다. 이들 중 극소수 만이 두 사람에게 공통적으로 관찰되었다. 그러므로 개인은 자신만의 유일한 질병을 앓고 있다고 보는 것이 옳다.

이 연구와 더불어 다른 종류의 종양에 대한 다양한 연구에 따르면, 종양 유전체에 대한 돌연변이 배치도 그림은 매우 복잡하게 나타난다. 그러나 더욱 자세히 분석하면, 산이나 언덕을 만드는 유전

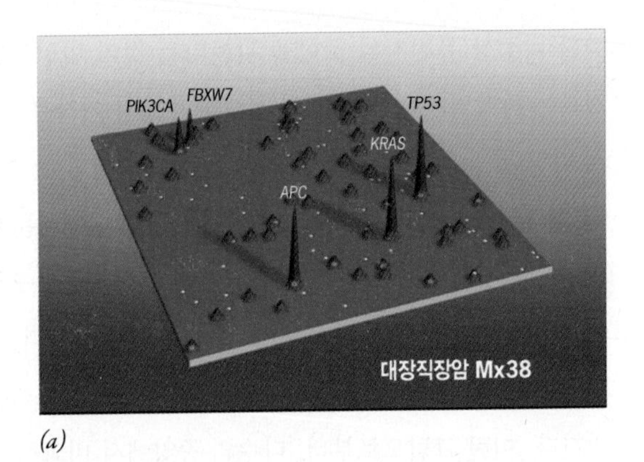

(a)

(b)

그림 16-19 대장직장암의 유전체 배치도. 이 2차원 지도는 직장대장암에서 가장 높은 빈도로 돌연변이를 일으키는 유전자들을 나타내고 있다. 각 빨간색의 돌기들은 각각의 다른 유전자를 의미한다. 종양에서 가장 많이 돌연변이를 일으키는 5개의 유전자가 큰 돌기로 나타내어져 있으며, 산으로 불려지고, 또한 이름을 표기해 놓았다. 좀 더 낮은 빈도로 돌연변이를 일으키는 50개 이상의 유전자는 언덕 형태로 나타냈다. 다른 환자로부터 유래한 대장직장암이 얼마나 공통적인 돌연변이를 갖고 있는지를 나타내기 위하여, 두 환자 대장직장암(Mx38과 Mx32)의 돌연변이 배치도를 나타냈다. 각 종양에서 체세포 돌연변이를 일으키는 유전자는 하얀색 점으로 나타내었다. 두 종양에 공통적으로 존재하는 돌연변이는 매우 드문 것으로 확인된다. 이 그림에서는 *APC*와 *TP53*만이 공통적으로 돌연변이를 일으킨다. (주: 2차원 배치도에서 유전자의 위치는 배치도의 왼쪽 아래 부분에 염색체 1번의 좌위에서부터 시작하여 각 상염색체를 오름차순을 정리하였다. 이 순서에 의해 배치도의 오른쪽 끝에는 X 염색체의 마지막 좌위가 존재한다.)

자의 다수가 상대적으로 몇 가지 안 되는 특정 기작에 관여하는 구성물의 단백질을 암호화하고 있다는 것을 알 수 있다. 가장 사망률이 높고 치료가 어려운 췌장암을 연구한 결과를 보면, 60개 이상의 유전자에서 돌연변이가 발견되었지만, 이들 돌연변이의 대부분은 12 종류의 세포 내 기작의 핵심 과정에 영향을 미친다(표 16-2). 더욱 중요한 사실은 모든 종양 시료에서 그 기작들의 절반이 변형되어져 있다는 것이다. 뇌암의 가장 빈번한 형태인 교모세포종(glioblastoma)을 이용한 비슷한 연구에 의하면, 대부분 종양은 세 가지 주요 경로—p53, pRB, PI3K—에 영향을 미치는 돌연변이를 나타낸다. 그러므로 이 장에서 설명된 것처럼, 종양은 단순히 유전자의 변형에 의한 질환이 아니라 세포 경로의 변이에 의한 질환이라고 생각할 수 있다. 여러 유전자 중 어떤 것이 망가져도 동일한 경로가 파괴되면, 세포는 동일한 결과를 나타낸다. 이러한 기작 중 중요한 몇 개를 〈그림 16-18〉에 표시해 놓았다. 암을 "유전자(genetic)" 관련 질환이기보다 "경로(pathway)" 관련 질환으로 보는 것은 약품개발자들에게 더 낙관적인 생각을 갖게 한다. 그 이유는, 하나의 필수 경로에서 핵심 단계들 중 어느 한 가지를 파괴시켜서 세포를 악성 상대에서 벗어나게 하여, 종양을 퇴화시키기에 충분할

표 16-2 대부분의 췌장암에서 유전적으로 변화된 핵심 신호전달 경로와 과정

조절 과정 또는 경로	유전적으로 변화된 확인된 유전자 수	유전자들 중 최소 1개의 유전적 변화를 지닌 종양의 비율
세포사멸	9	100%
DNA 손상조절	9	83%
G_1/S기 전이의 조절	19	100%
헤지호그 신호전달	19	100%
동종친화성 세포부착	30	79%
인테그린 신호전달	24	67%
c-Jun N-말단 인산화효소 신호전달	9	96%
KRAS 신호전달	5	100%
침범의 조절	46	92%
작은 GTPase-의존 신호전달(KRAS 외)	33	79%
TGF-β 신호전달	37	100%
Wnt/Notch 신호전달	29	100%

수도 있기 때문이다. 이러한 접근방법이 성공하기 위해서는, 환자의 종양 세포에서 어떤 경로가 손상되었는지를 의사들에게 알려 줄 수 있는 생체지표를 먼저 확립하여야 한다.

종양 유전학이라는 주제를 마치기 전에 하나 기억해 두어야 할 것은 여기서 제시된 관점—즉, 종양은 개개 점돌연변이들의 점진적인 다단계 진행(multistep progression)이다—을 모든 사람이 받아들이지는 않는다는 것이다. 일부 연구자들은 인간의 돌연변이율은 그리 높지 않아서, 인간의 일생 동안에 축척되는 돌연변이는 완전한 악성화를 유도할 수 있을 만큼은 아니라고 주장한다. 대신에 발암성은 비교적 적은 횟수의 세포분열을 하는 동안에 일어나는 전체적인 유전적 불안정성에 이르게 되는 파국적인 일들에 의해 시작된다고 주장한다. 예를 들면, DNA 복제 또는 DNA 수선에 대한 유전자의 돌연변이는 HNPCC의 경우와 같이 전반전인 유전적 비정상성을 가진 세포를 빠른 시간 내에 생산할 수 있도록 한다. 또 다른 주장에 의하면, 비정상적인 세포분열과 염색체를 갖는 세포가 암성장의 초발인자(initiator)들이 되는 것 같다. 이러한 가능성을 확인할 수 있는 방법은 종양 형성의 초기 단계부터 세포 유전체의 상태를 분석하는 것이다. 그러나 불행히도, 매우 작은 수의 세포로 이루어져 있는 단계의 종양은 확인하는 것이 불가능하다. 종양세포가 확인되는 시점에서는 이미 세포가 유전적으로 고도의 교란 상태에 있으므로, 유전적 변이가 원인인지, 또는 암 성장의 결과인지를 규명하기는 어렵다.

16-3-3 유전자 발현 분석

지난 수십 년간 유전자 발현 분석 기술은 발전해 왔으며, 언젠가는 암의 진단과 치료에 큰 역할을 할 것이라고 생각된다. DNA 미세배열 [microarray (또는 DNA 칩)]을 이용한 이 기술은 제6장에서 설명하였다. 간단히 설명하자면, 몇 개에서 수천 개의 DNA 점을 함유하는 받침유리(slide glass)를 준비한다. 각 점은 알려져 있는 유전자 하나의 염기서열에 상응하는 DNA가 점적된 것이다. 성장, 분열에 관여하는, 또는 림프구(lymphocyte)나 다른 세포의 발생 및 분화작용에 관련된 특별한 집합의 유전자들이 미세배열 안에 집적될 수 있다. 유전자 발현 측정을 위하여 이 미세배열 판을 형광 표지된 cDNA와 같이 반응시킨다. 이 cDNA는 종양에서 분리된 암세포나 백혈병 환자의 종양 혈액세포 등에서 준비된 mRNA로부터 합성된 것이다. 형광 표지된 cDNA는 받침유리에 고정된 상보적 DNA의 작은 점들과 결합하며, 형광 양상의 분석을 통해 어떤 mRNA들이 종양 내에 존재하는지, 그리고 전체 mRNA 내에서 해당 mRNA의 상대적인 존재 비율이 어떻게 되는지 알 수 있게 된다.

DNA 미세배열법을 이용한 연구는, 유전자의 발현 양상이 종양의 성질에 관한 매우 유용한 정보를 제공할 수 있다는 것을 보여주고 있다. 예를 들면, (1) 종양의 진행은 특정 유전자의 발현 변화와 연관이 있다. (2) 일반적인 분류에 의하면 유사하다고 생각되는 종양이지만, 유전자 발현 양상에 기초하면 다른 임상학적인 특징을 갖는 아류(subtype)로 분류될 수 있다. (3) 환자의 유전자 발현 양상에 의해 그 암이 얼마나 치명적인지를 알 수 있다. 그리고 (4) 종양환자의 유전자 발현 양상은, 어떤 치료방법이 가장 효과적으로 종양을 퇴치할 것인가 하는 실마리를 제공한다. 이제 이러한 문제를 자세하게 살펴보자

〈그림 16-20〉은 급성 림프모구성 백혈병(acute lymphoblastic leukemia, ALL)과 급성 골수성 백혈병(acute myeloid leukemia, AML) 등 두 가지 림프종에서 50개의 서로 다른 유전자들의 발현 정도를 나타내고 있다. 각 유전자의 이름은 오른쪽에 표시되어 있다. 이 그림에 있는 유전자들은 두 가지 혈액 세포 종양 간의 발현에 큰 차이가 있는 것들이다. 각 세로 줄은 ALL 또는 AML 환자의 결과를 나타내므로, 서로 다른 세로 줄을 비교해보면 한 환자와 다른 환자와의 유전자 발현의 유사성을 비교해 볼 수 있다. 유전자 발현의 수준은 짙은 파란색(가장 낮은 수준)과 짙은 빨간색(가장 높은 수준)으로 표시되었다. 이 그림의 위쪽 절반에는 ALL에서 훨씬 더 높은 수준으로 전사된 유전자들을, 아래쪽 절반에는 AML에서 훨씬 더 높은 수준으로 전사된 유전자들을 표시하였다. 이러한 연구에 의하여 종양의 유전자 발현 유형은 종양에 따라 다르다는 것이 명확해졌다. 하나는 골수세포 유래이고 또 하나는 림프세포 유래라는 종양의 생물학적 차이가 이러한 발현의 차이와 상관관계가 있을 수도 있다. 그러나 이로써 모든 차이점을 설명할 수는 없다. 예를 들면 "왜 카탈라아제(catalase)를 암호화한 유전자가 ALL에서는 낮고, AML에서는 높게 발현되는가?". 이 연구가 이 질문에 대한 명

확한 답변을 하지는 못하지만, 이들 연구를 통해 연구자들에게 향후 치료약물의 잠재적인 목표로써 생각되는 유전자 목록을 제공할 수 있다.

종양을 초기에 발견할수록, 치료는 더욱 쉬워진다. 이는 암치

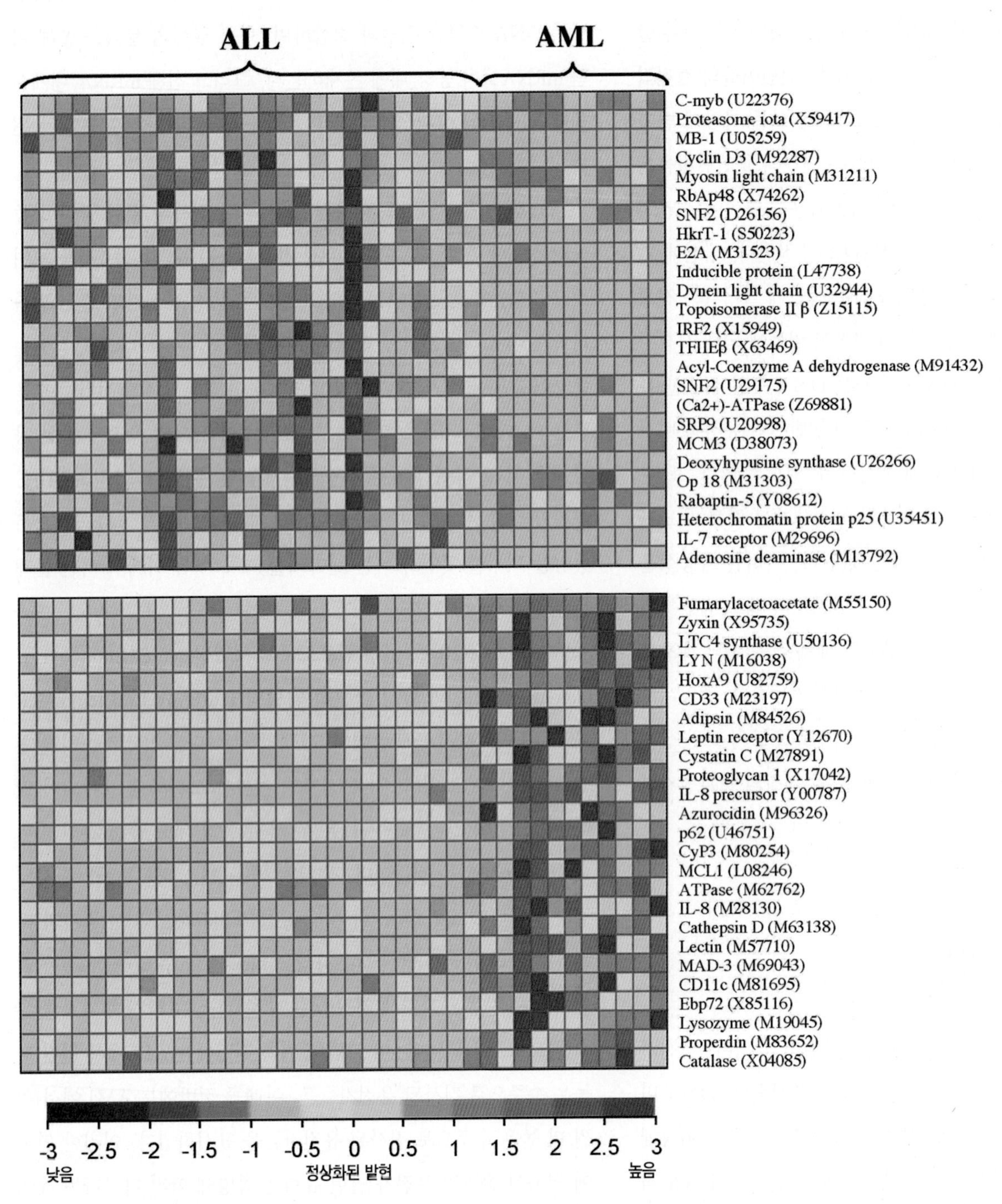

그림 16-20 두 유형의 림프종을 구별하는 유전자-발현 프로파일링. 그림의 각 가로줄은 그 줄의 오른쪽에 명명된 단일 유전자의 발현 수준을 나타낸다. 전체 50개 유전자의 발현 정도를 함께 나타냈다. 그림의 맨 아래에 표시된 색상 일람표와 같이, 가장 낮은 발현 수준은 짙은 파란색으로, 가장 높은 발현 수준은 짙은 빨간색으로 나타내었다. 각 세로 줄은 하나의 다른 시료(환자)를 의미한다. 왼쪽 세로 줄들은 급성 림프구성 백혈병(ALL)을 갖는 반면에, 오른쪽 세로 줄들은 급성 골수성 백혈병(AML)(꼭대기의 괄호로 표시되었음)을 갖는 환자들로부터 얻어진 발현 분석표를 보여준다. 위쪽 상자의 유전자들은 ALL 환자에서 훨씬 더 높게 발현되고, 아래쪽 상자에서 보이는 유전자들은 AML 환자에서 훨씬 더 높게 발현되고 있다.

료의 기본적인 원칙이다. 일부 종양은 초기에 발견되거나 제거된다 하더라도 치명적이다. 예를 들면, 일부 초기 유방암 세포는 이미 먼 부위에 2차 전이종양(metastase)을 만들 수 있는 세포를 함유하는 경우가 있는 반면, 다른 것들은 그렇지 않은 경우도 있다. 이 차이가 환자의 예후를 결정한다. 2002년에, 진행된 DNA 미세배열 측정법을 이용한 실험을 통해, 수천 개 유전자 중에서 약 70개 유전자의 발현 정도에 따라 해당 유방암의 예후를 예측할 수 있다는 획기적인 연구결과가 발표되었다(그림 16-21). 이러한 발견은 유방암 환자의 치료를 위한 임상 적용에 중요하다. 유전자 발현 양상에 의거하여 "나쁜 예후(poor prognosis)"를 나타내는 초기 암환자〈그림 16-21*a*〉는 더 강하게 화학요법치료를 하여, 2차적인 종양의 형성을 최대한으로 막을 수 있다. 만약 유전자 발현 결과를 사용하지 않을 경우에는, 일반적인 기준에서는 종양의 전이를 예상할 수 없기 때문에, 어떠한 종류의 화학요법 치료도 받지 못할 것이다. 역으로 말하면, "좋은 예후(good prognosis)"를 나타내는 환자는 겉으로 보기에는 종양이 좀 더 진행되었어도 좀 더 약한 화학요법제를 투여받게 될 것이다(그림 16-21*b* 참조). 최근, 환자의 가장 적절한 치료법을 찾는 시도를 돕고자 맘마프린트(MammaPrint) 및 온코타입 DX(Oncotype DX) 등과 같이 유방암 환자의 유전자 발현 양상을 분석하는 실험적인 진단법들이 여러 회사들로부터 도입되고 있다. 이러한 예후진단법은 수년 간 널리 사용되어 왔지만, 임상에서 그 타당성은 아직도 평가를 받는 중이다. 유전자 발현 양상이 암 진단을 용이하게 하고, 모든 종류의 암환자에게 최적의 치료법을 제시할 수 있으면 하는 바람이다.

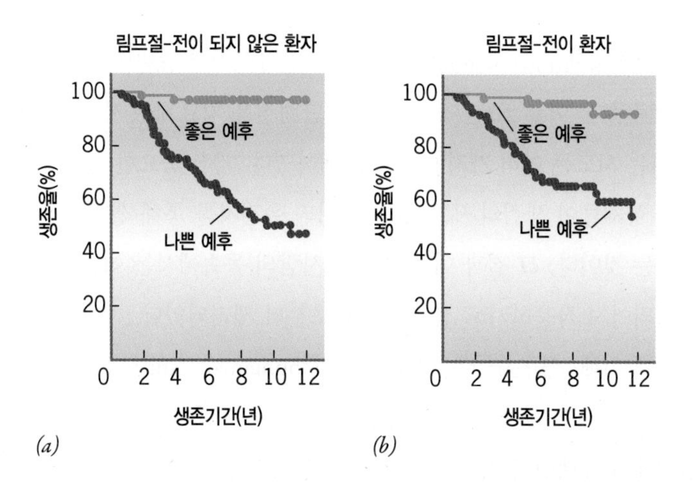

그림 16-21 치료법 선택을 결정하는 데 있어서 DNA 미세배열 자료들의 이용. 각 도표는 선택된 70개 유전자의 발현정도를 기초로 하여, 좋은 예후군과 나쁜 예후군으로 분류되었던 유방암환자들의 시간에 따른 생존율을 나타낸 것이다. (*a*)에 나타난 환자는 수술 당시에 림프절 근처로 암이 전이되지 않았다고 판단되는 환자이다. 도표에 표시된 것처럼, (1) 모든 환자들이 생존하지는 않으며, (2) 종양의 유전자-발현 정도에 의하여 생존율의 예측이 상당부분 가능한 것으로 나타났다. 이러한 결과에 의하여 의사들은 나쁜 예후를 갖는 환자를 좋은 예후의 환자에 비하여 더욱 강력한 방법으로 치료하여야 한다. (*b*)의 환자들은 암이 주위 림프절에 퍼져 있다는 뚜렷한 증거들을 보여 주었다. 도표에 나타낸 것처럼, 이들 환자군의 생존율 역시 유전자-발현 자료들에 의해 예측될 수 있는 것으로 나타났다. 보통의 경우, 이 그룹에 속하는 모든 환자가 강력한 치료를 받게 될 텐데, 사실상 좋은 예후를 나타내는 환자에게는 불필요한 것이다.

복습문제

1. 양성종양과 악성종양, 종양-억제 유전자와 암유전자, 우성으로 작용하는 돌연변이와 열성으로 작용하는 돌연변이 그리고 원-발암 유전자와 암유전자를 각각 비교하라
2. 종양이 유전적 진행의 결과라는 것은 무엇을 의미하는가?
3. 왜 p53을 유전체의 보호자라고 부르는가?
4. p53이 세포의 악성화를 방지하도록 작용하는 세 가지 기작을 설명하시오
5. DNA 미세배열법이 환자의 암 종류를 결정하는 과정에서 어떻게 사용되는가? 항암치료의 최적화를 위해 어떻게 사용되는가?
6. 어떤 종류의 단백질이 원-발암 유전자에 암호화되어 있으며, 각 종류의 원-발암 유전자의 돌연변이가 어떻게 세포의 악성화를 유도하는가?

16-4 암 치료를 위한 새로운 전략

종양과 싸우기 위한 전통적인 접근방법, 즉 수술, 화학요법, 그리고 방사선 요법은 최초의 종양에서부터 이미 암이 전이된 환자를 완전히 치료하기에는 역부족이다. 화학요법과 방사선 요법은 암세포뿐만 아니라 많은 수의 정상세포를 죽이기 때문에 심각한 부작용

을 초래하는 경향이 있으며, 또한 많이 진행된 종양에 대하여는 치료 효과가 제한적이다. 지난 수십 년간 진행된 "무차별 공격(brute-force)" 전략은 최근에 연구된 악성화에 대한 분자학적기초에 바탕을 둔 표적화 치료법(*targeted therapy*)으로 대체될 것으로 기대되고 있다. "표적화(targeted)" 라고 생각될 수 있는 치료법에는 다음과 같은 여러 방법이 있다. 즉, 정상세포를 손상시키지 않고 종양세포만을 공격하도록 표적화할 수 있으며, 종양세포가 성장하거나 또는 생존할 수 없게 하는 특별한 단백질의 불활성화를 표적화할 수 있고, 그리고/또는 체세포 돌연변이의 독특한 유형에 기초하여 특정 환자의 종양세포를 표적화할 수 있다. 지난 50년간 대부분의 종양에 대한 치료율은 크게 개선되지 않았으나, 가까운 미래에는 일반적인 종양에 대한 효과적인 표적치료가 가능할 것으로 전망된다. 이러한 낙천적인 예상은 아래에 설명하듯이 몇 몇의 표적치료가 탁월하게 성공적이었다는 사실에 근거한다. 많은 가능성 있는 치료법들이 실패하고, 성공의 빈도는 매우 낮지만, 표적치료의 개념은 여전히 유효하고 "증명할 수 있는 원리(proof-of-principle)"로 생각된다. 표적치료가 중요하기 때문에, 연구자들과 생명공학 회사들은 더 나은 암 치료법을 찾아내기 위해 많은 시간과 자본을 투자하고 있다.

아래에서 서술되는 항암치료 전략은 다음과 같이 세 가지로 나눌 수 있다. 즉, (1) 종양세포를 공격하기 위하여 항체 또는 면역세포에 의존하는 방법, (2) 암-촉진 단백질의 활성을 저해하는 방법, (3) 종양에 영양을 공급하는 혈관의 성장을 막는 방법 등으로 구분될 수 있다.

16-4-1 면역요법

암이 전이되어 몇 개월만 살 수 있다고 선고받은 환자의 예후가 호전되고 종양이 완치되어 수년간 살아남았다는 이야기를 듣거나 읽어 본 적이 있을 것이다. 이러한 "자연발생적 완화(spontaneous remissions)"를 잘 연구한 사례는 1800년대 후기에 뉴욕 의사 윌리엄 쿨리(William Coley)에 의하여 기록되었다. 쿨리는 1891년 치료가 불가능한 목 종양환자가 피부에 연쇄구균(streptococcal)이 감염된 후 종양이 완화되었다는 기록을 접한 이후부터 관심을 갖게 되었다. 이후 그 환자가 생명을 위협하던 암으로부터 완전히 회복한 사실을 직접 확인하게 되었다. 쿨리는 환자의 면역계를 자극하여 악성종양을 공격하고 파괴할 수 있는 세균 추출액을 개발하기 위하여 일생을 바쳤다. 이 연구는 성과가 없지는 않아서, 잘 발생하지 않는 연조직 육종(soft-tissue sarcoma)에는 효과가 있었다. 비록 나중에 쿨리의 독소(Coley's toxin)이라 이름 지어진 이 추출액은 널리 사용되지는 않았지만, '인체가 면역계를 통해 이미 잘 형성된 종양을 파괴시킬 수 있다'는 그 동안은 입증되지 않았던 발견을 증명해 주었다. 최근에는 수동적 면역요법 및 능동적 면역요법, 두 가지 치료 전략이 주목받고 있다.

수동적 면역요법(*passive immunotherapy*)은 항체를 투여하여 종양 환자를 치료하고자하는 방법이다. 이 항체는 목표가 되는 종양세포의 표면에 있는 특별한 단백질을 인식하고 결합한다. 결합된 항체는 면역계의 다른 요소들을 불러들여 종양세포를 공격한다. 〈18-19절〉에서 설명된 것처럼, 특정 표적 항원에 결합될 수 있는 단일클론항체(monoclonal antibodies)는 1970년 중반에 최초로 개발되었다. 이후 20년 동안 이러한 단백질을 치료제로 사용하고자 하는 시도는 여러 가지 이유로 실패하였다. 가장 중요한 점은 이러한 항체들이 생쥐의 세포에서, 생쥐의 유전자를 통해 생합성 되었다는 것이다. 그 결과 이들 항체는 사람의 몸속에서는 이물질로 인식되어져 작용하기도 전에 혈액으로부터 제거되었다. 계속되는 노력에 의해, 연구자들은 "인간화 항체(humanized antibodies)"를 생산하였다. 이 항체는 항원을 인식할 수 있는 아주 작은 부분 만이 생쥐에서 유래된 것이고, 나머지 대부분이 사람의 단백질이다. 지난 수년간의 노력으로 연구자들은 마침내 완전한 사람의 아미노산 배열을 갖는 항체를 만들 수 있게 되었다. 한 연구에서는 생쥐를 유전적으로 조작하여 생쥐의 면역계가 완전한 인간의 항체 분자를 생산할 수 있도록 하였다.

최근 20개 정도의 단일클론항체가 암 및 다른 질환의 치료에 사용될 수 있도록 승인을 받았다. 그 외 100개 정도는 현재 시험 중에 있다. 헤르셉틴(Herceptin)은 인간화 항체로, 유방암 세포의 분열을 촉진하는 성장인자와 결합하는 세포표면 수용체(Her2)에 대한 항체이다. 헤르셉틴은 성장인자에 의한 수용체의 활성화를 저해하고, 수용체가 세포 내로 함입되어 들어가는 것을 촉진하는 것으로 생각된다. 약 25%의 유방암이 *HER2* 유전자가 과발현된 세포를 갖고 있으며, 이것이 성장인자의 자극에 대하여 세포가 특히 민감하게 반응하는 원인이 된다. 헤르셉틴이 개발되기 이전에는 HER2 과발현 종양 환자의 예후는 매우 좋지 않았으나, 최근에는 뚜렷하게 개선되었다. 3,000명의 초기 유방암 환자 대상 연구에 따르면, 4년 내 재발률이 헤르셉틴에 의해 약 50% 정도 감소된 것으로 나타났다. 최근 개발된 가장 효과적인 인간화 항체는 리툭산(Rituxan)이다. 리툭산은 비호킨스성 B 세포 백혈병(non-Hodgkin's B-cell lymphoma)에 대한 치료제로 1997년 허가되었다. 이 백혈병 환자의 약 95%에서 악성 B 세포 표면에 존재하는 세포 표면 단백질(CD20)이 존재하는 데 리툭산은 이 단백질에 결합한다. 항체가 CD20에 결합하여 세포의 성장을 저해하고, 세포사멸이 일어나도록 유도한다. 본 항체의 개발은 이 암을 앓고 있는 환자들의 장래에 대한 가망성을 완전히 뒤바꾸어 놓았다. 한때 절망적인 예후를 보였던 환자가 이 질환에서 벗어날 수 있는 기회를 가질 수 있게 된 것이다.

지난 수년간 다수의 인간 항체가 여러 종양에 대하여 임상시험을 거치고 있다. 이들중, EGF 수용체에 직접 결합하는 벡티빅스(Vectibix)는 EGFR-발현 전이성 대장암(EGFR-expressing metastatic colon cancer)에 대한 단일-물질 치료제(single-agent treatment)로 허가되었다. 벡티빅스는 인간 단백질이기 때문에 2주에 1회 투여로 충분할 정도로 순환계에 오래 남아있을 수 있다. 또 다른 인간 단일클론항체인 알제라(Arzerra)는 만성 림프성 백혈병의 치료제로 허가될 예정이다. 게다가, 항체분자에 방사성 원자 또는 독성물질이 결합된 차세대 항체가 개발되고 있다. 이 계획에 따르면, 항체는 이 물질들을 종양세포로 이동시키고, 결합된 원자 또는 화합물이 표적세포를 죽이게 된다. 이 원고를 쓰는 중에 방사성 물질로 표지된 두 종류의 항-CD20 항체[anti-CD20 antibody(Zevalin 과 Bexxar)]가 비호킨스성 B 세포성 백혈병의 치료제로, 독성약물이 결합된 항체[toxic drug-linked antibody (Mylotarg)]가 급성 골수성 백혈병의 치료제로 각각 허가되었다.

능동적(또는 입양) 면역요법[*Active* (or *adoptive*) *immunotherapy*]은 악성 암세포와 싸울 수 있도록 개인의 면역체계를 활성화하는 방법이다. 면역계는 외부 물질을 인식하고 파괴할 수 있도록 진화되어져 있지만, 실제로 종양은 자신의 세포에서 유래한 것이다. 비록 많은 종양세포가 정상적인 상태에서는 발현되지 않는 단백질, 또는 정상 세포에 존재하는 것과는 다른 돌연변이 단백질(예: Ras)을 함유하기는 하지만, 기본적으로 이들은 숙주 세포에 존재하는 숙주 단백질의 일부분이다. 결과적으로 정상적인 면역계는 이들 단백질을 "부적합(inappropriate)"하다고 인식하지는 않는다. 만약 어떤 사람이 종양-연관 항원(tumor-associated antigen)을 인식하는 면역세포를 갖는다 하더라도, 종양은 면역체계에 의한 파괴를 회피할 수 있는 다양한 기작을 발달시킨다. 그러므로 이러한 난관을 넘어 종양세포에 대하여 좀 더 활발한 면역반응을 나타내도록 면역계를 인위적으로 자극하는 수많은 전략들이 수립되고 있다. 대부분의 연구에서는 환자의 면역 세포[특히 수지상세포(dendritic cell)]들을 분리하여 시험관 내에서 한 가지 또는 여러 방법으로 자극하고, 배양을 통해 증식한 후, 환자에게 재주입한다. 또 다른 연구에서는, 분리된 면역세포의 종양-공격 능력을 향상시키기 위하여, 특정 면역세포를 증식시키기 전에 유전적으로 변형을 시킨다. 지난 수년 동안 이러한 "암 백신(cancer vaccine)"을 이용한 임상실험 결과는 다소 실망스러웠으나, 최근에 신중하긴 하지만 희망적인 연구결과들이 보고되어졌다. 이러한 많은 연구들에서, 아주 소수의 암환자가 치료에 대하여 종양의 크기나 범위가 줄어들거나 예상 생존율이 유의성 있게 증가되는 긍정적인 반응을 나타내었다. 이러한 종류의 치료법은 환자 개인에 따라 특성화되기 때문에 시간과 비용이 많이 들게 된다. 가장 진보된 임상시험 단계에 있는 백신은 프로벤지(Provenge)이다. 호르몬 치료에 더 이상 반응을 나타내지 않는 상당히 진행된 전립선암을 가진 환자를 치료하기 위해 개발되었다. 이 방법은 혈액으로부터 면역세포를 분리하고, 종양에서 발현되는 전립선-특이 단백질[prostate-specific protein, 전립선산 인산가수분해효소(prostatic acid phosphatase)]에 노출시킨 후, 인체에 재주입하는 것이다. 프로벤지는 2007년 FDA 허가가 거절되었는 데 이 결정은 크게 논란이 되었었다. 현재는, 2개의 제3상 연구(Phase III studies)가 완료된 상태이다. 연구결과를 모두 받아들이기에는 어려움이 있으나, 관련 행정 기관은 이 승인 문제에 대하여 심사숙고하고 있다. 또 다른 종류의 개인 맞춤 암백신인 디씨벡스(DCVax)는 뇌암 치료에 대하여 제1 및 2상 임상 테스트에서 커다란 가능성을 보여주었으며, 현재 많은 표본을 대상으로 임상 테스트가 진행되고 있다. 어떤 백신이 종양치료에 효과적인지는 시간을 두고 지켜보아야 한다. 암 면역요법(cancer immunotherapy)의 궁극적인 목표는 생명을 위협하는 종양의 발생을 막을 수 있는 항원을 사람들에게 접종하는 것이다.

16-4-2 암-촉진 단백질의 활성 저해

종양세포에는 비정상적인 농도 또는 비정상적인 활성을 나타내는 단백질들이 존재하기 때문에 종양세포로서 행동한다. 이러한 암 조절 단백질들을 〈그림 16-17〉에 나타내었다. 많은 경우, 암세포의 성장과 생존은 한 개 또는 그 이상의 비정상적인 단백질의 지속적인 활성에 의존한다. 이러한 의존성은 "암유전자 중독(oncogene addiction)"이라고 알려져 있다. 만약 이러한 단백질의 활성을 선택적으로 차단할 수 있다면, 악성화된 세포를 모두 죽일 수 있을 것으로 기대하고 있다. 이를 목표로 연구자들은 암촉진단백질(cancer-promoting protein)의 활성을 저해할 수 있는 저분자량 화합물 무기들을 합성해 왔다. 일부의 약물은 특정 단백질을 저해하기 위하여 주문 설계되었으며, 일부는 제약회사에 의하여 합성된 화합물을 무작위로 선별하여 동정하였다. 일단 단백질-저해 합성물(protein-inhibiting compound)을 동정하게 되면, 60개 정도의 다른 종류의 종양에서 분리된 배양세포를 이용하여 그 유효성을 평가한다. 배양세포를 이용한 시험에서 성공하면 다음 과정으로 사람의 종양을 이식받은 쥐[이종이식(異種移植, xenograft)된]를 대상으로 실험을 진행한다. 임상 실험되고 있는 약물을 〈표 16-3〉에 나타내었다. 표에 명시된 화합물 중 많은 수가 여러 종류의 종양에 대하여 성장을 멈추게 하는 효과를 나타내었지만, 이 중 한 합성물은 만성골수성 백혈병(chronic myelogenous leukemia, CML) 환자의 임상에 특별히 효과를 나타내고 있다.

일부 종양은 특별한 염색체의 전위에 의하여 야기된다고 앞에서 언급하였다. CML은 원-발암 유전자(*ABL*)가 다른 유전자(*BCR*)와 결합하여 키메라 유전자(chimeric gene)(*BCR-ABL*)를 형

표 16-3 FDA에서 승인되었거나 시험 중인 저분자 표적치료제

약물	표적	작용기작
글리벡	BCR-ABL, KIT, PDGFR	티로신 인산화효소 저해제
이레사	EGFR	티로신 인산화효소 저해제
탈세바	EGFR	티로신 인산화효소 저해제
수텐트	VEGFR, PDGFR, KIT	티로신 인산화효소 저해제
티케브	EGFR, HER2	티로신 인산화효소 저해제
넥사바	BRAF, EGFR, EGFR	인산화효소 저해제
벨카드	단백질분해효소복합체(proteasome)	단백질 분해 저해
졸린자	HDACs	히스톤 아세틸화 저해(후성유전적 효과?)
토리셀	mTOR	세포 생존 경로 저해
타목시펜, 라록시펜	에스트로겐 수용체	에스트로겐 활성 저해
아리미덱스, 아로마신	방향화효소(芳香化酵素, aromatase)	에스트로겐 합성 저해
제나센스	BCL-2	호세포사멸 단백질의 합성 저해
ABT-737	BCL-X_L	해당 호세포사멸 단백질 저해
젤다나마이신	HSP90	해당 분자 샤페론 저해
뉴틀린스, RITA	p53	P53-MDM2 상호작용 저해
PRIMA-1	p53	돌연변이 p53의 활성 회복
PX-478	HIF-1	저산소 상태에 의해 활성화된 해당 전사인자 저해
BSI-201	PARP-1	DNA 수선과 관련된 효소 저해
디씨타빈	DNMT	DNA 메틸화반응 저해

성하게 되는 유전자 전위에 의하여 야기된다. 이런 전위를 갖고 있는 조혈세포는 Abl 티로신 인산화효소 활성(Abl tyrosine kinase activity)이 매우 높게 발현되므로, 세포가 통제불능 상태로 분열하고 결국 종양으로 발생된다. 글리벡(Gleevec)이라는 화합물은 불활성형 Abl 인산화효소(Abl kinase)에 결합하여 Abl 인산화효소의 활성화에 필요한 인산화를 방지함으로써 Abl 인산화효소를 선택적으로 저해한다는 것이 확인되었다. 고농도의 글리벡을 투여받은 환자는 종양이 탁월하게 감소되었으므로, 일차 임상실험은 매우 성공적이었다. 이러한 연구는 암유전자 산물 중 한 가지를 제거하여 사람 종양의 성장을 저해시킬 수 있다는 생각을 확인시켰다. 이에 따라, 약물은 신속히 승인되어졌고 수 년 동안 사용되었다. 환자들은 완화된 상태를 유지하기 위해서 지속적으로 글리벡을 복용해야만 했으며, 결국, 특히 악화된 상태에서 치료를 시작한 사람들은 약물에 내성을 갖게 되었다. 약물 내성의 대부분은 융합된 유전자(fusion gene)의 *ABL* 부위에 발생된 돌연변이 때문이었다. 이러한 결과는 돌연변이 형태의 ABL 인산화효소에 억제활성을 나타내는 제2세대 신규 표적 저해제(inhibitor) 개발을 촉진시켰다(그림 2-51*d* 참조).이러한 약물들은 글리벡에 저항성을 나타내는 CML 환자에게 효과적이다. 또한 이를 통해 동일한 단백질의 여러 다른 부위를 표적으로 작용하며, 약물 내성 돌연변이를 나타내지 않는 여러 가지 저해제를 동시에 처리하는 칵테일요법이 제시되었다.

글리벡 이후에 매우 효과적인 다양한 단백질-저해 약물이 개발되었으면 하는 희망이 있었다. 비록 많은 단백질을 표적화하는 저분자 저해제들이 임상에서 일정한 성공을 거두고, FDA의 승인을 받았고, 수백 개의 물질들이 임상에서 시험되고 있지만, 이들 중 그 어느 것도 유방, 폐, 전립선, 또는 췌장에서 생긴 고형암(solid cancer)의 성장을 완전히 정지시키지 못한다. 이러한 종양의 치료가 어려운 이유는 아직 명확히 규명되지 않았다. 다만, 이 종양들은 혈액세포 암들과는 달리, 유전적으로 좀 더 복잡하며, 하나의 암유전자 산물과 하나의 신호전달계에만 의존적이지 않다는 것이 이유일 지도 모른다. 또 다른 이유로는 특정 종양환자의 일부 만이 특별한 약물에 감수성을 갖고 있다는 것 등이 추측되고 있다. 이러한 가정은 EGF 수용체(EGFR)의 티로신 인산화효소 저해제인 이레사(Iressa)의 연구결과에 의하여 제시되었다. 이레사는 원래는 높은 EGFR 활성을 나타내는 폐암 환자를 대상으로 실험되었다. 일차 임상에서 약 10%의 미국 내 환자와 약 30%의 일본인 환자가 약물에 대하여 긍정적인 반응을 나타내었지만 나머지 환자는 약물에 대한 영향을 받지 않았다. 차후 연구에 의하여 반응자와 비반응자는 EGF 단백질의 다른 부위가 돌연변이 되어 있는 것으로 밝혀졌다. 이러한 발견은 비표적화된(nontargeted) 화학요법 뿐 만이 아니라 표적 암치료법이 개인의 특별한 유전적인 변화에 맞추어 제작되어야 한다는 개념을 제시하기도 하였다.

여기에서는 암세포에서 자체가 비정상적이거나 비정상적인 양으로 발현되는 단백질을 저해하는 표적 치료법에 대하여 집중적으로 설명하였다. 그러나 정상적인 구조와 발현을 갖지만, 어떤 이유로 암세포의 생존에 중요한 역할을 담당하는 단백질이 존재할 수 있으며, 이러한 단백질을 표적으로 하는 저해제는 암 치료의 약제로서 상당한 가능성을 갖고 있을 수 있다. 우리는 이 장에서 어떻게 암세포가 어떤 대사경로 또는 신호전달과정을 저해하는 다양한 종류의 유전자 돌연변이를 갖는지에 대하여 살펴보았다. 이러한 돌연변이는 어떤 종양세포의 성장과 생존을 촉진하도록 도움을 줄 수도 있다. 그러나 한편으로는 종양 세포가 정상적으로 운영되고 있는 또다른 경로에 정상세포보다 더욱 의존하도록 유도할 수도 있다. 최근 PARP-1 저해제를 사용한 종양 치료법에 대한 희망적인 발표는 이러한 기작에 대한 좋은 예이다. PARP-1[poly(ADP-ribose) polymerase(폴리 ADP-리보오스 중합효소)의 머리글자임]는 잘 알려지지 않은 효소로 DNA 수선과 같은 DNA 대사를 포함한 많은 과정에 관여하는 효소이다. PARP-1 저해제[예: 올라파롭(olaparob)과 BSI-201] 등은 BRCA1 또는 BRCA2가 결여된 유방암과 난소암의 치료에 특별한 효과를 나타내었다. BRCA 단백질은 DNA 수선에 관여하는 단백질로, 이 단백질 결여된 종양세포는 정상세포와 비교할 경우 PARP-1 및 다른 DNA 수선 기작에 대하여 더욱 영향을 받을 수 밖에 없다. BRCA-결여 종양세포에서 PARP-1이 저해되면, 어떤 DNA 손상은 회복되지 않으며, 결국 종양세포는 세포사멸 과정에 의하여 죽는다. 이러한 치료는 "통합적 치사율(synthetic lethality)" 전략에 기초한 것이다. 이 전략은 단 하나의 단백질(BRCA 또는 PARP)의 돌연변이 또는 저해는 세포 생존에 영향이 없지만, 두 단백질의 돌연변이 그리고/또는 저해 상태에 의해 세포는 하나 또는 그 이상의 필수적인 기능들이 수행되지 않는다는 제안이다.

효과적인 치료법 개발 실패의 또 다른 원인은 약물이 종양 내의 적정한 세포를 표적화하지 못하기 때문이다. 이러한 가능성은 더욱 많은 설명이 필요하지만, 종양을 연구하는 기초 생물학이나 종양 치료법에서 모두 중대한 쟁점이 되고 있다. 이 장에서, 우리는 종양을 하나의 균일한 세포 덩어리로 생각해 왔다. 이러한 관점에서 보면 종양 내의 모든 세포는 무한정으로 분열할 수 있는 능력을 갖고, 모든 세포가 유전적인 변화의 결과로 더욱 악성으로 변화될 기회를 갖는다. 최근 수년간, 새로운 개념이 대두되었다. 종양 내 대부분의 세포가 빠른 속도로 분열하지만, 일차 종양 상태로 유지하거나 새로운 이차 종양이 될 수 있는 장기적인 가능성은 상대적으로 제한되어 있다는 것이다. 대신 종양에 분포하는 비교적 적은 수의 세포가 종양을 유지하고, 전파시키는 데 중요한 역할을 수행할 수 있다고 제시한다. 이러한 "특수한(special)" 세포를 암줄기세포(*cancer stem cell*)라고 하며, 림프종, 뇌암, 유방암 및 일부 종양에서 이들의 존재가 실험적으로 증명되었다. 그러나 이러한 암줄기세포의 존재를 부정하는 여러 실험결과도 있어서 이 개념은 최근에 논란의 중심에 있다.

암줄기세포의 개념은 암 치료에 있어서 중요하기 때문에 본 장에서도 언급하고 있다. 만약 종양 내 소수의 세포 만이 종양의 생명을 유지하는 능력을 갖는다면, 종양 덩어리를 사멸시키지만 암줄기세포를 죽이지 못하는 약물로는 결국 암 치료에 실패할 수 밖에 없다. 여러 종양에서 암줄기세포의 존재를 확인하고 특성을 규명하기 위한 다양한 연구가 활발히 진행 중이며, 이러한 새로운 관점은 약물 개발에 뚜렷한 영향을 끼치기 시작하였다.

16-4-3 혈관신생의 형성 저해

종양의 크기가 커짐에 따라 새로운 혈관을 형성하도록 자극하는데, 이러한 과정을 **혈관신생**(血管新生, 또는 혈관형성, angiogenesis)이라고 한다(그림 16-22). 혈관은 빠르게 자라는 종양세포에게 양분과 산소를 전달하고 노폐물을 제거하기 위해 필요하다. 또한 혈관은 종양세포들이 인체의 다른 자리로 퍼져나가기 위한 통로 역할도 한다. 1971년 하버드대학교(Harvard University)의 유다 포크먼(Judah Folkman)이 고형암의 경우 새로운 혈관을 형성하는 능력을 저해하면 종양을 파괴할 수 있다고 제안하였다. 이 개념은 약 25년 간 거의 잊혀져있었지만, 이제는 신규 항암전략으로 받아들여지게 되었다.

암세포는 VEGF 등과 같은 성장인자를 분비하여 혈관신생 작용을 촉진한다. 성장인자는 혈관을 둘러싸는 상피세포에 작용하여 이들의 증식과 새로운 혈관의 발달을 촉진한다. 혈관신생을 자극하는 촉진자가 있는 반면 저해자도 있다. 엔도스타틴(endostatin)과

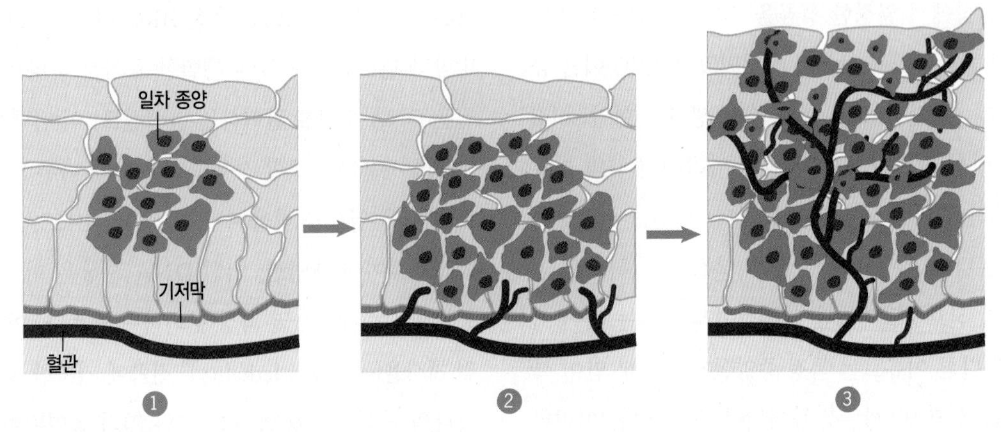

그림 16-22 **혈관신생과 종양의 성장.** 1차 종양의 혈관신생 과정. 1단계에서, 종양이 증식하여 작은 세포 덩어리를 형성한다. 무혈관(혈관이 없는) 상태에서는, 종양이 매우 작은 크기(1~2mm)로 유지된다. 2단계에서, 종양 덩어리가 혈관신생 인자를 생산하여 주변 혈관의 내피세포들을 자극하여 종양세포를 향해 혈관이 자라게 한다. 3단계에서, 종양 내에 혈관이 새로 생기게 되어, 이후 종양 세포들은 무한하게 성장할 수 있다.

트롬보스폰딘(thrombospondin)과 같은 자연적으로 존재하는 저해제들이 동정되었지만, 대부분의 신규 혈관신생 저해제들은 생명공학회사에 의하여 개발되었다. 이것들에는 인테그린(integrin), 성장인자, 성장인자 수용체에 직접 결합하는 항체와 합성화합물 등이 해당된다. 생쥐(mouse)와 쥐(rat)에 대한 전임상 연구 결과는 혈관신생 저해제가 종양의 성장을 효과적으로 저지할 수 있다는 것을 제시하였다. 보다 중요한 것은, 이러한 저해제를 이용하여 치료한 종양은 계속되는 약물 투여에 대해서도 내성을 나타내지 않는다는 것이다. 종양세포는 유전적으로 불안정하고 저항성을 나타내는 형태로 진화할 수 있기 때문에, 보통의 화학요법제의 경우 약물 내성을 나타내게 된다. 그러나 혈관신생의 저해제는 정상적이며, 유전적으로 안정한 내피세포를 표적으로 하고 있으므로, 약물에 대하여 지속적 반응성을 나타낸다. 이외에도, 혈관신생 저해제가 효과적인 치료법이 될 수 있는 몇 가지 이유는 다음과 같다. 즉, 혈관신생은 성인에게 필수적인 과정이 아니기 때문에 정상적인 생리학적 활성을 간섭하지 않으며, 혈액에 존재하는 약물이 직접 접촉할 수 있는 혈관의 세포에 작용하고, 많은 종류의 종양이 동일한 혈관신생 기작을 이용하는 것으로 추측되므로, 많은 다른 종류의 종양에 광범위하고 효과적으로 작용하리라 기대되기 때문이다.

생쥐를 사용한 연구와 다르게, 사람의 종양에서 혈관신생 저해 작용은 뚜렷하게 나타나지 않는다. 그 중 아바스틴(Avastin)이라 불리는 인간화 항체가 가장 가능성 있는 결과를 나타내었다. 아바스틴은 대부분의 고형암에서 과발현되는 혈관상피세포 성장인자(VEGF)와 직접 결합한다. 아바스틴은 VEGF가 수용체인 VEGFR과 결합하여 활성화하는 과정을 차단한다. FDA는 표준 치료법과 병용한 아바스틴이 전이된 직장대장암 환자의 수명을 수개월간 연장시킨 임상실험에 의거하여 이를 승인하였다. 비록 완치시키지는 못하지만, 악성 대장직장암(그리고 폐암)을 앓고 있는 환자에게는 큰 성과이다. 두 가지 항(抗)혈관신생 약물(antiangiogenic drug)—저분자량 인산화효소 저해제(kinase inhibitor)인 수텐트(Sutent)와 넥사바(Nexavar)—는 일부 악성종양의 치료를 위해 승인되었지만, 질병의 진행에 미치는 효과는 크지 않아서, 그들의 작용기작에 대하여 아직도 논란이 있다. 한 가설에 의하면, 종양 내 혈관의 성장을 차단시키면, 더 심각한 산소-결핍 환경이 만들어져 종양세포가 인체의 다른 자리를 찾아 이동하게 되는 부작용이 생긴다고 한다.

가까운 장래의 최적화된 항암 전략은 조기 발견이다. 유방암 발견을 위한 유방조형술, 자궁경부암 발견을 위한 팝스미어 시험법, 전립선암을 위한 PSA 진단법(PSA determination) 및 대장직장암을 발견하기 위한 대장내시경(colonoscopy) 등을 포함하여 많은 암선별 방법이 사용되고 있다. 단백질체학(proteomics)의 발전을 통해 혈액 내에 존재하는 여러 단백질의 상대적인 수치에 의거하는 새로운 진단 방법이 개발되었으면 하는 바람이 있다. 돌연변이 DNA, 비정상적인 탄수화물, 특징적인 대사산물, 암세포 자체의 존재 등을 포함하는 혈액유래 생물학적 표시자(바이오마커)들이 암의 존재를 밝혀 줄 수 있다.

유전체학(genomics)의 발달은 개인이 걸릴 가능성이 높은 종양에 대한 정보를 제공하는 선별 방법의 하나가 될 수 있다. 유전체학 선별 테스트는 *BRCA1* 유전자 돌연변이로 유방암에 대한 위험율이 높은 가족력을 가진 사람을 대상으로 이미 실행 중에 있다. 암이 조기에 발견될수록 생존율은 높아진다. 결국, 이러한 조기진단 선별법은 종양에 의한 사망률을 저하시키는 데 크게 기여할 것으로 예상된다.

실험경로

암유전자의 발견

1911년 록펠러 의학연구소(The Rockefeller Institute for Medical Research)의 피톤 라우스(Peyton Rous)가 1페이지 분량의 논문을 발표하였을 때, 사실 이 논문은 과학계에 큰 반향을 일으키지 못하였다. 그러나 이 논문은 세포와 분자생물학 분야에서 가장 시대를 앞선 연구 결과였다.[1] 라우스는 종양 조직의 일부를 동일한 종에 접종할 때 다른 개체로 전파될 수 있는 닭의 육종에 관한 연구를 하고 있는 중이었다. 이 논문에 라우스는 종양이 "여과성 바이러스(filterable virus)"에 의해 한 개체에서 다른 개체에게 전파될 수 있다는 것을 제시하는 일련의 실험을 서술하였다. 여과성 바이러스란 그 당시를 기준으로 10여 년 전에 만들어진 단어로, 그 크기가 매우 작아서 세균이 통과할 수 없는 여과기를 통과할 수 있는 병원성 물질을 의미하는 표현이다.

라우스는 그의 실험에서, 암탉의 유방 종양을 절제하여, 멸균된 모래와 절구를 이용하여 세포를 갈고, 원심분리한 후 상층액을 취하여, 여러 구멍 크기를 갖고 있는 여과지를 통과시켰다. 이때 사용한 여과지 중에는 세균이 통과할 수 없는 아주 작은 구멍을 갖는 여과지도 있었다. 그는 이 여과물을 정상 암탉의 가슴근육에 주사하였으며, 주입된 암탉 중에서 유의성 있는 수에서 종양이 유발되었다.

라우스에 의하여 1911년 관찰된 바이러스는 RNA-함유 바이러스였다. 1960년대 말 유사한 바이러스가 포유류 종양과 설치류 및 고양이의 림프종과 연관이 있다는 것이 발견되었다. 어떤 품종의 생쥐는 특정한 종양에 대하여 그 발생률이 매우 높았다. RNA-함유 바이러스 입자는 종양 세포 내에서 발견되었으며, 세포 표면으로도 나타났다(그림 1). 이 품종의 생쥐에서 종양을 야기하는 유전자는 수직방향으로 전파되는 것이 확실하였다. 즉, 수정된 난자를 통하여 모체에서 자손에게 종양이 전달되어 각 세대의 성체는 예외 없이 종양이 발생하였다. 이러한 연구결과는 바이러스 유전체가 배우자를 통하여 유전될 수 있으며, 세포에 특별한 영향을 미치지 않고 유사분열을 통하여 세포에서 세포로 전파될 수 있다는 것을 증명한 것이었다. 유전되는 바이러스 유전체의 존재는 근친교배된 품종만의 특징이 아니다. 왜냐하면 화학적 발암물질로 처리된 야생 생쥐에서도 RNA 종양바이러스의 특징을 가진 항원을 함유하며, 전자현미경 하에서 바이러스 입자가 관찰되는 종양이 발생하기 때문이다.

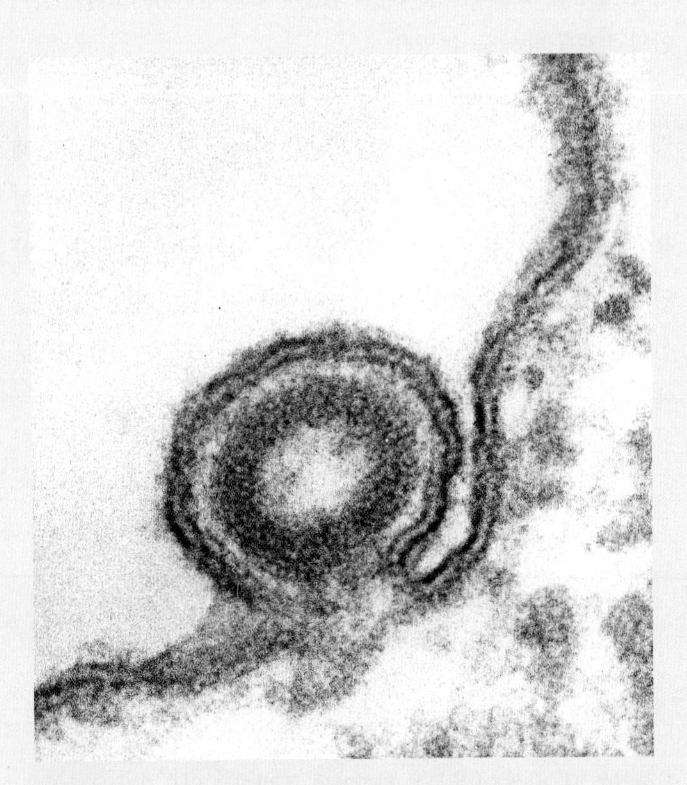

그림 1 배양된 백혈병세포의 표면으로부터 출아되는 FMLV(Friend mouse leukemia virus)의 전자현미경 사진.

수직적으로 전파되는 RNA 종양바이러스에 대한 가장 큰 의문점은 바이러스 유전체가 유리(遊離) RNA(free RNA) 분자로서 부모로부터 자손으로 전달되는지 또는 어떻게 숙주세포의 DNA에 통합되는지 하는 것이다. 여러 가지 증거들은 이런 바이러스에 의한 감염과 형질전환은 DNA의 합성을 필요로 함을 암시하였다. 위스콘신대학교(University of Wisconsin)의 하워드 테민(Howard Temin)은 RNA 종양바이러스가 복제과정에서 DNA 중간체(DNA intermediate)인 프로바이러스(provirus)를 통하여 복제된다고 주장하였다. 프로바이러스가 바이러스성 RNA의 합성의 주형으로 작용한다는 것이었다. 그러나 이 가설에는 RNA-의존 DNA 중합효소(RNA-dependent DNA polymerase)라는 특별한 효소가 필요한데, 당시 이 효소는 어느 종류의 세포에서도 발견된 적이 없었다. 그러나 1970년 이러한 활성을 나타내는 효소가 매사추세츠공과대학교(Massachusetts Institute of Technology)의 데이비드 볼티모어(David Baltimore) 그리고 테민(Temin)과 사토시 미주타니(Satoshi Mizutani)에 의해 각각 독립적으로 발견되었다.[2,3]

볼티모어는 두 종류의 러셔 쥐 백혈병 바이러스(Rauscher mouse leukemia virus, R-MLV) 및 라우스 육종 바이러스(Rous sarcoma virus, RSV)의 RNA 종양바이러스에서 유래한 비리온(virion: 성숙한 바이러스 입자)들을 이용하였다. 순수한 바이러스를 갖는 준비물을 DNA 중합효소의 활성을 촉진시키는 조건 하에서 반응시켰다. DNA 중합효소의 활성을 촉진시키기 위한 조건으로 Mg^{2+} 또는 Mn^{2+}, 염화나트륨(NaCl), 디티오쓰레이톨[dithiothreitol(효소의 SH기의 산화를 방지함)] 그리고 방사성 물질로 표지된 TTP를 포함한 4 종류의 데옥시뉴클레오시드 3인산(deoxynucleoside triphosphate)을 첨가하였다. 이러한 조건 하에서, 준비된 시료에서 방사성 물질로 표지된 DNA 전구물질이 DNA의 성질을 나타내는 산-불용성(acid-insoluble) 생산물 속에 끼어들어 갔다(표 1). 이 생산물은 췌장 DNA 가수분해효소(pancreatic deoxyribonuclease) 또는 마이크로코칼 핵산가수분해효소(micrococcal nuclease) 처리에 의해 녹아서 산성 상태가 되었으며(저분자 산물로 변화됨을 나타냄) 이는 DNA의 고유한 특성과 일치한다. 그러나 췌장 리보핵산가수분해효소(pancreatic ribonuclease) 또는 알칼리가수분해(alkaline hydrolysis)(RNA는 이 효소에 민감함; 표 1)에는 영향을 받지 않았다. DNA-중합효소가 성숙한 바이러스 입자와 함께 침전되는데, 이것은 이 중합효소가 비리온 자체의 일부이며 숙주 세포에 의하여 전달되는 효소가 아니라는 것을 의미한다. 생산물은 췌장 리보뉴클레아제의 처리에 민감하지 않았다. 그러나 그 주형은 이 효소에 매우 민감하다(그림 2). 특히 반응 혼합물에 다른 구성물을 첨가하기 전에 비리온을 리보핵산가수분해효소로 전처리하였을 때(그림 2, 4번 곡선) 더 민감하였다. 이 결과는 바이러스성 RNA가 DNA를 복제하는 데 필수적인 주형이 되며, 이 DNA 복제물은 감염과 형질전환을 매개할 바이러스성 mRNA들의 합성에 이용된다는 것을 강력히 시사하고 있다. 이 실험들은 RNA 종양바이러스의 세포 형질전환이 DNA 중간체를 통한 과정이라는 것을 제시하였을 뿐 아니라, 프랜시스 크릭(Francis Crick)에 의하여 제안된 중심원리(central dogma)라는 전통적인 가설을 반박하게 하였다. 중심원리는 세포의 정보가 항상 DNA에서 RNA, 단백질의 방향으로 전달된다고 설명하기 때문이다. 이후 RNA-의존 DNA 중합효소(RNA-dependent DNA polymerase)는 역전사효소(reverse transcriptase)로 불리게 되었다.

1970년대에는 형질 전환의 원인인 종양 바이러스에 의하여 전달되는 유전자의 정체와, 그 유전자 산물의 작용 기작에 관심이 쏠리기 시작하였다. 유전자 분석을 통하여, 숙주세포 안에서 성장할 수는 있지만, 숙주세포를 양성종양의 특성을 나타내게 형질전환시키지는 못하는 바이러스 유전체 돌연변이 주가 동정되었다.[4] 즉, 이것은 세포를 형질전환시키는 능력이 바이러스 유전체의 일부분에 존재하고 있다는 것을 의미한다.

표 1 중합효소 산물의 특징

실험횟수	처리약물	산-불용성 방사성 물질	비분해 산물 백분율
1	비처리	1,425	(100)
	20 μg DNA 가수분해효소	125	9
	20 μg 마이크로코칼 핵산가수분해효소	69	5
	20 μg 리보핵산 가수분해효소	1,361	96
2	비처리	1,644	(100)
	NaOH 가수분해	1,684	100

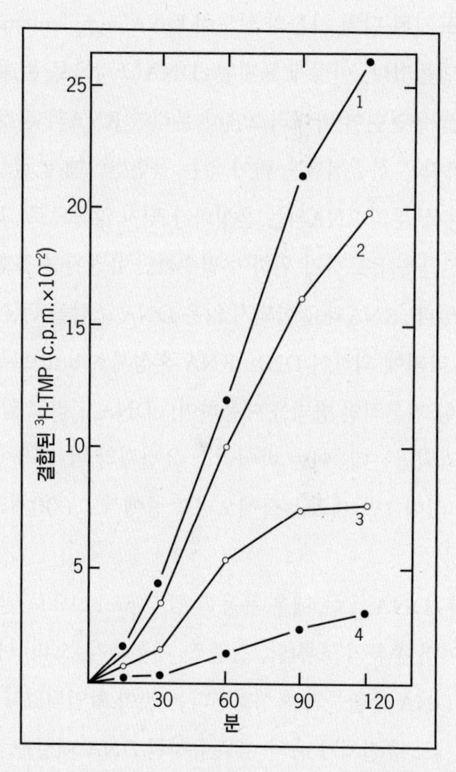

그림 2 리보핵산가수분해효소 존재 및 부재 하에서, 러셔 쥐 백혈병 바이러스(RMLV) DNA 중합효소에 의해 [^{3}H]TTP 방사성 물질이 산-불용성 침전물로의 결합. (주: 표지된 TTP 전구체는 DNA에 결합될 때 TMP로 전환된다.) 1번 곡선, 리보핵산가부분해효소가 첨가되지 않은 경우; 2번 곡선, [^{3}H]TTP 처리 전, 핵산가수분해효소 첨가되지 않은 조건에서 20분간 미리 항온처리된 경우; 3번 곡선, 반응 혼합물에 리보핵산가부분해효소가 첨가된 경우; 4번 곡선, [^{3}H]TTP 처리 전, 리보핵산가부분해효소 첨가 조건에서 미리 항온처리된 경우.

이러한 발견은 캘리포니아대학교(University of California, San Francisco)의 헤롤드 버뮤(Harold Varmus), 제이 마이클 비숍(J. Michael Bishop), 도미닉 스텔린(Dominique Stehelin)과 이들의 동료들이 연속적인 논문을 발표하게 되는 발판이 되었다. 이 과학자들은 조류육종바이러스(ASV) 중 유전체의 10~20%가 결여되어 닭에서 육종 발생을 유도하지 못하고, 배양상태에서 섬유모세포(fibroblast)의 형질을 전환시키지 못하는 돌연변이 주를 분리하였다. 이 돌연변이 주에서 결여된, 즉 형질전환의 원인이 되는 유전자를 src라고 명명하였다. 이러한 돌연변이에서 결여된 부위—즉, 형질전환에 필요한 유전자를 갖는 부위—에 해당하는 DNA를 분리하기 위하여 아래와 같이 실험하였다.[5] 완전한 비리온(암유전자를 갖고 있는)의 유전체에서 분리된 RNA를 주형으로 사용하고, 역전사 효소를 이용하여 방사성 원소가 표지된 단일 사슬의 상보적 DNA(complementary DNA, cDNA)를 만들었다. 이렇게 표지된 cDNA(조각으로 존재)를 암유전자가 결실된 돌연변이 바이러스에서 분리한 RNA와 혼성화시킨다. 이 DNA 조각은 형질전환 능력이 없는 돌연변이에서 결실된 유전체에 해당되는 부분의 RNA와는 혼성화가 되지 않으므로 그 유전자 부위가 형질전환을 유도하기 위하여 필수적인 유전자를 포함한다고 추측할 수 있었다. RNA와 결합되지 않은 DNA 조각을 관(管, column) 크로마토그라피에 의하여 DNA-RNA 혼성체(hybrid)로부터 분리하였다. 이러한 기본적인 방법을 이용하여, $cDNA_{sarc}$라고 알려진 DNA 서열이 분리되었는데, 이는 바이러스 유전체의 약 16%에 해당된다(총 유전체 길이 1만 개의 뉴클레오티드 중에서 1,600개의 뉴클레오티드에 해당).

분리된 $cDNA_{sarc}$는 매우 유용한 탐침(probe)으로 밝혀졌다. 이 cDNA가 여러 종류의 조류(닭, 칠면조, 메추라기, 오리, 에뮤) 세포에서 추출한 DNA 추출물과 혼성화된다는 것이 확인되었다. 이것은 이들 조류의 세포 유전체가 *src*와 매우 유사한 DNA 배열을 갖고 있다는 것을 의미한다.[6]

이러한 발견은 세포 형질전환의 원인이 되는 종양 바이러스의 유전자가 정상 (감염되지 않은) 세포의 DNA에도 존재하며, 세포의 정상 유전체의 일부일 것이라는 사실에 대한 최초의 증거이기도 하다. 이 결과들은 바이러스 유전체의 형질전환 유전자(암유전자)들이 바이러스에서 유래된 유전자가 아니며, 오히려 이전의 감염 과정에서 RNA 종양바이러스에 의하여 선택된 세포 자체의 유전자라는 점을 의미한다. 정상 세포에서 유래한 이 유전자를 갖게 된 바이러스는 이 유전자를 갖고 있는 세포를 형질 전환시키는 능력을 갖게 된다. 연구된 모든 조류에서 *src* 배열이 나타난다는 사실은 이 배열이 조류의 진화과정에서 보존되었으며, 정상 세포의 기본적인 활성을 조절하리라는 추정을 가능하게 하였다. 이어진 연구에 의하면 $cDNA_{sarc}$는 포유류를 포함한 모든 척추동물의 DNA와 결합하며, 성게, 초파리(fruit flies) 또는 세균의 DNA와는 결합하지 않는다는 것이 확인되었다. 이러한 결과에 기초하여, src유전자는 ASV 유전체와 닭의 RNA에만 존재하는 것이 아니라 유연관계가 먼 척추동물들의 DNA에도 존재하므로, 모든 척추동물의 세포 기능에 중요한 역할을 수행한다고 결론 내릴 수 있다.[7]

이 발견은 많은 의문을 일으켰다. 그 중 중요한 것은 다음과 같다. (1) *src* 유전자 산물의 기능은 무엇인가? (2) 바이러스성 *src*(v-*src*) 유전자는 이미 세포성 유전자(c-*src*)를 발현시키고 있는 정상세포의 행동을 어떻게 변화시키는가?

src 유전자의 산물은 콜로라도대학교(University of Colorado)의 레이 에릭슨(Ray Erikson)과 그 동료에 의하여 각각 다른 두 가지 방법으로 동정되었다. (1) RSV에 감염된 동물에서 제조된 항체를 이용하여 형질전환 세포의 추출물로 부터 단백질을 침전시키는 방법 (2) 바이러스성 유전자를 주형으로 사용하여 무세포(無細胞) 단백질-합성계(cell-free protein-synthesizing system)에서 단백질을 합성하는 방법이다. 이러한 방법의 사용으로, *src* 유전자 산물이 6만 달톤의 단백질로 밝혀졌으며, 이를 $pp60^{src}$라고 명명하였다.[8] $pp60^{src}$를 $[^{32}P]$ ATP와 배양하면, 방사성 인산기(基)가 면역침전법에 이용한 항체분자(IgG)의 무거운 사슬로 전달된다. 이 결과는 *src* 유전자가 단백질 인산화 활성을 나타내는 효소를 암호화한다는 것을 나타낸다.[9] ASV에 감염된 세포를 고정한 후 $pp60^{src}$에 대한 페리틴-표지 항체(ferritin-labeled antibody)로 처리하면, 항체는 원형질막의 내부표면에 분포되어 나타난다. 이결과는 *src* 유전자 산물이 세포의 원형질 내막에 집중되어 존재한다는 것을 의미한다(그림 3).[10]

이것이 암유전자의 기능을 최초로 밝힌 연구이다. 단백질 인산화 효소는 세포 성장과 관련이 있는 하나 또는 그 이상의 중요한 기능을 하는 수 많은 단백질의 활성을 조절할 수 있기 때문에, 강력한 형질변환 활성을 갖는다고 생각되는 단백질이다. *src* 유전자 산물의 역할에 대한 심도 깊은 분석으로 예상치 못한 발견을 하였다. 기능이 알려진

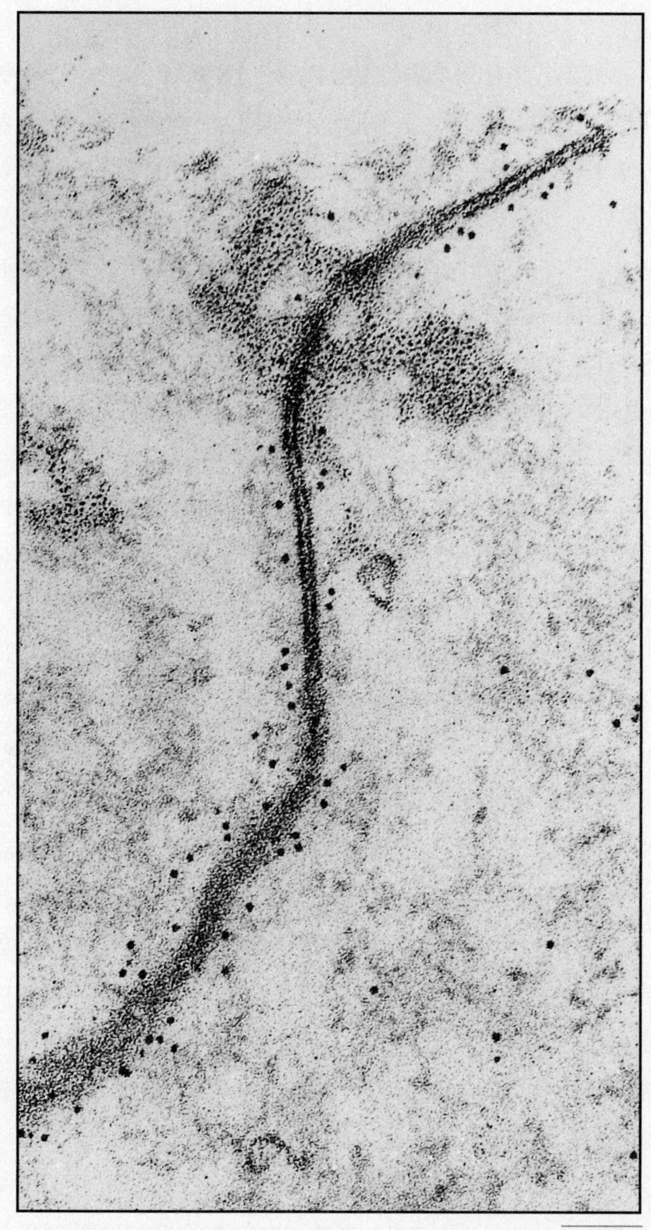

그림 3 pp60^{src} 단백질에 결합하는 페리틴-표지 항체가 처리된 1쌍의 인접한 섬유모세포를 절단하여 관찰한 전자현미경 사진. pp60^{src} 단백질은 세포의 원형질막에 위치되어 있으며(전자 밀도가 높은 페리틴 입자로 나타남), 특히 간극연접(gap junction) 자리에 집중되어 있다.

다른 단백질 인산화효소와는 달리, pp60^{src}는 인산을 기질 단백질의 세린이나 트레오닌이 아닌 티로신 잔기에 결합시킨다.[11] 인산화된 세린과 트레오닌 잔기는 인산티로신 잔기에 비하여 3,000배 정도 많고, 전통적인 방법으로는 인산트레오닌과 인산티로신을 분별하기 어렵기 때문에, 인산화된 티로신 잔기의 존재는 거의 알려지지 않았었다. 바이러스 *src* 유전자(v-*src*)뿐만 아니라, 세포 내 c-*src* 단백질도 티로신 단백질 인산화효소를 암호화한다. 그러나 RSV-형질전환 세포의 단백질 중 인산화된 티로신 잔기의 수는 정상적인 세포에 비교하여 약 8배 정도 많다. 이 발견은 바이러스의 src 유전자가 세포의 *src* 유전자와 비교하여 높은 활성을 갖고 있기 때문에 형질전환을 유도할 수 있다는 것을 나타낸다.

RSV 연구에 대한 결과는 암유전자 산물의 활성 증가가 정상적인 세포를 악성화 세포로 전환하는 열쇠가 될 수도 있다는 증거를 제공하였다. 곧 변화된 뉴클레오티드 배열을 함유하는 암유전자에 의하여 악성화가 유도된다는 증거가 제시되었다. 최초의 연구는 매사추세츠공과대학교(Massachusetts Institute of Technology)의 로버트 웨인버그(Robert Weinberg)와 그의 동료들에 의하여 DNA 형질주입(transfection) 기술을 사용하여 실시되었다.[12]

웨인버그는 발암성 화합물을 처리한 생쥐의 세포로부터 15개의 다른 악성세포주를 얻어 연구를 시작하였다. 그러므로 이들은 바이러스에 노출되지 않고 악성화된 세포들이다. 이들 세포주에서 추출한 DNA를 NIH3T3라는 비악성 생쥐 섬유모세포(nonmaligmant mouse fibroblast)에 형질주입하였다. 외인성(外因性) DNA를 높은 비율로 받아들이고, 배양 시에 악성화 세포로 쉽게 형질전환할 수 있기 때문에 NIHT3T 세포를 선택하였다. 암세포에서 유래된 DNA를 형질주입한 후, 섬유모세포를 시험관 내에서 배양하여, 첨가된 DNA에 의해 형질전환된 세포들로 형성된 덩어리(중심부)들을 선별하였다. 실험에 이용된 15개 중 5개 세포주가 수용체 NIHT3T(recipient NIHT3T) 세포를 형질전환시킬 수 있는 DNA를 만들어 냈다. 정상세포에서 유래된 DNA는 이러한 능력이 없었다. 이 결과는 발암성 화학물질이 유전자의 뉴클레오타이드를 변화시키고, 변화된 유전자는 다른 세포들을 형질전환시킬 수 있는 능력을 갖게 된다는 사실을 증명한 것이다. 그래서 세포의 유전자는 두 가지 다른 방법, 즉 바이러스 유전체에 삽입됨으로써, 또는 발암성 화학물질에 의해 변화됨으로써 암유전자로 전환될 수 있었다.

이 시기까지의 암-유발 유전자에 대한 연구는 형질전환을 이용하여 생쥐, 닭 또는 다른 종을 대상으로 실시되었다. 1981년 사람 종양세포에서 분리된 DNA를 생쥐 NIH3T3 세포에 형질주입하면, 형질전환이 일어날 수 있다는 것이 밝혀진 후 사람의 종양에 주목하게 되었다.[13] 서로 다른 사람들에서 26개의 종양세포가 실험되었고, 2개의 DNA가 생쥐 섬유모세포를 형질전환 시켰는데, 이 두 DNA는 방광암에서 분리된 세포주(EJ와 J82로 확인됨)에서 유래된 DNA이었다. 이 유전자들이 종양 바이러스에서 유래된 것인지를 결정하기 위하여 심도 있는 연구가 진행되었으나, 이러한 세포에서 바이러스 DNA가 검출되었다는 증거는 발견되지 않았다. 이 결과는 사람의 종양세포가 다른 세포에게 전달하여 형질전환을 일으킬 수 있는 활성화된 암유전자를 갖는다는 최초의 증거를 제시하였다.

암이 DNA 조각에 의해 하나의 세포에서 다른 세포로 옮겨질 수 있다는 발견은, 세포 내의 어떤 유전자가 돌연변이 또는 다른 기작에 의해 활성화되었을 때 세포를 악성종양으로 만드는 데 관여하는 가를 알아낼 수 있는 기초 개념을 마련하였다. 이를 결정하기 위하여 세포에 들어가서, 형질전환의 원인이 되는 DNA를 분리하여야 한다. 형질전환의 원인이 되는 외부 DNA가 분리되면 암의 원인이 되는 대립유전자의 존재여부를 분석할 수 있다. 1982년, 2달 간격으로 세 곳의 실험실에서 생쥐 NIH3T3 섬유모세포를 형질전환 시킬 수 있는 사람 방광암 세포 내에 있는 미지의 유전자를 분리하고 복제하였다.[14-16]

사람의 방광암세포에서 유래한 형질전환 유전자가 분리되고, 복제된 후, 다음 과정은 이 유전자가 RNA 종양바이러스에 의하여 옮겨지는 암유전자와 어떠한 연관성을 갖고 있는지를 결정하는 것이었다. 2개월 내에 각각 다른 실험실로부터 유사한 결과의 논문 세편이 발표되었다.[17-19] 세편의 논문 모두, 사람 방광암세포에서 유래되고 NIH3T3를 형질전환 시키는 암유전자는 동일한 암유전자(*ras*)이며, 쥐 RNA 종양바이러스인 하베이 육종 바이러스(Harvey sarcoma virus)가 이 유전자를 함유하고 있다는 것을 보고하였다. 초기에 두 가지의 *ras*(바이러스성과 세포성)를 비교하였을 때 어떠한 차이를 발견하지 못하였기 때문에, 두 유전자가 동일하거나 아주 유사한 것으로 생각되었다. 이러한 발견은 사람에게 자연적으로 발생되는 종양이 유전적 변화에 의하여 야기되며, 이는 실험실 내에서 바이러스에 의해 형질전환되는 세포에서 일어나는 변화와 유사하다는 것이 증명된 것이다. 하베이 육종 바이러스에 의하여 유도되는 종양의 종류(육종, 적백혈병)는 상피세포에 주로 생기는 방광암과는 확연히 다르다는 것을 알아야 한다. 이와 같은 연구 결과들은 동일한 사람의 유전자 *RAS*의 변화가 여러 가지 다른 종류 종양의 원인이 된다는 최초의 보고이기도 하다.

1982년 말 까지, 또다른 실험실에서 사람 RAS 유전자가 암유전자가 되는 변이에 대하여 3개의 논문을 더 발표하였다.[20-22] 형질전환을 일으키는 역할을 하는 큰 DNA 조각을 정확히 밝혀내고, 뉴클레오티드 배열을 분석한 결과 악성 방광세포들로부터 얻어진 DNA는 그 유전자의 단백질 암호화 부위 내에서 발생된 단일염기치환(single base substitution)에 의해 활성화된다는 사실이 밝혀졌다. 놀랍게도, 연구된 두 가지 방광암세포(EJ와 T24)가 정확하게 동일한 변이를 갖는 DNA를 함유하고 있었다. 즉, 원-발암 유전자 DNA *RAS*의 특정자리에 존재하는 구아닌-함유 뉴클레오티드(guanine-containing nucleotide)가 활성 암유전자에서는 티미딘(thymidine)으로 전환되고, 그에 따라 폴리펩타이드의 12번째 아미노산인 글리신(glycine)이 발린(valine)으로 치환되었다.

하베이 육종 바이러스에 존재하는 v-*ras* 유전자의 뉴클레오티드 서열 결정을 통해 사람 방광암의 *ras* DNA와 동일한 코돈(codon)에서 염기변이가 발생되었다는 것을 확인하였다. 바이러스의 유전자에서는 정상적인 글리신(glycine)이 아르기닌(arginine)으로 치환되었다. 이로써 12번 글리신 잔기가 RAS 구조와 기능에 중요한 역할을 한다는 것이 확실하였다. 흥미롭게도, 사람 *RAS* 유전자는 *SRC*와 같은 원-발암유전자이며, 이 원-발암유전자는 바이러스 프로모터와의 연결에 의하여 활성화될 수 있다. 그러므로 *RAS*는 두 가지의 완전히 다른 기작, 즉 단백질의 발현 양을 증가시킴으로써 또는 암호화된 폴리펩티드의 아미노산 서열을 변화시킴으로써 형질전환을 유도하여 활성화될 수 있다.

〈실험경로〉에서 설명된 연구들은 악성화 형질전환의 유전적 기초에 대한 우리의 이해를 크게 넓혔다. RNA 종양 바이러스의 최초 연구는 이들이 사람의 종양 발달에 중요한 역할을 한다는 믿음에 기초하였다. 종양의 원인으로 바이러스를 연구하는 과정에서 암유전자가 발견되었으며, 이들 암유전자는 바이러스가 획득한 세포성 서열(cellular sequence)이라는 사실이 규명되었다. 이러한 사실에 기초하여 바이러스 유전체가 존재하지 않아도 암유전자가 종양을 유발할 수 있다는 사실을 발견하게 되었다. 그러므로 사람 종양과는 직접적으로 연관성이 없는 종양 바이러스를 통하여 인간 자신을 파멸시킬 수 있는 정보를 갖는 유전적 유산(genetic inheritance)을 재조명할 수 있는 기회를 갖게 되었다.

참고문헌

1. ROUS, P. 1911. Transmission of a malignant new growth by means of a cell-free filtrate. *J. Am. Med. Assoc.* 56:198.
2. BALTIMORE, D. 1970. RNA-dependent DNA polymerase in virions of RNA tumour viruses. *Nature* 226:1209–1211.
3. TEMIN, H. & MIZUTANI, S. 1970. RNA-dependent DNA polymerase in virions of Rous sarcoma virus. *Nature* 226:1211–1213.
4. MARTIN, G. S. 1970. Rous sarcoma virus: A function required for the maintenance of the transformed state. *Nature* 227:1021–1023.
5. STEHELIN, D. ET AL. 1976. Purification of DNA complementary to nucleotide sequences required for neoplastic transformation of fibroblasts by avian sarcoma viruses. *J. Mol. Biol.* 101:349–365.
6. STEHELIN, D. ET AL. 1976. DNA related to the transforming gene(s) of avian sarcoma viruses is present in normal avian DNA. *Nature* 260:170–173.
7. SPECTOR, D. H., VARMUS, H. E., & BISHOP, J. M. 1978. Nucleotide sequences related to the transforming gene of avian sarcoma virus are present in DNA of uninfected vertebrates. *Proc. Nat'l. Acad. Sci. U.S.A.* 75:4102–4106.
8. PURCHIO, A. F. ET AL. 1978. Identification of a polypeptide encoded by the avian sarcoma virus src gene. *Proc. Nat'l. Acad. Sci. U.S.A.* 75:1567–1671.
9. COLLETT, M. S. & ERIKSON, R. L. 1978. Protein kinase activity associated with the avian sarcoma virus src gene product. *Proc. Nat'l. Acad. Sci. U.S.A.* 75:2021–2924.
10. WILLINGHAM, M. C., JAY, G., & PASTAN, I. 1979. Localization of the ASV src gene product to the plasma membrane of transformed cells by electron microscopic immunocytochemistry. *Cell* 18:125–134.
11. HUNTER, T. & SEFTON, B. M. 1980. Transforming gene product of Rous sarcoma virus phosphorylates tyrosine. *Proc. Nat'l. Acad. Sci. U.S.A.* 77:1311–1315.
12. SHIH, C. ET AL. 1979. Passage of phenotypes of chemically transformed cells via transfection of DNA and chromatin. *Proc. Nat'l. Acad. Sci. U.S.A.* 76:5714–5718.
13. KRONTIRIS, T. G. & COOPER, G. M. 1981. Transforming activity of human tumor DNAs. *Proc. Nat'l. Acad. Sci. U.S.A.* 78:1181–1184.
14. GOLDFARB, M. ET AL. 1982. Isolation and preliminary characterization of a human transforming gene from T24 bladder carcinoma cells. *Nature* 296:404–409.
15. SHIH, C. & WEINBERG, R. A. 1982. Isolation of a transforming sequence from a human bladder carcinoma cell line. *Cell* 29:161–169.
16. PULCIANI, S. ET AL. 1982. Oncogenes in human tumor cell lines: Molecular cloning of a transforming gene from human bladder carcinoma cells. *Proc. Nat'l. Acad. Sci. U.S.A.* 79:2845–2849.
17. PARADA, L. F. ET AL. 1982. Human EJ bladder carcinoma oncogene is a homologue of Harvey sarcoma virus ras gene. *Nature* 297:474–478.
18. DER, C. J. ET AL. 1982. Transforming genes of human bladder and lung carcinoma cell lines are homologous to the ras genes of Harvey and Kirsten sarcoma viruses. *Proc. Nat'l. Acad. Sci. U.S.A.* 79:3637–3640.
19. SANTOS, E. ET AL. 1982. T24 human bladder carcinoma oncogene is an activated form of the normal human homologue of BALB- and Harvey-MSV transforming genes. *Nature* 298:343–347.
20. TABIN, C. J. ET AL. 1982. Mechanism of activation of a human oncogene. *Nature* 300:143–149.
21. REDDY, E. P. ET AL. 1982. A point mutation is responsible for the acquisition of transforming properties by the T24 human bladder carcinoma oncogene. *Nature* 300:149–152.
22. TAPAROWSKY, E. ET AL. 1982. Activation of the T24 bladder carcinoma transforming gene is linked to a single amino acid change. *Nature* 300:762–765.

요약

암은 세포 조절 기작에 유전성 결함이 생긴 질환이다. 결과적으로 세포를 방출하여 몸의 먼 자리로 퍼트릴 수 있는 능력을 갖고 있는 침투성 종양(invasive tumor)이 형성된다. 종양세포의 많은 특징들을 배양상태에서 관찰할 수 있다. 정상적인 세포는 배양 용기의 바닥 위에 한 층을 형성할 때 까지만 증식한다. 그러나 암세포는 계속 자라서, 세포들이 서로 위로 포개져 쌓여서 세포 덩어리를 형성한다. 암세포가 흔히 보여주는 또 다른 특징은, 비정상적인 염색체의 수, 끊임없이 분열하는 능력, 해당작용 의존성, 주변세포에 대한 반응의 결여 등이 있다.

정상세포는 여러 가지 화학물질, 이온화 방사선, 다양한 DNA- 와 RNA-함유 바이러스에 의하여 암세포로 바뀔 수 있다. 이 모든 물질은 형질전환된 세포 유전체의 변이를 유발하는 역할을 한다. 종양 세포 분석에 의하면, 거의 모든 경우 이들 세포는 하나의 세포의 증식에서부터 유래된다(그래서 종양은 단일클론이라고 함). 인체가 정상적인 조절 기작에 대한 반응성이 결여되고, 정상 조직 내부로 침입이 가속화되는 유전적 변형에 의한 다단계 과정으로 악성 암이 발생한다. 발암에 관여하는 유전자는 그 산물이 세포주기, 세포간 접착과 DNA 수선 등에 작용하는 유전체의 특정 집합체를 구성한다. 다양한 종류의 암에서 특정 유전자의 발현은 DNA 미세배열을 이용하여 측정할 수 있다. 유전적 변형 이외에도, 세포가 악성 표현형을 나타내게 만드는 비유전적인 요소와 후성유전적 요소가 종양세포의 성장에 영향을 미친다.

발암에 관여하는 유전자는 두 가지로 분류될 수 있다: 종양-억제 유전자와 암유전자. 종양-억제 유전자는 세포의 성장을 억제하고 세포의 악성화를 방지하는 단백질을 암호화한다. 종양-억제유전자들의 2개의 복사본 모두는 이들의 방어 기능이 상실되기 전에 삭제되거나 돌연변이를 일으켜야만 하기 때문에, 종양-억제유전자는 열성이다. 반면, 암유전자는 성장을 제어하는 능력의 소실과 악성화를 촉진시키는 단백질을 암호화하고 있다. 암유전자는 원-발암 유전자로부터 유래되며, 원-발암 유전자는 세포의 정상 활성에 중요한 역할을 나타내는 단백질을 암호화하고 있다. 단백질 자체 또는 그 발현을 변화시키는 돌연변이에 의해 원-발암 유전자는 비정상적으로 작용하고 종양의 형성을 촉진한다. 원-발암 유전자는 우성으로 작용한다. 즉, 단일 복사본이 변형된 표현형을 발현하게 할 것이다. 대부분 종양은 암유전자와 종양-억제유전자 모두가 변형되어 있다. 세포가 종양-억제유전자들 중 최소한 1개의 정상적인 복사본이 남아있으면, 암유전자의 작용으로부터 보호될 것이다. 거꾸로, 종양-억제유전자의 기능이 상실되면, 그 자체로 세포가 악성화 되기에는 충분하지 않을 것이다.

최초로 밝혀진 종양-억제유전자는 *RB*이다. 이 유전자는 망막모세포종이라는 아주 드문 망막 종양에 관여한다. 이 질환은 일부 가계에서는 유전적으로 높은 비율로 발생하지만, 비유전적으로 발생하기도 한다. 가족력인 질환을 갖는 어린이는 하나의 돌연변이 유전자를 물려받는다. 이러한 경우 망막 세포 중 하나에서 나머지 정상 대립유전자가 비유전적으로 손상되면 암이 발생한다. *RB*는 pRB라는 단백질을 암호화하는데, pRB는 세포주기 G_1기에서 S기로 전환을 조절한다. 인산화되지 않은 pRB는 특정 전사인자와 결합하여, 이 전사인자가 S기 활성화에 필요한 유전자를 활성화하는 것을 방해한다. 일단 pRB가 인산화되면 이 단백질에 결합된 전사인자가 유리되어 유전자의 발현이 활성화되고, S기가 시작된다.

사람의 암에 가장 자주 연관되는 종양-억제유전자는 *TP53*이다. 그 산물(p53)은 여러 가지 다른 기작으로 암 형성을 저해할 수 있다. p53은 p21이라는 단백질의 발현을 활성화시키는 전사인자로 작용한다. p21은 세포주기를 움직이는 사이클린-의존 인산화효소를 저해한다. DNA의 손상은 p53의 인산화와 안정화를 유발하여, 세포가 손상으로부터 회복될 때까지 세포주기를 정지시킨다. p53은 세포를 사멸 또는 노화과정으로 유도함으로써 악성화 진행방향을 재조절할 수 있다. *TP53* 유전자제거 생쥐는 출생 후 수주 만에 종양이 발생한다. 다른 종양-억제유전자로는 *APC*, *BRCA1*, *BRCA2* 등이 있다. *APC* 돌연변이가 일어나면 대장암이 발병하기 쉽고, *BRCA1*과 *BRCA2*가 돌연변이를 일으키면 유방암이 발병하기 쉽다.

대부분 알려진 암유전자는 세포외 환경에서 유래되는 성장신호를 세포 내, 특히 세포 핵 내로 전달하는 기작에 중요한 역할을 하는 원-발암 유전자에서 유래한다. 다수의 암유전자는 혈소판 유래 성장인자(platelet-derived growth factor, PDGF)와 상피세포 성장인자(epidermal growth factor, EGF)와 같은 성장인자 수용체를 암호화하는 것으로 확인되었다. 악성세포는 정상세포의 원형질막과 비교하여 많은 수의 성장인자 수용체를 함유하고 있다. 수용체가 다수 존재하므로 저농도의 성장인자에도 민감하게 반응하고, 정상세포는 영향을 받지 않는 조건에서도 악성세포는 분열하도록 자극받는다. 세린/트레오닌, 티로신 인산화효소를 포함한 많은 수의 세포 내 단백질 인산화효소도 암유전자에 속한다. MAP 인산화효소 연쇄 반응에 참여하는 단백질 인산화효소를 암호화하는 *RAF*도 여기에 속한다. RAS의 돌연변이는 사람의 암에서 가장 빈번히 발견되는 암유전자 중 하나이다. 제 15장에서 설명하였듯이 Ras는 Raf의 단백질 인산화효소의 활성화를 유도한다. 만약 Raf가 활성화된 상태로 계속 존재하면, MAP 인산화효소 활성경로로 신호를 계속 보내고, 이는 세포의 증식을 지속적으로 자극한다. *MYC*와 같은 많은 암유전자가 전사인자로 작용하는 단백질을 암호화한다. Myc은 G_0기에 존재하는 세포가 자극받아 다시 세포주기가 진행될 때 나타나는 최초의 단백질 중 하나이다. *BCL-2*와 같은 암유전자는 세포사멸에 관여하는 단백질을 암호화한다. *BCL-2* 유전자 과발현은 림프조직의 세포사멸을 억제시키고, 비정상 세포의 증식을 유도하여 림프종이 형성되게 한다.

DNA 수선에 관여하는 단백질을 암호화하는 유전자들은 발암과정과 관련이 있다. 가장 빈번하게 유전되는 대장암인, 유전성 비폴립성 대장암(hereditary nonpolyposis colon cancer, HNPCC) 환자의 유전체는 비정상적인 수의 뉴클레오티드 초위성체 서열을 갖는다. 초위성체 서열의 길이 변화는 복제과정에서의 실수에 의하여 야기된다. 이러한 실수는 일반적으로 틀린짝수선 효소에 의하여 인지되는데, 이러한 수선계의 결함이 암의 발생에 책임이 있다. 실제로, HNPCC 종양세포의 추출액이 DNA 수선 결함을 갖고 있다는 실험 결과가 이러한 결론을 뒷받침한다. DNA 수선이 결핍된 세포는 종양-억제유전자와 암유전자에 2차적 돌연변이가 높은 수준으로 발생되어 악성화의 위험률이 증가되리라 예상된다. 일부 microRNA는 암유전자(또는 종양-억제유전자)로도 작용한다.

최근 암은 수술, 화학요법, 방사성 요법으로 치료된다. 이외의 치료 전략들이 시도되고 있다. 이들 방법으로 면역요법, 암유전자에 의해 암호화되는 단백질의 저해 및 혈관신생 저해가 포함된다. 현재까지, 만성 골수성 백혈병 환자에 대하여 Abl 인산화효소의 저해제 개발이 가장 성공적인 결과를 나타내었다. 비호치킨성 림프종 환자의 B세포 표면에 존재하는 비정상 단백질에 결합하는 인간형 항체의 개발은 두 번째 성공 사례이다. 항혈관신생 전략(antiangiogenic strategy)은, 고형 암세포에게 양분과 다른 물질들의 공급에 필요한 새로운 혈관의 형성을 차단하도록 시도하고 있다. 많은 약물들이 생쥐에서 혈관신생을 차단하는 것으로 확인되었으며, 임상실험에서도 제한적인 성공을 가져왔다.

제 17 장

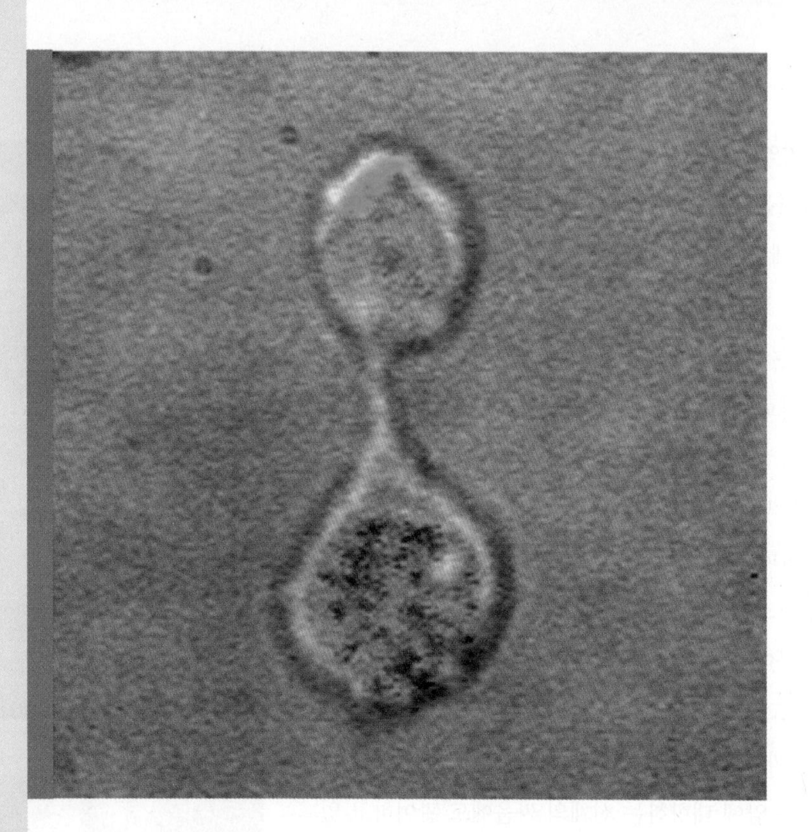

면역

살아 있는 생물체는 다른 생물들이 자랄 수 있는 이상적인 서식처일 수 있다. 따라서 동물이 바이러스, 세균, 원생동물, 균류, 동물기생충 등에 의해 쉽게 감염되는 것은 놀라운 일이 아니다. 척추동물은 이러한 감염원을 인식하여 박멸시킬 수 있는 여러 가지 기작을 진화시켜 왔다. 그 결과로서, 척추동물은 침입하는 병원체(病原體, pathogen)에 대해 **면역**(免疫, immunity)을 발달시킬 수 있다. 면역은 많은 다양한 세포의 통합된 작용에 의해 생긴다. 이 세포들 중 일부는 몸을 순찰하는 반면에, 다른 세포들은 골수, 흉선(胸線), 비장(脾臟), 림프절과 같은 림프기관에 모여 있다(그림 17-1). 이렇게 분산된 세포와 독립된 기

T림프구는 세포 표면에 외래(항원) 펩티드를 제시하고 있는 APC(항원제시세포)와 접촉하면 활성화되는 면역계에서 작용하는 세포이다. 이 사진은 T세포가 APC세포와 결합한 후 첫 번째 세포분열을 하고 있는 것을 보여주고 있다. 분열 중인 세포를 두 가지 다른 단백질에 대해서 염색하였는데, 하나는 빨간색으로, 또 다른 하나는 초록색으로 보인다. 두 가지 단백질이 서로 다른 딸세포에 분포되어 있다는 것이 분명하다. 이 연구에서 얻은 결과는 이들 두 세포가 서로 다른 운명으로 진행됨을 나타낸다. 즉, 한 세포는 특이적인 T-세포 반응을 수행하는 짧은 수명의 효과기 세포(effector cell)가 되고, 또 다른 세포는 후일에 부차적으로 항원과 접촉하여 재활성화 될 때까지 휴지 상태로 남아 있는 기억세포(memory cell)가 된다. 보다 일반적인 내용으로써, 이 사진은 모든 세포분열이 동일한 딸세포들을 형성하지 않으며, 세포분열 과정은 서로 다른 운명을 지닌 세포들이 생길 수 있는 수단임을 확실히 보여준다.

관이 모여 신체의 **면역계**(免疫系, immune system)를 형성한다.

면역계를 구성하는 세포들은 일종의 분자 검색 과정에 관여하고 있는데, 이 과정에 의해 신체에 있는 정상적인 고분자의 구조와 다른 "외래(foreign)" 고분자를 인식한다. 만약 외래 물질과 만나게 되면, 면역계는 이 물질에 대해 특이적이고 협동적인 공격을 시작한다. 면역계의 무기로는 (1) 감염된 세포 또는 변형된 세포를 죽이거나 포식하는 세포, 그리고 (2) 병원체를 중성화, 고정, 응집 또는 죽일 수 있는 수용성 단백질이 있다. 결국 병원체는 면역 기능에 의해 파괴되는 것을 회피하기 위한 대체 기작을 끊임없이 진화시키고 있다. 인간은 바이러스에 의해 일어나는 AIDS, 세균에 의해 일어나는 결핵, 원생동물에 의해 일어나는 말라리아와 같이 여러 가지 만성 감염질환으로 고통 받고 있다. 이런 사실은 면역계가 아주 작은 크기의 병원체들과의 전쟁에서 항상 성공적이지 않다는 것을 뜻한다. 또한 면역계는 암에 대항하는 신체의 싸움에도 관여하고 있다. 그러나, 면역계가 암 세포를 인식하여 죽일 수 있는 정도는 논란거리로 남아 있다. 어떤 경우에는 면역계가 신체에 있는 자신의 조직을 공격하는 부적절한 반응을 시작할 수도 있다. 후반부에 나오는 〈인간의 전망〉에서 설명한 것과 같이, 이러한 경우는 심각한 질환을 초래하게 된다.

이 장(章)에서 면역의 전체 주제를 다룰 수는 없다. 대신에, 앞 장에서 설명하였던 세포 및 분자생물학의 원리를 보여주는 몇 가지 선별된 관점에 초점을 맞추어 설명할 것이다. 그러나 우선, 침입하는 미생물이 존재할 때 신체의 기본적인 반응을 살펴 볼 필요가 있다[1]. ■

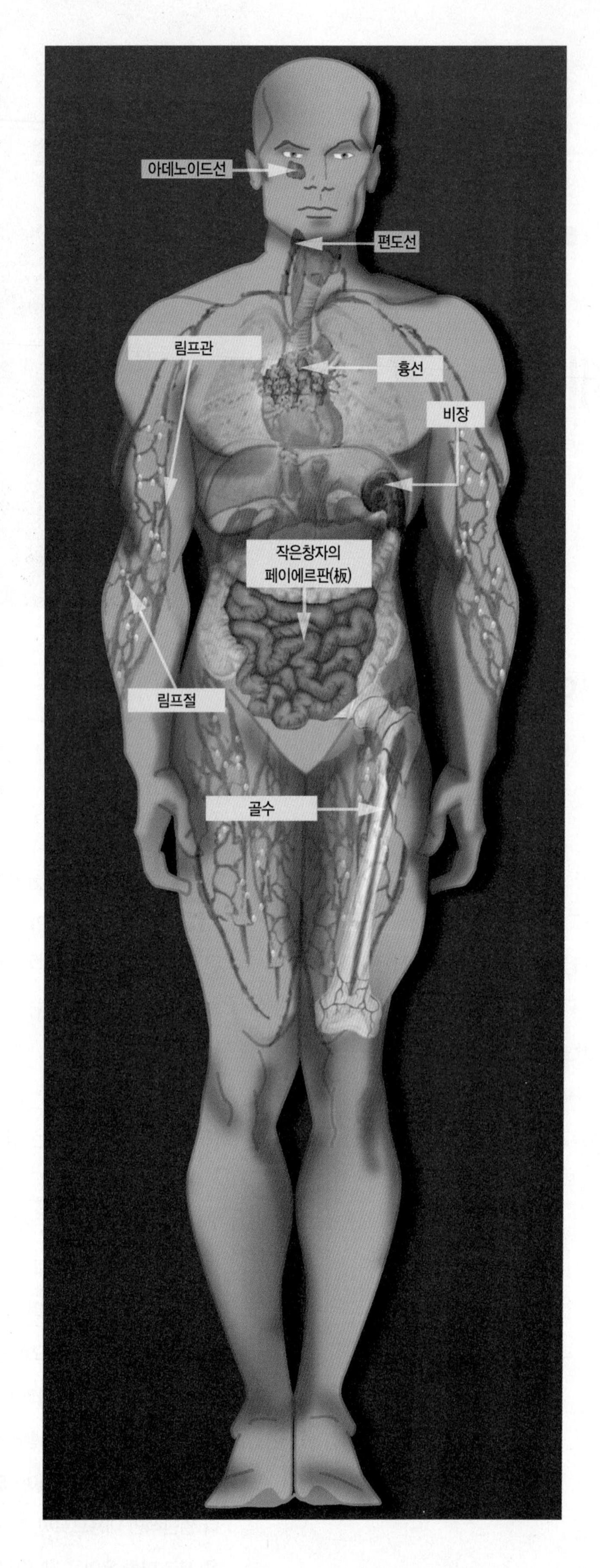

그림 17-1 인간의 면역계는 흉선, 골수, 비장(脾臟, spleen), 림프절과 같이 다양한 림프기관과 작은창자, 아데노이드 선(腺, adenoid), 그리고 편도선(扁桃腺, tonsil) 안에 판(板, patch)으로 존재하는 산재된 세포들로 이루어져 있다. 흉선과 골수는 림프구 분화에 중요한 역할을 담당하기 때문에 흔히 중심면역계(central immune system)라고 한다.

[1] 면역계에 대해 알아보기에 앞서, 많은 동물들이 2중가닥 바이러스 RNA를 파괴되게 하는 siRNA를 합성하여 바이러스 감염에 대해 자신을 방어할 수 있다는 사실을 상기할 필요가 있다. 척추동물 세포가 RNA 간섭(RNA interference, RNAi) 기구를 갖고 있기 때문에(마이크로 RNA를 만들기 때문에) 과학자들이 작은 크기의 2중가닥 RNA를 사용하여 바이러스 유전체를 파괴할 수도 있지만(제5장의 〈인간의 전망〉에서 설명하였다), 척추동물은 바이러스 방어 기작으로서 siRNA를 이용하지 않는다는 많은 연구 보고가 있다. 원시 척추동물에서 매우 효율적인 면역계가 진화되어 왔기 때문에, 바이러스에 대해 계속 진행 중인 전쟁의 주요 무기로서 RNAi가 포기 되었을 것으로 생각된다.

17-1 면역반응의 개요

신체의 외부 표면 및 내부 관(管)의 내벽(內壁)은 바이러스, 세균, 기생충 등의 침입을 막는 훌륭한 방벽(防壁)이다. 만약 세포 표면 방어벽이 무너지게 되면, 침입자를 격리시킨 후 이들을 죽이려는 일련의 **면역반응**(免疫反應, immune response)이 개시된다. 면역반응은 일반적으로 두 가지 범주, 즉 선천(先天, innate)반응과 후천(後天, acquired)반응[또는 적응(適應, adaptive)반응]으로 나눌 수 있다. 두 가지 반응 모두 신체에 있어야만 하는[즉, "자가(self)"] 물질 그리고 없어야만 하는[즉, 외래의(foreign) 또는 "비자가(non-self)"] 물질 사이를 식별할 수 있는 신체의 능력을 이용한다. 또한 병원체도 두 가지 범주로 구분할 수 있다. 즉, 숙주세포의 내부에서 주로 나타나는 것들(모든 바이러스, 일부 세균, 약간의 원생동물형 기생충) 그리고 숙주세포의 외부 구획에서 주로 나타나는 것들(대부분의 세균들과 기타 세포성 병원체)로 나눌 수 있다. 다른 유형의 면역 기작들은 이 두 가지 유형의 감염 매체와 싸우기 위해 진화되어 왔다. 이들 기작 중 일부 개요를 〈그림 17-2〉에 나타내었다.

17-1-1 선천 면역반응

선천(先天) **면역반응**(innate immune response)은 신체가 처음으로 마주친 미생물에 대해서 즉시 반응한다. 즉, 이 반응이 신체의 첫 번째 방어선을 형성한다. 보통 대식세포(大食細胞, macrophage)나 수지상세포(樹枝狀細胞, dendritic cell)와 같은 식세포작용을 하는 세포가 대응하여, 침입한 병원체는 선천 면역계와 처음으로

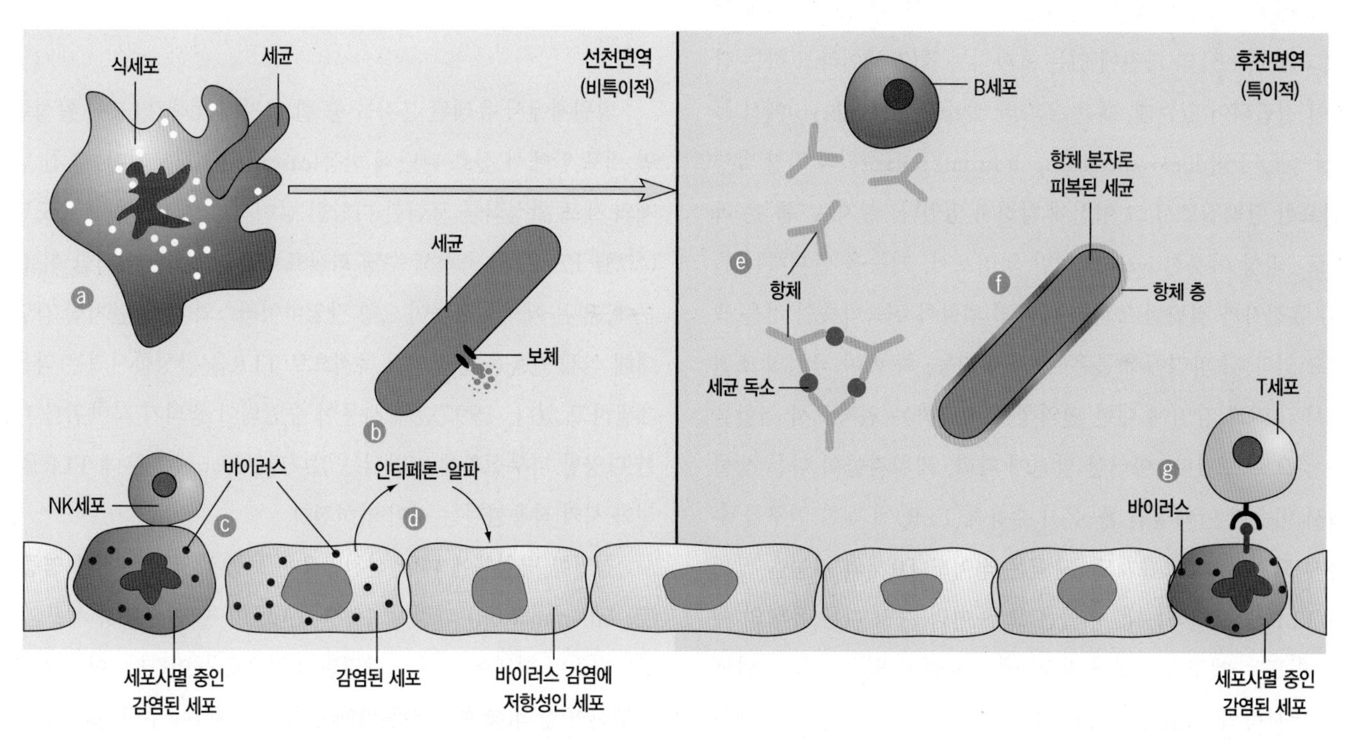

그림 17-2 면역계가 침입한 병원체를 제거하는 기작들 중 일부 개요. 왼쪽 그림은 선천면역의 몇 가지 유형을 나타낸다. (*a*) 세균의 식세포작용, (*b*) 보체에 의해 세균세포 죽이기, (*c*) 자연살생세포(natural killer cell, NK cell)에 의해 감염된 세포에서 유도되는 세포자살, (*d*) 인터페론-알파(interferon α, IFN-α)에 의해 바이러스에 대한 저항성 유도. 오른 쪽 그림은 몇 가지 유형의 후천면역을 나타내고 있다. (*e*) 세균 독소를 중성화 시키는 항체를 생산하는 B 세포, (*f*) 항체로 피복된 세균[옵소닌화(opsonization): 식세포작용이나 보체-유도성 사멸을 용이하게 해주는 작용], (*g*) 활성화된 T림프구(T세포)에 의해 감염된 세포에서 유도되는 세포사멸. 선천 면역반응과 후천 면역반응은 서로 연결되어 있다(초록색 수평 화살표). 그 이유는, 병원체를 식세포작용으로 잡아먹는 대식세포와 같은 세포는 특정한 항체의 생산을 자극하기 위해 외래 단백질을 이용하면서 병원체에 대해 작용하는 T세포를 이용하기 때문이다. 또한 자연살생세포도 T세포 반응에 영향을 주는 물질, 예로써 인터페론-감마를 생산한다.

접하게 된다(그림 17-10). 그런 식세포의 기능은 외래의 물체를 인식하여 적절한 경보를 울리는 것이다. 이런 식세포들은 세포 표면에 다양한 수용체 단백질들을 갖고 있어서 잘 보존된 특정한 유형의 고분자를 인식한다. 이 고분자는 바이러스나 세균에서 중요한 역할을 하지만 사람의 세포에서는 생산되지 않는다. 여러 가지 이러한 수용체[패턴인식 수용체(*pattern recognition receptor, PRR*)라고 하는]들이 발견되었으며, 이들 중 가장 중요한 것은 **톨-유사 수용체**(Toll-like receptor, TLR)이다. TLR은 흥미롭고 예상치 못했던 일련의 실험에 의해 발견되었다.

노랑초파리(*Drosophila melanogaster*)는 유전학 분야에서 상징적인 것으로 널리 알려져 있고, 발생학과 신경생물학 연구에도 기여한 바가 크다. 그러나 무척추동물인 노랑초파리는 사람의 면역계를 연구하는 주요 대상이 될 수 있는 개체로서 고려되지는 않았다. 그러나 1996년 프랑스의 한 연구진은 〈그림 17-3〉에서 보듯이 균류에 아주 쉽게 감염되는 돌연변이 초파리를 동정하게 되었다. 〈그림 17-3〉의 사진에 있는 초파리는 톨(*Toll*)이라고 하는 단백질이 결핍되어 있는데, 톨은 초파리 배아(胚芽, embryo)에서 등배("상-하")극성[dorsoventral (top-bottom) polarity]의 정상 발생에 필요한 단백질로서 그 이전에 알려져 있었다. 실지로 "톨"은 독일어로 "괴상 야릇한(weird)"이란 의미로서, 기능을 발휘하는 톨(*Toll*) 유전자가 결핍된 초파리 배아의 외형이 뒤죽박죽인 것을 표현하고 있다. 초파리에서 톨은 두 가지 기능, 즉 배아 극성의 조절자로서 그리고 감염에 대한 면역성을 촉진하는 인자로서 역할을 하는 것으로 보였다. 이러한 발견에 따라, 과학자들이 다른 생물체에서 비슷한 단백질인 톨-유사 수용체(TLR)에 대한 연구를 수행하게 되었다. 공교롭게도, 사람은 적어도 10개의 기능을 발휘하는 TLR을 발현하는데, 이들은 모두 여러 가지 다른 유형의 세포 표면(또는 엔도솜/리소솜의 막)에 위치하고 있는 막횡단 단백질이다. 사람의 TLR 집단(TLR family)에 속하는 것들로서, 세균의 세포벽을 구성하는 지질다당류(lipopolysaccharide) 또는 펩티도글리칸(peptidoglycan) 성분, 세균의 편모에서 발견되는 플라젤린(flagellin) 단백질, 복제하는 바이러스의 특징인 2중가닥 RNA, 메틸화가 되어있지 않은 CpG 디뉴클레오티드(세균 DNA의 특징임) 등을 인식하는 수용체들이 있다. 자신의 2중가닥 RNA 리간드와 결합한 TLR의 모형이 〈그림 17-4〉에 나와 있다.

그림 17-3 균류 감염으로 죽은 돌연변이 초파리의 주사전자현미경 사진. 발아하는 균류의 균사(菌絲, hypha)가 초파리 몸을 덮고 있다. 이 개체는 기능을 발휘하는 톨(*Toll*) 유전자가 결여되어 있기 때문에 감염에 대해 민감하다.

병원체에서 유래된 분자들 중 한 가지에 의해 TLR이 활성화되면 세포 안에서 신호 다단계 반응(cascade)이 개시되어, 후천 면역계의 세포 활성화를 포함한 다양한 방어적인 면역반응이 유도된다(〈그림 17-2〉의 초록색 수평 화살표로 나타냈음). 이러한 이유 때문에, 많은 제약회사들이 C형 간염바이러스와 같이 난치성 감염에 대해 신체 반응을 증진시킬 목적으로 TLR을 활성화시키는 약들을 개발하고 있다. 1997년에 사용이 승인되어 생식기 사마귀를 비롯한 다양한 피부질환에 처방되는 알다라(Aldara)는, 후에 TLR을 활성화 시켜 작용한다는 것이 밝혀졌다.

침입한 병원체에 대한 선천반응은 보통 감염된 부위에 **염증**(炎症, inflammation) 과정이 수반되는데, 이 곳에서 특정 세포와 혈장단백질이 혈관에서 나와 감염된 조직으로 들어간다. 이 과정에서 국부적인 발적(發赤), 부종(浮腫), 발열(發熱)이 수반된다. 염증은 신체가 필요한 부위에서 신체의 방어 수단들을 집중시키는 수단으로 사용된다. 염증반응이 일어나는 동안, 식세포들은 감염부위에서 방출된 화학물질(주화성물질, chemoattractant)에 반응하여 감염부위를 향해 이동한다. 일단 감염 부위에 도달하게 되면, 이들 식세포는 병원체를 인식하고 포식하여 파괴한다(그림 17-2*a*). 염증은 양날을 가진 칼과 같다. 침입한 병원체에 대해 신체를 보호하지만, 염

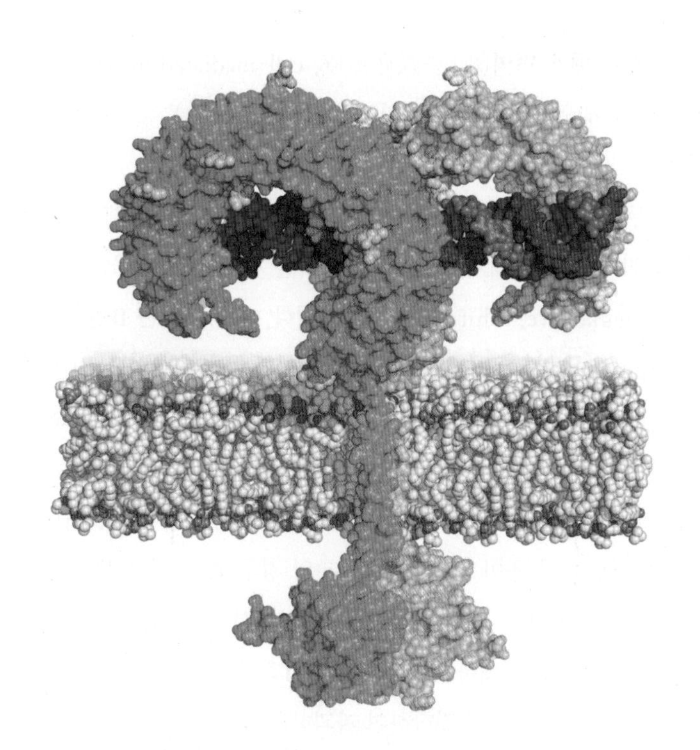

그림 17-4 2중가닥 RNA(dsRNA) 분자와 결합한 톨-유사 수용체(TLR3)의 모형. TLR에 있는 세포 외부 리간드-결합 영역은 주로 많은 류신이 반복되어 구성된 큰 곡선 표면을 갖고 있다. 이 부위는 리간드 결합을 하는 데 있어서 유연성을 갖게 한다. 이 모형은 dsRNA(파란색과 주황색으로 이루어진 2중나선) 리간드가 막횡단 영역과 세포기질 영역이 서로 가깝게 붙어 있는 TLR 2량체(dimer)와 결합한 것을 보여준다. 이 복합체는 외부에서 유래한 핵산분자가 있음을 세포에게 알리는 세포 내 신호를 전달할 "준비"를 한다.

증 반응이 적절한 시기에 종료되지 않으면 신체의 정상적인 조직에 손상을 주어 만성질환이 될 수 있다. 염증 조절 과정은 복잡하기 때문에, 친염증(親炎症, pro-inflammatory)과 항염증(抗炎蒸, anti-inflammatory) 활성 사이의 균형과 관여된 과정은 아직 잘 알려져 있지 않다.

세포 외부의 병원체를 공격하기 위한 다수의 다른 면역 기작들이 갖추어져 있다. 상피세포와 림프구는 디펜신(*defensin*)이라고 하는 다양한 항균성(antimicrobial) 펩티드를 분비하여 바이러스, 세균, 균류에 결합할 수 있어서 이들을 죽게 만든다. 혈액도 또한 병원체와 결합하여 이들의 파괴를 일으키는 **보체**(補體, complement)라고 하는 수용성 단백질 무리를 갖고 있다. 보체가 작용하는 경로들 중 한 가지는, 활성화되어 조립된 보체 단백질이 세균의 원형질막에 구멍을 뚫어 세포를 용해하여 죽게 하는 것이다(그림 17-2*b*).

바이러스와 같은 세포 내의 병원체에 대한 선천 면역반응은 1차적으로 이미 감염된 세포를 표적으로 삼는다. 어떤 바이러스에 감염된 세포는 **자연살생**(自然殺生)**세포**(natural killer cell, NK cell)라고 하는 일정 유형의 비특이적 림프구에 의해 인식된다. 이름이 암시하고 있는 것과 같이, NK세포는 감염된 세포를 죽게 만들어서 작용한다(그림 17-2*c*). NK세포는 감염된 세포에서 세포사멸(細胞死滅, apoptosis)이 일어나도록 유도한다. 또한 NK세포는 특정 유형의 암세포를 시험관 내(*in vitro*)에서 죽일 수도 있고(그림 17-5), 생체 내(*in vivo*)에서 암세포가 종양으로 발달하기 전에 파괴하는 기작을 갖게 할 수도 있다. 정상적인(즉, 감염이 안 되었으면서 악성이 아닌) 세포는 세포 표면에 NK세포의 공격으로부터 자신을 보호할 수 있는 분자를 갖고 있다.

또 다른 유형의 선천적 항-바이러스 반응이 감염된 세포 그 자체 안에서 개시된다. 바이러스에 감염된 세포는 제1형 인터페론(*type 1 interferon*; IFN-α, IFN-β)이라고 하는 단백질을 생산하고, 이것을 세포외 공간으로 분비한다. 그곳에서 감염되지 않은 세포의 표면에 결합하여, 부차적으로 일어나는 감염에 대해 이런 세포가 내성을 갖게 만든다(그림 17-2*d*). 인터페론은 번역인자 eIF2를

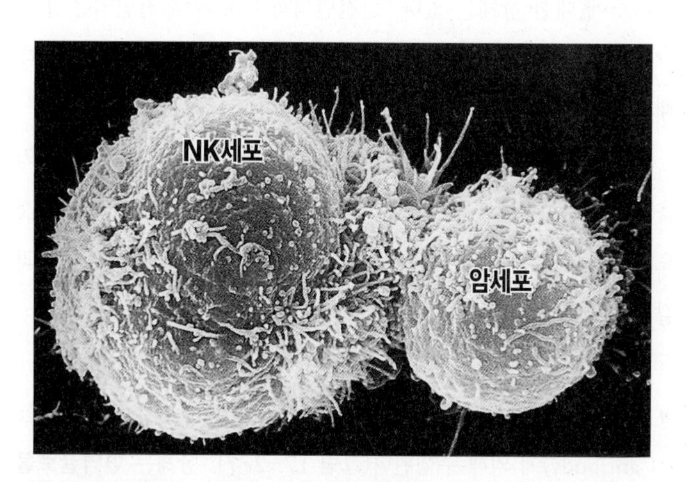

그림 17-5 선천면역. 표적세포인 악성 적백혈병(赤白血病, erythroleukemia) 세포와 결합한 자연살생세포의 주사전자현미경 사진. NK세포는 CTL에 대해 설명한 것과 동일한 기작을 이용하여 표적세포를 죽인다.

인산화시켜 결과적으로 번역인자가 불활성화되도록 만드는 신호 전달경로의 활성화를 비롯한 다양한 수단을 이용하여 세포가 내성을 갖게 한다. 이런 반응을 겪은 세포는 바이러스가 복제하는 데 필요한 바이러스 단백질을 합성하지 못한다. 또한 IFN-β는 바이러스 RNA 유전체를 표적으로 하는 세포 내 마이크로RNA 합성을 유도할 수도 있다.

외래의 침입자를 파괴하기 위해 선천 면역계와 후천 면역계는 독립적으로 기능을 하는 것이 아니라 긴밀하게 함께 작용한다. 가장 중요한 것은, 즉각적으로 일어나는 선천 면역반응을 수행하는 동일한 식세포와 NK세포가, 또한 훨씬 느리지만 더 특이적인 후천 면역반응을 유도하는 데도 관여한다는 것이다.

17-1-2 후천 면역반응

선천 면역반응과 다르게, **후천**(後天) **면역반응**(acquired immune response)[또는 적응(適應, adaptive) 면역반응]은 면역계가 외래 물질에 대항하여 공격을 준비하기 위한 지연기간(lag period)이 필요하다. 선천 면역반응과 다르게, 후천 면역반응은 매우 특이적이어서 대단히 유사한 2개의 물질을 구별할 수 있다. 예를 들면, 홍역을 앓고 난 사람은 혈액 내에 홍역의 원인이 되는 바이러스와 결합하는 항체를 갖고 있지만, 이하선염을 일으키는 것과 같이 유사한 바이러스에 대한 항체는 없다. 선천면역과 다르게 후천면역은 또한 "기억" 기능을 갖고 있는데, 이것은 일생 동안 동일한 병원체에 대해 더 이상 감염되지 않는다는 것을 의미한다.

모든 동물이 미생물과 기생충에 대한 몇 가지 유형의 선천면역을 갖고 있는 반면에, 후천 면역반응은 척추동물만 갖추고 있는 것으로 알려져 있다. 후천면역을 두 가지 큰 범주로 나누면 다음과 같다:

- **체액면역**(體液免疫, humoral immunity)은 **항체**(抗體, antibody)에 의해 수행된다(그림 17-2*e,f*). 항체는 **면역글로불린 대집단**(immunoglobulin superfamily, IgSF)에 속하며 구형인 혈액-유래 단백질이다.
- **세포-매개 면역**(細胞-媒介免疫, cell-mediated immunity)은 세포에 의해 이루어지는 면역이다(그림 17-2*g*).

두 가지 유형의 후천면역은 모두 림프구에 의해 매개된다. 림프구는 혈액과 림프기관 사이를 순환하는 핵을 가진 백혈구(leukocyte, white blood cell)이다. 체액면역은 **B림프구**(B lymphocyte, 또는 **B세포**)에 의해 매개되는데, 활성화되면 항체를 분비하는 세포로 분화한다. 항체는 1차적으로 신체의 세포 바깥쪽에 있는 외래물질을 직접 공격한다. 이러한 외래물질에는 세균 세포벽 구성성분인 단백질과 탄수화물, 세균의 독소, 바이러스 외피단백질 등이 포함된다. 일부의 경우에, 항체가 세균의 독소 또는 바이러스 조각에 결합할 수 있어서, 숙주세포에 침입하는 능력을 직접 저해하기도 한다(그림 17-2*e*). 다른 경우에, 항체는 침입하는 병원체에 결합하여 파괴하라고 표시하는 "분자꼬리표(molecular tag)"의 기능을 한다. 항체 분자로 피복된 세균세포(그림 17-2*f*)는 돌아다니고 있는 식세포나 혈액 내에 운반되고 있는 보체 분자에 의해 신속하게 파괴된다. 항체는 세포 내에 있는 병원체에 대해서는 작용을 못하기 때문에, 두 번째 유형의 무기 체계가 필요하다. 세포-매개 면역(cell-mediated immunity)은 **T림프구**(T lymphocyte, 또는 **T세포**)에 의해 수행되는데, 이들이 활성화되면 감염된(또는 외래의) 세포를 특이적으로 인식하여 죽일 수 있다(그림 17-2*g*).

B세포와 T세포는 동일한 유형의 전구세포(조혈줄기세포, *hematopoietic stem cell*)로부터 생성되지만, 다른 림프기관에서 서로 다른 경로를 따라서 분화한다. 조혈줄기세포에서 일어나는 다양한 분화 경로를 요약한 것이 〈그림 17-6〉에 나와 있다. B림프구는 태아의 간이나 성인의 골수에서 분화하지만, 반면에 T림프구는 흉선(胸線, thymus gland)에서 분화한다. 흉선은 가슴에 위치한 기관으로 어릴 때 최고 크기가 된다. 이러한 차이점 때문에, 세포-매개 면역과 체액면역은 여러 면에서 분리될 수 있다. 예를 들면, 사람이 선천성 무(無)감마글로불린혈증(agammaglobulinemia)이라고 하는 희귀질환을 앓을 수가 있는데, 이 때 체액 항체는 결여되어 있고 세포-매개 면역은 정상이다.

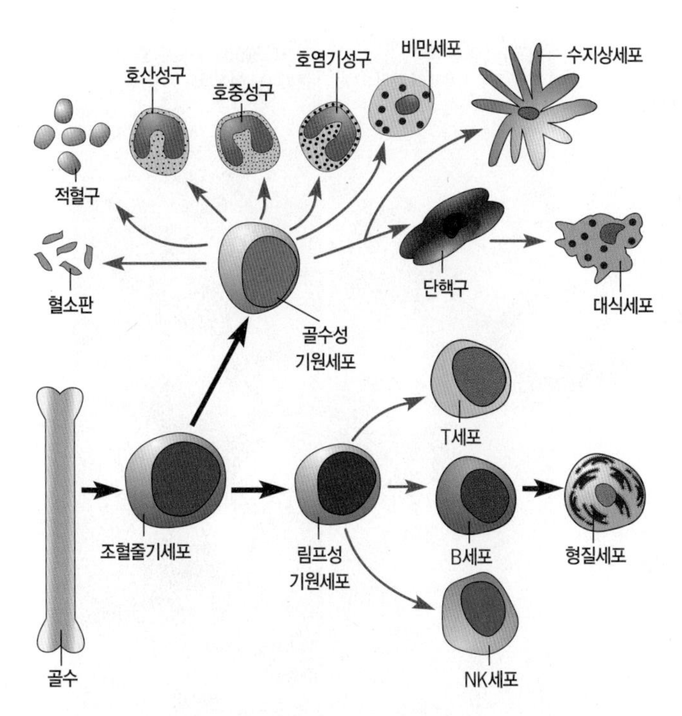

그림 17-6 **골수에서 조혈줄기세포의 분화경로.** 조혈줄기세포는 두 가지 다른 유형의 기원세포(起源細胞, progenitor cell)를 생성할 수 있다. 골수성(myeloid) 기원세포는 다양한 혈구세포[즉, 적혈구, 호염기성구(好鹽基性球, basophil), 호중성구(好中性球, neutrophil)], 대식세포, 또는 수지상세포로 분화한다. 림프성(lymphoid) 기원세포는 NK세포, T세포, 또는 B세포 등 다양한 유형의 림프구로 분화한다. T세포의 전구세포(前驅細胞, precursor)는 흉선으로 이동하여, 이곳에서 T세포로 분화한다. 그러나, B세포는 골수에서 분화한다. B세포와 T세포의 분화 단계별 각각의 세포들은 이들 세포의 표면에 있는 단백질의 종류에 의해 또는 유전자 발현을 조절하는 전사인자에 의해 구별될 수 있다.

복습문제

1. 선천 면역반응과 후천 면역반응의 일반적 특성들을 비교하시오.
2. 선천 면역반응의 네 가지 유형을 열거하시오. 감염된 세포 내부에 존재하는 병원체에 대하여 가장 효과적인 반응은 어느 것인가?
3. 면역반응에서 "체액"과 "세포-매개"라는 용어의 뜻은 무엇인가?

17-2 B세포에 적용되는 클론선택설

어떤 사람이 바이러스에 감염되거나 외래물질에 노출되면, 곧 그 사람의 혈액에서 외래물질, 즉 **항원**(antigen)과 반응할 수 있는 항체의 농도가 높아진다. 대부분 항원은 단백질이거나 탄수화물이지만, 지질이나 핵산도 될 수 있다. 외부의 항원에 노출되었을 때, 신체는 어떻게 항원에 특이적으로(*specifically*) 반응하는 항체를 생산할 수 있을까? 바꾸어 말하면, 항원이 어떻게 후천 면역반응을 유도할 수 있을까? 수 년 동안, 어떠한 방법으로든 항원이 림프구가 상보적인 항체를 생산하도록 정보를 지시하였다(*instructed*)고 생각했었다. 항원이 항체 분자 주변을 둘러싸서, 항체를 특정 항원과 결합할 수 있는 모양을 만든다고 추측되었었다. 이러한 "지시(instructive)" 모형에 따르면, 림프구가 항원과 초기 접촉한 후에 한하여 특정한 항체를 생산할 수 있는 능력을 갖는다는 것이다. 1955년 덴마크 면역학자인 넬스 예르네(Niels Jerne)는 근본적으로 다른 기작을 제안하였다. 신체는 항원이 존재하지 않아도 무작위로 구조화된 항체를 미량 생산한다고 예르네는 주장하였다. 한 무리로서, 이런 항체들은 사람이 언젠가 접하게 될 수도 있는 어떤 유형의 항원과도 결합을 할 수 있다는 것이다. 예르네의 모형에 의하면, 사람이 항원에 노출되면 항원이 특이 항체와 결합하고, 이렇게 되면 어떤 방법에 의해 그 특이 항체분자가 그 다음에 생산된다. 즉, 예르네의 모형에서는 항원이 자신과 결합할 수 있는 이미 존재하고 있던 항체를 선택한다(*select*)는 것이다. 1957년 호주 면역학자 맥파레인 버넷(MacFarlane Burnett)은 항체의 항원선택 개념을 확장하여 항체 형성의 포괄적인 모형을 제시하였다. 버넷의 **클론선택설**(clonal selection theory)은 곧 널리 받아들여지게 되었다. 〈그림 17-7〉은 B세포의 클론선택 과정 동안 일어나는 단계들의 개요를 보여주고 있다. 이 과정에 대한 자세한 내용은 이 장의 후반부에 설명한다. T세포의 클론선택에 대해서는 다음 절에 설명되어 있다. B세포 클론선택에 대한 주요 특징은 다음과 같다. 즉,

1. 각각의 B세포는 한 종류의 항체 생산에 투입된다. B세포는 분화되지 않아, 구별되지 않는 기원세포들의 집단으로부터 생산된다. 분화될 때, B세포는 DNA 재배열의 결과로(그림 17-18 참조), 오직 한 종류의 항체분자 생산에 투입된다(그림 17-7, 1단계). 수천 가지의 DNA 재배열이 가능하기 때문에, 다른 종류의 B세포는 서로 다른 항체분자를 생산한다. 따라서 성숙한 B세포가 현미경에서 동일하게 보이지만, 이들이 생산하는 항체

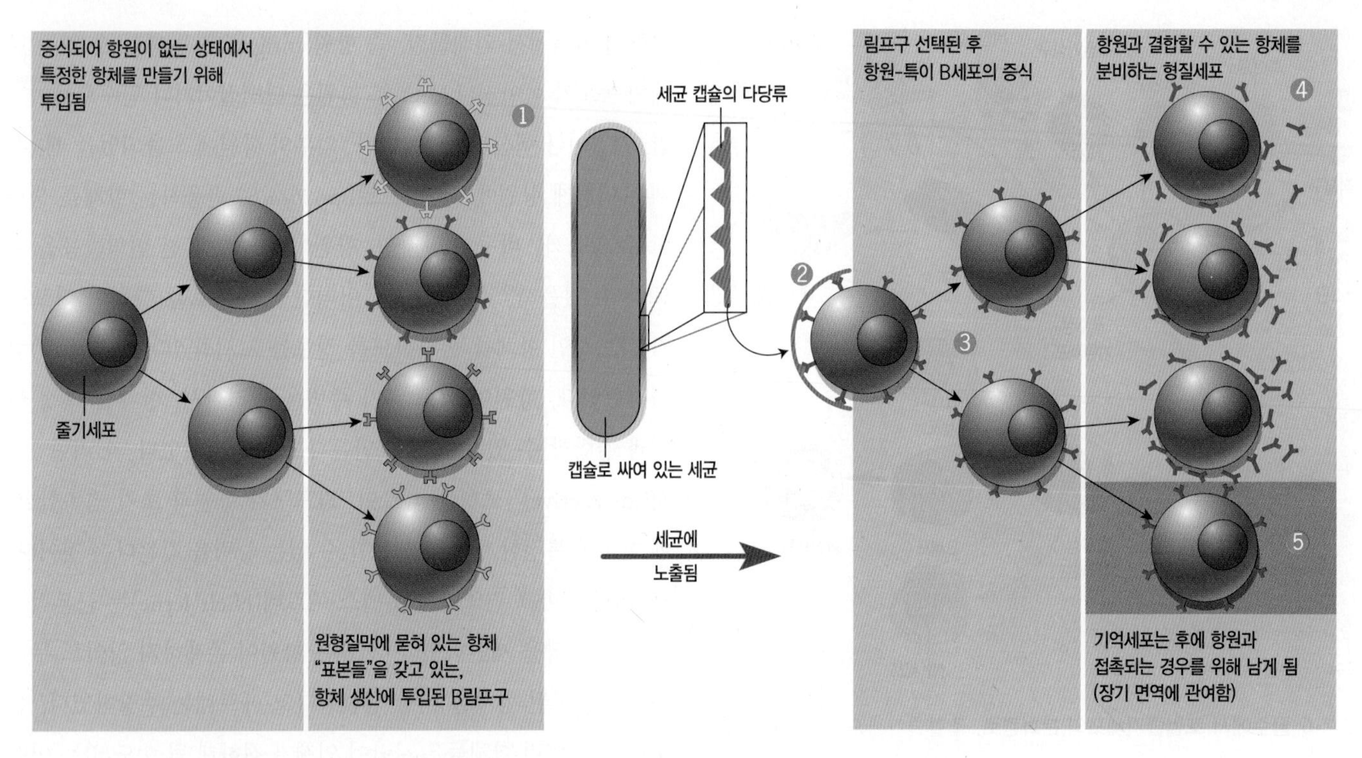

그림 17-7 흉선-비의존 항원에 의한 B세포의 클론선택. 각 단계에 대한 설명은 그림과 본문에 있다.

에 의해 구별될 수 있다.

2. B세포는 항원이 없는 데도 항체 생성에 투입된다. 어떤 사람의 일생 동안에 갖게 될 항체 생산 세포의 기본적인 전체 목록은 항원에 의해 자극되기 전(*prior to stimulation by an antigen*)에 림프조직 안에 이미 존재하며, 외래물질의 존재와는 무관하다. 각각의 B세포는 항원-반응 부위가 세포의 표면 밖을 향하도록 배열한다. 그 결과, 세포는 상보적인 구조를 갖는 항원과 특이적으로 결합할 수 있는 항원 수용체로 피복된다. 사람의 일생 동안 대부분의 림프구 세포는 한 번도 필요하지 않지만, 면역계는 사람이 노출될 수도 있는 어떤 항원에 대해서도 즉시 반응할 수 있도록 준비되어 있다. 〈그림 17-8〉에 나와 있는 것과 같이, 서로 다른 종류의 세포막-부착 항체를 각 세포가 갖고 있다는 것을 실험적으로 보여줄 수 있다.

3. 항원에 의해 B세포가 선택된 후에 항체 생산. 대부분의 경우, 항원에 의한 B세포의 활성화는 T세포가 관여해야 한다. 그러나 세균의 세포벽에 있는 다당류와 같이 몇 가지 항원은 그 자체로서 B세포를 활성화시키는데, 이러한 유형의 항원을 흉선-비의존 항원(*thymus-independent antigen*)이라고 한다. 간단하게 설명하기 위해 여기서는 흉선-비의존 항원에 국한하여 설명한다. 치명적인 수막염(meningitis)을 일으킬 수 있는 캡슐형 세균인 헤모필루스 인플루엔자 B형(*Haemaphilus influenzae* type B)에 어떤 사람이 노출되었다고 가정해 보자. 이들 세균의 캡슐은 다당류를 갖고 있고, 이것은 신체에 있는 B세포의 일부와 결합할 수 있다(그림 17-7, 2단계). 다당류와 결합한 B세포는 막에 결합된 항체를 갖고 있는데, 이 항체에 있는 결합 부위가 항원과 특이적인 결합을 할 수 있게 한다. 이러한 방법으로, 항원은 자신과 특이적으로 결합할 수 있는 항체를 생산하는 림프구를 선택한다. 항원 결합은 B세포를 활성화시킨다. 이는 B세포 증식을 일으켜서(그림 17-7, 3단계), 림프구 집단[또는 클론(*clone*)]을 형성하도록 하고, 이 집단에 있는 모든 세포는 동일한 항체를 만든다. 이런 활성화된 세포들 중 일부는 짧은 수명의 **형질세포**(形質細胞, plasma cell)로 분화하여, 많은 양의 항체 분자

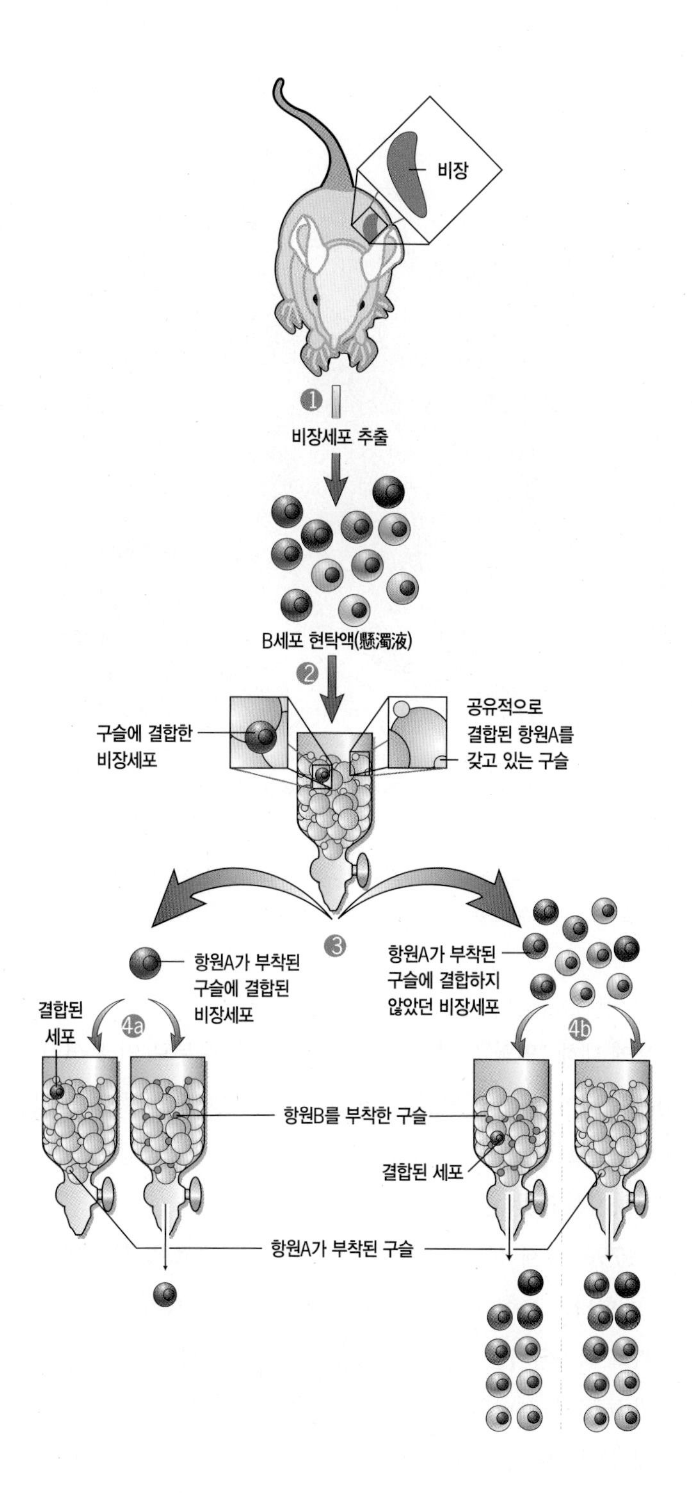

그림 17-8 여러 가지 B세포가 막과 결합된 여러 가지 항체를 갖고 있으며, 이 항체가 항원이 없는 상태에서 생산된다는 실험적 증명. 이 실험에서, 생쥐 비장에서 B세포를 추출하였다(1단계). 2단계에서, 비장세포를 생쥐에 노출된 적이 없었던 항원(항원A)으로 피복된 구슬로 채워진 관(管, column)에 통과시킨다. 비장세포들 중 아주 적은 수의 세포가 구슬에 결합하고, 대부분의 비장세포들은 관을 직접 통과해 버린다(3단계). 4단계에서, 3단계 실험에서 얻은 비장세포들을 두 가지 다른 관들 중 하나에 통과시킨다. 하나는 항원A로 피복된 구슬이 있는 관이고, 다른 하나는 생쥐에게 노출된 적이 없고 관련이 없는 항원(항원B)으로 피복된 관이다. 4*a*단계에서, 실험된 비장세포들은 3단계에서 구슬에 결합된 세포이다. 이 세포들은 항원A로 피복된 구슬에 재결합하지만, 항원B로 피복된 구슬에는 결합하지 않는다. 4*b*단계에서, 실험에 사용한 비장세포들은 3단계 실험에서 구슬과 결합하지 않았던 세포이다. 이 세포들 중 어떤 세포도 항원A로 피복된 구슬에 결합하지 않았지만, 아주 적은 수의 세포들은 항원B로 피복된 구슬에 결합하였다.

를 분비한다(그림 17-7, 4단계). 이들의 B세포 전구세포와는 다르게(그림 17-9*a*), 형질세포는 단백질을 합성 및 분비하도록 특수화된 세포의 특징인 조면소포체를 다량 함유하고 있다(그림 17-9*b*).

4. 면역 기억은 오랜 기간 면역성을 유지하게 한다. 항원에 의해 활성화된 모든 B세포가 항체를 분비하는 형질세포로 분화하는 것은 아니다. 일부는 기억 B세포(*memory B cell*)로서 림프조직에 남게 된다(그림 17-7, 5단계). 기억 B세포는 시간이 지난 후, 신체에 다시 항원이 나타나면 신속하게 반응할 수 있다. 형질세포는 항원 자극이 제거된 후 죽게 되지만, 기억 B세포는 사람의 일생 동안 계속될 수도 있다. 같은 항원에 자극받았을 때, 기억 B세포의 일부는 형질세포로 신속하게 분화하여 2차면역반응(*secondary response*)이 일어난다. 2차면역반응은 며칠이 필요했던 최초의 반응보다 짧은 수 시간 안에 반응이 일어난다(그림 17-13).

5. 면역관용은 자신에 대한 항체 생산을 억제한다. 다음에 설명하지만, 항체를 암호화하는 유전자는 DNA 단편을 무작위로 조합시키는 과정에 의해 생긴다. 그 결과, 신체 자신의 조직과 반응할 수 있는 항체를 암호화하는 유전자가 항상 생긴다. 이들은 광범위하게 기관을 파괴하기 때문에 이로부터 질병이 유발될 수도 있다. 신체가 **자가항체**(自家抗體, autoantibody)라고 하는 이러한 단백질의 생산을 방지하기 위해 온 힘을 기울이는 것은 당연하다. 발생과정 동안 자가항체를 생산할 수 있는 많은 B세포는 파괴되거나 불활성화 된다. 그 결과 신체는 자기 자신에 대해서 면역관용(免疫寬容, *immunologic tolerance*)이 생기게

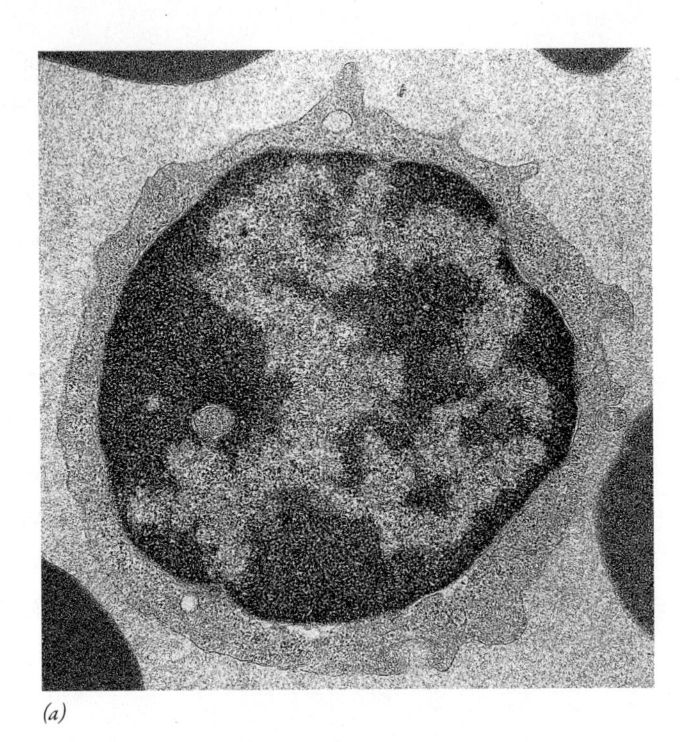

(a)

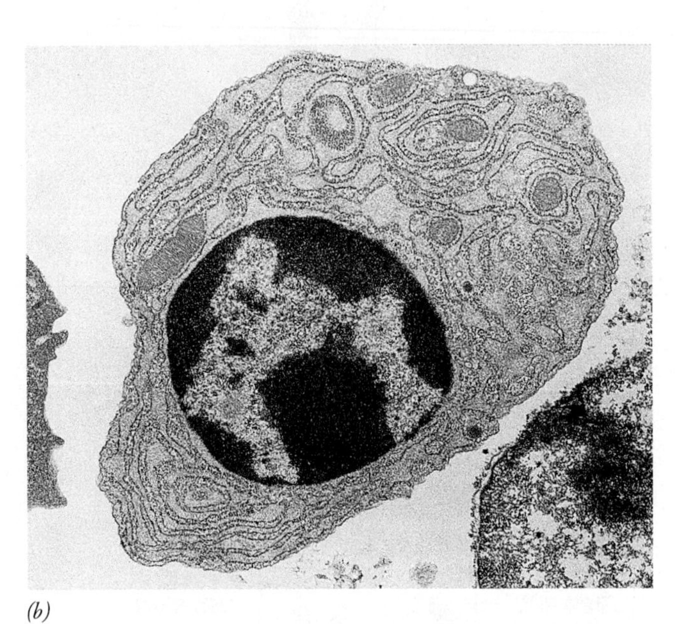

(b)

그림 17-9 B세포(*a*)와 형질세포(*b*)의 구조 비교. 형질세포는 B세포보다, 더 많은 수의 미토콘드리아와 매우 발달된 조면소포체가 있는, 훨씬 더 큰 세포기질 구획(區劃)을 갖고 있다. 이러한 특징은 형질세포가 다량의 항체분자를 합성한다는 것을 나타낸다.

된다. 후반부에 나오는 〈인간의 전망〉에서 설명된 것처럼, 면역 관용 상태가 붕괴되면 심신을 약화시키는 자가면역질환에 걸리게 된다.

백신접종에 관한 주제를 간단히 공부함으로써 클론선택설의 몇 가지 원리를 분명하게 설명할 수 있다.

17-2-1 백신접종

천연두(small pox)가 매우 만연되어서 두려운 질병 중 하나였던 시대에, 에드워드 제너(Edward Jenner)는 영국의 시골에서 의사로서 개업하고 있었다. 수년에 걸쳐 그는 소를 돌보는 하녀들이 일반적으로 이 질병의 위협에 무관하다는 것에 주목하였다. 제너는 소젖 짜는 하녀들이 어린 시절에 소에서 유래한 무해한 질병인 우두(cowpox)에 감염되었기 때문에, 이들이 왜 그런지는 모르지만 천연두에 대해 "면역"되었다고 결론을 내렸다. 우두로 인해 생긴 물집은 고름이 가득 찬 천연두 물집과 비슷하였지만, 우두의 물집은 국부적으로 생기고 소멸되어서 감염부위에 흉터로만 남고 더 이상 심각하지는 않았다.

1796년, 제너는 지금까지 가장 유명한(그리고 위험한) 의학 실험 중 하나를 수행하였다. 먼저 그는 8살 된 소년에게 우두를 감염시키고 회복되기를 기다렸다. 6주 후, 제너는 의도적으로 천연두 병변(病變, lesion)의 고름을 소년의 피부 밑에 직접 주사하여 소년에게 천연두를 감염시켰다. 그 소년은 그 치명적인 질환에 대한 징후를 보이지 않았다. 수 년 안에, 수천 명의 사람들이 우두를 의도적으로 자신에게 감염시켜서 천연두에 대한 면역을 갖게 되었다. 이러한 과정을 소를 의미하는 라틴어인 *vacca*를 인용하여 백신접종(또는 종두법, *vaccination*)이라고 명명하였다.

우두를 일으키는 바이러스에 대한 면역반응이 근연관계가 대단히 가까운 천연두를 일으키는 바이러스에 대해서도 우연히 효과적이었기 때문에, 제너의 실험은 성공적이었다. 현대에 사용하는 대부분의 백신에는 약화시킨(*attenuated*) 병원체가 들어 있다. 이러한 약화된 병원체는 면역을 촉진시킬 수 있지만, 유전적으로 "무능력한" 상태가 되었기 때문에 질병을 일으키지 못한다. 현재 사용되는 대부분의 백신은 파상풍균과 맞서 싸우기 위해 이용되는 것과 같이 B세포 백신이다. 혐기성 토양세균인 클로스트리듐(*Clostridium tetani*)에 감염되어 파상풍에 걸리는데, 세균은 찔린 상처를 통해 체내로 들어 올 수 있다. 이들이 자람에 따라서, 세균은 강력한 신경독소를 만들어 운동뉴런의 억제성 접합(synapse)을 통과하는 신호 전달을 방해한다. 이로 인해 근수축이 지속되어 질식하게 된다. 생후 2개월에, 대부분의 신생아들은 변형되어 무해한 파상풍 독소[변성독소(變性毒素, *toxoid*)라고 하는]를 접종하여 파상풍균에 대한 면역성을 갖게(*immunized*) 된다. 파상풍균 변성독소는 B세포의 표면에 결합하는데, B세포의 막에 결합되어 있는 항체 분자가 상보적인 결합자리를 갖고 있다. 이러한 B세포가 증식하여 실제 파상풍균 독소와 결합할 수 있는 항체를 생산하는 클론세포를 만든다. 초기의 이 반응은 곧 약화되지만, 다음에 파상풍균이 감염되면 빠르게 반응할 수 있는 기억세포를 갖게 된다. 대부분 예방접종과는 다르게, 파상풍균 독소에 대한 면역은 일생 동안 지속되지 않기 때문에, 매 10년마다 재접종을 해야 한다. 재접종 주사에는 변성독소 단백질이 있어서 기억세포를 추가로 생산하도록 자극한다. 만약 어떤 사람이 파상풍에 걸릴 가능성이 있는 상처를 입었는데 전에 재접종을 받았는지를 기억하지 못한다면 어떻게 해야 하는가? 이러한 경우에는, 그 사람에게 파상풍 독소와 결합할 수 있는 항체를 주사하는 수동 예방접종(*passive immunization*)을 할 수도 있을 것이다. 수동 예방접종은 짧은 기간 동안에만 효과적이기 때문에 추후의 감염에 대해서는 접종자를 보호해주지 못한다.

복습문제

1. 항체 생산의 지시 기작과 선택 기작을 비교하시오.
2. 클론선택설의 기본적인 학설은 무엇인가?
3. B세포가 항체 생산에 전념하게 되었다는 의미는 무엇인가? 이 과정에 항원의 존재가 어떻게 영향을 미치는가? 항원은 항체 생산에 어떤 역할을 하는가?
4. 면역기억(*immunologic memory*)과 면역관용(*immunologic tolerance*)의 용어는 무엇을 의미하는가?

17-3 T림프구: 활성화와 작용 기작

B세포처럼, T세포도 클론선택 과정의 대상이다. T세포는 **T-세포 수용체**(T-cell receptor)라고 하는 세포-표면 단백질을 갖고 있어서, 특정 항원과 특이적으로 상호작용을 할 수 있다. B세포의 수용체로 작용하는 항체분자와 같이, T세포 수용체로 작용하는 단백질은 다르게 생긴 모양의 결합자리를 갖는 분자의 커다란 집단으로서 존재한다. 각각의 B세포가 오직 한 종류의 항체를 생산하듯이, 각각의 T세포는 오직 한 종류의 T세포 수용체를 갖고 있다. 성숙한 사람은 전체적으로 10^7 가지 이상의 서로 다른 항원 수용체를 보이는, 대략 10^{12} 개의 T세포를 갖고 있는 것으로 추정된다.

완전한 구조를 가진 항원에 의해 활성화되는 B세포와는 다르게, T세포는 **항원제시세포**(抗原提示細胞, antigen-presenting cell, APC)라고 하는 세포의 표면에 나타난 항원 단편에 의해 활성화된다. 간세포나 신장세포가 바이러스에 감염되면, 어떤 일이 일어날 것인지에 대해 생각해 보자. 감염된 세포는 세포 표면에 바이러스 단백질의 단편을 제시하여(그림 17-24 참조), 감염된 세포가 적절한 T세포 수용체를 갖고 있는 T세포와의 결합을 가능하게 한다. 이러한 제시의 결과로, 면역계는 특정한 병원체가 침입하였다는 경고를 받게 된다. 항원제시 과정은 이 장의 후반부에 자세히 설명되어 있으며, 〈실험경로〉에서 다루는 주제이기도 하다.

모든 감염된 세포는 T세포를 활성화하는 APC로 작용하는 반면에, 어떤 유형의 "전문(professional)" APC는 이 기능이 특화되어 있다. 수지상세포(dendritic cell, DC)와 대식세포가 전문 APC에 해당된다(그림 17-10). 지금부터 수지상세포에 초점을 맞추어 설명할 것인데, 수지상세포는 1970년대 초반 록펠러대학교(Rockefeller University)의 랄프 스타인만(Ralph Steinman)에 의해 처음 발견되어 특성이 규명되었고, 흔히 면역계의 "보초병"으로 표현된다. 이런 칭호를 갖게 된 것은 병원체가 침입하기 쉬운(즉, 피부나 기도) 신체의 말초조직에서 수지상세포가 "보초를 서고 있기" 때문이다. 수지상세포는 실제로 모든 유형의 병원체를 인식할 수 있는 아주 다양한 수용체를 갖고 있다. 가장 중요한 것은 DC가 후천 면역반응을 개시하는 데 특히 능숙하다는 것이다.

신체의 말초조직에 존재할 때, 미성숙한 DC는 미생물 및 기타 외래 물질을 인식하여 식세포작용으로 포식한다. 일단 미생물이 수지상세포 안으로 들어오게 되면, 미생물 구성성분이 다른 세포에게 제시되기 전에 먼저 가공되어야 한다. 항원 가공 과정은 포식한 물질을 세포기질에서 효소에 의해 단편으로 만들고, 그 단편을 세포 표면으로 이동시키는 것이다(그림 17-23 참조). 항원을 가공한 DC는 림프절 근처로 이동하고, 그곳에서 성숙한 항원제시세포로 분화한다. 일단 림프절 안으로 들어가면 DC는 다양한 집단의 T세포와 접촉하게 되는데, 이들 중에는 가공된 외래 항원과 특이적으로 결합할 수 있는 T세포 수용체를 갖고 있는 소수의 T세포도 포함되어 있어서 이들이 T세포를 활성화시킨다. 이러한 DC-T세포 사이의 동적인 상호작용 과정은 형광으로 표지된 세포를 현미경을 이용하여 살아있는 림프절 조직에서 최근에 관찰되었다(그림 17-11). 항원이 없을 때, 주어진 DC는 500~5,000개 사이의 서로 다른 종류의 T세포와 일시적으로 상호작용을 할 수 있어서, 단지 수분 동안만 각각의 세포와 접촉한 상태로 남아있게 된다(그림 17-11). 반대로, T세포의 TCR이 특이적으로 인식하는 항원을 DC가 제시하였을 때, 두 세포 사이의 상호작용이 수 시간 지속되는 것으로 보이고, T세포를 활성화시키는데, 이것은 세포기질의 Ca^{2+} 농도가 일시적으로 증가하는 것으로 알 수 있다.

(a)

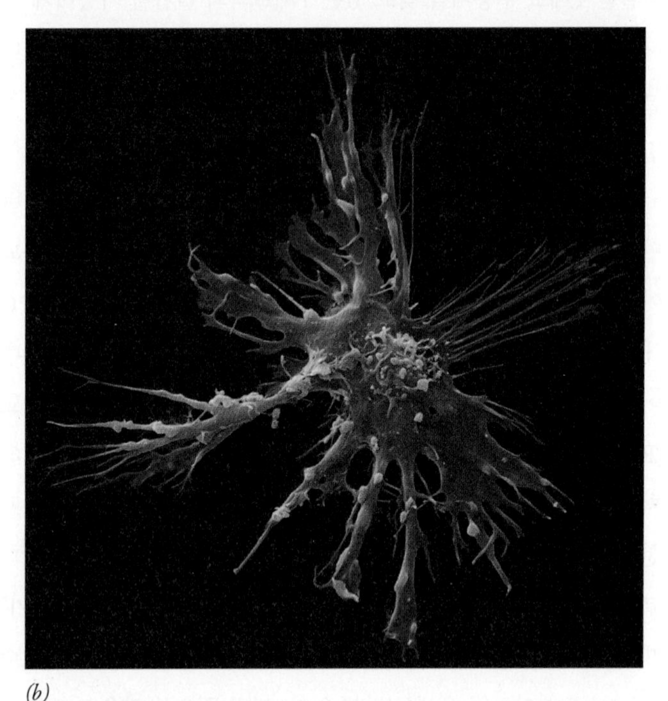
(b)

그림 17-10 전문 항원제시세포. 대식세포(*a*)와 수지상세포(*b*)의 채색된 주사전자현미경 사진. 수지상세포는 기다란 세포기질(또는 수지상) 돌기를 가진 불규칙한 모양의 세포이다.

일단 활성화되면 T세포는 증식하여 동일한 T세포 수용체를 갖는 T세포 클론을 형성한다. 활성화된 T세포 하나는 며칠 동안 하루에 3~4 번씩 분열할 수 있는 것으로 추정되어, 외래 항원과 상호작용을 할 수 있는 엄청나게 큰 T세포 집단을 형성한다. 감염에 대한 반응으로 특정한 T세포가 대규모로 증식하면, 흔히 림프절이 국부적으로 비대해지는 것으로 나타난다. 일단 외래 항원이 제거되면, 늘어난 T세포 집단의 거의 대부분은 세포사멸로 죽게 되고, 후에 동일한 병원체에 다시 접촉되는 경우에 신속히 반응할 수 있는 상대적으로 적은 집단의 기억 T세포가 남게 된다.

항체를 분비하는 B세포와 다르게, T세포는 다른 세포들, 즉 B세포, 다른 T세포, 신체의 모든 곳에 존재하는 표적세포 등과 직접적인 상호작용을 통하여 자신에게 주어진 기능을 수행한다. 이러한 세포-세포 상호작용은 다른 세포의 활성화, 불활성화 또는 죽음을 일으킬 수도 있다. 직접적인 세포 접촉 이외에도, 많은 T세포의 상호작용은 아주 낮은 농도에서 작용하는 **사이토카인**(cytokine)이라고 하는 대단히 활성형인 화학 전령자에 의해 매개된다. 사이토카인은 아주 다양한 세포에 의해 생산되는 작은 분자량의 단백질로서, 인터페론(interferon, IFN), 인터루킨(interleukin, IL), 종양괴사인자(tumor necrosis factor, TNF) 등이 이에 포함된다. 사이토카인은 반응세포의 표면에 있는 특정한 수용체와 결합하여, 세포의 활성을 변화시키는 세포 내부 신호를 생성한다. 사이토카인에 반응하여, 세포는 분열을 준비하고, 분화를 겪거나 또는 자신의 사이토카인을 분비할 수도 있다. 케모카인(*chemokine*)이라고 하는 작은 사

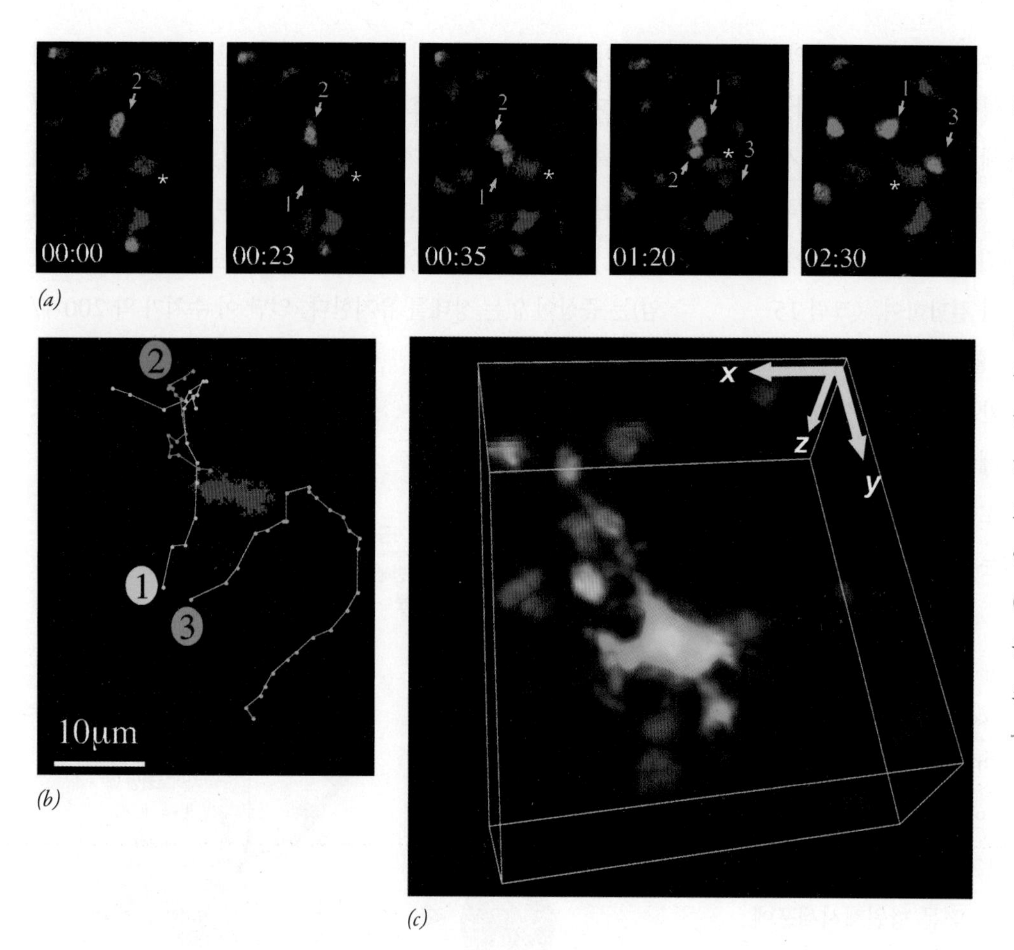

그림 17-11 림프절에서 살아 있는 DC 및 T세포의 영상 및 이들의 상호작용. T세포는 신체 안의 림프절에서 림프절로 이동한다. 림프절로 들어갈 때, T세포는 이들과 접촉하게 되는 DC 세포 각각에 의해 세포 표면을 검사 받으면서 조직 안으로 이동한다. (*a*) 다수의 형광 표지된 T세포(초록색과 숫자로 표시한 세포)가 림프절 안에서 돌아다니며, 각각의 DC(빨간색과 별표로 표시한 세포)와 2.5분 이상 접촉하는 것을 볼 수 있다. (*b*) 앞의 (*a*)에 나와 있는 표지된 3개의 T세포와 별표로 표시된 DC가 취한 궤적. (*c*) 림프절 안에서 1개의 DC세포(초록색)가 다수의 T세포(빨간색)과의 접촉을 3차원으로 만들었다. 세포들 사이의 접촉은 역동적이어서 수 십초 사이에 크기가 신속하게 변화한다.

이토카인 집단 중 한 종류는 주로 염증 조직으로 림프구의 이동을 촉진시키는 주화성물질(chemoattractant)로서 작용한다. 다른 유형의 림프구와 식세포는 다른 종류의 케모카인에 대해 작용하는 수용체를 갖고 있기 때문에, 이들의 이동 형태는 별도로 조절될 수 있다. 가장 많이 연구된 일부 사이토카인을 〈표17-1〉에 열거하였다.

세포 표면 단백질 및 생물학적 기능에 따라, T세포를 세 가지 주요 종류로 다시 구분할 수 있다.

1. 세포독성 T림프구(*cytotoxic T lymphocyte, CTL*)는 신체의 비정상적인 세포를 식별한다. 정상적인 환경에서 CTL은 건강한 세포에는 해를 입히지 않지만, 노화된 세포나 감염된 세포 그리고 악성종양으로 될 가능성이 있는 세포를 공격하여 죽인다. CTL은 이 세포가 세포사멸을 겪도록 유도함으로써 표적세포를 죽인다. 두 가지 별개의 세포를 죽이는 경로가 밝혀졌다. 한 가지 경로에서, CTL은 세포 사이의 빽빽하게 밀폐된 공간으로 퍼포

표 17-1 선별된 사이토카인

사이토카인	생산하는 세포	주요 기능
IL-1	다양함	염증유도, T_H세포 증식 촉진
IL-2	T_H세포	T_H세포와 B세포 증식 촉진
IL-4	T세포	B세포에서 IgM로부터 IgG로 클래스 전환 유도, 염증유도 사이토카인 활성 억제
IL-5	T_H세포	B세포 분화 촉진
IL-10	T세포	대식세포 기능저해
	대식세포	염증유도 사이토카인 활성 억제
IFN-γ	T_H세포, CTL	APC의 MHC 발현 유도, NK세포 활성화
TNF-α	다양함	염증 유도, 대식세포의 일산화질소(NO) 생성 활성화
GM-CSF	T_H세포, CTL	과립백혈구(granulocyte)와 대식세포의 성장 및 증식 촉진

린과 그랜자임을 방출한다. 퍼포린(*perporin*)은 표적세포의 세포막 안에서 조립되어 막횡단 통로를 형성하는 단백질이다. 그랜자임(*granzyme*)은 퍼포린 통로를 통해 세포 안으로 들어가는 단백질분해효소로서, 세포사멸 반응을 개시하는 단백질분해효소인 카스파아제(caspase)를 활성화시킨다. 또 다른 경로에서, CTL이 표적세포 표면에 있는 수용체와 결합하여, 〈그림 15-36〉과 유사한 표적세포의 자살경로를 활성화 시킨다. CTL은 감염된 세포를 죽임으로써, 숙주세포 안으로 들어갔기 때문에, 더 이상 순환하는 항체가 접근할 수 없게 된 바이러스, 세균, 효모, 원생동물, 기생충을 제거한다. CTL은 CD8[세포표면항원군 8(cluster designation 8)]이라고 하는 표면단백질을 갖고 있어서 $CD8^+$ 세포라고 한다.

2. 조력 T림프구(*helper T lymphocyte*, T_H cell)는 특정한 병원체에 대해 조직적인 공격을 하기 위해 다른 면역 세포를 활성화 시킨다. 조력 T림프구는 표면에 CD8 대신에 CD4를 갖고 있어서 CTL과 구별된다.[2)] T_H세포는 〈그림 17-12〉에 나와 있는 것과 같이 수지상세포 및 대식세포와 같은 전문 항원제시세포에 의해 활성화 된다. 이것은 후천 면역반응을 개시하는 데 있어서 제일 먼저 일어나면서 가장 중요한 단계들 중 하나이다. B 세포가 성숙하여 항원-분비 형질세포로 분화하기 전에, 거의 모든 B세포는 T_H세포의 도움을 필요로 한다. B세포는 〈그림 17-12〉(그리고 〈그림 17-26〉에 더 자세히)에서처럼, 동일한 항원에 대해서 특이적인 T_H세포와 직접 상호작용함으로서 활성화된다. 즉, 항체를 생산하기 위해서는 동일한 항원에 대해 특이적으로 상호작용을 할 수 있는 T세포와 B세포가 모두 활성화되어야 한다. AIDS를 일으키는 바이러스인 HIV에 의해 초래되는 대단히 파괴적인 효과를 고려해 보면, T_H세포의 중요성이 명확해진다. T_H세포가 HIV의 1차적인 표적이다. HIV에 감염된 사람 대부분에서, T_H세포의 수가 비교적 높게 유지되는 한, 즉 500개/μl 이상일 때(정상 수치는 1,000개 이상/μl임)는 증상이 없는 상태를 유지한다. 일단 이 수치가 약 200개/

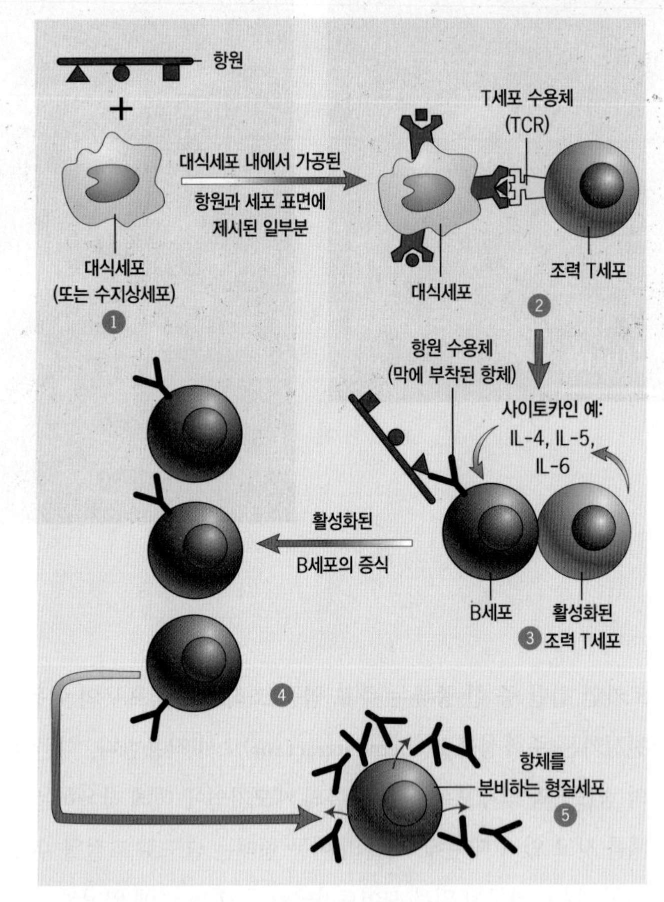

그림 17-12 항체 형성에서 T_H세포의 역할을 보여주는 매우 간단한 개요도. 1단계에서, 대식세포가 복잡한 항원과 상호작용을 한다. 대식세포는 항원을 포식하여 단편으로 자르고, 그 단편을 세포 표면에 제시한다. 2단계에서, 대식세포는 T_H세포와 상호작용을 하는데, T_H세포의 TCR이 제시되어 있는 항원단편들 중 하나와 결합되어 있다.(초록색 막단백질은 MHC 분자임). 이런 상호작용은 T세포를 활성화 시킨다. 3단계에서, 활성화된 T_H세포가 B세포와 상호작용을 하고, B세포의 항원 수용체는 완전하며 수용성인 항원과 결합되어 있다. T_H세포가 인접한 B세포와의 사이에 있는 공간으로 방출한 사이토카인(예: IL-4, IL-5, IL-6)에 의해 B세포가 활성화된다. T_H세포와 상호작용으로 B세포를 활성화시켜, B세포가 증식하게 만든다(4단계). 활성화된 B세포의 자손들은 항원과 결합할 수 있는 항체를 생성하는 형질세포로 분화한다(5단계).

2) 조력 T세포는 세 가지 주요 종류인 T_H1, T_H2, T_H17세포가 있고, 이들은 이들이 분비하는 사이토카인에 따라 구별될 수 있다. 이런 조력 T세포는 모두 항체를 생산하도록 B세포를 활성화시키지만, 각각 고유의 기능을 갖고 있다. T_H1세포는 IFN-γ를 생산하는데, 이것은 대식세포를 활성화시켜 세포가 갖고 있을 수도 있는 세포 내부 병원체를 죽임으로서 신체를 보호한다. T_H2세포는 IL-4를 생산하는데, 이것은 세포 외부의 병원체 특히 기생충에 대해 보호하기 위해 비만세포(mast cell), 호염기성구, 호산성구(eosinophil)를 집결시킨다. T_H17세포는 IL-17을 생산하는데, 이것은 상피세포를 자극하여 식세포를 모이게 한다고 생각된다. 이렇게 함으로써 세포 외부 세균이나 균류가 신체로 침입하는 것을 방어한다. 세 가지 유형의 T_H세포는 다른 종류의 사이토카인에 의해 자극을 받은 후 공통적인 전구세포로부터 분화하고, 서로 다른 "만능(master)" 전사인자를 갖고 있음으로써 구별된다.

μl 이하로 떨어지게 되면, 사람은 완전히 진행된 AIDS로 발달하여 바이러스성 및 세포성 병원체에 의해 쉽게 공격을 받게 된다.

3. 조절 T림프구(*regulatory T lymphocyte*, T_{Reg} cell)는 주로 다른 유형의 면역세포들의 증식과 활성을 억제하는 저해성 세포이다. T_{Reg}세포는 $CD4^+CD25^+$ 세포 표면 표지(marker)를 갖고 있는 특징이 있어서 염증반응을 제한하고 면역학적 자가-관용을 유지하는 데 중요한 역할을 한다고 생각된다. T_{Reg}세포는 신체에서 자신의 세포를 공격할 수 있는 자가-반응성(self-reactive) 수용체를 가진 T세포를 저해함으로써 자가-관용을 유지하는 역할을 수행한다. 그 반면에, 동일한 이 세포들이 면역계가 종양세포들의 본체를 제거하는 것을 방해함으로써 우리의 건강에 해롭게 작용할 수도 있다. T_{Reg}세포가 분화하기 위해서는 중요한 전사인자인 FOXP3가 필요하다. *FOXP3* 유전자에서 돌연변이가 일어나면 치명적인 질환(IPEX)으로 되는데, 이것은 갓 태어난 유아에서 일어나는 심각한 자가면역질환이다. T_{Reg}세포에 대한 연구는 면역계의 항상성이 촉진성 및 저해성 작용 사이에서 엄격한 균형을 필요로 한다는 것을 직접적으로 증명해 준다.

복습문제

1. 체내에서 감염된 세포는 자신의 상태를 어떻게 T세포에게 알려 줄 수 있는가? T세포의 반응은 무엇인가?
2. APC는 무엇인가? 어떤 종류의 세포들이 APC로 작용하는가?
3. T_H세포와 CTL, 그리고 T_H세포와 T_{Reg}세포의 특성과 기능을 비교하고 대비해 보시오.

17-4 면역에서 세포 및 분자의 기초에 관한 선별된 주제들

17-4-1 항체의 모듈 구조

항체는 B세포와 그 후손(형질세포)에 의해 생산되는 단백질이다. B세포는 항체를 자신의 원형질막에 주입시키고, 원형질막에서 항체는 항원수용체로 작용한다. 반면에, 형질세포는 혈액이나 기타 체액으로 이런 단백질을 분비하는데, 분비된 항체는 그곳에서 침입하는 병원체에 대항하는 신체의 전쟁에서 분자의 무기로 작용한다. 혈액-유래 항체와 바이러스나 세균의 표면에 있는 항원들 사이에 일어나는 상호작용은 병원체가 숙주세포를 감염시킬 수 있는 능력을 중화시킬 수 있으며, 돌아다니는 식세포에 의해 병원체가 포식되어 파괴되는 과정을 용이하게 할 수 있다. 종합적으로, 면역계는 신체에 노출될 수도 있는 어떤 유형의 외래 물질과도 결합할 수 있는 수백만 가지 다른 종류의 항체 분자를 생산한다. 면역계는 면역계가 생산하는 항체들을 통해 커다란 다양성을 나타내지만, 단일 항체분자는 단 한 가지 또는 몇 가지의 밀접한 근연관계를 가진 항원 구조에만 상호작용 할 수 있다.

항체는 면역글로불린(*immunoglobulin*)이라고 하는 구형 단백질(globular protein)이다. 면역글로불린은 두 가지 유형의 폴리펩티드 사슬, 즉 커다란 **무거운 사슬**(heavy chain: 분자량 5만~7만 달톤)과 작은 **가벼운 사슬**(light chain: 분자량 2만 3,000 달톤)로 구성된다. 두 유형의 사슬은 2황화결합으로 서로 짝을 이루어 결합되어 있다. 다섯 가지 종류(class)의 면역글로불린(*IgA*, *IgD*, *IgE*, *IgG*, *IgM*)이 밝혀졌다. 각기 다른 면역글로불린은 외래 물질에 노출되었을 때, 서로 다른 시기에 나타나며 서로 다른 생물학적 기능을 갖고 있다(표 17-2). IgM 분자는 항원에 의해 자극된 후 몇 일간의 잠복기를 지난 다음 혈액에서 나타나며, B세포에 의해 분비되는 첫 번째 항체이다(그림 17-13). IgM 분자는 상대적으로 짧은 반감기를 갖고 있으며(약 5일), 이들이 출현한 후 이어서 반감기가 더 긴 IgG 그리고/또는 IgE 분자가 분비된다. IgG 분자는 대부분의 항원에 대한 2차 반응이 일어나는 동안 혈액과 림프절에서 발견되는 주된 항체이다(그림 17-13). IgE 분자는 다수의 기생충 감염에 반응하여 높은 농도로 생산된다. 또한 IgE 분자도 비만세포(mast cell)의 표면에 높은 친화력으로 결합하여, 염증반응과 알레르기증의 원인이 되는 히스타민 방출을 유도한다. IgA는 호흡기관, 소화관, 비뇨생식기관의 분비물에 현저하게 존재하는 항체이다. IgD의 기능은 명확하지 않다.

가벼운 사슬은 카파(kappa, κ) 사슬과 람다(lamda, λ) 사슬, 두 가지 유형이 있으며, 이들은 다섯 종류의 면역글로불린에 모두 존

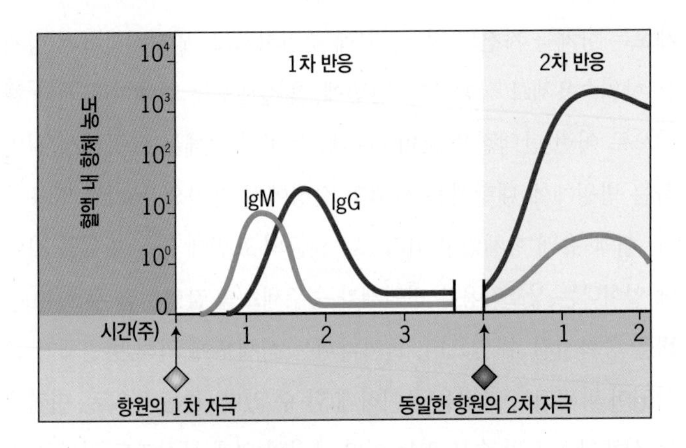

그림 17-13 1차 및 2차 항체반응. 1차 반응은 항원에 처음 노출되어 일어나는 것으로, 먼저 수용성 IgM 항체분자를 생산하게 되고 이어서 수용성 IgG 항체 분자가 생산된다. 후에 항원이 재도입 되면 2차 반응이 시작된다. 1차 반응과 다르게, 2차 반응은 IgG 분자의 생산(동시에 IgM도 생산됨)과 함께 시작되며, 혈액 내에서 훨씬 더 높은 농도의 항체에 이르게 되는데, 거의 지연 없이 일어난다.

재한다. 이와는 대조적으로, 각각의 면역글로불린 종류는 그 종류를 특징지어 주는 독특한 무거운 사슬을 갖고 있다(표 17-2).[3] 여기서는 주로 IgG 구조에 초점을 맞추어 설명할 것이다. IgG 분자는 〈그림 17-14*a*〉에서 보는 것처럼, Y자 모양의 분자를 형성하도록 배열되는데, 동일한 가벼운 사슬 2개와 동일한 무거운 사슬 2개로 구성되어 있다.

항체 특이성에 대한 원리를 이해하기 위해서, 먼저 많은 수의 특정한 항체에 대해 아미노산 서열을 결정하는 것이 필요했다. 일반적으로, 아미노산 서열분석의 첫 단계는 연구하려는 특정한 단백질을 정제하는 것이다. 그렇지만 정상적인 조건에서 혈액으로부터 특정한 항체를 순수 분리하는 것이 불가능한데, 그 이유는 사람이 매우 유사한 구조 때문에 서로 분리할 수 없는 다수의 서로 다른 종류의 항체 분자를 만들고 있기 때문이다. 다발성 골수종(多發性 骨髓腫, multiple myeloma)이라는 림프종양을 앓고 있는 환자의 혈액이 많은 양의 단일 항체 분자를 갖고 있음이 발견됨으로써 이 문제가 해결되었다.

제16장에서 설명한 것처럼, 암은 단일클론 질환이다. 즉, 종양을 구성하는 세포들은 하나의 불안정한 세포가 증식하여 형성된다. 한 종류의 림프구는 정상적으로(*normally*) 한 종류의 항체만 생산하기 때문에, 다발성 골수종 환자는 특정한 항체를 대량으로 생산한다. 이 항체는 악성으로 변한 특정한 한 종류의 세포에 의해 합성된다. 어떤 환자는 어떤 종류의 항체를 많이 생성하고, 다른 환자는 다른 종류의 항체를 생성한다. 그 결과, 연구자들은 다수의 환자로부터 다양한 항체를 상당한 양으로 분리하여 그들의 아미노산 서열을 비교할 수 있었다. 항체에 존재하는 중요한 양식이 곧 바로 밝혀지게 되었다. 각각의 가벼운 카파 사슬에서 절반(폴리펩티드 아미노말단의 110개 아미노산)은 모든 카파 사슬에서 항상 동일한 아미노산 서열을 갖고 있는 반면에, 나머지 절반 부분은 환자에 따라서 변이가 있었다. 다른 환자들로부터 유래한 여러 가지 람다 사슬의 아미노산 서열을 비슷하게 비교해 본 결과, 이들도 마찬가지로 불변서열 부분과 면역글로불린에 따라 변이가 있는 서열 부분으로 구성되어 있는 것으로 나타났다. 순수 분리한 IgG의 무거운 사

표 17-2 사람 면역글로불린의 종류

종류	무거운 사슬	가벼운 사슬	분자량(kDa)	특성
IgA	α	κ 또는 λ	360–720	눈물, 코의 점액, 모유, 창자의 분비액에 존재함
IgD	δ	κ 또는 λ	160	B세포 원형질막에 존재; 기능은 불확실함
IgE	ε	κ 또는 λ	190	비만세포에 결합하여 알레르기반응에 관여하는 히스타민을 방출함
IgG	γ	κ 또는 λ	150	주요한 혈액-유래 수용성 항체; 태반을 통과함
IgM	μ	κ 또는 λ	950	B세포 원형질막에 존재함; 초기 면역반응에 관여함; 세균-살생 보체를 활성화시킴

[3] 사람은 실제로 IgG 분자의 일부분으로서 근연관계를 가진 4가지 무거운 사슬들(IgG1, IgG2, IgG3 및 IgG4)과 IgA 분자의 일부분으로서 근연관계를 가진 2가지 무거운 사슬들(IgA1, IgA2)을 생산한다(그림 17-19). 이러한 차이점들에 대해서는 더 이상 설명하지 않을 것이다.

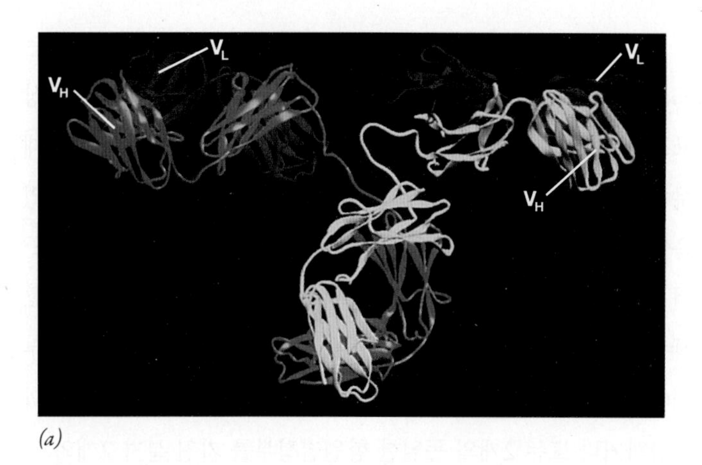

(a)

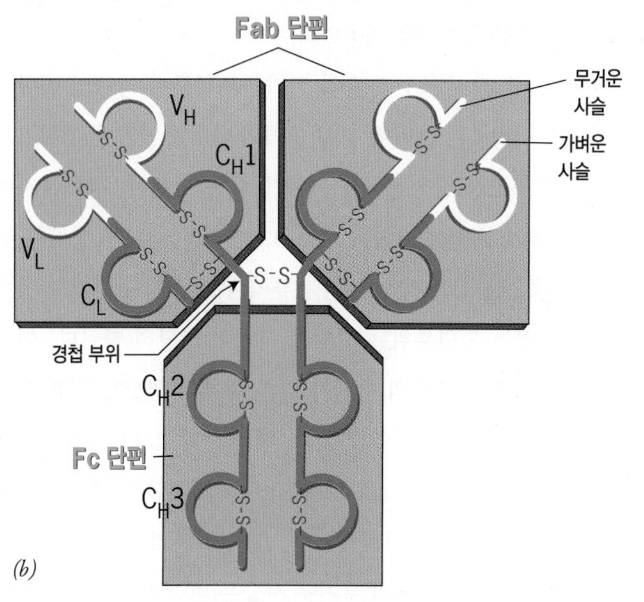

(b)

그림 17-14 **항체구조.** (*a*) IgG 분자의 리본 모형. 분자는 4개의 폴리펩티드 사슬들, 즉 동일한 2개의 가벼운 사슬과 동일한 2개의 무거운 사슬을 갖고 있다. 무거운 사슬 중 하나는 파란색으로 그리고 또 다른 하나는 노란색으로, 2개의 가벼운 사슬은 빨간색으로 나타내었다. 각 사슬에 있는 영역들(가벼운 사슬에는 2개, 무거운 사슬에는 4개)이 명확하다. (*b*) IgG 분자에 있는 영역 구조를 나타내는 도식적 모형. 각각의 Ig 영역에 있는 3차구조는 2황화결합에 의해 유지된다. 폴리펩티드의 불변부위를 이루는 영역은 'C'자로 표시하였고, 가변부위를 이루는 영역은 'V'자로 표시하였다. 각각의 무거운 사슬은 3개의 C_H 부위(C_H1, C_H2, C_H3)와 폴리펩티드의 N-말단에 하나의 V_H부위를 갖는다. 각각의 가벼운 사슬은 2개의 C_L과 N-말단에 V_L 부위를 2개 갖고 있다. 가벼운 사슬과 무거운 사슬의 가변부위는 항원-결합 자리를 형성한다. 각각의 Y자 모양 IgG 분자는 2개의 항원-결합 자리를 갖고 있다. 각각의 IgG 분자에 단백질분해효소를 약하게 처리하면, 표시된 것과 같이 항원-결합 자리를 갖고 있는 2개의 Fab 단편과 2개의 Fc 단편으로 나눠질 수 있다.

슬도 또한 가변(可變, variable, V)부위와 불변(不變, constant, C)부위를 갖고 있다. 이들 IgG 분자 중 하나에 대한 도식적 구조가 〈그림 17-14*b*〉에 나타나 있다.

서로 다른 환자들로부터 유래된 가벼운 사슬들 각각에서 거의 절반이 가변부위(V_L)인 반면에, 무거운 사슬에서는 1/4만 가변부위(V_H)이고 나머지 3/4(C_H)은 모든 IgG에서 불변 부위라는 사실도 추가적으로 밝혀졌다. 무거운 사슬의 불변부위는 서로에 대해서 명확히 상동성을 갖고 있는, 길이가 대략 같은 3개의 부분으로 나누어 질 수 있다. 이들 상동성인 Ig 단위들이 〈그림 17-14*b*〉에서 C_H1, C_H2, C_H3로 표기되어 있다. IgG에 있는 무거운 사슬의 C부위를 구성하는 3개 부분은(다른 Ig 종류에 있는 무거운 사슬들뿐 아니라 가벼운 카파와 람다 사슬의 C부위도 포함하여) 진화과정 동안 약 110개의 아미노산으로 된 Ig 단위를 암호화하는 조상 유전자의 중복에 의해 생긴 것으로 보인다. 또한 가변부위(V_H 또는 V_L)도 동일한 조상 Ig 단위로부터 진화에 의해 생긴 것으로 생각된다. 구조의 분석에 의하면, 가벼운 사슬이나 또는 무거운 사슬에 있는 상동성인 Ig 단위들 각각은 독립적으로 접혀 조밀한 영역을 만들며, 이들은 2황화결합에 의해 연결된다(그림 17-15). 완전한 IgG 분자에서, 각각의 가벼운 사슬 영역은 〈그림 17-14*a*,*b*〉에서처럼 무거운 사슬과 결합되어 있다. 유전자 분석에 의해 각각의 영역이 자신의 고유한 엑손에 의해 암호화된다는 것을 알 수 있다.

항체 특이성은 Y자 모양 항체분자에서 팔의 각 말단에 있는 항원-결합 자리의 아미노산에 의해 결정된다(그림 17-14). 단일 IgG 분자에 있는 2개의 결합자리는 서로 동일하며, 각각은 가벼운 사슬의 가변부위와 무거운 사슬의 가변부위가 결합하여 형성된다(그림 17-14). 가벼운 사슬과 무거운 사슬을 서로 다른 종류의 조합으로 항체를 조립하면, 사람은 적당한 수의 서로 다른 폴리펩티드로부터 굉장히 다양한 종류의 항체를 만들 수 있다.

면역글로불린 폴리펩티드를 자세히 살펴보면, 가벼운 사슬과 무거운 사슬의 가변부위에는 항체에 따라 변이가 특히 심한 고가변부위(高可變部位, *hypervariable*, H_V)라는 하위부위가 있다(〈그림 17-15〉에서 H_V로 표시). 가벼운 사슬과 무거운 사슬 모두 각

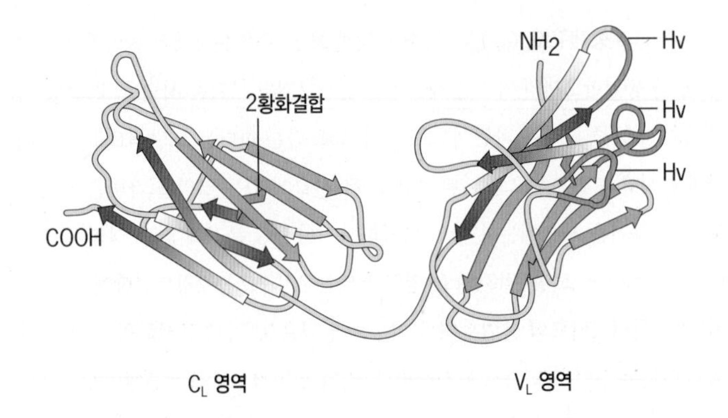

그림 17-15 **항체의 영역.** 다발성 골수종 환자로부터 유래한 세포에 의해 합성된 사람의 가벼운 람다 사슬의 개요도. 폴리펩티드의 접힘이 일어나서 불변부위와 가변부위가 분리된 영역으로 존재하게 된다. 굵은 화살표는 β 가닥(strand)을 나타내는데, 이들은 β 병풍구조로 조립된다. 각각의 영역은 2개의 β 병풍구조를 가지며 빨간색과 주황색으로 구별된다. 사슬의 고가변부위(Hv) 단편 3개는 가변부위 영역의 말단에서 고리로 존재하며, 이것은 항체에 있는 항원-결합 자리의 일부를 구성한다.

각의 항체분자 팔의 말단에 집단으로 모여 있는 고가변부위가 3개 있다. 예상한대로, 고가변부위는 항원-결합 자리의 구조를 형성하는 데 있어서 중요한 역할을 담당하는데, 깊게 갈라진 틈으로부터 좁은 홈이나 또는 비교적 평평한 주머니 모양에 이르기까지 다양할 수 있다. 고가변부위의 아미노산 서열 변이는 항체 특이성의 엄청난 다양성을 설명해 주며, 항체를 가능한 모든 모양의 항원과 결합할 수 있게 해준다.

항체의 결합자리는 **항원결정부**(抗原決定部, epitope 또는 *antigenic determinant*)라고 하는 항원의 특정한 부분에 대하여 상보적인 입체화학적 구조를 갖고 있다. 이들은 서로 딱 들어맞기 때문에 하나씩으로 보면 아주 약한 비공유적인 힘으로만 연결되어 있음에도 불구하고, 항체와 항원은 안정한 복합체를 형성한다. 엑스-선 결정학에 의해 밝혀진, 특정한 항원과 항체 사이의 정확한 상호작용이 〈그림 17–16〉에 나와 있다. 분자 안에 있는 2개의 경첩부위(hinge region)(그림 17–14)는 항체가 별도의 항원분자 2개와 결합하거나 또는 2개의 동일한 항원결정부를 가진 분자 2개와 결합하는 데 필요한 유연성을 제공한다.

가벼운 사슬과 무거운 사슬의 고가변부위들이 항체의 결합자리 특이성을 결정하는 반면에, 가변영역의 나머지 부분은 결합자리의 전체적인 구조를 유지하는 골격 역할을 담당한다. 항체분자에 있는 불변부위도 또한 중요하다. 서로 다른 종류(class)의 항체(IgA, IgD, IgE, IgG, IgM)은 각각 다른 종류의 무거운 사슬을 갖고 있으며, 이들에 있는 불변부위는 길이와 서열이 상당히 다르다. 이러한 차이점은 다양한 종류의 항체가 다른 종류의 생물학적(효과기, effector) 기능을 수행할 수 있게 한다. 예를 들면, IgM 분자의 무거운 사슬은 보체계(補體系, complement system) 단백질 중 하나와 결합하여 이 단백질을 활성화시켜서, IgM 분자가 결합한 세균세포를 용해시킨다. IgE 분자의 무거운 사슬은 비만세포의 표면에 있는 특정 수용체와 결합하여 히스타민 방출을 유도함으로써, 알레르기 반응에서 중요한 역할을 한다. 이와 대조적으로, IgG 분자의 무

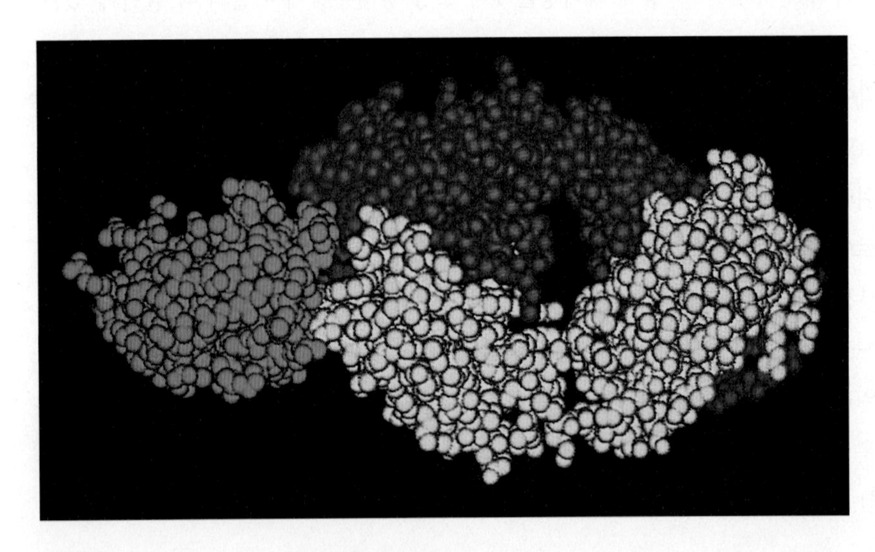

그림 17-16 **항원-항체 결합.** 리소자임(초록색)과 항체 분자의 Fab 단편 사이에 형성된 복합체를 엑스-선 결정학에 근거하여 작성한 공간-채움 모형(그림 17–14 참조). 항체의 무거운 사슬은 파란색, 가벼운 사슬은 노란색으로 나타내었다. 리소자임에 있는 글루타민 잔기는 빨간색으로 표시되어 있다.

거운 사슬은 대식세포나 호중성구의 표면 수용체에 특이적으로 결합하여, 이 식세포들이 항체가 결합한 입자를 포식하도록 유도한다. 또한 IgG 분자의 무거운 사슬도 임신기간 동안 어머니의 혈관으로부터 태아의 혈관으로 이 부류의 항체가 전달되도록 하는 데 있어서 중요하다. 이 기능은 태아나 신생아에게 감염성 생물체에 대해 수동면역(passive immunity)을 갖게 하지만, 적아(赤鴉)세포증(erythroblastosis fetalis)이라고 하는 생명을 위협하는 상황을 초래할 수도 있다. Rh^-인 산모가 이전에 임신하여 Rh^+ 표현형(Rh^+/Rh^- 유전형)인 아이를 출산하였을 경우, 이러한 상황이 일어난다. 첫 번째 아기를 출산할 때 산모는 태아의 Rh^+ 항원에 노출되며, 첫 아기는 영향을 받지 않는다. 그렇지만 Rh^+인 두 번째 아기를 임신하게 되면, 산모의 혈액에 있는 항체가 태아의 혈액순환계로 들어가서 태아의 적혈구를 파괴하게 된다. 이러한 상황에 있는 태아는 출생 전이나 또는 출생 후에 수혈을 해 주어, 어머니의 항체를 갖고 있는 혈액을 제거한다.

17-4-2 B세포와 T세포 항원 수용체를 암호화하는 유전자의 DNA 재배열

앞에서 설명한 것처럼, 각각의 IgG 분자는 2개의 가벼운 사슬(L)과 2개의 무거운 사슬(H)로 구성되어 있다. 두 가지 유형의 폴리펩티드는 모두 2개의 뚜렷한 부위, 즉 가변부위와 불변부위로 구성되어 있다. 가변부위(V)는 항체 종류마다 아미노산 서열이 다르고, 불변부위(C)는 동일한 종류의 항체에 있는 모든 H사슬이나 L사슬 안에서 아미노산 서열이 동일하다. 공통되는 아미노산 서열과 독특한 아미노산 서열의 조합으로 이루어진 폴리펩티드를 합성하는 유전적인 원리는 무엇인가?

1965년, 캘리포니아공과대학교(California Institute of Technology)의 윌리암 드레이어(William Dreyer)와 알라바마대학교(University of Alabama)의 클라우드 베넷(J. Claude Bennett)은 항체 구조를 설명하기 위해 "2유전자—1폴리펩티드" 가설을 제안하였다. 요약하면, 드레이어와 베넷은 각각의 항체 사슬이 2개의 독립된 유전자들—C 유전자와 V 유전자—에 의해서 암호화되며, 이들은 어떤 방법에 의해 합쳐져서 1개의 가벼운 사슬이나 또는 무거운 사슬을 암호화하는 연속된 2개의 "유전자"를 만든다고 제안하였다. 1976년 스위스 바셀(Basel)의 연구소에서 연구하던 수수무 토네가와(Susumu Tonegawa)는 DNA 재배열(DNA rearrangement) 가설을 지지하는 명확한 증거를 제시하였다. 실험의 기본적인 개요가 〈그림 17-17〉에 있다. 이 실험에서, 그의 연구진은 두 가지 다른 유형의 생쥐 세포들, 즉 초기 배아세포(early embryonic cell) 그리고 악성인 항체-생성 골수종(myeloma) 세포에서 특정한 항체 사슬의 C 부위와 V 부위를 암호화하는 뉴클레오티드 서열들 사이의 DNA 길이를 비교하였다. 배아세포의 DNA에서는 항체의 C 부위와 V 부위를 암호화하는 DNA 단편들이 멀리 떨어져 있었지만, 항체-생산 골수종 세포에서 얻은 DNA에서는 C 부위와 V 부위를 암호화하는 DNA 단편들이 아주 근접해 있었다(그림 17-17). 이러한 발견은 항체분자의 일부분을 암호화하는 DNA 단편들이 항체-생산 세포가 형성되는 동안에 재배열된다는 것을 강력하게 시사하는 것이다.

추가로 수행된 연구에 의해 항체 유전자가 되는 DNA 서열의 정확한 배열이 밝혀졌다. 이 설명을 단순하게 하기 위해, 사람의 2번 염색체에 있는 가벼운 카파 사슬 형성에 관여하는 DNA 서열 만을 살펴보기로 한다. 사람의 가벼운 카파 사슬의 형성에 관련되어 있는 생식계열(germ-line) DNA(즉, 정자나 난자의 DNA)의 서열 구성이 〈그림 17-18〉의 첫 줄(1단계)에 나와 있다. 이 경우, 다양하게 서로 다른 V_K 유전자들이 일렬로 배열되어 있으며, 단일 C_K 유전자와는 어느 정도 거리가 떨어져 있다. 이런 V 유전자들에 대한 뉴클레오티드 서열 분석 결과, 이들은 가벼운 카파 사슬의 V 부위를 암호화하는 데 필요한 것보다 더 짧은 것으로 밝혀졌다. 그 지역에 있는 다른 단편들의 염기서열을 분석함으로써 그 이유가 분명해졌다. V 부위의 카르복실 말단에 있는 13개의 아미노산을 암호화하는 뉴클레오티드 절편 부위가 나머지 V_K 유전자 서열로부터 어느 정도 거리에 떨어져서 위치하고 있다. V 부위의 카르복실말단을 암호화하는 작은 이 부위를 J 단편(*J segment*)이라고 한다. 〈그림 17-18〉에서처럼, 동류(同類)의 뉴클레오티드 서열을 갖고 있는 5개의 서로 다른 J_K 단편이 일렬로 배열되어 있다. J_K 단편들이 모여 있는 곳은 2,000개 이상의 추가된 뉴클레오티드 지역에 의해 C_K 유전자와 분리되어 있다. 특정한 V_K 유전자는 개재(介在) DNA(intervening DNA)가 제거된 J_K 단편들 중 하나에 연

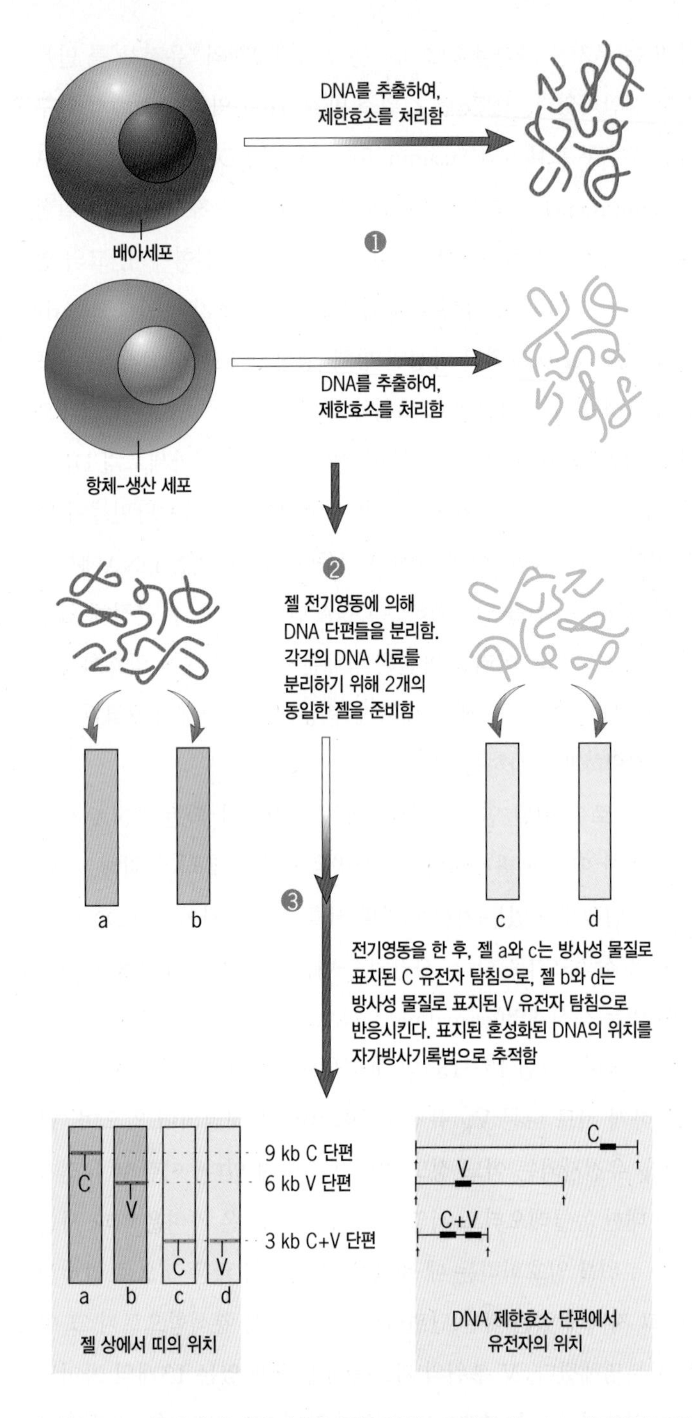

그림 17-17 항체의 가벼운 사슬을 암호화하는 유전자가 DNA 재배열에 의해 형성된다는 실험적 증거. 먼저 배아세포 또는 항체-생산 암세포로부터 DNA를 추출하고, 특정한 서열에서 DNA의 양쪽 가닥을 모두 절단하는 제한효소로 DNA 단편을 만든다(1단계). 두 가지 종류의 시료에서 얻은 DNA 단편들을 젤 전기영동에 의해 따로 분획한다. 각각의 DNA 시료를 위해 2개의 동일한 젤을 준비한다(2단계). 전기영동을 한 후 각각의 젤을 가변부위(V) 또는 불변부위(C) 유전자 서열을 갖고 있는 표지된 탐침(probe)과 반응시킨다(3단계). 젤 상에서 표지된 DNA가 결합한 위치는 자가방사기록법(autoradiography)으로 알 수 있고, 그 결과는 그림의 아래쪽에 나와 있다. 배아세포로부터 추출한 DNA에서 V 유전자와 C 유전자 서열이 서로 다른 단편에 존재하고 있는 반면에, 항체-생산 세포로부터 추출한 DNA에서는 2개의 서열이 동일한 짧은 길이의 단편에 위치하고 있다. B세포가 발생하는 동안 DNA 재배열 과정에 의해 V 유전자와 C 유전자 서열이 함께 연결된다.

결됨에 따라서, 〈그림 17-18, 2-3단계〉에서처럼, 완전한 카파 V 유전자가 형성된다. 이 과정은 V(D)J 재조합효소(*recombinase*)라는 단백질 복합체에 의해 촉매된다. 〈그림 17-18〉에서처럼, 이러한 DNA 재배열에 의해 만들어진 V_K 유전자 서열은 2,000개 이상의 뉴클레오티드에 의해 C_K와 여전히 분리되어 있다. 전사가 일어나기 전까지, 카파 유전자가 조립되는 과정에서 더 이상의 DNA 재배열이 일어나지 않는다. 전체 유전자 부위가 커다란 2개의 1차전사물(primary transcript)로 전사되고(4단계), 이것으로부터 인트론이 RNA 이어맞추기(splicing)에 의해 제거된다(5단계).

V 유전자와 J 유전자 사이에 있는 DNA에서 2중가닥 절단(double-strand break)이 일어남에 따라서 재배열이 시작된다. 이러한 절단은 V(D)J 재조합효소의 일부인 RAG1과 RAG2라는 1쌍의 단백질에 의해 촉매된다. V와 J를 암호화하는 단편들이 연결되어 폴리펩티드 사슬의 가변부위를 암호화하는 엑손을 형성하는 것과 같은 방법으로, 생성된 4개의 자유 말단들이 연결된다. 반면에, 개재 DNA에 있는 2개의 말단은 연결되어 작은 환형 DNA 조각을 형성하고 염색체로부터 제거된다(그림 17-18, 3단계). 절단된 DNA 말단의 결합은 〈그림 7-29〉에서 설명하였던 DNA 가닥절단 수선에 사용된 것과 동일한 기본 과정에 의해 수행된다.

Ig DNA 서열이 재배열되는 것은 림프구에서 중요한 결과를 낳는다. 일단 특정한 V_K 서열이 J_K 서열과 연결되고 나면, 더 이상 다른 종류의 카파사슬은 그 세포에서 합성되지 않는다. 사람의 생식세포 DNA는 기능을 발휘하는 약 40가지의 V_K 서열을 갖고 있는 것으로 추정된다. 만약 어떤 V 서열이 어떤 종류의 J 서열과 연결될 수 있다고 가정하면, 사람은 약 200가지의 서로 다른 종류의 카파 사슬을 합성할 수 있다(5가지 종류의 J_K 단편 X 40가지 종류의 V_K 유전자). 그렇지만 이것 만이 폴리펩티드에 존재하는 다양성을 갖게 하는 원인이 아니다. J 서열이 V 서열에 연결되는 부위가

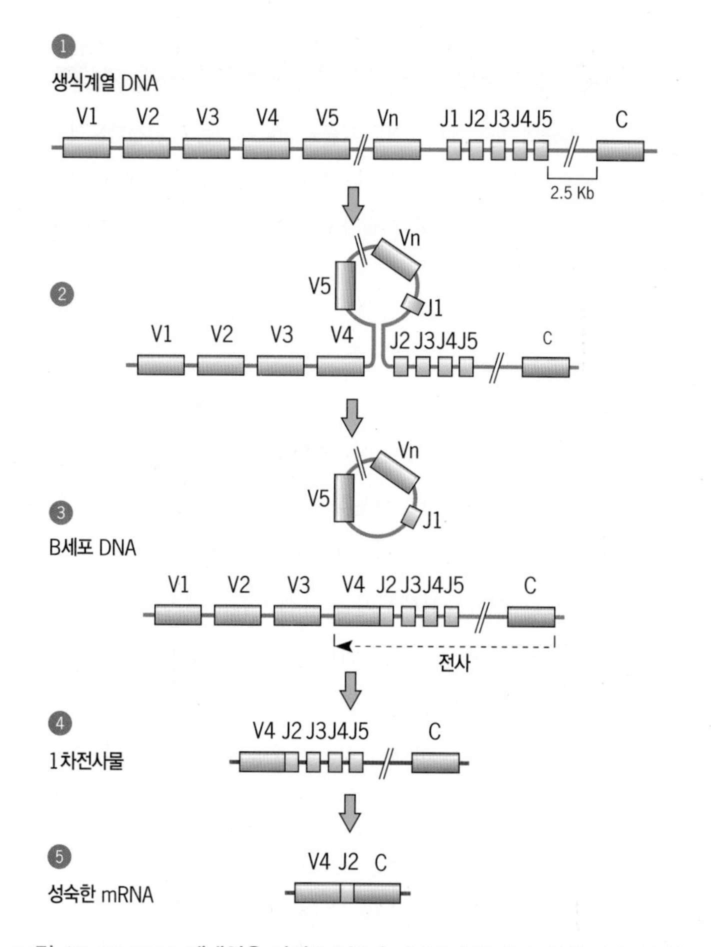

그림 17-18 **DNA 재배열은 면역글로불린 카파사슬을 암호화하는 기능적 유전자 형성을 유도한다.** 유전체 안에 있는 가변부위(V), 연결부(J), 불변부위(C) DNA 서열 구성을 1단계에 나타내었다. 카파사슬 폴리펩티드를 암호화하는 성숙한 mRNA 합성을 하게 하는 단계는 본문에서 설명하였다. V 단편과 J 단편이 무작위적으로 연결되어(2–3단계), 폴리펩티드의 아미노산 서열이 결정된다. "선택된" J 단편과 C 단편(그림에서처럼, 하나 또는 그 이상의 J 단편을 포함할 수 있음) 사이의 간격은 유전자에서 인트론으로 남아 있다. 이런 인트론에 해당하는 1차전사물(4단계) 부분은 RNA 가공 과정(5단계)이 일어나는 동안 제거된다. DNA 재배열 및 이어지는 "연결된(stitched)" 유전자의 전사는 각 세포에서 하나의 대립유전자에서만 일어난다. 이것은 세포가 한 종류의 카파사슬 만을 발현하게 해 준다. 상동염색체에 있는 다른 대립유전자는 일반석으로 변형이 없는 상태로 남아있고 전사도 일어나지 않는다.

재배열될 때마다 어떻게든 달라질 수 있어서, 두 가지 다른 세포들에서 동일한 V_K 유전자와 J_K 유전자가 다른 아미노산 서열을 갖는 가벼운 카파 사슬을 생산하도록 연결될 수 있다. 추가적인 변이성은 가닥절단 부위에 뉴클레오티드를 삽입하는 디옥시뉴클레오티드 전이효소(deoxynucleotidyl transferse)에 의해 일어난다. 추가적인 변이성의 이러한 원인들이 카파 사슬의 다양성을 추가로 10배 증가시켜, 숫자가 적어도 2,000 종류가 된다. V 서열과 J 서열이 연결되는 부위는 각각의 항체 폴리펩티드에 있는 고가변부위들 중 한 곳을 이루는 일부분이다(그림 17-15). 즉, 연결부위에서 조그만 차이가 항체-항원 상호작용에 중요한 영향을 미칠 수 있다.

단순하게 설명하기 위해, 가벼운 카파 사슬에 한정하여 설명하였다. 특정한 가벼운 람다 사슬과 특정한 무거운 사슬을 생산하기 위해 세포가 전념하는 동안, 유사한 유형의 DNA 재배열이 일어난다. 가벼운 사슬의 가변부위가 2개의 다른 단편(V와 J 단편)들로부터 형성되는 반면에, 무거운 사슬의 가변부위는 유사한 유형의 재배열 방법에 의해 3개의 다른 단편(V, D, J 단편)들로부터 형성된다. 사람의 유전체는 기능을 발휘하는 51가지 V_H 단편, 25가지 D_H 단편, 그리고 6가지의 J_H 단편을 갖고 있다. V_H—D_H와 D_H—J_H 연결의 변이성으로부터 유래되는 추가적인 다양성이 주어지면, 사람은 적어도 10만 가지 서로 다른 종류의 무거운 사슬을 합성할 수 있다. T세포의 항원 수용체(TcR)도 가벼운 사슬과 무거운 사슬로 구성되어 있는데, 이들의 가변부위도 유사한 과정의 DNA 재배열에 의해 형성된다.

DNA재배열에 의해 항체유전자가 형성되는 것은 역동적인 활동에 참여하는 유전체의 잠재력을 보여준다. 이러한 재배열 기작 때문에, 생식세포에 존재하는 소수의 DNA 서열이 엄청난 다양성을 가진 유전자 산물을 생기게 한다. 앞에서 설명한 것처럼, 사람은 대략 2,000 가지의 서로 다른 종류의 가벼운 카파 사슬과 10만 가지의 서로 다른 종류의 무거운 사슬을 합성할 수 있다. 가벼운 카파 사슬들 중 어느 하나가 무거운 사슬들 중 어느 하나와 결합한다면, 사람은 이론적으로 생식세포에 존재하는 수백 개의 유전자 요소로부터 2억 가지 이상의 서로 다른 종류의 항체를 생산할 수 있다.[4]

항체의 다양성이 (1) 생식세포의 DNA에 V엑손, J엑손, 그리고 D엑손이 다수 존재함, (2) V—J와 V—D—J의 연결에서의 변이성, (3) 효소에 의한 뉴클레오티드의 삽입 등과 같은 방법으로부터 어떻게 만들어지는가에 대해 공부하였다. DNA재배열이 완성된 후 한참 뒤에 체세포 과돌연변이(*somatic hypermutation*)라고 하는

[4] 가벼운 람다 사슬을 가진 항체도 대략 비슷한 수만큼 생산될 수 있다.

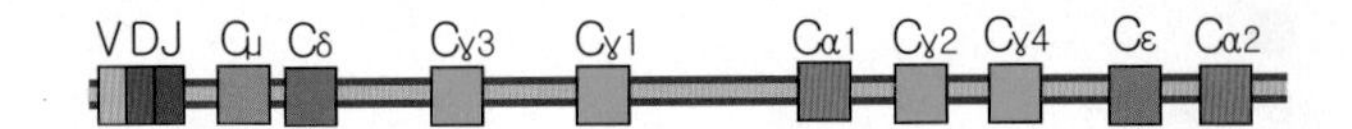

그림 17-19 사람의 여러 가지 무거운 사슬을 암호화 하는 C 유전자들의 배열. 사람에서, IgM, IgD, 그리고 IgE에 있는 무거운 사슬은 단일 유전자에 의해 암호화되지만, IgG의 무거운 사슬은 네 가지, 그리고 IgA는 두 가지 다른 유전자들에 의해 암호화된다.

항체의 다양성을 만드는 추가적인 기작이 일어난다. 특정한 항원이 어느 정도 시간이 지난 후 동물에 재도입되었을 때, 2차 반응 동안에 생산된 항체는 1차 반응에서 생산된 항체보다 항원에 대한 친화력이 훨씬 더 크다. 친화력의 증가는 항체의 무거운 사슬과 가벼운 사슬에 있는 가변부위의 아미노산 서열에서 일어난 작은 변화 때문이다. 이러한 서열 변화는 이들 항체 폴리펩티드를 암호화하는 유전자의 돌연변이로 인해 생긴다. 항체 V 부위를 암호화하는 재배열된 DNA 인자는 동일한 세포에 있는 다른 유전자들의 부위보다 돌연변이 발생율이 10만 배 더 높다고 추정된다. 최근 다수의 흥미로운 연구들이 이러한 V 부위 돌연변이 증가에 관여하는 기작에 초점이 맞추어졌다. 이러한 기작에는 (1) DNA에 있는 시토신 잔기를 우라실 잔기로 전환시키는 활성화-유도 시토신 탈아미노효소(activation-induced cytosine deaminase, AID)라고 알려진 효소와 (2) 우라실을 갖고 있는 DNA가 복사되거나 수선될 때, 오류를 만드는 경향이 있는 한 가지 이상의 손상통과(損傷通過, translesion) DNA 중합효소들이 있다. AID 돌연변이를 갖고 있으면서 체세포 과돌연변이를 만들 수 없는 사람은 감염으로 고통 받으며 흔히 어린 나이에 사망한다.

체세포 과돌연변이는 Ig 유전자의 V 부위에서 무작위적인 변화를 일으킨다. 더 높은 항원 친화력을 갖고 있는 Ig 분자를 생산하는 유전자를 가진 B세포가 항원에 재노출된 후에 우선적으로 선택된다. 선택된 세포는 증식하여 클론을 이루고, 이들은 추가로 체세포 돌연변이와 선택 과정을 겪게 된다. 반면에, 낮은 친화력을 갖는 Ig를 발현하는 선택되지 않은 세포는 세포사멸을 겪게 된다. 이러한 방법으로, 재발되었거나 또는 만성적인 감염에 대한 항체반응은 시간이 지날수록 현저히 개선된다.

일단 B세포가 특정한 항체를 생산하도록 임무를 부여 받게 되면, 그 세포에서 만들어진 무거운 사슬을 변경함으로써 세포가 만드는 Ig의 종류를 전환시킬 수 있다(예: IgM에서 IgG로). 클래스 전환(*class switching*)이라고 알려진 이 과정은 합성된 항체의 결합자리를 변경시키지 않으면서 일어난다. 불변부위에 의해 구별되는 다섯 가지 다른 유형의 무거운 사슬이 있다는 것을 다시 기억해 보자. 무거운 사슬의 불변부위(C_H 부위)를 암호화하는 유전자들은 〈그림 17-19〉에서처럼, 복합체로서 함께 모여 있다. 클래스 전환은 DNA 재배열에 의해 미리 형성된 VDJ 유전자 옆으로 다른 종류의 C_H 유전자를 이동시킴으로써 이루어진다. 클래스 전환은 항체분자를 생산하는 B세포와 상호작용하는 동안 조력 T세포에 의해 분비하는 사이토카인의 지시에 따른다. 예를 들면, IFN-γ를 분비하는 조력 T세포는 인접한 B세포가 초기에는 IgM을 합성하다가 IgG 클래스 중 한 가지를 합성하도록 전환을 유도한다(그림 17-13). 클래스 전환에 의해 하나의 B세포 계열이 동일한 특이성을 갖지만 다른 효과인자 기능을 갖는 항체를 지속적으로 생산할 수 있게 한다.

17-4-3 막에 결합된 항원 수용체 복합체

B림프구와 T림프구가 항원을 인식하는 것은 모두 세포 표면에서 일어난다. B세포에 있는 항원수용체(B-cell receptor, 또는 BCR)는 완전한 항원의 일부분(즉, 항원결정부)과 선택적으로 결합하는 막에 결합된 면역글로불린으로 구성되어 있다(그림 17-20*a*). 이와는 대조적으로, T세포에 있는 항원수용체[T-cell receptor, 또는 TCR(그림 17-20*b*)]는 항원의 작은 조각을 인식하여 결합하는데, 항원조각은 일반적으로 길이가 약 7개에서 25개 사이의 아미노산으로 된 펩티드이고, 다른 세포의 표면에 고정되어 있다. 두 가지 유형의 항원수용체들 모두 〈그림 17-20〉에서처럼, 불변(不變) 단백질을 갖고 있는 막과 결합된 커다란 크기의 단백질 복합체의 일부이다. BCR과 TCR에 결합되어 있는 불변의 폴리펩티드는 B세포와 T세포의 활성에 변화를 일으키는 신호들을 세포 내부로 전달하는 데 있어서 중요한 역할을 한다.

TCR을 구성하는 각각의 소단위는 2개의 Ig-유사 영역을 갖고 있는데, 이것은 TCR이 BCR과 공통적인 계열을 공유하고 있다는 것을 의미한다. 면역글로불린의 무거운 사슬과 가벼운 사슬과 같

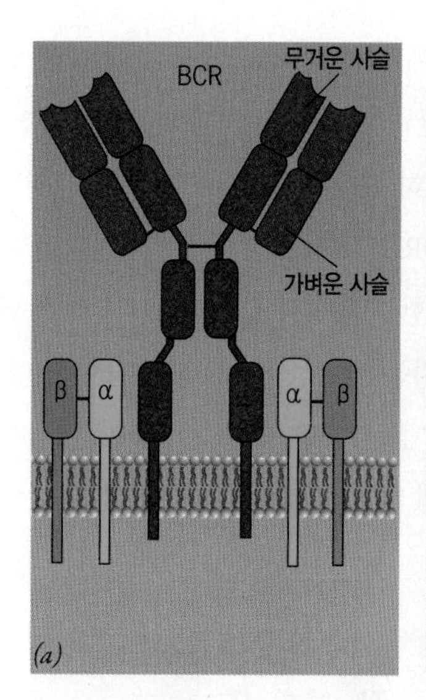

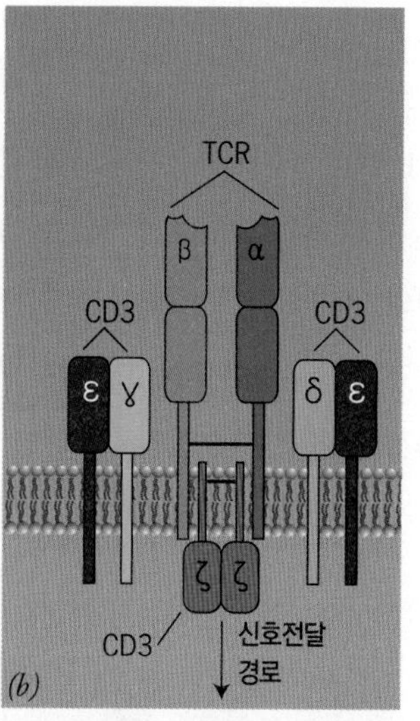

그림 17-20 **B세포와 T세포의 항원수용체 구조.** (*a*) B세포의 BCR은 1쌍의 불변인 α 사슬 그리고 1쌍의 불변인 β 사슬과 결합된 면역글로불린이 막에 결합된 형이다. 또한 α 및 β 사슬은 Ig 대집단(superfamily)을 구성하는 요소이다. (*b*) T세포의 TCR은 서로 2황화결합으로 연결된 α 및 β 폴리펩티드 사슬로 구성된다. 각각의 폴리펩티드는 가변영역과 불변영역을 갖고 있는데, 가변영역이 항원-결합 자리를 형성한다. TCR은 그림에서처럼, 6개의 다른 CD3 단백질의 불변 폴리펩티드와 결합되어 있다. (T세포들 중 소수는 감마 및 델타 소단위로 구성된 다른 유형의 TCR을 갖고 있다. 이런 세포들은 MHC-펩티드 복합체를 인식하는 데 국한되어 있지 않으며, 이들의 기능은 잘 알려져 있지 않다.)

이, TCR에 있는 각 소단위의 Ig-유사 영역 중 하나는 가변적인 아미노산 서열을 갖고 있으며, 또 다른 영역은 불변인 아미노산 서열을 갖고 있다(그림 17-20). 엑스-선 결정학 연구에 의하면, 또한 두 가지 유형의 항원수용체는 유사한 3차원 구조를 갖는 것으로 나타났다.

17-4-4 주조직적합성 복합체

20세기 전반에, 임상 연구자들은 두 사람이 ABO 혈액형 체계가 적합하다면, 혈액을 한 사람으로부터 다른 사람에게 수혈할 수 있다는 것을 알았다. 혈액 수혈의 성공으로 피부도 다른 사람에게 이식할 수 있다는 생각을 하게 되었다. 이러한 생각은 2차 세계대전 동안 시험되었는데, 이때 심각한 화상을 입은 비행사들과 다른 군인들에게 피부 이식이 시도되었다. 피부 이식은 순식간에 완전히 거부 반응을 보였다. 전쟁이 끝난 후, 연구자들은 조직 거부 반응에 대한 원리를 밝히는 일을 시작하였다. 동일한 근친교배계통(inbred strain)인 생쥐들 사이에서 피부 이식이 성공할 수 있지만, 다른 계통인 생쥐들 사이의 이식은 곧 바로 거부 반응을 보인다는 것이 밝혀졌다. 동일한 근친교배계통 생쥐는 일란성 쌍생아와 같기 때문에 유전적으로 동일하다. 그 다음의 연구에 의해 조직이식 거부반응을 지배하는 유전자들이 **주조직적합성 복합체**(主組織適合性 複合體, major histocompatibility complex, MHC)라고 명명된 유전체의 한 지역에 모여 있는 것이 밝혀졌다. 약 20가지 다른 종류의 MHC 유전자가 규명되었으며, 이들 중 대부분은 높은 다형성(polymorphic)을 보인다. 2,000가지 이상의 서로 다른 MHC 대립유전자가 확인되었는데(표 17-3), 사람의 유전체에서 어떤 다른

표 17-3

MHC 클래스II 대립유전자	
유전자자리	대립유전자 수
HLA-DRA	3
HLA-DRB	542
HLA-DQA	34
HLA-DQB	73
HLA-DPA	23
HLA-DPB	125
HLA-DMA	4
HLA-DMB	7
HLA-DOA	12
HLA-DOB	9
MHC 클래스I 대립유전자	
유전자자리	대립유전자 수
HLA-A	479
HLA-B	805
HLA-C	257
HLA-E	9
HLA-F	20
HLA-G	7

주: 클래스I에 속하는 여러 가지 다른 대립유전자들이 여기에 나와 있지 않다.

유전자 자리(locus)보다도 훨씬 수가 많다. 따라서 한 집단에 속한 두 사람이 동일한 조합의 MHC 대립유전자를 갖는다는 것은 거의 불가능하다. 이러한 이유 때문에 이식된 장기가 쉽게 거부반응을 보이는 것이며, 이식 환자에게는 수술 후 면역계를 억제하기 위해 사이클로스포린 A(cyclosporin A)와 같은 약을 투여한다. 사이클로스포린 A는 토양 균류에 의해 생산된 환형 펩티드이다. T세포 활성화에 필요한 사이토카인 합성을 유도하는 신호전달 경로에서 사이클로스포린 A는 특정 인산가수분해효소(phosphatase)를 저해한다. 이런 약물들은 이식 거부반응을 억제하는 데 도움을 주지만, AIDS와 같이 면역결핍 질환이 있는 사람에게서 일어나는 것과 유사하게 환자들은 기회감염(opportunistic infection)에 대해 더 민감하게 된다.

MHC에 의해 암호화된 단백질은 무분별한 장기이식을 막기 위해 진화된 것이 아니라는 것이 명백하므로, 이들의 정상적인 역할에 대해 의문이 제기되었다. 이식 항원으로서 발견된 후 한참 뒤에, MHC 단백질이 항원제시(抗原提示, antigen presentation)에 관여한다는 것이 알려졌다. 항원제시에 관한 현재의 해석을 이끌어 낸 중요한 실험 중 몇 가지가 이 장의 후반부에 있는 〈실험경로〉에 설명되어 있다.

항원제시세포(APC)에 표면에서 작은 펩티드로 절단되어서 세포 표면에 드러나 있는 항원에 의해 T세포가 활성화 된다는 것은 앞에서 설명하였다. 이런 작은 조각으로 된 항원은 APC 표면에서 MHC 단백질의 손아귀 안에 잡혀 있다. MHC 분자 각각의 종류는 이들이 자신의 결합자리에 들어맞게 해 주는 어떤 구조적 특징을 공유하고 있는 여러 가지 많은 종류의 펩티드와 결합할 수 있다(그림 17-24 참조). 예를 들면, HLA-B8과 같이 특정한 MHC 대립유전자가 암호화한 단백질에 결합할 수 있는 모든 펩티드들은 어떤 위치에 특정한 아미노산을 갖고 있을 수 있는데, 이런 특징은 펩티드-결합 홈에 펩티드가 딱 맞도록 해 준다.

각 개인이 여러 가지 많은 종류의 MHC 단백질을 발현하며(그림 17-21*a*), 각각의 MHC 변종들은 여러 가지 많은 종류의 펩티드와 결합할 수 있다는 사실로 미루어 볼 때(그림 17-21*b*), 수지상세포나 대식세포는 다양한 배열의 펩티드를 밖으로 내 보일 수 있어야만 한다. 이것과 동시에, 모든 사람이 가능한 모든 펩티드를 효과적으로 제시할 수 있는 것이 아닌데, 이것이 AIDS를 포함한 여러 가지 다른 감염성 질환에 대해 한 집단에서 병에 대한 민감성의 차이를 결정하는 중요한 인자라고 생각된다. 예를 들면, HLA-B*35 대립유전자는 완전히 진행된 AIDS로 빠르게 진행되는 것과 연관이 있으며, HLA-DRB1*1302 대립유전자는 어떤 유형의 말라리아나 B형 감염에 대한 저항성과 연관이 있다. 어떤 집단에 존재하는 MHC 대립유전자는 자연선택에 의해 만들어 진다. 특정한 감염체의 펩티드를 가장 잘 제시할 수 있는 MHC 대립유전자를 가진 사람은, 그 감염체에 의한 감염에 대해 가장 잘 생존할

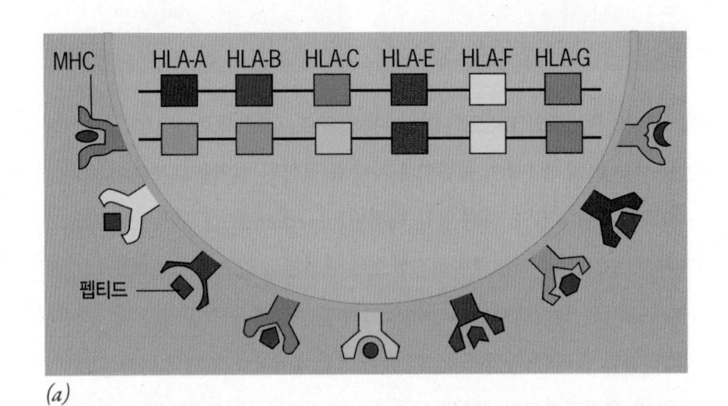

(*a*)

(*b*)

그림 17-21 사람의 APC는 다수의 펩티드를 제시할 수 있다. (*a*) 한 사람이 갖고 있을 수 있는 클래스I MHC 분자의 다양성에 대한 도식적 모형. 〈표 17-3〉에서처럼, 이 클래스에 속하는 MHC 단백질은 다수의 유전자에 의해 암호화되고 있는데, 이들 중 3개를 다수의 대립유전자로 나타내었다. 특정한 이 사람은 HLA-A, HLA-B, HLA-C 유전자 자리들이 이형접합체(heterozygous)이며, HLA-E, HLA-F, HLA-G 유전자 자리들은 동형접합체(homozygous)이다. 따라서 이 사람은 전부 9가지의 서로 다른 MHC 클래스I 분자를 갖고 있다(MHC 클래스I과 II 사이의 다른 점은 다음 절에서 설명함). (*b*) 단일 MHC 대립유전자에 의해 암호화된 단백질에 의해 제시될 수 있는 펩티드의 다양성을 보여주는 도식적 모형. [HLA란 용어는 백혈구 표면에서 이런 단백질이 발견된 것을 나타내는 것으로, 사람 백혈구 항원(human leukocyte antigen)의 머리글자이다.]

수 있을 것이다. 반대로 이런 대립유전자가 결여된 사람은 자신의 대립유전자를 자손에게 전달하지 못하고 죽을 가능성이 더 높다. 그 결과로, 어떤 집단의 조상들이 일상적으로 감염체에 노출되어온 질병에 대해서, 그 집단이 저항성을 더 갖는 경향이 있다. 이러한 사실은 유럽계 조상을 갖는 사람에게는 약한 증후 만을 보이는 홍역과 같은 일부 질병에 의해 북미 원주민집단이 왜 큰 피해를 입었는지를 설명할 수 있을 것이다.

T세포-매개 면역의 전체 과정은 병원체 단백질로부터 유래된 작은 펩티드가 숙주 단백질로부터 유래한 펩티드와 구조적으로 다르다는 원리에 근거한다. 결과적으로, APC 표면에 결합되어 있는 한 가지 이상의 펩티드가 병원체의 일부를 대표하는 역할을 해서, 면역계의 세포들이 감염된 세포의 세포기질에 숨어있는 병원체의 유형을 잠시 볼 수 있게 해준다. 신체에 있는 거의 모든 세포는 APC로 작용할 수 있다. 대부분의 세포들은 부수적인 기능으로서 항원을 제시하여 병원체의 존재를 면역계에게 알려주지만, 전문 APC들(예: 수지상세포, 대식세포, B세포)은 이 기능이 특수화되어 있다. 이것에 관해서는 이 장의 후반부에서 설명된다.

T세포와 APC의 상호작용은 T세포의 TCR을 APC 표면에 돌출되어 있는 MHC 분자와 결합함으로써 이루어진다(그림 17-22). 이러한 상호작용은 T세포의 TCR이 MHC 분자의 홈 안에 제시되어 있는 특정한 펩티드를 인식할 수 있도록 방향성을 갖게 한다. MHC 단백질과 TCR 사이의 상호작용은 T세포에 있는

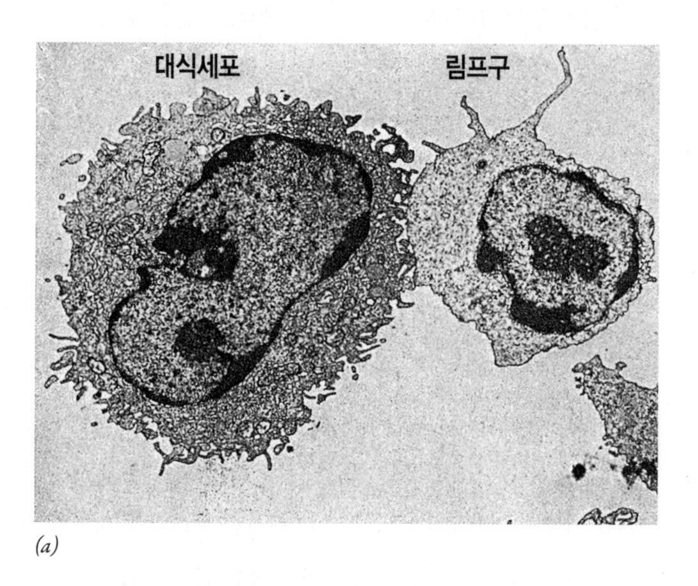

(a)

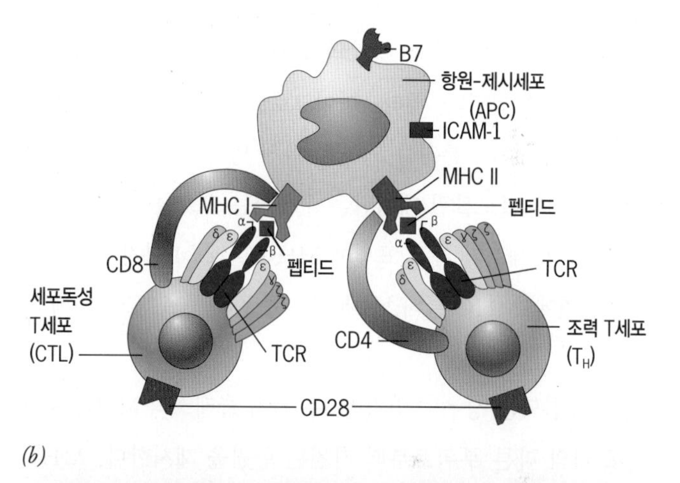

(b)

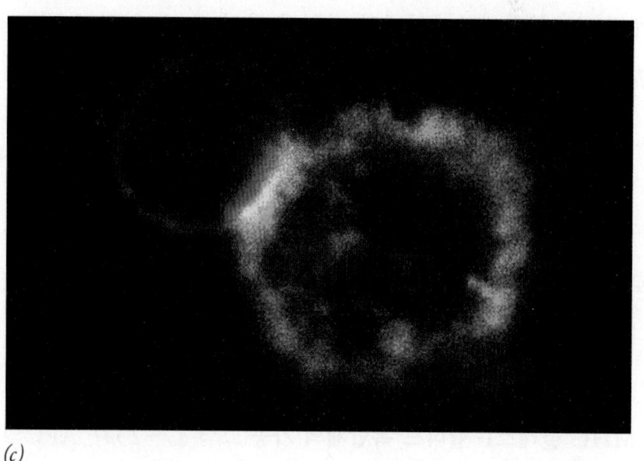
(c)

그림 17-22 항원제시 과정 중 일어나는 항원-제시세포와 T세포 사이의 상호작용. (a) 상호작용하고 있는 두 가지 유형의 세포를 촬영한 전자현미경 사진. (b) APC와 세포독성 T 림프구(cytotoxic T lymphocyte, CTL) 또는 조력 T세포(helper T cell, T_H) 사이의 상호작용 부위에 형성된 면역접합에 존재하는 단백질들 일부를 보여주고 있는 도식적 모형. T세포의 TCR이 APC의 MHC 분자에 있는 홈에 결합된 항원의 펩티드 단편을 인식함으로서 항원 인식이 일어난다. 본문에서 설명한 것처럼, CTL은 MHC 클래스I 분자와 짝을 이루어 항원을 인식하는 반면에, T_H세포는 MHC 클래스II 분자와 짝을 이루어 항원을 인식한다. CD8과 CD4는 두 가지 유형의 T세포에서 발현되는 내재막단백질로서, 각각 MHC 클래스I 그리고 MHC 클래스II 분자와 결합한다. CD4와 CD8은 공동수용체로 설명된다. (c) APC와 T세포 사이의 면역접합을 보여주는 형광현미경 사진. T세포의 TCR은 초록색으로, APC의 MHC 클래스II 분자는 빨간색으로 보인다. 면역접합에서 TCR과 APC의 MHC 분자가 함께 위치하는 곳에서는 노란색 형광을 만든다.

CD4이나 CD8 그리고 APC 표면에 있는 MHC 단백질들 사이에서 일어나는 것과 같이 세포-표면 구성성분들 사이에서 형성되는 부가적인 접촉에 의해 강화된다(그림 17-22). T세포와 APC 사이에 생겨난 이러한 특정 부위를 면역접합(*immunologic synapse*)이라고 한다.

MHC 단백질은 2개의 주요 유형, 즉 **MHC 클래스I**(MHC class I) 및 **MHC 클래스II** 분자로 나눌 수 있다. MHC 클래스I 분자는 MHC 대립유전자에 의해 암호화된 2개의 폴리펩티드 사슬(무거운 사슬로 알려짐)이 베타$_2$-마이크로글로불린(β_2-microglobulin, β_2m)으로 알려진 비-MHC 폴리펩티드와 비공유적으로 결합되어 구성된다(〈실험경로〉, 그림 1 참조). 무거운 사슬의 아미노산 서열 차이 때문에, MHC 분자의 펩티드-결합 홈의 모양에 커다란 변화가 만들어진다. 또한 MHC 클래스II 분자도 이질2량체(heterodimer)이지만, 각각의 소단위는 모두 MHC 대립유전자에 의해 암호화된다. 베타$_2$-마이크로글로불린 뿐만 아니라 두 가지 클래스의 MHC 분자들 모두 Ig-유사 영역을 갖고 있기 때문에, 이들은 면역글로불린 대집단을 구성하는 요소들이다. 신체에 있는 대부분의 세포가 세포 표면에 MHC 클래스I 분자를 발현하고 있는 반면에, MHC 클래스II 분자는 주로 전문 APC에 의해 발현된다.

일부 중첩되는 경우도 있지만, 두 가지 클래스의 MHC 분자는 세포 내의 다른 부위로부터 기원된 항원을 제시한다. MHC 클래스I 분자는 세포기질에서 기원된 항원 즉, 내인성(內因性, *endogenous*) 단백질을 제시하는 데 주로 관여한다. 이와 대조적으로, MHC 클래스II 분자는 식세포작용에 의해 세포 안으로 들어온 외인성(exogenous) 항원의 단편을 주로 제시한다. 두 종류의 MHC 분자가 항원 단편을 잡아서 원형질막에 이들을 제시하는 경로에 대해서는 아래에서 설명하며 또한 〈그림 17-23〉에 나와 있다.

- **MHC 클래스I-펩티드 복합체의 가공**(그림 17-23*a*). APC의 세포기질에 위치한 항원은 세포에 있는 단백질분해효소복합체 또는 프로티아솜(proteasome)의 일부분을 구성하는 단백질 분해효소들에 의해 작은 펩티드로 분해된다. 이 분해효소는 세포기질 단백질을 절단하여, MHC 클래스I 분자의 홈에 결합하기 적합한 대략 8~10개의 아미노산 잔기 길이로 만든다(그림 17-24*a*). 그 다음 펩티드는 항원 가공관련 수송체(transporter associated with antigen processing, TAP)이라고 하는 2량체 단백질에 의해 조면소포체 막을 가로질러 ER 내강 안쪽으로 수송된다(그림 17-23*a*). 일단 ER 내강 안으로 들어가면, 펩티드는 새롭게 합성된 ER 막 내재단백질인 MHC 클래스I 분자와 결합한다. MHC-펩티드 복합체는 생합성 경로(그림 12-2*b*)를 통하여 펩티드가 제시되는 장소인 원형질막으로 이동한다.

- **MHC 클래스II-펩티드 복합체의 가공**(그림 17-23*b*). MHC 클래스II 분자도 또한 조면 소포체(RER)의 막단백질로서 합성된다. 그러나 이 분자는 Ii라고 하는 단백질에 비공유적으로 연결되어 있고, Ii는 MHC 분자의 펩티드-결합 부위를 차단한다(그림 17-23*b*). MHC 클래스II 분자가 합성된 후에, Ii의 세포기질 영역에 있는 표적서열의 지시에 따라서, MHC 클래스II-Ii 복합체는 생합성 경로를 따라 ER 밖으로 이동한다. MHC 클래스I 및 II 분자들은 원(遠)골지망(網)(trans Golgi network, TGN)에서 서로 분리되는 것으로 생각되는데, TGN은 생합성 경로에서 분류를 담당하는 주요한 구획이다. MHC 클래스I-펩티드 복합체가 세포 표면으로 향하게 되는 반면에, MHC 클래스II-Ii 복합체는 엔도솜이나 리소솜으로 향하게 되고, 이곳에서 Ii 단백질은 산성 단백질분해효소에 의해 분해된다. 이렇게 되면 MHC 클래스II 분자는 내포작용 경로에 따라 세포 내로 들어온 항원이 분해되어 생긴 펩티드와 결합할 수 있도록 자유로워진다(그림 17-23*b*).[5] 그 다음 MHC 클래스II-펩티드 복합체는 〈그림 17-24*b*〉에서처럼 원형질막으로 이동되고, 이곳에서 제시된다.

일단 MHC 분자가 APC 표면에 위치하게 되면, MHC 분자는 APC 세포가 여러 가지 다른 유형의 T세포와 상호작용 하도록 안내한다(그림 17-22). 세포독성 T림프구(CTL)는 MHC 클래스I 분자와 결합된 항원을 인식하므로, MHC 클래스I에 제한적(*MHC*

---

[5] 리소솜에서 생겨서 MHC 클래스II 분자에 결합된 펩티드는 단백질분해효소복합체에 의해 생성되어 MHC 클래스I 분자에 결합된 것들(전형적으로 8-10개의 아미노산 잔기)보다 더 긴 경향이 있다(10-25개의 아미노산 잔기).

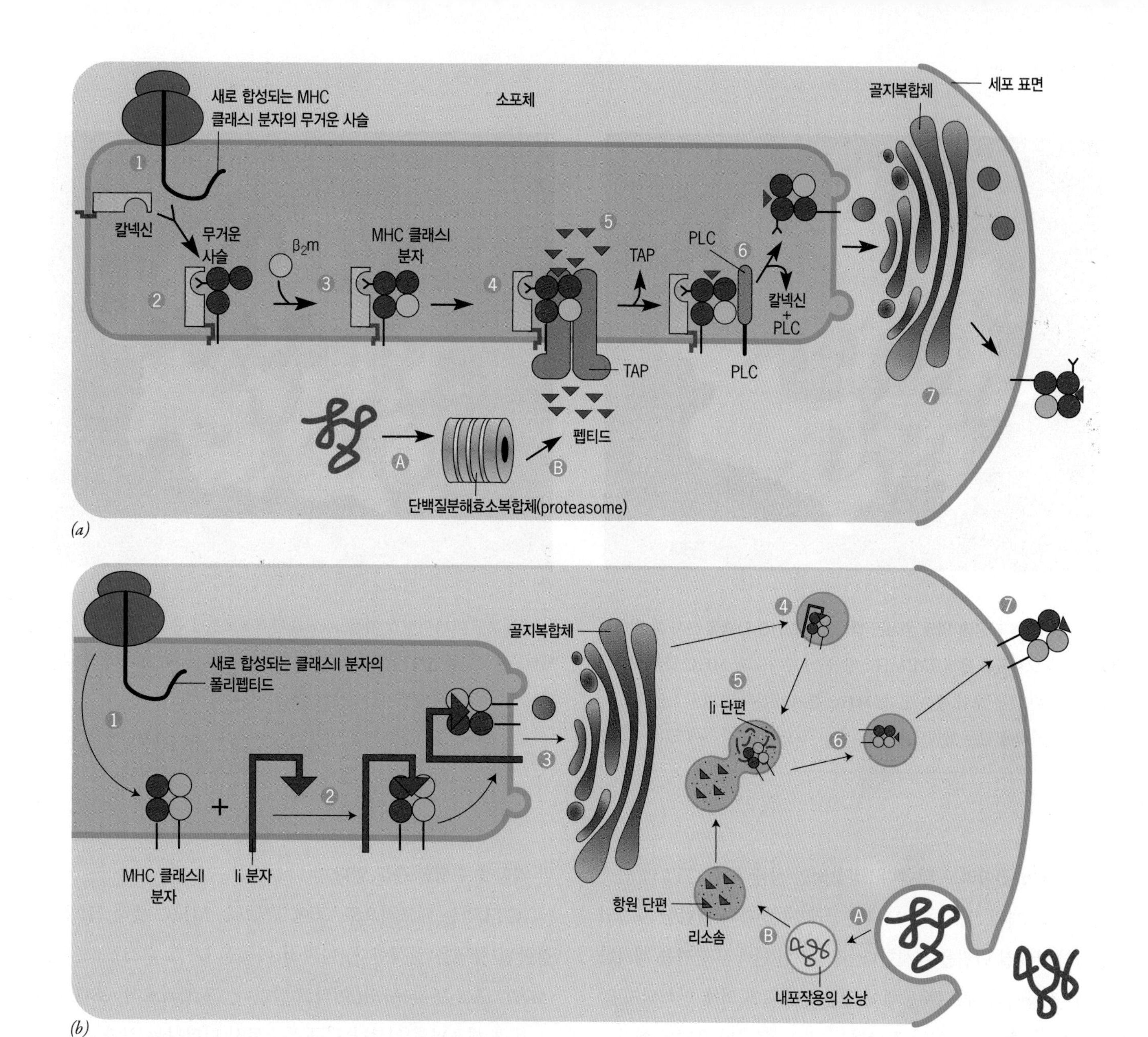

그림 17-23 MHC 클래스I 및 클래스II 분자와 결합하게 될 항원의 일반적인 가공 경로. (*a*) 제안된 MHC 클래스I–펩티드 복합체의 조립 경로. 이 경로는 거의 모든 유형의 세포에서 일어난다. 1단계에서, MHC 단백질의 무거운 사슬이 막에 결합된 리보솜에 의해 합성되어 소포체 막으로 이동된다. MHC의 무거운 사슬은 소포체 막에 있는 샤페론(chaperone)인 칼넥신(calnexin)과 결합하게 되고(2단계), 이 2량체 복합체는 β_2m 불변 사슬과 결합한다(3단계). 그다음 MHC 복합체는 또 다른 소포체 막단백질인 TAP와 결합하게 된다(4단계). 그 사이에 세포기질 항원들은 단백질분해효소복합체(proteasome)로 들어가서(A단계), 작은 펩티드로 분해된다(B단계). 펩티드들은 TAP 단백질에 의해 소포체 내강으로 수송되고, 이곳에서 그림에 PLC(peptide loading complex)로 표시된 커다란 샤페론 복합체의 도움을 받아 MHC 분자의 홈 안쪽에 결합하게 된다(5단계). PLC와 칼넥신은 MHC 복합체로부터 분리되며(6단계), MHC 복합체는 골지복합체를 통하여 생합성/분비 경로를 따라 원형질막으로 수송되어(7단계), 이곳에서 CTL의 TCR과 상호작용을 할 준비를 한다. (*b*) 제안된 MHC 클래스II–펩티드 복합체의 조립 경로. 이 경로는 수지상세포 및 기타 전문 APC에서 일어난다. 1단계에서, MHC 단백질이 막에 결합된 리보솜에 의해 합성되어 소포체 막으로 이동된다. 이곳에서 MHC–펩티드–결합자리를 막는 3량체 단백질인 Ii와 결합하게 된다(2단계). MHC–Ii복합체는 골지복합체를 통과하여(3단계) 수송소낭으로 들어간다(4단계). 그러는 동안, 세포외 단백질항원은 내포작용에 의해 APC 안으로 들어와서(A단계), 리소솜으로 수송된다(B단계). 항원은 리소솜에서 펩티드 단편으로 절단된다. 항원단편들을 갖고 있는 리소솜이 MHC–Ii복합체를 갖고 있는 수송소낭과 융합하면(5단계), Ii단백질이 분해되고 항원펩티드 단편과 MHC 클래스II 분자가 결합하게 된다(6단계). MHC–펩티드 복합체가 원형질막으로 수송되어(7단계), 이곳에서 T_H세포의 TCR과 상호작용을 할 준비를 한다. [주: 모든 외인성 항원이 〈그림 b〉에 나와 있는 일반적인 MHC 클래스II 경로를 따르지는 않는다. 내포작용에 의해 APC로 외인성 항원이 들어가서 펩티드로 분해된 후에, MHC 클래스I 분자와 결합하여 제시되는 경로도 또한 존재한다. 이른바 이런 교차–제시 경로(cross-presentation pathway)는 CTL이 인식하지 못하고 지나칠 수 있는 외인성 항원에 의해 활성화되게 해 준다.]

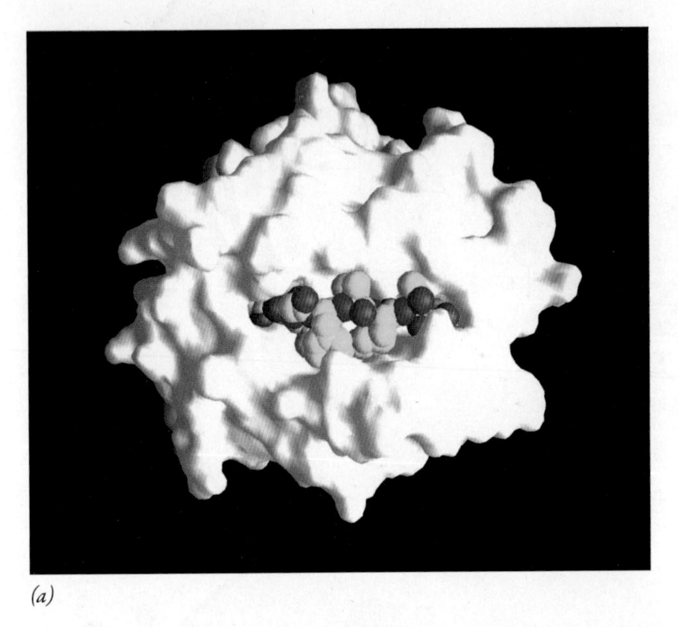

(a)

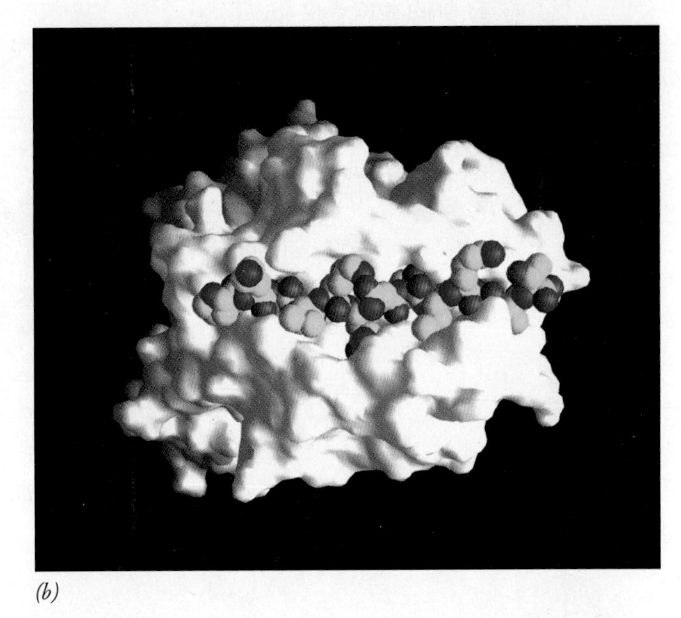

(b)

그림 17-24 항원 가공에 의해 생성된 펩티드가 MHC 단백질 분자 홈 안에서 결합된다. 이 모형들은 펩티드가 MHC 클래스I 분자(*a*)와 MHC 클래스II 분자(*b*)에 결합된 것을 보여 주고 있다. MHC 분자의 분자 표면은 하얀색으로, 펩티드-결합자리에 있는 펩티드는 여러 가지 색으로 보인다. *a*에 있는 펩티드는 인플루엔자 바이러스 기질(matrix) 단백질로부터 유래되었으며, *b*에 있는 펩티드는 인플루엔자 바이러스 헤마글루티닌(hemagglutinin) 단백질로부터 유래된 것이다. 각각의 펩티드에서 N-말단은 왼쪽에 있다.

class I restricted)이라고 말한다. 정상적인 상태에서, CTL과 접촉하게 되는 신체의 세포들은 MHC 클래스I 분자와 결합한 자신의 정상적인 단백질 단편을 제시한다. 정상적인 단백질 단편을 제시하고 있는 정상적인 세포는 신체에 있는 T세포에 의해 인식되지 않는다. 그 이유는, 세포 안의 정상적인 단백질로부터 유래된 펩티드와 높은 친화력으로 결합할 수 있는 T세포는 흉선에서 발생되는 동안 이미 제거되었기 때문이다. 반면에 세포가 감염되었을 때, 세포는 MHC 클래스I 분자와 결합된 바이러스 단백질의 단편을 제시한다. 이 세포들은 결합자리가 바이러스 펩티드와 상보적인 TCR을 갖고 있는 CTL에 의해 인식되고, 감염된 세포는 CTL에 의해 죽게 된다. 세포 표면에 한 가지 종류의 외래 펩티드를 제시하고 있더라도, CTL에 의해 공격 받기에 충분한 것 같다. 신체에 있는 거의 모든 세포가 세포 표면에 MHC 클래스I 분자를 발현하기 때문에, CTL은 감염된 세포의 종류와 상관없이 감염에 대해 전쟁을 치룰 수 있다. 또한 CTL은 세포 표면에 비정상적인(돌연변이가 일어난) 단백질을 제시하는 세포를 인식하여 파괴할 수 있으며, 이것은 잠재적으로 생명을 위협하는 종양세포를 제거하는 데 있어서 중요한 역할을 수행할 수도 있다.

CTL과는 대조적으로, 조력 T세포는 MHC 클래스II 분자와 결합된 항원을 인식한다. 따라서 이들을 MHC 클래스II에 제한적(*MHC class II restricted*)이라고 말한다. 그 결과로서, 조력 T세포는 세균 세포벽의 일부나 세균 독소로서 나타나는 것과 같이 외인성(즉, 세포 외부의) 항원에 의해 주로 활성화된다. MHC 클래스II 분자는 주로 B세포, 수지상세포, 대식세포에서 발견된다. 이들은 외래에서 유래한 세포외 물질을 포식하여 조력 T세포에게 단편을 제시해 주는 림프세포들이다. 이러한 방법으로 활성화된 조력 T세포는 그 다음 B세포를 자극하여 수용성인 항체를 생산할 수 있게 되는데, 이 항체는 신체의 어느 곳에 위치하고 있던 상관없이 외인성 항원과 결합한다.

17-4-5 자가와 비자가의 구별

T세포는 흉선에서 자신의 정체성을 갖게 된다. 줄기세포가 골수에

서 흉선으로 이동할 때는 T세포의 기능을 매개하는 세포-표면 단백질들, 그 중에서도 가장 두드러지게 세포의 TCR이 결여되어 있다. 줄기세포는 흉선에서 증식하여 T세포의 기원세포를 만든다. 그 다음 이 세포 각각에서 특정한 TCR을 만들 수 있게 하는 DNA 재배열이 일어난다. 그러면 이 세포들은 흉선에서 이 세포들은 잠재적으로 유용한 T세포 수용체를 갖고 있는 세포를 선택하는 복잡한 탐색 과정을 거치게 된다(그림 17-25). 많은 연구에 의하면, 흉선의 상피세포는 매우 다양한 단백질을 소량으로 합성하는데, 이 단백질은 신체의 다른 조직에서는 정상적인 합성이 제한된다. 이러한 단백질의 합성은 흉선에만 존재하는 특수한 전사 조절자[AIRE(자가면역 조절자: autoimmune regulator의 머리글자)라고 하는]의 조절을 받는다. 이 모형에 의하면, 흉선은 환경을 새롭게 만들어, 흉선 안에서 발달하는 T세포가 신체에 있는 자신의 수많은 고유 항원결정부(epitope)를 갖고 있는 단백질을 경험해 볼 수 있게 한다. 신체에 있는 자신의 단백질로부터 유래한 펩티드에 대해 높은 친화력을 갖고 있는 TCR을 가진 T세포는 제거된다(그림 17-25*a*). 음성선택(*negative selection*)이라는 이러한 과정을 통해, 면역계는 자기 자신의 조직을 공격할 가능성을 현저히 감소시킨다. 기능을 발휘하는 *AIRE* 유전자가 결핍된 사람은 여러 가지 기관이 면역학적으로 공격을 받게 되는 심각한 자가면역질환[APECED[a] 라고 함]으로 고통 받는다.

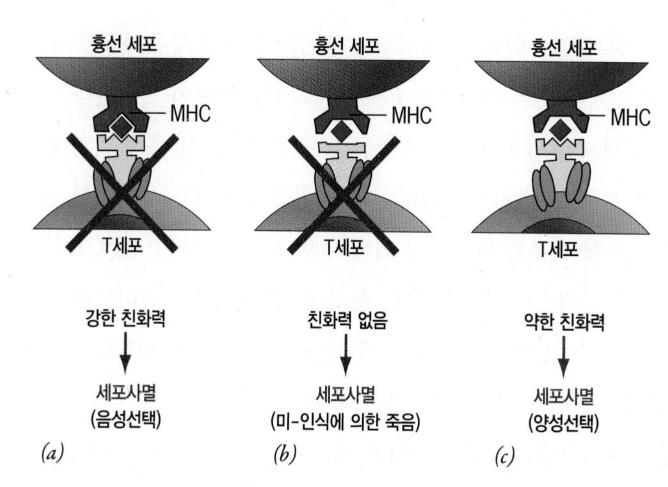

그림 17-25 흉선에서 새롭게 형성된 T세포의 운명 결정. 적절한 TCR를 갖고 있는 T세포를 선택하는 선별과정이 흉선에서 일어난다. (*a*) 자가-펩티드를 갖고 있는 MHC 분자에 대해 강한 친화력을 보이는 TCR를 갖고 있는 T세포는 세포사멸에 의해 제거된다(음성선택). (*b*) 자가-펩티드를 갖고 있는 MHC 분자를 인식하지 못하는 TCR을 갖고 있는 T세포도 세포사멸에 의해 죽는다(미-인식에 의한 죽음). (*c*) 이와 대조적으로, 자가-펩티드를 갖고 있는 MHC 분자에 대하여 약한 친화력을 보이는 TCR를 갖고 있는 T세포는 살아남게 되고(양성선택), 최종적으로 흉선을 떠나 신체의 말초조직의 T세포 집단을 구성한다.

T세포가 생산되기 위해서는 음성선택 뿐만 아니라 다른 작용들이 더 필요하다. TCR이 APC 표면에서 외래 펩티드와 상호작용을 할 때, TCR은 펩티드 그리고 그 펩티드와 결합하고 있는 MHC 분자를 모두 인식해야 한다. 결과적으로 자가-MHC(self-MHC) 분자를 인식하지 못하는 TCR을 갖고 있는 T세포는 거의 쓸모가 없다. 면역계는 T세포가 자가-MHC-자가-펩티드 복합체에 대해 낮은 친화력으로 인식하게 함으로써 이런 세포들을 걸러낸다. 자가-MHC 복합체를 인식할 수 없는 TCR을 갖고 있는 T세포는 성장신호가 결여되어 흉선에서 죽는다. 이러한 과정을 "미-인식에 의한 죽음(death by neglect)"이라고 한다(그림 17-25*b*). 이와는 대조적으로, 자가-MHC 복합체에 대해 약한(낮은 친화력) 인식을 보이는 TCR을 가진 T세포는 살아남도록 자극을 받게 되지만 활성화되지는 않는다(그림 17-25*c*). 선택적으로 생존하는 이러한 과정을 양성선택(*positive selection*)이라고 한다. 흉선 T세포 중 5% 이하 만이 이러한 음성 및 양성 탐색과정에서 살아남는 것으로 추정된다.[6]

클래스I MHC 분자를 인식하는 세포는 세포독성($CD^{4-}CD^{8+}$) T림프구로 발생한다고 생각되는 반면에, 클래스II MHC 분자를 인식하는 세포는 조력($CD^{4+}CD^{8-}$) T림프구로 분화된다고 생각된다. 두 가지 유형의 T세포 모두 흉선을 떠나서 장기간동안 혈액과 림프를 통하여 순환한다. 이 시기의 T세포는 자신이 갖고 있는 TCR에 결합할 수 있는 특정한 항원과 아직 만나지 못하였기 때문에 미경험(또는 미접촉, *naïve*) T세포라고 한다. 이들이 림프조

역자 주[a] APECED: "autoimmune polyendocrinopathy-candidosis-ectodermal dystrophy(자가면역 다발성내분비병-갠디다증-외배엽 이상증)"의 머리글자이다.

[6] B세포도 자가반응성 항체를 생산할 수 있는 세포를 죽게 하거나 불활성화되게 하는 선택과정을 거친다. 어떤 경우에는, 자가반응성인 가벼운 사슬이 새로운 가벼운 사슬로 대체될 수 있는데, 이 새로운 가벼운 사슬은 수용체 편집(receptor editing)이라고 하는 과정을 거쳐서 2차적으로 재배열된 Ig 유전자에 의해 암호화된다.

직을 통과하게 되면서, 미경험 T세포는 휴지 상태로 생존을 유지하고 있거나 또는 활성화를 유도하는 다양한 세포와 접촉한다.

T세포가 림프절 그리고 다른 말초 림프조직을 통해 퍼짐에 따라서, T세포는 자가-MHC 분자와 결합하고 있는 부적절한 펩티드의 존재 유무를 확인하기 위해 세포 표면을 탐색한다. CD^{4+} T세포는 클래스II 자가-MHC 분자에 결합된 외래 펩티드에 의해 활성화되는 반면에, CD^{8+} T세포는 클래스I 자가-MHC 분자에 결합된 외래 펩티드에 의해 활성화된다. CD^{8+} T세포는 유전형이 맞지 않는 기증자로부터 이식된 장기의 세포와 같이 비자가-MHC 분자(nonself-MHC)를 갖고 있는 세포에 대해서도 강하게 반응한다. 후자의 경우에, 이식세포들에 광범위한 공격을 개시하여 장기이식 거부 반응을 일으킬 수 있다. 정상적인 생리적 상태에서, 자가반응성 림프구(autoreactive lymphocyte: 즉, 신체 자신의 조직과 반응할 수 있는 림프구)는 신체 말초조직에 있는 흉선 외부에서 작동하는 다수의 잘 알려져 있지 않은 기작에 의해 활성화되는 것이 저해된다. 〈인간의 전망〉에서 설명된 것처럼, 이들 기작이 붕괴되면 만성적인 조직손상을 일으킬 수 있는 자가항체 및 자가반응성 T세포가 생산되게 한다.

17-4-6 세포-표면 신호에 의한 림프구 활성화

림프구는 세포 표면에 배열된 단백질을 통해 다른 세포와 연락한다. 앞에서 설명한 것처럼, T세포가 활성화되려면 T세포의 TCR과 다른 세포 표면에 있는 MHC-펩티드 복합체 사이의 상호작용을 필요로 한다. 이러한 상호작용은 특이성을 갖게 하여, 항원과 결합하고 있는 T세포 만이 활성화되게 만든다. 또한 T세포의 활성화는 공동자극신호(*costimulatory signal*)라고 하는 두 번째 신호를 필요로 하는데, 이 신호는 T세포 표면에 있는 두 번째 유형의 수용체를 통해 전달된다. 이 수용체는 TCR과 구별되고 공간적으로 떨어져 있다. TCR과 다르게, 공동자극신호를 전달하는 수용체는 특정한 항원에 대해 특이적이지 않으므로 MHC 분자 결합이 필요하지 않다. 가장 잘 연구된 이들 상호작용은 조력 T세포와 전문 항원제시세포(예: 대식세포나 수지상세포) 사이에서 일어난다.

17-4-6-1 전문 APC에 의한 조력 T세포의 활성화

T_H세포는 MHC 클래스II 분자의 결합 틈새에 박혀 있는 수지상세포나 대식세포의 표면에 있는 항원단편을 인식한다. T_H세포의 표면에 있는 CD28로 알려진 단백질과 APC의 표면에 있는 단백질 중 B7 집단을 구성하는 요소와 상호작용한 결과로서 공동자극신호가 전달된다(그림 17-26*a*). 식세포가 외래 항원을 포식한 후에 APC 표면에 B7 단백질이 나타난다. 만약 T_H세포가 APC로부터 이러한 두 번째 신호를 받지 못하게 되면, T_H세포는 활성화되는 대신에 무반응성(기능이 마비됨, anergized)이 되거나 또는 세포자살(제거됨, deletion)을 수행하도록 자극받는다. 전문 APC는 공동자극신호를 전달할 수 있는 유일한 세포이기 때문에, 전문 APC만이 T_H 반응을 개시할 수 있다. 그 결과, T세포의 TCR과 결합할 수 있는 단백질을 갖고 있는 신체의 정상세포들은 T_H세포를 활성화시킬 수 없다. 즉, T_H세포는 두 가지 종류의 활성화 신호를 필요로 하기 때문에, 정상세포는 T_H세포가 관여하는 자가면역 공격으로부터 보호된다.

APC와 상호작용하기 전에는 T_H세포를 휴지 상태의 세포, 즉 세포주기로부터 벗어난 상태(G_0세포)로 표현할 수 있다. 두 가지 활성화 신호를 받게 되면, T_H세포는 세포주기의 G_1시기로 다시 들어가도록 자극받아 결국 S시기를 거쳐 유사분열을 하게 된다. 즉, T세포가 특정한 항원과 상호작용을 하게 되면, 그 항원에 대해 반응할 수 있는 세포가 증식(클론확장, *clonal expansion*)하게 된다. 세포분열을 일으키는 것 이외에도, T_H세포가 활성화되면 사이토카인(대부분 IL-2) 합성과 분비가 유도된다. 활성화된 T세포에 의해 생산된 사이토카인은 면역계의 다른 세포들(B세포와 대식세포를 포함)에 작용하며, 또한 사이토카인을 분비한 T_H세포 자신에게 다시 작용한다. 다양한 사이토카인의 기원과 기능은 〈표 17-1〉에 나타나 있다.

수용체 신호전달 경로를 활성화시키는 리간드에 의해 면역반응이 어떻게 촉진되는가에 대해 이 장에서 공부하였다. 그러나 이들 반응 중 상당수는 또한 저해성 자극에 의해 영향을 받을 수 있기 때문에, 세포에 의한 최종 반응은 양성 신호와 음성 신호의 균형에 의해 결정된다. 예를 들면, CD28과 B7 단백질의 상호작용은 T세포의 활성화를 일으키는 양성 신호를 T세포로 전달한다. 일단 T세포가 활성화 되면, T세포는 구조가 CD28과 유사하여 APC의 B7

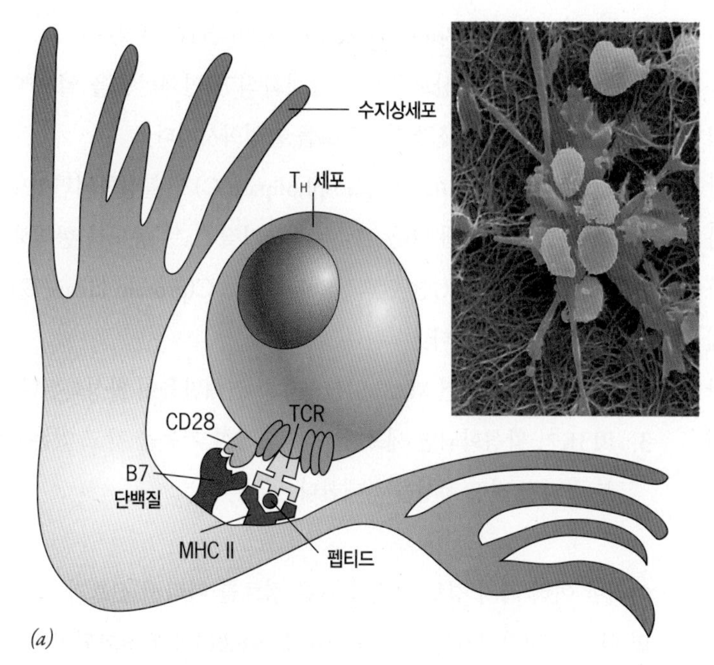

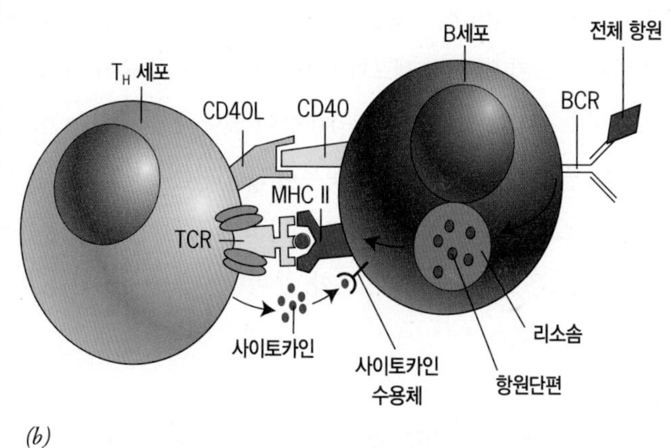

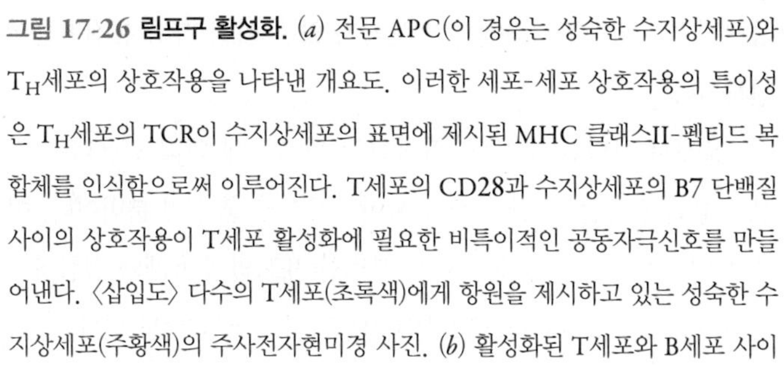

그림 17-26 림프구 활성화. (*a*) 전문 APC(이 경우는 성숙한 수지상세포)와 T_H세포의 상호작용을 나타낸 개요도. 이러한 세포-세포 상호작용의 특이성은 T_H세포의 TCR이 수지상세포의 표면에 제시된 MHC 클래스II-펩티드 복합체를 인식함으로써 이루어진다. T세포의 CD28과 수지상세포의 B7 단백질 사이의 상호작용이 T세포 활성화에 필요한 비특이적인 공동자극신호를 만들어낸다. 〈삽입도〉 다수의 T세포(초록색)에게 항원을 제시하고 있는 성숙한 수지상세포(주황색)의 주사전자현미경 사진. (*b*) 활성화된 T세포와 B세포 사이에서 일어나는 상호작용을 도식적으로 나타낸 그림. 이러한 세포-세포 상호작용의 특이성은 T_H세포의 TCR이 B세포의 표면에 제시된 MHC 클래스II-펩티드 복합체를 인식함으로써 이루어진다. B세포에 의해 제시된 펩티드는 처음 세포 표면의 BCR에 결합된 단백질 분자로부터 유래되었다. 이렇게 결합된 항원이 내포작용에 의해 세포로 운반되고, 리소솜에서 단편으로 되어 〈그림 17-23*b*〉에서처럼 MHC 클래스II 분자에 결합된다.

단백질과도 상호작용을 하는 CTLA4[b]라고 하는 또 다른 종류의 세포-표면 단백질을 생산한다. 그렇지만 CD28-B7의 상호작용과는 다르게, CTLA4와 B7이 접촉하게 되면 T세포의 반응을 활성화시키기보다는 오히려 저해한다. 활성화와 저해 사이의 균형을 이루어야 할 필요성은 CTLA4를 암호화하는 유전자를 유전공학적인 방법으로 결여시킨 생쥐에서 가장 명확해 진다. 이들 생쥐는 T세포가 대량으로 과다 증식한 결과에 의해 죽는다. 후반부의 〈인간의 전망〉에서 설명된 것처럼, CTLA4의 기능을 알게 되면서 최근에는 임상에 이용되고 있다.

17-4-6-2 T_H세포에 의한 B세포의 활성화

T_H세포는 자신과 동일한 항원을 인식하는 수용체를 갖고 있는 B세포와 결합한다. 항원은 처음에 B세포 표면에 있는 면역글로불린(BCR)과 결합한다. B세포와 결합된 항원은 세포외 배지로부터 유래된 수용성 단백질이거나 또는 다른 세포의 원형질막에 결합된 단백질일 수 있다. 후자의 경우, B세포는 표적세포의 외부표면 전체에 퍼져서 BCR-항원 복합체를 중심부 무리로 모음으로써 항원을 얻는다. 이어서 결합된 항원은 B세포 안으로 들어가고, B 세포에서 효소에 의해 가공되어 항원으로부터 유래된 단편이 MHC 클래스II 분자에 결합되어 제시된다(그림 17-26*b*). TCR에 의해 펩티드 단편이 인식되면 T_H세포의 활성화가 일어나고, 이들은 B세포를 활성화시켜서 반응한다. T_H세포로부터 B세포로 다양한 신호를 전달하면 이어서 B세포가 활성화된다. 이들 신호 중 일부는 CD40과 CD40 리간드(CD40L)와 같이 상보적인 단백질들 사이에서 일어나는 상호작용을 통하여, 한 세포의 표면으로부터 다른 세포로 직접 전달된다(그림 17-26*b*). CD40과 CD40L 사이에 결합이 이

역자 주[b] CTLA4: "cytotoxic T lymphocyte antigen4(세포독성 T림프구 항원4)"의 머리글자이다.

루어지면, B세포가 G_0 휴지 상태로부터 세포 주기로 다시 돌아가도록 돕는 신호들을 발생시킨다. 또 다른 신호는 T세포에서 방출된 사이토카인에 의해 면역접합(immunologic synapse)으로 전파되는데, 면역접합은 T세포와 근처의 B세포를 분리시킨다. 이러한 과정은 신경전달물질이 신경접합(neural synapse)을 가로질러 작용하는 방법과 다르지 않다. T세포에서 면역접합으로 방출된 사이토카인으로는 IL-4, IL-5, IL-6, IL-10 등이 있다. 인터루킨-4는 B세포가 IgM 클래스를 만드는 것으로부터 IgG 또는 IgE 클래스를 만드는 것으로 전환하는 것을 촉진시킨다고 생각된다. 다른 종류의 사이토카인들은 B세포의 증식, 분화, 분비활성 등을 유도한다.

17-4-7 림프구 활성화의 신호전달 경로

제15장에서 호르몬, 성장인자, 그리고 다른 화학 전령 분자가 표적세포의 세포 표면에 있는 수용체와 결합하여, 세포 내부 영역으로 정보를 전달하는 과정인 신호전달 경로(signal transduction)가 어떻게 시작되는 지에 관해 살펴보았다. 또한 제15장에서 많은 다양한 세포외 전령 분자가 공유된 적은 수의 신호전달 경로를 따라서, 어떻게 정보를 전달하는 지에 관하여 살펴보았다. 림프구의 자극도 유사한 기작으로 일어나며, 다른 유형의 세포에 작용하는 호르몬 및 성장인자가 작용할 때 사용하는 것과 동일한 많은 구성성분을 이용한다.

T세포가 수지상세포에 의해 활성화되거나 또는 B세포가 T_H세포에 의해 활성화 되면, 인슐린과 성장인자에 대해 제15장에서 설명한 신호와 유사하게, 원형질막으로부터 세포기질로 티로신 인산화효소(tyrosine kinase)에 의해 신호가 전달된다. 인슐린 및 성장인자와 결합하는 수용체와는 다르게, 림프구의 항원 수용체는 내재된 티로신 인산화효소 활성을 갖고 있지 않다. 그 대신 리간드가 항원 수용체와 결합하면, 세포기질 티로신 인산화효소 분자를 원형질막의 안쪽 표면으로 모이게 한다. 이러한 과정은 활성화된 수용체가 지질 뗏목(lipid raft)으로 이동함으로써 촉진될 수 있다. 림프구가 활성화되는 동안, Src 및 Tec 집단(family)의 구성요소들을 포함하는 다수의 다른 티로신 인산화효소가 신호전달 과정에 관여한다. Src는 처음으로 밝혀진 티로신 인산화효소이면서 최초로 발견된 암을 유발하는 암유전자(oncogene)의 산물이다(16-3절).

이런 티로신 인산화효소가 활성화되면 연쇄반응을 일으켜서 다음과 같이 다양한 신호전달경로를 활성화시킨다.

1. 인지질 가수분해효소 C(phospholipase C)가 활성화되면 IP_3와 DAG를 형성하게 된다. IP_3는 세포기질 Ca^{2+} 농도를 현저하게 증가시키고, DAG는 단백질인산화효소 C(protein kinase C)의 활성을 촉진시킨다.
2. Ras가 활성화되면 MAP 인산화효소 연쇄반응이 활성화된다.
3. PI3K가 활성화되면 세포 안에서 다양한 기능을 갖고 있는 막-부착 지질 전령 형성을 촉매한다.

이러한 여러 가지 경로 그리고 다른 경로를 따라서 신호가 전파되면 다수의 전사인자들(예: NF-κB 및 NFAT)이 활성화되어, 휴지 상태의 T세포나 B세포에서 발현되지 않는 여러 가지 유전자들이 전사된다.

앞에서 설명한 것처럼, 활성화된 림프구에 의해 일어나는 가장 중요한 반응들 중 한 가지가 사이토카인의 생성 및 분비이다. 이들 사이토카인 중 상당수는 이를 분비한 세포의 수용체와 결합함으로써 자가분비(autocrine) 회로의 일부로서 작용할 수도 있다. 다른 세포외 신호와 같이 사이토카인은 표적세포의 바깥 표면에 있는 수용체와 결합하여, 다양한 세포 내 표적에 작용하는 세포기질의 신호를 발생시킨다. 사이토카인은 JAK-STAT 경로라고 하는 새로운 신호전달 경로를 이용하는데, 이것은 2차전령이 관여하지 않으면서 작용한다. 경로의 이름에서 "JAK"은 야누스(Janus) 인산화효소(kinase)의 머리글자이며, 사이토카인이 세포-표면 수용체와 결합한 후 활성화되는 세포기질 티로신 인산화효소 집단의 구성원이다. (야누스는 출입문을 지키는 두 얼굴을 가진 로마 신임.) "STAT"는 "전사의 신호전달자 및 활성인자(signal transducers and activators of transcription)"의 머리글자이며, 갖고 있는 티로신 잔기들 중 하나가 JAK에 의해 인산화될 때 활성화되는 전사인자들의 집단이다. 일단 인산화가 되면, STAT 분자는 상호작용을 하여 2량체를 형성하고 세포기질에서 핵으로 이동한 후, 인터페론-자극 반응요소(interferon-stimulated response element, ISRE)와 같은 특정한 DNA 서열과 결합한다. ISRE는 세포에 사이토카인인 인터페론-알파(IFN-α)를 처리하였을 때 활성화되는 수십 가지 유전자의 조절부위에서 발견된다.

제15장에서 설명한 호르몬 그리고 성장인자들과 같이, 세포의 특이 반응은 관여된 특정한 사이토카인 수용체 그리고 그 세포에 존재하는 특정한 JAK과 STAT에 따라 달라진다. 예를 들면, 앞에서 설명된 IL-4는 B세포에서 Ig 클래스 전환을 유도하는 작용을 한다. 이 반응은 IL-4의 유도로 활성화된 B세포의 세포기질에 존재하는 전사인자 STAT6가 인산화되면서 일어난다. 인터페론에 의해 유도되는 바이러스 감염에 대한 저항성은 STAT1의 인산화를 통해 매개된다. 다른 STAT의 인산화는 표적세포의 세포주기 진행을 유도하기도 한다.

복습문제

1. 항원의 항원결정부에 결합된 IgG 분자의 기본 구조를 그려 보시오. 무거운 사슬과 가벼운 사슬, 각 사슬에 있는 가변부위와 불변부위, 고가변부위 서열을 갖고 있는 지역을 표시하시오.
2. 생식세포에서 IgG 분자의 가벼운 사슬과 무거운 사슬을 암호화하는 데 관여하는 유전자의 기본적인 배열을 그려보시오. 이 배열은 항체-생성세포의 유전체에서의 배열과 어떻게 다른가? 이러한 DNA 재배열을 일으킬 때 일어나는 각각의 단계들은?
3. 항체 사슬에 있는 V 부위가 가변성을 갖게 하는 세 가지 다른 기작을 설명하시오.
4. B세포와 T세포의 항원 수용체의 구조를 대조하여 비교하시오.
5. APC에 있는 세포기질 항원의 가공 과정의 각 단계를 설명하시오.
6. MHC 클래스I 및 클래스II 단백질 분자의 역할들을 대조하여 비교하시오. 어떤 유형의 APC가 어떤 클래스의 MHC 분자를 이용하는가? 그리고 어떤 유형의 세포가 MHC를 인식하는가?
7. 대식세포가 세균을 포식할 때 그리고 형질세포가 세균과 결합하여 세균의 감염성을 중화시키는 항체를 생산할 때의 과정들을 설명하시오.

인간의 전망

자가면역질환

면역계는 아주 다양한 유형의 세포와 분자 사이에서 일어나는 복잡하며 대단히 특이적인 상호작용이 필요하다. 체액 또는 세포-매개 면역반응이 개시되기 전에 여러 가지 일들이 일어나야만 하는데, 이 과정들은 다양한 단계에서 여러 가지 인자에 의해 쉽게 망가질 수 있다. 다양한 유형의 면역 기능 장애에 속하는 것 중 하나인 **자가면역질환**(自家免疫疾患, autoimmune disease)은 신체가 자신의 일부에 대하여 면역반응을 보일 때 나타난다. 80가지 이상의 자가면역질환이 밝혀졌고, 전 세계 인구의 대략 5% 정도가 영향을 받고 있다.

T세포와 B세포 모두 항원 수용체 특이성이 무작위적인 유전자 재배열 과정에 의해 결정되기 때문에, 이런 세포 집단에서 일부 세포가 신체에 있는 자신의 단백질(자가-항원, *self-antigen*)에 대한 수용체를 갖게 되는 것은 불가피한 일이다. 높은 친화력으로 자가-항원과 결합하는 림프구는 림프구 집단에서 제거되는 경향이 있어서, 면역계가 자신에 대해 관용(*tolerant*)을 갖게 한다. 그렇지만 흉선과 골수에서 생산된 자가-반응성인 림프구 중 일부는 신체의 음성선택 과정을 회피하여, 정상적인 신체 조직을 공격할 잠재력(*potential*)을 갖게 된다. 신체의 조직에 반응할 수 있는 B림프구와 T림프구를 갖고 있다는 것은 건강한 사람에서 쉽게 증명될 수 있다. 예를 들면, T세포를 혈액에서 분리하여 사이토카인 IL-2와 함께 정상적인 자가-단백질을 시험관에서 처리하면, 집단에 있는 소수의 세포들이 증식하여 자가-항원에 반응할 수 있는 세포 클론을 형성할 가능성이 높다. 유사하게, 실험동물에게 주입한 항원에 대한 반응을 증진시킬 수 있는 비특이적인 물질인 항원보강제(抗原補强劑, *adjuvant*)와 함께 정제한 자가-단백질을 주사하면, 이 실험동물들은 이 단백질이 정상적으로 발견되는 조직들에 대하여 면역반응을 나타낸다. 정상적인 상태에서, 자가-항원에 반응할 수 있는 B세포와 T세포는 항원-특이적인 T_{Reg}세포 또는 다른 종류의 억제성 기작에 의해 저해된다. 이 기작이 제대로 작동하지 못한다면, 사람은 아래에서 설명하는 질병을 포함한 자가면역질환을 앓게 된다.

1. **다발성경화증**(多發性硬化症, multiple sclerosis, MS)은 일반적으로 젊은 성인에게 나타나서, 심각한 진행성 신경손상을 일으키는 염증 질환이다. MS는 신경세포의 축삭을 둘러싸고 있는 미엘린초(鞘)(myelin sheath)를 항체나 면역세포가 공격함으로써 일어난다. 이 미엘린초는 중추신경계의 흰 수질을 형성한다. 이러한 면역계의 공격으로 신경의 미엘린이 제거되면, 축삭을 통한 신경자극의 전도를 방해하여 시력이 저하되고 운동협응에 문제가 발생하며, 감각 지각에 방해를 받게 된다. 실험적 알레르기성 뇌척수염(experimental allergic encephalomyelitis)이라고 하는 MS와 유사한 질환을 실험동물에게 미엘린 원형질막의 주요 구성성분인 미엘린 단백질을 주사함으로써 유도할 수 있다. 더욱이, 이 질환은 질병에 걸린 개체로부터 분리한 T세포를 동일한 종의 건강한 생쥐에게 주사하면 질환이 전달될 수 있다.

2. **인슐린-의존성 당뇨병**(insulin-dependent diabetes mellitus, IDDM)은 어린 아이에게 발생하는 경향이 있기 때문에 소년형(juvenile-onset) 당뇨병 또는 제I형 당뇨병이라고 하며, 이자의 인슐린-분비 베타세포가 자가면역에 의해 파괴된 결과로 발생한다. 이 세포들이 파괴되는 것은 자가-반응성 T세포에 의해 이루어진다. 현재, IDDM 환자에게 매일 인슐린을 투여한다. 호르몬이 생명을 유지시켜 주지만, 이들은 여전히 퇴행성 신장, 퇴행성 혈관, 퇴행성 망막질환 등이 일어나기 쉽다.

3. **그레이브스병과 갑상선염**(Graves' disease and thyroiditis)은 매우 다른 증후를 보이는 갑상선 자가면역질환이다. 그레이브스병에서, 뇌하수체 호르몬인 갑상선자극호르몬(thyroid-stimulating hormone, TSH)이 결합하는 갑상선세포 표면에 있는 TSH 수용체가 면역 공격의 표적이 된다. 이 질환을 가진 환자에서, 자가항체가 TSH 수용체에 결합하면, 갑상선 세포를 지속적으로 자극하여 갑상선 기능항진증(hyperthyroidism)을 일으켜서 혈액의 갑상선호르몬 농도가 올라간다. 갑상선염[또는 하시모토씨 갑상선염(Hashimoto's thyroiditis)]은 갑상선세포의 티로글로불린(thyroglobulin)을 포함하여 한 가지 이상의 일반적인 단백질들이 면역 공격을 받아서 일어난다. 그 결과, 갑상선이 파괴되어 갑상선 기능저하증(hypothyroidism)을 일으켜서 혈액의 갑상선호르몬 농도가 내려간다.

4. **류마티스 관절염**(Rheumatoid arthritis)은 대략 1% 정도의 사람에게서 발생하며, 염증 반응의 연쇄반응으로 인하여 신체의 관절이 지속적으로 파괴되는 특징을 나타낸다. 정상적인 관절에서, 관절낭(synovial cavity)을 둘러싸고 있는 활막(滑膜, synovial membrane)은 두꺼운 단일 세포층으로만 되어있다. 류마티스 관절염 환자에서는, 자가반응성 면역세포나 자가항체가 관절 내로 침윤(浸潤, infiltration)되어 활막에 염증이 생기고 두꺼워지게 된다. 시간이 지남에 따라 연골은 섬유조직으로 대치되어 관절을 움직이지 못하게 된다.

5. **전신홍반**(全身紅斑)**루푸스**(systemic lupus erythromatosus, SLE)는 질환의 초기 단계에 뺨에서 발달하는 빨간색 때문에 "빨간색 늑대(red wolf)"라는 이름을 얻게 되었다(그림 1). 앞에서 설명한 다른 자가면역질환과는 다르게, SLE는 특정한 장기에 한정되는 일이 드물고 대신에 중추신경계, 신장, 심장 등을 포함한 신체의 전체 조직을 흔하게 공격한다. SLE 환자의 혈청에는 세포의 핵 안에서 발견되는 다수의 구성성분들에 대하여 만들어진 항체를 갖고 있다. 이러한 것들로는 소형핵 리보핵산단백질(small nuclear ribonucleoprotein, snRNP), 염색체의 중심절(centromere) 단백질, 그리고 가장 현저하게 2중가닥 DNA에 대한 항체 등이 있다. 최근 연구 결과에 의하면, 정상적으로 미생물의 DNA나 RNA를 인식하는 TLR이 신체에 있는 자신의 유전정보에 관여된 고분자와 잘못 결합함으로써 자가면역이 일어남을 시사하고 있다. 가임

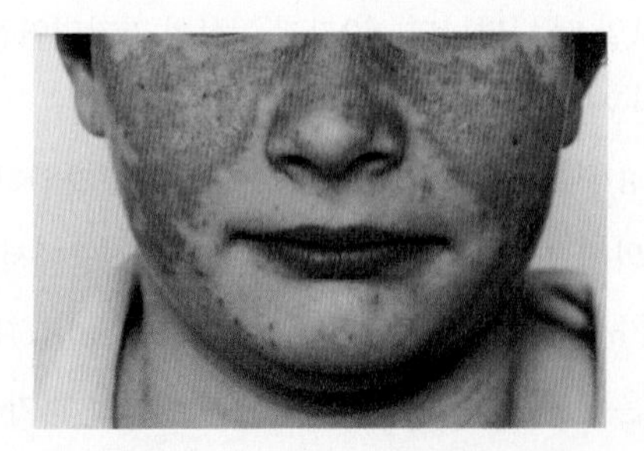

그림 1 SLE의 초기 증상 중 하나로서 흔하게 나타나는 "나비" 발진.

기(可姙期) 여성에게서 SLE의 발생빈도가 특이적으로 높다는 사실은 여성호르몬이 이 질환을 유발하는 데 관여되어 있다는 사실을 시사한다.

집단에 있는 모든 사람이 이러한 자가면역 질환들 중 하나에 동일한 빈도로 걸리는 것은 아니다. 이런 장애들 중 대부분이 일반적인 집단보다 어떤 가계에서 훨씬 더 흔하게 나타나는데, 이는 이런 질환의 발달에 강한 유전적 요소가 있음을 암시한다. 여러 가지 다른 종류의 유전자들이 자가면역 질환에 걸릴 가능성을 증가시키는 것으로 나타났지만, MHC 클래스II 폴리펩티드를 암호화하는 유전자들이 가장 밀접하게 연관되어 있다. 예를 들면, MHC 유전자 자리에 특정한 대립유전자가 유전된 사람은 특히 제1형 당뇨병(IDDM)이 발생할 빈도가 높다. 질병에 잘 걸리게 하는 대립유전자에 의해 암호화된 MHC 분자를 갖는 세포들은 이자의 인슐린-분비 베타세포에 대해 자가항체 생산을 자극하는 특정 펩티드와 결합할 수 있다고 생각된다.

어떤 종류의 자가면역 질환들이 개인에게서 일어나려면 고위험 대립유전자를 갖고 있을 필요가 있을 수도 있지만, 이것 만이 유일한 기여 인자는 아니다. 일란성 쌍둥이에 대한 연구에 의하면, 쌍둥이 중 한 명이 자가면역 질환에 걸렸을 때 다른 쌍둥이가 이 질병이 발생할 확률은 유전이 유일한 기여 인자인 경우에 예상할 수 있는 수치인 100%가 아니라 약 25%에서 75% 사이라는 것이 보고되었다.

면역에 대한 세포 및 분자적인 기초를 이해하는 데 지난 20여 년간 많은 진척이 있었기 때문에, 자가면역 질환에 대해 신체의 면역계 조절과 연관된 다수의 치료법이 개발되었다. 이러한 치료법들은 동물 모델(즉, 사람의 것과 유사한 질환이 발생하도록 만든 동물)에서 시험되었고, 이들 치료법의 안전성과 효능은 사람의 임상 실험을 통해 확인되었다. 여러 가지 접근 방법들은 다음과 같다. 즉,

- 사이크로스포린 A(cyclosporin A) 또는 셀셉트(CellCept)와 같이 자가면역 반응을 저해하는 면역저해제의 처리. 이들 약제는 비특이적으로 작용하기 때문에, 모든 유형의 면역반응을 저해한다. 따라서 환자가 위험한 감염에 쉽게 걸리게 한다.

- 자가-항원에 대한 면역학적 관용(immunological tolerance)을 회복시켜 신체가 자가항체 및 자가반응성 T세포의 생산을 멈추게 함. 이 절에서 설명한 모든 접근 방법 중에서, 이 방법 만이 항원-특이적 치료법으로 가능성이 있을 것 같다. 다른 모든 방법은 면역계에 비특이적인 영향을 준다. 특정한 항원에 대해 관용을 유도하는 한 가지 방법은, 질병을 일으키는 원인이 되는 자가-항원으로부터 생산된 펩티드를 닮은 APL[c]이라고 하는 펩티드를 투여하는 것이다. 이런 APL이, T세포 활성화를 억제하고 염증 사이토카인들(예: TNF-α 및 IFN-α)의 분비 감소시키면서 차선책으로 TCR과 결합하는 것을 기대한다. 이러한 유형의 약제 중 한 가지(코파손, Copaxone)는 미엘린 염기성 단백질(myelin basic protein)의 것과 구조가 유사한 합성 펩티드의 혼합물로 구성되어 있다. 코파손은 다발성경화증 환자의 재발 빈도를 저하시킬 수는 있지만, 질병의 진행은 막지 못하고 심각한 알레르기성 부작용을 일으킬 수도 있다. 면역관용을 유도하는 또 다른 방법은 변형된 형태의 CTLA4 단백질을 투여하는 것이다. 이것은 APC 표면에 있는 B7 공동자극신호 단백질과 결합하여 APC세포의 자가반응성 T세포를 활성화시키는 능력을 저해한다. 이러한 방법으로 작용하는 오렌시아(Orencia)는 류머티스성 관절염 환자들에게 사용하는 것이 승인 되었다. 많은 연구자들은 면역관용을 회복시키기 위해 가장 좋은 장기적인 항원-특이적 접근방법은 환자 자신의 T_{Reg}세포를 이용하는 것이라고 믿고 있다. 이 방법은 환자의 혈액으로부터 필요한 T_{Reg}세포를 분리하여 세포배양을 통하여 많은 수로 증식시킨다. 그리고 자가면역 공격을 하고 있는 특정한 자가-반응성 면역세포를 억제시키기 위해 환자에게 다시 주입시키는 것이다. T_{Reg}세포의 이식과 관련된 여러 가지 임상적 시험이 장기를 이식받은 후 면역학적 합병증을 앓고 있는 환자들에게 시도되고 있다.

- 많은 자가면역질환에서 광범위한 조직 파괴를 일으키는 물질들 중 하나인, 염증유발성(pro-inflammatory) 사이토카인의 효과를 억제시킴. 이런 방법 중에서 가장 많이 연구된 예로는 염증유발성 사이토카인인 TNF-α에 대해 만들어진 단일클론항체들[예: 레미케이드(Remicade) 및 휴미라(Humira)]이 있다. 이 약제들은 류머티스성 관절염 치료를 위해 승인되었으며 많은 환자에게서 굉장한 치료 효과를 가질 수 있다. IL-1은 또 다른 주요한 염증유발성

역자 주[c] APL: "altered peptide ligands(변형된 펩티드 리간드)"의 머리글자이다.

사이토카인인데, 다수의 IL-1 저해제가 현재 치료약으로 개발 중이다.

- 사이토카인을 이용한 치료. 현재, 다발성경화증 치료를 위해 가장 널리 처방되고 있는 치료법은 승인된 여러 가지 IFN-β 사이토카인[아보넥스(Avonex), 레비프(Rebif), 베타세론(Betaseron)] 중 하나를 이용하는 것인데, 이들은 질병의 진행을 평균 35% 감소시킨다. IFN-β는 다양한 활성을 갖고 있어서 정확한 작용기작에 대해서는 아직 논쟁 중이다.

- B세포를 파괴하는 약제를 이용한 치료. 자가면역질환은 일반적으로 T세포, 특히 조력 T세포의 기능장애가 원인이라고 생각되지만, 자가-반응성 B세포도 부분적으로 관여한다는 증거가 많이 있다. 이러한 결론은 B세포에 결합하여 B세포를 파괴하는 단일클론항체(리툭산, Rituxan)에 대한 임상실험으로 확인되었다. 리툭산은 류머티스성 관절염과 다발성경화증 환자에게도 시도되어 아주 놀라운 효과가 있다는 것이 검증되기 전에, 림프종 환자에게 안전하고 성공적인 치료로 사용되어왔다. 이러한 효과는 B세포가 항원을 제시하는 APC로서의 역할에 기인한 것인지 또는 항체를 생성하는 역할 때문인지는 명확하지 않다. 그럼에도 불구하고, 리툭산이 수개월의 기간 동안 혈액을 순환하는 B세포를 실질적으로 감소시키지만, 감염체에 대한 면역반응을 나타내는 환자의 능력을 억제시키지 않는다는 사실은 놀라운 것이다.

- 자가-반응성 면역세포가 염증부위로 이동하는 것을 방해함. 다발성경화증을 위해 현재까지 개발된 가장 효과적인 치료는 활성화된 T세포의 표면에 있는 인테그린(integrin) 소단위 알파4에 대해 만들어진 항체(티사브리, Tysabri)이다. 이 약제는 T세포가 혈액-뇌장벽(blood-brain barrier)을 통과하거나 다발성경화증 환자의 중추신경계에 있는 미엘린초를 공격하는 것을 막는 것을 목표로 하고 있다. 어떤 유형의 면역치료법이든지 치료가 감염과 싸울 수 있는 신체의 능력을 방해할 수 있다는 염려가 항상 있다. 3명의 환자에게서 심각한 바이러스성 뇌 감염이 발생되어 티사브리가 2005년 시장에서 일시적으로 수거되었을 때, 이런 염려가 현실화되었다.

  면역조절 기능을 방해하는 항체의 처방은 매우 조심스럽게 접근하여야 한다. CD28이라 하는 세포-표면 단백질에 대해 만들어진 TGN1412라고 하는 단일클론항체의 제I상 임상실험이 비참한 결과를 만들어 낸 2006년에 이 점이 아주 명확해졌다. 이 항체는 신체의 면역반응을 약하게 만들기 위한 시도로서 조절 T세포를 활성화시키도록 고안되었다. 건강한 6명의 자원자에게 항체를 주입하였으나, 염증유발성 사이토카인이 전신에 방출됨으로서 6명 모두 급성의 심각한 다발성인 장기 기능장애를 겪게 되었다. 이 약제는 특별한 부작용 없이 실험 원숭이에게 훨씬 더 높은 양으로 투여하여 시험되었었다.

- 환자 자신의 것(자가이식, auto-tranplant)이나 또는 가까운 적합 기증자(동종이식, allo-transplant)로부터 조혈줄기세포의 이식법. 이 과정은 생명을 위협하는 합병증을 일으킬 수 있는 가능성이 있기 때문에, 심각하게 심신을 약하게 하는 자가면역 질환을 가진 환자에게만 적용하는 치료 방법이다. 그러나 앞에서 설명한 약제들과는 다르게, 이식받는 사람은 거의 "새로운" 면역계를 갖고 여생을 다시 시작하게 되어서 이들의 질환을 완전하게 치료할 가능성이 있다.

실 험 경 로

항원제시에서 주조직적합성 복합체의 역할

1973년, 캘리포니아 라호야(La Jolla, California)의 스크립스 재단(Scripps Foundation)과 스탠포드대학교(Stanford University)에서 일하던 휴 맥데빗(Hugh McDevitt)과 그의 동료들은 특정 병원체에 대한 생쥐의 민감성이 MHC 유전자 자리 중 한 곳에 존재하는 대립유전자에 의존적이라는 것을 보여주었다.[1] 그들은 H−2^q 대립유전자에 대해 동형접합 또는 이형접합인 생쥐에서 림프성 수막염바이러스(lymphocytic choriomeningitis virus, LCMV)가 치명적인 뇌 감염을 일으키지만, 이 유전자 자리에서 H−2^k 대립유전자에 대해 동형접합인 생쥐는 이 바이러스에 감염되지 않았다는 것을 발견하였다.

이 결과는 호주국립대학교(Australian National University)의 롤프 진케르나젤(Rolf Zinkernagel)과 피터 도허티(Peter Doherty)가 이 질병이 발생하는 과정에서 세포독성 T림프구(CTL)의 역할을 조사하게 하였다. 진케르나젤과 도허티는 다른 종류의 MHC 유전자형[또는 그들이 명명한 것에 의하면 "반수체형(haplotype")]을 갖는 생쥐에서 CTL의 활성 수준과 질환의 심각성 사이의 연관관계를 밝히는 실험을 계획하였다. 세포독성 T림프구의 활성은 다음 실험방법으로 추적 관찰하였다. 즉, 한 마리의 생쥐로부터 얻은 섬유모세포(L세포)를 단일 층으로 배양하다가 이어서 LCM 바이러스로 감염시켰다. 그 다음 7일 전에 미리 LCM 바이러스로 감염시켰던 생쥐의 비장세포를 준비하여 감염된 섬유모세포 위에 올려놓는다. 생쥐의 면역계가 바이러스에 감염된 세포에 대해 CTL을 생산하도록 7일 동안 기다린다. CTL은 감염된 생쥐의 비장에 모이게 된다. 배양한 L세포(L cell)[d]에서 CTL의 공격 효과를 관찰하기 위하여, 먼저 L세포를 크롬(chromium, ^{51}Cr) 방사선동위원소로 표지하였다. ^{51}Cr은 세포의 생존을 알 수 있는 표지로 사용되었다. 세포가 살아남아 있는 한, 방사선동위원소는 세포 안에 남아 있는다. 실험하는 동안 세포가 CTL에 의해 용해되면, ^{51}Cr은 배양액으로 방출된다.

진케르나젤과 도허티는 배양한 섬유모세포에 대한 CTL 활성 정도—^{51}Cr의 방출량을 측정함으로써—는 섬유모세포와 비장세포의 상대적인 인자형에 결정된다는 것을 발견하였다(표 1).[2] 〈표 1〉에 나와 있는 자료를 얻기 위해 사용된 섬유모세포는 모두 H−2 유전자 자리에 H−2^k 대립유전자가 동형접합인 근친계 생쥐들로부터 얻은 것이다. H−2^k 대립유전자(예: CBA/H, AKR, C3H/HeJ 품종의 생쥐)를 가진 생쥐들로부터 비장세포를 준비했을 때, L세포가 효과적으로 용해되었다. 그렇지만, 이 유전자 자리에 H−2^b 또는 H−2^d 대립유전자를 갖는 생쥐들로부터 얻은 비장세포는 감염된 섬유모세포를 용해시킬 수 없었다.(〈표 1〉의 오른 쪽 행에서처럼, 감염되지 않은 섬유모세포를 실험에 사용했을 때와 방출된 ^{51}Cr의 양이 대략 동일하다.)

이 결과가 H−2^k 대립유전자를 가진 생쥐에게만 독특하게 나타나는 것이 아니라는 것을 보여주는 것이 중요하였다. 이것을 확인하기 위하여, 진케르나젤과 도허티는 H−2^b 대립유전자를 갖고 있는 생쥐로부터 얻은 LCMV−활성화 비장세포를 다양한 유형의 감염된 세포들에 대해 실험하였다. 다시 한 번, CTL은 동일한 H−2 유전자형을 갖고 있는 감염된 세포 만을, 이 경우에는 H−2^b를 용해시켰다. 이 연구 결과는 감염된 세포의 표면에 있는 MHC 분자가 T세포와의 상호작용을 제한한다는 최초의 증거를 보여주는 것이다. 그래서 T세포의 기능은 MHC에 제한적(*MHC restricted*)이라고 한다.

1970년대에 수행된 이 실험 및 다른 실험들은 면역세포 기능에 있어서 MHC 단백질의 역할에 대한 의문을 제기하게 되었다. 그러는 동안 다른 한편에서는 특정한 항원에 의해 T세포가 활성화되는 기작에 초점을 맞추어 연구가 진행되었다. 연구를 통하여 T세포가 다른 세포들의 표면에 결합되어 있는 항원에 대해 반응한다는 것을 알게 되

표 1 LCM 바이러스를 7일 전에 미리 주사한 후 다양한 품종의 생쥐에서 얻은 비장세포가 LCM에 감염된 생쥐 또는 정상인 C_3H(H-2^k) 생쥐의 L세포에 대해 나타내는 세포독성 활성.

실험	생쥐 품종	H-2 형	% ^{51}Cr 방출	
			감염된 세포	정상세포
1	CBA/H	*k*	65.1±3.3	17.2±0.7
	Balb/C	*d*	17.9±0.9	17.2±0.6
	CB57B1	*b*	22.7±1.4	19.8±0.9
	CBA/H × C57B1	*k*/*b*	56.1±0.5	16.7±0.3
	C57B1 × Balb/C	*b*/*d*	24.8±2.4	19.8±0.9
	nu/+ 또는 +/+		42.8±2.0	21.9±0.7
	nu/nu		23.3±0.6	20.0±1.4
2	CBA/H	*k*	85.5±3.1	20.9±1.2
	AKR	*k*	71.2±1.6	18.6±1.2
	DBA/2	*d*	24.5±1.2	21.7±1.7
3	CBA/H	*k*	77.9±2.7	25.7±1.3
	C3H/HeJ	*k*	77.8±0.8	24.5±1.5

역자 주[d] L세포(L cell): 조직배양에서 자란 생쥐의 섬유모세포에서 분리된 세포로서, 특히 다양한 유형의 바이러스 연구에 사용된다.

었다. 제시되어진 항원은 세포외 배지로부터 항원-제시세포(APC)의 표면에 단순히 결합한 것이라고 생각되었었다. 1970년 중반과 1980년 초반에 미국국립보건원(NIH)의 알란 로젠달(Alan Rosenthal)과 하버드대학교(Harvard University)의 에밀 우난우에(Emil Unanue), 그리고 다른 연구진들은 항원이 T세포 증식을 자극하기 전에 APC에 의해 세포 안으로 들어가서 어떤 형태의 가공과정을 거쳐야만 한다는 것을 증명하였다. 이들 연구 대부분은 세균, 바이러스, 또는 기타 외래물질에 미리 노출시킨 대식세포에 의해 활성화된 T세포를 이용한 세포배양을 통하여 수행되었다.

APC의 표면에 단순하게 결합된 항원과 대사 활성에 의해 가공된 항원 사이를 구별하는 한 가지 방법은 대사 과정이 차단되는 낮은 온도(예: 4℃)에서 일어나는 일 그리고 정상 체온에서 일어나는 일을 비교해 보는 것이다. 이들 초기 실험 중 한 가지는 다음과 같다. 즉, 대식세포를 항원과 함께 4℃ 또는 37℃에서 1시간 동안 반응시킨 다음, 림프절로부터 얻은 T세포를 자극할 수 있는 능력을 시험해 보는 것이었다.[3] 낮은 항원 농도에서, 대식세포는 T세포를 4℃보다 37℃에서 거의 10배 더 효과적으로 자극하였는데, 이 결과는 항원 가공이 일어나기 위해서 대사활동이 필요함을 시사한다. 또한 시토크롬 산화효소 저해제인 아지드화나트륨(sodium azide)을 세포에 처리하면 T세포의 표면에 항원이 나타나는 것을 저해하였는데, 이것은 항원제시를 위해 대사 에너지가 필요함을 암시한다.[4]

커크 지글러(Kirk Ziegler)와 에밀 우난우에가 수행한 그 후의 실험에서, 세포 외부 항원이 내포작용에 의해 대식세포로 들어와서 세포의 리소솜 구획으로 수송되면서 가공 과정이 일어난다는 증거를 제시하였다.[5] 리소솜이 이러한 특정한 가공 과정에 관여하는지 여부를 확인하는 한 가지 방법은 염화암모늄(ammonium chloride)이나 클로로퀸(chloroquine)과 같이 리소솜의 효소활성을 파괴하는 물질을 세포에 처리하는 것이다. 이 물질들 모두 리소솜 구획의 pH를 올려서 산성 가수분해효소들을 불활성화 시킨다. 〈표 2〉는 이러한 처리가 리스테리아균(*Listeria monocytogenes*)으로부터 유래한 항원의 가공과 제시에 미치는 영향을 보여준다. 이 물질들 어느 것도 항원의 유입(내포작용)에 영향을 미치지 않았지만, 두 가지 물질들 모두 항원의 가공 과정 그리고 항원이 T세포를 대식세포에 결합하는 것을 촉진시키는 능력을 현저히 저해함을 표에서 볼 수 있다. 이러한 결과는, 리소솜 단백질 분해효소에 의한 세포 외부의 항원 절단이 표면제시가 이루어지기 전에 세포 외부 항원을 준비하는 데 있어서 필수적인 단계일 수 있음을 시사하는 최초의 자료이었다.

APC와 T세포 사이의 상호작용에 MHC 분자가 관련되었음을 보여주는 다른 연구들이 계속 진행되었다. 연속된 실험의 하나로, 지글럴과 우난우에는 H−2 유전자 자리에 의해 암호화되는 MHC 단백질에 대한 항체를 대식세포에 처리하였다. 이 항체는 항원의 유입 또는 이화작용에 영향을 미치지 않지만,[6] 대식세포가 T세포와 상호작용하는 것을 현저히 저해한다는 사실을 발견하였다.[7] T세포가 대식세포와 결합하는 것을 저해하는 현상은 항원을 첨가하기 전에 대식세포를 항체에 노출시켰을 때에도 일어났다.

이들 및 다른 연구의 결과로부터 얻은 증거는 T세포와 대식세포 사이에 일어나는 상호작용이 항원-제시세포의 표면에 있는 두 가지 성분들, 즉 제시되어 있는 항원 단편 그리고 MHC 분자의 인식에 의존적이라는 것을 가리키고 있다. 그러나 항원 단편과 MHC 분자가 어떻게 연관되어 있는지에 관한 명료한 그림은 없었다. 항원 인식에

표 2 염화암모늄과 클로로퀸 처리에 의한 항원제시의 저해

실험	대조군	10 mM 염화암모늄 결과(%)	10 mM 염화암모늄 저해도(%)	0.1 mM 클로로퀸 결과(%)	0.1 mM 클로로퀸 저해도(%)
항원 유입	15±1	13±2	13	15±2	0
항원 섭취	66±2	63±2	5	67±6	−2
항원 이화작용	29±4	13±3	55	14±6	52
T세포-대식세포 결합					
항원 처리 전	70±7	26±8	63	30±8	57
항원 처리 후	84±8	70±11	17	60±10	24

관한 두 가지 모형이 가능할 것으로 생각되었다. 한 가지 모형에 의하면, T세포는 두 가지 별개의 수용체들을 갖고 있는데, 하나는 항원 그리고 다른 하나는 MHC 단백질에 대한 것이다. 또 다른 모형에 의하면, 단일 T세포 수용체가 MHC 단백질과 APC 표면에 있는 항원 펩티드들을 동시에 모두 인식한다는 것이다. 증거가 MHC 단백질과 제시된 항원 사이의 물리적인 결합을 가리키기 시작하면서, 두 가지 의견에 대한 균형이 "단일 수용체 모형"쪽으로 기울기 시작했다. 예를 들면, 일부의 연구 결과는 T세포에 의해 가공된 항원이 MHC 단백질과 복합체 형태로서 분리될 수 있음을 보여주었다.[8] 이 실험에서, $H-2^k$ 생쥐로부터 얻은 T세포를 배양하면서 방사성 물질로 표지된 항원과 40분간 배양하였다. 배양 시간이 끝난 후, 가공된 항원을 세포로부터 분리하여 MHC 단백질에 대한 항체로 피복된 구슬이 들어 있는 관(管, column)에 통과시켰다. T세포에 존재하는 MHC 단백질인 $H-2^k$단백질에 대한 항체로 구슬이 피복되었을 때, 방사성 물질로 표지된 항원이 많은 양으로 구슬에 부착되었다. 이는 가공된 항원이 MHC 단백질과 결합하고 있음을 가리키는 것이다. 대신, T세포에 없는 MHC 단백질인 $H-2^b$단백질에 대한 항체로 구슬을 피복시킨 경우에는 방사성 물질로 표지된 항원이 관에 거의 남아있지 않았다.

이러한 초기 실험들에 이어서, 연구자들은 T세포 상호작용에 관여하는 분자의 원자 구조에 대해 관심을 돌리게 되었다. 대식세포 표면에 있는 MHC 클래스II 분자 대신, 바이러스에 감염된 세포 표면에서 발견되는 유형인 MHC 클래스I 분자의 구조에 대한 연구를 수행하였다. MHC 분자에 대한 최초의 3차원 구조 사진은 1987년에 발표되었으며, 하버드대학교의 돈 윌리(Don Wiley)와 동료들의 엑스-선 결정학 연구에 근거한 것이었다.[9] 이러한 발견을 이끌어 낸 과정은 참고문헌 10번에 설명되어 있다. MHC 클래스I 분자는 (1) 3개의 세

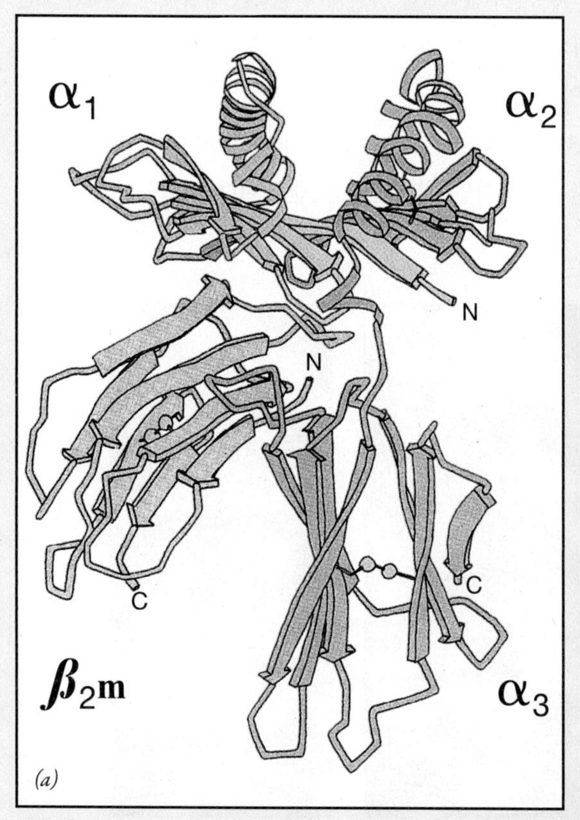

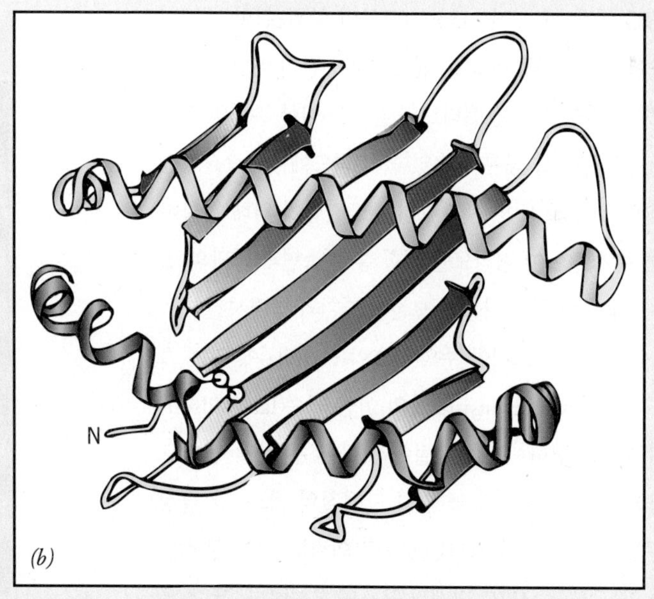

그림 1 (*a*) MHC 클래스I 분자의 개요도. 이 경우는 사람 단백질인 HLA-A2이다. 분자는 2개의 소단위, 즉 3개의 영역(α_1, α_2, α_3)으로 된 무거운 사슬 그리고 하나의 β_2m 사슬로 구성되어 있다. 무거운 사슬의 막횡단 부분은 C라고 표시된 부위(남은 부분의 C-말단)에서 폴리펩티드와 연결될 수 있다. 2황화결합은 2개의 연결된 공으로 표시되었다. 펩티드결합 홈은 무거운 사슬의 α_1과 α_2영역에 있는 α 나선 단편들 사이로서, 그림 상단부에 나와 있다. (*b*) 분자의 위쪽에서 본 MHC 단백질의 펩티드결합 주머니의 개요도. 주머니 바닥은 β 병풍구조(주황색-자주색 화살표)가, 벽은 α 나선(초록색)이 배열되어 있다. α_1 영역은 주황색과 밝은 초록색, α_2영역은 자주색과 어두운 초록색으로 나타내었다.

포외 영역(α_1, α_2, α_3)과 단일 막횡단 부분을 갖고 있는 무거운 사슬과 (2) 불변인 β_2m 폴리펩티드로 구성된다(그림 17-23 참조). 돈 와일리(Don Wiley)와 동료들은 막횡단 부분을 제거한 후 MHC 분자(α_1, α_2, α_3, β_2m)에서 세포외(수용성) 부분의 구조를 조사하였다. α_1과 α_2영역으로 구성된 단백질의 바깥쪽(항원-결합) 부분과 함께 관찰된 구조의 리본 모형이 〈그림 1*a*〉에 나와 있다. 이들 영역의 안쪽 표면이 대략 25Å의 길이와 10Å의 너비를 가진 깊은 홈의 벽을 형성하고 있는 것을 리본 모형의 상단부에서 볼 수 있다. 세포기질에서 항원 가공에 의해 생산된 펩티드들에 대한 결합자리로 작용하는 것이 바로 이 홈이다. 〈그림 1*b*〉에서처럼, 항원-결합 주머니의 측면에는 α_1영역과 α_2영역에서 나온 α 나선들이 배열되어 있고, 주머니의 바닥은 같은 영역에서 뻗어 나온 β 병풍구조가 구조가 정중선을 가로질러 배열되어 있다. 나선들은 여러 가지 다른 서열의 펩티드들이 홈 안에서 결합할 수 있도록 해주는 상대적으로 유연한 측면 벽을 형성하는 것으로 생각된다.

그 후에 진행된 엑스-선 결정학 연구는 펩티드가 MHC 항원-결합 주머니 안에 위치하는 방식에 대하여 설명하고 있다. 이들 중 한 연구에서, 단일 MHC 클래스I 분자(HLA-B27)의 항원-결합 주머니 안에 놓여있는, 자연적으로 가공된 많은 펩티드의 공간적 배열이 밝혀졌다.[11] HLA-B27에 결합한 모든 펩티드의 골격은 결합 틈새의 장축을 따라서 펼쳐진 단일 구조를 공유하고 있다. 펩티드에 있는 N-말단과 C-말단은 틈새의 양쪽 끝에 있는 다수의 수소결합에 의해 정확하게 자리 잡게 된다. 수소결합이 펩티드를 결합 홈의 측면과 바닥의 일부가 되는 MHC 분자 안에 있는 다수의 보존된 잔기와 연결시킨다.

또 다른 주요 연구가 갤리포니아 주의 라호야(La Jolla)에 있는 스크립스 연구소(Scripps Research Institute)의 이안 윌슨(Ian Wilson)과 동료들에 의해 이루어졌다. 그들은 길이가 다른 두 가지 펩티드와 복합체를 형성한 생쥐의 MHC 클래스I 단백질의 엑스-선 결정학 구조를 보고하였다.[12,13] 생쥐 MHC 단백질의 전체적인 구조는 〈그림 1*a*〉에 나와 있는 사람 MHC 단백질 구조와 유사하다. 두 경우 모두 펩티드는 MHC 분자의 결합 홈 안에 깊이 펼쳐진 구조에 결합되어 있다(그림 2). 이렇게 펼쳐진 구조는 MHC 분자의 곁사슬과 결합된 펩티드의 골격 사이에 다양한 상호작용이 일어날 수 있게 한다. MHC는 펩티드의 곁사슬보다는 주로 펩티드의 골격과 상호작용을 하기 때문에, 결합 주머니의 다양한 부위에 존재할 수 있는 특정한 아미노산 잔기에 대해서는 제약이 거의 없다. 결과적으로 각각의 MHC 분자는 다양한 항원성 펩티드와 결합할 수 있다.

감염된 세포의 표면으로부터 돌출된 MHC-펩티드 복합체는 면역학적 인식에 대한 전체 이야기의 절반에 불과하며, 세포독성 T세포의 표면으로부터 돌출된 T세포 수용체(TCR)가 나머지 절반에 해당한다. TCR이 어떤 방법으로든지 MHC 그리고 MHC에 결합된 펩티드를 모두 인식한다는 사실은 십여 년 전부터 명확하였다. 그러나 엑스-선 결정학에 사용하기 적합한 TCR의 단백질 결정을 준비하기 어려웠기 때문에, 이것이 일어나는 방법을 과학자들이 쉽게 파악할 수 없었다. 이러한 어려움은 결국 극복되어, 1996년에 윌리와 윌슨의 두 실험실에서 연구 결과를 발표하였다. 즉, 그들은 MHC-펩티드와 TCR 사이에서 일어나는 상호작용에 대한 3차원 구조 사진을 제시하였다.[14,15] 두 가지 단백질들 사이에서 형성된 복합체의 전체 구조는 〈그림 3〉에 나와 있으며, 여기서 폴리펩티드 골격이 관(tube) 모형으로 그려져 있다.

〈그림 3〉에 나와 있는 구조는 CTL과 바이러스에 감염된 세포 사이에서 돌출된 단백질의 일부분을 나타낸 것이다. 사진의 아래쪽 절반

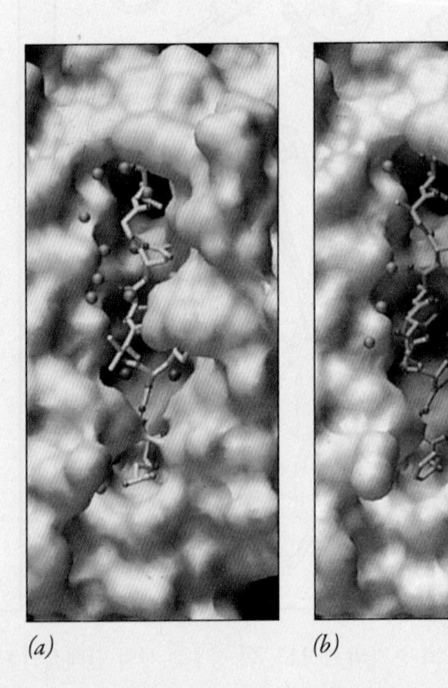

그림 2 생쥐 MHC 클래스I 단백질(H-2K^b)의 항원-결합 주머니 안에 결합된 펩티드(공과 막대구조로 나타냄)의 3차원 모형. (*a*)에 있는 펩티드는 8개의 아미노산 잔기로, (*b*)에 있는 펩티드는 9개의 잔기로 구성되어 있다. 펩티드들이 MHC 결합 홈 안쪽에 깊이 묻혀 있는 것으로 보인다.

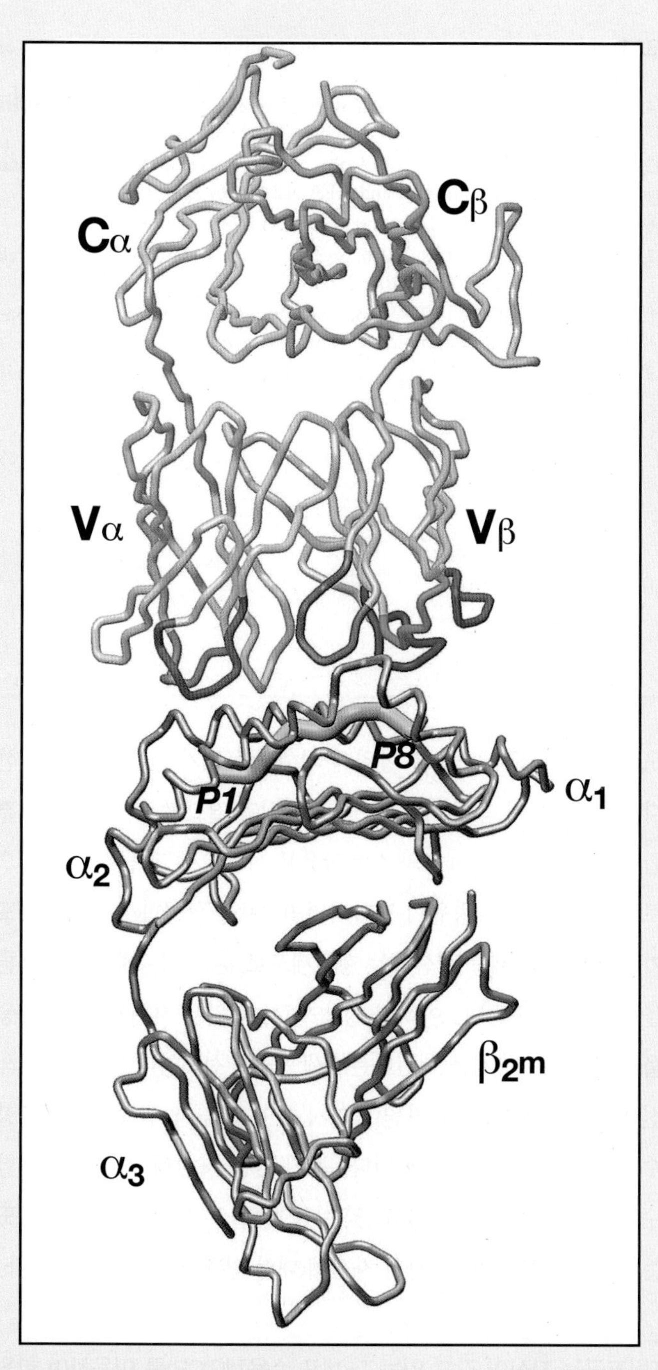

그림 3 MHC-펩티드 복합체(아래쪽)과 TCR(위쪽) 사이의 상호작용을 나타낸 그림. 두 가지 단백질들 사이에서 접점을 형성하는 TCR의 고가변부위는 색칠한 고리로 보인다. MHC 클래스I 분자의 결합 홈에 놓여 있는 것과 같이 결합된 펩티드(P1-P8)는 황록색으로 보인다. 펩티드 골격이 관 모형으로 그려져 있다.

은 단백질의 결합 주머니 안에 묻혀서 펼쳐져 있는 펩티드 항원(황록색)과 함께 MHC 클래스I 분자의 구조와 방향을 보여주고 있다. 사진의 위쪽 절반은 TCR의 구조와 위치를 보여준다. 〈그림 17-20*b*〉에서와 같이, TCR은 *α*와 β 폴리펩티드 사슬로 구성되어 있으며 각각의 사슬은 가변부위(V)와 불변부위(C)로 구성된다. 면역글로불린과 같이(그림 17-15), 각각의 TCR 소단위에 있는 가변부위는 현저한 가변(즉, 고가변)부위를 갖고 있다. 고가변부위는 돌출된 고리(〈그림3〉에서 2개의 TCR 폴리펩티드의 색깔로 된 단편으로 나타냄)를 형성하고, 이 부위는 MHC-펩티드 복합체의 바깥 말단에 아주 잘 들어맞는다. 고가변부위가 TCR의 결합 특성을 결정하기 때문에, 상보성-결정부위(相補性-決定部位, *complementarity-determining region, CDR*)라고 한다. TCR의 CDR은 MHC의 α_1영역 및 α_2영역의 *α* 나선들과 상호작용 할 뿐만 아니라, 결합된 펩티드에 있는 노출된 잔기들과도 상호작용을 한다. TCR에 있는 중앙의 CDR은 가장 많은 서열변이를 나타내며, 주로 중앙에 위치한 결합 펩티드와 상호작용을 한다. 반면에, 바깥쪽 CDR은 서열변이가 적으며, MHC의 *α* 나선과 가장 밀접하게 상호작용을 한다.[16] 이들 상호작용 때문에, TCR은 인식에 대한 "책임"을 다할 수 있다. 즉, TCR은 결합된 펩티드를 외래 항원으로 인식하고, MHC를 자가-단백질로서 인식한다. (추가적인 TCR-펩티드-MHC 구조에 대한 최근 연구 결과에 대한 정보는 참고문헌 17-19에서 찾을 수 있다.)

참고문헌

1. OLDSTONE, M. B. A., ET AL. 1973. Histocompatibility-linked genetic control of disease susceptibility. *J. Exp. Med.* 137:1201–1212.
2. ZINKERNAGEL, R. M. & DOHERTY, P. C. 1974. Restriction of in vitro T cell-mediated cytotoxicity in lymphocytic choriomeningitis within a syngeneic or semiallogeneic system. *Nature* 248:701–702.
3. WALDRON, J. A., ET AL. 1974. Antigen-induced proliferation of guinea pig lymphocytes in vitro: Functional aspects of antigen handling by macrophages. *J. Immunol.* 112:746–755.
4. WEKERLE, H., ET AL. 1972. Fractionation of antigen reactive cells on a cellular immunoadsorbant. *Proc. Nat'l. Acad. Sci. U.S.A.* 69:1620–1624.
5. ZIEGLER, K. & UNANUE, E. R. 1982. Decrease in macrophage antigen catabolism caused by ammonia and chloroquine is associated with inhibition of antigen presentation to T cells. *Proc. Nat'l. Acad. Sci. U.S.A.* 79:175–178.
6. ZIEGLER, K. & UNANUE, E. R. 1981. Identification of a macrophage antigen-processing event required for I-region-restricted antigen presentation to T lymphocytes. *J. Immunol.* 127:1869–1875.
7. ZIEGLER, K. & UNANUE, E. R. 1979. The specific binding of Listeria monocytogenes-immune T lymphocytes to macrophages. I. Quantitation and role of H-2 gene products. *J. Exp. Med.* 150:1142–1160.

8. Puri, J. & Lonai, P. 1980. Mechanism of antigen binding by T cells H-2 (I-A)-restricted binding of antigen plus Ia by helper cells. *Eur. J. Immunol.* 10:273–281.
9. Bjorkman, P. J., et al. 1987. Structure of the human class I histocompatibility antigen, HLA-A2. *Nature* 329:506–512.
10. Bjorkman, P. J. 2006. Finding the groove. *Nature Immunol.* 7:787–789.
11. Madden, D. R., et al. 1992. The three-dimensional structure of HLA-B27 at 2.1 Å resolution suggests a general mechanism for tight peptide binding to MHC. *Cell* 70:1035–1048.
12. Fremont, D. H., et al. 1992. Crystal structures of two viral peptides in complex with murine MHC class I H-2K^b. *Science* 257:919–927.
13. Matsumura, M., et al. 1992. Emerging principles for the recognition of peptide antigens by MHC class I molecules. *Science* 257:927–934.
14. Garcia, K. C., et al. 1996. An αβ T cell receptor structure at 2.5 Å and its orientation in the TCR–MHC complex. *Science* 274:209–219.

13. Matsumura, M., et al. 1992. Emerging principles for the recognition of peptide antigens by MHC class I molecules. *Science* 257:927–934.
14. Garcia, K. C., et al. 1996. An αβ T cell receptor structure at 2.5 Å and its orientation in the TCR–MHC complex. *Science* 274:209–219.

15. Garboczi, D. N., et al. 1996. Structure of the complex between human T-cell receptor, viral peptide and HLA-A2. *Nature* 384:134–140.
16. Wilson, I. A. 1999. Class-conscious TCR? *Science* 286:1867–1868.
17. Clements, C. S., et al. 2006. Specificity on a knife-edge: The αβ T cell receptor. *Curr. Opin. Struct. Biol.* 16:787–795.
18. Marrack, P., et al. 2008. Evolutionarily conserved amino acids that control TCR–MHC interaction. *Annu. Rev. Immunol.* 26:171–203.
19. Archbold, J. K., et al. 2008. T-cell allorecognition. *Trends Immunol.* 29:220–226.

요약

척추동물은 세포에 의해 수행되는 면역반응에 의해 감염으로부터 보호를 받는데, 세포는 그 자리에 "있어야만 하는"(즉, "자가") 물질과 있으면 안 되는(즉, 외래 또는 "비자가") 물질을 구별할 수 있다. 선천반응은 신속하게 일어나지만 높은 수준의 특이성이 결여되어 있는 반면에, 후천 면역반응은 대단히 특이적이지만 몇 일간의 지연기가 필요하다. 선천반응은 톨-유사 수용체(Toll-like receptor)를 갖고 순찰하는 식세포, 혈액에 들어 있으면서 세균 세포를 용해시킬 수 있는 분자(보체), 항바이러스성 단백질(인터페론), 그리고 감염된 세포가 세포사멸을 겪게 만드는 자연살생세포(natural killer cell) 등에 의해 수행된다. 후천면역은 두 가지 큰 부류로 구분될 수 있다. 즉, (1) B림프구(B세포)에서 유래된 세포가 생산한 항체에 의해 매개되는 체액(혈액-유래) 면역과, (2) T림프구(T세포)에 의해 수행되는 세포-매개 면역이다. B세포와 T세포는 모두 동일한 줄기세포로부터 유래되고, 또한 이들은 다른 유형의 혈액세포도 생산될 수 있다.

면역계의 세포들은 클론 선택에 의해 발달한다. 면역계의 세포들이 발달하는 동안 각각의 B세포는 단 한 종류의 항체 분자를 생산하는 데 투입된다. 항체는 처음 B세포의 원형질막에 항원수용체로서 제시된다. 항원이 없어도 B세포는 항체 생산에 투입되기 때문에, 모든 항체-생산 세포들은 항원에 의해 자극되기 전에 이미 존재한다. 외래 물질이 몸에 나타나면, 그 물질과 결합할 수 있는 막에 결합된 항체를 지닌 B세포와 상호작용을 함으로써 그 물질은 항원으로 작용하게 된다. 항원이 결합되면 B세포를 활성화시켜서, B세포가 증식하여 항체를 생산하는 형질세포로 분화하는 세포들의 클론을 형성하게 만든다. 이러한 방법으로, 항원은 자신과 상호 작용을 할 수 있는 항체를 생산하는 B세포들을 선택한다. 항원에 의해 선택된 세포 중 일부는 항원이 다시 들어 왔을 때 신속하게 반응할 수 있는 기억세포로 남게 된다. 몸에 있는 자신의 조직과 반응할 수 있는 항원 수용체를 갖고 있는 B세포들은 불활성화 되거나 또는 제거되어서, 신체가 자기 자신에 대한 면역관용을 갖게 만든다.

T림프구는 자신이 갖고 있는 T-세포 수용체(TCR)를 이용하여 항원을 인식한다. T세포는 세 가지 별개의 종류로 다시 나눌 수 있다. 즉, B세포를 활성화시키는 조력 T세포(T_H세포), 외래세포나 또는 감염된 세포를 죽이는 세포독성 T림프구(CTL), 다른 T세포를 일반적으로 억제하는 조절 T세포(T_{Reg}세포) 등이 있다. 수용성이면서 온전한 구조의 항원에 의해 활성화되는 B세포와는 다르게, T세포는 항원-제시 세포(APC)라고 하는 다른 세포의 표면에 제시되어 있는 항원의 단편에 의해 활성화된다. 감염된 어떠한 세포라도 CTL을 활성화

시킬 수 있다. 반면에, T_H세포는 항원을 포식하여 가공하는 작용을 하는 대식세포나 수지상세포와 같이 전문 APC에 의해서만 활성화될 수 있다. 세포독성 T세포는 표적세포의 막 투과성을 증가시켜서 세포가 세포사멸을 겪도록 유도시키는 단백질을 분비함으로써 표적세포를 죽인다.

항체는 두 가지 유형의 폴리펩티드 사슬들, 즉 무거운 사슬과 가벼운 사슬로 구성된 면역글로불린(Ig)이라고 하는 구형단백질이다. 항체는 이들이 갖고 있는 무거운 사슬에 따라서 다수의 종류(IgA, IgG, IgD, IgE, IgM)로 나누어진다. 무거운 사슬과 가벼운 사슬 모두 (1) 불변부위(C)와 (2) 가변부위(V)로 구성된다. 불변부위(C)는 특정 종류의 항체에서 모든 무거운 사슬들 또는 가벼운 사슬들 사이에 아미노산 서열이 실질적으로 동일하며, 그리고 가변부위(V)는 항체 종류마다 아미노산 서열이 다양하다. 서로 다른 종류에 속하는 항체는 항원에 노출된 후 서로 다른 시기에 나타나며 서로 다른 생물학적 기능들을 갖고 있다. Y자 모양의 IgG 분자 각각은 동일한 무거운 사슬 2개와 동일한 가벼운 사슬 2개를 갖고 있다. 가벼운 사슬의 가변부위와 무거운 사슬의 가변부위가 결합되어 항원-결합 자리가 형성된다. 가변부위 속에서 유도된 고가변부위는 항원-결합 자리의 벽을 형성한다.

B세포와 T세포에 모두 존재하는 항원 수용체는 DNA 재배열에 의해 만들어진 유전자들에 의해 암호화된다. 가벼운 Ig 사슬에 있는 각각의 가변부위는 함께 연결된 2개의 DNA 단편들(V 및 J 단편)로 이루어져 있는 반면에, 무거운 Ig 사슬에 있는 각각의 가변부위는 3개의 단편들(V, J, 및 D 단편)이 연결되어 구성된다. 서로 다른 항체-생산 세포에서 서로 다른 V 유전자가 서로 다른 J 유전자와 연결된 결과에 의해서 다양성이 나타난다. 추가적인 다양성은 효소에 의한 뉴클레오티드 삽입 그리고 V−J 연결 자리의 변이에 의해 나타난다. 한 사람이 2,000 가지 이상의 서로 다른 가벼운 카파 사슬과 10만 가지의 무거운 사슬을 합성할 수 있고, 이들은 무작위로 결합되어 2억 가지 이상의 항체를 이루는 것으로 추정된다. 항체-생산 세포에서 재배열된 V 유전자가 유전체에 있는 다른 유전자보다 훨씬 높은 돌연변이율을 경험하게 되는 체세포 과돌연변이에 의해 추가적인 다양성이 생긴다.

APC에 의해 받아들여진 항원은 짧은 펩티드의 단편으로 절단되고, 주조직적합성 복합체(MHC)에 의해 암호화된 단백질과 결합하여 T세포에게 제시된다. MHC 단백질은 두 가지, 즉 클래스I 분자와 클래스II 분자로 나누어진다. MHC 클래스I 분자는 감염된 바이러스로부터 유래된 단백질을 비롯하여 내인성 세포기질 단백질로부터 유래하는 펩티드를 주로 제시한다. 몸 안에 있는 거의 모든 세포는 MHC 클래스I 분자를 통해 펩티드를 CTL에게 제시할 수 있다. 만약 CTL의 TCR이 세포에 의해 제시된 외래 펩티드를 인식하게 되면, CTL은 표적세포를 죽이기 위해 활성화된다. 대식세포나 수지상세포가 속하는 전문 APC는 MHC 클래스II 펩티드와 결합할 수 있는 펩티드를 제시한다. APC에 있는 MHC−펩티드 복합체는 T_H세포 표면에 있는 TCR에 의해 인식된다. APC가 제시한 항원에 의해 활성화된 조력 T세포는 같은 항원을 인식하는 항원 수용체(Ig들로 구성된 BCR)를 가진 B세포와 결합하여 이 세포를 활성화시킨다. 조력 T세포는 직접 상호작용을 하거나 또는 사이토카인을 분비하여 B세포를 자극한다. TCR에 의해 T세포가 활성화되면, T세포 안에 있는 단백질 티로신 인산화효소를 자극하게 된다. 이것은 차례로 Ras의 활성화, MAP 인산화효소 연쇄반응, 인지질 가수분해효소 C의 활성화 등을 포함한 다수의 신호전달 경로가 활성화되게 한다.

제 18 장

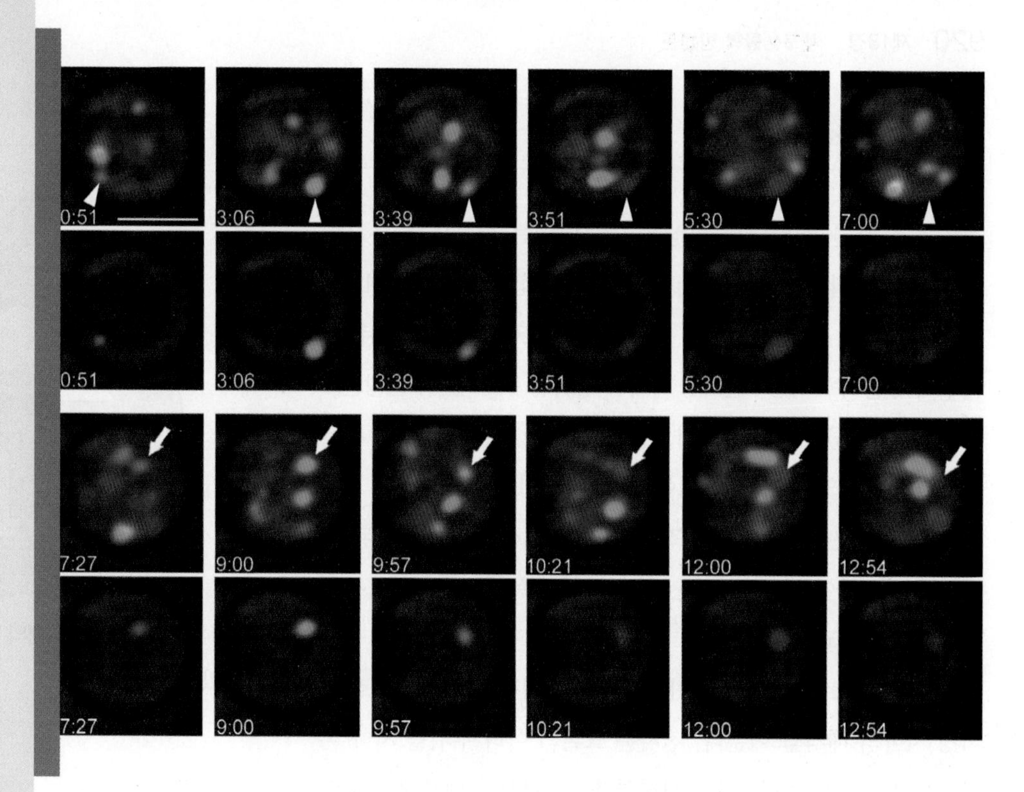

세포생물학 방법론

연구대상 물질의 크기가 매우 작기 때문에, 세포 및 분자생물학은 생물학 분야 중에서 새로운 기구와 기술의 개발을 가장 많이 필요로 한다. 결과적으로, 자료를 수집하는 데 필요한 기술을 이해하지 못한다면 세포 및 분자생물학을 배우기가 쉽지 않다. 이 장(章)에서는 이러한 분야에서 가장 널리 사용되는 방법들을 개괄적으로 다룬다. 즉, 특정 기술을 사용하는 방법을 알아보고 이러한 기술을 이용하여 알 수 있는 정보 유형의 예를 제시한다. 먼저 세포의 존재를 알아낼 수 있도록 한 기구부터 살펴보도록 하자. ■

2중-표지 형광을 사용하여 추적한 세포소기관 내부의 역동적인 작용. 출아하는 효모 세포의 골지 주머니(Golgi cisternae)가 대부분의 진핵세포와 달리 뚜렷한 층을 이루지 않고 세포질에 산재되어 있다. 밝은 타원형 구조가 각각의 골지 주머니로, 형광으로 표지된 단백질 분자의 분포에 따라 색이 다르게 보인다. 초록색으로 보이는 골지 주머니는 초기 골지 활동에 참여하며, GFP로 표지된 단백질(Vrg4)을 포함하고 있다. 한편 빨간색으로 보이는 골지 주머니는 후기 골지 활동에 참여하며, DsRed로 표지된 단백질(Sec7)을 포함하고 있다. 이 일련의 사진은 약 13분 동안에 골지 주머니의 단백질 조성이 변화하는 양상을 보여준다(왼쪽 아래에 경과시간이 표시되었음). 하얀색 화살촉표와 화살표는 시간 경과에 따라 변화하는 골지 주머니 가운데 2개를 가리킨다. 이들 두 주머니의 영상(映像)은 각각의 아랫줄에 있는 현미경 사진에서 볼 수 있다. 이를 통해, 각 주머니의 단백질 조성이 시간 경과에 따라 "초기" 골지 단백질(초록색)에서 "후기" 골지 단백질(빨간색)로 변화하는 것을 볼 수 있다. 이런 사실은 〈12-8-1-3〉에서 논의한 골지주머니 성숙 모형에 대한 시각적인 직접 증거이다.

18-1 광학현미경

현미경은 사물의 확대된 영상을 만들어내는 기구이다. 〈그림 18-1〉은 복합 광학현미경(複合光學顯微鏡, compound light microscope)의 주요 부분이다. 광원(光源)은 표본에 빛을 비추며, 외부에 있을 수도 있고 현미경 바닥에 장착할 수도 있다. 집광렌즈(*condenser lens*)는 광원에서 나오는 빛을 모아 표본에 비추어 작은 부분이 확대되었을 때 밝게 보이도록 한다. 집광렌즈에 의해 표본에 모인 광선은 **대물**(對物)**렌즈**(objective lens)에 의해 수집된다. 대물렌즈로 들어오는 광선에는 두 가지가 있는데, 하나는 표본이 변화시킨 것이고, 다른 하나는 변화되지 않은 것이다(그림 18-2). 후자는 집광렌즈로부터 온 빛이 대물렌즈를 직접 통과한 것으로 현미경 시야의 배경을 이룬다. 전자는 표본의 여러 부위를 지나 온 광선으로서 표본의 상(像)을 형성한다. 이 광선이 대물렌즈에 의해 집중되어 물체의 확대된 실상을 형성하게 된다(그림 18-1). 대물렌즈에 의해 형성된 상은 또 다른 렌즈인 대안(對眼)렌즈(*ocular lens*)에 의해 확대된 허상으로 관찰된다. 대안렌즈에 의해 형성된 허상은 눈의 앞부분에 있는 제3의 렌즈계인 망막 위에 실상을 만든다. 광학현미경의 초점조절 손잡이를 돌리면, 표본과 대물렌즈 사이의 상대적인 거리가 변하여 최종적인 상이 정확하게 망막 평면에 맺히게 한다. 현미경의 전체 배율은 대물렌즈와 대안렌즈의 배율을 곱하여 나타낸다.

18-1-1 분해능

지금까지는 생성된 상(像)의 질, 즉 사물의 미세한 정도는 고려하지 않고, 사물의 확대에 대해서만 생각하였다. 현미경으로 고배율 대물렌즈(예: 63×)와 대물렌즈 상을 5배 확대하는 대안렌즈(5×)를 이용하여 어떤 구조를 관찰한다고 가정해보자. 시야에 가득한 염색체의 수를 세어야 하는데, 일부가 매우 근접하여 분리된 구조로 구별하기 어려운 상황을 생각해보자(그림 18-3*a*). 하나의 해결책은 대안렌즈를 바꾸어 관찰대상의 크기를 증가시키는 것이다. 대안렌즈를 5배에서 10배로 바꾸면, 대물렌즈에 의해 만들어진 영상이 망막의 더 넓은 부위에 펼쳐지기 때문에 염색체의 수를 세는 일

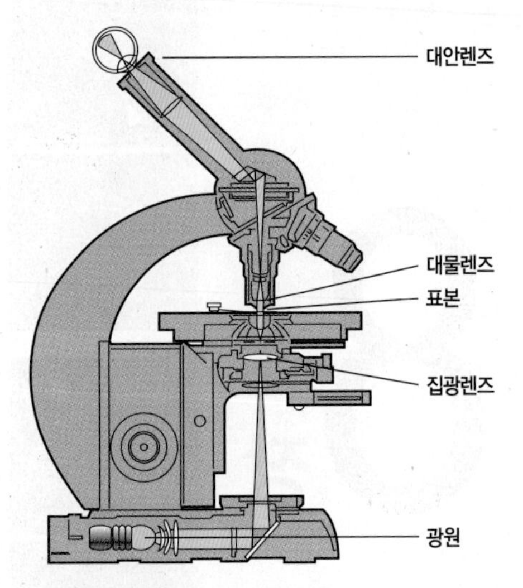

그림 18-1 복합 광학현미경의 단면 모식도. 대물렌즈와 대안렌즈가 모두 장착되어 있는 현미경.

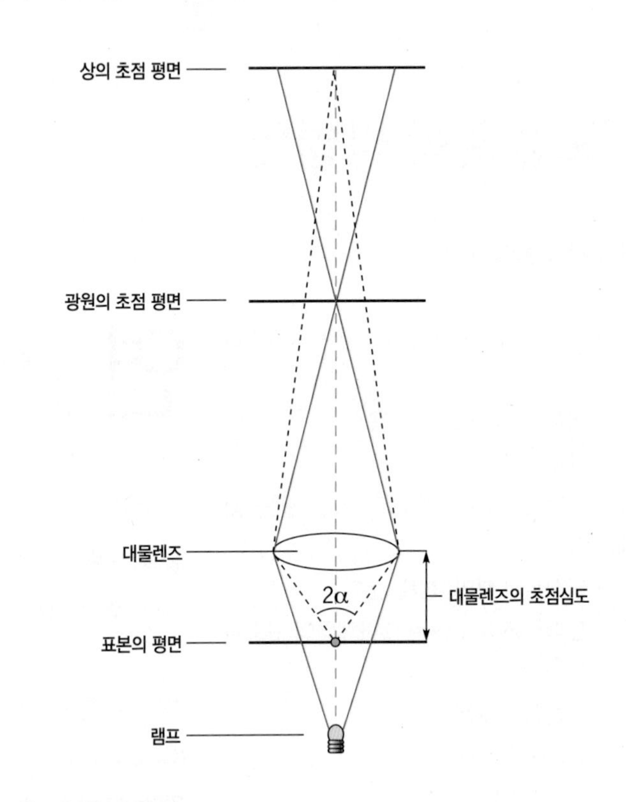

그림 18-2 표본의 상과 시야의 배경을 형성하는 빛의 경로. 표본에서 나온 광선은 망막에서 초점을 맺고, 배경 광선은 초점에서 벗어나 확산된 밝은 시야를 만든다. 대물렌즈의 분해능은 각 α의 사인 값에 비례한다. 분해능이 높은 렌즈일수록 초점심도가 더 짧다. 이것은 초점을 맞추었을 때, 표본이 대물렌즈에 더 가깝게 위치한다는 것을 뜻한다.

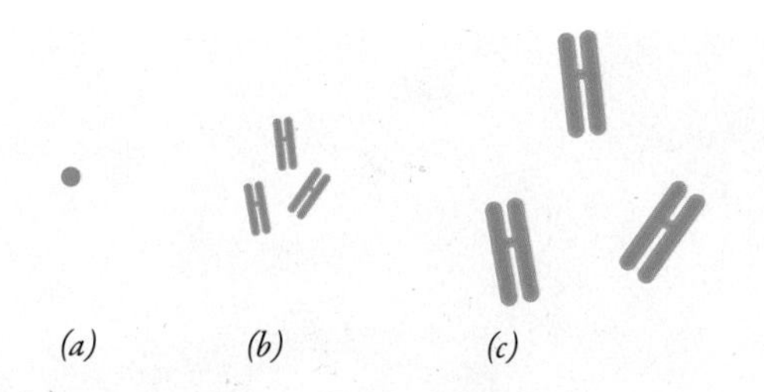

그림 18-3 배율 대 분해능. *(a)*에서 *(b)*로 바뀌면 배율과 분해능이 모두 증가한다. 반면, *(b)*에서 *(c)*로 전환되면 배율(공허한 확대)만 증가한다. 실제로 영상의 품질은 공허한 확대가 증가할수록 왜곡된다.

이 쉬워질 것이다(그림 18−3*b*). 영상에 대한 정보를 제공하는 광수용기의 수가 많을수록 더 미세한 영상을 볼 수 있다(그림 18−4). 그러나 대안렌즈를 20배로 바꾼다 해도 영상의 크기가 더 커져 더 넓은 망막 표면을 차지하기는 하지만 더욱 자세한 영상을 추가로 관찰할 수는 없다(그림 18−3*c*). 즉, 대안렌즈를 바꾸어도 더 자세한 정보를 얻을 수 없다. 그 이유는, 대물렌즈에 의해 생긴 영상은 대안렌즈 배율을 높여 향상시킬만한 자세한 정보를 추가로 갖고 있지 않기 때문이다. 따라서 대안렌즈를 너무 큰 배율로 바꾸는 것은 단지 무의미한 확대(*empty magnification*)일 뿐이다(그림 18−3*c*).

대물렌즈의 광학적 성능은 표본에 있는 세밀한 구조가 인식될 수 있는, 또는 분해될 수 있는 정도에 의해서 측정된다. 현미경의 **분해능**(分解能, resolution)은 굴절에 의해 제한된다. 굴절 때문에 표본의 한 점에서 나온 빛은 상의 한 점으로 보이지 않고, 작은 원반으로 보인다. 만약 인접한 2개의 점에 의해 생긴 원반이 중첩되면, 그 점들은 구별할 수 없다(그림 18−4처럼). 이와 같이 현미경의 분해능은 시야에서 인접한 두 점을 뚜렷한 2개로 구별할 수 있는 능력으로 정의할 수 있다. 현미경의 분해능은 아래의 식에 따라 조사되는 빛의 파장에 의해 제한된다.

$$d = \frac{0.61\lambda}{n \sin \alpha}$$

여기에서 d는 표본에서 두 점 사이의 최소 거리, λ는 빛의 파장(백색광의 경우 527nm), n은 표본과 대물렌즈 사이 매질의 굴절률이다. 알파(α)는 〈그림 18−2〉과 같이 대물렌즈로 들어오는 빛의 원추가 이루는 각도의 절반과 같다. 알파는 렌즈가 빛을 모으는 능력의 척도이며, 조리개 성능과 직접 관련되어 있다. 이 식의 분모를 개구수(開口數, *numerical aperture*, *N.A.*)라고 한다. 개구수는 렌즈마다 일정하고 빛을 모을 수 있는 성능을 나타낸다. 공기 중에서 사용되도록 고안된 대물렌즈의 경우, α의 최대각 90도의 sin 값이 1이고 공기의 굴절률도 1이기 때문에 가능한 최대 개구수는 1.0이다. 한편 오일에 담그도록 고안된 대물렌즈의 경우 개구수는 약 1.5 정도이다. 대체로 광학현미경의 사용 가능한 최대 배율은 사용하는 대물렌즈 개구수의 500 내지 1,000배 정도 범위에 있다. 상을 이보다 더 확대하면 무의미한 확대만 일어나고, 상의 모습이 왜곡될 수 있다. 짧은 초점심도(焦點深度)를 갖는 렌즈를 사용하여 렌즈를 표본에 아주 가깝게 접근시키면 개구수를 높일 수 있다.

만약 가능한 최소 파장의 빛과 최대의 개구수를 앞의 식에 대입하면 표준 광학현미경의 **분해능 한계**(limit of resolution)를 구할 수 있다. 이 식에 대입하면 0.2μm(200nm)보다 약간 작은 값이 나오는데, 이것은 핵 및 미토콘드리아와 같이 다소 큰 세포소기관들을 관찰하기에 충분한 값이다. 반대로 개구수가 약 0.004인 육안의 분해능 한계는 0.1mm 정도이다.

이러한 이론적인 요소들과 더불어, 분해능은 광학적 오차인 수차(收差, *aberration*)의 영향도 받는다. 일곱 종류의 주요 수차가 있으며, 이 수차들은 렌즈 제작사들이 이론적 한계의 분해능에 접근하는 분해능을 갖는 대물렌즈를 제작할 때에 극복해야 할 난제이다. 대물렌즈는 하나의 수렴 렌즈(convergent lens)를 사용하는 대신에 일련의 복합적인 렌즈로 만든다. 하나의 렌즈로 필요한 배율을 만들어내며, 나머지 렌즈들로 첫 렌즈의 오차를 보상하여 전체 상을 수정한다.

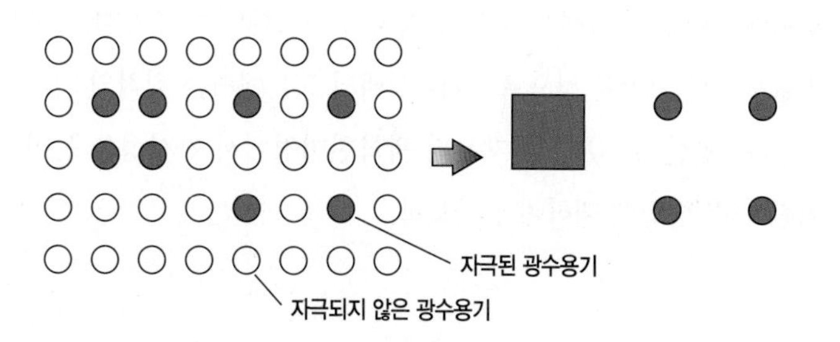

그림 18-4 눈의 분해능. 각각의 광수용기가 받은 자극(왼쪽)과 그로 인해 인식되는 상(오른쪽) 사이의 관련성을 설명하는 모식도. 이 그림은 상이 망막의 충분히 넓은 지역에 맺혀야 하는 중요성을 설명해준다.

18-1-2 가시성

분해능 한계에서 비롯되는 광학현미경의 더욱 실제적인 문제는 가시성(可視性, *visibility*)으로, 실제의 모습으로 관찰할 수 있도록 하는 요인들과 관련되어 있다. 이것은 사소한 문제로 보일 수도 있다. 즉, 사물이 있다면 보여야만 한다. 깨끗한 유리구슬을 생각해보자. 대부분의 조건과 배경에서 구슬은 확실하게 보인다. 그러나 유리구슬을 같은 굴절률의 담금기름(沈漬油, immersion oil)으로 채운 비이커 안에 넣으면, 유리구슬이 배경 액체와 분간할 수 있도록 빛에 영향을 주지 못하므로 구슬은 시야에서 사라지고 말 것이다. 광학현미경을 사용하여 아메바를 찾아내려 한다면 가시성의 문제를 제대로 인식할 수 있다.

창이나 현미경을 통해 보는 것은 배경과는 다르게 빛에 대해 영향을 준 사물이다. 이런 뜻에서 가시성을 표현하는 다른 용어는 **명암대비**(明暗對比, contrast)이며, 사물의 인접부분 사이 또는 사물과 배경 사이에서 드러나는 형태의 차이를 의미한다. 명암대비의 필요성은 별을 생각해보면 알 수 있다. 맑은 날 밤 하늘에는 별이 가득하지만, 같은 하늘에서도 낮에는 천체가 사라져버린다. 별이 시야에서는 사라졌지만 하늘에서도 사라진 것은 아니다. 밝은 배경 때문에 더 이상 보이지 않을 뿐이다.

거시 세계에서는 물체에 도달한 후 반사되어 눈으로 되돌아오는 빛으로 물체를 관찰한다. 이와는 달리 현미경을 사용하는 경우, 표본을 광원과 눈 사이에 두고 물체를 통과해 투과된(더욱 정확하게는, 물체에 의해 회절된) 빛을 보게 된다. 만약 광원이 하나만 있는 방에서 광원과 눈 사이에 물체를 두면 이런 조명 방식의 문제점 일부를 이해할 수 있다. 즉, 조사할 물체가 거의 투명해야 한다. 여기에서 또 다른 문제점이 나타난다. "거의 투명한" 물체는 보기 어려울 것이다.

얇고 투명한 표본을 현미경 하에서 관찰하기 위한 가장 좋은 방법은 염색하여 가시광선 내의 특정 파장만 흡수하도록 하는 것이다. 흡수되지 않은 파장은 눈으로 들어와 염색된 물체가 빛깔을 나타내도록 한다. 염료는 각각 다른 종류의 생체물질과 결합하기 때문에 이 과정을 통해 표본의 가시성을 높일 뿐만 아니라 조직이나 세포에서 여러 종류의 물질이 존재하는 위치를 확인할 수도 있다. 좋은 예는 포일겐(Feulgen) 염색으로, DNA에 특이성을 가지므로 빛깔을 띤 염색체를 현미경으로 볼 수 있다(그림 18-5). 염색의 문제는 일반적으로 염료를 살아있는 세포에 사용할 수 없다는 것이다. 염료는 대개 유독하거나 염색 조건이 유독하고, 염료가 살아있는 세포의 원형질막을 통과하지 못한다. 예를 들면, 포일겐 염색에서는 조직에 염료를 처리하기 전에 산성 조건에서 가수분해해야 한다.

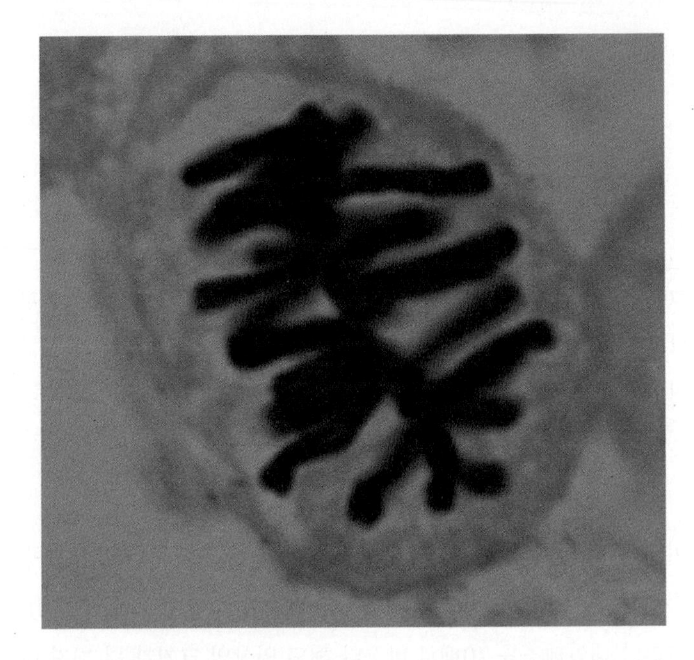

그림 18-5 포일겐 염색. 이 염색법은 DNA에 특이적이다. 유사분열 중기에 고정한 양파 근단 세포에서 염료가 염색체에 편재하는 현미경 사진.

다른 유형의 광학현미경은 종류가 다른 조명을 이용한다. **명시야현미경**(明視野顯微鏡, bright-field microscope)에서는 표본을 비추는 빛이 밝은 배경으로 보여 표본의 상과 명암대비를 이룬다. 명시야현미경은 염색한 조직 절편처럼 명암대비가 뚜렷한 표본을 관찰하도록 고안된 것으로, 다른 형태의 표본에서는 최적의 가시성을 얻지 못할 수 있다. 이제부터 광학현미경에서 가시성을 높이기 위한 여러 방법에 대하여 알아보자.

18-1-3 명시야광학현미경 관찰용 시료 만들기

광학현미경으로 관찰하는 표본은 크게 두 범주—전체표본과 절편

—로 나눌 수 있다. **전체표본**(whole mount)은 살아있거나 또는 죽은 온전한 물체이며, 원생동물과 같은 현미경적 크기의 개체 전체 또는 큰 생물체의 작은 부분이다. 대부분의 동식물 조직은 현미경으로 분석하기에 너무 불투명하기 때문에, 매우 얇은 **절편**(切片, section)으로 만들어 관찰해야 한다. 절편을 제작하려면, 세포를 먼저 **고정액**(固定液, fixative)이라는 화학 용액에 넣어 죽도록 한다. 좋은 고정액은 세포막을 재빨리 통과하고 모든 고분자를 고정시켜, 세포의 구조를 살아있는 상태와 최대한 가깝도록 해준다. 광학현미경 관찰에서 가장 널리 사용되는 고정액은 포름알데히드(formaldehyde), 알코올, 또는 초산(acetic acid)이다.

고정 후, 조직을 알코올 농도 상승 순으로 탈수시킨 후 파라핀(왁스)에 포매한다. 파라핀을 사용하는 이유는 절편 제작과정에서 기계적인 지지 작용을 하며, 유기용매에 쉽게 녹기 때문이다. 파라핀 절편이 붙어 있는 받침유리(slide glass)를 톨루엔(toluene)에 담그면, 왁스는 녹고 받침유리에 붙어 있던 조직의 얇은 절편이 남게 된다. 이것을 염색하거나 또는 항체를 비롯한 다른 시약으로 처리할 수 있다. 염색 후, 조직 위에 봉입제를 이용하여 덮개유리(cover glass)를 덮는다. 이 때, 받침유리 및 덮개유리와 굴절률이 같은 봉입제를 사용한다.

18-1-4 위상차현미경 관찰

살아있는 세포와 같이 작고 염색하지 않은 표본은 명시야 현미경으로 관찰하기가 매우 어렵다(그림 18-6*a*). **위상차현미경**(位相差顯微鏡, phase-contrast microscope)을 이용하면 매우 투명한 물체를 더 잘 볼 수 있다(그림 18-6*b*). 한 물체의 다른 부위를 구별할 수 있는 이유는 부위마다 빛에 서로 다르게 영향을 주기 때문이다. 이러한 차이가 나타나게 하는 한 근거는 굴절률이다. 세포소기관은 DNA, RNA, 단백질, 지질, 탄수화물, 염류, 물 등의 다양한 분자가 서로 다른 비율로 구성되어 있다. 따라서 성분이 다른 부위는 다른 굴절률을 보인다. 육안으로는 대개 그러한 차이를 감지할 수 없다. 그러나 위상차현미경은 굴절률의 차이를 강도(상대적인 명암)의 차이로 바꾸어서 눈으로 볼 수 있게 한다. 위상차현미경은 (1) 대물렌즈로 들어가는 직사광선과 표본에서 나온 굴절된 빛을 분리하고, (2) 이 두 광선이 서로 간섭(干涉, *interfere*)하도록 하여 이러한 기능을 수행한다. 상에 나타나는 각 부분의 상대적인 명암은 표본의 각 부분에서 나온 빛이 직사광선과 간섭한 방식을 나타낸다.

위상차현미경은 살아있는 세포의 세포 내 성분을 비교적 높은 분해능으로 조사하는 데 가장 유용하다. 예를 들면, 미토콘드리아, 유사분열중인 염색체, 액포 등의 역동적 움직임을 추적하여 촬영할

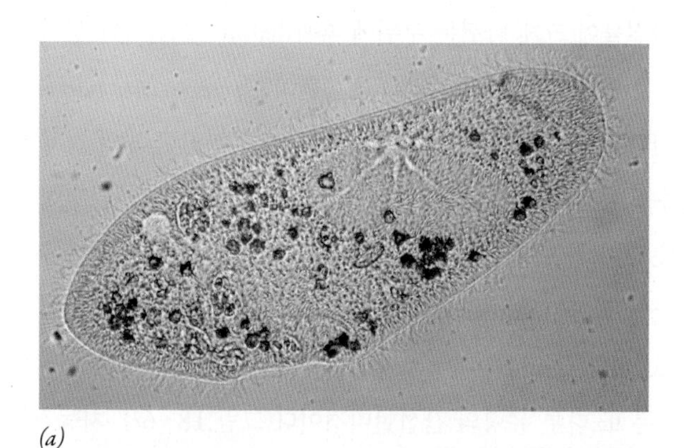

(*a*)

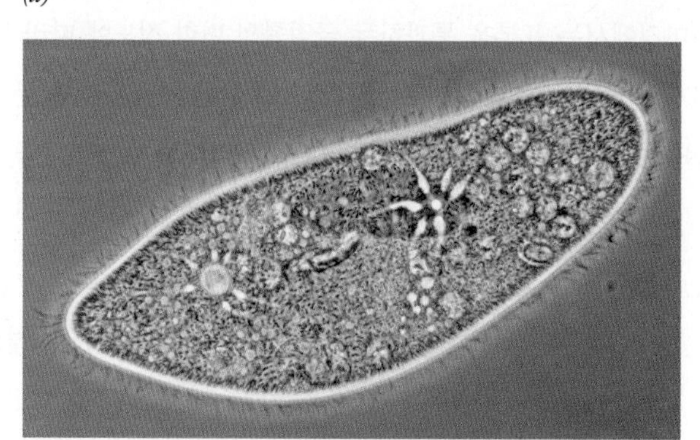

(*b*)

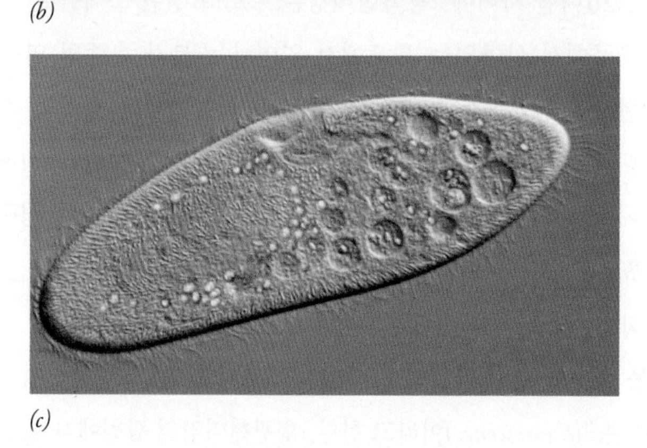

(*c*)

그림 18-6 여러 종류의 광학현미경으로 관찰한 세포의 비교. 섬모가 있는 원생생물을 (*a*) 명시야, (*b*) 위상차, (*c*) 차등간섭대비(또는 Normaski)현미경으로 촬영한 광학현미경 사진. 이 생물은 명시야 조명하에서는 잘 보이지 않으나 위상차현미경과 차등간섭대비현미경에서는 뚜렷하게 관찰된다.

수 있다. 살아있는 세포 안에서 미세한 입자와 액포가 무작위로 충돌하는 것을 단순히 보는 것만으로도 염색된 죽은 세포의 관찰에서는 얻을 수 없는 생명에 관한 흥분을 느낄 수 있다. 위상차현미경의 발명으로 얻은 가장 큰 이점은 새로운 구조를 발견해내는 것이 아니라, 더 많은 것을 드러내는 방식으로 세포를 관찰하는 연구와 교육 실습에서 이 현미경을 일상적으로 사용하는 것이다.

위상차현미경은 분해능이 낮은 광학적 단점을 가지며, 상에는 굴절률이 크게 바뀌는 부위에 후광(halo)과 그림자가 생기는 문제점이 있다. 위상차현미경은 간섭현미경(*interference microscope*)의 한 유형이다. 다른 유형의 간섭현미경은 복잡한 빛의 경로와 프리즘을 이용하여 직사(直射)광선과 굴절(屈折)광선을 완전히 분리하여, 이러한 광학적 인공구조를 최소화한다. 개발자의 이름을 따라 노마르스키(Nomarski) 간섭현미경이라고도 하는 차등간섭대비(*differential interference contrast*)현미경은 뚜렷한 3차원 상을 만들어내는 또 다른 유형의 간섭현미경이다(그림 18-6*c*). 차등간섭대비현미경에서는 표본을 통과하는 굴절률의 변화 정도에 따라 명암대비가 결정된다. 결과적으로, 상대적으로 짧은 거리에 비해 굴절률이 현저하게 변화하는 가장자리에서 특히 명암대비가 뛰어나다.

18-1-5 형광현미경 관찰 및 관련된 형광-기반 기술

지난 20여년 사이에, 광학현미경은 주로 고정된 조직을 관찰하는 도구에서 살아있는 세포에서 일어나는 분자 수준의 역동적인 현상을 관찰하는 도구로 전환되었다. 살아있는 세포를 관찰하는 기술은 상당부분 형광현미경법(螢光顯微鏡法, *fluorescence microscopy*)의 혁신에 의해 발전되었다. 형광현미경으로는 형광색소(*fluorochrome*) 또는 형광단(螢光團, *fluorophore*)이라고 하는 어떤 화합물의 위치를 관찰할 수 있다. 형광색소는 보이지 않는 자외선을 흡수하여 긴 파장의 가시광선 에너지를 방출하는데, 이것을 형광현상(*fluorescence*)이라고 한다. 형광현미경의 광원에서 생성된 자외선 빛은 형광색소를 흥분시킬 수 있는 파장을 제외한 나머지 빛을 모두 차단하는 여과장치를 거치게 된다. 이 단색 광파가 표본에 도달하면 표본에 포함된 형광색소가 흥분하여 가시광선을 방출하는데, 이것을 대물렌즈로 초점을 맞추어 이룬 상을 관찰한다. 광원에서는 단지 자외선(검은색)만 생성하기 때문에, 형광색소로 염색된 물체는 검은 색 배경에서 밝게 보이므로 명암대비가 매우 뛰어나다.

형광화합물은 세포 및 분자생물학에서 여러 가지 방법으로 사용될 수 있다. 가장 일반적인 응용 방법은 로다민(rhodamine)이나 플루오레세인(fluorescein) 등의 형광색소를 항체와 공유결합시켜 형광 항체를 만든 후, 세포 안에 있는 특정 단백질의 위치를 확인하는 것이다. 이러한 기술을 면역형광법(*immunofluorescence*)이라고 하며, 〈그림 13-29*a*〉에 예시하였다. 면역형광법에 대해서는 〈18-19절〉에서 더 논의한다. 형광색소는 특정한 뉴클레오티드 서열을 포함하는 DNA 또는 RNA 분자의 위치 확인〈4-4-1-4〉에서도 사용할 수 있으며, 〈그림 4-19〉은 그 예이다. 다른 예로써, 형광색소를 막횡단 가능성의 표지자(그림 9-20 참조)나 또는 세포질 내 유리 상태의 Ca^{2+} 농도를 확인하는 탐침(그림 15-27 참조)으로 삼아, 세포 사이를 통과할 수 있는 분자의 크기를 연구하고 있다(그림 4-33 참조). 칼슘-민감성 형광색소의 사용에 대해서는 〈15-5-1-2〉에서 논의하였다.

또한 살아있는 세포 안에서 단백질이 수행하는 역동적인 과정을 연구할 때에도 그 단백질에 형광색소로 표지하여 사용한다. 예를 들면, 어떤 특정 형광색소를 액틴(actin)이나 튜불린(tubulin) 등의 세포 단백질과 결합시킨 후, 세포 안으로 주입한다(그림 13-4 및 13-73*b*). 널리 사용되는 비침습성(noninvasive) 실험법에서는 해파리(*Aequorea victoria*)에서 유래한 형광단백질(초록색형광단백질, GFP)을 이용한다. 대부분의 다른 형광단백질과는 다르게, GFP는 빛을 흡수하고 방출하는 과정에서 부가적인 보조인자를 필요로 하지 않는다. 그 대신에 GFP 폴리펩티드의 1차구조를 구성하는 아미노산 중 3개가 자가촉매 반응에 의한 자가-변형에 의해 빛 흡수/방출 색소단을 형성한다. GFP를 적용하는 대부분의 연구에서는 *GFP* 유전자의 부호화 부위와 연구대상 단백질의 유전자 부위를 연결한 DNA 재조합체를 만든다. 이 재조합 DNA를 세포에 형질주입하여 형광 GFP와 연구대상 단백질이 융합된 혼성 단백질을 합성한다. GFP를 사용하여 막의 역동성을 연구하는 내용은 〈12-2-2항〉에서 논의하였다. 이런 다양한 실험 방법에서, 표지된 단백질이 세포의 정상적인 활동에 참여하므로 이들의 위치를 현미경으로 추적하면 그 단백질이 관여하는 역동적인 활동을 밝힐 수 있다

(그림 12-4, 13-2).

분광성이 다른 GFP 변이체를 동시에 사용하여 연구하면 더 많은 정보를 얻을 수 있다. *GFP* 유전자를 직접 돌연변이시켜 파란색(BFP), 노란색(YFP), 남색(CFP)의 GFP 변이체 형광색소가 만들어져 있다. 한편, '연관성이 먼 빨간색 형광 4량체 단백질'(distantly related red fluorescent tetrameric protein, DsRed)이 말미잘에서 분리되었다. 다양한 형광색을 나타내는 DsRed의 단량체 변이체(예: mBanana, mTangerine, mOrange)도 돌연변이를 통해 만들어졌다. 〈그림 18-7〉은 GFP 변이체의 이런 "색조"를 사용하여 얻을 수 있는 정보의 유형을 보인 것이다. 이 연구에서는 뉴런이 서로 다른 색의 형광단백질을 갖는 생쥐 혈통을 만들었다. 이 가운데 한 생쥐의 근육을 외과적으로 노출시키면, 다양한 색의 뉴런과 자극받아 활동중인 신경근육 연접부 사이에서 일어나는 역동적인 상호작용을 관찰할 수 있었다(이런 유형의 연접은 〈그림 8-55〉 참조). 예를 들면, 근육조직과 시냅스 접촉을 하기 위해 CFP로 표지된 뉴런에서 나온 가지와 YFP로 표지된 뉴런에서 나온 가지가 경쟁하는 것을 관찰하였다. 각 경우에서, 서로 다른 근섬유를 자극하기 위해 2개의 뉴런이 경쟁할 때, "이기는(winning)" 모든 가지들은 하나의 뉴런에 속하는 반면, "지는(losing)" 가지들은 모두 다른 뉴런에 속한다는 것을 알 수 있었다(그림 18-7*b*). 이 장의 첫 페이지에 있는 사진은 단백질에 두 가지의 다른 형광색소로 표지하면 얼마나 많은 것들을 알 수 있는지에 대한 또 다른 예시이다. 이 경우에, 이중-표지 방법을 이용하면 한 세포소기관 안에서 일어나는 두 단백질의 이동을 실시간으로 동시에 관찰할 수 있다.

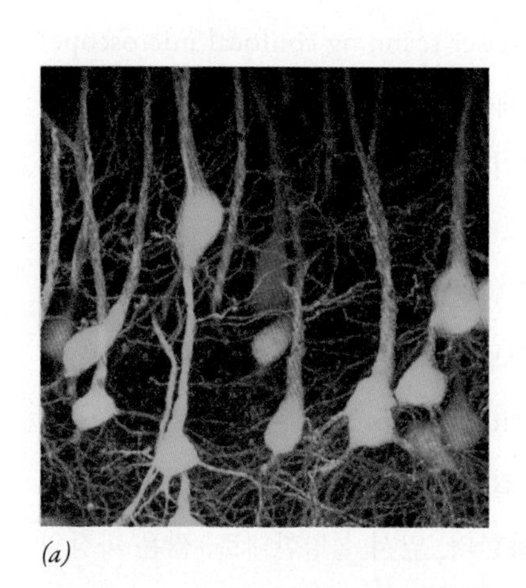

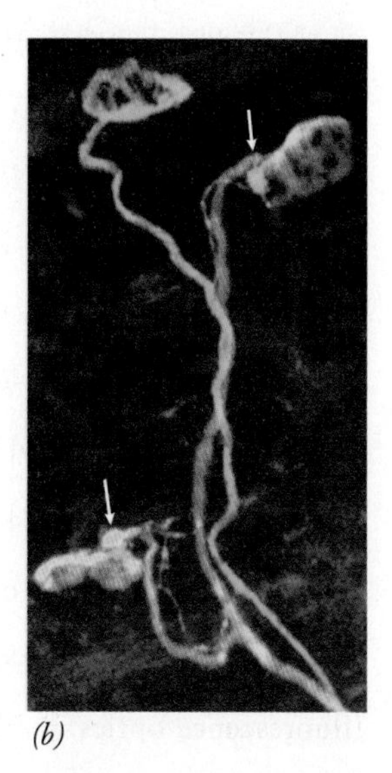

(*a*) (*b*)

그림 18-7 GFP 변이체를 사용한 생체내 뉴런과 그 표적세포 사이의 역동적인 상호작용 추적. (*a*) 두 가지 다른 형광색으로 보이는 뉴런이 있는 생쥐 뇌의 한 부분. 이 생쥐는 각각 다른 형광단백질로 표지된 뉴런을 보유한 형질전환 동물을 교배하여 태어났다. (*b*) 각각 YFP(노란색)와 CFP(파란색)로 표지된 두 뉴런의 형광현미경 사진. 화살표가 가리키는 2개의 근섬유에 있는 신경근육 연접에서는 YFP-표지 축삭 가지가 CFP-표지 가지와 경쟁하여 이긴 모습을 볼 수 있다. 경쟁 없이 CFP-표지 축삭에 의해 활성화된 연접도 보인다.

GFP 변이체는 또한 형광색소 간의 거리를 나노 단위로 측정할 수 있는 형광공명에너지전달(*fluorescence resonance energy transfer, FRET*)이라는 기술에서도 사용된다. FRET는 대개 단백질의 두 부분 (또는 더 큰 구조를 이루는 분리된 두 단백질) 사이의 거리변화 측정에 이용한다. FRET는 시험관내 또는 살아있는 세포 안에서 일어나는 변화 연구에 이용할 수도 있다. FRET는 두 집단이 매우 가깝게(1~10nm) 위치하는 한, 한 형광 집단(donor, 공여체)에서 다른 형광 집단(acceptor, 수용체)으로 흥분 에너지(excitation energy)가 전달될 수 있다는 사실을 기초로 한다. 이러한 에너지 전달로 인해 공여체의 형광 강도는 감소되고 수용체의 형광 강도는 증가된다. 두 형광 집단 사이의 전달 효율은 두 물질(단백질)의 거리가 멀어질수록 급격하게 감소한다. 따라서 어느 과정 동안에 일어나는 공여체 및 수용체 집단의 형광 강도 변화를 이용하여 그 과정의 여러 단계에서 나타나는 거리의 변화를 측정할 수 있다. 이 기술의 예는 〈그림 18-8〉이며, 두 종류의 GFP 변이체(ECFP와 EYFP로 표시)를 cGMP-의존 단백질 키나아제(PKG)의 다른 두 부위에 결합시켰다. cGMP가 존재하지 않을 때에는 두 형광색소가 너무 멀리 떨어져 있어서 에너지 전달이 일어나지 않는다. cGMP가 결합하면 단백질의 입체구조가 변화하여 두 형광단이 충분히 가깝게 놓이게 되어 FRET이 가능해진다. FRET는 단백질 접힘 과정이나 또는 막에서 구성성분이 결합되거나 분해되는 등의 과정을 연구할 때에도 사용할 수 있다. 탈린(talin)에 의해 활성화된 후 인테그린 소단위의 세포질 쪽 꼬리가 분리되는 현상(그림 11-14)은 FRET으로 연구한 하나의 예이다.

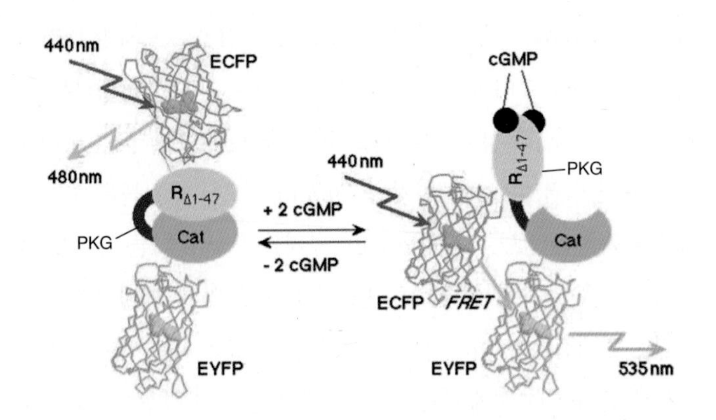

그림 18-8 **형광공명에너지전달(fluorescence resonance energy transfer, FRET).** 이 그림은 어떤 단백질(PKG)이 cGMP와 결합 후 입체구조가 변화하는 모습을 추적하는 FRET 기술의 예이다. 2개의 작은 원통 모양의 형광단백질—강화된 CFP(ECFP)와 강화된 YFP(EYFP)—을 각각의 형광색으로 표시하였다. cGMP가 없을 때, 440nm 빛에 의해 ECFP가 흥분되어 480nm 빛을 방출한다. cGMP가 결합하면, PKG의 입체구조가 변화하여 두 형광단백질이 FRET가 일어날 수 있을 만큼 충분히 가깝게 된다. 그 결과, 440nm 빛에 의해 ECFP 공여체가 흥분되면 EYFP 수용체로 에너지가 전달되며, 수용체에서 535nm 빛이 방출된다. 강화된(enhanced) 단백질은 원래 단백질보다 형광강도가 크고 더 안정하다.

18-1-6 비디오현미경 관찰과 화상 처리

현미경 영상을 눈으로 보거나 카메라로 촬영하듯이 비디오카메라를 이용하여 촬영하고 녹화할 수 있다. 비디오카메라로 표본을 관찰하면 많은 장점이 있다. 특수한 비디오카메라(전하-결합 소자, charge-coupled device, CCD)는 빛에 매우 예민하여서 아주 약한 조명에서도 표본의 영상을 만들 수 있다. 살아있는 세포는 광원의 열에 의해 쉽게 손상되고 형광으로 염색된 표본은 빛에 노출되면 빠르게 퇴색한다. 따라서 이 기기는 특히 살아있는 표본을 관찰할 때 유용하다. 또한 비디오카메라는 표본의 미세한 명암대비 차이를 감지하고 증폭시켜서 아주 작은 구조도 볼 수 있도록 한다. 예를 들면, 〈그림 13-22*a*〉의 사진은 표준 광학현미경의 분해능 한계(0.2μm)보다 훨씬 작은 미세관(직경 0.025μm)의 영상이다. 한편, 비디오카메라로 찍은 영상은 디지털 영상으로 전환시키고 컴퓨터로 가공하여 정보 내용을 크게 증가시킬 수 있다는 장점도 갖는다.[1] 하나의 기술로는, 컴퓨터에 저장한 영상에서 초점이 맞지 않은 배경을 제거할 수 있다. 이렇게 하면 상이 크게 선명해진다. 마찬가지로 상의 밝기 차이를 다른 색으로 전환시키면 훨씬 뚜렷하게 보이게 된다.

18-1-7 레이저 주사 공초점현미경 관찰

비디오카메라, 전자 영상 및 컴퓨터 처리에 의해 지난 20년 동안 광학현미경 분야는 르네상스를 맞이하였다. 새로운 종류의 광학현미경의 개발도 마찬가지다. 세포 전체 또는 조직 절편을 표준 광학현미경으로 관찰할 때 초점나사를 돌려 대물렌즈의 위치를 변화시킴으로써 시료를 다른 깊이에서 보게 된다. 이렇게 되면 시료의 다른 부위들이 초점에서 벗어나게 된다. 시료가 여러 다른 초점 깊이를 포함하고 있다는 사실은 뚜렷한 상을 만드는 능력을 떨어뜨린다. 그 이유는 초점 평면의 위와 아래에 있는 시료 부위가 초점 평면으로 향하는 광선의 진행을 막기 때문이다. 1950년대 후반에 매사추세츠공과대학교(Massachusetts Institute of Technology, MIT)의 마빈 민스키(Marvin Minsky)가 **레이저주사공초점현미경**(레이저走査共焦點顯微鏡, laser scanning confocal microscope)이라는 혁신적인 새로운 기계를 발명하였다. 이 현미경은 상당히 두꺼운 시료에 있는 얇은 면의 영상을 만들어낸다. 〈그림 18-9*a*〉는 현대적인 레이저주사공초점현미경의 광학 부품과 빛 통과 경로를 그린 모식도이다. 이 현미경은 정교하게 초점을 맞춘 레이저로, 시료를 단일 깊이에서 빠르게 주사(走査)하여 시료의 얇은 평면[광학절편(光學切片, optical section)]만 비추도록 한다. 〈그림 18-9*a*〉에 나타낸 바와 같이, 공초점현미경은 대개 형광광학(fluorescence optics)을 이용한다. 앞서 설명한대로, 짧은 파장의 빛이 시료 안의 형광색소에 흡수된 후 긴 파장의 빛으로 재방출된다. 시료에서 방출된 빛은 현미경의 바늘구멍(pinhole) 개구부(開口部, aperture)에서 초점을 이룬다. 이처럼 개구부와 시료의 조명

[1] 비디오카메라로 찍은 아날로그 영상을 디지털 영상으로 바꾸어 CD에 저장하는 과정을 디지털화(digitalization)라고 한다. 디지털 영상은 화소(畵素, pixel)로 구성되어 있으며, 각 화소는 원래 영상의 각 위치에 대해 지정된 색과 밝기 값을 갖고 있다.

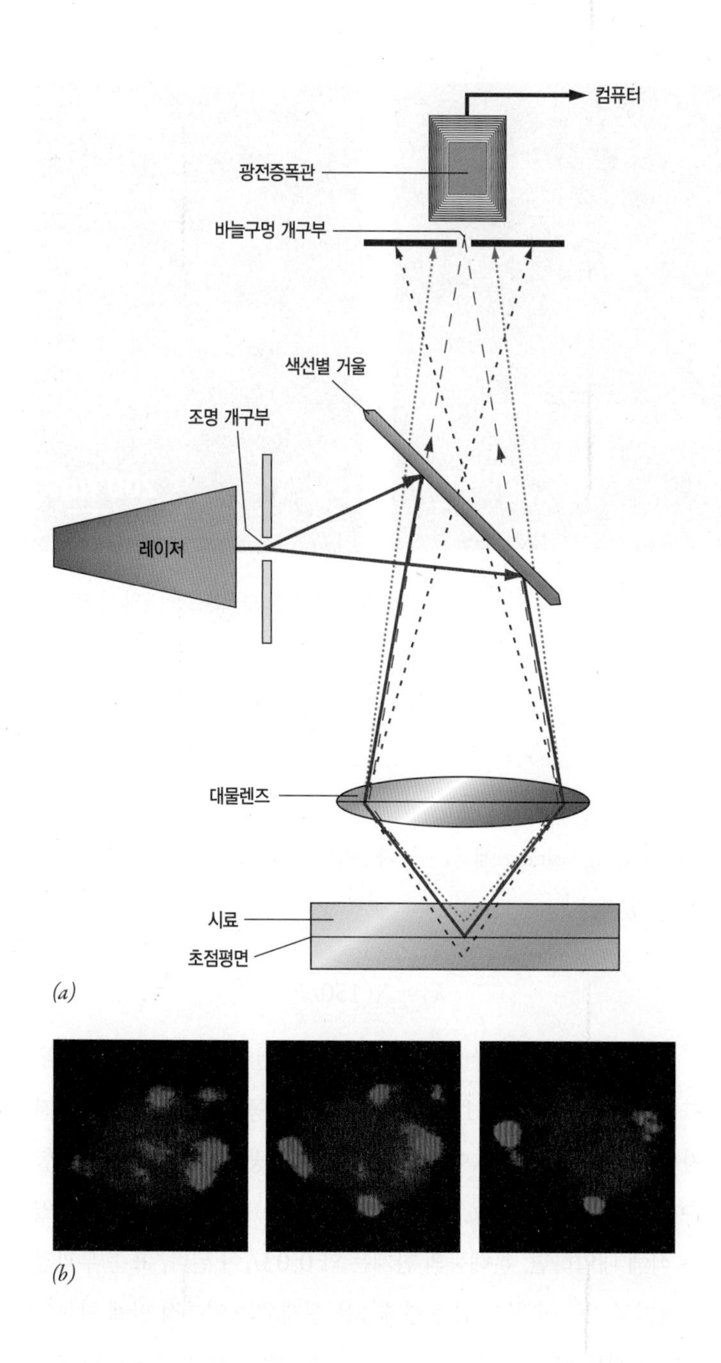

그림 18-9 **레이저주사공초점형광현미경법.** (*a*) 공초점형광현미경에서 빛의 경로. 레이저원에서 방출된 단파장의 빛(초록색)이 작은 개구부를 통과하고, 색선별(色選別) 거울(dichroic mirror, 어떤 파장의 빛은 반사시키고, 나머지 파장의 빛은 통과시키는 거울)에 의해 반사된 후 대물렌즈를 지나 시료 평면에 초점을 맺는다. 시료의 형광색소가 들어오는 빛을 흡수한 후에 방출하는 더 긴 파장의 빛은 색선별 거울을 지나 바늘구멍 개구부가 있는 평면에 초점을 맺을 수 있다. 이어서 빛은 신호를 증폭시키는 광전증폭관을 거쳐 컴퓨터로 전달되어 디지털 영상으로 처리된다. 시료의 광학 평면 위나 아래에서 방출되는 광선은 바늘구멍 개구부를 통과할 수 없기 때문에 상을 형성하지 못한다. 이 모식도는 시료의 한 점만 조명하는 것이다. 시료의 다른 부분은 레이저 주사를 조절하여 조명할 수 있다. 바늘구멍 개구부의 직경은 조절가능하다. 구멍의 크기가 작을수록 광학 절편이 얇아지고 분해능이 높아지지만, 신호의 세기는 약해진다. (*b*) 세 가지 광학절편의 공초점형광현미경 사진. 각각 0.3μm 두께이며, 효모의 핵을 두 종류의 형광물질로 표지된 항체로 염색한 것이다. 빨간색 형광 항체로는 핵 내부의 DNA를 염색하고, 초록색 형광 항체로는 핵 주변에 위치하는 말단부 결합 단백질을 염색하였다.

평면이 초점을 공유한다[공초점(共焦點, confocal)]. 시료의 조명 평면에서 방출된 빛은 개구부를 통과할 수 있으나, 위와 아래에서 나온 빛은 통과하지 못하여 상을 형성하지 못한다. 따라서 초점에서 벗어난 시료 부분은 관찰되지 않는다.

〈그림 18-9*b*〉는 동일한 핵을 시료의 서로 다른 세 평면에서 촬영한 사진이다. 초점 평면에서 벗어난 물체들은 각 절편의 화질에 거의 영향을 주지 않는 것이 확실하다. 필요하다면 각 광학절편의 상을 컴퓨터에 저장한 후, 이들을 합성하여 피사체 전체의 3차원 모형을 재구성할 수 있다.

18-1-8 초분해능 형광현미경 관찰

형광현미경법에서 가장 최근에 이루어진 혁명은 "초분해능(super-resolution)" 기술이다. 광학현미경의 분해능 한계는 빛의 굴절성 때문에 200nm 정도이다. 지난 수년간 다수의 복합 광학 기술이 개발되어 수십 nm 정도의 분해능으로 형광으로 표지한 단백질의 위치를 알아낼 수 있게 되었다. 이러한 기술 중에서 한 가지만 간단히 살펴보도록 한다. 확률적광학재구성현미경법(stochastic optical reconstruction microscopy, STORM)이라는 기술을 이용하면 20nm 이하의 분해능으로 단일 형광분자의 위치를 확인할 수 있다. 이 기법은 시료에 다른 파장의 빛을 조사하면 표지된 물질의 형광 활성이 나타나거나 사라지는 현상을 이용한다. 빛을 조사하는 주기 동안에 표지된 물질 대부분은 어둡게 유지되며, 일부만 무작위로 활성화된다. 이 때 활성화된 분자가 상으로 나타나며, 그 위치를 아주 정확하게 알아낼 수 있다. 이러한 영상 주기를 여러 번 반복하여, 초-분해능 영상을 만들어낸다. 통상적인 형광 기술에 비해 STORM 기술에서 분해능이 현저하게 증가한다는 사실은 〈그림 18-10*a*〉를 〈그림 18-10*b*,*c*〉와 비교해보면 명백히 드러난다.

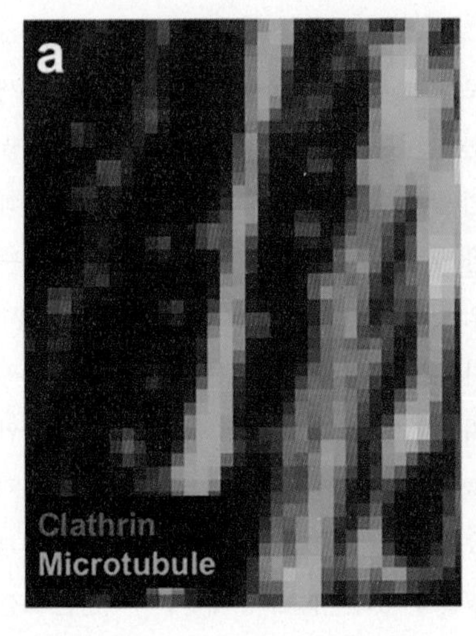

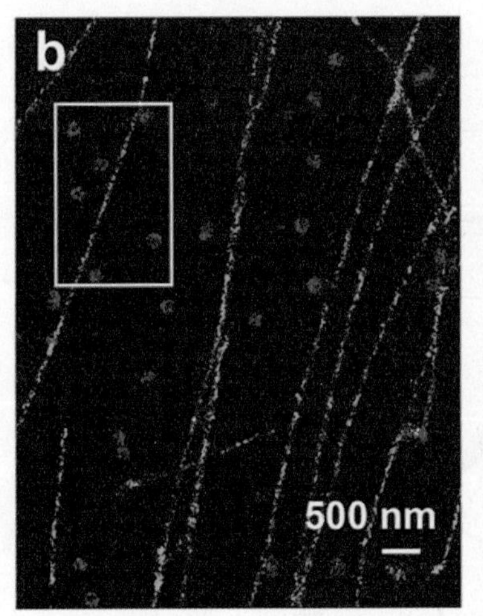

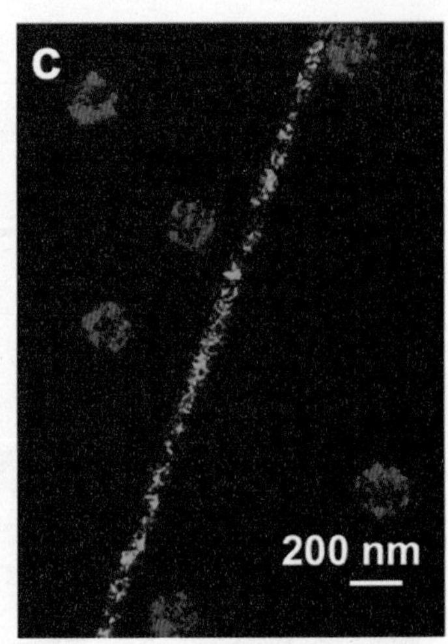

그림 18-10 광학현미경의 분해능 한계 넘어서기. (*a*) 포유동물 배양세포의 통상적인 형광현미경 사진. 미세관은 초록색, 클라트린-피복 만입부(clathrin-coated pit)는 빨간색으로 표지하였다. 이 정도 고배율에서는 화소가 뭉개져 보인다. 더욱이 두 형광 표지가 중첩되어 오렌지색으로 보이기도 한다. 이 부위는 두 구조가 서로 연결된 것으로 추정된다. (*b*) 비슷한 부분을 확률적광학재구성현미경법(STORM)으로 관찰한 "초-분해능" 사진으로, 미세관과 클라트린-피복 만입부가 공간적으로 서로 떨어져 있는 것을 명확하게 볼 수 있다. (*c*) *b*의 한 부분을 확대한 영상.

18-2 투과전자현미경 관찰

이 책에 실린 전자현미경 사진은 두 종류의 전자현미경으로 촬영한 것이다. 투과전자현미경(透過電子顯微鏡, *transmission electron microscope*, *TEM*)은 시료를 통과한 전자를 이용하여 상(像)을 만들어내며, 주사(走査)전자현미경(*scanning electron microscope*, *SEM*)은 시료의 표면에서 튀어나온 전자를 이용한다. 여기에서는 TEM에 대해서만 논의하며, SEM에 대해서는 〈18-3절〉에서 따로 논의한다.

투과전자현미경은 광학현미경보다 분해능이 훨씬 뛰어나다. 동일한 조직의 절편을 동일한 배율에서 광학현미경과 투과전자현미경으로 관찰한 〈그림 18-11〉의 사진을 비교하면 이러한 사실을 쉽게 알 수 있다. 〈그림 18-11*a*〉는 광학현미경의 분해능 한계에 도달한 반면, 〈그림 18-11*b*〉는 전자현미경으로 관찰할 수 있는 아주 낮은 배율로 촬영한 것이다. 전자현미경의 뛰어난 분해능은 전자의 파동 성질에서 비롯된다. 〈18-1-1항〉의 식에서 알 수 있듯이, 현미경의 분해능 한계는 조사(照射)되는 빛 파장의 성질에 비례한다. 즉, 파장이 길수록 분해능이 낮아진다. 일정한 파장의 광자(光子)와는 다르게 전자의 파장은 입자가 이동하는 속도에 따라 달라지는데, 이것은 현미경에서 사용하는 가속전압(加速電壓, accelerating voltage)에 의존한다. 이러한 관계는 다음 식으로 나타낼 수 있다.

$$\lambda = \sqrt{150/V}$$

여기에서 λ는 파장(Å)이고, V는 가속전압(volt)이다. 표준 투과전자현미경은 1만~10만 V 범위에서 작동하며, 6만 V일 때 전자의 파장은 약 0.05Å이다. 이 파장 값과 광학현미경으로 달성할 수 있는 개구수(開口數, numerical aperture)를 〈18-1-1항〉에 있는 식에 대입하면, 분해능의 한계는 약 0.03Å이 된다. 표준 투과전자현미경으로 이룰 수 있는 분해능은 실제로는 이론적 한계 값보다 100배 정도 낮다. 이것은 전자-초점 렌즈의 심각한 구면수차(球面收差, spherical aberration) 때문에 발생하는데, 렌즈의 개구수를 매우 작게(일반적으로 0.01에서 0.001 사이로) 만들어야 하기 때문이다. 표준 TEM의 실제 분해능 한계는 3~5Å이다. 세포의 구조를 관찰할 때에는 대개 10~15Å의 한계를 보인다.

전자현미경은 전자빔(electron beam, 또는 전자 다발)이 통과하는 속이 빈 큰 실린더처럼 생긴 경통(鏡筒)과 이 경통의 작동을 전기적으로 조절하는 계기판이 있는 조종대 등으로 구성된다. 경통의 꼭대기에는 음극(cathode)인 텅스텐 필라멘트가 있어서 가열되면 전자를 방출한다. 가열된 필라멘트에서 튀어나온 전자는 음극과

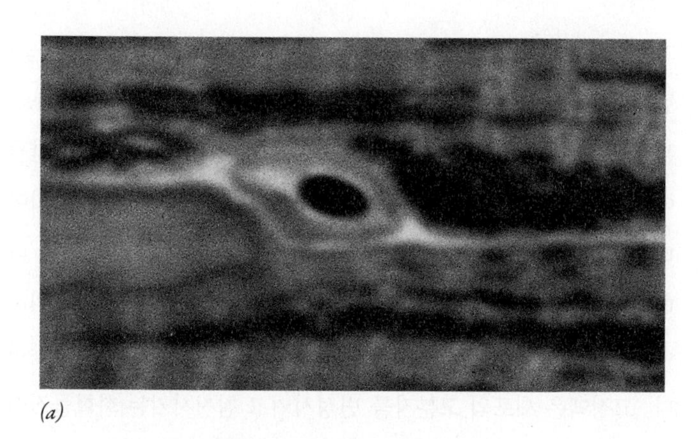
(a)

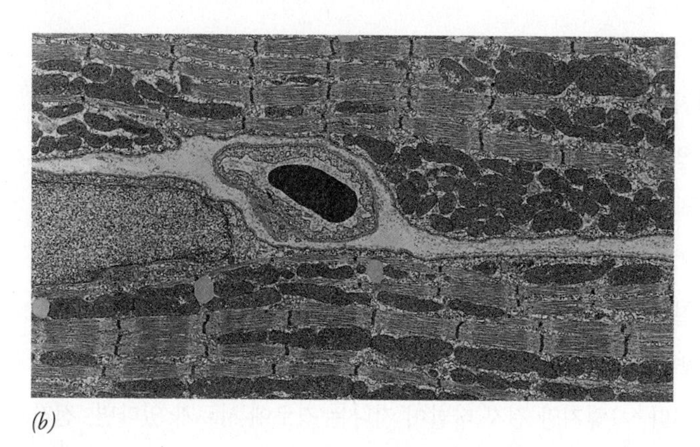
(b)

그림 18-11 광학현미경과 전자현미경으로 4,500배 확대한 상에 있는 정보의 비교. (*a*) 골격근 조직을 포매하여 1μm 두께의 절편으로 만든 후 담금기름(*oil immersion*) 렌즈를 이용하여 광학현미경으로 관찰한 사진. (*b*) 같은 조직을 0.025μm 두께로 잘라 *a*와 같은 배율에서 전자현미경으로 관찰한 사진. 해상도가 100~200배 높아진 상을 볼 수 있다. 근육의 근원섬유, 미토콘드리아, 적혈구가 들어있는 모세혈관 등의 상세함 정도에서 차이가 드러난다. 광학현미경으로는 사진 *a*의 상 이외에 더 이상의 정보를 추가로 얻을 수 없지만, 전자현미경으로는 훨씬 더 많은 정보를 얻을 수 있다. 예를 들면 미토콘드리아의 작은 부분을 이루는 막 구조의 상도 얻을 수 있다.

양극 사이의 가속전압에 의해 날카로운 전자 다발을 만든다. 작동하기 전에 경통 내의 공기를 펌프로 빼내어 전자가 이동하는 경로를 진공으로 만든다. 공기가 남아있으면 전자들이 기체 분자와 부딪쳐 흩어지게 된다.

광선의 경우 연마한 유리 렌즈를 이용하여 초점을 맞추는 것처럼, 음전하를 띤 전자도 경통의 벽에 있는 전자기(電磁氣) 렌즈(electromagnetic lens)를 이용하여 초점을 맞출 수 있다. 전자력의 세기는 계기판에서 전류의 양을 통제하여 조절할 수 있다. 〈그림 18-12〉는 광학현미경과 전자현미경의 렌즈계를 비교한 것이다. 전자현미경의 집광(集光)렌즈(condenser lens)는 전자총과 시료 사이에 있으며, 시료에 전자 다발을 집중시킨다. 작고 얇은 금속 그리드(직경 3mm)에 시료를 올려놓고, 핀셋을 이용하여 그리드 홀더(grid holder)에 넣은 후 현미경의 경통에 삽입한다.

전자현미경 렌즈의 초점심도(焦點深度, focal length)는 전류의 세기에 따라 변하기 때문에, 대물(對物)렌즈 1개로 현미경의 확대범위 전체를 조절할 수 있다. 광학현미경과 마찬가지로, 대물렌즈에서 형성된 상은 다른 렌즈들의 대상물(피사체) 역할을 한다. 전자현미경의 대물렌즈에서 얻은 상은 100배 정도 확대될 뿐이지만, 광학현미경과는 다르게 추가로 1만 배나 더 확대해도 충분할 만큼 상세하다. 현미경의 다양한 렌즈에 공급되는 전류를 조절하여, 확대배율을 1,000배~25만 배에 이르기까지 다양하게 조절할 수 있다. 시료를 통과한 전자들은 경통 바닥에 있는 인광(燐光) 관찰화

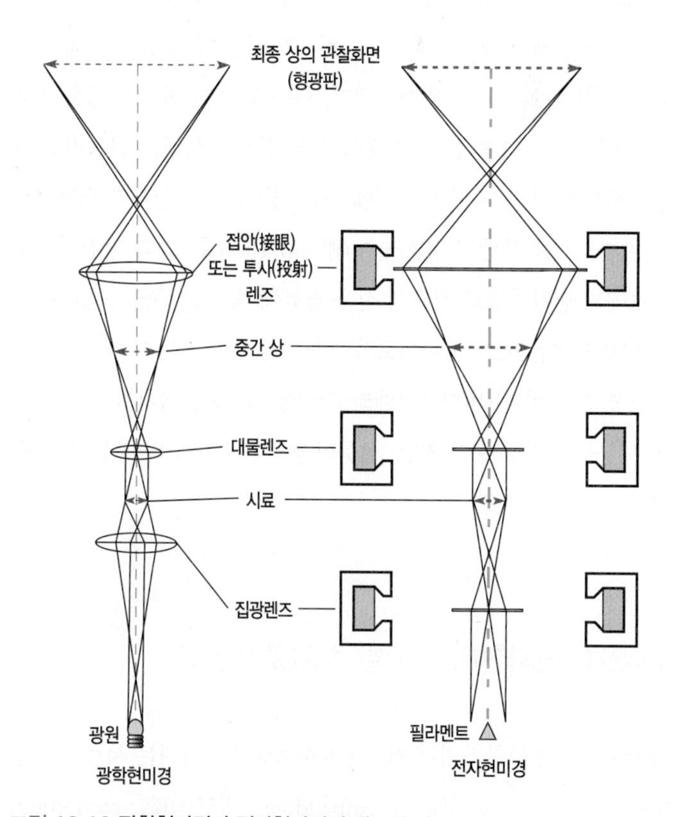

그림 18-12 **광학현미경과 전자현미경의 렌즈계 비교.**

면(또는 형광판) 위에 초점을 맺게 된다. 전자가 관찰화면에 충돌하면 형광결정이 자극되어 가시광선을 방출하기 때문에 시료의 상을 눈으로 볼 수 있다.

전자현미경에서는 시료의 부위에서 전자가 서로 다르게 산란하기 때문에 상이 만들어진다. 필라멘트에서 방출된 전자 다발이 관찰화면 위에 초점을 맺는 상황을 생각해보자. 경통에 시료가 없다면, 전자 다발이 화면 전체에 균등하게 비추어 고르게 밝은 상이 생긴다. 그렇지만 전자 다발이 지나는 경로에 시료가 있다면, 전자의 일부는 시료에 있는 원자와 충돌하여 산란된다. 시료와 부딪쳐 튀어나간 전자는 대물렌즈의 뒤쪽 초점면에 있는 아주 작은 개구부(aperture)를 통과할 수 없어서 상을 형성하지 못한다.

시료 일부분에서 나타나는 전자의 산란 정도는 시료를 구성하는 원자핵의 크기에 비례한다. 비교적 원자번호가 작은 탄소, 산소, 질소, 수소 등의 원자로 구성된 세포의 불용성 물질은 본질적으로 전자를 거의 산란시키지 못한다. 따라서 전자의 산란을 증가시키고 원하는 정도의 명암대비(明暗對比, contrast)를 얻기 위해 조직을 고정하고 중금속 용액으로 염색한다(아래에서 설명함). 이들 금속은 세포의 구조 안으로 침투하여 소기관의 서로 다른 부위와 선택적으로 복합체를 형성한다. 금속 원자가 가장 많이 결합한 세포 부위에서 전자가 가장 적게 통과된다. 화면 위의 한 반점에 집중된 전자가 적을수록 그 반점은 더 짙어진다. 영상의 사진을 얻으려면 관찰화면을 들어 올려 화면 아래에 있는 사진건판에 전자가 도달하도록 한다. 사진 감광유제(感光乳劑, emulsion)는 빛과 마찬가지로 전자에도 민감하므로 시료의 상을 필름에 직접 기록할 수 있다. 다른 방법으로는, CCD 비디오카메라로 영상을 촬영하여 모니터로 관찰할 수도 있다. 비디오카메라로는 현상과정을 거치지 않고도 직접 영상을 관찰할 수 있지만, 필름만큼 높은 해상도의 상은 얻을 수 없다.

18-2-1 전자현미경 관찰용 시료 만들기

광학현미경과 마찬가지로 전자현미경으로 관찰하려는 시료는 고정(固定, fixation), 포매(包埋, embedding), 절단(切斷, sectioning) 등의 과정을 거쳐야 한다. 전자현미경으로는 조직을 더욱 정밀하게 관찰하기 때문에 광학현미경 시료를 만들 때보다 고정과정(그림 18-13)이 더욱 결정적으로 중요하다. 고정제(固定劑, fixative)는 세포의 구조를 거의 변화시키지 않은 상태로 세포가 죽게 만들어야 한다. 전자현미경의 분해능 수준에서는 부풀은 미토콘드리아나 파열된 소포체 등 상대적으로 경미한 상해도 매우 뚜렷하게 나타난다. 세포의 상해를 최소화하고 가장 빠르게 고정시키기 위하여 조직을 아주 작은 크기(1.0mm^3 이하)로 잘라 고정하고 포매한다. 고정액은 세포의 고분자를 변성시키고 침전시키는 화학물질이다. 이러한 화학물질로 인해 물질이 응고되거나 침전되어 살아있는 세포에는 존재하지 않는 구조인 **인공구조**(人工構造, artifact)가 만들어질 수도 있다. 어떤 특정 구조가 인공구조가 아니라고 주장하려면 세포를 다양한 방식으로 고정하여 실제 구조임을 입증하여야 하는데, 더 좋은 방법은 아예 고정하지 않는 것이다. 고정하지 않은 세포를 관찰하려면 조직을 급속히 동결시킨 후 그 구조를 드러내도록 하는 특별한 기술을 이용한다[뒤에 설명하는 동결고정(凍結固定, cryofixation)과 동결-파단 복사(凍結-破斷 複寫, freeze-fracture replication) 참조]. 전자현미경에서 널리 쓰이는 고정제는 글루타르알데히드(glutaraldehyde)와 오스뮴테트록시드(osmium tetroxide, OsO_4)이다. 글루타르알데히드는 분자 양 끝 각각에 알데히드기를 갖고 있는 5-탄소 화합물이다. 알데히드기가 단백질의 아미노기와 반응하여 단백질을 교차-결합시켜 불용성 연결망을 형성한다. 오스뮴은 주로 지방산과 반응하는 중금속으로 세포의 막을 보존한다.

조직을 고정한 후에는 알코올이나 아세톤으로 물을 제거하고 조직 내부 공간을 초박절편(超薄切片, ultrathin section) 제작과정에서 견딜 수 있는 물질로 채운다. 전자현미경으로 관찰하려면 매우 얇은 초박절편으로 만들어야 한다. 광학현미경에서는 약 5μm 두께의 왁스 절편을 사용하지만, 전자현미경에서는 0.1μm(리보솜 4개의 두께에 해당) 이하의 초박절편을 이용하여야 좋은 결과를 얻을 수 있다.

전자현미경으로 관찰할 조직은 대개 에폰(Epon)이나 아랄다이트(Araldite) 등의 에폭시 수지(epoxy resin)에 포매한다. 절단한 유리나 정교하게 연마한 다이아몬드의 매우 날카로운 면에 플라스틱 수지로 만든 블록(block)을 천천히 통과시켜 절편을 만든다(그림 18-13). 칼날에서 잘린 절편은 칼날 바로 뒤에 있는 물통에 떠있

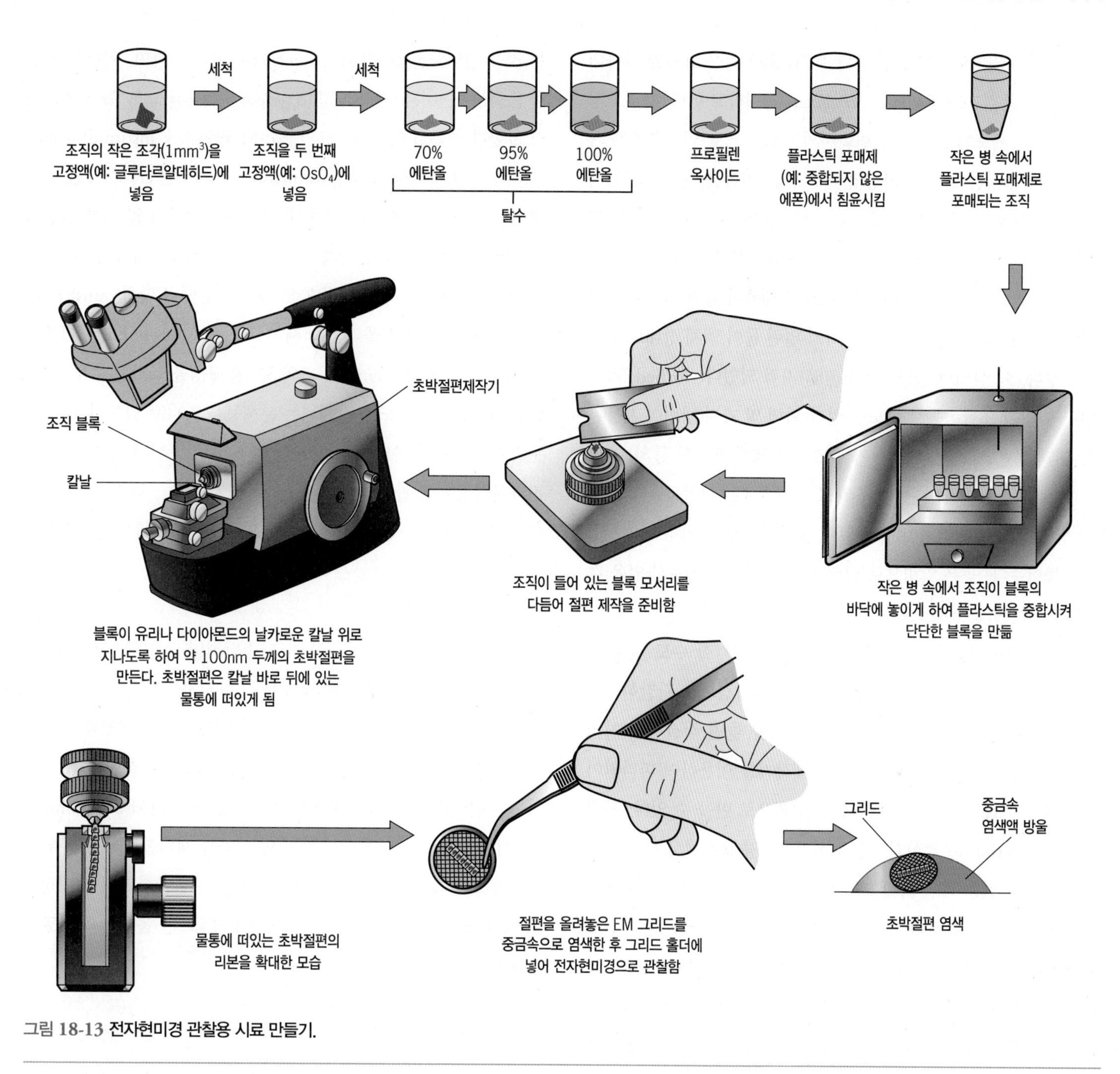

그림 18-13 전자현미경 관찰용 시료 만들기.

게 된다. 이들 절편을 금속으로 만든 시료 그리드로 집어 올려 표면을 건조시킨다. 이 그리드를 중금속 용액 방울에 띄워 염색하는데, 주로 아세트산우라늄(uranyl acetate)과 시트르산납(lead citrate) 용액을 사용한다. 이들 중금속 원자와 결합한 고분자는 전자 다발을 산란시킬 수 있는 원자밀도를 갖게 된다. 표준 염색에 추가하여 조직 절편에 금속으로 표지된 항체, 또는 조직절편의 특정 분자와 반응하는 다른 물질을 처리할 수도 있다. 항체를 이용한 연구에서는 대개 에폭시 수지 대신 큰 분자들에 대해 더 큰 투과성을 갖는 아크릴 수지에 포매한다.

18-2-1-1 동결고정과 동결시킨 시료 사용

세포와 조직을 화학물질로 고정하고 플라스틱 수지에 포매하지 않아도 전자현미경으로 관찰할 수 있는데, 그렇게 하려면 재빨리 동결시켜야 한다. 화학 고정제가 대사과정을 정지시켜 생물학적 구조를 보존하는 것처럼 급속동결(急速凍結) 또한 같은 효과를 나타내며, 이것을 동결고정(凍結固定, *cryofixation*)이라고 한다. 동결고정 방법에서는 세포의 고분자를 변화시키지 않으므로 인공구조가 거의 나타나지 않는다. 동결고정의 가장 큰 어려움은, 빙핵(氷核)이 생긴 부위로부터 바깥 방향으로 자라나는 얼음 결정이 형성되는 것이다. 얼음 결정이 자라면서 연약한 세포 내용물을 파괴한다. 얼음 결정이 만들어지는 것을 피하려면 시료를 재빨리 얼려 결정이 자랄 시간을 주지 않아야 한다. 이것은 마치 얼린 물이 액체 상태로 있는 것과 같다. 이 상태의 물을 "유리(琉璃)처럼 되었다(vitrified)"라고 한다. 이러한 초급속동결 속도를 얻기 위해 몇 가지 방법이 사용된다. 대개 작은 시료를 (비등점이 −42℃인 액체 프로판 등의) 온도가 매우 낮은 액체에 담근다. 큰 시료의 경우에는 고압동결(高壓凍結) 방법이 가장 효과적이다. 시료에 높은 정수압을 가하고 액체질소를 뿜어준다. 높은 압력으로 인해 물의 빙점이 낮아져서 얼음 결정이 자라는 속도가 감소된다.

동결조직은 많이 사용되지 않을 것으로 생각할 수도 있지만, 동결된 세포 구조를 광학현미경이나 전자현미경으로 관찰하려는 시도가 놀라울 만큼 많이 이루어졌다. 예를 들면 적절하게 처리한 동결조직 시료는 특수한 초박절편제작기를 이용하여 파라핀이나 플라스틱 블록과 비슷한 방식으로 절편으로 만들 수 있다. 동결절편(cryosection)은 광학현미경과 전자현미경 모두에서 관찰할 수 있다. 동결절편은 특히 화학 고정제에 의해 활성이 변성되는 효소를 연구할 때에 유용하다. 동결절편은 파라핀이나 플라스틱 절편보다 빠르게 만들 수 있기 때문에 병리학자가 수술 도중에 잘라낸 조직의 구조를 광학현미경으로 검사할 때에 많이 이용한다. 따라서 환자가 아직 수술대에 누워있는 동안 잘라낸 종양조직의 악성 여부를 판별해낼 수 있다.

동결된 세포는 내부구조를 보기 위해 절편으로 만들지 않아도 된다. 〈그림 1−11〉은 아무 것도 처리하지 않은 채 전자현미경 그리드에 올린 후 급속동결시킨 세포의 얇은 주변 부위의 상이다. 표준 전자현미경 사진과 다르게 〈그림 1−11〉의 상이 3차원으로 보이는 것은, 카메라로 직접 촬영한 것이 아니라 컴퓨터로 합성해낸 것이기 때문이다. 이러한 상을 만들려면 전자 다발의 경로에 대해 시료를 일정한 각도로 기울여 촬영한 세포의 2차원 디지털 영상을 컴퓨터로 정렬시킨다. 컴퓨터를 이용하여 3차원으로 재구성하는 것을 단층촬영(斷層撮影, *tomogram*)이라고 하며, 이러한 기법을 동결전자현미경 단층촬영법(*cryoelectron tomography*, *cryo-ET*)이라고 한다.[2] 독일 막스플랑크연구소(Max-Planck Institute)의 볼프강 바우마이스터(Wolfgang Baumeister)가 개발한 cryo-ET를 이용하여 나노 크기의 미세한 세포 내 구조를 고정하지 않은 채 완전히 수화(水和)된 상태로 순간적으로 동결시킨 세포에서 연구할 수 있게 되었다. 또한 〈그림 5−50*b*〉의 예처럼 단백질 합성(translation) 과정 중에 분리해낸 폴리솜을 재구성하는 등, cryo-ET를 이용하여 시험관 속에서(*in vitro*) 구조의 3차원 구성을 조사할 수도 있다. Cryo-ET는 몇 nm도 분간해내는 분해능을 지니고 있어서 세포 수준과 분자 수준을 이어주는 중요한 다리 역할을 한다. 동결 시료를 전자현미경으로 관찰하는 또 다른 두 가지 방법—동결-파단 복사와 단일입자분석—은 〈18−2−1−4〉와 〈18−8절〉에서 논의한다.

18-2-1-2 음성염색

전자현미경은 바이러스, 리보솜, 다소단위(多小單位) 효소, 세포골격 요소, 단백질 복합체 등의 매우 작은 입자를 연구할 때에도 적절하게 사용할 수 있다. 각 단백질과 핵산의 형태는 배경과 충분하게 대비를 이루면 관찰할 수 있다. 이러한 물질을 관찰할 수 있도록 하는 좋은 방법의 하나는 **음성염색**(陰性染色, negative staining)이다. 이 방법은 그리드에서 입자가 있는 곳을 제외한 나머지 부위에 중금속을 침착(沈着)시키는 것이다. 시료는 관찰화면에 상대적으로 밝게 드러나 보이게 된다. 〈그림 18−14*a*〉는 음성염색 시료의 한 예이다.

18-2-1-3 음영주조법

분리한 입자를 관찰하는 또 다른 기술은 관찰 대상인 피사체의 그림자(陰影)를 만드는 음영주조법(陰影鑄造法, shadow casting)이다. 이 기술은 〈그림 18−15〉에서 설명하였다. 시료를 얹은 그리드를 밀폐된 용기(bell jar)에 넣고 진공펌프로 공기를 빼낸다. 용기 안에는 중금속(대개 백금)과 탄소가 연결된 필라멘트가 있다. 필라멘

[2] 이 기술은 신체를 여러 각도로 촬영한 엑스-선 영상으로 3차원 영상을 만들어내는 컴퓨터 체축단층촬영(體軸斷層撮影, computerized axial tomography, CAT)과 그 원리가 비슷하다. 방사성 단층촬영 기구가 엑스-선 발생기와 검출기를 회전시킬 수 있어서 환자는 편안한 자세로 누워 있으면 된다.

(a)

(b)

그림 18-14 **음성염색 시료와 금속-음영 시료의 예.** (*a*) 포타슘포스포텅스텐염(potassium phosphotungstate)으로 음성염색하거나 (*b*) 크로뮴(chromium)으로 음영을 만든 담배얼룩바이러스(tobacco rattle virus)의 전자현미경 사진.

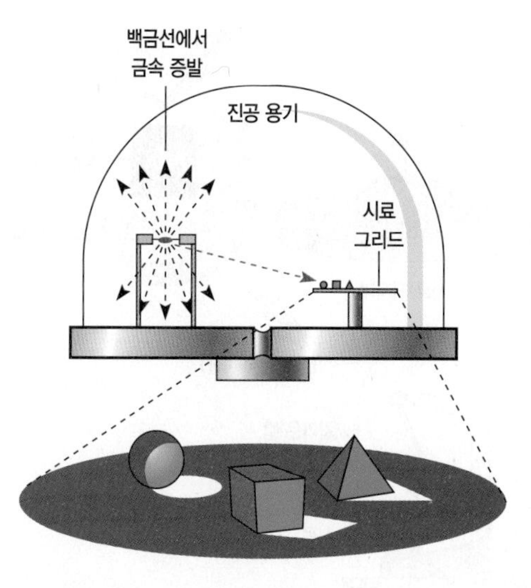

그림 18-15 **전자현미경에서 명암대비를 높이는 음영주조 과정.** 이 과정은 바이러스 등의 작은 입자를 관찰하기 위해 사용한다. 이 과정을 변형시킨 회전음영법을 이용하여 DNA와 RNA도 관찰할 수 있다. 시료가 회전하는 동안에 금속을 매우 낮은 각도로 증착시킨다.

트를 고온으로 가열하면 중금속 및 탄소가 증발하여 용기 안의 표면에 증착(蒸着)된다. 따라서 필라멘트를 향한 쪽의 입자 표면에는 금속이 증착되지만 그 반대쪽의 입자 표면과 그 음영에 해당하는 그리드 표면은 증착되지 않는다. 이 그리드를 전자현미경으로 관찰하면 음영 부위는 밝게 보이며 금속이 증착된 부위는 어둡게 보인다. 이러한 명암대비는 사진건판에서는 음화(陰畵, negative image)로 나타나 반대로 보이게 된다. 관례에 따라 음영 처리한 시료의 음화를 인화(印畵)하면, 입자에 의해 만들어진(鑄造) 어두운 그림자(陰影) 위에 (증착된 입자 표면에 해당하는) 입자가 밝은 백색 빛을 받은 것처럼 보인다(그림 18-14*b*). 이 기술을 이용하면 뛰어난 명암대비를 보이는 3차원 효과를 얻을 수 있다.

18-2-1-4 동결-파단 복사와 동결식각

앞서 설명한 바와 같이, 동결조직을 이용한 전자현미경 기술이 많이 개발되었다. 동결된 세포의 미세구조는 **동결-파단 복사**(凍結-破斷複寫, freeze-fracture replication) 기술을 이용하여 관찰하기도 한다(그림 18-16). 조직의 작은 조각을 작은 금속 원반에 얹은 후 급속동결한다. 이 원반을 진공 용기 안의 차가운 지지대에 올려놓고 칼날로 동결조직을 깨뜨려 자른다. 이 때 접촉면에서 파단면이 뻗어나가면서 조직이 두 조각으로 쪼개지는데, 도끼로 나무를 두 조각으로 자르는 것과는 다른 양상을 보인다.

조성이 다른 다양한 소기관이 있는 세포에서 파단면이 뻗어나갈 때 어떤 일이 일어날 수 있는지 생각해보자. 이들 구조로 인해 파단면의 궤적이 위나 아래로 변경되어 쪼개진 면이 위로 올라가거나 아래로 내려가서 원형질의 윤곽을 드러내는 구릉을 형성한다. 따라서 쪼개져 노출된 표면은 세포 내용물에 대한 정보를 보여주게 된다. 목적은 이러한 정보를 관찰할 수 있도록 하는 것이다. 복사(*replication*) 과정으로 파단면에 중금속 층을 증착시킴으로써 이러한 목적을 이룰 수 있다. 조직을 파단한 동일한 용기 안에서 새롭게 노출된 동결조직의 표면에 중금속을 증착시킨다. 금속을 적절한 각

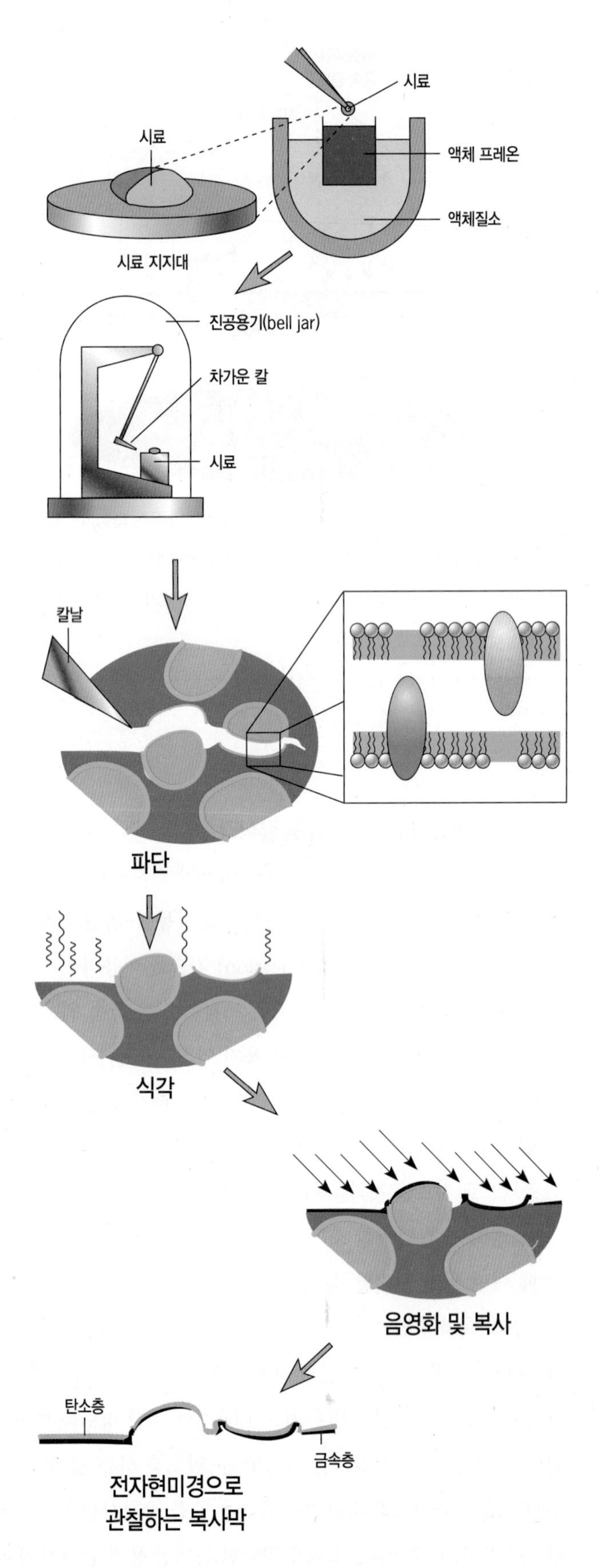

그림 18-16 동결-파단 복사막을 만드는 과정. 본문의 내용 참조. 얼음의 얇은 층을 증발시켜 파단된 시료의 구조에 대한 정보를 추가로 얻는 동결식각 과정은 생략할 수 있다.

도로 증착시킴으로써, 앞 절의 음영주조법에서 설명한 것처럼, 부분적인 지형도를 강화시키는 음영을 만든다(그림 18-17).

이 금속층 위에 탄소층을 증착시켜 금속 조각을 단단한 표면에 고정시킨다. 이러한 주조물이 만들어지고 나면 주형 역할을 한 조직은 녹여서 제거하고, 금속-탄소 **복사막**(複寫膜, replica)을 시료 그리드에 올려 전자현미경으로 관찰한다. 복사막의 부위에 따라 금속의 두께가 다르기 때문에 관찰화면에 도달하는 투과 전자의 수가 달라지고, 상(像)에 명암대비 효과가 나타나게 된다. 〈제8장〉에서 논의한 바와 같이, 파단면은 동결 블록을 따라 저항이 약한 경로를 따라 이동하므로, 때로는 세포막의 중심에 이르기도 한다. 그 결과, 이 기술은 특히 지질2중층(세포막)을 관통하는 내재단백질의 분포를 조사하는 데 유용하다(그림 8-15). 1970년대 초에 다니엘 브

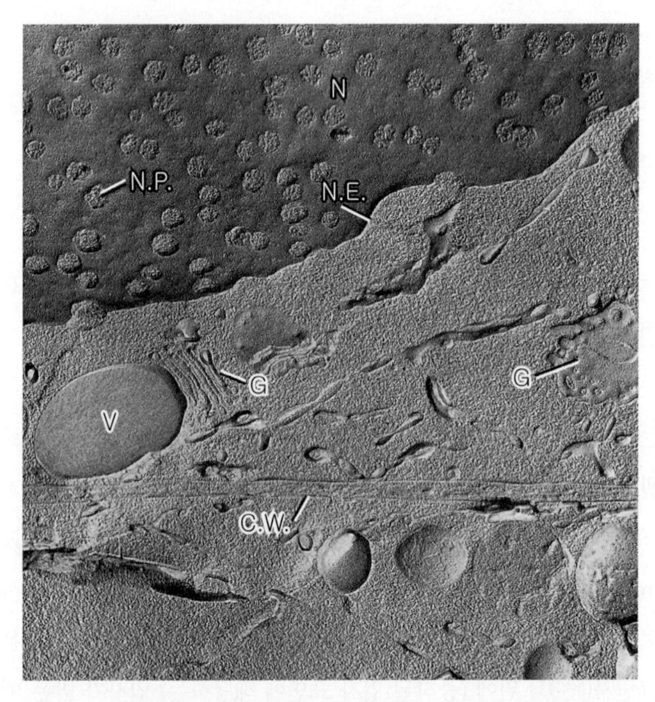

그림 18-17 양파 뿌리세포의 동결-파단 복사막. 핵공(N.P.)이 있는 핵막(N.E.), 골지 복합체(G), 원형질 액포(V), 세포벽(C.W.)이 보인다.

랜턴(Daniel Branton) 등이 수행한 연구는 세포막의 유동모자이크 구조를 밝히는 데 중요한 역할을 하였다.

동결파단 복사법은 그 자체만으로도 가치가 매우 큰 기술이지만, **동결-식각**(凍結-蝕刻, freeze-etching) 단계를 추가하면 훨씬 더 많은 정보를 얻게 된다(그림 18-16). 이 단계에서는 동결하여 파단한 시료를 여전히 차가운 용기 안에 둔 채로 온도를 높이고 진공상태에 몇 분 동안 노출시키는데, 이 때 노출된 표면에서 얼음 층이 증발한다. 얼음의 일부가 제거된 후 노출된 구조의 표면에 중금속과 탄소를 증착하여 세포막의 외부 표면과 내부 구조를 드러내는 금속 복사막을 만든다. 존 호이저(John Heuser)가 개발한 심층-식각(深層-蝕刻, *deep-etching*) 기술을 이용하면 표면의 얼음을 더 많이 제거하여 세포소기관의 멋진 모습을 볼 수 있다. 이 기술을 이용한 예는 〈그림 18-18〉, 〈그림 12-38〉, 〈그림 13-45〉에 있으며, 세포의 각 부위가 배경에 비해 깊이 새긴 부조(浮彫)처럼 뚜렷이 드러난다. 이 기술은 분해능이 높기 때문에, 예를 들면 세포골격을 이루는 고분자 복합체의 구조와 분포를 관찰할 수 있다.

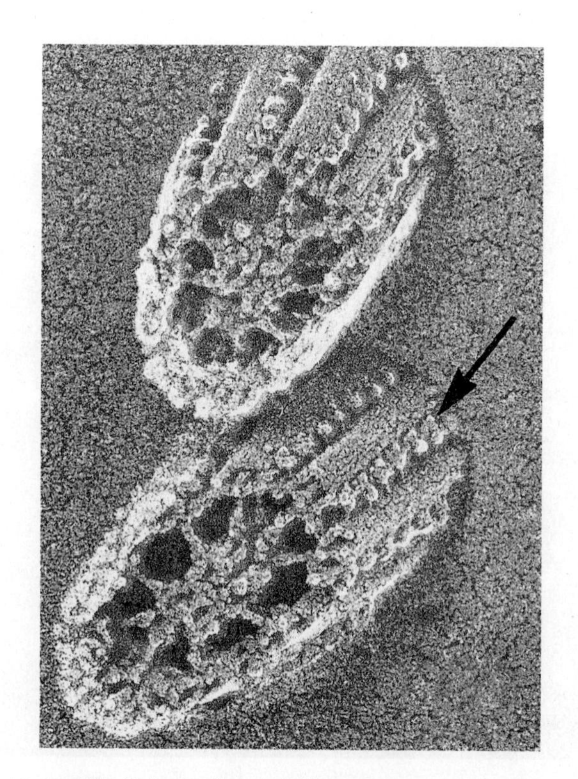

그림 18-18 심층-식각. 섬모충의 하나인 테트라히메나속(*Tetrahymena*) 원생동물의 섬모를 구성하는 축사(軸絲, axoneme)의 전자현미경 사진. 축사를 고정하고 동결한 후 파단하였다. 동결 블록의 표면에 있는 얼음을 증발시켜 축사 부위가 돋을새김(陽刻)으로 드러나게 한 후 금속 복사막을 만들어 관찰하였다. 화살표는 줄지어 있는 바깥쪽 디네인(dynein) 팔을 가리킨다.

18-3 주사전자현미경 관찰과 원자력현미경 관찰

TEM은 세포의 내부구조를 관찰하는 용도로 가장 널리 사용되고 있다. 이에 비해 주사전자현미경(scanning electron microscope, SEM)은 주로 바이러스에서 동물의 머리 크기에 이르기까지 외부 표면을 관찰하는 용도로 이용한다(그림 18-19). SEM의 구성과 작동방식은 TEM의 경우와 매우 다르다. SEM으로 관찰할 시료를 제작하는 목적은 살아있는 상태 그대로의 형태와 표면 특성을 유지하는 것인데, 진공상태에서 관찰해야 하므로 액체를 제거해야 한다. 물은 살아있는 세포의 무게 대부분을 차지하며 거의 모든 고분자와 결합하고 있기 때문에 물을 제거할 때에 세포 구조가 심각하게 변형될 수 있다. 세포를 단순하게 공기 중에서 건조시키면 대개 공기-물 경계면의 표면장력에 기인한 파괴가 일어난다. SEM으로 관찰할 시료는 고정한 후 일련의 알코올 탈수과정을 거쳐 임계점 건조(*critical-point drying*) 과정으로 건조시킨다. 임계점 건조는 용매마다 액체의 밀도와 기체의 밀도가 동일한 임계온도와 임계압력을 갖는다는 점을 이용한 것이다. 임계점에서는 기체와 액체 사이에 표면장력이 존재하지 않는다. 세포의 용매를 전이액체(대개 이산화탄소)로 대체한 후 압력을 가해 기화시켜서 세포의 3차원 입체 구조를 변형시킬 수 있는 표면장력에 전혀 노출되지 않도록 한다.

시료를 건조한 후 얇은 금속층을 씌워 전자 다발이 잘 도달하도록 한다. TEM에서는 집광렌즈를 이용하여 전자 다발을 집중시켜 관찰영역에 동시에 비추도록 하지만, SEM에서는 전자를 가속하여 날카로운 다발로 만들어 시료 표면을 주사(走査)한다. TEM에서는 전자가 시료를 투과하여 상을 만든다. SEM에서는 시료에서 후방-산란(後方-散亂, back-scattered)된 전자, 또는 1차 전자 다발에 의해 시료에서 튀어나온 2차 전자를 시료 표면 가까이에 있는 검출기로 검출하여 상을 만든다.

SEM은 간접적인 방식으로 상을 만든다. 시료 표면을 주사하는 전자 다발에 추가하여 또 다른 전자 다발이 동시에 음극관(陰極管, cathode-ray tube) 표면을 주사하여 텔레비전 화면과 유사한 상을 만들어낸다. 시료에서 반사되어 검출기에 도달한 전자가 음극관에서 다발의 세기를 조절한다. 시료의 특정 지점에서 전자가 많이 나올수록 음극관의 신호가 강해지고 상응하는 지점의 화면에 도달하는 다발의 세기가 커진다. 그 결과로 화면에 나타나는 영상은 시료 표면의 지형도를 보여주는데, 바로 이러한 지형(홈, 언덕, 구멍)으로 인해 표면의 다양한 부위에서 수집되는 전자의 수가 결정되기 때문이다.

〈그림 18-19〉의 전자현미경 사진에서 보듯이, SEM은 광범위한 범위(표준 기구로 15배~15만 배)로 확대할 수 있다. SEM의 분해능은 전자 다발의 직경에 따라 달라진다. 최신 모델의 분해능은 5nm 이하인데, 이 정도라면 세포 표면과 결합한 금-표지 항체를 관찰할 수 있다. 또한 SEM은 동일한 확대배율에서 광학현미경의 거의 500배에 이르는 초점심도(焦點深度, focal depth)를 갖고 있다. 따라서 SEM 영상은 3차원으로 보이게 된다. SEM은 세포 수준에서 세포 외부 표면의 구조, 그리고 외부환경과 상호 반응하는 다양한 돌기, 확장체, 세포외 물질을 관찰할 수 있다.

18-3-1 원자력현미경법

분해능이 높은 주사 장비인 **원자력현미경**(原子力顯微鏡, atomic force microscope, AFM)은 비록 전자현미경은 아니지만, 나노공학(nanotechnology)과 분자생물학 영역에서 그 중요성이 높아지고 있다. 〈그림 8-24*a*, 9-24, 11-32*c*〉와 제6장의 첫 페이지에 있는 사진은 AFM으로 얻은 상(像)이다. AFM은 날카로운 나노 크기의 탐침(探針, probe)으로 시료 표면을 주사(走査)한다. 어떤 AFM의 경우 탐침이 작은 진동들보[oscillating beam, 또는 외팔보(cantilever)]에 부착되어 있어서, 탐침이 시료 표면을 따라 움

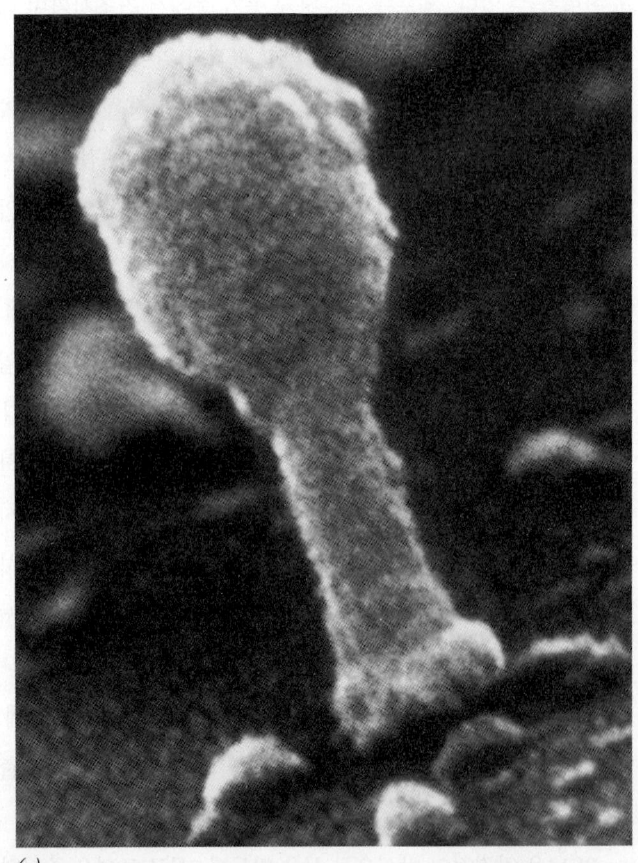
(*a*)

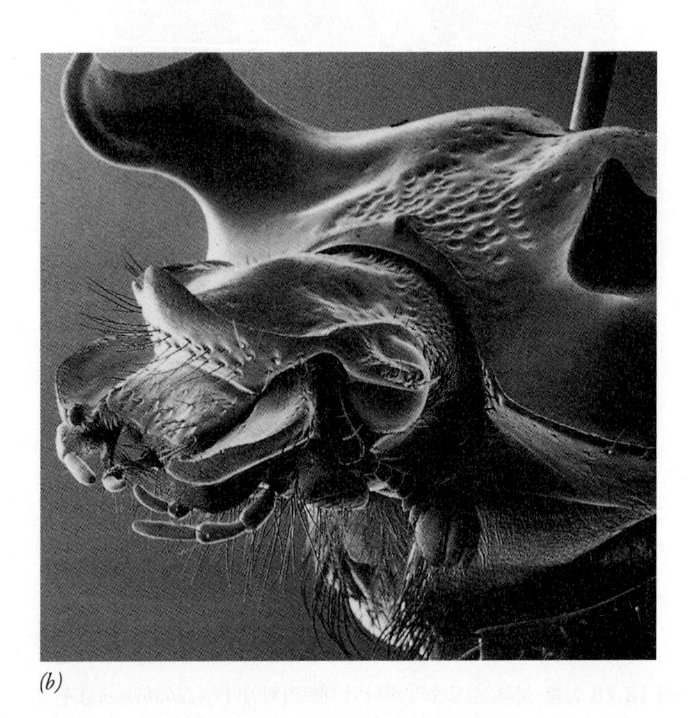
(*b*)

그림 18-19 주사전자현미경 관찰. T4 박테리오파지(*a*, ×275,000)와 곤충 머리 부분(*b*, ×40)의 주사전자현미경 사진.

직이다 지형의 변화를 만나면 진동빈도가 변화한다. 이러한 진동 변화는 시료 표면의 3차원 지형도 영상으로 전환된다. 많은 분자의 구조를 평균하여 보여주는 엑스-선 결정학이나 cryo-EM처럼 분자의 구조를 연구하는 기술들과 다르게, AFM으로는 각 분자가 놓여있는 그대로의 영상을 얻을 수 있다(그림 9-24 참조). AFM의 탐침은 관찰 장비로 사용할 뿐만 아니라, "나노조작기(nanomanipulator)"로 활용하여 시료를 밀거나 당길 수도 있어서 다양한 기계적 특성을 측정할 수 있다. 〈그림 13-7〉은 AFM을 이용하여 중간섬유(intermediate filament) 1개를 정상 길이의 몇 배로 늘인 것이다. 한편, AFM의 탐침 끝에 특정 수용체의 리간드를 묻힌 후 이 리간드에 대한 수용체의 친화도를 측정할 수도 있다. 이러한 강력한 활용도로 인해 AFM을 "탐침 위의 실험실(a lab on a tip)"이라고 한다.

18-4 방사성동위원소 이용

추적자(tracer)는 실험 과정 동안에 한 가지 또 다른 방법으로 그 존재를 드러내며, 그리고 위치를 알 수 있게 하거나 아니면 추적 관찰할 수 있게 해 준다. 물질과 실험 유형에 따라 추적자에 형광 표지, 스핀 표지, 밀도 표지, 또는 방사성 표지를 할 수 있다. 각각의 경우, 표지된 반응기(group)는 분자의 상호작용 특이성에 영향을 주지 않으면서 분자를 탐지할 수 있게 해 준다. 예를 들면 방사성 분자는 비방사성 분자와 같은 방식으로 동일한 반응에 참여하지만, 분자의 위치를 추적할 수 있으며 존재하는 양을 측정할 수 있다.

원자의 본질(어떤 종류의 원자인지 여부)과 원자의 화학적 특성은 원자의 핵 안에 있는 양전하를 띤 양성자 수에 의해 정해진다. 수소 원자는 모두 양성자 1개를, 헬륨 원자는 모두 양성자 2개를, 그리고 리튬 원자는 모두 양성자 3개를 갖고 있다. 그러나 수소, 헬륨 또는 리튬 원자들이 모두 동일한 수의 중성자를 갖고 있는 것은 아니다. 동일한 수의 양성자와 다른 숫자의 중성자를 갖고 있는 원자를 서로 동위원소(*isotope*)라고 한다. 가장 간단한 원소인 수소도 원자핵에 0, 1, 또는 2개의 중성자를 갖느냐에 따라 3개의 다른 동위원소가 존재한다. 이러한 수소의 3개 동위원소 중에서 2개의 중성자를 포함하는 3중수소(tritium, ^{3}H) 만이 방사성을 갖는다.

동위원소들은 양성자와 중성자의 불안정한 조합을 갖고 있을 때 방사성을 갖는다. 불안정한 원자는 붕괴되어 더욱 안정한 배열을 이룬다. 원자가 붕괴되면 적절한 장비로 추적 관찰할 수 있는 입자나 전자기 방사선(electromagnetic radiation)을 방출한다. 방사성동위원소는 원소주기율표 전체에 걸쳐 나타나며, 실험실에서 비방사성 원소로부터 생성될 수 있다. 분자 구조의 일부분에 1개 이상의 방사성 원자를 갖는 방사성 상태인 여러 가지 생물학 분자가 상용화되어 구매할 수 있다.

방사성동위원소의 **반감기**(半減期, half-life, $t_{1/2}$)는 방사성동위원소의 불안정성 척도이다. 특정 동위원소는 불안정할수록 일정한 시간 안에 붕괴되는 경향이 크다. 3중수소 1 큐리(curie)[3]로 시작한다면, 약 12년(이 방사성동위원소의 반감기임) 후에 방사성 물질의 절반이 남게 된다. 광합성 및 기타 대사경로에 대한 초기 연구과정에서 유일하게 이용할 수 있었던 탄소의 방사성동위원소는 ^{11}C이었는데, ^{11}C의 반감기는 약 20분이다. ^{11}C을 사용하는 실험은 매우 신속하게 수행해야만 물질이 사라지기 전에 유입된 동위원소의 양을 측정할 수 있다. 1950년대에 반감기가 5,700년인 방사성동위원소 ^{14}C를 사용할 수 있게 되어 실험에 큰 도움이 되었다. 세포생물학 연구에서 매우 중요한 방사성동위원소들의 목록과 방사선의 특징 및 반감기에 대한 정보를 〈표 18-1〉에 나타내었다.

원자가 붕괴되는 동안 세 종류의 방사선이 방출될 수 있다. 알파 입자(*alpha particle*)는 2개의 양전자와 2개의 중성자로 구성되며, 헬륨원자의 핵과 동일하다. 베타 입자(*beta particle*)는 전자와 같으며, 감마선(*gamma radiation*)은 전자기 방사선이나 광자로 이루어진다. 가장 흔히 사용되는 동위원소는 베타 방사체(beta emitter)로, 액체섬광분광계나 자가방사기록법으로 추적 관찰할 수 있다.

액체섬광분광계(*liquid scintillation spectrometry*)는 주어진 시료에 있는 방사능 양의 측정에 사용된다. 이 기술은 방출된 입자의 에너지 일부를 흡수하여 빛의 형태로 방출하는 인광체(*phosphor*) 또는 섬광체(*scintillant*)라는 분자의 특성에 근거한다. 액체섬광분광계로 분석하려면 유리나 플라스틱으로 된 섬광 병에서 인광체 용액과 시료를 섞는다. 이렇게 하면 인광체와 방사성동위원소가 매우 밀접하

[3] 큐리는 초당 3.7×10^{10} 개의 원자핵이 붕괴될 때 나오는 방사능 양이다.

표 18-1 생물학적 연구에 사용되는 다양한 방사성동위원소의 특성

원소와 원자량	반감기	방출되는 입자 유형
^{3}H	12.3년	베타
^{11}C	20분	베타
^{14}C	5,700년	베타
^{24}Na	15.1시간	베타, 감마
^{32}P	14.3일	베타
^{35}S	87.1일	베타
^{42}K	12.4시간	베타, 감마
^{45}Ca	152일	베타
^{59}Fe	45일	베타, 감마
^{60}Co	5.3년	베타, 감마
^{64}Cu	12.8시간	베타, 감마
^{65}Zn	250일	베타, 감마
^{131}I	8.0일	베타, 감마

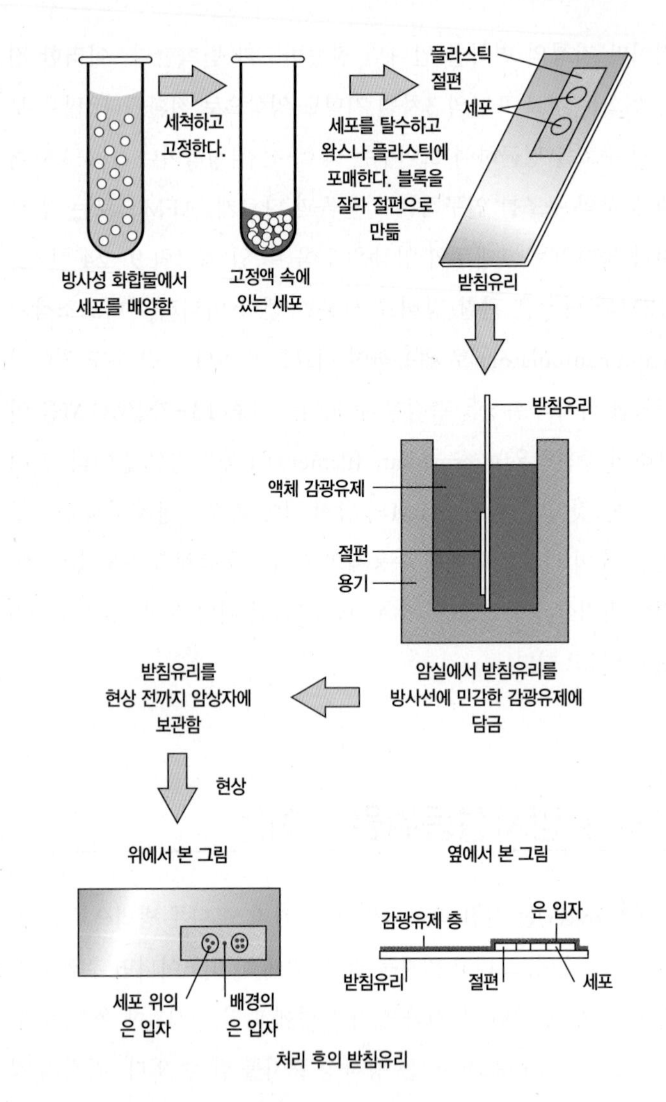

그림 18-20 광학현미경을 이용한 자가방사기록법 준비과정.

게 접촉하여 아주 약한 베타 방사체에서 나오는 방사선도 효율적으로 측정할 수 있다. 혼합한 병을 매우 민감한 광탐지기를 갖고 있는 계수기 안에 넣는다. 병 안에서 방사성 원자가 붕괴함에 따라 방출된 입자에 의해 섬광체가 활성화되어 섬광을 방출한다. 빛이 광탐지기에 의해 탐지되어 만들어진 신호가 계수관 안에 있는 광전증폭관(photomultiplier tube)에 의해 증폭된다. 배경잡음 신호를 보정한 후 각각의 병에 존재하는 방사능 양이 출력된다.

자가방사기록법(自家放射記錄法, autoradiography)은 세포 내부, 폴리아크릴아미드 젤의 내부, 또는 니트로셀룰로오스 필터 위 등에서 특정 동위원소가 위치하는 곳을 밝히기 위해 사용되는 광범위한 기술이다. 세포의 합성 활성을 발견한 초기 연구에서 자가방사기록법의 중요성은 〈12-2-1항〉의 펄스-추적 실험(pulse-chase experiment)에서 설명하였다. 자가방사기록법은 방사성 원자에서 방출된 입자가 사진 감광유제를 활성화시킬 수 있는 능력을 이용하는데, 이것은 빛 또는 엑스-선이 필름에 코팅된 감광유제를 활성화시키는 것과 거의 같다. 사진 감광유제를 방사성 방출원과 가깝게 접촉시킨 후 사진을 현상하면, 방출원에서 나온 입자가 감광유제에 작은 검은색의 은 입자(silver grain)를 남긴다. 자가방사기록법은 받침유리나 TEM 그리드에 고정된 조직 절편에서 방사성동위원소의 위치를 확인하는 데 사용된다. 〈그림 18-20〉은 광학현미경을 이용한 자가방사기록법 준비과정 단계이다. 받침유리나 그리드 위에 있는 절편 위에 감광유제를 발라 매우 얇은 층을 덧씌우고, 빛이 들어가지 않는 용기에 넣은 후 감광유제를 방사선에 노출시킨다. 현상하기 전에 시료를 오래 놓아둘수록 은 입자가 더 많이 형성된다. 현상한 받침유리나 그리드를 현미경으로 검경하면, 감광유제 층에 생긴 은 입자가 바로 아래에 있는 세포 내의 방사성 물질의 위치를 가리킨다(그림 18-21).

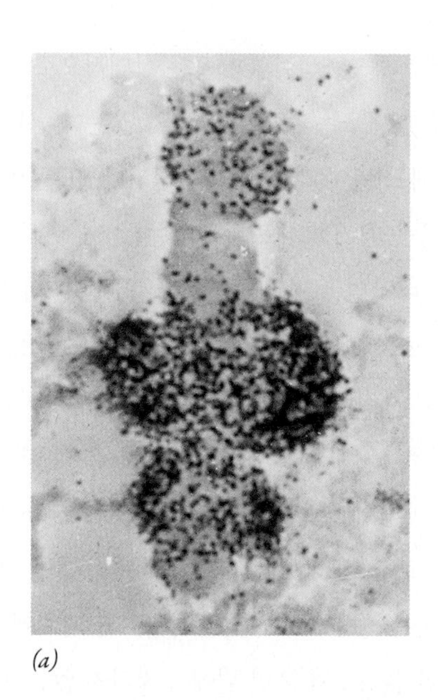
(a)

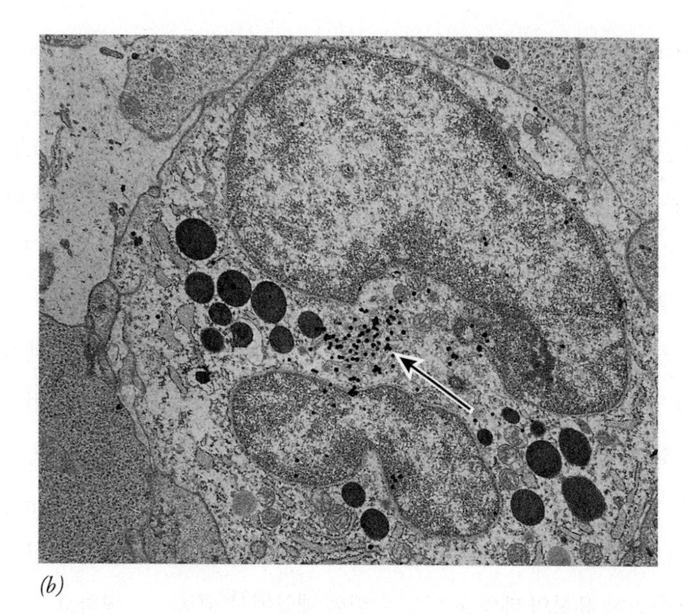
(b)

그림 18-21 광학 및 전자현미경으로 관찰한 자가방사기록법의 예. (*a*) 깔따구속(*Chironomus*) 곤충의 다사(多絲, polytene)염색체를 광학현미경으로 촬영한 자가방사기록 사진으로서, 염색체의 퍼프된 부위에 있는 RNA에 광범위하게 결합된 [^{3}H]우리딘(uridine)을 보여준다. 이런 자가방사기록 사진으로 염색체의 퍼프된 부분이 전사의 자리임을 확인할 수 있다. 이 사진은 동일한 염색체를 주사전자현미경으로 본 〈그림 4-8*b*〉와 비교될 수 있다. (*b*) 골수 세포를 [^{35}S]O_4에서 5분 동안 배양한 다음 즉시 고정하여 전자현미경으로 관찰한 자가방사기록 사진. 결합된 황산염—작은 검은색 은 입자로 보이는—은 골지복합체(화살표)에 위치한다.

18-5 세포배양

이 교재 전반에 걸쳐, 단순화시킨 조절된 시험관 내 분석을 통해 특정 과정을 이해하려는 세포생물학 연구방법에 대해 강조하였다. 세포도 역시 복합 다세포 생명체 상태에서 받는 영향으로부터 벗어나게 할 수 있기 때문에, 이러한 시험관내 연구방법을 세포 자체의 연구에 적용할 수 있다. 생명체 밖에서 세포를 자라게 하는 **세포배양**(細胞培養, cell culture)은 생물학 연구 전체에서 가장 유용한 기술적 성과라는 것이 입증되었다. 세포생물학 분야의 어떠한 학술지를 잠시 살펴보더라도 대부분의 논문이 세포배양을 이용해 실험한 것을 알 수 있다. 그 이유는 다양하다. 배양세포는 대량으로 얻을 수 있고, 대개 단일 종류의 세포 만을 배양한다. 또한 내포작용, 세포운동, 세포분열, 막의 물질교환, 고분자 합성 등의 많은 세포 내 활동을 세포배양을 이용하여 연구할 수 있다. 나아가 세포배양을 하면서 세포를 분화시킬 수 있으며, 배양세포에 약품, 호르몬, 성장인자 등 다양한 활성물질을 처리하여 반응시킬 수 있다.

초기의 조직배양은 매우 다양한 정체불명의 물질이 포함된 배양액을 사용하였다. 생체에서 얻은 림프액, 혈청, 배아 균질액 등을 첨가하여 세포를 배양하였다. 세포를 건강하게 유지하고 증식하려면 상당히 다양한 종류의 영양분과 호르몬, 성장인자 등이 필요하다는 사실이 알려졌다. 오늘날에도 세포 배양액은 대개 다량의 혈청을 함유한다. 배양세포의 증식에 있어서 혈청(또는 혈청에 포함된 성장인자)의 중요성은 〈그림 16-4〉의 세포-성장 곡선(cell-growth curve)에서 볼 수 있다.

세포배양학자의 주요한 목표 중 하나는 세포가 잘 성장할 수 있는 무혈청(serum-free) 배양액을 개발하는 것이다. 다양한 구성성분을 조합하여 세포의 성장과 증식이 잘 일어나는 지를 시험하는 실용적인 접근 방법을 통하여, 점점 더 많은 종류의 세포가 혈청을 비롯한 천연체액(natural fluid)이 없는 "인공" 배양액에서 성공적으로 배양되고 있다. 예상되는 바와 같이, 이렇게 화학적으로 만들어 낸 배양액의 조성은 비교적 복잡하다. 배양액은 영양분과 비타민의 혼합물과 함께 인슐린, 상피성장인자(epidermal growth factor), 트랜스페린(transferrin, 세포에 철을 공급) 등의 다양한 단백질로 이루어진다.

조직 배양액은 영양분이 매우 풍부하기 때문에 미생물이 자라기에도 아주 좋은 서식환경이다. 배양하는 세포가 세균에 의해 오염되는 것을 막기 위하여 실험 장소에 멸균환경이 유지되도록 최선을 다해야 한다. 멸균장갑을 사용하고, 모든 기구와 장치를 멸균하며, 배양액에 저농도의 항생제를 첨가하고, 멸균후드(hood) 안에서 작업함으로써 멸균환경을 만들 수 있다.

세포배양의 첫 단계는 세포를 얻는 것이다. 대부분의 경우, 액체질소 탱크에서 이미 배양하여 동결한 세포가 들어있는 작은 유리병(vial)을 꺼내서 녹인 후, 미리 준비해둔 배양액에 세포를 옮기기만 하면 된다. 이러한 유형의 배양은 미리 수행한 배양에서 세포를 얻기 때문에 **2차배양**(secondary culture)이라고 한다. 이에 비해 **1차배양**(primary culture)에서는 생명체로부터 직접 세포를 얻는다. 대부분의 동물세포 1차배양에서는 배아(embryo)를 이용하는데, 성인에 비해 배아의 조직이 더 쉽게 단일 세포로 분리되기 때문이다. 세포는 트립신(trypsin)과 같은 단백질분해효소(proteolytic enzyme)를 이용하여 분리시킨다. 트립신은 세포 사이의 부착에 관여하는 단백질의 세포외 영역(extracellular domain)을 분해한다(제11장). 이후 조직을 세척하여 트립신 효소를 제거한 후, Ca^{2+} 이온은 없고 EDTA(ethylendiamine tetraacetate) 등의 칼슘 이온과 결합하는(킬레이트[a]) 물질이 있는 생리식염수(生理食鹽水)에 조직을 풀어준다. 제11장에서 논의한 것처럼, 칼슘 이온은 세포-세포 부착에 중요한 역할을 하기 때문에 조직에서 칼슘 이온을 제거하면 세포의 분리가 크게 촉진된다.

악성이 아닌(nonmalignant) 정상세포는 노화(老化) 또는 사멸되기 전까지 제한된 횟수(대개 50~100회)만큼 분열할 수 있다. 이 때문에 조직배양 연구에서 흔히 사용하는 많은 세포는 무한히 성장하도록 유전적으로 변형된 것이다. 이러한 유형의 세포를 **세포주**(細胞株, cell line)라고 하는데, 이 세포를 민감한 실험동물에 주입하면 대개 악성종양으로 자란다. 배양하는 정상세포가 저절로 세포주로 변형되는 빈도는 그 세포를 어떤 생명체에게서 얻었느냐에 따라 다르다. 예를 들면, 생쥐의 세포는 상대적으로 높은 빈도로 변형되지만, 사람의 세포는 거의 변형되지 않는다. 사람의 세포주[예: 헬라(HeLa) 세포]는 대개 종양에서 얻거나, 또는 암을 유발하는 바이러스나 약품을 처리한 세포에서 얻는다.

전통적인 배양법은 평평한 배양접시 표면에서 세포를 키우는 2차원(*two-dimensional*) 배양시스템이다. 최근에는 합성하거나 천연적인 세포외 물질(extracellular material)로 조성한 3차원 기질에서 세포를 키우는 3차원(*three-dimensional*) 배양법으로 전환되고 있다. 3차원 배양에 필요한 물질은 천연기저막(natural basement membrane, 그림 11-8 및 11-12)에서 유래한 단백질을 비롯한 성분을 함유하는 상품으로 구입할 수 있다. 체내에 있는 세포는 평평하고 단단한 플라스틱 표면 위에서 자라지 않는다. 3차원 기질은 배양되는 세포에 훨씬 더 자연스러운 환경을 조성해주는 것으로 보인다. 따라서 이러한 3차원 환경에서 자라는 세포에서는 체내 조직에 있는 세포와 더욱 유사한 형태와 작용이 나타난다. 이러한 사실은 두 종류의 배양시스템을 비교하여 세포골격 구조, 세포의 부착 유형, 신호전달 활성, 그리고 세포분화 정도에서 나타나는 차이를 통해 확인할 수 있다. 나아가 3차원 배양시스템은 세포-세포 상호작용을 연구하기에도 더욱 적합한데, 세포 표면의 어느 부분에서든 세포끼리 서로 접촉할 수 있기 때문이다. 〈그림 18-22〉는 평평한 표면과 3차원 기질에서 각각 자라고 있는 사람의 섬유모세포(fibroblast)이다. 〈그림 18-22*a*〉의 세포는 바닥층(substratum)에 눌려서 위와 아래 표면이 비정상적으로 넓고 납작한 판상족(板狀足, lamellipodia)을 갖는 매우 부자연스러운 형태가 된다. 이에 비해 3차원 배양(그림 18-22*b*)에서는 표면이 변형되지 않은 전형적인 방추형(spindle-shaped)으로 나타난다.

다양한 종류의 식물세포 또한 배양이 가능하다. 식물세포에 섬유소분해효소(cellulase)를 처리하면 세포벽을 분해하여 세포벽이 없는 **원형질체**(原形質體, protoplast)를 만들 수 있다. 이 원형질체를 성장과 분열을 촉진하는 화학적 배지에서 배양할 수 있다. 적당한 조건에서는 세포가 캘러스(*callus*)라는 미분화 세포덩어리로 자라며, 이로부터 슈트(shoot)의 발달을 유도하여 온전한 식물체를 만들어낼 수 있다. 또 다른 방법으로는 잎 조직에 있는 세포에 호르몬을 처리하면 분화된 성질을 잃고 캘러스가 된다. 이 캘러스를 액체 배지로 옮겨서 세포배양을 시작할 수 있다.

역자 주[a] 게가 양쪽 집게발로 잡은 것과 같은 모양으로 금속원자와 결합하는 화학구조를 갖는 화합물, 또는 이 화합물과 금속원자가 결합하는 현상을 킬레이트(chelate)라고 한다.

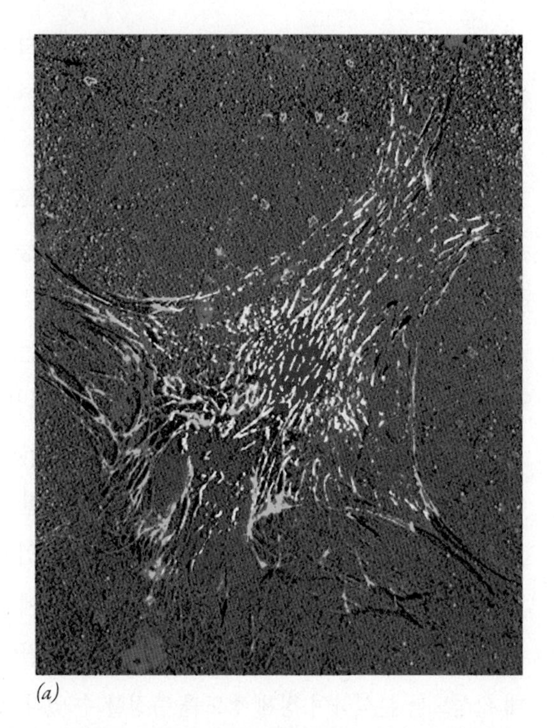
(a)

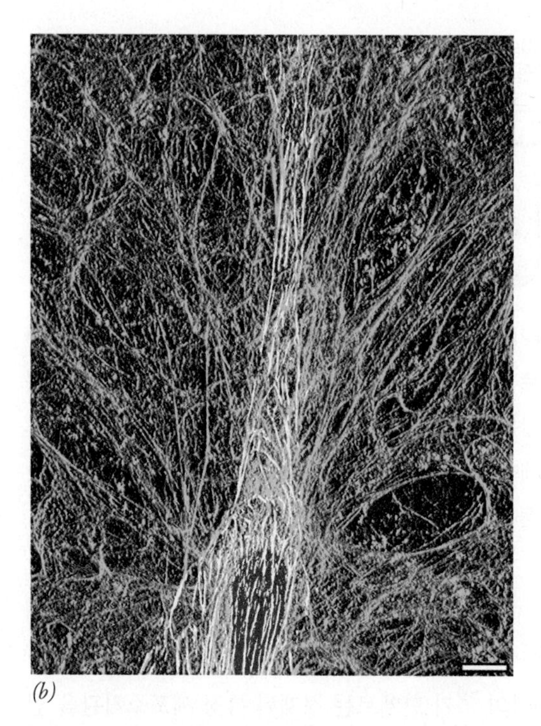
(b)

그림 18-22 **2차원과 3차원으로 배양한 세포의 형태 비교.** (*a*) 섬유결합소(纖維結合素, fibronectin)를 덧입힌 평평한 바닥층에서 자라는 사람 섬유모세포(fibroblast)는 넓은 판상족을 갖는 매우 납작한 형태를 보인다. 인테그린-함유 부착점(integrin-containing adhesion)이 하얀색으로 보인다. (*b*) 같은 종류의 세포를 3차원 기질에서 배양하면, 납작해지지 않은 방추형 모양으로 보인다. 세포외 섬유결합소 기질이 파란색으로 보인다. 오른쪽 아래의 줄은 10μm이다.

18-6 차등원심분리에 의한 세포 내용물의 분획

대부분의 세포는 다양한 종류의 서로 다른 세포소기관을 갖고 있다. 만일 미토콘드리아의 특별한 기능을 연구하려 한다거나, 또는 골지복합체에서 특정한 효소를 분리하려고 한다면, 먼저 세포소기관을 정제된 상태로 분리해내는 것이 유용하다. 특정한 세포소기관을 대량으로 분리해내는 것은 **차등원심분리**(差等遠心分離, differential centrifugation) 기술에 의해 가능하다. 이 기술의 원리는 주변에 있는 매질용액보다 밀도가 높은 다양한 크기와 모양의 입자를 원심장(遠心場, centrifugal field) 안에서 원심분리하면, 서로 다른 속도로 원심분리 시험관의 바닥 쪽으로 이동하는 사실에 바탕을 두고 있다.

차등원심분리를 수행하려면 먼저 균질기(*homogenizer*)를 사용하여 세포를 물리적으로 파쇄한다. 삼투에 의해 막으로 된 소낭이 파열되는 것을 막기 위해 세포를 등장성완충용액(等張性緩衝溶液, 보통 설탕을 함유함)에서 균질화시킨다. 이후 원심력을 점점 증가시키면서 균질액을 순차적으로 원심분리한다. 차등원심분리의 방법은 제12장에서 논의하였고, 〈그림 12-5〉에 그림으로 설명하였다. 처음에는 균질액에 짧은 시간 동안 낮은 원심력을 가하여 핵(그리고 온전한 세포로 남아있는 모두)과 같은 큰 세포소기관을 침전시킨다. 원심력을 높이면 상대적으로 큰 세포소기관(미토콘드리아, 엽록체, 리소솜, 퍼옥시솜)이 균질액에서 분리되어 침전된다(그림 12-5). 다음 단계에서 마이크로솜(세포질의 액포 막과 소포체 막에서 생긴 단편)과 리보솜이 상층액에서 분리되어 침전된다. 마지막 단계는 초원심분리기(ultracentrifuge)가 필요한데, 초원심분리기는 75,000rpm(분 당 회전수)의 속도로 회전하여 중력의 50만 배에 해당하는 힘을 만들어낸다. 리보솜이 제거되고 나면, 상층액에는 세포의 수용성 부분과 너무 작아서 침전 방법으로 제거할 수 없는 입자만 남는다.

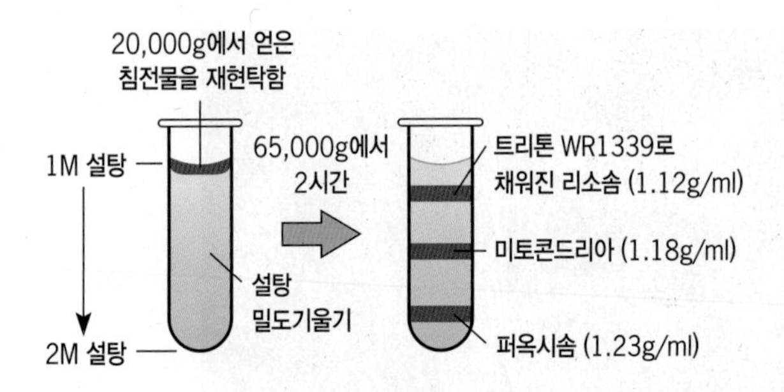

그림 18-23 밀도기울기 평형 원심분리(density-gradient equilibrium centrifugation)로 세포이하 분획(細胞以下 分劃, subcellular fraction) 분리. 이 예에서, 매질용액은 연속적인 설탕-밀도기울기를 이룬다. 각각의 세포소기관은 시험관 내에서 자신과 밀도가 같은 위치까지 침전되어 띠를 형성한다. 20,000g 침전물을 얻는 과정은 〈그림 12-5〉에 있다.

차등원심분리의 초기 단계로는 정제된 특정 세포소기관을 얻을 수 없기 때문에 보통 추가 과정이 필요하다. 많은 경우 〈그림 18-23〉처럼 밀도기울기(density gradient)를 이용하여 시료의 내용물이 각각의 밀도에 따라서 다양한 층으로 나누어지도록 원심분리하여 분획물을 얻는다. 각 분획의 조성은 현미경으로 분석하거나 특정 세포소기관에만 특이적으로 존재하는 특정 단백질의 양을 측정하여 알아낼 수 있다.

분리하는 과정 동안에 변성되는 조건에 노출되지 않는다면 차등원심분리로 분리한 세포소기관은 정상 활성을 상당히 높은 수준으로 유지한다. 이러한 방법으로 분리된 세포 소기관은 막-결합 단백질 합성, 수송소낭(transport vesicle) 형성, 용질 운반과 이온기울기(ionic gradient) 형성(그림 9-25*a* 참조) 등의 다양한 세포 활성을 연구하는 무세포계(無細胞系, *cell-free system*)에서 이용할 수 있다.

18-7 단백질의 분리, 정제, 분획

이 책에서 많은 다양한 단백질의 특성에 대하여 설명하였다. 특정 단백질의 구조와 기능에 관한 정보를 얻으려면, 먼저 그 단백질을 어느 정도 순수하게 분리해야만 한다. 대부분의 세포는 수천 종류의 단백질을 함유하고 있어서 한 종류를 정제하는 것은, 특히 그 단백질이 세포 내에서 낮은 농도로 존재할 경우 결코 쉬운 일은 아니다. 이 절(節)에서는 단백질을 정제하는 몇 가지 방법을 간단하게 살펴본다.

일반적으로 단백질은 다른 물질을 순차적으로 제거함으로써 정제한다. 두 단백질은 전체 전하(電荷, charge) 등 한 가지 특성이 매우 유사하더라도 분자의 크기나 모양 등 다른 특성은 아주 다를 수 있다. 따라서 특정 단백질을 정제하기 위해서는, 대개 분리하고자 하는 단백질의 다른 특성을 이용하는 연속적인 방법을 사용하여야 한다. 정제 정도는 **특이활성도**(特異活性度, specific activity)로 측정한다. 특이활성도는 시료에 존재하는 단백질 총량에 대한 분리하려는 단백질 양의 비율로 나타낸다. 일부 확인할 수 있는 특정 단백질의 특성을 **분석**(分析, assay)하여 시료 내에 있는 특정 단백질의 상대적인 양을 측정한다. 분리하려는 단백질이 효소라면, 촉매 활성도를 분석하여 정제 정도를 측정할 수 있다. 또 다른 방법으로는 면역학, 전기영동, 전자현미경 등을 이용하는 여러 척도를 기준으로 하여 분석할 수도 있다. 시료 내 단백질의 총량은 총 질소량을 비롯한 다양한 특성으로 측정할 수 있다. 총 질소량은 매우 정확하게 측정할 수 있으며, 모든 단백질에서 건조중량(乾燥重量, dry weight)의 약 16%로 매우 일정하다.

18-7-1 선택적 침전법

정제의 첫 단계는 불순물이 매우 많은 상태에서 수행할 수 있으며 특이활성도를 크게 증가시킬 수 있는 과정이어야 한다. 첫 단계에서는 대개 단백질 사이의 용해도 차이를 이용하여 원하는 단백질을 선택적으로 침전시키는 방법을 이용한다. 단백질의 용해도 특성은 대개 단백질 표면에 있는 친수성과 소수성 곁사슬의 분포에 의해 결정된다. 주어진 용액 내에서 단백질의 용해도는 용액에 남아있도록 하는 단백질—용매의 상호작용과 뭉쳐져 침전되도록 하는 단백질—단백질 상호작용 사이의 상대적 균형에 따라 달라진다. 선택적 단백질 침전법에서 가장 널리 사용되는 염(salt)은 물에 매우 잘 녹고 이온세기(ionic strength)가 높은 황산암모늄(ammonium sulfate)이다. 정제하지 않은 단백질 추출물에 포화 황산암모늄 용액을 점진적으로 첨가하여 정제해낸다. 염을 계속 첨가하면 오염

단백질이 더욱 침전하게 되며, 이 침전물을 제거한다. 결국 용액에서 원하는 단백질이 빠져나오는 시점에 도달한다. 이 시점은 특정 분석법으로 수용액 분획을 측정하여 활성도가 사라지는 것으로 알 수 있다. 원하는 단백질이 침전되고 나면 수용액 속에는 나머지 오염 단백질이 남아 있다. 침전된 단백질을 다시 용해하여 사용한다.

18-7-2 액체 관 크로마토그래피

크로마토그래피(chromatography)는 용해된 성분의 혼합물을 다공성(多孔性) 기질에 통과시켜 분획화(分劃化, fractionation)하는 방법이다. 액체 크로마토그래피 방법에서, 혼합물에 있는 물질은 두 가지 상(相, phase) 중 하나와 연계된다. 유동성(流動性, mobile) 상은 이동하는 용매(溶媒)이고, 부동성(不動性, immobile) 상은 용매가 이동하면서 통과하는 기질이다.[4] 아래의 크로마토그래피 과정에서 부동성 상은 관(管, column) 속에 채워진 물질이다. 분획하려는 단백질을 용매에 용해한 다음 관을 통과시킨다. 부동성 상을 이루는 물질은 용액 속에 있는 단백질과 결합할 수 있는 부위를 갖고 있다. 단백질 분자가 기질 물질과 상호작용을 하므로 이동이 느려진다. 따라서 기질 물질에 대한 단백질의 친화성이 클수록 관을 따라 이동하는 속도가 느려진다. 혼합물의 단백질은 기질에 대한 친화성이 서로 다르기 때문에 지연되는 정도가 다르게 된다. 관을 통과한 용액이 바닥에서 방울지어 빠져나오면, 이를 일련의 시험관에 분획(*fraction*)하여 수집한다. 관 속의 기질과 친화성이 가장 낮은 단백질이 첫 번째 분획이 된다. 고성능 액체 크로마토그래피(*high performance liquid chromatography, HPLC*)는 크로마토그래피의 분리능을 개선하여 개발한 장치로, 길고 좁은 관을 사용하며 유동성 상은 고압상태에서 빽빽하게 채워진 비압축성(非壓縮性) 기질을 통과한다.

18-7-2-1 이온-교환 크로마토그래피

단백질은 큰 다원자가(多原子價, polyvalent) 전해질(電解質, electrolyte)이다. 부분 정제한 시료 내의 단백질은 모두가 동일한 전하를 가지지는 않는다. 단백질의 전체 전하는 그 구성성분인 아미노산 각각이 갖는 전하의 합이다. 아미노산의 전하는 매질(媒質, medium)의 pH에 따라 달라지기 때문에(그림 2-27 참조), 단백질의 전하도 pH에 따라 다르다. pH가 낮아지면 음전하인 아미노산은 중성으로 변하고, 양전하인 아미노산이 더 많아지게 된다. pH가 올라가면 반대로 된다. 각 단백질에 대해 음전하의 전체 수와 양전하의 전체 수가 같아지는 상태의 pH가 존재한다. 이때의 pH를 **등전점**(等電點, isoelectric point)이라 하며, 이 때 단백질은 중성이다. 대부분 단백질의 등전점은 pH 7 이하이다.

이온 전하는 **이온-교환 크로마토그래피**(ion-exchange chromatography)를 비롯한 다양한 분리방법의 기초가 된다. 이온-교환 크로마토그래피는 전하를 띤 기능기와 공유결합하고 있는 셀룰로오스 등의 비활성 기질 물질과 단백질이 이온결합을 이루는 정도에 따라 분리한다. 가장 일반적인 이온-교환 수지(樹脂, resin)는 디에틸아미노에틸(diethylaminoethyl, DEAE) 셀룰로오스와 카르복시메틸(carboxymethyl, CM) 셀룰로오스이다. DEAE-셀룰로오스는 양전하를 띠며 음전하 분자와 결합하는 음이온 교환(*anion exchanger*) 수지이다. CM-셀룰로오스는 음전하를 띠는 양이온 교환(*cation exchanger*) 수지이다. 수지를 관에 채워 넣은 다음, 단백질 용액을 관을 따라 통과시킨다. 이 때 사용하는 완충용액은 일부 또는 모든 단백질이 수지와 결합하도록 한다. 단백질은 수지에 가역적으로 결합하며, 완충용액의 이온세기를 높여주거나 (작은 이온을 넣어 수지의 결합 부위에 대해 단백질의 전하를 띤 기능기와 경쟁하도록 하거나) 또는 pH를 변화시키면 떨어져 나온다. 단백질은 가장 약하게 결합한 것부터 결합의 강도에 따라 관에서 용출되어 나온다. 〈그림 18-24〉는 두 단백질을 이온-교환 관에서 단계별로 용출시켜 분리하는 개요도이다.

18-7-2-2 젤 여과 크로마토그래피

젤 여과(gel filtration)는 주로 기능적인 크기(유체운동의 반경, *hydrodynamic radius*)에 따라 단백질(또는 핵산)을 분리해낸다. 이온-교환 크로마토그래피와 마찬가지로, 관에 작은 구슬(bead)로 된 분리용 물질을 채우고 단백질 용액을 천천히 통과시킨다. 젤 여과에 사용하는 구슬은 구멍 크기가 다양한 교차-결합 다당류(덱스트

[4] 액체 크로마토그래피(LC)는 기체 크로마토그래피(GC)와 다르다. GC의 유동성 상은 비활성 기체이다.

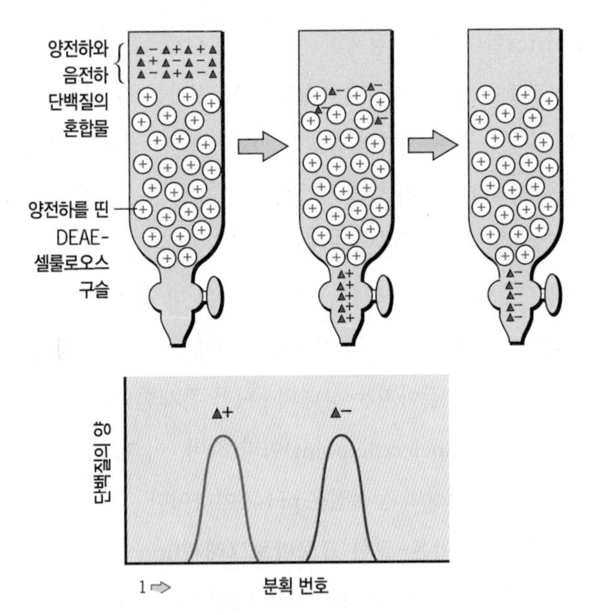

그림 18-24 **이온-교환 크로마토그래피.** DEAE-셀룰로오스를 이용한 두 단백질의 분리. 이 경우에서는, 음전하를 띤 단백질을 결합시키기 위해 양전하 수지를 이용하였다.

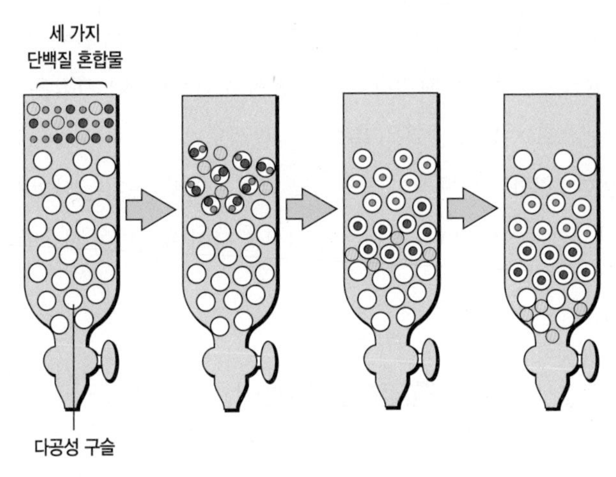

그림 18-25 **젤 여과 크로마토그래피.** 분자량이 다른 세 종류의 구형단백질을 분리하는 방법은 본문에서 설명하였다. 기본 형태가 유사한 단백질 중에서, 큰 분자가 작은 분자보다 먼저 용출된다.

란이나 아가로스)로 만들어져, 구멍으로 단백질이 확산되어 들어오고 나간다. 〈그림 18-25〉는 이 기술의 가장 좋은 예이다.

분자량 12만 5,000달톤(dalton)인 구형단백질을 분리하려 한다고 가정하자. 이 단백질은 형태는 유사하지만 분자량이 훨씬 크거나(25만 달톤), 작은(7만 5,000달톤) 두 종류의 단백질과 함께 한 용액에 들어있다. 이 단백질을 분리하는 한 가지 방법은 세파덱스(Sephadex) G-150 구슬을 채운 관에 혼합액을 통과시키는 것이다. 이 구슬은 20만 달톤 이하의 구형단백질은 구슬 속으로 들어가도록 한다. 단백질 혼합액이 관을 통과할 때, 25만 달톤 단백질은 구슬 속으로 들어갈 수 없기 때문에 이동하는 용액에 용해된 상태로 남는다. 그 결과, 25만 달톤 단백질은 관에 이미 존재하고 있던 용액(용출 부피, bed volume)[a]이 흘러나오는 즉시 용출된다. 반면에 다른 두 단백질은 구슬 안의 구멍으로 확산되기 때문에 관을 통과하는 것이 지연된다. 관을 따라 용액이 이동하면 이 단백질들도 바닥으로 이동하게 되지만, 이동 속도는 다르다. 구슬 안으로 들어간 단백질 가운데 작은 것이 큰 것보다 더 많이 지연된다. 결국 12만 5,000달톤 단백질이 순수하게 용출되고, 7만 5,000달톤 단백질은 관에 남는다.

18-7-2-3 친화성 크로마토그래피

지금까지 설명한 방법은 단백질의 전반적 특성을 이용하여 효과적으로 정제하거나 분획하는 것이다. **친화성 크로마토그래피**(affinity chromatography)는 단백질의 고유한 구조적 특성을 이용한 것으로, 용액에서 한 종류의 단백질만 특이적으로 회수하고 나머지 단백질은 모두 용액에 남아있도록 하는 것이다(그림 18-26). 단백질은 특정 물질과 상호작용한다. 즉, 효소는 기질과, 수용체는 리간드(ligand)와, 항원은 항체와 결합한다. 따라서 비활성 부동성 물질(기질, matrix)과 공유결합을 이룬 특이적으로 상호작용하는 분자(기질, 리간드, 항체 등)가 있는 관에서 단백질 혼합물을 통과시키면 특정 단백질을 정제할 수 있다. 예를 들면, 아세틸콜린 유사물질이 결합된 아가로스 구슬을 채운 관에서 아세틸콜린 수용체를 포함한 혼합물 시료를 통과시키면, 상호작용이 일어나기에 알맞은 조건이라면 수용체는 구슬과 특이적으로 결합한다. 나머지 단백질이 모두 관을 통과해 빠져나가면, 관 내부의 이온 조성이나 용매의 pH

역자 주[a] 용출 부피(bed volume): 관의 길이에 맞게 분리용 구슬을 채워 넣었을 때, 관 안에 채워진 구슬과 구슬 사이를 차지하는 용액의 부피.

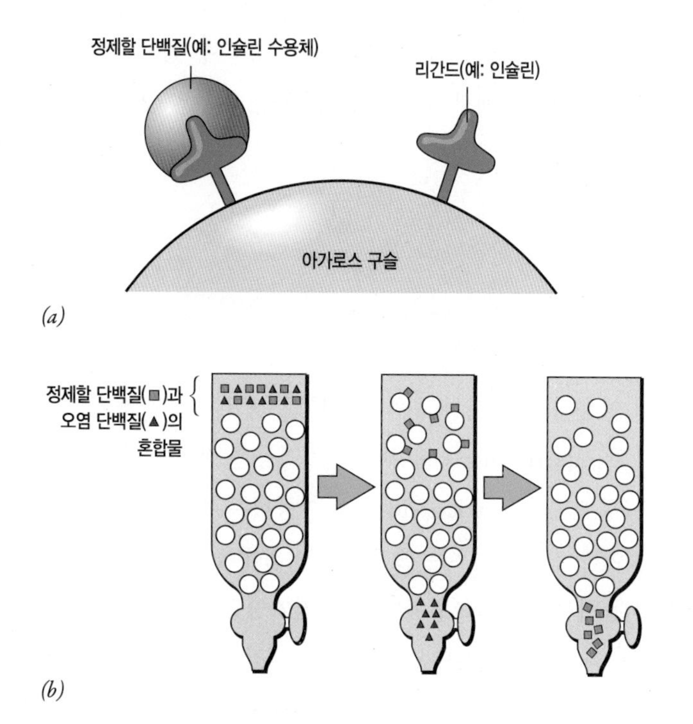

그림 18-26 **친화성 크로마토그래피.** (*a*) 특정 단백질만 결합할 수 있는 피복 아가로스 구슬의 모식도. (*b*) 크로마토그래피 과정.

를 변화시켜 아세틸콜린 수용체 분자가 재질의 결합 부위에서 떨어지도록 한다. 이와 같이 크기나 전하를 기준으로 단백질을 분리하는 다른 크로마토그래피 과정과 다르게, 친화성 크로마토그래피는 한 단계만으로 원하는 분자를 거의 순수하게 정제해낼 수 있다.

18-7-2-4 단백질-단백질 상호작용 확인

단백질의 기능을 연구하는 한 가지 방법은 그 단백질과 상호작용하는 단백질을 동정하는 것이다. 이미 동정한 특정 단백질이 세포 내의 어떤 단백질과 상호작용할 수 있는지 확인하는 방법은 여러 가지 있다. 이 가운데 하나는 앞에서 설명한 친화성 크로마토그래피이다. 다른 방법은 항체를 이용한다. 예를 들면, 동정하여 정제한 단백질 A가 세포질에 있는 두 단백질 B, C와 함께 복합체를 형성한다고 가정하자. 단백질 A는 정제되었으므로 이 단백질에 대한 항체를 얻을 수 있고, 이 항체를 단백질 A와 결합하는 탐침으로 사용하여 용액에서 단백질 A를 분리한다. A-B-C 단백질 복합체를 포함하는 세포추출물을 준비하여 항-A 항체와 반응시킨다. 항체가 단백질 A에 결합하면 A와 결합한 다른 단백질—이 경우는 단백질 B와 C—도 함께 공침전(共沈澱, *coprecipitation*)하므로, 이들을 확인할 수 있다. DNA 단편의 공침전에 대해서는 〈6-4-3항〉에서 논의하였다.

단백질-단백질 상호작용에 대한 연구에 가장 널리 사용되는 방법은 1989년 스토니 브룩(Stony Brook)에 있는 뉴욕주립대학교(State University of New York)의 스탠리 필즈(Stanley Fields)와 송옥규(Ok-kyu Song)가 개발한 **효모 두 단백질-혼성물 분석법**(yeast two-hybrid system)이다. 이 방법(그림 18-27)은 β-갈락토시다아제(β-galactosidase, *lacZ*) 등의 리포터(reporter) 유전자의 발현에 의존한다. 효모세포 집단에 이 효소가 존재하면 색이 변화하므로 효소의 활성도를 쉽게 관찰할 수 있다. 이 방법에서 *lacZ* 유전자의 발현은 DNA-결합 영역과 활성화 영역을 갖고 있는 특정 단백질—전사인자—에 의해 활성화된다(그림 18-27*a*). DNA-결합 영역은 프로모터에 결합하는 것을 매개하고, 활성화 영역은 유전자 발현 활성화에 관여하는 다른 단백질과 상호작용하는 것을 매개한다. 전사가 일어나려면 두 영역이 모두 존재해야만 한다. 이 방법을 사용하기 위해서 두 가지 유형의 재조합 DNA 분자가 필요하다. 한 가지의 DNA 분자는 "미끼(bait)" 단백질(X)을 암호화하는 DNA 단편과 연결된 전사인자의 DNA-결합 영역을 암호화하는 DNA 단편을 갖고 있다. 미끼 단백질은 찾으려는 단백질과 결합할 수 있는 가능성을 가진 단백질이다. 이 재조합 DNA를 효모세포에서 발현시키면, 〈그림 18-27*b*〉과 같은 잡종 단백질이 세포 내에서 생성된다. 또 다른 하나의 DNA 분자는 미지(未知)의 단백질(Y)을 암호화하는 DNA에 연결된 활성화 영역을 암호화하는 전사인자 부분을 갖고 있다. 이러한 DNA(또는 cDNA라고 함)는 역전사효소에 의해 mRNA로부터 만들어진다. Y를 미끼 단백질과 결합할 수 있는 단백질이라고 가정하자. Y에 대한 재조합 DNA가 효소세포에서 발현되면, 〈그림 18-27*c*〉와 같은 잡종 단백질이 세포 내에서 생성된다. X나 Y를 가진 잡종 단백질이 세포에서 단독으로 발현되면, 어느 것도 *lacZ* 유전자의 전사를 활성화하지 못한다(그림 8-27*b,c*). 그러나 이들 특정 재조합 DNA 분자 두 종류가 같은 효모세포에 도입되면(그림 18-27*d*), X와 Y 단백질이 상호작용하여 기능적 전사인자를 재구성한다. 이러한 사실은 세포가 β-갈락토시다아제를 생성하는 능력으로 확인할 수 있다. 이 방법을 이용하면, 미끼 단백질과 상호작용할 수 있는 미지(未知)의 유전

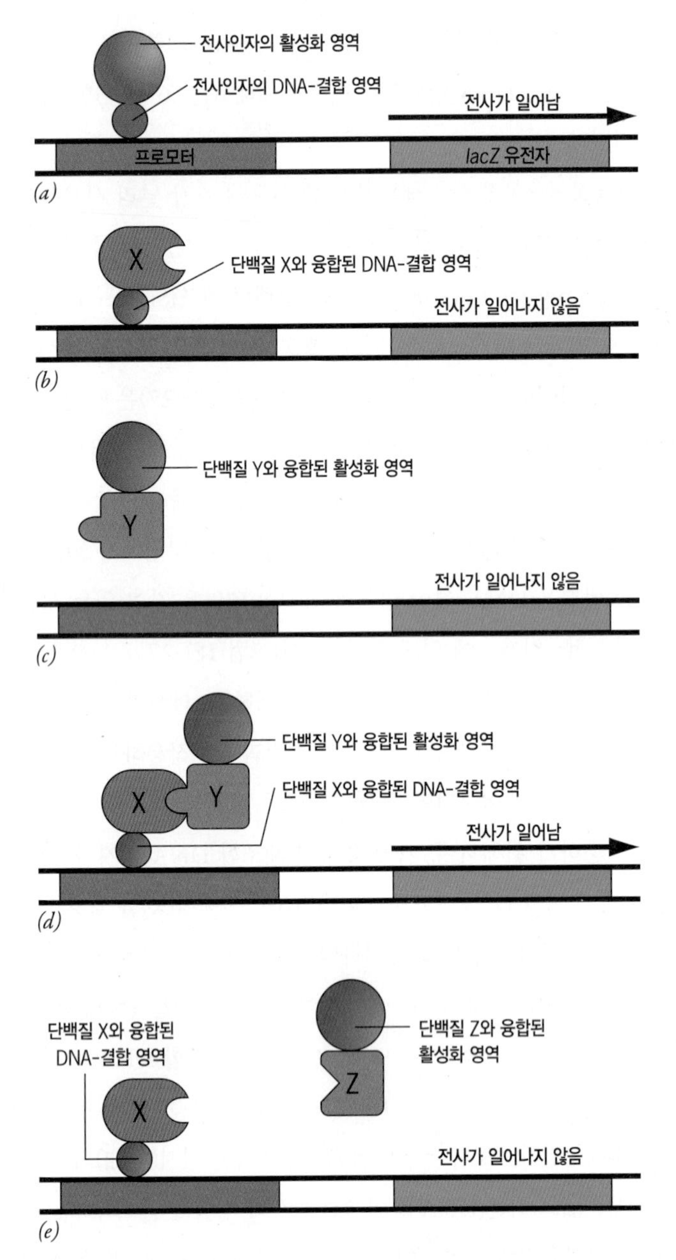

그림 18-27 효모 두 단백질-혼성물 분석법 이용. 이 방법은 세포가 한 전사인자의 두 부분을 연결하는 능력을 얻게 되는지 여부에 따라 단백질-단백질 상호작용을 조사한다. (*a*) β-갈락토시다아제 유전자(*lacZ*)의 프로모터에 결합한 전사인자의 DNA-결합 영역과 활성화 영역. (*b*) 이 경우, 효모세포가 알려진 "미끼" 단백질 X와 연결된 전사인자의 DNA-결합 영역을 합성한다. 이 복합체는 전사를 활성화하지 못한다. (*c*) 이 경우, 효모세포가 모르는 "물고기" 단백질 Y와 연결된 전사인자의 활성화 영역을 합성한다. 이 복합체는 전사를 활성화하지 못한다. (*d*) 이 경우, 효모세포가 X와 Y 단백질을 모두 합성하여 완전한 전사인자를 재구성한다. *lacZ* 발현이 유도되어 탐지할 수 있다. (*e*) 만일 두 번째 DNA에서 단백질 X과 결합하지 못하는 단백질 Z가 만들어진다면, 리포터 유전자가 발현되지 않는다.

자에 의해 암호화된 단백질을 "낚을(탐지할)" 수 있다. 단백질체학(proteomics) 연구에서 이 기술을 이용하는 내용은 〈2-5-5-3〉에서 설명하였다.

18-7-3 폴리아크릴아미드 젤 전기영동

널리 이용되는 또 다른 유용한 단백질 분획 방법은 **전기영동**(電氣泳動, electrophoresis)이다. 전기영동은 전하를 띤 분자가 전기장(電氣場, electric field)에서 이동하는 정도에 따라 분리하는 것이다. 일반적으로는 젤 형태의 기질에서 전류에 의해 단백질이 이동하는 **폴리아크릴아미드 젤 전기영동**(polyacrylamide gel electrophoresis, PAGE)을 이용한다. 기질은 교차-결합하여 분자체(sieve)로 작용하는 작은 유기분자(아크릴아미드)의 중합체로 이루어진다. 폴리아크릴아미드 젤은 두 유리판 사이에서 얇은 평판(slab)으로 만들거나 또는 유리 관(tube) 안에서 원통으로 만들 수 있다. 중합시킨 젤 평판(또는 관)을 완충용액이 담긴 용기의 두 구획 사이에 넣는다. 구획에는 각각 반대 전극을 연결한다. 평판 젤의 경우, 〈그림 18-28, 1단계〉처럼 농축된 단백질-함유 시료를 젤의 위쪽에 있는 홈(slot) 안에 적재한다. 단백질 시료에는 밀도가 높은 설탕이나 글리세롤을 첨가하여 위쪽 용기에 있는 완충용액과 섞이지 않도록 한다. 이후 전압을 걸어주면 젤 평판을 가로질러 전류가 흘러 단백질이 반대 전하를 띤 전극을 향하여 움직인다(2단계). 일반적으로 알칼리성 완충용액을 사용해 단백질이 음전하를 띠게 하여 젤의 반대편 끝에 있는 양전하인 양극을 향하여 이동하도록 한다. 전기영동이 끝나면, 젤 평판을 유리판에서 떼어내 염색한다(3단계).

폴리아크릴아미드를 통한 단백질의 상대적 이동은 분자의 전하밀도(*charge density*, 단위 분자량 당 전하)에 따라 다르다. 전하밀도가 클수록 단백질에 강한 힘이 가해지므로, 이동속도가 빠르게 된다. PAGE 분획에서는 전하밀도 뿐 아니라 크기와 형태도 역할을 한다. 폴리아크릴아미드는 교차-결합된 분자 체(sieve)로 작용하여 젤을 통한 단백질의 이동을 방해한다. 단백질이 클수록 느리게 이동한다. 형태 역시 영향을 주는 요인이다. 뭉쳐진 구형단백질은 분자량이 비슷하더라도 펼쳐진 섬유성 단백질보다 더 빠르게 이동한

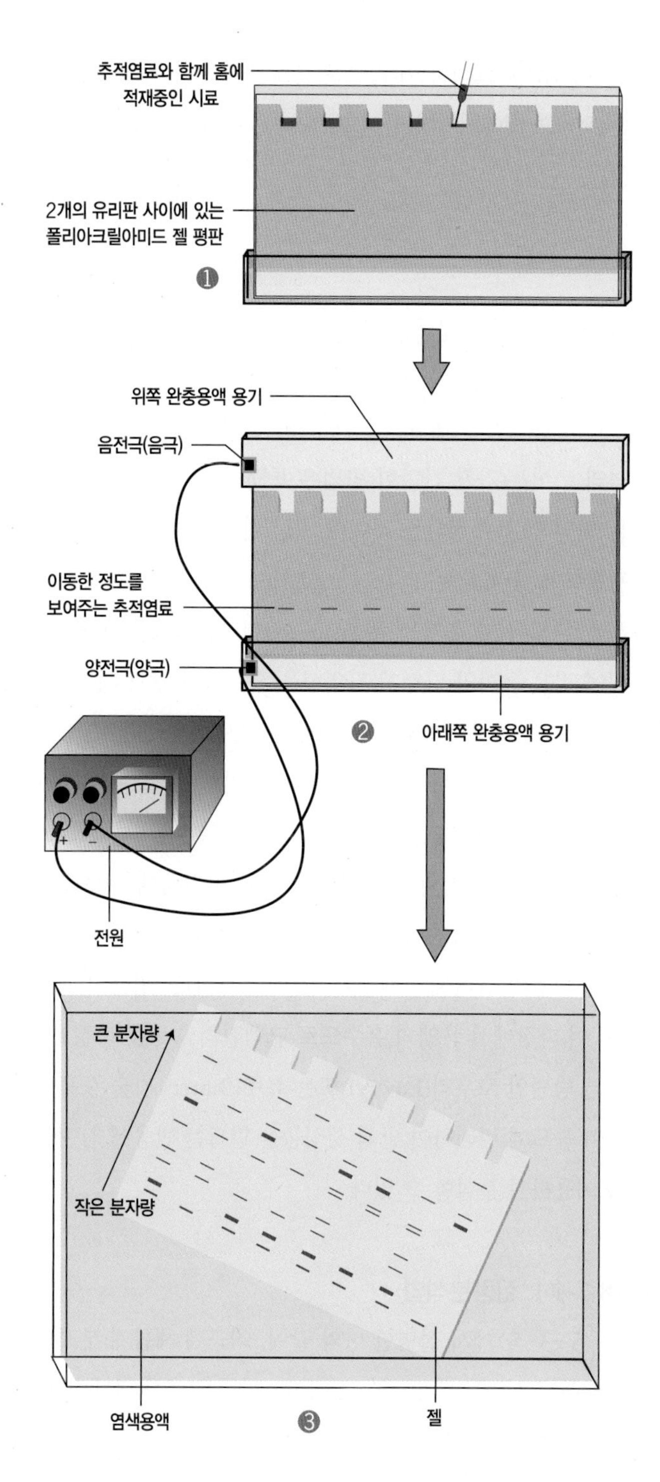

그림 18-28 폴리아크릴아미드 젤 전기영동. 단백질 시료는 일반적으로 설탕 용액에 녹여 밀도에 의해 완충용액과 시료가 섞이지 않도록 하며, 가는 피펫으로 홈에 적재한다(1단계). 젤에 직류를 걸어 주면 단백질이 평행하게 아크릴아미드 속으로 이동한다(2단계). 대부분의 경우 SDS를 사용하며, 이 때 단백질은 분자량과 반비례하는 속도로 띠(band)를 이루어 이동한다. 전기영동이 완료되면, 젤을 꺼내어 염색한다(3단계).

다. 젤을 만들 때 사용한 아크릴아미드(와 교차-결합 물질)의 농도도 역시 중요 요인이다. 아크릴아미드의 농도가 낮을수록 교차-결합이 덜 이루어지므로 단백질 분자가 더 빠르게 이동한다. 5% 아크릴아미드 젤은 6만~25만 달톤의 단백질 분리에, 15% 아크릴아미드 젤은 1만~5만 달톤의 단백질 분리에 사용한다.

전기영동의 진행상황은 가장 빠른 단백질보다 조금 앞서 이동하는 전하를 띤 추적염료(*tracking dye*)의 이동으로써 알 수 있다(그림 18-28, 2단계). 추적염료가 원하는 위치까지 이동하면 전원을 끄고 젤을 용기에서 꺼낸다. 일반적으로 젤을 쿠마시블루(Coomassie blue)나 은(silver)으로 염색하여 단백질의 위치를 확인한다. 단백질을 방사성 물질로 표지한 경우에는 엑스-선 필름을 이용한 자가방사기록법(autoradiography) 사진으로 위치를 확인하거나, 젤을 얇게 저며 분획으로 만든 후 각 단백질을 분리할 수 있다. 또 다른 방법으로는 젤에 있는 단백질을 두 번째 전기영동 과정을 통해 니트로셀룰로오스(nitrocellulose, NC) 막으로 옮겨서 블럿(blot)을 형성할 수도 있다. 단백질은 젤에 있었던 위치에 상응하는 NC 막 표면에 흡착된다. 웨스턴 블럿(*Western blot*)에서는, NC 막에 있는 단백질을 특정 항체와 상호작용시켜 확인한다.

18-7-3-1 SDS-PAGE

폴리아크릴아미드 젤 전기영동(PAGE)은 일반적으로 음전하 세제인 도데실황산나트륨염(sodium dodecyl sulfate, SDS) 존재 하에서 수행한다. SDS는 모든 유형의 단백질 분자에 대량으로 결합한다. 결합된 SDS 분자 사이의 정전기적 반발로 인해 단백질이 펼쳐져 모두 막대 모양으로 되기 때문에, 분리에 영향을 주는 요인인 형태의 차이를 배제할 수 있다. 단백질과 결합하는 SDS의 양은 대개 단백질의 분자량과 비례한다(약 1.4g SDS/g 단백질). 결과적으로 모든 단백질은 크기와 상관없이 전하밀도가 같아지기 때문에, 같은 힘으로 젤을 통해 이동한다. 그러나 폴리아크릴아미드는 교차-결합 정도가 매우 높기 때문에, 큰 단백질은 작은 단백질보다 통과하기 어렵다. 따라서 SDS-PAGE는 단일 특성—분자량—에 기초하여 단백질을 분리한다. 혼합물에서 단백질을 분리할 뿐 아니라, SDS-PAGE는 크기를 아는 단백질의 띠(band) 위치와 비교함으로써 다양한 단백질의 분자량을 결정하는 데 이용할 수도 있다. SDS-PAGE의 예는 제8장의 〈8-6-3항〉 및 〈실험경로, 그림 3〉에서 볼 수 있다.

18-7-3-2 2차원 전기영동

1975년 캘리포니아대학교(University of California, San Francisco)의 패트릭 오패럴(Patrick O'Farrell)이 개발한 2차원 전기영동(*two-dimensional electrophoresis*) 방법은 단백질의 두 가지 특성을 이용하여 단백질 혼합물을 분획하는 것이다. 먼저 등전점(等電點) 전기영동(*isoelectric focusing*) 기술을 이용하여 등전점에 따라 관 모양의 젤에서 단백질을 분리한다. 분리 후, 이 젤을 SDS-포화 폴리아크릴아미드 평판 젤의 상층에 적재하여 SDS-PAGE를 수행한다. 단백질은 평판 젤에서 분자량에 따라 분리된다(그림 18-29). 분리된 각 단백질은 젤에서 회수하여 펩티드 단편으로 분해한 후 질량분석기로 분석한다. 이 방법은 세포 내 대부분의 단백질을 구별할 수 있을 만큼 해상력이 매우 높다. 따라서 2차원 전기영동은 발생이나 세포주기의 다른 단계, 또는 다른 개체 등 다른 조건 하에서 세포 내에서 단백질의 변화를 추적하기에 이상적이다(그림 2-48 참조). 그러나 이 기술은 분자량이 크거나, 소수성이 높거나, 또는 세포 내에서 발현율이 매우 낮은 단백질의 구별에는 적합하지 않다.

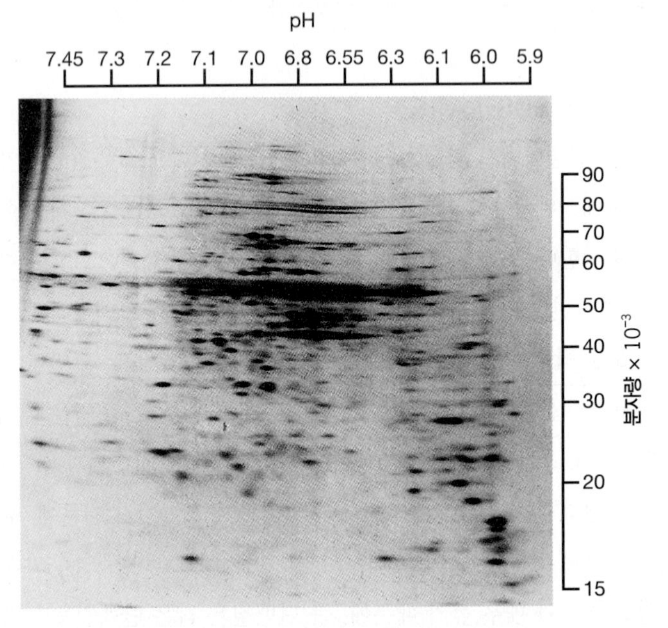

그림 18-29 **2차원 전기영동.** HeLa 세포의 [^{35}S]메티오닌으로 표지된 비히스톤 염색체 단백질의 2차원 폴리아크릴아미드 젤. 이 기술로 1,000개 이상의 다른 단백질을 분석할 수 있다.

18-7-4 단백질 정량 및 분석

주어진 용액에 존재하는 단백질(또는 핵산)의 양을 결정하기 위해 널리 쓰이는 가장 간단한 방법은 특정 파장에서 그 용액이 흡수하는 빛의 양을 측정하는 것이다. 이러한 측정에 사용하는 기구는 **분광광도계**(分光光度計, spectrophotometer)이다. 이 방법으로 측정하기 위해서는, 용액을 큐벳(*cuvette*)이라는 특수한 평면의 수정 용기(수정은 유리와 다르게 자외선을 흡수하기 않기 때문에 사용) 속에 넣고, 분광광도계의 빛이 지나는 위치에 놓는다. 흡수되지 않고 용액을 통과해 지나간 빛(즉, 투과한 빛)의 양을 큐벳의 반대쪽에 있는 광전관(光電管, photocell)으로 측정한다.

단백질로 편입되는 20개의 아미노산 가운데 티로신과 페닐알라닌은 자외선 영역의 빛을 흡수하며 280nm에서 최대 흡광도를 나타낸다. 연구대상 단백질이 이들 아미노산을 평균 비율로 갖는다면, 이 파장에서 용액의 흡수도로 단백질의 농도를 측정할 수 있다. 다른 방법인 로우리(Lowry) 또는 뷰렛(Biuret) 기술은 용액의 단백질이 농도에 비례하여 발색 생성물을 만드는 반응에 참여하는 현상을 이용하여 분석할 수 있다.

18-7-4-1 질량분석법

〈2-5-3-5〉에서 설명한 바와 같이, 최근에 새롭게 부각되는 단백질체학은 질량분석법(*mass spectrometry*)에 의한 단백질 분석에 크게 의존한다. 질량분석기는 주로 분자의 질량을 측정하고, 화학식과 분자 구조를 결정하며, 알려지지 않은 물질을 동정하는 분석기기이다. 질량분석기는 시료의 물질을 양전하를 띤 기체 이온으로 전환시킨 후, 구부러진 관(tube)을 따라 음전하의 감광판을 향하여 가속시켜 이러한 분석을 수행한다(그림 18-30). 이온은 관을 따라 통과할 때에 자기장(磁氣場, magnetic field)에 놓이게 되어 분자량[더욱 정확하게 표현하면 질량 대 전하(mass-to-charge, m/z)의 비율]에 따라 서로 분리된다. 통과한 이온은 관의 끝에 있는 전자탐지

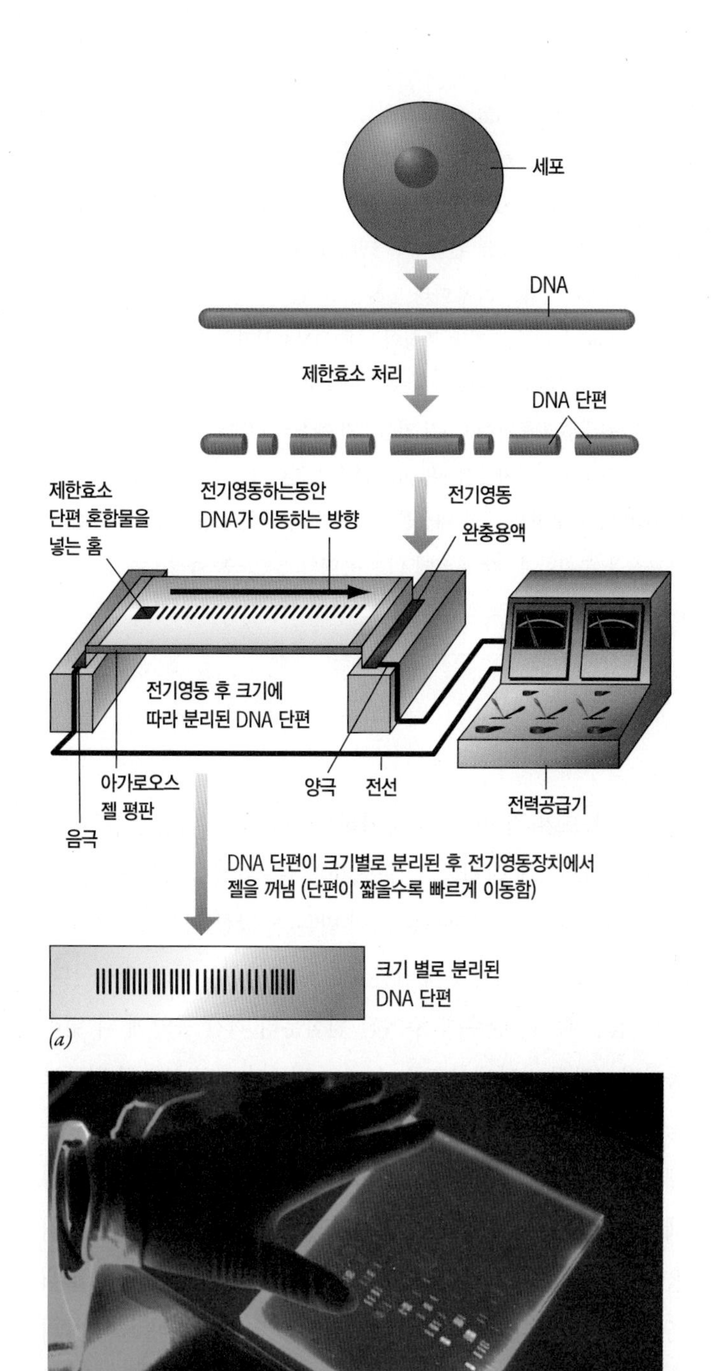

(a)

(b)

그림 18-34 젤 전기영동한 후 제한효소로 자른 DNA 단편 분리하기. *(a)* 제한효소(制限酵素, restriction enzyme)로 DNA를 잘라 단편으로 만든다. 단편 혼합물을 아가로오스 젤의 홈(slot 또는 well)에 넣고 전류를 통하게 한다. 음전하를 띤 DNA 분자가 양극을 향해 이동하며 크기에 따라 분리된다. *(b)* 전기영동이 끝난 후 젤을 EtBr 용액으로 염색한 후 자외선을 비추면 젤에 있는 모든 DNA 단편을 관찰할 수 있다.

18-10-2 초원심분리에 의한 핵산 분리

일반적인 경험에 따르면 용액(또는 현탁액)의 안정성은 그 구성성분에 따라 달라진다. 우유 위에 떠있는 크림, 컨테이너 바닥에 점차 쌓인 고운 먼지, 그리고 소금 용액 등은 언제까지나 안정하다. 크기, 형태, 물질의 밀도, 용매의 밀도와 점도 등 다양한 요인에 의해 특정 구성성분 물질이 액체 매질에서 침전될 것인지 여부가 결정된다. 용액이나 현탁액 속의 구성성분 물질의 밀도가 용매의 밀도보다 높으면, 원심력에 의해 원심분리 관의 바닥 쪽으로 농축되게 할 수 있다. 형태와 밀도가 비슷하다면 큰 입자가 작은 입자보다 빠르게 침전된다. 원심분리 동안 분자가 농축되려는 경향은 분자를 무작위 배열로 재배치하려는 확산의 효과에 의해 방해받는다. 초원심분리기(超遠心分離機, ultracentrifuge)가 개발되어 중력의 50만 배나 되는 원심력을 만들어낼 수 있게 되었는데, 이 정도의 힘이라면 확산 효과를 충분히 극복하고 고분자를 원심분리 관 바닥에 침전시킬 수 있다. 원심분리는 거의 진공 상태에서 수행하여 마찰저항을 최소화한다. DNA(와 RNA) 분자는 초원심분리 기술을 이용하여 광범위하게 조사되고 있다. 핵산 연구에 사용된 두 가지 원심분리 기술에 대해 살펴보자(그림 18-35).

18-10-2-1 속도침강 원심분리

특정 분자가 원심력에 의해 이동하는 속도를 침강속도(沈降速度, *sedimentation velocity*)라고 한다. 원심력이 변하면 침강속도도 변화하므로 특정한 분자는 침강속도를 힘으로 나눈 값인 침강계수(沈降計數, sedimentation coefficient)의 특성을 갖는다. 이 책에서는 다양한 고분자와 그 복합체가 특정한 S 값을 갖는 것으로 본다. S[초원심분리기 개발자의 이름인 스베드베리(Svedberg)의 첫 글자] 단위는 침강계수 10^{-13}sec와 같다. 입자가 액체 기둥을 따라 이동할 때에 형태 등의 많은 요소가 영향을 주기 때문에 침강계수는 분자량 자체로 계산할 수 없다. 그러나 같은 종류의 분자인 경우에는 S 값으로 상대적인 크기를 알 수 있다. 예를 들면 대장균(*E. coli*)의 5S, 16S, 23S 리보솜 RNA는 각각 120개, 1600개, 3200개 등의 뉴클레오티드로 이루어져 있다.

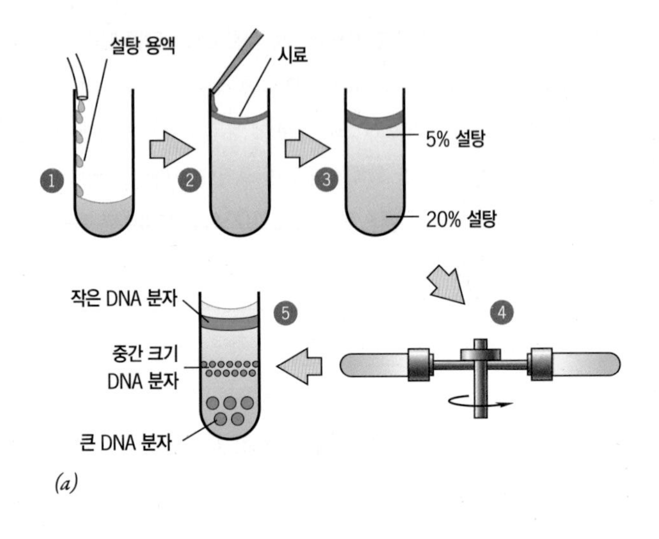

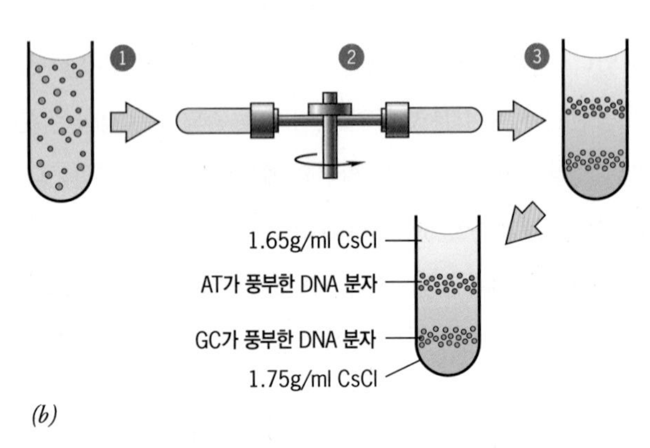

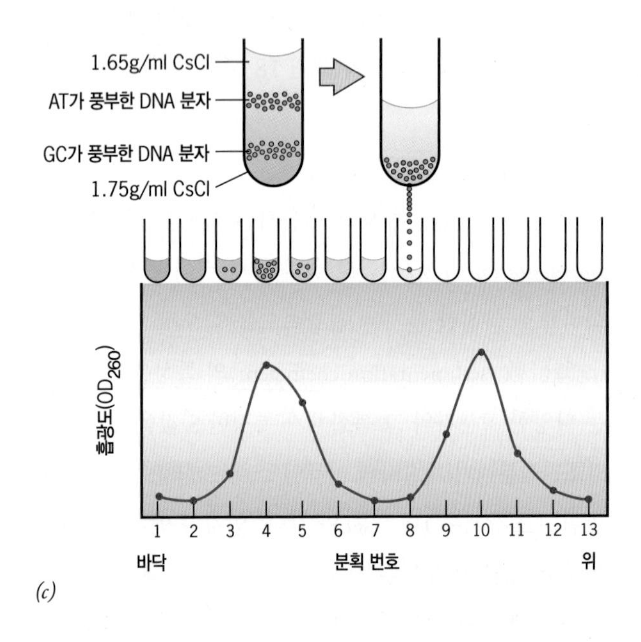

그림 18-35 핵산 침전 기술. *(a)* 속도침강에 의한 크기가 다른 DNA 분자의 분리. 원심분리 관 안에 농도가 다른 설탕 용액을 관의 벽을 따라 흘려 넣어 설탕 밀도기울기를 형성한다(1단계). 기울기가 형성된 후에 시료를 맨 위에 조심스럽게 올려놓는다(2, 3단계). 관을 (예: 5만 rpm에서 5시간 동안) 원심분리한다(4단계). DNA 분자가 크기에 따라 분리된다(5단계). *(b)* 평형침전(equilibrium sedimentation)에 의한 염기쌍 조성이 다른 DNA 분자의 분리. DNA 시료를 CsCl 용액과 혼합하고(1단계) 오랫동안 (예: 5만 rpm에서 72시간 동안) 원심분리한다. 원심분리 동안에 CsCl 기울기가 형성되고(2단계), DNA 분자들은 동등한 밀도를 가진 위치에서 띠(band)를 형성한다(3단계). *(c)* 실험 *b*의 원심분리 관 바닥에 구멍을 내어 내용물이 연속하여 관에서 흘러나오도록 한 후 그 내용물을 분획한다. 각 분획에 있는 용액의 흡광도를 측정하여 그래프로 그린다.

속도(*velocity*, 또는 *rate-zonal*) 침강(*sedimentation*) 원심분리에서는 핵산 분자가 뉴클레오티드 길이에 따라 분리된다. 핵산 혼합물 시료를 농도가 점진적으로 증가하는 설탕(또는 적절한 물질) 용액 위에 조심스럽게 적재한다. 농도기울기는 위에서 바닥으로 갈수록 농도(와 점성)가 증가하도록 미리 만든다. 강한 원심력을 가하면 분자들이 자신의 침강계수에 따른 속도로 기울기를 통해 이동한다. 분자는 침강계수가 클수록 주어진 원심분리 기간 동안에 더 멀리 이동한다. (관의 바닥에서조차) 용매의 밀도가 핵산 분자의 밀도보다 낮기 때문에(설탕 1.2g/ml, 핵산 1.7g/ml), 원심분리를 하는 동안에는 이들 분자가 계속 침전된다. 다시 말해, 원심분리는 결코 평형에 도달하지 못한다. 예정한 원심분리 시간이 지난 후, 원심분리 관을 꺼내서 내용물을 분획하고(그림 18-35*c*) 다양한 분자의 상대적 위치를 확인한다. 점성이 있는 설탕으로 인해 대류나 조작에 의해 관 속의 내용물들이 섞이지 않으므로, S값이 동일한 분자는 하나의 띠(band)를 이루어 한 곳에 머물러 있게 된다. 침강계수가 알려진 표지분자를 이용하면 모르는 내용물의 S 값을 계산할 수 있다. 설탕-밀도기울기 원심분리의 실험결과는 〈그림 5-13〉과 〈그림 5-17〉에서 볼 수 있다.

18-10-2-2 평형 원심분리

등밀도(等密度, *isopycnic*) 원심분리라고도 하는 평형(平衡, *equilibrium*) 원심분리 기술은 핵산 분자를 부유밀도(浮遊密度, buoyant density)에 따라 분리해낸다(그림 18-35*b*). 이 과정은 일반적으로 높은 농도의 중금속인 세슘 염 용액을 이용한다. 원심분리 관 안에서 DNA를 염화세슘(CsCl, 또는 황화세슘) 용액과 섞은 후 강한 원심력으로 2~3일 동안 원심분리한다. 원심분리 동안에 무거운 세슘 이온이 천천히 관의 바닥으로 이동하여 꾸준한 밀도기울기가 형성된다. 일정 시간이 지나면 세슘 이온이 관의 바닥에 농축되는 경향은 확산에 의해 재분산되려는 경향과 상쇄되어 농도기울기가 안정하게 된다. 세슘의 농도기울기가 형성되면 각 DNA 분자는 원심력에 의해 아래로 밀려가거나 부력에 의해 위로 떠오르게 되며, 자신의 것과 같은 부유밀도에 이르면 멈추게 된다. 부유밀도가 동일한 분자들은 관 속에서 좁은 띠를 형성한다. 이 기술은 매우 감도가 높아서 염기쌍 조성이 다른 DNA 분자(그림 18-35*b* 참조)나 서로 다른 질소 동위원소(^{15}N 대 ^{14}N, 그림 7-3*b* 참조)를 가진 DNA 분자도 분리해낼 수 있다.

18-11 핵산 혼성화

핵산 혼성화(核酸 混成化, nucleic acid hybridization)는 상보적인 2개의 단일가닥 핵산 분자들이 2중가닥인 혼성물(hybrid)을 형성할 수 있다는 관찰에 바탕을 둔 다양한 관련 기술을 포함한다. 길이와 전체 염기 조성은 동일하지만 단지 염기서열만 다른 수백 개의 단편 혼합물을 갖고 있는 경우를 생각해보자. 예를 들면, DNA 단편 중 하나는 β-글로빈 유전자 부위이고 나머지 단편은 연관성이 없는 유전자라고 가정해보자. 이 때, 다른 단편과 β-글로빈 폴리펩티드를 부호화하는 단편을 구별하는 유일한 방법은 상보적 분자를 탐침으로 하여 분자 혼성화 실험을 수행하는 것뿐이다.

위의 예에서, 변성시킨(denatured) DNA 단편 혼합물을 충분한 양의 β-글로빈 mRNA와 배양하면 글로빈 단편들은 2중가닥 DNA-RNA 혼성물을 형성하게 된다. DNA-RNA 혼성물을 단일가닥 단편에서 분리하는 방법은 여러 가지가 있다. 예로써, 혼성물과 단일가닥 단편이 혼합되어 있는 용액을 이온화 조건에서 히드록시아파타이트(hydroxyapatite) 컬럼에서 걸러내면, 혼성물은 컬럼에 있는 칼슘인산염과 결합하고 혼성화되지 않은 DNA 분자는 결합하지 못하여 통과해 나간다. 이 컬럼에 농도가 높은 용출(elution) 완충용액을 넣으면 결합해 있던 혼성물이 떨어져 나온다.

핵산 혼성화를 이용한 실험을 하려면 두 종류의 상보적인 단일가닥 핵산을 2중가닥 분자 형성이 잘 일어나는 조건(이온세기, 온도 등)에서 배양해야 한다. 실험 방식에 따라 두 종류의 반응분자가 모두 용액에 있을 수도 있고, 또는 〈그림 4-19〉처럼 염색체 안에 제한되어 한 종류의 반응분자만 고정될 수도 있다.

많은 경우에 있어서 혼성화 실험에 이용할 단일가닥 핵산 중의 한 종류는 젤 속에 있게 된다. 유전체 DNA에서 잘라내어 젤 전기영동으로 분획한 한 종류의 DNA 단편에 대해 생각해보자(그림 18-36). 혼성화를 수행하기 위해 젤에 있는 DNA에 알칼리를 처리하여 변성시킴으로써 단일가닥으로 만든다. 단일가닥 DNA를 젤에서 니트로셀룰로오스(nitrocellulose) 막으로 옮긴 후 진공상태에서 80℃로 가열하여 막에 고정시킨다. DNA를 막으로 옮기는 과정을 블러팅(*blotting*)이라고 한다. DNA가 결합된 막을 표지된 단일가닥 DNA(또는 RNA) 탐침과 함께 배양한다. 이 탐침은 단편의 상보적 염기와 혼성화할 수 있다. 결합하지 않은 탐침은 씻어내고, 결합한 탐침은 자가방사기록법(autoradiography)으로 확인한다(그림 18-36). 〈그림 18-36〉에서 설명한 실험은 방사성 탐침을 이용한 것으로, 서던 블럿[*Southern blot*, 이 방법을 고안한 에드윈 서던(Edwin Southern)의 이름에서 유래함]이라고 한다. 젤에 관련이 없는 단편이 수천 종류나 있다 하더라도, 서던 블럿으로 특정한 서열을 갖고 있는 하나 또는 약간의 제한효소 단편을 찾아낼 수 있다. 〈그림 4-18〉은 서던 블럿의 한 예이다. RNA 분자 역시 전기영동으로 분리한 다음 막에 옮겨 표지된 DNA 탐침으로 확인할 수 있다. 노던 블럿(*Northern blot*)이라고 하는 이 방법의 예는 〈그림 5-36〉이다.

DNA 탐침은 다양한 방식으로 표지할 수 있다. 방사성 탐침은 (^{32}P와 같은) 방사성 동위원소를 분자의 일부에 갖고 있다. 탐침은 〈그림 18-36〉처럼 자가방사기록법으로 탐지해낼 수 있다. 형광물질로도 표지할 수 있으며, 이러한 탐침은 형광으로 탐지할 수 있다. 또 다른 일반적인 표지법은 DNA 골격과 공유결합을 이룰 수 있는 작은 유기분자인 비오틴(biotin)을 이용하는 것이다. 비오틴은 단백질인 아비딘(avidin)이나 스트렙트아비딘(streptavidin)과 단단하게 결합하므로 탐지할 수 있다. 아비딘에는 〈그림 4-19〉와 〈그림 4-20〉처럼 형광물질 등으로 표지해야 한다.

핵산 혼성화는 예를 들면 두 종류의 생명체에서 얻은 두 가지

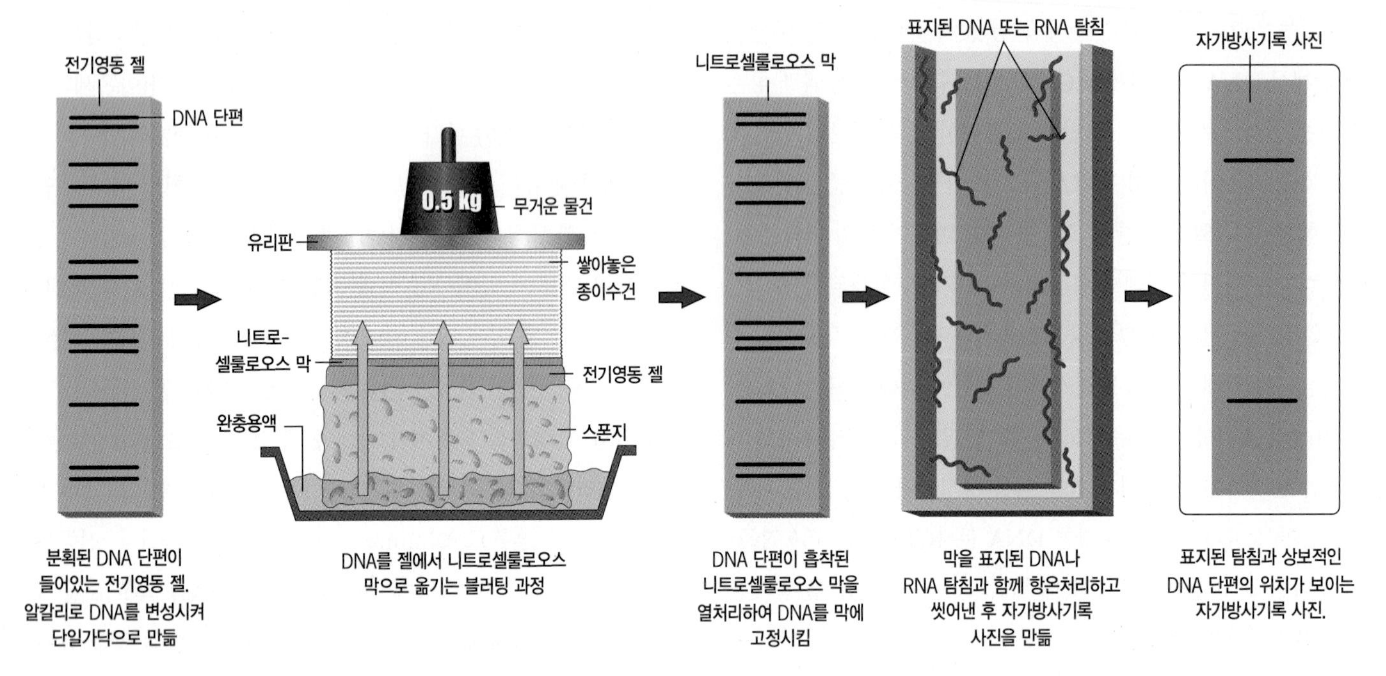

그림 18-36 서던 블럿으로 젤에 있는 특정 DNA 단편의 위치 찾아내기. 그림에 설명한 바와 같이 분획해낸 DNA 단편을 씻어낸 후 니트로셀룰로오스 막으로 옮기고 방사성 물질로 표지한 DNA(또는 RNA) 탐침과 함께 배양한다. 혼성화된 단편의 위치는 자가방사기록법으로 확인한다. 블러팅 과정 동안에 완충용액이 모세관현상에 의해 종이수건으로 끌려 올라간다. 완충용액이 전기영동 젤을 통과하는 동안에 DNA 단편이 용해되어 인접한 막 표면으로 전달된다.

DNA 시료 사이의 뉴클레오티드 서열의 유사성을 측정하는 데 사용할 수도 있다. 두 종 사이에 진화적 유연관계가 멀수록 이들 사이의 DNA 서열 차이가 커진다. 종 A와 종 B에서 순수분리한 DNA를 함께 섞은 후 변성시키고 다시 결합하도록(복원, reanneal) 하면 재생성된 DNA 2중가닥 중 일부는 두 종의 DNA를 모두 갖게 된다. 이러한 2중가닥은 틀린짝(mismatched) 염기쌍을 갖고 있기 때문에, 같은 종의 DNA로 이루어진 2중가닥 DNA보다 안정하지 못하다. 따라서 이들의 녹는점(melting point, T_m)이 낮아진다(〈4-4-1-1〉참조). 다른 종에서 얻은 DNA들을 여러 가지의 다른 조건에서 복원시켜 얻은 혼성 2중가닥의 녹는점을 측정하면 종 사이의 진화적 유연관계를 판단할 수 있다. 또 다른 두 가지의 중요한 핵산 혼성화 실험방법인 제자리혼성화(*in situ hybridization*) 방법과 cDNA 미세배열에 대한 혼성화(*hybridization to cDNA microarray*) 방법에 대해서는 각각 〈4-4-1-4〉와 〈6-4절〉에서 자세하게 설명하였다.

18-12 DNA의 화학적 합성

혼성화 분석을 하려면 탐침으로 사용할 단일가닥 핵산 분자가 필요하다. 그 밖에도 실험실에서 DNA를 조작하고 분석하는 기본적인 실험 역시 짧은 단일가닥 핵산 분자, 또는 올리고뉴클레오티드를 필요로 한다. 따라서 DNA와 RNA를 화학적으로 합성하는 것은 많은 과정을 지원하는 핵심 기술이다.

특정 염기서열의 폴리뉴클레오티드를 합성하는 화학적 기술은 1960년대 초반에 유전부호를 해독하는 과정에서 고빈드 코라나(H. Gobind Khorana)에 의해 개발되기 시작하였다. 코라나 연구팀은 그들의 기술을 발전시켜 10년이 지난 후 세균의 티로신 tRNA 유전자를 전사되지 않는 부위인 프로모터 부위까지 포함하여 완전히 합성하였다. 총 126 염기쌍으로 이루어진 이 유전자를 20개의 단편으로 나누어 각각 합성하고 나중에 효소를 이용하여 연결하였다. 이 인공 유전자를 해당 tRNA에 돌연변이가 일어난 세균 세포에 넣었더니, 합성 DNA에 의해 결여된 기능이 회복되었다. 1981년에 평균 크기의 단백질인 사람 인터페론을 부호화하는 유전자가 최초로 화학적으로 합성되었다. 이 합성 유전자는 67개의 단편을 합성하고 조립하여 만든 514개의 염기쌍으로 이루어진 단일 2중가닥으로, 세균 RNA 중합효소가 인식하는 개시 신호와 종결 신호를 포함하고 있다.

뉴클레오티드를 연결하는 화학반응이 자동화되어, 올리고뉴클레오티드 합성은 이제 반응물 저장고와 연결된 컴퓨터로 조정되는 기계로 수행할 수 있다. 원하는 뉴클레오티드 서열을 컴퓨터에 입력하고 필요한 물질을 기계에 공급해주기만 하면 된다. 뉴클레오티드가 분자의 3′에서 5′ 방향으로 한 번에 하나씩 결합되어 올리고뉴클레오티드가 조립되며, 약 100개의 뉴클레오티드까지 만들어질 수 있다. 이 때 비오틴이나 형광단(螢光團, fluorophores)을 넣어 변형시킬 수 있다. 2중가닥 분자는 상보적 단일가닥 2개를 합성한 후 혼성화하여 만든다. 긴 합성 분자는 단편을 합성한 후 이어 붙여 만든다.

18-13 재조합 DNA 기술

지난 30년 동안, 진핵생물 유전체의 분석법은 크게 발전하였다. 분자생물학자들이 두 가지 이상의 원천에서 유래한 DNA를 갖는 **재조합**(再組合) **DNA**(recombinant DNA) 분자를 만드는 방법을 알게 됨에 따라서 이러한 진보가 시작되었다. 재조합 DNA는 무궁무진한 방법으로 사용될 수 있다. 가장 중요한 응용 방법 중 한 가지인 유전체로부터 특정한 폴리펩티드를 부호화하는 특정 DNA 단편을 분리하는 방법부터 살펴본다. 그렇지만 그에 앞서 재조합 DNA 분자 생성이 가능하도록 한 효소에 대해 알아볼 필요가 있다.

18-13-1 제한효소

1970년대에 2중가닥 DNA의 짧은 뉴클레오티드 서열을 인식하여 두 가닥 모두의 특정 부위에서 DNA 골격을 절단하는 핵산분해효소를 세균에서 발견하였다. 이들 효소를 **제II형 제한효소**(type II restriction endonuclease), 또는 간단하게 제한효소(*restriction enzyme*)라고 한다. 이렇게 부르는 이유는 이 효소가 세균세포에 침입한 바이러스 DNA를 파괴하여 바이러스의 성장을 제한하기 때문이다. 세균은 자신의 DNA를 화학적으로 변형시켜 효소의 작용을 차단시켜 보호한다. 즉, 제한효소의 작용부위에 있는 염기를 메틸화시킨다.

수백 종의 원핵생물에서 유래한 효소들이 분리되었으며, 통틀어 100가지 이상의 뉴클레오티드 서열을 인식한다. 이들 효소 대부분이 인식하는 서열은 4~6개의 뉴클레오티드이며 특정한 유형의 내부 대칭 구조를 갖는다. *Eco*RI 효소가 인식하는 특정 서열에 대해 생각해보자.

```
        ↓
3′—CTTAAG—5′
5′—GAATTC—3′
    ↑
```

이러한 DNA 단편은 180° 회전해도 염기서열이 변화하지 않기 때문에, 2중회전대칭(*twofold rotational symmetry*)을 갖는다고 한다. 즉, 각각의 가닥에서 동일한 방향으로 (3′에서 5′으로 또는 5′에서 3′으로) 서열을 읽어나가면, 염기 순서가 동일하다. 이런 유형의 대칭을 갖는 서열을 회문(回文, *palindrome*)이라고 한다. *Eco*RI 효소는 회문 서열의 서열 안에 있는 동일한 부위(A와 G 사이에 화살표로 표시)에서 두 가닥을 모두 절단한다. 빨간 점은 효소로부터 숙주 DNA를 보호하는 이 서열에 있는 메틸화된 염기를 가리킨다. 일부 제한효소는 두 가닥이 직접 마주보는 결합을 절단하여 비점착성말단(blunt end)을 만들어내며, *Eco*RI 등의 효소는 엇자르기(staggered cut)를 하여 점착성말단(sticky end)을 만든다.

제한효소를 발견하고 정제한 것은 최근 분자생물학 분야에서 이루어진 업적 중에서도 무한한 가치를 갖는다. 4~6개의 뉴클레오티드로 이루어진 특정한 서열은 단순한 확률로도 매우 흔히 나타나므로, 어떤 유형의 DNA라도 이들 효소에 의해 절단된다. 제한효소를 이용하면 사람을 비롯하여 어떤 종류의 생물체에서 유래한 DNA라도 정확하게 한정된 특정 단편 세트로 잘라낼 수 있다. 특정한 개체에서 유래한 DNA를 이들 효소 중 하나로 자른 후 생성된 단편을 젤 전기영동에 의해 크기에 따라 분획할 수 있다(그림 18-37*a*). 동일한 DNA를 여러 종류의 효소로 절단하여 서로 다른 단편 세트로 만든 후, 다양한 효소에 의해 절단된 유전체 안의 부위를 확인하여 제한효소 지도(restriction map)를 만들어 순서를 정할 수 있다(그림 18-37*b*).

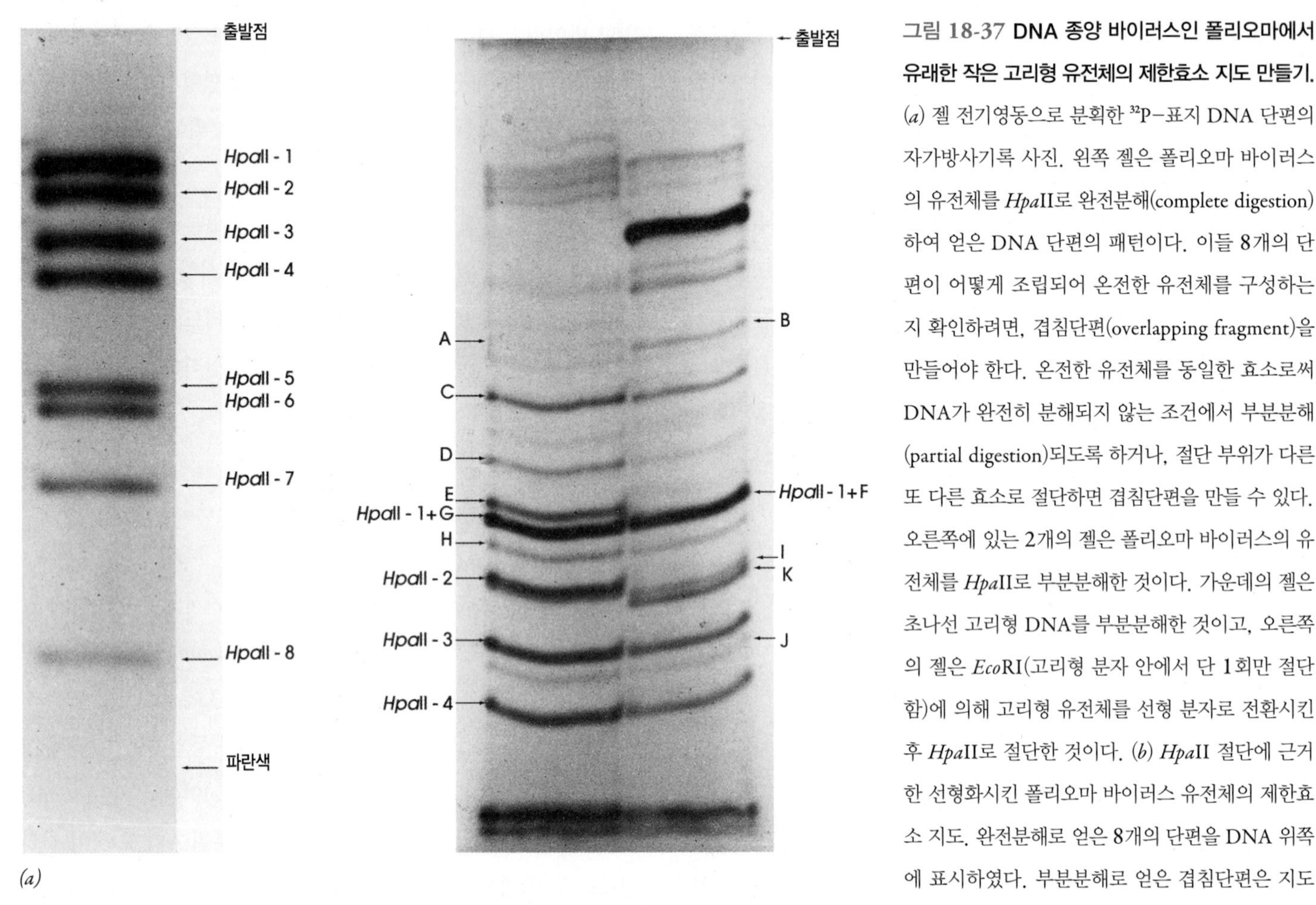

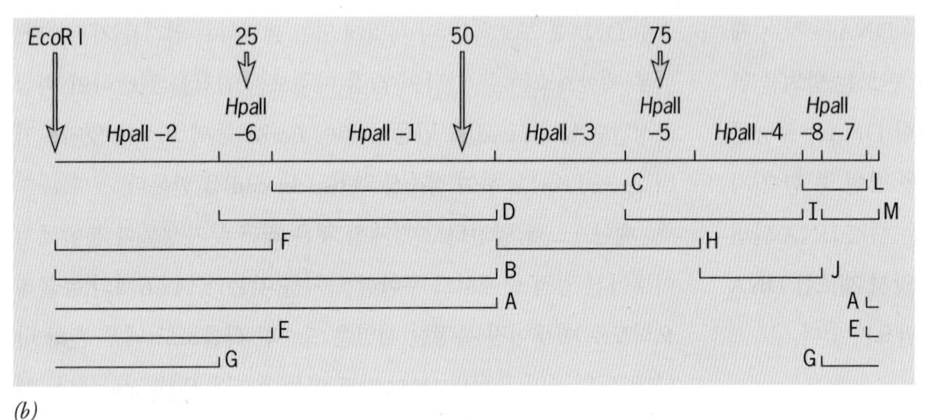

그림 18-37 DNA 종양 바이러스인 폴리오마에서 유래한 작은 고리형 유전체의 제한효소 지도 만들기. (*a*) 젤 전기영동으로 분획한 ^{32}P-표지 DNA 단편의 자가방사기록 사진. 왼쪽 젤은 폴리오마 바이러스의 유전체를 *Hpa*II로 완전분해(complete digestion)하여 얻은 DNA 단편의 패턴이다. 이들 8개의 단편이 어떻게 조립되어 온전한 유전체를 구성하는지 확인하려면, 겹침단편(overlapping fragment)을 만들어야 한다. 온전한 유전체를 동일한 효소로써 DNA가 완전히 분해되지 않는 조건에서 부분분해(partial digestion)되도록 하거나, 절단 부위가 다른 또 다른 효소로 절단하면 겹침단편을 만들 수 있다. 오른쪽에 있는 2개의 젤은 폴리오마 바이러스의 유전체를 *Hpa*II로 부분분해한 것이다. 가운데의 젤은 초나선 고리형 DNA를 부분분해한 것이고, 오른쪽의 젤은 *Eco*RI(고리형 분자 안에서 단 1회만 절단함)에 의해 고리형 유전체를 선형 분자로 전환시킨 후 *Hpa*II로 절단한 것이다. (*b*) *Hpa*II 절단에 근거한 선형화시킨 폴리오마 바이러스 유전체의 제한효소 지도. 완전분해로 얻은 8개의 단편을 DNA 위쪽에 표시하였다. 부분분해로 얻은 겹침단편은 지도 아래에 순서대로 배열하였다. (L과 M 단편은 오른쪽 젤(*a*)의 바닥으로 이동하였음.)

18-13-2 재조합 DNA 만들기

재조합 DNA는 다양한 방법으로 만들 수 있다. 〈그림 18-38〉은 두 가지 DNA 분자를 엇자르기 하는 제한효소로 처리한 것이다. 엇자르기를 통해 만들어진 짧은 길이의 단일가닥 꼬리는 다른 DNA 분자에 있는 상보적인 단일가닥 꼬리와 결합하는 "점착성말단"으로 작용하여 2중가닥 분자를 재구성할 수 있다. 〈그림 18-38〉에서 재조합 DNA의 부분이 될 DNA 단편 중 하나는 세균의 플라스미드이다. 플라스미드는 세균의 주 염색체와는 별개인 작은 고리형 2중가닥 DNA 분자이다. 다른 DNA 단편은 사람 세포에서 얻은 후 플라스미드를 절단한 것과 동일한 제한효소를 처리한 것이다. 사람의 DNA 단편과 처리한 플라스미드를 DNA 연결효소와 함께 배양하면, 두 DNA가 점착성말단끼리 서로 수소결합을 이루어 고리형 DNA 재조합체를 형성한다(그림 18-38). 스탠퍼드대학교(Stanford University)와 캘리포니아대학교(University of California, San Francisco)의 폴 버그(Paul Berg), 허버트 보이어(Herbert Boyer), 애니 창(Annie Chang), 스탠리 코헨(Stanley Cohen)이 이런 기본적 방법을 사용하여 1972년에 최초의 재조합 DNA 분자를 만들었으며, 이로부터 현대 유전공학이 태동되었다.

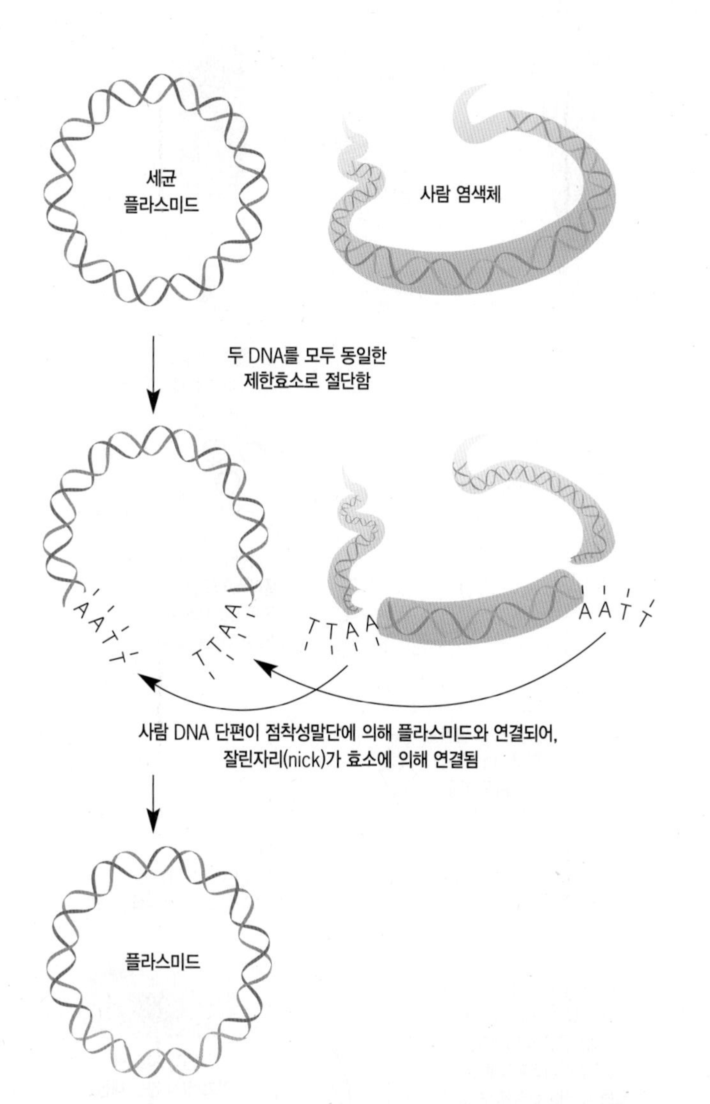

그림 18-38 재조합 DNA 분자 만들기. 세균 플라스미드에 단일 절단을 만드는 제한효소를 처리하고, 동일한 제한효소를 사용하여 사람 유전체의 DNA를 작은 단편으로 만든다. 동일한 제한효소를 처리하였기 때문에 절단된 플라스미드 DNA와 사람 DNA 단편은 점착성말단을 갖게 된다. 이들을 함께 배양하면 두 종류의 DNA 분자가 비공유결합으로 연결된 후 DNA 연결효소에 의해 공유결합을 하여 재조합 DNA 분자가 만들어진다.

방금 설명한 방법에 따라 많은 종류의 재조합 분자가 만들어졌다. 이들은 모두 사람 DNA 단편이 통합된 고리형 구조의 세균 플라스미드를 갖고 있다(그림 18-39). 사람 유전체에서 예를 들면 인슐린을 부호화하는 유전자와 같은 단일 유전자를 분리해내려 한다고 가정해 보자. 실험 목적이 인슐린-부호화 단편을 갖는 한 종류의 재조합 DNA를 정제하는 것이므로, 이 단편을 나머지 다른 것에서 분리해야만 한다. 이것은 DNA 클로닝(cloning)이라는 과정에 의해 수행된다. DNA 클로닝의 배경이 되는 기본적인 방법론을 설명한 후에, 인슐린 유전자 탐색에 대해 다시 설명할 것이다.

18-13-3 DNA 클로닝

DNA 클로닝(DNA cloning)은 많은 양의 특정한 DNA 단편을 만드는 기술이다. 클로닝할 DNA 단편을 먼저 매개체(媒介體, *vector*) DNA에 연결시킨다. 매개체 DNA는 외래 DNA를 대장균 등의 적절한 숙주세포로 운반하며, 숙주세포 안에서 복제되도록 하는 서열을 갖고 있다. 세균 숙주에서 DNA를 클로닝하기 위해 두 가지 매개체가 흔히 사용된다. 한 가지 방법은, 앞서 설명한대로 DNA 단편을 플라스미드에 연결시킨 후 세균 세포가 배지로부터 플라스미드를 받아들이게 함으로써 클로닝할 DNA 단편을 숙주세포로 도입시킨다. 다른 방법은 세균 바이러스인 람다(λ)의 유전체 일부분에 DNA 단편을 연결시킨 후, 세균 세포 배양액에 감염시켜 외래 DNA 단편을 갖는 바이러스 자손을 많이 만든다. 두 방법 모두, 일단 세균 안으로 들어간 DNA 단편이 세균 (또는 바이러스) DNA와 함께 복제되어서 딸세포(또는 바이러스 자손 입자)로 들어간다. 이처럼, 재조합 DNA 분자의 수는 만들어진 세균 세포(또는 바이러스 자손)의 수에 비례하여 증가한다. 하나의 세균 세포 안에 있는 1개의 재조합 플라스미드(또는 바이러스 유전체)로부터, 수백만 벌의 DNA가 짧은 시간 안에 만들어질 수 있다. DNA 양이 충분히 증폭된 후에는 재조합 DNA를 정제하여 다른 실험에 사용할 수 있다. 클로닝 기술은 특정한 DNA 서열의 양을 증폭하기 위한 수단 이외에도, 큰 규모의 이질적인 DNA 분자 집단에서 어떤 것이든 특정 DNA 단편을 분리하는 용도로 이용할 수도 있다. 세균 플라스미드를 이용한 DNA 클로닝에 대한 설명부터 시작한다.

18-13-3-1 세균 플라스미드에 진핵세포 DNA를 클로닝하기

클로닝할 외래 DNA를 먼저 플라스미드에 삽입하여 재조합 DNA 분자를 만든다. DNA 클로닝에 사용되는 플라스미드는 세균 세포에 있는 것을 변형시킨 것이다. 원래의 플라스미드와 마찬가지로 이들은 복제시작점과 수용세포(recipient cell)가 한 가지 이상의 항생제에 대해 내성을 나타내도록 하는 한 가지 이상의 유전자를 갖고 있다. 항생제 내성을 이용하여 재조합 플라스미드를 갖고 있는 세포를 선별한다.

에이버리(Avery), 맥클러드(Macleod), 맥카티(McCarty)가 처음으로 증명한 것처럼, 세균 세포는 배지에서 DNA를 받아들일 수 있다. 이런 현상이 세균 세포에서 플라스미드를 클로닝하는 기초가 된다(그림 18-39). 가장 흔하게 이용되는 방법으로는 칼슘 이온을 미리 처리한 세균 배양액에 재조합 플라스미드를 넣는 것이다. 열 충격을 짧게 주면 세균이 주변 배지에서 DNA를 받아들이기 쉽게 된다. 대개 낮은 비율의 세포 만이 재조합 플라스미드 분자를 받아들여서 재조합 플라스미드를 갖게 된다. 플라스미드를 받아들인 수용세포에서는 플라스미드가 자동으로 복제되어 세포분열을 통해 자손에게 전달된다. 항생제가 존재하는 조건에서 세포를 키우면 다른 세포로부터 재조합 플라스미드를 갖고 있는 세균을 선별할 수 있다. 항생제 내성은 플라스미드에 있는 유전자에 의해 나타난다.

이 논의의 목적은 인슐린 유전자의 염기서열을 갖고 있는 작은 DNA 단편을 분리해내는 것이다. 지금까지 많은 다른 종류의 재조합 플라스미드를 갖고 있는 세균 집단을 만들었는데, (그림 18-39 처럼) 이들 중 아주 적은 수 만이 찾으려고 하는 유전자를 갖고 있다. 특정한 DNA를 대량으로 얻을 수 있다는 것 이외에도, DNA 클로닝의 아주 큰 장점 중 하나는 DNA 혼합물에서 다른 종류의 DNA를 분리해낼 수 있다는 것이다. 앞서 항생제를 처리함으로써 플라스미드를 갖고 있는 세균을 플라스미드를 갖고 있지 않은 세균과 선별할 수 있다는 사실을 설명하였다. 일단 선별한 후에는, 플라

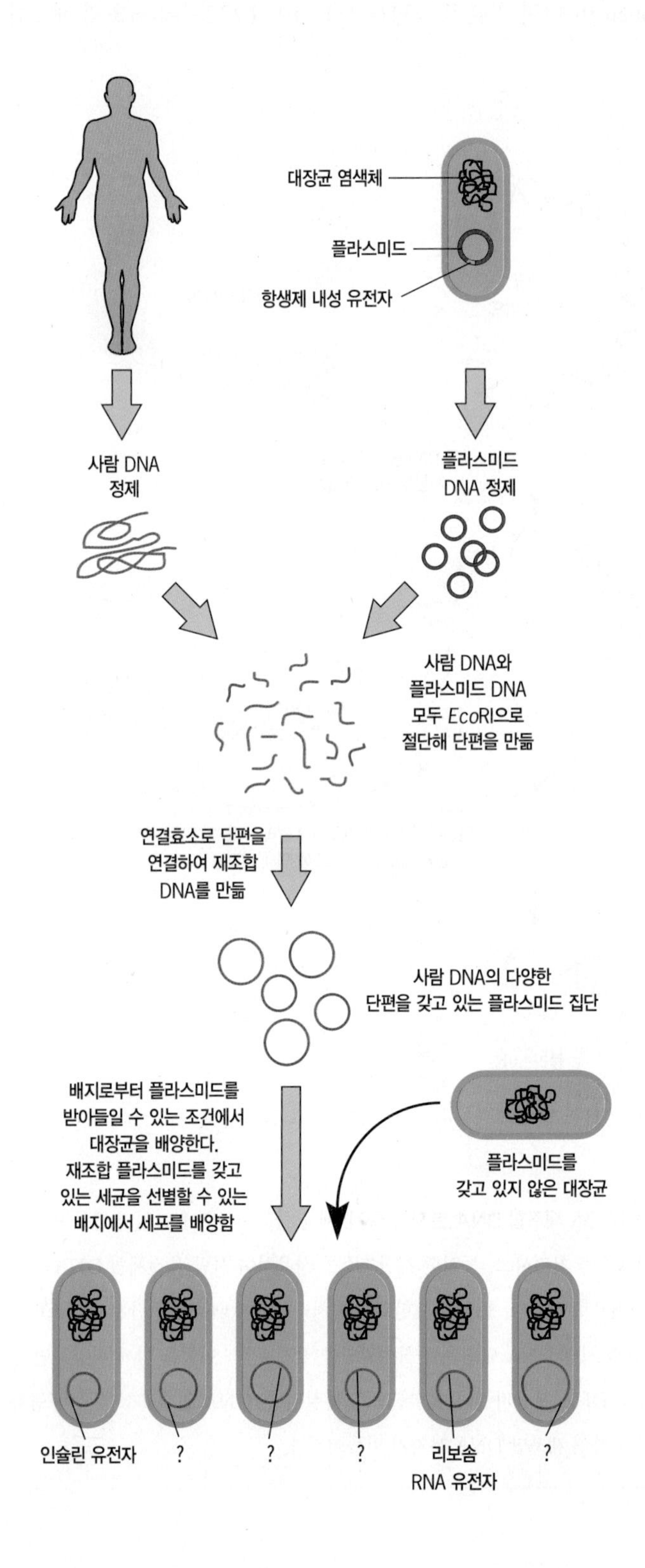

그림 18-39 세균 플라스미드를 이용한 DNA 클로닝의 예. 사람 세포에서 추출한 DNA를 *Eco*RI으로 절단하여 만들어진 단편들을 세균 플라스미드 집단에 삽입시킨다. 이 때 외래 DNA 삽입체가 없는 플라스미드의 생성을 방지하는 기술을 사용할 수 있다. 세균 세포가 배지로부터 재조합 플라스미드를 받아들인 후에는 재조합 DNA 분자를 갖고 있는 집락을 형성하게 된다. 이 예에서 세균 하나는 리보솜 RNA를 부호화하는 DNA의 일부분을 갖고 있고, 또 다른 세균은 인슐린을 부호화하는 DNA를 갖고 있다. 반면에 대부분의 세균은 기능이 알려지지 않은 진핵세포 DNA (?로 표시)를 갖고 있다.

스미드를 갖고 있는 세포를 페트리 접시에서 낮은 밀도로 자라도록 하여 각각의 세포에서 유래한 모든 자손(세포의 클론)이 다른 세포에서 유래한 자손들과 물리적으로 떨어져 있도록 한다. 배양 초기의 배지에는 많은 수의 다양한 재조합 플라스미드가 존재하기 때문에, 접시에 도말한 세포들은 각각 다른 종류의 외래 DNA 단편을 갖고 있다. 다양한 플라스미드를 갖고 있는 세포가 독립된 집락(集落, colony)을 형성하고 나면, 찾고자 하는 유전자(이 경우는 인슐린 유전자)를 갖고 있는 소수의 집락을 탐색할 수 있다.

평판복사(*replica plating*)와 제자리혼성화(*in situ hybridization*)의 두 가지 기술을 병용하여 세균 집락(또는 파지 플라크)이 들어 있는 배양접시에서 특정 DNA 서열의 존재 여부를 확인한다. 〈그림 18-40*a*〉처럼, 평판복사를 통해 동일한 세균 집락이 정확하게 동일한 위치에 있는 배양접시를 많이 만들 수 있다. 이러한 평판복사 접시를 이용하여 찾고자 하는 DNA 서열의 위치를 확인한다(그림 18-40*b*). 이 과정은 세포를 용해한 후 나일론이나 니트로셀룰로오스 막 위에 DNA를 고정시키는 작업이 필요하다. 막에 DNA가 고정되면, 제자리혼성화를 하기 위해 변성시키고, 찾고자 하는 서열과 상보적인 서열을 갖고 있는 표지된 단일가닥 DNA 탐침과 함께 배양한다. 배양 후 혼성화되지 않은 탐침은 씻어내고, 자가방사기록법으로 표지된 혼성체의 위치를 확인된다. 확인된 클론에 해당하는 살아 있는 세균은 상응하는 원래의 배지에서 해당 위치를 찾을 수 있다. 이 세포를 배양해서 재조합 DNA 플라스미드를 증폭할 수 있다.

충분히 증폭시킨 후 세포를 수확하여 DNA를 추출하고, 재조합 플라스미드 DNA를 평형 원심분리(그림 18-41)를 비롯한 다양한 기술을 이용하여 훨씬 큰 염색체로부터 분리한다. 분리한 재조합 플라스미드에 이들을 만들 때 사용한 것과 동일한 제한효소를 처리하면, 매개체 역할을 한 나머지 DNA로부터 클론된 DNA 단편이 떨어져 나온다. 이 클론된 DNA는 원심분리하여 플라스미드로부터 분리할 수 있다.

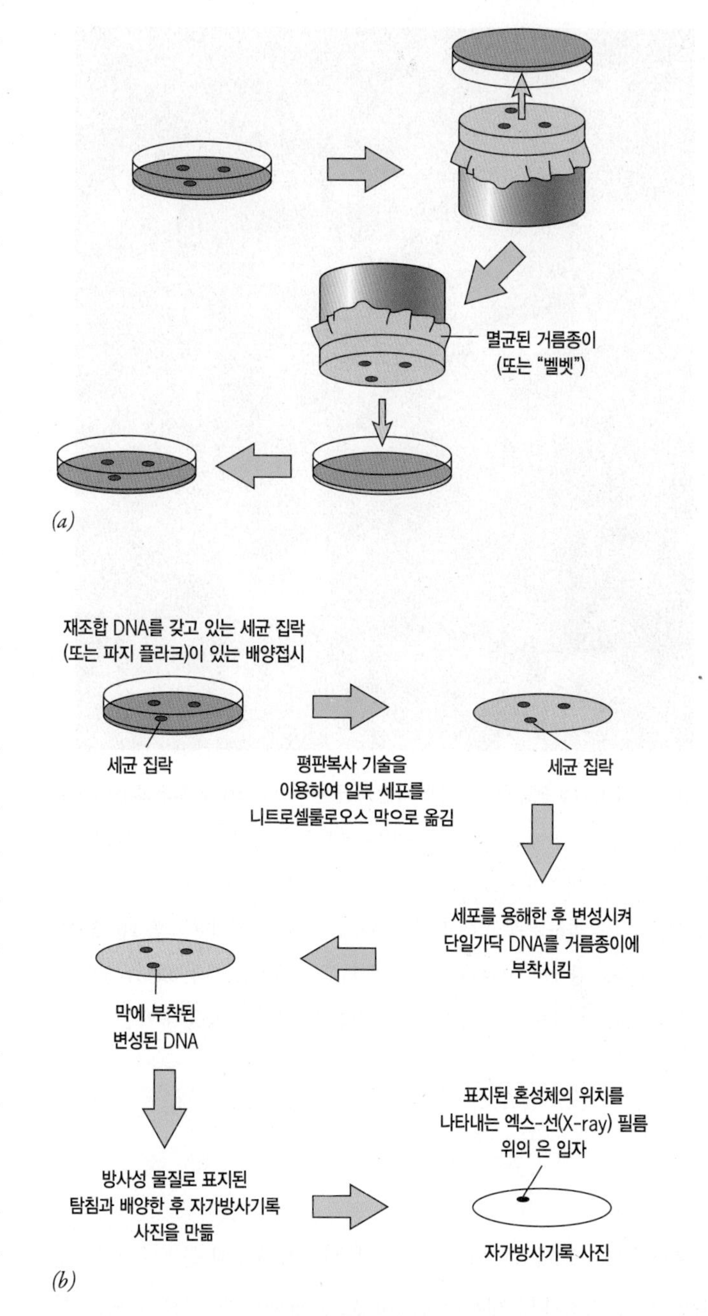

그림 18-40 **평판복사와 제자리 혼성화에 의한 원하는 DNA 서열을 갖고 있는 세균 집락의 확인.** (*a*) 배양접시에 도말한 세균 세포가 집락을 이루면, 거름종이 위에 접시를 뒤집어서 각각의 집락에서 유래한 일부 세포가 종이에 흡착되도록 한다. 사용하지 않은 배양접시에 거름종이를 살짝 눌러 접종하여 평판복사를 만든다. (*b*) 연구대상인 재조합 DNA를 갖고 있는 집락이 있는 배양접시의 세포를 선발(screening)하는 과정. 적절한 집락이 일단 확인되면 원래의 배양접시에 있는 세포를 따로 배양하여 찾고자 하는 DNA 단편을 대량으로 얻는다.

18-13-3-2 파지 유전체에 진핵생물 DNA 클로닝하기

또 다른 주요 클로닝 매개체는 박테리오파지 람다(λ)이다(그림 18-42). 람다의 유전체는 선형인 2중가닥 DNA 분자이며 약 50kb이다. 대부분의 클로닝에 사용되는 균주는 *Eco*RI 절단부위

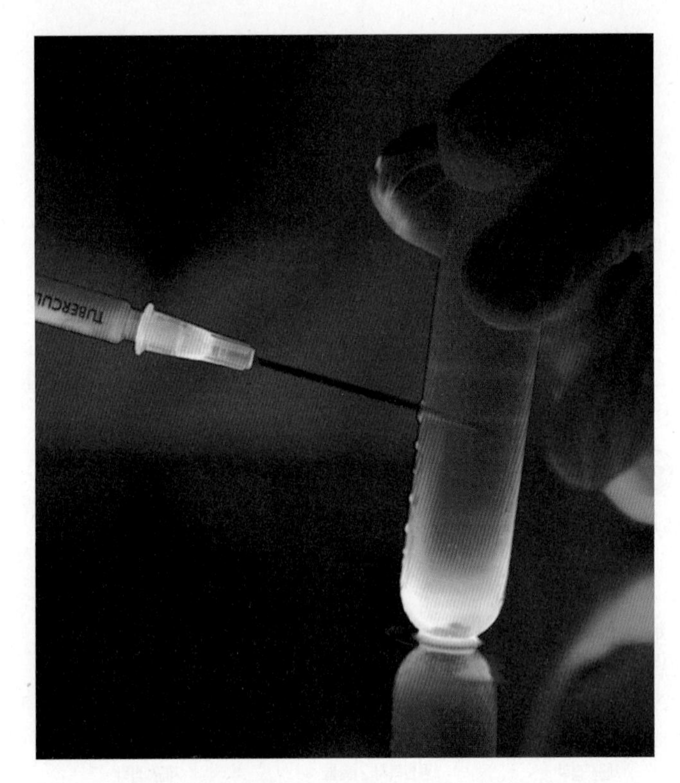

그림 18-41 CsCl 평형원심분리에 의한 세균 염색체 DNA와 플라스미드 DNA 분리. 원심분리관 안에 2개의 띠가 보인다. 하나는 세균에서 클론한 외래 DNA 단편을 가진 플라스미드 DNA 띠이고, 또 하나는 같은 세균의 염색체 DNA 띠이다. 원심분리하는 동안 두 유형의 DNA가 분리된 것이다(그림 18-35*b*). 주사기 바늘로 관에서 DNA를 빼내고 있다. 관에 있는 DNA는 DNA-결합 화합물인 EtBr로 염색한 것으로, EtBr은 자외선을 받으면 형광을 내어 눈으로 볼 수 있다.

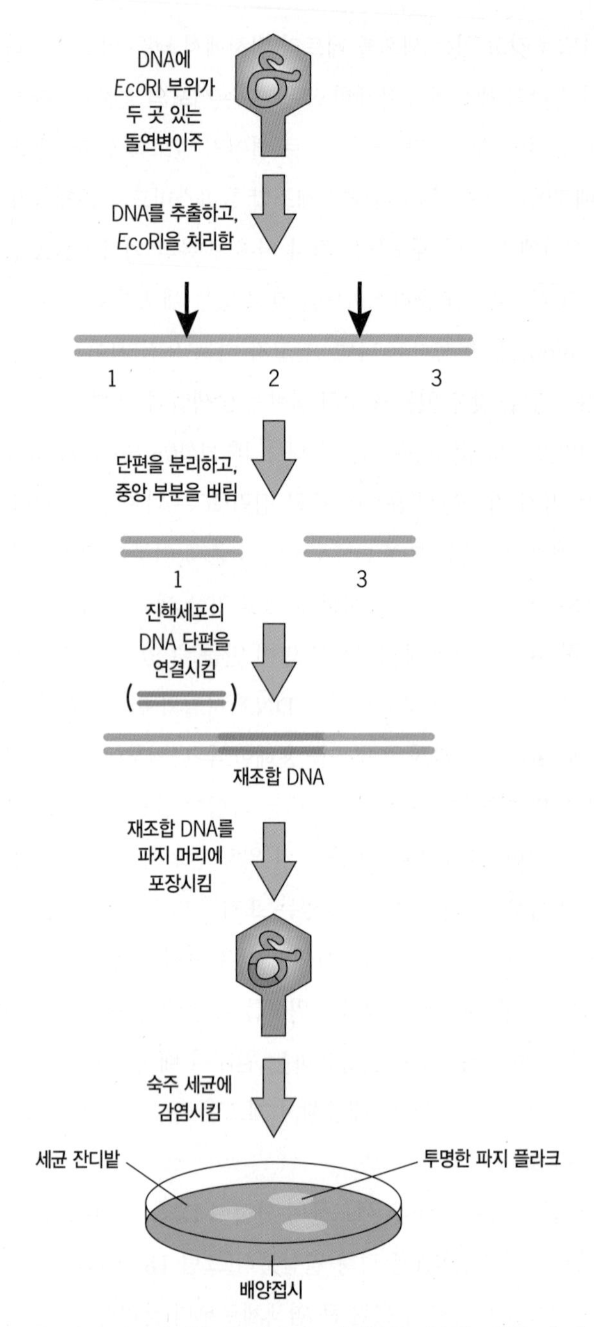

그림 18-42 람다 파지에 진핵생물의 DNA 단편을 클로닝하는 방법. 각 단계에 대해서는 본문에서 설명하였다.

를 두 곳 가지도록 변형된 것으로, 유전체가 3개의 큰 단편으로 절단된다. 편리하게도 세포를 감염하고 용해하는 데 필요한 모든 정보가 바깥쪽의 두 단편에 있기 때문에, 없어도 되는 중간 단편은 약 25kb에 이르는 진핵생물 DNA 단편으로 대체할 수 있다. 재조합 DNA 분자를 시험관내에서 파지 머리에 포장시킬 수 있으므로, 유전공학으로 가공된 이들 파지입자로 숙주 세균에 감염시킬 수 있다. (삽입체가 없는 파지 DNA 분자는 길이가 너무 짧아 파지 머리에 포장될 수 없다.) 일단 세균으로 들어간 진핵생물 DNA 단편은 바이러스 DNA와 함께 증폭된 후 새로운 세대의 바이러스 입자에 포장되고, 세포가 용해될 때 방출된다. 방출된 입자는 또 새로운 세포를 감염시키고, 곧 세균 "잔디밭(lawn)"의 감염된 부위에서 플라크(*plaque*)라는 투명한 반점이 나타나게 된다. 각각의 플라크에는 수백만 개의 파지 입자가 있는데, 이들 입자는 모두 동일한 진핵생물 DNA 단편을 갖는다.

람다 파지가 클로닝 매개체로서 매력적인 이유는 다음과 같다. (1) 손쉽게 저장하고 쉽게 추출할 수 있는 형태로 DNA를 훌륭하게 포장할 수 있다. (2) 재조합 DNA를 갖는 거의 모든 파지가 세균 세포를 감염시킬 수 있다. (3) 페트리 접시 하나에 10만 개 이상의 서로 다른 종류의 파지를 담을 수 있다. 일단 파지 플라크가 만들어진 후에는, 〈그림 18-40〉에서 설명한 평판복사와 제자리혼성화 과정을 이용해 찾고자 하는 특정 DNA 단편을 확인하여 재조합 플라스미드를 클로닝한다.

18-14 PCR에 의한 DNA의 증폭

1983년 세터스사(Cetus Corporation)의 캐리 멀리스(Kary Mullis)가 고안한 새로운 기술은 세균 세포 없이 특정 DNA 단편을 증폭하는 데 널리 사용되고 있다. 이 기술은 **중합효소 연쇄반응**(重合酵素連鎖反應, polymerase chain reaction, PCR)이라고 한다. 관련된 DNA 군집을 1개 이상 몇 개라도 증폭하고자 하는 용도에 맞추어 다양한 PCR 프로토콜이 사용되고 있다. RNA에 대해서도 역전사효소로 RNA 주형을 먼저 상보적인 DNA로 바꾸어줌으로써 PCR 증폭을 쉽게 적용할 수 있다.

PCR의 기본적인 과정은 〈그림 18-43〉과 같다. 이 기술은 열에 안정한 DNA 중합효소인 *Taq* 중합효소(*Taq polymerase*)를 사용한다. 이 효소는 원래 90℃ 이상의 뜨거운 온천에서 사는 세균인 쎄르무스 아쿠아티쿠스(*Thermus aquaticus*)에서 정제한 것이다. 가장 단순한 방법에서는, DNA 시료를 정량의 *Taq* 중합효소와 네 종류의 데옥시리보뉴클레오티드, 그리고 과량의 2개의 짧은 합성 DNA 단편(올리고뉴클레오티드)과 함께 섞는다. 이 올리고뉴클레오티드는 증폭할 DNA 부위의 3′끝에 있는 서열과 상보적이며, 복제단계에서 뉴클레오티드가 추가되는 프라이머로 작용한다. 이 혼합물을 약 95℃로 가열하여 2중가닥 DNA 분자들이 2개의 단일가닥으로 분리되도록 한다. 그 후 약 60℃로 식혀서, 프라이머가 표적 DNA의 가닥과 혼성화하도록 한다. 다시 72℃로 온도를 높여서 호열성 중합효소가 프라이머의 3′끝에 뉴클레오티드를 추가하도록 한다. 중합효소가 프라이머를 신장시킴에 따라, 표적 DNA가 선택적으로 복사되어 새로운 상보적인 DNA 가닥이 만들어진다. 다시 한 번 온도를 높여서 새로이 형성된 DNA와 원래의 DNA 가닥을 분리시킨다. 다시 온도를 낮추어주면 혼합액 속의 합성 프라이머가 표적 DNA와 또 결합하는데, 이제는 표적 DNA의 양이 원래보다 2배 많이 존재한다. 이 주기를 계속 반복하면, 양 측면에 프라이머가 결합된 특정 DNA 부위의 양이 각 주기마다 2배씩 증가한다. 반응 혼합물의 온도를 자동으로 변화시켜주는 열순환기(*thermal cycler*)를 사용하면, 수십억 개에 이르는 특정 부위의 복사물을 단 몇 시간 내에 생성할 수 있다.

18-14-1 PCR의 응용

클로닝이나 분석하기 위해 DNA 증폭하기　PCR은 개발된 이후 많은 용도로 사용된다. 표적서열이 2개의 상보적인 프라이머를 지정할 수 있을 만큼 충분하게 알려져 있다면, 클로닝하기 전에 특정 DNA 단편의 복사물을 대량 생성할 수 있다. PCR은 세포 1개와 같이 아주 적은 양의 시료에서도 DNA를 대량으로 증폭할 수 있기 때문에, 원천 DNA가 아주 희박할 때 특히 유용하다. PCR은 범죄의 수사에서도 많이 사용된다. 즉, 범죄 용의자의 옷에 남은 마른 혈흔이나 심지어 범죄현장에 남겨진 모근 하나의 일부에 있는 DNA로부터도 충분한 양으로 증폭한다. 유전체에서 다형성이 매우 높은(즉, 집단 내에서 높은 빈도로 다양하게 나타나는) 부위를 선택하여 증폭하면, 어떠한 두 개체도 동일한 크기의 DNA 단편을 갖지 않을 것이다(그림 4-18 참조). 이와 같은 방법으로 잘 보존된 수백만 년 전의 화석에 있는 DNA 단편을 연구할 수도 있다. PCR에서 사용하는 DNA 중합효소는 DNA 염기서열 분석에서도 사용된다(〈18-15절〉 참조).

특정 DNA 서열의 존재 검사하기　만약 조직 시료에 특정 바이러스가 포함되어 있는지 여부를 확인하고자 한다고 가정하자. 서던 혼성화(Southern hybridization)나 PCR을 사용하면 답을 찾을 수 있을 것이다. PCR 방법에서는 시료에서 핵산을 정제하고, 바이러스 DNA에 상보적인 PCR 프라이머를 다른 PCR 시약들과 함께 첨가한 후 반응시킨다. 만약 시료에 바이러스 유전체가 존재한다면, PCR 프라이머와 혼성화되어 PCR 반응물이 생산될 것이다. 만약 바이러스가 존재하지 않는다면, PCR 프라이머가 혼성화되지 않아 생성물이 만들어지지 않을 것이다. 따라서 이 경우에는 PCR 반응 자체가 탐지 시스템으로 작용한다.

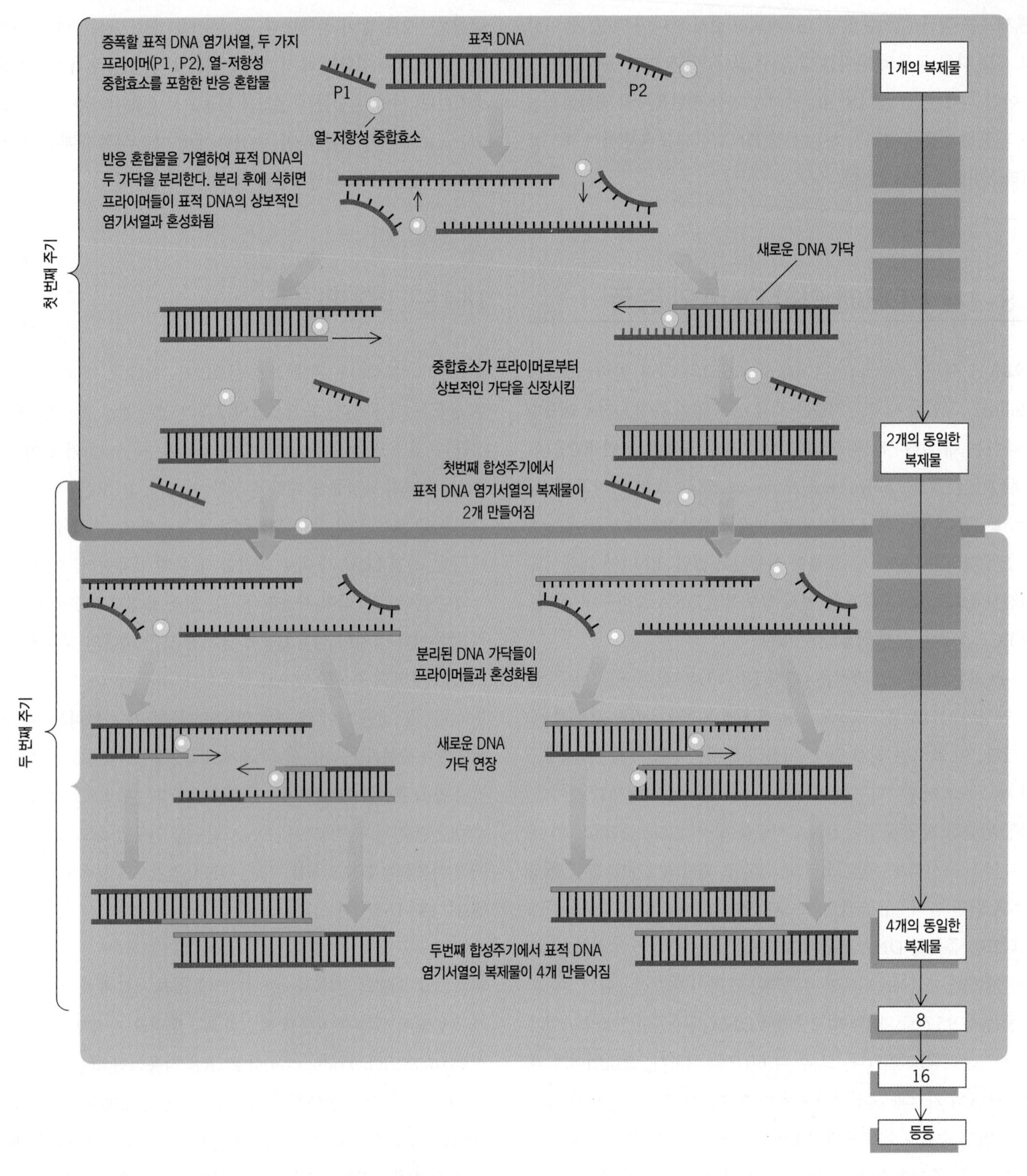

그림 18-43 중합효소 연쇄반응(PCR). 본문에서 논의한 바와 같이 이 반응은 열-저항성 DNA 중합효소의 장점을 이용한 것으로, 이 효소의 활성은 2중가닥을 분리하기 위하여 온도를 높여도 유지된다. 각각의 복제 주기에서 두 가닥이 분리되고 선별된 지역의 양 말단에 프라이머가 결합하며, 중합효소가 그 사이의 단편을 복제한다.

DNA 분자 비교하기 만약 두 DNA 분자가 동일한 염기서열을 가졌다면, 동일한 프라이머를 사용한 반응에서 동일한 PCR 생성물을 얻게 될 것이다. 이것이 동정한 세균들에서 얻은 유전체 DNA와 같은 두 DNA 시료 사이의 유사성을 빠르게 비교하여 분석하기 위한 전제이다. PCR은 특이적으로 설계하거나 무작위로 생성된 여러 프라이머를 사용하여 수행하며, 생성물을 젤 전기영동으로 분리하여 비교한다. 세균 유전체의 서열이 유사할수록, PCR 생성물도 유사할 것이다.

DNA 또는 RNA 주형의 정량분석 PCR은 혼합물 내에 특정(DNA 또는 RNA) 염기서열이 얼마나 많이 존재하는지 확인할 때에도 사용된다. PCR로 정량하는 방법 중의 하나는 2중가닥 DNA에 특이적인 염색약을 결합시킨 후 만들어진 2중가닥 생성물의 양을 측정하는 것이다. 생성물이 축적되는 속도는 시료에 있는 주형의 양에 비례한다.

또 다른 방법에서는 "분자표지(molecular beacon)"를 이용한다. 분자표지는 한 쪽 끝에는 형광색소, 다른 쪽 끝에는 소멸자(quencher) 분자가 결합된 짧은 리포터 올리고뉴클레오티드이며, 증폭시킬 표적서열의 중간 부위와 혼성화된다. 짧은 올리고뉴클레오티드가 온전하다면 형광색소와 소멸자가 가깝게 위치하여 형광이 나타나지 않는다. DNA 중합효소가 주형에 상보적인 새로운 DNA 가닥을 합성하면, 중합효소의 핵산말단가수분해효소(exonuclease) 활성에 의해 리포터 올리고뉴클레오티드가 분해된다. 이에 따라 형광색소가 소멸자로부터 떨어져 형광이 나타난다. 일정한 PCR 반복횟수에서 방출되는 형광색소의 양은 중합효소에 의해 복사되고 있는 주형 분자의 수와 직접 비례한다.

18-15 DNA 염기서열 분석

1970년까지 많은 단백질의 아미노산 서열이 결정되었으나, DNA에 있는 뉴클레오티드의 서열분석은 거의 이뤄지지 않았다. 여기에는 여러 이유가 있다. DNA 분자와는 달리, 폴리펩티드는 다룰 수 있는 정도의 명확한 크기를 갖는다. 특정 폴리펩티드는 쉽게 정제될 수 있으며, 폴리펩티드의 다양한 부위를 자르는 다양한 기술을 이용하여 서로 겹치는 단편을 만들어낼 수 있다. 또한 다양한 특성을 가진 20가지의 아미노산이 존재하므로 작은 펩티드를 분리하여 그 서열을 밝혀내는 일이 쉽다. 1970년대 중반에 이르러 DNA 염기서열 분석 기술에 혁신이 나타났다. 1977년에 5,375개의 뉴클레오티드로 이루어진 ΦX174 바이러스의 완전한 전체 유전체 염기서열이 보고되었다. 분자생물학의 이정표가 된 이 실험은 약 25년 전에 폴리펩티드(인슐린)의 아미노산 서열을 가장 먼저 결정했던 프레드릭 생어(Frederick Sanger) 연구진에 의해 이루어졌다.

1970년에는 수십 개의 뉴클레오티드 길이인 DNA 단편의 염기서열을 결정하는 데 1년 이상 걸렸지만, 15년이 지난 뒤에는 같은 일을 하루 만에 수행할 수 있다. 초기의 염기서열 분석은 대개 실험실에서 개인이 수작업으로 수행하였으며, 반응의 결과 또한 개인적으로 해석하였다. 오늘날에는 자동으로 염기서열을 분석하는 자동화기계를 이용하여 매일 수백 개의 시료를 분석한다. 그 결과는 컴퓨터로 해석하고 데이터베이스에 저장하여, 소프트웨어를 이용하여 쉽게 분석할 수 있다. 당연히 이러한 기술적 진보로 인해 서열 자료가 급격하게 증가되었다. 여기에는 사람, 개, 집고양이, 닭, 생쥐, 쥐, 몇 종의 곤충, 곰팡이, 여러 식물, 세균의 완전한 유전체 서열이 포함된다. 그 숫자와 목록은 계속 증가되고 있다.

DNA 염기서열 분석에서 이루어진 이러한 진보는 여러 가지 영역—DNA에 분자 수준의 접근, 자동화 장치, 강력한 다용도 컴퓨터, 자료 분석용 소프트웨어—의 발전에 의해 가능하게 되었다. 첫 번째 열쇠는 DNA 단편의 서열을 결정하기 위한 접근법의 개발이었다. 이러한 진보는 제한효소의 발견과 클로닝 기술의 개발로 인해 가능하게 되었다. 이로 인해 필요한 생화학적 과정을 수행하기에 충분한 양의 DNA 단편을 준비할 수 있게 되었다.

1970년대 중반에 두 가지 DNA 염기서열 분석 방법이 거의 동시에 개발되었다. 하버드대학교(Havard University)의 앨런 맥삼(Alan Maxam)과 월터 길버트(Walter Gilbert)가 개발한 화학적 방법과 영국 캠브리지(Cambridge)에 있는 의학연구협의회(Medical Research Council)의 생거(Sanger)와 쿨슨(A.R. Coulson)이 개발한 효소에 의한 방법이다. 생거-쿨슨 방법이 광범위하게 사용된다. PCR이 개발됨에 따라 생거-쿨슨 염기서열 분석방법과 PCR을 합병한 염기서열 분석방법이 개발되었는데, 생거-쿨슨의 생화학에 PCR의 주기 반복과 자동화를 결합한 것이다. 주기 염기서열 분석(*cycle sequencing*)이라고 하는 이 방법은 유전체 염기서열 분석에서 광범위하게 사용되며, 〈그림 18-44〉에 기본적인 개요를 나타내었다.

이 방법은, PCR 생성물이나 클론된 DNA 단편인, 동일한 주형 분자 집단으로 시작한다. 염기서열을 분석하고자 하는 부위에 해당하는 한 가닥의 3′끝에 상보적인 프라이머와 주형 DNA를 섞는다. 만약 PCR 생성물을 주형으로 이용하는 경우라면, 염기서열 분석 프라이머는 PCR 프라이머들 중의 하나(그러나 단 하나만)가 될 수 있다. 반응 혼합액은 열에 안정한 *Taq* DNA 중합효소와 네 가지의 모든 디옥시리보뉴클레오시드삼인산 전구물질(dNTPs), 그리고 낮은 농도의 디데옥시리보뉴클레오시드삼인산(*dideoxyribonucleoside triphosphate, ddNTP*)이라는 변형된 전구물질을 포함한다. 각 ddNTP(ddATP, ddGTP, ddCTP, ddTTP)는 3′끝에 서로 다른 색깔의 형광염료를 붙인다.

PCR과 마찬가지로, 염기서열 분석반응은 주형의 두 가닥이 변성되는 온도까지 혼합액을 가열함으로써 시작한다(그림 18-44*a*, 1단계). 다음에는 프라이머가 주형 DNA와 혼성화를 이룰 수 있도록 식힌다(2단계). PCR과는 달리, 프라이머는 오직 하나만 존재하기 때문에 주형 DNA의 두 가닥 중 한 가닥만 프라이머와 혼성화된다. 3단계에서는, *Taq* 중합효소가 주형 분자와 상보적인 dNTP를 프라이머의 끝에 붙여서 새로운 상보적인 DNA 가닥을 합성한다. 이 때 dNTP 대신에 ddNTP가 삽입되기도 한다. 디데옥시리보뉴클레오티드는 2′ 및 3′ 위치 모두에 하이드록실기(−OH)가 없다. 따라서 이러한 뉴클레오티드가 신장하는 사슬의 끝에 결합되면 3′ OH가 없으므로 중합효소가 다른 뉴클레오티드를 붙일 수 없게 되어 사슬 합성이 종결된다(그림 18-44*a*, 4단계). ddNTP는 반응 혼합액에서 대응하는 dNTP에 비하여 훨씬 낮은 농도로 존재하기

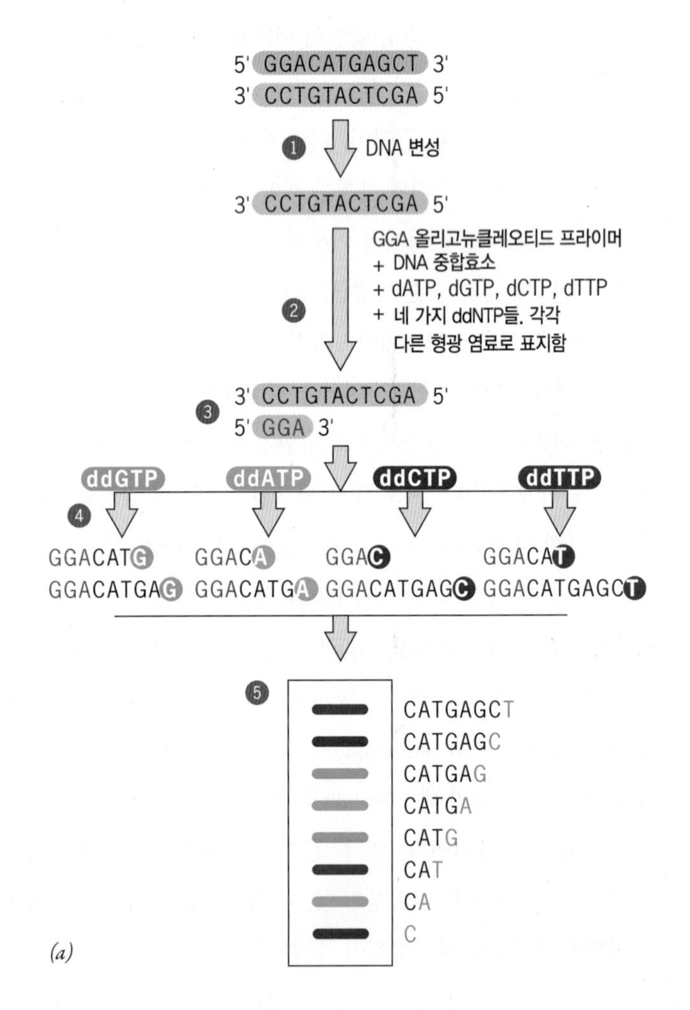

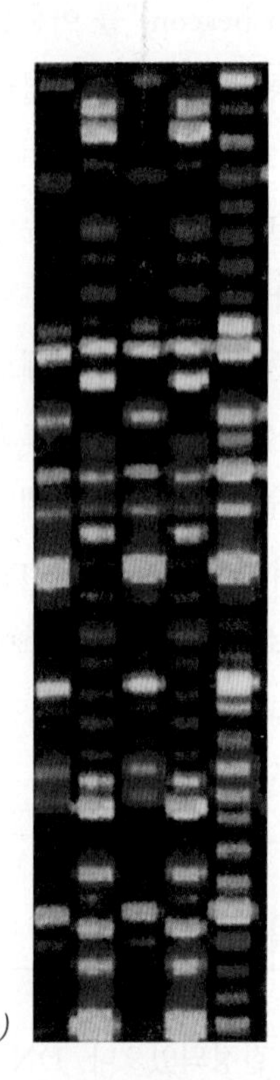

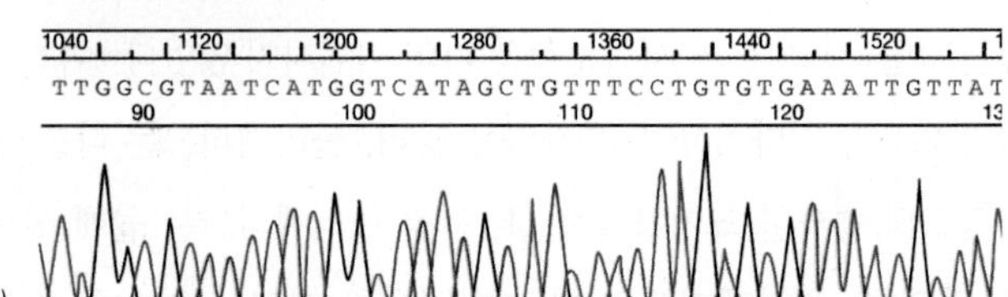

그림 18-44 DNA 염기서열 분석. (*a*) 본문에서 설명한 생거-쿨슨의 (디데옥시) 기술을 이용하여 작은 가상 단편의 염기서열을 분석하는 기본적인 과정. (*b*) 형광 표지한 딸 분자들이 분리되어 있는 젤, 띠의 색은 DNA 가닥의 3′ 말단에 있는 디데옥시뉴클레오티드에 따라 달라진다. (*c*) 주형 가닥에 있는 뉴클레오티드의 염기서열은 컴퓨터로 해석한다. 컴퓨터는 젤의 바닥부터 위쪽으로 "읽고" 형광의 강도와 파장을 입력한다. 컴퓨터가 작성한 "전기영동 그래프"에서 DNA 염기서열 해석과 나란히 놓인 탐지된 형광의 강도와 색을 볼 수 있다.

때문에, ddNTP 편입은 가끔씩 무작위로 일어난다. 즉, 한 사슬의 시작에 가까운 부위에 편입되거나, 다른 사슬의 중간부위에 편입되거나, 세 번째 사슬에는 끝까지 편입되지 않을 수도 있다. ddNTP가 편입되면 사슬의 성장은 즉시 멈춘다.

사슬 신장 반응이 끝난 뒤에, 온도를 올려 새로운 2중가닥 DNA 분자를 다시 변성시킨다. 혼성화, 합성, 변성의 주기를 여러 번 반복하면, ddNTP가 여기저기에 편입되어 있는 딸 DNA 가닥을 대량으로 만들 수 있다. 예를 들면, 주형 가닥에서 A가 있는 곳마다 그 위치에서 ddTTP로 종결된 딸 분자가 만들어질 것이다(그림 18-44, 5단계).

고-분해능 전기영동으로는 뉴클레오티드 길이가 1개만 다른 단편도 분리할 수 있다. 예를 들면 염기서열을 분석할 초기 부위에 100개의 뉴클레오티드가 있다면 100개의 표지된 딸 분자들이 젤에서 서로 다른 지점으로 이동하는데, 가장 짧은 딸 분자가 가장 멀리 이동한다. 젤에 있는 연속된 띠(band) 각각은 앞선 띠보다 뉴클레오티드 1개 더 긴 딸 분자를 포함한다. ddNTP 각각은 고유의 형광 염료로 표지하였으므로 (UV로 관찰한) 띠의 색으로 각 딸 분자의 마지막 뉴클레오티드가 무엇인지 알 수 있다(그림 18-44*b*). 따라서 젤에서 색의 순서는 주형 분자의 염기 서열과 일치하게 된다(그림 18-44*c*).

지난 몇 년 동안, 사람을 비롯한 여러 생물체의 유전체 염기서열을 빠르고 값싸게 분석하고자 하는 목적에 의해 DNA 염기서열 분석 기술의 혁신이 이루어졌다. 현재의 목표는 "1,000 달러로 인간유전체 염기서열 분석($1,000 human genome)"이다. 엄청난 양의 DNA 염기서열 분석에 드는 비용은 지난 몇 년 동안에 극적으로 감소되었으며, 2009년에 이르러서는 한 개인의 유전체 염기서열을 분석하는 데 1만 달러 정도로 가능하게 되었다. 몇 년 전보다 수십 배 낮아진 것이다. 이러한 진보는 차세대 염기서열 분석(*next-generation sequencing, NGS*)이라는 완전히 새로운 DNA 염기서열 분석법의 개발에 의하여 가능하게 되었다. 인간유전체연구사업(Human Genome Project)에 사용한 염기서열 분석법과 다르게, NGS 기술은 효모나 세균에 유전체의 단편을 클론해낼 필요가 없다. 그 대신에 염기서열을 분석할 단편을 전체 유전체에서 직접 준비한다. 생거 방법과 마찬가지로 NGS도 중합효소-의존 DNA 합성에 바탕을 두고 있으나, 미성숙 가닥인 채로 종결시키거나 전기영동으로 가닥을 분리하지 않는다. 그 대신에 실시간으로 중합효소에 의하여 통합되는 각각의 뉴클레오티드를 직접 식별해낸다. 이 글을 쓰고 있는 시점에서, 서로 다른 제조사의 제품인 세 가지 장비가 이런 형태의 빠른 자동화 DNA 염기서열 분석을 수행할 수 있다. 모든 경우, 수많은(수십만~수천만) DNA 분자를 표면에 고정한 후, 반복되는 주기에서 한 번에 1개씩 결합되는 네 종류의 NTP 존재 하에 하나의 DNA 중합효소 시료와 반응시킨다. 상보적 가닥이 "평행한(parallel)" DNA 주형으로부터 대량으로 합성될 때, 다양한 방법을 이용하여 이들 각각의 상보적인 가닥에 연속으로 결합되는 뉴클레오티드를 식별한다. 이러한 방식으로 합성된 가닥은 상대적으로 짧지만 아주 많은 DNA 가닥을 동시에 읽기 때문에, 한 차례의 반응으로 식별되는 뉴클레오티드의 전체 수는 어마어마하다.

이 글을 쓰고 있는 시점에 3세대(또는 단일분자) 염기서열 분석[*third-generation* (or *single-molecule*) *sequencing*]이라는 혁신적인 새로운 기술을 활용하는 2개의 새로운 장비가 출시되었다. 과거의 모든 염기서열 분석법과는 달리, 3세대 염기서열 분석기는 DNA 증폭과 효소반응을 사용하지 않는다. 그 대신에 유전체에서 직접 정제한 DNA 분자의 뉴클레오티드 서열을 결정할 수 있다. 이들 장비는 "나노포어(nanopore)"라는 미세한 구멍을 통해 DNA 분자를 끌어당겨서 한 번에 하나씩 구멍을 통과하여 지나갈 때에 뉴클레오티드를 식별하여 염기서열을 분석한다. 각 뉴클레오티드가 차례로 나노포어를 통과할 때에 네 가지 뉴클레오티드의 특성을 탐지하여 뉴클레오티드를 식별한다. 수많은 나노포어를 동시에 작동시키므로 매우 빠른 염기서열 분석이 가능하다. 나노포어 DNA 염기서열 분석이 NGS 염기서열 분석만큼 정확한지 여부는 입증되어야 하겠지만, "합성에 의한 염기서열 분석(sequencing by synthesis)"에 의존하지 않기 때문에 비용이 상당히 절약될 것이다.

일단 DNA 단편의 염기서열이 결정되면, 다양한 소프트웨어를 활용하여 분석한다. 예를 들면, DNA에 의해 부호화되는 아미노산 서열을 결정한 후 알려진 다른 아미노산 서열과 비교하여, 그 폴리펩티드의 가능한 기능에 대한 정보를 얻을 수 있다. 아미노산 서열은 또한 단백질의 3차구조에 대해, 특히 폴리펩티드의 어느 부위가 내재단백질의 막-통과 부위로 작용하는가에 대한 단서를 알려준다. 뉴클레오티드 서열 자체는 다른 알려진 뉴클레오티드 서열과 비교할 수 있다. 그러한 비교를 통해 진화적 관련성이나 DNA 서열의 내력을 밝히거나 다양한 생물체 또는 개인의 유전체 특성을 비교할 수 있다.

18-16 DNA 라이브러리

DNA 클로닝은 클론된 DNA 단편들의 집합체인 **DNA 라이브러리**(DNA library)를 생성하기 위해 흔히 사용된다. 두 가지 기본 유형의 DNA 라이브러리—유전체 라이브러리와 cDNA 라이브러리—를 만들 수 있다. 유전체 라이브러리(*genomic library*)는 핵에서 추출한 전체 DNA로부터 생성되며 그 종의 모든 DNA 염기서열을 포함한다. 일단 한 종의 유전체 라이브러리가 만들어지면, 이로부터 인간 인슐린 유전자와 같은 특정한 DNA 염기서열을 분리할 수 있다. 한편 cDNA 라이브러리(*cDNA library*)는 RNA 집단의 DNA 복사본으로부터 유래된다. cDNA 라이브러리는 전형적으로 특정한 세포유형 내에 존재하는 mRNA로부터 생성되며, 따라서 그 세포 유형 내에서 활성을 나타내는 유전자들만 포함한다.

18-16-1 유전체 라이브러리

먼저 유전체 라이브러리의 생성에 대해 알아보자. 한 가지 방법에서는, 유전체 DNA에 매우 짧은 뉴클레오티드 염기서열을 인식하는 제한효소 1~2 가지를 처리한다. 이 때 효소를 낮은 농도로 처리하여 작은 비율만 실제로 절단되도록 한다. 흔히 사용되는 제한효소인 *Hae*III(GGCC 인식)와 *Sau*3A(GATC 인식)는 4-뉴클레오티드(tetranucleotide) 서열을 인식한다. 4-뉴클레오티드는 우연에 의해 어떠한 크기의 DNA 단편이라도 절단될 수 있을 정도의 높은 빈도로 절단할 것이다. 일단 DNA를 부분적으로 분해한 후, 전기영동이나 밀도기울기원심분리로 분획하여, 적절한 크기(예: 20kb 길이)의 단편을 람다(λ) 파지 입자 내에 편입시킨다. 이들 파지를 이용하여 1백만 개 정도의 플라크(plaque)를 만들면, 포유동물 유전체의 단일 단편이 빠짐없이 들어있음을 확신할 수 있다.

DNA에 있는 인식부위 대부분이 절단되지 않는 조건에서 효소를 처리하기 때문에, DNA가 무작위로 잘라져 단편으로 된다. 일단 파지 재조합물을 만든 후에는 저장하여 이후에 사용할 수 있으며, 그 종의 유전체에 존재하는 모든 DNA 염기서열 수집물을 영구적으로 보존하게 된다. 라이브러리로부터 특정한 염기서열을 분리하려 할 때에는, 파지 입자를 세균에서 배양하여 얻은 (각각 단일 재조합 파지의 감염에서 유래된) 다양한 플라크를 제자리혼성화법으로 검색하여 그 염기서열의 존재 여부를 확인한다.

무작위로 절단된 DNA를 사용하면 특정 염기서열로부터 양방향으로 신장되는 염색체 부위의 분석에 사용할 수 있는 중복된 단편들을 생성하기 때문에, 라이브러리의 구성에 있어 장점을 갖는다. 이 기술은 염색체이동(*chromosome walking*)으로 알려져 있다. 예를 들면, 글로빈 유전자의 부호부위를 포함하는 한 단편을 분리하였다면, 그 특정 단편을 표지한 후 유전체 라이브러리를 탐색하여 이와 중복되는 단편들을 찾기 위한 탐침으로 사용할 수 있다. 원래 DNA 분자의 단편 가운데 더 긴 것을 분리해내면 찾아낸 새로운 단편을 표지된 탐침으로 사용하여 탐색 과정을 반복한다. 이러한 방법으로 염색체의 한 확장된 지역에 연결된 염기서열의 구성을 연구할 수 있다.

18-16-1-1 특수화된 클로닝 매개체 내에서 큰 DNA 단편의 클로닝

플라스미드나 람다 파지 매개체(vector)는 모두 20~25kb보다 큰 DNA를 클로닝하기에는 적절하지 않다. 이보다 훨씬 더 큰 DNA 단편을 클로닝할 수 있는 여러 매개체가 개발되었다. 이 가운데 가장 중요한 것은 **효모인공염색체**(酵母人工染色體, yeast artificial chromosome, YAC)로 1,000kb(1백만 개의 염기쌍)에 이르는 큰 외래 DNA 단편을 받아들일 수 있다. 명칭으로 알 수 있듯이, YAC는 정상적인 효모 염색체를 인위적으로 만든 것으로, S기 동안 복제되어 감수분열 동안 딸세포로 나누어지는 구조에 필요한 효모 염색체의 모든 요소—하나 이상의 복제개시점, 염색체 끝에 있는 말단절(末端節, telomere), 염색체가 분리되는 동안 방추사가 부착되는 중심절(centromere) 등—를 포함한다. 이러한 요소 외에도 YAC는 (1) 어떤 요소가 결핍된 세포로부터 YAC를 함유하는 세포를 선별해낼 수 있도록 하는 생성물의 유전자와 (2) 클론할 DNA 단편을 함유하도록 구성된다. 다른 세포들과 마찬가지로 효모세포도 배

2-5항〉단백질 분비에 관한 연구 참조). 무작위 돌연변이의 과정을 거쳐야만 비로소 유전자의 존재가 분명하게 되었다. 돌연변이 표현형을 연구하여 유전형을 확인하는 이 과정은 순행(順行)유전학(*forward genetics*)으로 알려져 있다. 유전자 클로닝과 DNA 염기서열 결정 기술이 발달한 후에는, 부호화된 단백질의 기능에 대해 아무 것도 몰라도 유전자를 직접 확인하고 연구할 수 있게 되었다. 이러한 상황은 최근에 전체 유전체의 염기서열을 결정하고 기능을 모르는 수천 개의 유전자를 확인함으로써 특히 익숙하게 되었다. 지난 20년에 걸쳐, 유전형에 대한 지식을 바탕으로 하여 표현형(예: 기능)을 판단하는 과정인 역행(逆行)유전학(*reverse genetics*)을 수행하는 방법을 개발하고 있다. 역행유전학의 기본은 특정 유전자의 기능을 제거한 후 표현형에 나타나는 효과를 판단하는 것이다. 먼저 시험관 내(*in vitro*)에서 유전자에 특정 돌연변이를 도입하는 방법을 살펴보고, 생체 내(*in vivo*)에서 유전자 기능을 제거하기 위해 널리 사용되는 두 가지 기술에 대해 논의한다.

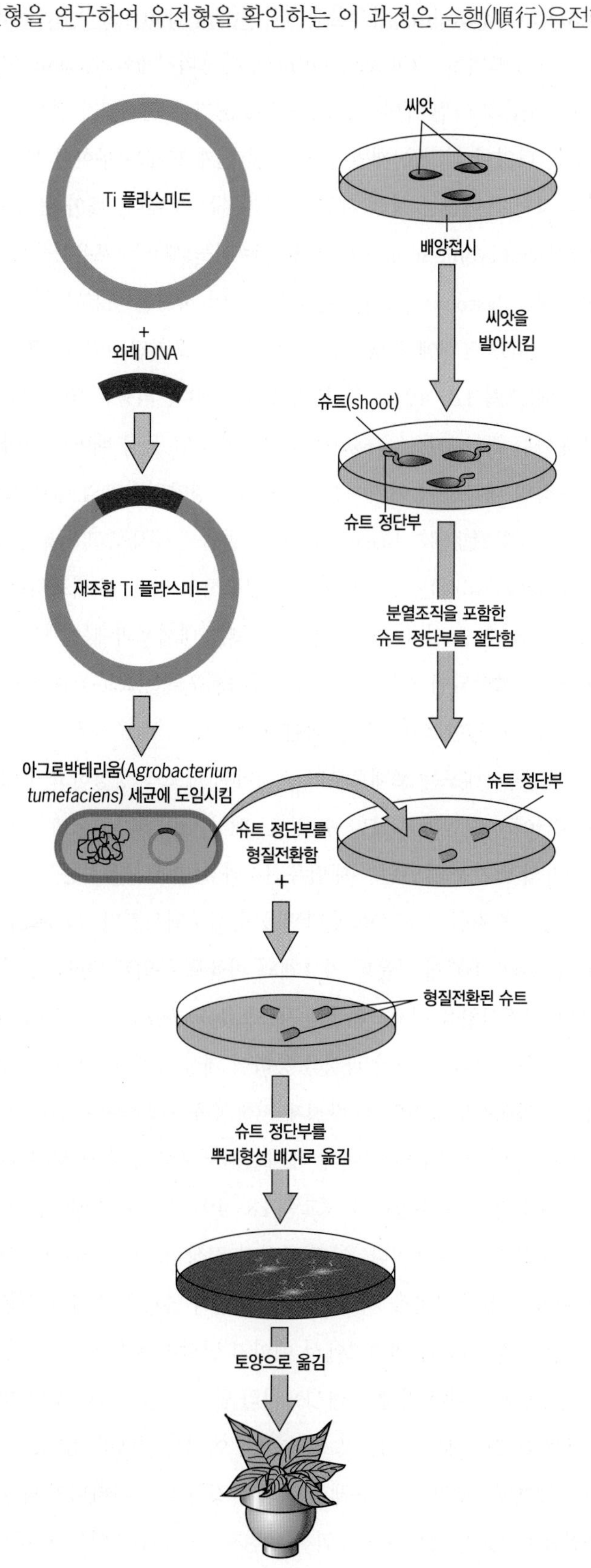

18-18-1 시험관 내 돌연변이유발

이 책 전반에 걸쳐 명백하게 드러나듯이, 자연발생 돌연변이체를 분리하는 일은 유전자와 그 생성물의 기능을 결정하는 데 있어서 매우 중요하다. 그러나 자연적인 돌연변이는 매우 드물게 일어나며, 특정 단백질의 기능에서 특정 아미노산 잔기의 역할을 연구하기도 적절하지 않다. 특이한 표현형이 나타나기를 기다려서 그 원인인 돌연변이를 확인하는 대신, 그 유전자(또는 연관된 조절지역)를 원하는 방식으로 변이시킨 후 나타나는 표현형의 변화를 관찰할 수 있다. 이러한 기술은 총체적으로 시험관 내 돌연변이유발(*in vitro mutagenesis*)이라고 하며, 변이시킬 유전자 또는 최소한 유전자 단편이 클론되어 있어야 한다.

브리티시 콜럼비아대학교(University of British Columbia)의 마이클 스미스(Michael Smith)가 개발한 **부위-지향적 돌연변이유발**(部位-指向的 突然變異誘發, site-directed mutagenesis,

그림 18-48 Ti 플라스미드를 이용한 식물 형질전환. 전이유전자를 Ti 플라스미드의 DNA에 삽입한 후 숙주 세균에 재도입한다. 재조합 플라스미드를 갖고 있는 세균으로 식물세포를 형질전환시키는데, 이 경우는 슈트(shoot)의 끝에 있는 분열조직에서 자른 세포를 이용한 것이다. 형질전환된 슈트를 뿌리가 발달되는 선별배지로 옮겨준다. 뿌리가 형성된 식물을 화분에 옮겨 심는다.

SDM) 과정은 염기 하나를 다른 염기로 대체하거나, 또는 아주 적은 수의 염기를 제거하거나 삽입하여 DNA 염기서열에 아주 작고 특이한 변화를 만들어낼 수 있다. SDM에서는 대개 원하는 변화를 포함하는 DNA 올리고뉴클레오티드를 합성한 후, 단일가닥의 정상 DNA와 혼성화시켜 DNA 중합효소의 프라이머로 사용한다. 중합효소는 정상 DNA와 상보적인 뉴클레오티드를 프라이머에 연결하여 신장시킨다. 그런 다음 변형된 DNA를 클론하여 적절한 숙주세포에 도입한 후 유전적 변화의 효과를 판단한다. 과학자들은 대개 유전자 또는 단백질의 기능에 대해 뚜렷한 목적을 갖고 SDM을 이용한다. 예를 들면, 아미노산 하나를 다른 것으로 바꾸어 그 특정 부위가 어떤 단백질의 전체 기능에서 어떤 역할을 하는지 살펴볼 수 있다. 또는, 어떤 유전자의 조절지역에 작은 변화를 일으킨 후 유전자 발현에 대한 효과를 확인할 수 있다. 만일 부위-지향적 돌연변이유발의 목적이 단순히 어떤 유전자의 기능을 제거하는 것이라면, 덜 특이적인 방법을 사용할 수 있다. 예를 들면, 어떤 유전자 염기서열을 제한효소 하나로 절단하여 생긴 점성말단(sticky end)의 단일가닥 부위를 DNA 중합효소로 2중가닥으로 만든 다음, 이들을 다시 연결시킴으로써 단백질의 해독틀을 깨뜨릴 수 있다. 또는 제한효소 절편 전체를 유전자로부터 제거할 수도 있다.

시험관 내에서 돌연변이를 만들어내는 것은 역행유전학의 일부일 뿐이다. 유전공학으로 조작한 돌연변이가 표현형에 미치는 효과를 연구하기 위해서는 대상 생물의 정상 유전자를 돌연변이 대립유전자로 대체하여야 한다. 생쥐 유전체에 돌연변이를 도입하는 기술이 개발되어 포유동물에서 역행유전학 연구가 가능하게 되었으며, 포유동물 유전자 기능의 연구가 그야말로 변혁되었다.

18-18-2 유전자제거 생쥐

이 책의 여러 곳에서 특정 유전자의 기능이 결핍된 생쥐의 표현형에 대해 설명하였다. 예를 들면, *p53* 유전자 기능이 결핍된 생쥐에서는 항상 악성종양이 발달한다. **유전자제거**(遺傳子除去) **생쥐**(knockout mouse)라는 이들 동물을 통해 인간 질병의 유전적 기초에 대한 독특한 통찰력과, 특정 유전자의 생성물이 관여하는 다양한 세포활동을 연구하기 위한 기초를 얻을 수 있다. 〈그림 18-49〉는 유전자제거 생쥐가 태어나는 일련의 과정이다.

1980년대에 유타대학교(University of Utah)의 마리오 카페치(Mario Capecchi), 위스콘신대학교(University of Wisconsin)의 올리버 스미티스(Oliver Smithies), 캠브리지대학교(Cambridge University)의 마틴 에반스(Martin Evans)가 유전자제거 생쥐를 생산하는 다양한 과정을 개발하였다. 첫 번째 단계는 무한한 분화능력을 지닌 특이한 유형의 세포를 분리하는 것이다. **배아**(胚芽)**줄기세포**(embryonic stem cell)라고 하는 이들 세포는 포유동물의 포배(胞胚, blastocyst)에서 발견되는데, 이 시기는 다른 동물의 포배(blastula) 단계에 해당하는 배아발달의 초기단계이다. 포유동물 포배(그림 18-49)는 두 부위로 구성된다. 외층은 영양외배엽(營養外胚葉, *trophectoderm*)을 구성하며, 포유동물 배아의 배아외막 특징의 대부분이 여기에서 비롯된다. 영양외배엽의 내부 표면에는 포배강(胞胚腔, blastocoel)으로 돌출된 내세포괴(內細胞塊, *inner cell mass*)라는 세포 덩어리가 접촉하고 있다. 내세포괴는 배아(embryo)를 구성하는 세포들을 만든다. 내세포괴에는 배아줄기세포들이 포함되어 있는데, 이 배아줄기세포들은 포유동물을 구성하는 모든 다양한 조직으로 분화한다.

배아줄기세포는 포배로부터 분리하여 세포가 성장하고 증식하는 조건에서 시험관 배양할 수 있다. 배양 배아줄기세포에 제거할 유전자의 비기능 돌연변이 대립유전자와 선별에 사용하는 항생제-저항성 유전자를 가진 DNA 단편을 형질주입시킨다. DNA를 받아들인 세포 10^4개 가운데 약 1개의 비율로 주입된 DNA가 상동 DNA 염기서열을 대체하는 상동재조합(*homologous recombination*) 과정이 일어난다. 이러한 과정을 통하여 대상 유전자가 이형접합인 배아줄기세포가 생성되며, 항생제 저항성을 이용하여 선별해낸다. 이렇게 선별한 다수의 공여체 배아줄기세포를 수용체 생쥐 배아의 포배강 안으로 주입한다. 〈그림 18-49〉의 수용체 배아는 검은색 혈통에서 얻은 것이다. 이후 배아가 정상적으로 발달하여 태어날 수 있도록 호르몬을 처리한 암컷 생쥐의 난관에 주입된 수용체 배아를 착상시킨다. 대리모에서 배아가 발달하는 동안, 주입된 배아줄기세포는 배아 자체의 내세포괴와 합쳐져 함께 생식소의 생식세포를 포함한 배아조직으로 발달한다. 이러한 키메라(chimera) 생쥐는 털에서 공여체와 수용체 혈통의 특징이 모두 나타나기 때문에 구별할 수 있다. 생식세포도 역시 유전자제거 돌연변이를 지니는지

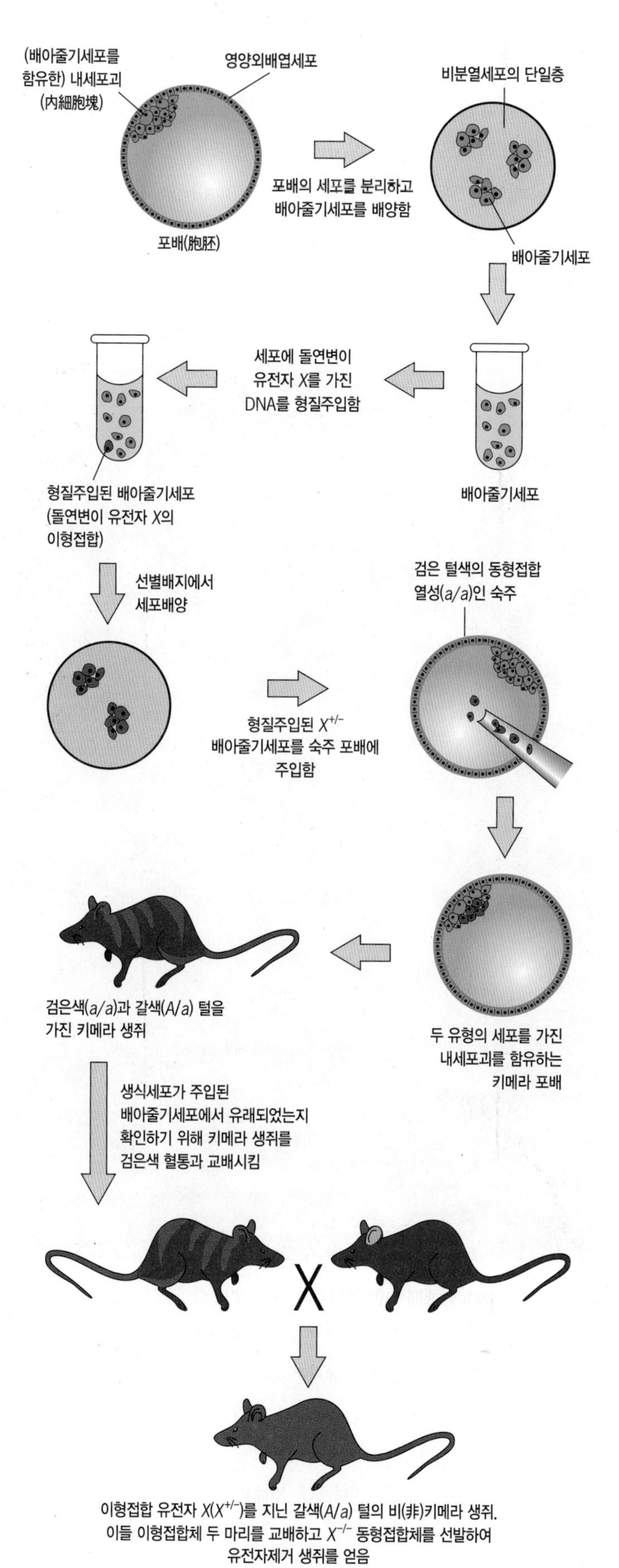

를 확인하기 위해, 키메라 생쥐를 근친교배한 검은색 혈통 개체와 교배한다. 만일 생식세포에 유전자제거 돌연변이가 있다면, 후손의 모든 세포에서 그 유전자가 이형접합이 된다. 이형접합체는 갈색 털을 가지므로 구별할 수 있다. 이들 이형접합체끼리 교배하여 돌연변이 대립유전자가 동형접합인 후손을 얻는다. 이들이 그 유전자의 기능이 결핍된 유전자제거 생쥐이다. 이러한 방식을 이용하면 유전체 내의 어떠한 유전자 또는 그에 대한 어떠한 DNA 염기서열이라도 원하는 방식으로 변형시킬 수 있다.

어떤 경우에는 특정 유전자를 제거하면 특정 대사과정이 결핍될 수 있는데, 이것은 그 유전자가 그 과정에 필수적이라는 확실한 증거가 된다. 그러나 필수적인 과정에 관여할 것으로 생각되는 유전자를 제거해도 동물의 표현형에서 거의 또는 전혀 변화가 나타나지 않는 경우가 흔히 있다. 이런 경우는 결과를 해석하기 어렵다. 예를 들면 그 유전자가 그 대사과정에 관여하지 않거나, 그 유전자 생성물의 결핍이 전혀 다른 유전자 생성물에 의해 보상받을 가능성이 있다. 대개 후자인 경우가 많다. 다른 유전자에 의해 보상받는 경우는 이들 유전자를 모두 결핍시킨 (2중 유전자제거) 생쥐에서 입증할 수 있다.

또 다른 경우로, 한 유전자를 제거하면 생쥐가 초기 발생과정 동안에 사망하여 세포기능에서 그 유전자의 역할을 판단하기 어렵게 되기도 한다. 이러한 문제를 피하기 위해 흔히 특정 유전자가 발현되는 동물에서 원하는 일부 조직에서만 그 유전자의 발현을 차단하는 기술을 사용한다. 이러한 조건부 유전자제거(*conditional knockout*)를 이용하여 변형된 조직의 발달이나 기능에서 그 유전자의 역할을 연구할 수 있다.

18-18-3 RNA 방해

유전자제거 생쥐는 유전자 기능을 연구하는 매우 유용한 방법이지만, 이러한 동물을 생산하려면 힘들고 비용이 많이 든다. 지난 수

그림 18-49 유전자제거 생쥐의 형성. 각 단계에 대한 내용은 본문에서 설명하였다.

년간 역행유전학 분야의 새로운 기술이 널리 사용되고 있다. 〈5-5절〉에서 논의한 바와 같이, RNA 방해(RNA interference, RNAi)는 mRNA 염기서열에 포함되어 있는 작은 2중가닥 siRNA로 인해 특정 mRNA가 분해되는 과정이다. 식물, 선충 또는 초파리 유전자의 기능은 단순히 siRNA를 다양한 방법으로 도입한 후 해당 mRNA가 결손되어 나타나는 표현형을 조사함으로써 연구할 수 있다. 세포수준에서도 동일한 siRNA가 배양 세포의 활성에 나타내는 효과를 연구하여 유전자 역할을 확인할 수 있다. 이러한 방식으로 비교적 짧은 시기 내에 많은 유전자의 기능에 관한 정보를 수집할 수 있다. 〈5-5절〉에서 논의한 바와 같이, 지방으로 감싼 작은 dsRNA와 함께 세포를 배양하거나 유전자를 조작하여 세포가 siRNA 자체를 생성하도록 하여 포유동물 세포에서 유전자 기능 연구에 RNAi를 사용할 수 있다. siRNA는 세포 내에서 표적 mRNA의 분해를 유도하여 그 유전자로부터 단백질이 추가로 만들어지지 않도록 한다. 세포의 표현형 중에서 나타나지 않는 것은 그 무엇이라도 연구대상 단백질의 수준이 현저히 감소하여 나타난 결과일 수 있다. 유전자제거의 경우처럼, siRNA 처리로 인해 어떤 표현형이 나타나지 않는 것이 반드시 대상 유전자가 특정 대사과정에 관여하지 않는다는 사실을 의미하는 것은 아니다. 다른 유전자가 표적 유전자의 발현 억제를 보상할 수 있기 때문이다.

수천 개의 siRNA를 함유하는 라이브러리, 또는 이들 RNA를 부호화하는 DNA를 함유하는 매개체(vector)도 역시 많은 모델 생물과 인간의 유전자 기능 연구에 사용된다. 이러한 라이브러리를 사용하면 사실상 어떠한 세포과정에서라도 어떤 유전자의 발현을 제거한 효과를 연구할 수 있다. 예를 들면, 전체 유전체에서 만든 siRNA 라이브러리로 세포를 처리한 다음 세포분열 시기에 비정상적인 유사분열 방추사를 탐색하면, 유사분열 방추사 조립에 관여하는 유전자를 확인할 수 있을 것이다. 〈그림 18-50〉은 유사분열 중기에 있는 배양된 초파리속(*Drosophila*) 곤충 세포들의 사진이다. 세포 각각은 초파리 유전체의 서로 다른 유전자에 대한 siRNA로 처리한 것이다. 이 연구에서 실험한 1만 4,000가지가 넘는 siRNA 가운데 약 200가지에서 비정상적인 중기 방추사를 가진 세포가 나타났다. 유사분열 방추사 조립에 영향을 준 siRNA 가운데 절반 이상이 이전에는 이러한 현상에 관여하는 것으로 알려지지 않았던 유전자를 표적으로 삼음으로써, 이들 유전자의 기능에 대한 새로운 사실을 알게 되었다. 〈그림 18-51〉에서 유사분열 동안 유사분열 방추체의 조립을 비롯한 여러 활성에 관여하는 것으로 알려진 어떤 유전자를 표적으로 하는 단일 siRNA의 효과를 볼 수 있다. 오른쪽에 있는 배양한 포유동물 세포는 오로라 B(Aurora B) 인산화효소의 mRNA를 표적으로 삼는 siRNA로 형질주입한 것이다. 그 결과 이 효소의 발현이 차단되어 염색체 분리가 심하게 방해된다.

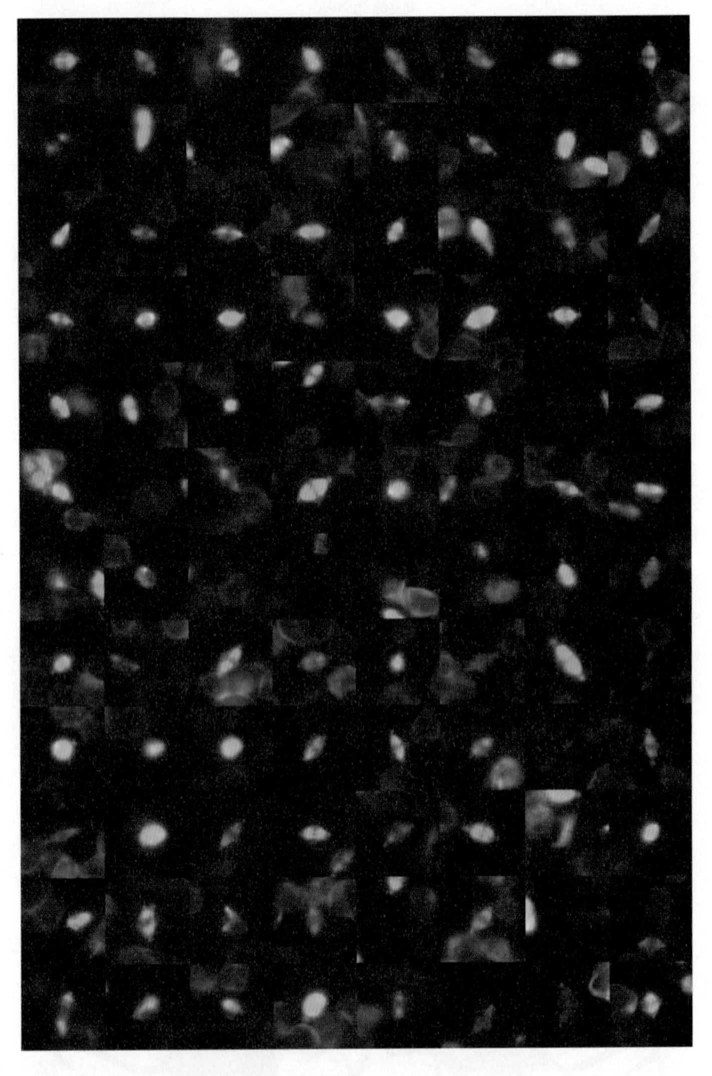

그림 18-50 RNA 방해에 의한 유전자의 기능 확인. 다양한 2중가닥 siRNA로 처리한 배양된 초파리속(*Drosophila*) 곤충 세포의 사진들이다. 이들 세포는 후기로 진행하지 못하도록 처리하여 유사분열의 중기에 머물러 있게 한다. 이 연구에서는 4백만 개 이상의 세포를 조사하였다. 컴퓨터로 중기인 세포의 영상을 선별하고 필요한 부분만 잘라내어 진열함으로써, 이 많은 세포 검색이 가능하였다. 이 영상을 눈으로 관찰하거나 또는 컴퓨터 프로그램으로 분석하여 비정상인 유사분열 방추체를 선별하였다.

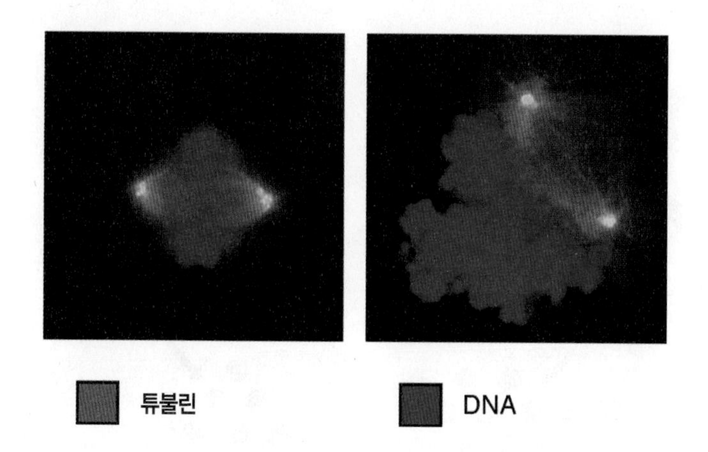

그림 18-51 **RNA 방해에 의한 유전자의 기능 확인.** (왼쪽) 처리하지 않은 유사분열 중기의 배양한 포유동물 세포. (오른쪽) 중기 방추사 검문지점에 관여하는 단백질인 Aurora B 인산화효소의 mRNA를 파괴하도록 고안된 21-뉴클레오티드 dsRNA로 처리한 동일한 유형의 세포. 이 세포의 염색체는 유사분열 방추사에 인접해 있어서, 동원체-미세관 상호작용이 이루어지지 않는 것으로 보인다.

18-19 항체의 이용

제17장에서 논의한 바와 같이, 항체(면역글로불린)는 림프조직에서 외래물질이나 항원에 대응하여 생성되는 단백질이다. 항체의 가장 뚜렷한 성질은 놀라운 특이성으로, 이로 인해 생물학 연구에 유용하게 사용된다. 세포에는 수천 가지의 단백질이 있지만, 항체는 오직 항체 분자에 있는 항원-결합 부위에 맞는 작은 부위를 가진 분자만 선택하여 결합한다. 단 1개의 아미노산만 다르거나, 번역후 변형이 단 1회 일어나 달라진 2개의 폴리펩티드를 구분하는 항체도 얻을 수 있다.

생물학자는 오랫동안 항체의 장점을 이용하며, 이와 관련된 다양한 기술을 개발하고 있다. 특정 항원과 반응하는 항체 분자를 만들어내는 기본적인 방법은 두 가지 있다. 전통적인 방법은 동물(주로 토끼나 염소)에 항원을 반복하여 주사하고, 몇 주 지난 후에 원하는 항체가 있는 혈액을 채취한다. 전체 혈액에서 세포와 응고인자를 제거하여 얻은 **항혈청**(抗血淸, antiserum)에서 항체 역가(antibody titer)를 검사하고 면역글로불린(immunoglobulin)을 정제한다. 이러한 항체 생산 방법은 여전히 이용되고 있으나, 근본적인 단점을 갖고 있다. 항체 합성 기작으로 인해 동물은 항상 다양한 종류의 면역글로불린을 생산한다. 즉, 폴리펩티드 사슬의 가변부(V region)가 다른 다양한 면역글로불린이 생산되며, 심지어 고도로 정제된 항원을 사용하여도 다양한 면역글로불린이 만들어진다. 동일한 항원과 결합하는 다양한 면역글로불린을 가진 혈청을 다중클론(*polyclonal*)이라고 한다. 면역글로불린들은 그 구조가 매우 유사하기 때문에 분획할 수 없어서, 이 방법으로는 단일 종의 항체를 정제할 수 없다.

1975년에 영국 캠브리지에 있는 의학연구의회의 세자르 밀스타인(Cesar Milstein)과 게오르게 쾰러(George Köhler)는 특정 항원에 직접 반응하는 항체를 만들어내는 큰 업적을 이루었다. 그들의 업적을 이해하기 위해 잠시 주제에서 벗어나도록 하자. 항체-생성 세포의 (단일 B 림프구에서 유도된) 특정 클론은 동일한 항원-결합자리(antigen-combining site)를 갖는 항체를 합성한다. 정제된 단일 항원을 동물에 접종하여 만들어낸 항체들이 이질성(heterogeneity)을 보이는 것은, 서로 다른 많은 B 림프구가 활성화되어 각각 항원의 각각 다른 부분을 인식하는 막-결합 항체를 가지기 때문이다. 여기에서 한 가지 중요한 의문이 생겼다. 이 문제를 극복하고 단일 종류의 항체분자를 얻을 수 있을까? 다음과 같은 과정을 거쳤을 때 나타날 결과에 대해 잠시 생각해 보자. 정제된 항원을 어떤 동물에 주사하고, 항체가 생성되도록 몇 주 동안 기다리고, 비장이나 다른 림프성 기관을 제거하고, 단일 세포 현탁액을 준비하고, 원하는 항체를 생성하는 세포를 분리하고, 분리한 세포를 독립된 군체로 배양하여 많은 양의 특정 면역글로불린을 얻는다. 이러한 과정을 거치면, 단일 군체(또는 클론) 세포가 생산한 **단일클론항체**(monoclonal antibody)라고 하는 항체 분자를 얻을 수 있을 것이다. 그러나 항체-생산 세포는 배양과정에서 자라거나 분열하지 않아서, 단일클론항체를 얻으려면 추가로 조작하여야 한다.

악성골수종(malignant myeloma) 세포는 배양과정에서 빨리 자라며 항체를 다량 생성하는 암세포의 일종이다. 그러나 골수종 세포는 특정 항원에 반응하여 생성된 것이 아니기 때문에 분석 도구로는 유용하지 않다. 골수종 세포는 정상 림프구가 악성상태로 무작위로 전환된 것이며, 따라서 특정 림프구가 악성으로 전환되기 전에 합성하고 있던 항체를 만들어낸다.

밀스타인과 쾰러는 두 세포 유형—항체를 생성하는 정상 림프구와 죽지 않는 골수종 세포—의 성질을 결합하였다. 이들은 두 종류의 세포를 융합하여 **하이브리도마**(hybridoma)를 만들어내었다. 이 잡종세포는 무한히 자라고 증식하며 한 종류의 (단일클론) 항체를 다량 생산한다. 생성되는 항체는 골수종세포와 융합되기 전에 특정 림프구가 합성하고 있던 것이다.

〈그림 18-52〉은 단일클론항체를 생산하는 과정이다. 생쥐에 항원(수용성 형태이거나 세포의 일부 형태이거나)을 주사하여 특정 항체-형성 세포가 증식하도록 한다(그림 18-52, 1단계). 몇 주 지난 후에, 비장을 제거하여 단일 세포로 분리한다(2단계). 항체-생성 림프구를 악성 골수종세포와 융합한다(3단계). 이 융합세포는 죽지 않으며, 무한대로 분열하는 잡종세포(hybrid cell)로 된다. 잡종세포만 생존할 수 있는 배양액에서 잡종세포(하이브리도마)를 선별한다(4단계). 선별한 하이브리도마를 분리된 용기에서 클론으로 자라게 한 후(5단계), 각 잡종세포를 탐색하여 연구 대상인 항원에 대한 항체를 생산하는 세포를 선발한다. 적합한 항체를 갖는 잡종세포(6단계)는 (수용체 동물에서 종양세포처럼 자라서) 시험관 내 또는 생체 내에서 클론으로 만들 수 있으며, 단일클론항체를 무한하게 생산할 수 있다. 일단 잡종세포를 만들면 냉동상태로 무한정 저장할 수 있으며, 부분표본(aliquot)으로 만들어 모든 연구자가 이용할 수 있다.

이 방법의 가장 중요한 특성은 항체를 얻기 위해 정제된 항원을 사용할 필요가 없다는 것이다. 실제로 단일클론항체의 표적이 되는 항원은 전체 혼합물의 일부분에 불과하다. 단일클론항체는 연구 목적으로 이용하기도 하지만, 소변이나 혈액에 있는 특정 단백질의 농도를 측정하는 진단의학 검사에서도 중요한 역할을 한다. 예를 들면, 임신 후 수일 내에 소변에 나타나는 융모막 생식샘자극호르몬(chorionic gonadotrophin) 단백질의 존재 여부를 확인하는 가정용 임신진단시약은 단일클론항체를 그 바탕으로 삼는다.

전통적 면역학 기법이나 하이브리도마 형성과정을 통해 확보한 항체 분자는 다양한 분석기법에서 특이성이 매우 높은 탐침으로 이용할 수 있다. 예로써 항체를 단백질 정제에 이용할 수 있다. 가공하지 않은 단백질 혼합물에 정제한 항체를 첨가하면, 찾고자 하는 특정 단백질이 선택적으로 항체와 결합하여 침전된다. 또한 단백질 혼합물에서 특정 단백질(항원)을 동정하는 다양한 분획과정에

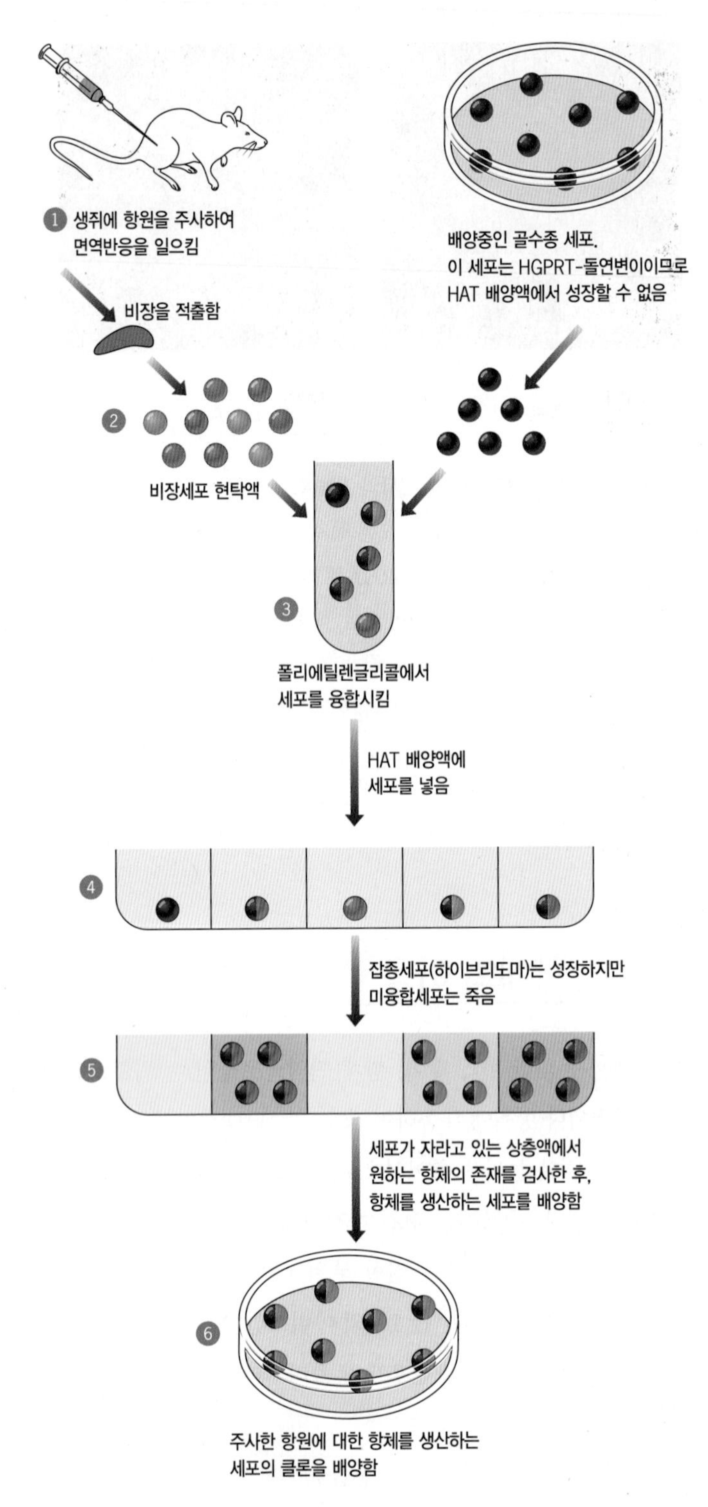

그림 18-52 단일클론항체 만들기. 각 단계는 본문에서 설명하였다. 배양액에 히포크산틴(hypoxanthine), 아미노프테린(aminopterin), 티미딘(thymidine)이 포함되어 HAT 배양액이라고 한다. 이 배양액에서 히포크산틴-구아닌 포스포리보실 전달효소(hypoxanthine-guanine phosphoribosyl transferase, HGPRT)가 있는 세포는 자라지만, 이 효소가 결핍된 세포(융합되지 않은 골수종세포)는 자라지 못한다.

항체를 함께 이용할 수도 있다. 웨스턴 블럿(*Western blot*)을 예로 들면, 먼저 단백질 혼합물을 2차원 젤 전기영동으로 분획한다(그림 18-29). 분획한 단백질을 니트로셀룰로오스 필터로 옮긴 후, 이 필터를 방사성 물질이나 형광물질로 표지한 항체와 함께 배양한다. 항체와 결합한 특정 단백질의 위치는 방사능이나 형광이 나타나는 위치로 알 수 있다.

단일클론항체는 인간 질환의 치료제로서도 매우 유용하다. 지금까지 인간 단일클론항체를 생성하는 사람 하이브리도마 개발은 성공하지 못했다. 실패요인을 해결하기 위해 생쥐의 유전자를 조작하여 이 생쥐가 만드는 항체의 아미노산 서열이 사람의 것과 점점 더 같아지도록(인간화) 하고 있다. 그 결과로 다수의 인간화 단일클론항체가 몇 가지 병의 치료제로 승인되었다. 최근에는 쥐의 면역체계가 "인간" 본연의 것과 같도록 유전자를 조작하고 있다. 이런 동물은 구조적으로 완전히 인간의 것인 항체를 생산한다.

최초의 완전한 인간화 항체(Humira)는 류마티스성 관절염 치료제로 승인되었으며, 단일클론항체 생산에 하이브리도마 대신 박테리오파지(bacteriophage)를 이용하는 아주 다른 방법으로 만들어낸다. 이 기술은 파지 표출법(表出法)(*phage display*)이라고 한다. 이 방법에서 만들어지는 수십억 개의 서로 다른 파지 입자는 각각 독특한 변이부를 가진 인간 항체 분자의 유전자를 갖는다. 이 거대한 라이브러리의 파지 각각은 서로 다른 변이부를 가진 항체를 만든다. 항체 유전자는 바이러스 외투 단백질 중 하나의 유전자와 융합된다. 따라서 숙주세포 안에서 파지가 조립될 때 항체 분자가 바이러스 입자 표면에 표출된다. 어떤 단백질(항원)이 특정한 치료용 항체의 좋은 표적일 것이라고 기대하는 상황을 가정해 보자. 이 항원을 정제한 후, 파지 라이브러리(phage library)를 이루는 수십억 개의 파지 각각의 시료와 반응시킨다. 높은 친화력으로 항원과 결합하는 파지를 확인한 후, 적절한 숙주세포에서 증식시킨다. 이런 방식으로 증식하고 나면, 항체 유전자의 DNA를 분리하여 적당한 포유동물 세포에 형질주입할 수 있다. 이렇게 유전자 조작된 세포는 대량으로 배양하여 치료제로 사용할 만한 양의 항체를 생산할 수 있다. 포유동물 배양세포에서 항체를 생산하는 것은 비용이 많이 드는 모험이다. 따라서 대안으로 삼을 "살아있는 공장(living factory)"을 모색하고 있다. 이런 대안 후보로는 염소, 토끼, 담배 세포 등이 있다.

이 교재에는 특정 단백질의 세포 내 면역국재성(免疫局在性, immunolocalization)을 보여주는 광학현미경이나 전자현미경 사진이 많이 실려 있다. 세포 내 단백질의 면역국재성은 특정 단백질에 대하여 특이하게 만든 항체를 사용하여 확인할 수 있다. 현미경으로 관찰할 수 있지만 항체의 반응 특이성을 방해하지는 않는 물질을 준비한 항체 분자에 결합시킨다. 광학현미경으로 관찰할 때에는 대개 항체에 플루오레세인(fluorecein, 초록색형광물질)이나 로다민(rhodamine, 빨간색 합성염료) 등의 작은 형광 분자를 결합시켜 복합체를 만든다. 이 복합체를 세포 또는 세포의 절편과 함께 배양한 후, 형광현미경으로 결합자리를 관찰한다. 이런 기술을 **직접 면역형광법**(直接免疫螢光法, direct immunofluorescence)이라고 한다. 흔히 이 방법을 변형시킨 **간접면역형광법**(間接免疫螢光法, indirect immunofluorescence)을 즐겨 사용한다. 이 방법에서는 세포를 표지되지 않은(*unlabeled*) 항체(1차 항체)와 함께 배양하여 상응하는 항원과 복합체를 형성하도록 한다. 항원-항체 복합체의 위치는 형광으로 표지한 항체(2차 항체)를 사용하는 두번째 단계에서 나타난다. 이 때 형광-표지 항체는 첫 번째 단계에서 사용한 항체(*antibody*) 분자와 결합한다. 간접면역형광법을 사용하면 하나의 1차 항체에 2차 항체가 많이 결합할 수 있기 때문에 더욱 밝은 영상을 얻을 수 있다. 간접면역형광법은 한 가지 실용적인 이점을 갖는다. 즉, 결합된 (형광) 항체를 쉽게 구매할 수 있다. 면역형광법을 이용하면 항체와 결합된 단백질만 보이기 때문에 현저하게 뚜렷한 영상을 얻을 수 있다. 표지되지 않은 물질은 모두 보이지 않는다. 전자현미경으로 항원의 국재성을 관찰할 때에는 철-함유 단백질인 페리틴(ferritin)이나 금 입자 등 전자밀도가 높은 물질로 표지한 항체를 사용한다. 〈그림 12-23*c*,*d*〉는 이 기술의 한 예이다.

용어해설

여기에 많은 중요한 용어들과 그 개념이 정의되어 있다. 대부분 용어에서 설명된 정의 뒤에 나오는 괄호 속의 숫자는 그 용어가 처음 나오는 장-절을 가리킨다. 예로서, (3-2)으로 표시된 경우, 이 용어("효소")는 "제3장, 2절"에서 처음으로 정의되었다. 〈인간의 전망(The Human Perspective)〉 또는 〈실험경로(Experimental Pathway)〉 등에서 정의된 용어들은 괄호 속에 각각 HP 및 EP로 나타내었다. 예로서, (EP1)으로 표시된 경우의 용어는 "제1장의 〈실험경로〉"에서 처음으로 정의되었다.

가는 섬유(thin filaments): 근절이 특징적인 모양을 갖도록 하는 두 가지의 다른 섬유 유형 중 하나. 얇은 섬유들은 주로 액틴으로 구성되며, 각각의 두꺼운 섬유 둘레에 육각형으로 배열되어 있고 각각의 얇은 섬유는 2개의 두꺼운 섬유들 사이에 위치되어 있다. (13-6)

가벼운 사슬(light chain): 항체에서 2개의 폴리펩티드 사슬 중 작은 것으로, 분자량이 2만 3,000 달톤이다. (17-4)

가변부(可變部, variable region): 항체 폴리펩티드의 가벼운 사슬과 무거운 사슬의 일부분으로서, 하나의 특정 항체가 다른 항체와 아미노산 서열이 다른 부위. (17-4)

각인(刻印, imprinting): 정자 또는 난자 중 어느 것에 의해 유전자가 접합자에 전달되었는지에 따라서 그 유전자의 발현양상이 달라지는 현상. (6-4)

간극연접(間隙連接, gap junction): 동물에서 세포들 사이의 소통(연락)을 위해 특수화된 장소. 인접한 세포들의 원형질막들이 서로 약 3 nm로 접근되어 있으며, 이 틈(間隙)은 작은 분자들을 통과시킬 수 있는 매우 가느다란 "파이프라인(管路)," 또는 코넥손(connexon)이 가로질러 놓여 있다. (11-5)

간기(間期, interphase): 세포주기에서 세포분열과 세포분열 사이의 시기. (14-1)

감마-튜불린(γ-tuburin): 미세관의 핵형성(核形成, nucleation)에 있어서 중요한 구성요소의 역할을 하는 튜불린의 한 유형. (13-3)

감수분열(減數分裂, meiosis): 염색체의 수가 반으로 감소되어 각 쌍의 상동염색체들 중 오직 한 쪽만을 갖는 세포가 형성된다. (14-3)

개시인자(initiation factor): 세균에서는 IF 그리고 진핵세포에서는 eIF라고 하는 가용성 단백질들로서 번역의 시작을 가능하게 한다. (5-8)

개시전복합체(開始前複合體, preinitiation complex): 일반전사인자와 RNA 중합효소로 조립된 복합체로서, 유전자의 전사가 시작되기 전에 필요로 한다. (5-4)

개시코돈(initiation codon): AUG 3중자. 리보솜이 mRNA에 결합하는 자리로서 리보솜이 전체 메시지(유전정보)를 정확하게 읽기 위한 적절한 **해독틀**(reading frame)에 있게 된다. (5-8)

개재서열(介在序列, intervening sequence): 한 유전자의 암호화 서열(엑손) 사이에 끼어 있는 DNA 부분으로서, 이 부분은 해당하는 mRNA 상에서 빠져있다. (5-4)

격벽형성체(隔壁形成體, phragmoplast): 식물세포에서 이전 중기판의 적도면에 배열된 높은 밀도의 물질들로서, 소낭들 및 결합된 높은 전자밀도의 물질 등과 함께, 앞으로 생길 세포판에 수직으로 위치한 서로 얽혀있는 미세관들의 다발로 이루어져 있다. (14-3)

결실(缺失, deletion): 감수분열 과정에서 상동염색체들의 배열 이상에 의해 생긴 DNA 분절의 소실. (4-4)

결합조직(connective tissue): 주로 다양한 섬유들로 구성된 조직으로서, 이 섬유들은 서로 특이한 방법으로 상호작용한다. 피부(진피)의 깊은 층은 결합조직의 한 유형이다. (11)

경쟁적 저해제(競爭的 沮害劑, competitive inhibitor) 효소의 활성부위에 접근하기 위하여 기질 분자와 경쟁하는 효소저해제. (3-2)

곁사슬또는 R 그룹(side chain 또는 R group): 아미노산의 기능을 결정하는 작용기로서, 세포에서 가장 보편적으로 발견되는 20가지의 아미노산에서 하나의 수소원자에서부터 복잡한 극성 또는 비극성 단위에 이르기까지 다양할 수 있다. (2-5)

고-성능 액체크로마토그래피(high-performance liquid chromatography, HPLC): 길고 좁은 관(管)을 사용하는 고-분해능 크로마토그래피의 한 종류로서, 고압(高壓) 하에서 유동상(流動相)을 빽빽하게 채운 기질을 통과시킨다. (18-7)

고도반복부분(highly repeated fraction): 유전체당 최소 10만 개의 복사본이 있는 전형적으로 짧은(가장 긴 경우에 몇 백 개의 뉴클레오티드) DNA 서열. 고도반복부분은 보통 척추동물에서 DNA의 10%를 차지한다. (4-4)

고분자(高分子, macromolecule): 세포의 구조와 기능에 매우 중요한 고도로 체제화된 커다란 분자로서, 다당류, 특정 지질, 단백질, 핵산 등으로 나누어진다. (2-4)

고장성(高張性)**의**(또는 **고삼투압의**)[hypertonic (or hyperosmotic)]: 주어진 구획 속에 있는 용질의 농도에 비하여 그 보다 더 높은 용질의 농도를 갖고 있는 어느 구획의 성질. (8-7)

골지복합체(Golgi complex): 가장자리가 팽창되어 있고 소낭들 및 관들이 결합된 납작하고 원반 모양인 주머니들로 이루어져 있는, 특이한 형태로 구성된 활면(滑面) 막(膜)들의 망상(網狀) 구조. 골지복합체는 주로 가공처리 공장의 역할을 하는데, 이 소기관에서 소포체에서 새로 합성된 단백질들이 특수한 방법으로 변형된다. (12–4)

공역산(共役酸) 또는 **짝산**(conjugated acid): 산-염기 반응에서 염기가 수소이온을 받아들일 때 만들어지는 짝을 이루는 형태. (2–3)

공역염기(共役鹽基) 또는 **짝염기**(conjugated base): 산-염기 반응에서 산이 수소이온을 잃어버릴 때 만들어지는 짝을 이루는 형태. (2–3)

공유결합(共有結合, covalent bond): 2개의 원자 사이에 전자쌍을 서로 공유하는 화학결합의 유형. (2–1)

공초점주사현미경(共焦點走査顯微鏡, confocal scanning microscope): 표본에 예리하게 초점을 맞춘 레이저 광선을 비추어서, 그 표본을 단일 깊이로 신속하게 주사하여, 표본 내에서 오직 하나의 얇은 평면[또는 광학절편(optical section)]만 보이게 하는 현미경. 이 현미경은 대개 형광물질로 염색된 시료를 사용하며 광학절편에서 나오는 빛은 비디오 화면상에 절편의 영상을 형성하기 위해 사용된다. (17–1)

공통서열(consensus sequence): 가장 보편적으로 보존된 서열. 세균의 프로모터에서 (–35 요소로 알려져 있는) TTGACA 서열은 공통서열의 한 예이다. (5–2)

과변이부(過變異部, hypervariable region): 항체에 있는 가변부(可變部)가 세분화된 부위로서, 항체 분자들 사이의 서열에서 더 현저하게 (의미있게) 다양하며 그리고 항원 특이성과 연관되어 있다. (17–4)

관문통로(關門通路, gated channel): 자신의 용질 이온에 대해 열린 형태와 닫힌 형태 사이로 입체구조를 변화시킬 수 있는 이온 통로. 입체구조 변화를 일으키는 과정의 성질에 따라 전압관문통로(voltage gated channel), 화학적 관문통로, 기계적 관문통로 등이 있을 수 있다. (8–7)

광분해(光分解, photolysis): 광합성을 하는 동안 물이 쪼개지는 현상. (10–4)

광-비의존 반응(**암반응**)[光-非依存 反應(暗反應), light-independent reaction(dark reaction)]: 광합성을 구성하는 2개의 연속된 반응 중 두 번째 반응. 이 반응에서, 광-의존 반응에서 형성된 ATP 및NADPH에 저장된 에너지를 이용하여 이산화탄소(CO_2)로부터 탄수화물이 합성된다. (10–2)

광-의존 반응(光-依存 反應, light-dependent reactions): 광합성을 구성하는 2개의 연속된 반응 중 첫 번째 반응. 이 반응에서, 태양광의 에너지가 흡수되어 ATP 및 NADPH에 저장된 화학 에너지로 전환된다. (10–2)

광자(光子, photon): 빛 에너지의 다발. 파장이 짧을수록 광자의 에너지는 더 많다. (10–3)

광자가영양생물(光自家營養生物, photoautotroph): 이산화탄소(CO_2)를 유기 화합물로 전환시키기 위해 태양 에너지를 이용하는 자가영양생물. (10)

광탈색후 형광회복(光脫色後 螢光回復, fluorescence recovery after photobleaching, FRAP) 막 구성성분의 이동을 연구하기 위한 방법으로서 다음과 같은 3단계로 이루어진다. 즉, (1) 세포의 구성성분에 형광 염료를 결합시키고, (2) 세포의 일부를 불가역적으로 탈색시켜서(눈으로 볼 수 있는 일부 형광물질을 제거시켜서), (3) 그 세포의 탈색된 부분에서 형광물질이 다시 나타나는 것(탈색된 부위의 바깥에 있던 형광물질로 염색된 구성성분이 무작위로 이동함에 따라)을 추적 관찰한다. (8–6, 13–2)

광합성단위(光合成單位, photosynthetic unit): 수백 개의 엽록소 분자들의 집단으로서, 이들은 함께 광자를 포획하여 반응중심에 있는 색소 분자로 에너지를 전달한다. (10–4)

광호흡(光呼吸, photorespiration): 산소(O_2)가 RuBP에 부착되어 결국 식물로부터 최근에 고정된 이산화탄소(CO_2)를 방출하게 되는 일련의 반응들. (10–6)

교차(交叉)(**유전자 재조합**)[crossing over(genetic recombination)]: 감수분열 과정에서 상동염색체들의 분절들이 절단되고 재결합됨으로써 나타나는 염색체 상의 유전자 섞임 현상(이 현상에 의해 연관군이 깨진다). (4–1)

교차점(복수는 chiasmata, 단수는 chiasma): 2가 염색체에서 상동염색체들 사이에 부착하는 특수한 지점. 상동염색체들이 감수분열 전기I의 배사기 초기에 서로 떨어져 이동할 때 관찰된다. 교차점은 전 단계에서 일어난 교차에서 유전자 교환이 일어나는 염색체상의 지점에 위치한다. (14–3)

구아노신 삼인산(guanosine trisphosphate, GTP): 세포의 활성에 매우 중요한 뉴클레오티드. GTP는 여러 종류의 단백질(G단백질이라 함)에 결합하며 단백질이 활성을 갖도록 하는 스위치(switch)로 작용한다. (2–5)

구아닌 뉴클레오티드-교환 인자(guanine nucleotide-exchange factor, GEF): G단백질과 결합하여 결합되어 있는 GDP가 GTP로 교환되는 것을 촉진시킴으로써, G단백질을 활성화 시키는 단백질. (15–4)

구아닌 뉴클레오티드-분리 저해제(guanine nucleotide-dissociation inhibitor, GDI): G단백질과 결합하여, 결합된 GDP가 분리되는 것을 저해하는 단백질. 그럼으로써 G단백질을 불활성 상태로 유지시킨다. (15–4)

구조 이성질체(構造 異性質體, structural isomer): 동일한 화학식을 가지고 있지만 서로 다른 구조를 가진 분자들. (2–4)

구조유전자(構造遺傳子, structural gene): 단백질 분자를 암호화하는 유전자. (6–2)

구형(球形)**단백질** (globular protein): 둥근 공 모양과 같이 촘촘하게 접힌 3차구조를 가진 단

백질. (2-5)

국소부착(局所附着, focal adhesion): 배양된 세포들이 배양 접시의 표면에 달라 붙을 때 특징적으로 나타나는 부착 구조이다. 국소부착 부위에 있는 원형질막에는 인테그린(integrin)의 무리가 있다. 인테그린은 배양 접시 표면에 덮여 있는 세포외 물질을 세포골격의 하나인 액틴-함유 미세섬유에 연결시킨다. (11-2)

굵은 섬유(thick filaments): 근절이 특징적인 모양을 갖도록 하는 두 가지의 다른 섬유 유형 중 하나. 굵은 섬유들은 주로 미오신으로 구성되며 육각형으로 배열된 가는 섬유들에 의해 둘러싸인다. (13-6)

균질화(均質化)**하다**(homogenize): 세포들을 기계적으로 파열시키는 것. (12-2)

그라나(grana, 단수: granum): 질서 정연하게 층으로 배열된 틸라코이드. (10-1)

극성분자(極性分子, polar molecule): 다양한 결합을 구성하는 원자들이 서로 매우 다른 전기음성도를 가지고 있기 때문에 전하의 비대칭적인 분포를 가진 분자. (2-1)

근(近)**골지망**(網)(*cis* Golgi network, CGN): 골지복합체에서 소포체에 가장 가까운 입구면(入口面) 또는 시스면에 위치한 주머니로서, 관(管)들이 서로 연결된 그물 모양(網狀) 구조로 이루어져 있다. 이 근골지망은 주로 ER로 되돌려 보내야 할 단백질들과 다음 골지 주머니로 보내져야 할 단백질들을 구별하는 분류 장소로서 작용한다. (12-4)

근섬유(筋纖維, muscle fiber): 골격근육 세포를 근섬유라고 하는데, 그 이유는 이 섬유가 고도로 질서정연하고, 다세포를 가지며, 수백 개의 얇고 원통형인 근원섬유들로 구성된 굵은 밧줄같은 구조이기 때문이다. (13-6)

근소포체(筋小胞體, sarcoplasmic reticulum, SR): 근세포의 세포질에서 칼슘(Ca^{2+})을 저장하는 조면소포체(SER)의 막계로서, 근원섬유의 바깥 쪽 주변에서 막으로 된 가늘고 긴 원통형 구조(sleeve)를 형성한다. (13-6)

근원섬유(筋原纖維, myofibril): 근섬유들 속에서 발견되는 얇고 원통형인 섬유들. 각 근원섬유는 반복하여 일직선상으로 배열된 **근절**(筋節, sarcomere)이라고 하는 수축 단위들로 구성되어 있어서, 골격근육 세포들이 가로 무늬를 갖게 한다. (13-6)

근절(筋節, sarcomere): 골격근 세포들이 줄 무늬 모양을 갖게 하는 특징적인 띠 및 선이 있는 근원섬유의 수축 단위. (13-6)

글리옥시솜(glyoxysomes): 식물세포에서 발견되는 소기관으로서, 저장된 지방산을 탄수화물로 전환시키는 효소 반응이 일어나는 장소이다. (9-6)

글리코겐(glycogen): 대부분의 동물세포에서 쉽게 사용될 수 있는 화학에너지의 기능을 하는 대단히 많은 가지가 나있는 포도당 중합체. (2-5)

글리코사미노글리칸(glycosaminoglycan, GAG)): -A-B-A-B- (A와 B는 서로 다른 두 가지 당을 표시)의 구조로 이루어진 매우 산성을 띠는 다당류. (2-5)

글리코시드결합 또는 **배당결합**(配糖結合, glycosidic bond): 당(糖) 분자 사이에서 형성되는 화학 결합. (2-5)

기공(氣孔, stomata): 잎의 표면에 있는 구멍으로서, 이를 통해서 가스 및 물이 식물과 공기 사이에 교환된다. (10-6)

기름(油, oil): 실온에서 액체인 지방. (2-5)

기저막(基底膜, basement membrane) 또는 **기저층**(基底層, basal lamina): 피부와 같은 상피조직, 소화관과 호흡관 및 혈관 등의 안쪽을 따라 늘어서(싸고) 있는 상피조직의 기저부 표면 아래에 있는 구조이다. 근육 및 지방 세포들을 둘러싸는 세포외 기질에 있는 약 50~200nm 두께의 층이다. (1-1)

기저상태(基低狀態, ground state) 또는 **바닥상태**: 원자 또는 분자가 흥분(勵起)되지 않은 상태. (10-3)

기저체(基底體, basal body): 섬모 또는 편모의 기부(基部)에 있는 구조로서, 그 바깥쪽으로 미세관들을 만들어 낸다. 기저체는 중심립의 구조와 동일하며, 이 두 소기관들은 서로 가역적으로 생길 수 있다. (13-3)

기질 금속단백질분해효소(matrix metalloproteinases, MMPs): 아연(zn)을 함유하는 효소들의 집단으로서, 세포외 공간에서 작용하여 다양한 세포외 단백질 및 프로테로글리칸 등을 소화시킨다. (11-1)

기질(基質, matrix): 미토콘드리아에서 2개의 수용성 구획 중의 하나로서, 기질은 미토콘드리아의 안쪽에 위치한다. 두 번째 구획은 **막사이공간**(intermembrane space)이라고 하며 미토콘드리아의 외막과 내막 사이에 위치한다. (9-1)

기질(基質, substrate): 효소와 결합하는 반응물. (3-2)

기질-수준 인산화(substrate-level phosphorylation): 기질로부터 ADP에 인산기를 전달하여 ATP를 직접 생성하는 것. (3-3)

나노기술(nanotechnology): 현미경 이하의 세계에서 특수한 활동을 수행할 수 있는 아주 작은 "나노기계(nanomachines)"의 개발 등을 포함하는 공학의 한 분야. (13-1)

나노미터(nanometer): 길이의 단위로서, 10^{-9} 미터와 같다. (1-3)

나트륨(소듐)-칼륨(포타슘) 펌프(Na^+/K^+-**ATP 분해효소**)[sodium-potassium pump (Na^+/K^+-ATPase)]: 나트륨(소듐)과 칼륨(포타슘) 이온을 수송하는데 필요한 에너지원으로 ATP를 사용하는 수송단백질. 분자의 형태가 변할 때마다 나트륨(소듐) 이온 3개가 세포 밖으로 나가고 칼륨(포타슘) 이온 2개가 안으로 들어간다. (8-7)

남세균(藍細菌) 또는 **남조류**(藍藻類)(cyanobacteria 또는 blue-green algae): 진화적으로 중요한 그리고 구조적으로 복잡한 원핵생물로서, 산소를 발생시키는 광합성 막(膜)을 갖고 있다. (1-3)

내강(주머니 속) 공간[luminal (cisternal) space]: 소포체 또는 골지복합체의 막으로 에워싸인 세포질의 액체 내용물 부위. (12-3)

내공생체설(內共生體說, endosymbiont theory): 상당한 근거를 기초로 하여, 미토콘드리아 및 엽록체가 원시적인 숙주세포 속에 살던 공생 원핵생물로부터 생겼다고 제안하는 설. (EP1)

내막계(內膜系, endomembrane system): 기능적으로 구조적으로 서로 관련된, 소포체, 골지복합체, 엔도솜, 리소솜, 액포 등을 포함하는 막으로 된 소기관들을 일컫는다. (12)

내재단백질(內在蛋白質, integral protein): 지질 2중층을 통과(횡단)하거나 걸쳐있는 막단백질. (8-4)

내포작용 경로(內胞作用 徑路, endocytic pathway): 세포 밖으로부터(그리고 세포의 막 표면으로부터) 세포 안쪽에 있는 엔도솜 및 리소솜 등과 같은 구획들로 물질을 이동시키기 위한 경로. (12-1, 12-8)

내포작용(endocytosis): 세포 속으로 액체 및 용질을 흡수하기 위한 기작으로서, 두 가지 유형 즉, 비특이적인 부피-상(相) 내포작용(bulk-phase endocytosis)과 **수용체-중개 내포작용**(receptor-mediated endocytosis)으로 나눌 수 있다. 후자는, LDL 또는 트랜스페린(transferrin)과 같은 용질 분자들이 특수한 세포-표면 수용체들과의 결합을 필요로 하다. (12-8)

넌센스 돌연변이(nonsense mutation): 유전자 내에 종결코돈을 만드는 돌연변이로서, 암호화된 폴리펩티드 사슬의 미성숙 종결을 유발한다. (5-8)

넌센스-중재 붕괴(nonsense-mediated decay, NMD): mRNA 감시 기작으로 미성숙 종결(넌센스)코돈을 포함하는 mRNA를 찾아내어 그들을 파괴시킨다. (5-8)

녹말(starch): 2가지 포도당 중합체인 아밀로오스(amylose)와 아밀로펙틴(amylopectin)의 혼합물로서, 대부분의 식물세포에서 손쉽게 사용할 수 있는 화학에너지를 공급하는 역할을 한다. (2-5)

초록색형광단백질(green fluorescence protein, GFP): 해파리(*Aequoria victoria*)에 의해 암호화된 형광단백질로서, 살아 있는 세포 속에서 일어나는 일들을 추적하기 위해 널리 이용된다. 대부분의 경우 이 단백질을 암호화하는 유전자를 연구의 대상이 되는 유전자와 융합시킨다. 이 융합된 단백질을 표현하는 DNA를 연구하고자 하는 세포 속에 삽입시킨다. (12-2)

뉴클레오솜(nucleosome): 염색질의 반복되는 소단위. 각 뉴클레오솜은 히스톤 분자 8개로 구성된 원반 모양의 복합체를 거의 두 번 감는 146 염기쌍의 초나선 DNA로 이루어진 뉴클레오솜 핵심입자를 가진다. 뉴클레오솜 핵심입자는 길게 뻗은 연결 DNA에 의해 서로 연결된다. (6-1)

뉴클레오이드 또는 **핵양체**(核樣體, nucleoid): 원핵세포에서 유전 물질을 포함하고 있는 경계가 불분명한 부위. (1-3)

뉴클레오티드 절제수선(切除修繕)(nucleotide excision repair): 예로서 자외선 의해 생긴 피리미딘 2량체를 비롯하여, 다양한 크기의 DNA 손상을 제거하기 위한 잘라붙이기 기작(cut-and-patch mechanism). (7-2)

뉴클레오티드(nucleotide): 핵산의 단량체로서, 당(리보오스 또는 디옥시리보오스), 인산기, 그리고 질소 염기의 세 부분으로 구성되어있으며, 인산기는 당의 5′ 탄소에 연결되며 염기는 1′ 탄소에 연결되어있다. (2-5, 4.3)

능동수송(能動輸送, active transport): 기질이 특정 막횡단 단백질과 결합하여 그 입체구조를 변화시켜서 그 기질에 대한 전기화학적 기울기를 거슬러 막을 통과하도록 하는 수송과정으로, 에너지를 필요로 한다. (8-7)

다단백질 복합체(多蛋白質 複合體, multiprotein complex): 1개 이상의 완전한 단백질이 상호작용하여 형성하는 더 큰 기능적 복합체. (2-5)

다당류(多糖類, polysaccharide): 배당결합에 의해 연결된 당 단위의 중합체. (2-5)

다른자리입체성 조절(allosteric modulation): 활성부위와는 다른 부위(즉, 다른자리입체성 부위)에 결합하는 화합물이 효소와 상호작용함으로서 활성을 조절하는 작용. (3-3)

다배체화(多倍體化)(전유전체 중복)[polyploidization(whole-genome duplica-tion)]: 자손 세대에서 그의 양친 세대처럼 각 세포가 두 배의 염색체 수를 갖는 현상. 새로운 종이 나타나는 진화의 중요한 단계가 될 수 있음. (4-5)

다사(多絲)염색체(polytene chromosome): 곤충의 거대염색체로서 완전히 복제되어 정렬된 DNA 가닥들을 갖고 있으며, 정상 염색체 DNA 가닥 수의 1,024배 정도를 갖고 있다. (4-1)

단백질 인산화효소(protein kinase): 다른 단백질에 인산기를 전달하는 효소로서, 종종 그 단백질의 활성 조절에 영향을 준다. (3-3)

단백질 티로신 잔기 인산화효소(protein tyrosine kinase): 다른 단백질에 있는 특정한 티로신 잔기들을 인산화 하는 효소. (15-4)

단백질(蛋白質, protein): 아미노산 단량체로 구성된 구조적으로 그리고 기능적으로 다양한 중합체의 무리. (2-5)

단백질분해효소복합체 또는 **프로티아솜**(proteasome): 세포질의 단백질이 분해되는 원통 모양의 다단백질 복합체. 분해되기로 선택된 단백질은 유비퀴틴 분자와 연결되어 일렬로 단백질분해효소복합체의 중앙에 있는 공간으로 들어간다. (6-7)

단백질체(蛋白質體, proteome): 특정 생명체, 세포 유형, 세포소기관에 있는 전체 단백질의 목록. (2-5)

단백질체학(蛋白質體學, proteomics): 단백질의 다양한 혼합물에 대한 대규모 연구를 수행하는 새롭게 확장되는 단백질 생화학의 분야.

(2–5)

단일가닥 DNA-결합 단백질(single-stranded DNA-binding protein): 노출된 단일 DNA 가닥에 부착하여 DNA 가닥들의 분리를 촉진하는 단백질로서, 분리된 가닥들을 펼쳐진 상태로 유지하여 되감김을 방지한다. (7–1)

단일입자추적(單一粒子追跡, single-particle tracking, SPT): 막단백질의 이동을 연구하는 기법으로서 두 단계로 이루어진다. (1) 단백질 분자에 교질 금 입자 등의 볼 수 있는 물질을 결합하여 표지한다. (2) 각각의 표지된 입자의 이동을 현미경으로 추적관찰한다. (8–6)

달톤(dalton): 질량의 단위로서, 1달톤은 1단위의 원자량(즉, ^{1}H 원자의 질량)과 같다. (1–4)

당전달효소(糖傳達酵素, glycosyltransferases): 특정한 당을 특정한 공여체(뉴클레오티드 당)로부터 특정한 수용체(보통 올리고당 사슬에서 자라고 있는 말단)로 전달하는 효소들의 커다란 집단. (12–3)

당지질(糖脂質, glycolipid): 탄수화물과 결합한 스핑고신을 갖고 있는 지질로서, 흔히 원형질막의 활성 성분이 된다. (8–3)

당질층(糖質層) 또는 **글리코칼릭스**(glycocalyx): 원형질막의 바깥쪽 표면에 덮여 있는 층. 세포가 그 세포의 표면과 밀접하게 결합된 채로 있는 바깥 공간으로 분비된 세포외 물질들과 함께 막의 탄수화물을 함유하고 있다. (11–1)

당화(糖化, glycosylation): 단백질과 지질에 당이 결합하게 되는 반응. (8–3, 12–3, 12–4)

당화(糖化, glycosylation): 당(糖)이 단백질 및 지질에 첨가되는 반응. (8–3, 12–3, 12–4)

대립인자(對立因子, allele): 동일한 유전자의 상대적인 형. (4–1)

대사경로(代謝經路, metabolic pathway): 세포의 기능에 중요한 최종산물을 합성하는 일련의 화학 반응. (2–4)

대사중간산물(代謝中間産物, metabolic intermediate): 대사경로의 어느 단계 동안에 형성된 화합물. (2–4)

데스모솜[接着班點, **desmosome** (maculae adheren)]: 카드헤린(cadherin)을 포함하고 있는 원반형의 접착성 연접으로서, 다양한 조직 특히 상피조직에서 발견된다. 상피조직에서 데스모솜은 접착연접(adherens junction)의 기저부에 위치되어 있다. 데스모솜이 있는 부위에서 원형질막 안쪽 표면의 세포질 쪽에 있는 높은 밀도의 플라크는 세포질 속으로 뻗어 있는 고리 모양의 중간섬유를 고착시키는 자리의 역할을 한다. (11–3)

도약전도(跳躍傳導, saltatory conduction): 하나의 활동전위가 싸여 있지 않은 막의 인접한 지역에서 다른 활동전위를 일으키는 신경충격의 전파. [즉, 활동전위가 하나의 랑비에르(Ranvier) 결절에서 다음 결절로 도약하도록 하여 신경충격을 전파한다.] (8–8)

돌리콜-인산(dolichol-phosphate): 20개 이상의 아이소프렌 단위(isoprene unit)로 된 소수성(疏水性) 분자로서, 당단백질 속에서 탄수화물 사슬의 기부, 또는 핵심부를 만든다. (12–3)

돌연변이(突然變異, mutation): 영구적으로 변화되어서 그 변화가 유전될 수 있게 하는 유전자의 자연발생적인 변화. (4–1)

돌연변이체(突然變異體, mutant): 야생형과 구별되는 유전적 형질을 갖고 있는 개체. (4–1)

동물모델(animal model): 특정한 인간 질환의 특징들을 보이는 실험 동물. (HP2)

동시수송(同時輸送) 또는 **공동**(共同)**수송**(cotransport): 막을 통과하는 두 용질이 짝을 지어 이동하는 과정으로써, 두 용질이 같은 방향으로 이동하면 동향(同向)수송(symport), 반대 방향으로 이동하면 이향(異向)수송 또는 역방향수송(antiport)이라고 한다. (8–7)

동원체(動原體, kinetochore): 중심절 바깥 표면에 존재하는 단추 모양의 구조. 방추체의 미세관이 붙는 자리. (14–2)

동적 불안정성(動的 不安定性, dynamic instability): 이 용어는 미세관에서 양(+)의 말단의 조립/해체 특성과 관련되어 있다. 이 용어는 신장 및 수축하는 미세관이 한 세포의 동일한 부위에 공존할 수 있으며, 그리고 특정한 미세관이 신장 및 수축하는 시기 사이를 예측할 수 없이 왔다 갔다 변할 수 있다는 사실을 말하고 있다. (13–3)

동형(同形, isoform): 한 단백질의 서로 다른 변형체들. 동형은 분리된, 밀접하게 관련된 유전자들에 의해 암호화될 수 있으며, 또는 단일 유전자로부터 선택적 이어마추기(alternate splicing)에 의해 변형체들이 형성될 수 있다. (2–5)

동화작용 경로(同化作用 經路, anabolic pathway): 비교적 복잡한 생산물을 합성하는 물질대사 경로. (3–3)

되먹임저해(feedback inhibition): 대사 경로의 최종산물이 효소와 결합하여 경로를 조절하는 기작으로, 효소의 불활성화를 유도한다. (3–3)

등장성(等張性)**의**(isotonic): 주어진 구획 속에 있는 용질의 농도와 비교하여 그와 동일한 용질의 농도를 갖고 있는 어느 구획의 성질. (8–7)

등전점(等電點) **전기영동**(isoelectric focusing): 단백질을 등전점에 따라 분리하는 전기영동의 한 가지 방법. (18–7)

등전점(等電點, isoelectric point): 단백질을 구성하는 아미노산들 중에서 음전하와 양전하를 띠는 아미노산들이 동일할 때의 pH를 의미하며, 따라서 그 단백질은 중성이다. (18–7)

디네인(dynein): 특별히 커다란 화물을 운반하는 다소단위(多小段位, multisubunit) 운동 단백질로서 미세관을 따라 음(–)의 방향으로 이동한다. 이 단백질 집단은 **세포질 데네인**(cytoplasmic dyneins) 및 **섬모** 또는 **축사 디네인**(ciliary or axonemal dyneins) 등을 포함한다. (13–3)

DNA 메틸화(DNA methylation): DNA 메틸전달효소(DNA methyltransferase)에 의해

DNA의 시토신 잔기에 메틸기가 추가되는 후성유전 과정. 척추동물에서 DNA 메틸화는 유전자의 프로모터에 있는 일부 CpG 잔기에서 일어나며, 유전자 발현의 억제와 관련되어 있다. 또한 이동성 유전요소의 전위 방지에 광범위하게 관련되어 있다. (6-4)

DNA 미세배열(DNA microarrays): 각 유전자에서 얻은 DNA를 받침유리 위의 정해진 위치에 순서대로 반점을 찍어서 만든 "DNA 칩". 이 받침유리를 형광으로 표지된 cDNA와 함께 항온처리하여, 결합한 정도에 의해 배열된 각 유전자의 발현 정도를 측정한다. (6-4, 16-3)

DNA 연결효소(DNA ligase): DNA 절편들을 연속적인 가닥으로 연결시키는 일을 담당하는 효소. (7-1)

DNA 자이라아제(DNA gyrase): 제II형 위상이성질화효소(topoisomerase)로서, 복제하는 동안 생긴 장력을 완화시킴으로써 DNA분자의 초나선화 상태를 변화시킬 수 있다. 이러한 일은 DNA를 따라 이동하면서 "회전고리"처럼 작용하여, 양성 초나선 DNA를 음성 초나선 DNA로 변화시켜서 이루어진다. (7-1)

DNA 종양바이러스(DNA tumor virus): 척추동물의 세포에 감염하여 암세포로 형질전환을 야기시키는 바이러스. DNA 바이러스는 성숙한 바이러스의 입자 내에 DNA를 갖고 있다. (16-2)

DNA 중합효소(DNA polymerase): 복제 또는 DNA 수선을 하는 동안 새로운 DNA 가닥들을 구성하는 일을 담당하는 효소들 (7-1)

DNA-의존 RNA 중합효소(DNA-dependent RNA polymearse): 원핵세포와 진핵세포에서 전사를 담당하고 있는 효소. (5-2)

랩(Rab): 소낭의 경로수송에 관여된 단량체 G 단백질들의 집단. (12-5)

리간드(ligand): 수용체와 상보적 구조를 가지고 있어서 수용체와 결합할 수 있는 모든 분자. (8-1, 15-1)

리보솜 RNA(ribosomal RNA, rRNA): 리보솜의 RNA. rRNA는 다른 분자를 인식하고 결합하여 구조적으로 지지작용을 하며 아미노산들이 공유결합으로 연결되는 화학반응을 촉매한다. (5-1)

리보스위치(Riboswitches): 대사산물과 결합하면 입체구조가 변화하여 이 대사산물의 생산과 관련된 유전자 발현을 변화시키도록 하는 mRNA. 대부분의 리보스위치는 전사 종결 또는 번역 개시를 막음으로써 유전자 발현을 억제한다. (6-3)

리보자임(ribozyme): 세포 반응에서 촉매의 기능을 하는 RNA 분자. (2-5)

리보핵산(ribonucleic acid, RNA): 리보오스를 포함하는 뉴클레오티드의 중합체 사슬로 구성된 단일 가닥의 핵산. (2-5)

리소솜 축적장애(lysosomal storage disorder): 리소솜의 어느 효소가 결핍되어 그 효소의 기질이 분해되지 않아 축적되는 질병들. (HP12)

리포솜 (liposome): 물에서 스스로 구형 소낭으로 자가조립 되는 인공 지질2중층. (8-3)

림프구(lymphocyte): 적응 면역반응을 매개하며 혈액이나 림프기관 사이를 순환하는 핵을 가진 백혈구 세포. B세포와 T세포 두 가지가 있다. (17)

마이크로RNA[microRNA(miRNA)]: 20~23개의 뉴클레오티드 길이로 된 작은 RNA로서, 유전체의 많은 부위에서 합성된다. 이것은 번역을 억제하거나 상보적인 mRNA의 분해를 증가시키는 데 관여한다. (5-5)

마이크로미터(micrometer): 길이의 단위로서 10^{-6} 미터와 같다. (1-3)

마이크로솜(microsome): 세포들을 균질화(homogenization)한 후에 내막계(內膜系, endomembrane system: 주로 소포체 및 골지 복합체)로부터 형성된 이질적인 소낭(小囊, vesicle)들의 무리. (12-2)

막사이공간(intermembrane space): 미토콘드리아에서 내막과 외막 사이에 있는 공간. (9-1)

막유동성(膜流動性, membrane fluidity): 막에서 지질2중층의 물리적인 특성으로서, 막의 평면 속에서 막의 지질과 단백질을 확산될 수 있게 한다. 막의 점성과 상반되는 성질이다. 막유동성은 온도가 높을수록, 그리고 2중층에서 불포화된 지질이 더 많을수록 증가한다. (8-5)

막전위(膜電位, membrane potential): 막을 가로질러서 나타나는 전위차(電位差). (8-8)

막횡단 신호전달(膜橫斷 信號傳達, transmembrane signaling): 원형질막을 가로지르는 정보의 전달. (11-3, 15)

막횡단 영역(transmembrane domain): 지질2중층을 통과하는 막단백질 부위로서, 흔히 알파(α)-나선의 입체구조에서 비극성 아미노산으로 구성된다. (8-4)

말기(末期, telophase): 유사분열의 마지막 단계로서, 딸세포들은 간기의 상황으로 돌아간다. 유사분열 방추체가 해체되고, 핵막이 재형성되며, 현미경으로 관찰했을 때 염색체들이 사라질 때까지 점차로 흩어지게 된다. (14-2)

말단절(末端節, telomere): 각 염색체의 양 끝에 '모자(cap)'를 형성하는 특이하게 반복된 DNA 서열 구간. (6-1)

말단절합성효소(末端節合成酵素, telomerase): 말단절(telomere)의 돌출된 3′ 끝에 새로운 DNA 반복 단위를 추가하는 효소. RNA 주형을 이용하여 DNA를 합성하는 역전사 효소이다. (6-1)

매개체 DNA(vector DNA) 세균인 대장균과 같이 적절한 숙주 세포로 외래 DNA를 운반하기 위해 사용되는 매체. 이 매개체는 숙주세포 안에서 복제될 수 있도록 해주는 서열을 갖고 있다. 가장 흔한 매개체는 플라스미드 또는 세균 바이러스 람다 (λ)이다. 일단 DNA가 세균 안에 있으면 DNA가 복제되어 딸세포로 나누어지게 된다. (18-13)

머리부위(head group): 인지질의 극성이며 수용성 부위로, 인산기 1개가 여러 개의 작은 친수

성 분자들 중의 하나와 결합한다. (8–3)

메칠구아노신 모자(methylguanosine cap): mRNA 전구 분자의 5′ 끝의 변형으로서, 말단의 거꾸로된 구아노신이 그의 구아닌 염기에 있는 7번 위치에서 메칠화된다. 반면에 삼인산 다리의 내부에 있는 뉴클레오티드는 그의 리보스에 있는 2번 위치에 메칠화되어 있다. 이 모자는 mRNA의 5′ 끝이 핵산가수분해효소에 의해 분해되는 것을 방지하고, mRNA가 핵으로부터 방출되는 것을 도우며, mRNA 번역의 개시하는 데 중요한 역할을 한다. (5–4)

면역(免疫, immunity): 신체가 특정 병원체의 감염에 영향을 받지 않는 상태. (17)

면역계(免疫系, immune system): 침입한 병원체나 외래의 물질에 대하여 신체를 보호하는 기관, 분산된 조직, 독립적인 세포들로 구성된 생리학적 체계. (17)

면역관용(免疫寬容, immunologic tolerance): 신체가 면역반응에 관여하는 세포들이 불활성화 또는 파괴되어 있기 때문에, 자기 자신의 단백질과 같은 특정 물질에 대하여 반응을 할 수 없는 상태. (17–1, HP 17)

면역글로불린 대집단(immunoglobulin superfamily, IgSF): 50~70개의 아미노산으로 구성된 영역들을 갖고 있는 매우 다양한 단백질들로서, 혈액에서 생산된 항체의 폴리펩티드 사슬을 구성하는 영역들과 상동이다. (11–3, 17–1)

면역반응(免疫反應, immune response): 병원체를 포함한 외래 물질에 대한 접촉으로 면역계 세포가 나타내는 반응. 선천반응 및 후천(적응)반응이 있다. 후천(적응)반응은 항원에 처음 노출된 후에 일어나는 1차반응과 그 항원에 재노출된 후에 나타나는 2차반응으로 구분한다. (17–1)

면역요법(免疫療法, immunotherapy): 항체 또는 면역세포를 이용하여 암, 자가면역질환 등의 질환을 치료하는 방법. (16–4, HP17)

모델생물(model organisms): 연구를 위해 널리 사용되고 있는 생물들로서, 이들로부터 생물학의 많은 사실들이 알려졌다. 이 생물들은 이들을 좋은 연구 대상으로 하게 하는 특성들을 갖고 있다. 이런 생물들로서, 세균의 하나인 대장균(*Escherichia coli*), 출아하는 효모(균)(*Saccharomyces cerevisiae*), 선충의 하나인 예쁜꼬마선충(*Caenorhabditis elegans*), 초파리의 한 종인 노랑초파리(*Drosophila melanogaster*), 꽃피는 식물의 하나인 애기장대(*Arabidopsis thaliana*), 쥐의 한 종인 생쥐(*Mus musculus*) 등이 있다. (1–3)

모티프(motif): α-나선 부위에 의해 연결된 β 가닥들로 구성되어 있는 αβ 원통형(barrel) 구조처럼, 여러 가지 서로 다른 단백질 사이에서 발견되는 하부구조(substructure). (2–5)

무거운 사슬(heavy chain): 항체에서 두 가지 형태의 폴리펩티드 중 하나로서, 분자량이 5만 ~ 7만 달톤이다. (17.4)

무세포계(無細胞系, cell-free system): 세포 전체를 필요로 하지 않는 세포의 활성을 연구하기 위한 실험 계. 이런 계는 흔히 정제된 단백질들 그리고/또는 세포이하의 분획 등의 준비과정이 포함되며 실험적으로 조정할 수 있다. (12–2)

물질대사(物質代謝, metabolism): 세포 속에서 일어나는 모든 화학반응들. (1–2)

미세관(微細管, microtubules): 속이 비어 있는 원통형 세포골격 구조로서, 직경은 25nm이며, 이 구조의 벽은 튜불린 단백질로 구성되어 있다. 미세관들은 αβ-튜불린 이질2량체(heterodimer)들로 조립된 중합체이다. 이 튜불린 2량체들은 열(列)로, 또는 원섬유(源纖維, protofilament)들로 배열되어 있다. 미세관들은 견고하기 때문에 흔히 지지 작용을 한다. (13, 13–3)

미세관-결합 단백질(微細管-結合 蛋白質, microtubule-associated proteins, MAPs): 미세관들에 포함된 튜불린(tubulin) 이외의 단백질로서 세포에서 얻을 수 있다. MAP는 미세관들을 서로 연결시켜 다발을 형성하고 미세관들을 서로 연결하는 교차-다리(橋)로 보일 수 있다. 다른 MAP들은 미세관들의 안정성을 증가시킬 수 있으며 미세관들의 견고성을 변화시킬 수 있고, 또는 미세관들의 조립 속도에 영향을 미칠 수 있다. (13–3)

미세관-형성 중심(微細管-形成 中心, microtubule-organizing centers, MTOCs): 미세관 형성을 시작하는 역할을 하는 여러 가지 특수화된 구조. (13–3)

미세섬유(微細纖維, microfilaments): 속이 비어 있지 않은 8nm 두께의 세포골격 구조로서, 액틴 단백질의 2중-나선 중합체로 이루어져 있다. (13, 13–5)

미세원섬유(微細源纖維, microfibrils): 식물 세포벽을 구성하는 섬유소 분자들의 다발로서, 세포벽에 강직성과 견인력(牽引力)에 대항하는 저항력을 갖게 한다. (11–6)

미엘린초(鞘)(Myelin sheath): 척추동물의 뉴런 대부분을 감싸고 있는 지질이 풍부한 물질. (8–8)

미오신(myosin): 액틴-함유 미세섬유들을 따라서 이동하는 운동단백질들의 커다란 집단. 대부분의 미오신들은 양(+)의 말단 지향적 운동단백질이다. **재래형 미오신(제II형 미오신)** [conventional myosin (myosin II)]은 세포질 분열과 같은 일부의 비근육 운동성은 물론 근육 수축성을 중개하는 단백질이다. **비재래형 미오신**(unconventional myosin)(제I 및 III-XVIII형 미오신)들은 소기관의 수송 등 많고 다양한 역할을 한다. (13–5)

미카엘리스 상수(Michaelis constant, K_M): 효소 반응속도에서, 반응속도가 최대 속도의 절반이 되었을 때 존재하는 기질의 농도와 같은 값. (3–2)

미토콘드리아 기질(mitochondrial matrix): 미토콘드리아 안쪽에 있는 수용성 구획. (9–1)

미토콘드리아 막(mitochondrial membranes): 외

막은 세포질과의 경계 역할을 하며 비교적 투과성이고, 내막은 많은 주름들 속에 호흡 장치가 있으며 대단히 불투과성이다. (9–1)

미토콘드리온(mitochondrion, 복수: mitochondria): 유산소(有酸素, aerobic) 에너지 전환이 일어나는 세포 소기관으로서, 피루브산(pyruvate)과 같은 대사 중간산물을 산화시켜 ATP를 형성한다. (9–1)

밀착연접(蜜着連接, tight junction): 인접한 상피세포들 사이에 있는 연접복합체에서 정단부의 맨끝에 생기는 특수화된 접촉. 인접한 막들은 2개의 인접한 막들의 내재단백질들이 만나는 지점들에서 접촉된다. (11–4)

바이러스(virus): 세포 내 작은 편성(偏性, obligatory)의 병원체로서, 살아 있는 것(생물)으로 간주되지 않는다. 그 이유는 바이러스들이 생명체의 세포설에서 요하는 직접 분열을 할 수 없기 때문이다. (1–4)

박테리오파지(bacteriophage): 숙주세포로서 세균을 필요로 하는 바이러스 무리. (1–4)

반데르발스힘(van der Waals force): 인접한 원자 또는 분자 사이에서 일시적인 전하의 불균형으로 생기는 약한 인력. (2–2)

반보존적(半保存的, semiconservative): 각각의 딸 세포가 부모 DNA 2중나선 중 한 가닥을 받는 복제 방식. (7–1)

반수체(半數體, haploid): 세포들이 오직 각 상동염색체 쌍의 한쪽만 갖고 있는 상태. 정자와 같은 반수체 세포는 감수분열에 의해 생긴다. 2배체와 대조하여 보자. (4–4, 14–3)

반수체형(半數體型, haplotype): 한 세대에서 다음 세대로 온전히 유전되는 경향이 있는 유전체 부분. 일반적으로 단일염기다형성(single nucleotice polymorphism, SNP)의 일관된 조합이 존재하는 경우에 한정된다. (HP4)

반응요소(反應要素. response element): 특이적 전사인자가 유전자의 조절부위에 결합하는 자리. (6–4)

반응-중심 엽록소(反應-中心 葉綠素, reaction-center chlorophyll): 광합성단위에서 수백 개의 엽록소들 가운데 하나의 엽록소 분자로서, 실제로 전자들을 전자수용체에 전달한다. (10–4)

반응평형상수(equilibrium constant of a reaction, *Keq*): 반응이 평형에 도달했을 때 반응물 농도에 대한 생산물 농도의 비율. (3–1)

반투과성(半透過性, semipermeable): 물은 자유롭게 투과할 수 있으나, 작은 이온과 극성 용질은 매우 느리게 통과하는 막의 특성. (8–7)

발열반응(發熱反應, exothermic reaction): 일정한 기압과 부피 조건에서 열을 방출하는 반응. (3.1)

발효(醱酵, fermentation): 피루브산이 다른 분자(개체에 따라 대개 젖산 또는 에탄올)로 전환되고 해당과정에서 사용되는 NAD^+가 재생되는 혐기성 대사 경로. (3–3)

배아(胚芽) **줄기세포**[embryonic stem (ES) cell]: 분화(分化) 능력이 거의 제한되어 있지 않은 유형의 세포로서, 다른 동물들의 포배(胞胚, blastula)에 비교할 만한 배발생 초기에 있는, 포유류의 미분화된 배아세포(blastocyte)에서 발견되었다. (HP1, 18–18)

배우자체(配偶子體, gametophyte): 식물의 생활사에서 포자체(sporophyte) 시기 동안 발생된 포자로부터 시작되는 반수체 시기. 배우자들이 배우자체 시기 동안에 일어나는 유사분열에 의해 형성된다. (14–3)

번역(飜譯, translation): mRNA에 의해 암호화된 정보를 사용하여, 세포질에서 단백질을 합성하는 것. (5–1, 5–8)

번역-단계의 조절(translational-level control): 특정 mRNA를 실제로 번역할 것인지, 번역한다면 얼마나 자주, 또 얼마나 오랫동안 번역할 것인지를 결정하는 조절. (6–6)

번역후 변형(飜譯後 變形, posttranslational modification): 20가지의 기본 아미노산이 폴리펩티드로 결합된 후 일어나는 아미노산 곁사슬의 변화. (2–5)

베타(β) **클램프** (β clamp): 레플리솜(replisome)에서 비촉매작용을 하는 구성요소들 중의 하나로서, DNA를 둘러싸고 있으며 그리고 중합효소를 DNA 주형과 결합된 상태로 유지시킨다. (7–1)

베타(β) **병풍구조**(β pleated sheet): 몇 개의 β-가닥이 서로 평행하게 배열되어 판(板) 형태의 입체구조를 형성하는 폴리펩티드 2차구조의 한 형태. (2–5)

베타(β) **가닥**(β-strand): 사슬의 골격이 접힌(또는 주름잡힌) 입체구조를 갖는 폴리펩티드 2차구조의 한 형태. (2–5)

변성(變性, denaturation): 온전하게 접힌 상태에서 풀려진 또는 해체된 상태의 단백질로의 변화. (2–5)

병원체(病原體, pathogen): 세포나 생명체에서 감염이나 질병을 일으키는 물질. (2–5)

보결분자단(補缺分子團, prosthetic group): 헤모글로빈(hemoglobin)이나 미오글로빈(myoglobin)에서 헴기(heme group)와 같이 아미노산으로 구성되지 않은 단백질의 일부분. (2–5)

보조인자(cofactor): 효소의 비단백질성 구성성분으로서, 무기물질이거나 유기물질일 수 있다.(3–2)

보조활성인자(coactivator): 결합된 전사인자들이 핵심프로모터에서 전사의 개시를 촉진하도록 돕는 중개자. (6–4)

보존서열(保存序列, conserved sequence): 특정 폴리펩티드의 아미노산 서열 또는 특정 핵산의 뉴클레오티드의 서열을 말한다. 만일 2개의 서열이 서로 유사하다면, 즉 상동성을 가지고 있다면, 2개의 서열을 보전된 서열이라고 말하며, 2개의 서열은 오랜 진화 기간 동안 공통 조상으로부터 매우 많이 갈라지지(분기되지) 않았음을 나타낸다. (2–4)

보체(補體, complement): 선천 면역계의 일종으로 작용하는 혈액-혈장 단백질의 집합체로서, 침입한 미생물을 직접적인(원형질막에 구멍을

만들어서) 또는 간접적인(식균작용에 민감하게 만들어서) 방법으로 파괴하는 작용을 한다. (17-1)

복원[復元, **renaturation**(reannealing)]: 이전에 변성되었던 DNA 2중나선의 상보적인 단일 가닥들의 재결합. (4-3)

복제(複製, replication): 유전물질의 복사. (7)

복제개시점 (複製開始點, origin of replication): 복제가 시작되는 세균 염색체 상의 특이한 자리. (7-1)

복제분기점(複製分岐點, replication fork): 복제된 DNA 절편들의 쌍이 하나로 합쳐서 비복제된 부분과 만나는 지점. 각 복제개시점은, (1) 부모 2중나선이 가닥분리를 진행하고 있으며, 그리고 (2) 뉴클레오티드가 새롭게 합성된 상보적 가닥으로 결합되고 있는 자리에 해당한다. (7-1)

복제초점(複製焦點, replication focus): 세포 핵 속에서 활발한 복제개시점들이 있는 위치. 약 50~250개의 초점이 있으며, 이들 각각은 뉴클레오티드를 DNA 가닥에 동시에 결합시키는 약 40개의 복제개시점들을 갖고 있다. (7-1)

복합단백질(複合蛋白質, conjugated protein): 금속, 핵산, 지질, 그리고 탄수화물과 같이 아미노산이 아닌 물질이 공유결합 또는 비공유결합으로 연결된 단백질. (2-5)

분광광도계(分光光度計, spectrophotometer): 특정 파장에서 용액이 흡수하는 빛의 양을 측정하는 기구. 분자의 특정 형태의 흡수 성질을 알고 있다면, 적절한 파장에서 그 분자 용액에 의해 흡수하는 빛의 양을 측정하여 분자의 농도를 세밀하게 측정할 수 있다. (18-7)

분배계수(partition coefficient): 어떤 용질이 물에 녹는 용해도에 대한 기름에 녹는 용해도의 비율. 생물학적 물질의 상대 극성을 측정하는 척도이다. (8-7)

분비경로(생합성경로)[分泌經路(生合成經路), secretory pathway(biosynthetic pathway)]: 세포질을 통과하는 이 경로에 의해서 물질들이 소포체 또는 골지복합체에서 합성되고, 골지복합체를 통과하는 동안 변형되며, 그리고 세포 내에서 원형질막, 리소솜, 또는 식물세포의 커다란 액포 등과 같은 다양한 목적지들로 수송된다. 소포체 또는 골지복합체에서 합성된 많은 물질들은 세포 밖으로 방출되도록 예정되어 있다. 그래서 분비경로라는 용어가 사용되고 있다. (12-1)

분비과립(分泌顆粒, secretory granule): 고도로 농축된 분비 물질들을 함유하는 크고 짙게 포장된 막으로 싸인 구조로서, 자극 신호에 따라 세포외 공간으로 방출(분비)된다. (12-1, 12-5)

분비된(secreted): 세포의 바깥으로 방출된. (12-1)

분석법(分析法, assay): 효소의 촉매 활성도와 같이 특정 단백질의 성질을 동정할 수 있는 방법으로, 시료 내에 그 단백질의 상대적인 양을 결정하는데 이용된다. (18-7)

분자샤페론(molecular chaperone): 바람직하지 않은 상호작용을 방지하여 단백질의 접힘과 조립을 돕는 다양한 단백질 집단. (EP2)

분할유전자(分割遺傳子, split gene): 끼어 있는 서열(개재서열)을 가지고 있는 유전자. (5-4)

분획화(分劃化)**된**(fractionated): 하나의 혼합물을 구성요소들로 나누어서 그 분자들 각각의 특성을 분석할 수 있다. (18-7)

불변부(不變部, constant region): 항체의 폴리펩티드 사슬에서 같은 아미노산 서열을 가지는 가벼운 사슬과 무거운 사슬의 일부분. (17-4)

불안정 가설(wobble hypothesis): tRNA의 안티코돈과 mRNA의 코돈 사이의 입체적 필요조건이 코돈의 세 번째 위치에서는 유연하다는 (자유롭다는) 크릭의 가설로서, 이것은 단백질을 합성하는 동안에 3번째 위치만 서로 다른 2개의 코돈이 동일한 tRNA를 공유하도록 한다. (5-7)

불응기(不應期, refractory period): 활동전위 직후에 나타나는 짧은 기간으로, 흥분성 세포가 역치에 도달할 만큼 다시 자극되지 못한다. (8-8)

불포화지방산(不飽和脂肪酸, unsaturated fatty acid): 탄소 원자 사이에 하나 또는 그 이상의 2중결합을 가진 지방산. (2-5)

V(D)J 연결[V(D)J joining]: B세포 발생 과정 동안에 일어나는 DNA 재배열로서, 하나의 세포에 한 종류의 특정 항체를 생성하도록 제한한다. (17-4)

비(非)반복부분(nonrepeated fraction): 반수체인 염색체 한 벌 당 오직 하나의 복사본만 존재하는 유전체에서의 DNA 서열. 이 서열은 히스톤을 제외한 거의 모든 단백질들의 암호를 포함하고 있는 가장 큰 유전정보량을 갖고 있다. (4-4)

비가역적 저해제(非可逆的 沮害劑, irreversible inhibitor): 공유결합 등에 의해 강하게 결합함으로써 효소분자를 완전히 불활성화시키는 효소 저해제. (3-2)

비경쟁적 저해제(noncompetitive inhibitor): 기질이 붙는 효소의 부위에는 같이 결합하지 않는 효소 저해제, 따라서 저해의 정도는 저해제의 농도에만 의존한다. (3-2)

비공유결합(非共有結合, noncovalent bond): 분자 내에서 또는 근처에 있는 2개의 분자 사이에서 반대 전하를 띤 부분 사이의 인력(力引)에 기초한 상대적으로 약한 화학결합. (2-2)

비극성분자(非極性分子, nonpolar molecule): 대략 동일한 전기음성도를 가지고 있기 때문에 공유결합이 거의 대칭의 전하분포를 가진 분자. (2-1)

비로이드(viroid): 작은 편성(偏性, obligatory)의 세포 내 병원체로서, 바이러스와 다르게 노출된 원형 유전물질인 RNA만으로 되어 있다. (1-4)

비리온(virion): 세포의 밖에 있는 바이러스로서, 핵심부의 유전물질이 단백질 또는 지질단백질 캡슐로 싸여 있다. (1-4)

B림프구(球)(B lymphocyte, B cell): 항원에 반응

하여 혈액-유래 항체를 분비하는 형질세포로 증식 및 분화하는 림프구. 이러한 세포는 골수(骨髓)에서 분화된 상태로 된다. (17-2)

비번역부위(非飜譯部位, untranslated regin, UTR): mRNA의 5′과 3′ 끝에 포함되어 있는 비암호화 부분. (6-6)

비순환적 광인산화(非循環的 光燐酸化, noncycleic photophosphorylation): 산소를 방출하는 광합성의 과정에서 ATP의 형성. 이 과정에서 전자들이 일직선상의 경로를 거쳐 H_2O에서 $NADPH^+$로 이동한다. (10-5)

비재래형 미오신(unconventional myosins): '미오신(myosin)' 항목 참조.

비전사 간격부위(非轉寫 間隔部位, nontranscribed spacer): 유전자 무리에서 전사되지 않는 부위. 이것은 다양한 형태의 직렬 반복된 유전자들 사이에 존재한다. 직렬 반복된 유전자에는 tRNAs, rRNAs, 히스톤 유전자들이 있다. (5-3)

4분염색체(四分染色體, tetrad)[**2가염색체**(二價染色體, bivalent)]: 감수분열하는 동안 접합된 2쌍의 상동염색체에 의해 만들어지는 복합체. 4개의 염색분체를 갖는다. (14.3)

사이클린-의존 인산화효소(cyclin-dependent kinases, Cdks): 세포주기 내내 세포의 진행을 조절하는 효소들. (14-2)

사이토카인(cytokine): 면역계 세포에서 분비되어 다른 면역세포의 활성을 조절하는 단백질. (17-3)

4차구조(quaternary structure): 하나 이상의 폴리펩티드 사슬 또는 소단위로 구성된 단백질의 3차원적 구성체제. (2-5)

산(酸, acid): 수소 이온을 방출할 수 있는 분자. (2-3)

산성가수분해효소(acid hydrolases): 산성 pH에서 최적 활성을 갖는 가수분해 효소들. (12-6)

산화(酸化, oxidation): 원자가 다른 원자에게 하나 또는 그 이상의 전자를 전달하는 과정으로서, 전자를 얻는 원자를 환원되었다고 한다. (3-3)

산화적 인산화(酸化的 燐酸化, oxidative phosphorylation): TCA 회로와 같은 경로에서 기질이 산화하는 동안 제거된 고-에너지 전자들로부터 생긴 에너지에 의해 추진되는 ATP 형성. 미토콘드리아에서 전자들이 전자-전달 사슬을 거쳐 ATP 형성을 위해 에너지가 방출된다. (9-3)

산화제(酸化劑, oxidizing agent): 산화-환원 반응에서 다른 물질은 산화시키고 자신은 환원되는 물질. (3-3)

산화-환원 반응(酸化-還元 反應, oxidation-reduction reaction 또는 redox reaction): 반응물들의 전자 상태에서 변화가 일어나는 현상. (3-3)

산화-환원 전위[酸化-還元 電位, **oxidation-reduction** (redox) potential]: 표준쌍(예, H^+와 H_2)에 관하여, NAD^+와 MADH와 같은 어느 특정한 산화-환원제들의 쌍에 대하여 전압으로 측정된 전하의 분리. (9-3)

3염색체성(trisomy): 하나의 염색체가 더 존재하는, 즉 세 번째 상동염색체가 존재하는 염색체의 전체 수량. (HP14)

3차구조(tertiary structure): 고분자 전체의 3차원적 모양. (2-5)

삼투(현상)[滲透(現象), osmosis]: 용질의 농도가 낮은 지역에 있는 물이 용질의 농도가 높은 지역쪽으로 반투막을 통과하는 성질로서, 두 구획에 있는 용질의 농도를 평형에 이르게 하는 경향이 있다. (8-7)

상동서열(相同序列, homologous sequence): 2개 또는 그 이상의 폴리펩티드에 있는 아미노산의 서열 또은 2개 또는 그 이상의 유전자에 있는 뉴클레오티드의 서열이 서로 유사할 때, 이들은 동일한 조상서열로부터 진화하였다고 추정된다. 이러한 서열을 상동적(homologous)이라고 말하며 진화적으로 관련되어 있음을 의미한다. (2-4)

상동염색체(相同染色體, homologous chromosome): 2배체 세포들에서 쌍을 이루고 있는 염색체로서, 각각은 그 염색체가 갖고 있는 두 벌의 유전물질 복사본 중에서 하나씩 가지고 있음. (4-1)

상보적(相補的)**인**(complementary): DNA 2중나선의 두 가닥에서 염기서열 사이의 관계. 염기들의 상대적인 배치로 인하여 구조적으로 제한을 받기 때문에 아데닌-티민 및 구아닌-시토신과 같이 쌍으로 결합한다. (4-2)

상피조직(上皮組織, epithelial tissue): 체내의 공간을 따라 일렬로 밀접하게 배열된 세포들로 이루어진 조직. (11-0)

색소(色素, pigments): 가시(可視) 스펙트럼(visible spectrum) 내에서 특정 파장(들)의 빛을 흡수할 수 있는 화학물질의 무리, 즉 발색단(發色團, chromophore)을 갖고 있는 분자들. (10-3)

생물에너지론(bioenergetics): 살아있는 개체에서 일어나는 여러 가지 형태의 에너지 변환을 연구하는 학문. (3-1)

생식세포(生殖細胞, germ cell): 배우자 (配偶子, gamete)를 만들 수 있는 세포[예: 정원세포(精原細胞, spermatogonium), 난원세포(oogonium) 정모세포(spermatocyte), 난모세포(oocyte)].

생체 외(또는 **시험관 내**)(in vitro): 몸의 바깥. 배양하여 자란 세포들은 생체 외(또는 시험관 내)에서 자랐다고 말하며, 배양된 세포에 관한 연구는 세포 및 분자 생물학자들의 중요한 도구이다. (1-2)

생합성경로(生合成經路, biosynthetic pathway) 또는 **분비경로**(分泌經路, secretory pathway): 세포질에서 일어나는 이 경로에 의해서 물질들이 소포체 또는 골지복합체에서 합성되며, 골지복합체를 거치는 동안 변형되어, 세포질 속에서 원형질막, 리소솜, 또는 식물 세포의 큰 액포 등과 같은 다양한 목적지로 수송된다. 다른 용어인 분비경로는 이 경로에서 합성된 많은 물질들이 세포 밖으로 방출(분비)되어야

하기 때문에 사용되고 있다. (12–1)

생화학물질(生化學物質, biochemicals): 살아있는 생명체가 합성한 물질. (2–4)

선도(先導)**가닥**(leading strand): 연속적으로 합성되는 새로 합성된 DNA 딸가닥으로서, 복제분기점이 앞으로 전진함에 따라 DNA 딸가닥의 합성이 계속되기 때문에 선도가닥이라고 한다. (7–1)

선천(先天) **면역반응**(innate immune response): 이전에 항원에 노출되지 않았더라도 병원체에 대한 비특이적 반응으로, NK세포, 보체(補體), 식세포, 인터페론 등이 포함된다. (17–1)

선택적 이어맞추기(alternative splicing): 단일 유전자에서 2개 이상의 관련 단백질을 암호화할 수 있는 광범위한 기작. (6–5)

선택적투과성 장벽(selectively permeable barrier): 원형질막처럼, 일부 물질은 자유롭게 통과할 수 있으나 어떤 물질은 통과시키지 않는 모든 구조. (8–1)

섬모 또는 **축사 디네인**(cilliary or axonemal dynein): ATP 화학에너지를 섬모 운동을 위한 기계적 에너지로 전환시키는 (200만 달톤에 이르는) 거대한 단백질. (13–3)

섬모(纖毛, cilia 단수: cillium): 다양한 진핵생물 세포들의 표면에서 돌출되어 있는 머리카락 같은 운동성 소기관. 섬모는 세포 표면에 많은 수로 생기는 경향이 있다. (13–3)

섬유(纖維) **단백질**(fibrous protein): 섬유를 닮은 매우 신장된 3차구조를 가진 단백질. (2–5)

섬유소(纖維素, cellulose): 굵은 밧줄 모양으로 조립되는 β(1→4) 결합을 가진 가지가 나지 않은 포도당의 중합체로서, 식물 세포벽의 주요 구성요소로 작용한다. (2–5)

성상체(星狀體, aster): 유사분열 동안 각각의 중심체 주변에서 미세관들이 햇살이 퍼지는 듯한("sunburst") 모양으로 배열된 것. (14–2)

성장원추체(成長圓錐體, growth cone): 성장하는 신경세포의 말단부로서, 축삭(軸索)의 신장(axonal extension)에 필요한 이동 활동이 일어난다. (13–7)

세균인공염색체(bacterial artificial chromosome): 세균에 클로닝 될 수 있는 클로닝 매개체(vector)로서 외부의 큰 DNA 조각을 받아들일 수 있다. 복제개시점 복제를 조절하는 유전자들을 가진 F 플라스미드로 이루어져 있다. 세균인공염색체는 유전체 염기서열분석에서 중요한 역할을 해왔다. (18–16)

세포골격(細胞骨格, cytoskeleton): 세 가지의 잘 알려진 섬유성 구조들, 즉 미세관, 미세섬유, 중간섬유 등으로 구성된 정교하고 상호작용하는 연결망 모양의 구조. 이 요소들은 다음과 같은 여러 가지 작용을 한다. 즉, 구조적 지지 작용을 하며, 세포 안에서 여러 가지 소기관들의 위치를 지정하는 내부의 틀의 역할을 하고, 세포 내에서 물질들 및 소기관들의 이동에 필요한 장치의 일부로 작용한다. 또한, 세포를 한 곳에서 다른 곳으로 이동시키는데 필요한 힘을 발생시키는 역할을 하고, 전령 RNA를 고착시켜 폴리펩티드로 번역하는 일을 촉진시키는 장소로서 작용한다. 그리고 세포막으로부터 세포 내부로 정보를 전달하는 신호 전달자의 역할을 한다. (13)

세포기질(細胞基質, cytosol): 진핵세포에서 막으로 된 소기관들 바깥에 있는 세포질의 액체 내용물 부위. (1–3)

세포-매개 면역(細胞-媒介 免疫, cell-mediated immunity): T림프구가 매개하는 것으로, 활성화되면 감염되었거나 외래의 세포를 특이적으로 인식하여 죽이는 면역 작용. (17–1)

세포배양(cell culture): 개체 외부에서 세포를 키우는 기술. (18–5)

세포벽(細胞壁, cell wall): 세포를 둘러싸서 지지 및 보호 작용을 하는 단단하고 살아 있지 않은 구조. (11–6)

세포분열(細胞分裂, cell division): 새로운 세포가 다른 살아있는 세포들로부터 기원되는 과정. (14)

세포분획화(細胞分劃化, cell fractionation): 차등원심분리에 의해 다양한 세포 소기관들을 대량으로 분리하는 방법. (12–2)

세포사멸(細胞死滅, apoptosis): 질서정연하게, 또는 예정된 상태로 일어나는 세포 죽음의 한 유형. 이 과정에서 세포는 어떤 신호들에 대한 반응으로 세포의 죽음이 일어나게 하는 정상적인 반응을 개시한다. 세포사멸에 의한 죽음은 세포와 그 핵이 전반적으로 수축되고, 특수한 DNA-절단 핵산내부가수분해효소의 작용에 의해 염색질이 정연하게 조각으로 해체되며, 죽어가는 세포가 식세포작용에 의해 신속하게 둘러싸이는 등의 특징이 있다. (15–8)

세포설(細胞說, cell theory): 생물학적 체제에 관한 이론으로서, 다음과 같은 세 가지 정의가 있다. 즉, 모든 생물은 하나 또는 그 이상의 세포로 되어 있으며, 세포는 생명체의 구조적 단위이고, 세포는 오직 이미 존재하는 세포의 분열로 생긴다. (1–1)

세포신호전달(細胞信號傳達, cell signaling): 정보가 일련의 분자 상호작용에 의해 원형질막을 통과하여 세포 내부 그리고 흔히 세포의 핵으로 전달되는 연락 방법. (15)

세포외 기질[細胞外 基質, **extracellular matrix** (ECM)]: 원형질막의 바로 밖에 있는 세포외 물질들로 조직되어 이루어진 그물(網) 모양의 구조. 이 구조는 세포의 모양 및 활성을 결정하는 데 있어서 필수적인 역할을 할 수 있다. (11–1)

세포외 정보전달 분자(extracellular messenger molecule): 보통 세포들이 서로 연락하는 수단. 세포외 정보전달 물질들은 짧은 거리를 이동하여 정보(메시지)가 기원한 곳(정보원)으로부터 아주 가까이 있는 세포들을 자극하거나 아니면 신체 전체를 이동하면서 그 정보원으로부터 아주 멀리 떨어져 있는 세포들을 잠재적으로 자극할 수 있다. (15–1)

세포융합(cell fusion): (같은 종이거나 또는 서로 다른 종에서 온) 두 종류의 세포를 결합하여 이어져 있는 원형질막을 가지는 하나의 세포

로 만드는 기술. (8–6)

세포이하 분획화(細胞以下 分劃化, subcellular fractionation): 서로 다른 성질을 갖고 있는 서로 다른 소기관들(예, 핵, 미토콘드리아, 원형질막, 소포체)을 서로 분리하는 방법. (12–2)

세포주(cell line): 무한적으로 성장할 수 있도록 유전적으로 변형된, 주로 조직 배양 연구에 사용되는 세포들. (18–5)

세포주기(細胞週期, cell cycle): 세포가 한 번의 세포분열에서 다음 세포분열로 들어갈 때까지 지나가는 시기들. (14–1)

세포주기확인점(checkpoint): (1) 만약 염색체 DNA의 일부가 손상된 경우 또는 (2) DNA 복제나 유사분열 동안 염색체 정렬과 같은 어떤 결정적인 과정이 제대로 완료되지 않았을 경우 세포주기의 진행을 정지시키는 기작. (14–1)

세포질 디테인(cytoplasmic dynein): 다수의 폴리펩티드 사슬들로 구성된 거대한 단백질(분자량이 100만 달톤 이상임). 이 분자는 2개의 커다란 구형의 머리부분을 갖고 있어서 힘을 발생시키는 엔진의 역할을 한다. 증거에 의하면, 세포질 디네인은 유사분열 시 염색체의 이동에 작용하며, 또한 세포질에서 소낭 및 막으로 된 소기관들의 이동을 위한 음(–)의 말단-지향적 미세관 운동단백질로서 작용한다. (13–3)

세포질 쪽 표면(cytoplasmic surface): 세포기질 쪽을 향한 막의 표면. (12–3)

세포질분열(cytokinesis): 세포주기의 한 단계로서, 이 시기 동안 세포가 물리적인 분열에 의해 2개의 딸세포로 된다. (14–2)

세포판(細胞板, cell plate): 새로 형성된 두 딸 세포들의 세포질 사이에 생기는 구조로서, 식물세포에서 새로운 세포벽을 만든다. (11–6, 14–3)

세포흡입(법)(patch clamping): 이온이 이온통로를 통과하는 것을 연구하는 기술. 떼어낸 세포막 일부의 표면을 마이크로피펫 전극으로 밀봉하여 전압을 유지하면서 그 막 부위의 전류를 측정한다. (8–7)

셀렉틴(selectin): 다른 세포들의 표면에 돌출되어 있는 특수한 탄수화물 무리의 특수한 배열을 인식하고 이에 결합하는 막의 내재 당단백질들의 집단. (11–3)

소기관(小器官, organelle): 구조적으로 기능적으로 다양한 막으로 된 또는 막으로 싸인, 세포 내 구조들로서, 진핵세포를 정의하는 특징이다. (1–3)

소단위(小段位, subunit): 완전한 단백질 또는 단백질 복합체를 형성하기 위해 다른 사슬(소단위)들과 결합하는 폴리펩티드 사슬. (2–5)

소수성 상호작용(疏水性 相互作用, hydrophobic interaction): 비극성 분자가 극성인 물분자에 둘러싸여 물분자와의 상호작용을 최소화하기 위해 서로 뭉쳐 있으려 하는 비극성 분자의 경향. "물을 두려워하는"이라는 의미에서 유래하였다. (2–2)

소포체(小胞體, endoplasmic reticulum, ER): 관(管), 주머니, 소낭(小囊) 등으로 이루어진 소기관으로서, 세포질 속의 액체 내용물을 ER 막 속의 내강(內腔) 및 막 바깥의 세포기질 공간으로 나눈다. (12–3)

소형간섭(小形干涉) **RNA**(small interfering RNA, siRNA): 2중가닥으로 된 작은(21–23개의 뉴클레오티드) 조각으로 RNA 침묵 동안에 2중가닥의 RNA가 반응을 시작하여 형성된다. (5–5)

소형인(小形仁) **RNA**(small-nucleolar RNA, snoRNA): 인에서 리보솜이 형성되는 동안에 pre-rRNA의 메칠화와 위유리딜화에 필요한 RNA. (5–3)

소형인(小形仁) **리보핵산단백질**(small, nucleolar ribonucleoprotein, snoRNP): 소형인 RNA (snoRNA)가 특정 단백질들과 싸여져서 형성된 입자로 snoRNP는 리보솜 RNA의 성숙과 조립에 중요한 역할을 한다. (5–3)

소형핵(小形核) **RNA**(small nuclear RNA, snRNA): mRNA 가공에 필요한 RNA로 크기가 작고(90~300개의 뉴클레오티드) 핵에서 작용한다. (5–4)

소형핵(小形核) **리보핵산단백질**[small nuclear ribonucleoprotein, snRNP〈"스너프(snurp)"〉로 발음함]: 이어맞추기소체[또는 스프라이세오솜(spliceosome)]에 포함되어 있는 리보핵산 단백질 입자. snRNP와 이에 결합한 특이적 단백질로 구성되어있기 때문에 이렇게 부른다. (5–4)

손상통과(損傷通過) **합성**(translesion synthesis): 주형가닥에 있는 손상부위를 통과하는 복제. 연작용, 교정능력, 그리고 높은 정확도 등이 결여된 특이한 DNA 중합효소 무리에 의해 이루어진다. (7–3)

수상돌기(樹狀突起, dendrite): 대부분의 뉴런 세포체에서 확장된 짧은 돌기. 수상돌기는 외부(대개 다른 뉴런)에서 오는 정보를 받아들인다. (8–8)

수소결합(水素結合, hydrogen bond): 전기음성도(electronegativity) 가 큰 원자(따라서 부분적으로 양전하를 가진)에 공유결합으로 연결된 수소원자와 또 다른 두 번째 전기음성도가 큰 원자 사이의 약한 인력을 가진 상호작용. (2–2)

수송소낭(輸送小囊, transport vesicles): 하나의 막 구획으로부터 출아(出芽)하여 형성된 왕복 이동하는 구조로서, 소기관들 사이에 물질들을 운반한다. (12–1):

수용체 단백질-티로신잔기 인산화효소(receptor protein-tyrosine kinase, RTK): 리간드가 결합된 후 자신 또는 세포질의 기질에 있는 티로신 잔기들을 인산화 시킬 수 있는 세포 표면의 수용체. 이들은 주로 세포 성장 및 분화에 관여되어 있다. (15–4)

수용체(受容體, receptor): 특정한 분자(리간드)와 결합하는 모든 분자로서, 흔히 흡수나 신호전달로 이어진다. (8–1, 15–1)

순환적 광인산화(循還的 光燐酸化, cyclic

운반 RNA(transfer RNA, tRNA): mRNA의 염기 '알파벳'에서 암호화된 정보를 폴리펩티드의 아미노산 '알파벳'으로 번역하는 작은 RNA 집단. (5–1)

원(遠)골지망(網)(*trans* Golgi network, TGN): 골지복합체의 출구면(入口面) 또는 트랜스면 말단에 위치한 주머니로서, 관(管)들이 서로 연결된 그물 모양(網狀) 구조로 이루어져 있다. 이 원골지망은 단백질들을 분류하여 세포 내 또는 세포외 최종 목적지로 배달되도록 표적화한다. (12–4)

원-발암 유전자(原-發癌 遺傳子, protooncogene): 세포의 고유한 활성을 파괴시킬 수 있고, 세포를 악성화 상태로 유도하는 잠재력을 갖는 다양한 유전자들. 원-발암 유전자는 세포의 정상적인 활성에서 다양한 기능들을 수행하는 단백질들을 암호화한다. 원-발암유전자는 암 유전자로 전환될 수 있다. (16–3)

원섬유(또는 **프로토필라멘트**)(源纖維, protofilament): 튜불린이 장축(長軸)에 평행하게 배열된 미세관의 구형 소단위들이 종(縱)으로 배열된 열(列). (13–3)

원핵세포(源核細胞, prokaryotic cell): 막으로 싸여 있는 소기관들을 갖고 있지 않은 고세균(古細菌, archaea) 및 세균(bacateria)를 포함하는 구조적으로 단순한 세포들. 원핵(源核, prokaryote)이란 *pro-karyon*, 또는 "핵 이전(before the nucleus)"에서 유래되었다. (1–3)

원형질막(原形質膜, plasma membrane): 세포의 내부와 외부 환경 사이에 경계를 이루는 막. (8–1)

원형질분리(原形質分離, plasmolysis): 식물세포를 고장액에 넣었을 때 수축되는 현상. 원형질막이 세포벽에서 떨어져 나와서 부피가 수축된다. (8–7)

원형질연락사(原形質連絡絲, plasmodesmata; 단수는 plasmodesma): 직경이 30~60nm인 세포질 통로들로서, 세포벽을 직접 관통하여 대부분의 식물세포들을 연결시키며 이웃 세포들 사이에 뻗어 있다. (11–5):

위(僞)유전자(pseudogene): 기능을 나타내는 유전자와 상동이지만, 돌연변이가 축적되어 기능을 잃게 되는 유전자. (4–5)

위상(位相)이성질화효소(topoisomerase): 원핵 및 진핵세포 모두에 존재하는 효소로서, DNA 2중가닥(duplex) 초나선(꼬임) 상태를 변화시킬 수 있는 효소. DNA 2중가닥이 풀어져야 할 필요가 있는 DNA 복제와 전사와 같은 과정에 필수적인 효소이다. (4–3)

위족(僞足, pseudopodia): 세포 표면의 부분들이 세포질의 열(列)에 의해 바깥 쪽으로 밀려나서 세포 안쪽을 거쳐 주변부로 흐름에 따라, 아메바 운동이 일어나는 동안 형성된 넓적하고 둥근 돌출부들. (13–7):

위치에너지(potential energy): 일을 수행하기 위하여 사용 가능하도록 저장된 에너지. (3–1)

유도적합(誘導適合, induced fit): 화학반응이 진행되도록 하기 위해 기질이 결합한 후 효소의 입체구조 변화. (3.2)

유동모자이크모형(fluid-mosaic model): 막을 이루는 지질과 단백질은 모두 움직일 수 있어서 막의 다른 분자들과 상호작용을 할 수 있는 동적인 구조라고 설명하는 막의 모형. (8–2)

유리기(遊離基, free radical): 짝을 이루지 않은 전자를 포함하는 매우 반응성이 큰 원자 또는 분자. (HP2)

유비퀴논(ubiquinone): 전자-전달 사슬의 한 구성요소로서, 유비퀴논은 5-탄소 이소프레노이드(isoprenoid) 단위들로 구성된 긴 소수성 사슬을 갖고 있는 지용성 분자이다. (9–3):

유비퀴틴(ubiquitin): 작고 고도로 보존적인 단백질로서, 내포작용에 의한 내재화(內在化, internalization) 또는 단백질분해효소복합체[또는 프로티아솜(proteasomes)]에 의한 분해 등이 이루어지도록 표적화된 단백질들에 연결된다. (12–8, 6–7)

유사분열 방추체(紡錘體)(mitotic spindle): 세포가 유사분열하는 동안 복제된 염색체들을 정렬하고 선별하는 기능을 하는 미세관을 포함하는 "장치". (14–2)

유사분열(有絲分裂, mitosis): 복제된 염색체들이 정확하게 분리되어 2개의 핵이 형성되는 핵분열 과정. 2개의 핵은 모든 염색체의 완전한 사본을 지니고 원래의 세포 속에 있다. (14–2)

유전암호(genetic code): DNA의 염기 서열을 단백질 산물로 만들기 위한 정보로 암호화하는 방식 (5–6)

유전자 다형현상(多形現象)(genetic polymorphism): 한 종의 집단에서 개인에 따라 비교적 높은 빈도로 다양한 유전체에서의 자리들. (4–6)

유전자 재조합(교차)[genetic recombination (crossing-over)]: 감수분열 과정에서 상동염색체들의 분절들이 절단되고 재결합됨으로써 나타나는 염색체 상의 유전자 섞임 현상(이 현상에 의해 연관군이 깨진다). (4–1)

유전자 조절단백질(遺傳子 調節蛋白質, gene regulatory protein): DNA의 특정 염기쌍 서열을 인식하고 높은 친화력으로 그 서열에 결합하여 유전자의 발현을 변화시킬 수 있는 단백질. (6–3)

유전자 자리(locus, 복수는 loci): 염색체 상에 있는 유전자 위치. (4–1)

유전자 중복(gene duplication): 일반적으로 불균등 교차의 과정에 의해서 염색체의 일부가 중복되는 현상을 말한다. (4–5)

유전자 지도(genetic map): 교차율에 기초하여 염색체 상에서의 상대적 위치를 나타내는 유전자 배치도. (4–5)

유전자 치료(遺傳子 治療, gene therapy): 환자는 이 방법으로 병에 걸린 세포들의 인자형을 변형시켜 치료된다. (HP10)

유전자(遺傳子, gene): 비분자적인 용어로서, 특정 형질의 특징을 지배하는 유전자 단위를 일컫는다. 분자적인 용어로서, 전사는 되지만 암호화되지 않는 부분을 포함하는 단일 폴리펩티드 또는 RNA 분자에 대한 정보를 갖고

있는 DNA의 한 부분을 가리킨다. (4-1)

유전체(遺傳體)(genome): 생물의 종에서 고유한 상보적인 유전정보 전체. 그 종에서 한 벌의 반수체 염색체 속의 DNA와 같음. (4-4)

음이온(anion): 음전하를 띠고 있는 이온화된 원자 또는 분자. (2-5)

음전기원자(陰電氣原子) 또는 **큰 전기음성도**(電氣陰性度)**를 가진 원자**(electronegative atom): 더 큰 인력을 가진 원자, 즉 공유결합에서 더 많은 전자를 가질 수 있는 원자. (2-1)

2가염색체(bivalent)[**4분염색체**(tetrad)]: 감수분열 동안 두 쌍의 상동염색체가 접합에 의해 형성된 복합체. (14-3)

2배체(二數體) 또는 **배수체**(倍數體)(diploid): 대부분의 전형적인 체세포에서처럼, 각 쌍의 상동염색체 모두를 포함하는 상태. 2배체 세포는 2배체 모세포의 유사분열에 의해 만들어진다. 반수체(haploid)와 대조해 보자. (4-5, 14-3)

이수성 (異數性, aneuploidy): 하나의 세포가 반수체의 배수가 아닌 비정상적인 수의 염색체를 갖는 상태. (16-1)

이어맞추기 자리(splice site): 각 인트론의 5′끝과 3′끝. (5-4)

이어맞추기소체(小體) 또는 **스플라이세오솜**(spliceosome): 다양한 단백질과 몇 개의 특이한 리보핵산단백질 입자를 포함하는 거대분자로 이뤄진 복합체. 1차 전사물에서 인트론을 제거하는 기능을 한다. (5-4)

이온(ion): 화학반응 과정에서 하나 또는 그 이상의 전자를 잃어버리거나 받아서 순(net) 양전하 또는 순 음전하를 가진 원자 또는 분자. (2-1)

이온결합(ionic bond): 서로 반대 전하를 가진 이온들 사이에서 일어나는 비공유결합으로 염다리(salt bridge)라고도 부른다. (2-2)

이온-교환 크로마토그래피(ion-exchange chromatography): 이온의 전하를 이용하여 다른 단백질들을 분리하는 단백질의 정제 기술. (18-7)

이온통로(ion channel): 특정한 이온(들)이 통과하는 막횡단 구조(예: 수용성 구멍이 있는 내재단백질). (8-7)

2중가닥 절단(double-strand breaks): 이온화 방사선으로부터 흔히 생기는 DNA 손상으로써, 2중나선의 양쪽가닥 모두가 절단된다. 2중가닥절단은 세포에 심각한 손상을 줄 수 있으며 최소한 두 가지 별개의 수선체계가 그들의 수선에 기여한다. (7-2)

이질3량체 G단백질(heterotrimeric G protein): 신호전달 체계의 구성요소. 구아닌 뉴클레오티드 (GDP 또는 GTP)와 결합하기 때문에 G단백질로 불리며, 또한 이들은 모두 세 가지 다른 종류의 폴리펩티드 소단위체들로 구성되어 있기 때문에 이질3량체로 표현된다. (15-3)

이질염색질(異質染色質, heterochromatin): 간기 동안에 응축된 상태로 남아 있는 염색질. (6-1)

이질핵(異質核) **RNA**(heterogeneous nuclear RNAs(hnRNAs)): 범위가 큰 RNA 분자 그룹으로 다음의 특징을 공유한다. (1) 분자량이 크다(약 80S 정도에 이르거나 5만 염기에 달함). (2) 서로 다른 염기 서열을 가진다. (3) 핵 안에서만 발견되며 pre-mRNA를 포함한다. (5-4)

이질핵(異質核) **리보핵산단백질**(heterogeneous nuclear ribonucleoprotein(hnRNP)): 전사된 각 hnRNA가 다양한 단백질들과 결합되어 이뤄진 결과로서 hnRNP는 다음에 일어나는 가공 반응의 기질이 된다. (5-4)

2차 정보전달물질(second messenger): 1차 정보전달물질(호르몬이나 기타 리간드)이 세포의 바깥 면에 있는 수용체에 결합한 결과로서 세포에서 생성되는 물질. (15-3)

2차구조(secondary structure): 한 단백질 안에 있는 부분들의 3차원적 배열. (2-5)

2차세포벽(二次細胞壁, secondary walls): 대부분 성숙한 식물세포들에서 발견되는 두꺼운 세포벽. (11-6)

2황화다리(disulfide bridge): 폴리펩티드 골격에서 서로 떨어져 있는 2개의 시스테인(cysteine)이나 또는 분리된 2개의 폴리펩티드에 있는 2개의 시스테인 사이에서 형성된다. 2황화다리는 단백질의 복잡한 모양을 안정화시키는 것을 돕는다. (2-5)

인(仁 복수는 nucleoli, 단수는 nucleolus): 불규칙한 모양을 한 핵의 구조물로서, 리보솜을 생산하는 소기관의 역할을 한다. (5-3)

인슐린 수용체 기질(insulin receptor substrate, IRS): 인슐린에 대한 반응으로 인산화되었을 때 다양한 "하류부위" 영향인자들에 결합하여 이들을 활성화 시키는 단백질 기질 (15-4)

인지질(燐脂質, phospholipid): 인산기를 가지고 있는 지질로서, 세포막 지질2중층의 주요 구성성분이다. 인지질에는 포스포글리세리드와 스핑고미엘린이 있다. (8-3)

인지질분해효소 C(phospholipase C): PIP_2를 두 가지 분자 즉 이노시톨 1,4,5-삼인산 (IP_3)과 다이아실글리세롤 (DAG)로 쪼개는 반응을 촉매하는 효소. 이들 두 가지 분자들은 모두 2차 정보전달물질로서 세포 신호전달에서 중요한 역할을 한다. (15-3)

인지질-수송 단백질(燐脂質-輸送 蛋白質, phospholipid-transfer proteins): 특수한 인지질을 한 가지 유형의 막 구획으로부터 다른 구획으로 수용성인 세포질을 거쳐 수송하는 작용을 하는 단백질들. (12-3)

인테그린(integrin): 세포외 분자들과 특이하게 결합하는 내재막단백질들의 대집단. (11-2)

인트론(intron): 개재(介在)서열(intervening sequence)에 해당하는 분할유전자(split gene) 부분. (5-4)

일반전사인자(general transcription factors (GTFs)): RNA 중합효소가 전사를 시작할 때 필요한 보조적인 단백질들. 이 인자들에 "일반"이라는 용어를 붙이는 이유는 중합효소에

의해서 전사되는 다양한 유전자 집합체의 전사에서 이와 동일한 것이 사용되기 때문이다. (5–4)

1염색체성(monosomy): 쌍으로 된 상동염색체 중에서 오직 하나의 염색체만을 갖고 있는, 즉 하나의 염색체가 부족한 염색체의 전체 수량. (HP14)

1차 세포벽(一次 細胞壁, primary cell wall): 생장하는 식물 세포의 벽. 1차 세포벽은 신장될 수 있다. (11–6)

1차 전사물(또는 **RNA 전구체**)(primary transcript 또는 pre-RNA): DNA로부터 합성된 초기의 RNA 분자로서, 이것은 전사되어 나온 DNA의 길이와 동일하다. 1차 전사물은 전형적으로 잠깐 동안에만 존재하고, 연속적인 '자르기-잇기' 반응에 의해 가공되어서 작고 기능을 가진 RNA로 된다. (5–2)

1차 전자수용체(一次 電子受容體, primary electron acceptor): 2개의 광계(光系)에서 반응-중심 색소들로부터 빛에 의해 여기된 전자를 받는 분자. (10–4)

1차 구조(primary structure): 폴리펩티드 사슬 내에서 아미노산의 직선형 서열. (2–5)

1차 섬모(一次纖毛, primary cilium): 하나의 부동섬모(不動纖毛, nonmotile cilium)가 척추동물에서 많은 유형의 세포들에 있으며, 감각(感覺) 기능을 갖고 있는 것으로 생각된다. (HP13)

입체구조(立體構造, conformation): 살아있는 세포에서 단백질 및 다른 분자들의 생물학적 활성을 이해하는데 중요한 분자 속에서 원자들의 3차원적 배열. (2–5)

입체구조의 변화(conformational change): 생물학적 활성과 관련된 분자 안에서 예측 가능한 이동. (2–5)

입체이성질체(立體異性質體, stereoisomer): 구조적으로 서로 거울상(mirror image)인 두 분자로 서로 매우 다른 생물학적 활성을 가질 수 있다. (2–5)

자가(또는 **독립**)**영양생물**[自家(또는 獨立)營養生物, autotroph]: 주요 탄소원으로서 CO_2에 의존하여 생존할 수 있는 생물. (10–9)

자가면역질환(自家免疫疾患, autoimmune disease): 자신의 신체 조직에 대한 면역반응의 공격으로 생기는 질환. 다발성 경화증(多發性 硬化症), 인슐린-의존성 당뇨병, 류마티스 관절염 등이 포함된다. (HP17)

자가방사기록법(自家放射記錄法, autoradiography): 세포 속에 방사성 물질로 표지된 어떤 물질의 위치를 추적하여 생화학적 과정들을 시각적으로 볼 수 있게 하는 기술. 방사성 동위원소가 들어 있는 조직 절편을 얇은 감광유제(感光乳劑) 층으로 덮으면, 그 조직에서 나오는 방사선에 노출된다. 덮여 있는 유제를 현상한 후에, 방사성 물질이 들어 있는 세포의 위치가 현미경 하에서 은 입자들로 드러난다. (12–2, 18–4)

자가조립(自家組立, self-assembly): 아미노산 서열에 의해 지시된 화학적 성질에 따라 올바른(또는 제대로 접힌) 입체구조를 취하는 단백질(또는 다른 구조)의 성질. (2–5)

자가항체(自家抗體, autoantibody): 자신의 신체 조직에 대하여 반응할 수 있는 항체. (HP17)

자식작용(自食作用, autophagy): 세포 자신의 소기관들을 조절하여 파괴하고 이를 교체하는 작용으로서, 그 후 이 소기관을 둘러싸고 있는 막은 리소솜과 융합된다. (12–6)

자연발생적 반응(spontaneous reactions): 열역학적으로 유리한 반응으로 어떠한 외부 에너지의 유입 없이 일어날 수 있다. (3–1)

자연살생세포(natural killer cell, NK cell): 감염된 숙주세포를 비특이적 공격으로 세포사멸을 유도하는데 관여하는 림프구의 일종. (17–1)

자유에너지 변화(free energy change, ΔG): 사건의 과정 동안에 일을 할 수 있는 에너지 양의 변화. (3–1)

작용기(作用基, functional group): 하나의 단위로 작용하는 원자들의 특정 무리로서, 흔히 더 큰 유기분자들이 갖고 있는 화학적 및 물리적 성질에 영향을 미친다. (2–4)

작용스펙트럼(action spectrum): 다양한 파장의 빛에 의해 생산된 상대적인 광합성 비율(또는 효율)을 표로 구성한 것. (10–3)

재래(또는 **제II형**) **미오신**[conventional (or type II) myosin]: 근수축의 주된 운동단백질들인 미오신들의 한 집단으로서, 근육조직에서 처음으로 확인되었으나 또한 다양한 비근육세포들에서도 발견되었다. 제II형 미오신들은세포분열에서 하나의 세포를 둘로 나눌 때, 국소부착에서 장력을 발생시킬 때, 성장원추체가 방향을 전환할 때 등에 필요하다. (13–5)

재조합(再組合) **DNA**(recombinant DNA) 한 가지 이상의 출처(예: 생물의 종)로부터 유래한 DNA 서열들을 갖고 있는 분자. (18–13)

재편성(또는 **순환**)[再編成(또는 循還), turnover]: 세포 내 물질의 조절된 파괴 및 이의 대체. (12–7)

저장성(低張性)**의**(또는 **저삼투압의**)[hypotonic (or hypoosmotic)]: 주어진 구획 속에 있는 용질의 농도에 비하여 그 보다 더 낮은 용질의 농도를 갖고 있는 어느 구획의 성질. (8–7)

전기(前期, prophase) : 유사분열의 첫 번째 시기로 복제된 염색체가 분리되기 위해 준비를 하고 유사분열 장치가 조립된다. (14–2)

전기발생 (electrogenic): 막을 사이에 두고 전하가 분리되도록 직접 기여하는 모든 과정. (8–7)

전기영동(電氣泳動, electrophoresis): 전하를 띈 분자를 전기장에 놓았을 때 이동하는 능력에 따라 분획화하는 기술. (18–7)

전기화학적 기울기(electrochemical gradient): 두 구획 사이에서 전해질이 확산되는 정도를 결정하는 전하와 용질 농도의 종합적 차이. (8–7)

전달전위(transfer potential): 한 분자가 작용기를 다른 분자에게 전달하는 능력의 척도로서, 작용기에 더 높은 친화력을 갖는 분자는 더 좋

은 수용체가 되고 더 낮은 친화력을 갖는 분자는 더 좋은 공여체가 된다. (3–3)

전도성(傳導性, conductance): 작은 이온이 막을 통과하는 이동. (8–7)

전령(傳令) **RNA**(messenger RNA, mRNA): 유전자와 이것을 암호화하는 폴리펩티드 사이의 중간 분자. 전령 RNA는 유전자를 암호화하는 DNA의 두 가닥 중 1개에 상보적인 복사본을 조립된다. (5–1)

전사(轉寫, transcription): DNA 주형으로부터 상보적인 RNA의 형성. (5–1)

전사-단계의 조절(transcriptional-level control): 특정 유전자를 전사할 것인지, 전사한다면 얼마나 자주 할 것인지를 결정하는 조절. (6–4)

전사단위(轉寫單位, transcription unit): 1차 전사물이 전사되는 DNA에 해당하는 부위의 DNA. (5–4)

전사인자(轉寫因子, transcription factor): DNA의 특수한 부위에 결합하여 그 근처 유전자의 전사를 변화시키는 (RNA 중합효소를 구성하는 폴리펩티드 이외의) 보조 단백질. (5–2, 6–4)

전사체(轉寫體, transcriptome): 특정 세포, 조직, 또는 개체에 의해서 전사된 모든 RNA. (5–5)

전색소체(前色素體, proplastid): 색소를 갖고 있지 않은 엽록체의 전구체. (10–1)

전위(轉位, translocation): 번역(translation)의 신장 주기에 있는 두 단계로서, (1) P 자리로부터 충전되지 않은 tRNA를 방출하고 그리고 (2) mRNA의 3′ 방향을 따라 리보솜이 3개의 뉴클레오티드(1개의 코돈)를 이동한다. (5–8)

전위(轉位, transposition): DNA 일부가 한 염색체 상의 한 장소로부터 완전히 다른 자리로 이동하는 현상으로써, 흔히 유전자 발현에 영향을 미친다. (4–5)

전위차(電位差, potential difference): 두 구획 사이의 전하 차이로서, 흔히 분리된 막 사이의 전압으로 측정한다. (8–7)

전위체(轉位體, translocon): ER 막속에 묻혀 있는 단백질로 덮인 통로로서, 새로 합성된 폴리펩티드가 세포기질로부터 ER 내강으로 통과할 때 전위체를 거쳐 이동할 수 있다. (12–3)

전이상태(轉移狀態, transition state): 화학반응 동안에 결합이 끊어져서 생성물을 생산하기 위하여 재구성되는 시점. (3–2)

전이온도(轉移溫度, transition temperature): 유동적인 졸(sol) 상태의 막이 지질 분자의 이동이 매우 억제되는 결정성의 겔(gel) 상태로 전환되는 때의 온도. (8–5)

전이요소(轉移要素, transposable element): 한 염색체 상의 한 장소로부터 완전히 다른 자리로 이동하는 DNA 부분으로서, 흔히 유전자 발현에 영향을 미친다. (4–5)

전이유전자(轉移遺傳子, transgene): 형질주입 과정에서 세포 내 유전체에 안정되게 도입되는 유전자. (18–7)

전이인자(轉移因子, 또는 **트랜스포존**)(transposon): 유전체의 한 장소로부터 다른 장소로 이동할 수 있는 DNA 부분. (4–5)

전자-전달 사슬 또는 **호흡 사슬**(electron-transport 또는 respiratory chain): 막에 들어있는 전자 운반체들로서, 이들은 고-에너지 전자들을 받아들이고, 전자들이 이 사슬을 통과함에 따라 순차적으로 그 에너지 상태를 더 낮게 한다. 그 최종 결과 ATP 또는 다른 에너지-저장 분자들을 합성하는 데 사용하기 위한 에너지를 얻게 된다. (9–3)

전자전달 사슬의 구리 원자(copper atoms fo the electron transport chain): 전자 운반체의 한 유형이다. 즉, 이 원자들은 미토콘드리아 내막의 단일 단백질 복합체 속에 위치되어 있다. 이들은 Cu^{2+} 및 Cu^{1+} 상태로 바뀔 때 하나의 전자를 받고 준다. (9–3)

전자-전달 전위(電子-傳達 電位, electron-transfer potential): 전자들에 대한 상대적인 친화력(親和力)을 의미한다. 예로서, 낮은 친화력을 가진 화합물은 산화환원 반응에서 하나 또는 그 이상의 전자를 전달하기 위해 높은 전위를 갖는다(그래서 환원제로 작용한다). (9–3)

전좌(轉座, translocation): 1개의 염색체에서 모두 또는 일부가 다른 염색체에 부착되어 생기는 염색체 이상(染色體 異常, chromosomal aberration). (HP6)

전중기(前中期, prometaphase) : 유사분열 방추체가 완전하게 조립되고 염색체가 세포의 중앙으로 자리를 옮기는 유사분열의 시기. (14–2)

전환수(轉換數, turnover number): 단위 시간 당 효소 1 분자에 의해 전환될 수 있는 기질 분자의 최대 수. (3–2)

절연자(絕緣子, insulator): 한 프로모터와 이 프로모터의 증폭자를 다른 프로모터와 증폭자로부터 "차단하는" 특수화된 경계 서열. 한 모형에 따르면 절연자 서열은 핵기질의 단백질들과 결합한다. (6–4)

접착연접[接着連接, adherens junction(zonulae adheren)]: 접착연접은 특히 상피조직에서 흔히 볼 수 있는 특수화된 유형의 연접이다. 원형질막에서 접착연접이 있는 부위는 20~30nm 정도 떨어져 있고 카드헤린 분자들이 연결되어 있다. 이웃 세포들 사이의 공간에 다리를 놓는 카드헤린 분자들의 세포외 영역들 사이가 연결됨으로써, 세포들이 함께 결합된다. (11–3)

접합(synapsis): 감수분열 하는 동안 상동염색체들이 서로 결합하는 과정. (14–3)

접합사복합체(接合絲複合體, synaptonemal complex, SC): 가로로 연결된 많은 섬유를 가지며 나란히 배열된 3개의 막대로 이루어진 사다리 같은 구조. SC는 각각의 상동염색체 쌍을 잡아줌으로써 DNA 가닥들 사이의 유전자재조합이 계속적으로 일어날 수 있도록 한다. (14–3)

정류상태(停留狀態, steady state): 각각의 반응이

산을 연결하는 화학결합으로서, 한 아미노산의 카르복실기와 두 번째 아미노산의 아미노기가 상호작용하여 형성된다. (2-5)

펩티드기 전달효소(peptidyl transferase): 펩티드결합 형성을 촉매하는 일을 담당하는 리보솜의 큰 소단위에 있는 부분으로서, 펩티드기 전달효소 활성은 큰 리보솜 RNA 분자에 있다. (5-8)

펴진(非摺) **단백질반응**(unfolded protein response, UPR): ER 주머니들이 접히지 않은 또는 잘 못 접힌 단백질들을 과잉 상태의 높은 농도로 갖고 있는 세포에서 일어나는 종합적인 반응이다. 이런 상황을 탐지하는 감지장치들은 ER에서 스트레스를 완화시킬 수 있는 단백질(예: 샤페론 분자)을 합성하게 하는 경로를 작동시킨다. (12-3)

편모(鞭毛, flagella 단수는 flagellum): 머리카락 모양의 운동성 소기관으로서, 다양한 진핵세포의 표면에서 돌출되어 있다. 기본적으로 섬모와 동일한 구조이지만 섬모에 비하여 숫자가 훨씬 적고 길이는 길다. (13-3)

편모내 수송(鞭毛內 輸送, intraflagelllar transport, IFT): 이 과정에서 입자들이 편모 또는 섬모의 기부와 그 끝부분 사이의 양 방향으로 이동된다. IFT를 작동시키는 힘은 축사(軸絲)의 주변부에 있는 2중관(二重管, doublet)들을 따라 이동하는 운동단백질들에 의해 생긴다. (13-3)

포린(porin): 세균, 미토콘드리아 및 엽록체의 외막에서 발견되는 내재단백질로서, 비교적 비선택적인 커다란 통로 역할을 한다. (9-1)

포스포글리세리드(phosphoglyceride): 글리세롤의 골격을 구성하는 막에 있는 인지질을 일컫는다. (8-2)

포스포이노시티드(phosphoinositide): 신호전달경로에서 2차 정보전달물질로서 역할을 하는 몇 가지 인산화된 포스파티딜이노시톨 유도체(예: PIPs, PIP2s 및 PIP3). (15-3)

포자체(胞子體, sporophyte): 식물의 생활사에서 2개의 배우자가 결합하여 하나의 접합자를 형성함으로써 시작되는 2배체 시기. 이 시기 동안에 감수분열이 일어나서 포자가 형성된다. 포자는 직접 발아하여 반수체인 배우자체가 된다. (14-3)

포화지방산(飽和脂肪酸, saturated fatty acid): 탄소 사이에 2중결합이 없는 지방산. (2-5)

폴리리보솜(polyribosome): 한 분자의 mRNA에서 그 mRNA를 번역하고 있는 여러 개의 리보솜들로 이루어진 복합체. (5-8)

폴리아크릴아미드 젤 전기영동(polyacrylamide gel electrophoresis, PAGE): 단백질 분획화 기술로서, 분자를 거르는 체(篩, sieve)를 형성하도록 교차연결된 작은 유기 분자(아크릴아미드)로 구성된 젤에 전기를 걸어주어 단백질을 이동시킨다. (18-7)

폴리펩티드 사슬(polypeptide chain): 길고 연속적인 가지가 없는 중합체로서, 공유결합인 펩티드결합에 의해 아미노산이 서로 연결되어 형성된다. (2-5)

표면적/부피 비율(surface area/volume ratio): 하나의 세포가 얼마나 효과적으로 그의 환경과 물질을 교환할 수 있는가를 나타내는 세포의 부피 사이의 비율. (1-3)

표재단백질(表在蛋白質, peripheral protein): 완전히 지질2중층의 바깥에 있으며 비공유결합을 통해 지질2중층과 상호작용 하는 막에 결합된 단백질. (8-4)

표준 자유에너지 변화(standard free-energy change, $\Delta G^{\circ\prime}$): 절대온도 298도 및 1기압이라는 정해진 표준조건 하에서 1몰의 각 반응물이 1몰의 생성물로 전환될 때 자유에너지의 변화. (3-1)

품질관리(品質管理, quality control): 세포들은 자신이 합성한 단백질 및 핵산이 적합한 구조를 갖도록 하는 다양한 기작들을 지니고 있다. 예로서, 잘못 접힌 단백질들은 ER로부터 전위되어 세포기질에서 단백질분해효소복합체 또는 프로티아솜(proteasome)에 의해 파괴되며, 미성숙한 종결 코돈을 갖고 있는 mRNA들은 인식되어 파괴되고, 비정상적인(손상된) 부분을 갖고 있는 DNA는 인식되어 수선된다. (12-3)

퓨린(purine): 2중 고리 구조를 가진 뉴클레오티드에서 발견되는 질소 염기의 한 종류로서, DNA와 RNA에서 모두 발견되는 **아데닌**(adenine)과 **구아닌**(guanine)이 퓨린에 속한다. (2-5, 4-3)

프라이머 (primer): DNA 중합효소에 중합에 필요한 3′ OH 말단을 제공하는 DNA 또는 RNA 가닥. (7-1)

프로모터(promoter): 전사를 개시하기 전에 RNA 중합효소 분자가 결합하는 DNA의 자리. 프로모터는 두 가닥의 DNA에서 어떤 가닥을 전사할 것인지와 전사를 어느 자리에서 시작할 것인지를 결정하는 정보를 가지고 있다. (5-2, 6-2)

프로바이러스(provirus): 바이러스의 DNA가 숙주 세포 염색체의 DNA에 통합되었을 때에 적용되는 용어. (1-4)

프로테오글리칸(proteoglycan): 핵심부 단백질 분자와 여기에 글리코사미노글리칸 사슬이 붙어서 구성된 단백질-다당류 복합체. 글리코사미노글리칸이 산성의 성질을 갖기 때문에 프로테오글리칸은 대단히 많은 수의 양이온들과 결합할 수 있으며, 그래서 아주 많은 수의 물분자들을 끌어당긴다. 그 결과, 프로테오글리칸은 압착에 견딜 수 있는 "포장재" 같은 역할을 하는 구멍이 많은 수화(水和)된 젤(gel)을 형성한다.(11-1)

프리마아제(primase): 지연가닥에서 각 오카자키 절편의 합성을 시작하는 짧은 RNA 프라이머들을 조립하는 RNA 중합효소의 유형. (7-1)

프리온(prion): 오직 단백질로만 구성된 감염성 물질로 특정 퇴행성신경질환에 관련되어있다. (HP2)

플라보단백질(flavoprotein): 전자 운반체의 한 유형으로서, 그 속에 있는 하나의 폴리펩티드가 2개의 연관된 보결분자단(補缺分子團, prosthetic group), 즉 FAD 또는 FMN 중의 하나에 결합되어 있다. (9–3)

피리미딘(pyrimidine): 단일 고리 구조를 가진 뉴클레오티드에서 발견되는 질소 염기의 한 종류로서, DNA에서 발견되는 **시토신**(cytosine)과 **티민**(thymine), 그리고 RNA에서 발견되는 시토신과 **유라실**(uracil)이 피리미딘에 속한다. (2–5, 4–3)

피복만입부(被覆灣入部, coated pit): 원형질막의 특수화된 영역으로서, 피복만입부는 내포작용(內胞作用, endocytosis)에 의해 세포 속으로 들어오는 물질을 결합시키는 수용체들을 모으는 장소의 역할을 한다. (12–8)

피복소낭(被覆小囊, coated vesicle): 막으로 된 구획에서 출아(出芽)하는 소낭으로서, 출아 과정을 촉진하고 특수한 막 단백질과 결합하는 다소단위(多小段位, multisubunit) 단백질 껍질(被覆)을 갖고 있다. COPI-피복소낭, COPII-피복소낭, 크라스린(clathrin)-피복소낭 등이 가장 잘 알려진 피복소낭들이다. (12–5)

pH: 상대적인 산도를 측정하는 기준으로 pH는 수학적으로 $-\log [H^+]$와 동일하다. (2–3)

PH 영역(PH domain): 막에 결합되어 있는 포스포이노시티드의 인산화된 이노시톨 고리에 결합하는 단백질 영역. (15–2)

피위-상호작용 RNA[piwiRNA(piRNA)]: 24~32개의 염기로 된 작은 RNA로서, 큰 유전체에서 적은 수의 유전자 자리에 의해 암호화되고 생식세포에서 전이요소의 이동을 억제하는 작용을 한다. 이것은 단일가닥의 전구체에서 유래하여 가공될 때에 다이서(Dicer)를 필요로 하지 않는다. (5–5)

P(펩티딜)자리[p (peptidyl) site]: 리보솜에 있는 자리로서, 거기에서 tRNA가 합성되는 폴리펩티드 사슬에 아미노산을 첨가시킨다. (5–8)

항원(抗原, antigen): 개체에게는 외래의 물질로서 면역계에 의해 인식되는 모든 물질. (17–2)

항원결정부(抗原決定部, epitope 또는 antigenic determinant): 특정 항체의 항원-결합자리에 결합할 수 있는 항원의 일부.(17–4)

항원제시세포(抗原提示細胞, antigen-presenting cell, APC): 세포표면에 단백질 항원의 일부를 제시하는 세포. 일부는 큰 항원의 단백질 분해 작용에 의해 생산된다. 항원 펩티드는 MHC(주조직적합 복합체)분자와 결합하여 제시된다. 사실상 신체의 어떠한 세포도 MHC 클래스I 분자와 펩티드를 상호 결합하여 항원제시세포로서 기능을 할 수 있으며, 이는 감염된 세포를 파괴하는 기작을 유도한다. 반면에 대식세포, 수지상세포, B세포는 전문 항원제시세포로서, 항원을 포식하여 절단한 후 MHC 클래스II 분자와 상호 결합하여 T_H 세포에 제시한다. (17–4)

항체(抗體, antibody): 병원체(病原體)의 표면 또는 외래의 물질과 결합한 B림프구로부터 분화한 형질세포에서 분비하는 면역글로불린 단백질로서, 항원의 파괴를 용이하게 한다. (17–4)

해당작용(解糖作用, glycolysis): 포도당 이화작용의 첫 번째 경로로서, 산소를 필요로 하지 않으며 최종산물로 피루브산을 형성한다. (3–3)

핵(核, nucleus; 복수는 nuclei): 진핵세포에서 유전물질을 갖고 있는 소기관. (1–3)

핵공복합체(核孔複合體, nuclear pore complex, NPC): 마개와 같이 핵공을 채우고 세포질과 핵기질 양쪽으로 돌출되어 있는 복잡한 바구니 모양의 장치. (6–1)

핵기질(核基質, nuclear matrix): 핵 내부 공간에 얽혀있는 불용성 섬유 단백질의 연결망. (6–1)

핵막(核膜, nuclear envelope): 진핵세포에서 핵을 세포질과 구분하는 복합 2중막 구조. (6–1)

핵막붕괴(核膜崩壞, nuclear envelope breakdown): 전기의 끝에서 일어나는 핵막의 해체. (14–2)

핵박판(核薄板, nuclear lamina): 핵막의 안쪽 표면을 따라 덮여 있는 중간섬유로 이루어진 얇은 망상 구조. (6–1)

핵산(核酸, nucleic acid): 뉴클레오티드로 구성된 중합체. 모든 살아있는 생명체에서 리보오스(ribose) 또는 디옥시리보오스(deoxyribose)의 두 가지 당(糖) 에 기초하여 핵산을 형성하기 때문에, 리보핵산(RNA, ribonucleic acid)과 디오시리보핵산(DNA, deoxyribonucleic acid)이라는 용어가 생겼다. (2–5)

핵산말단가수분해효소(exonuclease): 핵산 가닥의 5′끝이나 3′끝에 붙어서 줄어들고 있는 가닥의 끝에서 한 번에 1개씩 핵산을 제거하는 DNA- 또는 RNA-분해효소. (6–6, 7–1)

핵산혼성화(核酸混成化, nucleic acid hybridization): 상보적 염기서열을 갖는 2개의 단일가닥 핵산 분자들이 2중가닥 혼성물을 형성한다는 사실에 기초한 기법. (18–11)

핵위치신호(核位置信號, nuclear localization signal, NLS): 수송 수용체가 인식하여 단백질을 세포질에서 핵 내부로 이동시키도록 하는 단백질의 아미노산 서열. (6–1)

핵형(核型, karyotype): 상동염색체 쌍을 큰 것부터 나열한 사진. (6–1)

헤미데스모솜 또는 **반부착반점**(半附着斑點, hemidesmosome): 상피세포의 기저부 표면에 있는 특수화된 부착 구조로서, 세포를 그 아래에 있는 기저막(basement membrane)에 부착시키는 작용을 한다. 헤미데스모솜은 원형질막의 안쪽 표면에 높은 밀도의 플라크를 갖고 있으며, 여기에 세포질 속으로 향하는 케라틴-함유 섬유들이 있다. (11–2)

헤미셀루로스(hemicellulose): 식물의 세포벽에서 분지(分枝)된 다당류로서, 그 골격은 포도당과 같은 하나의 당과 자일로스(木糖, xylose)와 같은 다른 당의 곁사슬로 구성된다. (11–6)

헬리카아제(helicase): ATP 가수분해에 의해 방출되는 에너지를 이용하여 두 가닥을 서로 붙들고 있는 수소결합을 절단하는 반응에서 DNA (또는 RNA) 두가닥을 푸는 단백질.

(7-1)

현미경(顯微鏡, microscope): 작은 물체의 상(像)을 확대하여 볼 수 있는 기구. (1-1)

혈관신생(血管新生, angiogenesis): 새로운 혈관의 형성. (16-4)

혐기성 생물(嫌氣性 生物, anaerobes): 해당과정 및 발효와 같이 산소-비의존 대사 경로를 통해 에너지가 풍부한 화합물들을 이용하는 생물. (9-1)

형질도입(形質導入, transduction): 바이러스를 통하여 세포 내 유전체에 유전자를 도입하는 것. (18-7)

형질세포(形質細胞, plasma cell): B림프구로부터 발생되는 최종 분화된 세포로서 많은 양의 혈액-유래 항체를 생산하여 분비한다. (17-2)

형질전환(形質轉換)된(transformated): 발암성 화학물질, 방사선 및 감염성 종양 바이러스에 의하여 암세포로 변화된 정상세포. (16-1)

형질전환(形質轉換, transformation): 세포 속으로 나출된 DNA가 들어가서 그 세포의 유전체에서 유전적 변화를 일으키게 하는 현상. (HP4)

형질전환동물(形質轉換 動物, transgenic animal) 유전공학에 의해 조작되어 염색체에 외래 유전자를 갖고 있는 동물을 말한다. (18-13)

형질주입(形質注入, transfection): 배양세포 내로 나선(裸線) DNA를 주입시키는 과정으로, 일반적으로 세포 속의 유전체 안으로 들어가서 지속적인 발현이 유도된다. (18-7)

호기성 생물(好氣性 生物, aerobes): 에너지가 풍부한 화합물들을 물질대사에 사용하기 위해서 산소에 의존하는 생물. (9-1)

화학삼투 기작(化學滲透 機作, chemiosmotic mechanism): ATP 합성을 위한 기작으로서, 이 기작에 의해 전자가 전자-전달 사슬을 거쳐 이동하면 세균의 막, 틸라코이드의 막, 미토콘드리아 내막의 막 등을 가로질러서 양성자 기울기가 형성된다. 이 기울기는 기질을 산화시켜 ADP의 인산화로 연결시키는 고-에너지 형성의 중개자 역할을 한다. (EP9)

화학자가영양(化學自家營養生物, chemoautotroph): 이산화탄소(CO_2)를 유기화합물로 전환시키기 위해 무기 분자들(암모니아, 황화수소, 아질산염 등과 같은)에 저장된 에너지를 이용하는 자가영양생물. (10)

확산(擴散, diffusion): 한 물질이 농도가 높은 곳에서 낮은 곳으로 이동하는 자발적 과정으로서, 결국 전체의 농도가 같게 된다. (8-7)

환원(還元, reduction): 원자가 다른 원자로부터 하나 또는 그 이상의 전자를 획득하는 과정으로서, 전자를 잃는 원자를 산화되었다고 한다. (3-3)

환원력(還元力, reducing power): 세포 내에서 대사 중간산물을 생성물로 환원하는 잠재력으로서, 대개 NADPH 공급원의 크기로 측정된다. (3-3)

환원제(還元齊, reducing agent) 산화-환원 반응에서 자신은 산화되면서 다른 물질을 환원시키는 물질. (3-3)

활동전위(action potential): 역치로 탈분극되어 시작되며 휴지전위로 돌아가면 끝나는 막전위의 집단적 변화로서, 흥분성 세포가 자극을 받으면 발생하며 신경 전도의 기초로 작용한다. (8-8)

활면소포체(滑面小胞體, smooth endoplasmic reticulum, SER): 리보솜이 붙어 있지 않은 소포체 부분. SER의 막 부분은 보통 관(管) 모양이며 세포질에 퍼져 굽어 있는 관들이 서로 연결된 구조를 형성한다. SER의 기능은 세포에 따라 다양하며, 즉 스테로이드 호르몬의 합성, 아주 다양한 유기 화합물들의 해독(解毒) 작용, 포도당-6-인산(glucose-6-phosphate)으로부터 포도당의 물질대사화, 그리고 칼슘 이온의 격리 등의 작용을 한다. (12-3)

활성부위(活性部位, active site): 기질과 직접적인 결합에 관여하는 효소분자의 일부분. (3-2)

활성화에너지(activation energy): 화학반응을 수행하기 위해서 반응물이 필요한 최소한의 운동에너지. (3-2)

활주(滑走)**클램프**(sliding clamp): DNA를 둘러싸서 그리고 복제성 DNA 중합효소에 연작용을 하게 함으로써 DNA 복제에서 핵심 역할을 하는 고리-모양의 단백질. (7-1)

회합(會合, congression): 유사분열의 전중기 동안 복사된 염색체들이 중기판으로 이동하는 것. (14-2)

횡세관(横細管) 또는 **T세관**[transverse (T) tubule]: 막의 함입 부위를 따라 골격근 세포에서 발생된 자극이 세포 안쪽으로 전파되도록 한다. (13-6)

효모 두 단백질-혼성물 분석법(yeast two-hybrid system): 단백질-단백질 상호작용을 조사하기 위해 사용되는 기술. 이 기술은 베타-갈락토시다아제와 같은 리포터 유전자의 발현에 의해 결정되는데, 이 효소의 활성도는 효모세포 집단에 이 효소가 존재할 때의 색깔 변화를 알아내는 검사로 쉽게 추적 관찰된다. (18-7)

효모인공염색체(yeast artificial chromosom, YAC): 정상적인 효모 염색체의 인공적인 버전으로 이뤄진 클로닝 요소. S기 동안에 복제에 필요한 구조와 세포분열기 동안에 딸세포로 분리되는 데 필요한 효모 염색체의 모든 요소를 포함하고 있다. 또한 암호화된 결과물이 YAC를 포함하고 있는 세포를 다른 세포들로부터 식별할 수 있는 유전자를 포함하고 있다. (18-16)

효소 저해제(enzyme inhibitor): 효소와 결합하여 그 활성도를 감소시키는 분자로서, 효소와 상호작용하는 성격에 따라 비경쟁적 또는 경쟁적인 것으로 구분한다. (3-2)

효소(enzyme): 세포 내 반응들에서 절대적으로 중요한 단백질 촉매제. (3-2)

효소-기질 복합체(酵素-基質 複合體, enzyme-substrate complex): 반응의 촉매작용이 일어나는 과정에서 효소와 기질 사이의 물리적인

결합 형태. (3–2)

후기 A(anaphase A): 유사분열 동안 염색체가 극을 향해 이동함. (14–2)

후기 B(anaphase B): 유사분열방추체가 신장(伸張)하여, 두 방추체극이 서로 멀어지게 됨. (14–2)

후기(anaphase): 자매염색분체가 서로 분리되는 유사분열 시기. (14–2)

후성유전(後性遺傳, epigenetic inheritance): DNA 염기서열의 변화 없이, 한 세포에서 자손 세포로 전달되는 유전적인 변화. 후성유전 변화는 DNA 메틸화, 히스톤의 공유적인 변형, 다른 유형의 염색질 변형 등에 의해 일어날 수 있다. (6–1, 6–4)

후천(後天) **면역반응**(acquired immune response)[또는 적응(適應, adaptive) 면역반응]: 이전(以前)에 노출된 후 그 병원체에 특이적으로 반응하는 면역 작용으로, 항체와 T림프구가 매개하는 반응들이 포함된다.(17)

휴지전위(休止電位, resting potential): 외부 자극을 받지 않은 흥분할 수 있는 세포에서 측정된 전위의 차이. (8–8)

흡수스펙트럼 (absorption spectrum): 파장에 대하여 흡수된 빛의 강도를 표로 구성한 것. (10–3)

흡열반응(吸熱反應, endothermic reaction): 일정한 기압과 부피 조건에서 열을 얻는 반응. (3–1)

흥분-수축 연결(興奮-收縮 連結, excitation-contraction coupling): 근육의 원형질막에 도달한 신경 자극을 근섬유 속 깊은 곳에 있는 근절(筋節)들이 수축하도록 연결시키는 단계들. (13–6)

히스톤 아세틸전달효소(histone acetyltransferases, HAT): 핵심 히스톤의 리신과 아르기닌 잔기에 아세틸기를 전달하는 효소. 히스톤의 아세틸화는 전사 활성과 연계되어 있다. (6–1, 6–4)

히스톤 암호(histone code): 특정한 염색질 지역의 상태와 활성은 그 지역에 있는 뉴클레오솜의 히스톤 꼬리에 일어나는 특정 공유적인 변형이나 변형들의 조합에 달려있다는 개념. 이들 변형은 핵심 히스톤내의 다양한 아미노산 잔기를 아세틸화, 메틸화, 인산화하는 효소들에 의해 만들어진다. (6–1)

히스톤 탈아세틸화효소(histone deacetylase, HDAC): 핵심 히스톤에서 아세틸기 제거를 촉매하는 효소. 히스톤의 탈아세틸화는 전사 억제와 연계되어 있다. (6–4)

히스톤(histone) : 염색질의 작고 뚜렷한 염기성 단백질의 집합. (6–1)

Additional Readings

CHAPTER 1 TEXT READINGS

General References in Microbiology and Virology

Knipe, D. M., et al. 2007. *Fields Virology*, 5th ed. Lippincott.

Madigan, M. T., et al. 2006. *Brock—Biology of Microorganisms*, 11th ed. Prentice-Hall.

Other Readings

Ball, P., 2007. Designs for life. *Nature* 448:32–33. [on generating a synthetic cell]

Blelloch, R. 2008. Short cut to cell replacement. *Nature* 455:604–605.

Cohan, F. M. & Perry, E. B., 2007. A systematics for discovering the fundamental units of bacterial diversity. *Curr. Biol.* 17:R373–R386.

Cyranoski, D. 2008. 5 things to know before jumping on the iPS bandwagon. *Nature* 452:406–408.

Daley, G. Q. & Scadden, D. T. 2008. Prospects for stem cell-based therapy. *Cell* 132:544–548.

Dethlefsen, L., et al. 2007. An ecological and evolutionary perspective on human-microbe mutualism and disease. *Nature* 449:811–818.

DeWitt, N., et al. 2008. Regenerative medicine. *Nature* 453:301–351.

Esser, C. & Martin, W. 2007. Supertrees and symbiosis in eukaryote genome evolution. *Trends Microbiol.* 15:435–437.

Fischer, W. W. 2008. Life before the rise of oxygen. *Nature* 455:1051–1052.

Gura, T. 2008. Just spit it out. *Nat. Med.* 14:706–709. [oral microbes]

Holt, R. A. 2008. Synthetic genomes brought closer to life. *Nature Biotech.* 26:296–297.

Koonin, E. V. 2007. Metagenomic sorcery and the expanding protein universe. *Nat. Biotech.* 25:540–542.

Mascarelli, A. L. 2009. Subterranean bacterial: low life. *Nature* 459:770–773.

McInerney, J. O. & Pisani, D. 2007. Paradigm for life. *Science* 318:1390–1391. [on LGT]

Nishikawa, S., et al. 2008. The promise of human induced pluripotent stem cells for research and therapy. *Nat. Revs. Mol. Cell Biol.* 9:725–729.

Nobile, C. J. & Mitchell, A. P. 2007. Microbial biofilms: e pluribus unum. *Curr. Biol.* 17:R349–R353.

Poole, A. & Penny, D. 2007. Engulfed by speculation. *Nature* 447:913. [origins of eukaryotes]

Segers, V. F. M. & Lee, R. T. 2008. Stem-cell therapy for cardiac disease. *Nature* 451: 937–942.

Sekirov, I. & Finlay, B. B., 2006. Human and microbe: united we stand. *Nat. Med.* 12: 736–737.

Sendtner, M. 2009. Tailor-made diseased neurons. *Nature* 457:269–270. [iPS cells]

CHAPTER 2 TEXT READINGS

General Biochemistry

Berg, J. M., Tymoczko, J. L. & Stryer, L. 2007. *Biochemistry*, 6th ed. W. H. Freeman.

Nelson, D. L., et al. 2009. *Lehninger Principles of Biochemistry*, 5th ed. W. H. Freeman.

Voet, D. & Voet, J. G. 2004. *Biochemistry* 4th ed., 2 vols. Wiley.

Additional Topics

Abbott, A. 2008. The plaque plan. *Nature* 456:161–164.

Dill, K. A., et al. 2007. The protein folding problem: when will it be solved? *Curr. Opin. Struct. Biol.* 17:342–346.

Caughey, B. & Baron, G. S. 2006. Prions and their partners in crime. *Nature* 443:803–810.

Dodson, E. J. 2007. Protein predictions. *Nature* 450:176–177.

Dunker, A. K., et al. 2008. Function and structure of inherently disordered proteins. *Curr. Opin. Struct. Biol.* 18:756–764.

Fersht, A. R. & Daggett, V., eds. 2007. Folding and binding. *Curr. Opin. Struct. Biol.* 17:#1.

Goloubinoff, P. & De Los Rios, P. 2007. The mechanism of Hsp70 chaperones. *Trends Biochem. Sci.* 32:372–380.

Guarente, L. 2008. Mitochondria—a nexus for aging, calorie restriction, and sirtuins? *Cell* 132:171–176.

Han, J.-H., et al. 2007. The folding and evolution of multidomain proteins. *Nat. Revs. Mol. Cell Biol.* 8:319–330.

Hanash, S. M., et al. 2008. Mining the plasma proteome for cancer biomarkers. *Nature* 452:571–579.

Holtzman, D. M. 2008. Moving towards a vaccine. *Nature* 454:418–420. [alzheimers's disease]

Horwich, A. L., et al. 2007. Two families of chaperonin: physiology and mechanism. *Annu. Rev. Cell Dev. Biol.* 23:115–145.

Mandavilli, A., et al. 2006. Issue on alzheimer's disease. *Nat. Med.* 12:747–784.

Roberts, B. E. & Shorter, J. 2008. Escaping amyloid fate. *Nat. Struct. Mol. Biol.* 15:544–545.

CHAPTER 3 TEXT READINGS

Benkovic, S. J. & Hammes-Schiffer, S. 2003. A perspective on enzyme catalysis. *Science* 301:1196–1202.

Hammes, G. G. 2000. Thermodynamics and Kinetics for the Biological Sciences. Wiley.

Hammes, G. G. 2008. How do enzymes really work? *J. Biol. Chem.* 283:22337–22346.

Harold, F. M. 1986. The Vital Force: A Study of Bioenergetics. Freeman.

Harris, D. A. 1995. *Bioenergetics at a Glance.* Blackwell.

Jencks, W. P. 1997. From chemistry to biochemistry to catalysis to movement. *Annu. Rev. Biochem.* 66:1–18.

Kornberg, A. 1989. *For the Love of Enzymes.* Harvard.

Koshland, D. E., Jr. 2004. Crazy, but correct. *Nature* 432:447. [on postulation of induced fit hypothesis]

Kraut, D. A., et al. 2003. Challenges in enzyme mechanism and energetics. *Annu. Rev. Biochem.* 72:517–571.

Kraut, J. 1988. How do enzymes work? *Science* 242:533–540.

Ringe, D. & Petsko, G. A. 2008. How enzymes work. *Science* 320:1428–1429.

Taubs, G., et al. 2008. Drug resistance. *Science* 321:355–369.

Vrielink, A. & Sampson, N. 2003. Sub-Ångstrom resolution enzyme X-ray structures: is seeing believing? *Curr. Opin. Struct. Biol.* 13:709–715.

Walsh, C., et al. 2001. Reviews on biocatalysis. *Nature* 409:226–268.

Wright, G. D. & Sutherland, A. D. 2007. New strategies for combating multidrug-resistant bacteria. *Trends Mol. Med.* 13:260–267.

CHAPTER 4 TEXT READINGS

Reviews on genomes and evolution can be found each year in *Curr. Opin. Genetics Develop.* #6.

Altshuler, D., et al. 2008. Genetic mapping in human disease. *Science* 322:881–888.

Baker, M. 2008. Genetics by numbers. *Nature* 451:516–518. [genome-wide association]

Cohen, J. 2007. DNA duplications and deletions help determine health. *Science* 317:1315–1317.

Cozzarelli, N. R., et al. 2006. Giant proteins that move DNA. *Nature Revs. Mol. Cell Biol.* 7:580–588. [on topoisomerases]

Frazer, K. A., et al. 2009. Human genetic variation and its contribution to complex traits. *Nature Revs. Gen.* 10:241–251.

Gee, H. 2008. The amphioxus unleashed. *Nature* 453:999–1000. [amphioxus genome]

Goodier, J. L. & Kazazian, Jr., H. H. 2008. Retrotransposons revisited: the restraint and the rehabilitation of parasites. *Cell* 135:23–35.

Hayden, E. C. 2009. The other strand. *Nature* 457:776–779. [genetic basis of being human]

Hurles, M. E., et al. 2008. The functional impact of structural variation in humans. *Trends Gen.* 24:238–245.
Maher, B. 2008. The case of the missing heritability. *Nature* 456:18–21.
Mathew, C. G. 2008. New links to the pathogenesis of Crohn disease provided by genome-wide association scans. *Nature Revs. Gen.* 9:9–14.
Mills, R. E. 2007. Which transposable elements are active in the human genome? *Trends Gen.* 23:183–190.
Nielsen, R., et al. 2007. Recent and ongoing selection in the human genome. *Nature Revs. Gen.* 8:857–868.
Orr, H. T. & Zoghbi, H. Y. 2007. Trinucleotide repeat disorders. *Ann. Rev. Neurosci.* 30: 575–621.
Pennisi, E. 2008. 17q21.31: not your average genomic address. *Science* 322:842–845. [haplotypes, inversions, and disease]
Sebat, J., et al. 2007. Human genomic variation. *Nature Gen.* 39 (Supplement to July issue).
Shurin, S. B. 2008. Pharmacogenomics—ready for prime time? *New Engl. J. Med.* 358: 1061–1063.
Varki, A., et al. 2008. Explaining human uniqueness: genome interactions with environment, behavior and culture. *Nature Revs. Gen.* 9:749–763.
Williams, A. J. & Paulson, H. L. 2008. Polyglutamine neurodegeneration: protein misfolding revisited. *Trends Neurosci.* 31: 521–529.

CHAPTER 5 TEXT READINGS

Reviews on the nucleus and gene expression can be found each year in *Curr. Opin. Cell Biol.* issue #3.
Boisvert, F.-M. 2007. The multifunctional nucleolus, *Nature Revs. Mol. Cell Biol.* 8: 574–585.
Borukhov, S. & Nudler, E. 2008. RNA polymerase: the vehicle of transcription. *Trends Microbiol.* 16:126–133.
Carninci, P. & Hayashizaki, Y. 2007. Noncoding RNA transcription beyond annotated genes. *Curr. Opin. Gen. Develop.* 17:139–144.
Castanotto, D. & Rossi, J. J. 2009. The promises and pitfalls of RNA-interference-based therapeutics. *Nature* 457:426–433.
Chapman, E. J. & Carrington, J. C. 2007. Specialization and evolution of endogenous small RNA pathways. *Nature Revs. Gen.* 8:884–896.
Couzin, J. 2008. MicroRNAs make big impression in disease after disease. *Science* 319:1782–1784.
Darzacq, X., et al. 2009. Imaging transcription in living cells. *Ann. Rev. Biophys.* 38:173–196.
Ghildiyal, M. & Zamore, P. D. 2009. Small silencing RNAs: an expanding universe. *Nature Revs. Gen.* 10:94–108.
Hutvagner, G. & Simard, M. J. 2008. Argonaute proteins: key players in RNA silencing. *Nature Revs. Mol. Cell Biol.* 9:22–32.
Kapranov, P., et al. 2007. Genome-wide transcription and the implications for genomic organization. *Nature Revs. Gen.* 8:413–423.
Kim, V. N., et al. 2009. Biogenesis of small RNAs in animals. *Nature Revs. Mol. Cell Biol.* 10:126–139.
Kornberg, R. D. 2007. The molecular basis of eukaryotic transcription. *PNAS* 104: 12955–12961.
Korostelev, A. & Noller, H. F. 2007. The ribosome in focus: new structures bring new insights. *Trends Biochem. Sci.* 32:434–441.
Müller, F., et al. 2007. New problems in RNA polymerase II transcription initiation. *J. Biol. Chem.* 282:14685–14689.
Nudler, E. 2009. RNA polymerase active center: the molecular engine of transcription. *Ann. Rev. Biochem.* 78:335–361.
O'Donnell, K. A. & Boeke, J. D. 2007. Mighty Piwis defend the germline against genome intruders. *Cell* 129:37–44.
Peters, L. & Meister, G. 2007. Argonaute proteins: mediators of RNA silencing. *Mol. Cell* 26:611–622.
Petherick, A. 2008. The production line. *Nature* 454:1043–1045. [the transcriptome]
Rodnina, M. V., et al. 2007. How ribosomes make peptide bonds. *Trends Biochem. Sci.* 32:20–26.
Sharp, P. A., et al. 2009. Special review issue on RNA. *Cell* 136#4.
Siomi, H. & Siomi, M. C. 2009. RNA silencing—Nature insight. *Nature* 457:396–433.
Steitz, T. A. 2008. A structural understanding of the dynamic ribosome machine. *Nature Revs. Mol. Cell Biol.* 9:242–253.
Svejstrup, J. Q. 2007. Contending with transcriptional arrest during RNAPII transcript elongation. *Trends Biochem. Sci.* 32:165–171.
Wang, G.-S. & Cooper, T. A. 2007. Splicing and disease. *Nature Revs. Gen.* 8:749–761.

CHAPTER 6 TEXT READINGS

Reviews on the nucleus and gene regulation can be found each year in *Curr. Opin. Cell Biol.* #3.
Reviews on chromosomes and gene expression can be found each year in *Curr. Opin. Genetics and Develop.* #2.
Aubert, G. & Lansdorp, P. M. 2008. Telomeres and aging. *Physiol. Revs.* 88:557–579.
Besse, F. & Ephrussi, A. 2008. Translational control of localized mRNAs: restricting protein synthesis in space and time. *Nature Revs. Mol. Cell Biol.* 9:971–980.
Bird, A., et al. 2007. Nature Insight: Epigenetics. *Nature* 447:395–440.
Blackburn, E. H., Greider, C. W., and Szostak, J. W. 2006. Telomeres and telomerase. *Nature Med.* 12:1133–1138.
Cibelli, J. 2007. A decade of cloning mystique. *Science* 316:990–992. [cloning animals]
D'Angelo, M. A. & Hetzer, M. W. 2008. Structure, dynamics and function of nuclear pore complexes. *Trends Cell Biol.* 18:456–466.
Davuluri, R. V., et al. 2008. The functional consequences of alternative promoter use in mammalian genomes. *Trends Gen.* 24:167–176.
Fedor, M. J., et al. 2008. Alternative splicing review series. *J. Biol. Chem.* 283:1209–1233.
Flynt, A. S. & Lai, E. C. 2008. Biological principles of microRNA-mediated regulation. *Nature Revs. Gen.* 9:831–842.
Garneau, N. L., et al. 2007. The highways and byways of mRNA decay. *Nature Revs. Mol. Cell Biol.* 8:113–126.
Goldberg, A. D., et al. 2007. Issue on epigenetics. *Cell* 128:#4.
Henikoff, S. 2008. Nucleosome destabilization in the epigenetic regulation of gene expression. *Nature Revs. Gen.* 9:15–26.
Hurtley, S. M., et al. 2007. Articles on the nucleus. *Science* 318:1399–1416.
Jiang, C. & Pugh, B. F. 2009. Nucleosome positioning and gene regulation. *Nature Revs. Gen.* 10:161–172.
Jirtle, R. J., et al. 2007. Reviews on epigenetics. *Nature Revs. Gen.* 8:#4.
Kim, E., et al. 2008. Alternative splicing: current perspectives. *Bioess.* 30:38–47.
Koch, F., et al. 2008. Genome-wide RNA polymerase II: not genes only. *Trends Biochem. Sci.* 33:265–273.
Kornberg, R. D., et al. 2007. Articles on chromatin. *Nature Struct. Mol. Biol.* 14:#11.
Kumaran, R. I., et al. 2008. Chromatin dynamics and gene positioning. *Cell* 132:929–934.
Lanctot, C., et al. 2007. Dynamic genome architecture in the nuclear space. *Nature Revs. Gen.* 8:104–115.
Lawrence, J. B. & Clemson, C. M. 2008. Gene associations: true romance or chance meeting in a nuclear neighborhood? *J. Cell Biol.* 182:1035–1038.
Mattick, J. S., et al. 2009. RNA regulation of epigenetic processes. *Bioess.* 31:51–59.
Rando, O. J. & Chang, H. Y. 2009. Genome-wide views of chromatin structure. *Ann. Rev. Biochem.* 78:245–271.
Ruthenburg, A. J. 2007. Multivalent engagement of chromatin modifications by linked binding modules. *Nature Revs. Mol. Cell Biol.* 8:983–994.
Sandelin, A., et al. 2007. Mammalian RNA polymerase II core promoters: insights from genome-wide studies. *Nature Revs. Gen.* 8:424–436.
Schones, D. E. & Zhao, K. 2008. Genome-wide approaches to studying chromatin modifications. *Nature Revs. Gen.* 9:179–191.

Sutherland, H. & Bickmore, W. A. 2009. Transcription factories: gene expression in unions? *Nature Revs. Gen.* 10:457–466.

Suzuki, M. M. & Bird, A. 2008. DNA methylation landscapes: provocative insights from epigenomics. *Nature Revs. Gen.* 9: 465–476.

Welstead, G. G., et al. 2008. The reprogramming language of pluripotency. *Curr. Opin. Gen. Develop.* 18:123–129.

CHAPTER 7 TEXT READINGS

Arias, E. E. & Walter, J. C. 2007. Strength in numbers: preventing rereplication via multiple mechanisms in eukaryotic cells. *Genes Develop.* 21:497–518.

Corpet, A. & Almouzni, G. 2009. Making copies of chromatin: the challenge of nucleosomal organization and epigenetic information. *Trends Cell Biol.* 19:29–40.

Garinis, G. A., et al. 2008. DNA damage and ageing. *Nature Cell Biol.* 10:1241–1247.

Groth, A., et al. 2007. Chromatin challenges during DNA replication and repair. *Cell* 128:721–733.

Hamdan, S. M. & Richardson, C. C. 2009. Motors, switches, and contacts in the replisome. *Ann. Rev. Biochem.* 78: 205–243.

Hanawalt, P. C. 2007. Paradigms for the three Rs: DNA replication, recombination, and repair. *Mol. Cell* 28:702–707.

Loeb, L. A. & Monnat, Jr., R. J. 2008. DNA polymerases and human disease. *Nature Revs. Gen.* 9:594–604.

Pomerantz, R. T. & O'Donnell, M. 2007. Replisome mechanics: insights into a twin DNA polymerase machine. *Trends Microbiol.* 15:156–164.

Sclafani, R. A. & Holzen, T. M. 2007. Cell cycle regulation of DNA replication. *Ann. Rev. Gen.* 41:237–280.

Stillman, B. 2008. DNA polymerases at the replication fork in eukaryotes. *Mol. Cell* 30:259–260.

Wickelgren, I. 2007. A healthy tan? *Science* 315:1214–1216.

Yang, W. & Woodgate, R. 2007. What a difference a decade makes: insights into translesion DNA synthesis. *PNAS* 104:15591–15598.

CHAPTER 8 TEXT READINGS

Reviews on membranes can be found each year in *Curr. Opin. Struct. Biol.* issue #4.

Bennett, V. & Healy, J. 2008. Organizing the fluid membrane bilayer: diseases linked to spectrin and ankyrin. *Trends Mol. Med.* 14:28–35.

Bezanilla, F. 2008. How membrane proteins sense voltage. *Nat. Revs. Mol. Cell Biol.* 9:323–332.

Boucher, R. C. 2007. Cystic fibrosis: a disease of vulnerability to airway surface dehydration. *Trends Mol. Med.* 13:231–240.

Changeux, J.-P. & Taly, A. 2008. Nicotinic receptors, allosteric proteins and medicine. *Trends Mol. Med.* 14:93–102.

Couzin-Frankel, J. 2009. The promise of a cure: 20 years and counting. *Science* 324: 1504–1507. [cystic fibrosis]

Elofsson, A. & von Heijne, G. 2007. Membrane protein structure: prediction versus reality. *Ann. Rev. Biochem.* 76: 125–140.

Fleishman, S. J. & Ben-Tal, N. 2006. Progress in structure prediction of alpha-helical membrane proteins. *Curr. Opin. Struct. Biol.* 16:496–504.

Gadsby, D. C. 2007. Ion pumps made crystal clear. *Nature* 450:957–959.

Jacobson, K., et al. 2007. Lipid rafts: at a crossroad between cell biology and physics. *Nat. Cell Biol.* 9:7–14.

Janmey, P. A. & Kinnunen, P. K. J. 2006. Biophysical properties of lipids and dynamic membranes. *Trends Cell Biol.* 16:538–546.

Kozlov, M. M. 2007. Bending over to attract. *Nature* 447:387–389. [lipid curvature]

Riordan, J. R. 2008. CFTR function and prospects for therapy. *Ann. Rev. Biochem.* 77:701–726.

van Meer, G., et al. 2008. Membrane lipids: where they are and how they behave. *Nat. Revs. Mol. Cell Biol.* 9:112–124.

von Heijne, G. 2006. Membrane-protein topology. *Nat. Revs. Mol. Cell Biol.* 7:909–918.

CHAPTER 9 TEXT READINGS

Bollinger, Jr., J. M. 2008. Electron relay in proteins. *Science* 320:1730–1731.

Brzezinski, P. & Adelroth, P. 2006. Design principles of proton-pumping haem-copper oxidases. *Curr. Opin. Struct. Biol.* 16:465–472.

Chan, D. C. 2006. Mitochondria: dynamic organelles in disease, aging, and development. *Cell* 125:1241–1252.

Detmer, S. A. & Chan, D. C. 2007. Functions and dysfunctions of mitochondrial dynamics. *Nat. Revs. Mol. Cell Biol.* 8:870–879.

Fischer, W. W. 2008. Life before the rise of oxygen. *Nature* 455:1051–1052.

Khrapko, K. & Vijg, J. 2007. Mitochondrial DNA mutations and aging: a case closed? *Nat. Gen.* 39:445–446.

Schrader, M. & Yoon, Y. 2007. Mitochondria and peroxisomes: are the "Big Brother" and the "Little Sister" closer than assumed? *Bioess.* 29:1105–1114.

Senior, A. E. 2007. ATP synthase: motoring to the finish line. *Cell* 130:220–221.

von Ballmoos, C., et al. 2008. Unique rotary ATP synthase and its biological diversity. *Annu. Rev. Biophys.* 37:43–64.

Westermann, B. 2008. Molecular machinery of mitochondrial fusion and fission. *J. Biol. Chem.* 283:13501–13505.

CHAPTER 10 TEXT READINGS

Allen, J. F. & Martin, W. 2007. Out of thin air. *Nature* 445:610–612. [evolution of photosynthesis]

Nelson, N. & Ben-Shem, A. 2004. The complex architecture of oxygenic photosynthesis. *Nature Revs. Mol. Cell Biol.* 5:971–982.

Nelson, N. & Yocum, C. F. 2006. Structure and function of photosystems I and II. *Annu. Rev. Plant Biol.* 57:521–565.

Shikanai, T. 2007. Cyclic electron transport around photosystem I: genetic approaches. *Annu. Rev. Plant Biol.* 58:199–217.

CHAPTER 11 TEXT READINGS

Reviews on cell-to-cell contact and extracellular matrix can be found each year in *Curr. Opin. Cell Biol.* issue #5.

Ainsworth, C. 2008. Stretching the imagination. *Nature* 456:696–699. [mechano sensation]

Balda, M. S. & Matter, K. 2008. Tight junctions at a glance. *J. Cell Sci.* 121: 3677–3682.

Davis, D. M. & Sowinski, S. 2008. Membrane nanotubes: dynamic long-distance connections between animal cells. *Nature Revs. Mol. Cell Biol.* 9:431–436.

Delon, I. & Brown, N. H. 2007. Integrins and the actin cytoskeleton. *Curr. Opin. Cell Biol.* 19:43–50.

Evans, E. A. & Calderwood, D. A. 2007. Forces and bond dynamics in cell adhesion. *Science* 316:1148–1153.

Halbleib, J. M. & Nelson, W. J. 2006. Cadherins in development: cell adhesion, sorting, and tissue morphogenesis. *Genes Develop.* 20:3199–3214.

Kadler, K. E., et al. 2007. Collagens at a glance. *J. Cell Sci.* 120:1955–1958.

Luo, B. H., et al. 2007. Structural basis of integrin regulation and signaling. *Ann. Rev. Immunol.* 25:619–647.

Moser, M., et al. 2009. The tail of integrins, talin, and kindlins. *Science* 324:895–899.

Page-McCaw, A., et al. 2007. Matrix metalloproteinases and the regulation of tissue remodeling. *Nature Revs. Mol. Cell Biol.* 8:221–233.

Pokutta, S. & Weis, W. I. 2007. Structure and mechanism of cadherins and cetenins in cell-cell contacts. *Ann. Rev. Cell Develop. Biol.* 23:237–261.

Schwartz, M. A. 2009. The force is with us. *Science* 323:588–589. [forces on focal adhesions]

Shin, K., et al. 2006. Tight junctions and cell polarity. *Ann. Rev. Cell Develop. Biol.* 22: 207–235.

Shoulders, M. D. & Raines, R. T. 2009. Collagen structure and stability. *Ann. Rev. Biochem.* 78:929–958.
Somerville, C. 2006. Cellulose synthesis in higher plants. *Ann. Rev. Cell Develop. Biol.* 22:53–78.
Sonnenberg, A. & Watt, F. M., eds. 2009. Special issue on integrins. *J. Cell. Sci.* 122:#2.
Steeg, P. S. 2006. Tumor metastases: mechanistic insights and clinical challenges. *Nature Med.* 12:895–904.
Varki, A. 2007. Glycan-based interactions involving vertebrate, sialic-acid-recognizing proteins. *Nature* 446:1023–1029.
Wheelock, M. J., et al. 2008. Cadherin switching. *J. Cell Sci.* 121:727–735.

CHAPTER 12 TEXT READINGS

Reviews on endomembranes and organelles can be found each year in *Curr. Opin. Cell Biol.* issue #4.
Baines, A. C. & Zhang, B. 2007. Receptor-mediated protein transport in the early secretory pathway. *Trends Biochem. Sci.* 32:381–388.
Baker, M. J., et al. 2007. Mitochondrial protein-import machinery: correlating structure with function. *Trends Cell Biol.* 17:456–464.
Collins, R. N. & Zimmerberg, J. 2009. A score for membrane fusion. *Nature* 459:1065–1066.
Couzin, J. 2008. Cholesterol veers off script. *Science* 322:220–223.
De Matteis, M. A. & Luini, A. 2008. Exiting the Golgi complex. *Nat. Revs. Mol. Cell Biol.* 9:273–284.
Di Paolo, G. & De Camilli, P. 2006. Phosphoinositides in cell regulation and membrane dynamics. *Nature* 443:651–657.
Doherty, G. J. & McMahon, H. T. 2009. Mechanisms of endocytosis. *Ann. Rev. Biochem.* 78:857–902.
Fromme, J. C., et al. 2008. Coordination of COPII vesicle trafficking by Sec23. *Trends Cell Biol.* 18:330–336.
Grosshans, B. L., et al. 2006. Rabs and their effectors: achieving specificity in membrane traffic. *PNAS.* 103:11821–11827.
Jahn, R. & Scheller, R. H. 2006. SNAREs—engines for membrane fusion. *Nature Revs. Mol. Cell Biol.* 7:631–643.
Jahn, R., et al. 2008. Reviews on membrane fusion. *Nature Struct. Mol. Cell Biol.* 15: 655–698.
Kutik, S., et al. 2007. Cooperation of translocase complexes in mitochondrial protein import. *J. Cell Biol.* 179:585–591.
Luzio, J. P., et al. 2007. Lysosomes: fusion and function. *Nature Revs. Mol. Cell Biol.* 8: 622–632.
Mayor, S. & Pagano, R. E. 2007. Pathways of clathrin-independent endocytosis. *Nature Revs. Mol. Cell Biol.* 8:603–612.
Mukhopadhyay, D. & Riezman, H. 2007. Proteasome-independent functions of ubiquitin in endocytosis and signaling. *Science* 315:201–205.
Neupert, W. & Herrmann, J. M. 2007. Translocation of proteins into mitochondria. *Ann. Rev. Biochem.* 76:723–749.
Ohtsubo, K. & Marth, J. D. 2006. Glycosylation in cellular mechanisms of health and disease. *Cell* 126:855–867.
Pfeffer, S. R. 2007. Unsolved mysteries in membrane traffic. *Ann. Rev. Biochem.* 76:629–645.
Rader, D. J. & Daugherty, A. 2008. Translating molecular discoveries into new therapies for atherosclerosis. *Nature* 451:904–913.
Raiborg, C. & Stenmark, H. 2009. The ESCRT machinery in endosomal sorting of ubiquitylated membrane proteins. *Nature* 458:445–452.
Rapoport, T. A. 2007. Protein translocation across the eukaryotic endoplasmic reticulum and bacterial plasma membranes. *Nature* 450:663–669.
Ron, D. & Walter, P. 2007. Signal integration in the endoplasmic reticulum unfolded protein response. *Nature Revs. Mol. Cell Biol.* 8:519–529.
Vembar, S. S. & Brodsky, J. L. 2008. One step at a time: endoplasmic reticulum-associated degradation. *Nat. Revs. Mol. Cell Biol.* 9: 944–957.
White, S. H. & von Heijne, G. 2008. How translocans select transmembrane helices. *Ann. Rev. Biophys.* 37:23–42.

CHAPTER 13 TEXT READINGS

Reviews on the cytoskeleton and motor proteins can be found each year in *Curr. Opin. Cell Biol.* issue #1.
Akhmanova, A. & Steinmetz, M. O. 2008. Tracking the ends: a dynamic protein network controls the fate of microtubule tips. *Nature Revs. Mol. Cell Biol.* 9:309–328.
Bartolini, F. & Gundersen, G. G. 2006. Generation of noncentrosomal microtubule arrays. *J. Cell Sci.* 119:4155–4163.
Bettencourt-Dias, M. & Glover, D. M. 2007. Centrosome biogenesis and function. *Nature Revs. Mol. Cell Biol.* 8:451–463.
Burbank, K. S. & Mitchison, T. J. 2006. Microtubule dynamic instability. *Curr. Biol.* 16:R516–R517.
Carlier, M.-F. & Pantaloni, D. 2007. Control of actin assembly dynamics in cell motility. *J. Biol. Chem.* 282:23005–23009.
Chhabra, E. S. & Higgs, H. N. 2007. The many faces of actin: matching assembly factors with cellular structures. *Nature Cell Biol.* 9:1110–1120.
Conti, M. A. & Adelstein, R. S. 2008. Nonmuscle myosin II moves in new directions. *J. Cell Sci.* 121:11–18.
Gerdes, J. M., et al. 2009. The vertebrate primary cilium in development, homeostasis, and disease. *Cell* 137:32–45.
Godsel, L. M., et al. 2008. Intermediate filament assembly: dynamics to disease. *Trends Cell Biol.* 18:28–37.
Goley, E. D. & Welch, M. D. 2006. The ARP2/3 complex: an actin nucleator comes of age. *Nature Revs. Mol. Cell Biol.* 7:713–726.
Herrmann, H., et al. 2007. Intermediate filaments: from cell architecture to nanomechanics. *Nature Revs. Mol. Cell Biol.* 8:562–573.
Hirokawa, N. & Noda, Y. 2008. Intracellular transport and kinesin superfamily proteins, KIFs. *Physiol. Rev.* 88:1089–1118.
Kritikou, E., et al. 2008. Milestone papers on the cytoskeleton. *Nature Suppl.* December.
Pollard, T. D. 2008. Regulation of actin filament assembly by Arp2/3 complex and formins. *Ann. Rev. Biophys. Biomol. Struct.* 36:451–477.
Satir, P., et al. 2007. Reviews on mammalian cilia. *Ann. Rev. Physiol.* 69:377–450.
Scholey, J. M. 2008. Intraflagellar transport motors in cilia: moving along the cell's antenna. *J. Cell Biol.* 180:23–29.
Vale, R. D. 2008. Microscopes for fluorimeters: the era of single molecule measurements. *Cell* 135:779–785.
Vallee, R. 2007. An interview discussing many of the important discoveries in the motor protein field. *Curr. Biol.* 17:R903–R905.
van den Heuvel, M. G. L. & Dekker, C. 2007. Motor proteins at work for nanotechnology. *Science* 317:333–336.

CHAPTER 14 TEXT READINGS

Reviews on cell division can be found each year in *Curr. Opin. Cell Biol.* #6.
Barr, F. A. & Gruneberg, U. 2007. Cytokinesis: placing and making the final cut. *Cell* 131:847–860.
Bartek, J. & Lukas, J. 2007. DNA damage checkpoints: from initiation to recovery or adaptation. *Curr. Opin. Cell Biol.* 19:238–245.
Bloom, K. 2008. Kinetochores and microtubules wed without a ring. *Cell* 135:211–213.
Cheeseman, I. M. & Desai, A. 2008. Molecular architecture of the kinetochore-microtubule interface. *Nature Revs. Mol. Cell Biol.* 9:33–46.
Cimprich, K. A. & Cortez, D. 2008. ATR: an essential regulator of genome integrity. *Nature Revs. Mol. Cell Biol.* 9:616–627.
Davis, T. N. & Wordeman, L. 2007. Rings, bracelets, sleeves, and chevrons: new structures of kinetochore proteins. *Trends Cell Biol.* 17:377–382.
Güttinger, S., et al. 2009. Orchestrating nuclear envelope disassembly and

reassembly during mitosis. *Nature Revs. Mol. Cell Biol.* 10:178–191.

Hochegger, H., et al. 2008. Cyclin-dependent kinases and cell-cycle transitions: does one fit all? *Nature Revs. Mol. Cell Biol.* 9:910–916.

Hochwagen, A. 2008. Meiosis. *Curr. Biol.* 18:R641–R645.

Hunt, P. A. & Hassold, T. J. 2007. Human female meiosis: what makes a good egg go bad? *Trends Gen.* 24:86–93.

Kwok, B. H. & Kapoor, T. M. 2007. Microtubule flux: drivers wanted. *Curr. Opin. Cell Biol.* 19:36–42.

Lowe, M. & Barr, F. A. 2007. Inheritance and biogenesis of organelles in the secretory pathway. *Nature Revs. Mol. Cell Biol.* 8:429–439.

Musacchio, A. & Salmon, E. D. 2007. The spindle assembly checkpoint in space and time. *Nature Revs. Mol. Cell Biol.* 8:379–393.

O'Connell, C. B. & Khodjakov, A. L. 2007. Cooperative mechanisms of mitotic spindle formation. *J. Cell Sci.* 120:1717–1722.

Peters, J.-M., et al. 2008. The cohesin complex and its roles in chromosome biology. *Genes Develop.* 22:3089–3114.

Peters, J.-M. 2006. The anaphase promoting complex/cyclosome: a machine designed to destroy. *Nature Revs. Mol. Cell Biol.* 7:644–656.

Sullivan, M. & Morgan, D. O. 2007. Finishing mitosis, one step at a time. *Nature Revs. Mol. Cell Biol.* 8:894–903.

Yu, H. 2007. Cdc20: a WD40 activator for a cell cycle degradation machine. *Mol. Cell* 27:3–16.

CHAPTER 15 TEXT READINGS

Reviews on cell regulation can be found each year in *Curr. Opin. Cell Biol.* #2.

Bos, J. L., et al. 2007. GEFs and GAPs: critical elements in the control of small G proteins. *Cell* 129:865–877.

Chou, I., et al. 2006. Reviews on taste and smell. *Nature* 444:287–321.

Clapham, D. E. 2007. Calcium signaling. *Cell* 131:1047–1058.

Cohen, P. 2006. The twentieth century struggle to decipher insulin signalling. *Nature Revs. Mol. Cell Biol.* 7:867–873.

De Meyts, P. 2008. The insulin receptor: a prototype for dimeric, allosteric membrane receptors? *Trends Biochem. Sci.* 33:376–384.

Kobilka, B. K., et al. 2007. Special Issue on GPCRs. *Trends Pharmacol. Sci.* 28:#8.

Lewis, R. S. 2007. The molecular choreography of a store-operated calcium channel. *Nature* 446:284–287.

Manning, B. D. & Cantley, L. C. 2007. AKT/PKB signaling: navigating downstream. *Cell* 129:1261–1274.

Muoio, D. M. & Newgard, C. B. 2008. Molecular and metabolic mechanisms of insulin resistance and β-cell failure in type 2 diabetes. *Nature Revs. Mol. Cell Biol.* 9:193–205.

Oldham, W. M. & Hamm, H. E. 2008. Heterotrimeric G protein activation by G-protein-coupled receptors. *Nature Revs. Mol. Cell Biol.* 9:60–71.

Riedl, S. J. & Salvesen, G. S. 2007. The apoptosome: signalling platform of cell death. *Nature Revs. Mol. Cell Biol.* 8:405–413.

Santner, A. & Estelle, M. 2009. Recent advances and emerging trends in plant hormone signalling. *Nature* 459:1071–1078.

Schlessinger, J. & Lemmon, M. A. 2006. Nuclear signaling by receptor tyrosine kinases. *Cell* 127:45–48.

Schwartz, T. W. & Hubbell, W. L. 2008. A moving story of receptors. *Nature* 455: 473–474. [GPCR crystal structure]

Sheridan, C. & Martin, S. J. 2008. Commitment in apoptosis: slightly dead but mostly alive. *Trends Cell Biol.* 18:353–357.

Taguchi, A. & White, M. F. 2008. Insulin-like signaling, nutrient homostasis, and life span. *Ann. Rev. Physiol.* 70:191–212.

Taylor, R. C., et al. 2008. Apoptosis: controlled demolition at the cellular level. *Nature Revs. Mol. Cell Biol.* 9:231–241.

Taylor, S. S. & Ghosh, G., eds. 2006. Catalysis and regulation [of protein kinases]. *Curr. Opin. Struct. Biol.* 16:#6.

Ward, C. W., et al. 2007. The insulin and EGF receptor structures: new insights into ligand-induced receptor activation. *Trends Biochem. Sci.* 32:129–137.

Youle, R. J. & Strasser, A. 2008. The BCL-2 protein family: opposing activities that mediate cell death. *Nature Revs. Mol. Cell Biol.* 9:47–59.

CHAPTER 16 TEXT READINGS

Reviews on the genetic and cellular mechanisms of oncogenesis can be found each year in *Curr. Opin. Gen. Develop.* Issue #1.

Burkhart, D. L. & Sage, J. 2008. Cellular mechanisms of tumour suppression by the retinoblastoma gene. *Nature Revs. Cancer* 8:671–681.

Campisi, J. & d'Adda di Fagagna, F. 2007. Cellular senescence: when bad things happen to good cells. *Nature Revs. Mol. Cell Biol.* 8:729–740.

Di Micco, R., et al. 2007. Breaking news: high-speed race ends in arrest—how oncogenes induce senescence. *Trends Cell Biol.* 17:529–535.

Eaves, C. J. 2008. Here, there, everywhere? *Nature* 456:581–582. [cancer stem cells]

Gray-Schopfer, V., et al. 2007. Melanoma biology and new targeted therapy. *Nature* 445:851–857.

Harley, C. B. 2008. Telomerase and cancer therapeutics. *Nature Revs. Cancer* 8:167–179.

Jones, P. A. & Baylin, S. B. 2007. The epigenomics of cancer. *Cell* 128:683–692.

Kastan, M. B. 2007. Wild-type p53: tumors can't stand it. *Cell* 128:837–840.

Kruse, J.-P. & Gu, W. 2009. Modes of p53 regulation. *Cell* 137:609–622.

Kutzler, M. A. & Weiner, D. B. 2008. DNA vaccines: ready for prime time? *Nature Revs. Gen.* 9:776–788.

Landis, M. W., et al. 2007. Mouse models of cancer. *Cell* 129:Supplement to #4.

Leen, A. M., et al. 2007. Improving T cell therapy for cancer. *Ann. Rev. Immunol.* 25:243–265.

Livingston, D. M. 2009. Complicated supercomplexes. *Science* 324:602–603. [BRCA mechanism]

Luo, J., et al. 2009. Principles of cancer therapy: oncogene and non-oncogene addiction. *Cell* 136:823–837.

Marte, B., et al. 2008. Nature insight on molecular cancer diagnostics. *Nature* 452:547–589.

Nevins, J. R. & Potti, A. 2007. Mining gene expression profiles: expression signatures as cancer phenotypes. *Nature Revs. Gen.* 8: 601–609.

Nguyen, D. X. & Massagué, J. 2007. Genetic determinants of cancer metastasis. *Nature Revs. Gen.* 8:341–352.

Rice, J., et al. 2008. DNA vaccines: precision tools for activating effective immunity against cancer. *Nature Revs. Cancer* 8:108–118.

Rosen, J. M. & Jordan, C. T. 2009. The increasing complexity of the cancer stem cell paradigm. *Science* 324:1670–1673.

Sotiriou, C. & Piccart, M. J. 2007. Taking gene-expression profiling to the clinic: when will molecular signatures become relevant to patient care? *Nature Revs. Cancer* 7: 545–555.

Stratton, M. R., et al. 2009. The cancer genome. *Nature* 458:719–724.

Stratton, M.R. & Rahman, N. 2008. The emerging landscape of breast cancer susceptibility. *Nature Gen.* 40:17–22.

Trent, J. M. & Touchman, J. W. 2007. The gene topography of cancer. *Science* 318: 1079–1080.

Vousden, K. H. & Prives, C. 2009. Blinded by the light: the growing complexity of p53. *Cell* 137:413–431.

CHAPTER 17 TEXT READINGS

The following consist entirely of reviews in Immunology:

Advances in Immunology
Annual Review of Immunology
Critical Reviews in Immunology
Current Opinion in Immunology
Immunological Reviews
Nature Reviews Immunology
Trends in Immunology

Bousso, P. 2008. T-cell activation by dendritic cells in the lymph node: lessons from the movies. *Nature Revs. Immunol.* 8:675–684.

Chatenoud, L. 2006. Immune therapies of autoimmune diseases: are we approaching a real cure? *Curr. Opin. Immunol.* 18: 710–717.

Cohen, J., et al. 2007. Challenges in immunology. *Science* 317:614–629.

Deng, L. & Mariuzza, R. A. 2007. Recognition of self-peptide—MHC complexes by autoimmune T-cell receptors. *Trends Biochem. Sci.* 32:500–508.

Jensen, P. E. 2007. Recent advances in antigen processing and presentation. *Nature Immunol.* 8:1041–1048.

Medzhitov, R. 2007. Recognition of microorganisms and activation of the immune response. *Nature* 449:819–826.

Medzhitov, R. 2008. Origin and physiological roles of inflammation. *Nature* 454:428–435.

Murphy, K. M., et al., 2007. Janeway's Immunobiology, 7th ed. Garland.

Nossal, G. J. V., et al. 2007. Articles on the development of the clonal selection theory. *Nature Immunol.* 8:1015–1025.

Paul, W. E. 2007. Dendritic cells bask in the limelight. *Cell* 130:967–970.

Sakaguchi, S., et al. 2008. Regulatory T cells and immune tolerance. *Cell* 133:775–787.

Steinman, R. M. 2007. Dendritic cells: versatile controllers of the immune system. *Nature Med.* 13:1155–1159.

Vignali, D. A. A., et al. 2008. How regulatory T cells work. *Nature Revs. Immunol.* 8: 523–531.

Vyas, J. M., et al. 2008. The known unknowns of antigen processing and presentation. *Nature Revs. Immunol.* 8:607–618.

찾아보기

국문

ㅊ

ㅋ

영문

A

B

C

D

S

T